JN422165

선택된 금속 재료의 전형적인 물리적 성질.

재료	탄성 계수 E(GPa)	프와송 비 ν	밀도 ρ (kg/m^3)	열전도도 K_t (W/m °C)	열팽창 계수 $\bar{a}$ (μm/m °C)	비열 C_p (J/kg °C)
알루미늄	62	0.33	2700	209	23	900
알루미늄 합금	70	0.33	2630-2820	221-239	24	900
주석 알루미늄	63	0.33	2700	180	24	960
납 기반의 배빗	29	0.33	7530	24	20	150
주석 기반의 배빗	52	0.33	7340	56	23	210
황동	100	0.33	7470-8940	120	19	390
알루미늄 청동	117	0.33	8940	50	18	380
납 청동	97	0.33	9100	47	18	380
인 청동	110	0.33	8500	50	18	380
다공성의 청동	60	0.22	8040	30	18	380
동	124	0.33	8970	170	18	380
회주철	109	0.26	7860	50	11	420
가단 주철	170	0.26	7860		11	420
구상흑연 주철	159	0.26	7860	30	11	420
다공성의 철	80	0.20	7460	28	12	460
연철	170	0.30	7860	70	12	460
마그네슘 합금	41	0.33	1770	110	27	1000
니켈합금	221	0.31	8850	52-63	15	440
저탄소강	196	0.30	7800	35	11	450
중탄소강, 고탄소강	200	0.30	7850	30	11	450
스테인리스강	193	0.30	8030	15	17	500
고속도강	212	0.30	7860	30	11	450
티타늄 합금	110	0.32	4510	8-12	8.4	520
아연합금	50	0.27	7135	110	27	400

선택된 금속 재료의 기계적 성질.

재료	열처리 조건[a]	항복 강도 MPa	극한 인장 강도 MPa	50 mm 신장률 %	면적 감소율 %	경도 HB
합금강						
AISI 4130	풀림 처리	361 (52)	560 (81)	28	56	156 HB
	Q&T 205°C	1460 (212)	1630 (236)	10	41	467 HB
AISI 4340	풀림 처리	470 (68)	745 (108)	22	50	220 HB
	Q&T 315°C	1590 (230)	1720 (250)	10	40	486 HB
탄소강						
AISI 1020	Q&T 870°C	295 (43)	395 (57)	37	60	100 HB
AISI 1040	풀림 처리	350 (51)	520 (75)	30	57	150 HB
AISI 1060	풀림 처리	372 (54)	626 (91)	22	38	179 HB
AISI 1080	Q&T 800°C	380 (55)	615 (89)	25	30	255 HB
주철						
ASTM 20	주조 상태	—	152 (22)	—		156 HB
ASTM 50	주조 상태	—	362 (52.5)	—		262 HB
ASTM 60-40-18	풀림 처리	324 (47)	448 (65)	—		160 HB
ASTM 120-90-02	Q&T	827 (120)	965 (140)	—		325 HB
스테인레스 강						
AISI 301	풀림 처리	205 29.7)	515 (74.7)	40	—	RB 85
	1/8 경도	380 (55)	690 (100)	40	—	RC 20
	1/4 경도	515 (74.7)	860 (125)	25	—	RC 25
	1/2 경도	758 (110)	1034 (150)	18	—	RC 32
	최고 경도	956 (140)	1276 (185)	9	—	RC 41
AISI 304	풀림 처리	215 (31.2)	505 (73.2)	40	—	201 HB
알루미늄 합금						
1100	O	35 (5.07)	90 (13.0)	40	—	—
	H14	120 (17.4)	125 (18.1)	25	—	—
3004	O	69 (10)	179 (26)	20	—	—
	H38	234 (34)	276 (40)	6	—	—
5052	O	90 (13.0)	190 (27.6)	25	—	—
	H32	186 (27)	234 (34)	62	—	—
	H36	234 (34)	269 (39)	10	—	—
7050	T7651	490 (71)	552 (80)	—	—	—
구리 합금						
적황동, 15% Zn	풀림 처리	91 (13)	280 (41)	47	—	64 HRF
	경화 처리	406 (59)	434 (63)	5	—	73 HRB
인청동, 5% Sn	풀림 처리	175 (25)	350 (51)	55	—	60 HRB
규소 청동	풀림 처리	210 (31)	441 (64)	55	—	66 HRB
티타늄 합금						
99.5% Ti	풀림 처리	240 (35)	330 (48)	30	—	—
Ti-6Al-4V	풀림 처리	925 (134)	1000 (145)	10	—	—
	용해+숙성	1100 (159)	1175 (170)	10	—	—

표 1.3: SI 단위와 접두사.

(a) SI 단위

물리량	단위	SI 기호	식
SI 기본 단위			
길이	meter	m	-
질량	kilogram	kg	-
시간	second	s	-
온도	kelvin	K	-
SI 보충 단위	**unit**		
각도	radian	rad	-
SI 유도 단위			
에너지	joule	J	N-m
힘	newton	N	$kg\text{-}m/s^2$
동력	watt	W	J/s
압력	pascal	Pa	N/m^2
일	joule	J	N-m

(b) SI 접두사

배수	접두사	SI 기호
$1{,}000{,}000{,}000{,}000 = 10^{12}$	tera	T
$1{,}000{,}000{,}000 = 10^9$	giga	G
$1{,}000{,}000 = 10^6$	mega	M
$1000 = 10^3$	kilo	k
$100 = 10^2$	hecto	h
$10 = 10^1$	deka	da
$0.1 = 10^{-1}$	deci	d
$0.01 = 10^{-2}$	centi	c
$0.001 = 10^{-3}$	milli	m
$0.000\,001 = 10^{-6}$	micro	μ
$0.000\,000\,001 = 10^{-9}$	nano	n
$0.000\,000\,000\,001 = 10^{-12}$	pico	p

표 1.4: 단위의 정의와 변환 계수.

단위의 정의	
중력 가속도	$1\ g = 9.8066\ m/s^2$ $(32.174\ ft/s^2)$
에너지	Btu(영국 열량 단위) = 물 1 파운드매스(lbm)의 온도를 화씨 1도(1°F) 올리는 데 필요한 에너지(1 Btu = 778.2 ft·lb) kilocalorie = 물 1 kg의 온도를 1 K 올리는 데 필요한 에너지 (1 kcal – 4187 J)
길이	1 mile = 5280 ft 1 nautical mile = 6076.1 ft
동력	1 horsepower = 550 ft-lb/s
압력	$1\ bar = 10^5\ Pa$
온도	Fahrenheit: $t_F = \frac{9}{5}t_C + 32$ Rankine: $t_R = t_F + 459.67$ Kelvin: $t_K = t_C + 273.15$ (exact)
동점도	1 poise = 0.1 kg/m-s $1\ stoke = 0.0001\ m^2/s$
부피	1 cubic foot = 7.48 gal
유용한 변환 계수	
	1 in. = 0.254 m = 25.4 mm
	1 lbm = 0.4536 kg
	$1°\ R = \frac{5}{9}K$
	1 ft = 0.3048 m
	1 lb = 4.448 N
	$1\ lb = 386.1\ lbm\text{-}in./s^2$
	1 ton = 2000 lb (shor ton) or 2240 lb (long ton)
	1 tonne = 1000 kg (metric ton)
	1 kgf = 9.807 N
	$1\ lb/in.^2 = 6895\ Pa$
	1 ksi = 6.895 MPa
	1 Btu = 1055 J
	1 ft-lb = 1.356 J
	1 hp = 746 W = 2545 Btu/hr[a]
	1 kW = 3413 Btu/hr
	$1\ quart = 0.000946\ m^3 = 0.946\ liter$
	1 kcal = 3.968 Btu

[a] 미터계를 사용하는 나라에서는 1마력이 75 kpm/s 또는 736 W로 정의된다.

표 5.1: 일반 외팔보와 단순지지 보의 경계 조건에 따른 변위.

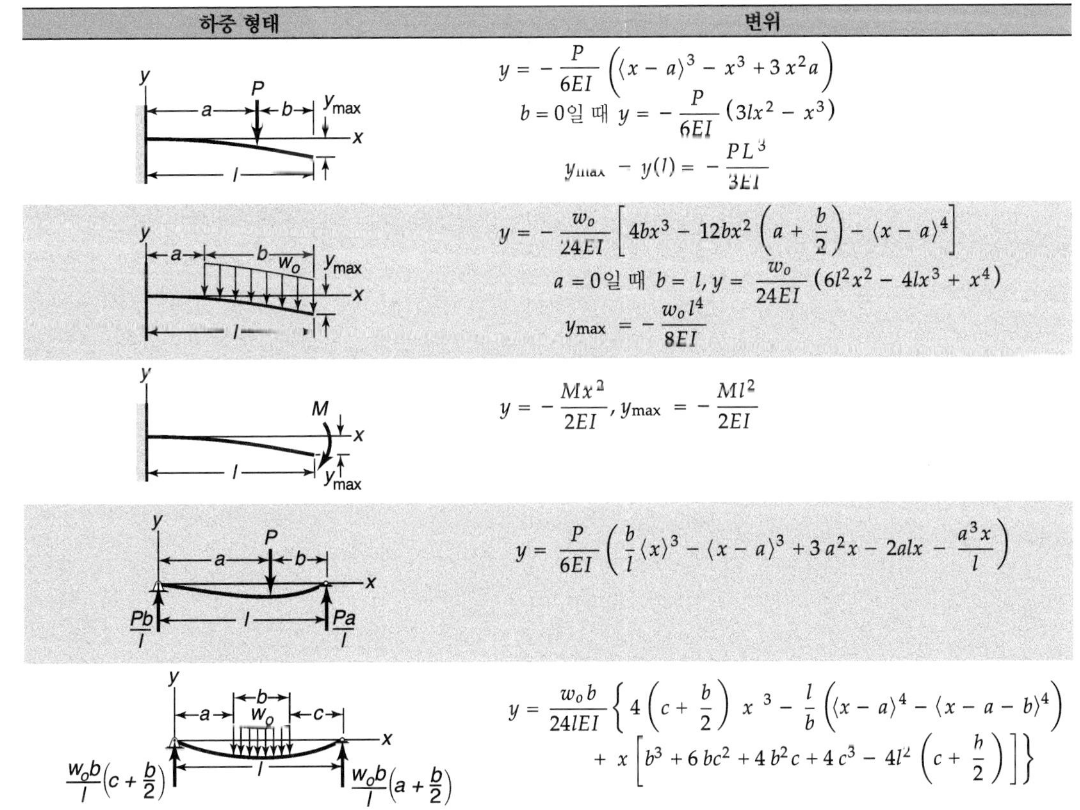

하중 형태	변위
	$y = -\frac{P}{6EI}\left(\langle x-a\rangle^3 - x^3 + 3x^2 a\right)$ $b = 0$일 때 $y = -\frac{P}{6EI}(3lx^2 - x^3)$ $y_{max} = y(l) = -\frac{PL^3}{3EI}$
	$y = -\frac{w_o}{24EI}\left[4bx^3 - 12bx^2\left(a+\frac{b}{2}\right) - \langle x-a\rangle^4\right]$ $a = 0$일 때 $b = l,\ y = \frac{w_o}{24EI}(6l^2x^2 - 4lx^3 + x^4)$ $y_{max} = -\frac{w_o l^4}{8EI}$
	$y = -\frac{Mx^2}{2EI},\ y_{max} = -\frac{Ml^2}{2EI}$
	$y = \frac{P}{6EI}\left(\frac{b}{l}\langle x\rangle^3 - \langle x-a\rangle^3 + 3a^2x - 2alx - \frac{a^3x}{l}\right)$
	$y = \frac{w_o b}{24lEI}\left\{4\left(c+\frac{b}{2}\right)x^3 - \frac{l}{b}\left(\langle x-a\rangle^4 - \langle x-a-b\rangle^4\right) + x\left[b^3 + 6bc^2 + 4b^2c + 4c^3 - 4l^2\left(c+\frac{b}{2}\right)\right]\right\}$

Third Edition

Fundamentals of Machine Elements

기계 요소 설계

제3판

기계 요소 설계

Steven R. Schmid · Bernard J. Hamrock · Bo O. Jacobson 지음

임현준 · 김상영 · 송용남 · 신홍식 · 오유근
이덕영 · 이신영 · 이재훈 · 조민행 · 조종래 옮김

홍릉과학출판사

CRC Press
Taylor & Francis Group
AN A K PETERS BOOK

역자

임현준 홍익대학교 기계 · 시스템디자인공학과
송용남 고려대학교 기계공학부
오유근 홍익대학교 기계 · 시스템디자인공학과
이신영 군산대학교 기계자동차공학부
조민행 중앙대학교 기계공학부
김상영 군산대학교 기계자동차공학부
신홍식 한국교통대학교 에너지시스템공학과
이덕영 대구대학교 기계 · 자동차공학부
이재훈 경남대학교 기계공학부
조종래 한국해양대학교 기계공학부

기계 요소 설계 제3판

Fundamentals of Machine Elements

인쇄일 | 2017년 7월 21일
발행일 | 2017년 7월 28일

저 자 | Steven R. Schmid • Bernard J. Hamrock • Bo O. Jacobson
역 자 | 임현준 • 김상영 • 송용남 • 신홍식 • 오유근
이덕영 • 이신영 • 이재훈 • 조민행 • 조종래
발행자 | 우명찬, 송 준
발행처 | 홍릉과학출판사
주 소 | 01093 서울시 강북구 인수봉로 50길 10
전 화 | (02) 999-2274~5, 996-8341, 903-7037
팩 스 | (02) 905-6729
이메일 | hongpub@hongpub.co.kr
등록일 | 1976년 10월 21일 제5-66호
ISBN | 979-11-5600-526-1

http://www.hongpub.co.kr

값 41,000원

* 낙장 및 파본은 본사나 구입처에서 교환하여 드립니다.
* 판권 소유에 위배되는 사항(인쇄, 복제, 제본)은 법에 저촉됩니다.

© 2014 by Taylor & Francis Group LLC.

Authorized translation from English language edition published by CRC Press, an imprint of Taylor & Francis Group LLC.
KOREAN language edition copyright © 2017 HongReung Science Publishing co.
The Korean language edition published by arrangement with CRC Press, an imprint of Taylor & Francis Group through Agency-One, Seoul

이 책의 한국어판 저작권은 에이전시 원을 통해 저작권자와의 독점 계약으로 홍릉과학출판사에 있습니다. 저작권법에 의해 한국 내에서 보호를 받는 저작물이므로 무단전재와 무단복제를 금합니다.

역자 서문

기계 요소 설계는 엔지니어가 기계를 설계하기 위해 거쳐야 하는 개념 설계, 구체 설계, 상세 설계의 모든 단계에서 필요한 지식, 도구, 방법을 학습하는 중요 과목이다. 이 과목은 고체역학, 재료거동학, 기계공작법, 유체역학, 열역학, 기계진동 등 많은 기초 교과목을 바탕으로 하는 응용 과목이다. 설계 엔지니어는 기술적인 부분만 고려해서는 안 되고 경제성, 심미성, 윤리성, 환경 영향 등 기술 외의 영역도 고려해야 한다는 점을 감안하면 기계 요소 설계는 폭넓은 융합적 성격을 가지고 있음을 알 수 있다.

역학 과목들이 명확하게 정의된 문제의 답을 구하는 해석 능력의 배양에 치중하는 반면, 설계 과목은 대략적으로만 정의되어 있는 문제에 대해 수많은 해결책 중 하나를 찾는 방법을 학습하는 것이다. 이 과정에서 다양한 영역의 지식을 창의적으로 종합해야 한다는 것이 설계 과목의 특징이며, 기계 요소 설계도 그런 특징을 가지고 있다.

본 교재는 같은 제목의 다른 교재들과 비교할 때 몇 개의 차별점을 가지고 있다. 첫째는 상기한 설계의 특징에 부합하는 학습이 가능하도록 노력했다는 점이다. 공식의 유도와 같이 해석적인 부분은 줄이고 그 대신 설계 문제의 해결 능력을 배양하고자 노력했다. 대표적인 예로서, 각 장의 뒤에 나오는 연습 문제들 중에서 '질문', '정성적 문제'로 분류된 문제들은 기존 기계 설계 교재에서는 보기 드물게 개념의 이해와 창의적 응용을 요구하고 유도하는 문제들이다. 본 교재의 두 번째 차별점은 전통적인 기계공학 분야 뿐 아니라 의료기기를 포함하는 다양한 분야의 실제 문제를 본문과 연습 문제에서 다루고 있다는 점이다. 이를 통해 학생들은 실제 문제에 대한 응용력을 키울 수 있을 것이다. 세 번째로, 엔지니어들이 기술적인 요구 조건 외에도 사회적인 요구 조건에 관심을 가져야 한다는 점을 강조하고 있다. 예를 들면, 기계(또는 제품)의 생애주기에 걸쳐 고려해야 할 다양한 사항들을 강조하고 있다. 마지막으로 본 교재는 마찰, 마모, 윤활에 한 개의 독립된 장(제8장)을 할애하고 있다는 점에서 여타 교재와 차별화된다. 이는 최근 은퇴하기 전까지 본 교재의 주 저자이었던 햄록 교수를 비롯한 모든 공저자가 이 분야의 전문가이기 때문일 것이다. 윤활은 베어링을 비롯한 여러 기계 요소의 설계에 있어 중요하다는 점에서, 8장은 본 교재의 특장점이라고 할 수 있다. 상기한 특징들 외에도, 본 교재는 다른 교재들에 비해 최근에 초판이 발간되어 최신 경향과 니즈에 더욱 잘 부합하는 내용을 담고 있다고 판단된다.

이 번역서는 전국 여러 대학에 소속된 10명의 교수들이 각자의 전공 분야에 맞는 장을 담당하여 번역한 결과이다. 번역에 있어서는 가급적 내용이 쉽게 전달되도록 과감하게 의역을 하였으며, 용어는 띄어쓰기를 비교적 많이 하는 방식으로 통일하였다. 짧지 않은 기간에 걸쳐 10명의 역자가 최선의 노력을 하였으나 부족한 부분이 많을 것으로 생각한다. 본 번역서를 사용하는 교수님이나 학생들의 따끔한 지적과 질책을 바라고, 아무쪼록 이 책을 통해 기계 요소 설계의 교육과 학습에 도움이 되기를 간절히 기원한다.

2017. 7

역자 일동

번역에 대한 문의 및 의견은 대표 저자 임현준 교수(hjyim@hongik.ac.kr)에게 보내주시기 바랍니다.

저자 서문

엔지니어라는 직업의 성격이 바뀌고 있다. 한때는, 학생들이 기계공학을 공부하기 전에 이미 기계를 다루어 본 경험이 있거나, 적어도 대학생활 중에 인턴이나 다른 산학협력 기회를 통해 실습할 기회를 갖는 것으로 가정할 수 있었다. 그 당시 학생들은 지금에 비해 대체로 유사한 배경을 가지고 있었다. 저자를 비롯하여 수십 년 전 학생들은 자동차나 트랙터를 수리하면서 자연스럽게 기계를 경험하였고, 이런 경험은 기계 요소의 설계에 대한 교과목에 특히 도움이 되었다. 그러나 인구의 연령 분포가 영구적이고 비가역적인 변화를 겪으면서 대학에 입학하는 학생들의 성격도 달라졌다. 이런 변화는 기술의 발달로 더욱 심화되었는데, 이는 복잡해진 기계류를 수리하는 것이 특수 훈련을 받은 사람들만의 일이 되었기 때문이다. 하지만, 보다 넓은 관점에서 보면 연령 분포의 변화는 엔지니어라는 직업에 있어 매우 긍정적인 결과를 가져왔다.

설계는 교수와 강사에게 다양한 도전과 기회를 제시한다. 학문으로서의 설계는 폭이 넓고 연구, 해석, 창의를 위한 기회를 끝없이 제공한다는 점에서 흥미로운 주제이다. 공학의 모든 전공과 세부 분야는 설계와 매우 깊이 관련되어 있고, 대부분의 대학들이 설계와 생산을 기계공학 학부 교육의 마지막 과목인 캡스톤 교과목의 기초로 사용하고 있다. 학생이 보기에 설계는 너무 어려운 주제여서 한두 학기의 수업으로는 제대로 이해할 수 없는 것으로 보인다. 이는 옳은 생각일 뿐 아니라, 나아가 공학의 많은 영역처럼 설계도 평생 학습을 필요로 한다.

기계 설계는 강사와 학생에게 모두 도전이다. 정역학, 동역학, 고체역학, 유체역학 등의 과목에서는 학습할 주제가 세분화되어 있고, 일상적으로 강의 시간 동안 교수와 학생들이 수식으로 표현할 수 있는 정량적인 문제를 푼다. 이런 문제들은 개념 학습에 있어 중요할 뿐 아니라 하나의 정답이 있으므로 정답을 맞히면 안도감을 준다. 기계 설계도 같은 방식으로 가르치는 경우가 종종 있다. 기계 설계에서도 정답이 하나인 경우가 없지는 않지만, 보통은 여러 영역이 섞여 있고 정보가 부족하여 하나의 최적 해를 찾을 수 없다. 실제 상황에서는 엔지니어들이 주어진 예산과 시간의 제약조건 하에서 문제를 최대한 잘 연구한 후 좋은 판단 기준을 적용하여 정답은 아니더라도 하나의 답을 얻어낸다. 이와 같은 개방형(open-ended) 문제는 정답이 존재하는 폐쇄형 문제보다 풀기 힘들 뿐 아니라 다른 마음가짐을 요구한다. 책에 나와 있거나 교수가 말해 주는 정답과 비교하여 답이 맞는지 아닌지를 확인하는 것이 아니라, 설계 문제의 답은 그 값이 합리적인 범위에 있는지와 답을 구하는 과정이 적절했는지를 가지고 평가할 수밖에 없다. 설계 엔지니어들은 실험형 사고자로서 프로토타입이나 데모를 통해 자신의 설계를 입증하는 데 망설임이 없어야 한다. 3주에 걸쳐 모델링을 하면 실험실에서의 하루를 절약할 수 있다고 흔히 가르친다(슬프게도, 이 말이 비꼬는 말이란 것이 잘 인식되지 못하고 있다).

이 책은 학부생들이 기계 요소의 기본 이론과 적용 방법을 명확하고 완벽하게 이해하여 활용할 수 있게 할 의도로 제작되었다. 현장의 엔지니어들에게는 이 책이 참고서 역할도 할 것이다. 이 책은 저학년 학부생에 맞게 쓰여지지 않았는데, 예컨대 미적분학을 알아야 이해할 수 있는 내용도 있다. 기계 요소의 설계를 이해하려면 기하학도 필요하다. 다양한 형상을 스케치할 수 있어야 하고 부품에 하중이 작용하는 상황에 대한 자유물체도도 그릴 수 있어야 한다. 이 책의 내용은 물리, 역학, 재료학, 기계공작법을 배운 3학년 또는 4학년생이 사용하기에 적절하다.

이 책은 두 부분으로 나누어져 있다. 제1부(1장~8장)는 기초적인 내용을 담고 있고, 제2부(9장~19장)에서는 1부의 기초를 활용하여 다양한 기계 요소의 설계를 이해한다. 제1부 안에서는 앞에서 배운 내용이 뒤에서 필요하므로 순서가 중요하다. 이와 같은 블록 쌓기(building block) 방식은, 제2부에서 공부하는 기계 요소 설계에 필요한 기초를 제공한다.

학습 도구

이 책의 각 장에서는 다음과 같이 학습에 도움이 되는 요소들을 사용하여 학생들의 이해를 높이고 동기를 부여한다.

- 각 장은 한 장의 사진으로 시작하는데, 이 사진은 그 장에서 학습할 기계 요소나 주제를 명확하게 보여준다. 또 그 장과 관련된 인용문을 실어 놓았는데, 이는 독자가 주제에 대해 관심을 가지도록 하고 긍정적이고 재미있는 요소를 넣어 학생들을 해당 주제로 이끌기 위한 것이다.
- 각 장의 시작부에 있는 사진 옆의 공간에는 그 장의 내용, 예제, 사례 연구, 설계 절차 등의 목차를 실어 놓았다.
- 사진 다음에는, 그 장의 내용을 큰 틀에서 정리한 요약이 있다. 요약에는 그 장에서 학습하는 기계 요소들, 그 기계 요소들의 전형적인 응용, 설계자가 고려할 수 있는 대체 가능한 기계 요소들의 목록이 포함된다.
- 다음으로는 학생들이 그 장을 읽는 데 도움이 될 수 있도록 기호와 하첨자의 의미를 열거해 두었다.
- 이번 판에서는, 최신 3차원 그래픽 기법, 굵은 외곽선, 산스세리프(sans serif) 폰트를 이용하여 그림과 표를 다시 작성했다.
- 예제는 본문과 구분되도록 시작과 끝을 굵은 선으로 표시하였다. 예제는 계산 과정을 보여주고, 학생들이 정량적인 문제를 푸는 방법을 학습하는 데 유용하다.
- 설계 절차도 본문이나 예제와 구분되도록 시작과 끝을 굵은 선으로 표시하였다. 설계 절차는 흔한 설계 문제들에 대한 가이드일 뿐 아니라, 블룸(Bloom) 학습체계상의 모든 수준에 있는 학생들에게 도움이 되도록 작성되었다.
- 사례 연구는 그 장의 요약 바로 앞에 나오는데, 밝은 색의 배경 위에 인쇄되어 있다. 사례 연구에서는 각 장에서 배운 기계 요소의 최신 적용 사례를 정성적으로 살펴보는데, 그 장의 내용을 숙지해야 이해할 수 있을 정도의 깊이로 다룬다. 사례 연구는 그 장의 주제를 언급하고 이를 적정한 설계 프레임워크에 넣어 살펴봄으로써, 그 장이 실제 설계에 있어 필요하고 중요하다는 것을 보여주려는 의도를 가지고 있다.
- 요약 다음에는 핵심어의 목록이 나오는데, 이는 학생들이 공부하는 데 사용할 수도 있고 추후 필요할 때 용어를 찾아보는 데 사용할 수도 있다.
- 핵심어 다음으로는 공식의 요약이 나오는데, 이는 학생들이 각 장의 문제를 풀 때 도움을 주기 위한 것이다. 이 부분은 시험 볼 때 유인물로 나누어 줄 수도 있다.
- 각 장은 그 장에 적합한 내용의 고전과 최신 도서를 포함하는 참고 문헌 목록을 제시하고 있다.
- 각 장의 끝에 있는 문제들은 최신 학습 분류법에 맞추어 개발되었으며 다음과 같이 정리되어 있다.

1. 질문: 학습 분류법상 기억(remembering)에 해당하는 질문
2. 정성적 문제: 기계 요소에 대한 학습을 통해 이해한 것을 새로운 문제에 적용하는 문제
3. 정량적 문제: 수치 계산을 통한 해석 중심의 문제들이며, 설계를 평가하는 문제도 포함하고 있다. 과거에는 기계 요소에 관한 교과서들이 이 종류의 해석 문제들만 담고 있었다. 정량적 문제 중 과반수는 해답이 주어져 있고, 풀이 과정은 이 책을 교재로 선택하는 교수들에게만 제공되는 솔루션 매뉴얼에 나와 있다. 또 많은 문제들의 풀이 과정은 계산 과정을 보여주는 워크시트(worksheet)를 포함하고 있다.
4. 종합, 설계, 프로젝트: 이 문제들은 개방형이고, 때

로 팀 프로젝트의 성격을 가지고 있으며, 일반적인 해석 문제를 넘어 새로운 설계나 원리를 도출해야 하는 문제들이다.

공학교육 학자들은 각 장의 끝에 있는 문제들이 학습 분류법을 따라 설계되어 있음을 알 수 있을 것이고, 학생들은 이를 활용하면 배경 지식의 수준과 무관하게 학습 내용을 이해하고 숙달할 수 있을 것이다.

정성적인 문제와 프로젝트 문제의 두 가지 유형은 능동학습(active learning)을 촉진시키기도 한다. 종래의 강의형 수업에 추가하여, 이런 종류의 문제들을 세미나, 능동학습 또는 팀 프로젝트의 한 요소로 포함시켜도 좋다. 저자의 경험으로는 이와 같은 방법이 매우 유용할 뿐 아니라 학생들도 좋아 한다.

이 책을 이용하는 독자 중 몇몇은 이 책이 "Manufacturing Engineering and Technology"라는 책과 동일한 접근 방법과 교육 방식을 사용하고 있을 뿐 아니라 두 책이 상호 보완적이라는 것을 인식할 것이다. 이것은 의도적인 것이며, 이를 통해 공대생들이 생산이나 설계를 하려면 둘 다 알아야 한다는 점을 깨닫기 바란다.

웹사이트

www.crcpress.com/product/isbn/9781482247480에서 이 책과 관련된 여러 자료를 찾아 볼 수 있다. 이 사이트에는 이 책의 오타 목록, 관련된 웹 페이지로의 링크, 등록된 강사만 볼 수 있는 연습문제 해답, 게시판, 책과 참고 자료를 구매하는 방법 등이 담겨 있다. 또 이 사이트에는 강사와 학생들을 위해 컬러로 제작된 발표자료 파일도 적재되어 있다.

내용

1장에서는 기계 설계와 기계 요소를 소개하고, 안전 계수, 통계학, 단위, 단위 검증, 유효 숫자 등 많은 주제를 다룬다. 기계 요소를 설계함에 있어 취약부의 기구학, 하중, 응력을 평가하는 것이 중요하다. 2장에서는 기계 요소에 작용하는 (수직, 비틀림, 굽힘, 횡전단) 하중을 시간, 하중작용 면적, 하중작용 위치 및 작용 방식 등의 함수로 살펴본다. 또 지지점의 반력, 힘과 모멘트의 평형, 자유물체도의 적절한 사용이 중요함을 강조한다. 2장에서는 다양한 종류의 불연속 함수를 사용하여 보의 전단력 선도와 굽힘모멘트 선도를 그리는 방법을 설명하고, 응력과 변형률도 다룬다.

3장은 탄성 계수와 같이 공학적으로 사용되는 고체 재료의 성질에 초점을 둔다(부록 A는 철과 비철 금속, 세라믹, 폴리머, 자연 고무 등의 물성치를 제공하며, 부록 B는 단축, 2축, 3축 응력 상태에 대한 응력-변형률 관계를 다룬다). 4장에서는 2장에서 다룬 다양한 종류의 하중에 의해 발생되는 응력과 변형률을, 부록 B에서 유도된 일반 훅의 법칙을 이용하여 설명한다. 4장에서는 네 가지 종류의 하중을 받는 직선 보와 곡선 보의 문제도 다룬다.

연성 재료의 경우 설계 응력이 항복 응력보다 작아야 하고, 취성 재료의 경우에는 극한 응력보다 작도록 하는 것이 안전한 설계를 위해 중요함은 틀림없다. 그러나 변위(또는 변형)에 대해서도 주의를 기울여야 하는데, 이는 기계 요소가 지나친 탄성 변형에 의해서도 제 기능을 못하게 될 수 있기 때문이다. 5장은 다양한 기계 요소에서 발생할 수 있는 변형을 정량적으로 다룬다. 이 장에서 사용하는 방법에는 적분법, 특이함수법, 중첩법, 카스틸리아노 정리 등이 있다.

응력을 증가시키는 요인들, 응력집중, 응력집중 계수 등이 6장에서 다루어진다. 중요한 기계 요소 파손 원인 중 하나가 미세 구조 내의 균열이다. 따라서 6장에서는 응력 수준, 균열발생 결함, 균열성장 메커니즘을 다루고, 단축 및 다축 응력 상태에 대한 파손예측 기법을 제시한다. 6장 전체에 걸쳐 하중은 정적이라고 가정하는데, 이는 하중이 서서히 작용하므로 즉시 평형에 이르러 지속적으로 평형이 유지된다는 의미이다. 하지만, 대부분 기계 요소의 파손은 시간에 따라 변동하는 하중에 의해 발생한다. 변동 하중은 변동 응력을 야기하고 이는 누적 손상에 의한 파손을 일으킨다. 이 주제는 충격 하중과 함께 7장에서 다루어진다.

8장은 윤활, 마찰, 마모를 다룬다. 설계 응력이 허용 응력보다 작아야 하고 변형도 허용값보다 작아야 하지만, 기계 요소를 잘 설계하려면 윤활, 마찰, 마모도 고려해야 한다. 8장에서는 구름 요소 베어링이나 기어와 같이 집중 하중이 작용하는 경우의 응력과 변형을 다루기 위해, 접촉 영역의 중앙에서 발생하는 변형과 최대 응력에 대한 간단한 수식을 도출한다. 또 다양한 기계 요소에서 활용되는 유체유막 윤활재의 성질도 다룬다. 점도는 유막으로 윤활된 기계 요소의 하중지지 능력과 성능에 있어 중요한 파라미터이다. 유체의 점도는 온도, 압력, 전단율에 따라 크게 영향을 받는다. 8장에서는 윤활재의 점도뿐 아니라 유동점과 산화 안정성도 살펴보고, 그리스와 가스 및 윤활유에 대해서도 학습한다.

제2부(9장~20장)에서는 제1부에서 배운 기본 내용을 바탕으로 기계 요소들의 설계에 대해 학습한다. 9장은 기둥에 대한 것인데, 기둥은 항복이나 변형만으로 파손을 설명할 수 없다는 점에서 특별하다. 단면 크기에 비해 길이가 훨씬 긴 형상의 특수성 때문에 기둥은 축하중을 받을 때 횡방향으로 변형하는 경향이 있고, 임계 하중을 받으면 단번에 붕괴된다. 9장에서는 축하중이 중심에 작용하는 경우와 편심되어 작용하는 경우에 대한 파손 기준을 학습한다.

10장은 다양한 공학적 용도에 사용되는 원통을 다룬다. 이 장에서는 원통의 크기 공차를 학습하고, 박판 또는 후판으로 만들어진 원통이 내압 또는 외압을 받거나 회전할 때 발생되는 응력과 변형을 배우며, 원통의 압입과 수축 맞춤도 다룬다.

11장은 축의 설계에 대한 장으로서 키, 스냅 링, 플라이휠, 커플링 등 축 부품에 대해서도 다룬다. 정적 하중과 변동하중을 받는 축을 설계하는 절차를 수립하기 위해 6장과 7장의 학습 내용이 적용된다. 또 회전하는 축의 임계 속도도 다룬다.

12장에서는 동압 베어링(스러스트 및 저널 베어링의 두 가지 형태)의 설계와 가장 흔히 사용되는 두 가지 슬라이더 베어링의 설계 절차를 다룬다. 이 설계 절차들은 패드의 최적 배치 방법을 결정해 주고, 작용 하중, 마찰 계수, 동력 손실, 윤활유 유동 등과 같은 성능 파라미터를 예측해 준다. 유사한 설계 정보를 단순 저널 베어링과 일반 저널 베어링에 대해 보여 준다. 또 이 장에서는 동압 베어링과 다른 방식으로 압력을 발생시키는 정압 베어링과 유막에 대해서도 학습한다.

13장에서는 구름 요소 베어링에 대해 배운다. 정적인 하중을 받는 레이디얼 베어링, 스러스트 베어링, 예하중 베어링과 함께 윤활된 구름 요소 베어링, 피로 수명, 동적 해석 등도 다룬다. 또 탄성유체 윤활의 유막 두께에 대한 8장의 이론을 구름 요소 베어링에 적용한다.

14장은 기어의 일반 이론과 평기어 설계에 대한 내용을 담고 있다. 응력으로 인한 기어의 파손을 다루는데, 전달 하중으로부터 기어 이에 발생될 굽힘 응력을 구하고 이를 허용 응력과 비교하여 파손 여부를 판정한다. 이 장에서는 기어의 피로 파손도 고찰하는데, 수정 계수를 사용하여 헤르츠 접촉 응력값을 구하고 이를 허용 응력과 비교함으로써 피로 파손 여부를 판정한다. 또 적절한 탄성유체 윤활 유막이 기어 이를 보호해 주면 기어의 수명이 크게 향상됨을 살핀다.

15장에서는 14장에서 다룬 평기어를 넘어 헬리컬, 베벨, 웜 기어로까지 기어에 관한 논의를 확대하고, 여러 기어의 장단점을 비교해 살펴본다.

16장은 나사, 리벳, 용접, 접착제 등 부재들 사이의 체결재와 동력 나사를 다룬다. 전단에 대한 설계와 파손 해석에 있어 리벳과 나사 체결재는 동일하게 취급하며, 네 가지의 파손 모드, 즉 부재의 굽힘 파손, 리벳의 전단 파손, 부재의 인장 파손, 부재의 받침 응력에 의한 압축 파손을 고려한다. 용접 중에서는 가장 많이 사용되는 필렛 용접에 대해 자세하게 다룬다. 접착제를 사용하는 랩 조인트와 스카프 조인트의 응력 해석도 간단히 설명한다.

17장에서는 스프링의 설계를 학습하는데, 특히 나선 압축 스프링에 대해 집중적으로 배운다. 대부분의 경우에 있어 스프링에 작용하는 하중이 변동 하중이므로, 피로와 응력집중을 고려하여 여유 있게 설계한다. 이 장에서는 나선 인장 스프링도 다루고, 마지막 절에서 비틀림 스프링과 겹판 스프링도 다룬다.

18장은 브레이크와 클러치의 설계에 관한 것이다. 브레이크의 해석은 작동력, 전달 토크, 힌지 핀에 작용하는 반력에 초점이 맞추어져 있다. 클러치에 관한 두 가지 이론, 즉 균일 압력 모델과 균일 마모 모델을 학습한다.

19장에서는 평벨트, V벨트, 로프, 체인 등 유연 기계 요소를 다룬다. 벨트, 로프, 체인을 이용하여 하나의 축에서 다른 축으로 동력을 전달하는 효과적인 방법들을 학습한다. 또 이들 유연 기계 요소들의 파손 모드도 배운다.

본 개정판에 실린 새로운 내용

이 3판은 2판을 대폭 개정한 것이다. 앞에서 설명한 교수법의 개선뿐 아니라, 내용도 대폭 확장하였고 기계 설계와 해석에 대한 이해 수준이 높거나 낮은 모든 학생들에게 도움이 되도록 구성하였다. 대부분 대학의 교과과정에서 종합 설계는 보통 기계 요소 과목을 배운 이후에 나온다. 이 책에서는 설계 절차를 통해 종합 설계에서 겪게 될 이슈들을 해결하는 가이드라인을 제시하고자 하였고, 독자들이 다양한 기계 요소를 접하도록 하였다.

2판을 사용해 본 독자라면 3판은 지면을 아끼기 위해 2단으로 새로 편집되었을 뿐 아니라 그림들도 모두 새로운 폭에 맞추어 다시 그려졌음을 쉽게 알 수 있을 것이다. 이와 같은 방식으로 책 전체의 쪽 수가 300 쪽 이상 감소하였음에도 불구하고 내용은 상당히 확장되었다. 다른 기계 요소 책들처럼 여백을 많이 두고 책을 두껍게 하여 완성도 높은 책인 양 하지 않고, 완성도는 높지만 여백을 줄여 책을 가볍게 함으로써 학생들이 가지고 다니기 쉽게 하였다.

모든 장의 시작부에서는 그 장에서 배우는 기계 요소 대신 사용될 수 있는 다른 요소들을 열거함으로써 종합 설계를 할 때 도움이 되도록 하였다. 예를 들면, 두 축 사이에서 동력을 전달하는 기어 세트를 설계하는 학생은 벨트도 하나의 대안으로 고려해볼 가치가 있음을 상기하게 된다.

이 책은 Kalpakjian과 Schmid가 공저한 두 권의 잘 알려진 책, 즉 Manufacturing Processes for Engineering Materials 또는 Manufacturing Engineering and Technology와 상호 보완되도록 설계되었다. 두 책을 모두 사용하는 학생들은 구성, 그래픽 그리고 명료성에 있어 둘이 유사함을 알 수 있을 것이다.

각 장의 끝에 있는 문제들이 여러 유형으로 나뉘어 있는 이유는 앞에서 설명한 바와 같고, 이 문제들은 학생들이 해당 장의 주제를 깊이 있게 이해하는 데 도움이 되도록 고안되었다. 이 문제들은 학습 단계에 따라 개발되었으며, 이를 위해 고도의 노력을 기울여야 했다. 즉, 학생들은 우선 '질문' 영역의 문제를 풀기 위해 배운 것을 기억해야 하고, '정성적 문제'를 풀기 위해 습득한 지식을 단순한 문제에 적용할 줄 알아야 하며, '정량적 문제'를 풀려면 지식을 해석적인 문제로 확장해야 할 뿐 아니라, 마지막으로 '설계 문제'를 풀기 위해서는 해석 능력을 더욱 확장하여 창의적으로 개방형 문제를 해결해야 한다.

모든 영역에서 이 책의 범위를 확장하기 위해 많은 노력을 기울였으며, 이 개정판에서 이루어진 개선 사항 중 대표적인 것을 열거하면 다음과 같다.

- 1장에서는 설계에서 고려할 사항들을 추가하였고(1.4절), 보다 많은 예제와 사례 연구를 추가하였으며 생애주기 공학(life cycle engineering)의 개념도 추가하였다.
- 3장에서는 금속에서 사용되는 경도의 개념과 흔히 쓰이는 경도 시험법이 새로 포함되었으며, 이는 기어 설계에 있어 유용하다. 또, 생산에 대한 내용도 확장되었다.
- 11장에 리테이닝 링(retaining ring)을 추가하였으므로, 6장에서 편평한 홈의 응력집중을 추가로 다룰 필요가 생겼다.
- 피로 설계에 관한 7장은 상당히 많이 확장되었는데, 설계 절차 7.2에 내구 한도를 구하기 위한 계산법이 추가되었고, 피로 강도 집중 계수에 관한 내용에 수학적 모델이 추가되었으며, 평균 응력의 영향을 보이기 위해 헤이(Haigh) 선도가 포함되었다. 또 피로 설계를 위한 파괴역학 기법에 필요한 재료 물성치 데이터도 추가되었다.
- 8장에서는 기계 요소에서 사용되는 전형적인 표면 마무리와 그 제작 방법이 상호 연관되어 추가되었으

며, 흔히 사용되는 베어링 재료에 대한 설명도 포함되었다.

- 11장도 많이 확장되었는데, 키와 세트 스크류에 대한 설명이 늘어났고 스플라인, 핀, 리테이닝 링에 대한 내용과 축 커플링에 대한 새로운 절이 추가되었다.
- 동압 베어링이 운송 기기와 발전소 등에서 널리 쓰임에 따라 그 중요성이 커지고 있다. 12장에서는 스러스트 베어링과 저널 베어링에 관한 수학적 해석을 간단하게 줄이는 대신, 유막과 정압 베어링에 대한 설명을 늘렸다.
- 13장은 최근 구름 요소 베어링의 설계법을 통일시킨 개정 ISO 표준을 반영하기 위해 많은 부분에 걸쳐 새로 쓰였다. 이를 통해 베어링 선정과 해석이 간단해졌음을 설명하였다. 이 책은 가용한 베어링의 종류를 가장 폭넓고 정확하게 보여주는 기계 요소 책이다. 예를 들면, 요즘 쉽게 구할 수 있고 작으면서도 큰 하중을 받을 수 있도록 독특하게 설계된 토로이드 베어링도 포함하고 있다. 수명 보정 계수와 변동 하중의 영향에 대한 논의를 확장하였고, 풍력 발전용 베어링에 대해 상세하게 연구하여 이 장에 실어 놓았다.
- 14장의 평기어 설계 내용은 최신 재료, 특히 최근 자동차에서 흔히 사용되는 분말 금속을 반영하기 위해 수정되었다. 기어의 윤활이 중요하다는 것을 강조하였고, 14.14절에는 평기어의 설계 절차가 포함되었다.
- 15장에서는 정확성을 잃지 않는 범위에서 베벨 기어의 기하 계수들을 단순화시켰다. 또 웜 기어의 설계 절차도 포함시켰다.
- 16장에서는 체결재와 용접에 대한 논의를 확장하였다. 열 영향부가 용접 품질에 있어 중요함을 설명하였고, 용접의 종류와 이들을 해석하는 방법도 제시하였다. 이 장은 마찰 용접, 레이저 용접, 전자빔 용접과 같은 새로운 용접 기법도 포함하고 있다.
- 17장에는 가스 스프링과 파동 스프링이 새로 추가되었다.
- 18장은 시작부에서 브레이크와 클러치에 적용되는 기본 원리, 특히 발열 효과를 다루는 것으로 내용의 구성이 조정되었다. 또, 자동차와 관련된 새로운 적용 예들이 추가되었다.
- 19장은 벨트, 체인, 와이어 로프의 설계에 관한 새로운 표준과 제작사의 권장 사항들을 반영하기 위해 거의 새로 쓰였고, 무음 체인에 대한 내용도 추가되었다.
- 부록들은 재료의 물성치와 파괴 해석의 기하 계수들을 폭넓게 포함하기 위해 확장되었고, 보의 처짐에 대한 부록도 새로 추가되었다. 요즘 학생들은 이런 정보를 인터넷에서 쉽게 구할 수 있지만, 이를 교과서에 담아 두는 것은 여전히 참고 자료로서 유용하다.

이 교재는 4년간의 준비 기간을 거쳐 완성되었는데, 책 전체에 걸쳐 일관성을 유지하고 필요한 곳마다 잘 짜여진 설계 절차를 제공하며 연습 문제를 증강하기 위해 세심한 주의를 기울였다. 저자들은 기계 요소를 공부하는 학생들이 이 교재를 즐기고 이로부터 많은 도움을 받기를 기대한다.

스티븐 R. 슈미트(Steven R. Schmid)
노틀담 대학교(The University of Notre Dame)

버나드 J. 햄록(Bernard J. Hamrock)
오하이오 주립대학교(The Ohio State University)

보 O. 제이콥슨(Bo O. Jacobson)
룬트 대학교(Lund University)

저자 소개

스티븐 슈미트(Steven R. Schmid)는 1986년 일리노이 공과대학(Illinois Institute of Technology) 기계공학과에서 학사 학위를 받고, 트리오다인 사(Triodyne, Inc.)에 입사하여 기계의 고장 원인을 밝히거나 기계 설계에 대해 자문하는 역할을 했다. 그후 노스웨스턴대(Northwestern University) 기계공학과에서 1989년에 석사 학위, 1993년에 박사 학위를 받았다. 1993년에 노틀담 대학교(The University of Notre Dame) 교수가 되었으며 현재 항공기계공학과에서 설계 및 생산 분야의 연구와 교육을 담당하고 있다. 슈미트 교수는 2000년도에 미국 기계학회(ASME)의 Newkirk Award와 생산공학회(SME)의 Parsons Award를 수상한 바 있다. 또 2000년, 2003년, 2010년에 카넵센터(Kaneb Center) 우수강의상을 수상하였고 2003년에는 카넵 펠로우로 봉사하기도 하였다. 슈미트 교수는 기술사(P.E.)와 인증 생산기술자(C. Mfg. E.) 자격증을 가지고 있다. 그는 Kalpakjian과 함께 Prentice Hall 출판사의 *Manufacturing Engineering and Technology*(2014)와 *Manufacturing Processes for Engineering Materials*(2008)를 공저하였다. 또 슈미트 교수는 2012년에 ASME Foundation Swanson Fellowship을 수상하였고, 현재 ASME 펠로우이다.

버나드 햄록(Bernard J. Hamrock)은 1985년에 오하이오 주립대학교(Ohio State Unversity) 기계공학과 교수가 되었으며 현재는 명예교수이다. 오하오 주립대 교수가 되기 전에는 18년 동안 오하이오 주 Cleveland에 소재한 NASA Lewis Research Center에서 연구원으로 일했다. 그는 영국의 리즈 대학교(Leeds University)에서 두 개의 박사 학위(Ph.D. and Doctor of Engineering)를 받았다. 햄록 교수는 연구 결과를 바탕으로 1982년에 Duncan Dowson과 공저한 *Ball Bearing Lubrication*(Wiley Interscience 출간)을 출판하였고, 여러 핸드북에 3개의 장(chapter)을 저술했으며 150여 편의 논문을 게재하였다. 그의 두 번째 저서는 1993년에 출판된 *Fundamentals of Fluid Film Lubrication*(McGraw Hill 출간)이며, 2판은 Steven Schmid 및 Bo Jacobson과 공저하여 2004년에 출판하였다. 수상 실적도 많은데, 예를 들면 1984년에 ASME로부터 Melville Medal을, 1984년 NASA Exceptional Achievement Medal을, 1998년에 Royal Swedish Academy of Engineering Science로부터 Jacob Wallenberg Award를, 그리고 2000년에 ASME로부터 Mayo D. Hersey Award를 받았다.

보 제이콥슨(Bo O. Jacobson)은 스웨덴의 룬트 대학교(Lund University)로부터 두 개의 박사학위(Ph.D. and D.Sc.)를 받았다. 1973~1987년 사이에는 스웨덴의 Luleå Technology University에서 기계 요소 분야 교수로 근무하였다. 1987년에는 네덜란드의 SKF Engineering & Research Centre에 합류하였고, 1987~1991년에는 Chalmers University, 1992~1997년에는 Luleå Technical University에서 교수를 겸직했다. 1997년에 그는 Lund University의 기계 요소 분야 교수로 임명되었다. 제이콥슨 교수는 1981~1982년에 걸쳐 NASA Lewis Research Center의 NRC Research 펠로우였다. 그는 스웨덴 대학에서 사용되는 4개의 개요서를 출판하였고, 1991년에는 *Rheology and Elastohydrodynamic Lubrication*(Elsevier 출간), 2000년에는 J. Kalker와 함께 *Rolling Contact Phenomena*(Springer 출간)를 출판했다. 제이콥슨 교수는 100편 이상의 논문을 저널에 게재하였으며, 1984년에 영국 Institution of Mechanical Engineers에서 수여하는 Gold Medal과 Wallenberg Award를 수상하였다.

차례

8장 윤활, 마찰, 마모

2부 기계 요소

9장 기둥

10장 원통의 응력과 변형

11장 축 및 축 관련 요소들

12장 동압 및 정압 베어링

13장 구름 베어링

14장 일반적인 기어 이론, 평기어

15장 헬리컬, 베벨, 웜 기어

16장 체결재, 이음부 및 운동용 나사

17장 스프링

18장 브레이크와 클러치

19장 유연 동력전달 요소

부록

1부 기초

1

서론

제로백(시속 0~100 km 가속에 걸리는 시간)이 5초 이내이고 100 km 주행에 연료 3리터밖에 소모하지 않는 하이브리드 스포츠카 i8의 컨셉트카. 출처: BMW 제공.

모든 이가 감탄하는 발명, 어떻게 발명하게 되었는지는 잊혀지지. 일단 발명되면 아주 쉬워 보이지만, 한때는 대부분 사람들이 불가능하다고 생각했었지.

존 밀턴

차례

예제

설계 절차

사례 연구

설계는 아마도 현대 산업사회에서 가장 전문화된 영역일 것이다. 설계는 대부분의 공학 교과과정에 있어 필수일 뿐 아니라, 설계전공 학과를 가진 학교도 많다. 설계는 부의 창출, 경제 활동의 개발, 일자리 창출에 있어서 매우 중요하다. 이 장에서는 고객의 요구 사항이나 필요 사항을 만족하기 위해 새로운 기계나 시스템을 개발하는 합성(synthesis)으로서의 설계를 소개한다. 또 설계에서의 해석(analysis)도 다루는데, 이는 다양한 분야의 공학을 활용하여 중요 치수를 결정하고 적합한 재료를 선정하며 최적화하는 등의 활동을 포함한다. 고품질의 제품을 빨리 시장에 출시하기 위해서는 설계 초기에 고체역학, 유체역학, 재료공학, 마케팅, 생산공학, 안전, 환경공학 등 다양한 분야를 통합적으로 적용하는 것이 중요하다. 많은 기계 설계 문제는 정부 규제나 산업 표준 등 강제 조항에 의해 제약을 받는다. 생산의 자동화를 통해 품질 향상과 가격 저하를 동시에 이룰 수 있음은 많이 관찰되어 왔지만, 대부분의 제품은 자동화의 경제성이 담보될 만큼 대량으로 생산되지 않는다. 대량 생산의 이득을 얻는 한 방법으로서 제품 설계에 있어 기계 요소들의 크기와 유형을 표준화할 수 있지만, 이는 유효 숫자, 측정 단위, 치수 표시 등에 있어 복잡한 문제를 초래한다.

기호

n_s	안전 계수
n_{sx}	재료의 품질, 적용 하중의 관리, 응력 해석의 정확성을 고려한 안전 계수
n_{sy}	사용자의 안전과 경제성을 고려한 안전 계수
σ_{all}	허용 수직 응력, Pa
σ_d	설계 수직 응력, Pa

1.1 설계란 무엇인가?

설계 또는 디자인은 사람에 따라 다른 의미를 지닌다. 패션 디자이너는 색상과 질감이 다른 직물로 새로운 옷을 만드는 것을 디자인이라 생각한다. 도예가는 도자기에 그림을 그려 넣는 것을 디자인이라 여긴다. 건축가는 주택의 현관을 멋지게 설계한다. 엔지니어는 카탈로그로부터 감속 장치에 사용하기 적절한 베어링을 선정하는 설계를 한다. 이러한 활동들은 근본적으로 달라 보이지만 공통점을 가지고 있는데, 이들은 모두 창의성, 숙련도 그리고 비전(vision)을 필요로 한다는 점이다.

토마스 트레드골드(Thomas Tredgold)는 공학을 '자연의 힘을 활용하여 인간의 편의성을 높이는 예술(art)'이라고 정의하였다(Florman, 1987). 하지만 공학에 대한 이 정의는 60여 년 전의 것이고, 현대인들은 (이러한 정의를 제외하고는) 한 문장에서 '공학'과 '예술'이라는 두 단어를 함께 사용하는 일이 거의 없다. 많은 제품들이 기술 이외의 이유, 즉 수학적으로 설명할 수 없는 이유로 성공한다. 한편, 수학으로 풀 수 있는 문제도 많이 있는데 이들은 보통 태생적으로 지나치게 많은 제약 조건을 가지고 있다. 설계 혹은 디자인 문제들은 거의 예외 없이 딱딱한 과학과 말랑말랑한 창의력을 함께 사용해 풀어야 하는 개방형 문제(open-ended problem), 즉 답이 유일하지 않은 문제이다. 이러한 점에서, 공학 문제의 일부는 해석적으로 해결되기도 하지만, 대부분의 공학은 진정한 예술이라 할 수 있다.

이 교과서에 부합하는 정의를 내리면, **설계**(design)는 개념과 아이디어를 유용한 기계로 변환하는 것이다. 여기서 **기계**(machine)란 특정한 목적을 위해 에너지, 하중, 운동을 변환하거나 전달하거나 사용하는 기구(mechanism)와 부품의 조합이다. 공학에 대한 트레드골드의 정의를 받아들인다면, 기계 설계는 공학의 기본적인 적용 예가 된다.

기계는 여러 기계 요소들이 적절히 설계되고 배치되어 함께 하나처럼 작동하는 것이다. 설계자는 설계 과정 중에 하중, 기구학, 재료 등에 대해 기본적인 결정을 내려야 한다. 또한 강도, 신뢰도, 변형, 마찰공학(마찰, 마모, 윤활), 비용, 공간 제약 등의 다양한 인자들도 고려해야 한다. 설계의 목적은 상당 기간 동안 고장 없이 작동할 만큼 튼튼할 뿐 아니라 경제적으로도 타당한 기계를 만드는 것이다. 시장성, 제품에 대한 법적 책임, 윤리성, 정치적 특성 등 비공학적인 성격의 결정도 설계 초기에 이루어져야 한다. 이와 같은 결정을 모두 할 수 있는 사람은 거의 없으므로 실제 기계 설계는 다양한 전공자가 모여 학제적으로 노력함으로써 이루어진다.

이 교과서는 이와 같은 다양한 전공 중 하나인 기계공학을 강조하는 책이다. 따라서 힘, 에너지, 온도와 같이 엔지니어에게 친숙한 물리량의 계산과 고찰을 다룬다.

'자연에 존재하는 위대한 힘의 원천을 활용'하여 기계를 설계하려면 엔지니어는 다양한 기계 요소의 기능과 그들이 전달할 수 있는 하중의 유형을 알아야 한다. **기계 요소**(machine element)는 수직력 또는 토크를 전달하거나 에너지를 흡수하거나 밀봉하는 **기능**(function)을 한다. 흔히 사용되는 하중 전달 요소에는 구름 요소 베어링, 동압 베어링, 러빙(rubbing) 베어링 등이 있다. 그리고 브레이크와 댐퍼(damper)는 에너지 흡수 요소이다. 이 책의 2부에 등장하는 모든 기계 요소들은 이와 같은 그룹들로 분류될 수 있다.

공학자는 엔지니어 윤리강령(ASME 2012)의 첫 번째 기본 규율에 명시되어 있듯이 제품이 안전하고 사용 가능하도록 잘 설계해야 한다.

> 엔지니어는 전문적인 직무를 수행함에 있어 대중의 안전, 건강, 복지를 최우선으로 삼아야 한다.

안전한 제품을 설계한다는 것은 주어진 하중 환경을 견뎌낼 만큼 부품들이 충분히 크고 강하며 강인하도록 설계함을 의미하며, 이를 위해 많은 문제를 극복해야 한다. 민감하면서도 매우 중요한 개념은 엔지니어에게는 일반 대중의 복지(welfare)를 보호해야 할 의무가 있다는 점이다. 여기서 복지란 경제적인 부요를 포함하며, 성공적인 공학 혁신이 부요와 일자리 창출을 낳는다는 것은 잘 알려진 사실이다. 그러나 너무 비싼 제품은 시장에서 실패할 수밖에 없다. 마찬가지로 기능을 제대로 하지 못하는 제품도 실패한다. 경제성과 기능성은 항상 매우 중요하므로, 안전하고 경제적이며 기능을 다 하는 설계가 좋은 설계이다.

1.2 기계 시스템의 설계

기계 시스템(mechanical system)은 기계 부품들이 서로 상승 작용을 일으키도록 모아 놓은 것을 의미한다. 시스템의 기능은 부품들의 기능의 합보다 크다는 점에서 상승 효과가 있다고 한다. 예를 들어, 기어, 스프링, 캠들의 조합에 불과한 기계식 시계가 시간을 측정하는 기능을 갖는 것이 상승 효과이다. 기계 시스템의 설계를 잘 하려면 상당한 융통성과 창의력이 필요하다. 창의력은 기존의 성공적인 설계를 많이 알수록 향상될 수 있는데, 실제로 이미 입증된 시스템들의 부품을 모아 기계 시스템을 설계하는 경우도 흔하다.

기계 시스템을 설계하는 일은 부품들을 단순히 선택하는 것과 다르다. 시스템이 요구 조건에 의해 부품의 기능에 대한 요구 조건이 명백하게 주어지는 경우도 많지만, 수천 또는 수백만 개의 부품으로 구성되는 대형 기계 시스템을 설계하는 것은 이보다 훨씬 개방적이고 자유도가 높은 문제이다.

우수한 기계 시스템을 설계하려면, 기계 요소에 대한 상당한 지식과 경험이 필요하다. 기계 요소의 설계와 이들의 선정 방법에 대해 공부하면 각 부품이 갖는 강점과 한계를 알게 된다. 그러면 부품들을 보다 쉽고 적절하게 모아 시스템을 구성할 수 있다. 예컨대, 설계자가 웜 기어나 접시 스프링의 존재 자체를 모른다면 이들을 기계 시스템에 활용할 수 없음은 자명하다.

문제 풀이를 연장 상자(toolbox)에 비유하여 간단하게 말한다면, "당신의 연장이 망치뿐이라면 풀 수 있는 문제는 못뿐이다." 기계 요소에 대해 공부하는 목적은 연장 상자를 가득 채워 문제 풀이와 설계에 있어 유연하고 자유로울 수 있도록 하기 위함이다.

1.3 설계는 다학제 노력

1980년대에 제조업계를 변혁시킨 품질 혁신은 기업들과 엔지니어들이 제품을 개발하는 접근 방식을 영구히 바꾸어 놓았다. 그 이전의 전형적인 설계 프로세스(그림 1.1a)에서는 기계 요소를 설계하는 기량이 핵심적인 역할을 했다. 이 프로세스는 제2차 세계대전 이후의 미국에서 공통적으로 사용되었다.

이 방식을 묘사하기 위해 *벽너머설계*(over-the-wall engineering, OTW)라는 용어가 사용되었다. 이것은 한 작업자가 자신의 기량을 적용하여 얻은 결과를 벽너머에 있는 다음 단계의 작업자에게 넘겨주는 방식이다. 이 방식의 설계가 가끔은 모든 단계를 무난히 통과하여 제품이 몇 주 또는 몇 개월 만에 출시되기도 하였다. 그러나 이런 경우는 매우 드물고 대부분의 경우 과정 중에 문제가 발견되었다. 예를 들면, 생산 엔지니어가 공작물을 밀링머신 고정구에 물리기가 너무 어렵다고 개선을 요구한다. 그러면 설계 엔지니어는 설계를 변경한 후 그 결과를 다음 단계로 다시 넘기게 된다. 또 재료 담당자가 재료 선정에 문제가 있으니 다른 재료를 선정해 달라고 요청할 수 있다. 그러면 설계 엔지니어는 또 재료를 변경한 후 다시 프로세스를 시작하게 된다. 이러한 과정은 끝없이 반복될 수 있고 이는 제품 개발에 긴 시간이 걸림을 의미한다. 따라서 1970년대와 1980년대에 이 접근방법에 변화가 생기게 되었다.

그림 1.1b는 보다 최신의 설계 프로세스를 보여 준다. 여기에도 제품 개념설계로부터 시작하여 시장 출시에 이르는 흐름은 그대로 존재하지만, 설계 단계에서 다양한 분야 사람들이 직접 관여한다는 점이 다르다. 다양한 분야의 사람들이, 벽너머설계 방식에서처럼 순차적으로가 아니라 동시에 관여하는 것이다. 해석이나 제조와 같은 몇몇 과업은 기술적인 내용이지만, 시장 분석과 같은 나머지는 대부분 그렇

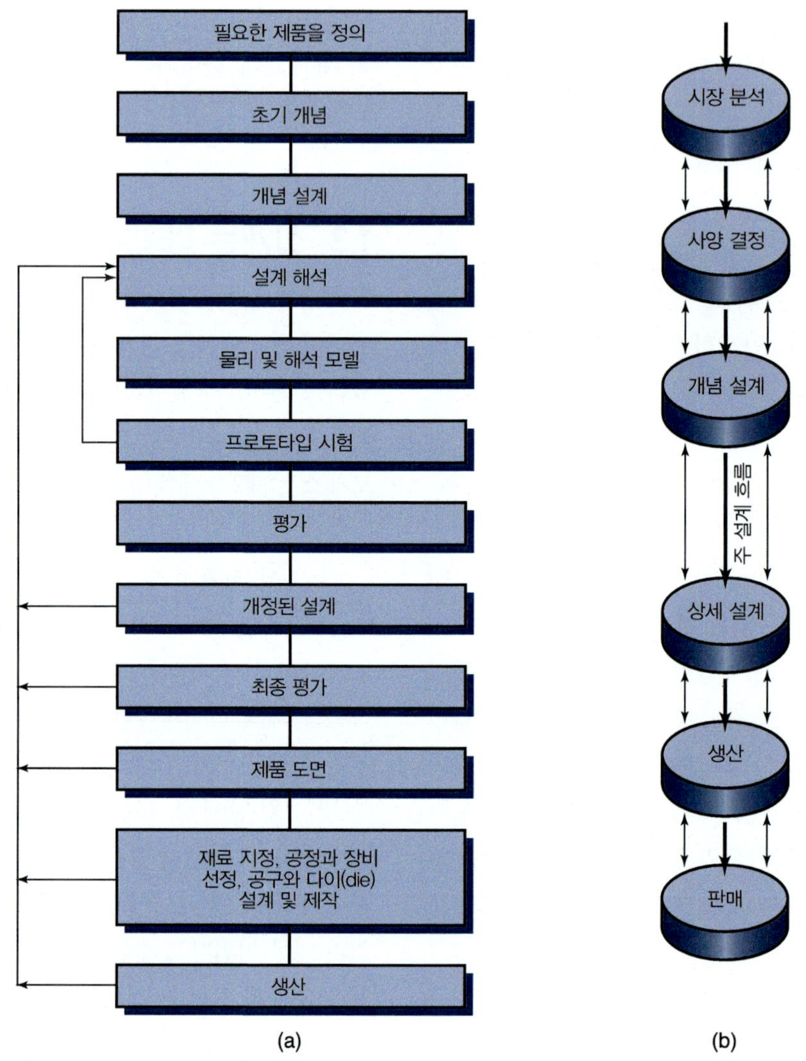

그림 1.1: 제품 개발 접근법. (a) 벽너머설계의 특징인 광역 반복을 보이는 전통적 접근법. 출처: Kalpakjian and Schmid(2003). (b) 주 설계 흐름이 있고 동시공학의 입력을 나타내는 작은 반복이 포함되는 최신 접근법. 출처: Pugh(1996).

지 않다. **동시 공학**(concurrent engineering)이란 다양한 분야의 사람들을 설계의 초기부터 제품 개발의 전 과정에 걸쳐 참여시키자는 철학을 의미한다. 그 결과, 불필요한 노력을 줄일 뿐 아니라 제품의 품질이 향상되고 제품 개발이 빨라진다. 여전히 반복적인 설계 변경이 일어나지만, 반복 루프(loop)의 크기가 작아져 낭비되는 시간, 노력, 비용이 적어진다. 또 설계 결함이 초기에 발견되어 수정된다. 예컨대 신제품의 개념설계 단계에서 애프터서비스 담당자가 이전 제품에서 흔히 발생한 부품 파손에 대해 알려주면, 설계자는 이 문제를 초기에 수정할 수 있다. 이러한 방식의 설계 결함 수정은 이전의 설계 방식이나 경영 구조에서는 일어날 수 없었던 일이다.

설계에 있어 또 하나의 중요한 개념은 제품 출시까지의 시간(time to market)이다. 고품질의 제품을 시장에 조속히 내놓는 것은, 빠른 변화로 인해 제품 수명이 수개월로 줄어든 소비자 전자제품 업계에서는 일반적인 일이 되었다. 출시 시간을 최소화하는 것은 개발 비용을 줄이는 데도 필수적이다. 뿐만 아니라 경쟁사보다 앞서 신제품을 출시하면 높은 시장 점유율과 이윤을 누릴 수 있다. 따라서 경쟁사보다 몇 주일 아니 며칠이라도 일찍 신제품을 출시하는 제조사들이 판매 우위를 점하게 된다. 또 동시공학을 이용하여 제품 개발 시간을 줄임으로써 글로벌 시장에서도 기업의 경쟁력을 크게 증대시킬 수 있다.

동시 공학은 설계 엔지니어에게 막대한 영향을 미쳐왔다. 설계 엔지니어는 더 이상 홀로 일할 수 없고 반드시 그룹 토론이나 그룹 품평에 참여해야 하고, 우수한 의사 소통 능력을 필요로 한다. 기계를 설계하는 일은 이제 협동적인 일이 되었다.

많은 전공이 제품 개발에 있어 각자 나름의 역할을 하는 것은 틀림없지만, 설계 엔지니어는 자신의 전공에만 집중하고 나머지는 다른 사람들에게 의존해서는 안 된다. 설계 엔지니어는 다른 분야에 있어서도 용어를 이해하는 정도는 알고 있어서 이들을 하나의 설계 프로세스에 통합시킬 수 있어야 한다. 따라서 현대의 엔지니어들은 재료과학, 법학, 마케팅 등 여러 분야의 전문가는 아니더라도 그들의 용어를 사용할 줄은 알아야 한다.

1.4 기계 요소의 설계

설계 프로세스는 개발할 기계 시스템을 정하는 것으로부터 시작된다. 다음으로는 사용할 기계 요소의 종류를 선정해야 하는데, 이는 이후에 여러 번으로 변경될 수 있다. 적합한 기계 요소를 설계하는 일은 보통 다음 단계로 이루어진다.

1. 기능을 고려하여 적절한 요소 종류 선정
2. 적절해 보이는 요소의 크기 예측
3. 요구 조건과 제약 조건을 고려하여 요소의 성능 평가
4. 최적의 성능을 낼 수 있도록 요소의 설계와 크기 변경

상기 프로세스 중 마지막 두 단계는 공학 해석에 익숙하고 해당 분야의 기본 원리를 이해하는 사람에게는 쉬운 일이다. 하지만 1, 2단계는 창의적인 결정 능력을 필요로 하므로, 많은 경우 설계에서 가장 어려운 부분이다.

기능에 맞는 요소의 종류가 적절하게 정해진 후 기구학, 하중, 응력 등의 해석을 통해 기계 요소를 설계한다. 선정된 재료와 함께 이러한 해석을 수행함으로써 응력, 변형률, 강도의 평가가 가능하고 (1.4.1절에서 설명할) 안전 계수를 구할 수 있다. 어떤 기계 요소의 설계에서든지 가장 중요한 질문은 그 요소가 사용 중에 파손될 것인가이다. 엔지니어를 포함하여 대부분 사람들이 **파손**(failure)은 요소가 실제로 부서지는 것이라고 생각한다. 부서지는 것이 파손의 한 종류이기는 하지만 설계 엔지니어는 부품 파손의 기준을 폭넓게 이해해야 한다.

기계 요소는 다음의 경우에 파손된 것으로 본다.

1. 요소가 전혀 작동하지 않게 되는 경우
2. 요소가 아직 작동은 하지만 의도된 기능을 만족스럽게 할 수 없는 경우
3. 심각하게 쇠퇴되어 계속 사용하기에 신뢰할 수 없거나 안전하지 않아, 즉시 사용 중지하고 수리하거나 교체해야 하는 경우

설계 엔지니어의 역할은 파손이 일어날 상황을 예측하는 것이다. 이러한 상황은 부재(member)의 내부에서 발생하는 응력-변형률-강도 관계뿐 아니라 마찰, 마모, 윤활, 환경 부식 등 부재의 표면에서 일어나는 현상으로 표현된다.

설계의 원리는 보편적이다. 크기, 재료, 하중 조건이 바뀌어도 각 경우에 대한 해석 결과는 동일하게 유효하다. 그러나 해석 결과를 절대적이라서나 최종적인 진실로 받아들여서는 안 된다. 모든 해석 결과는 여러 가정에 근거하고 있고 한정된 적용 범위를 가지고 있기 때문이다. 따라서 설계자는 다음과 같은 사항들을 적절히 조치했는지를 수시로 검토하고 확인해야 한다.

- 대안이 될 수 있는 설계를 모두 검토했는가?
- 의도한 기능이나 성능을 저해하지 않으면서, 설계를 보다 단순화하거나 부품의 개수를 줄일 수 있는가?
- 크기와 무게를 줄일 수 있는가?
- 제품이나 부품에 있어 불필요한 형체(feature)가 있는가? 있다면 이들을 제거하거나 다른 형체와 합할 수 있

는가?

- 유사한 제품군의 설계에 있어 또는 제품의 유지보수, 수리, 업그레이드, 설치 등에 있어 모듈 설계(modular design)나 빌딩 블록(building block) 개념을 적용할 생각을 해보았는가?
- 도면에 명시된 공차나 허용 표면거칠기가 불필요하게 작아 생산 비용이 증가되지 않는가? 부작용 없이 이들을 완화할 수 있는가?
- 유지보수, 수리, 부품 재활용 등을 위해 제품을 조립하거나 분해하는 것이 어렵거나 지나치게 오랜 시간이 걸리는가?
- 체결재의 개수와 종류가 최소화되어 있는가?
- 환경에 대해 고려했고, 이를 재료와 공정의 선택과 제품 설계에 반영하였는가?
- 재활용에 대한 고려를 포함하여 친환경 설계와 생애 주기 공학(life-cycle engineering) 원리를 적용하였는가?

설계를 위해 수행하는 해석은 기계 요소의 강도 및 변형을 예측하여 그 요소가 원하는 기간 동안 부과된 하중을 안전하게 견딜 수 있도록 하려는 것이다. 해석에서 사용하는 재료의 성질은 축하중, 굽힘, 비틀림, 횡전단 또는 조합 하중 등 하중의 종류는 물론이고 정적, 지속적, 충격적 또는 반복적 하중 등 하중의 시간 특성에 따라서도 달리 가정해야 한다. 이러한 하중 조건은 같은 기계에서도 요소마다 다를 수 있으므로, 설계 엔지니어는 이에 주의해야 한다.

1.4.1 기계 설계에서의 안전

3000여 년 전 바빌론의 함무라비(Hammurabi) 법전은 다음을 요구하고 있다.

> 만일 어떤 자가 다른 자를 위해 건물을 지었으나, 튼튼히 짓지 못해 건물이 무너져 그 건물의 소유주가 죽었다면, 건물을 지은 자를 사형에 처한다.

이와 비교하면 요즘 엔지니어의 책임은 훨씬 적다고 할 수 있다. 현대의 법령은 안전하지 못한 제품의 생산자나 설계자에게 사형을 요구하지는 않는다. 그러나 벌칙이 어떻든 엔지니어들은 합리적인 수준의 안전성을 갖춘 제품을 생산해야 할 도덕적, 법적 의무가 있다. 이 문제의 해결에 도움을 주는 다양한 기본 개념과 도구가 개발되어 있다.

안전 계수

동일한 재료로 만들어진 시편 500개로 인장시험을 하면, (측정 장치의 정밀도와 정확도가 충분한 경우) 500개의 항복 강도 값을 얻게 된다. 어떤 재료들은 강도 값이 넓은 범위에 분포되지만, 다른 재료들의 경우에는 대체로 항상 보장되는 최소 강도를 찾을 수 있다. 그러나 엔지니어가 설계에서 보통 사용하는 값은 이 값이 아니다.

설계 엔지니어는 소규모의 인장시험 결과로부터 구해지는 강도 값보다 약간 낮은 값을 재료의 강도, 즉 허용 응력으로 상정한다. 이때 **안전 계수**(safety factor)는 다음과 같이 표현될 수 있다.

$$n_s = \frac{\sigma_{\text{all}}}{\sigma_d} \tag{1.1}$$

여기서 σ_{all}는 허용 수직 응력이고 σ_d는 설계 수직 응력이다. $n_s > 1$이면 설계가 적절히 된 것이고, n_s값이 클수록 설계가 더 안전한 것이다. $n_s < 1$이면 설계가 잘못된 것이고 재설계가 필요하다. 이 책의 장들, 특히 6장에서 σ_{all}과 σ_d에 대해 더 배우게 된다. 이 절의 나머지는 식 (1.1)의 좌변에 초점을 맞추고 있다.

공학설계 문제에 포함되어 있는 다양한 인자들을 정확히 알기는 어렵다. 그런 인자 중 하나가 부품의 형상이다. 불규칙한 형상을 갖는 부품에 대해서는 응력을 정확하게 계산하는 식이 없다. 또 하중 조건이 불확실할 때도 있다. 예를 들면 자전거 안장과 프레임에 작용하는 하중은 자전거를 타는 사람의 크기, 자전거의 속도, 도로 돌출부의 크기에 따라 달라진다. 또 다른 인자는 부품의 파손에 따른 결과인데, 부품의 파손이 인명을 위협한다면 그렇지 않은 경우보다 더 주의 깊은 고려가 필요하다.

이와 같이 불확실하거나 알지 못하는 인자들에 대비하기 위해 안전 계수를 사용한다. 학생들은 종종 그들이 수행한 설계의 안전 계수가 얼마인지 또는 설계할 때 얼마의 안전 계수 값을 사용해야 하는지 등의 질문을 받는다. 안전 계수는 때로 법규에 정해져 있지만, 그들도 보통 설계 경험에 의해 정해진 것이다. 즉, 설계 엔지니어들이 수많은 제품의 성능을 관찰하여 특정한 안전 계수 값이 충분함을 확실하게 알게 된 것이다. 새로운 설계에서는 종종 유사한 제품의 과거 설계에서 적절했던 안전 계수 값을 사용한다.

특정한 용도를 위한 특수한 설계 경험을 안전 계수에 대한 예제로 삼아 토론하거나 가이드라인으로 간주하는 것은 적절하지 못하다. 아래에서 설명할 퍽슬리(Pugsly)법(1966)은 안전 계수 설정에 사용될 수 있는 방법이지만, 실제 설계에서의 안전 계수는 보다 모호하게 결정된다는 점과 이 방법이 너무 낮은 안전 계수 값을 주므로 실제로 사용하기에 보수적이지 않다는 점을 명심해야 한다. 퍽슬리는 다음 식으로 안전 계수를 체계적으로 결정하였다.

$$n_s = n_{sx} n_{sy} \tag{1.2}$$

여기서

n_{sx} = 특성 A, B, C를 고려한 안전 계수

A = 재료, 작업자 기량, 관리, 검사의 질

B = 부품에 적용되는 하중의 관리 정도

C = 응력 해석, 실험 데이터 또는 유사 제품에 대한 경험의 정확성

n_{sy} = 특성 D, E를 고려한 안전 계수

D = 사람에 대한 위험 정도

E = 경제적인 충격 정도

표 1.1은 A, B, C 상태의 모든 조합에 대한 n_{sx}값을 보여 준다. 이 표를 이용하려면 각 특성의 상태가 매우 우수(vg), 우수(g), 보통(f), 불량(p) 중 어느 것에 해당하는지 평가해야 한다. 표 1.2는 D, E 상태의 조합에 대한 n_{sy}값을 보여 준다. 이 표를 이용하려면 특성들이 매우 심각(vs), 심각(s), 심각하지 않음(ns) 중 무엇에 해당하는지 평가해야 한다. 이렇게 구해진 n_{sx}와 n_{sy}값을 식 (1.2)에 대입하여 안전 계수를 구하면 된다.

안전 계수를 구하는 간단한 방법이기는 하지만, 퍽슬리법은 안전 계수 선정과 관련한 우려가 무엇인지를 보여 준다.

표 1.1: 안전 계수 관련 특성 A, B, C.

특성[a]		특성 B			
A	C	vg	g	f	p
vg	vg	1.1	1.3	1.5	1.7
	g	1.2	1.45	1.7	1.95
	f	1.3	1.6	1.9	2.2
	p	1.4	1.75	2.1	2.45
g	vg	1.3	1.55	1.8	2.05
	g	1.45	1.75	2.05	2.35
	f	1.6	1.95	2.3	2.65
	p	1.75	2.15	2.55	2.95
f	vg	1.5	1.8	2.1	2.4
	g	1.7	2.05	2.4	2.75
	f	1.9	2.3	2.7	3.1
	p	2.1	2.55	3.0	3.45
p	vg	1.7	2.15	2.4	2.75
	g	1.95	2.35	2.75	3.15
	f	2.2	2.65	3.1	3.55
	p	2.45	2.95	3.45	3.95

[a] vg = 매우 우수, g = 우수, f = 보통, p = 불량
A = 재료, 작업자 기량, 관리, 검사의 질
B = 부품에 적용되는 하중의 관리 정도
C = 응력 해석, 실험 데이터 또는 유사 제품에 대한 경험의 정확성

표 1.2: 안전 계수 관련 특성 D, E.

특성 E[a]	특성 D		
	ns	s	vs
ns	1.0	1.2	1.4
s	1.0	1.3	1.5
vs	1.2	1.4	1.6

[a] vs = 매우 심각, s = 심각, ns = 심각하지 않음
D = 사람에 대한 위험 정도
E = 경제적인 충격 정도

우리는 재료 강도나 하중과 같은 많은 값들을 정확하게 알지 못하고 공학 해석 결과를 믿기 어려운 경우도 있다. 이러한 이유 때문에 안전 계수를 때로 '무지 계수(ignorance factor)'라고도 하는데, 이는 정도의 차이는 있지만 대부분이 설계 엔지니어가 겪고 있는 무지를 보상한다는 의미이다. 퍽슬리법은 기본적인 가이드 역할을 할 뿐 보수적이지 않고, 실제 사용되는 대부분의 안전 계수는 식 (1.2)로 계산되는 값보다 훨씬 높다. 예제 1.1이 이를 보여 준다.

예제 1.1

엘리베이터 와이어 로프의 안전 계수

조건 어떤 건물에서 20층까지 승객을 실어 나르는 엘리베이터에 와이어 로프(wire rope)가 사용되고 있다. 엘리베

이터에 50%의 과하중이 작용하면 안전 스위치가 작동하여 모터가 정지되게 설계되어 있다.

문제 안전 계수는 얼마로 해야 하는가?

풀이 다음과 같은 값을 사용한다.

A = vg (인명 피해가 우려되어 잘 관리하므로)
B = f 또는 p (큰 과하중이 발생할 수 있으므로)
C = vg (잘 관리하므로)
D = vs (20층에서 낙하하면 사망할 수 있으므로)
E = vs (소송 가능성이 있으므로)

표 1.1과 1.2를 사용하여 안전 계수를 계산하면

$$n_s = n_{sx} n_{sy} = (1.6)(1.6) = 2.56$$

B가 f 또는 p이므로 n_{sx} = 1.6이라는 값은 표 1.1의 값들로부터 보간법으로 구한 것이다. 만일 하중에 대한 관리를 잘 한다면 n_{sx}를 1.0까지 낮출 수 있고 그렇게 되면 안전 계수는 1.6이 될 수 있다.

산업표준(ANSI 2010)에서 정한 바에 따르면, 이 예제와 같은 상황의 안전 계수는 7.6~11.9이다. 1.4.2절에서 설명하듯이 산업표준은 매우 중요하며, 따라서 퍽슬리법을 사용할 때 주의해야 함은 자명하다.

생산물 책임

제품을 출시할 때 제품의 안전성은 중요한 고려 대상이다. 설계 엔지니어는 시스템의 안전을 평가할 때, 인체에 상해를 일으킬 수 있는 **위험요소**(hazard)와 함께 위험요소로부터 상해가 발생할 확률을 의미하는 **위험도**(risk)도 고려해야 한다. 불행히도 이러한 평가는 대부분 정성적이고, 정성적으로 결정된 위험요소와 위험도의 조합에 의해 합격 또는 불합격 판정을 하게 된다.

안전한 제품을 제공해야 한다는 윤리적인 관점에서 엔지니어의 책임은 명백하지만, 법 체계도 다양한 법 이론을 통해 제품 설계자 및 생산자가 사회의 기대에 부응하도록 강제하고 있다. 대체로 통용되는 법 이론들은 다음과 같다.

- **매수자 위험 부담(Caveat Emptor).** "매수자가 주의해야 한다"는 의미로서 로마 법에 근거한 원칙이다. 결함이 있거나 위험하게 설계된 제품을 구매하거나 사용한 자가 손해를 회복할 수 있는 법적 수단이 없다. 이 철학은 현대 사회의 국제 통상 및 고품질 제품 개념과 부합하지 않지만, 여기서는 역사적인 중요성 때문에 언급하였다.

- **과실(Negligence).** 과실 이론이란, 합리적이고 신중한 사람(들)이 유사한 상황에서 했을 행위를 피고가 하지 않은 경우 손해에 대한 책임이 있다는 의미이다. 과실 이론이 적용되려면 피해자 또는 *원고*가 다음을 입증해야 한다.

  1. *피고*가 일상적인 주의 기준을 지키지 않았다.
  2. 주의 기준을 어긴 것이 사고의 *근인*(proximate cause)이다.
  3. 원고의 기여과실(contributory negligence)이 사고의 원인이 아니다.

- **엄격 책임(Strict liability).** 엄격 책임 원칙에서는 원고의 행위는 문제가 되지 않고 기계(또는 제품)에 중점이 있다. 이 원칙에 의해 원고가 손해를 회복하려면 다음을 입증해야 한다.

  1. 결함으로 인해 제품의 위험성이 불합리하게 커졌다. (예컨대 브레이크 스터드(stud)를 기계 프레임에 고정하는 볼트가 너무 작거나 균열을 가지고 있는 경우)
  2. 기계가 생산자의 손을 떠날 때 그 결함이 존재하고 있었다. (즉, 생산자가 균열 있는 볼트를 제품에 사용했다.)
  3. 그 결함이 사고의 근인 중 하나이다. (즉, 그 볼트가 부서져 브레이크 스터드가 기계에서 떨어져 나왔고 그로 인해 기계를 멈출 수 없어 사고가 발생했다.) 여기서 유의할 점은, 원고의 행위가 사고에 기여했는지는 고려 대상이 아니므로 결함이 사고의 유일한 근인임을 보일 필요는 없다.

- **비교 과실(Comparative fault).** 미국 법정에서 점점 많이 사용되는 이론으로서, 배심원단이 사고의 책임을 원고와

피고에게 배분하는 방식이다. 예를 들면, 배심원단이 사고의 75% 책임이 원고에게 있다고 결정하는 경우, 그에 상응하여 보상금을 줄여 받게 된다.

- **고의적 위험행위(Assumption of risk).** 고의적 위험행위 원칙이란, 드물기는 하지만 원고가 목적을 가지고 인지한 상태에서 의도적으로 위험한 행동을 했다면 피해 회복에 있어 제한을 받는다는 것을 의미한다.

엔지니어에게 요구되는 하나의 중요한 의무는 제품이 의도된 용도는 물론이고 *합리적으로 예상할 수 있는 오용*에 있어서도 합리적인 수준의 안전성을 가져야 한다는 것이다. 예를 들면, 의자는 사람이 앉을 때(즉 의도된 용도로 사용될 때), 구조적으로 튼튼하고 안정적이어야 한다. 게다가 의자는, 예컨대 전구를 갈기 위해 그 위에 올라섰을 때에도 안정적이어야 한다. 의자는 앉는 용도로 설계된 것이므로 그 위에 올라서는 것은 오용이라고 주장할 수 있고 이 주장이 맞다고 볼 수도 있겠지만, 의자 위에 올라서는 것은 예상할 수 있는 용도이므로 설계자는 이를 고려해야 한다. 미국 대부분의 주에서 제조사가 합리적으로 예상할 수 없는 오용까지 고려할 법적 책임은 없다.

기업이 안전한 제품을 생산해야 한다는 법 원리와 윤리적 요구 조건은 대체로 일치한다. 그러나 법 체계가 때로 엔지니어가 지키기 어려운 것을 요구하기도 한다. 예컨대 뉴저지 법원은 베이커 대 럴(Baker vs. Lull) 사건에서, 알 수 없는 사항에 대해서도 경고해야 하는 위임 불가능한 의무가 제품 생산자에게 있다고 판결했다.

책임 방지(liability proofing)란 다른 이점 없이 제품에 대한 책임을 경감할 의도만으로 새로운 형체를 추가하는 관행을 의미한다. 이는 기계의 안전성을 저하시킬 수 있다. 예를 들면, 기계에 매우 많은 경고문을 붙임으로써 책임 방지를 꾀하는 경우, 작업자가 다 읽기 귀찮아 경고문 전체를 무시하게 된다. 이 경우, 경고를 통해 효과적으로 피할 수 있었던 위험성이 잡음에 묻혀 버림으로써 안전에 더 큰 문제가 생길 수 있다.

사례 연구 1.1

메이슨 대 캐터필라 트랙터 사 (Mason vs. Caterpillar Tractor Co.)

윌마 메이슨(Wilma Mason)은 남편이 캐터필라 트랙터의 스파이크 박힌 궤도를 수리하다 치명적인 상처를 입어 사망한 후, 제조사를 상대로 손해 배상 소송을 제기했다. 남편 메이슨 씨는 트랙터의 궤도를 큰 해머로 두드려 수리하던 중, 작은 금속 조각 하나가 튀어 나왔고 그것에 맞아 치명상을 입었다. 원고는 트랙터 궤도에 결함이 있었다고 주장했는데, 그 이유로 피고가 궤도를 적절하게 열처리하지 않았고 충분한 탄소를 함유한 강재를 사용하지 않았으며 피해자에게 위험성에 대해 경고하지 않았다는 점을 들었다.

1심과 상급심 법정은 피고에게 유리한 약식 판결을 하였다. 즉 제품이 생산자의 손을 떠날 때 결함이 있었음을 원고가 입증하지 못했다고 판결했다. 또 남편 메이슨 씨는 10 kg에 달하는 큰 해머를 최대로 크게 휘둘러 궤도의 튀어나온 부분을 때렸는데, 사람들이 트랙터의 궤도를 큰 해머로 수리하고 재조립한다는 것을 피고가 알았다는 증거가 없다. 법정은 또 피해자가 보안경을 쓰고 있었다는 점에 주목하면서 피해자가 다칠 위험이 있음을 인지하고 있었다고 적시했다.

안전설계 체계

일반적으로 받아들여지는 설계의 규칙 중 하나는 **안전설계 체계**(safety hierarchy)인데, 이는 생산자나 설계자가 위험에 대처하기 위해 순차적으로 사용해야 하는 단계를 말한다. 이 단계는 설계 절차 1.1에 나타나 있다. 설계를 통해 위험요소를 제거하는 것은 다양한 방법을 통해 이루어질 수 있다. 예를 들면, 합리적으로 생각할 때 파손이 일어나지 않도록 요소를 설계하는 것이 한 방법이다. 또한 부상을 일으킬 수 있는 부분을 없애거나 제품을 사람들로부터 멀리 떨어지게 하는 것도 합리적인 접근 방법이다.

이 책의 중점은 파손 확률을 줄이거나 없애기 위해 부품들을 기계공학적으로 해석하고 설계하는 접근 방법에 있다. 이는 엔지니어가 안전한 제품을 공급하기 위해 요구되는 기본 기량 중 하나이다.

설계 절차 1.1

안전설계 체계

설계자는 합리적인 수준의 안전을 담보하기 위해 아래 행위를 순서대로 수행해야 한다.

1. 설계를 통해 위험요소 제거
2. 보호 기술을 통해 위험성을 줄이거나 위험요소 제거
3. 위험에 대한 경고
4. 훈련과 교육
5. 개인 안전장구 제공

위의 리스트에서 앞쪽 단계가 뒤쪽 단계보다 안전 문제를 개선하는 효과가 크다. 즉 설계를 통해 위험요소를 제거하는 것이 보호 기술을 쓰는 것보다 효과적이고, 보호 기술이 경고보다 효과적이다. 효과적인 설계의 중요성은 아무리 강조해도 지나치지 않다.

파손 모드 및 효과 분석과 고장 수목 분석

설계 엔지니어가 공통으로 사용하는 도구 중에 **파손 모드 및 효과 분석**(failure mode and effects analysis, FMEA)과 **고장 수목 분석**(fault tree analysis, FTA)이 있다. FMEA는 부품이 고장났을 때 전체 시스템에 미치는 영향을 분석하는 것이다. 이 기법을 적용하면 모든 부품에 대해 예상 가능한 고장 모드를 빠짐없이 고려하게 된다.

FMEA는 융통성 있게 사용할 수 있는데, 적용하고자 하는 문제에 맞게 스프레드시트(spreadsheet)를 만들어 쓰면 된다. 예를 들어, 부품을 조립하는 작업 절차에 적용하여 꼭 필요한 훈련이나 경고할 사항을 알아낼 수 있다.

FTA에서는 FMEA에 통계 데이터를 포함시켜 (가능한 파손 모드가 아니라) 가장 일어나기 쉬운 모드를 찾을 수 있다. 때로 실제 데이터가 존재하지 않는 경우에는 엔지니어의 판단에 의해 일어나기 쉬운 파손 모드를 정성적으로 찾을 수도 있다.

앞서 설명한 바와 같이, 기계 설계자는 안전한 제품을 제공하고 제품의 의도된 용도 뿐 아니라 예상할 수 있는 오사용까지 고려해야 하는 법적 의무가 있다. FMEA와 FTA를 사용하면, 예측하기 어려운 오사용을 보다 쉽게 찾을 수 있다. 예컨대 항공기 설계자는 항공기와 운석의 충돌을 하나의 가능한 하중으로 생각할 수 있다. 그러나 운석과의 충돌로 항공기 사고가 발생한 적이 없고 그럴 가능성도 극히 낮으므로, 이런 일은 합리적인 범위에서 예상할 수 없는 것으로 간주하고 무시할 수 있다.

하중의 재분포, 잉여, 고장에도 안전한 설계, 위험경고형 설계

FMEA와 FTA의 이점 중 하나는 이들이 설계 엔지니어로 하여금 각 부품의 파손으로 인한 효과를 최소화할 생각을 하게 만든다는 것이다. 누구에게나 공통인 목표는 한 부품의 파손이 참사로 이어져서는 안 된다는 것이다. 설계 엔지니어는 하나의 부품이 파손되었을 때 하중이 다른 부품들로 재분산되어 모든 부품의 공칭 강도를 초과하지 않도록 시스템을 설계함으로써 이 목표를 달성할 수 있다. 이런 설계를 **잉여**(redundancy)라 한다. 예컨대, 거위와 같이 큰 새들이 항공기 엔진으로 빨려 들어가면 여러 부품들이 파손되어 엔진이 멈추게 되는데, 이런 사건은 더러 들어본 적도 있고 예상 가능하다. 따라서 현대 항공기들은 충분한 잉여 장치를 갖도록 설계되어 있고, 그 결과 한 개 이상의 엔진이 멈추더라도 계속 날아 안전하게 착륙할 수 있다.

많은 설계에서 잉여의 개념이 사용된다. 잉여 설계에는, 두 개 이상의 부품이 동시에 작동하는 능동형과 하나의 부품이 파손될 때까지 잉여 부품은 작동하지 않는 수동형이 있다. 능동형 잉여 설계의 예로서 문에 두 개의 데드볼트 락(deadbolt lock)을 사용하는 것을 들 수 있는데, 이 경우 두 개의 락이 동시에 사용된다. 수동형 잉여 설계의 예로서는,

데드볼트 락이 달려 있는 문에 체인 락(chain lock)을 추가하는 경우를 생각할 수 있다. 이 경우, 데드볼트 락이 파손되면 체인 락이 문이 열리는 것을 막아준다.

설계에서 가끔 사용되는 방법으로서 **고장에도 안전한(fail-safe) 설계**가 있다. 예컨대, 브레이크 시스템(18장)은 보통 공압 실린더가 브레이크 패드나 슈를 디스크나 드럼에 압착시키는 방식으로 설계된다. 그런데 반대로 스프링이 디스크나 드럼에 항상 압력을 주도록 하고, 브레이크를 풀고자 할 때 공압 시스템이 스프링의 작용을 저지하도록 설계할 수도 있다. 이런 설계에서는 공압 시스템이 파손되어도 브레이크가 작동되어 기계가 움직이지 못한다. 스프링이 공압 시스템보다 신뢰도가 높다고 가정하면 이 설계는 고장에도 안전한 설계가 된다.

위험경고형 설계 원칙(doctrine of manifest danger)은 기계 설계자들이 참사를 피하기 위해 사용하는 강력한 수단이다. 위험이 명백해지면 고장의 원인이 명확해지고 신속하게 수리할 수 있다. 따라서 시스템이 파손되려는 것을 감지할 수 있도록 설계한다면, 또는 하나의 부품이 파손되려는 것을 다른 부품까지 파손되기 전에 알 수 있도록 설계한다면, 더욱 안전한 설계가 된다. 이러한 설계의 고전적인 예로서 자동차 브레이크 시스템을 들 수 있는데, 브레이크 슈의 마찰재는 리벳으로 금속 판에 고정되어 있다. 충분히 긴 리벳을 사용함으로써, 운전사는 소리와 촉감으로 브레이크 슈의 교체가 필요한 때를 알 수 있다. 즉, 마찰재가 마모되면 리벳이 디스크 또는 드럼과 접촉하여 소음과 진동을 일으킴으로써, 제동력이 감소하기 한참 전에 브레이크 수리가 필요하다는 것을 알려준다.

신뢰도

안전 계수는 하중과 재료 성질의 편차를 보상하는 한 방법이다. 특정 상황에서 효과적인 또 하나의 접근 방법은 **신뢰도**(reliability)를 사용하는 것이다.

예를 들면, 인장 시험(3.4절 참조)을 통해 재료의 강도를 측정하는 프로세스를 고려해 보자. 하나의 알루미늄 압출 빌렛(billet)으로부터 다수의 인장 시편을 만들어 시험한다면 강도 측정치는 별 차이가 나지 않을 것이다. 따라서 알루미늄은(또는 대부분의 금속들은) 일반적으로 *결정론적인* 재료이고, 하중을 알고 있다면 알루미늄 구조물은 결정론적인 방법으로 설계하면 된다. 예컨대 수백 회의 인장 시험에서 모든 시편의 강도보다 확실히 낮은 강도 값을 정의할 수 있고, 이 값은 시편을 바꾸어 시험해도 별로 변하지 않는다. 이와 같은 보장 최소 강도가 설계 해석에서 재료의 강도 값으로 사용되고, 대부분의 고체역학 과목에서 이 결정론적 방법이 사용된다. 즉, 주어진 재료의 강도가 하나의 값인 것으로 보고 하중도 항상 잘 정의되어 있는 것으로 간주한다.

하지만 대부분의 세라믹 재료는 강도를 포함하여 많은 물성치가 상당한 변동 범위를 보인다. 따라서 세라믹 재료는 확률론적이고, 세라믹 시편들에 대해서는 최소 강도를 구하기가 어렵다. 즉, 세라믹 재료에서는 항상 보장 최소 강도가 정의되는 것이 아니고, 강도가 어떤 값을 초과할 확률로만 표현할 수 있다. 공학적으로 사용되는 재료 중에는 이런 확률론적인 재료가 많이 있다.

어떤 하중들은 잘 알려져 있고 별로 바뀌지 않는다. 이런 하중의 예로서 살균 중인 정맥주사 주머니의 응력, 스프링으로 지지되고 있는 하중, 원심 팬을 지지하는 베어링에 작용하는 하중 등이 있다. 크게 변동하는 하중도 있는데, 예를 들면 자동차 현가장치에 작용하는 힘(도로의 파인 홈의 크기와 충격 속도 등에 따라 다름), 의자 조립에 사용된 나무 핀에 작용하는 힘(앉는 사람의 무게에 따라 다름), 또는 골프 채의 헤드(head)에 작용하는 충격 하중 등이 있다.

최악의 시나리오를 적절하게 정의할 수 없는 경우, 신뢰도 방법이 합리적인 설계 방법이 된다. 신뢰도 방법에서의 목표는 기계가 주어진 하중 조건에서 의도한 사용 기간 동안 고장 나지 않을 확률이 적절하도록 하는 것이다. 이 방법을 적용할 때도 여러 가지 어려움이 있는데, 중요한 것은 아래와 같다.

1. 확률론적인 방법을 적용하려면, 무한 개의 시험 결과에 대한 근사 값을 적절하게 정할 수 있어야 한다. 즉, 평균, 표준편차, 분포의 모양을 알아야 한다. 하지만 이런 정보는 몇 개의 데이터만으로는 잘 알 수 없다. 만일

이런 정보를 몇 개의 데이터만으로 알 수 있다면, 결정론적인 방법을 사용하는 것이 합리적이고 적절하며 수학적으로도 덜 복잡할 것이다. 따라서 확률론적인 방법을 적용하려면 많은 실험 데이터가 필요하고, 많은 비용과 시간이 소요된다.

2. 강도와 하중의 확률분포까지 잘 알고 있다고 하더라도, 바람직한 신뢰도를 정하는 것은 바람직한 안전 계수를 정하는 것만큼 모호한 일이다. 일반적으로 99%의 신뢰도라고 하면 적절하다고 생각할지 모르지만, 당신이 타는 엘리베이터의 신뢰도라면 얘기는 달라진다. 그렇다고 100%의 신뢰도는 있을 수 없고, 100%가 가능하다면 결정론적인 방법으로 설계하는 셈이 된다. 99.9999…%의 신뢰도는 극단적으로 높은 비용이 드는 설계를 의미하며, 이는 안전 계수를 2000으로 설정해서 지나치게 튼튼한 설계를 하는 것과 유사하다.
3. 데이터의 분포를 수학적으로 어떻게 표현하는지에 따라 신뢰도 계산이 달라진다. 보통 가우스 분포(즉, 정규 분포), 로그정규(lognormal) 분포, 이항 분포, 와이불(Weibull) 분포 중 가장 잘 맞는 것을 사용한다. 어느 분포가 잘 맞는지 미리 알기 어려운 경우, 통계학자들은 일단 정규 분포를 사용해 보고 적합하지 않다고 판명되면 다른 것을 사용하라고 권한다.

위의 논의가 암시하는 바는 분명하다. 즉, 신뢰도 설계는 복잡한 방법이고, 충분한 양의 데이터를 사용하지 않으면 복잡한 과정을 거쳐도 바람직한 신뢰도를 얻을 수 없다.

이 책의 대부분에서는 결정론적인 방법을 사용한다. 예외적으로 확률론을 사용하는 경우는 구름 요소 베어링, 기어, 피로 설계의 신뢰도를 다룰 때이다. 신뢰도 설계에 대한 추가적인 정보는 Lewis(1995)가 저술한 책 등 여러 저서에서 구할 수 있다.

1.4.2 정부 법규 및 산업 표준

많은 경우 엔지니어들은 정부의 법규와 산업체에서 발표하는 표준에 의거하여 설계 기준을 정해야 한다. 가장 많이 공통적으로 사용되는 산업 표준의 예는 다음과 같다.

1. ANSI(American National Standards Institute, 미국 국립표준연구소)
2. ASME(American Society of Mechanical Engineers, 미국 기계학회)
3. ASTM(American Society for Testing and Materials, 미국 재료시험학회)
4. AGMA(American Gear Manufacturers Association, 미국 기어생산협회)
5. AISI(American Iron and Steel Institute, 미국 철강학회)
6. AISC(American Institute of Steel Construction, 미국 강구조학회)
7. ISO(International Standards Organization, 국제 표준화기구)
8. NFPA(National Fire Protection Association, 국립 화재방호협회)
9. UL(Underwriters Laboratories, 보험협회연구소)

미국 중앙정부의 법규는 중앙정부 규제 법규(Code of Federal Regulations, CFR)로 매년 발간될 뿐 아니라 중앙정부 등록부(Federal Register, FR)에도 정기적으로 실린다. 주정부 또는 지방 자치체도 법규를 가지고 있는데, 이들은 보통 건축 표준 또는 방재에 관한 것이다.

법규를 지키는 것이 중요한 이유는 많은데, 산업 표준의 핵심 목표 중 하나인 일관성도 그 중 하나이다. 예를 들어 볼트의 기하학적 특성은 ANSI 표준에 정의되어 있는데, 이를 따르면 볼트의 직경과 나사의 직경이 정해진 값을 갖게 된다. 따라서 볼트를 대량 생산할 수 있게 되므로 가격이 저렴해지고 품질이 높아진다. 또, 표준 볼트는 어디서나 구매할 수 있으므로, 쉽게 새 볼트로 교체하는 등 유지보수도 간단해 진다.

1.4.3 생산

설계와 생산은 서로 분리해서 생각하기 어렵다. “형상은 기능을 따른다"는 말은 제품의 형상이 설계 하중으로부터 도출된다는 의미이다. 하지만 이 생각이 항상 성립되는 것은 아니고, 임의의 최초 형상으로부터 자연스럽게 발전하여 지금의 형상이 된 경우도 종종 있다.

설계 엔지니어에게 **제조가능 설계**(design for manufacturability, DFM)는 잘 정립된 중요한 도구이다. 제조 가능성은 상용 제품의 성공에 있어 매우 중요한 역할을 한다. 기막힌 개념이 있더라도 제작할 수 없다면, (1.1절의 정의에 의해) 결국 성공적인 설계라 할 수 없다. 또 생산 비용의 대부분이 설계의 초기 단계에 결정되므로, 시장에서의 성공 여부는 설계 초기에 생산을 포함한 제품 생애 주기를 얼마나 잘 고려하느냐에 의해 결정된다. 각각의 부품을 설계할 때 제작뿐 아니라 조립도 용이하도록 해야 한다(*조립용이 설계*, design for assembly, DFA). 생산과 조립은 이 책의 범위를 벗어나지만 그림 1.2는 이들이 설계에 미치는 영향을 보여 준다.

엔지니어는 여러 가지의 역할을 해야 한다. 설계 엔지니어가 고려해야 하는 주요 사항 중 몇 가지는 이미 논의되었지만, 다음과 같은 사항들도 고려해야 한다.

1. *친환경 또는 지속가능한 설계*: 환경에 덜 해로운 제품을 만들 수 있는가의 문제이다. 이 문제를 위해서는 자연 분해되거나 재활용이 가능한 재료를 선택해야 한다.
2. *경제성*: 제품이 이윤을 낼 수 있는가를 의미하며 가장 중요한 고려 사항이다.
3. *법적 고려사항*: 특허를 위반하거나 지나치게 위험한 제품을 출시하는 것은 윤리적으로 잘못된 일일 뿐 아니라 법적 책임도 따른다.
4. *마케팅*: 소비자의 관심을 끄는 기능이나 제품을 시장에 발표하는 방식 등이 성공 여부에 중요한 영향을 미친다.
5. *수리 용이성*: 부품이 고장나면 현장에서 교체가 가능한가, 아니면 높은 비용을 치르면서 제품 전체를 생산자에게 보내야 하는가? 설계에서 이러한 문제를 고민하지 않으면 장기적인 고객 충성도는 손상을 입게 된다.
6. *품질*: 결함 없는 제품을 공급하기 위해 총체적 품질공학(total quality engineering)이나 다구찌법(Taguchi method)이 성공적으로 적용되어 왔다.

이들은 설계 엔지니어가 직면한 수많은 고민 중 몇 개의 예에 불과하다.

설계 프로세스는 정교하고 복잡해서 누구도 숙달하기 어려울 것으로 생각할지 모른다. 사실은 하나의 중요한 기량만 있으면 설계 프로세스를 원만하게 수행할 수 있는데, 그것은 효과적인 의사 소통이다. 제품 설계에 관여하는 다양한 전공자들 사이에서 의사 소통을 잘하면, 비용에 대한 중요 결정이 이루어지기 전인 설계 초기에 모든 전공의 의견이 반영되고 모든 설계 제약조건이 만족될 수 있다. 효과적인 글쓰기 및 말하기를 통한 의사 소통 능력은 우수한 설계자의 가장 중요한 특성이다. 이 책에서는 해석적이고 기술적인 부분을 강조하겠지만, 설계는 단순히 해석을 잘하는 것이 아니라 사람 사이의 상호 작용이라는 점을 기억하는 것이 중요하다.

1.4.4 생애 주기 공학

생애 주기 공학(life cycle engineering, LCE)은 제품 또는 서비스의 시작부터 폐기 또는 재활용에 이르기까지의 연속적이고 연결된 모든 단계를 포함하는 개념이다. 이 단계들은 다음과 같다.

1. 천연 자원으로부터 원자재 추출
2. 원자재 처리
3. 제품 생산
4. 제품을 소비자에게 운송하고 판매
5. 제품의 사용, 유지보수, 재사용
6. 부품의 수리, 재활용, 재사용, 폐기

이 단계들은 모든 종류의 제품에 적용된다. 제품은 각자 금속 재료 및 비금속 재료가 부품으로 제작되고 조립되어 만들어진 것이므로, 자신만의 생애 주기(life cycle)를 가지고 있다. 예를 들면, (a) 종이, 판지, 저가 플라스틱, 유리 등으로 제작된 일회용 제품이지만 사용 후 완전히 재활용이 가능한 제품들이 있는가 하면, (b) 완벽하게 재사용이 가능한 다른 제품들도 많이 있다.

생애 주기 공학의 주요 목표는 부품들의 재사용 또는 재활용을 설계 초기부터 고려하는 것이다. 이는 다른 말로 **친환경 설계**(green design) 또는 **친환경 공학**(green engineering)이라고도 한다. 이를 위해 고려해야 하는 사항들은 각 부품의 환경 영향, 최적화, 기타 다양한 기술적인 사항들이다.

일반적으로 알려져 있듯이 지구의 천연 자원은 제한되어 있으므로 재료와 에너지를 보존해야 함은 자명하다. **지속가능한 설계**(sustainable design)의 개념은 적절한 유지보수 및 재사용을 통한 자원 보호의 중요성을 강조한다. 조직에 있어 이윤도 중요하지만, 지속가능한 설계는 (a) 제품의 수명을 증가시키고, (b) 환경과 생태계에 대한 해를 없애며, (c) 우리 전체의 안녕, 특히 미래 세대의 혜택을 보장한다는 목적을 달성하기 위한 것이다.

사례 연구 1.2

나이키(Nike) 운동화의 지속가능 생산 방식

산업체의 수많은 사례 중에서 나이키 운동화의 생산 방식은 지속가능성을 도모하는 생산의 혜택을 명확하게 보여 준다. 운동화는 접착제를 사용하여 만들어진다. 대략 1990년까지 사용한 접착제는 석유 기반의 용제(solvent)였는데, 이는 건강에 유해하고 석유화학 스모그를 일으켰다. 나이키 사는 화학 약품 공급사들과 협력하여 물 기반의 접착제 기술을 개발하는 데 성공하였고, 이 기술은 이제 대부분의 신발 조립공정에 사용되고 있다. 그 결과 아시아 하청 공장의 생산 공정에서 사용하는 용제의 양이 크게 줄어들었다.

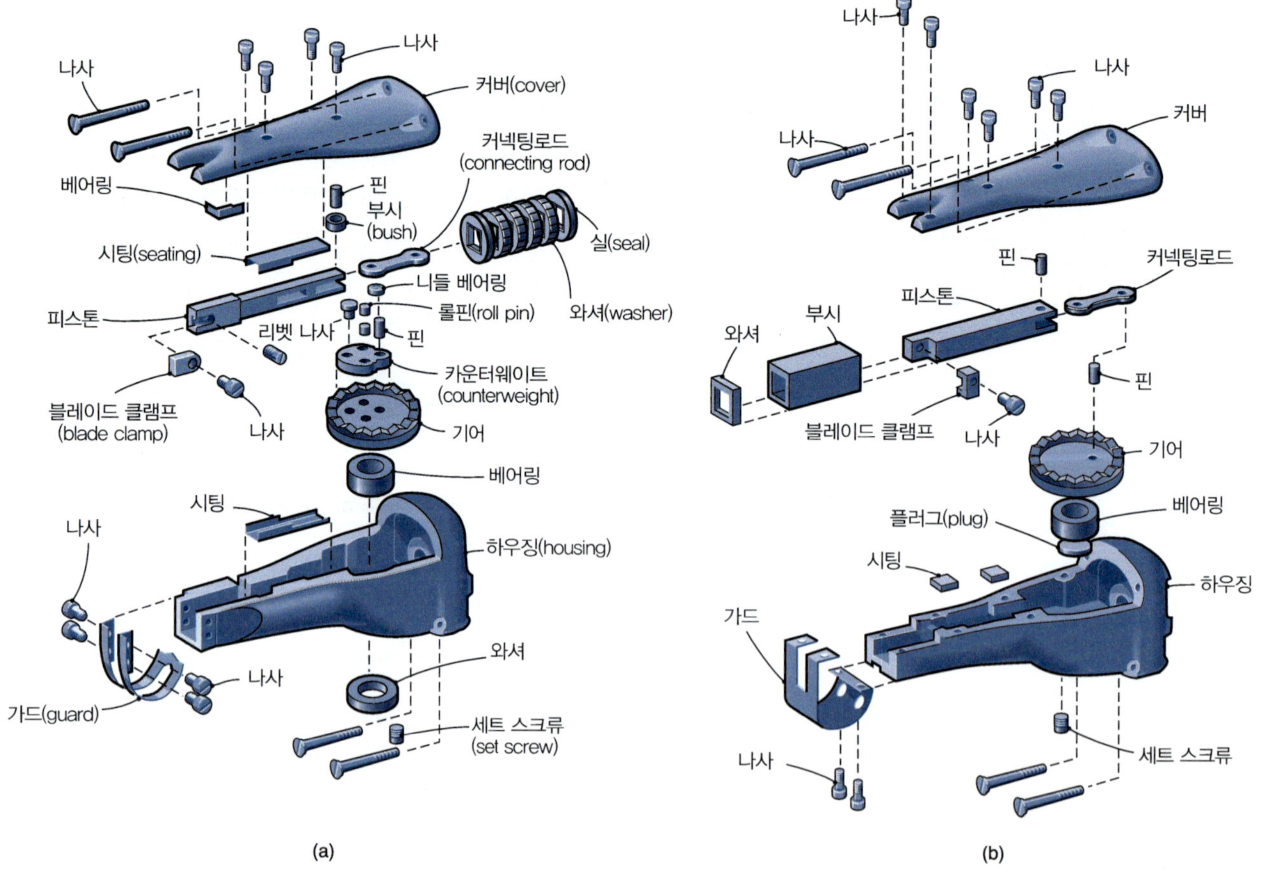

그림 1.2: 생산과 조립에 대한 고려가 왕복운동형 전동 톱의 설계에 미치는 영향. (a) 부품 수 47개이고 조립시간이 6.37분인 최초 설계, (b) 부품 수 29개이고 조립 시간이 2.58분인 수정된 설계. 출처: Boothroyd(1992).

운동화의 또 다른 부품인 고무 밑창을 만드는 공정에서는 밑창 주변을 따라 남는 고무[플래싱(flashing)이라고 함]를 잘라내는 데 그 양이 상당히 많다. 수천 개의 몰드를 이용하여 하루에 백만 개 이상의 신발을 만드는 40여 개 공장의 생산 공정에서 배출되는 폐기물 중 가장 큰 부분이 바로 플래싱이다. 이를 줄이기 위해, 이 회사는 플래싱을 갈아 500 μm 크기의 고무 분말로 만든 후, 밑창을 만드는 고무 소재에 이 분말을 섞어 넣는 공정 기술을 개발했다. 이 방법으로 폐기물이 40% 만큼 감소되었다. 그뿐 아니라, 이렇게 만든 고무 혼합재가 마모 저항과 내구성에서 우수하여 전체적인 성능이 최고급 고무보다 더 좋은 것으로 나타났다.

출처: Kalpakjian and Schmid(2010)

1.5 설계에서 컴퓨터의 이용

사람마다 **컴퓨터원용 설계**(computer-aided design, CAD)의 의미를 달리 생각할 수 있지만, 이 책에서는 컴퓨터 기술을 이용하여 설계 프로세스를 기획하고 수행하고 적용하는 것을 의미한다. 컴퓨터를 이용하면 설계 프로세스의 모든 단계에서 일어나는 기술 활동과 관리 활동을 통합할 수 있다. 컴퓨터의 복잡한 하드웨어와 소프트웨어를 사용하여, 제조업체들은 설계 비용을 최소화하고 효율을 최대화하며 품질을 개선하고 개발 시간을 단축하여 국내외 시장에서 경쟁력을 유지할 수 있다.

설계 엔지니어는 CAD를 사용함으로써 비용이 많이 드는 모델 제작, 수정 작업, 시제품 제작을 하지 않고도 형상을 시각화하여 제품을 개발할 수 있다. 최신 CAD 시스템을 이용하면 간단한 부품부터 복잡한 구조물에 이르기까지 무엇이든 빠르고 쉽게 분석할 수 있다. 또 언제든지 설계를 최적화하거나 쉽게 수정할 수 있다. 그리고 컴퓨터에 저장된 정보는 회사 내의 어디서든지 접근하고 검색할 수 있다.

CAD를 제도라는 의미로만 생각하는 사람들도 있지만, 컴퓨터의 도움을 받는 모든 설계 행위라고 생각하는 사람들도 많다. **인공 지능**(artificial intelligence, AI)은 인간이 생각하는 방식을 복제하여 이를 컴퓨터의 연산에 적용하려는 시도이다. 때때로 인공 지능이란 말은 컴퓨터가 단순히 제도용으로만 사용되지 않고 지적인 설계 작업을 돕는 경우를 표현하기 위해 사용되기도 한다. **전문가 시스템**(expert system)은 특별한 문제를 푸는 규칙 기반의 컴퓨터 프로그램으로서 설계 엔지니어에게 문제 해결 능력을 제공해 준다. 예를 들면, 컴퓨터로 제도된 어떤 부품을 만들기가 얼마나 어려운지를 분석해 줄 수 있다. 만일 공차 값이 지나치게 작다면 전문가 시스템은 설계자에게 제작이 어렵다는 경고를 주고 공차 값을 기울 것을 권한다. 비슷한 예로, 전문가 시스템은 설계를 검토해서 부품을 표준화하라고 제안할 수도 있다. (예컨대 여러 볼트의 크기를 각 위치에서의 최적 크기가 아니라 동일한 크기로 정함으로써, 재고 관리와 유지보수가 쉬워질 수 있다.) 인공 지능은 전문가 시스템의 보다 정교한 형태로서, 새로운 정보를 학습할 수 있는 시스템에 적용되는 용어이다.

쾌속 조형(rapid prototyping)은 때로 *3차원 프린팅*(3D printing) 또는 *적층 제조*(additive manufacturing)라고도 하는데, 형상 데이터로부터 수 시간 또는 수 분 만에 부품을 만들어 내는 또 다른 컴퓨터 기술이다. 쾌속 조형은 설계 가시화와 설계 결함의 검출에 특히 도움이 되어 온 기술이다. 예를 들면, 주물에서 지나치게 벽이 얇은 곳이 있는지는 3차원 모델을 손에 들고 보면 쉽게 알 수 있지만 컴퓨터 모델을 모니터로 봐서는 잘 분간되지 않는다. 최근 쾌속 조형 기술이 괄목할 만큼 발전하여, 현재는 매우 다양한 폴리머 재료와 금속, 세라믹을 사용하여 쾌속 조형할 수 있다.

유한요소 해석(finite element analysis, FEA)은 고체역학, 유체역학은 물론 열전달 해석에도 널리 사용되는 전산 기법이다. 유한요소법을 사용하면 기계에서 볼 수 있는 복잡한 형상을 해석할 수 있는데, 유한 개의 절점에서 서로 연결된 간단한 형상의 요소들로 물체의 형상을 대체하여 계산을 수행한다. 즉, 유한요소 해석에서는 하나의 부품이 요소(elements)라 불리는 작은 조각들로 잘라진다. 각 요소의 강성은 알고 있는 값으로서 강성 행렬로 표현된다. 모든 강성 행렬들을 조합하고 기구학과 응력의 경계 조건을 적용한 후 미지의 응력과 변위에 대한 방정식의 해를 구함으로써, 복잡한 형상과 하중 조건을 가진 문제를 해석할 수 있다.

1.6 카탈로그와 판매사

생산과 관련한 문제들은 설계와 떼어서 생각할 수 없다. 많은 기계 요소들이 대량으로 생산되는데, 그 이유는 전용 자동화를 통한 대량 생산이 경제적으로 타당하기 때문이다. 전용 자동화를 사용하면 일반적으로 유연 자동화나 수작업 생산에 비해 고품질, 저편차, 저가의 부품들을 얻을 수 있다. 사실 1.4.2절에서 언급한 많은 산업 표준들도, 부품 형상을 대량 생산에 용이하도록 함으로써 품질 및 가격의 이점을 얻고자 하는 것이다. 예를 들어, 센터리스 연삭기(centerless grinder)를 사용하여 고품질의 직경 15 mm 부싱(bushing)을 대량으로 생산하는 것은 쉽지만, 직경 15 mm 부싱을 한 개만 수작업으로 만드는 것은 어렵고 비용도 많이 드는 일이다. 따라서 실제 기계 설계에서는 부품을 대량으로 생산하는 공급사의 카탈로그나 웹사이트로부터 적절한 것을 고르는 경우가 많다.

기계 설계자는 우수한 판매사를 찾아내고 최신 카탈로그 정보를 잘 구할 수 있어야 한다. 인터넷에 엄청난 양의 다양한 기계 요소 카탈로그가 있으므로, 이 책에서는 학생들이 인터넷 검색 도구에 익숙하여 필요할 때 제품 카탈로그를 신속하게 찾을 수 있다고 가정한다. 이 책에서 가끔은 문제 풀이의 편의를 위해 기계 요소 생산자의 카탈로그 중 일부를 보여 주겠지만, 그 회사의 전체 제품 포트폴리오는 훨씬 방대하다는 것을 알아야 한다.

1.7 단위

공학 문제의 해답은 계산된 물리량에 상응하는 특정한 단위로 일관되게 표현되어야 한다. 보통 두 가지의 단위계가 사용된다.

1. SI 단위계: 힘은 뉴튼(N), 길이는 미터(m), 시간은 초(s), 질량은 킬로그램(kg), 온도는 섭씨 도(℃)로 측정된다. 추가적으로, 절대 온도는 켈빈(Kelvin) 도(K)로 표현되는데 켈빈 도는 섭씨 도에 273.15°를 더한 값이다.
2. 영국 단위계: 힘은 파운드포스(lbf), 길이는 인치(in), 시간은 초(s), 질량은 파운드매스(lbm), 온도는 화씨 도(℉)로 측정된다.

8장에서는 점도의 단위를 위해 센티미터-그램-초(cgs) 단위계도 사용된다.

표 1.3과 책 앞 표지의 안쪽에 이 책에서 사용하는 SI 단위계와 접두사들이 정리되어 있다. 이 책에서 주로 사용하는 단위계는 SI 단위계이다.

기본 SI 단위, 단위의 정의, 환산 계수들이 표 1.4와 책 앞 표지 안쪽에 나타나 있다. 이 중 몇몇 단위들은 혼동스러울 수 있다. 예를 들면, 미국과 캐나다에서는 1톤이 2000 lb의 무게를 의미하지만, 영국에서는 1톤이 2240 lb의 무게를 나

표 1.3: SI 단위와 접두사.

(a) SI 단위

물리량	단위	SI 기호	식
SI 기본 단위			
길이	meter	m	-
질량	kilogram	kg	-
시간	second	s	-
온도	kelvin	K	-
SI 보충 단위	**unit**		
각도	radian	rad	-
SI 유도 단위			
에너지	joule	J	N-m
힘	newton	N	kg-m/s^2
동력	watt	W	J/s
압력	pascal	Pa	N/m^2
일	joule	J	N-m

(b) SI 접두사

배수	접두사	SI 기호
1,000,000,000,000 = 10^{12}	tera	T
1,000,000,000 = 10^9	giga	G
1,000,000 = 10^6	mega	M
1000 = 10^3	kilo	k
100 = 10^2	hecto	h
10 = 10^1	deka	da
0.1 = 10^{-1}	deci	d
0.01 = 10^{-2}	centi	c
0.001 = 10^{-3}	milli	m
0.000 001 = 10^{-6}	micro	μ
0.000 000 001 = 10^{-9}	nano	n
0.000 000 000 001 = 10^{-12}	pico	p

표 1.4: 단위의 정의와 변환 계수.

단위의 정의	
중력 가속도	1 g = 9.8066 m/s^2 (32.174 ft/s^2)
에너지	Btu(영국 열량 단위) = 물 1 파운드매스(lbm)의 온도를 화씨 1도(1°F) 올리는 데 필요한 에너지(1 Btu = 778.2 ft·lb) kilocalorie = 물 1 kg의 온도를 1 K 올리는 데 필요한 에너지(1 kcal = 4187 J)
길이	1 mile = 5280 ft 1 nautical mile = 6076.1 ft
동력	1 horsepower = 550 ft-lb/s
압력	1 bar = 10^5 Pa
온도	Fahrenheit: $t_F = \frac{9}{5}t_C + 32$ Rankine: $t_R = t_F + 459.67$ Kelvin: $t_K = t_C + 273.15$(exact)
온도	1 poise = 0.1 kg/m-s 1 stoke = 0.0001 m^2/s
부피	1 cubic foot = 7.48 gal
유용한 변환 계수	
	1 in. = 0.254 m = 25.4 mm
	1 lbm = 0.4536 kg
	1° R = $\frac{5}{9}$K
	1 ft = 0.3048 m
	1 lb = 4.448 N
	1 lb = 386.1 lbm-in./s^2
	1 ton = 2000 lb (shor ton) or 2240 lb (long ton)
	1 tonne = 1000 kg (metric ton)
	1 kgf = 9.807 N
	1 lb/in.^{2} = 6895 Pa
	1 ksi = 6.895 MPa
	1 Btu = 1055 J
	1 ft-lb = 1.356 J
	1 hp = 746 W = 2545 Btu/hr[a]
	1 kW = 3413 Btu/hr
	1 quart = 0.000946 m^3 = 0.946 liter
	1 kcal=3.968 Btu

[a] 미터계를 사용하는 나라에서는 1마력이 75 kpm/s 또는 736 W로 정의된다.

타낸다. 이 때문에 때로는 무게를 short ton(= 2000 lb) 또는 long ton(= 2240 lb)으로 구분해서 나타내기도 한다. 미터계에서 이에 상응하는 단위는 미터계 톤(metric ton) 또는 톤(tonne)으로 불리는데 1000 kg을 나타낸다. 또 다른 예로서, 영국 단위에서 1마력은 550 ft-lb/s 또는 746 W이다. 하지만 미터계를 사용하는 나라에서는 1마력이 736 W로 정의된다. 사례 연구 1.3에서 알 수 있듯이 단위를 잘 표현하는 것은 설계를 위한 해석에서 꼭 필요하다.

예제 1.2

수퍼 컴퓨터에서 전기 도선의 길이

조건 어떤 수퍼 컴퓨터의 연산 속도가 1 기가플롭(giga flop) = 초당 10^9 플로팅포인트(floating point) 연산이라고 한다. 수퍼 컴퓨터 내 전기 도선의 길이가 너무 길어서 전자의 이동 시간이 연산 속도보다 오래 걸리면 성능이 제한될 수 있다.

문제 동축 케이블에서 전자의 이동 속도가 빛의 속도 (3×10^8 m/s)의 0.9배라고 하면, 전선의 임계 길이를 구하라.

풀이 연산 속도가 케이블 길이에 의해서만 결정된다고 하면,

$$l = \frac{(0.9)\,(3 \times 10^8)}{10^9} = 0.27 \text{ m} = 27 \text{ cm}$$

따라서 평균 케이블 길이는 27 cm보다 짧아야 한다.

예제 1.3

천문학에서 다루는 거리

조건 지구로부터 알파센토리(α-Centauri)까지의 거리가 4광년이다.

문제 알파센토리는 몇 테라미터(terameters) 만큼 멀리 있는가? 단 빛의 속도는 3×10^8 m/s이다.

풀이 1년 = (365)(24)(3600) s = (3.1536×10^7) s이므로, 지구로부터 알파센토리까지의 거리는

$$(4)(3.1536 \times 10^7 \text{ s})(3 \times 10^8)\text{ m/s} = 3.784 \times 10^{16} \text{ m}$$

표 1.3b로부터 1T = 10^{12}이므로, 거리는 37,840 Tm이다.

사례 연구 1.3

화성 기후탐사 궤도선의 사고

1998년 12월 11일, 화성 기후탐사 궤도선이 10개월의 여정으로 화성에 도달하기 위해 발사되었다. 1억 2천 5백

만 달러를 들여 개발한 이 궤도선의 목적은 화성 주위를 위성처럼 돌면서 1행성년 동안 화성의 대기 조건을 측정하는 것이었다. 이 궤도선은 또 1999년 12월에 화성에 도착할 예정이었던 화성 착륙선과의 교신을 중계해 주는 역할도 하기로 되어 있었다. 그러나 1999년 9월 23일, 화성 기후탐사선은 궤도에 진입하던 중 파괴되었다.

사고의 원인은 바로 밝혀졌는데, 제조사인 록히드마틴(Lockheed Martin)이 궤도 진입에 쓰이는 소프트웨어를 영국 단위로 프로그래밍한 것이 문제였다. 캘리포니아 주 패사디나(Pasadena)에 소재한 미항공우주국(NASA) 제트추진실험실의 운항 팀은 계기판의 숫자가 미터 단위계인 것으로 가정했고, 그 결과 진입 중에 있었던 수 차례의 분사기 발사가 궤적 오차를 바로잡아 주기는커녕 오히려 증폭시켰다. 이 쓰라린 교훈은 모든 연산에서 단위를 계속 표시하여 최종 결과에도 명시하는 것이 중요함을 보여 준다.

1.8 단위 검토

공학 연산에서는 방정식 양변의 단위가 같도록 하기 위해 항상 단위를 검토해야 한다. 방정식에 사용되는 다양한 파라미터의 단위를 알고 있어야 함은 아무리 강조해도 지나치지 않다. 이 책에서는 각 장의 시작 부분에서 파라미터들을 나타내는 기호의 목록을 단위와 함께 보여 준다. 단위가 없는 기호가 있다면 이는 무차원인 것이다. 기호 목록은 방정식 연산 중의 검토에 사용될 수 있다.

설계 절차 1.2

단위 검토의 절차

일반적으로 연산 전체에 걸쳐 단위를 생략하지 않고 쓰는 것이 좋다. 단위의 검토는 일반적으로 다음과 같이 할 수 있다.

1. 표 1.3a를 이용하여 방정식 내 각 항의 단위를 알아낸다.
2. 방정식 양변의 각 항에 단위를 적어 넣은 후, 약분 등을 통해 간단히 한다.
3. 양변의 단위가 같으면 단위 검토가 끝난 것이다.

예제 1.4

단위 검토

조건 질량 m_a인 자동차가 선속도 v로 곡률 반경 r인 커브를 달릴 때, 원심력 P는 $m_a v^2/r$이다. 1.3톤(tonne)의 자동차가 100 m 반경의 커브를 100 km/hr의 속력으로 달리고 있다고 가정하라.

문제 이 자동차에 작용하는 원심력을 구하라.

풀이 미터 단위로 다시 쓰면,

$$m_a = 1.3\ \text{tonne} = 1300\ \text{kg}$$

$$v = 100\ \text{km/hr} = \frac{(100\ \text{m})(1000)}{3600\ \text{s}} = 27.78\ \text{m/s}$$

원심력은

$$P = \frac{m_a v^2}{r} = \frac{(1300\ \text{kg})(27.78\ \text{m/s})^2}{100\ \text{m}}$$

계산하면, $P = 10{,}030\ \text{kg-m/s}^2$ 또는 10,030 N이다.

1.9 유효 숫자

숫자의 정확성은 유효 숫자의 개수로 정해진다. 이 책에서는 특별한 이유가 없는 한 4개의 유효 숫자를 사용하기로 한다. 예를 들어, 8201과 30.51은 모두 4개의 유효 숫자를 가지고 있다. 숫자가 0으로 시작하거나 끝나는 경우, 유효 숫자의 개수가 명확하지 않을 수 있다. 이를 명확히 하려면, 10의 배수를 사용하는 *과학 표기법*(scientific notation)을 적용해야 한다. 즉, 8200을 8.200×10^3으로 쓰면 유효 숫자가 4개임을 나타낸다. 또, 0.005012를 5.012×10^{-3}로 써서 유효 숫자가 4개임을 나타낼 수 있다.

예제 1.5

유효 숫자

조건 질량이 1502 kg인 자동차가 14.0 N의 힘으로 가속되고 있다.

문제 적절한 유효 숫자를 써서 자동차의 가속도를 구하라.

풀이 뉴튼의 운동방정식에 의해 가속도는 힘을 질량으로 나누어 구할 수 있다.

$$a = \frac{P}{m_a} = \frac{14.0}{1502} = 0.00932091 \text{ m/s}^2$$

주어진 힘의 값이 3개의 유효 숫자만 가지고 있으므로, 가속도도 다음의 정확도 범위에서만 계산될 수 있다.

$$\pm\frac{0.5}{140} = \pm 0.004 = \pm 0.4\%$$

따라서, 가속도는 0.00932 m/s²이다.

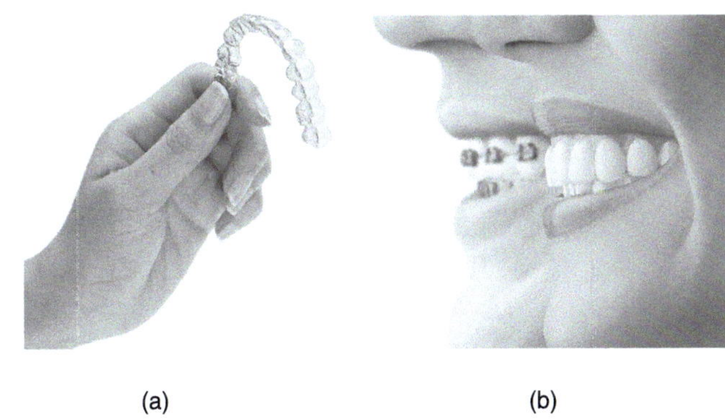

그림 1.3: 인비절라인(Invisalign®) 제품. (a) 얼라이너(Aligner)의 예, (b) 기존의 치아교정용 브레이스와 투명한 얼라이너의 비교. 출처: Align Technology, Inc.

사례 연구 1.4

인비절라인(Invisalign) 치아 교정 제품의 설계와 제작

건강 관리가 보편화되고 음식과 생활 습관이 개선됨에 따라, 지난 100년 간 사람들의 기대 수명이 크게 연장되었다. 최근 사람들은 수명이 늘어나는 것 뿐 아니라, 말년에도 좋은 삶의 질을 유지하기를 희망한다. 이런 희망이 명확하게 드러나는 것 중 하나가 치아와 관련된 영역이다. 치아가 곧으면 음식을 씹을 때 응력이 많이 발생하지 않고 청결하게 유지하기도 쉬어 충치가 잘 생기지 않는다. 따라서 일반적으로 곧은 치아는 별 어려움 없이 오래 쓸 수 있다. 물론 보기에 좋다는 점도 사람들이 곧은 치아를 원하는 이유이다.

50여 년에 걸쳐 브레이스(brace) 형태의 치아 교정기가 사용되어 왔다. 브레이스는 금속, 세라믹 또는 플라스틱으로 만들어진 브래킷(bracket)을 치아에 접착시킨 후, 브래킷에 있는 걸쇠에 와이어(wire)를 걸고 잡아당김으로써 몇 년에 걸쳐 치아를 원하는 모양으로 만드는 장치이다. 기존의 치아 교정용 브레이스는 장기간에 걸친 치과 건강에 효과적이면서 잘 알려진 방법이다. 하지만 기존의 브레이스에는 몇 가지 단점이 있는데, 예를 들면 다음과 같다.

- 보기에 좋지 않다
- 날카로운 철사나 브래킷으로 인해 치아나 잇몸에 상처가 생길 수 있다.
- 브레이스에 음식이 끼어 충치가 생길 수 있다.
- 양치질이나 치실질이 어려워져 치아를 청결하게 유지하기 어렵다.
- 브레이스를 손상시킬 수 있는 음식을 피해야 한다.

얼라인 테크놀로지(Align Technology)사가 생산하는 인비절라인(invisalign) 제품이 이런 문제들에 대한 하나의 획기적인 해법이 될 수 있다. 인비절라인은 일련의 얼라이너(aligners)로 구성되는데, 환자는 각 얼라이너를 약 2주씩 사용한다. 그림 1.3에 보인 얼라이너 하나 하나는 치아를 조금씩 원하는 위치로 이동시키도록 정밀하게 제작된 형상을 갖고 있다. 얼라이너는 치아에 끼우는 것이므로 식사하거나 양치질 또는 치실질할 때 뺄 수 있고, 따라서 기존 브레이스의 단점이 대부분 사라진다. 게다가 투명한 플라스틱으로 제작되므로 환자의 외모에 별 영향을 주지 않는다.

인비절라인 제품은 최신 기술들을 조합한 것으로서, 생산 공정은 그림 1.4와 같다. 공정의 시작은 치과 교정의가 플라스틱으로 환자 치아의 본을 뜨거나, 3차원 구강 내 스캐너로 치아의 3차원 이미지를 얻는 것이다(그림 1.4a). 물리적인 본을 뜬 경우에는, 그로부터 그림 1.4b와 같은 3차원 CAD 모델을 만든다. 다음으로는 전용 컴퓨터 프로그램의 도움을 받아 치아를 최적의 위치로 옮기기 위한 치료 전략을 수립한다.

다음으로는 클린체크(ClinCheck)라는 특수 프로그램이 비디오로 제작해 주는 치아의 점진적 움직임을 교정의가 검토하고, 필요에 따라 치료 계획을 수정한다.

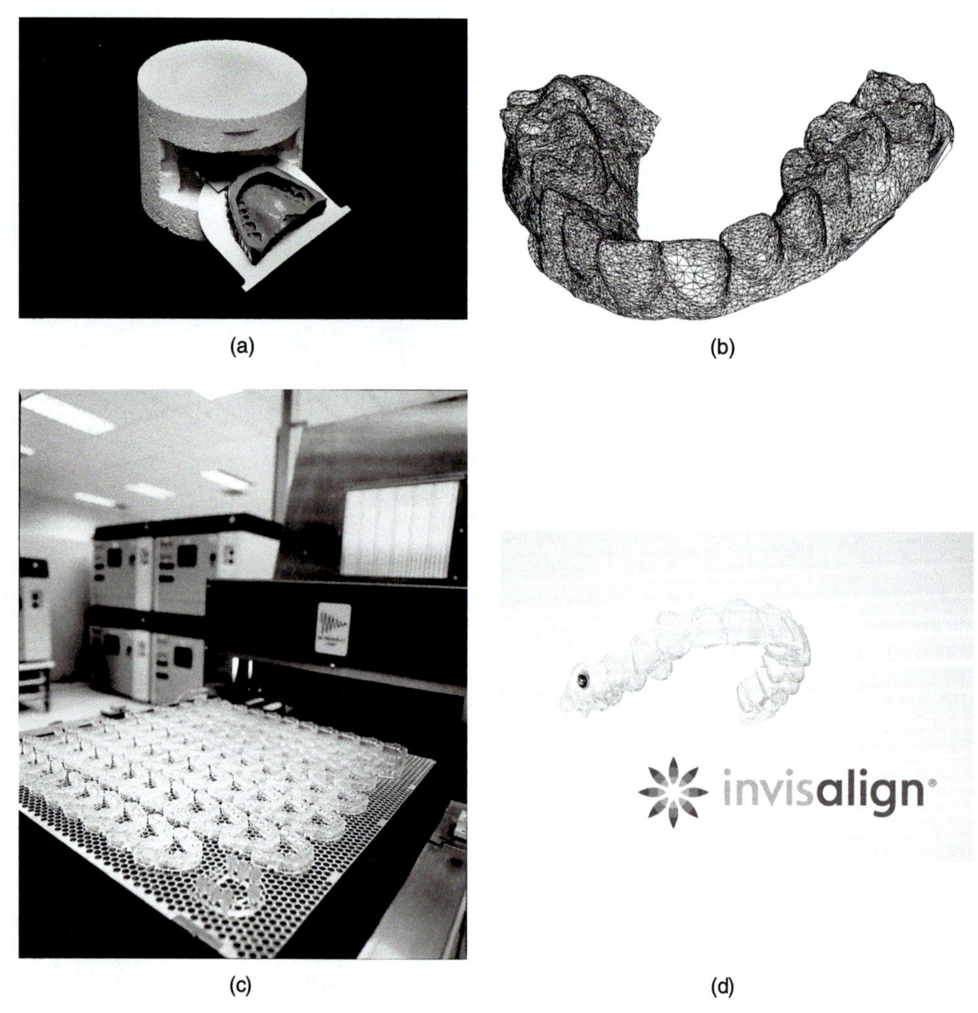

그림 1.4: 인비절라인 치아교정 장치의 제조 프로세스. (a) 교정의가 환자 치아의 본을 떠서 얼라인 테크놀로지 사에 보냄. 이 본은 석고로 모형을 만드는 데 사용됨. (b) 석고 모델로부터 고해상도의 3차원 모델을 만들고, 컴퓨터 툴을 이용하여 교정 계획을 세움. (c) 스테레오리소그라피 쾌속 조형 기술을 이용하여 조금씩 바뀌는 치아의 위치에 대한 일련의 틀을 제작. (d) 이 틀들을 이용하여 투명한 플라스틱 얼라이너들을 제작. 각 얼라이너는 약 2주씩 사용되며, 환자는 아름다운 미소를 되찾게 됨. 출처: Align Technology, Inc.

치료 계획이 완성되면, 컴퓨터에 저장된 정보를 이용하여 얼라이너들을 제작해야 한다. 이 작업은 쾌속 조형 기술을 적용하여 이루어진다. 스테레오리소그라피(stereolithography)는 초점이 맞춰진 레이저를 이용하여 액체 광중합체(photopolymer)를 경화시키는 공정이다. 레이저는 액체 광중합체의 수면 근처만 얇게 경화시키므로, 광중합체가 담겨 있는 큰 용기 내에서 트레이(tray)를 조금씩 내리면서 원하는 물체의 얇은 층(layer) 모양을 따라 레이저를 주사하면, 의도한 3차원 물체가 만들어진다.

스테레오리소그라피 기술은 다양한 소재를 사용할 수 있지만, 항상 특유의 누런 흔적을 남기므로 치아 교정용으로 바로 사용하기에는 적합하지 않다. 그 대신, 스테레오리소그라피를 적용하여 그림 1.4c에 보인 바와 같이 점진적으로 교정되는 치아 위치들의 틀을 만든다. 그 다음으로, 이 틀들을 이용하여 투명한 폴리머 재료의 얼라이너들을 제작한다. 이렇게 만들어진 얼라이너들을 교정의에게 보내면, 의사는 환자에게 보통 2주마다 새로운 얼라이너를 지급한다.

인비절라인 사의 제품은 주위 사람들이 거의 모르게 치아를 교정하기 원하는 환자들 사이에 인기를 끌어 왔다. 이 제품은 맞춤 형상을 이용한 정밀한 힘 전달 기술, CAD와 생산 기술, 쾌속 조형 기술, 첨단 폴리머 생산 기술 등의 첨단 공학 기술에 의존하고 있다.

1.10 요약

이 장에서는 기계와 기계 요소의 설계란 개념에 대해 알아보았다. 설계 프로세스의 가장 중요한 목표는 파손이 일어나지 않도록 하는 것이다. 파손을 피하려면 설계 엔지니어는 어떤 경우에 파손이 일어나기 쉬운지를 알아야 한다. 즉 파손의 기준은 재료의 성질과 작용 하중뿐 아니라 재료 표면에서 일어나는 현상들, 예를 들면 마찰, 마모, 윤활, 환경 부식 등을 포함한다.

파손이란 개념을 정량화하기 위해 안전 계수가 사용되었는데, 안전 계수는 주어진 재료의 허용 응력과 발생할 최대 응력의 비로 정의된다. 이와 같이 간단한 안전 계수 외에도 여러 파손 모델들이 있는데, 그 중에서 파손 모드 및 효과 분석(failure mode and effects analysis, FMEA)과 고장 수목 분석(fault tree analysis, FTA)에 대해 설명했다. 엔지니어에게는 안전한 설계를 해야 한다는 윤리적 의무가 있다는 점도 언급하였는데, 이를 위한 전략으로서 안전설계 체계와 위험경고형 설계 원칙 등을 살펴보았다. 설계는 다학제간 접근이 매우 중요한 협력에 의해 이루어진다는 것도 알 수 있었다.

핵심어

고장 수목 분석(fault tree analysis, FTA) 가장 가능성이 높은 파손 모드를 찾기 위해 통계 데이터를 이용하는 방법

고장에도 안전한(fail-safe) 설계 부품이 고장 나더라도 참사가 일어나지 않도록 하는 설계 방법

기계 시스템(mechanical system) 상승 작용을 하도록 모아 놓은 기계 요소들의 집합

기계(machine) 에너지, 하중, 운동을 변환, 전달, 사용하여 특정한 목적을 달성하는 메커니즘과 여타 부품의 조합

기계 요소의 기능(machine element function) 수직력 전달, 토크 전달, 에너지 흡수, 또는 밀봉(seal)

동시 공학(concurrent engineering) 개발하려는 제품과 관련된 모든 분야의 사람들이 개발 프로세스의 처음부터 끝까지 함께 하는 접근 방법

설계(design) 개념이나 아이디어를 유용한 기계로 변환하는 것

안전 계수(safety factor) 허용 응력과 설계 응력의 비

영국 단위(English units) 다음과 같은 단위를 사용하는 단위계
- 길이의 단위는 인치(in.)
- 시간의 단위는 초(s)
- 온도의 단위는 화씨 도(°F)
- 질량의 단위는 파운드매스(lbm)
- 힘의 단위는 파운드포스(lbf)

위험경고형(manifest danger) 설계 대형 사고가 발생하기 전에 필요한 수리가 이루어지도록 하는 설계 접근법

유한요소 해석(finite element analysis, FEA) 기계 장치와 같이 복잡한 형상을 갖는 부품의 응력, 변형률, 온도 등을 구하는 계

산 방법으로서, 유한한 개수의 절점에서 상호 연결된 단순한 요소들로 부품의 형상을 표현함

인공 지능(artificial intelligence, AI) 인간이 생각하는 방식을 복제하여 이를 컴퓨터의 연산에 적용하려는 시도

잉여(redundancy) 한 부품의 파손이 참사를 일으키지 않도록 과잉 용량으로 설계하거나 백업(backup) 시스템을 포함시키는 설계 방법

전문가 시스템(expert systems) 특수한 문제를 전문가 수준으로 풀도록 도와주는 컴퓨터 프로그램

컴퓨터원용 설계 (computer-aided design, CAD) 컴퓨터 기술을 이용하여 설계 프로세스를 기획, 수행, 적용하는 것

쾌속 조형(rapid prototyping) 형상을 표현하는 컴퓨터 파일로부터 신속하게 부품을 제작하는 기술

파손 모드 및 효과 분석(failure mode and effects analysis, FMEA) 부품의 파손이 시스템 전체에 미치는 영향에 대한 체계적인 고찰 방법

파손(failure) 기계 부품이 전혀 작동하지 않거나 의도된 기능을 적절히 하지 못하거나 계속하여 안전하게 쓸 수 없게 된 상태

SI 단위(SI units) 다음과 같은 단위를 사용하는 단위계

길이의 단위는 미터[m]

시간의 단위는 초[s]

온도의 단위는 켈빈 도[K]

질량의 단위는 킬로그램[kg]

힘의 단위는 뉴튼[N]

추천 문헌

공학 일반

Florman, S.C. (1976) *The Existential Pleasures of Engineering*, St. Martin's Press.

Petroski, H. (1992) *To Engineer Is Human*, Vintage Books.

설계 일반

Haik, Y., (2003) *Engineering Design Process*, Thomson.

Hyman, B. (2003) *Fundamentals of Engineering Design*, 2nd ed., Prentice-Hall.

Lindbeck, J.R., (1995) *Product Design and Manufacture*, Prentice-Hall.

Otto, K., and Wood, K., (2000) *Product Design: Techniques in Reverse Engineering and New Product Development*, Prentice-Hall.

Ullman, D.G., (2009) *The Mechanical Design Process*, McGraw-Hill.

Vogel, C.M., and Cagan, J. (2012) *Creating Breakthrough Products*, 2nd ed., Prentice-Hall.

생산, 생산을 위한 설계

Boothroyd, G., Dewhurst, P., and Knight, W. (2010) *Product Design for Manufacture and Assembly*, 3rd ed., Taylor & Francis.

Boothroyd, G. (2005) *Assembly Automation and Product Design*, 2nd ed., Taylor & Francis.

DeGarmo, E.P., Black, J.T., and Kohser, R.A. (2011) *DeGarmo's Materials and Processes in Manufacturing*, 9th ed., Prentice-Hall.

Dieter, G.E. and Schmidt, L. (2008) *Engineering Design*, 4th ed., McGraw-Hill.

Kalpakjian, S., and Schmid, S.R. (2008) *Manufacturing Processes for Engineering Materials*, 5th ed., Prentice-Hall.

Kalpakjian, S., and Schmid, S.R. (2010) *Manufacturing Engineering and Technology*, 6th ed., Pearson.

Wright, P.K. (2001) *21st Century Manufacturing*, Prentice-Hall.

동시 공학

Anderson, D.M. (2010) *Design for Manufacturability & Concurrent Engineering*, CIM Press.

Nevins, J.L., and Whitney, D.E. (Eds.) (1989) *Concurrent Design of Products and Processes*, McGraw-Hill.

Prasad, B. (1996) *Concurrent Engineering Fundamentals*, Prentice-Hall.

Pugh, S. (1996) *Creating Innovative Products Using Total Design*, Addison-Wesley.

Pugh, S. (1991) *Total Design*, Addison-Wesley.

참고 문헌

ANSI (2010) A17.1 "Minimum Safety Requirements for Passenger Elevators," American National Standards Institute.

ASME (2012) *Code of Ethics for Engineers*, Board on Professional Practice and Ethics, American Society of Mechanical Engineers.

Boothroyd, G. (1992) *Assembly Automation and Product Design*, Marcel Dekker.

Florman, S.C. (1987) *The Civilized Engineer*, St. Martin's Press.

Kalpakjian, S. and Schmid, S.R. (2003) *Manufacturing Processes for Engineering Materials*, 4th ed., Prentice-Hall.

Kalpakjian, S., and Schmid, S.R. (2010) *Manufacturing Engineering and Technology*, 6th ed., Pearson.

Lewis, E.E. (1995) *Introduction to Reliability Engineering*, 2nd ed.,Wiley.

Petroski, H. (1992) *To Engineer Is Human*, Vintage Books.

Pugh, S. (1996) *Creating Innovative Products Using Total Design*,

Addison-Wesley.
Pugsley, A.G. (1966) *The Safety of Structures*, Edward Arnold.

문제

1.1 설계란 무엇인가?

1.2 벽너머설계(over-the-wall engineering)란 무엇인가?

1.3 파손이란 무엇인가?

1.4 안전 계수를 정의하라.

1.5 '생산물 책임(product liability)', '과실(negligence)', '엄격 책임(strict liability)'에 대해 설명하라.

1.6 안전설계 체계(safety hierarchy)란 무엇인가?

1.7 표준을 발표하는 단체의 예를 2개만 들라.

1.8 생애 주기(life cycle)란 무엇인가?

1.9 제품의 생애 주기를 어떻게 정의하는가?

1.10 단위계의 이름 두 개를 쓰라.

정성적 문제

1.11 안전 계수와 신뢰도의 차이를 설명하라.

1.12 제품 개발에서 설계가 왜 가장 큰 영향을 미친다고 하는지 설명하라.

1.13 안전 계수를 결정할 때 고려해야 하는 인자들을 열거하라.

1.14 제품 설계사가 고려해야 하는 우려 사항들을 열거하라.

1.15 안전 계수를 예측하는 퍽슬리(Pugsley)법의 장단점은 무엇인가?

1.16 19세기 초 유개화차(boxcar)의 저널 베어링에 사용된 윤활유에는 '냄새 내는 첨가제'를 섞었다. 베어링이 너무 뜨거워지면 이 첨가제가 냄새를 풍겨, 다음 정거장에서 윤활유를 보충하도록 한 것이다. 이는 어떤 설계 접근법의 사례인지 답하고 설명하라.

1.17 설계 엔지니어가 다른 전공자들과 협업해야 하는 이유를, 구체적인 제품의 예를 사용하여 설명하라.

1.18 제한 속도 100 km/h인 산간 도로에서 150 km/h로 달리던 차가 급커브에서 타이어 한 개가 터지면서 조종 능력을 잃어, 인명 피해는 없었지만 물적 피해와 부상을 동반한 사고를 냈다. 이후에 운전자가 타이어 제조사에 소송을 내기로 했다. 어느 법 이론을 적용해야 이 운전자가 법적인 주장을 할 수 있을지를 설명하라.

1.19 고장에도 안전한(fail-safe) 설계와 그렇지 못한(fail-unsafe) 설계의 예를 각각 세 개씩 들라.

1.20 유효 숫자가 (a) 한 개, (b) 두 개, (c) 세 개, (d) 네 개 이상인 숫자를 각각 세 개씩 쓰라.

정량적 문제

1.21 핸드 드릴링 머신에는 드릴로부터 발생되는 반경 방향 힘과 축 방향 힘을 모두 받을 수 있는 베어링이 있다. 몇 시간 사용 후 드릴을 교체하기 원하는지에 따라 상이한 베어링을 사용한다. 러빙 부싱(rubbing bushing)은 수명이 50시간이고, 소형 베어링은 300 시간이다. 볼 베어링과 원통형 롤러 베어링을 조합하여 사용하면 10,000시간의 수명이 가능하다. 이들 베어링의 가격 비는 1:5:20이다. 단순작업용 드릴, 반전문가용 드릴, 전문가용 드릴 각각에 있어 최적의 베어링 유형을 선정하라.

1.22 문제 1.21에서 반전문가용 드릴에 소형 볼 베어링을 쓰기로 했다면, 300시간 사용 시 베어링이 부스러져 나가기 시작할 것으로 예상된다. 첫 번째 부스러기가 생긴 때부터 구름면 전체가 부스러기로 덮일 때까지 200시간이 걸리고, 그 때부터 볼에 균열이 발생할 때까지 또 다시 100시간이 소요된다. 다음 각 경우에 대해 베어링 수명을 구하라.

(a) 고정밀도가 요구되는 경우
(b) 진동이 있어도 괜찮은 경우
(c) 볼이 깨져야 사고가 발생하는 경우

1.23 활강 스키 경주에 사용하는 스키의 치수를 결정하고자 한다. 한 쪽 발이 스키에 미치는 힘은 최대 2500 N이지만, 눈의 상태를 미리 알 수 없어 스키에 작용할 굽힘모멘트를 알 수 없다. 안전 계수를 얼마로 해야 하는가?

1.24 어떤 크레인(crane)에서 짐을 들어 올리는 후크(hook)가 강재 와이어(wire)에 매달려 있다. 와이어에 허용 인장 응력이 작용할 때 하중이 100,000 N이다. 다음의 각 경우에 적절한 안전 계수를 구하라.

(a) 와이어 소재가 관리되지 않고, 하중이 충격적으로 작용할 수 있으며, 후크를 와이어에 연결할 때 응력집중이 발

생하는 경우(단, 와이어가 끊어지면 사람들이 중상을 입을 수 있고 고가의 장비들이 파괴될 수 있다고 가정)

(b) 와이어 소재가 매우 잘 관리되고, 충격 하중이 작용하지 않으며, 응력집중도 발생하지 않는 경우(단, 와이어가 끊어져도 사람이나 고가의 장비에 손상이 없다고 가정)

1.25 다음을 계산하라.

(a) 머리카락이 한 달에 0.75 in.씩 자란다면, 머리카락이 자라는 속도를 초당 미터로 구하라.

(b) 직경이 1 in인 강재 구(sphere)의 무게를 메가뉴튼으로 구하라.

(c) 질량이 1 kg인 물체의 달 표면에서의 질량을 구하라.

(d) 4마력을 와트 단위로 구하라.

1.26 SI 단위계에서 동점성 계수(dynamic viscosity)의 단위는 N-s/m^2 = Pa-s이다. 뉴튼의 힘과 가속도에 관한 법칙으로 표현되는 기본 관계를 이용하여 이 단위를 어떻게 다시 쓸 수 있을까?

1.27 문제 1.26에서 설명한 바와 같이 동점성 계수의 단위는 N-s/m^{2}인데, 운동점성 계수(kinematic viscosity)는 동점성 계수를 유체의 밀도로 나눈 값으로 정의된다. 운동점성 계수의 단위를 적어도 한 개 써 보라.

1.28 각 변의 길이가 1 m인 정사각형 평면이 있다. 각 변을 데시미터(decimeter, dm), 센티미터(centimeter, cm), 밀리미터(millimeter, mm)로 나눌 수 있다. 단, 1 m = 10 dm, 1 dm = 10 cm, 1 cm = 10 mm이다. 몇 dm, 몇 cm, 몇 mm가 1 m와 같은지 각각 답하라. 또 몇 mm^2, cm^2, dm^{2}이 1 m^{2}과 같은지도 각각 답하라.

1.29 1 tera mm^{3}의 부피를 가지는 정육면체의 각 변의 길이는 얼마인가?

1.30 빛의 속도는 300,000 km/s = 3×10^8 m/s이다. 빛이 1 ps, 1 ns, 1 μs에 도달할 거리를 각각 구하라.

1.31 두 개의 매끈하고 편평한 평면 사이에 10 μm 두께의 윤활유 막이 있다. 윤활유의 동점성 계수는 0.100 Pa-s이다. 두 평면 중 한 평면(면적 1 dm^2)이 1 km/hr의 속도로 다른 평면 위에서 미끄러지고 있다. 윤활유 막의 전단에 의한 마찰력을 구하라. 단, 마찰력은 동점성 계수, 평면의 면적, 평면의 이동속도의 곱을 윤활유 막의 두께로 나눈 값인 것으로 가정한다.

1.32 소방수가 집 위로 물을 뿌리고 있다. 노즐의 직경은 호수의 직경에 비해 작고, 물이 노즐에 미치는 힘이 다음과 같다.

$$F = v\frac{dm_a}{dt}$$

여기서 v는 물의 유속, dm_a/dt는 단위 시간당 물의 질량 유량이다. 물의 질량 유량이 3 tons/hr이고 유속이 100 km/hr라고 할 때, 소방수가 노즐을 잡고 있으려면 얼마만큼의 힘이 필요한가?

1.33 자동차의 질량이 1346 kg이고 4명의 승객의 무게가 각각 613 N, 738 N, 870 N, 896 N이다. 비가 내려 차 위에 고인 빗물의 질량이 1.349 kg이라고 하면, 승객과 빗물까지 합한 차 전체의 무게와 질량을 각각 4개의 유효 숫자로 구하라.

1.34 자동차의 가속 시험에서 가속도가 1.4363 m/s^{2}으로 측정되었다. 차 아래에 붙은 눈과 진흙 때문에 차의 총 질량이 1400 ± 100 kg으로 예측된다면, 가속을 위해 차에 작용한 힘을 계산하고 그 정확도를 명시하라.

설계 문제 및 프로젝트

1.35 1 리터와 4 리터짜리 우유 수송용 용기를 설계하라.

1.36 캠핑족이 손쉽게 음식을 만들어 먹기 위해 유용할 연장 키트(kit)를 설계하라. 키트는 필요한 모든 도구를 포함하면서 가볍고 작아야 한다.

1.37 산성(acid) 액체의 용기가 새면 주변 사람들은 물론 환경에 피해를 입히게 된다. 용기의 가격은 용기 벽의 두께에 비례한다. 용기의 안전도를 높이기 위해서는, 용기 벽을 두껍게 하거나 새어 나오는 액체를 받아 두는 저장 트레이(reserve tray)를 용기 아래에 설치할 수 있다. 저장 트레이의 가격은 벽이 두꺼운 용기 가격의 10%에 불과하다. 벽을 두껍게 하는 방법과 저장 트레이를 다는 방법 중 어느 것이 비용면에서 유리할까?

2

하중, 응력, 변형률

1940년도 타코마협곡(Tacoma Narrows) 교량의 붕괴. 출처: AP Photos.

주의 깊게 쓰여진 교과서는 힘, 충격, 압력을 측정하는 법을 가르친다. (만드는 자는 모두 주의하라!)
재료는 견딜 수 있다.
결국 망가진 기둥으로 다리가 추락할 때, 손실 혹은 죽음에 대한 비난은 인간에게 남겨진다. 물건이 아닌—인간에게!

러디어드 키플링, 파괴에 이르는 변형에 대한 찬송가

이 장에서는 부품에서 파손이 발생할 수 있는 위치를 결정하고, 임계 단면에서 발생하는 응력과 변형률을 해석하는 등, 설계에 있어 필수적인 기본 문제들에 대해 살펴본다. 우선, 임계 단면의 개념을 살펴보고, 다양한 하중의 용어를 정의한다. 그 다음으로 평형과 자유물체도의 개념을 살펴보고, 이어서 보의 전단력, 모멘트 선도를 그려본다. 이러한 선도를 그리는 수많은 방법 중에서, 가장 일반적이고 유용한 3가지 기법을 살펴본다. 다음으로 텐서(tensor) 개념을 강조하면서 응력과 변형률에 대해서 살펴본다. 평면 응력과 평면 변형률 상태를 일반적으로 정의한다. 응력변환 식과 모어 원(Mohr's circle) 선도를 통해서 방향에 따른 응력 상태를 결정하는 방법을 보이고, 일반적인 3차원 응력 상태에서 주응력을 찾는 과정을 제시한다. 팔면체 응력의 유용한 개념을 알아보고, 실험적으로 변형률을 결정하는 변형률 게이지와 로제트(rosettes)의 사용법을 간략히 살핀다.

차례

예제

설계 절차

기호

A	면적, m^2
d	지름, m
g	중력 가속도, 9.807 m/s^2
l	길이 m
M	모멘트 N-m
m_a	질량, kg
n	임의의 정수
P	힘, N
q	하중 강도 함수, N/m
R	반력, N
r	모어 원의 반지름, m
$\mathbf{S}$	응력 텐서
$\mathbf{S}'$	주응력 텐서
$\mathbf{T}$	변형률 텐서
T	토크, N-m
V	횡전단력, N
W	가해진 수직력, N
w_o	단위 길이당 힘, N/m
x, y, z	직교 좌표계, m
x', y', z'	회전된 직교 좌표계, m
γ	전단 변형률
δ	신장, m
ϵ	수직 변형률
θ	직각으로부터의 각 변화 혹은 힘이 가해지는 각도, deg
μ	마찰 계수
σ	수직 응력, Pa
τ	전단 응력, Pa
$\tau_{1/2}, \tau_{2/3}, \tau_{1/3}$	3축 응력 상태에서의 주 전단 응력, Pa
ϕ	경사평면의 각, deg

하첨자

a	축의
b	2축 응력
c	중심
e	폰미세스(von Mises)
r	롤러
t	3축 응력, 횡(가로)
x, y, z	직교 좌표계
x', y', z'	회전된 직교 좌표계
θ	처음 직각에서 발생한 각도 표현
σ	수직 응력
τ	전단 응력
ϕ	경사평면의 각
1, 2, 3	주축

2.1 서론

이 책의 초점은 기계와 기계 요소들의 설계와 해석에 있다. 기계 요소는 **하중**(load)을 받기 때문에, 기계 요소 설계에서 하중의 해석은 필수적이다. 기계 요소의 적절한 선택은 요소의 사용 중에 발생하는 응력과 변형을 계산하고, 임계 응력이나 변형을 넘지 않도록 적절한 크기를 선택하는 단순한 문제이다. 기계 요소의 응력과 변형을 계산하는 첫 번째 단계는 하중을 정확히 결정하는 것이다. 모든 형태의 하중, 응력, 변형률이 본 장의 요점이며, 여기서 논의하는 내용은 이 책 전체에서 사용된다.

2.2 임계 단면

기계 요소가 파손될지를 판단하기 위해서, 설계자는 임계 단면에서 응력, 변형률, 강도를 계산한다. **임계 단면**(critical section), 즉 최대 내력이 발생하여 파손될 가능성이 가장 높은 위치는 종종 미리 직관적으로 알 수 없다. 설계 절차 2.1은 임계 단면과 하중을 결정하는 일반적인 절차를 보여준다. 첫 번째와 두 번째 단계는 시스템 설계로부터 이루어진다. 세 번째 단계는 상당히 어려운데, 임계 위치를 구하기 전에 많은 수의 위치와 파손 모드에 대한 해석을 필요로 할 수 있다. 예를 들어, 분포 하중을 받는 보의 처짐은 여러 위치에서 허용값을 초과할 수 있고, 따라서 여러 곳에서 보의 처짐을 구할 필요가 있다.

일반적으로, 임계 단면은 필렛(fillet)을 따라 축의 지름이 바뀌는 기하학적으로 균일하지 않은 위치 혹은 상이한 재료의 접합면과 같은 곳에서 발생할 수 있다. 또한, 하중이 가해지거나 전달되는 위치도 임계 단면이 될 수 있다. 마지막으로, 형상이 매우 중요한 위치가 임계 단면의 후보가 될 수도 있다. 이 주제는 6장에서 더 자세히 다루도록 한다.

설계 절차 2.1

임계 단면과 하중

임계 단면과 임계 하중을 구하기 위해서 설계자는,

1. 기계[예: 자이로스코프(gyroscope)]에 가해지는 외력을 고려한다.
2. 기계 내부의 요소(예: 볼 베어링)에 가해지는 외력을 고려한다.
3. 기계 요소 내의 임계 단면을 정한다(예: 볼 베어링의 내륜).
4. 임계 단면에서의 하중을 결정한다(예: 접촉 응력).

예제 2.1

단순 크레인의 임계 단면

조건 그림 2.1a와 같이 수평 보로 구성된 단순 크레인(simple crane)의 한쪽 끝에 10 kN의 수직 방향 하중이 가해졌다. 보의 반대쪽 끝은 핀으로 고정되어 있다. 설계 소건을 만족시키기 위해서 핀과 롤러에서의 힘은 30 kN을 넘어서는 안 된다.

문제 임계 단면의 위치를 찾고 크레인에 파손을 발생시키지 않게 하는 10 kN 하중의 위치를 찾아라.

풀이 그림 2.1b에 수평 보에 작용하는 힘들이 표시되어 있다. 핀($x = 0$)에서 모멘트 합은

$$(1.0)P = (0.25)W_r$$

이고, 따라서 W_r은 40 kN이다. 수직 방향 힘의 합은

$$-W_p + W_r - 10\text{ kN} = 0$$

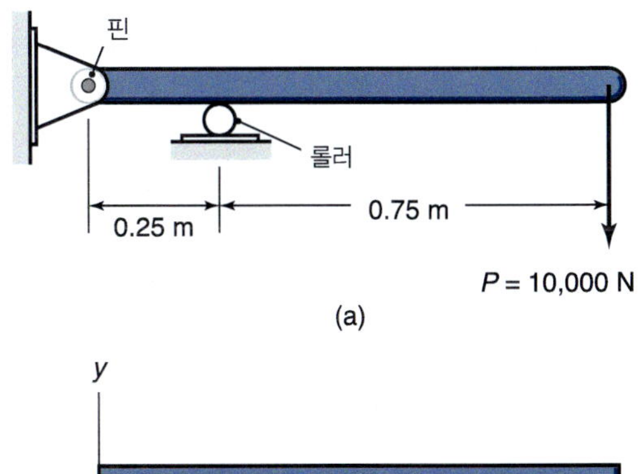

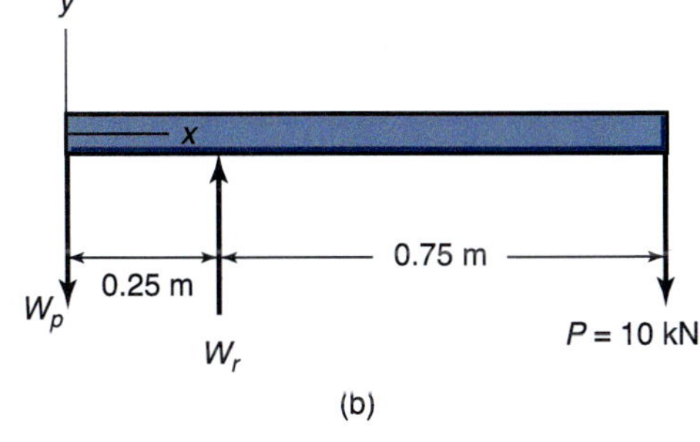

그림 2.1: 예제 2.1의 단순 크레인과 외력 도시. (a) 조립도, (b) 보에 작용하는 힘의 자유물체도.

이며, $W_p = 30$ kN이다. $W_r > W_p$이므로 임계 단면은 롤러에 위치한다. 또한, $W_r > W_{all}$이므로 파손이 발생할 것이다. 파손을 피하기 위해서는 수평 보의 끝에 작용하는 힘을 줄여야 한다.

2.3 하중의 분류와 부호 규약

하중은 다음과 같이 가해지는 시간에 따라 분류할 수 있다.

1. *정적 하중* — 하중이 서서히 가해지며 상대적으로 짧은 시간에 평형 상태에 도달한다. 구조물에 동적 효과는 발생하지 않는다.
2. *지속 하중* — 구조의 무게와 같이 긴 시간 동안 일정하게 작용하는 하중이다.
3. *충격 하중* — 급속하게 가해지는 하중이다. 충격 하중은 일반적으로 시스템에 에너지가 전달되면서 발생한다.
4. *반복 하중* — 하중의 크기가 변하고 방향도 바뀔 수 있으며 주기적이다.

하중은 가해지는 영역에 따라서도 분류할 수 있다.

1. *집중 하중* — 8.4절의 비등각 면과 같이, 하중을 받는 부재 전체에 비해 매우 작은 면적에 가해지는 하중이다. 예를 들어, 캐스터(caster, 바퀴)와 기계 크레인의 지지보 사이의 접촉 면적은 캐스터 전체의 면적보다 약 100분의 1 정도로 좁다. 이러한 경우, 가해지는 하중은 표면의 한 점에 작용한다고 할 수 있다.
2. *분포 하중* — 넓은 면적에 걸쳐서 작용하는 하중이다. 예로는 책장 위의 책들의 무게가 있다.

하중은 위치와 가해지는 방법에 따라서도 분류할 수 있다. 이때, 하중의 부호를 결정하기 전에 좌표축 방향이 결정되어야 한다.

1. *수직 하중* — 저항 단면의 중심을 지나는 힘이다. 수직력은 인장력(그림 2.2a) 또는 압축력(그림 2.2b)이다. 부호 규약은 인장력이 양(+)이고, 압축력은 음(−)이다.
2. *전단 하중* — 그림 2.2c의 분리된 봉은 양(+)의 전단 작용을 나타낸다. 그림의 우측에 관심 표면이 보이도록 돌려 그린 그림이 있다. 만약 힘의 방향과 면에 수직인 방향이 둘 다 양(+)이거나 둘 다 음(−)이면 전단력은 양(+)이다. 그림 2.2c의 왼쪽에 표시된 전단력 V는 양(+)의 y방향으로 위쪽 방향이며, 면에 수직인 축이 양(+)의 x축 방향이다. 또한 그림 2.2c의 오른쪽에서 전단력의 방향과 단면의 수직 방향 둘 다 음(−)이기 때문에 전단력은 양(+)이다. 만약 힘의 방향과 수직 방향의 부호가 다르면, 전단력이 음(−)이 된다. 만약, 그림 2.2c에서 양(+)의 y방향을 위로 올라가는 방향(양)이 아니라 아래로 내려가는 방향(음)으로 선택하였으면, 전단력은 양(+)이 아니라 음(−)이 된다. 따라서 전단력의 양(+), 음(−)을 결정하기 위해서는 양(+)의 x, y 좌표계를 먼저 결정해야 한다.
3. *굽힘 하중* — 주로 하중이 부재의 길이 방향축에 수직인 방향으로 작용할 때 발생한다. 그림 2.2d는 부재의 양끝에 동일한 크기의 반대 방향 모멘트가 작용하는 모습을 나타낸다. 모멘트에 의해 부재 길이와 수직인 단면에 수직 응력이 발생한다. 이는 4.5.2절에서 더 자세히 살펴볼 것이다.

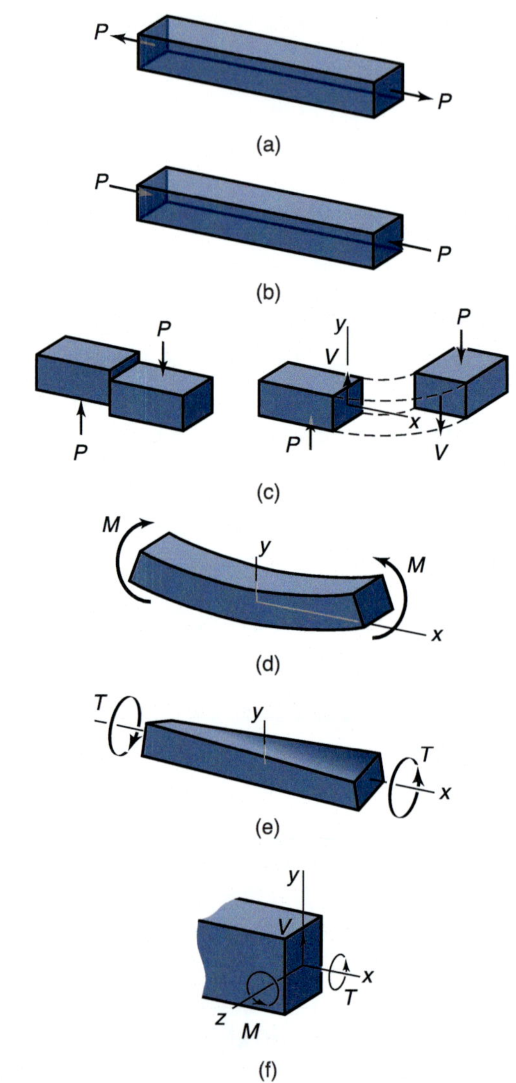

그림 2.2: 위치와 가해지는 방법에 따른 하중의 분류. (a) 수직, 인장, (b) 수직, 압축, (c) 전단, (d) 굽힘, (e) 비틀림, (f) 조합.

굽힘 응력의 해석에서 사용하는 부호 규약에 대해 간략히 살펴본다. 그림 2.3에 나타난 것과 같이, 실제 공학에서 두 가지 부호 규약을 사용한다. 이 두 가지 부호 규약의 차이점은 가해지는 모멘트의 부호에 있으며, 각 부호 규약에 대해 지지하는 사람과 반대하는 사

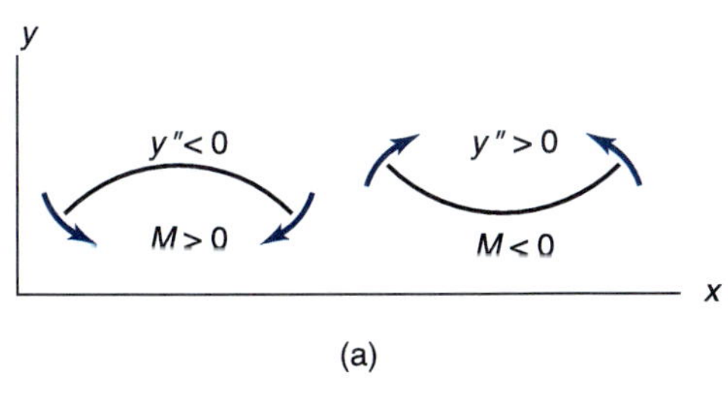

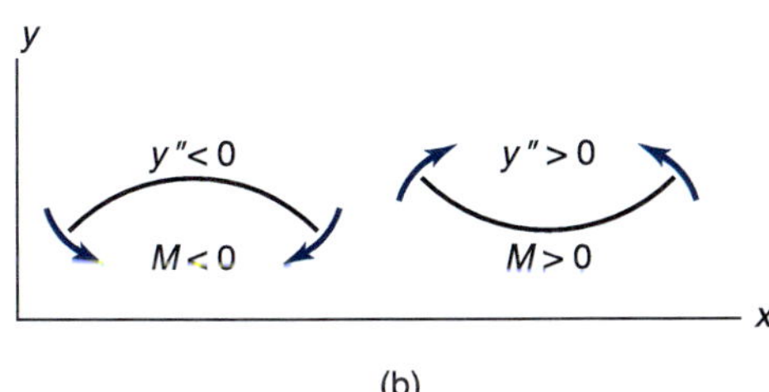

그림 2.3: 굽힘에서 사용하는 부호 규약. (a) 양의 y방향에서 인장 응력을 발생시키는 양의 모멘트, (b) 양의 면에서 양의 방향으로 가해지는 양의 모멘트. 이 책에서는 (b)에 나타낸 부호 규약을 사용한다.

람이 있다. 그림 2.3a에 보인 부호 규약의 지지자는 보 내부의 응력이 양의 굽힘모멘트에 대하여 중립축에서 양의 거리에 있는 지점에서 양의 (인장) 응력이 발생하는 규칙을 따르는 것을 선호한다. 반면에, 그림 2.3b의 부호 규약은 기억할 때 연상 방법을 사용할 수 있다. 즉, 양의 굽힘에 의한 변형이 '물을 담을 수 있는(아래로 오목한)' 모양, 혹은 양의 2계 미분을 가지는 모양인 것이다. 아마도 그림 2.3b의 부호 규약을 사용하는 가장 큰 이유는 굽힘모멘트의 규약이 가해지는 전단력과 같기 때문일 것이다. 즉, 수직 방향이 양의 바깥 변을 가리키는 면에 작용하는 양의 힘이나 모멘트는 오른손 좌표 법칙을 사용할 때 양으로 작용한다.

문제 내에서 부호 규약을 일관되게 사용하는 한, 어떠한 부호 규약을 사용하더라도 정확한 답을 얻을 수 있다는 점을 알아야 한다. 이 책에서는 그림 2.3b의 굽힘 부호 규약을 사용할 것이지만, 이 규약을 사용해야만 하는 것은 아니라는 점을 강조한다.

4. *비틀림 하중* — 그림 2.2e와 같이 부재에 비틀림 운동을 발생시키는 하중이다. 비틀림은 부재 단면의 전단 응력 분포를 발생시킨다. 그림 2.2e는 양의 비틀림을 나타낸다. 여기서는 오른손 법칙을 적용할 수 있다.
5. *조합 하중* — 그림 2.2f는 두 개 혹은 그 이상의 앞서 정의된 하중(예: 부재에 작용하는 전단, 굽힘, 비틀림)의 조합을 나타낸다. 이 그림에서는 양의 전단, 굽힘, 비틀림이 작용하고 있다.

예제 2.2

하중의 분류

조건 다이빙 보드에서 다이버가 점프한다.

문제

(a) 다이버가 다이빙 보드에 착지할 때 하중의 종류
(b) 다이버가 점프 사인을 기다리면서 움직임 없이 서 있을 때 하중의 종류
(c) 다이버가 점프하는 순간 다이빙 보드의 하중의 종류
(d) 아무런 동적 하중이 작용하지 않을 때, 바닥에 대한 다이빙 보드 조립체의 하중의 종류

풀이

(a) 충격 하중 — 다이버가 다이빙 보드와 접촉하기 때문이다.
(b) 정적 하중 — 다이버의 움직임이 없다.
(c) 반복 하중 — 점프 이후에 다이빙 보드가 위아래로 흔들린다.
(d) 지속 하중 — 중력이 다이빙 보드 구조를 지면으로 누른다.

예제 2.3

레버 조립체의 하중

조건 그림 2.4a와 같은 레버 조립체

문제 단면 B에 작용하는 수직, 전단, 굽힘, 비틀림 하중을 구하라.

풀이 그림 2.4b는 레버에 양의 방향으로 작용하는 다양한 하중들을 보여준다. 그림의 오른쪽에 그림 2.4a 레버의 단

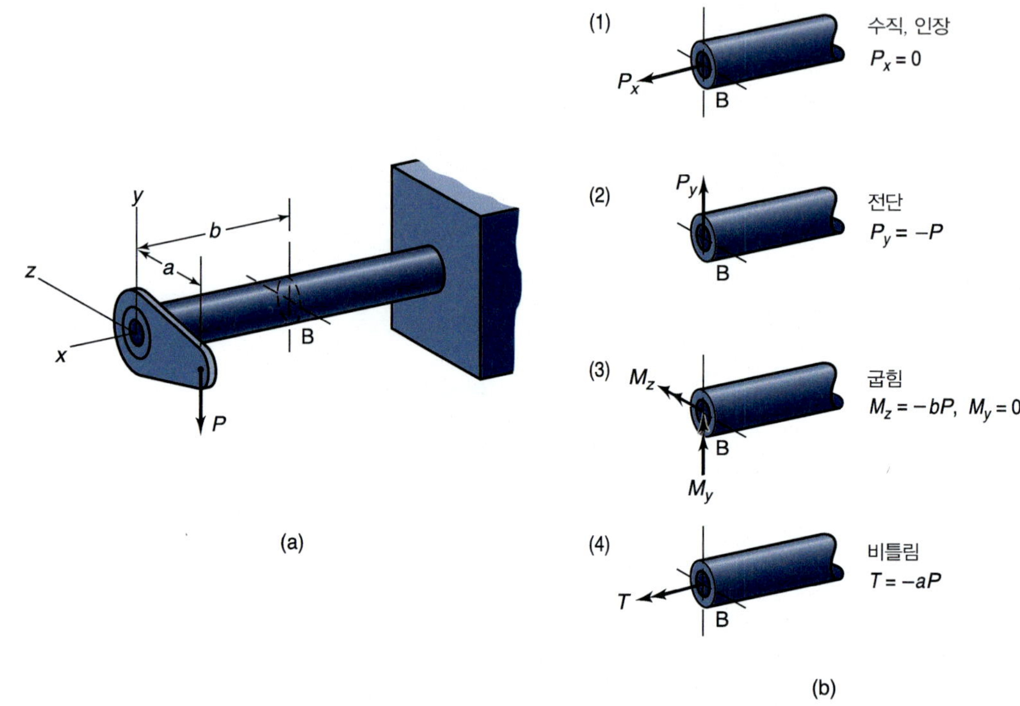

그림 2.4: 레버 조립체. (a) 레버 조립체, (b) 레버 조립체의 단면 B에 발생하는 (1) 인장 수직 하중, (2) 전단 하중, (3) 굽힘 하중, (4) 비틀림 하중.

면 B에서의 하중이 나타나 있다.

2.4 지지 반력

지지 반력은 지지점에서 발생하는 힘이다. 2차원 문제에서 (예: 동일 평면상의 힘을 받는 물체) 가장 일반적으로 사용되는 지지의 종류를 대응하는 반력과 함께 표 2.1에 나타내었다. (각 종류의 지지에서 부재에 발생하는 반력의 종류와 방향을 확인하라.) 지지 반력을 결정하는 한 방법은 지지되는 부재가 특정 방향으로 이동하거나 회전한다고 가정해 보는 것이다. 만약 지지에 의해 특정 방향으로의 이동이 제한된다면, 부재에 그 방향으로 힘이 가해지는 것이다. 마찬가지로, 지지가 특정 회전을 제한한다면, 부재에 모멘트가 작용하는 것이다. 예를 들어, 롤러는 접촉 방향, 즉 면에 수직 방향으로의 이동만 제한한다. 따라서 롤러의 접촉점에서는 모멘트가 발생하지 않는다.

표 2.1: 지지의 4가지 종류와 반력들.

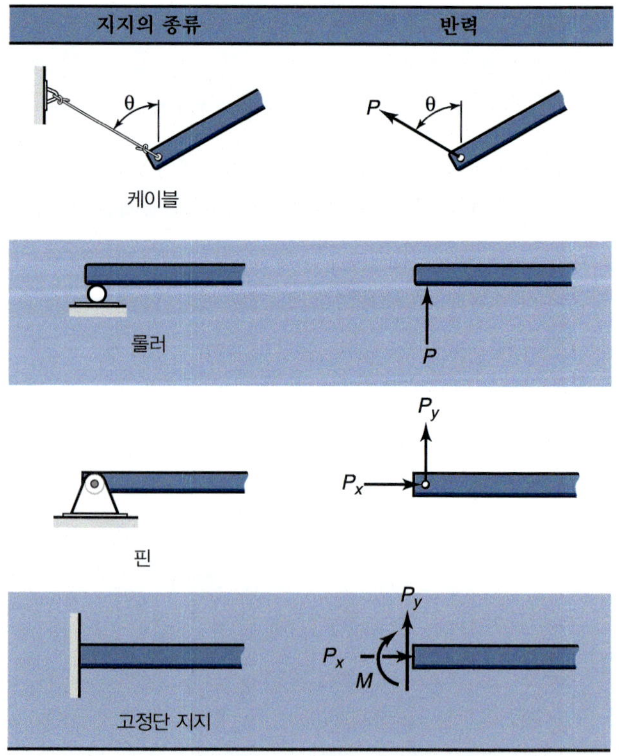

2.5 정적 평형

물체의 평형을 위해서는, 물체가 직선이나 곡선 경로를 따라 이동(병진 운동)하는 것을 막기 위한 힘의 평형과 물체의 회전을 막기 위한 모멘트의 평형이 필요하다. 다음 식들은 정역학에서 기본적으로 사용되는 식이다.

$$\sum P_x = 0, \quad \sum P_y = 0, \quad \sum P_z = 0, \tag{2.1}$$

$$\sum M_x = 0, \quad \sum M_y = 0, \quad \sum M_z = 0. \tag{2.2}$$

실제 공학문제에서, 물체에 작용하는 하중은 때로 동일 평면상의 힘으로 표현한다. 만약, 힘이 x-y 평면상에 있다면 물체의 평형 조건은 다음 3개의 식으로 구체화할 수 있다.

$$\sum P_x = 0, \quad \sum P_y = 0, \quad \sum M_z = 0. \tag{2.3}$$

여기서, 모멘트 M_z는 힘을 포함하는 평면에 수직인 방향의 벡터이다. 평형 방정식을 완벽히 풀기 위해서는 물체에 작용하는 모든 기지력과 미지력을 빠짐없이 나타내야 한다.

예제 2.4

사다리의 정적 평형

조건 페인트칠 하는 도장공이 사다리에 올라 서 있으며, 사다리는 집의 벽에 기대어져 있다. 도장공이 사다리의 중간 지점에 있다고 가정한다. 사다리는 수직 벽면으로부터 20° 의 각도로 기울어져 있으며, 벽면과 바닥면의 마찰 계수는 0.3이다.

문제 도장공과 사다리가 정적 평형상태에 있는지 판별하고, 정적 평형상태가 되지 않도록 하는 임계 마찰 계수 μ_{cr}을 구하라.

풀이 그림 2.5는 도장공과 사다리의 무게에 의해 사다리에 가해지는 힘을 나타낸 것이다. 사다리의 질량은 m_l이고, 도장공의 질량은 m_p이다. 사다리가 미끄러지기 시작한다면, 움직임에 의해서 마찰력이 발생할 것이다.

수평 방향 힘의 합력을 계산하면,

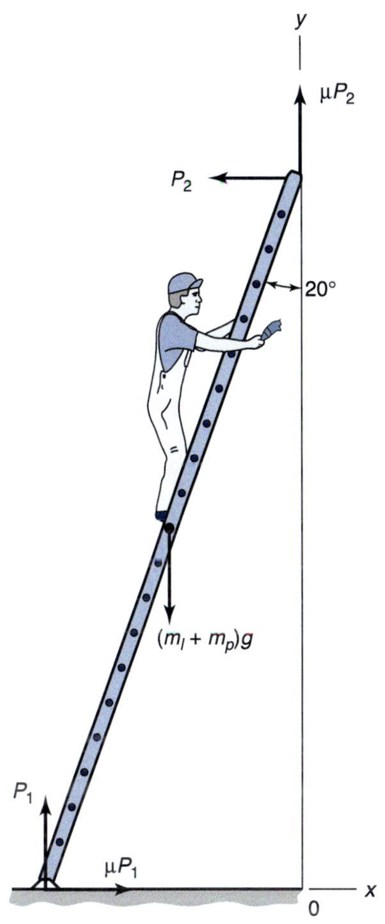

그림 2.5: 도장공이 사다리 위에 올라가 있을 때, 사다리가 벽면과 땅에 접촉한 모습.

$$\sum P_x = \mu_{cr} P_1 - P_2 = 0, \tag{a}$$

또는 $P_2 = \mu_{cr} P_1$이다. 수직 방향 힘의 합력은 다음과 같다.

$$P_1 \left(1 + \mu_{cr}^2\right) = (m_l + m_p)\, g.$$

따라서

$$P_1 = \frac{(m_l + m_p)\, g}{1 + \mu_{cr}^2}. \tag{b}$$

식 (a)로부터

$$P_2 = \frac{\mu_{cr}\,(m_l + m_p)\, g}{1 + \mu_{cr}^2}. \tag{c}$$

원점에서 모멘트 평형을 적용하면,

$$P_1 l \sin 20^\circ - P_2 l \cos 20^\circ - (m_l + m_p)\, g \frac{l}{2} \sin 20^\circ = 0 \quad \text{(d)}$$

여기서 l은 사다리의 길이를 나타낸다. 식 (b)와 (c)를 식 (d)에 대입하면,

$$0 = \frac{(m_l + m_p)\, gl \sin 20^\circ}{1 + \mu_{cr}^2} - \frac{\mu_{cr}\,(m_l + m_p)\, gl \cos 20^\circ}{1 + \mu_{cr}^2} - (m_l + m_p)\, g \frac{l}{2} \sin 20^\circ,$$

또는

$$0 = \frac{1}{1 + \mu_{cr}^2} - \frac{\mu_{cr}}{\tan 20^\circ\,(1 + \mu_{cr}^2)} - \frac{1}{2}.$$

연산을 통해서 다음과 같이 정리하면

$$0.5 = \frac{\tan 20^\circ - \mu_{cr}}{\tan 20^\circ\,(1 + \mu_{cr}^2)}$$

$$0.5 \tan 20^\circ + 0.5\mu_{cr}^2 \tan 20^\circ = \tan 20^\circ - \mu_{cr}$$

$$\mu_{cr}^2 + \frac{\mu_{cr}}{0.5 \tan 20^\circ} - 1 = 0$$

따라서

$$\mu_{cr} = 0.1763.$$

마찰 계수 μ는 0.3이므로 사다리는 움직이지 않으며, 도장공과 사다리는 정적 평형상태이다. 사다리가 움직이기 시작하는 임계 마찰 계수는 0.1763이다.

2.6 자유물체도

전체 기계, 개별 기계 요소 또는 기계 요소의 일부분을 자유물체로 표현할 수 있다. 정적 평형은 각 단계에서 가정한다. 평형 방정식에서 힘과 모멘트를 고려하는 최선의 방법은 바로 자유물체도를 그리는 것이다. 평형 방정식을 정확하게 적용하기 위해서는 자유물체도에 가해지는 모든 힘과 모멘트를 표시해야 한다.

자유물체도(free-body diagram)란 기계, 기계 요소 혹은 기계 요소의 일부분을 그린 그림이며, 여기에는 외부 하중, 중력, 반력과 같이 가해지는 모든 힘들이 표시되어야 한다. 반력은 땅, 벽, 핀, 롤러, 케이블 등의 장치에 의해 발생하는 힘이다. 반력의 부호는 미리 알 수 없지만, 임의로 설정하거나 추측할 수 있다. 정적 평형 해석 결과, 반력의 부호가 양이면 처음 방향이 맞다는 의미이며, 반력의 부호가 음이면 처음 추측한 방향과 반대라는 의미이다.

예제 2.5

매달려 있는 구의 평형

조건 그림 2.6a와 같이 강으로 제작된 10 kg의 구가 두 개의 와이어에 매달려 있다. 구의 바닥에 스프링이 달려 있으며 아래쪽으로 150 N의 힘으로 구를 당긴다.

문제 두 개의 와이어에 발생하는 힘을 구하라.

풀이 그림 2.6b는 구에 작용하고 있는 힘의 자유물체도를 나타낸다. 수직 방향 힘의 합력은

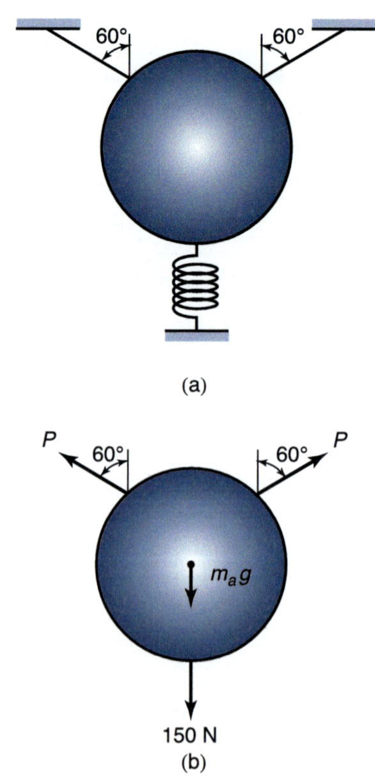

그림 2.6: 구와 작용하는 힘. (a) 위쪽에 와이어와 바닥에 스프링으로 지지된 구, (b) 구에 작용하는 하중의 자유물체도.

$$2P\cos 60^\circ - m_a g - 150 = 0.$$

따라서 와이어의 힘은 다음과 같다.

$$P = \frac{(10)(9.807) + 150}{2\cos 60^\circ} = 248.1\ \text{N}.$$

예제 2.6

외부 압축식 림 브레이크의 자유물체도

조건 그림 2.7a에 외부 압축식 림 브레이크(rim brake)가 있다.

문제 시스템의 각 성분에 대해 자유물체도를 그려라.

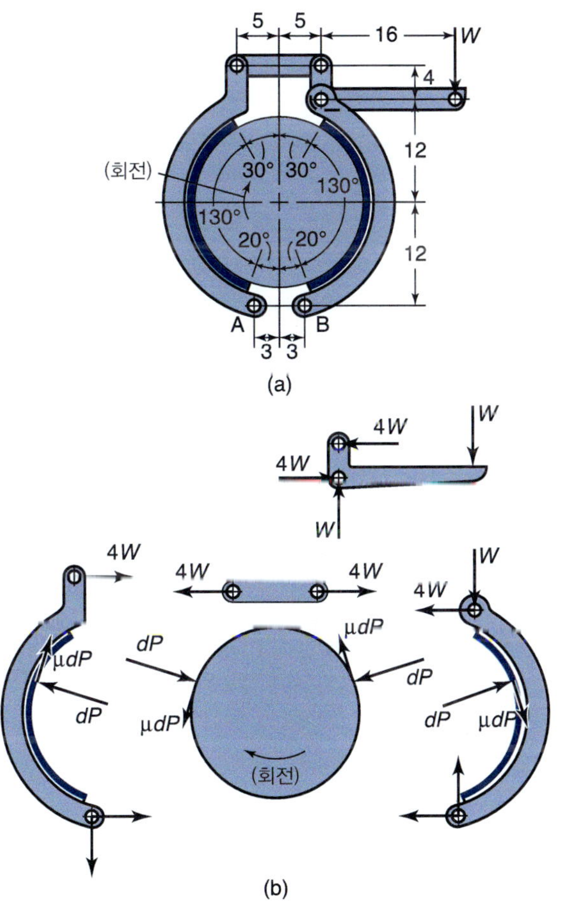

그림 2.7: 예제 2.6의 외부 압축식 림 브레이크와 가해지는 힘. (a) 외부 압축식 림 브레이크의 각 부품에 작용하는 힘(길이의 단위는 mm).

풀이 그림 2.7b는 각 브레이크 부품과 부품에 작용하는 힘을 나타낸다. 각 부품의 정적 평형이 만족되어야 하며, 마찰력은 드럼이 움직이는 방향과 반대인 양쪽 슈(shoe)의 운동 방향으로 발생한다. 그림 2.7b의 $4W$값은 레버의 모멘트 평형으로부터 구한다. 브레이크에 대한 상세 내용은 18장에서 살펴볼 것이다. 본 장에서는 각 성분의 자유물체도를 그리는 것이 요점이다.

2.7 지지된 보

보는 보의 축 방향에 수직으로 작용하는 하중을 지지하도록 설계된 구조용 부재이다. 일반적으로 보는 긴 직선 막대이며 일정한 단면적을 갖는다. 대체로 보는 지지된 형태에 따라서 분류한다.

1. **단순지지 보**(그림 2.8a)는 한쪽 끝이 핀으로 고정되고 반대쪽 끝은 롤러로 받쳐진다.
2. **외팔보**(그림 2.8b)는 한쪽 끝이 완전 고정되고 반대쪽 끝은 자유 경계이다.
3. **돌출보**(그림 2.8c)는 한쪽이나 양쪽 끝이 지지점을 지나서 자유 경계를 가진다.

5장에서 논의될 내용과 같이, 보를 평가할 때의 두 가지 주요 인자는 강도와 처짐이다. 그리고 보 하중의 두 가지 주요 모드는 바로 전단과 굽힘이다. 하지만 보의 높이가 폭에

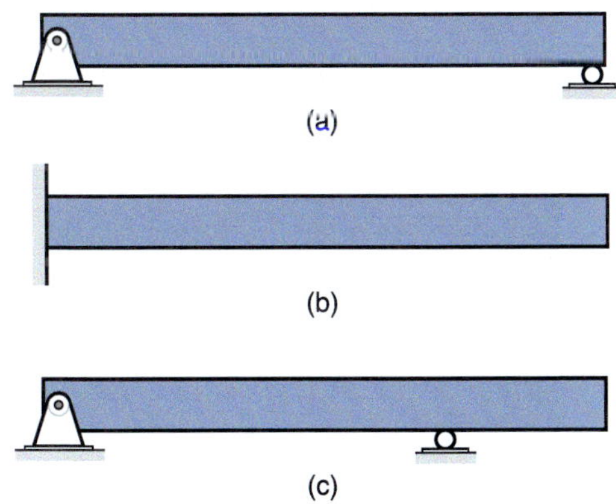

그림 2.8: 세 종류의 보 지지 방법. (a) 단순 지지 보, (b) 외팔보, (c) 돌출보.

비해서 큰 경우에는 탄성 불안정 현상이 중요해지며, 하중을 받으면 보에 비틀림이 발생할 수 있다(9.2.3절 불안정 평형 참고).

2.8 전단력 선도와 모멘트 선도

강도에 기초하여 보를 설계하기 위해서는 먼저 최대 전단력과 모멘트를 찾아야 한다. 본 절에서는 전단력 선도와 굽힘 모멘트 선도를 그리는 일반적이고 강력한 세 가지 방법에 대해 살펴본다. 통상적으로 세 가지 방법 중 어느 것이든 하나만 써서 정정보를 해석할 수 있으므로, 대부분의 독자들은 한 가지 방법에 집중하고 나머지 절은 훑어 보면 될 것이다.

2.8.1 절단법

전단력 선도와 굽힘모멘트 선도를 계산하는 첫 번째 방법은 원하는 위치에서 보의 단면을 잘라서 그 단면에 평형을 적용하는 것이다. 그로 인해 전단력 V와 모멘트 M을 보의 축을 따라 임의의 위치 x에서의 함수로 표현할 수 있다. 이 전단력과 모멘트 함수는 V와 M의 최댓값을 얻을 수 있는 전단력 선도와 모멘트 선도로 그려진다.

설계 절차 2.2

절단법에 의해 전단력과 모멘트 선도 그리기

절단법을 이용해서 전단력 선도와 모멘트 선도를 그리는 과정은 아래와 같다.

1. 자유물체도를 그리고 모든 지지 반력을 표시한다. 보의 축 방향과 수직한 방향으로 힘들을 분해한다.
2. 보의 원점과 길이 l의 끝점 사이에 임의의 위치 x를 잡고, 보를 두 부분으로 나눈다. 위치 x가 양이 되게 하기 위해서 원점이 보의 왼쪽에 위치하도록 한다.
3. 두 부분에 대한 자유물체도를 그리고, 평형 방정식을 이용하여 전단력 V와 모멘트 M을 계산한다.
4. x에 대한 전단력과 모멘트 함수 그래프를 그린다. 최대 모멘트의 위치를 확인한다. 일반적으로 보의 자유물체도 아래에 전단력 선도와 모멘트 선도를 표시하는 것이 편리하다.
5. 전단력 선도와 모멘트 선도 전체를 그리기 위해서는 추가적인 단면 위치 x가 필요할 수 있다.

예제 2.7

절단법에 의한 전단력 선도와 모멘트 선도

조건 그림 2.9a의 막대를 확인한다.

문제 전단력 선도와 모멘트 선도를 그려라.

풀이 $0 \le x \le l/2$에서, 막대의 한 부분의 자유물체도는 그림 2.9b에 나타나 있다. 미지값 V와 M은 양의 방향이다. 평형 방정식을 적용하면,

$$\sum P_y = 0 \rightarrow V = -\frac{P}{2}, \tag{a}$$

$$\sum M_z = 0 \rightarrow M = \frac{P}{2}x. \tag{b}$$

$l/2 \le x < l$에서, 자유물체도는 그림 2.9c와 같다. 마찬가지로 V와 M은 양의 방향이다.

$$\sum P_y = 0 \rightarrow \frac{P}{2} - P + V = 0, \quad \text{or} \quad V = P/2. \tag{c}$$

$$\sum M_z = 0 \rightarrow M + P\left(x - \frac{l}{2}\right) - \frac{P}{2}x = 0.$$

따라서

$$M = \frac{P}{2}(l - x). \tag{d}$$

식 (a)~(d)로부터 그림 2.9d와 같이 전단력 선도와 모멘트 선도를 그릴 수 있다.

2.8.2 직접 적분법

$q(x)$가 y방향으로 하중 강도 함수를 나타낼 때 전단력은

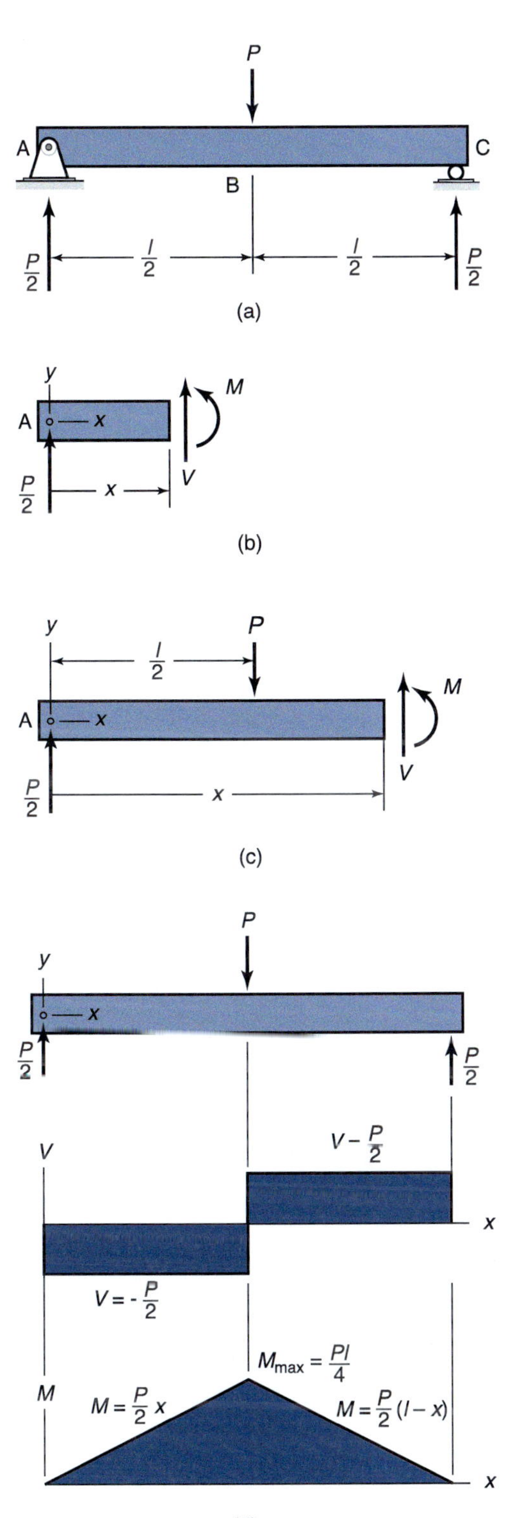

그림 2.9: 단순지지 보. (a) 중간 지점의 하중과 반력, (b) $0 < x < l/2$ 구간의 자유물체도, (c) $l/2 \leq x < l$ 구간의 자유물체도, (d) 전단력 선도와 모멘트 선도.

$$V(x) = -\int_{-\infty}^{x} q(x)\,dx \tag{2.4}$$

와 같이 나타낼 수 있으며, 굽힘모멘트는 다음과 같다.

$$M(x) = -\int_{-\infty}^{x} V(x)\,dx = \int_{-\infty}^{x}\int_{-\infty}^{x} q(x)\,dx\,dx. \tag{2.5}$$

단순 하중의 경우, 직접 적분법은 전단력 선도와 모멘트 선도를 그리는 가장 간단한 방법이다. 곡선의 적분은 곧 면적을 나타내기 때문에 하중으로부터 곧바로 전단력 선도와 모멘트 선도를 그릴 수 있다. 유일하게 복잡한 부분은 전단력 선도에서 집중 하중을 고려하는 것이다. 전단력 선도에서는 집중 하중이 가해진 크기만큼 그 위치에서 '점프'가 발생한다. 모멘트 선도에서 부호 규약이 중요하며, 이 책에서는 그림 2.3b에 나타낸 부호 규약을 사용한다는 점을 상기하기 바란다.

예제 2.8

직접 적분법에 의한 전단력 선도와 모멘트 선도

조건 그림 2.10a와 같은 정적 상태에 있는 보에 반력 $R_A = 12$ kN, $R_B = 4$ kN이 그림과 같은 방향으로 발생하고 있다.

문제 직접 적분법을 이용하여 전단력 선도와 모멘트 선도를 그려라. 최대 전단력과 최대 모멘트의 크기와 발생하는 지점을 결정하라.

풀이 우선 전단력 선도를 그린다. 보에 작용하는 하중을 고려하며, 왼쪽에서 출발해서 오른쪽으로 그린다. 다음과 같은 과정을 따라서 전단력 선도를 그린다.

1. 왼쪽 끝 지점($x = 0$)에는 아래쪽으로 힘이 가해지고 있다. 앞서 언급했듯이, 전단력 선도에는 $x = 0$ 위치에서 힘의 크기만큼 점프가 발생한다. 식 (2.4)로부터 아래쪽으로 가해지는 힘은 위쪽 방향 전단력을 발생시킨다(즉, 전단력의 부호가 하중과 반대이다). 따라서 선도는 위로

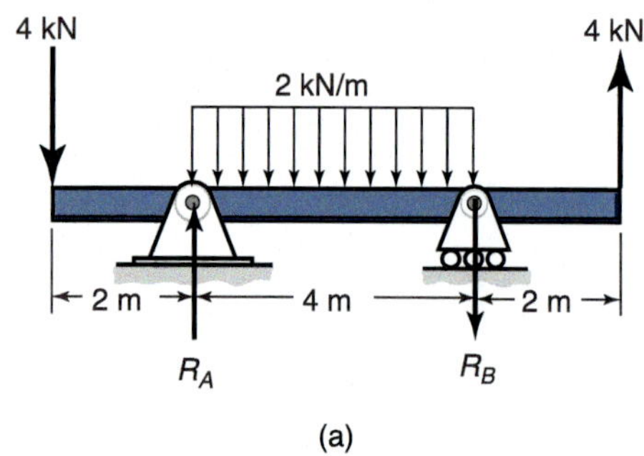

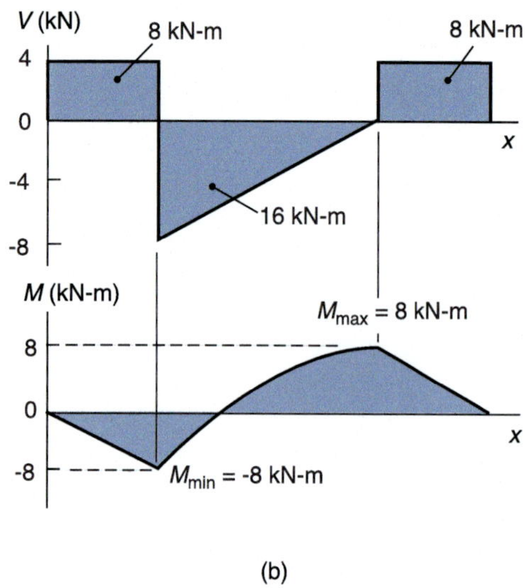

그림 2.10: 예제 2.8의 보. (a) 가해진 하중과 반력, (b) 면적이 표시된 전단력 선도와 최대, 최솟값이 표시된 모멘트 선도.

4 kN의 크기만큼 점프한다.

2. 오른쪽으로 움직이면, 이 값은 12 kN의 집중 하중이 위쪽으로 작용하고 있는 $x = 2$인 지점 이전까지는 변하지 않는다. 그림과 같이 이 하중에 의해 아래로 점프가 발생한다.
3. $x = 2$ m 지점의 오른쪽에서 가해지는 균일 분포 하중에 의해 전단력은 x에 대해 선형으로 변한다. 식 (2.4)로부터 전단력이 변하는 최종값은 가해진 하중의 합 또는 하중의 면적과 같다. 따라서 $x = 2$ m부터 $x = 6$ m까지 2 kN/m로 가해지는 분포 하중에 의한 최종 전단력 변화량은 8 kN이다. 또한 식 (2.4)의 부호 규약에 따라 분포 하중이 아래로 작용하기 때문에 전단력 선도에서는 위로 증가하게 된다. 따라서 $x = 6$ m 지점의 전단력 값은 (−8 kN) + 8 kN = 0 이다. $x = 2$ m부터 $x = 6$ m까지의 선이 표시되어 있다.
4. $x = 6$일 때, 반력 R_B가 아래 방향으로 발생하고 있다. 따라서 위쪽으로 4 kN의 점프가 발생한다.
5. $x = 8$일 때, 위쪽으로 가해지는 힘은 선도에서 아래쪽으로 4 kN의 점프를 만든다. 끝점의 전단은 0이 된다.

굽힘모멘트는 식 (2.5)의 반복 적용으로 얻을 수 있다. 하지만, 전단력의 적분은 전단력 선도의 면적으로부터 알 수 있다. 앞서 그린 전단력 선도는 직사각형과 삼각형으로 이루어져 있으므로, 형상으로부터 넓이를 바로 구할 수 있다. 면적 값을 전단력 선도에 나타내었다. 예를 들어, 전단력 선도에서 $x = 2$까지는 $V = 4$ kN의 높이와 $x = 2$ m의 밑변을 가지는 직사각형이므로 넓이는 8 kN-m 이다.

다음으로 모멘트 선도는 아래의 단계를 통해서 그릴 수 있다.

1. $x = 0$에서 $M = 0$으로 시작하여 선도를 왼쪽에서 오른쪽으로 그린다. $x = 0$부터 $x = 2$ m까지 전단력 선도 값은 양수이고 일정하기 때문에, 적분하면 선형으로 나타난다. 전단력 선도가 양수이므로 식 (2.5)에 따라서 모멘트는 음수가 되어야 한다. 그리고 $x = 2$ m에서 값은 8 kN-m이다. 그림에 선형 모멘트가 나타나 있다.
2. $x = 2$ m에서 $x = 6$ m까지 전단력 선도는 x에 대해 선형이다. 따라서 모멘트 선도는 2차식이 된다. $x = 6$ m에서 모멘트는 전단력 선도의 넓이를 다 더한 결과 8 kN-m가 됨을 알 수 있다. 식 (2.5)의 미분으로부터 알 수 있듯이, 모멘트 함수의 기울기는 전단력 값과 동일하다. 따라서 기울기는 처음에 큰 값을 가졌다가, $x = 6$인 지점에서 0이 된다.
3. $x = 6$ m에서 $x = 8$ m 구간에서는, 모멘트 선도가 선형이며 끝점에서는 $M = 0$이다. 이는 전단력 선도의 면적을 다 더한 결과로 알 수 있다. 가로축 아래는 음수가 됨을 주의한다.

그림 2.10b에는 전단력 선도와 모멘트 선도가 나타나 있다. 최대 전단력은 $x = 2$ m 지점에서 $|V|_{max} = 8$ kN이며, 최대 굽힘모멘트는 $|M|_{max} = 8$ kN-m 이다.

2.8.3 특이함수

하중이 단순한 경우, 2.8.1절과 2.8.2절에서 소개한 방법으로 전단력 선도와 모멘트 선도를 사용한다. 하지만 때때로 하중이 더욱 복잡해지는 경우에는 특이함수를 사용하는 방법을 선택한다. 변수 x에 대한 특이함수는 다음과 같이 나타낼 수 있으며,

$$f_n(x) = \langle x - a \rangle^n. \tag{2.6}$$

여기서 n은 0을 포함하는 임의의 정수(양수나 음수)를 나타내고, a는 보에서 기준 위치를 뜻한다. 특이함수는 꺾쇠 괄호를 사용해서 나타낸다. 특이함수의 장점은 불연속 구간을 포함하여 전단력과 모멘트를 해석적 표현으로 직접 나타낼 수 있다는 점이다.

표 2.2는 여섯 가지 특이함수와 하중 강도 함수를 그래프와 식으로 나타낸 것이다. 특히 역 램프(ramp) 함수를 살펴보면, $x = a$에서 시작되는 단위 계단함수로부터 $x = a$에서 시작되는 램프 함수를 빼는 형태이다. $x = a + b$에서 역 램프 함수가 끝나기 위해서는 이 지점에서 양의 램프 함수가 시작되어야 하며, 총합이 원하는 하중이 된다.

설계 절차 2.3

특이함수

특이함수의 일반적인 규칙 몇 가지는 아래와 같다.

1. $n > 0$이고, 꺾쇠 괄호 내부가 양이면($x \geq a$), $f_n(x) = (x - a)^n$이다. 식 (2.6)의 우변의 꺾쇠 괄호가 일반 괄호로 바뀐 것을 확인한다.
2. $n > 0$이고, 꺾쇠 괄호 내부가 음이면($x < a$), $f_n(x) = 0$이다.
3. $n < 0$이면, $f_n(x) = 0$이다.
4. $n = 0$일 때, $x \geq a$이면 $f_n(x) = 1$이고, $x < a$이면 $f_n(x) = 0$이다.
5. $n \geq 0$일 때, 적분은 다음과 같다.

$$\int_{-\infty}^{x} \langle x - a \rangle^n = \frac{\langle x - a \rangle^{n+1}}{n+1}.$$

위 식은 꺾쇠 괄호 대신 보통 괄호가 쓰였을 때의 적분식과 동일함에 유의하라.

6. $n < 0$일 때, 적분은 다음과 같다.

$$\int_{-\infty}^{x} \langle x - a \rangle^n dx = \langle x - a \rangle^{n+1}.$$

7. $n \geq 1$이면 다음이 성립한다.

$$\frac{d}{dx}\langle x - a \rangle^n = n\langle x - a \rangle^{n-1}.$$

설계 절차 2.4

특이함수를 이용한 전단력 선도와 모멘트 선도

특이함수를 이용하여 전단력 선도와 모멘트 선도를 그리는 방법은 다음과 같다.

1. 보에 작용하는 모든 분포 하중과 집중하중을 자유물체도에 표시하고, 모든 지지 반력을 그려 넣는다. 보에 가해지는 힘을 축 방향과 축에 수직인 방향으로 분해한다.
2. 보의 모든 특이점을 표시하는 하중 강도 함수 $q(x)$를 표현한다. 표 2.2를 참고하며, 특이함수 값을 상쇄하는 과정과 함수가 보 전체의 길이를 넘지 않아야 하는 점을 유의한다.
3. 식 (2.4)와 식 (2.5)와 같이, 전단력을 얻기 위해서 음의 하중 강도 함수를 본 전체 길이에 대해 적분한다. 또한 음의 전단력을 보 전체 길이에 대해 적분하여 모멘트를 얻는다.
4. 얻은 값들로부터 전단력 선도와 모멘트 선도를 그린다.

예제 2.9

특이함수를 이용한 전단력 선도와 모멘트 선도

조건 예제 2.7과 동일한 조건이다.

문제 보의 중앙에 작용하는 집중 하중에 대한 특이함수를 이용하여 전단력 선도와 모멘트 선도를 그려라.

풀이 그림 2.9a의 단순지지 보에 대한 하중 강도 함수는 다음과 같다.

$$q(x) = \frac{P}{2}\langle x\rangle^{-1} - P\left\langle x - \frac{l}{2}\right\rangle^{-1} + \frac{P}{2}\langle x - l\rangle^{-1}$$

전단력은 다음과 같다.

$$V(x) = -\int_{-\infty}^{x} \left[\frac{P}{2}\langle x\rangle^{-1} - P\left\langle x - \frac{l}{2}\right\rangle^{-1} + \frac{P}{2}\langle x - l\rangle^{-1}\right] dx$$

표 2.2: 하중 분포와 표현에 따른 특이값과 하중 강도 함수.

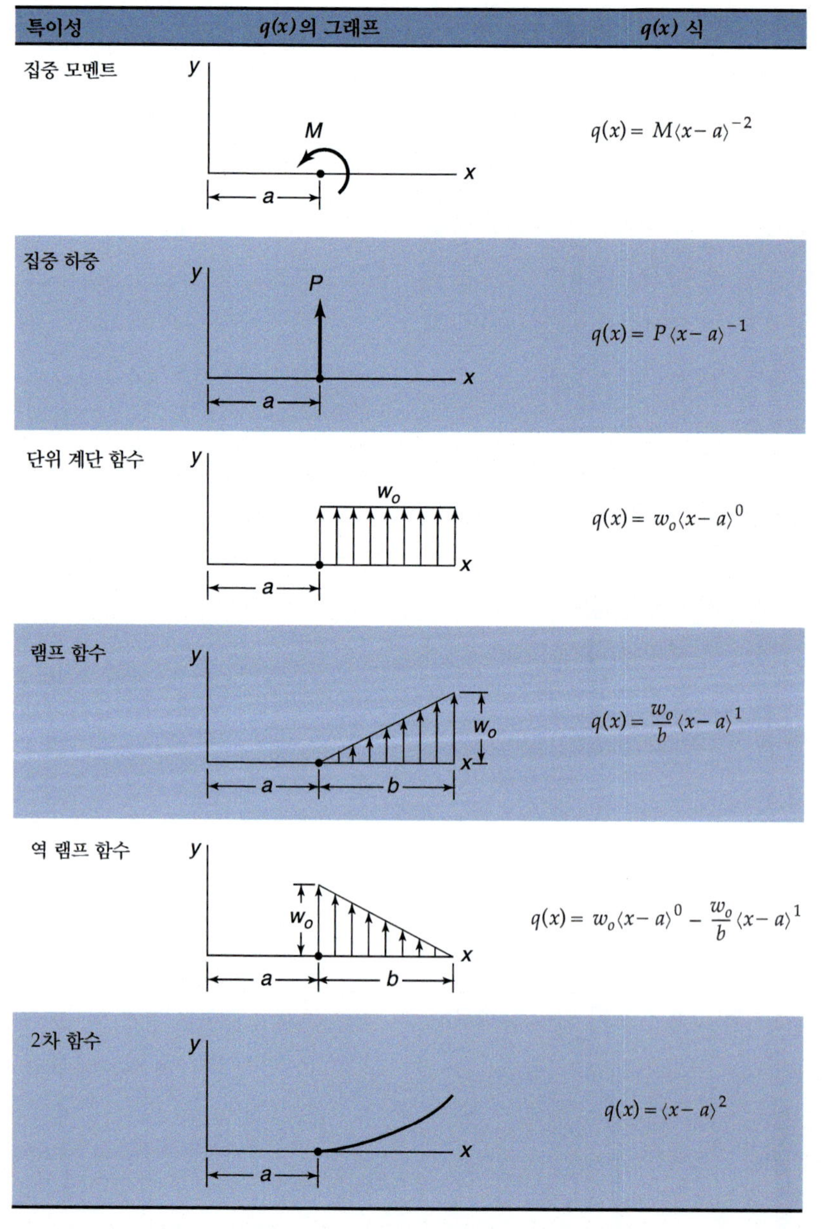

특이성	q(x)의 그래프	q(x) 식
집중 모멘트	y, M, a, x	$q(x) = M\langle x-a\rangle^{-2}$
집중 하중	y, P, a, x	$q(x) = P\langle x-a\rangle^{-1}$
단위 계단 함수	y, w_o, a, x	$q(x) = w_o\langle x-a\rangle^{0}$
램프 함수	y, w_o, a, b, x	$q(x) = \frac{w_o}{b}\langle x-a\rangle^{1}$
역 램프 함수	y, w_o, a, b, x	$q(x) = w_o\langle x-a\rangle^{0} - \frac{w_o}{b}\langle x-a\rangle^{1}$
2차 함수	y, a, x	$q(x) = \langle x-a\rangle^{2}$

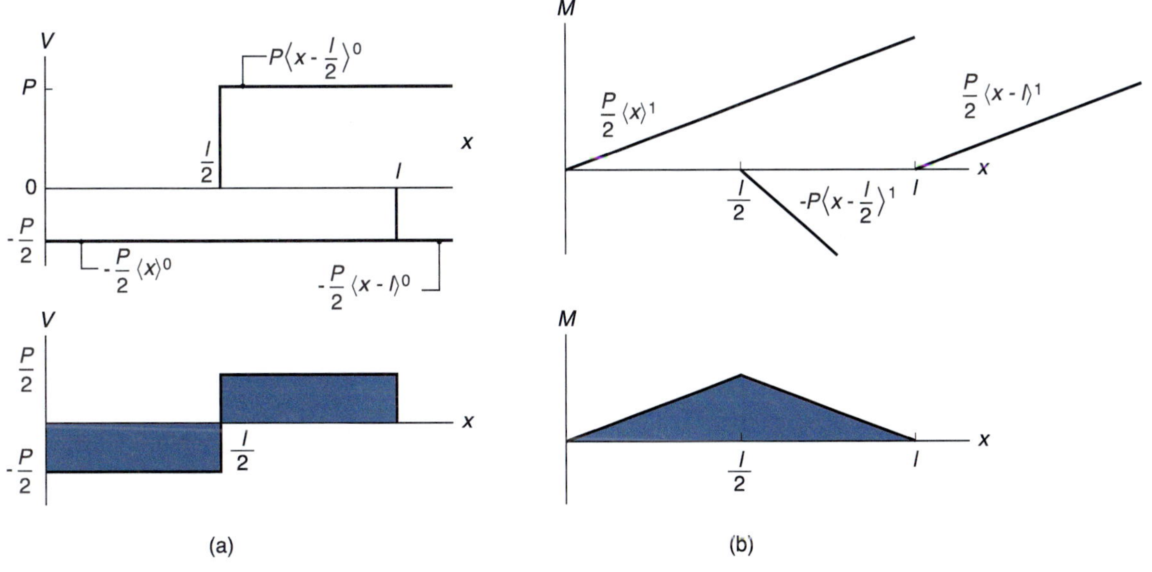

그림 2.11: 예제 2.9의 (a) 전단력 선도, (b) 모멘트 선도.

또는

$$V(x) = -\frac{P}{2}\langle x\rangle^0 + P\left\langle x - \frac{l}{2}\right\rangle^0 - \frac{P}{2}\langle x - l\rangle^0$$

그림 2.11a는 전단력 선도 결과를 보여준다. 위의 그래프는 각각의 전단력을 나타낸 것이며, 아래의 그래프는 전단력들을 합한 결과이다. 모멘트는 다음과 같다.

$$M(x) = -\int_{-\infty}^{x}\left[-\frac{P}{2}\langle x\rangle^0 + P\left\langle x - \frac{l}{2}\right\rangle^0 - \frac{P}{2}\langle x - l\rangle^0\right]dx$$

또는

$$M(x) = \frac{P}{2}\langle x\rangle^1 - P\left\langle x - \frac{l}{2}\right\rangle^1 + \frac{P}{2}\langle x - l\rangle^1$$

그림 2.11b는 모멘트 선도를 나타낸다. 위의 그래프는 각각의 모멘트를 나타낸 것이며, 아래의 그래프는 모멘트들을 합한 결과이다. M_2의 기울기는 M_1과 M_3 그래프 기울기의 두 배이다. 최종적인 전단력 선도와 모멘트 선도는 예제 2.7에서의 결과와 동일하다.

예제 2.10

특이함수를 이용한 전단력과 모멘트 표현

조건 그림 2.12a의 단순지지 보에 작용하는 하중값은 $P_1 = 8$ kN, $P_2 = 5$ kN, $w_o = 4$ kN/m이며, 보의 길이 $l = 12$ m이다.

문제 특이함수를 이용하여 전단력과 모멘트를 표현하고 전단력 선도와 모멘트 선도를 그려라.

풀이 첫째로, $x = 0$과 $x = l$에서 반력을 계산해야 한다. 힘은 그림 2.12b에 나타나 있다. 여기서 단위 길이당 하중으로 나타낸 w_o는 보의 중앙에 정의되어 있다. 그림 2.12b에서 $l/2$의 길이에 걸쳐서 작용하는 단위 계단 함수 w_o는 $w_o l/2$의 합력이 되고, $l/4$의 길이에 작용하는 램프 함수는 다음과 같은 합력이 됨을 알 수 있다.

$$w_o\left(\frac{l}{4}\right)\left(\frac{1}{2}\right) \quad \text{or} \quad \frac{w_o l}{8}$$

또한 합력 벡터는 다음 위치에서 작용한다.

$$x = \left(\frac{2}{3}\right)\left(\frac{l}{4}\right) = \frac{l}{6}$$

힘 평형으로부터

$$0 = R_1 + P_1 + P_2 + R_2 - \frac{w_o l}{2} - \frac{w_o l}{8} \tag{a}$$

$$R_1 + R_2 = -P_1 - P_2 + \frac{5w_o l}{8} \tag{b}$$

모멘트 평형과 삼각형 면적에 작용하는 하중의 모멘트로부터 다음 결과를 얻는다.

$$\frac{(P_1 + 2P_2)l}{4} - \frac{w_o l^2}{4} - \frac{w_o l}{8}\left(\frac{l}{6}\right) + R_2 l = 0$$

또는

$$R_2 = \frac{13w_o l}{48} - \frac{P_1 + 2P_2}{4} \tag{c}$$

식 (c)를 식 (b)에 대입하면 다음과 같다.

$$R_1 = -\frac{3P_1}{4} - \frac{P_2}{2} + \frac{17w_o l}{48} \tag{d}$$

주어진 P_1, P_2, w_o, l을 대입하면,

$$R_1 = 8.5 \text{ kN} \qquad \text{혹은} \qquad R_2 = 8.5 \text{ kN} \tag{e}$$

하중 강도 함수는 다음과 같이 나타낼 수 있다.

$$\begin{aligned} q(x) \quad = \quad & R_1\langle x\rangle^{-1} - \frac{w_o}{l/4}\langle x\rangle^1 + \frac{w_o}{l/4}\left\langle x - \frac{l}{4}\right\rangle^1 \\ & + P_1\left\langle x - \frac{l}{4}\right\rangle^{-1} + P_2\left\langle x - \frac{l}{2}\right\rangle^{-1} \\ & + w_o\left\langle x - \frac{3l}{4}\right\rangle^0 + R_2\langle x - l\rangle^{-1} \end{aligned}$$

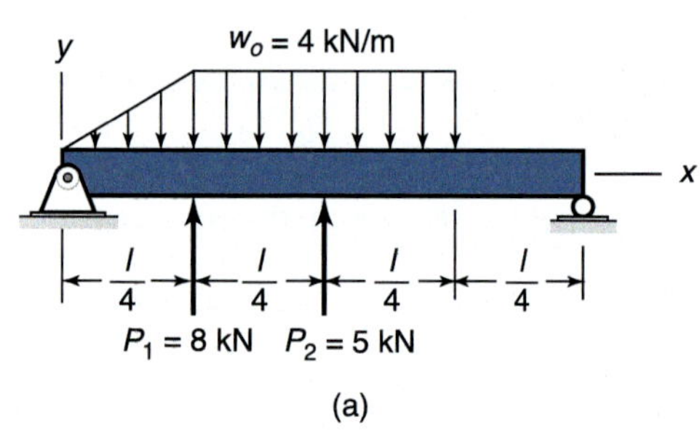

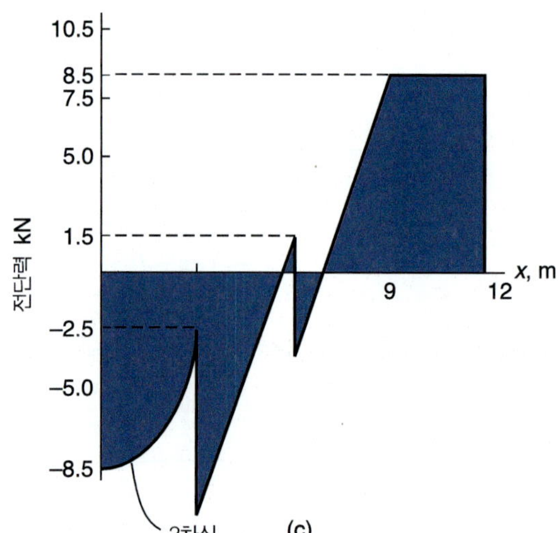

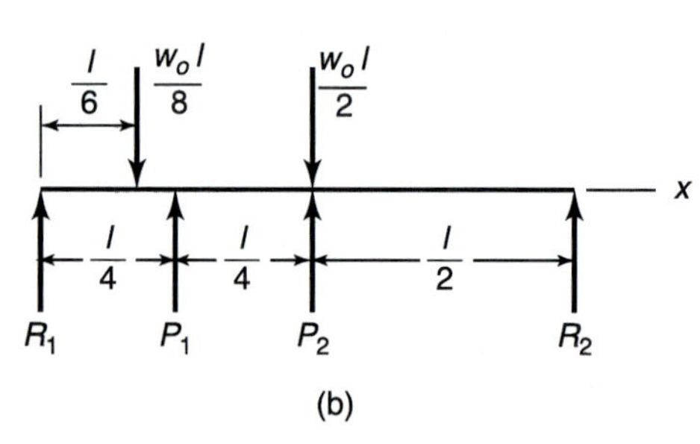

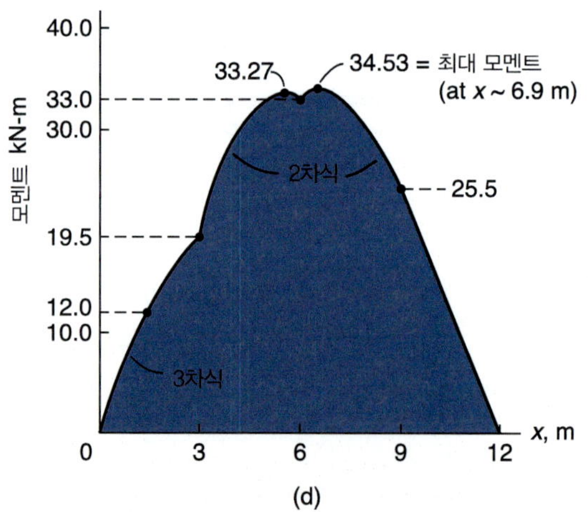

그림 2.12: 예제 2.10의 단순지지 보. (a) 보에 작용하는 하중 $P_1 = 8$ kN, $P_2 = 5$ kN, $w_o = 4$ kN/m, $l = 12$ m, (b) 합력을 보여주는 자유물체도, (c) 전단력 선도, (d) 모멘트 선도.

$l/4$ 위치의 단위 계단 함수는 $x = 0$에서 시작하는 음의 방향 램프 함수와 $x = l/4$에서 시작하는 양의 방향 램프 함수를 더한 결과인데, 이는 두 함수의 기울기가 같기 때문이다. 하중 강도의 우변에서 두 번째와 세 번째 항이 위 효과를 나타낸다. 우변의 여섯 번째 항이 단위 계단함수 효과를 상쇄한다. 하중 강도 함수를 적분하면 다음과 같이 전단력을 얻는다.

$$\begin{aligned} V(x) &= -R_1\langle x\rangle^0 + \frac{2w_o}{l}\langle x\rangle^2 - \frac{2w_o}{l}\left\langle x - \frac{l}{4}\right\rangle^2 \\ &\quad -P_1\left\langle x - \frac{l}{4}\right\rangle^0 - P_2\left\langle x - \frac{l}{2}\right\rangle^0 \\ &\quad -w_o\left\langle x - \frac{3l}{4}\right\rangle^1 - R_2\langle x - l\rangle^0 \end{aligned}$$

전단력을 적분하면 모멘트를 얻을 수 있고, w_o와 l값을 대입하면 모멘트는

$$\begin{aligned} M(x) &= 8.5\langle x\rangle^1 + \frac{2}{9}\langle x\rangle^3 - \frac{2}{9}\langle x-3\rangle^3 + 8\langle x-3\rangle^1 \\ &\quad +5\langle x-6\rangle^1 + 2\langle x-9\rangle^2 + 8.5\langle x-12\rangle^1 \end{aligned}$$

그림 2.12c와 d는 각각 전단력 선도와 모멘트 선도를 나타낸다.

2.9 응력

공학에서 근본적인 문제 중 한 가지는 부품에 작용하는 하중의 효과를 결정하는 것이며, 이는 설계 과정에서 필수적인 부분이다. 부품 내부에 발생하는 힘의 정도를 알기 전에는 치수나 재료를 선택할 수 없다. **응력(stress)**은 특정 위치에서 발생하는 내력의 정도와 방향을 정의하는 데 사용하는 용어이다. 반면, 강도는 재료의 특성이며 다음 장에서 살펴본다.

단면에 수직 방향으로 균일하게 분포하는 외력을 지지하는 부재에 대하여, 평균 수직 응력의 크기는 다음과 같이 계산한다.

$$\sigma_{\text{avg}} = \frac{\text{평균 힘}}{\text{단면적}} = \frac{P}{A}. \tag{2.7}$$

따라서 응력의 단위는 면적당 힘이다. 단면에 있는 미소 면적 ΔA에 작용하는 힘을 ΔP라고 하자. 미소 면적 ΔA에 전달되는 내력의 평균은 ΔP를 ΔA로 나누어 계산할 수 있다. 단면을 통과하여 전달되는 내력이 연속적으로 분포한다고 가정하면, 면적 ΔA를 점점 더 작게 만들 수 있으며, 극한값은 표면의 한 점이 된다. 내력 ΔP 또한 점점 더 작아진다. ΔA가 수렴하는 단면에서의 응력은 다음과 같다.

$$\sigma = \lim_{\Delta A \to 0} \frac{\Delta P}{\Delta A} = \frac{dP}{dA}. \tag{2.8}$$

특정 평면 위의 점에 작용하는 응력은 벡터이기 때문에 크기와 방향을 가진다. 응력의 방향은 면적 ΔA가 0으로 수렴할 때의 ΔP의 방향이다. 마찬가지로 전단 응력 또한 특정 평면에서 정의할 수 있다. 따라서 응력은 방향에 대하여 정의되어야 한다.

예제 2.11

보 지지부의 응력

조건 그림 2.13a와 같이 3 m 길이 보의 왼쪽 끝이 직경 6 mm의 강 와이어로 지지되어 있고, 오른쪽 끝은 강 실린더로 받쳐져 있다. 보 위에는 $m_{a1} = 200$ kg의 물체가 놓여 있고, 보의 질량은 $m_{a2} = 50$ kg이다.

문제 와이어와 실린더에서 발생하는 응력을 구하라.

풀이 와이어와 실린더의 단면적은 각각 $A_B = 28.27$ mm², $A_C = 78.54$ mm²이다. 그림 2.13b는 보에 작용하는 힘들의 자유물체도를 나타낸다. 점 C에서의 모멘트 평형으로부터

$$3R_B = 2(200)(9.81) + 1.5(50)(9.81) = 4660 \text{ N}$$

또는 $R_B = 1553$ N이다. 힘 평형으로부터

$$R_B - m_{a1}g - m_{a2}g + R_C = 0$$

$$R_C = g\,(m_{a1} + m_{a2}) - R_B = 9.81(200 + 50) - 1553 = 900 \text{ N}$$

점 B와 C에서의 응력은 식 (2.7)로부터 다음과 같다.

$$\sigma_B = \frac{R_B}{A_B} = \frac{1553}{28.27} = 54.93 \text{ N/mm}^2 = 54.93 \text{ MPa}$$

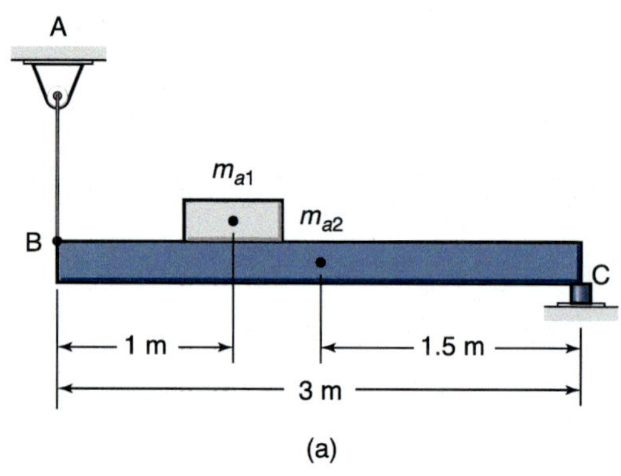

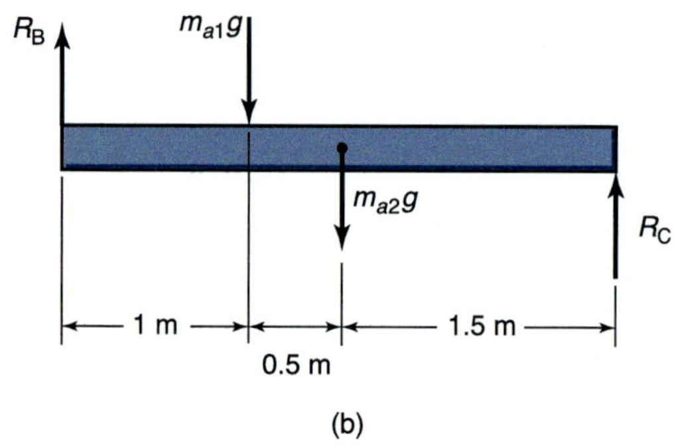

그림 2.13: 예제 2.11의 그림. (a) 조립도, (b) 자유물체도.

$$\sigma_C = -\frac{R_C}{A_C} = -\frac{900}{78.54} = -11.46\ \mathrm{N/mm^2} = -11.46\ \mathrm{MPa}$$

2.10 응력 요소

그림 2.14는 요소 내부에 좌표계의 원점이 위치하는 응력 요소를 나타낸다. 각각의 상호 직교 평면에 대해 3개의 응력이 존재하여, 총 9개의 응력 성분이 된다. 주어진 면에 작용하는 세 응력에서 수직 응력은 σ로 표시하고, 전단 응력은 τ로 표시한다. 수직 응력은 응력이 작용하는 방향을 나타내는 한 개의 아래 첨자를 갖는다(예: σ_x). 전단 응력은 두 개의 아래 첨자를 이용해서 표현하며(예: τ_{xy}), 첫 번째는 응력의 평면을 나타내고, 두 번째는 응력의 방향을 나타낸다. **수직 응력의 부호 규약**(sign convention for normal stress)은 인장인 경우 양이고, 압축인 경우 음으로 구별한다. 전단 응력에

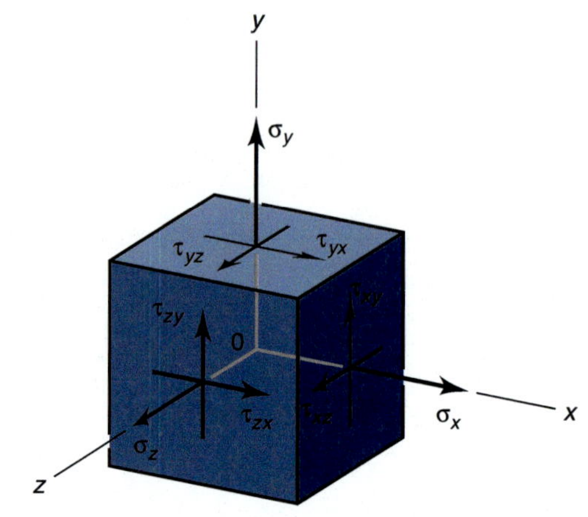

그림 2.14: 요소의 중앙에 원점과 함께 일반적 3차원 응력 상태를 나타내는 응력 요소.

대해서는 단면의 바깥쪽 수직 방향이 양의 방향이고, 두 번째 아래 첨자가 나타내는 응력의 방향이 좌표축의 양의 방향과 동일할 때 양의 전단 응력이 된다. 전단 응력의 부호 규약(sign convention for shear stress)은 좌표축의 방향과 직접적으로 관련된다. 만약 면과 전단의 방향이 둘 다 양이거나, 둘 다 음이면, 전단 응력은 양이다. 그 외의 면과 전단의 방향을 갖는 전단 응력은 음이 된다. 요소의 면에 작용하는 응력은 다음과 같은 관계를 따른다.

1. 요소의 반대쪽 면에 작용하는 수직 응력과 전단 응력 성분들은 크기가 같고 방향은 반대이다.
2. 모멘트 평형 조건에 의해 전단 응력은 대칭이 되어야 한다. 즉, 전단 응력의 두 아래 첨자의 순서가 반대로 되어도 값은 동일하다.

$$\tau_{xy} = \tau_{yx}, \qquad \tau_{xz} = \tau_{zx}, \qquad \tau_{yz} = \tau_{zy}, \tag{2.9}$$

즉, 요소에 작용하는 9가지 응력은 총 6가지로 줄어든다. 3개의 수직 응력 σ_x, σ_y, σ_z와 3개의 전단 응력 τ_{xy}, τ_{yz}, τ_{xz}이다.

임의의 새로운 직교 좌표계에서 응력을 결정하는 응력 변환의 일반적 법칙은 부록 B(B.1절)에 나타나 있다.

예제 2.12

응력 요소의 응력들

조건 그림 2.14와 같은 응력 요소가 10 MPa의 압력이 작용하는 압력 용기 내에 있다. 추가적으로 바닥면에 5 MPa의 전단 응력이 양의 x축 방향으로 작용하고 있다.

문제 응력들은 양인가, 음인가?

풀이 여기서 수직 응력은 $\sigma = -10$ MPa이다. 양의 압력은 정의에 따라 압축을 발생시키기 때문에 수직 응력의 부호는 음이 된다. 전단 응력 τ_{zx}에 대해서, 면의 수직 방향이 좌표축의 양의 방향과 같을 때, 양의 전단 응력은 양의 좌표축 방향으로 작용한다. 수직 방향이 좌표축 음의 방향인 면에 작용하는 전단 응력은 응력이 좌표축 음의 방향으로 작용할 때 양이 된다. 이 문제에서 전단 응력은 면의 수직 방향이 y축 음의 방향이고, 응력은 x축 양의 방향이다. 따라서 전단 응력은 음이다.

2.11 응력 텐서

공학 문제에서 값만을 가지는 스칼라량을 다루는 경우는 흔히 있다. 힘과 같은 벡터량은 방향뿐만 아니라 크기를 가진다. 응력은 정의하기 위해서 6개의 성분이 필요하기 때문에 텐서(tensor)이다. 그림 2.14와 식 (2.9)에 나타난 응력 요소로부터, 응력 텐서는 다음과 같다.

$$\mathbf{S} = \begin{pmatrix} \sigma_x & \tau_{xy} & \tau_{xz} \\ \tau_{xy} & \sigma_y & \tau_{yz} \\ \tau_{xz} & \tau_{yz} & \sigma_z \end{pmatrix}, \tag{2.10}$$

이것은 대칭 텐서이다. 대칭 텐서의 특징은 주 대각 원소들 이외의 모든 값을 0으로 만드는 직교 좌표축 1, 2, 3축(주축이라고 부른다)이 존재한다는 것이다. 따라서

$$\mathbf{S}' = \begin{pmatrix} \sigma_1 & 0 & 0 \\ 0 & \sigma_2 & 0 \\ 0 & 0 & \sigma_3 \end{pmatrix} \tag{2.11}$$

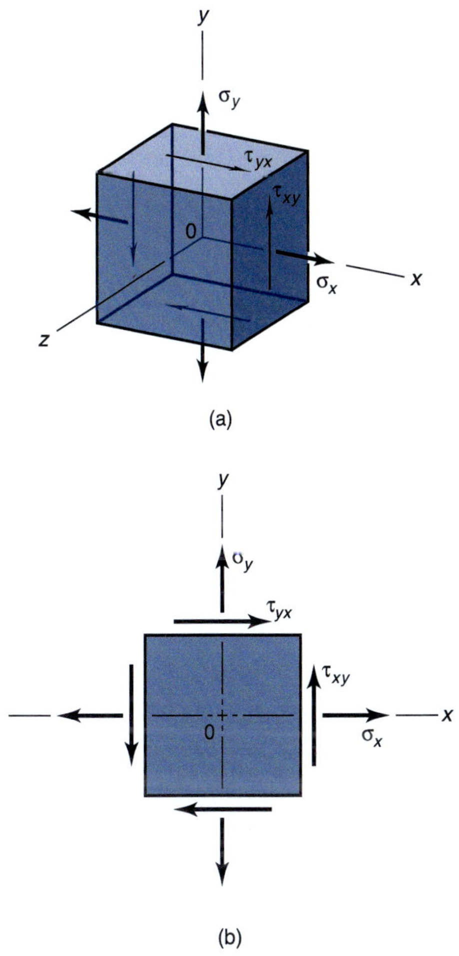

그림 2.15: 2차원 응력 상태를 보여주는 응력 요소. (a) 3차원 입체도, (b) 평면도.

이며, 여기서 σ_1, σ_2, σ_3은 주응력이며, 이후에 다시 살펴볼 것이다. 식 (2.11)에 전단 응력이 없음을 확인한다.

2.12 평면 응력

응력 해석의 많은 경우는 응력이 모두 하나의 평면 내에 발생하는 평면 응력 상태로 단순화할 수 있다. 이것이 유용하고 흔히 사용되는 이유는 세 번째 방향을 고려하지 않아도 되므로, 그림 2.15와 같이 응력 요소에서 두 쌍의 면에만 응력이 작용하기 때문이다. 이러한 2차원 응력 상태를 **2축 응력**(biaxial stress), 혹은 **평면 응력**(plane stress)이라고 부

른다.

그림 2.15의 두 가지 응력 요소를 비교할 때, 종이를 x-y 평면 혹은 z평면이라고 하면 종이에 수직인 단면 내에 모든 응력이 발생하는 상태이다. 그림 2.15의 응력은 2.10절에서 언급한 규약에 따라 모두 양의 값을 가진다.

응력의 크기는 좌표계 변환에 큰 영향을 받는다. 예를 들어, 그림 2.16a의 응력 요소를 살펴보면, 응력 요소에 균일한 응력이 작용하고 있을 때 응력 상태는 명백히, $\sigma_x = \sigma_0$, $\sigma_y = 0$, $\tau_{xy} = 0$이다. 그러나 요소가 그림 2.16b와 같이 회전한 상태에서는 위의 경우와 다르다. 여기서, 중요한 질문은 다음과 같다. 재료의 입장에서 두 응력 상태의 차이점을 알 수 있는가? 답은 그림 2.16에 나타낸 두 응력 상태는 전혀 차이가 없고 동등한 상태라는 것이다. 응력을 한 좌표축에서 다른 좌표축 기준으로 변환하는 것은 매우 중요하며, 교재의 전반에서 응력변환 식을 많이 사용할 것이다.

그림 2.15b 대신에 그림 2.17에 나타낸 빗면 각 ϕ로 응력이 발생한다고 가정하자. 응력 σ_x, σ_y, τ_{xy}는 수직 응력이 x축과 ϕ만큼의 각도로 기울어진 방향의 면에서 발생하는 응력으로 표현할 수 있다.

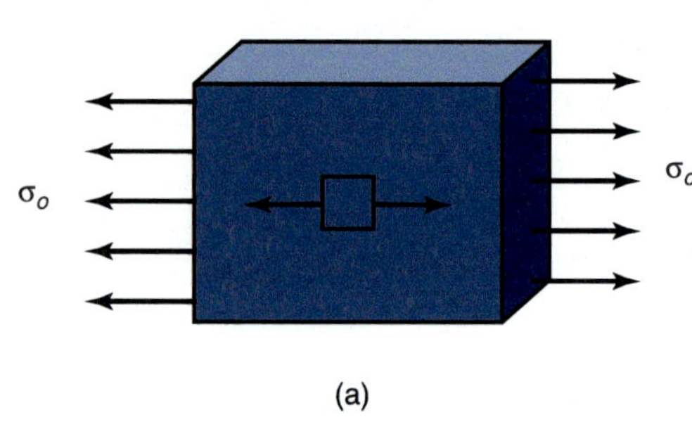

(a)

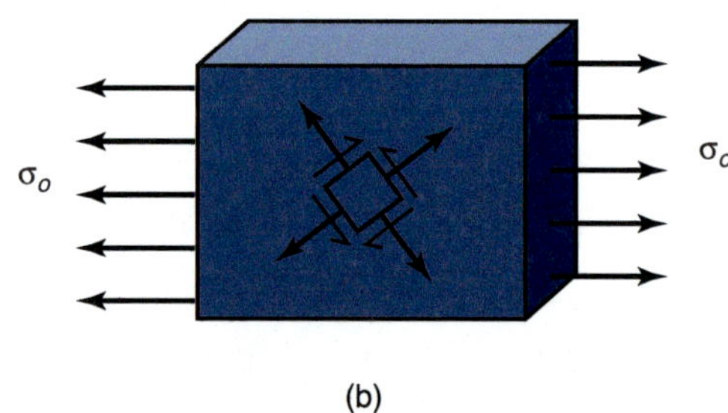

(b)

그림 2.16: 등가 응력 상태의 그림. (a) 작용하는 응력 방향으로 정렬된 응력 요소, (b) 임의의 방향으로 정렬된 응력 요소.

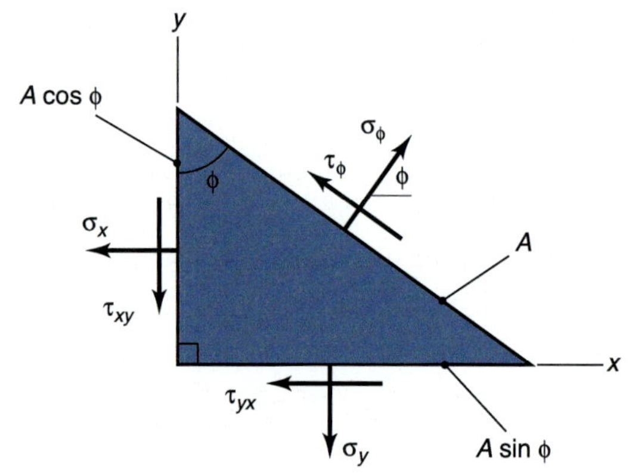

그림 2.17: ϕ의 각도를 가지는 경사면의 응력.

그림 2.17의 기울어진 빗면의 면적을 A라고 하면(기울어진 선분의 길이와 종이 안으로 들어간 깊이의 곱), 삼각형 요소의 높이에 해당하는 면의 넓이는 $A \sin \phi$가 되고, 삼각형 요소의 밑변에 해당하는 면의 넓이는 $A \cos \phi$가 된다. 힘 평형으로부터

$$\begin{aligned}\sigma_\phi A \quad &= \quad \tau_{xy} \sin \phi A \cos \phi + \tau_{yx} \cos \phi A \sin \phi \\ &\quad + \sigma_x \cos \phi A \cos \phi + \sigma_y \sin \phi A \sin \phi.\end{aligned}$$

다음과 같이 정리하면

$$\sigma_\phi = 2\tau_{xy} \sin \phi \cos \phi + \sigma_x \cos^2 \phi + \sigma_y \sin^2 \phi. \tag{2.12}$$

삼각함수의 2배각 공식을 사용하면, 식 (2.12)는 아래와 같이 나타낼 수 있다.

$$\sigma_\phi = \frac{\sigma_x + \sigma_y}{2} + \frac{\sigma_x - \sigma_y}{2} \cos 2\phi + \tau_{xy} \sin 2\phi. \tag{2.13}$$

이와 마찬가지로, 힘 평형으로부터 경사면의 전단 응력은 다음과 같다.

$$\tau_\phi = \tau_{xy} \cos 2\phi - \frac{\sigma_x - \sigma_y}{2} \sin 2\phi. \tag{2.14}$$

식 (2.13)과 식 (2.14)에서는 응력해석에서 특히 중요한 최댓값과 최솟값을 얻을 수 있다. 응력의 극값을 나타내는 각도 ϕ_σ는 σ_ϕ를 ϕ에 대해 미분하고, 그 값을 0으로 둠으로써 계산할 수 있다.

$$\frac{d\sigma_\phi}{d\phi} = -(\sigma_x - \sigma_y) \sin 2\phi_\sigma + 2\tau_{xy} \cos 2\phi_\sigma = 0$$

또는

$$\tan 2\phi_\sigma = \frac{2\tau_{xy}}{\sigma_x - \sigma_y}. \tag{2.15}$$

여기서 ϕ_σ는 수직 응력이 최대가 되는 각이다. 식 (2.15)는 180°의 차이가 나는 2개의 근을 가지며, 좌변의 2배각의 특징을 고려하면 두 ϕ_σ 각은 90°만큼 차이난다. 이들 중 하나는 수직 응력이 최대가 되는 각이고, 다른 하나는 최소가 되는 각이다.

식 (2.15)를 식 (2.13)과 식 (2.14)에 대입한 뒤 약간의 연산을 수행하면 다음과 같은 식을 얻는다.

$$\sigma_1, \sigma_2 = \frac{\sigma_x + \sigma_y}{2} \pm \sqrt{\tau_{xy}^2 + \frac{(\sigma_x - \sigma_y)^2}{4}}, \tag{2.16}$$

$$\tau_{\phi_\sigma} = 0. \tag{2.17}$$

수직 응력이 최대가 되는 응력 요소 방향에서는 전단 응력은 0이 된다. 이 방향을 나타내는 축을 **주축**(principal axes)이라고 부르며, 식 (2.16)의 수직 응력을 **주 수직 응력**(principal normal stress) 또는 주응력이라고 한다. 주응력은 다른 방향의 응력과 구별하기 위해서 아래 첨자를 숫자로 사용한다. 주응력의 크기를 나타내는 일반적인 방법은 다음과 같다.

$$\sigma_1 \geq \sigma_2 \geq \sigma_3. \tag{2.18}$$

평면 응력 상태에서 주응력들 중 하나는 항상 0이 된다.

다음으로는 전단 응력이 최대가 되는 방향이 중요하다. 식 (2.14)를 ϕ에 대해 미분하고 τ에 대해서 정리하면 각도 ϕ_τ를 얻을 수 있으며, 그에 따라 전단 응력의 극값을 다음과 같이 나타낼 수 있다.

$$\tau_{\max}, \tau_{\min} = \tau_1, \tau_2 = \pm\sqrt{\left(\frac{\sigma_x - \sigma_y}{2}\right)^2 + \tau_{xy}^2} \tag{2.19}$$

그리고

$$\sigma_{\phi_\tau} = \frac{\sigma_x + \sigma_y}{2}. \tag{2.20}$$

식 (2.19)의 전단 응력을 주 전단 응력 또는 최대 전단 응력(principal shear stress)이라고 한다. 따라서 최대 전단 응력을 갖는 응력 요소에서는 두 면에서의 수직 응력이 동일해야 한다. 또한, 다음 식이 성립한다.

$$|\phi_\tau - \phi_\sigma| = \frac{\pi}{4}. \tag{2.21}$$

요약해 보면 σ_x, σ_y, τ_{xy}를 알고 있는 평면 응력 상태에서 임의의 각도 ϕ를 가지는 경사면에서의 응력 σ_ϕ, τ_ϕ는 식 (2.13)과 식 (2.14)로부터 계산할 수 있고, 주 수직 응력 σ_1, σ_2와 주 전단 응력 τ_1, τ_2는 식 (2.16)과 식 (2.19)로부터 결정할 수 있다.

만약 주 수직 응력 σ_1, σ_2를 알고 있으면, 임의의 각 ϕ의 경사면에서 응력을 다음 식으로부터 계산할 수 있다.

$$\sigma_\phi = \frac{\sigma_1 + \sigma_2}{2} + \frac{\sigma_1 - \sigma_2}{2}\cos 2\phi \tag{2.22}$$

$$\tau_\phi = \frac{\sigma_1 - \sigma_2}{2}\sin 2\phi. \tag{2.23}$$

식 (2.23)에서 전단 응력의 두 번째 아래 첨자가 필요 없는 이유는 τ_ϕ가 그림 2.17에 나타난 것과 같이 각도 ϕ를 가지는 임의의 경사면에 작용하는 전단 응력을 나타내기 때문이다.

예제 2.13

응력 변환

조건 얇은 정사각 강판이 x축과 y축 방향으로 놓여 있다. 동일한 인장 응력 σ가 네 변에 작용하고 있어서 $\sigma_x = \sigma_y = \sigma$이다.

문제 판의 대각선 방향으로 작용하는 수직 응력과 전단 응력을 구하라.

풀이 식 (2.13)으로부터

$$\sigma_\phi = \frac{\sigma_x + \sigma_y}{2} + \frac{\sigma_x - \sigma_y}{2}\cos 2\phi + \tau_{xy}\sin 2\phi$$

따라서

$$\sigma_{45°} = \frac{\sigma + \sigma}{2} + \frac{\sigma - \sigma}{2}\cos 90° + \tau_{xy}\sin 90° = \sigma$$

마찬가지로, 식 (2.14)로부터

$$\tau_\phi = \tau_{xy}\cos 2\phi - \frac{\sigma_x - \sigma_y}{2}\sin 2\phi$$

따라서 다음과 같이 표현할 수 있다.

$$\tau_{45^\circ} = \tau_{xy}\cos 90^\circ - \frac{\sigma - \sigma}{2}\sin 90^\circ = 0$$

2.13 모어 원

모어 원(Mohr's circle)은 1914년 독일 공학자 Otto Mohr가 한 점에서 3축 응력 상태를 나타내기 위해 처음 개발하였다. 그는 식 (2.13)과 식 (2.14)의 σ-τ 평면에서 원을 정의하였다. 이 원은 주어진 점을 지나는 다른 방향의 평면에서 발생하는 응력 상태를 그림으로 표현한다는 점에서 편리하기 때문에 광범위하게 사용되고 있다. 본 교재에서는 우선 2차원 응력 상태에서 모어 원을 적용한 다음에, 2.14절에서 3차원 응력 상태에 대해 논의한다. 모어 원은 평면 응력 상태에서 응력을 시각화하는 가장 유용한 방법이다.

그림 2.18은 전형적인 모어 원 선도를 보여준다. 이 선도에서 수많은 특징을 확인할 수 있다.

1. 수직 응력은 가로축(x축)에 표시되고, 전단 응력은 세로축(y축)에 표시된다.
2. 원은 모든 등가 상태의 응력을 나타낸다.
3. 어떠한 방향의 2축 응력 상태도 원으로부터 바로 구할 수 있다.
4. 주 수직 응력(수직 응력의 극값)은 원이 x축과 만나는 지점이다.
5. 최대 전단 응력은 원의 반지름과 같다.
6. 실제 평면에서 기본 상태로부터 ϕ만큼의 회전은 모어 원의 기본 상태에서 2ϕ만큼 회전한 것과 동일하다.

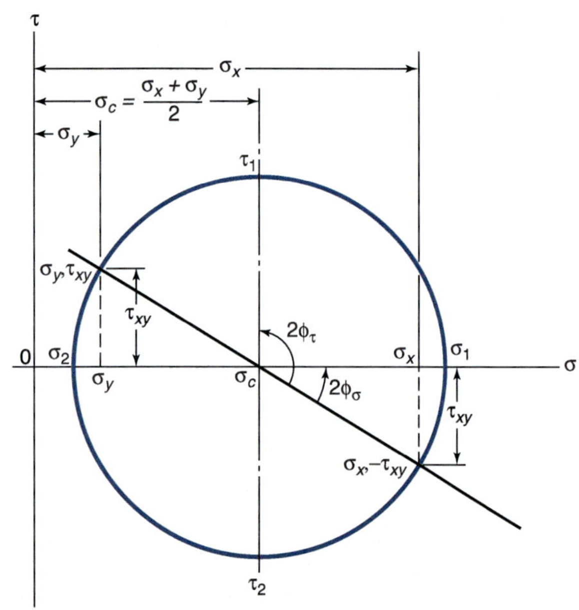

그림 2.18: 식 (2.13)과 식 (2.14)의 모어 원 선도.

설계 절차 2.5

모어 원

2차원 모어 원을 그리고 사용하는 방법은 다음 과정과 같다:

1. x-y 좌표계의 임의의 평면 응력 상태를 계산하여 σ_x, σ_y, τ_{xy}를 얻는다.
2. 모어 원의 중심은 다음 좌표에 위치한다.

$$\left(\frac{\sigma_x + \sigma_y}{2}, 0\right). \tag{2.24}$$

3. $(\sigma_x, -\tau_{xy})$, (σ_y, τ_{xy})의 두 점이 모어 원 지름의 양 끝이 된다. 원의 중심과 두 끝점을 이용해서 원을 그린다.
4. 원의 반지름은 응력변환 식을 이용하거나 원의 중심과 끝점 사이의 거리로부터 계산할 수 있다. 예를 들어, 반지름은 원의 중심과 점 $(\sigma_x, -\tau_{xy})$ 사이의 거리이며, 다음과 같이 나타낼 수 있다.

$$r = \sqrt{\left(\frac{\sigma_x - \sigma_y}{2}\right)^2 + \tau_{xy}^2}. \tag{2.25}$$

5. 주응력은 $\sigma_{1,2}$ = (중심) ± (반지름)의 값을 갖는다.
6. 최대 전단 응력은 반지름과 같다.
7. 주축은 모어 원 평면의 x축과 점 $(\sigma_x, -\tau_{xy})$의 각도를 통해서 구할 수 있다. 실제 평면에서의 주축은 실제 평면의 x축에서부터 모어 원 상의 각도의 절반만큼 동일한 방향으로 회전한 방향이다.
8. 실제 평면의 x축으로부터 ϕ만큼 회전한 응력은 모어 원의 두 기준점 $(\sigma_x, -\tau_{xy})$, (σ_y, τ_{xy})에서 실제 평면에

서와 동일한 방향으로 2ϕ만큼 호를 따라 이동한 값으로부터 알 수 있다. 원에서 새롭게 얻은 점은 각각 $(\sigma_{x'}, -\tau_{x'y'})$, $(\sigma_{y'}, \tau_{x'y'})$의 응력에 해당한다.

예제 2.14

모어 원

조건 평면 응력 상태에서 $\sigma_x = 90$ MPa, $\sigma_y = 190$ MPa, $\tau_{xy} = 80$ MPa이다.

문제 모어 원을 그리고 x-y 평면에서 주 수직 응력과 최대 전단 응력을 구하라. 좌표계가 반시계방향으로 15° 회전했을 때 응력 상태를 결정하라.

풀이 이 문제의 풀이는 설계 절차 2.5에 제시된 8단계를 따를 것이며, 1단계는 문제에 이미 제시되어 있다. 2단계는 원의 중심 좌표 $(\sigma_c, 0)$의 값을 찾는 것이며, 다음과 같다.

$$\sigma_c = \frac{\sigma_x + \sigma_y}{2} = \frac{(90 + 190)}{2} = 140 \text{ MPa}.$$

3단계에 따라서 점 $(\sigma_x, -\tau_{xy})$, 또는 점 (σ_y, τ_{xy})을 이용해서 원을 그린다. 그림 2.19에 나타난 것과 같이 $(\sigma_x, -\tau_{xy}) =$ (90 MPa, −80 MPa)이므로 원을 그릴 수 있나. 4단계에서 점 $(\sigma_x, -\tau_{xy})$과 x축으로 이루어지는 삼각형으로부터 다음과

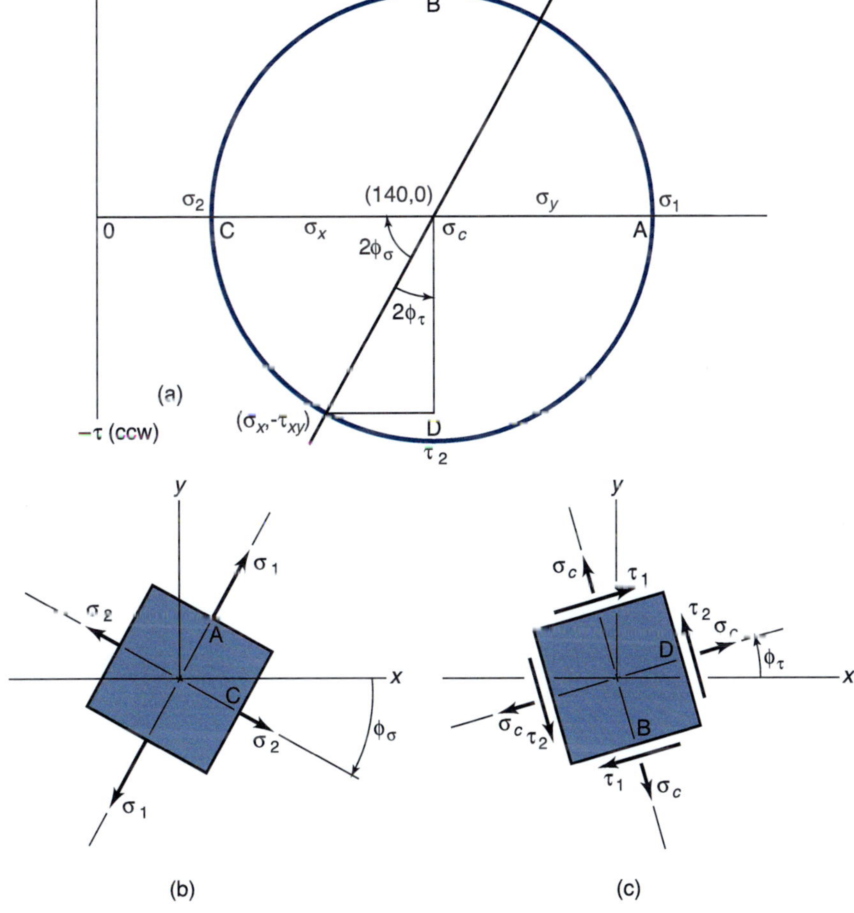

그림 2.19: 예제 2.14의 결과. (a) 모어 원 선도, (b) x-y 좌표계에 나타낸 주 수직 응력의 응력 요소, (c) x-y 좌표계에 나타낸 주 전단 응력의 응력 요소.

같이 반지름을 계산한다.

$$r = \sqrt{(90-140)^2 + (-80)^2} = 94.3\ \text{MPa}.$$

5단계로부터 주응력은 $\sigma_{1,2} = 140 \pm 94.3$ 또는 $\sigma_1 = 234.3$ MPa, $\sigma_2 = 45.7$ MPa이다. 6단계에서 최대 전단 응력은 원의 반지름과 같이 $\tau_{\max} = 94.3$ MPa이다. 주응력 변환은 삼각법으로부터 구할 수 있다. 모어 원 평면에서(그림 2.19a), 점 $(\sigma_x, -\tau_{xy})$는 x축과 $2\phi = \tan^{-1}(80/50) = 58^\circ$의 각도를 가진다. x축에 위치한 점에 도달하기 위해서는 모어 원에서 이 각에 해당하는 시계방향의 호가 필요하다. 최종적으로 15°에서의 응력은 식 (2.13)과 식 (2.14)를 이용하여 얻을 수 있다.

$$\sigma_{y'} = 140 + (94.3)\cos 28^\circ = 223.2\ \text{MPa},$$

$$\tau_{x'y'} = (94.3)\sin 28^\circ = 44.3\ \text{MPa}.$$

그림 2.19b는 주응력 요소를 나타내는데, 주응력이 발생하는 각도 ϕ_σ와 주응력 값이 나타나 있다. 그림 2.19c는 주 전단 응력 요소를 보이고 있으며, 주 전단 응력이 발생하는 각도 ϕ_τ와 주 전단 응력 값이 나타나 있다. 또 그림 2.19c에는 주 전단 응력과 함께 모어 원 중심에 해당하는 수직 응력도 나타나 있다.

2.14 3차원 응력

부록 B에 주어진 변형률 변환의 일반적 법칙으로부터 임의의 직교 좌표계에 발생하는 변형률을 구할 수 있다. 그림 2.14에 나타난 일반적인 상태를 살펴보면, 응력 요소는 6개의 면을 가지고 있으며, 이는 곧 3개의 주축 방향과 3개의 주응력 σ_1, σ_2, σ_3이 존재함을 의미한다. 2차원 평면 응력 상태에서 3개의 응력 성분$(\sigma_x, \sigma_y, \tau_{xy})$을 사용했던 것과는 달리, 3차원에서 응력 상태를 정의하기 위해서는 6개의 응력 성분 $(\sigma_x, \sigma_y, \sigma_z, \tau_{xy}, \tau_{xz}, \tau_{yz})$이 필요하다. 3차원 문제에서 주응력을 결정하는 것은 훨씬 더 복잡하다. 이 과정 중에 다음에 보인 3차 방정식의 세 근을 구하는 것이 포함된다.

$$\begin{aligned} 0 \;=\; & \sigma^3 - (\sigma_x + \sigma_y + \sigma_z)\,\sigma^2 + \\ & (\sigma_x\sigma_y + \sigma_x\sigma_z + \sigma_y\sigma_z - \tau_{xy}^2 - \tau_{yz}^2 - \tau_{zx}^2)\,\sigma \\ & - (\sigma_x\sigma_y\sigma_z + 2\tau_{xy}\tau_{yz}\tau_{zx} - \sigma_x\tau_{yz}^2 - \sigma_y\tau_{zx}^2 - \sigma_z\tau_{xy}^2) \end{aligned} \tag{2.26}$$

대부분의 설계 문제에서 응력 성분 중 다수가 0이기 때문에, 위 식은 간단한 모양이 된다.

만약 3차원 응력 상태에서 주응력 방향과 주응력을 알고 있으면, 이 상태를 3축 응력 상태라 한다. 그림 2.20은 **3축 응력 상태**(triaxial stress)의 모어 원을 나타낸다. 선도는 3개의 원으로 구성되며, 두 개의 원은 외접하고, 세 번째 큰 원에 내접한다. 그림 2.20에서의 주 전단 응력은 다음과 같이 결정할 수 있다.

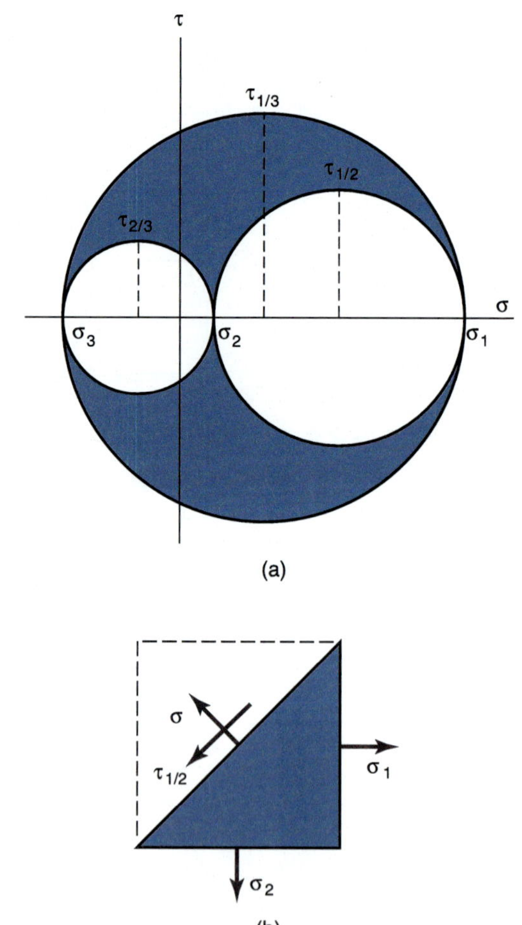

그림 2.20: 3축 응력 상태의 모어 원. (a) 모어 원 표현, (b) 두 면의 주응력.

$$\tau_{1/2} = \frac{\sigma_1 - \sigma_2}{2}, \quad \tau_{2/3} = \frac{\sigma_2 - \sigma_3}{2}, \quad \tau_{1/3} = \frac{\sigma_1 - \sigma_3}{2}. \quad (2.27)$$

주 수직 응력은 식 (2.18)과 같은 순서를 가져야 한다. 식 (2.27)로부터 주 전단 응력은 $\tau_{1/3}$이다.

모어 원은 3축 응력 상태에서 얻을 수 있지만, 때때로 이것은 불필요하다. 대부분의 경우, 주응력 방향은 몰라도 되고 주응력 값만 구하면 충분하다. 따라서 식 (2.26)으로 충분하다.

예제 2.15

3차원 모어 원

조건 예제 2.14에서 언은 주 수직 응력과 $\sigma_3 = 0$을 이용해서 3축 응력 상태를 가정한다. 즉, $\sigma_1 = 234.3$ MPa, $\sigma_2 = 45.7$ MPa, $\sigma_3 = 0$이다.

문제

(a) 3축 응력 상태에서 최대 전단 응력을 구하고, 모어 원 선도를 그려라.

(b) 전단 응력 τ_{xy}값이 80 MPa에서 160 MPa로 바뀌었을 때, 2축 응력 상태와 3축 응력 상태의 모어 원이 어떻게 변하는지 보여라.

풀이

(a) 식 (2.27)로부터 3축 응력 상태의 최대 전단 응력은 다음과 같다.

$$\tau_{1/2} = \frac{\sigma_1 - \sigma_2}{2} = \frac{234.3 - 45.7}{2} = 94.3 \text{ MPa},$$

$$\tau_{2/3} = \frac{\sigma_2 - \sigma_3}{2} = \frac{45.7}{2} = 22.85 \text{ MPa},$$

$$\tau_{1/3} = \frac{\sigma_1 - \sigma_3}{2} = \frac{(23.43 - 0)}{2} = 117.15 \text{ MPa}.$$

그림 2.21a에 3축 응력 상태의 모어 원 선도가 그려져 있다.

(b) 예제 2.14의 전단 응력이 두 배가 되면(τ_{xy}값이 80 MPa에서 160 MPa), 식 (2.19)로부터

$$\begin{aligned}\tau_1, \tau_2 &= \pm\sqrt{\tau_{xy}^2 + \left(\frac{\sigma_x - \sigma_y}{2}\right)^2} \\ &= \pm\sqrt{160^2 + \left(\frac{90 - 190}{2}\right)^2} \text{ MPa} \\ &= \pm 167.6 \text{ MPa}.\end{aligned}$$

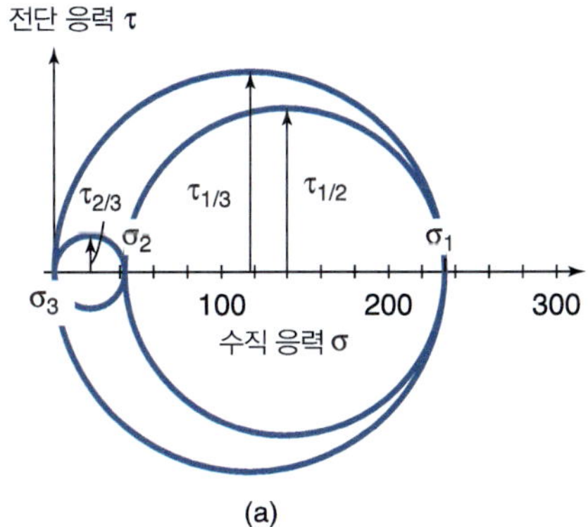

(a)

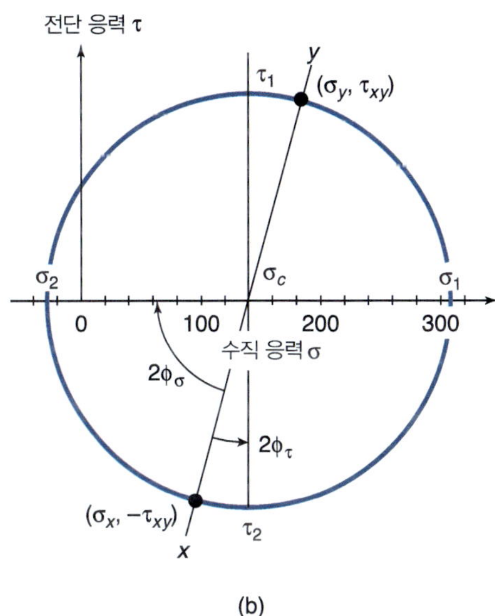

(b)

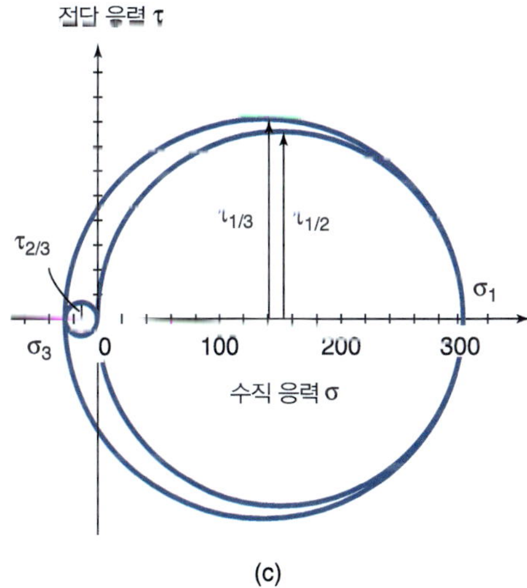

(c)

그림 2.21: 예제 2.15의 모어 원 선도. (a) $\sigma_1 = 234.3$ MPa, $\sigma_2 = 45.7$ MPa, $\sigma_3 = 0$의 3축 응력 상태, (b) $\sigma_1 = 307.6$ MPa, $\sigma_2 = -27.6$ MPa의 2축 응력 상태, (c) $\sigma_1 = 307.6$ MPa, $\sigma_2 = 0$, $\sigma_3 = -27.6$ MPa의 3축 응력 상태.

그림 2.21b는 2축 응력 상태의 모어 원 선도를 나타낸다.

$$\sigma_1 = \sigma_c + \tau_1 = 140 + 167.6 = 307.6\ \text{MPa},$$

$$\sigma_2 = \sigma_c - \tau_2 = 140 - 167.6 = -27.6\ \text{MPa}.$$

3축 응력 상태의 주응력은 $\sigma_1 = 307.6$ MPa, $\sigma_2 = 0$, $\sigma_3 = -27.6$ MPa이며, 식 (2.27)로부터 주 전단 응력을 다음과 같이 계산할 수 있다.

$$\tau_{1/2} = \frac{\sigma_1 - \sigma_2}{2} = \frac{307.6 - 0}{2}\ \text{MPa} = 153.8\ \text{MPa},$$

$$\tau_{2/3} = \frac{\sigma_2 - \sigma_3}{2} = \frac{0 + 27.6}{2}\ \text{MPa} = 13.8\ \text{MPa},$$

$$\tau_{1/3} = \frac{\sigma_1 - \sigma_3}{2} = \frac{307.6 + 27.6)}{2}\ \text{MPa} = 167.6\ \text{MPa}.$$

그림 2.21c는 3축 응력 상태의 모어 원 선도이다. 그림 2.21b와 c로부터 2축 응력 상태의 최대 전단 응력 τ_1이 3축 응력 상태의 최대 전단 응력 $\tau_{1/3}$과 같음을 알 수 있다. 그러나 2.19a와 2.21a를 비교해 보면 평면 응력(또는 2축 응력) 상태에서의 최대 전단 응력은 3축 응력 상태에서의 값과 다름을 알 수 있다. 또한 최대 3축 응력은 최대 2축 응력보다 더 크다. 따라서 2축 응력 상태에서 σ_1, σ_2가 동일한 부호라면 설계 시에는 3축 최대 응력 $\tau_{1/3}$를 사용해야 한다. 그러나 2축 응력 상태에서 σ_1, σ_2가 반대 부호를 가지면 최대 2축 전단 응력과 3축 전단 응력은 같으며 어느 값을 사용해도 무방하다.

2.15 팔면체 응력

때로는 응력을 일반적인 육면체 주응력 요소로 나타내는 것보다 팔면체 응력 요소로 표현하는 것이 더 좋다. 그림 2.22는 주어진 응력 상태에서 **팔면체 평면**(octahedral plane)의 방향을 나타낸다. 각각의 면은 주응력 요소의 꼭짓점을 통과하여 잘라진 면이며, 8면이 합쳐져서 팔면체를 구성한다(그림 2.22). 8면에 대해 다음과 같은 특성을 확인할 수 있다.

1. 동일한 수직 응력이 모든 8개의 평면에 작용한다. 따라서 수직 응력은 팔면체를 수축이나 확장시키며 뒤틀림은 발생하지 않는다.
2. 동일한 전단 응력이 모든 8개의 평면에 작용한다. 따라서 전단 응력은 팔면체의 부피 변화 없이 뒤트는 작용을 한다.

8개의 면에서 수직 응력과 전단 응력이 같다는 사실은 파손 해석에서 아주 강력한 도구 역할을 한다.

팔면체에 작용하는 응력들은 주 수직 응력이나, x, y, z좌표계의 응력으로 다음과 같이 표현할 수 있다.

$$\sigma_{oct} = \frac{\sigma_1 + \sigma_2 + \sigma_3}{3} = \frac{\sigma_x + \sigma_y + \sigma_z}{3}, \tag{2.28}$$

$$\begin{aligned}\tau_{oct} &= \frac{1}{3}\left[(\sigma_1 - \sigma_2)^2 + (\sigma_2 - \sigma_3)^2 + (\sigma_3 - \sigma_1)^2\right]^{1/2} \\ &= \frac{2}{3}\left[\tau_{1/2}^2 + \tau_{2/3}^2 + \tau_{1/3}^2\right]^{1/2}.\end{aligned} \tag{2.29}$$

또 팔면체 전단 응력을 다음과 같이 표시할 수도 있다.

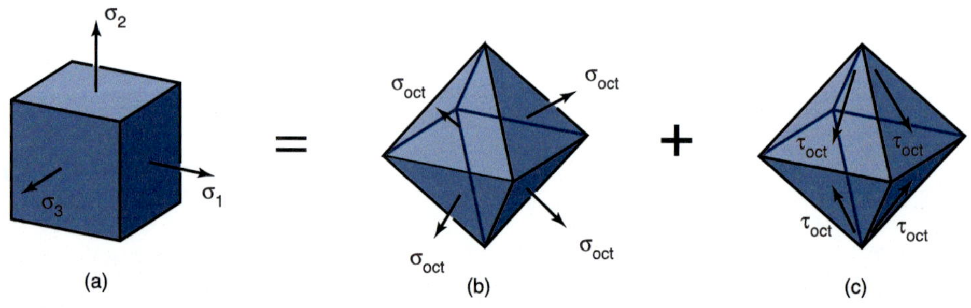

그림 2.22: 팔면체에 작용하는 응력. (a) 일반적인 응력 상태, (b) 수직 응력, (c) 팔면체 전단 응력.

$$9\tau_{oct}^2 = (\sigma_x - \sigma_y)^2 + (\sigma_y - \sigma_z)^2 + (\sigma_z - \sigma_x)^2 + 6\left(\tau_{xy}^2 + \tau_{yz}^2 + \tau_{xz}^2\right). \tag{2.30}$$

예제 2.16

팔면체 응력

조건 예제 2.15의 응력 상태 $\sigma_1 = 234.5$ MPa, $\sigma_2 = 45.7$ MPa, $\sigma_3 = 0$를 고려한다.

문제 팔면체 응력을 구하라.

풀이 팔면체 수직 응력은 다음과 같이 나타낼 수 있다.

$$\sigma_{oct} = \frac{\sigma_1 + \sigma_2 + \sigma_3}{3} = \frac{(234.3 + 45.7 + 0)}{3} = 93.3 \text{ MPa}.$$

팔면체 전단 응력은 식 (2.29)로부터 다음과 같이 계산할 수 있다.

$$\begin{aligned}\tau_{oct} &= \frac{2}{3}\left[\tau_{1/2}^2 + \tau_{2/3}^2 + \tau_{1/3}^2\right]^{1/2} \\ &= \frac{2}{3}\left[94.3^2 + 22.9^2 + 117.2^2\right]^{1/2} \\ &= 101.4 \text{ MPa}.\end{aligned}$$

2.16 변형률

변형률(strain)은 고체에서 응력에 의해 단위 길이에 발생한 변위로 정의한다. 기계 요소를 설계함에 있어서 강도에 대해 응력을 적절히 고려해야 할 뿐만 아니라, 변위나 변형이 설계 조건을 넘지 않도록 해야 한다. 문제에 따라서, 이러한 변형은 눈으로 쉽게 확인할 수 있는 경우도 있고, 실질적으로 거의 알 수 없는 경우도 있다.

응력이 임의의 점에서 그 점을 통과하는 면에서 방향과 크기가 정해지듯이, 변형률도 마찬가지다. 따라서 변형률 또한 응력과 마찬가지로 텐서이다. 또한, 수직 응력과 전단 응력이 있듯이 수직 변형률과 전단 변형률이 있다. **수직 변형률**(normal strain)은 기호 ϵ로 나타내며, 응력이 가해진 선형 조각의 인장이나 수축의 측정치를 표현할 때 사용한다. 평균 수직 변형률은

$$\epsilon_{avg} = \frac{\delta}{l} = \frac{\text{평균 인장}}{\text{처음 길이}} \tag{2.31}$$

여기서 변형률은 차원이 없음을 알 수 있다. 한 점에서 변형률은 다음과 같이 나타낼 수 있다.

$$\epsilon = \lim_{\Delta l \to 0} \frac{\Delta\delta_{avg}}{\Delta l} = \frac{d\delta_{avg}}{dl}. \tag{2.32}$$

그림 2.23은 x방향으로 균일한 인장력을 받는 3차원 요소의 변형률을 나타낸다. 요소는 x방향으로 늘어나는 동시에 y, z방향으로 수축하는데, 이는 잘 알려진 **프와송 효과**(Poisson effect)이며 3.5.2절에서 더 자세히 다루도록 한다.

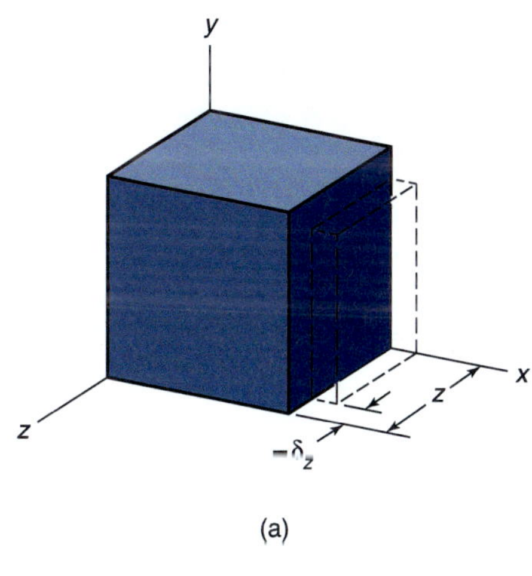

(a)

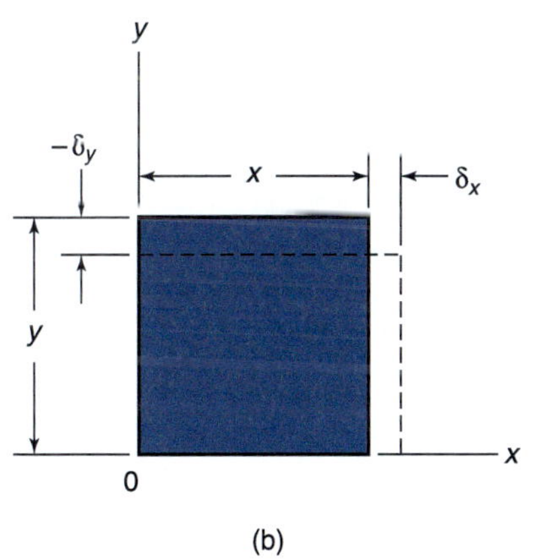

(b)

그림 2.23: x방향으로 균일한 인장을 받는 육면체 요소의 수직 변형률. (a) 3차원 형상, (b) 2차원 평면도.

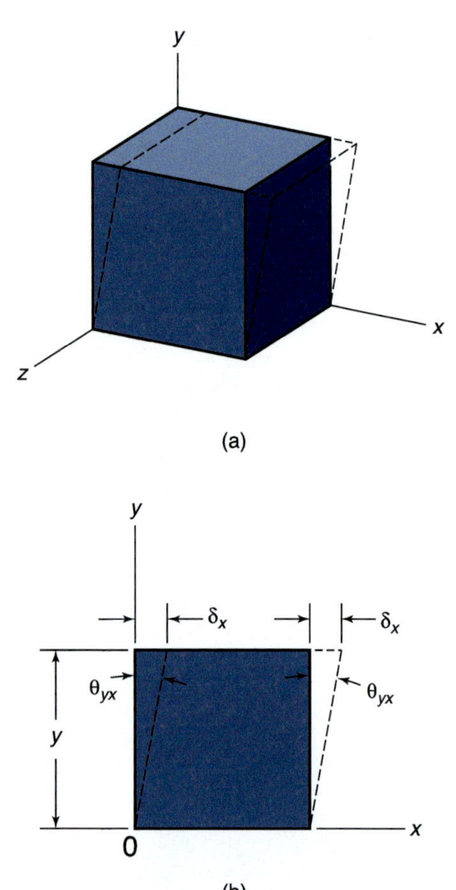

그림 2.24: 전단 응력을 받는 육면체 요소의 전단 변형률, (a) 3차원 형상, (b) 2차원 평면도.

식 (2.32)로부터 수직 변형률 성분은 다음과 같이 나타낼 수 있다.

$$\epsilon_x = \lim_{x \to 0} \frac{\delta_x}{x}, \quad \epsilon_y = \lim_{y \to 0} \frac{\delta_y}{y}, \quad \epsilon_z = \lim_{z \to 0} \frac{\delta_z}{z}. \tag{2.33}$$

그림 2.24는 전단 응력에 의한 육면체 요소의 전단 변형률을 3차원 형상과 2차원 평면도로 나타낸 것이다. **전단 변형률**(shear strain)은 기호 γ로 나타내며, 각도 변화의 측정을 표현할 때 사용한다(변형 전 상태에서 수직인 두 직선의 각도 변화). 전단 변형률은 그림 2.24와 같이

$$\gamma_{yx} = \lim_{y \to 0} \frac{\delta_x}{y} = \tan\theta_{yx} \approx \theta_{yx} \tag{2.34}$$

로 정의한다. 여기서 θ_{yz}는 처음 직각에서부터의 각도 차이를 나타낸다. 식 (2.34)에서 θ_{yz}에 대해 미소 각도 근사를 사용했음을 확인한다.

전단 변형률을 정의하기 위한 아래 첨자의 사용은 2.10절에서 전단 응력을 정의한 것과 동일한 방법을 사용한다. 첫 번째 아래 첨자는 변형률이 발생하는 평면에 수직인 좌표축을 의미하며, 두 번째 아래 첨자는 변형률이 발생하는 방향의 좌표축을 나타낸다. 예를 들어 γ_{yx}는 y축과 수직인 인접 평면들을 각각의 x축 방향으로 위치시킬 때의 변형률이다. 변형률의 부호 규약은 응력에서와 동일하다. 양의 응력은 양의 변형률을, 음의 응력은 음의 변형률을 발생시킨다. 그림 2.24와 식 (2.34)에서 나타낸 전단 변형률의 부호는 양이다. 육면체 요소의 변형률은 응력에서와 마찬가지로, 3개의 수직 변형률과 6개의 전단 변형률을 가진다. 또한 대칭 조건을 적용하면 6개의 전단 변형률이 3개로 줄어든다.

예제 2.17

변형률의 계산

조건 지름이 50 mm이고, 길이가 300 mm인 원형 알루미늄 봉에 125 kN의 축하중이 가해진다. 축 방향으로 늘어난 길이는 0.2768 mm이고, 직경은 0.01522 mm 감소하였다.

문제 봉의 횡변형률과 축변형률을 구하라.

풀이 축변형률은

$$\epsilon_a = \frac{\delta}{l} = \frac{0.2768}{300} = 9.227 \times 10^{-4}$$

횡변형률은

$$\epsilon_t = \frac{\delta_t}{d} = \frac{-0.01522}{50} = -3.044 \times 10^{-4}$$

하중을 받은 후 단면의 지름이 감소하였기 때문에 횡변형률의 부호는 음이다. 축변형률은 봉의 길이가 하중에 의해 늘어났기 때문에 양이다. 일반적으로 m/m, μm/m의 단위를 사용한다 하더라도 변형률은 차원이 없음을 알 수 있다.

2.17 변형률 텐서

탄성영역 내에서의 변형률에 대해서, 자른 평면의 위치에 따른 수직 변형률과 전단 변형률의 표현은 식 (2.10)에 나타낸 응력의 표현과 유사하다. 따라서 변형률 상태는 다음과 같이 **텐서**(tensor)로 표현할 수 있다.

$$\mathbf{T} = \begin{pmatrix} \epsilon_x & \frac{1}{2}\gamma_{xy} & \frac{1}{2}\gamma_{xz} \\ \frac{1}{2}\gamma_{xy} & \epsilon_y & \frac{1}{2}\gamma_{yz} \\ \frac{1}{2}\gamma_{xz} & \frac{1}{2}\gamma_{yz} & \epsilon_z \end{pmatrix} \tag{2.35}$$

식 (2.10)과 식 (2.35)를 비교해 볼 때 $\epsilon_x, \epsilon_y, \epsilon_z$는 각각 $\sigma_x, \sigma_y, \sigma_z$와 상사관계에 있다. 하지만, 전단 변형률의 경우, 값의 절반인 $\gamma_{xy}/2, \gamma_{yz}/2, \gamma_{zx}/2$이 $\tau_{xy}, \tau_{yz}, \tau_{zx}$와 상사 관계에 있다.

2.18 평면 변형률

평면 변형률 상태에서는 변형률 텐서를 나타내는 6개의 변형률 중에서 $\epsilon_z, \gamma_{xz}, \gamma_{yz}$는 0이다. 따라서 2개의 수직 변형률 성분 ϵ_x, ϵ_y와 1개의 전단 변형률 성분 γ_{xy}만을 고려한다. 그림 2.25는 평면 변형률에서 고려하는 세 가지 변형률에 대한 요소의 변형을 보여준다. 그림 2.25a와 b에는 수직 변형률 ϵ_x, ϵ_y에 의해 각각 x와 y방향으로의 요소 길이 변화가 나타나 있다. 그림 2.25c에는 요소의 두 인접한 모서리의 상대적 회전에 의해 발생하는 전단 변형률 γ_{xy}가 나타나 있다. 또한 그림 2.25c로터 γ가 아닌 $\gamma/2$가 물리적으로 τ와 유사하다는 점을 알 수 있다. 순수 전단 상태에서 요소의 각 모서리의 각도가 $\gamma/2$만큼 변한다.

변형률에 대해서 다음의 부호 규약을 사용한다.

1. 수직 변형률 ϵ_x, ϵ_y는 각각 x와 y축을 따라서 인장될 때 양이다. 그림 2.25a의 ϵ_x, ϵ_y는 양이다.
2. 전단 변형률 γ_{xy}는 변형률 요소 내부의 각도(그림 2.25c의 각A0B)가 90° 보다 작아질 때 양이다.

주변형률과 주변형률이 발생되는 평면 및 방향은 주응력에서 살펴본 것과 마찬가지로 구해진다. x-y 평면에서의 주변형률, x-y 평면에서의 최대 전단 변형률, 주축으로부터 x축과 y축으로의 각도는 다음과 같다.

$$\epsilon_1, \epsilon_2 = \frac{\epsilon_x + \epsilon_y}{2} \pm \sqrt{\left(\frac{1}{2}\gamma_{xy}\right)^2 + \left(\frac{\epsilon_x - \epsilon_y}{2}\right)^2}, \tag{2.36}$$

$$\gamma_{\max} = \pm 2\sqrt{\left(\frac{1}{2}\gamma_{xy}\right)^2 + \left(\frac{\epsilon_x - \epsilon_y}{2}\right)^2}, \tag{2.37}$$

$$2\phi = \tan^{-1}\left(\frac{\gamma_{xy}}{\epsilon_x - \epsilon_y}\right). \tag{2.38}$$

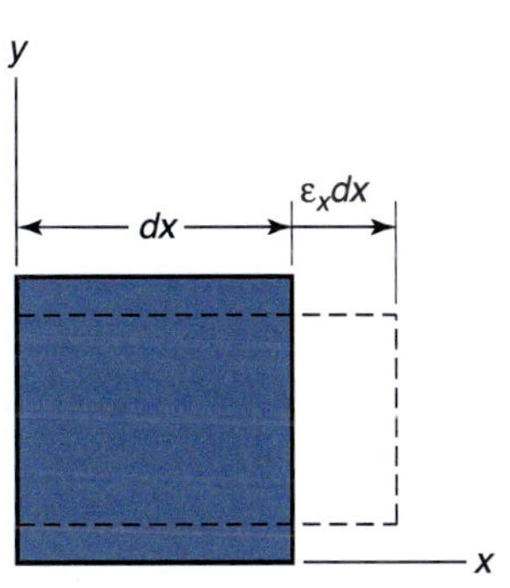

(a)

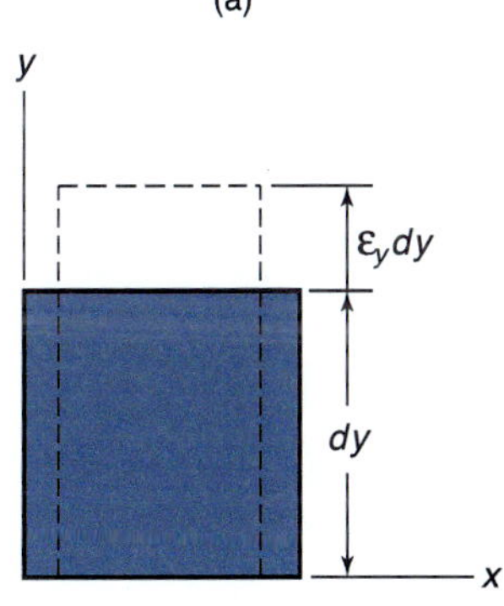

(b)

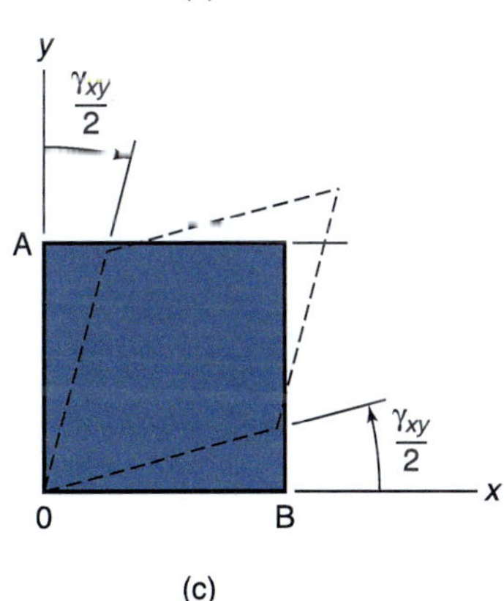

(c)

그림 2.25: 평면 변형률 요소의 그림 묘사. (a) 수직 변형률 ϵ_x, (b) 수직 변형률 ϵ_y, (c) 전단 변형률 γ_{xy}.

여기서부터 보게 될 두 가지 중요한 문제 유형은 다음과 같다.

1. 주변형률을 알고 있고, 주방향으로부터 ϕ만큼의 각도를 가지는 평면에 발생하는 변형률을 계산할 때의 식은 다음과 같다.

$$\epsilon_\phi = \frac{\epsilon_1 + \epsilon_2}{2} + \frac{\epsilon_1 - \epsilon_2}{2}\cos 2\phi, \tag{2.39}$$

$$\gamma_\phi = (\epsilon_1 - \epsilon_2)\sin 2\phi. \tag{2.40}$$

   식 (2.40)에서 γ_ϕ는 ϕ 평면에 ϕ축으로부터 90°방향으로 작용하는 전단 변형률을 의미한다. 응력에서와 마찬가지로 두 번째 아래 첨자는 편의상 무시하였지만 이로 인한 혼동은 없다. 이 변형률 상태를 나타내기 위해 모어 원 선도를 사용할 수 있다.

2. 두 번째로 3개의 각기 다른 정해진 방향으로의 수직 변형률 성분을 알고 있을 때, 이들로부터 $\epsilon_x, \epsilon_y, \gamma_{xy}$를 얻는 문제이다. 다음의 식을 사용할 수 있다.

$$\epsilon_\theta = \epsilon_x \cos^2\theta + \epsilon_y \sin^2\theta + \gamma_{xy}\sin\theta\cos\theta \tag{2.41}$$

   여기서, ϵ_θ는 x축으로부터 θ만큼 반시계 방향으로 회전한 방향에서 측정한 변형률이고, $\epsilon_x, \epsilon_y, \gamma_{xy}$는 구하고자 하는 변형률이다. 따라서 각기 다른 세 방향으로 변형률을 측정하면 총 3개의 식을 얻을 수 있으며, 구하고자 하는 변형률을 계산할 수 있다. 이러한 측정을 위해서 보통 3개의 게이지로 구성된 *로제트*(rosette)가 사용된다.

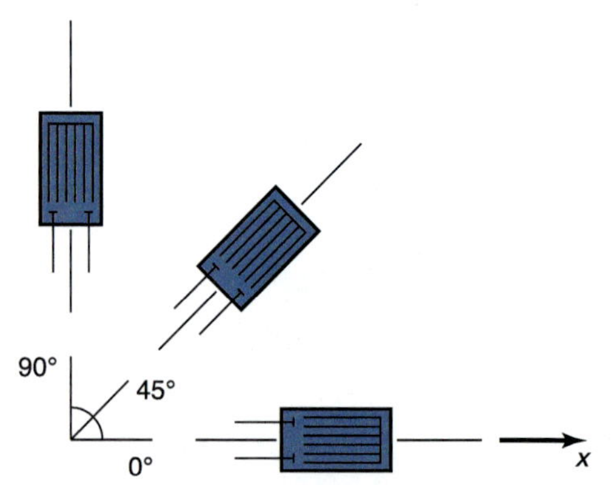

그림 2.16: 예제 2.18의 변형률 게이지 로제트.

예제 2.18

변형률 게이지 로제트

조건 그림 2.25와 같이 0° −45° −90°의 로제트가 기준축(x)과 0°게이지가 일치하는 방향으로 구조물에 부착되어 있다. 하중이 가해진 후, 0°게이지는 +50 μm/m, 45° 게이지는 −27 μm/m, 90°게이지는 0이 측정되었다.

문제 $\epsilon_x, \epsilon_y, \gamma_{xy}$를 구하라.

풀이 식 (2.41)을 3번 적용하여 3개의 식을 얻는다.

$$\epsilon_{0°} = 50\ \mu\text{m/m} = \epsilon_x \cos^2(0°) + \epsilon_y \sin^2(0°) + \gamma_{xy}\sin 0° \cos 0°$$

또는 $\epsilon_x = 50\ \mu\text{m/m}$

$$\epsilon_{90°} = 0 = \epsilon_x \cos^2(90°) + \epsilon_y \sin^2(90°) + \gamma_{xy}\sin 90° \cos 90°$$

또는 $\epsilon_y = 0$

$$\epsilon_{45°} = \epsilon_x \cos^2(45°) + \epsilon_y \sin^2(45°) + \gamma_{xy}\sin 45° \cos 45°$$

또는 $\gamma_{xy} = -27 - 50 - 0 = -77\ \mu\text{m/m}$이다.

2.19 요약

이 장에서는 하중과 응력, 변형률이 기계 요소를 설계할 때 어떠한 영향을 미치는지 살펴보았다. 적절한 종류의 기계 요소가 선택되면, 파손의 잠재적 요인은 설계 응력이 기계 요소의 강도를 초과하는 것이다. 따라서 응력, 변형률, 기계 요소의 임계 단면에서의 강도를 구하는 것은 중요한 일이다. 이를 위해서는 우선 하중의 모든 형태를 결정해야 한다. 기계 요소에 가해지는 하중을 시간에 대해서, 하중이 가해지는 면적에 대해서, 위치와 적용 방법에 대해서 분류하고 살펴보았다. 또한, 지지 반력의 중요성, 정적 상태에서 힘과 모멘트 평형의 적용, 자유물체도의 적합한 사용에 대해서 살펴보았다.

다음으로는 보에서의 전단력 선도와 모멘트 선도에 중점을 두었다. 집중 모멘트, 집중 하중, 단위 계단, 램프, 역 램프, 2차식 하중에 대해서는 특이함수를 도입하였다. 보 내에서 이러한 특이함수의 여러 조합이 존재할 수 있다. 다양한 특이함수로 표현된 하중강도 함수를 보 길이에 대해 적분함으로써 전단력을 얻는다. 전단력을 보 길이에 대해 적분하여 모멘트를 계산한다. 이러한 해석적 표현에 의해서 전단력 선도와 모멘트 선도를 그릴 수 있다.

응력은 주어진 평면과 점에서 발생하는 내력의 크기와 방향으로 정의한다. 직교 좌표계의 미소 요소에 작용하는 응력은 수직 성분과 전단 성분을 갖는다. 한 면에 두 개의 전단 응력과 한 개의 수직 응력이 존재하므로 상호 직교 면에 있어 총 9개의 응력 성분이 존재한다(3개의 수직 응력과 6개의 전단 응력). 수직 응력과 전단 응력에 대한 부호 규약을 살펴보았다. 9개의 응력 성분은 2차 카티시안 텐서가 된다. 응력 텐서는 대칭인데, 이는 전단 응력이 0이고 행렬의 대각 성분에 주 수직 응력만 남는 모양이 될 수 있음을 의미한다.

많은 공학 문제에서 응력 해석은 한 면에 응력이 없거나, 다른 두 면의 응력에 비해 작은 값을 갖는 상태를 가정한다. 이러한 2차원 응력 상태를 2축 응력(또는 평면 응력)상태라고 하며 $\sigma_x, \sigma_y, \tau_{xy}$와 같이 두 개의 수직 응력과 한 개의 전단 응력으로 표현한다. 2축 응력의 모어 원을 적용하여 이 응력들을 임의의 경사면에서 표현할 수 있다는 점이 중요하다.

설계의 조건이 되는 변형률과 처짐에 대해 살펴보았다. 응력과 마찬가지로 변형률도 텐서이며, 변형률 해석에서도 변환식과 모어 원을 동일하게 적용할 수 있다. 그리고 평면 변형률 상태에서 게이지 로제트 방법을 소개하였다.

핵심어

굽힘 하중(bending load) 부재의 길이 방향 축에 가로 방향으로 작용하는 하중

단순지지 보(simply supported beam) 한쪽 끝이 핀 고정이고 반대쪽이 롤러로 지지된 보

대칭 텐서(symmetrical tensor) 주 수직 응력만 존재하고 다른 모든 텐서 성분이 0이 될 수 있는 텐서

돌출보(overhanging beam) 지지점에서 더 연장되어 한쪽 혹은 양쪽 끝이 자유 지지인 보

모어 원(Mohr's circle) 주어진 점을 지나는 각기 다른 평면에서의 응력 상태를 그림으로 나타내는 방법

반복 하중(cyclic load) 변동 하중의 주기가 반복되는 하중

변형률(strain) 응력의 결과로 고체에 발생하는 무차원 변위

보(beam) 부재의 길이 방향 축에 수직인 하중을 지지하도록 설계된 구조용 부재

분포 하중(distributed load) 전체 면적에 걸쳐서 작용하는 하중

비틀림 하중(torsion load) 비틀림 변형을 발생시키는 하중

수직 변형률(normal strain) 응력이 가해진 선형 요소에 발생하는 신장이나 수축

수직 변형률의 부호 규약(sign convention for normal strain) 좌표 축의 양의 방향으로 늘어날 때가 양

수직 응력의 부호 규약(sign conversion for normal stress) 인장이 양, 압축이 음

수직 하중(normal load) 단면의 도심을 통과하는 하중

외팔보(cantilevered beam) 한쪽 끝이 고정되어 있고 반대쪽은 자유롭게 지지된 보

응력(stress) 특정 평면의 한 점에 가해지는 내력의 크기와 방향

임계 단면(critical section) 최대 응력이 발생하는 위치의 단면

자유물체도(free-body diagram) 물체에 가해지는 모든 힘을 표시한 그림

전단 변형률(shear strain) 전단 응력이 가해질 때 발생하는 각도 변화의 측정

전단 변형률의 부호 규약(sign convention for shear strain) 전단 응력이 가해졌을 때 내각이 작아지면 양

전단 응력의 부호 규약(sign convention for shear stress) 단면의 수직 방향과 전단 방향 둘 다 양이거나 둘 다 음이면 양, 그 외에는 음

전단 하중(shear load) 횡전단 응력과 같은 방향인 하중

정적 하중(static load) 서서히 작용하여 바로 평형상태에 도달한다고 볼 수 있는 하중

조합 하중(combined load) 2가지, 혹은 그 이상이 조합된 하중

주 수직 응력(principal normal stresses) 최대 주 수직 응력, 최소 주 수직 응력과 그 사잇값을 가지는 세 번째 주응력의 조합

주 전단 응력(principal shear) 최대 주 전단 응력과 최소 주 전단 응력의 조합

지속 하중(sustained load) 긴 시간 동안 일정하게 작용하는 하중

집중 하중(concentrated) 작은 면적에 작용하는 하중

충격 하중(impact load) 급속히 가해진 하중

특이함수(singularity functions) 전단력 선도와 모멘트 선도를 그리기 위한 함수 (특히, 집중 하중, 집중 모멘트와 같은 불연속점이 존재하는 경우)

하중(loads) 기계 장치나 구조에 가해지는 힘, 모멘트, 토크

1축 응력(uniaxial stress) 미소 요소에서 2쌍의 직교하는 면에 응력이 없거나 아주 작은 상태

2축 또는 평면 응력(biaxial or plane stress) 한 면에 상대적으로 응력이 없는 상태

3축 응력(triaxial stress) 모든 면에 응력이 작용할 수 있는 응력 상태

공식 정리

힘 평형: $\sum P_x = 0, \sum P_y = 0, P_z = 0$

모멘트 평형: $\sum M_x = 0, \sum M_y = 0, \sum M_z = 0$

보의 횡전단력: $V(x) = -\int_{-\infty}^{x} q(x)dx$

보의 굽힘모멘트: $M(x) = -\int_{-\infty}^{x} V(x)dx$

평면 응력에서의 주응력:

$$\sigma_1, \sigma_2 = \frac{\sigma_x + \sigma_y}{2} \pm \sqrt{\tau_{xy}^2 + \frac{(\sigma_x - \sigma_y)^2}{4}}$$

모어 원:

중심: $\left(\frac{\sigma_x + \sigma_y}{2}, 0\right)$

반지름: $r = \sqrt{\left(\frac{\sigma_x - \sigma_y}{2}\right)^2 + \tau_{xy}^2}$

팔면체 응력:

수직: $\sigma_{\text{oct}} = \frac{\sigma_1 + \sigma_2 + \sigma_3}{3} = \frac{\sigma_x + \sigma_y + \sigma_z}{3}$

전단:

$$\begin{aligned}\tau_{\text{oct}} &= \frac{1}{3}\left[(\sigma_1 - \sigma_2)^2 + (\sigma_2 - \sigma_3)^2 + (\sigma_3 - \sigma_1)^2\right]^{1/2} \\ &= \frac{2}{3}\left[\tau_{1/2}^2 + \tau_{2/3}^2 + \tau_{1/3}^2\right]^{1/2}\end{aligned}$$

평면 변형률에서의 주변형률:

$$\epsilon_1, \epsilon_2 = \frac{\epsilon_x + \epsilon_y}{2} \pm \sqrt{\left(\frac{1}{2}\gamma_{xy}\right)^2 + \left(\frac{\epsilon_x - \epsilon_y}{2}\right)^2}$$

참고 문헌

Beer, F.P., Johnson, E.R., DeWolf, J., and Mazurek, D. (2011) *Mechanics of Materials*, 6th ed., McGraw-Hill.

Craig, R.R. (2011) *Mechanics of Materials*, 3rd ed., Wiley.

Hibbeler, R.C. (2010) *Mechanics of Materials*, 8th ed. Prentice-Hall, Upper Saddle River.

Popov, E.P. (1968) *Introduction to Mechanics of Solids*, Prentice-Hall.

Riley W.F., Sturges, L.D., and Morris, D.H. (2006) *Mechanics of Materials*, 6th ed., Wiley.

Shames, I.H., and Pitarresi, J.M. (2000) *Introduction to Solid Mechanics*, 3rd ed., Prentice-Hall.

Ugural, A.C. (2007) *Mechanics of Materials*, Wiley.

문제

2.1 집중하중이란? 분포 하중이란?

2.2 롤러 지지에서는 어떤 종류의 반력이 발생하는가? 핀 지지에서는 어떠한가?

2.3 정적 평형을 정의하라.

2.4 단순지지 보는 무엇인가? 외팔보는 무엇인가?

2.5 특이함수는 왜 유용한가?

2.6 어떤 조건에서 특이함수는 0이 되지 않는가?

2.7 응력과 변형률을 정의하라.

2.8 텐서란?

2.9 수직 응력과 전단 응력을 정의하라.

2.10 모어 원이란?

2.11 주응력이란?

2.12 응력의 단위는 무엇인가? 변형률의 단위는 무엇인가?

2.13 팔면체 응력이란?

2.14 늘어남이란?

2.15 게이지 로제트란?

정성적 문제

2.16 다음에 대해 3가지 예시를 들어라. (a) 정적 하중, (b) 지속 하중, (c) 충격 하중, (d) 반복 하중.

2.17 전단력에 대한 부호 규약을 설명하라.

2.18 굽힘모멘트에 대한 일반적인 부호 규약을 설명하라. 이 책에서는 어느 규약을 사용하는가?

2.19 식을 사용하지 말고 전단력 선도와 모멘트 선도를 그리는 방법을 설명하라.

2.20 스칼라, 벡터, 텐서에 대하여 각각 2개의 예시를 들어라.

2.21 평면 응력과 평면 변형률의 차이를 설명하고 각각의 예시를 들어라.

2.22 식을 사용하지 않고 책장의 굽힘모멘트 선도를 정성적으로 결정하라.

2.23 $\tau_{xy} = \tau_{yx}$인 이유를 설명하라.

2.24 (a) 1축 응력 상태, (b) 2축 응력 상태, (c) 3축 응력 상태를 정의하고 각각 2개의 예시를 들어라.

2.25 3차원 모어 원을 그리고 특징을 설명하라.

2.26 변형과 변형률의 유사점과 차이점은 무엇인가?

2.27 본문에서 0°−45°−90°의 게이지 로제트가 일반적이라고 했다. 이유를 설명하라.

2.28 탁자 위에 놓인 책에 대한 자유물체도를 그려라.

2.29 3개의 주응력이 100 MPa, −50 MPa, 75 MPa일 때, σ_2는 어느 값인가?

2.30 식 (2.16)을 유도하라.

정량적 문제

2.31 그림 a에 나타난 직경이 다른 다단축 A-B-C가 하중 P_1, P_2를 받고 있다. P_1은 B-C 구간에 σ, 그리고 A-B 구간에 $\sigma/4$의 인장 응력을 발생시킨다. P_2는 B점에서 σ, A점에서 1.5σ의 굽힘 응력을 발생시킨다. 다음 경우에 대한 임계 단면을 찾아라.

(a) P_1만 작용할 때
(b) P_2만 작용할 때
(c) P_1과 P_2 둘 다 작용할 때

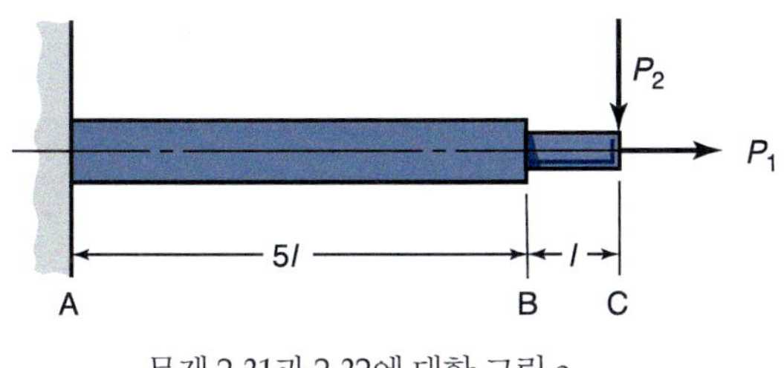

문제 2.31과 2.32에 대한 그림 a

2.32 그림 a의 다단축에 하중 P_1, P_2가 가해진다. 만약 P_1이 사인 함수의 형태로 변하고, P_2가 무게로부터 가해질 때, 다음 경우에 대해 하중을 분류하라.

(a) P_1만 작용할 때
(b) P_2만 작용할 때
(c) P_1과 P_2 둘 다 작용할 때

2.33 마찰이 없는 힌지에 봉이 자유롭게 매달려 있다. 봉이 수직으로부터 45°로 기울어질 때까지 봉의 바닥에 수평 방향 힘 P가 가해진다. 중력가속도는 g, 봉은 길이에 대해 일정한 단면적을 가지고, 질량이 m_a일 때, 힌지에 발생하는 힘의 수평 방향, 수직 방향 성분을 구하라. 답 $R_x = \frac{1}{2} m_{ag}$, $R_y = m_{ag}$.

2.34 그림 b는 사각형에 작용하는 힘을 나타낸다. 사각형은 평형 상태인가? 답 아니다.

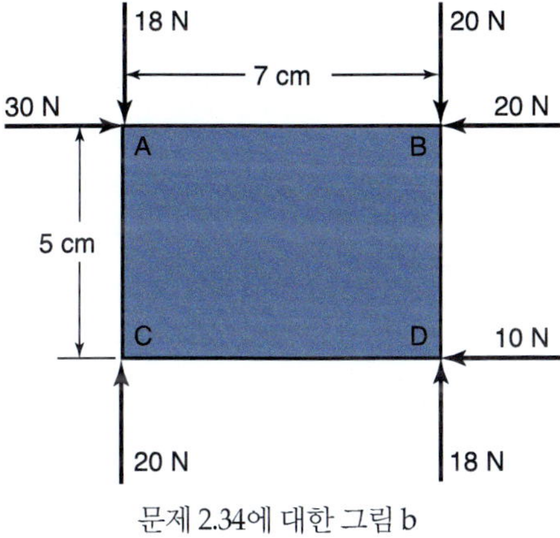

문제 2.34에 대한 그림 b

2.35 그림 c는 삼각형에 작용하는 힘을 나타낸다. 삼각형은 평형 상태인가? 답 네.

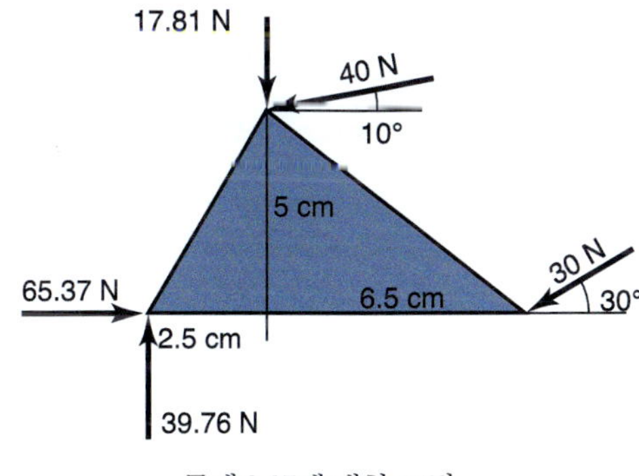

문제 2.35에 대한 그림 c

2.36 그림 d와 e의 두 물체에서 각각 성분에 대한 자유물체도를 그리고 힘을 계산하라.

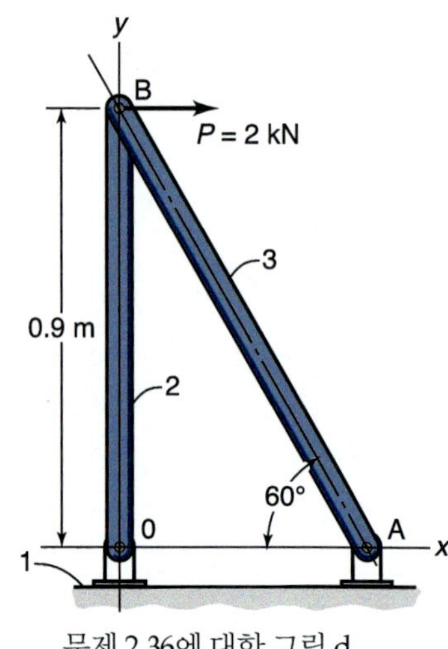

문제 2.36에 대한 그림 d

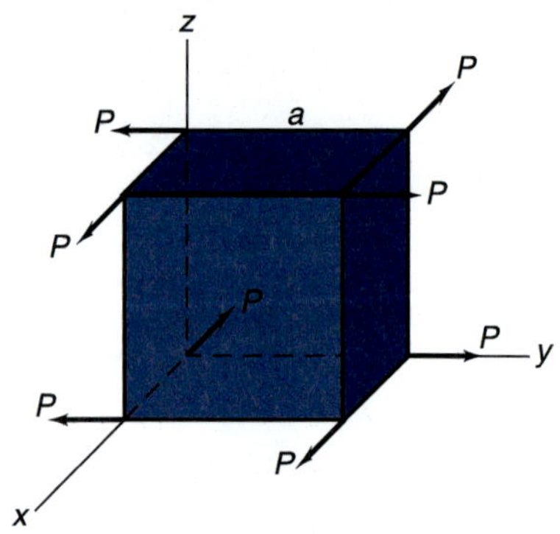

문제 2.36에 대한 그림 e

2.37 그림 f는 한 변의 길이가 a인 육면체를 나타내며 8개의 힘이 모서리에 작용하고 있다. 육면체는 평형상태인가? 답 네.

문제 2.37에 대한 그림 f

2.38 5 m 길이의 보가 그림 g와 같이 하중을 받고 있다. 보의 단면적은 길이 방향으로 일정하다. 전단력 선도와 모멘트 선도를 그리고 임계 단면의 위치를 찾아라. 답 $|V_{max}| = 6.8$ kN, $|M_{max}| = 6.4$ kN-m.

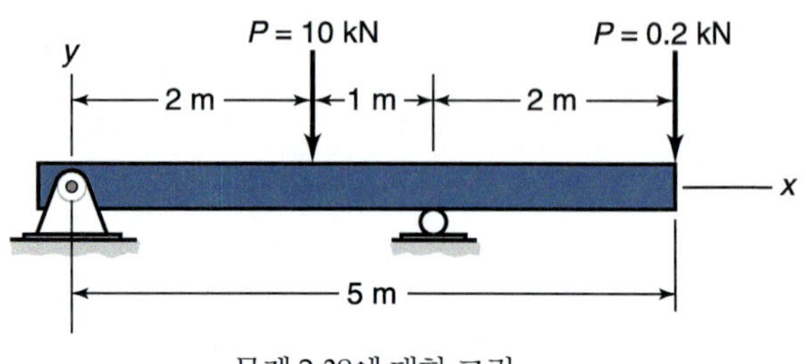

문제 2.38에 대한 그림 g

2.39 그림 h는 지름 0.06 m의 축이 A, B에서 정렬된 베어링에 의해 지지되는 모습(반경 방향 하중은 지지하지만 모멘트 반력은 없음)을 나타낸다. 축에 부착된 두 개의 기어에서 그림과 같은 하중이 발생한다. 축의 무게는 무시한다. A, B점에서 힘을 결정하고, 최대 굽힘모멘트를 계산하라. 그리고 전단력 선도와 모멘트 선도를 그려라. 답 $|M_{max}| = 296$ Nm.

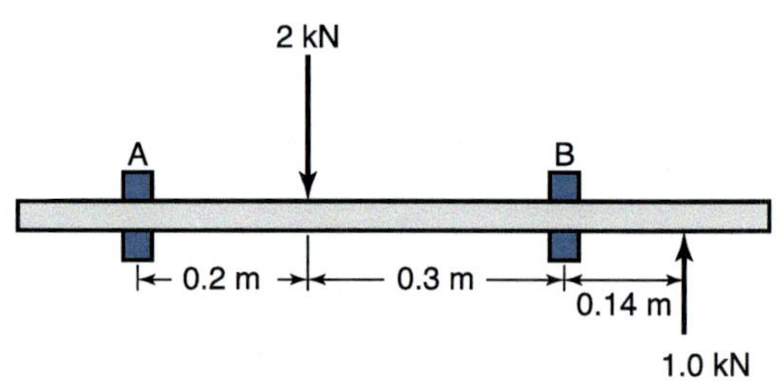

문제 2.39에 대한 그림 h

2.40 그림 i와 같이 보가 하중을 받고 있다. $P = 500$ N일 때, 반력을 계산하고 전단력 선도와 모멘트 선도를 그려라. 답 $A_y = B_y = 1000$ N, $|M_{max}| = 2000$ Nm.

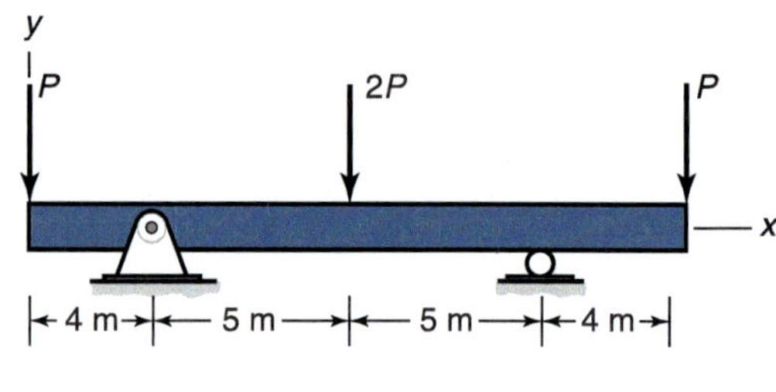

문제 2.40에 대한 그림 i

2.41 단순지지 보에 하중 P가 보의 왼쪽으로부터 1/3 지점에 그림 j와 같이 작용하고 있다. 보에 발생하는 최대 전단력과 굽힘모멘트를 구하고, 전단력 선도와 모멘트 선도를 그려라. 답 $|M_{max}| = \frac{2}{9}Pl$.

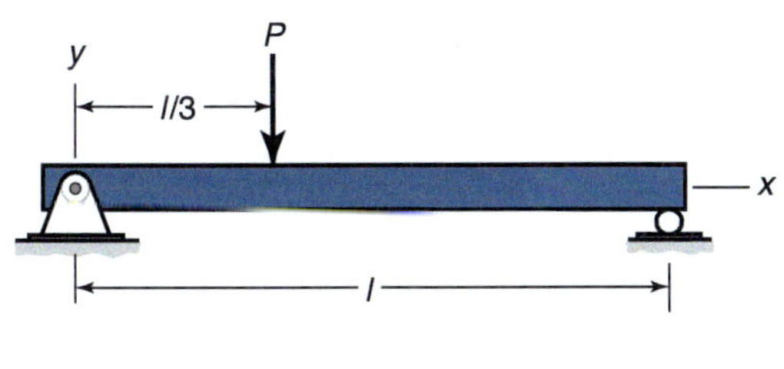

문제 2.41에 대한 그림 j

2.42 그림 k와 같이 단순지지 보에 두 개의 동일한 크기의 하중 P가 양 끝으로부터 $l/4$ 지점에 각각 작용하고 있다. 보에 발생하는 최대 전단력과 굽힘모멘트를 구하고, 굽힘에 대한 임계 단면의 위치를 찾아라. 또한, 전단력 선도와 모멘트 선도를 그려라. 답 $|M_{max}| = \frac{1}{4}Pl$.

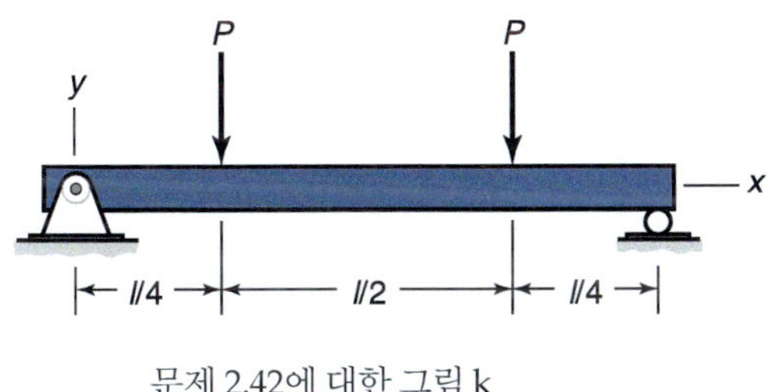

문제 2.42에 대한 그림 k

2.43 그림 l에 나타난 보에 하중 P가 가해지고 있다. 보의 전단력 선도와 모멘트 선도를 그리고 최댓값을 표시하라.
답 $|M|_{max} = Pl$.

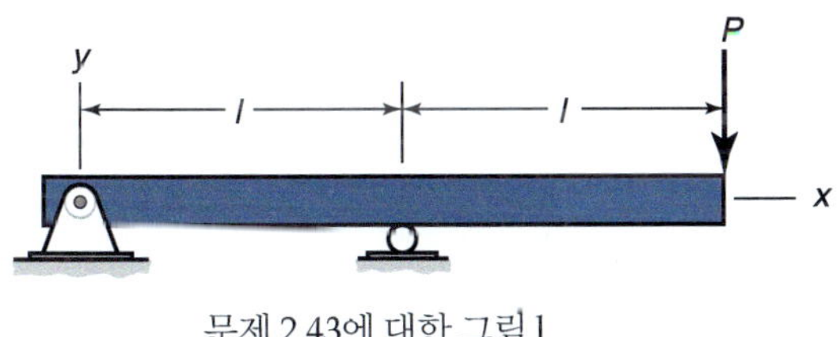

문제 2.43에 대한 그림 l

2.44 그림 m 의 단순지지 보에 단위 길이당 w_o의 일정한 분포 하중이 보 전체에 가해지고 있다. 전단력과 굽힘모멘트를 x에 대한 함수로 나타내고 두 함수의 그래프를 그려라. 또한 최대 굽힘모멘트와 그에 해당하는 임계 위치를 구하라.

답 $|M_{max}| = \frac{1}{8}w_o l^2$.

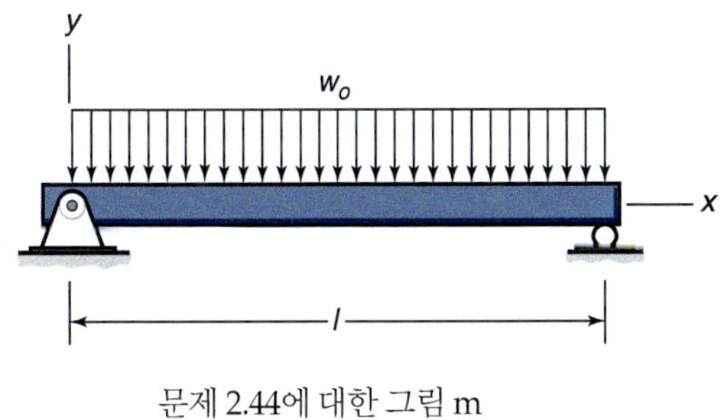

문제 2.44에 대한 그림 m

2.45 그림 n과 같이 보 전체에 최댓값이 P/l인 램프 함수의 분포 하중이 작용하고 있다. 전단력과 굽힘모멘트를 계산하고 최대 굽힘모멘트와 그에 해당하는 임계 단면을 결정하라. 또한 전단력 선도와 모멘트 선도를 그려라. 답 $|M_{max}| = \frac{2}{9\sqrt{3}}Pl$.

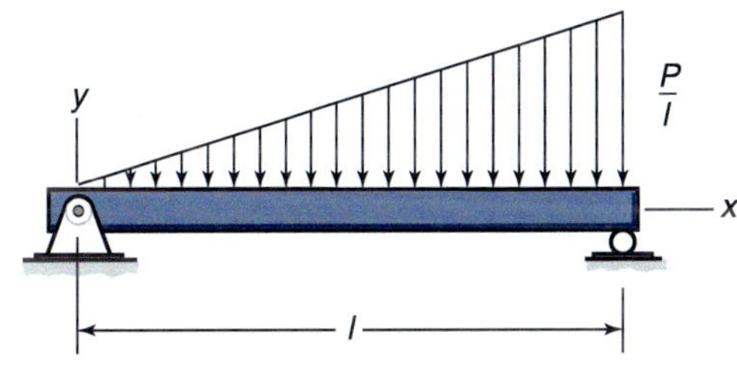

문제 2.45에 대한 그림 n

2.46 그림 o의 단순지지 보는 $P_1 = 5$ kN, $P_2 = 10$ kN, $w_o = 5$ kN/m, $l = 12$ m 값을 가진다. 특이함수를 이용하여 전단력과 굽힘모멘트를 x에 대한 함수로 표현하라. 또한 전단력 선도와 모멘트 선도를 그려라. 답 $|M_{max}| = 52.5$ kN-m.

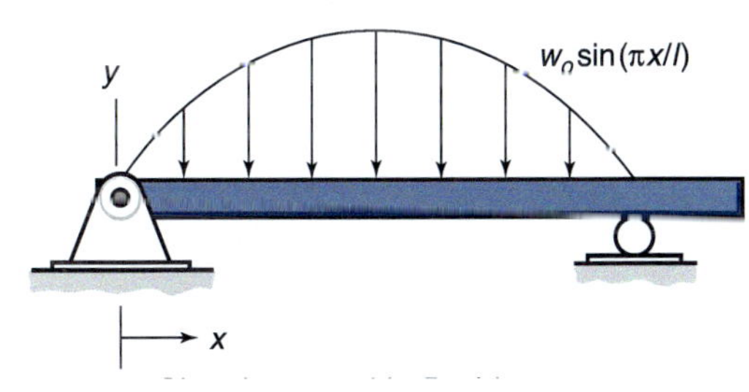

문제 2.46에 대한 그림 o

2.47 그림 p와 같이 정현파 분포 하중이 보에 가해지고 있다. 보의 각 위치에서 발생하는 반력과 최대 전단력, 최대 굽힘모멘트를 구하라. 답 $R = \frac{lw_o}{\pi}$, $|M_{max}| = \frac{l^2 w_o}{2\pi}$.

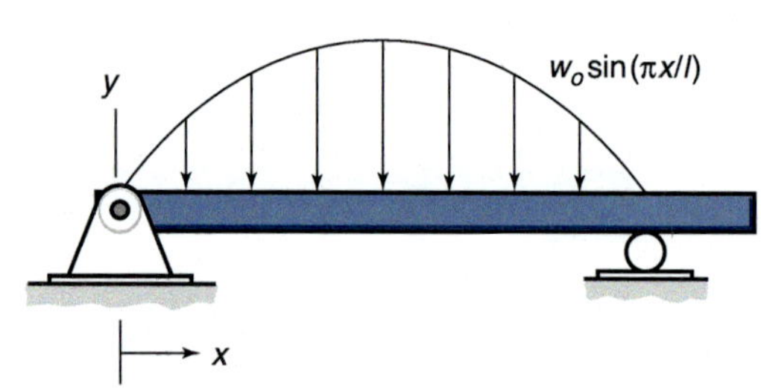

문제 2.47에 대한 그림 p

2.48 그림 q와 같은 분포 하중이 보에 작용할 때, 가장 작은 최대 굽힘모멘트를 발생시키는 길이 c를 구하라. 답 $x = 0.207\,l$.

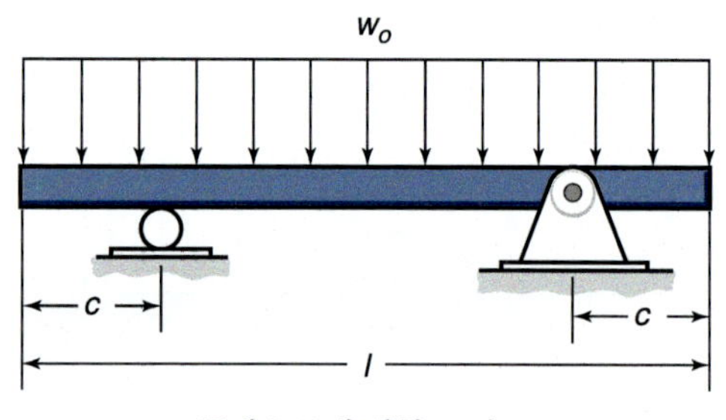

문제 2.48에 대한 그림 q

2.49 그림 r과 같은 하중이 작용할 때, 반력을 계산하고 전단력 선도와 모멘트 선도를 그려라. 답 $R = w_o a$, $M_{max} = \frac{1}{2} w_o a^2$.

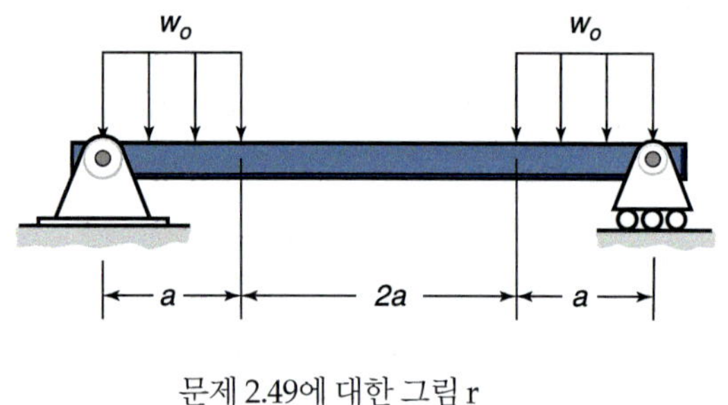

문제 2.49에 대한 그림 r

2.50 그림 s의 하중에 대해서 특이함수를 사용하여 보의 하중 강도와 전단력, 굽힘모멘트를 계산하라. 하중 해석으로부터 반력 R_1, R_2를 계산하라. 그리고 전단력 선도와 모멘트 선도를 그려라. 답 $R_1 = -71$ N, $R_2 = 221$ N, $|M|_{max} = 29.2$ N-m.

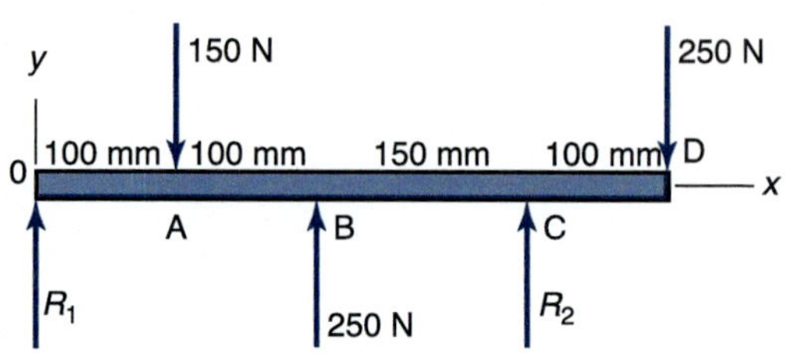

문제 2.50에서 대한 그림 s

2.51 그림 t의 하중에 대해서 특이함수를 사용하여 보의 하중 강도와 전단력, 굽힘모멘트를 계산하라. 전단력 선도와 모멘트 선도를 그리고, 하중 해석으로부터 반력 R_1, R_2를 계산하라. 답 $R_1 = 361$ N, $R_2 = 189$ N, $M_{max} = 48.2$ N-m.

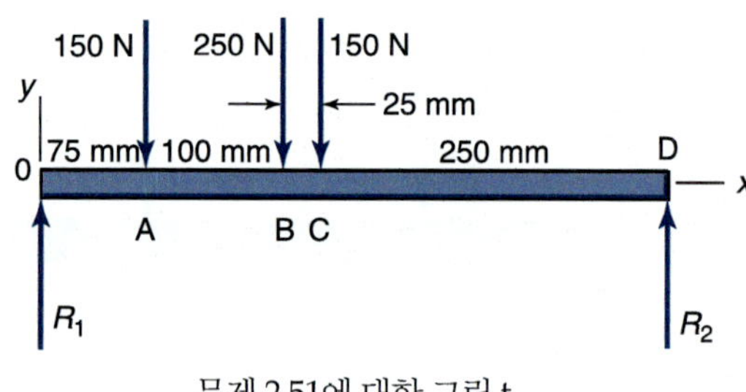

문제 2.51에 대한 그림 t

2.52 그림 u에서 $w_o = 6$ kN/m, $l = 10$ m일 때, 단순지지 보에 대해 자유물체도를 그려라. 특이함수를 이용하여 전단력 선도와 굽힘모멘트 선도를 그려라. 답 $M_{max} = 63.89$ kN-m.

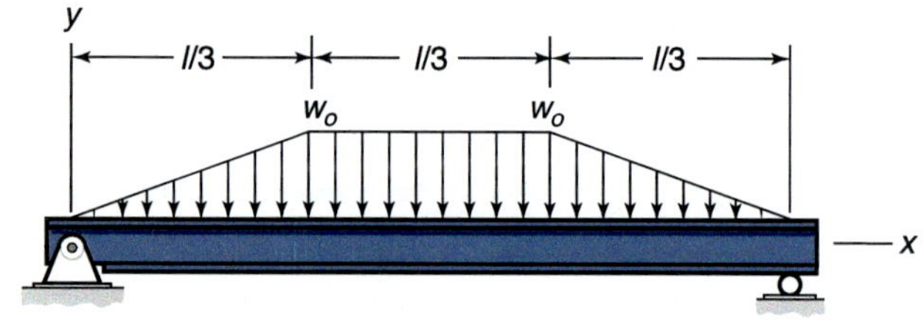

문제 2.52에 대한 그림 u

2.53 특이함수를 이용하여 예제 2.8을 다시 풀어라.

2.54 그림 v는 $w_o = 6$ kN/m, $l = 10$ m의 단순지지 보를 나타낸다. 주어진 좌표계와 보에 작용하는 힘을 이용해서 보의 자유물체도를 그려라. 전단력과 굽힘모멘트를 계산하기 위해서 특이함수를 사용하라. 답 $M_{max} = 25$ kN-m.

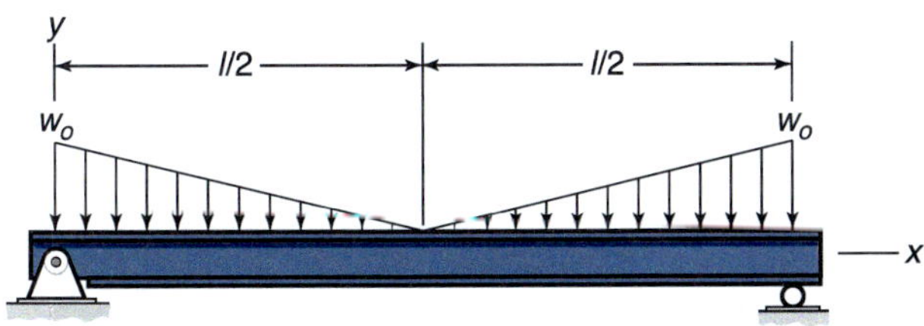

문제 2.54에 대한 그림 v

2.55 20 kN의 집중 하중이 그림 v의 단순지지 보 중앙에 추가적으로 작용하고 있다. 보에 작용하는 힘에 대해 자유물체도를 그려라. $l = 10$ m, $w_o = 5$ kN/m라 가정한다. 특이함수를 이용하여 전단력과 굽힘모멘트를 결정하고 두 선도를 그려라. 답 $M_{max} - 75$ kN-m.

2.56 그림 w에 나타난 보의 자유물체도를 그리고, 특이함수를 이용하여 전단력 선도와 굽힘모멘트 선도를 그려라. 또한 최대 굽힘모멘트를 결정하라. 답 $|M_{max}| = 16.19$ kN-m.

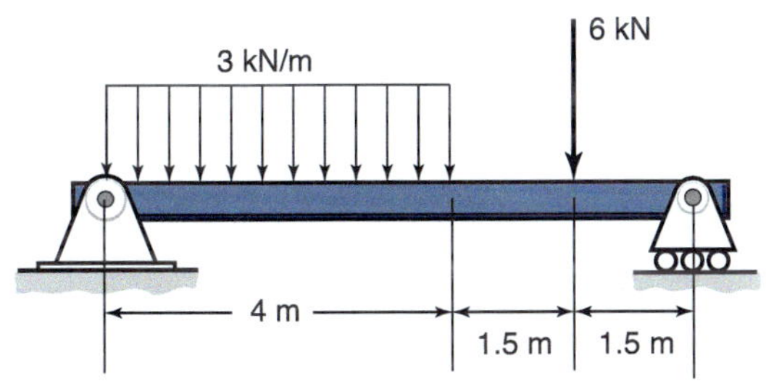

문제 2.56, 2.57에 대한 그림 w

2.57 직접 적분을 이용하여 그림 w의 보에 발생하는 전단력과 굽힘모멘트를 구하라. 또한 최대 굽힘모멘트를 결정하라. 답 $|M_{max}| = 16.19$ kN-m.

2.58 그림 x의 보에 대한 전단력 선도와 굽힘모멘트 선도를 그려라. 최대 모멘트의 크기와 위치를 결정하라. 답 $|M_{max}| = 2.5$ kN-m.

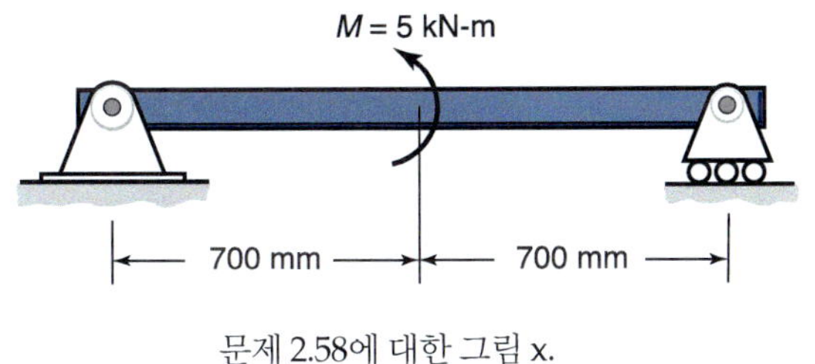

문제 2.58에 대한 그림 x.

2.59 특이함수를 사용하여 그림 y의 보에 대해 전단력 선도와 모멘트 선도를 그려라. $P = 20$ kN, $l = 4$ m를 사용하라. 답 $|M_{max}| = 40$ kN-m.

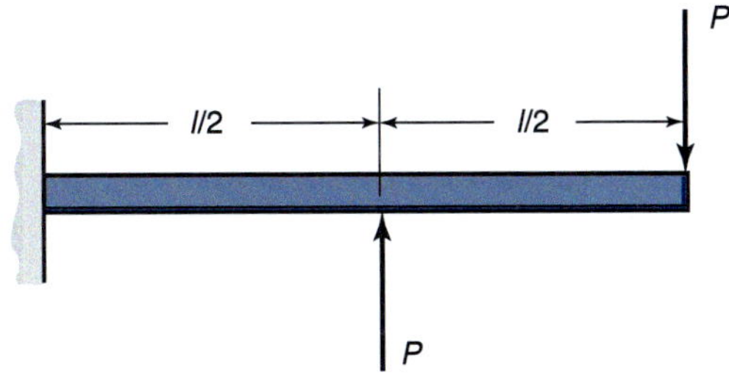

문제 2.59에 대한 그림 y

2.60 그림 z의 보에 대하여 최대 전단력과 최대 굽힘모멘트의 위치와 크기를 결정하라. $w_o = 10$ kN/m, $l = 5$ m를 사용하라. 답 $|V_{max}| = 25$ kN, $|M_{max}| = 95.75$ kN-m.

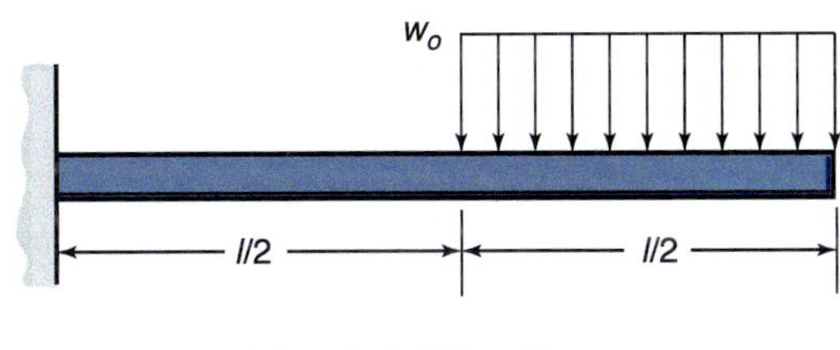

문제 2.60에 대한 그림 z

2.61 그림 aa의 보에 대한 전단력 선도와 굽힘모멘트 선도를 그려라. 최대 전단력과 최대 굽힘모멘트를 결정하라. 답 $|V_{max}| = 18$ kN, $|M_{max}| = 55$ kN-m.

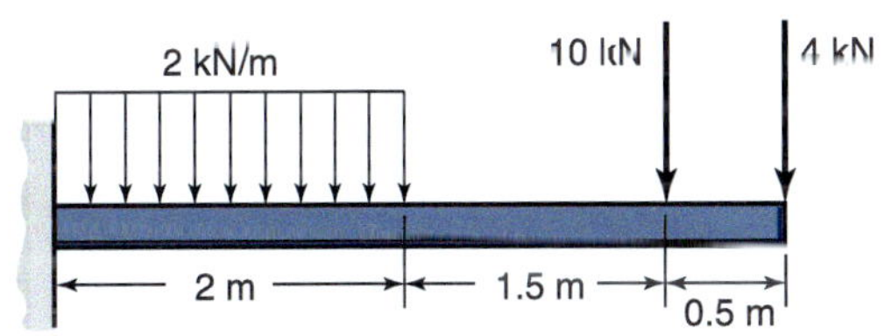

문제 2.61에 대한 그림 aa

2.62 강으로 된 봉에 $P = 20$ kN의 인장력이 작용하고 있다. 봉은 반지름 10 mm의 원형 단면을 가진다. 봉의 수직 인장 응력은 얼마인가? 답 $\sigma = 63.66$ MPa.

2.63 스테인리스 강으로 된 정사각 단면의 봉에 인장력 $P = 10$ kN이 가해지고 있다. 90 MPa의 인장 응력이 발생하기 위한 봉의 단면적을 구하라. 답 $l = 10.54$ mm.

2.64 구리로 된 와이어가 수직으로 매달려 있을 때, 무게에 의해 와이어에 발생하는 응력이 70 MPa를 넘지 않기 위한 와이어

의 최대 길이 l_{max}는 얼마인가? 구리의 밀도는 8900 kg/m³이고, 공기의 밀도는 무시한다. 중력 가속도는 9.81 m/s²이다. 답 $l_{max} = 801$ m.

2.65 5000 kg의 질량을 갖는 기계를 인장 강도 860 MPa의 강으로 된 막대로 들어올린다. 안전 계수는 4를 사용한다. 강으로 된 막대의 요구 지름을 결정하라. 답 $d = 17.04$ mm.

2.66 기타줄은 나일론으로 만들어지며 지름은 0.5 mm이다. 기타줄은 $P = 12$ N의 하중으로 팽팽해진다. 줄에 발생하는 응력은 얼마인가? 답 $\sigma = 61.12$ MPa.

2.67 그림 bb의 위치 A, B에서 수직력과 전단력에 의해 발생하는 수직 응력과 전단 응력을 계산하라. 막대의 단면적은 0.025 m² 이고, $\theta = 30°$이다. 답 단면 AA에서 $\sigma = 200$ kPa, $\tau = 346.4$ kPa. 단면 BB에서 $\tau = 400$ kPa.

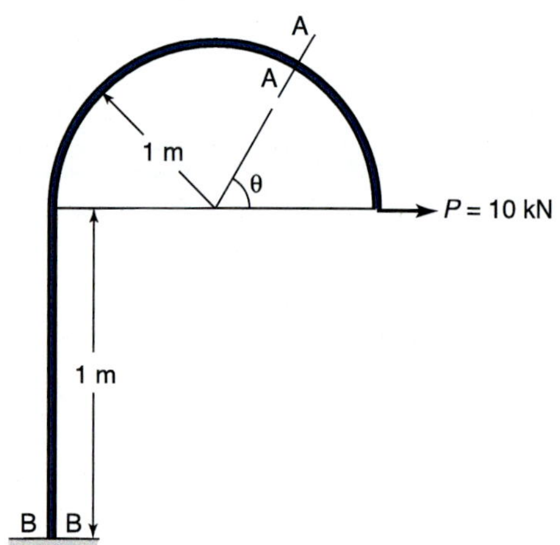

문제 2.67에 대한 그림 bb

2.68 그림 cc의 위치 A, B에서 수직 응력과 전단 응력을 구하라. 막대의 단면적은 0.00250 m²이다. 굽힘과 비틀림 효과는 무시한다. 답 AA 위치의 $\sigma = -3.464$ MPa, $\tau = -2.00$ MPa

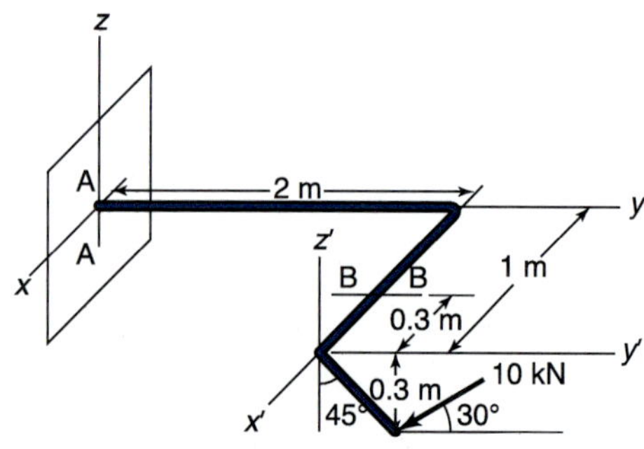

문제 2.68에 대한 그림 cc

2.69 그림 dd는 반무한 평면에 작용하는 분포 하중을 나타낸다. 평면 응력 상태에서 극좌표계의 응력은 다음과 같다.

$$\sigma_r = -\frac{2w_o \cos\theta}{\pi r}$$

$$\sigma_\theta = \tau_{r\theta} = \tau_{\theta r} = 0$$

$\sigma_x, \sigma_y, \tau_{xy}$를 r와 θ로 나타내어라. 답 $\sigma_x = -\dfrac{2w_o \cos^3\theta}{\pi r}$.

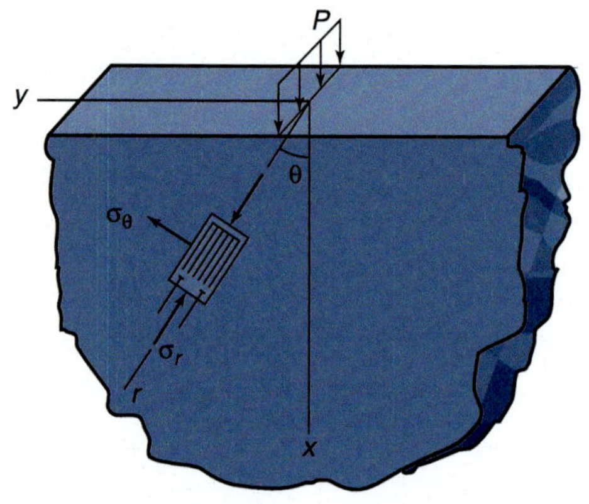

문제 2.69에 대한 그림 dd

2.70 그림 ee는 얇은 무한 평면에 발생하는 하중을 나타낸다. 응력 요소에 전단 응력이 발생하지 않는 각 θ를 구하라. 답 $\theta = 0$.

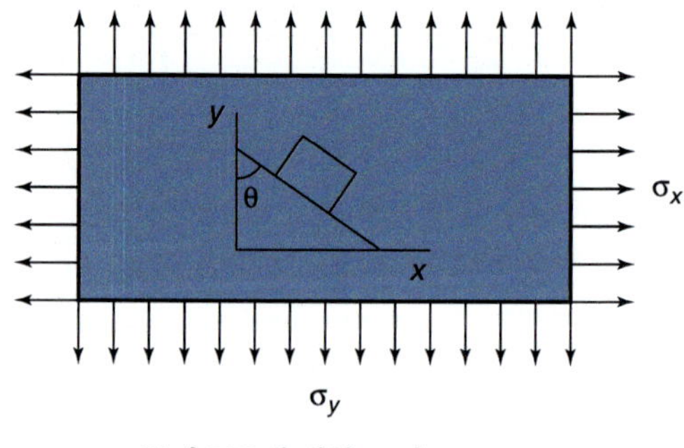

문제 2.70에 대한 그림 ee

2.71 응력 텐서는 다음과 같다.

$$\mathbf{S} = \begin{pmatrix} 200 & 40 & 0 \\ 40 & 25 & 0 \\ 0 & 0 & 0 \end{pmatrix}$$

여기서 모든 값의 단위는 MPa이다. 주 수직 응력과 주 전단 응력을 구하라. 답 $\sigma_1 = 208.7$ MPa, $\sigma_2 = 16.29$ MPa, $\sigma_3 = 0$.

2.72 얇은 정사각 강판이 x축과 y축으로 놓여 있다. x방향으로 인장 응력 σ가 발생하며, y방향으로 압축 응력 $-\sigma$이 발생한다.

사각형의 대각방향으로 발생하는 수직 응력과 전단 응력을 구하라. 답 $\sigma_{45°} = 0, \tau_{45°} = -\sigma$.

2.73 얇은 정사각 동판이 x축과 y축에 수직인 방향으로 놓여 있다. 인장 응력 σ가 네 모서리에 작용하고 있다. 주 수직 응력과 주 전단 응력을 구하라. 답 $\sigma_1 = \sigma_2 = \sigma, \tau = 0$.

2.74 문제 2.73에서의 정사각 동판에 y방향으로 $+\sigma$의 응력 대신 $\sigma_y = -\sigma$의 응력이 작용하고 있을 때, 주 수직 응력과 주 전단 응력을 구하고 방향을 결정하라. 답 $\sigma_1 = -\sigma_2 = \sigma, \tau = \pm\sigma$.

2.75 다음 응력 상태에서 응력 요소와 모어 원을 그려라. 그리고 주응력과 주응력 방향을 구하고, 주응력 요소를 그려라:

(a) $\sigma_x = 8, \sigma_y = 14, \tau_{xy} = 4$ 답 $\sigma_1 = 16$ MPa, $\sigma_2 = 6$ MPa.

(b) $\sigma_x = -15, \sigma_y = 9, \tau_{xy} = 5$ 답 $\sigma_1 = 10$ MPa, $\sigma_2 = -16$ MPa.

(c) $\sigma_x = 12, \sigma_y = 28, \tau_{xy} = 15$ 답 $\sigma_1 = 35$ MPa, $\sigma_2 = 5$ MPa.

(d) $\sigma_x = -54, \sigma_y = 154, \tau_{xy} = -153$ 답 $\sigma_1 = 235$ MPa, $\sigma_2 = -135$ MPa.

모든 응력의 단위는 MPa이다.

2.76 다음 응력 상태에 대해서 문제 2.75를 반복하라.

(a) $\sigma_x = \sigma_y = -10, \tau_{xy} = 0$ 답 $\tau_{xy} = 0$ MPa.

(b) $\sigma_x = 0, \sigma_y = 30, \tau_{xy} = 20$ 답 $\sigma_1 = 40$ MPa, $\sigma_2 = -10$ MPa.

(c) $\sigma_x = -20, \sigma_y = 40, \tau_{xy} = -40$ 답 $\sigma_1 = 60$ MPa, $\sigma_2 = -40$ MPa.

(d) $\sigma_x = 30, \sigma_y = 0, \tau_{xy} = -20$ 답 $\sigma_1 = 40$ MPa, $\sigma_2 = -10$ MPa.

모든 응력의 단위는 MPa이다.

2.77 그림 ff의 두 조각에 응력 상태가 나타나 있다. 모어 원과 응력 방정식을 이용하여 주응력과 주응력 방향을 구하라. 그리고 모든 응력 요소를 나타내어라. 그림 ff의 응력 단위는 MPa이다. 답 (a) $\sigma_1 = 34$ MPa, $\sigma_2 = -38$ MPa.

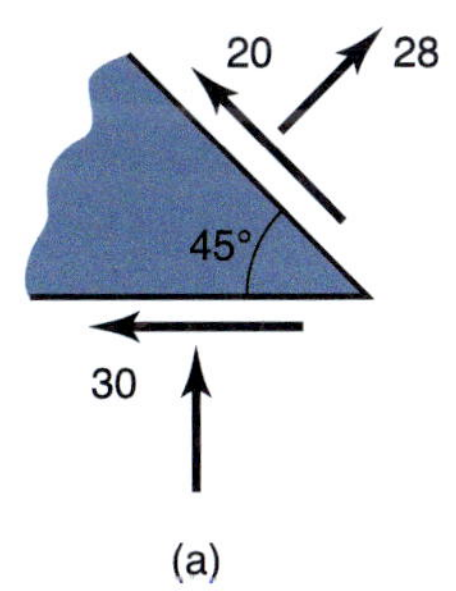

(a)

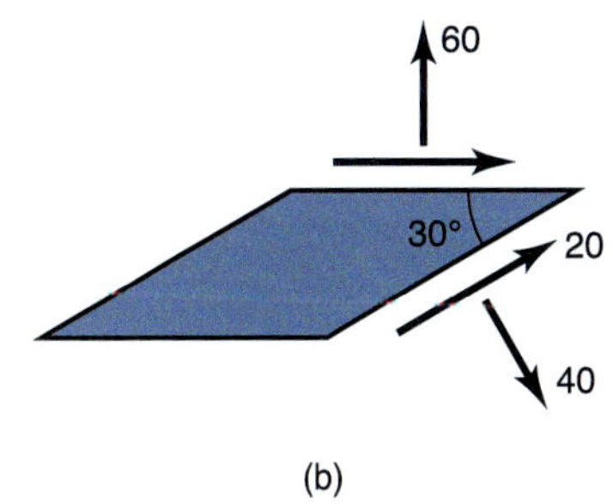

(b)

문제 2.77에 대한 그림 ff

2.78 기계 요소에 작용하는 하중에 의해 $\sigma_x = a, \sigma_y = a/2, \tau_{xy} = a/4$의 응력 상태가 되었다. 최대 허용 전단 응력이 100 MPa이기 위한 a값을 구하라. 답 $a = 282.8$ MPa.

2.79 수직 응력과 전단 응력이 $\sigma_x = 66$ MPa, $\sigma_y = 34$ MPa, $\tau_{xy} = -63$ MPa와 같을 때, 모어 원을 그리고 x-y축 상에 주응력과 전단 응력을 표시하라. 3축 응력을 결정하고 그에 해당하는 모어 원 선도를 그려라. 답 $\sigma_1 = 115$ MPa, $\sigma_2 = 0, \sigma_3 = -15$ MPa.

2.80 수직 응력과 전단 응력이 $\sigma_x = 0, \sigma_y = 10$ MPa, $\tau_{xy} = 12$ MPa와 같을 때, 모어 원을 그리고 x-y축 상에 주 수직 응력과 주 전단 응력을 표시하라. 3축 응력을 결정하고 그에 해당하는 모어 원 선도를 그려라. 답 $\sigma_1 = 18$ MPa, $\sigma_2 = 0, \sigma_3 = -8$ MPa.

2.81 수직 응력과 전단 응력이 $\sigma_x = 72$ MPa, $\sigma_y = -72$ MPa, $\tau_{xy} = -65$ MPa와 같을 때, 모어 원을 그리고 x-y축 상에 주 수직 응력과 주 전단 응력을 표시하라. 3축 응력을 결정하고 그에 해당하는 모어 원 선도를 그려라. 답 $\sigma_1 = 97$ MPa, $\sigma_2 = 0$, $\sigma_3 = -97$ MPa.

2.82 평면 응력 상태의 응력 요소에 $\sigma_x = 20$ MPa, $\sigma_y = -10$ MPa, $\tau_{xy} = 13$ MPa의 응력이 발생한다. (a) 3개의 주응력과 최대 전단 응력을 구하라. (b) 모어 원 선도를 이용하여 주응력과 최대 전단 응력에 정수압 p를 중첩하는 효과에 대해 설명하라. 답 (a) $\sigma_1 = 24.85$ MPa, $\sigma_2 = 0, \sigma_3 = -14.85$ MPa.

2.83 3차원 응력장에서, $\sigma_x = 40$ MPa, $\sigma_y = 20$ MPa, $\sigma_z = 60$ MPa, $\tau_{xy} = -20$ MPa, $\tau_{yz} = 0, \tau_{xz} = 20$ MPa의 응력이 발생한다. 이 때의 응력 요소를 그려라. 또한 이 응력 상태의 모어 원 선도를 그리고 주응력을 결정하라. 답 $\sigma_1 = 70.64$ MPa, $\sigma_2 = 46.94$ MPa, $\sigma_3 = 2.412$ MPa.

2.84 수직 응력과 전단 응력이 $\sigma_x = -36$ MPa, $\sigma_y = -60$ MPa, $\tau_{xy} = 20$ MPa일 때 다음 물음에 답하라.

(a) 2차원 모어 원 선도를 그려라.
(b) x-y 평면에서 수직 주응력 요소를 그려라.
(c) 주 전단 응력을 구하라.
(d) 3차원 모어 원 선도를 그리고 주 수직 응력과 주 전단 응력을 구하라. 답 $\sigma_1 = 64$ MPa, $\sigma_2 = 0$, $\sigma_3 = -40$ MPa.

2.85 기계 요소의 변형률 텐서가 다음과 같이 주어진다.

$$\mathbf{T} = \begin{pmatrix} 0.0012 & -0.0001 & 0.0007 \\ -0.0001 & 0.0003 & 0.0002 \\ 0.0007 & 0.0002 & -0.0008 \end{pmatrix}$$

x, y, z방향의 변형률, 대각방향 $\left(\frac{1}{\sqrt{3}}; \frac{1}{\sqrt{3}}; \frac{1}{\sqrt{3}}\right)$ 변형률 ϵ_x, ϵ_y, ϵ_z 방향 변형률을 구하라. 답 대각 방향으로 $\epsilon = 0.0005$.

2.86 변형률 텐서가 다음과 같이 주어진다.

$$\mathbf{T} = \begin{pmatrix} 0.0023 & 0.0006 & 0 \\ 0.0006 & 0.0005 & 0 \\ 0 & 0 & 0 \end{pmatrix}$$

최대 전단 변형률과 주변형률을 계산하라. 답 $\epsilon_1 = 0.00248$, $\epsilon_2 = 0.00032$.

설계 문제 및 프로젝트

2.87 '응력', '변형률'이라는 단어를 사용하지 않고 *탄성 계수*를 정의하라.

2.88 책장에 균일한 분포 하중이 전체 길이에 걸쳐서 작용하고 있으며, 두 개의 브래킷에 의해 지지되고 있다. 브래킷은 어디에 위치해야 하는가? *힌트*: 문제 2.48을 확인한다.

2.89 그림 gg의 보에서 발생하는 최대 굽힘모멘트가 최대한 작을 수 있는 하중 P를 결정하라. $|M|_{max}$는 얼마인가? 답 $|M_{max}| = \frac{1}{2}w_o l^2$.

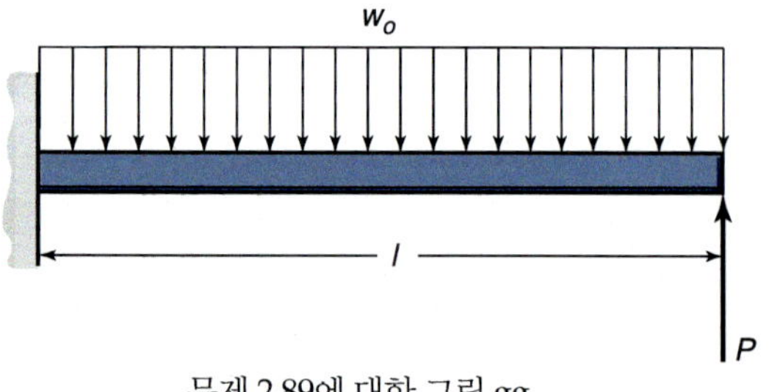

문제 2.89에 대한 그림 gg

2.90 3점과 4점 굽힘 시험은 재료를 평가할 때 일반적으로 사용하는 시험이다.

(a) 각 시험에 대한 전단력 선도와 굽힘모멘트 선도를 그려라.
(b) 두 시험에서 응력 상태의 차이가 있는가?
(c) 낮은 굽힘모멘트에서 어느 시험에서 시편의 파손이 발생할 수 있는가?

2.91 그림 hh는 중앙에 집중하중을 받고 양쪽 끝이 고정된 보를 나타낸다. 이 경우 전단력 선도와 모멘트 선도를 그릴 수 있는가? 만약 그렇지 않다면 어떤 조건을 추가해서 어떻게 이 문제를 풀 수 있는지 설명하라.

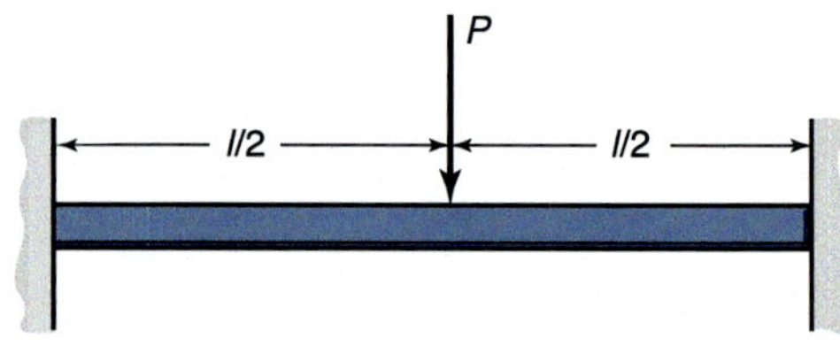

문제 2.91에 대한 그림 hh

2.92 하나의 게이지가 x축으로 놓여진 $0°-60°-120°$ 변형률 게이지 로제트에 대해서, 변형률 ϵ_x, ϵ_y, γ_{xy}를 ϵ_0, ϵ_{60}, ϵ_{120}로 표현하라. 답 $\epsilon_x = \epsilon_0$, $\epsilon_y = \frac{2}{3}(\epsilon_{60} + \epsilon_{120}) - \frac{1}{3}\epsilon_0$.

2.93 응력 텐서가 다음과 같이 주어진다.

$$\mathbf{S} = \begin{pmatrix} 200 & 40 & -30 \\ 40 & 25 & 10 \\ -30 & 10 & -25 \end{pmatrix}$$

여기서 단위는 MPa이다. 주 수직 응력과 주 전단 응력을 구하라. 답 $\sigma_1 = 211.8$ MPa, $\sigma_2 = 21.46$ MPa, $\sigma_3 = -33.31$ MPa.

3

재료와 제조 공정

호브로 기어 이를 절삭한다. 출처: Sandvik Coromant.

물질을 주라. 그러면 그것으로 세상을 만들 것이다.

임마누엘 칸트

차례

예제

사례 연구

설계에서 재료와 제조 공정의 선정은 매우 중요하다. 특정 기계 요소에 맞는 최적의 재료를 선택하기 위해서는 각 재료의 고유 성능과 특성들을 활용할 줄 알아야 한다. 이 장은 일반적인 관점에서 고체 재료를 분류하고 특성을 설명하여 재료의 선택을 돕고자 한다. 공학 재료의 물리적, 기계적인 성질을 조사하고, 특정 상황에서의 재료를 선택하기 위해서 2변수 도표를 사용할 것이다. 재료의 경도를 정의하고 경도시험과 경도의 중요성을 설명할 것이다. 재료의 종류에 따라 적용 가능한 제조 공정을 기계 설계와 관련하여 간단하게 설명한다. 공정은 주조(casting, 용융금속을 틀에 넣어 응고되도록 냉각하는 공정), 부피 성형(bulk forming, 재료에 힘을 가해 새로운 형상을 만드는 공정), 박판 성형(sheet forming, 얇은 두께의 압연 금속판을 사용하여 형상을 만드는 공정), 재료제거 공정(removal process, 절삭, 연삭과 여타 마무리 공정), 폴리머 부품을 만들기 위해 사용되는 공정, 세라믹과 복합 재료를 만들기 위해 사용하는 공정으로 분류할 수 있다.

기호

A 면적, m^2
$\bar{a}$ 선형열팽창 계수, $℃^{-1}$
C_p 비열, J/kg · ℃
C_R 상대적 비용
d 섬유 지름, m
E 탄성 계수, Pa
%EL 연신률, %
G 전단탄성 계수, Pa
g 중력가속도, 9.807 m/s^2
H 경도, N/m^2
HB 브리넬 경도 지수
HK 누프 경도 지수
HR 로크웰 경도 지수
HV 비커스 경도 지수
K 체적 계수, Pa
K_t 열전도도, W/(m · ℃)
k 스프링 상수, N/m
k_1 아차드 마모 상수, $(Pa)^{-1}$
L 미끄럼 거리, m
l 길이, m
m_a 물체의 질량, kg
P 힘, N
p 수직 압력, Pa
p_l 한계 압력, Pa
Q 열량, J
r 반지름, m
r_o 원자 크기, m
S 강도, Pa
S_u 극한 강도, Pa
S_y 항복 강도, Pa
t_m 온도, ℃
Δt_m 온도 변화, ℃
t_h 두께, m
U_r 레질리언스 계수, Pa
v 부피 분율
W 무게, N
W_r 마모 계수, m^2
γ 전단 변형률
δ 변형, 처짐, m
ϵ 변형률
ν 프와송 비
ρ 밀도, kg/m^3
σ 수직 응력, Pa
τ 전단 응력, Pa
τ_f 섬유와 기지간의 결합 강도, Pa

하첨자

a 축의
all 허용되는
c 복합 재료, 단면의
cr 임계의
f 섬유
fr 파괴에서
g 유리 전이
i 내면의
m 기지, 평균
t 가로의
o 무부하
1, 2, 3 주응력 축

3.1 서론

제품 수명의 전 주기에서 설계 단계에서 비용이 보통 총비용의 5% 이하이다. 제품의 생산에 사용되는 재료비와 제조 비용은 이보다 훨씬 크다. 그러나 재료비와 제조 비용은 대부분 설계 단계에서 결정된다. 이를 "설계가 가장 큰 그림자를 만든다(design casts the largest shadow)"와 같이 표현한다.

비용과 품질에 미치는 설계의 영향을 인식한다면, 재료와 제조 공정을 신중하게 고찰하지 않고 설계를 할 수 없다. 현명한 재료 선택을 위해서 재료의 성능과 특징에 관련된 지식이 필요하고, 제조에 대한 지식이 형상설계를 쉽게 해준다. 어떤 공정은 특정 재료에 적합하지 않기 때문에, 재료 선택이 제조에 영향을 끼친다. 따라서 설계, 재료 선택, 제조는 불가분의 관계이고 좋은 설계를 위해 재료와 제조에 관련된 복합 지식이 필요하다.

이 장은 3.2절에서 연성과 취성 재료 사이의 차이점을 설명하고 재료과학을 소개한다. 그 다음으로 주요 고체의 분류(즉, 금속, 폴리머, 세라믹, 복합 재료)가 이어진다. 응력이 가해진 재료의 변형은 그 이후에 다룬다. 3.3절에서 다양한 재료의 거동을, 3.5절에서 다양한 공학용 재료의 물리적, 기계적 성질을 요약한다. 3.7절에서는 하중 종류에 따라 재료를 선택할 때 사용하는 2변수 도표를 설명하고 이러한 도표의 활용 한계를 설명한다. 마지막으로 이 장에서는 제조 공정의 주요 분류와 재료 성질에 미치는 영향을 설명한다.

3.2 연성과 취성 재료

3.2.1 연성 재료

연성(ductility)은 파괴에 도달하기까지 소성 변형 양의 척도이다. 연성 재료가 충격(에너지)을 흡수할 수 있기 때문에 설계자는 연성 재료를 자주 사용한다. 그리고 만약 연성재료가 과하중을 받으면 일반적으로 파손 전에 큰 변형을 일으킨다. 또한 연성 재료에서 발생하는 변형을 통해서 응력집중(6.2절과 7.7절)이 부분적으로 완화된다.

연성을 정량적으로 표시하는 방법 중 하나는 퍼센트 연신율이며, 다음과 같이 정의된다.

$$\%\mathrm{EL} = \left(\frac{l_{\mathrm{fr}} - l_o}{l_o}\right) \times 100\%, \qquad (3.1)$$

여기서 l_{fr}은 파단 시편의 길이이고 l_o는 무부하시 초기 길이이다.

연성 재료(ductile material)는 파괴 전에 큰 연신율을 갖는 재료이다. 이 책에서 5% 이상을 큰 연신율로 정의한다. 표 A.2는 저탄소강(AISI 1020) 중탄소강(AISI 1040) 고탄소강(AISI 1080)의 연신율이 37%, 30%, 25%라는 것을 보여준다. (부록 A의 표에 있는 재료 중 일부는 이 책의 앞 커버 안쪽에도 나와 있다.) 강의 연신율이 식 (3.1)에서 정의한 5%를 훨씬 초과하므로 강은 연성이다. 식 (3.1)에서 주의할 점은 파괴에서 소성 변형의 상당한 부분이 목 부분에 한정되기 때문에 시편의 초기 길이 l_o는 중요한 값이다. 그러므로 %EL의 크기는 시편의 길이에 의존한다. l_o가 더 짧아질수록 목의 신장 부분이 차지하는 비중이 커지고 결과적으로 연신율 값이 높아진다. 그러므로 연신율 값을 인용할 때 l_o를 반드시 명시해야 한다.

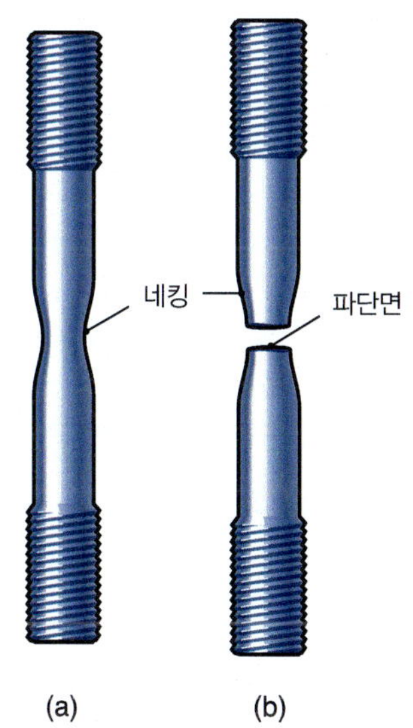

그림 3.1: 표준 인장 시험 장치에서 나온 연성 재료. (a) 네킹, (b) 파손.

그림 3.1a는 **네킹**(necking)(단면적 감소와 국부변형)이 발생하는 연성 재료의 시험편이다. 그림 3.1b는 파괴 후 동일 시편을 보여준다. 파괴 위치에서 발생한 큰 소성 변형에 주목하라.

예제 3.1

재료의 연성

조건 평판을 말아서 원통 실린더로 성형한다. 안쪽 반지름 100 mm, 두께 60 mm이다.

문제 AISI 301 스테인리스강(표 A.4 참고) 중에서 어떤 열처리 조건일 때 냉간 가공으로 실린더를 만들 수 없는지 결정하라. 평판의 중립면이 인장과 압축도 받지 않아서 신장이 없다고 가정하라.

풀이 평판의 중립면에서 하중을 받지 않은 길이는

$$l_o = 2\pi\left(r_i + \frac{t_h}{2}\right) = 2\pi\left(100 + \frac{60}{2}\right) = 260\pi \text{ mm.}$$

실린더의 바깥 지름에서 파단이 발생할 때 길이는

$$l_{\text{fr}} = 2\pi r_o = 2\pi(r_i + t_h) = 2\pi(100 + 60) = 320\pi \text{ mm.}$$

그러므로 식 (3.1)의 연신율은

$$\begin{aligned} \%\text{EL} &= \left(\frac{l_{\text{fr}} - l_o}{l_o}\right) \times 100\% \\ &= \left(\frac{320\pi - 260\pi}{260\pi}\right) \times 100\% \\ &= 23.04\%. \end{aligned}$$

표 A.4를 보면 반경화, 3/4 경화, 완전 경화한 AISI 301은 이만큼의 변형률에 도달할 수 없다. 그러나 1/4, 1/8, 1/16 경화, 완전 어닐링한 판은 가능하다.

3.2.2 취성 재료

취성 재료(brittle material)는 파단 전에 연신율이 매우 낮고 (5% 이하) 소성 변형이 없다. 그림 3.2는 파단에서의 취성 시험편을 보여준다. 주의할 점은 그림 3.1에 비해서 파단 전에 네킹이 거의 없거나 아예 발생하지 않는다는 것이다.

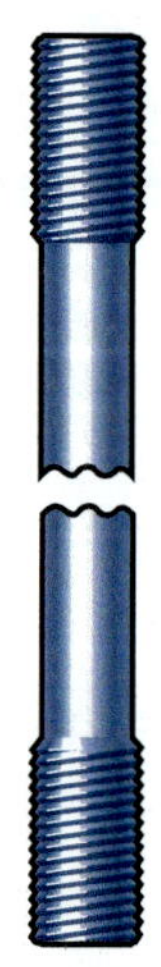

그림 3.2: 표준 인장 시험 장치에서 나온 취성 재료의 파단.

3.3 고체 재료의 분류

공학 재료는 금속, 세라믹(유리 포함), 폴리머(탄성중합체 포함), 복합 재료의 4종류로 나뉜다. 각 종류에 속한 재료들은 일반적으로 다음의 공통 특징들을 갖는다.

1. 유사한 성질, 화학적 구성, 원자 구조
2. 유사한 공정 과정
3. 유사한 적용성

3.3.1 금속

금속(metals)은 금속 원소의 조합이다. 이들은 많은 수의 자유 전자를 가지고 있다(즉, 전자가 특정 원자에 속해 있지 않다). 금속은 매우 우수한 열, 전기 전도체이고 가시 광선을 통과시키지 않는다. 폴리싱한 금속 표면은 광택이 난다. 또 금속은 강하고 변형하기 쉬우므로, 기계 설계에서 중요한 재료이다.

금속은 일반적으로 연성 재료이고 합금, 가공, 열처리를 통해 강하게 만들 수 있다. 고강도 합금은 연신율이 2% 정도로 낮지만, 파괴 전에 항복을 충분히 확인할 수 있다. 그러나 일부 주조 금속들은 연성이 매우 낮다. 금속은 반복 하중을 받는 상황에서 자주 사용되고(7장 참고), 일반적으로 내식성이 있다. 강과 같은 연성 재료는 하중을 고르게 재분배 하는 방식으로 변형함으로써 응력집중을 완화시킨다.

등방성(isotropic) 재료는 모든 방향에서 동일한 성질을 가진다. 방향에 따라 다른 성질을 가지는 재료를 **이방성**(anisotropic)이라 한다. 미시적으로, 금속은 원자가 꽉 차게 잘 배열된 결정구조를 형성한다. 금속의 결정 하나하나는 매우 작고 이들의 방향은 무질서하다. 그러므로 각각의 결정은 이방성일 수 있으나, 다결정임을 고려하면 많은 결정의 평균에 해당하는 금속 전체의 성질은 등방성으로 볼 수 있다. 그러나 박판과 같이 금속에서 결정 혹은 결정립들이 늘어나거나 방향을 갖고 정렬하게 될 때에는 이방성이 나타난다. 그러므로 제조 이력은 금속이 이방성인지 등방성인지를 결정한다.

대부분의 금속들은 처음에 주조로 만들고 그 후에 원하는 모양으로 만들기 위해 가공을 추가한다. 추가 가공처리는 2차 주조(모래주조, 셸주조, 인베스먼트주조, 다이캐스팅), 부피 성형(단조, 압출, 압연, 인발), 박판 성형(딥드로잉, 인장 성형, 스탬핑), 기계 가공(밀링, 선삭, 연삭, 폴리싱)을 포함한다. 금속에서의 또 다른 방법은 금속 분말을 만들고 분말 야금 기법을 통해 원하는 모양을 만드는 것이다. 제조 공정들은 3.8절에서 설명한다.

3.3.2 세라믹과 유리

세라믹(ceramics)은 금속과 비금속 원자(산소, 질소, 탄소)의 화합물이다. 예를 들어 세라믹 재료인 산화알루미늄(잘 알려진 알루미나, 카보런덤 혹은 단결정의 형태인 사파이어)은 Al_2O_3이다. **유리**(glasses)는 마치 세라믹처럼 금속 혹은 비금속 원자들로 구성되어 있다. 그러나 유리들은 일반적으로 명확한 결정 구조를 가지지 않는다. 일반적인 소다-석회유리는 대략 70 wt%의 이산화실리콘(SiO_2)이고 나머지는 주로 소다(Na_2O)와 석회(CaO)이다. 세라믹과 유리는 일반적으로 전기, 열의 이동에 대해 절연 기능을 한다. 그리고 고온과 가혹한 화학적 환경에서 금속이나 폴리머보다 더 잘 견딘다.

세라믹과 유리는 금속과 같이 밀도가 높다. 그러나 세라믹과 유리는 금속과 같이 연성 재료가 아니고 상온에서 취성 재료이다. 세라믹과 유리는 일반적으로 인장보다 압축에서 15배 강하다. 세라믹과 유리는 변형이 잘 되지 않고 단단하고 내마모성이 좋다(용도는 베어링 혹은 절삭공구). 그러므로 기계 요소의 공학 재료로서 중요한 종류로 고려해야 한다.

세라믹은 보통 세라믹 접합제가 포함된 슬러리(세라믹 분말을 물에 섞어 만든 현탁액)를 형성한 후에 입자 사이에 강한 결합을 형성하기 위해 불에 구워낸다. 세라믹은 취성이 너무 커 몇몇 절삭 가공을 제외하고는 기계 가공이 어렵다. 연마와 폴리싱 정도만 가능하다.

예제 3.2

열팽창

조건 안정된 지르코니아(열팽창 계수 $12 \times 10^{-6}/°C$)가 강으로 만든 링에 박혀 있다. 강과 지르코니아 사이는 상온에서 중간 압입맞춤(press fit)이다. 온도가 상온에서부터 500°C까지 오르내릴 때 지르코니아가 헐거워지지 않아야 한다.

문제 표 3.1의 정보를 이용하여 선택할 강을 찾으라.

풀이 온도가 상승할 때 지르코니아가 강으로부터 헐거워지지 않아야 하므로, 지르코니아의 열팽창 계수 값에 가깝지만 약간 작은 스테인리스강이 필요하다. 표 3.1로부터 저합금, 중합금 스테인리스강은 $11 \times 10^{-6}/°C$의 열팽창 계수를 갖고 있어 적합하다.

3.3.3 폴리머와 탄성중합체

폴리머(polymers)는 탄소, 수소 혹은 다른 비금속 원자들로 구성된 유기화합물이다. 폴리머는 크고 복잡한 분자 구조를 가지고 있다.

플라스틱(plastics)이라고도 불리는 폴리머는 2가지 유형, 즉 열가소성과 열경화성으로 나뉜다. **열가소성 플라스틱**(thermoplastics)은 가지(branch)가 있는 긴 체인의 분자이며, 강도는 체인과 가지 사이의 간섭에서 나온다. **열경화성 플라스틱**(thermosets plastics)은 교차결합 구조를 많이 가지고 있어서 분자 체인이 서로 연결되어 있고 서로 미끄러질 수 없다. 일반적으로 열가소성이 열경화성에 비해 더 연성이 크다. 특히 고온에서 상당히 부드러워지고 녹는다. 열경화성은 취성이고 열가소성만큼 많이 부드러워지지 않는다. 그리고 보통 녹기 전에 화학적으로 열화된다.

탄성중합체(elastomers)는 그물 형상의 교차결합 구조를 갖지만 이런 구조가 열경화성 플라스틱만큼 광범위하지 않다. 따라서 탄성중합체는 상대적으로 낮은 하중에서 큰 탄성 변형을 일으킨다. 일반적인 탄성중합체의 예로 고무밴드 재료를 들 수 있는데, 이는 큰 탄성 변형 후에 거의 소성 변형 없이 취성 파괴를 일으키는 특징을 가지고 있다. 또 고무밴드는 비선형 탄성 거동을 보이는데 이는 탄성중합체의 일반적인 특징이다.

폴리머와 탄성중합체는 큰 탄성 변형을 보이며 극도로 유연할 수 있다. 폴리머는 금속에 비해 밀도가 1/5로 낮지만, 무게에 대한 비강도(strength-to-weight ratio)는 거의 동일하다. 폴리머는 상온에서도 크리프(정적 하중 하에서 시간이 지남에 따라 발생하는 영구 변형)를 일으키기 때문에, 하중을 받는 폴리머 기계 요소는 시간이 지남에 따라 영구 변형을 한다. 폴리머와 탄성중합체의 성질은 온도에 따라 상당히 달라진다. 예를 들어, 20℃에서 질기고 유연한 폴리머가 냉장고 안, 즉 4℃에서는 취성을 보인다. 그러나 끓는 물, 즉 100℃에서는 빠르게 크리프가 발생한다.

폴리머의 기계적 성질은 금속에서 사용되는 물성치들(탄성 계수, 인장 강도, 충격강도, 피로 강도)을 그대로 사용하여 나타낸다. 그러나 폴리머들은 금속에 비해 훨씬 더 큰 범위의 강도, 강성값 차이를 보인다. 이는 체인 길이의 차이와 결정질 및 비결정질 양의 차이로 설명할 수 있다. 더 나아가서 소성 변형하는 열경화성 플라스틱은 분자가 변형 방향으로 배열하여 높은 강도와 이방성이 생긴다. 그러므로 동일한 화학 구성을 갖는 2개의 폴리머가 매우 다른 미세 구조를 가질 수 있고 그로 인해 큰 기계적, 물리적 성질 차이를 보일 수 있다. 게다가 대부분 폴리머의 기계적 성질은 변형 속도, 온도, 환경의 화학적 특징(물, 산소, 유기용제 등의 존재)에 매우 민감하다. 그러므로 문헌에서 구할 수 있는 폴리머의 기계적 성질 값들은 주의해서 사용해야 한다.

폴리머로는 원하는 모양을 만들기 쉬운데, 여러 기능을 하는 복잡한 형상의 부품도 한 번의 공정으로 만들 수 있다(3.8.2절 참고). 그러나 사출 성형 공정은 고가의 장비를 사용 하므로 대량 생산의 경우에만 적합하다. 큰 탄성 변형 능력을 이용하여 끼워 맞추는 형태의 폴리머 부품 설계가 많이 이용되며, 이는 빠른 조립과 비용의 절감을 가져온다. 또 폴리머는 내식성이 좋고 마찰 계수가 낮다.

열가소성 플라스틱과 열경화성 플라스틱은 매우 다른 제조 방법과 전략을 가지고 있다. 열가소성은 일반적으로 녹는점 이상으로 가열하여 원하는 모양으로 성형 후에 냉각시킨다. 열가소성의 일반적인 제조 공정의 예로는 압출, 사출 성형, 취입 성형, 열 성형이 있다. 열경화성은 구성 성분을 섞고 원하는 모양으로 만든 후에 높은 온도에서 경화시킨 후 교차

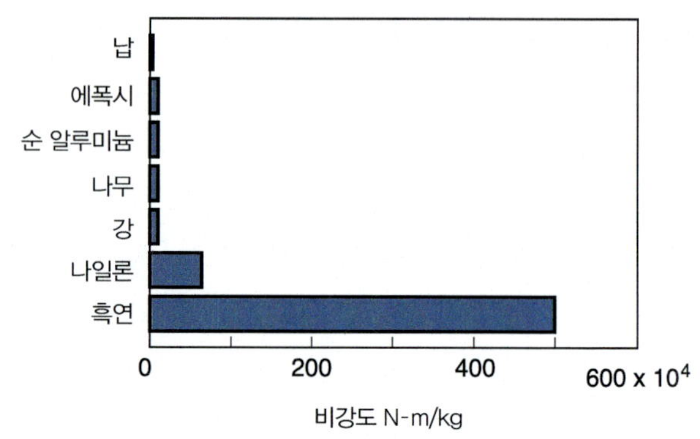

그림 3.5: 다양한 재료에 대한 강도/밀도 비.

결합을 만들기 위해 압력을 가해준다. 열경화성의 일반적인 제조 방법은 반응사출 성형, 압축 성형, 포팅(potting, 주조와 비슷)이 있다.

3.3.4 복합 재료

그림 3.3은 다양한 재료를 경량 설계 관점에서 비교한 것이다(비강도가 클수록 경량 설계가 쉽다). 섬유는 보통의 압출 봉재, 성형된 플라스틱, 소결된 세라믹보다 비강도가 크다. 하지만 섬유는 공기에서조차 부식에 민감하다. 예를 들어 흑연 섬유는 공기에서 즉시 산화하여 뛰어난 강도를 오래 제공할 수 없다.

기술이 발전함에 따라, 기존의 금속 합금, 세라믹, 중합체로는 충족될 수 없는 성질의 조합을 갖는 기계 요소가 필요한 경우가 많다. 오늘날의 기술은 낮은 밀도, 높은 강도, 높은 강성, 내마모성을 가지면서 쉽게 부식되지 않는 고체 재료를 필요로 한다. 강한 재료들은 상대적으로 밀도가 크고, 강성을 증가시키면 일반적으로 충격강도가 떨어진다는 점을 고려하면, 위의 요구 조건은 쉽게 달성될 수 없다.

복합 재료(composite materials)는 2개 혹은 그 이상의 재료의 장점들을 결합시키고 단점을 피한다. 복합 재료는 각 재료의 최고의 특성들을 조합하도록 설계한다. 예를 들어 탄소강화 에폭시에서 탄소 섬유는 강도는 얻고 반면에 탄소가 산화되는 것을 에폭시가 방지한다. 또한 에폭시는 전단 응력을 견디고 인성을 부여한다.

복합 재료의 주된 3가지 유형은 다음과 같다.

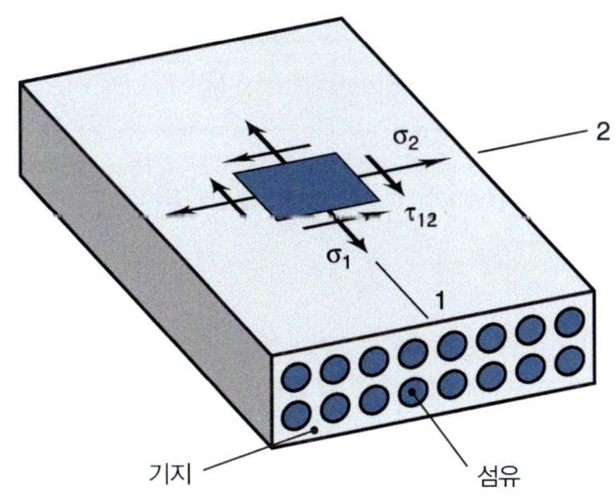

그림 3.4: 섬유 강화된 복합 재료의 단면.

1. *입자 강화*: 모든 방향으로 유사한 크기의 입자가 기지 내에 분포(예, 콘크리트)
2. *단섬유 강화*: 지름에 대한 길이 비가 제한된 섬유 기지 내에 분포(예, 유리 섬유)
3. *연속섬유 강화*: 연속적인 섬유가 혼합(예, 흑연 테니스 라켓)

그림 3.4는 연속섬유 강화 복합 재료의 단면을 보여준다. 이런 복합 재료는 대부분 유리 섬유, 폴리머 섬유 또는 탄소 섬유와 폴리머 기지로 구성된다. 이들 복합 재료는 고온에서는 폴리머 기지가 연화되고 약화되어 사용할 수 없지만 상온에서는 우수한 성질을 보인다. 복합 재료의 몇 가지 단점은 가격이 비싸고 상대적으로 성형하거나 결합시키기 어렵다는 점이다.

복합 재료는 여타 재료들과는 다른 많은 특성을 갖고 있다. 금속, 폴리머, 세라믹이 **균질**(homogeneous, 고체 내에서의 위치에 무관하게 성질이 동일함)하고 **등방성**(isotropic, 한 점에서 모든 방향으로 성질이 같음)이거나 **이방성**(anisotropic, 고체 내의 한 점에서 방향에 따라 성질이 다른)인 반면, 복합 재료는 균질하지 않고 **수직 이방성**(orthotropic)이다. 수직 이방성 재료는 한 점에서 3개의 수직 방향에 대해 상호 다른 성질을 보이지만, 3개의 서로 수직인 재료 대칭면을 갖는다. 이 책에서의 고찰은 그림 3.4처럼 단순 일방향 섬유 강화 수직 이방성 복합 재료에 한정한다.

단섬유 강화 복합 재료의 중요한 변수는 섬유 길이이다. 섬유 임계길이는 복합 재료를 효과적으로 강화하고, 강성을 증가시키는 데 필수 요인이다. 섬유 임계길이 l_{cr}은 섬유 지름 d에 의존한다. 복합재의 극한 강도 S_u와 섬유-기지 결합 강도 τ_f는 아래 식을 따른다.

$$l_{\mathrm{cr}} = \frac{S_u d}{2\tau_f}. \tag{3.2}$$

식 (3.2)에서 분모의 숫자 2는 섬유가 기지에 박혀 있고 파단 시 2개의 부분으로 나뉘는 것을 고려한 것이다. 많은 유리 섬유 혹은 탄소 섬유 강화 복합 재료에서 임계 섬유 길이는 대략 1 mm이거나 섬유 지름의 20~150배이다.

단섬유 강화 및 입자 강화 복합 재료의 제조 방법은 기지재에 따라 열경화성 플라스틱 또는 금속의 제조 방법과 유사하다. 폴리머 기지의 복합 재료는 일반적으로 성형되거나 틀 위에 놓인 채 오븐 내에서 경화된다. 금속기지의 복합 재료는 주조 혹은 분말 야금 기법과 유사하게 만들어진다. 연속섬유 강화 플라스틱은 테이프 레이업, 인발 성형(pulforming), 필라멘트 와인딩과 같은 독특한 제조법으로 만들어진다.

예제 3.3

복합 재료의 강도

조건 섬유 강화된 플라스틱은 1 GPa의 극한 강도를 가지고 150 GPa의 탄성 계수를 가진 탄소 섬유가 들어 있다. 섬유는 길이 3 mm, 직경 30 μm이다.

문제 완전한 섬유 강화를 얻기 위해서 요구되는 섬유-기지 결합 강도를 결정하라.

풀이 식 (3.2)로부터 섬유 기지간의 결합 강도는 다음과 같이 표현될 수 있다.

$$\tau_f = \frac{S_u d}{2l_{\mathrm{cr}}} = \frac{(10^9)\,(30\times10^{-6})}{2(0.003)} = 5\ \mathrm{MPa}.$$

3.4 응력-변형률 선도

응력-변형률 선도는 기계 요소를 설계하는 데 매우 중요하다. 이것은 재료의 강도에 관한 데이터를 재료의 크기와 모양에 관계없이 구할 수 있기 때문이다. 응력-변형률 선도는 재료의 종류에 따라 상당히 다르기 때문에 따로 다루는 것이 좋다. 단, 복합 재료의 응력-변형률 선도는 특성이 너무 다양하여 다루지 않는다.

3.4.1 금속

그림 3.5는 연성 금속에 대한 응력-변형률 선도이다. 그림에 나타난 응력은 인장이지만, 대부분의 금속에서 응력-변형률 선도는 인장과 압축에서 본질적으로 같다.

그림 3.6은 항복 응력 근처에서의 성질과 메카니즘을 분명히 보여준다. 그림 3.5와 3.6에서 나타난 여러 점들은 다음과 같이 정의된다.

1. **비례 한도**(proportional limit) (점 P): 응력-변형률 선도에서 선형 거동을 처음으로 벗어나는 응력
2. **탄성 한도**(elastic limit) (점 E): 재료가 힘이 제거되었을 때 원래의 길이로 정확히 돌아갈 수 있는 최대 응력
3. **항복 강도**(yield strength) (점 Y): 탄성 한도는 실험적으로 얻기 어렵다. 그래서 그림에서 나타난 항복 응력이 자주 사용된다. 항복점은 그림 3.5에서 x축의 0.002(0.2%) 변형에서 시작하여 기울기는 초기 탄성 계수와 동일한 선이 만나는 점이다. 항복점은 이 선이 응력-변형률 선도와 만나는 위치의 점이다.
4. **극한 강도**(ultimate strength) (점 U): 응력-변형률 선도에서 최대 응력
5. **파단 응력**(fracture stress) (점 R): 파괴 혹은 파단 시점에서의 응력

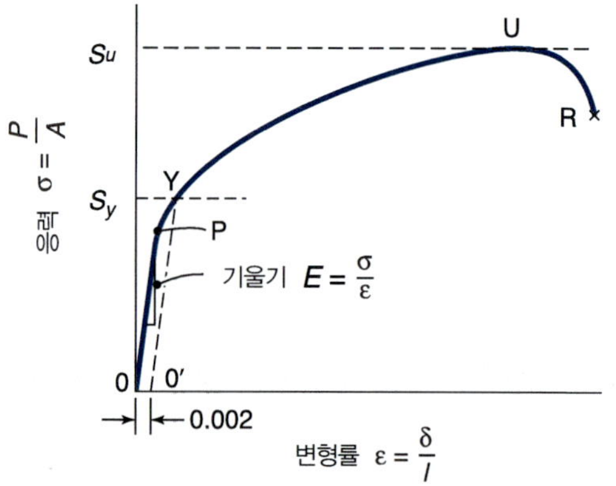

그림 3.5: 전형적인 연성 재료에 대한 응력-변형률 선도.

탄성 한도(점 E)는 그림 3.5에서는 보이지 않지만 그림 3.6에 나타난 바와 같이 탄성-소성의 경계점을 의미한다. 실제로 기울기의 변화는 그림 3.6처럼 명확하지 않고 점 E와 점 Y 사이의 차이는 더 미세하다. 하중을 가할 때 0PEY를 따르고 하중을 제거하면 선형으로 Y0′을 따른다는 것에 유의하라.

그림 3.6은 탄성과 소성 영역으로 나눌 수 있다. 경계점은 점 E(탄성 한도)이지만, 점 Y(항복 강도)가 더 구하기 쉬우므로 자주 경계점으로 사용된다. 소성 거동 과정에 3개의 다른 현상들이 발생한다.

1. **항복**(yielding): 탄성 한도(점 E) 이상으로 응력이 증가하면 금속이 영구적으로 변형을 일으킨다(소성 변형).
2. **변형 경화**(strain hardening): 항복 이후 극한 강도에

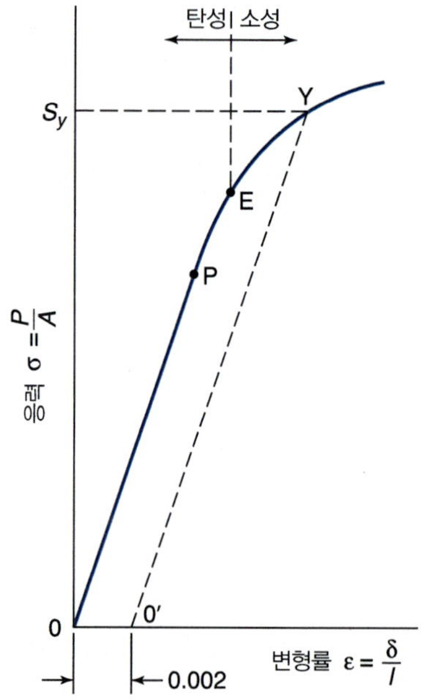

그림 3.6: 탄성과 소성 변형 그리고 항복 강도 S_y를 보이는 연성 금속에 대한 전형적인 응력-변형률 거동.

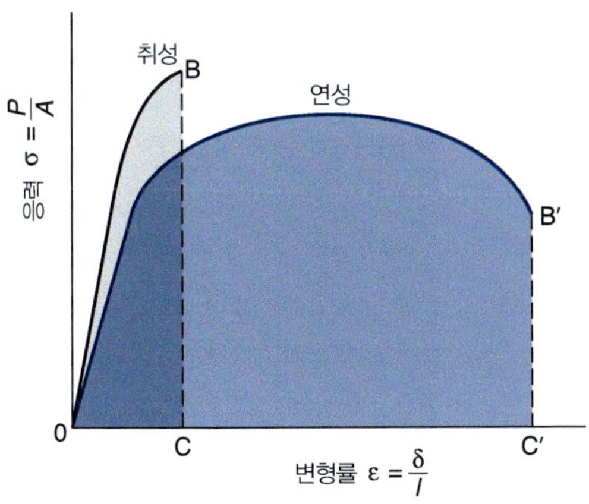

그림 3.7: 취성과 연성 금속의 파단까지 전형적인 응력-변형률 선도.

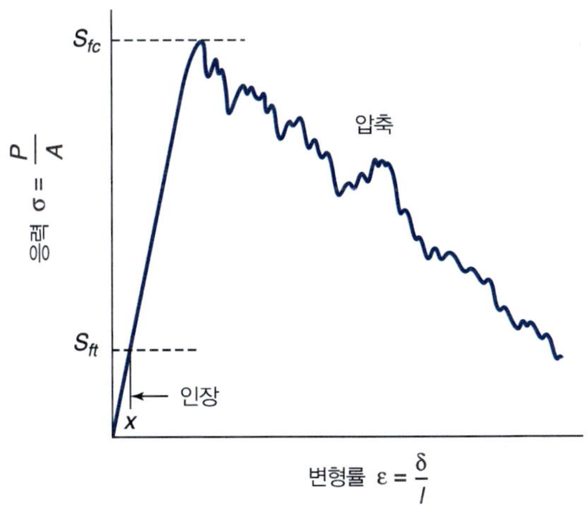

그림 3.8: 인장과 압축에서 세라믹의 응력-변형률 선도.

도달하기 이전에 변형 경화가 발생한다. 즉, 연성 금속은 그들이 소성 변형을 받아 단단해지고 강해진다.

3. **네킹**(necking): 네킹(국부 변형이고 단면적이 감소하는 것)은 극한 강도에 도달한 후에 발생한다. 그리고 그림 3.1에 나타나듯이 파단 발생 전까지 계속 진행한다.

지금까지 응력-변형률 선도에 대한 논의는 연성 금속에 초점을 맞추었다. 그림 3.7은 파괴까지 하중이 가해진 취성 금속과 연성 금속에 대한 전형적인 인장 하중 하의 응력-변형률 선도를 비교한 것이다. 취성 금속은 소성 변형을 조금 하거나 혹은 전혀 소성 변형을 하지 않는다. 반면에 연성 금속은 파괴가 발생하기 전에 큰 변형률에 도달한다. 또한 취성 재료는 인장보다 압축에서 상당히 높은(일반적으로 10배 혹은 그 이상) 극한 강도를 가진다. 이에 비해 연성 재료는 인장, 압축에서 거의 같은 극한 강도를 갖는다.

3.4.2 세라믹

세라믹의 응력-변형률 거동은 금속에 대한 인장시험으로 구해지지 않는다. 이유는 두 가지이다. 첫 번째로 요구되는 형상의 시험편을 준비하고 시험하는 것이 어렵다. 두 번째로 압축과 인장시험에서 얻은 결과 사이에 상당한 차이가 있다. 그러므로 보다 적합한 방법인 횡방향 굽힘시험을 가장 많이 사용한다. 원형 혹은 직사각형 단면적의 시편을 파괴가 일어날 때까지 굽힌다. 응력은 시편의 두께, 굽힘모멘트, 단면 관성모멘트로 계산한다. 이 실험에서 구해지는 최대 응력 혹은 파단 응력은 때때로 **파단 계수**(modulus of rupture)라 하고, 세라믹을 특징짓는 데 사용되는 중요 변수이다.

횡방향 굽힘시험으로 구한 세라믹 재료의 응력-변형률 선도는 금속의 인장시험 결과와 비슷하다. 응력과 변형률 사이에 선형의 관계가 존재한다. 그림 3.8에서, 세라믹의 응력-변형률 선도는 하중이 압축인지 인장인지에 따라 강도가 달라지는 것을 보여준다. 왜냐하면 세라믹은 잘 알려져 있는 취성 재료이고 인장 하중이 작용하면 재료 내의 결함에서 파괴가 시작하고 전파하기 때문이다. 반면에 압축을 받을 때 미소균열과 같은 결함은 압착되므로, 결함이 강도에 영향을 주지 않는다. 이러한 종류의 특성은 격자에 수많은 기공을 가진 주조 금속도 비슷하다.

세라믹의 강도는 인장에서는 파단 강도, 압축에서는 뭉개이지는 파쇄 강도(crushing strength)로 주어진다. 전형적으로 압축 강도가 인장 강도보다 몇 배 더 크다. 일단 파쇄 강도에 도달하면 변형률은 상당히 증가하지만 응력은 감소한다. 그림 3.8에서 x는 인장 하중에서 파괴 강도에 도달했을 때의 탄성 변형률을 나타낸다.

예제 3.4

복합 보의 설계

조건 그림 3.9의 보는 동일한 길이, 동일한 단면적의 마그네시아와 AISI 1080 강으로 되어 있다. 마그네시아와 강 부분은 단일 보처럼 거동하도록 잘 붙어 있다. 보는 단순지지이고 3점 굽힘으로 힘을 받는다. 마그네시아의 $E_m = 207$ GPa, $S_{um} = 105$ MPa이고 1080 강의 $E_s = 207$ GPa, $S_{ys} = 380$ MPa, $S_{us} = 615$ MPa이다.

문제 강이 그림 3.9처럼 아래에 있을 때 더 강한가, 혹은 위에 있을 때 더 강한가?

풀이 강이 인장과 압축에서 같은 항복 응력을 갖는 반면, 전형적인 세라믹의 중요 특징은 인장보다 압축에서 15배 더 강하다는 것이다. 그림 3.9에서 아래 요소가 인장을 받는 반면 위 요소는 압축을 받는다. 그러므로 그림 3.9에 보인 바와 같이 아래에 강, 위에 마그네시아인 경우에 마그네시아는 압축을 받고 압축 강도가 대략 $(15)(105 \times 10^6) = 1575$ MPa이다. 그리고 이 값은 강의 인장 강도 380 MPa보다 더 높다. 만약 마그네시아가 아래에 있다면, 마그네시아는 인장 강도 105 MPa이므로 압축 강도가 380 MPa인 강보다 약하다. 보의 2개의 조합 중에 가장 약한 요소를 고려하여(그곳에서 파단이 일어나기 때문에) 그림 3.9에서와 같이 강이 아래에 있을 경우 보가 대략 $308/105 = 3.642$배 더 강하다는 것을 알 수 있다.

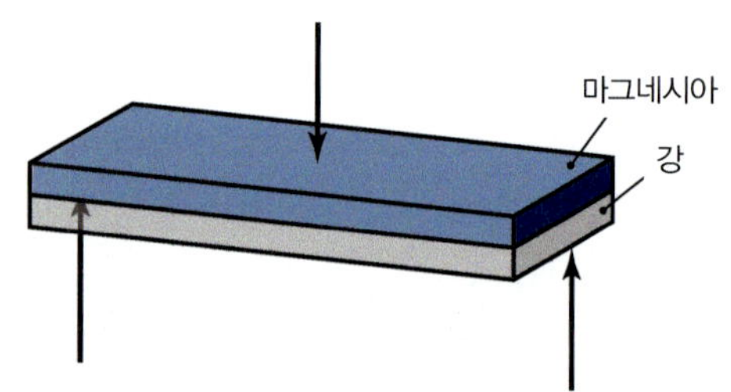

그림 3.9: 예제 3.4에서 사용된 3점 굽힘으로 하중을 받는 보.

3.4.3 폴리머

폴리머 혹은 고탄성 재료(고무와 같은)의 응력-변형률 선도는 금속에 대한 시험 기법과 시편 형상을 약간 수정하면 구할 수 있다. 하지만 이들 재료의 응력-변형률 거동은 독특하고 온도에 매우 민감하다. 이 때문에 열가소성과 열경화성을 구별하는 것이 좋다. 전형적인 열경화성 플라스틱은 거의 소성 변형이 없으므로, 이들의 인장 응력-변형률 선도는 기본적으로 취성 재료에 대한 선도(그림 3.7) 및 세라믹에 대한 선도(그림 3.8)와 같다. 폴리머는 인장보다 압축에서 약간 더 강하다(~20%).

열가소성 플라스틱은 매우 다르게 거동한다. 그림 3.10은 유리전이 온도 이상과 이하에서 열가소성 폴리머가 보이는 응력-변형률 선도이다. **유리전이 온도**(glass transition temperature) T_g는 폴리머가 단단하고 취성인 재료로부터 고무나 가죽 같은 재료로 변하는 온도이다. $T \ll T_g$에서는 상대적으로 작은 변형에 폴리머가 파괴된다. $T \approx T_g$에서는 플라스틱이 매우 큰 변형을 한다. 용융점 이상에서(제조에서 사용되는) 재료는 점성 액체와 같은 유동을 보인다. $T \ll T_g$에서의 변형은 완전 탄성이다.

탄성중합체는 열경화성 폴리머와 같이 취성이지만(고무 밴드에서 볼 수 있듯이) 파단 전에 큰 변형을 한다. 탄성중합체는 탄성일 수 있지만 매우 비선형이다. 그림 3.10과 같이 처음의 선형구간 이후에 응력-변형률 선도는 변형률이 0.01

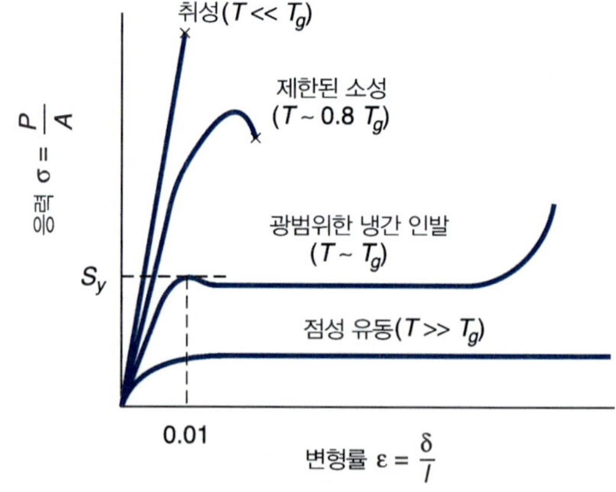

그림 3.10: 폴리머의 유리전이 온도 T_g 이상과 이하에서의 응력-변형률 선도.

정도에서 뚜렷하게 비선형이 나타난다. 이러한 비선형성은 전단 항복, 비가역적인 분자 고리의 미끄러짐 혹은 크레이징(밀도를 낮추고 빛을 산란하는 크랙과 같은 부피의 형성으로 폴리머를 하얗게 보이게 함)에 기인한다.

금속, 폴리머, 세라믹의 응력-변형률 선도는 다음의 특징들을 갖는다.

1. 취성 고체(세라믹, 유리, 취성의 폴리머, 취성의 금속)에서 항복 강도는 결정하기 어렵기 때문에 설계에서는 파괴 강도 혹은 극한 강도를 사용한다.
2. 금속, 연성의 폴리머, 대부분의 복합 재료에서 극한 강도는 항복 강도보다 1.1~4배 크다. 그 이유는 주로 가공 경화이거나, 복합 재료의 경우 강화제에 힘이 전달되기 때문이다. 설계에서는, 문제와 제한 조건에 따라 항복 강도 혹은 극한 강도 중 하나를 선택하여 사용한다.

예제 3.5

유리전이 온도

조건 플라스틱 컵이 폴리메타크릴산(酸) 메틸로 구성되어 있다. 상온 파괴에서 연신율은 5%이고 유리전이 온도는 90℃이다. 압력 30 MPa의 높은 압력에서 100℃로 과포화한 증기로 컵을 살균한다.

문제 컵이 살균 작용하는 동안에 자신의 모양을 그대로 유지할 수 있는가?

풀이 살균 온도가 유리전이 온도보다 10℃ 높기 때문에 플라스틱은 5% 이상까지 변형될 것이다(그림 3.10 참고). 응력은 상온에서 대략 극한 강도의 반이다. 결론적으로 컵은 살균 작용하는 동안에 변형한다.

3.5 고체 재료의 성질

이번 절에서 기계 요소의 적절한 재료를 선택하기 위해서 필요한 고체 재료의 다양한 공학적 성질을 정의한다. 이러한 모든 성질들이 9~19장에서 다루는 모든 기계 요소에서 중요하지는 않을 수 있다. 그러나 다양한 기계 요소를 넓은 범위에 걸쳐 적용하기 위해서는 이들이 중요하다. 각각의 성질에 대해서, 재료의 종류에 따른 차이와 동일 종류 내에서 특정 재료들이 보이는 차이를 제시한다.

3.5.1 밀도

밀도(density)는 단위 부피당 질량이다. 밀도의 SI 단위는 kg/m^{3}이다. 전형적인 고체 재료의 밀도는 10^{3}과 10^4 kg/m^3 사이에 있다. 그림 3.11은 다양한 금속, 폴리머, 세라믹의 밀도 순위를 제시한다. 납, 구리, 강과 같은 금속이 가장 밀도가 높다. 나일론, 천연고무, 폴리에틸렌과 같은 폴리머는 밀도가 낮다. 표 3.1은 상온(20℃)에서의 밀도값을 제시한다.

금속은 밀도가 높다. 왜냐하면 이들은 무거운 원자들이

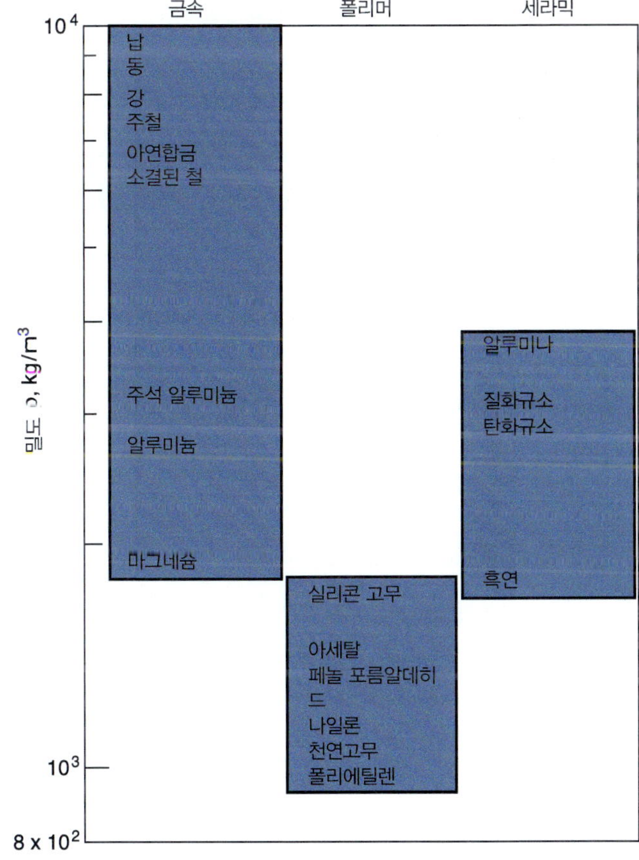

그림 3.11: 다양한 금속, 폴리머, 세라믹의 상온(20℃)에서의 밀도.

표 3.1: 일반적인 공학 재료의 전형적인 물리적 성질.

재료	탄성 계수 E(GPa)	프와송 비 ν	밀도 ρ (kg/m^3)	열전도도 K_t (W/m °C)	열팽창 계수 $\bar{a}$ (μm/m °C)	비열 C_p (J/kg °C)
금속						
알루미늄	62	0.33	2700	209	23	900
알루미늄 합금	70	0.33	2630-2820	221-239	24	900
주석 알루미늄	63	0.33	2700	180	24	960
납 기반의 배빗	29	0.33	7530	24	20	150
주석 기반의 배빗	52	0.33	7340	56	23	210
황동	100	0.33	7470-8940	120	19	390
알루미늄 청동	117	0.33	8940	50	18	380
납 청동	97	0.33	9100	47	18	380
인 청동	110	0.33	8500	50	18	380
다공성의 청동	60	0.22	8040	30	18	380
동	124	0.33	8970	170	18	380
회주철	109	0.26	7860	50	11	420
가단 주철	170	0.26	7860		11	420
구상흑연 주철	159	0.26	7860	30	11	420
다공성의 철	80	0.20	7460	28	12	460
연철	170	0.30	7860	70	12	460
마그네슘 합금	41	0.33	1770	110	27	1000
니켈합금	221	0.31	8850	52-63	15	440
저탄소강	196	0.30	7800	35	11	450
중탄소강, 고탄소강	200	0.30	7850	30	11	450
스테인리스강	193	0.30	8030	15	17	500
고속도강	212	0.30	7860	30	11	450
타이타늄 합금	110	0.32	4510	8-12	8.4	520
아연합금	50	0.27	7135	110	27	400
폴리머						
아세탈(polyformaldehyde)	2.7	0.35	1400	0.24	90	1460
나일론(폴리아미드)	1.9	0.40	1140	0.25	100	1700
높은 밀도의 폴리에틸렌	0.9	0.35	940	0.5	126	1800
페놀 포름알데히드	7.0	0.35	1362	0.17	25-40	1600
천연 고무	0.004	0.50	930	1.6	80-120	2000
세라믹						
알루미나(Al_2O_3)	390	0.28	961	25	5.0	880
흑연	27	0.31	2400	125	1.4-4.0	840
탄화규소(SiC)	450	0.19	3210	15	4.3	750
질화규소(Si_2N_4)	314	0.26	3290	30	3.2	710

효율적인(꽉찬) 배열로 구성되어 있기 때문이다. 세라믹도 효율적으로 충전되어 있지만, 그들은 산소, 질소, 탄소 원자를 포함하기 때문에 금속보다 밀도가 낮다. 폴리머는 주로 탄소와 수소로 이루어져 있기 때문에 밀도가 낮다. 그리고 원자들이 결정 구조를 이루지 않기 때문에 결코 효율적으로 배열될 수 없다. 합금은 금속의 밀도를 약간 변화시킨다. 가장 간단한 근사법을 사용하면, 2개 이상의 금속으로 이루어진 합금의 최고 밀도는 합금 농도의 밀도들 사이의 선형내삽으로 구한다.

3.5.2 탄성 계수, 프와송 비, 전단 계수

탄성 계수(modulus of elasticity) 또는 **영계수**(Young's modulus)는 응력-변형률 선도의 선형 탄성구간의 기울기로 정의한다. 그림 3.6에서 응력-변형률 선도의 선형 부분은 원점과 점 P 혹은 비례 한도보다 낮은 응력 사이이다. 탄성 계수는 다음과 같다.

$$E = \frac{\sigma}{\epsilon}. \tag{3.3}$$

변형률은 무차원(dimensionless)이기 때문에 탄성 계수는 응력과 같은 단위(N/m^2)이다. 그림 3.12와 표 3.1은 다양한 금속, 폴리머, 세라믹의 상온에서의 탄성 계수 값이다. 금속과 세라믹의 탄성 계수는 높고 비슷하지만 폴리머는 상당히 낮다.

대부분 재료에서의 탄성 계수는 두 가지 요인, 즉 결합 강도와 단위 면적당 결합 밀도에 의존한다. 결합은 스프링처럼 거동하므로 스프링 계수 k(N/m)로 표현한다. 탄성 계수는

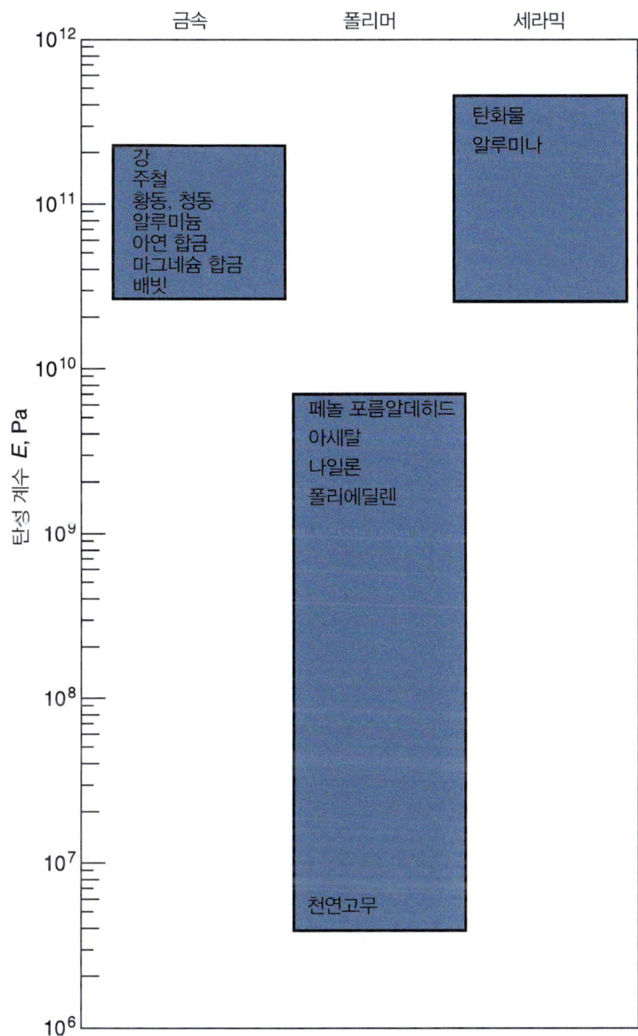

그림 3.12: 다양한 금속, 폴리머, 세라믹의 상온(20℃)에서의 탄성 계수.

대략 다음 식으로 구한다.

$$E \approx \frac{k}{r_o} \tag{3.4}$$

여기서 r_o는 원자 크기이다. (이것은 일반적으로 평균 원자 부피 $4\pi r_o{}^3/3$에서 구한다.) 그림 3.12와 표 3.1에서 탄성 계수 값이 넓은 범위를 보이는 것은 주로 재료들의 k값이 넓은 범위에 걸쳐 있기 때문이다. 공유 결합은 강하지만(k = 20~200 N/m), 금속 결합과 이온 결합은 다소 덜 강하다(k = 15~100 N/m). 그림 3.12와 표 3.1에 나타나지 않았지만 다이아몬드는 탄성 계수가 매우 높다. 왜냐하면 탄소 원자가 작아 결합 밀도가 높고, 탄소 원자들은 극히 강한 결합으로 연결되어 있기 때문이다(200 N/m). 금속도 높은 탄성 계수를 가지는데, 이는 꽉찬 충진율로 결합 밀도가 높고 결합도(다이아몬드만큼은 아니지만) 강하기 때문이다. 폴리머는 다이아몬드와 같이 강한 공유 결합과 약한 수소 결합(또는 반데르발스 결합)을 둘 다 갖고 있다. 약한 결합은 폴리머가 변형될 때 쉽게 늘어나므로 낮은 탄성 계수를 보인다. 탄성중합체는 복원력이 극도로 낮기(긴 체인 모양 분자들이 엉켜있는 것과 관련됨) 때문에 탄성 계수가 낮다.

인장 시험에서, 축 방향으로 변형이 될 때 횡방향으로 치수 변화가 발생한다. 봉을 축 방향으로 늘리면 횡방향으로 수축한다. 횡방향 변형률 ϵ_t는 **프와송 비**(Poisson's ratio) ν에 의해 축 방향 변형률 ϵ_a와 다음과 같은 관계를 갖는다.

$$\epsilon_t = -\nu\epsilon_a. \tag{3.5}$$

음의 부호는 횡방향의 변형은 축 방향의 변형과 반대인 것을 의미한다. 프와송 비는 차원이 없다. 표 3.1에 상온에서 다양한 금속, 폴리머, 세라믹의 프와송 비가 나타나 있다. 가장 높은 프와송 비는 고무에서 0.5에 근접하고 가장 낮은 프와송 비는 탄화규소 혹은 소결 탄화물에서(코르크나 발포 고무가 압축을 받을 때 0에 근접하지만) 0.19에 근접한다. 프와송 비는 0보다 작을 수 없다. (그렇지 않으면 열역학 제2법칙에 위배된다.) 또한 0.5를 초과할 수 없다. (그렇지 않으면 압축을 받았을 때 재료의 부피가 증가한다.)

전단 응력과 전단 변형률은 서로 비례한다.

$$\tau = G\gamma, \tag{3.6}$$

여기서 G를 **전단 계수**(shear modulus) 혹은 **강성 계수**(modulus of rigidity)라 한다. 이러한 관계는 전단 응력-변형률 선도에서 선형-탄성 구간에 적용된다(그림 3.6의 0에서 점 P까지). G는 응력의 단위(N/m^2)를 갖는다.

세 가지의 재료 성질 E, G, ν 사이에는 다음의 관계가 있다.

$$G = \frac{E}{2(1+\nu)}. \tag{3.7}$$

그러므로 두 개의 변수를 알면 3번째 변수는 식 (3.7)로 쉽게 결정된다. 즉, 특정 재료에 대해서 탄성 계수와 프와송 비를 표 3.1에서 구하면 전단 계수는 식 (3.7)으로부터 구할 수 있다.

지금까지 제시된 것들은 금속, 폴리머, 세라믹에서 유효하다. 일방향 섬유 강화 복합 재료의 탄성 계수를 구하기 위해, 기지와 섬유 사이의 계면에서의 결합이 좋다고 가정하면 기지와 섬유의 변형이 동일하게 일어난다. 이 조건 하에서 복합 재료가 지탱하는 총 하중 P_c는 기지가 받는 하중 P_m과 섬유가 받는 하중 P_f의 합과 같다.

$$P_c = P_m + P_f, \tag{3.8}$$

기호 c, m, f는 각각 복합 재료, 기지, 섬유를 나타낸다. 식 (3.8)을 식 (2.7)의 응력의 정의에 대입하면 다음과 같다.

$$\sigma_c = \sigma_m \frac{A_m}{A_c} + \sigma_f \frac{A_f}{A_c}. \tag{3.9}$$

만약 복합 재료, 기지, 섬유의 길이가 동일하다면 식 (3.9)는 식 (3.10)과 같이 된다.

$$\sigma_c = \sigma_m v_m + \sigma_f v_f, \tag{3.10}$$

복합 재료 내에서 v_m은 기지의 부피 분율이고 v_f는 섬유의 부피 분율이다. 기지와 섬유가 같이 변형하고 복합 재료는 오로지 기지와 섬유로만 구성되어 있기 때문에($v_m + v_f = 1$) 식 (3.10)을 탄성 계수의 식으로 고쳐 쓰면 다음과 같이 된다.

$$E_c = E_m v_m + E_f v_f \tag{3.11}$$

혹은

$$E_c = E_m(1 - v_f) + E_f v_f. \tag{3.12}$$

식 (3.12)를 이용하면, 기지와 섬유의 탄성 계수를 알고 둘 중 하나의 부피 분율만 알면 복합 재료의 탄성 계수를 결정할 수 있다. 기지가 전달하는 하중과 섬유가 전달하는 하중의 비율은 다음과 같다.

$$\frac{P_f}{P_m} = \frac{E_f v_f}{E_m v_m}. \tag{3.13}$$

식 (3.8)~식 (3.13)은 단지 일방향 섬유 강화 복합 재료에만 적용된다는 점에 유의해야 한다.

예제 3.6

섬유 강화 폴리머의 강성

조건 섬유 강화 플라스틱에 부피 10%의 유리 섬유가 들어 있다(E = 70 GPa, S_u = 0.7 GPa).

문제 만약 유리 섬유가 탄소 섬유(E = 150 GPa, S_u = 1 GPa)로 바뀐다면 같은 탄성의 성질을 내기 위해서 섬유 비율이 얼마로 바뀌어야 하는지 계산하라. 기지는 E_m = 2 GPa이다.

풀이 식 (3.11)에 따르면 섬유 복합 재료의 탄성 계수는

$$E_c = E_m v_m + E_f v_f.$$

그러므로 유리 섬유 강화 재료에 대해서는

$$E_c = \left(2 \times 10^9\right)(0.9) + \left(70 \times 10^9\right)(0.1) = 8.8\,\text{GPa}.$$

이러한 복합재의 탄성 계수는 탄소 섬유 강화 복합재와 같아야 한다.

$$8.8 \times 10^9 = \left(2 \times 10^9\right)x + \left(150 \times 10^9\right)(1 - x),$$

이 식의 답은 x = 0.954 혹은 $1 - x$ = 0.046이다. 그러므로 10% 유리 섬유 강화 플라스틱과 같은 탄성 성질을 얻기 위해서는 탄소 섬유가 4.6% 포함되어야 한다.

3.5.3 강도

기계 요소의 강도는 시편의 종류, 처리법, 모양뿐만 아니라 기계 요소가 받을 하중의 종류에 따라 달라진다. 이번 절은 다양한 재료의 종류와 특징에 초점을 맞춘다.

금속

금속은 철 합금과 비철 합금으로 나눌 수 있다. 철 합금은 철이 주 원소이고 탄소뿐 아니라 다른 합금 원소가 들어가는 반면, 비철 합금은 철이 주 원소가 아니다. 금속의 강도는 본질적으로 압축과 인장에서 동일하다. 표 A.1부터 표 A.12는 다양한 금속에 대한 항복 강도를 보여준다.

폴리머

금속에서 항복 강도를 정의하기 위해 사용한 0.002의 소성 변형률과 비교하여, 폴리머의 강도는 0.010의 변형률로 결정한다. 폴리머는 인장보다 압축에서 약 20% 정도 더 강하다. 폴리머를 다룰 때 중요한 강도는 금속에서의 항복 강도가 아니라 파단에서의 극한 강도이다. 선택한 열가소성과 열경화성 플라스틱의 파단에서의 인장 강도는 표 A.13에 있다.

세라믹

세라믹을 다룰 때 중요한 강도는 파단 강도이다. 취성 재료인 세라믹은 인장보다는 압축에서 일반적으로 15배 더 강하다. 표 A.14는 선택된 세라믹 재료의 인장 파단 강도를 제공한다.

3.5.4 레질리언스와 인성

레질리언스(resilience)는 재료가 탄성 변형할 때 에너지를 흡수하는 재료의 능력이다. 하중이 제거되면 이 에너지가 방출된다. **레질리언스 계수**(modulus of resilience) U_r은 무부하에서 항복점까지 재료에 힘을 주는 동안 저장되는 단위 부피당 변형 에너지이다. 수치적으로 이것은 다음과 같이 표현한다.

$$U_r = \int_0^{\epsilon_y} \sigma \, d\epsilon, \tag{3.14}$$

여기서 ϵ_y는 항복 변형률 혹은 응력이 항복 강도 S_y에 이르렀을 때의 변형률이다. 선형-탄성 구간에서 응력-변형률 선도 아래의 면적이 레질리언스 계수이다.

$$U_r = \frac{S_y \epsilon_y}{2}. \tag{3.15}$$

식 (3.3)을 이용하면 다음과 같다.

$$U_r = \frac{S_y^2}{2E}. \tag{3.16}$$

높은 레질리언스 계수를 갖는 재료의 예는 고탄소강이다. 레질리언스는 스프링(16장)과 같이 에너지를 저장하는 재료를 선택할 때 매우 유용하다. 따라서 고탄소강 합금은 이러한 적용에 적합한 재료이다.

인성(toughness)은 재료가 파단에 이르기까지 에너지를 흡수하는 능력이다. 정적 하중 하에서 인성은 파단까지의 응력-변형률 선도에서 구할 수 있다(그림 3.5 참고). **레질리언스**(resilience)는 재료의 항복 강도(그림 3.5의 항복 강도)까지의 단위 부피당 변형 에너지이다. 반면에, 인성은 파단점 R까지의 단위 부피당 에너지이다. 레질리언스는 회복될 수 있는 에너지를 나타내는 반면에 인성은 변형하는 동안에 재료가 흡수하는 총 에너지이다.

재료가 인성을 가지려면 강도와 연성 둘 다 높아야 한다. 그림 3.7에서 나타나듯이 연성 재료는 보통 취성 재료보다 인성이 높다.

예제 3.7

레질리언스

조건 채광 과정에서 깔때기 모양의 호퍼로 철광석을 기차의 차량 박스에 쏟아 붓는다. 광석의 충격이 호퍼 표면에 소성 변형을 일으키기 때문에 호퍼의 내부는 빠르게 마모한다. 이 문제의 해결을 위해 표면 재료의 변경을 고려하고자 한다.

문제 단단한 강(AISI 1080)과 고무 중 어느 것이 호퍼의 표면 재료로 좋은가?

풀이 이 평가에서 사용할 중요한 변수는 두 재료의 레질리언스이다. 표 A.2에서 AISI 1080 고탄소강은 S_u = 380 MPa이고 E = 207 GPa이다. 식 (3.16)으로부터 AISI 1080 강에 대한 레질리언스 계수는

$$(U_r)_{\text{steel}} = \frac{S_y^2}{2E} = \frac{(380 \times 10^6)^2}{2\,(207 \times 10^9)} = 348,800 = 0.3488 \text{ MPa}.$$

표 A.13에서 천연고무는 S_u = 30 MPa이고 E = 0.004 GPa이다. 그러므로 식 (3.16)에서

$$(U_r)_{\text{rubber}} = \frac{(30 \times 10^6)^2}{2\,(4 \times 10^6)} = 112.5 \times 10^6 = 112.5 \text{ MPa}.$$

고무는 강보다 10^2배 이상 레질리언스가 크다. 단지 이 변수만을 고려할 때 호퍼의 내부에는 고무 라이닝을 해야 한다.

3.5.5 경도

경도는 재료의 강도와 내마모성에 관련이 많기 때문에 흔히 사용된다. **경도**(hardness)는 소성 압입(indentation)에 대한 표면 저항으로 정의한다. 경도를 정의하는 데 사용하는 형상과 하중에는 여러 가지가 있다. 그림 3.13에 몇 가지 대표적인 경도시험이 정리되어 있다. 이들 중 몇 가지는 아래에 설명하고, 더 많은 정보는 Kalpakjian and Schmid(2010)의 저서를 참조하기 바란다.

1. **브리넬 경도시험**(Brinell harness test)은 지름 10 mm의 강 혹은 텅스텐 탄화물로 제작된 구로 재료의 표면을 누른다(그림 3.13). 하중은 500, 1500, 3000 kg이 있다. 브리넬 경도 지수(HB)는 작용 하중(kg)을 압입된 표면적(mm^2)으로 나눈 값으로 정의한다. 재료가 딱딱할수록 자국이 작아진다. 정확한 측정과 충분히 큰 자국을 만들기 위해 1500~3000 kg의 하중을 추천한다. 재료의 조건에 따라서, 시험 후 표면 자국은 두 가지 형태 중 하나로 나타난다(그림 3.14). 풀림(어닐링)된 금속의 자국은 일반적으로 둥근 테두리의 모양이고(그림 3.14a), 냉간 가공된 금속에서는 날카로운 테두리 모양의 자국이 나타난다(그림 3.14b). 자국의 지름 *d*를 측정하는 정확한 방법을 그림에서 보여준다.

   압자(indenter) 역시 유한한 탄성 계수를 가지고 있으므로 하중이 작용하는 동안 탄성 변형을 한다. 결과적으로 경도측정은 예상한 것보다 정확하지 않다. 이런 효과를 최소화하기 위한 방법 중의 한 가지는 매우 높은 탄성 계수를 가진 텅스텐 탄화물 구를 사용하는 것이다. 텅스텐 탄화물 구는 브리넬 경도가 500보다 클 때 사용한다.

2. **로크웰 경도시험**(Rockwell hardness test)에는 많은

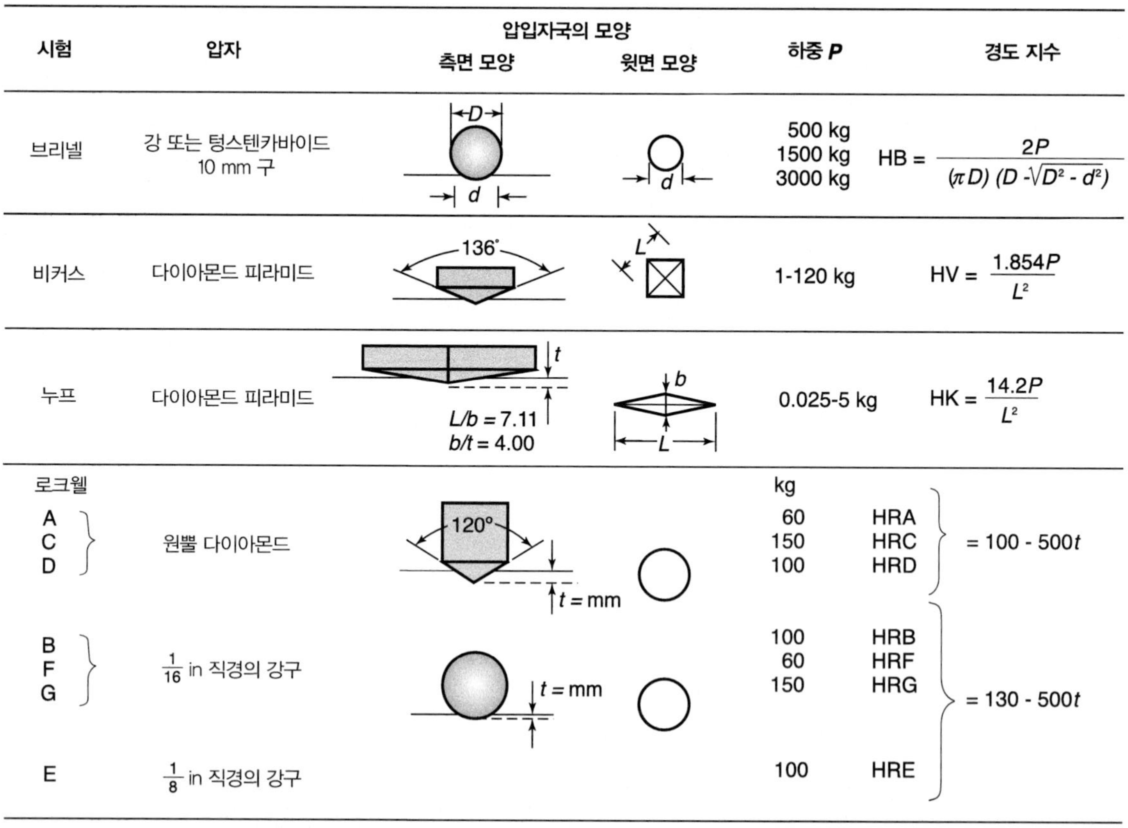

시험	압자	압입자국의 모양: 측면 모양	압입자국의 모양: 윗면 모양	하중 *P*	경도 지수
브리넬	강 또는 텅스텐카바이드 10 mm 구	*D*, *d*	*d*	500 kg 1500 kg 3000 kg	$HB = \frac{2P}{(\pi D)(D - \sqrt{D^2 - d^2})}$
비커스	다이아몬드 피라미드	136°	*L*	1-120 kg	$HV = \frac{1.854P}{L^2}$
누프	다이아몬드 피라미드	*t* *L*/*b* = 7.11 *b*/*t* = 4.00	*b*, *L*	0.025-5 kg	$HK = \frac{14.2P}{L^2}$
로크웰 A C D	원뿔 다이아몬드	120° *t* = mm		kg 60 HRA 150 HRC 100 HRD	= 100 - 500*t*
B F G	$\frac{1}{16}$ in 직경의 강구	*t* = mm		100 HRB 60 HRF 150 HRG	= 130 - 500*t*
E	$\frac{1}{8}$ in 직경의 강구			100 HRE	

그림 3.13: 경도시험의 특성과 경도 계산식. 출처: Kalpakjian and Schmid(2010).

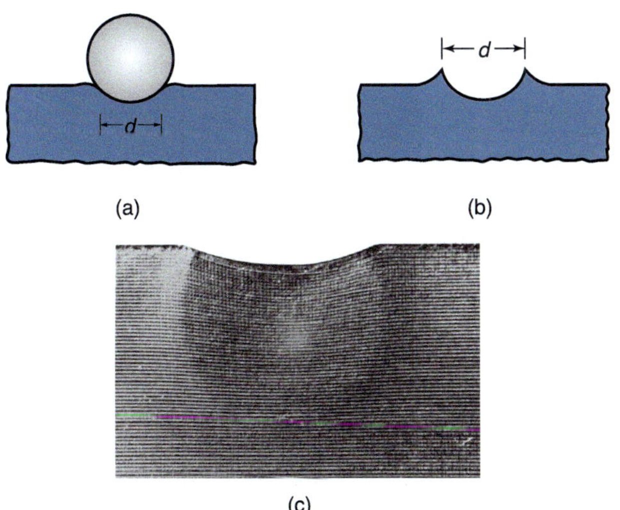

그림 3.14: 브리넬 경도 테스트의 압입자국 모양. (a) 어닐링된 금속, (b) 가공 경화된 금속, (c) 구형의 압자에 의한 연강의 영구 변형된 영역의 깊이는 압입 깊이보다 훨씬 더 크다. 경도시험이 정확하기 위해서 이 영역이 재료 내에 완전히 만들어져야 한다. 출처: Kalpakjian and Schmid(2010).

형태가 있는데, 자국의 지름 대신 압입 깊이를 측정한다. 압자를 처음에는 낮은 하중 그 후에 큰 하중으로 누른다. 그 압입된 깊이의 차이가 재료 경도 값이다. 자주 사용하는 로크웰 경도 스케일과 압자의 예가 그림 3.13에 있지만 더 많은 표준 형상이 있다. 같은 종류의 압자를 사용하지만 작은 하중을 사용하는 로크웰 표면경도 시험법도 개발되었다.

3. **비커스 시험**(Vickers test)은 피라미드 형상의 다이아몬드 압자를 사용하고 하중의 범위는 1~120 kg이다. 비커스 경도는 HV로 나타낸다. 자국은 일반적으로 대각선 길이 0.5 mm 이하이다. 비커스 시험은 하중에 관계없이 경도 지수는 같고, 경도의 범위가 넓은 재료에 적합한 시험이다. 최근에 20 nm 정도의 압입 깊이로 경도를 측정하기 위해 원자 현미경(atomic force microscope)과 나노압입(nanoindenter)을 이용하는 비커스 경도 측정법이 개발되었다.
4. **누프 시험**(Knoop test)은 연장된 피라미드 모양의 다이아몬드 압자를 사용하고 적용 하중은 일반적으로 25 g ~5 kg이다(그림 3.13 참조). 누프 경도 지수는 HK로 나타내진다. 적용 하중이 작기 때문에 마이크로 경도 시험이다. 그러므로 누프 경도시험은 매우 작거나 얇은 시편에 적합하고 탄화물, 세라믹, 유리와 같은 취성 재료에 적합하다. 이 시험법은 금속 합금 내의 각각의 결정립과 합금 성분의 경도 측정에 사용한다. 자국의 크기가 일반적으로 0.01~0.10 mm 범위이므로 표면 준비가 매우 중요하다. 측정한 경도 지수는 적용 하중에 의존하므로, 누프 시험 결과에서는 사용 하중을 항상 명시해야 한다.
5. 반발식 경도시험에는 **스클레로스코프**(scleroscope)와 **리브**(Leeb) 시험이 있다. 스클레로스코프는 유리 튜브 안에서 다이아몬드 압자(hammer)가 특정 높이로부터 시편 위에 떨어지는 기구이다. 경도는 압자의 튀어 오르는 거리에 의해 결정되는데, 높게 튀어 오를수록 경도가 높다. 스클레로스코프에 의해 만들어진 자국은 매우 작다. 스클레로스코프로 신뢰할 만한 결과를 얻는 것은 어렵기 때문에 리브 혹은 이커팁(Equotip)이라 불리는 전자 장치가 개발되었다. 이 시험법에서는 탄화물 해머(hammer)가 시편 표면과 충돌하고 충돌 속도와 튀어 오르는 속도를 전자적으로 측정한다. 그 때 리브 지수가 계산되고 로크웰 혹은 비커스 경도로 변환된다.
6. 고무, 플라스틱 또는 이들과 유사하게 부드럽고 탄성이 있는 비금속 재료들의 경도는 일반적으로 **듀로미터**(durometer)라는 장비를 사용하는 **쇼어 시험법**(Shore test)으로 측정한다. 압자를 표면에 누르고 일정한 하중을 빠르게 작용한다. 침투 깊이는 1초 후에 측정되고, 경도는 침투 깊이와 반비례 관계에 있다. 이 시험법의 경도 지수는 0~100 범위로 나타난다.

경도는 영구적인 압입 변형에 대한 저항이기 때문에 재료 표면의 작은 부피로 압축시험을 수행하는 것과 유사하다(그림 3.14c). 냉간 가공된 금속의 경도는 (같은 단위로 환산해 비교할 때) 항복 강도 S_y보다 약 3배 크고, 불림(어닐링)한 금속의 경도는 항복 강도 S_y보다 약 5배 크다는 연구 결과가 있다. 강의 경우, 3000 kg의 하중에서 측정한 브리넬 경도(HB)와 인장 강도 S_u 사이에 다음의 관계가 구축되어 있다.

$$S_u = 3.5\text{HB}. \tag{3.17}$$

식 (3.17)에서 단위가 중요한데, 이 식이 유효하려면 S_u는 반드시 MPa 단위이어야 하고 브리넬 경도는 $\text{kg}_\text{f}/\text{mm}^2$이어야 한다.

3.5.6 열 전도도

정상상태(온도가 시간에 따라 바뀌지 않는)에서 고체를 통해 전달되는 열 유속이 **열 전도도**(thermal conductivity) K_t의 척도이다. 온도가 다른 두 물체를 접합시켜 놓았을 때 뜨거운 물체에서 빠르게 움직이는 분자는 차가운 물체에서 느리게 움직이는 분자와 충돌하고 그들의 움직임을 전달한다. 뜨거운 물체가 에너지를 잃는(온도 낮아짐) 동안 차가운 물체는 에너지를 얻는다(온도 높아짐). 전달 과정은 두 물체의 온도가 같아질 때 멈춘다. 이러한 재료를 통한 분자 이동의 전달을 **열 전도**(heat conduction)라 한다. 얼마나 빠르게 열을 전달하는가는 재료에 따라 다르다. 열 전도도의 SI 단위는 W/m°C이다.

그림 3.15는 다양한 금속, 폴리머, 세라믹에 대한 열 전도도를 나타낸다. 금속과 세라믹은 일반적으로 좋은 전도체(K_t 높음)이고 폴리머는 좋은 단열재이다(K_t 낮음). 표 3.1은 그림 3.15에서 주어진 열 전도도 값을 숫자로 나타낸다. 그림 3.15와 표 3.1에서 특별히 명시하지 않은 경우 상온으로 가정한다(20°C).

3.5.7 선형 열팽창 계수

재료들은 열을 받았을 때 팽창하거나 수축한다. 열 변형률은 온도 변화에 비례하고 그 비율은 상당히 넓은 온도 범위에서 일정하다. 이런 관측은 다음과 같이 표현할 수 있다.

$$\epsilon = \bar{a}\Delta t_m, \tag{3.18}$$

여기서, $\bar{a}$는 *선형 팽창*(linear expansion) 혹은 **선형 열팽창 계수**(linear thermal expansion coefficient)라 한다. $\bar{a}$의 SI 단위는 $(°\text{C})^{-1}$이다. 그림 3.16은 20~200°C 사이의 온도 범위에서 다양한 금속, 폴리머, 세라믹에 대한 선형 열팽창 계수가 순위별로 정리되어 있다. 폴리머의 열팽창 계수가 가장 크고 다음이 금속, 세라믹이다. 표 3.1에 20~200°C에서 다양한 금속, 폴리머, 세라믹의 $\bar{a}$의 크기가 주어져 있다.

3.5.8 열 용량

재료의 성질에 따라 재료의 온도를 바꾸는데 필요한 열의 양이 정해진다. 크기가 같은 주철구와 베빗금속(납계 화이트메탈) 구를 끓는 물로 가열한 후, 왁스 블록 위에 놓아두는 실험을 상상해 보라. 주철재의 금속은 상당한 양의 왁스를 녹이지만 베빗금속은 왁스를 거의 녹이지 못한다. 그러므로 이런

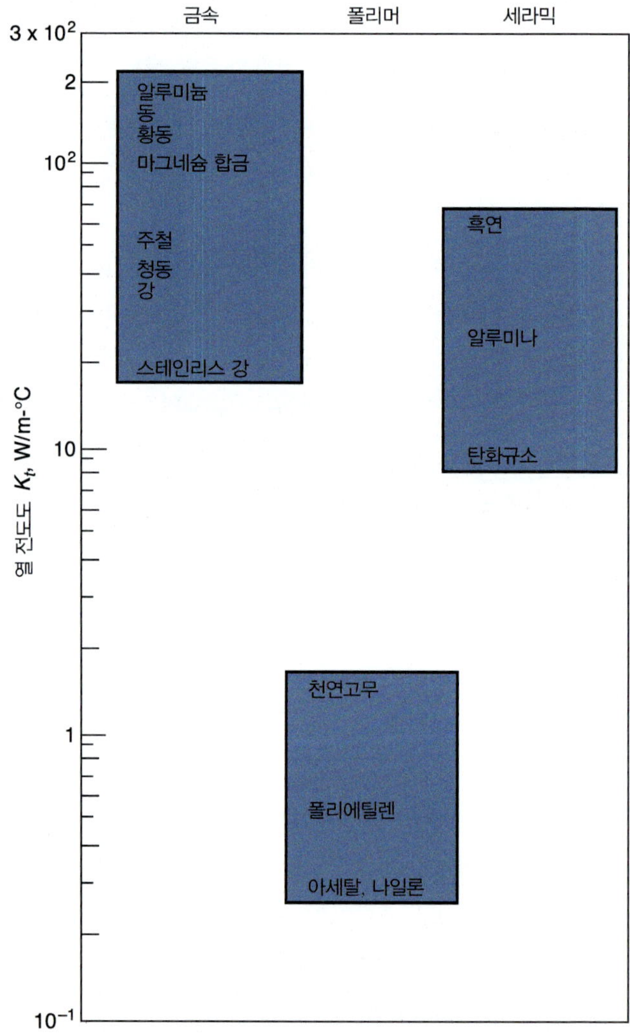

그림 3.15: 상온에서 다양한 금속, 폴리머, 세라믹의 열 전도도(20°C).

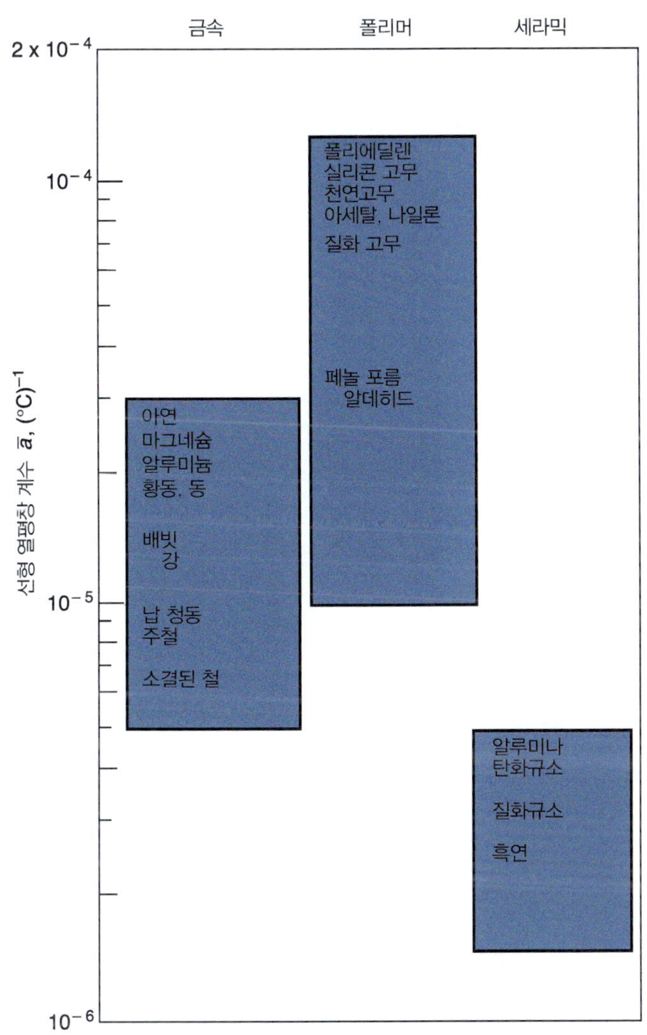

그림 3.16: 상온에서 다양한 금속, 폴리머, 세라믹의 선형 열팽창 계수 (20°C).

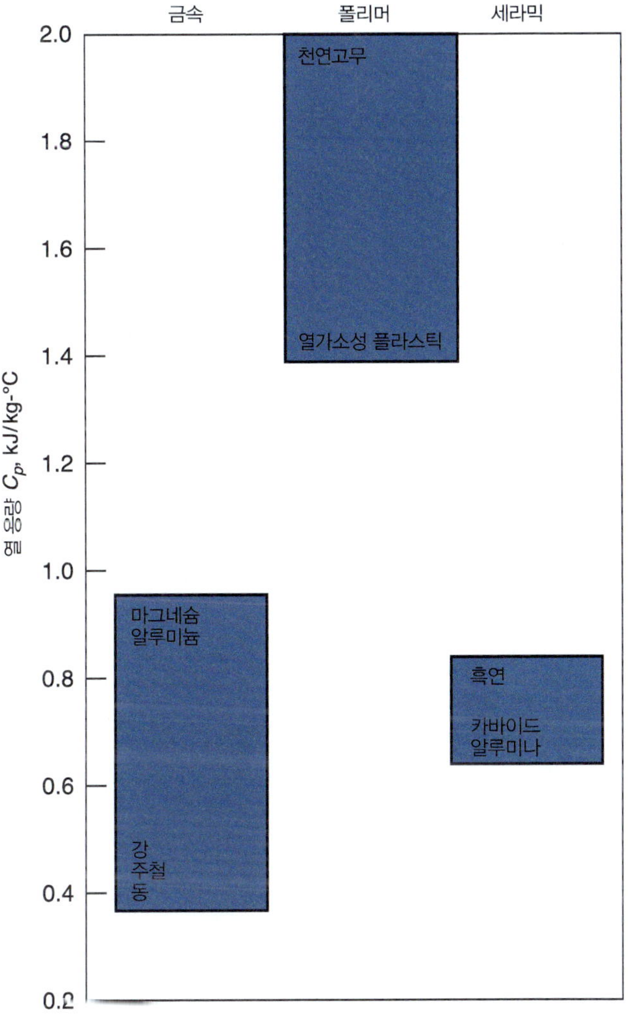

그림 3.17: 상온에서 다양한 금속, 폴리머, 세라믹의 열 용량(20°C).

현상은 같은 온도 범위에서 냉각하는 각각의 재료들은 다른 양의 열량을 방출하는 것을 보여준다. 물체가 자신의 온도를 바꿀 때 흡수하거나 방출하는 열에너지의 양은 다음과 같다.

$$Q = C_p m_a (\Delta T), \tag{3.19}$$

여기서

Q = 열량 J

C_p = 재료의 **비열**(specific heat) J/(kg-°C)

m_a = 질량 kg

ΔT = 온도 변화 °C

그림 3.17이 다양한 금속, 폴리머, 세라믹의 상온에서의 열 용량을 나타내고 표 3.1은 그 값을 나타낸다. 폴리머는 금속이나 세라믹보다 상당히 비열이 높다.

예제 3.8

재료의 잠열

조건 보온병은 2개의 강재 병으로 되어 있다. 병 사이는 진공이고 내부의 병은 200 g이고 끓는 물 500 g이 들어 있다. 보온병의 처음 온도는 20°C이다. 물의 열 용량 C_p는 4180 J/

(kg-°C)이다.

문제

(a) 보온병 벽에 열이 퍼져 나갈 때 보온병 안에서 물의 최대 온도는 얼마인가?

(b) 보온병을 뜨거운 물로 예열하고 비운 뒤 다시 채웠다. 이 때 최대 온도는 얼마인가?

풀이 표 3.1로부터 강에 대한 C_p는 450 J/(kg-°C)이고

(a) 어떠한 열도 주위로 퍼져나가지 않는다고 가정하면

$$(m_a C_p)_{\text{steel}}(T - 20^\circ\text{C}) = (m_a C_p)_{\text{water}}(100^\circ\text{C} - T),$$

혹은

$$\begin{aligned} T &= \frac{100\,(m_a C_p)_{\text{water}} + 20\,(m_a C_p)_{\text{steel}}}{(m_a C_p)_{\text{water}} + (m_a C_p)_{\text{steel}}} \\ &= \frac{100(0.5)(4.180) + 20(0.2)(0.45)}{(0.5)(4.180) + (0.2)(0.45)} \\ &= 96.7^\circ\text{C}. \end{aligned}$$

(b) 보온병이 예열된다면, 위 수식에서 20°C를 96.7°C로만 바꾸면 된다.

$$T = \frac{100(0.5)(4.180) + 96.7(0.2)(0.45)}{(0.5)(4.180) + (0.2)(0.45)} = 99.9^\circ\text{C}.$$

3.5.9 아차드 마모 상수

마모는 고체 재료의 다른 성질보다 정량적으로 나타내기 어렵다. 왜냐하면 마모는 부피 현상이 아닌 표면 현상이고, 두 재료의 상호 작용을 수반하기 때문이다. 고체들이 수직 하중에 의해 서로 미끄러지는 경우에 부드러운 표면으로부터 없어진 재료의 부피는 다음과 같은 **아차드 마모 법칙**(Archard wear equation)으로 표현한다.

$$v = k_1 \frac{WL}{3H}, \tag{3.20}$$

여기서, v는 마모 부피, W는 수직 하중, L은 미끄럼 거리, H는 경도, k_1은 **아차드 마모 상수**(Archard wear constant)이다. 아차드 마모 상수는 H가 N/m²인 경우 무차원이다. 마모에 관한 식은 8.9절에서 더 자세하게 다룬다.

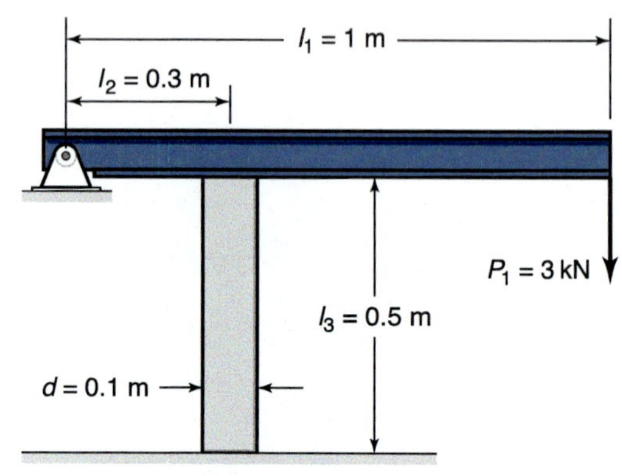

그림 3.18: 예제 3.9의 강체 보 조립체.

3.6 응력-변형률 관계

대부분의 공학 재료에서 응력-변형률 선도는 탄성 한도 내에서 선형관계를 나타낸다. 그러므로 응력의 증가로 변형률도 비례적으로 증가한다. 1678년 로버트 훅(Robert Hooke)에 의해 처음 발견된 후로, 탄성범위 내에서 응력과 변형률 사이의 선형관계를 **훅의 법칙**(Hooke's law)이라 한다. 그러므로 단축 응력 상태에서 훅의 법칙은 다음과 같다.

$$\sigma = E\epsilon. \tag{3.21}$$

3축 응력 상태의 등방성 재료에서 응력과 변형률 사이의 관계는 일반화된 훅의 법칙으로 다음과 같다.

$$\epsilon_1 = \frac{\sigma_1}{E} - \frac{\nu\sigma_2}{E} - \frac{\nu\sigma_3}{E}, \tag{3.22}$$

$$\epsilon_2 = \frac{\sigma_2}{E} - \frac{\nu\sigma_1}{E} - \frac{\nu\sigma_3}{E}, \tag{3.23}$$

$$\epsilon_3 = \frac{\sigma_3}{E} - \frac{\nu\sigma_1}{E} - \frac{\nu\sigma_2}{E}. \tag{3.24}$$

이런 식들과 몇몇 다른 조건에서의 형태는 부록 B에 유도되어 있다.

예제 3.9

변형

조건 그림 3.18과 같이 1 m 길이의 강체 보는 왼쪽 끝이 핀 지지이고, 오른쪽 끝에 3 kN의 수직 하중이 작용한다. 왼쪽 끝으로부터 0.3 m에 위치한 기둥으로 수평을 유지한다. 기둥은 바깥 지름 0.1 m, 벽 두께 5 mm이고 길이 0.5 m의 강관이다. 강의 탄성 계수는 205 GPa이다.

문제 3 kN의 힘 때문에 보의 오른쪽 끝이 얼마나 처지겠는가?

풀이 힌지에서 모멘트 평형은 다음과 같다.

$$P_1 l_1 - P_2 l_2 = 0,$$

P_2는 기둥이 받는 힘이고 다음과 같이 구해진다.

$$P_2 = \frac{P_1 l_1}{l_2} = \frac{(3000)(1)}{0.3} = 10,000\ \text{N}.$$

보는 힌지에서 회전만 할 수 있기 때문에 P_1에서 처짐 δ_1은 회전각 α로 나타낼 수 있다. 이 각도는 P_2에서 처짐 δ_2를 나타낼 때와 같다. 그러므로 작은 회전 각도에서 $\delta_1 = l_1\alpha$이고 $\delta_2 = l_2\alpha$이다. 이는 다음을 의미한다.

$$\delta_1 = \frac{l_1\delta_2}{l_2}. \qquad \text{(a)}$$

수직 기둥의 수축에 의한 처짐 δ_2는 훅의 법칙을 사용하여 다음과 같이 구한다.

$$\delta_2 = \frac{l_3 P_2}{EA} = \frac{l_3 P_2}{\pi E\left(r_o^2 - r_i^2\right)}. \qquad \text{(b)}$$

식 (b)를 식 (a)에 대입하면 다음과 같다.

$$\begin{aligned}
\delta_1 &= \frac{l_1 l_3 P_2}{\pi l_2 E\left(r_o^2 - r_i^2\right)} \\
&= \frac{1(0.5)(10,000)}{\pi(0.3)\left(205\times 10^9\right)\left(0.05^2 - 0.045^2\right)} \\
&= 5.45\times 10^{-5}\ \text{m} \\
&= 54.5\ \mu\text{m}.
\end{aligned}$$

3.7 2변수 재료 도표

재료의 성질이 기계 요소의 성능과 수명을 제한한다. 강건한 설계를 위해서는 고체 성질 중 한 가지만 고려해서는 안 된다. 따라서 3.5절에서 제시된 고체 성실 각각에 대한 정보는 정해진 용도에 맞는 재료를 선택하기에 충분하지 않다. 그 대신, 성질들의 조합을 한 개 이상 살펴야 한다. 중요한 성질 조합은 다음과 같다.

- 강성과 밀도(E 대 ρ)
- 강도와 밀도(S 대 ρ)
- 강성과 강도(E 대 S)
- 마모 상수와 한계 압력(k_1 대 p_l)

다른 많은 조합들도 재료 선택에 있어 유용하지만, 위의 조합들이 기계 요소의 설계에서는 최우선이다. 이 절의 접근법에 대한 더 많은 정보(더 많은 재료 변수 및 적용 범위 등)는 Ashby(2010)를 참고하기 바란다.

3.7.1 강성 대 밀도

탄성 계수와 밀도는 재료를 선택하는 데 있어 익숙한 성질이다. 그림 3.19는 거의 대부분의 공학 재료에 대한 탄성 계수 E와 밀도 ρ를 보여준다. 동일 종류의 재료에 대한 정보는 근처에 있으므로 음영의 영역으로 묶어 놓았다. 다른 모든 그림에서도 마찬가지이다.

그림 3.19에서 공학 재료에 대한 탄성 계수는 0.01~1000 GPa까지 10^5배의 영역에 걸쳐 있다. 밀도는 100에서 20,000 kg/m^{3}까지 나타나 있다.

이 도표는 무게를 최소화해야 하는 적용 분야에서 재료를 선택하는 일반적인 문제 해결에 도움이 된다. 예를 들어, 무게를 최소화하고 변형률은 주어진 값(ϵ_{cr})을 초과하지 않는 단순한 인장 부재를 고려해 보자. 만약 재료가 항복점까지 힘을 받는다면 $\sigma = P/A$이다. 또한 훅의 법칙으로부터 다음과 같이 나타낼 수 있고

$$\sigma = E\epsilon_{cr}.$$

응력을 다른 식으로 바꾸면 다음과 같이 되고

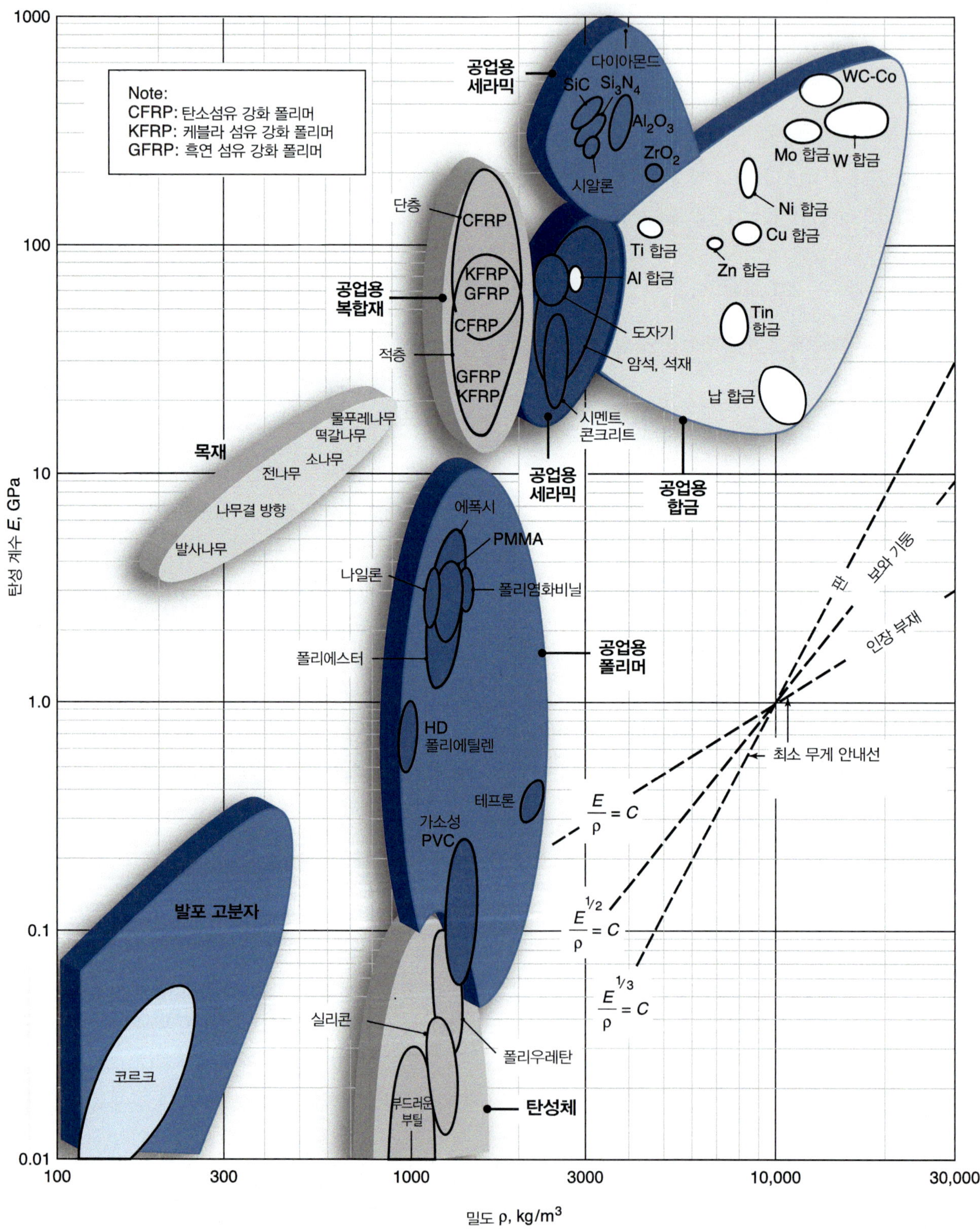

그림 3.19: 탄성 계수와 밀도를 포함하는 2변수 재료 도표. 대각선 방향 사선은 종파 속도를 보여준다. E/ρ, $E^{1/2}/\rho$, $E^{1/3}/\rho$가 일정한 안내선들은 제한된 변형 조건에서 최소 무게의 설계를 위한 재료 선택에 사용된다. 출처: Ashby(2010).

$$A = \frac{P}{E\epsilon_{cr}}. \tag{3.25}$$

요소의 무게는 다음과 같다.

$$W = Agl\rho. \tag{3.26}$$

식 (3.25)를 식 (3.26)에 대입하면 다음과 같다.

$$\frac{W}{g} = \left(\frac{Pl}{\epsilon_{cr}}\right)\left(\frac{1}{E/\rho}\right). \tag{3.27}$$

첫 번째 항은 설계 구속인자를 나타내고, 재료의 성질은 모두 두 번째 항에 포함되어 있다는 점에 주목하라. 그러므로 식 (3.27)을 최소화하는 최적의 재료는 E/ρ의 값을 최대로 하는 것이다. 그림 3.19에서 이러한 재료는 $E/\rho = C$ 직선과 이에 평행한 선들을 고려함으로써 구할 수 있다. 이 직선에 수직한 방향에서 최곳값을 가지는 재료가 최적의 재료이다(이러한 재료는 그림의 왼쪽, 위 방향으로 가장 멀리 있다). 그림 3.19의 참고선들은 각각 다음의 조건 하에 변형률 요구조건이 적용된 최소 무게 설계에 대한 것이다.

$E/\rho = C$	강성 인장부재의 최소 무게 설계
$E^{1/2}/\rho = C$	강성 보와 기둥의 최소 무게 설계
$E^{1/3}/\rho = C$	강성 판(plate)의 최소 무게 설계

예제 3.10

고체 낚싯대의 재료

조건 낚싯대는 무게가 가볍고 강성이 높은 재료로 만든다.

문제 그림 3.19로부터 낚싯대는 (섬유 강화 없는) 플라스틱으로 만드는 것이 좋은지 (대나무 섬유가 함께 접착된) 나무 줄기를 붙인 막대로 만드는 것이 좋을지 결정하라.

풀이 그림 3.19에서 특수 플라스틱만이 최고의 나무 섬유만큼 높은 탄성 계수를 갖는다. 또한 폴리머들은 나무보다 밀도가 2~3배 높다. 그러므로 주어진 강성에 대해 나무 줄기를 붙인 막대는 어떤 플라스틱보다 가볍다.

3.7.2 강도 대 밀도

물체의 무게는 부피와 밀도에 의존한다. 한편 강도는 고체의 종류에 따라 다른 의미를 갖는다. 금속의 강도는 항복 강도를 말한다(인장과 압축에서 동일). 취성인 세라믹의 강도는 인장에서의 값(압축에서의 값보다 $1/15$로 작음)이 아니라 압축에서 뭉개지는 값이다. 탄성중합체의 강도는 파단 강도를 의미한다. 복합 재료의 강도는 인장 파단 강도이다(섬유의 좌굴 때문에 압축 강도는 낮음).

그림 3.20은 다른 파손기구가 포함되어 있음에도 불구하고 강도를 모두 기호 S로 표시하고, 이를 밀도 ρ에 대비하여 표시한다. 수직축은 각 재료의 강도 영역으로 합금, 가공 경화, 결정립의 크기, 다공성 등으로 인한 강도의 넓은 범위를 나타낸다.

그림 3.20은 하중을 받았을 때의 변형이 중요하지 않은 경우, 강도에 기초를 둔 최적 재료를 선정하는데 유용하다. 바로 앞에서와 같이 한 기준선을 선택하면 이 선에서 위 좌측으로 가장 멀리 있는 재료가 최상이다. 그림 3.20에 보인 기준선들은 각각 다음과 같은 경우에 대한 것이다.

$\sigma/\rho = C$	인장 요소
$\sigma^{2/3}/\rho = C$	보와 축
$\sigma^{1/2}/\rho = C$	판

공학 재료에 대한 강도의 범위는 0.1 MPa[포장 또는 에너지 흡수 시스템에 사용되는 폼(foam)]~10^4 MPa(다이아몬드)까지 10^5배의 영역에 걸쳐 있다. 밀도의 범위는 그림 3.19에서와 같다.

예제 3.11

관 모양의 낚싯대 재료

조건 예제 3.10의 낚싯대가 길이를 따라 테이퍼진 관 형태로 만들어진다. 단 관의 두께는 일정하다.

문제 주어진 무게에서 가능한 높은 강도를 갖는 막대 재

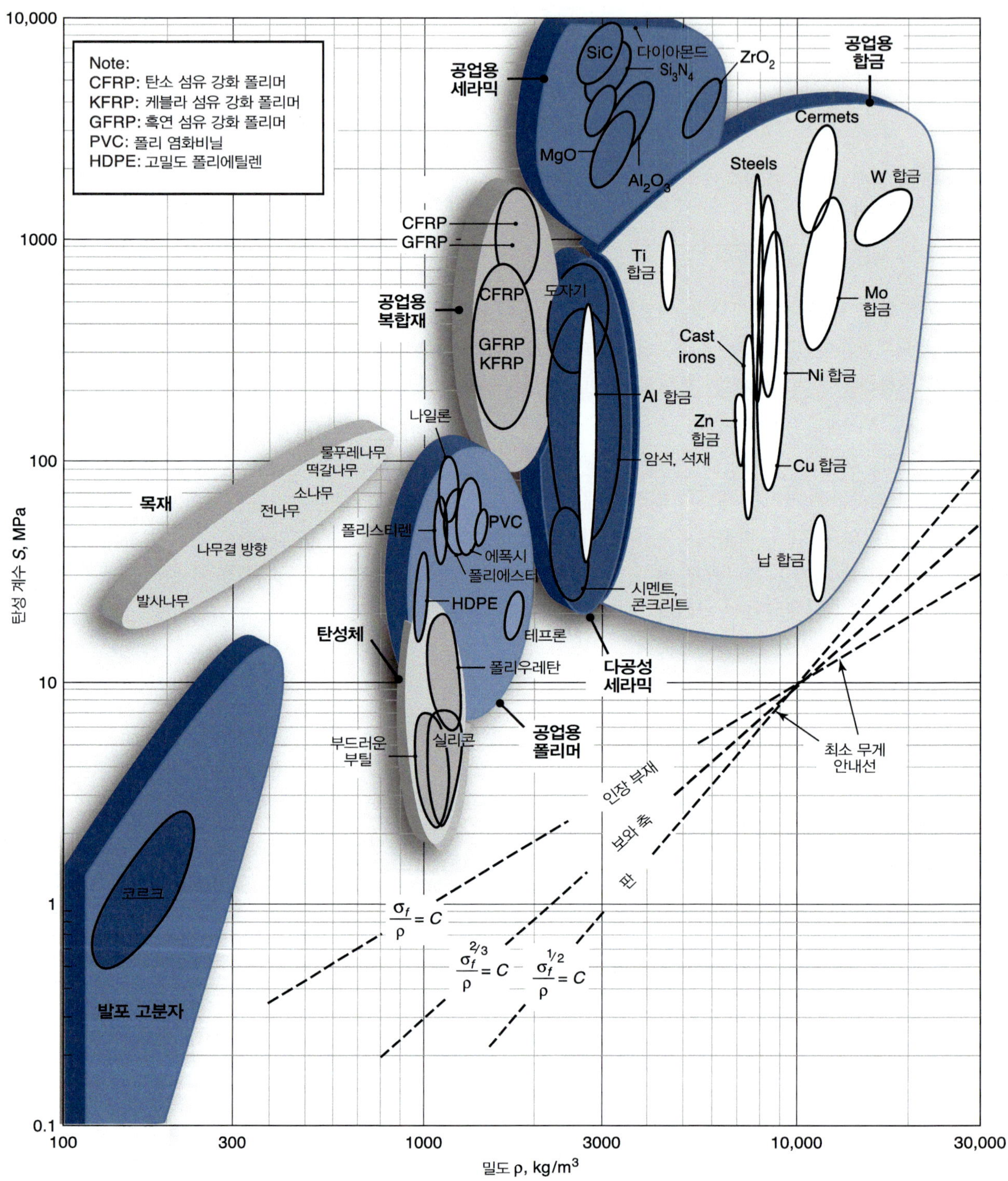

그림 3.20: 강도 대 밀도. S/ρ, $S^{2/3}/\rho$, $S^{1/2}/\rho$가 일정한 안내선들은 항복에 의해 제한되는 설계에서 최소 무게를 위한 재료 선택에 도움을 준다. 출처: Ashby(2010).

료는 무엇인가?

풀이 그림 3.20은 주어진 밀도에 대해 가장 강한 재료는 다이아몬드와 규소탄화물 그리고 기타 세라믹임을 보여준다. 이러한 재료들을 낚싯대로 쓰기엔 어렵고 또한 비싸다. 최상의 선택은 밀도 1500 kg/m^{2}의 800~1000 MPa을 갖는 탄소 섬유 강화 플라스틱 혹은 유리 섬유 강화 플라스틱이다.

3.7.3 강성 대 강도

그림 3.21은 탄성 계수와 강도를 도표화했다. 표준화된 강도 S/E의 등고선은 평행한 직선 군으로 나타난다. 그림 3.21에서의 기준선은 다음의 상황에서 유용하다.

$S/E = C$	실(seal)과 힌지(hinge)의 설계
$S^{3/2}/E = C$	칼날과 다이어프램(diaphragm)과 같은 탄성 요소
$S^2/E = C$	단위 부피당 탄성에너지 저장(소형 에너지 흡수 장치용)

예제 3.12

탄성 변형률

조건 자동차 서스펜션 안의 스프링을 고무, 강 혹은 일방향 탄소 섬유 강화 플라스틱으로 만들 수 있다. 허용되는 탄성 변형에 따라 서스펜션 스프링의 모양은 상당히 다르다.

문제 고무가 폴리우레탄(PU)이고 강은 1 GPa의 강도를 가진다면, 3종류 스프링의 최대 탄성 변형률을 각각 구하라.

풀이 그림 3.21로부터 PU 고무는 대략 30 MPa의 강도를 가지고 0.05 GPa의 탄성 계수이다. 최대 탄성 변형률은

$$\left(\frac{S}{E}\right)_{\text{rubber}} = \frac{30}{50} = 0.60$$

마찬가지로, 강과 탄소 섬유 강화 플라스틱에 대해서

$$\left(\frac{S}{E}\right)_{\text{steel}} = \frac{1}{205} = 0.005$$

$$\left(\frac{S}{E}\right)_{\text{plastic}} = \frac{1}{200} = 0.005$$

강 스프링과 탄소 섬유 강화 플라스틱 스프링의 최대 탄성 변형률이 0.5%인 반면 고무는 60%이다. 또한 그림 3.2로부터 강재의 스프링은 탄소 섬유 강화 플라스틱 스프링보다 5배 더 무거울 것이다. 17장에서 강은 헬리컬 모양과 코일 모양을 이용함으로써 효율적인 스프링으로 만들 수 있음을 보여 준다.

3.7.4 마모율 대 한계 압력

마모는 고체 재료를 선택하는 데 있어 새로운 형태의 문제이다. 만약 재료가 윤활되어 있지 않고 미끄러짐이 발생할 때, 접촉하는 표면 중 하나가 강이라면 마모율은 다음과 같이 정의된다.

$$W_r = \frac{\text{마모 체적}}{\text{미끄럼 거리}} = \frac{v}{L}. \tag{3.28}$$

마모율 W_r의 SI 단위는 m^{2}이다. 한계 압력 p_l이 낮은 경우,

$$W_r = k_1 A p_l, \tag{3.29}$$

여기서 k_1은 아차드 마모 상수, A는 접촉 면적, p_l은 한계 압력이다. 그림 3.22에서 k_1은 p_l의 함수임을 알 수 있다. 각 재료 군은 낮은 압력에서 일정한 k_1값을 보이다가 압력이 p_l에 근접함에 따라 급격히 증가함을 보여 준다. 재료는 각자의 한계 압력을 넘어서 사용될 수 없다.

예제 3.13

마모에 대한 설계

조건 폴리테트라플루오로에틸렌(PTFE 혹은 테프론) 슬라이더가 고탄소강과 접촉한다. 미끄러짐 거리는 300 m이고, 테프론층의 최대 마모 두께는 3 mm이다.

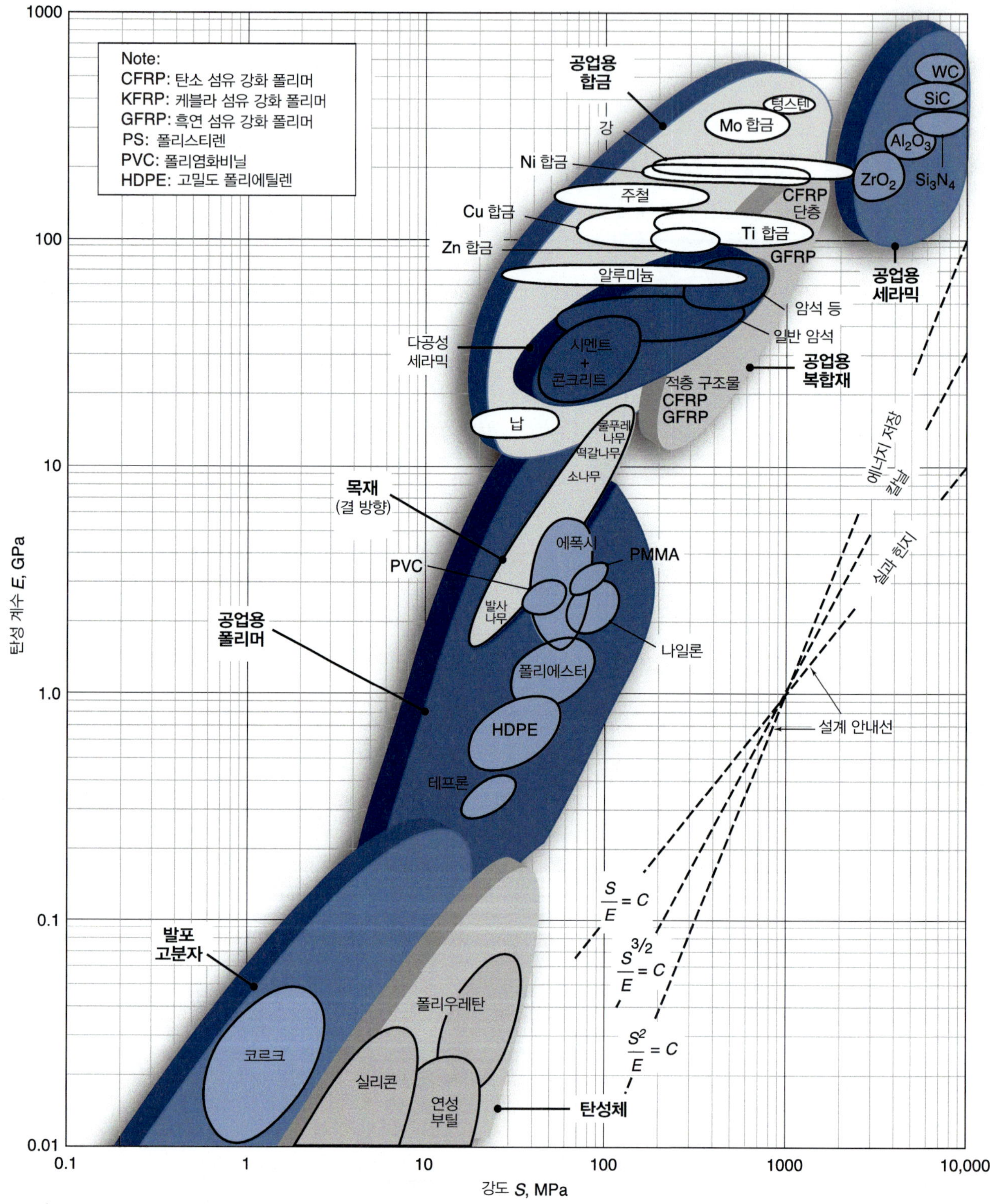

그림 3.21: 공학 재료에 대한 탄성 계수 대 강도 선도. 설계 안내선들은 스프링, 칼날, 다이어프램, 힌지와 같은 기계 요소에 대한 재료 선택에 도움을 준다. 출처: Ashby(2010).

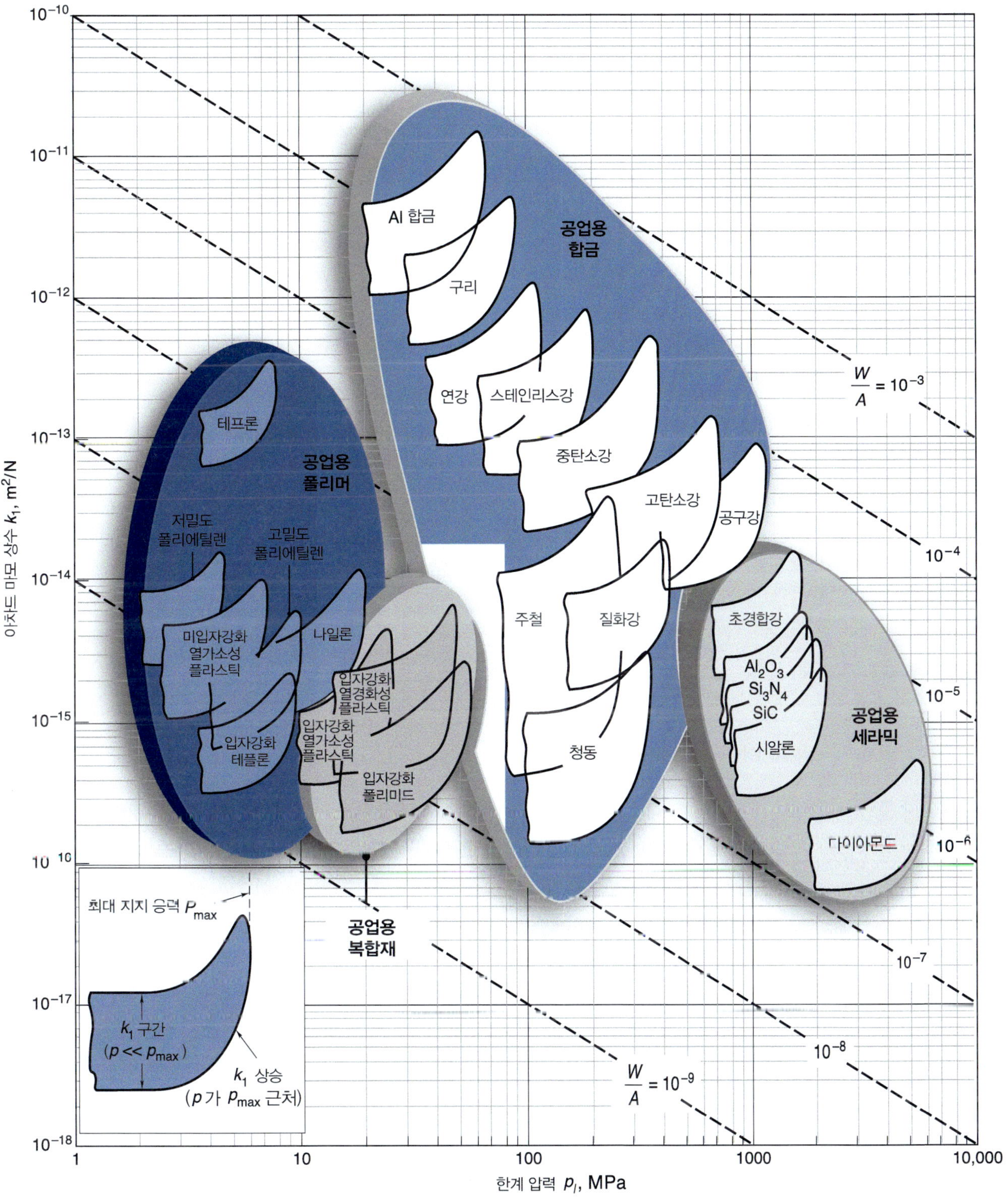

그림 3.22: 한계 압력의 함수로서의 아차드 마모 상수. 출처: Ashby(2010).

문제 하중 10 MN이 전달될 때 PTFE 슬라이더가 과도하게 마모되지 않고 한계 압력이 초과하지 않도록 하려면 PTFE 슬라이더의 표면의 크기는?

풀이 그림 3.22로부터 강과 접촉하는 PTFE에 대한 한계 압력은 $p_l = 8$ MPa이고 아차드 마모 상수는 $k_1 = 2 \times 10^{-13}$ m^2/N이다. 식 (3.29)로부터

$$\frac{W_r}{A} = k_1 p_l = \left(2 \times 10^{-13}\right)\left(8 \times 10^6\right) = 1.6 \times 10^{-6}.$$

재료의 마모 부피는

$$At_h = W_r L,$$

여기서 L은 미끄럼 거리, t_h는 마모 깊이이다. 그러므로

$$\frac{W_r}{A} = \frac{t_h}{L} = \frac{0.003}{300} = 10^{-5}.$$

압력은 다음과 같다.

$$p = \left(\frac{W_r}{A}\right)\frac{1}{k_1} = \frac{10^{-5}}{2 \times 10^{-13}} = 0.5 \times 10^8 \text{ Pa} = 50 \text{ MPa}.$$

$p \gg p_l$이므로 슬라이더의 크기를 결정하기 위해 한계 압력이 필요하다. 따라서

$$p_l A = \left(10 \times 10^6\right) \text{ N} = 10^7 \text{ N}.$$

면적에 대해서 풀면

$$A = \frac{10^7}{p_l} = \frac{10^7}{8 \times 10^6} = 1.25 \text{ m}^2.$$

과도한 압축 응력을 피하기 위해서 표면적은 1.25 m^2이어야 한다. 이러한 조건에서 마모 깊이는 0.48 mm이다.

3.7.5 탄성 계수 대 상대적 비용

실제에 있어 설계 엔지니어는 이 책에서 지금까지 논의된 것보다 비용을 훨씬 더 많이 고려해야 한다. 그림 3.23은 탄성 계수와 상대적인 비용(재료의 무게당 비용을 연강의 무게당 비용으로 나눈 값)을 보여준다. 그림의 안내선들은 다음에 유용하다.

$E/C_R\rho = C$	강성 인장 부재의 최소 비용 설계
$E^{1/2}/C_R\rho = C$	강성 보와 기둥의 최소 비용 설계
$E^{1/3}/C_R\rho = C$	강성 판의 최소 비용 설계

그림 3.23은 왜 강과 콘크리트가 비용을 최소로 하는 공공 작업 프로젝트의 건축 재료로서 가치가 있는지 잘 설명한다. 테프론으로 다리를 만들 수 있겠지만, 강과 콘크리트로 만든 다리보다 훨씬 더 비쌀 것이다.

3.8 제조 공정의 영향

공학 재료를 적절히 선택하는 것은 성공적인 설계를 위해서 매우 중요한 업무이다. 제품의 성능과 경제성에 있어 재료 선택만큼 중요한 것이 각 부품의 제조 공정 선택이다. 제조 공정의 선택은 재료의 미세 구조에 큰 영향을 미칠 수 있고 강도와 연성 및 다른 성질에도 큰 영향을 준다.

이 절은 기계 요소 설계에 영향을 주는 제조 공정에 대한 간단한 소개이다. 더 많은 정보는 Kalpakjian과 Schmid (2010), Schey(2000)를 참조하기 바란다.

3.8.1 금속재의 제조 공정

주조

주조는 액상의 금속을 틀 안에서 응고시키는 공정으로 다양한 주조 공정이 가능하다. 일반적인 주조품의 미세 조직에는 수많은 미세 기공이 있다. 이러한 기공은 인장에서 응력을 집중시켜 응력이 증가하고, 압축에서는 기공이 스스로 닫힌다. 그러므로 인장에서보다 압축에서 더 강도가 높다. 주조품은 이러한 미세 구조 때문에 연성이 낮지만 풀림(어닐링, annealing)을 하면 개선될 수 있다. 주조품의 주된 장점은 낮은 비용, 적당량의 생산량, 매우 복잡한 형상의 제조가 가능하다는 것이다.

주조 과정은 다음과 같이 분류한다. 소모성 틀(mold)과 소모성 본(pattern), 소모성 틀과 영구적인 본, 영구적인 틀과 영구적인 본으로 분류된다. 가장 주된 주조 과정은 다음과 같다.

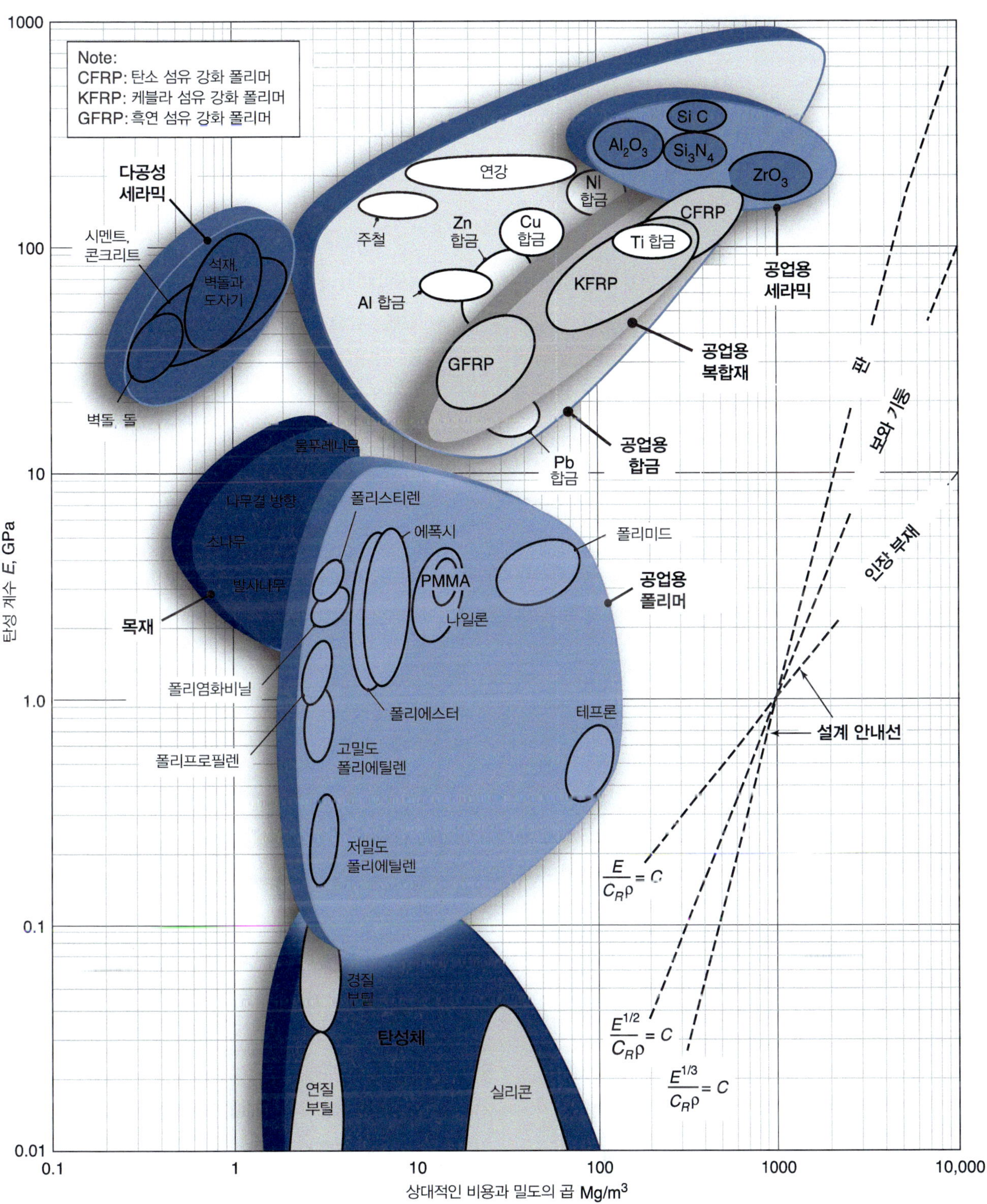

그림 3.23: 비용과 밀도의 곱의 함수로 나타낸 탄성 계수. 안내선들은 기계 요소에 대한 재료 선택에 도움이 된다. 출처: Ashby(2010).

- **소모성 틀과 소모성 본** 인베스트먼트 주조와 증발식의 본 주조가 이 종류의 예이다. 인베스트먼트 주조에서 본은 열가소성이나 왁스와 같은 낮은 융점의 고체로 만든다. 이러한 본을 세라믹 입자가 물에 섞여 있는 슬러리 안에 연속적으로 담가서 코팅한다. 원하는 코팅 두께가 되면, 코팅된 본을 오븐에 넣고 왁스를 녹이면 속이 빈 본만 남는다. 속이 빈 본에 액상의 금속을 부어 원래 본 모양으로 응고시킨다.

  증발식의 본 주조에서는, 폴리스틸렌 폼(foam)의 본을 원하는 금속모양으로 만들고, 이 폼을 모래에 묻는다. 액상의 금속을 폼 위에 부어, 폴리스틸렌을 증발시키고 모래로 된 빈 공간을 채운다. 응고 후에 틀을 깨고 부품을 꺼낸다.
- **소모성 틀과 영구적인 본** 이 종류에는 모래 주조(그림 3.24), 셸 주조, 석고틀 주조, 세라믹틀 주조가 있다. 모래 주조는 가장 널리 알려진 주조의 형태이다. 기계 공구의 바닥, 엔진 블록, 기계 본체의 생산에 일반적으로 적용한다. 모래 주조를 비롯한 유사 공정에서 틀은 본으로부터 만든다. 그러나 틀은 다른 부품을 제작하기 위해 재사용될 수 있다.
- **영구 틀** 다이캐스팅, 압력 주조, 원심 주조가 이 종류이며, 이 공정은 도구 비용이 높기 때문에 대량 생산에만 제한적으로 사용된다. 제품보다 용융점이 높은 금속 틀 혹은 흑연 틀 안에서 생산한다. 액상의 금속을 높은 압력을 가해 금속 틀 안에 주입하되, 응고되기 전에 완전히 틀을 채운다. 영구 틀 공정으로 생산한 부품의 예로는 트랜스미션 본체, 밸브 몸체, 손 공구, 컴퓨터 본체, 장난감, 카메라 프레임이 있다. 이 공정으로 제작된 제품은 일반적으로 표면 조도가 좋고 공차가 적다.

부피 성형

부피 성형(bulk forming) 공정에서는 원하는 모양을 얻기 위해 재료에 큰 변형을 준다. 그러므로 재료가 파단 없이 성형되기 위해서 큰 연성이 필요하다. 부피 성형에서 흔히 사용되는 공정은 다음과 같다.

- **단조** 단조는 압축 응력을 작용시켜 금속의 변형을 제어하는 공정이다. *자유단조*에서는 평면 혹은 곡면의 간단한 다이를 사용하여 대충의 형상을 갖는 제품을 만든다. 그림 3.25에 보인 형단조에서는 다이 안에 빈 공간(cavity)을 만들고, 금속 소재가 이 빈 공간의 모양이 되도록 성형된다. 단조에서는 공작물에 플래시(flash)가 생성되는데 이는 나중에 제거해야 한다. 플래시는 금속이 다이를 완전히 채우도록 하기 위해 반드시 필요하다.
- **압출** 압출은 그림 3.26(a)와 같이 빌릿(billet)을 다이로 밀어내어 일정한 단면적의 제품을 만드는 공정이다. 구조용 형상은 압출로 생산되고, 작은 부품은 원하는 길이로 압출품을 잘라서 사용한다.
- **압연** 가장 일반적인 부피 성형 공정이며 금속의 약 90%가 압연으로 생산된다. *평면 압연*에서는 2개의 롤러로 빌렛에 압축 응력을 작용시켜 두께를 감소시킨다. 압연으로 구조용 형상, 관, 링(베어링 내륜/외륜), 구(베어링에서의 볼), 나사산을 제조한다.

재료 연성을 증가시키고 강도와 강성을 낮추기 위해서 높은 온도(열간 가공)에서 부피 성형을 할 수 있다. 냉간 가공을 하면, 우수한 표면 조도, 가공 경화로 인한 우수한 기계적 성질, 그리고 조밀한 미세 구조를 얻을 수 있다.

박판 성형

금속의 주요 장점 중 한 가지는 얇은 박판으로 압연할 수 있을 만큼 큰 연성을 가지고 있다는 것이다. 이런 박판은 다양한 종류의 얇은 부품을 경제적으로 그리고 고품질로 생산하는 데 사용된다. 박판 금속은 냉간 압연되기 때문에 작고 늘어난 결정립으로 이방성을 나타내며 부피 성형품보다 강도가 높다.

가장 일반적인 박판 성형(sheet forming) 작업에는 굽힘 성형, 인장 성형(stretch forming), 딥드로잉(deep drawing)이 있다. 굽힘 성형에서는 박판 혹은 관을 맨드렐을 이용해 힘을 주어 형상을 만들거나, 박판을 다이에 넣어 소성 변형시킨다. 인장 성형에서는 판을 원하는 윤곽의 2개 다이 사이

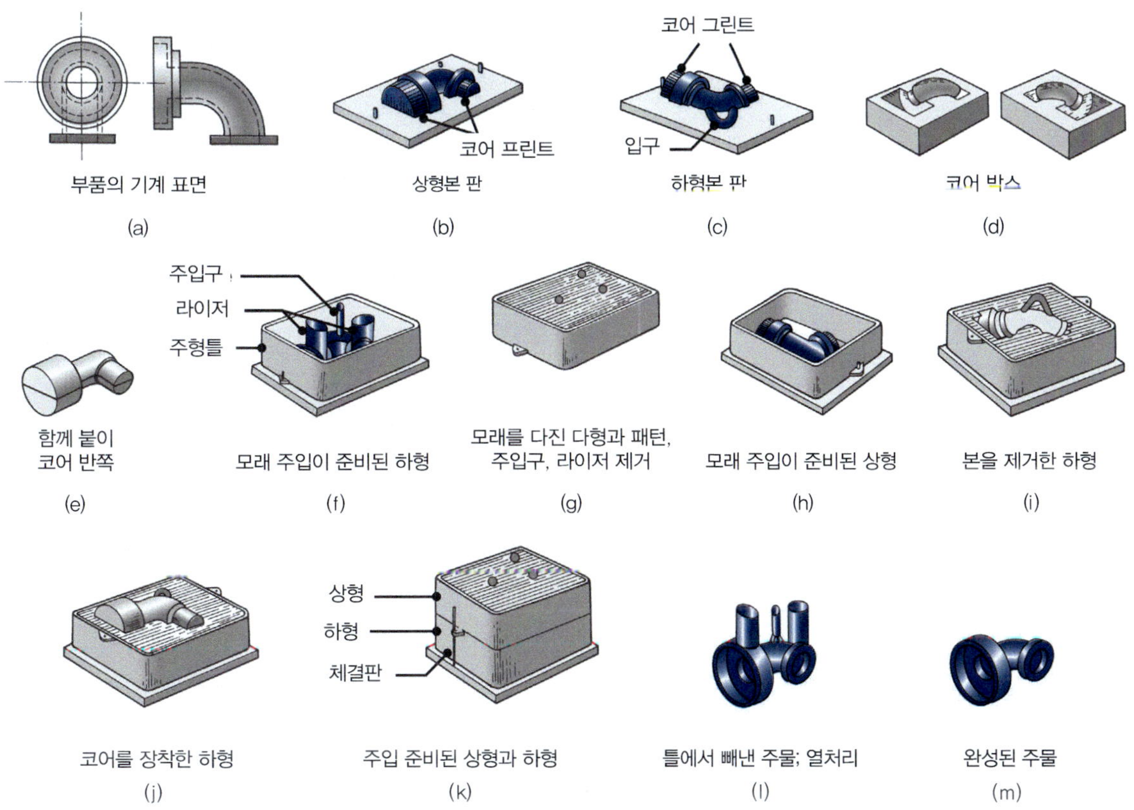

그림 3.24: 모래 주조의 개략적인 공정 순서도. (a) 부품의 도면을 사용하여 틀을 설계한다. 부품 수축과 구배(taper) 등을 고려해야 한다. (b, c) 틀을 고정 핀이 있는 판 위에 올려 놓는다. 코어를 제자리에 잡기 위해 설계된 코어 프린트를 사용한다. (d, e) 코어 박스로 반쪽씩 붙어 있는 코어를 생산한다. 코어는 그림 (a)에 있는 부품의 빈 공간을 만들기 위해 사용한다. (f) 주형틀에 상형(cope) 판을 핀으로 고정하여 틀의 상형을 조립하고, 탕도와 라이저(riser)를 만들기 위해 삽입물을 부착시킨다. (g) 주형틀은 모래로 다지고 삽입물을 제거한다. (h) 하형(drag)도 틀을 넣어 비슷한 방식으로 만든다. 바닥판을 하형 아래에 놓고 핀과 함께 정렬한다. (i) 틀, 주형틀, 밑바닥 판을 뒤집는다. 틀은 빠지고 필요한 공간(자국)만 남는다. (j) 코어를 하형의 캐비티(구멍) 안에 설치한다. (k) 하형 위에 상형을 놓고 핀으로 조립하여 틀을 닫는다. 주형틀은 상형이 액체 부력으로 들어올리는 압력을 받는다. (l) 금속이 응고된 후, 주조품을 틀에서 제거한다. (m) 탕도와 라이저는 잘라서 재활용한다. 그리고 주조품을 깨끗하게 하고 검사 후 필요하면 열처리한다. 출처: Steel Founders' Society of America.

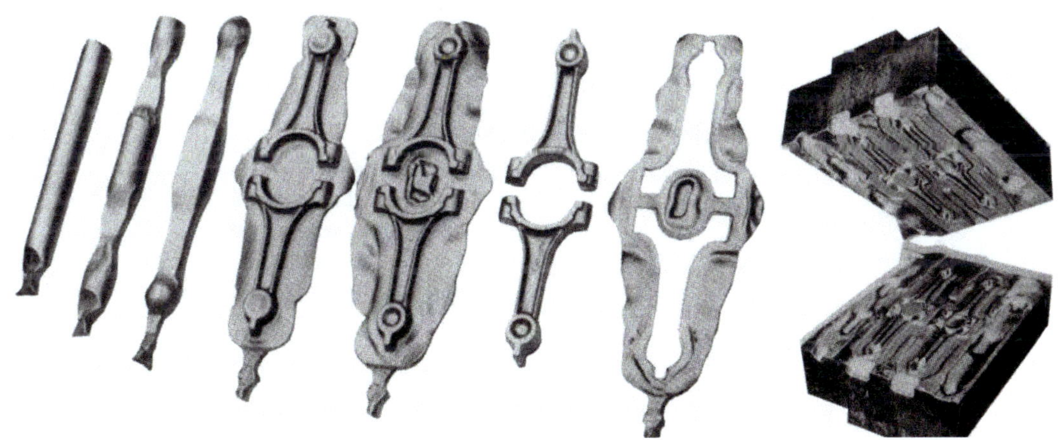

그림 3.25: 내연기관 커넥팅 로드의 단조 단계와 사용된 다이.

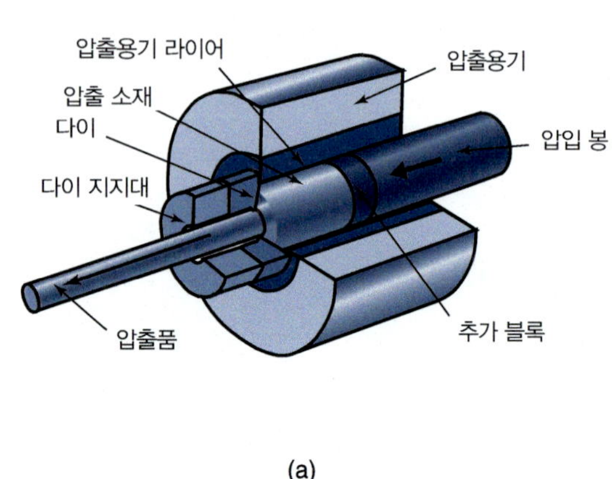

(a)

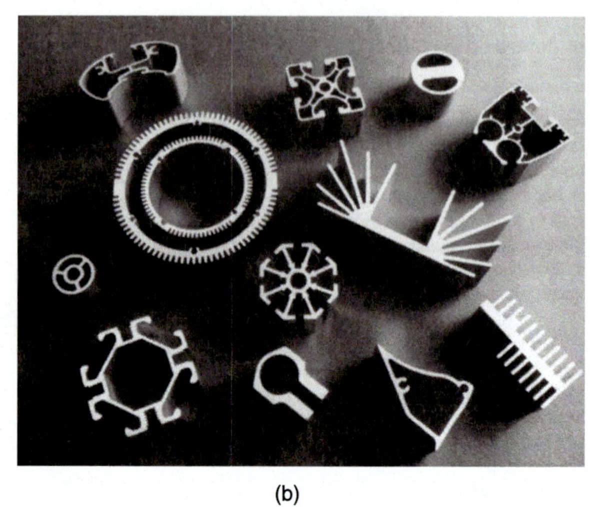

(b)

그림 3.26: 압출 공정. (a) 전방 압출 공정의 도식적인 그림. 출처: Kalpakjian and Schmid(2010). (b) 압출된 부품들의 예시. 출처: Schey(2000).

에 넣어 힘을 가한다. 판형 금속은 다이 윤곽에 맞추어져 소성 변형한다. 딥드로잉에서는 판 혹은 원판(blank)을 캐비티(구멍이 있는 틀) 다이 안으로 힘을 가해 밀어 넣어 컵 모양의 부품을 생산한다. 펀치와 다이에 의해 판이 잘리는 것을 피하기 위해 박판 두께보다 약간 큰 틈새를 둔다. 전형적인 딥드로잉 제품에는 조리 도구, 오일 팬, 음료 용기가 있다.

분말 야금(Powder Metallurgy, PM)

분말 형태에서 다양한 방식으로 금속을 생산할 수 있다. 이러한 분말들은 다음과 같은 공정으로 추가 가공된다.

- **압축 성형과 소결** 분말을 다이 공간 안에 넣고 높은 압력 하에 압축한다. 뽑아낸 부분은 *성형체*(green compact)라 하고 분필과 비슷한 강도를 갖는다. 이런 부품을 소결하거나, 로(furnace)에서 4시간 동안 용융점(절대온도)의 90%까지 가열한다. 소결로에서 분말 입자는 녹아서 융합하고 강한 결합을 생성한다.
- **금속 사출 성형** 분말을 폴리머 접합제와 섞고, 이 혼합물을 사출한다. 사출 후에, 부품을 소결하고 저 융점의 금속을 침투시키기도 한다.
- **냉간과 열간의 등압 압축 성형** 분말을 틀에 넣고 압력 챔버에 넣는다. 높은 압력 때문에 분말 부품이 소성 변형하여 더 강해지고 내성을 갖는다.

PM 부품은 기공이 많은데, 기공이 20%까지 될 수 있다. 주조와는 달리, PM의 기공들은 서로 분리되지 않고 모두 연결되어 있다. 따라서 PM 부품은 윤활제가 스며들면 윤활제가 항상 존재하는 스펀지처럼 생각할 수 있다. 이러한 이유로 PM 부품을 기어, 캠, 베어링, 슬리브와 같은 윤활 부품에 자주 쓴다.

절삭(Machining)

금속 절삭, 연마, 방전가공과 같은 재료 제거 과정은 부피 제품(준정형 제품)으로부터 원하는 표면 마무리, 조도, 치수를 얻기 위해 재료를 제거한다. 절삭 과정은 다음과 같이 부품 설계에 영향을 끼친다.

- 모든 절삭 과정은 피로 수명에 영향을 주는 가공 자국(feed mark)을 남긴다. 이 주제는 7장에서 더 상세하게 논의할 것이다.
- 절삭은 상대적으로 비싸고 느리다.
- 매우 매끄러운 표면과 매우 낮은 공차를 얻기 위해서는 매우 비싼 제조 공정을 사용해야 한다. 그러므로 설

계자의 목표는 최대의 경제성을 위해 가급적 표면 거칠기를 크게 설계하는 것이다.

- 절삭은 재료의 미세 구조에 영향을 끼치지 않는다. 그러므로 제품의 표면만 가공되기 때문에 취성 재료는 연성 재료가 될 수 없다.
- 절삭은 작업하는 동안에 고정구로 부품을 잡아야 한다. 그러므로 설계자는 부품을 잡고 고정하는 위치를 고려해야 한다.
- 주조나 부피 성형 공정에서는 날카로운 외부 코너를 만들기가 어렵다. 그러나 가공으로는 만들기 쉽다.

3.8.2 폴리머의 제조

폴리머는 매우 다양한 제조 공정으로 생산한다. 여기서는 자주 사용하는 몇 가지 방법을 다룬다. 폴리머에는 두 가지 기본 형태가 있고 이것이 사용될 제조 방법을 결정한다. 열가소성은 정해진 용융점을 가지는 폴리머이다. 가열하면 강도가 낮아지고 유동성이 증가한다. 열가소성은 냉각하면 다시 강도와 경도를 회복한다. 열경화성은 열을 가하면 녹기 한참 전에 화학적으로 분해된다. 열경화성에 사용되는 기본 전략은 원하는 모양으로 폴리머 구성물을 성형하고 경화하도록 열과 압력을 가하는 것이다. 경화 사이클이 끝나면 사용할 수 있다.

혁신적인 공정인 쾌속 조형(rapid prototyping)은 이 장 마지막의 사례 연구에서 설명한다. 쾌속 조형은 빠르게 발전하고 있는데, 이에 사용되는 최신 재료들이 부록 A.15에 기술되어 있다.

열가소성 플라스틱 제조

열가소성 플라스틱(thermoplastic manufacture)은 매우 보편적이고 용도가 넓고, 다양한 종류의 모양과 색깔이 가능한 재료이다. 열가소성 플라스틱의 소재는 덩어리, 알갱이, 분말 형상으로 생산된다. 용융된 폴리머는 점성이 높아 액체보다는 빵 반죽 혹은 부드러운 땅콩버터에 가깝다. 이것은 여기서 설명하는 공정을 상상할 때 이해를 돕는다.

흔히 사용되는 열가소성 플라스틱의 공정 방법은 다음과 같다.

- **압출**(extrusion) 압출에서는 그림 3.27과 같이 알갱이 혹은 분말 형태의 폴리머를 압출기 내에서 가열한다. 폴리머는 압출기 통 안에서 가열 장치 혹은 마찰열(알갱이끼리 혹은 알갱이와 스크류 사이) 때문에 녹는다. 액체 폴리머는 원하는 모양의 다이 캐비티를 통해서 밖으로 빠져나가면서 일정한 단면적을 가진 부품이 된다. 그 다음에는 차가운 공기로 폴리머를 강제 냉각한다. 폴리머 관, 구조용 부재, 막대기(bar) 등이 압출로 만들어진다.
- **사출**(injection molding) 폴리머를 개방된 다이로 밀어 내는 대신, 다이 캐비티 안으로 주입한다. 사용하는 금속 다이에는 냉각제가 흐르는 통로(channel)가 있

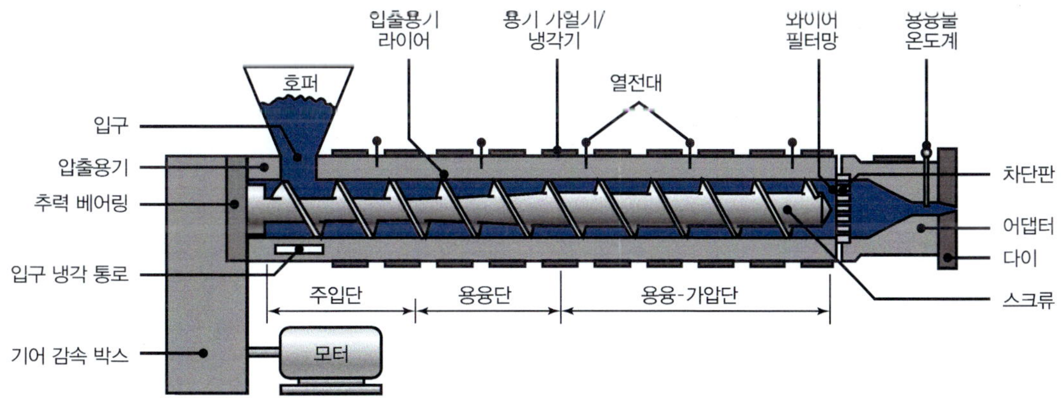

그림 3.27: 전형적인 압출기의 도식적인 그림. 출처: Kalpakjian and Schmid(2010).

어, 폴리머에서 열을 빠르게 제거한다. 고체가 된 폴리머 제품은 빼내고 다음 사이클이 시작된다. 사출은 매우 일반화된 공정이다. 다양한 종류의 자동차, 전기절연체, 가전제품이 이 방법으로 생산된다.

- **열성형**(thermoforming) 열성형에서는 압출된 필름을 가열한 후 원하는 모양을 갖는 금속 다이 위에 놓는다. 그러면 부드러운 열가소성 플라스틱 필름은 다이 형상으로 변형된 후 냉각되어 단단해진다. 플라스틱 포장, 광고 표지, 냉장고 라이너, 사례 연구 1.4에서의 치과교정기 Invisalign 제품이 열성형 제품의 한 예이다.
- **취입성형**(blow molding) 압출 취입성형에서는 압출된 관을 다이 캐비티 안에 넣고 꽉 잡은 후, 관 내부에 압력을 가한다. 사출 취입성형에서는 짧은 관모양의 부품(parison이라고 함)을 먼저 사출한 후 취입 성형다이로 이동시킨다. 취입성형은 플라스틱 음료병과 같이 속이 빈 용기를 생산한다.

열경화성 플라스틱 제조

열경화성 플라스틱은 매우 자주 쓰인다. 열가소성과 비교했을 때 열경화성은 일반적으로 (높은 온도에서 특히) 강도와 비강도가 높다. 앞에서 설명한 바와 같이, 열경화성 플라스틱은 폴리머 구성물을 섞고 원하는 모양으로 성형한 후 경화시킨다. 열경화성 플라스틱을 제조하는 몇 가지 방법은 다음과 같다.

- **반응 사출 성형**(reaction injection molding) 사출 성형과 유사한 반응 사출 성형은 가열된 다이 안으로 액체의 열경화성 플라스틱을 주입하고 온도를 올려 폴리머를 경화시킨다.
- **압축 성형**(compression molding) 압축 성형은 단조와 유사하다. 분말 혹은 점토와 같은 점성이 있는 폴리머를 가열된 틀에 넣고 캐비티를 채우도록 가압한다. 이때 폴리머는 틀의 형상대로 굳어진다. 압축 성형된 제품은 공차와 표면 조도가 좋고, 다른 공정에 비해 분자가 무겁고 결정성(따라서 강도)이 높다.

3.8.3 세라믹 제조

세라믹은 분말 야금 기술과 유사한 공정으로 제조된다. 세라믹은 보통 물과 접합제를 섞은 분말로 만든다. 세라믹 부품은 입자들을 융합시키기 위해서 로 혹은 가마에 넣는다. 모든 제조기법에서, 세라믹은 다공성이기 때문에 기계적 성질은 기공에 의존한다. 세라믹 부품을 생산하는 가장 일반적인 공정은 다음과 같다.

- **슬립 주조**(slip casting) 세라믹 슬러리(물과 섞인 현탁액)을 침투성의 틀에 붓는다. 슬러리 안의 물은 틀 벽에 흡수되어 표면에 밀도가 높아진다. 몇 분 후에, 슬러리를 틀에서 부어 빼어내면 틀에는 붙어있는 코팅만 남는다. 몇 시간 후에, 코팅된 슬러리에서 물을 더 제거하고 틀에서 빼어 낸다. 이 단계에서는 매우 깨지기 쉬우므로 세라믹 분말을 융합시키기 위해 노 혹은 가마 안에서 소결시킨다.
- **건식 혹은 습식 압축 성형**(dry and wet pressing) 금속 분말의 압축과 유사하다. 만들어진 성형체는 강도를 높이기 위해 로 안에서 소결시켜야 한다.
- **독터블레이드 성형**(doctor-blade process) 점토와 같은 점도의 세라믹을 칼날로 펼친다. 세라믹을 박판 형상으로 펴거나 또는 판재나 사발 등 원하는 모양으로 성형할 수 있다(물레 성형, jiggering).
- **압축 성형과 사출 성형**(pressing and injection molding) 이들은 같은 이름의 PM 폴리머 공정과 유사하다. 강도를 올리기 위해 소결시켜야 한다.

세라믹과 분말 야금 부품은 설계 고려사항이 많다. 소결 혹은 열처리중 상당히 수축되기 때문에, 큰 부품은 뒤틀릴 수 있고 얇은 단면적은 파단되기 쉽다. 날카로운 코너는 부품이 성형체일 때 부서지기 쉽다. 공구 설계를 쉽게 하기 위해서 모따기(chamfer)가 라운드보다 낫다.

3.8.4 제조 공정의 선택

제조 공정의 선택은 어려운 일이다. 설계 인자뿐만 아니라 경제적 사항도 반드시 통합적으로 생각해야 한다. 제조 공정

표 3.2: 제조되어 판매되는 재료별 형태.

재료	가용한 형태[a]
알루미늄	B, F, I, P, S, T, W
세라믹	B, p, s, T
동과 황동	B, f, I, P, s, T, W
탄성중합체	b, P, T
유리	B, P, s, T, W
흑연	B, P, s, T, W
마그네슘	B, I, P, S, T, w
플라스틱	B, f, P, T, w
귀금속	B, F, I P, t, W
강과 스테인리스강	B, I, P, S, T, W
아연	F, I, P, W

[a] B = 봉과 막대기 , F = 호일 , I = 주괴 , P = 후판과 박판, S = 구조물 모양 , T = 관, W = 철사. 소문자는 제한된 유효성을 나타낸다. 금속의 대부분은 분말 형태(미리 합금이 된 분말을 포함하여)로도 가용하다.

선택에 대한 완전한 논의는 이 책의 범위를 넘어서므로, 관심 있는 독자는 Kalpakjian과 Schmid(2010)를 참고하기 바란다. 하지만 기계 요소를 설계할 때 제조 공정에 다음과 같은 경향이 있다는 점은 반드시 명심해야 한다.

- 생산량이 적은 경우에 유리한 공정은 장비 비용이 낮고 인건비가 높다. 반면에 자동화된 공정은 장비가 비싸지만 인건비는 낮다. 장비 구입비를 상쇄할 만큼 충분한 양의 부품을 생산한다면, 자동화된 공정을 통해 부품당 비용을 절감할 수 있다. 실례로 볼트, 기어, 베어링 등은 표준 규격으로 대량 생산되어, 임의 크기로 주문 생산되는 경우보다 훨씬 경제성이 높다. 설계 관점에서, 43.6 mm 대신 50 mm 같은 표준 크기로 치수를 명시하는 것이 중요하다.
- 많은 양을 생산할 때 제품의 품질과 강건성(robustness)이 제고된다.
- 특정 재료는 단지 몇 가지의 형상으로만 가용하다(표 3.2). 다른 형상으로 소재를 만드는 것이 불가능하지는 않지만 경제적으로 추천하지 않는다.
- 제조 공정은 크기, 강도, 공차, 표면 처리의 설계 요구사항에 의해서 결정된다. 그림 3.28은 공차와 거칠기를 기반으로 제조 공정을 선택할 때 가이드로 사용할 수 있다.

사례 연구 3.1

메이커운동(The Maker Movement)

1980년대 이래로, 부품의 컴퓨터 CAD 모델을 이용하여 원하는 곳에 정확하게 재료를 적층하는 많은 제조 공정들이 개발되었다. 이런 공정들은 얇은 슬라이스를 사용하여 층층이 부품을 만든다는 점에서 특이하다. 그림 3.29는 가장 흔히 사용되는 쾌속 조형(rapid protogying) 공정 몇 개를 설명하고 있다. 이들을 3D 프린팅 혹은 *적층제조*(additive manufacturing)라고도 한다. 이 방식을 통해 하나의 부품을 틀이나 공구 없이 몇 분 혹은 몇 시간 안에 만들 수 있어, 많은 경우 매우 유용하다.

초기 쾌속 조형 기계들은 상당한 결점을 가지고 있었는데, 가격이 매우 높았고 소재로 폴리머만 사용하였다(일부는 종이도 사용). 그리고 이 방식으로 제작된 부품의 기계적 성질이 다른 제조 공정에 비해 떨어졌다. 또한 소재가 매우 비쌌는데, 이는 적층공정의 제어를 위해 소재의 화학적 조성 및 순도에 까다로운 조건이 요구되었기 때문이다.

1990년대에 기술적 진보가 이루어져 쾌속 조형의 유용성이 높아졌다.

- 재료의 진보로 다른 공정과 필적할 만한 기계적 성질을 지닌 폴리머가 개발되었다. 이러한 재료들은 여전히 상대적으로 비싸지만 제조비용이 더욱 낮아져 쾌속 조형의 경쟁력이 높아졌다.
- 새로운 공정이 개발되어 금속과 세라믹(모래 포함)도 사용할 수 있게 되었다. 따라서 금속의 강도를 요구하는 부품에 쾌속 조형을 적용할 수 있게 되었고, 툴링(tooling), 즉 다른 제조 공정에 필요한 공구와 다이를 쾌속 조형으로 제작할 수 있게 되었다.
- 컴퓨터 연산속도가 빨라지고, CAD 소프트웨어의 발전으로 3D 모델링 능력이 향상되었다.
- 새로운 색깔과 투명도의 제어가 가능해졌고 심지

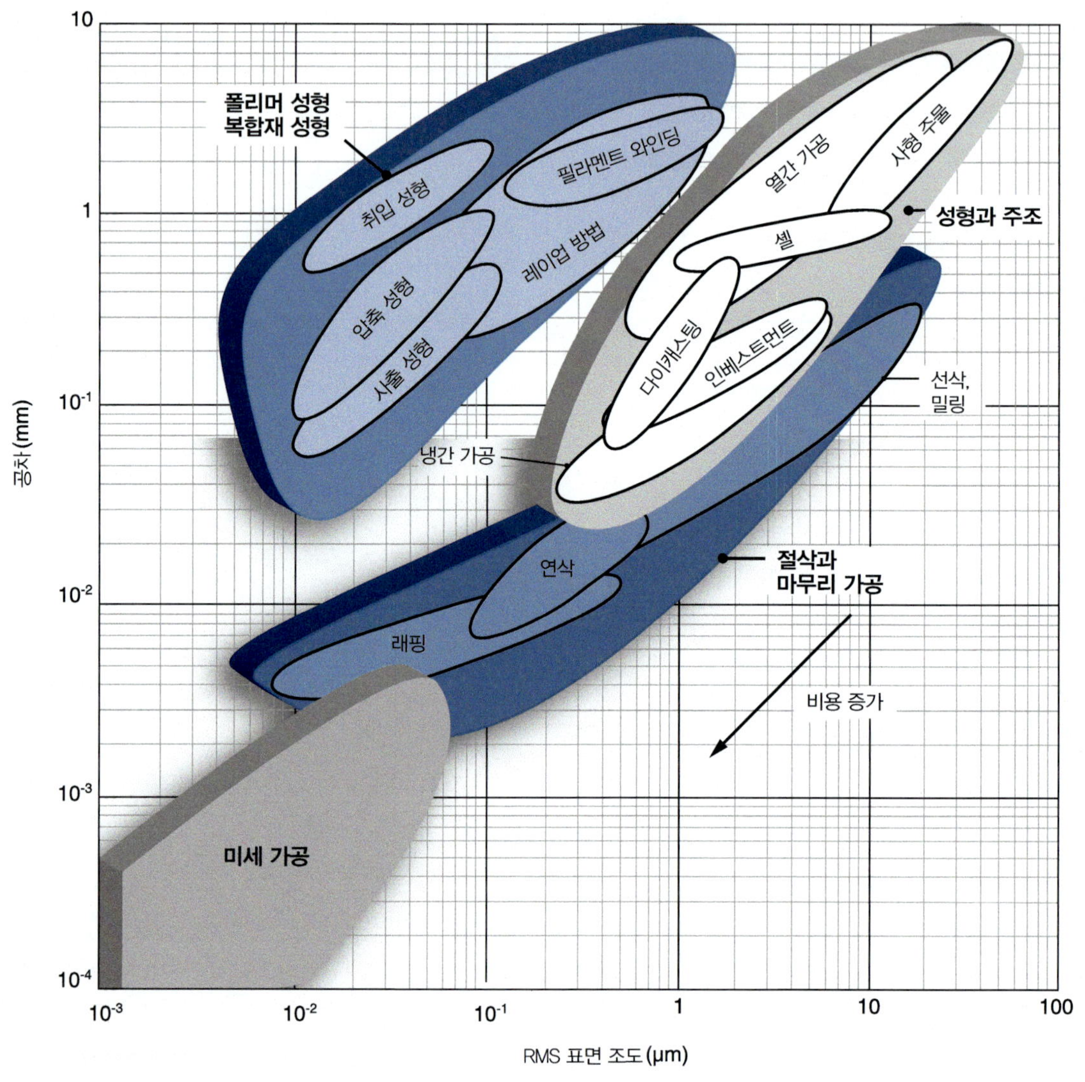

그림 3.28: 다양한 제조 공정에 대한 표면 거칠기와 공차와의 관계. 출처: Ashby(2010).

어 다채로운 색깔의 요소도 만들 수 있게 되었다. 완전한 색깔의 프로토타입을 얻기 위해 잉크 프린트에서 했던 방식으로 다채로운 색깔의 접합체를 사용하는 다양한 3차원 프린팅이 개발되었다.

- 3차원 스캐너가 대중화되었고 가격도 합리적이 되어, 물체의 형상을 잡아 CAD 패키지로 보내 입력하고, 형상을 수정하여 직접적으로 3D 프린터로 보낼 수 있다. 물체의 3차원 형상을 캡처하는 스마트폰 앱도 있다.

이러한 발전은 인상적이어서 쾌속 조형 공정에 큰 흥미를 불러 일으켰다. 그 결과 새로운 사업 모델들이 개발되었다. 예를 들어 몇몇 사업체들은 인터넷 앱으로 3D 그래픽 파일을 받아 부품을 프린트한 후 구입자에게 익일 택배로 배송할 것이다. 영리한 방식으로 장난감에 응용된 경우도 있다. 즉, 고객의 얼굴과 머리의 3차원 스캔 정보를 받고, 축소된 머리 모양을 슈퍼히어로 인형 장난

공정	설명

용융적층조형(Fused Deposition Modeling, FDM)

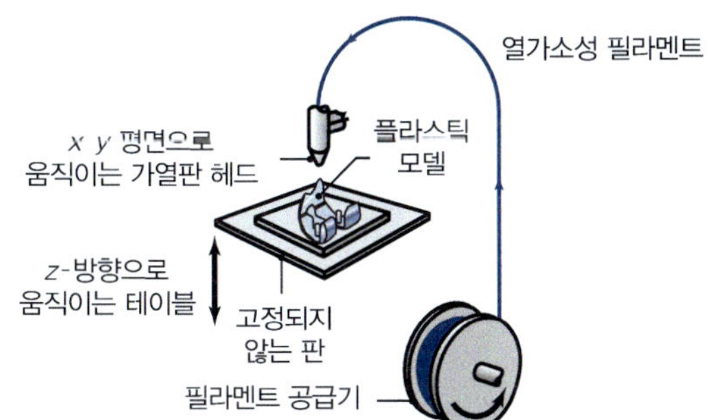

압출기 헤드를 통해서 열가소성 플라스틱 필라멘트를 압출한다. 압출기 헤드의 위치는 컴퓨터로 제어한다. 사용되는 재료는 ABS, 폴리카보네이트(polycarbonate), 폴리설폰(polysulfone)이 있다. ABS는 다양한 색깔이 있지만 보통 흰색이 사용된다. 폴리머의 강도는 72 MPa(상표명 Ultem 9085의 값)만큼 높을 수 있다. FDM은 Maker movement에서 사용하는 주 공정이다.

선택적 레이저소결(Selective Laser Sintering, SLS)

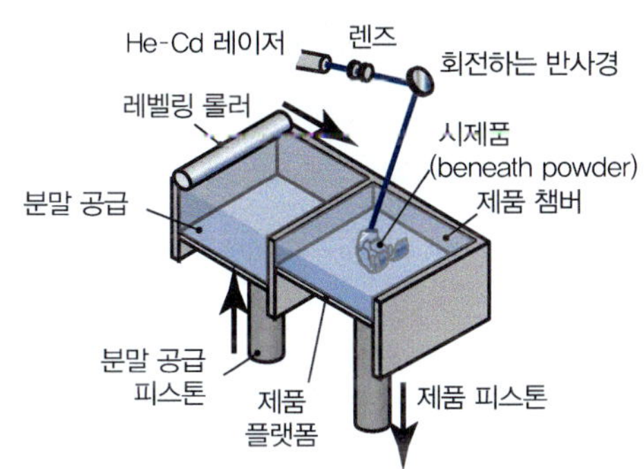

플랫폼 위에 놓여 있는 소재 분말 층에 레이저를 쏘아 선택적으로 융합(소결)시킨다. 연속적인 층을 소결시켜 부품을 만든다. 전자빔을 사용할 수 있으며, 이를 전자빔 용융(electron beam melting, EBM)이라 한다. 재료는 폴리머, 금속, 폴리머 코팅의 세라믹, 모래 입자 등이다. 강도는 탄성중합체와 같은 낮은 강도에서 Windform XT(상표명)의 78 MPa까지 가능하다. SLS의 강도는 청동이 함침된 스테인리스강 분말에 대해서 300 MPa 이상이고, EBM에서의 Ti-6Al-4V는 900 MPa 이상이다.

스테레오리소그라피(Stereolithography)

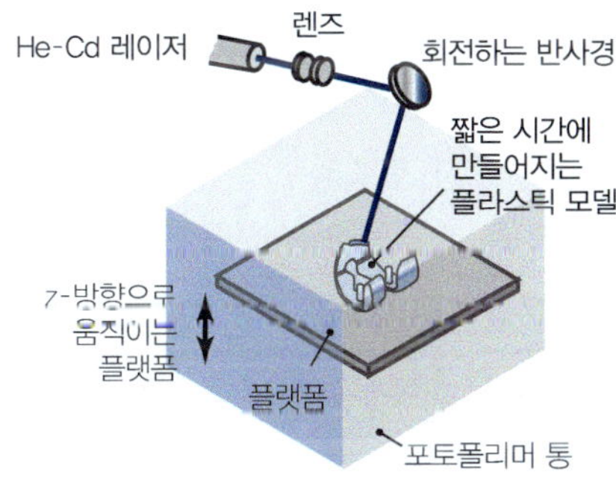

플랫폼이 액체 포토 폴리머의 큰 통 안에 놓인 채 원하는 깊이까지 내려가 있다. 컴퓨터로 제어되는 레이저가 포토 폴리머를 경화시킨다. 층층이 경화시켜 부품을 제작한다. 투명한 부품을 제작할 수 있다. 재료의 범위는 탄성중합체 같은 낮은 강도에서 68 MPa의 강도를 지닌 강한 플라스틱(Accura 60, 상표명)까지 있다.

3차원 프린팅(Three Dimensional Printing, 3DP)

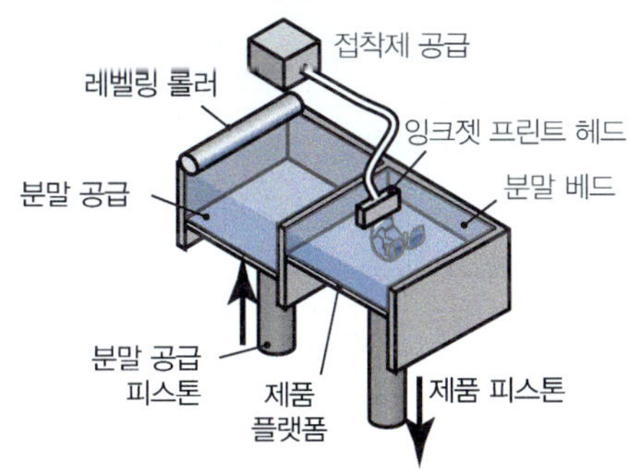

잉크젯 프린터와 비슷한 방식으로 접착성의 접합체를 프린트함으로써 분말층을 선택적으로 융합한다. 접합제는 몇 초 안에 경화된다. 다채로운 색깔의 부품을 만들기 위해서 멀티 컬러의 프린터 헤드를 이용할 수 있다. 기계적 성질은 선택적 레이저 소결과 비슷하다.

그림 3.29: 흔히 사용되는 쾌속 조형 공정. 이들 공정을 통해 도구의 사용 없이 CAD 모델을 기반으로 부품을 제작할 수 있다. 용융적층조형(FDM)은 Maker Movement에서 가장 많이 사용되는 공정이다.

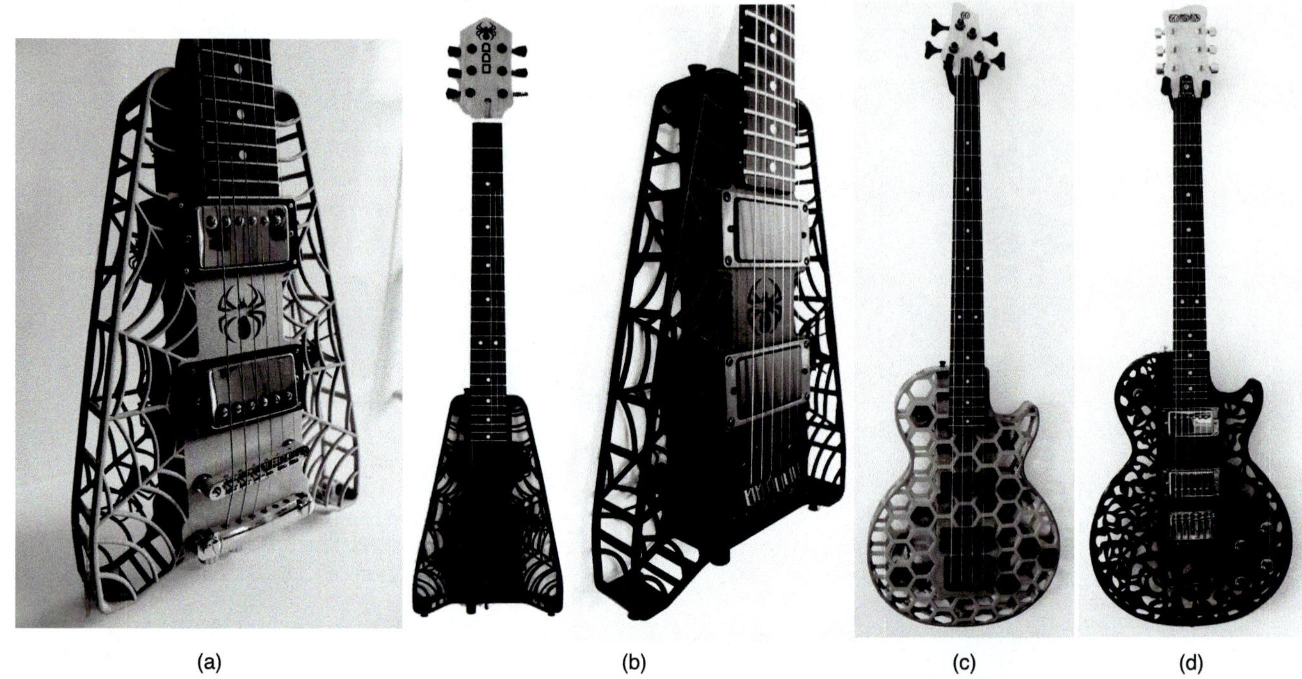

그림 3.30: 쾌속 조형으로 제작된 기타. (a) Spider 디자인의 바디 상세, (b) 완성된 Spider 기타, (c) Hive-b 디자인 기타, (d) Atom 디자인 기타. 출처: O. Diegel, Massey University.

감에 부착하는 것이다. 집안 장식, 옷, 전화기와 태블릿 PC의 케이스, 악기 등을 독창적으로 설계하는 데도 사용되었다. 그림 3.30은 쾌속 조형으로 가능해진 제조 유연성을 활용하여 제작한 매우 혁신적인 디자인의 기타들을 보여 준다.

이들도 모두 신기하고 흥미롭지만, 최근 수년간의 더 큰 관심은 쾌속 조형된 기계에 있다. 용융적층조형(fused deposition modeling, FDM) 방식의 특허가 소멸됨에 따라 많은 회사와 개인이 이 공정을 자유롭게 사용할 수 있게 되었다. Maker Movement로 알려진 크라우드소싱 커뮤니티가 조직되어 인터넷 커뮤니케이션 도구에 링크하여 수많은 Makerbot을 개발해왔다. 이들은 인터넷으로부터 설계를 다운로드 받아 몇 백 달러만으로 만들 수 있는 완전한 기능의 3D 프린터이다. 또, 크라우드소싱의 설계를 기반으로 만든 매우 싼 3D 프린터들이 이미 팔리고 있다(그림 3.31).

재료 연구자들은 계속적으로 폴리머의 기계적 성질과 제조 용이성을 개선시키고 있다. 부록 A에 쾌속 조형에 사용되는 몇 가지 재료의 기계적 성질들을 요약하였다.

그림 3.31: MakerBot에서 만든 Replicator 2. 이런 값싼 3D 프린터는 6400 cm^3의 부피를 가지고 다양한 폴리머로부터 부품을 생산할 수 있다. 앞에 있는 것은 Replicator 2로 만들어진 트랙터 모델이다. 출처: MakerBot Industries, LLC.

또한 연구자들은 쾌속 조형 기술로 음식을 프린팅하거나 혹은 의료용 임플랜트와 같은 생물학적 재료 등 새롭고 혁신적인 재료들을 사용할 수 있도록 노력하고 있다.

Maker Movement가 컴퓨터와 3D 프린터를 가진 누구나 설계와 제조 활동을 할 수 있는 현대 사회 혁신을 이끌 것이라는 예견도 있다. 이러한 예견은 큰 힘, 큰 토크, 큰 동력을 지탱할 필요가 없는 부품과 제품에 있어서는 현실적이다. 그러나 6장과 7장에서 설명하듯이, 매우 가혹한 환경에서 강건한 성능이 필요한 요소의 설계에서는 공학적인 원리들의 이해가 요구된다. 많은 기계 요소들은 대량생산으로 인해 뛰어난 성능과 경제성을 보장받는다. 한 예로서 구름 베어링을 들 수 있다. 많은 재료들은 어떤 제조 공정을 거치는지에 따라 강도가 결정된다. 예를 들어, 볼트를 제조할 때 적절한 열처리를 하지 않는다면, SAE 8등급의 볼트가 되지 못할 수 있다.

그럼에도 불구하고, 지금은 Maker Movement에 있어 흥미진진한 시기이고, 산업계는 쾌속 조형의 활용을 확대시키는 급속한 변화와 발전을 경험하고 있다.

3.9 요약

이 장에서는 고체 재료의 8가지 중요한 기계적 성질들을 논의하였다. 연성과 취성 재료 사이의 차이가 제시되었다. 파단에서 연성 재료는 상당한 소성 변형을 나타내는 반면 취성 재료는 파단 전에 아주 작은 항복을 보이거나 전혀 항복되지 않는다.

고체 재료의 4가지 주요 종류를 다루었다. 즉, 금속, 세라믹과 유리, 폴리머와 탄성중합체, 복합 재료이다. 각 종류의 요소들은 화학적 구성, 원자 구조, 제조 공정, 적용 범위 등에서 공통된 특징을 지닌다.

고체 재료의 종류에 대해 응력-변형률 선도를 제시했다. 금속에 대한 응력-변형률 선도는 압축과 인장에서 본질적으로 동일하다. 이러한 특징은 폴리머와 세라믹에서는 다르다. 세라믹에 대한 횡방향 굽힘 시험의 결과는 금속에서의 인장 시험과 유사하다.

특정한 용도의 재료를 선택하는 데 사용되는 고체 재료의 많은 성질들을 제시하였다. 즉, 밀도, 탄성 계수, 경도, 프와송 비, 강성 계수, 강도, 레질리언스, 인성, 열전도도, 선형 열팽창 계수, 비열, 아차드 마모 상수 등이다. 매우 다양한 고체 재료에 대해 이들 성질의 값들을 제시하였다.

2변수 재료도표도 제시했다. 다양한 종류의 재료에 대한 강성 대 무게, 강도 대 무게, 강성 대 강도, 마모 계수 대 한계 압력의 2변수 도표를 이용하면, 기계 요소에서 최적의 재료를 선정하고자 할 때 좋은 아이디어를 얻을 수 있다.

다양한 제조 공정을 소개하고, 그들이 재료에 미치는 효과도 제시하였다. 각 종류의 재료에 대한 가장 일반적인 공정이 제시되었다. 이들은 금속의 주조, 부피 성형, 박판 성형 그리고 폴리머 및 세라믹의 다양한 제조 공정을 포함한다. 각 재료들은 또 어느 정도 범위 내에서 절삭 가공될 수 있다.

사례 연구에서는 요즘 주목받고 있는 Maker Movement를 기술했는데, 이를 이용하면 디자이너들이 원하는 제품을 CAD 프로그램으로 모델링하여 3D 프린터로 직접 제조할 수 있다. 다양한 재료들이 Maker Movement에 의해 다양한 용도로 사용되어 왔다.

핵심어

이방성(anisotropic) 고체 내의 한 점에서 방향에 따라 다른 성질을 갖는 재료

아차드 마모 상수(Archard wear constant) 재료의 마모 성질

브리넬 경도(Brinell hardness) 강구 혹은 텅스텐 탄화물의 구로 재료 표면을 누르는 브리넬 경도시험기로부터 측정된 경도값

취성 재료(brittle material) 연신율 5% 이하에서 파단하는 재료

세라믹(ceramics) 금속과 비금속 원자의 화합물

복합 재료(composite materials) 2가지 혹은 여러 가지의 재료의 조합. 보통 섬유와 열경화성 폴리머로 구성

밀도(density) 단위 체적당 질량

연성 재료(ductile material) 파괴 전에 5%보다 큰 연신율을 보이는 재료

연성(ductility) 파단까지 지속되는 소성 변형의 정도

탄성 한도(elastic limit) 재료가 이 이상의 응력을 받을 때 영구 변형을 일으키는 응력

탄성중합체(elastomers) 중간 정도의 가교 결합을 갖고 있는 폴리머

파단 응력(fracture stress) 파단시의 응력

유리(glasses) 결정구조를 갖지 않는 금속과 비금속 원자의 화합물

경도(hardness) 표면 압입에 대한 저항

균질성(homogeneous) 고체 내 모든 위치에서 성질이 같은 재료

등방성(isotropic) 고체 내 한 점에서 모든 방향으로 성질이 같은 재료

누프 경도(Knoop hardness) 누프 경도시험(미세 경도시험)기로부터 측정한 경도값

금속(metals) 금속 원자의 조합

탄성 계수(modulus of elasticity) 응력과 변형률 사이의 비례상수

파단 계수(modulus of rupture) 세라믹의 강도를 측정하기 위해 굽힘 시험기로부터 측정한 파단 응력

네킹(necking) 인장 강도에 도달한 이후 파단 이전에 국부적으로 발생하는 단면적의 감소

직교 이방성(orthotropic) 고체 내 한 점에서 3개의 상호 수직인 방향으로 다른 성질을 갖고, 또한 재료내 3개의 상호 수직인 평면에 대해 대칭성을 갖는 재료

프와송 비(Poisson's ratio) 축 방향 변형률에 대한 횡방향 변형률의 비의 절대값

폴리머(polymers) 탄소와 다른 긴 사슬의 분자를 형성하는 원자간의 화합물

비례 한도(proportional limit) 응력이 변형률에 비례하는 최대 한도

레질리언스(resilience) 흡수한 에너지를 방출하는 재료의 능력

로크웰 경도(Rockwell hardness) 재료 표면에 원뿔 혹은 구를 압입하는 로크웰 경도기로 측정되는 경도값

혼합 법칙(rule of mixtures) 합금 성분에서 밀도 사이의 선형 보간법

비열(specific heat capacity) 물질의 온도 변화를 위해 단위 질량당 저장되어야 하는 열의 비율

변형 경화(strain hardening) 재료가 소성 변형함으로 인한 연성 재료의 강도와 경도의 증가

열전도도(thermal conductivity) 재료가 열을 전달하는 능력

열팽창 계수(thermal expansion coefficient) 재료의 온도상승에 대한 변형률

열가소성 플라스틱(thermoplastics) 가교 결합이 없는 폴리머

열경화성 플라스틱(thermosets) 많은 가교 결합을 갖는 폴리머

인성(toughness) 파단까지 에너지를 흡수하는 능력

극한 강도(ultimate strength) 응력-변형률 선도 상에서 얻을 수 있는 최대 응력

비커스 경도(Vickers hardness) 재료 위에 다이아몬드 피라미드 모양이 눌러지는 비커스 경도기로부터 측정된 경도값

항복 강도(yield strength) 참고선(0.2%의 x절편을 지나는 탄성 계수와 같은 기울기를 갖는 직선)의 교차에 의해 정의된 응력값

항복(yielding) 소성 변형의 시작

영계수(Young's modulus) 탄성 계수

공식 정리

재료 성질:

연신율: $\%\mathrm{EL} = \left(\dfrac{l_{\mathrm{fr}} - l_o}{l_o}\right) \times 100\%$

탄성 계수: $E = \dfrac{\sigma_{\mathrm{avg}}}{\epsilon_{\mathrm{avg}}}$

프와송 비: $\nu = -\dfrac{\text{횡방향 변형률}}{\text{축방향 변형률}}$

전단 계수: $G = \dfrac{E}{2(1+\nu)}$

레질리언스 계수: $U_r = \dfrac{S_y^2}{2E}$

열량: $Q = C_p m_a (\Delta T)$

복합 재료:

탄성 계수: $E_c = E_m(1 - v_f) + E_f v_f$

하중 분담: $\dfrac{P_f}{P_m} = \dfrac{E_f v_f}{E_m v_m}$

경도:

브리넬 경도: $\mathrm{HB} = \dfrac{2P}{(\pi D)\left(D - \sqrt{D^2 - d^2}\right)}$, $S_u = 3.5\mathrm{HB}$

비커스 경도: $\mathrm{HV} = \dfrac{1.854P}{L^2}$

누프 경도: $\mathrm{HK} = \dfrac{14.2P}{L^2}$

로크웰 경도: $\mathrm{HRA} = 100 - 500t$, $\mathrm{HRB} = 130 - 500t$

아차드 마모 법칙: $v = k_1 \dfrac{WL}{3H}$

추천 문헌

Ashby, M.F. (2010) *Materials Selection in Mechanical Design*, 4th ed., Butterworth-Heinemann.

ASM Metals Handbook, 8th ed. (2009) American Society for Metals.

Brandt, D.A., and Warner, J.C. (2009) *Metallurgy Fundamentals: Ferrous and Nonferrous*, 5th ed. Goodheart-Wilcox.

Budinski, K., and Budinski, M. (2009) *Engineering Materials, Properties and Selection*, 9th ed., Prentice-Hall.

Callister, W.D., and Rethwisch, D.G. (2011) *Fundamentals of Materials Science and Engineering: An Integrated Approach*, 4th ed. Wiley.

Farag, M.M. (2007) *Selection of Materials and Manufacturing Processes for Engineering Materials*, 2nd ed. Prentice-Hall.

Flinn, R. A., and Trojan, P. K. (1986) *Engineering Materials and Their Applications*, Houghton Mifflin.

Kalpakjian, S., and Schmid, S.R. (2010) *Manufacturing Engineering and Technology*. 6th ed., Pearson.

Raman, A. (2006) *Materials Selection and Applications in Mechanical Engineering*, Industrial Press.

Schey, J.A. (2000) *Introduction to Manufacturing Processes*, 3rd ed., McGraw-Hill.

참고 문헌

Ashby, M.J. (2010) *Materials Selection in Mechanical Design*, 4th ed., Butterworth-Heinemann.

Kalpakjian, S., and Schmid, S.R. (2010) *Manufacturing Engineering and Technology*, 6th. ed., Pearson.

Schey, J.A. (2000) *Introduction to Manufacturing Processes*, 3rd ed., McGraw-Hill.

문제

3.1 연성과 취성을 정의하라.

3.2 고체의 3가지 기본분류는 무엇인가?

3.3 열경화성과 열가소성의 차이는 무엇인가?

3.4 복합 재료는 무엇인가?

3.5 비례 한도를 정의하라. 이것은 탄성 한도와 무엇이 다른가? 항복 강도와는 어떻게 다른가?

3.6 항복 강도는 어떻게 정의되는가?

3.7 변형 경화는 무엇인가?

3.8 폴리머의 유리전이 온도는 무엇인가? 이런 성질은 다른 재료에서도 나타나는가? 설명하 라.

3.9 재료의 탄성 계수는 무엇인가?

3.10 유리의 장점인 성질은 무엇인가?

3.11 경도는 무엇인가?

3.12 연성은 무엇인가? 그리고 어떻게 측정되는가?

3.13 열팽창과 비열의 차이점은 무엇인가?

3.14 주조는 무엇인가? 어떤 재료를 주조할 수 있는가?

3.15 금속의 체적변형 과정의 3가지 예를 제시하라.

3.16 PM은 무엇인가?

3.17 소결은 무엇인가?

3.18 열가소성 플라스틱은 무엇인가? 열경화성 플라스틱은 무엇인가?

3.19 세라믹에 적용하는 주된 제조 공정들은 무엇인가?

3.20 PM 부품을 만드는 몰드는 왜 원하는 모양보다 더 큰가?

정성적 문제

3.21 섬유 강화 폴리머의 강화제의 주된 변수는 무엇인가? 기지의 주된 변수는 무엇인가?

3.22 세라믹과 주조금속은 왜 인장보다 압축에서 더 강한가를 설명하라.

3.23 응력과 변형률이 단어 없이 탄성 계수를 정의하라.

3.24 금속, 세라믹, 폴리머에 대해 전형적인 응력-변형률 선도를 그려보아라.

3.25 레질리언스와 인성 사이의 주된 차이점은 무엇인가? 레질리언스와 인성 사이의 주된 유사성은 무엇인가?

3.26 시편을 인장 시험할 때 발생하는 과정을 묘사하라. 그럴듯한 응력-변형률 선도를 그리고 모든 중요한 영역들과 그 영역 사이의 점들을 정의하라. 하중은 파단까지 계속된다는 것을 가정하라.

3.27 알루미늄 호일과 같은 매우 얇은 금속판에 대해 어떤 경도시험과 스케일을 사용할 것인가? 설명하라.

3.28 경도 시험기를 선택하는 데 있어서 고려할 만한 인자들을 나열하라. 그리고 그 답에 대해 설명하라.

3.29 로크웰 C경도 시험의 통계적 표본 추출을 하고, 불충분한 경

도 때문에 재료가 결함이 있다고 결정이 났다. 이에 대해 공급자가 다이아몬드 콘 압자가 무디기 때문에 시험에 결함이 있다고 주장한다. 이것이 맞는 주장인가? 설명하라.

3.30 브리넬 경도 시험에서 나타난 자국의 모양이 타원으로 발견되었다. 이러한 결과에 대한 가능한 설명을 해라

3.31 이번 장에서 언급한 재료의 성질에서 어느 것이 중요한가?

(a) 냄비와 프라이팬 (b) 기어 (c) 의류 (d) 종이 클립 (e) 악기용 강선 (f) 음료 캔

그리고 그 답에 대해 설명하라.

3.32 강으로 만들 수 없는 제품을 정의하고 왜 그런지 설명하라. (예를 들어, 전기 접점은 금 혹은 동으로 만든다. 강의 접촉저항이 매우 높은 반면에 금과 동은 연해서 낮은 접촉저항을 초래하기 때문에)

3.33 기어를 폴리머로 적용하면 폴리머의 어떤 특징들이 이점이 있는가? 같은 적용에 대해서 어떤 특징들이 단점이 되는가?

3.34 그림 3.25를 다시 보고 커넥팅 로드가 한 번의 압축과정으로 한 캐비티를 만들지 않고 다단계로 제조되는 이유가 무엇인지 나열하라.

3.35 그림 3.26을 다시 보고 압출된 제품에 대해 가능한 적용을 나열해 보아라.

정량적 문제

3.36 금속에 대한 설계 명시 사항은 80 HRA의 최소 경도를 필요로 한다. 만약 로크웰 경도시험이 수행되었고 침투 깊이가 60 μm라면 이 재료는 허용할 만한가? 답 아니다.

3.37 정밀 장비에서의 열전도도를 열팽창 계수로 나눈 값이 높을수록 열변형은 낮게 나타난다. 표 3.1에서 재료에 대해 열변형에 저항하는 순위를 나열하라.

3.38 만약 재료가 300 HB가 목표 경도값이면, 예상되는 압자의 지름은 무엇인가? 적용 하중은 3000 kg으로 가정한다. 답 d = 2.95 mm.

3.39 응력 변형률 거동이 멱법칙 곡선을 따르는 재료에 대해서 $\sigma = K\epsilon^n$(K는 강도 계수이고 n은 변형 경화 지수)일 때 네킹 현상이 발생하는 변형률을 찾아라. 답 $\epsilon = n$.

3.40 2 m의 기다란 신장력 있는 폴리카보네이트 막대기는 단면의 직경이 150 mm이다. 이 막대기는 도로 위의 1.8 m 깊이의 도랑으로부터 무게 45톤(45000 kg)의 탱크를 들어올리기 위해서 사용된다. 크레인 아크(arc)의 수직 움직임이 4.2 m로 제한된다. 도로 위로 탱크를 올리는 것이 가능할 것인가? 답 된다.

3.41 재료들은 보통 그들의 성질들, 공정 절차, 적용에 따라서 분류된다. 금속의 적용에 있어 전형적인 금속의 특징들을 보여주지 않는 일반적인 금속 합금의 예를 제시하라.

3.42 부록 B에서의 식 (B 5.6)은 등방성 재료에서 응력과 변형률 사이의 관계를 제시한다. 폴리우레탄 고무에서, 100% 연신율에 대해서 탄성 계수는 7 MPa이다. 고무가 등방성의 압력 10 MPa에 노출될 때 체적은 0.5% 줄어든다. 고무에 대해서 프와송 비를 계산하라. 답 $\nu = 0.499$.

3.43 섬유 강화 플라스틱은 섬유기지 결합 강도 τ_f = 15 MPa이고, 섬유 인장 강도 S_u = 1 GPa이다. 섬유의 길이는 모든 섬유에 대해서 l = 1.25 mm로 일정하다. 섬유 직경은 d = 30 μm이다. 복합 재료의 강도는 섬유의 강도가 결정짓는지 섬유 기지 간의 결합력이 결정짓는지 답하라. 답 섬유가 복합재의 강도를 결정짓는다.

3.44 문제 3.43의 섬유길이 만 l = 0.75 mm로 하고 같은 재료를 사용하는 경우, 원형 대신에 동일 단면적인 직사각형의 섬유를 사용하여 응력을 S_u = 1 GPa에서 증가시키는 것이 가능한지를 계산하라. 각 섬유의 단면적을 동일하게 유지하면서, 그렇게 할 경우 단면의 치수를 제시하라. 답 h_t = 8.22 μm, ω_t = 86.0 μm.

3.45 구리 봉의 인장 강도 S_u = 150 MPa이다, 응력이 가해지기 전에 봉의 단면적은 120 mm^{2}이고 봉이 인장 강도에서 파괴되기 시작할 때 변형된 단면에 대한 단면적은 70 mm^{2}이다. 인장 강도에 도달하기 위해서 얼마나 큰 하중이 필요한가? 답 18 kN.

3.46 AISI 440C 스테인리스강은 극한 강도(인장 강도) S_u = 807 MPa이고 파단 강도 S_{fr} = 750 MPa이다. 인장 강도에서 AISI 440C로 만들어진 인장봉의 단면적은 변형되지 않은 값의 80%이다. 파단점에서의 최소 단면적은 70%까지 줄어들었다. 인장 강도와 파단 강도점에서의 실제 응력을 계산하라. 답 파단점에서, σ = 1071 MPa, 인장 강도에서 σ = 1009 MPa.

3.47 그림 a와 같이 보(beam)는 점 A와 B, C에 지지되어 있다. 점 C에서 질화규소의 인장 봉이 힘 $P = S^t_{fr}$로 봉의 끝점을 올리고 있다. 이때 A_c는 봉의 단면적이다. 점 C에서 인장력을 받는 대신에 점 B에서 압축력을 받는다면 질화규소 봉이 몽개

지는 거리 AB는 얼마인가? 질화규소는 인장보다 압축에서 15배 더 강하다. 또한 A점에서의 반력을 구하라. 답 $l' = \frac{1}{15}l$, $A_y = \frac{120}{7}P$.

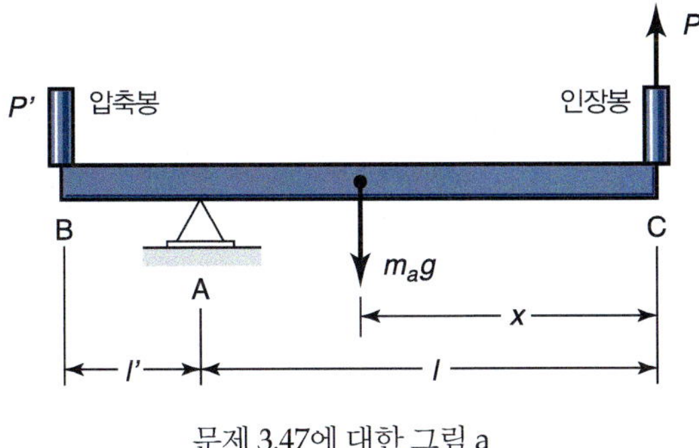

문제 3.47에 대한 그림 a

3.48 폴리머는 국부적인 온도와 폴리머의 유리전이 온도 T_g 사이의 관계에 따라 다른 성질을 지닌다. 자전거 타이어의 고무는 $T_g = -12$℃이다. -70℃의 낮은 온도인 남극 탐험에서 이 고무가 타이어로 사용될 수 있는가? 답 안 된다.

3.49 경도 300 HB의 많이 냉간 가공한 강의 레질리언스 계수는 얼마인가? 경도 120 HB의 많이 냉간 가공한 알루미늄의 레질리언스 계수는 얼마인가? 답 $U_{rs} = 1.957$ MPa.

3.50 25 wt%의 알루미늄, 75 wt%의 동으로 이루어진 알루미늄 청동이 주어졌다. 알루미늄 청동의 밀도는 얼마인가? 답 $\rho_{\text{bronze}} = 7382\ \text{kg/m}^3$.

3.51 예제 3.6(3.5.2절)에서 유리 섬유 강화 플라스틱으로 정적 하중은 로 굽힘 변형을 가한다. 이 때 섬유가 과하중을 받아 플라스틱에 균열이 발생이다. 만약 탄소 섬유 강화 플라스틱이 유리 섬유 강화 플라스틱과 같은 탄성 성질을 갖는다면 균열이 발생하는가? 답 그렇다.

3.52 문제 3.51에서 탄소 섬유는 폴리머 기지를 강화시키기 위해서 사용되었다. 예제 3.6(3.5.2절)에서 유리 섬유 강화 폴리머와 같은 탄성을 갖도록 탄소 섬유 강화 폴리머에 섬유의 집적도를 줄인다. 만약 이 대신에 유리 섬유가 탄소 섬유로 교체될 때 섬유 집적도가 10%로 일정하면 같은 하중에 대해 얼마나 변형이 적게 일어날까? 또한 얼마나 섬유가 과하중을 덜 받을까? 재료 성질은 예제 3.6에서와 같다.

3.53 그림 b와 같이 구부러진 보는 힘 $P = 125{,}000$ N의 하중을 받는다. 보는 정사각형 단면적 a^2을 갖는다. 모서리 길이 $a = 30$ mm이다. 길이 $l_1 = 50$ mm이고 $l_2 = 100$ mm이다. 항복 강도 $S_y = 350$ MPa(중탄소강)이다. 인장에서의 응력과 전단에서의 응력이 허용 응력 아래 값인지 찾아라. 굽힘은 무시하라.

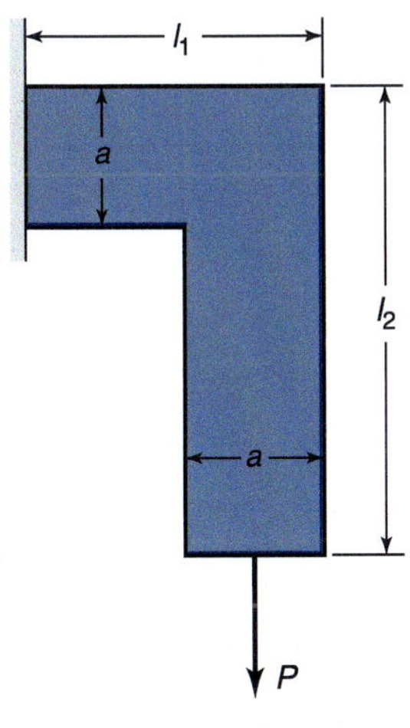

문제 3.53에 대한 그림 b

3.54 강으로 된 정육면체는 측면 길이 $l = 0.1$ m, 탄성 계수 $E = 206$ GPa, 프와송 비 $\nu = 0.3$이다. 응력 σ가 정육면체의 한 방향에 적용된다. 이 응력에서 같은 연신 변형을 주기 위해서 남아 있는 4개의 면에 필요한 압축 응력을 구해라. 답 $\sigma_c = -1.67\sigma$.

3.55 문제 3.54에서 응력을 받고 있는 강으로 된 정육면체에 대해서 $\sigma = 500$ MPa일 때 체적비 v_t/v_c를 계산하라. 답 $v_t/v_c = 1.0042$.

3.56 연성의 스테인리스와 같은 질긴 재료는 항복 강도 $S_y = 200$ MPa, 인장 강도 $S_u = 500$ MPa, 200%의 연신율을 갖는다. 파단점에서 재료의 레질리언스에 대한 인성의 비율을 구하라. 응력-변형률 선도(그림 c)에서와 같이 2개의 직선으로 이루어져 있다. 답 인성/레질리언스 = 1080.

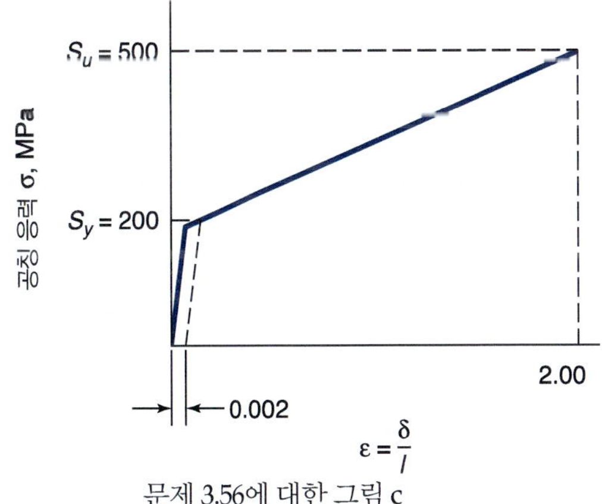

문제 3.56에 대한 그림 c

3.57 훅의 법칙은 단축 인장과 단축 변형률 사이의 관계를 나타낸다. 이 장에서 언급된 가장 강성이 큰 재료에 비교하여 이 장에서 언급한 가장 부드러운 재료와의 변형률 비는 얼마인가? 답 1.125×10^5.

3.58 아차드 마모식에 따르면 마모깊이는 미끄럼거리와 접촉압력에 비례한다. 만약 마모 속도가 모든 반지름에 대해 동일하다면 접촉압력은 디스크 브레이크에 대해 어떻게 반경 방향으로 분배할 것인가? 답 압력이 반지름에 반비례한다.

3.59 자동차의 디스크 브레이크에 브레이크 패드가 있고 브레이크 압력이 패드 전반적으로 동일한 경우, 아차드 마모 상수를 사용하여 어떻게 브레이크 패드 전면에 마모가 분배되는지 결정하라. 답 마모속도가 반지름에 비례한다.

3.60 응력-변형률 식이 $\sigma = K(\epsilon + 0.2)^n$일 때 파단변형률이 ϵ_t로 재료의 인성에 대한 표현을 유도하라.

설계 문제 및 프로젝트

3.61 다음의 것들에 대해 적절한 기계적 성질을 나열하고 설명하라. (a) 엘리베이터 케이블 (b) 종이 클립 (c) 트럭용 겹판 스프링 (d) 책 선반용 브래킷 (e) 피아노 강선 (f) 철사 옷걸이 (g) 펜의 클립 (h) 스테이플러의 클립

3.62 다음의 성질들에 대해 적절한 용도를 나열하라. (a) 높은 밀도 (b) 낮은 밀도 (c) 높은 강성 (d) 낮은 강성 (e) 높은 열전도도 (f) 낮은 열전도도

3.63 비강도와 비강성 둘 다 중요한 몇몇 적용 예를 나열하라.

3.64 문헌 검색을 하고 표 3.1에 다음의 재료들을 추가하라. 코르크, 콘크리트, 얼음, 설탕, 리튬, 크롬, 백금

3.65 자동차 산업에서 최근 개발한 TRIP, TWIP, 마르텐사이트 강과 같은 고망간의 합금을 사용한다. 인터넷과 문헌 검색을 하고 이러한 재료들을 한 페이지로 요약하고 그들의 기계적 성질을 써라.

3.66 특정 온도 이하로 떨어졌을 때 스위치를 켜는 작동기를 설계하라. 당신의 설계에 다른 열팽창 계수를 가지는 2가지 재료를 사용하라.

3.67 강을 생산하는 큰 회사에서 당신이 홍보를 담당하고 있다고 가정하라. 당신의 고객에게 강의 모든 매력적인 특징들을 알려주기 위한 개요를 서술하라.

3.68 당신이 강을 생산하는 회사와 경쟁에 있다고 가정하라. 그리고 모든 강의 단점을 나열하라고 요청받았다. 이러한 특징들의 목록을 만들고 그들의 공학적인 적용에 대한 연관성을 설명하라.

3.69 알루미늄은 강의 대체 재료로 자동차에서 사용되는 중이다. 알루미늄 자동차를 구입하는 데에 있어 당신의 의견을 기술하라.

3.70 표 3.1에 열을 추가하고 주어진 재료에 대한 전기전도도 값을 추가하라.

3.71 기술광고 인쇄물을 보고 인베스트먼트 주조에 대해 그림 3.24와 비슷한 그림을 만들어라.

3.72 인터넷 검색을 하여 쾌속 조형의 적용을 요약하고 파워포인트 발표 자료를 만들어라. 가능하다면 사용되는 재료와 기계류를 나타내라.

4

응력과 변형률

하얏트 리젠시 호텔에 설치된 구름다리의 붕괴(미국 캔사스, 1981)는 부재에 과도한 응력이 가해지는 설계 변경이 원인으로 알려져 있다. 출처: AP photos.

나는 내가 연구하고 있는 대상을 실제로 제작할 때까지 결코 만족하지 않을 것이다. 만일 내가 하나라도 만들었다면, 그것은 내가 완벽히 이해했다는 것이고, 그렇지 않다면 내가 이해하지 못했다는 것이다.

윌리엄 톰슨(켈빈 경)

차례

예제

사례 연구

이 장에서는 2장에서 다루었던 일반적인 하중 조건에서 발생하는 응력과 변형률을 3장에서 다룬 구성 방정식을 이용하여 설명한다. 이 장에서는 주로 보와 축을 대상으로 설명하지만, 이러한 해석 방법은 다른 어떤 기계 요소에도 쉽게 적용될 수 있고, 응력의 해석 및 설계에도 충분히 적용할 수 있다. 이 장에서는 먼저 도심, 관성모멘트(및 평행축 정리), 회전 반경, 단면 계수 및 질량의 관성모멘트 등과 같은 단면의 성질에 대해 설명한다. 다음으로 단축 하중에 의한 수직 응력과 변형률에 대해 설명하고, 축의 설계를 위한 비틀림 응력과 변형률에 대해 설명할 것이다. 그 후, 곧은 보와 휜 보의 굽힘 응력과 변형률을 전단 응력과 관련지어 설명할 것이다. 마지막으로, 여러 하중이 동시에 작용할 때의 응력들의 조합에 대해 설명할 것이다.

기호

A	단면적, m^2
A'	부분 단면적, m^2
a	폭, m
b	높이, m
c	중립축에서부터 물체의 최외곽 지점까지의 거리, m
d_x, d_y	두 평행 축 사이의 거리, 두 평행축 중 하나는 면적의 중심을 지나야 한다.
E	탄성 계수, Pa
e	편심, 곡선 부재에서 중립축 기준의 반지름과 도심 기준의 반지름의 차이, m
G	전단 탄성 계수, Pa
h	삼각형 단면적의 높이, m
h_p	동력, W
I	면적 관성모멘트, m^4
I_m	질량 관성모멘트, $kg\text{-}m^2$
J	면적 극관성모멘트, m^4
$\bar{J}$	중심축에 대한 면적 극관성모멘트, m^4
k	스프링 상수, N/m
k_a	비틀림 스프링 상수, N-m
l	길이, m
M	굽힘모멘트, N-m
m_a	질량, kg
P	힘, N
Q	중립축에 대한 1차 면적모멘트, m^3
r	반지름, m
$\bar{r}$	중심점에서의 반지름, m
r_g	관성 반지름, m
s	선의 길이, m
T	토크, N-m
u	속도, m/s
V	횡전단력, N
w_t	폭, m
x, y, z	직교 좌표계의 축 또는 좌표, m
$\bar{x}, \bar{y}, \bar{z}$	도심의 좌표축 또는 좌표, m
x', y'	x축 또는 y축에 평행한 축
Z_m	단면 계수(I/c), m^3
γ	전단 변형률
δ	변형량, m
ϵ	수직 변형률
ρ	밀도, kg/m^3
θ	회전각, rad
σ	수직 응력, Pa
τ	전단 응력, Pa
ω	각속도, rad/s

하첨자

i	안쪽
o	바깥쪽
x, y, z	직교 좌표
$\bar{x}, \bar{y}, \bar{z}$	도심의 좌표
x', y'	x축 또는 y축에 평행한 축

4.1 서론

수직, 비틀림, 굽힘 및 횡전단 하중들은 2.3절에 설명되어 있다. 이 장에서는 이러한 하중들에 의해 발생하는 응력과 변형률을 3장에서 설명한 훅의 법칙(Hooke's law)을 이용하여 설명한다. 이 장에서 설명하는 이론들은 어떤 기계 요소에도 적용이 가능하지만, 쉬운 이해를 위해 이 장에서는 모든 부재가 대칭 단면을 가지고, 선형탄성 거동을 하는 등방성 단일 소재로 이루어져 있다고 가정한다. 이 장의 뒤에서는 굽힘이 작용하는 곡선 부재에 대해서도 알아본다. 이보다 복잡한 형상의 부재에 대해서는 6장에서 다루도록 한다.

이 장은 응력해석에 대한 각 이론들의 필수적인 내용을 심도 있고 빠르게 이해할 수 있도록 도와줄 것이다. 4.2절에서는 도심, 관성모멘트, 단면 계수, 관성 반지름, 질량 관성모멘트 등과 같은 보 단면의 중요 성질을 계산하는 방법을 설명한다. 이러한 내용을 먼저 알아야만 수직 응력과 변형률에 대해 설명하는 4.3절 또는 비틀림에 대한 4.4절의 내용을 이해할 수 있을 것이다. 4.5절에서는 굽힘에 대해 설명하고, 4.6절에서는 굽힘에 의한 횡전단에 대해 설명한다.

4.2 보 단면의 성질

도심, 면적 관성모멘트, 평행축 정리, 회전 반경, 단면 계수,

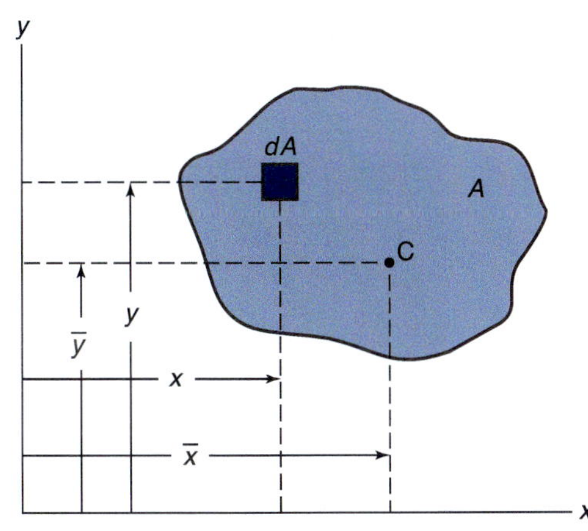

그림 4.1: 도심이 원점에서부터 $(\bar{x}, \bar{y})$만큼 떨어진 C점에 있다.

질량 관성모멘트 등은 이 장을 이해하기 위해 필수적으로 알아야 할 중요 개념들이다. 이러한 개념들은 이 책의 전반에 걸쳐서 사용될 것이다.

4.2.1 도심

그림 4.1에 보인 면적의 **도심**(centroid) 또는 *면적의 무게중심*은 면적의 기하학적인 중심점으로 정의된다. 개념적으로 도심은 임의의 형상을 가진 단면에서 한 점을 중심으로 양쪽이 동일한 단면적을 가지는 점이다. 따라서 얇은 물체가 일정한 두께를 가지고 있다면 단면의 도심에 위치한 하나의 핀으로 면적을 지지할 수 있을 것이다. 수학적으로 도심은 식 (4.1)과 식 (4.2)에 나타낸 바와 같이 면적 1차 모멘트의 합이 0이 되는 축이 교차하는 점으로 정의된다.

$$\int_A (y - \bar{y})\, dA = 0, \tag{4.1}$$

$$\int_A (x - \bar{x})\, dA = 0. \tag{4.2}$$

식 (4.1)과 식 (4.2)를 $\bar{x}$와 $\bar{y}$에 대해 정리하면 다음과 같다.

$$\bar{y} = \frac{\int_A y\, dA}{\int_A dA} = \frac{\int_A y\, dA}{A}, \tag{4.3}$$

$$\bar{x} = \frac{\int_A x\, dA}{\int_A dA} = \frac{\int_A x\, dA}{A}. \tag{4.4}$$

복잡한 형상을 가진 단면의 경우에는 단순한 형상을 가진 여러 개의 면적으로 나눈 후, 각각의 면적 1차 모멘트를 모두 더하여 식 (4.3)과 식 (4.4)의 분자에 대입하고 전체 면적의 넓이를 분모에 대입함으로써 얻을 수 있다. 이렇게 여러 개의 면적이 조합된 면적의 도심을 구하는 방법은 식 (4.5) 및 식 (4.6)과 같이 풀어 쓸 수 있다.

$$\bar{y} = \frac{A_1\bar{y}_1 + A_2\bar{y}_2 + \ldots}{A_1 + A_2 + \ldots}, \tag{4.5}$$

$$\bar{x} = \frac{A_1\bar{x}_1 + A_2\bar{x}_2 + \ldots}{A_1 + A_2 + \ldots}. \tag{4.6}$$

예제 4.1

도심의 결정

조건 그림 4.2와 같이 $a \times b$ 크기의 사각형 안쪽에 $c \times d$ 크기의 사각형 구멍이 있다. 사각형 단면에서 구멍의 위치 및 크기는 그림과 같고, a = 10 cm, b = 5 cm, c = 3 cm, d = 1 cm, e = 9 cm, f = 3 cm이다.

문제 사각형의 도심을 구하라.

풀이 이 문제에서 도심은 식 (4.5)와 식 (4.6)에 나타낸 것과 같이 단면을 여러 개의 사각형으로 분해하여 계산할 수 있다. 하지만 구멍을 '빼는' 면적으로 생각하면 보다 편하게 구할 수 있다. 식 (4.5)와 식 (4.6)을 이용하여 이를 수식으로 나타내면 다음과 같다.

$$\begin{aligned}\bar{y} &= \frac{A_1\bar{y}_1 - A_2\bar{y}_2}{A_1 - A_2} = \frac{ab(b/2) - cd(f + d/2)}{ab - cd}\\ &= \frac{(10)(5)(5/2) - (3)(1)(3 + 1/2)}{(10)(5) - (3)(1)} = 2.436 \text{ cm},\end{aligned}$$

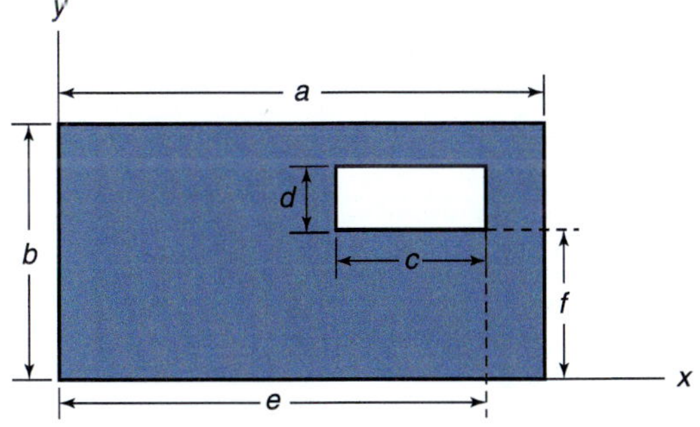

그림 4.2: 예제 4.1에서 사용되는 사각형 구멍을 가진 사각형 단면.

$$\begin{aligned}\bar{x} &= \frac{A_1\bar{x}_1 - A_2\bar{x}_2}{A_1 - A_2} = \frac{ab(a/2) - cd(e-c/2)}{ab-cd}\\ &= \frac{(10)(5)(10/2) - (3)(1)(9-3/2)}{(10)(5)-(3)(1)} = 4.840\text{ cm.}\end{aligned}$$

4.2.2 면적 관성모멘트

면적 관성모멘트(area moment of inertia)와 면적 2차 모멘트는 같은 의미이다. 면적 1차 모멘트($\int_A y\,dA$)는 4.2.1절에서 도심을 구하기 위해 사용되었고, 면적 2차 모멘트($\int_A y^2\,dA$)는 이 절에서 관성모멘트를 구하기 위해 사용된다.

그림 4.3은 면적 dA의 관성모멘트(기호: I)의 계산 과정을 설명하기 위한 그림이다. x축과 y축에 대한 면적 dA의 관성모멘트는 식 (4.7)을 이용하여 계산된다.

$$I_x = \int_A y^2\,dA \quad \text{그리고} \quad I_y = \int_A x^2\,dA. \tag{4.7}$$

관성모멘트의 기준 축이 그림 4.3의 0점에서 면적에 수직일 때, 이를 **극관성모멘트**(polar moment of inertia) J라 하며, 이는 식 (4.8)과 같이 표현된다.

$$J = \int_A r^2\,dA = \int_A \left(x^2+y^2\right)\,dA = \int_A x^2\,dA + \int_A y^2\,dA. \tag{4.8}$$

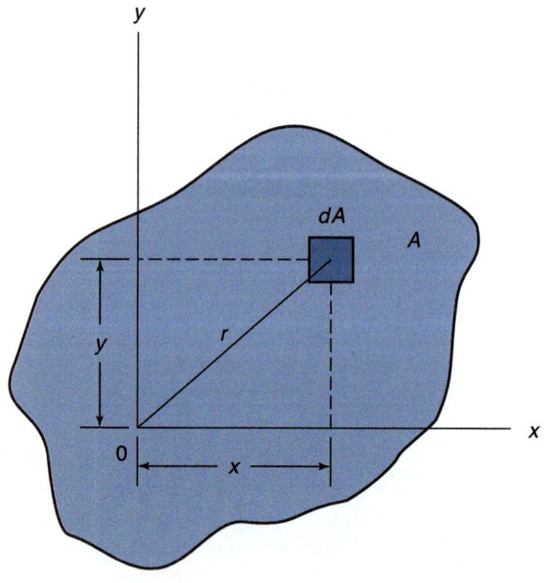

그림 4.3: 면적 관성모멘트 계산을 위한 좌표.

식 (4.7)로부터 식 (4.8)은 식 (4.9)와 같이 나타낼 수 있다.

$$J = I_x + I_y. \tag{4.9}$$

극관성모멘트의 정의로부터 x축과 y축은 0점에서 서로 직교하는 임의의 축으로 정의할 수 있다. 관성모멘트와 극관성모멘트의 단위는 길이의 4제곱이다.

예제 4.2

면적 관성모멘트와 극관성모멘트

조건 그림 4.4에 나타낸 것과 같이 x-y 평면상에서 반지름 r인 원형 단면

문제 주어진 원형 단면의 x축 및 y축에 대한 면적 관성모멘트와 중심점에 대한 극관성모멘트를 구하라.

풀이 그림 4.4에서 짙은 색으로 표시된 부분을 고려해 보자. 어떠한 경우에도 ϕ는 $\pi/2$와 $-\pi/2$의 사잇값이고, 이 부분의 면적은 아래와 같이 구해진다.

$$dA = 2r\,\cos\phi\,dy.$$

식 (4.7)로부터 x축에 대한 원형 단면의 면적 관성모멘트는

$$I_x = \int y^2\,dA = \int y^2 2r\cos\phi\,dy$$

이고, $y = r\sin\phi$, $dy = r\cos\phi\,d\phi$이므로,

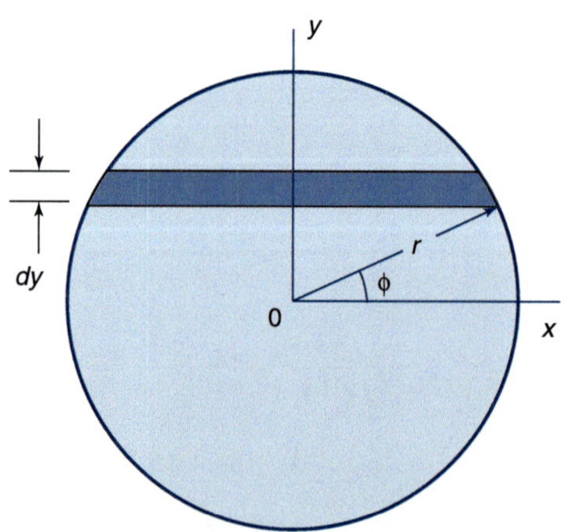

그림 4.4: 원형 단면(예제 4.2).

$$\begin{aligned} I_x &= 2r^4 \int_{-\pi/2}^{\pi/2} \sin^2\phi\cos^2\phi\, d\phi \\ &= \frac{r^4}{2}\int_{-\pi/2}^{\pi/2} \frac{1-\cos 4\phi}{2}\, d\phi \\ &= \frac{\pi r^4}{4}. \end{aligned}$$

원형 단면의 대칭성으로 인해 y축에 대한 관성모멘트는

$$I_y = \frac{\pi r^4}{4}.$$

그러므로 x축과 y축에 대한 면적 관성모멘트는 각각 동일하게 $\pi r^2/4$이다. 식 (4.9)로부터 중심점에서의 극관성모멘트는

$$J_z = I_x + I_y = 2I_x = \frac{\pi r^4}{2}.$$

4.2.3 평행축 정리

어떤 면적의 도심을 지나는 한 축에 대한 관성모멘트가 주어졌을 때, 그 축과 평행한 다른 축에 대한 관성모멘트는 평행축 정리에 의해 구해질 수 있다. 그림 4.5는 평행축 정리를 설명하기 위한 좌표 및 거리들을 보여준다.

x축과 평행한 x'축에 대한 면적 A의 관성모멘트는

$$\begin{aligned} I_{x'} &= \int_A (y+d_y)^2\, dA \\ &= \int_A y^2\, dA + 2d_y \int_A y\, dA + d_y^2 \int_A dA, \end{aligned}$$

$$I_{x'} = I_x + 2d_y \int_A y\, dA + Ad_y^2. \tag{4.10}$$

만일 x축이 면적의 도심을 지난다면 $\int_A y\, dA = 0$이고 식 (4.10)은 다음과 같이 쓸 수 있다.

$$I_{x'} = I_x + Ad_y^2. \tag{4.11}$$

마찬가지로, 도심을 지나는 y축과 평행하며, dx만큼 떨어진 y'축에 대한 면적 A의 관성모멘트는

$$I_{y'} = I_y + Ad_x^2. \tag{4.12}$$

임의의 한 축에 대한 주어진 면적의 관성모멘트는 식 (4.11)과 식 (4.12)로 표현되며, 이를 **평행축 정리**(parrel-axis theorem)라 한다.

예제 4.3

평행축 정리를 이용한 관성모멘트와 도심의 결정

조건 그림 4.6에 주어진 것과 같이 원형 구멍이 있는 삼각형 단면

문제 x축에 대한 면적 관성모멘트와 도심을 구하라.

풀이 밑변의 중앙점을 원점으로 하고, 오른쪽 방향을 양의 x축 방향, 위쪽 방향을 양의 y축 방향으로 가정한다. 삼각형의 높이는

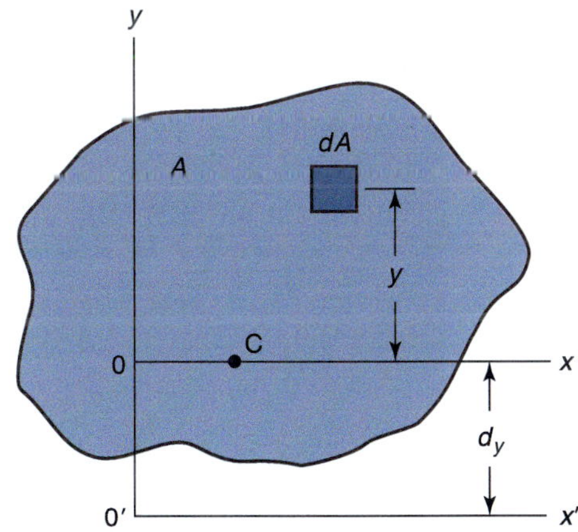

그림 4.5: 평행축 정리의 설명을 위한 면적, 좌표 및 거리.

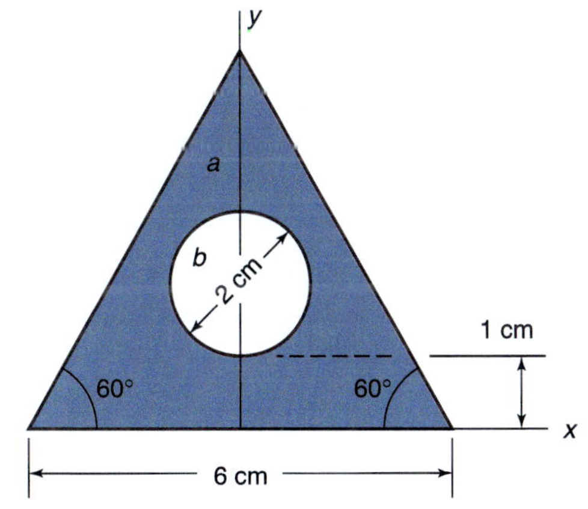

그림 4.6: 원형 구멍을 가지고 있는 삼각형 단면(예제 4.3).

$$h = \frac{6}{2}\tan 60^\circ = 5.196 \text{ cm}.$$

삼각형과 원에 대한 각 값들은 하첨자(a = 삼각형, b = 원)로 구분한다. 삼각형과 원의 도심은 y축 선상($\bar{x}_a = \bar{x}_b = 0$)에 존재하며, 원의 도심의 y좌표($\bar{y}_b$)는 2 cm이고, 삼각형의 도심의 높이는 아래와 같다.

$$\bar{y}_a = \frac{h}{3} = \frac{5.196}{3} = 1.732 \text{ cm},$$

$$A_a = \frac{1}{2}bh = \frac{1}{2}(6)(5.196) = 15.59 \text{ cm}^2,$$

$$A_b = \frac{\pi d^2}{4} = \frac{\pi(2)^2}{4} = \pi = 3.142 \text{ cm}^2$$

이므로 전체 면적의 도심은

$$\bar{y} = \frac{\bar{y}_a A_a - \bar{y}_b A_b}{A_a - A_b} = \frac{(1.732)(15.59) - (2)(3.142)}{15.59 - 3.142} = 1.664 \text{ cm}.$$

삼각형과 원의 관성모멘트는 각각 다음과 같다.

$$I_a = \frac{bh^3}{36} = \frac{6(5.196)^3}{36} = 23.38 \text{ cm}^4,$$

$$I_b = \frac{\pi d^4}{64} = \frac{\pi(2)^4}{64} = 0.7854 \text{ cm}^4.$$

평행축의 정리로부터 x축에 평행하고 전체 면적의 도심을 지나는 축에 대한 관성모멘트는 다음과 같이 계산된다.

$$\begin{aligned} I_x &= I_a + (\bar{y} - \bar{y}_a)^2 A_a - I_b - (\bar{y} - \bar{y}_b)^2 A_b \\ &= 23.38 + (1.664 - 1.732)^2(15.59) - 0.7854 \\ &\quad -(1.664 - 2)^2(3.142) \\ &= 2.231 \times 10^{-7} \text{ m}^4. \end{aligned}$$

예제 4.4

평행축 정리

조건 그림 4.7과 같이 반지름 r인 원형단면이 x'-y' 좌표계에 있다.

문제 x', y', z'축에 대한 면적 관성모멘트 $I_{x'}$, $I_{y'}$ 및 극관성모멘트 $J_{z'}$를 구하라.

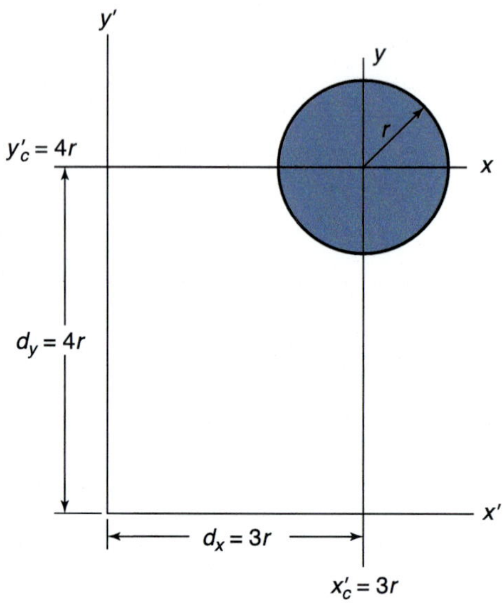

그림 4.7: x'-y' 좌표계의 원형 단면(예제 4.4).

풀이 식 (4.11)과 식 (4.12) 및 예제 4.2의 결과로부터

$$I_{x'} = I_x + Ad_y^2 = \frac{\pi r^4}{4} + \pi r^2 (4r)^2 = 16.25\pi r^4,$$

$$I_{y'} = I_y + Ad_x^2 = \frac{\pi r^4}{4} + \pi r^2 (3r)^2 = 9.25\pi r^4$$

$$J_{z'} = I_{x'} + I_{y'} = 25.5\pi r^4.$$

4.2.4 회전 반경

어떤 면적의 **회전 반경**(radius of gyration)은 제곱하여 단면적을 곱하면 특정 축에 대한 면적 관성모멘트가 얻어지는 길이이다. 즉,

$$I = r_g^2 A. \tag{4.13}$$

따라서 회전 반경은 면적의 관성모멘트를 나타내는 다른 방법이며, 식 (4.14)와 같이 표현된다.

$$r_g = \sqrt{\frac{I}{A}}. \tag{4.14}$$

회전 반경은 면적의 한 점(예를 들면, 도심)과 기준 축 사이의 거리가 아니고, 면적과 주어진 축에 대해 유용한 성질일 뿐이다.

예제 4.5

회전 반경

조건 예제 4.4와 동일한 원형 단면

문제 x'축과 y'축에 대한 회전 반경을 구하라.

풀이 식 (4.14)와 예제 4.4의 결과로부터

$$r_{gx'} = \sqrt{\frac{I_{x'}}{A}} = \sqrt{\frac{16.25\pi r^4}{\pi r^2}} = 4.03r,$$

$$r_{gy'} = \sqrt{\frac{I_{y'}}{A}} = \sqrt{\frac{9.25\pi r^4}{\pi r^2}} = 3.04r.$$

원의 반지름 r이 거리 d_x와 d_y보다 작을 때, 회전 반경은 원의 중심까지의 거리인 $3r$과 $4r$에 비해 약간 큰 수준이다. 이러한 결과는 이 책의 뒷부분에서 응용될 것이다. (예: 16.6절 점용접 해석)

4.2.5 단면 계수

단면 계수(section modulus)는 면적의 관성모멘트를 중립축으로부터 수직 거리가 가장 먼 지점까지의 거리(c)로 나눈 것으로서 식 (4.15)와 같이 나타내지며 단위는 길이의 세제곱이다.

$$Z_m = \frac{I}{c}. \tag{4.15}$$

식 (4.13)~(4.15)에 보인 관성모멘트 I의 식들은 회전 반경 r_g와 단면 계수 Z_m을 적절히 교체하면 I_x, I_y를 나타낸다. 즉, 이들 식에서 r_{gx}와 Z_{mx}를 사용하면 I_x, r_{gy}와 Z_{my}를 사용하면 I_y를 포함하는 식이 된다.

표 4.1에는 7가지 단면 형상에 대한 도심, 단면적, 관성모멘트가 정리되어 있다. 이 표에서 도심을 지나는 축에 대한 관성모멘트는 하첨자 $\bar{x}$ 및 $\bar{y}$를, 도심을 지나지 않는 좌표축에 대한 관성모멘트는 하첨자 x 및 y를 사용하여 나타내고 있다. 마찬가지로, $\bar{J}$는 도심에 대한 면적의 극관성모멘트를, J는 x-y축의 원점에 대한 면적의 극관성모멘트를 나타내고 있다.

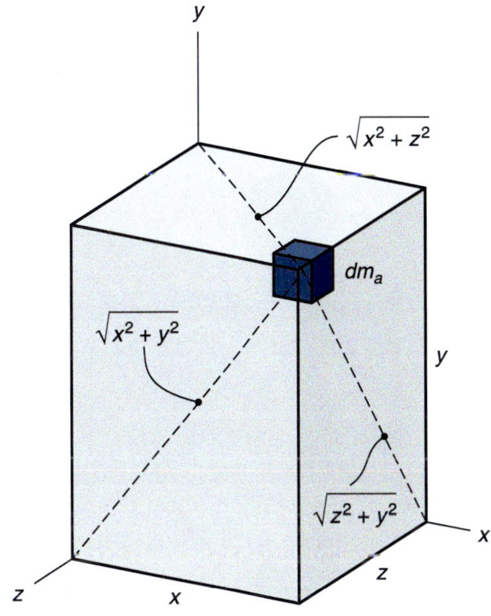

그림 4.8: 3차원 직교 좌표계의 체적 요소.

4.2.6 질량 관성모멘트

한 요소의 **질량 관성모멘트**(mass moment of inertia)는 그 요소의 질량과 좌표축으로부터 그 요소까지 거리의 제곱을 곱한 값으로 정의된다. 그림 4.8에 나타낸 3차원 좌표축에서 한 미소 체적 요소의 질량 관성모멘트는 x, y 및 z축에 대하여 각각 식 (4.16), 식 (4.17) 및 식 (4.18)과 같이 표현되며, SI 단위는 kg-m²이다.

$$I_{mx} = \int \left(y^2 + z^2\right)\, dm_a, \tag{4.16}$$

$$I_{my} = \int \left(x^2 + z^2\right)\, dm_a, \tag{4.17}$$

$$I_{mz} = \int \left(x^2 + y^2\right)\, dm_a. \tag{4.18}$$

그림 4.9에 나타낸 것과 같이 두께가 얇은 평판의 경우에는 그림 4.8과 같은 3차원 좌표계 대신 2차원의 x-y 평면만을 고려하여 식 (4.19)와 식 (4.20)과 같이 나타낼 수 있을 것이다.

$$I_{mx} = \int y^2\, dm_a, \tag{4.19}$$

$$I_{my} = \int x^2\, dm_a, \tag{4.20}$$

표 4.1: 일반적인 단면들의 도심, 면적 관성모멘트 및 면적.

단면	도심	면적 관성모멘트	면적
원 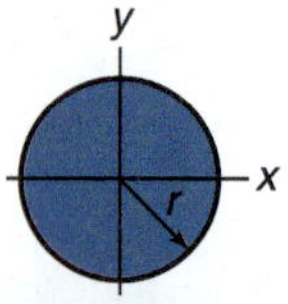	$\bar{x} = 0$ $\bar{y} = 0$	$I_x = I_{\bar{x}} = \frac{\pi}{4} r^4$ $I_y = I_{\bar{y}} = \frac{\pi}{4} r^4$ $J = \frac{\pi}{2} r^4$	$A = \pi r^2$
중공원 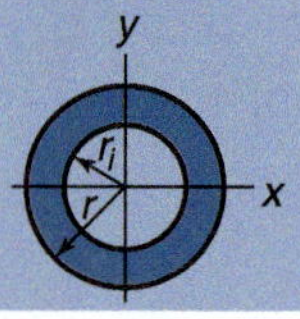	$\bar{x} = 0$ $\bar{y} = 0$	$I_x = I_{\bar{x}} = \frac{\pi}{4}(r^4 - r_i^4)$ $I_y = I_{\bar{y}} = \frac{\pi}{4}(r^4 - r_i^4)$ $J = \frac{\pi}{2}(r^4 - r_i^4)$	$A = \pi(r^2 - r_i^2)$
삼각형 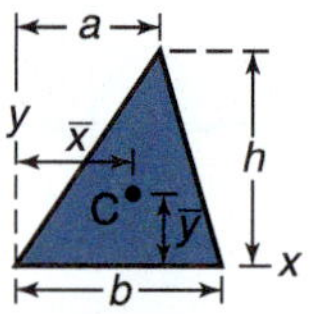	$\bar{x} = \frac{a + b}{3}$ $\bar{y} = \frac{h}{3}$	$I_x = \frac{bh^3}{12}, I_{\bar{x}} = \frac{bh^3}{36}$ $I_y = \frac{bh(b^2 + ab + a^2)}{12}$ $I_{\bar{y}} = \frac{bh(b^2 - ab + a^2)}{36}$ $\bar{J} = \frac{bh}{36}(b^2 + h^2 + a^2 - ab)$	$A = \frac{bh}{2}$
사각형 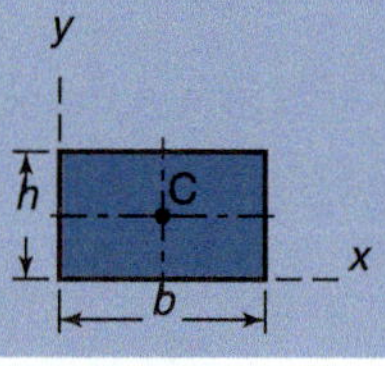	$\bar{x} = \frac{b}{2}$ $\bar{y} = \frac{h}{2}$	$I_x = \frac{bh^3}{3}, I_{\bar{x}} = \frac{bh^3}{12}$ $I_y = \frac{b^3 h}{3}, I_{\bar{y}} = \frac{b^3 h}{12}$ $\bar{J} = \frac{bh}{12}(b^2 + h^2)$	$A = bh$
부채꼴 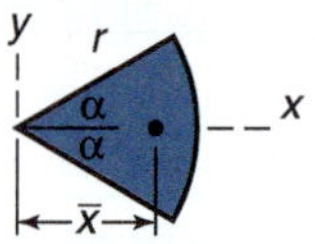	$\bar{x} = \frac{2}{3}\frac{r \sin\alpha}{\alpha}$	$I_x = \frac{r^4}{4}\left(\alpha - \frac{1}{2}\sin 2\alpha\right)$ $I_y = \frac{r^4}{4}\left(\alpha + \frac{1}{2}\sin 2\alpha\right)$ $J = \frac{1}{2} r^4 \alpha$	$A = r^2\alpha$
1/4 원 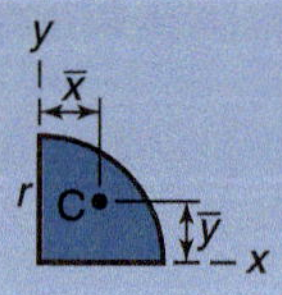	$\bar{x} = \bar{y} = \frac{4r}{3\pi}$	$I_x = I_y \frac{\pi r^4}{16}$ $I_{\bar{x}} = I_{\bar{y}} = \left(\frac{\pi}{16} - \frac{4}{9\pi}\right) r^4$ $J = \frac{\pi r^4}{8}$	$A = \frac{\pi r^2}{4}$
1/4 타원 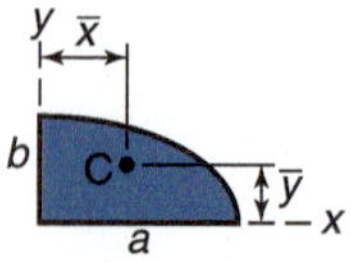	$\bar{x} = \frac{4a}{3\pi}$ $\bar{y} = \frac{4b}{3\pi}$	$I_x = \frac{\pi ab^3}{16}, I_{\bar{x}} = \left(\frac{\pi}{16} - \frac{4}{9\pi}\right) ab^3$ $I_y = \frac{\pi a^3 b}{16}, I_{\bar{y}} = \left(\frac{\pi}{16} - \frac{4}{9\pi}\right) a^3 b$ $J = \frac{\pi ab}{16}(a^2 + b^2)$	$A = \frac{\pi ab}{4}$

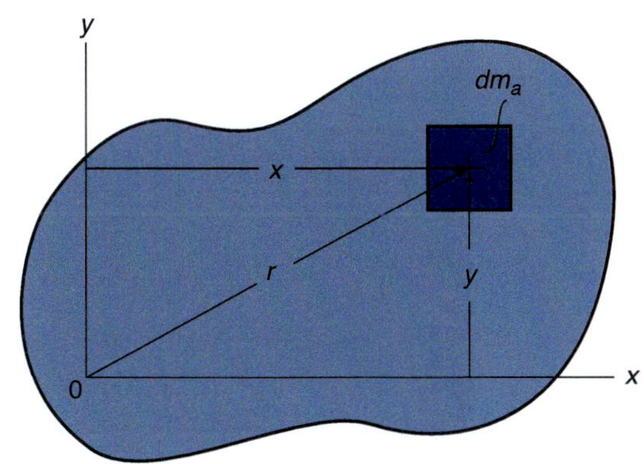

그림 4.9: 2차원 직교 좌표계의 면적 요소.

$$J_o = \int r^2\, dm_a = \int \left(x^2 + y^2\right)\, dm_a = I_{mx} + I_{my}. \qquad (4.21)$$

질량 극관성모멘트는 식 (4.21)에 의해 계산되며 J_o로 표시한다. 표 4.2에서는 일반적으로 많이 사용되는 6가지 형상에 대한 질량과 질량 관성모멘트의 계산식을 열거하였다. 표 4.1과 마찬가지로 원점과 좌표축의 위치는 각 공식을 사용하는 데 있어서 무엇보다 중요하다.

4.3 수직 응력과 변형률

그림 4.10은 인장 하중 P를 받고 있는 원기둥을 나타내고 있다. 이러한 인장 하중은 원기둥의 길이를 증가시키는 방향으로 작용하며, 하중이 직접 작용하는 끝부분에서 일정 거리만큼 떨어진 지점의 원기둥 단면은 수직 하중의 평균 강도 또는 **평균 수직 응력** σ_{avg}을 받게 된다.

$$\sigma_{\text{avg}} = \frac{P}{A}. \qquad (4.22)$$

하중이 직접 작용하는 끝 근처의 단면은 보다 복잡한 상태의 수직 응력을 받게 된다. 이 위치에서 응력은 단순하고 균일한 상태의 인장이 아니며 하중을 가하기 위해 사용한 그립이나 도구들의 형상에 따라 서로 다른 불균일한 분포를 가지게 된다. 하지만, 다행스럽게도 하중의 작용점에서 멀리 떨어진 지점의 응력은 일정하게 나타난다. 즉, 응력의 집중은 작용점으로부터 거리가 멀수록 감소한다. 이에 대한 내용은 6장에서 자세히 다룬다. 이러한 성질을 처음 밝힌 연구자의 이름을 따서 이를 **상베낭**(Saint-Venant)의 원리라고 부른다. 이 원리는 본 장의 관계식들이 존재할 수 있는 근거가 되므로 과소 평가되어서는 안 된다.[1)]

2장에서 일반적 부호 규약을 정의한 바와 같이 인장 방향의 수직 응력은 양의 부호(+)로 나타내고, 압축 방향의 수직 응력은 음의 부호(−)로 나타낸다. 일정한 단면의 막대가 축 하중을 받아서 탄성 범위 내에서 늘어나는 길이는 **탄성 변형**(elastic deformation)이라 하고 **수직 변형률**(normal strain)은 식 (4.23)과 같이 계산된다.

$$\epsilon = \frac{\delta}{l} = \frac{\text{탄성 변형량}}{\text{원래 길이}}. \qquad (4.23)$$

비록 변형률은 단위가 없지만 많은 경우에 m/m, μm/m와 같은 단위를 사용한다. 일축 수직 하중에 대한 훅의 법칙(Hooke's law)으로부터 응력과 변형률은 다음과 같은 관계를 가진다.

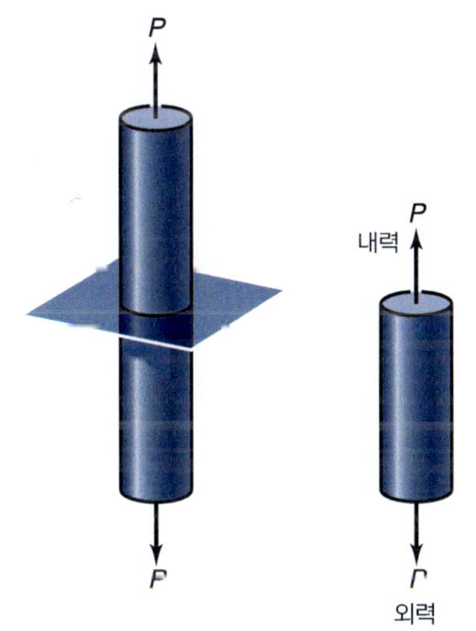

그림 4.10: 인장 하중을 받고 있는 원형 막대.

1) 응력의 집중이 발생한 지점에서부터 응력이 일정한 것으로 간주할 수 있는 지점까지의 정확한 거리는 특정 길이(직경, 그림의 길이 등)의 1배에서부터 최대 10배 이상(일부 복합 재료)의 범위를 가진다.

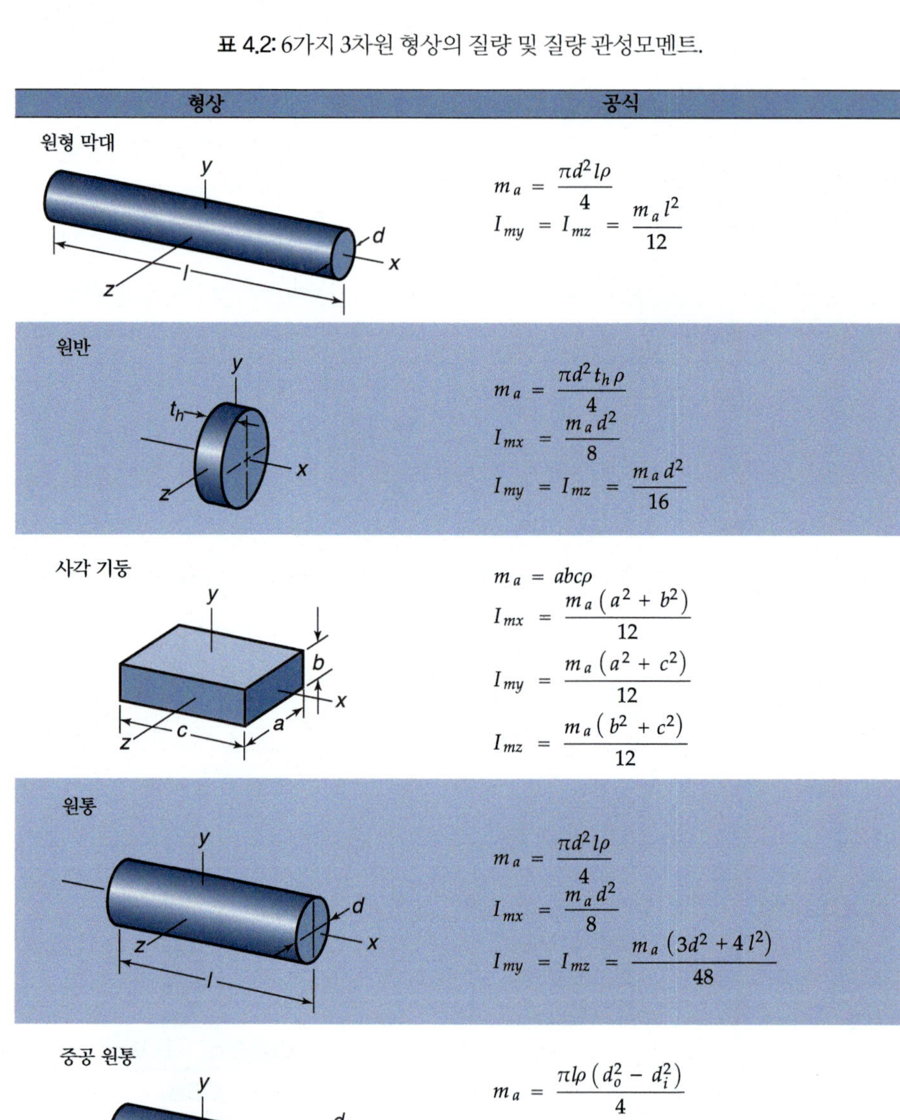

표 4.2: 6가지 3차원 형상의 질량 및 질량 관성모멘트.

형상	공식
원형 막대	$m_a = \frac{\pi d^2 l \rho}{4}$ $I_{my} = I_{mz} = \frac{m_a l^2}{12}$
원반	$m_a = \frac{\pi d^2 t_h \rho}{4}$ $I_{mx} = \frac{m_a d^2}{8}$ $I_{my} = I_{mz} = \frac{m_a d^2}{16}$
사각 기둥	$m_a = abc\rho$ $I_{mx} = \frac{m_a (a^2 + b^2)}{12}$ $I_{my} = \frac{m_a (a^2 + c^2)}{12}$ $I_{mz} = \frac{m_a (b^2 + c^2)}{12}$
원통	$m_a = \frac{\pi d^2 l \rho}{4}$ $I_{mx} = \frac{m_a d^2}{8}$ $I_{my} = I_{mz} = \frac{m_a (3d^2 + 4l^2)}{48}$
중공 원통 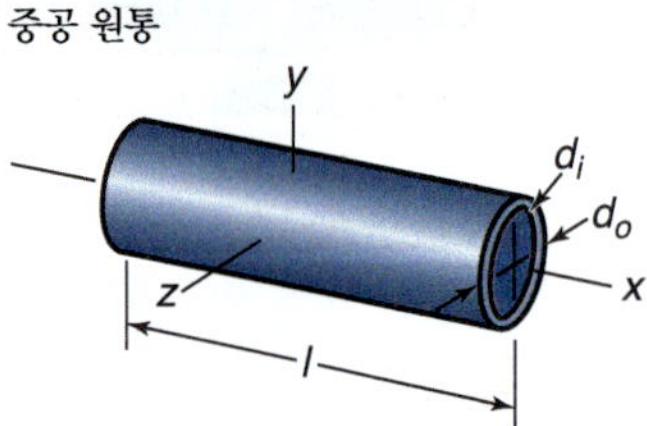	$m_a = \frac{\pi l \rho (d_o^2 - d_i^2)}{4}$ $I_{mx} = \frac{m_a (d_o^2 - d_i^2)}{8}$ $I_{my} = I_{mz} = \frac{m_a (3d_o^2 + 3d_i^2 + 4l^2)}{48}$
구 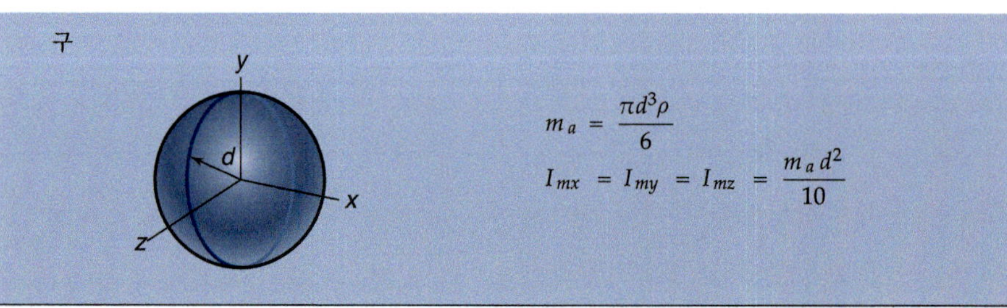	$m_a = \frac{\pi d^3 \rho}{6}$ $I_{mx} = I_{my} = I_{mz} = \frac{m_a d^2}{10}$

$$\sigma = \epsilon E \quad \text{또는} \quad \epsilon = \frac{\sigma}{E} \tag{4.24}$$

3.5.2절에서 설명한 바와 같이 E는 재료 상수인 탄성 계수이다. 식 (4.22)와 식 (4.24)를 식 (4.23)에 대입하면

$$\delta = \epsilon l = \frac{\sigma l}{E} = \frac{Pl}{AE}. \tag{4.25}$$

식 (4.24)와 식 (4.25)는 인장뿐만 아니라 압축의 경우에도 사용할 수 있다. 축하중이 작용하는 경우의 스프링 상수(spring rate)는 축 방향 하중과 변형의 비이며, 식 (4.26)과 같이 표현된다.

$$k = \frac{P}{\delta} = \frac{AE}{l}. \tag{4.26}$$

식 (4.22)에서 식 (4.26)은 길이 l에 걸쳐 균일한 단면을 갖는 막대인 경우 단면의 형상과 무관하게 성립한다.

예제 4.6

수직 응력, 변형 및 스프링 상수

조건 50 mm 길이의 탄소강 중공축이 5000 N의 축하중을 받을 때, 100 MPa의 수직 응력이 발생한다. 안쪽 지름은 바깥쪽 지름의 65%이다.

문제 중공축의 바깥쪽 지름, 축 방향 변형 및 스프링 상수를 구하라.

풀이 단면적은 다음과 같이 계산된다.

$$\begin{aligned} A &= \frac{\pi}{4}\left(d_o^2 - d_i^2\right) = \frac{\pi d_o^2}{4}\left[1 - \left(\frac{d_i}{d_o}\right)^2\right] \\ &= \frac{\pi d_o^2}{4}\left[1 - \left(\frac{0.65 d_o}{d_o}\right)^2\right] = 0.4536 d_o^2. \end{aligned}$$

식 (4.22)로부터

$$A = \frac{P}{\sigma} = \frac{5000}{100 \times 10^6} = 5 \times 10^{-5}\ \text{m}^2.$$

그러므로,

$$0.4536 d_o^2 = 5 \times 10^{-5}\ \text{m}^2$$

또는

$$d_o = 1.05 \times 10^{-2}\ \text{m} = 10.5\ \text{mm}.$$

탄소강의 탄성 계수는 207 GPa(표 3.1)이므로, 식 (4.25)로부터 탄성 변형은

$$\delta = \frac{Pl}{AE} = \frac{(5000)(0.05)}{(5 \times 10^{-5})(207 \times 10^9)} = 24.15 \times 10^{-6}\ \text{m},$$

또는 $\delta = 24.15\ \mu$m이다. 식 (4.26)에서부터 스프링 상수는

$$k = \frac{P}{\delta} = \frac{5000}{24.15 \times 10^{-6}} = 2.07 \times 10^8\ \text{N/m}.$$

예제 4.7

인장 조건에서의 변형과 스프링 상수

조건 한 낚시꾼이 직경 0.45 mm의 나일론 낚싯줄에 미끼를 묶어 연어를 낚았다. 물고기가 낚였을 때 풀려 있는 낚싯줄의 길이는 총 46 m였고, 낚싯줄의 탄성 계수는 4 GPa이며, 연어를 끌어당기는 힘은 50 N이다.

문제 낚싯줄의 탄성 변형률, 스프링 상수 및 인장 응력을 구하라.

풀이 낚싯줄의 단면적은

$$A = \frac{\pi d^2}{4} = \frac{\pi (0.45)^2}{4} = 0.1590\ \text{mm}^2.$$

연어에 의해 낚싯줄이 받는 응력은

$$\sigma = \frac{P}{A} = \frac{50}{0.159 \times 10^{-6}} = 0.3144\ \text{GPa}.$$

낚싯줄의 변형은

$$\delta = \epsilon l = \frac{\sigma l}{E} = \frac{(0.3144)(46)}{4} = 3.615\ \text{m}.$$

스프링 상수는 $k = P/\delta = 13.83$ N/m이다.

4.4 비틀림

일반적으로 **축**(shaft)은 가늘고 긴 기계 요소이며 주로 비틀림 변형과 전단 응력을 유발하는 축 방향 모멘트 또는 회전력(토크)을 받는다. 이와 같이 **비틀림**(torsion)은 축의 회전을 유발하는 하중의 한 종류이다. 축의 설계에 관해서는 11장에서 자세하게 설명한다. 이 장에서는 회전력(또는 비틀림)이 축에 작용할 때, 발생하는 응력들에 관해 알아본다. 축의 가장 큰 용도는 기계적인 동력을 전달하는 것이고, 설계자는 축을 손상시키지 않고 변형 한계를 초과하지 않는 범위에서 전달할 수 있는 최대 모멘트를 알고자 한다. 따라서 주어진 상황에서 축의 응력과 비틀림 각을 계산할 수 있어야 한다. 대부분의 토크 전달을 위한 축이 중실 원형 단면을 가지므로, 이 형상은 축의 설계에 있어서 가장 기본적인 형상이다. 단면이 원형이 아닌 축에 대해서는 Timoshenko와 Goodier (1970)를 참고하라.

4.4.1 응력과 변형률

그림 4.11은 주어진 토크로 인해 비틀린 부재를 보여주고 있다. 토크가 작용하기 전 축의 중심축에 수직인 단면들은 토크가 인가된 후에도 중심축에 수직이며 평면을 유지하고 있고 뒤틀어지지 않는다. 중실축의 경우는 그림 4.11에 나타나 있는 중공축의 안쪽 반지름이 0인 경우로 생각할 수 있다. 축의 윗면이 고정되어 있고 아랫면에 토크가 작용한다고 하고 회전각을 θ라 하면, 3차원 원기둥 좌표계의 각 축 방향 수직 변형률은 모두 0으로 간주할 수 있다. 이로부터 $\epsilon_r = \epsilon_\theta = \epsilon_z = \gamma_{r\theta} = \gamma_{rz} = 0$이고, 0이 아닌 변형률은

$$\gamma_{\theta z} = r\frac{d\theta}{dz} \approx \frac{r\theta}{l}. \tag{4.27}$$

뿐이다. 식 (4.27)은 그림 4.11의 한 단면에서 $l\gamma_{\theta z}$와 $r\theta$의 관계로부터 구할 수 있다.

훅의 법칙으로부터 응력과 변형률의 관계는 식 (4.28)과 같이 나타난다.

$$\tau_{\theta z} = G\gamma_{\theta z} = Gr\frac{d\theta}{dz} \approx \frac{Gr\theta}{l}, \tag{4.28}$$

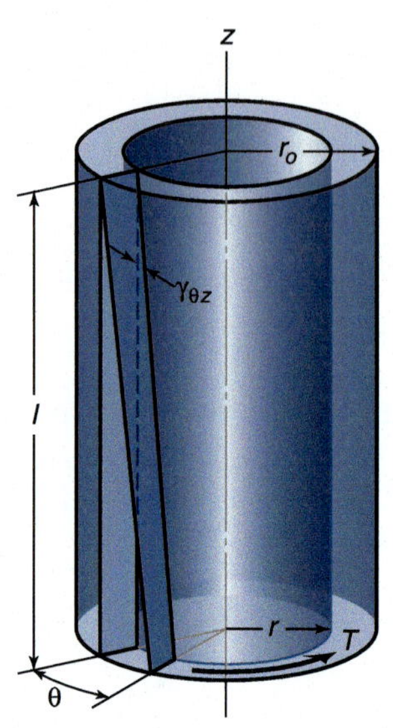

그림 4.11: 토크에 의해 비틀림이 발생한 부재.

여기서, G는 식 (3.7)에서 주어진 전단 탄성 계수이다. 식 (4.28)에서 전단 변형률 $\gamma_{\theta z}$와 전단 응력 $\tau_{\theta z}$는 거리에 따른 회전각 변화율($d\theta/dz \approx \theta/l$)에 따라 선형적으로 변화한다. 또한, 전단 응력은 단면에서 대칭이며 변형과 응력이 축의 길이를 따라 일정하게 분포하기 때문에 θ방향 및 z방향에 무관하게 일정하다.

작용 응력들은 평형방정식을 만족해야 하며, 이로부터 식 (4.28)의 회전각의 변화율 $d\theta/dz$, 또는 θ/z가 얻어진다. 작용 회전모멘트 즉, 토크는 다음과 같은 식 (4.29)로부터 얻어진다.

$$T = \int_A r\,(\tau_{\theta z}\,dA) = \frac{G\theta}{l}\int_A r^2\,dA. \tag{4.29}$$

극관성모멘트가

$$J = \int_A r^2\,dA \tag{4.30}$$

이므로 식 (4.29)는 토크와 회전각에 대하여 다음과 같이 나타낼 수 있다.

$$T = \frac{G\theta J}{l} \quad \text{또는} \quad \theta = \frac{Tl}{GJ}. \tag{4.31}$$

또한, 식 (4.29)와 식 (4.30)을 식 (4.28)에 대입하면 다음과 같다.

$$\tau_{\theta z} = \frac{Tr}{J}. \tag{4.32}$$

이로부터 최대 전단 응력은 다음과 같이 표현된다.

$$\tau_{\max} = \frac{Tc}{J}. \tag{4.33}$$

이때, c는 중립축으로부터 단면의 최외곽 지점까지의 거리이다. 회전 스프링 상수는 식 (4.34)와 같이 나타낼 수 있다.

$$k_a = \frac{T}{\theta} = \frac{JG}{l}. \tag{4.34}$$

예제 4.8

비틀림 조건에서 회전각과 스프링 상수

조건 탄소강으로 이루어진 50 mm 길이의 중공 원형 단면 축의 최대 전단 응력 70 MPa일 때, 5000 N-m의 토크를 전달한다. 안쪽 지름은 바깥쪽 지름의 1/2이다.

문제 바깥쪽 지름, 회전각, 회전 스프링 상수를 구하라.

풀이 표 4.1의 중공 원기둥의 극관성모멘트는

$$J = \frac{\pi}{2}\left(r^4 - r_i^4\right) = \frac{\pi r^4}{2}\left[1 - \left(\frac{r_i}{r}\right)^4\right]. \tag{a}$$

이고, 식 (4.15)로부터 단면 계수는

$$Z_m = \frac{J}{c} = \frac{T}{\tau_{\max}} = \frac{5000}{70 \times 10^6} = 71.43 \times 10^{-6}\ \mathrm{m}^3. \tag{b}$$

$$\frac{r_i}{r} = \frac{r_i}{r_o} = 0.5 \quad \text{그리고} \quad c = \frac{d_o}{2} \tag{c}$$

이므로, 식 (a)와 식 (c)를 식 (b)에 대입하면 다음과 같다.

$$\frac{\pi r_o^3}{2}\left[1 - (0.5)^4\right] = 71.43 \times 10^{-6}\ \mathrm{m}^3.$$

이를 r_o에 대해 풀면 다음과 같다.

$$r_o^3 = 48.51 \times 10^{-6}\ \mathrm{m}^3,$$

따라서 $r_o = 0.03647$ m $= 36.47$ mm 그리고 $d_o = 72.94$ mm이다. 식 (b)와 식 (c)로부터

$$J = cZ_m = \frac{d_o}{2}Z_m = \left(\frac{0.07294}{2}\right)(71.43 \times 10^{-6}),$$

또는 $J = 2.605 \times 10^{-6}$ m^{4}이다. 탄소강의 전단 탄성 계수는 80 GPa이고, 식 (4.31)을 이용하면 비틀림에 의한 회전각은 다음과 같이 나타난다.

$$\theta = \frac{Tl}{GJ} = \frac{(5000)(0.050)}{(80 \times 10^9)(2.605 \times 10^{-6})} = 0.00120\ \mathrm{rad}.$$

식 (4.34)로부터 회전 스프링 상수는 다음과 같다.

$$k_a = \frac{T}{\theta} = \frac{5000}{0.00120} = 4.167 \times 10^6\ \mathrm{N\text{-}m/rad}.$$

4.4.2 동력 전달

원형 축의 가장 일반적인 사용 목적 중 하나가 동력 전달이므로, 이에 대한 이해 없이는 비틀림에 대해 말할 수 없다. **동력**(power)은 아래와 같이 나타낼 수 있다.

$$h_p = Pu. \tag{4.35}$$

회전계에서

$$P = \frac{T}{r}. \tag{4.36}$$

또 $u = \omega r$이므로

$$h_p = Pu = T\omega, \tag{4.37}$$

여기서

- P = 힘, N
- u = 속도, m/s
- T = 토크, N-m
- ω = 각속도, rad/s

일의 SI 단위는 줄(J, joule) 또는 N-m이고, 동력의 SI 단위는 와트(W, watt) 또는 J/s이다. 토크는 식 (4.37)로부터 다음과 같이 산출된다.

$$T = \frac{h_p}{\omega}. \tag{4.38}$$

예제 4.9

축에 의한 동력 전달

조건 축이 900 rpm으로 회전할 때 1000 N-m의 토크를 전달한다.

문제 전달되는 동력을 kW 단위로 나타내어라.

풀이 각속도는

$$\omega = (900\ \mathrm{rpm})\frac{2\pi}{60} = 94.25\ \mathrm{rad/s}$$

식 (4.37)로부터

$$h_p = T\omega = (1000)(94.25) = 94.25\ \mathrm{kW}$$

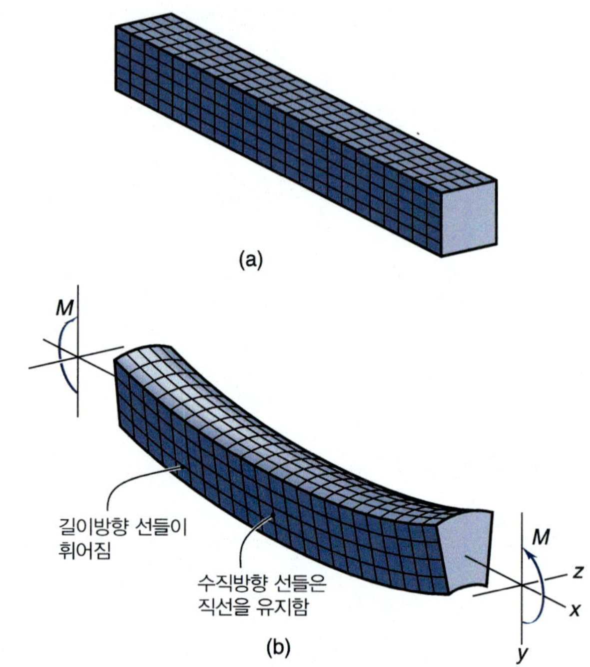

그림 4.12: 굽힘모멘트의 효과를 설명하기 위한 탄성재질로 이루어진 부재. (a) 변형 전 부재 (b) 변형된 부재. (그림설명) 휘어진 종방향 선들, 회전하였으나 직선을 유지하고 있는 횡방향 선들.

4.5 굽힘 응력과 변형률

4.5.1 직선 부재

일반적으로 **보**(beam)는 굽힘 하중을 지지하는 길고 가느다란 부재이고, 이러한 보의 굽힘에 대한 해석은 공학자들에게 일반적인 문제이다. 각 층의 바닥 무게가 수직 방향으로 작용하는 건물의 수평 부재, 트럭의 판 스프링, 항공기 엔진의 무게를 지지하는 날개 등에서 굽힘이 발생한다. 이러한 각 사례의 설계에서 응력과 변형은 중요한 고려사항이 된다.

이 장에서는 아래와 같은 가정을 전제로 한다.

1. 모든 재질은 훅의 법칙을 따른다.
2. 변형량은 아주 작다.

그림 4.12는 굽힘 현상을 관찰하기 위해 고무처럼 변형이 큰 재료에서 굽힘이 발생한 모습을 나타낸 것이다. 이 부재의 거동으로부터 변형이 훨씬 작겠지만 전통적으로 보 재료로 사용되어 온 강으로 제작된 보의 거동을 유추해 볼 수 있다. 그림 4.12a는 종방향 및 횡방향 격자선을 가지고 있는 정사각 단면 부재의 변형 전 모습을 나타낸 것이다. 모멘트가 작용하고 있는 상태를 나타내는 그림 4.12b에서 횡방향 선들은 비록 회전하였지만 직선을 유지하고 있는 반면, 종방향 선들은 휘어져 있는 것을 확인할 수 있다. 부재가 휘어지게 되면 원래 직선이었던 종방향 선들은 곡률을 가지게 되며, 그림 4.12b의 단면의 형상으로부터 모멘트가 작용할 때의 중립축은 위쪽으로 이동할 것으로 예상된다. 하지만, 훨씬 강성이 큰 재질로 만들어진 보가 탄성 굽힘되는 경우, 변형률이 매우 작으므로 단면의 왜곡 및 중립축의 이동은 없는 것으로 간주하고 무시된다. 그림 4.13은 또 다른 굽힘의 효과를 설명하고 있다. 굽힘모멘트는 보의 아랫부분을 늘어나게(인장) 하며 위 부분을 압축시킨다. 결과적으로, 이 두 부분 사이에는 재질의 종방향 길이가 변화하지 않는 면(이하 *중립면*)이 존재해야만 한다. 이 중립면에서는 굽힘에 의해 인장도 압축도 작용하지 않는다.

그림 4.14는 변형 전의 미소 요소와 굽힘에 의해 변형된 후의 미소 요소를 나타내고 있다. 미소 길이 Δs의 길이 변화에 의한 수직 변형률은 다음과 같이 나타낼 수 있다.

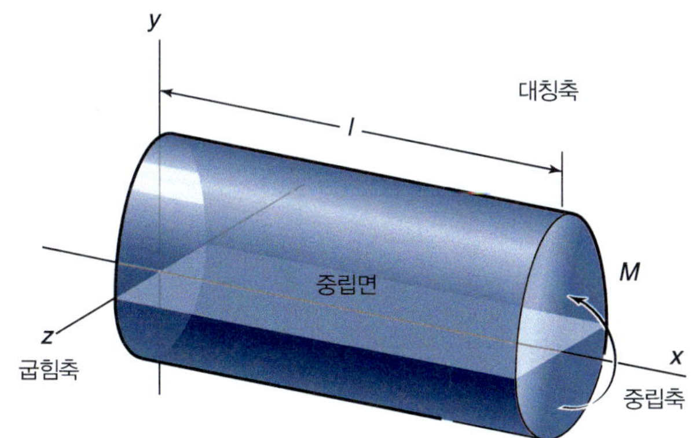

그림 4.13: 굽힘이 작용하고 있는 외팔보의 중립축.

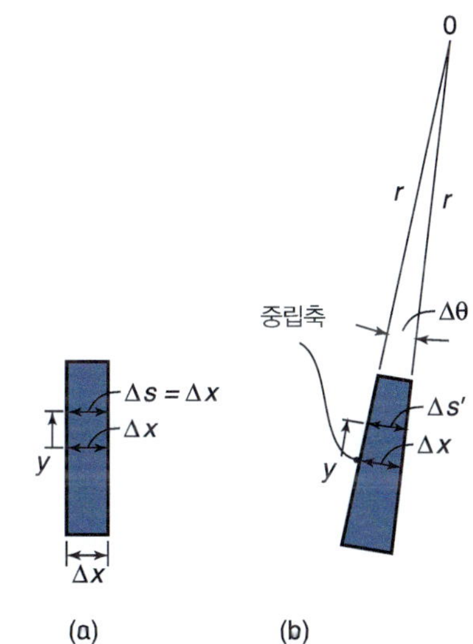

그림 4.14: 변형 전과 굽힘에 의한 변형 후 미소 요소.

$$\epsilon = \lim_{\Delta s \to 0} \frac{\Delta s' - \Delta s}{\Delta s}. \tag{4.39}$$

그림 4.14에서 r은 미소 요소 중축의 곡률 반경이다.

$$\Delta x = \Delta s = r\Delta\theta,$$

$$\Delta s' = (r - y)\Delta\theta.$$

위의 수식들을 식 (4.39)에 대입하면 변형률은 다음과 같이 나타낼 수 있다.

$$\epsilon = \lim_{\Delta s \to 0} \frac{(r-y)\Delta\theta - r\Delta\theta}{r\Delta\theta} = -\frac{y}{r}. \tag{4.40}$$

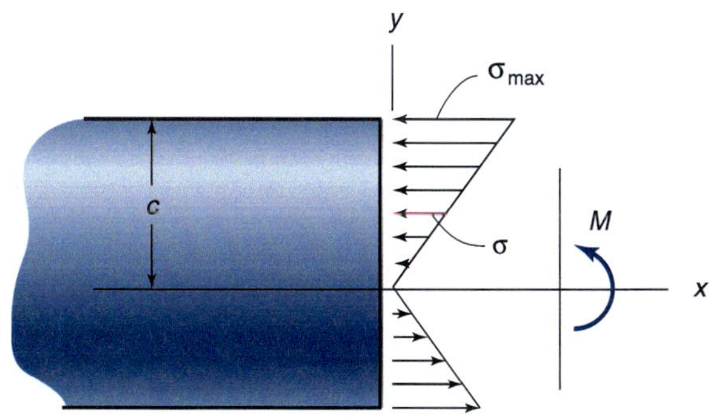

그림 4.15: 굽힘 응력 분포의 개요.

종방향 수직 변형률은 중립축부터의 거리에 비례하여 변화하며, 최대 변형률은 중립축부터 거리가 c, 즉 가장 먼 지점에서 나타난다.

$$\frac{\epsilon}{\epsilon_{\max}} = -\frac{y/r}{c/r}$$

$$\epsilon = -\frac{y}{c}\epsilon_{\max}. \tag{4.41}$$

마찬가지로, 단면에서의 수직 응력 분포도 선형적이며, 수식으로 표현하면 다음과 같다.

$$\sigma = -\frac{y}{c}\sigma_{\max}. \tag{4.42}$$

그림 4.15는 수직 응력 분포의 개요를 나타내고 있다. y값이 양일 때 수직 응력은 압축이고, y값이 음일 때 수직 응력은 인장이며, 중립축에서 수직 응력은 0이다.

4.5.2 굽힘 응력

힘의 평형방정식을 쓰면 다음과 같다.

$$0 = \int_A dP = \int_A \sigma\, dA = \int_A -\frac{y}{c}\sigma_{\max}\, dA = -\frac{\sigma_{\max}}{c}\int_A y\, dA.$$

$\sigma_{\max}$가 0이 아니므로, 위 식은 식 (4.43)을 만족해야만 성립한다.

$$\int_A y\, dA = 0. \tag{4.43}$$

중립축에 대한 부재 단면의 1차 면적 모멘트가 0이어야 하므로 중립축은 도심을 지나야 한다. 이 때의 모멘트는 식 (4.44)와 같이 나타낼 수 있다.

$$M = \int_A y\,dP = \int_A y\sigma\,dA = -\frac{\sigma_{\max}}{c}\int_A y^2\,dA. \quad (4.44)$$

면적 관성모멘트, 즉

$$I = \int_A y^2\,dA$$

를 식 (4.44)에 대입하여 응력에 대해 풀면 다음과 같이 된다.

$$\sigma_{\max} = -\frac{Mc}{I}. \quad (4.45)$$

중립축으로부터 y만큼 떨어진 지점의 응력은

$$\sigma = -\frac{My}{I}. \quad (4.46)$$

식 (3.22), 식 (4.40) 및 식 (4.46)을 이용하면 다음과 같이 된다.

$$\frac{1}{r} = \frac{M}{EI}. \quad (4.47)$$

식 (4.47)로부터 굽힘모멘트가 양의 값일 때, 곡률도 양의 값임을 알 수 있다. (즉, 그림 2.3에 나타낸 y방향으로 오목한 모양).

예제 4.10

굽힘에서의 응력

조건 그림 4.16과 같은 단면 형상을 가진 알루미늄 합금 보에 크기가 M인 양의 굽힘모멘트가 작용하고 있다. 허용 응력은 150 MPa이다.

문제 (a) 보에 작용할 수 있는 최대 모멘트의 크기를 구하라. (b) 최대 모멘트가 작용할 때, A, B 및 C 점에서의 응력을 구하라.

풀이 (a) 그림 4.16의 단면에서 수평한 부분을 첨자 1로, 수직한 부분을 첨자 2로 구분한다면 단면적은 다음과 같다.

$$A = A_1 + 2A_2 = 8(80-16) + 2(120)(8) = 2432\ \text{mm}^2.$$

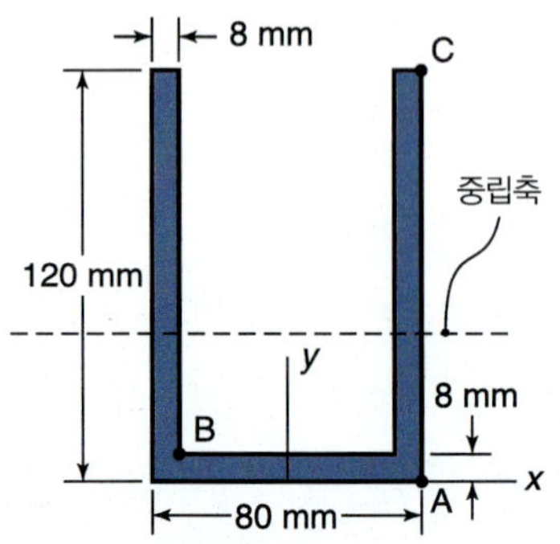

그림 4.16: U자형 단면(예제 4.10).

단면의 도심은 다음과 같이 계산된다.

$$\bar{y} = \frac{\bar{y}_1 A_1 + 2\bar{y}_2 A_2}{A} = \frac{4(64)(8) + 2(60)(8)(120)}{2432} = 48.21\ \text{mm}.$$

중립축으로부터 수평 부분과 수직 부분의 도심까지의 거리는 각각 다음과 같다.

$$d_{n1} = 48.21 - 4 = 44.21\ \text{mm},$$

$$d_{n2} = 60 - 48.21 = 11.79\ \text{mm}.$$

전체 면적의 면적 관성모멘트는

$$I = I_1 + A_1 d_{n1}^2 + 2(I_2 + A_2 d_{n2}^2)$$

또는

$$I = \frac{64(8)^3}{12} + (64)(8)(44.2)^2 + 2\left[\frac{8(120)^3}{12} + 8(120)(11.79)^2\right]$$

또는 $I = 3.574 \times 10^6\ \text{mm}^4$로 계산된다. 중립축으로부터 각 점들까지의 거리는 다음과 같다.

$$d_{nA} = 48.21\ \text{mm},$$

$$d_{nB} = 48.21 - 8 = 40.21\ \text{mm},$$

$$d_{nC} = 120 - 48.21 = 71.79\ \text{mm}.$$

점 C가 중립축에서 가장 멀리 떨어져 있으므로, 응력이 가장 크게 나타나는 지점이다. 또한 2.3절에서 설명한 바와 같이 양의 굽힘이 작용하는 경우, 중립축 위 부분은 압축이 작용하고 중립축 아랫부분은 인장이 작용한다. 식 (4.45)로부터 최대 모멘트는 다음과 같다.

$$M_{\max} = \frac{\sigma_{\text{all}} I}{d_{nC}} = \frac{(150 \times 10^6)(3.574 \times 10^{-6})}{71.79 \times 10^{-3}} = 7468 \text{ Nm}.$$

(b) 각 지점의 응력은 다음과 같다.

$$\sigma_A = \frac{M_{\max} d_{nA}}{I} = \frac{(7468)(48.21 \times 10^{-3})}{3.574 \times 10^{-6}} = 100.7 \text{ MPa},$$

$$\sigma_B = \frac{M_{\max} d_{nB}}{I} = \frac{(7468)(40.21 \times 10^{-3})}{3.574 \times 10^{-6}} = 84.0 \text{ MPa},$$

$$\sigma_C = \sigma_{\text{all}} = -150 \text{ MPa}.$$

4.5.3 곡선 부재

직선 부재의 수직 응력과 변형률은 식 (4.45)와 식 (4.46)과 같이 중립축으로부터의 거리에 따라 선형적으로 변화한다. 하지만 곡선 부재에서는 응력과 변형률이 선형적으로 변화하지 않는다. 이러한 곡선 부재의 예로서 가늘지 않고 비교적 큰 곡률을 가진 고리나 체인 등이 있다.

그림 4.17은 굽힘을 받고 있는 곡선 부재를 나타내고 있다. 양의 굽힘은 단면 dc를 $d'c'$로 $d\phi$만큼 회전시킨다. y는 중립축부터 바깥쪽 반지름 r_o 방향일 때 음의 값이고, 이 영역에서는 인장이 작용한다. 또, 중립축으로부터 안쪽 반지름 r_i 방향일 때 y는 양이고, 이 영역은 압축을 받는다. 반지름이 r_n인 중립축에서는 굽힘이 발생하지 않으므로 인장이나 압축이 발생하지 않는다. 그림 4.17로부터 중립축의 반지름 r_n과 도심의 반지름 $\bar{r}$은 직선 부재의 경우와 달리 서로 일치하지 않으며, r_n과 $\bar{r}$의 차이를 편심(ϵ)이라 한다. 또 그림 4.17b와 같이, 반지름 r은 단면의 임의 면적 요소 dA의 위치를 나타낸다.

반지름 r에 놓인 점에서의 변형률은 다음과 같이 표현될 수 있다.

$$\epsilon = \frac{(r - r_n)\, d\phi}{r\phi}. \tag{4.48}$$

r이 중립축의 반지름 r_n일 때 변형률은 0이고, 최외곽 지점($r = r_o$)에서 최대가 된다. 따라서 수직 응력은 식 (4.49)와 같이 나타낼 수 있다.

$$\sigma = \epsilon E = \frac{E(r - r_n)\, d\phi}{r\phi}. \tag{4.49}$$

r이 r_n보다 작은 경우 압축 응력이 되고, r이 r_n보다 클 경우 인장 응력이 된다.

식 (4.48)과 식 (4.49)를 이용하여 응력과 변형률에 관한 문제를 풀기위해서는 중립축의 위치를 알아야만 한다. 중립축의 위치는 단면에 작용하는 수직 응력의 합이 0인 지점이므로 식 (4.49)로부터 다음과 같이 쓸 수 있다.

$$\int_A \sigma\, dA = \frac{E\, d\phi}{\phi} \int_A \frac{r - r_n}{r}\, dA = 0. \tag{4.50}$$

이 식은 다음과 같이 된다.

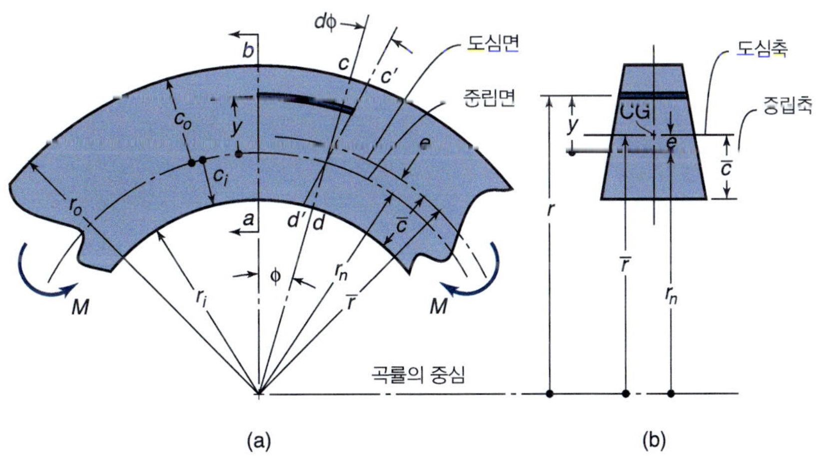

그림 4.17: 굽힘을 받는 곡선 부재. (a) 원주 측면도, (b) 단면도.

$$A - r_n \int_A \frac{dA}{r} = 0,$$

또는

$$r_n = \frac{A}{\int_A \frac{dA}{r}}. \qquad (4.51)$$

식 (4.51)은 중립축의 반지름이 단면적의 함수임을 명백히 보여주고 있다.

사각형 단면

그림 4.18은 곡선 부재의 사각형 단면을 도심 및 중립축과 함께 나타낸 것이다. 식 (4.51)로부터 사각형 단면의 중립축의 반지름은

$$r_n = \frac{b(r_o - r_i)}{\int_{r_i}^{r_o} \frac{b\,dr}{r}} = \frac{r_o - r_i}{\ln\left(\frac{r_o}{r_i}\right)}. \qquad (4.52)$$

도심축의 반지름은

$$\bar{r} = \frac{r_i + r_o}{2}. \qquad (4.53)$$

따라서 편심은 다음과 같다.

$$e = \bar{r} - r_n = \frac{r_i + r_o}{2} - \frac{r_o - r_i}{\ln\left(\frac{r_o}{r_i}\right)}. \qquad (4.54)$$

원형 단면

원형 단면을 갖는 곡선 부재의 중립축 반지름은

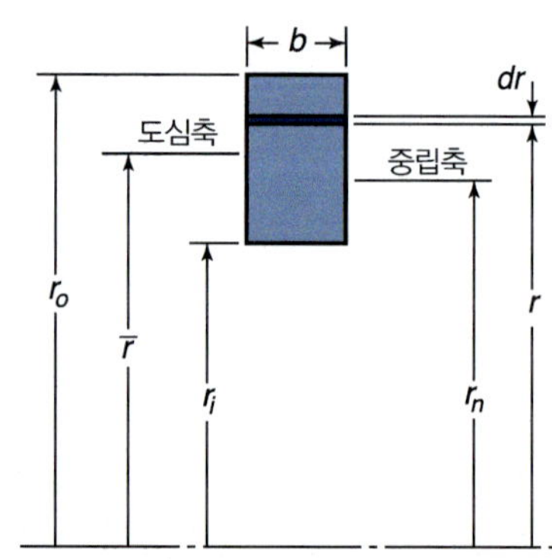

그림 4.18: 곡선 부재의 사각형 단면.

$$r_n = \frac{\bar{r} + \sqrt{\bar{r}^2 - c^2}}{2}, \qquad (4.55)$$

여기서 c는 단면의 반지름이고, $\bar{r}$는 도심의 위치이다. 사각형 단면과 원형 단면을 가지는 곡선 부재의 중립축 반지름을 구했으므로, 이제 식 (4.49)의 응력을 고려해 보자. 임의의 단면에 작용하는 굽힘모멘트는 모멘트 팔 $(r - r_n)$과 힘 σdA의 곱을 전체 단면적에 걸쳐 적분한 값이며 다음 식과 같이 표현된다.

$$M = \int (r - r_n)(\sigma\, dA).$$

식 (4.49)를 사용하면

$$\begin{aligned} M &= \frac{E\,d\phi}{\phi} \int \frac{(r - r_n)^2\, dA}{r} \\ &= \frac{E\,d\phi}{\phi} \left(\int r\, dA - r_n A - r_n A + r_n^2 \int \frac{dA}{r} \right). \end{aligned}$$

식 (4.51)로부터 위의 식은 다음과 같이 표현된다.

$$M = \frac{E\,d\phi}{\phi} \left(\int r\, dA - r_n A \right). \qquad (4.56)$$

도심의 정의로부터

$$\bar{r} = \frac{1}{A} \int r\, dA.$$

식 (4.56)은 다음과 같이 된다.

$$M = E \frac{d\phi}{\phi} Ae, \qquad (4.57)$$

여기서

$$e = \bar{r} - r_n. \qquad (4.58)$$

식 (4.49)를 식 (4.57)에 대입하면 굽힘모멘트는 다음과 같다.

$$M = \frac{r\sigma Ae}{r - r_n},$$

또는

$$\sigma = \frac{M(r - r_n)}{Aer} = \frac{My}{Ae(r_n + y)}, \qquad (4.59)$$

여기서

$$y = r - r_n. \tag{4.60}$$

즉, 응력은 쌍곡선 형태로 분포되고, 최댓값은 안쪽 면 또는 바깥쪽 면 중 한 곳에서 발생하게 된다.

$$\sigma_i = -\frac{Mc_i}{Aer_i}, \tag{4.61}$$

$$\sigma_o = \frac{Mc_o}{Aer_o}. \tag{4.62}$$

예제 4.11

곡선 부재의 응력

조건 그림 4.18과 같은 사각형 단면을 가지는 곡선 부재의 b =25 mm, $h = r_o - r_i$ = 75 mm이고, 2000 N-m의 굽힘모멘트가 작용한다. 부재에 다른 힘은 작용하지 않고 양의 굽힘만 작용한다.

문제 다음과 같은 형상의 최대 응력을 구하라.

(a) 직선 부재
(b) 도심 축의 반지름이 $\bar{r}$ = 375 mm인 곡선 부재
(c) 도심 축의 반지름이 $\bar{r}$ = 75 mm인 곡선 부재

풀이

(a) 직선 부재의 경우

$$I = \frac{bh^3}{12} \quad \text{그리고} \quad c = \frac{h}{2}.$$

그러므로

$$\frac{I}{c} = \frac{bh^2}{6},$$

$$|\sigma| = \frac{Mc}{I} = \frac{(2000)6}{(0.025)(0.075)^2} = 85.33\ \text{MPa}.$$

따라서

$$\sigma_i = -85.33\ \text{MPa},$$

$$\sigma_o = 85.33\ \text{MPa}.$$

(b) 도심 축의 반지름 375 mm로부터 바깥쪽 반지름과 안쪽 반지름은 다음과 같이 계산된다.

$$r_o = \bar{r} + \frac{h}{2} = 375 + \frac{75}{2} = 412.5\ \text{mm},$$

$$r_i = \bar{r} - \frac{h}{2} = 375 - \frac{75}{2} = 337.5\ \text{mm}.$$

식 (4.52)로부터 중립축의 반지름은

$$r_n = \frac{r_o - r_i}{\ln\left(\frac{r_o}{r_i}\right)} = \frac{412.5 - 337.5}{\ln\left(\frac{412.5}{337.5}\right)} = 373.7\ \text{mm}.$$

그러므로

$$e = \bar{r} - r_n = 375 - 373.7 = 1.3\ \text{mm}.$$

중립축으로부터 안쪽 및 바깥쪽 최외곽 지점까지의 거리는 각각

$$c_o = \frac{h}{2} + e = 37.5 + 1.3 = 38.8\ \text{mm},$$

$$c_i = \frac{h}{2} - e = 37.5 - 1.3 = 36.2\ \text{mm}.$$

각 지점에서의 수직 응력은

$$\begin{aligned}\sigma_i &= -\frac{Mc_i}{Aer_i} = -\frac{(2000)(0.0362)}{(0.075)(0.025)(0.0013)(0.3375)} \\ &= -88.0\ \text{MPa}, \\ \sigma_o &= \frac{Mc_o}{Aer_o} = -\frac{(2000)(0.0388)}{(0.075)(0.025)(0.0013)(0.4125)} \\ &= 77.12\ \text{MPa}.\end{aligned}$$

곡률의 반지름이 아주 크기 때문에 (a)에서 구한 직선 보의 응력과 큰 차이가 없다.

(c) 도심 축의 반지름 75 mm로부터 바깥쪽 및 안쪽 반지름은 아래와 같이 계산된다.

$$r_o = \bar{r} + \frac{h}{2} = 0.075 + \frac{0.075}{2} = 112.5\ \text{mm},$$

$$r_i = \bar{r} - \frac{h}{2} = 0.075 - \frac{0.075}{2} = 37.5\ \text{mm},$$

$$r_n = \frac{r_o - r_i}{\ln\left(\frac{r_o}{r_i}\right)} = \frac{0.1125 - 0.0375}{\ln\left(\frac{112.5}{37.5}\right)} = 68.27\ \text{mm},$$

$$e = \bar{r} - r_n = 75 - 68.27 = 6.73\ \text{mm}.$$

그러므로

$$c_o = \frac{h}{2} + e = 37.5 + 6.73 = 44.23 \text{ mm},$$

$$c_i = \frac{h}{2} - e = 37.5 - 6.73 = 30.77 \text{ mm},$$

$$\begin{aligned} \sigma_i &= -\frac{Mc_i}{Aer_i} = -\frac{(2000)(0.03077)}{(0.075)(0.025)(0.00673)(0.0375)} \\ &= -130.0 \text{ MPa}, \\ \sigma_o &= -\frac{Mc_o}{Aer_o} = -\frac{(2000)(0.04423)}{(0.075)(0.025)(0.00673)(0.1125)} \\ &= 62.31 \text{ MPa}. \end{aligned}$$

위의 결과에서 곡선 부재의 휜 정도가 커질수록 최대 응력의 크기는 직선 보와 큰 차이를 보임을 알 수 있다.

4.6 횡전단 응력과 변형률

모멘트는 4.5절에서 알아본 굽힘 응력뿐 아니라 부재 내에 전단 응력도 일으킬 수 있다. 그림 4.19는 횡전단력이 부재에 어떻게 작용하는지를 보여주고 있다. 그림 4.19a는 접착되지 않은 3개의 평판의 경우, 작용 하중 P에 의해 평판들이 서로 미끄러지며 변형되어 적층된 판재들의 끝부분이 계단 모양이 되는 것을 보여주고 있다. 반면에 그림 4.19b와 같이 평판들이 접착되어 있는 경우에는 단일 부재와 같이 거동한다. 고체 부재에는 후자와 같은 전단 응력이 나타난다. 이러한 내부의 전단 응력 분포에 의해 전단 변형률이 발생하게 되며, 이는 매우 복잡한 형태의 단면 변형을 유발하게 된다. 그림 4.20a와 같이 수평과 수직 격자선을 그려 넣은 변형되기 쉬운 외팔보에 횡전단력이 가해질 때 발생되는 변형을 살펴보자. 그림 4.20b에 나타낸 것과 같이, 변형이 발생한 외팔보를 옆에서 보았을 때 보의 윗면과 아랫면 근처의 정사각형 격자는 원래의 형상을 유지하고 있다. 하지만, 중앙 부분의 정사각형 격자는 전단 변형률로 인하여 크게 변형된다. 부재에서 발생하는 이러한 횡전단 응력 분포는 단면을 평면이 아닌 형상으로 변형시킨다. 그림 4.20b로부터 축하중, 비틀림, 굽힘 등의 하중에 비해 횡전단력에 의한 변형이 훨씬 더 복잡한 것을 알 수 있다.

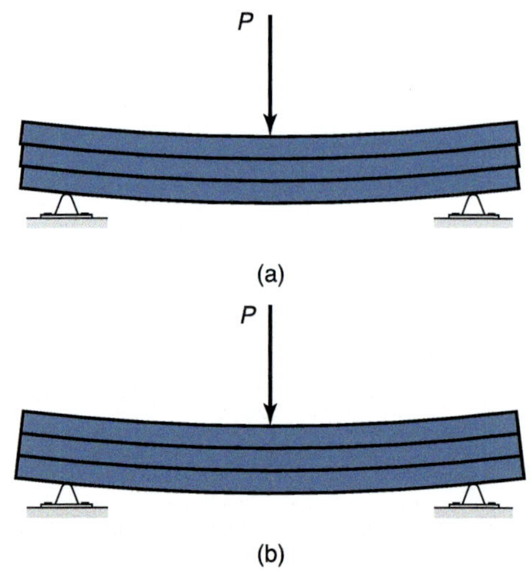

그림 4.19: 횡전단력의 작용. (a) 접착되지 않은 평판, (b) 접착된 평판.

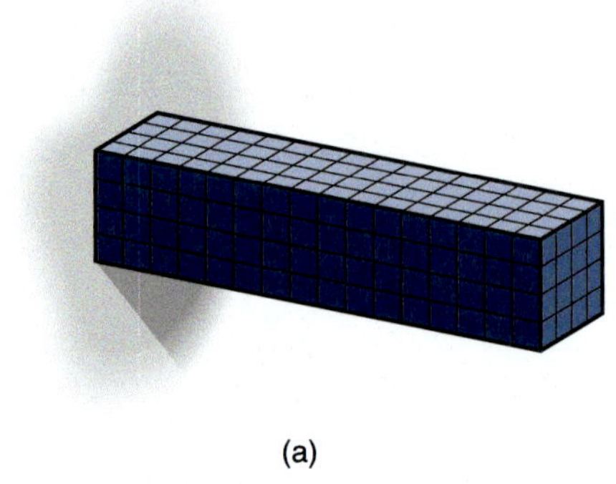

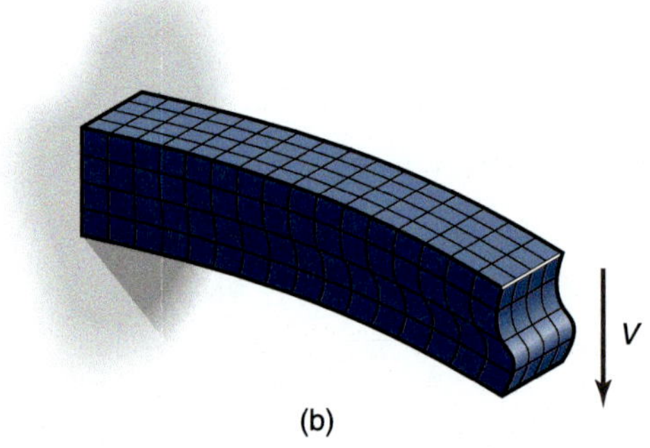

그림 4.20: 횡전단력으로 인한 변형을 관찰하기 위해 변형이 쉬운 재료로 제작되고 수평 및 수직 격자선을 그려 넣은 외팔보. (a) 변형 전, (b) 변형 후.

그림 4.21을 통해 횡전단 공식의 유도 과정을 설명한다. 중립축에서 y'만큼 떨어진 지점에서 길이 방향으로 절단된 보의 위쪽 부분에서 미소 길이 dx를 가지는 미소 요소를 고

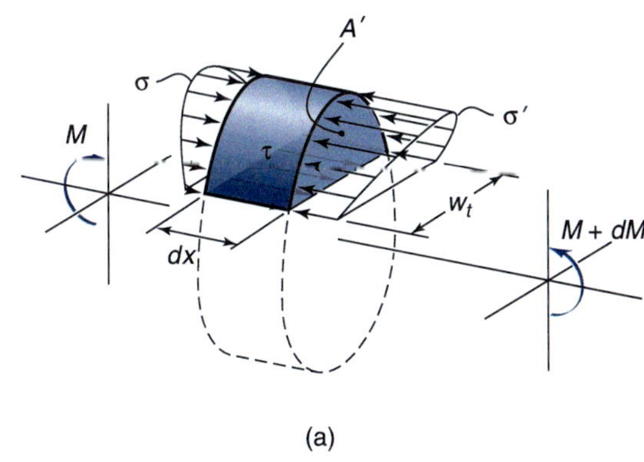

(a)

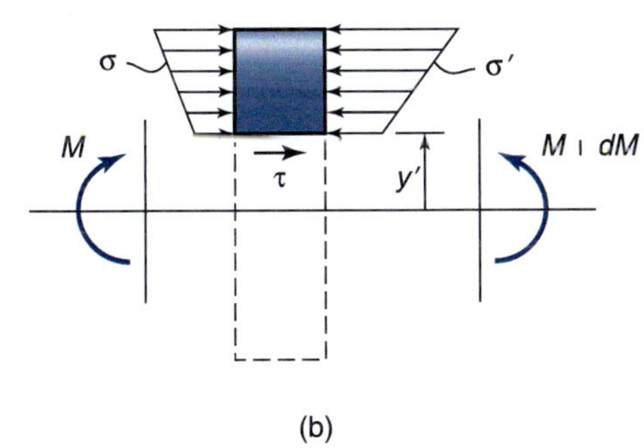

(b)

그림 4.21: 중립축에서 $\bar{y}'$만큼 떨어진 지점에서 절단된 보의 위 쪽 부분에 작용하는 모멘트와 응력. (a) 3차원 그림, (b) 측면도.

려한다. 이 미소 요소에서 단면의 폭은 w_t이고, 반원형 단면의 단면적은 A'이다. 그림 4.21에서 보의 길이 방향 힘 평형이 만족될 때, 요소 좌우 단면의 모멘트가 dM만큼 차이나기 때문에 전단 응력 τ는 절단면에서 길이 방향으로 작용하게 된다. 이 길이 방향 전단 응력은 그림 4.19a와 같은 현상을 유발한다. 중립축에서 y'만큼 떨어진 지점에서의 전단력은 식 (4.63)과 같이 표현될 수 있다.

$$\tau = \frac{VQ}{Iw_t}, \tag{4.63}$$

여기서

V = 횡전단력, N

I = 중립축에 대해 구한 전체 단면의 관성모멘트, m^4

w_t = 전단력을 구하려는 점에서 단면의 폭, m

Q = 그림 4.21에서 음영 처리된 반원형 면적의 중립축에 대한 1차 면적모멘트로서 다음과 같이 계산됨

$$Q = \int_{A'} y\,dA = \bar{y}'A', \tag{4.64}$$

여기서 A'는 그림 4.21의 미소 요소의 단면 면적이고, $\bar{y}'$은 중립축으로부터 A'의 도심까지의 거리이다. 사각형 단면을 가지는 경우, 식 (4.63)은 식 (4.65)와 같이 표현된다.

$$\tau = \frac{6V}{bh^3}\left(\frac{h^2}{4} - y^2\right), \tag{4.65}$$

여기서 b와 h는 각각 사각형의 폭과 높이이다. 식 (4.65)로부터 사각형 단면의 전단 응력은 위 면과 아래 면 ($y = \pm h/2$)에서 0이고 중립축($y = 0$)에서 최대가 되며, 전체적으로는 포물선 분포를 보인다. $A = bh$이고 $y = 0$일 때, 식 (4.65)는 다음과 같이 된다.

$$\tau_{\max} = 1.5\frac{V}{A}. \tag{4.66}$$

최대 전단 응력은 단면의 형상에 따라 다르지만, 이 기본 원리는 어떤 부재에도 적용할 수 있다. 표 4.3은 일반적인 단면 형상에 대한 최대 전단 응력을 정리한 것이다. 어떠한 경우에도 최외곽 지점에서의 전단 응력은 0이고 중립축에서 최대가 되며, 전체적으로는 포물선 분포를 보인다.

표 4.3: 일반적인 보 단면 형상에 대한 최대 전단 응력.

단면 형상	최대 전단 응력
사각형	$\tau_{max} = \frac{3V}{2A}$
원	$\tau_{max} = \frac{4V}{3A}$
중공 원형	$\tau_{max} = \frac{2V}{A}$
I-빔 (웹, 플랜지)	$\tau_{max} = \frac{V}{A_{web}}$

예제 4.12

횡전단력에 의한 응력

조건 단면의 형상이 정사각형인 외팔보의 자유단에 외팔보 길이에 수직한 방향으로 전단력이 작용하고 있다. 정사각형의 한 변의 길이는 50 mm이고, 작용하는 전단력은 10,000 N이다.

문제 다음의 각 경우에 단면의 중앙선에서 발생하는 횡전단 응력을 결정하라.

(a) 전단력이 정사각 단면의 두 변에 평행하게 작용하는 경우
(b) 전단력이 정사각 단면의 대각선 방향으로 작용하는 경우

풀이 단면의 관성모멘트는

$$I = \frac{bh^3}{12} = \frac{(50)(50)^3}{12} = 520,800\ \text{mm}^4.$$

이 관성모멘트는 대칭성으로 인하여 모든 방향에 대해 유효하다. 그러므로 이 예제의 두 질문에 있어 전단력과 관성모멘트가 같다.

(a) 전단 응력 τ가 작용하는 지점의 폭은 50 mm이고, 1차 면적모멘트 Q는

$$Q = \int_A y\,dA = \int_0^{25} y(50)\,dy = \frac{50(25)^2}{2} = 15,625\ \text{mm}^3.$$

식 (4.63)으로부터 굽힘 전단 응력은

$$\tau = \frac{VQ}{Iw_t} = \frac{(10,000)(15,625)}{(520,800)(50)} = 6.0\ \text{MPa}.$$

(b) 전단 응력 τ가 작용하는 지점의 폭은

$$w_t = \sqrt{2(50)^2} = 50\sqrt{2} = 70.71\ \text{mm}.$$

이 때, 1차 면적모멘트 Q는 다음과 같이 계산할 수 있다.

$$\begin{aligned} Q &= \int_0^{25\sqrt{2}} 2y\left(25\sqrt{2} - y\right)\,dy \\ &= \left[25\sqrt{2}y^2 - 2\left(25\sqrt{2}\right)^3/3\right]_{y=0}^{y=25\sqrt{2}} \\ &= 14,730\ \text{mm}^3. \end{aligned}$$

식 (4.63)으로부터 굽힘 전단 응력은

$$\tau = \frac{VQ}{Iw_t} = \frac{(10,000)(14,730)}{(520,800)(70.71)} = 4.0\ \text{N/mm}^2 = 4.0\ \text{MPa}.$$

예제 4.13

보의 취약점

조건 그림 4.22와 같이 축이 베어링과 헬리컬 기어에 의해 하중과 토크를 받고 있다. 축의 지름은 25 mm이다.

문제 축에서 최대 응력이 작용하고 있는 지점을 구하라. 이 지점에서의 주응력을 계산하라.

풀이 지름이 25 mm이므로 단면의 성질은 다음과 같이 계산된다.

$$A = \frac{\pi d^2}{4} = \frac{\pi(0.025)^2}{4} = 4.909 \times 10^{-4}\ \text{m}^2,$$

$$I = \frac{\pi d^4}{64} = \frac{\pi(0.025)^4}{64} = 1.917 \times 10^{-8}\ \text{m}^4,$$

$$J = \frac{\pi d^4}{32} = \frac{\pi(0.025)^4}{32} = 3.835 \times 10^{-8}\ \text{m}^4.$$

전단력 선도와 모멘트 선도는 그림 4.23과 같다. 전단력의 절대값은 0 mm와 100 mm 사이에서 최대이고 모멘트는 x = 100 mm인 지점에서 최대이다. 그러나 토크는 100 mm와 300 mm 사이에서 최대이다. 또한, 축하중은 100 mm와 200 mm 사이에서 인장이지만, 0 mm와 100 mm 사이에서는 압축이다. 이러한 전단력, 모멘트, 토크, 축하중의 분포는 취약점의 위치를 결정하기 어렵게 만든다.

실제로 설계자는 가장 취약한 부위를 결정하기 위해서 잠

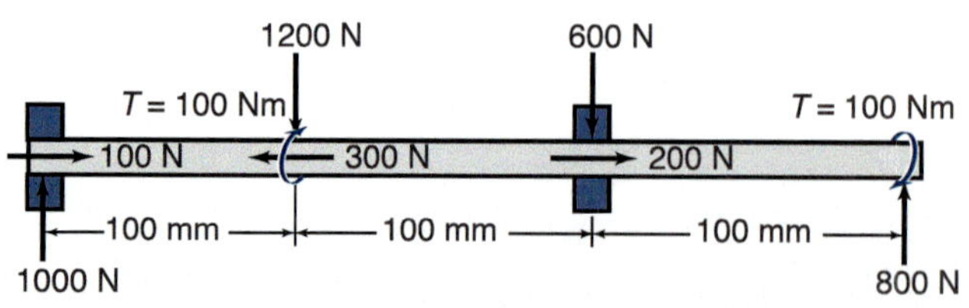

그림 4.22: 하중이 작용하고 있는 축(예제 4.13).

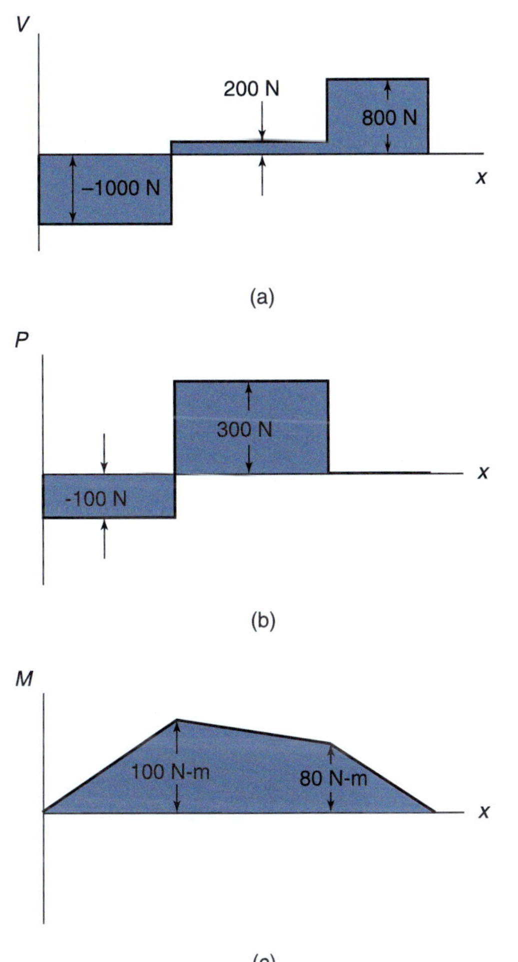

그림 4.23: 그림 4.22에 나타난 축의 (a) 전단력 선도, (b) 수직력 선도, (c) 굽힘모멘트 선도.

재적인 취약 부위를 모두 분석하여야 한다. 이 예제에서는 $V = 100$ N, $P = 300$ N, $T = 100$ N-m, $M = 100$ N-m가 작용하고 있는 $x = 100$ mm에 위치한 기어의 오른쪽 점에 대해서만 분석하기로 한다. 계산 결과는 표 4.4에 나타내었다.

그림 4.24에 나타낸 축 단면의 미소 요소 A, B, C, D를 생각해 보자. 점 A에서 축하중은 인장이지만, 굽힘 응력은 압축이다. 총 수직 응력은 $\sigma_x = 0.611 - 65.11 = -64.60$ MPa이다. 비틀림과 전단력에 의한 전단 응력 분포는 그림 4.25에 나타낸 것과 같다. 축의 윗부분에서는 수직 전단력에 의해서 발생한 전단 응력이 무시되는 반면, 비틀림에 의한 전단 응력은 단면의 최댓값을 가지게 된다. 그러므로 $\tau_{xz} = 32.59$ MPa이다.

그림 4.25로부터 점 B에서 굽힘 응력은 0이다. 그러므로 수직 응력은 축하중에 의해서만 발생하며, 크기는 $\sigma_x = 0.611$ MPa이다. 비틀림과 수직 방향 전단력에 의한 전단 응력은 중첩이 가능하며, 크기는 $\tau_{xy} = 0.543 + 32.59 = 33.13$ MPa이다.

점 C에서 수직 응력은 모두 인장이며, 크기는 $\sigma_x = 0.611 + 65.21 = 65.82$ MPa이다. 전단 응력은 A점과 동일한 크기를 가지지만 반대 방향이므로 $\tau_{xz} = -32.59$ MPa이다.

점 D에서 굽힘 응력은 0이므로 수직 응력은 B점과 같이 $\sigma_x = 0.611$ MPa이다. 비틀림에 의한 전단 응력은 0이지만 수직 전단력에 의한 전단 응력은 최대인 0.543 MPa이다.

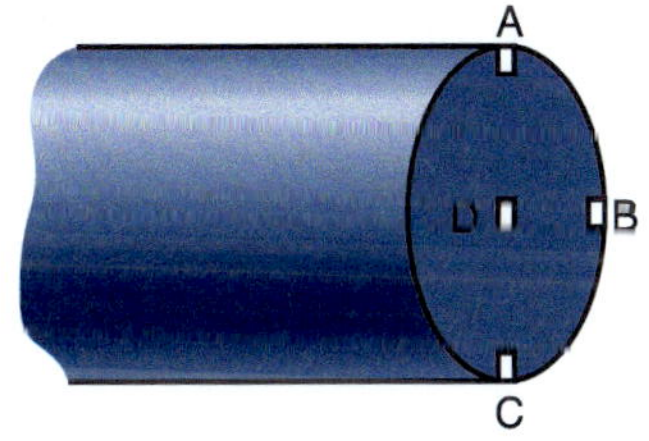

그림 4.24: 예제 4.13의 축에서 x =100 mm인 지점의 단면과 미소 요소들.

표 4.4: 예제 4.13에서 계산된 응력들.

하중	유효 최대 응력	참고 수식	값
축하중	$\sigma_x = \dfrac{P}{A} = \dfrac{300}{4.909 \times 10^{-4}}$	Eq. (2.7)	0.611 MPa
굽힘 하중	$\sigma_x = \dfrac{Mc}{I} = \dfrac{(100)(0.0125)}{1.917 \times 10^{-8}}$	Eq. (4.45)	65.21 MPa
수직 전단 하중	$\tau_{xy} = \dfrac{4V}{3A} = \dfrac{4(200)}{3(4.909 \times 10^{-4})}$	Table 4.3	0.543 MPa
비틀림 하중	$\tau = \dfrac{rT}{J} = \dfrac{(0.0125)(100)}{3.835 \times 10^{-8}}$	Eq. (4.32)	32.59 MPa

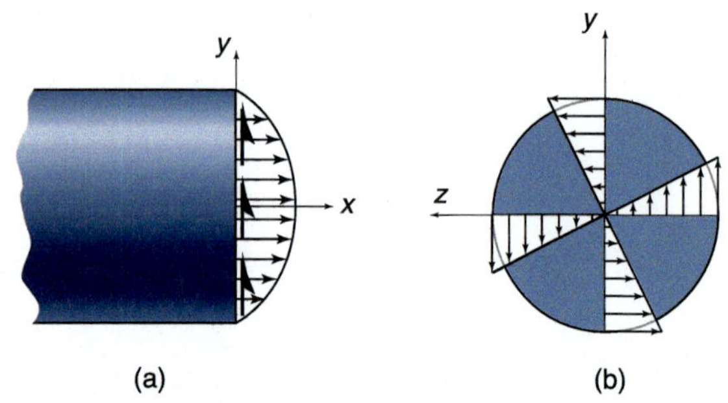

그림 4.25: 전단 응력의 분포. (a) 수직 방향 전단력에 의한 전단 응력, (b) 비틀림에 의한 전단 응력.

이렇게 각 지점의 미소 요소에 작용하는 응력들을 검토한 결과로부터 가장 큰 수직 응력과 전단 응력을 가지는 점 C가 가장 취약한 점임을 알 수 있다. 점 C의 응력 상태는 $\sigma_x = 65.82$ MPa, $\sigma_y = \sigma_z = 0$, $\tau_{xz} = -32.59$ MPa, 그리고 $\tau_{xy} = \tau_{yz} = 0$이다. 이것은 2차원 응력 상태이므로, 주응력들 중 하나는 0이다. 다른 두 개의 주응력들은 모어 원(Mohr's circle) 또는 식 (2.16)으로부터 얻을 수 있다.

$$\begin{aligned}\sigma &= \frac{\sigma_x+\sigma_z}{2} \pm \sqrt{\tau_{xz}^2 + \frac{(\sigma_x-\sigma_z)^2}{4}} \\ &= \frac{65.82}{2} \pm \sqrt{32.59^2 + \frac{65.82^2}{4}} \\ &= 32.91 \pm 73.45 \text{ MPa.}\end{aligned}$$

그러므로 식 (2.18)로부터 주응력들은 $\sigma_1 = 106.4$ MPa, $\sigma_2 = 0$ 및 $\sigma_3 = -40.54$ MPa이다.

사례 연구 4.1

코일 슬리터(coil slitter) 축의 설계

조건 편평한 압연 박판(sheet)은 넓은 압연기를 통해 생산되는데, 많은 제품들은 가늘고 긴 형태의 소재를 사용하여 제작된다. 그림 4.26a는 넓은 박판을 잘라서 리본과 같이 가늘고 긴 형태로 만드는 절단 공정을 묘사하고 있다. 그림 4.26b는 절삭(cutting) 날을 지지하는 축을 보여주고 있다. 고무 롤러는 절단 공정에서 박판을 지지하고 주름이 생기는 것을 막아준다. 이러한 절단 공정에서 절삭 날을 지지하는 축은 높은 응력을 받는 취약한 부품이다. 그림 4.26c는 오른쪽 먼 곳에서 풀리로 회전되고 중간에 한 개의 절삭 날이 있는 절단 공정용 축의 자유물체도를 보여준다.

문제 최대 전단 응력이 40 MPa이고, 가장 두꺼운 박판이 절삭 날에 2000 N의 하중을 발생시킨다. 축의 최소 직경을 구하라.

풀이 그림 4.26c에 나타나 있는 바와 같이 정역학적 해석을 통해 반력은 $R_A = 1720$ N, $R_B = 2600$ N으로 얻어진다. 그림 4.27은 전단력 선도와 굽힘모멘트 선도를 나타내고 있다.

최대 전단력은 풀리의 바로 왼쪽에서 2880 N이고, 최대 굽힘모멘트는 절삭 날의 위치에서 430 N-m이다. 또한 풀리와 절삭 날 사이에 216 N-m의 토크가 작용한다. 축의 취약 부분을 결정하기 위해서는 최대의 모멘트가 나타나는 지점과 최대의 전단력이 나타나는 지점 등 최소 두 부분에 대한 해석을 수행해야 한다.

(a) 모멘트. 최대 모멘트가 작용하는 지점에서 방향 수직 응력의 크기는 식 (4.45)에 의해 계산된다.

$$\sigma_x = \frac{Mc}{I} = \frac{(430)\left(\dfrac{d}{2}\right)}{\dfrac{\pi d^4}{64}} = \frac{4380}{d^3}.$$

풀리에 의해 가해지는 토크에 의한 전단 응력은 식 (4.33)에 의해 다음과 같이 계산된다.

$$\tau_{xy} = \frac{Tc}{J} = \frac{1100}{d^3}.$$

모어 원은 설계 절차 2.5를 따라 그릴 수 있다. 이 문제의 경우, 모어 원은 그림 4.28에 나타낸 바와 같이 반지름 2450 N-m/d^3을 가지는 원으로 그려진다. 모어 원의 반지름을 최대 허용 전단 응력 40 MPa과 같다고 놓으면

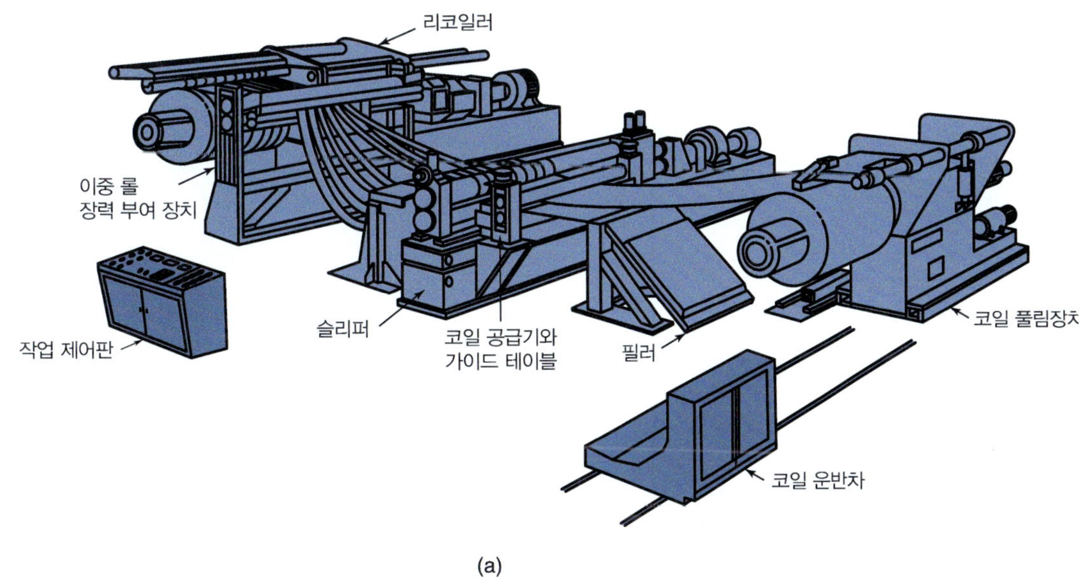

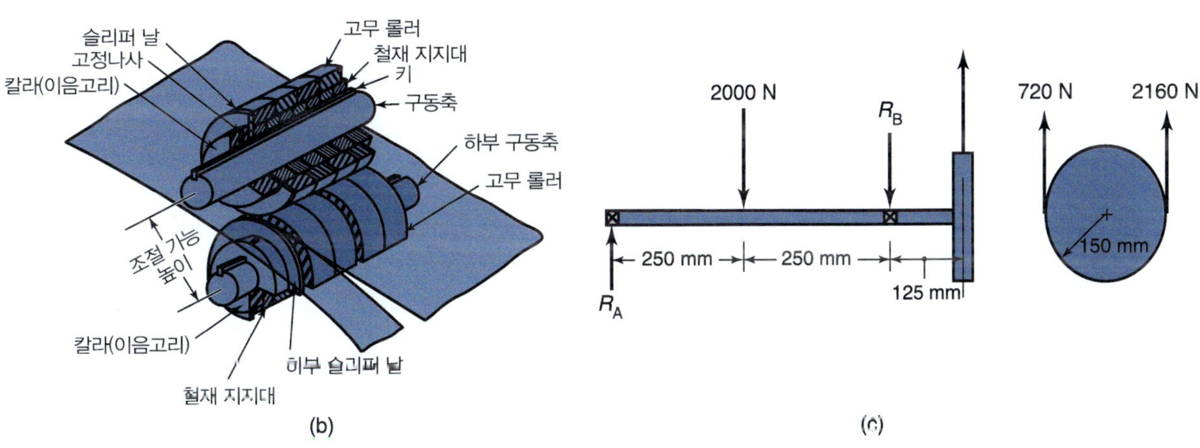

그림 4.26: 넓은 박판의 절단 공정을 위한 축의 설계. (a) 절단 공정의 도식적 묘사, (b) 절삭 날과 축의 구조, (c) 사례 연구를 위해 단순화된 축의 자유물체도. 그림 (a)와 (b)는 *Tool and Manufacturing Engineers Handbook, Fourth Edition, Volume 2 Forming*에서 인용되었으며, the Society of Manufacturing Engineers, © 1984의 허가를 통해 재인쇄되었다.

$$\frac{2450}{d^3} = 40 \times 10^6.$$

그러므로

$$d = 0.0394 \text{ m} = 39.4 \text{ mm}.$$

(b) 전단. 최대 전단력이 나타나는 지점에서 최대 전단 응력은 표 4.1로부터 다음과 같이 계산된다.

$$\tau_{\max} = \frac{4V}{3A} = \frac{4(2880)}{3\left(\frac{\pi d^2}{4}\right)} = \frac{4890}{d^2}.$$

그림 4.25에 나타나 있는 바와 같이 축 단면의 한쪽 끝에서 비틀림에 의해 발생한 전단 응력은 수직 전단력에 의해 발생한 전단 응력과 반대 방향이므로 빼야 한다. 반면 반대쪽 끝은 같은 방향이므로 더해야 한다.

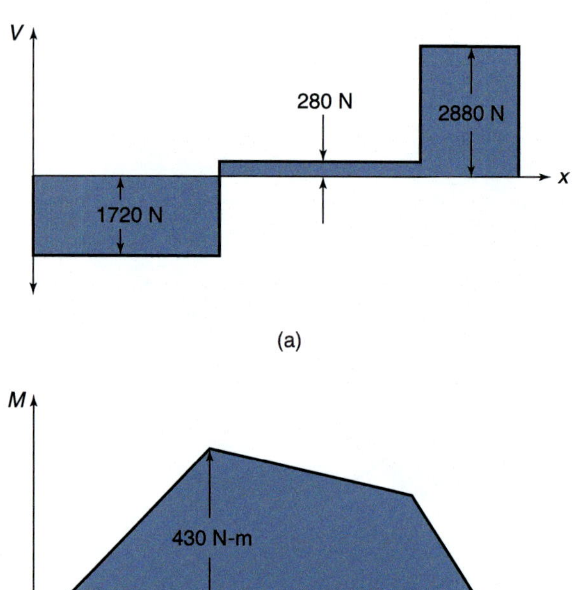

그림 4.27: 그림 4.26(c)에 나타낸 코일 슬리터 축의 (a) 전단력 선도와 (b) 모멘트 선도.

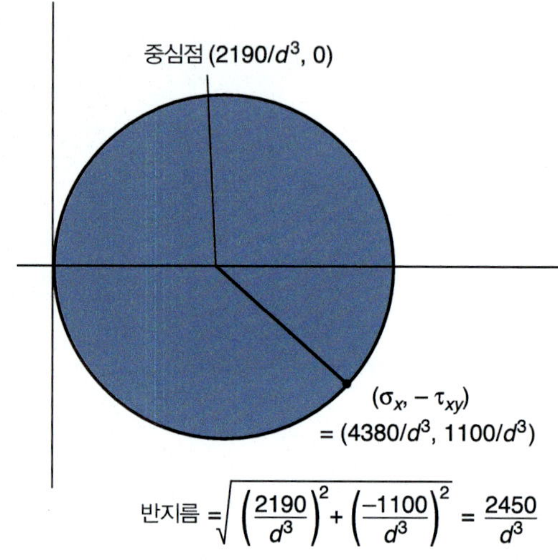

그림 4.28: 최대 굽힘 응력의 위치에 대한 모어 원.

그러므로 최대 전단 응력은

$$\tau_{\text{tot}} = \frac{4890}{d^2} + \frac{1100}{d^3} = 40 \text{ MPa}.$$

이 식을 d에 대해 풀면 $d = 31.5$ mm이다.

(c) 고찰. 대부분의 축 부품들은 굽힘에 의한 수직 응력에 의해서 축의 지름이 결정되므로, 이 문제의 경우 $39.4 \approx 40$ mm보다 큰 직경을 가진 축이 사용되어야 한다. 보다 정확한 설계를 위해서는 아래의 응력해석 과정을 통해 보다 많은 부위를 고려해야 한다.

- 굽힘에 의한 최대 수직 응력이 계산될 때, 동일 지점에서 전단력이 존재하지만 전단력에 의한 전단 응력은 무시되었다. 그러나 수직 응력의 분포는 단면의 가장 위 부분과 가장 아래 부분에서 최대이고 전단 응력은 0인 것을 알 수 있다.
- 마찬가지로, 수직 전단력에 의한 최대 전단 응력을 계산할 때, 굽힘에 의한 영향은 무시되었다.
- 중립축에서 굽힘 응력은 0이고, 최대 전단 응력이 발생한다.
- 일반적으로 축은 두 가지 유형을 가지고 있다. 어떤 축은 이 문제에서와 같이 매우 긴 반면 다른 경우에는 소형 기기의 설계를 위해 훨씬 짧게 만들어진다. 어떤 평판 절단기의 경우에는 10 m 이상의 축을 가지는 경우도 있다. 그러나 이 경우에는 강성을 유지하기 위해서 많은 지지 베어링을 필요로 한다. 실제로 이렇게 긴 축은 그림에 나타난 예에서만 사용되며, 지지 베어링은 하중이 작용하는 지점과 아주 가깝게 위치해야 한다.

4.7 요약

이 장의 앞 4개 절에서는 일반적으로 발생하는 4가지 하중의 형태(수직력, 비틀림, 굽힘 및 횡전단)에 대한 응력과 변형률을 다루기 위한 기초에 대해 논의하였다. 이 응력들과 변형률들은 본 교재 후반부에서 기계 요소들을 설계하는 데에 사용될 것이다. 각 절들은 앞에서 다룬 이론들을 기반으로 하고 있다. 또 첫 4개 절에서는 모든 부재가 훅의 법칙을 따르는 재료로 만들어졌고 대칭인 단면을 가지며 4가지 하중 중 한 가지만 작용한다고 가정하였다. 4장은 도심, 관성모멘트, 평행축 정리, 회전 반경 및 단면 계수를 정의하는 것으로 시작하였다. 이들 개념은 수직, 비틀림, 굽힘 또는 횡전단으로부터 발생하는 응력과 변형률을 이해하는 데 필요하다. 축하중에 의한 응력과 변형률을 구하기 위해서는 축 방향 변형과 스프링 상수를 이용하는 것이 편리했다. 비틀림 하중에 대해서는 응력과 변형률뿐 아니라 회전각과 회전 스프링 상수에 대해 학습하였다. 또 비틀림의 경우, 동력 전달과 관련된 식들이 설명되었다. 굽힘과 관련된 응력과 변형률은 중립축의 중요성과 함께 알아보았고, 직선 및 곡선 부재의 굽힘에 대해서도 설명하였다. 4.6절에서는 횡전단력과 관련된 응력을 구하였다. 굽힘과 횡전단력의 조합 하중으로 인한 변형은 이 장에서 자세히 다루어지지 않았으나, 5장에서 자세하게 다룰 것이다.

핵심어

단면 계수(section modulus) 관성모멘트를 중립축에서 가장 먼 지점까지 거리로 나눈 것, m^3

도심(centroid of area) 면적의 기하학적 중심, m

동력(power) 일률로서 힘과 속도 또는 토크와 각속도의 곱, N-m/s

면적 관성모멘트(area moment of inertia) 2차 면적모멘트라고도 불리며, 굽힘 응력, 작용 모멘트 및 중립축과의 거리와 관계된 단면의 성질, m^4

비틀림(torsion) 축의 비틀림 변형을 발생시키는 하중

수직 변형률(normal strain) 하중 방향의 변형량을 원래의 길이로 나눈 값

스프링 상수(spring rate) 수직 하중을 탄성 변형으로 나눈 것 N/m

질량 관성모멘트(mass moment of inertia) 요소의 질량과 축으로부터 요소까지 거리의 제곱을 곱한 것, kg-m^2

평균 수직 응력(average normal stress) 평균 수직 하중을 단면적으로 나눈 값, Pa

평행축 정리(parallel-axis theorem) 임의의 축에 대한 관성모멘트를 계산하는 정리

회전 반경(radius of gyration) 이 반경의 제곱이 면적과 곱해졌을 때 관성모멘트가 되는 것, m

공식 정리

보의 단면:

도심: $\bar{x} = \dfrac{A_1\bar{x}_1 + A_2\bar{x}_2 + \ldots}{A_1 + A_2 + \ldots}$, $\bar{y} = \dfrac{A_1\bar{y}_1 + A_2\bar{y}_2 + \ldots}{A_1 + A_2 + \ldots}$

관성모멘트: $I_x = \int_A y^2\, dA$, $I_y = \int_A x^2\, dA$

극관성모멘트: $J = I_x + I_y$

평행축 정리: $I_{x'} = I_x + Ad_y^2$

회전 반경: $r_g = \sqrt{\dfrac{I}{A}}$

단면 계수: $Z_m = I/c$

질량 관성모멘트: $I_{mx} = \int \left(y^2 + z^2\right)\, dm_a$, etc.

수직 응력: $\sigma = \dfrac{P}{A}$

수직 변형률: $\epsilon = \dfrac{\delta}{l} = \dfrac{\sigma}{E}$

비틀림에 의한 전단 응력: $\tau = \dfrac{Tr}{J}$

비틀림에 의한 변형: $\theta = \dfrac{Tl}{GJ}$

동력(Power): $h_p = Pu = T\omega$

굽힘 응력: $\sigma = -\dfrac{My}{I}$

굽힘에 의한 곡률반지름: $\dfrac{1}{r} = \dfrac{M}{EI}$

횡전단력에 의한 전단 응력: $\tau = \dfrac{VQ}{Iw_t}$

스프링 상수:

인장부재: $k = \dfrac{AE}{l}$

비틀림: $k = \dfrac{T}{\theta} = \dfrac{JG}{l}$

추천 문헌

Beer, F.P., Johnson, E.R., DeWolf, J., and Mazurek, D. (2011) *Mechanics of Materials*, 6th ed., McGraw-Hill.

Craig, R.R. (2011) *Mechanics of Materials*, 3rd ed., Wiley.

Gere, J.M, and Goodno, B.J. (2012) *Mechanics of Materials*, 8th ed., CL Engineering.

Hibbeler, R.C. (2010) *Mechanics of Materials*, 8th ed., Prentice-Hall.
Popov, E.P. (1968) *Introduction to Mechanics of Solids*, Prentice-Hall.
Popov, E.P. (1999) *Engineering Mechanics of Solids*, 2nd ed., Prentice-Hall.
Riley, W.F., Sturges, L.D., and Morris, D.H. (2006) *Mechanics of Materials*, 6th ed.,Wiley.
Shames, I.H., and Pitarresi, J.M. (2000) *Introduction to Solid Mechanics*, 3rd ed., Prentice-Hall.
Ugural, A.C. (2007) *Mechanics of Materials*, Wiley.

참고 문헌

Timoshenko and Goodier (1970) *Theory of Elasticity*, 3rd ed., McGraw-Hill.

문제

4.1 도심이란 무엇인가?

4.2 관성모멘트와 2차 면적모멘트의 차이점은 무엇인가?

4.3 평행축 정리의 중요성에 대해 설명하라.

4.4 관성 반지름은 어떤 상황에서 사용이 가능한가?

4.5 보와 축의 차이에 대해 설명하라.

4.6 축 방향 인장 하중을 받는 부재의 수직 응력을 위한 수식으로 표현하라.

4.7 축에 작용하는 토크는 전단 또는 수직 응력을 유발하는가?

4.8 식 $\tau = \frac{VQ}{Iw_t}$ 에서 Q는 무엇인가?

4.9 굽힘모멘트가 작용하는 보의 수직 응력을 계산하기 위한 공식은 무엇인가?

4.10 내부에 전단력이 작용하고 있는 보의 수직 전단 응력을 계산하기 위한 공식은 무엇인가?

4.11 상베낭의 원리(Saint-Venant's principle)란 무엇인가?

4.12 축이 어떻게 동력(power)을 전달하는지 설명하라.

4.13 면적의 단면 계수란 무엇인가?

4.14 모멘트와 토크 그리고 이것들이 발생시키는 응력들의 차이는 무엇인가?

4.15 극관성모멘트란 무엇인가?

정성적 문제

4.16 왜 I형 보가 H형 보에 비해 더 큰 굽힘모멘트를 지지할 수 있는지 설명하라. 즉, I형 보에서 방향이 중요한 이유는 무엇인가?

4.17 왜 중실축에 비해 중공축이 굽힘모멘트를 지지하는 데 더 효과적인가? 이것은 비틀림의 경우에도 유효한가?

4.18 도심이 면적의 외부에 존재하는 것이 가능한지 설명하라.

4.19 I형 보의 웹(web)과 플랜지에 대한 함수들을 나열하라.

4.20 사각형 단면을 가지는 보의 축에 수직인 방향으로 구멍을 가공하고자 한다. 구멍의 위치로 가장 알맞은 곳은 어디인가?

4.21 풍선의 강성은 부풀어 올랐을 때 증가하는가? 이유를 설명하라.

4.22 왜 그림 3.1에 나타낸 것과 같이 인장시험용 시편에서 그립부의 단면보다 시험부의 단면이 작은 시편을 사용하는 이유가 무엇인가? 시편의 측면에서 볼 때, 시편의 중앙에서 최소가 되는 포물선 형태를 가지는 시편이 사용되는 경우도 있다. 이유를 설명하라.

4.23 보의 취약 부분을 결정하기 위한 설계 과정을 설명하라. 힌트: 예제 4.13의 결과를 확장시켜라.

4.24 왜 보가 굽힘이나 비틀림보다 축 방향 하중에 훨씬 견고한지 설명하라.

4.25 표 4.2를 참고하여 원기둥을 원형 막대로 간주할 수 있는 조건에 대해 설명하라.

정량적 문제

4.26 그림 a에 나타낸 바와 같이 x-y 좌표계에서 반지름이 r인 큰 원이 있고, 반지름이 $r/3$인 작은 원 3개의 면적이 제거되었다. 도심의 x와 y좌표를 구하라. 반지름 r은 10 cm이다. 답 $\bar{x}$ = 10 cm, $\bar{y}$ = 8.889 cm.

4.27 그림 a에서 보이는 바와 같이, 오려진 3개의 원이 원의 도심이 $\bar{x} = r$, $\bar{y} = r/3$인 지점에 겹쳐져서 표면에 붙여졌다. 도심의 x와 y 좌표를 구하라. (r =10 cm) 답 $\bar{x}$ = 10 cm, $\bar{y}$ = 7.037 cm.

4.28 그림 b에 나타낸 것과 같이 x축 방향 길이 a와 y축 방향 길이 b인 사각형이 있다. 이 사각형 표면의 관성모멘트 I_x와 I_y 및 극관성모멘트 J를 구하라. 답 $I_x = \frac{1}{12}ab^3$.

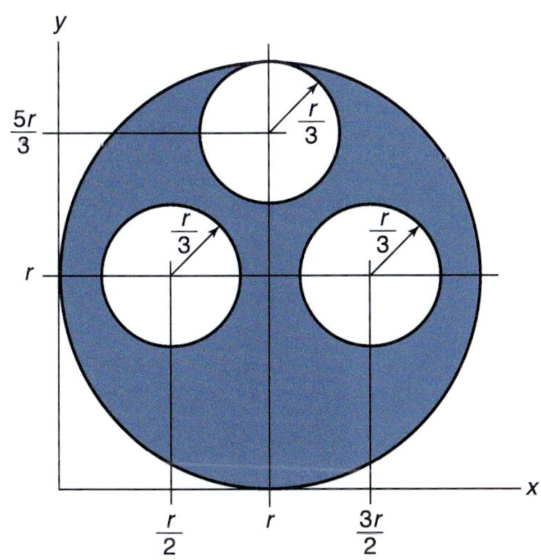

문제 4.26과 4.27에 대한 그림 a

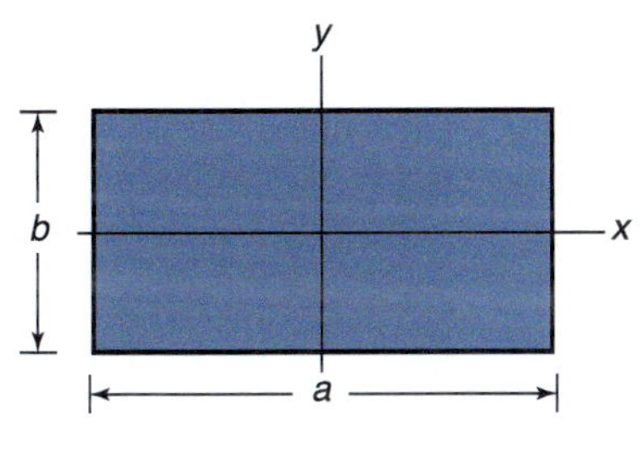

문제 4.28에 대한 그림 b

4.29 표 4.1에 나타낸 중공원의 면적 관성모멘트를 유도하라.

4.30 표 4.1에 나타낸 1/4타원의 면적 관성모멘트를 유도하라.

4.31 표 4.1에 나타낸 삼각형의 면적 관성모멘트를 유도하라.

4.32 그림 c에 보인 바와 같이, 1개의 원이 잘려나간 사각형 단면의 면적 관성모멘트를 계산하라. 답 $I_y = 4.141 \times 10^{-6}$ m⁴, $I_x = 2.202 \times 10^{-5}$ m⁴.

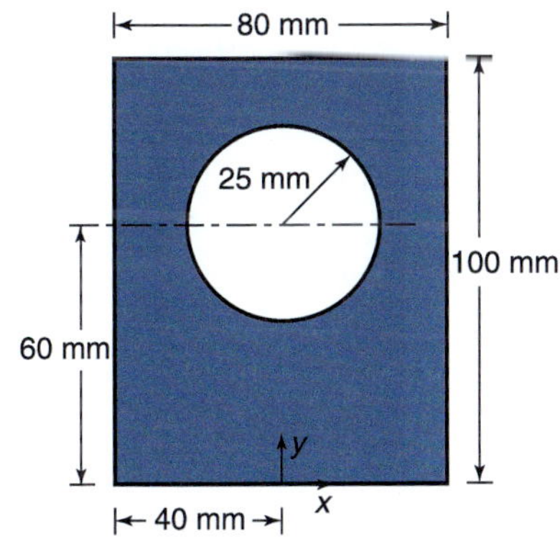

문제 4.32에 대한 그림 c

4.33 그림 d에 나타낸 일차방정식 및 이차방정식으로 표현된 곡선들과 $x = 3$인 직선에 의해 둘러싸인 면적의 관성모멘트를 구하라. 답 $I_x = 6.646$ m⁴, $I_y = 15.39$ m⁴, $J = 22.04$ m⁴

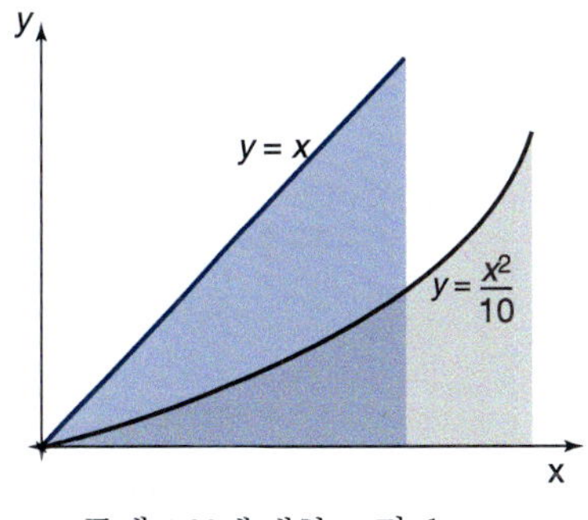

문제 4.33에 대한 그림 d

4.34 승강기가 강재 케이블에 의해 매달려 있다. 케이블의 단면적은 250 mm²이고 탄성 계수는 70 GPa이다. 승강기가 위쪽으로 움직이기 시작할 때의 가속도는 4 m/s²이고, 케이블의 총 길이는 100 m, 승강기의 질량은 1000 kg이다. 케이블에 작용하는 응력, 승강기의 질량에 의한 케이블의 신장 및 가속도에 의한 케이블의 신장을 계산하라. 답 $\sigma = 55.2$ MPa, $\delta_{wt} = 56.06$ mm, $\delta_{acc} = 22.86$ mm.

4.35 현수교에 700 m 길이의 케이블들이 200 MPa의 인장 응력을 받고 있다. 각 케이블이 받는 총 힘이 10 MN일 때, 각 케이블의 단면적, 총 신장 및 스프링 상수를 구하라. 케이블 재질의 탄성 계수는 70 GPa이다. 답 $A = 0.05$ m², $\delta = 2$ m, $k = 5$ MN/m.

4.36 유압실린더 내에서 1 m 길이의 강재 피스톤이 40 kN의 힘을 받는다. 이 피스톤은 AISI 1080 강으로 만들어졌고 직경이 50 mm이다. 피스톤에 작용하는 응력, 신장 및 스프링 상수를 구하라. 답 $\sigma = -20.41$ MPa, $\delta = 9.859 \times 10^{-5}$ m, $k = 405.7$ MN/m.

4.37 외경 1.5 m이고 두께가 30 mm인 상새 배판으로 제작된 다리가 14 m 높이에 설치되어 있다. 다리를 받치고 있는 강재 기둥에 12 MN의 하중이 작용하고 있을 때, 기둥의 변형, 스프링 상수 및 응력을 계산하라. 답 $\sigma = -86.6$ MPa, $\delta = -5.86$ mm, $k = 2.048$ GN/m.

4.38 청동상의 받침대가 8 mm의 일정한 두께를 갖는 3 m 높이의 원뿔형 튜브 모양으로 만들어져 있다. 튜브 윗부분(청동상 바로 아래)의 외경은 200 mm이고 아랫부분의 외경은 400 mm이며, AISI 316 스테인리스 강으로 제작되었다. 청동상

의 무게가 16,000 N일 때, 튜브의 변형, 스프링 상수, 최대 및 최소 압축 응력을 계산하라. 답 $\delta = -35.48\ \mu m$, $k = 450.9$ MN/m, $\sigma_{max} = -3.33$ MPa, $\sigma_{min} = -1.63$ MPa.

4.39 알루미늄으로 제작된 원뿔형 물체가 그림 e에 나타낸 것과 같이 매달려 있을 때 A점에서의 처짐을 구하라. 답 $\delta = 1.369$ mm.

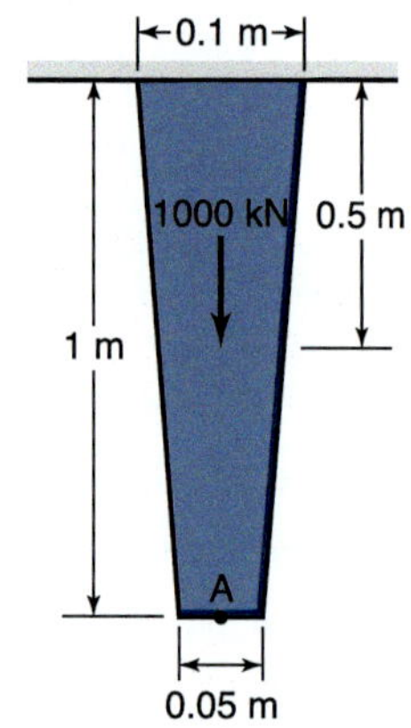

문제 4.39에 대한 그림 e

4.40 전기모터에서 발생한 100 kW의 힘이 직경 50 mm이고 1000 rpm으로 회전하는 중실축을 가진 기어박스를 통해 전달되고 있다. 축을 통해 전달되는 토크와 1 m 길이의 축에서 발생하는 비틀림 각을 구하라. 답 $T = 955$ N-m, $\theta = 1.12°$.

4.41 연습문제 4.40의 토크를 전달하는 축이 너무 무거워서 외경 50 mm, 내경 40 mm인 중공축으로 교체하였다. 전단 계수가 80,000 N/mm²일 때, 100 kW의 동력을 1000 rpm의 속도로 전달하고 1 m의 길이를 가지는 중공축의 회전각을 구하라. 또한, 중실축에 비해 감소한 무게의 감소율과 중공축의 최대 전단 응력을 구하라. 답 $\theta = 1.888°$, 64% 무게 감소.

4.42 토크를 전달하는 외경 50 mm이고 내경 40 mm인 중공축에 2000 Nm의 토크가 가해질 때, 5°이하의 비틀림 각을 가지기 위한 축의 최대 길이는 얼마인가? 답 $l = 1.258$ m.

4.43 그림 f와 같이 외경 d_o가 50 mm인 강재 중공축 안에 직경 d_i = 30 mm인 알루미늄 중실축이 빈틈없이 끼워 맞춰져 있다. 플랜지가 축의 끝에 용접되어 있고 풀리에 의해 200 kN의 하중이 작용하고 있다. 축의 길이가 100 mm일 때, 축의 변형, 축의 알루미늄과 강재에 작용하는 응력을 각각 구하라. 강과 알루미늄의 탄성 계수는 각각 207 GPa과 70 GPa이다. 답 $\delta = 0.6647$ mm, $\sigma_{al} = 46.5$ MPa, $\sigma_s = 132.9$ MPa.

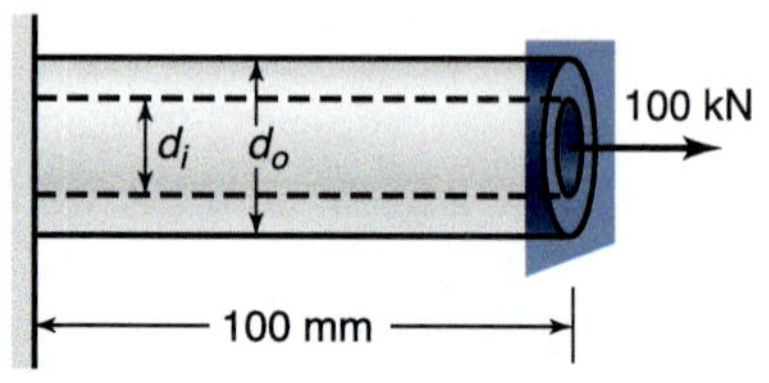

문제 4.43에 대한 그림 f

4.44 그림 g에 나타낸 것과 같이 막대의 무게 W는 무게가 없는 3개의 케이블에 의해 지지되고 있다. 3개의 케이블이 모두 동일하게 단면적 A, 탄성 계수 E, 항복 강도 S_y를 가진다고 할 때, 지지 가능한 최대 무게는 얼마인가? 답 $w = 2.5\ S_y A$.

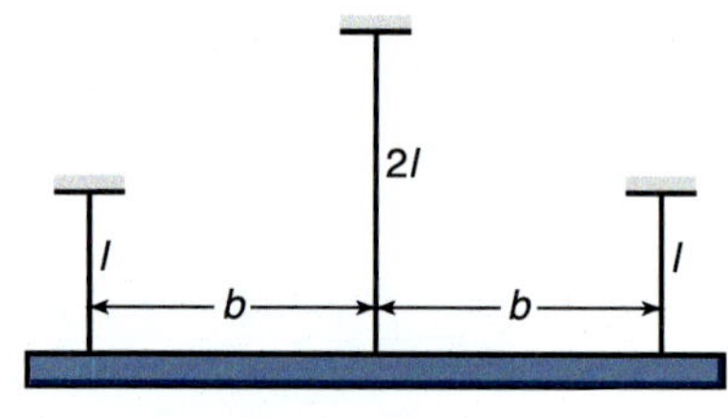

문제 4.44에 대한 그림 g

4.45 연습문제 4.38에서 묘사하고 있는 청동상이 비대칭이어서 강풍에 의해 800 N-m의 토크가 청동상의 받침대인 튜브에 작용하였다. 이 때, 청동상이 회전한 각도를 구하라. 튜브 윗부분의 두께는 6 mm, 아랫부분의 두께는 12 mm이며, 중간 부분의 두께는 직경에 비례하여 증가한다고 가정한다. 답 $\theta = 0.01569°$.

4.46 500 kW의 동력을 3000 rpm으로 전달하는 중실축의 전단 응력이 50 MPa를 초과하지 않기 위한 최소 지름을 결정하라. 답 $d = 54.48$ mm.

4.47 강재 커플링이 30,000 N-m의 토크를 전달하고 있다. 두 개의 커플링은 안쪽 지름이 0.1 m이고, 서로 맞대어져 직경 10 mm인 볼트로 체결된다. 체결되는 볼트들의 허용 전단 응력이 500 MPa이고, 볼트들은 지름이 0.4 m인 피치원 위에 동일한 간격으로 배치된다고 가정할 때, 필요한 최소한의 볼트는 몇 개인가? 답 6개.

4.48 축과 커플링이 1000 rpm의 속도로 50 kW의 동력을 전달하고 있다. 두 개의 커플링은 지름이 200 mm인 피치원 위에 직경 20 mm인 볼트 10개를 사용하여 체결되어 있다. 볼트의 허용 응력이 100 MPa일 때, 볼트들은 이 힘을 전달할 수 있는지 평가하라. 답 전달 가능.

4.49 한 변이 100 mm인 정사각형 단면을 가진 보가 5000 Nm의 굽힘모멘트를 전달하고 있다. 보의 무게를 줄이기 위해 그림 h에 나타낸 것과 같이 정사각형 보의 축 방향으로 1개 또는 2개의 원형 구멍을 가공하기로 하였다. 어떤 방법이 주어진 굽힘 응력을 지지하면서 보의 무게를 최소로 만들 수 있는지 결정하라. 전단 응력은 무시하라. 답 2개의 구멍을 가공하는 방법이 보의 무게를 더 줄일 수 있다.

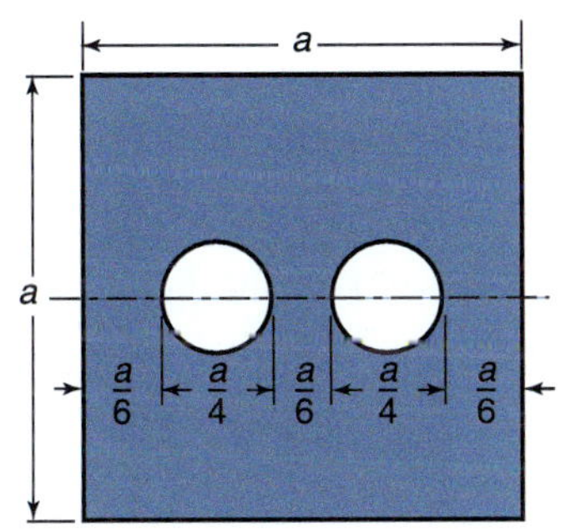

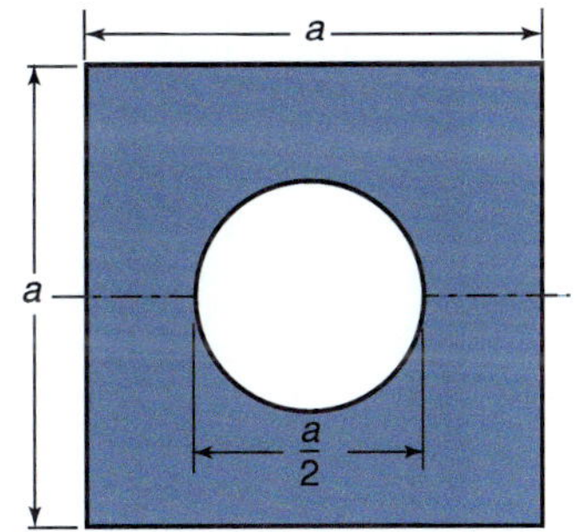

문제 4.49에 대한 그림 h

4.50 식선형 보의 끝에 모멘트가 작용하고 있다. 보의 면적 관성모멘트는 $I = a^3b/12$이다. $M = 1000$ N-m, $a = 3$ cm 및 $b = 6$ cm일 때 보의 굽힘 응력 분포를 구하라. 또한 곡선 보의 곡률 반경을 구하라. 보의 탄성 계수는 207 GPa이다. 답 $\sigma = -(7.407\ \mathrm{GPa/m})y$, $r = 27.95$ m.

4.51 연습문제 4.50의 보가 휘는 방향이 수직 방향으로 변하여 $I = \frac{1}{12}ab^3$이다. 이 때, 보의 굽힘 응력 분포와 곡률 반경을 구하라. 답 $r = 111.8$ m.

4.52 직사각형 단면을 가진 원형 막대가 휘어져 있다. 막대의 높이 $h = r_o - r_i = 50$ mm이고, 폭 $b = 100$ mm이다. 막대의 안쪽 반지름이 200 mm일 때, 막대 단면의 중립축과 도심과의 거리를 구하라. 답 $e = 0.9290$ mm.

4.53 연습문제 4.52의 휘어진 막대가 3000 N-m의 굽힘모멘트를 받고 있을 때, 반지름 방향 가장 안쪽과 가장 바깥쪽의 응력을 구하라. 답 $\sigma_i = -77.73$ MPa, $\sigma_o = 6.699$ MPa.

4.54 $a \times b$의 사각형 단면을 가지는 두 개의 보를 쌓아 높이 $2a$, 폭 b를 가지는 보를 만들었다. 두 보의 면적 관성모멘트 I_x와 I_y를 구하라.

(a) 두 개의 보의 경계가 서로 용접되어 있는 경우 답 $I_{\bar{x}} = \frac{2}{3} ba^3$, $I_{\bar{y}} = \frac{1}{6} b^3a$.

(b) 두 개의 보가 서로 용접되지 않은 경우

4.55 두께가 $b/20$이고, 높이가 $5a$인 얇은 두 장의 철판이 그림 i에 나타낸 것과 같이 연습문제 4.54의 두 보의 양쪽 끝에 한 장씩 붙어 있다. x축과 y축에 대한 관성모멘트를 구하라.

(a) 철판이 용접되지 않은 경우. 답 $I_x = 1.21\,ba^3$, $I_y = 0.304\,ab^3$.

(b) 그림 i와 같이 모두 용접되어 있는 경우

(c) 사각형 단면의 보들이 위쪽 끝과 아래쪽 끝에 위치하여 $5a \times 1.1\,b$ 크기의 중공축이 되도록 용접된 경우 답 $I_x = 9.21\,ba^3$.

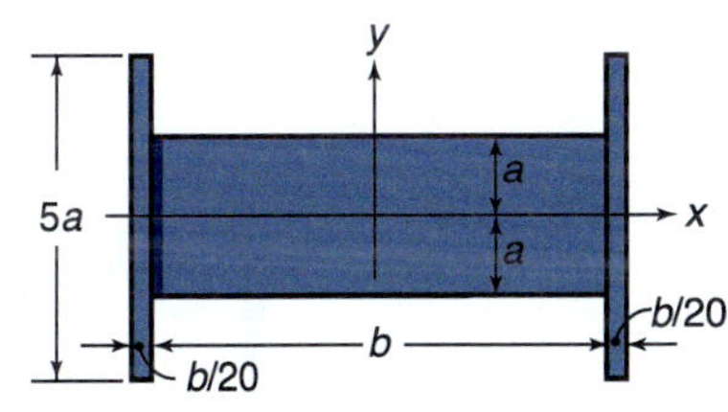

문제 4.55에 대한 그림 i

4.56 사각형 단면을 가지는 외팔보의 자유단에 보의 길이 방향과 수직한 방향으로 힘이 가해지고 있다. 사각형 단면의 높이는 100 mm이고, 폭은 25 mm이며, 보에 작용하는 하중은 40,000 N이다. 인장 응력과 압축 응력이 최대 전단 응력의 10배인 크기로 작용하기 위한 길이를 계산하고, 이때의 응력들을 계산하라. 답 $l = 250.0$ mm.

4.57 외경이 100 mm이고 두께가 10 mm인 중공 원형 단면을 가지는 외팔보가 벽에 고정되어 있다. 보의 길이 방향에 수직인 15000 N의 힘이 벽으로부터 1.2 m 떨어진 지점에 작용할 때, 최대 굽힘 응력 및 전단 응력을 계산하라. 답 $\sigma_{max} = 171.2$ MPa, $\tau_{max} = 7.958$ MPa.

4.58 외경 10 mm이고, 두께 1.5 mm인 중공축의 형태로 만들어진 유리 섬유 강화 플라스틱 소재의 낚싯대가 있다. 유리 섬유가 낚싯대의 길이 방향과 평행하게 배열되어 굽힘 응력은 유

리 섬유에 의해 지지되고, 전단 응력은 플라스틱에 의해 지지되고 있다. 낚싯대의 길이가 2 m일 때, 낚싯대는 플라스틱의 전단 응력과 유리 섬유의 인장 응력 중 어떤 응력에 의해 파손되는지 결정하라. 유리 섬유 강화 플라스틱의 굽힘 강도는 800 MPa이고, 전단 강도는 3.2 MPa이다.

4.59 그림 4.16에 보인 바와 같이, 알루미늄 보 2개가 단면 240 × 80 mm 크기의 중공축 형태가 되도록 용접되었다. 용접이 잘못되어 용접부의 두께는 8 mm가 아닌 2 mm가 되었다. 용접부의 허용 전단 응력이 50 MPa이고, 보의 최대 허용 굽힘 응력이 150 MPa일 때, 2 m 길이의 보가 용접부와 단면의 가장 바깥쪽 부분 중 어디에서 파손이 발생할지 결정하라.

4.60 예제 4.13에서 다룬 축에서 $x = 200$ mm인 지점의 최대 주응력을 계산하라. 답 $\sigma_1 = 68.31$ MPa.

4.61 굽힘이 작용하는 보의 무게를 가능한 줄이기 위해 단면의 도심은 단면의 정 중앙에서 가능한 멀리 위치시킨다. 그림 j에 나타낸 것과 같은 단면을 가진 보가 건물의 바닥을 지지하고 있다. 보에 작용하는 굽힘모멘트가 3000 N-m이고, 전단력이 1000 N일 때, 최대 굽힘 응력과 최대 전단 응력을 구하라. 답 $\sigma_{max} = 19.7$ MPa, $\tau_{max} = 1.74$ MPa.

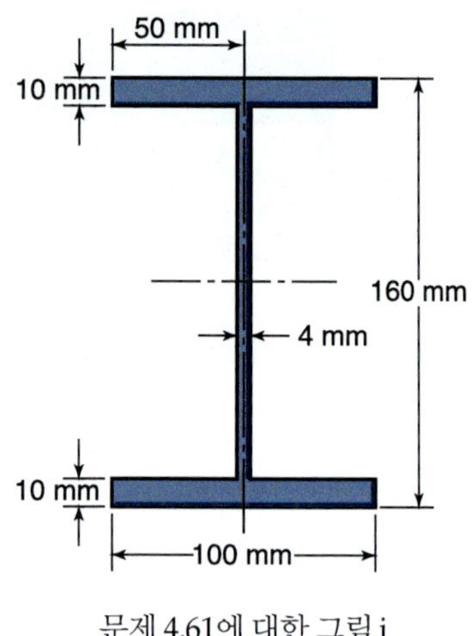

문제 4.61에 대한 그림 j

설계 문제 및 프로젝트

4.62 한 벌의 트럼프 카드와 2개의 작은 C 클램프를 사용하여 굽힘모멘트를 지지하기 위한 보의 내부 전단력의 중요성을 실증하라.

4.63 사각형 단면을 가지고 있는 외팔보의 자유단에 하중이 작용할 때, 모든 영역에서 특정 응력을 초과하지 않도록 최소 무게의 외팔보를 설계하라. (a) 단면의 두께가 일정한 경우, (b) 단면의 폭이 일정한 경우.

4.64 1장의 스티로폼 판과 접착제를 사용하여 두 지지점 사이에 가장 큰 하중을 지탱할 수 있는 보를 설계하고 제작하라.

4.65 그림 i에 나타낸 것과 같은 단면을 가진 보에 작용하는 복합하중을 감지하기 위해 로제트 스트레인 게이지를 장착하고자 할 때, 적절한 위치를 결정하라.

4.66 오래된 고목들의 경우, 나무의 내부는 썩고 부패하였으나 외부는 생기가 넘치는 경우를 볼 수 있다. 이 경우가 반대의 경우보다 나무를 더 오래 살 수 있게 해주는 이유를 설명하라.

변형

787 Dreamliner 날개의 시험. 출처: Boeing Corp.

내가 목표에 달성한 비밀을 말해 줄게. 나의 강점은 끈기야.

루이스 파스퇴르

설계가 잘 되었는지를 결정하는 데 있어 변형은 응력만큼 중요하다. 가끔 기계 요소는 허용된 변형량을 만족하도록 크기가 결정된다. 이 장은 보 혹은 다른 구조물의 변형을 계산하는 데 필요한 중요 접근 방식을 몇 가지 제시한다. 2장~4장의 주제는 보의 처짐을 계산하기 위한 모멘트 선도의 직접 적분법 혹은 특이함수의 기초이다. 선형탄성 범위에서 작은 변형률을 겪는 물체에 복잡한 하중이 걸릴 때, 중첩법은 다루기 쉬운 하중의 조합을 고려함으로써 물체의 변형을 계산하는 효과적인 방법이다. 카스틸리아노의 정리를 포함하는 변형률 에너지 접근법도 제시한다. 에너지 접근법은 충격 혹은 에너지 하중에 대해서 특히 유용하다.

차례

예제

실계 설자

기호

A	면적, m^2
a	길이 치수, m
b	길이 치수, m
C_1, C_2	상수
c	중립축에서 바깥 섬유까지의 거리, m
E	탄성 계수, Pa
G	강성 계수, Pa
h	높이, m
I	면적 관성모멘트, m^4
J	면적 극관성모멘트, m^4
l	길이, m
M	모멘트, N-m
P	힘, N
Q	변형점에 작용하는 하중, N
q	분포 하중, N/m
R	반력, N
T	토크, N-m
U	변형률 에너지, N-m
V	전단하중, N
v	부피, m^3
w_o	단위 길이당 하중 분포, N-m
x, y, z	직교 좌표, m
γ	전단 변형률
δ	변형 또는 처짐, m
δ_{max}	최대 변형 또는 최대 처짐, m
δ_P	하중 작용점에서의 처짐, m
ϵ	변형률
θ	기울기
ν	프와송 비
σ	수직 응력, Pa
τ	전단 응력, Pa

하첨자

a, b	고체 a와 b
H	수평의
V	수직의

5.1 서론

2장에서 4장까지의 초점은 기계 요소에서 발생하는 다양한 조건에서의 하중, 응력, 변형률을 기술하는 것이었다. 설계 응력을 아는 것과, 이 값이 연성 재료에서는 항복 강도보다 작고 취성 재료에서는 인장 강도보다 작다는 것을 확신하는 것은 안전설계를 위해 중요하다. 그러나 부품이 지나치게 변형될 경우 기계 요소가 파괴될 수 있기 때문에 변형률 한도와 변위에도 관심을 기울여야 한다. 예를 들어, 정밀한 공차의 고속 기계류에서 과도한 변형은 움직이는 부품 사이에서 간섭을 일으킬 수 있다. 밀링 기계에서 스핀들의 처짐이 너무 크면 목표 공차를 다시 설정해야 한다. 이외에도 처짐이 중요한 많은 상황이 있다. 이 장은 많은 기계 요소에서 발생하는 처짐량을 계산한다.

4장에서는 수직 응력에 따른 변형(4.3절), 비틀림 응력에 따른 비틀림각(4.4.1절), 수직 응력에 따른 스프링 상수 그리고 비틀림 응력에 따른 비틀림 스프링 상수를 정의했다. 이 장은 보에서 발생하는 분포 하중에 의한 처짐을 기술하는 데 초점을 맞춘다. 접근 방법은 적분법, 특이함수, 중첩법, 카스틸리아노 정리이다.

5.2 모멘트-곡률 반경의 관계

그림 4.14b는 순수 굽힘에서 직선 보의 변형된 요소를 보여준다. **곡률 반경**(radius of curvature) r은 직교 좌표계에서 다음과 같이 표현할 수 있다.

$$\frac{1}{r} = \frac{\dfrac{d^2y}{dx^2}}{\left[1+\left(\dfrac{dy}{dx}\right)^2\right]^{3/2}}. \tag{5.1}$$

그러나 dy/dx는 1보다 훨씬 작다. 따라서

$$\frac{1}{r} = \frac{d^2y}{dx^2}. \tag{5.2}$$

식 (5.2)를 식 (4.47)에 대입하면

$$\frac{d^2y}{dx^2} = \frac{M}{EI}. \tag{5.3}$$

이 식은 굽힘모멘트와 횡방향 변위 사이의 관계를 나타낸다. 식 (5.1)을 식 (5.2)로 근사시키는 것은 굽힘각이 작을 때에만 허용되지만, 이는 대부분의 보에서 합리적인 근사이다. 식 (5.3)은 모멘트와 곡률의 관계식이고 *탄성곡선식*이라고도 한다.

분포 하중, 전단력, 굽힘모멘트, 처짐각, 처짐의 방정식들을 미분 차수에 따라 정리하면 다음과 같다.

$$\frac{q}{EI} = \frac{d^4y}{dx^4} \tag{5.4}$$

$$-\frac{V}{EI} = \frac{d^3y}{dx^3} \tag{5.5}$$

$$\frac{M}{EI} = \frac{d^2y}{dx^2} \tag{5.3}$$

$$\theta = \frac{dy}{dx} \tag{5.6}$$

$$y = f(x) \tag{5.7}$$

SI 단위를 사용하면 분포 하중은 N/m, 전단력은 N, 모멘트는 N-m, 처짐은 m로 표시되며, 처짐각은 단위가 없이 라디안이다. 식 (5.3)을 적분하면 점 x에 대해 처짐각은 다음과 같다.

$$EI\frac{dy}{dx} = EI\theta = -Mx + C_1. \tag{5.8}$$

식 (5.8)을 적분하면 x에서의 처짐은 다음과 같다.

$$EIy(x) = -M\frac{x^2}{2} + C_1x + C_2. \tag{5.9}$$

주의할 점은 분포 하중을 적분하면 전단력 분포가 음의 값이 된다.

$$-V(x) = \int_0^x q(x)\,dx. \tag{5.10}$$

또한 전단력을 적분하면 굽힘모멘트가 음의 값이 된다.

$$M(x) = -\int_0^x V(x)\,dx. \tag{5.11}$$

식 (5.8)에서 식 (5.11)을 이용하면 하중의 종류가 무엇이든 처짐을 바로 구할 수 있다.

예제 5.1

직접 적분법으로 구한 처짐

조건 수직 하중 P가 그림 5.1과 같이 길이 l의 외팔보 끝에 작용한다. 단면적은 보를 따라서 일정하고 재료는 보 전체에서 동일하다. 그러므로 단면 관성모멘트 I와 탄성 계수 E는 일정하다.

문제 임의의 위치 x에 대해 처짐각, 처짐량을 구하라. 그리고 최대 처짐각이 발생하는 위치와 그 값을 구하라.

풀이 식 (5.3)으로부터 모멘트는 $M = -Px$

$$\frac{d^2y}{dx^2} = \frac{M}{EI} = -\frac{Px}{EI}.$$

적분하면 다음과 같다.

$$\frac{dy}{dx} = -\frac{Px^2}{2EI} + C_1.$$

적분하면 다음과 같다.

$$y = -\frac{Px^3}{6EI} + C_1x + C_2.$$

경계 조건은

1. $x = l$에서, $y = 0$
2. $x = l$에서, $dy/dx = 0$

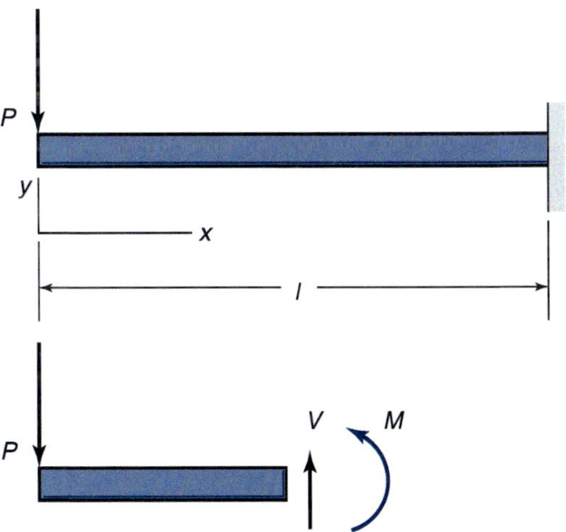

그림 5.1: 자유단에 집중 하중이 작용하는 외팔보.

경계 조건 2에서

$$C_1 = \frac{Pl^2}{2EI}.$$

그러므로

$$y = -\frac{Px^3}{6EI} + \frac{Pl^2 x}{2EI} + C_2.$$

경계 조건 1을 사용하여

$$C_2 = \frac{Pl^3}{6EI} - \frac{Pl^3}{2EI} = -\frac{Pl^3}{3EI}.$$

그러므로

$$y = \frac{P}{6EI}\left(-x^3 + 3l^2 x - 2l^3\right),$$

그러므로

$$\frac{dy}{dx} = \frac{P\left(l^2 - x^2\right)}{2EI}.$$

최대 처짐각은 $x = 0$에서 발생하고 값은 다음과 같다.

$$\left(\frac{dy}{dx}\right)_{x=0} = \frac{Pl^2}{2EI}.$$

5.3 특이함수

특이함수(singularity function)를 사용하면, 구간별로 분리하여 표현되는 수식 대신에 한 개의 식으로 굽힘모멘트를 표현할 수 있다. 특이함수는 2.8.3절에서 소개하였고, 보의 처짐에 대한 적용은 식 (5.4)에서 식 (5.7)을 사용하면 쉽게 된다.

설계 절차 5.1

특이함수에 의한 처짐

1. 시스템에 작용하는 힘을 표시하는 자유물체도를 그려라.
2. 시스템에 작용하는 반력을 구하기 위해서 힘과 모멘트 평형식을 사용하라.
3. 표 2.2를 사용하여 시스템에 작용하는 모든 하중을 분포 하중 함수로 표현하라.
4. 전단력을 구하기 위해서 음의 분포 하중 함수를 적분하라. 그리고 모멘트를 구하기 위해서 음의 전단력 함수를 적분하라.
5. 임의의 점에서의 처짐을 나타내기 위해 식 (5.9)를 사용하라.
6. x의 함수로서 다음을 나타내라.
   (a) 전단력
   (b) 굽힘모멘트
   (c) 처짐각
   (d) 처짐

예제 5.2

특이함수에 의한 보의 처짐

조건 단순 지지된 보에 하중이 작용한다.

문제 특이함수를 이용하여 임의 위치 x에서의 처짐을 구하라.

풀이 그림 5.2a는 단순지지 보 전체의 자유물체도를, 그림 5.2b는 보의 일부분에 대한 자유물체도를 보여준다. 표 2.2에서 집중 하중에 대한 경우, 그림 5.2b에 해당하는 분포하중의 식은 다음과 같다.

$$q(x) = \frac{Pb}{l}\langle x\rangle^{-1} - P\langle x - a\rangle^{-1}. \quad \text{(a)}$$

두 번 적분하면 다음과 같은 모멘트 식이 얻어진다.

$$M(x) = \frac{Pb}{l}\langle x\rangle^{1} - P\langle x - a\rangle^{1}. \quad \text{(b)}$$

식 (5.3)을 사용하면 다음과 같다.

$$EI\frac{d^2 y}{dx^2} = M(x) = \frac{Pb}{l}\langle x\rangle^{1} - P\langle x - a\rangle^{1}. \quad \text{(c)}$$

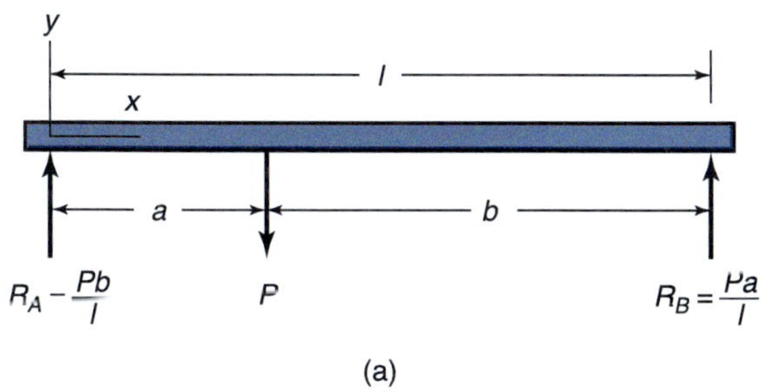

(a)

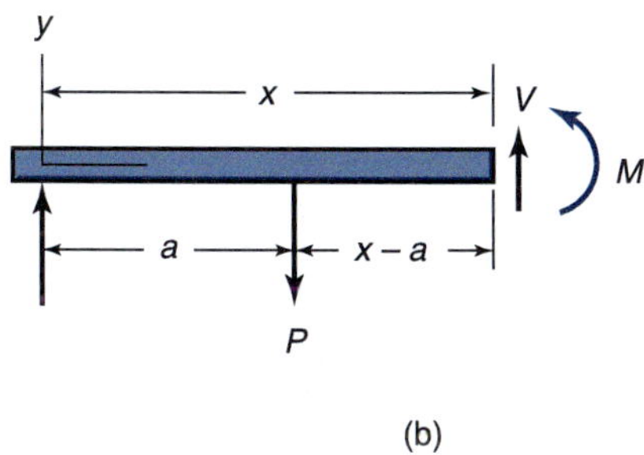

(b)

그림 5.2: 보 중간에 하중이 작용하는 단순지지 보의 자유물체도. (a) 보 전체, (b) 보의 일부분.

EI는 보를 따라 일정하기 때문에 식 (c)를 적분하면 다음과 같다.

$$EI\frac{dy}{dx} = \frac{Pb}{2l}\langle x\rangle^2 - \frac{P}{2}\langle x-a\rangle^2 + C_1. \quad \text{(d)}$$

다시 적분하면 다음과 같다.

$$EIy = \frac{Pb}{6l}\langle x\rangle^3 - \frac{P}{6}\langle x-a\rangle^3 + C_1x + C_2. \quad \text{(e)}$$

경계 조건은

1. $x = 0$에서 $y = 0$이고, 이로 인해 $C_2 = 0$이 된다.
2. $x = l$에서 $y = 0$이다. 따라서

$$C_1 = -\frac{Pbl}{6} + \frac{Pb^3}{6l} = \frac{Pb}{6l}\left(b^2 - l^2\right) = -\frac{Pb}{6l}\left(l^2 - b^2\right). \quad \text{(f)}$$

혹은

$$y(x) = -\frac{P}{6EI}\left[\frac{xb}{l}\left(l^2 - x^2 - b^2\right) + \langle x-a\rangle^3\right]. \quad \text{(g)}$$

식 (g)에서 $x \le a$일 때 등호 부호의 오른쪽 마지막 항은 0이고, $x > a$일 때 꺾쇠 괄호는 둥근 괄호가 된다(꺾쇠 괄호에 대한 더 많은 정보는 2.8.3절 참고). 또한 그림 5.2로부터 양의 y는 위로 향한다. 식 (g)에서 y는 음의 값이고 이는 처짐이 아래 방향으로 일어났다는 것을 의미한다. 이는 그림 5.2를 점검함으로써 직관적으로 확인할 수 있다.

예제 5.3

특이함수를 사용한 외팔보의 처짐

조건 하나의 외팔보가 그림 5.3처럼 일부에 단위 크기의 계단 분포 하중을 받고 있다. 보는 점 A에서 구조물 안에 고정되어 있거나 박혀 있고 점 C는 자유단이다. 단위 계단 분포는 자유단에서 시작한다.

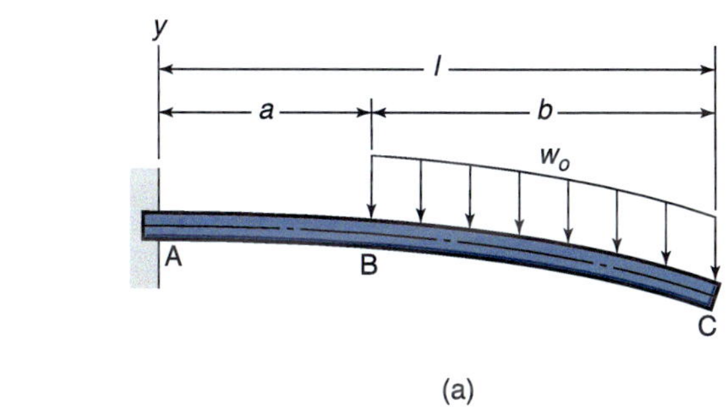

(a)

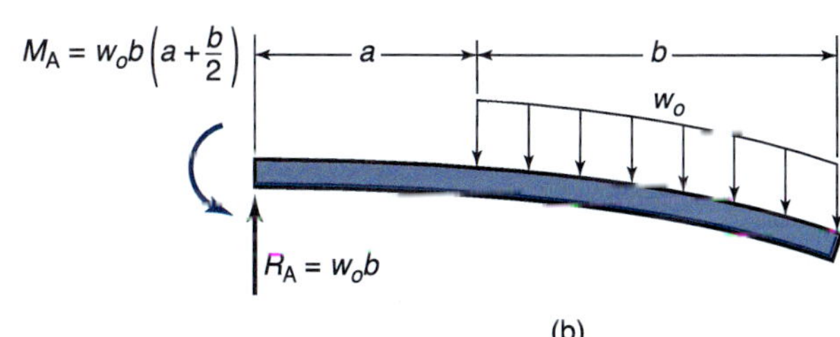

(b)

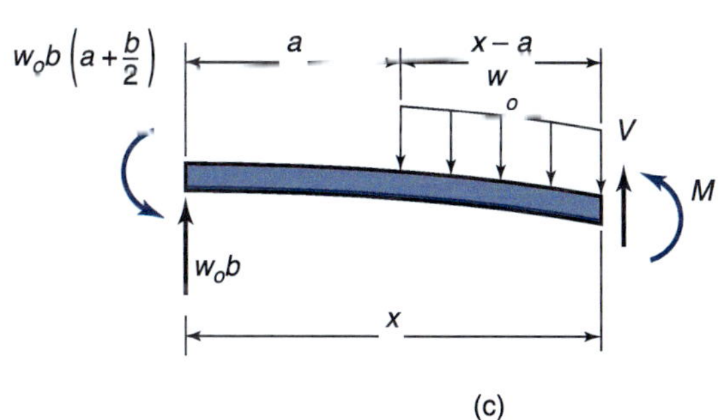

(c)

그림 5.3: 보의 일부에 걸친 단위 계단 분포 하중의 외팔보. (a) 외팔보에 작용하는 하중과 처짐, (b) 전체 보에 작용하는 힘과 모멘트의 자유물체도, (c) 보의 한 부분에 작용하는 힘과 모멘트의 자유물체도.

문제 특이함수를 사용하여 임의의 점 x에서의 처짐에 대한 일반식과 자유단에서의 처짐을 구하라. 또 다음의 두 가지 특별한 경우에 대해 처짐을 기술하라. (a) 단위 계단 하중이 적용되지 않았을 때 (b) 단위 계단 하중이 보 전체 길이에 작용할 때

풀이 그림 5.3c의 힘과 모멘트에 대한 분포 하중 식을 표 2.2를 이용하여 쓰면 다음과 같다.

$$q(x) = w_o b \langle x \rangle^{-1} - w_o b \left(a + \frac{b}{2} \right) \langle x \rangle^{-2} - w_o \langle x - a \rangle^{0}.$$

두 번 적분하면

$$M(x) = w_o b \langle x \rangle^{1} - w_o b \left(a + \frac{b}{2} \right) \langle x \rangle^{0} - \frac{w_o}{2} \langle x - a \rangle^{2}.$$

식 (5.3)을 사용하면

$$EI\frac{d^2y}{dx^2} = w_o b \langle x \rangle^{1} - w_o b \left(a + \frac{b}{2} \right) \langle x \rangle^{0} - \frac{w_o}{2} \langle x - a \rangle^{2}.$$

한 번 적분하면

$$EI\frac{dy}{dx} = \frac{w_o b}{2} \langle x \rangle^{2} - w_o b \left(a + \frac{b}{2} \right) \langle x \rangle^{1} - \frac{w_o}{6} \langle x - a \rangle^{3} + C_1.$$

다시 적분하면

$$\begin{aligned} EIy(x) &= \frac{w_o b}{6} \langle x \rangle^{3} - \frac{w_o b}{2} \left(a + \frac{b}{2} \right) \langle x \rangle^{2} \\ &\quad - \frac{w_o}{24} \langle x - a \rangle^{4} + C_1 x + C_2. \end{aligned}$$

경계 조건은

1. $x = 0$에서 $\frac{dy}{dx} = 0$, 따라서 $C_1 = 0$
2. $x = 0$에서 $y = 0$, 따라서 $C_2 = 0$

그러므로

$$y = \frac{w_o}{EI} \left[\frac{bx^3}{6} - \frac{bx^2}{2} \left(a + \frac{b}{2} \right) - \frac{1}{24} \langle x - a \rangle^{4} \right].$$

자유단 혹은 $x = a + b$에서 처짐은

$$\begin{aligned} y_l &= -\frac{w_o}{EI} \left[\frac{b^4}{24} + \frac{b(a+b)^2}{2} \left(a + \frac{b}{2} \right) - \frac{b(a+b)^3}{6} \right] \\ &= -\frac{w_o b}{EI} \left[\frac{a^3}{3} + \frac{3}{4}a^2 b + \frac{ab^2}{2} + \frac{b^3}{8} \right]. \end{aligned}$$

(a) $b = 0$인 특별한 경우, $y_{max} = 0$ (처짐이 발생하지 않는다.)
(b) $a = 0$인 특별한 경우,

$$y_l = -\frac{w_o b^4}{8EI}.$$

이때 단위 계단 하중은 보의 길이 l 전체에 걸쳐 작용한다.

예제 5.4

특이함수를 사용한 부정정 보의 처짐

조건 보가 한쪽 끝은 고정되어 있고 다른 끝은 단순 지지되어 있다. 집중 하중이 그림 5.4처럼 보 중간의 임의의 점에 작용한다.

문제 특이함수를 사용하여 보의 처짐에 대한 일반적인 표현을 구하라.

풀이 그림 5.4와 같이 3개의 미지수, 즉 R_A, R_C 그리고 M_C가 있다. 힘과 모멘트 평형조건으로부터 오로지 두 개 식만 구할 수 있다. 문제를 풀려면, 반력 중 하나를 미지수로 취하고 다른 둘을 미지수로 표현하여 시작한다. 즉,

$$R_C = P - R_A, \tag{a}$$

$$R_C = P - R_A, \tag{b}$$

그림 5.4a에 보인 힘들에 대한 분포 하중 식은 다음과 같이 표현할 수 있다.

$$q(x) = R_A \langle x \rangle^{-1} - P \langle x - a \rangle^{-1}. \tag{c}$$

두 번 적분하면 모멘트는 다음과 같다.

$$M_B(x) = R_A \langle x \rangle^{1} - P \langle x - a \rangle^{1}. \tag{d}$$

식 (5.3)을 사용하면 다음과 같다.

$$EI\frac{d^2y}{dx^2} = M(x) = R_A x - P \langle x - a \rangle^{1}. \tag{e}$$

한 번 더 적분하면 다음과 같다.

$$EI\frac{dy}{dx} = R_A \frac{x^2}{2} - \frac{P}{2} \langle x - a \rangle^{2} + C_1. \tag{f}$$

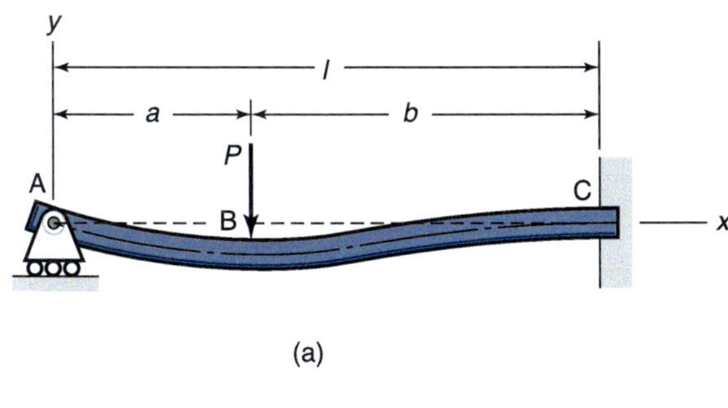

(a)

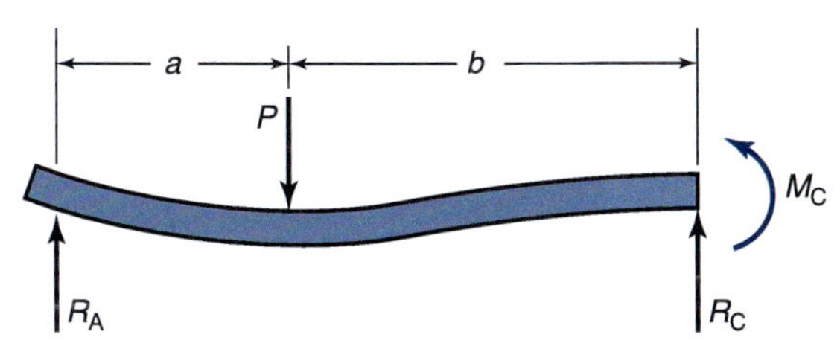

(b)

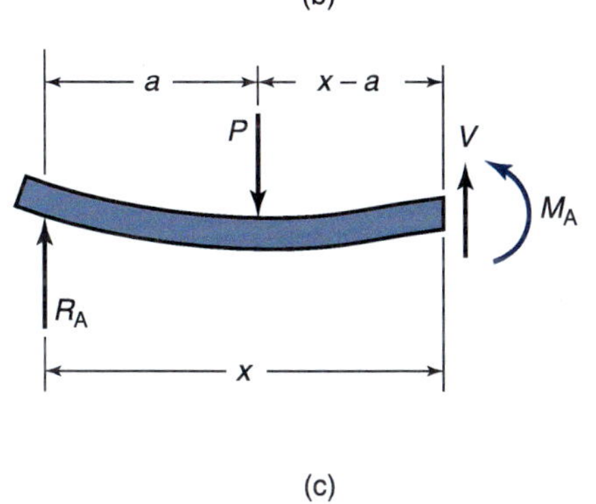

(c)

그림 5.4: 보 중간에 집중 하중이 작용하는 핀-고정 보. (a) 보 전체의 스케치, (b) 보 전체의 자유물체도, (c) 보 일부분의 자유물체도.

한 번 더 적분하면 처짐은 다음과 같다.

$$EIy = R_A \frac{x^3}{6} - \frac{P}{6}\langle x-a\rangle^3 + C_1 x + C_2. \tag{g}$$

경계 조건은

1. $x = 0$에서 $y = 0$이므로, $C_2 = 0$
2. $x = l$에서 $\dfrac{dy}{dy} = 0$이므로

$$C_1 = -R_A \frac{l^2}{2} + \frac{P}{2}(l-a)^2. \tag{h}$$

그러므로

$$EIy = R_A \frac{x^3}{6} - \frac{P}{6}\langle x-a\rangle^3 - \frac{R_A l^2 x}{2} + \frac{Px}{2}(l-a)^2. \tag{i}$$

3. $x = l$에서 $y = 0$

$$R_A = \frac{Pb^2}{2l^3}(3l-b). \tag{j}$$

처짐에 대한 일반적인 표현은

$$y = \frac{P}{6EI}\left[\frac{xb^2}{2l^3}\left(-3l^3 + 3lx^2 + 3bl^2 - bx^2\right) - \langle x-a\rangle^3\right]. \tag{k}$$

식 (j)를 식 (d)에 대입하여

$$M_B(x) = \frac{Pxb^2}{2l^3}(3l-b) - P\langle x-a\rangle^1. \tag{l}$$

다음에 주목하라.

$$M_B(x=0) = 0, \tag{m}$$

$$M_B(x=a) = \frac{Pb^2 a}{2l^3}(3l-b), \tag{n}$$

$$M_B(x=l) = \frac{Pb^2 l}{2l^2}(3l-b) - Pb = -\frac{Pab}{2l^2}(2l-b). \tag{o}$$

식 (n)과 식 (o)로부터 $x = a$에서의 모멘트는 음(−)이고 $x = l$에서의 모멘트는 양(+)임을 알 수 있다. 하지만 최댓값이 $x = a$에서 발생하는지 혹은 $x = l$에서 발생하는지 알 수 없다. $a = (\sqrt{2} - 1)l = 0.414l$일 때, 점 B에서의 굽힘모멘트 크기는 점 C에서의 값과 동일하다. $a < 0.414l$일 때 점 B에서 더 큰 모멘트가 발생하고, $a > 0.414l$일 때에는 점 C에서 더 큰 모멘트가 발생한다.

5.4 중첩법

중첩법(method of superposition)은 물체의 임의의 점에서 처짐이 개별적으로 작용하는 각 하중에 의한 처짐의 합과 동일하다는 원칙을 사용하는 것이다. 그러므로 보가 n개의 하중을 동시에 받을 때 한 점에서의 처짐은 n개의 하중 각각에 의한 그 점에서의 처짐의 합이다. 이 방법은 하중과 처짐 사이의 선형성에 의존하는데, 이는 하중과 지지점의 복잡한 조건을 답을 알고 있는 간단한 하중 조건들의 조합으로 바꾸어 준다. 원래 문제의 해답은 이러한 답들의 중첩으로 구해진

다. 이 해법은 보의 처짐과 작용 하중 사이에 선형적인 관계가 있다는 가정에 근거한 것이다. 그러므로 n개의 다른 하중에 대해서 식 (5.3)은 다음과 같이 나타낼 수 있다.

$$\begin{aligned} EI\frac{d^2y}{dx^2} &= EI\frac{d^2}{dx^2}(y_1 + y_2 + \cdots + y_n) \\ &= M_1 + M_2 + \cdots + M_n. \end{aligned} \tag{5.12}$$

표 5.1은 복잡한 문제의 처짐을 구하기 위해 중첩할 수 있는 간단한 문제들의 처짐을 제시한다. 부록 D에 보다 많은 경우가 정리되어 있다.

예제 5.5

중첩법을 이용한 외팔보의 처짐

조건 그림 5.5는 외팔보를 보여준다. (한쪽 끝은 고정되어 있고 다른 끝은 자유단이다.) 모멘트는 자유단에 작용하고 집중 하중은 고정점에서 거리 a에 작용한다.

문제 자유단에서의 처짐을 결정하기 위해 중첩법을 사용하라.

풀이 그림 5.5b는 집중 하중에 의한 보의 처짐을 묘사한다. 그림 5.5c는 자유단에 적용된 모멘트에 의한 처짐을 보여준다. 표 5.1로부터 각 하중에 의한 자유단에서의 처짐은 다음과 같이 바로 얻어진다.

$$y_{l,1} = -\frac{Pa^2}{6EI}(3l - a) \tag{a}$$

그리고

$$y_{l,2} = \frac{Ml^2}{2EI}. \tag{b}$$

중첩법에 의한 외팔보 자유단에서의 처짐은

표 5.1: 외팔보와 단순지지 보의 경계 조건에 따른 변위.

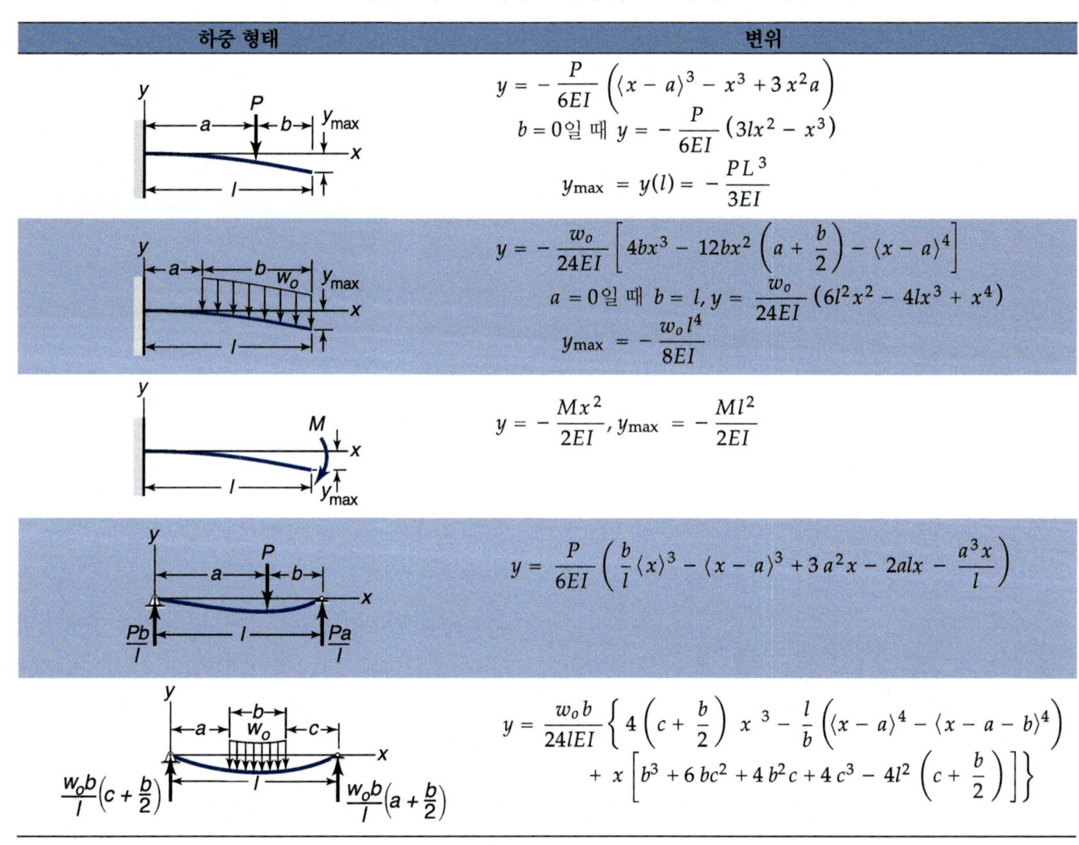

하중 형태	변위
	$y = -\frac{P}{6EI}\left(\langle x-a\rangle^3 - x^3 + 3x^2a\right)$ $b=0$일 때 $y = -\frac{P}{6EI}(3lx^2 - x^3)$ $y_{max} = y(l) = -\frac{PL^3}{3EI}$
	$y = -\frac{w_o}{24EI}\left[4bx^3 - 12bx^2\left(a+\frac{b}{2}\right) - \langle x-a\rangle^4\right]$ $a=0$일 때 $b=l,\ y = \frac{w_o}{24EI}(6l^2x^2 - 4lx^3 + x^4)$ $y_{max} = -\frac{w_o l^4}{8EI}$
	$y = -\frac{Mx^2}{2EI},\ y_{max} = -\frac{Ml^2}{2EI}$
	$y = \frac{P}{6EI}\left(\frac{b}{l}\langle x\rangle^3 - \langle x-a\rangle^3 + 3a^2x - 2alx - \frac{a^3x}{l}\right)$
	$y = \frac{w_ob}{24lEI}\left\{4\left(c+\frac{b}{2}\right)x^3 - \frac{l}{b}\left(\langle x-a\rangle^4 - \langle x-a-b\rangle^4\right) + x\left[b^3 + 6bc^2 + 4b^2c + 4c^3 - 4l^2\left(c+\frac{b}{2}\right)\right]\right\}$

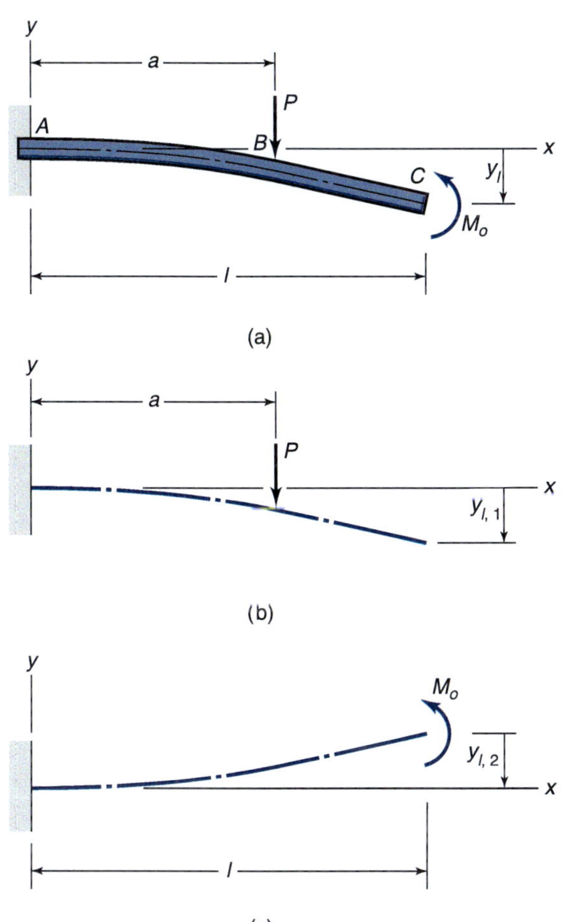

그림 5.5: 보의 한쪽 끝은 고정되어 있고 다른 쪽 끝은 자유단인 외팔보에서, 자유단에 모멘트가 작용하고 자유단으로부터 임의의 거리에 집중 하중이 작용한다. (a) 보 전체, (b) 집중 하중의 효과를 보여주는 자유물체도 (c) 모멘트의 효과를 보여주는 자유물체도.

$$y_l = y_{l,1} + y_{l,2} = \frac{Pa^2(3l-a)+3Ml^2}{6EI}. \quad \text{(c)}$$

보의 임의의 점에서의 처짐은 다음과 같다.

$$y = -\frac{P}{6EI}\left[\langle x-a\rangle^3 - x^3 + 3x^2a\right] + \frac{Mx^2}{2EI}. \quad \text{(d)}$$

5.5 변형률 에너지

부정정 보와 재료나 단면적이 일정하지 않은 보는 지금까지 논의한 방법으로 해석할 수 없다. 또한 하중이 에너지와 관련된 경우(예컨대, 물체가 주어진 초기 속도로 보에 충돌하는 경우), 정확한 하중값이 주어지지 않는다. 이러한 이유로 *에너지 방법*이 유용할 때가 있다.

기계 요소에 하중이 작용하면 변형이 생긴다. 그 과정에서 열의 형태로 잃어버리는 에너지가 없다고 가정하면, 외력이 한 외부일은 내부일로 변환되고 이를 **변형률 에너지** (strain energy)라 한다. 이 변형률 에너지는 물체에 저장된다. 변형률 에너지의 단위는 N-m이다. 응력이 압축인 경우에도 변형률 에너지는 항상 양수인데, 그 이유는 응력과 변형률이 항상 같은 방향이기 때문이다. 변형률 에너지를 나타내는 기호는 U이다.

5.5.1 수직 응력

인장시편에 축 방향의 하중이 작용하면, 미소 체적요소(그림 5.6)에 다음과 같은 축 방향의 힘이 작용하는데

$$dP = \sigma_z\, dA = \sigma_z\, dx\, dy \quad (5.13)$$

이 하중은 요소가 $\epsilon_z dz$만큼 수직으로 늘어난 후, 요소의 윗면과 아랫면에 작용하는 값이다.

힘(ΔP)이 0에서부터 마지막 크기 dP까지 균일하게 증가하는 동안 변위 $\epsilon_z dz$가 발생한 것이므로, 변위 $\epsilon_z dz$에 힘의 평균값 $dP/2$를 곱하면 변형률 에너지가 구해진다.

$$dU = \left(\frac{1}{2}dP\right)\epsilon_z\, dz.$$

식 (5.13)과 $dv = dx\,dy\,dz$라는 사실을 이용하면

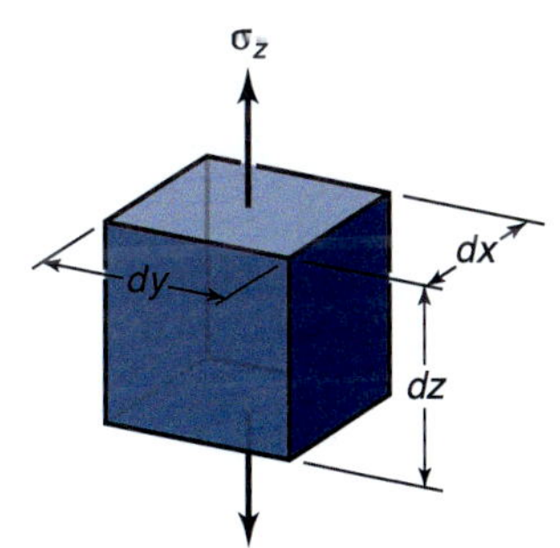

그림 5.6: 수직 응력이 작용하는 요소.

$$dU = \frac{1}{2}\sigma_z \epsilon_z \, dv. \tag{5.14}$$

일반적으로, 요소에 단축 방향 수직 응력이 작용하면, 변형률 에너지는

$$U = \int_v \frac{\sigma\epsilon}{2} \, dv. \tag{5.15}$$

또한, 재료가 선형탄성 거동을 하면 훅의 법칙이 적용되므로 식 (3.3)을 식 (5.15)에 대입하여 다음을 얻을 수 있다.

$$U = \int_v \frac{\sigma^2}{2E} \, dv. \tag{5.16}$$

길이 l인 보에 축하중이 작용하는 경우, 식 (2.7)을 사용하면 다음과 같다.

$$U = \int_v \frac{P^2}{2EA^2} \, dv, \tag{5.17}$$

여기서 $dv = A\,dx$이므로

$$U = \int_0^l \frac{P^2}{2AE} \, dx = \frac{P^2 l}{2AE}. \tag{5.18}$$

만일 굽힘모멘트가 하중으로 작용한다면, 식 (4.46)을 사용하여

$$U = \int_v \frac{\sigma^2}{2E} \, dv = \int \frac{M^2 y^2}{2EI^2} \, dv.$$

여기서 $dv = dAdx$이고 (dA는 단면의 미소 요소), $M^2/2EI^2$은 x의 함수이므로

$$U = \int_0^l \frac{M^2}{2EI^2} \left(\int y^2 \, dA \right) dx.$$

식 (5.7)은 다음과 같이 된다.

$$U = \int_0^l \frac{M^2}{2EI} \, dx. \tag{5.19}$$

5.5.2 전단 응력

그림 5.7의 체적 요소를 고려하자. 전단 응력에 의해 요소의 윗면에 작용하는 전단력 $dV = \tau dx\,dy$가 윗면을 아랫면에 대해 γdz만큼 변형시킨다. 수직면은 회전만 하므로 수직면에

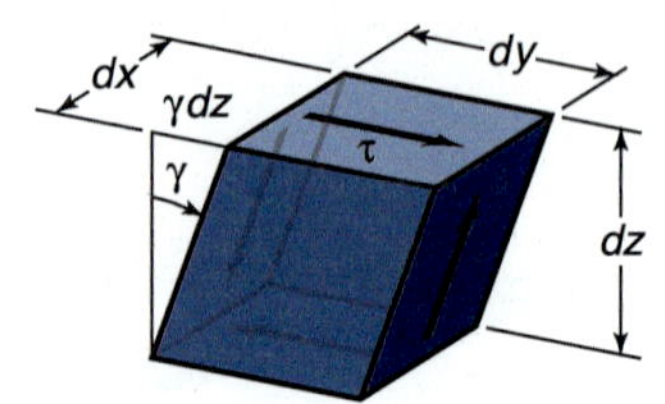

그림 5.7: 전단 응력이 작용하는 요소.

작용하는 전단력은 변형률 에너지에 기여하지 않는다. 따라서 전단 응력 τ에 의해 요소에 저장되는 변형률 에너지는

$$dU = \frac{1}{2}(\tau \, dx \, dy)\, \gamma \, dz,$$

혹은

$$dU = \frac{1}{2}\tau\gamma \, dv. \tag{5.20}$$

전체 체적에 대해 적분하면 전단 응력에 의해 부재에 저장되는 변형률 에너지는 다음과 같다.

$$U = \int_v \frac{\tau\gamma}{2} \, dv. \tag{5.21}$$

식 (4.28)에서 표현된 전단 응력에 대한 훅의 법칙을 사용하면 다음과 같다.

$$U = \int_v \frac{\tau^2}{2G} \, dv. \tag{5.22}$$

비틀림을 받는 원형축의 변형률 에너지는 식 (4.27)~식 (4.33)을 이용하여 다음과 같이 구해진다.

$$U = \int_v \frac{T^2 r^2}{2GJ^2} \, dv,$$

여기서 $dv = dA\,dx$이고, $T^2/2GJ^2$은 x만의 함수이므로

$$U = \int_0^l \frac{T^2}{2GJ^2} \left(\int r^2 \, dA \right) dx.$$

식 (4.30)을 사용하면 다음과 같다.

$$U = \int_0^l \frac{T^2}{2GJ} \, dx. \tag{5.23}$$

축이 균일한 단면적을 가지면

$$U = \frac{T^2 l}{2GJ}. \tag{5.24}$$

표 4.1은 다양한 단면 형상에 대한 J값을 보여주지만, 식 (5.24)는 단면이 원형 대칭인 경우에만 사용할 수 있다.

예제 5.6

축의 변형률 에너지

조건 원형 단면을 갖는 길이 1 m의 중실축의 지름이 길이 0.5 m에 걸쳐서는 40 mm이고 나머지 길이에서는 30 mm이다. 축에 1100 N-m의 토크가 적용되고 있다. 축 재료는 AISI 1080 고탄소강이다.

문제 축의 변형률 에너지를 계산하라. 또한 축의 직경이 작은 부분과 큰 부분에 저장된 변형률 에너지의 비율을 계산하라.

풀이 식 (5.23)으로부터

$$U = \int_0^l \frac{T^2}{2GJ}\,dx = \frac{T^2}{2G}\left(\frac{1}{J_1}\int_0^{0.5} dx + \frac{1}{J_2}\int_{0.5}^{1.0} dx\right).$$

강에 대해 표 3.1로부터 $E = 207$ GPa이고 $\nu = 0.3$이고 식 (3.7)로부터 전단 탄성 계수는

$$G = \frac{E}{2(1+\nu)} = \frac{(207\times 10^9)}{2(1+0.3)} = 79.6 \text{ GPa}.$$

원형 단면에 대해

$$J_1 = \frac{\pi r^4}{2} = \frac{\pi}{2}(0.02)^4 = 25.13\times 10^{-8} \text{ m}^4,$$

$$J_2 = \frac{\pi}{2}(0.015)^4 = 7.952\times 10^{-8} \text{ m}^4.$$

변형률 에너지는 다음과 같다.

$$U = \frac{1100^2}{2\,(79.6\times 10^9)}\left(\frac{10^8}{25.13} + \frac{10^8}{7.952}\right)\left(\frac{1}{2}\right) = 62.91 \text{ N-m}.$$

두 부분에 저장된 에너지의 비율은 다음과 같다.

$$\frac{U_1}{U_2} = \frac{J_2}{J_1} = \frac{(7.952\times 10^{-8})}{(25.13\times 10^{-8})} = 0.3164.$$

5.5.3 횡전단 응력

전단 응력에 의한 변형률 에너지는 식 (4.65)로부터 구할 수 있다. 폭 b, 높이 h의 직사각형 단면에 대해서

$$\tau = \frac{3V}{2A}\left(1 - \frac{y^2}{c^2}\right) = \frac{3V}{2bh}\left(1 - \frac{y^2}{c^2}\right). \tag{5.25}$$

이 식을 식 (5.22)에 대입하고 적분하면

$$U = \frac{1}{2G}\left(\frac{3V}{2bh}\right)^2 \int \left(1 - \frac{y^2}{c^2}\right)^2 dv.$$

$dv = bdx\,dy$를 대입하면

$$U = \frac{9V^2}{8Gbh^2}\int_{-c}^{c}\left(1 - \frac{2y^2}{c^2} + \frac{y^4}{c^4}\right) dy \int_0^l dx.$$

적분하면

$$U = \frac{9V^2 l}{8Gbh^2}\left(y - \frac{2y^3}{3c^2} + \frac{y^5}{5c^4}\right)_{y=-c}^{y=c}.$$

한계값들을 대입하면

$$U = \frac{6V^2 lc}{5Gbh^2}.$$

$c = h/2$이므로

$$U = \frac{3V^2 l}{5Gbh}. \tag{5.26}$$

이것은 직사각형 단면의 횡전단 응력에 의한 일반적인 변형률 에너지이다. 표 5.2는 4가지의 하중에 대한 변형률 에너지를 요약한 것이다. 횡전단 응력은 오로지 직사각형 단면에 대해서만 유효하다는 것을 기억하라. 비틀림의 경우, 원형 단면에 대한 극관성모멘트 J의 값을 구하기 위해 표 4.1을 이용하면 된다. 굽힘의 경우, 보의 중립축이 x축 방향이기 때문에, I는 표 4.1의 I_x에 해당한다.

5.5.4 일반적인 응력 상태

일반적인 응력 상태에 의한 총 변형률 에너지는 다음과 같이 표현될 수 있다.

$$U = \int_v \left(\frac{\sigma_x\epsilon_x}{2} + \frac{\sigma_y\epsilon_y}{2} + \frac{\sigma_z\epsilon_z}{2}\right) dv + \int_v \left(\frac{\tau_{xy}\gamma_{xy}}{2} + \frac{\tau_{yz}\gamma_{yz}}{2} + \frac{\tau_{xz}\gamma_{xz}}{2}\right) dv. \tag{5.27}$$

식 (B.54)를 사용하면

$$\begin{aligned} U &= \int_v \frac{1}{2E}\left(\sigma_x^2+\sigma_y^2+\sigma_z^2\right) dv \\ &\quad -\int_v \frac{\nu}{E}\left(\sigma_x\sigma_y+\sigma_y\sigma_z+\sigma_z\sigma_x\right) \\ &\quad +\int_v \frac{1}{G}\left(\tau_{xy}^2+\tau_{yz}^2+\tau_{zx}^2\right) dv. \end{aligned} \tag{5.28}$$

오로지 주응력 $\sigma_1, \sigma_2, \sigma_3$가 요소에 작용한다면, 식 (5.28)은 다음과 같이 된다.

$$\int_v \left[\frac{1}{2E}\left(\sigma_1^2+\sigma_2^2+\sigma_3^2\right)-\frac{\nu}{E}\left(\sigma_1\sigma_2+\sigma_2\sigma_3+\sigma_3\sigma_1\right)\right] dv. \tag{5.29}$$

5.6 카스틸리아노 정리

이 정리는 복잡한 분포 하중에 의한 탄성 변형을 계산하는 데 필요하다. 카스틸리아노 정리는 넓은 범위의 처짐 문제에 대해 적용할 수 있다.

카스틸리아노 정리(Castigliano's theorem)는 물체가 하중들에 의해 탄성 변형할 때, 임의의 점 p에서 임의의 방향 a의 처짐은 변형률 에너지를 점 p에 작용하는 a방향 하중으로 편미분한 것과 같다는 것이다.

$$y_i = \frac{\partial U}{\partial Q_i}. \tag{5.30}$$

하중 Q_i는 변형점에 작용하는 하중이고 x의 함수가 아니다. 그러므로 변형률 에너지를 구하기 위해 적분 전에 Q_i로 편미분하는 것도 가능하다. 또한 그 하중은 2.3절과 이 책을 통틀어 제시된 하중(수직, 전단, 굽힘, 횡전단) 중 하나일 것이다. 표 5.2는 다양한 종류의 하중에 대한 변형률 에너지를 보여준다.

카스틸리아노 정리를 어떻게 적용하는지 이해하는 가장 좋은 방법은 다양한 예제에서 어떻게 쓰이는지를 보는 것이다. 예제 5.7~5.10은 카스틸리아노 정리의 다양한 특징을 보여준다.

설계 절차 5.2

카스틸리아노 정리를 사용하는 절차

다음은 카스틸리아노 정리를 사용하는 절차이다.

1. 아래 항들을 포함하여 총 변형률 에너지에 대한 표현을 구하라.
   (a) 요소에 작용하는 하중(P, M, T, V) (표 5.2 사용)
   (b) 원하는 처짐의 위치와 방향을 갖는 가상의 힘 Q
2. $y = \partial U/\partial Q$로부터 처짐을 구하라.
3. 하중 Q가 가상의 힘이라면 $Q = 0$을 대입하고 결과를 구하라.

표 5.2: 4가지 종류의 하중에 대한 변형률 에너지.

하중 종류	포함되는 변수	변형률 에너지 (3개의 변수가 x에 대해 일정)	변형률 에너지 일반식
축력	P, E, A	$U = \frac{P^2 l}{2EA}$	$U = \int_o^l \frac{P^2}{2EA} dx$
굽힘	M, E, I	$U = \frac{M^2 l}{2EI}$	$U = \int_o^l \frac{M^2}{2EI} dx$
비틀림	T, G, J	$U = \frac{T^2 l}{2GJ}$	$U = \int_o^l \frac{T^2}{2GJ} dx$
횡전단력(사각 단면)	V, G, A	$U = \frac{3V^2 l}{5GA}$	$U = \int_o^l \frac{3V^2}{5GA} dx$

예제 5.7

카스틸리아노 정리를 사용한 보의 처짐

조건 그림 5.2처럼 $x = l/2$에 하중 P가 작용하는 단순지지 보

문제 카스틸리아노 정리를 적용하여 하중의 위치에서 처짐 δ_P를 구하라. 굽힘과 횡전단 둘 다 고려하라.

풀이 대칭이므로 하중점에서의 처짐은 0에서 $l/2$까지의 해를 2배 하여 얻을 수 있다. 보에 작용하는 2가지 종류의 하중은

(a) 굽힘

$$M = \frac{Px}{2} \quad \text{또는} \quad \frac{dM}{dP} = \frac{x}{2}. \tag{a}$$

(b) 횡방향 전단

$$V = \frac{P}{2} \quad \text{또는} \quad \frac{dV}{dP} = \frac{1}{2}. \tag{b}$$

표 5.2를 사용하면 총 변형률 에너지를 다음과 같이 표현할 수 있다.

$$U = 2\int_0^{l/2} \frac{M^2}{2EI}\, dx + 2\int_0^{l/2} \frac{3V^2}{5GA}\, dx. \tag{c}$$

식 (a)와 식 (b)를 사용하면 이 식은 다음과 같이 된다.

$$U = \int_0^{l/2} \frac{P^2x^2}{4EI}\, dx + \int_0^{l/2} \frac{3P^2}{10GA}\, dx.$$

카스틸리아노 정리로부터

$$-\delta_P = \frac{\partial U}{\partial P} = +\int_0^{l/2} \frac{Px^2}{2EI}\, dx + \int_0^{l/2} \frac{3P}{5GA}\, dx.$$

P, E, I, G, A는 x의 함수가 아니므로 이 식은 다음과 같다.

$$\delta_P = -\frac{Pl^3}{48EI} - \frac{3Pl}{10GA}. \tag{d}$$

우변의 첫 번째 항은 굽힘, 두 번째는 횡방향 전단에 따른 값이다.

작용 하중에서의 총 처짐에 대한 굽힘과 횡방향 전단의 기여도를 더 잘 이해하기 위해서, 직사각형 단면의 보를 가정하자. 직사각형 단면에 대해 표 4.1로부터, $I = bh^3/12$이고 $A = bh$이다. 이 표현을 식 (d)에 대입하면 다음과 같다.

$$\delta_P = -\frac{Pl^3}{4Ebh^3} - \frac{3Pl}{10Gbh} \tag{e}$$

이는 다시 아래와 같이 표현할 수 있다.

$$\delta_P = -\frac{3Pl}{10Gbh}\left[\left(\frac{5}{6}\right)\left(\frac{G}{E}\right)\left(\frac{l}{h}\right)^2 + 1\right]. \tag{f}$$

탄소강의 경우 $G/E = 0.383$이다. 보의 높이 대 길이의 비율 l/h는 일반적으로 최소 10이다. l/h의 값을 10이라 가정하고, G/E와 l/h값을 식 (f)에 대입하면, 괄호 안의 첫 번째 항은 두 번째 항의 32배가 된다. 그러므로 대부분의 경우에 횡방향 전단에 의한 항은 굽힘모멘트에 의한 항보다 훨씬 작다. (일반적으로 3% 미만이다.) 이러한 이유로 보의 처짐과 에너지를 구할 때는 오로지 굽힘만 고려한다.

예제 5.8

카스틸리아노 정리를 사용한 외팔보의 처짐

조건 그림 5.8처럼 자유단으로부터 거리 b만큼 떨어진 곳에 집중 하중이 작용하는 외팔보가 있다.

문제 카스틸리아노 정리를 사용하여 자유단에서의 처짐을 구하라. 횡방향의 전단은 무시한다.

풀이 그림 5.8로부터 어떠한 힘도 자유단에 작용하지 않기 때문에 가상의 힘을 추가한다. 임의의 점 x에서의 모멘트는 다음과 같다.

$$M = -Qx - P\langle x - b\rangle.$$

표 5.2로부터 총 변형률 에너지에 기여하는 힘은 오직 굽힘모멘트뿐이다.

$$U = \frac{1}{2EI}\int_0^l \left[Q^2x^2 + 2Q_xP\langle x - b\rangle + (P\langle x - b\rangle)^2\right] dx.$$

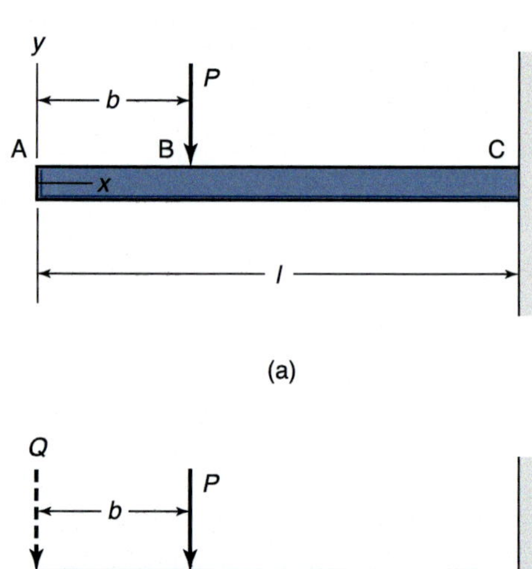

그림 5.8: 자유단으로부터 거리 b만큼 떨어진 곳에 집중 하중이 작용하는 외팔보. (a) 사용된 좌표계와 주요한 위치들, (b) 집중 하중 P와 가상의 힘 Q.

카스틸리아노 정리로부터

$$\delta_A = \frac{\partial U}{\partial Q} = \frac{1}{2EI}\left[\frac{2Ql^3}{3} + 2P\int_0^l x\langle x-b\rangle\, dx\right]. \qquad \text{(a)}$$

따라서 $Q = 0$이라 하고 적분하면 다음과 같다.

$$\delta_A = \frac{P}{6EI}\left[l^2(2l-3b)+b^3\right]. \qquad \text{(b)}$$

예제 5.9

핀으로 지지된 구조물에 적용한 카스틸리아노 정리

조건 그림 5.9a에서 구조물의 두 부재(부재 1과 2)는 서로 다른 재료, 다른 단면을 갖는다.

문제 카스틸리아노 정리를 사용하여 수직 하중 작용점에서 수평 방향의 변위를 구하라.

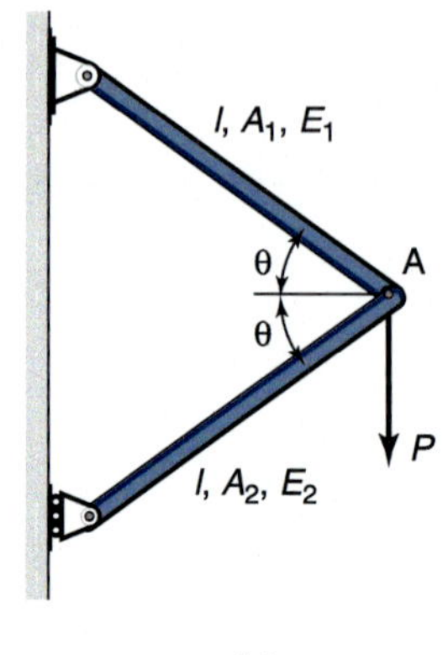

(a)

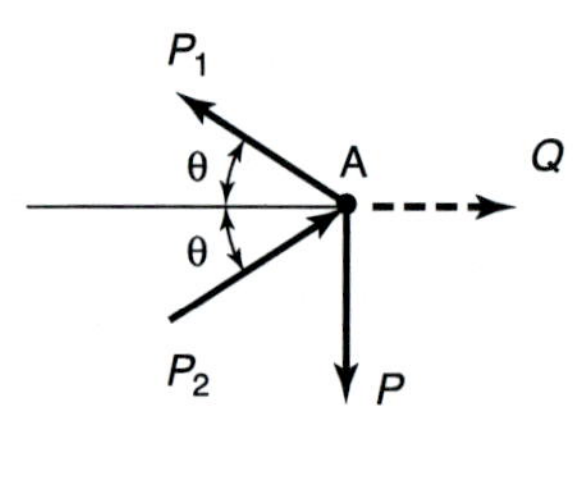

(b)

그림 5.9: 구조물. (a) 전체, (b) 점 A에 작용하는 힘들의 자유물체도.

풀이 그림 5.9b에 보인 자유물체도에서 수평으로 작용하는 힘이 없기 때문에 가상의 힘 Q를 추가한다. 수직과 수평의 힘 평형식으로부터

$$\sum P_v = 0 \rightarrow -P + P_1\sin\theta + P_2\sin\theta = 0,$$

$$\sum P_H = 0 \rightarrow Q - P_1\cos\theta + P_2\cos\theta = 0.$$

P_1과 P_2에 대한 해답은 다음과 같다.

$$P_1 = \frac{1}{2}\left(\frac{P}{\sin\theta} + \frac{Q}{\cos\theta}\right) \quad \text{또는} \quad \frac{\partial P_i}{\partial Q} = \frac{1}{2\cos\theta}. \qquad \text{(a)}$$

$$P_2 = \frac{1}{2}\left(\frac{P}{\sin\theta} - \frac{Q}{\cos\theta}\right) \quad \text{또는} \quad \frac{\partial P_i}{\partial Q} = -\frac{1}{2\cos\theta}. \qquad \text{(b)}$$

표 5.2로부터 축하중에 대한 총 변형률 에너지는 다음과 같다.

$$U = \frac{P_1^2 l}{2A_1E_1} + \frac{P_2^2 l}{2A_2E_2}.$$

카스틸리아노 정리로부터 점 A에서의 수평 방향 변위는

$$\delta_{A,H} = \frac{\partial U}{\partial Q} = \frac{1}{2}\left(\frac{2P_1\frac{\partial P_1}{\partial Q}}{A_1E_1} + \frac{2P_2\frac{\partial P_2}{\partial Q}}{A_2E_2}\right).$$

식 (a)와 식 (b)를 위의 식에 대입하면 다음과 같다.

$$\begin{aligned}\delta_{A,H} &= \frac{l}{4A_1E_1}\left(\frac{P}{\sin\theta} + \frac{Q}{\cos\theta}\right)\frac{1}{\cos\theta} \\ &\quad - \frac{l}{4A_2E_2}\left(\frac{P}{\sin\theta} - \frac{Q}{\cos\theta}\right)\frac{1}{\cos\theta}.\end{aligned}$$

$Q = 0$이라 하면 다음과 같다.

$$\delta_{A,H} = \frac{lP}{4\sin\theta\cos\theta}\left(\frac{1}{A_1E_1} - \frac{1}{A_2E_2}\right). \quad \text{(c)}$$

만약 부재 1과 2가 같은 단면적을 가지고 같은 재료로 만들어졌다면(동일한 탄성 계수), 식 (c)는 $\delta_{A,H} = 0$이 되어 수평 방향의 변위는 없다.

예제 5.10

카스틸리아노 정리에 의한 구부러진 보의 처짐

조건 그림 5.10은 자유단에 수평 방향 힘 P가 작용하는 90° 구부러진 외팔보이다.

문제 횡방향의 전단을 무시하고 자유단에서 발생하는 수직 방향 처짐을 계산하라. 카스틸리아노 정리를 사용하라.

풀이 그림 5.10에서 어떤 수직 하중도 자유단에 존재하지 않으므로 가상의 힘을 추가한다. 그러므로 총 변형률 에너지를 구성하는 4가지 성분은 다음과 같다.

(a) 구간 AB에 작용하는 굽힘모멘트 $M_{AB} = Py$
(b) 구간 BC에 작용하는 굽힘모멘트 $M_{BC} = Qx + Ph$
(C) 구간 AB에 작용하는 축하중 Q
(d) 구간 BC에 작용하는 축하중 P

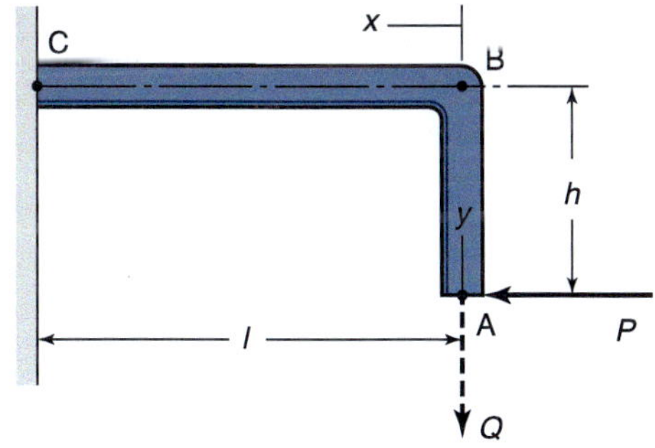

그림 5.10: 자유단에 수평 방향 힘 P가 작용하는 90° 구부러진 외팔보.

표 5.2로부터 총 변형률 에너지는 다음과 같이 나타낼 수 있다.

$$\begin{aligned}U &= \int_0^h \frac{P^2y^2}{2EI}\,dy + \int_0^l \frac{(Qx+Ph)^2}{2EI}\,dx \\ &\quad + \int_0^h \frac{Q^2\,dy}{2EA} + \int_0^l \frac{P^2\,dx}{2EA}\end{aligned}$$

보의 재료와 단면적이 구간 AB와 BC에서 동일하기 때문에, 카스틸리아노 정리로부터

$$\delta_{A,V} = \int_0^l \frac{(Qx+Ph)x\,dx}{EI} + \int_0^h \frac{Q\,dy}{EA} = \frac{Ql^3}{3EI} + \frac{Phl^2}{2EI} + \frac{Qh}{EA}$$

$Q = 0$이라 하면 다음과 같다.

$$\delta_{A,V} = \frac{Phl^2}{2EI}.$$

5.7 요약

기계 요소에서 세 가지의 주된 파괴 모드는 (a) 과도한 응력에 의한 것, (b) 과도한 탄성 변형에 의한 것, (c) 윤활막이 부족에 의한 것이다. 이 장은 기계 요소, 특히 보의 처짐을 기술하였다. 분포 하중과 집중 하중에 의한 처짐이 고려되었다. 처짐을 구하는 4가지 중요한 방법, 즉 모멘트-곡률 반경 관계, 특이함수, 중첩법, 카스틸리아노 정리를 제시하였다. 각 방법은 장점과 한계를 가지고 있다. 적용된 하중의 종류(수직, 굽힘, 전단, 횡방향 전단)에 따라 편리한 접근법을 결정할 수 있다. 카스틸리아노 정리는 다양한 종류의 처짐 문제에서 적용할 수 있기 때문에 4가지 방법 중 가장 적용 범위가 넓다.

핵심어

카스틸리아노 정리(Castigliano's theorem) 물체가 하중들에 의해 탄성 변형할 때, 임의의 점에서 임의 방향으로 처짐은 하중들에 의한 변형 에너지를 원하는 처짐 방향의 하중으로 편미분한 값이라는 정리

중첩법(method of superposition) 여러 하중에 의한 처짐은 각 하중이 개별적으로 작용할 때 발생하는 처짐의 합과 동일하다는 원리

모멘트–곡률 반경 관계(moment-curvature relation) 보의 곡률 반경과 굽힘모멘트 사이의 관계

곡률 반경(radius of curvature) 굽힘의 중심으로부터 보 내부 중립축까지의 거리

특이함수(singularity function) 구간별로 분리된 식들과 그들 사이의 경계 조건으로 표현되는 식을 한 개의 식으로 표현하는 함수

변형 에너지(strain energy) 작용 하중에 의한 외부일로부터 변환된 내부일

공식 정리

보에 관한 식:

곡률 반경: $\dfrac{d^2y}{dx^2} = \dfrac{M}{EI}$

하중 세기: $\dfrac{q}{EI} = \dfrac{d^4y}{dx^4}$

전단력: $-\dfrac{V}{EI} = \dfrac{d^3y}{dx^3} = \int_0^x q(x)\,dx$

모멘트: $\dfrac{M}{EI} = \dfrac{d^2y}{dx^2} = -\int_0^x V(x)\,dx$

기울기: $\theta = \dfrac{dy}{dx}$

변형 에너지:

수직 응력: $U = \dfrac{P^2 l}{2AE}$

굽힘 응력: $U = \int_0^l \dfrac{M^2}{2EI}\,dx$

토크: $U = \dfrac{T^2 l}{2GJ}$

횡방향 전단: $U = \dfrac{3V^2 l}{5Gbh}$

카스틸리아노 정리: $y_i = \dfrac{\partial U}{\partial Q_i}$

추천 문헌

Beer, F.P., Johnson, E.R., DeWolf, J., and Mazurek, D. (2011) *Mechanics of Materials*, 6th ed., McGraw-Hill.

Budynas, R.G., and Nisbett, J.K. (2011), *Shigley's Mechanical Engineering Design*, 9th ed., McGraw-Hill.

Craig, R.R. (2001) *Mechanics of Materials*, 2nd ed., Wiley.

Hibbeler, R.C. (2010) *Mechanics of Materials*, 8th ed. Prentice-Hall.

Juvinall, R.C., and Marshek, K.M. (2012) *Fundamentals of Machine Component Design*, 5th ed., Wiley.

Norton, R.L. (2011) *Machine Design*, 4th ed., Prentice-Hall.

Popov, E.P. (1999) *Engineering Mechanics of Solids*, 2nd ed., Prentice-Hall.

Riley, W.F., Sturges, L.D., and Morris, D.H. (2006) *Mechanics of Materials*, 6th ed., Wiley.

Ugural, A.C. (2007) *Mechanics of Materials*, Wiley.

문제

5.1 보에서 굽힘모멘트와 처짐의 관계는?

5.2 모멘트-곡률 반경 관계는 무엇인가?

5.3 보에서의 처짐은 어떻게 구할 수 있는가?

5.4 보에서 응력은 곡률 반경에 어떻게 의존하는가?

5.5 특이함수는 무엇인가?

5.6 중첩법은 무엇인가?

5.7 변형률과 변형 에너지 사이의 차이점은 무엇인가?

5.8 카스틸리아노 정리는 무엇인가?

5.9 예제 5.9에서 가상하중을 왜 사용하는가?

5.10 식 (5.6)에서 기울기의 단위는 무엇인가?

정성적 문제

5.11 보에서의 곡률 반경은 굽힘의 중심에서부터 굽힘을 받고 있는 보 내부 중립축까지의 거리라고 언급되었다. 곡률 반경은 0일 수 있는가? 설명하라.

5.12 설계 절차 2.1은 특이함수를 논의했다. 어떤 규칙이 이번 장에서 제시된 재료에 대해 유용한가?

5.13 일반적으로, 충격 하중에 대해서 보의 처짐을 계산하는 어떠한 방법을 사용하겠는가?

5.14 충격 하중에 대해서 중첩법을 사용할 수 있는가? 설명하라.

5.15 예제 5.9에서 만약 봉이 케이블로 바뀐다면 카스틸리아노 정리를 사용할 수 있는가? 이유를 설명하라.

5.16 보의 처짐을 계산할 때 직접 적분법에 비해 특이함수의 강점과 단점을 나열하라.

5.17 카스틸리아노 정리를 어떻게 부정정 보에 사용할 수 있는가?

5.18 식을 사용하지 않고 카스틸리아노 정리를 정의하라.

5.19 점탄성의 재료에 대해 카스틸리아노 정리를 사용할 수 있는가? 설명하라.

5.20 이 장을 한 두 페이지로 요약하라.

정량적 문제

5.21 보는 자유단에 집중된 굽힘모멘트 M이 작용한다. 탄성곡선식, 즉 식 (5.3)을 사용하여 보를 따라서 나타나는 수직 방향 처짐과 기울기를 구하라. 답 $y = -\frac{Mx^2}{2EI}$.

5.22 길이 l의 단순지지 보가 힘 P를 전달한다. 하중 P가 보의 중간에 집중되어 있을 때와 분포 하중으로 작용할 때 굽힘 응력의 비율을 찾아라. 식 (5.3)에 주어진 모멘트-곡률 반경 관계를 사용하라. 또한 보의 중간에서 처짐의 비율을 계산하라. 답 $\frac{y_{conc}}{y_{dist}} = 1.6$.

5.23 길이 l의 단순지지 보는 하중 P가 중간에 작용한다. 자유단에 얼마나 큰 모멘트가 적용될 필요가 있는가?

(a) 지지점에서 0의 기울기 값은 유지하기 위해서? 답 $M_o = \frac{1}{8}Pl$.

(b) 하중이 작용했을 때 보의 중앙점이 처짐 없이 유지되기 위해서? 탄성곡선식, 즉 식 (5.3)을 사용하라. 답 $M_o = \frac{1}{6}Pl$.

5.24 그림 a에 보인 하중 조건에 대해 지지점에서 처진 보의 기울기가 0이기 위한 P와 w_a 사이의 관계는 부엇인가? E와 I는 상수라 가정한다. 답 $P = \frac{2}{3}w_o l$.

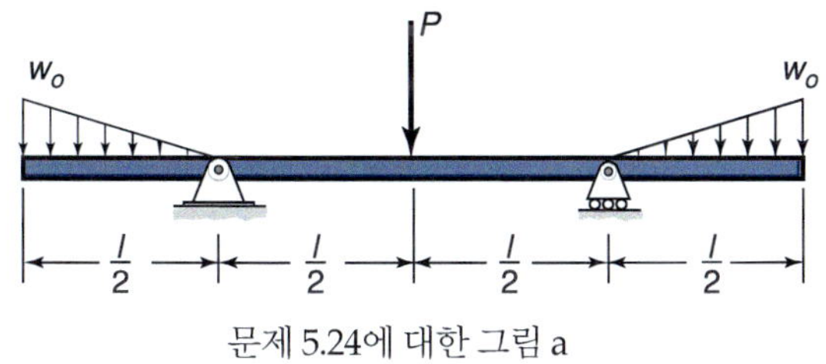

문제 5.24에 대한 그림 a

5.25 그림 b처럼 단순지지 보에 2개의 집중 하중이 작용하는 경우, 특이함수를 사용하여 임의의 x에 대해 보의 탄성처짐 표현을 결정하라. E와 I는 상수라 가정한다. 또한 최대 처짐의 위치를 결정하고 그 표현을 유도하라.

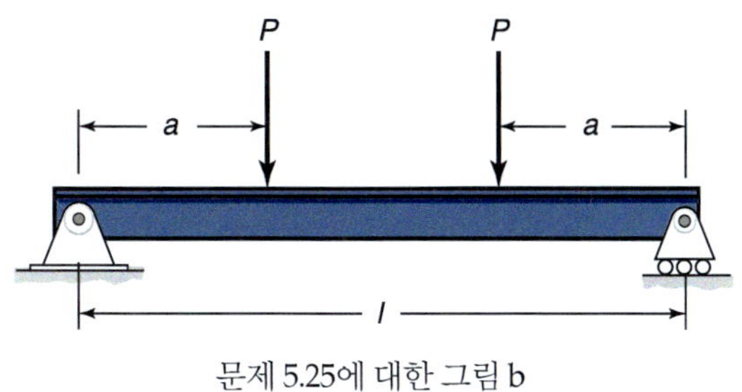

문제 5.25에 대한 그림 b

5.26 특이함수를 사용하여 그림 c에 기술한 하중 조건에 대해 내부 전단력 $V(x)$와 내부 모멘드 $M(x)$를 구하라. x의 함수로 $V(x)$, $M(x)$, $q(x)$, $y(x)$를 그려라. w_o = 9 kN/m, l = 3 m라고 가정한다.

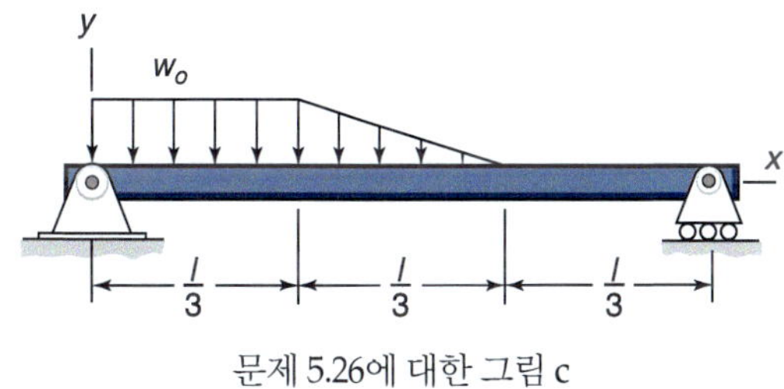

문제 5.26에 대한 그림 c

5.27 그림 d에서 w_o = 4 kN/m, l = 12 m인 단순지지 보이다.

(a) 보의 자유물체도를 그려라.

(b) 전단력, 굽힘모멘트, 처짐각, 처짐을 결정하기 위해서 특이함수를 사용하라.

(c) 전단력, 굽힘모멘트, 처짐각, 처짐의 분포를 그려라.

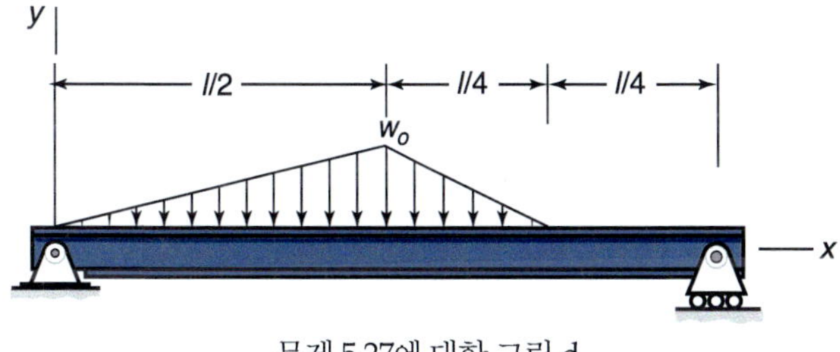

문제 5.27에 대한 그림 d

5.28 문제 5.25에서의 단순지지 보가 집중 하중 P 대신 집중모멘트 M을 동일 위치에 받는다고 가정한다. 모멘트는 양의 값이고 서로 평행하게 작용한다. 특이함수를 사용하여 임의의 x

지점에서의 보의 처짐을 결정하라. E와 I는 상수라 가정한다. 또한 최대 처짐의 위치를 결정하라.

5.29 문제 5.28의 단순지지 보에서 $x = a$에서의 모멘트는 M_o이고 $x = l - a$ 지점에서의 모멘트는 $-M_o$로서 반대 방향으로 작용한다. 특이함수를 사용하여 보의 탄성 처짐을 구하라. 또한 최대 처짐의 위치와 그 크기를 구하라.

5.30 그림 e와 같은 하중 조건인 경우, 보의 중앙과 끝에서의 처짐을 구하라. EI는 750 kNm²이라고 가정한다. 답 $y_{end} = -0.05477$ m, $y_{min} = 0.01359$ m.

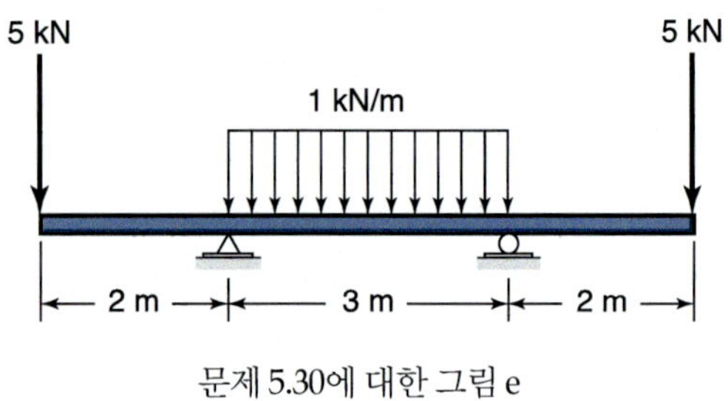

문제 5.30에 대한 그림 e

5.31 그림 f에 나타난 하중 조건인 경우, 보의 임의 위치에서 처짐에 대한 표현을 구하라. EI는 상수라 가정한다.

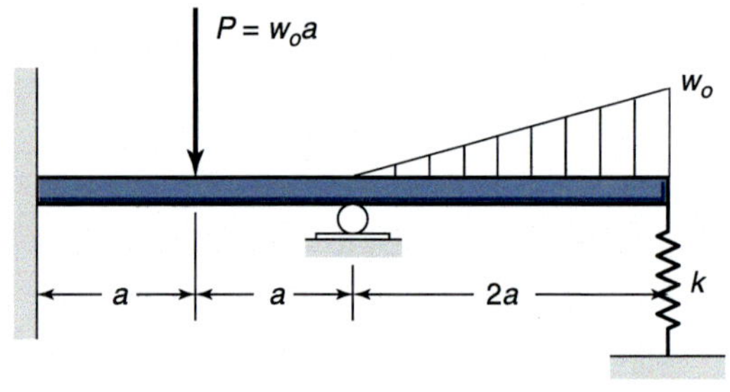

문제 5.31에 대한 그림 f

5.32 그림 g에 나타난 하중 조건과 스프링이 있는 경우, 점 B에서 굽힘모멘트가 0이 되는 스프링의 강성을 구하라. EI는 상수라 가정한다. 답 $k = \frac{2EI}{l^3}$.

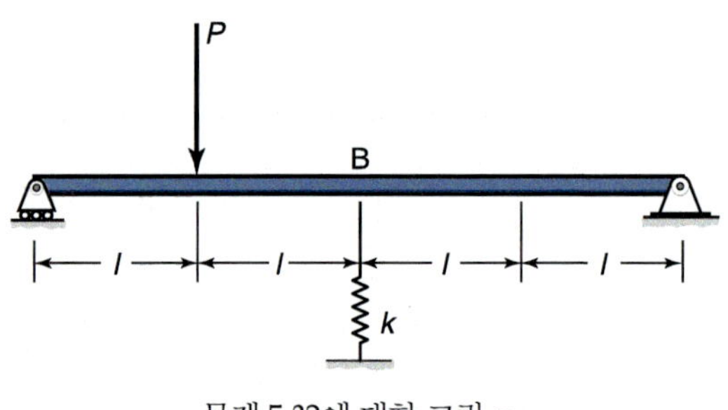

문제 5.32에 대한 그림 g

5.33 그림 h에 나타난 외팔보에 작용하는 하중이 없을 때, 스프링의 처짐은 0이다. 스프링이 있고 20 kN의 힘이 점 C에 작용할 때, 25 mm의 처짐이 스프링에 발생한다. 50 kN의 하중이 그림 h에 보인 위치에 작용한다면, 보의 처짐은 얼마인가? 스프링의 강성은 450 kN/m라고 가정하라.

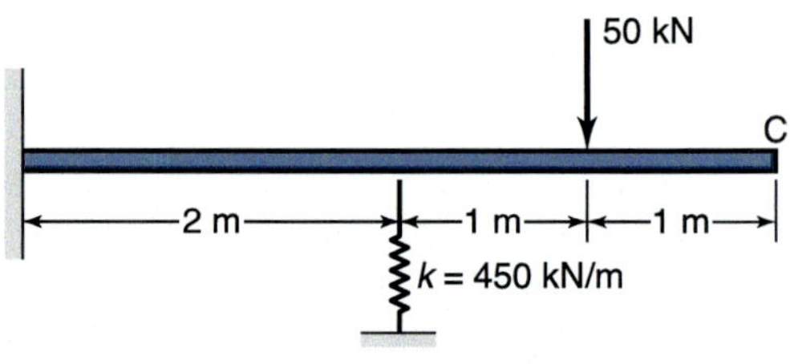

문제 5.33에 대한 그림 h

5.34 그림 i에 나타난 하중으로 점 A에서의 처짐과 최대 모멘트를 구하라. 굽힘 효과만 고려하고 EI는 상수라 가정한다. 답 $\delta_H = \frac{Pr^3\pi}{8EI}$.

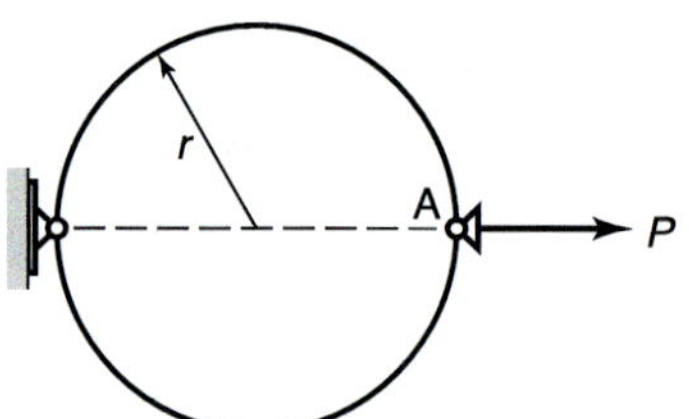

문제 5.34에 대한 그림 i

5.35 그림 j에 나타난 보의 최대 처짐을 구하라. 답 $y_{max} = -\frac{w_o l^2}{24EI}(9l^2 + 20al + 12a^2)$.

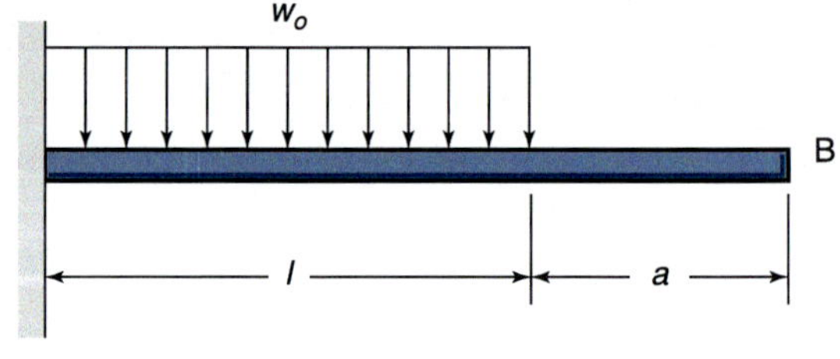

문제 5.35에 대한 그림 j

5.36 특이함수를 사용하여 그림 k에 나타난 보의 임의의 점의 처짐을 구하라.

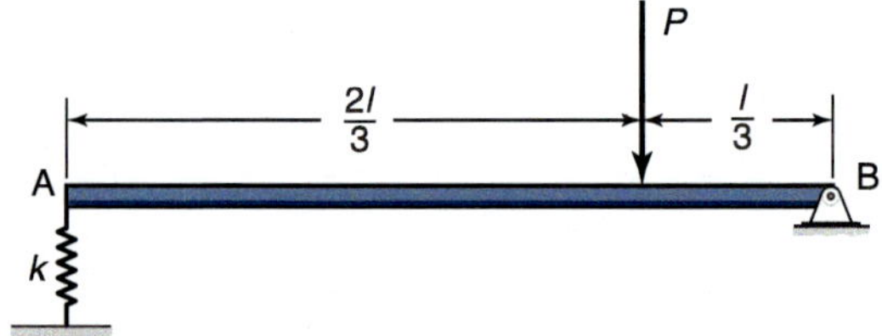

문제 5.36에 대한 그림 k

5.37 그림 l에 나타난 하중을 받는 외팔보의 처짐을 x의 함수로 구하라. 또한 보에서의 최대 굽힘 응력과 최대 처짐을 구하라. $E = 207$ GPa, $I = 2.50 \times 10^{-6}$ m^4, $P = 1000$ N, $w_o = 3000$ N/m, $a = 0.5$ m, $b = 0.15$ m, $c = 0.45$ m라고 가정한다. 보의 중립축으로부터 가장 바깥쪽 섬유까지의 거리는 0.040 m이다. 답 $y_{max} = -0.5826$ mm, $\sigma_{max} = 33.44$ MPa.

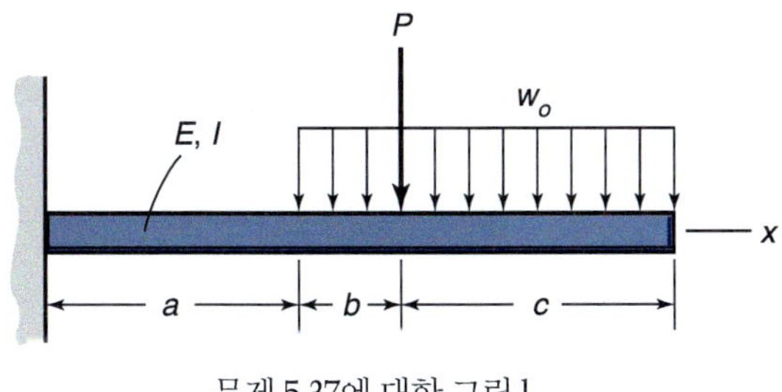

문제 5.37에 대한 그림 l

5.38 그림 m에 나타난 하중에 대해 $a = 0.6$ m, $b = 0.7$ m, $M = 6500$ N-m, $w_o = 20{,}000$ N/m라 하자. 보는 측면이 75 mm인 정사각형 단면을 가지고 보의 탄성 계수는 207 GPa이다. 중첩법을 사용하여 보의 처짐을 구하라. 또한 최대 굽힘 응력과 최대 처짐을 계산하라. 답 $y_{max} = -3.988$ mm, $\sigma_{max} = 96.71$ MPa.

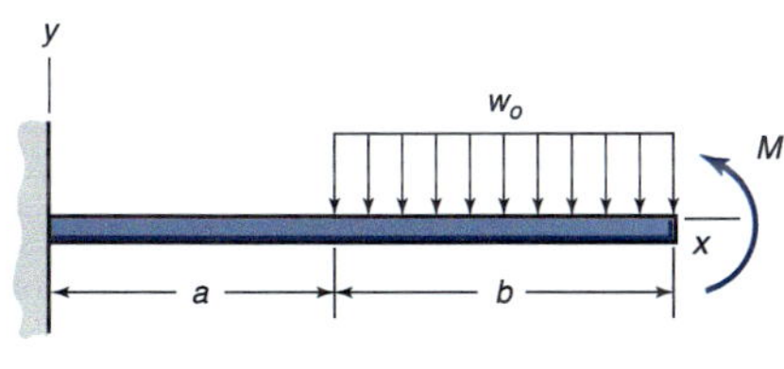

문제 5.38에 대한 그림 m

5.39 그림 n에 나타난 외팔보는 집중 하중과 모멘트를 받는다. $a = 1$ m, $b = 0.7$ m, $P = 8700$ N, $M = 4000$ N-m라고 하자. 보의 단면적은 높이 80 mm, 폭 35 mm의 직사각형이다. 또한 $E = 207$ GPa이다. 중첩법을 사용하여 보의 처짐을 계산하라. $x = a$에서의 처짐이 0이 되기 위해서 얼마나 큰 M이 작용해야 하는가? 답 $M = 5800$ Nm.

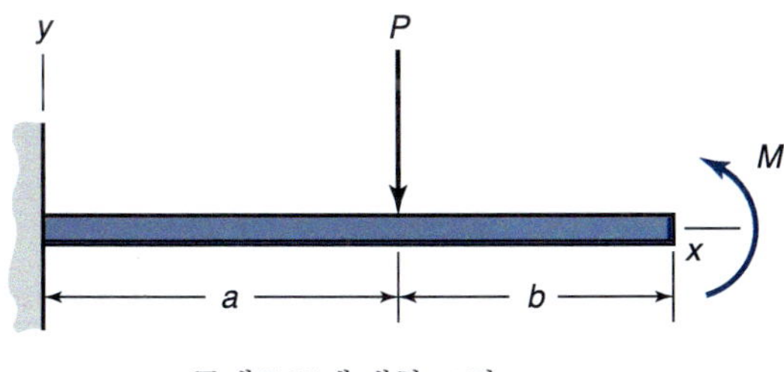

문제 5.39에 대한 그림 n

5.40 그림 o에 나타난 단순지지 보가 하중을 받고 있다. 중첩법을 사용하여 보의 처짐을 계산하라. 또한 최대 굽힘 응력과 보 중앙에서의 처짐을 계산하라. $E = 207$ GPa이고 보의 단면적은 높이 30 mm, 폭 100 mm라고 가정한다. 또한 $P = 1200$ N, $w_o = 10{,}000$ N/m, $a = 0.2$ m, $b = 0.1$ m, $c = 0.4$ m, $d = 0.2$ m이다. 답 $\sigma_{max} = 74.47$ MPa, $y_{max} = -0.7277$ mm.

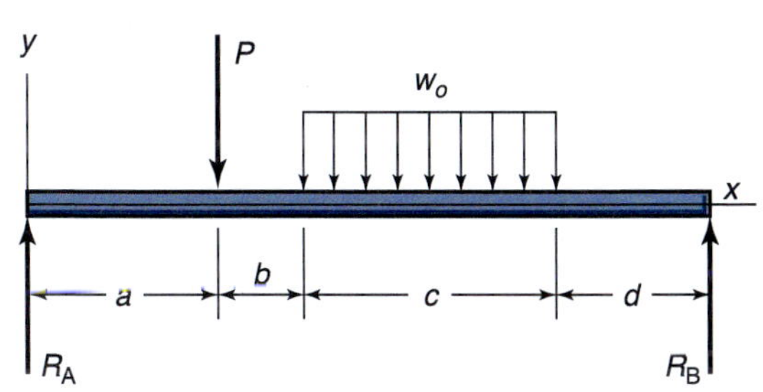

문제 5.40에 대한 그림 o

5.41 그림 p에 나타난 보는 양단 고정이고 중앙에 하중 2300 N이 작용하고 있다. 보의 길이는 3.2 m이고 바깥 폭 130 mm, 두께 10 mm의 관으로 된 정사각형 단면이다. 관의 재료는 AISI 1080 고탄소강이다. 중첩법을 사용하여 보를 따라서 나타나는 처짐을 계산하라. 중앙에서의 처짐은 얼마인가? 답 $y(x = 1.6\text{ m}) = 0.1593$ mm.

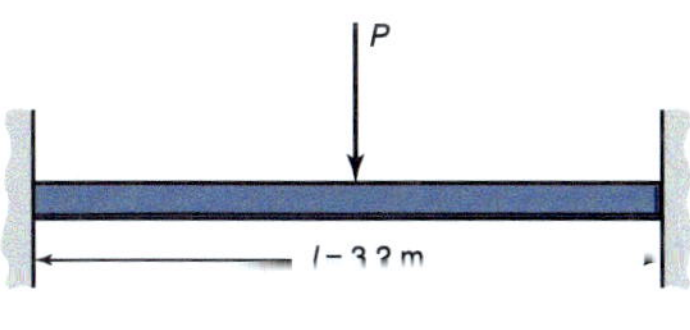

문제 5.41에 대한 그림 p

5.42 그림 q에 나타난 보 A는 13 mm 지름의 알루미늄 보이고, 보 B는 8 mm 지름의 강으로 된 보이다. 아래 부재는 동일한 단면적을 가지고 있고 강체라 가정된다. 만약 아래 부재가 수평을 유지하려면 거리 x는 얼마인가? 강의 탄성 계수는 알루미늄의 3배이다. 답 $x = 0.564$ m.

5.43 그림 r에 나타난 것처럼 알루미늄 막대는 지름 20 mm이고 길이 1.2 m이고 니켈 막대는 지름 10 mm, 길이 0.8 m이고 서로 1.5 m 떨어져 있으며 8000 N의 하중을 전달하는 수평 보에 묶여있다. 보는 하중이 적용된 후에 수평을 유지한다. 보는 무게가 없고 완전한 강체라 가정한다. 하중의 위치 x를 구하고 각 막대기의 응력들을 구하라. 답 $x = 0.821$ m, $\sigma_A = 11.5$ MPa, $\sigma_B = 55.76$ MPa.

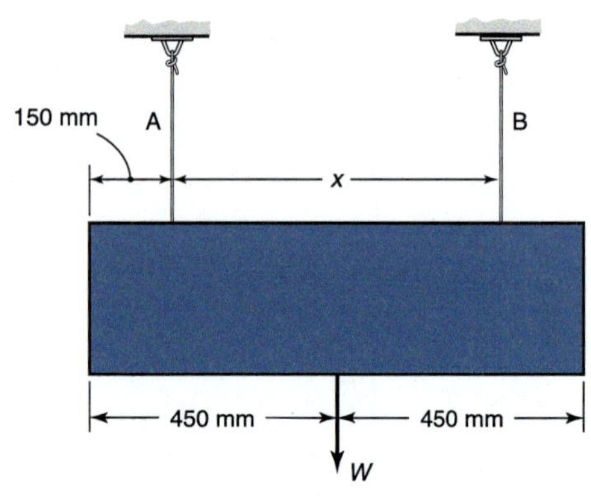

문제 5.42에 대한 그림 q

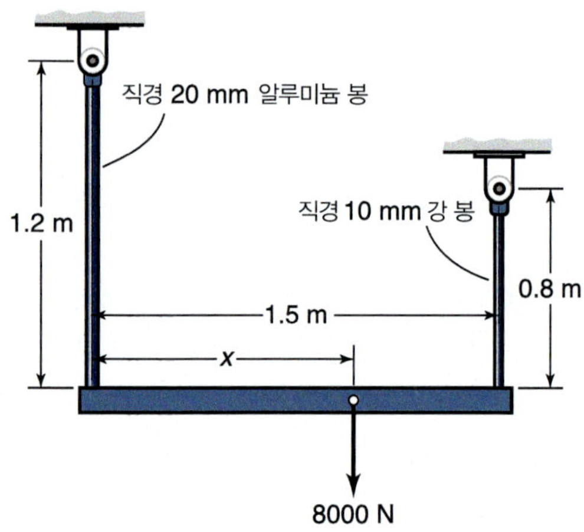

문제 5.43에 대한 그림 r

5.44 그림 s에 나타난 수직 와이어 각각에 작용하는 힘을 구하라. 추는 강체이며 수평이라 가정하고 3개의 수직 봉은 일직선의 추에 연결되어 있다. 또한 봉의 상부 지지는 강체라고 가정한다. 봉의 재료와 원형 단면은 그림에 있다. 답 $P_s = 3419$ N, $P_B = 3136$ N.

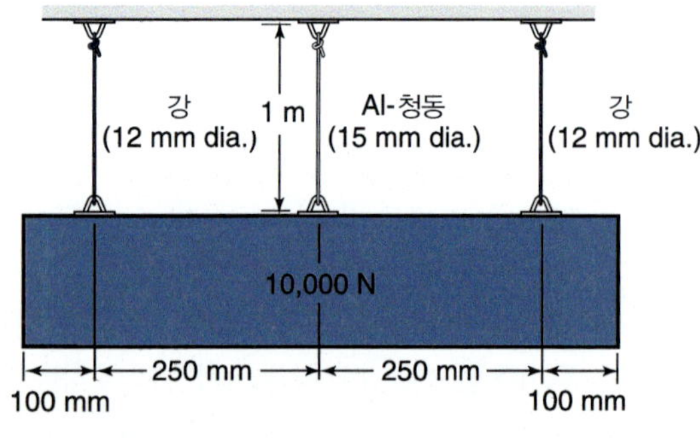

문제 5.44에 대한 그림 s

5.45 2개의 고체 구(한 개는 알루미늄 합금 2014, 다른 한 개는 AISI 중탄소강)는 10,000 m 깊이의 해저 아랫면에 놓여 있다. 2개의 구는 직경이 0.3 m이다. 물의 밀도가 1000 kg/s³이고 중력가속도는 9.807 m/s²라면 2개의 강구가 해저에 있을 때 2개의 강구 안에 저장된 탄성에너지를 계산하라. 또한, 강구가 0.3 m직경의 알루미늄 구와 같은 탄성에너지를 갖기 위해서는 직경이 얼마인가 계산하라. 답 $U_{al} = 960.6$ Nm, $U_s = 393.1$ Nm.

5.46 문제 5.25에서 고려된 보의 최대 처짐을 계산하기 위해서 특이함수 대신에 카스틸리아노 접근법을 사용하라. 횡방향의 전단은 무시할 만하다고 가정하라.

5.47 그림 t에 나타난 바와 같이 지름이 일정하지 않은 외팔보의 최대 처짐을 카스틸리아노 정리를 사용하여 구하라. 횡방향의 전단은 무시하라. 답 $y = \frac{3Pl^3}{16EI}$.

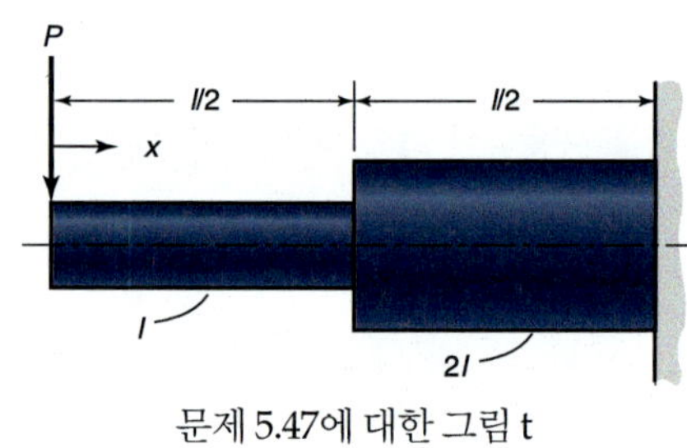

문제 5.47에 대한 그림 t

5.48 그림 u에 나타난 직각 외팔보 브래킷이 z방향으로 하중 P를 받고 있다. 카스틸리아노 정리를 사용하여 자유단의 z방향 처짐을 유도하라. 횡방향 전단은 무시한다.

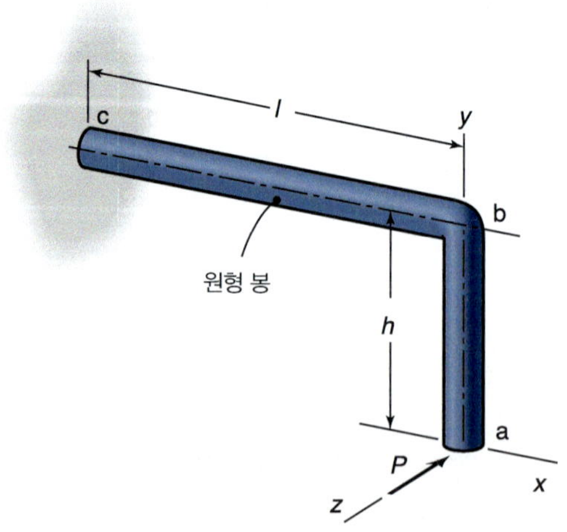

문제 5.48에 대한 그림 u

5.49 삼각형의 외팔 판재가 그림 v에 나타나 있다. 자유단에서의 처짐 표현식을 유도하기 위해 카스틸리아노 정리를 사용하라. 횡방향 전단은 무시한다. 답 $\delta = \frac{6Pl^3}{Ebh^3}$.

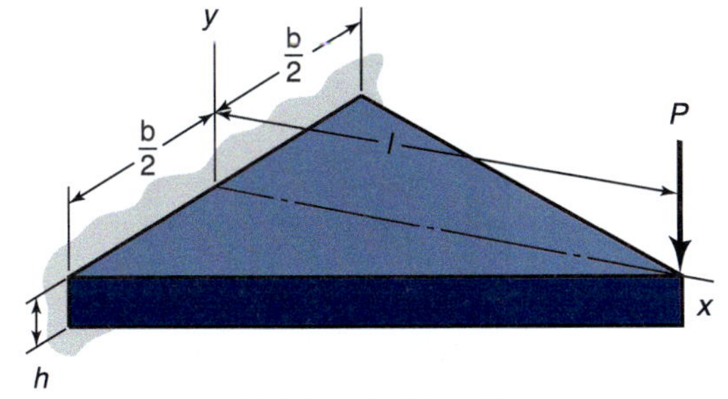

문제 5.49에 대한 그림 v

5.50 그림 w에 나타난 직각의 외팔보 브래킷의 자유단에서 집중하중과 비틀림하중이 작용한다. 카스틸리아노 정리를 사용하여 자유단에서의 z방향 처짐을 구하라. 횡방향 전단은 무시한다.

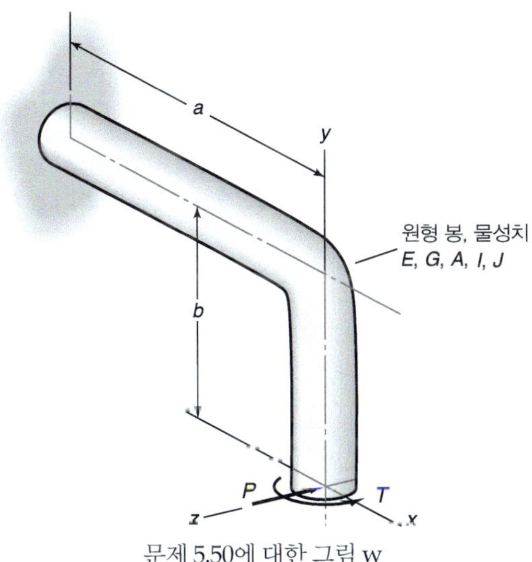

문제 5.50에 대한 그림 w

5.51 그림 x에 나타난 I형의 외팔보가 자유단에 집중 하중을 받고 있다. S점에서의 처짐을 0까지 감소시키기 위해서 S점에 얼마만큼의 위쪽 방향 힘이 필요한가? 카스틸리아노 정리를 사용하라. 횡방향의 전단은 무시할 수 있다. 답 $S_y = 10$ kN.

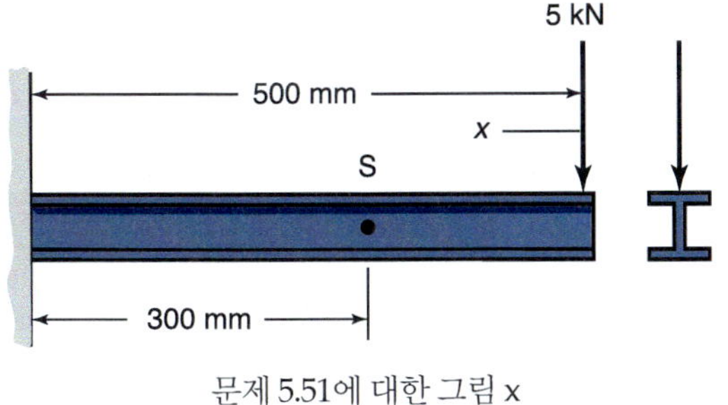

문제 5.51에 대한 그림 x

5.52 카스틸리아노 정리를 사용하여 그림 y에 나타난 A점에서의 수평과 수직 방향의 처짐을 계산하라. E와 A는 상수라 가정한다.

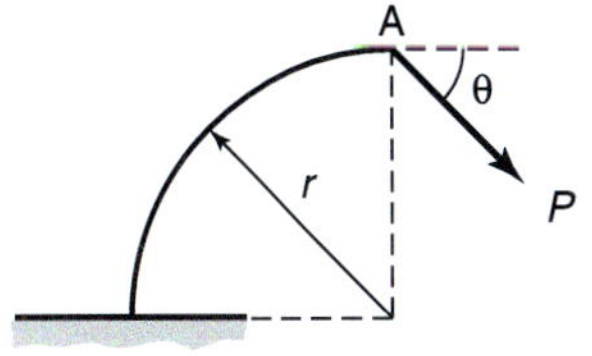

문제 5.52에 대한 그림 y

5.53 그림 z에 나타난 하중에 대해 하중 작용점에서 하중 방향으로의 처짐을 계산하라. E와 I는 상수라 가정한다.

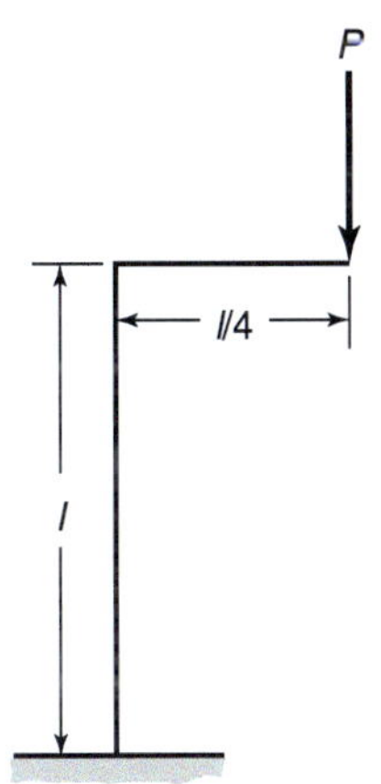

문제 5.53에 대한 그림 z

5.54 카스틸리아노 정리를 사용하여 그림 aa에서 점 A의 수평 및 수직 방향 처짐을 구하라. E와 I는 상수라 가정한다.

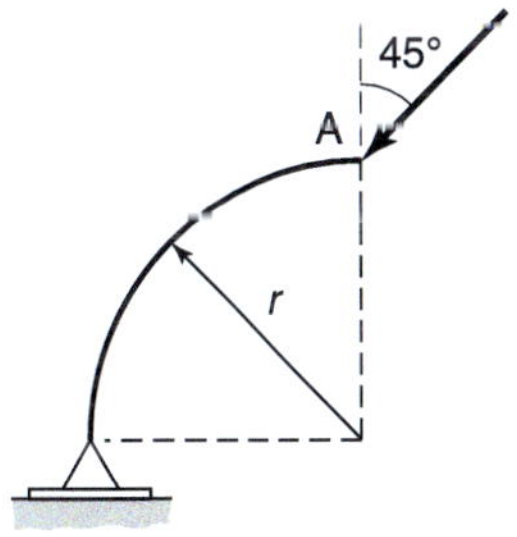

문제 5.54에 대한 그림 aa

5.55 그림 bb에 나타난 구조물에 대해 각 요소의 힘을 구하라. 그리고 점 A에서의 처짐을 구하라. E와 I는 각 요소에서 같다고 가정한다.

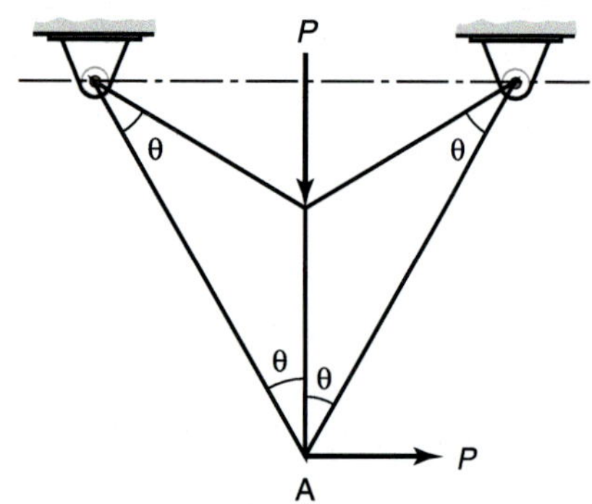

문제 5.55에 대한 그림 bb

5.56 하중 P, 스팬 l, 관성모멘트 I, 탄성 계수 E의 함수로서 문제 2.59에서 주어진 보의 최대 처짐을 구하라. 답 $y_{max} = -0.2292\ Pl^3$.

설계 문제 및 프로젝트

5.57 중첩법에 대한 설계 절차를 만들어라.

5.58 보에 저장된 에너지가 표 5.1에 주어진 것과 같음을 입증하기 위한 실험을 설계하라.

5.59 그림 cc는 자동차 피스톤의 압축링으로 사용하는 분할링이다(그림 12.31 참조). 링을 설치하기 위해 그림과 같이 틈새를 만들어야 한다. 만약 단면 부분의 EI가 일정하다면, 필요한 힘을 링 반지름의 함수로 유도하라. 답 $P = -\frac{\delta EI}{3\pi r^3}$.

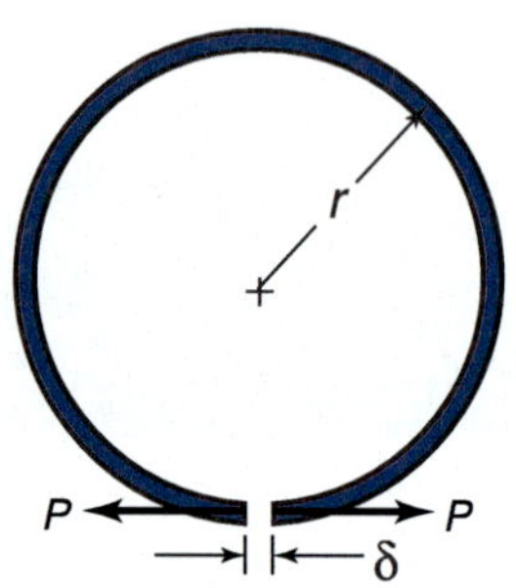

문제 5.59에 대한 그림 cc

5.60 골프 채로 골프 공을 치는 상황을 고려한다. 골프 공의 변형과 운동을 기술하는 식을 세워 보아라.

5.61 표 5.1에서 직사각형 보에 대한 횡방향 전단과 관련된 변형 에너지가 들어 있다. 왜 원형 단면에 대해서는 없는가? 설명하라.

5.62 당신이 이 장에서의 주제를 다루는 강사라고 가정하라. 이 장에 관한 2개의 정성적인 문제와 2개의 정량적인 문제를 만들고 답을 제시하라.

6

정하중 하에서의 파손 예측

자유의 종, 취성 파괴의 대표적인 예. 출처: Shutterstock.

성공적인 설계는 파손이 발생할 수 있는 가능성을 제거하는 것이다. 이러한 측면에서 생각할 때, 파손의 개념은 설계 과정에서 가장 중요한 개념이다.

헨리 페트로스키, 설계 패러다임

차례

예제

설계 절차

사례 연구

정하중 파손은 비교적 일정한 하중에 의한 파괴 또는 과도한 변형을 수반한다. 이 문제는 때때로 기하학적 불연속 또는 재료의 불연속에 의해 발생되는 응력집중이라는 현상에 의해 복잡한 양상을 띤다. 응력집중은 일반적으로 물체의 단면 형상이 짧은 길이에 걸쳐 급격히 변화할 때 공칭 응력보다 큰 최대 작용 응력을 발생시키는 현상이다. 이 장에서는 설계 단계에서 자주 발생하는 중요 상황의 응력집중 계수를 다룬다. 다음으로는 파괴역학을 학습하는데, 균열의 모드, 균열이 물체를 가로질러 전파하는 조건 등을 재료의 파괴 인성과 함께 학습할 것이다. 그리고 다양한 재료들에 대한 파손(항복, 붕괴 또는 파괴)의 기준을 제공하는 단축 및 다축 파손이론에 대해 설명하고, 각 파손 기준이 적용되는 조건에 대해 논의한다.

기호

A	단면적, m^2
a	균열 길이의 절반, m
b	평판의 폭, m
c	중립축에서부터 물체의 최외곽 지점까지의 거리, m
D	큰 직경(major), m
d	작은 직경(minor), m
H	큰 높이(major), m
h	작은 높이(minor), m
I	면적 관성모멘트, m^4
J	면적 극관성모멘트, m^4
K_c	응력집중 계수
K_{Ic}	파괴 인성, MPa
K_i	응력세기 계수(Stress intensity factor), MPa
l	길이, m
M	굽힘모멘트, N-m
n_s	안전 계수
P	힘, N
q	체적 유량률, m^3/s
r	반지름, m
S_{uc}	극한 압축 응력, Pa
S_{ut}	극한 인장 응력, Pa
S_y	항복 응력, Pa
S_{yt}	인장 항복 응력, Pa
T	토크, N-m
u	속도, m/s
Y	형상보정 계수
σ	수직 응력, Pa
σ_e	폰미세스 응력, Pa
$\sigma_1, \sigma_2, \sigma_3$	주응력, Pa
τ	전단 응력, Pa

6.1 서론

이 장에서는 하중이 서서히 작용하며, 비교적 짧은 시간에 평형상태에 도달하는 정하중에 대해 다룬다. 정하중 조건에서 기계 요소들은 주로 기하학적 또는 미세 구조상의 불연속에 의해 응력집중이 발생하는 지점에서 파손된다. 응력집중 계수의 계산은 6.2절에서 자세히 다루고, 응력집중 현상을 힘의 흐름처럼 간주하여 설명한다. 흔하게 접할 수 있는 또 다른 파손 모드는 미세 구조 안에서 균열이 급작하게 성장하거나 진전하여 파손을 일으키는 파괴이다. 파괴역학은 재료 내에 존재하는 아는 크기의 균열이 진전하기 위한 응력 수준을 결정하거나 주어진 응력 및 재료에서 존재 가능한 최대 허용 균열 길이를 결정하기 위한 기법이다. 기하학적 치수들과 파괴 인성이라 불리는 재료 물성이 이 이론을 위해 사용된다. 이 장의 끝에서는 단축 및 다축 응력 상태에서의 파손 기준들을 다룬다. 공학 실무에서 가장 일반적으로 사용되는 파손 기준들을 설명하고, 이들이 각각 어떤 재료에 적용되는지를 논의한다.

6.2 응력집중

응력은 평판에 존재하는 구멍과 같은 *불연속* 지점 또는 그 근처에서, 불연속이 없는 경우보다 크다. 그림 6.1은 일축하중이 작용하며 구멍이 존재하는 사각형 막대를 보여주고 있

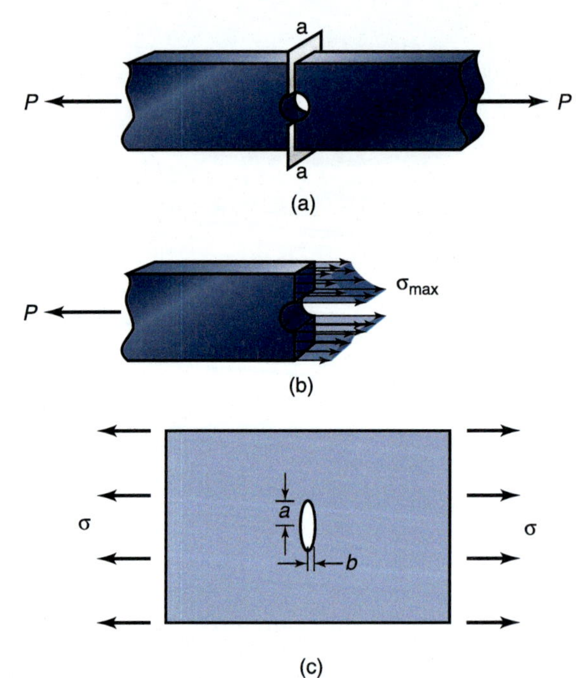

그림 6.1: 단축하중을 받고 있으며 구멍이 존재하는 사각 평판. (a) 절단면을 포함하고 있는 평판, (b) 응력 분포를 보이고 있는 평판의 절반, (c) 단축하중을 받고 있으며 타원형 구멍을 가지고 있는 평판.

다. 응력은 구멍의 근처에서 가장 크므로 파손은 구멍에서 발생할 것이다. 평판의 폭이 좁아지는 필렛(fillet), 날카로운 홈 또는 파손이 시작되도록 일부러 가공한 날카로운 부위 같은 노치(notch), 폴리머 기지 안의 불연속적인 섬유 같은 개재물(inclusion) 또는 하중의 작용점 근처도 모두 불연속부로서 구멍 근처와 비슷한 현상이 일어날 수 있다.

응력 상승 요소(stress raiser)는 부품 내의 응력 분포를 변화시켜 4장의 기본 응력식들이 성립하지 않도록 하는 모든 불연속부를 의미한다. **응력집중**(stress concentration)은 응력 상승 요소가 존재하는 곳에서 발생한다. **응력집중 계수**(stress concentration factor) K_c는 평균 응력 또는 공칭 응력과 불연속부에서의 실제 최대 응력 사이의 관계를 나타내기 위해 사용되는 계수이다.

$$K_c = \frac{\sigma_{\max}}{\sigma_{\text{nom}}}. \tag{6.1}$$

응력집중 계수를 사용하면 복잡한 계산 없이 응력 상승 요소의 효과를 고려할 수 있다. K_c값은 대개 부품의 소성 변형에 대한 광탄성 해석, 응력장의 해석적 또는 수치적 시뮬레이션 기법 등과 같은 기법에 의해 결정된다.

그림 6.1c와 같이 타원형 구멍이 있는 평판에 인장이 작용하는 예를 고려하면 응력집중을 이해하기 쉬울 것이다. 구멍의 끝부분에서 이론적 응력집중 계수는 식 (6.2)와 같이 주어진다.

$$K_c = 1 + 2\left(\frac{a}{b}\right). \tag{6.2}$$

여기서 a는 응력 방향에 수직한 타원 길이의 절반이고, b는 응력 작용 방향으로 측정한 타원 폭의 절반이다. b가 0에 가까워지면 타원은 점차 홀쭉해지고, 결국 날카로운 균열이 된다. 날카로운 균열이 선단에서 곡률 반경이 ρ라면, 이론적인 응력집중 계수는 식 (6.3)과 같이 주어진다.

$$K_c = 1 + 2\left(\sqrt{\frac{a}{\rho}}\right). \tag{6.3}$$

식 (6.3)에서, 균열 선단에서의 응력은 매우 크다($\rho = 0$이라면 무한히 큰 값). 위 두 식에서 a가 0이거나 b나 ρ가 아주 크면 응력집중의 효과는 작아진다. 그러므로 작용 응력에 대한 기하학적 불연속들의 *크기*와 *방향*은 응력집중을 결정하는 주요 요소이다. 보다 복합적인 조건에서는 추가적인 요소들이 작용하게 될 것이며, 이들은 다음 절에서 다룬다.

또한, 응력집중은 탄성 계수, 열팽창계수 및 열전도도 등과 같은 재료 물성의 급격한 변화에 의해서도 발생할 수 있다는 것을 알아야 한다. 물성의 변화가 클수록 응력집중도 커진다. 그러므로 설계자는 연속적인 기하학적 형상과 일정한 물성을 가지는 재료를 사용하기 위해 노력해야 할 것이다.

6.2.1 응력집중 계수 도표

앞 절에서 논의한 바와 같이, 응력집중 계수는 불연속의 유형과 모양(구멍, 필렛 또는 홈) 및 하중 형태의 함수이다. 이 장에서는 평판과 원형단면 막대에 대해서만 고려한다. 그림 6.2에서 6.4에 걸쳐 구멍, 필렛 및 홈이 존재하는 평판에서 굽힘과 축하중에 의한 응력집중 계수 및 공칭 응력 계산식을 나타내었다. 이 곡선들 중 상당수는 광탄성 실험을 통해 획득되었다. 그림 6.2a에서 확인할 수 있듯이 인장을 받고 있는 평판에 아주 작은($d/b \to 0$) 구멍이 존재하는 경우에 $K_c =$ 3.0으로 수렴하며, 이는 식 (6.2)의 결과와 동일하다. 그림 6.5와 6.6은 각각 필렛과 홈이 존재하는 원형단면 막대의 응력집중 계수를 나타내고 있다. 그림 6.7은 균일한 홈을 갖는 원형단면 막대(자서고정용 링 등을 위해 사용됨. 11.7절 참조)에 대한 응력집중 계수를 보여주고 있다. 그림 6.8은 축에 존재하는 지름방향 구멍에 의한 효과를 보여주고 있다. 이러한 그래프들이 가능한 기하학적 형상을 모두 다룰 수는 없지만, 실제 가장 자주 접하는 경우들은 다루고 있다. 다른 기하학적 형상에 관해서는 Pilkey와 Pilkey(2008) 또는 Young와 Budynas(2001)의 연구 결과를 참고하기 바란다.

이 그림들로부터 응력집중 계수에 대하여 아래와 같은 결론을 얻을 수 있다.

1. 응력집중 계수 K_c는 재료 물성에 *독립적*이다.
2. K_c는 부품의 기하학적 형상에 가장 크게 영향을 받는다. 불연속의 반지름이 감소할수록 응력집중은 증가한다.

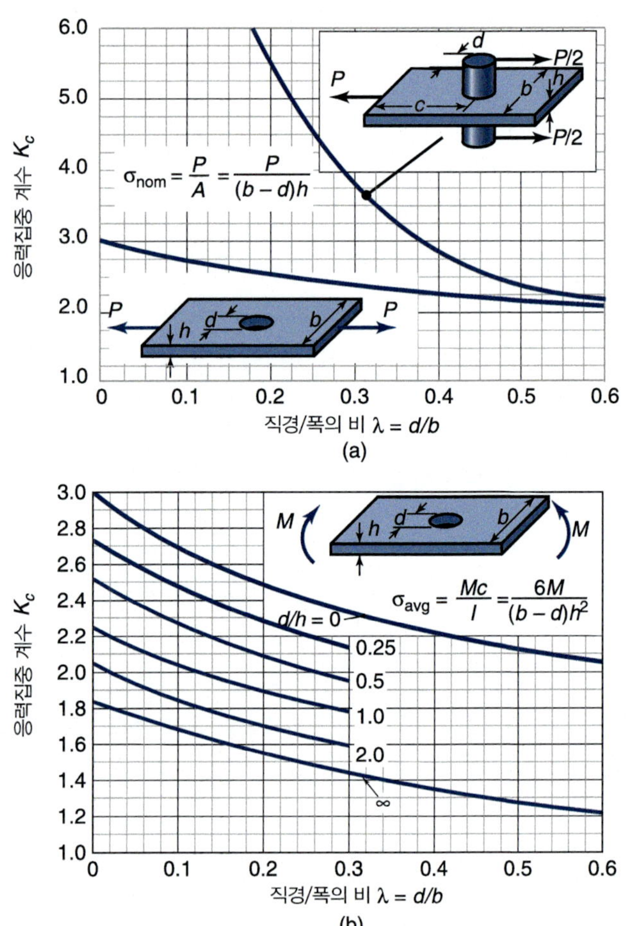

그림 6.2: 중앙에 구멍을 가지는 사각형 평판의 응력집중 계수. (a) 축하중과 핀 하중, (b) 굽힘.

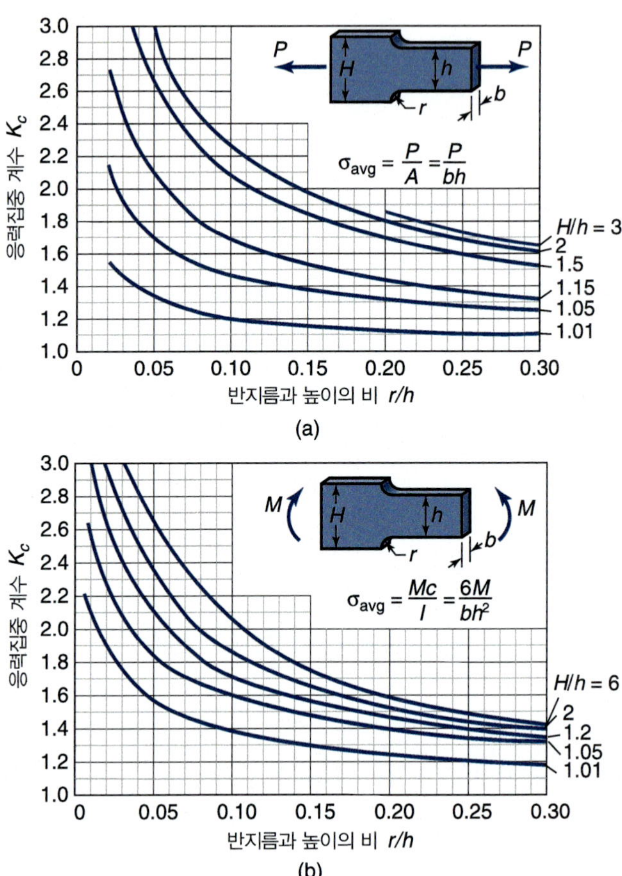

그림 6.3: 필렛부가 있는 사각 평판의 응력집중 계수. (a) 축하중, (b) 굽힘.

3. 또한 K_c는 불연속의 유형에 의해서도 영향을 받는다. 구멍에 의한 응력집중 계수(그림 6.2)보다 필렛에 의한 응력집중 계수(그림 6.3)가 현저하게 작다.

그림 6.2부터 그림 6.8까지 나타낸 응력집중 계수는 정하중 조건에서 재료 내의 응력이 비례 한도를 초과하지 않는다는 가정을 바탕으로 결정되었다. 실제로 비례 한도는 대개 항복 응력에 가깝다. 재료가 취성이라면 비례 한도는 파단 응력일 것이고, 따라서 이 부품의 파손은 작용 응력이 비례 한도에 다다른 응력집중부에서 시작될 것이다. 따라서 취성 재료의 경우에 응력집중 계수는 매우 중요하다. 반면에 재료가 연성 재료이고 정하중이 작용할 때에는, 비례 한도를 초과하는 응력이 균열을 발생시키지 않기 때문에 설계자는 때때로 응력집중 계수를 무시한다. 이 경우, 연성 재료는 소성 변형되고 가공 경화가 발생할 수 있다. 즉, 응력집중부 근처의 재료가 항복함으로써 발생하는 소성 변형은 노치의 둔화를 유발하고 이에 따라 응력집중이 감소한다. 하지만 강성이 중요하고 작은 공차가 요구되는 경우에는 재료의 연성과 관계없이 응력집중을 고려해야 한다.

예제 6.1

이론적 응력집중 계수

조건 취성 재료로 만들어진 두께 $b = 20$ mm인 평판이 있다. 위와 아랫부분의 폭을 $H = 100$ mm 및 $h = 50$ mm로 가

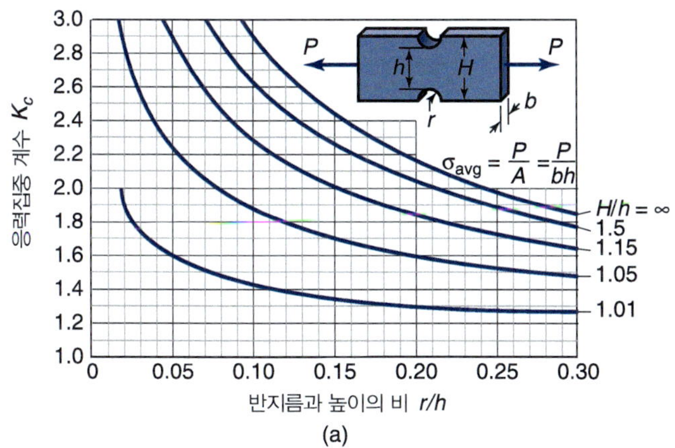

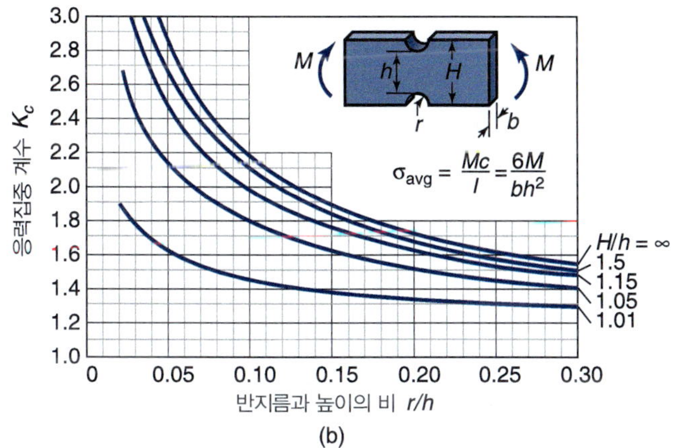

그림 6.4: 홈이 있는 사각 평판의 응력집중 계수. (a) 축하중, (b) 굽힘.

공하고 중간 지점에 반지름 $r = 10$ mm인 필렛을 가공하였다.

문제 다음과 같은 조건에서 응력집중 계수와 최대 응력을 구하라.

(a) 축하중 $P = 10{,}000$ N이 작용할 때

(b) 순수 굽힘 $M = 100$ Nm가 작용할 때

(c) 필렛의 반지름이 5 mm로 감소하고 축하중 $P = 10{,}000$ N이 작용할 때

풀이

(a) 축하중. 주어진 조건에 의해

$$\frac{H}{h} = \frac{100}{50} = 2.0.$$

$$\frac{r}{h} = \frac{10}{50} = 0.2.$$

이다.

그림 6.3a에서 $K_c = 1.8$이고, 식 (6.1)과 그림 6.3a에서 최대 응력은

$$\sigma_{\max} = 1.8\sigma_{\text{avg}} = \frac{1.8(10,000)}{(0.02)(0.05)} = 18 \text{ MPa}.$$

(b) 순수 굽힘. 그림 6.3b에서 $K_c = 1.5$이고 최대 응력은

$$\sigma_{\max} = 1.5\frac{6M}{bh^2} = \frac{9(100)}{(0.02)(0.05)^2} = 18 \text{ MPa}.$$

(c) 필렛의 반지름이 5 mm로 감소한 축하중이므로

$$\frac{r}{h} = \frac{5}{50} = 0.1.$$

그림 6.3a에서 $K_c = 2.1$이다. 최대 응력은

$$\sigma_{\max} = \frac{2.1P}{bh} = \frac{(2.1)(10,000)}{(0.02)(0.05)} = 21 \text{ MPa}.$$

그러므로 필렛의 반지름을 절반으로 감소한 것은 최대 응력을 약 17% 증가시켰다.

예제 6.2

응력집중을 고려한 허용 하중

조건 폭이 50 mm이고 두께가 5 mm인 사각 평판의 중앙에 지름 5 mm인 구멍이 가공되어 있고, 허용 인장 응력은 700 MPa이다.

문제

(a) 작용 가능한 최대 인장력

(b) 최대 응력이 작용하기 위한 최대 굽힘모멘트

(c) 구멍이 없을 때의 최대 인장력과 최대 굽힘모멘트. (a) 및 (b)의 결과와 비교하여 비율로 설명하라.

풀이

(a) 지름과 폭의 비율은 $d/b = 5/50 = 0.1$이다. 구멍을 고려한 단면적은

$$A = (b-d)h = (50-5)5 = 225 \text{ mm}^2 = 0.225\times10^{-3} \text{ m}^2.$$

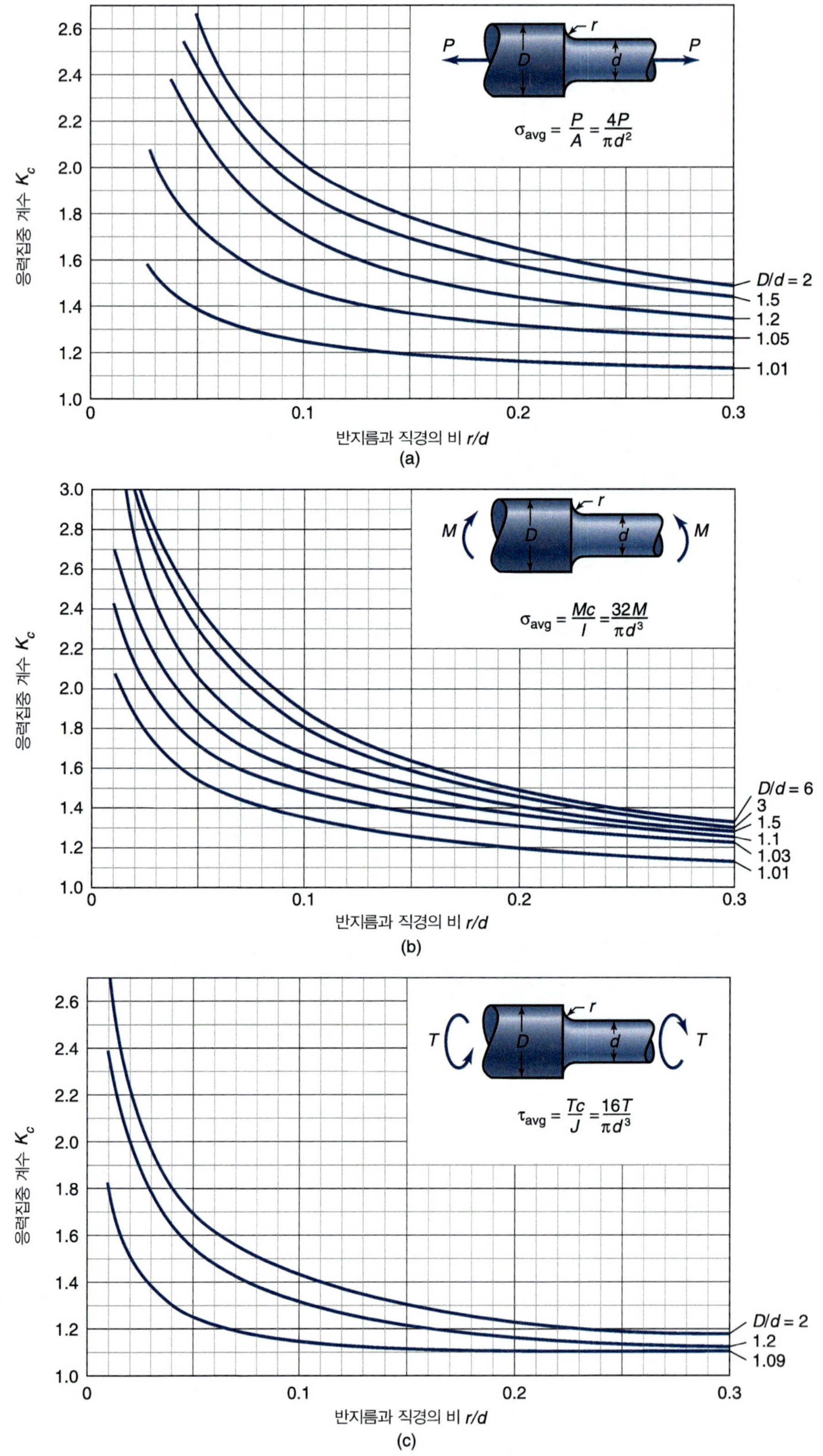

그림 6.5: 필렛부가 있는 원형단면 막대의 응력집중 계수. (a) 축하중, (b) 굽힘, (c) 비틀림.

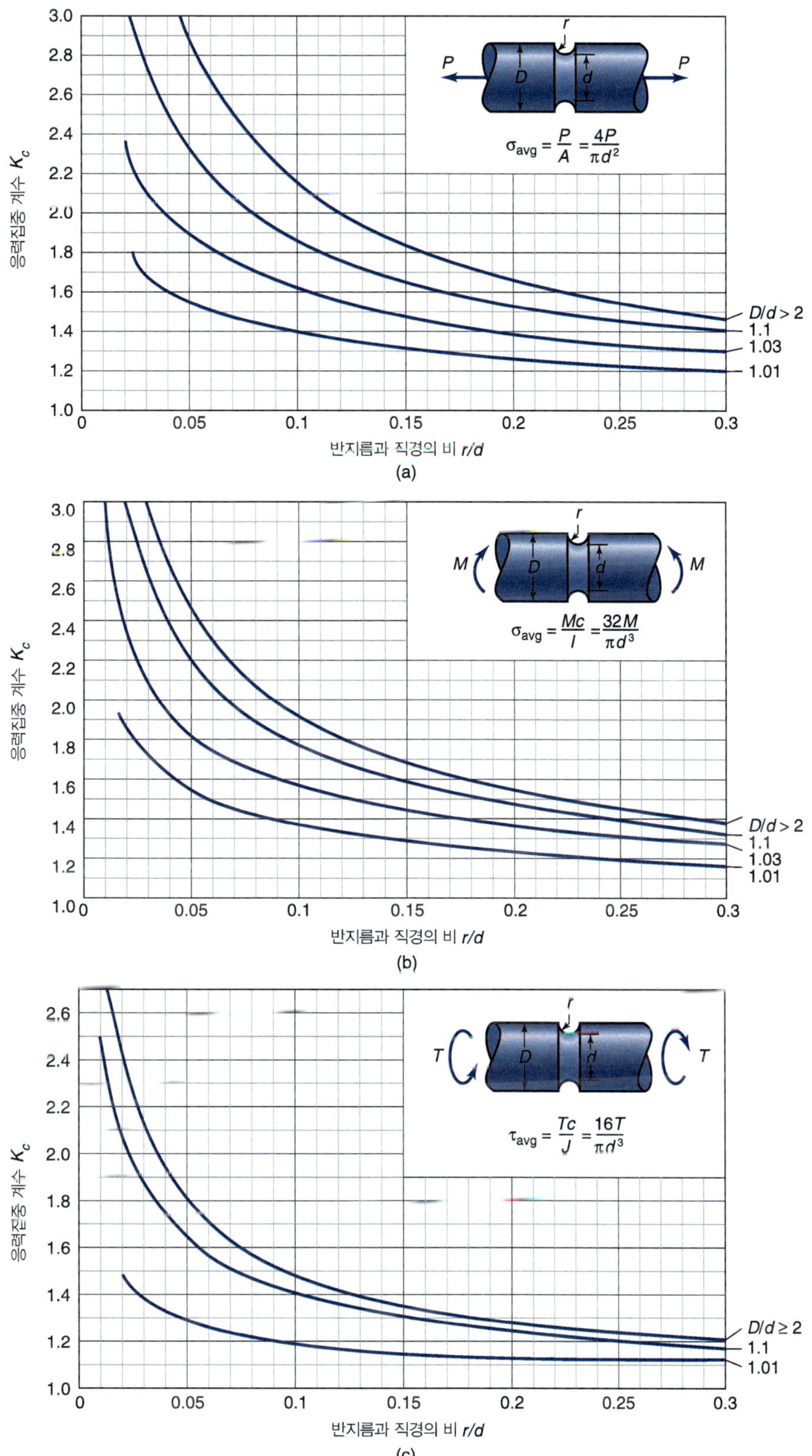

그림 6.6: 홈이 있는 원형단면 막대의 응력집중 계수. (a) 축하중, (b) 굽힘, (c) 비틀림.

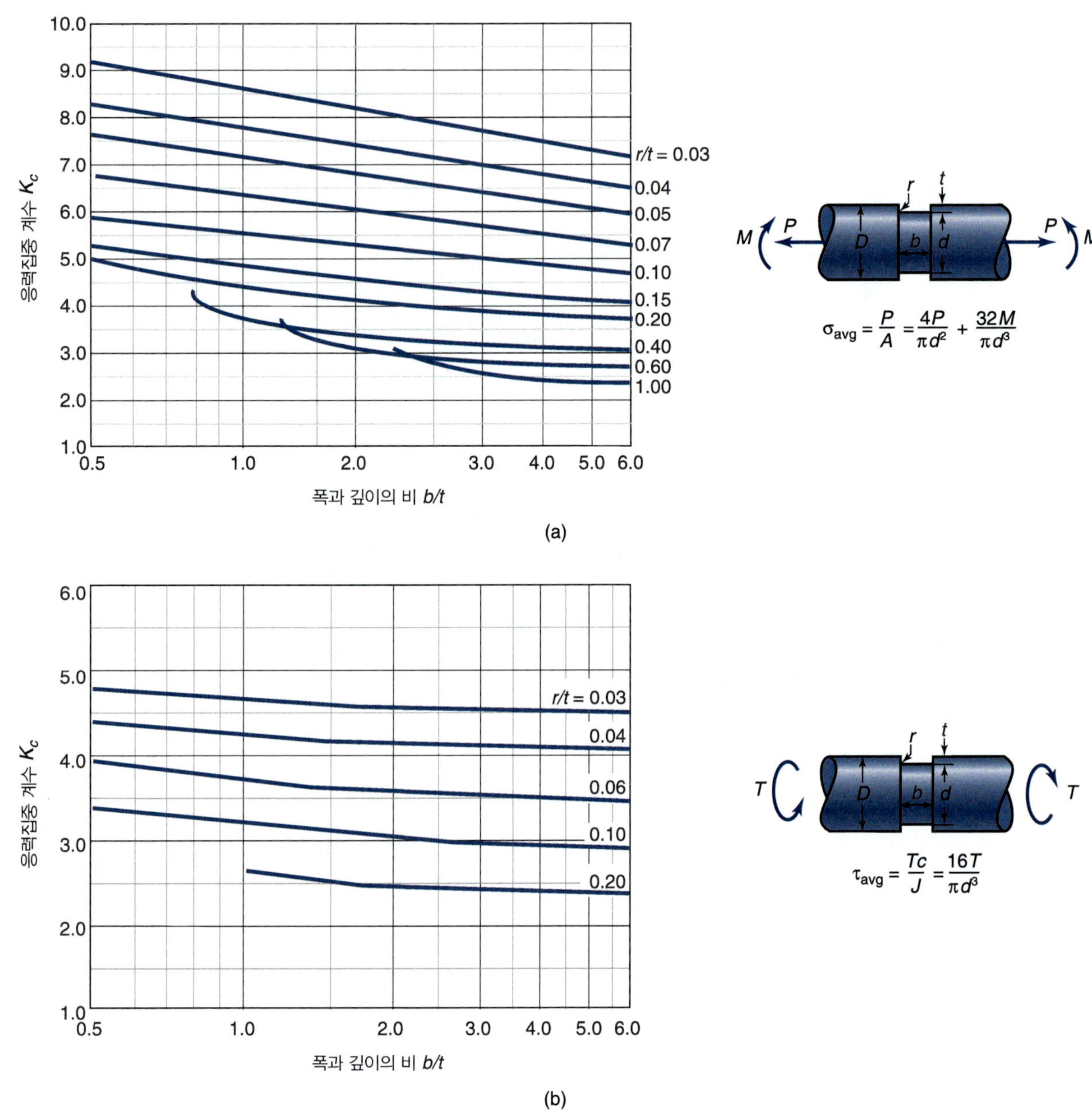

그림 6.7: 균일한 홈이 있는 원형단면 막대의 응력집중 계수.

그림 6.2a의 $d/b = 0.1$의 경우로부터 축하중에 대한 응력 집중 계수는 $K_c = 2.70$이므로, 최대 작용 하중은

$$P_{\max} = \frac{(700 \times 10^6)(0.225 \times 10^{-3})}{2.70} = 58,330\ \text{N}.$$

(b) 그림 6.2b의 $d/h = 5/5 = 1$인 굽힘의 선도로부터 $d/b = 0.1$일 때, 응력집중 계수는 $K_c = 2.04$이다. 따라서 최대 굽힘모멘트는

$$\begin{aligned} M_{\max} &= \frac{(b-d)h^2\sigma_{\text{all}}}{6K_c} \\ &= \frac{(0.225 \times 10^{-3})(5 \times 10^{-3})(700 \times 10^6)}{6(2.04)} \\ &= 64.34\ \text{Nm}. \end{aligned}$$

(c) 구멍이 없는 경우의 단면적은

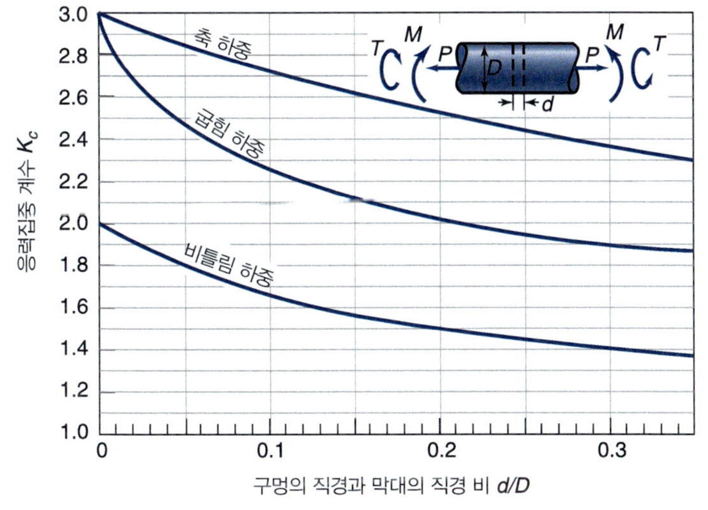

그림 6.8: 구멍이 있는 원형단면 막대의 응력집중 계수.

$$A = bh = (50)5 = 250\ \text{mm}^2 = 0.250 \times 10^{-3}\ \text{m}^2.$$

따라서 최대 작용 하중은

$$P_{\max} = \sigma_{\text{all}} A = \left(700 \times 10^6\right)\left(0.250 \times 10^{-3}\right) = 175\ \text{kN}.$$

구멍의 유무에 따른 최대 인장력의 비는 175/58.33 = 3.00이다. 최대 굽힘모멘트는

$$\begin{aligned} M_{\max} &= \frac{\sigma_{\text{all}} bh^2}{6} = \frac{\sigma_{\text{all}} Ah}{6} \\ &= \frac{(700 \times 10^6)(0.25 \times 10^{-3})(5 \times 10^{-3})}{6} \\ &= 145.8\ \text{Nm}. \end{aligned}$$

따라서 구멍의 유무에 따른 굽힘모멘트의 비는 145.8/64.34 = 2.266이다.

6.2.2 흐름 해석법

설계자는 많은 연습과 경험을 통해 응력집중을 현실적으로 감소 또는 제거할 수 있다. 응력집중을 감소시키기 위해 권장되는 방법들은 불연속부에서 어떤 현상으로 인해 응력이 증가하는지에 대한 폭넓은 이해를 필요로 한다. 이를 위한 한 가지 방법은 평판에 축하중이 작용할 때의 응력 분포를 평판과 같은 폭을 갖는 수로에서 흐르는 유체의 속도와 유사하게 생각하는 것이다. 유체역학에서의 유동 퍼텐셜과 고체역학에서의 응력 퍼텐셜이 동일한 형태의 식으로 표현되므로, 이와 같은 상사(analogy)는 정확하게 성립한다.

만약 수로의 단면 치수가 변하지 않는다면, 유속은 균일할 것이며 유선(streamline)도 동일한 간격으로 분포할 것이다. 마찬가지로 단면 치수가 변하지 않는 막대가 축하중을 받는 경우에도 응력은 균일하게 분포하고 응력 작용선(stress contour)도 동일한 간격으로 분포할 것이다. 수로를 따라 어느 점에서도 유동은 일정할 것이며, 유량은

$$q = \int u\, dA. \tag{6.4}$$

고체역학에서도 평판 내 어느 점에서도 힘은 동일해야 하며 그 값은

$$P = \int \sigma\, dA. \tag{6.5}$$

만약, 수로의 단면이 좁아진다면, 좁게 변화하는 부분에서 유량을 유지하기 위해 유속은 상승하며 유선은 좁고 빽빽하게 모일 것이다. 동일한 단면을 가지는 부재에서 응력의 증가는 유속의 증가와 유사하며 유선 간격의 역수와 유사하다. 그림 6.9a는 축하중을 받고 있는 평판의 날카로운 모서리 근처에서의 응력 분포를 보여주고 있다. 그림 6.9a의 경우는 응

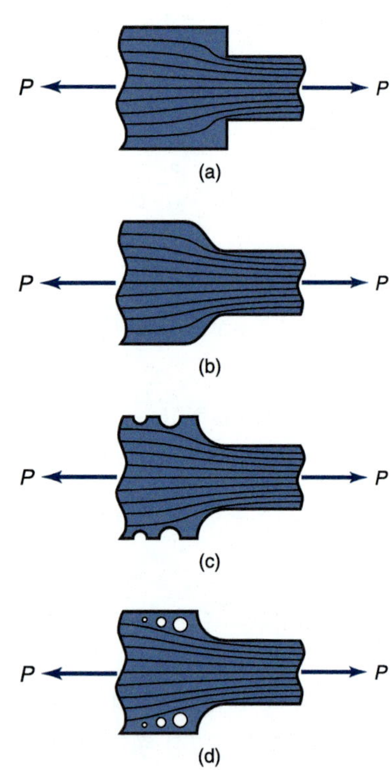

그림 6.9: 필렛이 존재하며 축하중이 작용하고 있는 평판의 응력 분포. (a) 사각 모서리, (b) 둥근 모서리, (c) 작은 홈들, (d) 작은 구멍들.

력집중 계수가 3보다 크며, 식 (6.1)을 상기하면 최대 응력은 평균 응력의 3배 이상임을 뜻한다. 하지만 이 응력집중 계수는 일반적으로 그림 6.9b에 나타낸 것과 같이 모서리를 둥글게 만듦으로써 3에서 약 1.5까지 감소시킬 수 있다. 또한 그림 6.9c와 6.9d에 나타낸 바와 같이 작은 홈 또는 구멍을 가공하여 응력집중 계수를 더 낮출 수 있다. 그림 6.9b에서 6.9d에 걸쳐 나타나 있는 설계들은 모서리를 덜 견고하게 만들어 응력과 변형률이 평판 전체에 걸쳐 보다 고르게 분포하도록 한다. 이러한 설계 개선은 흐름 해석법을 통해 얻을 수 있다.

6.3 파괴역학

파괴역학(fracture mechanics)은 결함의 전개 및 균열의 성장을 작용 하중의 함수로 연구하는 학문이다.

초기의 균열은 일반적인 조건에서 재료의 표면 및 내부에 존재하는 매우 작은 (아마도 현미경으로 봐야 알 수 있는) 결함이다. 어떤 재료 또는 어떤 가공 과정에서도 결함이 발견되지 않는 경우는 없다. 그러므로 이러한 결함은 항상 존재한다. 이 균열은 작용 응력에 의해 아주 조금씩 성장하게 되는데, 만약 응력이 충분히 크다면 균열은 급격하게 성장하고 전체 단면을 가로질러 성장하여 파손을 일으킨다.

균열을 진전시키기 위한 응력은 또 다른 균열을 생성시키기 위한 응력보다 낮다. 제품의 포장에 구멍이나 노치를 설계해 넣은 경우 사용자는 손힘만으로 포장을 뜯을 수 있는데, 이것이 균열 성장의 시연(demonstration)이라고 할 수 있다. 이런 노치가 없는 포장은 뜯기가 훨씬 어렵다. 파괴는 재료의 항복 응력보다 낮은 응력에서도 발생할 수 있다. 파괴역학은 아주 높은 수준으로 진보한 학문이며, 피로(7장)나 마모(8장)에 아주 광범위하게 사용되고 있다. 이 장에서는 정하중 조건에서 부품의 파손을 일으킬 수 있는 임계 균열 길이에 대해 살펴본다. **파괴의 제어**(fracture control)를 위해서는 공칭 응력과 균열 크기를 재료에 따라 결정되는 임계값 이하로 유지해야 한다.

6.4 균열성장 모드

그림 6.10에 나타낸 바와 같이 3가지 기본적인 **균열성장 모드**(modes of crack propagation)가 존재한다.

1. *모드 I – 열림.* 그림 6.10a에 나타낸 바와 같은 열림(또는 인장) 모드는 가장 빈번하게 나타나는 균열성장 모드이다. 균열면은 균열평면에 대해 대칭으로 분리된다.
2. *모드 II – 미끄러짐.* 그림 6.10b에 나타낸 것과 같은 미끄러짐(또는 면내 전단) 모드는 두 균열면이 균열 평면의 법선에는 대칭이고 균열 평면에는 비대칭인 방향으로 서로 미끄러질 때 발생한다.
3. *모드 III – 찢김.* 그림 6.10c에 나타낸 것과 같은 찢김(또는 면외 전단) 모드는 균열면이 균열 평면과 균열 평면의 법선에 대해 모두 비대칭인 방향으로 미끄러질 때 발생한다.

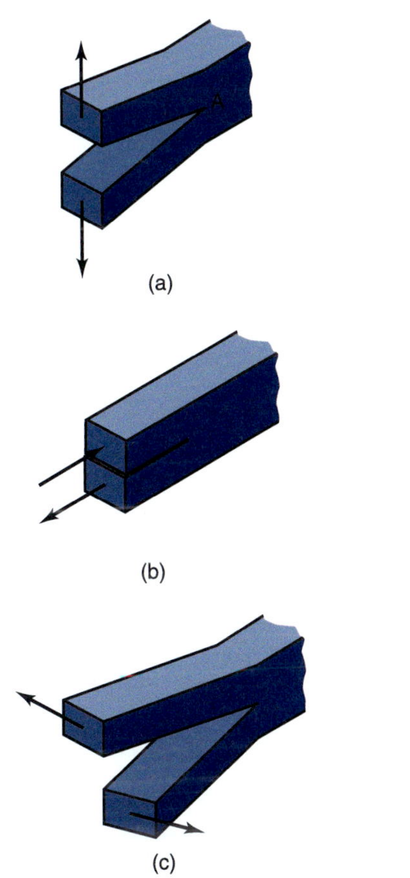

그림 6.10: 균열의 3가지 모드(mode, 유형). (a) 모드 I, 열림, (b) 모드 II, 미끄러짐, (c) 모드 III, 찢김.

균열성장 모드는 그림 6.10에 나타낸 바와 같이 로마 숫자를 이용하여 명명된다(예, 모드 I). 그 중에서 모드 I은 균열 진전 메커니즘을 시각화하기 가장 좋은 모드이고, 6.2절의 응력집중 개념으로부터 그림 6.10과 같은 형상들에서 균열 선단의 응력이 다른 곳보다 커서 균열이 진전될 것임을 알 수 있다.

6.5 파괴 인성

이 절에서는 가장 일반적으로 발생하는 모드인 모드 I 균열 성장에 국한하기로 한다. **응력세기 계수**(stress intensity factor) K_I는 균열 선단(그림 6.10a의 A점)에서 응력의 세기(intensity)를 나타내는 중요한 개념이다. K_I의 SI 단위는 MPa$\sqrt{\text{m}}$이다. 응력세기 계수의 정의 식은

$$K_I = Y\sigma\sqrt{\pi a}, \tag{6.6}$$

여기서

Y = 균열이 존재하는 부품의 형상에 따른 무차원 보정 계수
σ = 공칭 응력 MPa
a = 균열 길이의 절반 m

흔한 경우에 대한 Y 값들은 부록 C에 요약되어 있다. 식 (6.6)은 하중이 균열에서 멀리 떨어진 곳에 작용하고 균열의 길이 $2a$는 부재의 폭에 비해 작다는 가정 하에 유도되었다.

파괴 인성(fracture toughness)은 재료의 물성으로서, 균열의 성장이 발생하기 위한 응력 세기의 임계값이다. 항복 강도는 연성 재료의 소성 변형을 막기 위한 설계 기준으로 사용되는 데 반해, 파괴 인성은 취성 재료의 파괴를 방지하기 위한 설계 기준으로 사용된다. 식 (6.6)의 응력세기 계수가 파괴 인성과 같은 값이 될 때 파괴가 발생한다. 표 6.1은 몇 가지 구조용 재료들의 상온에서의 항복 강도와 파괴 인성을 보여주고 있다. 파괴 인성 K_{Ic}는 모드 I의 조건에서 임계 응력세기 계수를 의미한다. K_{Ic}는 온도, 변형률 속도, 미세 구조 등 많은 요인들에 의해 영향을 받는다. K_{Ic}의 크기는 변형률 속도가 증가하거나 온도가 낮을수록 작아지게 되고, 가공 경화와 같은 재료의 처리 과정을 통해 항복 강도가 증가한 경우에도 작아지게 된다.

설계 절차 6.1

파괴역학을 이용한 설계

간단한 해석이 가능한 형상의 설계 문제에 파괴역학을 적용하려면 다음의 절차를 따르면 된다. 보다 복잡한 형상, 파괴 모드, 하중에 대해서는 수치해석이나 실험적인 방법으로 설계를 검증해야 한다.

1. 주어진 후보 재료의 파괴 인성을 획득한다. 표 6.1에는 다양한 재료들의 물성이 나타나 있으며, 이외의 재료의 물성은 실험이나 기술 자료를 통해 획득해야 한다.

2. 일반적인 설계 조건의 경우, 부품의 기하학적 형상에 따른 무차원 보정 계수 Y는 부록 C에서 찾아볼 수 있다. 이외의 기하학적 형상에 대한 Y는 Pilkey와 Pilkey(2008) 그리고 Young과 Budynas(2001)에 의해 정리되었다.
3. 균열 길이의 절반 a에 대한 함수인 식 (6.6)을 통해 허용 응력을 계산할 수 있으며, 마찬가지로 최대 허용 균열 길이($2a$)는 요구 응력으로부터 결정될 수 있다.
4. 설계 기준이 만족되지 못할 경우, 아래와 같은 대체 방법이 시도될 수 있다.
   (a) 부품의 두께를 증가시켜 공칭 응력 σ_{nom}을 감소시킨다.
   (b) 파괴 인성이 높은 다른 재료로 변경한다.
   (c) 부분적으로 두께를 키우는 등의 방법으로 취약부를 강화한다.
   (d) 제조 공정에 따라 초기 결함의 크기가 크게 달라질 수 있다. 공정의 종류(주물과 단조, 압축 성형과 압출 등), 품질 제어, 원재료의 품질 등이 중요한 요소이다. Kalpakjian과 Schmid(2014)의 사례에서 이에 관한 더 많은 정보를 확인할 수 있다.

예제 6.3

임계 균열 길이

조건 아래와 같은 두 가지 재료를 고려한다.

(a) 260°C에서 담금질된 AISI 4340 steel
(b) 알루미늄 합금 7075-T651

각 재료의 작용 하중은 항복 강도의 80%이고, 무차원 보정 계수 Y는 1이라고 가정한다.

문제 상온에서 임계 균열 길이를 계산하라.

풀이

(a) 표 6.1에서 AISI 4340 재질의 경우, $S_y = 1640$ MPa, $K_{Ic} = 50\ \text{MPa}\sqrt{\text{m}}$이므로,

$$\sigma = 0.8S_y = 1310\ \text{MPa}.$$

식 (6.6)으로부터

$$a = \frac{1}{\pi}\left(\frac{K_{Ic}}{Y\sigma}\right)^2 = \frac{1}{\pi}\left[\frac{(50.0)}{(1)(1310)}\right]^2 = 0.000464\ \text{m}.$$

이 결과는 임계 균열 길이의 절반이기 때문에 AISI 4340 강의 임계 균열 길이는 0.928 mm이다.

(b) 표 6.1에서 알루미늄 합금 7075-T651의 경우, $S_y = 505$ MPa, $K_{Ic} = 29\ \text{MPa}\sqrt{\text{m}}$이므로,

$$\sigma = 0.8S_y = 404\ \text{MPa}.$$

식 (6.6)으로부터

$$a = \frac{1}{\pi}\left(\frac{K_{Ic}}{Y\sigma}\right)^2 = \frac{1}{\pi}\left[\frac{29}{(1)(404)}\right]^2 = 0.00164\ \text{m},$$

따라서 임계 균열 길이는 3.28 mm이다. 강한 재료일수록 임계 균열 길이가 짧다는 것에 유의하라.

예제 6.4

허용 균열 길이

조건 알루미늄 합금 2024-T351로 압축 공기를 저장하는 용기가 제작되었다. 항복에 대한 안전 계수가 1.6이고, 재질의 허용 관통 균열이 6 mm이다. $Y = 1$이라고 가정한다.

문제

(a) 취성 파괴에 대한 응력세기 계수와 안전 계수를 구하라.
(b) 재료를 더 강한 알루미늄 합금 7075-T651로 변경할 경우, 안전 계수는 어떻게 달라지는가? 동일한 허용 균열 길이를 사용하여 재료의 적용 가능성을 검토하라.

풀이

(a) 표 6.1에서 알루미늄 합금 2024-T351의 경우, $S_y = 325$ MPa, $K_{Ic} = 36\ \text{MPa}\sqrt{\text{m}}$이므로 공칭 응력은

표 6.1: 상온에서 공업용 재료들의 항복 응력과 파괴 인성 값.

재료	항복 강도 S_y MPa	파괴 인성 K_{Ic} MPa $\sqrt{\text{m}}$
금속		
알루미늄 합금		
2014-T4	450	29
2024-T3	390	34
2024-T351	325	36
7075-T651	505	29
7079-T651	470	33
강재		
260°C에서 담금질된 4340	1640	50.0
425°C에서 담금질된 4340	1420	87.4
540°C에서 담금질된 D6AC	1495	102
A538	1722	111
티타늄 합금		
Ti-6Al-4V	820	106
Ti-13V-11Cr-3Al	1130	27
Ti-6Al-6V-2S	1080	37
Ti-6Al-2Sn-4Z-6Mo	1180	26
세라믹		
알루미늄 옥사이드	—	3.0-5.3
실리콘 나이트라이드	—	4-8
실리콘 카바이드	—	2-5
소다석회 유리	—	0.7–0.8
콘크리트	—	0.2–1.4
고분자 재료		
폴리메틸 메타크릴레이트(PMMA)	20–50	1–3
폴리스티렌(PS)	30–80	1–2
폴리카보네이트(PC)	60–70	2.5–3
폴리비닐 크롤라이드(PVC)	40–50	2–3

$$\sigma_{\text{nom}} = \frac{S_y}{n_s} = \frac{325}{1.6} = 203.1 \text{ MPa}.$$

균열 길이의 절반은 $a = 3\text{ mm} = 0.003\text{ m}$이므로 식 (6.6)에 의해 응력세기 계수는

$$\begin{aligned} K_I &= Y\sigma_{\text{nom}}\sqrt{\pi a} \\ &= (1)\left(203.1 \times 10^6\right)\sqrt{\pi(0.003)} \\ &= 19.72 \text{ MPa}\sqrt{\text{m}}. \end{aligned}$$

취성 파괴에 대한 안전 계수는

$$n_{s,f} = \frac{K_{Ic}}{K_I} = \frac{36}{19.72} = 1.826.$$

(b) 표 6.1에서 알루미늄 합금 7075-T651의 경우 $S_y = 505$ MPa, $K_{Ic} = 29$ MPa $\sqrt{\text{m}}$이므로, 재료의 항복에 대한 안전 계수는

$$n_{s,y} = 1.6\left(\frac{505}{325}\right) = 2.49.$$

즉, 강도가 큰 재료를 사용함으로써 항복에 대한 안전 계수가 증가하였다. 균열의 진전에 대한 안전 계수는

$$\frac{K_{Ic}}{K_I} = \frac{29}{19.72} = 1.47.$$

강도가 높은 재료가 균열 진전에 의해 더 쉽게 파괴된다는 것에 주목하라. 이 예들은 재료의 강도가 파손에 있어 직관과 다르게 작용할 수 있고, 결함에 잘 견디는 설계를 위해서는 파괴 인성이 매우 중요함을 보여준다(7.12절 참조).

6.6 단축 응력 상태의 파손 예측

단축 응력 상태에 대한 실험 결과는 폭넓게 존재하고 쉽게 구할 수 있다. 만일 설계 응력 σ_d가 허용 응력 σ_{all}보다 크다면 파손을 예측할 수 있다. 식 (1.1)에 의한 단축 응력 상태의 안전 계수는 식 (6.7)과 같이 표현될 수 있다.

$$n_s = \frac{\sigma_{\text{all}}}{\sigma_d}. \tag{6.7}$$

물론, 큰 n_s를 가질수록 더 안전한 설계를 의미하고, $n_s < 1$은 재설계가 필요하다는 것을 의미한다.

예제 6.5

판 스프링의 단축 파손

조건 트럭의 뒷바퀴 쪽에 설치되어 있는 판 스프링은 순수 굽힘을 받는다(17.6절 참조). 8톤의 차축 하중이 두 개의 스프링에 작용할 때, 하중의 작용점에서 각각의 스프링은 9800 N-m의 굽힘모멘트를 받는다. 스프링이 260°C에서 담금질된 AISI 4340 강을 이용하여 제작되었고, 판 스프링의 폭은 두께의 10배이다. 안전 계수는 5로 가정한다.

문제 판 스프링의 단면을 결정하라.

풀이 표 6.1로부터 260°C에서 담금질된 AISI 4340 강의 경우, $S_y = 1640$ MPa이다. 식 (6.7)에 의한 설계 응력은

$$\sigma_d = \frac{\sigma_{\text{all}}}{n_s} = \frac{1640}{5} = 328\ \text{MPa}. \qquad \text{(a)}$$

표 4.1에서 사각 단면의 경우,

$$I = \frac{bh^3}{12} \quad \text{그리고} \quad c = h/2. \qquad \text{(b)}$$

조건에서 $b = 10\,h$이고, 식 (b)를 식 (4.45)에 대입하면, 굽힘 설계 응력의 크기는

$$\sigma_d = \frac{Mc}{I} = \frac{9800\,(h/2)}{(10h)h^3/12} = \frac{5880}{h^3}. \qquad \text{(c)}$$

식 (a)를 이용하면

$$328 \times 10^6 = \frac{5880}{h^3},$$

또는

$$h^3 = \frac{5880}{328 \times 10^6} = 17.93 \times 10^{-6}\ \text{m}^3,$$

따라서

$$h = 0.026\ \text{m} = 26\ \text{mm}.$$

그러므로 판 스프링의 단면은 26 × 260 mm이다.

6.7 다축 응력 상태의 파손 예측

다축 응력 상태는 2축 응력과 3축 응력 상태로 나눌 수 있다. 높은 신뢰도를 갖는 실험 결과를 얻기 위해서는 고비용의 실험을 많이 해야 하므로, 가능한 모든 조합의 임계 응력들에 대해 실험을 수행하기는 어렵다. 그러므로 수직 응력과 전단 응력들, 즉 σ_x, σ_y, σ_z, τ_{xy}, τ_{yz} 및 τ_{xz}의 값들을 상대적으로 실험하기 쉬운 단축 응력 상태의 값들과 비교하는 이론이 필요하다. 이 절에서는 정하중을 받을 때 다축 응력 상태에서 파손이 발생하는 기준을 몇 가지 제시하고자 한다.

6.7.1 연성 재료

3.2절에서 설명한 것과 같이 대부분의 금속과 열가소성 플라스틱들은 *연성*이다. 하지만 예외도 있는데, 금속 주물은 연철 또는 냉간 가공된 부품처럼 연하지 않고 취성을 보인다. 일반적으로 연성 재료는 인장 강도와 압축 강도가 동일하며 취성 재료만큼 응력집중에 민감하지 않다. 이 절에서는 연성 재료가 항복했을 때를 파손으로 정의한다. 간혹 적은 양의 소성 변형을 허용하는 경우도 하지만, 기계 요소의 설계에서는 드문 일이다. 이제 연성 재료의 항복 기준을 위한 최대 전단 응력 이론과 뒤틀림 에너지 이론을 제시한다.

최대 전단 응력 이론

최대 전단 응력 이론(maximum-shear-stress theory, MSST)은 Coulomb(1773)에 의해 최초로 제안되었으나, Tresca(1868)에 의해 발전되었기에 **트레스카 항복 기준**(Tresca yield criterion)이라고 불리기도 한다. 트레스카는 낮은 변형률 상태의 소성 변형 중인 백금의 표면에서 전단에 의해 나타나는 밝은 줄무늬에 주목하고, 금속은 항상 전단에 의해 변형되고 전단은 아주 잘 정의된 평면에서 매우 국부적으로 발생한다고 주장하였다. 그의 관찰로부터 어떠한 조합하중을 받는 경우라도 최대 전단 응력이 임계값을 초과할 때 파손(항복 또는 파괴에 의한)이 발생할 것이라는 최대 전단 응력 이론이 시작되었다. 임계값은 표준 단축 인장 시험을 통해 측정될 수 있다. 실험적 증거들로부터 최대 전단 응력 이론이 유효함을 알 수 있고, 따라서 설계에서 흔히 사용

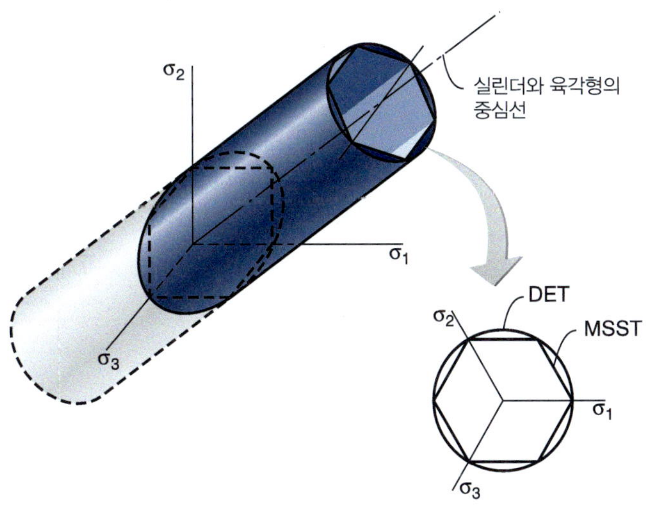

그림 6.11: 최대 전단 응력 이론과 뒤틀림 에너지 이론에 의한 3차원 항복 영역.

된다. 만약, 식 (2.18)의 주응력들이 $\sigma_1 \geq \sigma_2 \geq \sigma_3$이라면, 항복은 최대 전단 응력 이론에 의해 식 (6.8)의 조건에서 발생한다.

$$\sigma_1 - \sigma_3 = \frac{S_y}{n_s}, \tag{6.8}$$

여기서 S_y는 재료의 항복 강도이고 n_s는 안전 계수이다.

3차원 응력 상태의 경우, 최대 전단 응력 이론은 항복이 발생하는 응력 조합으로 이루어지는 포락면(envelope)을 제시한다(그림 6.11). 이 포락면 안쪽에서는 어떠한 응력 상태라도 탄성 변형만을 보인다. 작용 응력이 점차 증가하여 포락면 안쪽으로부터 바깥쪽으로 응력 상태가 변화할 때, 포락면에서 재료가 항복하여 응력 상태가 변화하기 때문에 포락면 바깥쪽의 응력 상태는 나타날 수 없다. 달리 말하면, 재료는 포락면 바깥쪽의 응력 상태를 지탱할 수 없다. 만약 변형률 속도, 가공 경화 등의 효과에 의해 재료의 강도가 상승한다면, 포락면이 더 커질 것이고 파괴가 발생하지 않을 것이다.

한 평면상에 두 개의 주응력이 존재하고 평면에 수직인 방향의 주응력이 0인 평면 응력 상태일 때의 항복 기준은 보다 이해하기 쉽다. 그림 6.12에 최대 전단 응력 이론에 의한 평면 응력 상태의 파손 예측을 그림으로 나타내었다. 그림에

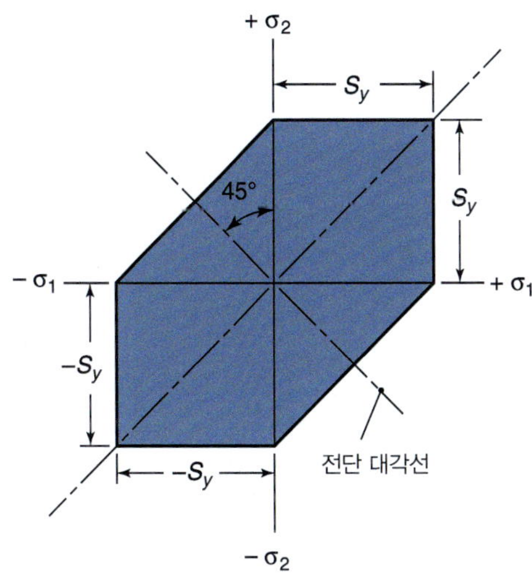

그림 6.12: 2축 응력 상태($\sigma_z = 0$)에서의 최대 전단 응력 이론 도해.

사용된 σ_1와 σ_2는 주응력이지만, 일반적인 수직 응력의 크기 순서($\sigma_1 \geq \sigma_2 \geq \sigma_3$)를 따르고 있지는 않다. 평면에 수직한 방향의 주응력이 0임을 기억하라. 제1사분면에서 σ_1과 σ_2는 양수인데, 이는 식 (6.8)에서 σ_3가 0이므로 σ_1 또는 σ_2 중 어느 하나가 단축 항복 강도 S_y에 도달할 때 항복이 발생함을 의미한다. 제2사분면에서, σ_1은 음수이고 σ_2는 양수이므로 식 (6.8)에서 σ_3를 σ_2로 바꾸어 쓰면 그림 6.12의 직선의 식이 된다. 제3사분면과 제4사분면 역시 이와 같은 이유로 그림 6.12와 같이 그려진다.

뒤틀림 에너지 이론

폰미세스(Von Mises) **기준**으로 알려진 **뒤틀림 에너지 이론**(distortion-energy theory, DET)은 재료의 전단 변형과 관련된 탄성에너지에 의해 파손이 발생하는 것으로 가정하였다. 이 이론은 연성 재료에 대해 유효하며 조합 하중 하의 항복을 잘 예측한다(최대 전단 응력 이론과 뒤틀림 에너지 이론의 차이는 적다).

뒤틀림 에너지 이론을 수학적으로 유도하는 많은 방법이 있지만, 전단 응력의 제곱 평균 제곱근(root mean square)이 임계값을 초과할 때 항복이 발생한다는 가정에 기초한 방법이 가장 간단한 방법이다. 수학적으로 이는 다음과 같이 표현된다.

$$\left[(\sigma_1-\sigma_2)^2+(\sigma_2-\sigma_3)^2+(\sigma_3-\sigma_1)^2\right]^{1/2}=\text{상수}. \quad (6.9)$$

단축 응력 조건에서 항복은 $\sigma_1 = S_y$, $\sigma_2 = \sigma_3 = 0$일 때 발생하기 때문에 식 (6.9)의 상수는 $\sqrt{2}\,S_y$로 결정할 수 있다. 이 때 식 (6.9)는 식 (6.10)과 같이 된다.

$$\frac{1}{\sqrt{2}}\left[(\sigma_1-\sigma_2)^2+(\sigma_2-\sigma_3)^2+(\sigma_3-\sigma_1)^2\right]^{1/2}=S_y. \quad (6.10)$$

여기에 안전 계수를 적용하면 식 (6.10)은 다음과 같이 된다.

$$\sigma_e=\frac{1}{\sqrt{2}}\left[(\sigma_1-\sigma_2)^2+(\sigma_2-\sigma_3)^2+(\sigma_3-\sigma_1)^2\right]^{1/2}=\frac{S_y}{n_s}, \quad (6.11)$$

여기서 σ_e는 **폰미세스 응력**(von Mises stress)이다. 2축 응력 상태에서 $\sigma_3 = 0$으로 가정하면, 폰미세스 응력은 다음과 같이 주어진다.

$$\sigma_e=\left(\sigma_1^2+\sigma_2^2-\sigma_1\sigma_2\right)^{1/2}=\left(\sigma_x^2+\sigma_y^2-\sigma_x\sigma_y+3\tau_{xy}^2\right)^{1/2}. \quad (6.12)$$

뒤틀림 에너지 이론의 3차원 응력 상태에서 항복 영역은 그림 6.11에 나타내었고, 평면 응력 상태 (2축 응력 상태)의 항복 영역은 그림 6.13에 나타내었다. 최대 전단 응력 이론에 비해 뒤틀림 에너지 이론의 항복 기준선은 1차 도함수가 연속이라는 장점이 있는데 이는 소성을 고려할 때 매우 중요하다.

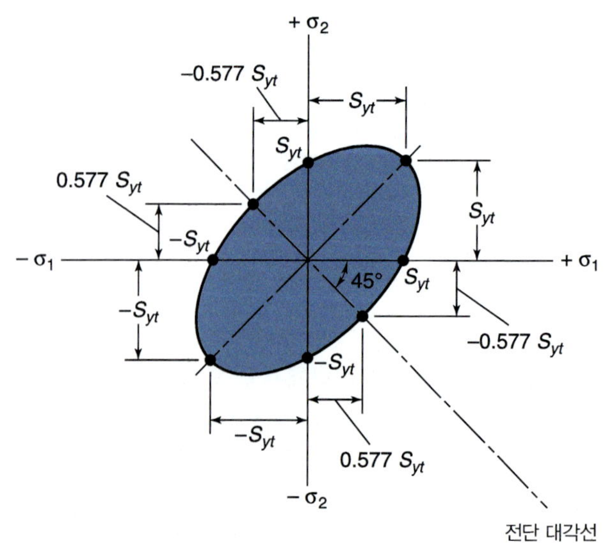

그림 6.13: 2축 응력 상태($\sigma_z = 0$)에서의 뒤틀림 에너지 이론 도해.

예제 6.6

폰미세스(von Mises) 응력의 결정

조건 그림 6.14에 나타난 자동차 뒷바퀴의 서스펜션 시스템과 같이 바퀴가 장착되어 있는 축에 스프링의 역할을 하는 토션바(torsion bar)가 설치되어 있다. 토션바는 뒷바퀴에서 300 mm 떨어진 지점에서 차축과 연결되어 있고, 지면으로부터 바퀴에 작용하는 2500 N의 힘에 의해 토크가 작용한다. 공간적 제한으로 인해 토션바는 차축으로부터 100 mm 떨어진 지점에서 베어링에 의해 지지되어 있다. 토션바의 지름은 28 mm이다.

문제 뒤틀림 에너지 이론을 사용하여 베어링의 위치에서 토션바에 작용하는 응력을 구하라.

풀이 토션바에 작용하는 응력은 비틀림에 의한 전단 응력과 굽힘에 의한 인장/압축 응력이며, 평면 응력 조건이다(예제 4.13 참조). 식 (4.33)으로부터 비틀림에 의한 전단 응력은

$$\tau=\frac{Tc}{J}=\frac{2500(0.3)(0.014)32}{\pi(0.028)^4}\text{ Pa}=174.0\text{ MPa}.$$

굽힘에 의한 인장 응력은 식 (4.45)로부터

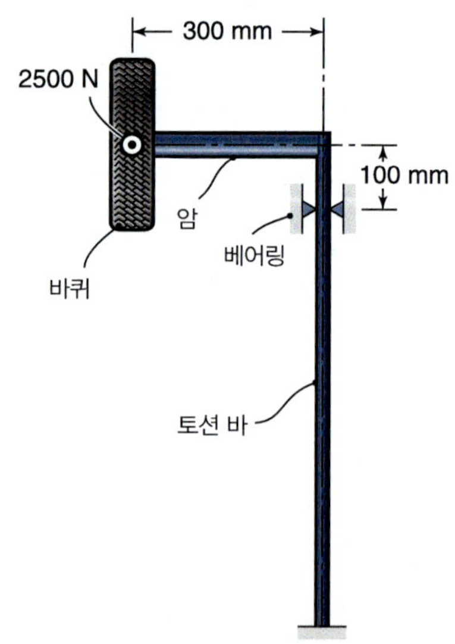

그림 6.14: 뒷바퀴의 서스펜션 시스템(예제 6.6).

$$\sigma = \frac{Mc}{I} = \frac{2500(0.1)(0.014)64}{\pi(0.028)^4}\ \text{Pa} = 116.0\ \text{MPa}.$$

이 때의 주응력은 식 (2.16)에 의해

$$\begin{aligned}\sigma_1, \sigma_2 &= \frac{\sigma_x + \sigma_y}{2} \pm \sqrt{\tau_{xy}^2 + \left(\frac{\sigma_x - \sigma_y}{2}\right)^2} \\ &= \frac{116.0}{2} \pm \sqrt{(174.0)^2 + \left(\frac{116.0}{2}\right)^2},\end{aligned}$$

$\sigma_1 = 241.4$ MPa, $\sigma_2 = -125.4$ MPa이다. 식 (6.12)에 의해 폰미세스 응력은 다음과 같다.

$$\begin{aligned}\sigma_e &= \left(\sigma_1^2 + \sigma_2^2 - \sigma_1\sigma_2\right)^{0.5} \\ &= \left[(241.4)^2 + (-125.4)^2 - 241.4(-125.4)\right]^{0.5} \\ &= 322.9\ \text{MPa}.\end{aligned}$$

예제 6.7

연성 재료의 항복

조건 연성 재료로 만들어진 원형단면 외팔보의 자유단에 토크가 작용하고 있다.

문제 (a) 최대 전단 응력 이론과 (b) 뒤틀림 에너지 이론에 의한 항복 조건을 결정하라.

풀이 그림 6.15는 외팔보, 응력이 작용하고 있는 요소 및 응력 상태를 나타내고 있는 모어 원을 보여주고 있다. 항복이 발생하는 응력 상태를 찾는 것이 목표이므로 안전 계수 n_s = 1로 결정한다. 주응력들은 $\sigma_1 = \tau_1$이고 $\sigma_3 = -\tau_1$임을 확인할 수 있다.

(a) 최대 전단 응력 이론에 의하면 식 (6.8)에 의해 아래 조건이 만족될 때 파손된다.

$$|\sigma_1 - \sigma_3| = 2\tau_{\max} = \frac{S_y}{n_s},$$

또는

$$\tau_{\max} = 0.5 S_y. \qquad \text{(a)}$$

(b) 뒤틀림 에너지 이론에 의하면 식 (6.11)에 의해 아래 조건이 만족될 때 파손된다.

$$\begin{aligned}\sigma_e &= \left[\sigma_1^2 - \sigma_1\sigma_2 + \sigma_2^2\right]^{1/2} \\ &= \left[\tau_1^2 - \tau_1(-\tau_1) + (-\tau_1)^2\right]^{1/2} = \sqrt{3}\tau_1 \\ &= \sqrt{3}\tau_{\max} = \frac{S_y}{n_s},\end{aligned}$$

또는

$$\tau_{\max} = \frac{1}{\sqrt{3}} S_y = 0.577 S_y. \qquad \text{(b)}$$

식 (a)와 (b)는 최대 전단 응력 이론과 뒤틀림 에너지 이론이 비교적 유사한 결과를 도출하고 있음을 보여주고 있다. 이 문제와 같이 순수 전단의 하중 조건에서 최대 전단

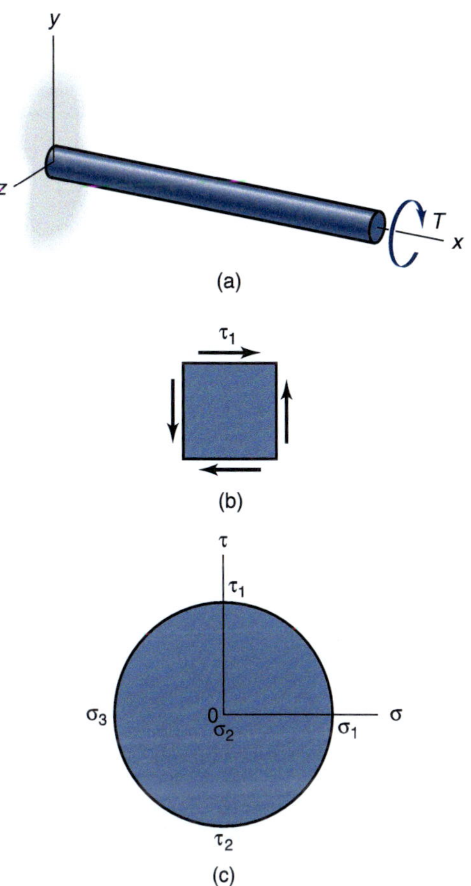

그림 6.15: 자유단에 비틀림이 작용하고 있는 원형단면 외팔보(예제 6.7). (a) 좌표계와 하중이 표시된 보, (b) 응력이 작용하고 있는 요소, (c) 응력 상태를 나타내고 있는 모어 원(Mohr's circle).

응력 이론과 뒤틀림 에너지 이론의 차이가 최대이므로, 대부분의 경우 두 이론의 차이는 적다.

예제 6.8

항복 기준을 적용한 설계

조건 그림 6.16a에 나타낸 바와 같이 예제 6.7과 유사하지만 자유단에 비틀림과 함께 집중 하중이 작용하고 있다. 외팔보는 항복 응력이 350 MPa인 연성 재료로 만들어졌으며, 작용하고 있는 집중 하중의 크기는 2000 N이고 토크는 100 Nm이다. 길이 150 mm인 외팔보의 안전 계수는 2이고, 집중 하중에 의한 전단은 무시한다.

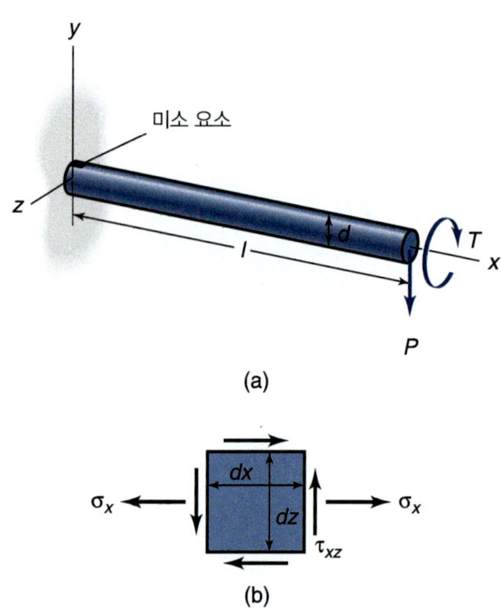

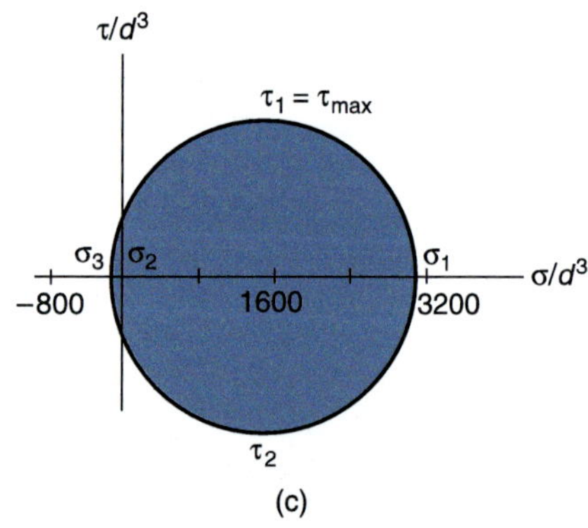

그림 6.16: 자유단에 비틀림과 집중 하중이 작용하고 있는 원형단면 외팔보(예제 6.8). (a) 좌표계와 하중이 표시된 보, (b) 응력이 작용하고 있는 보 고정단의 맨 윗면 요소, (c) 응력 상태를 나타내고 있는 모어 원.

문제 (a) 최대 전단 응력 이론과 (b) 뒤틀림 에너지 이론에 따른 항복을 방지하기 위한 최소 지름을 결정하라.

풀이 그림 6.16b는 응력이 작용하고 있는 보 고정단의 맨 윗면 요소를 나타내고 있다. 이 예제에서 $\sigma_z = 0$이므로 요소는 평면 응력 또는 2축 응력 상태이고, 가장 취약한 부분은 고정단이다. 식 (4.45)와 식 (4.33)으로부터 수직 응력과 전단 응력은 다음과 같이 표현될 수 있다.

$$\sigma_x = \frac{Mc}{I} = \frac{Pl(d/2)}{\pi d^4/64} = \frac{32Pl}{\pi d^3},$$

$$\tau_{xy} = \frac{Tc}{J} = \frac{T(d/2)}{\pi d^4/32} = \frac{16T}{\pi d^3}.$$

식 (2.16)으로부터 2축 응력 상태에서의 주응력은

$$\begin{aligned}\sigma_1, \sigma_2 &= \frac{\sigma_x}{2} \pm \sqrt{\left(\frac{\sigma_x}{2}\right)^2 + \tau_{xz}^2} \\ &= \frac{16Pl}{\pi d^3} \pm \sqrt{\left(\frac{16Pl}{\pi d^3}\right)^2 + \left(\frac{16T}{\pi d^3}\right)^2}.\end{aligned}$$

그러므로

$$\sigma_1, \sigma_2 = \frac{16}{\pi d^3}\left(Pl \pm \sqrt{(Pl)^2 + T^2}\right).$$

P와 l을 주어진 값으로 대체하면

$$\sigma_1, \sigma_2 = \frac{16}{\pi d^3}\left[(2000)(0.150) \pm \sqrt{(2000)^2(0.150)^2 + (100)^2}\right].$$

따라서

$$\sigma_1 = \frac{3140}{d^3} \qquad \text{그리고} \qquad \sigma_2 = -\frac{82.6}{d^3}.$$

주응력들의 순서가 잘못되어 있으므로($\sigma_1 \geq \sigma_2 \geq \sigma_3$이어야 함), $\sigma_1 = 3140/d^3$, $\sigma_2 = 0$, $\sigma_3 = -82.6/d^3$으로 수정한다.

식 (2.19)로부터 최대 전단 응력 그리고 주 전단 응력은

$$\tau_1, \tau_2 = \pm\sqrt{\tau_{xy}^2 + \frac{(\sigma_x - \sigma_z)^2}{4}},$$

또는

$$\begin{aligned}\tau_{\max} &= \tau_1 = \frac{16}{\pi d^3}\sqrt{(Pl)^2 + T^2}\\ &= \frac{16}{\pi d^3}\sqrt{(2000)^2(0.150)^2 + (100)^2}.\end{aligned}$$

따라서

$$\tau_{\max} = \tau_1 = \frac{1610}{d^3}.$$

(a) 식 (6.8)을 이용하여 최대 전단 응력 이론을 적용하면, 다음과 같을 때 파손이 발생하지 않는다.

$$|\sigma_1 - \sigma_3| = 2\tau_1 = 2\tau_{\max} < \frac{S_y}{n_s}.$$

그러므로

$$\left|\frac{3140}{d^3} + \frac{82.6}{d^3}\right| < \frac{350 \times 10^6}{2},$$

또는 $d = 0.0210$ m = 21.0 mm이다.

(b) 하나의 주응력이 0이기 때문에, 이 문제는 평면 응력 상태라고 할 수 있다. 따라서 식 (6.12)에 의해

$$\begin{aligned}\sigma_e &= \left[\left(\frac{3140}{d^3}\right)^2 + \left(\frac{3140}{d^3}\right)\left(\frac{82.6}{d^3}\right) + \left(\frac{82.6}{d^3}\right)^2\right]^{1/2}\\ &= \frac{3180}{d^3}.\end{aligned}$$

그러므로 뒤틀림 에너지 이론은 식 (6.11)에 의해 다음과 같을 때 파손된다고 본다.

$$\sigma_e = \frac{S_y}{n_s},$$

$$\frac{26,950}{d^3} = \frac{50,000}{2}.$$

그러므로 $d = 20.9$ mm이다. 두 이론들이 거의 동일한 결과를 도출한 것에 주목하라.

6.7.2 취성 재료

3장에서 설명한 바와 같이 취성 재료는 항복없이 파괴된다. 그러므로 취성 재료를 위한 파손 기준은 문자 그대로 깨지고 부서지는 상황에 대해 설명할 수 있어야 한다. 취성 재료의 중요한 성질은 일반적으로 인장 강도에 비해 압축 강도가 훨씬 높다는 것이다. 따라서 파손 기준은 인장과 압축 조건에서 재료 거동의 차이를 보일 수 있어야 한다. 여기서는 최대 수직 응력 이론, 내부마찰 이론 및 수정된 모어 이론의 3가지 파손 기준을 설명한다.

최대 수직 응력 이론

최대 수직 응력 이론(maximum-normal-stress theory, MNST)은 조합 하중을 받는 부품에 작용하는 양(+)의 최대 주응력이 재료의 인장 강도를 초과하거나 음(−)의 최대 주응력이 재료의 압축 강도를 초과할 때 파손이 발생한다고 설명한다. 이 이론은 섬유 형상의 취성 재료와 유리에 대한 실험 결과를 매우 잘 설명하고 있긴 하지만, 일반적으로는 다른 파손 기준이 더 나은 예측 결과를 보이므로 권장되지 않는다. 이 책에서 최대 수직 응력 이론은 특수한 재료의 경우에 예외적으로 사용될 수 있는 방법 정도로 제시되는데, 수학적 모델이 매우 간단하다는 장점이 있다. 최대 수직 응력 이론에 의하면

$$\sigma_1 \geq \frac{S_{ut}}{n_s}, \tag{6.13}$$

또는

$$\sigma_3 \leq \frac{S_{uc}}{n_s}, \tag{6.14}$$

중 어느 하나가 만족될 때 파손이 발생한다. 여기서

$\sigma_1 \geq \sigma_2 \geq \sigma_3$ = 주응력 Pa

S_{ut} = 일축 인장 극한 강도 Pa

S_{uc} = 일축 압축 극한 강도 Pa

n_s = 안전 계수

그림 6.17은 2축 응력 상태에 놓인 취성 재료의 파손을 최대 수직 응력 이론으로 예측하는 기준을 나타낸 것이다. 2축 응력 상태(즉, $\sigma_3 = 0$)에서 최대 수직 응력 이론의 $\sigma_1 - \sigma_2$그래프는 σ_1과 σ_2의 조합이 그림 6.17에 보인 짙은 영역의 경계에 도달할 때 파손된다고 예측한다. 짙은 영역 내에서는 어

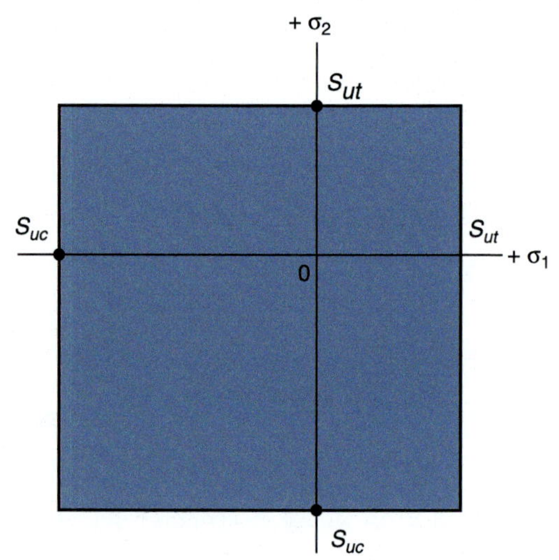

그림 6.17: 2축 응력 상태($\sigma_z = 0$)에서 최대 수직 응력 이론의 도해.

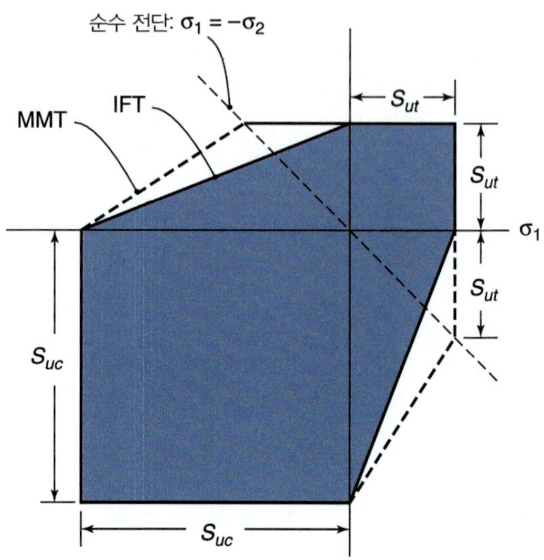

그림 6.18: 취성 재료의 파손 예측을 위한 내부마찰 이론 및 수정된 모어 이론.

떤 응력 상태라도 탄성 응력 상태이다.

내부마찰 이론

최대 수직 응력 이론은 섬유 형상의 취성 재료와 일부 유리에 유용하지만, 다른 재료에 대해서는 일반적으로 적용되지 않는다. 기계 부품을 제작하는 데에 널리 사용되는 세라믹이나 주물 등과 같은 대부분의 취성 재료는 최대 수직 응력 이론과 동떨어진 거동을 보이므로, 새로운 파괴 조건이 필요하다. 최대 전단 응력 이론도 재료의 압축 강도가 인장 강도에 비해 훨씬 높은 취성 재료에 적용하기는 곤란하다. 특정 마그네슘 합금과 같은 재료들은 연성이지만 압축 강도에 비해 인장 강도가 높다. 압축 강도와 인장 강도를 구분하면서 최대 전단 응력 이론을 논리적으로 확장하면 수학적으로 다음과 같이 된다.

$\sigma_1 > 0$이고 $\sigma_3 < 0$일 때

$$\frac{\sigma_1}{S_{ut}} - \frac{\sigma_3}{S_{uc}} = \frac{1}{n_s}. \tag{6.15}$$

$\sigma_3 > 0$일 때

$$\sigma_1 = \frac{S_{ut}}{n_s}; \tag{6.16}$$

$\sigma_1 < 0$일 때

$$\sigma_3 = \frac{S_{uc}}{n_s}, \tag{6.17}$$

여기서,

$\sigma_1 \ge \sigma_2 \ge \sigma_3$ = 주응력 Pa
S_{ut} = 인장 극한 강도 Pa
S_{uc} = 압축 극한 강도 Pa
n_s = 안전 계수

이는 최대 전단 응력 이론을 임의로 확장한 것처럼 보일지 모르지만, 식 (6.15)에서 식 (6.17)은 내부 마찰이 고려된 해석적 유도 과정을 통해 얻을 수 있다. 이러한 이유로 이 파손 기준은 **내부마찰 이론**(internal fricition theory, IFT) 또는 **쿨롱-모어 이론**(Coulomb-Mohr theory)으로 알려져 있다. 내부마찰 이론은 인장 강도와 압축 강도가 차이 나는 재료에 있어 최대 수직 응력 이론이나 최대 전단 응력 이론보다 정확하다는 장점을 가지고 있다. 그림 6.18은 2차원 응력 상태($\sigma_3 = 0$)에서의 내부마찰 이론을 나타내고 있다.

수정된 모어 이론

내부마찰 이론은 해석적인 방법을 기반으로 하였지만, **수정된 모어 이론**(modified Mohr theory)은 실험 결과를 바탕으

로 제안되었다. 수정된 모어 이론은 취성 재료의 거동을 가장 잘 예측하고 있으며, 특히 그림 6.18의 제 4 사분면에서 잘 예측하고 있다. 수정된 모어 이론에 의한 파손 기준은 아래와 같이 표현될 수 있다.

$\sigma_1 > 0$이고 $\sigma_3 < -S_{ut}$일 때

$$\sigma_1 - \frac{S_{ut}\sigma_3}{S_{uc} - S_{ut}} = \frac{S_{uc}S_{ut}}{n_s S_{uc} - S_{ut}}. \tag{6.18}$$

$\sigma_3 > -S_{ut}$일 때

$$\sigma_1 = \frac{S_{ut}}{n_s}. \tag{6.19}$$

$\sigma_1 < 0$일 때

$$\sigma_3 = \frac{S_{uc}}{n_s}. \tag{6.20}$$

그림 6.18은 수정된 모어 이론과 내부마찰 이론을 도식적으로 표현하고 있으며, 두 기준들의 차이가 적은 것을 확인할 수 있다.

예제 6.9

취성 재료의 파손

조건 예제 6.7의 조건과 동일하나 외팔보가 취성 재료로 만들어져 있다.

문제 (a) 최대 수직 응력 이론, (b) 내부마찰 이론 및 (c) 수정된 모어 이론을 사용하여 파손이 발생하는 조건을 결정하라. 재료의 압축 강도가 인장 강도의 두 배라고 가정한다.

풀이 예제 6.7과 같이 $\sigma_1 = \tau_1$, $\sigma_2 = 0$ 및 $\sigma_3 = -\tau_1$인 응력 상태이다.

(a) 최대 수직 응력 이론의 식 (6.13)을 이용하면, 파손은 다음과 같을 때 발생한다.

$$\sigma_1 > \frac{S_{ut}}{n_s} \quad \text{또는} \quad \tau_1 = \tau_{\max} \geq \frac{S_{ut}}{n_s}. \tag{a}$$

재료가 압축에 의해 파손되기 전에 인장에 의해 파손되기 때문에 식 (a)에서 인장 파손 응력이 사용되었다.

(b) σ_1이 양이고 σ_3가 음이므로 식 (6.15)는 다음과 같이 된다.

$$\frac{\sigma_1}{S_{ut}} - \frac{\sigma_3}{S_{uc}} = \frac{1}{n_s},$$

또는

$$\frac{\tau_1}{S_{ut}} - \frac{(-\tau_1)}{2S_{ut}} = \frac{1}{n_s}.$$

이를 τ_1에 대해 풀면

$$\tau_1 = \frac{2}{3}\frac{S_{ut}}{n_s}. \tag{a}$$

(c) 그림 6.17과 그림 6.18에서 확인할 수 있는 바와 같이 순수 전단 조건에서 수정된 모어 이론과 최대 수직 응력 이론은 차이가 없다.

6.7.3 파손 기준의 선택

설계 과정에서 사용하기 위한 파손 기준의 선택은 다소 기술적인 문제이다. 그림 6.19는 몇 가지 재료를 이용한 2축 파손 또는 항복에 대한 실험 결과를 보여주고 있다. 연성 재료에서 뒤틀림 에너지 이론은 최대 전단 응력 이론보다 더 잘 맞는 결과를 보이고 있으나, 대부분의 실험 결과들은 두 기준선 사이에 존재하고 있다. 비록 뒤틀림 에너지 이론이 연성 재료의 거동을 더 잘 예측하고 있으나, 최대 전단 응력 이론 역시 자주 사용되고 있다. 최대 전단 응력 이론은 수학적으로 간단하고 보수적이다. 이는 주어진 조건에 대해 최대 전단 응력 이론이 뒤틀림 에너지 이론에 비해 더 적은 하중에서 항복이 발생한다고 예측함을 의미한다. 이와 같이 최대 전단 응력 이론을 사용하게 되면 추가적인 안전 계수를 확보할 수 있기 때문에 설계에 자주 사용되고 있다. 반면, 많은 상용 응력 해석과 유한요소 코드들은 폰미세스 응력을 이용하여 시각적으로 결과를 나타내는 등, 컴퓨터 프로그램에서는 뒤틀림 에너지 이론이 사용되는 추세이다.

연성 재료는 강도의 측면에서 높은 재현성을 보이기 때문에, 설계자들은 두 가지 항복 이론 중 아무것이나 선택해도 신뢰하며 사용할 수 있다. 그러나 취성 재료는 일반적으로

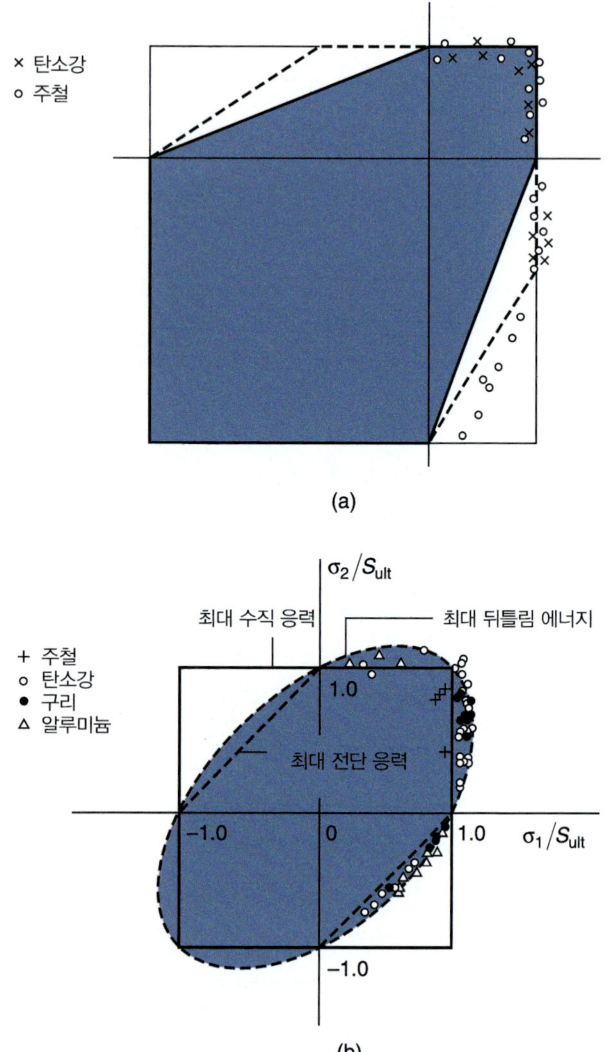

그림 6.19: 몇 가지 재료에 대한 항복과 파손 기준의 실험적 검증. (a) 취성 파괴, (b) 연성 항복. 출처: Dowling(1993)과 Murphy(1964).

재료의 물성이 큰 변동을 보이기 때문에 해석에 어려움이 있다. 이와 같이 취성 재료의 물성은 통계적인 특성을 보이기 때문에, 이론적 예측보다는 실험적인 검증을 통해 강도를 확인하는 것이 바람직하다.

인장시험 등을 통해 측정된 연성 재료의 항복 강도는 시편에 따른 편차가 아주 작으며, 특히 시편들이 제작 과정에서 동일한 배치(batch)에서 채취된 경우에는 편차가 거의 없다. 그러므로 연성 재료의 강도에 대한 정확도를 판단하기 위해서는 상대적으로 실험을 적게 해도 된다. 하지만 대부분의 취성 재료들은 강도의 분포를 정확하게 평가하기 위해 많은 실험이 수행되어야 한다. 동일한 과정을 거친 동일한 배치에서 제작된 시편이라 할지라도 항상 동일한 응력에서 파괴되지 않기 때문에, 취성 재료의 강도를 높은 신뢰도로 예측하기는 어렵다.

공학 설계를 공부하는 학생들은 때때로 그림 6.19와 같이 수정된 모어 이론이 취성 재료의 실험 결과와 잘 부합한다면 왜 내부마찰 이론이 제시되는지 궁금해 한다. 취성 재료 시편들 사이의 강도 차이를 고려하면 이 책에서 설명된 세 가지 파손 기준들의 차이는 중요하지 않게 된다. “어떤 이론이 더 잘 맞는가 또는 최선인가?”란 질문에 대한 절대적인 해답은 있을 수 없고, 설계자는 가장 많이 경험해 보았고 가장 오래 써 본 이론을 사용하면 된다.

대부분 금속의 경우, 압축과 인장에 의한 항복 강도가 거의 유사하기 때문에 내부마찰 이론과 최대 전단 응력 이론은 동일하게 된다. 그러므로 모든 경우에서 내부마찰 이론을 적용하면 보수적인 결과를 보장할 것이다. 때때로 설계자는 내부마찰 이론이 수학적으로 가장 복잡한 기준이기 때문에 꺼려하는 경우도 있다.

이 장에서 설명된 파손 기준들은 복합재료나 플라스틱 재료에 적용하기는 어렵다. 플라스틱의 거동은 복잡하고, 항복점을 정의하기 어려운 점탄성 거동을 할 수도 있으며, 복합재료는 하중에 대한 섬유의 길이 및 방향을 고려한 보다 복잡한 파손 이론이 필요하기 때문이다. 이에 관해 관심 있는 독자는 Daniels와 Ishai(2005), Reddy(1996) 및 Kaw(1997)의 연구 결과를 참고하면 좋을 것이다.

이 책을 통해 연성 재료는 뒤틀림 에너지 이론이나 최대 전단 응력 이론을 통해 해석될 수 있을 것이며, 취성 재료는 최대 수직 응력 이론, 내부마찰 이론 및 수정된 모어 이론을 이용하여 해석될 수 있을 것이다. 이 외에도 많은 파손 및 항복 기준을 기술 문헌에서 찾을 수 있지만, 이 장에서 설명한 이론들이 가장 일반적으로 사용되는 것들이므로 이 중에서 적합한 기준을 선택할 수 있을 것이다.

설계 절차 6.2에 파손 기준의 선택에 관한 주요 고려 사항을 요약하고, 일반적인 사례를 나타내었다.

표 6.2: 예제 6.10에서 사용된 3가지 서로 다른 재료에 대한 파손 기준별 안전 계수.

문제	기준	사용 수식	안전 계수
a)	최대 전단 응력 이론	(6.7)	1.5
	뒤틀림 에너지 이론	(6.10)	1.73
b)	최대 전단 응력 이론	(6.7)	1.28
	뒤틀림 에너지 이론	(6.10)	1.33
c)	내부마찰 이론	(6.14)	1.61
	수정된 모어 이론	(6.17)	1.69

설계 절차 6.2

파손 기준의 선정

아래와 같은 과정을 통해 인장과 압축 방향의 항복 응력과 극한 응력 또는 파괴 응력이 주어진 재료에 적합한 파손 기준을 선정할 수 있다.

1. 인장과 압축의 강도가 동일한 연성 금속의 경우, 최대 전단 응력 이론이나 뒤틀림 에너지 이론 중 어떤 것을 사용해도 무방하다. 두 기준은 평면 응력 조건에서 순수 전단에 의한 경우에 최대 15%의 차이만을 발생시키며 매우 유사하다. 최대 전단 응력 이론은 뒤틀림 에너지 이론에 비해 더 적은 응력 수준에서 항복의 발생을 예측하므로 보다 보수적이다.
2. 일부 마그네슘 합금과 같이 인장과 압축의 강도가 서로 다른 연성 금속의 경우, 내부마찰 이론 또는 수정된 모어 이론이 적절하다.
3. 취성 재료는 파손 기준을 이용한 분석이 어려우며, 강도에 대한 신뢰도를 확보하기 어렵다. 하지만, 내부마찰 이론을 이용하면 수정된 모어 이론과 같은 복잡한 수학식 없이도 좋은 결과를 얻을 수 있다.
4. 보다 정확한 계산이 요구되는 경우, 수정된 모어 이론이 내부마찰 이론보다 올바른 선택이 될 것이다.

이렇게 선정 절차가 제시되어 있음에도 불구하고, 때때로 수요자, 고용주 또는 공급자가 설계자에게 파손 기준을 명시하는 경우도 있다. 또, 때로는 점탄성 거동 또는 크리프를 포함하는 파손 기준과 같이 보다 정교한 항복 기준이 사용된다. 일반적으로 이러한 설계 과정의 적용이 가능하지만, 다른 파손 기준과의 편차는 실제로 그리 크지 않다.

예제 6.10

항복 및 파손 기준의 선정

조건 아래와 같은 재료 및 하중 조건(나머지 응력 성분들의 크기는 0이다.)

(a) 순수 알루미늄: $S_y = 30$ MPa, $\sigma_x = 10$ MPa, $\sigma_y = -10$ MPa, $\tau_{xy} = 0$

(b) 0.2% 탄소강: $S_y = 295$ MPa, $\sigma_x = -0$ MPa, $\tau_{xy} = -200$ MPa, $\sigma_y = 75$ MPa

(c) 회주철: $S_{ut} = 125$ MPa, $S_{uc} = 450$ MPa, $\sigma_x = -100$ MPa, $\sigma_y = 50$ MPa, $\tau_{xy} = 0$

문제 각 상황의 안전 계수를 결정하라.

풀이 풀이 결과는 표 6.2에 나타나 있다. 알루미늄과 탄소강은 연성 재료로 알려져 있으므로 항복 기준으로서 최대 전단 응력 이론과 뒤틀림 에너지 이론이 사용되었다. 알루미늄에 작용하는 하중은 순수 전단(2.14절 참소)이고, 이 하중은 안전 계수 계산 결과에서 나타난 바와 같이 최대 전단 응력 이론과 뒤틀림 에너지 이론 사이의 차이가 최대가 되게 한다. 탄소강에 작용하는 하중은 순수 전단이 아니며 항복 기준들은 유사한 결과를 나타내고 있다.

주철은 연성 재료가 아니기 때문에 최대 전단 응력 이론과 뒤틀림 에너지 이론이 사용될 수 없다. 설계 절차 6.2에서 설명한 바와 같이 내부마찰 이론이 수정된 모어 이론과 같은 복잡한 수학식 없이도 좋은 결과를 제공할 수 있다. 표 6.2에서 확인할 수 있듯이 내부마찰 이론과 수정된 모어 이론에 의한 안전 계수 계산 결과의 차이는 아주 작으며, 둘 중 어느 이론을 사용해도 무방하다.

사례 연구 6.1

복잡한 형상에서의 응력집중 계수

6.2.1절과 부록 C에 나타나 있는 응력집중 계수는 대부분의 설계 상황에서 적용이 가능하지만, 이와 다르거나 더 복잡한 형태의 경우도 설계 과정에서 쉽게 접할 수 있다. 그림 6.2에서 6.8에 나타난 응력집중 계수는 비선형 재료의 사용, 두께의 변화, 보다 복잡한 형상, 근접한 다른 응력집중 요인, 하중의 조합에 따라 달라질 수 있다. 본 사례 연구에서는 보다 복잡한 상황에 대한 응력집중 계수를 결정하는 일반적인 방법에 대해 설명한다.

응력집중 도표

6.2.1절에 나타낸 도표들은 현재까지 밝혀진 응력집중 계수의 작은 부분 집합이다. 인터넷 웹서핑이나 응력집중 계수에 대한 표준 핸드북을 이용하면 특정 설계조건과 가장 잘 부합하는 도표를 찾아낼 수 있을 것이다. 때로는 이러한 방법이 응력집중 계수를 결정하는 데에 가장 빠르고 최적의 접근 방법이 되곤 한다.

종종 설계 문제와 유사한 조건은 찾을 수 있지만 정확하게 일치하는 것은 찾을 수 없다. 예로써, 그림 6.20a는 테이퍼가 있는 단면과 대퇴골에 삽입되는 스템(stem) 사이에 필렛부가 존재하는 인공 고관절 대체재의 단면을 보여주고 있다. 작용하는 하중은 굽힘과 압축의 조합이며, 단면은 테이퍼 시작 지점의 원형에서 스템의 둥근 사다리꼴 형태로 변화한다. 이러한 형태와 관련된 응력집중 계수는 비록 정확히 일치하지 않지만 그림 6.20과 그림 6.5c의 유사 형상의 경우를 통해 평가할 수 있다.

이러한 평가법은 종종 매우 유용하다. 구체적으로는, 이 방법을 사용하여 안전 계수가 충분히 높아서 추가적인 조사가 필요 없다고 판단하거나, 매우 낮아서 추가적인 조사를 해야 한다고 결정할 수 있다. 초기설계 단계에서 이 평가법을 사용하면, 보다 정확한 평가를 위한 비용과 시간의 낭비를 피하면서 설계의 우수성을 입증할 수 있다.

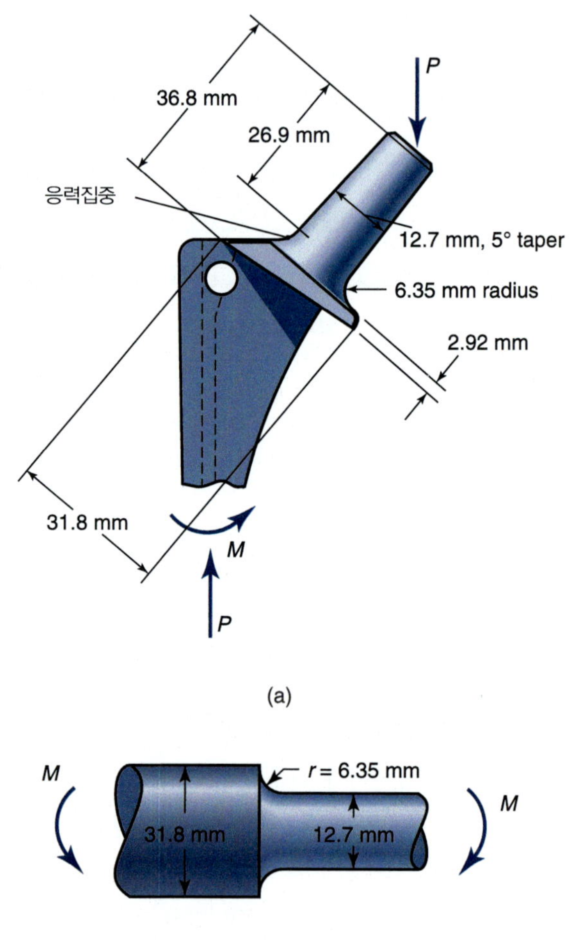

그림 6.20: (a) 인공 고관절 대체물의 개략도 및 치수들, (b) 필렛부의 응력집중을 계산하기 위해 사용된 이상적인 형상.

물론 그림 6.20의 인공 고관절 대체물과 같이 중요한 설계에서는 설계가 완료되기 전에 정밀한 해석과 검증이 필요하다.

유한요소 해석

유한요소 해석은 고성능의 컴퓨터와 전용 소프트웨어의 확산과 함께 아주 널리 사용되고 있는 수치적 방법이다. 이 아주 유용한 방법에 대한 자세한 사항들은 이 책의 범위를 벗어난다. 관심 있는 독자들은 Fish와

Belytschko(2007) Hughes(2000)의 저서를 참고하기 바란다. 본 사례 연구에서는 이 방법에 대한 간단한 개요만을 다룬다.

유한요소 해석에서는 기하학적 구조를 *요소*(elements)의 메시(mesh)로 *이산화*하는 과정이 필요하다. 요소들은 *절점*(nodes)으로 구성되어 있으며, 일반적으로 삼각형, 사각형, 막대형, 벽돌형 등의 형태를 가진다. 흔히 수천 개의 요소와 절점으로 메시를 구성한다. 이산화가 끝나면 몇 개의 절점에 구속 조건들이 적용되고 다른 절점들에 하중이 적용된다.

여러 종류의 유한요소 해석 프로그램들이 존재하지만 일반적인 수치해석 방법은 항상 행렬 연산법에 기초한다. 각 요소의 강성으로부터 전체 메시의 강성 행렬이 구성되고, 이 행렬이 변환되어 요소 절점의 변위들이 시스템을 통해 계산된다. 여기에 훅의 법칙[식 (B.55) 참고]을 적용하면 각 절점에서 변위로부터 각 요소의 응력이 계산되는 것이다.

요소의 유형에 따라 요소 내부의 한 점 또는 그 외의 위치에서 응력들이 계산된다. 예로서, 단순 사각 요소에서는 오직 정중앙에서의 응력만 계산된다. 이러한 이유 때문에 높고 부분적인 응력집중이 발생하는 경우에는 응력 상승 요소 주변의 응력을 정확하게 계산하기 위해서 작은 크기의 요소가 필요하다는 점을 알아야 한다. 그러나 요소의 크기가 너무 작아지면 컴퓨터의 정확성이 해석에 제한 요인으로 작용하므로, 무한히 작아질 수 없다. 게다가 작은 요소들을 광범위하게 사용하면 계산 시간이 길어진다.

경험이 많은 해석자는 합리적인 계산 시간 동안에 실제에 근접한 결과를 얻기 위해, 응력 상승이 의심되는 요인 근처에 작은 요소들을 많이 배치하고 다른 부분에는 더 큰 요소들을 배치할 것이다. 정확한 결과를 얻기 위해서는 부품의 형상이 복잡한 경우 메시를 세밀하게 짜야 한다. 설계가 수정되는 경우에는 새로운 메시를 생성하여 새로운 결과를 얻어야 한다. 이와 같이 유한요소 해석은 아주 강력한 도구이지만, 소요 비용이 적지 않고 제한 사항도 있다.

그림 6.21은 구멍이 존재하는 평판에 인장이 작용할 때의 응력을 계산하기 위한 전형적인 메시를 묘사하고

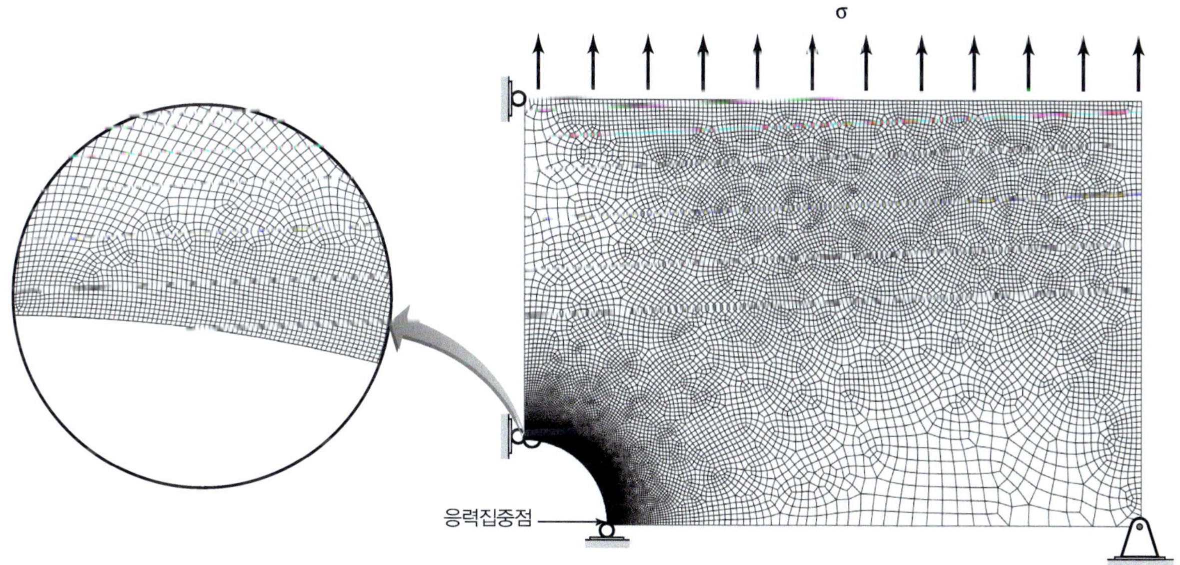

그림 6.21: 그림 6.2에 나타낸 응력집중 계수를 얻기 위한 유한요소 메시의 예. 대칭성의 이점을 이용하기 위해 1/4만 모델링되었다. 응력 상승 요인 주변에 많은 수의 요소들이 배치되었음에 주목하라. 그림을 알아보기 쉽도록 경계 조건과 작용 하중을 추가하였다.

있다. 그림에서는 요소의 크기와 분포를 표시하기 위하여 와이어프레임(wireframe)을 이용하고 있다, 일반적으로 폰미세스 응력들이 경계선의 형태로 그려진다. 또한 응력집중 위치로부터 떨어진 곳에는 상대적으로 큰 요소들이 있는 것을 볼 수 있을 것이다. 자동 메시 프로그램에서 최대 요소 크기는 사용자가 결정하는 파라메터이다.

광탄성

특정한 투명 재료들은 광선이 재료 내에서 두 개의 굴절률을 가지며, 이로 인해 하나의 광선이 두 개의 광선으로 나뉘는 *복(複)굴절* 성질을 보인다. 어떤 재료들은 응력이 작용하고 있을 때만 복굴절 성질을 가지는데, 이러한 재료들에서 응력의 크기는 어느 한 점에서 복굴절의 정도를 결정한다. 편광된 빛이 재료를 통과할 때, 두 개의 굴절률은 편광기에 띠 모양의 패턴을 생성하는 위상차를 만들어 낸다(그림 6.22). 굴절된 패턴의 분석을 통해 부품 내 모든 점에서 작용 응력을 직접적으로 측정할 수 있다.

광탄성은 3차원 응력 상태 및 시편에 적용이 가능하지만 복잡하므로, 결과적으로 평면 응력 상태에 국한된다. 사실 그림 6.3과 그림 6.4는 광탄성 방법을 통해 획득하였고, 추후에 해석적 방법을 통해 확인되었다.

광탄성은 유한요소 해석의 확산으로 말미암아 점차 사용이 줄고 있지만, 여전히 실험적 검증을 위해 사용되고 있다. 물리적으로 시편을 준비하기 위해 필요한 비용과 시간은 높은 수준이고, 좋은 결과를 획득하기 위해서는 숙련된 기술자가 필요하다. 광탄성 응력 해석에 대한 더욱 자세한 사항들은 Doyle(2004)에서 찾을 수 있다.

그림 6.22: 광탄성을 이용한 나사 체결재 윤곽의 하중 분포 비교. 왼쪽 그림은 나사산 개당 하중이 크게 변동하는 일반 나사를 보여주고 있으며, 오른쪽 그림은 나사산들에 걸쳐 보다 일정한 응력이 작용하는 Spiralock© 나사를 보여주고 있다. 출처: Stanley Engineered Fastening-Spiralock.

실험적 검증

일반적으로 취약한 부품 또는 복잡한 형상들이 의도한 하중을 안전하게 지지할 수 있는지 확인하기 위해 기계적 실험을 수행한다. 이러한 실험들은 여러 단계에서 수행될 수 있다. 예를 들어, 부품, 시스템 또는 조립품, 전체 제품을 사용하여 그것들이 요구되는 하중을 지지할 수 있는 튼튼한 설계인지 확인하기 위한 시험이 수행될 수 있다. 또 실험은 이상화된 하중, 실조건 하중 또는 그 중간의 복잡도를 갖는 하중 조건에서 수행될 수 있다. 응력집중이 직접 측정되는 경우는 드물고, 전체 구조가 파손되는 하중이 결정되는 것이 보통이다.

6.8 요약

응력집중 계수를 결정하기 위해 사용 가능한 접근 방법들 중에서, 기술 문헌을 통해 획득한 응력집중 도표를 이용하는 방법(그림 6.2부터 그림 6.8까지 제시된 예들과 같은)이 비용 측면에서 가장 효율적인 방법이다. 특히 인터넷의 시대에서 웹서핑을 이용한 방법 또한 빠른 방법일 것이다. 유한요소법도 아주 널리 퍼진 방법이긴 하지만 소요 시간이 길고 따라서 비용이 많이 든다는 단점이 있다. 실험적인 설계의 검증

방법 역시 상대적으로 비싸고 많은 시간이 소요되지만 설계의 안전성 및 적절성에 대한 신뢰도를 확보하기 위해 필요할 것이다.

핵심어

균열(crack) 재료의 강도를 좌우하며 항상 존재하는 작은 결함

균열 진전의 모드(modes of crack propagation) 균열이 성장하는 기본적인 메커니즘: 모드 I (인장으로 인한 열림), 모드 II (미끄러짐 또는 면내 전단), 모드 III (찢김)

내부마찰 이론(internal friction theory) 취성 재료의 인장과 압축 강도가 다를 경우를 위한 파손 기준, 쿨롱-모어 이론과 동일함

뒤틀림 에너지 이론(distortion-energy theory) 뒤틀림과 관계된 탄성에너지에 의해 파손이 발생한다고 가정하는 이론, 폰미세스 기준과 동일함

수정된 모어 이론(modified Mohr theory) 평면 응력 조건의 주응력 도표에서 제2사분면과 제4사분면의 선도를 제외하면 쿨롱-모어 이론과 유사한 파손 이론

응력 상승 요인(stress raiser) 응력의 분포를 변화시켜서 최대 응력을 증가시키는 불연속부

응력세기 계수(stress intensity factor) 균열의 선단에서 응력의 강도

응력집중(stress concentration) 응력 상승 요인이 존재하는 영역

응력집중 계수(stress concentration factor) 불연속점에서의 최대 응력과 공칭 응력과의 비를 이용한 계수

최대 수직 응력 이론(maximum-normal-stress theory) 가장 큰 양의 주응력이 인장 항복 강도를 초과하거나 가장 큰 음의 주응력이 압축 항복 강도를 초과할 때 항복이 발생한다는 이론

최대 전단 응력 이론(maximum-shear-stress theory) 가장 큰 전단 응력이 임계값을 초과할 때 항복이 발생한다는 이론, 트레스카 기준과 동일함

쿨롱-모어 이론(Coulomb-Mohr theory) 인장과 압축 강도가 서로 다른 재료를 위한 파손 이론, 내부마찰 이론과 동일함.

트레스카 항복 기준(Tresca yield criterion) 최대 전단 응력이 임계값을 초과할 때 항복이 발생한다고 가정하는 이론, 최대 전단 응력 이론과 동일함

파괴 인성(fracture toughness) 균열이 성장하게 되는 응력 세기의 임계값

파괴 제어(fracture control) 공칭 응력과 균열의 크기를 임계 수준 이하로 유지하는 것

폰미세스 기준(von Mises criterion) 뒤틀림 변형과 관련된 탄성에너지에 의해 파손이 발생하는 것으로 가정하는 기준, 뒤틀림 에너지 이론과 동일함

폰미세스 응력(von Mises stress) 폰미세스 기준에 기초한 유효 응력

공식 정리

응력집중 계수:

정의: $K_c = \dfrac{\text{작용 최대 응력}}{\text{평균 응력}}$

인장이 작용하며 타원형 구멍이 존재하는 평판:

$$K_c = 1 + 2\left(\frac{a}{b}\right)$$

파괴 인성: $K_{Ic} = Y\sigma_{\text{nom}}\sqrt{\pi a}$

단축 응력 상태의 파손 예측: $n_s = \dfrac{\sigma_{\text{all}}}{\sigma_d}$

다축 응력 상태의 파손 예측:

최대 전단 응력 이론(또는 트레스카): $n_s = \dfrac{S_y}{\sigma_1 - \sigma_3}$

폰미세스 응력:

$$\sigma_e = \frac{1}{\sqrt{2}}\left[(\sigma_1-\sigma_2)^2 + (\sigma_3-\sigma_1)^2 + (\sigma_3-\sigma_2)^2\right]^{1/2}$$

뒤틀림 에너지 이론(또는 폰미세스): $n_s = \dfrac{S_y}{\sigma_e}$

최대 수직 응력 이론(MNST):

$$n_s = \frac{S_{ut}}{\sigma_1} \text{ or } n_s = \frac{S_{uc}}{\sigma_3}, \text{ 둘 중 낮은 것}$$

내부마찰 이론(IFT 또는 쿨롱-모어):

If $\sigma_1 > 0$ and $\sigma_3 < 0$, $\dfrac{\sigma_1}{S_{ut}} - \dfrac{\sigma_3}{S_{uc}} = \dfrac{1}{n_s}$

If $\sigma_3 > 0$, $n_s = \dfrac{S_{ut}}{\sigma_1}$

If $\sigma_1 < 0$, $n_s = \dfrac{S_{uc}}{\sigma_3}$

수정된 모어 이론(MMT):

If $\sigma_1 > 0$ and $\sigma_3 < -S_{ut}$,

$$\sigma_1 - \frac{S_{ut}\sigma_3}{S_{uc} - S_{ut}} = \frac{S_{uc}S_{ut}}{n_s S_{uc} - S_{ut}}$$

If $\sigma_3 > -S_{ut}$, $n_s = \dfrac{S_{ut}}{\sigma_1}$

If $\sigma_1 < 0$, $\sigma_3 = \dfrac{S_{uc}}{n_s}$

추천 문헌

Anderson, T.L. (2005), *Fracture Mechanics—Fundamentals and Applications*, 3rd ed., CRC Press.

Budynas, R.G., and Nisbett, J.K. (2011), *Shigley's Mechanical Engineering Design*, 9th ed., McGraw-Hill.

Hill, R. (1950) *The Mathematical Theory of Plasticity*, Oxford.

Dowling, N.E. (1993) *Mechanical Behavior of Materials*, Pearson.

Juvinall, R.C., and Marshek, K.M. (2012) *Fundamentals of Machine Component Design*, 5th ed.,Wiley.

Mott, R. L. (2014) *Machine Elements in Mechanical Design*, 4th ed., Pearson.

Norton, R.L. (2011) *Machine Design*, 4th ed., Pearson Education.

Sun, C.T., and Jin, Z.-H. (2012) *Fracture Mechanics*, Elsevier.

참고 문헌

ASM International (1989) *Guide to Selecting Engineering Materials*, American Society for Metals.

Bowman, K.J. (2004) *Mechanical Behavior of Materials*, Wiley.

Coulomb, C.A. (1773) *Sur une Application des Regles de maximmis et minimus a quelques problemes de statique relatifs a l'architecture*.

Daniels, I.M., and Ishai, O. (2005) *Engineering Mechanics of Composite Materials* 2nd ed., Oxford.

Dowling, N.E. (1993) *Mechanical Behavior of Materials*, Pearson.

Doyle, J.F. (2004) *Experimental Stress Analysis: Completing the Solution of Partially Specified Problems*,Wiley.

Fish, J., and Belytschko, T. (2007) *A First Course in Finite Elements*, Wiley.

Hughes, T.J.R. (2000) *The Finite Element Method*, Dover.

Kalpakjian, S., and Schmid, S.R. (2014) *Manufacturing Engineering and Technology*, 7th ed., Pearson.

Kaw, A.K. (1997) *Mechanics of Composite Materials*, CRC Press.

Murphy, G. (1964) *Advanced Mechanics of Materials*, McGraw-Hill.

Pilkey, W.D., and Pilkey, D.F. (2008) *Peterson's Stress Concentration Factors*, 3rd ed.,Wiley.

Reddy, J.N. (1996) *Mechanics of Laminated Composite Plates*, CRC Press.

Tresca, H. (1868) "Mem. prenetes par divers savants," vol. 59, p. 754, *Comptes Rendus Acad. Sci.*.

Young, W.C., and Budynas, R. (2001) *Roark's Formulas for Stress and Strain*, 7th ed., McGraw-Hill.

문제

6.1 응력집중이 무엇인가?

6.2 응력집중 계수가 무엇인가?

6.3 '균열'이라는 단어를 재료의 파괴와 연관지어 정의하라.

6.4 균열성장의 모드를 설명하라.

6.5 파괴 인성이 무엇인가?

6.6 높은 파괴 인성을 가지는 재료가 연성 재료인가? 설명하라.

6.7 최대 전단 응력 이론이 무엇인가?

6.8 뒤틀림 에너지 기준과 최대 전단 응력 기준이 아주 다른 결과를 나타내는가? 설명하라.

6.9 식을 사용하지 말고 폰미세스 응력을 정의하라.

6.10 항복 영역이 무엇인가?

6.11 최대 수직 응력 이론과 내부마찰 이론이란 무엇인가?

6.12 내부마찰 이론은 어떤 재료에 가장 유용한가?

정성적 문제

6.13 그림 6.5에 나타낸 그림과 같은 $r/d = 0.15$이고 $D/d = 1.5$인 필렛부가 있는 원형단면 막대가 굽힘모멘트와 토크를 전달하고 있다. 필렛부 또는 홈의 두께를 키움으로써 샤프트의 강성과 강도를 높이고자 한다. 어느 방법이 좋은지 결정하라.

6.14 홈을 가진 원형단면 막대에 인장, 굽힘 또는 비틀림 중 어느 것이 더 가혹한가?

6.15 유리판을 자를 때, 다이아몬트 커터를 사용하여 유리판에 얕고 날카로운 홈을 내고, 이 홈을 따라 단단한 고무 망치로 두드려서 자른다. 이 장에서 설명한 것을 참고하여, 이 경우의 중요한 원리 및 현상에 대해 설명하라.

6.16 문제 6.15와 같이 유리를 절단하는 방법이 왜 연성인 알루미늄에는 적용되지 않는지 설명하라.

6.17 티타늄 평판이 알루미늄 평판과 확산 접합되어 있다. 둘 중 어느 평판에도 구멍, 홈, 필렛부 및 노치가 존재하지 않으며, 두 평판에 일정한 인장 하중이 작용하고 있다. 각 평판의 두께를 따라 작용하는 응력의 분포를 그려라. 응력집중이 존재하는지 설명하라.

6.18 6.4절에서 묘사한 균열성장의 모드들에 대해 각각 3개의 예시를 제시하라.

6.19 재료의 파괴 인성에 영향을 줄 수 있는 변수를 열거하고 간단히 설명하라.

6.20 몇몇 마그네슘 합금들은 인장보다 압축에서 강도가 더 낮다. 이러한 재료에 적용이 가능한 파손 기준은 무엇인가? 그림

6.11과 같이 이 파손 기준을 스케치하라.

6.21 재료가 변형 경화한다면 소성 변형은 항복 영역에서 어떤 효과를 일으키는가?

6.22 그림 6.2부터 그림 6.8까지에서 압축 하중에 의한 응력집중은 나타나있지 않다. 이유를 설명하라.

6.23 그림 6.4를 참조하여 타원형의 홈이 존재하는 경우의 응력집중 계수를 r/h의 함수로 그려라.

6.24 그림 7.3은 피로시험을 위한 R.R. Moore 시험의 시편을 나타낸 것이다. 이 시편의 모양에 대해 설명하고 응력집중 계수를 평가하라.

정량적 문제

6.25 아래의 표를 완성하라.

모양	하중	형상 (mm)	r (mm)	K_c
구멍이 있는 평판	인장	b=50, d=5	—	
구멍이 있는 평판	굽힘	b=50, d=5	—	
필릿이 있는 평판	인장	H=100, h=50		2.0
필릿이 있는 막대	인장	D=50, d=25		2.0
홈이 있는 막대	인장	D=10, d=9.09	0.9	

6.26 탄성 계수가 207 GPa인 탄소강으로 만들어진 기계 부품의 응력집중 계수가 3.81일 때, 알루미늄으로 동일한 형상의 기계부품을 제작한 경우의 응력집중 계수를 구하라. 알루미늄의 탄성 계수는 69 GPa이다.

6.27 그림 6.3a에 나타낸 것과 같이 두께 h이고, 높이가 50 mm에서 87 mm로 변화하고 필렛 반경 r = 4.0 mm인 편평한 부품에 인장력이 작용하고 있다. 높이가 50 mm에서 100 mm로 변화하고 필렛 반경이 4.0 mm에서 10 mm로 증가한다면 부품을 통해 전달할 수 있는 하중은 얼마나 작아지는가?
답 10% 높아진다.

6.28 그림 a에 나타낸 것과 같이 축하중이 작용하는 편평한 탄소강 철판에 전선을 위한 두 개의 구멍이 있다. 지름이 d인 두 구멍은 서로 나란히 위치하고 있다. 더 많은 전선을 통과시키기 위해서 그림 b와 같이 두 개의 구멍이 지름이 $2d$인 홀로 교체되었다. 처음 두 개의 구멍이 존재할 때의 지름과 폭의 비가 d/b = 0.2라고 가정하면 어떤 평판이 먼저 파손되는가?

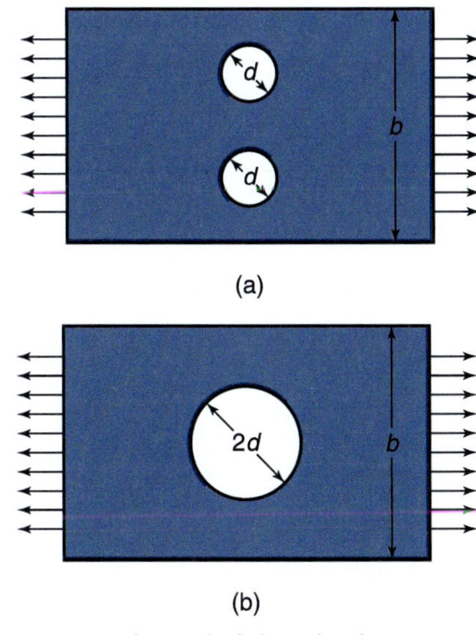

문제 6.28에 대한 그림 a와 b

6.29 AISI 1020 탄소강으로 만들어진 두께가 5 mm이고 폭이 100 mm인 사각 강판의 정중앙에 작용 응력 방향으로 2 mm, 작용 응력에 수직인 방향으로 8 mm 크기의 타원형 구멍이 존재한다. 구멍의 가장자리에서 항복이 발생하는 하중은 얼마인가? 답 92.43 kN.

6.30 길이 50 mm, 폭 10 mm인 슬롯이 가공되어 있는 폭 250 mm인 평판에 인장력이 작용하고 있다. 아래와 같은 경우의 응력집중을 평가하라.

(a) 슬롯을 슬롯에 내접한 타원으로 가정하라.

(b) 슬롯을 따라 평판을 절단하고, 절단된 형상을 홈이 있는 사각평판이라고 가정하여 슬롯의 가장자리의 응력집중을 구하라.

6.31 어떤 기계가 응력집중이 존재하는 필렛이 포함된 원형단면 축 3개를 가지고 있다. 필렛 반지름과 축 지름의 비가 세 개 모두 0.1이고, 인장 하중, 굽힘모멘드 및 비틀림을 각각 전달하고 있다. 현재 세 개의 축은 정확히 한계응력(n_s = 1)을 지탱하고 있기 때문에, 필렛의 반지름을 두 배로 키워서 1보다 큰 안전 계수를 확보하고자 한다. 지름의 비가 2 (D/d = 2)라면 세 축의 안전 계수는 얼마나 커지는가? 답 $n_{s,\text{tension}}$ = 1.21, $n_{s,\text{bending}}$ = 1.19, $n_{s,\text{torsion}}$ = 1.17.

6.32 항복 강도가 S_y = 350 MPa인 재료가 그림 c와 같은 응력 상태에 있다. 최대 전단 응력 이론과 뒤틀림 에너지 이론에 따른 안전 계수는 각각 얼마인가? 답 최대 전단 응력 이론 n_s = 11.67.

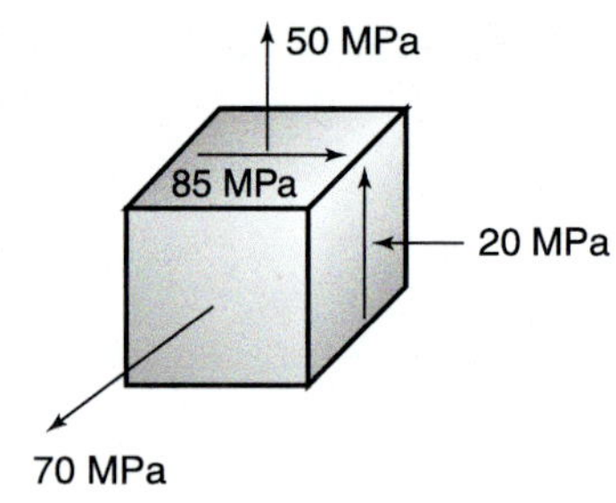

문제 6.32와 6.33에 대한 그림 c

6.33 그림 c와 같은 응력들이 작용하는 재료가 항복한다면, 단축 인장 조건에서 항복이 발생하는 응력은 얼마인가? 답 최대 전단 응력 이론 $S_y = 30$ MPa.

6.34 그림 d에 나타낸 축이 인장, 비틀림 및 굽힘 하중을 받고 있다. 응력집중이 발생하는 위치에서 주응력을 계산하라.
답 $\sigma_1 = 53.0$ MPa, $\sigma_2 = 0$, $\sigma_3 = -12.27$ MPa.

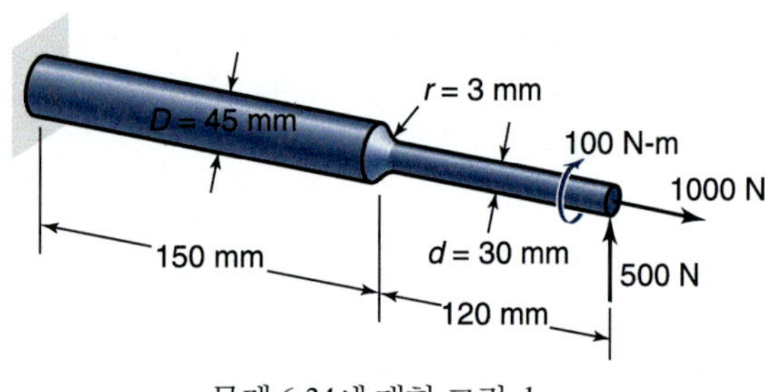

문제 6.34에 대한 그림 d

6.35 그림 e에 나타낸 바와 같은 치수를 가진 탄소강 평판이 150 kN의 인장 하중과 300 N-m의 굽힘모멘트를 받고 있다. 평판은 AISI 1080 탄소강으로 제작되어 있고, 담금질 후에 800 °C에서 뜨임 처리되었다. 평판의 정중앙에 구멍이 가공될 때, 평판의 안전 계수가 1.5가 되기 위한 구멍의 최대 지름은 얼마인가? 답 d =170 mm.

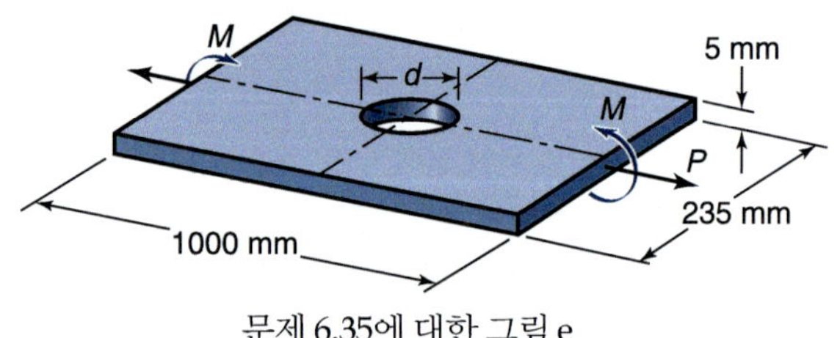

문제 6.35에 대한 그림 e

6.36 1 m × 1 m × 1 cm 크기의 유리 평판이 한 방향으로 55 MPa의 공칭 인장 응력을 받고 있다. 평판이 하중에 수직한 작은 균열을 포함하고 있고, 이 응력에서 균열의 성장에 대한 안전 계수가 2일 때, 유리가 깨지지 않는 범위에서 얼마나 큰 균열이 존재할 수 있는가? 답 $a_2 = 4a_1$.

6.37 AISI 4340 탄소강으로 만들어진 압력용기 벽의 인장 강도는 1000 MPa이다. 주어진 형상에 대한 무차원 형상보정 계수 $Y = 1$이고, 탄소강이 아래와 같은 조건에서 뜨임 처리될 때, 용기가 파손되지 않으면서 존재할 수 있는 균열의 최대 크기는 얼마인가?

(a) 260°C일 때, 답 1.592 mm.
(b) 425°C일 때, 답 4.863 mm.

6.38 두 개의 인장시험용 봉이 260°C에서 뜨임 처리된 AISI 4340 탄소강과 알루미늄 합금 2024-T351로 각각 만들어져 있다. 무차원 형상보정 계수 $Y = 1$이고, 각각의 봉에 절반길이가 1 mm인 균열이 존재할 때, 봉이 파손되지 않는 최대 작용응력은 얼마인가? 답 AISI 4340: $\sigma = 892$ MPa.

6.39 티타늄 합금 Ti-6Al-4V로 제작된 평판의 무차원 형상보정 계수 $Y = 1$이고, 인장력에 의해 평판의 소성 변형이 가능하다면, 재료 내에 존재가능 한 가장 큰 균열의 크기는 얼마인가? 답 1.488 mm.

6.40 그림 f에 나타낸 것과 같은 알루미늄 2014-T4 재질의 평판이 있다. 이 평판이 지지할 수 있는 최대 인장 응력은 얼마인가? 항복에 의해 파손(연성파손)되는 중앙 균열의 최대 길이는 얼마인가? 답 $\sigma = 115.7$ MPa, $l_c = 2.644$ mm.

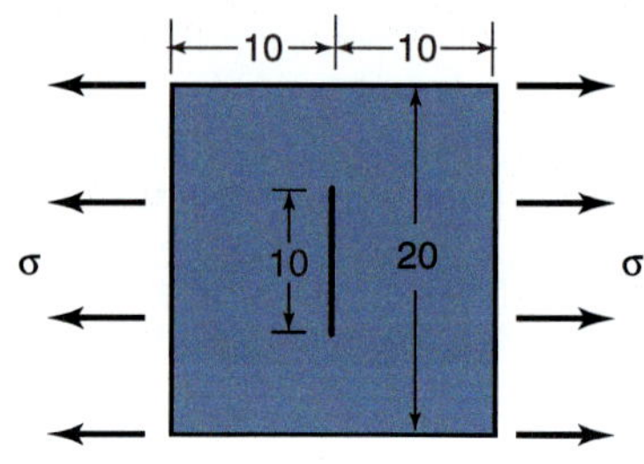

문제 6.40(단위: mm)에 대한 그림 f

6.41 길이가 50 mm이고 폭 25 mm이며, 두께가 5 mm인 평판이 있다. 중앙균열 시편에 대한 모서리 균열 시편의 허용 응력비는 얼마인가? 균열 길이는 두 경우 모두 10 mm로 가정한다.
답 $\sigma_{edge}/\sigma_{center} = 0.607$.

6.42 260°C에서 뜨임 처리된 4340 탄소강 재질로 외경이 250 mm이고, 두께가 2.5 mm인 원통형 압력용기가 제작되었다. 압력용기의 내압이 4 MPa일 때, 파괴가 발생하지 않는 축 방향 균열의 최대 길이는 얼마인가? 답 $l_c = 39.8$ mm.

6.43 티타늄 합금 Ti-6Al-4V로 제작된 폭 100 mm, 길이 200 mm

인 평판에 하나의 모서리 균열이 존재한다. 평판이 인장력에 의해 소성 변형을 일으키는 (연성파괴가 발생하는) 최대 균열 길이는 얼마인가? 평판의 길이가 아주 길다면 어떻게 달라지는가? 답 l_c =8.79 mm.

6.44 폴리메타크릴산메틸($K_{Ic} = 3\ \text{MPa}\sqrt{\text{m}}$)으로 제작된 기어의 필렛부(인장 응력이 최대가 되는 지점)에 절반 길이가 1 mm인 균열이 발생하였고, 균열이 성장할 때까지 하중이 가해지고 있다. 425°C에서 뜨임 처리된 AISI 4340 탄소강 재질의 동일한 형상의 기어에 동일한 균열이 존재하는 경우, 작용 하중은 얼마나 높아질 수 있는가? $Y = 1.5$라고 가정하라. 답 $\sigma_{\text{steel}}/\sigma_{\text{plexiglass}} = 29.13$.

6.45 알루미늄 합금 2024-T351 재질로 제작된 압력용기의 항복에 대한 안전 계수가 3.0이다. 균열의 절반 길이가 3 mm보다 작은 관통 균열이 포함되어 있을 때, 균열 진전을 고려한 안전 계수를 구하라. $Y = 1$이다. 답 $n_s = 3.17$.

6.46 260°C에서 뜨임 처리된 AISI 4340 탄소강으로 제작된 원자로의 윗 뚜껑이 조임 나사로 고정되어 있다. 뚜껑은 원자로가 가동되기 전의 가압시험에서 최대 1250 MPa의 응력을 받는 것으로 확인되었다. 항복에 대한 안전 계수와 재료 내부에 a = 1 mm인 초기 균열이 존재할 때의 균열 진전에 대한 안전 계수를 구하라. $Y = 1$로 가정하라. 또한 425°C에서 뜨임 처리된 동일 재질에 대한 안전 계수도 구하라. 답 260°C에서 뜨임 처리된 AISI 4340 탄소강: $n_s = 0.714$.

6.47 유리관을 사용하여 30 MPa의 압력을 견디고 파괴에 대한 안전 계수가 2인 압력용기를 제작하기 위해 산화알루미늄(사파이어) 재질이 사용되었다. 동일한 형상을 보통의 소다석회 유리를 이용하여 제작하고 안전 계수가 2인 경우, 7.5 MPa의 압력만이 허용된다. 유리관이 7.5 MPa의 압력을 견뎌낼 수 있는 균열의 길이를 결정하라. 두 경우 모두 $Y = 1$이고, 안전 계수는 2로 가정한다. 답 사파이어: $l_c < 75.2\ \mu\text{m}$, 유리: $l_c < 65.6\ \mu\text{m}$.

6.48 폴리메타크릴산메틸로 제작된 균열 선단의 응력집중을 관찰하기 위해 광탄성법이 사용된다. 하중 방향에 직각으로 생성된 50 mm 길이의 인공 균열이 성장하지 않는 범위에서 가할 수 있는 최대 인장 응력을 계산하라. $Y = 1$로 가정하라. 답 $\sigma_{\text{nom}} = 3.57$ MPa.

6.49 승객이 없는 항공기를 위해 가볍고 최대 2 mm의 균열에서도 파괴되지 않는 날개들이 필요하며, 일반적으로 1.5의 무차원 형상계수 Y 및 2.0의 안전 계수가 적용된다.

(a) 이 경우 가장 적절한 합금은 무엇인가? 답 알루미늄 2020-T351 또는 425°C에서 뜨임 처리된 4340 탄소강.

(b) Y를 4.5로 증가시키면 표 6.1의 어떤 합금의 사용이 가능하겠는가? 답 Al 2020-T351.

6.50 현수교를 지탱하는 케이블의 고정을 위해 800°C에서 뜨임 처리된 AISI 1080 탄소강을 이용한 직경 200 mm의 원형 막대가 사용된다. 케이블을 통해 3.5 MN의 힘이 막대로 전달될 때, 항복에 대한 안전 계수를 구하라. 답 $n_s = 3.41$.

6.51 리벳으로 접합된 두 철판으로 제작된 크레인의 팔이 순수 전단력을 전달한다. 리벳은 풀림 처리된 AISI 1040 탄소강으로 제작되었으며, 직경 25 mm인 원형 단면을 가지고 있다. 리벳에 작용하는 하중이 15 kN일 때, 폰미세스 기준에 의한 안전 계수를 구하라. 답 $n_s = 5.67$.

6.52 한 알루미늄 합금이 단축 인장 조건에서 50 MPa의 응력에서 항복한다. 이 재료에 $\sigma_1 = 25$ MPa, $\sigma_2 = 15$ MPa 및 $\sigma_3 = -26$ MPa의 응력 상태가 적용될 때 항복할 것인지 설명하라.

6.53 70 MPa의 항복 강도를 가진 금속재료에 $\sigma_1 = \sigma$, $\sigma_2 = 0$ 및 $\sigma_3 = -\sigma/2$의 주응력이 작용한다. 이 재료가 폰미세스 기준에 의해 항복할 때 σ의 값은 얼마인가? 또한 $\sigma_2 = \sigma/3$이면 σ는 얼마인가? 답 $\sigma = 52.91$ MPa.

6.54 S_y의 단축 항복 강도를 가진 재료가 주응력 $\sigma_1, \sigma_2, \sigma_3$이 $\sigma_1 > \sigma_2 > \sigma_3$인 응력 상태일 때, 항복이 발생한다고 가정한다. 이 재료에 정수압 응력 p의 중첩(시편이 유압에 의해 가압된 챔버 내부에 위치할 때와 같이)이 항복에 영향을 미치지 않음을 보여라. 달리 말하면, 이 재료는 여전히 항복 기준에 의해 항복됨을 보여라.

6.55 한 기계 요소의 취약부가 주수직 응력 $\sigma_1 = 100$ MPa, $\sigma_2 = -50$ MPa인 이축 응력 상태에 놓여 있다. 재료가 300 MPa의 항복 강도를 갖는 연성 재료일 때, 다음과 같은 조건에서의 안전 계수를 구하라.

(a) 최대 전단 응력 이론 답 $n_s = 2.00$.

(b) 뒤틀림 에너지 이론 답 $n_s = 2.27$.

6.56 볼트가 체결되어 목 부근의 취약 부분에 80 MPa의 인장 응력과 50 MPa의 비틀림 전단 응력이 작용하고 있다. 다른 응력 성분이 모두 0일 때, 뒤틀림 에너지 이론과 최대 전단 응력 이론에 근거하여 취약부의 안전 계수를 구하라. 볼트의 재질이 고탄소강(800°C에서 담금 처리 및 뜨임 처리된 AISI 1080 탄소강)이라면, 볼트가 정하중에 의해 파손될 것인가? 답 $n_{s,\text{DET}} = 3.22$, $n_{s,\text{MSST}} = 2.97$.

6.57 분필에 균열이 발생할 때까지 토크가 가해지고 있다. 최대 수직 응력 이론을 사용하고, 분필의 인장 강도가 압축 강도에 비해 상대적으로 작다고 가정하여 분필에 발생한 균열의 각도를 결정하라. 답 45°.

6.58 한 변의 길이가 25 mm인 정사각형 단면을 가지는 500 mm 길이의 외팔보가 있다. 이 외팔보의 자유단에 방향으로 1000 N, 방향으로 100 N, 방향으로 100 N인 3개의 힘이 작용하고 있다. 정사각 단면의 각 변들이 또는 방향에 평행할 때 뒤틀림 에너지 이론을 사용하여 외팔보의 고정단에 작용하는 등가 응력을 계산하라. 답 σ_e = 40 MPa.

6.59 트럭의 기어 박스로부터 뒷차축으로 3000 N-m의 토크를 전달하는 3 m 길이의 축이 중간 부분에 작용하는 500 N의 원심 하중으로 인해 불균형 상태에 있다. 풀림 처리된 AISI 1040 탄소강 재질의 중공축인 축의 외경이 70 mm이고, 내경이 58 mm일 때, 뒤틀림 에너지 이론을 사용하여 항복에 대한 안전 계수를 결정하라. 답 n_s = 2.39.

6.60 연습문제 5.30의 그림 w에 나타낸 것과 같은 외팔보 브래킷에 1000 N의 집중 하중과 300 N-m의 토크가 작용하고 있다. 뒤틀림 에너지 이론을 사용하고 횡전단력을 무시하여 안전 계수를 구하라. 브래킷은 풀림 처리된 AISI 1040 탄소강으로 제작되었으며, 각 치수 및 계수는 다음과 같다. a = 0.5 m, b = 0.3 m, d = 0.035 m, E = 205 GPa, ν = 0.3. 답 n_s = 1.76.

6.61 100 mm 직경의 축에 10 kN-m의 굽힘모멘트, 8 kN-m의 토크 및 120 kN의 축하중이 작용하고 있다. 샤프트 재질의 항복 강도는 600 MPa일 때, 최대 전단 응력 이론과 뒤틀림 에너지 이론을 사용하여 이 하중들에 의한 안전 계수를 구하라. 답 n_s = 4.21

6.62 2024-T4 알루미늄 합금이 아래와 같은 응력 상태에 있을 때, 최대 전단 응력 이론과 뒤틀림 에너지 이론을 사용하여 안전 계수를 구하라.

(a) σ_x =10 MPa, σ_y = −60 MPa 답 $n_{s,\text{MSST}}$ = 4.64.
(b) $\sigma_x = \sigma_y = \tau_{xy}$ = −30 MPa 답 $n_{s,\text{DET}}$ = 5.42.
(c) $\sigma_x = -\sigma_y$ = 36 MPa, τ_{xy} = 65 MPa 답 $n_{s,\text{MSST}}$ = 1.67.
(d) $\sigma_x = 2\sigma_y$ = −112 MPa, τ_{xy} = 33 MPa 답 $n_{s,\text{DET}}$ =2.31.

6.63 동일한 재질로 이루어져 있는 4개의 서로 다른 응력요소가 그림 g, h, i, j에 나타낸 것과 같은 응력 상태에 있다. 최대 전단 응력 이론과 뒤틀림 에너지 이론을 사용하여 어떤 요소가 가장 취약한지 결정하라. 답 그림 g가 가장 취약함.

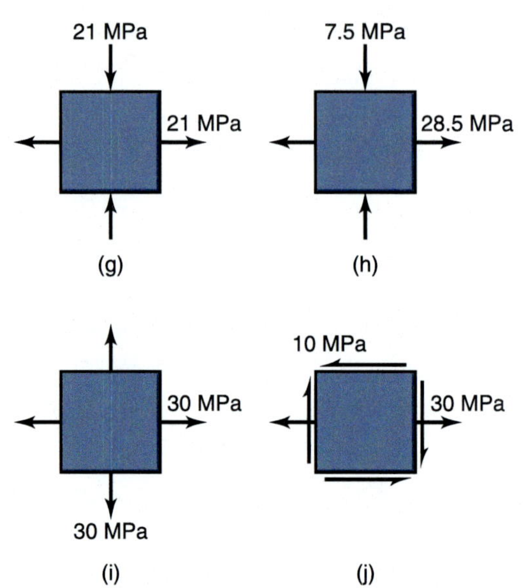

문제 6.63에 대한 그림 g, h, i 및 j

6.64 풀림 처리된 AISI 1040 탄소강을 이용하여 제작된 봉을 90° 씩 두 번 구부려서 그림 k에 나타낸 것과 같이 제작하였다. 최대 전단 응력 이론과 뒤틀림 에너지 이론을 사용하여 가장 취약한 부분의 안전 계수가 2가 되도록 봉의 최소 직경을 결정하라. 답 d = 35 mm.

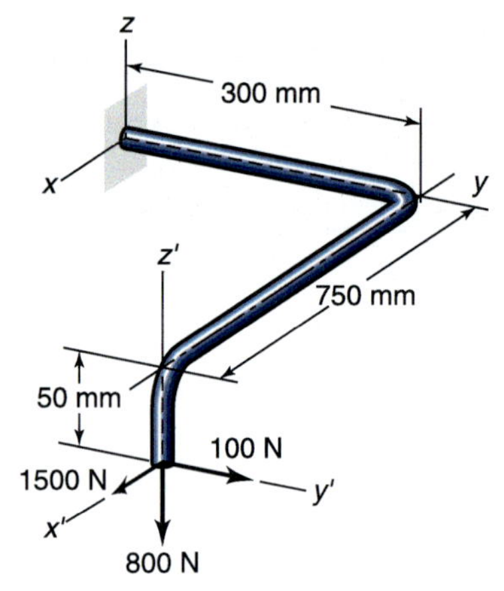

문제 6.64에 대한 그림 k

6.65 870°C에서 담금 처리 및 뜨임 처리된 AISI 1020 탄소강으로 그림 l에 나타낸 것과 같은 축을 제작하였다. 최대 전단 응력 이론과 뒤틀림 에너지 이론을 사용하여 가장 취약한 부분을 결정하라. d = 30 mm, D = 45 mm, d_2 =40 mm이다.

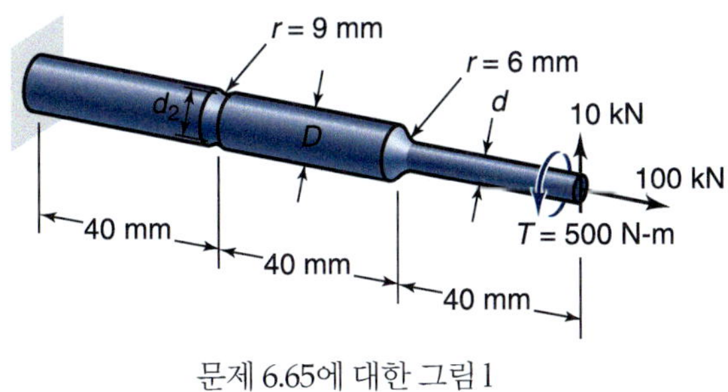

문제 6.65에 대한 그림 l

설계 문제 및 프로젝트

6.66 그림 6.19에 나타낸 실험 결과를 얻기 위한 실험 장치 및 기구와 실험과정을 설계하라.

6.67 확산 접합된 티타늄 평판과 알루미늄 평판에 인장력이 작용하고 있다. 응력 상승 요소가 존재하는가? 드릴로 두 개의 평판을 관통하는 하나의 구멍을 뚫고, 구멍에 일정한 인장력을 부여하였다. 취약한 부분에서 평판의 두께에 따른 응력의 분포를 그려라.

6.68 인터넷을 통해 Izod 시험과 Charpy 시험을 찾아보고 각 시험의 중요 특성을 요약하라. 이 시험들은 어떤 물성을 측정하는가?

6.69 폭이 100 mm인 철판이 인장력을 받고 있다. 만약 당신이 평판에 직경 25 mm의 구멍을 뚫어야 한다면, 중앙, 모서리 또는 중간지점 중 어디에 뚫을 것인가? 설명하라.

6.70 합식가위를 사용하여 알루미늄 음료수 캔의 윗면(캔 뚜껑이 있는)을 조심스럽게 자르고, 단면을 스케치하라. 캔 뚜껑을 따는 데 사용된 파손모드는 무엇인가? 설명하라.

6.71 폰미세스 항복 기준과 트레스카 항복 기준을 사용하여 치수 형상과 재료 항복 강도의 함수인 압력용기의 허용 압력을 유도하라. 구 모양과 원통 모양의 압력용기 모두 고려하라.

6.72 긴 원통형 고무 풍선의 표면에 사인펜을 이용하여 작은 정사각형을 그려라. 풍선을 불면 이 사각형의 형상은 어떻게 변하는가? (1) 큰 정사각형, (2) 원주 방향 길이가 더 긴 직사각형, (3) 길이 방향 길이가 더 긴 직사각형, (4) 타원. 실제로 실험을 수행하고 관찰결과와 적절한 관계식을 사용하여 결과를 설명하라. 풍선의 재질은 완전 탄성이며 등방성이고, 이 조건이 내부압력이 존재하는 얇은 두께의 폐쇄형 원통이라고 가정한다.

6.73 다음 식은 폰미세스 항복 기준을 보완하기 위해 제안되었다.

$$(\sigma_1 - \sigma_2)^a + (\sigma_2 - \sigma_3)^a + (\sigma_3 - \sigma_1)^a = \text{상수}$$

여기서 a는 2보다 큰 짝수인 정수이다. 평면 응력 조건에서 $a = 4$일 때와 $a = 12$일 때의 이 항복 기준을 폰미세스 기준 및 트레스카 기준과 함께 좌표에 표시하라. 제시된 수정된 항복 기준은 어떤 종류의 재료에 유용한가? 설명하라.

6.74 소성 변형이 진행되는 동안 금속은 비압축성 고체처럼 거동한다. 소성 변형하고 있는 금속의 등가 프와송의 비를 유도하라.

6.75 일반적으로 바깥쪽 모서리에 모따기와 안쪽 모서리에 모깍기가 사용되고 있다. (a) 적절한 그림 그리거나 또는 관계식을 사용하여 이유를 설명하라. 또한, 안쪽 모서리의 모깍기는 왜 일반적으로 사용하지 않는지 설명하라. (b) 모깍기의 각도가 45°일 때, 모따기의 다리 길이 c를 $c = 0.1\sqrt{d}$로 지정하는 것이 일반적이다. 여기서 d는 mm 단위인 축의 직경이다. 이 규칙을 이용하여 직경의 함수로 그림 6.5를 다시 그려라.

6.76 6.7.2절에서 언급한 바와 같이 소수의 마그네슘 합금은 인장 강도보다 압축 강도가 더 낮기 때문에 내부마찰 이론이 더 잘 맞는다. 기술 문헌을 참고하여 이 마그네슘 합금의 거동이 독특한 이유를 한 페이지 이내로 작성하라.

6.77 기술 문헌을 참조하여 그림 6.3b의 경우에 대한 해석적 풀이를 찾아라.

6.78 그림 m은 한 줄의 원형 구멍이 있는 축 방향 평판을 나타내고 있다. 당신이 생각하는 응력집중 계수를 d/b의 함수로 그려라. 그리고 기술 문헌을 참고하여 이 경우에 해당하는 응력집중 계수를 찾아라. 금속재료에서 리벳은 직경의 세 배보다 큰 간격을 두고 체결되어야 한다. 이러한 구멍과 관계된 간격들로부터 계산된 응력집중 계수는 얼마인가?

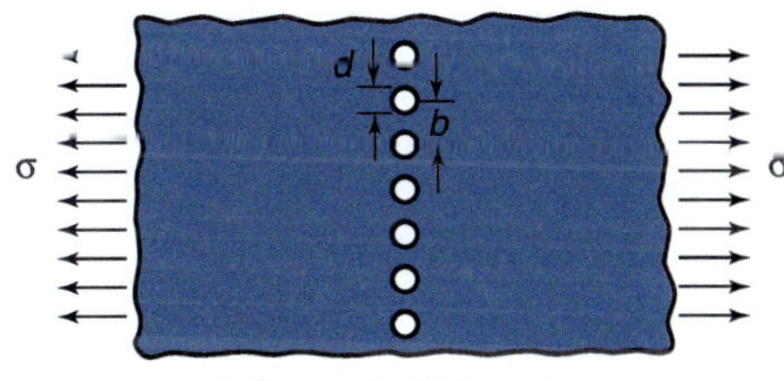

문제 6.78에 대한 그림 m

6.79 표 6.1의 재료들로 만들어진 긴 인장부재가 항복에 의해 파손(연성파괴)되기 위한 중앙 균열의 최대 허용길이를 계산하라. 부재의 폭을 (a) 25 mm와 (b) 1 mm로 가정하라. 계산에 무차원 형상보정 계수 Y를 반영하라.

7

피로와 충격

1988년 4월 28일 알로하 항공사 243 항공편인 보잉 737-200 기종에서 비행 도중 부식 피로에 의한 기체 파손이 발생하였다. 출처: AP Photos.

항상 작용하고 있는 자연의 힘에 대해 모든 사물은 어떤 방식으로든 반응한다. 그렇기 때문에, 모든 기계 설계와 구조 설계는 피로와 관련된 문제들이라 할 수 있다.

Carl Osgood, 피로 설계

이 장에서는 피로와 충격의 필수 개념에 대해 소개한다. 피로는 재료에 가해지는 반복 하중으로 인해 재료에 손상이 축적되는 과정이다. 손상에 의해 강도가 약화되기 때문에, 연성 재료라 할지라도 취성 파괴가 일어날 수 있다. 피로에서는 재료에 원래 존재하는 초기 결함들이 하나의 결함이 지배할 때까지 성장한다. 이 균열(crack)은 매 응력 사이클마다 성장한다. 이 장에서는 단축 응력 모드 I 파괴 분석을 시작으로 S-N 선도 및 단축 완전 교번 응력과 관련된 이론들을 소개할 것이다. 내구 한도를 갖는 재료의 경우 응력이 내구 한도 이하이면 피로 파손이 발생하지 않는다. 이 장에서는 응력집중, 표면 상태, 온도, 잔류 응력, 부품 크기 그리고 원하는 신뢰도 등과 같이 내구 한도에 영향을 주는 많은 인자들에 대하여 토의할 것이다. 내구 한도가 없는 재료의 경우에는 피로 파손을 피하기 위한 결함에도 안전한 설계 접근법이 필요하다. 이 장에서는 평균 응력이 큰 경우뿐만이 아니라 더 복잡한 응력 상태일 때의 피로에 대해서도 설명할 것이다. 피로에 대한 파괴역학적 접근법들을 소개하고, 동하중에 기인하는 충격 응력에 대한 토의로 이 장을 마무리한다.

차례

예제

설계 절차

사례 연구

기호

A 면적, m^2
a 피로 강도 지수
b 폭, m
b_s 기울기
C 식 (7.47)에서 사용한 상수
C_1, C_2 적분 상수
$\bar{C}$ 절편
c 중립축으로부터 고체의 외부면까지 거리
d 지름, m
E 탄성 계수, Pa
e, f 식 (7.19)에서 사용한 계수들
g 중력가속도, 9.807 m/s^2
H 두 개의 노치 반지름을 포함한 높이, m
h 두 개의 노치 반지름이 없는 높이, m
I 면적 관성모멘트, m^4
I_m 충격 계수
K 응력 확대 계수, MPa$\sqrt{m}$
K_c 응력집중 계수
K_f 피로 응력집중 계수
k 스프링률, N/m
ΔK 응력 확대 범위, MPa$\sqrt{m}$
k_f 표면 마무리 계수
k_m 기타 계수
k_r 신뢰도 계수
k_s 크기 계수
k_t 온도 계수
l_c 균열 길이, m
M 굽힘모멘트, N-m
m 식 (7.47)에서 사용한 상수
N 피로 수명 사이클
N' 특정 응력에서 파손하는 사이클 횟수
N'_t 파손에 이르는 사이클의 총 횟수
n' $n' < N'$일 때 특정 응력에서의 사이클 횟수
n_s 안전 계수
P 힘, N
q_n 노치 민감도 계수
R 응력비 $\sigma_{min}/\sigma_{max}$
R_a 산술 평균 조도, m
r 노치 반지름, m
S_e 수정 내구 한도, Pa
S'_e 내구 한도, Pa
S_f 수정 피로 강도, Pa
S'_f 피로 강도, Pa
S'_i 연성 재료에 대한 10^3 사이클에서의 강도, Pa
S'_l 고사이클 피로가 시작되는 곳의 피로 강도, Pa
S_u 극한 강도, Pa
S_y 항복 강도, Pa
u 미끄럼 속도, m/s
W 무게, N
Y 판 크기 보정 계수
α 피로 연성지수
α_i 사이클 비 n'_i/N'_i
δ 처짐, m
δ_{st} 정적 처짐, m
ϵ'_f 피로 연성 계수
ϕ 굽힘과 비틀림 사이의 위상각, rad
$\Delta\epsilon$ 총 변형률
σ 응력, Pa
σ'_f 파괴에서의 응력, Pa
σ_r 응력 범위, Pa
τ 전단 응력, Pa

하첨자

a 교번
f 최종
i 정수
m 평균
ref 기준

7.1 서론

이 장에서는 반복 하중과 충격 하중에 의해 발생하는 기계 부품들의 파손을 이해하고 예측하는 데에 초점을 맞출 것이다. 변동 하중에 의해 유발되는 변동 응력은 누적 손상에 의한 파손을 초래한다. 종이 클립을 앞뒤로 구부리는 상황을 고려해 보면 변동 응력에서 기인하는 파손들에 대해 더 잘 이해할 수 있다. 굽힘은 종이 클립의 양면에 각각 압축 응력

과 인장응력을 발생시키고, 굽힘 방향에 따라 이러한 응력들은 반전된다. 그러므로 종이 클립의 임의 위치에서 응력은 시간의 함수로써 변할 것이다. 종이 클립의 반복적인 굽힘은 결국 재료를 약화시키고 파손에 이르게 한다.

정하중 하에서의 응력과 처짐보다 충격 하중 하에서의 응력과 처짐이 훨씬 더 크다. 그러므로 동적 하중 효과들을 이해하는 것은 중요하다. 재료의 물리적 물성치들은 하중 속도의 함수이다. 보통 하중 변화율이 클수록 항복 강도와 극한 강도는 증가한다. 파쇄기, 해머, 해머밀, 탬퍼와 같은 부품들뿐만이 아니라 범퍼나 가이드웨이와 같은 부품들도 충격 하중을 고려한 예들이라 할 수 있다.

그림 7.1: 펀치 매거진(Punch magazine)에 '다리 위에서'라는 제목으로 실린 삽화로 다리 인근에서 죽음이 대중들을 기다리고 있다는 것을 경고하고 있다. 철교에 균열이 있음을 주목하라.

7.2 피로

19세기에는 제1차 산업혁명이 한창 진행중이었다. 채굴된 석탄이 코크스 생산에 사용되고, 광석으로부터 제련된 철이 사용되기 시작했다. 철은 다리와 철로 건설에 사용되었으며, 기차는 더 많은 석탄을 도시로 운반하게 되었다. 이와 같이 더 많은 코크스 생산이 가능해짐에 따라 철 생산량도 지속적으로 증가하였다. 그러나 공학적 성취의 기념비라 할 수 있는 다리 건설에서 문제가 발생하기 시작했는데, 이 문제가 심각했던 이유는 다리 건설에서의 실함이 극도로 복잡한 요인들에 의한 것이라는 점이었다. 50톤 기관차가 무사히 다리를 통과한 뒤 건초를 가득 실은 농부가 운전하는 마차가 지나갈 때 다리가 붕괴된 사건을 한 가지 예로 들 수 있다. 이로 인해 대중들은 두려움에 사로잡히게 되었고, 다리 위에서 죽음이 기다리고 있다고 믿게 되었다(그림 7.1).

이러한 두려움은 19세기 후반까지 이어지지는 않았으며, 오늘날 우리는 더 이상 '노후된 기반 시설'을 두려워하지 않는다. 가끔씩 교통 체증을 유발하면서 작업하는 도로 건설과 도로 개량 공사에서 지주 작업과 같은 토목공사 붕괴가 일어나는 것은 극히 드물다. 그러나 우리는 기계 요소들에서 **피로 파손**(fatigue failures)이 흔히 일어난다는 것을 알고 있다. 피로(그리고 피로 마모, 8.9.3절)는 금속 파손의 90%를 차지하는 가장 주요한 원인이다. 특히 구소물에서 피로 파손은 돌발적이고 은밀히 발생하며, 보통 경고도 없이 갑자기 발생한다. 이러한 이유 때문에 공학자들은 피로를 고려하여 설계해야 한다.

피로는 미시적인 면과 거시적인 면을 모두 가지고 있다. 즉, 전동 요소인 베어링이 갑작스럽게 깨지는 것과 축이 둘로 파괴되는 것은 완전히 다른 상황이지만, 베어링과 축 모두 피로 때문에 파손된 것이라 볼 수 있다. 피로 응력은 재료의 항복 강도보다 상당히 낮다. 전동 요소인 베어링은 표면 피로 파손을 겪고, 축은 구조적 피로 파손을 겪는다. 그러므로 변동 응력이나 반복 응력이 가해지는 요소나 구조물은 상대적으로 낮은 응력에서 피로 파손이 발생한다.

피로와 관련된 기본적인 몇 가지 개념들은 다음과 같다.

1. 피로는 복잡한 현상이며, 반복 하중을 받는 재료의 거동을 설명할 수 있는 보편적인 이론은 존재하지 않는다. 대신, 특정한 재료에 맞추어진 다수의 이론들이 존재한다.
2. 연성 재료의 피로 파손은 마치 취성 재료에서의 파손처럼 거동한다. 피로 파손에서 소성 변형은 거의 일어나지 않는다.

3. 피로를 고려한 대부분의 공학적 설계 경험은 탄소강 거동의 실험적 이해를 바탕으로 한다. 이러한 반경험적 규칙을 세라믹, 폴리머, 복합재료뿐만 아니라 철금속과 비철금속에도 확장하기 위해 많은 노력을 해왔다.
4. 피로는 재료 내 발생된 손상 누적과 관계가 있다. 손상은 보통 짧은 간격의 반복 응력에 의해 성장하는 균열들로 구성된다.
5. 피로 균열들은 보통 표면에서 시작되어 재료 전체로 전파된다는 것이 실험에 의해 확인되었다. 그러므로 피로에 영향을 받기 쉬운 기계 요소들의 표면 품질에 많은 주의를 기울여야 한다. 그러나 만약 재료의 표면 아래에 커다란 결함 혹은 응력집중이 존재한다면, 피로 균열은 표면 아래에서도 시작될 수 있다.
6. 하나의 결함이 다른 결함들보다 더 빠르게 성장하여, 다른 결함들보다 지배적으로 성장할 때까지 결함들은 여러 영역에서 균일하고 연속적으로 성장한다. 이때, 이 결함을 균열이라고 간주한다.
7. 안전한 기계 설계를 위해 피로 시험은 필수이다.

마지막으로 상기의 사항들은 아무리 강조해도 지나치지 않다는 점을 말해 둔다. 이 책은 설계자를 안내할 수 있는 이론적 접근법들에 중점을 두지만, 피로 파손에서는 많은 불확실성이 존재한다. 소개되는 가이드라인들은 보통 특정 재료, 생산 공정 혹은 기계 요소들에 바로 적용하기 어렵다. 실험적인 검증이 없이 이러한 방법론들을 사용하는 것은 학생들, 예비 설계 혹은 설계 분석에서는 적합하지만 상용 제품에서는 부적합하다. 피로를 겪는 요소들의 경우 가능하면 큰 안전 계수를 사용하는 것이 보편적이다.

요소 혹은 구조물의 총 수명은 균열이 발생되기까지의 시간과 균열이 단면을 관통해 성장하는 시간을 더한 것이다. 설계 절차 7.1에 의해 설계 수명은 최대로 연장될 수 있다.

설계 절차 7.1

설계 수명 최대화 방법

1. *초기 결함들, 특히 표면 결함들의 최소화.* 아주 매끄러운 표면을 만들 수 있는 연마 혹은 폴리싱과 같은 공정을 통해 내피로성 표면을 만들 수 있다. 이렇게 처리된 표면들은 제품이 사용되기 전까지 주의 깊게 보호하여야 한다.
2. *균열 발생 시기 최대 지연.* 숏피닝이나 버니싱 혹은 다양한 표면 처리법들을 포함하는 제조 공정들을 통해 표면 압축 잔류 응력을 인가할 수 있다. (혹은 적어도 인장 잔류 응력을 제거한다.)
3. *균열 성장 시간 최대 지연.* 균열 성장을 지연시키는 재료 물성치들은 특히 중요하다. 예를 들면, 몇몇 재료들의 피로 균열들은 결정립을 통해 발생된 것보다 결정립계를 따라서 더 빠르게 진행될 것이다. 이러한 경우, 횡방향으로 피로 균열이 성장하여 결정립들이 늘어나게 하는 방법으로 재료의 피로 수명을 연장할 수 있다. (예: 주조 대신 냉간 가공 된 요소들을 사용하는 방법)
4. *임계 균열 길이 최대화.* 파괴 인성(6.5절)은 필수 재료 물성치이다. 일반적으로 파괴 인성이 높은 재료일수록 더 적합하다.

설계 절차 7.1에서 제안하고 있는 접근법들 중에서 설계자는 어떤 부분에 중점을 두어야 할까? 표면의 골을 작게 할수록 더 매끄러운 표면을 얻을 수 있지만, 이는 비용 증가를 유발하기때문에 수익을 감소시킨다. 균열 발생 시기 최대 지연 방법은 부품들의 기능을 성능 손실 없이 오랜 시간 유지시켜 준다. 균열 성장 시간 최대 지연 방법은 갑자기 발생하는 균열을 미리 발견할 수 있도록 해주는데, 이 접근법은 이전에 '위험 경고형 설계(doctrine of manifest danger)'(1.4.1절)라고 언급한 바 있다. 임계 균열 길이 최대화는 파손이 임박한 상태를 인지할 수 있는 가능성을 높여주기 때문에 제품의 수명을 오랫동안 유지할 수 있다. 이러한 접근법들은 장점을 가지고 있기 때문에, 가끔씩 활용되기도 한다. 여기서 강조할 점은 안전 계수처럼 경험을 통해 제품과 재료 특성에 따라 결정하는 것이 최선이라는 것이다.

성공적인 제품 제작을 위해 적절한 재료와 제조 공정을 선정하는 것이 설계자의 업무이다. 그러나 피로는 극히 복잡한 주제이다. 이 장에서는 반복 하중에 대한 설계 접근법들을 소개한다. 충분한 안전 계수 또는 실험적 검증이 없이 이러한 접근법들을 실제로 적용하려면 극도로 주의해야 한다.

7.3 반복 응력

반복 응력(cyclic stress)은 시간에 따라 응력 시퀀스(stress sequence)가 반복되며 변하는 형태이다. 응력은 축 방향 응력(인장 혹은 압축), 굽힘 응력, 혹은 비틀림 응력 중 하나일 수 있다. 그림 7.2는 시간에 따라 변하는 응력의 이상적인 주기적 변화를 나타낸다. 그림에서 보여지는 바와 같이, 변동하는 반복 응력을 특성화하기 위해 몇 가지 변수들을 사용한다. 응력 주기($N = 1$)란 한 방향으로 하중이 적용되었다가 제거되고, 반대 방향으로 또 다른 하중이 적용되었다가 제거되는 것을 의미한다. 그러므로 $N = 1/2$인 경우는 하중이 한 번 적용되고 제거된 것을 의미한다. 응력은 식 (7.1)로 정의되는 **평균 응력**(mean stress) σ_m을 중심으로 변동한다.

$$\sigma_m = \frac{\sigma_{\max} + \sigma_{\min}}{2}. \tag{7.1}$$

응력 범위(stress range) σ_r은 $\sigma_{\max}$와 $\sigma_{\min}$의 차이다. 즉,

$$\sigma_r = \sigma_{\max} - \sigma_{\min}. \tag{7.2}$$

응력 진폭(stress amplitude) σ_a는 응력 범위의 반이다. 즉,

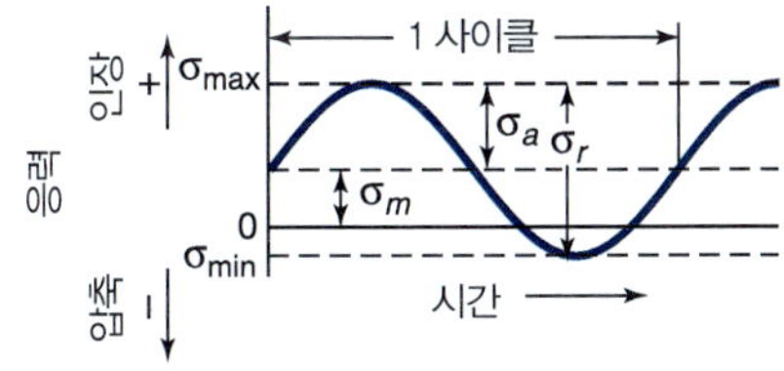

그림 7.2: 0이 아닌 반복 평균 응력 변화.

$$\sigma_a = \frac{\sigma_r}{2} = \frac{\sigma_{\max} - \sigma_{\min}}{2}. \tag{7.3}$$

응력비(stress ratio) R은 최소 응력 대 최대 응력의 비이다. 즉,

$$R = \frac{\sigma_{\min}}{\sigma_{\max}}. \tag{7.4}$$

일정 진폭 반복 응력에서 자주 접하는 4가지 유형은

1. **완전 반전**($\sigma_m = 0, R = -1$)
2. **평균값이 0이 아닌 경우**(그림 7.2)
3. **인장 반복**($\sigma_{\min} = 0, R = 0, \sigma_m = \sigma_{\max}/2$)
4. **압축 반복**($\sigma_{\max} = 0, R = \infty, \sigma_m = \sigma_{\min}/2$)

예제 7.1

반복 응력

조건 가로등 기둥과 소화전을 조이는 데 분리식 볼트가 이용된다. 바람으로부터 발생하는 수직 하중을 견디기 위한 목적으로 이러한 볼트들이 사용되지만, 차량에 의해 부딪치면 연성이 작아 파손된다. 차량에 의해 부딪칠 때 기둥 혹은 소화전이 약간 움직여도 된다면, 이는 자동차 충격에 의한 피해를 감소시킨다. 꽉 조여진 볼트에 인장이 작용하지만, 풍하중에 의해 압축도 작용하여 반복 응력 $\sigma = \pm 100$ MPa이 작용한다.

문제 분리식 볼트의 평균 응력, 응력 범위, 응력 진폭 그리고 응력비를 구하라.

풀이 이 문제를 풀기 위해서는 식 (7.1)~식 (7.4)까지 이용해야 한다. 평균 응력은

$$\sigma_m = \frac{\sigma_{\max} + \sigma_{\min}}{2} = \frac{100 - 100}{2} = 0$$

응력 범위는

$$\sigma_r = \sigma_{\max} - \sigma_{\min} = 100 - (-100) = 200 \text{ MPa}$$

응력 진폭은

$$\sigma_a = \frac{\sigma_r}{2} = \frac{200}{2} = 100\,\text{MPa}$$

이다. 응력비는

$$R = \frac{\sigma_{\min}}{\sigma_{\max}} = \frac{-100}{100} = -1$$

7.4 피로의 변형률 수명 이론

7.2절에서 논의된 바와 같이, 피로는 손상이 누적되는 과정으로서 균열의 성장으로 나타나지만, 균열 선단(crack tip)에서의 소성 변형 없이는 어떤 균열 성장도 불가능하다. 아무리 작은 영역이라도 소성 변형이 일어날 만큼 큰 응력을 받는 영역이 존재해야만 균열 성장이 일어날 수 있다. 그러나 6.2절에서 배운 바와 같이 날카로운 균열에서 응력집중이 매우 크다는 것을 상기한다면, 비록 낮은 응력이라도 균열 선단에서 소성 변형을 발생시킬 수 있다는 것을 알 수 있다. 게다가, 반복 하중은 균열 선단 근처의 항복 강도 혹은 극한 강도 값들을 변화시킬 수 있기 때문에 항복 강도 혹은 극한 강도와 같은 재료 물성치들의 사용에 어려움을 준다. 재료 물성치들은 재료와 가공 공정에 따라서 증가하거나 감소할 수도 있다. 그러므로 균열성장이 발생하는 곳에서의 재료 강도는 편람에 수록된 재료 강도 혹은 인장시험으로부터 얻은 재료 강도와 다를 수 있다.

이러한 어려움을 해결하기 위해, 균열 선단에서 발생하는 변형률과 피로 파손을 예측하기 위한 몇 가지 접근법들이 제안되었다. 잘 알려진 접근법 중 하나인 **맨슨-코핀 관계**(Manson-Coffin relationship)는 탄성 변형률과 소성 변형률 진폭의 합인 총 변형률 진폭을 수명의 관계로 표현한다.

$$\frac{\Delta\epsilon}{2} = \frac{\sigma'_f}{E}\left(2N'\right)^a + \epsilon'_f\left(2N'\right)^\alpha, \qquad (7.5)$$

$\Delta\epsilon$ = 소성과 탄성 요소를 모두 포함하는 총 변형률 진폭
σ'_f = 일회 응력 사이클에서의 파괴 응력, Pa
E = 재료의 탄성 계수, Pa
N' = 파손 이전에 발생되는 사이클 수
ϵ'_f = 피로연성 계수(일회의 응력 주기에 파괴를 일으키는 진 변형률)
a = 피로 강도 지수
α = 피로연성 지수

표 7.1: 몇 가지 금속들의 반복 하중 특성. 출처: Shigley and Mitchell(1983) and Suresh(1988).

재료	조건 또는 상태[a]	항복 강도 S_y, MPa	파괴 강도 σ'_f MPa	피로 연성 계수 ϵ'_f	피로 강도 지수 a	피로 연성 지수 α
강						
1015	불림	228	827	0.95	–0.110	–0.64
4340	뜨임처리	1172	1655	0.73	–0.076	–0.62
1045	Q&T[a] 27° C	–	2140	–	–0.065	–1.00
1045	Q&T 150° C	1720	2720	0.07	–0.055	–0.60
1045	Q&T 260° C	1275	2275	0.25	–0.080	–0.68
1045	Q&T 315° C	965	1790	0.35	–0.070	–0.69
4142	Q&T 27° C	2070	2585	–	–0.075	–1.00
4142	Q&T 200° C	1720	2650	0.07	–0.076	–0.76
4142	Q&T 315° C	1340	2170	0.09	–0.081	–0.66
4142	Q&T 370° C	1070	2000	0.40	–0.080	–0.73
4142	Q&T 450° C	900	1550	0.45	–0.080	–0.75
알루미늄						
1100	풀림처리	97	193	1.80	–0.106	–0.69
2014	T6	462	848	0.42	–0.106	–0.65
2024	T351	379	1103	0.22	–0.124	–0.59
5456	H311	234	724	0.46	–0.110	–0.67
7075	T6	469	1317	0.19	–0.126	–0.52
티타늄						
Ti-6Al-4V	고용화 열처리+에이징 처리	1185	2030	0.841	-0.104	-0.69
니켈						
Inconel X	풀림처리	700	2255	1.16	-0.117	-0.75

[a] Q&T: 담금질과 뜨임처리.

표 7.1은 재료 물성치인 a와 α의 일반적인 값들을 보여준다.

맨슨-코핀 관계는 총변형률 $\Delta\epsilon$을 결정하기 어렵기 때문에 실제로 사용되기는 어렵다. 6장에서 소개된 응력집중 계수는 기술 문헌에서 손쉽게 찾을 수 있지만, 소성 영역에서 변형률집중 계수는 어디에서도 찾을 수 없다. 맨슨-코핀 식(Manson-Coffin equation)의 이점은 피로 강도를 결정하는 중요한 물성치들에 대한 통찰력을 준다는 것이다. 맨슨-코핀 식은 강도뿐 아니라 연성의 중요성도 보여주며, 반복적인 소성 변형이 있으면 그 소성 변형이 아무리 작더라도 결국 파손에 이르게 된다는 결론을 보여준다.

7.5 피로 강도

7.5.1 회전보 실험

피로는 본질적으로 확률성을 가지고 있다. 즉, 같은 재료로 만들어진 시편들에서도 거동의 차이가 크다. 지금까지의 문제들과 사례 연구에서는 최악의 사례 시나리오라 불리는 접근법이 사용되었다. 피로에서 이 접근법을 적용하려면 시편의 피로 강도가 최소화되는 표면 조도, 노치크기, 초기 결함 크기 등을 선정해야 한다. 그러나 이러한 과정은 강도가 0인 피로 시편들을 만들게 되며, 이는 설계자에게 전혀 도움이 되지 않는다. 그러므로 피로 데이터는 보통 실제 환경을 반영하지 않고 최상의 사례 시나리오를 반영한다. 최상의 사례 시나리오를 기반으로 하는 피로 설계 이론들을 중요 응용 사례에 적용할 때 설계자는 세심한 주의를 기울여야 한다.

피로는 손상이 누적되는 현상이기 때문에, 초기 결함이 거동에 커다란 영향을 미친다. 결함이 없는 부품들을 생산하는 가공 공정은 없다. 사실, 입방 밀리미터당 결함들이 수천, 심지어 수백 만 개 발견되는 것은 흔한 일이다. 결함들은 크기, 형상 그리고 위치와 방향이 제각각이고 상베낭의 원리(Saint-Venant's principal, 4.3절 참조)를 위반하기에 충분할 만큼 서로 가까이 있을 수 있으므로, 이들의 응력집중 현상들이 서로 복합적으로 간섭한다. 그러므로 기본 원리들로부터 피로 강도를 유도하는 분석적 접근법들은 매우 어렵고,

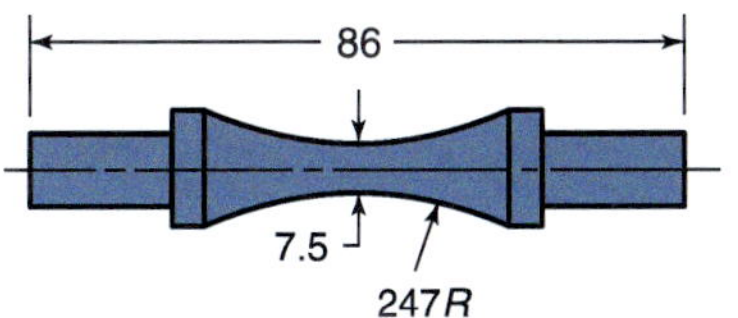

그림 7.3: R.R 무어 기계 피로시험 시편. 치수는 밀리미터(mm).

재료 피로에 관한 대부분의 지식은 실험 기반으로 얻어진 것이다.

피로에 관한 실험기반 접근법들에서는 모형 혹은 이상적인 표준 시편들을 사용한다. 전자는 더 신뢰성이 있고 중요한 응용 사례에 적합하며, 후자는 하중을 받고 있는 상태의 직접적인 시뮬레이션 비용이 매우 높은 경우 사용한다.

모형의 피로 강도를 설정하기 위해 연속적으로 시험을 수행한다. 시험 기계는 실제와 거의 가까운 응력 상태들(응력 레벨, 시간 주파수, 응력 패턴 등)로 구축되며, 모형은 실제 가공 및 처리 공정과 거의 유사하게 복제된다. 이러한 실험들을 통해 실제 하중 환경 하에서의 기계 요소 수명에 대한 가장 직접적인 예측을 획득할 수 있다.

이상적인 표준 시편의 시험을 위해 보통 무어 회전 빔 장비(Moore rotating-beam machine)와 같은 회전-빔 피로 시험 장비가 사용된다. 시편은 순수 굽힘을 받고 횡전단을 받지 않는다. 시편은 특정 치수들(그림 7.3)을 가지며, 원주 방향 스크래치들을 피하기 위해 축 방향으로 최종 폴리싱되어 매우 매끈한 표면을 갖는다. 만약 시편이 동일한 두 조각으로 깨지면, 재료의 피로 강도를 나타낸다고 할 수 있다. 만약 조각들이 동일하지 않으면, 재료 혹은 표면 결함이 결과를 왜곡한 것이다. 보통 정적 극한 강도의 2/3 정도인 상대적으로 큰 최대 응력 진폭을 갖는 완전 반전된($\sigma_m = 0$) 반복 응력 사이클을 시험 시편에 주고, 파손되는 순간까지의 사이클을 센다. 그러므로 특정 응력 레벨에서 각 시편에 대한 시험은 파손이 발생될 때까지 수행된다. 다른 동일한 시편들에 대해서도 최대 응력 진폭을 점차적으로 감소시키면서 이 절차를 반복한다.

7.5.2 피로 균열 성장 영역

그림 7.4a는 두 응력비에 대한 사이클 수의 함수로서 피로 균열의 크기를 보여준다. 그림 7.4b는 균열 성장률의 예이며 균열 성장의 3개 영역을 명확히 보여준다.

1. *영역 A*는 매우 느린 균열 성장 구간이다. 균열 성장률이 사이클당 재료의 원자 간격보다 더 작을 수 있다는 것을 나타낸다. 영역 A는 불연속적인 파손 과정이 일어나는 시기로 인지해야 한다. 이 영역에서의 파괴 표면들은 깎인 면이 있거나 톱니 모양이며, 이는 균열 성장이 나타나는 주 요인이 결정립 안에서의 전단 변형임을 나타낸다. 만약 이 영역이 우세하다면, 균열 성장률이 너무 작아서 균열 크기는 부품 수명에서 무시될 수도 있다. *영역 A*는 재료 미세 구조, 환경적 영향 그리고 응력 비율 *R*에 의해 크게 영향받는다.
2. *영역 B*는 **패리스 영역**(Paris regime)이라 불리며, 중간 정도의 균열 성장률 구간이다. 이 영역에서의 균열 성장률은 재료 미세 구조, 기계적 하중 변화 및 환경에 관계되는 몇 가지 요인들에 의해 영향을 받는다. 그러므로 주어진 재료 또는 합금에 대해 기본 원리에 따라 균열 성장률을 결정할 수 없는 것은 놀랄 일이 아니며, 성장률을 구하려면 시험을 해야 한다.
3. *영역 C*는 피로 사이클에 대한 최대 응력확대 계수가 재료의 파괴 인성에 근접한 곳으로, 높은 성장률을 보이는 구간이다. 재료 미세 구조 효과들과 하중이 균열 성장에 큰 영향을 미치며, 쪼개짐과 입계 분리 같은 추가적인 정적 모드가 발생할 수 있다.

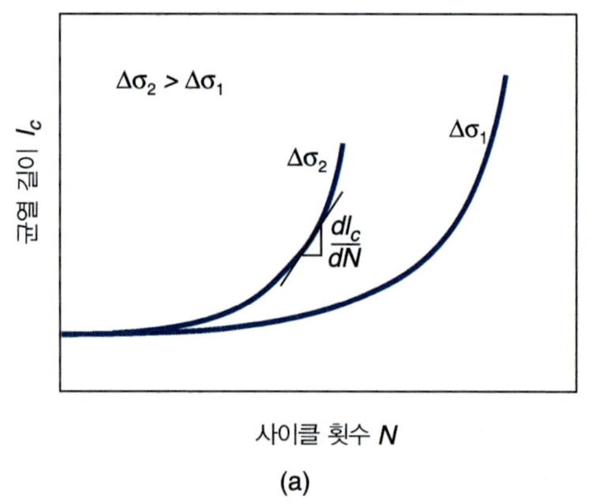

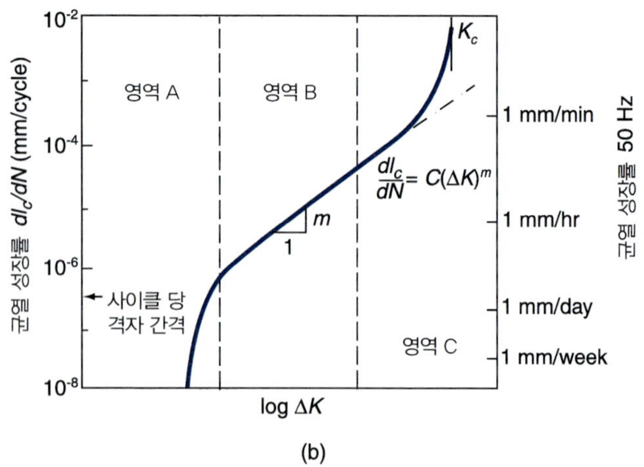

그림 7.4: 피로 균열 성장의 예. (a) 사이클 수의 함수로서 두 가지 다른 응력비에 대한 피로 균열의 크기, (b) 균열 성장률, 3가지 영역으로 구성된 도표.

7.5.3 피로 파손의 미세 구조

위에서 논의된 것처럼, 대부분의 연성 재료들은 피로를 겪는 경우 취성 거동을 나타내므로, 소성 변형이 거의 일어나지 않고 파괴될 것이다. 이에 대한 이유들은 아주 명확하지 않지만, 피로 파괴 미세 구조에 관한 조사를 통해 이러한 현상을 설명하는 데 도움을 얻을 수 있다.

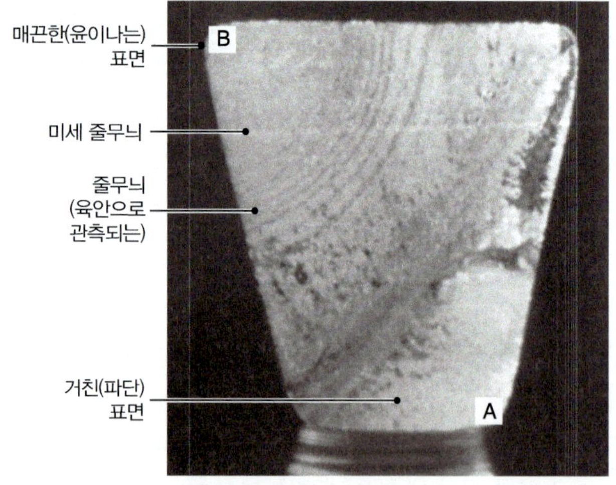

그림 7.5: 피로가 일어난 단면, B점에서 피로 균열에 의한 피로 줄무늬 혹은 물결무늬를 보여주고 있다. 출처: Rimnac, C., et al., in ASTM STP 918, *Case Histories Involving Fatigue and Fracture*, copyright 1986, ASTM International. Reprinted with permission.

전형적인 피로 파괴 표면이 그림 7.5에서 보여지며, 다음과 같은 특징을 가지고 있다:

1. 피로 균열 발생 위치인 그림 7.5의 B점 근처에서의 표면은 광택이 나거나 매우 매끈하다. 피로의 초기 단계에서 균열은 느리게 진전되고 탄성 변형은 두 표면 사이에서 미세한 미끄럼을 일으켜, 표면 문지름 및 기계적 폴리싱을 발생시킨다.
2. 최종 파괴 위치인 그림 7.5의 A점 근처에서는 *줄무늬*(striation) 혹은 *비치마크*(beach mark)가 명확히 육안으로 보인다. 피로 파손의 마지막 몇 사이클 동안 균열 성장은 매우 빠르게 진행되며, 이러한 줄무늬들은 빠른 성장 및 성장 억제 과정을 나타내는 표시라 할 수있다.
3. 그림 7.5에서 볼 수 있듯이 미세한 줄무늬들은 이 두 양 극단의 사이에 존재할 수 있고, 이러한 위치에 존재하는 미세한 줄무늬들은 피로 균열 성장이 느리게 진행됨으로써 만들어진 것이라 할 수 있다.
4. 최종 파괴표면은 보통 거칠어 보이고 취성 파괴처럼 보이지만 재료에 따라 연성 재료에서도 나타날 수 있다.

그림 7.6에 나타난 비와 같이, 특정 형상, 재료 그리고 하중에 따라 줄무늬들의 실제 패턴이 결정된다. 줄무늬들의 실제 패턴으로부터 파손 원인을 판단하기 위해서는 경험이 필요하다.

7.5.4 S-N 선도

각 시편의 반전 굽힘시험들로부터 얻은 데이터는 피로 강도 대 파손까지 사이클 총 횟수 N_t'의 대수(logarithm)로 그려진다. 이러한 도표들은 **S-N 선도**(S-N diagrams)라고 불리며, 1870년 독일 공학자 오거스트 뵐러가 피로 연구를 출간한 이후에는 **뵐러 선도**(Wöhler diagrams)로도 불린다. 이 선도는 피로 데이터를 보여주는 표준 방법이며 유용하고 유익한 정보를 제공한다. 내구 한도가 있는 재료와 내구 한도가 없는 재료의 두 가지 유형은 피로 강도 대 파손까지 사이클 횟수의 대수로 그려질 때 나타난다. 그림 7.7은 몇 가지 재료들의 일반적인 결과들을 보여준다. 그림 7.7a는 연강에 대한 시험 데이터를 보여준다. 세심한 주의를 기울여 시편을 준비했음에도 불구하고 데이터가 크게 분산되어 나타난다. 이러한 이유로 인해, 그림 7.7 같은 그래프로부터 추출되는 재료의 물성치들은 다소 불확실하고, 시편에 따라 상당한 차이를 가지고 있다. 그림 7.7a도 일관성 있는 결과만 보인 것이다. 곡선에서 철합금 및 티타늄 합금과 같이 **내구 한도**(endurance limits)를 갖는 몇몇 재료들은 낮은 응력 수준에서 기울기 변화가 발생하며, 이 부분은 '꺾이는 부분(knee)'라고 불린다. 이것은 내구 한도 S_e' 이하에서는 파손이 발생하지 않는다는 것을 의미한다(엄밀히 말하면 사실이 아니다−7.6.3절 참조). 내구 한도 S_e'는 파손이 발생하지 않는 무한 횟수 사이클을 갖는 가장 큰 변동 응력이다. 많은 강들의 내구 한도는 극한 강도의 35%에서 60% 사이이다.

알루미늄, 구리 그리고 마그네슘과 같은 대부분의 비철금속 합금들은 내구 한도를 가지지 않는다. 비철금속들의 피로 강도는 사이클이 증가함에 따라서 지속적으로 감소한다. 그러므로 응력 진폭과 무관하게 피로가 항상 발생할 것이다. 특정한 횟수(예: 10^6 혹은 10^7 사이클)에서 파손이 발생하는 응력 레벨을 이러한 재료들의 피로 강도로 본다.

실험적으로 내구 한도를 결정하는 것은 긴 시간과 고비용이 소요된다. 식 (7.5)에 의해 제공되는 맨슨-코핀 관계는 단일 하중이 작용하는 동안 재료의 파괴 강도에 따라 피로 수명이 변한다는 점을 알려주고, 정적 재료 강도와 피로 상도 사이의 관계에 대해 제안해 준다. 몇몇 연구자들에 의해 이러한 관계가 알려졌다(그림 7.8 참조). 세 가지 종류의 하중이 작용하는 강의 응력 내구 한도는 다음과 같이 근사화될 수 있다.

$$\begin{aligned} \text{굽힘:} \quad & S_e' = 0.5S_u \\ \text{축방향:} \quad & S_e' = 0.45S_u \\ \text{비틀림:} \quad & S_e' = 0.29S_u \end{aligned} \tag{7.6}$$

다른 철합금들에 대한 내구 한도를 근사화하는 데 식 (7.6)이 사용될 수 있지만, 실험적으로 구한 내구 한도와는 상당히 다를 수 있다는 것을 알아야만 한다. 그림 7.8에서 파선

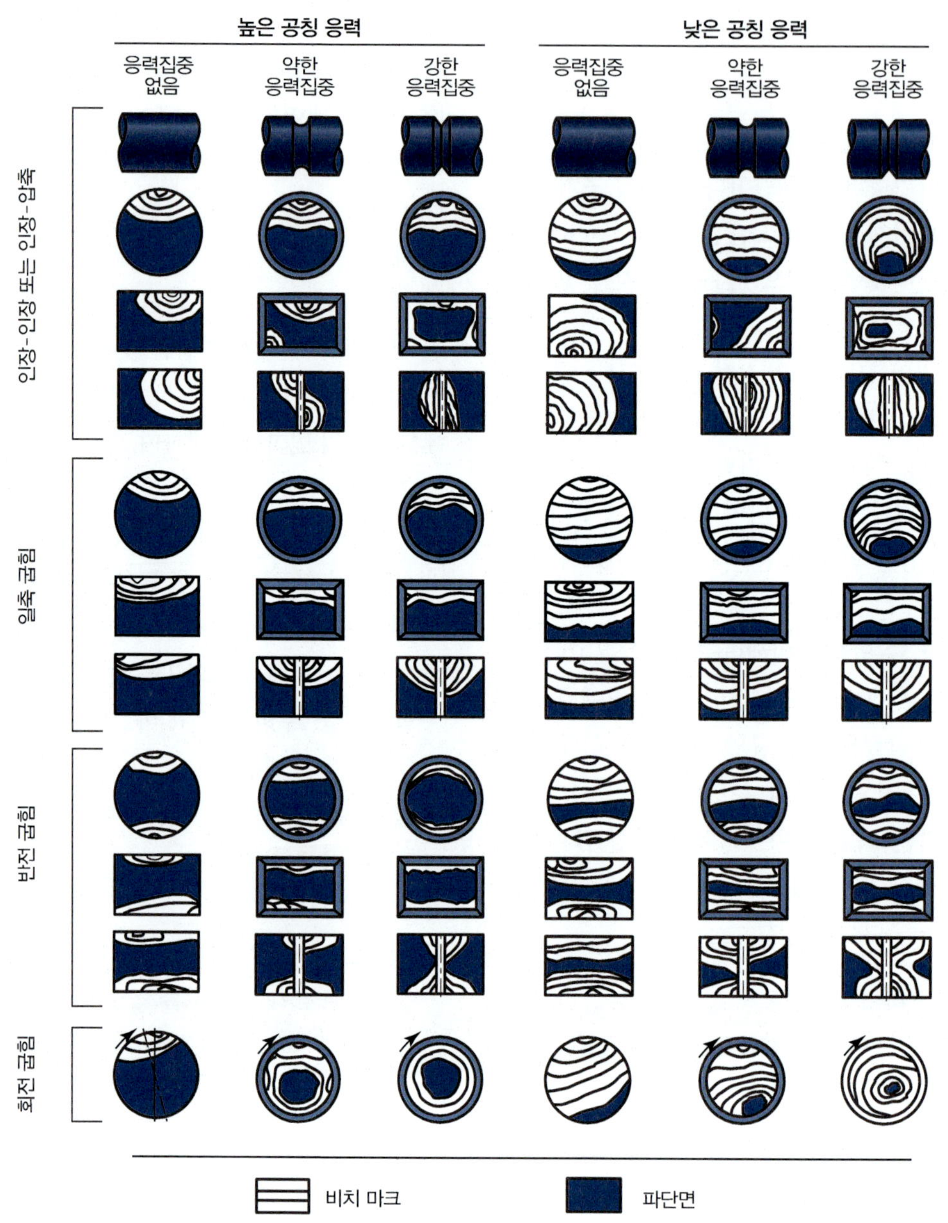

그림 7.6: 다른 하중 조건과 응력 수준 하에서, 노치가 없는 단면과 있는 단면의 전형적인 피로 파괴 표면. 출처: Metal Handbook, American Society for Metals(1975).

에 의해 그려진 것처럼, 철합금들의 내구 한도 최댓값은 식 (7.6)으로부터의 예측과는 무관하게 690 MPa임을 알 수 있다. 다른 철금속들의 극한 강도와 하중 종류가 알려졌다 하더라도, 식 (7.6)으로 주어진 내구 한도는 근사값임을 알아야 한다.

사용 경험이 많지 않은 다른 재료들이 피로 하중에 사용되는 사례가 증가하고 있다. 표 7.2는 다양한 재료들에 대한 피로의 강도를 근사화한 것을 나타낸다. 그림 7.7c는 일반적인 폴리머에 대한 몇 가지 응력-수명 곡선을 나타낸다. 폴리머는 금속보다 물성치의 변화가 더 크기 때문에, 그림 7.7c는 정량적인 데이터로 사용하지는 않지만 피로 물성치들의 실례가 되는 보기로서 정보를 제공하고 있다.

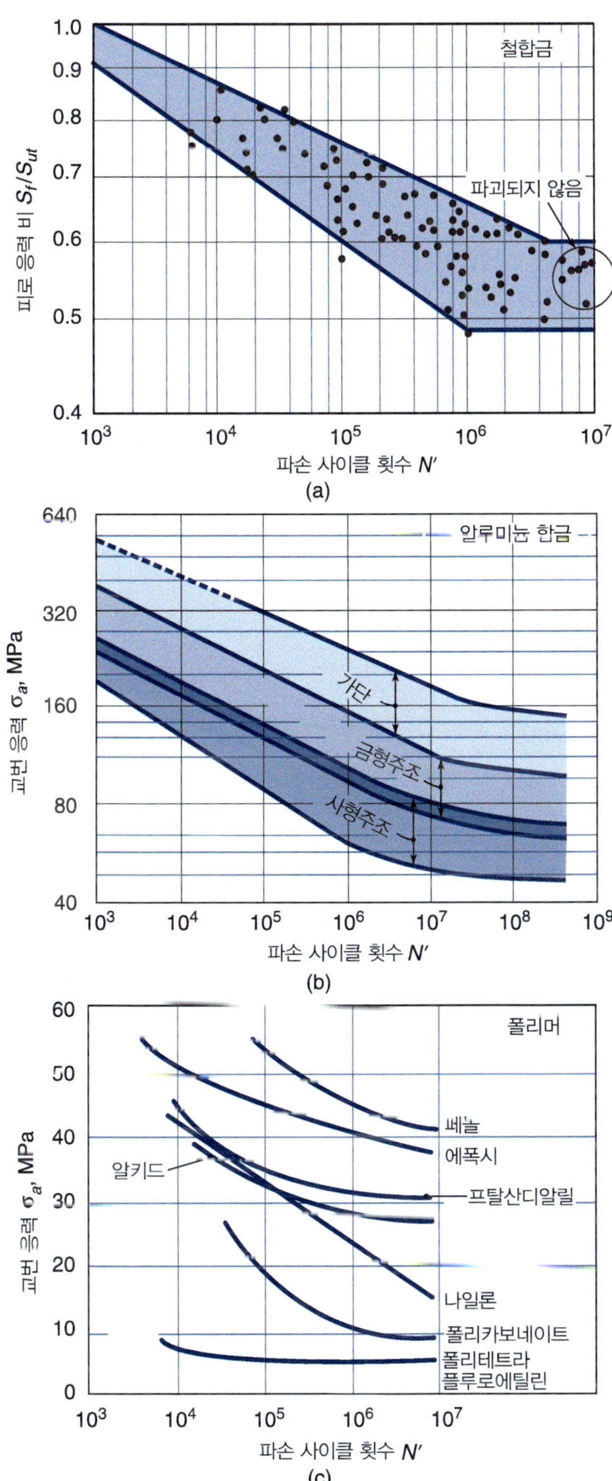

그림 7.7: 반복 하중 횟수의 함수인 피로 강도. (a) 철합금, 명확한 내구 한도를 보임, (b) 알루미늄 합금, 그래프의 꺾인 정도가 덜하고 내구 한도가 없음, (c) 분류된 폴리머 등급에 따른 특성. 출처: (a) Lipson and Juvinall(1963), (b) Juvinall and Marshek(1991), (c) Adapted form Norton(1996).

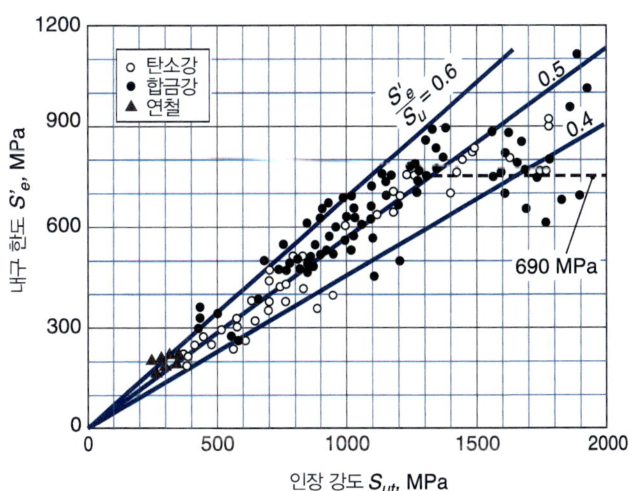

그림 7.8: 연강의 극한 강도 함수인 내구 한도. 출처: Shigley and Mitchell(1983).

표 7.2: 다양한 재료들에 대한 근사 내구 한도.

재료	사이클 횟수	관계식
마그네슘 합금	10^8	$S'_e = 0.35\ S_u$
구리 합금	10^8	$0.25S_u < S'_e < 0.5\ S_u$
니켈 합금	10^8	$0.35S_u < S'_e < 0.5\ S_u$
티타늄	10^7	$0.45S_u < S'_e < 0.65\ S_u$
알루미늄 합금	5×10^8	$S'_e = 0.40\ S_u\ (S_u < 330\ \text{MPa})$ $S'_e = 130\ \text{MPa}\ (S_u \geq 330\ \text{MPa})$

새로운 재료가 제공되거나 내구 한도의 실험적 검증이 필요할 때, 보통 전체적인 S-N 선도의 완성을 요구하지는 않는다. 설계자는 내구 한도를 실험적으로 얻거나, 평가를 위해 요구되는 비용과 시간을 조절하기 위해 최소 개수의 시편들을 사용하여 원하는 응력 사이클 횟수에서의 내구 한도를 얻고자 할지도 모른다. 이러한 경우 의미있는 접근법은 설계 절차 7.2에 요약된 *승강법*(up-and-down)으로 알려진 **계단**(staircase) 접근법이다.

설계 절차 7.2

계단 접근법

완전한 S-N 곡선을 필요로 하지 않을 때 재료의 내구 한도를

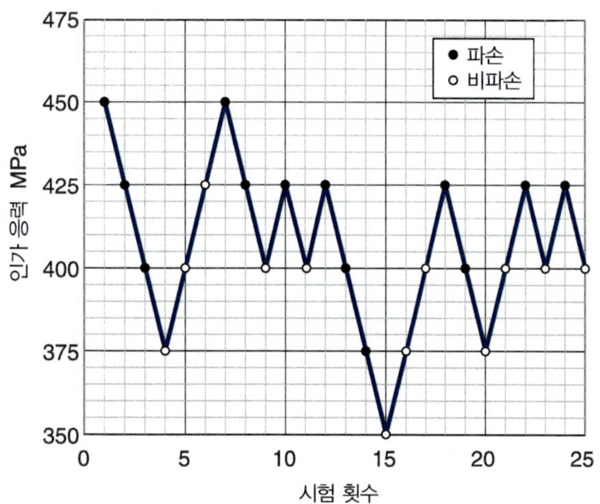

그림 7.9: 계단 접근법을 이용한 피로시험의 전형적인 결과, 이 결과들은 예제 7.2에서 사용된다.

결정하는 데 계단 접근법이 유용하다. 계단 접근법은 다음과 같은 단계들을 수반한다.

1. 처음에 설계자는 식 (7.6)과 같은 강도 기반의 접근법이든 기초 실험을 통해서든 관심 있는 재료에 대한 내구 한도를 예측해야 한다.
2. 응력 간격 d는 예측된 내구 한도의 약 10%로 잡는다.
3. 예측된 내구 한도와 같은 응력 수준에서 초기 시험을 수행한다.
4. 만약 시편이 깨진다면 이를 기록하고, 다음 실험은 응력 간격만큼 감소된 응력 수준에서 수행될 것이다.
5. 원하는 구간(일반적으로 10^6 혹은 10^7 사이클)에서 시험을 멈춘다. 만약 시편이 파손되지 않았다면 기록하고, 다음 실험은 응력 간격만큼 증가된 응력 수준에서 수행될 것이다.
6. 그림 7.9는 전형적으로 나타나는 결과들을 보여준다.
7. 평균 내구 한도는 다음 절차를 따라 얻을 수 있다.
   (a) 시험 결과에서 파손된 것과 파손되지 않은 것들의 수를 세어라. 개수가 더 적은 것을 사용하여 분석을 진행하라.
   (b) 각각의 응력 수준 σ_i에 대한 사건(파손 혹은 비파손)의 횟수를 n_i로 표시한다. 이 접근법에서 가장 낮은 응력 수준은 σ_o로 정의되며, 다음으로 높은 것은 σ_1 등으로 정의한다.
   (c) 다음 식으로부터 변수 A_n을 얻는다.

   $$A_n = \sum i n_i.$$

   (d) 이 때의 내구 한도는 다음 식으로부터 예측된다.

   $$S'_e = \sigma_o + d\left(\frac{A_n}{\sum n_i} \pm \frac{1}{2}\right),$$

   만일 비파손된 결과가 더 많았다면 ±에서 양(+)의 기호가 사용되고, 파손이 더 많았다면 음(−)의 기호가 사용된다.
8. 실험을 많이 할수록 더 정확한 내구 한도의 정량화가 가능하므로, 적어도 15회의 실험을 수행할 것을 추천한다.

계단 접근법을 통해 평균 내구 한도와 강도 분포의 속성을 알 수 있다. 계단 접근법의 내재적인 이점에 관한 세부 사항은 Lee, et al. (2005)에 수록되어 있으며, 내구 한도 수정 인자들을 점검하는 데 계단 접근법은 매우 유용하다(7.8절 참조).

예제 7.2

계단 접근법을 이용한 내구 한도의 결정

조건 그림 7.9는 25회 피로 시험 결과들을 보여준다. 응력 구간 d = 25 MPa에서 예측된 내구 한도는 σ_1 = 450 MPa이었다.

문제 재료의 내구 한도 S_e를 구하라.

풀이 이 풀이에서는 설계 절차 7.2의 접근법에 따라 처음 단계부터 6단계까지 완벽히 수행해 볼 것이다. 7a 단계와 그림 7.9로부터, 13개 파손 시편과 12개 비파손 시편을 확인할 수 있다. 비파손이 더 적은 사건이므로 분석에 사용될 것이다. 7b 단계에 따라서 아래의 데이터를 기록하였다.

7c 단계에 따라 A_n은 다음 식으로부터 계산된다.

i	σ_i (MPa)	n_i
0	350	1
1	375	3
2	400	7
3	425	1
4	450	0

$$A_n = \sum in_i = 0(1) + (1)(3) + 2(7) + (3)(1) = 20.$$

그러므로 7d 단계에 따라 내구 한도는 다음 식으로 계산된다(파손이 더 많이 일어남을 주목).

$$\begin{aligned} S'_e &= \sigma_o + d\left(\frac{A_n}{\sum n_i} - \frac{1}{2}\right) \\ &= 350 + (25)\left(\frac{20}{12} - \frac{1}{2}\right) \\ &= 379 \text{ MPa.} \end{aligned}$$

7.6 피로 영역

파손 사이클 횟수가 증가함에 따라서 S-N 선도(그림 7.7a)는 다른 거동 유형들을 보여준다. 기본적인 두 영역은 **저사이클 피로**(low-cycle fatigue, 일반적으로 1000 응력 사이클 이하)와 **고사이클 피로**(high-cycle fatigue, 약 1000 응력 사이클 이상 1백만 응력 사이클 이하)이다. 저사이클 피로에서 곡선의 기울기는 고사이클 피로에서 기울기보다 훨씬 더 작다.

또 다른 유형은 **유한 수명**(finite life)과 **무한 수명**(infinite life)으로 나누는 것이다. 그림 7.7a는 어떤 반복 응력 이하에서 무한 수명을 갖는 철합금의 내구 한도를 보여준다. 선도에서 유한 수명과 무한 수명을 구분짓는 경계가 항상 명확하지는 않지만, 강(steel)의 경우에는 10^6에서 10^7 사이클 사이에 있다. 그러므로 이 범위 이하에서는 유한 수명인 것으로 간주한다.

7.6.1 저사이클 피로

저사이클 피로는 1000 사이클 이하에서 파손을 일으키는 임의의 하중이다. 일반적으로 일어나는 하중 유형이라 할 수 있다. 예를 들면, 자동차의 앞좌석에 장갑 같은 것들을 수납하는 작은 칸의 걸쇠, 트럭 휠의 스터드 그리고 축에서 기어 위치를 고정시키는 멈춤나사와 같은 많은 장치들이 사용 기간 동안 1000회 이하의 사이클을 받는다. 이 경우, 1000 사이클 동안 파손되지 않는다는 것은 의도한 만큼 견딘다는 것을 의미한다.

저사이클 범위를 갖는 부품들의 경우에, 설계자들은 피로 효과를 완전히 무시하거나 허용 응력 수준을 낮추어 설계한다. 피로를 무시하는 것은 좋지 않은 접근법이라 할 수 있다. 그러나 그림 7.7a의 저사이클을 갖는 부분에서는 작은 기울기를 갖는다(1000 사이클에서의 피로 강도가 정적 강도에 비해 작지 않음을 보라). 게다가, 곡선에서 y절편은 항복 강도가 아니라 극한 강도이다. 정적 설계에서는 허용 응력을 정의할 때 극한 강도가 아니라 항복 강도가 자주 사용되므로, 이러한 정적 접근법이 저사이클 부품 설계에서 용인되고 있다. 안전 계수는 반복 하중으로 인한 재료 강도의 불확실성을 보상하는 역할을 한다.

저사이클 피로 효과를 고려하기 위해 실험 데이터를 기반으로 재료 강도를 수정할 수 있다. 고사이클 피로가 시작되는 강의 피로 강도는 다음 식과 같이 근사화될 수 있다.

$$\begin{aligned} &\text{굽힘:} \quad S'_l = 0.9S_u \\ &\text{축 하중:} \quad S'_l = 0.75S_u \\ &\text{비틀림:} \quad S'_l = 0.72S_u \end{aligned} \tag{7.7}$$

7.6.2 고사이클, 유한 수명 피로

많은 응용 사례에서 사용 연한 동안 부품의 응력 사이클 횟수는 10^3에서 10^7 사이이다. 자동차 문의 힌지, 비행기 몸체 패널 그리고 알루미늄 소프트볼 방망이 등이 그 예이다. 이 범위에서 강도는 급격히 떨어지기 때문에(그림 7.7), 강도는 하중 사이클의 함수로 표현되어야 한다. S'_l과 S'_e 사이의 임의의 위치에서 피로 강도는 일반적으로 다음 식으로 나타낼 수 있다.

$$\log S'_f = b_s \log N'_t + \bar{C}, \tag{7.8}$$

b_s는 기울기이고, $\bar{C}$는 S-N 선도에서 유한 수명 부분의 절편

이다. 끝 점($N = 1000$에서 $S = S_l'$, $N = 10^6$에서 $S = S_e'$)에서 식 (7.8)은 다음과 같다.

$$\log S_l' = b_s \log(10^3) + \bar{C} = 3b_s + \bar{C}, \tag{7.9}$$

$$\log S_e' = b_s \log(10^6) + \bar{C} = 6b_s + \bar{C}. \tag{7.10}$$

식 (7.9)에서 식 (7.10)을 빼면 식 (7.11)을 얻을 수 있다.

$$b_s = -\frac{1}{3}\log\left(\frac{S_l'}{S_e'}\right). \tag{7.11}$$

식 (7.11)을 식 (7.10)에 대입하면 식 (7.12)가 얻어진다.

$$\bar{C} = 2\log\left(\frac{S_l'}{S_e'}\right) + \log S_e' = \log\left[\frac{(S_l')^2}{S_e'}\right]. \tag{7.12}$$

식 (7.6)과 식 (7.7)을 사용함으로써 특정 유형 하중에 대해 기울기 b_s와 절편 $\bar{C}$를 결정할 수 있다. 식 (7.8)에서 알고 있는 기울기와 절편으로부터 피로 강도를 다음 식으로 구한다.

$$S_f' = 10^{\bar{C}}\left(N_t'\right)^{b_s} \quad \text{for} \quad 10^3 \le N_t' \le 10^6. \tag{7.13}$$

만일 피로 강도가 주어진다면 파손까지의 원하는 사이클 횟수는 다음 식과 같다.

$$N_t' = \left(S_f' 10^{-\bar{C}}\right)^{1/b_s} \quad \text{for} \quad 10^3 \le N_t' \le 10^6. \tag{7.14}$$

그러므로 식 (7.6), 식 (7.7), 식 (7.11), 식 (7.12)를 이용하여, 식 (7.13)으로부터 피로 강도를 얻거나, 식 (7.14)로부터 파손 사이클 횟수를 결정할 수 있다.

예제 7.3

고사이클, 유한 수명 피로

조건 핵발전소의 압력용기 뚜껑은 수증기(보일러형 원자로) 혹은 가압수(가압수형 경수로)에 의해 가해지는 고압을 밀봉하기 위해 볼트로 조여져 있다. 볼트 재료의 극한 강도는 1080 MPa이다. 현재 볼트들은 큰 응력을 받고 있으며, 원자로가 25회 열린 후에 교체되도록 설계되어 있다.

문제 10,000 사이클의 수명을 위하여 요구되는 응력을 결정하라.

풀이 축하중에 대한 식 (7.6)과 식 (7.7)은 $S_e' = 0.45\ S_u$와 $S_l' = 0.75\ S_u$를 제공한다. S_l'은 1000 사이클의 수명에 대한 것이고 S_e'은 10^6 사이클의 수명에 대한 것임을 주의해야 한다. 식 (7.11)에 의해 다음 식과 같이 기울기 b_s를 구한다.

$$b_s = -\frac{1}{3}\log\left(\frac{S_l'}{S_e'}\right) = -\frac{1}{3}\log\left(\frac{0.75S_u}{0.45S_u}\right) = -0.07395.$$

식 (7.12)로부터 절편은 다음과 같다.

$$\bar{C} = \log\left[\frac{(S_l')^2}{S_e'}\right] = \log\left[\frac{(0.75)^2(1080)^2}{(0.45)(1080)}\right] = 3.130.$$

기울기와 절편을 구했으므로, 식 (7.13)으로부터 피로 강도를 다음과 같이 구한다.

$$S_f' = 10^{\bar{C}}\left(N_t'\right)^{b_s} = 10^{3.13}(10,000)^{-0.07395} = 682.7\ \text{MPa}.$$

그러므로 응력이 682.7 MPa로 감소해야만 10,000 사이클의 수명을 성취할 수 있다.

7.6.3 고사이클, 무한 수명 피로

강(steel)의 경우 내구 한도에 상응하는 10^6 사이클을 넘기면 피로 파손이 발생하지 않아 수명이 무한대가 된다. 이와 같이 무한한 수명이 요구되는 경우가 많다. 만약 재료가 내구 한도를 가지지 않는다면, 무한 수명을 고려하여 설계할 수 없다. 예를 들어, 알루미늄 합금들은 항상 유한 수명(7.6.2절에서 주어진 접근법을 사용하여)을 고려하여 설계되거나 파괴역학 접근법이 사용될 것이다(7.12절).

식 (7.5)에 의해 주어진 맨슨-코핀 관계는 재료가 변형되는 한 항상 파손이 발생될 것이라는 점을 제안하고 있다는 것을 인식해야 한다. 이는 실험적 조사들을 통해 확인되었다. 재료가 파손 없이 견딜 수 있는 반복 응력 수준이 존재하지 않음은 분명하다. 그러나 다음 사항에 주목해야 할 필요가 있다.

- 그림 7.7a에 보인 탄소강과 같은 재료들의 곡선에 나타

난 꺾이는 부분(knee)은 S-N 선도가 1백만 응력 사이클 근처에서 거의 수평이 되었다는 것을 나타낸다.

- 그림 7.7a의 x축은 log 스케일임에 주의해야 한다. 그러므로 내구 한도 이하의 응력들은 아주 큰 사이클 횟수 이후에만 파손을 일으킨다. 피로 파손 사이클 횟수를 나타내는 **기가사이클 피로**(gigacycle fatigue)는 독특한 거동을 갖는다. 예를 들면, 표면으로부터의 균열 성장 혹은 응력집중 대신 보통 재료 표면 아래에서 발생한 결함들로부터 기가사이클 피로 파손이 시작된다.
- 만약 부품이 수백 만, 수십 억, 수조의 사이클을 견딘다면, 이는 실제로 무한 수명이라 할 수 있다. 즉, 대부분 기계 요소들에 있어서 기계의 예정된 수명을 충분히 초과하는 수명을 의미하므로 부품들은 결코 파손되지 않는다. 기계 파손들이 다른 구성 요소들에서 먼저 발생될 것이고, 기가사이클 피로가 문제화되기 전에 그 기계가 폐기될 것이다.

그러나 철 합금과 티타늄 합금들은 내구 한도에 기초한 무한 수명 설계 접근법을 따를 수 있다. 기본적으로, 설계자는 내구 한도를 결정하고 이를 허용 응력으로 사용한다. 그러면, 요소들의 선택과 크기 결정은 정적 설계처럼 진행할 수 있다. 이 접근법은 상당히 복잡하며 다음 절에서 상세히 설명할 것이다.

7.7 응력집중 효과

식 (7.5), 즉 맨슨-코핀 식은 기계 요소의 수명이 변형률과 직접적인 관계를 가지고 있음을 보여준다. 응력집중의 위치는 변형률 집중 위치이기도 하므로, 응력집중 위치들은 피로 균열의 발생과 성장 그리고 촉진이 발생하는 주요 후보들로 볼 수 있다. 그러나 많은 재료들은 소성 유동을 통해 균열 선단 근처에서 응력 완화가 일어날 것이기 때문에 6장에서 다루어진 응력집중 계수는 피로 응용 사례들에 직접 적용될 수 없다. 즉, 몇몇 재료들은 균열 선단 근처에서 소성적으로 유동하기 때문에, 파괴는 방지되고 균열 성장은 지연된다.

정적 하중 하에서는 응력집중 계수 K_c가 사용되고, 피로 하중 하에서는 피로 응력집중 계수 K_f가 사용된다.

$$K_f = \frac{\text{노치가 없는 시편의 내구 한도}}{\text{노치가 있는 시편의 내구 한도}}. \tag{7.15}$$

구멍, 필렛, 홈 혹은 재료 물성의 격한 변화가 일어나는 위치에서 노치나 응력집중이 발생할 수 있다. 이론적인 응력집중 계수는 기하학적 형상에 대한 함수라고 언급했던 6.2절을 상기해 보자. 피로 응력집중 계수는 기하학적 형상의 함수일 뿐만 아니라 재료와 하중 유형의 함수이다. 재료에 대해 고려해야 할 사항은 보통 **노치민감도 계수**(notch sensitivity factor) q_n을 사용함으로써 해결된다. q_n은 다음 식들에 의해 정의된다.

$$q_n = \frac{K_f - 1}{K_c - 1}, \tag{7.16}$$

$$K_f = 1 + (K_c - 1)\, q_n. \tag{7.17}$$

식 (7.16)으로부터 q_n은 0($K_f = 1$일 때)에서 1($K_f = K_c$일 때) 사이의 범위를 가지고 있다는 것을 알고 있다. 식 (7.17)로부터 피로 응력집중 계수를 얻기 위해서는 재료의 노치민감도와 하중의 유형을 알아야 한다는 것을 알 수 있다. 고려되는 모든 재료들에서 노치가 매우 날카로워짐에 따라(즉, r이 0에 근접함에 따라) 노치민감도가 0에 근접한다. 또한, 강(steel)이 단단하고 강할수록 노치에 더 민감한 경향이 있다(q_n이 큰 값을 가진다는 것을 의미한다.). 노치민감도는 재료 연성의 척도이기 때문에 이러한 사실은 놀라운 일은 아니며, 단단한 강들은 제한된 연성을 갖는다. 그림 7.10에서 제시된 강은 굽힘과 축하중보다 비틀림 하중에서 노치가 약간 더 민감하다는 것을 보여준다.

피로에서 응력집중의 효과를 적용하기 위해서 설계자들은 K_f만큼 내구 한도를 감소시키거나 인가된 응력을 K_f만큼 증가시키는 방법을 취할 수 있다. 때때로 설계는 항복 강도가 아니라 극한 인장 강도를 기반으로 한다. 이러한 경우, 응력집중이 발생하는 위치 주변에서 커다란 소성 변형이 일어날 수 있고, 이러한 이유로 인해 응력집중의 크기가 감소될 수 있다. 그러므로 응력집중을 무시하거나 안전 계수에

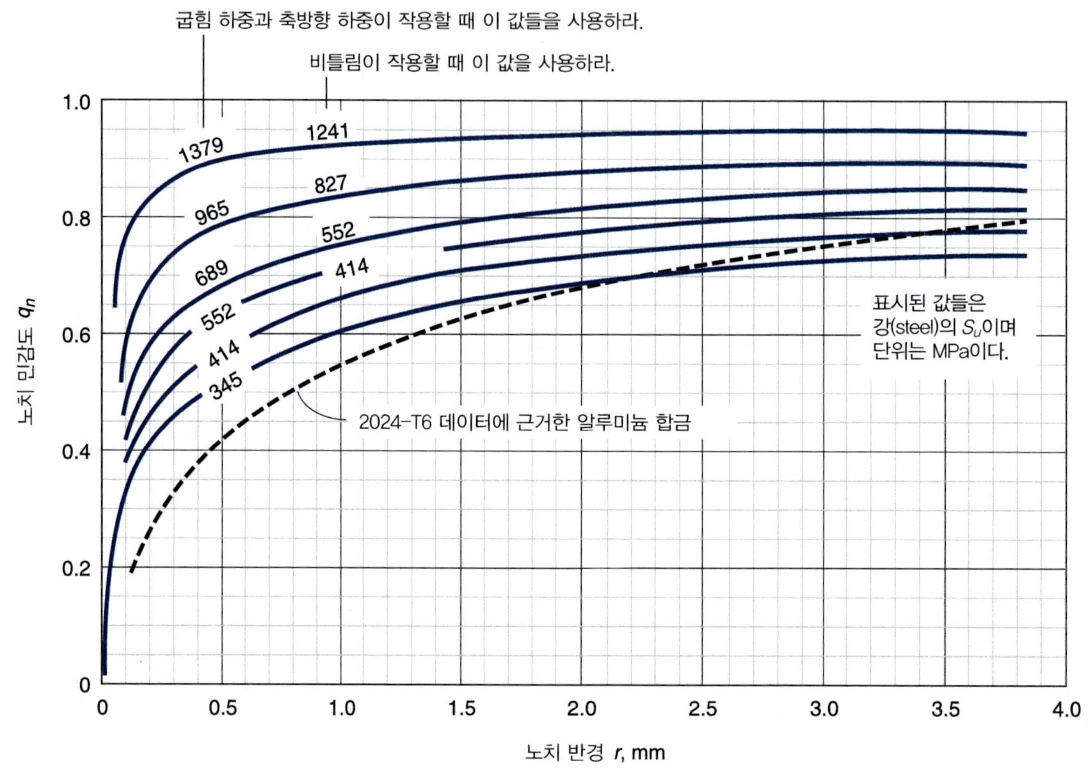

그림 7.10: 몇 가지 재료 및 하중 유형에 따라 노치 반지름 함수로 표현되는 노치 민감도. 출처: Sines and Waisman(1959).

응력집중을 포함시키는 것이 타당하다. 어떤 설계들은 소성 유동에 의해 악영향을 받지 않거나 충분히 큰 변형이 가능한 높은 탄성의 재료를 사용하여 응력집중을 완화시키기도 한다. 이러한 접근법들은 모두 성공적인 설계 결과를 가져올 수 있다. 일반적으로 설계 제약 조건들이 응력집중 계수의 사용에 대한 지침을 제공한다. 이 책에서 응력집중 계수는 허용 강도 감소가 아니라 인가된 응력을 증가시키는 데 사용될 것이다.

예제 7.4

피로 응력집중 계수

조건 지름이 30 mm인 포뮬러-1 경주차의 구동축에 반경 1 mm인 반원 노치가 있다. 전단 응력과 굽힘 응력을 같게 하기 위해, 타이어와 지면 사이의 마찰 계수가 1.5가 되도록 축의 치수가 결정되어 있다. 자동차에 윙(wing)과 스포일러(spoilers)를 장착함으로써 차의 질량 증가 없이도 높은 속도에서 타이어에 작용하는 하중이 두 배가 될 수 있다. 뒤틀림 에너지 이론(distortion-energy theory)으로부터 등가 응력은 $\sigma_e = \sqrt{\sigma^2 + 3\tau^2}$으로 가정하라.

문제 축 재료가 965 MPa의 극한 인장 강도를 가진 경우, 구동축의 굽힘과 비틀림에 대한 피로 응력집중 계수를 구하라. 또한 가속 주행되는 경우와 급커브 주행 중 구동축 파손에 더 높은 위험을 주는 것이 어느 것인지 결정해 보라.

풀이 그림 7.10으로부터 1 mm 노치 반경과 965 MPa 극한 인장 강도에서 굽힘에 대한 노치민감도는 0.82이고 비틀림에 대한 노치민감도는 0.85이다. $r/d = 1/28 = 0.0357$, $D/d = 30/28 = 1.0714$일 때, 그림 6.6b로부터 굽힘에 대한 응력집중 계수는 2.2이고 그림 6.6c로부터 비틀림에 대한 응력집중 계수는 1.8이다. 식 (7.17)로부터 굽힘으로 인한 피로 응력집중 계수는 다음과 같다.

$$K_f = 1 + (K_c - 1)q_n = 1 + (2.2 - 1)(0.82) = 1.98.$$

비틀림에 의한 피로 응력집중 계수는 다음과 같다.

$$K_f = 1 + (1.8 - 1)(0.85) = 1.68.$$

급커브길 주행에 대한 등가 응력을 σ_{e1}이라 하고 가속 주행에 대한 등가 응력을 σ_{e2}라 하자. 하중을 두 배로 하고 뒤틀림 에너지 이론을 사용한 결과는 아래와 같다.

$$\frac{\sigma_{e1}}{\sigma_{e2}} = \frac{\sqrt{(2\sigma)^2 + 3\tau^2}}{\sqrt{\sigma^2 + 3(2\tau)^2}} = \frac{2\sqrt{1 + 0.75(\tau/\sigma)^2}}{\sqrt{1 + 12(\tau/\sigma)^2}}.$$

전단 응력과 굽힘 응력이 같도록($\tau = \sigma$) 축의 지수가 정해졌다는 것을 상기하라.

$$\frac{\sigma_{e1}}{\sigma_{e2}} = \frac{2\sqrt{1 + 0.75}}{\sqrt{1 + 12}} = 0.7338$$

이므로

$$\sigma_{e2} = \frac{\sigma_{e1}}{0.7338} = 1.363\sigma_{e1}$$

이다.

그러므로 급커브 주행과 비교할 때 가속 주행이 구동축 피손에 더 높은 위험을 준다.

7.8 수정 내구 한도

7.5.1절에서 논의된 것처럼, 피로성능 예측을 위한 피로 실험들은 가능한 최상의 환경을 이용한다. 그러나 실제 응용 사례에서는 이러한 환경이 보장되지 않으므로, 최상의 시나리오로부터 구한 기계 요소 내구 한도는 수정되거나 감소되어야 한다. 이는 주요 인자들을 고려한 내구 한도 수정 계수를 사용하여 실제로 수행될 수 있다. 본문에서 내구 한도 수정 계수는 완전 반전 하중($\sigma_m = 0$)에 대한 것이다. **수정 내구 한도**(modified endurance limit)는 다음과 같이 쓸 수 있다.

$$S_e = k_f k_s k_r k_t k_m S'_e, \tag{7.18}$$

여기서

S'_e = 이상적 조건 하에서 실험 장치로부터의 내구 한도, Pa
k_f = 표면 마감 계수
k_s = 크기 계수
k_r = 신뢰도 계수
k_t = 온도 계수
k_m = 기타 계수(여러 가지 종류의 계수)

식 (7.6)에 표현된 것처럼, 하중 유형은 이미 S'_e에 포함되어 있음을 주의하라. 7.7절에서 논의된 것처럼, 이러한 인자들은 허용 강도를 감소시키는 것이 아니라 응력을 증가시키는 데 사용되기 때문에 응력집중의 효과들은 포함되지 않는다.

식 (7.18)은 복잡한 상황들에 대한 내구 한도의 정확한 예측은 아니지만, 실제 문제에 대한 합리적인 근사 값으로 볼 수 있다. 앞으로 보겠지만 보편적으로 적용 가능한 수정 계수는 존재하지 않고, 여기서 사용하는 값들은 재료, 하중 그리고 다른 변수들에 대한 실험에 기반을 둔 것이다. 이것은 피로 설계에서 실험적 확인 혹은 큰 안전 계수의 사용을 피할 수 없음을 다시 한 번 확인시켜 주는 것이다.

7.8.1 표면 마감 계수

그림 7.3에서 보여지는 시편은 임의의 원주 방향의 스크래치들이 없도록 축 방향으로 최종 폴리싱하여 표면 마감된 것이다. 대부분의 기계 요소들은 고품질의 마감을 하지 않는다. 표면 마감 효과를 포함하는 수정 계수는 표면을 제작하는 공정과 재료에 달려 있다. 인장 극한 강도가 알려져 있을 때, 그림 7.11a으로부터 제조 공정에 따라 표면 마감 계수를 추정할 수 있다. 또는 표 7.3에 있는 계수들을 식 (7.19)에서 사용함으로써 표면 마감 계수를 추정할 수 있다.

$$k_f = eS_{ut}^f, \tag{7.19}$$

여기서

k_f = 표면 마감 계수
S_{ut} = 재료의 극한 인장 강도, MPa
e와 f = 표 7.3에서 정의된 계수

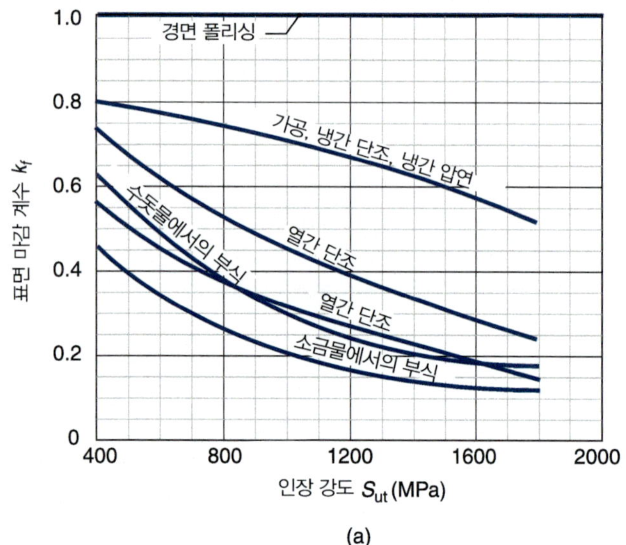

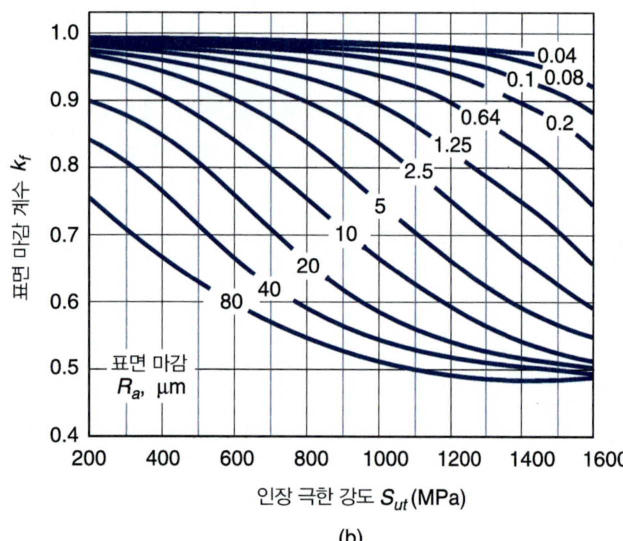

그림 7.11: 강의 표면 마감 계수. (a) 제조 공정의 종류에 따른 극한 인장 강도의 함수, (b) 탐침식 조면계(stylus profilometer)로 측정된 표면 조도와 극한 강도의 함수. 출처: (a) Juvinall and Marshek(1991) and data from the American Iron and Steel Institute, (b) Johnson(1967).

특히 열간가공 공정인 경우, 식 (7.19)와 그림 7.11a가 다른 결과들을 줄 수 있다는 것에 주목하라. 이것은 수식 및 데이터에 대한 출처들이 다르고 이 공정에서 발생할 수 있는 물성치들의 범위가 넓기 때문이다.

표 7.3: 표면 마감 계수. 출처: Shigley and Mitchell(1983).

제조공정	계수 e	지수 f
연삭	1.58	-0.085
가공 또는 냉간인발	4.51	-0.265
열간압연	57.7	-0.718
단조	272.0	-0.995

표면 마감에 사용한 공정이 알려지지 않더라도 측정 또는 규정된 산술평균 표면 조도 R_a를 통해 표면 품질을 알 수 있고, 표면 마감 계수는 그림 7.11b로부터 얻을 수 있다. 표면 조도에 관한 논의로부터 이렇게 구해지는 k_f의 값들은 근삿값이라는 것에 주의하라. 즉, 표면은 조도만으로 완전하게 특성화될 수 없으며, 피로 수명에 가장 유해한 원주 방향의 깊고 날카롭게 긁힌 자국들은 조도 R_a 값으로 포착하지 못한다.

이러한 접근법들은 모두 근삿값이고 잘 제어된 제조 공정들에서만 사용된다. 다른 환경과 다른 작업에서 표 7.3을 적용하는 것은 오해를 불러 일으킬 소지가 있다. 예를 들면, 플라즈마 스프레이 작업은 극한의 거친 표면을 만드는 경향이 있지만 피로 물성치들은 플라즈마 스프레이에 의한 코팅부 아래의 표면층에 의해 주로 결정된다. 또, 표 7.3의 데이터는 매우 엄격한 편이다. 최근 NC 공작기계들과 공구 재료들의 개선으로 인해 우수한 표면 마감을 만들어 냄으로써 피로 관점에서 더 나은 성능을 갖게 되었다.

7.8.2 크기 계수

내구 한도 S'_e를 얻기 위해 사용되는 고사이클 피로 장치들은 특정한 직경 7.62 mm에 대한 것이었고, 보통 압출되거나 인발된 봉강 재료가 사용된다. 금속에서 압출은 피로 균열 성장의 횡방향으로 결정립을 신장시키는 것으로 알려져 있으며, 냉간 가공의 정도가 높고 큰 결함의 발생 가능성이 낮다. 비슷한 효과들이 세라믹과 주조품에서도 보이지만, 이는 다른 이유들(수축 기공이 작음 등의 이유) 때문이다. 그러나 주어진 단면에서 결함의 크기, 형상 그리고 개수는 제조 공정에 달려있다는 것에 주의해야 한다.

많은 연구자들이 크기 계수 식들을 제안해 왔지만, Shigley와 Mitchell에 의해 제안된 간단한 접근법은 원형봉의 경우로서, 굽힘 또는 비틀림에 대한 크기 계수는 다음과 같다.

$$k_s = \begin{cases} 1 & d \le 8\ \text{mm} \\ 1.248d^{-0.112} & 8\ \text{mm} < d \le 250\ \text{mm} \end{cases} \tag{7.20}$$

축하중의 경우 $k_s = 1$이다.

단면이 원형이 아닌 요소들은 크기 계수를 결정하기 어렵다. 그러므로 보통 Kuguel(1969)이 제안한 접근법이 기준이 된다. 이 접근법에서는 최대 응력의 95% 이상 하중이 가해지는 단면적을 A_{95}로 표기하며, A_{95}를 구할 것을 요구하고 있다. (복잡한 단면에 대해서는 이 값을 구하기 어렵다.) 최대 응력의 95% 이상 하중이 인가되는 원형 단면의 경우를 수식화하면 다음 식이 산출된다.

$$d = \sqrt{\frac{A_{95}}{0.0766}}. \tag{7.21}$$

식 (7.21)은 공정 이력에 따른 차이를 반영하지 못한다는 것이 이 접근법의 주요 단점이다. 예를 들면, 지름 50 mm로 압출된 봉강(steel bar)을 25 mm의 길이를 갖는 정사각형 단면이 되도록 가공하는 상황을 고려해 보자. 가공은 재료 제거 공정이므로 기질의 미세 구조가 개선되지 않는다. 크기 효과는 가공된 치수 혹은 형상이 아니라 초기 직경 50 mm를 근거로 해야 하는데, 이는 이 크기가 초기 결함, 결정립 크기와 형상 등 재료의 상태를 반영하기 때문이다.

7.8.3 신뢰도 계수

표 7.4는 비파손 확률(survival probability)의 여러 값에 대한 신뢰도 계수를 보여준다. 이 표는 일반적으로 표준편차 8%인 내구 한도를 기반으로 하고 있으며, 일반적으로 강(steel)의 상한치이다. 이런 경우 신뢰도 계수는 다음과 같이 표현된다.

$$k_r = 0.512\left[\ln\left(\frac{1}{R}\right)\right]^{0.11} + 0.508, \tag{7.22}$$

표 7.4: 6개의 비파손 확률에 대한 신뢰도 계수.

비파손 확률, 백분율	신뢰도 계수 k_r
50	1.00
90	0.90
95	0.87
99	0.82
99.9	0.75
99.99	0.70

R은 비파손 확률이다. 일반적으로 신뢰도가 높은 경우에는 분포가 잘 특성화되지 않기 때문에 표 7.4 혹은 식 (7.22)로부터 얻어지는 신뢰도 계수는 단지 지침 정도로만 고려될 수 있다. 표 7.4는 강(steel) 이외의 재료에도 적용된다고 가정할 수 있지만, 표준편차가 8%보다 큰 경우 주의를 기울여야 한다.

7.8.4 온도 계수

많은 고사이클 피로 응용은 항공기 엔진처럼 극도의 고온 상태에서 이루어지는데, 이 경우 재료는 상온보다 훨씬 더 약한 상태가 된다. 역으로, 추운 기후에서의 자동차용 축과 같은 몇몇 응용 사례들에서 금속은 상온보다 연성이 감소한다.

어느 경우에나 식 (7.5)로 표현되는 맨슨-코핀 관계에서는 피로 수명에 영향을 주는 주요 요인은 일회 하중 사이클에서 이 강도 σ_f'라고 제안하고 있다. 그러므로 아래의 두 가지 접근법들 중 하나를 따르는 것이 합리적이다. 설계자는 (a) 식 (7.18)에서 재료 내구 한도를 결정하기 전에 관심 있는 온도에서의 특성을 기반으로 재료의 극한 강도를 수정하거나, (b) 온도 계수를 사용할 수 있다.

$$k_t = \frac{S_{ut}}{S_{ut,\text{ref}}} \tag{7.23}$$

여기서, S_{ut}는 원하는 온도에서 재료의 극한 인장 강도이고 $S_{ut,\,\text{ref}}$는 기준 온도(보통 상온)에서의 극한 인장 강도이다. 물론, 작동 온도에서 피로시험이 수행될 때 그 결과로 나온 내구 한도는 그 온도를 본질적으로 설명할 수 있으므로 k_t는 무시해도 된다.

7.8.5 기타 효과

몇 가지 다른 현상들도 부품들의 피로 특성에 영향을 줄 수 있다. 수치적으로 근사화할 수 있는 몇 가지 효과들에 대한 방법을 앞 절들에서 소개하였지만, 다른 고려 사항들의 경우에는 정량화가 불가능하다. 이에 대한 사례들은 다음과 같다.

1. *제조 이력.* 제조 공정은 공학 재료의 피로 특성을 결정하는 데 중요한 역할을 한다. 이러한 역할은 7.8.2절에서 논의된 크기 계수에서 부분적으로 드러났지만, 이외의 다른 효과들도 있다. 피로 균열 성장은 보통 결정립보다는 결정립계를 따라 더 빠르게 진행된다. 결정립 크기와 방향성에 영향을 미치는 제조 공정들은 피로에 영향을 줄 수 있다. 압연, 압출 그리고 인발과 같은 성형 공정은 결정립을 신장시키기 때문에, 재료의 피로 강도는 다른 방향에 따라 다를 것이다(이방성). 균열 진전의 선호 방향이 축 방향이기 때문에 압출과 인발의 효과는 보통 유익하고, 금속의 결정립 방향성과 결정립 신장에 의해 두께 방향의 균열 진전은 더 어렵게 된다. 금속 부품을 풀림처리하면 등방성을 갖는 결정립과 결정립 성장률의 증가를 야기하며, 잔류 응력이 제거된다. 표면에서 인장 잔류 응력 제거는 일반적으로 유익하지만 등방성 혹은 더 큰 결정립은 피로 관점에서는 유해할 수 있다.
2. *잔류 응력*은 제조 공정에 기인한다. **잔류 응력**(residual stress)은 부품의 두께 방향으로 비균일 소성 변형이 일어난 후 탄성회복함으로써 발생한다. 표면에서 압축 잔류 응력은 균열성장을 지연시키며, 인장 잔류 응력은 균열성장을 촉진시킬 수 있다.

   압축 잔류 응력은 숏피닝 혹은 레이저 피닝 그리고 롤러 버니싱을 통해 발생시킬 수 있고 단조, 압출 혹은 압연을 통해서 얻어질 수도 있다. **숏피닝**(shot peening)은 숏이라 불리는 작은 구형 매체로 부품 표면에 충격을 가하는 냉간 가공 공정이다. 각각의 충격은 공작물 표면에 소성 변형을 가져오고, 탄성회복 이후에 압축 잔류 응력을 가져온다. 압축 잔류 응력을 갖는 층은 보통 두께 1 mm 이하이고, 재료의 물성치는 영향을 받지 않는다. 균열 성장과 진전은 압축 잔류 응력에 의해 상당히 지연된다. 이러한 이유로 숏피닝은 기어, 스프링, 축(특히 응력집중에서), 커넥팅 로드 등과 같이 피로에 민감한 부품들을 위한 일반적인 표면 처리로 사용된다.

   피로 수명에서 숏피닝의 유익한 효과는 그림 7.12에서 볼 수 있다. 다른 재료들에서도 유사한 거동이 발견된다. 이것은 재료의 피로 강도를 증가시키기 위한 유일한 전략 중 하나로 대변되기 때문에 피로 설계를 위한 중요한 도구이며, 이 때 재료의 피로 강도 증가는 매우 클 수 있다. 예를 들어 강도 2068 MPa인 강으로 제작한 항공기 착륙 기어를 고려해 보자. 그림 7.12a는 숏피닝이 폴리싱된 표면보다 3배까지 피로 강도를 증가시킬 수 있다는 것을 보여준다. 다른 재료들에서도 비슷한 이점을 가질 수 있지만, 그림에서 보여지는 바와 같이 일반적인 피로 강도 개선 효과는 15%에서 30%이다.
3. *코팅(coating)*은 피로에 상당한 영향을 줄 수 있다. 침탄과 같은 몇몇 작업들에서는 탄소 함유량이 높은 강 표면층(그에 따라 파괴 강도도 높음)을 얻을 수 있고, 표면에 압축 잔류 응력을 줄 수 있다. 전해 도금된 표면은 다공성이 될 수 있으며 균열성장을 촉진하여 피로 강도가 50%까지 감소되는 효과가 나타난다. 아연 도금은 피로 강도에 많은 영향을 주지 않는 예외적인 경우이다. 또한, 양극 산화피막은 보통 다공성이고 피로 강도를 감소시킨다. 화학증착법 혹은 용융도금과 같이 높은 온도에서 적용되는 코팅들은 표면에 인장 잔류 응력을 유발할 수도 있다.
4. *부식.* 부식 환경에서 사용되는 재료가 더 낮은 피로 강도를 갖는다는 것은 놀랄 일이 아니다. 부식이 일어나는 금속에서 주요 유해 반응물은 수소와 산소이다. 수소는 균열 선단 근처에서 재료로 확산되고 선단에서의 큰 인장 응력 발생을 도우며, 재료를 부서지기 쉽게 하고 균열 진전을 촉진시킨다. 산소는 취성 혹은 다공성

을 갖는 코팅의 발생을 유발하며, 균열 발생과 균열 성장을 돕는다. 부식 환경에서 높은 온도는 확산-기반 공정을 가속시킨다.

설계 절차 7.3

내구 한도의 추정

이 설계 절차는 주로 탄소강을 위해 만들어졌으며, 내구 한도가 정의될 수 있다고 가정한다. 각각의 보정 계수들은 근사값이므로 내구 한도 추정치는 넉넉한 안전 계수와 함께 사용되거나 혹은 실험 설계를 위한 기초로 사용되어야 한다. 특히 비철금속에 적용하려는 경우 더욱 그러하다. 내구 한도를 결정하기 위해 선호되는 접근법은 연속적인 실험을 수행하는 것이다. 응용 사례에 최대한 근접하도록 하중(굽힘, 비틀림, 전단 등), 제조 공정, 부품 크기 등을 적용하여 실험을 수행할 수 있으며, 이는 오차를 최소화하기 위한 최선의 방법이다.

만약 실험적 조사가 비현실적이라면, 내구 한도는 다음과 같은 절차를 통해 추정할 수 있다.

1. 시편에 대한 내구 한도(S_e')는 식 (7.6)으로부터 하중 유형에 따라 추정할 수 있다. 이 방법은 실험 또는 물성치 표로부터 얻을 수 있는 재료의 극한 강도 값을 요구한다. 몇 가지 강에 대한 물성치들은 부록 A에 요약되어 있다.
2. 그림 7.8로부터, 이 값은 690 MPa보다 더 크면 안 된다는 점에 주의하라.
3. 식 (7.18)로부터 수정 내구 한도(S_e)가 얻어진다.
   (a) 표면 마감 계수 k_f는 표 7.3을 이용하여 식 (7.19)로부터 얻거나 그림 7.11로부터 얻을 수 있다.
   (b) 크기 계수 k_s는 굽힘 혹은 비틀림의 경우 식 (7.20)으로부터 평가될 수 있으며 인장의 경우 $k_s = 1$이다. 만약 부품이 원형이 아니라면, 식 (7.21)로부터 등가 지름을 얻을 수 있다. 이러한 식들은 높은 불확실성을 갖지만, 과도하게 복잡한 수학적 처리 없이도 크기 계수를 고려할 수 있도록 해준다.
   (c) 신뢰도 계수 k_r은 표 7.4로부터 얻을 수 있다.
   (d) 온도의 효과들 k_t는 실험적으로 얻는 것이 최선이지만, 식 (7.23)를 통해 합리적 추정을 할 수 있다.

7.8.5절에서 논의된 것처럼, 추가적인 계수들이 피로 강도에 영향을 줄 수 있다는 것에 주의해야 한다.

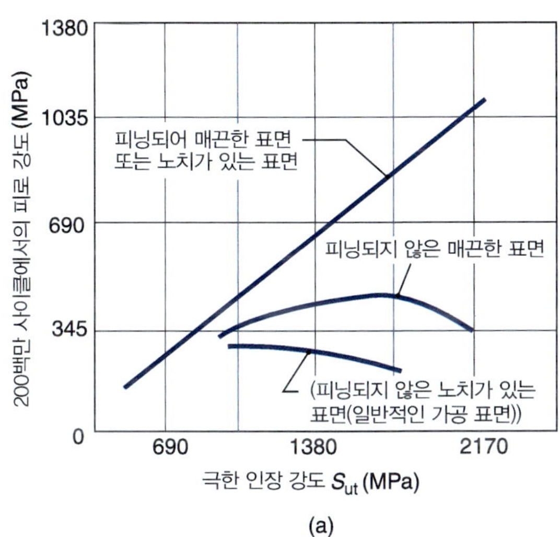

(a)

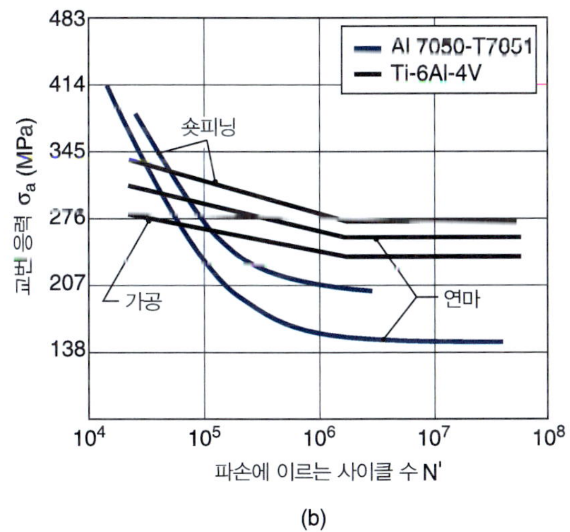

(b)

그림 7.12: 피로 특성 개선을 위한 숏 피닝 사용. (a) 극한 강도의 함수인 고강도 강에 대한 2×10^6 사이클에서 피로 강도, (b) 비철금속에 대한 전형적인 S-N 선도. 출처: J. Champaigne, Electronics, Inc.

예제 7.5

내구 한도와 수정 계수

조건 그림 7.13은 리테이닝 링(retaining ring)을 장착하는 데 사용되는 편평한 홈이 있는 원형축의 일부를 보여준다(11.7절 참조). 인가된 하중을 지지하기 위해, 깊이와 폭이 일반적인 경우보다 더 큰 비표준 리테이닝 링이 사용되었다. 또, 870°C에서 담금질되고 뜨임 처리된 AISI 1020 강이 최종 치수로 가공된 후 축으로 사용되었다.

문제 안전 계수 5를 사용하여 축의 수정 내구 한도와 허용 굽힘모멘트를 추정하라. 99% 신뢰도를 사용하고 열적 효과 및 기타 효과는 없다.

풀이 설계 절차 7.3에서의 접근법을 사용하여 수정 내구 한도가 결정되며, 설계 절차 7.3에서 부여한 번호 순서에 따라 진행할 것이다.

1. 표 A.2로부터 AISI 1020 강의 극한 강도 395 MPa을 얻었다. 이 재료로부터 제작된 시험 시편의 내구 한도 S'_e는 식 (7.6)에 의해 다음과 같이 계산된다.

$$S_e' = 0.5S_u = 0.5(395) = 197.5 \text{ MPa}.$$

그림 7.13에서 보여지는 하중과 일치하는 굽힘에 대한 내구 한도가 결정되었음을 주목하라.

2. 식 (7.18)은 수정 내구 한도를 추정하기 위해 사용될 것이다. 하지만 요구되는 수정 계수들을 먼저 얻을 것이다.

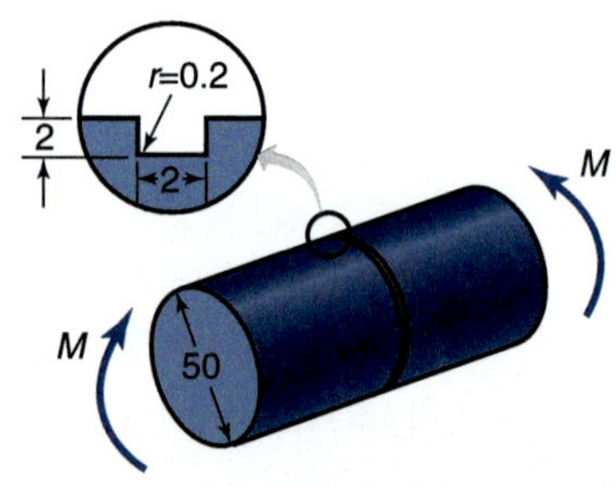

그림 7.13: 예제 7.5에서의 링 모양 홈을 포함하는 원형축. 모든 치수는 mm 단위.

(a) 표 7.3으로부터 $e = 4.51$과 $f = -0.265$를 얻고, 이를 식 (7.19)에서 이용하여 표면 마감 계수를 다음과 같이 계산한다.

$$k_f = eS_{ut}^f = (4.51)(395)^{-0.265} = 0.92.$$

상기 결과와 달리 그림 7.11a에서는 $k_f = 0.85$ 값을 제안한다. 이 값들은 서로 근접한 값이므로, 어느 것이나 하나를 사용하면 된다. $k_f = 0.92$ 값을 임의로 선택하여 이후 계산에 사용하기로 한다.

(b) 식 (7.20)으로부터 크기 계수 k_s를 다음과 같이 얻는다.

$$k_s = 1.248d^{-0.112} = 1.248(50)^{-0.112} = 0.80.$$

이 계산에서 46 mm 홈 치수 대신에 50 mm 직경이 사용되었음을 주의하라. 만약 홈 치수가 사용되었다면, $k_s = 0.81$이 되어 단지 사소한 차이만 있을 것이다. 그러나 가공한 홈은 축 재료의 결함 제거에 영향을 미치지 않기 때문에 축지름을 사용한다는 것이 중요하다. 어찌 되었든, k_s는 크기 효과를 대략적으로 추정한 것임을 인지해야 한다.

(c) 표 7.4에서 신뢰도 계수 $k_r = 0.82$로 얻어진다.

(d) 문제의 서술에 따라, k_t와 k_m의 값은 1로 설정한다. 그러므로 식 (7.18)로부터 다음과 같이 쓸 수 있다.

$$\begin{aligned} S_e &= k_f k_s k_r k_t k_m S_e' \\ &= (0.92)(0.80)(0.82)(1)(1)(197.5) \\ &= 119 \text{ MPa}. \end{aligned}$$

허용 굽힘모멘트를 구하기 위해서는 피로 응력집중 계수 K_f를 구해야 한다. 이를 위한 접근법은 예제 7.4와 같다. 그림 6.7a로부터 $K_c = 5.5$($r/t = 0.10$이고 $b/t = 1.0$임을 사용)임을 알 수 있다. 그림 7.10으로부터 $S_{ut} = 395$ MPa, $r = 0.2$ mm, $q_n \approx 0.45$이다.

그러므로 식 (7.17)로부터 다음과 같다.

$$K_f = 1 + (K_c - 1)q_n = 1 + (5.5 - 1)(0.45) = 3.025 \approx 3.0.$$

홈 뿌리(groove root)에서 공칭 응력은 그림 6.7a에 주어져 있다. 그러므로

$$K_f\sigma_{\text{avg}} = K_f\left(\frac{32M}{\pi d^3}\right) = \frac{S_e}{n_s}.$$

M에 대해 풀면 다음과 같다.

$$\begin{aligned} M &= \frac{\pi S_e d^3}{32K_f n_s} \\ &= \frac{\pi(119\times10^6)(0.046)^3}{(32)(3.0)(5.0)} \\ &= 75.8\ \text{Nm}. \end{aligned}$$

예제 7.6

정사각형 단면에 대한 내구 한도와 수정 계수

조건 예제 7.5에서 고려되었던 축에 대한 리테이닝 링 대신, 그림 7.14와 같이 정사각형 형상에 가공된 홈이 있는 통합 스냅 체결재(snap fastener) (16.8절 참조)를 고려한다. 축의 단면적이 예제 7.5와 아주 비슷하다는 것에 주목하라. 예제 7.5의 경우와 같이, 신뢰도 99%를 갖는 AISI 1020 강을 사용하고, 열적 효과 및 기타 효과들은 없다.

문제 안전 계수 5.0을 사용하여 축에 대한 수정 내구 한도와 허용 굽힘모멘트를 추정하라.

풀이 수정 내구 한도를 계산하기 위한 절차는 예제 7.5와 아주 유사하다. 유일하게 다른 수정 계수는 크기 계수이다. 단면이 원형이 아니기 때문에, 식 (7.20)을 적용하려면 식 (7.21)로부터 지름을 구해야 한다.

예제 7.5에서 논의된 것처럼, 크기 계수는 노치 없는 단면에 대해서 결정될 것이다. 굽힘에서의 최대 응력은 외경에서 발생한다. 즉,

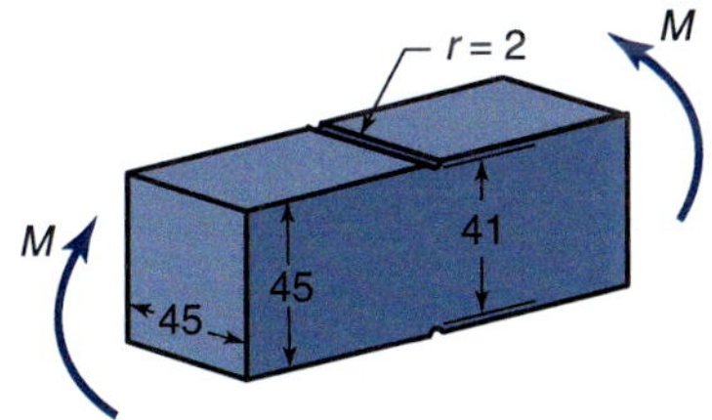

그림 7.14: 예제 7.6에서의 가공된 홈을 갖는 정사각형 형상. 모든 치수는 mm 단위.

$$\sigma = \frac{Mc}{I} = \frac{M}{I}\frac{0.045}{2} = 0.0245\frac{M}{I}.$$

최대 응력이 95%인 지점은

$$0.95\left(\frac{M}{I}\right)\left(\frac{0.045}{2}\right) = \frac{My}{I}$$

이므로, $y = 0.0214$ m이다. 최대 응력의 95%를 초과하는 면적은(인장과 압축 영역이 모두 기여함에 주목하라)

$$A_{95} = 2(0.045)(0.0225 - 0.0214) = 9.9\times10^{-5}\ \text{m}^2.$$

식 (7.21)로부터

$$d = \sqrt{\frac{A_{95}}{0.0766}} = \sqrt{\frac{9.9\times10^{-5}}{0.0766}} = 0.0359\ \text{m}.$$

그러므로 식 (7.20)에서 다음 값을 산출한다.

$$k_s = 1.248(35.9)^{-0.112} = 0.836.$$

크기 효과는 예제 7.5의 결과들과는 아주 다르다는 것에 주목하라. 제조 공정은 매우 유사하므로 결함, 결정립 구조 등은 모두 비슷할 것이다. 상기에서 상술한 바와 같이, 단면들은 매우 비슷하므로 수정 내구 한도는 식 (7.18)로부터 다음과 같이 쓸 수 있다.

$$\begin{aligned} S_e &= k_f k_s k_r k_t k_m S_e' \\ &= (0.92)(0.836)(0.82)(1)(1)(197.5) \\ &= 124\ \text{MPa}. \end{aligned}$$

이 경우, 그림 6.4b로부터 $K_c \approx 2.3$($H/h = 1.1$, $r/h = 0.048$)을 산출할 수 있다. 그림 7.10으로부터 $q_n \approx 0.65$이다. 그러므로 $K_f = 1.845$이다. 수정된 형상을 사용하면 다음과 같다.

$$K_f\sigma_{\text{avg}} = K_f\left(\frac{6M}{h^3}\right) = \frac{S_e}{n_s}.$$

M에 대해 풀면

$$M = \frac{S_e h^3}{6K_f n_s} = \frac{(124\times10^6)(0.041)^3}{6(1.1845)(5)} = 231\ \text{Nm}.$$

이 형상은 더 큰 모멘트를 지지할 수 있으며, 이는 더 낮은 응력집중 때문이다.

7.9 누적 손상

그림 7.7의 S-N 선도에서 응력의 변동은 완전 반전($\sigma_m = 0$)된다고 가정하였다. 강도 S'_l과 S'_e 사이의 임의의 응력을 S'_1이라 하고, 일정한 응력 수준 S'_1을 유지하면 N'_1 완전 반전 사이클에서 파손된다고 하자. 실제 적용된 사이클의 횟수가 $n'_1 < N'_1$인 경우, 응력 수준 S'_1의 사이클이 일으킨 손상은 피로 손상보다 적다. 실제 사이클 변동은 일정하지 않기 때문에, 설계자들은 몇몇 다른 응력 수준의 완전 반전 응력 사이클들을 다루어야만 한다. S'_l과 S'_e 사이의 응력 수준 S'_i에서 $n'_i < N'_i$ 사이클이 작용하면 손상 분율은 n'_i/N'_i이 된다. 여러 응력 수준으로 인한 손상 분율이 1을 초과할 때, 파손이 예측된다. 그러므로 만약 다음 식을 만족한다면 파손이 예측된다.

$$\frac{n'_1}{N'_1} + \frac{n'_2}{N'_2} + \cdots + \frac{n'_i}{N'_i} \geq 1. \qquad (7.24)$$

임의의 응력에서 손상은 사이클의 횟수에 정비례한다는 의미이기 때문에(주어진 응력에서 각 사이클은 같은 양의 손상을 일으킨다고 가정), 이 공식은 **선형 손상법칙**(linear damage rule) 또는 마이너의 법칙(Miner's rule)이라 불린다. 이 법칙에서는 응력 순서가 문제 되지 않으며, 특정 응력에서 손상 축적율은 응력 이력에 무관하다고 가정한다. 특히 부품 수명 초기에 큰 하중이 작용한다면 이는 심한 손상을 야기한다는 사실이 알려져 있으므로, 이 가정은 엄밀히 말하면 사실이 아니다. 이러한 결점에도 불구하고, 선형 손상법칙은 아주 간단하기 때문에 많이 사용되고 있다.

서로 다른 사이클 패턴(모두 완전 반전)이 있을 때 파손이 발생하는 총 사이클 횟수를 N'_t이라 하면, 특정 응력 수준에서의 사이클 횟수 대 파손에서 총 사이클 횟수의 비율은 다음과 같다.

$$\alpha_i = \frac{n'_i}{N'_t} \qquad \text{또는} \qquad n'_i = \alpha_i N'_t. \qquad (7.25)$$

식 (7.25)를 식 (7.24)에 대입하면, 다음 식을 만족할 때 파손이 발생한다고 예측할 수 있다.

$$\sum \frac{\alpha_i}{N'_i} \geq \frac{1}{N'_t}. \qquad (7.26)$$

예제 7.7

누적 손상

조건 $S'_l = 330$ MPa과 $S'_e = 200$ MPa이고 극한 강도 440 MPa인 강을 고려해 보자. 전체 작용 시간의 20% 동안은 응력 175 MPa, 30% 동안은 220 MPa, 40% 동안은 250 MPa, 10% 동안은 275 MPa이 인가되는 복잡한 반복 하중이 작용하고 있다.

문제 누적 손상이 발생될 때까지의 사이클의 횟수를 구하라.

풀이 우선, 식 (7.11)과 식 (7.12)로부터 다음과 같이 구할 수 있다.

$$b_s = -\frac{1}{3}\log\left(\frac{S'_l}{S'_e}\right) = -\frac{1}{3}\log\left(\frac{330}{200}\right) = -0.0725,$$

$$\bar{C} = \log\left[\frac{(S'_l)^2}{S'_e}\right] = \log\left(\frac{330^2}{200}\right) = 2.736.$$

$S'_1 = 175$ MPa은 S'_e보다 작으므로 $N'_1 = \infty$임에 주의하라. 이것은 이 응력 수준에서는 파손이 발생하지 않는다는 것을 의미한다. 3개의 다른 피로 강도들에 대해 식 (7.14)로부터 각각 다음과 같이 쓸 수 있다.

$$\begin{aligned} N'_2 &= \left(S'_f 10^{-\bar{C}}\right)^{1/b_s} \\ &= \left[(220)(10)^{-2.736}\right]^{-1/0.0725} \\ &= 2.683 \times 10^5 \text{ cycles}, \end{aligned}$$

$$N'_3 = \left[(250)(10)^{-2.736}\right]^{-1/0.0725} = 4.601 \times 10^4 \text{ cycles},$$

$$N'_4 = \left[(275)(10)^{-2.736}\right]^{-1/0.0725} = 1.236 \times 10^4 \text{ cycles}.$$

식 (7.26)을 사용하여 다음과 같이 쓸 수 있다.

$$\frac{\alpha_1}{N'_1} + \frac{\alpha_2}{N'_2} + \frac{\alpha_3}{N'_3} + \frac{\alpha_4}{N'_4} = \frac{1}{N'_t};$$

$$\frac{0.2}{\infty} + \frac{0.3}{2.683 \times 10^5} + \frac{0.4}{4.601 \times 10^4} + \frac{0.1}{1.236 \times 10^4} = \frac{1}{N'_t}.$$

이를 풀면, $N_t' = 55{,}860$ 사이클이 된다.

7.10 0이 아닌 평균 응력의 영향

앞 절들에서는 반복 하중에 따른 거동들을 분류해 보았고, 변동 응력은 완전 반전 응력 사이클($\sigma_m = 0$)이라고 가정하였다. 그러나 많은 기계 요소들은 평균이 0이 아닌 변동 응력을 받는다. 그림 7.7의 결과들을 얻기 위해 사용되는 실험 장치들은 평균 응력이 아닌 교번 응력에는 적용할 수 없으므로 다른 시험 접근법들이 필요하다(인장-압축 혹은 조합 응력과 같은 상황). 만약 재료의 성질을 매우 잘 알고 있다면, 그림 7.15에 보인 **헤이 선도**(Haigh diagram) 혹은 *일정 수명 선도*(constant life diagram)라 불리는 선도를 통해 0이 아닌 평균 응력의 효과를 포함시킬 수 있다. 이와 같은 데이터는 일반적으로 가용하지 않기 때문에, 교번 응력과 평균 응력이 모두 0이 아닐 때 파손을 결정하는 몇 가지 경험적 관계들 중 하나를 사용함으로써 0이 아닌 평균 응력의 영향을 예측하여야만 한다.

7.10.1 연성 재료

그림 7.16은 0이 아닌 평균 응력이 인장 하중을 받는 연성 재료 피로 수명에 대한 영향을 예측하는 4가지 경험적 관계들을 보여준다. 세로축에는 항복 강도 S_{yt}와 내구 한도 S_e가 모두 표시되어 있다. 가로축은 항복 강도와 극한 강도 모두를 보여준다. 그림에서 보인 항복선은 첫 하중 사이클 동안 파손됨을 나타내며 참고로 사용된다. 이 그림은 0이 아닌 평균 응력에 대한 피로 파손 기준을 보이는 것이 목적이다.

연성 재료에서의 응력집중 효과(7.7절 참조)는 부연 설명이 필요하다. 응력집중이 있는 상황에서 재료의 항복 응력을 초과할 때, 변형된 형상을 얻기 어렵다. 식 (3.21)을 상기하면 탄성 재료의 경우 응력은 변형률에 선형적으로 비례한다. 그러나 소성 변형이 일어나는 동안의 응력은 변형률 증분과 관계가 있다. 항복 응력을 초과하면, 소성 변형률(plastic strain)을 무시할 수 있을 만큼 작을 수도 있지만 소성 변형률이 매우 커서 응력집중 효과가 효율적으로 제거될 수도 있다. 발생하는 소성 변형률의 크기는 부품의 지지 특성, 연성과 변형 경화 능력 그리고 인가된 하중에 달려있다.

이번에는 평균 응력이 작은 상황을 고려해 보자. 그림 7.16에서 평균 응력이 작은 상황에서는 내구 한도를 초과하지 않아야 하므로 7.8절에서의 접근법과 일치한다. 내구 한도는 항복 강도보다 훨씬 작기 때문에 교번 응력에 응력집중을 적용하는 것은 합리적이다. 반면, 평균 응력이 크다면 소성 변형은 응력집중을 없애줄 것이고, 원래 형상에 근거한

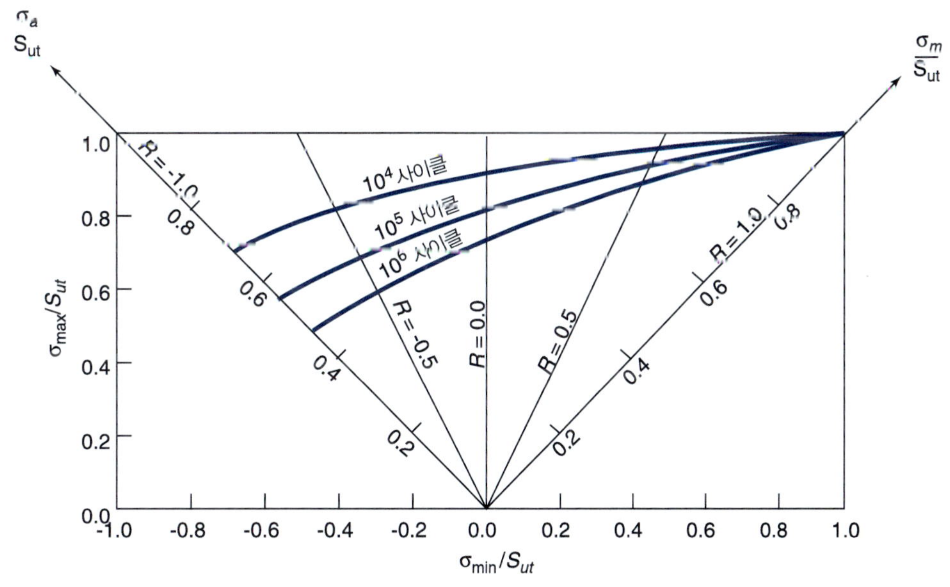

그림 7.15: 평균 응력과 교번 응력의 다른 조합들에 대한 일정 수명곡선을 보여주는 전형적인 헤이 선도.

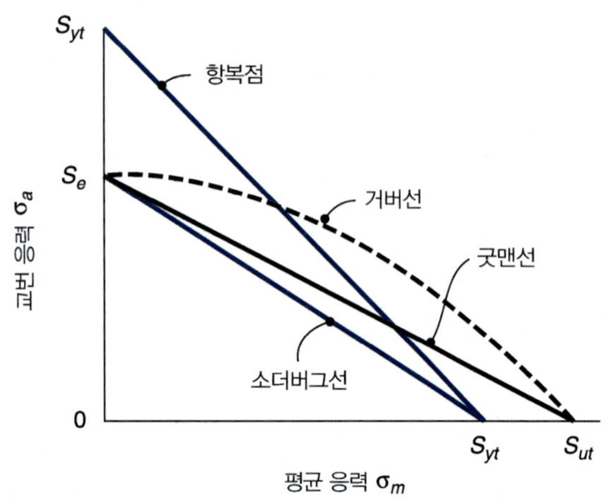

그림 7.16: 4가지 실험적 관계에 의해 추정되는 인장 하중에 대한 피로 수명에서 0이 아닌 평균 응력의 영향.

피로 응력집중 계수를 교번 응력에 적용하는 것은 보수적 접근법이 된다. 그러므로 흔히 사용되는 방법에서는 평균 응력이 아니라 교번 응력에만 응력집중을 적용한다. 이러한 접근법은 다음과 같다.

거버선

거버선(Gerber line)은 보통 식이 다음과 같기 때문에, *거버 포물선 관계식*(Gerber parabolic relationship)이라고 부른다.

$$\frac{K_f n_s \sigma_a}{S_e} + \left(\frac{n_s \sigma_m}{S_{ut}}\right)^2 = 1. \tag{7.27}$$

여기서

S_e = 수정 내구 한도, Pa
S_{ut} = 인장 극한 강도, Pa
n_s = 안전 계수
σ_a = 교번 응력, Pa
σ_m = 평균 응력, Pa
K_f = 피로 응력집중 계수

이 곡선은 실험적으로 구한 파손 데이터와 지점과 잘 일치하며, 파손을 예측할 수 있는 최상의 도구이다. 그러나 포물선 식은 특성상 수학적으로 계산이 복잡하다.

굿맨선

굿맨선(Goodman line)은 그림 7.16의 평균 응력 축의 인장 극한 강도와 교번 응력 축의 수정 내구 한도를 직선으로 연결한 선을 말한다. 즉,

$$\frac{K_f \sigma_a}{S_e} + \frac{\sigma_m}{S_{ut}} = \frac{1}{n_s}. \tag{7.28}$$

식 (7.28)의 선형식을 식 (7.27)과 비교하여 고찰해 보자. 식 (7.28)은 실험적 데이터와 대체로 잘 맞으며 식 (7.27)보다 간단하다. 그림 7.16에서 굿맨선과 거버선의 시작점과 끝점은 같고 굿맨선에서의 점들은 선형적이지만 거버선에서의 점들은 포물선 형태일 뿐이다.

예제 7.8

0이 아닌 평균 응력의 효과

조건 직경 30 mm, 길이 1 m인 직선 형태이고 원형 단면인 회전 보의 끝에 축하중 30,000 N이 작용하고 있고, 일정한 반경 방향 하중 400 N이 인가되고 있다. 이 보는 냉간 인발되었고 재료는 AISI 1040 강이다. $k_s = k_r = k_t = k_m = 1$로 가정하라.

문제 굿맨선을 사용하여 무한 수명에 대한 안전 계수를 구하라.

풀이 표 A.1로부터 AISI 1040 강의 S_{ut} = 520 MPa이다. 냉간 인발 공정에 대해 그림 7.11a로부터 S_u = 520 MPa이며, 표면 마감 계수는 0.78이다. 식 (7.6)을 사용하여 수정 내구 한도를 얻으려면, 식 (7.18)로부터 다음과 같이 계산할 수 있다.

$$\begin{aligned} S_e &= k_f k_s k_r k_t k_m S_e' \\ &= (0.78)(1)(1)(1)(1)(0.45)(520) \\ &= 182.5\ \text{MPa}. \end{aligned}$$

식 (4.45)로부터 굽힘 응력은 교번 응력을 일으키며, 보에서 굽힘 응력은 다음과 같이 계산할 수 있다.

$$\sigma_a = \frac{Mc}{I} = \frac{(64)(400)(1)(0.03/2)}{\pi(0.03)^4} = 150.9\,\text{MPa}.$$

축하중으로 인한 평균 응력은 다음과 같다.

$$\sigma_m = \frac{P_a}{A} = \frac{(30,000)(4)}{\pi(0.03)^2} = 42.44\,\text{MPa}.$$

노치가 없는 보의 $K_f = 1$이다. 식 (7.28)로부터 다음과 같이 쓸 수 있다.

$$\frac{K_f\sigma_a}{S_e} + \frac{\sigma_m}{520} = \frac{1}{n_s}.$$

그러므로,

$$\frac{(1)(150.9)}{182.5} + \frac{42.44}{520} = \frac{1}{n_s};$$

$$n_s = \frac{1}{0.9084} = 1.101.$$

굿맨선을 사용하여 구한 무한 수명에 대한 안전 계수는 1.101이다.

소더버그선

소더버그선(Soderberg Line)은 보수적이고 식 (7.29)와 같이 쓸 수 있다.

$$\frac{K_f\sigma_a}{S_e} + \frac{\sigma_m}{S_{yt}} = \frac{1}{n_s}. \tag{7.29}$$

그림 7.16과 식 (7.28), 식 (7.29)로부터, 굿맨 관계식에서의 극한 강도는 소더버그 관계식에서 항복 강도로 대체된다는 것에 주목하라.

항복선

모든 가능성들을 고려하기 위해 항복선을 제안한다. **항복선**(yield line)은 첫 번째 사이클에서 항복이 일어나는 경우를 의미한다. 즉,

$$\frac{\sigma_a}{S_{yt}} + \frac{\sigma_m}{S_{yt}} = \frac{1}{n_s}. \tag{7.30}$$

이것으로 그림 7.16에 소개된 이론들의 설명을 마친다.

수정 굿맨 선도

식 (7.28)에서 주어진 굿맨 관계식은 피로에 의한 파손과 항복에 의한 파손을 결합함으로써 수정될 수 있다. 그림 7.17은 완전 수정 굿맨 선도를 보여준다. 그러므로 **수정 굿맨 선도**(modified Goodman diagram)에서 변동 응력에 상응하는 ABCDEFGH 내부의 모든 점에서는 파손도 항복도 일어나지 않는다. '완전(complete)'이라는 단어는 선도가 인장과 압축 모두에서 유효하다는 것을 나타낼 때 사용된다. '수정(modified)'이라는 단어는 그림 7.16의 굿맨선이 그림 7.17로 수정되었다는 것을 나타낸다. 즉, 그림 7.16의 굿맨선은 세로축인 교번 응력의 내구 한도부터 가로축인 평균 응력의 극한 강도까지 직선으로 이을 것이나, 그림 7.17의 수정 굿맨 선도는 항복 강도보다 큰 응력을 항복선 BC로 표현하여 굿맨선을 수정한 것이다. 그러므로 수정 굿맨 선도는 굿맨선에 의해 표기된 피로 기준과 항복선에 의해 표기된 항복 기준을 결합한 것이라 할 수 있다. 그림 7.17에서 선 AB, DE, EF, HA는 굿맨선들이고 선 BC, CD, FG, GH는 항복선임을 주목하라. 정하중은 선 CG에 의해 표기되었다.

표 7.5는 굿맨선과 항복선으로 구성된 완전 수정 굿맨 선도에 적용 가능한 식들과 범위를 제공한다. 특정 재료의 극한 강도와 항복 강도뿐 아니라 그 재료로 만들어진 특정 부품에 상응하는 내구 한도가 알려져 있을 때, 수정 굿맨 선도를 구성할 수 있다.

그림 7.17에서 L점에 해당하는 평균 응력을 고려할 때, 변동 응력들의 다양한 조합을 시각화하도록 돕는 것이 수정 굿맨 선도의 활용 예이다. 수정 굿맨 기준은 이 응력들이 M점과 N점 사이에서 변동할 수 있다는 것을 나타낸다. 이러한 응력 변동은 그림의 오른편에 그려져 있다.

또한 그림 7.17에서 가로축의 평균 응력이 4개의 영역으로 구분된 것을 볼 수 있다. 표 7.6은 이러한 각 영역들에 대한 파손 식뿐만이 아니라 각 식의 유효성 한도를 제공한다. 표 7.6은 수정 굿맨 선도를 적용할 때 매우 소중한 지침이 된다.

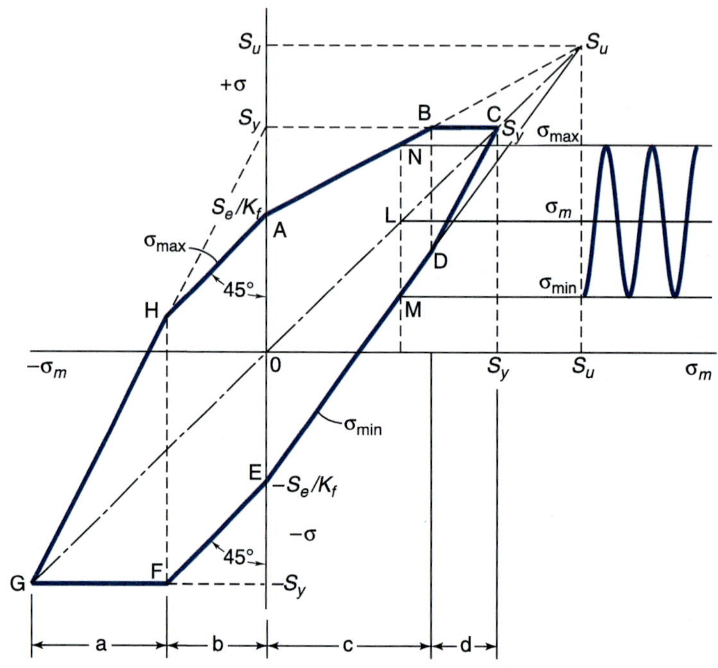

그림 7.17: 완전 수정 굿맨 선도, 세로 좌표는 응력이고 가로 좌표는 평균 응력.

표 7.5: 완전 수정 굿맨 선도 구간별 적용식과 적용 가능 범위.

선	식	범위
AB	$\sigma_{max} = \dfrac{S_e}{K_f} + \sigma_m\left(1 - \dfrac{S_e}{S_u K_f}\right)$	$0 \le \sigma_m \le \dfrac{S_y - S_e/K_f}{1 - \dfrac{S_e}{K_f S_u}}$
BC	$\sigma_{max} = S_y$	$\dfrac{S_y - \dfrac{S_e}{K_f}}{1 - \dfrac{S_e}{K_f S_u}} \le \sigma_m \le S_y$
CD	$\sigma_{min} = 2\sigma_m - S_y$	$\dfrac{S_y - \dfrac{S_e}{K_f}}{1 - \dfrac{S_e}{K_f S_u}} \le \sigma_m \le S_y$
DE	$\sigma_{min} = \left(1 + \dfrac{S_e}{K_f S_u}\right)\sigma_m - \dfrac{S_e}{K_f}$	$0 \le \sigma_m \le \dfrac{S_y - \dfrac{S_e}{K_f}}{1 - \dfrac{S_e}{K_f S_u}}$
EF	$\sigma_{min} = \sigma_m - \dfrac{S_e}{K_f}$	$\dfrac{S_e}{K_f} - S_y \le \sigma_m \le 0$
FG	$\sigma_{min} = -S_y$	$-S_y \le \sigma_m \le \dfrac{S_e}{K_f} - S_y$
GH	$\sigma_{max} = 2\sigma_m + S_y$	$-S_y \le \sigma_m \le \dfrac{S_e}{K_f} - S_y$
HA	$\sigma_{max} = \sigma_m + \dfrac{S_e}{K_f}$	$\dfrac{S_e}{K_f} - S_y \le \sigma_m \le 0$

예제 7.9

수정 굿맨 기준을 이용한 안전 계수

조건 예제 7.5에서 주어진 보에 대해 굽힘모멘트가 50 Nm와 200 Nm사이에서 변동한다.

문제 수정 굿맨 관계식을 사용하여, 피로 파손에 대비할 수 있도록 안전 계수를 결정하라.

풀이 예제 7.5로부터, S_{ut} = 395 MPa, S_y = 295 MPa이다. 또한, 예제 7.5에서 S_e = 119 MPa, K_f = 3.0으로 결정되었다. 홈(d = 0.046 m)에서의 공칭 응력은 다음과 같다.

$$\sigma_{min} = \frac{32M_{min}}{\pi d^3} = \frac{32(50)}{\pi(0.046)^3} = 5.232 \text{ MPa},$$

$$\sigma_{max} = \frac{32M_{min}}{\pi d^3} = \frac{32(200)}{\pi(0.046)^3} = 20.93 \text{ MPa}.$$

그러므로 식 (7.1)과 식 (7.3)으로부터

표 7.6: 완전 수정 굿맨 4가지 관계에 대한 파손 식들과 식들에 대한 유효성 한도.

그림 7.16에서의 영역	파손 관계식	식의 유효 범위
a	$\sigma_{\max} - 2\sigma_m = S_y/n_s$	$-S_y \le \sigma_m \le \frac{S_e}{K_f} - S_y$
b	$\sigma_{\max} - \sigma_m = \frac{S_e}{n_s K_f}$	$\frac{S_e}{K_f} - S_y \le \sigma_m \le 0$
c	$\sigma_{\max} + \sigma_m\left(\frac{S_e}{K_f S_u} - 1\right) = \frac{S_e}{n_s K_f}$	$0 \le \sigma_m \le \dfrac{S_y - \frac{S_e}{K_f}}{1 - \frac{S_e}{K_f S_u}}$
d	$\sigma_{\max} = \frac{S_y}{n_s}$	$\dfrac{S_y - \frac{S_e}{K_f}}{1 - \frac{S_e}{K_f S_u}} \le \sigma_m \le S_y$

$$\sigma_a = \frac{\sigma_{\max} - \sigma_{\min}}{2} = \frac{20.93 - 5.232}{2} = 7.849 \text{ MPa},$$

$$\sigma_m = \frac{\sigma_{\max} + \sigma_{\min}}{2} = \frac{20.93 + 5.232}{2} = 13.08 \text{ MPa}.$$

수정 굿맨 접근법을 적용할 때, 표 7.6은 매우 가치가 있다. 영역 a가 유효하기 위한 조건을 살피고, 다음 식을 보라.

$$\frac{S_e}{K_f} - S_y = \frac{119}{3.0} - 295 = -255 \text{ MPa}.$$

그러나 $\sigma_m = 20.93$ MPa이기 때문에, 조건은 성립하지 않고 영역 a는 유효하지 않다. 유사한 이유로 $\sigma_m > 0$이기 때문에, 영역 b는 유효할 수 없다. 다음 식을 수복해 보자.

$$\frac{S_y - \frac{S_e}{K_f}}{1 - \frac{S_e}{K_f S_u}} = \frac{295 - \frac{119}{3.0}}{1 - \frac{119}{(3.0)(395)}} = 284 \text{ MPa}.$$

$\sigma_m < 284$ MPa이기 때문에 영역 c는 유효하며, 표 7.6로부터 파손 식은 다음과 같다.

$$\sigma_{\max} + \sigma_m\left(\frac{S_e}{K_f S_{ut}} - 1\right) = \frac{S_e}{n_s}K_f;$$

$$20.93 + 13.08\left(\frac{119}{(3.0)(395)} - 1\right) = \frac{119}{(3.0)n_s}.$$

이것을 풀면 $n_s = 4.22$이다.

7.10.2 취성 재료

지금까지, 피로 환경에서 취성 재료의 사용은 압축 상태에 있는 회주철로 제한되어 왔다. 그러나 요즘은 피로 환경에서 탄소 섬유와 세라믹(ceramics)이 두드러지게 사용되고 있다. 그림 7.18은 축하중을 받고 있는 주철의 변동 응력 비를 보여주고 있으며, 이 변동 응력 비는 평균 응력 비의 함수이다. 일반적으로 압축 강도가 인장 강도보다 몇 배 크기 때문에 그림은 왜곡되어 있다고 볼 수 있다.

그림 7.18에서의 변동 응력과 평균 응력의 무차원화는 연성 재료에서 사용되는 항복 강도가 아니라 극한 강도에 대한 비로 나타내었다. 또, 압축 평균 응력이 존재하면 교번 응력이 커도 괜찮다.

취성 재료의 경우, 응력집중부가 있으면 정적 응력이든 변동 응력이든 파손 가능성이 증가되므로, 두 경우 모두 응력집중 계수를 적용하도록 되어 있다. 그러므로 설계사는 연성 재료의 경우 응력의 변동 성분에 피로 응력집중 계수 K_f를 적용하지만 취성 재료의 경우에는 응력의 변동 성분과 평균 응력 모두에 응력집중 계수 K_c를 적용한다.

단일 수직 응력 상태에 있는 취성 재료의 경우, 안전 계수는 일정 영역 σ_m과 파손의 기준이 되는 극한 인장 강도 S_{ut}로 다음과 같이 표현할 수 있다.

$$n_s = \frac{S_{ut}}{K_c \sigma_m}. \tag{7.31}$$

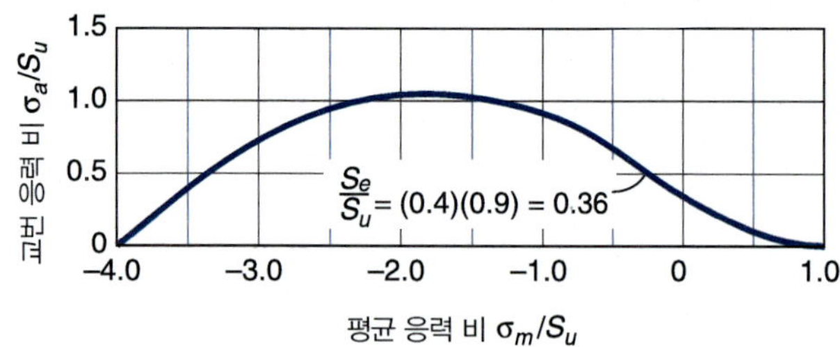

그림 7.18: 축 방향 하중이 인가된 주철에 대한 평균 응력 비 함수인 교번 응력 비.

변동 응력 σ_a를 갖는 경우, 수정 내구 한도를 S_e라 하면 안전 계수는 다음과 같다.

$$n_s = \frac{S_e}{K_c \sigma_a}. \tag{7.32}$$

단일 전단 응력 상태에 있는 취성 부품의 안전 계수는 일정 전단 응력 τ_m이므로 다음과 같이 표현된다.

$$n_s = \frac{S_{ut}}{K_{cs}\tau_m \left[1 + \dfrac{S_{ut}}{S_{uc}}\right]}. \tag{7.33}$$

변동 전단 응력 τ_a를 갖는 경우, 수정 내구 한도를 S_e라 하면 안전 계수는 다음과 같다.

$$n_s = \frac{S_e}{K_{cs}\tau_a \left[1 + \dfrac{S_{ut}}{S_{uc}}\right]}. \tag{7.34}$$

7.11 다축 응력 상태의 영향

이전 장들에서는 일축 응력 상태에 대한 피로 파손을 고려하였다. 대부분의 기계 요소들은 사용중에 더 복잡한 하중 상태에 직면하게 된다. 특별한 두 가지 경우가 중요하게 다뤄지고 있다. 첫 번째 경우는 동일 위상에서 응력이 가해지는 상황으로, 이러한 상황을 **단순 다축 응력**(simple multi-axial stress)이라 한다. 예를 들면, 주기적으로 압력을 받고 있는 원통 압력용기는 압력과 관련 있는 원주응력과 축응력이 가해질 것이기 때문에, 이 응력들은 동시에 최댓값과 최솟값을 갖기 쉽다. 한편, 기어가 장착된 축은 주기적으로 변동하는 수직력과 토크를 겪을 것이다. 이러한 변동 하중은 구동되는 기계의 가진 함수에 의해 발생될 수 있다. 이 때, 수직력과 토크는 동일한 위상을 가지지 않는다. 이 상황을 **복합 다축 응력**(complex multiaxial stress)이라 한다.

다축 응력 상태에 대한 현재의 이론적인 접근법들은 단축 피로 접근법들보다 덜 개발되었다는 것에 주의해야 한다. 그러므로 설계 시 실험적인 확인이 더욱 필요하다.

7.11.1 단순 다축 응력

완전 반전 응력

완전 반전(fully reversing), *단순 다축 응력*(simple multiaxial stresses)의 평균 응력은 가해지는 모든 수직 응력과 전단 응력에 대해 0이다. 이러한 환경에서, 교번 주응력 요소들에 의해 정의되는 등가 폰미세스 유효 응력들의 결합이 단축 피로 파손기준과 함께 사용될 수 있다는 점이 실험적 증거들에 의해 나타나고 있다. 즉, 유효 응력은 다음과 같이 정의될 수 있다.

$$\sigma'_e = \sqrt{\sigma_{a,1}^2 + \sigma_{a,2}^2 + \sigma_{a,3}^2 - \sigma_{a,1}\sigma_{a,2} - \sigma_{a,2}\sigma_{a,3} - \sigma_{a,1}\sigma_{a,3}}. \tag{7.35}$$

만약 응력 상태가 2차원($\sigma_{a,3} = 0$)인 경우, 이 식은 다음과 같이 쓸 수 있다.

$$\sigma'_e = \sqrt{\sigma_{a,1}^2 + \sigma_{a,2}^2 - \sigma_{a,1}\sigma_{a,2}}. \tag{7.36}$$

이 때, 안전 계수는 다음 식으로부터 계산할 수 있다.

$$n_s = \frac{S_f}{\sigma'_e} \qquad \text{또는} \qquad n_s = \frac{S_e}{\sigma'_e}. \tag{7.37}$$

유한 수명 응용 사례에서 사용되는 S_f는 기대 수명에서의 피로 강도이다. S_e는 무한 수명 응용 사례들에서 사용된다. 모든 피로 강도 감소 인자들은 S_f와 S_e에 포함되어 있다는 것을 상기하라. 식 (7.35)와 식 (7.36)에서는 응력집중 효과가 적용되어야 한다.

평균이 0이 아닌 단순 다축 응력

인가된 응력들이 동일 위상이지만 평균 응력은 0이 아닌 상황에 대한 많은 연구가 있었다. 좀 더 일반적인 이론들 중 시네스 법(Sines method)과 폰미세스 방법(von Mises method)이라는 두 가지 방법이 거론된다. 이 이론들은 유효 교번 응력과 평균 응력을 정의하기 위해 공통적인 접근법을 사용하고, 이 때 표 7.5에서 주어진 수정 굿맨 파손 기준에서의 유효 응력들을 사용한다.

시네스와 와이스만(1959)의 접근법은 다음과 같은 등가 응력을 사용한다.

$$\sigma_a' = \frac{1}{\sqrt{2}}\left\{(\sigma_{a,x}-\sigma_{a,y})^2+(\sigma_{a,y}-\sigma_{a,z})^2+(\sigma_{a,z}-\sigma_{a,x})^2+6\left(\tau_{a,xy}^2+\tau_{a,yz}^2+\tau_{a,zx}^2\right)\right\}^{1/2}, \quad (7.38)$$

$$\sigma_m' = \sigma_{m,x}+\sigma_{m,y}+\sigma_{m,z}. \quad (7.39)$$

2차원 응력 상태($\sigma_z = \tau_{xz} = \tau_{yz} = 0$)의 경우, 이 식들은 다음과 같이 단순화시킬 수 있다.

$$\sigma_a' = \sqrt{\sigma_{a,x}^2+\sigma_{a,y}^2-\sigma_{a,x}\sigma_{a,y}+3\tau_{a,xy}^2}, \quad (7.40)$$

$$\sigma_m' = \sigma_{m,x}+\sigma_{m,y}. \quad (7.41)$$

이 식에서는 전단 응력의 평균 성분은 나타나지 않는다는 것에 주의하라. 이것은 어떤 경우에는 받아들여질 수 있지만, 노치 혹은 필렛이 존재하는 경우와 같이 응력집중이 있는 경우에는 받아들여지지 않는다. 이러한 이유로, 폰미세스 유효 응력을 사용한 또 다른 접근법에서는 유효 교번 응력과 평균 응력을 다음과 같이 정의한다.

$$\sigma_a' = \frac{1}{\sqrt{2}}\left[(\sigma_{a,x}-\sigma_{a,y})^2+(\sigma_{a,y}-\sigma_{a,z})^2+(\sigma_{a,z}-\sigma_{a,x})^2+6\left(\tau_{a,xy}^2+\tau_{a,yz}^2+\tau_{a,zx}^2\right)\right]^{1/2}, \quad (7.42)$$

$$\sigma_m' = \frac{1}{\sqrt{2}}\left[(\sigma_{m,x}-\sigma_{m,y})^2+(\sigma_{m,y}-\sigma_{m,z})^2+(\sigma_{m,z}-\sigma_{m,x})^2+6\left(\tau_{m,xy}^2+\tau_{m,yz}^2+\tau_{m,zx}^2\right)\right]^{1/2}, \quad (7.43)$$

또, $\sigma_{a,z} = \sigma_{m,z} = \tau_{a,xz} = \tau_{a,yz} = \tau_{m,xz} = \tau_{m,yz} = 0$인 2차원 응력 상태에 대해서는 다음과 같이 정의한다.

$$\sigma_a' = \sqrt{\sigma_{a,x}^2+\sigma_{a,y}^2-\sigma_{a,x}\sigma_{a,y}+3\tau_{a,xy}^2}, \quad (7.44)$$

$$\sigma_m' = \sqrt{\sigma_{m,x}^2+\sigma_{m,y}^2-\sigma_{m,x}\sigma_{m,y}+3\tau_{m,xy}^2}. \quad (7.45)$$

이러한 이론들을 적용할 때의 어려움 중 하나는 선택된 하중 상태에 따라 응력집중 계수와 피로 강도를 결정할 때 상충이 일어날 수 있다는 점이다. 식 (7.7)로부터 S_l'은 하중이 굽힘, 축 방향 혹은 비틀림인지의 여부에 따라 변한다. 만약 하중이 이러한 하중들의 조합이라면, S_l'을 계산하는 방법은 명확하지 않다. 이와 유사하게 응력집중 계수들도 하중을 기초로 하여 정의된다, 그러므로 표 7.5에서 어떤 값을 사용해야할지 확실하지 않다. 중요한 응용 사례들에서는 설계 시 실험적 확인이 반드시 이루어져야 함을 인지하고, 다음의 근사법를 따르는 것이 합리적이다.

1. 인가된 하중으로부터 발생되는 가장 작은 강도와 가장 큰 집중응력을 사용하여 최악의 경우에 대한 시나리오를 수행하라.
2. Mode I 파손은 보통 가장 치명적이기 때문에, 그것들이 존재할 때의 축하중을 기초로 한 강도와 응력집중을 계산하라. 만약 굽힘모멘트 때문에 수직 응력이 존재한다면, 굽힘을 기초로 한 재료 강도와 응력집중 효과들을 계산하라.
3. 경험 있는 엔지니어는 작용하는 응력을 분석하여 가장 발생하기 쉬운 파손 모드를 결정할 수 있다. 즉, 만약 비틀림 응력이 지배적이라면, 비틀림에 기반한 상노와 집중계수들을 계산하는 것이 합리적이다. 그러나 이것은 설계 시 실험적 확인을 통한 보장이 요구되는 매우 주관적 접근법이다.

7.11.2 복합 다축 응력

수직 응력과 전단 응력의 최댓값과 최솟값이 동시에 발생하지 않는 복합 다축 응력 상태에서의 파손이론은 제대로 발전하지 못했다. 진정으로 비동기인 상황은 기존의 파손이론들로 분석할 수 없으며, 실험 프로그램이 요구된다. 이러한 상황에서 설계자의 목표는 실험 프로그램에서 사용할 기계 요소의 치수(dimensions)를 예측하여 얻는 것이다. 복합 다축 응력 상태에서 사용하여 온 접근법들은 다음과 같다.

1. 몇몇 금속들의 피로 강도는 단순 다축 응력 상태에서의 강도보다 작지 않음이 관찰되었다. 그러므로 응력들을 동기화된 것으로 근사화시키고, 식 (7.38)~식 (7.39) 또는 식 (7.42)~식 (7.43)을 사용하여 단순 다축 응력 상태로서 분석하는 것이 합리적일 수 있다.
2. 축에서 공통적으로 발생하는 굽힘과 비틀림으로 구성된 하중의 상황에서는, 미국기계학회 보일러 코드(American Society of Mechanical Engineers Boiler Code)에서 제안한 접근법이 사용될 수 있다. 이 접근법은 유효 응력을 다음과 같이 정의한다.

$$\sigma_s = \frac{\sigma}{\sqrt{2}}\left[1+3\left(\frac{\tau}{\sigma}\right)^2+\sqrt{1+\frac{6\tau}{\sigma}\cos 2\phi+9\left(\frac{\tau}{\sigma}\right)^4}\right]^{\frac{1}{2}}, \tag{7.46}$$

여기서

σ = 응력집중 효과를 포함하는 굽힘 응력 진폭
τ = 응력집중 효과를 포함하는 비틀림 응력 진폭
ϕ = 굽힘과 비틀림 사이의 위상각

식 (7.46)은 응력의 평균 성분과 교번 성분 모두를 얻는데 사용될 수 있다. 식 (7.46)과 식 (7.42)~식 (7.43)의 비교를 통해 임의의 위상차 혹은 응력비에 대해 폰 미세스 접근법은 보수적인 방법임을 알 수 있다. 그러나 이것은 고사이클 피로에서만 사실이며, 유한 수명 응용에서는 그렇지 않을 수 있다. 축은 보통 무한 수명으로 설계되기 때문에, 이것이 문제가 되는 경우는 드물다.

3. 주어진 하중과 재료 조합 조건에 따른 거동은 그 회사 내에서 잘 정량화할 수 있고, 기술 문헌들에서 발견할 수도 있다.

7.12 피로에 대한 파괴역학적 접근법

명확한 내구 한도가 없는 재료들에 대한 관심이 증가함에 따라서 돌발적인 파손이 발생하기 전에 피로화된 요소들을 교체하는 것과 손상이 누적되는 것에 대해 특별한 주의를 기울여야 한다. 사실, 내구 한도는 없지만 높은 강도-무게 비를 가지기 때문에 항공기 산업에서 활용되는 알루미늄 합금의 경우에 이러한 사항은 매우 중요한 설계 도전 과제이다. 응력을 받는 부재들에서 흠(flaw)의 크기를 구해 의심스런 요소들을 확인하고 제거하기 위해 통상적인 비파괴가 수행된다. 이 접근법은 결함들(defects)의 존재를 인지하고, 결함들이 임계 크기보다 작을 때에는 재료의 사용이 허용되기 때문에 **고장에도 안전한 설계**(fault-tolerant design)라고 불린다.

그림 7.4b에서 영역 B에서 묘사된 상황을 상기해 보자. 만일 기울기 m이 상당히 작다면 부품의 균열 크기가 임계치에 도달하기 전까지 긴 사용 수명을 가질 수 있으며, 이는 일반적으로 일어나는 상황이다. 패리스 등(Paris et al. 1961)은 반복 하중에서의 균열 성장은 다음의 규칙을 따라야 한다는 가설을 세웠다.

$$\frac{dl_c}{dN} = C\left(\Delta K\right)^m, \tag{7.47}$$

여기서 dl_c/dN은 하중 사이클당 균열 길이의 변화(l_c는 균열 길이이고 N은 응력 사이클의 횟수)이다. C와 m은 실험 상수들이며, ΔK는 식 (7.48)로 정의되는 응력 확대(stress intensity) 범위이다.

$$\Delta K = K_{\max} - K_{\min}, \tag{7.48}$$

여기서 하중 사이클 동안 균열 주변의 최대 응력 확대 계수와 최소 응력 확대 계수는 각각 $K_{\max}$와 $K_{\min}$이다.

중앙에 길이 $l_c = 2a$의 균열이 있는 판에 대해서는 식 (6.6)으로부터 다음과 같이 쓸 수 있다

$$K_{\max} = Y\sigma_{\max}\sqrt{\pi a}, \tag{7.49}$$

$\sigma_{\max}$는 최대 원거리장 응력이며, Y는 유한한 판 크기로 간주될 때의 보정 계수이다. 표 7.7은 강에 대한 C와 m의 보수적

표 7.7: 다양한 금속들에 대한 패리스 법칙 상수들. 최악의 경우(가장 빠른)에 해당되는 균열 성장률을 나타내는 몇 가지 재료들에 대한 데이터.

재료	C, $\frac{\text{mm/cycle}}{(\text{MPa}\sqrt{\text{m}})^m}$	m
강		
페라이트계-펄라이트계	6.89×10^{-9}	3.0
마르텐사이트계	1.36×10^{-7}	2.25
오스테나이트계	5.61×10^{-9}	3.25
알루미늄		
6061-T6	5.88×10^{-8}	3.17
2024-T3	1.6×10^{-11}	3.59

인 값들을 요약한 것이다. 한편, 그림 7.19은 여러 가지 재료들에 대한 피로 균열 진전 데이터들을 제공한다. 부록 C는 Y 값들을 제공한다. 식 (7.47)은 **패리스 법칙**(Paris power law)으로 알려져 있고 피로 문제들을 파괴역학적으로 접근하는 가장 널리 사용되는 식이다. 슈레시(Suresh, 1998)는 패리스 법칙을 기초로 기계 부품의 피로 수명을 다음과 같이 유도하였다.

$$N = \frac{2}{(m-2)CY^m(\Delta\sigma)^m\pi^{m/2}} \times \left\{ \frac{1}{(l_{co})^{(m-2)/2}} - \frac{1}{(l_{cf})^{(m-2)/2}} \right\}, \tag{7.50}$$

$m = 2$인 경우를 제외하면 피로 수명은 다음과 같이 쓸 수 있다.

$$N = \frac{1}{CY^2(\Delta\sigma)^2\pi} \ln \frac{l_{cf}}{l_{co}}, \tag{7.51}$$

여기서,

N = 사이클에서 피로 수명

C와 m = 재료 상수들

Y = 유한 판 크기로 간주될 때의 보정 계수

$\Delta\sigma$ = 대상이 되는 요소의 원거리장 응력 범위

l_{co} = 초기 균열 크기

l_{cf} = 파괴역학에 근거한 임계 균열 크기

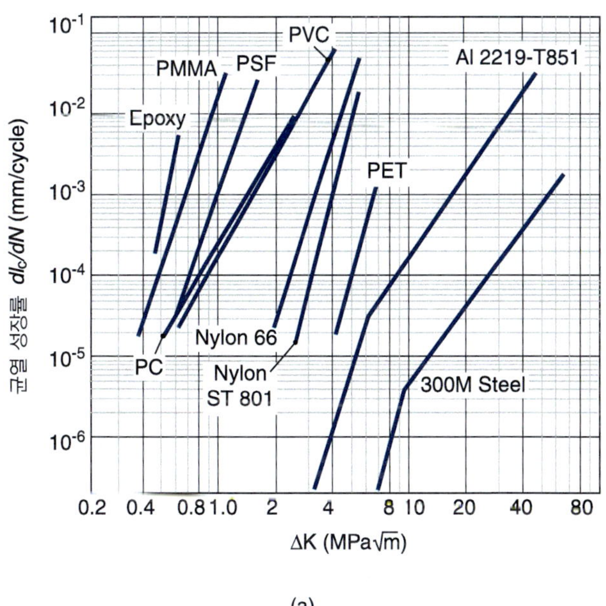

(a)

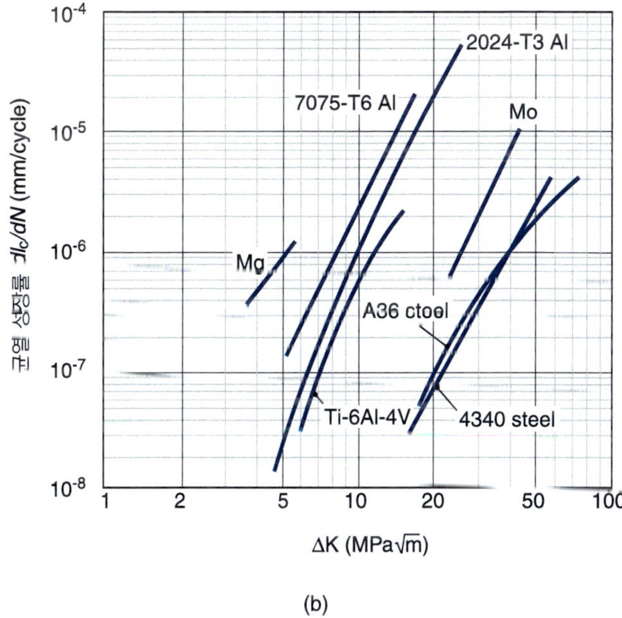

(b)

그림 7.19: 다양한 재료에 대한 피로 균열 성장 데이터. (a) 알루미늄 및 강과 비교하기 위해 선정된 폴리머들, (b) 선정된 합금들. 출처: Adapted from Bow-man(2004).

예제 7.10

고장에도 안전한 설계

조건 가압되고 있는 항공기 기내 환경에서 100 mm 폭을 갖는 판 형태의 알루미늄 합금 항공기 부품이 100 MPa 응력을 받고 있다. 진동으로부터의 응력이 중첩되어 10 MPa, 45 Hz를 갖는 변동이 발생한다. 비파괴 균열 탐지 기술들로는 어떠한 흠도 탐지하지 못했지만, 탐지 가능한 가장 작은 흠의 크기는 0.2 mm이다.

문제 부품의 최소 기대수명을 결정하라. 만약 재검사에서 중앙부에 1.1 mm 길이의 균열이 발견되었다면, 검사 시간 이후 기대수명은 얼마인가? 파괴 인성은 29 MPa$\sqrt{\text{m}}$이고 파괴 응력 260 MPa이다. MPa 단위인 $\Delta\sigma$에 대해 $m = 2.5$, $C = 6.9 \times 10^{-12}$ m/cycle로 가정하라.

풀이 식 (6.5)에 의해 임계 균열 길이 $l_{cf} = 1.60$ mm가 됨을 알 수 있다. 탐지되지 않은 제일 큰 결함이 기하학적으로 제일 큰 Y값을 갖게 되는 경우가 최악의 시나리오이다. 이 결함은 $Y = 2.0$인 경우, 양날 균열 인장 시편에서 발생한다. 그러므로 식 (7.50)으로부터 계산된 수명은 다음과 같다.

$$\begin{aligned} N &= \frac{2}{(m-2)CY^m(\Delta\sigma)^m\pi^{m/2}} \\ &\quad \times \left\{ \frac{1}{(l_{c0})^{(m-2)/2}} - \frac{1}{(l_{cf})^{(m-2)/2}} \right\} \\ &= 324 \text{ hr}. \end{aligned}$$

$l_{c0} = 1.1$ mm인 경우, 파괴가 일어날 때까지 수명은 약 47 hr이다.

7.13 선형 충격 응력과 변형

지금까지 이 장에서는 반복 하중 변화에 초점을 맞추어 기술하였다. 이 절에서는 **충격 하중**에 초점을 맞출 것이다. 이 책의 본문 대부분에서 다루는 하중은 물체에 점진적으로 인가되고, 최댓값에 도달하면 그 값에 머문다. 이 장에서 지금까지 다룬 하중은 **동적**(dynamic, 시간에 따라 변한다)이다. 충격 하중처럼 하중이 물체에 빠르게 가해질 때 발생되는 응력 수준과 변형은 보통 정하중 혹은 반복 하중의 경우보다 훨씬 더 크다.

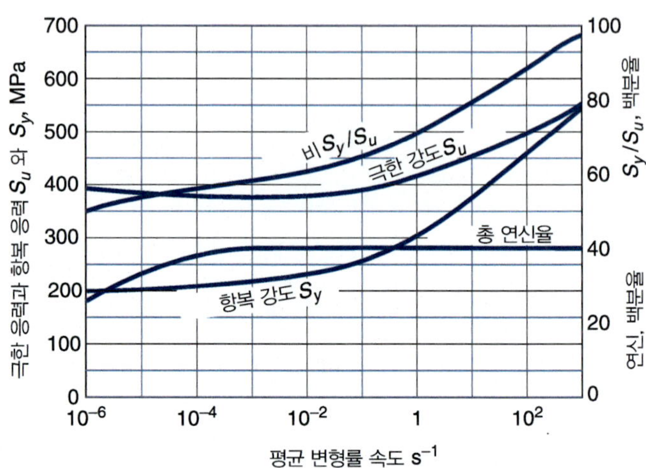

그림 7.20: 상온에서 평균 변형률의 함수인 연강의 기계적 물성치.

재료 물성치는 하중 속도의 함수이다. 하중이 빠를수록 재료의 항복 강도와 극한 강도는 더 높아진다. 그림 7.20은 일반적인 연강의 하중 속도에 따른 기계적 물성치의 변화를 보여준다. 10^{-1}부터 10^3 s^{-1}까지 평균 변형률 속도에서 항복 강도는 상당히 증가한다.

만약 충격 동안 손실된 에너지가 없다면, 에너지 보존이 적용될 수 있다. 거리 h에서 벽돌이 떨어지면서 정지되기 전에 스프링에 부딪혀 $\delta_{\max}$ 만큼 압축되는 문제를 고려해 보자. 만약 스프링의 질량을 무시하고 스프링이 탄성적으로 반응한다고 가정하면, 에너지 보존을 위해서는 운동 에너지가 완전히 탄성 변형 에너지로 변환되어야 한다.

$$W(h + \delta_{\max}) = \frac{1}{2}(k\delta_{\max})\,\delta_{\max}, \tag{7.52}$$

여기서 k는 스프링 상수이고 단위는 N/m이며, W는 벽돌의 무게이다. 식 (7.52)는 이차방정식으로 표현될 수 있다.

$$\delta_{\max}^2 - \frac{2W}{k}\delta_{\max} - 2\left(\frac{W}{k}\right)h = 0. \tag{7.53}$$

$\delta_{\max}$에 대해 풀면 다음과 같이 쓸 수 있다.

$$\delta_{max} = \frac{W}{k} + \sqrt{\left(\frac{W}{k}\right)^2 + 2\left(\frac{W}{k}\right)h}. \qquad (7.54)$$

만약 무게가 스프링에 정적(혹은 점진적으로)으로 가해지면, 정적 변위는 다음과 같다.

$$\delta_{st} = \frac{W}{k}. \qquad (7.55)$$

식 (7.55)를 식 (7.54)로 대입하면 다음과 같이 쓸 수 있다.

$$\delta_{max} = \delta_{st} + \sqrt{(\delta_{st})^2 + 2\delta_{st}h},$$

또는

$$\delta_{max} = \delta_{st}\left(1 + \sqrt{1 + \frac{2h}{\delta_{st}}}\right). \qquad (7.56)$$

식 (7.56)에서의 최대 변위로부터 최대 힘을 계산하면 다음과 같다.

$$P_{max} = k\delta_{max}. \qquad (7.57)$$

거리 h로부터 벽돌이 떨어지는 것을 상기하면, 충격을 받을 때 최대 힘 P_{max}는 순간적으로 작용한다. 벽돌은 운동이 감쇠될 때까지 진동한 후, 정적 위치에 도달한다. 이 분석은 벽돌이 처음 스프링과 접촉할 때 벽돌이 튀어 오르지 않는다고 가정한다. 즉, 벽돌은 스프링으로부터 분리되지 않는다. 식 (7.55)와 식 (7.57)에서 스프링 상수 k를 활용하는 것은 정적 효과와 동적 효과를 연결해 준다.

충격 계수는 다음과 같이 표현할 수 있다.

$$I_m = \frac{\delta_{max}}{\delta_{st}} = \frac{P_{max}}{W} = 1 + \sqrt{1 + \frac{2h}{\delta_{st}}}. \qquad (7.58)$$

충격 계수가 알려지면, 충격 하중, 충격 응력, 처짐이 계산될 수 있음을 주목하라. 충격 응력은 다음과 같다.

$$\sigma = \frac{P_{max}}{A}, \qquad (7.59)$$

여기서, A는 스프링의 면적이며 단위는 m^2이다. 벽돌이 수직으로 떨어지는 대신에 속도 u로 약간의 마찰 저항(마찰 저항은 무시될 수도 있다)을 갖는 표면 위를 미끄러지면서 스프링에 충돌한다면, 벽돌의 운동 에너지는 스프링 에너지로 변환된다. 또는 다음과 같이 식으로 표현할 수 있다.

$$\frac{1}{2}\left(\frac{W}{g}\right)u^2 = \frac{1}{2}k\delta_{max}^2, \qquad (7.60)$$

여기서 g는 중력가속도(9.807 m/s^2)이다. 식 (7.52)의 우변은 식 (7.60)의 우변과 같음을 주목하라. 식 (7.60)을 δ_{max}에 대해 풀면 다음 식을 얻는다. 즉,

$$\delta_{max} = \sqrt{\frac{Wu^2}{gk}}. \qquad (7.61)$$

식 (7.55)를 이용하면 식 (7.61)은 다음과 같이 표현할 수 있다.

$$\delta_{max} = \sqrt{\frac{\delta_{st}u^2}{g}}. \qquad (7.62)$$

두 경우 모두, 움직이는 물체(벽돌)를 강체로 가정하고, 정지된 물체(스프링)가 변형할 수 있다고 가정한 상황이다. 재료는 선형 탄성 거동을 보인다고 가정한다. 그러므로 거리 h에서 떨어지는 벽돌이 스프링에 충돌하는 경우와 속도 u를 갖는 벽돌이 움직여서 스프링에 부딪히는 경우 모두 변형, 충격력 또는 충격 응력에 대한 공식을 구할 수 있다.

예제 7.11

충격 응력

조건 잠수부가 물로 잠수하기 전에 다이빙대의 자유단에서 0.6 m 점프를 한다. 그림 7.21은 잠수부의 상황과 다이빙대의 치수를 보여준다. 다이빙대를 지지하는 끝은 고정되어 있다. 탄성 계수는 69 GPa이고 항복 강도는 220 MPa이며, 잠수부의 몸무게는 900 N이다.

문제 항복에 기반하여 충격 하중에 대한 안전 계수를 구하라.

풀이 다이빙대의 끝에서 충격 시 최대 처짐을 구하는데 식 (7.54)와 식 (7.55)를 사용한다. 스프링 상수는 주어지지 않았으므로 구해야 한다. 그림 7.21c는 힘이 작용하고 있는 상태를 보여주고 있다. 식 (5.3)으로부터,

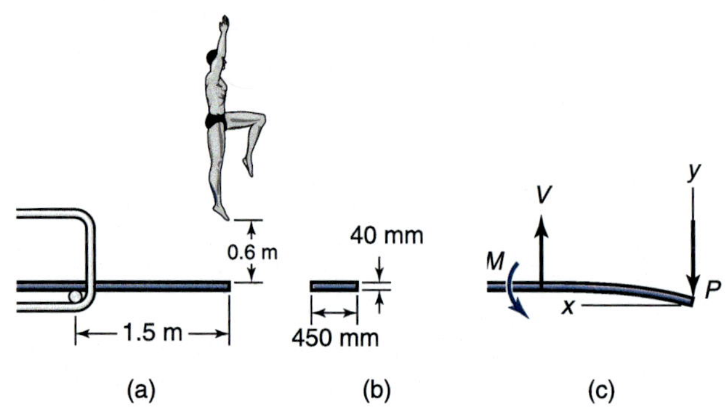

그림 7.21: 다이빙 보드에 충격을 가하는 다이버, 예제 7.11에서 사용되었다. (a) 측면도, (b) 정면도, (c) 힘과 좌표축이 표기된 측면도.

$$\frac{d^2y}{dx^2} = \frac{M}{EI} = -\frac{Px}{EI}.$$

이 식을 적분하면

$$EI\frac{dy}{dx} = -\frac{Px^2}{2} + C_1,$$

여기서 C_1은 적분 상수이다. 다시 적분하면

$$EIy = -\frac{Px^3}{6} + C_1x + C_2,$$

여기서 C_2는 또 다른 적분 상수이다. 경계 조건은

1. $x = l, y' = 0$으로부터 $C_1 = Pl^2/2$이다.
2. $x = l, y = 0$으로부터 $C_2 = Pl^3/3$이다.

보드 끝에서의 처짐(그림 7.21c에서 $x = 0$)에 관심이 있으므로 다음과 같이 쓸 수 있다.

$$EIy = -\frac{Px^3}{6} + \frac{Pl^2x}{2} - \frac{Pl^3}{3},$$

또는

$$\frac{6EIy}{P} = -x^3 + 3l^2x - 2l^3,$$

그러므로 다음과 같다.

$$\delta = -\frac{Pl^3}{3EI}.$$

스프링 상수는 다음과 같다.

$$k = -\frac{P}{\delta} = \frac{3EI}{l^3},$$

여기서 I는 면적 관성모멘트로 다음 식과 같다.

$$I = \frac{bh^3}{12} = \frac{(0.45)(0.04)^3}{12} = 2.40 \times 10^{-6}\ \text{m}^4,$$

l은 길이(1.5 m)이고, E는 탄성 계수(69 GPa)이다. 그러므로 다음과 같이 쓸 수 있다.

$$k = \frac{3(69 \times 10^9)(2.40 \times 10^{-6})}{(1.5)^3} = 147.2\ \text{kN/m}.$$

식 (7.55)로부터

$$\delta_{st} = \frac{W}{k} = \frac{900\ \text{N}}{147.2\ \text{kN/m}} = 0.00611\ \text{m}.$$

식 (7.58)로부터 충격 계수는 다음과 같다.

$$\begin{aligned} I_m &= \frac{\delta_{\max}}{\delta_{st}} \\ &= 1 + \sqrt{1 + \frac{2h}{\delta_{st}}} \\ &= 1 + \sqrt{1 + \frac{2(0.6)}{0.006144}} \\ &= 14.01. \end{aligned}$$

그러므로

$$\delta_{\max} = I_m\delta_{st} = (14.01)(0.006144) = 0.08566\ \text{m}.$$

식 (7.57)로부터

$$P_{\max} = k\delta_{\max} = \left(147.2 \times 10^3\right)(0.08566) = 12.61\ \text{kN}.$$

식 (4.45)로부터 최대 굽힘 응력은 다음과 같다.

$$\sigma_{\max} = \frac{Mc}{I} = \frac{(12,610)(1.5)(0.020)}{2.40 \times 10^{-6}} = 157.6\ \text{MPa}.$$

항복 응력은 220 MPa로 주어졌으며, 항복에 대한 안전 계수는 다음과 같다.

$$n_s = \frac{S_y}{\sigma_{\max}} = \frac{\left(220 \times 10^6\right)}{157.6 \times 10^6} = 1.396.$$

그러므로 $n_s > 1$이고 파손은 발생하지 않을 것이다. 그러나 안전 계수가 1보다 약간 크기 때문에, 안전 여유가 작다.

사례 연구 7.1

고장에도 안전한 항공기 설계

피로 설계 이론, 특히 내고장성 설계에서 항공기는 아주 중요한 응용 사례이다. 연료 소비의 조절을 위해서는 항공기 무게가 최소화되어야 하기 때문에 강도-무게비가 큰 재료(3.7.2절 참조)가 요구된다. 역사적으로 볼 때 이러한 이유로 알루미늄과 티타늄 합금, 복합재료가 광범위하게 사용되어 왔음을 알 수 있다. 불행히도, 이러한 재료들은 보통 명확한 내구 한도를 보여주지 않는다. 이때 설계자는 아주 큰 안전 계수를 선택할 수 있지만, 이것은 연비에 역효과를 가져오거나 상업 비행을 비현실적으로 만든다.

보수 주기

항공 산업에서 따라야 하는 대안은 주기적인 점검과 보수를 하는 것이다. 이러한 보수 업무는 브레이크 평가, 윤활유와 작동유체 교체, 베어링 점검 등의 넓고 다양한 일들을 포함한다. 이 사례 연구에서는 항공기 구조 부품과 사용하는 동안 피로 파손을 방지하기 위해 사용되는 방법론들을 다루는 데 주안점을 두었다. 대략적인 주기와 함께 항공기 보수의 4가지 등급은 다음과 같다.

- **A 점검**(A check). A 점검은 약 500시간 비행마다 수행된다. 이 점검은 일반적으로 공항 탑승구에서 하룻밤 동안 수행되고 명확한 손상, 부식, 악화에 대한 외관 검사를 포함한다.
- **B 점검**(B check). B 점검은 현대의 항공기에서는 보통 사용되지 않지만, 과거에는 더 상세한 절차들을 포함한 A 점검과 유사한 업무들로 구성되었다. B점검도 일반적으로 공항 탑승구에서 하룻밤 동안 수행된다.
- **C 점검**(C check). C 점검은 일반적으로 12개월마다 비행시간에 근거하여 수행된다. C 점검은 비행기 격납고에서 수행되는 고난도 시험이고 대규모의 도구와 장비를 사용하며, 보통 여러 날이 소요된다. 비행기 구조와 연관된 C 점검은 구조 점검이 수반되어 있고, 초음파 혹은 와전류 점검과 같은 비파괴 접근법을 포함할 수 있다. 특히 응력집중이 발생하는 위치에서의 부식 혹은 균열에 대한 검사가 주의 깊게 수행된다.
- **D 점검**(D check). D 점검은 항공기의 종합적인 점검이고, 새 것 같은 상태를 위해 항공기 완전 분해와 마모 부품 혹은 손상 부품의 교체같은 작업으로 특성화되어 왔다. 이 특성화는 다소 과장되어 있지만, D 점검은 구조 부품들의 광범위한 평가를 포함한다고 볼 수 있다.

D 점검은 대략 5년마다 수행하고 2백만 달러 이상의 비용이 들 수 있다. 그림 7.22a는 D 점검을 하는 경우의 외부 사진을 보여주고 있다. 반면, 그림 7.22b는 D 점검 동안 착륙 기어 구조 부품의 비파괴 평가를 상세히 보여준다.

주어진 구간은 단지 근삿값임을 주목하라. 개별 항공기는 제조자와 미연방항공국 혹은 유럽항공안전청과 같은 관리 기관에 의해 승인된 보수 주기(maintenance intervals)를 갖는다. 현대의 검사 간격은 식 (7.50)에 의해 예측되는 것처럼 손상 성장 계산에 의해 결정되었으나, 과거에는 서비스 경험을 기반으로 하였다. 점검과 교정 작업이 필요한 경우라면 항공기 내고장성 서비스 연한 제한 없이 작업 수행이 가능하다.

설계 고찰

정상 운전과 비행 동안 발생할 수 있는 상태(돌풍, 경착륙, 기체 가압 등)에서의 비행기 하중에 대해 비행기 설계자들은 매우 잘 이해하고 있다. 컴퓨터를 사용한 도구들이 설계 단계에서 사용되고 큰 하중이 안전하게 지지될 수 있도록 부품들의 치수가 결정된다.

많은 부품들은 복잡한 기하학적 형상과 하중 상태에 있음을 알아야 한다. 그리고 비행 조정 상태에 따라 하중 방향이 변할 수 있다. 그러므로 비행기 구조물의 손상 부위가 여러 곳일 수 있음이 인지되어 왔다.

(a)

(b)

그림 7.22: (a) D 점검 동안 보잉 747-400(Boeing 747-400)의 외관, (b) 구조 건정성에 대한 착륙 기어 부품의 검사. 출처: Lufthansa Technik.

구조 부품의 설계에서는 서비스 동안 발생할 수 있는 응력 강도에 대해 균열 성장 속도가 낮은 재료들을 적절히 선택함으로써 결함 혹은 손상에도 안전한 설계를 할 수 있다(7.12절 참조). 정해진 재료가 극한 하중(6.5절 참조) 하에서 견딜 수 있는 최대 손상이란 예측 가능한 조건 하에서 안전하게 비행할 수 있는 허용 균열 길이(혹은 다중 균열로부터 발생)를 의미한다. 응력 분석을 통해 재료의 균열 성장 속도를 예견할 수 있는 응력 확대 계수를 얻을 수 있다(그림 7.19 참조). 보통, 초기 균열은 측정 시스템의 검출 임계값보다 작아서 검출되지 않으므로, 이 경우 검출 임계값을 초기 결함 크기로 보고 설계에서 사용한다. 그러므로 검사 간격은 돌발적인 파손이 발생하기 전에 손상을 검출할 수 있게 정해져야 한다. 또한, 검사 절차와 장비들은 중요한 파손 모드를 검출할 수 있도록 개발되어야 한다.

분해를 위한 설계는 보통 설계자들에 의해 고려되는 기준이 아니지만 항공기에서 C 점검과 D 점검의 경우 필수이다. 그러나 많은 부품들은 여전히 접근하거나 시험하기가 극히 어렵다. 이 점을 알고 있으므로, 비록 더 큰 안전 계수 혹은 더 큰 피로 저항 재료가 비용적 손해를 가져 오더라도, 특히 점검 수선/교체가 어려운 부품들에 대해서는 더 큰 안전 계수 혹은 내피로성 재료가 사용된다.

요약

항공기 제조업체들은 서비스 점검 기간을 연장하는 것에 대한 상당한 압박을 받고 있다. 피로 설계에 관한 정교함은 지난 20년간 상당히 발전되어 왔으며, 피로와 부식 문제들과 연관있는 항공기당 보수 시간이 10배로 감소되었다. 내고장성 설계의 폭넓은 사용 덕분에, 상업용 비행기의 비행은 가장 안정한 여행 방식 상태임이 알려져 있다.

7.14 요약

부품 혹은 구조물에서의 파손은 보통 변동 응력에 의해 발생한다. 응력 변화가 반복된다면, 주기적(cyclic)이라고 한다. 다양한 주기 패턴들이 형성된다. 피로 강도 대 파손 횟수 대수(logarithm)의 그래프가, 내구 한도가 있는 재료와 내구 한도가 없는 재료에 대해 제시되었다. 철금속 재료들은 내구 한도를 가지는 경향이 있고, 비철금속 재료들은 내구 한도를 갖지 않는 경향이 있다. 철금속 재료에 대한 내구 한도는 부품이 받는 하중 유형에 관한 함수이다. 또한, 10^3 사이클보다 작을 때 파손이 발생하면 저사이클 피로 파손, 10^3 사이클 이상일 때 발생하면 고사이클 피로 파손으로 분류된다.

경면 표면 처리를 한 특정 크기의 시편에 대한 실험을 통해 내구 한도가 결정된다. 시편은 정확하게 준비되고 통제된 조건 하에서 시험된다. 실제의 조건은 시험 상황과는 아주 다르다. 현실에 더 근접한 조건으로 정확하게 특성화하기 위해서 수정 내구 한도가 사용된다. 표면 처리와 크기 계수가 피로 응력집중 계수와 함께 사용된다.

평균 반복 응력이 0이 아닌 경우에 파손의 발생을 예측하기 위해서 다양한 접근법들이 고려될 수 있다. 소더버그, 거버, 굿맨과 수정 굿맨 이론들이 소개되었다. 이 이론들은 평균 응력과 교번 응력의 변동을 허용한다. 완전 수정 굿맨 선도의 구성을 소개했으나, 이 때 피로 기준과 항복 기준이 사용되었다. 수정 굿맨 선도의 영역별로 파손 식이 주어졌다.

소개된 결과들의 대부분은 연성 재료에 대한 것이었으나, 취성 재료들에 대한 거동도 간단하게 서술하였다. 연성 재료는 압축 강도와 인장 강도가 거의 같지만, 취성 재료는 압축 강도가 인장 강도의 수 배 이상 크다는 것이 취성 재료와 연성 재료의 주요한 차이점이다.

하중이 빠르게 가해질 때 충격 하중이 고려되어야 한다. 충격 하중에 의한 응력 수준과 유발된 변형은 정적 하중 혹은 반복 하중의 경우보다 상당히 크다. 하중이 더 빠르게 가해질수록, 재료는 더 높은 항복 강도와 극한 강도를 갖는다. 운동 에너지와 탄성 변형 에너지 식에 의해, 충격 하중의 두 가지 유형이 고려되었다. 주어진 높이로부터 벽돌이 스프링 위로 떨어지는 경우와 벽돌이 스프링 아래 방향으로 미끄러지는 경우이다. 충격 계수로부터, 최대 변형과 정적 변형 그리고 최대 하중과 정하중을 얻었다.

핵심어

거버선(Gerber line) 평균 응력과 교번 응력을 고려한 포물선 관계

계단(staircase) 여러 개의 표본에 가해지는 응력 변동에 의한 재료 내구 한도를 결정하는 데 사용되는 접근법

고사이클 피로(high-cycle fatigue) 10^3 사이클 이상 10^6 사이클 이하에서 발생하는 피로 파손

굿맨선(Goodman line) 교번 응력 대 평균 응력에 대한 그래프에서 수정 내구 한도와 극한 강도를 연결하는 이론

내구 한도(endurance limit) 무한 수명이 실현될 수 있는 응력 수준

노치 민감도(notch sensitivity) 피로를 유발하는 응력에 덜 민감한 연성 재료의 성능을 반영한 재료 물성

동적(dynamic) 시간에 따른 변화를 뜻하는 형용사

마이너의 법칙(Miner's rule) 선형 손상 법칙과 동일

맨슨-코핀 관계(Manson-Coffin relationship) 변형률에 기반한 피로의 이론적 접근법

무한 수명(infinite life) 피로 파손이 발생하지 않는 응력 수준

반복 응력(cyclic stress) 시간이 지남에 따라서 반복되는 응력

뵐러 선도(Wöhler diagram) S-N 선도와 동일

소더버그 선(Soderberg line) 교번 응력 대 평균 응력의 그래프에서 수정 내구 한도와 항복 강도를 연결하는 이론

수정 굿맨 선도(modified Goodman diagram) 피로 파손 혹은 항복이 일어나지 않는 모든 응력 상태를 정의하는 선도

수정 내구 한도(modified endurance limit) 표면 처리, 재료, 시편 크기, 하중 유형, 온도 등에 기반한 내구 한도의 보정

유한 수명(finite life) 피로로 인해 파손될 때까지의 수명

응력 범위(stress range) 사이클에서 최대 응력과 최소 응력의 차이

응력비(stress ratio) 최소 응력 대 최대 응력의 비율

응력 진폭(stress amplitude) 응력 범위의 1/2

잔류 응력(residual stress) 일반적으로 제조 공정에서 발생되는 내부응력

저사이클 피로(low-cycle fatigue) 10^3 사이클 이하에서 발생하는 피로 파손

충격 하중(impact loading) 물체에 빠르게 인가되는 하중

평균 응력(mean stress) 사이클에서 최소 응력과 최대 응력의 평균

패리스 법칙(Paris power law) 반복 하중에서 균열 성장은 멱법칙(power law)을 따른다고 상정한 법칙

피로(fatigue) 변동 응력과 반복 응력을 받아 상대적으로 낮은 응력 수준에서 발생되는 구조의 파손

항복선(yield line) 평균이 0이 아닌 반복 하중의 첫 사이클에서 항복을 상정하는 파손 기준

S-N 선도(S-N diagram) 응력 수준 대 파손 이전 사이클 수에 대한 그래프

공식 정리

반복 응력:

평균 응력: $\sigma_m = \dfrac{\sigma_{\max} + \sigma_{\min}}{2}$

응력 범위: $\sigma_r = \sigma_{\max} - \sigma_{\min}$

응력 진폭: $\sigma_a = \dfrac{\sigma_r}{2} = \dfrac{\sigma_{\max} - \sigma_{\min}}{2}$

유한 수명 피로:

맨슨-코핀 관계:

$$\frac{\Delta\epsilon}{2} = \frac{\sigma_f'}{E}(2N')^a + \epsilon_f'(2N')^\alpha$$

하중 사이클의 함수에 따른 강도:

$$\log S_f' = b_s \log N_t' + \bar{C},$$
$$b_s = -\frac{1}{3}\log\left(\frac{S_l'}{S_e'}\right), \bar{C} = \log\left[\frac{(S_l')^2}{S_e'}\right]$$

고사이클 피로 한도:

하한 한도 ($N \approx 10^3$): 굽힘 $S_l' = 0.9S_u$,

축하중 $S_l' = 0.75S_u$,

비틀림 $S_l' = 0.72S_u$,

상한 한도: ($N \approx 10^6$ or 10^7): $S_e' = 0.5S_u$,

축하중 $S_e' = 0.45S_u$,

비틀림 $S_e' = 0.29S_u$.

응력에 대한 함수로서의 수명: $N_t' = \left(S_f' 10^{-\bar{C}}\right)^{1/b_s}$

피로 응력집중: $K_f = 1 + (K_c - 1)q_n$

수정 내구 한도: $S_e = k_f k_s k_r k_m S_e'$

표면 처리 계수 $k_f = eS_{ut}^f$

크기 계수 $k_s = \begin{cases} 1 & d \le 8\text{ mm} \\ 1.189d^{-0.112} & 8\text{ mm} < d \le 250\text{ mm} \end{cases}$

온도 계수 $k_t = \dfrac{S_{ut}}{S_{ut,\text{ref}}}$

누적 손상:

마이너의 법칙 $\dfrac{n_1'}{N_1'} + \dfrac{n_2'}{N_2'} + \cdots + \dfrac{n_i'}{N_i'} \ge 1$

0이 아닌 평균 응력의 효과:

거버 포물선 $\dfrac{K_f n_s \sigma_a}{S_e} + \left(\dfrac{n_s\sigma_m}{S_{ut}}\right)^2 = 1$

굿맨선 $\dfrac{K_f\sigma_a}{S_e} + \dfrac{\sigma_m}{S_{ut}} = \dfrac{1}{n_s}$

소더버그선 $\dfrac{K_f\sigma_a}{S_e} + \dfrac{\sigma_m}{S_{yt}} = \dfrac{1}{n_s}$

항복선 $\dfrac{\sigma_a}{S_{yt}} + \dfrac{\sigma_m}{S_{yt}} = \dfrac{1}{n_s}$

다축 응력:

단순 완전 반전: $n_s = \dfrac{S_e}{\sigma_e'}$

$$\text{여기서 } (\sigma_e')^2 = \sigma_{a,1}^2 + \sigma_{a,2}^2 + \sigma_{a,3}^2 - \sigma_{a,1}\sigma_{a,2} - \sigma_{a,2}\sigma_{a,3} - \sigma_{a,1}\sigma_{a,3}$$

단순, 0이 아닌 평균 응력:

$$\text{시네스법: } 2(\sigma_a')^2 = (\sigma_{a,x} - \sigma_{a,y})^2 + (\sigma_{a,y} - \sigma_{a,z})^2 + (\sigma_{a,z} - \sigma_{a,x})^2 + 6\left(\tau_{a,xy}^2 + \tau_{a,yz}^2 + \tau_{a,zx}^2\right)$$

$$\sigma_m' = \sigma_{m,x} + \sigma_{m,y} + \sigma_{m,z}$$

폰미세스법:

$$2(\sigma_a')^2 = (\sigma_{a,x} - \sigma_{a,y})^2 + (\sigma_{a,y} - \sigma_{a,z})^2 + (\sigma_{a,z} - \sigma_{a,x})^2 + 6\left(\tau_{a,xy}^2 + \tau_{a,yz}^2 + \tau_{a,zx}^2\right)$$

$$2(\sigma_m')^2 = (\sigma_{m,x} - \sigma_{m,y})^2 + (\sigma_{m,y} - \sigma_{m,z})^2 + (\sigma_{m,z} - \sigma_{m,x})^2 + 6\left(\tau_{m,xy}^2 + \tau_{m,yz}^2 + \tau_{m,zx}^2\right)$$

복합 다축 응력:

$$\sigma_s = \frac{\sigma}{\sqrt{2}}\left[1 + 3\left(\frac{\tau}{\sigma}\right)^2 + \sqrt{1 + 6\frac{\tau}{\sigma}\cos 2\phi + 9\left(\frac{\tau}{\sigma}\right)^4}\right]^{1/2}$$

파괴역학적 접근법:

패리스 식: $\dfrac{dl_c}{dN} = C(\Delta K)^m$

예측 수명:

$$N = \frac{2}{(m-2)CY^m(\Delta\sigma)^m\pi^{m/2}} \times \left\{ \frac{1}{(l_{c0})^{(m-2)/2}} - \frac{1}{(l_{cf})^{(m-2)/2}} \right\}$$

만약 $m=2$이면, $N = \frac{1}{CY^2(\Delta\sigma)^2\pi}\ln\frac{l_{cf}}{l_{c0}}$

충격:

최대 변형(처짐): $\delta_{\max} = \delta_{st}\left(1+\sqrt{1+\frac{2h}{\delta_{st}}}\right)$

충격 계수: $I_m = 1+\sqrt{1+\frac{2h}{\delta_{st}}}$

추천 문헌

Anderson, T.L. (2004) *Fracture Mechanics: Fundamentals and Applications*, 3rd ed., CRC Press.

Bannantine, J.A., Comer, J.J., and Handrock, J.L. (1989) *Fundamentals of Metal Fatigue Analysis*, Prentice-Hall.

Bathias, C., and Paris, P.C. (2005) *Gigacycle Fatigue in Mechanical Practice*. Wiley.

Bathias, C., and Pineua, A. (2010) *Fatigue of Materials and Structures*. Wiley.

Budynas, R.G., and Nesbitt, J.K. (2011), *Shigley's Mechanical Engineering Design*, 9th ed., McGraw-Hill.

Juvinall, R.C. (1967) *Engineering Considerations of Stress, Strain, and Strengths*, McGraw-Hill, New York.

Madayag, A.F. (1969) *Metal Fatigue: Theory and Design*, Wiley, New York.

Freiman, S., and Mecholsky Jr., J.J. (2012) *The Fracture of Brittle Materials: Testing and Analysis*. Wiley.

Lee, Y.-L., Pan, J., Hathaway, R., and Barkey, M. (2005) *Fatigue Testing and Analysis*. Elsevier.

Manson, S.S., and Halford, G.R. (2006) *Fatigue and Durability of Structural Materials*. American Society for Metals.

Newman, J.C., and Plascik, R.S., eds. (2000) *Fatigue Crack Growth Thresholds, Endurance Limites, and Design*, STP 1372, American Society for Testing and Materials.

Nicholas, T. (2006) *High Cycle Fatigue – A Mechanics of Materials Perspective*. Elsevier.

Norton, R.L. (2011) *Machine Design*, 4th ed., Prentice Hall.

Rice, R.C., ed., (1988) *Fatigue Design Handbook*, Society of Automotive Engineers,Warrendale, PA.

Schijve, J. (2009) *Fatigue of Structures and Materials*, Springer.

Stephens, R.I., Fatemi, A., Stephens, R.R., Fuchs, H.O., and Faterni, A. (2000) *Metal Fatigue in Engineering*, 2nd ed.,Wiley.

Suresh, S. (1998) *Fatigue of Materials*, 2nd ed., Cambridge University Press.

Zahavi, E., and Torbilo, V. (1996) *Fatigue Design*, CRC Press.

참고 문헌

Bowman, K. (2004) *Mechanical Behavior of Materials*, Wiley.

Johnson, R.C. (1967) *Predicting Part Failures Part I* "Machine Design," vol. 45, p. 108.

Juvinall, R.C., and Marshek, K.M. (1991) *Fundamentals of Machine Component Design*,Wiley.

Kuguel, R. (1969), "A Relation Between Theoretical Stress Concentration Factor and Fatigue Notch Factor Deduced from the Concept of Highly Stressed Volume.", Proceedings ASTM, v. 61, pp. 732-748.

Lipson, C., and Juvinall, R.C. (1963) *Handbook of Stress and Strength*, Macmillan.

Metals Handbook, American Society for Metals, 1975.

Norton, R.L. (1996) *Machine Design*, Prentice-Hall.

Paris, P.C., Gomez, M.P., and Anderson,W.P. (1961) *A Rational Analytic Theory of Fatigue*, Trend Engineering, University of Washington, v. 13, no. 1, pp. 9–14.

Shigley, J.E., and Mitchell, L.D. (1983) *Mechanical Engineering Design*, 4th ed. McGraw-Hill.

Sines G., and Waisman, J.L. (1959) *Metal Fatigue*, McGraw-Hill.

Suresh, S. (1998) *Fatigue of Materials*, 2nd ed. Cambridge University Press.

문제

7.1 피로(fatigue)와 피로 마모(fatigue wear)를 정의하라. 이 둘의 상호관계가 무엇인지 설명하라.

7.2 완전 반전 인장 응력 사이클과 완전 반복 인장 응력 사이클을 도시하라.

7.3 잔류 응력이 피로에 어떤 영향을 미치는가?

7.4 반복 응력이란 무엇인가?

7.5 결함과 균열의 차이점은 무엇인가?

7.6 응력 범위, 응력 진폭, 응력비를 정의하라.

7.7 피로 강도와 내구 한도의 차이점은 무엇인가?

7.8 균열성장에서 페리스 영역이란 무엇인가?

7.9 피로 파괴 표면에는 항상 줄무늬가 있는가?

7.10 S-N 선도란 무엇인가? 강과 알루미늄의 일반적인 S-N 선도를 도시하라.

7.11 재료의 노치 민감도란 무엇인가?

7.12 부품 생산에 이용된 제조 공정에 의해 수정 내구 한도가 결정되는 이유가 무엇인가?

7.13 수정 내구 한도를 결정하는데 크기 계수 요구되는 이유를 설

명하라.

7.14 숏피닝이 피로 강도를 개선시키는 이유는 무엇인가?

7.15 굿맨 선과 거버 포물선 사이의 유사점들은 무엇이 있는가?

7.16 마이너의 법칙이란 무엇인가?

7.17 피로 파손에서 평균 응력의 영향을 포함하는 이론들을 나열하라.

7.18 고장에도 안전한 설계란 무엇인가?

7.19 패리스 법칙이란 무엇인가?

7.20 충격을 정의하라. 충격 응력이 정적 응력보다 큰 이유는 무엇인가?

정성적 문제

7.21 맨슨-코핀 관계를 복습하고 모든 중요 변수들을 확인하여, 각각의 변수들이 피로 균열 성장에 어떠한 영향을 미치는지 설명하라.

7.22 탄소강의 내구 한도에 영향을 미치는 인자들을 나열하라. 이 인자들을 중요도 순으로 순위를 정하라.

7.23 그림 7.4에서 영역 A는 균열 성장률이 사이클당 격자 간격 보다 더 느리다는 것을 보여준다. 이것이 가능한 이유를 설명하라.

7.24 피로가 시작되는 지점을 확인하고, 그림 a에서 보여지는 바와 같이 단면에 대한 균열 성장 방향을 확인하라.

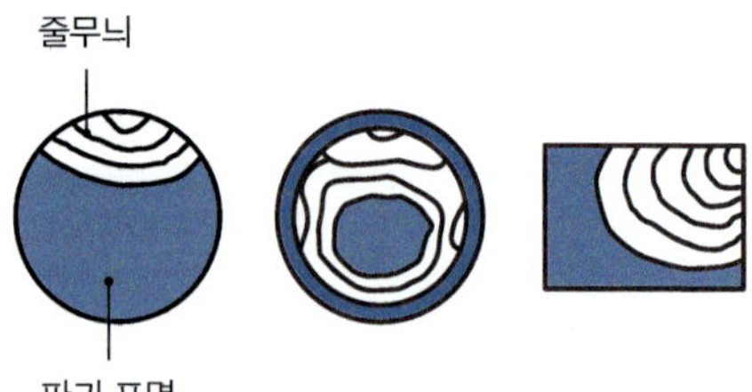

문제 7.24에 대한 그림 a

7.25 알루미늄 혹은 구리 합금은 내구 한도가 존재하는가? 설명해 보라.

7.26 맨슨-코핀 식에 의하면, 변형을 유발하는 응력은 결국 피로 파손을 초래하게 된다. 이것은 내구 한도가 존재할 수 없다는 것을 의미하는가? 설명해 보라.

7.27 예제 7.3은 단위와 무관하게 같은 결과를 산출한다는 것을 실증해 보라.

7.28 식 (7.19)에 포함되지 않지만, 표면 마감에 영향을 주는 인자들을 나열하라.

7.29 수정 계수가 내구 한도에 미치는 다양한 영향들이 포함될 수 있도록 인자들을 나열하라.

7.30 수식 사용 없이, 수정 굿맨 접근법을 이용하는 경우의 이점들을 설명하라.

7.31 (a), (b), (c)의 상황을 갖는 각각 부품들에 대해 3가지 예를 들어보라. (a) 1000 사이클 미만인 상황, (b) 1000 사이클 이상이지만 1백만 사이클 이하인 상황, (c) 1백만 사이클 이상인 상황

정량적 문제

7.32 그림 7.19의 정보를 이용하여, 식 (7.47)로부터 상수 C와 상수 m을 예측하고 다른 재료들에 대한 이 값들의 표를 완성하라.

7.33 소리굽쇠를 연필로 치자 440 Hz의 주파수를 가진 진동이 시작되었다. 소리굽쇠의 최대 굽힘 응력은 끝에서 2 MPa이다. 평균 응력, 응력 범위, 응력 진폭, 응력비를 계산하라. 또한, 만일 800°C에서 담금질되고 뜨임 처리된 AISI 1080 강으로 소리굽쇠가 만들어졌다면, 소성 변형 없이 유지될 수 있는 소리굽쇠의 응력은 얼마인지 계산하라. 답 $\sigma_m = 0$, $\sigma_r = 4$, MPa, $R = -1$.

7.34 볼보(Volvo)용 잭(jack)은 차가 들어 올려지도록, 차와 지면 사이의 두 모서리 위치에서 힘을 인가하는 동안 두 모서리를 통해 수평 방향으로 확장되는 리프트 스크류 기계 장치로 구성된다. 자동차 한쪽 면에 있는 두 바퀴 모두 공중으로 들어 올려질 때 잭의 최대 압축 응력은 150 MPa이고, 잭의 하중은 8000 N이다. 피로에 의해 파손되기 전에 15,000 N의 하중이 잭에 인가된다면 6톤 무게의 작은 트럭에 잭을 사용할 경우 몇 회 사용할 수 있는가? 잭의 재료는 800°C에서 담금질되고 뜨임 처리된 AISI 1080 강이다. 답 807,800 cycle.

7.35 그림 b에서 보여지는 바와 같이, 정적 하중이 인가되는 동안 축이 고속으로 회전한다. 축은 연마로 가공되었고, 고탄소강(800°C에서 담금질되고 뜨임 처리된 AISI 1080 강)이다. 1백만 사이클 후에 피로 파손이 발생될 만큼 하중이 충분히 크다면, 파손이 가장 잘 발생되는 곳은 어디인가? 필요한 모든 계산과 이유를 보여라.

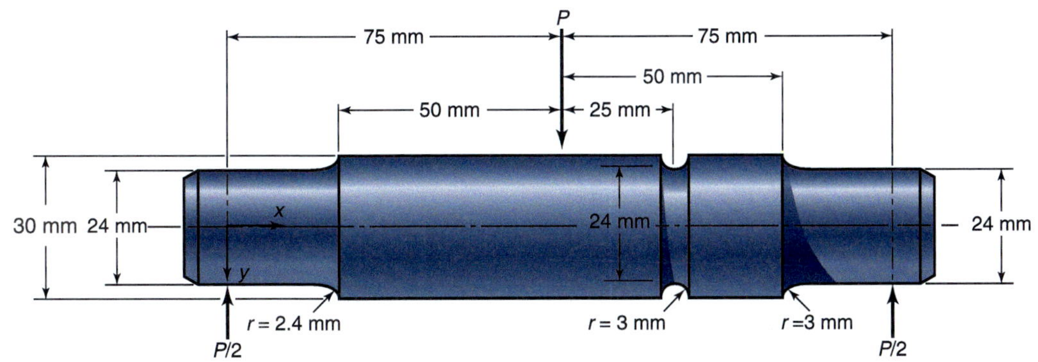

문제 7.35에 대한 그림 b

7.36 그림 c와 d에 각각 보여지는 것처럼 풀림 처리된 AISI 1040 강 바(bar)에 대하여 다음을 결정하라.

(a) 파괴를 일으키는 정적 인장 하중을 구하라. 답 $P = 325$ kN.

(b) 최종적으로 피로 파손을 발생시키기 직전의 교번(완전 반전된) 축하중 $\pm P$를 구하라. 답 $P_{notched} = 62.5$ kN.

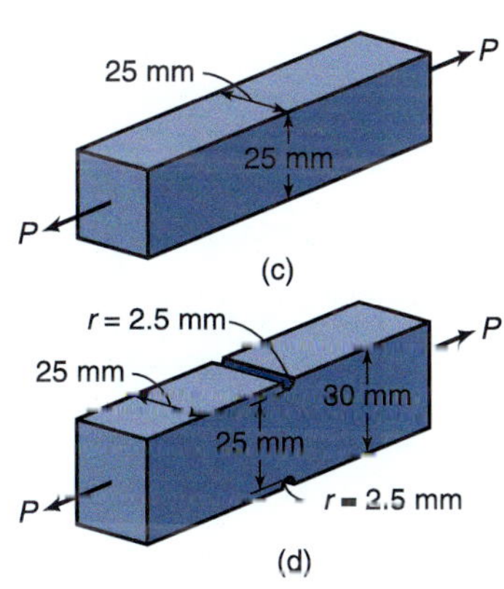

문제 7.36에 대한 그림 c와 d

7.37 그림 e에서 보여지는 것처럼 고탄소강(800°C에서 담금질되고 뜨임 처리된 AISI 1080 강)으로 제작된 단이 있는 축이 있다. 작용되고 있는 하중은 완전 반전된 비틀림 중 하나이다. 그림에서 보여지는 것처럼 과하중 조건의 공칭 응력 하에서 30초 작동하는 동안 25 mm 지름을 갖는 단면에서의 공칭 응력이 계산되었다. 이러한 조건 하에서 연속적으로 작동할 때 축의 수명을 예측해 보라. 답 19.8 hours.

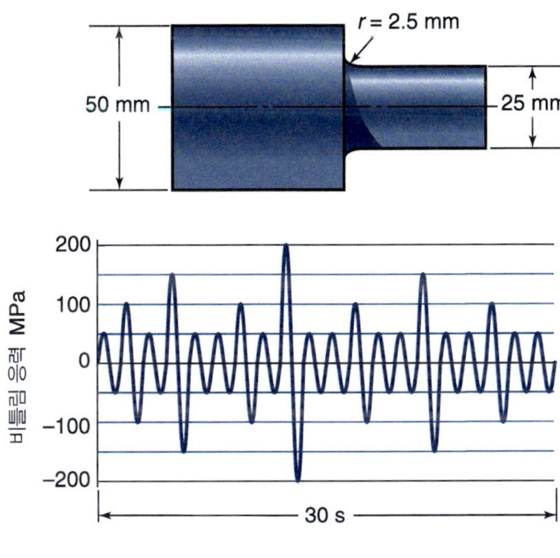

문제 7.37에 대한 그림 e

7.38 홍수 방지 댐의 문은 100년 동안 오로지 일주일에 한 번 작동하기로 되어 있지만, 30년 후에는 홍수 방지 댐 문은 하루에 2번(만조가 올 때마다) 작동되도록 사용되어야 한다. 여전히 총 수명이 100년으로 주어진다면 굽힘 응력은 얼마나 더 낮춰야 하는지 계산해 보라. 피로를 받는 재료는 중탄소강(풀림 처리된 AISI 1040)이다. 답 20% lower stress.

7.39 피스톤 지름 $D = 100$ mm이고 피스톤 로드(rod) 지름 $d = 33$ mm인 유압 실린더가 있다. 피스톤 각 면에 교번으로 인가되는 유압 $p = 35$ MPa이다. 이 압력은 로드 압축력 $\pi p D^2/4$ 혹은 인장력 $\pi p(D^2 - d^2)$을 포함하며, 피스톤의 면을 따라 압력이 인가된다. 피스톤 로드 재료는 마르텐사이트계 스테인리스 강(AISI 410)이다. 피스톤 로드의 내구 수명을 구하라. 답 11,370 cycles.

7.40 20 mm 지름을 갖는 축이 가변 토크 600 ± 300 N-m를 전달한다. 토크 변화의 주파수는 0.1 s^{-1}이다. 축은 고탄소강(800 °C에서 담금질되고 뜨임 처리된 AISI 1080 강)으로 제작되었다. 축의 내구 수명을 구하라. 답 789,200 cycles, 또는 2192 hr.

7.41 문제 7.40에서 축의 유한 수명을 위한 축 지름 크기는 얼마인지 구하라. 답 $d = 22.5$ mm.

7.42 지름 $D = 25$ mm인 바(bar)에는 노치 반경 $r = 0.5$ mm인 노치가 있으며, 노치의 바닥면 지름은 24 mm이다. 이것은 회전 굽힘 피로를 겪은 적이 있다. AISI 1020, 1040, 1080 혹은 316 강 중에서 유한 수명에 대해 가장 높은 허용 굽힘모멘트를 발생시키는 것이 무엇인지 결정하라. 모멘트도 계산하라.

7.43 수직 원형 보의 지름은 30 mm이며, 길이는 1 m이다. 보의 끝에 정적 하중 600 N이 보에 수직으로 인가되며, 굽힘 변형이 발생된다. 만약 아래와 같은 경우들로 만들어진 회전하는 보의 유한 수명에 사용될 수 있는 표면 가공법을 결정하라.

(a) 870°C에서 담금질되고 뜨임 처리된 AISI 1020 강
(b) 800°C에서 담금질되고 뜨임 처리된 AISI 1080 강

$k_s = k_r = k_m = 1$이다.

7.44 자전거 패달의 조임이 우발적으로 풀리는 않도록 하기 위해 한 면은 왼나사, 한 면은 오른나사를 갖는 크랭크에 자전거 패달이 고정되어 있다. 11 mm 지름을 갖는 중심축은 12.5 mm 지름을 갖는 나사산과 연결된 0.75 mm 반경의 필렛으로 구성되어 있다. 기하학적 형상을 스케치하여 보라. 2 GPa 극한 응력을 얻기 위해 낮은 온도에서 뜨임 처리를 한 AISI 4340 합금강으로 축을 제작하였다. 필렛에서의 피로 응력집중 계수를 구하라. 만약 필렛으로부터 70 mm 지점에서 발로 힘을 인가한다면, 이 때 무한 수명을 위한 최대 허용 패달 하중이 얼마인지 계산하라. 답 1090 N.

7.45 새로운 잠수함 개발을 하는 동안 1~20개의 모델이 사용된다. 실물 크기의 잠수함에서 피로 파손에 의해 어떤 위험이 발생하는지 발견하기 위해 모델을 시험한다. 안전의 측면에서, 모델에서 응력은 실물 크기 잠수함에서의 응력보다 25% 더 높게 유지되어야 한다. 만약 모델이 25% 더 높은 응력 수준에서 안전했다면 실물 크기의 잠수함에서도 안전하다는 결론을 내리는 것이 가능한가?

7.46 새로운 자동차 개발 과정에서 기어 박스에 연결되는 모터의 출력이 아주 높다는 점이 발견되었다. 최대 토크가 기어 박스를 통해 전달될 때, 요구되는 800 h 수명시간 동안 기어박스들의 50%가 파손된다. 100개 중 유일하게 하나의 기어박스만 800 hr 안에 파손되도록 하기 위해 기어박스를 얼마나 더 강하게 만들어야 하는가? 답 33% 더 강하게 만들어야 한다.

7.47 가동 중 인장을 받고 있는 부재의 검사를 통해 피로 균열이 그림 f에서 보여지는 바와 같이 발견되었다. 제안된 해결 방법은 균열 끝에서 응력집중을 감소시키기 위해 균열의 끝 부분에 구멍을 뚫는 것이다. 재료는 두께 30 mm의 풀림 처리된 AISI 1040 중탄소강이고 단조에 의해 생산되었다. 만약 15 kN 완전 반전 하중이고 최초 설계가 다음과 같다면,

(a) 원래의 안전 계수는 얼마인가? 답 $n_s = 2.9$.
(b) 최초 설계의 안전 계수를 복원하기 위한 가장 작은 구멍 크기는 얼마인가? (가장 5 mm에 가까운 증분을 사용하는 것이면 충분하다.) 90% 신뢰도를 사용하라. 답 5 mm.

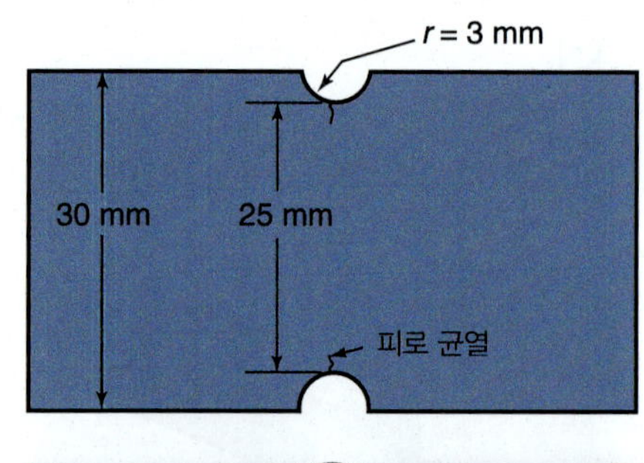

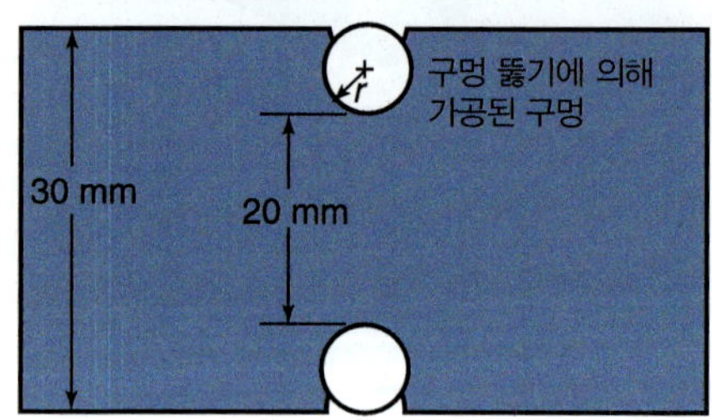

문제 7.47에 대한 그림 f

7.48 트럭 기어박스는 변속 시 접촉 응력과 굽힘 응력에 관한 최대 토크에서의 무한 수명을 고려하여 설계된다. 승용차는 일반적인 주행 상태에 따른 유한 수명을 고려하여 설계된다. 1단 기어에서의 최대 토크는 일반적으로 최대 속력에 도달하기 전 매 가속도에 대해 3 s에서 6 s 정도 유지될 수 있다. 만약 운전자가 1단 기어로 20년 동안 매일 20회 전출력에서 가속한다면, 요구수명은 60 hr에서 120 hr이다. 정상 하중(normal load) 범위에서는 기어박스의 99%가 200,000 km의 수명을 갖는다. 승용차 수명 10년 동안 운전자가 10 ton 보트를 1년에 2번 50 km(운전자의 집에서 항구까지의 거리) 운송하는

데 승용차를 이용한다. 만일 3.2배 출력까지 올리는 데 필요한 하중에 수명이 반비례한다면 보트를 움직이는 데 소비되는 기어박스의 200,000 km 공칭수명이 얼마가 될지 계산하라. 움직이는 동안 기어박스 하중은 보통일 때보다 4배 더 높다고 가정하라. 답 기어박스 수명의 42.25%.

7.49 자전거의 수동 브레이크는 보통 앞바퀴와 뒷바퀴가 같은 유형이다. 높은 무게중심(바퀴들 사이의 거리에 비해)은 브레이크가 작동될 때 앞바퀴와 지면 사이의 접촉력을 증가시키고 뒷바퀴와 지면 사이의 접촉력은 감소시킬 것이다. 만약 두 브레이크 각각에 동등한 힘이 인가된다면, 앞바퀴는 여전히 구름 운동을 하는 반면 뒷바퀴는 미끄럼 운동을 시작할 것이다. 브레이크 와이어 제조사들은 앞바퀴와 뒷바퀴 사이의 이러한 차이점에 대해 알지 못한다. 그래서 마치 바퀴가 동등한 접촉력을 가진 것처럼 와이어가 설계되므로 두 브레이크 와이어에서 동등한 힘이 필요하다. 두 바퀴를 멈추게 하기 위해 (동등하게 하중이 인가된) 필요한 힘에서 브레이크에 사용되는 와이어는 보통 20년 동안 견디도록 설계된다. 만약 바퀴와 지면 사이의 마찰이 지면으로부터 실제 바퀴를 들어올리기에 충분하다면 와이어의 수명은 얼마나 길어지는가? 내구 수명은 응력의 −10 승에 비례한다고 가정하라.

7.50 볼 베어링은 보통 다양한 하중과 속력에서 구동된다. 대부분의 베어링의 경우 베어링 수명은 접촉 응력의 10/3승에 반비례한다. 볼 베어링의 경우 접촉 응력은 하중의 세제곱근에 거의 비례한다. 기어박스에서 볼베어링은 1752 백만 회전 수명을 갖도록 설계되며, 이중 절반은 최대 모터 토크에서 1/2이며, 전체 모터 토크에서 1/4 그리고 전체 모터 토크의 75%에서 1/4이다. 만약 모터 토크가 최댓값에서 일정하게 유지된다면, 베어링 수명이 얼마인지 계산하라. 답 681×10^6 회전.

7.51 냉간 가공된 고체 단면을 갖는 둥근 강 바(bar)가 10 kN 최대 인장력에서부터 최소 5 kN 압축력까지의 범위를 갖는 반복력을 받고 있다. 강의 극한 강도는 600 MPa이고 항복 강도는 400 MPa이다. 임계 안전 계수는 2이다. 다음 사항을 결정하라.

(a) 지름 함수로써의 수정 내구 한도를 구하라. 답 $S_e = (279\ \text{MPa})d^{-0.112}$.

(b) 피로 파손을 발생시키는 단면적에 상응하는 지름을 구하라. 답 $d = 10$ mm.

(c) 수정 굿맨 영역으로 가정하고 그림 7.15에서 영역 (a, b, c 또는 d)을 구하고, 이유를 말하라.

7.52 그림 c에서 보여진 것처럼 문제 7.36에서 사용된 바(bar)들 모두 냉간 가공된 중탄소강(풀림 처리된 AISI 1040)이다. 각각의 바에 대하여 안전 계수를 결정하라. 하중은 10 kN에서 40 kN까지 변한다. 수정 굿맨 관계를 이용하라.

7.53 그림 g에서 10 mm 두께를 갖는 부품이 필렛과 구멍을 가진 형태로 설계되었다. 하중은 50 kN으로부터 10 kN까지 변한다. 강도들은 다음과 같이 주어졌다. S_u = 390 MPa 이고 S_y = 282 MPa이다. 수정 굿맨 파손 이론을 이용하여, 구멍과 필렛의 안전 계수를 결정하라. 파손이 최초로 발생되는 위치는 어디인가? 이 부품은 파손되는가? 설명해 보라. 답 $n_{s,\text{ fillet}}$ = 1.16.

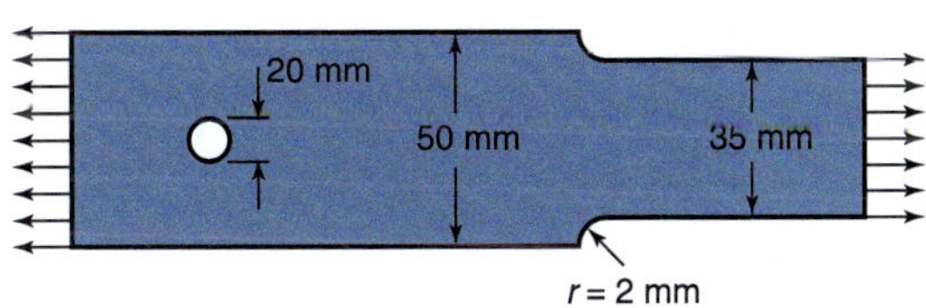

문제 7.53에 대한 그림 g

7.54 그림 h에서 보여지는 바와 같이 편평한 바를 고탄소강(800 °C에서 담금질되고 뜨임 처리된 AISI 1080강)을 냉간 가공하여 제작하였다. 0이 아닌 반복 평균 축하중이 최소 2 kN으로부터 최대 10 kN까지 변한다. 굿맨 파손 이론을 이용하여 구멍, 필렛, 홈에 대한 안전 계수를 구하라. 또한, 편평한 바에서 최초로 파손이 발생하는 위치를 표기하라. 답 $n_{s,\text{ hole}}$ = 2.97, $n_{s,\text{ fillet}}$ = 3.25.

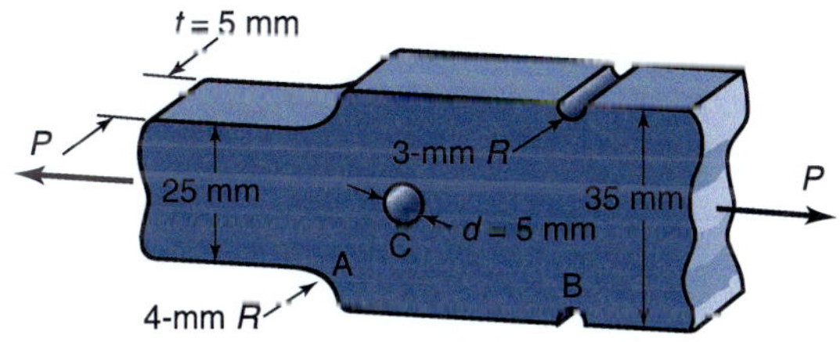

문제 7.54에 대한 그림 h

7.55 지름 50 mm, 길이 1 m를 갖는 직선형, 원형 회전보가 끝에서 3000 N 축하중과 400 N 레이디얼 하중을 상시 받고 있다. 보는 냉간 가공 되었으며 재료는 티타늄이다. $k_s = k_r = k_m$ = 1이다. 굿맨 선을 이용하여 무한 수명에 대한 안전 계수 n_s를 구하라. 답 n_s = 5.269.

7.56 그림 i에서 보여지는 바와 같이 풀림 처리된 AISI 1040 강 바는 4500 N에서 12,000 N 사이의 변동 인장 하중을 받고 있다.

굿맨 영역을 이용하여 안정계수를 예측하라. 답 $n_s = 3.5$.

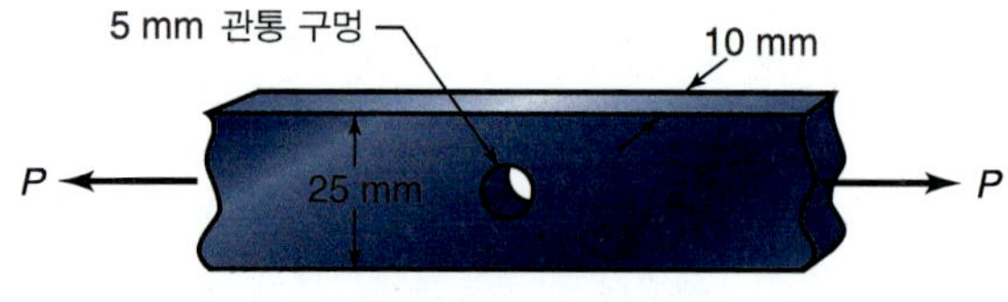

문제 7.56에 대한 그림 i

7.57 그림 j에서 보여지는 바와 같이, 외팔보는 2000 N에서 4000 N까지 변하는 아랫방향의 하중 F를 받고 있다.

(a) 바가 풀림 처리된 AISI 1040 강으로 만들어진 경우, 정적 상태 피로 파손에 대한 안전 계수를 계산하라. 답 $n_{s,\,static} = 2.82$.

(b) 만약 노치 민감도가 상수로 유지된다면, 피로 파손 안전 계수 3.0을 위해 필요한 필렛 반경은 얼마인가? 답 $r = 6.4$ mm.

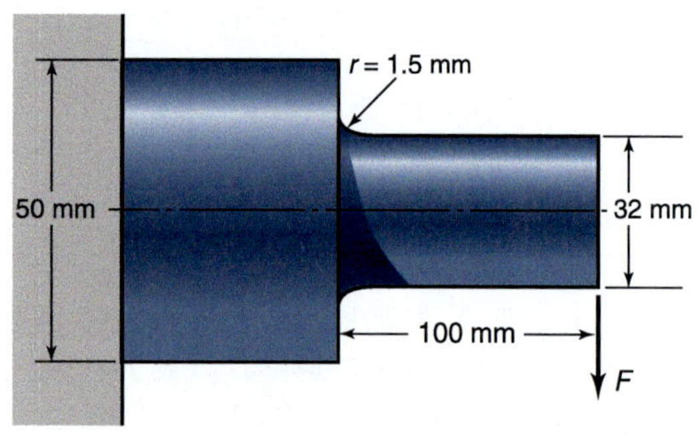

문제 7.57에 대한 그림 j

7.58 문제 7.53에서 10 mm 두께를 갖는 부품이 AISI 1020 강(870 °C에서 담금질되고 뜨임 처리된)으로 제작되었고, 상온에서 항복 강도의 70%, 상온에서 극한 강도의 60%가 되도록하기 위해서 높은 온도에서 AISI 1020 강을 사용하였다.

(a) 만약 신뢰도 90%라면, 파손 없이 지지될 수 있는 완전 반전 하중은 얼마인가? 답 $P_{max} = 33.6$ kN.

(b) 만약 하중이 5000 N에서 10,000 N까지 변한다면, 피로 파손이 발생하지 않는 안전 계수는 얼마인가? 굿맨 파손 영역을 이용하라. 답 $n_s = 4.9$.

7.59 그림 h에서 보여지는 바와 같이 단이 있는 로드(rod)가 15,000 N에서 30,000 N의 범위로 변하는 인장력을 받고 있다. 로드의 피로 저항성을 개선하기 위해 연마 처리를 한 어깨 부분을 제외한 모든 곳에서 표면 처리를 수행하였다. 만약 로드가 800°C에서 담금질되고 뜨임 처리된 AISI 1080 강으로 제작되었다면 수명에 대해 99% 신뢰도를 이용하여 유한 수명에 대한 안전 계수를 구하라. 굿맨 선을 이용하라. 필렛에서 부품의 파손이 일어나는가? 설명하라.

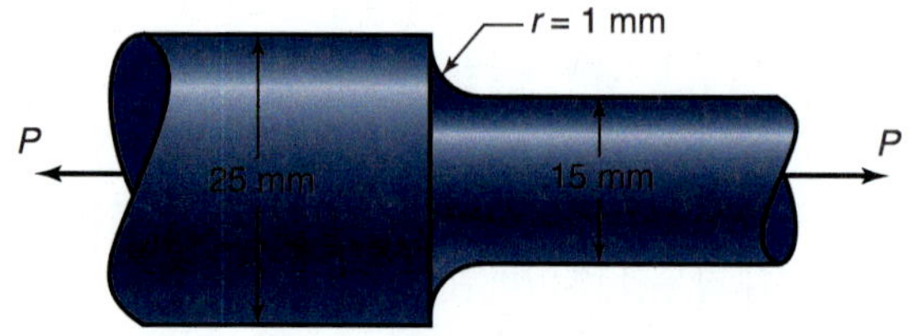

문제 7.59에 대한 그림 k

7.60 그림 l에서 보이는 바와 같이 AISI 1080 강(800°C에서 담금질되고 뜨임 처리된)으로 제작된 25 mm 지름의 축을 가공된 구멍으로 통과시켜 3 mm 지름을 갖도록 인발공정을 수행하였다. 공정 동안, 축은 −15 Nm에서 45 Nm까지 변하는 굽힘 모멘트를 받는다. 수정 굿맨 선을 이용하여 99.5% 신뢰도로 안전 계수를 구하라. 답 $n_s = 3.432$.

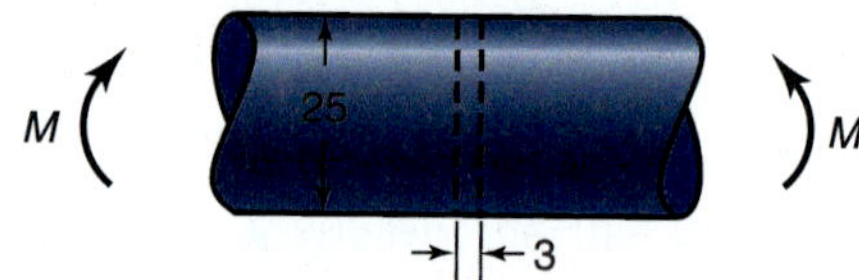

문제 7.60에 대한 그림 l

7.61 5000 kg 엘리베이터가 단면적 2.0×10^{-3} m^{2}이고 유효 탄성계수 82.7 GPa을 갖는 강재 케이블에 의해 지지되어 있다. 엘리베이터가 2 m/s의 일정한 속도로 하강할 때, 엘리베이터 20 m 위에서 케이블로 인해 갑자기 멈추는 사고가 일어났다. 케이블에서 발생된 케이블 정적 신장, 충격 계수, 최대 신장, 최대 인장 응력을 구하라. 답 $\sigma_{max} = 227$ MPa.

7.62 한 사람이 40 m 높이의 다리에서 번지 점프를 하려 한다. 다리 아래의 강에는 악어가 있어서 사람은 물 속으로 잠수하기를 원치 않는다. 앵클에 의해 고정되어 있는 고무 밧줄의 스프링 상수는 밧줄 길이로 3600 N을 나눈 값이다. 앵클로부터 머리 위까지의 거리는 1.75 m이고, 사람의 무게는 80 kg이다. 밧줄의 길이가 얼마여야 하는지 계산하라. 답 21.29 m.

7.63 튕길 수 있는 50 mm 지름의 강공(steel ball)으로 만들어진 장난감은 스프링 상수 100,000 N/m를 갖는 압축 스프링을 장착하고 있다. 3 m 높이에서 공이 스프링(스프링은 무게가 없는 것으로 가정) 위로 떨어지고 튕겨나가 구멍으로 들어갔다. 스프링 위에서의 최대 힘을 계산하고 충격 동안 최대 처짐을 계산하라. 강공 밀도는 7840 kg/m^3 답 1743 N.

7.64 건축 현장에서 1톤 무게의 컨테이너가 크레인 줄에 걸려 있다. 이 때, 줄이 하중을 받지 않도록 하기 위해 컨테이너는 바닥면에 놓여져있다. 그림 m에서 보여지는 것처럼 더 낮은 곳에 있는 엘리베이터 축을 컨테이너가 누르고 있다. 긴대이너가 엘리베이터 축으로 떨어질 때, 실수로 크레인 줄이 1 m 느슨해졌다. 강으로 만들어진 줄의 표면 단면적 500 mm^2, 유효 탄성 계수 70 GPa, 크레인으로부터 컨테이너까지의 줄의 길이가 25 m인 경우 줄에서의 최대 힘을 계산하라. 답 175.8 kN.

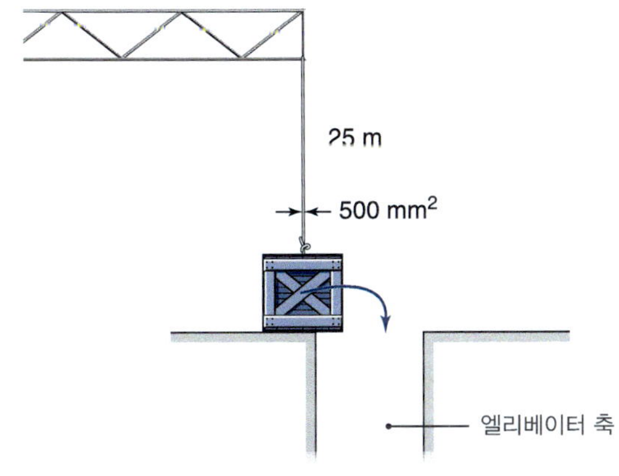

문제 7.64에 대한 그림 m

7.65 현대적인 주방 서랍은 문이 닫힐 때 서랍을 멈추게 하기 위해 힘을 받는 앞판의 안쪽 면에 고무 스프링이 장착되어 있다 두 고무 스프링의 스프링 상수는 400 kN/m이다. 서랍은 5 kg의 무게를 갖는 납붙이류로 가득차있고 0.5 m/s의 속력으로 닫힌다. 만약 서랍 자체의 무게가 1 kg이고 다음과 같은 상황이라면 각각의 고무 스프링이 최대 힘은 얼마인지 계산하라.

(a) 납붙이류를 서랍과 같이 움직이게 하기 위해 용기 안에 있는 납붙이류는 서랍에 고정되어 있다. 답 $P = 548$ N.

(b) 서랍 안쪽면의 마찰 계수 0.25로 80 mm를 미끄러질 수 있도록 납붙이류는 플라스틱 용기 안에 있다. 답 $P = 229.7$ N.

7.66 자동차 문은 세게 닫히기 쉽지만 손 힘에 의해 닫는 것은 어렵다. 문 잠금 장치는 두 개의 걸쇠를 가지고 있고, 첫 번째 것은 쉽게 맞물리고 두 번째 것은 맞물리기 전에 완전 압착하기 위해 문에 고무 실(rubber seal)이 필요하다. 문이 잠긴 위치에서 고무 실은 50,000 N/m의 스프링 상수를 가지고 있고 문에 장착된 힌지의 위치에서 질량 관성모멘트는 2.5 kg-m^2이다. 잠금 장치와 힌지 사이의 거리는 1 m이다. 문을 세게 닫게 하기 위한 잠금 장치에서의 속력이 0.8 m/s인 경우, 자동차 문이 닫히면서 잠기게 하기 위해 필요한 힘이 얼마인지 계산하라. 답 282.8 N.

7.67 그림 n에서 보여지는 것처럼 두 개의 바(bar)가 설계되어 있다. 위쪽 그림의 바는 냉간 가공으로 제작되었고 응력집중이 없다. 아래쪽 그림의 바에는 가공된 홈이 있고, 홈의 골 지름(root diameter)은 왼쪽 바의 바깥 지름과 같다. 바는 저탄소강(870°C에서 담금질 되고 뜨임 처리된 AISI 1020으로 제작되었다. 내구 한도를 기반으로 하여 지지될 수 있는 완전 반진 힘 P를 구하라. 답 $P = 48.21$ kN.

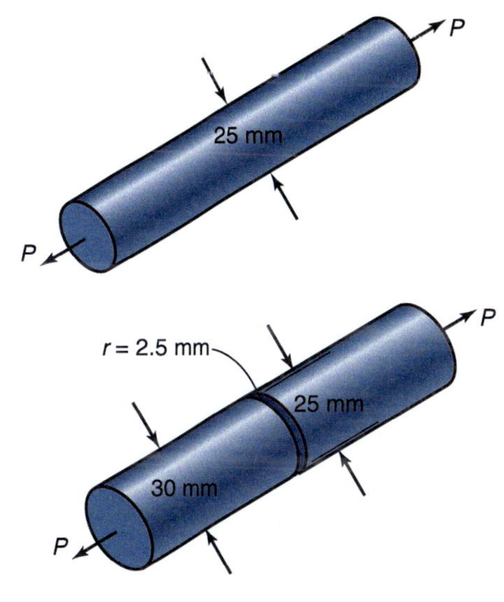

문제 7.67에 대한 그림 n

7.68 바가 완전 반전 굽힘모멘트 M을 받고 있다고 가정하고 문제 7.67번을 반복하여 풀어 보라. 답 $M = 20.9$ Nm.

7.69 문제 7.67에서 주어진 두 바(bar)에 대해, 하중이 4 kN에서 20 kN 사이로 변하며 인가되는 경우 피로 파손이 발생되지 않기 위한 안전 계수를 구하라. 답 Using Goodman $n_0 = 4.39$.

7.70 2024-T3 알루미늄으로 만들어진 중앙에 균열이 있는 판은 폭 100 mm, 두께 4 mm, 초기 균열 길이 $l = 3$ mm를 가지고 있다. 인장 하중이 30 kN에서 50 kN 사이로 변한다면, 부품 파괴를 일으키기에 충분할 만큼 균열을 성장시키는 사이클의 횟수는 얼마인지 예측해 보라. 답 $N = 119{,}500$ cycles.

7.71 Ti-6Al-4V 티타늄 합금의 피로 파손에서는 평균 간격 0.5×10^{-7} mm를 갖는 미세 줄무늬가 관측된다. 줄무늬 같은 것들

이 만들어지는 평균 응력 강도계수를 구하라. 파손된 부품은 중앙에 균열이 있는 두께 15 mm, 폭 100 mm의 인장을 받는 부재이며, 인장력이 제거된 경우 90 kN의 하중이 인가되고 있다. 파괴가 일어난 경우 균열 길이를 구하라. 답 $l_c = 16$ mm.

종합과 설계 문제

7.72 이 장에서는 피로 균열이 큰 응력집중을 수반한다는 것에 주목했다. 폴리머에서 피로 강도를 개선하기 위한 혁신적인 접근법들은 재료 내부에 가공 처리되지 않은 폴리머를 피복하여 분포시키는 것과 관련이 있다. 피막같은 것들이 손상되어 피로 균열이 발생할 때 피로 균열 부분에 액상을 코팅하면 피로 균열이 둔화된다. 재료의 성능에 영향을 미치는 변수들을 나열하라. 나열된 변수들에서 각각의 항목에 대한 타당한 이유를 짧게 설명하라.

7.73 시험 시편에서 피로 균열 성장 속도를 결정하기 위한 시험 방법을 설계하라.

7.74 사람은 평균 일년에 2백만 보를 걷는 것으로 추정된다. 피로와 관련하여 결함 성장과 균열 성장에 상응하는 뼈의 상태에 대해 문헌 조사를 수행하고 얼마나 연관되었는지 검토하라.

7.75 이 장의 첫 페이지 사진에 묘사된 알로하 항공 비행기와 연관된 환경에 대해 1988년부터의 문헌조사와 인터넷 검색을 수행하고 한 페이지 논문을 써라.

7.76 회전보 피로 시험에서, 시편은 네 점 굽힘을 받고 있다. 만약 세 점 굽힘으로 시험하였다면 측정된 내구 한도가 더 높아지는가 혹은 더 낮아지는가? 인장은 어떻게 되는가? 적절한 그림과 4장으로부터의 식을 사용하여 독자가 생각하는 답변을 기술하라.

7.77 튜브 제조를 위한 만네스만 공정의 삽화와 이에 대한 설명을 하기 위한 인터넷 검색을 수행하라. 피로가 만네스만 공정에서 어떤 역할을 하는지 설명하라.

7.78 평균 응력 변화에 따른 재료의 내구 한도를 예측하기 위한 시험 방법을 설계하라(그림 7.13 참조).

7.79 폴리머의 피로시험은 균열단 근처에서 재료의 열적 효과가 없도록 하기 위해 낮은 속도에서 수행해야 하는 것으로 알려져 있다. 피로시험에서 열이 발생되는 이유를 설명하라. 최대 허용 시험속도에 영향을 주는 물리적 물성치와 기계적 물성치들을 나열하고 이러한 물성치들을 중요하게 생각하는 이유를 설명하라.

7.80 기계 동력 프레스 제작회사에서의 엔지니어 업무는 새로운 크기의 기계 개발을 돕는 것이다. 새로운 브레이크 스터드(brake stud) 설계를 시작할 때, 엔지니어는 새로운 프로젝트에 가장 가까운 상태의 기계 CAD 도면으로부터 그림 o의 정보를 발견했다. 브레이크 스터드는 기계 동력 프레스의 캠 축에 브레이크를 지지한다. 브레이크는 프레스의 매 사이클 마다 작동하며, 작업자가 금형으로부터 공작물을 제거할 수 있도록 상사점에서 램을 멈추고 다음 사이클을 위해 또 다른 공작물을 삽입한다. 만약 스터드가 파손된다면, 프레스는 프레스가 아랫 방향을 따라 지속적으로 내려갈 수 있고 심각한 손상을 초래한다.

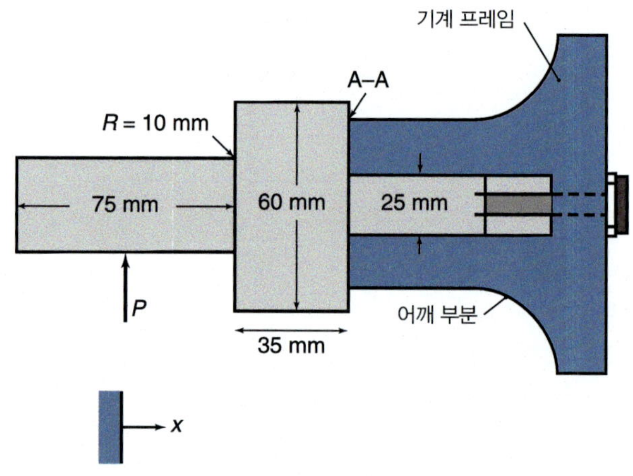

문제 7.80에 대한 그림 o

엔지니어는 이전에 판매된 기계의 브레이크 스터드에 대해 필렛 반경이 없다는 특징을 단면 A-A로부터 인지하였다. 상시 작업하는 기계 기사들과의 대화를 통해 확실한 조립을 하기 위한 일반적인 관행으로 필렛 언더 컷을 수행한다는 결론을 얻었다. 사실상 필렛 반경은 최소 3 mm의 값인 기계 공구 인서트의 반경이다. 브레이크 스터드 파손은 기계가 사이클 후에 멈추는 것에 실패하여 금형 안으로 기계 작업자의 손이 들어갈 수 있기 때문에, 순서대로 제품들을 리콜하는 것이 최대의 관심사이다. 제조자로서 시스템을 분석하여 기계가 안전한지 아닌지 결정하라. 스터드로 사용된 탄소강은 최소 극한 강도 500 MPa, 항복 강도는 없는 것으로 한다.

8

윤활, 마찰, 마모

그리스(grease)는 구름 요소 베어링을 포함한 많은 적용 사례에서 마찰과 마모를 줄이기 위한 목적으로 필요한 윤활제이다. 출처: SKF USA, Inc.

움직이는 힘에 관한 주제를 다룬 많은 사람들 가운데 아마도 기계 요소에서 마찰의 효과에 많은 관심을 가진 사람은 혼자가 아닐 것이다.

Guillaume Amontons

차례

예제

설계 절차

사례 연구

이 장은 기계 요소의 성능과 신뢰성에 중요한 역할을 하는 표면, 윤활, 마찰과 마모 각각에 대한 트라이볼로지 측면의 필수적 개념들을 소개한다. 표면 거칠기를 정량화하기 위한 일반적인 정의와 거칠기의 물리적 속성에 관한 개략적인 토의를 자세하게 다루고 있다. 저널 베어링과 같은 등각 접촉과 기어와 구름 요소 베어링과 같은 비등각 접촉은 구별되어 설명된다. 비등각 접촉에서의 헤르츠 접촉 영역이 소개된다. 윤활 이론은 경계, 부분 그리고 유체 윤활을 포함한 윤활막 인자와 윤활 영역 측면에서 제시되고 있다. 경계 윤활은 특히 점성이 없거나 혹은 높은 하중을 수반한 저속 상황에서 발생하며, 시동 중에 항상 신경을 써야 할 요인이다. 경계 윤활에서 하중은 접촉하고 있는 표면의 돌기 사이에서 서로 전달된다. 다른 극단적인 상황, 즉 유체 윤활에서는 압력이 가해진 윤활막이 두 표면을 완벽하게 분리하며, 이 막을 통해 하중이 전달된다. 직접적인 돌기 접촉과 압력을 받는 윤활유의 조합을 통해 하중을 전달하는 표면은 부분 윤활을 수반한다. 탄성유체 윤활은 기계 요소에서 일반적인 상황이므로 역시 논의에 포함된다. 기본적으로, 탄성유체 윤활은 표면이 유막에 의해 분리되고 표면의 탄성 변형이 유막의 두께에 비해 큰 상황을 포함한다. 마찰과 마모 이론 역시 요약되어 있으며 점착 혹은 연삭 마모에 놓인 기계 요소의 수명을 예측하기 위해 사용되는 아차드 마모 이론도 다룬다.

기호

A	면적, m^2
Ao	미끄럼 동안 투영된 면적의 합, m^2
Ar	실제 접촉 면적의 합, m^2
b^*	전체 접촉 폭의 반, m
C_1, C_2	식 (8.26)에 사용되는 상수
D_x	x축상 접촉 타원의 직경, m
D_y	y축상 접촉 타원의 직경, m
E	탄성 계수, Pa
E'	유효 탄성 계수, Pa
ε	제2종 타원 정적분
F	마찰력, N
$\mathcal{F}$	제1종 타원 정적분
H	부드러운 소재의 경도, Pa
h	유막 두께, m
$h_{\min}$	최소 유막 두께, m
k_e	타원도 변수 D_y/D_x
k_1	점착 마모 상수
k_2	연삭 마모 상수
L	미끄럼 거리, m
N	z_i 측정 횟수
p	압력, Pa
p_H	헤르츠 접촉 압력, Pa
$p_{\max}$	최대 압력, Pa
R	반경, m; 곡률 합, m
R_a	산술 평균 표면 거칠기, m
R_q	제곱 평균 제곱근 표면 거칠기, m
r	반경, m
S_y	인장 항복 응력, Pa
s	전단 변형률, 속도, s^{-1}
u	속도, m/s
ub	상부 면 속도, m/s
v	마모 체적, m^3
W	수직 하중, N
W'	사각형 접촉에 대한 무차원 하중
w'	단위 폭당 하중, N/m
w_a	압착 속도, m/s
x, y, z	직교 좌표계, m
z	유막 방향 좌표, m
z_i	기준선으로부터 높이, m
α_r	반경비 R_y/R_x
δ_{mas}	최대 변형, m
η	절대 점도, Pa-s
η_k	동점도, m^2/s
η_o	$p = 0$과 일정 온도에서의 절대 점도, Pa-s
θ	원뿔 각도, rad
Λ	무차원 유막 변수
μ	미끄럼 마찰 계수
ν	프와송 비
ξ	압력-점도 계수, m^2/N
ρ	밀도, kg/m^3
τ	전단 응력, Pa

하첨자

a	고체 a
b	고체 b

8.1 서론

트라이볼로지(Tribology)는 일반적으로 윤활, 마찰 그리고 마모에 대한 학문으로 정의되며 기계 요소의 수명과 성능에 중요한 역할을 한다. 트라이볼로지의 중요성은 평가 절하 되어서는 안 된다 — 유명한 Jost Report(1966)는 트라이볼로지 관련 파손과 설계 결함이 개발도상국 전체 국내 생산의 10%를 초과하는 것으로 간주하였다. 올바른 기계 요소 설계를 위해서는 설계 응력이 허용 응력보다 낮고 변형이 어느 최댓값을 넘지 않아야 할 뿐만 아니라 트라이볼로지적 관점의 고려사항도 반드시 적절하게 반영되어야 한다. 상대 운동을 하는 표면의 상호 작용은 하나의 특별한 주제로 취급되어서는 안 되며, 트라이볼로지는 소재의 강도처럼 대부분의 기계 요소의 기초가 된다.

이 장은 성공적인 기계 요소 설계에 있어 중요한 윤활, 마찰 그리고 마모에 대해 소개한다. 8.2절과 8.3절은 대부분의 기계 요소들의 필수 설계 고려 사항인 표면 거칠기와 적합성의 개념을 소개한다. 헤르츠 접촉 상황은 8.4절에 조사 검토되고 있으며 베어링, 기어 그리고 캠과 같은 비등각 적용 예에서의 집중 응력을 포함하고 있다. 베어링 재료는 8.5절에 요약되어 있다. 윤활은 구름 요소 베어링, 저널 베어링, 모든 기어 그리고 기계 설계와 제조의 많은 응용 사례들에서 긴 수명을 위해 필수적이다. 8.6절은 윤활유의 물성을 설명하고 8.7절은 요소의 수명과 성능에 지배적인 효과를 가진 윤활 영역의 중요한 개념을 소개한다. 마찰은 8.8절에서, 마모는 8.9절에서 논의된다. 마찰과 마모는 브레이크와 클러치, 와이어 로프, 체인, 고무 벨트, 나사산 체결기구 등과 같은 기계 요소의 강건성(robustness), 수명 그리고 성능에 큰 영향을 미친다.

이 장은 기계 요소 설계를 잘 이해하기 위해 필요한 트라이볼로지의 배경을 제공하고자 한다. 물론, 이 장은 매우 축약적이며 흥미를 가진 독자들은 추천 도서를 통해 보다 많은 정보를 찾을 수 있을 것이다.

8.2 표면 변수

기계 요소를 설계한다는 것은 궁극적으로 직접적인 접촉에 있거나 혹은 얇은 유막에 의해 분리되어 있는 두 표면에 관한 문제이다. 어느 경우일지라도, 표면 거칠기와 구조는 요소의 긴 수명을 확보하는 데 있어 중요하다. *촉침 투상기*(stylus profilometer)로 측정되고 그림 8.1에 묘사된 표면 형상을 고려해 보자. 수많은 다른 종류의 표면 측정용 기구가 가능하며, 이 중 일부는 단순히 표면의 자취가 아니라 면적을 측정할 수 있다. 그림 8.1은 기억해야 할 중요한 주요 인자를 나타내고 있다. 수직 방향으로 1000배 수평 방향으로 20배 확대되었음에 주의하라. 즉, 수직과 수평 확대 비율은 50:1이다. 확대 시 방향에 따른 차이는 흔히 중요하게 인식되지 않으나 표면의 속성에 대한 그릇된 인식을 줄 수 있다. 실제 공학적 표면은 투상기 자취보다 훨씬 부드러우며, 이는

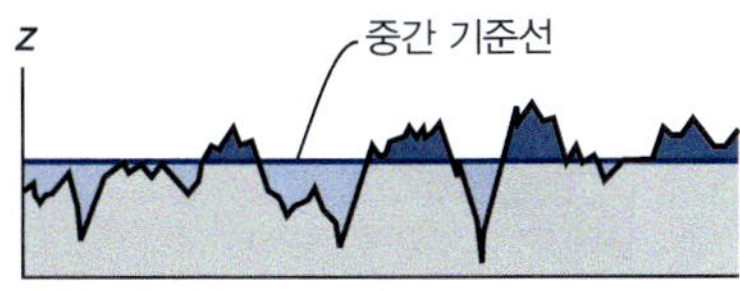

그림 8.1: 중간 기준선에 대한 표면 높이 변화를 나타내는 표면 자취.

주로 확대로 인한 차이에 기인한다.

그림 8.1의 표면 형상은 중간 기준선에 대한 표면의 높이 변화를 보여주고 있다. 정의에 따르면, 중심선 위와 아래의 면적은 동일하다. **표면 거칠기**(surface roughness)는 중심선으로부터 표면의 벗어남의 척도로서 정의될 수 있다. 공통적으로 사용되는 두 가지 서로 다른 표면 거칠기 인자는 다음과 같다.

1. **중심선 평균**(centerline average) 혹은 **산술 평균**(arithmetic average) 표면 거칠기이고 R_a로 표기됨

$$R_a = \frac{1}{N}\sum_{i=1}^{N}|z_i|, \tag{8.1}$$

   여기서 z_i는 기준선으로부터 수직 거리이고 N은 측정된 높이의 수이다.

2. **제곱 평균 제곱근**(root-mean-square, rms) 표면 거칠기로서 R_q로 표기됨

$$R_q = \left(\frac{1}{N}\sum_{i=1}^{N} z_i^2\right)^{\frac{1}{2}}. \tag{8.2}$$

   R_q는 R_a보다 표면의 돌기와 골을 강조하며 때대로 그러한 이유로 선호되기도 한다. 만일 가우스 높이 분포가 가정된다면, R_q는 표면 형상의 표준 분포로서 보다 유리하다. 단순 사인파 분포의 경우, R_q와 R_a의 비는 다음과 같다.

$$\frac{R_q}{R_a} = \frac{\pi}{2\sqrt{2}} = 1.11. \tag{8.3}$$

그림 8.2는 9장부터 19장에 걸쳐 고려되는 다양한 가공 방법과 요소에 대한 일반적인 산술 평균 값을 나타내고 있다. 이 그림으로부터 높은 정밀도를 가지는 가공 공정이 적용될수록 R_a값들은 상당히 감소함에 주목하라. 가장 높은 정밀도를 가진 공정인 래핑(lapping)은 0.012~0.8 μm 사이의 R_a를 제공한다. 반드시 인지해야 할 일반적인 경향은 매끄러운 표면을 생성하는 공정은 거친 표면을 생성하는 공정보다 느리고 비싸다라는 점이다. 따라서 어느 특정 응용에 대한 표면 거칠기의 규격은 상당한 비용적 중요성을 함축하고 있다.

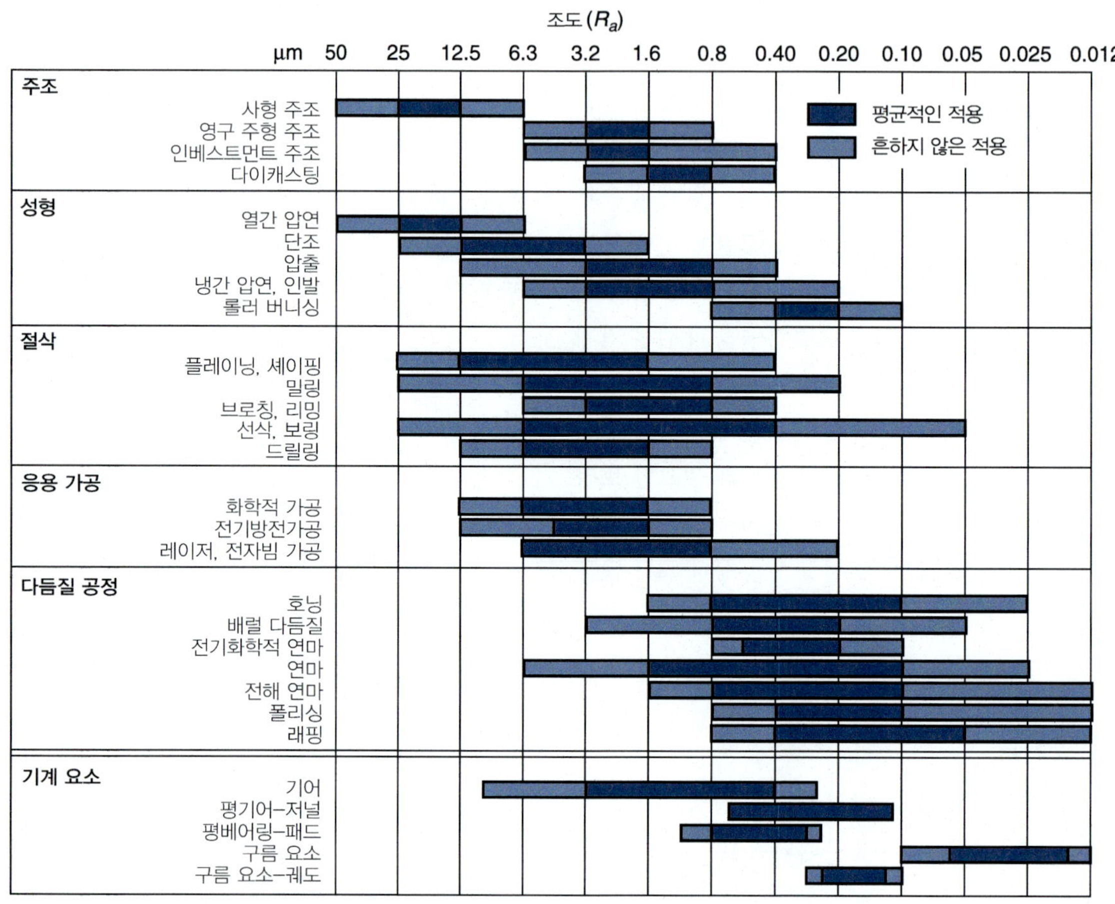

그림 8.2: 다양한 제조 공정과 기계 요소에 대한 전형적 산술 평균 표면 거칠기(R_a). 출처: Kalpakjian and Schmid(2010) and Hamrock et al. (2004).

8.3 등각과 비등각 표면

등각 표면(conformal surfaces)은 서로 꼭 끼워 맞춘 상태이며 그 결과 하중은 비교적 넓은 면적에 걸쳐 지지된다. 예를 들어, 저널 베어링의 윤활 면적은 2π에 반경과 길이를 곱한 것이다. 하중 지지 표면적은 하중이 증가하더라도 필연적으로 일정하게 유지될 것이다. 저널 베어링(그림 8.3)과 미끄럼 베어링(그림 12.9 참조)은 등각 표면을 이룰 것이다. 저널 베어링의 경우, 저널과 슬리브 사이의 반경 틈새는 일반적으로 저널 직경의 1/1000이다. 미끄럼 베어링의 경우, 베어링 표면의 러너에 대한 기울기는 일반적으로 매우 작다.

많은 기계 요소들은 서로 일치하지 않는 표면을 가지고 있다. 따라서 하중의 대부분은 작은 면적에 의해 지지된다. 비등각 결합의 접촉 면적은 보편적으로 등각 결합에 따른 접촉 면적에 비해 3 자릿수 정도 작다. 일반적으로, 비등각 표면 사이의 면적은 하중 증가에 따라 상당히 확대되나 등각 표면 사이의 접촉 면적에 비해 여전히 작다. 비등각 접촉의

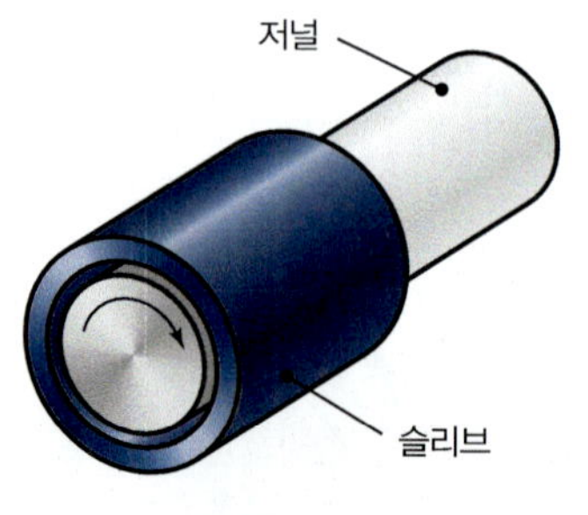

그림 8.3: 등각 표면.

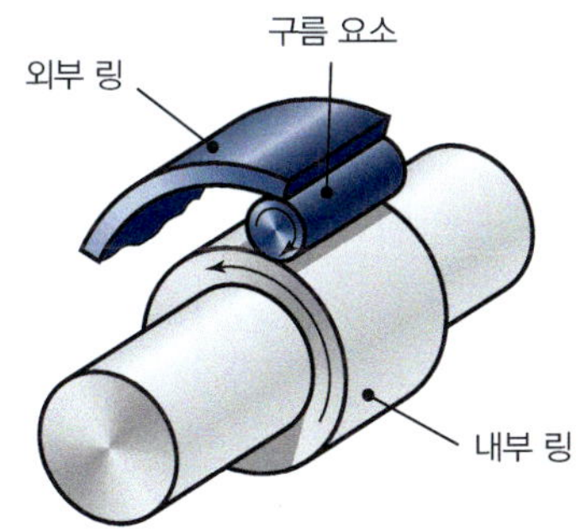

그림 8.4: 비등각 표면.

예로 짝을 이루고 있는 기어 이, 캠과 종동부 그리고 구름 요소 베어링이 있다(그림 8.4).

8.4 헤르츠 접촉

지금까지는 주로 분포 하중에 초점을 맞추었으나 이 절은 집중 하중에 의한 변형뿐만 아니라 관련된 표면과 표피 아래 응력을 다룬다. 주로 타원형 접촉에 초점을 맞추지만 사각형 접촉 상황 또한 논의된다. 이 절에서 제시된 이론은 헤르츠(Hertz, 1881)의 연구 결과에 기초하기 때문에 **헤르츠 접촉**(Hertzian contact)으로 언급된다.

8.4.1 타원형 접촉

비등각 접촉 고체의 변형되지 않은 형상은 그림 8.5에 나타나 있듯이 두 개의 타원체에 의해 일반적인 용어로 대표된다. 주 평면(x와 y)이 한 쌍을 이루며 서로 인접하여 연결점을 통과하는 서로 다른 곡률 반경을 가진 두 고체가 하중이 가해지지 않은 조건하에서 한 점에서의 접촉을 이룬다. 이러한 조건은 점 혹은 접촉 지역의 형상으로 인해 타원형 접촉이라 불린다. 이 책 전반에 걸쳐 그림 8.5와 같은 볼록한 표면은 양의 곡률을, 오목한 표면은 음의 곡률을 나타내는 것으로 가정한다. 그림 8.6은 베어링 요소들과 내외륜(bearing races) 그리고 그들의 곡률 부호 규약을 보여준다. 곡률 반경 부호는 지나칠 정도로 중요하며 이는 헤르츠 접촉 방정식이 매우 다양한 기계 요소로 확장될 수 있도록 허용한다. 만일 좌표 x와 y가 다음과 같이 선택된다면

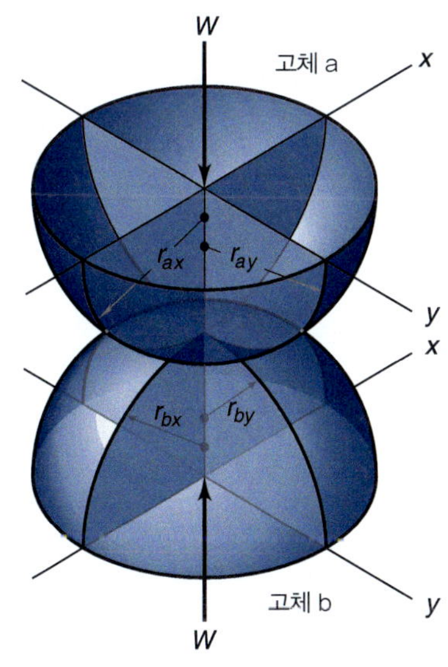

그림 8.5: 접촉하고 있는 탄성체의 기하학.

$$\frac{1}{r_{ax}} + \frac{1}{r_{bx}} \geq \frac{1}{r_{ay}} + \frac{1}{r_{by}}, \tag{8.4}$$

하중이 가해질 때 좌표 x는 접촉 면적의 부축(minor axis)의 방향을, y는 주축(major axis)의 방향을 결정한다. 이 점에서 좌표계는 임의적이기 때문에, 구름 혹은 미끄럼 운동의 방향은 항상 x축을 따르는 것으로 간주한다. 기계 요소의 기하학에 의존하기 때문에 부축은 구름 혹은 횡 방향일 수 있다.

곡률 합

접촉 응력과 변형 분석 시 중요한 곡률 합은 다음과 같다.

$$\frac{1}{R} = \frac{1}{R_x} + \frac{1}{R_y}, \tag{8.5}$$

여기서

$$\frac{1}{R_x} = \frac{1}{r_{ax}} + \frac{1}{r_{bx}}, \tag{8.6}$$

$$\frac{1}{R_y} = \frac{1}{r_{ay}} + \frac{1}{r_{by}}. \tag{8.7}$$

식 (8.5)에서 식 (8.7)까지는 접촉 반경이 R_x, R_y인 등가 고체 관점에서 평면에 접촉하고 있는 두 개의 타원형 고체 문제를 효율적으로 재정의한다.

반경비(radius ratio) α_r은 다음과 같다.

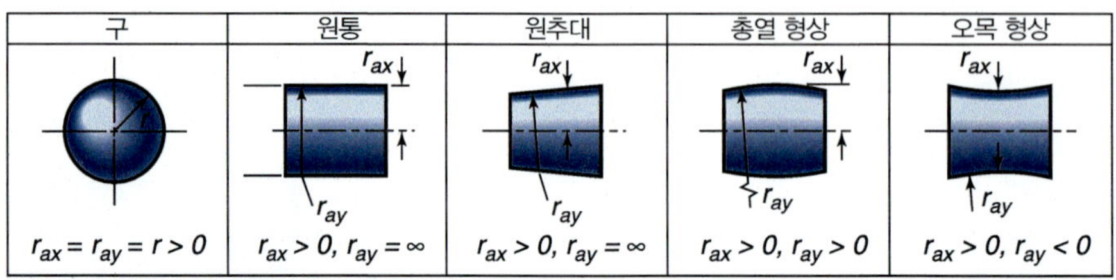

(a)

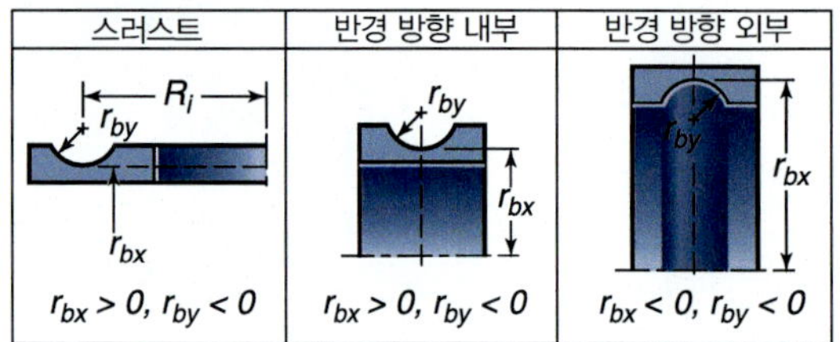

(b)

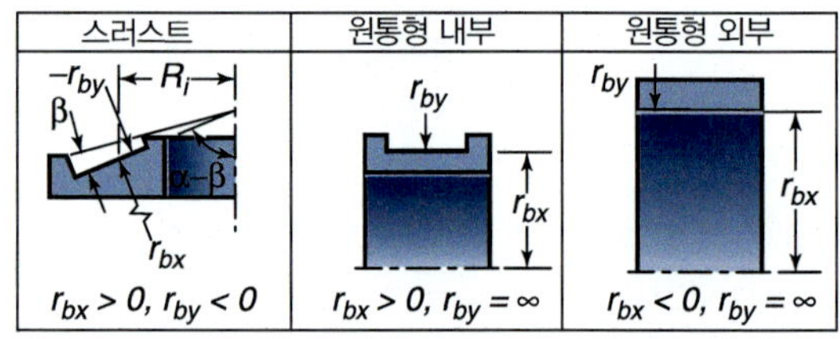

(c)

그림 8.6: 곡률 반경 부호 규약. (a) 구름 요소, (b) 볼 베어링 내외륜, (c) 구름 베어링 내외륜.

$$\alpha_r = \frac{R_y}{R_x}. \tag{8.8}$$

따라서 만일 식 (8.4)가 만족되면 $\alpha_r > 1$, 그렇지 않을 경우 $\alpha_r < 1$이다.

비등각 표면의 기계 요소는 일반적으로 반경비가 0.03에서 100의 범위를 가진다. 예를 들어, 평면상에서 구르는 원판을 포함한 견인구동의 경우 0.03이고, 점 접촉(ball-on-plane)의 경우 $\alpha_r = 1.0$이며, 베어링 내외륜과 원통형 롤러 베어링과 같은 경우(그림 8.6, 13.1b 참고) 접촉 길이가 매우 긴 선 접촉이 되어 $\alpha_r = 100$ 혹은 그 이상이다. 반경비가 1보다 작은 기계 요소 예로는 (노비코프) 기어 접촉, 기관차 바퀴-레일 접촉 그리고 방사형으로 하중이 가해지는 원통-플랜지(roller-flange) 접촉 등이 있다. 반경비가 1보다 큰 기계 요소의 예로는 구름 요소 베어링과 대부분의 기어를 들 수 있다. 이들 요소는 교재의 뒷부분에서 보다 자세하게 다룰 것이다. 하지만, 비등각 표면의 접촉 기하학에 대한 일반적인 정보는 중요한 고려 요소이다.

타원도 변수

타원도 변수(ellipticity parameters) k_e는 y방향(횡방향) 타원형 접촉 직경의 x방향(미끄럼 운동 방향) 타원 접촉 직경에 대한 비로서 정의된다. 즉,

$$k_e = \frac{D_y}{D_x}. \tag{8.9}$$

만일 $\alpha_r \geq 1$이면, 접촉 타원은 운동 방향에 횡 방향인 주 직경방향으로 위치할 것이다. 그리고 결과적으로 $k_e \geq 1$이 된다. 그렇지 않다면, 주 직경은 두 조건이 $\alpha_r < 1$, $k_e < 1$이며 운동 방향을 따라 놓일 것이다. 혼란을 피하기 위해, 표면 변형과 응력에 대하여 흔히 사용되는 해법은 오로지 $\alpha_r > 1$인 경우에만 제시된다.

타원도 변수는 오로지 고체 곡률 반경만의 함수이며 하중과는 무관하다. 이는 하중이 증가함에 따라 접촉 타원의 x, y 방향에서 반축(semiaxes)이 서로에 비례하여 증가하기 때문이고 타원도 변수는 상수로 남게 된다.

접촉 압력

탄성 고체가 하중에 놓일 때, 응력이 발생하고 하중이 증가함에 따라 증가한다. 이러한 응력은 변형과 연관되어 있으며 이는 변형률로 정의된다. 응력과 이에 해당하는 변형률 사이에는 부록 B에 주어진 것처럼 고유한 관계가 존재한다. 탄성 고체의 경우, 3.6절에서 논의되었던 것처럼 소재마다 다른 값을 가진 비례 상수를 가지고 응력은 변형률과 선형적인 관계를 나타낸다. 탄성 계수 E, 프와송 비 ν는 접촉을 이루고 있는 고체를 설명하기 위해 이 장에서 사용되는 중요한 인자들이다.

두 탄성 비등각 고체에 하중을 가해 접촉을 이루게 할 때, 접촉면이 발생하고 그 형상과 크기는 하중, 소재의 탄성 물성 그리고 표면의 곡률에 의존한다. 그림 8.5의 두 고체에 수직 하중을 가할 때, 접촉면은 타원형이다. 위에서 언급된 바와 같이, 이러한 접촉은 **타원형**(elliptical) 혹은 **점 접촉**(point contacts)으로 간주된다. 본 교재에서는 타원형 접촉이라는 표현이 선호된다. $r_{ax} = r_{ay}$ 그리고 $r_{bx} = r_{by}$인 특별한 경우, 최종 접촉은 타원이라기보다는 원형이며 흔히 **원형 접촉**(circular contacts)이라 불린다. r_{ay}와 r_{by}가 모두 무한대일 때, 초기 선 접촉이 발생하고 하중이 증가함에 따라 사각형 접촉으로 발전해간다. 그래서 이러한 환경은 **선**(line) 혹은 **사각형 접촉**(rectangular contacts)으로 간주된다.

헤르츠(1881)는 그림 8.5와 매우 유사한 접촉을 하고 있는 두 개의 완벽하게 매끄러운 타원형 고체에서 응력과 변형을 고려하였다. 그의 실험은 편평한 광학 평판에 대한 매우 매끄럽게 표면 처리된 유리 렌즈 베어링의 조사를 포함하였다. 그리고 이 문제에 고전 탄성론의 적용은 볼과 구름 베어링, 기어 그리고 캠과 종동부와 같은 기계 요소의 응력 계산의 기초를 제공하였다. 헤르츠는 다음과 같은 가정을 했다.

1. 소재는 균질하고 접촉 부위 어느 곳에서도 항복 응력을 넘지 않는다. 그러므로 소재는 선형 탄성 고체에 가깝다.
2. 고체 사이에서 전단력이 발생하지 않는다. 즉, 접촉에 의한 마찰이 없다.
3. 고체는 표면에 균열 혹은 불연속성이 없는 연속체이다.
4. 접촉은 표면의 작은 부분에 국한되며 접촉 영역의 크기는 타원의 반경에 비해 작다.
5. 고체는 움직임이 없고 평형 상태에 놓여 있다.

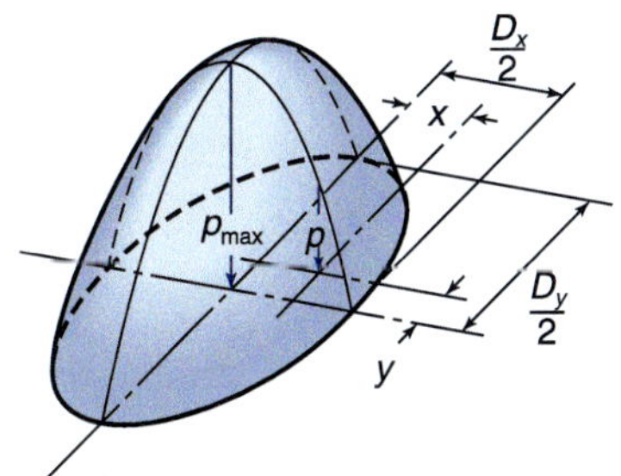

그림 8.7: 타원형 접촉에서 압력 분포.

이러한 가정을 세우고 헤르츠는 타원형 접촉 내부(그림 8.7)에서 압력 분포에 대한 다음 식을 적용하였다.

$$p_H = p_{\max}\left[1-\left(\frac{2x}{D_x}\right)^2-\left(\frac{2y}{D_y}\right)^2\right]^{\frac{1}{2}}, \tag{8.10}$$

여기서 D_x, D_y는 접촉 타원의 x, y 방향 각각의 직경이다. 최대 압력은

$$p_{\max} = \frac{6W}{\pi D_x D_y}, \tag{8.11}$$

여기서 W는 수직 하중이다. 식 (8.10)은 압력 분포 혹은 일반적인 계면에서의 압축 응력을 결정한다. 응력은 접촉 중앙에서 명백하게 최대이고 원주로 갈수록 0으로 감소한다.

단순해

고전적 헤르츠 해는 타원도 변수 k_e뿐만 아니라 제1종, 제2종 타원 적분 $\mathcal{F}$, $\mathcal{E}$의 계산을 필요로 한다. 이 계산은 k_e, $\mathcal{F}$, $\mathcal{E}$와 접촉하고 있는 고체의 기하학을 연관시킨 초월 방정식

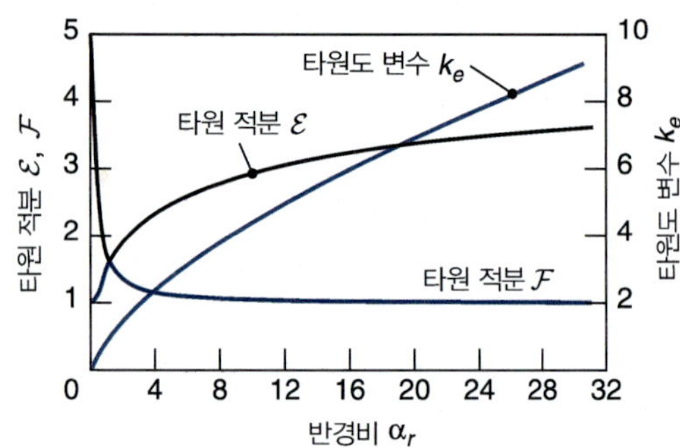

그림 8.8: 반경비의 함수로서 타원도 변수와 제1종과 제2종 타원 적분의 변화.

(transcendental equation)의 해를 구하는 것을 포함하며 일반적으로 반복적 수치적 접근에 의해 가능하다. Hamrock과 Brewe(1983)는 수치해석을 수행하였고 표 8.1에 나타낸 단순화된 방정식을 얻기 위해 데이터를 곡선 맞춤(curve-fit)하였다. 이 표로부터 기계 요소에서 발견되는 완벽한 반경비 범위에 대한 타원도 변수를 다음과 같이 표현할 수 있다.

$$k_e = \alpha_r^{2/\pi}. \tag{8.12}$$

그림 8.8은 일반적으로 기계 요소에서 마주치는 반경비 범위에 대한 타원도 변수와 제1종 및 제2종 타원 정적분(각각 $\mathcal{F}, \mathcal{E}$)을 나타내고 있다.

그림 8.8에서 $\alpha_r = 1.0$일 때 $\mathcal{F} = \mathcal{E} = \pi/2$임에 유의하라. 또한, $\mathcal{F}, \mathcal{E}$ 모두 $\alpha_r = 1$에서 불연속 계수를 가지며 따라서 표 8.1에서 두 열을 필요로 한다.

접촉하고 있는 고체의 타원도 변수 k_e, 수직 하중 W, 프와송 비 ν 그리고 탄성 계수 E를 알고 있다면 접촉 타원(D_y, D_x)의 주축과 부축 그리고 접촉 중앙에서의 최대 변형은 다음과 같다.

$$D_y = 2\left(\frac{6k_e^2\mathcal{E}WR}{\pi E'}\right)^{\frac{1}{3}}, \tag{8.13}$$

$$D_x = 2\left(\frac{6\mathcal{E}WR}{\pi k_e E'}\right)^{\frac{1}{3}}, \tag{8.14}$$

$$\delta_{\max} = \mathcal{F}\left[\frac{9}{2\mathcal{E}R}\left(\frac{W}{\pi k_e E'}\right)^2\right]^{\frac{1}{3}}, \tag{8.15}$$

여기서

$$E' = \frac{2}{\dfrac{(1-\nu_a^2)}{E_a} + \dfrac{(1-\nu_b^2)}{E_b}}. \tag{8.16}$$

이 식들로부터 D_y, D_x는 $W^{1/3}$에 비례하고 $\delta_{\max}$는 $W^{2/3}$에 비례함에 주의하라.

표 8.1: 단순화된 타원 접촉식

물성	반경비 범위: $1 \le \alpha_r \le 100$	반경비 범위: $0.01 \le \alpha_r \le 1.0$
형상	(세로로 긴 타원: y, x, $\frac{D_y}{2}$, $\frac{D_x}{2}$)	(가로로 긴 타원: y, x, $\frac{D_y}{2}$, $\frac{D_x}{2}$)
타원도 비	$k_e = \alpha_r^{2/\pi}$	$k_e = \alpha_r^{2/\pi}$
타원 적분	$\mathcal{F} = \frac{\pi}{2} + \left(\frac{\pi}{2} - 1\right)\ln\alpha_r$	$\mathcal{F} = \frac{\pi}{2} - \left(\frac{\pi}{2} - 1\right)\ln\alpha_r$
	$\mathcal{E} = 1 + \frac{\pi - 2}{2\alpha_r}$	$\mathcal{E} = 1 + \left(\frac{\pi}{2} - 1\right)\alpha_r$

예제 8.1

헤르츠 접촉 I – 링 내부 볼

조건 반경 20 mm($r_{ax} = r_{ay} = 20$ mm) 강구(solid sphere)가 내부 반경이 100 mm($r_{bx} = -100$ mm)이고 축 방향으로 큰 폭을 가진 원통형 외륜(그림 8.6 참조)의 내부에서 구름 운동하고 있다. 경구는 질화 규소(silicon nitride), 외륜은 스테인리스 강으로 만들어졌다. 적용 수직 하중은 1000 N이다.

문제

(a) 곡률 합, R

(b) 타원도 변수, k_e

(c) 제1종 및 제2종 타원 정적분 $\mathcal{F}$와 $\mathcal{E}$

(d) 유효 탄성 계수, E'

(e) 타원 접촉 치수 D_x와 D_y

(f) 최대 헤르츠 압력 혹은 표면 응력, $p_{\max}$

(g) 최대 변형, $\delta_{\max}$

풀이

(a) r_{bx}는 음수임에 유의하라. 그러므로 식 (8.5)에서 식 (8.7)로부터

$$\frac{1}{R_x} = \frac{1}{r_{ax}} + \frac{1}{r_{bx}} = \frac{1}{0.02} - \frac{1}{0.10} = 40\ \mathrm{m}^{-1};$$

$$\frac{1}{R_y} = \frac{1}{r_{ay}} + \frac{1}{r_{by}} = \frac{1}{0.02} + \frac{1}{\infty} = 50\ \mathrm{m}^{-1};$$

$$\frac{1}{R} = \frac{1}{R_x} + \frac{1}{R_y} = 40 + 50 = 90\ \mathrm{m}^{-1}.$$

그러므로 $R_x = 0.025$ m, $R_y = 0.02$ m 그리고 곡률 합 $R = 0.0111$ m이다.

(b) α_r은 식 (8.8)로부터 다음과 같이 얻는다.

$$\alpha_r = R_y/R_x = 0.020/0.025 = 0.80.$$

그러므로 타원도 변수는 식 (8.12)에 의해 다음과 같이 주어진다.

$$k_e = \alpha_r^{2/\pi} = (0.80)^{2/\pi} = 0.8676.$$

(c) 표 8.1로부터 제1종과 제2종 타원 정적분은 다음과 같다. ($0.01 \le \alpha_r \le 1$임에 유의하라)

$$\mathcal{F} = \frac{\pi}{2} - \left(\frac{\pi}{2} - 1\right)\ln(0.8) = 1.69,$$

$$\mathcal{E} = 1 + \left(\frac{\pi}{2} - 1\right)(0.8) = 1.457.$$

(d) 표 3.1로부터 $E_a = 314$ GPa, $E_b = 193$ GPa, $\nu_a = 0.26$ 그리고 $\nu_b = 0.30$이다. 유효 탄성 계수는 식 (8.16)으로부터 다음과 같이 얻는다.

$$\begin{aligned} E' &= \frac{2}{\dfrac{(1-\nu_a^2)}{E_a} + \dfrac{(1-\nu_b^2)}{E_b}} \\ &= \frac{2}{\dfrac{(1-0.26^2)}{314\times10^9} + \dfrac{(1-0.32^2)}{193\times10^9}} \\ &= 262.5\ \text{GPa}. \end{aligned}$$

(e) 타원 접촉의 크기는 식 (8.13)과 식 (8.14)로부터 얻는다.

$$\begin{aligned} D_y &= 2\left(\frac{6k_e^2\mathcal{E}WR}{\pi E'}\right)^{\frac{1}{3}} \\ &= 2\left[\frac{6(0.8676)^2(1.457)(1000)(0.0111)}{\pi(262.5\times10^9)}\right]^{\frac{1}{3}} \\ &= 0.8915\times10^{-3}\ \text{m}. \end{aligned}$$

$$\begin{aligned} D_x &= 2\left(\frac{6\mathcal{E}WR}{\pi k_e E'}\right)^{\frac{1}{3}} \\ &= 2\left[\frac{6(1.457)(1000)(0.0111)}{\pi(0.8676)(262.5\times10^9)}\right]^{\frac{1}{3}} \\ &= 1.024\times10^{-3}\ \text{m}. \end{aligned}$$

(f) 최대 압력은 식 (8.11)로부터 얻는다.

$$\begin{aligned} p_{\max} &= \frac{6W}{\pi D_x D_y} \\ &= \frac{6(1000)}{\pi(0.8915\times10^{-3})(1.024\times10^{-3})} \\ &= 2.092\ \text{GPa}. \end{aligned}$$

(g) 접촉 중앙에서 최대 변형은 식 (8.15)로부터 다음 식을 계산한다.

$$\frac{W}{\pi k_e E'} = \frac{1000}{\pi(0.8676)(262.5\times10^9)} = 1.398\times10^{-9},$$

그러므로

$$\delta_{\max} = (1.6981)\left[\frac{4.5\left(1.398\times 10^{-9}\right)^2}{(1.457)(0.0111)}\right]^{\frac{1}{3}},$$

위 식의 결과 $\delta_{\max} = 13.90\,\mu\text{m}$이다.

예제 8.2

헤르츠 접촉 II – 홈 내부 볼

조건 깊은 홈 볼 베어링의 볼의 직경은 17 mm이다. 내륜의 홈 반경은 8.84 mm이다. 궤도의 중앙으로부터 홈 바닥까지의 반경은 27.5 mm이다. 20,000 N 하중이 가해지며 볼과 궤도는 모두 강으로 제작되었다.

문제

(a) 접촉 타원의 치수

(b) 최대 변형

풀이

(a) 식 (8.6)에서 첨자 a는 볼에 대하여, 첨자 b는 홈에 대하여 사용하고 $r_{ax} = r_{ay} = 8.5$ mm, $r_{bx} = 27.5$ mm 그리고 $r_{by} = -8.84$ mm이다. 식 (8.6)과 식 (8.7)으로부터 x, y 방향 곡률합은 다음과 같다.

$$\frac{1}{R_x} = \frac{1}{r_{ax}} + \frac{1}{r_{bx}} = \frac{1}{8.5\times 10^{-3}} + \frac{1}{27.5\times 10^{-3}},$$

즉, $R_x = 0.00649$ m $= 6.49$ mm이다. 같은 방법으로

$$\frac{1}{R_y} = \frac{1}{r_{ay}} + \frac{1}{r_{by}} = \frac{1}{8.5\times 10^{-3}} - \frac{1}{8.84\times 10^{-3}},$$

그 결과 $R_y = 0.221$이다. 식 (8.5)로부터

$$\frac{1}{R} = \frac{1}{R_x} + \frac{1}{R_y} = 158.5\text{ m}^{-1},$$

즉, $R = 0.00631$ m $= 6.31$ mm이다. 식 (8.8)의 반경비는 다음과 같다.

$$\alpha_r = \frac{R_y}{R_x} = \frac{0.221}{0.00649} = 34.0.$$

표 8.1로부터 타원도 변수와 제1종, 제2종 타원 정적분은 다음과 같다($1 \le \alpha_r \le 100$).

$$k_e = \alpha_r^{2/\pi} = 34.0^{2/\pi} = 9.446,$$

$$\mathcal{F} = \frac{\pi}{2} + \left(\frac{\pi}{2} - 1\right)\ln\alpha_r = \frac{\pi}{2} + \left(\frac{\pi}{2} - 1\right)\ln 34.0 \text{ 혹은}$$
$$\mathcal{F} = 3.584.$$

$$\mathcal{E} = 1 + \frac{\pi - 2}{2\alpha_r} = 1 + \frac{\pi - 2}{2(34.0)} = 1.017.$$

유효 탄성 계수는

$$E' = \frac{E}{1-\nu^2} = \frac{207\times 10^9}{1-0.3^2} = 227.5\text{ GPa}.$$

식 (8.13)과 식 (8.9)로부터 접촉 타원의 크기는 다음과 같다.

$$\begin{aligned} D_y &= 2\left(\frac{6k_e^2\mathcal{E}WR}{\pi E'}\right)^{\frac{1}{3}} \\ &= 2\left[\frac{6(9.446)^2(1.017)(20,000)(0.00631)}{\pi\left(227.5\times 10^9\right)}\right]^{\frac{1}{3}} \\ &= 9.162\text{ mm}, \\ D_x &= \frac{D_y}{k_e} = \frac{9.162}{9.446} = 0.9699\text{ mm}. \end{aligned}$$

(b) 접촉 중앙에서 최대 변형은 식 (8.15)로부터 계산되나 우선 다음에 주의한다.

$$\frac{W}{\pi k_e E'} = \frac{20,000}{\pi(9.446)\left((227.5\times 10^9\right)} = 2.962\times 10^{-9},$$

그러므로

$$\begin{aligned} \delta_{\max} &= \mathcal{F}\left[\frac{9}{2\mathcal{E}R}\left(\frac{W}{\pi k_e E'}\right)^2\right]^{\frac{1}{3}} \\ &= 3.584\left[\frac{9\left(2.962\times 10^{-9}\right)^2}{2(1.017)(0.00631)}\right]^{\frac{1}{3}} \\ &= 65.68\,\mu\text{m}. \end{aligned}$$

8.4.2 사각 접촉

사각 접촉의 경우 접촉 부위의 폭은 무한대이다. 사각 접촉의 예로 평판, 바닥이 편평한 홈, 혹은 하나의 원통에 접촉하

여 눌리고 있는 원통을 생각할 수 있다. 또는 내부 혹은 외부 원통형 궤도와 접촉하는 롤러도 예로 들 수 있다. 이러한 상황에서 접촉 폭의 반은 다음과 같다.

$$b^* = R_x \left(\frac{8W'}{\pi}\right)^{\frac{1}{2}}, \tag{8.17}$$

여기서 무차원 하중은

$$W' = \frac{w'}{E'R_x}, \tag{8.18}$$

그리고 w'은 접촉을 따라서의 단위 길이당 하중이다. 사각 접촉의 최대 변형은

$$\delta_{max} = \frac{2W'R_x}{\pi}\left[\ln\left(\frac{2\pi}{W'}\right) - 1\right]. \tag{8.19}$$

사각 형태의 접촉에서 최대 헤르츠 접촉 압력은 다음과 같이 표현된다.

$$p_{max} = E'\left(\frac{W'}{2\pi}\right)^{\frac{1}{2}}. \tag{8.20}$$

예제 8.3

헤르츠 접촉 III–사각 형태 접촉

조건 반경 20 mm의 고체 원통($r_{ax} = 20$ mm, $r_{ay} = \infty$)이 내측 반경 100 mm($r_{bx} = -100$ mm)와 y축 방향으로 긴 폭($r_{by} = \infty$)을 가진 외륜 주위를 구름 운동한다. 원통은 질화규소, 외륜은 스테인리스 강으로 만들어졌다. 적용 수직 하중은 1000 N이다.

문제

(a) 곡률 합 R

(b) 접촉 반폭 b^*

(c) 최대 헤르츠 접촉 압력 p_{max}

(d) 최대 변형 δ_{max}

또 예제 8.2의 결과들과 비교하라.

풀이

(a) 예제 8.1에서 $E' = 262.5$ GPa이다. 곡률 합은

$$\frac{1}{R_x} = \frac{1}{r_{ax}} + \frac{1}{r_{bx}} = \frac{1}{0.02} - \frac{1}{0.10} = 40\ \mathrm{m}^{-1},$$

그러므로 $R_x = 0.025$ mm이다. 무차원 하중은 식 (8.18)로부터 다음과 같이 얻어진다.

$$\begin{aligned} W' &= \frac{w'}{E'R_x} \\ &= \frac{1000}{(2.625 \times 10^{11})(2.5 \times 10^{-2})} \\ &= 1.524 \times 10^{-7}. \end{aligned}$$

(b) 식 (8.17)로부터 접촉 반폭은

$$\begin{aligned} b^* &= R_x \left(\frac{8W'}{\pi}\right)^{\frac{1}{2}} \\ &= (0.025)\left[\frac{8(1.524 \times 10^{-7})}{\pi}\right]^{\frac{1}{2}} \\ &= 15.57\ \mu\mathrm{m}. \end{aligned}$$

(c) 최대 접촉 압력은 식 (8.20)에 의해 주어진다.

$$\begin{aligned} p_{max} &= E'\left(\frac{W'}{2\pi}\right)^{\frac{1}{2}} \\ &= (2.625 \times 10^{11})\left[\frac{(1.524 \times 10^{-7})}{2\pi}\right]^{\frac{1}{2}} \\ &= 40.88\ \mathrm{MPa}. \end{aligned}$$

(d) 접촉 중앙에서 최대 변형은 식 (8.19)와 같다.

$$\begin{aligned} \delta_{max} &= \frac{2W'R}{\pi}\left[\ln\left(\frac{2\pi}{W'}\right) - 1\right] \\ &= \frac{2(1.524 \times 10^{-7})(2.5 \times 10^{-2})}{\pi} \\ &\quad \times \left[\ln\left(\frac{2\pi}{1.524 \times 10^{-7}}\right) - 1\right], \end{aligned}$$

혹은 $\delta_{max} = 0.0401\ \mu$m이다.

8.5 베어링 재료

등각 표면에 사용되는 재료들은 유체 윤활 베어링뿐만 아니라 미끄럼 홈(guideways) 혹은 무윤활 슬리브와 같은 보다 일반적인 경우에도 적용되므로, 이 절에서 자세히 논의하기로 한다. 구름 요소 베어링과 기어 재료는 13장과 14장에서

각각 확대 논의될 것이다. 등각 표면을 갖는 베어링 재료는 다음의 두 주요 분류에 속한다.

1. *금속성*: 배빗, 청동, 알루미늄 합금, 다공성 금속 그리고 은, 배빗, 인듐과 같은 금속 도금(overlays)
2. *비금속성*: 플라스틱, 고무, 탄소-흑연, 목재, 세라믹, 초경, 금속 산화물(예를 들어 알루미늄 산화물) 그리고 유리

8.5.1 금속

주석과 납 기반 합금

배빗(Babbitts)은 **백색 금속**(white metals)으로 알려져 있으며 우수한 침투성(embeddability)과 적합성(conformability) 특성을 가진 주석 혹은 납 기반 합금이다. 배빗은 윤활 베어링에 가장 널리 사용되는 소재이다.

주석 그리고 납 기반 배빗은 상대적으로 낮은 하중 지지 능력을 가지고 있다. 이러한 하중 지지 능력은 강, 주철 혹은 청동과 같은 강한 지지 소재(backing materials)의 금속학적 접합에 의해 향상된다. 피로 강도는 배빗 라이닝(lining)의 두께를 줄임으로써 증가된다. 베어링 층의 최적 두께는 응용 예에 따라 달라지나 일반적으로 0.02에서 0.12 mm의 범위를 갖는다.

표 8.2는 가장 대표적인 주석과 납 기반 합금의 조성과 물리적 물성을 보여준다. 이들 합금의 온도에 의한 강도 저감이 상당함에 유의하라. 합금 원소의 다양한 함량이 주석과 납 기반 합금의 기계적 그리고 물리적 물성에 미치는 효과 역시 상당하다. 구리 혹은 안티몬(antimony) 함량을 높이면 일반적으로 경도와 인장 강도는 증가하고 연성은 감소한다.

구리-납 합금과 청동

구리-납 합금은 강-보강 베어링의 라이닝 소재로 흔히 사용된다. 이러한 합금들은 높은 피로 저항을 가지며 고온에서 작동할 수 있으나 달라붙지 않도록 하는 내융착성은 낮다. 이 합금은 자동차와 항공기의 내연기관과 디젤 엔진에 사용된다. 높은 납 성분은 우수한 베어링 표면을 제공하나 부식에 취약하게 한다. 이들의 부식 저항성과 내융착성은, 구리-납 표면 위에 납-주석 혹은 납-인듐 전착층을 가진 3가지 금속의 베어링 형태로 사용될 때 개선된다.

납, 주석 그리고 알루미늄 청동을 포함한 몇몇 청동 합금은 베어링 소재로 매우 광범위하게 사용된다. 이 중 일부는 표 8.3에 주어졌다. 이들의 우수한 구조적 특징 때문에 강재 보강판 없이도 사용될 수 있다. 25%까지 납을 함유하는 납-청동은 배빗 합금에 비해 높은 하중 지지 능력, 피로 저항성 그리고 고온에서의 우수성을 가진다. 약 10%까지의 주석 함량은 기계적 성질을 향상시키기 위해 사용된다. 납-청동 베어링은 펌프, 디젤 엔진, 철도 차량, 가정용 기구 등 많은 분야에 사용된다.

9~20% 주석과 낮은 함량의 납(일반적으로 1% 이하)을 함유한 주석-청동은 납-청동보다 단단하기 때문에 중장비 분야에 사용된다.

8.5.2 비금속

폴리머

고무와 흑연과 같은 비금속성 소재가 다양한 분야에서 적용되고는 있으나 폴리머와 플라스틱 재료들은 윤활 기계 요소에 매우 큰 영향을 미쳐왔다. 비금속 재료를 적용하는 데 있어 한계점들이 표 8.4에 나타나 있다. 이 표에 나타난 특별한 제한 요소들은 하중지지 능력, 최대 온도, 최대 속도 그리고

표 8.2: 일부 베어링 금속 합금의 물리적 및 기계적 물성. 출처: Hamrock, et al. (2004).

합금 번호	공칭 조성(%)					비중	항복 강도 MPa		압축 강도 MPa		브리넬 강도	
	Sn	Sb	Pb	Cu	As		20°C	100°C	20°C	100°C	20°C	100°C
1	91.0	4.5	–	4.5	–	7.34	30.3	18.3	88.6	47.9	17.0	8.0
2	89.0	7.5	–	3.5	–	7.39	42.0	20.6	102.7	60.0	24.5	12.0
3	84.0	8.0	–	8.0	–	7.46	45.4	21.7	121.3	68.3	27.0	14.5
7	10.0	15.0	74.55	–	0.45	9.73	24.5	11.0	107.9	42.4	22.5	10.5
8	5.	15.0	79.55	–	0.45	10.04	23.4	12.1	107.6	42.4	20.0	9.5

표 8.3: 선택된 청동과 구리 합금 베어링의 기계 물성. 출처: Hamrock, et al. (2004).

소재	명칭	브리넬 경도	인장 강도 MPa	최대 온도 °C	허용 응력 MPa
납구리	SAE 480	25	55.2	177	13.8
고연주석 청동	AMS 4840	48	172.5	204	20.7
반소성 청동	SAE 67	55	207	232	20.7
납첨가 적청동	SAE 40	60	242	232	24.2
청동	SAE 660	60	242	232	27.6
인청동	SAE 64	63	242	232	27.6
포금(gunmetal)	SAE 62	65	310	260	27.6
Navy G	SAE 620	68	276	260	27.6
납첨가 포금	SAE 63	70	276	260	27.6
알루미늄 청동	ASTM B148-52-9c	195	621	260	31.1

표 8.4: 비금속 베어링 소재의 적용 한계. 출처: Hamrock, et al. (2004).

소재	허용 응력 MPa	최대 온도 °C	최대 속도 m/s	*pu* 한계 N/m-s
탄소 흑연	4.1	399	12.7	525×10^3
페놀 수지	41.4	93	12.7	525×10^3
나일론	6.9	93	5.1	105×10^3
PTFE(테플론)	3.4	260	.51	35×10^3
강화 PTFE	17.2	260	5.1	350×10^3
PTFE 직물	414.0	260	.25	875×10^3
폴리카보네이트(Lexan)	6.9	104	5.1	105×10^3
아세탈 레진(Delrin)	6.9	82	5.1	105×10^3
고무	0.34	66	7.6	525×10^3
나무	13.8	66	10.2	525×10^3

pu 한계이다. 여기서 p는 Pa 단위의 압력, u는 m/s 단위의 표면 속도이다.

열가소성 수지 중에서, **나일론**(nylon)은 현저하게 낮은 마찰 계수를 가진 폴리테트라플루오로에틸렌(polytetrafluoroethylene, PTFE) 혹은 **테플론**(teflon)과 같은 주요 베어링 재료로 알려져 왔다. 비록 이들의 기계적 물성으로 인해 저하중 조건 그리고 일반적으로 낮은 속도와 등각 표면에 제한적으로 사용되지만 이러한 재료의 최대 장점은 윤활유 없이도 사용이 가능하다는 점이다.

나일론은 우수한 내마모성, 낮은 마모율 그리고 다른 소재에 강하게 결합되는 우수한 혼합성을 가지고 있다. 대부분의 플라스틱과 같이 나일론은 우수한 내융착성을 가지며 서로 늘어붙기보다는 부드러워지거나 타버린다. 하중하에서 냉간 유동(cold flow) 혹은 크리프(creep) 거동은 주요 단점 중 하나이다. 이 효과는 금속 슬리브 내에서 얇은 나일론 라이너를 지지함으로써 최소화할 수 있다. 나일론 베어링은 주방용 믹서와 블렌더 그리고 저하중을 사용하는 제품과 같은 가정용 기기에 사용된다. 나일론은 석유류, 그리스, 산성 음식, 우유 등에 의해 영향을 받지 않는다. 그러므로 이러한 유체 성분들이 존재하는 곳에 사용될 수 있다.

테플론은 많은 화학 약품과 용매에 의한 화학적 공격에 매우 강하며 260°C까지 사용 가능하다. 나일론과 마찬가지로 크리프 특성을 나타낸다. 변형되지 않은 형태의 테플론은 낮은 강성, 높은 열팽창 계수, 낮은 열전도도 그리고 낮은 마모 저항 등의 단점을 가지고 있다. 이러한 우수하지 못한 물성들은 유리 섬유, 세라믹, 금속 입자, 금속 산화물, 흑연 혹은 이황화 몰리브덴(molybdenum disulfide) 등을 첨가함으로써 크게 개선될 수 있다.

페놀수지(phenolics)는 플라스틱 베어링 재료의 또 하나의 중요한 부류이다. 이는 종이 혹은 직물의 얇은 판에 페놀 수지를 침투시키고 판을 적층한 후, 이 판들이 서로 결합하도록 온도와 압력을 가해 경화시킨 박판 형상을 한다. 흑연과 이황화 몰리브덴과 같이 침투를 통해 채우기 위한 재료는 윤활 성질과 강도를 향상시키기 위해 입자 형태로 첨가된다.

박층 페놀수지는 오일, 물 혹은 다른 유체가 윤활유로 사용될 때 강 혹은 청동 저널에서 잘 작동한다. 이들은 융착에 대한 저항이 우수하다. 이들 재료의 주요 단점은 낮은 열전도도(강의 약 1/150)로 마찰열을 즉시 방출하지 못하여 타버리는 손상을 유발한다는 것이다.

흑연

흑연(graphite)은 우수한 자가윤활 특성 이외에도 일반적인 소재와 윤활유에 비해 몇몇 우수한 특징이 있다. 흑연은 공기와 같은 산화 조건에서 약 370℃까지 유지되고 극저온에서 700℃ 구간의 불활성 조건에서 사용될 수 있다. 흑연은 화학적 공격에 매우 강하고 물, 가솔린, 또는 공기와 같은 저점도 윤활유와 함께 사용될 수 있다. 15,000의 pv 값은 윤활 조건에서 흑연에 해당한다. 일반적으로 낮은 속도와 하중은 비윤활 조건에서 사용되어야 한다.

흑연은 일반적으로 펌프 축 베어링, 원심 펌프의 임펠러(impeller) 마모 링 그리고 커버를 가진 모터 펌프의 저널과 스러스트 베어링과 많은 기타 분야에 사용된다. 낮은 열 팽창계수 때문에 흑연 라이너는 강재 슬리브에 수축 끼워 맞춤으로 체결된다. 강재 보강판은 기계적 지지를 제공하고 열전달을 향상시키며 축의 간극을 유지하는 데 도움을 준다.

8.5.3 베어링 구성

그림 8.9는 페놀수지 박층 베어링의 다양한 구조를 보여준다. 튜브형 베어링(그림 8.9a)은 완벽한 부싱이 필요한 곳에서 사용된다. 박층의 모서리를 따라 하중이 지지되는 베어링(그림 8.9b와 c)은 하중이 낮은 경우 사용된다. 장대형 베어링(그림 8.9d)은 주로 선박의 선미 튜브와 방향타 스톡과 수직형 터빈의 가이드 베어링에 사용된다. 몰드 베어링(그림 8.9e)은 제강소(steel mill)의 롤 넥(roll-neck) 베어링 혹은 볼 밀(ball-mill) 베어링에 사용된다.

그림 8.10에 나타난 것과 같이 다른 소재들이 여러 가지 방법으로 베어링 표면에 적용될 수 있다.

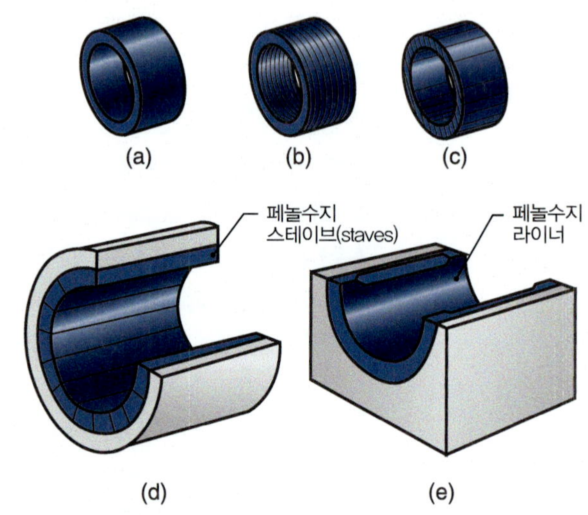

그림 8.9: 페놀수지 박판 베어링. (a) 튜브형 베어링, (b) 원주 방향 박층 베어링, (c) 축 방향 박층 베어링, (d) 장대형 베어링, (e) 몰드 베어링. 출처: Hamrock et al. (2004).

- **고체 베어링**(solid bearing, 그림 8.10a). 베어링은 단일 소재(주철, 알루미늄 합금, 청동, 기공성 금속 등)로부터 직접 가공된다.
- **라이닝 베어링**(lined bearing, 그림 8.10b). 베어링 소재가 강한 보강 판재에 결합된다. 베어링 라이닝의 두께는 0.25 mm에서 크게는 13 mm까지의 범위를 갖는다. 결합 방법으로 화학적 혹은 기계적 방법이 이용되기는 하

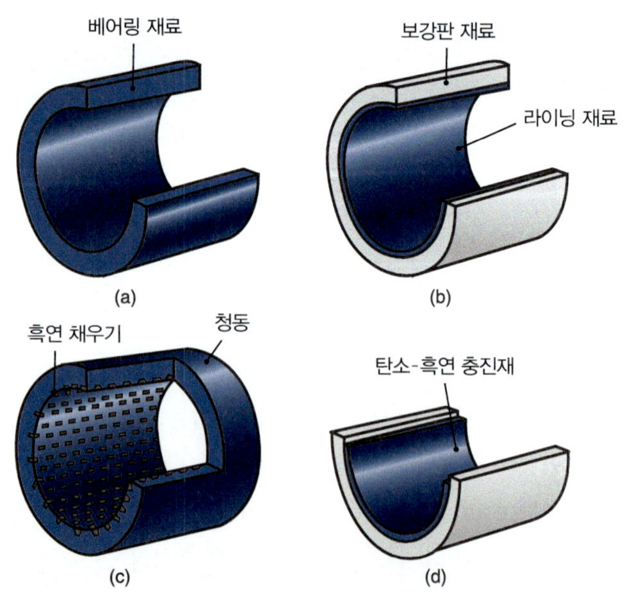

그림 8.10: 베어링 표면의 다른 형태. (a) 고체 베어링, (b) 라이닝 베어링, (c) 충전 베어링, (d) 수축-끼워맞춤 베어링.

지만 대부분의 현대 결합 기술들은 금속학적이다. 라이닝 재료는 주조, 스프레이, 전기증착 혹은 화학적 방법이 적용된다.

- **충전 베어링**(filled bearing, 그림 8.10c). 강한 베어링 재료에 우수한 윤활 성능을 가진 베어링 재료를 침투시켜 사용한다(예를 들어, 청동 보강판에 스며든 흑연).
- **수축-끼워맞춤 베어링**(shrink-fit liner bearing, 그림 8.10d). 탄소-흑연 혹은 플라스틱 라이너는 금속 보강판 슬리브에 수축 끼워 맞춤 되거나 혹은 멈춤 나사와 같은 고정 기구에 의해 고정된다.

8.6 윤활유 유동학

윤활유(lubricant)는 마찰과 마모를 줄이고 부드러운 움직임 그리고 만족할 만한 수명을 제공하는 물질이다. **유동학**(rheology)은 물체의 흐름과 변형을 연구하는 학문이다. 대부분의 윤활유는 유체(광유, 합성 에스테르, 실리콘 유체 그리고 물)이지만, 건식 베어링에 사용되는 고체(흑연 혹은 이황화 몰리브덴)이거나, 구름 요소 베어링의 그리스이거나, 혹은 가스 베어링에 사용되는 가스(공기와 같은)일 수 있다. 윤활유와 윤활 표면 사이에서 물리적 및 화학적 상호 작용은 만족스러운 수명을 가진 기계 요소를 위하여 반드시 이해되어야 한다.

두 고체 표면 사이에 놓일 때 윤활유는 상대 미끄럼 혹은 구름 운동을 용이하게 하고 마찰과 마모를 조절한다. 하지만 오직 두 표면의 분리만이 윤활유의 기능은 아니다. 유체 윤활유들은 바람직한 2차 물성 및 특징을 가진다.

1. 윤활유는 수력학적 운동에 의해 움직이는 요소 사이에서 늘어날 수 있다.
2. 윤활유는 접촉하는 요소를 냉각하기 위해 상대적으로 높은 열 용량을 가진다.
3. 윤활유는 부식 저항, 세정력, 표면 활성층 등과 같은 다양한 물성을 얻기 위해 화학 첨가제와 쉽게 섞인다.
4. 윤활유는 마모 입자를 제거할 수 있다.
5. 윤활유는 열 차단제이다.
6. 윤활유는 진동을 흡수하고 충격 하중을 감소시킨다.

유체 윤활제는 광유(mineral oils)로 알려진 석유계와 지방유로 알려진 동물 혹은 식물계로 나뉜다. 합성 오일은 흔히 후자에 속한다. 효율적인 윤활제가 되기 위해서는 작동 조건하에서 윤활막을 유지하기 위해 충분한 점성을 가져야 하고 기계 요소로부터 열을 제거해야 한다. 반면, 윤활제는 시동 시(특히 냉 시동) 요구되는 힘을 최소화하기 위해 가능한 한 점도가 없어야 하고 점성 견인(viscous drag)으로 인한 힘의 손실을 최소화해야 한다. 가장 중요한 윤활제 물성인 점도는 다음 장에서 고려된다.

8.6.1 절대 점도

절대(absolute) 혹은 **동적 점도**(dynamic viscosity)는 속도 u_b로 움직이는 상부 판과 일정 거리 h만큼 떨어진 고정된 하부 판을 묘사한 그림 8.11의 단순 모델로 정의될 수 있다. 오일 평면을 가로질러 일정한 속도로 면적 A의 상판을 움직이고 인접한 층이 서로를 지나치도록 하기 위해서 전단력이 반드시 작용해야 한다. 오일은 표면을 적시고 그 표면에 매달려 있기 때문에 최저 바닥층은 전혀 이동하지 않을 것이고, 최상층은 상판의 속도와 동일한 속도로 이동하며 그리고 두 판 사이의 층은 고정판으로부터 거리 z에 비례하는 속도로 이동할 것이다. 평행층에서의 이와 같은 순차적 이동 형식은 유선형, 층류 혹은 점성 유동으로 알려져 있다.

층들의 상대적 운동을 유발하는 오일에 작용하는 전단 응력은 F/A와 동일하다. 특정 층의 전단 변형률 속도 s는 속도의 고정 표면으로부터 수직 거리에 대한 비로 정의되며 각 층에서는 일정하다

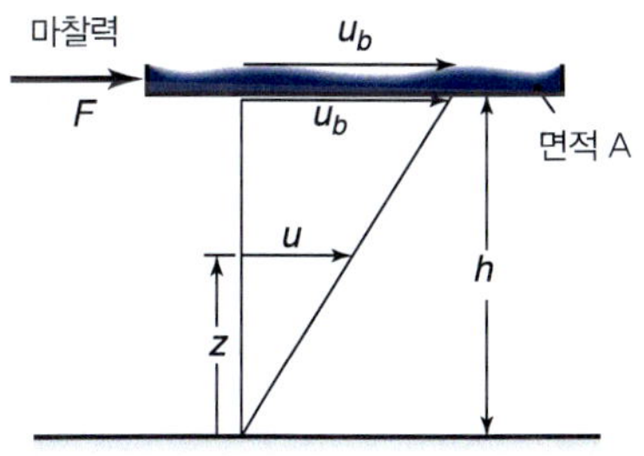

그림 8.11: 절대 점도를 나타내는 미끄럼 베어링.

$$s = \frac{u}{z} = \frac{u_b}{h}. \tag{8.21}$$

전단 변형률 속도는 초의 역수 단위를 가진다.

뉴턴은 상부 표면이 일정한 속도 u_b를 유지하기 위해 필요한 힘은 면적과 전단 변형률에 비례함을 정확히 추론하였으며 다음과 같이 표현하였다.

$$F = \frac{\eta A u_b}{h}, \tag{8.22}$$

여기서 η는 절대 점도이다. 식 (8.22)를 재배열함으로써 절대 점도는 다음과 같이 표현될 수 있다.

$$\eta = \frac{F/A}{u_b/h} = \frac{\text{전단 응력}}{\text{전단 변형률 속도}} \tag{8.23}$$

식 (8.23)에 따르면 점도의 단위는 반드시 전단 변형률 속도 단위로 나눈 전단 응력의 단위이어야 한다. 세 가지 다른 시스템에 대한 점도의 단위는 일반적으로,

1. SI 단위: newton-second per square meter(N-s/m^2) 혹은 newton per square meter는 파스칼(Pa)로 불리우기 때문에 pascal-second(Pa-s)
2. cgs 단위: dyne-second per square centimeter 혹은 *centipoise*, 여기서 1 cP = 10^{-2} P.
3. 영미 단위: pound force-second per square inch(lb-s/in^2). Osborne Reynolds를 기념하기 위해 *reyn*으로 불린다.

하나의 시스템으로부터 다른 시스템으로의 절대 점도 변환은 표 8.5를 사용하면 용이하다. 표의 왼쪽 열에 있는 단위를 표의 상단 단위로 변환하기 위해서는 표에 주어진 해당하는 변환 값을 곱한다.

예제 8.4

점도의 단위

조건 절대 점도는 0.04 N-s/m^{2}이다.

문제 reyn, centipoise 그리고 poise 단위의 절대 점도

풀이 표 8.5를 이용하면 다음과 같다.

$$\eta = 0.04 \text{ N-s/m}^2 = (0.04) \text{ Pa-s} = 5.8 \times 10^{-6} \text{ lb-s/in.}^2$$

다음을 주의한다.

$$\eta = 0.04 \text{ N-s/m}^2 = 0.04 \text{ Pa-s} = 5.8 \times 10^{-6} \text{ reyn}$$

그리고

$$\eta = 0.04 \text{ N-s/m}^2 = 0.004 \times 10^3 \text{ cP} = 40 \text{ cP} = 0.4 \text{ P}.$$

8.6.2 동점도

많은 상황에서 절대 점도보다 **동점도**(kinematic viscosity)를 사용하는 것이 편리하다. 동점도 η_k는 다음과 같다.

$$\eta_k = \frac{\text{Absolute viscosity}}{\text{Density}} = \frac{\eta}{\rho}. \tag{8.24}$$

식 (8.24)에서 비율은 문자 그대로 동적이다. 힘 혹은 질량을 포함한 모든 항은 상쇄되어 사라진다. 동점도의 단위는

1. SI 단위: square meters per second(m^2/s)
2. cgs 단위: square centimeters per second(cm^2/s)이며 스토크(stoke)라 불린다.
3. 영미 단위: square inches per second(in^2/s)

표 8.5: 절대 점도 변환 인자.

기준 단위	변환 대상 단위			
	cP	kgf-s/m^2	N-s/m^2	lb-s/in.^{2}
	변환 곱			
cP	1	1.02 × 10^{-4}	10^{-3}	1.45 × 10^{-7}
kgf-s/m^2	9.807 × 10^3	1	9.807	1.422 × 10^{-3}
N-s/m^2	10^3	1.02 × 10^{-1}	1	1.45 × 10^{-4}
reyn, or lb-s/in.^{2}	6.90 × 10^6	7.03 × 10^2	6.9 × 10^3	1

예제 8.5

동점도

조건 수은과 물은 5°C에서 1.5 cP 절대 점도를 가지나 수은은 물보다 13.6배 높은 밀도를 가진다. 온도 상승에 따른 밀도의 변화가 작다고 가정한다.

문제 온도 5°C와 90°C에서 수은과 물의 동점도를 구하라.

풀이 그림 8.12는 온도의 함수로서 다양한 유체의 절대 점도를 제공한다. 90°C에서 물의 절대 점도는 0.32 cP이고 수은은 1.2 cP이다. 5°C에서 수은의 동점도는

$$\eta_k = \frac{\eta}{\rho} = \frac{1.5 \times 10^{-3}}{13,600} = 0.110 \times 10^{-6}\ \text{m}^2/\text{s},$$

그리고 90°C에서 동점도는

$$\eta_k = \frac{\eta}{\rho} = \frac{1.2 \times 10^{-3}}{13,600} = 0.0882 \times 10^{-6}\ \text{m}^2/\text{s}.$$

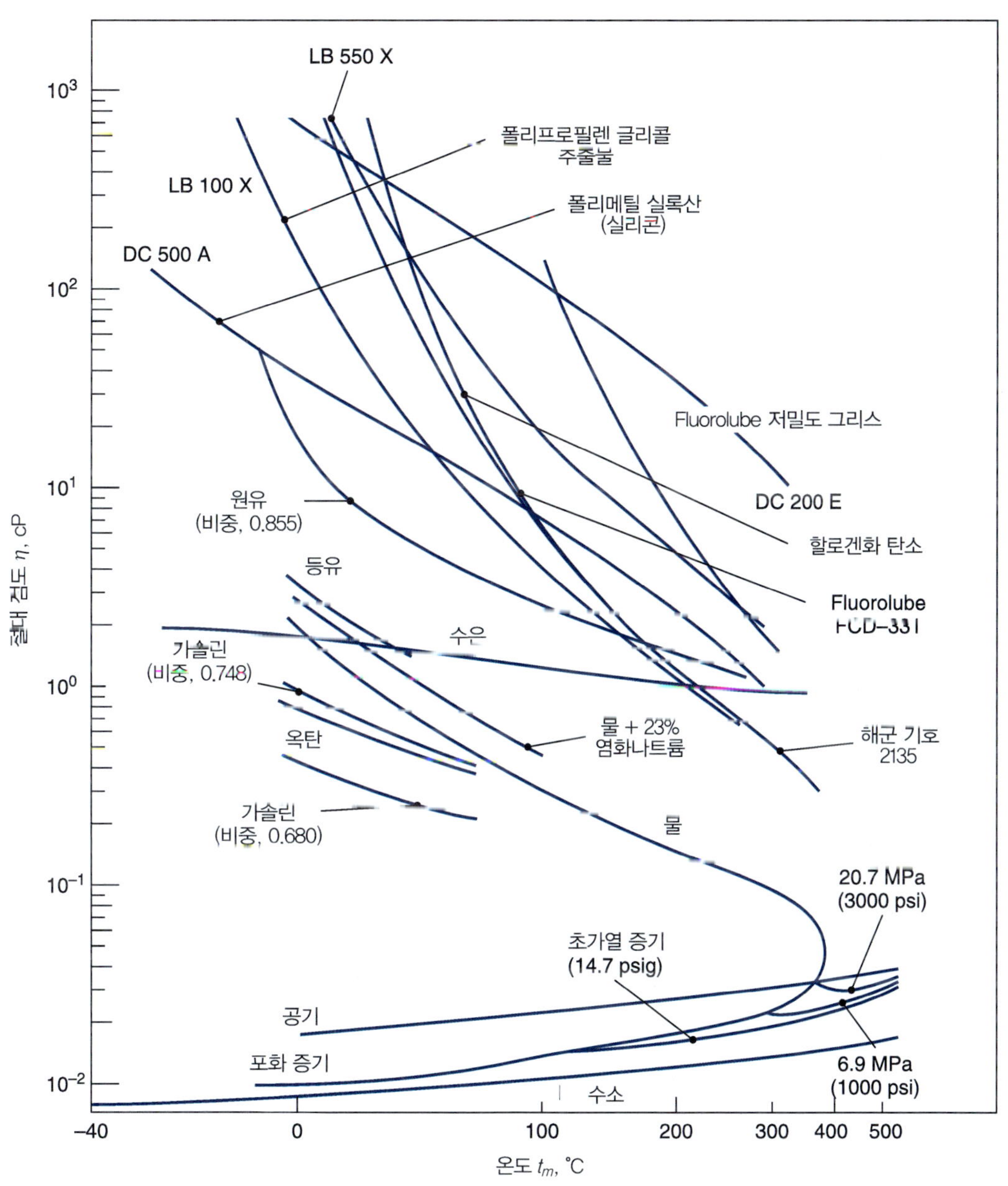

그림 8.12: 넓은 온도 범위에 대한 다양한 유체의 절대 점도.

5℃에서 물의 동점도는

$$\eta_k = \frac{\eta}{\rho} = \frac{1.5 \times 10^{-3}}{1000} = 1.50 \times 10^{-6}\ \mathrm{m^2/s},$$

그리고 90℃에서 동점도는

$$\eta_k = \frac{\eta}{\rho} = \frac{0.32 \times 10^{-3}}{1000} = 0.32 \times 10^{-6}\ \mathrm{m^2/s}.$$

비록 수은이 5℃에서 물과 동일한 절대 점도를 가지고 90℃에서 3.75배 높은 절대 점도를 가지나 수은의 동점도는 물의 동점도보다 매우 낮다. 그 이유는 수은의 높은 밀도 때문이다.

8.6.3 점도-온도 효과

볼 베어링, 기어 그리고 캠과 같이 높은 하중에 놓인 접촉에서 압력은 윤활제의 점도를 상당히 증가시키기에 충분하다. 압력에 따른 윤활제의 점도 상승은 **점도-압력 효과**(viscosity-pressure effect) 혹은 **압점 효과**(piezoviscous effect)로 알려져 있으며 특별히 광유와 높은 분자 사슬 길이를 가진 다른 유체에서 현저하게 나타난다. Barus 식은 등온 조건에 대해 점도와 압력의 관계를 나타낸다.

$$\eta = \eta_o \exp(\xi p), \tag{8.25}$$

여기서 p는 압력, η_o는 대기압($p = 0$)과 일정 온도에서 절대 점도 그리고 ξ는 윤활제의 **압력-점도 계수**이다.

표 8.6은 영(0)의 압력과 다양한 온도에서 다양한 유체에 대해 동점도($\mathrm{m^2/s}$ 단위)와 절대 점도(cP 단위)를 나타낸다. 이들 절대 점도 값은 사용된 특정 유체와 온도에 대하여 식 (8.25)의 η_o에 해당한다. 이들 유체에 대한 압력-점도 계수 ξ는 $\mathrm{m^2/N}$ 단위로 표현되며 표 8.7에 주어졌다. 이 값들은 식 (8.25)의 ξ에 해당한다.

표 8.6: 대기압과 여러 가지 온도에서 다양한 유체의 절대 점도 및 동점도.

유체	절대 점도 at $p = 0$, η_o, N-s/m² 온도 °C			동점도 $p = 0$ η_k, m²/s 온도°C		
	38	99	149	38	99	149
고급 에스테르	0.0253	0.00475	0.00206	2.58×10^{-5}	0.51×10^{-5}	0.23×10^{-5}
배합된 고급 에스테르	0.0276	0.00496	0.00215	2.82×10^{-5}	0.53×10^{-5}	0.24×10^{-5}
폴리알킬 방향족	0.0255	0.00408	0.00180	3.0×10^{-5}	0.50×10^{-5}	0.23×10^{-5}
합성 파라핀 오일	0.375	0.0347	0.0101	44.7×10^{-5}	4.04×10^{-5}	1.3×10^{-5}
합성 파라핀 오일 + 내마모 첨가제	0.375	0.0347	0.0101	44.7×10^{-5}	4.04×10^{-5}	1.3×10^{-5}
C-에테르	0.0295	0.00467	0.00220	2.5×10^{-5}	0.41×10^{-5}	0.20×10^{-5}
고정제 나프테닉(napthenic) 광유	0.0681	0.00686	0.002.74	7.8×10^{-5}	0.82×10^{-5}	0.33×10^{-5}
합성 탄화수소(구동유)	0.0343	0.00353	0.00162	3.72×10^{-5}	0.40×10^{-5}	0.19×10^{-5}
불소계 폴리에테르	0.181	0.0202	0.00668	9.66×10^{-5}	1.15×10^{-5}	0.4×10^{-5}

표 8.7: 다양한 온도에서 다양한 유체의 압력-점도 계수.

유체	온도 °C 38	99	149
	압력-점도 계수 ξ, m²/N		
고급 에스테르	1.28×10^{-8}	0.987×10^{-8}	0.851×10^{-8}
배합된 고급 에스테르	1.37×10^{-8}	1.00×10^{-8}	0.874×10^{-8}
폴리알킬 방향족	1.58×10^{-8}	1.25×10^{-8}	1.01×10^{-8}
합성 파라핀 오일	1.99×10^{-8}	1.51×10^{-8}	1.29×10^{-8}
합성 파라핀 오일 + 내마모 첨가제	1.96×10^{-8}	1.55×10^{-8}	1.25×10^{-8}
C-에테르	1.80×10^{-8}	0.980×10^{-8}	0.795×10^{-8}
고정제 나프테닉(napthenic) 광유	2.51×10^{-8}	1.54×10^{-8}	1.27×10^{-8}
합성 탄화수소(구동유)	3.12×10^{-8}	1.71×10^{-8}	0.939×10^{-8}
불소계 폴리에테르	4.17×10^{-8}	3.24×10^{-8}	3.02×10^{-8}

예제 8.6

압점 효과

조건 합성 파라핀과 불소계 폴리에테르가 온도 99°C에서 사용된다.

문제

(a) 두 오일이 동일한 절대 점도를 갖는 압력

(b) 파라핀이 불소계 폴리에테르보다 100배 낮은 점도를 갖는 압력

풀이

(a) 표 8.6으로부터 99°C에서 합성 파라핀의 점도는 0.0347 Ns/m²이고 불소계 폴리에테르의 점도는 0.0202 Ns/m²이다. 표 8.7로부터 99°C에서 파라핀의 압력-점도 계수는 1.51×10^{-8} m²/N이고 폴리에테르는 3.24×10^{-8} m²/N이다. 식 (8.25)를 이용하고 점도를 대입하면

$$0.0347e^{1.51\times10^{-8}p} = 0.0202e^{3.24\times10^{-8}p}$$

$$1.72e^{1.51\times10^{-8}p} = e^{3.24\times10^{-8}p}$$

$$1.72 = \frac{e^{3.24\times10^{-8}p}}{e^{1.51\times10^{-8}p}} = e^{1.73\times10^{-8}p}.$$

그러므로

$$p = \frac{\ln 1.72}{1.73\times10^{-8}} = 31.3 \text{ MPa}.$$

(b) 파라핀의 점도가 폴리에테르보다 100배 낮도록 하여 식 (8.25)를 사용한다.

$$1.72(100)e^{1.51\times10^{-8}p} = e^{3.24\times10^{-8}p},$$

$$172 = e^{1.73\times10^{-8}p}.$$

그러므로 $p = 2.97 \times 10^{-8}$ Pa = 0.297 GPa이다. 이는 매우 높은 압력으로 보이나 구름 요소 베어링이나 기어와 같은 비등각 접촉의 경우 특이한 것은 아니다.

8.6.4 점도-온도 효과

광유와 합성유의 점도는 온도 상승에 따라 감소한다. 그러므로 점도 측정이 이루어지는 온도가 반드시 기록되어야 한다. 그림 8.13은 어떻게 절대 점도가 온도에 따라 변화하는지를 보여준다. 그림 8.12는 넓은 온도 범위에 걸친 여러 유체의 절대 점도를 보여준다. 이 그림에서 흥미로운 점은 서로 다른 유체들간에 점도 기울기와 수준이 얼마나 극적으로 변화하는가이다. 점도는 5 자릿수의 차이를 가지고 변화하며 유체의 경우 음의 기울기를, 가스의 경우 양의 기울기를 가진다.

그림 8.13은 온도 함수로서 미국 자동차 기술자 협회(Society of Automotive Engineers, SAE) 점도를 나타낸다. SAE 표준은 점도의 범위 값을 허용하고 그림 8.13에 나타난 대략적인 절대 점도 곡선이 되는 동점도를 명시한다. 실제 윤활제는 변형률의 함수인 점도를 가지며, 이는 그림 8.13이 정확한 값을 제공하지 않는 점을 상기시킨다. 더욱이 SAE는 그림 8.13a에서 윤활제에 대하여 하나의 온도, 즉 100°C (212°F)에 대해서만 점도를 명시한다. 그림 8.13b와 같은 다중 등급 오일은 영하 18°C(0°F)에서 정의된 저온 점도 요구 조건을 만족해야 한다. 이는 고온 점도 요구 조건 이외에도 반드시 만족해야 하는 사항이다. 이와 같은 부담스러운 일련의 요구 사항은 점도 조절제의 사용을 통해 만족될 수 있다. 이러한 복잡한 배합은 온도와 변형률 함수로서 점도의 특별한 특징을 요구한다. 그러나 그림 8.13과 표 8.8의 데이터는 대부분의 설계와 분석 업무에 충분하다.

SAE 오일의 점도는 곡선 맞춤을 이용하여 그림 8.13의 온도에 대하여 대략적인 추정이 가능하다.

표 8.8: 식 (8.26)에서 사용하기 위한 SAE 단일 등급 오일의 곡선 맞춤 데이터. 출처: Seirig and Dandage(1982).

SAE 등급	상수 C_1		상수 C_2
	reyn	N-s/m²	
10	1.58×10^{-8}	1.09×10^{-4}	1157.5
20	1.36×10^{-8}	9.38×10^{-5}	1271.6
30	1.41×10^{-8}	9.73×10^{-5}	1360.0
40	1.21×10^{-8}	8.35×10^{-5}	1474.4
50	1.70×10^{-8}	1.17×10^{-4}	1509.6
60	1.87×10^{-8}	1.29×10^{-4}	1564.0

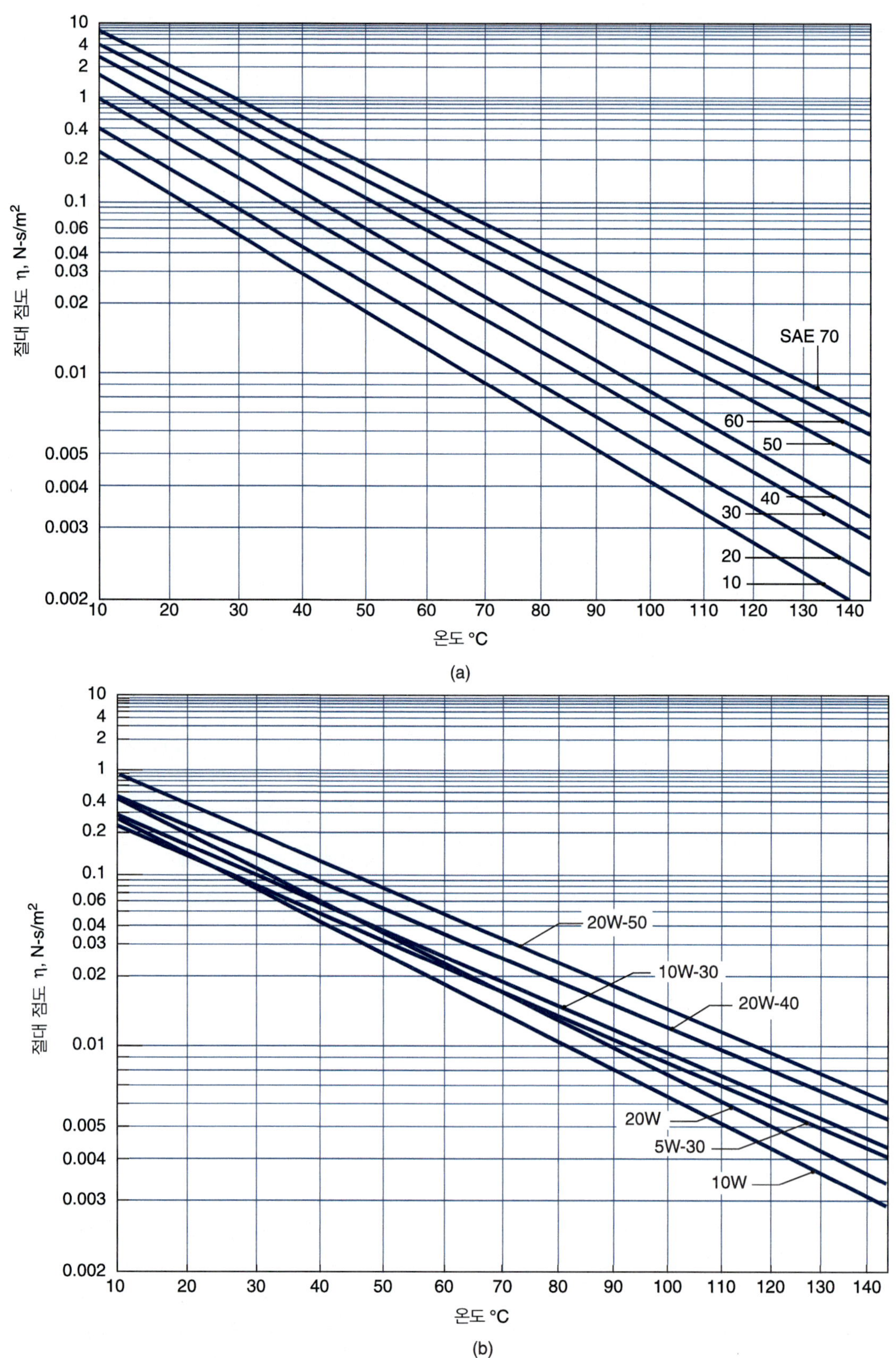

그림 8.13: 대기압에서의 SAE 윤활유의 절대 점도. (a) 단일 등급 오일, (b) 다중 등급 오일.

$$\eta = \begin{cases} C_1 \exp\left(\frac{C_2}{t_F + 95}\right) & \text{English 단위} \\ C_1 \exp\left(\frac{C_2}{1.8t_C + 127}\right) & \text{SI 단위} \end{cases} \tag{8.26}$$

여기서 C_1과 C_2는 표 8.8에 주어진 상수들이고 t_F와 t_C는 각각 °F와 °C의 윤활유 온도이다. 식 (8.26)은 그림 8.13과 약간 상이한 결과를 가져올 수 있음에 주의한다. 이는 평가 시 변형률이 약간 다르기 때문이다.

예제 8.7

점도-온도 효과

조건 SAE 10 오일이 자동차 엔진에 사용되며 작동 온도는 110°C이다.

문제 온도 10°C에서 시동 시 이 오일은 몇 배 더 점성이 높은가?

풀이 그림 8.13은 110°C에서 점도 0.0033 N-s/m^2 그리고 10°C에서 0.22 N-s/m^{2}임을 나타낸다. 점도 비율은 0.22/0.0033 = 66.67이다. 다른 방법으로는 식 (8.26)이 10°C에서 점도 0.990 N-s/m^2 그리고 110°C에서 점도 0.003839 N-s/m^{2}을 구하기 위해 사용될 수 있다. 그 결과 점도 비율은 258이나. 식 (8.26)을 이용한 저온 점도 값이 의심스럽다. 그러나 이 결과는 시동 점도는 작동 중 점도보다 매우 낮음을 명확하게 나타낸다.

8.7 윤활 영역

수력학적 베어링(12장)과 같은 일부 기계 요소는 윤활유의 작동을 요구한다. 전동체 베어링(13장)과 기어(14장과 15장)와 같은 타 요소들은 효율적인 윤활유의 부재 시 수명과 성능의 절충점을 갖는다. 윤활 공학은 구체적으로 연구할 가치가 있는 학문 분야이다. 이 절은 일반적인 고찰을 제시하고 기계 요소들에 직접적으로 영향을 미치는 기본적인 주제를 강조한다. 논의는 필름 인자의 소개와 윤활 영역을 정의하기 위한 윤활막의 사용을 시작으로 한다. 각각의 영역은 성능을 설명하기 위한 표면 거칠기(8.2절)와 윤활유 유동학(8.6절)을 사용하여 요약된다.

8.7.1 윤활막 변수

전동체 베어링, 기어, 수력학적 저널 및 스러스트 베어링 그리고 실(이와 관련된 모든 것은 교재 뒤편에서 고려됨)은 알맞게 설계되고 윤활될 때, 접촉 표면들은 윤활막에 의해 완벽하게 분리된다. 예를 들어 볼 베어링의 내구 시험은 윤활막이 충분히 두꺼워 접촉 물체가 분리될 때 베어링 수명이 크게 연장됨을 보여주었다(13.9.5절 및 그림 13.24 참조). 역으로, 접촉 영역에서 표면에 존재하는 돌기들이 완전히 분리되지 않을 정도로 윤활막이 충분히 두껍지 못할 경우 베어링 수명은 금속간 직접 접촉으로 인한 높은 전단 응력에 의해 불리한 영향을 받는다.

윤활의 효과를 나타내는 중요한 변수는 **윤활막 변수**(film parameter)로 다음과 같이 주어진다.

$$\Lambda = \frac{h_{\min}}{\left(R_{qa}^2 + R_{qb}^2\right)^{\frac{1}{2}}}, \tag{8.27}$$

여기서 $h_{\min}$은 최소 윤활막 두께 그리고 R_{qa} 및 R_{qb}는 두 표면의 rms(제곱 평균 제곱근) 표면 거칠기를 나타낸다. 이 인사는 네 가지 중요한 윤활 영역을 정의하기 위해 사용된다. 이들 네 영역의 범위는

1. *경계 윤활*, $\Lambda < 1$
2. *부분 윤활*, $1 \le \Lambda < 3$
3. *수력학적 윤활*, $3 \le \Lambda$
4. *탄성유체 윤활*, $3 \le \Lambda < 10$

이 값들은 오직 추정치이나 윤활의 중요성에 대한 유용한 고찰을 제공한다.

길들이기(running-in)는 윤활막 인자에 영향을 미치는 과정이다. 그림 8.14를 다시 참고하면, 표면은 돌기의 정점에서 접촉하고 있음을 볼 수 있다. 만일 미세 스케일 마모가 이

들 돌기 정점에서 발생하고 소재가 제거된다면, 그 결과 표면은 부드러워질 것이다. 이러한 과정은 마모가 발생하여 서로 맞닿아 있는 표면이 부드러운 작동을 위해 서로에게 맞추어질 수 있도록 허용한다. 이러한 종류의 마모는 유용한 것으로 간주된다. 윤활막 변수는 길들이기 단계에서 증가할 것인데, 그 이유는 복합 표면 거칠기가 감소하기 때문이다. 길들이기 단계는 복합 표면 거칠기에 반영되지 않는 돌기의 형상에 또한 매우 중요한 영향을 미친다. 길들이기 단계에서 접촉 부위 돌기의 첨단들은 편평해지고 마모를 증대시키지 않아 결과적으로 마모를 감소시킨다.

예제 8.8

윤활막 변수

조건 굴삭기용 기어는 주조에 의해 제작된다. 주조된 상태의 표면은 rms(제곱 평균 제곱근) 표면 거칠기 $R_a = 18$ μm를 갖는 것으로 측정된다. 이러한 높은 표면 거칠기는 기어 마모가 급속하도록 한다. 그리스로 윤활된 기어의 윤활막 두께는 $h_{\min} = 1.6\,\mu$m로 계산된다.

문제 윤활막 변수 1이 되도록 하기 위해서는 주조 기어의 표면 처리가 무엇이 되어야 하는가?

풀이 식 (8.27)을 이용하며 두 표면의 거칠기가 동일하다고 가정하면

$$\Lambda = \frac{h_{\min}}{\left(R_{qa}^2 + R_{qb}^2\right)^{1/2}} = \frac{h_{\min}}{R_q\sqrt{2}}.$$

R_q에 대해 풀면

$$R_q = \frac{h_{\min}}{\Lambda\sqrt{2}} = \frac{1.6}{1\sqrt{2}} = 1.131\,\mu\text{m}.$$

사인파형 분포에 대한 R_q/R_a가 약 1.11이라는 식 (8.3)을 상기하자. 이는 필요로 하는 중심선 평균 거칠기(centerline average roughness)의 추정치를 얻기 위한 가정으로 사용될 것이다. 그러므로 표면 마무리는 약 $R_a = 1.131/1.11 = 1.02\,\mu$m일 필요가 있다. 그림 8.2는 표면 거칠기 1 μm일 경우 이러한 거칠기를 얻기 위해서는 연마 가공이 가장 빠르고 저렴한 방법임을 나타내고 있다(호닝 가공은 기어 형상에 맞지 않음). 보다 부드러운 표면은 전해 연마, 연마, 래핑에 의해 가능하다. 그러나 이러한 가공 방법은 상당히 고가의 방법이다.

8.7.2 경계 윤활

경계 윤활(boundary lubrication)에서 고체는 윤활유에 의해 분리되지 않기 때문에 유막 효과는 미미하고 상당한 돌기 접촉이 있다. 표면 접촉의 속성은 분자 단위의 얇은 표면 막의 물리적, 화학적 물성에 의해 지배된다. 대량의 윤활유 물성은 중요하지 않고, 마찰 계수는 유체 점도에 거의 무관하다. 마찰 특성은 공동 계면에서의 고체와 윤활막의 물성에 의해 결정된다. 표면 막은 두께 1~10 nm 범위에서 변화하며 이는 윤활유의 분자 크기에 의존한다.

그림 8.14는 유막과 경계 윤활에 존재하는 유막 조건들을 표현한다. 이 그림에서 표면 기울기와 유막 두께는 이해를 돕기 위해 상당히 왜곡되어 있다. 일정 비례로 나타낸다면 실제 공학 표면은 날카로운 피크라기보다는 거의 알아차릴 수 없을 정도의 형상을 가진 부드러운 경사진 언덕으로 나타날 것이다. 표면 돌기들은 유막 윤활의 경우 서로 접촉하지 않지만 경계 윤활의 경우 접촉한다.

그림 8.15는 서로 다른 윤활 영역에서 마찰 계수의 거동

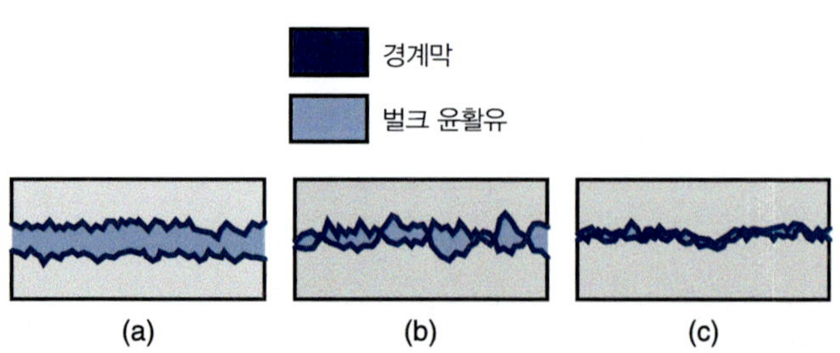

그림 8.14: 윤활 영역. (a) 유막 윤활–다량의 윤활막에 의해 표면이 완전히 분리됨. 이 영역은 때로 후막 혹은 박막 윤활로 세분화된다. (b) 부분 윤활–다량의 윤활유와 윤활막이 역할을 한다. (c) 경계 윤활–윤활 성능은 필연적으로 경계 윤활막에 의존한다.

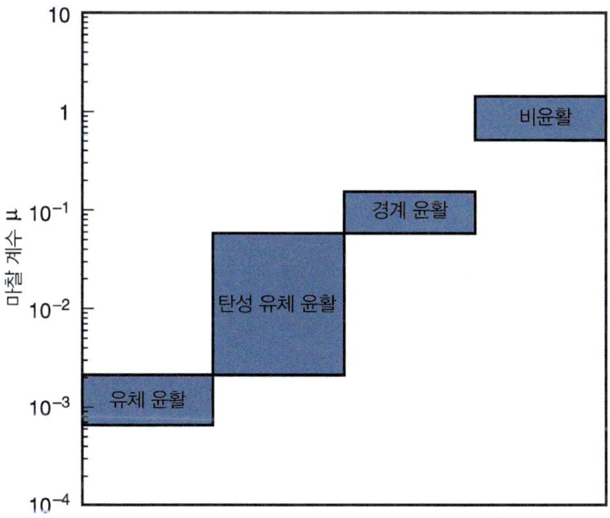

그림 8.15: 다양한 윤활유 상태에 대한 마찰 계수를 나타내는 막대 선도. 출처: Hamrock et al. (2004).

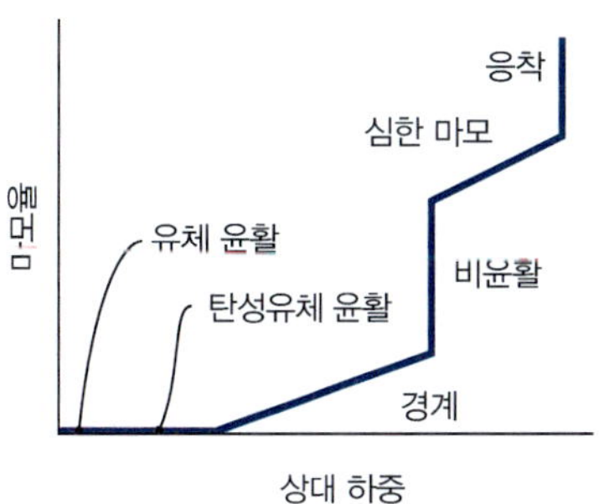

그림 8.16: 다양한 윤활 영역에서의 마모율.

을 여준다. 경계 윤활의 경우 비록 마찰이 유체 윤활에 비해 상당히 높지만 이는 비윤활 표면에 비하면 아직 상당히 낮은 것이다. 평균 마찰 계수는 유체 윤활로부터 경계 윤활 영역으로 천이하면서 전체적으로 3 자릿수 증가한다.

그림 8.16은 작동 하중에 의해 결정된 것으로 다양한 윤활영역에서의 마모율을 나타낸다. 유체 윤활과 탄성유체 윤활 영역에서 마모율은 매우 작거나 혹은 마모가 없는 것으로 나타난다. 이는 돌기의 접촉이 없기 때문이다. 경계 윤활로부터 비윤활 상태로의 천이는 마모율의 급격한 변화로 나타난다. 비윤활 영역에서 상대 하중이 증가함에 따라 마모율은 스코어링(scoring) 혹은 응착(seizure)이 발생하고 기계 요소가 더 이상 성공적으로 작동할 수 없을 때까지 증가한다. 대부분의 기계 요소는 비윤활 표면에서 장기간 작동할 수 없다. 그림 8.15와 8.16은 비윤활 기계 요소 표면의 마찰과 마모가 경계 윤활을 제공함으로써 급격히 감소함을 보여준다. 효과적인 경계 윤활유는 일반적으로 알코올 혹은 지방산을 윤활유에 포함시키는 윤활유의 화학적 처리로 얻어진다. 이러한 처리는 금속 표면에 부착되어 표면을 보호하거나 혹은 보호 코팅을 제공하는 복합물을 발생시킨다. 경계 윤활유는 해당 재료를 위해 맞춤 제조되므로, 강과 강 사이의 미끄럼을 위한 배합이 강을 상대로 미끄럼 운동하는 청동을 위해 사용될 수는 없다. 즉, 이러한 윤활유 내부 첨가제는 강을 기본으로 하지만 청동에는 부식을 일으킬 수 있어 그 결과 수명을 단축시킬 수 있다.

경계 윤활은 유체 유막 윤활을 얻기 힘든 고 하중과 저속 작동되는 기계 요소를 위해 사용된다. 아울러, 모든 기계 요소는 시동 시 경계 윤활을 접하게 된다. 문의 경첩과 같은 기구는 경계 윤활 조건에서 작동한다. 다른 경계 윤활 적용 분야는 슬리브 베어링(rubbing sleeve bearing)과 같은 저비용이 무엇보다 중요한 곳에 사용된다.

8.7.3 부분 윤활

윤활 기계 요소의 압력이 너무 높거나 혹은 작동 속도가 너무 낮다면 윤활막은 관통될 것이다. 일부 접촉이 돌기 사이에서 발생할 것이고 **부분 윤활**(partial lubrication) [때로는 **혼합 윤활**(mixed lubrication)이라 불림]이 발생할 것이다. 부분 윤활 영역에서 접합(conjunction) 거동은 경계와 유체 유막 효과에 의해 지배받을 것이다. 경계 윤활 유막의 하나 혹은 그 이상의 분자층 사이에서 상호 작용이 발생할 것이며 동시에 부분 유체 유막 윤활 거동이 두 고체 사이에서 발달한다. 부분적으로 윤활되는 접합에서의 평균 유막 두께는 일반적으로 0.001과 1 μm 사이이다.

일부 하중이 접점 돌기 사이에서 전달되기 때문에 부분 윤활을 위한 윤활유는 마치 경계 윤활 조건에서 사용되는 것처럼 화학 첨가제를 포함한다. 따라서 첨가제 배합에 관련하여 앞에서 언급된 우려 사항들은 부분 윤활에도 동일하게 적용된다.

하중의 세기가 증가함에 따라 경계 윤활로부터 부분 윤활로의 천이는 즉각적으로 발생하지 않음을 인지하는 것은 중요하다. 반면 오히려 서로 마주하고 있는 고체 사이의 공간을 채우고 있는 유체의 압력에 의해 지지되는 하중의 비율이 감소한다. 하중이 증가함에 따라 하중의 상당 부분이 고체의 돌기 사이에서 발행하는 접촉 압력에 의해 지지된다.

8.7.4 유체 윤활

유체 윤활(hydrodynamic lubrication, HL)은 일반적으로 다양한 유체에 의해 윤활되는 등각 표면에서 발생한다. 수력학적으로 윤활되는 저널 베어링 혹은 스러스트 베어링에서 양의 압력이 생성되며 그 이유는 베어링 표면이 수렴하고 이들의 상대 운동과 유체의 점도가 표면을 분리하는 윤활 유막이 발생하기 때문이다. 이러한 양의 압력 존재는 수직 부가 하중이 지지됨을 의미한다. 생성된 압력의 크기는(일반적으로 5 MPa 이하) 이들 표면의 상당한 탄성 변형을 일으킬 만큼 충분히 높지 않다.

수력학적 윤활 베어링의 최소 유막 두께는 수직 작용 하중 W, 속도 u_b, 윤활유 절대 점도 η_o 그리고 형상(R_x와 R_y)의 함수이다. 그림 8.17은 유체 윤활의 이러한 특징 일부를 요약해 보여준다. 입수 속도 u_b의 함수로서 최소 유막 두께 $h_{\min}$과 미

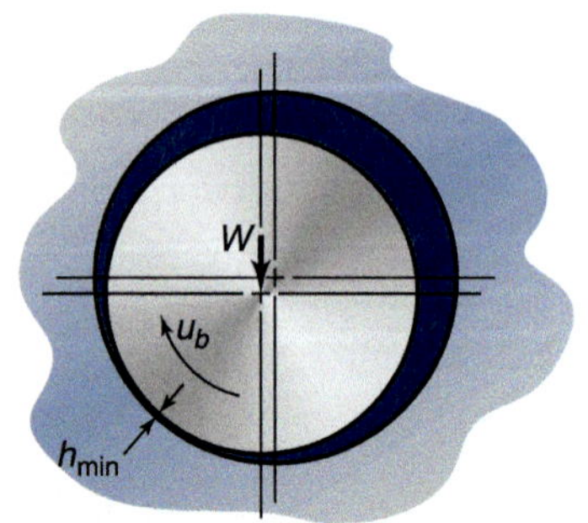

그림 8.17: 유체 윤활의 특징.

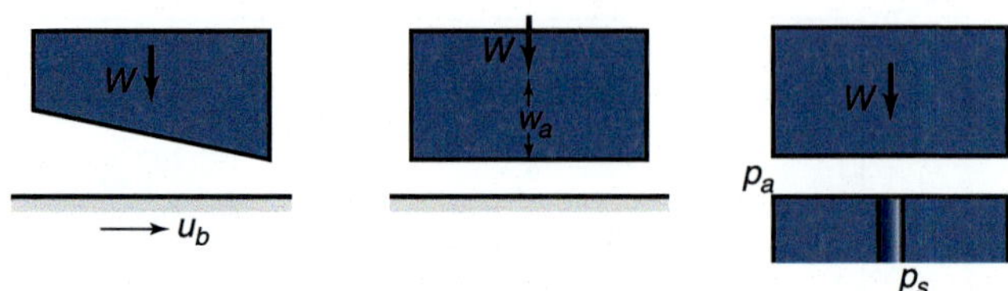

그림 8.18: 유체 윤활에 대한 압력 생성 메커니즘. (a) 슬라이더 베어링, (b) 압축막 베어링, (c) 외부가압 베어링. 출처: Hamrock et al. (2004).

끄럼 운동에 대한 작용 하중 W는 다음과 같이 주어진다.

$$(h_{\min})_{\mathrm{HL}} \propto \left(\frac{u_b}{W}\right)^{\frac{1}{2}} \tag{8.28}$$

실제 최소 유막 두께는 일반적으로 1 μm를 초과한다.

유체 윤활에서 유막은 일반적으로 두꺼우며 반대편 고체 표면은 접촉으로부터 보호된다. 이러한 상황은 흔히 윤활의 이상 형태로 불리며, 그 이유는 매우 낮은 마찰과 마모를 보이기 때문이다. 고체 표면의 윤활은 윤활유의 전체적인 물리적 물성에 의해 지배받으며 특히 점도의 영향이 매우 크다. 마찰 특성은 순수하게 점성을 가진 윤활유의 전단으로부터 기인한다.

베어링이 수직 하중을 지지하려면, 양(+)의 압력 분포가 베어링 길이에 걸쳐 생성되어야 한다. 그림 8.18은 유체 윤활 베어링에서 양의 압력을 발생시키기 위한 세 가지 방법을 보여주고 있다. **슬라이더 베어링**(slider bearing)에서 발생되어야 하는 양 압력의 경우(그림 8.18a와 12.3절) 윤활유 유막 두께는 미끄럼 방향으로 반드시 감소해야 한다. **압축막 베어링**(squeeze film bearing)(그림 8.18b와 12.5절) 베어링 표면은 서로에게 속도 w_a로 다가가며 중요한 완충 효과를 제공한다. 양 압력은 오로지 유막 두께가 사라질 때 생성될 것이다. 때로 *정수압 베어링*이라 불리는(그림 8.18c와 12.6절) **외부 가압 베어링**(externally pressurized bearing)에서 베어링 내부 압력이 하중을 지지한다. 하중 지지 능력은 베어링 운동 및 윤활유 점도와 무관하다. 이러한 베어링의 주된 장점은 슬라이더 베어링에서와 달리 시동 시 마모가 없다는 점이다.

8.7.5 탄성유체 윤활

탄성유체 윤활(elastohydrodynamic lubrication, EHL)은 표면의 탄성 변형이 상당한 곳에서 발생하는 수력학적 윤활의 형태이다. 기계 요소에 있어 중요하기 때문에 비록 이 절에 포함되어 있기는 하지만 흔히 EHL은 '조건'이라 불리고 '윤활영역'이라고는 부르지 않는다. 역사적으로 EHL은 20세기 기계 설계 이론에서 주요 발전 내용 중의 하나로 간주할 수 있다. EHL에 대한 깊은 이해는 모든 형태의 기계류에 있어 극적인 성능의 향상을 가져왔다. 수력학적으로 윤활된 슬라이더 베어링에서 중요한 규격들, 즉 유막 두께의 수렴, 미끄럼 운동 그리고 두 표면 사이에서의 점성 유체는 EHL에 있어서도 역시 중요하다. EHL은 일반적으로 비등각 표면 그리고 유체 유막 윤활과 연관되어 있다. 두 가지 구별되는 형태가 있다. 경(hard)과 연(soft) EHL이다.

경탄성유체 윤활(hard EHL)은 금속, 세라믹과 같은 높은 탄성 계수를 갖는 소재와 관련된다. 이러한 형태의 윤활에서 탄성 변형과 압력-점도 효과는 모두 중요하다. 그림 8.19는 경탄성유체 윤활된 접합(conjunctions)의 특징을 나타낸다. 최대 압력은 일반적으로 0.5와 4 GPa 사이에 있다. 최소 유막 두께는 일반적으로 0.1 μm를 초과한다. 이들 조건은 그림 8.17에 요약된 수력학적으로 윤활된 접합에서 발견되는 값들과 매우 상이하다. 일반적으로 비등각 기계 요소에서 나타나는 하중에서 탄성 변형은 최소 유막 두께보다 두 자릿수 이상 크다. 더욱이, 윤활유 점도는 윤활 접합부 내에서 20 자릿수만큼 변할 수 있다. 최소 유막 두께는 유체 윤활(그림 8.17)에서와 동일한 인자들의 함수이다. 하지만 등가 탄성 계수 E' 그리고 윤활유의 압력-점도 계수 ξ를 사용한다. 경 EHL이 중요한 공학적 응용은 기어(14장과 15장) 그리고 구름 요소 베어링(13장)을 포함한다.

연탄성유체 윤활(soft EHL)은 고무와 폴리머와 같은 낮은 탄성 계수를 갖는 소재와 관련된다. 그림 8.20은 연 EHL의 특징을 요약하여 나타낸다. 연 EHL에서는 낮은 하중에서도 탄성 왜곡이 크다. 연 EHL에서 최대 압력은 0.5와 4 MPa 범위를 갖는다(일반적으로 1 MPa). 반면에 경 EHL은 0.5에서 4 GPa(일반적으로 1 GPa)이다. 이 낮은 압력은 접합부에 걸쳐 점도 변화에 대해 무시할 수준의 효과를 가진다. 최소 유막 두께는 유체 윤활에서 유효 탄성 계수를 포함한 동일한 인자들의 함수이다. 연 EHL에서 최소 유막 두께는 일반적으로 1 μm이다. 낮은 탄성 계수 소재에 대해 EHL이 중요한 공학적 응용은 실(seals), 인체 관절 그리고 다수의 고무를 소재로 사용하는 윤활 기계 요소들이다. 경 EHL과 연 EHL의 공통 특징은 고체의 국소 탄성 변형이 일관성 있는 유체 유막을 제공하고 돌기 상호 작용이 크게 억제된다는 점이다. 돌기 상호 작용의 부재가 의미하는 것은 움직임에 대한 마찰 저항은 오로지 윤활유의 전단에 의한 것이며 그러므로 상대적으로 낮다는 것이다.

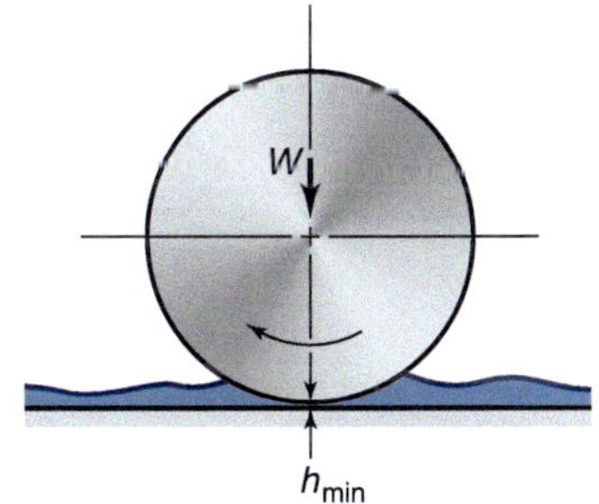

비등각 표면, 고탄성 계수 재료(예, 강)
p_{max} ~ 0.5에서 4 GPa
$h_{min} = f(W, u_b, \eta_0, R_x, R_y, E', \xi) > 0.1\ \mu$m
탄성과 점성 효과 모두 중요함

그림 8.19: 경탄성유체 윤활의 특징.

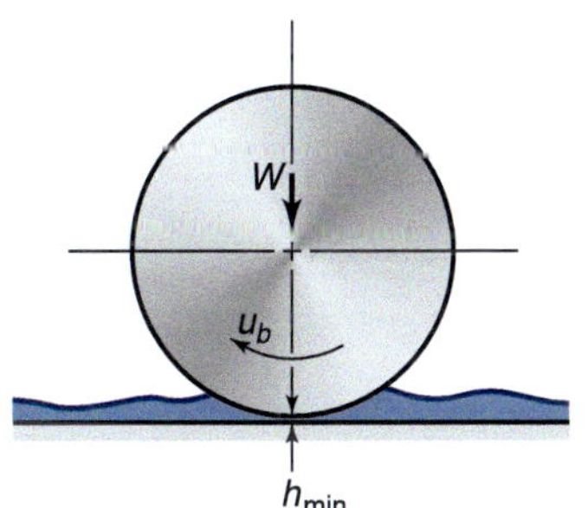

비등각 표면(예, 고무)
p_{max} ~ 0.5에서 4 MPa
$h_{min} = f(W, u_b, \eta_0, R_x, R_y, E') \sim 1\ \mu$m
탄성 효과가 지배적임

그림 8.20: 연탄성유체 윤활의 특징.

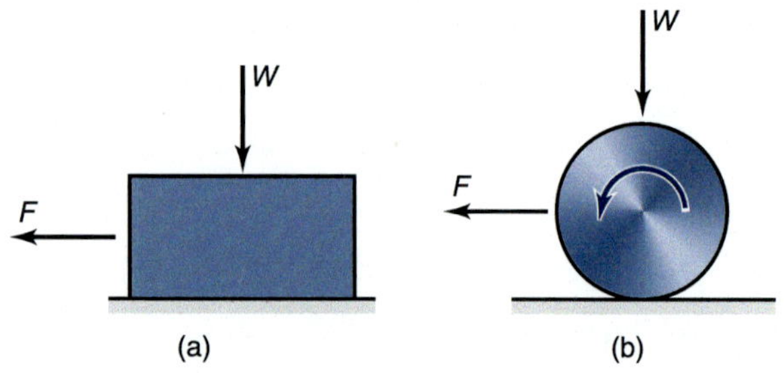

그림 8.21: 마찰력. (a) 미끄럼, (b) 구름.

8.8 마찰

마찰(friction)은 접촉하고 있는 두 물체 사이에서 상대 운동에 저항하는 힘이다. 마찰의 두 주요 종류는 그림 8.21과 같이 미끄럼과 구름이다. 미끄럼 표면이 등각인 반면 구름 마찰은 비등각 표면을 포함한다. 그러나 대부분의 구름 접촉은 약간의 미끄럼 운동을 한다.

구름과 미끄럼 접촉 모두에 있어 운동 방향으로의 전단력 F는 아래 쪽 고정된 물체를 상대로 상부쪽 물체를 움직이기 위해 필요하다. 전단력과 수직 작용 하중 W의 비는 **마찰 계수**(coefficient of friction) μ로 알려져 있다.

$$\mu = \frac{F}{W}. \tag{8.29}$$

구름과 미끄럼 마찰은 낮은 하중이 가해지는 전동체 베어링의 0.001로부터 진공에서 자기 자신을 상대로 미끄럼 운동하는 깨끗한 금속의 경우 10 이상까지 변화한다. 공기 중에서 미끄럼 운동하는 대부분의 일반적인 금속의 경우 마찰 계수 값은 대략 0.1에서 2.0 사이의 좁은 범위에 놓여 있다. 표 8.9는 공기 중에서 비윤활 상태 금속에 대한 미끄럼 마찰 계수를 보여준다. 범위는 0.2에서 2.5이고 한 자리 수 크기 차이임에 유의하라.

8.8.1 저마찰

여러 상황에서 저마찰은 바람직하다. 예를 들어,

1. 전기 혹은 수력발전소에서 오일 윤활 동압 베어링을 사용하는 터빈과 발전기

표 8.9: 공기 중에서 비윤활 금속 조합에 대한 일반적인 마찰 계수.

소재	마찰 계수 μ
공기 중 동일소재간 금속	
금	2.5
은	0.8-1
주석	1
알루미늄	0.8-1.2
구리	0.7-1.4
인듐	2
마그네슘	0.5
납	1.5
카드뮴	0.5
크롬	0.4
공기 중 강철 (0.13% 탄소)	
상대 미끄럼 순수금속과 합금	
은	0.5
알루미늄	0.5
카드뮴	0.4
구리	0.8
크롬	0.5
인듐	2
납	1.2
구리-20% 납	0.2
백색금속(주석 기반)	0.8
백색금속(납 기반)	0.5
α-황동(구리-30% 아연)	0.5
납 기반 α/β 황동(구리-40% 아연)	0.2
회주철	0.4
연철강(0.13% 탄소)	0.8

2. 가스 윤활 동압 베어링을 사용하는 고속 회전 자이로스코프

마찰은 특별한 저마찰 재료를 사용하거나, 윤활 처리가 되지 않았다면 표면에 윤활을 하거나 혹은 미끄럼 운동을 구름 운동으로 변환하는 매우 영리한 설계에 의해 낮출 수 있다. 마모와 마찰에 의한 열을 줄이는 것은 기계 요소 수명을 연장하는 데 매우 중요한 요소이다.

8.8.2 고마찰

일부 상황에서 고마찰이 바람직하며 예를 들어,

1. 브레이크
2. 신발과 지표면 사이의 상호 작용
3. 타이어와 도로의 상호 작용
4. 나무 내부로 못질되는 못과 나무 사이의 상호 작용
5. 너트와 볼트 사이 그립

이와 같은 적용에서 마찰은 높지만 반드시 조절되어야 한다는 점이 강조되어야 한다.

8.8.3 건식 마찰의 법칙

세 가지 **마찰 법칙**(laws of friction)은 다음과 같이 설명될 수 있다.

1. 마찰력은 식 (8.29)에 주어진 바와 같이 수직 하중에 비례한다.
2. 마찰력은 접촉하는 고체의 공칭 면적에 의존하지 않는다. 즉, 고체 몸통의 크기와 무관하다.
3. 마찰력은 미끄럼 속도와 무관하다.

이들 법칙은 윤활유가 없는 상태에서 대부분의 미끄럼 조건에 적용 가능하다. 첫 두 가지 법칙은 보통 **애몬튼의 법칙**(Amonton's law)으로 불린다. 레오나르도 다 빈치가 약 200여 년 앞서 발견한 것을 인정하면서 애몬튼은 이 법칙들을 1699년에 재발견하였다.

첫 두 법칙은 금속에 대해서는 일반적으로 성립하나 폴리머가 접촉 고체일 때에는 성립하지 않는다. 세 번째 법칙은 첫 두 법칙에 비해 잘 맞지 않는다. 미끄럼을 시작하기 위해 필요한 마찰력은 일반적으로 미끄럼을 유지하기 위해 필요한 힘보다 크다. 그러나 일단 미끄럼이 시작되면, 마찰 계수는 흔히 거의 미끄럼 속도에 무관하다.

기계 요소 설계에 있어 중요한 현상은 **스틱-슬립**(stick-slip)이다. 스틱-슬립 현상이 발생할 때 마찰력은 두 극대값 사이에서 요동친다. 모든 스틱-슬립 과정은 거리, 시간 혹은 속도와 같은 일부 다른 변수의 함수로서 마찰력이 일정하게 유지되지 않는다는 사실에 의해 발생한다.

8.8.4 금속의 미끄럼 마찰

응착 마찰(adhesive friction)

Bowden과 Tabor(1973)는 접촉하고 있는 표면은 돌기 상호 작용의 점들에서만 오직 서로 닿아 있고 이러한 작은 영역에서 야기된 매우 높은 응력은 국부 소성 변형을 유발할 수 있음을 인지했다. 한쪽 편 돌기의 반대 편 표면으로의 침투는 작은 경도 시험으로 비유될 수 있다. 그리고 돌기 접촉의 실제 면적에 걸친 중간 수직 응력은 부드러운 소재의 경도 H로 대표될 수 있다. 마찬가지로, 만일 τ가 돌기 결합의 전단 응력을 나타낸다면 수직 작용 하중은 W이고 마찰력은 F이다. 그렇다면 마찰 계수 μ는 다음과 같이 표현된다.

$$\mu = \frac{F}{W} = \frac{A_r\tau}{A_rH} = \frac{\tau}{H}. \tag{8.30}$$

이 표현은 마찰을 이해하는 데 있어 중요한 단계이다. 물론 이는 불완전한데, 이 식은 돌기 상호 작용과 변형의 복잡한 속성을 무시하고 단지 마찰의 응착 요소만을 설명하기 때문이다. 이러한 한계점은 금속의 경우 $\tau \approx 0.5S_y$ 그리고 $H \approx 3S_y$를 인지할 때 분명히다. 여기서 S_y는 항복 강도이다. 따라서 식 (8.30)으로부터 모든 깨끗한 금속은 $1/6$의 마찰 계수를 가져야 하는데, 이는 실험적 결과를 대표하지는 않는다.

연삭 마찰(abrasive friction)

마찰에 대한 또 다른 접근은 강한 돌기가 다른 표면을 통해서 혹은 그 표면 위로 이동하기 위한 힘이 필요하다는 것이다. 그리고 그 결과로 발생하는 미세 절단(microcutting) 운동이 마찰 과정을 나타내는 것이다. 미끄럼 방향에 수직으로 압입하는 돌기의 투영 면적의 합이 A_o이고 만일 절단되는 더 부드러운 소재가 소성 변형에 대해 저항하는 중간 응력이 경도와 동일하다면, 마찰력 F는 다음과 같이 표현된다.

$$F = A_o H \tag{8.31}$$

다수의 돌기에 의해 지지되는 수직 작용 하중 W는 다음과 같이 표현될 수 있다.

$$W = AH,$$

여기서 A는 접촉 면적이다. 마찰 계수는 다음과 같다.

$$\mu = \frac{F}{W} = \frac{A_o}{A}. \tag{8.32}$$

그림 8.22는 중간 각도 θ를 갖는 원뿔 돌기를 나타내고 있다. 이 형상에 대한 마찰 계수는

$$\mu = \frac{A_o}{A} = \frac{2}{\pi}\tan\theta. \tag{8.33}$$

그림 8.22에 나타난 원뿔 돌기의 전면만이 반대 표면과 접촉하고 있음에 주의한다.

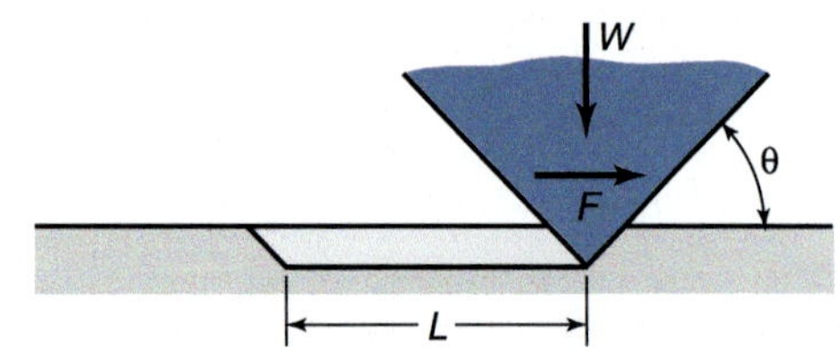

그림 8.22: 부드러운 재료를 긁는 평균 각도 θ를 가진 원뿔형 돌기. 연삭 마모를 모사함.

응착과 연삭의 조합

분자(응착)와 변형(연삭) 메커니즘이 모두 발생한다면, 마찰 계수는 이 두 가지 모두의 함수, 즉

$$\mu = \frac{\tau}{H} + \frac{2}{\pi}\tan\theta. \tag{8.34}$$

실험 결과는 응착 항[식 (8.34) 우변의 첫 번째 항]이 금속간 마찰을 결정하는 데 있어 중요한 역할을 한다는 것을 보여주었다. 연삭 항은 두 접촉 재료간의 경도 차이가 상당할 때 지배적이다. 어떠한 경우라도, 마찰에 대해 응착과 연삭은 항상 영향을 주며 이들을 분리해 내는 것은 어렵다. 그래서 일반적으로 짝을 이루고 있는 소재에 대해 하나의 마찰 계수가 보고된다.

8.8.5 폴리머의 미끄럼 마찰

폴리에틸렌(polyethylene), 아크릴(acrylics), 폴리스티렌(polystyrene) 그리고 나일론(nylon)과 같은 폴리머로 제조된 기계 요소들의 마찰 계수는 금속으로 제작된 기계 요소의 마찰 계수보다 일반적으로 낮다. 강(steel) 위의 깨끗한 구리의 경우, 마찰 계수는 1.0인 반면 대부분의 플라스틱은 일반적으로 0.3 정도이다. 미끄럼 접촉에서 실험적으로 측정된 마찰 계수는 0.02에서 100 혹은 심지어 그 이상의 값을 갖기도 한다. 마찰에 포함된 많은 변수들을 고려할 때 이는 놀랄 만한 것이 아니다.

폴리머와 금속의 마찰 거동 사이에서 하나의 주요 차이점은 하중과 형상의 영향이다. 여기서 형상은 평면 혹은 곡면으로 만일 곡면이라면 곡률이 얼마나 날카로운지 표면의 형상과 관련된다. 금속의 경우, 실제 접촉 면적은 표면의 형상에 의하지 않고 오로지 하중과 항복 압력에 의해 결정된다. 폴리머는 점탄성적으로 변형하며 이는 변형이 수직 작용 하중 W, 형상 그리고 하중이 부가되는 시간에 의존함을 의미한다. 예를 들어, 고정된 하중 부가 시간과 형상에 대해 평면 위의 구의 실제 접촉 면적은 금속과 달리 하중에 비례하지 않고 W^n에 비례한다. 여기서 n은 1보다 작으며 일반적으로 3/4 정도이다. 그러므로

$$F \propto W^{3/4} \quad \text{폴리머의 경우} \tag{8.35}$$

$$F \propto W \quad \text{금속의 경우} \tag{8.36}$$

그리고 마찰 거동의 차이는 매우 크다.

8.8.6 고무의 미끄럼 마찰

고무는 큰 변형을 얻을 수 있는 탄성 소재의 대표적인 예이다. 고무가 얼마나 변형되는지 상관없이 변형력이 제거되면 찢어지거나 잘라지지 않는 한 원래의 형상으로 복원된다. 고무의 마찰이 금속을 위해 개발된 마찰의 법칙으로부터 상당히 벗어난다는 것은 그리 놀랄 일은 아니다. 마찰은 접촉하고 있는 표면의 하중과 형상에 의존한다.

고무의 경우 마찰력과 수직 작용 하중의 관계는 다음과 같다.

$$F \propto W^{2/3}. \tag{8.37}$$

고무는 진정 탄성 고체이고 이 관계는 넓은 하중 범위에 걸쳐 유효하다.

8.9 마모

마모(wear)는 오랜 동안 중요하게 인식되고 기계 요소에 해가 되는 것으로 여겨졌다. 보다 일반적인 관점에서 실제로 모든 것은 닳아 없어지며 아직도 이러한 과정을 지배하는 근본적인 현상들은 모호한 채 남아 있다. 사실, 오늘날의 공학자들은 기계 요소의 주어진 수명을 예측하기보다는 알려진 하중을 견뎌내기 위한 기계 요소를 설계하기 위해 보다 좋은 설비를 갖추고 있는 것이 사실이다.

마모는 물체의 작동면으로부터 소재의 점진적 손실이며

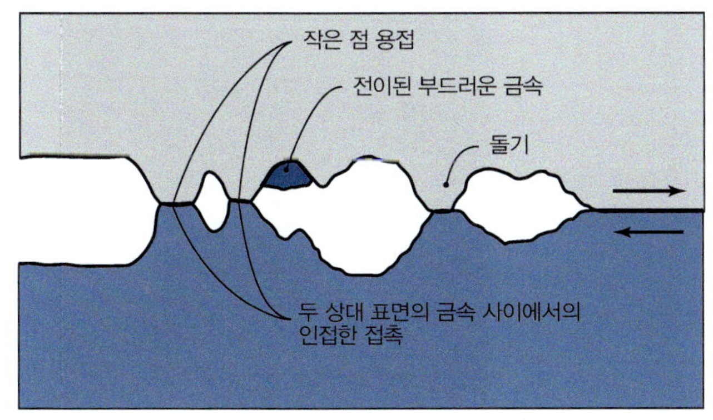

그림 8.23: 점착 마모 모델.

이는 표면에서 하중과 상대 운동의 결과로서 나타난다. 마모는 연마, 응착 그리고 피로와 같은 근본적인 과정의 물리적 속성에 의해 분류될 수 있다. 이들 세 가지 주요 마모 유형이 이 절에서 고려된다. 다른 유형의 마모, 예를 들어 침식, 프레팅 그리고 부식은 이 교재의 범위를 벗어난다.

8.9.1 응착 마모

그림 8.23은 응착 마모(adhesive wear) 메커니즘을 보여주고 있다. 여기서 재료는 고체상 용접에 의해 하나의 표면으로부터 다른 하나의 표면으로 전이된다. 응착 마모는 마모의 가장 일반적인 형태이며 방지하기 가장 어렵다. 그림 8.23을 살펴보면 움직이는 돌기들이 서로를 지나침에 따라 미세한 연결이 분리되고 원래의 계면에서 파괴가 발생하지 않는 이상 재료는 하나의 표면 혹은 다른 표면으로부터 제거된다. 일반적으로 낮은 강도를 가진 표면이 재료를 잃는다.

마모에 의해 제거된 재료의 체적 v는 미끄럼 거리 L과 수직 작용 하중 W에 직접적으로 비례하고 두 소재 중 부드러운 소재의 경도 H에 반비례한다. 혹은

$$v \propto \frac{WL}{H}. \tag{8.38}$$

무차원 응착 마모 계수 k_1을 도입하면, 식 (8.38)은 다음과 같이 된다.

$$v = k_1 \frac{WL}{3H}. \tag{8.39}$$

식 (8.39)는 **아차드 마모 법칙**(Archard wear law)으로 알려져 있다. 무차원 응착 마모 계수 k_1은 접촉하고 있는 두 표면의 돌기들 사이에서의 상호 작용이 임의의 마모 메커니즘으로 인해 마모 입자를 생성할 가능성의 척도로 해석될 수 있다. 따라서 만일 k_1이 1이라면 표면 접촉을 포함하는 모든 접점은 마모 입자를 생성할 것이다. 만일 $k_1 = 0.1$이라면, 표면 간 접촉의 1/10이 마모 입자를 생성할 것이다. 윤활 표면에 대한 연구 결과들은 k_1의 최솟값을 강 위를 미끄럼 운동하는 폴리에틸렌으로 나타냈다. 이러한 조건의 최솟값은 $k_1 = 1 \times 10^{-7}$이며 이는 천만 개의 접촉 중 한 개가 마모 입자를 생성시키는 것으로 해석될 수 있다.

표 8.10은 접촉하는 여러 재료의 전형적인 k_1값을 보여준다. 식 (8.39)에 제시되었듯이, 마모 체적은 k_1뿐만 아니라 접촉하는 두 물체 중 연질 재료의 경도의 함수이다. 예를 들어, 비록 강 표면에서 폴리에틸렌의 *마모 계수*(wear coefficient)가 자신을 상대로 미끄럼 운동하는 탄화 텅스텐(tungsten carbide)의 1/10이지만, 탄화 텅스텐이 폴리머보다 적게 마모되기 때문에 강 표면에서 폴리머의 *마모 체적*(wear volume)이 10배 크다. 그러므로 텅스텐이 폴리에틸렌보다 몇 자리 수 크기 만큼 더 강하기 때문에 마모 입자의 체적은

표 8.10: 아홉 가지 소재에 대한 비빔 마찰 계수와 응착 마모 상수.

마찰 소재	마찰 계수 μ	응착 마모 계수 k_1
금과 금	2.5	0.1-1
구리와 구리	1.2	0.01-0.1
연강과 연강	0.6	10^{-2}
황동과 경강	0.3	10^{-3}
납과 강	0.2	2×10^{-5}
테플론과 강	0.2	2×10^{-5}
스테인리스 강과 경강	0.5	2×10^{-5}
텅스텐 탄화물과 텅스텐 탄화물	0.35	10^{-6}
폴리에틸렌과 강	0.5	5×10^{-8}

상당히 작다.

표 8.10은 몇 가지 재료 조합에 대한 마찰 계수를 나타낸다. 마모 상수는 다양한 미끄럼 소재에 대해 8자리 수 크기 차이로 변화하는 반면, 마찰 계수는 단지 한 자리 수 차이를 가진다. 마모 상수가 마찰 계수에 비해 상당히 크게 변화하는 이유를 이해하기 위해서는 강을 상대로 미끄럼 운동하는 강을 고려한다. 낮은 하중과 속도에서 마모는 낮고 접촉은 산화막으로 덮인 돌기에서 발생한다. 산화물은 전반적인 응착을 방지하고 마모 입자는 일반적으로 작고 검은 산화철 입자로 관찰된다. 높은 하중과 속도에서 산화물은 관통되거나 부서지며 두 모재 사이에서 돌기 접촉이 존재한다. 이 경우 돌기 표면에서의 미세 접합은 매우 강하며, 이로 인해 마모 입자가 일반적으로 크고 금속 판상으로 나타난다. 위에서 논의된 바와 같이, 마모 시험은 가능한 많은 의미 있는 데이터를 얻기 위해 기계 요소의 실제 작동 환경을 적용한다는 것이 매우 중요하다.

예제 8.9

아차드(Archard) 마모 법칙의 적용

조건 댐 수문의 저널 베어링은 천천히 움직이며 높은 하중에서 작동한다. 전체 베어링은 AISI 1040 강으로 제작된다. 베어링의 수명을 늘리기 위해 표면들 중 하나에 대해 재료 변경이 고려된다.

문제 다음 중 어느 재료가 가장 긴 수명을 제공할 것인가? 황동, 납, 폴리테트라플루오로에틸렌(PTFE) 혹은 폴리에틸렌? 황동의 경도는 225 MPa, 납의 경도는 30 MPa, PTFE의 경도는 50 MPa 그리고 폴리에틸렌의 경도는 70 MPa이다.

풀이 식 (8.39)로부터 마모 체적은

$$v = k_1 \frac{WL}{3H}.$$

H/k_1이 최대일 때 마모 체적은 최소이다. 고려 중인 재료들의 마모 계수를 얻기 위해 표 8.10을 이용한다.

황동:

$$\frac{H}{k_1} = \frac{225 \times 10^6}{10^{-3}} = 225 \text{ GPa}.$$

납:

$$\frac{H}{k_1} = \frac{30 \times 10^6}{(2 \times 10^{-5})} = 1500 \text{ GPa}.$$

PTFE:

$$\frac{H}{k_1} = \frac{50 \times 10^6}{(2 \times 10^{-5})} = 2500 \text{ GPa}.$$

폴리에틸렌:

$$\frac{H}{k_1} = \frac{70 \times 10^6}{5 \times 10^{-8}} = 1,400,000 \text{ GPa}.$$

따라서 폴리에틸렌이 다른 재료보다 긴 수명을 제공할 것이다.

8.9.2 연삭 마모

연삭 마모(abrasive wear)는 상호 작용하는 두 표면이 직접적인 물리적 접촉에 놓이고 한 표면이 다른 표면에 비해 상당히 단단할 때 발생한다. 수직 하중하에서 단단한 표면의 돌기들은 부드러운 표면을 관통하며 소성 변형을 일으킨다. 그림 8.22에서 단단한 원뿔 돌기의 각도는 수직 하중 W하에서 θ이고, 부드러운 소재를 긁고 지나가며, 소재를 제거하고 홈을 생성하는 단순 연삭 마모 모델을 보여주고 있다. 연삭 마모에 의해 손실된 물질의 양은

$$v \approx \frac{2k_1}{\pi} \frac{\tan\theta}{H} WL = \frac{k_1 k_2 WL}{H}, \tag{8.40}$$

여기서 k_1은 표 8.10에 주어진 응착 마모 계수이고 k_2는 아래의 식에 의해 주어진 연삭 마모 계수이다.

$$k_2 = \frac{2\tan\theta}{\pi}. \tag{8.41}$$

대부분의 돌기에 대하여 θ는 작아 일반적으로 5°와 10° 사이에 있다. 형태의 유사성은 식 (8.39)와 식 (8.40)으로부터 자명하고 일반적인 **마모 법칙**(laws of wear)은 다음과 같이 기술될 수 있음이 명확하다.

1. 마모는 미끄럼 거리에 따라 증가한다.
2. 마모는 수직 작용 하중에 따라 증가한다.
3. 마모는 미끄럼 표면의 경도가 증가할수록 감소한다.

식 (8.39)와 식 (8.40)과 함께 이러한 법칙들은 연삭 마모에서 주요 변수들의 역할을 밝히기는 했으나, 이들을 사용함에 있어 어느 정도의 주의를 기울여야 하는 충분한 예외가 존재한다. 더욱이, 마모율 혹은 문지름 요소의 수명은 실험적으로 결정되는 마모 계수에 대한 지식 없이는 결정될 수 없다.

응착과 연삭 마모는 항상 존재하고 서로를 독립시키는 것은 어렵다. 이러한 이유로, 식 (8.40)은 식 (8.39)로 단순화되고 두 마모 모델의 결합된 기여도를 정량화하기 위해 사용된다. 마모 시험은 합당한 마모율을 얻기 위해 가능한 한 실제에 기반한 응용 조건을 재구성할 필요가 있음이 명백하다. 이 장의 표에 주어진 데이터는 기계 요소들에서 마주칠 수 있는 마찰과 마모 계수에 대한 추정 값들이지만 중요한 설계들은 실험적 검증을 필요로 한다.

설계 절차 8.1

마모 회피 계층 구조

마모는 기계 요소들에서 공통적으로 발생하는 현상이다. 예를 들어 길들이기 구간은 표면을 부드럽게 하고 등각 표면을 형성하며 하중을 보다 효율적으로 진달하는 조절된 마모를 포함하여 마모가 항상 해가 되는 것은 아니다. 어떤 경우이든, 과도한 마모가 발생할 때 취할 수 있는 조치를 비용 효용성이 감소하는 순서로 열거하면 계층 구조가 된다.

1. 만일 윤활유가 사용되지 않는다면, 가급적 윤활유를 사용해라.
2. 마모 법칙을 따르라. 즉, 하중을 줄이고, 미끄럼 거리를 단축하거나 혹은 연질 표면의 경도를 높인다.
3. 응착 마모 경향성이 적은 재료로 대체하라. 마모를 줄일 수 있는 단단하고 화학적으로 불활성인 코팅을 고려하라.
4. 만일 마모를 피할 수 없다면 고가이고 대체하기 어려운 요소에서 마모가 발생하지 않도록 시스템을 설계하라. 대신 패드, 스페이서 혹은 로터 표면을 브레이크 패드와 같이 저가로 교체가 가능한 다른 요소에서 마모가 먼저 발생하도록 하라.
5. 만일 윤활유가 사용된다면,
   (a) 점도 그리고/혹은 점도 압력 계수가 높은 윤활유를 사용하여 유막의 두께를 증가시켜라.
   (b) 유막 인자를 높이고 돌기보다는 윤활유에 의해 하중이 지지될 수 있도록 표면을 매끄럽게 하라.
   (c) 만일 사용 시 경계 윤활이 발생한다면 윤활유에 효과적인 화학 첨가제가 포함되어야 하나 첨가제의 농도가 너무 높아 부식을 유발하는 일이 없도록 해야 한다.
   (d) 과도한 온도가 발생하지 않도록 한다. 윤활유 온도가 적정한 수준을 유지할 수 있도록 냉각기 혹은 열교환기를 사용하라.

8.9.3 피로 마모

구름 요소 베어링, 기어, 마찰 구동기, 캠 그리고 태핏(tappet)과 같은 기계 요소의 비등각 접촉의 경우, 파손의 일반적인 유형은 **피로 마모**(fatigue wear)이다. 피로 마모는 구름 요소 베어링의 효용 수명(13.9절)과 기어(14.12절)를 설명하는 수학적 모델의 기본을 형성할 것이며 보다 자세한 내용은 후반부에서 논의될 것이다. 이 절에서는 피로 마모 메커니즘에 대한 간략한 소개가 주어진다.

피로 마모에서 재료의 제거는 주기적 하중에 의해 유도되는 복잡한 과정이 원인이다. 그림 8.24는 금속을 변형시키고 약하게 하는 표면 위와 아래에서 발생한 응력을 묘사하고 있다. 주기 하중은 표면 아래에 결함 혹은 균열을 야기한다. 궁극적으로 결함들은 표면 근처에서 결합한다. 표면에서 물질은 꺼지거나 혹은 부서져 떨어져 나가고 요소의 표면 상태를 저하시키며 연삭 마모를 가속하는 가공-경화된 입자를 방출

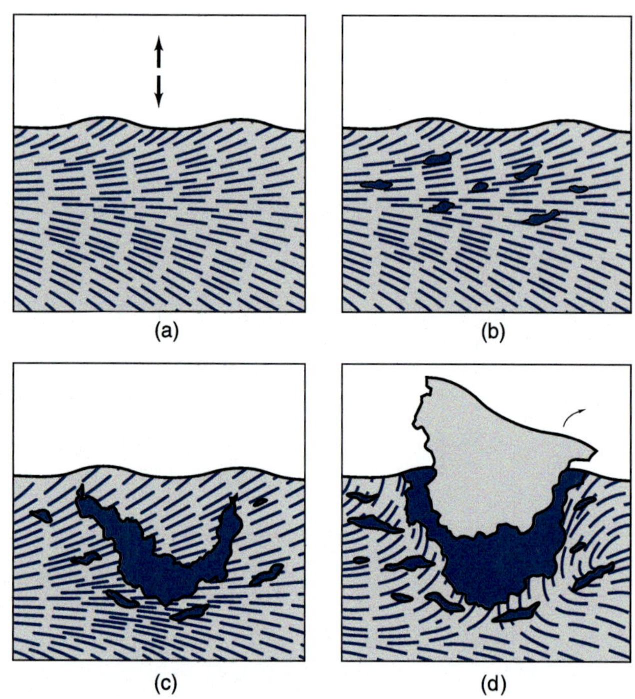

그림 8.24: 피로 마모 시뮬레이션. (a) 기계 요소 표면은 주기 하중에 놓인다. (b) 결함과 균열이 표면 근처에 생성된다. (c) 균열은 성장하고 연결되어 궁극적으로 표면까지 확장. (d) 마모 입자가 생성되고 재료에 피로 입자(spall)를 남길 때까지 확장.

한다. 피로 마모는 윤활 상태가 좋다 할지라도 비등각 기계 요소에서 발생한다.

겉보기에 동일한 하중, 속도, 윤활 그리고 환경 조건에 놓인 일련의 비등각 기계 요소들은 파손 시간에 있어 넓은 변동성을 나타낼 수 있다. 이러한 이유로 피로 마모 과정은 통계적으로 처리되어야 한다. 따라서 베어링의 피로 수명은 일반적으로 일정 수명 동안 유지되거나 혹은 요소가 그 기능을 적절하게 수행하기 전까지의 허용 마모에 의한 통계적 능력 관점에서 정의된다. 피로 파손에 대한 유일한 요구 사항은 소재의 표면에 하중이 가해지는 것이다. 다른 마모 메커니즘들은 하중뿐만 아니라 표면 사이의 물리적 접촉도 요구한다. 만일 표면이 윤활막에 의해 분리된다면 점착과 연삭 마모는 실제적으로 제거되지만 피로 마모는 여전히 발생할 수 있다.

사례 연구 8.1

인공 관절의 마모

인공관절 치환술(total joint arthroplasty)은 지난 50년간에 걸쳐 매우 성공적인 수술 방법이고 기술적 발전과 성능 개선을 계속 이어가고 있다. 매우 성공적인 이식 설계의 예는 그림 8.25에 묘사된 것처럼 인공 고관절 치환술(total hip replacement, THR)과 인공 무릎관절 치환술(total knee replacement, TKR)이 있다. 매우 다양한 소재와 설계가 사용되어 왔으며 설계는 계속 진화되어 새로운 기술이 표면화됨에 따라 과거 설계는 폐기되어 왔다.

정형외과적 관절 표면을 위한 재료의 선택부터 어렵다. 점검없이 오래 사용할 수 있어야 하고 윤활유 없이 사용할 수 있어야 할뿐 아니라, 재료는 반드시 생체학적으로 적합해야 한다.

많은 재료의 조합이 이러한 요구 조건을 만족하고, 특히 폴리에틸렌 위의 금속(일반적으로 코발트-크롬 합금) 혹은 금속 위의 금속이 가장 흔히 인공 관절에 사용된다. 인공 고관절 치환술의 경우, 세라믹-세라믹 조합의 설계가 가능하며 이는 상당히 높은 유막 인자를 생성시키는 것으로 생각된다. 그 이유는 매끄럽게 표면 처리된 세라믹은 금속 혹은 폴리머 요소보다 매우 낮은 거칠기를 갖기 때문이다.

설계는 21세기에 이르러 비약적으로 개선되었음에 주목해야 하고 평균적으로 7년 정도 유지되기 위해 사용했던 관절 치환은 오늘날 일반적으로 이십 년 혹은 그 이상의 평균 수명을 기록한다. 재료의 개선은 계속되고 그래서 미래의 설계는 분명히 현재 기술을 뛰어넘을 것이다.

전통적 폴리머

수많은 폴리머들이 1960년대를 시작으로 인공 관절 치환 목적으로 연구되었다. 이 중 초고분자량 폴리에

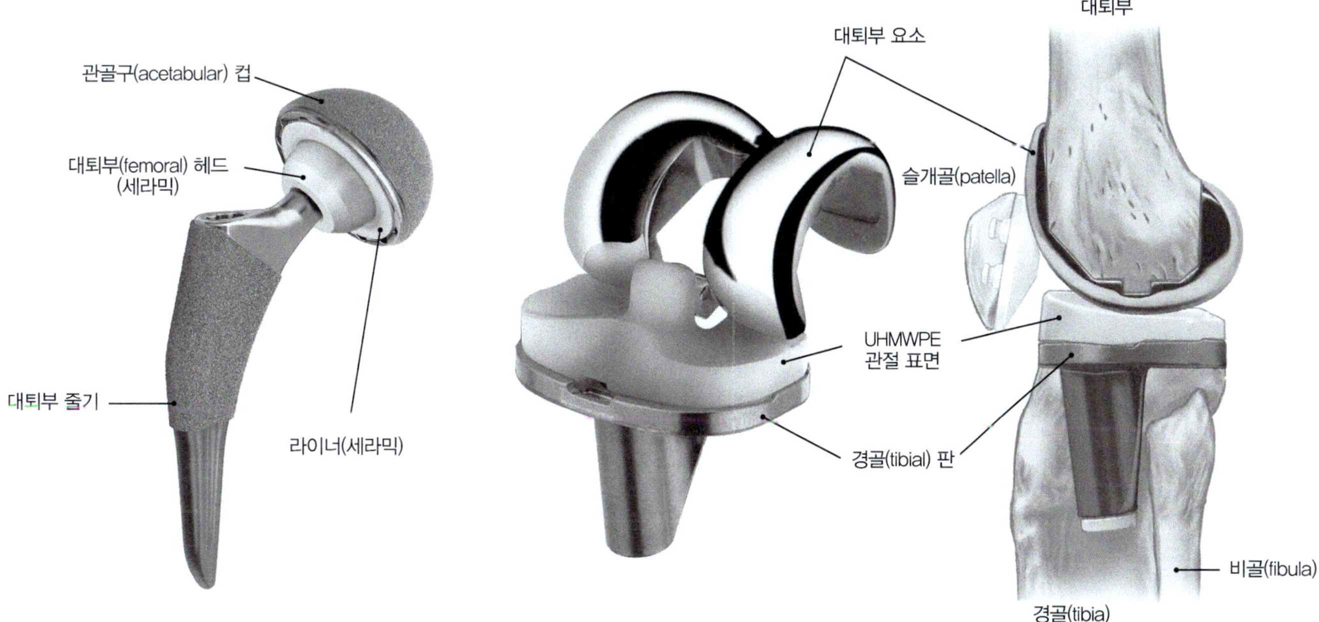

그림 8.25: 일반적인 인공관절의 예. (a) 금속-금속 계면을 사용하는 인공관절 치환술. 출처: Deputy Synthes of Joint Reconstruction. (b) 금속-폴리머 계면을 이용하는 인공 무릎관절 치환술. 출처: Zimmer, Inc.

틸렌(ultra-high molecular weight polyethylene, UHMWPE)은 가장 성공적이었음이 증명되었다. 이 소재는 낮은 마모율 때문에 더욱 선호되었다(표 8.10 참조). 이는 폴리머 요소의 수명에 직접적인 영향을 미칠 뿐만 아니라 환자를 안심하게 한다. 그 이유는 마모 입자가 간염, 고통 그리고 골다공증 혹은 뼈 상실을 유발할 수 있기 때문이다. 일반적인 UHMWPE는 기능을 잘 수행하나 연구자들은 다음과 같은 염려 사항을 표명하였다.

- UHMWPE 제조 및 멸균은 폴리머 사슬에 결합되지 않은 끝인 유리기(free radicals)의 생성을 야기했다. 이러한 유리기들은 산화, 취화 그리고 높은 마모율을 야기한다.
- 보행 혹은 계단 오르기와 같은 일상적인 활동으로부터의 하중은 이식 부위에 불안정한 하중을 유발한다. 보행 시 고부하 보행 위상(high-load stance phase)은 미끄럼의 한 방향에서 발행하고 저부하 회전단계(low-load swing stage)는 동작의 호에 걸쳐 발생한다.

보행 시 stance phase는 표면과 근접 표면에서 UHMWPE 결정들이 방향성을 갖도록 하고 그 결과 결정들이 미끄림 방향으로 정렬되는 것을 발견했다. 회전 위상으로부터 미끄럼은 이 방향에 기울어져 있고 저부하 회전위상과 연관된 마모는 놀라울 정도로 높다.

가교 결합된 폴리에틸렌

1990년대 폴리에틸렌(polyethylene) 분자의 가교 결합의 발전은 결정 방향성을 막고 그 결과 보행 시 회전 단계와 연관된 해로운 마모를 상당히 감소시킴을 발견하였다. UHMWPE에서 많은 수의 가교 결합을 갖기 위한 기술들이 개발되고 그 결과 이식 수명이 크게 증가되었다.

가교 결합된 UHMWPE는 미국의 경우 FDA(Food and Drug Administration)와 같은 규제 당국의 승인을 받기 전에는 정형외과 이식에 사용될 수 없다. 새로운 재료의 승인은 길고, 복잡하며 많은 비용을 필요로 하는 과정이지만, 가교 결합된 UHMWPE의 경우 관절 시험기의 마모 시험을 통해 그 이점을 시연하면 되었다. 관절 시험기는 생체역학적 힘과 미끄럼 속도를 매우 유사하게 맞춘 정교한 기구이다. 그러나 재료의 평가는 6개월에서 9개월 사이의 연속적인 시험을 요구한다. 가교 결합된 UHMWPE의 성능에 영향을 줄 수 있는 다수의 제조 공정상 변수들이 있기 때문에 핀-평면(pin-on-flat) 구성을 이용하여 가속 마모 시험이 수행되었다.

이러한 시험들은 재료를 걸러내기 위해 사용되기 때문에 고가이고 시간을 소요하는 관절 시험기에서 오로지 가장 우호적인 재료들만 평가되었다. 이들 실험에서 측정된 마모 계수는 아차드 식으로부터 이식 기구의 수명을 추정하는 데 사용된다(8.9절 참조).

산화 방지

위에서 언급된 것처럼 UHMWPE 멸균 과정에서 생성된 유리기들이 폴리머의 산화 및 관련된 취화를 유발하였다. 일단 이와 같은 파손 유형이 규명되었다면 이식 소재 보관 절차를 수정할 필요가 있게 된다. 이식 소재들을 진공에서 포장 및 보관함으로써 산소가 유리기 위치에 결합할 수 없으며 UHMWPE는 취화를 겪지 않는다. 인체 내부에 이식 환경에서 자유 산소 분자들이 없기 때문에 이식 후 체내에서의 취화는 문제되지 않는다. 최근의 노력들은 유리기에서 산화를 방지하기 위하여 주로 비타민 *E*와 같은 산화방지제와 UHMWPE의 합성과 침투에 초점을 맞추어 왔다.

요약

재료의 진보는 빠른 속도로 계속된다. 그리고 신소재를 활용하는 이식 설계는 발전을 지속할 것이다. 예를 들어, 신소재와 연관된 낮은 마모율은 이식 설계자로 하여금 체내에 이식하기 용이한 작은 이식 기구를 생산하는 것이 가능하도록 할 것이다. 더욱이, 헤르츠 접촉 압력이 낮고 이식 기구의 전위가 덜 발생할 것이고 그리고 보다 큰 윤활막이 유지될 수 있기 때문에 무릎 관절 치환의 경우 큰 반경을 가진 기구가 추구된다. 이러한 설계는 계면 소재에서 높은 내마모성을 요구한다. 그 이유는 미끄럼 거리가 크기 때문이다. 예를 들어, 정상적인 보행 시 다리의 회전 각도는 고정되므로 인공 고관절 치환에 의해 발생하는 미끄럼 거리는 직접적으로 헤드의 반경에 비례한다. 큰 헤드는 식 (8.39)에 나타나 있듯이 비례적으로 큰 미끄럼 거리를 초래한다. 그러나 마모 계수의 감소는 이식 수명이 연장되는 결과를 가져올 수 있다. 흥미로운 설계는 지속적으로 소개되고 있지만 모든 것은 트라이볼로지 측면에서 설계가 세련되고 성숙해지는 것을 필요로 한다.

8.10 요약

이 장에서 등각과 비등각 표면이 정의되었다. 등각 표면은 높은 정도의 기하학적 순응성을 가진 채 서로 잘 끼워 맞기 때문에 하중이 비교적 넓은 면적에 걸쳐 지지되고 하중이 증가하더라도 면적은 필연적으로 일정하게 남는다. 비등각 표면은 표면 서로에게 잘 맞지 않아 작은 하중 지지 면적을 갖고 하중 증가에 따라 면적이 증대되나 여전히 등각 표면에 비해 작다.

윤활유의 물리적 화학적 작용이 윤활 결합부 내에서 네 가지 윤활 영역에 대해 묘사되었다: 유체 윤활, 탄성유체 윤활, 부분 윤활 그리고 경계 윤활. 유체 윤활은 등각 표면으로 특징지어진다. 여기서 윤활막은 반대편 고체를 접촉으로부터 보호하기 충분할 정도로 두껍다. 유체 윤활 내에서 압력 생성의 세 가지 유형이 제시되었다: 미끄럼(slider), 압착(squeeze) 그리고 외부 가압(external pressurization).

탄성유체 윤활(EHL)은 고체 표면의 돌기 접촉이 없는 비등각 표면으로 특징지어진다. 두 유형의 EHL이 존재한다: 경과 연(hard and soft) EHL. 경 EHL은 일반적으로 금속에서 발생하고 연 EHL은 탄성체 소재에서 나타난다. 경 EHL에서 생성되는 압력은 높으며(일반적으로 0.5와 4 GPa 사이) 윤활유의 압력-점도 효과와 같이 고체 표면의 탄성 변형이 중요해진다.

경계 윤활에서 상당한 돌기 접촉이 발생하며 윤활 메커니즘은 분자 크기(1에서 10 nm)의 얇은 표면 유막의 물리적, 화학적 물성에 의해 지배된다. 부분 혹은 혼합 윤활은 경계 윤활과 유체 유막 효과의 혼합에 의해 지배된다. 과학적으로 알려지지 않은 대부분은 이 윤활 영역에 존재한다.

구름과 미끄럼 마찰의 특징뿐만 아니라 마찰의 법칙들이 소개되었다. 마찰 계수는 마찰력에 대한 수직 작용 하중의 비로서 정의되었다. 금속, 폴리머, 플라스틱 그리고 고무의 미끄럼 마찰 역시 논의되었다.

공학적 기계 요소들의 효용 수명은 파손(breakage), 퇴화(obsolescence) 그리고 마모(wear)에 의해 제한된다. 마모는 표면에서 하중과 상대 운동의 결과로서 발생하는 물체의 작동 표면으로부터 점진적 물질의 손실이다. 가장 대표적인 마모의 유형들이 논의되었다.

1. 응착 마모에서 물질이 고상 용접으로 인해 하나의 표면으로부터 다른 표면으로 전이된다.
2. 연삭 마모에서 물질은 단단한 입자에 의해 위치를 바꾼다.
3. 피로 마모에서 표면에 접촉에 놓여 있지 않더라도 주기적 응력 변화에 의해 재료가 제거된다.

핵심어

경계 윤활(boundary lubrication) 고체 사이에서 상당한 돌기 상호 작용이 발생하는 곳에서의 윤활 상태이며 윤활 메커니즘은 분자량 수준의 얇은 표면 막의 물성에 의해 지배된다.

길들이기(running-in) 이 과정을 통해 표면에서 서로 잘 맞도록 하고 성능을 개선하는 유익한 마모가 발생한다.

동점도(kinematic viscosity) 절대 점도를 밀도로 나눈 값으로 평방미터/초의 SI 단위를 가진다.

등각 표면(conformal) 저널 베어링과 같이 높은 정도의 일치도를 유지하며 서로 알맞은 상태로 일치되는 표면

마모(wear) 하중과 표면의 상대운동 결과로 발생하는 물체의 작동 표면으로부터의 물질의 점진적 손실

마모 법칙(laws of wear) 다음과 같이 요약될 수 있다.

1. 마모는 미끄럼 거리에 따라 증가한다.
2. 마모는 수직 작용 하중에 따라 증가한다.
3. 마모는 미끄럼 표면의 경도가 증가함에 따라 감소한다.

마찰(friction) 접촉한 고체 사이에서 상대 운동에 저항하는 힘

마찰 법칙(laws of friction) 다음과 같이 요약될 수 있다.

1. 마찰력은 수직 하중에 비례한다.
2. 마찰력은 접촉 고체의 공칭 접촉 면적에 의존하지 않는다. 즉, 고체 물체의 크기와 무관하다.
3. 마찰력은 미끄럼 속도로부터 독립적이다.

부분 윤활(partial lubrication) 접촉한 두 표면 사이의 하중이 부분적으로 윤활막을 통해 전달되고 일부는 돌기 접촉을 통해 전달되는 윤활 조건

비등각 표면(nonconformal surfaces) 구름 요소 베어링과 같이 서로 잘 일치하지 않는 표면들

연삭 마모(abrasive wear) 단단한 표면이 부드러운 표면으로 침투하여 발생되는 물리적 손상에 의한 마모

유막 인자(film parameter) 최소 유막 두께를 합성 표면 거칠기로 나눈 값

유체 유막 윤활(fluid film lubrication) 윤활 표면이 윤활막에 의해 완벽히 분리되고 돌기의 접촉이 발생하지 않는 윤활 상태

유체 윤활(hydrodynamic lubrication) 저널 베어링과 같은 등각 표면의 유체 유막 윤활

윤활제(lubricant) 마찰과 마모를 줄이고 부드러운 동작과 기계 요소의 만족할만한 수명을 제공하는 모든 물질

응착 마모(adhesive wear) 두 표면의 고체 상태 접합에 의한 마모

절대 점도(absolute viscosity) 전단 응력을 전단 변형률로 나눈 것으로 Pascal-second의 SI 단위를 가진다.

제곱 평균 제곱근 거칠기(root-mean-square roughness) R_q로 표기되는 거칠기 측정 방법으로 중심선으로부터 표면의 표준편차로 정의된다.

중심선 평균 거칠기(centerline average roughness) R_a로 표기되는 거칠기의 측정 방법으로 중심선으로부터 표면의 중간 거리에 의해 정의됨

탄성유체 윤활(elastohydrodynamic lubrication) 비등각 표면이 유활막에 의해 완벽하게 분리되고 돌기 접촉이 발생하지 않은

윤활 상태

타원도 변수(ellipticity parameter) y방향 접촉 타원의 직경을 x 방향으로의 접촉 타원의 직경으로 나눈 값

트라이볼로지(tribology) 움직이거나 혹은 고정된 요소의 윤활, 마찰 그리고 마모를 연구하는 학문 분야

피로 마모(fatigue wear) 주기적 하중에 의해 근접 표면 손상의 진전에 의한 마모

혼합 윤활(mixed lubrication) 부분 윤활과 동일하다.

공식 정리

표면 거칠기:

$$R_a = \frac{1}{N}\sum_{i=1}^{N}|z_i|$$

$$R_q = \left(\frac{1}{N}\sum_{i=1}^{N} z_i^2\right)^{\frac{1}{2}}$$

헤르츠 접촉:

일반식:

유효 탄성 계수: $E' = \dfrac{2}{\dfrac{(1-\nu_a^2)}{E_a} + \dfrac{(1-\nu_b^2)}{E_b}}$

타원형 접촉:

곡률 합: $\dfrac{1}{R} = \dfrac{1}{R_x} + \dfrac{1}{R_y}$

반경비: $\alpha_r = \dfrac{R_y}{R_x}$

타원도 변수: $k_e = \dfrac{D_y}{D_x} = \alpha_r^{2/\pi}$

최대 접촉 압력: $p_{\max} = \dfrac{6W}{\pi D_x D_y}$

접촉 치수: $D_y = 2\left(\dfrac{6k_e^2\mathcal{E}WR}{\pi E'}\right)^{\frac{1}{3}}$, $D_x = 2\left(\dfrac{6\mathcal{E}WR}{\pi k_e E'}\right)^{\frac{1}{3}}$

최대 탄성 변형: $\delta_{\max} = \mathcal{F}\left[\dfrac{9}{2\mathcal{E}R}\left(\dfrac{W}{\pi k_e E'}\right)^2\right]^{\frac{1}{3}}$

사각형 접촉:

무차원 하중: $W' = \dfrac{w'}{E'R_x}$

접촉 반폭: $b^* = R_x\left(\dfrac{8W'}{\pi}\right)^{\frac{1}{2}}$

최대 접촉 압력: $p_{\max} = E'\left(\dfrac{W'}{2\pi}\right)^{\frac{1}{2}}$

최대 탄성 변형: $\delta_{\max} = \dfrac{2W'R_x}{\pi}\left[\ln\left(\dfrac{2\pi}{W'}\right) - 1\right]$

윤활유 유동학:

점도: $\eta = \dfrac{F/A}{u_b/h} = \dfrac{\text{전단 응력}}{\text{전단 변형률}}$

바루스 법칙: $\eta = \eta_o \exp(\xi p)$

SAE 오일의 점도: $\eta = C_1 \exp\left(\dfrac{C_2}{1.8t_c + 127}\right)$

유막 인자: $\Lambda = \dfrac{h_{\min}}{\left(R_{qa}^2 + R_{qb}^2\right)^{\frac{1}{2}}}$

마찰 계수: $\mu = \dfrac{F}{W}$

아차드 마모 법칙: $v = k_1\dfrac{WL}{3H}$

추천 문헌

Bhushan, B. (2002) *Introduction to Tribology.* John Wiley & Sons.

Bhushan, B., ed. (2001) *Modern Tribology Handbook.* CRC Press.

Dowson, D. (1998) *History of Tribology*, 2nd ed., Professional Engineering Publishing.

Hamrock, B.J., Schmid, S.R., and Jacobson, B.O. (2004) *Fundamentals of Fluid Film Lubrication*, 2nd ed., Marcel-Dekker.

Johnson, K.L. (1985) *Contact Mechanics*, Cambridge University Press.

Ludema, K. (1996) *Friction, Wear, Lubrication: A Textbook in Tribology*, CRC Press.

Szeri, A.Z. (2011) *Fluid Film Lubrication*, 2nd ed, Cambridge University Press.

Stolarski, T.A. (2000) *Tribology in Machine Design.* Butterworth Heineman.

Williams, J. (2005) *Engineering Tribology.* Cambridge University Press.

참고 문헌

Bowden, F.P., and Tabor, D. (1973) *Friction–An Introduction to Tribology*, Anchor Press.

Hamrock, B.J., and Brewe, D.E. (1983) "Simplified Solution for Stresses and Deformations," *J. Lub. Technol.*, Vol. 105, No. 2, pp. 171–177.

Hamrock, B.J., Schmid, S.R., and Jacobson, B.O. (2004) *Fundamentalsof Fluid Film Lubrication*, 2nd ed., Marcel-Dekker.

Hertz, H. (1881) "The Contact of Elastic Solids," *J. Reine Angew. Math.*, vol. 92, pp. 156–171.

Jost, H.P., *Committee on Tribology Report*, Ministry of Technology, 1966.

Kalpakjian, S., and Schmid, S.R. (2010) *Manufacturing Engineering and Technology*, 6th ed., Pearson.

Seirig, A.S., and Dandage, S. (1982) "Empirical Design Procedure for the Thermodynamic Behavior of Journal Bearings," *J. Lubr. Tech.*, v. 104, pp. 135–148.

문제

8.1 트라이볼로지란 무엇인가?

8.2 등각과 비등각 표면을 설명하라.

8.3 타원형 접촉은 무언인가?

8.4 사각형 접촉과 선 접촉의 차이점은 무엇인가?

8.5 어떤 조건하에서 타원 비율이 1보다 작은가?

8.6 헤르츠 근사는 무엇인가?

8.7 윤활 영역을 나열하라.

8.8 배빗은 무엇을 의미하는가?

8.9 탄성유체 윤활은 무엇인가? 이는 유체 윤활과 어떻게 다른가?

8.10 경(hard) EHL과 연(soft) EHL의 차이점을 나열하라.

8.11 경계 윤활에서 유막인자의 값은 무엇인가?

8.12 표면 거칠기 측정 방법 두 가지는 무엇인가?

8.13 길들이기 과정이 왜 유용한지 설명하라.

8.14 마찰 계수는 무엇인가?

8.15 마찰 법칙은 무엇인가?

8.16 응착 마모는 무엇인가?

8.17 마모 계수는 무엇인가?

8.18 부스러기 입자(spalling)는 어떻게 발생하는가?

8.19 슬리브 베어링에 적합한 폴리머는?

8.20 마모를 정의하라.

정성적 문제

8.21 헤르츠 접촉의 다섯 가지 예를 들어라.

8.22 탄성유체 윤활의 다섯 가지 예를 들어라.

8.23 식을 사용하지 않고 점도를 정의하라.

8.24 (a) 마찰과 (b) 마모가 유용한 세 가지 예를 들고 그 이유를 설명하라.

8.25 연삭 마모와 응착 마모의 유사성과 차이점을 나열하라.

8.26 왜 마모 시험이 결과에서 큰 변동성을 갖는지 설명하라.

8.27 유막 두께가 음수가 될 수 있는가? 답을 설명하라.

8.28 종이에 대한 연필의 마모율을 추정하라.

8.29 당신이 볼펜을 가지고 종이에 글씨를 쓸 때, 두꺼운 잉크막이 글을 쓰는 힘에 상관없이 종이 위에 입혀진다. 이유를 설명하라.

8.30 다음의 어떤 접촉 형상이 등각이고 비등각인지 결정하라.

(a) 맞물리는 기어 이
(b) 볼 베어링의 볼과 내륜
(c) 저널 베어링
(d) 철도 바퀴와 레일의 접촉
(e) 자동차가 도로에 만드는 접촉
(f) 계란과 계란 판
(g) 사람의 무릎

8.31 네 가지 윤활영역의 각각에 대한 세 가지 적용 예를 설명하라. 유체 윤활, 탄성유체 윤활, 경계 윤활, 부분 윤활

8.32 표 8.10의 데이터를 이용하여 마찰 계수 대 응착 마모 계수를 도식하고 설명을 달아라.

8.33 두 개의 동일한 실린더가 서로 직각을 이루도록 압축이 될 때 접촉 형상이 거의 대략 원형임을 보여라

8.34 윤활유의 요구 사항을 나열하라.

8.35 패드와 궤도 사이의 마찰 계수가 0.35임이 관찰되었다. 마찰을 줄이고 표면을 적시기 위해 매우 낮은 점도의 유체인 등유(kerosene)가 계면에 사용된다. 마모를 줄이는 대신 마찰은 0.38로 측정되었다. 이 결과에 대한 설명을 제시하라.

정량적 문제

8.36 홈 내부에서 구름 운동하는 볼의 직경은 10 mm이고 그 위로 10 N의 수직 하중이 작용하고 있다. 볼과 홈의 탄성 계수는 207 GPa 그리고 프와송 비는 0.3이다. 반무한(semi-infinite) 강재 블록에 6.08 mm 반경의 홈을 가정하고 다음을 결정하라.

(a) 접촉 영역 치수 **답** $D_y = 0.3056$ mm, $D_x = 0.1016$ mm.

(b) 최대 탄성 변형 답 $\delta_{max} = 0.7045\,\mu m$.

(c) 최대 압력 답 0.6163 GPa.

8.37 고체의 원통이 원통형 외륜의 안쪽을 대상으로 하중을 가하며 회전한다. 고체 원통의 반경은 20 mm이고 궤도 내부 반경은 150 mm이다. 궤도와 롤러는 동일한 축 길이를 가진다. 평면 근처에서 기하학적으로 등가인 원통의 반경은 무엇인가? 원통은 질화 규소(E = 314 GPa, ν = 0.26)로 만들어졌고 궤도는 스테인리스 강(E = 193 GPa, ν = 0.30)으로 제작되었다. 만일 단위 폭당 수직 작용 하중이 10,000 N/m라면 다음을 구하라.

(a) 접촉 반폭 답 $b^* = 46.48\,\mu m$.

(b) 최대 표면 응력 답 $p_{max} = 137.0$ MPa.

(c) 최대 탄성 처짐 답 $\delta_{max} = 0.3321\,\mu m$.

또한 만일 질화 규소 원통이 스테인리스 강 원통으로 대체된다면 이 값들은 어떻게 될 것인지 나타내어라.

8.38 직경 100 mm 축의 외부 주위를 구름 운동하는 직경 20 mm 볼을 가진다. 볼 하중이 500 N일 때, 최대 접촉 응력, 최대 처짐 그리고 접촉 크기를 구하라. 볼은 질화 규소(E = 314 GPa, ν = 0.26)로 만들어졌고 축은 강(E = 206 GPa, ν = 0.30)으로 제작되었다. 또한 볼과 축이 모두 강으로 만들어졌을 때 이들 값을 구하라. 답 강과 SiN 사이에서 $D_y = 6.1911 \times 10^{-4}$ m, $D_x = 5.513 \times 10^{-4}$ m, $p_{max} = 2.798$ GPa.

8.39 볼 베어링의 볼 외륜 접촉은 17 mm 볼 직경, 8.84 mm의 외륜 홈 반경 그리고 베어링 축으로부터 홈의 바닥까지의 반경 44.52 mm를 가진다. 가장 높은 하중이 부가된 볼의 하중은 10,000 N이다. 접촉 타원의 크기와 접촉 중앙에서의 최대 변형을 계산하라. 궤도와 볼은 강으로 제작되었다. 답 D_y = 6.935 mm, D_x = 0.9973 mm.

8.40 동압 저널 베어링이 수직 하중 W를 받으며 표면 속도 u_b로 회전하고 있다. 만일 하중 W가 2배가 된다면 동일한 최소 유막 두께를 유지하기 위해 베어링이 필요로 하는 회전속도는 얼마나 더 높아야 하는가?

8.41 광유로 윤활이 되는 동압 슬라이더 베어링이 4000 rpm으로 작동하고 있다. 만일 하중이 3배 증가된다면 오일 유막이 얼마나 더 얇아질 것인가? 오일 유막 두께를 일정하게 유지하면서 높은 하중을 보상하기 위해 속도는 얼마나 더 증가되어야 하는가?

8.42 동압 베어링이 유막 인자 6으로 작동하고 있다. 유막 인자를 3으로 감소시키기 위해 속도는 얼마나 낮추어야 하는가?

8.43 기계가공 강재 표면은 거칠기의 봉우리(peaks)와 골짜기(valleys)로 이루어진다. 거칠기의 파장이 한 번의 거칠기 측정 중 400 봉우리와 400 골짜기로 측정되었다. 만일 표면 거칠기 봉우리 중 하나와 골짜기 중 하나가 0.25 μm로부터 2.5 μm로 증가되었을 때 산술적 평균 표면 거칠기 $R_a = 0.2\,\mu m$는 얼마나 바뀔지 계산하라. 답 0.2056 μm.

8.44 삼각형 톱날 형상의 거칠기 패턴을 가진 표면이 봉우리-골짜기 높이 4 μm를 가진다. R_a와 R_q를 계산하라. 답 R_a = 1.00 μm.

8.45 정밀 볼 베어링은 궤도의 제곱 평균 제곱근 표면 거칠기 0.07 μm와 볼의 제곱 평균 제곱근 표면 거칠기 0.02 μm를 가진다. 요소들의 거칠기를 바꾸는 것은 높은 Λ값을 초래할 수도 있다. 만일 볼의 거칠기를 반으로 낮추는 비용과 궤도의 거칠기를 반으로 낮추는 비용이 동일하다면 어느 것을 부드럽게 해야 하는가? $h_{min} = 0.2\,\mu m$임에 유의하라.

8.46 어느 특정 응용 분야에서 최소 유막 두께는 10 μm이다. 윤활을 하고자 하는 두 연마된 표면의 표면 거칠기가 동일하다고 가정한다. 이 분야의 길들이기 단계에서 어떤 윤활 영역을 기대하는가? 또한, 유체 윤활을 얻기 위해 허용된 최대 표면 거칠기는 무엇인가? 이러한 거칠기를 얻기 위해 어떤 가공 공법을 추천하는가?

8.47 동일한 rms 표면 거칠기 R_q를 가진 거친 두 표면에 윤활을 하고 서로 하중을 부여한다. 오일 유막 두께 $\Lambda = 3$과 같다. 만일 표면 중 하나가 연마처리되어 $R_q \to 0$(즉, 표면이 절대적으로 부드러워짐)이라면, 유막 인자를 찾아라. 답 $\Lambda = 2.83$.

8.48 두 윤활 표면은 rms 표면 거칠기 0.23과 0.04 μm를 각각 가진다. 둘 중 하나의 표면에 새로운 호닝 기계를 사용하여 2배 매끄러워질 수 있다. 우수한 윤활을 위해 어느 표면 거칠기를 줄이는 것이 가장 중요한가?

8.49 대기 조건에서 어느 유체의 절대 점도는 5.00×10^{-3} kgf-s/m^{2}이다. 다음 단위로 절대 점도를 제시하라.

(a) Reyn. 답 7.110 μreyn.

(b) Poise. 답 0.4904 P.

(c) lbf·s/in^2(Pound force-seconds/square inch).

(d) N·s/m^2(Newton-seconds/square meter).

8.50 면적이 1 m^{2}이고 그 두 면을 1 mm 사이에 두고 절대 점도 η인 유체가 주어졌을 때, 만일 표면 방향으로 10 N 힘이 작용한다면 이 표면은 서로에 대하여 다음의 η에 대하여 얼마나 빠른 속도로 이동할 것인가?

(a) 0.001 N-s/m²(물) 답 u_b = 10 m/s.
(b) 0.100 N-s/m²(실온에서의 얇은 오일).
(c) 10.0 N-s/m²(시럽, 냉각된 오일) 답 u_b = 1 mm/s.
(d) 10^8 N-s/m²(아스팔트).

8.51 폴리머 박스가 경사면에 서 있다. 박스는 10 kg이고 경사 각도는 25°이다. 경사면 아래로 박스를 당기기 위해 힘 $F = 5$ N을 필요로 한다. 마찰력은 0.75로 상승된 하중에 비례한다. 박스가 경사를 미끄러져 내려오기 위해 박스에 필요한 부가적인 무게를 구하라. 답 5.60 kg.

8.52 사슴 한 마리가 시속 108 km로 달리는 차 앞 80 m에 갑자기 마른 아스팔트 길 위로 펄쩍 뛰어 나왔다. 고무 타이어와 길 사이의 최대 마찰 계수는 바로 미끄러지지 시작할 때는 1.0이고 길을 따라 잠긴 바퀴가 미끄러질 때는 0.8이다. 사슴이 길에 들어오고 난 후 운전자가 브레이크를 작동하는데 1초의 시간이 소요된다. 자동차가 사슴과 충돌하기 전 시간에 맞춰 멈출 수 있는지 찾아라.

(a) 길을 따라 미끄러지는 잠긴 바퀴의 경우
(b) 미끄럼 속도를 낮도록 유지하여 최대 마찰력이 유지되는 자동 브레이크 시스템의 경우

8.53 그림 *a*에 나타난 것과 같은 경사면에 블록이 주어졌을 때, 다음에 대하여 요구되는 *P*를 결정하라.

(a) 아래 방향으로 움직임을 방지하기 위한 *P* 답 9.59 kN.
(b) 움직임을 위로 하기 위한 *P* 답 29 kN.

마찰 계수는 0.25이다. 힘이 수반되는 것을 나타내는 두 경우에 대한 자유물체도를 그려라.

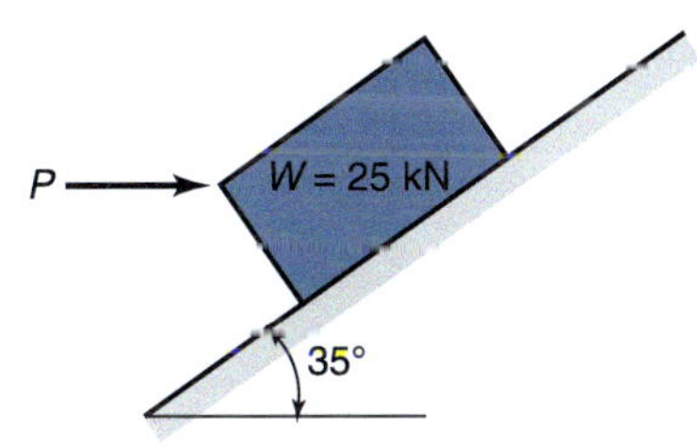

문제 8.53에 대한 그림 a

8.54 플라스틱으로 된 세 개의 동일한 블록이 강재로 된 슬라이더의 하중을 떠받들고 있다. 처음에 각각의 블록은 하중의 1/3을 지지한다. 중앙 블록의 재질은 폴리테트라플루오로에틸렌(PTFE)이고 두 바깥쪽 블록은 폴리에틸렌이다. 그래서 그들은 다른 응착 마찰 계수를 가진다(PTFE $k_1 = 2 \times 10^{-5}$, 폴리에틸렌 $k_1 = 2 \times 10^{-8}$). 블록 사이에서 하중이 어떻게 재분배 되는지 결정하라. 이 때 플라스틱의 경도는 동일한 것으로 가정한다.

8.55 문제 8.54에서의 블록과 같은 상태에서 하중을 나누어 지지함으로써 마모가 각각의 블록에 동일할 때, 마찰 계수를 구하라.

8.56 50 kg 구리 조각이 그림 b와 같이 편평한 구리 표면에 놓여 있다. 구리는 경도 275 MPa를 가진다고 가정하여 전단 응력, 연삭 마모 체적 그리고 응착 마모 체적을 계산하라. 답 τ = 312 MPa, $k_2 = 0.0669$.

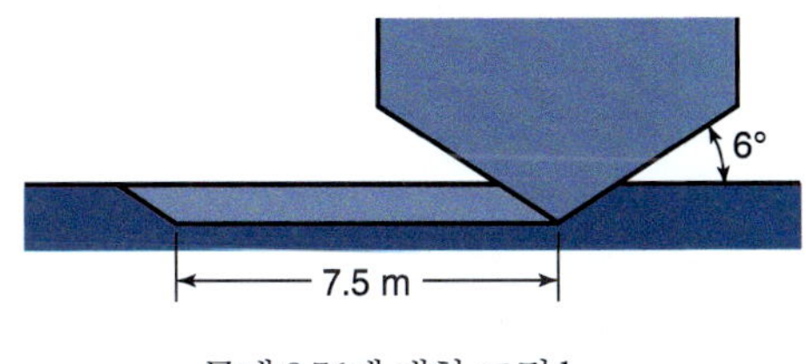

문제 8.56에 대한 그림 b

설계 문제 및 프로젝트

8.57 구름 요소 베어링의 피로 마모를 평가하기 위한 시험 방법을 설계하라.

8.58 마찰과 마모 사이에 어떤 관계가 있는지 결정하기 위한 문헌 조사를 실시하라.

8.59 필요에 따라 마찰을 (a) 증가 그리고 (b) 감소하기 위한 당신이 따라야 할 단계를 대략 나타내는 설계 절차를 구성하라.

8.60 사례 연구 8.1은 인공관절 치환에 대한 트라이볼로지 관점의 이슈를 묘사하고 있다. 새로운 발전으로는 *새포장 인공관절*(resurfacing implants)이라는 것을 포함한다. 기술적 문헌과 제조사의 서류를 참고하고 재포장의 장점을 나열하라. 그리고 관련된 트라이볼로지 측면에서 우려할 만한 사항에 관한 짧은 논문을 작성하라.

8.61 축하중 350 N, 속도 200 rpm, 상대 재료는 스테인리스 강 그리고 3000 시간의 수명이 요구되는 적용 분야에 대한 부싱(bushing)을 선택하고자 한다. 축 직경은 25 mm이다. 재료를 선정하고 부싱의 두께와 폭을 결정하라. 작동 시 최대 온도는 60°C이다.

8.62 식 (8.10)을 고려하고 왜 탄성 고체의 압력 분포가 아래의 식으로 설명될 수 없는지 그 이유를 설명하라.

$$p_H = p_{\max}\left[1 - \left(\frac{2x}{D_x}\right)^3 - \left(\frac{2y}{D_y}\right)^3\right]^{\frac{1}{2}}$$

2부 기계 요소

9

기둥

스페인 그라나다 소재 알함브라 궁전의 기둥. 출처: Shutterstock

그리고 상상력이 미치는 한 시인의 펜은 미지의 사물에 형태를 부여하고 실체 없는 것에 거처와 이름을 붙여준다

윌리엄 셰익스피어, 한여름 밤의 꿈

차례

예제

설계 절차

사례 연구

압축을 받는 부재는 모든 종류의 기계 장치에서 널리 사용된다. 축 방향 압축에 의한 응력이 재료의 항복점에 도달하기 전에 횡방향으로 변형, 즉 좌굴하는 얇은 부재를 기둥이라 한다. 좌굴에 관하여, 기둥은 임계 값을 넘지 않는 하중은 견딜 수 있으나, 임계 값을 넘어가기만 하면 대변형이 발생한다. 이 장에서는 좌굴의 용어와 개념을 도입하기 위해 평형상태에 대한 논의부터 시작한다. 그 후에, 오일러 좌굴이라 부르는 오일러의 고전적 유도를 탄성 변형 기둥에 적용한다. 상대적으로 굵은 기둥에 대해서는 존슨의 좌굴 기준이 좀 더 정확하게 좌굴 하중을 예측한다. 그 다음으로 압축 부재에 대한 미국 강구조학회의 요구 조건과 설계 방법을 살펴보고 규명한다. 최종적으로 하중이 기둥의 도심을 지나지 않는 편심 기둥에 대해 살펴본다.

이 장에서 다루는 기계 요소: 모든 종류의 기둥, 커넥팅 로드, 지점.

대표적인 응용 사례: 붐(boom) 구조와 같은 격자 골조, 기계 프레임, 지지 구조, 잭키와 같은 액추에이터.

관련 기계 요소: 압축 스프링(17장), 일반적 관점에서의 보(4장, 5장) 및 동력전달 나사(16장).

기호

A	단면적, m^2
C_c	세장비
C_1, C_2	적분 상수
c	중립축으로부터 가장 먼 점까지 거리, m
d	지름, m
E	탄성 계수, Pa
E_t	접선 계수, Pa
e	편심량, m
g	중력가속도, 9.807 m/s^2
h	높이, m
I	면적 관성모멘트, m^4
l	길이, m
l_e	기둥의 유효 길이, m
M	모멘트, N-m
M'	정적 등가 모멘트, N-m
m_a	질량, kg
n	임의의 정수
n_σ	AISC 규격의 응력 축소 계수
P	힘, N
r_g	회전 반경, m
S_y	항복 강도, Pa
t	시간, s
x	기둥의 길이 방향 좌표, m
y	기둥의 횡방향 좌표 혹은 처짐, m
θ	위치 각도, deg
ρ	밀도, kg/m^3
σ	수직 응력, Pa
σ_{all}	허용 수직 응력, Pa

하첨자

cr	임계
E	오일러
i	내부의
J	존슨
o	외부의
T	접점

9.1 서론

앞 장에서의 힘, 응력, 변형에 대한 기본적 이해가 여기서 기둥으로 연결된다. **기둥**(column)은 곧고 길며, 축 방향 압축을 받는 부재이다. 기둥에 대해서 특별히 따로 살펴보는 이유는 식 (4.22)의 항복에 의한 파손, 식 (4.23)의 변형에 의한 파손이 긴 기둥의 파손 예측에서는 성립하지 않기 때문이다. 기둥은 얇고 긴 형상 때문에 하중에 대해 횡방향으로 변형하며, 각각의 기둥이 가지는 임계값을 초과하는 처짐이 발생하면 완전히 파손된다. 이 현상을 **좌굴**(buckling)이라 하며, 구조가 아주 약간 변형된 상태에서, 소량의 하중 증가에 대한 구조의 갑작스런 대변형으로 정의된다.

이 장에서는 먼저 탄성 안정성과 끝 조건의 의미에 대해 살펴본다. 이후 중심 하중을 받는 기둥의 다양한 파손 기준을 살펴보고, 발생할 수 있는 불안정성의 특성을 알아본 다음, 결과적으로 언제 좌굴이 발생할 것인지 예측해 본다. 또한 중심 하중과 편심 하중을 받는 기둥의 적합한 설계를 위해서 편심 하중을 받는 기둥의 파손 조건을 살펴본다.

9.2 평형의 종류

기둥의 좌굴을 이해하기 위해서는 평형의 종류에 대한 이해가 선행되어야 한다. 다음의 질문이 중요하다. 평형 위치로부터 미세하게 벗어났을 때, 물체가 다시 평형상태로 돌아가는가, 아니면 더 멀리 떨어지는가? 어떤 현상이 발생하는지 확인하기 위해서 안정, 중립, 불안정의 세 가지 평형상태를 나타낸 그림 9.1을 살펴보라.

9.2.1 안정 평형

그림 9.1a는 안정 평형을 나타낸다. 표면에 마찰력이 없고 구의 무게가 가볍다고 가정한다. 표면이 수평인 곳에서는 구에 가해지는 힘(중력과 수직 반력)이 균형을 이룬다. 그림에서 균형을 이루는 위치는 0으로 나타나있다. 그림 9.1a에서 구를 평형상태로부터 약간 움직여 위치시킨 경우를 볼 수 있다. 이 때 구에 가해지는 힘은 더 이상 균형을 이루지 않게 되며, 힘의 합력이 복원력으로 작용하게 된다(즉, 중력은 구를

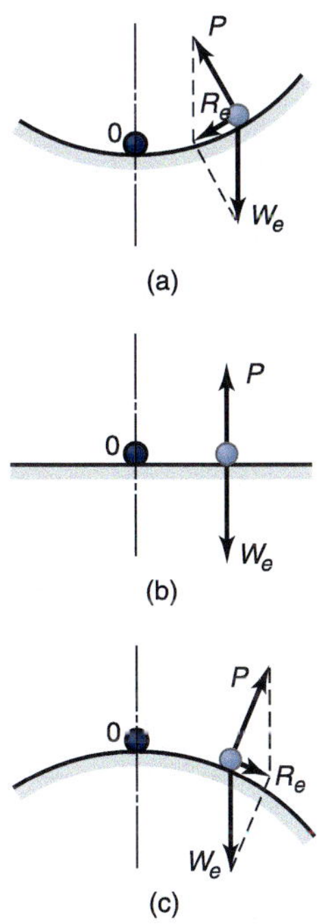

그림 9.1: 평형상태의 종류에 대한 묘사. (a) 안정 평형, (b) 중립 평형, (c) 불안정 평형.

평형 위치로 되돌리는 가속 작용을 한다). 이 경우를 *안정 평형*이라고 부른다.

9.2.2 중립 평형

그림 9.1b는 중립 평형상태의 구를 보여준다. 구가 평형상태로부터 약간 벗어나더라도, 벗어난 위치에서 계속 평형상태에 있으며, 원래 상태로 돌아가거나 다른 위치로 움직이려 하지 않는다. 표면이 평평하기 때문에 구가 다른 위치로 옮겨지더라도 평형 조건이 항상 만족되어 움직이지 않는다. 이를 *중립 평형*이라고 한다.

9.2.3 불안정 평형

그림 9.1c는 그림 9.1a와 반대 상황인 불안정 평형을 보여준다. 구가 평형 위치로부터(오른쪽이나 왼쪽으로) 약간 옮겨졌을 때, 합력은 불균형되어 교란을 일으킨다(즉, 구가 평형 위치에서 더 멀어지도록 가속한다). 이러한 상황을 *불안정 평형*이라 한다. 중력과 위로 볼록한 표면이 구를 균형 위치에서 더 멀리 움직이도록 한다.

이 예시를 일반화하면, 불안정 평형은 평형 위치로부터의 작은 변위나 *섭동*에 대해서, 교란력이 물체를 평형 위치로부터 더 멀어지게 할 때 발생한다. 압축을 받는 기둥의 압축이 지나치게 크면, 불안정 평형이 되어 신뢰할 수 없고 위험해진다. 즉, 이 경우에는 작은 변위라도 기둥의 모양에 좌굴적인 변화를 발생시킬 수 있다. 따라서 기둥에 가해지는 하중이 증가함에 따라, 불안정 평형이 발생하여 기둥이 더 이상 직선 모양으로 돌아가지 않게 되는 임계 하중에 도달하게 된다. 기둥의 측면을 지지하지 않는 한, 하중을 임계값 이상으로 증가시킬 수 없다. 따라서 길고 가는 기둥에는 임계 좌굴 하중이 존재하며, 이 임계 좌굴 하중을 단면적으로 나누면 임계 좌굴 응력을 얻을 수 있다. 대부분의 기둥에 있어서 임계 좌굴 응력은 재료의 항복 강도보다 훨씬 낮다. 일반적으로 기둥에는 항복에 의한 파손이 발생하기 한참 전에, 좌굴에 의한 파손이 발생한다.

기둥의 하중뿐 아니라 형상도 좌굴 발생의 시점에 영향을 준다. 기둥은 축 방향 압축 하중을 받는 큰 세장비 l/r(전형적으로 100)을 가지는 봉으로 간주할 수 있다. 좌굴은 이러한 기둥에 임계 하중이 가해질 때 발생하고, 재료의 항복이 아닌 다른 이유로 큰 변형이 발생한다.

예제 9.1

평형의 종류

조건 가는 와이어로 매달려 있는 단진자에 중력 가속도가 작용한다.

문제 이 계의 평형상태는 안정, 중립, 불안정 가운데 어느 것인가?

풀이 공을 중심 위치($\theta = 0$)로 되돌리는 힘은 다음과 같다.

$$P = m_a g \sin\theta. \tag{a}$$

단순 조화운동으로부터

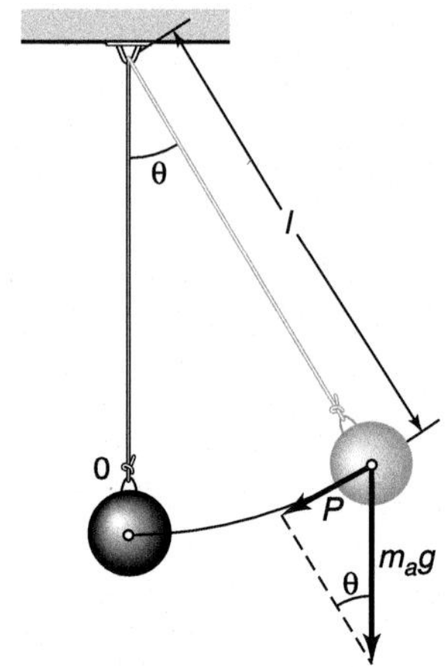

그림 9.2: 예제 9.1의 진자.

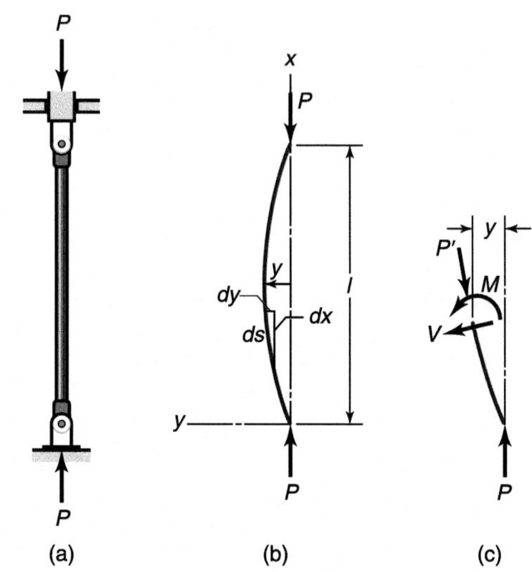

그림 9.3: 핀 지지된 기둥. (a) 조립체, (b) 변형 형상, (c) 작용하는 하중.

$$P = -m_a l \frac{d^2\theta}{dt^2}. \tag{b}$$

식 (a)와 (b)로부터

$$\frac{d^2\theta}{dt^2} = -\frac{g}{l}\sin\theta. \tag{c}$$

임의의 각도 θ에 대해, $-\pi \le \theta \le \pi$에서 각가속도 $d^2\theta/dt^2$와 θ는 반대 부호이다. 따라서 공은 항상 중심 위치($\theta = 0$)로 되돌아오며, 이는 안정 평형상태를 의미한다.

9.3 동심 하중을 받는 기둥

9.3.1 선형 탄성 재료

그림 9.3a는 양 끝이 핀으로 고정되어 동심 하중을 받는 기둥을 나타낸다. 따라서 양 끝의 위치는 변하지 않지만 회전은 자유롭게 발생할 수 있다. 초기 기둥의 상태는 직선이고 하중은 중심에 작용한다고 가정한다. 즉, 하중은 그림 9.3b와 같이 봉의 도심을 통과하면서 작용한다. 그림 9.3c는 기둥에 작용하는 하중의 자유물체도를 나타낸다.

다음 식 (5.3)은 모멘트와 처짐의 관계식이다.

$$M = EI\frac{d^2y}{dx^2}. \tag{5.3}$$

막대 단면에서의 평형 만족을 위한 조건은 $M = -Py$이다. 이 조건을 식 (5.3)에 대입하면,

$$\frac{d^2y}{dx^2} + \frac{P}{EI}y = 0. \tag{9.1}$$

이 식은 상수 계수의 2차 제차, 선형 미분방정식이다. 이 식의 일반해는 다음과 같다.

$$y = C_1 \sin\left(x\sqrt{\frac{P}{EI}}\right) + C_2 \cos\left(x\sqrt{\frac{P}{EI}}\right), \tag{9.2}$$

여기서 C_1, C_2는 적분 상수이다. 경계 조건은 다음과 같다.

1. $x = 0$일 때, $y = 0$이다. 따라서 $C_2 = 0$이다.
2. $x = l$일 때, $y = 0$이다. 따라서

$$C_1 \sin\left(l\sqrt{\frac{P}{EI}}\right) = 0. \tag{9.3}$$

여기서 C_1이 0이 되면 $y = 0$의 자명한 해가 되고, 이는 경험과 달리 항상 직선으로 남아 있는 기둥을 의미하므로 원하는 해가 아니다. 따라서 식 (9.3)을 만족하기 위해서는 다음 조건이 필요하다.

$$\sin\left(l\sqrt{\frac{P}{EI}}\right) = 0, \tag{9.4}$$

위 식은 다음 조건과 같을 때 성립한다.

$$l\sqrt{\frac{P}{EI}} = n\pi, \tag{9.5}$$

또는 P에 대해 정리하면

$$P = \frac{n^2\pi^2 EI}{l^2}, \tag{9.6}$$

여기서 n은 정수이다(1, 2, ⋯). 가장 작은 P값은 $n = 1$일 때이다. 따라서 양단이 핀으로 고정된 기둥의 임계 하중 P_{cr}은 다음과 같다.

$$P_{\text{cr}} = \frac{\pi^2 EI}{l^2}. \tag{9.7}$$

이 하중은 위 문제를 1757년도에 처음 해결한 스위스 수학자 레온하르드 오일러의 이름을 따서 **오일러 하중**(Euler load)이라고도 한다.

식 (9.7)의 특이한 점은 임계 하중이 재료의 강도와 무관하고, 기둥의 치수(I와 l값)와 재료의 탄성 계수 E에만 관계된다는 것이다. 이러한 이유로, 기둥의 탄성 좌굴에 있어서는 고강도의 강을 사용하더라도 낮은 강도의 강에 비해서 아무런 이득이 없는데, 이는 두 재료의 탄성 계수가 거의 같기 때문이다.

식 (9.7)의 또 다른 특이한 점은 기둥의 임계 하중 크기가 단면의 관성모멘트와 함께 증가한다는 것이다. 따라서 기둥 단면적의 대부분이 단면의 도심축으로부터 가능한 한 멀어지도록 기둥을 설계한다. 즉, 얇은 튜브 모양의 단면이 꽉 찬 단면보다 더 유리함을 의미한다.

또 다른 중요한 점은 기둥의 좌굴이 단면에서 최소의 관성모멘트를 갖는 주축(가장 약한 축)을 중심으로 발생한다는 것이다. 예를 들면, 그림 9.4의 막대 자와 같이 직사각 단면을 갖는 기둥은 y축 중심이 아닌 x축 중심으로 좌굴된다.

식 (9.5)와 $C_2 = 0$을 식 (9.2)에 대입하면 다음과 같이 좌굴 형상을 얻을 수 있다.

$$y = C_1 \sin\left(\frac{\pi x}{l}\right). \tag{9.8}$$

$x = l/2$일 때 $y = y_{\text{max}}$이므로 $C_1 = y_{\text{max}}$이다. 그러므로

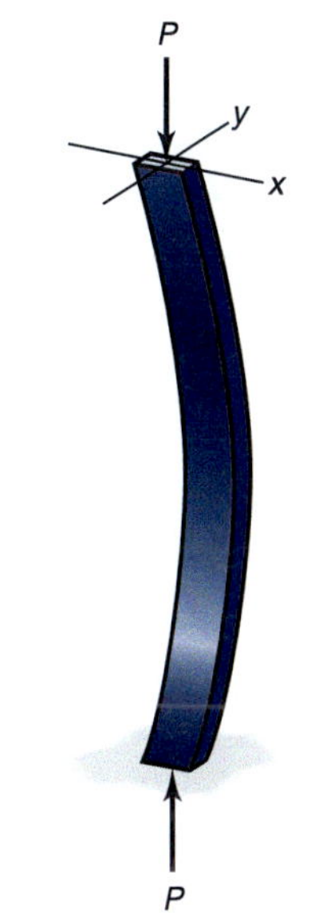

그림 9.4: 사각 단면의 좌굴.

$$y = y_{\text{max}} \sin\left(\frac{\pi x}{l}\right). \tag{9.9}$$

따라서 좌굴 형상은 양 끝에서 0이고 중앙에서 최대가 되는 반주기의 사인함수 모양이다.

엔지니어에게는 기둥의 임계 응력을 정의하는 것이 중요하다. 식 (4.14)의 회전반경 r_g을 식 (9.7)에 대입하면 다음과 같이 오일러 식에 대한 임계 응력을 얻는다.

$$(\sigma_{\text{cr}})_E = \frac{P_{\text{cr}}}{A} = \frac{\pi^2 E}{(l/r_g)^2}. \tag{9.10}$$

또한 임계 응력 σ_{cr}은 기둥이 좌굴되기 직전에 기둥의 평균 응력이다. 이 응력은 탄성 변형률을 일으키며, 재료의 항복 강도보다 낮거나 같다.

9.3.2 접선 계수

앞 장에서는 선형 탄성 재료의 기둥이 어떤 응력에서 좌굴될지를 살펴보았다. 3장에서 소개한 것과 같이, 이는 비례 한도를 넘지 않는 경우 대부분의 재료에서 성립한다. 비례 한도를 지나서 항복점까지는 재료가 여전히 탄성이지만 선형으로 거동하지는 않는다. 이 결과, 식 (9.10)의 좌굴 응력에서의 탄성 계수는 책에 표시된 탄성 계수 값보다 훨씬 더 낮을 수

표 9.1: 흔히 사용되는 끝 조건에 따른 기둥의 유효 길이.

끝 조건의 종류	양쪽 핀 고정	한쪽 핀 고정, 한쪽 완전 고정	양쪽 완전 고정	한쪽 완전 고정, 한쪽 자유 경계
끝 조건 그림	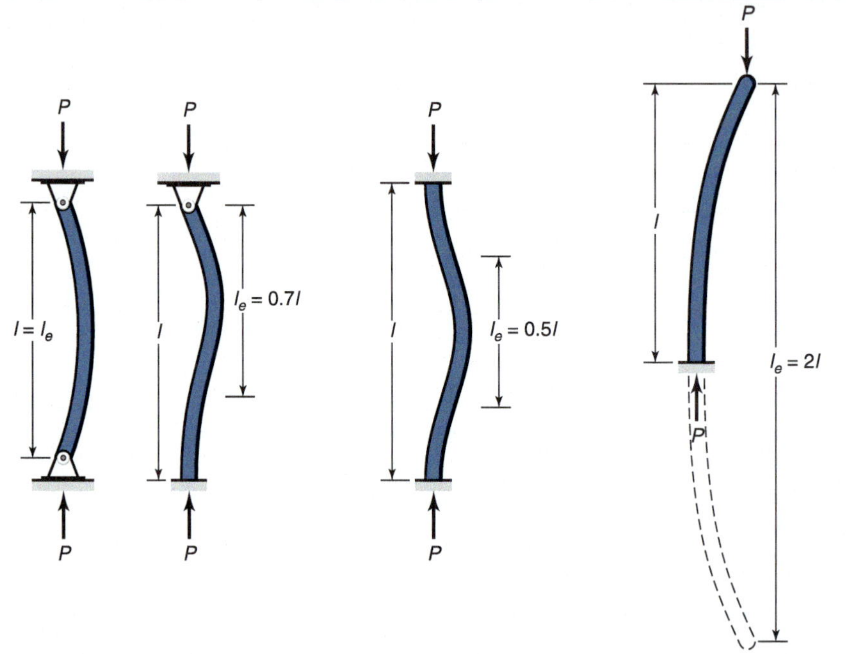 $l = l_e$	l, $l_e = 0.7l$	l, $l_e = 0.5l$	l, $l_e = 2l$
이론적인 기둥의 유효 길이	$l_e = l$	$l_e = 0.7l$	$l_e = 0.5l$	$l_e = 2l$
근사적인 끝 조건[a]	$l_e = l$	$l_e = 0.8l$	$l_e = 0.65l$	$l_e = 2.1l$

[a]미국 강구조학회 *Manual of Steel Construction*, 14th ed., [2011].

있다. 따라서 식 (9.10)을 때로 다음과 같이 수정한다.

$$\sigma_{\text{cr}} = \frac{\pi^2 E_t}{(l/r_g)^2}, \tag{9.11}$$

여기서 E_t는 **접선 계수**(tangent modulus)이며 기둥의 응력 수준에 따라서 정의되는 탄성 계수이다.

식 (9.11)은 **접선 계수** 또는 **에센저 식**(Essenger equation)이라 부른다. 접선 계수 값을 알기 어렵기 때문에 위 식을 설계에 적용하기는 상당히 어렵다. 그러나 여기서는 접선 계수 효과의 중요성을 언급하기 위해 소개하였다.

9.4 끝 조건

오일러 식은 양끝이 핀 고정된 경우에 대해 개발한 것이지만, 다른 끝 조건에서도 사용 가능하다. 표 9.1은 4가지의 흔히 사용되는 끝 조건을 나타낸다. 끝 조건이 보의 유효 길이를 바꾼다는 점을 이용해서 여러 상황에서도 오일러 식을 적용할 수 있다. 식 (9.7)과 식 (9.10)의 임계 하중과 임계 응력에서 l을 l_e로 바꾸고 해당 끝 조건을 사용한다. 두 식의 l자리에 l_e를 대입하면 다음과 같다.

$$(P_{\text{cr}})_E = \frac{\pi^2 EI}{l_e^2}, \tag{9.12}$$

$$(\sigma_{\text{cr}})_E = \frac{(P_{\text{cr}})_E}{A} = \frac{\pi^2 E}{(l_e/r_g)^2}. \tag{9.13}$$

오일러 기준(9.5절에 소개됨)에 대한 임계 하중과 임계 응력의 위 식들은 어떠한 끝 조건에서도 성립된다. 때로는 끝 조건이 쉽게 분별되지 않을 수도 있다. 표 9.1에는 '근사적인 끝 조건'에 대해 미국 강구조학회(AISC)에서 제시하는 값들도 나와 있다.

예제 9.2

좌굴 하중에 미치는 재료의 영향

조건 기둥이 정사각 튜브 모양의 단면을 가지고 있다. 벽의 두께는 10 mm이고, 기둥의 길이는 12 m이다. 기둥은 축방향 압축 하중을 받으며, 양 끝은 핀으로 지지되어 있다. 튜브 모양 기둥의 질량은 200 kg이 넘지 않도록 한다.

문제 표 3.1에서 어떤 금속을 선택해야 좌굴 하중이 가장 커지는지 결정하고, 그때 임계 하중을 계산하라.

풀이 정사각 튜브 모양 단면의 바깥쪽 길이를 h라고 할 때, 단면적은

$$A = h^2 - (h - 0.02)^2. \tag{a}$$

기둥의 질량은

$$m_a = \rho A l = \rho l \left[h^2 - (h - 0.02)^2\right]. \tag{b}$$

정사각 튜브 모양 단면의 면적 관성모멘트는

$$I = \frac{h^4 - (h - 0.02)^4}{12} = \frac{m_a \left[h^2 + (h - 0.02)^2\right]}{12\rho l}. \tag{c}$$

식 (c)를 식 (9.7)에 대입하면 임계 하중은 다음과 같다.

$$P_{cr} = \frac{\pi^2 E m_a}{12\rho l^3}\left[h^2 + (h - 0.02)^2\right]. \tag{d}$$

따라서 최대 좌굴 하중은 E/ρ값이 가장 클 때 발생한다. 표 3.1에서 마그네슘이 $E = 45$ GPa, $\rho = 1740$ kg/m³으로 가장 큰 E/ρ값을 가진다. 식 (b)에서 $m_a = 200$ kg, $l = 12$ m, $\rho = 1740$ kg/m³이므로

$$\frac{m_a}{\rho l} = 0.04(h - 0.01);$$

$$\frac{200}{(1740)(12)(0.04)} + 0.01 = h,$$

또는 $h = 0.249$ m $= 249$ mm이다. 식 (d)로부터 임계 하중은 다음과 같다.

$$\begin{aligned} P_{cr} &= \frac{\pi^2 (45 \times 10^9)(200)}{12(1740)(12)^3}\left[(0.249)^2 + (0.229)^2\right] \\ &= 2.82 \times 10^5 \\ &= 282 \text{ kN.} \end{aligned}$$

9.5 세장비

앞서 논의한 바와 같이 오일러 식은 선형 탄성 재료에서 유효하며, 항복점 근처에서는 부정확하다. 미국 강구조학회는 비례 한도가 항복 강도의 절반이라고 가정하거나, 탄성 좌굴의 허용 응력을 다음과 같이 가정한다.

$$\sigma_{all} = 0.5S_y, \tag{9.14}$$

여기서 S_y는 항복 강도이며, 첨부 A에 여러 재료에 대해 나타나 있다. 식 (9.14)를 식 (9.13)에 대입하면 오일러 공식으로부터 **임계 세장비**(critical slenderness ratio) C_c를 다음과 같이 얻을 수 있다.

$$C_c = \left(\frac{l_e}{r_g}\right)_E = \sqrt{\frac{2E\pi^2}{S_y}}. \tag{9.15}$$

여기서 C_c는 오일러 좌굴의 허용 한도를 결정하기 때문에 임계 세장비라고 부른다. C_c보다 낮은 값에서는 접선 계수의 영향으로 오일러 식에서보다 낮은 좌굴 응력을 가지며, 반드시 다른 좌굴 기준을 사용해야 한다.

9.6 존슨의 좌굴 기준

그림 9.5는 세장비에 따른 수직 응력 곡선을 나타낸다. 오일러 곡선은 항복 강도(그림 9.5의 점 A)에 가까워지면서 급격한 변화를 보임에 주목하라. 이는 좌굴에서 압축 항복이나 파괴로 이행하는 과정을 나타낸다. 이러한 이행은 접선 계수 효과로 인해 오일러 곡선에서만큼 급격하지 않으므로, 이 위치에서의 파손 기준을 수정해야 한다. 가장 많이 사용하는 수정식은 **존슨 식**(Johnson equation)이며 다음과 같다.

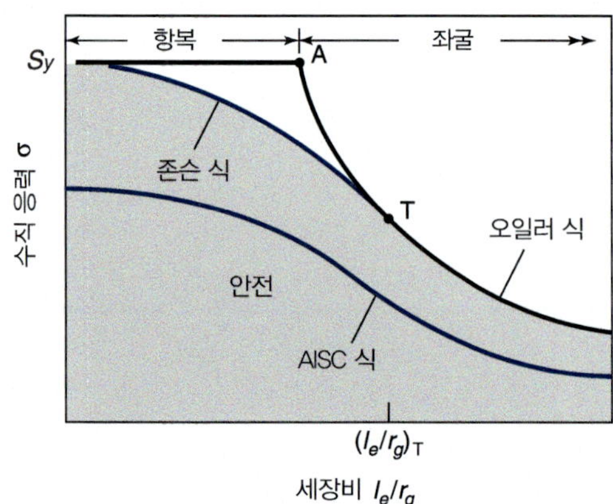

그림 9.5: 오일러, 존슨, AISC 식과 항복 강도에 의해 얻어진 세장비에 따른 수직 응력 함수 그래프.

$$(\sigma_{\text{cr}})_J = \frac{(P_{\text{cr}})_J}{A} = S_y - \frac{S_y^2}{4\pi^2 E}\left(\frac{l_e}{r_g}\right)^2. \qquad (9.16)$$

그림 9.5는 점 T에서 오일러 식과 존슨 식의 접선의 기울기가 같음을 보여준다. 이 접점은 중간 길이의 기둥(존슨 구간)과 긴 길이의 기둥(오일러 구간)을 구별해 준다. $(l_e/r_g)_T$의 값을 구하기 위해서, 식 (9.13)과 식 (9.16)을 같다고 두면, 다음과 같은 식을 얻을 수 있다.

$$\frac{\pi^2 E}{(l_e/r_g)_T^2} = S_y - \frac{S_y^2}{4\pi^2 E}\left(\frac{l_e}{r_g}\right)_T^2;$$

$$\left(\frac{l_e}{r_g}\right)_T^4 - \frac{4\pi^2 E}{S_y}\left(\frac{l_e}{r_g}\right)_T^2 + \frac{4\pi^4 E^2}{S_y^2} = 0. \qquad (9.17)$$

위 식을 $(l_e/r_g)_T$에 대해서 정리하면 다음과 같다.

$$\left(\frac{l_e}{r_g}\right)_T = \sqrt{\frac{2\pi^2 E}{S_y}} = \sqrt{\frac{\pi^2 EA}{P_{\text{cr}}}}. \qquad (9.18)$$

설계 절차 9.1

좌굴 방정식의 선택

재료, 기둥의 길이 또는 다른 여러 제한 조건이 명시되었을 때, 주어진 하중을 지지하기 위한 기둥을 설계해야 한다. 하지만 기둥의 좌굴에 오일러 식이나 존슨 식 중 어느 것을 적용해야 할지가 불분명하다. 이러한 경우에는 다음의 과정이 유용하다.

1. 기둥이 식 (9.7)에 의해 좌굴된다고(즉, 오일러 좌굴이 발생한다) 가정한다. 이 식을 사용하여 기둥의 형상을 결정한다.
2. 식 (9.15)와 식 (9.18)로부터 임계 세장비를 계산한다. 즉,
$$C_c = \sqrt{2E\pi^2/S_y} = \sqrt{\pi^2 EA/P_{\text{cr}}}.$$
3. $C = l_e/r_g$로부터 기둥의 세장비를 계산한다. 여기서 r_g는 $r_g = \sqrt{I/A}$ 로 식 (4.14)에 나타나 있다.
4. $C \geq C_c$이면, 기둥은 오일러 식을 따르며, 1단계에서 계산한 단면을 적용한다.
5. $C < C_c$이면, 기둥의 형상을 결정하기 위해서 존슨 식 [식 (9.16)]을 사용한다.

존슨 식이 맞는 것으로 가정한 후 그렇지 않으면 오일러 식을 적용하는 방법도 위와 동일하게 유용한 설계 규칙이 된다.

예제 9.3

좌굴 하중에 대한 단면 효과

조건 한쪽 끝이 고정되고 다른 쪽 끝은 자유로운 2014 알루미늄 합금 기둥이 있다. 기둥의 단면적은 600 mm²이며, 길이는 2.5 m이다.

문제 다음 형상에 대한 임계 좌굴 하중을 구하라.

(a) 원형 단면
(b) 외경 50 mm의 원형 튜브
(c) 바깥 길이가 50 mm인 정사각 튜브
(d) 정사각 단면

풀이 표 A.5로부터 2014 알루미늄 합금은 E = 72 GPa, S_y = 97 MPa이다(O 조건으로 가정). 표 9.1로부터 한쪽이 고정되고 반대쪽이 자유로운 경우, 이론적 유효 기둥 길이는 $l_e = 2l$ = 5 m이다. 보수적 결과를 위해서는 표 9.1의 근

사 끝 조건의 값을 사용할 수도 있다. 하지만 여기서는 끝 조건이 잘 만족된다고 가정하고 이론적 유효 길이를 사용한다. 원형 단면을 고려했을 때 단면적은 다음과 같다.

$$A = \frac{\pi d^2}{4}$$

또는

$$d = \sqrt{\frac{4A}{\pi}} = \sqrt{\frac{4(600)}{\pi}} = 27.64 \text{ mm}.$$

이 원형 단면의 면적 관성모멘트는

$$I = \frac{\pi d^4}{64} = \frac{\pi (27.64)^4}{64} = 28,650 \text{ mm}^4.$$

회전반경은

$$r_g = \sqrt{\frac{I}{A}} = \sqrt{\frac{28,650}{600}} = 6.910 \text{ mm}.$$

그러므로 세장비는 다음과 같다.

$$\frac{l_e}{r_g} = \frac{5000}{6.91} = 723.6.$$

식 (9.18)로부터

$$\left(\frac{l_e}{r_g}\right)_T = \sqrt{\frac{2\pi^2 E}{S_y}} = \sqrt{\frac{2\pi^2(72 \times 10^9)}{97 \times 10^6}} = 121.$$

$l_e/r_g > (l_e/r_g)_T$이므로, 오일러 공식을 적용하고 식 (9.12)로부터 좌굴이 발생하는 임계하중을 구할 수 있다.

$$P_{cr} = \frac{\pi^2 EI}{l_e^2} = \frac{\pi^2(72 \times 10^9)(28,650 \times 10^{-12})}{(5.00)^2} = 814 \text{ N}.$$

다른 단면 형상의 경우, 동일한 과정으로 계산한다. 여기에 주어진 모든 단면은 큰 세장비를 가지게 되며, 오일러 좌굴을 적용할 수 있고, 식 (9.7)로부터 좌굴 하중을 계산할 수 있다. 표 9.2와 그림 9.6에 단면의 제원과 좌굴 하중의 결과를 요약해 나타냈다.

표 9.2: 예제 9.3 결과의 요약.

구분	r_g (mm)	I (mm^4)	C_c	P_{cr} (N)
원형 단면	6.91	28,650	723.6	814
원형 튜브	16.27	1.588×10^5	307	4514
정사각 튜브	19.15	2.20×10^5	261	6250
정사각 단면	7.071	3.00×10^4	707	853

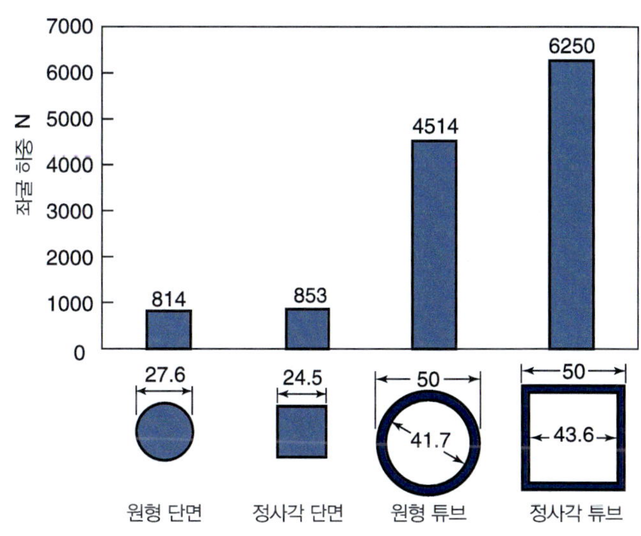

그림 9.6: 예제 9.3의 각 단면에 대한 단면적(척도에 맞게 그렸음)과 임계 좌굴 하중.

예제 9.4

오일러와 존슨 좌굴

조건 한쪽이 고정되고 반대쪽은 핀 고정된 $S_y = 295$ MPa의 저탄소강으로 만들어진 기둥이 있다. 기둥의 단면은 $h = 15$ mm, $b = 40$ mm의 직사각형이다.

문제 다음 세 길이에 대한 좌굴 하중을 구하라.

(a) 0.15 m

(b) 0.75 m

(c) 1.20 m

풀이 표 3.1의 저탄소강에서 $E = 207$ GPa이다. 단면적은 다음과 같다.

$$A = bh = (0.040)(0.015) = 0.00060 \text{ m}^2.$$

직사각 단면의 면적 관성모멘트는

$$I = \frac{bh^3}{12} = \frac{(0.040)(0.015)^3}{12} = 1.125 \times 10^{-8} \text{ m}^4.$$

회전반경은

$$r_g = \sqrt{\frac{I}{A}} = \sqrt{\frac{1.125 \times 10^{-8}}{0.00060}} = 0.00433 \text{ m} = 4.33 \text{ mm}.$$

(a) 표 9.1로부터 한쪽이 고정되고 반대쪽이 핀 지지이며 $l =$ 0.15 m인 경우

$$l_e = 0.7l = 0.7(0.15) = 0.105 \text{ m}.$$

그러므로

$$\frac{l_e}{r_g} = \frac{0.105}{0.00433} = 24.2.$$

식 (9.18)로부터

$$\left(\frac{l_e}{r_g}\right)_T = \sqrt{\frac{2\pi^2 E}{S_y}} = \sqrt{\frac{2\pi^2(207 \times 10^9)}{295 \times 10^6}} = 117.7.$$

$l_e/r_g < (l_e/r_g)_T$이므로 식 (9.16)(존슨 식)을 사용한다. 먼저

$$\begin{aligned} \frac{1}{E}\left(\frac{S_y}{2\pi}\frac{l_e}{r_g}\right) &= \frac{1}{207 \times 10^9}\left(\frac{(295 \times 10^6)\,(24.2)}{2\pi}\right) \\ &= 6.237 \times 10^6. \end{aligned}$$

그러므로

$$\begin{aligned} P_{\text{cr}} &= A\left[S_y - \frac{1}{E}\left(\frac{S_y}{2\pi}\frac{l_e}{r_g}\right)^2\right] \\ &= 0.00060\left[(295 \times 10^6) - 6.237 \times 10^6\right] \\ &= 173 \text{ kN}. \end{aligned}$$

(b) 표 9.1로부터 한쪽이 고정되고 반대쪽이 핀 지지이며 $l =$ 0.75 m인 경우,

$$l_e = 0.70l = 0.7(0.75) = 0.525 \text{ m};$$

$$\frac{l_e}{r_g} = \frac{0.525}{0.00433} = 121.$$

$l_e/r_g > (l_e/r_g)_T$이므로 오일러 식을 사용한다. 식 (9.12)로부터

$$\begin{aligned} P_{\text{cr}} &= \frac{\pi^2 EI}{l_e^2} \\ &= \frac{\pi^2(207 \times 10^9)(1.125 \times 10^{-8})}{(0.525)^2} \end{aligned}$$

이므로 $P_{cr} = 83.4$ kN이다. 이 기둥의 세장비가 임계 세장비에 가까움에 주목하라. 따라서 존슨 식으로 계산한 결과도 83.4 kN이다.

(c) l = 1.2 m인 경우, 명백히 오일러 식을 사용해야 한다. 따라서,

$$l_e = 0.7(1.2) = 0.840 \text{ m}.$$

임계 하중은 다음과 같다.

$$\begin{aligned} P_{\text{cr}} &= \frac{\pi^2 EI}{l_e^2} \\ &= \frac{\pi^2(207 \times 10^9)(1.125 \times 10^{-8})}{(0.840)^2} \\ &= 32.6 \text{ kN}. \end{aligned}$$

9.7 AISC 기준

미국 강구조학회(2011)는 탄성 안정 조건에 대한 설계 가이드라인을 제시하였다. 비록 가이드라인이 강에 대한 것이지만 압축 부재에 널리 사용되기 때문에 이 가이드라인은 유용하다.

식 (9.11)에서 보인 바와 같이 응력-변형률 곡선 중 선형 탄성 부분의 탄성 계수를 이용한 해석은 잘못된 결과를 도출할 수 있다. 그러나 접선 계수 데이터는 기술 문헌이나 실험적으로도 얻기가 힘들다. 이러한 상황에서는 존슨 식이 필요하다. 하지만 긴 기둥은 진직도 오차 혹은 하중의 편심에 극히 민감하기 때문에 더욱 설계하기 힘들다. 따라서 가중치를 고려해서 감소된 허용 응력을 사용한다. **AISC 식**(**AISC equations**)은 기둥의 응력이 재료의 비례 한도를 넘는 경우의 탄성 계수 감소를 반영하기 위해, 가변의 안전 계수를 사용한다. 탄성 좌굴에 대한 허용 응력은 다음과 같다.

$$\sigma_{\text{all}} = \frac{12\pi^2 E}{23\,(l_e/r_g)^2}, \tag{9.19}$$

비탄성 좌굴에 대해서는 다음과 같다.

$$\sigma_{\text{all}} = \frac{\left\{1 - \left[\frac{(l_e/r_g)^2}{2C_c^2}\right]\right\} S_y}{n_\sigma}, \tag{9.20}$$

여기서 C_c는 식 (9.15)에서 정의된 오일러 좌굴의 세장비이고, n_σ는 허용 응력의 감소 비율로 다음과 같이 계산한다.

$$n_\sigma = \frac{5}{3} + \frac{3\,(l_e/r_g)}{8C_c} - \frac{(l_e/r_g)^3}{8C_c^3}. \tag{9.21}$$

n_σ는 안전 계수가 아니라 재료의 허용 응력을 감소시켜야 하는 강제적인 비율이라는 점에 유의한다. 그림 9.5는 AISC 기준을 오일러, 존슨 식과 비교한 것이다. 미국 주 고속도로 운송 행정관 협회(American Association of State Highway, AASHTO)는 식 (9.19), 식 (9.20)과 동일한 방정식을 사용하지만 탄성 좌굴과 비탄성 좌굴 모두에서 $n_\sigma = 2.12$의 일정한 응력 감소를 강제하고 있다.

AISC 기준은 주어진 기둥의 좌굴 하중을 예측하는 의도로 제안된 것이 아니라, 강 기둥의 설계 체계를 제공하기 위한 것이다. 좌굴 하중에 대해서는, 설계 절차 9.1에서 논의한 세장비에 따라 오일러 식이나 존슨 식[식 (9.12)와 식 (9.16)]으로부터 예측하는 것이 더 적합하다.

9.8 편심 하중을 받는 기둥

가해지는 하중이 항상 중심을 통과하는 방향으로 가해지지는 않는다. 하중과 기둥 축 사이의 거리를 **편심**(eccentricity)이라고 부르며, e로 표시한다. 이 절에서는 편심 하중이 기둥 축과 평행하게 가해지는 경우에 대해 논의할 것이다. 중심 하중을 받는 기둥(9.3절)과 마찬가지로 처음에는 양 끝이 핀으로 지지된 기둥에 대해서 살펴본다. 그림 9.7a는 변형이 없는 상태의 기둥 중심축으로부터 e만큼 떨어진 지점에 압축력을 받고 있는 핀 지지 기둥을 나타낸다. 이 하중은 그림 9.7b에서와 같이 축하중과 굽힘모멘트 $M' = -Pe$가 동시에 가해지는 것과 정역학적으로 등가이다. 집중 하중을 받는 기둥의 경우와 마찬가지로, 미소 처짐과 선형 탄성 거동을 가정한다.

그림 9.7c에 나타낸 일부 기둥에 대한 자유물체도로부터 기둥 내부의 모멘트는

$$M = -P(e+y). \tag{9.22}$$

식 (5.3)과 식 (9.22)를 통해서 처짐 곡선의 미분방정식을 다

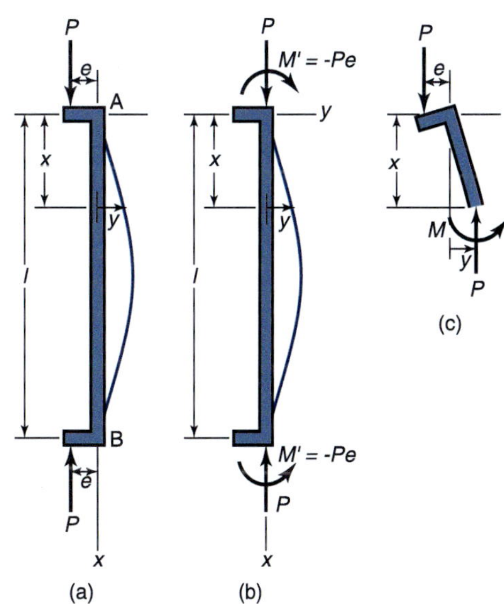

그림 9.7: 편심 하중을 받는 기둥. (a) 편심, (b) 정역학적 등가 굽힘 모멘트, (c) 기둥의 일부에 대한 자유물체도.

음과 같이 얻을 수 있다.

$$\frac{d^2y}{dx^2} + \frac{Py}{EI} = -\frac{Pe}{EI} = \text{상수}. \tag{9.23}$$

만약 편심이 0이라면 식 (9.23)과 식 (9.1)은 동일함에 주목하라. 식 (9.23)의 일반해는

$$y = C_1 \sin\left(x\sqrt{\frac{P}{EI}}\right) + C_2 \cos\left(x\sqrt{\frac{P}{EI}}\right) - e. \tag{9.24}$$

경계 조건은 다음과 같다.

1. $x = 0$에서 $y = 0$이므로, $C_2 = e$이다.
2. $x = l/2$에서 $dy/dx = 0$이다.

식 (9.24)를 미분하여 다음 식을 얻는다.

$$\frac{dy}{dx} = C_1\sqrt{\frac{P}{EI}}\cos\left(x\sqrt{\frac{P}{EI}}\right) - e\sqrt{\frac{P}{EI}}\sin\left(x\sqrt{\frac{P}{EI}}\right). \tag{9.25}$$

식 (9.25)와 두 번째 경계 조건으로부터

$$C_1 = e\tan\left(\frac{l}{2}\sqrt{\frac{P}{EI}}\right). \tag{9.26}$$

$C_2 = e$와 식 (9.26)을 식 (9.24)에 대입하면 다음과 같다.

$$y = e\left[\tan\left(\frac{l}{2}\sqrt{\frac{P}{EI}}\right)\sin\left(x\sqrt{\frac{P}{EI}}\right) + \cos\left(x\sqrt{\frac{P}{EI}}\right) - 1\right].$$

최대 처짐은 $x = l/2$에서 발생하며, 그 값은 다음과 같다.

$$\begin{aligned} y_{\max} &= e\left[\frac{\sin^2\left(\frac{l}{2}\sqrt{\frac{P}{EI}}\right)}{\cos\left(\frac{l}{2}\sqrt{\frac{P}{EI}}\right)} + \cos\left(\frac{l}{2}\sqrt{\frac{P}{EI}}\right) - 1\right] \\ &= e\left[\sec\left(\frac{l}{2}\sqrt{\frac{P}{EI}}\right) - 1\right]. \end{aligned} \tag{9.27}$$

기둥의 최대 응력은 축하중과 모멘트에 의해 발생한다. 최대 모멘트는 기둥 높이의 중앙에서 발생하며, 크기는 다음과 같다.

$$\begin{aligned} M_{\max} &= |P(e + y_{\max})|; \\ M_{\max} &= Pe\sec\left(\frac{l}{2}\sqrt{\frac{P}{EI}}\right). \end{aligned} \tag{9.28}$$

기둥의 최대 응력은 압축이며 다음과 같다.

$$\sigma_{\max} = \frac{P}{A} + \frac{M_{\max}c}{I}.$$

식 (9.28)을 통해서 다음과 같이 나타낼 수 있다.

$$\sigma_{\max} = \frac{P}{A} + \frac{Pec}{I}\sec\left(\frac{l}{2}\sqrt{\frac{P}{EI}}\right). \tag{9.29}$$

회전반경 $r_g^2 = I/A$이므로 식 (9.29)는 다음과 같이 정리할 수 있다.

$$\sigma_{\max} = \frac{P}{A}\left[1 + \frac{ec}{r_g^2}\sec\left(\frac{l}{2r_g}\sqrt{\frac{P}{EA}}\right)\right], \tag{9.30}$$

여기서,

P = 편심 하중을 받는 기둥에서 좌굴이 발생하는 임계 하중, N

A = 기둥의 단면적, m²

e = 기둥 단면의 중립축으로부터 하중의 작용 전까지 측정된 하중의 편심, m

c = 기둥의 중립축에서 바깥쪽 면까지의 거리, m

r_g = 회전 반경, m

l = 하중을 가하기 전 길이, m

E = 기둥 재료의 탄성 계수, Pa

핀 지지 이외의 지지 조건에 대해서는 기둥의 길이를 유효 길이(표 9.1 사용)로 바꿀 수 있으며, 식 (9.28)과 식 (9.30)은 다음과 같이 된다.

$$y_{\max} = e\left[\sec\left(\frac{l_e}{2}\sqrt{\frac{P}{EI}}\right) - 1\right], \tag{9.31}$$

$$\sigma_{\max} = \frac{P}{A}\left[1 + \frac{ec}{r_g^2}\sec\left(\frac{l_e}{2r_g}\sqrt{\frac{P}{EA}}\right)\right]. \tag{9.32}$$

식 (9.31)은 **시컨트 방정식**(secant equation)으로 알려져 있고, 변수 ec/r_g^2은 **편심률**(eccentricty ratio)이라 부른다. 식 (9.32)에서 하중을 직접 구하기가 쉽지 않음에 주목하라.

그림 9.8은 편심 하중을 받는 기둥의 수직 응력에 대한 세장비의 효과를 보여준다. 이것은 탄성 계수 207 GPa, 항복 강도 250 MPa인 구조용 강에 대한 결과이다. e가 0에 근접함에 따라 σ는 P/A에 수렴한다. 여기서 P는 오일러 식[식 (9.12)]에 의한 임계 기둥 하중이다.

그림 9.8의 곡선은 기둥의 세장비가 낮을 때, 편심률의 차이가 기둥 응력에 지대한 영향을 미치고 있음을 보여준다.

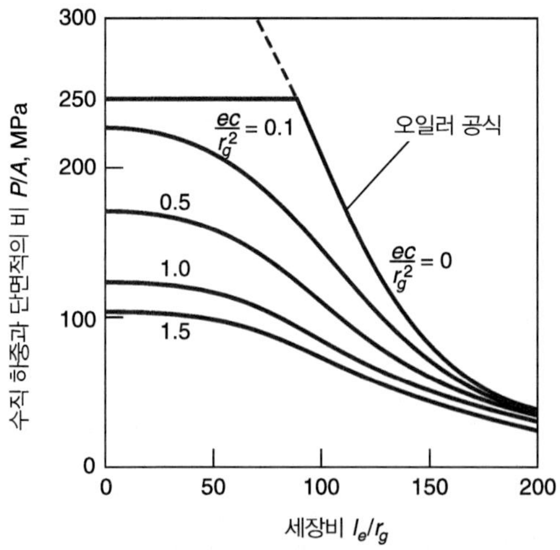

그림 9.8: E = 207 GPa, S_y = 250 MPa의 구조용 강에서 5가지 편심률에 대한 세장비-응력 선도.

한편, 높은 세장비를 갖는 기둥은 세장비에 관계 없이 오일러 하중에서 파손되는 경향이 있다.

$\sigma_{max} = \sigma_{all} = S_y/2$일 때 식 (9.32)는 다음과 같이 된다.

$$P = \frac{S_y A/2}{1 + \frac{ec}{r_g^2} \sec\left(\frac{l_e}{2r_g}\sqrt{\frac{P}{EA}}\right)} = f(P). \quad (9.33)$$

편심 기둥에서 좌굴을 발생시키는 하중은 닫힌 형태의 해로 구할 수 없으며 수치적 방법이나 반복 연산을 이용해야 한다. 예를 들면 P의 초기값을 다음과 같이 동심 하중이 작용할 때의 값으로 둔다.

$$P = P_{cr}. \quad (9.34)$$

식 (9.34)의 값과 식 (9.33)을 이용하여 새로운 P값을 계산한다. 이러한 반복적 과정은 원하는 정확도의 값을 얻을 때까지 반복한다.

예제 9.5

편심 하중

조건 2014 알루미늄 합금($S_y = 97$ MPa)으로 된 1 m 길이의 중공 기둥의 바깥 지름은 75 mm이고, 두께는 0.5 mm이며, 양 끝은 핀 지지 상태이다.

문제 다음 경우에 대한 임계 좌굴 하중을 구하라.

(a) 동심 하중

(b) 편심 4 mm의 편심 하중

풀이

(a) 기둥의 내경은 다음과 같다.

$$d_i = d_o - 2t_h = 75 - 2(0.5) = 74 \text{ mm} = 0.074 \text{ m}.$$

단면적은

$$A = \frac{\pi}{4}\left(d_o^2 - d_i^2\right) = \frac{\pi}{4}\left[(0.075)^2 - (0.074)^2\right]$$

이므로 $A = 1.170 \times 10^{-4}$ m^{2}이다. 면적 관성모멘트는

$$I = \frac{\pi}{64}\left(d_o^4 - d_i^4\right) = \frac{\pi}{64}\left[(0.075)^4 - (0.074)^4\right]$$

이므로 $I = 8.12 \times 10^{-8}$ m^{4}이다. 회전반경은

$$r_g = \sqrt{\frac{I}{A}} = \sqrt{\frac{8.12 \times 10^{-8}}{1.17 \times 10^{-4}}} = 0.0263 \text{ m}$$

표 9.1에서 양 끝이 핀 지지인 기둥의 유효 길이는 실제 길이와 동일하다($l = l_e$). 표 3.1의 2014 알루미늄 합금으로부터 $E = 70$ GPa이다. 식 (9.18)로부터

$$\left(\frac{l_e}{r_g}\right)_T = \sqrt{\frac{2\pi^2 E}{S_y}} = \sqrt{\frac{2\pi^2(70 \times 10^9)}{97 \times 10^6}} = 119,$$

그리고

$$\frac{l_e}{r_g} = \frac{1}{0.0263} = 38.0.$$

$l_e/r_g < (l_e/r_g)_T$이므로, 존슨 식[식 (9.16)]을 사용해야 한다.

$$\begin{aligned} P_{cr} &= AS_y\left[1 - \frac{S_y}{4\pi^2 E}\left(\frac{l_e}{r_g}\right)^2\right] \\ &= (0.28)(97 \times 10^6) \\ &\quad \times \left[1 - \frac{(97 \times 10^6)(38.0)^2}{4\pi^2(70 \times 10^9)}\right], \end{aligned}$$

즉, $P_{cr} = 10.8$ kN이다.

(b) 중립축에서 바깥면까지의 거리는 $c = d_o/2 = 0.0375$ m이다. 편심률은

$$\frac{ce}{r_g^2} = \frac{(0.0375)(0.0040)}{(0.0263)^2} = 0.217;$$

$$P = P_{cr} = 10,800 \text{ N}$$

식 (9.33)과 $S_y A/2 = 5670$ N으로부터

$$P_1 = \frac{5670}{1 + 0.217 \sec\left[\frac{38.0}{2}\sqrt{\frac{10,800}{(70 \times 10^9)(1.17 \times 10^{-4})}}\right]},$$

즉, $P_1 = 4658$ N이다. 두 번째 반복 연산으로부터

$$P_1 = \frac{5670}{1 + 0.217 \sec\left[\frac{38.0}{2}\sqrt{\frac{4658}{(70 \times 10^9)(1.17 \times 10^{-4})}}\right]},$$

즉, $P_2 = 4657$ N이다. 추가적인 반복 연산으로도 해의 정확성은 나아지지 않는다. 따라서 편심 하중의 경우 임

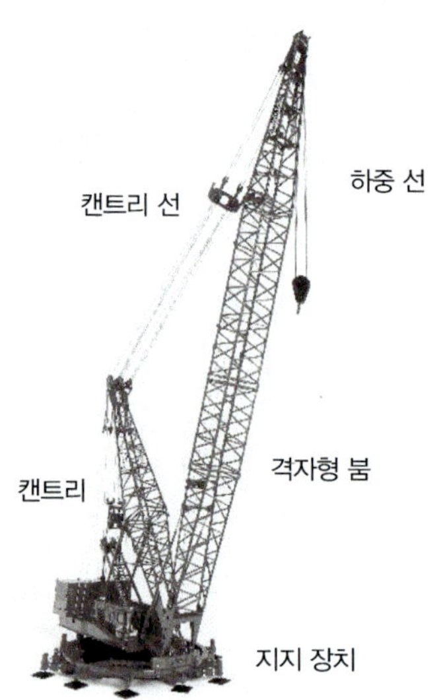

그림 9.9: Manitowoc 4100W RINGER 크레인 모습, 격자형(기중기) 붐 구조와 지지 장치, 하중과 갠트리 선. 출처: Manitowoc Co., Inc.

그림 9.10: 붐 조각의 모양. 일반적인 박스 붐은 작은 죔쇠나 코드선에 의해 길이 방향으로 지지된 큰 튜브와 앵글 채널로 이루어진다. 붐 조각은 3~12 미터 길이로 한다. 출처: Manitowoc Co., Inc.

계 하중은 4657 N이며, 동심 하중의 경우 임계 하중은 10,800 N이다.

사례 연구 9.1

격자형 팔 크레인의 설계에서 고려해야 할 사항

격자형 팔 크레인은 운송이나 건설 산업과 같이 물건을 다루는 곳에서 아주 널리 사용된다. 그림 9.9에 격자형 팔 크레인의 모습이 나와 있다. 사다리 붐 크레인, 유압 크레인, 갠트리 크레인과는 달리 격자형 팔 크레인은 작업물이 매우 길어서 긴 붐이 필요한 곳에 사용하도록 개발된 것이다. 격자형 팔 크레인의 몇 가지 설계고려사항은 다음과 같다.

1. 붐은 그림 9.10과 같은 조각들로 만들어진다. 각 조각은 모서리에 놓인 단면이 큰 채널이나 대각재로 지지된 코드 선으로 만들어지는 직사각형 박스로 구성된다. 붐 조각들은 용접 가공(16.6절 참고)을 통해서 결합되며 예하중 나사 혹은 핀(16.4절과 16.5절 참고)을 이용해서 서로 고정된다. 통상적인 붐 조각의 길이는 3~12미터이며, 긴 붐을 가지는 크레인은 다수의 조각들로 이루어져 있다. 제작과 이송의 문제로 인해서 길이가 긴 붐을 한번에 직접 만들 수는 없다.
2. 하중은 *하중선*에 의해 지지되고 *갠트리 선*이 붐의 각도를 조절한다. 붐은 수평 위치에서 조립해서 갠트리에 의해 위쪽으로 당겨진다. 붐이 땅에서 들어 올려질 때, 붐의 무게는 붐에 굽힘 응력을 발생시키며 이 응력은 코드선에 의해 지지되어야 한다.
3. 정역학으로부터 알 수 있듯이, 갠트리와 하중선에 가해지는 하중은 붐에 순수 압축력을 발생시킨다. 측풍과 같은 하중에 의해 하중선이 수직이 아닐 때에는 순수 압축이 아닌 하중이 발생할 수 있다. 크레인 제작사들은(최대 측풍 속력과 같이) 허용되는 외부 환경 조건을 명시해야 한다. 그러나 하중선이 수직 방향에서 벗어나면, 붐의 끝에 수평력이 가해지고 굽힘모멘트가 발생하므로 이를 반드시 지지할 수 있도록 설계해야 한다.
4. 낮은 붐 각도에서 붐 좌굴이 발생할 가능성은 낮다. 이것은 과도한 하중이 가해지면 붐의 큰 모멘

트 암에 의해 크레인이 넘어지기 때문이다. 크레인이 넘어지는 것은 심각한 사고이며, 이를 막기 위해서는 제조자가 제공하는 하중 표에 주의를 기울여야 한다. 크레인의 용량은 붐 각도, 길이, 크레인 축으로부터의 방향에 관계됨에 유의해야 한다. 크레인의 지지 장치를 적절히 전개하였는지, 지지 장치의 아래 지면이 침하하지 않는지를 확인하기 위해서는 특별한 주의가 필요하다. (지면의 강도가 의심스러운 경우, 크레인을 받치거나 위치를 옮기는 것이 보통 사용하는 해결책이다.)

5. 붐 각도가 클 때는 붐의 좌굴 강도에 의해서 크레인의 용량이 제한된다. 격자 구조는 코드선이 고치 모드[식 (9.6)]에서 좌굴되도록, 유효 길이가 짧도록 보장하는 역할을 한다.

좌굴 현상에 대해서는 잘 알려져 있고 설계가 적절한지 확인하는 수학적 툴도 있다. 그럼에도 불구하고 붐의 붕괴는 여전이 때때로 발생하고 있으며, 대부분은 크레인을 잘못 사용함에 의해 발생하는 것이다. 몇 가지 예시를 살펴보면 다음과 같다.

- 첫 번째 사고는, 배 건조를 위해서 선체를 이송하는 과정에서 붐 크레인 붕괴가 발생하였다. 이 작업을 위해서 주로 사용하던 대형 갠트리 크레인이 수리 중이었기 때문에 선체 이송을 위해서 3개의 격자형 팔 크레인을 사용하였나. 크레인의 지지 장치가 전개된 상태에서 크레인은 움직일 수 없기 때문에, 사용자는 하중선을 연결시켜 선체를 시변에서 들어 올린 후, 붐을 옆면으로 회진시켜서 선체를 지면에 내려 놓았다. 이 후 크레인 위치를 이동시키고 지지 장치를 다시 전개하여 고정한 다음, 위 과정을 반복하였다. 어느 순간, 격자형 팔 하나에 좌굴이 발생하였다. 사고를 분석한 결과, 이러한 좌굴을 발생시키기 위해서는 수직 하중의 20% 크기의 측면 하중이 필요했음을 알 수 있었는데, 이 수치는 1등급 허리케인에 의한 측면 하중을 넘는 수치였다!
- 또 다른 격자형 팔 좌굴 파손은 크레인의 용량을 넘어서는 물체를 들어 올리다가 발생한 사고이다. 즉, 하중이 너무 커서 호이스트 전동기가 하중을 들어 올리기 위한 충분한 토크를 발생시키지 못하였다. 그 결과 크레인 운전자는 큰 붐 각도에서 하중선을 하중에 부착하였으며, 호이스트 전동기가 정지할 때까지 선에 인장을 가하고, 호이스트 선에 브레이크를 가하였다. (호이스트 전동기보다 브레이크의 용량이 훨씬 더 높다.) 운전자가 지지 장치를 내린 것은 이 순간이었다. 각각의 지지 장치는 전체 크레인과 크레인의 최대 하중을 들어 올릴 수 있기 때문에 이것이 하중을 들어 올린 셈이었다. 예상할 수 있듯이, 크레인 사용자가 크레인을 회전시킬 때 붐이 좌굴되었다.

정상적으로 사용하면 격자형 팔은 상당히 안정적이고 활용도가 뛰어나다. 극단적인 오용이 위와 같은 붐 좌굴을 발생시킨다.

9.9 요약

기둥 좌굴의 이해를 위해서 세 가지 평형상태를 살펴보았다. 구 또는 원통이 위로 볼록하거나, 평평하거나, 아래로 볼록한 면에 놓여 있을 때 어떠한 현상이 발생하는지 살펴봄으로써 안정 평형, 중립 평형, 불안정 평형상태를 설명하였다. 기둥이 불안정 평형상태에 있을 때, 좌굴이 발생한다. 이 경우에는, 작은 변위라도 기둥 형상의 엄청난 변화를 발생시킬 수 있다. 기둥에 작용하는 하중이 증가하여 임계 하중에 도달하면, 불안정 평형상태가 발생하고 기둥이 직선 형상으로 돌아오지 않는 상태에 도달하게 된다. 따라서 길고 가는 기둥에 있어서는 임계 좌굴 하중이 존재한다. 기둥의 임계 좌굴 응력은 재료의 항복 강도보다 훨씬 낮다. 기둥의 지지조건이 임계 좌굴 하중에 영향을 미치는 것도 확인하였다. 유효 길이의 개념을 사용하여 네 가지 지지 조건을 다룰 수 있다. 중심 하중을 받는 기둥에 대해서 오일러와 존슨 좌굴 기준을 살펴보았다. 또한 편심 하중을 받는 기둥에 대해 살펴보았고, 시컨트 공식을 유도하였다.

핵심어

기둥(column) 압축 하중을 받는 직선의(단면 차원에 비해 상대적으로) 긴 부재

세장비(slenderness ratio) 기둥의 가는 정도의 척도

시컨트 방정식(secant equation) 편심 하중에 의한 기둥의 처짐을 계산하는 식

에센저 식(Essenger equation) 좌굴 하중의 계산에 접선 계수를 고려하는 식

오일러 하중(Euler load) 탄성 기둥의 임계 하중

존슨 식(Johnson equation) 비탄성 좌굴의 임계 하중을 결정하는 데 사용하는 방정식

좌굴(buckling) 약간의 하중 증가에 의한 구조의 갑작스러운 대변형

접선 계수(tangent modulus) 주어진 응력에서의 탄성 계수

접선 계수 방정식(tangent-modulus equation) 에센저 식과 같은 의미

편심률(eccentricity ratio) 단면의 도심으로부터 하중이 얼마나 떨어져서 작용하는지를 측정한 값

AISC 식(AISC equations) 구조의 좌굴을 방지하기 위한 허용 응력의 예측(기둥의 하중이 비례 한도를 넘는 경우의 용량 보정)

공식 정리

오일러 좌굴 방정식: $P_{cr} = \dfrac{n^2\pi^2 EI}{l^2}$

오일러 좌굴에서 임계 응력: $(\sigma_{cr})_E = \dfrac{P_{cr}}{A} = \dfrac{\pi^2 E}{(l/r_g)^2}$

비탄성 좌굴(에센저 식): $\sigma_{cr} = \dfrac{\pi^2 E_t}{(l/r_g)^2}$

임계 세장비: $C_c = \left(\dfrac{l_e}{r_g}\right)_E = \sqrt{\dfrac{2E\pi^2}{S_y}}$

존슨 식: $(\sigma_{cr})_J = \dfrac{(P_{cr})_J}{A} = S_y - \dfrac{S_y^2}{4\pi^2 E}\left(\dfrac{l_e}{r_g}\right)^2$

AISC 좌굴 방정식:

탄성 좌굴: $\sigma_{all} = \dfrac{12\pi^2 E}{23\,(l_e/r_g)^2}$

비탄성 좌굴: $\sigma_{all} = \dfrac{\left\{1 - \left[\dfrac{(l_e/r_g)^2}{2C_c^2}\right]\right\} S_y}{n_\sigma}$,

여기서, $n_\sigma = \dfrac{5}{3} + \dfrac{3\,(l_e/r_g)}{8C_c} - \dfrac{(l_e/r_g)^3}{8C_c^3}$

시컨트 방정식: $y_{max} = e\left[\sec\left(\dfrac{l_e}{2}\sqrt{\dfrac{P}{EI}}\right) - 1\right]$

추천 문헌

Budynas, R.G., and Nisbett, J.K. (2011), *Shigley's Mechanical Engineering Design*, 9th ed., McGraw-Hill.

Juvinall, R.C., and Marshek, K.M. (2012) *Fundamentals of Machine Component Design*, 5th ed.,Wiley.

Ketter, R.L., Lee, G.C., and Prawel, S.P. (1979) *Structural Analysis and Design*, McGraw-Hill.

Manual of Steel Construction (2011) 14th ed., American Institute of Steel Construction.

Norton, R.L. (2011) *Machine Design*, 4th ed., Prentice Hall.

Popov, E.P. (1999) *Engineering Mechanics of Solids*, 2nd ed., Prentice-Hall.

Timoshenko, S.P., and Goodier, J.N. (1970) *Theory of Elasticity*, McGraw-Hill.

Ugural, A.C., and Fenster, S.K. (2003) *Advanced Strength and Applied Elasticity*, 4th ed., Prentice-Hall.

Willems, A. (2009) *Structural Analysis in Theory and Practice*, Elsevier.

참고 문헌

American Institute of Steel Construction (AISC) (2011) *Manual of Steel Construction*, 14th ed.

문제

9.1 기둥이란?

9.2 중립 평형, 안정 평형, 불안정 평형을 정의하라.

9.3 오일러 식이란?

9.4 선형적인 탄소강의 응력 변형률 곡선을 사용하여 접선 계수를 설명하라.

9.5 기둥의 세장비란?

9.6 오일러 식에 재료의 항복 강도가 포함되지 않는 이유를 설명하라.

9.7 존슨 식이란?

9.8 좌굴의 AISC 조건이란?

9.9 편심률을 정의하라.

9.10 시컨트 방정식이란?

정성적 문제

9.11 어떤 사람이 평탄한 길에서 자전거를 타고 있다. 이것은 중립, 안정, 불안정 평형 중에서 어느 것인가? 그 이유를 설명하라.

9.12 골프공이 다음과 같이 놓여 있다.

(a) 작은 언덕 위 꼭대기
(b) 평평한 수평면 위
(c) 얕은 홈 안

각 조건에 대해서 평형의 종류를 결정하고, 그 이유를 설명하라.

9.13 오일러 좌굴이 발생하기 위한 필수 가정을 나열하라.

9.14 표 9.1을 보고 이론적 유효 길이와 근사 지지 소선의 유효 길이가 각 값을 가지는 이유를 설명하라.

9.15 마르텐사이트 강은 1800 MPa 정도의 항복 강도를 가지도록 할 수 있다. 하지만 원하는 구조 형상으로 만들기가 어렵고 다른 강보다 비싸다. 압축 부재에 대해서 이러한 재료를 사용할 때의 장점을 나열하라.

9.16 식 (9.20)을 참고하여 가는 기둥일수록 허용 응력의 감소가 더 큰지, 작은지 결정하고, 왜 그런지 설명하라.

9.17 설계 절차 9.1을 살펴보고, 첫 번째 단계에서 존슨 식이 적합하다고 가정했다면 나머지 설계 절차를 어떻게 수정해야 하는지 설명하라.

정량적 문제

9.18 양 끝이 핀으로 지지된 기둥이 축 방향 압축 하중을 받고 있다. 기둥의 길이는 6 m이고 무게는 2310 N이며, 단면의 모양은 바뀔 수 있다. 기둥의 재료는 강(풀림처리된 AISI 1040)이다. 다음 경우에 대해서 오일러 좌굴 하중을 구하라.

(a) 원형 단면 답 P_{cr} = 113.0 kN.
(b) 정사각 단면 답 P_{cr} = 118.2 kN.
(c) 바깥 지름 100 mm의 원형 중공 단면 답 P_{cr} = 241.8 kN.
(d) 바깥길이 100 mm의 정사각 중공 단면 답 P_{cr} = 354.7 kN.

9.19 양 끝이 핀으로 지지된 3 m 길이의 기둥이 있다. 단면은 바깥지름 30 mm, 두께 5 mm의 원형 튜브 모양이다. 표 A.1부터 표 A.4까지의 재료 중에서 가장 큰 좌굴 하중을 갖는 재료를 찾아라. 또한 AISI 1080 강(담금질 후 800°C에서 불림 처리된), 2014 알루미늄 합금, 몰리브덴의 좌굴 하중을 구하라. 답 AISI 1080일 때 P_{cr} = 7245 N.

9.20 길이 10 m, 800°C의 조질형 AISI 1080강으로 만들어진 기둥에 대해서, 문제 9.18에서 고려한 네 가지 단면 모양에 대한 임계 응력을 구하라. 답 σ_{cr} = 8.511 MPa.

9.21 기둥이 축 방향 압축을 받고 있다. 양단을 고정하기로 되어 있었으나, 제조상 오류로 인해서 다음과 같은 조건을 가지게 되었다.

(a) 한쪽 끝은 고정, 반대쪽은 핀 지지
(b) 양쪽 다 핀 지지

위의 오류로 인해서 임계 탄성 좌굴 하중이 얼마나 감소했는지 구하라. 또한 모서리 길이가 30 mm인 정사각형 단면을 갖고 길이가 4 m인 열처리 AISI 1040 강재로 기둥의 좌굴 하중을 위의 세 가지 지지 소선에 대해서 계산하라. 기둥의 이론적 유효 길이를 가정하라. 답 양단 고정 조건에서 P_{cr} = 11.26 kN.

9.22 한쪽 끝이 핀 지지되고 반대쪽 끝이 부싱으로 고정되어 표 9.1의 값을 적용할 수 없는 탄성 기둥이 있다. 이 기둥의 유효 길이는 $l_e = 0.83l$이다. 기둥의 단면은 바깥 지름이 80 mm이고 두께가 3.0 mm인 원형 튜브 모양이며, 기둥의 길이는 10 m이다. 기둥을 다음 재료로 만들었을 때 탄성 좌굴 하중을 계산하라.

(a) AISI 1080 강 답 15.97 kN.
(b) 폴리카보네이트 답 183 N.

9.23 탄성 AISI 1020(870°C 조질형) 강 기둥의 양쪽 끝이 핀으로 지지되어 있다. 기둥의 길이는 12.5 m이고, 바깥 길이가 160 mm, 두께가 4 mm인 정사각 튜브 단면을 가진다. 축 방향 압축력은 100 kN이다.

(a) 좌굴과 항복이 발생하지 않도록 하는 안전 계수를 구하라. 답 $n_{s,\text{좌굴}} = 1.325$, $n_{s,\text{항복}} = 7.36$.

(b) 지지 조건과 재료를 완전 고정, 2014 알루미늄 합금으로 바꾸었을 때, 좌굴과 항복이 발생하지 않도록 하는 안전 계수를 구하라.

9.24 보의 양쪽 끝이 단단한 고무 부싱에 설치되어 있어서 보의 양 끝에 발생하는 굽힘모멘트가 각 변위에 비례해서 발생한다. 끝에서 모든 방향으로 각 스프링 상수가 $\partial M/\partial\theta = 10^5$ N-m/radian일 때, 보의 유효 길이를 계산하라. 보의 길이는 3 m이고, 지름 24 mm의 원형 단면이며, 재료는 AISI 1080(800°C 조질형) 강이다. 답 1.534 m.

9.25 각각 강과 알루미늄으로 만들어진 두 개의 원형 기둥이 있다. 단면적은 동일하며, 강의 탄성 계수는 207 GPa, 알루미늄의 탄성 계수는 72 GPa이다. 두 기둥에 동일한 좌굴 하중이 가해질 때, 두 기둥의 임계 좌굴 길이의 비를 계산하라. 답 $l_{es}/l_{ea} = 1.696$.

9.26 바깥 지름 d_o, 두께 t_h인 원형 튜브 모양의 텔레비전 안테나 기둥이 그림 a와 같이 세워져 있다. 기둥의 버팀줄에 대해서 기둥이 좌굴하지 않고 소성 변형을 하도록 하는 앵커링 지점 사이의 거리 l을 구하라.

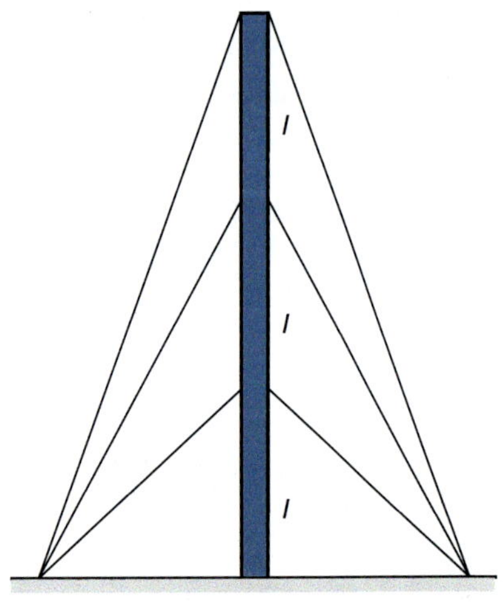

문제 9.26에 대한 그림 a

9.27 3 m 길이의 사각 단면을 갖는 기둥의 양단이 고정되어 있고, 임계 하중은 3×10^5 N이다. 재료는 탄성 계수 207 GPa, 항복 응력 700 MPa의 강이다. 다음을 결정하라.

(a) 파손이 발생하지 않는 단면의 최소 크기는 얼마인가? 오일러 식과 존슨 식 중 어느 것을 사용해야 하는가? 답 $w = 0.045$ m.

(b) 임계 하중이 $P_{\text{cr}} = 3 \times 10^7$ N으로 증가했을 때, 파손이 발생하지 않는 단면의 최소 크기는 얼마인가? 또한, 오일러 식과 존슨 식 중 어느 것을 사용해야 하는지 설명하라.

9.28 한쪽 끝이 고정되고, 반대쪽 끝은 자유인 지름 50 mm, 길이 5 m의 원형 기둥이 있다. 재료의 항복 강도는 300 MPa이고, 탄성 계수는 207 GPa이다. 기둥에 동심 하중이 작용할 때 다음을 결정하라.

(a) 임계 하중. 답 $P_{cr} = 6.268$ kN.

(b) 자유 경계가 고정되었을 때(즉, 양 끝이 모두 고정되었을 때)의 임계 하중. 답 $P_{cr} = 534$ kN.

9.29 지름 50 mm, 길이 1.25 m의 원형 단면의 봉에 축 방향 하중이 가해진다. 봉은 중탄소강으로 만들어진다. 양 끝이 핀으로 지지되어 있을 때, 다음을 결정하라.

(a) 존슨 식, 오일러 식 중 어느 것을 사용해야 하는가?

(b) 임계 하중. 답 382 kN.

9.30 그림 b와 같이 지름 50 mm, 두께 5 mm인 저탄소강 파이프(AISI 1020, 870°C 조질형)가 있다. 파이프가 버팀줄에 의해 고정되어 있을 때, 파이프의 좌굴을 발생시키지 않고 가할 수 있는 최대 수평 하중 P를 구하라. 파이프의 양 끝은 핀 지지로 가정한다. 답 9.154 kN.

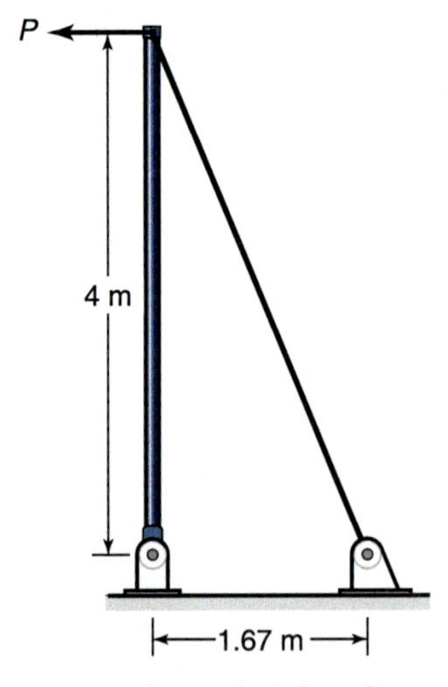

문제 9.30에 대한 그림 b

9.31 지름 20 mm의 중탄소강(풀림열처리된 AISI 1040) 막대가 양 끝이 핀으로 지지된 기둥과 같은 하중을 받고 있다. 임계 하중이 100 kN이라면, 막대의 길이가 각각 얼마일 때 다음과 같은 임계 하중의 퍼센트를 지탱할 수 있는가? (a) 90%, (b) 50%, (c) 2%? 또한, 존슨 식과 오일러 식 중 어느 것을 사용해야 하는지 설명하라. 답 (a) 0.3256 m, (b) 0.5663 m, (c) 2.832 m.

9.32 대부분의 강 재료는 비슷한 탄성 계수를 가지지만, 합금과 열처리에 따라서 항복 강도는 큰 차이를 보인다. 지름 25 mm의 원형 단면을 갖는 기둥에 대해, 항복 강도가 300, 600, 1000 MPa인 세 가지 강재가 있다. 좌굴에 대한 오일러 식을 이용해서 각 강재 기둥의 임계 길이를 구하라. 답 $S_y = 300$ MPa에서 $l_e = 0.7294$ m.

9.33 간면적이 고정되어 있는 튜브 모양의 강 기둥에 대해서, 최내 좌굴 하중을 갖도록 하는 단면의 형상을 찾아라. 단, 튜브의 두께는 최소 5 mm이다.

9.34 직사각형 단면을 가지는 튜브가 축 방향으로 압축 하중을 받고 있다. 튜브의 바깥 길이는 70 mm와 90 mm이고, 양 끝은 핀으로 지지되어 있으며 튜브의 길이는 4 m, 튜브 두께는 10 mm이다. 첨부 A.2의 표에 있는 강 중에서 오일러 식을 적용할 수 있는 재료는 어느 것인지 결정하라.

9.35 문제 9.34에서의 기둥이 풀림열처리된 870°C 조질형 AISI 1020 강으로 만들어졌다. 임계 좌굴 하중을 구하라. 답 360 kN.

9.36 2.5 m 길이의 기둥이 한쪽 끝은 고정되어 있고, 반대쪽 끝은 자유이며, 재료는 2014-O 알루미늄 합금이고, 원형 단면을 가진다. 다음 하중에 대해서 기둥의 지름을 구하라.

(a) $P = 800$ kN. 답 $d = 0.1547$ m.

(b) $P = 1500$ kN

9.37 60 mm × 100 mm 크기의 직사각 단면을 갖는 1 m 길이의 기둥이 2014-O 알루미늄 합금으로 만들어졌으며, 축 방향 압축 하중을 받고 있다. 다음 경우에 대한 임계 좌굴 하중을 구하라.

(a) 양 끝이 고정단일 때. 답 565 kN.

(b) 한쪽 끝은 고정되어 있고, 반대쪽 끝은 자유일 때. 답 316 kN.

(c) (b)의 경우에서 편심 하중이 10 mm 편심되어 가해지는 경우. 답 109.6 kN.

9.38 35 mm × 60 mm의 직사각 단면을 갖고 양 끝이 핀으로 지지된 기둥이 풀림열처리된 AISI 1040 강으로 만들어졌다. 기둥의 길이는 4 m이고, 하중은 15 mm의 편심을 가진다. 100 N의 압축력이 가해질 때, 탄성 처짐을 구하라. 또한, 영구 변형이 발생하지 않으면서 가할 수 있는 최대 하중을 계산하라. 답 $y_{max} = 68\ \mu$m, $P = 21.94$ kN.

9.39 문제 9.38에서 살펴본 기둥에 대해서 하중이 0~24,000 N으로 증가할 때, 변형을 축하중의 함수로 구하고 그래프를 그려라.

종합과 설계 문제

9.40 알루미늄 캔 음료수를 구해서 조심히 절반을 자르고 벽의 두께와 캔의 지름을 측정한다. 캔의 임계 좌굴 하중을 계산하고, 그 값이 당신의 무게보다 큰지 작은지 판단한다. 또 하나의 빈 캔 위에 올라선다. 캔에 좌굴이 발생하는가? 그 이유를 설명하라. 항복 강도는 180 MPa, 탄성 계수는 69 MPa라 가정한다.

9.41 압축 시험기를 이용하여 표 9.1의 실험 자료를 얻기 위해서 길이가 다른 여러 봉을 압축한다. 탄성, 비탄성 좌굴 영역을 살펴보기 위해서 주어진 단면에 대해 필요한 기둥 길이를 계산해 고려하는 것이 신중한 방법이다.

9.42 오일러 좌굴을 가정하여 원형 단면을 갖는 기둥의 무게를 재료 물성, 길이, 가해진 하중의 함수로 유도하라. 재료 물성치가 어떠한 조합일 때 기둥의 무게가 가장 작아지는가?

9.43 (오일러 좌굴을 가정하여) 기둥 자체의 무게로 좌굴이 발생하는 원형 기둥의 높이를 구하라. 표지 안쪽 면에 있는 재료들에 대한 원형 기둥의 높이를 비교하라.

9.44 *이중 계수 이론*에 따르면, 좌굴 중에 기둥 단면에서 인장이 발생하는 부분에서는 접선 계수를 사용해야 하고, 압축이 발생하는 부분에서는 원래의 탄성 계수를 사용하는 것이 적합하다. 재료의 두 가지 탄성 계수 E_t와 E를 이용해서 모델을 만들고, 좌굴 하중이 다음과 같음을 보여라.

$$P_{cr} = \frac{\pi^2 E_r I}{L^2}$$

여기서 E_r은 *축소 계수*라 하며, $E_r = E_t \frac{I_1}{I} + E\frac{I_2}{I}$과 같고, 여기서 I_1, I_2는 각각 인장 부분과 압축 부분에서의 관성모멘트의 일부를 의미한다.

9.45 문헌 조사를 통해서 식 (9.19)부터 식 (9.21)까지의 과정과 유사한 알루미늄의 좌굴에 대한 설계 규칙을 찾아라.

9.46 낚싯대는 낚싯줄을 대에 고정하기 위해서 여러 구멍을 사용한다. 모든 구멍을 사용할 때는 맨 위의 구멍만 사용할 때에 비해서 낚싯대의 강성이 증가함을 실험으로 보이고 그 이유를 설명하라.

9.47 사례 연구 9.1에서, 격자형 팔은 고차 좌굴 모드에서 좌굴이 발생하도록 되어 있다고 설명하였다. 측면 하중이 있을 때와 없을 때에 대해서 격자형 팔의 좌굴 모드를 자세히 스케치하라.

원통의 응력과 변형

일반적인 음료수 캔. 음식 용기와 함께 이들은 가장 흔한 압력 용기이다. 출처: Shutterstock.

모든 것에서 성공은 사전 준비에 달려 있다. 이러한 준비 없이는 확실히 실패한다.

Confucius, Analects

차례

예제

설계 절차

사례 연구

이 장에서는 내부 또는 외부에서 압력을 받는 원통에 발생하는 응력과 변형을 고찰한다. 이러한 기본적인 형상은 가스 저장 원통, 음식과 음료수 캔 및 병, 연료 탱크, 유압 액추에이터와 총신(gun barrels), 압입 및 수축 맞춤, 압축 유체를 이송하기 위해 사용되는 수압 및 공압 관 그리고 펌프와 모터 등을 포함한 많은 실제 사례에서 볼 수 있다. 이 장은 공차, 허용 그리고 맞춤에 대한 논의로 시작하는데, 이들은 압입 및 수축 맞춤에서 엄격하게 요구되는 설계 제약조건을 이해하는 데 필수적이다. 다양한 응용에 적합한 맞춤 등급과 공차들도 정리하여 설명한다. 또 얇은 벽을 가진 압력 용기의 막(membrane) 응력을 기술하고, 두꺼운 벽을 가진 압력 용기에 대한 선형 탄성 해를 유도한 후, 흔한 적용 예에 대해 단순화된 해를 제시한다. 이 이론은 두 가지의 가장 흔한 조립 방법인 압입과 수축 맞춤에 적용된다. 압입과 수축 맞춤을 위해 작용시켜야 하는 힘과 이들 조립에 의해 얻을 수 있는 허용 토크값도 유도한다.

이 장에서 다루는 기계 요소: 압력 용기, 압입과 수축 맞춤, 유압관과 송유관

대표적인 응용 사례: 액체 및 가스 저장고, 축 요소 조립, 유압 원통과 같은 작동 기구, 총신

관련 기계 요소: 키웨이, 세트 스크류, 스플라인과 커플링(11장), 동력 나사(16장), 용접(16장)

기호

A	단면적, m^2
C_1, C_2	적분 상수
c	축 간극, m
d	직경, m
E	탄성 계수, Pa
l	길이, m
n_s	안전 계수
P	힘, N
P_b	단위 부피당 체적력, N/m^3
p	압력, Pa
r	반경, m
S_y	항복 강도, Pa
T	토크, N-m
t_h	두께, m
t_l	공차, m
Δt_m	온도 변화, ℃
x, y, z	평면 좌표, m
α	원뿔 각, deg
β	선형 열 팽창 계수, (℃)$^{-1}$
δ	간섭 혹은 변위, m
ϵ	변형률
θ	원주 방향, rad
μ	마찰 계수
ν	프와송 비
ρ	밀도, kg/m^3
σ	수직 응력, Pa
ω	각속도, rad/s

하첨자

a	축 방향
c	원주 방향
e	폰미세스
f	맞춤
h	허브
i	내부 혹은 외부
o	반경 방향
s	축
t	접선 방향
t_m	온도 변화
θ	원주 방향

10.1 서론

기둥에 작용하는 특정 하중과 응력 및 변형률을 다루었던 이전 장과 마찬가지로 이 장은 내부 혹은 외부에 압력이 가해지는 원통을 다룬다. 많은 중요한 공학적 적용 예가 이 조건에 해당한다.

이 장에서 다루는 내용은 이 교재의 후반부에서 다루어질 기계 요소를 이해하는 데 있어 매우 중요하다. 10.2절은 서로 짝을 이루는 부품 설계 시 필수적인 개념인 공차와 맞춤을 논의한다. 10.3절은 내부 및 외부 압력에 의해 얇은 벽의 원통 또는 두꺼운 벽의 원통에 발생하는 응력을 설명할 것이다. 10.4절은 회전 효과를 포함한다. 발전을 거듭해온 이론적 접근을 사용하여 압입과 수축 맞춤이 10.5절, 10.6절에서 논의될 것인데, 어떤 독자들은 이 절들로 바로 이동하고 싶을 수도 있다.

박판, 후판, 내압, 외압, 회전하는 원통뿐만 아니라 압입 및 수축 맞춤에서 발생하는 응력과 변형을 고찰할 것이다. 이 장에서 소개되는 내용은 축 설계(11장)와 구름 요소 베어링(13장) 그리고 유체 윤활 베어링(12장)과 같은 다수의 기계 요소에서 매우 중요하다.

10.2 공차와 맞춤

공차에 관한 여러 정의들은 설계에서 매우 중요하다.

1. **공차**(tolerance) t_l는 요소의 치수에 있어 허용되는 최대 편차이다. 두 종류의 공차가 있다.
   (a) **양측 공차**(bilateral tolerance) — 예를 들어 25 ± 0.030과 같이 요소는 공칭 치수로부터 위와 아래 모두 변할 수 있도록 허용된다.
   (b) **편측 공차**(unilateral tolerance) — 예를 들어 $25^{+0.000}_{-0.030}$과 같이 공칭 치수의 위 혹은 아래쪽으로의 편차만 허용된다.

2. **공칭 직경**(nominal diameter) d는 개략적인 치수이며, 공차가 공칭 치수에 대해 적용된다.
3. **여유**(allowance) a는 서로 짝을 이루는 공칭 직경 사이의 차이이다. 여유는 짝을 이루는 요소 사이에 측정 가능한 정도의 틈새를 가질 때 사용되는 용이이다.
4. **간섭**(interference) δ는 서로 짝을 이루는 요소의 치수 차이로 인해 발생한다. 간섭은 두 요소가 겹칠 때 사용되고 여유의 반대 개념으로 생각할 수 있다.

축 직경의 공차 t_{ls}와 허브 직경의 공차 t_{lh}는 서로 다를 수 있음에 유의하라.

제조 관점에서 부품을 정확한 치수로 가공한다는 것은 불가능하거나 현실적이지 않으므로, 조립되는 부품들 사이의 편차를 조절하기 위해 공차를 사용한다. 다음의 두 예는 공차의 중요성을 보여준다.

1. 유체 윤활 베어링(12장)에서 설계의 핵심은 저널과 베어링 사이의 반경 방향 간격을 정하는 것이다. 간격의 전형적인 값은 약 0.02 mm이다. 그러나 저널 외부 직경과 베어링 내부 직경의 편차로 인해 간격은 더 커지거나 작아진다. 이와 같은 편차는 베어링 성능을 해석할 때 반드시 고려되어야 한다. 너무 작은 간격은 파손을 유발할 수 있고, 너무 큰 간격은 기계의 정밀도를 낮추고 윤활에 좋지 않은 영향을 미친다. 따라서 치수의 공차와 정밀도는 유체 윤활 베어링의 성능에 상당한 영향을 미칠 수 있다.
2. 구름 요소 베어링(13장)은 흔히 간섭 맞춤으로 축(11장)에 설치되도록 설계된다. 베어링 내륜의 내경은 베어링이 설치되는 축의 외경보다 작나. 베어링을 축 안으로 압입하기 위해 상당한 힘을 필요로 한다. 따라서 축과 베어링 양쪽 모두에 상당한 응력이 발생된다. 베어링 내경에 따라 축 직경을 잘 결정하는 것은 과도한 응력과 그로 인한 파손을 피하기 위해 중요하다. 요소에 적절한 공차를 부여하는 것은 성공적인 설계에 크게 기여한다.

표 10.1: 맞춤의 등급.

등급	종류	응용 사례
1(헐거운)	간격	빌딩과 광산 장치에서와 같이 정확도가 필수적이지 않은 경우
2(자유로운)	간격	엔진과 일부 자동차 부품과 같이 속도 600 rpm 혹은 그 이상의 속도로 회전하는 저널
3(중간)	간격	정밀 기계 공구와 정밀 자동차 부품과 같이 속도 600 rpm 이하로 회전하는 저널
4(꼭 맞는)	간격	작은 간격이 허용되는 경우와, 짝을 이루는 부품이 하중에 의해 자유롭게 이동하지 않기를 바라는 경우
5(마주 비비는)	간섭	부품을 결합하기 위해 해머를 이용해 가볍게 두드리는 것이 필요한 경우
6(꽉 끼는)	간섭	드라이브에 적합한 준 영구적 조합 혹은 작은 단면의 수축 맞춤
7(중간)	간섭	조립에 상당한 응력이 요구되는 경우와 중간 크기 단면의 수축 맞춤; 발전기와 모터 전기자의 압입과 자동차 바퀴에 적합
8(수축 맞춤)	간섭	기관차 바퀴와 대형 엔진의 중장비 크랭크 축과 같이 두 표면 사이에서 상당한 접착이 요구되는 경우

표 10.1은 맞춤의 8가지 등급, 맞춤의 종류 그리고 그들의 응용 사례를 보여주고 있다. 등급 1~4는 부품들이 상호교체 가능하나 등급 5~8은 불가함에 주목하라. 맞춤의 등급을 설정하였으면, 다음 과제는 그 등급에 맞는 공차를 부여하는 것이다. 표 10.2는 다양한 등급에 대한 공차를 밀리미터 단위로 나타낸다. 이 표에서 d는 공칭 직경을 나타낸다.

허용 공차, 간섭 그리고 공차를 표시했으면, 다음 단계는 허브와 축의 최대 및 최소 직경을 설정하는 것이다. 표 10.3은 두 종류의 맞춤(간격 맞춤과 간섭 맞춤)에 대한 지수들을 제공하고 있다. 따라서 표 10.2와 10.3은 여덟 등급의 맞춤에 대한 축과 허브 직경의 상한과 하한을 설정한다.

예제 10.1

간섭과 맞춤 등급

조건 공칭 직경 75 mm의 축에 중간 간섭 맞춤이 적용된다.

문제 간섭, 허브와 축의 공차 그리고 허브와 축 직경을 결정하라.

풀이 표 10.1로부터 맞춤 등급은 7임을 알 수 있다. 표

표 10.2: 맞춤 등급별 밀리미터 단위의 추천 공차.

등급	여유 a	간섭 δ	허브 공차 t_{lh}	축 공차 t_{ls}
1	$0.0073d^{2/3}$	—	$0.0216d^{1/3}$	$0.0216d^{1/3}$
2	$0.0041d^{2/3}$	—	$0.0112d^{1/3}$	$0.0112d^{1/3}$
3	$0.0026d^{2/3}$	—	$0.0069d^{1/3}$	$0.0069d^{1/3}$
4	0.000	—	$0.0052d^{1/3}$	$0.0035d^{1/3}$
5	—	0.000	$0.0052d^{1/3}$	$0.0035d^{1/3}$
6	—	$0.00025d$	$0.0052d^{1/3}$	$0.0052d^{1/3}$
7	—	$0.0005d$	$0.0052d^{1/3}$	$0.0052d^{1/3}$
8	—	$0.0010d$	$0.0052d^{1/3}$	$0.0052d^{1/3}$

표 10.3: 두 종류의 맞춤에 대한 축과 허브의 최대 및 최소 직경.

맞춤 종류	허브 직경		축 직경	
	최대 $d_{h,\max}$	최소 $d_{h,\min}$	최대 $d_{s,\max}$	최소 $d_{s,\min}$
간격	$d + t_{lh}$	d	$d - a$	$d - a - t_{ls}$
간섭	$d + t_{lh}$	d	$d + \delta + t_{ls}$	$d + \delta$

10.2로부터 맞춤 등급 7에 대하여 다음과 같다.

$$\delta = 0.0005d = 0.0005(75) = 0.0375\ \text{mm},$$

$$t_{lh} = t_{ls} = 0.0052d^{1/3} = 0.0052(3)^{1/3} = 0.0219\ \text{mm}.$$

표 10.3의 간섭 맞춤으로부터 허브 직경은

$$d_{h,\max} = d + t_{lh} = 75 + 0.0219 = 75.0219\ \text{mm},$$

$$d_{h,\min} = d = 75\ \text{mm}.$$

그리고 축 직경은 다음과 같다.

$$\begin{aligned} d_{s,\max} &= d + \delta + t_{ls} \\ &= 75 + 0.0375 + 0.0219 \\ &= 75.059\ \text{mm}, \\ d_{s,\min} &= d + \delta \\ &= 75 + 0.0219 \\ &= 75.0219\ \text{mm}. \end{aligned}$$

10.3 가압 효과

이 절은 내압과 외압을 받는 박판과 후판 원통을 소개한다. 이 절의 내용은 넓은 범위의 응용 분야에 사용되며 그 중 일부는 다음과 같다.

1. 내부 혹은 외부에서 압력을 받는 압력 용기
2. 저장 탱크
3. 총신
4. 유압과 공압 원통
5. 변속기 유압 라인
6. 구름 요소 베어링의 내륜 및 외륜 혹은 축에 억지로 끼워 맞춘 기어와 같은 기계 요소들

박판 원통(thin-walled cylinders)과 **후판 원통**(thick-walled cylinders)은 반드시 구별되어야 한다. 이 교재에서 원통의 내경 d_i가 두께 t_h보다 40배 클 때, 박판 원통으로 간주한다. 원통 내경과 두께의 비가 작은 경우에는 후판 분석이 사용되어야 한다. 이 기준은 어느 정도 임의적이고 원하는 정밀도에 따라 달라질 수 있지만 좋은 길잡이가 된다. 이를 수학적으로 표현하면 다음과 같다.

$$\frac{d_i}{t_h} > 40 \quad \rightarrow \quad \text{박판 원통} \tag{10.1}$$

$$\frac{d_i}{t_h} < 40 \quad \rightarrow \quad \text{후판 원통} \tag{10.2}$$

10.3.1 박판 원통

그림 10.1a는 내압 p_i를 받는 박판 원통을 보여준다. 응력 분

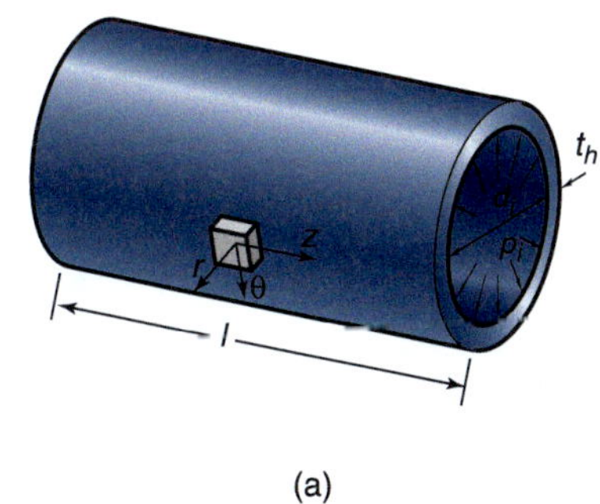

(a)

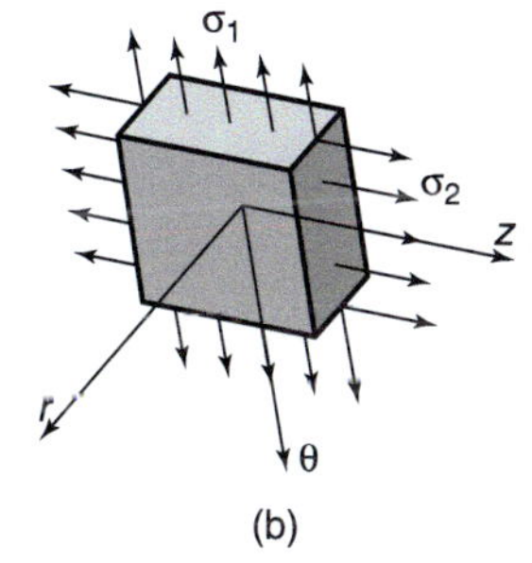

(b)

그림 10.1: 내압을 받는 박판 원통. (a) 원통의 응력 요소, (b) 요소에 작용하는 응력.

포는 두께에 걸쳐 균일하다고 가정한다. 반경 방향 응력은 원주 방향 응력에 비해 작다. 그 이유는 $t_h \ll d_i$이기 때문이다. 따라서 그림 10.1b에 나타난 미소 요소는 주응력과 함께 평면 응력으로 간주될 수 있다.

그림 10.1에 주어진 원통의 전면부인 그림 10.2는 내압으로 인해 미소 요소에 작용하는 응력을 나타내고 있다. 이 요소는 두께 방향으로 길이 d_l을 가진다. 반경 방향으로 힘의 평형을 적용하면

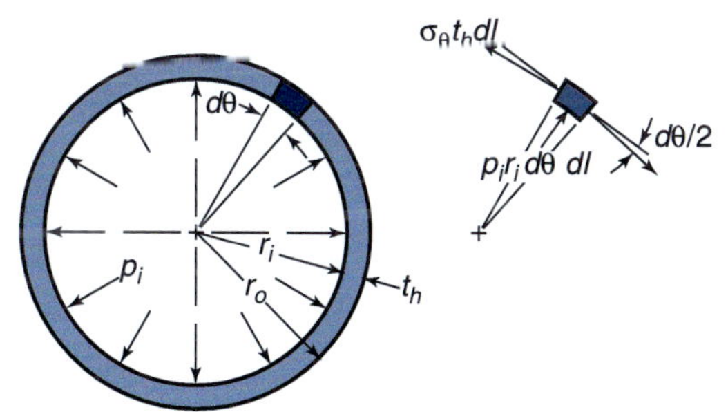

그림 10.2: 내압을 받는 박판 원통의 정면도.

$$p_i r_i \, d\theta \, dl = 2\sigma_{\theta,\text{avg}} \sin\left(\frac{d\theta}{2}\right) t_h \, dl.$$

$d\theta/2$는 작기 때문에 $\sin(d\theta/2) \approx d\theta/2$이다. 따라서

$$\sigma_{\theta,\text{avg}} = \frac{p_i r_i}{t_h}. \tag{10.3}$$

응력의 θ 성분은 접선 응력 혹은 **후프 응력**(hoop stress)이라 불린다. 후프 응력이라는 이름은 목재 드럼통의 나무 판들을 고정하기 위해 철재 후프 혹은 링(ring)을 가열하여 통의 바깥에 꼭 맞게 두른 설계로부터 유래한다. 박판 압력 용기의 경우 $r_i \approx r$이 된다. 따라서

$$\sigma_\theta = \frac{p_i r}{t_h}. \tag{10.4}$$

축 응력을 받는 면적은

$$A = \pi(r_o^2 - r_i^2) = 2\pi r_{\text{avg}} t_h. \tag{10.5}$$

따라서 축 방향 평균 인장 응력은

$$\sigma_{z,\text{avg}} = \frac{p_i r_i^2}{r_o^2 - r_i^2} = \frac{p_i r_i^2}{2 r_{\text{avg}} t_h}.$$

그러나 $r_i \approx r$이기 때문에,

$$\sigma_z = \frac{p_i r}{2 t_h}. \tag{10.6}$$

반경 방향 응력은 평형으로부터

$$\sigma_r = p. \tag{10.7}$$

그러나 압력은 일반적으로 σ_θ 혹은 σ_z 보다 훨씬 작아 $\sigma_r = 0$로 근사해도 합리적이다. 원주 (hoop) 응력은 축 응력의 두 배이다. 요약하면, 박판 원통의 주응력은

$$\sigma_1 = \sigma_\theta = \frac{p_i r}{t_h}, \tag{10.8}$$

$$\sigma_2 = \sigma_z = \frac{p_i r}{2 t_h}, \tag{10.9}$$

$$\sigma_3 = \sigma_r = 0. \tag{10.10}$$

예제 10.2

박판 원통

조건 항복 강도 400 MPa의 소재로 제작된 내경 100 mm의 원통이 내압 2 MPa에 놓여 있다. 안전 계수 3을 사용하고 박판 해석이 적당하다고 가정한다.

문제 항복을 방지하기 위해 필요한 벽 두께를 다음 근거로 결정하라.

(a) 최대 전단 응력 이론(MSST)
(b) 뒤틀림 에너지 이론(DET)

풀이 식 (10.8)~(10.10)으로부터

$$\sigma_1 = \sigma_\theta = \frac{p_i r}{t_h} = \frac{(2 \times 10^6)(0.050)}{t_h},$$

$$\sigma_2 = \sigma_z = \frac{p_i r}{2t_h} = \frac{(2 \times 10^6)(0.050)}{2t_h},$$

$$\sigma_3 = \sigma_r = 0.$$

$\sigma_1 > \sigma_2 > \sigma_3$이므로 주응력들이 식 (2.18)에 맞게 정렬되어 있다.

(a) 식 (6.8)로부터 항복은 최대 전단 응력 이론에 따르면 아래 조건에서 발생한다.

$$\sigma_1 - \sigma_3 = \frac{S_y}{n_s}.$$

σ_1과 σ_3을 대체하고 두께에 대해 풀면

$$t_h = \frac{p_i r n_s}{S_y} = \frac{(2 \times 10^6)(0.050)(3)}{400 \times 10^6} = 0.75 \text{ mm}.$$

(b) 이 경우 $\sigma_2 = \sigma_1/2$임에 주목하라. 2축 응력 상태에 대한 폰미세스 응력은 식 (6.12)로부터 다음과 같이 구해진다.

$$\sigma_e = \left(\sigma_1^2 + \sigma_2^2 - \sigma_1\sigma_2\right)^{1/2} = \left(\frac{3\sigma_1^2}{4}\right)^{1/2} = \sqrt{\frac{3}{4}}\sigma_1.$$

σ_1을 대입하면

$$\sigma_e = (0.8660)\frac{(2 \times 10^6)(0.050)}{t_h} = \frac{(8.66 \times 10^4)}{t_h}.$$

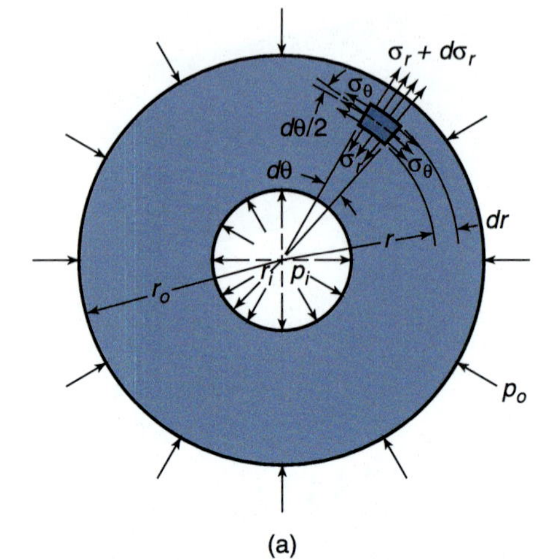

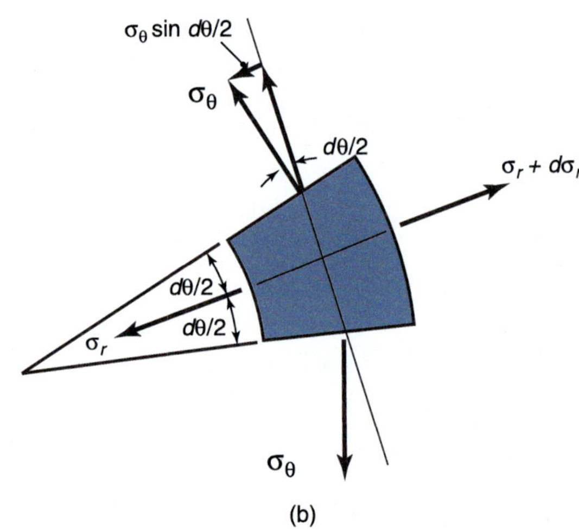

그림 10.3: 내압과 외압을 받는 후판 원통의 정면도. (a) 원통에 작용하는 응력, (b) 요소에 작용하는 응력의 상세도.

식 (6.11)로부터 항복은 아래 식을 만족할 때 발생한다.

$$\sigma_e = \frac{S_y}{n_s}.$$

따라서 벽 두께는 다음과 같다.

$$t_h > \frac{(8.66 \times 10^4)\, n_s}{S_y} = \frac{(8.66 \times 10^4)(3)}{400 \times 10^6} = 0.650 \text{ mm}.$$

10.3.2 후판 원통

10.3.1절에서 원통 벽이 얇은 경우에는 원주 방향 응력 혹은

후프 응력 σ_θ가 벽 두께를 따라 일정한 것으로 가정할 수 있음을 지적하였다. 그러나 이 가정은 후판 원통에서는 성립될 수 없다.

그림 10.3a는 반경 방향으로 하중이 작용하고 내압 p_i와 외압 p_o를 받는 후판 원통을 보여준다. 후판 원통의 응력 요소가 그림 10.3b에 나타나 있다. 몸통과 하중이 축 대칭이므로, 원주 방향 및 반경 방향으로 전단 응력은 존재하지 않고 오로지 수직 응력 σ_θ와 σ_r만 응력 요소에 작용한다. 하중이 2차원이므로 평면 응력만 발생한다. 만일 축하중이 추가되면 [10.3.1절에서 얻은 식 (10.6)], 3번째 주응력이 0에서 σ_z로 바뀌기만 하면 된다.

그림 10.4는 변형 이전의 원통형 극좌표 요소를 보여준다. 반경 방향과 원주 방향 변위는 각각 δ_r과 δ_θ로 주어지져 있나. 반경 방향 변형률은

$$\epsilon_r = \frac{\partial \delta_r}{\partial r} = \frac{\delta_r + \dfrac{\partial \delta_r}{\partial r} dr - \delta_r}{dr}. \qquad (10.11)$$

원주 방향 변형률은 새로운 반경 $r + \delta_r$으로의 변위와 연관

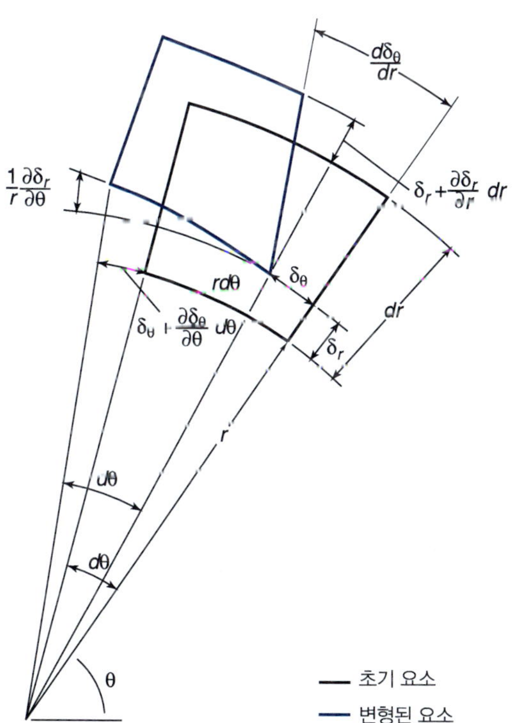

그림 10.4: 변형 전과 후의 원통 좌표계 응력 요소.

되어 있다.

$$\epsilon_\theta = \frac{(r+\delta_r)d\theta - rd\theta}{rd\theta} = \frac{\delta_r}{r}. \qquad (10.12)$$

원형 대칭성을 고려하면 그림 10.4에 나타난 원주 방향 변화는 무시할 수 있다. 비대칭 단면, 응력집중, 국부 항복 등에 의해 이러한 변형이 발생될 수 있으나, 이들은 여기서 고려하는 원통에는 존재하지 않는 것으로 가정한다. 훅의 법칙(Hook's law), 즉 2축 응력 상태에 대한 응력-변형률 관계 [식 (B.58) 참조]와 식 (10.11) 및 식 (10.12)를 이용하여

$$\epsilon_r = \frac{\partial \delta_r}{\partial r} = \frac{1}{E}(\sigma_r - \nu\sigma_\theta), \qquad (10.13)$$

$$\epsilon_\theta = \frac{\delta_r}{r} = \frac{1}{E}(\sigma_\theta - \nu\sigma_r). \qquad (10.14)$$

반경 및 원주 방향 응력에 대한 표현은 요소의 힘 평형으로부터 얻어진다. 그림 10.3b는 상세한 응력의 식을 제공한다. 반경 방향으로의 힘을 합하면

$$(\sigma_r + d\sigma_r)(r+dr)\, d\theta\, dz - \sigma_r r\, d\theta\, dz - 2\sigma_\theta \sin\left(\frac{d\theta}{2}\right) dr\, dz = 0. \qquad (10.15)$$

작은 $d\theta$의 경우, $\sin(d\theta/2) \approx d\theta/2$이다. 그리고 식 (10.15)는 다음과 같이 간단하게 된다.

$$\sigma_\theta = r\frac{d\sigma_r}{dr} + \sigma_r. \qquad (10.16)$$

식 (10.13), 식 (10.14) 그리고 식 (10.16)은 3개의 미지수 δ_r, σ_r, σ_θ에 관한 3개의 방정식이다. 식 (10.16)을 식 (10.13)과 식 (10.14)에 대입하고, 식 (10.14)를 r에 관해 미분하면 다음을 얻는다.

$$0 = 3\frac{d\sigma_r}{dr} + r\frac{d^2\sigma_r}{dr^2}. \qquad (10.17)$$

식 (10.17)은 다음과 같이 다시 쓸 수 있다.

$$0 = 2\frac{d\sigma_r}{dr} + \frac{d}{dr}\left(r\frac{d\sigma_r}{dr}\right). \qquad (10.18)$$

적분을 수행하면

$$0 = 2\sigma_r + r\frac{d\sigma_r}{dr} + C_1.$$

이 식을 다시 정리하면

$$0 = \frac{d}{dr}\left(r^2\sigma_r\right) + C_1 r.$$

적분은 다음과 같다.

$$\sigma_r = -\frac{C_1}{2} - \frac{C_2}{r^2}. \tag{10.19}$$

내압과 외압을 받는 후판 원통의 경계 조건은

1. $r = r_i$에서 $\sigma_r = -p_i$
2. $r = r_o$에서 $\sigma_r = -p_o$

부호 규약에 주의하라. 양의 압력은 압축, 즉 음의 응력을 의미한다. 그러므로 경계 조건에 음의 부호가 나타난다. 경계 조건을 적용하면 다음과 같다.

$$\sigma_r = \frac{p_i r_i^2 - p_o r_o^2 + (p_o - p_i)\left(\frac{r_o r_i}{r}\right)^2}{r_o^2 - r_i^2}, \tag{10.20}$$

$$\frac{d\sigma_r}{dr} = -\frac{2(p_o - p_i)(r_o r_i)^2}{r^3(r_o^2 - r_i^2)}. \tag{10.21}$$

식 (10.20)과 식 (10.21)을 식 (10.16)에 대입하면

$$\sigma_\theta = \frac{p_i r_i^2 - p_o r_o^2 - \left(\frac{r_i r_o}{r}\right)^2 (p_o - p_i)}{r_o^2 - r_i^2}. \tag{10.22}$$

식 (10.20)과 식 (10.22)는 내부 및 외부에서 압력을 받는 후판 원통에 적용되는 일반식이다. 일부 특수한 경우에는 다음과 같이 식이 간단해지는데, 기계 요소에 많이 적용된다.

내압 조건(internally pressurized)

많은 경우 외압 p_o가 영이고, 이때 식 (10.20)과 식 (10.22)는 다음과 같이 된다.

$$\sigma_r = \frac{p_i r_i^2\left(1 - \frac{r_o^2}{r^2}\right)}{r_o^2 - r_i^2}, \tag{10.23}$$

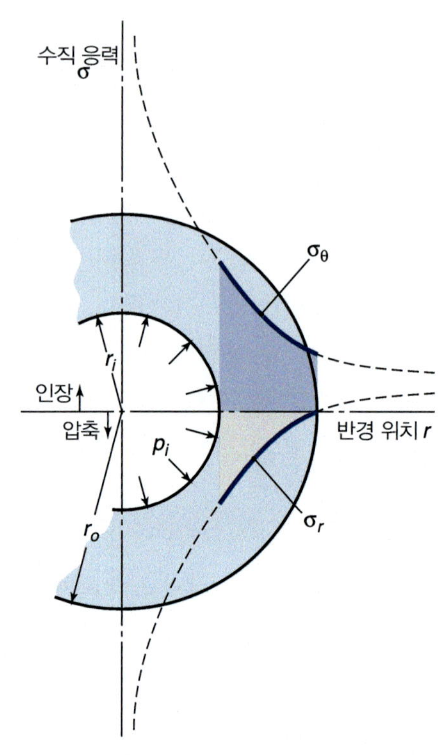

그림 10.5: 내부 압력이 가해지는 후판 원통의 원주 방향 응력과 반경 방향 응력 분포.

$$\sigma_\theta = \frac{p_i r_i^2\left(1 + \frac{r_o^2}{r^2}\right)}{r_o^2 - r_i^2}. \tag{10.24}$$

그림 10.5는 내압이 가해지는 원통의 반경 방향 응력과 원주 방향 응력을 나타내고 있다. 원주 방향 응력은 인장이고 반경 방향 응력은 압축이다. 최대 응력은 $r = r_i$에서 발생한다.

$$\sigma_{r_{\max}} = -p_i, \tag{10.25}$$

$$\sigma_{\theta_{\max}} = p_i\left(\frac{r_o^2 + r_i^2}{r_o^2 - r_i^2}\right). \tag{10.26}$$

식 (10.14)로부터 최대 응력 지점에서 계산된 원주 방향 변형률은

$$\epsilon_\theta = \frac{\delta_r}{r_i} = \frac{p_i}{E}\left(\frac{r_o^2 + r_i^2}{r_o^2 - r_i^2} + \nu\right), \tag{10.27}$$

여기서 ν는 프와송 비이다. 반경 방향 변위는 외부를 향하고 다음과 같다.

$$\delta_r = \frac{p_i r_i}{E}\left(\frac{r_o^2 + r_i^2}{r_o^2 - r_i^2} + \nu\right). \tag{10.28}$$

예제 10.3

내압이 가해지는 후판 원통

조건 내압 100 MPa까지 견딜 수 있는 유압 실린더가 있다. 유압 실린더의 안쪽 반경은 100 mm이고 벽의 두께는 35 mm이다.

문제 박판 원통 해석과 후판 원통 해석을 모두 수행하여 유압 실린더에 작용하는 원주 방향 응력과 축 방향 응력을 구하라.

풀이 식 (10.8)과 식 (10.9)를 이용한 박판 원통 해석으로부터 다음을 구할 수 있다.

$$\sigma_1 = \frac{p_i r}{t_h} = \frac{(100 \times 10^6)(0.1)}{0.035} = 285.7\text{ MPa},$$

$$\sigma_2 = \frac{p_i r}{2t_h} = 142.9\text{ MPa}.$$

내압 조건의 후판 원통 해석에서는 식 (10.26)으로부터

$$\sigma_{\theta,\max} = p_i\left(\frac{r_o^2 + r_i^2}{r_o^2 - r_i^2}\right) = (100 \times 10^6)\left(\frac{0.135^2 + 0.10^2}{0.135^2 - 0.10^2}\right),$$

즉 $\sigma_{\theta,\max} = 343.2$ MPa이다. 축 방향 응력이 벽 두께 전체에 걸쳐 일정하다고 가정하면,

$$\sigma_z = \frac{\pi r_i^2 p_i}{\pi(r_o^2 - r_i^2)} = \frac{(0.10)^2(100 \times 10^6)}{0.135^2 - 0.10^2} = 121.6\text{ MPa}.$$

이 문제에서 후판 해석과 박판 해석의 차이가 크다는 것에 주목하라.

외압 조건(externally pressurized)

만일 내압이 영이고 원통이 외부 압력만 받는다면, 식 (10.20)과 식 (10.22)는 다음과 같이 된다.

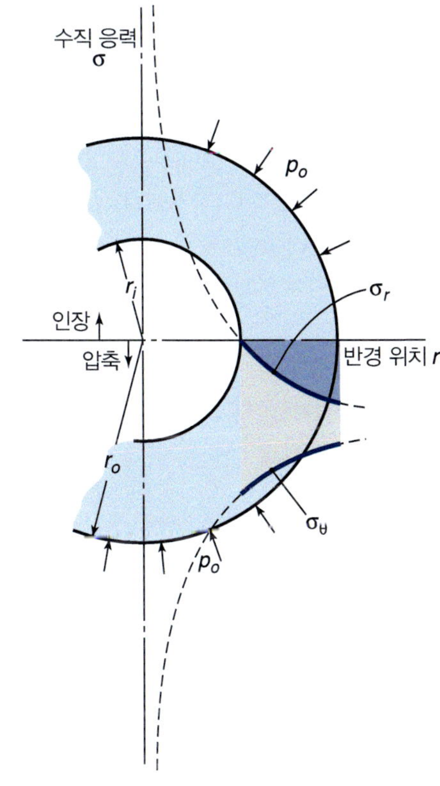

그림 10.6: 외부 압력이 가해지는 후판 원통의 원주 방향 응력과 반경 방향 응력 분포.

$$\sigma_r = \frac{p_o r_o^2}{r_o^2 - r_i^2}\left(\frac{r_i^2}{r^2} - 1\right), \tag{10.29}$$

$$\sigma_\theta = -\frac{p_o r_o^2}{r_o^2 - r_i^2}\left(\frac{r_i^2}{r^2} + 1\right). \tag{10.30}$$

그림 10.6은 외압을 받는 원통의 반경 방향 응력 및 원주 방향 응력을 나타낸다. 두 응력이 모두 압축임에 주목하라. 더욱이, 최대 원주 방향 응력은 $r = r_i$에서 발생하고 최대 반경 방향 응력은 $r = r_o$에서 발생한다. 이들은 다음과 같다.

$$\sigma_{r,\max} = -p_o, \tag{10.31}$$

$$\sigma_{\theta,\max} = -\frac{2r_o^2 p_o}{r_o^2 - r_i^2}. \tag{10.32}$$

설계 절차 10.1

후판 원통의 응력 해석

일반적인 설계 문제는 원통이 파손되지 않을 최대 외부 압력과 최대 내부 압력을 결정하는 것이다. 축 응력은 존재해도 작아서 무시할 수 있다. 이러한 문제에서 다음의 설계 절차가 유용하다.

1. 내부 압력의 경우, 반경 방향과 원주 방향 응력 모두 안쪽 반경에서 최대이다. 이 평면 응력에 대한 폰미세스 응력은 다음과 같다.

$$\sigma_e = p_i\sqrt{\frac{3r_o^4 + r_i^4}{(r_o^2 - r_i^2)^2}},$$

그러므로 허용되는 내부 압력은 식 (6.8)로부터 다음과 같다.

$$p_i = \frac{S_y}{n_s}\frac{r_o^2 - r_i^2}{\sqrt{3r_o^4 + r_i^4}}.$$

2. 외부 압력의 경우, 안쪽 반경에서 $\sigma_r = 0$이고 σ_θ는 최댓값[식 (10.32)]을 갖는 큰 폰미세스 응력이 발생함을 알 수 있다. 이로부터 다음과 같은 허용 외부 압력을 구할 수 있다.

$$p_o = \frac{S_y}{n_s}\frac{r_o^2 - r_i^2}{2r_o^2}.$$

3. 내부와 외부에서 모두 압력이 작용하는 경우, 식 (10.20)과 식 (10.22)를 6장의 파손 이론식에 대입해야 한다. 예를 들면, 평면 응력 상태에 대한 뒤틀림 에너지 이론은 식 (6.10)과 식 (6.11)에 대입하여 해석해야 한다.

예제 10.4

후판 원통 설계

조건 내경 0.3 m, 외경 0.4 m인 후판 원통의 원주 방향 응력은 최대 250 MPa까지 허용된다. 소재의 프와송 비는 0.3이고 탄성 계수는 207 GPa이다.

문제 다음을 결정하라.

(a) 내부 가압($p_o = 0$)에 있어 원통이 받을 수 있는 최대 압력
(b) 외부 가압($p_i = 0$)에 있어 원통이 받을 수 있는 최대 압력
(c) 문제 (a)에서 원통 내부 표면의 한 점에서 반경 방향 변위

풀이

(a) 내부 가압에 대한 식 (10.26)으로부터

$$p_i = \frac{\sigma_{\theta\max}\left(r_o^2 - r_i^2\right)}{r_o^2 + r_i^2} = \frac{\left(250\times10^6\right)\left(0.2^2 - 0.15^2\right)}{0.2^2 + 0.15^2},$$

즉 $p_i = 70$ MPa이 된다.

(b) 외부 가압에 대한 식 (10.32)로부터

$$p_o = -\frac{\sigma_{\theta_{\max}}\left(r_o^2 - r_i^2\right)}{2r_o^2} = \frac{\left(250\times10^6\right)\left(0.2^2 - 0.15^2\right)}{2(0.2)^2},$$

즉 $p_o = 54.69$ MPa이 된다.

(c) 내부 가압된 원통의 반경 방향 변위는 식 (10.28)로부터 다음과 같이 된다.

$$\begin{aligned}\delta_{r,\max} &= \frac{p_i r_i}{E}\left(\frac{r_o^2 + r_i^2}{r_o^2 - r_i^2} + \nu\right)\\ &= \frac{\left(70\times10^6\right)(0.15)}{\left(207\times10^9\right)}\left(\frac{0.2^2 + 0.15^2}{0.2^2 - 0.15^2} + 0.3\right)\\ &= 1.96\times10^{-4}\text{ m} = 0.196\text{ mm}.\end{aligned}$$

10.4 회전 효과

회전하는 원통은 플라이 휠, 기어, 풀리 그리고 스프로켓(sprocket)과 같은 다수의 기계 요소들에서 접할 수 있다. 이 절에서 압력은 제외($p_i = p_o = 0$)하고 원통의 회전만 고려한다.

만일 그림 10.3과 같은 요소에 작용하는 응력을 고려할 때 체적력(body force)이 포함된다면, 식 (10.16)은 다음과 같이 된다.

$$\frac{\sigma_\theta - \sigma_r}{r} - \frac{d\sigma_r}{dr} - P_b = 0, \tag{10.33}$$

여기서 P_b는 부피당 작용하는 체적력이다. 또한 체적력은 반경 방향으로 작용하는 회전 관성력이고 다음과 같다.

$$P_b = r\omega^2\rho, \tag{10.34}$$

여기서

ω = 각속도, rad/s

ρ = 질량 밀도, kg/m^3

r = 원통의 반경, m

중앙에 구멍이 있는 원통과 꽉 찬 원통의 두 가지 특별한 경우를 고려한다. 유도 과정이 10.3절에서 제시되었던 것과 유사하기 때문에 이 절에서는 결과 식만 제시한다.

10.4.1 중앙에 구멍을 가진 원통

중앙에 구멍이 있고 압력이 무시할 만큼 작은 회전 원통의 원주 방향 응력과 반경 방향 응력은 다음과 같다.

$$\sigma_\theta = \frac{3+\nu}{8}\rho\omega^2\left[r_i^2 + r_o^2 + \frac{r_i^2 r_o^2}{r^2} - \frac{1+3\nu}{3+\nu}r^2\right], \tag{10.35}$$

$$\sigma_r = \frac{3+\nu}{8}\rho\omega^2\left(r_i^2 + r_o^2 - \frac{r_i^2 r_o^2}{r^2} - r^2\right). \tag{10.36}$$

그림 10.7은 반경 방향 위치에 따른 응력의 변화를 보여준다. 두 응력 모두 인장임에 주목하라. 반경 방향 응력은 안쪽 및 바깥 반경에서 영이고 최댓값은 r_i와 r_o 사이에서 발생한다. 원주 방향 응력은 $r = r_i$에서 최대이고 모든 위치에서 반경 방향 응력을 초과한다. 최대 원주 방향 응력은 다음과 같다.

$$\sigma_{\theta,\max} = \frac{3+\nu}{4}\rho\omega^2\left[r_o^2 + \frac{r_i^2(1-\nu)}{3+\nu}\right]. \tag{10.37}$$

최대 반경 방향 응력은 식 (10.36)을 r에 관해 미분하고 미분한 결과를 0이라고 놓아 구할 수 있다. 결과는 다음과 같다.

$$\sigma_{r,\max} = \frac{3+\nu}{8}\rho\omega^2\left(r_i - r_o\right)^2. \tag{10.38}$$

이 최대 응력이 발생하는 위치는 다음과 같다.

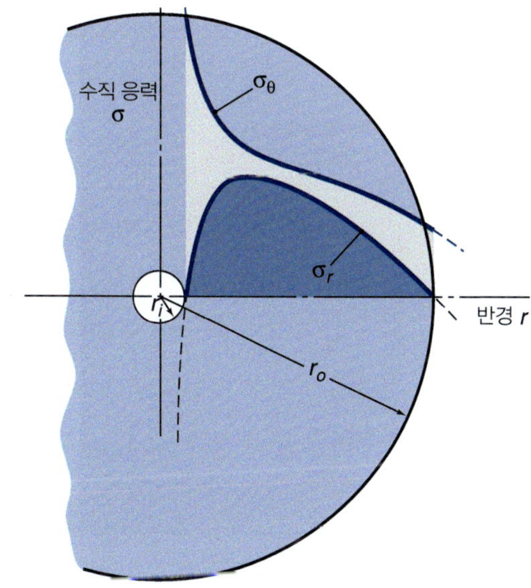

그림 10.7: 중앙에 구멍이 있고 압력이 없는 회전 원통의 응력 분포.

$$r = \sqrt{r_i r_o}. \tag{10.39}$$

예제 10.5

회전 압입

조건 두 개의 AISI 1040 강재 튜브를 110 MPa의 압력으로 압입하고자 한다(10.5절 참조). 두 튜브의 공칭 크기는 각각 외경 100 mm, 내경 80 mm 그리고 외경 80 mm, 내경 60 mm이다.

문제 두 튜브의 압입 압력을 영으로 감소시키기 위해 얼마나 빨리 회전해야 하는가?

풀이 선형 탄성 거동을 가정하여 맞춤 반경에서 압입 압력 110 MPa와 같은 크기의 반경 응력이 발생해야 한다. 따라서 식 (10.36)은 다음을 제시한다.

$$\begin{aligned}\sigma_r &= \frac{3+\nu}{8}\rho\omega^2\left(r_i^2 + r_o^2 - \frac{r_i^2 r_o^2}{r^2} - r^2\right)\\ &= \frac{(3+0.3)}{8}(7850)\omega^2\end{aligned}$$

$$\times\left[(0.03)^2+(0.05)^2-\frac{(0.03)^2(0.05)^2}{(0.04)^2}-(0.04)^2\right]$$
$$= 110\text{ MPa}.$$

이는 다음 결과를 가져온다.

$$\omega = 9288\text{ rad/s} = 88,700\text{ rpm}.$$

따라서 88,700 rpm에서 압입 압력은 0이 된다. 매우 빠른 이 회전 속도는 이런 기계 요소의 사용 중에 튜브의 압입이 관성 효과에 의해 느슨해지지 않을 것임을 잘 보여준다. 하지만 아주 고속으로 회전하면 토크 전달 능력이 감소될 수 있다.

10.4.2 속이 찬 원통

식 (10.35)와 식 (10.36)에서 $r_i = 0$으로 놓으면, 가압 효과는 무시되고 회전은 고려된 속이 찬 원통의 원주 방향 응력과 반경 방향 응력이 구해진다. 결과는 다음과 같다.

$$\sigma_\theta = \frac{3+\nu}{8}\rho\omega^2\left[r_o^2-\frac{r^2(1+3\nu)}{3+\nu}\right], \tag{10.40}$$

$$\sigma_r = \frac{3+\nu}{8}\rho\omega^2\left(r_o^2-r^2\right). \tag{10.41}$$

그림 10.8은 속인 찬 원통에서 두 응력의 응력 분포를 나타낸다. 이 두 응력은 모두 인장이고 $r = 0$에서 동일한 크기의 최댓값을 갖는다. 최대 응력은

$$\sigma_{\theta,\max} = \sigma_{r,\max} = \frac{3+\nu}{8}\rho(r_o\omega)^2. \tag{10.42}$$

식 (10.37)과 식 (10.38)을 식 (10.42)와 비교해 보면 흥미로운 관찰을 할 수 있다. r_i가 매우 작아지면 식 (10.38)과 식 (10.42)는 서로 완벽하게 일치한다. 하지만, r_i가 영에 근접하면 식 (10.37)과 식 (10.42)에서 원주 응력은 두 배나 차이가 난다. 이러한 차이는 원통의 안쪽 부분에서 원주 방향 응력을 감소시키는 반경 방향 응력에 기인하다.

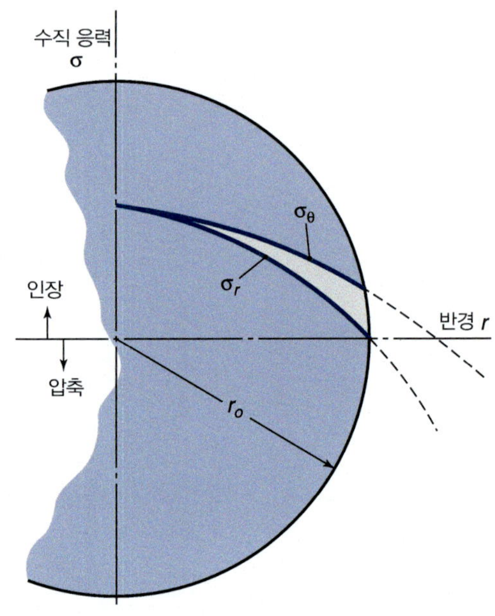

그림 10.8: 압력이 없는 상태에서 회전하는 속이 찬 원통의 응력 분포.

예제 10.6

회전 원통

조건 원통형 플라이 휠을 속이 찬 축에 압입하고자 한다. 두 요소는 모두 AISI 1080 강재로 만들어졌고 밀도는 $\rho = 7850\text{ kg/m}^3$이다. 압입 압력은 185 MPa, 축 직경은 100 mm, 플라이 휠의 외경은 550 mm이다.

문제 압입 압력이 원심력 효과에 의해 사라지는 축의 회전 속도를 구하라.

풀이 축의 표면에서 원심 가속도로 인한 반경 방향의 응력이 원래 압입 압력과 같을 때, 플라이 휠은 축으로부터 분리될 것이다. 표 3.1과 식 (10.41)로부터

$$\sigma_r = \frac{(3+\nu)\rho\omega^2\left(r_o^2-r^2\right)}{8}$$
$$= \frac{(3+0.3)(7850)\omega^2\left(0.275^2-0.050^2\right)}{8}$$
$$= 185\times10^6\text{ Pa}.$$

각속도에 대해 푼다.

$$\omega = 883.9 \text{ rad/s} = 8441 \text{ rpm}.$$

따라서 8441 rpm에서 압입 압력은 0이 된다. 이 속도는 높지만 플라이 휠 축에서는 볼 수 있는 속도이다. 따라서 플라이 휠 축이 과도한 속도로 회전할 경우 압입 맞춤이 파손될 수 있고, 낮은 속도라 하더라도 토크 전달 능력이 감소할 수 있다.

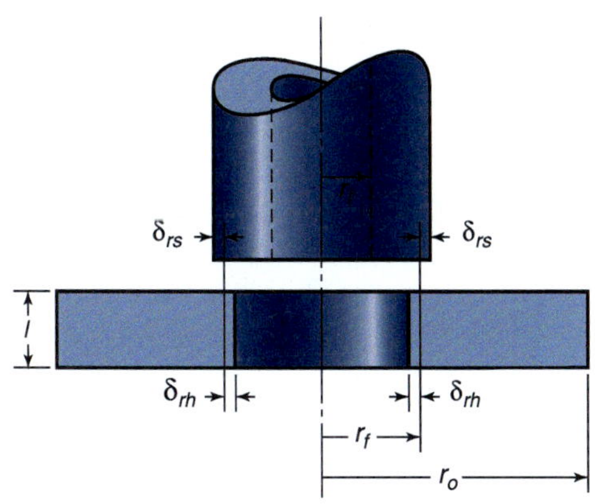

그림 10.9: 중공 축과 허브의 압입 맞춤에서 간섭을 보여주는 측면도.

10.5 압입

압입(press fit)에서는 축과 허브 사이의 반경 방향 간섭에 의해 압력 p_f가 발생한다. 이 압력은 허브의 반경을 증가시키고 축의 반경을 감소시킨다. 10.2절에서 특정한 등급의 맞춤을 얻기 위한 축과 허브의 치수 및 공차에 대해 설명하였다. 이 절은 압입에 의한 응력과 변형률에 초점을 맞추며, 후판 원통에 대해 10.3.2절에서 유도된 식을 사용한다.

그림 10.9는 압입에서 발생하는 간섭을 측면도로 보여 주는데, 허브의 반경 변위 δ_{rh}와 축의 반경 변위 δ_{rs}를 나타내고 있다. 그림 10.10은 간섭 맞춤의 정면도인데, 그림 10.10a에서 원통들은 간접 맞춤으로 조립되어 있고, 그림 10.10b는 허브와 축이 분해된 상태에서의 치수들이 잘 나타나 있다. 이 그림은 간섭 압력이 허브에는 내부에서 작용하고 축에는 외부에서 작용함을 잘 보여주고 있다. 축은 가장 일반적인 경우를 고려하기 위해 튜브 형상으로 가정하였다.

10.5.1 허브

식 (10.14)를 이용하면 허브 변위는

$$\delta_{rh} = \frac{r_f}{E_h}\left(\sigma_\theta - \nu_h \sigma_r\right), \qquad (10.43)$$

여기서 E_h와 ν_h는 각각 허브 소재의 탄성 계수 및 프와송비이다. 내부에서 압력이 가해지는 후판 원통의 경우, 식 (10.23)과 식 (10.24)에서 $p_i = p_f$, $r = r_f$, $r_i = r_f$로 놓으면 허브의 반경 방향 응력과 원주 방향 응력은 다음과 같이 된다.

$$\sigma_r = \frac{p_f r_f^2 \left(1 - \frac{r_o^2}{r_f^2}\right)}{r_o^2 - r_f^2} = -p_f, \qquad (10.44)$$

그리고

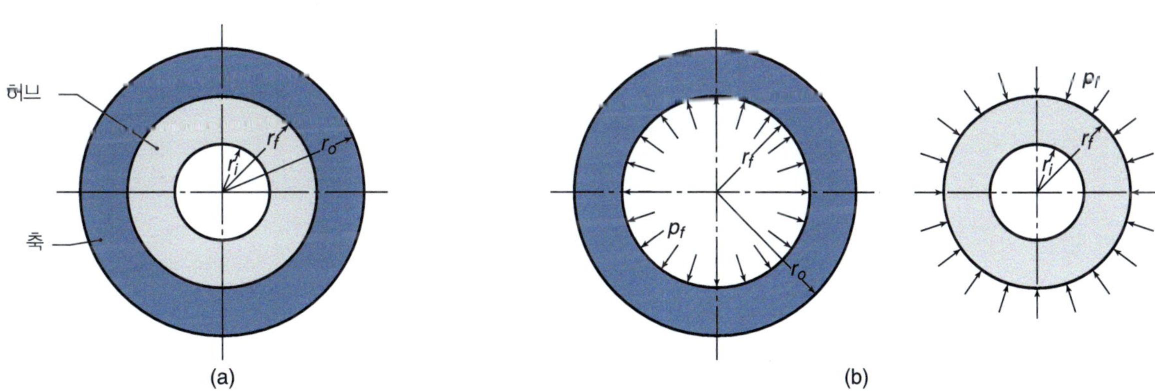

그림 10.10: (a) 간섭 맞춤으로 조립된 원통, (b) 분해된 허브와 중공 축(간섭 압력 포함)을 나타내는 전면도.

$$\sigma_\theta = \frac{p_f r_f^2 \left(1 + \dfrac{r_o^2}{r_f^2}\right)}{r_o^2 - r_f^2} = \frac{p_f\left(r_o^2 + r_f^2\right)}{r_o^2 - r_f^2}. \tag{10.45}$$

식 (10.44)와 식 (10.45)를 식 (10.43)에 대입하면

$$\delta_{rh} = \frac{r_f p_f}{E_h}\left(\frac{r_o^2 + r_f^2}{r_o^2 - r_f^2} + \nu_h\right). \tag{10.46}$$

δ_{rh}는 양수이므로 허브의 반경 변위는 바깥쪽을 향한다.

10.5.2 축

식 (10.14)를 이용하면 축의 변위는

$$\delta_{rs} = \frac{r_f}{E_s}\left(\sigma_\theta - \nu_s \sigma_r\right), \tag{10.47}$$

여기서 E_s는 축 소재의 탄성 계수이며, ν_s는 프와송 비이다. 외부에 압력이 가해지는 경우, 후판 원통의 원주 방향 응력 및 반경 방향 응력은 식 (10.29)와 식 (10.30)에서 $p_o = p_f$, $r_o = r_f$, $r = r_f$로 설정함으로써 다음과 같이 구할 수 있다.

$$\sigma_r = \frac{p_f r_f^2}{r_f^2 - r_i^2}\left(\frac{r_i^2}{r_f^2} - 1\right) = -p_f \tag{10.48}$$

그리고

$$\sigma_\theta = -\frac{p_f r_f^2}{r_f^2 - r_i^2}\left(\frac{r_i^2}{r_f^2} + 1\right) = -\frac{p_f\left(r_f^2 + r_i^2\right)}{r_f^2 - r_i^2}. \tag{10.49}$$

식 (10.48)과 식 (10.49)를 식 (10.47)에 대입하면

$$\delta_{rs} = -\frac{r_f p_f}{E_s}\left(\frac{r_f^2 + r_i^2}{r_f^2 - r_i^2} - \nu_s\right). \tag{10.50}$$

식 (10.50) 괄호 안의 첫 번째 항이 1보다 크고 프와송 비는 0.5보다 작거나 같기 때문에 δ_{rs}는 음수이다. 즉, 축 변위는 축의 중심 방향을 향해 안쪽으로 발생한다.

10.5.3 간섭 맞춤

간섭 맞춤에서 발생하는 전체 반경 변위가 그림 10.9에 나타나 있다. 바깥쪽으로의 변위(허브 내경의 팽창)는 양이고 안쪽으로의 변위(축 외경의 축소)는 음수임을 상기하라. 따라서 전체 반경 간섭은

$$\begin{aligned}\delta_r &= \delta_{rh} - \delta_{rs} \\ &= r_f p_f\left[\frac{r_o^2 + r_f^2}{E_h\left(r_o^2 - r_f^2\right)} + \frac{\nu_h}{E_h} + \frac{r_f^2 + r_i^2}{E_s\left(r_f^2 - r_i^2\right)} - \frac{\nu_s}{E_s}\right].\end{aligned} \tag{10.51}$$

만일 축과 허브가 동일한 소재로 만들어졌다면 $E = E_s = E_h$이고 $\nu = \nu_s = \nu_h$이므로 식 (10.51)은 다음과 같이 된다.

$$\delta_r = \frac{2r_f^3 p_f\left(r_o^2 - r_i^2\right)}{E\left(r_o^2 - r_f^2\right)\left(r_f^2 - r_i^2\right)}. \tag{10.52}$$

더욱이, 축이 중공이 아닌 중실 축이라면, $r_i = 0$이므로 식 (10.52)는 다음과 같이 된다.

$$\delta_r = \frac{2r_f p_f r_o^2}{E\left(r_o^2 - r_f^2\right)}. \tag{10.53}$$

이들 식으로부터, 만일 반경 변위를 안다면 간섭 압력을 쉽게 구할 수 있고 역도 가능함을 알 수 있다.

10.5.4 힘과 토크

압입에 필요한 최대 힘은 바깥쪽 부재의 두께와 길이, 조립되는 축과 허브의 직경 차이 그리고 마찰 계수 μ에 의존한다. 최대 전단 응력은

$$\tau_{\max} = p_f \mu = \frac{P_{\max}}{A} = \frac{P_{\max}}{2\pi r_f l}. \tag{10.54}$$

압입에 의해 전달할 수 있는 토크는

$$T = P_{\max} r_f = 2\pi\mu r_f^2 l p_f. \tag{10.55}$$

축 응력과 원주 응력은 최대 응력과 다음의 관계를 가짐에 주목해야 한다.

$$\tau_a^2 + \tau_c^2 = \tau_{\max}^2,$$

여기서

$$\tau_a = \frac{P_a}{2\pi r_f l} = \text{축 응력}$$

$$\tau_c = \frac{P_c}{2\pi r_f l} = \text{원주 응력}$$

따라서 식 (10.54)에 의해 주어지는 조립력과 분해력은, 축력을 가하면서 바깥쪽 부재를 비틀거나 회전시킴으로써 감소시킬 수 있다.

예제 10.7

간섭 맞춤

조건 150 mm 직경의 강재 축을 외경 300 mm인 주철 허브에 압입하고자 한다. 허브는 길이가 25 mm이고 바로 이 길이가 접촉 길이가 된다. 최대 원주 응력은 30 MPa이다. 강재의 탄성 계수는 207 GPa, 주철의 탄성 계수는 100 GPa이다. 강재와 주철의 프와송 비는 모두 0.3이고 두 소재 사이의 마찰 계수는 0.12이다. 즉,

$$r_f = 75\text{ mm}, \qquad r_i = 0,$$
$$r_o = 150\text{ mm}, \qquad E_s = 207\text{ GPa},$$
$$E_h = 100\text{ GPa}, \qquad \nu_s = \nu_h = 0.3,$$
$$\mu = 0.12, \qquad l = 25\text{ mm}, \qquad \sigma_{\theta,\max} = 30\text{ MPa}.$$

문제

(a) 간섭량

(b) 허브를 축에 압입하기 위한 축력

(c) 압입이 전달할 수 있는 토크

풀이

(a) 식 (10.45)로부터 간섭 압력은

$$\begin{aligned} p_f &= \frac{\sigma_{\theta,\max}\left(r_o^2 - r_f^2\right)}{r_o^2 + r_f^2} \\ &= \frac{\left(30 \times 10^6\right)\left(0.150^2 - 0.075^2\right)}{0.150^2 + 0.075^2} \\ &= 18\text{ MPa}. \end{aligned}$$

식 (10.51)로부터 최대 허용 반경 간섭은

$$\delta_r = r_f p_f \left[\frac{r_o^2 + r_f^2}{E_h\left(r_o^2 - r_f^2\right)} + \frac{\nu_h}{E_h} + \frac{r_f^2 + r_i^2}{E_s\left(r_f^2 - r_i^2\right)} - \frac{\nu_s}{E_s}\right],$$

계산 결과는 $\delta_r = 31.1\,\mu\text{m}$이다.

(b) 식 (10.54)로부터 압입에 필요한 힘은

$$\begin{aligned} P_{\max} &= 2\pi\mu r_f l p_f \\ &= (2)(\pi)(0.12)(0.075)(0.025)\left(18 \times 10^6\right) \\ &= 25.4\text{ kN}. \end{aligned}$$

(c) 식 (10.55)로부터 토크는 다음과 같다.

$$T = P_{\max} r_f = \left(25.4 \times 10^3\right)(0.075) = 1910\text{ N-m}.$$

예제 10.8

간섭 맞춤의 분해

조건 바퀴의 허브가 105 mm 직경의 중실 축에 압입되어 있다. 마찰 계수는 0.11이고 허브와 축 소재는 AISI 1080 강재이다. 허브의 외경은 160 mm이고 폭은 120 mm이다. 축과 허브 사이의 반경 간섭은 65 μm이다(축 직경은 허브 내경보다 130 μm 더 크다).

문제 허브를 분해하기 위해 필요한 축력

풀이 식 (10.53)은 반경 변위와 압력 사이의 관계를 제시한다.

$$\delta_r = \frac{2r_f p_f r_o^2}{E\left(r_o^2 - r_f^2\right)},$$

혹은

$$\left(65 \times 10^{-6}\right) = \frac{(2)(0.0525)p_f(0.080)^2}{\left(207 \times 10^9\right)\left[(0.080)^2 - (0.0525)^2\right]}.$$

풀이 결과 $p_f = 72.96$ MPa이다. 허브를 분해하기 위해 필요한 축력은 다음과 같다.

$$P = \mu p_f A = (0.11)\left(72.96 \times 10^6\right)\pi(0.105)(0.120),$$

혹은 $P = 317.7$ kN이다.

10.6 수축 맞춤

수축 맞춤(shrink fit)을 생성함에 있어, 보통 바깥쪽 요소(허브)를 가열하여 간섭량 이상 팽창시킨 다음 안쪽 요소(축) 위에 밀어 넣고 냉각시키면 수축되면서 조립된다. 온도 변화는 열변형률을 발생시킨다. 열변형률이 온도 차이에 정확히 비례하지는 않지만, 100°C 혹은 200°C 정도의 온도 변화에 있어서는 선형적으로 비례한다고 볼 수 있다. 이러한 선형 관계에 따르면, 바깥쪽 요소가 변형되지 않은 중실 축에 걸쳐지기 위해 필요한 만큼 팽창되려면 다음과 같은 온도 차이가 필요하다.

$$\Delta t_m = \frac{\delta_r}{\beta r_f}, \tag{10.56}$$

여기서 β는 열 팽창 계수이다(표 3.1과 그림 3.16 참조). 식 (10.56)은 반경 변형률 관점에서 다음과 같이 표현될 수 있다.

$$\epsilon_r = \frac{\delta_r}{r_f} = \beta \Delta t_m. \tag{10.57}$$

변형은

$$\delta_r = \epsilon_r r_f = \beta \Delta t_m r_f. \tag{10.58}$$

이들 식은 축과 허브의 수축 맞춤뿐 아니라 다양한 열변형 문제에서도 유효하다.

온도 차이에 의한 변형률은 중첩의 원리를 적용하여 국부 변형률에 대수적으로 더해질 수도 있다(5.4절 참조). 그러므로 수직 하중과 온도 효과에 의한 수직 변형률은

$$\epsilon = \epsilon_\sigma + \epsilon_{t_m}, \tag{10.59}$$

여기서 ϵ_a는 수직 응력으로 인한 변형률이고 ϵ_{tm}은 온도 차이에 의한 변형률이다. 따라서 식 (B.54)에 의해 주어진 일반적(3축 응력 상태) 응력-변형률 관계는 다음과 같이 열변형률을 포함해야 한다.

$$\epsilon_x = \frac{1}{E}\left[\sigma_x - \nu\left(\sigma_y + \sigma_z\right)\right] + \beta \Delta t_m, \tag{10.60}$$

$$\epsilon_y = \frac{1}{E}\left[\sigma_y - \nu\left(\sigma_z + \sigma_x\right)\right] + \beta \Delta t_m, \tag{10.61}$$

$$\epsilon_z = \frac{1}{E}\left[\sigma_z - \nu\left(\sigma_x + \sigma_y\right)\right] + \beta \Delta t_m. \tag{10.62}$$

예제 10.9

수축 맞춤

조건 길이가 250 mm이고 단면적이 5×10^{-4} m^{2}인 강재 튜브가 25°C에서 응력이 없는 상태였는데, 250°C로 가열되면서 길이가 0.2 mm 늘어나고 양쪽 지지점에서 압축력을 받게 되었다.

문제 강재 튜브에 작용하는 하중과 응력을 구하라.

풀이 표 3.1로부터 강재에 대해 $\beta = 11 \times 10^{-6}$°C^{-1} 그리고 식 (10.57)로부터

$$\epsilon = \beta \Delta t_m = \left(11 \times 10^{-6}\right)(225) = 2.475 \times 10^{-3}.$$

그러므로 식 (2.31)로부터

$$\Delta l = l\epsilon = (0.25)\left(2.47 \times 10^{-3}\right) = 0.619 \text{ mm}.$$

측정된 신장은 0.20 mm였으므로, 구속 조건에 의한 압축 수직 하중이 튜브를 다음 변위만큼 수축시켜야 한다.

$$\delta = 0.619 - 0.2 = 0.419 \text{ mm}.$$

표 3.1로부터 탄성 계수는 207 GPa이다. 그러므로 식 (4.26)은

$$P = \frac{AE\delta}{l} = \frac{(5 \times 10^{-4})(207 \times 10^9)(0.419 \times 10^{-3})}{0.25},$$

혹은 P = 173 KN이다. 이는 강재 튜브에 가해지는 압축 방향의 수직 축하중이다. 축 응력은 다음과 같다.

$$\sigma = -\frac{P}{A} = -\frac{173 \times 10^3}{5 \times 10^{-4}} = -347 \text{ MPa}.$$

예제 10.10

열 응력

조건 알루미늄 합금 블록이 죔쇠의 단단한 고정 척 사이에 놓여 있고 척은 꼭 끼워 맞춘 상태로 단단히 조여 있다. 오븐에서 전체 조합의 온도가 250°C만큼 상승하였다. 블록과 스테인리스 강 나사의 단면적은 각각 65 mm²과 160 mm²이다.

문제 나사와 블록에 발생한 응력을 구하라.

풀이 그림 10.11은 블록과 나사의 조립 상태와 이들 요소에 작용하는 힘을 보여준다. 힘의 평형으로부터

$$P_a = 2P_s, \tag{a}$$

여기서 첨자 a는 알루미늄 블록을 지칭하고 첨자 s는 스테인리스 강 나사를 지칭한다. 기하학적 적합성은 블록과 나사의 길이 변화가 동일해야 함을 요구하므로

$$\delta_a = \delta_s. \tag{b}$$

열 팽창은 그림 10.11b에 보여진 것처럼 축력을 포함할 것이다. 블록과 나사의 변위는

$$\delta_a = \beta_a l \Delta t_m - \frac{P_a l}{E_a A_a}, \tag{c}$$

$$\delta_s = \beta_s l \Delta t_m + \frac{P_s l}{E_s A_s}. \tag{d}$$

식 (a), (c), (d)를 식 (b)에 대입하면 다음을 얻는다.

$$P_s = \frac{\Delta t_m (\beta_a - \beta_s)}{\dfrac{1}{E_s A_s} + \dfrac{2}{E_a A_a}}. \tag{e}$$

표 3.1로부터 $E_a = 70$ GPa, $E_s = 193$ GPa, $\beta_a = 24 \times 10^{-6}$ (°C)$^{-1}$ 그리고 $\beta_s = 17 \times 10^{-6}$(°C)$^{-1}$. $A_a = 65$ mm²과 $A_s = 160$ mm²이므로 이 값들을 식 (e)에 대입하여 각 나사에 작용하는 힘을 얻는다.

$$P_s = \frac{(250)(24-17)(10^{-6})}{\dfrac{1}{(193 \times 10^9)(160 \times 10^{-6})} + \dfrac{2}{(70 \times 10^9)(65 \times 10^{-6})}},$$

혹은 $P_s = 3708$ N이다. 알루미늄 블록에 작용하는 힘은

$$P_a = 2P_s = 7416 \text{ N}.$$

블록과 나사의 축 응력은

$$\sigma_a = \frac{P_a}{A_a} = -\frac{7416}{(65 \times 10^{-6})} = -114.1 \text{ MPa},$$

$$\sigma_s = \frac{P_s}{A_s} = \frac{3708}{(160 \times 10^{-6})} = 23.18 \text{ MPa}.$$

알루미늄 블록에 작용하는 응력은 압축이고 나사에 작용하는 응력은 인장임에 주목하라.

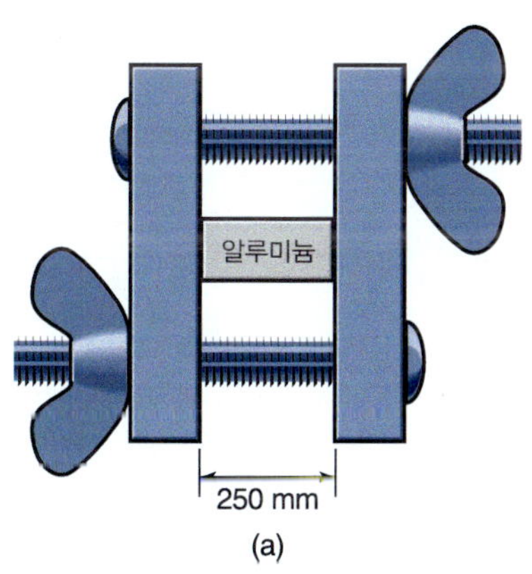

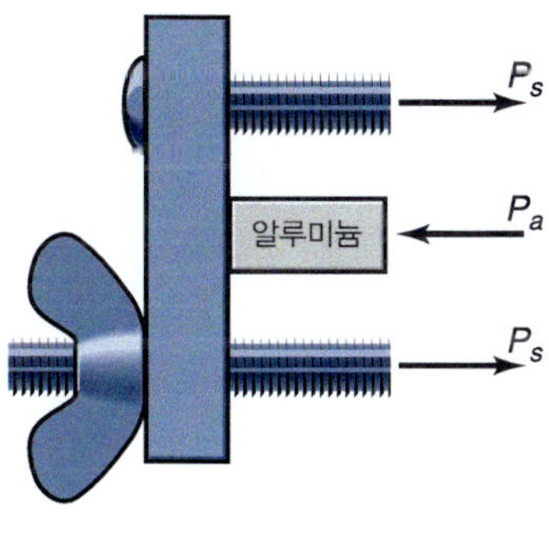

그림 10.11: (a) 죔쇠의 조(jaws) 사이에 놓인 블록, (b) 관련된 힘.

사례 연구 10.1

다이캐스팅 기계를 위한 숏 슬리브(shot sleeve)의 설계

다이캐스팅은 일반적이고 중요한 제조 공정이다. 개인용 컴퓨터와 카메라의 프레임, 자동차의 구조 요소들, 잠금 장치, 장난감 자동차 등 매우 다양한 제품들이 다이캐스팅을 통해 생산된다. 다이캐스팅에서는 용융 금속이 숏 슬리브 안으로 주입되고 냉각 라인을 갖춘 금속 다이 내부로 사출된다. 냉각 라인은 열을 방출시키고 사출 금속이 빨리 응고하도록 한다. 다이캐스팅 기계의 개략도가 그림 10.12에 있다. 다이캐스팅 공정이 경제적으로 타당하려면 다음의 특성들을 고려하는 것이 중요하다.

- 공구 제작에 비용이 많이 들므로 상당한 규모의 대량생산이어야 다이캐스팅 공정이 정당화된다. 그러므로 요구되는 대량생산이 가능하도록 생산 주기(그리고 냉각 시간)는 짧아야 한다.
- 냉각 시간이 짧아야 한다는 점을 인지할 때, 국부적인 응고가 채널을 막아 다이가 덜 채워지지 않도록 용융 금속을 고압, 고속으로 주입하여 다이를 완벽히 채우는 것이 중요하다. 주입 압력은 일반적으로 15~20 MPa이지만 최고 70 MPa에 이르기도 한다.
- 용융 금속은 용광로에서 다이캐스팅 기계로 이송되고 숏 슬리브 안에서 일시 머문다. 숏 슬리브는 다이의 공동(void)를 채울 수 있도록 충분한 체적을 가져야 한다.
- 금속이 공동으로 주입될 때, 유압 실린더의 압축을 통해 숏 슬리브에 높은 압력이 발생된다.
- 다이는 당연히 주조되는 소재보다 높은 용융 온도를 가져야 한다. 이로 인해 다이 소재는 보통 다이 강으로 제한되고, 공작물 금속은 보통 알루미늄, 마그네슘, 구리 합금과 같은 비철금속으로 제한된다.

다이캐스팅에는 두 가지의 기본적인 종류가 있다. 공동을 채우도록 도와주기 위해 금형이 고온으로 유지되는 열간 챔버(hot chamber) 공정 그리고 금형을 가열하지 않고 강제 냉각수 순환에 의해 냉각되는 냉간 챔버(cold chamber) 공정이 있다. 열간 챔버 공정에서의 주입 압력은 35 MPa 정도이지만, 냉간 챔버 공정에서는 70 MPa 압력이 일반적이고 때로는 150 MPa에 이르기도 한다.

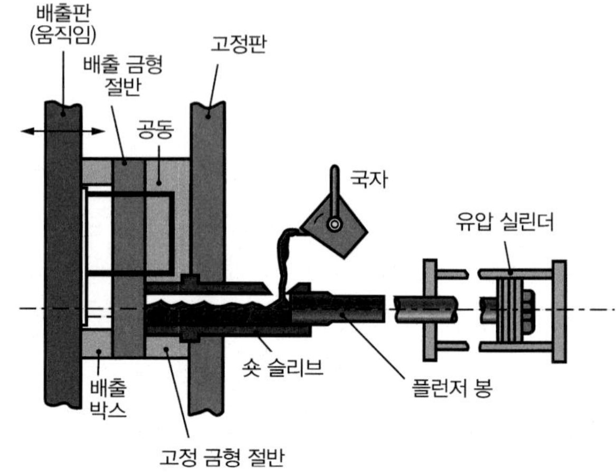

그림 10.12: 다이캐스팅 기구 개략도. 출처: Kalpakjian and Sxhmid(2010).

이와 같은 압력을 지탱하기 위해 박판 튜브를 설계할 수 있으나(10.3.1절 참조), 반경이 매우 작아 어느 정도 크기가 있는 부품을 제작하기에 충분한 체적을 가지지 못할 수 있다. 그 대신, 숏 슬리브는 후판 원통형 압력 용기로 설계된다. 이러한 용도로 일반적으로 사용되는 소재는 H13 강재인데, 인장 강도는 상온에서 768 MPa, 비철금속의 캐스팅 온도에서 650 MPa이다.

몇 초마다 한 번씩 사출한다면, 기계는 몇십 년의 수명을 가질 것이다. 이와 같은 숏 슬리브를 설계함에 있어 H13 강재의 피로 강도는 7장의 절차를 이용하여 추정해야 할 것이다.

이 경우 하중은 오로지 원주 방향과 반경 방향 응력으로만 구성되고, 슬리브에서 발생되는 축 응력은 미미하다. 한쪽 끝에서 유압 실린더가 유체를 압축하는 힘을 작용시키고, 노즐쪽 끝에는 원통이 설치되어 이와 같은 하중이 작용하지 않는다.

숏 슬리브에 관한 또 다른 우려 사항은 일반적으로 슬리브 소재의 침식(erosion) 혹은 원통을 상대로 마찰하는 플런저(plunger) 봉의 마모이다(8.9절 참조). 이러한 이유로 숏 슬리브는 흔히 주기적으로 교체 가능한 원통 라이너(설계 절차 8.1 참조)와 함께 제작된다.

10.7 요약

이 장에서는 축과 허브가 원하는 방식으로 조립되도록 하기 위해 맞춤 등급과 종류를 반드시 명시해야 함을 보였는데, 이는 축과 허브를 정확하게 원하는 치수로 제작할 수 없기 때문이다. 기능을 희생하지 않으면서 한 쌍의 축과 허브의 치수 편차를 허용하는 시스템이 고안되었다.

또 원통에 대한 가압 효과를 설명하였다. 박판과 후판 해석을 내압 조건과 외압 조건에 대해 설명하였다. 이러한 효과들은 압력용기에서 포신에 이르기까지 많은 적용 분야에서 중요하다. 박판 해석에 사용된 주요 가정은 원주(hoop) 응력이 벽 두께에 걸쳐 일정하다는 것이다. 이 가정은 후판 해석에서는 유효하지 않다. 박판 해석과 후판 해석을 적용하기 위한 두께 대 직경 비의 범위도 제시되었다. 후판 해석의 경우, 내압 및 외압 조건에서 반경 방향과 원주 방향 응력의 분포를 보였다. 내압의 경우, 최대 응력은 반경 방향과 원주 방향 모두에서 안쪽 반지름에서 발생하고, 반경 방향은 압축이고 원주 방향은 인장이다. 외압의 경우, 최대 반경 방향 응력은 바깥쪽 반지름에서 발생하고 최대 원주 응력은 안쪽 반지름에서 발생하며, 둘 다 압축이다.

압력의 영향이 없다고 가정하고 회전이 원통에 미치는 효과 역시 고려되었다. 회전 효과는 플라이 휠, 기어, 풀리와 같은 기계 요소에서 중요하다. 회전 관성력에 의해 중앙에 홀을 가진 원통 및 속이 찬 원통에서 발생되는 반경 방향 응력과 원주 방향 응력을 고찰하였다. 이 장은 축과 허브의 압입과 수축 맞춤을 고려하며 끝을 맺었다. 이런 상황에서 발생되는 간섭, 축력 그리고 전달되는 토크의 식을 살펴보았다.

핵심어

간섭(interference) 짝을 이루는 부품의 크기 차이

공차(tolerance) 부품 크기의 최대 편차

공칭 직경(nominal diameter) 요소의 개략적 크기

단측 공차(unilateral tolerance) 공칭 크기의 위 혹은 아래쪽으로만 허용되는 편차

박판 원통(thin-walled cylinder) 반경 방향 응력이 무시할 수준인 원통이며, 직경 대 두께 비가 40보다 큰 경우에 해당

수축 맞춤(shrink fit) 짝을 이루는 요소 사이의 간섭에 의해 계면 압력이 발생하고 바깥쪽 요소를 가열하여 조립이 이루어지는 체결

압입(press fit) 짝을 이루는 요소 사이의 간섭에 의해 계면 압력이 발생하고 큰 힘으로 인한 탄성 변형으로 조립이 이루어지는 체결

양측 공차(bilateral tolerance) 공칭 크기로부터 위와 아래쪽 편차

여유(allowance difference) 짝을 이루는 요소의 공칭 직경 사이 차이

후판 원통(thick-walled cylinder) 직경 대 두께 비가 40보다 작은 원통

후프 응력(hoop stress) 압력용기에서 원주 방향 응력

공식 정리

박판 원통:

후프 응력: $\sigma_{\theta,\text{avg}} = \dfrac{p_i r_i}{t_h}$

길이 방향 응력: $\sigma_z = \dfrac{p_i r}{2t_h}$

후판 원통:

일반 사항:

반경 변형률: $\epsilon_r = \dfrac{\partial \delta_r}{\partial r} = \dfrac{1}{E}(\sigma_r - \nu\sigma_\theta)$

원주 변형률: $\epsilon_\theta = \dfrac{\delta_r}{r} = \dfrac{1}{E}(\sigma_\theta - \nu\sigma_r)$

반경 응력: $\sigma_r = \dfrac{p_i r_i^2 - p_o r_o^2 + (p_o - p_i)\left(\dfrac{r_o r_i}{r}\right)^2}{r_o^2 - r_i^2}$

원주 응력: $\sigma_\theta = \dfrac{p_i r_i^2 - p_o r_o^2 - \left(\dfrac{r_i r_o}{r}\right)^2 (p_o - p_i)}{r_o^2 - r_i^2}$

내부 압력 조건:

최대 반경 응력($r = r_i$에서): $\sigma_{r\max} = -p_i$

최대 원주 응력($r = r_i$에서): $\sigma_{\theta_{\max}} = p_i \left(\dfrac{r_o^2 + r_i^2}{r_o^2 - r_i^2}\right)$

원주 변형률($r = r_i$에서): $\epsilon_\theta = \dfrac{\delta_r}{r_i} = \dfrac{p_i}{E}\left(\dfrac{r_o^2 + r_i^2}{r_o^2 - r_i^2} + \nu\right)$

반경 변위($r = r_i$에서): $\delta_r = \dfrac{p_i r_i}{E}\left(\dfrac{r_o^2 + r_i^2}{r_o^2 - r_i^2} + \nu\right)$

외부 압력 조건:

최대 반경 응력($r = r_o$에서): $\sigma_{r,\max} = -p_o$

최대 원주 응력($r = r_i$에서): $\sigma_{\theta,\max} = -\dfrac{2r_o^2 p_o}{r_o^2 - r_i^2}$

원주 변형률($r = r_i$에서): $\epsilon_\theta = \dfrac{\delta_r}{r_i} = \dfrac{p_i}{E}\left(\dfrac{r_o^2 + r_i^2}{r_o^2 - r_i^2} + \nu\right)$

반경 변위: $\delta_r = \dfrac{p_i r_i}{E}\left(\dfrac{r_o^2 + r_i^2}{r_o^2 - r_i^2} + \nu\right)$

압입:

허브:

반경 응력: $\sigma_r = \dfrac{p_f r_f^2 \left(1 - \dfrac{r_o^2}{r_f^2}\right)}{r_o^2 - r_f^2} = -p_f$

원주 응력: $\sigma_\theta = \dfrac{p_f r_f^2 \left(1 + \dfrac{r_o^2}{r_f^2}\right)}{r_o^2 - r_f^2} = \dfrac{p_f\left(r_o^2 + r_f^2\right)}{r_o^2 - r_f^2}$

반경 변위: $\delta_{rh} = \dfrac{r_f p_f}{E_h}\left(\dfrac{r_o^2 + r_f^2}{r_o^2 - r_f^2} + \nu_h\right)$

축:

반경 응력: $\sigma_r = -p_f$

원주 응력: $\sigma_\theta = -\dfrac{p_f\left(r_f^2 + r_i^2\right)}{r_f^2 - r_i^2}$

반경 변위: $\delta_{rs} = -\dfrac{r_f p_f}{E_s}\left(\dfrac{r_f^2 + r_i^2}{r_f^2 - r_i^2} - \nu_s\right)$

간섭:

일반 사항:

$\delta_r = \delta_{rh} - \delta_{rs}$

$$= r_f p_f \left[\frac{r_o^2 + r_f^2}{E_h\left(r_o^2 - r_f^2\right)} + \frac{\nu_h}{E_h} + \frac{r_f^2 + r_i^2}{E_s\left(r_f^2 - r_i^2\right)} - \frac{\nu_s}{E_s}\right]$$

For $E_s = E_h = E$ and $\nu_s = \nu_h = \nu$:

$$\delta_r = \frac{2r_f^3 p_f\left(r_o^2 - r_i^2\right)}{E\left(r_o^2 - r_f^2\right)\left(r_f^2 - r_i^2\right)}$$

For $E_s = E_h = E$ and $\nu_s = \nu_h = \nu$ and $r_i = 0$:

$$\delta_r = \frac{2r_f p_f r_o^2}{E\left(r_o^2 - r_f^2\right)}$$

조립력: $P_{\max} = 2\pi\mu r_f l p_f$

토크: $T = P_{\max} r_f = 2\pi\mu r_f^2 l p_f$

수축 맞춤: $\delta_r = \beta\Delta t_m r_f$

추천 문헌

Beer, F.P., Johnson, E.R., DeWolf, J., and Mazurek, D. (2011) *Mechanics of Materials*, 6th ed., McGraw-Hill.

Budynas, R.G., and Nisbett, J.K. (2011), *Shigley's Mechanical Engineering Design*, 9th ed., McGraw-Hill.

Chuse, R., and Carson, B.E. (1993) *Pressure Vessels*, 7th ed., McGraw-Hill.

Craig, R.R. (2001) *Mechanics of Materials*, 2nd ed.,Wiley.

Harvey, J.F. (1991) *Theory and Design of Pressure Vessels*, 2nd ed., Van Nostrand Reinhold.

Hibbeler, R.C. (2010) *Mechanics of Materials*, 8th ed, Prentice-Hall.

Megyesy, E.F. (2008) *Pressure Vessel Handbook*, 14th ed., Pressure Vessel Handbook Publishing, Inc.

Mott, R.L. (2014) *Machine Elements in Mechanical Design*, 5th ed., Pearson.

Riley, W.F., Sturges, L.D., and Morris, D.H. (2006) *Mechanics of Materials*, 6th ed,Wiley.

Timoshenko, S., and Goodier, J. (1970) *Theory of Elasticity*, McGraw-Hill.

Ugural, A.C. and Fenster, S.K. (2011) *Advanced Mechanics of Materials and Applied Elasticity*, 5th ed, Prentice-Hall.

참고 문헌

Kalpakjian, S., and Schmid, S.R. (2010) *Manufacturing Engineering and Technology*, 6th ed., Pearson.

문제

10.1 공차와 여유의 차이는 무엇인가?

10.2 양측 공차와 단측 공차를 정의하라.

10.3 간섭과 여유의 차이는 무엇인가?

10.4 어떤 조건일 때 원통을 박판 원통 또는 후판 원통으로 간주하는가?

10.5 원기둥 좌표에서 주응력의 이름은 무엇인가?

10.6 내압 조건에서 박판 원통의 주응력은 무엇인가?

10.7 후프 응력은 무엇인가? 왜 이렇게 불리는가?

10.8 회전은 원통의 내압에 연관된 응력에 무슨 효과를 가지는가?

10.9 압입은 무엇인가? 수축 맞춤은?

10.10 허브와 축을 정의하라.

정성적 문제

10.11 박판 그리고 후판 압력 용기의 예를 다섯 가지 제시하라.

10.12 내부 압력, 외부 압력이 가해지는 원통의 예를 각각 두 가지씩 제시하라.

10.13 압력이 내부 혹은 외부에서 가해질 때 반경 방향 응력은 압축인가?

10.14 왜 열 팽창 계수가 중요한가? 허브에 사용할 높은 열 팽창 계수 혹은 낮은 열 팽창 계수를 갖는 소재를 선정하라.

10.15 맞춤의 등급들을 설명하라.

10.16 표 10.2에서 추천되는 여유와 공차 식에 나타난 직경의 지수를 설명하라.

10.17 압입 조립 중 허브의 항복 강도를 초과하였다면 어떤 일이 생길까? 간섭 맞춤은 이 경우 어떤 결과를 초래할 것인가?

10.18 수축 맞춤에서 항복 강도를 넘어갈 수 있는가? 혹은 왜 그렇지 않은가?

10.19 10.5절의 유도 과정을 사용하여 망치로 나무에 못을 박을 때 못에서 발생하는 힘과 압력에 대한 표현을 적어라. 큰 못이나 혹은 단단한 나무의 경우 왜 나무에 미리 구멍을 내는지 설명하라.

10.20 복합소재를 사용하여 수축 맞춤 혹은 압입을 설계함에 있어 당신이 우려하는 사항을 나열하라. 이 때 10.5절과 10.6절에서 개발된 식을 사용한다.

정량적 문제

10.21 주어진 하중과 속도에 대하여 최소의 힘 손실을 위해 저널 베어링을 최적 형상으로 제조하고자 한다. 상대 간극 $c/r = 0.001$, 저널 직경은 100 mm이다. 베어링 요소가 상대 간극에 있어 $\pm 5\%$ 오차 이내에서 제조되어야 하는 정밀도를 찾아라.

10.22 속이 찬 강재 축과 강재 케이스 사이의 압입에 있어 등급 7이 되도록 치수가 정해졌다. 실수로 축이 원래 예상했던 온도보다 22°C 높은 온도에서 연마되어, 축이 냉각될 때 직경이 약간 작아진다. 축 소재는 AISI 1040 강재이다. 이 실수 때문에 축과 케이스 사이의 맞춤 등급은 어떻게 되는가? 또한 연마 온도가 22°C가 아닌 50°C 높았다면 맞춤 등급은 무엇인가? 답 22°C에서 등급 6, 50°C에서 등급 4.

10.23 내경 0.30 m와 외경 0.40 m인 원통이 100 MPa의 내부 압력을 받고 있다. 원통의 바깥 표면에서 최대 전단 응력을 구하라. 답 $\tau_{max} = 128.5$ MPa.

10.24 양쪽 끝은 구형이고 중간은 원통형인 고무 풍선이 있다. 저온에서 원통형 부분은 길이가 300 mm이고 직경은 20 mm이다. 고무 소재는 일정한 두께를 갖고 선형 탄성이다. 만일 원통형 부분이 직경 100 mm로 부풀려졌을 때 길이는 어떻게 될 것인가? 고무의 탄성 계수는 일정하고 프와송 비는 0.5라고 가정한다.

10.25 압력이 가해진 가스를 저장한 박판 원통이 단단한 두 개의 벽 사이에 고정되어 있다. 원통 길이 l, 두께 t_h, 반경 r 그리고 내압 p를 사용하여 벽의 반력을 구하라. 답 $P = \pi p_i r^2(1 - 2\nu)$.

10.26 가압된 원통의 내압이 1 MPa이고 두께 8 mm, 길이 4 m 그리고 직경 1.0 m이다. 원통은 AISI 1080 강재로 만들어졌다. 가압에 의한 후프 방향 그리고 축 변형률은 무엇인가? 내부 압력에 의해 원통의 체적은 얼마나 증가했는가? 답 $\epsilon_z = 60.39\ \mu m/m$, $\epsilon_\theta = 256.6\ \mu m/m$.

10.27 두 반구를 양 단에 가진 직경 1 m의 원통형 저장용기가 가스 운반을 위해 사용된다. 내압은 5 MPa이고 안전 계수는 2.5이다. MSST를 이용하여 저장용기의 두께를 결정하라. 원통과 구의 접선 변형률은 동일하다고 가정하라. 그 이유

는 이 둘이 용접되었기 때문이다. 소재의 물성은 E = 200 GPa, S_y = 430 MPa 그리고 ν = 0.3. 답 t_h = 14.53 mm, cap: t_h = 7.267 mm.

10.28 AISI 1020 강재 (870°C에서 담금질(quenching)과 뜨임(tempering) 열처리) 소재의 중실 원통축이 항복에 대한 안전 계수가 2.5가 되는 속도로 회전한다. 전선을 넣기 위해 축의 중앙에 작은 구멍을 내고, 소재를 800°C에서 담금질과 뜨임 열처리가 된 AISI 1080 강재로 바꾼다면, 새로운 축의 항복기준 안전 계수를 구하라. 답 n_s = 1.59.

10.29 플라이 휠이 중공축에 설치된다. 축의 내경은 25 mm이고 외경은 50 mm이다. 플라이 휠은 내경 50 mm, 외경 35 mm 그리고 두께 300 mm의 원통형 디스크이다. 축과 플라이 휠 모두 AISI 1080 강재로 제작된다. 플라이 휠은 에너지를 저장하기 위해 사용되며 그러므로 회전 가속도는 각속도 ω에 비례한다. 각 가속도 $\partial\omega/\partial t$는 $\pm 0.2\omega$에서 유지된다. 축상에서 플라이 휠이 미끄러지기 시작하는 속도 ω를 계산하라. 이 때 ω = 0에서 압입 압력은 127 MPa이고 축과 플라이 휠 사이의 마찰 계수는 0.13이다. 답 N = 14,980 rpm.

10.30 문제 10.29에 주어진 플라이 휠과 축이 강 대신 알루미늄 합금 2014로 제작된다고 가정한다. 만일 압입 압력이 30 MPa이고 축과 플라이 휠 사이에서 마찰 계수가 0.14라면, 플라이 휠이 미끄러지기 시작하는 속도를 계산하라. 답 N = 12,210 rpm.

10.31 문제 10.29에 주어진 플라이 휠과 축에 60,000 N 축하중을 가한다. 플라이 휠이 축에서 미끄러지기 시작하는 속도를 계산하라. 답 N = 8606 rpm.

10.32 150 mm 직경의 중실 강재 축을 주철로 만든 외경 300 mm, 길이 125 mm의 허브에 압입하고자 한다. 최대 허용 후프 응력은 35 MPa이다. 탄성 계수는 강재가 207 GPa이고 주철은 170 GPa이다. 강재와 주철의 프와송 비는 모두 0.3이고, 강재와 주철 사이의 마찰 계수는 0.11이다. 다음을 결정하라.

(a) 전체 반경 방향 간섭 답 δ_r = 51.6 μm.

(b) 축에 허브를 압입하기 위해 필요한 축력 답 F_{max} = 272 kN.

(c) 이 압입에 의해 전달되는 토크 답 T = 40.8 kN-m.

10.33 그림 a에 보여진 것과 같이 0.5 m 외경, 0.1 m 내경, 0.08 m 두께를 가진 편평한 강재 디스크를 축에 수축 맞춤하고자 한다. 만일 조립 제품이 75 kN-m의 토크를 전달할 때, 맞춤 압력과 전체 반경 방향의 간섭을 구하라. 마찰 계수는 0.25이다. 답 p_f = 238.7 MPa, δ_r = 0.1201 mm.

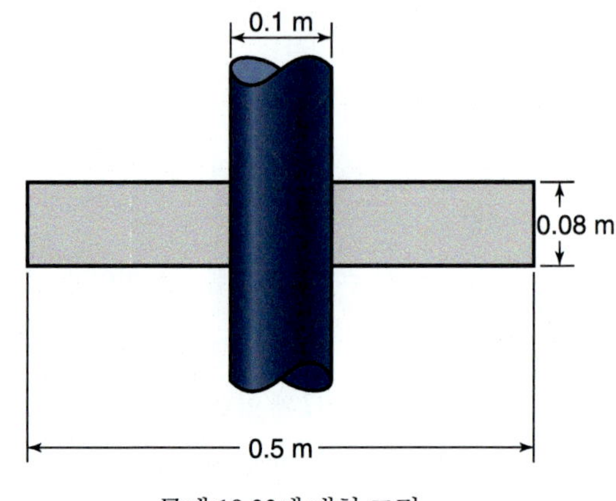

문제 10.33에 대한 그림 a

10.34 외경이 0.1 m, 내경이 0.05 m, 두께가 0.100 m인 편평한 강재 디스크를 0.02 m 내경의 축 위에 수축 맞춤하고자 한다. 만일 조립 제품이 12 kN-m의 토크를 전달한다면, 맞춤 압력과 전체 반경 방향의 간섭을 구하라. 마찰 계수는 0.25이다. 답 p_f = 122.2 MPa, δ_r = 44.9 *mu*m.

10.35 벽에 고정된 외팔보가 그림 b와 같은 하중을 받고 있다. 만일 조립 시점에서 하중은 0이고 보가 수평하다면, 하중을 적용하고 온도가 70°C 떨어진 후 원형 봉의 응력을 결정하라. 보의 관성모멘트 I_{beam} = 9.8 × 10^7 mm^{4}이다. 보와 봉은 모두 고탄소강이다. 답 σ = 132 MPa.

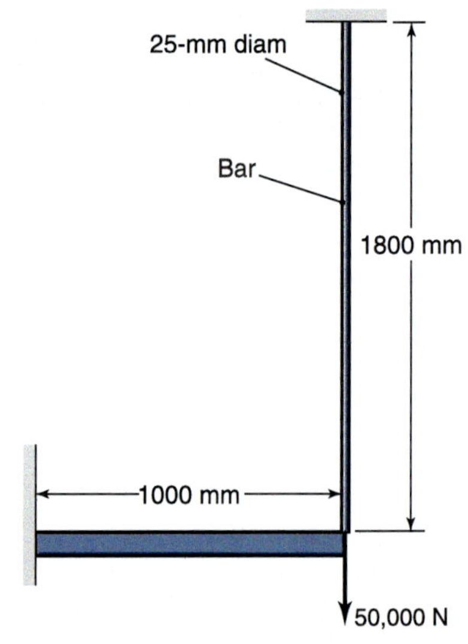

문제 10.35에 대한 그림 b

10.36 길이 0.25 m이고 단면적이 0.0002 m^2인 튜브(E = 200 GPa 그리고 $\beta = 11 \times 10^{-6}/^\circ C$)를 양끝에 고정하여 25°C에서 응력이 없도록 하고자 한다. 작동 시, 튜브는 균일하게 250°C로 가열된다. 측정 결과 고정 부위가 0.2 mm 분리되었음을 알 수 있었다. 튜브의 양 단에 얼마의 하중이 가해졌고 응력은 얼마인가? 답 $\sigma = -335$ MPa.

10.37 일체형 정사각형 막대가 그림 c와 같이 두 고정된 지지점에 구속되어 있다. 정사각형 막대는 100 × 100 mm의 단면적과 0.6 m의 길이를 가진다. 초기 온도 25°C에서 막대는 두 고정점 사이에 딱 맞게 끼워져 있다. 만일 온도가 100°C로 올라가면, 이 막대에 생성되는 평균 열 응력을 결정하라. E = 200 GPa와 $\beta = 11 \times 10^{-6}/^\circ C$라고 가정한다. 답 $\sigma = -165$ MPa.

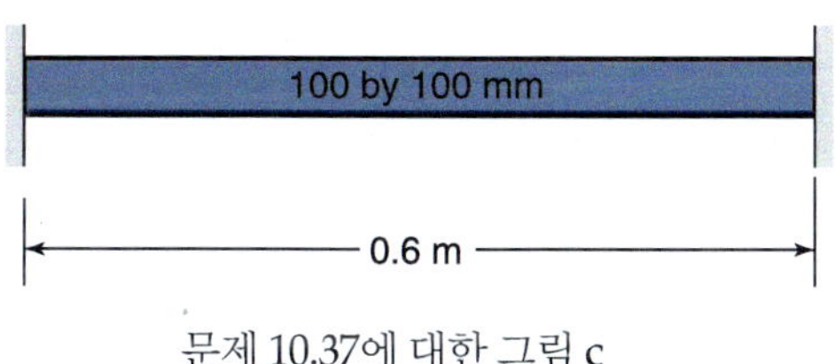

문제 10.37에 대한 그림 c

10.38 두 단단한 축이 그림 d에 보여진 바와 같이 압입 연결에 의해 후판 탄성 튜브에 연결된다. 축과 튜브 사이의 접촉 압력은 p이고 마찰 계수는 μ이다. 압입을 통해 전달되는 최대 토크 T_{max}를 결정하라. 만일 토크가 T_{max}로부터 θT_{max}로 감소한다면 무슨 일이 발생할지 설명하고 계산하라. 단, $0 < \theta < 1$이다.

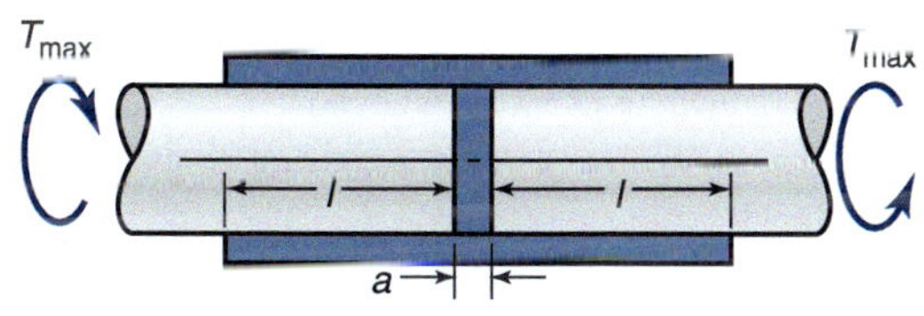

문제 10.38에 대한 그림 d

10.39 외경 80 mm, 직경 50 mm인 강재 축과 동일 소재의 길이 25 mm 원통형 부싱(bushing)이 올바르지 못하게 수축 맞춤되어 다시 분해되어야 한다. 만일 직경방향 간섭이 50 μm이고 마찰 계수가 0.2라면 이 분해 작업을 위해 필요한 축력은 무엇인가? 답 P_{max} = 49.5 kN.

10.40 그림 e에 보인 바와 같이 부싱 압입을 분해하고자 한다. 만일 부싱이 토크 T = 500 N-m를 동시에 전달한다면 이 부싱을 분해하기 위해 필요한 축력 P_a는 얼마인가? 단, 직경방향 간섭 δ = 30 μm, 마찰 계수 μ = 0.3, 탄성 계수 E = 210 GPa이다. 답 P_a = 144.0 kN.

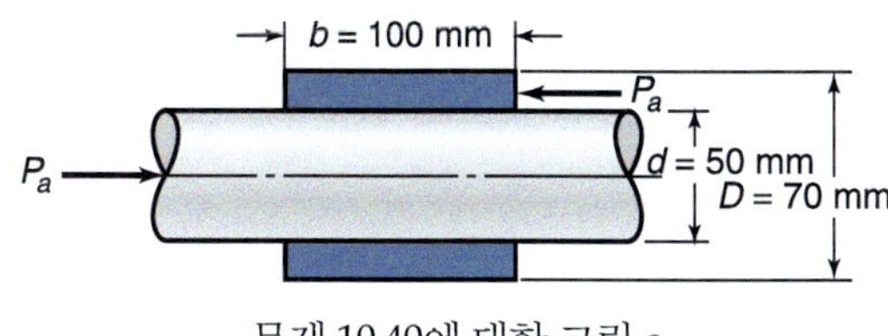

문제 10.40에 대한 그림 e

10.41 문제 10.8에서 휠의 분리를 돕기 위해 축력과 토크 모두가 축-플라이 휠 연결부에 작용한다. 휠이 분리될 때 축력을 40 kN으로 낮추기 위해 얼마나 큰 토크가 요구되는가? 답 T = 16.5 kNm.

10.42 두 개의 AISI 1040 탄소강을 서로 압입하고자 한다. 내경은 200 mm, 공통 직경은 300 mm 그리고 외경은 400 mm이다. 두 원통의 반경 방향 간섭은 0.1 mm이다.

(a) 압입으로 인한 반경 및 접선 방향 응력 분포를 그려라.

(b) 만일 내압이 207 MPa이고 외압이 50 MPa라면, 오로지 이들 압력에만 의한 반경 방향과 접선 방향 응력 분포를 결정하라.

(c) 전체 반경 방향 및 접선 방향 응력분포를 얻기 위해 문제
(a)와 (b)로부터 응력 분포를 중첩하라.

10.43 후판 원통이 다른 후판 원통의 내부에 자유롭게 놓여 있다. 안쪽에 있는 원통에 내압을 가할 때 두 원통 사이의 표면에서 생성되는 압력은 어떻게 되는가? 힌트: 안쪽 원통의 외벽의 반경 방향 변위와 바깥쪽 원통의 안쪽 벽의 반경 방향 변위를 등식화한다.

10.44 외경 0.5 m, 내경 0.1 m, 두께 0.1 m의 편평한 디스크를 중실축에 수축 맞춤 하고자 한다. 축과 디스크는 모두 고탄소강으로 제작된다. 이 조립은 2000 rpm에서 20 MW를 전달한다. 이와 같은 수축 맞춤을 위해 디스크는 몇 도로 가열되어야 하는지 최소 온도를 계산하라. 마찰 계수는 0.25이다. 답 Δt_m = 222.5°C.

10.45 두 축이 외경 120 mm의 수축 맞춤 부싱에 의해 연결된다. 각 축의 직경은 80 mm이고 각각의 길이는 2 m이다. 수축 맞춤 부싱이 설치되기 전, 직경방향 간섭이 δ = 80 μm이었다. 부싱과 축은 탄성 계수 E = 210 GPa의 강재로 제작된

다. 만일 200 kW 동력이 전달된다면 압입 시 미끄럼 없이 허용 가능한 온도 상승을 결정하라. 축의 맨 끝쪽은 축 방향으로 움직일 수 없다. 열 팽창 계수 $\beta = 11.5 \times 10^{-6}/°C$ 그리고 마찰 계수는 0.1이다. 축 위에서 부싱이 압입되는 축 방향 길이는 80 mm이고 회전 속도는 1500 rpm이다. 답 $\Delta t_m = 63.29°C$.

10.46 두께 15 mm, 폭 100 mm의 고리를 100 mm 직경의 축으로 수축 맞춤시키고자 한다. 직경방향 간섭은 75 μm이다. 수축 맞춤 시 표면 압력과 마찰 계수 $\mu = 0.10$이라면 전달될 수 있는 최대 토크를 구하라. 답 $p_f = 32.15$ MPa, $T = 5050$ Nm.

10.47 철도 차량 완충재는 11개의 바깥쪽 링과 11개의 안쪽 링으로 구성된 스프링을 가진다. 여기서 각각의 링 유형은 스프링의 끝에서 링의 반으로 되어 있다. 한번은 전체 질량 10,000 kg을 가진 철도 차량이 단단한 고정 벽면에 충돌할 때까지 굴렀다고 하자. 차량을 멈추는 힘은 바깥쪽 링과 안쪽 링에서 동일하다고 하고, 정지 바로 이전 차량의 속도는 18 km/hr였다. 마찰 계수 $\mu = 0.25$, 탄성 계수 $E = 210$ GPa이라면 바깥쪽 링과 안쪽 링의 압축과 링의 응력을 구하라. 링의 치수는 그림 f에 주어졌다. 이러한 유형의 스프링이 압축될 때, 스프링 계수 k(즉, 힘/변형)는 다음과 같다.

$$k = \frac{P}{\delta} = \frac{\pi E \tan\alpha \tan(\alpha + \gamma)}{n\left(\dfrac{r_y}{A_y} + \dfrac{r_i}{A_i}\right)}$$

여기서

α = 스프링의 원뿔각(cone angle)
γ = 마찰 각도
$\tan\gamma = \mu$ = 마찰 계수
r_y, r_i = 표면의 무게 중심까지의 반지름
A_y, A_i = 링의 단면적

10.48 무게 20톤의 철도 차량은 문제 10.47에 묘사된 것처럼 각각 끝에 두 완충재를 가진다. $A_y = A_i = 200\ \text{mm}^2$, $r_y = 70$ mm, $r_i = 60$ mm, $n = 20$, $\alpha = 14°$, $\gamma = 7°$ 그리고 $E = 206$ GPa이다. 차량은 속도 1 m/s로 고정 벽에 충돌한다. 각각의 완충재에서 최대 힘과 흡수된 에너지를 구하라. 차량은 얼마의 속도에서 튕겨져 나올 것인가?

10.49 문제 10.4와 같은 상황에서, 만일 항복 강도가 250 MPa이라면 최대 응력을 찾아라. 이 응력은 허용 가능한 원주 응력이 아님. 답 $p_i = 60.0$ MPa, $\delta_{r,\max} = 0.168$ mm.

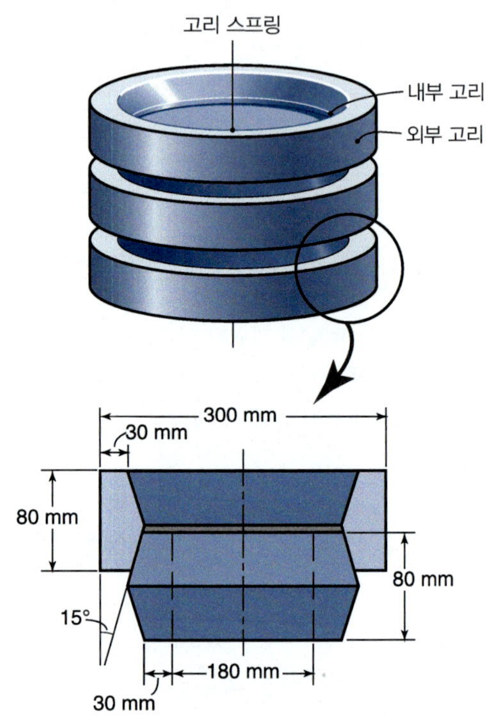

문제 10.47에 대한 그림 f

종합과 설계 문제

10.50 박판, 구형 압력 용기의 주 응력이 $\sigma_1 = \sigma_2 = pr/2t$임을 보여라.

10.51 설계 절차 10.1의 식들을 유도하라.

10.52 검증된 연마 휠은 연마 입자들 사이에서 취성이지만 강한 세라믹 결합을 사용한다. 심각한 사고는 연마 휠이 손상될 때, 하지만 여전히 사용중이거나 속도가 너무 높을 때 발생할 수 있는 것으로 알려져 있다. 10.4절의 소재와 6장으로부터 적절한 파손 이론을 고려하여 연마 휠의 파손을 예측하기 위한 표현을 개발하라.

10.53 압입과 수축 맞춤에서 간섭 압력을 측정하기 위한 실험을 설계하라.

10.54 간섭 맞춤을 이용하여 허브를 축에 조립하는 상황을 고려하라. 만일 허브-축 조합 내부에 접착제가 함께 주입된다면, 이는 조립력을 증가시킬 것인가? 이유를 설명하라.

11

축 및 축 관련 요소들

자동차 엔진의 캠축. 출처: AVL Schrick.

아무리 훌륭한 아이디어라 할지라도, 현실세계에서 실행하기 전에는 그 아이디어의 진정한 힘을 얻을 수 없다.

Black Elk, Oglala Sioux visionary

차례

예제

설계 절차

이 장은 축과 축 관련 요소들에 대하여 설명할 것이다. 축은 대부분의 기계 장치에서 가장 중요한 요소 중 하나로써, 동력을 전달하기 위한 장치이다. 축은 토크를 전달하고, 굽힘모멘트와 축하중을 버티도록 설계되어야 한다. 또한 축의 처침이 너무 크지 않도록 설계하는 것이 매우 중요하다. 이러한 설계 과정에서는 동역학적 안정성, 정적 하중 및 피로 하중에 대한 고려가 필요하다. 축은 다양한 종류의 기계 요소들이 함께 사용될 때 제기능을 수행할 수 있다. 예를 들어, 이러한 기계 요소들은 효과적인 동력 전달을 위하여 키나 스플라인을 활용하여 축에 연결된다. 만약 기계 요소를 축의 특정 위치에 고정하는 것이 중요한 경우라면, 고정링, 셋 스크류, 핀을 이용하여 정확한 위치에 고정되도록 할 수 있다. 또한 기계의 부드러운 운전을 가능하게 하는, 에너지 저장 장치인 플라이 휠에 대하여 논의할 것이다. 마지막으로 두 개의 축을 연결하는 장치인 다양한 종류의 커플링을 소개할 것이다. 커플링의 설계에서는 두 축의 비틀어짐 정도와 진동이 흡수가 중요 설계 인사가 된다.

이 장에서 다루는 기계 요소: 축, 키, 스플라인, 셋 스크류, 고정링, 플라이 휠, 커플링.

대표적인 응용 사례: 축: 동력을 전달하기 위한 다양한 경우, 자동차의 크랭크 축, 캠축 등. *키, 스플라인, 셋 스크류*: 토크를 다른 기계 장치의 허브(hub)에 전달하는 경우, 기어, 풀리, 로프 드럼, 플라이 휠 등. *고정링*: 기계 요소의 축 방향 위치를 고정하여야 하는 경우, 구름 베어링의 내외륜, 풀리, 바퀴, 베어링 슬리브(sleeve), 기어 등. *플라이 휠*: 자동차의 엔진, 파쇄기, 밀링머신, 전동공구 등. *커플링*: 두 축을 연결하는 경우, 주로 모터와 동력 전달 장치를 연결할 때

관련 기계 요소: 축: 기어(14장, 15장), 벨트와 로프(19장). *키, 스플라인, 셋 스크류, 고정링*: 용접, 나사, 접착제 고정(16장), 압력 끼워맞춤과 열간 끼워맞춤(10장). *플라이 휠*: 유체 커플링, 큰 기어장치. *커플링*: 클러치(18장), 기어장치(14장, 15장)

기호

A 면적, m^2
$\tilde{A}$ 식 (11.26)에서 정의된 상수
$\tilde{B}$ 식 (11.27)에서 정의된 상수
C_1 적분 상수
C_f 굽이침 계수
C_t 링 수정 계수(식 11.80)
c 중심축과 최외곽 섬유간 거리, m
d 직경, m
d_m 평균 스플라인 직경, m
d_s 셋 스크류 직경, m
E 탄성 계수, Pa
g 중력가속도, 9.807 m/s^2
h 높이, m
I 면적 관성모멘트, m^4
I_m 관성 계수, kg-m^2
J 극관성모멘트, m^4
K_c 응력집중 계수
K_e 운동 에너지, N-m
K_f 피로 응력집중 계수
k 스프링 상수, N/m
k_f 표면 처리 계수
k_r 신뢰성 계수
k_s 크기 계수, m
l 길이, m
l_s 스플라인 길이, m
M 모멘트, N-m
M_f 성능 지수, J/kg
m_a 질량, kg
n 이빨 개수
n_s 안전 계수
P 수직력, N
P_t 고정력, N
p 압력, Pa
p_f 간섭 압력, Pa
q_n 노치민감 계수
r 반경, m
S_e 수정 피로 한도, Pa
S'_e 피로 한도, Pa
S_{se} 전단수정 피로 한도, Pa
S_{sy} 전단 항복 강도, Pa
S_u 극한 강도, Pa
S_{ut} 인장 극한 강도, Pa
S_y 항복 강도, Pa
T 토크, N-m
T_l 토크 하중, N-m
T_m 평균 토크, N-m
t 시간, s
t_h 두께, m
U 위치 에너지, N-m
u 속도, m/s
W 하중, N
w 폭, m
x, y, z 직교 좌표계, m
δ 처짐, m
θ 원통 극좌표계, deg
$\theta_{\omega_{\max}}$ 최대 속도가 발생하는 각도, deg
$\theta_{\omega_{\min}}$ 최소 속도가 발생하는 각도, deg
ν 프와송 비
ρ 밀도, kg/m^3
σ 수직 응력, Pa
σ_e 뒤틀림 에너지 이론의 임계 응력, Pa
σ_ϕ 임의의 평면에 작용하는 수직 응력, Pa
τ 전단 응력, Pa
τ_ϕ 임의의 평면에 작용하는 전단 응력, Pa
ϕ 임의의 각도, deg
ω 각속도, rad/s
ω_ϕ 변이 속도, rad/s

하첨자

a 변동
c 압축
i 내측
m 평균
o 외측
r 반지름 방향
s 전단
θ 원주 방향
ω 속도
1, 2, 3 주축

11.1 서론

이 장에서는 축의 설계를 논하기 위하여 응력 해석을 위한 2.8절부터 2.12절까지의 내용과 4장의 내용을 다양하게 사용할 것이다. 또한 11.2절에서는 6.7절의 파괴 이론이 축의 정적 파괴 예측을 위하여 사용될 것이며, 11.3절에서는 7장의 피로 이론이 활용될 것이다. 이 장에서는 각각 개별적으로 고려되었던 다양한 하중이 한꺼번에 합쳐진 조건을 다루게 될 것이므로, 앞에서 언급된 장들을 다시 한 번 숙지하기를 추천한다. 회전하는 축 요소는 동역학적으로 불안정하고 커다란 진동을 유발할 수 있기 때문에, 11.5절에서 다루게 될 축의 최대 허용 속도는 축을 설계하는 데 매우 중요한 인자로 고려되어야 한다.

11.6절에서는 축과 다른 기계 요소들을 결합하기 위한 키, 핀, 스플라인 등의 결합 요소가 소개될 것이며, 이들 요소는 마찰력과 끼워맞춤을 이용하여 축으로부터의 토크를 전달하게 된다. 축에 연결되는 기계 요소들의 축 방향 위치는 고정링, 코터핀 등 다양한 장치에 의하여 고정된다. 11.8절과 11.9절에서 다루게 될 플라이 휠은 에너지 저장 장치로서 부드러운 기계의 운전을 유도하기 위한 목적으로 사용되고, 커플링은 두 개의 축을 하나로 연결하기 위해 필요한 요소이다.

11.2 정적 하중에서의 축 설계

축(shaft)은 동력을 전달하기 위한 회전하거나 고정된 기계 요소이다. 일반적으로 원형인 단면을 가지고 있고, 단면의 반지름이 그 길이에 비해 매우 작은 것이 특징이다. 축과 연결되는 기어, 풀리, 캠, 플라이 휠, 크랭크, 스프로킷, 구름 베어링 등의 다양한 기계 요소들이 최적의 성능을 발휘하기 위하여, 잘 설계된 축의 역할이 결정적이다. 축에는 굽힘(항상 요동침), 비틀림(경우에 따라 요동침), 충격, 축 방향 및 축표면에 수직/수평인 하중이 복합적으로 작용한다. 축 설계에서는 재료의 항복과 피로를 고려한 재료 강도, 변형, 최대 허용 속도에서의 동역학이 고려되어야 한다. 일반적으로 축의 직경은 사용 용도에 따라 다양하게 설계되고 있다.

축을 설계할 때는 정적 파괴 및 피로 파괴의 영향을 동시에 고려하여야 한다. 피로 파괴의 영향만을 고려한 설계가 더욱 보수적인 설계인 것으로 생각할 수 있으나, 항상 그런 것은 아니다. 예를 들어, 회전축은 대부분 균일한 응력을 받는 것이 일반적이나 드물게 큰 응력 사이클을 받기도 한다. 7.9절에서 논하였던 누적손상 이론[Miner의 법칙, 식 (7.24)]은 축 설계에 중요하게 사용되는 이론이다. 기계의 오작동 등으로 인해 발생할 수 있는 예상치 못한 커다란 하중은 실제로 흔하게 발생하지는 않기 때문에 피로 파괴에 미치는 영향이 미미하다.

예상치 못한 과부하나 오작동에 대비하기 위하여 키, 핀(11.6절), 미끄럼 클러치(18.10절) 등을 이용하여 축에 작용하는 응력의 크기를 제한하는 방법들이 사용되고 있다. 축은 수리나 교환이 매우 어려운 기계 요소이기 때문에, 과부하나 오작동의 경우 축이 손상되지 않도록 설계하는 것이 매우 중요하다. 따라서 축 설계에는 상당이 큰 안전 계수를 적용하게 된다.

이 장에서는 다양한 종류의 하중을 고려하게 될 것이다. 일반적으로 축의 설계는 특정 하중을 지탱할 수 있는 최소 축 직경을 선정하거나, 지정된 설계 인자에 따른 안전 계수를 결정하는 방식으로 진행한다. 이 과정에서 2장과 4장에서 논의된 방법들이 사용될 것이며, 아래와 같이 단순화된 설계법이 적용될 수 있다.

11.2.1 굽힘모멘트와 비틀림

축의 굽힘모멘트에 의해 발생하는 최대 응력은 식 (4.45)에 의하여

$$\sigma_x = \frac{Mc}{I}. \tag{11.1}$$

비틀림에 의한 전단 응력은 식 (4.33)에 의하여

$$\tau_{xy} = \frac{Tc}{J}, \tag{11.2}$$

이 식을 원형 단면에 대하여 적용하면

$$c = \frac{d}{2} \qquad I = \frac{\pi d^4}{64} \qquad \text{혹은} \qquad J = \frac{\pi d^4}{32}. \tag{11.3}$$

식 (11.3)을 식 (11.1)과 식 (11.2)에 대입하면

$$\sigma_x = \frac{64Md}{2\pi d^4} = \frac{32M}{\pi d^3}, \tag{11.4}$$

$$\tau_{xy} = \frac{Td/2}{\pi d^4/32} = \frac{16T}{\pi d^3}. \tag{11.5}$$

이때 $\sigma_y = 0$이 되므로 평면 응력(plane stress) 상태가 된다. 식 (2.16)은

$$\sigma_1, \sigma_2 = \frac{\sigma_x}{2} \pm \sqrt{\left(\frac{\sigma_x}{2}\right)^2 + \tau_{xy}^2}. \tag{11.6}$$

식 (11.4)와 식 (11.5)를 식 (11.6)에 대입하면

$$\begin{aligned}\sigma_1, \sigma_2 &= \frac{16M}{\pi d^3} \pm \sqrt{\left(\frac{16M}{\pi d^3}\right)^2 + \left(\frac{16T}{\pi d^3}\right)^2} \\ &= \frac{16}{\pi d^3}\left[M \pm \sqrt{M^2 + T^2}\right].\end{aligned} \tag{11.7}$$

식 (2.19)로부터 주 전단 응력은

$$\tau_1, \tau_2 = \pm\sqrt{\tau_{xy}^2 + \left(\frac{\sigma_x}{2}\right)^2}. \tag{11.8}$$

식 (11.4)와 식 (11.5)를 식 (11.8)에 대입하면 최종적으로 다음과 같이 쓸 수 있다.

$$\tau_1, \tau_2 = \pm\frac{16}{\pi d^3}\sqrt{M^2 + T^2}. \tag{11.9}$$

뒤틀림 에너지 이론

6.7.1절의 식 (6.11)과 (6.12)에서와 같이 뒤틀림 에너지(DET) 이론은 만약 폰미세스(von Mises) 응력이 아래의 값에 도달하면 재료의 파괴가 일어난다고 예측한다.

$$\sigma_e = \left(\sigma_1^2 + \sigma_2^2 - \sigma_1\sigma_2\right)^{1/2} = \frac{S_y}{n_s}, \tag{11.10}$$

여기서 S_y는 재료의 항복 응력값이고, n_s는 안전 계수이다. 식 (11.7)을 식 (11.10)에 대입하면, 뒤틀림 에너지 이론은 아래과 같은 조건에서 재료의 파괴를 예측하게 된다.

$$\frac{16}{\pi d^3}\left(4M^2 + 3T^2\right)^{1/2} = \frac{S_y}{n_s}. \tag{11.11}$$

따라서 뒤틀림 에너지 이론에 따른 축의 최소 직경은

$$d = \left(\frac{32n_s}{\pi S_y}\sqrt{M^2 + \frac{3}{4}T^2}\right)^{1/3}. \tag{11.12}$$

만약 축의 직경이 정해져 있다면, 안전 계수는 식 (11.12)를 이용하면

$$n_s = \frac{\pi d^3 S_y}{32\sqrt{M^2 + \frac{3}{4}T^2}}. \tag{11.13}$$

최대 전단 응력 이론

6.7.1절의 식 (6.8)에서 보았듯이, 최대 전단 응력 이론(MSST)은 2축하중 상태나 평면 응력 상태에서 적용될수 있으며, 아래와 같은 응력 상태($\sigma_3 = 0$)에서 재료의 파괴를 예측한다.

$$|\sigma_1 - \sigma_2| = \frac{S_y}{n_s}. \tag{11.14}$$

식 (11.7)은

$$\frac{32\sqrt{M^2 + T^2}}{\pi d^3} = \frac{S_y}{n_s}. \tag{11.15}$$

따라서 최대 전단 응력 이론에 따른 축의 최소 직경은

$$d = \left(\frac{32n_s}{\pi S_y}\sqrt{M^2 + T^2}\right)^{1/3}. \tag{11.16}$$

만약 축의 직경이 정해져 있다면 안전 계수는 식 (11.16)을 이용하면

$$n_s = \frac{\pi d^3 S_y}{32\sqrt{M^2 + T^2}}. \tag{11.17}$$

예제 11.1

정적 하중에서 축 설계

조건 벨트 구동축에 그림 11.1a와 같이 인장력이 작용하고 있고, A와 B 위치에 마찰이 없는 미끄럼 베어링이 장착되어 있다. 축 재료의 항복 강도는 500 MPa이다.

문제 안전 계수 2.0을 이용하여 뒤틀림 에너지 이론과 최대 전단 응력 이론을 사용하였을 때 얻어지는 축의 최소 직

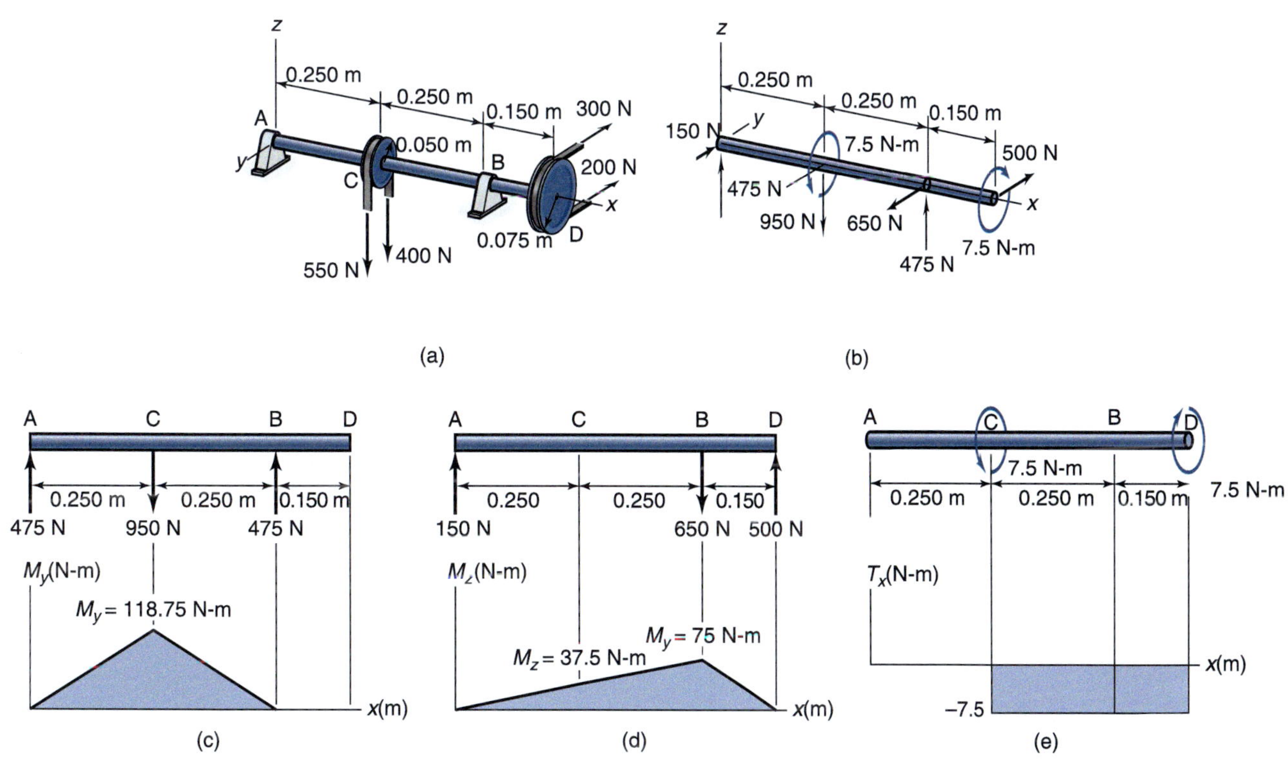

그림 11.1: 예제 11.1을 위한 그림. (a) 조립도, (b) 자유물체도, (c) x-z 평면의 모멘트 선도, (d) x-y 평면의 모멘트 선도, (e) 토크 선도.

경을 구하고, 축의 자유물체도 및 모멘트와 토크 선도를 그려라.

풀이 그림 11.1b의 자유물체도, 그림 11.1c의 x-y 평면 모멘트 선도, 그림 11.1d의 x-z 평면 모멘트 선도를 2.8절의 내용을 통해 완성할 수 있다. 이 모멘트 선도에서 최대 모멘트는

$$M_{\max} = \sqrt{(118.75)^2 + (37.5)^2} = 124.5 \text{ N-m}.$$

그림 11.1e와 같이 토크 선도를 구한다. 식 (11.12)를 이용한 뒤틀림 에너지 이론을 적용하면, 축의 최소 직경은

$$\begin{aligned} d &= \left(\frac{32n_s}{\pi S_y}\sqrt{M^2 + \frac{3}{4}T^2}\right)^{1/3} \\ &= \left\{\frac{32(2)}{\pi(500 \times 10^6)}\left[124.5^2 + \frac{3}{4}(7.5)^2\right]^{1/2}\right\}^{1/3} \\ &= 17.2 \text{ mm}. \end{aligned}$$

식 (11.16)을 이용한 최대 전단 응력 이론을 이용하면, 축의 최소 직경은

$$\begin{aligned} d &= \left(\frac{32n_s}{\pi S_y}\sqrt{M^2 + T^2}\right)^{1/3} \\ &= \left\{\frac{32(2)}{\pi(500 \times 10^6)}\left[124.5^2 + 7.5^2\right]^{1/2}\right\}^{1/3} \\ &= 17.2 \text{ mm}. \end{aligned}$$

토크가 모멘트에 비해 적은 양이기 때문에, 뒤틀림 에너지 이론과 최대 전단 응력 이론이 예측하는 축 최소 직경의 차이가 매우 작은 것을 알 수 있다. 보통 두 이론을 통한 예측치가 매우 비슷하긴 하지만, 항상 이번 예제처럼 일치하는 값을 나타내지는 않는다. 또한 계산을 통해 구한 값을 가공이 용이한 정수값의 형태로 반올림하여 직경을 선정하는 작업이 매우 효과적인데, 이번 예제에서는 축 직경을 20 mm로 설 정하는 것이 좋은 설계가 될 수 있다.

11.2.2 굽힘, 비틀림, 축 방향 하중

굽힘 및 비틀림 하중과 함께 축 방향 하중이 동시에 작용할

경우, 축의 응력은 식 (11.4)와 같이 나타난다.

$$\sigma_x = \frac{32M}{\pi d^3} + \frac{4P}{\pi d^2}. \tag{11.18}$$

전단 응력은 식 (11.5)에 의해, 주응력은 식 (11.6)에 의해 계산할 수 있고, 식 (11.18)과 식 (11.5)를 식 (11.6)에 대입하면

$$\begin{aligned}\sigma_1, \sigma_2 &= \frac{16M}{\pi d^3} + \frac{2P}{\pi d^2} \pm \sqrt{\left(\frac{16M}{\pi d^3} + \frac{2P}{\pi d^2}\right)^2 + \left(\frac{16T}{\pi d^3}\right)^2} \\ &= \frac{2}{\pi d^3}\left[8M + Pd \pm \sqrt{(8M+Pd)^2 + (8T)^2}\right].\end{aligned} \tag{11.19}$$

식 (11.18)과 식 (11.5)를 식 (11.8)에 대입하면 주응력은

$$\tau_1, \tau_2 = \pm\frac{2}{\pi d^3}\sqrt{(8M+Pd)^2 + (8T)^2}. \tag{11.20}$$

뒤틀림 에너지 이론

식 (11.19)를 식 (11.10)에 대입하면, 뒤틀림 에너지 이론이 제시하는 파괴 조건은 다음과 같다.

$$\frac{4}{\pi d^3}\sqrt{(8M+Pd)^2 + 48T^2} = \frac{S_y}{n_s}. \tag{11.21}$$

이 조건은 식 (11.16)보다 복잡하며, 축의 직경을 직접적으로 표현하는 식으로 나타낼 수 없다. 다만 수치해석적 방법을 통하여 식 (11.21)에 대한 해답을 얻어낼 수 있다.

최대 전단 응력 이론

식 (11.19)를 식 (11.14)에 대입하면, 최대 전단 응력 이론이 제시하는 파괴 조건은 다음과 같다.

$$\frac{4}{\pi d^3}\sqrt{(8M+Pd)^2 + 64T^2} = \frac{S_y}{n_s}. \tag{11.22}$$

식 (11.22)의 축 방향 하중이 추가되었을 때의 파괴 조건 역시, 축의 직경을 직접적으로 표현하는 식으로 나타낼 수 없다.

11.3 축의 피로 설계

주기적으로 변화하는 하중이 작용하면, 정적 하중 상태와는 달리, 축 내부의 응력도 주기적으로 변화하게 된다. 이번 장에서는 변화하는 수직 및 전단 응력에 대하여 연성 재료에 대한 일반적 해석 방법을 제시하고, 취성 재료를 해석하기 위한 적절한 이론식들에 관해 논할 것이다. 축 직경과 안전계수에 대한 최종 결론을 유도하기 위해 상당량의 수학적 전개과정이 사용될 것이다. 일반 독자들은 복잡한 유도 과정을 생략하고 유용한 설계 인자들이 정리되어 있는 마지막 부분으로 이동하여도 무방하다.

11.3.1 연성 재료

그림 11.2는 축 요소에 작용하는 수직 및 전단 응력을 표현한 것이다. 그림 11.2a는 사각형 요소에 작용하는 응력을 나타낸 그림이고, 그림 11.2b는 임의의 각도 ϕ평면에 작용하는 응력을 나타낸 그림이다. 수직 응력은 σ로 표현하고 전단 응력은 τ로 표현한다. a는 진폭을 m은 평균 응력을 나타낸다. K_f는 수직 응력에 의한 피로 응력집중 계수, K_{fs}는 전단 응력에 의한 피로 응력집중 계수를 의미한다. 그림 11.2a의 사각형 요소에서, 수직 응력은 $\sigma = \sigma_m \pm K_f\,\sigma_a$이고 전단 응력은 $\tau = \tau_m \pm K_{fs}\,\tau_a$이다. 이 관계식은 7.7절에서 배운 진동하는 응력에 적용되는 응력집중 계수를 사용한 것이다.

최대 응력은 σ_a와 τ_a의 위상이 동일할 때 발생하거나, 이 중 하나의 주파수가 다른 주파수의 상수 배일 때 발생한다. 대각선 요소와 평행한 힘들을 모두 합하면

$$\begin{aligned}0 &= -\tau_\phi A + (\tau_m + K_{fs}\tau_a)A\cos\phi\cos\phi \\ &\quad -(\tau_m + K_{fs}\tau_a)A\sin\phi\sin\phi \\ &\quad +(\sigma_m + K_f\sigma_a)A\cos\phi\sin\phi.\end{aligned}$$

2배각 공식을 이용하여 단순화하면

$$\tau_\phi = (\tau_m + K_{fs}\tau_a)\cos 2\phi + \frac{1}{2}(\sigma_m + K_f\sigma_a)\sin 2\phi.$$

평균 응력과 진폭 요소를 분리하면 임의의 평면에서 작용하는 응력을 구할 수 있다.

$$\begin{aligned}\tau_\phi &= \tau_{\phi m} + \tau_{\phi a} \\ &= \left(\frac{\sigma_m}{2}\sin 2\phi + \tau_m\cos 2\phi\right) \\ &\quad + \left(\frac{K_f\sigma_a}{2}\sin 2\phi + K_{fs}\tau_a\cos 2\phi\right).\end{aligned} \tag{11.23}$$

7.16절에서 논의한 인장력에 사용되는 소더버그(Soderberg)

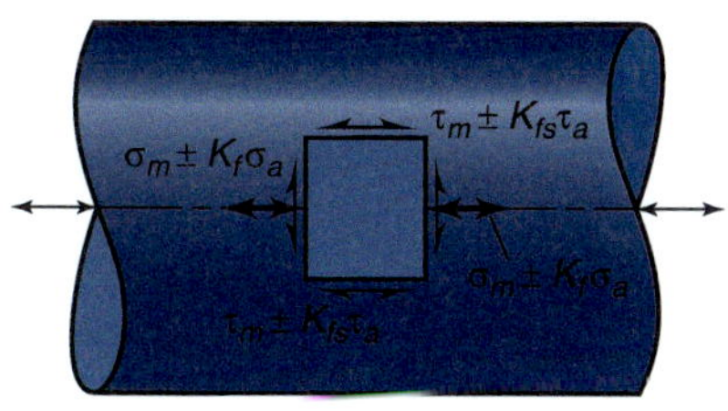

(a)

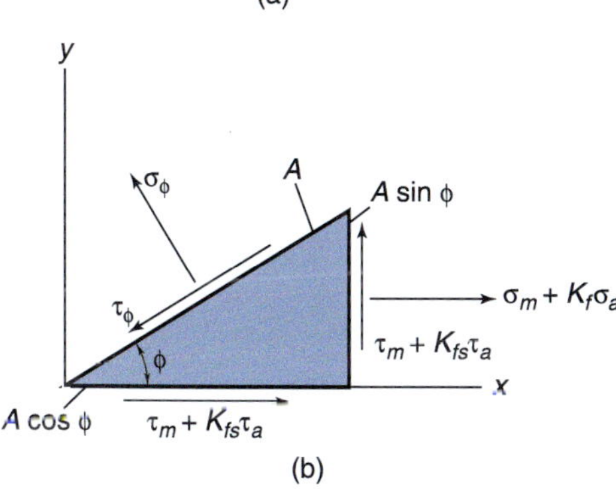

(b)

그림 11.2: 축에 작용하는 수직 및 전단 응력. (a) 사각 요소에 작용하는 응력, (b) 임의의 각도 ϕ평면에 작용하는 응력.

선을 상기시켜 보자. 전단 응력에 대하여 소더버그선의 끝점은 $S_{se} = S_e/2n_s$와 $S_{sy} = S_y/2n_s$이다. 그림 11.3은 전단 응력에 대한 소더버그선을 나타낸 것이다. 그림 11.3에서 삼각형 GHF와 삼각형 D0F의 닮은꼴을 이용하면

$$\frac{\mathrm{HF}}{0\mathrm{F}} = \frac{\mathrm{HG}}{0\mathrm{D}}, \quad \text{혹은} \quad \frac{S_y/2n_s - \tau_{\phi m}}{S_y/2n_s} = \frac{\tau_{\phi a}}{S_e/2n_s},$$

따라서

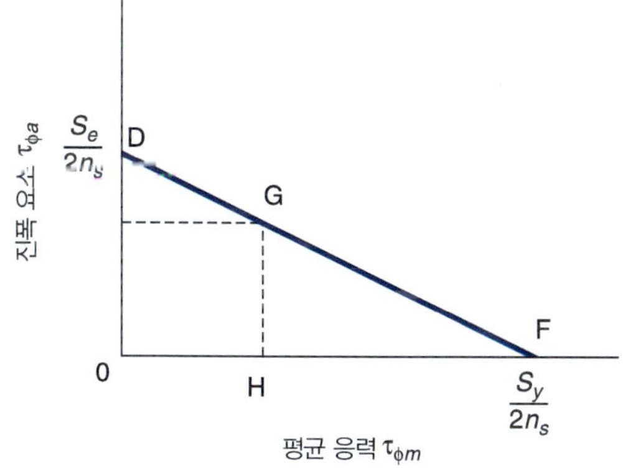

그림 11.3: 전단 응력에 대한 소더버그선.

$$\frac{1}{n_s} = \frac{\tau_{\phi a}}{S_e/2} + \frac{\tau_{\phi m}}{S_y/2}. \tag{11.24}$$

$\tau_{\phi a}$와 $\tau_{\phi m}$을 식 (11.24)에 대입하면

$$\begin{aligned} \frac{1}{n_s} &= \frac{\frac{K_f\sigma_a}{2}\sin 2\phi + K_{fs}\tau_a\cos 2\phi}{S_e/2} \\ &+ \frac{\left(\frac{\sigma_m}{2}\sin 2\phi + \tau_m\cos 2\phi\right)}{S_y/2} \\ &= \tilde{A}\sin 2\phi + 2\tilde{B}\cos 2\phi, \end{aligned} \tag{11.25}$$

여기서

$$\tilde{A} = \frac{\sigma_m}{S_y} + \frac{K_f\sigma_a}{S_e}, \tag{11.26}$$

$$B = \frac{\tau_m}{S_y} + \frac{K_{fs}\tau_a}{S_e}. \tag{11.27}$$

최소 안전 계수를 적용할 수 있는 응력 조합을 얻어내는 것이 목표이며, 이것은 이러한 조건이 최대 응력 상황을 나타내기 때문이다. n_s의 최솟값은 $1/n_s$의 최댓값과 같다. 따라서 식 (11.25)를 $1/n_s$에 대하여 미분하면

$$\frac{d}{d\phi}\left(\frac{1}{n_s}\right) = 2\tilde{A}\cos 2\phi - 4\tilde{B}\sin 2\phi = 0.$$

그러므로

$$\frac{\sin 2\phi}{\cos 2\phi} = \tan 2\phi = \frac{\tilde{A}}{2\tilde{B}}. \tag{11.28}$$

그림 11.4는 이 관계식을 표현한 것으로 아래의 관계식을 표현하고 있다.

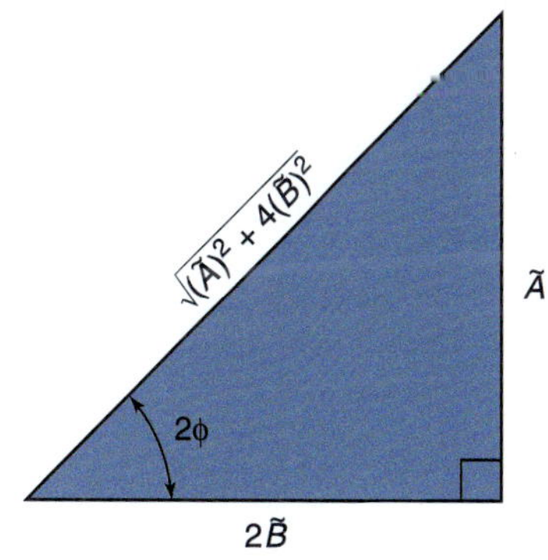

그림 11.4: 식 (11.28)을 위한 도해.

$$\sin 2\phi = \frac{\tilde{A}}{\sqrt{\left(\tilde{A}\right)^2 + 4\left(\tilde{B}\right)^2}}$$

그러므로

$$\cos 2\phi = \frac{2\tilde{B}}{\sqrt{\left(\tilde{A}\right)^2 + 4\left(\tilde{B}\right)^2}}. \tag{11.29}$$

이 관계식을 식 (11.25)에 대입하면

$$\begin{aligned} \frac{1}{n_s} &= \frac{\left(\tilde{A}\right)^2}{\sqrt{\left(\tilde{A}\right)^2 + 4\left(\tilde{B}\right)^2}} + \frac{4\left(\tilde{B}\right)^2}{\sqrt{\left(\tilde{A}\right)^2 + 4\left(\tilde{B}\right)^2}} \\ &= \sqrt{\left(\tilde{A}\right)^2 + 4\left(\tilde{B}\right)^2}. \end{aligned}$$

식 (11.26)과 식 (11.27)을 대입하면,

$$\begin{aligned} \frac{1}{n_s} &= \sqrt{\left(\frac{\sigma_m}{S_y} + \frac{K_f\sigma_a}{S_e}\right)^2 + 4\left(\frac{\tau_m}{S_y} + \frac{K_{fs}\tau_a}{S_e}\right)^2}, \\ \frac{S_y}{n_s} &= \sqrt{\left(\sigma_m + \frac{S_y}{S_e}K_f\sigma_a\right)^2 + 4\left(\tau_m + \frac{S_y}{S_e}K_{fs}\tau_a\right)^2}. \end{aligned} \tag{11.30}$$

2축 응력에 대한 식 (2.19)에서 $\sigma_y = 0, \sigma_x = \sigma$ 그리고 $\tau_{xy} = \tau$를 대입하면, 최대 전단 응력은

$$\tau_{\max} = \sqrt{\left(\frac{\sigma}{2}\right)^2 + \tau^2}, \tag{11.31}$$

안전 계수는

$$\begin{aligned} n_s = \frac{S_y/2}{\tau_{\max}} &= \frac{S_y/2}{\sqrt{(\sigma/2)^2 + \tau^2}} = \frac{S_y}{\sqrt{\sigma^2 + 4\tau^2}}, \\ \frac{S_y}{n_s} &= \sqrt{\sigma^2 + 4\tau^2}. \end{aligned} \tag{11.32}$$

식 (11.32)와 식 (11.30)은 같은 형태여서

$$\sigma = \sigma_m + \frac{S_y}{S_e}K_f\sigma_a \quad \text{그리고} \quad \tau = \tau_m + \frac{S_y}{S_e}K_{fs}\tau_a.$$

수직 응력과 전단 응력이 정적 응력 성분과 변동하는 응력 성분을 모두 포함하고 있는 것에 주의하자. 특히 변동하는 응력 성분은 피로 파괴와 응력집중에 큰 영향을 미친다.

식 (11.4), 식 (11.5), 식 (11.3)을 이용하면

$$n_s = \frac{\pi d^3 S_y}{32\sqrt{\left(M_m + \frac{S_y}{S_e}K_f M_a\right)^2 + \left(T_m + \frac{S_y}{S_e}K_{fs}T_a\right)^2}}. \tag{11.33}$$

만약, 주어진 안전 계수에서 축의 최소 직경을 구하고자 한다면 식 (11.33)은 다음과 같다.

$$d = \left[\frac{32n_s}{\pi S_y}\sqrt{\left(M_m + \frac{S_y}{S_e}K_f M_a\right)^2 + \left(T_m + \frac{S_y}{S_e}K_{fs}T_a\right)^2}\right]^{1/3} \tag{11.34}$$

식 (11.33)과 식 (11.34)는 소더버그선과 최대 전단 응력 이론을 이용하여 축을 설계하는 일반적인 관계식이다. 식 (11.34)에서 S_y, S_y/S_e, K_f, K_{fs}는 모두 축의 직경 d와 관계가 있는 것에 주의하자. 따라서 축의 직경을 정하기 위하여 수치해석적인 방법이 필요하다.

피터슨(Peterson, 1974)은 전단 응력 계수를 4에서 3으로 변경함으로써 뒤틀림 에너지 이론을 만족하도록 식 (11.30)을 변화시켰다.

$$\frac{S_y}{n_s} = \sqrt{\left(\sigma_m + \frac{S_y}{S_e}K_f\sigma_a\right)^2 + 3\left(\tau_m + \frac{S_y}{S_e}K_{fs}\tau_a\right)^2}. \tag{11.35}$$

식 (11.4)와 식 (11.5), 식 (11.35)를 사용하면

$$n_s = \frac{\pi d^3 S_y}{32\sqrt{\left(M_m + \frac{S_y}{S_e}K_f M_a\right)^2 + \frac{3}{4}\left(T_m + \frac{S_y}{S_e}K_{fs}T_a\right)^2}}. \tag{11.36}$$

주어진 안전 계수에 대한 축의 최소 직경은

$$d^3 = \frac{32n_s}{\pi S_y}\sqrt{\left(M_m + \frac{S_y}{S_e}K_f M_a\right)^2 + \frac{3}{4}\left(T_m + \frac{S_y}{S_e}K_{fs}T_a\right)^2} \tag{11.37}$$

식 (11.33)과 식 (11.34), 식 (11.36), 식 (11.37) 간의 차이를 이해하여야 한다. 식 (11.33)과 식 (11.34)는 최대 전단 응력 이론을 만족하는 식이고, 식 (11.36)과 식 (11.37)은 뒤틀림 에너

지 이론을 만족하는 식이다. 위의 4개의 식 모두 연성 재료에 사용되는 일반적인 관계식이다.

예제 11.2

축의 피로 설계

조건 후륜구동 자동차가 곡선 도로에서 빠른 속도로 가속하고 있을 때, 자동차의 엔진 축에는 굽힘과 비틀림 하중이 동시에 작용하게 된다. 가속 토크 T는 400 N-m으로 일정하다고 가정하고, 굽힘모멘트는 코너를 도는 회전력 때문에 아래와 같이 변화한다고 가정한다.

$$M = 250 + 800 \sin \omega t.$$

따라서 모멘트의 평균과 진폭은 $M_m = 250$ N-m, $M_a = 800$ N-m이다. 응력집중이 일어날 만한 어떠한 노치도 없다고 가정하자. 신뢰도 99%, 안전 계수 4.5가 설계 요구 사항이다. 축은 단조 고탄소강으로 만들어져 AISI 1080 강과 동일한 기계적 강도를 갖고 800℃에서 담금질(quenched and tempered)되었다.

문제 최대 전단 응력 이론을 이용하여 축의 직경을 구하라.

풀이 식 (7.7)과 표 A.2에서 AISI 1080 강의 굽힘, 피로 강도는

$$S'_e = 0.5S_u = 0.5\,(615) = 307.5 \text{ MPa}.$$

그림 7.11에서 난조된 표면의 표면 처리 계수는 $S_{ut} - 615$ MPa에서 $k_f = 0.42$이다. 크기 계수를 계산하기 위하여 축의 직경을 알아야 하는데, 이 값은 나중에 다시 조정하게 될 것이나. 식 (7.20)에서 직경 $d = 30$ mm로 가정하면

$$k_s = 1.248d^{-0.112} = 1.248(30)^{-0.112} = 0.853.$$

표 7.4에서 신뢰도 99%의 신뢰도 계수는 0.82이다. 이 값을 식 (7.18)에 대입하면 피로 강도는

$$S_e = k_f k_s k_r S'_e = (0.42)(0.853)(0.82)\left(307.5 \times 10^6\right),$$

혹은 $S_e = 90.19$ MPa이다. 식 (11.34)에 $T_a = 0$를 대입하면,

$$\begin{aligned} d^3 &= \left\{\frac{32n_s}{\pi S_y}\sqrt{\left(M_m + \frac{S_y}{S_e}K_f M_a\right)^2 + T_m^2}\right\}^{1/3} \\ &= \frac{32(4.5)}{\pi\,(380 \times 10^6)} \\ &\quad \times\sqrt{\left(250 + \frac{(380 \times 10^6)}{(90.19 \times 10^6)}(1)(800)\right)^2 + (400)^2}. \end{aligned}$$

결과적으로 $d = 0.0760\, m = 76.0$ mm이다.

이 값은 최초에 가정한 30 mm의 축 직경과는 매우 다름을 알 수 있다. 따라서 최소한 한 번 이상의 반복 계산이 필요하다. 76.0 mm를 새로운 직경으로 가정하면, 식 (7.20)으로부터

$$k_s = 1.248d^{-0.112} = 1.248(76.0)^{-0.112} = 0.768.$$

따라서

$$S_e = (0.42)(0.768)(0.82)(307.5 \times 10^6) = 81.33 \text{ MPa}.$$

식 (11.34)로부터

$$\begin{aligned} d^3 &= \frac{32(4.5)}{\pi(380 \times 10^6)} \\ &\quad \times\sqrt{\left[250 + \frac{(380 \times 10^6)}{(81.33 \times 10^6)}(1)(800)\right]^2 + (400)^2}, \end{aligned}$$

따라서 축 직경 $d = 0.0785$ m이다. 크기 계수가 직경 76.0 mm에 기반하여 계산된 것에 주의하자. 그리고 새로 계산된 결과는 78.5 mm가 된다.

하지만 이 두 숫자가 매우 유사하기 때문에, 더 이상의 반복 계산은 하지 않는다. 78.5 mm의 직경은 공학설계에서는 익숙하지 않은 숫자이다. 따라서 합리적인 직경으로 80 mm나 혹은 그보다 큰 값으로 설정하는 것이 좋다. 이 값은 제조사로부터 구입 가능한 축의 크기에 기반하거나, 재료의 가격에 따라 선택하게 된다.

예제 11.3

복합 하중에서의 축의 피로 설계

조건 그림 11.5에 AISI 1080 고탄소강으로 만들어진 축

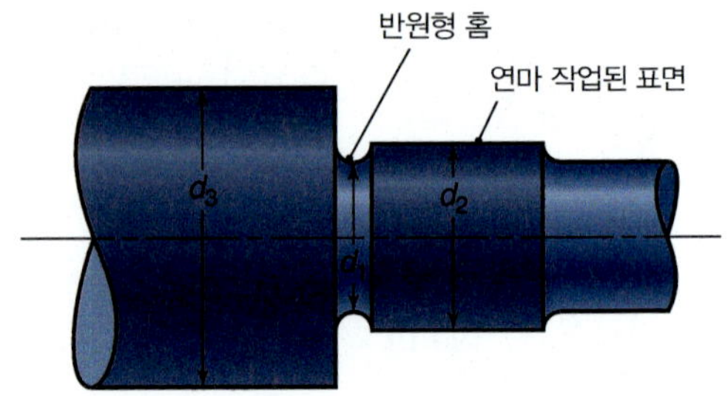

그림 11.5: 예제 11.3의 축 그림.

(800°C에서 담금질됨)에 주기적인 굽힘과 지속적인 비틀림이 작용하고 있다. 일반적인 니들베어링(그림 13.1c)을 d_2 위치에 장착하기 위하여 축의 표면은 매우 잘 연마되어 있다. 축의 나머지 부분은 선반 가공되어 있다. 축의 각 부분 사이에 있는 홈(groove)은 표면 연마 작업 시 직경이 큰 부분이 상처를 입는 것을 방지하기 위하여 설치되어 있고, 이것을 *연마 여유*(grinding relief)라 부른다

니들베어링의 보어 사이즈는 15 mm에서 50 mm 사이에서 5 mm씩 증가한다. 축의 상대적인 크기는 대략적으로 (1 mm 내외에서) $d_2 = 0.75d_3$, $d_1 = 0.65d_3$가 되어야 한다. 70 N-m의 완전 교번 굽힘 하중이 작용하고 있고, 45 N-m의 일정한 비틀림이 작용하고 있다. 무한 수명의 축을 설계하라.

문제 최소 안전 계수 5.0에서 직경 d_2를 결정하라.

풀이 응력집중 계수는 주어진 형상을 통하여 구할 수 있다. 치수의 반올림 때문에 약간의 오차가 생길 수 있지만, 사소한 부분으로 무시할 수 있다. 따라서

$$\frac{d_2}{d_1} = \frac{0.75d_3}{0.65d_3} = 1.154.$$

연마 여유 홈의 형상이 반원이기 때문에

$$\frac{r}{d} = \frac{(d_2 - d_1)/2}{d_1} = \frac{1}{2}\left(\frac{d_2}{d_1} - 1\right) = 0.0769.$$

따라서 그림 6.6b로부터 $K_c = 2.05$이고, 표 A.2에서 이 재료의 $S_u = 615$ MPa, $S_y = 380$ MPa이다. 굽힘에 대한 식 (7.7)에서

$$S'_e = 0.5S_u = 307 \text{ MPa}.$$

축은 한쪽 면이 연마되어 있고, 나머지는 선반 가공되어 있다. 연마된 표면은 응력집중이 없고(그림 11.5), 연마 여유 부분보다 직경이 충분히 크다. 따라서 파괴는 연마 여유 부분에서 일어날 것이며, 표면 처리 계수는 선반 가공된 부분에 맞춰서 계산되어야 한다. 따라서 식 (7.19)는

$$k_f = eS_u^f = (4.51)(615)^{-0.265} = 0.822.$$

특별한 항복 조건이 주어지지 않았기 때문에 최대 전단 응력 이론을 사용하자. 직경 d_2 부분에 5 mm씩 증가하는 베어링이 장착되기 때문에, d_2의 값을 임의로 20 mm로 설정한 후, 안전 계수를 계산하고 식 (11.33)을 이용하여 설계 요구치와 비교할 것이다. 만약 계산된 안전 계수가 적절하지 않으면, 충분히 큰 안전 계수가 나올 때까지 d_2를 증가시켜야 한다. 다른 풀이법은 식 (11.34)에 기초한 직경에 관한 관계식을 유도하고, 컴퓨터 프로그램을 이용하여 수치해석적인 해답을 얻는 것이다. 두 방법 모두 활용이 가능하고 똑같은 결과를 얻을 수 있다.

만약 d_2가 20 mm이면, d_3는 $d_2/0.75 = 26.67$ mm, 즉 $d_3 = 27$ mm이다. 동일하게 $d_1 = 0.65d_3 = 17.55$ mm이므로, d_1은 18 mm로 정할 수 있다. 크기 계수는 식 (7.20)으로부터 얻을 수 있으며

$$k_s = 1.248d^{-0.112} = 1.248(27)^{-0.112} = 0.863.$$

크기 계수를 설정하는데 d_3 부분의 직경을 사용한 것에 대하여 논의가 필요하다. 축의 제조사에서 어떠한 추가 정보도 제공하지 않았기 때문에, 축이 d_3보다 약간 큰 압출 봉을 선반 가공하여 만들어졌다고 생각할 수 있다. 이럴 경우, d_3를 이용하여 크기 계수를 계산하는 것이 합당한 방법이다. 하지만 축이 단조, 롤단조 또는 스웨이지(swage)되고 마지막에 선반 가공되었다면, 크기 계수를 결정하기 위하여 d_1을 사용하는 것이 옳을 것이다. 또한 이 경우 k_f와 k_s가 동일하게 나타나는 것에 주의하자.

추가적인 다른 계수들은 사용하지 않을 것이며, 식 (7.18)을 통한 피로 강도는

표 11.1: 예제 11.3의 결과 정리.

d_2 (mm)	d_1 (mm)	d_3 (mm)	n_s
20	18	27	1.32
25	22	34	2.50
30	26	40	4.26
35	31	47	6.65

$$S_e = k_f k_s S_e' = (0.822)(0.863)(307.5) = 218.1 \text{ MPa}.$$

만약 $d_1 = 18$, $d_2 = 20$이면, 노치의 반지름 $r = 1$ mm이다. 따라서 그림 7.10으로부터 $S_u = 615$ MPa, 노치민감도 계수 $q_n = 0.7$이다. 식 (7.17)로부터

$$K_f = 1 + (K_c - 1)q_n = 1 + (2.05 - 1)(0.7) = 1.735.$$

완전 교번 굽힘 하중은 $M_m = 0$, $M_a = 70$ N-m이고, 일정한 비틀림은 $T_a = 0$, $T_m = 45$ N-m이다. 따라서 식 (11.33)은

$$n_s = \frac{\pi(0.020)^3(380 \times 10^6)}{32\sqrt{\left[\left(\frac{380}{218.1}\right)(1.735)(70)\right]^2 + 45^2}} = 1.38.$$

최소 안전 계수를 5.0으로 요구하였기 때문에 이 안전 계수는 너무 작다. 따라서 직경 d_2를 증가시켜 이 계산을 반복하여야 한다. 표 11.1에 d_2에 따른 결과를 정리하였다. 최종적으로 $d_2 = 35$ mm, $d_1 = 31$ mm, $d_3 = 47$ mm가 되어야 한다.

11.3.2 취성 재료

일반적으로 축은 냉간 가공된 금속으로 최종 치수로 절삭 가공하지만, 특별한 경우 주조를 통해서 만들어지기도 하는데, 이때 재료는 취성을 가지게 된다. 6장에서 논의한 것과 같이 취성 재료는 연성 재료와는 다른 분석법이 사용되어야 한다.

취성 재료의 경우, 그림 11.2b의 힘들이 대각선 요소에 평행하기보다는 수직하다고 가정한다. 또한 취성 재료에 사용되는 파괴 이론(6.7.2절)의 설계선은 연성 재료에서 사용되던 $S_e/2n_s$와 $S_y/2n_s$ 사이의 범위를 대신하여 S_e/n_s부터 S_u/n_s까지의 범위로 확장된다. 다음의 유도 과정은 식 (11.30)에서 사용되었던 방법과 유사하다.

$$\frac{2S_u}{n_s} = K_c\left(\sigma_m + \frac{S_u}{S_e}\sigma_a\right) + \sqrt{K_c^2\left(\sigma_m + \frac{S_u}{S_e}\sigma_a\right)^2 + 4K_{cs}^2\left(\tau_m + \frac{S_u}{S_e}\tau_a\right)^2}. \quad (11.38)$$

여기서 K_c는 이론적 응력집중 계수이다. 식 (11.4)와 식 (11.5)를 이용하여 식 (11.38)을 정리하면

$$n_s = \frac{\pi d^3 S_u/16}{K_c\Psi + \sqrt{K_c^2\Psi^2 + K_{cs}^2\left(T_m + \frac{S_u}{S_e}T_a\right)^2}}, \quad (11.39)$$

Ψ는

$$\Psi = M_m + \frac{S_u}{S_e}M_a. \quad (11.40)$$

주어진 안전 계수에서 축의 최소 직경은

$$d = \left\{\frac{16n_s}{\pi S_u}\left[K_c\Psi + \sqrt{K_c^2\Psi^2 + K_{cs}^2\left(T_m + \frac{S_u}{S_e}T_a\right)^2}\right]\right\}^{1/3} \quad (11.41)$$

안전 계수와 최소 직경을 계산하는 식들의 차이점은 다음과 같다. 식 (11.33)과 식 (11.34)가 최대 전단 응력 이론을 활용함으로써 연성 재료에 사용되고, 식 (11.36)과 식 (11.37)은 뒤틀림 에너지 이론을 활용함으로써 연성 재료에 사용할 수 있으며, 식 (11.39)와 식 (11.41)은 취성 재료에 사용되는 관계식이다. 취성 재료의 관계식(식 (11.39), 식 (11.41)에서는 응력집중 계수 K_c와 최대 인장 강도 S_u가 사용되는 반면, 연성 재료 [식 (11.33), 식 (11.34), 식 (11.36), 식 (11.37)]에서는 피로 응력집중 계수 K_f와 항복 강도 S_y가 사용되는 것에 주의하자.

11.4 추가적인 축 설계 고려 사항

11.2절과 11.3절에서는 응력 관점에서 축의 크기를 정하고 해석하는 설계 접근법에 대하여 설명하였다. 회전하는 축은 피로 강도에 기반한 설계를 만족하기 위해 충분한 응력 사이클(7.8절)이 필요하다. 따라서 7장에서 고려하였던 설계 인

자들이 축에서도 동일하게 적용될 수 있다. 7장에서 사용된 설계 방법은 경험적인 방법들이어서 반드시 실험을 통하여 검증되어야 한다. 축의 커다란 안전 계수와 다음에 설명할 이유들 때문에 종종 광범위한 실험 프로그램에서 배제되곤 한다.

일반적인 기계 장치에서 발생하는 응력은 완전 교번 굽힘과 일정한 비틀림이다. 7.3절에서는 완전 교번 굽힘 하중을 $\sigma_m = 0$이나 $M_m = 0$으로 표현하였고, 일정한 비틀림은 $\tau_a = 0$나 $T_a = 0$으로 표현하였다. 따라서 식 (11.33)과 식 (11.34), 식 (11.36)과 식 (11.37), 또 식 (11.39)와 식 (11.41)을 간략한 형태로 표현할 수 있다. 예를 들어, 이러한 하중 하에서 식 (11.33)과 식 (11.34)는 다음과 같이 표현된다.

$$n_s = \frac{\pi d^3 S_y}{32\sqrt{\left(\frac{S_y}{S_e} K_f M_a\right)^2 + T_m^2}}, \tag{11.42}$$

$$d = \left[\frac{32 n_s}{\pi S_y}\sqrt{\left(\frac{S_y}{S_e} K_f M_a\right)^2 + T_m^2}\right]^{1/3}. \tag{11.43}$$

식 (11.42)와 식 (11.43)이 최대 전단 응력 이론과 소더버그 선도를 활용한 것임을 잊지 말자. 유사한 표현법이 다른 종류의 기준에서도 얻어질 수 있다.

앞에서도 언급한 것처럼 축은 다른 기계 장치와 비교하여 상당히 큰 안전 계수를 가진다. 그 이유는 다음과 같다.

1. 축은 일반적으로 쉽게 접근이 어려운 곳에 설치되고, 여러 가지 다양한 기계 요소들이 결합되어 있다. 따라서 축을 교체하기 위해서는 엄청난 시간을 필요로 한다. 먼저 다양한 기계 요소들을 분리해야 하고, 축을 교체한 다음, 다시 기계 요소들을 축에 결합하고 그것들을 정확히 정렬하는 데 엄청난 시간이 필요하기 때문이다. 이러한 사실 때문에 축의 파괴나 교환으로부터 발생하는 엄청난 비용을 피하기 위하여 커다란 안전 계수를 적용하여 축을 설계하게 된다.
2. 축은 그 자체로 매우 비싸기 때문에 축을 보호하기 위하여 키나 핀(11.6절) 혹은 미끄럼 클러치(18.10절) 등을 사용한다.
3. 축의 처짐 또한 중요한 고려 사항이어서, 축의 크기는 처짐에 대한 설계 요구 사항을 만족하기 위하여 결정되는 경우가 많다. 굽힘모멘트로부터 발생하는 측면 처짐(5장)과 비틀림 변형(4.4절)을 포함한다.
4. 기어나 커넥팅로드(connecting rods)와 같은 기계 요소의 경우, 축의 처짐이 매우 작아야 한다. 따라서 베어링을 이러한 기계 요소의 바로 옆에 설치하는 것이 일반적이다. 연습문제에서 보게 되는 상대적으로 큰 굽힘모멘트와 긴 축간 거리는 충분히 잘 지지된 실제 기계 장치와는 다소 차이가 있음을 인지하도록 하자. 하지만 베어링을 추가적으로 배치하는 것이 단순한 해결책이 될 수 없고, 하중을 각 베어링에 고르게 분포시키기 위하여 매우 주의 깊은 정렬과 미세조정 과정이 필요하다.

설계 절차 11.1

축 설계

축 설계의 일반적인 방법은 다음과 같다.

1. 축에 연결된 다양한 기계 요소들을 하중과 토크로 교체하여 자유물체도를 완성한다. 예를 들어 그림 11.6a는 축에 작용하는 두 기어의 힘을 나타내고 있으며, 그림 11.6b는 축의 자유물체도를 보여주고 있다.
2. 그림 11.6c, d와 같이 x-y 평면과 x-z 평면의 굽힘모멘트 선도를 그린다. 축의 임의의 위치에서 내부 합 모멘트는 다음과 같이 나타낼 수 있다.

$$M_x = \sqrt{M_{xy}^2 + M_{xz}^2}. \tag{11.44}$$

3. 5장에서 다루었던 방법을 이용하여 굽힘에 의한 축의 측면 처짐을 분석한다. 만약 처짐이 중요 설계 인자 중 하나라면, 허용 가능한 범위에서 처짐을 제어할 수 있도록 축의 직경을 결정하거나, 축을 지지하는 위치들을 재배열하여 굽힘모멘트를 최소화하도록 노력한다.

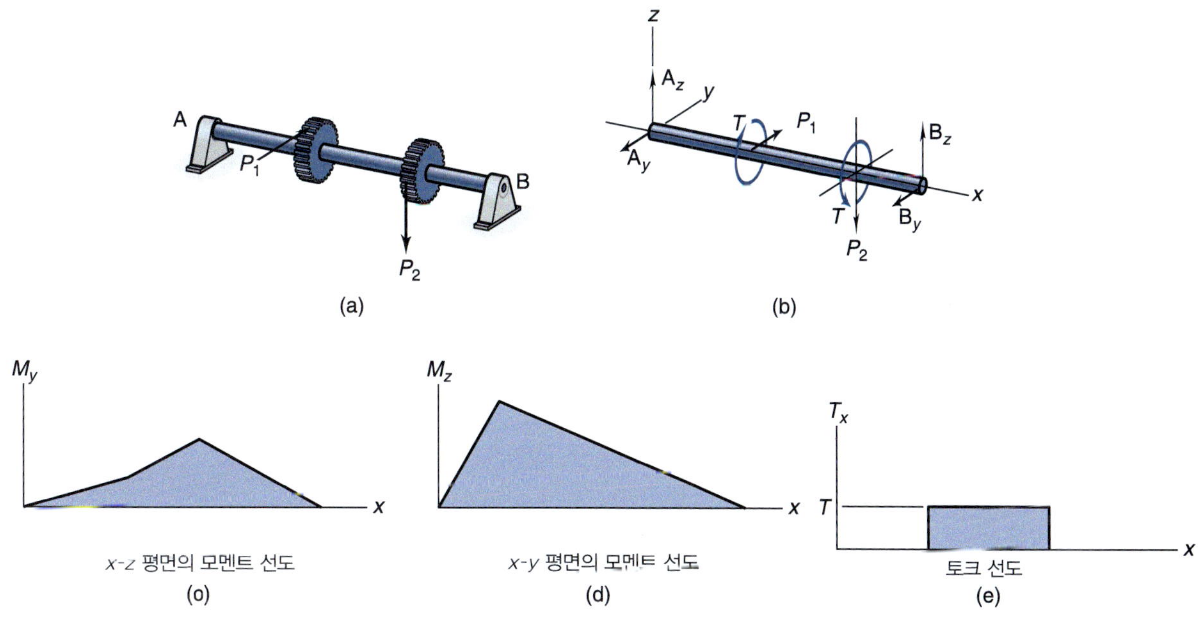

그림 11.6: 축 조립도. (a) A와 B 위치에 베어링으로 지지되어 있고, 기어를 통해 힘 P_1과 P_2가 축에 작용함, (b) 토크와 힘으로 표현한 자유물체도, (c) x-z 평면의 모멘트 선도, (d) x-y 평면의 모멘트 선도, (e) 토크 선도.

4. 그림 11.6e처럼 토크 선도를 그린다. 하나의 동력전달 장치로부터 발생하는 토크는 다른 동력전달 장치로부터 발생하는 토크와 균형을 이루어야 한다
5. 축의 비틀림에 의한 비틀림 변형을 계산한다(4.4절). 만약 비틀림 변형이 중요 설계 인자라면, 허용가능한 범위에서 비틀림 변형을 제어할 수 있도록 축의 직경을 결정하여야 한다.
6. 응력의 관점에서 축 사용의 적절성을 평가한다.
   (a) 토크와 모멘트가 최대가 되는 단면적의 위치를 결정한다.
   (b) 연성 재료의 경우 6.7.1절에서 다루었던 최대 전단 응력 이론이나 뒤틀림 에너지 이론을 사용한다.
   (c) 취성 재료의 경우 최대 수직 응력 이론(maximum-normal-stress theory, MNST), 내부마찰 이론, 수정된 모어(Mohr) 이론을 이용한다(6.7.2절).
7. 축을 보호하기 위하여 키나 셋 스크류, 핀(11.6절), 미끄럼 클러치(18.10절)를 활용한다.
8. 기계의 운전 조건과 축의 최대 허용 속도(11.5절)를 비교한다. 축의 직경과 지지 위치를 최대 허용 속도를 만족하도록 조정한다.

11.5 회전축의 임계 속도

회전하는 축은 운전하는 동안 변형을 일으키게 된다. 변형의 양은 축 재료의 강성, 축의 지지부, 축 및 축과 연결된 기계 요소들의 무게 그리고 전체 시스템의 감쇠에 의하여 결정된다. 축의 **고유진동수**(natural frequency)라고도 불리는 **임계 속도**(cirtical speed)는 동역학적으로 불안정하고, 진동과 관련된 커다란 변형이 일어나기 쉬운 속도를 말한다. 무한한 숫자의 임계 속도가 존재하지만, 가장 작은 속도 혹은 두 번째로 작은 속도가 축 설계에서 중요하게 사용된다. 다른 속도값들은 너무 큰 값을 가지므로 일반적인 운전 조건에서는 고려하지 않는다. 이 책에서는 제1 임계 속도만을 고려할 것이다. 이번 장에서는 제1 임계 속도(최소 고유진동수)를 찾는 두 가지 방법을 제시하도록 하겠다. 하나는

레일리(Rayleigh)에 의해 발전하였고, 다른 하나는 던컬리(Dunkerley)에 의해 발전한 이론이다.

11.5.1 단일 질량 시스템

제1 임계 속도(최소 고유진동수)는 주기적 운동에 있어서 시스템의 운동 에너지와 위치 에너지가 상호 변환되는 비율을 관찰함으로써 알아낼 수 있다. 축에 연결된 단일 질량은 그림 11.7에서와 같이 단순한 스프링과 질량의 조합으로 나타낼 수 있다. 그림에서 점선은 정적 평형 위치를 나타낸다. 시스템의 위치 에너지는

$$U = \int_0^{\delta} (m_a g + k\delta)\ d\delta - m_a g\delta,$$

여기서

m_a = 질량, kg
g = 중력가속도, 9.087 m/s^2
k = 스프링 상수, N/m
δ = 변형량, m

이 식을 적분하면

$$U = \frac{1}{2}k\delta^2. \tag{11.45}$$

속도 $\dot{\delta}$으로 움직이는 시스템의 운동 에너지는

$$K_e = \frac{1}{2}m_a\left(\dot{\delta}\right)^2. \tag{11.46}$$

식 (11.45)와 식 (11.46)에 대하여 다음을 관찰한다.

1. 질량이 정적 평형 위치를 지나갈 때 위치 에너지는 0이 되고 운동 에너지는 최대가 되며, 시스템의 총 기계적 에너지는 일정하다.
2. 질량이 최대 변이 위치, 즉 운동의 방향이 바뀌는 위치에 도달하면 속도는 0이 된다. 이 지점에서 위치 에너지는 최대가 되고, 시스템의 총 기계적 에너지는 일정하다.

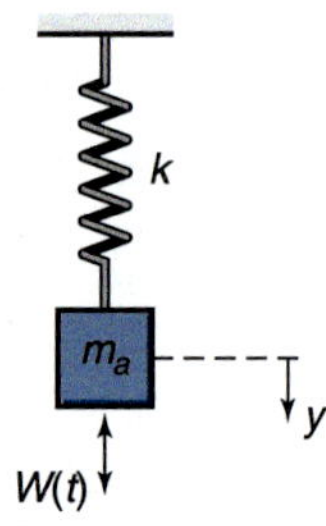

그림 11.7: 단순 단일 질량 시스템.

총 기계적 에너지는 위치 에너지와 운동 에너지의 합으로서 항상 일정하다. 따라서

$$\frac{d}{dt}(U + K_e) = 0. \tag{11.47}$$

식 (11.45)와 식 (11.46)을 식 (11.47)에 대입하면

$$\frac{d}{dt}\left[\frac{1}{2}k\delta^2 + \frac{1}{2}m_a\left(\dot{\delta}\right)^2\right] = k\delta\dot{\delta} + m_a\dot{\delta}\ddot{\delta} = 0.$$

$\dot{\delta}$으로 정리하면,

$$\dot{\delta}\left(m_a\ddot{\delta} + k\delta\right) = 0, \tag{11.48}$$

$$\ddot{\delta} + \omega^2\delta = 0,$$

여기서

$$\omega = \sqrt{k/m_a}, \text{rad/s}. \tag{11.49}$$

이 미분방정식의 일반해는

$$\delta = C_1\sin(\omega t + \phi), \tag{11.50}$$

C_1은 적분상수이고, ω는 제1 임계 속도(최소 고유진동수)이다. 식 (11.50)을 식 (11.45)와 식 (11.46)에 대입하면

$$U = \frac{k}{2}C_1^2\sin^2(\omega t + \phi), \tag{11.51}$$

$$K_e = \frac{m_a}{2}C_1^2\omega^2\cos^2(\omega t + \phi). \tag{11.52}$$

정적 처짐에 대하여 식 (11.49)를 이용하면, 만약 $k = W/\delta$이고 $m_a = W/g$이면,

$$\omega = \sqrt{\frac{k}{m_a}} = \sqrt{\frac{W/y}{W/g}} = \sqrt{\frac{g}{\delta}}. \tag{11.53}$$

11.5.2 다중 질량 시스템

식 (11.46)에서 n개의 질량에 대한 운동 에너지는

$$K_e = \frac{1}{2}m_{a1}\left(\dot{\delta}_1\right)^2 + \frac{1}{2}m_{a2}\left(\dot{\delta}_2\right)^2 + \cdots + \frac{1}{2}m_{an}\left(\dot{\delta}_n\right)^2. \tag{11.54}$$

만약 변형이 식 (11.50)에 의하여 표현된다면 $y_{\max} = C_1$이다. 또한 $\dot{y}_{\max} = C_1\omega = y_{\max}\,\omega$이다. 따라서 최대 운동 에너지는

$$K_{e,\max} = \frac{\omega^2}{2}\sum m_{an}\left(\delta_{n,\max}\right)^2. \tag{11.55}$$

식 (11.45)에서 n개의 질량에 대한 위치 에너지는

$$U = \frac{1}{2}k_1\delta_1^2 + \frac{1}{2}k_2\delta_2^2 + \cdots + \frac{1}{2}k_n\delta_n^2, \tag{11.56}$$

최대 위치 에너지는

$$U_{\max} = \frac{1}{2}k_1\left(\delta_{1,\max}\right)^2 + \frac{1}{2}k_2\left(\delta_{2,\max}\right)^2 + \cdots + \frac{1}{2}k_n\left(\delta_{n,\max}\right)^2. \tag{11.57}$$

레일리 이론(Rayleigh method)에서는 $K_{e,\max} = U_{\max}$를 가정하거나 다음과 같은 가정을 사용하였다.

$$\frac{1}{2}\omega^2 \sum_{i=1,\ldots,n} m_{ai}\left(\delta_{i,\max}\right)^2 = \frac{1}{2}\sum_{i=1,\ldots,n} k_i\left(\delta_{i,\max}\right)^2.$$

각속도를 구하면

$$\omega^2 = \frac{\sum_{i=1,\ldots,n} k_i\left(\delta_{i,\max}\right)^2}{\sum_{i=1,\ldots,n} m_{ai}\left(\delta_{i,\max}\right)^2}, \tag{11.58}$$

그러나

$$k_i = \frac{W_i}{\delta_{i,\max}} \quad \text{그리고} \quad m_{ai} = \frac{W_i}{g}, \tag{11.59}$$

W_i는 축에 연결된 i번째 무게를 의미하고, g는 중력가속도 $9.807\ \text{m/s}^2$이다. 식 (11.59)를 식 (11.58)에 대입하면

$$\omega_{\text{cr}} = \sqrt{\frac{g\sum_{i=1,\ldots,n} W_i\delta_{i,\max}}{\sum_{i=1,\ldots,n} W_i\delta_{i,\max}^2}}. \tag{11.60}$$

이것이 레일리 방법으로 구한 다중 질량 시스템의 제1 임계 속도(최소 고유진동수)이다. 식 (11.60)은 **레일리 식**(Rayleigh equation)으로 알려져 있다. 실제 변형량은 식 (11.60)에서 계산된 정적 변형량보다 크기 때문에, 레일리 공식의 분모와 분자에서 표현된 에너지들은 실제보다 작게 예측될 것이다. 과소평가된 예측결과에 의한 에러는 분모에서 더 크게 나타나는데, 이는 분모가 변위의 제곱과 연관되어 있기 때문이다. 따라서 식 (11.60)은 첫번째 최대 허용 속도를 실제보다 좀 더 크게 예측한다.

던컬리 식(Dunkerley equation)은 다중 질량 시스템의 제1 임계 속도를 예측하는 다른 방법이다. 이것은 다음과 같이 표현되는데,

$$\frac{1}{\omega_{\text{cr}}^2} = \frac{1}{\omega_1^2} + \frac{1}{\omega_2^2} + \cdots + \frac{1}{\omega_n^2}, \tag{11.61}$$

여기서

ω_1 = 질량 1이 존재할 때 임계 속도

ω_2 = 질량 2가 존재할 때 임계 속도

ω_n = n번째 질량이 존재할 때 임계 속도

식 (11.53)에서 $\omega_i = \sqrt{g/\delta_i}$임을 활용한다.

던컬리 식은 제1 임계 속도를 실제보다 좀 더 작게 예측한다. 레일리와 던컬리 식의 가장 큰 차이점은 변형량이다. 레일리 식에서는 특정 질량 위치에서의 변형량이 시스템 전체의 모든 질량에 의한 변형을 대표하여 표현하도록 되어 있다. 하지만 던컬리 식에서는 개개의 질량이 개개의 변형량을 표현하도록 정의되어 있다.

예제 11.4

임계 속도

조건 그림 11.8은 단순 지지된 축 요소를 보여주고 있다. AISI 1020 저탄소강으로 만들어진 50 mm 직경의 축이 사용되었다. $x_1 = 0.750$ m, $x_2 = 1.000$ m, $x_3 = 0.500$ m, $P_A = 300$ N, $P_B = 500$ N이다.

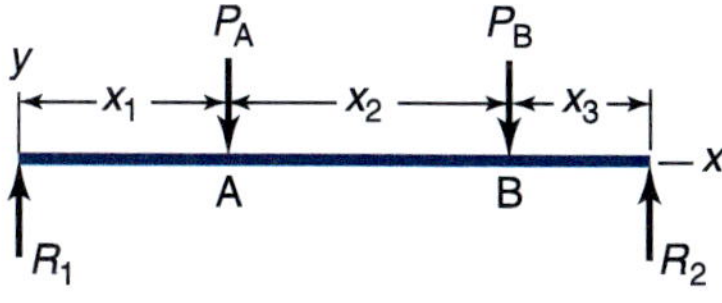

그림 11.8: 예제 11.4의 단순지지된 축.

문제 다음을 이용하여 임계 속도를 결정하라.

(a) 레일리 방법

(b) 던컬리 방법

풀이 표 5.1b에서 변형량은 다음과 같다.

$0 \le x \le a$에 대하여

$$\delta_y = \frac{Pbx}{6lEI}(l^2 - x^2 - b^2). \tag{a}$$

$a \le x \le$ l에 대하여

$$\delta_y = \frac{Pa(l-x)}{6lEI}(2lx - a^2 - x^2). \tag{b}$$

표 3.1에서 탄소강의 탄성 계수는 207 GPa이다. 원형 단면을 가지는 고체의 관성모멘트는

$$I = \frac{\pi d^4}{64} = \frac{\pi (0.050)^4}{64} = 3.068 \times 10^{-7}\ \text{m}^4.$$

식 (a)와 $a = x_1 = x = 0.750$ m, $b = x_2 + x_3 = 1.5$ m를 이용하면, 하중 P_A에 의한 A 위치에서의 변형은

$$\begin{aligned} \delta_{AA} &= \frac{P_A bx}{6lEI}\left(l^2 - x^2 - b^2\right) \\ &= -\frac{(300)(1.5)(0.75)\left(2.25^2 - 0.75^2 - 1.5^2\right)}{6(2.25)\left(207 \times 10^9\right)\left(3.068 \times 10^{-7}\right)} \\ &= -0.8857\ \text{mm}. \end{aligned}$$

그림 11.8에서 y방향은 위쪽을 나타낸다. 따라서 P_A와 δ_{AA}는 음수 값이 된다. 또한 δ_{AA}의 첫번째 첨자는 변형이 일어나는 위치를 나타내고, 두 번째 첨자는 변형을 일어나게 하는 하중을 지칭한다. 식 (a)와 $a = x_1 + x_2$, $x = x_1 = 0.750$ m, $b = 0.5$ m를 이용하면, 하중 P_B에 의한 A 위치에서의 변형은

$$\begin{aligned} \delta_{AB} &= \frac{P_B bx}{6lEI}\left(l^2 - x^2 - b^2\right) \\ &= -\frac{(500)(0.5)(0.75)\left(2.25^2 - 0.75^2 - 0.5^2\right)}{6(2.25)\left(207 \times 10^9\right)\left(3.068 \times 10^{-7}\right)} \\ &= -0.9295\ \text{mm}. \end{aligned}$$

A 위치에서의 총 변형량은

$$\delta_A = \delta_{AA} + \delta_{AB} = -0.8857 - 0.9295 = -1.815\ \text{mm}.$$

식 (a)와 $x = a = x_1 + x_2 = 1.75$ m, $b = 0.5$ m를 이용하면, 하중 P_B에 의한 B 위치에서의 변형은

$$\begin{aligned} \delta_{BB} &= \frac{P_B bx}{6lEI}\left(l^2 - x^2 - b^2\right) \\ &= -\frac{(500)(0.5)(1.75)\left(2.25^2 - 1.75^2 - 0.5^2\right)}{6(2.25)\left(207 \times 10^9\right)\left(3.068 \times 10^{-7}\right)} \\ &= -0.8930\ \text{mm}. \end{aligned}$$

식 (b)와 $a = x_1 = 0.75$ m, $b = x_2 + x_3 = 1.5$ m, $x = x_1 + x_2 = 1.75$ m를 이용하면, 하중 P_A에 의한 B 위치에서의 변형은

$$\begin{aligned} \delta_{BA} &= \frac{P_A a(l-x)}{6lEI}\left(2lx - a^2 - x^2\right) \\ &= -\frac{(300)(0.75)(2.25 - 2.75)}{6(2.25)\left(207 \times 10^9\right)\left(3.068 \times 10^{-7}\right)} \\ &\quad \times \left[2(2.25)(1.75) - 0.75^2 - 1.75^2\right], \end{aligned}$$

또는 $\delta_{BA} = -0.5577$ mm이다. 따라서 B 위치에서의 총 변형량은

$$\delta_B = \delta_{BA} + \delta_{BB} = -0.5577 - 0.8930 = -1.451\ \text{mm}.$$

(a) 레일리 방법을 사용하면 식 (11.60)을 통해 임계 속도는

$$\begin{aligned} \omega_{\text{cr}} &= \sqrt{\frac{g\left(P_A\delta_A + P_B\delta_B\right)}{P_A\delta_A^2 + P_B\delta_B^2}} \\ &= \sqrt{\frac{(9.81)\left[(300)(0.001815) + (500)(0.001451)\right]}{(300)(0.001815)^2 + (500)(0.001451)^2}}. \end{aligned}$$

$$\omega_{\text{cr}} = 78.13\ \text{rad/s} = 746\ \text{rpm}.$$

(b) 던컬리 방법을 사용하면 식 (11.61)을 통해 임계 속도는

$$\frac{1}{\omega_{\text{cr}}^2} = \frac{1}{\omega_{\text{cr,A}}^2} + \frac{1}{\omega_{\text{cr,B}}^2}.$$

여기서

$$\omega_{\text{cr,A}} = \sqrt{\frac{g}{\delta_{AA}}} = \sqrt{\frac{9.81}{0.0008857}} = 105.2\ \text{rad/s} = 1005\ \text{rpm},$$

$$\omega_{\text{cr,B}} = \sqrt{\frac{g}{\delta_{BB}}} = \sqrt{\frac{9.81}{0.0008930}} = 104.8\ \text{rad/s} = 1001\ \text{rpm}.$$

따라서

$$\frac{1}{\omega_{\text{cr}}^2} = \frac{1}{\omega_{\text{cr,A}}^2} + \frac{1}{\omega_{\text{cr,B}}^2} = \frac{1}{1005^2} + \frac{1}{1001^2},$$

위의 식을 풀면 $\omega_{cr} = 709$ rpm이다.

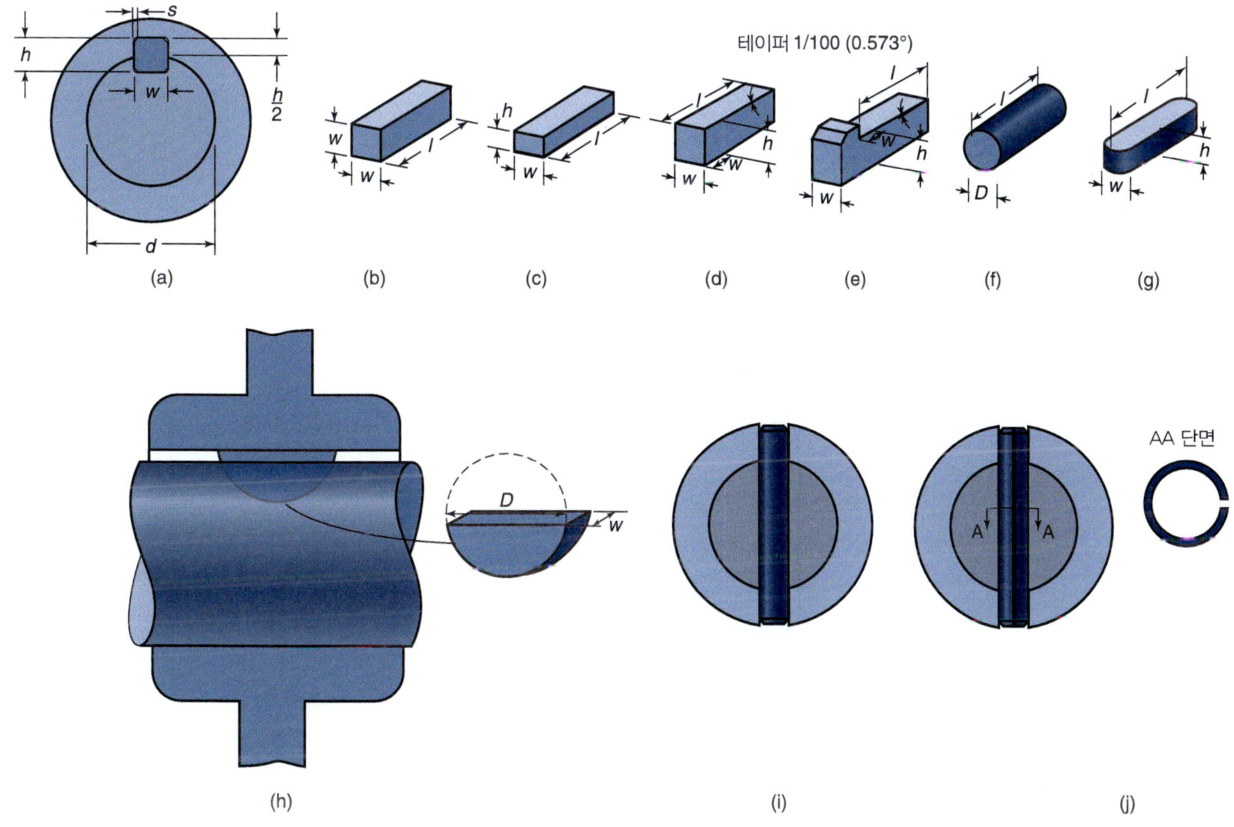

그림 11.9: 키와 핀. (a) 축과 허브에 설치되는 키홈의 치수, (b) 사각 평행 키, (c) 납작 평행 키, (d) 테이퍼(tapered) 키, (e) 깁(gib)머리 테이퍼 키. 깁머리는 키를 제거할 때 용이함, (f) 원형 키, (g) 프로파일(profile) 키, (h) 반달 키, (i) 핀(때로는 홈 있음). 핀은 일반적으로 구멍보다 약간 커서 마찰력 생성, (j) 롤(roll) 핀. 핀보다 약간 작은 구멍에 삽입되어 핀의 탄성력을 이용하여 마찰력 생성.

결론적으로 레일리 식을 통해 과대평가된 $\omega_{cr} = 746$ rpm을 얻었고, 던컬리 식을 통해 과소평가된 $\omega_{cr} = 709$ rpm을 얻을 수 있었다. 따라서 실제 임계 속도는 709와 746 rpm 사이의 값일 것이므로 기계가 이 범위의 속도에서 운전하지 않도록 축을 설계해야 한다.

11.6 키, 핀, 스플라인, 셋 스크류

기어, 풀리, 캠과 같은 다양한 기계 요소들은 회전하는 축에 연결된다. 이러한 기계 요소가 축과 연결되는 부분을 허브(hubs)라고 부른다. 이 장에서는 허브와 축을 연결하는 방법에 대해서 설명하도록 하겠다. 끼워맞춤과 열을 이용한 결합 방법을 10.5절과 10.6절에서 다루었고, 나사를 이용한 결합, 용접, 접착제를 이용한 결합은 16장에서 다룰 것이다.

그림 11.9에서와 같이 다양한 종류의 **키**(key)와 **핀**(pin)이 존재한다. 가장 단순한 형태는 단면적이 일정한 **평행 키**(parallel key)이다. **테이퍼 키**(tapered key)는 일정한 폭을 가지고 길이가 쐐기 각도 0.597°로 변화하는 키로서, 허브가 완전히 고정될 때까지 쐐기 홈에 밀어넣게 된다. 키를 제거할 때 용이하도록 머리를 키에 설치할 수도 있다. **반달 키**(woodruff key)는 일정한 두께의 반원형 모양을 가지고 있으며, 축에 가공된 반원형의 홈에 끼워 맞춰진다. 반달 키는 축에 깊게 박혀있기 때문에 저하중 용량의 장치에서 사용되고, 강도에서는 손해를 보지만 키 자체가 이미 허브와 정렬되어 있다는 이점이 있다. 키의 표준 규격은 표 11.2에서 표

표 11.2: 일반적인 평행 키의 치수.

축 직경 d, mm	키 폭 w, mm	키 두께 h, mm	챔퍼 s, mm	키 길이[a] l, mm
6-8	2	2	0.16-0.25	6-20
8-10	3	3	0.16-0.25	6-36
10-12	4	4	0.16-0.25	8-45
12-17	5	5	0.25-0.40	10-56
17-22	6	6	0.25-0.40	14-70
22-30	8	7	0.25-0.40	18-90
30-38	10	8	0.40-0.60	22-110
38-44	12	8	0.40-0.60	28-140
44-50	14	9	0.40-0.60	36-160
50-58	16	10	0.40-0.60	45-180
65-75	20	12	0.60-0.80	50-200
75-85	22	14	0.60-0.80	56-220
85-95	25	14	0.60-0.80	63-250
95-110	28	16	0.60-0.80	70-280

[a] 일반적인 키의 길이는 6, 8, 10, 12, 14, 16, 18, 20, 22, 25, 28, 32, 36, 40, 45, 50, 56, 63, 70, 80, 90, 100, 110, 125, 140, 160, 180, 200, 220, 250, 280이다

11.4까지에 요약되어 있다. 키는 일반적으로 저탄소강으로 만들어지지만, 특별한 경우 열처리를 통하여 강도를 향상시킬 수 있다. 하지만, 키의 연성이 중요하기 때문에 열처리는 일반적으로 많이 사용되지는 않는다.

그림 11.9i와 그림 11.9j에서 볼 수 있는 **롤 핀**(roll pin)과 **홈 핀**(grooved pin)이 키를 대신하여 사용될 수 있다. 이러한 핀들은 낮은 부하 조건에서 사용되고, 핀의 탄성 복원력에 의하여 고정되기 때문에 구멍과의 마찰을 발생시킨다.

그림 11.9a의 단순 사각형 키를 생각해 보자. 이 키는 축과 기계 요소간의 상대적 회전을 제한하고, 토크를 손실없이 전

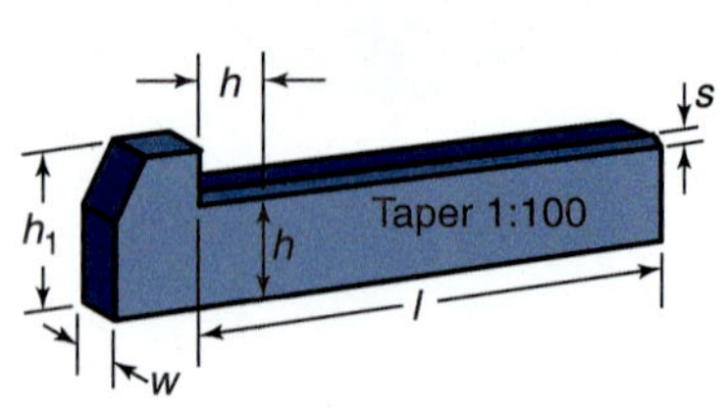

표 11.3: 평키와 머리 테이퍼 키의 치수.

축 직경 d, mm	키 폭 w, mm	키 두께 h, mm	키 길이[a] l, mm	챔퍼 s, mm	길(gib) 높이 h_1, mm
10-12	4	4	8-45	0.16-0.25	7
12-17	5	5	10-56	0.25-0.40	8
22-30	6	6	14-70	0.25-0.40	10
30-38	8	7	18-90	0.25-0.40	11
38-44	10	8	22-110	0.40-0.60	12
44-50	12	8	28-140	0.40-0.60	12
50-58	14	9	36-160	0.40-0.60	14
58-65	16	10	45-180	0.40-0.60	16
65-75	18	11	50-200	0.40-0.60	18
75-85	20	12	56-220	0.60-0.80	20
85-95	22	14	63-250	0.60-0.80	22
95-110	25	14	70-280	0.60-0.80	22

[a] 일반적인 키의 길이는 6, 8, 10, 12, 14, 16, 18, 20, 22, 25, 28, 32, 36, 40, 45, 50, 56, 63, 70, 80, 90, 100, 110, 125, 140, 160, 180, 200, 220, 250, 280이다.

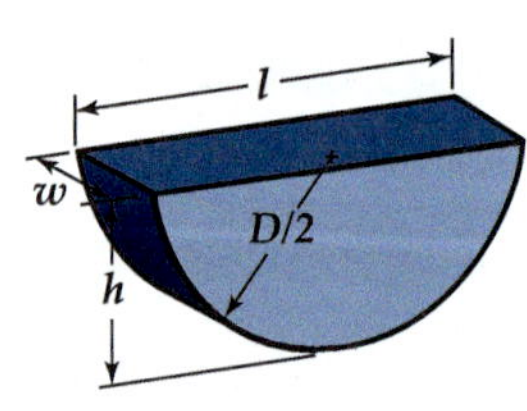

표 11.4: 반달 키의 치수.

축 직경[a] d, mm	축 직경[b] d, mm	폭 w, mm	높이 h, mm	길이 l, mm	직경 D, mm
4-6	–	1.5	2.6	6.75	7
6-8	10-12	2	2.6	6.75	7
		2	3.7	9.66	10
8-10	12-17	2	5	12.6	13
		2.5	3.7	9.66	10
		3	3.7	9.66	10
		3	5	12.65	13
10-12	17-22	3	7.5	18.57	19
		4	5	12.65	13
		4	6.5	15.72	16
12-17	22-30	4	9	21.63	22
		5	6.5	15.72	16
		5	7.5	18.75	19
17-22	–	6	7.5	18.75	19
		6	9	21.63	22
		6	10	24.49	25
–	30-38	6	11	27.35	28
22-30	–	8	9	21.63	22
	38+	8	11	27.35	28
30-38	–	10	11	27.35	28
	38+	10	13	31.43	32

[a] 토크를 전달하는 경우

[b] 토크는 다른 장치가 전달하고, 오직 위치 고정만을 위하여 사용될 때

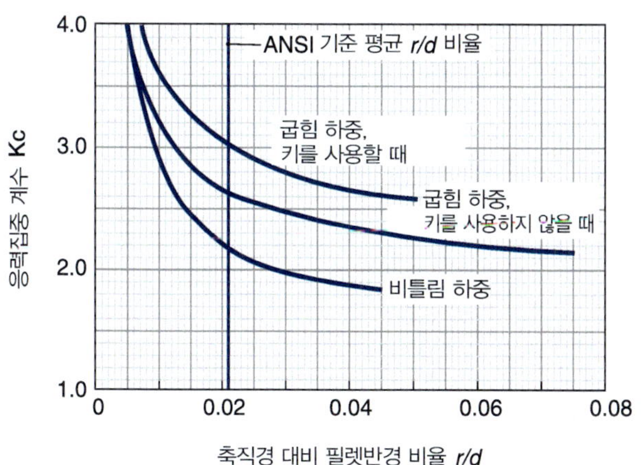

그림 11.10: 일반적인 프로파일 키에서의 응력집중 계수, $w = h = d/4$ (그림 11.9g 참조).

될하기 위하여 사용한다.

키는 기계 장치의 안전을 위하여도 사용된다. 대부분의 기계 장치에서는 운전 속도와 운전 토크에 따라 필요한 키의 크기를 정하게 된다. 그러나 하중이 갑작스럽게 증가하는 경우, 축과 기계 요소 사이의 키가 파손될 수 있다. 키는 일반적으로 값이 매우 싸고 교환이 용이하기 때문에, 고하중 상황에서 키가 손상되도록 하여, 비싼 다른 기계 요소들을 보호하도록 설계한다.

그림 11.9에서 $h = w$인 사각형 키를 특별히 평키라고 부른다. 키는 단단하게 결합되어야 요소 사이의 상대적인 회전을 제거할 수 있다. 일부 기계 장치에서는 셋 스크류를 이용하여 키의 움직임을 제한하기도 한다.

키홈은 축의 응력집중을 발생시킨다. 그림 11.10은 반원형 끝을 가지고 있는 키홈에서 발생하는 응력집중을 실험적으로 나타낸 것이다. 이러한 응력집중 현상은 설계 시 충분히 고려되어야 하며, 일반적으로 키의 강도와 밀접하게 연관되어 있다. 그림 11.10에 제시한 데이터는 보수적인 데이터로서 실제 응력집중은 축의 직경, 키홈의 필렛 반경, 제작공차, 키의 형상 등에 의해 다양하게 변하게 된다. 굽힘에 대한 사각키 끝의 응력집중 계수는 5를 넘는다고 알려져 있으나, 이렇게 높은 응력집중 계수에도 불구하고 대부분의 파괴는 축이 아닌 키에서 발생한다.

설계 절차 11.2

키 설계

키는 일정한 값을 초과하는 토크에서는 파단되도록 설계한다. 전단과 압축 응력에 대한 파괴가 이 장에서 고려될 것이다. 키는 항복 강도나 최대 인장 강도를 이용하여 설계한다. 예를 들어, 특정 하중 하에서 키 홈이 어떠한 소성 변형도 일으키지 말아야 하기 때문에 항복 강도를 사용하는 것이 맞다. 하지만 키가 파단될 때의 최대 토크를 예측하려면, 최대 인장 강도를 사용하는 것이 적합하다. 이번 설계 과정에서는 항복 강도를 사용할 것이지만, 쉽게 최대 토크를 결정하는 식으로 변환이 가능하다. 7장에서 사용되었던 피로에 대한 고려 또한 적용할 것이다. 하지만 키에서는 시간에 따라 변화하는 토크가 일반적이지 않기 때문에, 정적 설계가 보다 합리적인 선택이다.

1. 전단에 의한 파괴. 키에 작용하는 전단력은

$$P = \frac{T}{d/2} = \frac{2T}{d}. \tag{11.62}$$

항복 전단 응력 $S_{sy} = S_y/2$ (2.12절 참조)

$$\tau = \frac{S_y}{2n_s} = \frac{P}{A_s}. \tag{11.63}$$

따라서 소성 변형을 일으키는 토크는 식 (11.62)와 식 (11.63)에 의하여

$$T = \frac{S_y A_s d}{4n_s}. \tag{11.64}$$

그림 11.9a~e에서 보여진 키의 전단 영역은 $A_s = wl$이다. 원형 키(그림 11.9f)에서는 $A_s = dl$이다. 반달 키에 대하여서는 표 11.4를 참고하라.

2. 압축 응력에 의한 파괴. 이러한 파괴는 대부분 평키에서 발생한다. 그림 11.9a~e의 키에 대한 베어링 응력은

$$\sigma = \frac{P}{A_c} = \frac{2T}{dlh/2} = \frac{4T}{dlh}. \tag{11.65}$$

따라서 베어링 응력을 초과하는 토크는

$$T = \frac{S_y dlh}{4n_s}. \tag{11.66}$$

식 (11.66)은 키의 폭 w와는 무관하다.

예제 11.5

키의 설계

조건 고탄소강으로 만들어진 25 mm 직경의 축과 허브를 끼워 맞추려고 한다. 일반적인 머리 키가 AISI 1020 저탄소강으로 만들어졌고, 항복 응력은 S_y = 295 MPa이고 안전계수는 n_s = 2.0이다.

문제

(a) 500 N-m을 전달할 수 있는 키의 길이를 결정하라.

(b) 25 mm 길이의 키에서 소성 변형없이 전달할 수 있는 최대 토크를 구하라.

(c) 전단 효과 없이 반달 키에서 전달할 수 있는 최대 토크를 구하라.

풀이 표 11.3에서 25 mm 직경의 축에서 사용하는 머리 키의 크기는 w = 6 mm, h = 6 mm이다.

(a) 전단 효과를 고려하면, 식 (11.64)에서 항복 응력을 계산할 수 있다.

$$l = \frac{4Tn_s}{S_y wd} = \frac{4(500)(2)}{(295 \times 10^6)\,(0.025)(0.006)} = 0.090 \text{ m}$$

동일하게 베어링 응력은 식 (11.66)에서 얻어진다.

$$l = \frac{4Tn_s}{S_y dh} = \frac{4(500)(2)}{(295 \times 10^6)\,(0.025)(0.006)} = 0.090 \text{ m}$$

표 11.3에서 길이 90 mm 키가 표준 제품이다. 하지만 계산값과 너무 비슷하기 때문에 100 mm짜리 키를 선택한다.

(b) 25 mm 키에 대하여 식 (11.64)가 제시하는 토크는

$$T = \frac{(295 \times 10^6)\,(0.006)(0.025)(0.025)}{4(2)} = 138 \text{ Nm}$$

(c) 표 11.4가 제시하는 반달 키의 크기는 w = 8 mm, h = 9 mm이다. 이 키는 l = 21.63 mm의 길이를 가지고 있어, 전단 영역은 $A = lw$ = (0.02163)(0.008) = 1.730×10^{-4} m²이다. 따라서 식 (11.64)로부터

$$T = \frac{S_y A_s d}{4n_s} = \frac{(295 \times 10^6)(1.730 \times 10^{-4})(0.025)}{4(2)}$$

또는 T = 159 Nm이다.

스플라인(splines)은 이빨이 있는 허브와 그에 딱 맞도록 반대편 이빨이 가공되어 있는 기계 요소이다. 이론적으로 어떠한 형태의 단면에도 스플라인을 만들 수 있지만, 일반적인 스플라인의 형태는 국제표준기구(International Standards Organization)에 의하여 평행측면(parallel-sided)이나 인벌루트(involute) 형태로 표준이 정해져있다. 평행측면 (그림 11.11) 스플라인은 4, 6, 10, 혹은 16개의 사각형 단면 이빨을 가지며, 마치 여러 개의 키가 달려 있는 것과 유사한 모양이다. 인벌루트 스플라인은 압력각이 30°이고, 이빨의 깊이가 기어 이빨의 절반 정도 되는 것을 제외하고는 기어와 매우 유사하다. 인벌루트 스플라인은 응력집중 현상이 적

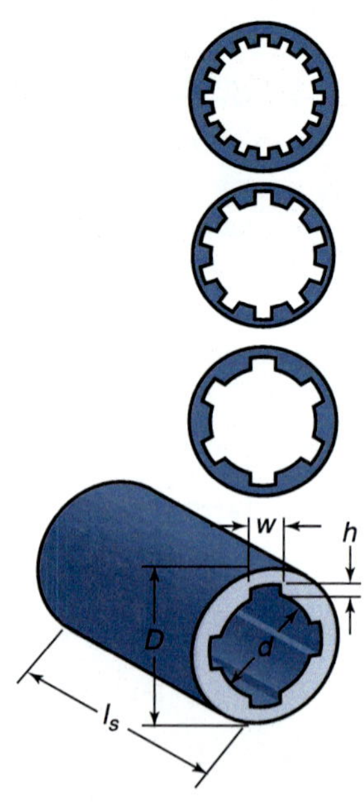

그림 11.11: 표준 평행측면 스플라인 허브, 16, 10, 6, 4개의 이빨이 보임.

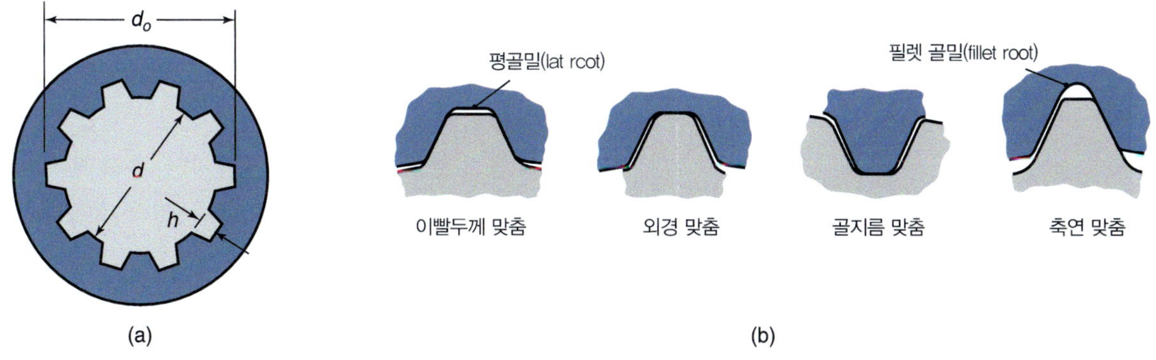

그림 11.12: 인벌루트 스플라인. (a) 10개 이빨의 스플라인과 허브, (b) 다양한 스플라인과 허브의 조합.

고, 제조시에 표면 처리가 우수하여 일반적으로 평행측면 스플라인 보다 튼튼하다. 이 스플라인은 6개에서 50개의 이빨을 가지고 있으며, 이빨의 내측 끝은 편평하거나 필렛(그림 11.12)을 가지도록 만들 수 있다. 스플라인은 기어(14.8절)를 만들 때와 비슷한 방법으로 제작되며, 일반적으로 허브 표면에 브로칭(Broaching)을 통하여 만들고, 점차적으로 큰 칼날을 사용함으로써 약간의 쐐기형상을 가진 단면을 생성하게 된다. 스플라인은 허브와 축 사이의 축 방향 운동이 가능하여, 분리와 조립이 용이하다. 하지만 운전중에는 고정링(11.7절)이나 비슷한 장치를 이용하여 스프라인의 축 방향 위치를 고정하도록 한다.

스플라인은 연질 재료로 만들어지는 키와는 다르게, 단단한 축 위에 바로 만들어지기 때문에 커다란 토크를 전달하는데 적합하다. 스플라인의 전단 면적은

$$A_s = \frac{\pi d_m l_s}{2}, \tag{11.67}$$

여기서 $d_m = (d_o + d)/2$는 스플라인의 평균 직경이고, d는 내측 직경(그림 11.12), l_s는 스플라인의 폭이다. 미국 자동차 공학회(Society of Automotive Engineers, SAE)에서 추천하는 스플라인의 폭은

$$l_s = \frac{d^3\left(1 - \frac{d_i^4}{d^4}\right)}{d_m^2}, \tag{11.68}$$

여기서 d_i는 원통형 축의 내부 직경이다(내부가 꽉 찬 축의 경우 $d_i = 0$). SAE는 어쩔 수 없는 제작 공차와 굽힘 하중 때문에, 진단 면적의 약 1/4만 응력을 받는다는 점에 주목한다. 따라서 스플라인이 전단력을 버틸 수 있는 최대 토크는

$$T = \tau_{all}\frac{d_m}{2}\left(\frac{A_s}{4}\right) = \tau_{all}\left(\frac{d_m}{2}\right)\left(\pi\frac{d_m}{2}\frac{l_s}{4}\right) = \frac{\pi\tau_{all}d_m^2 l_s}{16}, \tag{11.69}$$

이때, l_s는 식 (11.68)에서 얻어진 값이다.

베어링 응력 또한 스플라인 파괴에 중요한 영향을 미치는데, 특히 평행측면 스플라인에서 중요하다. SAE에 따르면 베어링 파괴가 일어나는 토크는

$$T = \frac{pnhd_m l_s}{8}, \tag{11.70}$$

여기서 p는 베어링 압력, n은 이빨 개수, h는 이빨 깊이(그림 11.12), d_m은 평균 직경, l_s는 식 (11.68)에서 주어진 값이다. 식 (11.70은 접촉 길이의 1/4이 토크를 전달한다는 SAE의 제안과 연관이 있다.

셋 스크류(set screw)는 허브를 고정하기 위하여 빈지름 방향으로 설치되는 나사 형태의 요소이다. 토크는 셋 스크류와 축 사이의 마찰력 그리고 축과 허브 사이의 마찰력을 통

표 11.5: 셋 스크류의 결합력. 출처: Oberg et al.(2000).

나사 직경 mm	나사 결합력 N
6.25	444
9.375	1110
12.5	2220
18.75	5780
25.0	11,100

해서 전달된다. 셋 스크류는 적당한 크기의 힘에서만 사용될 수 있다(표 11.5). 셋 스크류의 고정력은

$$P_t = 2500 d_s^{2.31}, \qquad (11.71)$$

P_t는 파운드(pounds) 단위이고, d_s는 인치(inches)로 표현된 셋 스크류의 직경이다. 축의 직경에 따라 결정되는 셋 스크류의 직경 d는 실험적 방법을 통하여 다음과 같이 얻어진다.

$$d_s = \frac{d}{8} + \frac{5}{16}, \qquad (11.72)$$

d와 d_s는 인치(inches)로 표현되는 값이다.

(a)

(b)

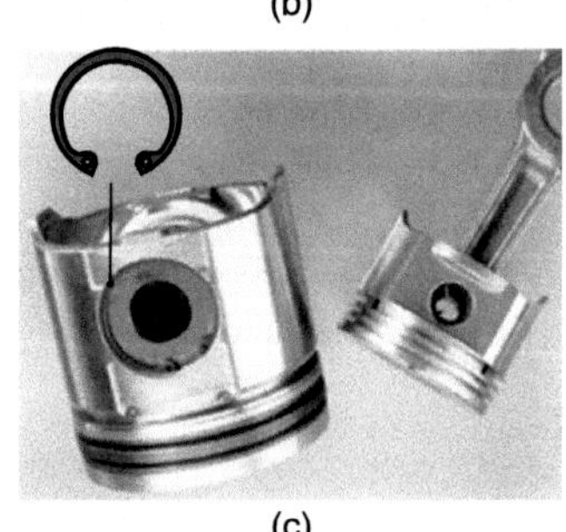

(c)

그림 11.13: 고정링의 예. (a) 종이 세절기 칼날을 고정하기 위한 ME 타입 스냅링, (b) 기어를 고정하기 위한 MSH 타입 링, (c) 피스톤 베어링 슬리브를 고정하기 위한 내부 고정링. 출처: Rotor Clip Company, Inc.

11.7 고정링과 고정핀

키, 셋 스크류, 스플라인은 기계 요소와 축 사이의 토크를 전달하기 위하여 사용된다. 구름 베어링이나 압축 롤러, 아이들휠 같이 토크를 전달하지는 않지만, 축의 특정 위치에 고정되어야 하는 기계 요소들이 있다. 만약 축 방향으로 작용하는 힘이 크지 않다면, 이러한 기계 요소들을 고정하는데 **고정링**(retaining rings)이 값싸고 좋은 해법일 수 있다. 그림 11.13에서와 같이 다양한 크기와 형태의 고정링이 존재한다.

고정링은 내측 홈에 사용하느냐 혹은 외측 홈에 사용하느냐에 따라, 직경을 늘리거나 줄임으로써 축에 고정된다. 많은 고정링이 스프링 효과를 이용하여 홈에 끼워 넣음으로써 고정되는데, 특수한 장착 도구가 필요한 경우가 많다. 그림 6.7에서 보여준 것처럼 고정링 홈은 응력집중 효과를 야기함을 기억해 두자.

표 11.6은 고정링에 필요한 특성들을 정리한 표이다. 표 11.6은 아주 간략화된 형태로 실제로는 훨씬 더 많은 종류와 크기, 100 kN이 넘는 하중에 사용할 수 있는 고정링이 존재한다. 고정링은 고정링 홈의 전단 효과와 베어링 응력에 의해서 파괴될 수 있다. 링의 전단력에 의해서 발생하는 고정력은

$$P_t = \frac{\pi C_t d t_h S_{sy}}{n_s}, \qquad (11.73)$$

여기서 고정력은 고정링 홈에서 베어링 응력으로 인한 파괴 직전까지 유효하다.

$$P_t = \frac{\pi C_t d t_g S_{ut}}{n_s}, \qquad (11.74)$$

여기서

C_t = 링 수정 계수, 표 11.6 참고
d = 축 직경
t_h = 고정링 두께
t_g = 홈 깊이
S_{sy} = 링 재료의 전단 강도
S_{ut} = 링 재료의 인장 강도
n_s= 안전 계수

고정링의 고정력을 결정하는 다른 요소들은 다음과 같다.

표 11.6: 내부 및 외부 고정링의 치수. 링에 사용되는 기호들은 제조사마다 상이함, 동일한 치수도 제조사마다 다른 기호를 사용함. 출처: Rotor Clip Company, Inc.

종류	C_t^a	축, 허브 직경 mm	링홈 직경 mm	링폭 mm	참고
외측 링					
MSH	1.00	5	4.75	0.50	일반적인 고정링. 축방향으로 장착함. 최대 254.0 mm 직경의 축에 사용 가능
		15	14.15	1.00	
		25	23.50	1.20	
		50	47.20	1.75	
		75	71.20	2.55	
ME	0.33	1	0.72	0.32	눌려서 장착 가능한 고정링. 반지름 방향으로 장착함. 최대 34.9 mm 직경의 축에 사용 가능
		5	3.90	0.70	
		10	8.00	1.00	
		20	16.00	1.40	
		25	20.00	1.40	
MCR	1.30	12	11.34	1.00	나선형 고정링. 최대 280 mm 직경의 축에 사용 가능. 높은 고정력을 요구하는 경우에 적합함.
		25	23.88	1.17	
		50	47.70	1.73	
		75	71.54	2.62	
		100	95.40	3.05	
LC	0.75	12.7	11.79	0.991	두 조각 체결 방식. 동역학적으로 매우 안정됨. 고속 운전하는 요소에 적합함. 축방향으로 장착
		25.4	22.15	1.422	
		50.8	46.43	2.184	
		76.2	70.97	2.616	
DTX	—	5	4.90	0.40	자체 체결 방식. 하중이 작은 경우 적합함 (< 300 N). 축방향으로 장착함.
		10	9.85	0.6	
		20	19.75	1.0	
		25	24.75	1.0	
		45	44.75	1.5	
내측 링					
MI IO	1.2	8	8.40	0.50	일반적인 용도의 내측 링. 축방향으로 장착함. 최대 254 mm 직경의 축에 사용 가능
		12	12.65	0.70	
		25	26.60	1.20	
		50	53.10	1.75	
		75	79.70	2.55	
DTI	—	8	8.10	0.40	자체 체결 방식. 하중이 작은 경우 적합함(< 200 N). 축방향으로 장착함.
		15	15.10	0.5	
		25	25.20	1.0	
		35	35.20	1.0	
		50	50.20	1.0	

[a] 식 (11.73)과 식 (11.74)를 참고하라.

- 제조와 조립, 안정적인 결합을 위하여 축 모서리와 고정 홈에 사용하는 일반적인 모따기 및 반지름 치수가 정해져 있다. 하지만 이러한 치수들이 고정링에 작용하는 하중의 상태를 변화시킬 수 있고, 결과적으로 고정력을 상당 부분 약화시킬 수 있다.
- 충격력과 진동 또한 고정력을 크게 약화시킨다. 만약 기계 요소와 고정링 사이에 틈이 존재하면, 진동이 반복적인 충격력으로 작용하게 된다.
- 만약 기계 요소들이 회전한다면, 마찰이 고정링의 안정적인 결합을 방해한다.

코터핀(cotter pins) 역시 축에 기계 요소를 결합하는 데 사용되는데, 탄소강으로 만들어진 고정링보다 훨씬 작은 힘만을 버틸 수 있다. 코터핀은 두 개의 가지를 가지고 있으

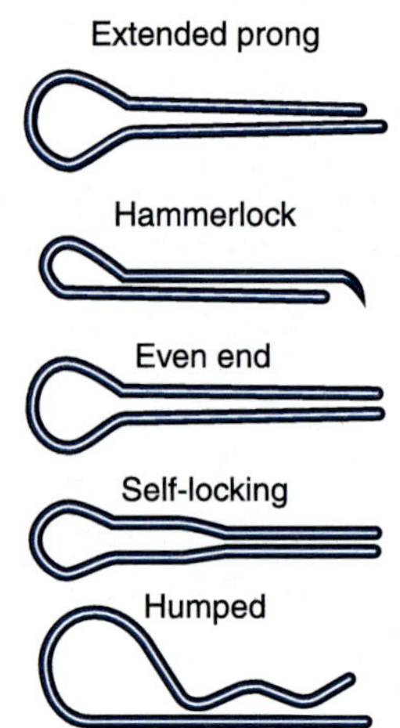

그림 11.14: 일반적인 코터핀. 코터핀은 홀에 삽입 후 영구 변형을 일으켜 고정시킨다. humped 핀만 예외적으로 영구 변형을 일으키지 않고, 'hump'를 원형 축에 키움으로써 고정한다. Hammerlock 타입은 castle nuts와 함께 사용한다(표 16.3 참조).

며, 구멍에 끼워져 기계 요소를 고정하는 금속 조임쇠이다. 두 개의 가지는 더 확실한 고정이 이루어질 수 있도록 결합 후 구부러뜨린다. 추가적으로 코터핀의 형상을 변화시켜 갈퀴 효과를 이용할 수 있는 모양으로 설계하기도 한다(그림 11.14).

11.8 플라이 휠

큰 각 가속도의 변화는 필연적으로 토크의 변화를 야기한다. 그 반대의 경우도 마찬가지이다. 예를 들어서 동전을 만드는 프레스 장치를 생각해 보자. 프레스의 하중은 펀치가 재료에 접촉하기 전에는 매우 작은 양이지만, 접촉하는 순간 갑자기 증가한다. 대략 1 mm 이하로 움직여 동전이 만들어진 후, 펀치는 최고점으로 돌아가게 된다. 이런 환경에서 모터는 최대 토크를 고려하여 선택하게 되는데, 이는 프레스의 대부분의 운전 영역에서 사용되는 토크보다 훨씬 큰 모터를 선택한 것이 되어 비합리적이다. 당연히 전체 운전 동안의 평균 토크는 최대 토크보다 훨씬 적다. 때문에 부드러운 속도 변화와 필요한 모터의 용량을 줄이기 위하여, **플라이 휠**(flywheel)을 축에 연결하여 사용한다. 플라이 휠을 사용하면,

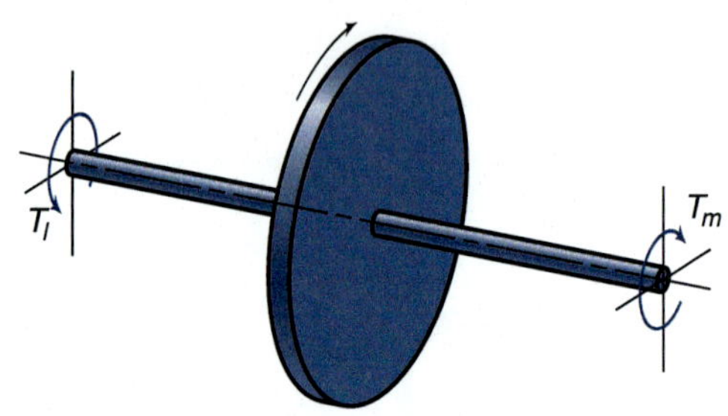

그림 11.15: 운전 토크 T_m과 토크 하중 T_l이 작용하고 있는 플라이 휠.

1. 변화하는 속도의 진폭 감소
2. 필요한 최대 토크의 감소
3. 운전동안 에너지를 저장하고 필요할 때 사용

그림 11.15는 평균 토크 T_m, 토크 하중 T_l인 플라이 휠을 보여주고 있다. 이 그림에서 플라이 휠은 단순한 원형판이지만, 커다란 기어가 될 수도 있다. 모터는 상당히 일관된 토크 T_m을 생성하고 있다. 기계부와 연결된 축의 다른 쪽 끝(예를 들어, 프레스 기계와 같은)에서 발생하는 토크 하중 T_l은 매우 변화가 심하다.

11.8.1 동역학 해석

그림 11.15에서 시스템의 운동 에너지는

$$K_e = \frac{I_m \omega^2}{2}, \tag{11.75}$$

I_m은 관성모멘트이고 ω는 각속도이다. 관성모멘트는 표 4.2에서 찾을 수 있고, 4.2.6절에서 더 자세히 설명하였다. 뉴턴의 제2 운동방정식을 적용하면

$$-T_l + T_m = I_m \frac{d\omega}{dt}. \tag{11.76}$$

모터의 토크 T_m은 평균 토크와 동일해야 하므로 $T_m = T_{\text{avg}}$

$$\frac{d\omega}{dt} = \frac{d\omega}{dt}\frac{d\theta}{d\theta} = \frac{d\theta}{dt}\frac{d\omega}{d\theta} = \omega \frac{d\omega}{d\theta}. \tag{11.77}$$

식 (11.77)을 식 (11.76)에 대입하면,

$$-T_l + T_{\text{avg}} = I_m \omega \frac{d\omega}{d\theta},$$

$$-\left(T_l - T_{\text{avg}}\right) d\theta = I_m \omega \, d\omega. \tag{11.78}$$

이 식을 적분 형식으로 나타내면,

$$-\int_{\theta_{\omega_{\min}}}^{\theta_{\omega_{\max}}} (T_l - T_{\text{avg}})\ d\theta = \int_{\omega_{\min}}^{\omega_{\max}} I_m \omega\ d\omega$$

또는

$$-\int_{\theta_{\omega_{\min}}}^{\theta_{\omega_{\max}}} (T_l - T_{\text{avg}})\ d\theta = \frac{I_m}{2}\left(\omega_{\max}^2 - \omega_{\min}^2\right). \qquad (11.79)$$

식 (11.79)의 왼쪽 항은 최고와 최저 속도에서의 운동 에너지 변화를 나타내고, 토크-각도 선도에서 최고와 최저 속도 사이의 면적과 같다. 반면 가장 오른쪽 항은 플라이 휠에 저장되는 에너지를 나타낸다. 플라이 휠로부터 에너지를 끌어내는 방법은 속도를 줄이는 것이다. 종종 충분히 큰 관성모멘트 I_m을 갖는 플라이 휠을 설치하여 원하는 최대와 최소 속도의 차이($\omega_{\max} - \omega_{\min}$)를 얻기 위한 설계를 하기도 한다.

운전 중 최소 각속도 위치($\theta\omega_{\min}$)는 모터로부터 최대의 양(+) 에너지가 전달될 때 발생한다. 반면 최대 각속도 위치($\theta\omega_{\max}$)는 최대의 음(−) 에너지가 기계부로 전달된 후 발생한다.

11.8.2 플라이 휠 크기

플라이 휠의 크기는 속도가 변화할 때 에너지를 저장하기 위하여 결정된다. 운전동안 축의 속도 변화는 **속도 변동**(fluctuation speed) ω_f라고 부르고 다음과 같이 표현한다.

$$\omega_f = \omega_{\max} - \omega_{\min}.$$

속도 변동 계수(coefficient of fluctuation)는

$$C_f = \frac{\omega_{\max} - \omega_{\min}}{\omega_{\text{avg}}} = \frac{2(\omega_{\max} - \omega_{\min})}{\omega_{\max} + \omega_{\min}}. \qquad (11.80)$$

표 11.7은 일반적인 속도 변동 계수 C_f를 나타낸 것이다. 작은 C_f 값은 상대적으로 큰 플라이 휠이 필요하다는 의미이다. 커다란 플라이 휠은 가격이 더 비싸고 기계 장치의 무게를 증가시키지만 기계의 작동을 부드럽게 만든다.

식 (11.79)의 가장 오른쪽 항은 플라이 휠의 운동 에너지의 변동을 나타내며 다음과 같이 표현할 수 있다.

표 11.7: 다양한 기계 장치의 속도 변동 계수.

기계장치 종류	속도 변동 계수 C_f
분쇄기	0.200
전기모터	0.003
전기발전	0.002
벨트구동 엔진	0.030
제분기	0.020
기어 트랜스미션	0.020
압연장치	0.200
전동공구	0.030
종이 생산기계	0.025
양수기	0.030-0.050
절단기	0.030-0.050
실감는 기계	0.010-0.020
방직기기	0.025

$$K_e = \frac{I_m}{2}\left(\omega_{\max} + \omega_{\min}\right)\left(\omega_{\max} - \omega_{\min}\right). \qquad (11.81)$$

식 (11.80)을 식 (11.81)에 대입하면,

$$K_e = I_m \omega_{\text{avg}}^2 C_f, \qquad (11.82)$$

$$I_m = \frac{K_e}{C_f \omega_{\text{avg}}^2}. \qquad (11.83)$$

특정 속도 변동 계수가 정해지면 토크 선도의 적분을 통하여 운동 에너지 K_e를 구할 수 있고, 평균 속도를 알아내면 필요한 관성모멘트 I_m을 구할 수 있다. 마지막으로 I_m을 알면 플라이 휠의 크기를 정할 수 있다.

가장 효과적인 플라이 휠의 설계는 최소 부피의 플라이 휠로 최대의 관성모멘트 I_m을 얻어낼 수 있는 설계이다. 얇은 판에 지지된 링 형태의 모양이 가장 이상적이지만, 실제로 얇은 단면적의 재료를 가공하는 것은 매우 어렵다. 중심에서부터 가장 먼 곳에 질량이 집중되는 것이 효과적이어서, 플라이 휠의 내부는 자전거 바퀴와 같이 철사들로 지지되기도 한다. 결론적으로, 주어진 관성모멘트에서 무거운 부분들을 중심에서부터 먼 곳에 배치하고, 무게는 최대한 줄일 수 있도록 설계한다.

설계 절차 11.3

플라이 휠 설계

플라이 휠은 작용하는 하중이 매끄럽지 않을 때 부드러운 운

전을 유도하기 위해 사용한다. 플라이 휠의 설계 과정은 다음과 같다.

1. 재료를 선택한다. 표 11.8에 일반적으로 사용되는 재료들이 요약되어 있다.
2. 속도 변동 계수 C_f를 표 11.7이나 설계 요구 사항에서부터 결정한다.
3. 설계 변수나 기계 장치의 운전 특성을 분석하여 시간에 따른 하중의 변화를 알아낸다. 그리고 토크 하중 T_l을 위치 θ에 대한 선도를 나타낸다.
4. 평균 하중 $T_{l,\text{ avg}}$를 구한다.
5. $\theta\omega_{\max}$와 $\theta\omega_{\min}$의 위치를 찾는다. 이 과정이 가장 어려운 과정 중 하나인데, 여러 구간을 전체적으로 고려하여야 한다. 최고 속도는 시스템의 에너지가 최대인 구간 다음에서 발생한다. 따라서 하중 주기 동안 다음의 식이 최대가 되는 구간을 찾는 것이 최종 목표이다.

$$\int_{\theta_{\omega_{\min}}}^{\theta_{\omega_{\max}}} (T_{\text{avg}} - T_l)\, d\theta.$$

6. 식 (11.79)처럼 토크 선도를 적분하여 운동 에너지를 구한다.
7. 식 (11.80)을 통해 ω_{avg}를 구한다.
8. 식 (11.83)을 통해 I_m을 구한다.
9. 플라이 휠의 치수를 결정한다. 표 4.2는 일반적인 형태의 플라이 휠에 사용되는 I_m에 대한 유용한 공식들을 제공하고 있다.

예제 11.6

플라이 휠 설계

조건 펀치 프레스에 사용되는 플라이 휠의 토크 하중은 0에서 π까지 그리고 $3\pi/2$에서 2π까지 12 N-m이고, π에서 $3\pi/2$까지는 144 N-m이다. 평균 속도 600 rpm에서 굽이침 계수는 0.05이다. 플라이 휠은 25 mm의 동일한 두께를 가지는 저탄소강으로 만들어졌다고 가정한다.

문제 다음을 계산하라.

(a) 평균 하중이나 출력 토크를 계산하라.
(b) $\theta\omega_{\max}$와 $\theta\omega_{\min}$의 위치를 구하라.
(c) 필요한 에너지 변동량을 구하라.
(d) 플라이 휠의 외측 직경을 구하라.

풀이

(a) 그림 11.16의 한 주기 동안의 하중이나 출력 토크의 변화를 이용하면 평균 토크 하중은

$$2\pi T_{l,\text{avg}} = \pi(12) + \frac{\pi}{2}(144) + \frac{\pi}{2}(12);$$

$$T_{l,\text{avg}} = 6 + 36 + 3 = 45 \text{ N-m}.$$

표 11.8: 플라이 휠의 재료.

재료	성능 계수 M_f kJ/kg	비고
세라믹	200–2000	인장 응력에 약하고 깨지기 쉬움. 일반적으로 추천하지 않음.
강화 폴리머		최고 성능, 좋은 선택임.
세라믹 섬유	200–500	CFRP 만큼 우수하나 가격이 저렴함.
그래파이트 섬유	100–400	최선의 선택임.
베릴륨	300	성능은 우수하나 매우 비싸고, 작업에 용이하지 않으며 유독성이 있음.
고강도강	100–200	대부분 비슷함 성능을 나타냄; 강철과 알루미늄 합금이 마그네슘이나 티타늄 합금보다 저렴함.
고강도 알루미늄 합금	100–200	
고강도 마그네슘 합금	100–200	
티타늄 합금	100–200	
납 합금	3	재료의 강도보다는 속도가 성능에 영향을 받는 경우, 이들 재료의 높은 밀도 때문에 좋은 선택으로 여겨짐.
주철	8–10	

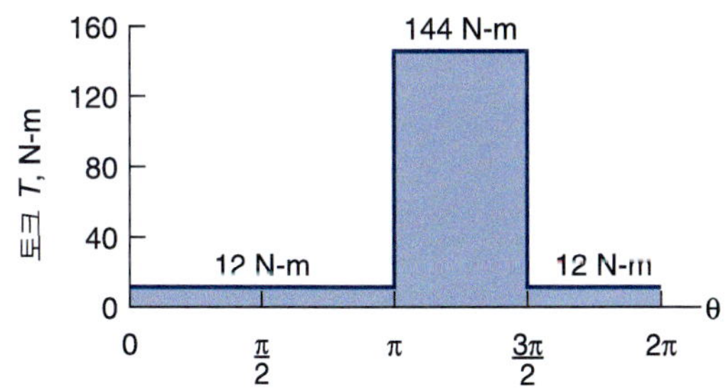

그림 11.16: 예제 11.6에서 한 사이클 동안 하중과 출력 토크의 변화.

(b) 그림 11.16으로부터

$$\theta_{\omega_{\max}} = \pi \qquad \text{혹은} \qquad \theta_{\omega_{\min}} = \frac{3\pi}{2}.$$

(c) 식 (11.79)이 왼쪽 항을 이용하여 한 주기 동안의 운동 에너지를 계산하면,

$$\begin{aligned} K_e &= -\int_{\theta_{\omega_{\min}}}^{\theta_{\omega_{\max}}} (T_l - T_{\text{avg}})\, d\theta \\ &= (144 - 45)\frac{\pi}{2} \\ &= 155.5\ \text{N-m}. \end{aligned}$$

(d) 평균 각속도는

$$\omega_{\text{avg}} = 600\frac{\text{rev}}{\text{min}}\left(\frac{1\ \text{min}}{60\ \text{s}}\right)\left(\frac{2\pi}{1\ \text{rev}}\right) = 62.83\ \text{rad/s}.$$

식 (11.83)에서 관성모멘트는

$$I_m = \frac{K_e}{C_f \omega_{\text{avg}}^2} = \frac{155.5}{(0.05)(62.83)^2} = 0.7879\ \text{kg-m}^2. \quad \text{(a)}$$

표 4.2로부터 원형 디스크의 관성모멘트는

$$I_m = \frac{m_a d^2}{8} = \frac{\pi d^2 t_h \rho}{4}\left(\frac{d^2}{8}\right) = \frac{\pi}{32}\rho t_h d^4.$$

표 3.1로부터 저탄소강의 밀도 $\rho = 7860\ \text{kg/m}^3$

$$I_m = \frac{\pi}{32}(7860)(0.025)d^4 = 19.29 d^4. \quad \text{(b)}$$

식 (a)와 식 (b)가 같으므로

$$d^4 = \frac{0.7879}{19.29} = 0.0408\ \text{m}^4,$$

$d = 0.4495$ m, 즉 약 450 mm이다.

11.8.3 응력

플라이 휠의 응력은 회전에 의한 응력과 내부 압력에 의한 응력의 합으로 표현된다. 10.4절의 회전에 의한 응력 및 10.3.2절의 압축 끼워맞춤 혹은 수축 끼워맞춤에 의한 내부 압력의 증가 효과가 중요하다. 플라이 휠은 중앙에 구멍이 뚫린 두께가 일정한 원형판으로 가정한다. 회전력과 압축 끼워맞춤에 의해 발생하는 플라이 휠의 내부 응력은

$$\sigma_\theta = \sigma_{\theta\omega} + \sigma_{\theta p}, \quad (11.84)$$

$$\sigma_r = \sigma_{r\omega} + \sigma_{rp}. \quad (11.85)$$

식 (10.35)와 식 (10.36), 식 (10.23)과 식 (10.24)를 활용하면 원주 방향 및 반지름 방향의 응력은 다음과 같이 구할 수 있다.

$$\begin{aligned} \sigma_\theta &= \frac{3+\nu}{8}\rho\omega^2\left(r_i^2 + r_o^2 + \frac{r_i^2 r_o^2}{r^2} - \frac{1+3\nu}{3+\nu}r^2\right) \\ &\quad + \frac{p_f r_f^2\left(1 + \frac{r_o^2}{r^2}\right)}{r_o^2 - r_f^2}, \end{aligned} \quad (11.86)$$

$$\sigma_r = \frac{3+\nu}{8}\rho\omega^2\left(r_i^2 + r_o^2 - \frac{r_i^2 r_o^2}{r^2} - r^2\right) + \frac{p_f r_f^2\left(1 - \frac{r_o^2}{r^2}\right)}{r_o^2 - r_f^2}. \quad (11.87)$$

만약 플라이 휠의 내부가 꽉 차있다면 플라이 휠의 내경이 없어져 다음과 같이 단순화된다.

$$\sigma_\theta = \frac{3+\nu}{8}\rho\omega^2\left(r_o^2 - \frac{1+3\nu}{3+\nu}r_f^2\right) + \frac{p_f\left(r_f^2 + r_o^2\right)}{r_o^2 - r_f^2}, \quad (11.88)$$

$$\sigma_r = \frac{3+\nu}{8}\rho\omega^2\left(r_o^2 - r_f^2\right) - p_f. \quad (11.89)$$

σ_θ와 σ_r은 전단 응력이 없는 주응력이다. 일반적으로 σ_θ가 σ_r보다 크게 되는데, 이것은 최대 주응력이 원주 방향 응력과 같음을 의미한다($\sigma_1 = \sigma_\theta$). 또한, 플라이 휠의 경우 원주 방향 응력은 $r = r_i$일 때 최대가 된다. 따라서 취성 재료로 제작된 플라이 휠의 설계는 다음을 만족하여야 한다.

$$\sigma_1 < S_u/n_s. \tag{11.90}$$

*연성 재료*에 대해서는 뒤틀림 에너지 이론과 같은 다축 파괴 이론을 사용하여야 한다. 만약 $\sigma_1 = \sigma_\theta, \sigma_2 = \sigma_r, \sigma_z = 0$이면, 식 (6.12)는

$$\sigma_e = \sqrt{\sigma_\theta^2 + \sigma_r^2 - \sigma_\theta\sigma_r}.$$

식 (6.11)로부터 뒤틀림 에너지 이론은 다음과 같을 때 재료의 파괴를 예측한다.

$$\sigma_e \geq \frac{S_y}{n_s}.$$

예제 11.7

플라이 휠의 응력

조건 외경이 150 mm이고, 내경이 25 mm인 저탄소강으로 만들어진 플라이 휠이 있다. 플라이 휠은 끼워맞춤으로 축에 연결되어 있다. 플라이 휠과 축의 간섭은 50 μm이고, 축은 5000 rpm으로 돌고 있다.

문제 다음을 계산하라.

(a) 플라이 휠 내측에서 원주 방향과 반지름 방향의 응력을 계산하라.
(b) 축으로부터 플라이 휠이 분리되어 나오는 속도를 계산하라.

풀이

(a) 표 3.1에서 강의 E = 207 GPa, ν = 0.3, ρ = 7860 kg/m^{3}이다. 식 (10.53)을 풀면 원주 방향 응력은

$$\begin{aligned} p_f &= \frac{\delta_r E\left(r_o^2 - r_i^2\right)}{2r_f r_o^2} \\ &= \frac{\left(50 \times 10^{-6}\right)\left(207 \times 10^9\right)\left(0.150^2 - 0.025^2\right)}{2(0.025)\left(0.150^2\right)} \\ &= 201.2 \text{ MPa}. \end{aligned}$$

ω = 5000 rpm = 523.6 rad/s이다. 이때 플라이 휠과 축이 같은 재료로 만들어졌고, 축의 내부가 꽉 차있기 때문에 원주 방향 응력은 식 (11.88)로부터

$$\begin{aligned} \sigma_\theta &= \left[\frac{3+0.3}{8}(7860)(523.6)^2\right] \\ &\quad \times \left[0.15^2 - \frac{1+3(0.3)}{3+0.3}(0.025)^2\right] \\ &\quad + \frac{\left(201.2 \times 10^6\right)\left(0.15^2 + 0.025^2\right)}{0.15^2 - 0.025^2}, \end{aligned}$$

σ_θ = 233 MPa이다. 마찬가지로 반지름 방향 응력은 식 (11.89)로부터

$$\sigma_r = \frac{3+0.3}{8}(7860)(523.6)^2\left(0.15^2 - 0.025^2\right) - 201.2 \times 10^6.$$

σ_r = −181.8 MPa이다. 이 음(−)의 응력은 5000 rpm에서 압축을 의미한다.

(b) 속도가 증가하여 플라이 휠 내측면의 반지름 방향 응력이 0이 되면, 플라이 휠이 축에서부터 분리된다. 식 (11.89)로부터

$$\sigma_r = 0 = \frac{3+0.3}{8}(7860)\omega^2\left(0.15^2 - 0.025^2\right) - 201.2 \times 10^6.$$

각 속도에 관하여 이 식을 풀면, ω = 1684 rad/s = 16,080 rpm이다. 따라서 축의 속도가 이 속도보다 빨라지면, 플라이 휠은 더이상 축에 연결되지 못하고 떨어져 나가게 된다. 플라이 휠이 토크를 전달할 수 있는 속도는 식 (10.55)에서 보았듯이 이 속도보다 훨씬 낮은 속도이다.

11.8.4 플라이 휠의 재료

플라이 휠의 주 목적은 에너지를 저장하여 필요할 때 쓰려고 하는 것이다. 작은 기계에 사용되는 작은 플라이 휠은 종종 납으로 만들어지기도 하는데, 환경적 문제 때문에 강과 철로 만드는 것이 선호된다. 이러한 플라이 휠들은 상대적으로 낮은 속도에서 가동되기 때문에, 높은 밀도가 재료를 선정하는 유일한 지표이다. 최근의 플라이 휠은 자동차의 브레이크로부터 버려지는 에너지를 저장하고 이를 재사용하기 위한 장치로서도 사용되고 있다. 빠른 속도에서는 효율적인 고강도

강, 고강도 강 합금이 자동차용 플라이 휠에서 선호된다. 매우 다양한 종류의 재료들이 플라이 휠 제조에 사용되고 있다. 따라서 어떠한 재료가 특정 사양의 플라이 휠에 적합한지에 대해 답하는 것이 매우 중요하다.

식 (11.86)과 식 (11.87)에서 속도에 관한 효과가 압축력에 의한 효과보다 더 중요하였던 것을 기억해 보자. 플라이 휠의 최대 응력은

$$\sigma_{\max} = \left(\frac{3+\nu}{8}\right)\rho\omega^2 f(r). \tag{11.91}$$

식 (11.75)에서 운동 에너지는

$$K_e = \frac{1}{2}I_m\omega^2. \tag{11.92}$$

표 4.2에서 관성모멘트 I_m은

$$I_m = m_a g(r), \tag{11.93}$$

따라서

$$K_e = \frac{1}{2}m_a g(r)\omega^2. \tag{11.94}$$

$f(r)\omega^2 \sim g(r)\omega^2$라고 가정하면, 식 (11.94)와 식 (11.91)은

$$\frac{K_e}{m_a} \propto \frac{\sigma_{\max}}{\rho}.$$

따라서 플라이 휠의 최적 재료는 단위 질량당 최대 에너지를 저장하고, 다음과 같이 표현되는 최대 성능 지수를 가지고 있는 재료이다.

$$M_f = \frac{\sigma_{\max}}{\rho}. \tag{11.95}$$

M_f의 단위는 J/kg이고, joule(J)는 1 N-m이다.

표 11.8은 다양한 재료의 성능 지수를 보여주고 있다. 이 표에 따르면 세라믹, 베릴륨, 복합재가 이상적인 재료인 것을 알 수 있다. 납이나 주철은 효과적인 재료가 아니다. 이는 납과 주철이 낮은 속도에서 자주 사용되는 것과는 반대되는 결과로서, 낮은 속도에서는 성능 지수가 중요하지 않기 때문이다.

11.9 커플링

커플링(coupling)은 두 개의 축을 연결하는 데 쓰이는 기계요소이다. 이것은 모터의 축을 입력 축이나 클러치, 동력 전달 장치와 연결하기 위하여 사용하는 필수적인 요소이다. 만약 두 개의 축이 일직선 상에 정렬되어 있다면, 커플링을 설치하는 것이 어렵지 않고 고정형 커플링을 사용할 수가 있다. 하지만 그림 11.17과 같이 두 축이 정렬되어 있지 않거나, 평행하거나 혹은 일정 각도로 엇갈려 있는 경우 *유연 커플링*을 사용하여야 한다. 표 11.9는 다양한 종류의 커플링과 축이 일직선 상에 정렬되지 않았을 때 사용이 가능한지의 여부가 표시되어 있다.

다양한 종류의 토크와 축의 크기에 따른 커플링이 존재한다. 커플링 설계에서 어려운 점은 설계 변수와 커플링의 종류를 일치시키는 것이다.

연결되어야 하는 두 개의 축은 가능하면 일직선 상에 정렬되도록 배치하여야 하며, 이는 고정 커플링을 사용할 수 있는 상황일 것이다. 만약 일직선 상의 정렬이 어려운 경우 혹은 충격 분리가 필요한 경우 표 11.9는 유용한 참고 자료가 될 것이다. 운전을 시작할 때는 일반적인 운전 상태보다 훨씬 큰 토크가 작용하게 된다. 만약 모터의 토크가 운전을 시

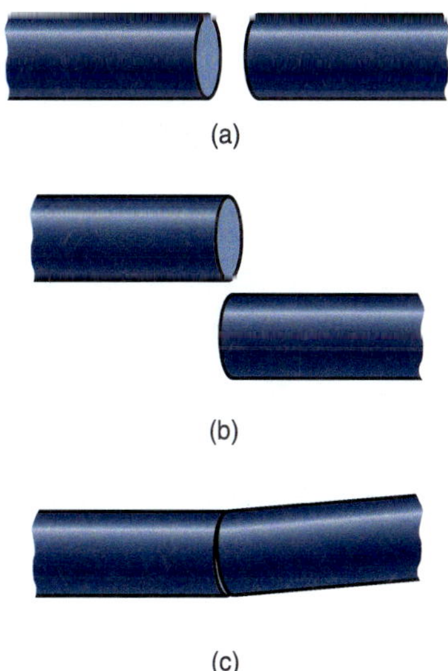

그림 11.17: 축의 비정렬. (a) 축 방향으로 정렬됨, (b) 평행한 축, (c) 각도 비틀어짐.

표 11.9: 커플링의 일반적인 특성.

종류	비정렬[a] 허용도			댐핑[a]	비고
고정 커플링					
플랜지 커플링	3	0	0	0	축을 자주 분리해야 하는 상황에 적합함. 플랜지 구멍의 순서를 유지해야 하므로, 플랜지들을 항상 함께 이동하고 장착해야 함. 플랜지 커플링은 일반적으로 키나 스플라인으로 축에 장착됨.
슬리브 커플링	2	0	0	0	플랜지 커플링과 유사하지만 장착이나 분리가 수월함. 고강도 나사가 필요하고, 축과 슬리브 사이의 공차가 매우 작아야 함.
압축 슬리브 커플링	2	0	0	0	축과 커플링 사이의 마찰력으로 작동함. 큰 직경의 축이나 높은 토크가 필요한 장치에는 적합하지 않음
유연 커플링					
고무 커플링	1	1	0–2	4	축 직경에 따라 각도 비틀어짐 3도, 평형 비정렬 7 mm까지 가능함. 전기적 분리가 가능함. 고정 커플링에 비해 토크 용량이 적음. 조(jaw) 디자인에 따라 백래시가 발생할 수 있음.
유연 금속 커플링	3	3	1	0–2	고무 커플링보다 주어진 직경에서 높은 토크를 전달할 수 있고, 높은 온도에서 작동이 가능함.
벨로우즈 커플링	1	4	3	0	고정 커플링보다 토크 용량이 작고, 피로파괴에 취약함. 백래시가 없고, 중간 정도의 비정렬 상태에 적합함.
기어 커플링	4	2	0–2	0	큰 토크 전달에 적합함. 평형 비정렬은 한쌍의 기어 커플링을 사용할 수 있는 공간이 있는 경우에 한하여 허용 가능함.
나선형 커플링	2	5	1	0	매우 작은 토크를 전달할 때 사용. 각도 비틀림 비정렬에 사용하기에 적합함.
슈미츠 커플링	0	0	5	1	평형 비정렬에 적합함. 적은 동력을 전달할 때 사용
유니버셜 커플링	1	5	3–5	0	비정렬이 매우 큰 경우 사용하는 가장 유명한 커플링. 고가의 배어링과 함께 사용하는 경우에도 윤활이 필수임.
유체 커플링	2	0	0	5	진동이나 충격을 차단함. 부드러운 시동을 위하여 유체의 충전을 조절할 수 있음.

[a] 0 = 영향 없음. 5 = 매우 우수.

작할 만큼 크지 않다면, 컴플라이언트(compliant) 커플링을 사용하는 것이 좋은 대안이 될 수가 있다.

11.9.1 고정 커플링

그림 11.18에서 고정 커플링의 예를 보여주고 있다. 고정 커플링은 값이 싸고, 잘 고장나지 않기 때문에 아주 많이 사용된다. 하지만 고정 커플링은 축들이 매우 정밀하게 정렬되어 있어야 하고, 원치 않는 진동이나 전기 신호를 감소시키지 못하는 단점이 있다. 매우 커다란 축에 대하여 사용할 수 있는 압축 슬리브 커플링이 존재하지만, 대부분의 고정 커플링은 사용할 수 있는 크기에 제한이 있다. 고정 커플링은 백래시가 없어 정밀한 기계나 서보 기계에 유용하게 활용되고 있다. 고정 커플링의 최대 약점은 축이 일정 각도로 엇갈려 있거나 평행하게 배치되어 있는 경우 사용할 수 없다는 것이다. 고정 커플링은 이론적으로 에너지의 손실 없어 유연 커플링에 비해 큰 이점을 갖는다.

그림 11.18a에서 보여준 **고정 플랜지 커플링**(rigid flange couplings)은 두 개의 허브와 플랜지 뭉치로 이루어져 있으며, 플랜지를 관통하는 볼트를 체결함으로써 두 축을 연결한다. 허브에는 키나 스플라인(11.6절)이 가공되어 있다. 특히 플랜지 커플링의 볼트에 주의를 기울어야 한다. 자세한 볼트의 설계는 16장에서 논의할 것이나 일반적으로 플랜지의 구멍들이 잘 정렬되도록 하여 모든 볼트의 동일한 하중이 분산되도록 하여야 한다. 커플링을 분해하거나 다른 축에 설치할 경우, 정렬이 제대로 이루어졌는지 반드시 점검하여야 한다. 볼트를 조일 때는 하나의 볼트를 조인 후, 대각선 방향의 볼트를 조이는 방식으로 진행하여, 모든 볼트에 동일한 하중이 가해지도록 한다.

슬리브 커플링(sleeve couplings, 그림 11.18b) 또한 매우 많이 활용되는 커플링으로, 조임이나 압축 끼워맞춤에 의하여 축과 연결된다. 저용량이나 중용량의 기계 장치에서는 토크를 전달하기 위하여 키를 사용하거나 슬리브에 셋 스크류를 설치하기도 한다. 클램프 형식의 커플링은 일체형이나

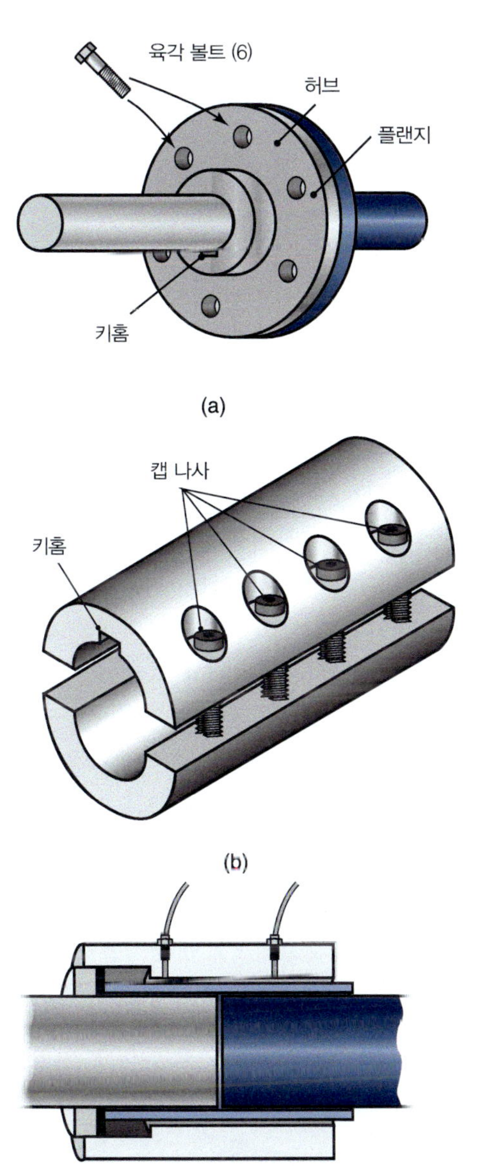

그림 11.18: 고정 커플링의 종류. (a) 플랜지 커플링, 허브와 플랜지로 구성되어 있고 토크 전달을 위한 키가 설치됨, (b) 두 부품 슬리브 커플링(일체형 디자인도 존재함), (c) 압력 슬리브 커플링, 커플링을 설치하는 동안 유압선이 연결되어 있음, 커플링이 설치된 후에는 유압선이 필요 없음.

두 개의 부품으로 구성된 설계로 이루어지는데, 조립의 용이성 때문에 두 개의 부품으로 된 커플링이 더 많이 사용된다. 그림 11.18c의 **압축 슬리브 커플링**(compression sleeve couplings)은 꼬깔 모양의 부분에서 쐐기 효과를 발생시켜 두 개 축의 마찰력을 향상시킨다. 압축 슬리브 커플링은 고토크 상황에 사용되지만 만드는 데 비용이 많이 들고 일반적인 고정 커플링보다 크기가 큰 단점이 있다. 고정 플랜지 커플링처럼 볼트를 조이는 순서에 주의하여야 한다.

11.9.2 유연 커플링

유연 커플링은 축들이 일직선 상에 정렬되지 않았을 때 사용된다. 유연 커플링은 태생적으로 고정 커플링보다 복잡하고, 따라서 동일한 크기와 토크 용량에서 훨씬 비싸다. 유연 커플링은 축의 진동을 감쇄시키고, 축을 전기적으로 절연시키거나 충격 하중을 감소시키는 효과가 있다. 하지만 몇몇 유연 커플링에서는 백래시가 너무 커서 정밀한 기계에는 사용하기가 어렵다.

고무 커플링(elastomeric couplings)은 고무를 통하여 토크를 전달하는 요소로서, 축간의 정렬이 약간 비틀어진 경우에 사용될 수 있다. 하지만 고무 커플링의 주요 장점은 충격과 진동을 흡수한다는 것이다. 다양한 종류의 고무 커플링이 있지만 **조 커플링**(jaw couplings)이나 **유연 디스크 커플링**(flexible disk couplings)이 가장 일반적이다. 조 커플링은 그림 11.19에서처럼 두 개의 조 사이에 *스파이더*라는 고무 스페이서를 장착하여 사용한다. 스파이더 재료의 강성은 사용되는 기계 장치와 배래시에 따라서 미세하게 조정된다. 유연 디스크 커플링은 두 개의 플랜지 사이에 고무나 금속 디스크를 설치한다.

그림 11.20의 유연 디스크 커플링은 플랜지와 디스크를 연결하기 위하여 볼트를 사용하였다. 이때 허브와 디스크를 연결하기 위한 추가적인 볼트가 필요하다. 따라서 총 6개의 볼트가 사용되었다면, 3개는 허브를 고정하는 데 사용되고 나머지 3개는 반대쪽 구멍에서 사용하게 된다. 이러한 구조는 디스크가 파열되었을 경우에도 커플링이 여전히 그 기능을 수행하도록 만들어 준다. 조 커플링과 유연 디스크 커플

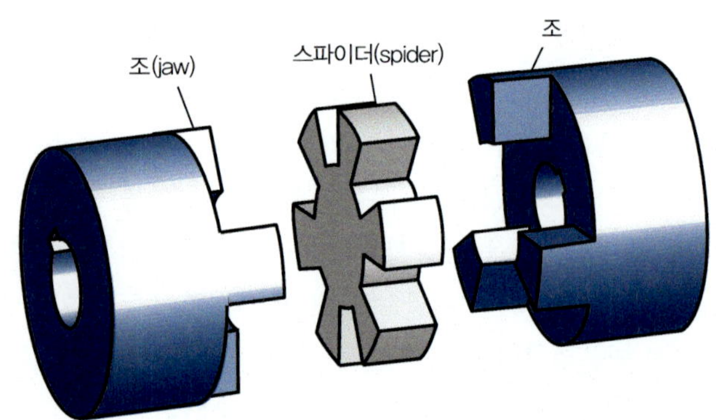

그림 11.19: 조 커플링의 도식도.

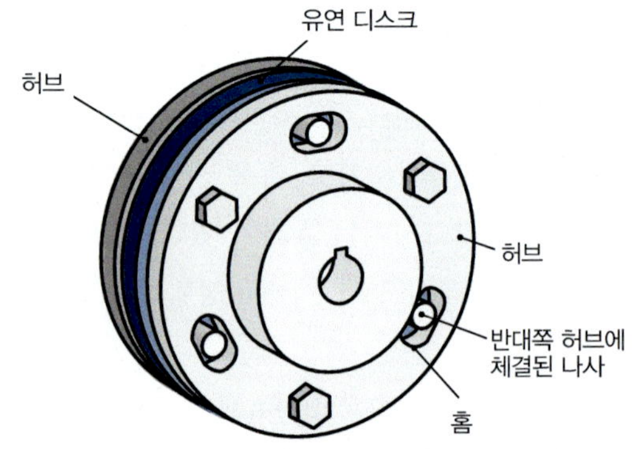

그림 11.20: (a) 고무 디스크 커플링. 각 허브는 나사를 이용하여 유연한 디스크와 결합되어 있고, 나사는 반대쪽 허브까지 연결되어 있다. 토크가 작용하면 각도 방향 변화가 발생한다. 이 디자인은 충격 하중을 줄이고, 댐핑 효과를 향상시킨다.

링은 모두 기계에서 사용하기 적합하다.

유연 금속 커플링(flexible metal coupling)은 그림 11.20과 매우 유사한데, 고무 부분이 금속으로 대체한 것이다. 이러한 커플링은 덜 유연하고 고무 커플링처럼 충분한 댐핑 효과를 보여주지 못하지만, 훨씬 큰 토크를 전달할 수 있다. 그림 11.21의 **폴크 커플링**(Falk coupling)이 유연 금속 커플링의 한 예이다. 폴크 커플링은 축 방향으로 파여진 홈에 스프링이 설치되어 있고, 이 홈들은 기울어져 있어 약간의 스프링 변형을 허용한다. 작은 하중에서는 홈의 격자가 허브 이빨의 바깥쪽 끝부분을 지탱하고, 긴 전장과 스프링의 굴곡을 형성하여 충격력에 대한 보호를 하게 된다. 하중이 증가하면 전장은 동일하게 유지되면서, 허브와 이빨의 접촉점들 간의 거리는 줄어든다.

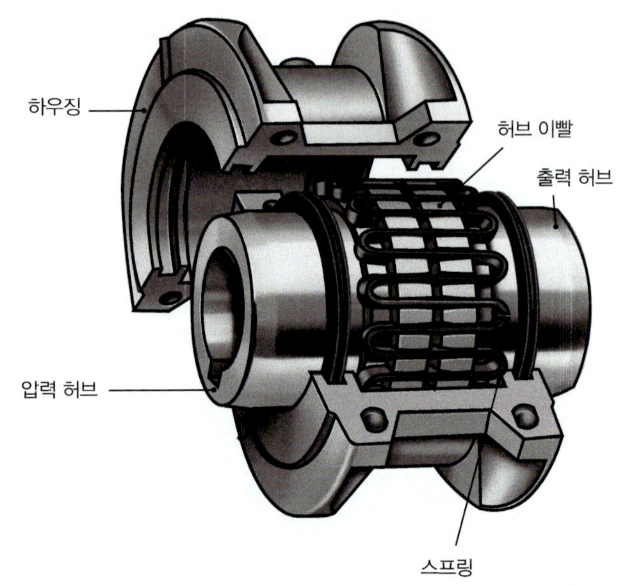

그림 11.21: 폴크 커플링의 도식도. 허브에 감싸진 금속 스프링으로 구성됨. 출처: Rexnord, Inc.

축 간의 각도가 많이 틀어진 경우, **벨로우즈 커플링**(bellows coupling, 그림 11.22)이나 **나선형 커플링**(helical coupling, 그림 11.23)이 사용된다. 이 커플링들은 약간의 축 방향 비정렬을 보상할 수 있으며 백래시가 존재하지 않는다. 주어진 크기의 축에서 다른 커플링보다 토크 용량이 작은 것이 단점이다. 특히 벨로우즈 커플링은 피로 파괴에 취약하다.

두 축이 평행한 경우, 만약 축의 직경이 50 mm보다 작으면 **링크 커플링**(linkage coupling)이나 **슈미트 커플링**(Schmidt coupling)이 사용된다. 그림 11.24의 슈미트 커플링은 6개의 링크에 연결된 3개의 디스크로 이루어져 있다. 이 링크들은 매우 큰 평행 오프셋(offset)을 허용할 수 있으며, 경우에 따라 작은 양의 각도 및 축 방향 비정렬도 허용된

그림 11.22: 벨로우즈 커플링. 출처: Lovejoy, Inc.

그림 11.23: 나선형 커플링. 출처: Lovejoy, Inc.

그림 11.24: 슈미트 커플링. 출처: Zero Max, Inc.

다. 슈미트 커플링은 커플링을 제거하거나 재설치 하지 않고 상당한 양의 평행 오프셋(offset)을 변화시킬 수 있는 특징이 있다. 이 커플링은 중간 속도의 토크를 전달하는데 유용하게 사용된다. 하지만 링크들이 저널 베어링이나 니들 베어링에 지지되어 있기 때문에 적절한 윤활이 필수적이다.

그림 11.25와 같이 *U 조인트* 혹은 *훅(Hooke) 커플링*이라고도 알려진 **유니버설 조인트**(universal couplings)는 축 방향으로 90°의 각도를 갖는 두 개의 힌지로 이루어져 있고 십자형 축에 의하여 연결되어 있다. 유니버설 조인트는 매우 큰 각도의 비틀림을 허용할 수 있다. 만약 축 방향으로 충분한 공간이 있다면 평행한 오프셋도 허용 가능하다. 유니버설 조인트는 입력 축의 속도가 일정하더라도 출력 축의 속도는 변한다. 따라서 과도한 진동과 마모가 발생하는데, 이에 대한 해결책으로 두 개의 유니버설 조인트를 연결하여 사용함으로써 출력 축의 속도를 일정하게 유지할 수 있다. 이러한 조합은 자동차의 조향장치에 일반적으로 사용되고 있고, 이중 카단(double cardan) 조인트 혹은 CV 조인트라고 불리운다.

그림 11.25: 유니버셜 조인트. 출처: Lovejoy, Inc.

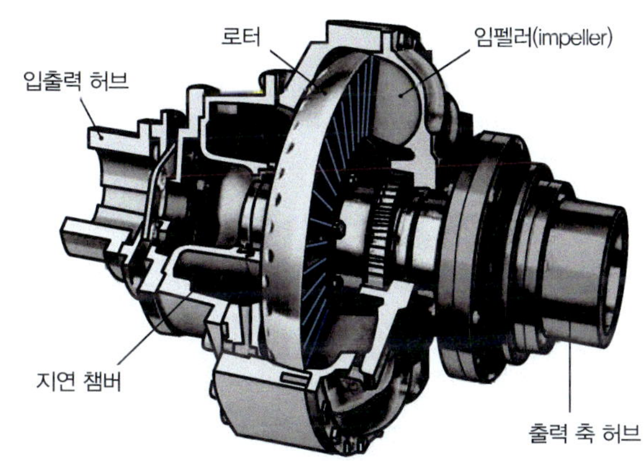

그림 11.26: 유체 커플링의 도식도. 임펠러와 지연 챔버(delayed champer)는 그림에서 생략되어 있다. 출처: Rexnord, Inc.

그림 11.26의 **유체 커플링**(fluid couplings)은 컨베이 벨트나 파쇄기, 산업용 분쇄기와 같이 커다란 충격 하중이 가해질 때 사용한다. 자동차에서도 토크 변환기라는 이름으로 다양하게 사용되고 있다. 유체 커플링은 임펠러와 로터로 이루어져 있다. 임펠러는 입력 축에 연결되어 유체를 로터쪽으로 펌핑한다. 유체의 속도 차이 때문에 펌핑된 유체가 출력 축과 연결된 로터에 토크를 전달하게 된다. 따라서 두 축의 직접적인 접촉이 없이 유압에 의하여 에너지가 전달되는 것이다. 속도 차이에 의해 발생하는 토크는 토크 변환기 내부의 안정날개(stator)나 지연 챔버(chamber)를 통해 조정할 수 있다.

그림 11.27의 **기어 커플링**(gear couplings)은 두 개의 내측 기어를 가지고 있는 슬리브와 연결된 두 개의 기어 허브

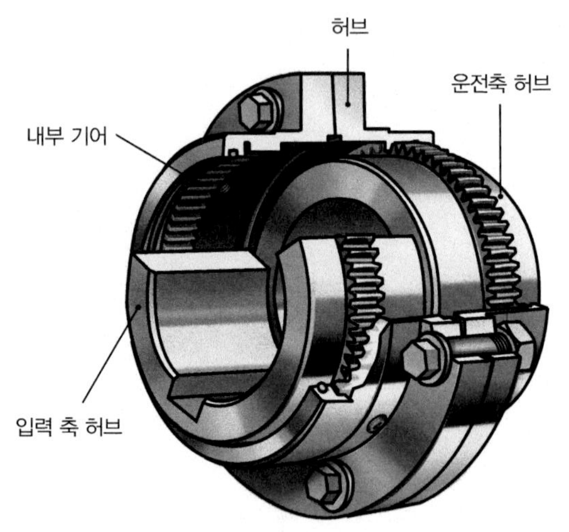

그림 11.27: 기어 커플링. 출처: Rexnord, Inc.

로 구성되어 있다. 축 방향 비정렬은 내측 기어의 이빨 넓이만큼 허용 가능하며, 각도 비틀어짐은 컨투어(contoured) 기어를 통하여 조절할 수 있다. 기어 커플링은 높은 토크 용량을 가지고 있으며, 마모를 방지하기 위하여 윤활이 필수적이다.

11.10 요약

축은 일반적으로 원형 단면을 갖는 회전요소로서 기어, 풀리, 플라이 휠, 스프로킷, 구름 베어링 등과 같은 동력전달 요소들과 결합된다. 축은 굽힘, 비틀림, 축 방향 혹은 수직 방향 전단력 중 하나 이상이 조합된 하중을 받는다. 따라서 하중의 종류는 정적이거나 반복 하중일 것이다. 축의 설계 과정은 특정 조건에서 축의 직경을 결정하는 것과 관련이 있다. 만약 축의 직경이 정해져 있으면 안전 계수가 가장 중요한 설계 인자가 된다. 이 장에서는 3가지 파괴 예측 이론을 설명하였다. 이들 이론이 모든 설계 인자에 대한 정보를 제공하지는 않지만, 가장 중요한 인자에 대한 정보를 제공하여 이를 바탕으로 다른 설계 인자들을 쉽게 결정할 수 있도록 도와준다.

축 동역학에서는 제1 임계 속도의 설계가 매우 중요하다. 축이 이 속도에서 동역학적으로 불안정해지거나 커다란 진동을 일으킬 수가 있기 때문이다. 다중 질량 시스템에서 임계속도를 예측하는 레일리(Rayleigh)와 던컬리(Dunkerley) 이론을 소개하였다. 레일리 이론은 최대 허용 속도를 실제값보다 크게 계산하였고, 던컬리 이론은 임계 속도를 실제값보다 작게 예측하였다. 따라서 우리는 이 두 가지 속도 예측 결과를 이용하여 운전중 피해야 하는 속도의 범위를 설정할 수 있다.

축에 다른 기계 요소들을 고정하기 위한 다양한 장치가 있다. 토크를 전달할 수 있는 키, 핀, 스플라인과 같은 장치가 있었으며, 축 방향의 위치를 고정하기 위한 고정링, 코터핀과 같은 장치를 소개하였다.

토크가 크게 요동치는 상황에서 가속도의 변화가 매우 큰 경우, 최대 토크가 너무 커서 과도하게 큰 모터를 사용하여야 하는 경우가 생기게 된다. 이 때 플라이 휠은 속도의 변화를 부드럽게 만들고 회전하는 장비의 에너지 흐름을 안정적으로 만들기 위하여 사용된다. 플라이 휠을 설계하는 과정 또한 플라이 휠의 동역학, 크기, 응력, 재료의 선택과 함께 소개하였다.

마지막으로 다양한 종류의 축 결합 요소들을 소개하였다. 모터와 동력 전달 장치를 연결하는 것과 같이 두 개의 축을 연결하는 것은 매우 일반적이다. 각 커플링은 나름대로의 장단점을 가지고 있지만, 대부분 축 방향으로 정렬되어 있지 않거나, 평행하거나 혹은 일정 각도로 엇갈려 있는 경우를 어떻게 해결하는지와 연관이 있다. 커플링의 다른 중요한 요소는 진동이나 충격 하중을 어떻게 감소시키는가 하는 능력이다.

핵심어

고유진동수(natural frequency) 최대 허용 속도와 같음.

고정링(retaining ring) 기계 요소의 축 방향 위치를 고정하기 위해 축에 설치된 편평한 홈에 장착되는 고리 형태의 탄성요소

던컬리 식(Dunkerley equation) 첫번째 최대 허용 속도에 대한 공식, 주파수가 실제보다 작게 계산됨.

레일리 식(Rayleigh equation) 첫번째 최대 허용 속도에 대한 공식, 주파수가 실제보다 크게 계산됨.

속도 변동 계수(coefficient of fluctuation) 무차원 속도 구간 $\dfrac{\omega_{\max} - \omega_{\min}}{\omega_{\text{avg}}}$

스플라인(spline) 축과 허브 사이에 동력을 전달하기 위해 만들어진 이빨 모양의 결합 요소

제1 임계 속도(first critical speed) 동역학적 불안정성이 나타나는 최소 주파수

최대 허용 속도(critical speed) 축이 동역학적으로 불안정하게 되는 속도

최소 고유진동수(lowest natural frequency) 첫번째 최대 허용 속도와 같음.

축(shaft) 원형 단면적의 회전하거나 정지해 있는 기계 요소로서 직경이 길이보다 매우 작고, 기어, 스프로킷, 풀리, 캠 등의 기계 요소에 동력을 전달하기 위해 사용함.

커플링(coupling) 두 축을 연결하는 기계 요소, 다양한 형태가 존재함.

키(key) 축과 허브 사이에 동력을 전달하는 장치

플라이 휠(flywheel) 회전관성을 통해 에너지를 저장하는 장치

허브(hub) 축에 기계 요소들이 장착되는 위치

공식 정리

축 설계:

정적 하중 DET(뒤틀림 에너지 이론):

$$d = \left(\frac{32n_s}{\pi S_y} \sqrt{M^2 + \frac{3}{4}T^2} \right)^{1/3}, \quad n_s = \frac{\pi d^3 S_y}{32\sqrt{M^2 + \frac{3}{4}T^2}}$$

정적 하중 MSST(최대 전단 응력 이론):

$$d = \left(\frac{32n_s}{\pi S_y} \sqrt{M^2 + T^2} \right)^{1/3}, \quad n_s = \frac{\pi d^3 S_y}{32\sqrt{M^2 + T^2}}$$

축하중이 있을 때 정적 하중 DET:

$$\frac{4}{\pi d^3} \sqrt{(8M + Pd)^2 + 48T^2} = \frac{S_y}{n_s}$$

축하중이 있을 때 정적 하중 MSST:

$$\frac{4}{\pi d^3} \sqrt{(8M + Pd)^2 + 64T^2} = \frac{S_y}{n_s}$$

피로 하중 DET와 소더버그:

$$d^3 = \frac{32n_s}{\pi S_y} \sqrt{(\Psi)^2 + \frac{3}{4}\left(T_m + \frac{S_y}{S_e}K_{fs}T_a\right)^2}$$

$$n_s = \frac{\pi d^3 S_y}{32\sqrt{(\Psi)^2 + \frac{3}{4}\left(T_m + \frac{S_y}{S_e}K_{fs}T_a\right)^2}}$$

여기서 $\Psi = M_m + \dfrac{S_y}{S_e}K_f M_a$.

피로 하중 MSST와 소더버그:

$$d^3 = \frac{32n_s}{\pi S_y} \sqrt{(\Psi)^2 + \left(T_m + \frac{S_y}{S_e}K_{fs}T_a\right)^2}$$

$$n_s = \frac{\pi d^3 S_y}{32\sqrt{(\Psi)^2 + \left(T_m + \frac{S_y}{S_e}K_{fs}T_a\right)^2}}$$

임계 속도, 단일 질량: $\omega = \sqrt{\dfrac{g}{\delta}}$

임계 속도 레일리(Rayleigh) 식:

$$\omega_{\text{cr}} = \sqrt{\frac{g\sum_{i=1,\ldots,n} W_i \delta_{i,\max}}{\sum_{i=1,\ldots,n} W_i \delta_{i,\max}^2}}$$

임계 속도 던컬리(Dunkerley) 식:

$$\frac{1}{\omega_{\text{cr}}^2} = \frac{1}{\omega_1^2} + \frac{1}{\omega_2^2} + \cdots + \frac{1}{\omega_n^2}$$

키:

전단에 의한 파단: $T = \dfrac{S_y A_s d}{4n_s}$

베어링 응력에 의한 파단: $T = \dfrac{S_y dlh}{4n_s}$

스플라인:

스플라인 폭: $l_s = \dfrac{d^3\left(1 - \dfrac{d_i^4}{d^4}\right)}{d_m^2}$

전단에 의한 파단: $T = \dfrac{\pi \tau_{\text{all}} d_m^2 l_s}{16}$

베어링 응력에 의한 파단: $T = \dfrac{pnhd_m l_s}{8}$

셋 스크류:

나사의 유지력: $P_t = 2500d^{2.31}$

대략적 크기: $d_s = \dfrac{d}{8} + \dfrac{5}{16}$

고정링:

전단에 의한 파단: $P_t = \dfrac{\pi C_t d t_h S_{sy}}{n_s}$

베어링 파손에 의한 파단: $P_t = \dfrac{\pi C_t d t_g S_{ut}}{n_s}$

플라이 휠:

변동 계수:

$$C_f = \frac{\omega_{\max} - \omega_{\min}}{\omega_{\text{avg}}} = \frac{2(\omega_{\max} - \omega_{\min})}{\omega_{\max} + \omega_{\min}}$$

운동 에너지 변동: $K_e = I_m \omega_{\text{avg}}^2 C_f$

추천 문헌

Budynas, R.G., and Nisbett, J.K. (2011), *Shigley's Mechanical Engineering Design*, 9th ed., McGraw-Hill.

Juvinall, R.C., and Marshek, K.M. (2012) *Fundamentals of Machine Component Design*, 5th ed.,Wiley.

Mott, R. L. (2014) *Machine Elements in Mechanical Design*, 5th ed., Pearson.

Neale, M., Needham, P., and Horrell, R. (2005) *Couplings and Shaft Alignment*, Wiley.

Norton, R.L. (2011) *Machine Design*, 4th ed., Prentice Hall.

Oberg, E., and Jones, F.D. (2000) *Machinery's Handbook*, 26th ed., Industrial Press.

Piotrowski, J. (1995) *Shaft Alignment Handbook*, 2nd ed., Marcel Dekker.

참고 문헌

Oberg, E., et al. (2000) *Machinery's Handbook*, 26th ed., Industrial Press.

Peterson, R.E. (1974) *Stress Concentration Factors*, Wiley.

문제

11.1 축이란 무엇인가? 보(beam)와는 어떻게 다른가?

11.2 축을 설계할 때, 정적 파괴와 피로 파괴를 동시에 고려하여야 하는 이유는 무엇인가?

11.3 축 설계 공식에 축 방향 힘을 포함시키면 어떻게 되는가?

11.4 축의 임계 속도가 의미하는 것은 무엇인가?

11.5 Rayleygh식은 무엇인가? Dunkerley식은 무엇인가?

11.6 키와 핀의 차이는 무엇인가?

11.7 깁(gib) 머리는 무엇인가?

11.8 반달 키의 장점은 무엇인가?

11.9 허브와 키 중 어떤 것을 더 단단하게 만들어야 하는가?

11.10 플라이 휠은 무엇인가?

11.11 변동 계수는 무엇인가?

11.12 고정 커플링은 무엇인가? 유연 커플링은 무엇인가?

11.13 고정링은 어디에 사용되는가? 어떤 종류의 고정스프링들이 존재하는가?

11.14 스플라인은 무엇인가?

11.15 축의 어긋남에는 어떤 종류가 있는가?

정성적 문제

11.16 축이 높은 안전 계수로 설계되어야 하는 이유는 무엇인가?

11.17 과하중이나 오작동을 통한 과도한 토크로부터 축을 보호하기 위한 기계 요소는 어떤 것들이 있는가?

11.18 축에 집중질량이 연결되어 있을 때 축이 진동하는 이유를 설명하라.

11.19 축을 만드는 과정을 설명하라.

11.20 그림 11.9의 키들이 사용되는 상황을 각각 설명하라.

11.21 셋 스크류와 키의 유사점과 차이점을 설명하라.

11.22 (a) 표 11.5와 (b) 식 (11.71) 및 식 (11.72)를 통해 예측되는 셋 스크류의 고정력 그래프를 그려라. 두 그래프의 차이점에 대해 설명하라.

11.23 스플라인 대신 키를 사용하는 상황을 설명하라. 반대로 키 대신 스플라인을 사용하는 상황을 설명하라.

11.24 키 대신 끼워맞춤을 사용하는 상황은 언제인가?

11.25 표 11.6을 참고하여 각각의 고정링이 사용되는 상황을 두 개씩 열거하라.

11.26 플라이 휠 없이 자동차를 운전하게 되면 어떤 일이 발생하는가?

11.27 플라이 휠이 매우 빠른 속도에서 작동하게 되면 어떤 일이 발생하는가?

11.28 플라이 휠에 사용되는 재료의 특성은 무엇인가?

11.29 (a) 고정 커플링, (b) 나선형 커플링, (c) 슈미트 커플링, (d) 유체 커플링의 장단점을 열거하라.

11.30 두 축이 평행하게 놓여 있을 때, 어떠한 커플링을 사용하여야 하는가? 만약 커플링에 사용할 수 있는 공간이 협소하다면 어떠한 커플링이 적당할지 설명하라.

정량적 문제

11.31 50 mm 직경의 축이 AISI 1080 탄소강(800°C에서 담금질되었음)으로 만들어졌다. 축은 회전 때문에 −20에서 55 N-m 사이에서 변하는 굽힘모멘트와 일정한 25 N-m의 토크를 받고 있다. 축에는 핀을 끼우기 위한 5 mm의 구멍이 뚫려 있다. 99.5%의 신뢰도를 위한 축의 안전 계수를 정하라. 핀 대신에 고정링을 사용하면 안전 계수는 어떻게 변하는지 설명하라. 답 $n_s = 23.6$.

11.32 그림 a에서와 같이 위치 A에서 평벨트로 구동되는 축이 설치되어 있다. 이 축은 위치 B에서 다른 평벨트를 구동시킨다. 구동 풀리의 직경은 300 mm이고, 종동 풀리의 직경은 500 mm이다. 풀리간의 거리는 800 mm이고, 풀리로부터 가장 가까운 베어링까지의 거리는 200 mm이다. 벨트는 수평으로 설치되어 있고, 축에 반대 방향으로 하중을 가하고 있다. 축의 크기와 축에 사용되는 강재의 종류를 결정하라. 안전 계수는 10이다. 답 AISI 1080 강재의 경우, $d = 35$ mm.

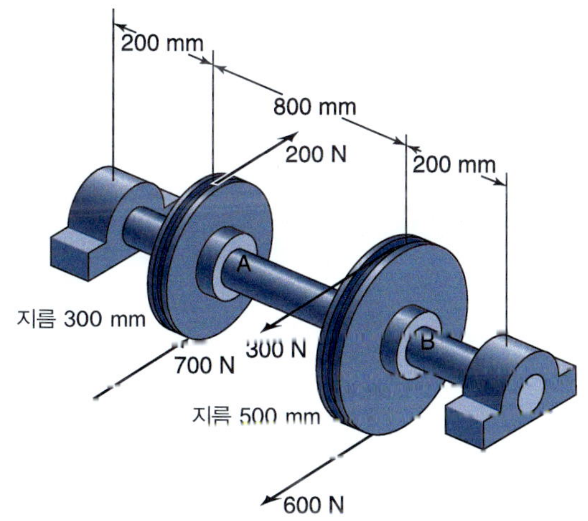

문제 11.32에 대한 그림 a

11.33 그림 11.1a와 같이 기어가 축에 연결되어 100 kW의 동력을 4000 rpm으로 전달하고 있다. 기어 1은 다른 기어로부터 하중을 받고 있다. 이때 하중 P_1은 축의 중앙에서 반지름 80 mm인 45° 방향으로 작용하고 있다. 힘 P_2는 축의 중심에서 반지름 110 mm인 수직 방향으로 작용하고 있다. 베어링 A와 기어 1의 거리는 100 mm, 기어 1과 기어 2의 거리는 85 mm, 기어 2와 베어링 B의 거리는 50 mm이다. 다음을 구하라.

(a) 베어링 A와 베어링 B가 반경 방향 힘만을 전달할 때, 축에 작용하는 힘들의 자유물체도를 그려라. 답 $A_y = -750$ N, $A_z = 1212$ N.

(b) 위치 A와 B에서 힘요소와 합력을 구하라.

(c) 전달토크를 구하라. 답 $T = 238.7$ N-m.

(d) x-y와 x-z 평면의 굽힘모멘트 선도와 토크 선도를 그려라. 또한 최대 굽힘모멘트와 최대 토크를 표시하라.

(e) 축의 지름이 35 mm이고, 탄소강(AISI 1080, 800°C에서 담금질되었음)으로 만들어졌을 때, 뒤틀림 에너지 이론과 최대 전단 응력 이론에 따른 안전 계수를 구하라. 답 $n_{s,MSST} = 5.75$, $n_{s,DET} = 5.73$.

11.34 문제 11.32의 축은 열팽창에 의해 추가적인 하중을 받는다. 베어링은 축 방향으로 완전 강제이다. 따라서 축의 온도가 증가하여도 베어링은 늘어나지 않지만, 압축 응력은 발생하게 된다. 만약 축이 다음과 같이 가열될 때 열응력과 안전 계수를 구하라.

(a) 5°C 답 $n_s = 5.69$.

(b) 15°C 답 $n_s = 4.53$.

11.35 문제 11.32의 축이 AISI 1080 강재로 800°C에서 담금질되어 만들어졌고, 취성(최대 수직 응력 이론을 사용)이 있다고 가정한다. 이때 문제 11.32의 정보들을 사용하여 피로에 대한 안전 계수 n_s를 구하라. 답 $n_{s,MNST} = 5.57$.

11.36 그림 b에서 기어 3과 4가 축에 연결되어 있다. 기어의 합력 $P_A = 2500$ N이 y축으로부터 20° 방향으로 작용하고 있다. 냉간 압출강으로 만들어진 축의 항복 강도는 490 MPa이고, 극한 강도는 580 MPa이다. 축은 강체이며, 시경은 일정하다. 안전 계수는 3.0이고, 뒤틀림 에너지 이론을 사용한다. 피로 하중 조건은 완벽한 반복굽힘이며, 굽힘모멘트의

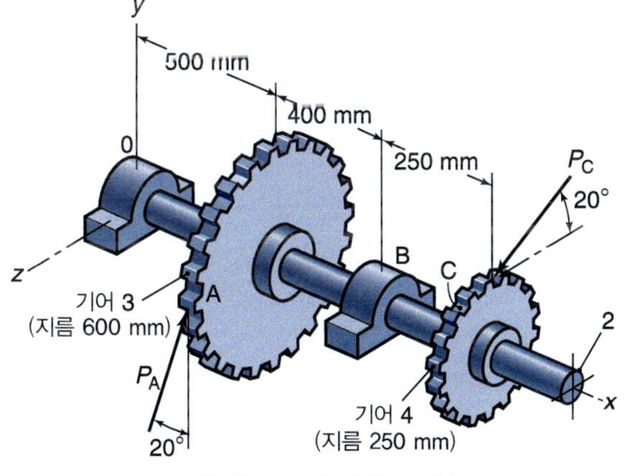

문제 11.36에 대한 그림 b

진폭은 정적 하중 상태에서의 하중과 같다. 토크의 진폭은 0이다. 정적 하중과 피로 하중을 고려하였을 때 안전한 축의 지름을 계산하라. 계산된 값보다 큰 일반적인 치수로 반올림하라. 다양한 평면에 대한 전단력 및 모멘트 선도를 그려라. 답 $d_{\text{static}} = 50\text{ mm}, d_{\text{fatigue}} = 65\text{ mm}$.

11.37 식 (11.38)을 유도하라. 임의의 각도 ϕ인 평면에서의 응력으로부터 시작한다. 최대 수직 응력 이론을 이용하고 임계 응력선을 S_e/n_s부터 S_u/n_s까지 연장하여 그린다.

11.38 그림 c의 축이 1000 rpm으로 회전하면서, 입력 기어 A로부터 출력 기어 B와 C로 6 kW의 동력을 전달하고 있다. 기어 A와 C는 압력각이 20°이다. 헬리컬 기어는 압력각이 20°, 헬릭스각 30°이고, 입력 동력의 70%를 전달한다. 모든 중요 면들은 잘 연마되어 있고, 치수들은 mm로 표현되어 있다. 축은 담금질한 탄소강으로 만들어졌으며, $S_{ut} = 636$ MPa, $S_y = 365$ MPa이다.

(a) 축의 자유물체도와 전단력 및 모멘트 선도를 그려라.

(b) 어떤 베어링이 축 방향 하중을 지지하는가? 이유를 설명하라. 답 왼쪽 베어링.

(c) 안전 계수 3, 99% 신뢰도일 때 축의 최소 직경을 구하라. 답 $d = 20$ mm.

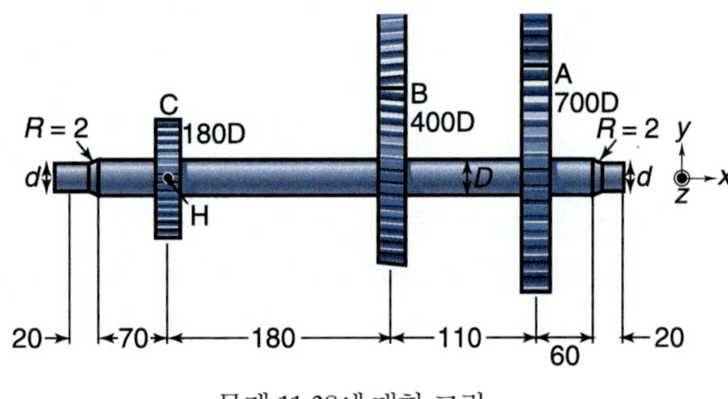

문제 11.38에 대한 그림 c

11.39 문제 11.38에서 축 직경이 30 mm이고, 800°C에서 담금질한 AISI 1030 강재로 만들어졌다면, 90%의 신뢰도를 갖기 위한 안전 계수를 구하라. 답 $n_s = 4.09$.

11.40 그림 d의 축이 두 개의 기어를 지지하고 있다. 이 축은 고탄소강(AISI 1080, 800°C에서 담금질되었음)으로 만들어졌으며, 안전 계수 2.0으로 설계되어 있다. 기어는 수직으로 작용하는 $P_A = 2000$ N에 의한 고정 토크를 전달하고 있다. 축의 단면적은 일정하다.

(a) 기어 C에서의 반발력은 얼마인가? 답 $P_c = 4000$ N.

(b) 축에서 가장 위험한 위치는 어디인가? 답 베어링 B.

(c) 소더버그선을 이용하여 축의 직경을 구하라(피로 한도를 계산할 때, 표면 처리 계수를 제외한 다른 계수들은 무시한다). 답 $d = 50$ mm.

(d) 하나의 기어는 키로 연결되어 있고, 나머지는 끼어맞춤되어 있다. 어떤 기어가 키에 연결되어야 하는가? 그 이유는 무엇인가?

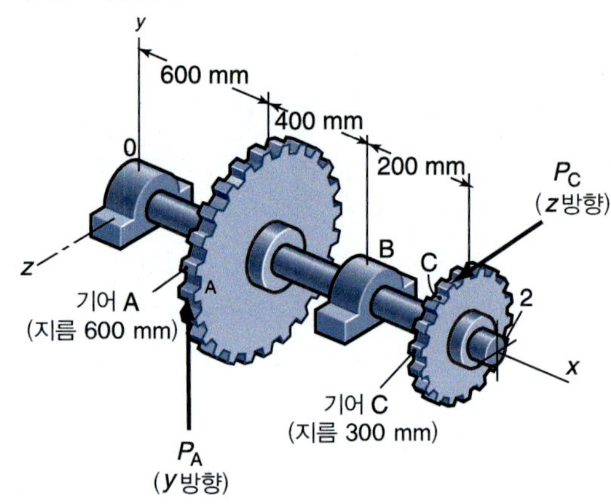

문제 11.40에 대한 그림 d

11.41 그림 e의 축은 왼쪽에서 매우 딱딱한 베어링에 지지되어 있다. 축이 $E = 207$ GPa인 강재로 만들어졌을 때, 최대 허용 속도를 구하라. 답 $N = 3018$ rpm.

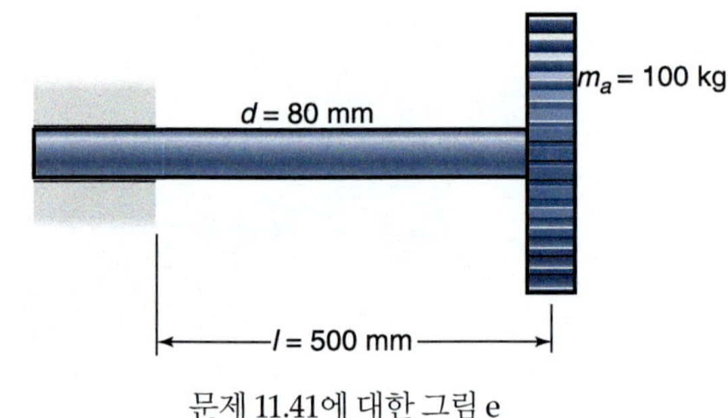

문제 11.41에 대한 그림 e

11.42 그림 f의 축이 굽힘 하중을 받고 있을 때 임계 속도를 구하라. 축의 탄성 계수 $E = 207$ GPa, 길이 $l = 350$ mm, 직경 $d = 10$ mm, 질량 $m_a = 2.3$ kg이다. 답 $\omega = 250$ rad/s.

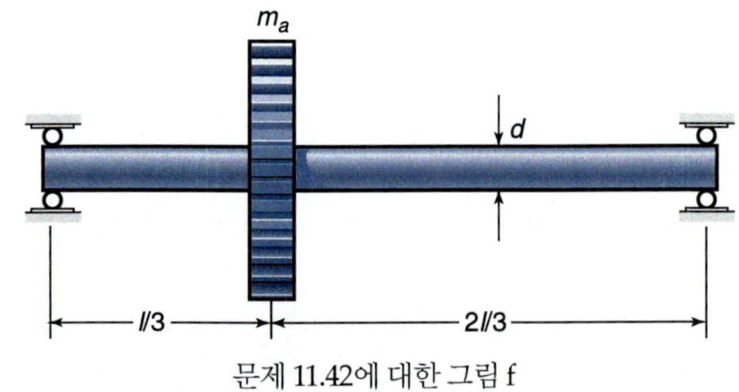

문제 11.42에 대한 그림 f

11.43 임계 속도가 9000 rpm일 때 그림 g의 축 직경을 구하라. 축의 탄성 계수 $E = 207$ GPa이다. 거리 $a = 300$ mm, 질량 $m_a = 100$ kg이고, 축의 질량은 무시한다. Rayleigh 방법과 Dunkerley 방법을 모두 사용하라. 답 $d_R = 131$ mm, $d_D = 133$ mm.

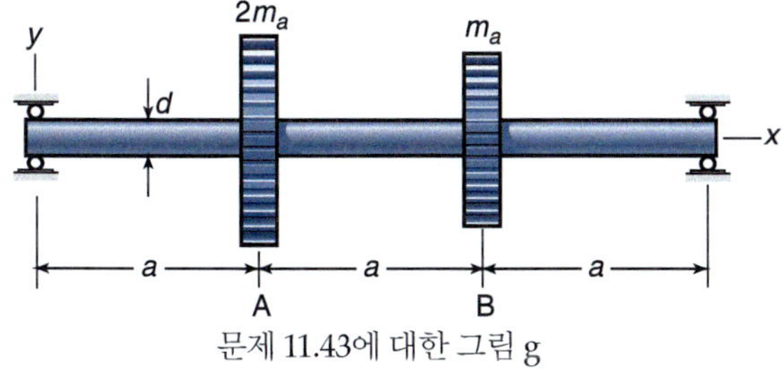

문제 11.43에 대한 그림 g

11.44 그림 h와 같이 단순지지된 축에 두 개의 무게가 연결되어 있다. 축이 스테인리스강($E = 193 \times 10^6$ GPa)으로 만들어졌을 때 Rayleigh 방법을 사용하여 임계 속도가 3600 rpm보다 작아지도록 안전 계수를 계산하라. 단, 축의 무게는 무시한다. 답 $d_R = 62.6$ mm, $d_D = 63.6$ mm.

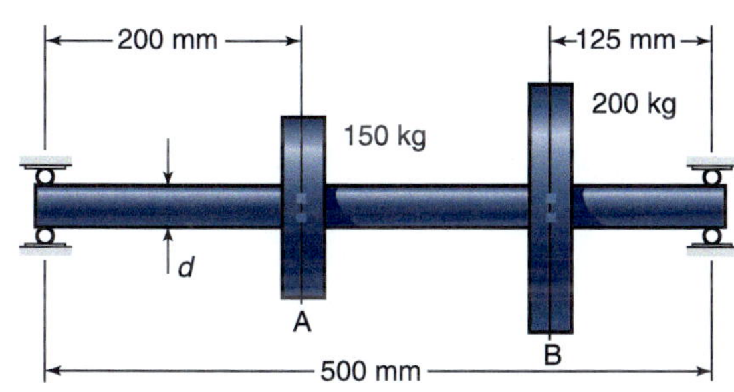

문제 11.44와 11.50에 대한 그림 h

11.45 그림 i의 강재 축에 Dunkerley 식과 Rayleigh 식을 적용하여 임계 속도를 구하라. 축의 질량은 무시하고, 축의 관성 계수는 $I = \pi r^4/4$, r은 축의 반지름이다. 다음의 식과 함께 중첩법을 사용하라.

$$\delta - \frac{P}{6EI}\left[\frac{bx^3}{l}\right] - \langle x - a\rangle^3 - \frac{xb\left(l^2 - b^2\right)}{l}$$

답 $N_R = 765$ rpm, $N_D = 783$ rpm.

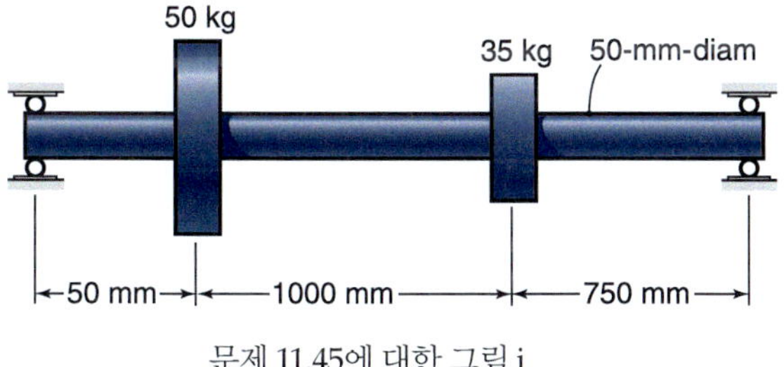

문제 11.45에 대한 그림 i

11.46 그림 j에서 굽힘에 대한 축의 임계 속도가 9000 rpm일 때 축의 직경 d를 구하라. 탄성 계수 $E = 107$ GPa, 거리 $a = 300$ mm, 질량 $m_a = 100$ kg이고, 축의 질량은 무시한다. Dunkerley 식과 Rayleigh 식을 이용하여 계산하라. 답 $d_R = 155$ mm, $d_D = 156$ mm.

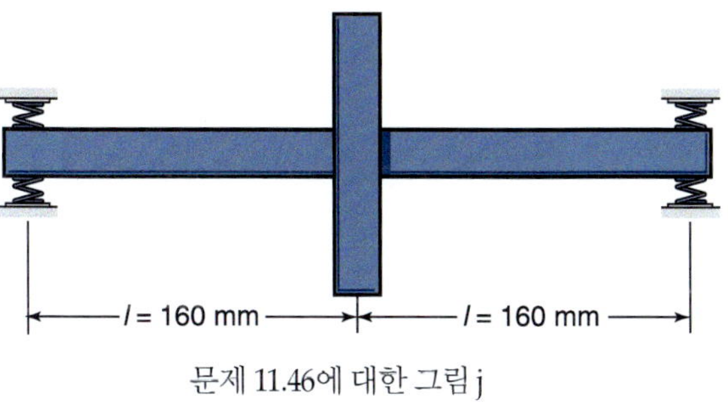

문제 11.46에 대한 그림 j

11.47 문제 11.43에서 축이 3000 rpm으로 회전하며, 200 kW의 동력을 전달하고 있다. 두 기어 사이의 각도 변화가 0.75°일 때 축의 직경을 구하라. 이 직경에서 축의 임계 속도는 얼마인가? 답 $d = 31.1$ mm, $\omega_{cr} = 504$ rpm.

11.48 그림 k의 축 직경은 32 mm, 원판의 질량은 170 kg이다. 만약 스프링 상수가 같은 방향으로 작용하며 1668과 3335 N/mm일 때 축의 임계 속도를 구하라. 탄성 계수 $E = 206$ GPa이다. 탄성이 없는 축에 대하여 영향력 계수(influence coefficient) $\alpha_{11} = l^3/(6\,EI)$이다. 답 $N = 1360$ rpm.

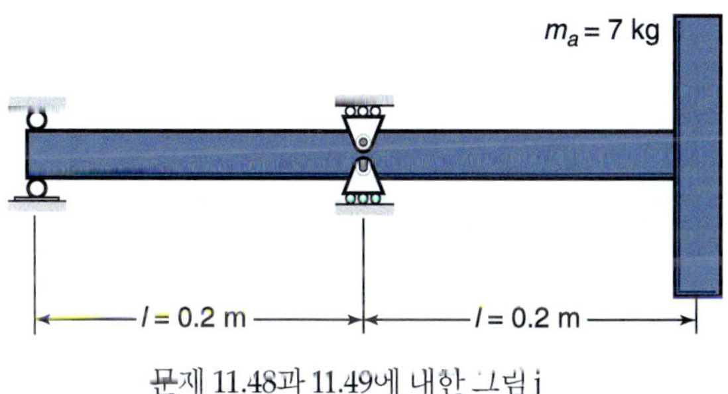

문제 11.48과 11.49에 대한 그림 j

11.49 그림 h의 축이 모멘트 저항이 없는 두 개의 베어링에 지지되어 있을 때 임계 속도를 구하라. 축의 직경은 20 mm이고, 탄성 계수 $E = 207$ GPa인 강재로 만들어져 있다. 답 $N = 1993$ rpm.

11.50 그림 h의 스테인리스강($E = 193$ GPa)으로 만들어진 축이 중심에서 1.875 mm 처져 있다. Dunkerley 식과 Rayleigh 식을 이용하여 축의 직경과 임계 속도를 구하라. 답 $d = 28.9$ mm, $\omega_R = 80.4$ rad/s.

11.51 플라이 휠의 허브가 알루미늄 합금 2014-O로 만들어져 있다. 이 허브가 직경 20 mm짜리 담금질된 AISI 1040 강재 축에 AISI 1020 강재 키(870°C에서 담금질됨)를 이용하여 연결되어 있다. 안전 계수 4에서 20 N-m의 토크를 전달할 수 있는 키의 크기를 결정하라. 답 w = 4.52 mm, h = 12.2 mm.

11.52 분쇄기가 철광석을 파쇄하여 일정한 크기의 철광석 조각을 만드는 데 사용되고 있다. 이 철광석 알갱이는 용광로에서 강을 만드는 데 사용된다. 파쇄기에 들어가는 철광석이 크기가 너무 클 경우, 파쇄기는 구리로 만들어진 토크 제한 키를 통하여 손상으로부터 보호된다. 플라이 휠과 연결된 400 mm 직경의 축에 작용하는 토크는 700 kN-m을 넘지 못한다. 과도하게 큰 철광석이 들어갔을 경우, 파쇄기의 축을 보호하기 위한 사각 테이퍼 키의 크기를 결정하라.

11.53 그림 11.9의 반달 키 그림으로부터 전단면이 다음과 같음을 보여라.

$$A_s = 2w\sqrt{c(D-c)}$$

여기서 c는 직경방향 여유이고, D는 키의 직경이다.

11.54 펀치 프레스가 1200 rpm으로 회전하는 고정 토크 전기 모터에 의해 구동되고 있다. 부드러운 운전을 위하여 50 mm 두께의 강재 플라이 휠이 사용되고 있다. 이 펀치 프레스의 토크는 0에서 12,500 N-m로 순간적으로 증가하고, 캠축의 첫번째 45° 회전 동안 이 값을 유지하며, 다음 45° 회전 동안 80,000 N-m까지 증가한 후, 나머지 회전 동안 0으로 되돌아간다. 이때 플라이 휠의 최소 직경을 구하라. 답 d = 1.15 m.

11.55 각 회전마다 플라이 휠의 출력 토크는 0에서 π까지 10 N-m이고, π에서 2π까지는 120 N-m이다. 평균 속도 2000 rpm에서 굽이침 계수는 0.04이다. 플라이 휠이 담금질된 AISI 1040 강재로 만들어졌으며 두께가 25 mm로 일정하다고 가정할 때 다음을 구하라.

(a) 평균 토크 하중 답 65 Nm.
(b) $\theta_{\omega\max}$와 $\theta_{\omega\min}$ 위치 답 $\theta_{\omega\min} = \pi$.
(c) 필요에너지 답 K_e = 172.8 Nm.
(d) 플라이 휠의 최외곽 직경 답 d = 270 mm.

11.56 각 회전마다 플라이 휠의 출력 토크는 0에서 $\pi/3$까지 20 N-m, $\pi/3$에서 $2\pi/3$까지 100 N-m, $2\pi/3$에서 π까지 40 N-m, π에서 $5\pi/3$까지 90 N-m, $5\pi/3$에서 2π까지는 20 N-m이다. 입력 토크는 일정하다고 가정하고, 평균 속도 860 rpm, 굽이침계수는 0.10이다. 만약 두께가 25 mm로 일정할 때 플라이 휠의 직경을 구하라. 답 d = 240 mm.

11.57 경주용 자동차의 20 mm 두께 플라이 휠이 알루미늄 합금 2014-O로 만들어졌으며 9000 rpm으로 회전하고 있다. 만약 이 알루미늄 합금 2014가 9000 rpm에서 항복 강도의 1/4의 응력을 받고 있다면, 플라이 휠의 직경은 얼마인가? 플라이 휠의 직경을 줄이기 위하여 고밀도 최첨단 재료가 개발되었다. 플라이 휠은 중앙에 구멍이 없고, 두께가 20 mm를 넘지 않는다. 이때 다음 중 동일한 안전 계수에서 알루미늄 합금 2014를 대체할 만한 최적의 재료는 무엇인가?

(a) 순수 구리
(b) 약협황동(cartridge brass)
(c) 담금질된 5% 인청동(phosphor bronze)
(d) 마그네슘 합금 ZK61A
(e) 담금질된 Ti-6Al-4V

11.58 문제 11.57에 사용된 알루미늄 합금 플라이 휠의 질량 관성계수는 0.0025 kg-m^{2}이다. 중립 기어에서 모터가 실수로 7000 rpm까지 가속되었다. 모터를 멈추는 유일한 방법은 점화플러그로부터 전기선을 분리하는 것이고, 이 방법은 모터를 정지시킬 때까지 6초가 소모된다. 플라이 휠을 제외한 다른 요소들의 관성력을 무시할 때, 5000 rpm으로 회전하는 모터의 내부 마찰모멘트와 마찰손실을 구하라. 마찰모멘트는 모든 속도에서 동일하다고 가정한다. 답 T_f = −0.305 N-m.

11.59 낡은 어선의 엔진이 200 rpm으로 공회전할 때, 굽이침계수 25%인 플라이 휠이 설치되어 있다. 플라이 휠의 질량 관성계수는 1.9 kg-m^{2}이다. 만약 압축행정 동안 모든 속도에서 동일한 에너지를 소모한다면, 500 rpm에서 굽이침계수는 얼마인가? 또한 500 rpm에서 굽이침계수 20%를 얻기 위한 질량 관성 계수는 얼마인가? 답 C_f = 0.040, I_m = 0.38 kg-m^2.

11.60 버스에 사용되는 플라이 휠은 주어진 무게에서 최대의 에너지를 저장하여야 한다. 플라이 휠의 직경은 1.5 m보다 작아야 하고 무게는 250 kg보다 작아야 한다. 플라이 휠의 두께가 일정하고 안전 계수가 4일 때, 표 A.1과 A.2의 재료 중 가장 큰 에너지를 저장할 수 있는 재료를 찾아라.

11.61 AISI 1080 강재(800°C에서 담금질됨) 축에 연결된 플라이 휠이 내연기관으로부터의 충격으로부터 출렁이고 있다. 6

실린더 4행정 엔진을 사용하기 때문에 토크는 한 회전 동안 3번 변화한다. 플라이 휠의 축 직경은 20 mm, 길이는 1 m, 관성 계수는 0.5 kg-m²이다. 최대 토크 진동이 발생하기 시작하는 엔진의 속도를 구하라. **답** $N = 160$ rpm.

11.62 담금질된 AISI 1080 강재로 만들어진 외부 고정링이 구름 베어링의 위치를 고정하기 위해 사용될 것이다. 축은 담금질된 AISI 1040 강재로 만들어졌으며 직경은 25 mm이다. 안전 계수가 2일 때 MSH, ME, MCR 링에서 생성되는 고정력을 계산하라. 만약 고정링을 위한 축홈의 모서리 반경이 0.5 mm일 때 이론적 응력집중 계수를 구하라. **답** $P_{MSH} = 4.78$ kN.

설계 문제 및 프로젝트

11.63 잔디깎는 기계의 앞바퀴가 20 mm 직경의 축에 연결되어 있다. 바퀴의 내부 허브는 그리스(grease)로 윤활되고 있으며, 축 방향으로 미끄러지거나 회전이 가능하다(이 바퀴는 스티어링휠이며, 단지 헛돌기만 가능하다). 잔디깎는 기계가 회전할 때 500 N의 힘이 축 방향으로 작용한다. 바퀴를 축에 고정하는 다양한 방법들을 열거하라. 이들 중 가장 적절한 3개의 방법을 선택하고, 그들에 대한 치수와 고정력을 설계하라. 각각에 대한 설계분석 결과를 요약하고, 이들 중 가장 적합하다고 생각되는 것을 선택하라.

11.64 무거운 자동차가 산을 올라가는 경우와 같이 고도의 차이가 급격하게 변화하는 경우, 자동차의 속도가 갑작스럽게 증가하는 것을 방지하기 위한 보조 브레이크에는 유체 브레이크가 사용된다. 이때 어떻게 유체 커플링이 작동하는지 설명하고, 속도에 따라 브레이크 토크가 어떻게 변화하는지 설명하라. 또한 보조 브레이크에서 발생한 열을 빠르게 소실시킬 수 있는 방법을 제시하라.

11.65 굿맨(Goodman) 조건과 최대 전단 응력 이론을 이용하여 식 (11.36)과 식 (11.37)에 상응하는 관계식을 구하라. 만약 굿맨 조건을 사용할 경우, 컴퓨터를 이용하여 직경이나 안전 계수를 계산할 수 있는 프로그램을 만들어라.

11.66 사탕수수에서 설탕을 추출하기 위해 제분소를 이용한다. 사탕수수는 4000 rpm으로 회전하는 8000 kW 모터로부터 동력을 전달받는 주철 해머에 의해 짓이겨진다. 이를 통해 하루에 10,000 톤의 사탕수수를 처리한다. 사탕수수가 해머에 끼이면, 사탕수수는 산산히 조각나 반복적인 충격에 의하여 점점 더 잘게 쪼개진다. 동력원과 해머를 연결하기 위해 어떤 커플링을 사용하여야 하는가? 기술적인 논문이나 인터넷을 통해 필요한 정보를 얻고, 당신의 설계를 서술하기 위한 한 페이지짜리 제안서를 완성하라.

11.67 문제 11.66에서 제시한 사탕수수 분쇄기에 플라이 휠의 사용을 권장하는가? 이유를 설명하라.

11.68 그림 11.21을 참고하여 빔이론을 이용한 폴크 커플링의 비틀림 강성을 표현하는 식을 유도하라.

12

동압 및 정압 베어링

동압 저널 베어링 부품. 출처: Kingsbury, Inc.

지혜는 가장 소중한 것이다. 지혜를 얻어라. 그 어떤 것을 희생하고서라도 깨달음을 얻어라.

잠언 4장 7절

차례

예제

설계 절차

사례 연구

이 장에서는 정합 형상의 표면 사이에 윤활유 유막이 형성된 베어링, 즉 동압 베어링 및 정압 베어링을 다룬다. 먼저 동압 베어링은 필요한 압력을 윤활유 유막의 점성과 베어링 운동으로 얻으며, 정압 베어링은 펌핑과 같은 외부의 도움으로 얻는다. 동압 및 정압 베어링은 마찰이 적고 효율과 신뢰성이 높으며 큰 하중도 지지할 수 있다는 장점을 가지고 있다. 그러나 구름 베어링에 비해 크기가 크며, 기동 마찰 저항이 크고, 윤활 관련 열효과를 고려해야 하는 단점이 있다. 마모는 매우 적으며, 일반적으로 기동시만 발생한다. 이 장에서는 8장 내용을 기반으로 하여 레이놀즈 방정식을 기본으로 이와 관련된 유체역학 지식을 심도 있게 해석하며, 레이놀즈 방정식을 스러스트 베어링에 적용하고 수치해석 결과를 소개한다. 그리고 저널 베어링과 관련한 기하 형상, 경계 조건 및 압력 분포를 논의하며, 수치해와 설계 차트를 소개하고 상세하게 검토한다. 끝으로 압착 유막 및 정압 베어링을 해석한다.

이 장에서 다루는 기계 요소: 동압 스러스트 베어링, 동압 저널 베어링, 정압 베어링

대표적인 응용 사례: 자동차 메인 베어링, 터빈 스러스트 베어링, 선박 추진축 베어링, 공작기계 스핀들

관련 기계 요소: 구름 베어링(13장)

기호

a_b 베어링 패드 하중 계수
A 면적, m^2
A_b 베어링 면적, m^2
A_r 우묵 들어간 부위 면적, m^2
A_s 문턱(sill) 면적, m^2
B_j 저널 슬라이더 베어링의 베어링 수, 식 (12.81) 참조
B_t 스러스트 슬라이더 베어링의 베어링 수, 식 (12.66) 참조
C_p 정압 윤활유 비열, J(kg-℃)
C_s 용적 비열, J/(m^3-℃)
C_1-C_4 적분 상수
c 저널 베어링 반지름 방향 틈새, m
d 지름, m
e 저널 베어링의 편심, m
F 힘, N
g 중력 가속도 9.807 m/s^2
H 무차원 유막 두께, h/s_h
h 유막 두께, m
h_b 베어링 패드 동력 계수
h_p 동력, W
l 길이, m
N_a 회전 속도, rps
N_p 패드 수
n_s 계단 위치
P 무차원 압력
P_{max} 무차원 최대 유막
p 압력, Pa
p_l 리프트 압력, Pa
p_r 우묵 들어간 부위 압력, Pa
p_s 공급 압력, Pa
Q 무차원 체적 유동률
q 체적 유동률, m^3/s
q_b 베어링 패드 유동 계수
q_s 측면 누설 유동률, m^3/s
q_x 미끄럼 방향 체적 유동률, m^3/s
q_r' 단위 폭당 반지름 방향 유동률, m^2/s
q_x' 미끄럼 방향의 단위 폭당 체적 유동률, m^2/s
q_y' 횡방향 단위 폭당 체적 유동률, m^2/s
R_a 중심선 평균 표면 거칠기, m
r 반지름, m
r_b 저널 베어링의 반지름, m
s_h 어깨 높이, m
T 토크, N · m
t 시간, s
Δt 시간 변화, s
t_m 온도, ℃
Δt_m 온도 변화, ℃
u 미끄럼 방향 유체 속도, m/s
$\bar{u}$ 미끄럼 방향 평균 속도, m/s
V 부피, m^3
v 횡방향 유체 속도, m/s
W_r 레이디얼 하중, N
W_r^* 단위 면적당 레이디얼 하중, Pa
W_t 총 하중, N
W_z' 단위 폭당 수직 하중, N/m
$\bar{W}_z'$ 무차원 수직 하중
w 압착 속도, m/s
w_t 베어링의(측면 누설 방향) 폭, m
X 무차원 좌표 x/l
x 미끄럼 방향 직교 좌표, m
y 측면 누설 방향 직교 좌표, m
z 유막 높이 방향 직교 좌표, m
α 고정 경사 슬라이더 베어링 경사각, deg
ϵ 편심률 e/c
η 절대 점도, Pa-s
η_o 정온 및 무압($p = 0$)에서의 절대 점도, Pa-s
λ 장폭비 l/w_t
λ_j 지름-폭 비 $2r/w_t$
μ 미끄럼 마찰 계수
ρ 밀도, kg/m^3
τ 전단 응력, Pa
Φ 자세각, deg
ϕ 원통 극좌표
ϕ_{max} 최대 압력 위치, deg
ϕ_o 압력 소멸 위치, deg
ω 각속도 $2\pi N_a$, rad/s

하첨자

a 고체 a(위 표면)
b 고체 b(아래 표면)

i	입구, 내측
m	평균, 최대 압력 위치
o	출구, 외측
x, y, z	직교 좌표

12.1 서론

설계는 다양한 전공을 통합하는 흥미로운 과정이다. 다른 기계 요소들은 고체역학, 재료과학, 공작법을 설계 과정에서 고려하지만, 동압 베어링은 유체역학과 (상대적으로 조금 적지만) 열전달을 동시에 고려해야 하므로 명백하게 차별된다. 동압 베어링은 운송 및 에너지 산업 분야에서 널리 사용되어 100년 이상 오랜 기간 동안 주목을 받아 왔으며, 설계 과정으로 훌륭한 해석 절차가 완성되어 있다. 따라서 동압 베어링 및 정압 베어링을 이해하기 위하여 먼저 해석 원리를 심도 있게 살펴볼 것이다. 만일 응용이 주목적이라면, 12.3절에서 설명한 수치해를 기반으로 한 설계 과정으로 건너뛰어도 무방하다.

탄성유체 윤활(hydrodynamic lubrication)의 특징은 8.7.4절에서 소개하였다. 본 장에서 고려하는 베어링은 **유막 윤활**(fluid film lubrication), 즉 유막에 의한 윤활로 접촉면이 완전히 분리된 상태로 가정한다. 동압 베어링은 윤활유의 점성 효과와 베어링 운동으로 유막이 형성되며, 정압 베어링은 외부에서 높은 압력의 윤활유가 공급되어 유막이 형성된다. 또한 베어링은 정합 접촉면을 (8.3절 참조) 갖는 것으로 가정한다. 동압 및 정압 베어링의 세 가지 중요한 주제, 즉 탄성유체 윤활의 정의와 압착 유막 윤활, 정합 접촉면은 8.3절을 참조하며, 필요한 경우 8장의 많은 공식과 그림, 표들을 사용할 것이다.

동압 베어링은 문서로 기록된 역사 이전, 고대 이집트 사람들이 차량의 차축에 사용한 이후부터 사용되었으며, 유체 윤활 베어링은 경험적 지식에 의해 발전되어 왔다. 동압 베어링에 대한 이론과 기술에 대한 근대적 이해는 Tower(1883)가 윤활유의 압력을 측정하여 유막의 존재를 확인한 고전적 실험으로부터 시작되었다. 그리고 Petrov(1883)는 윤활유의 마찰 저항을 측정하여 유막의 존재를 확인하였다. 동압 베어링은 가압된 윤활유 유막이 충분히 두꺼워지면 마주보는 베어링 표면이 직접 접촉하지 않더라도 하중을 전달할 수 있다. Tower와 Petrov의 연구에 이어 Reynolds(1886)는 나비에-스토크스 방정식(Navier-Stokes equation)을 단순화하여 베어링 표면 사이의 좁은 틈새에서 발생하는 압력을 2계 미분 방정식으로 유도한 이론 논문을 발표하였다. 윤활유의 두꺼운 유막에서 발생하는 압력은 극히 적은 마찰 저항으로 표면 사이에서 하중이 전달될 수 있도록 하는데, 윤활유의 물리적 특성 중 동점성 계수(dynamic viscosity)가 접촉 거동에 크게 영향을 미친다.

동압 및 정압 윤활 특성이 근본적으로 중요하여 널리 연구되어 왔으며, 다양한 설계 변수들이 존재한다. 따라서 이 장에서는 동압 및 정압 베어링의 가장 중요한 요인들을 살펴보고, 설계 문제 해결에 유용한 틀을 제공한다. 이 장에서 설명하는 내용들은 정압 및 동압 베어링과 관련된 입문서이며, 보다 상세하고 구체적인 정보는 Hamrock et al. (2004) 또는 제조업체의 자료에서 확인할 수 있다.

12.2 레이놀즈 방정식

나비에-스토크스 방정식은 관성력과 체적력, 압력, 점성 항들을 포함하고 있으며, 대부분의 실제 문제에 대한 해석해를 구하는 과정은 매우 복잡하다. 그러나 유막 윤활 문제와 같이 유체의 관성력과 체적력을 무시할 수 있는 경우, 압력과 점성 항만 남는다.

레이놀즈 방정식(Reynolds equation)은 유막 윤활에서 압력 분포를 설명하는 미분 방정식으로 Reynolds(1886)가 처음 소개하였다. Reynolds가 저술한 논문에는 유막 윤활과 관련된 기본적인 미분 방정식뿐 아니라, 미분 방정식으로부터 구한 이론 예측값을 Tower(1883)가 소개한 실험 결과와 직접 비교한 설명도 있다.

12.2.1 레이놀즈 방정식 유도

다양한 방법으로 레이놀즈 방정식을 유도할 수 있지만, 본 장에서는 직접 유도하는 방법을 소개한다. 차수 분석을 사용하여 나비에-스토크스 방정식을 단순화하는, 즉 베어링의 특성을 확인하여 나비에-스토크스 방정식에서 중요하지 않은 항들을 무시하는 방법이다. 그리고 나비에-스토크스 방정식의 속도항을 연속방정식에 대입하는 단순화 과정으로 레이놀즈 방정식의 일반형을 구할 수 있다.

나비에-스토크스 방정식으로 유체 압력과 유동의 기하 형상, 점도, 속도 등을 상세하게 유도할 수 있지만, 베어링의 점성 유동에 국한하면 매우 간단하게 단순화할 수 있다. 차수 크기 분석으로 일반 나비에-스토크스 방정식을 상당히 줄일 수 있다. 만일 $h_{\min}$이 z방향 최소 유막 두께, l이 x방향(운동 방향) 길이, w_t는 y방향 폭이라 하면, 동압 및 정압 베어링에서 l과 w_t는 최소 유막 두께에 비해 크기가 (최소한 1000배 이상) 매우 크다. 따라서 $(h/l)^2$ 및 $(h/w_t)^2$, h/l, h/w_t 그리고 더 작은 값을 갖는 항들을 무시하면, 나비에-스토크스 방정식을 다음과 같이 단순화할 수 있다.

$$\frac{\partial p}{\partial x} = \frac{\partial}{\partial z}\left(\eta \frac{\partial u}{\partial z}\right), \tag{12.1}$$

$$\frac{\partial p}{\partial y} = \frac{\partial}{\partial z}\left(\eta \frac{\partial v}{\partial z}\right), \tag{12.2}$$

그리고

$$\frac{\partial p}{\partial z} = 0, \tag{12.3}$$

여기서,

η = 절대 점도 Pa-s

u = x방향 유체 속도 m/s

v = y방향 유체 속도 m/s

p = 압력 Pa

이다. 식 (12.3)은 압력이 일정한 것을 의미하는 것이 아니라, 유막 두께 구간에서 변하지 않음을 의미한다. 즉 압력은 x 및 y방향 또는 시간에 따라 변할 수 있다. 식 (12.1)과 (12.2)를 직접 적분하면 속도 구배에 관한 일반식을 얻을 수 있다.

$$\frac{\partial u}{\partial z} = \frac{z}{\eta}\frac{\partial p}{\partial x} + \frac{C_1}{\eta}, \tag{12.4}$$

$$\frac{\partial v}{\partial z} = \frac{z}{\eta}\frac{\partial p}{\partial y} + \frac{C_3}{\eta}, \tag{12.5}$$

여기서 C_1과 C_3는 적분 상수이다.

베어링 문제에서 간혹 발생하는 온도 변동으로 인해, 얇은 유막 (z방향)에 걸쳐 윤활유 점도가 상당히 달라질 수 있다. 이 경우, 단순한 레이놀즈 방정식을 유도하는 것은 상당히 복잡하다. 그러나 대부분의 유막 두께에 적용할 수 있는 방정식은 절대 점도 η를 유막 두께에 걸친 평균 점도로 취급하여 유도할 수 있다. 이러한 접근은 x 및 y방향에서의 점도 변화를 제한하지는 않는다.

η가 유막 두께에 걸쳐 평균 점도를 의미하면, 식 (12.4)와 식 (12.5)를 적분하여 속도 성분을 구할 수 있다.

$$u = \frac{z^2}{2\eta}\frac{\partial p}{\partial x} + C_1\frac{z}{\eta} + C_2 \tag{12.6}$$

$$v = \frac{z^2}{2\eta}\frac{\partial p}{\partial y} + C_3\frac{z}{\eta} + C_4. \tag{12.7}$$

만일 윤활유와 베어링 금속 표면 접촉면에서 미끄러짐이 없다고 가정하면, 경계에서 속도는 다음과 같다.

1. $z = 0$(즉, 하단 접촉면)에서, $u = u_b$ 및 $v = v_b$
2. $z = h$(즉, 상단 접촉면)에서, $u = u_a$ 및 $v = v_a$

아래 첨자 a 및 b는 각각 상단 및 하단 접촉면을 의미한다. 따라서 u_a, v_a, w_a는 상단 접촉면에서 x, y, z방향의 속도 성분이며, u_b, v_b, w_b는 하단 접촉면에서의 속도 성분이다.

식 (12.6)과 (12.7)에 경계 조건을 대입하면, 속도 성분은 다음과 같다.

$$u = -z\left(\frac{h-z}{2\eta}\right)\frac{\partial p}{\partial x} + \frac{u_b(h-z)}{h} + \frac{u_a z}{h} \tag{12.8}$$

$$v = -z\left(\frac{h-z}{2\eta}\right)\frac{\partial p}{\partial y} + \frac{v_b(h-z)}{h} + \frac{v_a z}{h}. \tag{12.9}$$

x 및 y방향 단위 폭당 체적 유동률(volume flow rate)을 다음과 같이 정의한다.

$$q'_x = \int_0^h u\,dz, \tag{12.10}$$

$$q'_y = \int_0^h v\,dz. \tag{12.11}$$

식 (12.8) 및 (12.9)를 식 (12.10) 및 식 (12.11)에 대입하여 정리하면 다음과 같다.

$$q'_x = -\frac{h^3}{12\eta}\frac{\partial p}{\partial x} + \frac{h(u_a+u_b)}{2}, \tag{12.12}$$

$$q'_y = -\frac{h^3}{12\eta}\frac{\partial p}{\partial y} + \frac{h(v_a+v_b)}{2}. \tag{12.13}$$

위 식의 오른쪽 첫 번째 항은 압력 유동(pressure flow)을, 두 번째 항은 속도 유동(velocity flow)을 의미한다. 그리고 레이놀즈 방정식의 압력항 및 속도항은 각각 **푸아죄유**(Poiseuille) 항 및 **쿠에트**(Couette) 항이라고도 한다.

연속방정식을 다음과 같이 표현할 수 있는데,

$$\frac{\partial\rho}{\partial t} + \frac{\partial}{\partial x}(\rho u) + \frac{\partial}{\partial y}(\rho v) + \frac{\partial}{\partial z}(\rho w) = 0, \tag{12.14}$$

ρ는 밀도, w는 압착 속도(squeeze velocity)이다. 식 (12.14)에서 밀도 ρ와 식 (12.8) 및 식 (12.9)에서의 절대 점도는 x 및 y의 함수이며, z의 함수는 아니다. 따라서 식 (12.14)는 다음과 같이 적분 형식으로 표현하는 것이 편리하다.

$$\int_0^h \left[\frac{\partial\rho}{\partial t} + \frac{\partial}{\partial x}(\rho u) + \frac{\partial}{\partial y}(\rho v) + \frac{\partial}{\partial z}(\rho w)\right] dz = 0. \tag{12.15}$$

적분에 대한 일반 규식에 의하면

$$\int_0^h \frac{\partial}{\partial x}[f(x,y,z)]\,dz = -f(x,y,h)\frac{\partial h}{\partial x} + \frac{\partial}{\partial x}\left[\int_0^h f(x,y,z)\,dz\right] \tag{12.16}$$

이 된다. 따라서 식 (12.15)의 u 성분은

$$\begin{aligned}\int_0^h \frac{\partial}{\partial x}(\rho u)\,dz &= -(\rho u)_{z=h}\frac{\partial h}{\partial x} + \frac{\partial}{\partial x}\left(\int_0^h \rho u\,dz\right)\\ &= -\rho u_a\frac{\partial h}{\partial x} + \frac{\partial}{\partial x}\left(\rho\int_0^h u\,dz\right)\end{aligned} \tag{12.17}$$

이 되며, v 성분은 다음과 같다.

$$\int_0^h \frac{\partial}{\partial y}(\rho v)\,dz = -\rho v_a\frac{\partial h}{\partial y} + \frac{\partial}{\partial y}\left(\rho\int_0^h v\,dz\right). \tag{12.18}$$

w 성분은 직접 적분하면

$$\int_0^h \frac{\partial}{\partial z}(\rho w)\,dz = \rho(w_a - w_b). \tag{12.19}$$

이 되므로, 식 (12.17)~(12.19)를 식 (12.15)에 대입하면, 적분 연속 방정식은

$$\begin{aligned}0 \;=\; & h\frac{\partial\rho}{\partial t} - \rho u_a\frac{\partial h}{\partial x} + \frac{\partial}{\partial x}\left(\rho\int_0^h u\,dz\right)\\ & -\rho v_a\frac{\partial h}{\partial y} + \frac{\partial}{\partial y}\left(\rho\int_0^h v\,dz\right) + \rho(w_a - w_b)\end{aligned} \tag{12.20}$$

이 된다. 이 식에서 적분은 식 (12.12) 및 식 (12.13)으로 주어지는 단위 폭당 체적 유동(q'_z 및 q'_y)을 의미한다. 식 (12.20)에 유동률 표현을 대입하면, 다음과 같은 일반 레이놀즈 방정식을 얻는다.

$$\begin{aligned}0 \;=\; & \frac{\partial}{\partial x}\left(-\frac{\rho h^3}{12\eta}\frac{\partial p}{\partial x}\right) + \frac{\partial}{\partial y}\left(-\frac{\rho h^3}{12\eta}\frac{\partial p}{\partial y}\right)\\ & +\frac{\partial}{\partial x}\left[\frac{\rho h(u_a+u_b)}{2}\right] + \frac{\partial}{\partial y}\left[\frac{\rho h(v_a+v_b)}{2}\right]\\ & +\rho(w_a - w_b) - \rho u_a\frac{\partial h}{\partial x} - \rho v_a\frac{\partial h}{\partial y} + h\frac{\partial\rho}{\partial t}.\end{aligned} \tag{12.21}$$

예제 12.1

피스톤 펌프 주위의 윤활유 누설

조건 피스톤 링이 없는 피스톤 펌프가 압력차 20 MPa에서 점도 0.143 Pa-s의 오일을 퍼 올리고 있다. 피스톤은 실린더 내에서 동심을 유지하고 움직이므로 반지름 방향 틈새는 일정하다. 피스톤은 지름이 100 mm, 길이는 80 mm, 반지름 방향 틈새는 50 μm이며, 피스톤은 0.2 m/s의 속도로 움직인다.

문제 다음 조건에서 피스톤을 지나는 누설량을 결정하라.

(a) 피스톤이 오일을 퍼 올릴 때(펌프와 같이)
(b) 오일이 피스톤을 구동할 때(유압 실린더와 같이)

풀이 압력 구배(pressure gradient)는

$$\frac{\partial p}{\partial x} = \frac{\Delta p}{\Delta x} = \frac{20 \times 10^6}{0.080} = 2.5 \times 10^8 \text{ N/m}^3.$$

(a) 피스톤이 오일을 퍼 올릴 때, 피스톤은 실린더 벽 압력이 높은 위치에서 낮은 방향으로 이동한다. 식 (12.12)로부터 압력 유량 및 속도 유량은 다음과 같다.

$$\begin{aligned} q &= \pi d q'_x = \pi d\left[\frac{h^3}{12\eta}\frac{\partial p}{\partial x} + \frac{h(u_a+u_b)}{2}\right] \\ &= \pi(0.100) \\ &\quad \times\left[\frac{(50\times10^{-6})^3(2.5\times10^8)}{(12)(0.143)} + \frac{(50\times10^{-6})(0.2)}{2}\right] \\ &= 7.292\times10^{-6}\ \text{m}^3/\text{s}. \end{aligned}$$

(b) 오일이 피스톤을 구동할 때, 압력 유량은 운동과 반대 방향이다.

$$\begin{aligned} q &= \pi d\left[\frac{h^3}{12\eta}\frac{dp}{dx} - \frac{h(u_a+u_b)}{2}\right] \\ &= \pi(0.100) \\ &\quad \times\left[\frac{(50\times10^{-6})^3(2.5\times10^8)}{12(0.143)} - \frac{(50\times10^{-6})(0.2)}{2}\right] \\ &= 4.150\times10^{-6}\ \text{m}^3/\text{s}. \end{aligned}$$

따라서 피스톤이 오일을 퍼 올릴 때 누설량은 7.292 cm^3/s이며, 오일이 피스톤을 구동할 때 누설량은 4.150 cm^3/s이다. 그러므로 실린더 벽 운동은 오일을 높은 압력 영역으로 끌어당긴다.

12.2.2 레이놀즈 방정식 항들의 물리적 중요성

식 (12.21)의 레이놀즈 방정식은 연속 방정식과 3개의 나비에-스토크스 방정식을 크게 단순화한 것이다. 그러나 식 (12.21)의 레이놀즈 방정식은 복잡하여 특정한 응용에 쉽게 사용하기 어렵다. 레이놀즈 방정식의 각 항은 경우에 따라 중요할 수 있으며, 논의를 명확하게 하기 위하여 정식 명칭이 주어져 있다. 식 (12.21)의 첫 두 항은 푸아죄유 항이며, 윤활 영역 내에서 압력 구배로 인한 순 유동률(net flow rate)을 의미한다. 세 번째 및 네 번째 항은 쿠에트 항으로 표면 속도로 인한 순 유입 유동률(net entraining flow rate)을 말한다. 다섯 번째에서 일곱 번째까지 항들은 압착 운동으로 인한 순 유동률을 말하며, 마지막 항은 국부 팽창으로 인한 순 유동률을 의미한다. x 방향은 미끄러짐 운동 방향으로 정의하며, y 방향 유동은 *측면 누설*(side leakage)을 나타낸다. 매우 넓은 베어링에서는 측면 누설을 무시할 수 있다. 따라서 식 (12.21)에서 측면 누설 항들($\partial/\partial y$)을 제거하고 유동, 즉 베어링의 작동을 고려하여도 일반성이 유지된다. 1 자유도 레이놀즈 방정식을 적절한 명칭을 부여하여 표현하면 다음과 같다.

$$\underbrace{\frac{\partial}{\partial x}\left(\frac{\rho h^3}{12\eta}\frac{\partial p}{\partial x}\right)}_{\text{푸아죄유}} = \underbrace{\rho\left(w_a - w_b - u_a\frac{\partial h}{\partial x}\right)}_{\text{압착}} + \underbrace{h\frac{\partial \rho}{\partial t}}_{\text{국부 팽창}} + \overbrace{\underbrace{\frac{\partial}{\partial x}\left[\frac{\rho h(u_a+u_b)}{2}\right]}_{\text{쿠에트}}}^{\underbrace{\frac{h(u_a+u_b)}{2}\frac{\partial \rho}{\partial x}}_{\text{밀도 쐐기}} \;\; \underbrace{\frac{\rho h}{2}\frac{\partial}{\partial x}(u_a+u_b)}_{\text{신축}} \;\; \underbrace{\frac{\rho(u_a+u_b)}{2}\frac{\partial h}{\partial x}}_{\text{물리적 쐐기}}} \tag{12.22}$$

식 (12.22)에서 볼 수 있는 바와 같이, 쿠에트 항은 세 가지 뚜렷한 작동으로 이어진다. 레이놀즈 방정식의 각 항들의 물리적 중요성을 상세히 살펴보면 다음과 같다.

밀도 쐐기 항, $\boldsymbol{\frac{h(u_a+u_b)}{2}\frac{\partial \rho}{\partial x}}$

레이놀즈 방정식에서 밀도 쐐기(wedge) 및 푸아죄유 항을 제외하고 다른 항들은 없는 베어링을 고려해 보자. 그림 12.1이 이러한 경우이며, 정지한 베어링 패드가 마주보고 움직이는 표면과 평행한 경우이다. 이 베어링에 대한 레이놀즈 방정식의 남은 항들은 다음과 같다.

$$\frac{\partial}{\partial x}\left(\frac{\rho h^3}{12\eta}\frac{\partial p}{\partial x}\right) = \frac{h(u_a+u_b)}{2}\frac{\partial \rho}{\partial x}.$$

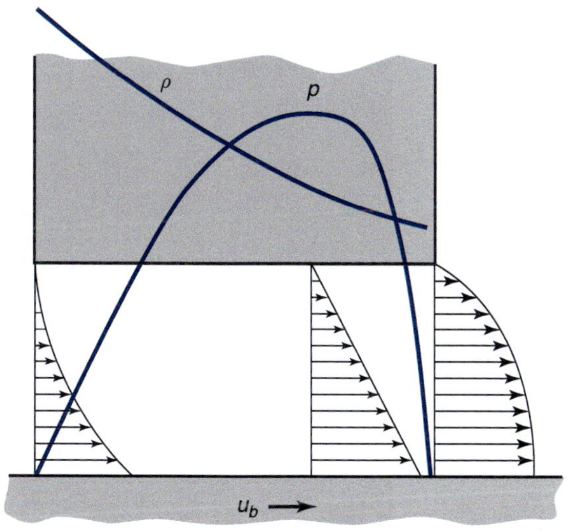

그림 12.1: 밀도 쐐기 메커니즘.

적분을 하고 압력에 대해 풀면, 그림 12.1과 같은 분포를 얻는다.

그림 12.1로부터 양의 압력이 발생하려면, 밀도는 미끄러지는 방향으로 감소해야 한다. 이 효과는 윤활유가 베어링 사이로 흐를 때 윤활유 온도를 높여 얻을 수 있다. 이론적으로는 가능하지만, 이러한 효과가 뚜렷하게 나타날 정도로 큰 열량은 일반적으로 존재하지 않는다. 따라서 밀도 쐐기 메커니즘은 대부분의 베어링에서 중요하지 않다.

또한 그림 12.1에서 볼 수 있는 속도 분포를 주목해 보면, 윤활유 점도가 미끄러지는 방향에서 감소하고 점착(no slip) 경계 조건이 유지되면, 질량 연속을 만족해야 하므로 속도 분포는 그림과 같이 베어링 길이를 따라 변해야 한다.

신축 항, $\dfrac{\rho h}{2}\dfrac{\partial(u_a+u_b)}{\partial x}$

밀도 쐐기에서 논의한 바와 같이 그림 12.2는 레이놀즈 방정식에서 신축(stretch) 항 및 푸아죄유 항만 남는 조건을 보여준다. 즉,

$$\frac{\partial}{\partial x}\left(\frac{\rho h^3}{12\eta}\frac{\partial p}{\partial x}\right)=\frac{\rho h}{2}\frac{\partial}{\partial x}(u_a+u_b).$$

신축 거동은 미끄러지는 방향에서 표면 속도가 변하는 비율에 관한 것이다. 이 효과는 윤활유의 결합 고형물(bounding solid)이 탄성을 가지고 있을 때 발생하며, 발생 정도는 베어링을 따라 변한다. 양의 압력이 발생하려면, 그림 12.2와 같이 표면 속도는 미끄러지는 방향으로 감소해야 한다. 신축 거동은 전통적인 베어링에서 볼 수 없지만, 공정 중에 공작물의 속도가 증가하는 압연, 압출 등의 금속 가공 공정에서 윤활유 유막을 분리시키는 원인이 될 수 있다.

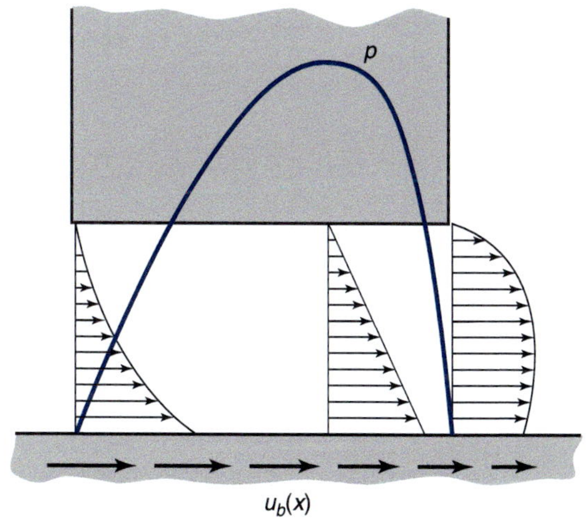

그림 12.2: 신축 메커니즘.

물리적 쐐기 항, $\dfrac{\rho(u_a+u_b)}{2}\dfrac{\partial h}{\partial x}$

물리적 쐐기 거동은 베어링에서 매우 중요하며, 압력을 발생시키는 메커니즘으로 가장 잘 알려져 있다. 그림 12.3은 정지해 있는 베어링 패드와 평면 슬라이더(slider)에 대한 물리적

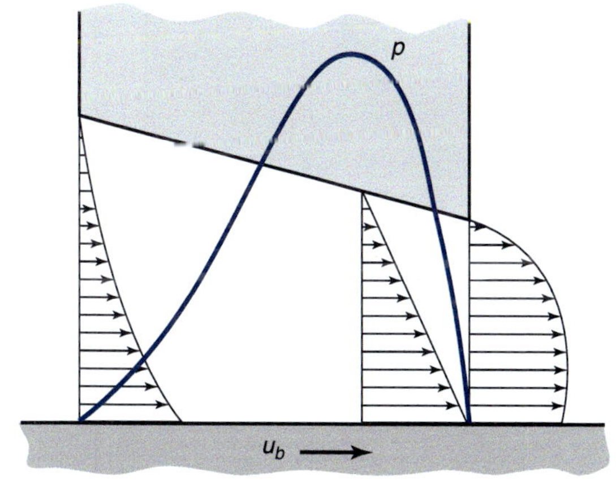

그림 12.3: 물리적 쐐기 메커니즘.

쐐기 거동을 설명한다. 이러한 형식의 베어링에 대한 레이놀즈 방정식은 다음과 같다.

$$\frac{\partial}{\partial x}\left(\frac{\rho h^3}{12\eta}\frac{\partial p}{\partial x}\right) = \frac{\rho u_b}{2}\frac{\partial h}{\partial x}.$$

양의 부하 용량(load-carrying capacity)을 위해서는 윤활유 유막 두께가 미끄러지는 방향으로 감소해야 한다. 이는 꽤 흔한 현상으로 위 식은 많은 베어링 치수를 해석하는 시작점이 된다.

베어링의 속도 분포를 고려해 보자. 앞서 고려한 세 절에서 쿠에트 유동률은 높이가 h, 밑변이 u인 삼각형 면적에 비례한다. 높이 h가 베어링을 따라 변하므로, 각 단면의 쿠에트 유동률은 달라지며 유동 연속성은 그림에 보인 분포를 얻을 수 있을 때만 달성될 수 있다. 이는 사실상 푸아죄유 유동의 중첩이다.

수직 압착 항, $\rho(w_a - w_b)$

수직 압착 항은 그림 12.4와 같이 두 표면이 서로 마주보고 접근할 때 발생한다. 이러한 상황에 대한 레이놀즈 방정식은 다음과 같다.

$$\frac{\partial}{\partial x}\left(\frac{\rho h^3}{12\eta}\frac{\partial p}{\partial x}\right) = \rho(w_a - w_b).$$

수직 압착 거동은 베어링 표면이 서로 눌려질 때, 유용한 완충 효과(cushion effect)를 제공한다. 유막 두께가 감소하면, 양의 압력이 발생한다. 물리적 쐐기 및 수직 압착 거동은 동압, 즉 자동(self-acting) 유막 베어링에서 압력을 발생시키는 주요한 두 가지 메커니즘이다. 미끄러짐이 없으면, 압착 효과는 그림 12.4와 같이 수직 속도 $(w_a - w_b)$의 차이로부터 직접 얻어진다. 수직 압착 효과는 자동차 엔진의 메인 피스톤 베어링이나 인공 관절 등에서 중요하다.

병진 운동 압착 항, $-\rho u_a \dfrac{\partial h}{\partial x}$

병진 운동 압착 거동은 경사 표면의 운동으로부터 얻어진다. 국부 유막 두께는 그림 12.5와 같이 경사 베어링 표면의 미끄러짐으로 줄어들 수 있다. 만일 낮은 쪽의 표면이 움직이지 않으면($u_b = 0$), 레이놀즈 방정식은 다음과 같다.

$$\frac{\partial}{\partial x}\left(\frac{\rho h^3}{12\eta}\frac{\partial p}{\partial x}\right) = -\rho u_a\frac{\partial h}{\partial x}.$$

이 경우, 임의의 고정점에서 압력은 시간 함수로 표현되며, 압력 분포는 고정 좌표계가 만족하는 공간으로 이동한다. 병진 운동 압착과 물리적 쐐기는 종종 혼동되기도 하는데, 둘 다 베어링 내에 존재할 수 있다. 물리적 쐐기 메커니즘은 유막 두께를 발생시키는 유용한 방법이며, 병진 운동 압착 항을 보정항으로 생각할 수도 있다. 예를 들면, 그림 12.5의 베어링에서 $u_a = u_b = u$인 경우 레이놀즈 방정식은 다음과 같다.

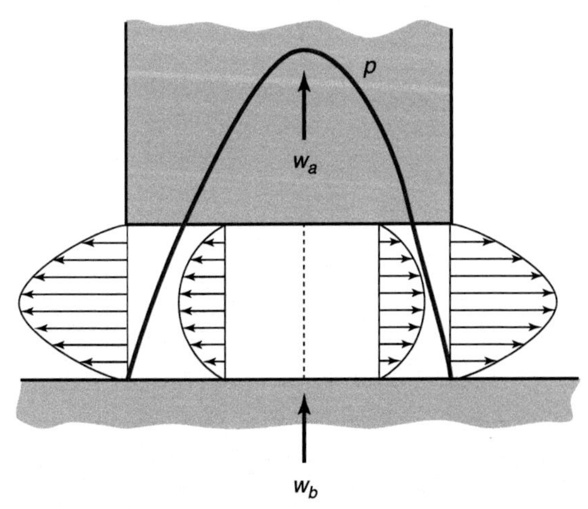

그림 12.4: 수직 압착 메커니즘.

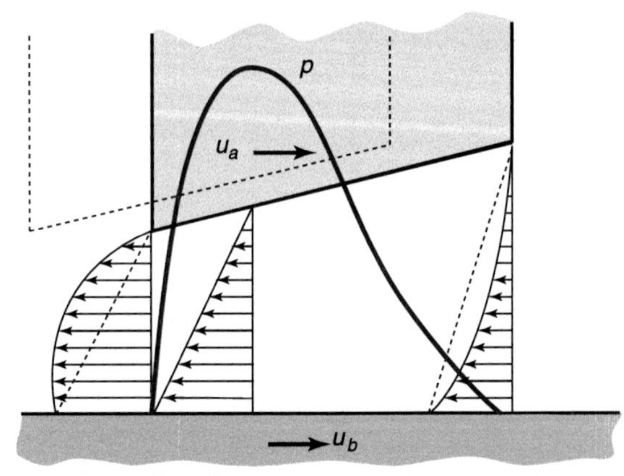

그림 12.5: 병진 운동 압착 메커니즘. 속도 u_b가 음이면, 압력은 양인 점에 주목한다.

$$\frac{\partial}{\partial x}\left(\frac{\rho h^3}{12\eta}\frac{\partial p}{\partial x}\right) = \frac{\rho(u+u)}{2}\frac{\partial h}{\partial x} - \rho u\frac{\partial h}{\partial x} = 0.$$

경계 조건을 적용하면, 베어링 전체에서 '0'의 압력이 얻어진다. 이는 직관적으로도 알 수 있듯이, 베어링이 단순히 병진하면 유막이 발생하지 않음을 의미한다.

국부 팽창 항, $h\frac{\partial \rho}{\partial t}$

국부 밀도의 시간에 따른 변동률은 보통 윤활유 온도 상승에 기인하는데, 이는 국부 팽창 항을 지배한다. 압력 발생 메커니즘은 그림 12.6과 같이 정적인 베어링 표면 사이에 존재하는 윤활유의 온도 상승을 고려하여 구체화할 수 있다. 이러한 경우에 대한 레이놀즈 방정식은 다음과 같다.

$$\frac{\partial}{\partial x}\left(\frac{\rho h^3}{12\eta}\frac{\partial p}{\partial x}\right) = h\frac{\partial \rho}{\partial t}.$$

윤활유에 열이 가해지면, 팽창한 초과 체적은 베어링 표면 사이 공간 외부로 배출되어야 할 것이다. 표면 속도가 없으면, 윤활유의 초과 체적은 압력 (푸아죄유) 유동 작용으로 배출되어야 한다. 따라서 윤활유 내에서 압력이 발생하여야 하며, 양의 부하 용량을 위해서는 $\partial\rho/\partial t$가 음이어야 한다(즉, 주어진 윤활유 질량의 체적이 증가하여야 한다). 국부 팽창은 압력 발생의 과도 메커니즘으로 일반적으로 베어링 해석에서 중요하지 않지만, 고체 또는 액체의 증발에 의한 윤활과 같은 현상을 설명할 수 있다

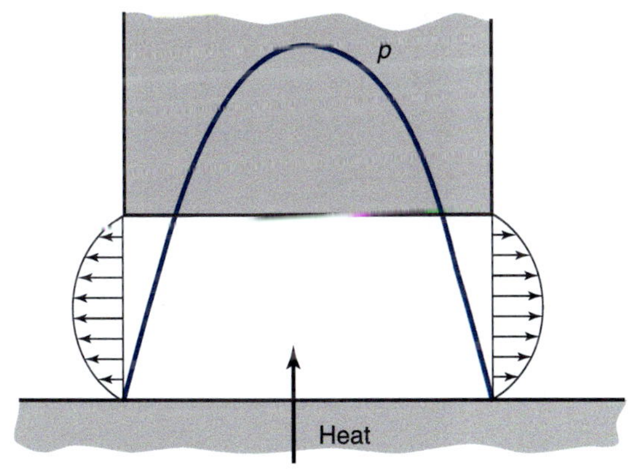

그림 12.6: 국부 팽창 메커니즘.

12.2.3 표준 축약 식

접선 운동만 있는 경우, 즉 $w_a = u_a\partial h/\partial x$ 및 $w_b = 0$인 경우, 식 (12.21)의 레이놀즈 방정식은 다음 식으로 간략화할 수 있다.

$$\frac{\partial}{\partial x}\left(\frac{\rho h^3}{\eta}\frac{\partial p}{\partial x}\right) + \frac{\partial}{\partial y}\left(\frac{\rho h^3}{\eta}\frac{\partial p}{\partial y}\right) = 12\bar{u}\frac{\partial(\rho h)}{\partial x}, \quad (12.23)$$

여기서

$$\bar{u} = \frac{u_a + u_b}{2} = \text{상수}$$

이다. 이 방정식은 탄성유체 윤활에 적용 가능하다. 탄성유체 윤활인 경우, 유체 특성(밀도 및 점도)은 베어링 전체에서 크게 변하지 않으므로 일정하다고 고려할 수 있다. 따라서 레이놀즈 방정식은 다음과 같다.

$$\frac{\partial}{\partial x}\left(h^3\frac{\partial p}{\partial x}\right) + \frac{\partial}{\partial y}\left(h^3\frac{\partial p}{\partial y}\right) = 12\bar{u}\eta_o\frac{\partial h}{\partial x}. \quad (12.24)$$

식 (12.23)은 유체의 특성이 x 및 y방향으로 변하는 것 뿐 아니라, 베어링 표면의 길이가 y방향으로 유한한 것도 허용한다. 측면 누설, 즉 y방향 유동은 식 (12.23) 및 식 (12.24)의 두 번째 항과 관련이 있다. 윤활유 유막의 압력이 x 및 y의 함수이면, 식 (12.23)은 해석적으로 풀기 어렵다.

12.3 스러스트 슬라이더 베어링

스러스트 베어링(thrust bearing, 그림 12.9)의 표면은 회전축에 직각이다. 탄성유체 윤활 슬라이더(slider) 베어링은 유막에 의해 분리된 두 접촉면의 상대 운동으로 부하 용량이 얻어진다. 슬라이더 베어링은 12.2.2절에서 제시한 물리적 쐐기 메커니즘에 의해 양의 압력이 만들어지는 것으로 생각할 수 있다. 이 절에서는 스러스트 슬라이더 베어링을 고려하고, 저널 슬라이더 베어링은 12.4절에서 고려한다. 유막 윤활이 일어나는 베어링에서 발생하는 현상은 압력이 발생하는 메커니즘을 양적으로 고려해야 쉽게 이해할 수 있다.

12.3.1 압력 발생 메커니즘

동압 베어링에서 하중을 지지하는 압력이 발생하는 과정은 순수한 물리적 관점에서 압력이 발생하기 위해 필요한 기하 조건 및 운동 조건을 고려하여 이해할 수 있다. 물리적 상황을 이해하면, 탄성유체 윤활 계산이 훨씬 더 큰 의미를 갖게 된다. 단순히 유동의 연속을 유지하기 위한 조건들을 고려함으로써 본 장의 뒷부분에서 다룰 많은 수학 공식들을 추론할 수 있다.

그림 12.7은 일정한 윤활유 유막으로 분리되는 두 평면의 속도 분포이다. 평면이 충분히 넓어서 측면 누설 흐름(교재면 안과 밖으로)은 무시할 수 있다. 위 평면은 속도 u_a로 움직이고, 아래 평면은 정지해 있다. 표면은 점착이 유지되는, 즉 윤활유가 표면에 '들러붙어' 있는, 그림과 같은 속도 분포가 발생한다. 속도는 AB면에서 0이고 A′B′ 면에서 u_a로 일정하게 변하므로, 전단 변형률 du/dz는 유막 전체에 걸쳐 일정하다. 연속 및 비압축성으로부터 단위 시간당 단면 AA′를 흐르는 유체 체적이 단면 BB′를 흐르는 체적과 같아야 한다. 두 경계면 사이의 유량은 오로지 속도 구배로 발생하고 구배는 일정하므로, 유동 연속 조건은 유막 내에서 압력 증가 없이 충족된다. 윤활유 유막이 하중을 지지하는 능력은 유막에서 발생하는 압력에 의존하므로, 평행면의 슬라이더 베어링은 하중을 지지할 수 없다. 만일 AB면에 하중이 작용하면, 윤활유가 압착되어 나오고 베어링은 경계 윤활 조건, 즉 하중이 표면의 울퉁불퉁함에 의해 직접 전달되는 조건(8.7.2절 참조)에서 작동하게 된다.

그림 12.8a와 같이 두 개의 평행하지 않은 평면을 고려하자. 평면은 운동에 수직인 방향으로 넓으며, 이 (옆) 방향으로 윤활유의 흐름은 무시할 만큼 작다. A′B′ 면이 단면 AA′를 통해 AB면 및 A′B′ 면 사이 공간을 흐르는 단위 시간당 윤활유 체적은 삼각형 AC′A′ 면적이다. 동일한 시간 동안 단면 BB′를 통한 공간으로부터 배출되는 윤활유 체적은 삼각형 BD′B′의 면적이다. AA′ 거리가 BB′ 거리보다 더 크기 때문에 AC′A′ 체적은 BD′B′ 체적보다 AEC′만큼 더 크다. 연속성으로부터 공간에 유입되는 윤활유의 실제 체적은 배출되는 체적과 같아야 한다.

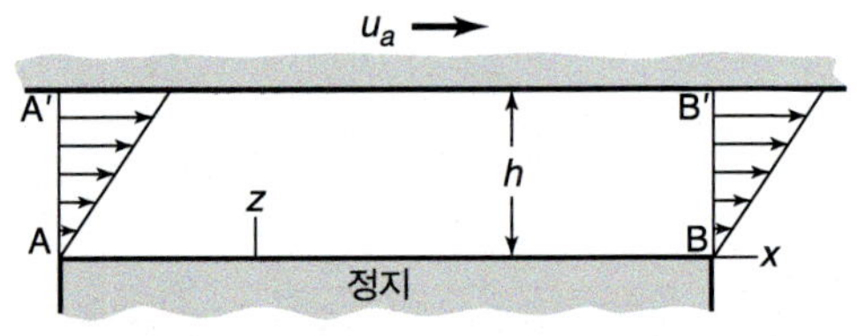

그림 12.7: 평행면 슬라이더 베어링의 속도 분포.

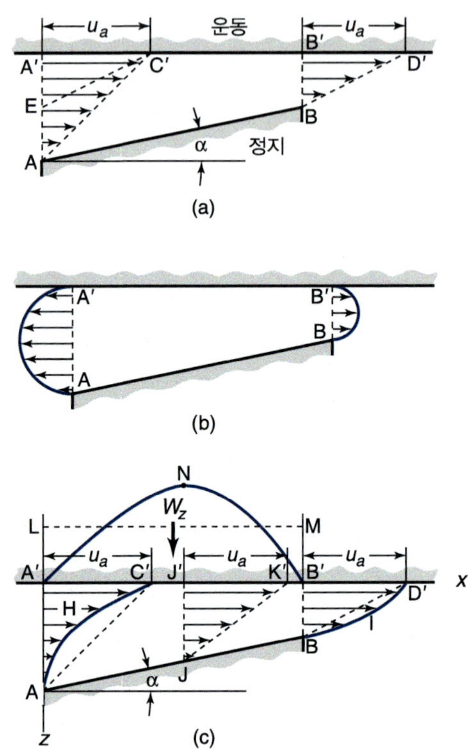

그림 12.8: 고정경사면 슬라이더 베어링 내 유동. (a) 쿠에트 유동, (b) 푸아죄유 유동, (c) 결과 속도 분포.

연속 조건이 만족될 때까지, 윤활유 유막에는 압력이 증가될 것이라고 추정할 수 있다. 그림 12.8b는 푸아죄유 유동에 의한 속도 분포이다. 유동은 항상 압력이 높은 곳에서 낮은 곳으로 발생하므로, 베어링의 앞 선단과 뒷 선단으로부터 바깥 방향으로 향한다. 경계 AA′에서 압력 유동은 속도 유동과 반대 방향이며, BB′에서 압력 유동은 속도 유동과 같은 방향이다.

그림 12.8c는 쿠에트 유동과 푸아죄유 유동을 중첩한 결과이다. 이 방법으로 얻은 속도 분포 곡선 형태는 단면 AA′

를 흐르는 유동률은 단면 BB′를 흐르는 유동률과 같아야 하는 조건을 만족해야 한다. 따라서 AHC′A′ 면적은 BID′B′ 면적과 같아야 한다. 단면 AA′에서 곧은 점선 AC′와 곡선 AHC′ 사이의 면적 그리고 점선 BD′와 곡선 BID′ 사이의 면적은 이 면적들을 통과하는 압력에 기인한 유동을 나타낸다.

압력은 단면 AA′와 BB′ 사이에 위치한 단면 JJ′에서 최대이다. 단면 JJ′에서는 압력 구배가 '0'이기 때문에 푸아죄유 유동 분포가 영향을 미치지 못하므로 쿠에트 유동만 있다. 삼각형 JK′J′의 면적이 AHC′A′ 및 BID′B′의 면적과 같으므로 유동 연속성이 만족된다.

12.3.2 스러스트 슬라이더 베어링 일반 이론

베어링의 실제 형상에 대해 12.2절에서 설명한 레이놀즈 방정식의 해는 일반적으로 근사 수치 형태로 얻으며, 해석해는 아주 단순한 형태의 베어링에서만 가능하다. 그러나 2차원 (예를 들면, x-z 평면) 유동으로 제한하면, 많은 일반적인 베어링에 대한 해석해를 구할 수 있다. 이러한 해의 정량적인 가치는 제한적이다. 그 이유는 공간적 제약으로 베어링 폭을 제한하기 때문이며, **측면 누설**(side leakage)로 알려진 3차원 유동은 베어링 성능에 중요한 역할을 한다. 2차원 해는 베어링의 일반적인 특성에 대한 좋은 정보를 제공하며, 이 정보로부터 확실한 물리적 형상 및 성능에 대한 직관을 얻을 수 있다. 본 교재의 주 관심사는 설계이므로 이 주제는 간단히 검토할 것이며, 보다 상세한 내용은 Hamrock et al. (2004)을 참조하면 된다. 간단한 논의에 이어 이 장의 나머지 부분은 유한 폭의 베어링에 사용되는 적절한 공식 및 수치해와 그 결과로 얻어지는 유용한 설계 차트를 제시할 것이다.

측면 누설 효과를 이 절의 결과에서 고려할 것이지만, 윤활유의 점도 및 밀도에서 압력 및 온도가 미치는 효과를 무시하는 단순화가 필요하다. 특히 윤활유 점도는 온도에 (표 8.6 및 그림 8.13 참조) 민감하여 동압 베어링에서 발생하는 열은 빈번하게 고려되므로, 단순화 과정에서 도입된 한계가 분명히 있다. **단열 가정**(adiabatic assumption), 즉 점성 전단으로 발생하는 전체 열을 윤활유가 흡수한다고 가정하면, 유막 내의 온도 상승을 계산할 수 있다. 따라서 동압 베어링의 온도 상승을 설명할 수 있으며, 타당한 결과도 얻을 수 있다. 보다 가혹한 윤활 조건이 요구되는 구름 베어링(13장)에서는 이러한 접근 방법을 사용하기 곤란하다.

유한 폭 베어링은 물리적 쐐기 메커니즘으로(12.2.2절 참조) 윤활유 유막 내에서 발생하는 동압 압력을 가지고 있으며, y방향으로 유동이 일부 발생한다. 베어링 내에서 생성되는 열을 윤활유가 흡수한다고 가정하면, 점도 및 밀도가 x-y 평면 내에서는 일정한 것으로 간주할 수 있다. 위 표면에서 속도가 '0'($u_a = 0$)일 때, 식 (12.24)의 적절한 레이놀즈 방정식은 다음과 같다.

$$\frac{\partial}{\partial x}\left(h^3\frac{\partial p}{\partial x}\right)+\frac{\partial}{\partial y}\left(h^3\frac{\partial p}{\partial y}\right)=6\eta_o u_b\frac{\partial h}{\partial x}. \tag{12.25}$$

따라서 특별한 유막 형상 $h(x, y)$에 대해 베어링 내 압력은 수치 계산으로 구할 수 있다. 레이놀즈 방정식으로부터 압력을 알고, x-y 평면에 대해 적분하면 부하 용량을 얻을 수 있다.

12.3.3 측면 누설을 무시한 동압 스러스트 베어링

회전 기계류는 일반적으로 회전축 방향으로 하중을 지지하는 부품을 가지고 있다. 이러한 스러스트 하중은 종종 그림 12.9에 보인 형상을 갖는 자동(self-acting) 동압 베어링에 의해 지지된다. 회전축에 조립되거나 회전축과 일체인 스러스트 평판은 윤활유 유막에 의해 부채형 베어링 패드와 격리되어 있다. 베어링의 부하 용량은 전적으로 베어링 패드 위의 스러스트 평판의 형상에 의해 발생하는 압력으로 얻어진다. 운동 방향인 x 방향은 그림 12.9와 같이 평균 호 AA′이다. 횡단 방향, 즉 측면 누설 방향은 호 AA′에 수직이다. 모든 패드는 동일하며 깊게 패인 윤활유 홈에 의해 분리되어 있고, 대기 압력, 즉 주위 압력은 패드 주위에만 존재하는 것으로 간주한다. 따라서 전체 스러스트 부하 용량은 각 패드의 부하 용량에 패드 개수를 곱하면 간단히 얻어진다.

본 절은 3종류의 슬라이더 베어링, 즉 평행면 슬라이더, 고정경사면(fixed-incline) 슬라이더, 평행 계단(step) 슬라이더에 대해 측면 누설을 무시하고 고찰한다. 이 세 슬라이더 베어링에서는 그림 12.9의 호 AA′를 따라 각각 다른 유막 형상이 만들어진다.

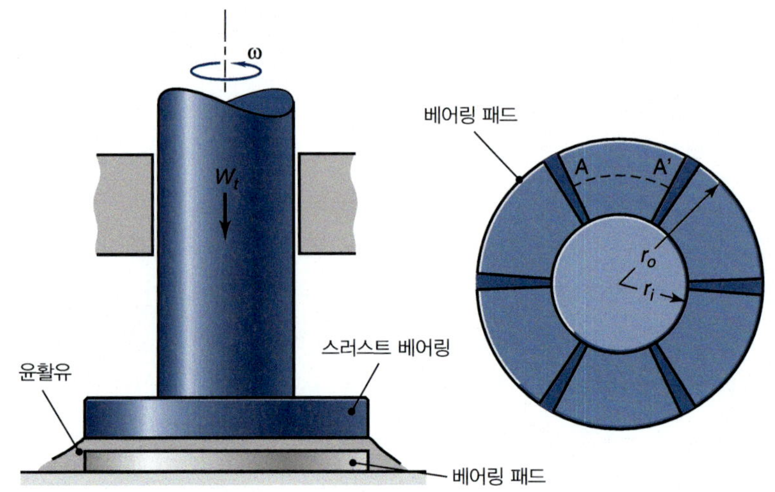

그림 12.9: 스러스트 슬라이더 베어링 형상.

만일 측면 누설을 무시할 수 있으면, 식 (12.25)는 다음과 같이 간략화할 수 있다.

$$\frac{\partial}{\partial x}\left(h^3\frac{\partial p}{\partial x}\right) = 6\eta_o u_b \frac{\partial h}{\partial x}. \tag{12.26}$$

이 식은 3종류의 슬라이더 베어링에 대한 레이놀즈 방정식이다.

평행면 슬라이더 베어링

평행면 슬라이더 베어링의 유막 두께는 그림 12.9의 호 길이 AA′를 따라 일정하다. 따라서 식 (12.26)은

$$\frac{d}{dx}\left(\frac{dp}{dx}\right) = 0$$

이며, 적분을 두 번 하면

$$p = C_1 x + C_2$$

이 되고, C_1 및 C_2는 적분 상수이다. 경계 조건은

1. $x = 0$에서 $p = 0$이므로, $C_2 = 0$
2. $x = l$에서 $p = 0$이므로, $C_1 = 0$

이다. 그러므로 베어링 전체에 걸쳐 압력은 '0'이다. 베어링의 표준 부하 용량은 압력을 길이에 걸쳐 적분하여 구할 수 있는데, 압력은 길이를 따라 '0'이므로 수직 하중도 '0'이 된다. 이는 12.3.1절에서 관찰한 바와 일치하며, 여기서 수학적으로 확인하였다.

고정경사면 슬라이더 베어링

고정경사면 슬라이더 베어링의 유막 형상은 다음과 같다.

$$h = h_o + s_h\left(1 - \frac{x}{l}\right). \tag{12.27}$$

그런데 $x = 0$일 때 $h = h_o + s_h$이며, $x = l$일 때 $h = h_o$인 점을 주목한다.

식 (12.26)을 적분하면

$$\frac{dp}{dx} = \frac{6\eta_o u_b}{h^2} + \frac{C_1}{h^3}$$

이 되며, 여기서 C_1은 적분상수이다. 적용하는 경계 조건은

$$h = h_m\text{에서 } \frac{dp}{dx} = 0 \tag{12.28}$$

이 되는데, $C_1 = 6h_o u_b h_m$이 되므로

$$\frac{dp}{dx} = \frac{6\eta_o u_b}{h^3}(h - h_m) \tag{12.29}$$

이 된다. 이 식은 다음 항들로 무차원화할 수 있다.

$$P = \frac{ps_h^2}{\eta_o u_b l}, \qquad H = \frac{h}{s_h}, \qquad H_m = \frac{h_m}{s_h},$$

$$H_o = \frac{h_o}{s_h}, \qquad X = \frac{x}{l}, \tag{12.30}$$

따라서 식 (12.29)는

$$\frac{dP}{dX} = 6\left(\frac{H - H_m}{H^3}\right) \tag{12.31}$$

이며, 여기서

$$H = \frac{h}{s_h} = H_o + 1 - X \tag{12.32}$$

이 되므로

$$\frac{dH}{dX} = -1, \text{ 즉 } dH = -dX \tag{12.33}$$

이 된다. 식 (12.32) 및 식 (12.33)은 고정경사면 베어링에만 유효하다. 식 (12.31)을 적분하면

$$P = 6\int\left(\frac{1}{H^2} - \frac{H_m}{H^3}\right)dX = -6\int\left(\frac{1}{H^2} - \frac{H_m}{H^3}\right)dH.$$

이 되므로,

$$P = 6\left(\frac{1}{H} - \frac{H_m}{2H^2}\right) + C_2 \tag{12.34}$$

이 되며 경계 조건은 다음과 같다.

1. $X = 0$, 즉 $H = H_o + 1$에서 $P = 0$
2. $X = 1$, 즉 $H = H_o$에서 $P = 0$

경계 조건으로부터

$$H_m = \frac{2H_o(1 + H_o)}{1 + 2H_o}, \tag{12.35}$$

$$C_2 = -\frac{6}{1 + 2H_o} \tag{12.36}$$

이 얻어지며, 식 (12.35) 및 식 (12.36)을 식 (12.34)에 대입하면

$$P = \frac{6X(1 - X)}{(H_o + 1 - X)^2(1 + 2H_o)} \tag{12.37}$$

이며, 단위 폭당 수직 하중은

$$W_z' = \frac{W_z}{w_t} = \int_0^l p\,dx = \frac{\eta_o u_b l^2}{s_h^2}\int_0^1 P\,dX$$

이므로 무차원 평균 하중은

$$\bar{W}_z = \frac{W_z s_h^2}{\eta_o u_b l^2 w_t} = \int_0^1 P\,dX. \tag{12.38}$$

$dH = -dX$이며, 식 (12.32)로부터 $X = 0$이면 $H = H_o + 1$이며, $X = 1$이면 $H = H_o$인 점을 주목한다. 따라서 식 (12.38)은 다음 식이 된다.

$$\bar{W}_z = \frac{W_z s_h^2}{\eta_o u_b l^2 w_t} = \int_{H_o+1}^{H_o} -P\,dH. \tag{12.39}$$

식 (12.34) 및 식 (12.36)을 식 (12.39)에 대입하면 다음 식을 얻는다.

$$\bar{W}_z = \frac{W_z s_h^2}{\eta_o u_b l^2 w_t} = 6\ln\left(\frac{H_o + 1}{H_o}\right) - \frac{12}{1 + 2H_o}. \tag{12.40}$$

평행 계단 슬라이더 베어링

평행 계단 슬라이더 베어링의 두 영역에서 유막 두께는 각각 일정하므로 레이놀즈 방정식은

$$\frac{d^2p}{dx^2} = 0$$

이며, 이를 적분하면 다음을 얻는다.

$$\frac{dp}{dx} = \text{상수}.$$

그러나 영역 사이의 유막 두께는 다르므로 압력 구배도 다르나, 따라서 계단에서 불연속은 없다.

$$p_{\max} = n_s l\left(\frac{dp}{dx}\right)_i = -(l - n_s l)\left(\frac{dp}{dx}\right)_o. \tag{12.41}$$

계단의 입구 및 출구 유동률은 같아야 하므로 즉 $q'_{xo} = q'_{xi}$이다. 식 (12.12)를 사용하면 다음을 얻는다.

$$-\frac{h_o^3}{12\eta_o}\left(\frac{dp}{dx}\right)_o + \frac{u_b h_o}{2} = -\frac{(h_o + s_h)^3}{12\eta_o}\left(\frac{dp}{dx}\right)_i + \frac{u_b(h_o + s_h)}{2} \tag{12.42}$$

식 (12.41) 및 식 (12.42)는 미지의 항 $(dp/dx)_o$ 및 $(dp/dx)_i$의 한 쌍의 연립방정식이며, 해는 다음과 같다.

$$\left(\frac{dp}{dx}\right)_i = \frac{6\eta_o u_b(1-n_s)s_h}{(1-n_s)(h_o+s_h)^3+n_s h_o^3}, \tag{12.43}$$

$$\left(\frac{dp}{dx}\right)_o = -\frac{6\eta_o u_b n_s s_h}{(1-n_s)(h_o+s_h)^3+n_s h_o^3}. \tag{12.44}$$

계단에서의 최대 압력을 구하기 위해 식 (12.43) 및 식 (12.44)를 식 (12.41)에 대입하면

$$p_{\max} = \frac{6\eta_o u_b l n_s(1-n_s)s_h}{(1-n_s)(h_o+s_h)^3+n_s h_o^3}. \tag{12.45}$$

식 (12.30)의 무차원 형태는 다음과 같다.

$$P_{\max} = \frac{p_{\max}s_h^2}{\eta_o u_b l} = \frac{6n_s(1-n_s)}{(1-n_s)(H_o+1)^3+n_s H_o^3}. \tag{12.46}$$

입구 및 출구 영역에서 압력은 $0 \le X \le n_s$에 대하여

$$P_i = \frac{XP_{\max}}{n_s} = \frac{6X(1-n_s)}{(1-n_s)(H_o+1)^3+n_s H_o^3} \tag{12.47}$$

이며, $n_s \le X \le 1$에 대해서는 다음과 같다.

$$P_o = \frac{(1-X)P_{\max}}{1-n_s} = \frac{6(1-X)n_s}{(1-n_s)(H_o+1)^3+n_s H_o^3}. \tag{12.48}$$

단위 폭당 수직 하중은

$$\frac{W_z}{w_t} = \frac{p_{\max}l}{2} = \frac{3\eta_o u_b l^2 n_s(1-n_s)s_h}{(1-n_s)(h_o+s_h)^3+n_s h_o^3} \tag{12.49}$$

이며, 무차원 수직 하중은 다음과 같다.

$$\bar{W}_z = \frac{W_z}{\eta_o u_b w_t}\left(\frac{s_h}{l}\right)^2 = \frac{3n_s(1-n_s)}{(1-n_s)(H_o+1)^3+n_s H_o^3} = \frac{P_{\max}}{2}. \tag{12.50}$$

최대 $\bar{W}_z$는 $n_s = 0.7182$ 및 $H_o = 0.5820$일 때 얻을 수 있다.

예제 12.2

스러스트 베어링의 압력

조건 고정경사면 자동 스러스트 베어링에 길이보다 더 큰 폭을 가진 패드가 있다. 윤활유의 점도는 0.01 Ns/m², 미끄럼 속도는 10 m/s, 패드의 길이는 0.3 m, 최소 유막 두께는 15 μm이며, 입구 유막 두께는 출구 유막 두께의 2배이다.

문제 베어링의 최대 압력 크기 및 발생 위치

풀이 패드의 폭이 길이보다 훨씬 크면 측면 누설은 무시할 수 있으며 식 (12.35)를 적용할 수 있다. 그리고 압력은 $dP/dX = 0$, $H = H_m$, $X = X_m$일 때 최대이다. 또한 $H_o = 1$이 주어져 있다. 식 (12.35)로부터

$$H_m = \frac{2H_o(1+H_o)}{1+2H_o} = \frac{(2)(2)}{3} = \frac{4}{3}$$

이며, 식 (12.32)로부터

$$X_m = H_o + 1 - H_m = 1 + 1 - \frac{4}{3} = \frac{2}{3}$$

이다. 그리고 식 (12.37)로부터

$$\begin{aligned} P_m &= \frac{6X_m(1-X_m)}{(H_o+1-X_m)^2(1+2H_o)} \\ &= \frac{6\left(\frac{2}{3}\right)\left(1-\frac{2}{3}\right)}{\left(1+1-\frac{2}{3}\right)^2(1+2)} \\ &= \frac{\left(\frac{4}{3}\right)}{\left(\frac{4}{3}\right)^2(3)} = \frac{1}{4} \end{aligned}$$

이므로

$$P_m = \frac{p_m s_h^2}{\eta_o u_b l} = \frac{1}{4}, \qquad p_m = \frac{\eta_o u_b l}{4s_h^2}.$$

주어진 값인 $\eta_o = 0.01$ Ns/m², $u_b = 10$ m/s, $l = 0.3$ m, $s_h = h_o = 15\,\mu$m를 대입하면 평균압력은 다음과 같다.

$$p_m = \frac{(0.01)(10)(0.3)}{4(15)^2(10^{-12})} = 33.3\text{ MPa}.$$

12.3.4 운전 및 성능 변수

12.3.3절은 슬라이더 베어링 설계를 할 때 측면 누설을 무시하였는데, 이제 본 절에서 이들의 효과를 고려한다. 그림 12.10과 같은 베어링 형상과 관련한 일반적인 정의와 상관관계는 다음과 같다. 각 패드의 베어링 표면에 작용하는 힘은 두 그룹으로 고려할 수 있다. 표면에 직각 방향으로 작용하는 하중은 두 수직 하중 W_x 및 W_z로 분해할 수 있다. 점성 표면 응력은 표면에 접선 방향으로 작용하는데, x방향으로

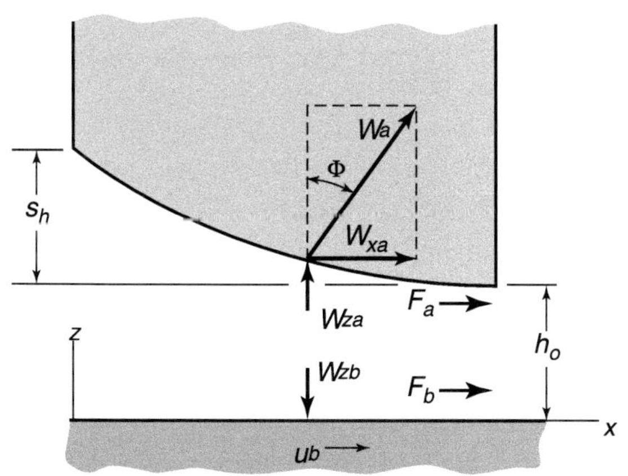

그림 12.10: 탄성유체 윤활 스러스트 슬라이더 베어링의 힘 성분과 유막 형상.

F성분을 갖는 고체면에 작용하는 전단력을 발생한다. 한편 z 방향의 전단력은 무시할 만큼 작다. 레이놀즈 방정식, 즉 식 (12.25)로부터 압력이 얻어지면, 베어링 표면에 작용하는 힘 성분은 다음과 같다.

$$W_{za} = W_{zb} = \int_0^{w_t}\int_0^{l} p\,dx\,dy, \tag{12.51}$$

$$W_{xb} = 0, \tag{12.52}$$

$$\begin{aligned} W_{xa} &= -\int_0^{w_t}\int_{h_o+s_h}^{h_o} p\,dh\,dy = -\int_0^{w_t}\int_0^{l} p\frac{dh}{dx}\,dx\,dy \\ &= -\int_0^{w_t}(ph)_0^l\,dy + \int_0^{w_t}\int_0^{l} h\frac{dp}{dx}\,dx\,dy \\ &= \int_0^{w_t}\int_0^{l} h\frac{dp}{dx}\,dx\,dy, \end{aligned} \tag{12.53}$$

$$W_b = \sqrt{W_{zb}^2 + W_{xb}^2} = W_{zb}, \tag{12.54}$$

$$W_a = \sqrt{W_{za}^2 + W_{xa}^2}, \tag{12.55}$$

$$\Phi = \tan^{-1}\left(\frac{W_{xa}}{W_{za}}\right). \tag{12.56}$$

고체 b에 작용하는 전단력은

$$F_b = \int_0^{w_t}\int_0^{l} (\tau_{zx})_{z=0}\,dx\,dy, \tag{12.57}$$

이며, 다음 조건이 성립한다.

$$(\tau_{zx})_{z=0} = \left(\eta\frac{du}{dz}\right)_{z=0}. \tag{12.58}$$

식 (12.8)을 식 (12.58)에 대입하면

$$(\tau_{zx})_{z=0} = -\frac{h}{2}\frac{dp}{dx} - \frac{\eta u_b}{h} \tag{12.59}$$

을 얻으며, 식 (12.59)를 식 (12.57)에 대입하면

$$F_b = \int_0^{w_t}\int_0^{l}\left(-\frac{h}{2}\frac{dp}{dx} - \frac{\eta u_b}{h}\right)dx\,dy$$

을 얻는다. 식 (12.53)을 사용하면, 다음을 얻을 수 있다.

$$F_b = -\frac{W_{xa}}{2} - \int_0^{w_t}\int_0^{l}\frac{\eta u_b}{h}\,dx\,dy. \tag{12.60}$$

유사한 방법으로 고체 a에 작용하는 전단력은

$$F_a = \int_0^{w_t}\int_0^{l}(\tau_{zx})_{z=h}\,dx\,dy = -\frac{W_{xa}}{2} + \int_0^{w_t}\int_0^{l}\frac{\eta u_b}{h}\,dx\,dy \tag{12.61}$$

이다. 그림 12.10으로부터

$$F_b - F_a + W_{xa} = 0, \tag{12.62}$$

$$W_{zb} - W_{za} = 0, \tag{12.63}$$

관계를 얻을 수 있는데, 이들은 정직 평형 조건을 나타낸다.

윤활유 유막의 전단으로 발생하는 점성 응력은 움직이는 표면 위에 $-F_b$ 크기의 저항력을 발생시킨다. 하나의 계단에서 점성 응력에 저항하는 일률, 즉 동력 손실은

$$h_p = -F_b u_b \tag{12.64}$$

이다. 점성 응력에 저항하는 일은 윤활유 내에서 열로 나타난다. 이 열 중의 일부가 전도에 의해 주변으로 전달되거나, 윤활유 유동으로 발생하는 틈새 공간으로 대류에 의해 전달되기도 한다.

대류로 전체 열이 발산하는 경우의 윤활유 온도 상승은 **단열 온도 상승**(adiabatic temperature rise)이다. 온도 상승은 대류에 의한 열전달율로 윤활유 내에서의 열발생율을 계

산하여 구할 수 있다. 즉,

$$h_p = \rho q_x C_p(\Delta t_m)$$

이므로, 단열 온도 상승은 다음과 같이 표현할 수 있다.

$$\Delta t_m = \frac{h_p}{\rho q_x C_p}, \tag{12.65}$$

여기서, ρ는 밀도, q_x는 x 방향(운동 방향)의 체적유동률, C_p는 윤활유의 비열이다. 식 (12.51)부터 (12.65)까지는 스러스트 베어링 해석에 사용하기 적절한 식들이다. 12.2.2절에서 논의한 바와 같이 물리적 쐐기가 압력-발생 메커니즘인 점을 상기하면서, 고정경사면 베어링 설계에 일반적인 스러스트 해석을 사용한다. 레이놀즈 방정식 및 하중, 마찰력 성분에 대한 자세한 수치 평가는 하지 않을 것인데, 본 교재가 강조하는 점은 설계이기 때문이다. 만일 관심이 있다면 두 참고 자료를 추천한다. 처음 출간된 자료는 Raimondi and Boyd(1955)이고, 보다 최신 자료는 Hamrock et. al (2004)이다.

압력 발생 및 유막, 하중, 마찰 성분들에 영향을 미치는 운전 변수는 다음과 같다.

1. 스러스트 슬라이더 베어링의 **베어링 수**(bearing number)

$$B_t = \left(\frac{\eta_o u_b w_t}{W_z}\right)\left(\frac{l}{s_h}\right)^2. \tag{12.66}$$

2. **장폭비**(length-to-width ratio)

$$\lambda = \frac{l}{w_t}. \tag{12.67}$$

3. 입구로부터 계단의 위치 n_s

고정경사면 베어링의 압력 발생 및 유막 두께, 하중, 마찰력 성분들은 처음 두 운전 변수의 영향만 받는다. 운전 변수들은 동압 스러스트 베어링 설계에 주어지는 변수로 고려한다. 정해진 운전 변수들 조합을 선택함으로써 얻어지는 성능 변수들은 다음과 같다.

1. 출구(최소) 유막 두께 h_o
2. 윤활유 전단에 의한 온도 상승 Δt_m
3. 동력 손실 h_p
4. 미끄럼 마찰 계수 μ
5. 원주 및 측면 누설 체적 유동률 q 및 q_s

이들 성능 변수들은 동압 스러스트 슬라이더 베어링 설계를 검증하는데 필요하다.

12.3.5 고정경사면 슬라이더 베어링

가장 단순한 형태의 고정경사면 베어링은 직선 운동만 제공하며, 그림 12.11과 유사한 윤곽을 갖는 고정 패드 위로 미끄러지는 평면으로 이루어져 있다. 고정경사면 베어링의 작동은 쐐기 형태 공간으로 유입되어 하중에 대응하고 미끄러지는 부품들 사이의 접촉을 방지하는 압력을 발생시키는 윤활유에 의존한다. 쐐기 작용은 미끄럼면이 윤활유 유막이 집중되는 방향으로 움직일 때만 발생하며, 고정경사면 베어링(그림 12.11)은 이 방향으로만 하중을 지지한다. 만일 가역성이 필요하면, 계단의 표면을 반대 방향으로 경사지게 만든 두 개 또는 그 이상 계단의 조합이 필요하다. 그렇지 않으면 경사를 바꾸는 피봇 패드(pivoting pad)가 필요하다. 고정경사면 계단은 그림 12.12의 스러스트 베어링과 같이 다수로 사용한다.

그림 12.13~12.16은 수치해석에 기반을 둔 고정경사면 슬

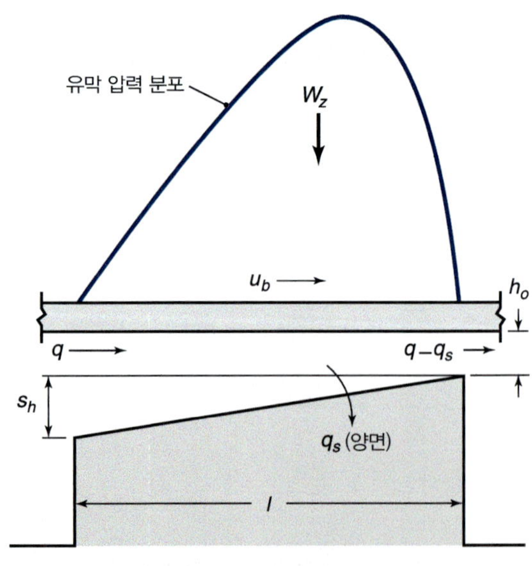

그림 12.11: 고정경사면 슬라이더 베어링 측면도.

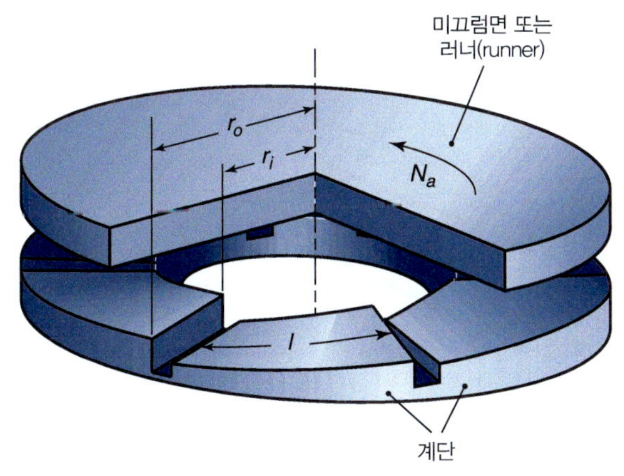

그림 12.12: 다수의 고정경사면 스러스트 슬라이더 베어링 형상.

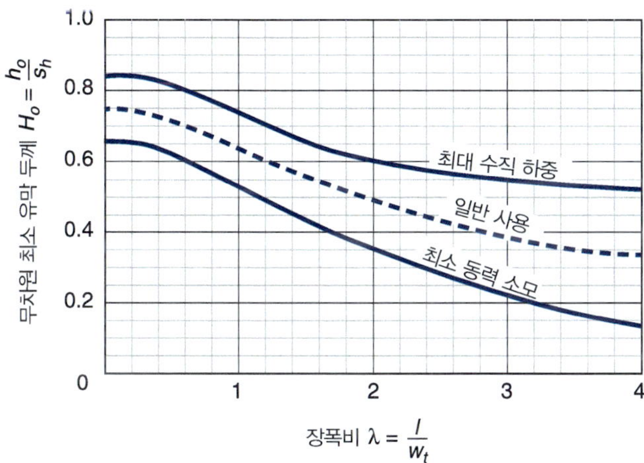

그림 12.13: 고정경사면 베어링의 패드 비율에 따른 최대 하중 또는 최소 동력 손실에 해당하는 최소 유막 두께 선도. 출처: Raimondi and Boyd(1955).

라이더 베어링 해법이다. 설계 절차 12.1은 해석과 설계에 유용하게 사용할 수 있다. 이러한 수치해를 구할 수 있으면, 동압 베어링 설계가 매우 단순해진다.

설계 절차 12.1

고정경사면 스러스트 베어링 설계

1. 패드의 장폭 비 선정: 직각 패드($\lambda = 1$)는 일반적으로 성능이 좋다. 특정 문제에서 최대 하중과 최소 동력 손실 중 어느 것이 더 중요한 지를 아는 경우, 출구(outlet) 유막 두께비 H_o는 그림 12.13으로부터 결정할 수 있다. 하중을 최대화하거나 동력 손실을 최소화해야 하는 경우가 아니라면, 일반적으로 그림 12.13의 양 극단 사이의 값을 택하는 것이 바람직하다.

2. λ 및 H_o가 결정되고 나면, 그림 12.14로부터 베어링 수 B_t를 결정할 수 있다.

3. 그림 12.15로부터 λ 및 B_t에 대한 점성 전단 유도 열로 인한 온도 상승을 결정한다. 무차원 온도 상승 변수인 용적비열(volumetric specific heat) $C_s = \rho C_p$는 광유(mineral oil)인 경우, 대략 1.36×10^6 N/(m^2-°C) 정도로 비교적 일정한 값을 갖는다.

4. 윤활유 온도를 결정한다. 평균 온도는 다음과 같이 표현할 수 있는데,

$$t_m = t_{mi} + \frac{\Delta t_m}{2}, \tag{12.68}$$

t_{mi}는 입구 온도이므로, 보통 사전에 알고 있는 값이다. 평균 온도 t_m을 알게 되면, 그림 8.13에서 SAE 오일의 점도를 결정하거나, 그림 8.13 또는 표 8.8을 사용하여 점도를 구한다.

5. 식 (12.32) 및 식 (12.66)은 출구 (최소) 유막 두께 h_o를 결정하는 데 사용한다.

$$h_o = H_o l \sqrt{\frac{\eta_o u_b w_t}{W_z B_t}}. \tag{12.69}$$

출구 유막 두께를 알게 되면, 어깨 높이(shoulder height) s_h는 $s_h = h_o/H_o$로부터 직접 구할 수 있다. 만일 출구 유막 두께가 주어지고, 속도 u_b 또는 수직 하중 W를 모르면, u_b 또는 W를 구하기 위해 식 (12.69)를 고쳐 쓸 수 있다.

6. 가공된 채로의 표면 마감에 대해 출구 (최소) 유막 두께가 충분한지 표 12.1을 확인한다. 식 (12.69)의 결과가 표 12.1의 추천값보다 크면 7단계로 가면 된다. 그렇지 않으면 다음 두 경우 중 하나 또는 모두를 고려한다.

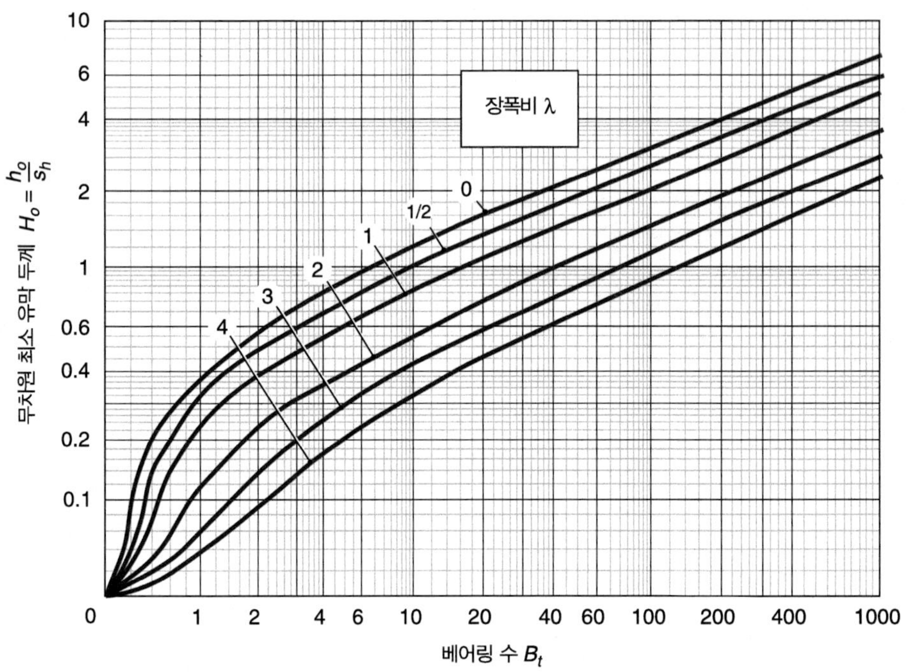

그림 12.14: 고정경사면 스러스트 베어링의 최소 유막 두께 차트. 출처: Raimondi and Boyd(1955).

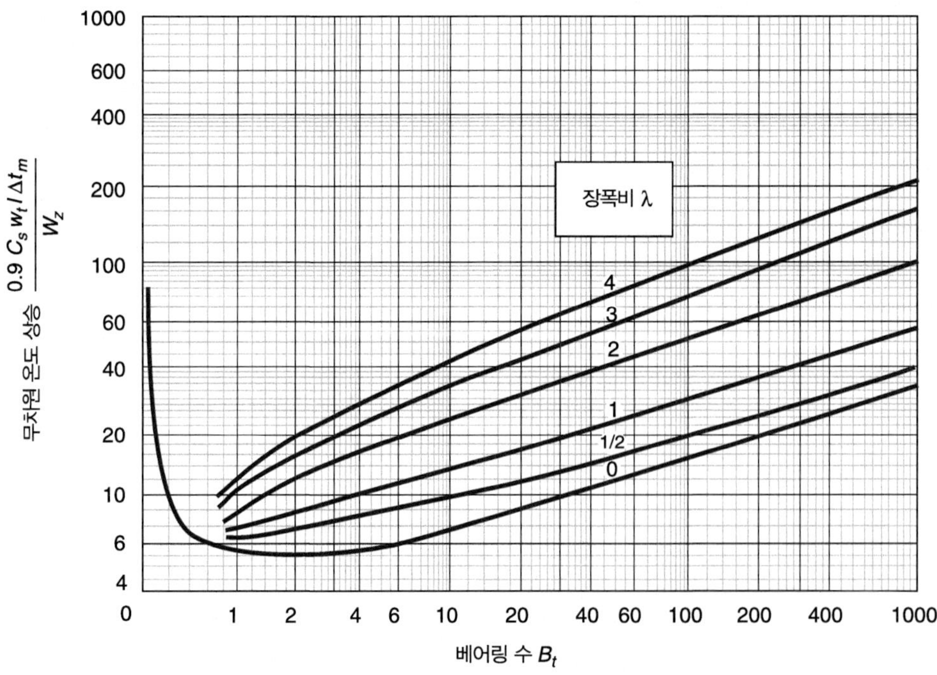

그림 12.15: 고정경사면 스러스트 베어링의 윤활유 점성 전단 가열에 의한 무차원 온도 상승 차트. 출처: Raimondi and Boyd(1955).

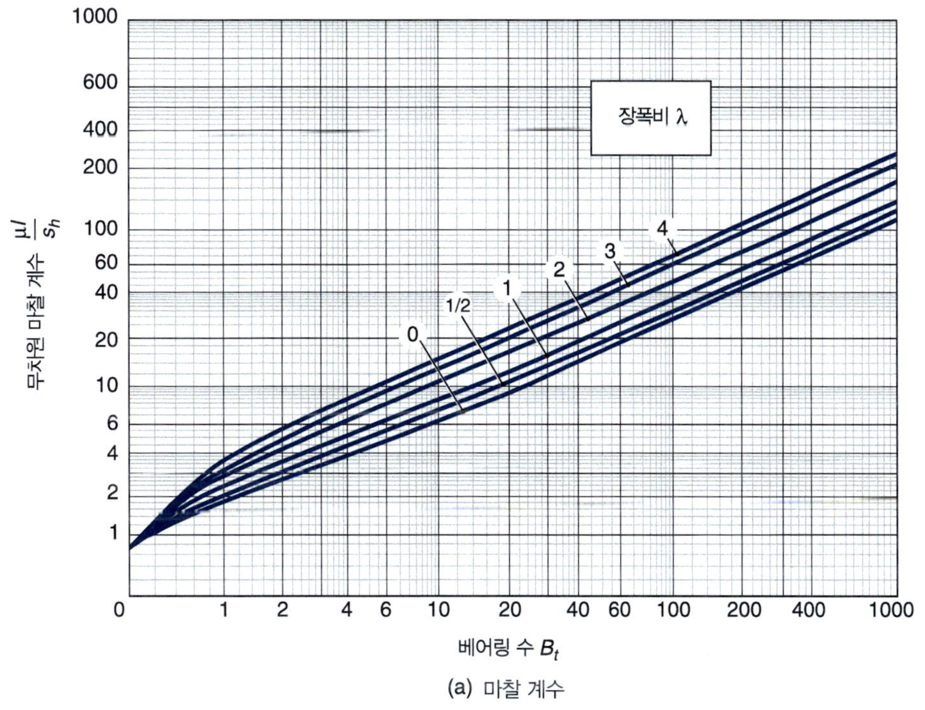

(a) 마찰 계수

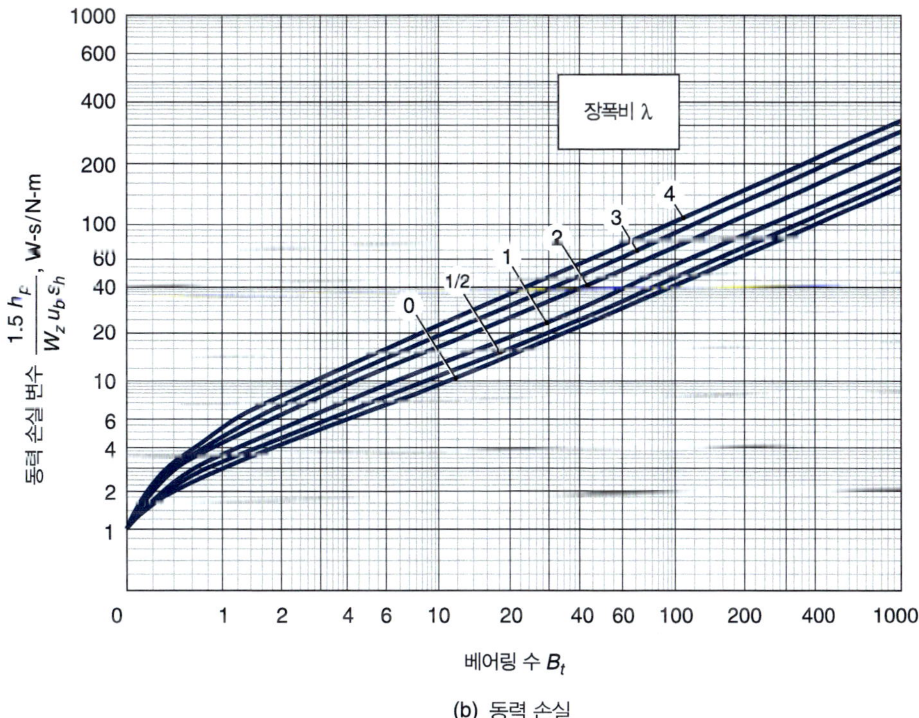

(b) 동력 손실

그림 12.16: 고정경사면 스러스트 베어링의 성능 변수 차트.

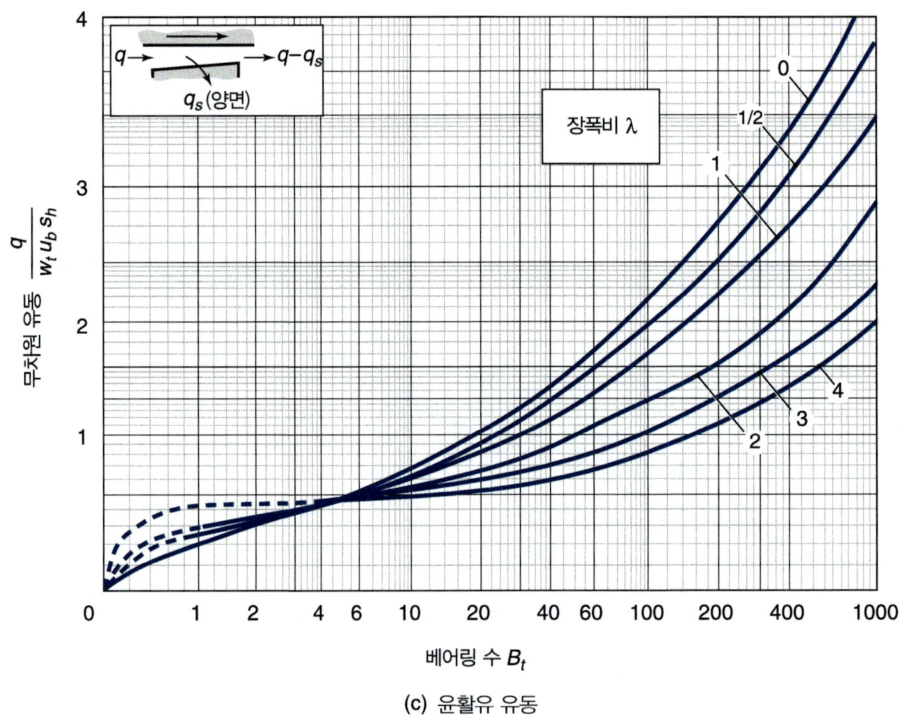

(c) 윤활유 유동

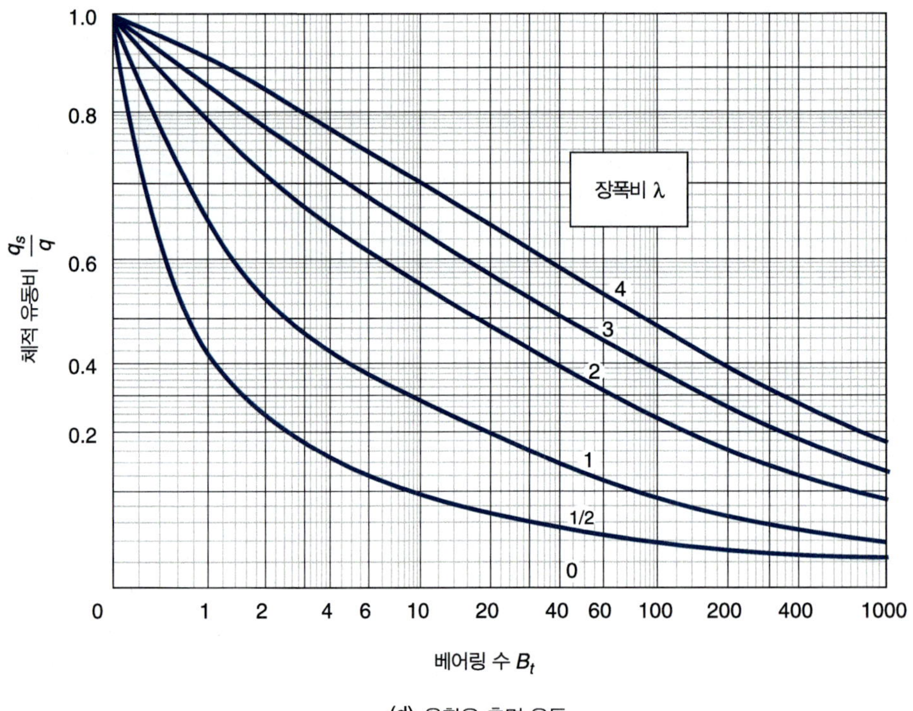

(d) 윤활유 측면 유동

그림 12.16: (계속) 출처: Raimondi and Boyd(1955).

표 12.1: 표면 다듬질에 대한 허용 출구 (최소) 유막 두께.

표면 거칠기 (중심선 평균), R_a μm	μin.	표면 상태	가공 방법	개략적인 상대 비용	허용 출구(최소) 유막 두께[a], h_o μm	μin.
0.1–0.2	4–8	공구 흔적이 없는 경면: 엄밀한 공차	그라인드, 랩, 정밀 다듬질	17–20	2.5	100
0.2–0.4	8–16	스크래치가 없는 매끈한 공차: 엄밀한 공차	그라인드, 랩	17–20	6.2	250
0.4–0.8	16–32	매끈한 면: 엄밀한 공차	그라인드, 줄, 랩	10	12.5	500
0.8–1.6	32–63	공구 흔적이 없는 정확한 베어링 면	그라인드, 정밀 밀, 줄	7	25	1000
1.6–3.2	63–125	지장 있는 공구 흔적이 없는 매끈한 면: 보통 공차	셰이프, 밀 그라인드, 선반	5	50	2000

[a] 유막 두께 값은 참고 값이며, 정렬 불량이 없고 깨끗한 오일 조건에서 금속-금속 접촉을 피하는 데 필요한 값이다. 온도 상승 등의 조건을 허용하기 위해서는 보다 큰 유막 두께 값이 필요할 수 있다.

(a) 베어링 속도를 높인다.

(b) 하중을 감소시키고, 표면 마감을 개선하고, 보다 점도가 높은 윤활유를 선택하거나 입구 온도를 낮춘다. 이와 같은 수정 후, 3단계로 돌아간다.

7. 남은 성능 변수들을 평가한다. 일단 충분한 최소 유막 두께와 적절한 윤활유 온도가 결정되면, 성능 변수는 평가 가능하다. 특히 동력 손실 및 마찰 계수, 전체 유량 및 측면 유량은 그림 12.16으로부터 결정할 수 있다.

예제 12.3

고정경사면 스러스트 베어링 해석

조건 고정경사면 미끄럼 스러스트 베어링은 다음과 같은 운전 변수를 갖는다. W_z = 16 kN, u_b =30 m/s, w_t = l =75 mm, SAE 10 오일, t_{mi} =40°C이다.

문제 최대 하중 조건에서 다음 성능 변수 값들을 결정하라. s_h 및 h_o, Δt_m, μ, h_p, q, q_s이다.

풀이 그림 12.13으로부터 $\lambda = l/w_t = 75/75 = 1$이고, 최대 수직 하중에서 출구 유막 두께비 H_o = 0.73이다. 그러므로 그림 12.14로부터 베어링 수 B_t = 8.0이며, 그림 12.15로부터 다음을 얻을 수 있다.

$$\frac{0.9\rho C_p l w_t \Delta t_m}{W_z} = 13.$$

알고 있는 변수 값을 대입하고, 용적 비율 관계식으로부터

$$C_s = \rho C_p = 1.36 \times 10^6 \text{ N/(m}^2\text{-°C)},$$

$$\begin{aligned}\Delta t_m &= \frac{13 W_z}{0.9\rho C_p l w_t} \\ &= \frac{13\left(16 \times 10^3\right)}{(0.9)\left(1.36 \times 10^6\right)(0.075)(0.075)} \\ &= 30.21\text{°C}.\end{aligned}$$

을 얻는다. 식 (12.68)로부터 평균 온도는 다음과 같다.

$$t_m = t_{mi} + \frac{\Delta t_m}{2} = 40 + \frac{30.21}{2} = 55.11\text{°C}.$$

그림 8.13a로부터 SAE 10 오일이 55°C일 때 절대 점성은 약 0.016 N-s/m²이다. 식 (12.69)를 사용하면 다음 값을 구할 수 있다.

$$\begin{aligned}h_o &= H_o l \sqrt{\frac{\eta_o u_b w_t}{W_z B_t}} \\ &= 0.73(0.075)\sqrt{\frac{(0.016)(30)(0.075)}{(16 \times 10^3)(8)}} \\ &= 29.0\ \mu\text{m},\end{aligned}$$

$$s_h = \frac{h_o}{H_o} = \frac{29.0 \times 10^{-6}}{0.73} = 39.7\ \mu\text{m}.$$

표 12.1을 참조하면, 제일 마지막 열을 제외하고 모든 표면

다듬질 공정은 $h_o > (h_o)_{\text{all}}$을 보증한다. 따라서 표면 다듬질이 대략 1.6 μm보다 작지 않는 한, 설계는 적절하다. $\lambda = 1$ 및 $B_t = 8.0$에 대한 성능 변수는 다음과 같다.

(a) 그림 12.16a로부터

$$\frac{\mu l}{s_h} = 8.5, \quad 즉 \quad \mu = \frac{(8.5)\left(39.7 \times 10^{-6}\right)}{0.075} = 0.0045.$$

(b) 그림 12.16b로부터

$$\frac{1.5 h_p l}{W_z u_b s_h} = 11,$$

$$\begin{aligned} h_p &= \frac{11 W_z u_b s_h}{1.5 l} = \frac{11\left(16 \times 10^3\right)(30)\left(39.7 \times 10^{-6}\right)}{1.5(0.075)} \\ &= 1.863 \times 10^3 \text{ W} = 1.863 \text{ kW}. \end{aligned}$$

(c) 그림 12.16c로부터

$$\frac{q}{w_t u_b s_h} = 0.58;$$

$$\begin{aligned} q &= 0.58 w_t u_b s_h = 0.58(0.075)(30)(39.7)(10^{-6}) \\ &= 5.181 \times 10^{-5} \text{ m}^3/\text{s}. \end{aligned}$$

(d) $q_s = (0.3)q = 1.554 \times 10^{-5} \text{ m}^3/\text{s}.$

12.3.6 스러스트 슬라이더 베어링의 기하 형상

지금까지 스러스트 베어링의 패드 각각에 대한 성능을 취급하였다. 일반적으로 스러스트 베어링은 그림 12.9 및 12.12와 같이 동일한 패드 여러 개를 조립하여 사용한다. 각 패드의 길이 및 폭, 속도, 하중은 다음 공식들에 의해 스러스트 베어링의 기하 치수와 연관된다.

$$w_t = r_o - r_i, \tag{12.70}$$

$$l = \frac{r_o + r_i}{2}\left(\frac{2\pi}{N_p} - \frac{\pi}{36}\right), \tag{12.71}$$

$$u_b = \frac{(r_o + r_i)\omega}{2}, \tag{12.72}$$

$$W_t = N_p W_z \tag{12.73}$$

여기서 N_p는 스러스트 베어링에 설치된 동일한 패드 개수 (일반적으로 3~20개)이다. 식 (12.71)의 $\pi/36$항은 패드 사이의 윤활유 공급 홈을 설명하며, 식 (12.73)의 W_t는 베어링에 작용하는 전체 스러스트 하중을 말한다.

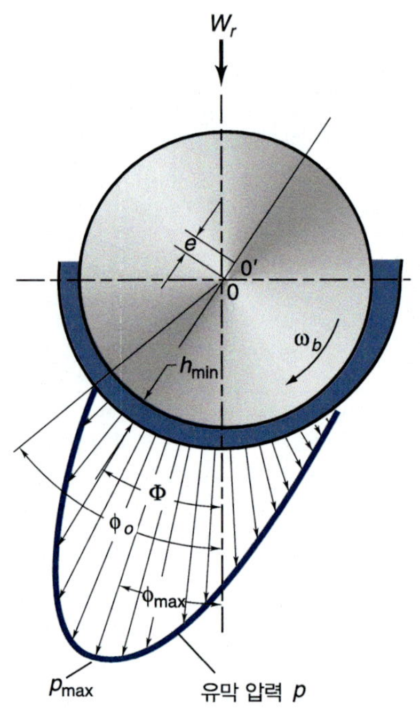

그림 12.17: 저널 베어링 압력 분포.

12.4 저널 슬라이더 베어링

12.3절에서는 스러스트 베어링에 사용하는 슬라이더 베어링 패드를 다루었다. 스러스트 베어링의 표면은 그림 12.9와 같이 회전축에 직각이다. 이 절에서는 그림 12.17과 같이 베어링 표면이 회전축에 평행한 **저널 베어링**(journal bearing)을 다룬다. 저널 베어링은 축을 지지하고 레이디얼 하중을 지탱하는데, 동력 손실이 적고 마모는 극히 적다. 저널 베어링은 저널(축)을 감싸고 있는 평평한 원통형 슬리브[sleeve, 혹은 부싱(bushing)]로 대변될 수 있지만, 다양한 형태로 사용되기도 한다. 편리한 위치에 있는 구멍이나 홈을 통해 베어링 내로 윤활유를 공급한다. 만일 베어링이 저널 주위로 360° 를 완전히 감싸면 전면 저널 베어링(full journal bearing)이라 하고, 360°보다 작은 각도를 감싸면 부분 저널 베어링

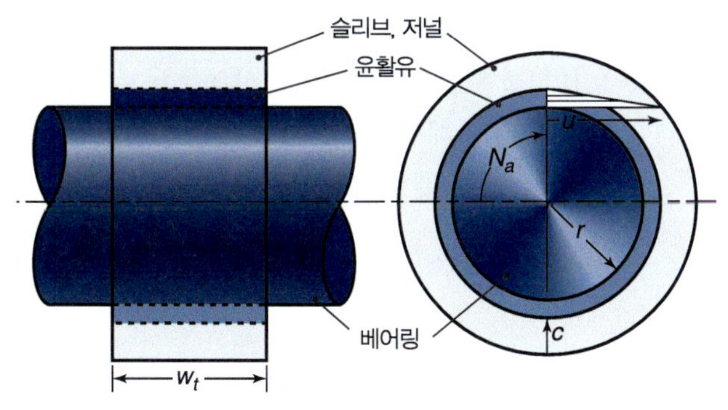

그림 12.18: 동심 저널 베어링.

(partial journal bearing)이라 한다.

12.4.1 페트로브 방정식

페트로브(Petrov) 방정식은 8.6.1절에서 설명한 뉴턴의 가정을 그림 12.18과 같이 베어링과 동심원을 유지하며 회전하는 전면 저널에 적용한 것이다. 12.4.3절에서 설명하겠지만 저널은 다음과 같은 여러 조건 중 하나만 만족되어도 베어링과 동심으로 회전한다. (1) 베어링에 작용하는 레이디얼 하중이 '0'인 경우, (2) 윤활유의 점성이 무한대일 때 또는 (3) 저널의 속도가 무한대일 때. 이 조건 중 어느 것도 실제로 만족될 가능성은 낮지만, 하중이 충분히 작거나, 점성이 충분히 높거나, 저널이 충분히 높은 속도로 회전하면, 베어링에 대한 저널의 편심이 적어서 저널 주위의 유막이 일정한 두께를 갖는다고 간주할 수 있다.

저널 베어링의 윤활유 유막 두께는 항상 베어링 반시름에 비해 작으므로 베어링 면의 곡률은 무시할 수 있다. 따라서 유막은 축을 감싸지 않고 반지름 방향 틈새와 동일한 두께, 즉 길이 $2\pi r$ 및 폭 w_t를 갖는 것으로 간주할 수 있다.

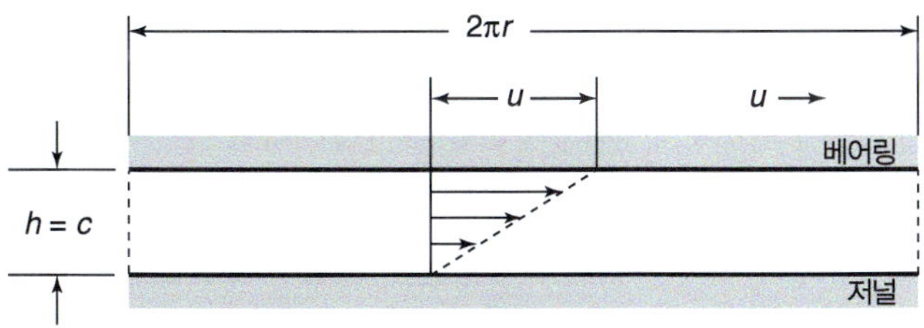

그림 12.19: 동심 저널 베어링의 저널 및 베어링 전개면.

윤활유 유막의 점도도 일정하다고 가정한다. 그림 12.19에서 밑면은 정지해 있고, 윗면은 일정한 속도 u로 움직인다. 그리고 윤활유와 고체면 사이에는 점착이 유지된다고 가정한다.

식 (8.23)에서 표현한 뉴턴의 법칙을 사용하면, 동심 저널 베어링의 마찰력은 다음과 같다.

$$F = \eta_o A \frac{u}{c} = \eta_o 2\pi r w_t \frac{2\pi r N_a}{c} = \frac{4\pi^2 \eta_o r^2 w_t N_a}{c}, \qquad (12.74)$$

여기서,

c = 반지름 틈새, m
r = 저널의 반지름, m
w_t = 저널의 폭, m
N_a = 회전 속도, rps
η_o = 일정한 온도 및 $p = 0$일 때의 점도

따라서 동심 저널 베어링의 마찰 계수는

$$\mu = \frac{F}{W_r} = \frac{4\pi^2 \eta_o r^2 w_t N_a}{c W_r}, \qquad (12.75)$$

이며, W_r은 수직 하중[N]이다. 동심 저널 베어링의 마찰 토크는

$$T = Fr = \frac{4\pi^2 \eta_o r^3 w_t N_a}{c} = \frac{2\pi \eta_o r^3 w_t \omega}{c}, \qquad (12.76)$$

이며, ω는 각속도 $2\pi N_a$[rad/s]이다. 식 (12.76)은 일반적으로 **페트로브 방정식**(N. Petrov가 1883년에 발표한 논문에서 토크와 관련하여 유사한 식을 제안하였음)으로 불린다. 이 식은 가벼운 하중을 받는 저널 베어링의 마찰 토크를 최초로 합당하게 유추한 것으로 유명하다.

동력 손실은 토크와 각속도의 곱이므로, 동심 (가벼운 부하) 저널 베어링의 동력 손실은 다음과 같다.

$$h_p = \frac{8\pi^3 \eta_o r^3 w_t N_a^2}{c} = \frac{2\pi \eta_o r^3 w_t \omega^2}{c}. \qquad (12.77)$$

12.4.2 저널 슬라이더 베어링 작동

저널 베어링(그림 12.17)은 윤활유 유막에서 하중을 지지하는 압력을 얻기 위해 축의 미끄럼 운동에 의존한다. 일반적

으로 축은 페트로브 방정식[식 (12.76)]에서 가정했던 것처럼 베어링과 동심으로 회전하지 않는다. 베어링 중심에 대한 축 중심의 어긋남을 **편심**(eccentricity, 그림 12.17에서 e로 표시)이라 한다. 베어링 틈새 내에서 축의 편심 위치는 지지하는 하중의 영향을 받는다. 편심은 집중하는 윤활유 유막에서 발생하는 압력과 하중이 균형을 이룰 때까지 스스로 조절한다. 축의 중심과 베어링 중심을 연결한 직선을 **중심선**(line of centers)이라 한다. 12.2.2절에서 언급하고 12.3.5절의 스러스트 슬라이더 베어링에서 사용한 물리적 쐐기 압력 발생 메커니즘이 이 절에서도 유효하다.

발생한 압력 및 베어링의 부하 용량은 축의 편심 및 각속도, 윤활유 유효 점도, 베어링 치수 및 틈새에 의존한다. 일반적으로 하중 및 각속도가 지정되어 있고, 축의 최소 반지름이 미리 결정되어 있는 경우도 많다. 설계를 완료하기 위해서는, 보통 베어링의 폭과 틈새를 계산해야 하고, 미리 정해져 있지 않다면 적절한 윤활유도 선정해야 한다.

12.4.3 운전 변수 및 성능 변수

스러스트 슬라이더 베어링에 사용되는 식 (12.25)의 레이놀즈 방정식은, $x = r_b\phi$ 및 $\overline{u} = u_b/2 = r_b\omega/2$의 저널 베어링에 대해 다음과 같이 수정된다.

$$\frac{\partial}{\partial\phi}\left(h^3\frac{\partial p}{\partial\phi}\right) + r_b^2\frac{\partial}{\partial y}\left(h^3\frac{\partial p}{\partial y}\right) = 6\eta_o\omega r_b^2\frac{\partial h}{\partial\phi}. \quad (12.78)$$

저널의 유막 두께는

$$h = c\,(1 + \epsilon\cos\phi) \quad (12.79)$$

이며, $\epsilon = e/c$로 편심률이다. 식 (12.79)를 식 (12.78)에 대입하면 다음 식을 얻을 수 있다.

$$\frac{\partial}{\partial\phi}\left(h^3\frac{\partial p}{\partial\phi}\right) + r_b^2h^3\frac{\partial^2 p}{\partial y^2} = -6\eta_o\omega r_b^2 e\sin\phi. \quad (12.80)$$

식 (12.80)의 해석해는 보통 구할 수 없으므로 수치해를 구해야 한다. 식 (12.80)은 완화법(relaxation method), 즉 식의 미분항을 유한 차분 근사로 대체하여 풀 수 있다. 윤활 구역은 작은 격자망(mesh)으로 대체되는데, 수치해석법은 작은 구역에서는 함수를 이차식으로 대체해도 정확도가 충분히 유지될 수 있다는 사실에 의존한다. 레이놀즈 경계 조건으로는 압력 $p = 0$ 및 $\phi = \phi^*$(출구 경계)에서 $dp/dx = 0$을 사용한다. 본 절에서는 수치해석법으로 얻은 결과를 소개한다.

동압 저널 베어링의 운전 변수는 다음과 같다.

1. 저널 베어링의 베어링 수(즉 **좀머펠트**(Sommerfeld) 수)

$$B_j = \left(\frac{\eta_o\omega r_b w_t}{\pi W_r}\right)\left(\frac{r_b}{c}\right)^2. \quad (12.81)$$

2. 지름-폭 비

$$\lambda_j = \frac{2r_b}{w_t}. \quad (12.82)$$

3. (전면 또는 부분) 저널 각도 크기

동압 저널 베어링의 성능 변수는 다음과 같다.

1. 편심 e
2. 최소 유막 두께의 위치, 즉 자세각(attitude angle) Φ
3. 미끄럼 마찰 계수 μ
4. 전체 및 측면 체적 유동 비율 q 및 q_s
5. 최고 압력 각도 $\phi_{\max}$
6. 압력 소멸 위치 ϕ_o
7. 윤활유 전단에 의한 온도 상승 Δt_m

변수 Φ 및 $\phi_{\max}$, ϕ_o는 저널 베어링의 압력 분포를 나타낸 그림 12.17에 설명되어 있다. 이 그림에서 베어링이 동심($e = 0$)이라면, 저널 주위의 유막은 중심 c에 대해 일정하고 같은 형상이며, 유막 압력이 발생하지 않는다는 점에 주목한다. 정반대로 무거운 하중인 경우는 저널은 아래 방향으로 힘을 받으며, $h_{\min} = 0$과 $e = c$(즉, 저널이 베어링과 접촉)일 때, 한계 위치에 도달한다.

윤활유 전단에 의한 온도 상승은 스러스트 베어링에 대한 12.3.4절 내용과 같이 생각할 수 있다. 식 (12.80)에서 윤활유 점도는 압력 $p = 0$이지만 온도 함수로 변할 수 있다. 윤활유가 전단될 때 일이 이루어지므로, 윤활유의 온도는 입구에 비해 결합이 분리될 때 더 높다. 8장에서 (그림 8.12 및 8.13,

표 8.6), 오일의 점도는 온도가 높아질 때 크게 떨어지는 것을 알았다. 이 감소는 입구 및 출구 온도의 평균값을 사용하여 반영한다.

$$t_m = t_{mi} + \frac{\Delta t_m}{2}, \tag{12.83}$$

여기서 t_{mi}는 입구 온도이며, Δt_m은 입구에서 출구까지 윤활유 온도 상승값이다. 베어링 수 B_j 및 여러 성능 변수에서 사용하는 점도는 평균 온도 t_m에서의 값이다. 입구에서 출구까지 Δt_m의 윤활유 온도 상승은 본 절에서 제공하는 성능 차트에서 결정할 수 있다.

12.4.4 수치해

운전 및 성능 변수를 정의하였으므로 동압 저널 베어링의 설계 절차를 진행할 수 있다. 전면 저널 베어링에 대한 결과만 소개하며, *부분* 저널 베어링은 Raimondi and Boyd(1958)의 결과를 참조하면 된다.

대부분의 설계 문제는 제약 조건이 부족하므로, 한 개 또는 그 이상의 치수가 정해져야 해석을 시작할 수 있다. 이러한 여건에서는 표 12.2에 있는 데이터가 설계 후보를 정하는 데 도움을 줄 수 있으며, 추후 성능이 충분하지 못한 것으로 드러나면 적절히 수정하면 된다. 예를 들면, 하중과 축 지름이 주어지면, 표 12.2의 대표적인 평균 압력 값을 활용하여 베어링 폭을 결정할 수 있다. 이 표는 해석 결과를 검증하는 데도 유용하게 사용할 수 있다.

그림 12.20은 네 가지 지름-폭 비에 대해 베어링 수 B_j가 최소 유막 두께에 미치는 효과를 보여 주는데, 다음 관계를 관찰할 수 있다.

$$h_{\min} = c - e. \tag{12.84}$$

무차원 형태로는

$$H_{\min} = \frac{h_{\min}}{c} = 1 - \epsilon \tag{12.85}$$

이며, 여기서 편심률은 다음과 같다.

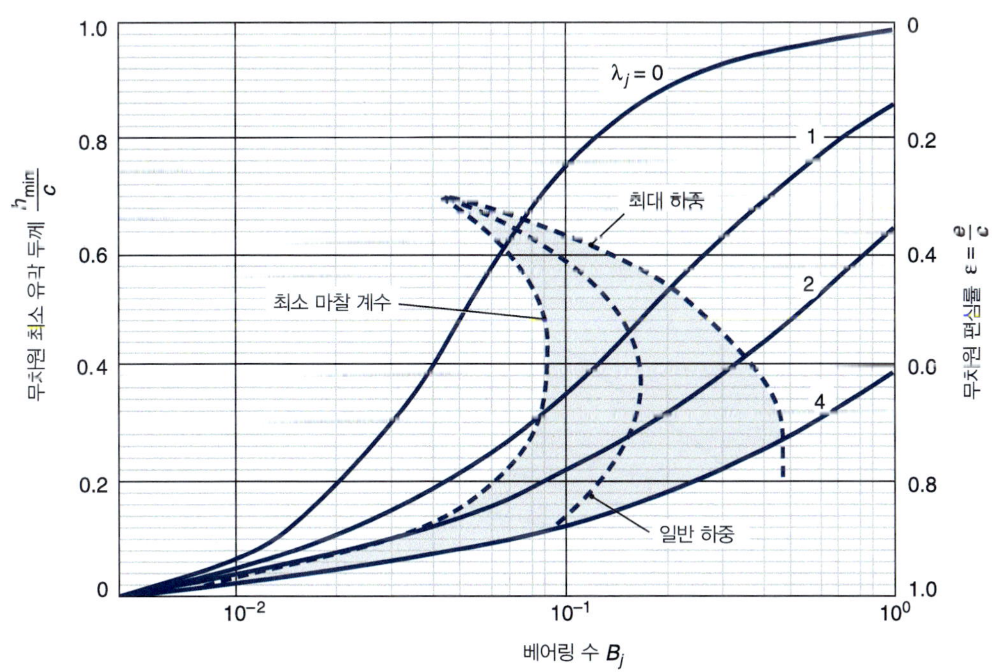

그림 12.20: 네 개의 지름-폭 비에 대한 베어링 수가 최소 유막 두께에 미치는 영향. 음영 처리된 구간이 잘 설계된 저널 베어링의 운전 영역. 출처: Riamondi and Boyd(1958).

표 12.2: 저널 베어링에 대한 단위 면적당 레이디얼 하중.

적용	단위 면적당 평균 레이디얼 하중 W_r' psi	MPa
자동차 엔진:		
메인 베어링	600–750	4–5
커넥팅 로드 베어링	1700–2300	10–15
디젤 엔진:		
메인 베어링	900–1700	6–12
커넥팅 로드 베어링	1150–2300	8–15
전기 모터	120–250	0.8–1.5
증기 터빈	150–300	1.0–2.0
기어 감속기	120–250	0.8–1.5
원심 펌프	100–180	0.6–1.2
공기 압축기:		
메인 베어링	140–280	1–2
크랭크 핀	280–500	2–4
원심 펌프	100–180	0.6–1.2

$$\epsilon = \frac{e}{c} = \text{편심률}. \tag{12.86}$$

식 (12.81)에 표현된 저널 베어링에 대한 베어링 수는 다음 수들에 영향을 받는다.

1. 윤활유 절대 점도 η_o
2. 축의 각속도 ω
3. 레이디얼 하중 W_r
4. 반지름 방향 틈새 c
5. 저널 치수 r_b 및 w_t

위의 모든 변수들이 저널 베어링 설계에 영향을 미친다.

그림 12.20에서 권장 운전 편심률, 즉 최소 유막 두께는 우선순위 운전 영역과 함께 표시되어 있다. 음영 영역의 왼쪽 경계는 최소 마찰 계수에 대한 최적 편심률을 나타내며, 오른쪽 경계는 최대 하중에 대한 최적 편심률을 나타낸다. 비록 일반적으로는 음영 영역 전체에서 훌륭한 성능이 얻어질 수 있다 하더라도, 운전 편심률은 이 두 영역의 중앙이 바람직하다.

그림 12.21은 자세각 ϕ에 대한 베어링 수의 영향을 보여준다. 자세각은, 네 개의 λ_j 값에 대하여, 베어링과 저널 중심을 연결한 직선(그림 12.17 참조)과 하중 방향 사이의 각도로 정의한다. 이 각도는 베어링 내에서 최소 및 최대 유막 두께가 위치하는 곳을 정해준다.

그림 12.22는 네 개의 λ_j값에 대하여 마찰 계수에 대한 베어링 수의 영향을 보여 주는데, 그 영향은 무차원 하중 변수 전 영역에 걸쳐 적다.

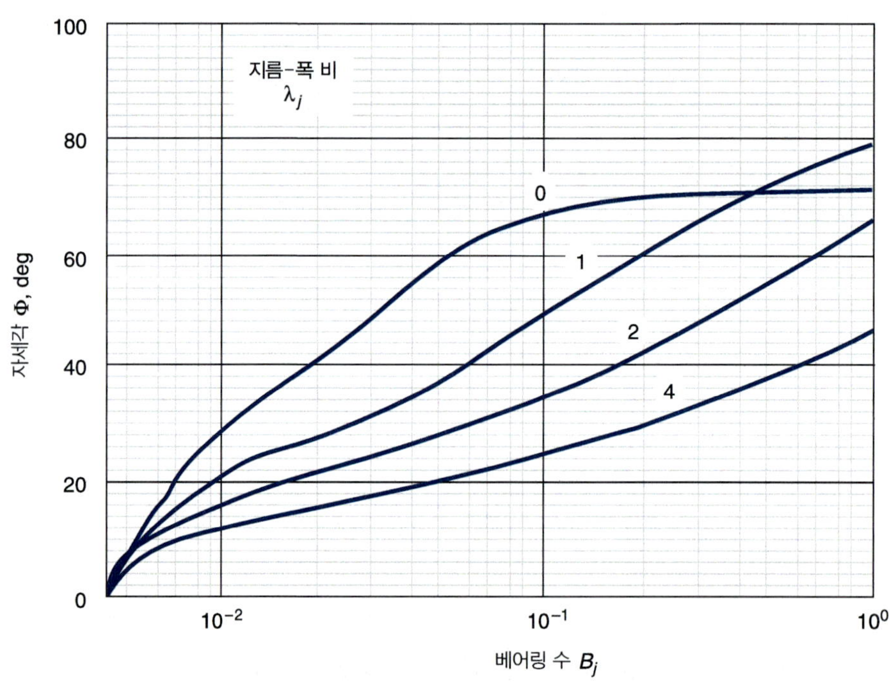

그림 12.21: 네 개의 지름-폭 비에 대한 베어링 수가 자세각에 미치는 영향. 출처: Raimondi and Boyd(1958).

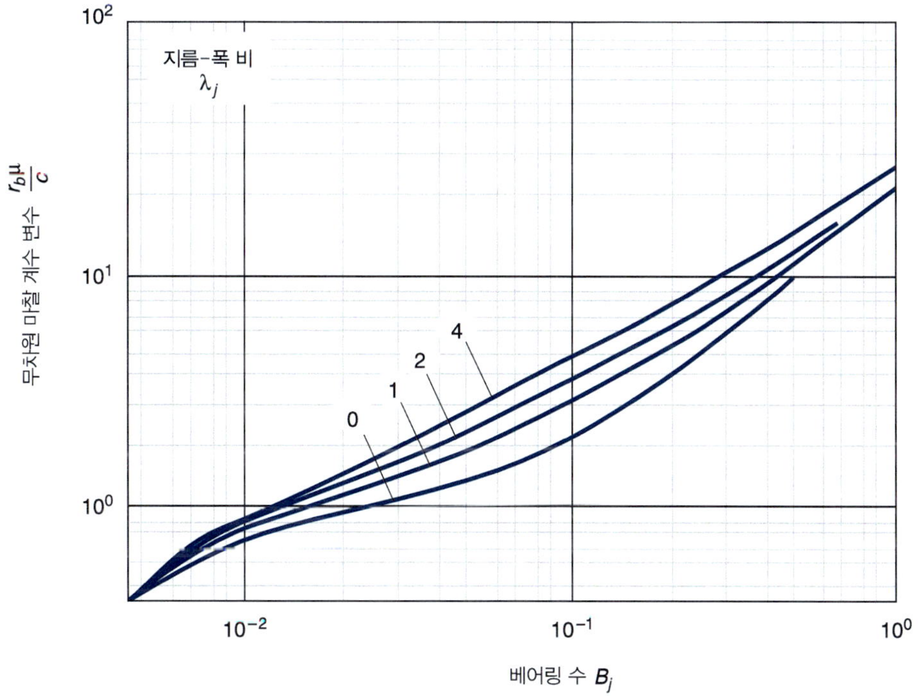

그림 12.22: 네 개의 지름-폭 비에 있어 베어링 수가 마찰 계수에 미치는 영향. 출처: Raimondi and Boyd(1958).

그림 12.23은 네 개의 λ_j값에 대하여 무차원 체적 유동률 $Q = 2\pi q/r_b c w_t \omega$에 대한 베어링 수의 영향을 보여 준다. 무차원 체적 유동률 Q는 회전하는 저널에 의해 수렴 공간으로 주입되는데, 이 그림으로부터 얻을 수 있다. 회전하는 저널에 의해 주입되는 윤활유의 체적 q이 끝 바깥으로 흘러나오는 양 q_s를 *측면 누설 체적 유동*(side-leakage volumetric flow)이라 한다. 이 측면 누설은 그림 12.24에서 체적 유동 비율 q_s/q로부터 계산할 수 있다.

그림 12.25는 저널 베어링에서 발생하는 최대 압력인데, 최대 유막 압력은 단위 면적당 부하로 나누어 무차원화 한 것이다. 그림 12.17은 최대 압력 및 위치를 나타낸 것이며, 그림 12.26은 네 개의 λ_j값에 대한 압력 소멸 및 최대 압력 위치에 베어링 수가 미치는 영향을 보여 준다.

입구에서 출구까지 윤활유 온도 상승[°C]은 Shigley and Mitchell(1983)로부터 얻을 수 있다.

$$\Delta t_m = \frac{8.3W_r^*(r_b/c)\mu}{Q(1-0.5q_s/q)}, \tag{12.87}$$

여기서 $W_r^* = 2r_b w_t$이며, 단위는 MPa이다. 따라서 온도 상승은 식 (12.28)로부터 $r_b\mu/c$, 식 (12.29)로부터 Q, 식 (12.24)로부터 q_s/q를 구하여 식 (12.87)에 대입하면 직접 구할 수 있다. 온도 상승을 °F 단위로 구하면

$$\Delta t_m = \frac{0.103W_r^*(r_b/c)\mu}{Q(1-0.5q_s/q)} \tag{12.88}$$

이며, 여기서

$$W_r^* = \frac{W_r}{2r_b w_t}, \tag{12.89}$$

W_r^*의 단위는 pounds/in²이다. 점도를 알면, 베어링 수를 계산할 수 있으므로 그림 12.20~12.26 및 식 (12.89)로 성능 변수들을 얻을 수 있다.

지금까지 결과들은 λ_j의 값이 0, 1, 2, 4인 경우이다. 만일 λ_j가 다른 값이면, 성능 변수를 결정하는 데 다음 공식을 사용할 수 있다.

$$y = \left(\frac{\lambda_j-2}{\lambda_j}\right)\left[-\frac{(\lambda_j-1)(\lambda_j-4)}{8}y_o\right]$$

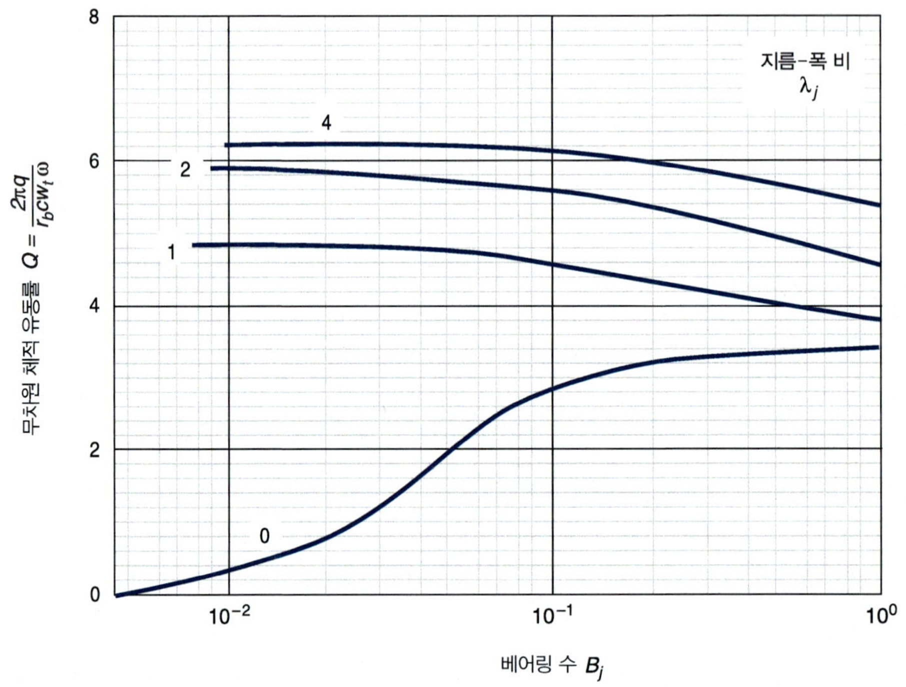

그림 12.23: 네 개의 지름-폭 비에 있어 베어링 수가 무차원 체적 유동률에 미치는 영향. 출처: Raimondi and Boyd(1958).

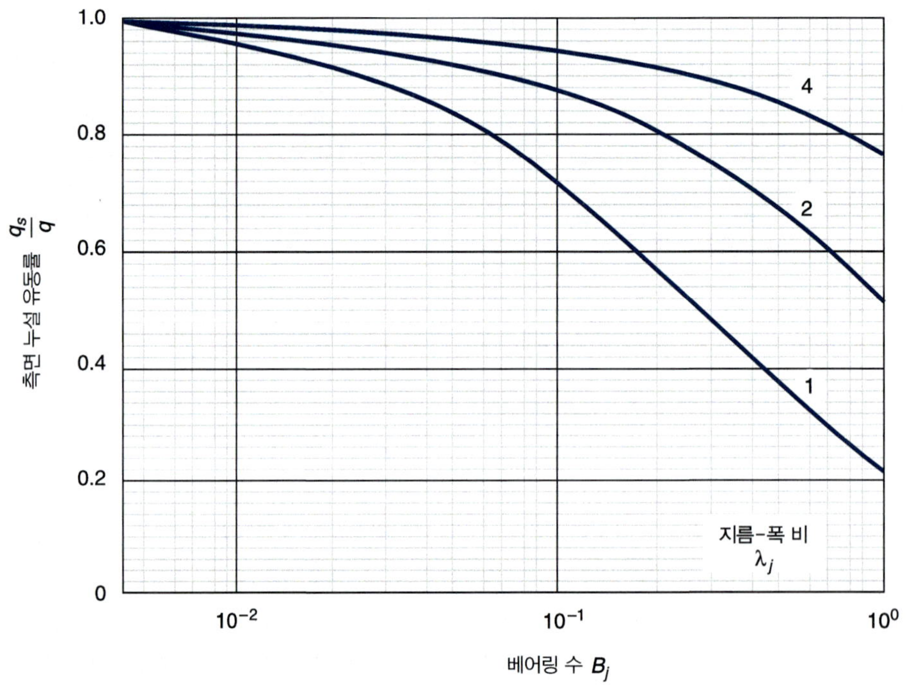

그림 12.24: 네 개의 지름-폭 비에 있어 베어링 수가 측면 누설 유동률에 미치는 영향. 출처: Raimondi and Boyd(1958).

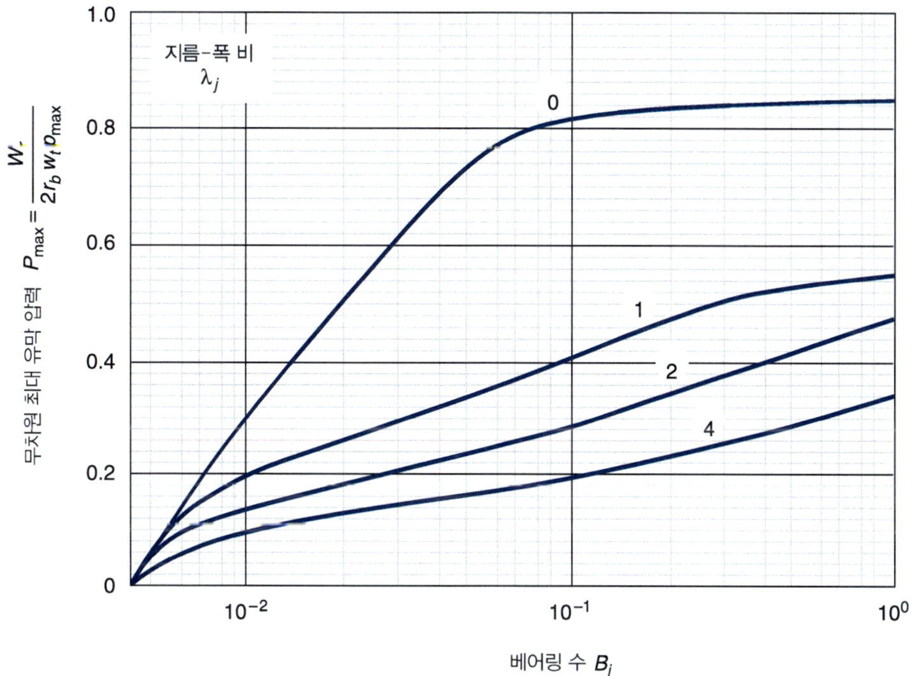

그림 12.25: 네 개의 지름-폭 비에 있어 베어링 수가 무차원 최대 유막 압력에 미치는 영향. 출처: Raimondi and Boyd(1958).

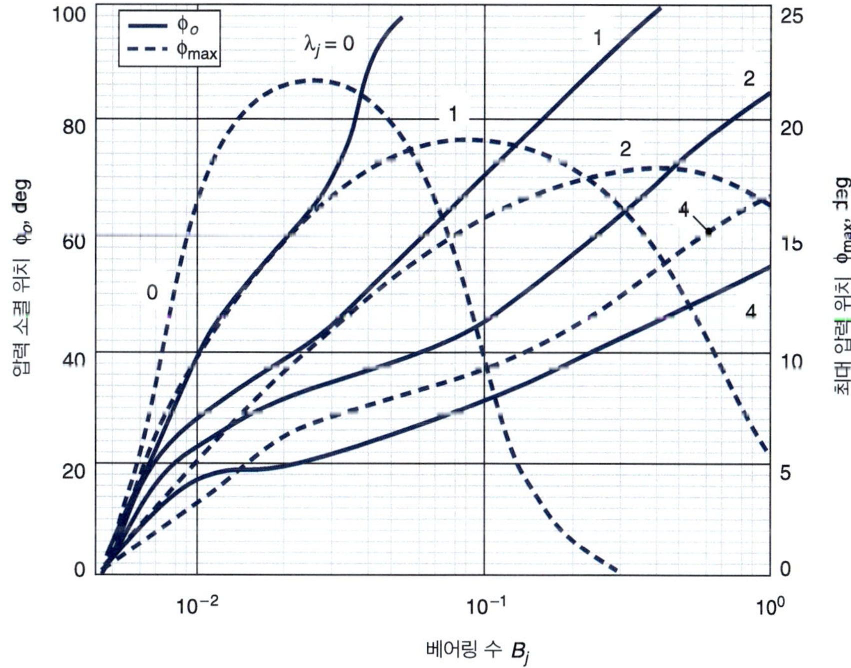

그림 12.26: 네 개의 지름-폭 비에 있어 베어링 수가 압력의 최댓값 및 소멸 위치에 미치는 영향. 출처: Raimondi and Boyd(1958).

$$+(\lambda_j-2)\left[\frac{(\lambda_j-4)\,y_1}{3}-\frac{(\lambda_j-1)\,(\lambda_j+2)\,y_2}{4}\right]$$

$$+(\lambda_j-2)\left[\frac{(\lambda_j-1)\,y_4}{24}\right]. \qquad (12.90)$$

여기서 y는 성능 변수 (H_{min}, Φ, $r_b\mu/c$, Q, q_s/q, p_{max}, ϕ_o 또는 ϕ_{max}) 중 하나이며, y의 아래 첨자는 λ_j의 값이다. 예를 들면, y_1은 $\lambda_j=1$에 대해 구한 y와 동등하다. 그리고 필요한 경우, 적절한 차트로부터 보간법을 통하여 구해야 한다. 높은 정밀도가 요구되는 경우에는 수치 근사가 필요할 때가 있으며, Hamrock et. al. (2004)에 상세한 내용이 소개되어 있다. 그럼에도 불구하고 식 (12.90)은 모든 지름-폭 비에 대해서 정확성을 보증한다.

설계 절차 12.2

저널 베어링 설계

1. 일반적으로 설계 문제는 제약 조건이 부족하다. 지름은 통상 축의 크기로부터 미리 결정되며 하중과 속도는 설계 요구 조건이다. 표 12.2는 지름-폭 비가 명시되지 않은 경우, 이를 선정하는 데 사용할 수 있다. 그렇지 않으면, 그림 12.20을 베어링 수 B_j를 구하는 데 사용할 수 있다. 그림 12.20으로부터 무차원 유막 두께 h_{min}/c도 구할 수 있다. 표 12.1의 유막 두께를 사용하여 반경 방향 틈새 c를 계산할 수 있다. 그렇지 않으면, 알고 있는 c값으로부터 유막 두께를 추정하여, 설계를 평가하고 저널 베어링과 슬리브 표면 거칠기 및 가공법을 명시하기 위해 표 12.1과 비교할 수 있다.

   여기서 필수 윤활유 점도는 요구되는 베어링 수에 적합하게 결정할 수 있다. 그림 8.13을 사용하면, 이러한 점도 값을 얻기에 적합한 윤활유와 작동 온도를 선정할 수 있다.

2. 저널 베어링 성능 변수는 그림 12.21~12.26으로부터 얻을 수 있다.

3. 저널 베어링 내에서 온도 상승은 식 (12.87)로부터 얻을 수 있다. 온도 상승은 설계의 타당성을 보여 준다. 일반적으로 베어링 내에서는 그림 8.13에서의 온도를 초과하면 안 된다. 그렇지 않으면 윤활유는 조기에 점도를 잃거나 열 저하가 발생할 수 있다. 그리고 적당한 온도 상승은 윤활유 냉각 시스템이 필요한 경우 이를 설계하는 데 충분한 정보를 제공할 수 있다.

4. 간혹 이미 선정되어 있는 베어링의 성능을 검증해야 한다. 이 경우, 온도 상승 및 평균 온도가 미리 알려져 있지 않으므로 윤활유 점도를 모른다. 따라서 온도 상승을 추정하고, 그림 12.21에서 12.26으로부터 성능 변수를 얻어 온도 상승을 계산한다. 계산한 온도 상승값이 추정값에 근접하면, 저널 베어링의 운전 조건이 된다. 만일 추정값과 계산값의 차이가 10°C 이상이면, 추정값을 다시 정해 전 과정을 반복한다. 저널 베어링의 경우, 통상 한두 번 정도 반복하면 적절한 해를 구할 수 있다.

예제 12.4

저널 베어링 해석

조건 전면 저널 베어링이 SAE 60 윤활유를 사용하며, 입구 온도는 40°C, N_a = 30 rev/s, W_r = 2200 N, r_b = 20 mm, w_t = 40 mm이다.

문제 이 베어링을 최대 하중 조건에서 사용할 때, 운전 및 성능 변수를 구하라.

풀이 각속도는 다음과 같다.

$$\omega=2\pi N_a=2\pi(30)=60\pi\ \text{rad/s}.$$

지름-폭 비는

$$\lambda_j=\frac{2r_b}{w_t}=\frac{2(2)}{4}=1$$

이며, 그림 12.20에서 λ_j = 1에 대한 최대 하중 조건은

$$B_j=0.2,\qquad \frac{h_{min}}{c}=0.53,\qquad \epsilon=0.47 \qquad (a)$$

이다. $B_j = 0.2$ 및 $\lambda_j = 1$에 대한 그림 12.22~12.24로부터

$$\frac{r_b\mu}{c} = 4.9, \qquad Q = 4.3, \qquad \frac{q_s}{q} = 0.6 \tag{b}$$

를 얻는다. 식 (12.89)로부터 단위 면적당 레이디얼 하중은

$$W_r^* = \frac{W_r}{2r_b w_t} = \frac{2200}{2(2)(4)(10^{-4})}\ \text{Pa} = 1.375\ \text{MPa} \tag{c}$$

이다. 윤활유 온도 상승은 식 (12.87), 식 (b) 및 (c)의 결과로부터

$$\Delta t_m = \frac{8.3W_r^*(r_b/c)\mu}{Q(1-0.5q_s/q)} = \frac{8.3(1.375)(4.9)}{4.3[1-(0.5)(0.6)]} = 18.58°\text{C}.$$

식 (12.83)으로부터 윤활유의 평균 온도는

$$t_m = t_{mi} + \frac{\Delta t_m}{2} = 40 + \frac{18.58}{2} = 49.29°\text{C}$$

이다. 그림 8.13a로부터 윤활유 SAE 60의 49.3℃에 대한 절대 점도는 다음 값이다.

$$\eta = 0.170\ \text{N-s/m}^2.$$

식 (12.81)로부터 반지름 방향 틈새는

$$c = r_b\sqrt{\frac{\eta_o\omega r_b w_t}{\pi W_r B_j}} = (0.02)\sqrt{\frac{(0.170)60\pi(0.020)(0.040)}{\pi(2200)(0.2)}}$$

즉 $c = 86.1\times10^{-6}$ m이다. 식 (b)로부터 마찰 계수는

$$\mu = \frac{4.9c}{r_b} = \frac{(4.9)(0.0861)(10^{-3})}{0.02} = 0.021$$

이며, 원주 방향 체적 유동률은 다음과 같다.

$$\begin{aligned} q &= \frac{Qr_bcw_t\omega}{2\pi} = \frac{(4.3)(0.020)\left(0.0861\times10^{-3}\right)(0.040)60\pi}{2\pi} \\ &= 8.89\times10^{-6}\ \text{m}^3/\text{s}, \end{aligned}$$

$$q_s = 7.288\times10^{-6}\ \text{m}^3/\text{s}.$$

$B_j = 0.2$ 및 $\lambda_j = 1$에 대한 그림 12.21로부터 자세각은 61°이다. $B_j = 0.2$ 및 $\lambda_j = 1$에 대한 그림 12.25로부터 무차원 최대 압력은 $P_{\max} = 0.46$이다. 그러므로 최대 압력은 다음과 같다.

$$p_{\max} = \frac{W_r}{2r_b w_t P_{\max}} = \frac{2200}{2(0.020)(0.040)(0.46)} = 2.989\ \text{MPa}.$$

그림 12.26에서 $B_j = 0.2$ 및 $\lambda_j = 1$인 경우, 작용 하중으로부터 최대 압력 위치까지의 각은 18°이며, 압력 소멸 위치까지는 86°이다.

12.4.5 최적화 기술

반경 방향 틈새 c는 정확한 치수로 가공하기 가장 어려운 성능 변수이며, 마모로 인해 넓어질 수도 있다. 그림 12.27은 특정한 베어링의 반경 방향 틈새에 따른 성능을 보여 준다. 틈새가 너무 작으면, 온도가 매우 높아지고 최소 유막 두께도 매우 얇아진다. 높은 온도는 베어링의 피로 파손을 일으키거나 윤활유의 질을 저하시킬 수 있다. 유막이 너무 얇으면, 오염 입자들이 스코어링(scoring)되거나 베어링에 달라붙을 수 있다. 어느 경우에도 과도한 마모 또는 마찰이 있을 것이며, 높은 온도가 초래되어 베어링이 붙어 버릴 수 있다. 큰 틈새는 오염 입자를 통과시키고 윤활유를 많이 흐르게 하여 온도를 낮추고 베어링 수명을 길게 한다. 그러나 틈새가 너무 크면, 소음이 발생하고 최소 유막 두께가 다시 감소하게 된다.

생산 공차 및 베어링에서 예상되는 마모를 모두 고려할 때 가장 좋은 안은 틈새 범위를 그림 12.27에 보인 최소 유막 두께 곡선의 왼쪽 윗부분 쪽으로 치우치게 하는 것이다. 베어링이 마모되면 작동점이 오른쪽으로 이동하여, 유막 두께가 늘어나고 작동 온도가 낮아진다.

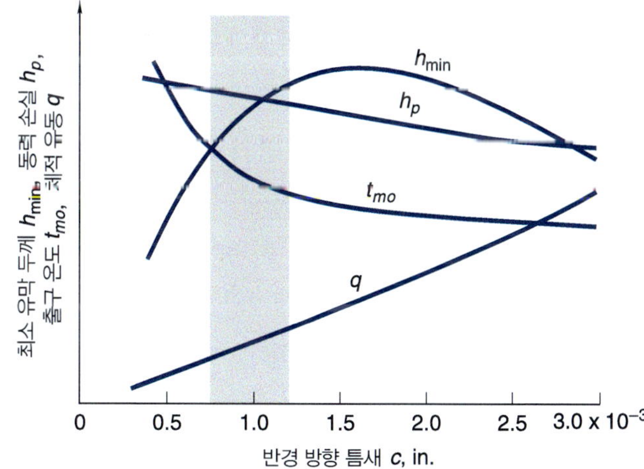

그림 12.27: 특정한 베어링에 대한 반경 방향 틈새가 성능 변수에 미치는 영향.

12.5 압착 유막 베어링

12.3절과 12.4절에서 동압 슬라이더 베어링을 고려하였는데, 이 경우 양의 베어링 압력은 12.2.2절에서 논의한 물리적 쐐기 메커니즘 때문에 발생한다. 본 절에서는 서로 가까워지는 두 표면 사이에서 양의 유체 압력이 만들어지는 데 초점을 맞춘다. 이 경우 두 표면 사이 간격 밖으로 유체를 압출해 내는데 유한한 시간이 필요하기 때문에, 베어링에 유용한 완충 효과를 제공한다. 두 표면이 서로 멀어질 때는 역효과로서 유막에서 공동현상(cavitation)이 초래될 수 있다.

압착 유막 베어링(squeeze film bearing) 개념과 관련된 압력-발생 메커니즘은 12.2.2절에 소개하였다. 압착 유막 베어링에서는 임의의 순간에 하중 및 수직 속도 사이의 관계식을 구할 필요가 있다. 두 표면이 일정 거리만큼 멀어지는 데 필요한 시간은 이 관계식을 시간에 대해 한 번 적분하여 구할 수 있다.

압착 유막 베어링에 적절한 레이놀즈 방정식은

$$\frac{\partial}{\partial x}\left(h^3\frac{\partial p}{\partial x}\right)+\frac{\partial}{\partial y}\left(h^3\frac{\partial p}{\partial y}\right)=12\eta_o\frac{\partial h}{\partial t}=-12\eta_o w \quad (12.91)$$

이며, 여기서 w는 압착 속도이다.

12.5.1 평행면 압착 유막 스러스트 베어링

그림 12.28은 간단한 평행면 압착 유막 베어링이다. 측면 누설[y방향 유동(교재 지면에서 돌출 방향)]이 적을 때, 식 (12.91)의 둘째 항은 무시할 수 있다. 이 가정은 폭 w_t가 길이 l에 비해 훨씬 클 때 유효하다. 따라서 측면 누설을 무시하고 평행 유막을 가정하면, 식 (12.91)은 다음과 같이 적을 수 있다.

$$\frac{\partial^2 p}{\partial x^2}=-\frac{12\eta_o w}{h_o^3}. \quad (12.92)$$

그림 12.28에서 좌표계의 원점은 대칭성을 활용하기 위해 베어링의 중앙점으로 한다. 식 (12.92)를 두 번 적분하면 압력은

$$p=-\frac{6\eta_o w}{h_o^3}x^2+C_1x+C_2 \quad (12.93)$$

이 되며, 여기서 C_1과 C_2는 적분 상수이다. 경계 조건은 $x=\pm l/2$일 때 $p=0$이다. 이 경계 조건을 사용하면 다음을 얻을 수 있다.

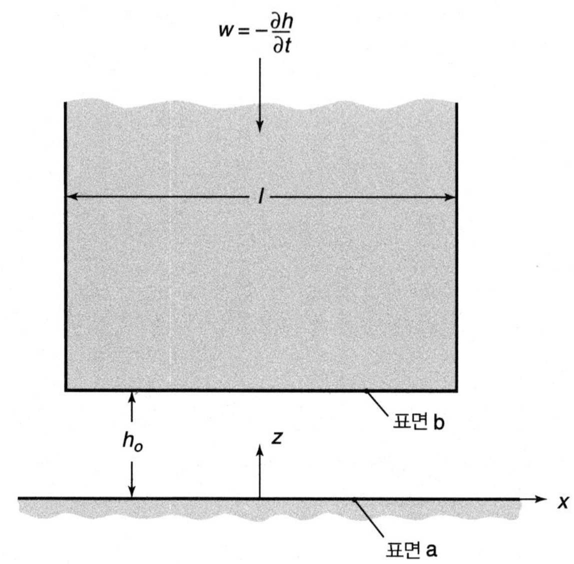

그림 12.28: 평행면 압착 유막 베어링.

$$p=\frac{3\eta_o w}{2h_o^3}\left(l^2-4x^2\right). \quad (12.94)$$

단위 폭당 수직 부하 용량은 다음과 같다.

$$W_z'=\int_{-l/2}^{l/2}p\,dx=\frac{3\eta_o w}{2h_o^3}\int_{-l/2}^{l/2}\left(l^2-4x^2\right)\,dx=\frac{\eta_o l^3 w}{h_o^3}. \quad (12.95)$$

정하중인 경우, 평행면 사이의 간격이 주어진 크기로 줄어드는 시간을 정할 때, 식 (12.95)를 사용할 수 있다. 압착 속도 w는 $-\partial h/\partial t$로 표현할 수 있다. 유막 두께는 x에 따라 변하지 않고 시간에 따라 변하므로 식 (12.95)는

$$W_z'=-\frac{\eta_o l^3}{h_o^3}\frac{\partial h_o}{\partial t} \quad (12.96)$$

이며, 항을 정리하고 적분하면 다음을 얻는다.

$$-\frac{W_z'}{\eta_o l^3}\int_{t_1}^{t_2}dt=\int_{h_{o,1}}^{h_{o,2}}\frac{dh_o}{h_o^3};$$

$$\Delta t=t_2-t_1=\frac{\eta_o l^3}{2W_z'}\left(\frac{1}{h_{o,2}^2}-\frac{1}{h_{o,1}^2}\right). \quad (12.97)$$

최종 출구 유막 두께 $h_{o,2}$는 입구 유막 두께 $h_{o,1}$ 및 시간 간격 Δt로 다음과 같이 표현할 수 있다.

$$h_{o,2} = \frac{h_{o,1}}{\left[1 + \left(2W_z' \Delta t h_{o,1}^2 / \eta_o l^3\right)\right]^{1/2}}. \qquad (12.98)$$

예제 12.5

압착 유막 베어링의 유막 두께

조건 두 평행판의 길이는 0.025 m이고 매우 넓다. 두 평행판 사이의 윤활유 두께는 처음에 25 μm이며 점도는 0.5 Pa-s이다. 단위 폭당 하중은 20,000 N/m이다.

문제 유막 두께가 다음 값들로 감소하는 데 소요되는 시간을 계산하라. (a) 2.5 μm, (b) 0.25 μm, (c) 0 μm.

풀이 식 (12.97)을 사용하면

$$\begin{aligned}\Delta t &= \frac{\eta_o l^3}{2W_z'}\left(\frac{1}{h_{o,2}^2} - \frac{1}{h_{o,1}^2}\right) = \frac{(0.5)(0.025)^3}{2(20,000)}\left[\frac{1}{h_{o,2}^2} - \frac{1}{h_{o,1}^2}\right] \\ &= \left(2.95 \times 10^{-10}\right)\left[\frac{1}{h_{o,2}^2} - \frac{1}{(25 \times 10^{-6})^2}\right].\end{aligned}$$

따라서 각 경우에 소요되는 시간은 다음과 같다.

1. $h_o = 2.5\,\mu$m인 경우

$$\Delta t = 1.95 \times 10^{-10}(0.16 - 0.0016)(10^{12}) = 30.9 \text{ s}.$$

2. $h_o = 0.25\,\mu$m인 경우

$$\begin{aligned}\Delta t &= 1.95 \times 10^{-10}\left[\frac{1}{(0.25 \times 10^{-6})^2} - \frac{1}{(25 \times 10^{-6})^2}\right] \\ &= 3120 \text{ s} = 52 \text{ min}.\end{aligned}$$

3. $h_o = 0\,\mu$m인 경우

$$\Delta t = 1.95 \times 10^{-10}\left[\frac{1}{0} - \frac{1}{(25 \times 10^{-6})^2}\right] = \infty.$$

위 결과로부터 이론적으로는 윤활유가 평행판 사이 공간 밖으로 압출되지 않는다는 것을 알 수 있다.

12.5.2 압착 유막 베어링에 대한 일반 해설

압착 속도가 있는 스러스트 베어링의 가능한 모든 유막 형상 중에서 평행 유막 형상이 가장 큰 부하 용량을 보여준다. 반면에 스러스트 슬라이더 베어링은 평행 유막이 양의 압력을 생성하지 못하므로 부하 용량이 없다. 슬라이더 베어링은 물리적 쐐기 메커니즘(12.2.2절 참조)으로 양의 압력을 생성한다. 압착 유막 베어링은 평행면 스러스트 베어링을 제외한 여러 베어링 형상에 적용한다. Hamrock et al. (2004)은 압착 유막을 다수의 정합면 및 부정합면, 즉 저널 베어링 및 평행 원판, 평판에 가까운 무한히 긴 원통 등에 적용하였으며, 상세한 정보를 제공하는 좋은 참고 자료이다.

수직 압착 유막 베어링에 대한 두 번째 주목할 내용은, 베어링 표면이 서로를 향해 움직임에 따라 점성 유체는 베어링 측면으로 압착 유출되는데 점점 더 크게 저항한다. 이와 같은 압착 유막의 저항이 두드러지게 크므로, 현재도 많이 사용된다.

압착 유막 베어링에 대한 세 번째 주목할 내용은 작은 접근 속도가 아주 큰 부하 용량을 만들 수 있다는 점이다. 그 이유는 주로 식 (12.95)에서 단위 폭당 수직 작용 하중은 유막 두께의 세제곱에 반비례하며, 압착 속도에 비례하기 때문이다.

12.6 정압 베어링

슬라이더 베어링에서는 12.3절과 12.4절에서 설명한 바와 같이 물리적 쐐기 압력 발생 메커니즘으로 인해 베어링 내의 압력이 커진다. 마찰 저항이 낮아 동력 손실이 적으므로 근본적으로 간단하게 만들 수 있어 가격이 저렴하고 신뢰성이 높으며 사용 중 수리 필요성이 적다. 그러나 슬라이더 베어링에는 다음과 같은 중요한 제약이 있다.

1. 설계 속도가 낮으면, 충분한 동압이 발생하지 않을 수 있다.
2. 시동, 역전, 정지할 때 유막 윤활이 안 될 수 있다.
3. 저널 슬라이더 베어링 (12.4절)의 축은 편심되어 회전하고, 베어링 위치는 하중에 따라 변하므로 강성이 낮다.

정압(hydrostatic) [즉, **외부 가압**(externally pressurized)] **윤활 베어링**에서는 베어링 외부 압력원에 의해 유지되는 유막에 의해 두 개의 베어링 면이 분리된다. 정압 베어링은 단점 1 및 2를 회피할 수 있으며, 단점 3에서 언급한 하중에 따른 베어링 위치 변화도 줄일 수 있다. 정압 윤활 베어링의 특성은 다음과 같다.

1. 극히 낮은 마찰
2. 저속에서 매우 큰 부하 용량
3. 고속 및 저하중에서 높은 위치 정도
4. 슬라이더 베어링에 비해 복잡한 윤활 시스템

그러므로 정압 윤활 베어링은 필요한 경우에만 사용한다. 예를 들면, 대형 망원경 및 레이더 추적 장치와 같이 하중이 크고 속도가 낮은 경우 또는 공작 기계 및 자이로스코프와 같이 초고속, 저하중, 무점성 윤활유가 사용되는 경우에 쓰인다.

그림 12.29는 정압 윤활 베어링에서 유막이 어떻게 생성되는지를 보여준다. 압력이 없는 단순한 베어링 시스템(그림 12.29a)에서, 하중의 영향 아래 러너(runner)가 패드 위에 자리한다. 공급 압력이 증가함에 따라(그림 12.29b) 패드의 우묵한 부분의 압력도 증가한다. 패드의 우묵한 면적과 동일한 면적의 러너에서의 압력이 하중을 들어올리기에 충분할 정도까지(그림 12.29c) 우묵한 부분의 압력이 증가한다. 일반적으로 이 압력을 *상승력*(lift pressure) p_l이라 한다. 러너가 베어링 패드로부터 분리되는 즉시(그림 12.29d) 우묵한 부위 압력은 베어링 러너를 들어 올리는 데 필요한 압력보다 작아진다($p_r < p_l$). 베어링 러너가 들어 올려지고 나면, 시스템 전체에 유동이 시작된다. 따라서 압력 저하는 압력원과 (흐름제한 장치를 가로질러) 베어링 사이 및 우묵한 부위에서 베어링 출구까지 발생한다. 베어링 하중이 증가하면(그림 12.29e), 유막 두께는 감소하고 우묵한 부위 압력은 평평한 부위의 통합 압력이 하중과 동일하게 될 때까지 상승한다. 하중이 초기 값보다 더 작은 값으로 감소하면(그림 12.29f), 유막 두께는 보다 높은 값으로 상승하고, 이에 맞춰 우묵한 부분의 압력은 감소할 것이다. 패드가 지지할 수 있는 최대 하중은 이론적으로는 우묵한 부분의 압력이 압력원과 같아질 때이다. 만일 이 값보다 더 큰 하중이 작용하면 베어링은 정지하고, 하중이 줄어들어 공급 압력에 의해 다시 지지될 수 있을 때까지 정지해 있을 것이다.

베어링 패드의 부하 용량은 형상이나 크기와 상관없이 일반적으로 다음 식으로 표현할 수 있다.

$$W_z = a_b A_p p_r, \tag{12.99}$$

여기서 a_b는 무차원 베어링 패드 하중 계수이고, A_p는 패드의 전 투영 면적이다. 윤활유가 패드를 가로질러 베어링 틈새 사이를 흐르는 양은 다음과 같은데

$$q = q_b \frac{W_z}{A_p} \frac{h_o^3}{\eta_o}, \tag{12.100}$$

여기서 q_b는 무차원 베어링 패드 유동 계수이다. 정압 패드에 필요한 펌프 동력은 우묵한 부분의 압력 및 유량의 곱으로 구할 수 있다.

각속도가 '0'이라고 가정하면, 점성 소실에 의한 동력 손실은 '0'이므로 유체를 주입하는 데 필요한 동력은

$$h_p = p_r q = h_b \left(\frac{W_z}{A_p}\right)^2 \frac{h_o^3}{\eta_o} \tag{12.101}$$

로 구할 수 있으며, $h_b = q_b/a_b$는 무차원 베어링 패드 동력 계수이다.

정압 베어링 설계의 주 내용은 세 개의 무차원 베어링 계수 (a_b, q_b, h_b)를 정하는 것이다. 이 세 계수 중에서 두 값을 알면, 나머지를 결정할 수 있다. 베어링 계수는 하중 및 유량, 동력의 성능 특성을 물리적 변수와 관련시키는 무차원양이다. 여기서 여러 종류의 상용 베어링 패드에 대한 베어링 계수들을 고려할 것이다. 이들에 대한 상세한 내용은 Hamrock et al. (2004)에서 확인할 수 있다.

12.6.1 원형 계단 베어링 패드

그림 12.30a와 같은 원형 계단(circular step) 베어링 패드 구조의 반지름 방향 유동 정압 스러스트 베어링을 고려하자. 정압 베어링의 목적은 매우 낮은 마찰과 좋은 강성으로 스러스트 하중을 지지하는 것이다. 마주 보는 면의 수직 위치는

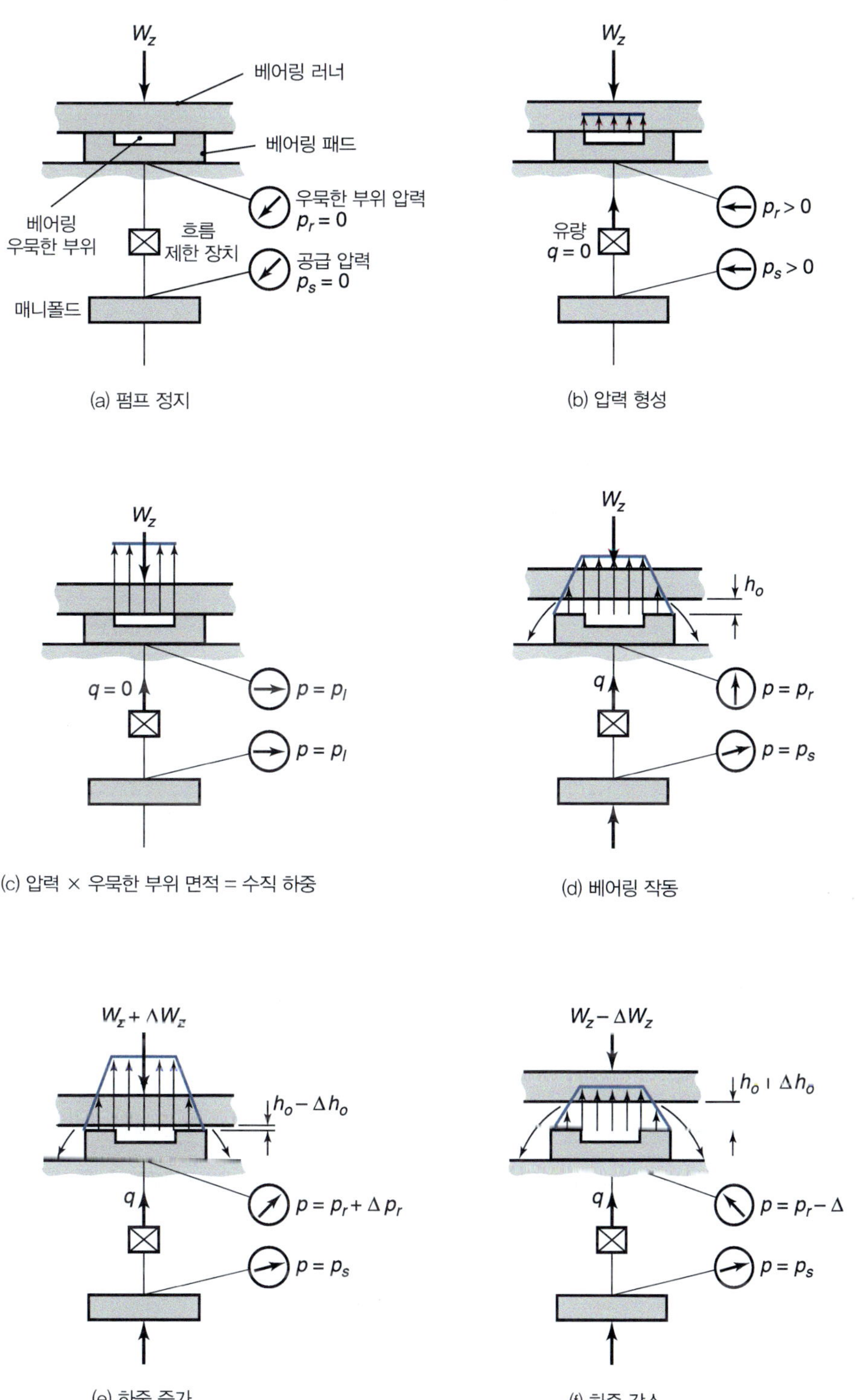

그림 12.29: 정압 베어링 시스템의 유막 형성.

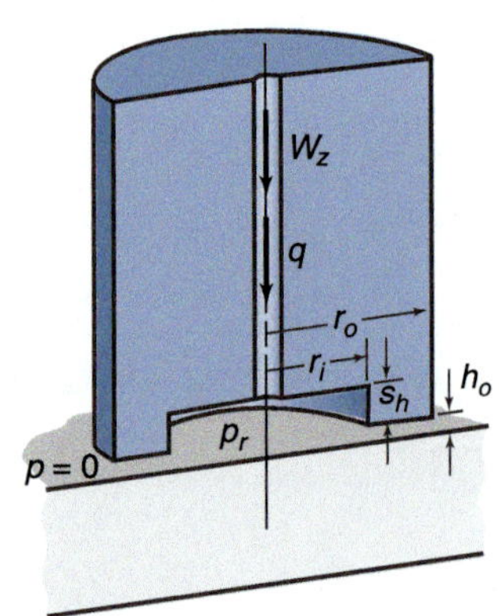

(a) 원형 계단 패드 반지름 방향 유동

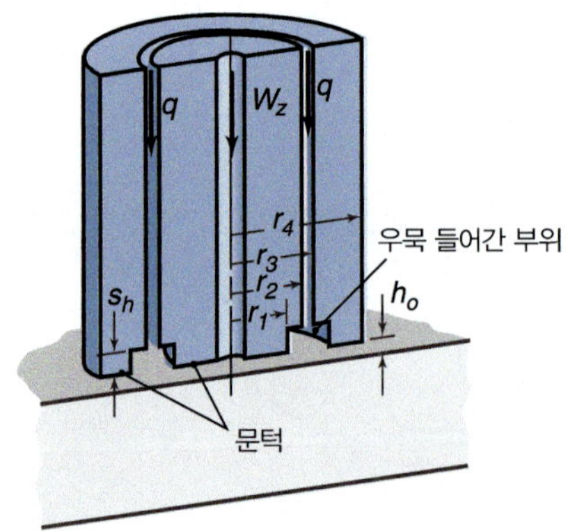

(b) 환상 패드 반지름 방향 유동

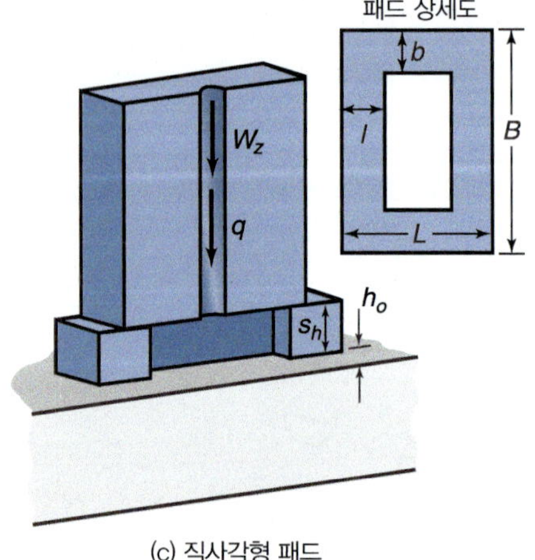

(c) 직사각형 패드

그림 12.30: 정압 스러스트 베어링 배열.

유막 두께 및 하중에 따른 유막 두께 변화에 영향을 받는다. 하중 변화에 따른 편차를 최소화하기 위해 그림 12.30a와 같이 베어링 내에 계단을 만든다. s_h/h_o가 비교적 큰 값(보통 10보다 큰 값)이므로, 계단 내의 압력은 거의 일정하다. 따라서 계단 전체, 즉 $0 < r < r_i$에서 $p = p_r$이다.

원형 계단 베어링 패드의 세 개의 무차원 베어링 계수는 다음과 같다.

$$a_b = \frac{1 - (r_i/r_o)^2}{2\ln(r_o/r_i)}, \tag{12.102}$$

$$q_b = \frac{\pi}{3\left[1 - (r_i/r_o)^2\right]}, \tag{12.103}$$

$$h_b = \frac{2\pi \ln(r_o/r_i)}{3\left[1 - (r_i/r_o)^2\right]^2}. \tag{12.104}$$

패드의 전 투영 면적은 다음과 같다.

$$A_p = \pi r_o^2. \tag{12.105}$$

베어링 패드 하중 계수 a_b는 패드 크기에 비해 우묵한 부위가 매우 작은 경우에는 '0'이고 매우 넓은 경우에는 '1'의 값을 갖는다. 즉, a_b는 우묵한 부위 압력이 하중 지지에 얼마나 효율적으로 사용되는가를 평가하는 척도라고 볼 수 있다. 베어링 패드 유량 계수 q_b는 우묵한 부위 면적이 비교적 작은 경우 '1'이고, 그 면적이 극히 큰 경우는 무한대로 접근한다. 물리적으로 우묵한 부위가 베어링에 비해 커지면 유동 흐름에 대한 유압 저항이 감소하여 유량이 증가한다. 또한 동력 계수 h_b는 우묵한 부위가 극히 작은 경우 무한대에 접근하며, 우묵한 부위 크기가 증가함에 따라 감소하다가, 우묵한 부위가 아주 커지면 다시 무한대에 접근한다. 원형 계단 스러스트 베어링의 최소 h_b값은 $r_i/r_o = 0.53$일 때 발생한다.

12.6.2 환상 스러스트 베어링

그림 12.30b는 우묵 들어간 부위와 문턱(sill) 부위를 정의하는 데 사용한 네 개의 반지름으로 된 환상(環狀, annular) 스러스트 베어링을 보여준다. 윤활유는 환상의 우묵 들어간 부위로부터 내측 및 외측 문턱 부위를 넘어 흐른다.

환상 스러스트 베어링의 패드 계수는 다음과 같다.

$$a_b = \frac{1}{2\left(r_4^2 - r_1^2\right)}\left[\frac{r_4^2 - r_3^2}{\ln(r_4/r_3)} - \frac{r_2^2 - r_1^2}{\ln(r_2/r_1)},\right] \quad (12.106)$$

$$q_b = \frac{\pi}{6a_b}\left[\frac{1}{\ln(r_4/r_3)} + \frac{1}{\ln(r_2/r_1)},\right] \quad (12.107)$$

$$h_b = \frac{q_b}{a_b}. \quad (12.108)$$

그리고 패드의 투영 면적은 다음과 같다.

$$A_p = \pi\left(r_4^2 - r_1^2\right). \quad (12.109)$$

12.6.3 직사각형 부위

만일 직사각형 부위 문턱을 가로질러 압력이 선형으로 감소하면, 패드 계수를 계산할 수 있다. 그림 12.30c의 직사각형 부위에서는 압력이 선형으로 분포한다. 네 모서리 부분은 영향을 미치지 않는다고 가정하면, 패드 계수는 다음과 같다.

$$a_b = 1 - \frac{l}{L} - \frac{b}{B}, \quad (12.110)$$

$$q_b = \frac{1}{6a_b}\left(\frac{B-2b}{l} + \frac{L-2l}{b}\right). \quad (12.111)$$

또한, 식 (12.110) 및 식 (12.111)이 각각 하중 및 유동 계수에 사용된다면 식 (12.108)은 유효하다. 베어링 및 우묵 들어간 부분, 문턱의 면적은 각각 다음과 같다.

$$A_r = (L-2l)(B-2b), \quad (12.112)$$

$$A_s = A_b - A_r, \quad (12.113)$$

$$A_b = LB. \quad (12.114)$$

본 교재는 정압 베어링으로 평면 스러스트 하중 베어링만 취급한다. 원추형, 구형, 실린더형 패드에 대한 설계 정보는 Rippel(1963)을 참조하면 된다. 평면 스러스트 하중 베어링과 유사한 방법으로 보다 복잡한 기하 형상에 대한 패드 계수를 구할 수 있다.

예제 12.6

정압 베어링 해석

조건 평면, 원형 계단 정압 스러스트 베어링을 대형 밀링 머신의 하중을 지지하기 위하여 사용한다. 정압 베어링의 목적은 공작물을 마찰 없이 정확하게 고정하는 것이다. 공작물의 수직 위치는 윤활유 유막의 두께와 하중 변동량에 영향을 받는다. 계단의 바깥 지름 r_o는 100 mm이다. 윤활유 점도는 0.025 N-s/m^2, h_o의 최소 허용값은 50 μm, 계단 높이는 5 mm이며, 압력은 정압으로 균일하다. 베어링의 윤활유 유량은 0.1×10^{-4} m^3/s로 일정하다.

문제 하중이 5 kN에서 20 kN으로 변할 때, r_i 및 유막 두께 변화량을 구하라. 그리고 최고 압력과 베어링에 적합한 펌프에 요구되는 동력을 결정하라.

풀이 식 (12.103)을 식 (12.100)에 대입하면 베어링 사이로 흐르는 유량을 하중의 함수로 구할 수 있다.

$$q = \frac{\pi W_z h_o^3}{3\left[1-(r_i/r_o)^2\right](\pi r_o^2)\eta_o} = \frac{W_z h_o^3}{3\eta_o\left(r_o^2 - r_i^2\right)}.$$

W_z에 대해 정리하면,

$$W_z = \frac{3q\eta_o(r_o^2 - r_i^2)}{h_o^3}.$$

최소 유막 두께는 최대 하중에서 발생한다. 주어진 q 및 r_o값뿐만 아니라 $h_o = 50\ \mu$m, $W_z = 20$ kN을 대입하면,

$$20 \times 10^3 = \frac{3(0.1 \times 10^{-4})(0.025)(0.100^2 - r_i^2)}{(50 \times 10^{-6})^3}$$

이 되므로, r_i를 구하면 0.082 m가 된다. 이 반지름 값과 하중 5,000 N을 대입하면,

$$5000 = \frac{3(0.1 \times 10^{-4})(0.025)(0.100^2 - 0.082^2)}{h_o^3}$$

이 되므로 h_o는 78.9 μm이 된다. 따라서 하중 변화 구간에서 유막 두께 변화 $\Delta h_o = 78.9 - 50 = 28.9\ \mu$m이 되며, 필요한 최대 압력은 식 (12.99)로부터 구할 수 있다. 이를 위해

먼저 베어링 패드 하중 계수를 식 (12.102)를 사용하여 구해야 한다.

$$a_b = \frac{1-(r_i/r_o)^2}{2\ln(r_o/r_i)} = \frac{1-(0.082/0.1)^2}{2\ln(0.1/0.082)} = 0.825.$$

그러므로 식 (12.99)를 풀어 정압 압력을 구하고, 20 kN 부하가 걸릴 때 최대 압력이 걸리므로

$$p_r = \frac{W_z}{a_b A_p} = \frac{W_z}{a_b \pi r_o^2} = \frac{20,000}{(0.825)\pi(0.1)^2} = 771,000 \text{ Pa},$$

즉, p_r은 771 kPa이다. 식 (12.104)로부터 h_p를 구한다.

$$h_p = p_r q = (771,000)(0.1 \times 10^{-4}) = 7.7 \text{ W}.$$

사례 연구 12.1

자동차 엔진 동압 베어링

자동차 및 오토바이, 버스 등 대부분의 운송 수단은 동력원으로 내연기관을 사용하고 있다. 이들 내연기관들은 정교한 설계 및 고급 마찰공학 기술을 활용하여 효율적이고 강건하게 만들어진다. 본 사례 연구를 통해, 본 장에서 기술한 방법을 활용하여 탄성유체 윤활이 되는 자동차 엔진의 여러 부품을 선택하는 방법을 살펴본다. 참고로 그림 12.31은 엔진과 본 사례 연구에서 다루는 부품들이다.

메인 베어링

메인 베어링(main bearing)은 크랭크 축을 지지하는 저널 베어링이다. 이론적으로 크랭크 축은 양 끝에 설치되는 두 개의 메인 베어링만 필요하지만, 크랭크 축의 처짐을 최소화하기 위하여 보통 캠 바로 옆에 베어링을 설치한다. 따라서 통상 메인 베어링이 피스톤 수보다 한 개 더 설치된다. 크랭크 축은 엔진에서 가장 접근하기 어려운 위치에 있는 부품 중의 하나이다. 따라서 크랭크 축과 크랭크 축 베어링은 자동차를 폐차할 때까지 유지 보수가 필요 없도록 해야 하므로, 완전 유막 윤활 영역에서 작동되도록 설계해야 한다.

4행정 사이클 엔진에서는 메인 베어링에 복잡한 동하중이 작용한다. 그러므로 12.4절에서 설명한 방법 중 정적 상태 해석에 더하여, 메인 베어링 설계에서는 레이놀즈 방정식(12.2.2절)에 압착 항을 추가해야 하며, 설계의 강건성 평가를 위해 전용 시뮬레이션 소프트웨어를 사용해야 한다. 압착 유막은 감쇠 효과를 통해 크랭크 축 및 지지 구조물의 동하중 피크값을 줄여주는 데 실제 큰 도움을 준다.

일반적으로 크랭크 축은 스스로 베어링 역할을 할 수 있도록 0.2 μm의 표면 거칠기로 가공 및 연마된다(표 12.1 참조). 저널은 엔진 블록에 부착되는데 교체 가능한 패드로 만든다. 베어링에서 윤활유 흐름은 베어링을 냉각하는데 필수적이며, 저널과 베어링 사이 반지름 방향 틈새는 가능한 큰 것이 좋다. 그러나 틈새가 너무 크면 압착 유막 효과(12.2.2절)가 줄어들어 유막이 얇아지고 엔진 소음도 크게 된다. 현재 사용되는 메인 베어링은 그림 12.27과 같이 반지름 방향 틈새를 25 μm급으로 한다.

냉각을 위해서는 두터운 유막 두께가 필수적이지만 또 다른 장점도 있다. 베어링에서 전단력은 특히 엔진 기동시 매우 높을 수 있으므로, 유막이 얇아지면 전단력이 특히 커질 수 있다. 동압 베어링의 조건에서, 윤활유는 전단 변형 국부화(shear localization)로 분자가 분해되어 점도가 감소될 수 있다고 알려져 있다. 또한 연소 과정에서 발생하는 오염 물질이나 엔진 부품의 마모 입자를 베어링에서 씻어 내고 여과하지 않으면 심각한 손상을 일으킬 수 있다.

커넥팅 로드

커넥팅 로드(connecting rod)는 그림 12.31과 같이 피스톤에 발생하는 폭발력을 크랭크 축으로 전달하는 기계요소이다. 커넥팅 로드와 크랭크 축 사이의 베어링은 *커넥팅 로드 베어링*(connecting rod bearing)으로 불리는

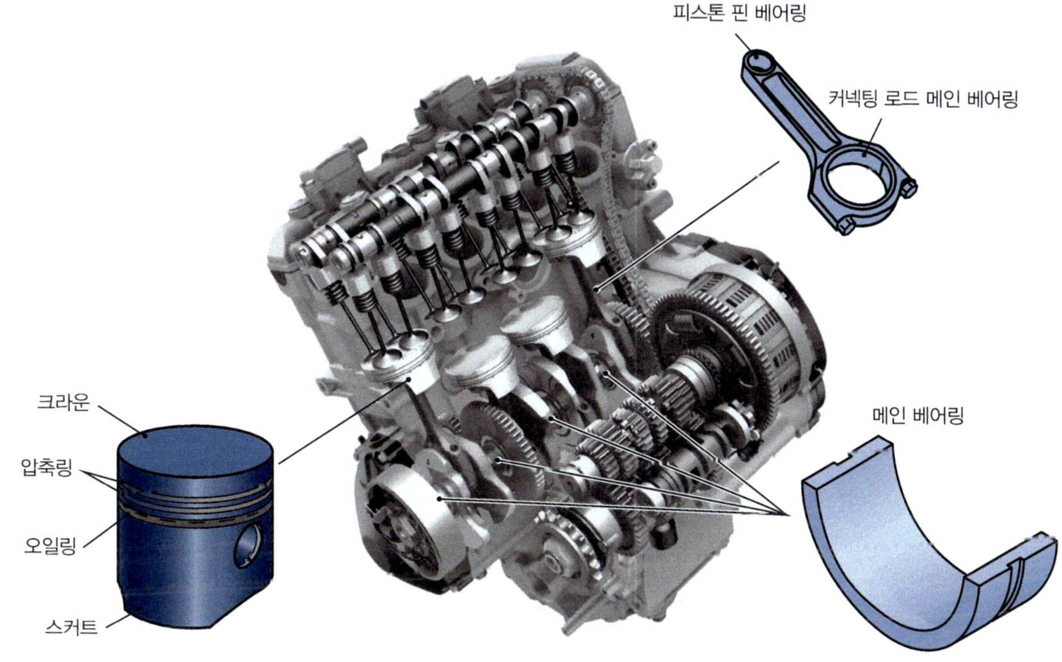

그림 12.31: 탄성유체 윤활 베어링이 적용된 Suzuki 자동차 엔진 도해(2012 GSX-R1000). 출처: Suzuki Motor of America, Inc.

데, 일반적으로 연질 금속 삽입체(insert)를 사용한다.

커넥팅 로드와 피스톤 사이 베어링은 피스톤 핀(wrist pin) 또는 거전 핀 베어링(gudgeon pin bearing)으로 불리는데, 커넥팅 로드[완전 유동 베어링(fully floating bearing)으로 불림]에 황동 슬리브(sleeve)를 삽입하여 베어링으로 사용한다. 또는 피스톤 핀[반 유동 베어링(semi-floating bearing)]을 지지하는 커넥팅 로드 끝 부위에 끼워 맞춤으로 조립되는 니들 베어링(표 13.6)을 사용하기도 한다. 커넥팅 로드는 피스톤이나 크랭크 축에 강하게 고정되지 않으며, 크랭크 축이 회전할 때 커넥팅 로드와 피스톤 핀 베어링에는 상대 운동이 발생하여 반복적으로 미끄럼이 발생한다.

커넥팅 로드와 피스톤 핀 베어링은 모두 변동 부하를 받으면서 연소 행정에서 가장 큰 부하를 받는다. 그리고 흡입, 압축 및 배기 행정에서는 상당히 작은 부하를 받는다. 피스톤 핀 및 커넥팅 로드 베어링에서는 낮은 부하 행정에서 쿠에트 메커니즘(12.2.2절)에 의해 동압 유막이 발생하며, 윤활 유막 유지 여부는 연소 행정 동안의 압착 유막 효과에 달려 있다. 따라서 커넥팅 로드 베어링은 종종 압착 유막 베어링으로 간주되기도 한다.

피스톤 링

피스톤 압축 링(piston compression ring)(그림 12.31)은 끝이 연결되어 있지 않은 원형 모양으로, 피스톤에 있는 홈에 고정되어 연소실 또는 실린더에서 밀폐 역할을 한다. 피스톤 링은 연소실의 윤활유 오염(에 의한 구조적인 환경 오염)과 연료 및 연소 부산물에 의한 윤활유 오염을 방지하는 두 가지 목적을 가지고 있다. 그러나 약간의 유출은 발생하므로 윤활유를 주기적으로 교체해야 한다. 피스톤 링이 마모되면 자동차 엔진 윤활유가 과도하게 연소되는 주 원인이 된다.

피스톤이 실린더 벽을 따라 움직이면 피스톤 링이 실린더 벽 또는 실린더 라이너(liner)를 미끄러져 움직인다. 일반적으로 피스톤 링은 3개인데, 2개는 압축을 유지하고 나머지 하나는 라이너에 오일 공급을 조절한다. 피스톤은 실린더 내 위치에 따라 속도가 변하며, 탄성유체 윤활 특성을 가지고 있다. 그러나 행정의 상사점 및 하사점에서 방향을 정반대 방향으로 바꾸므로 혼합(mixed) 또는 경계 윤활이 발생할 수 있다. 이러한 이유로 피스톤 링은 내마모성 재료로 만들며 질화강 또는 물리 증착 세라믹으로 표면 처리한다.

압축링의 동압 특성 시뮬레이션은 일반적으로 측면 누설 (12.3절)이 없는 슬라이더 베어링 이론을 적용하지만, 실린더 압력의 변화에 따른 복합 하중 때문에 복잡하다. 압축링의 궤적은 통상 선형 또는 포물선으로 가정한다. 특히 두 번째 피스톤 압축링은 오일 공급이 제한되어 윤활유 고갈 현상을 겪을 수 있으므로 유막 두께 형성에 역효과를 초래할 수 있다.

12.7 요약

이 장의 처음에는 나비에-스토크스 방정식과 연속 방정식을 연립하여 레이놀즈 방정식을 유도하였다. 레이놀즈 방정식은 푸아죄유 및 물리적 쐐기, 신축, 국부 팽창, 수직 및 병진 운동 압착 항들을 포함하고 있다. 각 항들이 의미하는 특정 형태의 운동을 설명하고, 물리적 중요성을 설명하였으며, 일반 레이놀즈 방정식에 대해서도 검토하였다.

스러스트 베어링 및 저널 베어링에 대한 설계 정보와 고정경사면 스러스트 슬라이더 베어링에 대한 레이놀즈 방정식의 해석 결과 및 설계 절차를 소개하였다. 즉, 최적의 패드 형상과 성능 변수로서의 수직 하중 및 마찰 계수, 동력 손실, 베어링 내 윤활유 유동 등을 설명하였다. 평면 형상이 아닌 저널 베어링에 대해서도 고찰하였는데, 유막 두께가 발산하지 않고 수렴하는 베어링 설계에서 시스템 불안정성이 줄어드는 것을 알 수 있었다.

수직 압착 베어링의 경우, 두 면이 마주보고 움직일 때, 두 면 사이에 함유된 유체에서 양의 압력이 얻어지는 것을 알 수 있었다. 틈새 밖으로 유체가 압착되는 데 유한한 시간이 필요한데, 이 작용을 통해 베어링에서 유용한 완충 효과를 얻을 수 있다. 반대로 두 면이 멀어질 때는 유막에서 공동현상이라는 역효과가 발생할 수 있다. 수직 압착 베어링의 경우, 평행 유막 형태가 모든 가능한 유막 형태 중에서 가장 큰 부하 용량을 가지고 있음을 알 수 있었다. 반대로 슬라이더 베어링의 경우는 평행 유막이 양의 압력을 생성할 수 없어서 하중을 지지할 수 없음을 확인하였다. 그리고 수직 압착 거동에서는, 베어링 면이 마주보고 가까워질 때 점성 유체가 베어링 측면 밖으로 압출되지 않으려고 저항하는 것을 알 수 있었다. 압착 유막의 작용이 강인하여 오늘날에도 수직 압착 베어링을 사용한다. 그리고 비교적 낮은 접근 속도로도 매우 큰 부하 용량을 보여줄 수 있음을 확인하였다.

정압 베어링은 간단하게 살펴보았는데, 다른 형태의 베어링에서 볼 수 없는 운전 장점이 있음을 알 수 있었다. 정압 베어링의 가장 유용한 특성은 높은 부하 용량과 어떤 속도에서도 마찰 계수가 낮다는 점이다.

핵심어

국부 팽창(local expansion) 밀도의 시간에 따른 변화율을 포함하는 항

기체막 윤활 베어링(gas-lubricated film bearings) 윤활 유체가 기체인 베어링

단열 온도 상승(adiabatic temperature rise) 윤활유의 모든 열이 대류로 전달될 때의 온도 상승

탄성유체 윤활(hydrodynamic lubrication) 베어링 표면 운동으로 활성화된 윤활

레이놀즈 방정식(Reynolds equation) 베어링의 압력 분포 및 유막 두께를 지배하는 미분 방정식

물리적 쐐기(physical wedge) 유로 수렴 비율을 다루는 항

밀도 쐐기(density wedge) 베어링 윤활유의 밀도 변화와 관련된 항

베어링 수(bearing number) 베어링 성능을 결정하는 데 중요한 베어링 종류별로 부여된 무차원 성능 변수

병진 운동 압착(translation squeeze) 두 표면의 병진을 다루는 항

수직 압착(normal squeeze) 두 베어링 표면이 서로 마주 보며 접근할 때를 다루는 항

스러스트 베어링(thrust bearing) 베어링 표면이 회전축과 직각인 베어링

신축 항(stretch term) 미끄러짐 방향의 속도 변화율을 다루는 항

압착 유막 베어링(squeeze film bearings) 유막을 형성하는 지배 요인이 압착 효과인 베어링 (레이놀즈 방정식의 항 참조)

예하중 인자(preload factor) 패드 움직임으로 인한 유막 틈새의 감소율

외부 가압 베어링(externally pressurized bearing) 정압 베어링과 동일함

유막 윤활(fluid film lubrication) 가압된 유막에 의해 떨어져 있는 두 표면이 하중을 전달하는 윤활 조건

저널 베어링(journal bearing) 베어링 표면이 회전축과 평행한 베어링

정압 윤활 베어링(hydrostatic lubricated bearing) 상승된 압력으로 윤활이 얻어지는 슬라이더 베어링

좀머펠트 수(Sommerfeld number) 저널 베어링의 베어링 특성 수

중심선(line of centers) 베어링 및 축 중심을 연결한 직선

쿠에트 유동(Couette flow) 속도에 기인한 유체의 유동

페트로브 식(Petrov's equation) 동심 저널 베어링의 마찰 토크 식

편심(eccentricity) 베어링 중심에 대한 축 중심의 상대 위치

푸아죄유 유동(Poiseuille flow) 압력에 기인한 유체 유동

공식 정리

레이놀즈 방정식:

$$\underbrace{\frac{\partial}{\partial x}\left(\frac{\rho h^3}{12\eta}\frac{\partial p}{\partial x}\right)}_{\text{푸아죄유}} = \underbrace{\rho\left(w_a - w_b - u_a\frac{\partial h}{\partial x}\right)}_{\text{압착}} + \underbrace{h\frac{\partial \rho}{\partial t}}_{\text{국부 팽창}} + \underbrace{\frac{\partial}{\partial x}\left[\frac{\rho h\left(u_a + u_b\right)}{2}\right]}_{\text{쿠에트}}$$

$$\overbrace{\underbrace{\frac{h\left(u_a + u_b\right)}{2}\frac{\partial \rho}{\partial x}}_{\text{밀도 쐐기}} \quad \underbrace{\frac{\rho h}{2}\frac{\partial}{\partial x}\left(u_a + u_b\right)}_{\text{신축}} \quad \underbrace{\frac{\rho\left(u_a + u_b\right)}{2}\frac{\partial h}{\partial x}}_{\text{물리적 쐐기}}}$$

스러스트 슬라이더 베어링:

무차원 변수:

$$P = \frac{p s_h^2}{\eta_o u_b l} \quad H = \frac{h}{s_h} \quad H_m = \frac{h_m}{s_h}$$

$$H_o = \frac{h_o}{s_h} \quad X = \frac{x}{l}$$

단열 온도 상승: $\Delta t_m = \dfrac{h_p}{\rho q_x C_p}$

베어링 수: $B_t = \left(\dfrac{\eta_o u_b w_t}{W_z}\right)\left(\dfrac{l}{s_h}\right)^2$

장폭비 무차원 변수: $\lambda = \dfrac{l}{w_t}$

저널 슬라이더 베어링:

페트로브 법칙: $T = Fr = \dfrac{4\pi^2 \eta_o r^3 w_t N_a}{c} = \dfrac{2\pi\eta_o r^3 w_t \omega}{c}$

베어링 수 또는 좀머펠트 수:

$$B_j = \left(\frac{\eta_o \omega r_b w_t}{\pi W_r}\right)\left(\frac{r_b}{c}\right)^2$$

지름-폭 비: $\lambda_j = \dfrac{2r_b}{w_t}$

편심률: $\epsilon = \dfrac{e}{c}$

단열 온도 상승: $\Delta t_m = \dfrac{8.3 W_r^* (r_b/c)\mu}{Q\left(1 - 0.5 q_s/q\right)}$

평균 압력: $W_r^* = \dfrac{W_r}{2 r_b w_t}$

압착 유막 베어링:

시간 함수 유막 두께:

$$h_{o,2} = \frac{h_{o,1}}{\left[1 + \left(2W_z' \Delta t h_{o,1}^2/\eta_o l^3\right)\right]^{1/2}}$$

정압 베어링:

하중지지 능력: $W_z = a_b A_p p_r$

윤활 유동: $q = q_b \dfrac{W_z}{A_p}\dfrac{h_o^3}{\eta_o}$

동력 손실: $h_p = p_r q = h_b \left(\frac{W_z}{A_p}\right)^2 \frac{h_o^3}{\eta_o}$

원형 계단:

$$a_b = \frac{1 - (r_i/r_o)^2}{2\ln(r_o/r_i)}$$

$$q_b = \frac{\pi}{3\left[1 - (r_i/r_o)^2\right]}$$

$$h_b = \frac{2\pi\ln(r_o/r_i)}{3\left[1 - (r_i/r_o)^2\right]^2}$$

환상:

$$a_b = \frac{1}{2\left(r_4^2 - r_1^2\right)}\left[\frac{r_4^2 - r_3^2}{\ln(r_4/r_3)} - \frac{r_2^2 - r_1^2}{\ln(r_2/r_1)}\right]$$

$$q_b = \frac{\pi}{6a_b}\left[\frac{1}{\ln(r_4/r_3)} + \frac{1}{\ln(r_2/r_1)}\right]$$

$$h_b = \frac{q_b}{a_b}$$

직사각형:

$$a_b = 1 - \frac{l}{L} - \frac{b}{B}$$

$$q_b = \frac{1}{6a_b}\left(\frac{B-2b}{l} + \frac{L-2l}{b}\right)$$

$$h_b = \frac{q_b}{a_b}$$

추천 문헌

Bhushan, B. (2002) *Introduction to Tribology*, Wiley.

Budynas, R.G., and Nisbett, J.K. (2011), *Shigley's Mechanical Engineering Design*, 9th ed., McGraw-Hill.

Halling, J. (ed.) (1978) *Principles of Tribology*, Macmillan.

Hamrock, B.J., Schmid, S.R., and Jacobson, B.O. (2004) *Fundamentals of Fluid Film Lubrication*, 2nd ed., Marcell Dekker.

Juvinall, R.C., and Marshek, K.M. (2012) *Fundamentals of Machine Component Design*, 5th ed.,Wiley.

Mott, R.L. (2014) *Machine Elements in Mechanical Design*, 5th ed., Pearson.

Norton, R.L. (2011) *Machine Design*, 4th ed., Prentice Hall.

Radzimovski, E.I. (1959) *Lubrication of Bearings*, Ronald Press.

Szeri, A.Z. (ed.) (1980) *Tribology: Friction, Lubrication and Wear*, Hemisphere Publishing Co.

참고 문헌

Hamrock, B.J., Schmid, S.R., and Jacobson, B.O. (2004) *Fundamentals of Fluid Film Lubrication*, 2nd ed., Marcell-Dekker.

Petrov, N.P. (1883) Friction in Machines and the Effect of the Lubricant, *Inzh. Zh. St. Petersburg*, vol. 1, pp. 71–140, vol. 2, pp. 227–279, vol. 3, pp. 377–463, vol. 4, pp. 535–564.

Raimondi, A.A., and Boyd, J. (1955) Applying Bearing Theory to the Analysis and Design of Pad-Type Bearings, *ASME Trans.*, vol. 77, no. 3, pp. 287–309.

Raimondi, A.A., and Boyd, J. (1958) A Solution for the Finite Journal Bearing and Its Application to Analysis and Design-I, -II, -III, *ASLE Trans.*, vol. 1, no. 1, I–pp. 159–174, II–pp. 175–193, III–pp. 194–209.

Reynolds, O. (1886) On the Theory of Lubrication and Its Application to Mr. Beauchamp Tower's Experiments, Including an Experimental Determination of the Viscosity of Olive Oil, *Philos. Trans. R. Soc.*, vol. 177, pp. 157–234.

Rippel, H.C. (1963) *Cast Bronze Hydrostatic Bearing Design Manual*, 2nd ed., Cast Bronze Bearing Institute, Inc.

Shigley J.E., and Mitchell, L.D. (1983) *Mechanical Engineering Design*, 4th ed., McGraw-Hill.

Tower, B. (1883) First Report on Friction Experiments (Friction of Lubricated Bearings), *Proc. Inst. Mech. Eng.* (London), p. 632–659.

문제

12.1 동압 베어링과 관련한 레이놀즈 방정식의 중요성을 설명하라.

12.2 윤활유의 기능은 무엇인가?

12.3 이 장에서 설명한 베어링에서 윤활유의 중요한 물리적 특성은 무엇인가?

12.4 수식을 사용하지 않고 점도를 정의하라.

12.5 동압 베어링의 사례를 제시하라.

12.6 레이놀즈 방정식에서 어느 항이 압력을 포함하는가? 어느 항이 속도를 포함하는가?

12.7 압착 유막 베어링에 유용한 레이놀즈 방정식의 항은 어느 항인가?

12.8 측면 유동은 무엇인가?

12.9 스러스트 베어링을 정의하라. 저널 베어링은 스러스트 베어링인가? 설명하라.

12.10 페트로브 방정식의 중요성을 서술하라.

12.11 저널 베어링과 관련한 편심은 무엇인가?

12.12 편심률은 무엇인가?

12.13 저널 베어링의 자세각은 무엇인가?

12.14 좀머펠트 수는 무엇인가?

12.15 정압 베어링은 무엇인가?

12.16 정압 베어링의 특성들은 무엇인가?

12.17 압착 유막 베어링의 세 사례를 제시하라.

12.18 동압 베어링의 운전 변수들을 열거하라.

12.19 동압 베어링의 성능 변수들을 열거하라.

12.20 동압 베어링에서 열 소산이 왜 중요한가?

정성적 문제

12.21 동압 베어링에서 열이 발생하는 메커니즘을 설명하라.

12.22 동압 스러스트 베어링과 저널 베어링의 유사점과 차이점을 열거하라.

12.23 이 장에서 설명한 베어링들이 특별히 오랫동안 사용되고 있는 이유는 무엇인가?

12.24 8장에서 유막 두께가 복합 표면 거칠기의 10배 이상일 때 두터운 유막이 유지된다고 하였다. 그러나 표 12.1에서 훨씬 큰 유막 두께/표면 거칠기 비율을 요구하는 이유를 설명하라.

12.25 본문에서 마찰 계수에 대한 베어링 수의 효과는 넓은 범위의 하중 변수에서 작다고 언급하였다. 그 이유를 설명하라.

12.26 압착 유막 베어링과 정압 베어링의 유사점과 차이점은 무엇인가?

12.27 정압 저널 베어링의 압력 패드를 스케치하라.

12.28 그림 12.17을 복습한 후, 압력 분포 및 그로 인해 발생하는 반력을 고려하여 하중이 증가함에 따른 베어링의 처짐(운동)을 스케치하라.

12.29 그림 12.17을 복습하고, 1/2 슬리브에 대한 전면 슬리브의 장점을 설명하라.

12.30 표 12.1을 사용하여 허용되는 최소 유막 두께를 표면 거칠기 함수로 그려라. 그래프에서 주목할 점, 특히 8.4절에서 논의했던 능동 윤활 방식에 대해 설명하라.

12.31 동압 또는 정압 베어링에서 공기를 윤활제로 사용할 수 있는가? 설명하라.

12.32 동압 베어링에 적합한 윤활유의 바람직한 특성을 열거하고 설명하라. 그리고 정압 베어링에 사용하는 유체의 바람직한 특성과 비교하라.

12.33 동압 베어링에서 마찰을 유발하는 물리적 메커니즘을 설명하고, 수직력과 어떻게 관련 있는지를 설명하라.

12.34 표 12.1을 사용하여 베어링 표면에 대해 거칠기 함수로 상대 비용을 그려라. 그래프에서 주목할 점을 설명하라.

12.35 식 (12.4) 및 (12.5)를 유도하라.

정량적 문제

12.36 식 (12.12)를 유도하라.

12.37 예제 12.1에서 검토한 종류의 실(seal)을 통과하는 누설을 감소하기 위하여 실 틈새를 테이퍼지게 하면, 유막 형태는 다음과 같다.

$$h(x) = h_o + x\frac{dh}{dx} = h_o + kx$$

표면 거칠기 때문에 출구 (최소) 유막 두께 h_o는 최소한 10 μm는 되어야 한다. 피스톤이 완전한 한 작업 사이클(후진 및 전진) 동안 10 mm 폭 실을 통과하는 전체 누설량이 최소가 되는 최적의 유막 두께를 찾아라. 단, 유체 점도는 0.075 Pa-s, 피스톤 속도는 양방향 모두 0.8 m/s, 행정은 85 mm, 실링 압력은 1 MPa, 피스톤 지름은 50 mm이다.

12.38 점도 0.005 Pa-s인 오일이 매우 넓은 슬라이더 베어링에 사용될 때 오일의 유막 형태는 지수 함수로 다음과 같다.

$$h = (h_o + s_h)\,e^{-x/l}$$

압력 분포를 구하고, 단위 폭당 부하 용량을 계산하라. 단, 미끄럼 속도는 10 m/s, h_o = 60 μm, 베어링 길이는 운동 방향으로 0.10 m이다. 답 W_z/w_t = 22.53 kN/m.

12.39 유조(oil bath)에서 배출되는 평평한 금속 띠(strip)가 그림 a와 같은 슬롯(slot)을 통과하고 있는데, 점도는 η_o, 입구 압력은 p_i, 속도는 u_b이다. 슬롯의 초기 수렴 영역(영역 1)에서 유막 두께는 띠의 각 면 길이 $n_s l$에서 $h_o = s_h$가 선형으로 감소하여 h_o가 된다. 슬롯의 끝 단면에서 각 면의 유막은 길이 $l(1 - n_s)$에서 일정한 두께 h_o가 된다. 평평한 띠의 폭은 길이에 비해 커서 무한대로 고려할 수 있다. x 방향의 압력 분포와 체적 유동률을 구하라.

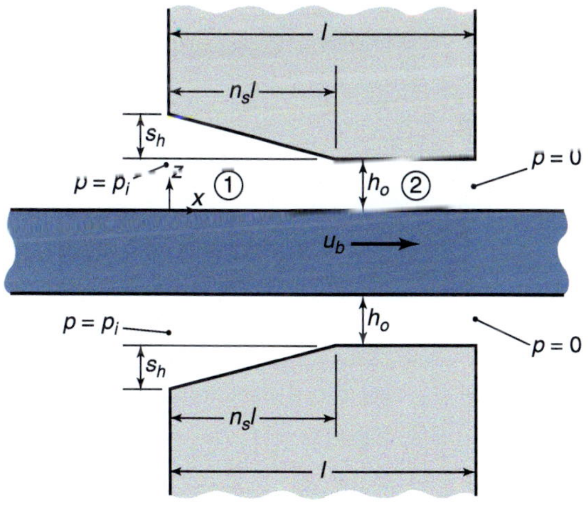

문제 12.39에 대한 그림 a

12.40 고정경사면 슬라이더 베어링의 동력 손실이 최소가 되도록 최적화되어 있다. 패드 길이 l은 폭 w_t와 같고, 베어링은 하중 $W_z = 5$ kN을 지지하고 있으며, 미끄럼 속도 $u_b = 15$ m/s이다. 베어링 최소 유막 두께를 구하라. 단, $\eta = 0.050$ N-s/m², $\lambda = w_t/l = 1$, $l = 0.070$ m이다. 답 $h_o = 62.43\ \mu$m.

12.41 문제 12.40의 평면 슬라이더 베어링이 정확하게 반으로 분리되어, 각각의 폭 $w_t = 0.035$ m이다. 문제 12.40과 같은 최소 유막 두께를 얻기 위해 필요한 작동온도에서의 점도를 구하라. 하중은 2.5 kN씩 같은 크기로 작용한다. 각 베어링은 최소 상대 동력 손실을 갖도록 최적화되어야 한다. 답 $\eta = 0.122$ Ns/m².

12.42 오일로 윤활되는 매우 넓은 슬라이더 베어링의 점도는 0.075 N-s/m²이며, 두 부분으로 구성되어 있는데, 각각은 일정한 유막 두께를 갖는다(그림 b). 오일의 압력 분포와 베어링 단위 폭당 베어링 하중의 크기 및 위치를 구하라. 모든 치수는 mm 단위이다. 답 $W_z/w_t = 2.068$ MN/m.

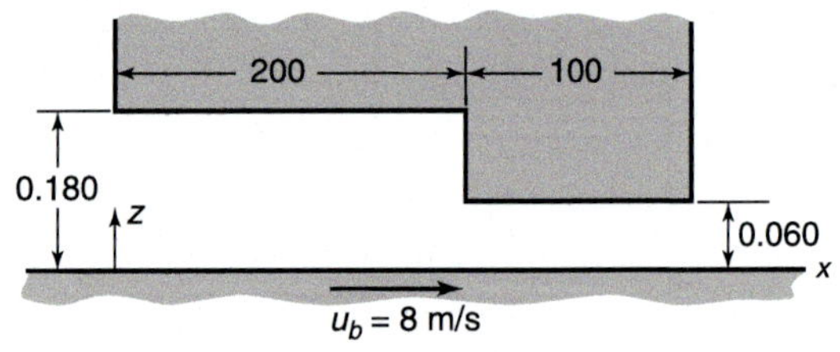

문제 12.42에 대한 그림 b

12.43 다음 그림 c와 같이 무한히 넓은 슬라이더 베어링에서 레이놀즈 방정식을 이용하여 압력 분포를 구하라.

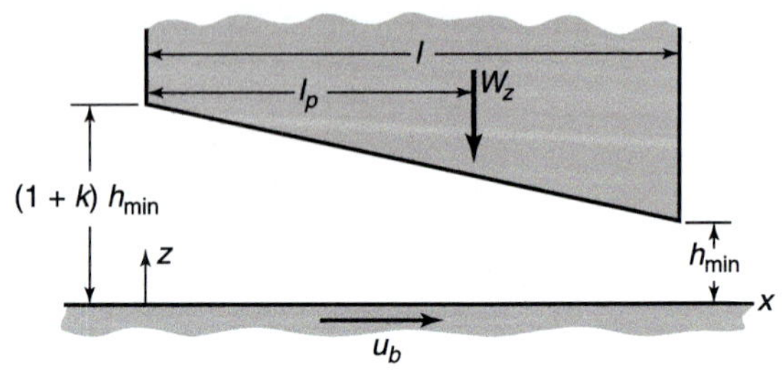

문제 12.43에 대한 그림 c

12.44 수력발전소에서 수력 터빈의 무게를 지지하는 스러스트 베어링이 물로 윤활되고 있다. 베어링 표면 거칠기 $R_a = 7\ \mu$m일 때, 동력 손실을 최소화할 수 있는 설계 최적화를 해야 하는데, 베어링 최소 유막 두께는 100 μm이어야 한다. 터빈과 물 무게로부터 베어링 하중은 1 MN이다. 물의 점도가 0.001 Pa-s이고 베어링 장폭비가 1이며 네 개의 패드가 패드 폭과 동일한 치수의 평균 반지름으로 베어링 원주 방향으로 배치되어 있는 경우 동력손실이 최소가 된다. 베어링 치수를 결정하고 회전 속도 100 rpm일 때 마찰 계수를 계산하라. 답 $w_t = 1.40$ m, $\mu = 0.00069$.

12.45 고정경사면 패드 스러스트 베어링이 총 수직하중 50,000 N을 받으며, $r_o = 100$ mm, $r_i = 500$ mm, $N_a = 30$ r/s, $l/b = 1$, SAE 10 오일, $t_i = 40$°C일 때, N_p, s_h, h_o, Δt_m, μ, h_p, q 및 q_s를 결정하라. 답 $N_p = 9$, $h_o = 89.4$ mm, $q = 2.43 \times 10^{-5}$ m³/s.

12.46 오일 탱크의 추진축 스러스트 베어링이 고정경사면 슬라이더 베어링으로 12개 패드를 사용한다. 각 패드의 폭은 300 mm, 길이도 300 mm, 평균 반지름은 800 mm이다. 축의 회전 속도가 200 rpm일 때, 최소 동력 손실을 얻을 수 있는 최적 윤활유 점도를 구하라. 그리고 마찰 계수 및 동력 손실을 계산하라. 윤활유 입구 온도는 63°C이며, 오일의 열용량 $C_s = 1.72 \times 10^6$ J/(m³-°C), 추진축 스러스트 하중은 1.3 MN이다. 답 $\mu = 0.00167$, $h_p = 40.0$ kW.

12.47 고정경사면 패드 스러스트 베어링이 $W_z = 15{,}000$ N, $u_b = 30$ m/s, $l = 75$ mm, $w_t = 75$ mm, SAE 10 오일로 입구 온도 40°C이며, 최대 수직 하중일 때 s_h, h_o, Δt_m, μ, h_p, q 및 q_s를 결정하라. 답 $s_h = 26.8\ \mu$m, $h_o = 36.7\ \mu$m, $q = 3.62 \times 10^{-6}$ m³/s.

12.48 문제 11.36($d = 65$ mm)에서 설계한 축이 2,000 rpm으로 회전하며, 두 개의 동일한 저널 베어링으로 지지된다. 베어링 표면이 0.3 μm의 표면 거칠기로 연마되고 지름-폭 비가 2인 경우에 대해 반지름 방향 틈새, 마찰 계수, 베어링 관을 통하여 흐르는 윤활유 유량을 구하라. 범용 베어링에 필요한 윤활유 점도는 얼마인가? 이 경우 적합한 SAE 오일 등급은 얼마인가? 답 $c \geq 22.1\ \mu$m, $\mu = 0.00374$, $\Delta t_m = 43.7$°C.

12.49 전면 저널 베어링의 폭이 25 mm, 축의 지름이 50 mm, 하중이 1000 N, 저널의 회전 속도가 1000 rpm이다. 최대 부하 용량을 기준으로 슬리브에서 가공되어야 하는 틈새, 최소 유막 두께, 동력 손실, 베어링의 유동 및 측면 유동을 결정하라. 단, 운전 온도는 50°C이며, SAE 30 오일을 사용한다. 답 $c = 37.0\ \mu$m, $h_{min} = 17.7\ \mu$m, $h_p = 26.0$ W.

12.50 저널 베어링의 지름이 50 mm, 폭은 25 mm이다. 이 전면 저널 베어링의 작동 속도는 2000 rpm이고 3000 N의 하중이 작용한다. 입구 온도 40°C에서 SAE 20 오일을 사용하고

자 할 때 다음을 결정하라.

(a) 최적의 부하 용량일 때의 반지름 방향 틈새, 온도 상승, 평균 온도 답 $c = 17.9\,\mu$m, $\Delta t_m = 49$°C.

(b) 성능 변수: 마찰 계수, 유동률, 측면 유동, 자세각 답 $\mu = 0.00573$, $q = 1.93 \times 10^{-6}$ m^3/s.

(c) 오일의 밀도가 0.89 g/cm^{3}일 때, 평균 온도에서 오일의 동점도

12.51 오일 펌프를 그림 d와 같이 일정한 오일 유막 두께를 유지하는 저널 베어링으로 설계하였다. 저널 각도(wrap angle) 320°, 유막 두께 0.1 mm, 오일 점도 0.022 N-s/m^2, 축 지름 $2r$ = 60 mm, 축 길이 방향으로 펌프의 길이는 50 mm이다. 회전 속도 N_a = 1500 rpm일 때, 단위 시간당 펌핑되는 체적을 내압력(resisting pressure)의 함수로 구하라.

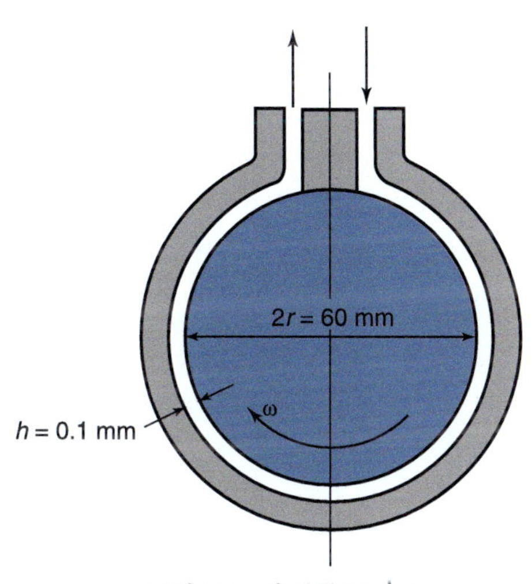

문제 12.51에 대한 그림 d

12.52 선면 저널 베어링이 미국 소재 발전소의 발전기에 사용되고 있는데, 이 발전기는 4극이고 60 Hz의 주파수로 전기를 생산한다. 회전자(rotor)의 질량은 25,000 kg이며, 2개의 저널 슬라이더 베어링으로 균등하게 지지된다. 축 지름은 300 mm, 각 베어링의 폭은 300 mm이며, 베어링 및 축의 표면을 표면 거칠기 $R_a = 1\,\mu$m로 연마하였다. 동력 손실이 최소인 베어링 치수를 정하고, 마찰 계수, 측면 누설 비율, 오일 공급 그루브를 위치시킬 압력 소멸 위치를 계산하라. 베어링이 동적으로 안정될 수 있도록 편심률을 0.82로 한다. 베어링의 동력 손실을 계산하라. 답 $\mu = 0.00195$, $c = 139\,\mu$m, $h_p = 6.76$ kW.

12.53 문제 12.52의 발전소 발전기를 유럽으로 이전하여 재구축한다. 재구축된 발전기는 2극이고 50 Hz의 주파수로 전기를 발생한다. 동력 손실이 최소인 베어링 치수를 다시 정하고, 마찰 계수, 측면 누설 비율, 압력 소멸 위치를 계산하라. 베어링이 동적으로 안정될 수 있도록 편심률을 0.82로 한다. 동력 손실을 계산하라. 답 $h_p = 13.5$ kW.

12.54 추진축의 회전 속도 275 rpm을 얻기 위해, 모터의 회전 속도 110 rpm이 변속기에 사용되고 있다. 추진축의 지름은 780 mm이며 변속기의 출력 축에 직접 축이음으로 연결되어 있다. 추진축의 무게와 기어 작용력의 합력으로 1.1 MN의 하중이 저널 베어링에 작용한다. 지름-폭 비가 2일 때 저널 베어링의 치수를 정하고, 최소 동력 손실을 보장하는 점도 및 반지름 방향 틈새를 찾고, 베어링의 동력 손실을 계산하라. 단, 저널 베어링의 지름은 780 mm, 표면 거칠기 R_a = 3 μm이다. 답 $\eta = 0.039$ Ns/m^2, c = 500 μm, $h_p = 24$ kW.

12.55 제지공장의 소형 발전기에 사용하는 증기 터빈 회전자에 2개의 저널 베어링이 있는데, 회전자 무게 24,000 N의 반씩을 지지한다. 회전자의 속도는 3000 rpm, 베어링의 지름은 모두 120 mm, 베어링의 폭은 120 mm이다. 표면 거칠기 R_a = 0.6 mm이고 동력손실이 최소인 베어링의 치수를 결정하라. 그리고 마찰 계수, 자세각, 오일 유동률, 측면누설 유동률을 계산하라. 단, 동적 불안정성을 피하기 위해 편심률을 0.82로 한다. 답 $\mu = 0.00231$, $q = 1.20 \times 10^{-4}$ m^3/s.

12.56 전면 저널 베어링이 공기 압축기에 사용되는데, 5.0 kN의 레이디얼 하중을 지지하고 2300 rpm으로 회전한다. 지름-폭 비가 2이며 입구 온도 100°C로 SAE 50 오일을 사용한다. 최대 하중 및 최소 마찰 계수에 대한 최소 베어링 치수와 반지름 방향 틈새를 구하라. 단, 레이디얼 방향 압력은 1.5 MPa이다. 답 $w_t = 0.0408$ m, 최대 하중인 경우 $c = 31.7\,\mu$m.

12.57 속도 4000 rpm으로 회전하는 축이 저널 베어링으로 지지되는데, 베어링은 SAE 30 오일로 윤활되며, 입구 온도는 25°C이다. 베어링은 1.5 kN의 하중을 지지하고, 지름은 40 mm, 폭은 10 mm이며, 가장 큰 하중을 지지할 수 있는 조건에서 운전되고 표면 거칠기는 0.1 μm이다. 유막 변수 및 윤활유 온도 상승과 마찰 계수를 정하라. 답 $\Lambda = 17.07$, $\mu = 0.019$.

12.58 레이디얼 하중 3.0 kN이 1500 rpm으로 회전하는 지름 50 mm 축에 작용한다. 레이디얼 하중을 지지하기 위해 저널 베어링을 사용하며 지름-폭 비는 1이고, SAE 20 오일로 윤활되어 입구 온도는 35°C이다. 다음을 결정하라.

(a) 베어링 내 평균 온도 및 온도 상승 답 $\Delta t_m = 12.7$℃.
(b) 최소 유막 두께 및 위치 답 $h_{min} = 26\,\mu m$, $\phi = 55°$.
(c) 최대 압력 및 위치 답 $p_{max} = 2.91$ MPa, $\phi_{max} = 76°$.
(d) 전체 및 측면 누설 유동률 답 $q = 8.12 \times 10^{-6}\ m^3/s$.

12.59 레이디얼 하중 4000 N이 2000 rpm으로 회전하는 지름 50 mm 축에 작용한다. 레이디얼 하중을 지지하기 위해 저널 베어링을 사용하며 지름-폭 비는 1이고, SAE 30 오일로 윤활되며 입구 온도는 35℃인데, 최소 마찰이 얻어지도록 설계되었다. 다음을 결정하라.

(a) 반지름 방향 틈새 답 $c = 104\,\mu m$.
(b) 베어링 내 평균 온도 및 온도 상승 답 $\Delta t_m \approx 10$℃.
(c) 최소 유막 두께 답 $h_{min} = 36.4\,\mu m$.
(d) 전체 및 측면 누설 유동률

12.60 저널 베어링의 지름 및 길이가 100 mm, 반지름 방향 틈새가 0.05 mm이다. 2000 rpm으로 회전하며, 100℃에서 SAE 10 오일로 윤활되고 있다.

(a) 페트로브 방정식을 이용하여 동력 손실 및 마찰 토크를 추정하라. 아울러 1000 N의 하중이 작용할 때 마찰 계수를 계산하라. 답 $h_p = 209.4$ W, $\mu = 0.00138$.
(b) 작용 하중이 1000 N일 때, 12.4.4절의 차트를 이용하여 틈새 및 동력 손실, 마찰 토크, 마찰 계수를 계산하라. 답 $h_p = 143$ W, $\mu = 0.0137$.

12.61 지름 50 mm인 축이 5000 rpm으로 회전하며, 저널 베어링의 지지를 받고 있다. 베어링은 SAE 30 오일로 윤활되고 평균 온도는 40℃이며, 베어링 지지 하중은 10 kN이다. 지름-폭 비 2.0을 사용하여 다음을 구하라.

(a) 최대 부하 용량에 필요한 반지름 방향 틈새 답 $c = 37.4\,\mu m$.
(b) 베어링의 마찰 계수 답 $\mu = 0.0135$.
(c) 베어링을 흐르는 윤활유의 체적 유량률 답 $q = 9.55 \times 10^{-6}\ m^3/s$.
(d) 베어링 내 오일 측면 누설

12.62 레이디얼 하중 45 kN을 받는 지름 100 mm인 축이 1000 rpm으로 회전한다. 저널 베어링이 레이디얼 하중을 지지하도록 설계되었으며, 저널의 지름-폭 비는 1이고 윤활유 SAE 30으로 평균 온도 90℃에서 윤활되고 있다. 최대 하중을 지지할 때, 다음을 결정하라.

(a) 필요한 반지름 방향 틈새 답 $c = 20.4\,\mu m$.
(b) 마찰 계수 답 $\mu = 0.0020$.
(c) 최소 유막 두께 답 $h_{min} = 11.01\,\mu m$.
(d) 전체 및 측면 유동 누설 비율

12.63 축이 1500 rpm으로 회전하며, 양 끝에서 2개의 저널 베어링으로 지지되고 있다. 베어링은 SAE 40 오일로 윤활되며, 입구 온도는 25℃이다. 하중 5 kN이 왼쪽 베어링으로부터 0.5 m 떨어진 위치에 작용하며, 축의 전체 길이는 2.5 m이다. 베어링 폭이 25 mm, 지름이 50 mm, 반지름 방향 틈새가 0.0315 mm이다. 다음을 결정하라.

(a) 온도 상승 답 $\Delta t_m = 50$℃.
(b) 최소 유막 두께 답 $h_{min} = 10\ \mu m$.
(c) 최대 압력 답 $p_{max} = 9.7$ MPa.
(d) 측면 누설 유동률
(e) 베어링 동력 손실 답 $h_p = 119.4$ W.

12.64 평 저널 베어링의 지름 50 mm, 길이 25 mm이다. 이 전면 저널 베어링이 2000 rpm으로 회전하며, 2000 N의 하중을 지지한다. SAE 10 오일이 입구 온도 40℃에서 사용될 때, 최적의 부하 용량을 갖는 반지름 방향 틈새를 찾아라. 윤활 관점에서 충분한 표면 거칠기를 설명하고 온도 상승 및 마찰 계수, 유동률, 측면 유동률, 자세각을 정하라. 답 $\Delta t_m = 40.5$℃, $\mu = 0.00845$.

12.65 그림 12.28과 같이 무한이 넓은 평행면 슬라이더 베어링이 유막을 마주 보고 압착 속도 w로 움직인다. 유막 두께는 h, 베어링 길이는 l이다. W_z'이 단위 폭당 베어링 하중일 때, 베어링 감쇠 상수 $B = -\partial W_z'/\partial w$를 압착 운동에 대한 레이놀즈 방정식을 이용하여 구하라. 답 $B = \eta_o l^3/h_o^3$.

12.66 그림 e와 같은 원형 정압 스러스트 베어링이 있다. 내측 반지름이 r_i이고 외측 반지름은 $r_o = 3r_i$이며, 일정한 유막 두께 h 및 일정한 오일 유동률 q를 갖는다. 베어링 하중이 P이고 오일 점도가 η일 때, 베어링 강성 계수 $c_s = -\partial P/\partial h$를 구하라. 답 $c_s = 72\,\eta_o q r_i^2/h^4$.

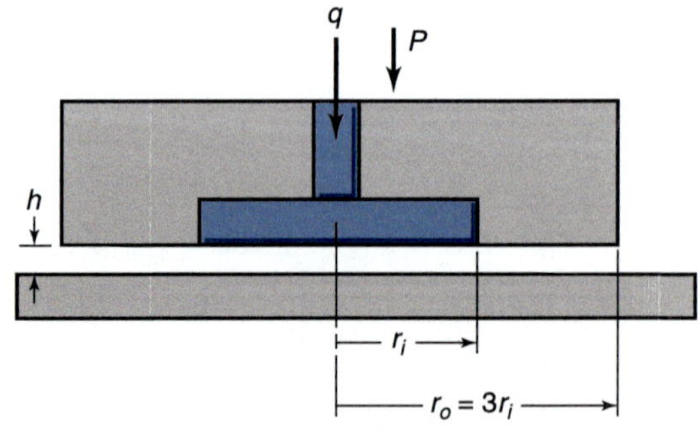

문제 12.66에 대한 그림 e

12.67 그림 f와 같은 원형 정압 베어링에서 유막 두께 h는 일정하다. 중앙 윤활유 저장기(reservoir)의 높이는 유막 두께에 비해 훨씬 높으며, 공급 압력 p_r로 윤활유를 공급한다. 베어링이 하중 P를 지지하면, 펌프 동력과 필요한 유동률을 구하라. 단, $r_i = 27$ mm, $\eta = 0.00452$ N-s/m², $h = 120\ \mu$m, $r_o = 200$ mm, $P = 3.08 \times 10^4$ N이다. 답 $h_p = 100$ W.

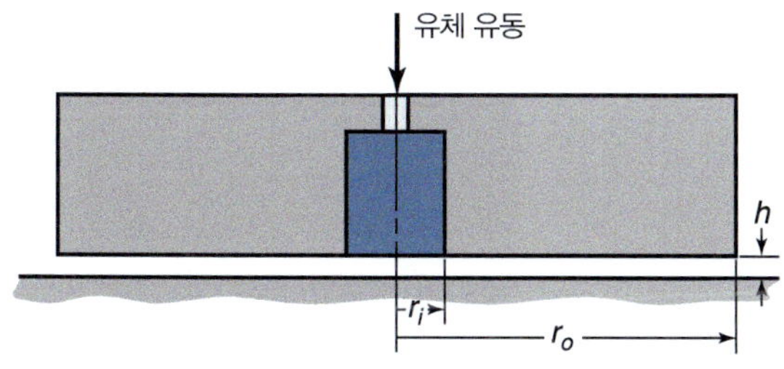

문제 12.67에 대한 그림 f

12.68 평면 원형 계단 정압 공기 베어링의 바깥 지름은 160 mm이며, 베어링 중심에서 50 mm 지름으로 5 mm 깊이의 우묵한 부분을 가지고 있다. 우묵한 부분의 공기 압력은 2 MPa이며, 베어링 바깥 주위의 압력은 0.1 MPa이다. 베어링 내부로 초당 0.3 kg의 공기가 가압 공급될 때, 베어링 내 압력 분포를 결정하라. 단 대기압 상태에서 공기 밀도는 1 kg/m³이며, 공기 점도는 22°C에서 18.2×10^{-6} Pa-s이다. 또한 공기 유막 두께 및 지지 하중, 필요한 펌프 동력을 계산하라. 답 $h_o = 185\ \mu$m, $h_p = 597$ kW.

설계 문제 및 프로젝트

12.69 측면 누설을 무시하고, 평행 계단 슬라이더 베어링에서 최대 압력이 되는 n_s의 값을 찾아라.

12.70 다음과 같은 슬라이더 베어링에서 $H_o = 0.25$에 대한 무차원 압력 분포 및 지지 하중을 구하고 그래프로 그려서 비교하라.

(a) 고정경사면 슬라이더 베어링
(b) $n_s = 0.5$인 평행 계단 슬라이더 베어링
(c) $n_s = 0.7182$인 평행 계단 슬라이더 베어링
(d) 지수함수 $h(x) = (h_o + s_h)e^{-x/l}$로 주어지는 유막 형태

결과에 대해 고찰하고 그 내용을 써라.

12.71 또 다른 종류의 동압 베어링으로 *포일*(foil) *베어링*이 있다. 인터넷으로 자료를 조사하고 포일 베어링의 특성 및 설계 장점을 요약하라.

12.72 조각 전시회에서 가압 물침대에 지름 300 mm의 화강암 구가 떠 있다. 최소 유막 두께가 50 μm로 유지될 수 있도록, 구를 지지할 수 있는 패드 및 펌프를 설계하라.

12.73 인체의 인공 고관절 해석과 관련된 기술 자료들을 복습하고 해석에 적용 가능한 레이놀즈 방정식의 항들을 규명하라.

12.74 내연기관의 메인 베어링과 같은 동압 베어링은 윤활유 점도가 높을수록 유막 두께도 두꺼워진다. 두꺼운 윤활유 유막이 마모를 방지하는 관점에서는 장점으로 생각되는데, 일반적으로 자동차 엔진용으로 SAE 10W-30 또는 10W-40보다 점도가 높은 윤활유를 사용하지 않는 이유는?

12.75 완전기체의 상태방정식은

$$p = \rho \bar{R} t_m$$

인데, $\bar{R}$는 가스 상수이며 t_m은 절대 온도이다. 만일 가스 점도를 상수로 취급하여 가스 윤활 베어링에 적합한 레이놀즈 방정식을 유도하라.

12.76 교재에서 스러스트 베어링은 역회전을 허용할 수 있도록 피봇 패드를 사용할 수 있다고 했다. 동일한 방식으로 피봇 패드를 사용하는 저널 베어링을 스케치하라. 저널 베어링에 피봇 패드를 사용하면 장점이 있는가? 설명하라.

12.77 천정 크레인의 운동을 정지하고 운동 에너지를 감쇠하는 데 압착 유막 댐퍼를 사용한다. 댐퍼는 2개의 평평하고 평행한 강판으로 되어 있는데, 강판은 측면 누설 방향으로 2 m, 길이 0.1 m이며, 점도 0.1 Pa-s인 오일에 의해 1 mm 간격을 유지하고 있다. 천정 크레인이 댐퍼와 부딪칠 때, 오일은 강판 사이로부터 밀려 나와 오일층이 얇아진다. 충돌 속도는 0.2 m/s이며 크레인의 질량이 2000 kg일 때, 최초 충돌 시의 감쇠력과 순간 감속도를 계산하라. 또한 크레인이 20,000 N의 하중을 옮긴다면, 최초 충돌시의 감쇠력은 얼마인가?

12.78 회전 속도 1000 rpm에서 10,000 N의 하중을 지지하는 저널 베어링을 설계하라. 즉, 베어링 지름 및 길이, 반지름 방향 틈새, 표면 거칠기, 윤활유를 정하라.

12.79 발전소의 발전기(총 중량 500 kN)는 2개의 저널 베어링으로 하중을 지지받는 큰 회전자로 구성되어 있다. 각 베어링의 반지름은 225 mm, 반지름 방향 틈새는 0.325 mm, 슬리브 폭은 350 mm이고, 사용하는 윤활유는 SAE 40이며,

41°C에서 각 베어링의 입구 유동률은 22.4 m^3/hr이다. 출구 온도는 70.1°C이며, 발전기 축은 3600 rpm으로 회전한다. 이 발전기는 몇 십 년 동안 사용되어 현재 보수하는 중이다. 주어진 데이터가 일관성이 있는지 분석하고, 베어링 설계를 개선할 것이 있다면 이를 제안하라. 또, 측정된 운전 온도를 일정하게 유지하려면, 윤활유로부터 발산되어야 하는 열량을 추정하라.

13

구름 베어링

구름 베어링 모음. 출처: The Timken Company.

축이나 축 저널의 바퀴를 안내하는 모델이 자연에는 존재하지 않으므로 인간은 베어링을 설계하는 위대한 과제, 즉 오늘날까지 중요성 및 매력을 전혀 잃지 않은 과제에 직면하게 되었다.

구름 베어링 및 그들의 기술 진보에 대한 기여(1986).

차례

예제

설계 절차

사례 연구

이 장은 모든 종류의 구름 베어링을 소개한다. 구름 베어링은 일반적으로 세퍼레이터(separator) 또는 케이지(cage)로 간격이 유지되는 볼, 구면, 원통 또는 테이퍼 원통 등으로 구성되며, 이들은 두 궤도륜(race) 사이에서 회전한다. 구름 베어링은 비정합 접촉을 하며, 구름 베어링을 사용하면서 의미 있는 경험들이 축적되어, 모든 산업 분야에 폭넓게 사용되고 있다. 구름 베어링의 전형적인 특성으로 낮은 기동 마찰, 높은 효율과 신뢰, 하중 지지 능력이 좋은 점 등이 있다. 그리고 미끄럼 베어링보다 대단히 소형이며, 적절한 배열을 하면 레이디얼 하중뿐만 아니라 스러스트 하중도 지지할 수 있다. 또한 거의 성능 저하 없이 오랫동안 사용할 수 있다. 피로 마모가 주 관심사이며 적절한 윤활이 필요하다. 이 장에서는 구름 베어링의 정격(rating)을 논의하는데, 먼저 하중 및 속도, 윤활 유막 두께의 추정을 포함한 구름 전동체의 거동 성능 이론과 피로 마모 특성을 검토한다. 베어링 정격 하중의 사용과 복잡한 변동 하중도 검토한다.

이 장에서 다루는 기계 요소: 깊은 홈, 앵귤러, 스러스트 볼 베어링, 원통 및 구면 구름 베어링, 니들 베어링, 테이퍼 구름 베어링

대표적인 응용 사례: 차축, 변속기, 기계 공구, 터빈의 스러스트 베어링, 모든 회전축 또는 회전 요소의 일반 지지

관련 기계 요소: 동압 및 정압 베어링(12장)

기호

A 면적, m^2
$\bar{A}$ 상수
B 총 정합 비율
b_w 베어링 폭, m
b^* 접촉 폭의 절반, m
C 정격 동하중, N
$\bar{C}$ 베어링의 비동적 용량 또는 정격 하중, N
C_o 정격 정하중, N
c_d 지름 틈새, m
c_e 자유 축 방향 유격, m
c_r 궤도륜 곡률 중심 사이 거리, m
D_x x축 방향 접촉 타원 지름, m
D_y y축 방향 접촉 타원 지름, m
$\bar{D}$ 재료 계수
d 구름 전동체 지름, m
d_a 베어링 외륜 바깥 지름, m
d_b 베어링 내륜 안지름, m
d_e 피치 지름, m
E' 유효 탄성 계수
$\bar{E}$ 야금 과정 계수
$\mathcal{E}$ 제2종 타원 정적분
$\bar{F}_l$ 윤활 계수
$\mathcal{F}$ 제1종 타원 정적분
G 무차원 재료 변수 $\xi E'$
$\bar{G}$ 속도 효과 계수
H 무차원 유막 두께
$\bar{H}_m$ 오정렬 계수
h 유막 두께, m
h_o 중앙 유막 두께, m
K_1 식 (13.34)에서 정의한 상수
$K_{1.5}$ 식 (13.33)에서 정의한 상수
k_e 타원도 변수 D_y/D_x
L_A 조정 수명, 10^6 회전
$\tilde{L}$ 피로 수명, 10^6 회전
$\tilde{L}_{10}$ 잔존 확률 0.90에 대한 피로 수명, 10^6 회전
l 구름 전동체 길이, m
l_e 롤러 랜드(land) 길이, m
l_l 롤러 유효 길이, m
l_t 롤러 길이, m
l_v 응력 체적에서 길이 치수, m
$\tilde{M}$ 파손 확률
m_k 하중 수명 지수
N_b 회전 속도, rpm
n 열(row)당 구름 전동체 수
n_s 정적 안전 계수
P 등가 하중, N
P_a 하중의 축 방향 성분, N
P_z 수직 작용 하중, N
P'_z 단위 폭당 수직 작용 하중, N/m
P_r 하중의 반경 방향 성분, N
P_t 시스템 스러스트 하중, N
P_o 등가 정하중, N
$\bar{P}$ 베어링 등가 하중, N
p 압력, Pa
R 곡률 합, m
R_q 표면거칠기 제곱 평균 제곱근(rms), m
R_r 궤도륜 정합성 r/c
R_x, R_y 각각 x 및 y 방향 유효 반지름, m
r 반지름, m
r_c 모서리 반지름, m
r_r 크라운 반지름, m
$\bar{S}$ 잔존 확률
s_h 어깨 높이, m
U 무차원 속도 변수 $\frac{\eta_o \tilde{u}}{E' R_x}$
u x 방향 속도, m/s
$\tilde{u}$ x 방향 평균 표면 속도 $(u_a + u_b)/2$, m/s
$\tilde{V}_i$ 전동체 베어링 부피, m^3
W 무차원 하중 변수 $\frac{P}{E' R_x^2}$
W' 단위 폭당 무차원 하중 $\frac{P'_z}{E' R_x}$
W_t 총 하중, N
w_e 등가 베어링 하중, N
w_o 등가 베어링 정하중, N
w_t 총 베어링 스러스트 하중, N
w_z 베어링 하중, N
w_ψ ψ에서의 하중, N
X 레이디얼 계수
X_o 정하중에 대한 레이디얼 계수
Y 스러스트 계수
Y_o 정하중에 대한 스러스트 계수
x 미끄럼 방향 직교 좌표, m

y 측면 누설 방향 직교 좌표, m
Z_w 식 (13.46)에서 정의한 상수
z 유막 방향 직교 좌표, m
z_o 최대 전단 응력 깊이, m
α_r 반지름 비 R_y/R_x
β 접촉각, deg
β_f 자유 접촉각, deg
δ 탄성 변형, m
δ_a 축 방향 변형, m
δ_m 탄성 변형, m
$\delta_{\max}$ 하중 작용선상의 간섭 또는 총 탄성 압축, m
δ_t 스러스트 하중에 의한 처짐, m
δ_φ 볼의 탄성 압축, m
η 절대 점도, Pa-s
η_o 정온 및 무압($p = 0$)에서의 절대 점도, Pa-s
θ_s 어깨 높이를 정의할 때 사용한 각도, deg
Λ 무차원 유막 변수 $\dfrac{h_{\min}}{\sqrt{R_{qa}^2 + R_{qb}^2}}$
ν 프와송 비
ξ 압력-점도 계수, m^2/N
ρ 윤활유 밀도, kg/m^3
ρ_o 무압($p = 0$)에서의 밀도, kg/m^3
τ_o 전단 응력, Pa
ϕ_s 볼-선회 벡터 위치 각도, deg
ψ 하중선 각도, deg
ψ_l 베어링 하중 각도 크기, deg
ω 각속도, rad/s
ω_b 표면 b 또는 구름 전동체 자신의 축에 대한 각속도, rad/s
ω_c 세퍼레이터 또는 볼 세트의 각속도, rad/s
ω_r 궤도륜의 각속도, rad/s

하첨자

a 고체 a
all 허용 가능한
b 고체 b
i 내측, 입구
o 외측, 출구
x, y, z 좌표
0 정적 하중

13.1 서론

12장에서는 미끄럼 운동을 할 때, 정합면을 갖는 동압 베어링을 고려하였다. 이 장에서는 **구름 베어링**(rolling-element bearing)을 고려하는데, 구름 베어링은 정밀하지만 간단하고 유용성이 매우 큰 기계 요소로 표면은 부정합이며 주로 구름 운동을 한다(그림 13.1). 13.2절에서 구름 베어링의 역사를 간략히 소개한다. 이어지는 절에서는 구름 베어링의 종류와 기하 구조 및 운동학을 서술한다. 정적 및 정격 동하중에 따른 베어링 선정과 베어링의 수명에 영향을 미칠 수 있는 윤활을 포함한 다른 요인들도 논의한다. 13.3절에서 기본 특성을, 보다 상세한 기하 구조는 13.4절에서, 운동학은 13.5절에서, 그리고 세퍼레이터의 역할은 13.6절에서 취급한다. 이어서 13.7절에서 매우 큰 하중을 받지만 무윤활인 구름 베어링에 대한 이론과 설계 연습을 전개한다. 그리고 하중을 받으면서 윤활이 되는 구름 베어링을 13.8절과 13.9절에서 다룬다.

설계자가 구름 베어링의 선정과 해석만을 필요로 하면, 주 관심사는 줄어든다. 예를 들어 축이 한정된 범위의 작은 처짐량을 갖거나(5.2절 참조), 긴 피로 수명을 갖도록(11.3절) 설계되어야 한다면, 축의 지름은 상대적으로 커야 하므로 축에 맞는 모든 베어링의 용량은 필요한 지지 하중을 초과할 것이다. 물론 베어링을 장착할 수 있도록 축에 어깨(shoulder) 부위가 (제조자의 문헌에 주어진 정해진 수치로) 기계 가공될 것이다. 그러나 작용 하중에 정확히 일치하는 용량을 갖는 베어링을 선정하는 것은 베어링 내경에 적합한 축의 지름을 아주 조금 절삭해야 하거나 아니면 실현 가능하지 않을 수도 있다. 많은 경우에, 축의 치수에 맞춰 베어링을 선정해도 충분하다. 즉 축의 처짐 기준이 축의 치수를 결정하고 이에 맞춰 베어링의 치수가 결정된다.

더 큰 하중이 작용하는 베어링의 경우, 설계자가 13.3절에서 논의한 베어링과 다른 종류를 고려하고 싶을 수 있는데, 이 경우에는 필요한 베어링 정격 하중을 결정하기 위하여 13.7절 및 13.9절에서 설명한 접근법을 사용하면 된다. 13.4절부터 13.6절까지는 구름 베어링을 좀 더 상세하게 이해하고 싶을 때 또는 제조자의 문헌에 적합한 제품이 없어

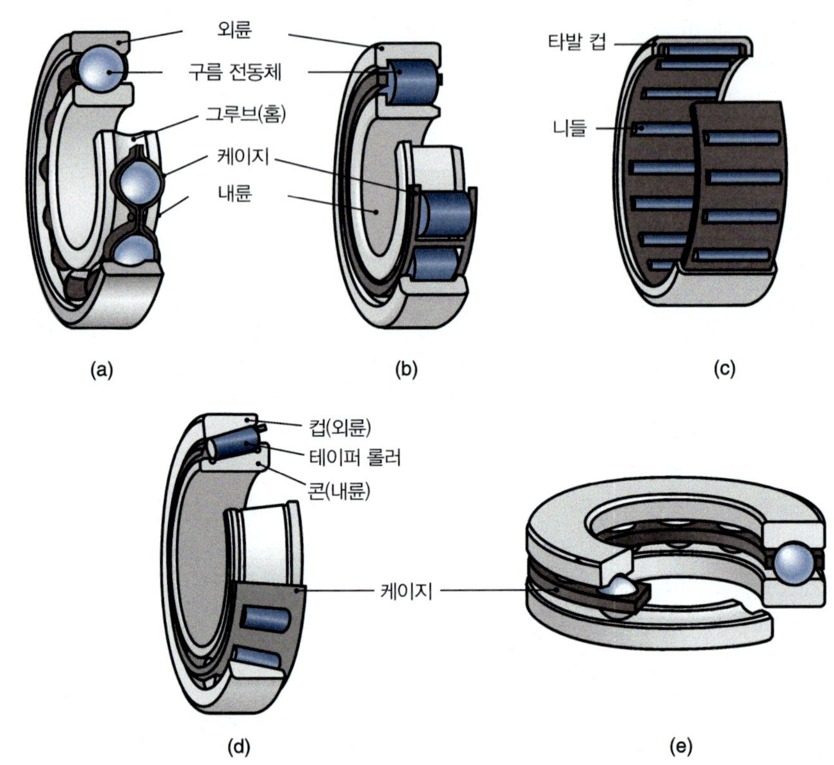

그림 13.1: 단열 구름 베어링. (a) 깊은 홈 볼 베어링, (b) 원통 롤러 베어링, (c) 내륜이 없는 타발 컵(drawn cup) 니들 베어링. 이 경우, 니들은 연마 경화축 표면을 구른다. (d) 테이퍼 롤러 베어링, (e) 스러스트 볼 베어링.

서 특수 베어링을 설계하거나 가공해야 할 때 중요하다. 이 절들은 일반 독자에게는 덜 중요할 수 있으나 설명한 운동학 및 역학 내용이 상용 구름 베어링에 포함되어 있음을 알아야 한다.

13.2 역사적 개요

베어링을 사용하는 목적은 두 구조물, 일반적으로 축과 하우징(housing) 사이에서 하중을 전달하면서 상대 위치선정(relative positioning)과 회전 자유도를 제공하기 위함이다. 구름 베어링의 기본 형태 및 개념은 간단하다. 만일 하중이 상대 운동을 하는 표면 사이에서 전달되어야 한다면, 구름 전동체를 미끄럼 부재 사이에 삽입하는 것이 가장 효과적인 하중 전달 방향이다. 미끄럼에서 맞닥뜨리는 마찰 저항은 대부분 구름과 관련된 아주 작은 저항으로 대체되지만, 필연적으로 감소하는 접촉 영역에서 높은 응력이 발생한다.

현대의 정밀한 구름 베어링은 엄격한 기술과 정교한 과학의 산물이며, 다양한 기계에서 마찰 및 마모를 줄이는 데 매우 효과적이다. 20세기에 수많은 형태의 구름 베어링이 급속도로 개발된 사실은 잘 알려져 기록되어 있다. 그러나 이러한 필수적인 기계 요소로서 구름 베어링의 근원은 기계 장치에서 큰 산업적 수요가 있기 훨씬 전, 즉 틀림없이 구름 베어링을 효율적으로 대량 생산하기에 적합한 기계 공구가 만들어지기 이전으로 거슬러 올라 갈 수 있을 것이다. 구름 베어링에 대한 전체 역사는 Hamrock and Dowson(1981) 및 Dowson(1998)에 언급되어 있다. 여기서는 간략한 개요만 제시한다.

무거운 석재 건축용 블록 및 조각물을 운반하거나 차량 및 정밀 기구, 수양장치(water raising equipment), 풍차 등에 사용하는 구름 베어링의 개발에 대한 일반적인 기술 발전의 영향은 Hamrock and Dowson(1981)에 언급되어 있다. 구름 베어링의 역사는 고고학적 물증에 대한 해석과 어느 정도 관련 있지만, 초기의 드문 사례로 덴마크에서 발견된 켈트족의 수레에 사용된 휠 베어링은 기원전 300년에서 100년으로 거슬러 올라가며, 중국의 외딴 마을에서 발견된 베어링 궤도륜과 유사한 흥미로운 물건은 기원전 200년경이고, 유명한 네미호(Lake Nemi) 베어링은 로마 시대 선박의 회전하는 턴테이블(turntable) 부품으로 서기 약 40년경에 사용되었다. 구름 베어링의 개념은 로마 시대에 출현하였으며, 중세 시대에는 기억에서 희미해졌지만, 르네상스 시대에 부활하여 17세기 및 18세기에 다양한 분야에서 꾸준히 개발되었고, 산업혁명 시대에 개인용 도로 마차의 베어링으로 확실히 자리를 잡았다. 19세기 말이 되어, 자전거용 볼 베어링의 큰 장점이 정밀한 강구(steel ball)를 제작하는 관심을 불러 일으켰다. 처음에는 기계 가공 업체들이 특수 선반에서 봉을 회전하며 볼을 제작하여 각자 자신의 베어링을 만들었다. 20세기에 접어들면서 볼 및 롤러 베어링의 수요가 증가하여 전문 베어링 업체의 출현을 촉진시켜 거대한 산업의 초석이 되었다. 정밀 연마 기술의 장점과 재료 개선으로 얻은 유용성이 새로운 산업의 미래를 확고히 하는 데 크게 기여하였다.

그러므로 현대 구름 베어링의 대부분의 본질적인 특징은 19세기 후반부에 확립되었으며, 20세기 초에 전문 정밀 제조업체가 출현하여 구름 베어링을 아주 가치 있고 높은 품질로 즉시 사용할 수 있는 기계 부품이 되도록 하였다. 그 이후 표준 치수로서 볼 및 롤러 베어링의 유용성이 기계 설계에 큰 영향을 주었다. 구름 베어링은 여전히 미래의 연구와 개발에 도전 분야를 제공하여, 현재에도 많은 공학자와 과학자들이 베어링 분야에서 다양한 연구 과제를 수행하고 있다. 많은 경우에 새로운 재료나 참신한 설계 개념이 구름 베어링의 수명을 늘리고, 응용 분야를 넓히고 있다. 그런데 구름 베어링이 한 세기 이상 기술 발전에 공헌해 왔지만, 특이한 운전 특성은 아직도 규명해야 할 부분이 많이 남아 있다.

13.3 베어링의 종류와 선정

설계자는 아주 다양한 종류의 디자인 및 치수로 볼 및 롤러 베어링을 선택할 수 있다. 그림 13.1 및 표 13.1은 비교적 폭넓게 사용되는 베어링 종류를 설명한 것이다. 또한 수많은 종류의 특수 베어링도 가능하다. 일반적으로 치수 범위는 미터 단위로 주어지는데, 그 이유는 전통적으로 대부분의 구름 베어링은 미터 치수로 제조되어 미터 표준으로 먼저 제정되었기 때문이다.

표 13.1은 레이디얼 및 스러스트 방향의 부하 용량 및 오정렬(misalignment)에 대한 공차를 근사적으로 상대 비교한 것이다. 또한 표 13.1은 다양한 용도에 적합한 베어링 종류 선택에 도움을 줄 수 있는 지침을 제공한다.

구름 베어링(rolling-element bearings)은 몇 개 부품, 즉 그림 13.1과 같이 **내륜**(inner race) 및 **외륜**(outer race), 볼 또는 롤러 세트, **케이지**(cage) 또는 **세퍼레이터**(separator)의 조립체이다. 케이지 또는 세퍼레이터는 구름 전동체들이 일정한 간격을 유지하도록 한다. 케이지가 없는 베어링은 원주 주위로 구름 전동체를 최대한 빽빽하게 배열한 것으로 **전면 전동체 베어링**(full-complement bearing)이라고도 한다. 전면 전동체 베어링은 큰 부하 용량을 갖지만, 케이지가 있는 베어링보다 낮은 속도 한계 특성을 갖는다. **테이퍼 롤러 베어링**(tapered-roller bearing)은 **컵**(cup), **콘**(cone), 테이퍼 롤러 세트와 케이지의 조립체이다.

구름 베어링은 윤활유가 없어도 잘 작동하며, 때로는 윤활유 없이 사용하기도 하지만, 보통 윤활유 유막을 유지하는 것이 수명을 늘리는 데 도움을 준다. 구름 베어링은 윤활유를 공급하기 어려운 기하 구조이기 때문에, 보통 걸쭉한 그리스(grease)와 함께 조립, 밀봉되어 베어링이 윤활 상태에서 작동되도록 한다. 실(seal)은 결정적인 요소로, 윤활유가 베어링 소립제 안에서 유지되도록 할 뿐만 아니라 윤활유가 물에 씻겨 나가지 않도록(예를 들어, 자동차가 물웅덩이를 지나갈 때 차축) 한다. 실 품질은 보통 베어링 성능에 치명적인 요인이 되기도 하지만, 본 장에서는 깊이 다루지 않을 것이다. 그러나 일반적으로 구름 베어링은 탄성유체 윤활(elastohydrodynamic lubrication), 즉 유체로서 보통 걸쭉한 그리스 윤활 조건에서 운전되어야 하며, 긴 수명을 위해 적절한 실링(sealing) 및 윤활이 필수적임을 알아야 한다.

표 13.1: 구름 베어링 선정 가이드.

베어링 종류	보기	근사 최대 지름, mm	레이디얼 용량	축 용량	조합 하중	모멘트 하중	속도	강성	정숙 회전	오정렬 보상	허용축 변형	대표적 사용 예
레이디얼 볼												
깊은 홈	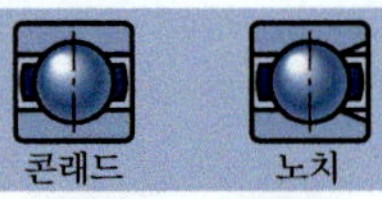 콘래드, 노치	1000	2	2	2	1[a]	2	2	4	1	0	섬유기계, 전동공구, 펌프, 변속기
자동 조심	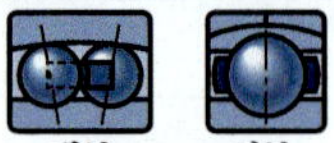 내부, 외부	120	2	1	1	0	4	1	3	4	0	팬, 제지기
앵귤러	 단열	320	2	2	3	1[a]	3	2	3	1	0	펌프, 압축기, 원심분리기
2열 쌍	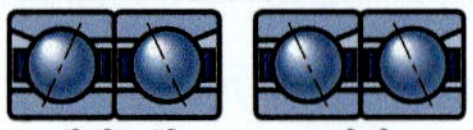 배면조합, 직렬	320	3	2	3	2	2	3	2	0	0	펌프, 압축기, 원심분리기
2방향	 스플릿 링	110	1	3	2	2[a]	3	2	2	0	0	압축기
스러스트 볼	 편평 궤도륜, 홈 궤도륜	1000	0	2	0	0	1	2	1	1	0	플라스틱 압출기, 크레인 훅
원통 롤러	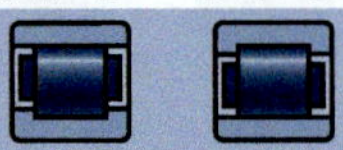 내륜 분리, 외륜 분리	500	3	0	0	0	3	3	3	1	4	견인 전동기, 전동기, 변속기
전면 전동체	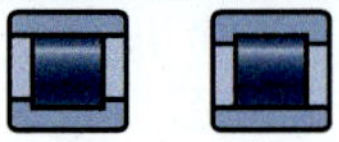 내륜 분리, 외륜 분리	120	4	1	2	0	1	4	1	1	2	엘리베이터, 변속기
복열	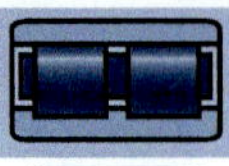	1250	4	1	2	2	1	4	1	0	2	크레인, 압연기, 와이어 로프 시브
구면 롤러	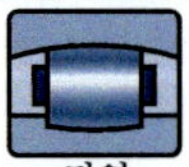 단열	320	4	2	4	0	2	3	2	4	0	팬, 변속기, 분쇄기, 진동체
토로이드(CARB)	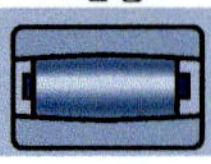	1120	4	0	0	0	2	3	2	4	4	제지기, 변속기, 팬, 전동기
니들	 타발 컵, 개방 단, 그리스 유지	185	3	0	0	0	2	3	2	0	4	유성기어 변속기, 교류 발전기
테이퍼 롤러-단열		360	3	3	4	1	2	3	2	1	0	변속기, 원뿔형 분쇄기
테이퍼 롤러-복열	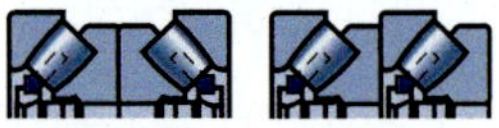 배면조합, 직렬	130	4	3	4	2	2	4	2	1	0	변속기, 철도 차량 차축

0: 부적합, 1: 부족, 2: 보통, 3: 우수, 4: 매우 우수
[a] 복열 한정, 그 외 0.

13.3.1 볼 베어링

볼 베어링(ball bearing)은 구름 베어링 중 가장 많이 사용된다. 약간의 스러스트 하중과 함께 주로 레이디얼 하중이 작용하는 경우에 사용하며, 보통 표 13.1의 첫 두 행의 베어링을 우선적으로 선정한다. 콘래드(Conrad), 즉 **깊은 홈 베어링**(deep-groove bearing)(그림 13.1a)의 전동체는 외륜의 안지름에 접해 안착되며, 볼 전동체의 개수는 내륜과 외륜 사이에 원주 방향으로 고리 모양(annulus)으로 채울 수 있는 만큼으로 제한된다. 둘로 나누어져 스탬핑 및 리벳 이음으로 접합되거나 또는 기계가공으로 완성되는 케이지는 거의 언제나 콘래드 베어링에 사용된다. 유일한 예외는 측면이 개방된 포켓(open-sided pocket)에 볼을 딸깍 소리가 나도록 끼워 넣는 일체형 케이지가 있다. 노치-베어링(filled-notch bearing)에는 대부분 노치가 있는 내륜 및 외륜이 있는데, 볼 전동체가 단지 궤도륜 사이의 고리 모양 공간에 의해서만 한정되며, 노치의 영향으로 작은 스러스트 하중을 지지할 수 있다.

자동 조심 내부 베어링(self-aligning internal bearing)은 (표 13.1) 큰 오정렬을 흡수할 수 있도록 구면 형상으로 연마된 외륜 볼 궤도를 갖는다. 자동 조심 외부 베어링의 내륜은 구면이고 외륜은 여러 개로 나누어지는데, 자동 조심 내부 베어링보다 더 큰 오정렬과 부하 용량을 감당할 수 있다. 그러나 자동 조심 외부 베어링은 여러 개 조가인 외륜에서의 마찰 때문에 내부 베어링보다 자동 조심 능력이 약간 떨어진다.

전형적인 **앵귤러 볼 베어링**(angular-contact ball bearing)이 표 13.1에 소개되어 있다. 앵귤러 볼 베어링의 한쪽 궤도륜에는 두 개의 턱을 낮게 한(two-shouldered) 볼 홈이, 반대쪽 궤도륜에는 한 개의 턱을 가진 볼 홈이 있다. 따라서 한쪽 방향으로만 스러스트 하중을 지지할 수 있다. 궤도륜의 일부를 잘라 턱을 낮추었으므로 볼 전동체를 케이지 및 외륜에 삽입한 후 내륜을 찰깍하고 끼우며 조립한다. 또한 고속에서도 균형을 잡고 사용할 수 있도록 일체형으로 기계 가공된 궤도륜 유인(race-piloted) 케이지를 사용할 수 있으며, 일반적인 접촉각 범위는 15°~40°이다.

앵귤러 볼 베어링은 흔히 **2열 쌍**(duplex pairs)으로 배면조합(back-to-back) 또는 정면조합(face-to-face)으로 조립되어 사용된다. 2열 쌍 베어링은 하우징 내에서 축에 함께 체결될 때 서로 '예하중(preload)'을 주도록 제조한다. 예하중을 주는 것은 축의 강성을 높이고 가벼운 하중에서 베어링이 미끄러지지 않도록 한다. 2열 쌍은 양방향의 스러스트 하중을 지지할 수 있다. 배면조합 배열은 정면조합 배열보다 모멘트 또는 과회전 하중에 대한 저항력이 더 크다.

스러스트 하중이 단일 베어링의 부하 용량을 초과하면, 두 개의 베어링을 짝지어 각 베어링이 스러스트 하중 일부를 지지하도록 사용할 수 있다. 세 개 이상의 베어링을 짝지어 사용하는 경우도 가끔 있지만, 효과적인 하중 분담을 달성하는 데 어려움이 있기 때문에 피하는 것이 좋다. 운전 온도에서 약간의 차이가 있기만 해도 불균등한 하중 분담을 초래할 수 있다.

2방향 **스플릿링 베어링**(split-ring bearing)은 여러 가지 장점을 가지고 있다. 스플릿링(보통 내륜)은 볼의 홈을 고리(ring) 1/2 사이에 끼움새(shim)를 사용하여 원호로 연마한다. 베어링이 조립되어 스플릿링 볼의 홈이 고딕 아치(gothic arch) 모양이 되면 끼움새를 제거한다. 고딕 아치 모양은 주어진 반지름 방향 유격에 대한 축 방향 유격을 경감시켜 축의 길이 방향 위치 선정을 더 정확하게 한다. 베어링은 양방향 스러스트 하중을 지지할 수 있지만, 레이디얼 하중이 대부분인 경우에는 오랜 시간 운전하면 안 된다. 이러한 제약은 3점 볼-궤도륜 접촉이 되게 하여 비교적 큰 마찰 손실을 초래한다. 전통적인 앵귤러 볼 베어링과 마찬가지로 정밀 기계 가공된 일체형 케이지가 사용된다.

그림 13.1e 및 표 13.1에 제시한 **스러스트 볼 베어링**(thrust ball bearing)(접촉각 90°)은 거의 대부분 수직으로 설치한 축이 있는 기계에 전적으로 사용한다. 편평 궤도륜(flat-race) 베어링은 고정된 회전 부재의 편심을 허용한다. 반지름 방향 위치 선정을 위해서는 부가 베어링을 사용해야 한다. 볼과 궤도륜의 접촉이 작고, 이로 인한 큰 헤르츠 응력(Hertzian stress) 때문에 스러스트 부하 용량이 낮다. 홈 궤도륜(grooved-race) 베어링은 더 큰 스러스트 부하 용량을

가지며, 작은 크기의 레이디얼 하중도 지지할 수 있다. 모든 순 스러스트 볼 베어링은 접촉각 90°로 인한 큰 크기의 볼의 급회전 및 마찰 손실 때문에 보통의 회전 속도에서 사용되어야 한다.

13.3.2 롤러 베어링

원통 롤러 베어링(cylindrical roller bearing)(그림 13.1b 및 표 13.1)은 대부분 순수한 레이디얼 하중을 지지할 때 사용한다. 따라서 다양한 형태의 원통 롤러 베어링이 있다. 원통 롤러 베어링은 비교적 큰 레이디얼 부하 용량뿐만 아니라 높은 속도 성능을 가지고 있는데, 구면 및 테이퍼 롤러 베어링보다 더 큰 부하 용량 및 속도 성능을 갖는다. 높은 속도의 회전자(rotor)를 지지하기 위하여 보통 사용하는 베어링 조합은 앵귤러 볼 베어링(또는 2열 쌍) 및 원통 롤러 베어링이다. 13.4절에서 설명하는 바와 같이, 원통 롤러 베어링의 롤러로 완전한 원통은 드물다. 보통 크라운(crown) 형상 또는 가운데가 약간 불룩한 배럴(barrel) 형상으로 만들어, 축이나 하우징에 오정렬이 발생할 때 롤러 끝 부위에서 발생할 수 있는 응력집중을 완화한다. 원통 롤러 베어링에는 일체형 또는 둘로 나눠진 케이지가 장착된다. 전면 전동체 베어링은 아주 큰 부하 용량인 경우 사용될 수 있으나, 속도 성능은 현저히 떨어질 수 있다.

구면 롤러 베어링(spherical roller bearing)(표 13.1)은 단열(single row) 또는 복열(double row)로 만든다. 일반적인 베어링 설계로 볼록한 배럴 형상 롤러를 사용한다. 대안 설계로는 오목한 장고 형상(hourglass-shaped) 롤러를 사용한다. 구면 롤러 베어링은 (스러스트 형식을 제외하고) 보통의 스러스트 부하 용량과 함께 아주 큰 레이디얼 부하 용량 및 우수한 오정렬 흡수 능력을 동시에 겸비한다. 대용량 압연기 및 산업용 기어 구동에 구면 롤러 베어링을 널리 사용한다. 표 13.1에는 CARB 베어링(Compact Aligning Roller Bearing)이라고도 불리는 토로이드 베어링(toroidal bearing)이 소개되어 있는데, 길고 약간 크라운 형상의 롤러를 사용한다. 토로이드 베어링은 구면 베어링의 자동 조심 장점과 니들 베어링의 설치 공간이 작은 장점, 원통 베어링의 축 방향 오정렬 흡수 능력을 결합한 것이다.

테이퍼 롤러 베어링(tapered-roller bearing)(그림 13.1d)도 일체형 또는 두 조각의 컵 및 콘의 조합으로 단열 또는 복열 베어링으로 만든다. 둘 또는 세 조각의 컵 및 콘을 조합한 4열 베어링도 가능하다. 베어링은 보통 크기의 스러스트 하중이 작용하는 경우는 표준 각도로, 큰 스러스트 하중의 경우에는 날카로운 각도로 제작한다. 특정한 용도에 적합한 표준 및 특수 케이지도 가능하다. 단열 테이퍼 롤러 베어링은 레이디얼 하중에 의해 발생하는 스러스트 반력을 다른 테이퍼 롤러 베어링이 상쇄할 수 있도록 쌍으로 사용해야 한다. 테이퍼 롤러 베어링은 기하 구조 때문에 한 방향, 즉 롤러와 내륜 또는 콘 사이에 압축 응력을 야기하는 방향으로만 스러스트 하중을 지지할 수 있다. 반대 방향 스러스트 하중은 궤도륜을 빠지게 하므로 지지할 수 없다. 테이퍼 롤러 베어링은 보통 어느 정도 내부 유격을 갖도록 설계된 스페이서(spacer)와 함께 설치한다.

니들 롤러 베어링(needle roller bearing)(그림 13.1c 및 표 13.1)의 주 특징은 반지름 방향으로 적은 공간을 필요로 함이며, 내륜 없이 사용하는 경우가 많다. 이 경우, 축을 경화하고 연마하여 내륜의 역할을 하도록 한다. 그리스가 누설되지 않도록 열린 끝 및 닫힌 끝의 타발 컵(drawn cup) 니들 베어링을 흔히 사용한다. 타발 컵은 두께가 얇으므로 하우징으로 튼튼하게 지지하여야 한다. 무거운 하중용 니들 롤러 베어링은 비교적 견고한 궤도륜으로 되어 있으며, 폭-지름 비율이 높은 비율의 원통 롤러 베어링과 유사하다.

13.3.3 베어링 선정

여기서 소개한 것보다 훨씬 많은 특수 베어링들이 있다. 제어 시스템용 항공기 베어링, 박편 베어링(thin-section bearing), 파열 고리 베어링(fractured-ring bearing)은 비교적 많이 제작하는 베어링들이다. 모든 종류의 베어링을 취급하는 것은 본 교재의 범위를 벗어나며, Hamrock and Anderson(1983)을 참조하거나 또는 베어링 제조업체로부터 직접 구하면 된다. 오늘날 대부분의 제조업체는 설계 지침 및 구체적인 베어링 데이터에 관해 높은 수준의 웹사이트를 제공하고 있다.

하나의 베어링으로 모멘트 하중을 지지하기는 어렵지만, 2열 쌍 또는 복열 베어링은 제한적으로 모멘트를 지지한다. 큰 모멘트가 있는 경우에는, 두 개의 베어링을 짧은 간격으로 떨어진 위치에 설치하기도 한다. 이러한 설치법은 베어링에 단지 레이디얼 하중만 발생하게 하면서 모멘트를 지지할 수 있도록 한다.

특별한 용도의 설계에 적합한 구름 베어링 선정은 흔히 가장 도전적인 문제이므로 논리적이고 체계적인 방법으로 분석을 진행해야 한다. 표 13.1은 설계자가 특별한 용도에 적합한 구름 베어링을 선택하는 데 도움을 줄 수 있는 일반적인 지침이지만, 대부분의 설계 문제는 다양한 베어링을 적용할 수도 있음을 알아야 한다. 가장 경제적이고 강긴한 실세를 위해 경쟁하는 선택 대상을 평가하고 공급자와 대화를 하여야 한다. 테이퍼 롤러 베어링은 동일한 내경에 대해 볼이나 원통 롤러 베어링보다 일반적으로 더 긴 피로 수명을 보인다. 앵귤러 볼 베어링 및 원통 롤러 베어링은 일반적으로 가장 높은 속도 능력을 갖는다. 구름 베어링의 속도 한계는 윤활 방법과 함께 논의된다. 적용하는 윤활 시스템은, 베어링을 설계할 때 베어링 한계 속도에 크게 영향을 미친다. 그리스는 유지 보수가 쉽지만, 오일보다 낮은 작동 속도에 적합하다. 베어링 설치 간격, 필요한 내경 및 지지해야 하는 스러스트 하중의 크기 등도 추가로 고려해야 한다.

예제 13.1

볼 베어링 선정

조건 구름 베어링 종류의 선정에 가장 중요한 두 가지 요인은 필요한 부하 용량과 바람직한 운동 유형이다. 궤도륜의 기하 구조에 따라 레이디얼 하중, 축하중 또는 모멘트 하중이 볼 베어링을 통해 전달될 수 있다.

문제 다음 경우에 어떤 형식의 구름 베어링이 사용되어야 하는지 서술하라.

(a) 높은 강성의 순수한 레이디얼 하중
(b) 순수한 축하중
(c) 굽힘모멘트 하중
(d) 높은 레이디얼 강성
(e) 높은 축 강성

풀이 표 13.1은 특별한 하중의 경우에 적합한 베어링을 찾는 데 매우 유용하다. 문제는 구름 베어링으로 한정하므로 구름 베어링만 고려한다.

(a) 순수한 레이디얼 하중의 경우, 전면 전동체 원통 베어링 또는 복열 테이퍼 롤러 베어링을 선택하는 것이 확실하다. 다른 제약 조건으로 설계안들 사이의 가격 비교와 같은 차별성을 규정할 수 있다.
(b) 순수한 축하중의 경우, 볼을 통해 전달되는 힘은 가능한 한 베어링 축에 가까워야 한다. 이 위치는 볼을 통해 작용하는 내력을 최소로 한다. 테이퍼 롤러 베어링과 2방향 앵귤러 베어링은 순수한 축하중에 좋은 선택이다.
(c) 굽힘모멘트가 작용하는 경우, 베어링은 축 방향과 레이디얼 방향 모두 지지해야 한다. 표 13.1에서 볼 수 있는 바와 같이 특별히 적합한 구름 베어링은 없으며, 동압 베어링(12장)이 보다 나은 선택이 될 수 있다. 그러나 2층 베어링(double bearing)은 어느 정도 하중을 지지할 수 있으므로, 이중 깊은 홈 베어링(2열, duplex) 및 복열 원통 롤러 베어링을 사용할 수 있다. 설치 위치를 변경할 수 있으면 또 다른 선택이 가능하다. 만일 두 베어링의 중심 거리가 충분히 떨어지게 설치되어 베어링의 바깥 지름의 크기와 거의 같으면, 표 13.1에 소개한 어떤 형식의 베어링도 사용할 수 있다. 그러면 베어링이 레이디얼 하중을 지지하고 베어링 간격으로 모멘트를 지지할 수 있다.
(d) 만일 높은 레이디얼 강성이 요구되면, 전면 전동체 또는 복열 원통 베어링 또는 복열 테이퍼 롤러 베어링이 가장 적합하다. 전면 전동체 원통 구름 베어링은 롤러가 더 많으므로 가장 높은 강성을 가질 수 있지만, 속도는 제한된다.
(e) 높은 축 강성은 표 13.1에서 논의하지 않았으므로 베어링 선정을 위해 베어링 종류에 대한 연구를 더 해야 할 것이

다. 테이퍼 롤러 베어링을 최소한 2열 이상 사용하면 가장 강성이 높은 설계가 될 것이다.

13.4 기하 구조

구름 베어링의 운전 특성은 지름 틈새에 크게 의존한다. 이 틈새는 앞 절에서 논의한 베어링의 종류에 따라 변한다. 본 절에서는 무부하 구름 베어링의 운전을 주로 지배하는 기하 관계를 논한다. 기하 관계는 이 장의 후반에서 응력 및 처짐, 부하 용량 그리고 수명을 고려할 때 중요하다.

13.4.1 볼 베어링

아래에서 설명하는 바와 같이 볼 베어링의 중요한 기하 특성은 피치 지름, 틈새, 궤도륜 정합성, 접촉각, 축 방향 유격(endplay), 어깨 높이(shoulder height), 곡률 합 및 차이다.

피치 지름 및 틈새

그림 13.2의 레이디얼 단열 볼 베어링 단면은 반지름 방향 틈새 및 여러 지름을 나타낸 것이다. **피치 지름**(pitch diameter) d_e는 내륜 및 외륜 접촉 지름의 평균으로 다음과 같다.

$$d_e = d_i + \frac{d_o - d_i}{2},$$

즉

$$d_e = \frac{d_o + d_i}{2}. \tag{13.1}$$

또한 그림 13.2로부터 지름 틈새 c_d는 다음과 같이 적을 수 있다.

$$c_d = d_o - d_i - 2d. \tag{13.2}$$

따라서 지름 틈새는 작은 힘이 작용하고 두 궤도륜이 같은 평면에 놓여 있을 때, 한 궤도륜이 다른 궤도륜에 대해 지름 방향으로 움직일 수 있는 최대 거리로 생각할 수 있다. 그러나 지름 틈새는 일반적으로 단열 레이디얼 베어링과 관련하여 사용하며, 식 (13.2)는 앵귤러 베어링에도 적용할 수 있다.

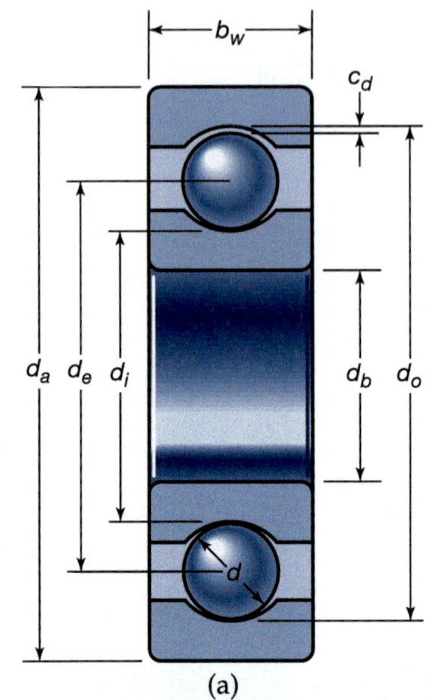

(a)

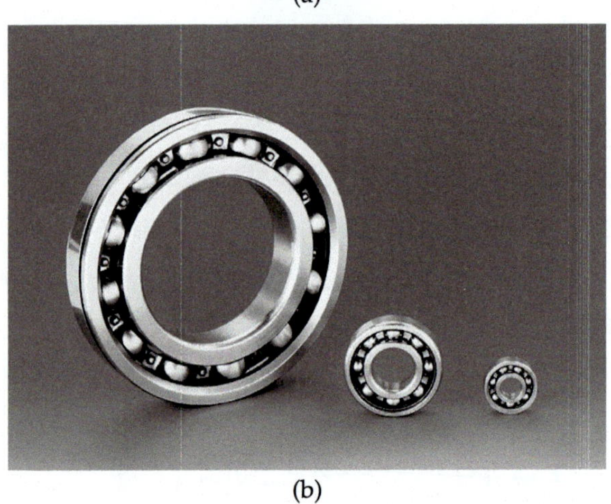
(b)

그림 13.2: (a) 레이디얼 단열 볼 베어링 단면, (b) 레이디얼 단열 볼 베어링. 출처: (b) SKF USA, Inc.

궤도륜 정합성

궤도륜 정합성(race conformity)은 베어링 축을 통과하는 평면에서 궤도륜과 볼의 기하적 정합성을 측정하는 기준인데, 베어링 축은 베어링의 중심을 통과하는 선으로 베어링 평면에 직각이며 궤도륜을 가로지른다. 그림 13.3은 궤도륜 정합성을 보여주는 볼 베어링 단면이며, 궤도륜 정합성은 다음과 같이 나타낼 수 있다.

$$R_r = \frac{r}{d}. \tag{13.3}$$

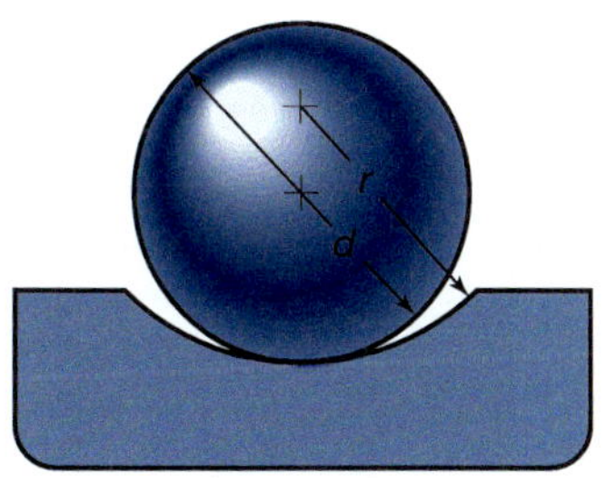

그림 13.3: 궤도륜 정합성을 설명하는 볼과 외륜의 단면도.

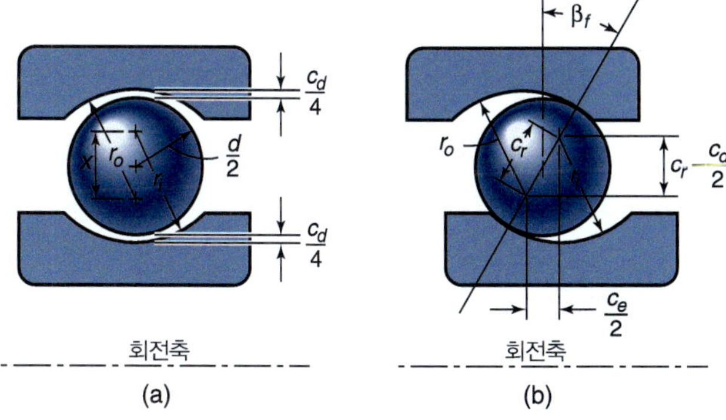

그림 13.4: 내륜 및 외륜의 축 이동에 기인하는 볼-궤도륜 접촉을 설명하는 레이디얼 베어링 단면. (a) 초기 위치, (b) 이동 위치.

완전 정합성이면, 궤도륜 반지름은 볼 반지름과 같으므로 R_r은 1/2이 된다. 궤도륜이 볼에 일치하면 할수록 접촉 부위에서 마찰열은 더 많이 발생한다. 반면에, 개방 궤도륜 곡률 및 감소한 기하적 정합성은 모두 마찰을 감소시키지만, 최대 접촉 응력을 증가시켜 베어링 수명이 줄어들게 한다. 이러한 이유 때문에 대부분의 최근 볼 베어링은 궤도륜 정합성 비율을 $0.51 \le R_r \le 0.54$ 범위로 하며, $R_r = 0.52$를 가장 널리 사용한다. 외륜에 대한 궤도륜 정합성 비율은 보통 내륜보다 조금 더 크게 하는데, 내륜과 볼 사이보다 외륜과 볼 사이의 베어링 평면에서 더 근접한 정합성을 보상하기 위해서이다. 이와 같은 외륜의 더 큰 비율은 내륜과 외륜 접촉에서 접촉 응력을 같게 한다. 궤도륜 정합성 차이는 보통 0.02를 초과하지 않는다.

접촉각

레이디얼 베어링은 그림 13.4와 같이 일반적으로 지름 틈새를 갖도록 설계되어 있기 때문에 축 방향 유격(axial play)이 있다. 축 방향 유격은 설치된 베어링에서 '0'이 아닌 자유로운 접촉각을 의미한다. **앵귤러 베어링**(angular-contact bearing)은 특히 스러스트 하중에서도 사용할 수 있도록 설계되었다. 부부하 베어링에서 궤도륜 정합성 비율과 틈새는 베어링의 자유 접촉각(free contact angle)을 결정한다. 그림 13.4는 측정할 수 없는 힘이 작용하는 내륜과 외륜의 축 방향 이동에 의한 레이디얼 베어링의 접촉을 보여준다.

자유 접촉각을 논의하기 전에 그림 13.4a 및 b에서 볼의 중심을 지나는 직선상에서 두 궤도륜의 곡률 중심 사이의 거리를 정의하는 것이 중요하다. 그림 13.4a에서 x로 표현되고 그림 13.4b에서 c_r로 표시된 이 거리는 궤도륜의 반지름과 볼의 지름에 의존한다. 그림 13.4b에서 내륜 및 외륜과 관련하여 각각 하첨자 i와 o로 표현한 양은 다음과 같다.

$$d = r_o - c_r + r_i,$$

즉

$$c_r = r_o + r_i - d. \tag{13.4}$$

그림 13.4b에서 **자유 접촉각** β_f는 측정할 수 없는 힘이 작용할 때, 볼이 양 궤도륜과 접촉하는 점을 통과하는 직선과 베어링의 회전축에 직각인 평면에 의해 만들어지는 각도로 정의된다. 외륜과 내륜의 곡률 중심은 자유 접촉각을 정의하는 직선 위에 놓이는 점을 주목한다. 그림 13.4b로부터 자유 접촉각은 다음과 같이 적을 수 있다.

$$\cos\beta_f = 1 - \frac{c_d}{2c_r}. \tag{13.5}$$

식 (13.2) 및 식 (13.4)를 식 (13.5)에 대입하면 다음 식으로 적을 수 있다.

$$\beta_f = \cos^{-1}\frac{r_o + r_i - \dfrac{d_o - d_i}{2}}{r_o + r_i - d}. \tag{13.6}$$

식 (13.6)은 볼의 크기가 증가하고 나머지는 일정하면, 자유 접촉각은 감소함을 보여준다. 마찬가지로 볼 크기가 감소하면 자유 접촉각은 증가한다.

식 (13.5)로부터 지름 틈새 c_d는 다음과 같이 적을 수 있다.

$$c_d = 2c_r(1 - \cos\beta_f). \tag{13.7}$$

이 식은 식 (13.2)로 주어진 지름 틈새의 정의에 대한 다른 표현이다.

축 방향 유격

자유 **축 방향 유격** c_e는 측정할 만한 힘이 작용하지 않고 내륜과 외륜이 동심일 때, 외륜에 대한 내륜의 최대 축 방향 움직임이다. 자유 축 방향 유격은 그림 13.4와 같이 총 곡률 및 접촉각에 의존하며 다음과 같이 적을 수 있다.

$$c_e = 2c_r \sin\beta_f. \tag{13.8}$$

그림 13.5는 단열 볼 베어링에서 일반적으로 볼 수 있는 4개의 총 정합성 비율 값에 대해 지름 틈새 비율 $c_d/2d$에 대한 자유 접촉각 및 축 방향 유격의 변화량을 보여준다. 식 (13.7) 및 식 (13.8)의 β_f를 소거하면, 자유 축 방향 유격 및 지름 틈새 사이에 관한 다음 관계를 얻을 수 있다.

$$c_d = 2c_r - \left[(2c_r)^2 - c_e^2\right]^{1/2},$$

$$c_e = \sqrt{4c_r c_d - c_d^2}.$$

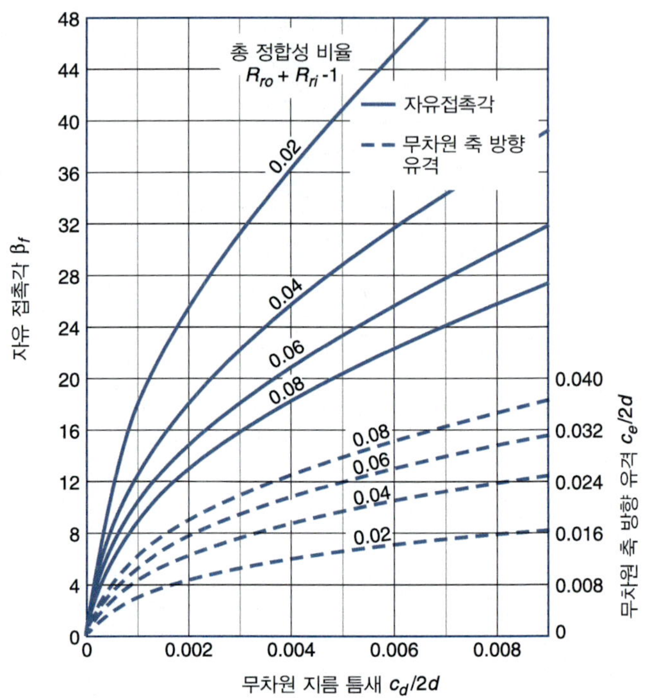

그림 13.5: $c_d/2d$의 함수에 의한 자유 접촉각 및 축 방향 유격.

어깨 높이

어깨 높이, 즉 **궤도륜 깊이**(race depth)는 어깨로부터 홈(groove)의 바닥까지 측정한 궤도륜 홈의 깊이로, 그림 13.6에서 s_h로 나타내었다. 이 그림으로부터 어깨 높이를 다음과 같이 정의할 수 있다.

$$s_h = r(1 - \cos\theta_s). \tag{13.9}$$

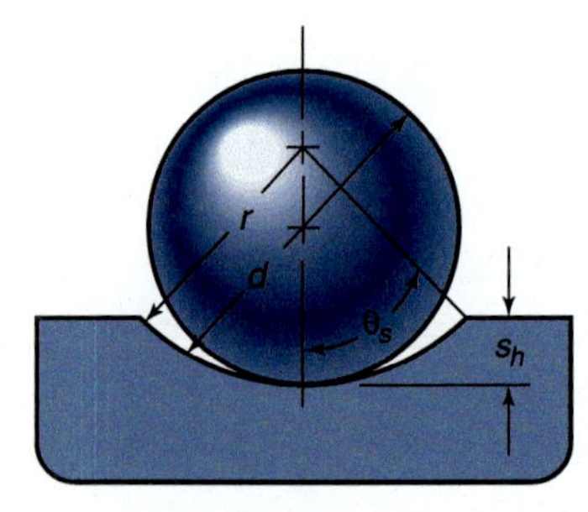

그림 13.6: 볼 베어링의 어깨 높이(궤도륜 깊이).

스러스트 하중이 전혀 작용하지 않는 상태에서 궤도륜 내에서 볼-궤도륜 접촉이 완전하게 유지될 때, 최대로 가능한 지름 틈새는 조건 $(\beta_f)_{\max} = \theta_s$에 의해 주어진다. 식 (13.7) 및 식 (13.9)를 사용하면 다음을 얻는다.

$$(c_d)_{\max} = \frac{2c_r s_h}{r}. \tag{13.10}$$

곡률 합 및 차

볼 베어링에서 접촉하는 고체의 변형되지 않은 기하 형상은 8.4.1절에서 논의한 바와 같이 두 개의 타원으로 표현할 수 있다. 그림 13.7은 접촉각 β로 작동하는 볼 베어링의 단면이다. 이 그림으로부터 내륜 및 외륜이 구름 방향으로 접하는 그리고 수직한 등가 곡률 반지름을 구할 수 있다. *볼-내륜 접촉*에 대한 곡률 반지름은 다음과 같다.

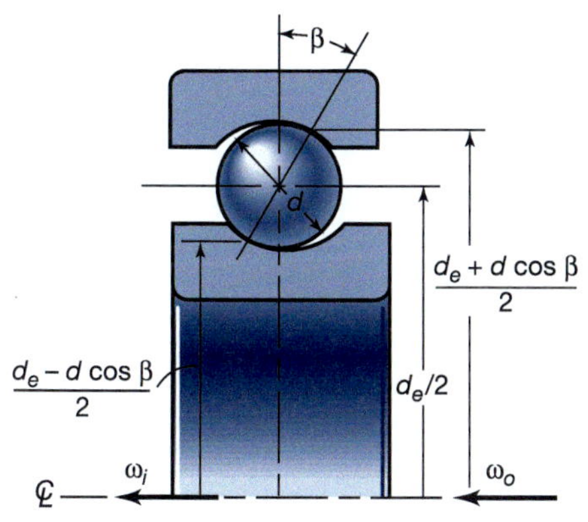

그림 13.7: 볼 베어링의 단면.

$$r_{ax} = r_{ay} = \frac{d}{2}, \tag{13.11}$$

$$r_{bx} = \frac{d_e - d\cos\beta}{2\cos\beta}, \tag{13.12}$$

$$r_{by} - R_{ri}d = -r_i. \tag{13.13}$$

볼-외륜 접촉에 대한 곡률 반지름은 다음과 같다.

$$r_{ax} = r_{ay} = \frac{d}{2}, \tag{13.14}$$

$$r_{bx} = -\frac{d_e + d\cos\beta}{2\cos\beta}, \tag{13.15}$$

$$r_{by} = -R_{ro}d = -r_o. \tag{13.16}$$

식 (13.12) 및 식 (13.15)에서 β_f 대신에 β를 사용하였는데, 이 식들은 접촉시 하중이 작용하는 경우에도 유효하기 때문이다. $\beta = 0$으로 두면, 식 (13.11)~식 (13.16)은 레이디얼 볼 베어링에도 똑같이 유효하다. 스러스트 볼 베어링의 경우, $r_{bx} = \infty$이며 나머지 반지름들은 앞의 공식에서 주어진 바와 같이 정의된다.

앞의 곡률 반지름 표현 및 식 (8.6)과 식 (8.7)로부터 *볼-내륜 접촉*은 다음과 같고,

$$R_{xi} = \frac{d(d_e - d\cos\beta)}{2d_e}, \tag{13.17}$$

$$R_{yi} = \frac{R_{ri}d}{2R_{ri} - 1}, \tag{13.18}$$

*볼-외륜*의 접촉은 다음과 같다.

$$R_{xo} = \frac{d(d_e + d\cos\beta)}{2d_e}, \tag{13.19}$$

$$R_{yo} = \frac{R_{ro}d}{2R_{ro} - 1}. \tag{13.20}$$

이 식들을 식 (8.5) 및 식 (8.6)에 대입하면, 곡률 합과 차를 얻을 수 있다. 식 (13.17)~식 (13.20)은 8.4절에서 설명한 접근법을 사용하여 접촉 응력 및 변형률을 해석할 때도 크게 유용하다.

예제 13.2

베어링 기하 구조

조건 그림 13.2a와 같은 단열 깊은 홈 볼 베어링의 피치원 지름은 100 mm, 내륜의 지름은 80 mm, 볼의 지름은 19.9 mm이다. 외륜의 반지름은 10.5 mm, 내륜의 반지름은 10.2 mm이다. 그리고 어깨 높이 각도는 30°이다.

문제

(a) 지름 틈새

(b) 내륜 및 외륜 정합성

(c) 자유 접촉각 및 축 방향 유격

(d) 내륜 및 외륜의 어깨 높이

(c) 접촉의 타원도 변수 및 곡률 합

풀이

(a) 식 (13.1) 및 식 (13.2)를 사용하여 지름 틈새를 다음과 같이 구한다.

$$\begin{aligned} c_d &= d_o - d_i - 2d \\ &= 2d_e - 2d_i - 2d \\ &= 200 - 160 - 2(19.9) \\ &= 0.2 \text{ mm}. \end{aligned}$$

(b) 식 (13.3)을 사용하여 외륜 및 내륜의 정합성을 구한다.

$$R_{ro} = \frac{r_o}{d} = \frac{10.5}{19.9} = 0.528,$$

$$R_{ri} = \frac{r_i}{d} = \frac{10.2}{19.9} = 0.513.$$

(c) 식 (13.5)로부터 자유 접촉각은

$$\cos\beta_f = 1 - \frac{c_d}{2c_r} = 1 - \frac{0.2}{2(0.816)} = 0.877$$

이므로 $\beta_f = 28.7°$이다. 식 (13.8)로부터 축 방향 유격은 다음과 같다.

$$c_e = 2\,c_r \sin\beta_f = 2(0.816)\sin 28.7° = 0.784$$

(d) 식 (13.9)로부터 어깨 높이는

$$s_{hi} = r_i(1-\cos\theta_s) = 10.2(1-\cos 30°) = 1.367\text{ mm},$$

$$s_{ho} = r_o(1-\cos\theta_s) = 10.5(1-\cos 30°) = 1.407\text{ mm}$$

이며, 식 (13.10)으로부터 볼-궤도륜의 완전 접촉을 유지할 때 최소 어깨 높이는

$$(s_{hi})_{\min} = \frac{c_d r_i}{2c_r} = \frac{(0.2)(10.2)}{2(0.816)} = 1.25\text{ mm},$$

$$(s_{ho})_{\min} = \frac{c_d r_o}{2c_r} = \frac{(0.2)(10.5)}{2(0.816)} = 1.29\text{ mm}$$

이다. 정해진 어깨 높이는 볼을 유지하는 데 적합함에 주목한다.

(e) *볼-내륜 접촉*

식 (13.11)에서 식 (13.13)으로부터

$$r_{ax} = r_{ay} = \frac{d}{2} = \frac{19.9}{2} = 9.95\text{ mm},$$

$$\begin{aligned} r_{bx} &= \frac{d_e - d\cos\beta}{2\cos\beta} \\ &= \frac{100-(19.9)\cos 28.7°}{2\cos 28.7°} \\ &= 47.1\text{ mm}, \end{aligned}$$

$$r_{by} = -R_{ri}d = -r_i = -10.2\text{ mm}$$

이다. x 및 y 방향의 곡률 합은 식 (8.6) 및 식 (8.7)에 의해 다음과 정해진다.

$$\frac{1}{R_x} = \frac{1}{r_{ax}} + \frac{1}{r_{bx}} = \frac{1}{9.95} + \frac{1}{47.1},$$

$$\frac{1}{R_y} = \frac{1}{r_{ay}} + \frac{1}{r_{by}} = \frac{1}{9.95} - \frac{1}{10.2} = 0.00246\text{ mm}^{-1}.$$

이 식들로부터 $R_x = 8.215$ mm 및 $R_y = 406.0$ mm이다. 식 (8.5)로부터 곡률 합은

$$\frac{1}{R} = \frac{1}{R_x} + \frac{1}{R_y} = 0.122 + 0.00246 = 0.1245\text{ mm}^{-1}$$

즉, $R = 8.052$ mm이다. 식 (8.8) 및 식 (8.12)로부터 반지름 비와 타원도 변수는 다음과 같다.

$$\alpha_{ri} = \frac{R_y}{R_x} = \frac{406.0}{8.215} = 49.42,$$

$$k_{ei} = \alpha_{ri}^{2/\pi} = (49.42)^{2/\pi} = 12.0.$$

볼-외륜 접촉 이 접근법은 볼-내륜 접촉과 동일한 식을 사용하지만 반지름은 다음과 같다:

$$r_{ax} = r_{ay} = \frac{d}{2} = 9.95\text{ mm}$$

그리고

$$\begin{aligned} r_{bx} &= -\frac{d_e + d\cos\beta}{2\cos\beta} \\ &= -\frac{100+19.9\cos(28.7°)}{2\cos(28.7°)} \\ &= -66.9\text{ mm}, \\ r_{by} &= -r_o = -10.5\text{ mm}. \end{aligned}$$

x 및 y 방향의 곡률 합은

$$\frac{1}{R_x} = \frac{1}{r_{ax}} + \frac{1}{r_{bx}} = \frac{1}{9.95} - \frac{1}{66.95} = 0.0856\text{ mm}^{-1},$$

$$\frac{1}{R_y} = \frac{1}{r_{ay}} + \frac{1}{r_{by}} = \frac{1}{9.95} - \frac{1}{10.5} = 0.0053\text{ mm}^{-1}$$

이므로, 결과는 $R_x = 11.69$ mm, $R_y = 190.0$ mm이다. 곡률 합은

$$\frac{1}{R} = \frac{1}{R_x} + \frac{1}{R_y} = 0.0856 + 0.0053 = 0.0909\text{ mm}^{-1}$$

이므로, $R = 11.00$ mm이다. 반지름 비 및 타원도 변수는 다음과 같다.

$$\alpha_{ro} = \frac{R_y}{R_x} = \frac{190.0}{11.69} = 16.25,$$

$$k_{eo} = \alpha_r^{2/\pi} = (16.25)^{2/\pi} = 5.90.$$

13.4.2 롤러 베어링

식 (13.1) 및 식 (13.2)로 정의한 볼 베어링의 피치 지름 d_e 및 지름 틈새 c_d에 대한 식들은 롤러 베어링에도 바로 적용할 수 있다.

크라운 가공(crowning)

원통 롤러 베어링의 롤러 가장자리에서의 높은 응력은 일반적으로 롤러에 그림 13.8에서와 같이 전면 또는 부분적으로 **크라운**(crown)을 가공하여 방지하는데, 크라운의 곡률은 크게 과장되어 그려져 있다. 또한 롤러의 크라운 가공은 약간의 오정렬 영향에 대해 베어링을 보호한다. 원통 롤러인 경우, $r_r/d \approx 100$으로 한다. 반면에 그림 13.8a의 구면 롤러 베어링의 롤러는 $r_r/d \approx 4$로 한다. 그림 13.8에서 롤러 유효 길이(roller effective length) l_l은 부하 상태에서 궤도륜에 접촉하는 상태에서의 길이임을 주시하라. 일반적으로 롤러 유효 길이는 다음과 같이 쓸 수 있다.

$$l_l - l_t - 2r_c,$$

여기서 r_c는 롤러 코너 반지름, 즉 연마 언더컷(grinding undercut)으로 항상 더 크다.

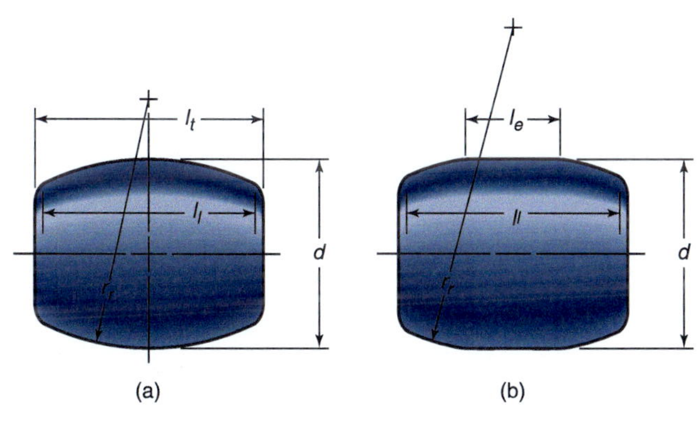

그림 13.8: (a) 구면 롤러(전면 크라운 가공), (b) 원통 롤러, (c) 토로이드 롤러 베어링 단면(CARB). 출처: SKF USA, Inc.

궤도륜 정합성

궤도륜 정합성도 롤러 베어링에 적용되며, 궤도륜과 롤러의 기하 정합성을 평가하는 척도이다. 그림 13.9는 구면 롤러 베어링의 단면이다. 이 그림으로부터 궤도륜 정합성은 다음과 같이 나타낼 수 있다.

$$R_r = \frac{r}{2r_r}.$$

이 식에서 만일 R_r 및 r에 i 또는 o를 아래첨자로 추가하면, 각각 내륜 및 외륜 접촉에 대한 궤도륜 정합성이 된다.

자유로운 축 방향 유격 및 접촉각

원통 롤러 베어링은 '0'의 접촉각을 가지며, 축 방향의 플랜지(flange)에 의해서만 스러스트 하중을 지지할 수 있다. 테

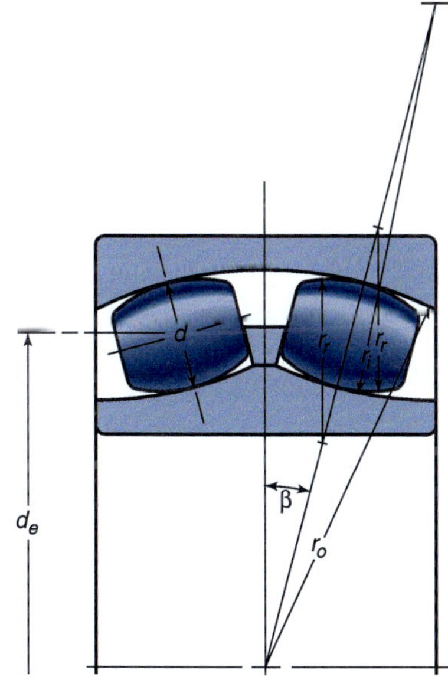

그림 13.9: 구면 롤러 베어링의 기하 구조.

이퍼 롤러 베어링은 스러스트 하중을 지지해야만 하므로, 즉 내륜 및 외륜[콘(cone) 및 컵(cup)]은 계속 조립된 상태로 유지될 수 없다. 따라서 테이퍼 롤러 베어링은 자유로운 지름 방향 유격(free diametral play)을 나타내지 못한다. 그러나 레이디얼 구면 롤러 베어링은 보통 자유로운 지름 방향 유격을 가지고 조립되며, 따라서 자유로운 축 방향 유격을 보인다. 구면 롤러 베어링에 대한 지름 방향 유격 c_d는 식 (13.2)의 볼 베어링과 동일하다.

곡률 합 및 차

볼 베어링에 사용한 동일한 방법이 롤러 베어링의 곡률 합 및 차를 정의하는 데 사용된다.

구면 롤러 베어링(그림 13.8)에서 *롤러-내륜 접촉*에 대한 곡률 반지름은 다음과 같이 적을 수 있다.

$$r_{ax} = \frac{d}{2},$$
$$r_{ay} = \frac{r_i}{2R_{ri}} = r_r,$$
$$r_{bx} = \frac{d_e - d\cos\beta}{2\cos\beta},$$
$$r_{by} = -2R_{ri}r_r = -r_i.$$

*롤러-외륜 접촉*에 대한 곡률 반지름은 다음과 같다.

$$r_{ax} = \frac{d}{2},$$
$$r_{ay} = \frac{r_o}{2R_{ro}} = r_r,$$
$$r_{bx} = -\frac{d_e + d\cos\beta}{2\cos\beta},$$
$$r_{by} = -2R_{ro}r_r = -r_o.$$

각각의 접촉 조건에 대한 곡률 반지름을 알게 되면, 곡률 합과 차는 식 (8.6) 및 식 (8.7)로부터 바로 얻을 수 있다. 뿐만 아니라 구면 롤러 베어링의 곡률 반지름에 대한 표현은 *롤러-내륜 접촉*에 대해 다음과 같이 적을 수 있다.

$$R_{xi} = \frac{d(d_e - d\cos\beta)}{2d_e}, \tag{13.21}$$

$$R_{yi} = \frac{r_i r_r}{r_i - r_r}, \tag{13.22}$$

그리고 *롤러-외륜 접촉*은 다음과 같다.

$$R_{xo} = \frac{d(d_e + d\cos\beta)}{2d_e}, \tag{13.23}$$

$$R_{yo} = \frac{r_o r_r}{r_o - r_r}. \tag{13.24}$$

이 식들을 식 (8.6) 및 식 (8.7)에 대입하면 곡률 합과 차를 얻을 수 있다.

13.5 기구학

세퍼레이터, 볼 또는 롤러 그리고 구름 베어링 궤도륜의 상대 운동은 베어링의 성능을 이해하는 데 중요하다. 볼 베어링의 상대 속도는 롤러 베어링의 상대 속도보다 더 복잡한데, 그 이유는 롤러 베어링이 0 또는 고정 접촉각 볼 베어링의 특별한 경우와 유사하기 때문이다. 따라서 상대 속도에 대한 근사 표현을 유도하는 예제로 볼 베어링을 고려한다. 이러한 표현은 동압 유막 두께를 빠르고 정확하게 계산하는 데 유용하며, 13.8절에서 논의할 윤활 수명 계수를 계산하기 위해 표면 거칠기와 함께 사용할 수 있다.

볼 베어링을 고속에서 사용할 때, 볼에 작용하는 원심력은 그림 13.10과 같이 볼에 작용하는 힘의 평형을 유지하기 위하여 내륜 및 외륜 접촉각의 편차를 야기한다. 내륜 및 외륜 접촉 경우의 가장 일반적인 구름 및 선회(spinning)에 대한 구름 및 선회 속도는 그림 13.11과 같다.

Jones(1964)는 내륜 및 외륜 회전의 모든 조합에 대한 볼 및 세퍼레이터의 각속도 식을 유도하였다. 그러나 볼과 양 궤도륜이 접촉할 때의 탄성 유체(elastohydrodynamic) 조건을 표현하기 위하여 부가적인 조건을 도입하지 않고서는, 볼 선회 축 방향 각 ϕ_s를 얻을 수 없다. 언급한 바와 같이 외륜 또는 내륜 제어의 두 극한적 경우를 제외하고는 긴 수치 해석이 필요하다.

궤도륜 제어(race control)는 순수한 구름이 제어하는 궤도륜에서만 발생하고, 모든 볼이 다른 궤도륜과 접촉하면서 선회하는 것으로 가정한다. 볼 회전축의 방향은 베어링 기하 형상으로부터 쉽게 결정할 수 있다. 궤도륜 제어는 아마도

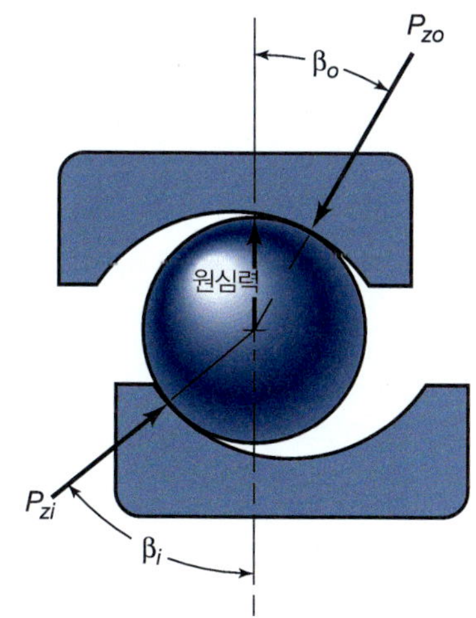

그림 13.10: 상당한 속도로 운전할 때 볼 베어링 접촉각.

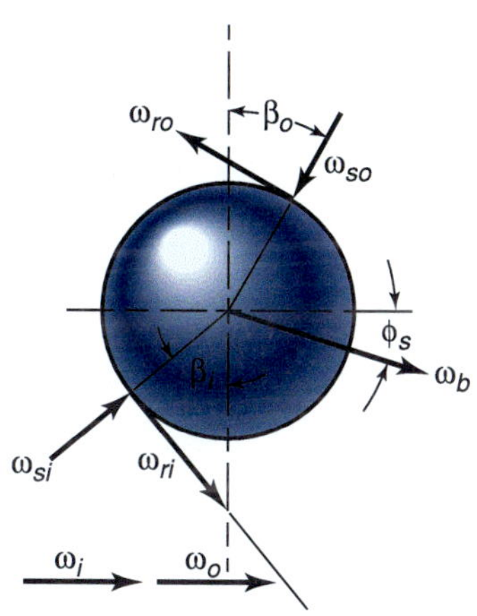

그림 13.11: 볼의 각속도.

건식 베어링(dry bearing), 즉 건시 유막 윤활 베어링에서만 발생하며, 건식 유막 윤활 베어링에서는 쿨롱 마찰 조건이 볼-궤도륜 접촉 타원에 적용된다. 선회 저항 모멘트는 궤도륜 접촉 중 하나에서 항상 더 크다. 순수한 구름은 더 큰 그기의 선회 저항 모멘트로 접촉하는 궤도륜에서, 일반적으로 저속에서는 내륜에서, 고속에서는 외륜에서 발생할 것이다.

볼과 양 궤도륜의 접촉에서 탄성유체 유막이 존재하는 오일 윤활 베어링의 선회하는 구름은 양 접촉에서 발생한다. 따라서 정확한 볼 운동은 수치적으로만 정할 수 있다. 그러나 볼의 상황은 볼의 구름 축을 두 개의 볼-궤도륜 접촉의 중심을 지나는 직선에 수직으로 가정하여(그림 13.12b) 적절한 정확도로 근사화할 수 있다.

축선에 대한 세퍼레이터, 즉 볼 세트의 각속도 ω_c는

$$\begin{aligned}\omega_c &= \frac{(v_i + v_o)/2}{d_e/2} \\ &= \frac{1}{2}\left[\omega_i\left(1 - \frac{d\cos\beta}{d_e}\right) + \omega_o\left(1 + \frac{d\cos\beta}{d_e}\right)\right] \quad (13.25)\end{aligned}$$

이며, 여기서 v_i 및 v_o는 내륜 및 외륜 접촉에서의 선속도이다. 선회가 없다고 가정한 볼의 자전 각속도 ω_b는 다음과 같다.

$$\begin{aligned}\omega_b &= \frac{v_i - v_o}{d_e/2} \\ &= \frac{d_e}{2d}\left[\omega_i\left(1 - \frac{d\cos\beta}{d_e}\right) - \omega_o\left(1 + \frac{d\cos\beta}{d_e}\right)\right]. \quad (13.26)\end{aligned}$$

탄성 유체 유막 두께를 계산하는 데 필요한 볼-궤도륜 접촉에서의 속도를 계산할 때, ω_c로 회전하는 좌표계를 사용하는 것이 편리하다. 이 좌표계는 관찰자에 대한 볼-궤도륜 접촉을 고정한다. 회전 좌표계에서 내륜 및 외륜의 각속도는 다음과 같이 된다.

$$\omega_{ri} = \omega_i - \omega_c = \frac{\omega_i - \omega_o}{2}\left(1 + \frac{d\cos\beta}{d_e}\right),$$

$$\omega_{ro} = \omega_o - \omega_c = \frac{\omega_o - \omega_i}{2}\left(1 - \frac{d\cos\beta}{d_e}\right).$$

순수한 구름에 대한 볼-*내륜 접촉*이 시작되는 표면 속도는

$$u_{ai} = u_{bi} = \frac{\omega_{ri}\,(d_e - d\cos\beta)}{2}, \quad (13.27)$$

$$u_{ai} = u_{bi} = \frac{d_e\,(\omega_i - \omega_o)}{4}\left(1 - \frac{d^2\cos^2\beta}{d_e^2}\right). \quad (13.28)$$

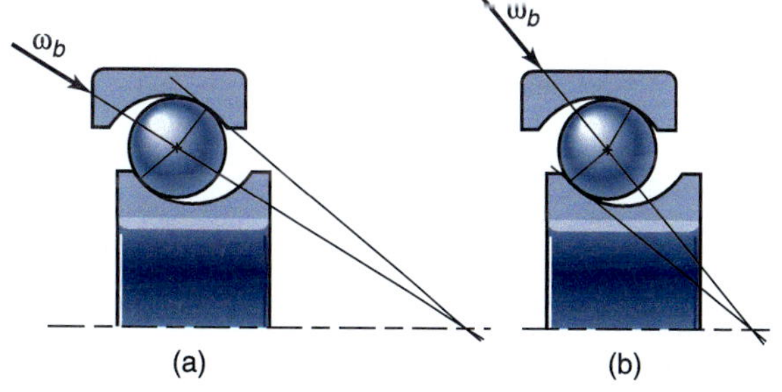

그림 13.12: (a) 외륜 제어에 대한, (b) 내륜 제어에 대한 볼 선회 축 방향.

이며, *볼-외륜 접촉*의 경우는 다음과 같다.

$$u_{ao} = u_{bo} = \omega_{ro}\frac{d_e + d\cos\beta}{2}, \qquad (13.29)$$

$$u_{ao} = u_{bo} = \frac{d_e(\omega_o - \omega_i)}{4}\left(1 - \frac{d^2\cos^2\beta}{d_e^2}\right). \qquad (13.30)$$

따라서 다음의 결론을 얻는다.

$$|u_{ai}| = |u_{ao}.|$$

원통 롤러 베어링은 $\beta = 0$이고, 식 (13.25)에서 식 (13.30)은 다음이 된다.

$$\begin{aligned}
\omega_c &= \frac{1}{2}\left[\omega_i\left(1 - \frac{d}{d_e}\right) + \omega_o\left(1 + \frac{d}{d_e}\right)\right] \\
\omega_b &= \frac{d_e}{2d}\left[\omega_i\left(1 - \frac{d}{d_e}\right) + \omega_o\left(1 + \frac{d}{d_e}\right)\right] \\
u_{ai} = u_{bi} &= \frac{d_e\,(\omega_i - \omega_o)}{4}\left(1 - \frac{d^2}{d_e^2}\right) \\
u_{ao} = u_{bo} &= \frac{d_e(\omega_o - \omega_i)}{4}\left(1 - \frac{d^2}{d_e^2}\right)
\end{aligned} \qquad (13.31)$$

여기서 d는 롤러의 지름이다.

테이퍼 롤러 베어링의 경우, 그림 13.13과 같이 d가 테이퍼 롤러의 평균 지름이고, d_e는 롤러의 기하 중심이 위치한 곳의 지름이고, β가 접촉각이라면 볼 베어링의 수식들은 바로 유사하게 사용할 수 있다.

(a)

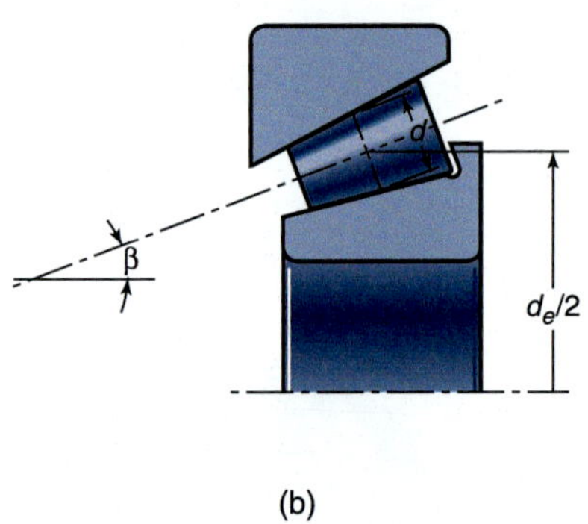

(b)

그림 13.13: 테이퍼 롤러 베어링, (a) 구름 전동체를 볼 수 있게 외륜을 제거한 테이퍼 롤러 베어링. 출처: Timken Company. (b) 테이퍼 롤러 베어링의 개략도.

예제 13.3

구름 베어링의 기구학

조건 그림 13.12와 같이, 볼의 운동은 내륜의 접촉 또는 외륜의 접촉 또는 내, 외륜 모두의 접촉으로 유도될 수 있다. 이는 표면 거칠기 및 앵귤러 베어링의 표면 기하치수에 의존한다. 매우 높은 속도에서는, 볼에 작용하는 원심력이 외륜의 접촉각 및 볼과 외륜 사이의 마찰력을 변화시킨다. 외륜 접촉각은 20°, 내륜 접촉각은 31°이다. 볼 지름은 14 mm, 피치 지름은 134 mm이다.

문제 앵귤러 볼 베어링의 내륜이 10,000 rpm으로 회전할 때, 볼이 다음과 같이 유도될 경우에 대해 볼 및 세퍼레이터의 각속도를 구하라.

(a) 외륜 유도

(b) 내륜 유도

풀이

(a) 식 (13.25)로부터 볼이 외륜 유도될 경우의 세퍼레이터 각속도는

$$\begin{aligned}
\omega_{co} &= \frac{1}{2}\left[\omega_i\left(1 - \frac{d\cos\beta_o}{d_e}\right) + \omega_o\left(1 + \frac{d\cos\beta_o}{d_e}\right)\right] \\
&= \frac{(10,000)\left(\dfrac{2\pi}{60}\right)}{2}\left[1 - \frac{(14)\cos 20^\circ}{134}\right] \\
&= 472.2 \text{ rad/s} = 4509 \text{ rpm}.
\end{aligned}$$

식 (13.26)으로부터 볼이 외륜 유도될 경우의 볼 속도는 다음과 같다.

$$\begin{aligned}\omega_{bo} &= \frac{d_e}{2d}\left[\omega_i\left(1-\frac{d\cos\beta_o}{d_e}\right)\right]\\ &= \frac{(134.0)(10,000)\left(\frac{2\pi}{60}\right)}{2(14.0)}\left(1-\frac{14.0\cos 20^\circ}{134.0}\right)\\ &= 4520\ \text{rad/s} = 43,160\ \text{rpm}.\end{aligned}$$

(b) 식 (13.25)로부터

$$\begin{aligned}\omega_{ci} &= \frac{1}{2}\left[\omega_i\left(1-\frac{d\cos\beta_i}{d_e}\right)\right]\\ &= \frac{(10,000)\left(\frac{2\pi}{60}\right)}{2}\left(1-\frac{14.0\cos 31^\circ}{134}\right)\\ &= 476.7\ \text{rad/s} = 4552\ \text{rpm}.\end{aligned}$$

이며, 식 (13.26)으로부터

$$\omega_{bi} = \frac{134.0}{2(14)}\left[(10,000)\frac{2\pi}{60}\left(1-\frac{14\cos 31^\circ}{134}\right)\right]$$

이므로, ω_{bi} = 43,570 mm을 얻는다.

13.6 세퍼레이터

볼 및 롤러 베어링의 **세퍼레이터**[간혹 **케이지**(cage) 또는 **리테이너**(retainer)라고도 함]는 베어링 구성 요소로 하중을 지지하지는 않지만, 베어링 효율에 중요한 영향을 미친다. 세퍼레이터가 없는 베어링은 구름 전동체가 작동 중 서로 접촉하여 심각한 미끄럼 및 마찰을 야기한다. 세퍼레이터의 주 기능은 구름 전동체들이 서로 적절한 간격을 유지하고 베어링 내에서 하중을 적절히 분배하고 균형을 확실하게 하는 것이다. 세퍼레이터의 또 다른 기능은 구름 전동체를 제어하여 미끄럼 접촉시 가능한 마찰이 최소로 발생하도록 유지하는 것이다. 게다가 세퍼레이터는, 베어링을 취급할 때 구름 전동체가 베어링 바깥으로 떨어지지 않도록 여러 종류의 베어링에 필요하다. 대부분의 세퍼레이터 문제는 부적절한 설치(mounting), 베어링 오정렬 또는 구름 전동체 포켓(pocket)에서의 부절절한 (부족하거나 과도한) 틈새 때문에 발생한다.

전면 전동체(full compliment) 베어링은 구름 전동체를 베어링 궤도륜 사이에 최대한 많이 배치한 것이다. 따라서 분명히 세퍼레이터를 위한 공간은 없으며, 큰 부하 용량을 가지지만 고속 사용처에는 적합하지 않다.

세퍼레이터에 사용하는 재료는 베어링 종류와 사용처에 따라 다르다. 볼 베어링 및 일부 크기의 롤러 베어링에서 가장 흔한 세퍼레이터 종류는 두 개의 탄소강 띠(strip)를 압착(press)하고 리벳으로 접합해 만든 것이다(그림 13.1a). *리본형 세퍼레이터*(ribbon separator)는 비싸지 않고 많은 사용처에 적합하다. 또한 경량이며 보통 좁은 공간을 필요로 한다.

앵귤러 볼 베어링은 일체형(one-piece) 세퍼레이터로 설계 및 제작할 수 있다. 일체형 세퍼레이터는 단순한 형상과 고유의 강도 때문에 다양한 재료로 만들 수 있다. 강화 페놀 수지(reinforced phenolic) 및 청동은 가장 널리 사용하는 재료이다. 청동 세퍼레이터는 강도 및 저마찰 특성을 제공하고, 230°C(450°F)까지 온도에서 사용할 수 있다. 기계 가공한 은도금 철합금 세퍼레이터도 폭넓게 사용된다. 강화 페놀 수지 세퍼레이터는 경량 및 고강도, 비마모(nongalling) 특성의 장점을 결합한 것으로 자이로스코프(gyroscope) 베어링과 같은 고속 용도에 사용한다. 경량 및 강도는 고속 베어링에 특히 필요한데, 그 이유는 응력은 속도에 비례하여 증가하므로 세퍼레이터 무게를 줄이면 크게 최소화할 수 있다. 그러나 페놀 세퍼레이터의 허용 최대 온도는 약 135°C(275°F)이다.

13.7 정하중 분포

8.4.1절에서 변형을 하중의 함수로 표현하는 해석 해를 얻었으므로, 베어링 하중이 전동체들 사이에서 어떻게 분포하는지를 고려할 수 있다. 대부분의 구름 베어링 사용처는 내륜이나 외륜이 정상 상태로 회전한다. 드물게 양 궤도륜이 모두 회전하는 경우도 있다. 그러나 회전 속도는 보통 볼 또는 롤

러의 원심력 또는 자이로스코프 모멘트가 의미 있을 정도로 빠르지 않으므로 이들은 보통 무시한다. 본 절에서는 볼 및 롤러 베어링에 대한 하중 처짐 관계를 정하중 상태의 구름 전동체의 레이디얼 및 스러스트 하중 분포와 함께 언급한다.

13.7.1 하중 처짐 관계

타원형 결합의 경우, 식 (8.15)의 하중 처짐 관계는 다음과 같이 적을 수 있다.

$$w_z = K_{1.5}\delta^{3/2}, \tag{13.32}$$

여기서 $K_{1.5}$는 다음과 같다.

$$K_{1.5} = \pi k_e E' \left(\frac{2\mathcal{E}R}{9\mathcal{F}^3}\right)^{1/3}. \tag{13.33}$$

마찬가지로, 직사각형 결합의 경우는 식 (8.19)로부터

$$w_z = K_1\delta_m$$

이며, 여기서 K_1은

$$K_1 = \frac{\frac{\pi}{2} l E'}{2\ln\left(\frac{4R_x}{b^*}\right) - 1} \tag{13.34}$$

이며, l은 구름 전동체의 길이이다. 따라서 일반적으로

$$w_z = K_j\delta_m^j \tag{13.35}$$

인데, 여기서 j는 볼 베어링인 경우는 1.5이며, 롤러 베어링의 경우에는 1.0이다. 구름 전동체에 의해 분리되는 두 궤도륜 사이의 총 수직 접근량은 구름 전동체와 양 궤도륜 사이의 하중에 의한 변형의 합과 같다. 따라서

$$\delta_m = \delta_{mo} + \delta_{mi} \tag{13.36}$$

이며, 여기서 δ_{mo} 및 δ_{mi}는 다음과 같다.

$$\delta_{mo} = \left[\frac{w_z}{(K_j)_o}\right]^{\frac{1}{j}}, \tag{13.37}$$

$$\delta_{mi} = \left[\frac{w_z}{(K_j)_i}\right]^{\frac{1}{j}}. \tag{13.38}$$

식 (13.36) 및 식 (13.37), 식 (13.38)을 식 (13.35)에 대입하면 다음 식을 얻는다.

$$K_j = \frac{1}{\left\{[1/(K_j)_o]^{1/j} + [1/(K_j)_i]^{1/j}\right\}^j}. \tag{13.39}$$

타원형 및 직사각형 결합에 대한 $(K_j)_o$와 $(K_j)_i$는 각각 식 (13.33) 및 식 (13.34)로 정의됨을 떠올려 보자. 이 식들은 $(K_j)_o$와 $(K_j)_i$가 접촉 형상 및 재료 성분만의 함수임을 보여준다. 다음 두 절에서 레이디얼 및 스러스트 하중 해석을 제시하고, 반지름 방향으로 힘을 받는 볼 및 롤러 베어링과 스러스트 하중을 받는 볼 베어링에 직접 적용한다.

13.7.2 레이디얼 하중을 받는 볼 및 롤러 베어링

그림 13.14는 레이디얼 하중을 받는 반지름 틈새 $c_d/2$의 구름 베어링이다. 동심 배열(그림 13.14a)에서는 구름 전동체와 궤도륜 사이에 일정한 반지름 틈새 $c_d/2$가 존재한다. 임의의 작은 레이디얼 하중이 축에 작용하면 내륜이, 하중 작용선상에 위치하는 구름 전동체가 내륜 및 외륜과 접촉할 때까지 거리 $c_d/2$를 움직인다. 어떤 각도에서도 아직은 반지름 틈새 c가 존재하며, 그 크기는 c_d가 홈의 반지름에 비해 작은 경우, 다음과 같이 근사적으로 표현할 수 있다.

$$c = (1 - \cos\psi)\frac{c_d}{2}.$$

$\psi = 0°$일 때, 하중 작용선에서의 틈새는 0이다. 그러나 $\psi = 90°$일 때, 틈새는 초기 값인 $c_d/2$를 유지한다.

하중이 더 작용하면, 볼은 탄성적으로 변형하며 원호 $2\psi_l$에서 틈새가 없어진다. 만일 간섭이나 하중 작용선에서 총 탄성 압축이 $\delta_{\max}$이면, 하중 작용선 방향으로 각도 ψ에서 반지름을 따라 볼의 탄성 압축 δ_ψ는 다음과 같다.

$$\delta_\psi = (\delta_{\max}\cos\psi - c) = \left(\delta_{\max} + \frac{c_d}{2}\right)\cos\psi - \frac{c_d}{2}.$$

그림 13.14c로부터 $\delta_{\max} + c_d/2$는 내륜 및 외륜의 상대 반지름 방향 총 변형임이 분명하다. 따라서 다음 관계를 얻을 수 있다.

$$\delta_\psi = \delta_m\cos\psi - \frac{c_d}{2}. \tag{13.40}$$

하중 벡터에 대해 각도 ψ에서 반지름을 따라 하중과 탄성 압축 사이의 관계는 식 (13.35)로 다음과 같이 주어진다.

$$w_\psi = K_j \delta_\psi^j.$$

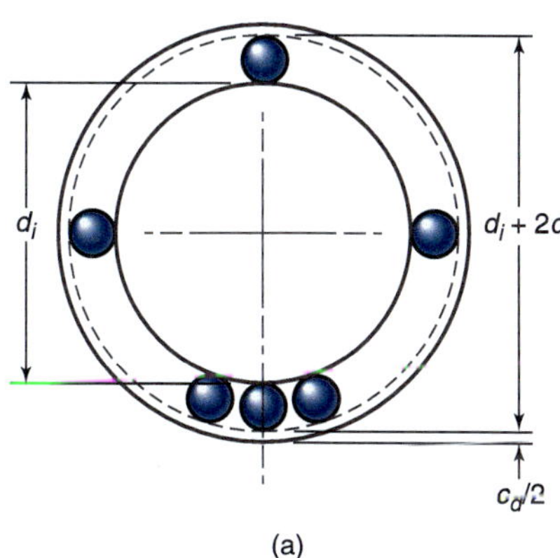

(a)

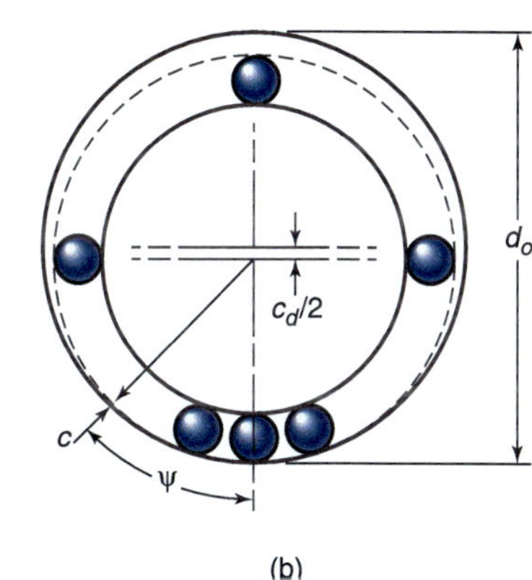

(b)

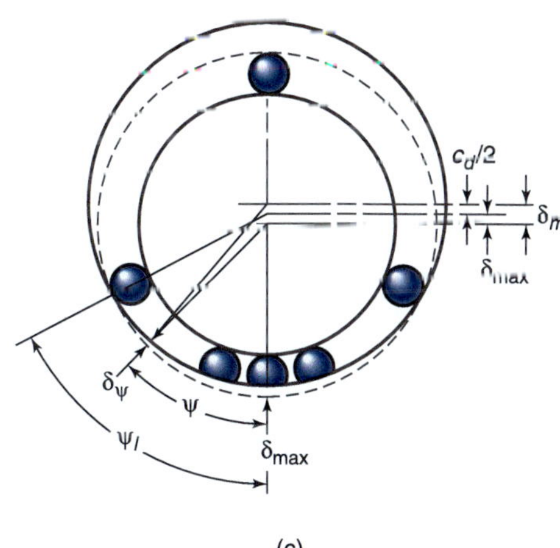

(c)

그림 13.14: 레이디얼 하중을 받는 구름 베어링. (a) 동심 배열, (b) 초기 접촉, (c) 간섭.

식 (13.40)을 대입하면 다음이 된다.

$$w_\psi = K_j \left(\delta_m \cos\psi - \frac{c_d}{2} \right)^j .$$

정적인 평형상태에서, 작용 하중은 하중 작용 방향과 평행한 구름 전동체의 하중의 성분의 합과 같아야 한다.

$$w_z = \sum w_\psi \cos\psi.$$

따라서

$$w_z = K_j \sum \left(\delta_m \cos\psi - \frac{c_d}{2} \right)^j \cos\psi \qquad (13.41)$$

이다. 구름 전동체가 하중을 받을 때의 베어링 호의 각도 크기 ($2\psi_l$)는 식 (13.41)의 괄호 안의 항이 0과 같다고 하여 ψ에 대해 풀면 구할 수 있다. 즉,

$$\psi_l = \cos^{-1}\left(\frac{c_d}{2\delta_m} \right).$$

식 (13.41)에서 수열의 합은 단지 하중을 받는 영역의 각도 범위에만 적용한다. 롤러 베어링에 대한 식은 다음과 같으며,

$$w_z = \left(\psi_l - \frac{c_d}{2\delta_m} \sin\psi_l \right) \frac{nK_1\delta_m}{2\pi}, \qquad (13.42)$$

볼 베어링에 대한 적분 형태와 유사하게 다음과 같이 적을 수 있다.

$$w_z = \frac{n}{(w_z)_{\max}} K_{1.5} \delta_m^{3/2} \int_0^{\psi_l} \left(\cos\psi - \frac{c_d}{2\delta} \right)^{3/2} \cos\psi \, d\psi.$$

다음 근사식이 유용한 것으로 알려져 왔다.

$$\int_0^{\psi_l} \left(\cos\psi - \frac{c_d}{2\delta} \right)^{3/2} \cos\psi \, d\psi = 2.491 \left\{ \left[1 + \left(\frac{c_d/2\delta_m - 1}{1.23} \right)^2 \right]^{1/2} - 1 \right\}.$$

이 식은 $c_d/2\delta_m$의 전 범위에 있어 정확한 수치 해와 2% 이내의 오차로 일치한다.

최대로 무거운 하중을 받는 구름 전동체가 지지하는 하중은 식 (13.41)에서 $\psi = 0°$를 대입하고, 합 기호를 없애면 다음

으로 구할 수 있다.

$$(w_z)_{\max} = K_j \delta_m^j \left(1 - \frac{c_d}{2\delta_m}\right)^j. \tag{13.43}$$

롤러 베어링은 j = 1임을 상기하고, 식 (13.42)의 $K_1\delta_m$에 대입하면,

$$w_z = \frac{\left(\psi_l - \dfrac{c_d}{2\delta_m}\sin\psi_l\right)\dfrac{n(w_z)_{\max}}{2\pi}}{1 - c_d/2\delta_m} \tag{13.44}$$

이며, 같은 방법으로 구름 베어링에 대해 구하면

$$w_z = \frac{n(w_z)_{\max}}{Z_w} \tag{13.45}$$

이고, 여기서 Z_w는 다음과 같다.

$$Z_w = \frac{\pi\left(1 - c_d/2\delta_m\right)^{3/2}}{2.491\left\{\left[1 + \left(\dfrac{1 - c_d/2\delta_m}{1.23}\right)^2\right]^{1/2} - 1\right\}}. \tag{13.46}$$

롤러 베어링에서 지름 틈새 c_d가 0 이면, 식 (13.44)는 다음이 된다.

$$w_z = \frac{n\,(w_z)_{\max}}{4}. \tag{13.47}$$

지름 틈새 c_d가 0일 때 볼 베어링에서, 식 (13.45)의 Z_w의 값은 4.37이 된다. 이는 0의 지름 틈새를 갖는 볼 베어링에 대해 Stribeck(1901)이 유도한 값이다. Stribeck이 사용한 접근법은 여러 개의 볼에 대해 유한 합을 구한 것이다. 그리고 그는 이론값인 4.37 대신에 더 안전한 크기인 5를 사용한 정적 부하 용량에 대한 유명한 Stribeck 식을 제시하였다.

$$w_z = \frac{n\,(w_z)_{\max}}{5}. \tag{13.48}$$

식 (13.48)을 사용할 때, Z_w는 일정한 것으로 고려되었고, 틈새와 하중 분포에서 작용 하중의 영향은 반영되지 않았음을 기억해야 한다. 그러나 이러한 영향들은 식 (13.45)를 얻을 때는 반영되었다.

13.7.3 스러스트 하중 볼 베어링

볼 베어링의 **정적 스러스트 부하 용량**(static thrust load-carrying capacity)은 접촉 타원이 그림 13.15에서와 같은 궤도륜 어깨에 접근하기 전에 베어링이 견딜 수 있는 최대 스러스트 하중 또는 허용 평균 압축 응력에 도달할 때의 하중을 비교하여 그 중 작은 값으로 정의할 수 있다. 정적 스러스트 부하 용량을 찾기 위해서는 한계 어깨 높이 및 평균 압축 응력을 계산해야 한다.

각 볼은 동일한 스러스트 성분 W_t/n를 받는데, 여기서 W_t는 총 스러스트 하중이다. 스러스트 하중이 작용되기 전의 초기 자유 접촉각은 β_f로 표현한다. 하중을 받으면 수직 볼 스러스트 하중 W_t는 접촉각 β로 작용하며 다음과 같다.

$$W = \frac{W_t}{n\sin\beta}. \tag{13.49}$$

그림 13.16은 스러스트 하중 W_t를 받는 앵귤러 베어링의 단면도이다. 이 그림으로부터 스러스트 하중이 작용된 후의 접촉각은 다음과 같이 적을 수 있다.

$$\beta = \cos^{-1}\left(\frac{c_r - c_d/2}{c_r + \delta_m}\right). \tag{13.50}$$

초기 자유 접촉각은 식 (13.5)로 주어진다. 이 공식을 사용하여 식 (13.50)의 항들을 재정렬하면, 그림 13.16의 기하 형상만으로 다음을 얻는다.

$$\delta_m = c_r\left(\frac{\cos\beta_f}{\cos\beta} - 1\right), \tag{13.51}$$

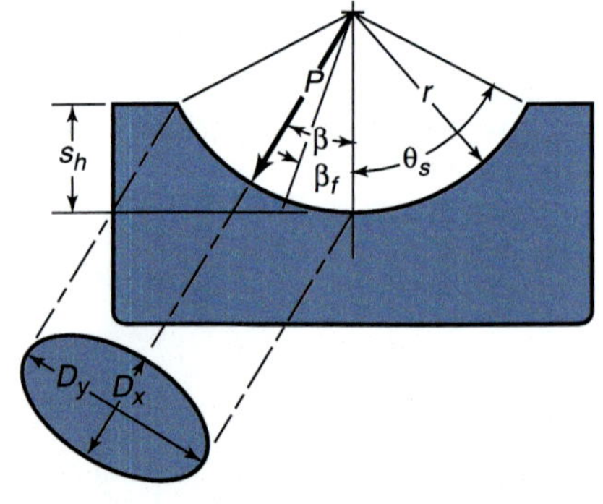

그림 13.15: 하중을 받는 베어링 궤도륜의 접촉 타원.

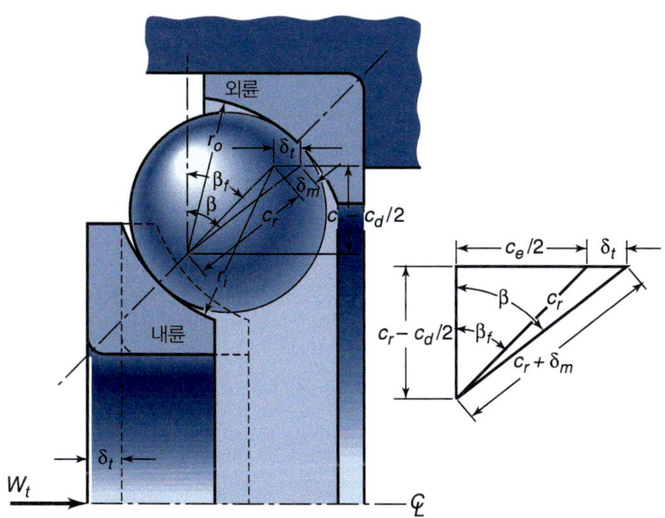

그림 13.16: 스러스트 하중을 받는 앵귤러 볼 베어링.

$$\delta_m = \delta_{mo} + \delta_{mi},$$

$$\delta_m = \left[\frac{W}{(K_j)_o}\right]^{\frac{1}{j}} + \left[\frac{W}{(K_j)_i}\right]^{\frac{1}{j}},$$

$$K_{1.5} = \frac{1}{\left\{\left[\frac{(4.5\mathcal{F}_o^3)^{1/2}}{\pi k_{eo} E_o'(R_o \mathcal{E}_o)^{1/2}}\right]^{2/3} + \left[\frac{(4.5\mathcal{F}_i^3)^{1/2}}{\pi k_{ei} E_i' (R_i \mathcal{E}_i)^{1/2}}\right]^{2/3}\right\}^{1.5}} \tag{13.52}$$

$$W = K_{1.5} c_r^{3/2} \left(\frac{\cos\beta_f}{\cos\beta} - 1\right)^{3/2} \tag{13.53}$$

여기서 $K_{1.5}$에 대한 식 (13.33)은 식 (13.52)로 내체되었고 k, $\mathcal{E}$ 및 $\mathcal{F}$는 표 8.1에 주어져 있다.

식 (13.49) 및 식 (13.53)으로부터

$$\frac{W_t}{n\sin\beta} = W, \tag{13.54}$$

$$\frac{W_t}{nK_{1.5}c_r^{3/2}} = \sin\beta\left(\frac{\cos\beta_f}{\cos\beta} - 1\right)^{3/2} \tag{13.55}$$

를 얻는데, 이 식은 Newton-Raphson법을 사용하는 수치해석으로 풀 수 있다. 만족해야 하는 반복 조건 식은

$$\beta' - \beta = \frac{\dfrac{W_t}{nK_{1.5}c_r^{3/2}} - \sin\beta\,(\beta^*)^{3/2}}{\cos\beta\,(\beta^*)^{3/2} + \dfrac{3}{2}\cos\beta_f \tan^2\beta\,(\beta^*)^{1/2}} \tag{13.56}$$

이며, 여기서 β^*는 다음과 같다.

$$\beta^* = \frac{\cos\beta_f}{\cos\beta} - 1.$$

이 식의 수렴은 $\beta' - \beta$가 반드시 0이 될 때 만족된다.

스러스트 하중이 작용할 때, 어깨 높이는 압력-접촉 타원이 어깨에 도달하기 전에 발생할 수 있는 축의 변형을 제한한다. 다음 부등식이 만족하는 한, 접촉 타원은 이 한계를 초과하지 않는다.

$$\theta_s > \beta + \sin^{-1}\left(\frac{D_y}{R_r d}\right).$$

그림 13.5 및 식 (13.9)로부터 어깨 높이를 정의하는 데 사용하는 각 θ_s는 다음과 같이 쓸 수 있다.

$$\theta_s = \cos^{-1}\left(1 - \frac{s_h}{R_r d}\right).$$

그림 13.16으로부터 스러스트 하중에 대한 축의 변형 δ_t는 다음과 같이 쓸 수 있다.

$$\delta_t = (c_r + \delta_m)\sin\beta - c_r \sin\beta_f. \tag{13.57}$$

식 (13.51)을 식 (13.57)에 대입하면

$$\delta_t = \frac{c_r \sin(\beta - \beta_f)}{\cos\beta}. \tag{13.58}$$

식 (13.55) 및 식 (13.5)로부터 각각 β와 β_f를 결정하면, δ_t에 대한 관계는 쉽게 계산할 수 있다.

13.7.4 예하중

앵귤러 베어링을 2열 쌍으로 하여 서로에게 예하중을 주는 사용법을 13.3절에서 논의하였다. 표 13.1에서와 같이 2열 쌍 베어링은 배면조합(back-to-back arrangement) 또는 정면조합(face-to-face arrangement)으로 사용한다. 2열 쌍 베어링은 보통 베어링 제조 과정에서 돌출(stickout)이라고 불리는 것을 설치하여 서로에게 예하중을 준다. 그림 13.17은 배면조합에서 사용한 베어링 쌍의 돌출을 설명한다. 돌출량 및 베어링 설계는 베어링이 그림 13.17b와 같이 함께 죄어질 때 각 베어링에서의 예하중 크기를 결정한다. 주어진 베어링 쌍

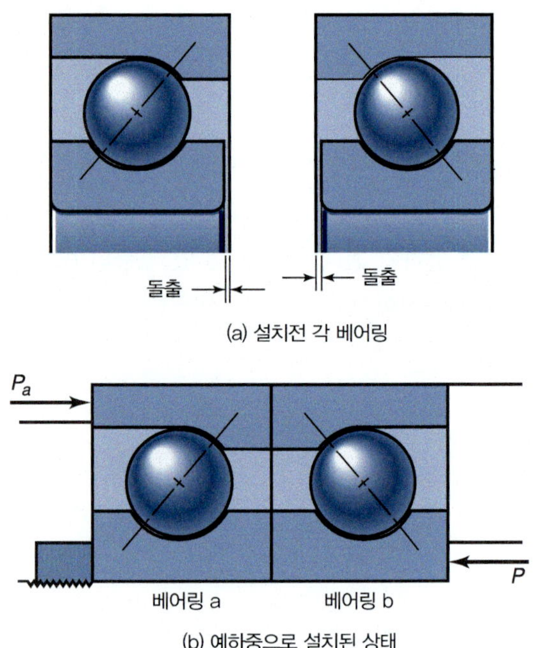

그림 13.17: 배면조합 앵귤러 베어링.

에 대한 예하중의 크기 및 하중 변형 특성은 식 (13.5) 및 식 (13.32), 식 (13.49), 식 (13.55)를 사용하여 계산할 수 있다.

그림 13.18은 두 베어링 a, b에 대한 초기 예하중, 시스템 하중, 최종 하중의 관계를 보여준다. 하중 변형 곡선은 $\delta_m = KP^{2/3}$ 식을 따른다. 시스템 스러스트 하중 P_t가 베어링 쌍에

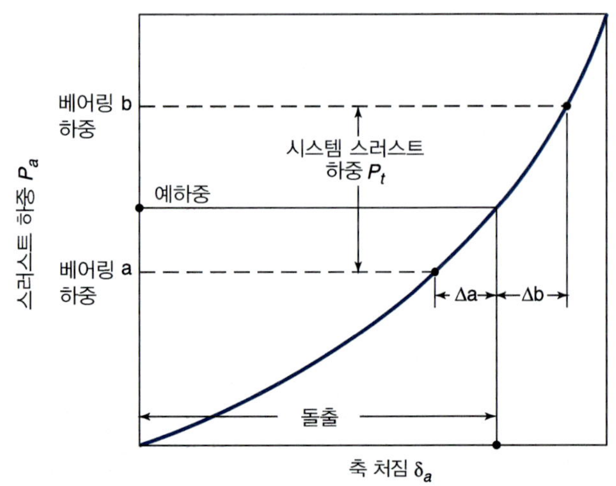

그림 13.18: 전형적인 볼 베어링의 스러스트 하중-축 변형 곡선.

작용하면, 베어링 b에 작용하는 하중의 크기는 증가하고 베어링 a의 하중은 감소하는데, 그 차이가 시스템 하중과 같아질 때까지 계속 변한다. 물리적 상황은 각 베어링의 처짐이 같아지도록 (그림 13.18에서 $\Delta a = \Delta b$) 요구한다. 그러나 베어링 하중의 증가는 같지 않다. 이 조건은 한 베어링의 하중이 제거되기 전에 예하중의 두 배보다 훨씬 더 큰 시스템 스러스트 하중을 항상 요구하므로 중요하다. 베어링 하중 제거는 옆으로 미끄러짐(skidding) 및 조기 파손을 야기하므로, 베어링 하중 제거 방지가 예하중의 목적 중의 하나이다.

13.7.5 정격 정하중

구름 베어링에 대한 **정격 정하중**(static load rating)은 소성 변형 없이 지지할 수 있는 최대 하중이다. 정격 정하중 이하에서 베어링 요소들은 탄성 변형을 하며, 13.9절에서 고려하는 피로 하중을 견딜 수 있다.

정격 정하중 C_o는 다음과 같이 표현할 수 있다

$$C_o = n_s w_o, \tag{13.59}$$

여기서 n_s는 안전 계수이고 w_o는 등가 정적 베어링 하중이다.

표 13.2는 단열 깊은 홈 볼 베어링의 정격 정하중 예이다. 이 표는 베어링의 종합적인 치수인 d_b 및 d_a, d_w와 정적 및 정격 동하중, 허용 하중 한계 그리고 베어링 호칭 등을 보여준다. 정격 정하중은 많은 경우에 정격 동하중보다 작아 직관에 반대됨을 유의한다. 만일 정격 정하중을 초과하면, 최대 접촉 응력은 재료의 유동 응력(flow stress)을 초과하게 된다. 그러나 이와 같은 큰 응력이 발생하는 재료는 탄성 영역에 둘러싸인다. 베어링 구름 전동체와 궤도륜은 강성 재료로 만들기 때문에 영구 변형은 적을 수 있고 기대 수명은 상당히 크다. 하중 함수에 의한 베어링 수명은 13.9절에서 논의한다.

또한 표 13.2는 구름 베어링에 대한 두 가지 중요한 **정격 속도**(speed rating)를 보여준다. *참고 속도*(reference speed)는 온도를 기준으로 얻을 수 있는 내측 링의 최대 각속도이다. 이 속도를 초과하면, 수명을 심각하게 감소시킬 수 있는 윤활유 분해(lubricant breakdown) 또는 공급 중단이 발생할 수 있다. 이 참고 속도는 열 제거를 고려할 수 있으면 더

표 13.2: 단열 깊은 홈 볼 베어링.

주요 치수 d_b	d_a	b_w	기본 정격 하중 동하중 C	정하중 C_o	정격 속도 참고	한계	질량	호칭
mm	mm	mm	N	N	rpm	rpm	kg	
3	10	4	540	180	130,000	80,000	0.002	623
4	13	5	936	290	110,000	67,000	0.003	624
5	16	5	1140	380	95,000	60,000	0.005	625
6	19	6	2340	950	80,000	50,000	0.008	626
7	19	6	2340	950	85,000	53,000	0.007	607
8	22	7	3450	1370	75,000	48,000	0.012	608
	24	8	3900	1660	63,000	40,000	0.017	628
10	19	5	1380	585	80,000	48,000	0.005	61800
	26	8	4750	1960	67,000	40,000	0.019	6000
	30	9	5400	2360	56,000	34,000	0.032	6200
	35	11	8520	3400	50,000	32,000	0.053	6300
12	21	5	1430	670	70,000	43,000	0.006	61801
	28	8	5400	2360	60,000	38,000	0.022	6001
	32	10	7280	3100	50,000	32,000	0.037	6201
	37	12	10,100	4150	45,000	28,000	0.06	6301
15	32	8	5850	2850	50,000	32,000	0.025	16002
	32	8	5850	2850	50,000	32,000	0.030	6002
	35	11	8060	3750	43,000	28,000	0.045	6202
	35	13	11,900	5400	38,000	24,000	0.082	6302
17	35	10	6370	3250	45,000	28,000	0.039	6003
	40	12	9950	4750	38,000	24,000	0.065	6203
	47	14	14,300	6550	34,000	22,000	0.12	6303
	62	17	22,900	10,800	28,000	18,000	0.27	6403
20	42	8	7280	4050	38,000	24,000	0.050	16004
	42	12	9950	5000	38,000	24,000	0.090	6004
	47	14	13,500	6550	32,000	20,000	0.11	6204
	52	15	16,800	7800	30,000	19,000	0.14	6304
	72	19	43,600	23,600	18,000	11,000	0.40	6406
25	47	12	11,900	6550	32,000	20,000	0.080	6005
	52	15	14,800	7800	28,000	18,000	0.13	6205
	62	17	23,400	11,600	24,000	16,000	0.23	6305
	80	21	35,800	19,300	20,000	13,000	0.53	6405
30	55	15	13,800	8300	28,000	17,000	0.12	6006
	62	16	20,300	11,200	24,000	15,000	0.20	6206
	72	19	29,600	16,000	20,000	13,000	0.35	6306
	90	23	43,600	23,600	18,000	11,000	0.74	6406
35	62	14	16,800	10,200	24,000	15,000	0.16	6007
	72	17	27,000	15,300	20,000	13,000	0.29	6207
	80	21	35,100	19,000	19,000	12,000	0.46	6307
	100	25	55,300	31,000	16,000	10,000	0.95	6407
40	68	15	17,800	11,600	22,000	14,000	0.19	6008
	80	18	32,500	19,000	18,000	11,000	0.37	6208
	90	23	42,300	24,000	17,000	11,000	0.63	6308
	110	27	63,700	36,500	14,000	9000	1.25	6408
45	75	16	22,100	14,600	20,000	12,000	0.25	6009
	85	19	35,100	21,600	17,000	11,000	0.41	6209
	100	25	55,300	31,500	15,000	9500	0.83	6309
	120	29	76,100	45,000	13,000	8500	0.55	6409
50	80	16	22,900	16,000	18,000	11,000	0.26	6010
	90	20	37,100	23,200	15,000	10,000	0.46	6210
	110	27	65,000	38,000	13,000	8500	1.05	6310
	130	31	87,100	52,000	12,000	7500	1.90	6410
75	115	20	41,600	33,500	12,000	7500	0.64	6015
	130	25	68,900	49,000	10,000	6700	1.20	6215
	160	37	119,000	76,500	9000	5600	3.00	6315
	190	45	153,000	114,000	8000	5000	6.80	6415
100	150	24	63,700	54,000	9500	5600	1.25	6020
	215	47	174,000	140,000	6700	4300	7.00	6320
150	225	35	125,000	125,000	6000	3800	4.80	6030

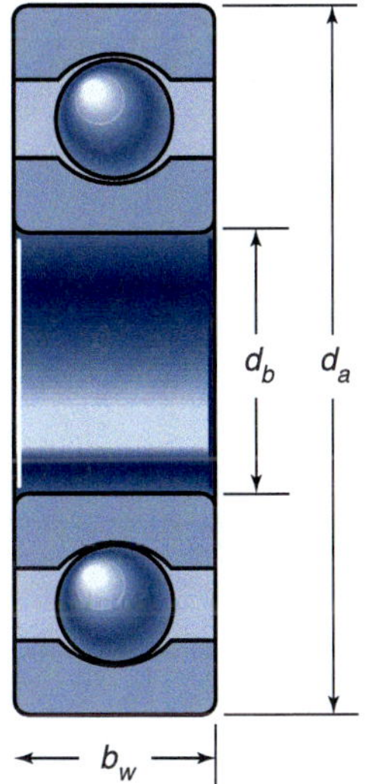

높일 수 있다. *한계 속도*는 케이지 강도 및 베어링 안정성에 근거하여 정해진다. 한계 속도는 특수하게 설계된 베어링, 케이지 및 실의 경우는 더 높일 수 있다. 깊은 홈 베어링에서는 참고 속도가 한계 속도보다 더 큰 경우도 흔하다. 이는 낮은 마찰과 이로 인한 열 발생이 적기 때문이다. 어떤 경우라도, 둘 중 더 낮은 정격 속도를 사용하는 것이 바람직하며, 비표준 베어링은 별도 조건을 이용한다.

허용 하중 한계는 피로 파손이 발생하지 않는 최대 베어링 하중으로 볼 수 있다. 따라서 설계 하중이 허용 하중 한계와 동등하면, 안전 계수는 무한 수명으로 1이 된다. 또한, 이 표에서의 정격 속도는, 베어링에서 발생하는 열을 처리하기 위해 베어링 설계를 수정하지 않는 범위에서 견딜 수 있는 최대 속도이다.

표 13.3은 표 13.2와 유사한 정보를 제공하나, 앵귤러 볼 베어링에 대한 정보를 제공한다. 표 13.4는 단열 원통 롤러 베어링, 표 13.5는 토로이드(CARB) 베어링, 표 13.6은 니들 베어링, 표 13.7은 단열 테이퍼 롤러 베어링에 대한 정보를 제공한다. 본 교재에서는 이들 베어링 종류로 제한한다. 이 표들은 크게 요약한 것들이며, 더 많은 크기와 종류들에 대한 정보는 제조회사의 카탈로그나 웹사이트에서 쉽게 얻을 수 있다.

13.7.6 등가 정하중

구름 베어링에 각도 α_p로(그림 13.19) 작용하는 하중 P는 반지름 방향 및 축 방향 성분을 포함하므로 조합 하중이다. 반지름 방향 성분 $P_r = P\cos\alpha_p$이며, 축 방향 성분 $P_a = P\sin\alpha_p$이다. 두 성분 P_r과 P_a를 합한 **등가 정하중** P_o는 다음 식으로 표현할 수 있다.

$$P_o = X_oP_r + Y_oP_a, \tag{13.60}$$

여기서 X_o는 레이디얼 계수이고 Y_o는 스러스트 계수이며, 모두 표 13.8로부터 구할 수 있다. 표 13.8에서 β는 접촉각이다.

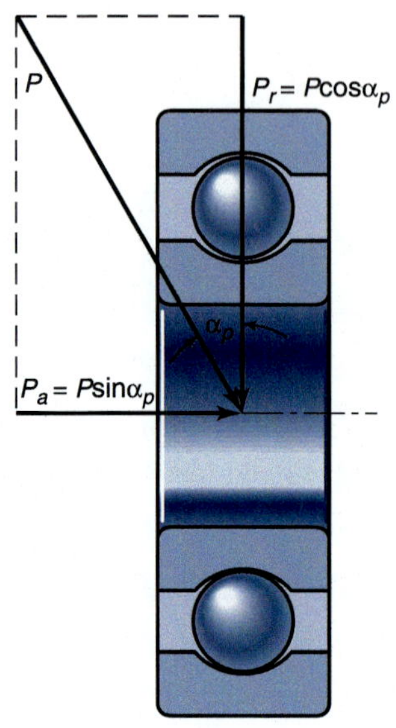

그림 13.19: 레이디얼 깊은 홈 볼 베어링에 작용하는 조합 하중.

예제 13.4

볼 베어링의 등가 하중

조건 단열 앵귤러 볼 베어링이 축 방향 성분 1000 N, 반지름 방향 성분 500 N의 정적 하중을 받고 있다. 정적 기본 정격 하중은 1500 N이다.

문제 접촉각 20°~40° 범위에서 가장 큰 정적 안전 계수를 구하라.

풀이 표 13.8로부터 레이디얼 앵귤러 볼 베어링의 모든 β에 대하여 $X_o = 0.5$이다. 그러므로 식 (13.60)은

$$P_o = X_oP_r + Y_oP_a = (0.5)(500) + Y_o(1000),$$

즉,

$$P_o = 250 + 1000Y_o$$

이다. P_o가 가장 적을 때, 안전 계수는 가장 큰데, 이는 Y_o 값이 작은 경우에 해당된다. 표 13.8을 보면, 접촉각 40°에 해당하므로 $Y_o = 0.26$이다. 그러므로 P_o는 다음과 같다.

$$P_o = 250 + (0.26)(1000) = 510\ \text{N}.$$

표 13.3: 단열 앵귤러 롤러 베어링. 종종 쌍으로 조립하여 사용함(그림 13.17 참조).

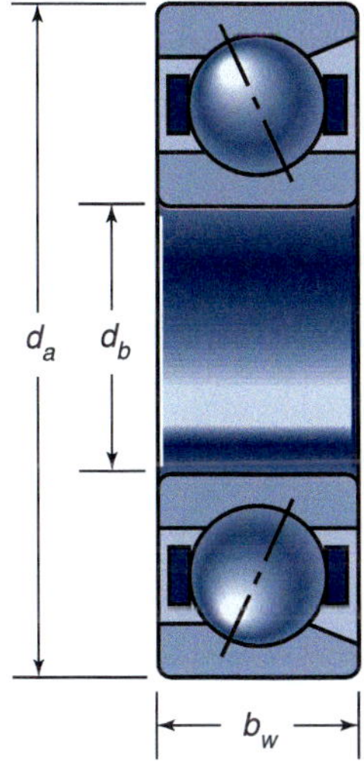

주요 치수			기본 정격 하중		정격 속도		질량	호칭
			동하중	정하중	참고	한계		
d_b	d_a	b_w	C	C_o				
mm	mm	mm	N	N	rpm	rpm	kg	
10	30	9	7020	3350	30,000	30,000	0.03	7200 BEP
12	32	10	7610	3800	26,000	26,000	0.04	7201 BEP
	37	12	10,600	5000	24,000	24,000	0.06	7301 BEP
15	35	11	8840	4800	24,000	24,000	0.05	7202 BEP
	42	13	13,000	6700	20,000	20,000	0.08	7302 BEP
17	40	12	10,400	5500	20,000	20,000	0.064	7203 BEP
	47	14	15,900	8300	19,000	19,000	0.11	7303 BEP
20	47	14	13,300	7650	18,000	18,000	0.11	7204 BEP
	52	15	17,400	9500	16,000	16,000	0.15	7304 BEP
25	52	15	14,800	9300	15,000	15,000	0.14	7205 BEP
	62	17	24,200	14,000	14,000	14,000	0.24	7305 BEP
	80	21	39,700	23,600	11,000	11,000	0.61	7405 BM
30	62	16	21,500	14,300	13,000	13,000	0.21	7206 BEP
	72	19	32,500	19,300	12,000	12,000	0.33	7306 BEP
	90	23	47,500	29,000	10,000	10,000	0.85	7406 BM
35	72	17	29,100	19,000	11,000	11,000	0.28	7207 BEP
	80	21	39,000	24,500	10,000	10,000	0.45	7307 BEP
	100	25	60,500	38,000	8500	9000	1.10	7407 BM
40	80	18	34,500	24,000	10,000	10,000	0.37	7208 BEP
	90	23	46,200	30,500	9000	9000	0.61	7308 BEP
	110	27	70,200	45,000	8000	8000	1.40	7408 BM
45	85	18	35,800	26,000	9000	9000	0.42	7209 BEP
	100	25	55,900	37,500	8000	8000	0.82	7309 BEP
	120	29	85,200	55,000	7000	7000	1.80	7409 BGM
50	90	20	37,700	28,500	8500	8500	0.47	7210 BEP
	110	27	68,900	47,500	7500	7500	1.04	7310 BEP
	130	31	95,600	64,000	6300	6700	2.25	7410 BM
55	100	21	46,200	36,000	7500	7500	0.62	7211 BEP
	120	29	79,300	55,000	6700	6700	1.34	7311 BEP
	140	33	111,000	76,500	6000	6300	2.75	7411 BM
60	110	22	57,200	45,500	7000	7000	0.78	7212 BEP
	130	31	95,600	69,500	6000	6000	1.71	7312 BEP
	150	35	119,000	86,500	5600	5600	3.30	7412 BM
65	120	23	66,300	54,000	6300	6300	1.00	7213 BEP
	140	33	108,000	80,000	5600	5600	2.10	7313 BEP
	160	37	130,000	96,500	5000	5300	3.85	7413 BCBM
70	125	24	67,600	56,000	6000	6000	1.10	7214 BEP
	150	35	119,000	90,000	5300	5300	2.55	7314 BEP
	180	42	159,000	127,000	4500	4800	5.00	7414 BGAM
75	130	25	70,200	60,000	5600	5600	1.18	7215 BEP
	160	37	125,000	98,000	5000	5000	3.06	7315 BEP
	190	45	168,000	140,000	4300	4500	6.85	7415 BM
100	180	34	135,000	122,000	4000	4000	3.29	7220 BEP
	215	47	203,000	190,000	3600	3600	7.17	7320 BEP
	265	60	276,000	275,000	3200	3200	15.50	7420 CBM
150	270	45	216,000	240,000	2600	2800	10.80	7230 BCBM
	320	65	332,000	390,000	2400	2400	25.00	7330 BCBM
190	340	55	307,000	405,000	2000	2200	21.9	7238 BCBM
	400	78	442,000	600,000	1900	1900	48.3	7338 BCBM
200	360	58	325,000	430,000	1800	2000	25	7240 BCBM
	420	80	462,000	655,000	1800	1800	52.8	7340 BCBM
300	460	74	377,000	630,000	1300	1500	42.5	7060 BGM
500	720	100	637,000	1,400,000	800	850	130	70/500 BM
750	1090	150	1,300,000	3,650,000	530	560	445	70/750 AMB
1000	1220	100	923,000	2,750,000	400	430	245	718/1000 AMB

표 13.4: 단열 원통 롤러 베어링.

주요 치수			기본 정격 하중		정격 속도		질량	호칭
			동하중	정하중	참고	한계		
d_b	d_a	b_w	C	C_o				
mm	mm	mm	N	N	rpm	rpm	kg	
15	35	11	12,500	10,200	22,000	26,000	0.047	NU 202 ECP
	42	13	17,200	14,300	19,000	22,000	0.068	NJ 203 ECP
17	40	12	17,200	14,300	19,000	22,000	0.068	NU 203 ECP
	40	12	17,200	14,300	19,000	22,000	0.07	NJ 203 ECP
20	47	14	25,100	22,000	16,000	19,000	0.11	NU 204 ECP
	52	15	35,500	26,000	15,000	18,000	0.17	NU 304 ECP
	52	21	47,500	38,000	15,000	18,000	0.21	NU 2304 ECP
25	52	15	28,600	27,000	14,000	16,000	0.14	NU 205 ECP
	62	17	46,500	36,500	12,000	15,000	0.28	NU 305 ECP
	62	24	64,000	55,000	12,000	15,000	0.38	NU 2305 ECP
30	62	16	44,000	36,500	13,000	14,000	0.22	NUP 206 ECP
	72	19	58,500	48,000	11,000	12,000	0.40	NU 306 ECP
	72	27	83,000	75,000	11,000	12,000	0.53	NU 2306 ECP
35	72	17	56,000	48,000	11,000	12,000	0.30	NU 207 ECP
	80	21	75,000	63,000	9500	11,000	0.54	NU 307 ECP
	80	31	106,000	98,000	9500	11,000	0.72	NU 2307 ECP
40	80	18	62,000	53,000	9500	11,000	0.42	NU 208 ECP
	90	23	93,000	78,000	8000	9500	0.73	NU 308 ECP
	90	33	129,000	120,000	8000	9500	0.94	NU 2308 ECP
45	85	19	69,500	64,000	9000	9500	0.48	NU 209 ECP
	100	25	112,000	100,000	7500	8500	1.0	NU 309 ECP
	100	36	160,000	153,000	7500	8500	1.30	NU 2309 ECP
50	90	20	73,500	69,500	8500	9000	0.49	NU 210 ECP
	110	27	127,000	112,000	6700	8000	1.15	NU 310 ECP
	110	40	186,000	186,000	6700	8000	1.7	NU 2310 ECP
55	100	21	96,500	95,000	7500	8000	0.67	NU 211 ECP
	120	29	156,000	143,000	6000	7000	1.45	NU 311 ECP
	120	43	232,000	232,000	6000	7000	2.25	NU 2311 ECP
60	110	22	108,000	102,000	6700	7500	0.86	NU 212 ECP
	130	31	173,000	160,000	5600	6700	1.80	NU 312 ECP
	130	46	260,000	265,000	5600	6700	3.15	NU 2312 ECP
65	120	23	122,000	118,000	6300	6700	1.05	NU 213 ECP
	140	33	212,000	196,000	5300	6000	2.25	NU 313 ECP
	140	48	285,000	290,000	5300	6000	3.3	NU 2313 ECP
70	125	24	137,000	137,000	6000	6300	1.15	NU 214 ECP
	150	35	236,000	228,000	4800	5600	2.75	NU 314 ECP
	150	51	315,000	325,000	4800	5600	4.00	NU 2314 ECP
75	130	25	150,000	156,000	5600	6000	1.25	NU 215 ECP
	160	37	280,000	265,000	4500	5300	3.30	NU 315 ECP
	160	55	380,000	400,000	4500	5300	4.9	NU 2315 ECP
100	180	34	285,000	305,000	4000	4500	3.45	NU 220 ECP
	215	47	450,000	440,000	3200	3800	7.80	NU 320 ECP
	215	73	670,000	735,000	3200	3800	12.0	NU 2320 ECP
120	215	40	390,000	430,000	3400	3600	5.75	NU 224 ECP
	260	55	610,000	620,000	2800	3200	13.3	NU 324 ECP
150	270	45	510,000	600,000	2600	2800	10.6	NU 230 ECM
	320	65	900,000	965,000	2200	3400	27.5	NU 330 ECM
190	340	55	800,000	965,000	2000	2200	24.0	NU 238 ECM
	400	78	1,140,000	1,500,000	1500	200	50.00	NU 338 ECM
260	480	80	1,170,000	1,700,000	1400	2000	68.5	NU 252 MA
500	720	100	1,720,000	3,100,000	900	1100	135	NU 10/500 MA
750	920	78	1,470,000	3,450,000	600	800	110	NU 18/750 MA
1000	1220	100	2,640,000	6,550,000	400	530	265	NU 18/1000 MA

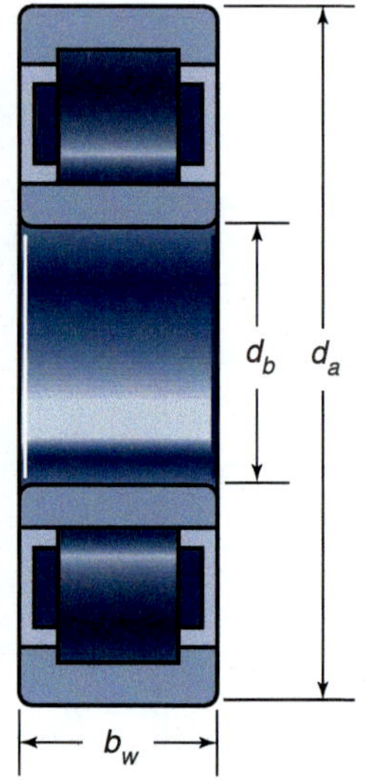

표 13.5: 단열 토로이드(CARB) 롤러 베어링.

주요 치수			기본 정격 하중		정격 속도		질량	호칭
			동하중	정하중	참고	한계		
d_b	d_a	b_w	C	C_o				
mm	mm	mm	N	N	rpm	rpm	kg	
25	52	18	44,000	40,000	13,000	18,000	0.17	C2205 TN9
			50,000	48,000	–	7000	0.18	C2205 V[a]
30	62	20	69,500	62,000	11,000	15,000	0.27	C2206 TN9
			76,500	71,000	–	6000	0.29	C2206 V[a]
	55	45	134,000	180,000	–	3000	0.50	C6006 V[a]
35	72	23	83,000	80,000	9500	13,000	0.43	C2207 TN9
			95,000	96,000	–	5000	0.45	C2207 V[a]
40	80	23	90,000	86,500	8000	11,000	0.50	C2208 TN9
			102,000	104,000	–	4500	0.53	C2208 V[a]
	62	22	76,500	100,000	–	4300	0.25	C4908 V[a]
		30	104,000	143,000	–	3400	0.35	C5908 V[a]
45	85	23	93,000	93,000	8000	11,000	0.55	C2209 TN9
			106,000	110,000	–	4300	0.58	C2209 V[a]
	68	22	81,500	112,000	–	3800	0.3	C4909 V[a]
		30	110,000	163,000	–	3200	0.41	C5909 V[a]
50	90	23	98,000	100,000	7000	9500	0.59	C2210 TN9
			114,000	122,000	–	3800	0.62	C2210 V[a]
	72	22	86,500	120,000	–	3600	0.29	C4910 V[a]
		30	118,000	180,000	–	2800	0.42	C5910 V[a]
55	100	25	116,000	114,000	6700	9000	0.79	C2211 TN9
			132,000	134,000	–	3400	0.81	C2211 V[a]
	80	25	106,000	153,000	–	3200	0.43	C4911 V[a]
		34	143,000	224,000	–	2600	0.60	C5911 V[a]
60	110	28	143,000	156,000	5600	7500	1.10	C2212 TN9
	110	28	166,000	190,000	–	2800	1.15	C2212 V[a]
	85	25	112,000	170,000	–	3000	0.46	C4912 V[a]
		34	150,000	240,000	–	2400	0.64	C5912 V[a]
75	130	31	196,000	208,000	4800	6700	1.6	C2215
			220,000	240,000	–	2200	1.65	C2215 V[a]
	105	30	166,000	255,000	–	2400	0.81	C4015 V[a]
		40	204,000	325,000	–	1900	1.10	C5915 V[a]
100	180	46	415,000	465,000	3600	4800	4.85	C2220
	165	52	415,000	540,000	3200	4300	4.40	C3120
	150	50	355,000	530,000	–	1400	3.05	C4020 V[a]
130	230	64	735,000	930,000	2800	3800	11.0	C2226
	200	52	390,000	585,000	2800	3800	5.90	C3026
		69	720,000	1,120,000	–	850	8.05	C4026 V[a]
150	270	73	980,000	1,220,000	2400	3200	17.5	C2230
	250	80	880,000	1,290,000	2000	2800	15.00	C3130
	225	75	780,000	1,320,000	–	750	10.5	C4030 V[a]
180	280	74	880,000	1,340,000	1900	2600	16.5	C3036
	280	100	1,320,000	2,120,000	–	430	23.0	C4036 V[a]
	320	112	1,530,000	2,200,000	1500	2000	37	C3236
200	340	112	1,560,000	2,320,000	1500	2000	40.00	C3140
	310	109	1,630,000	2,650,000	–	260	30.50	C4060 V[a]
240	360	92	1,340,000	2,160,000	1400	2000	31.5	C3048
500	830	264	7,500,000	12,700,000	530	750	550.00	C31/500 M
750	1220	365	13,700,000	30,500,000	320	450	1802	C31/750 MB
1000	1580	462	22,800,000	45,500,000	220	300	3470	C31/1000 MB

[a]전면 전동체 베어링

표 13.6: 단열 니들 롤러 베어링. 내측 링이 없으면, 정격 하중은 축 표면의 준비 수준에 크게 의존하며, 표의 결과는 연마 및 경화처리한 축에 대한 값이다.

주요 치수			기본 정격 하중		정격 속도		질량	호칭
			동하중	정하중	참고	한계		
d_b	d_a	b_w	C	C_o				
mm	mm	mm	N	N	rpm	rpm	g	
3	7	6	1230	880	30,000	43,000	1.0	HK 0306 TN[a]
4	8	8	1720	1320	26,000	38,000	1.6	HK 0408 TN[a]
5	9	9	2380	2080	22,000	34,000	2.0	HK 0509[a]
	10	10	2920	2700	36,000	40,000	10	NK 5/12 TN [a]
	15	12	3800	4250	32,000	36,000	10	NKI 5/12 TN
6	10	9	2810	2700	20,000	32,000	2.5	HK 0609[a]
	12	12	3300	3200	34,000	38,000	10	NK 6/12 TN [a]
	16	12	4400	5200	30,000	34,000	10	NKI 6/12 TN
7	11	9	3030	3050	18,000	28,000	2.6	HK 0709$_a$
	14	12	3580	3570	32,000	36,000	10	NK 7/12 TN[a]
	17	12	4570	5700	28,000	32,000	10	NKI 7/12 TN
10	14	10	4290	5300	16000	24,000	3.0	HK 1010$_a$
	22	13	8800	10,400	24,000	28,000	20	NA 4900
	17	16	5940	8000	28,000	32,000	10	NK 10/16 TN[a]
	22	16	10,200	12,500	24,000	28,000	30	NKI 10/16
12	16	10	4840	6400	14,000	20,000	4.6	HK 1210$_a$
	24	13	9900	12,200	22,000	26,000	30	NA 4901
	19	16	9130	12,000	26,000	30,000	20	NK 12/16 [a]
	24	16	11,700	15,300	22,000	26,000	30	NKI 12/16
15	21	12	7650	9500	11000	17000	11	HK 1512$_a$
	28	13	11,200	15,300	19,000	22,000	30	NA 4902
	23	16	11,000	14,000	24,000	26,000	20	NK 15/16 [a]
	27	16	13,400	19,000	20,000	24,000	40	NKI 15/16
20	26	10	6160	8500	9000	14,000	12	HK 2010$_a$
	37	17	21,600	28,000	15,000	17,000	80	NA 4904
	28	16	13,200	19,300	19,000	22,000	30	NK 20/16 [a]
	32	16	15,400	24,500	16,000	19,000	50	NKI 20/16
25	32	12	10,500	15,300	7500	11,000	21	HK 2512$_a$
	42	17	24,200	34,500	13,000	15,000	90	NA 4905
	33	20	19,000	32,500	16,000	18,000	40	NK 25/20 [a]
	38	20	22,000	36,500	14,000	15,000	80	NKI 25/20
30	37	12	11,700	18,300	6300	9000	24	HK 3012$_a$
	47	17	25,500	39,000	11,000	13,000	100	NA 4906
	40	20	22,900	38,000	13,000	15,000	70	NK 30/20 [a]
	45	20	24,600	45,000	11,000	13,000	110	NKI 30/20
35	42	20	22,900	46,500	5600	8000	28	HK 3512$_a$
	55	20	31,900	54,000	9500	11,000	170	NA 4907
	45	20	26,400	45,000	11,000	13,000	70	NK 35/20 [a]
	50	20	26,400	51,000	10,000	11,000	130	NKI 35/20
40	47	12	13,400	24,500	5000	7000	38	HK 4012$_a$
	62	22	42,900	71,000	8000	9500	230	NA 4908
	50	20	26,400	51,000	10,000	11,000	80	NK 40/20 [a]
50	58	20	29,200	63,000	4000	5600	72	HK 5020$_a$
	72	22	47,300	85,000	7000	8000	270	NA 4910
	62	25	38,000	78,000	8000	9000	140	NK 50/25 [a]
	68	25	40,200	88,000	7500	8500	270	NKI 50/25
75	105	30	84,200	170,000	4800	5300	780	NA 4915
	92	25	53,900	110,000	5300	6000	320	NK 75/25 [a]
	105	25	69,300	132,000	4800	5300	640	NKI 75/25
100	140	40	125,000	280,000	3400	4000	1900	NA 4920
	120	26	76,500	156,000	4000	4500	520	NK 100/26 [a]
	130	30	96,800	220,000	3600	4000	990	NKI 100/30
150	190	40	147,000	415,000	2400	2800	2700	NA4830
200	250	50	224,000	735,000	1800	2000	5850	NA 4840
300	380	80	594,000	1,800,000	1100	1300	22,000	NA 4860

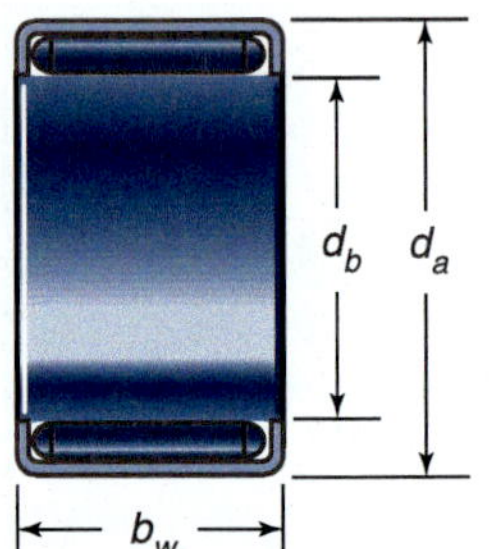

[a]개방단, 베어링은 축 표면 위를 구른다.

표 13.7: 단열 테이퍼 롤러 베어링.

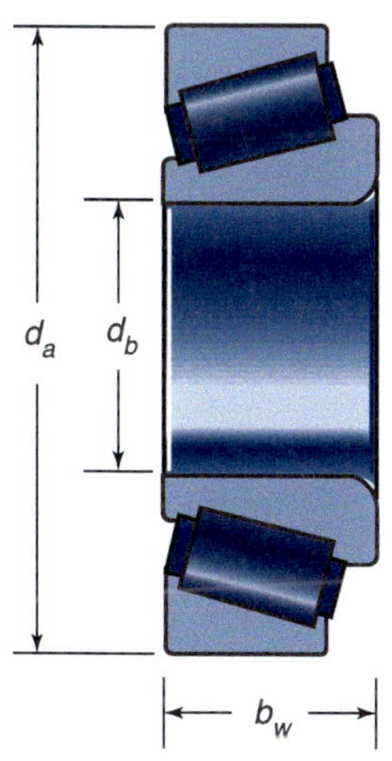

주요 치수			기본 정격 하중		접촉각	질량	호칭
			동하중	정하중			
d_b	d_a	b_w	C	C_o	β		
mm	mm	mm	N	N	deg.	kg	
15	42	14.25	26,000	22,200	10.7	0.11	30302
17	40	13.25	20,000	20,200	13.1	0.08	30203
	47	15.25	32,700	28,400	10.7	0.14	30303
20	52	16.25	38,500	34,500	11.3	0.17	30304
	52	22.5	55,200	55,000	11.3	0.24	32304
25	52	16.25	36,900	38,300	11.3	0.15	30205
	62	18.25	50,200	50,100	11.3	0.26	30305
	52	22	51,100	63,600	13.1	0.22	33205
	62	25.25	72,400	72,400	11.3	0.37	32305
30	62	17.25	40,500	43,800	13.8	0.23	30206
	72	20.75	67,700	65,300	11.9	0.39	30306
	62	21.25	50,300	57,600	13.9	0.28	32206
	72	28.75	87,600	89,800	11.9	0.56	32306
35	72	18.25	53,400	59,200	13.9	0.32	30207
	72	24.25	74,900	82,300	11.9	0.44	32207
	80	22.75	87,200	86,100	11.9	0.53	30307
	72	28	92,600	117,000	13.1	0.53	33207
40	80	19.75	59,900	65,400	13.9	0.41	30208
	90	25.25	117,000	102,000	12.9	0.73	30308
	90	35.25	123,000	150,000	13.1	1.01	32308
	80	32	112,000	144,000	13.5	0.73	33208
45	85	20.75	64,800	74,700	14.9	0.46	30209
	100	27.25	129,000	139,000	12.9	1.01	30309
	85	24.75	81,100	98,800	14.9	0.56	32209
	85	32	116,000	155,000	14.6	0.81	33209
50	90	21.75	73,600	87,500	15.6	0.52	30210
	110	29.25	142,000	150,000	12.9	1.25	30310
	110	42.25	187,000	211,000	12.9	1.83	32310
	90	32	120,000	166,000	15.3	0.83	33210
55	100	22.75	94,900	114,000	14.9	0.68	30211
	120	31.5	150,000	172,000	13.1	1.56	30311
	120	45.5	211,000	265,000	13.1	2.13	32311
60	110	23.75	99,100	117,000	14.9	0.87	30212
	130	33.5	203,000	188,000	12.9	1.96	30312
	130	48.5	264,000	310,000	12.9	2.89	32312
65	120	24.75	121,000	146,000	14.9	1.10	30213
	140	36	206,000	242,000	13.1	2.41	30313
	140	51	280,000	358,000	13.1	3.26	32313
75	115	31	187,000	239,000	11.2	1.15	33015
	160	40	248,000	278,000	12.9	3.46	30315
100	150	39	251,000	393,000	10.8	2.36	33020
	180	49	368,000	478,000	15.6	4.92	32220
120	165	29	172,000	317,000	13.1	1.78	32924
	215	43.5	396,000	508,000	16.2	6.24	30224
150	210	38	324,000	573,000	12.3	3.99	32930
	270	49	565,000	735,000	16.2	11.03	30230
170	230	38	355,000	652,000	14.3	4.40	32934
200	280	51	561,000	1,050,000	14.7	9.45	32940
220	300	51	561,000	1,090,000	15.8	9.90	32944
	400	72	1,260,000	1,560,000	15.6	35.25	30244
280	380	63.5	850,000	1,780,000	16.0	19.81	32956
320	480	100	1,800,000	3,420,000	17.0	59.62	32064X
380	480	76	1,250,000	2,780,000	17.0	45.22	32972

표 13.8: 정적 응력 레이디얼 베어링의 레이디얼 계수 X_o와 스러스트 계수 Y_o.

베어링 종류		단열		복열	
		X_o	Y_o	X_o	Y_o
레이디얼 깊은 홈 볼		0.6	0.5	0.6	0.5
레이디얼 앵귤러 볼	β = 20°	0.5	0.42	1	0.84
	β = 25°	0.5	0.38	1	0.76
	β = 30°	0.5	0.33	1	0.66
	β = 35°	0.5	0.29	1	0.58
	β = 40°	0.5	0.26	1	0.52
레이디얼 자동 조심 볼		0.5	0.22 cot β	1	0.44 cot β
레이디얼 구면 롤러		0.5	0.22 cot β	1	0.44 cot β
레이디얼 테이퍼 롤러		0.5	0.22 cot β	1	0.44 cot β

13.8 탄성유체 윤활

구름 베어링과 같은 비정합 표면은 8.7.5절에서 소개한 바와 같이 탄성유체 윤활이 된다. 탄성유체 윤활은 베어링 표면의 탄성 변형이 중요한 곳에서 유체 유막 윤활 형태임을 보였다. 탄성유체 윤활은 보통 구름 베어링과 같이 큰 응력을 받는 기계 요소와 관련이 있다.

13.8.1 관련 방정식

탄성유체 윤활에 사용하는 방정식은 다음과 같다.

- *윤활 방정식*(레이놀즈 방정식)은 12장에서 처음 소개하였다.

$$\frac{\partial}{\partial x}\left(\frac{\rho h^3}{\eta}\frac{\partial p}{\partial x}\right)+\frac{\partial}{\partial y}\left(\frac{\rho h^3}{\eta}\frac{\partial p}{\partial y}\right)=12\tilde{u}\frac{\partial}{\partial x}(\rho h), \quad (12.23)$$

여기서 $\tilde{u}$는 다음과 같다.

$$\tilde{u}=\frac{u_a+u_b}{2}.$$

- *점도 변화*는 또한 Barus 법칙으로 알려져 있다.

$$\eta=\eta_o e^{\xi p}, \quad (13.61)$$

여기서 η_o는 대기압일 때의 절대 또는 동점도 계수이며, ξ는 유체의 압력 점도 계수이다.

- *밀도 변화*: 광유(mineral oil)의 밀도는

$$\rho=\rho_o\left(1+\frac{0.6p}{1+1.7p}\right), \quad (13.62)$$

이며, 여기서 ρ_o는 대기압 조건에서 밀도이며, p는 GPa 단위이다.

- *탄성 방정식*:

$$\delta=\frac{2}{E'}\int\int_A\frac{p(x,y)\,dx\,dy}{\sqrt{(x-x_1)^2+(y-y_1)^2}}, \quad (13.63)$$

여기서 E'는 다음과 같다.

$$E'=\frac{2}{\frac{1-\nu_a^2}{E_a}+\frac{1-\nu_b^2}{E_b}}. \quad (13.64)$$

- *유막 두께 방정식*:

$$h=h_o+\frac{x^2}{2R_x}+\frac{y^2}{2R_y}+\delta(x,y), \quad (13.65)$$

여기서 R_x 및 R_y는 다음과 같다.

$$\frac{1}{R_x}=\frac{1}{r_{ax}}+\frac{1}{r_{bx}}, \quad (8.6)$$

$$\frac{1}{R_y}=\frac{1}{r_{ay}}+\frac{1}{r_{by}}. \quad (8.7)$$

다른 반지름들은 식 (13.11)~(13.16)과 같다.

그러므로 탄성유체 윤활 해는 접속(conjunction) 부위의 압력 분포를 계산해야 하고, 동시에 이 압력이 유체 특성과 탄성 고체의 모양에 미치는 효과를 고려해야 한다. 해는 또한 유막 형상, 특히 고체 사이에 최소 틈새를 규정한다. Hamrock 등(2004)은 탄성유체 윤활 이론을 완전하게 제시하였다.

13.8.2 무차원 변수

탄성유체 윤활 이론으로부터 얻어지는 변수들은 다음과 같다.

E' = 유효 탄성 계수, Pa
P = 수직 작용 하중, N
h = 유막 두께, m
R_x = x(운동) 방향 유효 반지름, m
R_y = y(횡단) 방향 유효 반지름, m
$\tilde{u}$ = x방향 평균 표면 속도, m/s
ξ = 유체의 압력 점도 계수, m^2/N
η_o = 대기의 점도, N-s/m^2

이 변수들로부터 다음의 5개 무차원 변수를 설정할 수 있다:

1. *무차원 유막 두께*

$$H = \frac{h}{R_x} \tag{13.66}$$

2. *타원 변수*

$$k_e = \frac{D_y}{D_x} = \left(\frac{R_y}{R_x}\right)^{2/\pi} \tag{8.24}$$

3. *무차원 하중 변수*

$$W = \frac{P}{E' R_x^2} \tag{13.67}$$

4. *무차원 속도 변수*

$$U = \frac{\eta_o \tilde{u}}{E' R_x} \tag{13.68}$$

5. *무차원 재료 변수*

$$G = \xi E' \tag{13.69}$$

따라서 무차원 최소 유막 두께는 다른 4개의 변수 함수, 즉 $H = f(k_e, U, W, G)$로 적을 수 있다. 탄성유체 윤활 이론의 가장 중요한 실용적인 관점은 접속 부위 내에서의 최소 유막 두께를 결정하는 것이다. 즉 적절한 크기로 최소 유막 두께를 유지함은 구름 베어링과 같은 비정합 기계 요소의 운전에 매우 중요하다. 특히 탄성유체 유막 두께는 13.9절에서 논의할 피로 수명에 영향을 미친다.

13.8.3 최소 유막 두께 공식

압력 선도 및 유막 두께를 수치해로 얻어 최소 유막 두께에 대해 타원 변수 및 무차원 속도, 하중 및 재료 변수의 영향을 검토하였다. 그 결과 최소 유막 두께 공식은 다음과 같이 주어진다.

$$H_{\min} = 3.63U^{0.68}G^{0.49}W^{-0.073}\left(1 - e^{-0.68k_e}\right). \tag{13.70}$$

이 공식에서 가장 크게 영향을 주는 지수는 속도 변수이며, 하중 변수의 지수는 매우 적고 음수이다. 또한 재료 변수는 중요한 지수이지만, 공학적 상황에서 이 변수의 범위는 제한적이다.

사각형 접촉에 대한 무차원 최소 유막 두께 공식은 유사하게

$$H_{\min,r} = \frac{h_{\min}}{R_x} = 1.714U^{0.694}G^{0.568}\left(W'\right)^{-0.128} \tag{13.71}$$

이며, 여기서

$$W' = \frac{P_z'}{E' R_x} \tag{13.72}$$

인데, P_z'는 단위 폭당 수직 작용 하중이다. 식 (13.70) 및 (13.71)은 **햄록-다우슨**(Hamrock-Dowson) **식**으로 알려져 있으며, 구름 베어링, 기어, 캠 등과 같이 탄성유체 윤활이 되는 물체에 폭넓게 적용된다.

설계 절차 13.1

볼 베어링 윤활 유막 두께 평가

1. 레이디얼 하중 및 베어링 수, 베어링 재료, 윤활유 성분, 베어링 기하 치수를 안다고 가정한다. 이들 중 윤활유 성분, 특히 점도의 압력 지수는 아마도 잘 알려져 있지 않거나 불확실성이 가장 클 것이다. 하지만 이 성분들은 윤활유 공급자로부터 얻을 수 있을 것이다.
2. 볼 베어링은 식 (13.48)로 각 볼에 작용하는 하중을 세

산할 수 있다. 이 결과는 보수적으로 추정한 결과임에 유의한다. 필요한 경우, 식 (13.45) 및 식 (13.46)은 결합할 수 있다.

3. 볼-내륜 및 볼-외륜의 접촉 속도는 식 (13.28) 및 식 (13.30)으로 구할 수 있다. 만일 β가 명시되어 있지 않다면 식 (13.6)으로 구할 수 있다.
4. R_x 및 R_y는 식 (8.6) 및 식 (8.7)로 계산할 수 있다. 그러면 식 (13.64)로 E'를 계산할 수 있다.
5. 그 다음에, 변수 k_e, U, W, G는 식 (8.12) 및 식 (13.67)에서 식 (13.69)로 계산할 수 있다.
6. 식 (13.70)으로 최소 유막 두께를 계산할 수 있다.
7. 윤활 유막의 적정성은 식 (13.27)로 주어지는 유막 변수 Λ로 평가할 수 있다. 합리적인 설계 목표는 베어링이 부분 윤활 상황(8.7.3절 참조)에서 운전되도록 하는 것이다. 이는 $\Lambda = 3$을 요구한다. 다른 방법으로는 그림 13.25를 이용하여 윤활 유막의 적정성을 평가하고, 식 (13.87)에 따라 베어링의 카탈로그 수명을 조정할 수 있다.

예제 13.5

구름 베어링의 유막 두께

조건 깊은 홈 볼 베어링에 12개 볼이 있으며, 볼들은 레이디얼 하중 12,000 N을 받는다. 홈 및 볼 반지름은 일치하며, 타원율은 10이다. 윤활유 점도는 0.075 N-s/m^{2}이며, 압력-점도 계수는 1.6×10^{-8} m^2/N이다. 회전 속도는 1500 rpm, 평균 표면 속도는 3 m/s이며, x방향의 유효 반지름은 8 mm이다. 볼 및 궤도륜의 탄성 계수는 207 GPa, 프와송 비는 0.3이다.

문제 베어링의 최소 유막 두께

풀이 Stribeck 식[식 (13.48)]을 이용하면 가장 무거운 하중을 받는 볼에 작용하는 하중을 다음과 같이 계산할 수 있다.

$$(w_z)_{\max} = \frac{5W_z}{n} = \frac{5(12,000)}{12} = 5000\text{ N}.$$

유효 탄성 계수는 다음과 같다.

$$E' = \frac{E}{1-\nu^2} = \frac{207 \times 10^9}{1-(0.3)^2} = 227\text{ GPa}.$$

무차원 하중 및 속도, 재료 변수는 각각 식 (13.67) 및 식 (13.68), 식 (13.69)로부터 다음과 같이 나타낼 수 있다.

$$U = \frac{\eta_o \tilde{u}}{E' R_x} = \frac{(0.075)(3)}{(227 \times 10^9)(0.008)} = 1.236 \times 10^{-10},$$

$$W = \frac{P}{E' R_x^2} = \frac{5000}{(227 \times 10^9)(0.008)^2} = 3.442 \times 10^{-4},$$

$$G = \xi E' = \left(1.6 \times 10^{-8}\right)\left(227 \times 10^9\right) = 3632.$$

식 (13.70)으로 무차원 최소 유막 두께를 다음과 같이 구한다.

$$\begin{aligned} H_{\min} &= \frac{h_{\min}}{R_x} = 3.63 U^{0.68} G^{0.49} W^{-0.073}\left(1 - e^{-0.68 k_e}\right) \\ &= 3.63\left(1.236 \times 10^{-10}\right)^{0.68}(3632)^{0.49} \\ &\quad \times \left(3.442 \times 10^{-4}\right)^{-0.073}\left(1 - e^{-0.68(10)}\right) \\ &= 6.596 \times 10^{-5}. \end{aligned}$$

최소 유막 두께는

$$h_{\min} = H_{\min} R_x = \left(6.596 \times 10^{-5}\right)(0.008) = 0.53\ \mu\text{m}$$

이다. 따라서 본 예제에서 고려하는 깊은 홈 볼 베어링의 최소 유막 두께는 0.53 μm이다.

예제 13.6

유막 두께에 대한 궤도륜 정합성의 효과

조건 볼 베어링의 윤활유 유막이 너무 얇은 것으로 생각된다. 타원도 변수는 2이다. 축 방향으로 궤도륜의 곡률 반지름을 줄여서 볼을 궤도륜과 더 정확하게 맞추면, 타원도 변수는 2에서 10으로 커진다.

문제 타원도 변수가 2에서 10으로 변할 때, 유막 두께는 얼마나 더 두꺼워지는가? 모든 다른 운전 변수들은 일정하게 유지된다고 가정한다.

풀이 식 (13.70)으로부터

$$\frac{(H_{\min})_{k_e=10}}{(H_{\min})_{k_e=2}} = \frac{1 - e^{-0.68(10)}}{1 - e^{-0.68(2)}} = 1.344$$

이다. 타원도 변수가 2에서 10으로 커지면, 유막 두께는 34.4% 증가할 것이다.

13.9 피로 수명

13.9.1 접촉 피로 이론

구름 피로는 재료의 좁은 체적에 반복 응력이 작용하여 발생하는 재료의 피로이다. 이는 독특한 피로 종류이며, 본질적으로 처음 피로가 발생하는 가장 약한 점을 찾는 과정이다. 그림 13.20은 전형적인 피로 파편이다. 현미경 크기로 보면, 넓은 범위에 걸쳐 재료 강도 또는 재료의 불균질로 인한 피로에 저항한 것을 볼 수 있다. 베어링 재료는 복잡한 합금이므로 모든 점에서 균질할 수 없고, 따라서 피로에 똑같이 저항할 수 없다. 그러므로 피로 진전은 겉보기에 동일한 시편 그룹이 같은 방법으로 응력을 받아도 피로 시간에 있어 폭넓은 차이를 보이는 것으로 볼 수 있다. 이러한 이유로 피로 진전은 통계적으로 다루어야 할 필요가 있다.

특정한 하중을 받을 때 베어링의 수명을 예측하기 위해서는 다음과 같은 필수적인 정보들이 필요하다.

1. 수명의 분산 또는 비산에 대한 정확한 양적 추정
2. 주어진 잔존 비율 또는 신뢰도 수준에서의 수명

이로부터 *부하 용량*(load-carrying capacity), 즉 베어링이 주어진 하중에서 규정한 횟수만큼의 응력 사이클 또는 회전할 때 견딜 수 있는 능력을 정의한다. 동일한 베어링 그룹을 특정한 속도 및 하중에서 시험했을 때, 그림 13.21과 같은 전형적인 베어링 수명 분포가 얻어진다.

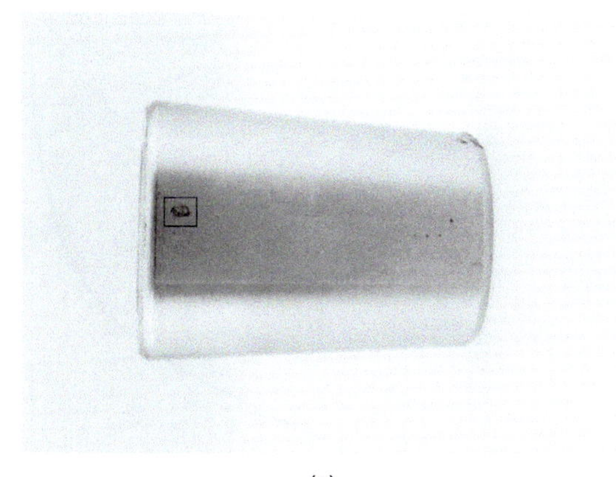

(a)

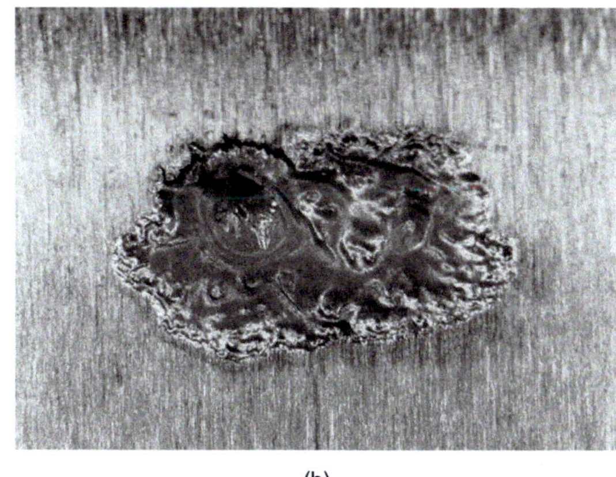

(b)

그림 13.20: 전형적인 피로 파편. (a) 테이퍼 롤러 베어링 파편, (b) 피로 파편 세부. 출처: Timken Company.

13.9.2 와이블 분포

와이블(Weibull, 1949)은 균질인 구름 베어링 그룹의 피로 수명이 다음 관계식으로 분포된다고 가정하였다.

$$\ln\ln\frac{1}{\tilde{S}} = c_2 \ln\frac{\tilde{L}}{\tilde{A}}, \tag{13.73}$$

여기서 $\tilde{S}$는 잔존 확률, $\tilde{L}$는 피로 수명이며, c_2 및 $\tilde{A}$는 상수이다. 와이블 분포는 확률 이론에 근거를 둔 강도의 통계 이론으로 추정한 것인데, 강도의 체적에 대한 의존은 재료 강도의 산포로 설명된다. 이것은 '가장 취약한 고리(weakest link)' 이론이다. 이 절에서 식 (13.73)을 유도하고, 왜 이 표현이 베어링 수명을 예측하는 데 사용되었는지를 설명하려고 한다.

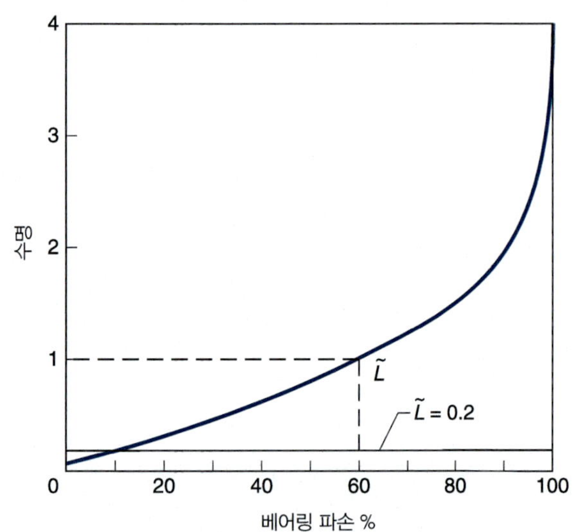

그림 13.21: 베어링 피로 파손 분포.

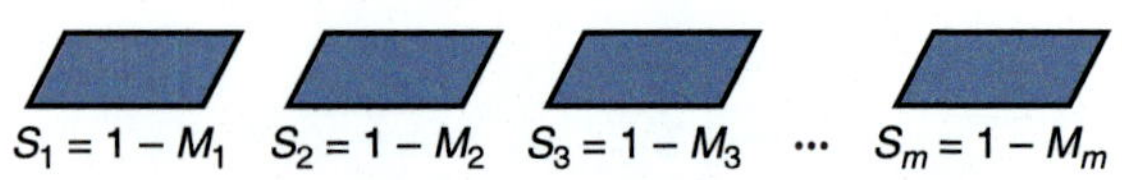

그림 13.22: 비슷한 응력을 받는 m개 체적의 표시.

그림 13.22는 하나의 체적이 응력을 받아 m개의 비슷한 체적으로 분해되었다고 고려한다. $\tilde{M}$는 파손 확률, $\tilde{S}$는 잔존 확률을 의미한다. 전체 체적에 대하여

$$\tilde{S} = \tilde{S}_1 \tilde{S}_2 \tilde{S}_3 \ldots \tilde{S}_m$$

이므로

$$\begin{aligned} 1 - \tilde{M} &= \left(1 - \tilde{M}_1\right)\left(1 - \tilde{M}_2\right)\left(1 - \tilde{M}_3\right)\ldots\left(1 - \tilde{M}_m\right) \\ &= \prod_{i=1}^{m}\left(1 - \tilde{M}_i\right), \end{aligned}$$

따라서 잔존 확률은 다음과 같다.

$$\tilde{S} = \prod_{i=1}^{m}\left(1 - \tilde{M}_i\right). \qquad (13.74)$$

균열(crack)이 i번째 체적에서 시작될 확률은

$$\tilde{M}_i = f(x)\tilde{V}_i, \qquad (13.75)$$

인데, 여기서 $f(x)$는 응력 크기 및 응력 사이클 횟수, 최대 응력이 발생하는 재료의 깊이 함수이며, $\tilde{V}_i$는 단위 체적이다. 따라서 식 (13.75)를 식 (13.74)에 대입하면 다음을 얻는다.

$$\tilde{S} = \prod_{i=1}^{m}\left[1 - f(x)\tilde{V}_i\right].$$

양변에 자연 로그를 취하면, 다음이 된다.

$$\ln \tilde{S} = \sum_{i=1}^{m} \ln\left[1 - f(x)\tilde{V}_i\right]. \qquad (13.76)$$

만일, $f(x)\tilde{V}_i \ll 1$이면, $\ln[1 - f(x)\tilde{V}_i] = -f(x)\tilde{V}_i$ 및 $\ln \tilde{S} = -\sum_{i=1}^{m} f(x)\tilde{V}_i$이다. 증분 체적이 매우 적다고 하면,

$$\sum_{i=1}^{\infty} f(x)\tilde{V}_i = \int f(x)\, d\tilde{V} = \tilde{f}(x)\tilde{V} \qquad (13.77)$$

인데, 여기서 $\tilde{f}(x)$는 $f(x)$의 체적 평균값이다.

Lundberg and Palmgren(1947)은 $f(x)$를 전단 응력 τ_o 및 응력 사이클 횟수 $\tilde{J}$, 최대 전단 응력의 깊이 z_o의 멱함수(power function)로 표현할 수 있다고 가정하였다.

$$f(x) = \frac{\tau_o^{c_1}\tilde{J}^{c_2}}{z_o^{c_3}}. \qquad (13.78)$$

또한 그들은 응력을 받은 체적을 $\tilde{V} = D_y z_o l_v$로 정하였다. 식 (13.77) 및 식 (13.78)을 식 (13.76)에 대입하면 다음 관계식을 얻는다.

$$\ln \tilde{S} = -\frac{\tau_o^{c_1}\tilde{J}^{c_2} D_y l_v}{z_o^{c_3 - 1}}, \qquad (13.79)$$

$$\ln \frac{1}{\tilde{S}} = \frac{\tau_o^{c_1}\tilde{J}^{c_2} D_y l_v}{z_o^{c_3 - 1}}. \qquad (13.80)$$

특정한 베어링 및 하중(예를 들어, 응력)에서 τ_o 및 z_o, D_y, l_v는 모두 상수이므로 다음으로 정리된다.

$$\ln \frac{1}{\tilde{S}} = \tilde{J}^{c_2}.$$

응력 사이클 횟수 $\tilde{J}$는 내륜의 회전수 $\tilde{L}$을 기반으로 한 피로 수명에 비례하므로

$$\ln \frac{1}{\tilde{S}} = \left(\frac{\tilde{L}}{\tilde{A}}\right)^{c_2}$$

이다. 그러므로 식 (13.73)의 명명법을 유지하면 다음이 된다.

$$\ln \ln \frac{1}{\tilde{S}} = c_2 \ln \frac{\tilde{L}}{\tilde{A}}. \tag{13.81}$$

이 식이 **와이블 분포**(Weibull distribution)이며, 잔존 및 수명 확률과 관련 있다. 이 식은 두 주요한 기능을 가진다. 첫째로, 베어링 피로는 와이블 좌표(log-log 대 log) 상에서 직선으로 그려지므로, 임의의 신뢰도에서도 수명을 결정할 수 있다. 가장 관심 있는 것은 $\tilde{L}_{10}$ 수명($\tilde{S}$ = 0.9) 및 $\tilde{L}_{50}$ 수명($\tilde{S}$ = 0.5)이다. 베어링 정격 하중은 $\tilde{L}_{10}$ 수명을 근거로 한다. $\tilde{L}_{10}$ 수명은 베어링 하중과 베어링 동적 용량, 즉 제조사의 카탈로그 및 공학 저널에서 다음 공식을 사용하여 주어지는 정격 하중으로 계산한다.

$$\tilde{L}_{10} = \left(\frac{\bar{C}}{P}\right)^{m_k} \tag{13.82}$$

여기서

$\bar{C}$ = 비동적 용량 또는 기본 정격 동하중, N

P = 등가 베어링 하중, N

m_k = 하중-수명 지수, 타원형 접촉인 경우 3, 직사각형 접촉인 경우 10/3

임의의 다른 신뢰도에서의 수명은 유지하는 윤활유의 품질에 크게 좌우된다. 세심하게 여과된 매우 깨끗한 윤활유인 경우, 수명은 그림 13.23으로 추정할 수 있다. 다른 조건에서, 수명은 좀 더 짧아지고 오염을 제한할 수 있는 능력에 좌우된다. ISO(2007)에 신뢰도 및 베어링 크기와 형상, 유막 변수 Λ, 청결도, 여과 유효성의 함수로 베어링의 수명을 결정하는 상세한 접근법에 대한 개요가 서술되어 있다. Timken 사는 전형적인 윤활 조건에 대해 다음과 같은 보다 간단한 관계식을 제안한다.

$$\frac{\tilde{L}_R}{\tilde{L}_{10}} = 4.48\left(\ln \frac{100}{R}\right)^{2/3} \tag{13.83}$$

여기서

R = 요구 신뢰도

$\tilde{L}_R$ = $R\%$ 신뢰도에서 수명

$\tilde{L}_{10}$ = 90% 신뢰도에서 수명

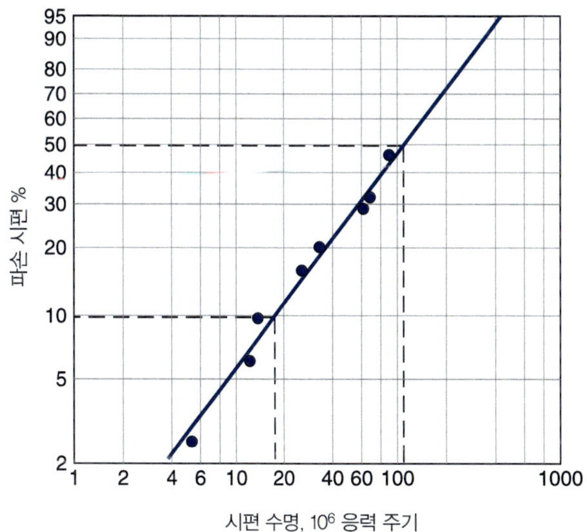

그림 13.23: 청결하고 여과된 윤활유의 베어링 피로 파손에 대한 전형적인 와이블 선도.

식 (13.83)에서 $\tilde{L}_{10}$ 은 100만 회 단위로 표현한 베어링 수명이다. 따라서 시간으로 표현한 베어링 수명은

$$\left(\tilde{L}\right)_{\text{hour}} = \frac{10^6 \tilde{L}_{10}}{60 N_b} \tag{13.84}$$

여기서 N_b는 회전 속도(rpm)이다.

13.9.3 정격 동하중

베어링 정격 하중을 근거로 한 Lundberg-Palmgren 이론은 식 (13.80)으로 표현된다. 이 식에서 지수는 베어링 수명의 분산 및 하중, 기하 구조, 베어링 크기에 대한 수명의 의존성으로 실험에 의해 결정된다. 표준적인 참고 자료로 모든 베어링의 정격 하중은 정격 동하중으로 표현되는데, 정격 동하중의 정의는 90% 잔존 확률로 100만회 내륜 회전을 할 때, 베어링이 지지할 수 있는 하중을 의미한다.

비동적 용량(specific dynamic capacity) 및 베어링 수명이 의존하는 요인들은 다음과 같다.

1. 구름 전동체의 크기
2. 열당 구름 전동체의 개수
3. 구름 전동체의 열수

4. 구름 전동체와 궤도륜 사이의 정합성
5. 하중을 받을 때 접촉각
6. 재료 성분
7. 윤활유 성분
8. 운전 온도
9. 운전 속도

위에서 1부터 5까지의 요인들만 Lundberg-Palmgren 이론(1947, 1952)으로부터 발전시킨 베어링의 정격 동하중과 관련이 있다

표 13.2에서 13.7은 다양한 종류의 베어링에 대한 정격 동하중이다. 정격 동하중은 표준 양산 베어링을 만들 때 사용한 재료 및 제조 기술에 근거를 두고 있다. 정격 동하중은 크기 및 방향이 일정하게 작용하는 하중이다. 레이디얼 베어링은 레이디얼 하중이며, 스러스트 베어링은 중심 방향으로 작용하는 축하중이다.

13.9.4 등가 동적 하중

피로 수명을 계산하는 데 사용하는 식 (13.80)에서 레이디얼 베어링은 순 레이디얼 하중이, 스러스트 베어링은 순 축하중이 작용하는 것으로 가정한다. 많은 구름 베어링의 경우, 하중은 이러한 조건을 만족하지 않는데, 그 이유는 베어링에 작용하는 하중이 비스듬하게 작용하거나 크기가 변하기 때문이다. 이러한 경우, 정격수명을 계산하기 위해 정격수명에 대하여 등가 응력을 의미하는 일정한 레이디얼 또는 축하중이 결정되어야 한다.

등가 하중(equivalent load)은 다음과 같이 표시된다.

$$P = XP_r + YP_a, \tag{13.85}$$

여기서

X = 레이디얼 계수
Y = 스러스트 계수
P_r = 레이디얼 하중 성분, N
P_a = 축하중 성분, N

표 13.9는 각각의 접촉각에서 여러 종류의 레이디얼 베어링에 대한 X 및 Y값을 보여준다. 또한 C_o는 13.7.5절에서 주어진 정격 정하중이다. 여러 종류의 스러스트 베어링들에 대한 레이디얼 및 스러스트 계수는 표 13.10에 주어져 있다.

설계 절차 13.2

정격 동하중 기반 구름 베어링 설계

1. 요구하는 신뢰도뿐만 아니라 레이디얼 및 레이디얼/축하중을 알고 있다고 가정한다.
2. 베어링 종류의 선정이 중요하다. 표 13.1 및 예제 13.1에서 이 문제를 다루었으며, 유용한 지침을 제공한다. 결국, 베어링 종류의 선정은 하중 조건 및 속도, 가능한 설치 공간, 아마도 가장 중요한 인자인 가격에 의존한다. 베어링 종류, 즉 다수의 후보가 다음 단계의 해석 및 비교를 위해 선택되어질 수 있다고 가정한다.
3. 베어링의 일부 치수는 베어링과 관계없이 기하학적 고려로 제한될 수 있다. 예를 들면, 축은 처짐을 고려해 지름이 정해질 수 있다. 제조자의 권장 사항으로 축에 어깨(단)를 기계 가공하여 축보다 지름이 더 작은 베어링을 사용할 수 있다. 그러나 과도하게 작은 어깨 부위 지름이 큰 지름으로 변화하는 부위에서 큰 응력집중이 일어날 수 있다(6.2절 참조). 그렇지 않으면, 베어링 폭 또는 바깥 지름이 제한될 수 있다. 이러한 사항들을 고려하면 적절한 베어링 후보 수는 더 줄어들 수 있다.
4. 등가 정하중은 표 13.8의 X_o 및 Y_o 계수를 사용하여 식 (13.60)으로 구할 수 있다. 등가 정하중보다 작은 정격 정하중의 베어링은 후보에서 제외할 수 있으며, 다른 베어링을 고려할 수도 있다.
5. 고려하는 베어링은 표 13.2부터 13.7 또는 제조자의 카탈로그나 웹사이트에서 선택할 수 있다.
6. 등가 동적 하중은 베어링 종류에 따라 결정한 계수 X 및 Y를 사용하여 식 (13.85)로 얻을 수 있다.
   (a) 깊은 홈 또는 앵귤러 볼 베어링은 표 13.9로부터 계수 X 및 Y를 구한다. 이 과정에서 e의 추정치를 구하기 위해 P_a/C_o를 계산하고, 계수를 구하기 위해 P_a/P_r를 e와 비교한다.

표 13.9: 레이디얼 및 앵귤러 베어링의 직사각형 및 타원형 접촉에 대한 용량 공식.

베어링 종류		e	단열 베어링				복열 베어링			
			$\frac{P_a}{P_r} \le e$		$\frac{P_a}{P_r} > e$		$\frac{P_a}{P_r} \le e$		$\frac{P_a}{P_r} > e$	
			X	Y	X	Y	X	Y	X	Y
깊은 홈	$P_a/C_o = 0.025$	0.22	1	0	0.56	2.0				
볼 베어링	$P_a/C_o = 0.04$	0.24	1	0	0.56	1.8				
	$P_a/C_o = 0.07$	0.27	1	0	0.56	1.6				
	$P_a/C_o = 0.13$	0.31	1	0	0.56	1.4				
	$P_a/C_o = 0.25$	0.37	1	0	0.56	1.2				
	$P_a/C_o = 0.50$	0.44	1	0	0.56	1				
앵귤러	$\beta = 20°$	0.57	1	0	0.43	1	1	1.09	0.70	1.63
볼 베어링	$\beta = 25°$	0.68	1	0	0.41	0.87	1	0.92	0.67	1.41
	$\beta = 30°$	0.80	1	0	0.39	0.76	1	0.78	0.63	1.24
	$\beta = 35°$	0.95	1	0	0.37	0.66	1	0.66	0.60	1.07
	$\beta = 40°$	1.14	1	0	0.35	0.57	1	0.55	0.57	0.93
	$\beta = 45°$	1.33	1	0	0.33	0.50	1	0.47	0.54	0.81
자동조심 볼 베어링		$1.5 \tan\beta$					1	$0.42 \cot\beta$	0.65	$0.65 \cot\beta$
구면 롤러 베어링		$1.5 \tan\beta$					1	$0.45 \cot\beta$	0.67	$0.67 \cot\beta$
테이퍼 롤러 베어링		$1.5 \tan\beta$	1	0	0.40	$0.4 \cot\beta$	1	$0.42 \cot\beta$	0.67	$0.67 \cot\beta$

표 13.10: 스러스트 베어링의 레이디얼 계수 X 및 스러스트 계수 Y.

베어링 종류		e	단독 작용		이중 작용			
			$\frac{P_a}{P_r} > e$		$\frac{P_a}{P_r} \le e$		$\frac{P_a}{P_r} > e$	
			X	Y	X	Y	X	Y
스러스트 볼	$\beta = 45°$	1.25	0.66	1	1.18	0.59	0.66	1
	$\beta = 60°$	2.17	0.92	1	1.90	0.55	0.92	1
	$\beta = 75°$	4.67	1.66	1	3.89	0.52	1.66	1
구면 롤러 스러스트		$1.5 \tan\beta$	$\tan\beta$	1	$1.5 \tan\beta$	0.67	$\tan\beta$	1
테이퍼 롤러		$1.5 \tan\beta$	$\tan\beta$	1	$1.5 \tan\beta$	0.67	$\tan\beta$	1

(b) 스러스트 베어링의 계수는 표 13.10으로부터 비슷한 방법으로 구한다.

(c) 테이퍼 롤러 베어링의 계수는 표 13.7의 접촉각 β를 이용하여 표 13.9로부터 구한다.

7. $\tilde{L}_{10}$ 수명은 식 (13.82)에 따라 베어링의 정격 동하중 및 등가 동적 하중으로 구할 수 있다. $\tilde{L}_{10}$의 단위는 100만 회전이다.

8. 다른 신뢰도에서 수명은 그림 13.23 또는 식 (13.83)으로 추정할 수 있다.

13.9.5 수명 조정 계수

이 절은 Lundberg-Palmgren 이론에서 고려하지 않은, 베어링 피로 수명에 영향을 미치는 계수를 제시한다. 다양한 환경 또는 베어링 설계 계수는 베어링 수명에 곱으로 영향을 미치는 것으로 가정한다. 다음 식이 결과이다.

$$L_A = \bar{D}\bar{E}\bar{F}_l\bar{G}\bar{H}_m\tilde{L}_{10} \tag{13.86}$$

$$L_A = \bar{D}\bar{E}\bar{F}_l\bar{G}\bar{H}_m\left(\frac{\bar{C}}{\bar{P}}\right)^{m_k} \tag{13.87}$$

여기서, 계수들은 다음과 같다.

$\bar{D}$ = 재료 계수

$\bar{E}$ = 야금 과정 계수

$\bar{F}_l$ = 윤활 계수

$\bar{G}$ = 속도 효과 계수

$\bar{H}_m$ = 오정렬 계수

$\bar{P}$ = 베어링 등가 하중, N

m_k = 하중-수명 지수, 볼 베어링은 3, 롤러 베어링은 10/3

$\bar{C}$ = 비동적 용량, N

여기서, 계수 $\bar{D}$ 및 $\bar{E}$, $\bar{F}_l$은 간단히 언급하였다. 5개 조정 계수 모두에 대한 완전한 논의는 Bamberger(1971)를 참조하면 된다.

재료 계수

1세기 이상 동안, AISI 52100 강이 구름 베어링의 재료로 선호되어 왔다. 실제로 1949년 Anti-Friction Bearing Manufactures Association(AFBMA)이 정의한 비동적 용량은 공기 용해하여(air-melted) 최소 로크웰 경도 C58로 경화한 52100 강을 기반으로 한다. 지금은 공기 용해 공정을 훨씬 더 잘 제어하고 진공-재용해 공정이 도입되어 불순물이 적은 더 균질의 강을 만든다. 이러한 강은 구름 베어링의 수명을 카탈로그 수명보다 몇 배 더 길게 한다. 3배에서 8배까지 연장되는 경우는 흔하다. 높은 온도에 견디는 능력과 내부식성 때문에 선택되는 AISI M-1 및 AISI M-50과 같은 강들은 진공 용해 기술이 적용되었을 때 피로 피팅(fatigue pitting)에 더 큰 저항을 보여준다. 구름 베어링에 주로 사용되는 AISI 4620 및 AISI 4118, AISI 8620과 같이 담금질한 강들은 경도가 높고 피로에 저항성이 있는 표면과 중심부는 강인하고 연성이 있는 장점이 있다.

표 13.11은 공기 용해한 다양한 무심 담금질(through-hardened) 합금에 대한 권장 재료 계수 $\bar{D}$값이다. 담금질한 재료의 권장 재료 계수 $\bar{D}$값에 대해 불충분하지만 확정적인 수명 데이터는 찾을 수 있다. 특정한 담금질 재료의 재료 계수 선택은 베어링 제조사의 자료를 참조한다.

야금 공정 계수 $\bar{E}$를 전개할 때 고려하는 공정 변수는 용해 공정(공기 및 진공 용해) 및 금속가공(열처리)을 포함한다. M-50의 열처리도 수명을 길게 하나 실용적인 관점에서 비용이 많이 들고 아직은 공정 기술이 충분히 발전되지 않았다. Bamberger(1971)는 소모성 전극 진공 용해 처리 재료(consumable-electrode-vacuum-melted material)에 대해 $\bar{E}$의 값을 3으로 권장하였다.

표 13.11: 무심 담금질 베어링 재료의 재료 계수.

재료	재료 계수 $\bar{D}$
52100	2.0
M-1	0.6
M-2	0.6
M-10	2.0
M-50	2.0
T-1	0.6
Halmo	2.0
M-42	0.2
WB 49	0.6
440C	0.6-0.8

윤활 계수

대략 1960년까지는 구름 접촉에 있어 표면 사이 윤활의 역할에 대해 충분히 인식하지 못해 부수적으로 요구되는 경계 윤활은 몰랐으며, 모든 응용에서 금속-금속 접촉이 발생하는 것으로 간주하였다. 탄성유체 윤활 이론이 발달되어 윤활유 유막은 마이크로미터 차원의 크기이며, 구름 접촉에서 마이크로미터의 10배도 발생할 수 있음을 알게 되었다. 표면 마무리가 윤활유 유막 두께와 같은 차원의 크기로 가능해짐에 따라 구름 베어링의 표면 거칠기가 베어링 성능에 미치는 중요성이 분명해졌다. 그림 13.24는 8장에서 소개한 무차원 유막 변수 Λ의 함수로 계산한 $\tilde{L}_{10}$ 수명을 보여준다.

$$\Lambda = \frac{h_{\min}}{\left(R_{qa}^2 + R_{qb}^2\right)^{1/2}}. \tag{13.88}$$

그림 13.25는 Λ의 함수에 의한 $\bar{F}_l$ 권장 곡선이다. 볼 베어링은 Tallian(1967), 구름 베어링은 Skurka(1970)가 권장한 평균 곡선이다. 최소 유막 두께 $H_{\min}$을 계산하는 공식은 식 (13.70)이다.

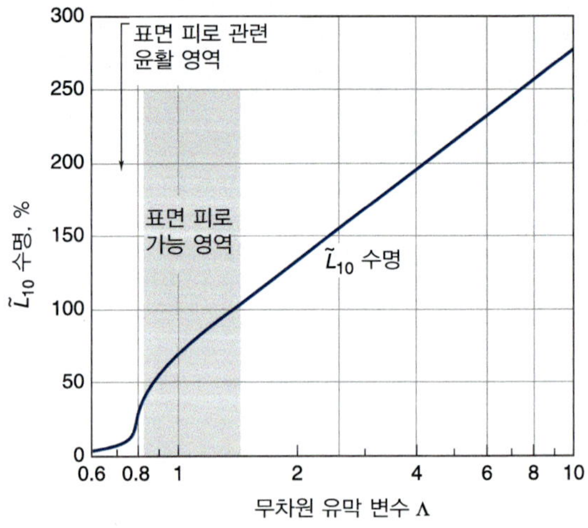

그림 13.24: 무차원 유막 변수 함수에 대한 그룹 피로 수명 $\tilde{L}_{10}$.

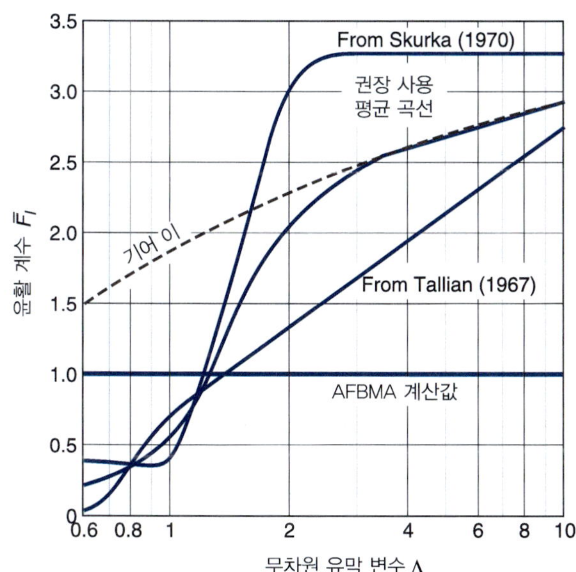

그림 13.25: 무차원 유막 변수 함수에 대한 윤활 계수.

예제 13.7

구름 베어링의 피로 수명

조건 깊은 홈 볼 베어링 6304가 반지름 방향으로 4000 N, 축 방향으로 2000 N의 하중을 받고 있다. 회전 속도는 3000 rpm이다.

문제 베어링이 90% 잔존 확률로 운전할 수 있는 수명 시간을 구하라.

풀이 6304 깊은 홈 볼 베어링에 대한 표 13.2로부터 정격 정하중은 7800 N이며, 정격 동하중은 15,900 N이다. 따라서

$$\frac{P_a}{C_o} = \frac{2000}{7800} = 0.256$$

이다. 표 13.9로부터 깊은 홈 볼 베어링의 $P_a/C_o = 0.256$에 대한 상수 e는 0.37이다. P_a/P_r =0.5 > 0.37이므로 레이디얼 및 스러스트 계수는 각각 $X = 0.56$, $Y = 1.2$이다. 식 (13.85)로부터 등가 베어링 하중은 다음과 같다.

$$P = XP_r + YP_a = 0.56(4000) + 1.2(2000) = 4640 \text{ N}.$$

회전 속도 $N_b = 3000$ rpm이다. 식 (13.82) 및 식 (13.84)로부터 베어링 수명은 다음과 같다.

$$\begin{aligned}\left(\tilde{L}_{10}\right)_{\text{hour}} &= \frac{10^6}{60N_b}\left(\frac{\bar{C}}{P}\right)^3 \\ &= \frac{10^6}{(60)(3000)}\left(\frac{15,900}{4640}\right)^3 \\ &= 223.5 \text{ hr.}\end{aligned}$$

베어링은 223.5 시간에 대해 잔존 확률 90%를 보인다.

예제 13.8

수명에 대한 신뢰도의 영향

조건 기계 제작자가 종이 제작 기계(제직기)에 설치된 400개의 구름 베어링 각각의 $\tilde{L}_{10}$ 수명을 40년으로 정하였다.

문제 그림 13.23을 사용하여 $\tilde{L}_{50}$ 수명을 연단위로 계산하라. 또한 정상 상태에서 오래된 종이 제작 기계의 베어링이 고장날 때마다 교체할 때, 파손 사이의 평균 시간을 결정하라.

풀이 그림 13.23으로부터 $\tilde{L}_{50}$ 수명은 약 110×10^6 응력 주기인 반면에 $\tilde{L}_{10}$ 수명은 17×10^6 응력 주기이다. 비율은

$$\frac{\tilde{L}_{50}}{\tilde{L}_{10}} = \frac{110}{17} = 6.47$$

이다. $\tilde{L}_{50}$ 수명은 $\tilde{L}_{10}$ 수명의 6.47배이며, 이 예제에서 $\tilde{L}_{10}$ 수명은 40년이다. 그러므로 $\tilde{L}_{50}$ 수명은

$$\tilde{L}_{50} = (6.47)(40) = 258.8 \text{ years}$$

이다. 기계에는 400개의 독립된 베어링이 있으며, 정상 상태에서의 파손 사이의 평균 시간은 파손이 시간에 걸쳐 균등하게 분포함을 의미하므로 다음과 같다.

$$\frac{\tilde{L}_{50}}{400} = \frac{258.8}{400} = 0.647 \text{ year} = 236 \text{ days.}$$

13.10 변동 하중

베어링이 사용 수명 동안 하중의 크기, 지속 시간, 방향이 변하거나 오르락 내리락 하는 작동 주기 변화를 겪는 일은 매우 흔하다. 이러한 문제에 대한 통상적인 접근은 손상이 축적되는 것으로 고려하여 7.9절에서 논의한 마이너의 법칙(Miner's rule)과 같은 부분 수명 법칙(fractional life rule)을 적용하는 것이다. 예를 들면, 그림 13.26은 가상 변동 하중, 즉 그림의 각 하중 및 속도는 베어링의 운전 수명의 일부분을 보여준다. 현장의 베어링은 매우 복잡한 작동 주기로 사용되므로 이러한 그림을 구성하는 것은 매우 어렵다. 예를 들어 작거나 큰 도로의 움푹 파인 곳을 지나가는 자동차의 휠 베어링이 접하는 하중의 범위를 고려해 보자. 변동 주기의 모든 부분에서 수명비(life fraction)는 다음과 같이 정의된다.

$$U_i = \frac{N_i}{N}, \tag{13.89}$$

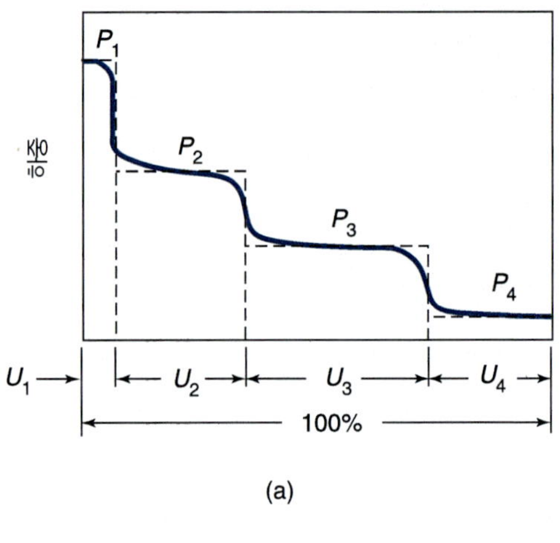

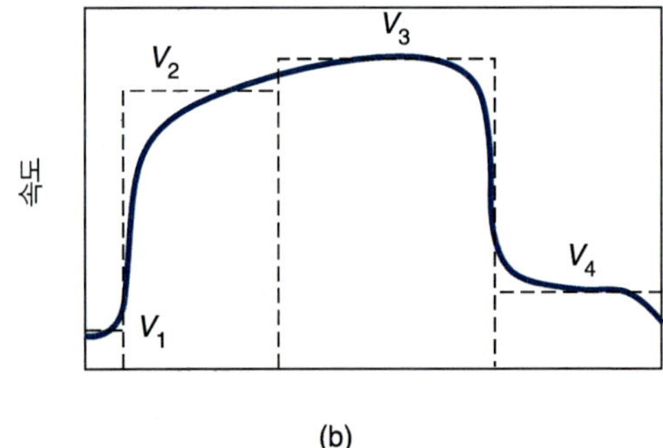

그림 13.26: 변동 운전 조건에 대한 작동 주기 예. (a) 하중, (b) 속도 작동 주기.

여기서 N_i는 하중 P_i를 받을 때의 회전수, N은 총 운전 수명 주기(life cycle)이다. 그리고 $U_1 + U_2 + U_3 + \cdots = 1$임을 주목한다. 하중에 대한 수명이 식 (13.82)로부터 $L_{10,i}$로 얻어지면, 베어링의 수명은 다음과 같이 추정할 수 있다.

$$L_{10} = \frac{1}{\dfrac{U_1}{L_{10,1}} + \dfrac{U_2}{L_{10,2}} + \dfrac{U_3}{L_{10,3}} + \cdots}. \tag{13.90}$$

식 (13.90)에서 다른 운전 조건 사이의 순서는 베어링의 총 수명에 변화를 주지 않음에 주목한다. 실제로, 하중이 더 커지면 피로 마모와 손상 축적은 훨씬 더 심각해지므로, 이 식은 조심해서 사용해야 한다. 또한 수명은 공급되는 윤활유의 질에도 크게 의존한다. 총 운전 과정에서 깨끗하고 여과가 잘된 윤활유를 사용한 베어링은 식 (13.82)에 의한 수명을 보일 것이다. 반면에, 제때 제거하지 않은 제3의 마모 입자(third-body wear particle)(8.9절 참조), 즉 오래되거나 오염된 윤활유(물이나 다른 화학 성분들이 침투한)로 윤활되는 베어링은 식 (13.90)으로 예측하는 수명보다 훨씬 더 짧은 수명을 보일 것이다.

사례 연구 13.1

풍차 터빈 베어링 설계

최근 화석 연료에 대한 녹색 및 재생 가능한 대안으로 풍력 에너지는 상당한 주목을 받고 있다. 풍차 터빈은 축을 회전시키는 대형 블레이드(blade) 또는 베인(vane)을 사용하여 풍력으로부터 에너지를 추출한다. 축의 속도는 기어 박스(변속기)에서 가속되어 전기를 만드는 발전기를 구동한다. 2011년 세계의 풍력 발전 용량은 230 GW 이상이며, 이 용량은 2020년이 되면 약 2,000 GW로 증가할 것으로 예측한다. 게다가 많은 지역 및 국가들이 2025년까지 풍력 및 다른 종류의 재생 에너지로 최소 25% 이상 전기를 생산하도록 요구하고 있다.

그림 13.27은 전기를 생산하는 전형적인 풍차 터빈이다. 풍력은 로터를 회전시킨다. 풍력은 로터에 의해 허브

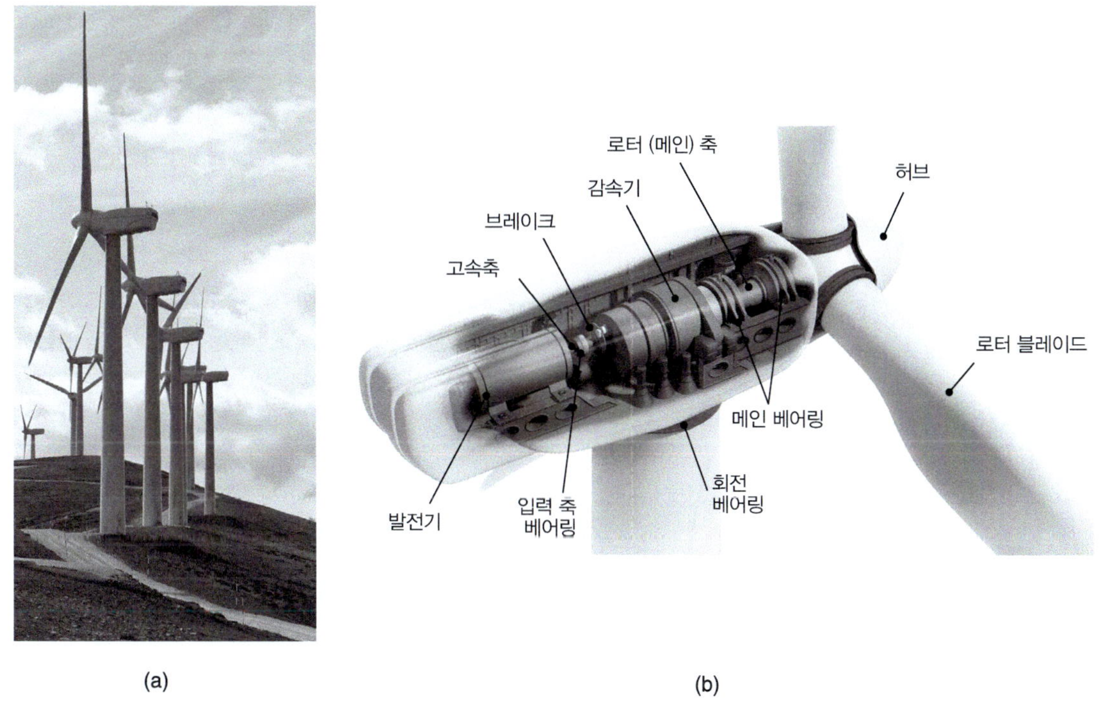

그림 13.27: (a) 다수의 풍력 구동 터빈을 사용한 최신 풍력 발전 지역 (b) 최신 풍차 터빈 및 구름 베어링 개략도. 출처: SKF USA, Inc.

(hub) 및 주축으로 전달된다. 새로운 직접 구동 설계로 기어 박스의 필요성을 제거하고자 하는데, 일반적으로 축의 속도는 변속기를 통해 증가되고, 축은 높은 속도로 발전기를 구동한다. 최대의 풍차 터빈은 10 MW까지 생산할 수 있지만, 대부분의 풍차 터빈은 약 4~5 MW를 생산하며 로터의 길이는 60 m 이상이다. 보통 로터의 무게는 100톤 이상이므로, 로터 축에서 큰 하중을 지지하는 것이 중요하다. 전형적인 로터 베어링의 내경은 1.5 m, 무게는 26 kN 이상이며, 풍차 터빈은 종종 바다에 설치되어 염분에 노출되므로 베어링에 고급 실 및 윤활 모니터링 및 공급 시스템이 적용된다.

수리하기 위해 풍차 터빈에 접근하는 것은 어려울 뿐만 아니라 발전량을 감소시키므로 풍차 터빈의 신뢰도는 핵심 설계 사항이다. 이러한 이유로 베어링들은 매우 신중하게 설계되어야 하며 200,000 시간의 $\tilde{L}_{10}$ 수명은 흔하다. 적절하게 설계된 베어링은 유지 비용을 줄이고 풍차 터빈의 강건함을 높이는 데 핵심 부품이다.

작동 주기

설계 단계에서 고려하는 작동 주기(duty cycle)는 주축 베어링의 크기 및 기하 구조에 중요한 영향을 미친다. 게다가 작동 주기를 과도하게 단순화하면 설계의 강건함을 낮추거나 비용이 불필요하게 많이 드는 너무 큰 베어링을 야기할 수 있다. 풍차 터빈 시스템을 모델링하는 설계 프로그램으로 작동 주기를 세심하게 도출해야 한다. 그림 13.28은 이러한 작동 주기의 일부로, 5초 구간을 보여준다. 데이터는 각 저장소(bin)로 분류되고, 각 저장소에서 시간 구간 동안 13.10절의 접근법과 일치하는 작동 주기를 특징짓기 위해 합해진다. 그러나 일부 베어링 제작사는 작동 주기의 수백 가지 조건을 포함하는 연산 도구를 사용하여 하중 분포도(load histogram)를 생성하기도 한다. 이로써 이른바 독립 작동 주기를 생성할 수

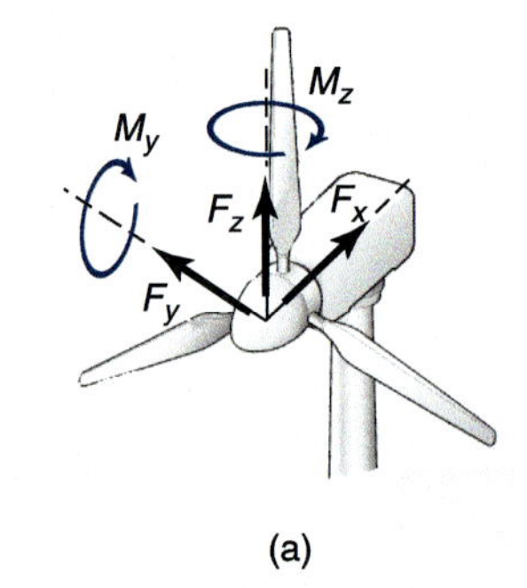

(a)

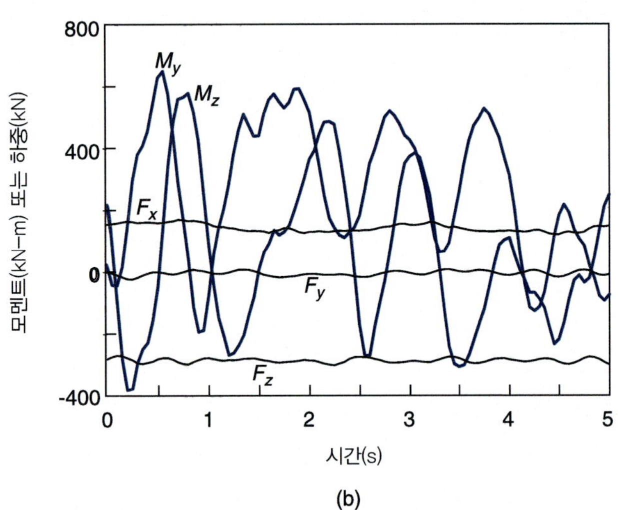

(b)

그림 13.28: 복잡한 작동 주기를 개발하는 데 사용한 풍차 터빈의 하중 일부분. (a) 기호 설명을 위한 로터 개략도 (b) 5초 동안의 하중 발췌. 출처: Timken Company.

있다.

종속 작동 주기는 풍차 터빈 설계에 유용한 것으로 알려져 왔다. 이러한 작동 주기에서 하중 및 지속 시간은 베어링 수명에 영향을 미치는 중요도로 인해 우선적으로 처리한다. 저장소의 크기는 중요도에 근거하여 속도 및 하중에 알맞게 체계적으로 정해진다. 예를 들면, Timken은 풍차 터빈의 베어링 수명에 대해 다음과 같이 변수들의 중요도 순위를 매겼다.

1. 주축의 속도, 주로 유막 형성의 중요성 때문에[식 (13.70) 참조]
2. 피치(pitch) 모멘트 M_y(그림 13.28 참조)
3. 요(yaw) 모멘트 M_z
4. 레이디얼 하중 F_z
5. 축하중 F_x
6. 레이디얼 하중 F_y

저장소는 중요한 하중의 경우에 더욱 주의를 기울여 중요도에 따라 크기를 결정한다. 그리고 그에 따른 작동 주기를 구축하여 베어링 크기 계산에 사용한다.

베어링 수명 계산

풍차 터빈의 복잡한 작동 주기 및 큰 하중, 중요한 속도 변화를 알고, 13.9.3절에서 설명한 정격 동하중을 선정함하는 것이 설계의 첫 번째 단계이다. 실제로, 베어링 제작사들은 보통 베어링 수명에 영향을 주는 환경 효과를 포함할 수 있는 정교한 계산을 하는 자체 소프트웨어를 가지고 있다. 식 (13.86)의 모든 효과들을 고려하는데, 가장 중요한 요인들에 대해 여기서는 간단히 개요만 설명한다.

1. **윤활.** 모든 풍차 터빈 베어링은 조심스럽게 밀봉하고 부식을 방지하고 베어링 수명을 늘리기 위해 윤활을 하는 점을 주목해야 한다(그림 13.25 참조). 속도가 낮은 주축 베어링에 그리스를 널리 사용하는데, 그 이유는 오일보다 확산되거나 쉽게 누설되지 않으며 불순물을 보다 효과적으로 배제하기 때문이다. 주축은 발전기 축보다 속도가 느리므로 주축에는 그리스가 적당한 윤활제이다.

   그리스는 넓은 온도 범위에서 개선된 윤활이 가능하도록 합성반 유(synthetic base oil)를 사용하여 유막의 강도를 유지하기 위해 높은 점도의 윤활제로 조제한다. 그리고 베어링 수명을 증진하기 위하여 조제 과정에서 녹 및 산화, 부식 억제제를 첨가한다.

   최신 베어링은 사용한 그리스를 쉽게 제거하고, 다중 포트 인젝션(multi-port injection)뿐만 아니라 능동 펌핑(active pumping)과 같은 특징을 갖도록 설계된다.

반면에, 발전기 축은 더 빠른 속도로 회전하므로, 일반적으로 오일 윤활을 하고 윤활유 품질을 유지하기 위해 여과 시스템을 추가한다. 이러한 모든 베어링에는 윤활제가 누설되지 않을 뿐만 아니라 오염을 막고, 특히 물이 들어가지 않도록 실을 추가한다. 윤활제 유막 두께는 식 (13.70)을 사용하여 계산하고, 식 (13.88)에서 주어진 유막 변수 Λ를 사용하여 표면 거칠기와 비교한다. 윤활 계수 $\bar{F}_l$은 그림 13.25로 구한다.

2. **오정렬.** 큰 하중 및 피치, 요 모멘트로 인한 과도한 축의 오정렬은 베어링 수명에 부정적 영향을 미칠 수 있다. 오정렬은 롤러 베어링의 가장자리 응력을 증가시키고, 이른 손상과 스폴링(spalling)(그림 13.20 참조)의 원인이 될 수 있다. 롤러 베어링 및 테이퍼 롤러 베어링은 위에서 언급한 정확한 작동 주기 및 하중의 우선순위 결정을 의미하는 특정한 조건에서 가장자리 응력을 완화시키는 특별한 형상으로 만들 수 있다. 베어링 수명에 대한 오정렬의 효과는 오정렬 계수 $\bar{H}_m$으로 조정할 수 있는데, 일반적으로 $\bar{H}_m$은 0.005 라디안의 오정렬에 대해 1의 값을 갖는다. $\bar{H}_m$에 대한 정확한 수식은 제조사의 규격이며 일반적으로 소유권을 주장할 수 있는 것으로 받아들여진다. 분명한 것은 오정렬 값이 커지면 1보다 작으며, 오정렬 값이 작아지면 1보다 커지는데, 이는 축과 지지대 설계를 잘해야 함을 의미한다.

3. **열 효과.** 열 효과는 베어링 수명에 여러 방법으로 영향을 줄 수 있다. 윤활유의 점도는 온도의 영향을 분명히 받을 것이며(그림 8.13 참조), 베어링의 유막 두께에 역효과를 줄 수 있다. 또한 제조 과정에서 이종 재료가 사용되면 열 팽창 계수의 차이로 인해 열응력이 발생하여 광범위하게 영향을 미칠 수 있다.

   반지름 방향의 팽창은 명백하게 베어링 하중을 증가시키며, 테이퍼 롤러 베어링에서도 스러스트 하중을 증가시킬 것이다. 축의 길이 방향 팽창도 유사하게 하중 증가를 초래한다.

4. **마모 모드**(wear mode). 13.9절에서 설명한 베어링 수명에 대한 통계 틀은 피로 마모에도 적용할 수 있지만, 풍차 터빈에서 요구되는 조건들은 정상보다 이른 베어링 파손을 야기할 수 있는 다른 형태의 마모를 초래할 수 있다. 이에는 다음 경우들이 있다.

   - 스코링(scoring), 롤러의 끝이 적절하게 윤활되지 않은 플랜지와 접촉하는 부위에서 발생한다.
   - 스커핑(scuffing), 불충분한 마찰이 롤러를 궤도륜 위로 미끄러지게 하여 열 발생, 윤활유 분리를 증가시켜 궁극적으로 접촉 부위에 재료가 고착되도록 한다. 스커핑은 보통 베어링 예하중이 작거나 큰 틈새, 고속 및/또는 경하중으로 발생한다.
   - 마이크로피팅(micropitting), 마이크로피팅은 피로 파편(fatigue spall)과 관련 있는 매크로피팅(macropitting)과는 패인 자국(pit)이 매우 작은 점에서 다르며, 접촉 부위에서 높은 응력과 불충분한 윤활유 유막과 관련이 있다. 전기 절연이 실패한 경우, 마이크로핏은 전기 방전에 의해서도 발생할 수 있나.
   - 소성 변형은 흔히 브리넬링(brinelling)으로 일컬어지며, 롤러가 회전하지 않고 스러스트 방향으로 왕복 진동할 때 발생한다.

5. **신뢰도.** 신뢰도는 풍차 터빈 제작사가 베어링 공급자에게 전달하므로 어느 정도는 변할 수 있다. 터빈 제작사에 따라 $\tilde{L}_{10}$ 수명을 150,000 시간 또는 200,000 시간까지 규정한다.

요약

풍차 터빈은 점점 더 보편화되고 탄소 배출을 하지 않아서 사회적 에너지를 충족시킨다는 점에서 중요도가 높아지고 있다. 지금까지 살펴본 바와 같이, 풍차 터빈에 사용하는 베어링은 비정적이고 복잡한 하중이 표준인 까다로운 환경에서 작동한다. 많은 풍차 터빈 설계가 있으며, 같은 위치에서 제작자들에 따라 다양한 종류의 베어링(앵귤러, 원통 또는 테이퍼 롤러 등)을 사용한다. 강건한 설계는 이 장에서 설명한 접근법을 이용한 정교한 해석을 필요로 하는데, 이는 유지 보수를 적게 하며 신뢰성 있는 에너지 생산을 위해 필수적이다.

13.11 요약

구름 베어링은 정밀하지만 단순하고 널리 사용되는 기계 요소이다. 이 장에서는 구름 베어링에 대한 현재의 지식을 간결하게 제시하였다. 베어링 성능에 대한 상세하고 정확한 계산을 간단히 요약하였으며, 참고 문헌을 적절히 제시하였다. 구름 베어링의 역사를 간단히 살펴본 이후, 이어지는 절에서 구름 베어링의 종류, 기하 구조 및 기구학을 설명하였다. 하중이 부과되지 않고 윤활이 되지 않은 조건에서 볼 베어링의 운전을 정의하고, 구름 베어링의 정적 하중에 초점을 맞추었다. 대부분의 구름 베어링은 내륜 또는 외륜 또는 둘 다 정상 상태 회전에서 사용한다. 그러나 회전 속도는 보통 그다지 빠르지 않기 때문에 볼이나 롤러의 원심력 또는 회전 모멘트가 중요할 정도의 크기는 아니므로 이들은 무시한다. 정적 하중을 받는 레이디얼, 스러스트 및 예하중 베어링은 이 장의 두 번째 주요한 요점으로 고려되었으며, 하중을 받으나 윤활되지 않은 구름 베어링들이다.

이 장의 마지막 주 요점으로, 하중을 받으며 윤활되는 구름 베어링을 취급하였다. 고려한 주제는 피로 수명 및 동적 해석이다. 이 장은 이러한 지식 및 앞 장의 지식을 롤러 및 볼 베어링 응용에 적용하며 끝내었다. 탄성유체 윤활 유막 두께의 사용을 이 장에서 설명한 구름 베어링 이론과 통합하였다. 볼 및 롤러 베어링의 가장 중요한 접속은 구름 전동체와 내륜 사이에서 일어남을 확인하였다.

핵심어

구름 베어링(rolling-element bearings) 표면이 비정합이며 주로 구름 운동을 하는 기계 요소

구면 롤러 베어링(spherical roller bearings) 자동 조심 베어링과 동일함

궤도륜(races) 구름 전동체가 구르는 베어링 링 내부의 홈

궤도륜 깊이(race depth) 어깨 높이와 동일함.

궤도륜 제어(race control) 제어하는 궤도륜에서 순수한 구름이 발생하는 조건

깊은 홈 베어링(deep-groove bearing) 구름 전동체를 위해 궤도륜에 뚜렷한 홈이 있는 볼 베어링

니들 베어링(needle roller bearings) 구름 전동체로 지름이 작고 상대적으로 길이가 긴, 작은 원통을 많이 사용한 베어링

등가 정하중(equivalent static load) 스러스트 및 레이디얼 성분을 고려할 때 합 하중에 대응하는 등가 하중

리테이너(retainers) 케이지와 동일함.

볼 베어링(ball bearings) 구름 전동체로 구(sphere)를 사용한 구름 베어링

세퍼레이터(separators) 케이지와 동일함.

스러스트 볼 베어링(thrust ball bearing) 궤도륜 홈이 큰 축 방향, 즉 스러스트 하중을 지지하도록 배치된 베어링

스플릿-링 베어링(split-ring bearings) 축의 정확한 축 방향 위치 조정이 가능하도록 한 궤도륜을 이등분하여 만든 베어링

앵귤러 베어링(angular-contact bearings) 무부하 베어링에 틈새가 만들어져 있으며, 큰 스러스트 하중에서 운전 가능한 베어링

앵귤러 볼 베어링(angular-contact ball bearings) 한쪽 궤도륜에는 2개의 어깨 홈이 있고 다른 궤도륜에는 1개의 어깨 홈이 있는 베어링

어깨 높이(shoulder height) 궤도륜 홈 깊이

와이불 분포(Weibull distribution) 이 장에서 베어링에 적용한 잔존 및 수명 사이의 관계

원통 롤러 베어링(cylindrical roller bearings) 구름 전동체로 원통을 사용한 베어링

자동조심 베어링(self-aligning bearings) 큰 오정렬을 허용할 수 있도록 한쪽 궤도륜이 구 모양을 하고 있는 베어링

자유 접촉 각(free contact angle) 경하중 상태에서 볼이 양 궤도륜과 접촉하는 점을 통과하는 직선과 베어링의 회전축에 직각인 평면에 의해 만들어지는 각도

정격 동하중(dynamic load rating) 100만 회 베어링 수명을 야기하는 하중

정격 정하중(static load rating) 베어링 내에서 소성 (탄성이 아니고) 변형이 발생하기 직전의 최대 하중

정적 스러스트 부하 용량(static thrust load-carrying capacity) 베어링의 접촉 타원이 궤도륜 어깨와 접근하기 전까지 견딜 수 있는 최대 스러스트 하중

축 방향 유격(end play) 경하중시 외륜에 대한 내륜의 최대 축 방향 유격

케이지(cage) 베어링 궤도에서 볼 사이에 적절한 간격을 유지하게 하는 피팅(fitting) 또는 스페이서(spacer)

콘래드 베어링(Conrad bearing) 깊은 홈 베어링과 동일함

크라운(crown) 가장자리의 큰 응력을 줄이기 위해 롤러를 기계 가공한 곡률

테이퍼 롤러 베어링(tapered roller bearing) 구름 전동체로 테이퍼 롤러를 사용하는 베어링

피치 지름(pitch diameter) 내륜 및 외륜 접촉 평균 지름

2열 쌍(duplex pairs) 축에 조립될 때 서로 마주보고 예하중을 받으며 설치된 2개의 앵귤러 볼 베어링 세트

공식 정리

베어링 기하 구조:

피치 지름: $d_e = d_i + \dfrac{d_o - d_i}{2} = \dfrac{d_o + d_i}{2}$

지름 틈새: $c_d = d_o - d_i - 2d$

궤도륜 정합성: $R_r = \dfrac{r}{d}$

자유 접촉각: $\beta_f = \cos^{-1} \dfrac{r_o + r_i - \dfrac{d_o - d_i}{2}}{r_o + r_i - d}$

자유 축 방향 유격: $c_e = 2c_r \sin\beta_f = \sqrt{4c_r c_d - c_d^2}$

베어링 기구학:

볼-내륜 접촉: $u_{ai} = u_{bi} = \dfrac{d_e(\omega_i - \omega_o)}{4}\left(1 - \dfrac{d^2\cos^2\beta}{d_e^2}\right)$

볼-외륜 접촉: $u_{ai} = u_{bi} = \dfrac{d_e(\omega_o - \omega_i)}{4}\left(1 - \dfrac{d^2\cos^2\beta}{d_e^2}\right)$

원통 베어링: $u_{ai} = u_{bi} = \dfrac{d_e(\omega_i - \omega_o)}{4}\left(1 - \dfrac{d^2}{d_e^2}\right)$

$$u_{ao} = u_{bo} = \frac{d_e(\omega_o - \omega_i)}{4}\left(1 - \frac{d^2}{d_e^2}\right)$$

하중-변형 관계:

$w_z = K_j \delta_m^j$

여기서 원통 베어링은 j = 1

$$K_1 = \frac{\dfrac{\pi}{2} l E'}{2\ln\left(\dfrac{4R_x}{b^*}\right) - 1}$$

그리고 원통 베어링은 j = 1.5

$$K_{1.5} = \pi k_e E' \left(\frac{2\mathcal{E}R}{9\mathcal{F}^3}\right)^{1/3}$$

구름 전동체에서의 최대 하중:

$$w_z = \frac{n(w_z)_{\max}}{Z_w}$$

$$Z_w = \frac{\pi(1 - c_d/2\delta_m)^{3/2}}{2.491\left\{\left[1 + \left(\dfrac{1 - c_d/2\delta_m}{1.23}\right)^2\right]^{1/2} - 1\right\}}$$

Stribeck 공식: $w_z = \dfrac{n(w_z)_{\max}}{5}$

최소 유막 두께 공식(Hamrock-Dowson 공식):

타원 접촉:

$$H_{\min} = 3.63U^{0.68}G^{0.49}W^{-0.073}\left(1 - e^{-0.68k_e}\right)$$

선 접촉:

$$H_{\min,r} = \frac{h_{\min}}{R_x} = 1.714U^{0.694}G^{0.568}(W')^{-0.128}$$

베어링 수명:

기본 정격 하중: $\tilde{L}_{10} = \left(\dfrac{C}{P}\right)^{m_k}$

등가 하중: $P = XP_r + YP_a$

수명 조정 계수: $L_A = \bar{D}\bar{E}\bar{F}_l\bar{G}\bar{H}_m\tilde{L}_{10}$

가변 하중: $L_{10} = \dfrac{1}{\dfrac{U_1}{L_{10,1}} + \dfrac{U_2}{L_{10,2}} + \dfrac{U_3}{L_{10,3}} + \cdots}$

추천 문헌

Budynas, R.G., and Nisbett, J.K. (2011), *Shigley's Mechanical Engineering Design*, 9th ed., McGraw-Hill.

Halling, J. (ed.)(1978) *Principles of Tribology*, Macmillan.

Hamrock, B.J., Schmid, S.R., and Jacobson, B.O. (2004) *Fundamentals of Fluid Film Lubrication*, 2nd ed., Marcell Dekker.

Hamrock, B.J., and Dowson, D. (1981) *Ball Bearing Lubrication–The Elastohydrodynamics of Elliptical Contacts*, Wiley.
Harris, T. A., and Kotzales, M.N. (2007) *Essential Concepts of Bearing Analysis*, 5th ed., Taylor & Francis.
Harris, T. A., and Kotzales, M.N. (2007) *Advanced Concepts of Bearing Analysis*, 5th ed., Taylor & Francis.
Johnson, K.L. (1985) *Contact Mechanics*, Cambridge University Press.
Juvinall, R.C., and Marshek, K.M. (2012) *Fundamentals of Machine Component Design*, 5th ed.,Wiley.
Mott, R. L. (2014) *Machine Elements in Mechanical Design*, 5th ed., Pearson.
Norton, R.L. (2011) *Machine Design*, 4th ed., Prentice Hall.

참고 문헌

Bamberger, E.N. (1971) *Life Adjustment Factors for Ball and Roller Bearings–An Engineering Design Guide*, American Society for Mechanical Engineers.
Dowson, D., (1998) *History of Tribology*, 2nd ed.,Wiley. Hamrock, B.J., and Anderson, W.J. (1983) *Rolling-Element Bearings*, NASA Reference Publication 1105.
Hamrock, B.J., and Dowson, D. (1981) *Ball Bearing Lubrication–The Elastohydrodynamics of Elliptical Contacts*, Wiley-Interscience.
Hamrock, B.J., Schmid, S.R., and Jacobson, B.O. (2004) *Fundamentals of Fluid Film Lubrication*, 2nd ed., Marcell Dekker.
Jones, A.B. (1964) The Mathematical Theory of Rolling Element Bearings, *Mechanical Design and Systems Handbook*, H.A. Rothbart (ed.), McGraw-Hill, pp. 13–1 to 13–76.
Lundberg, G., and Palmgren, A. (1947) Dynamic Capacity of Rolling Bearings, *Acta Polytech. Mech. Eng. Sci.*, vol. 1, no. 3. (Also, Ingeniörs Vetenskaps Akadamien Handlingar, no. 196.)
Lundberg, G., and Palmgren, A. (1952) Dynamic Capacity of Roller Bearing, *Acta Polytech. Mech. Eng. Sci.*, vol. 2, no. 4. (Also, Ingenirs Vetenskaps Akadamien Handlingar, no. 210.)
Rolling Bearings — Dynamic Load Ratings and Rating Life, ISO 281:2007, International Standards Organization.
SKF Catalog (1991), SKF USA, Inc.
Skurka, J.C. (1970) Elastohydrodynamic Lubrication of Roller Bearings, *J. Lubr. Technol.*, vol. 92, no. 2, pp. 281–291.
Stribeck, R. (1901) Kugellager für beliebige Belastungen, *Z. Ver. Deutsch. Ing.*, vol. 45, pp. 73–125.
Tallian, T.E. (1967) On Competing Failure Modes in Rolling Contact, *Trans.* ASLE, vol. 10, pp. 418–439.
The Tapered Roller Bearing Guide (2010), Timken, Inc.
Weibull, W. (1949) A Statistical Representation of Fatigue Failures in Solids, *Transactions of the Royal Institute of Technology, Stockholm*, no. 27.

문제

13.1 깊은 홈 구름 베어링의 요소들은 무엇인가?

13.2 볼 베어링의 장점은 무엇인가?

13.3 원통 롤러의 장점은 무엇인가?

13.4 전면 전동체 베어링은 무엇인가?

13.5 스러스트 하중은 무엇인가?

13.6 세퍼레이터 또는 리테이너의 기능은 무엇인가?

13.7 어깨 높이는 무엇인가? 왜 중요한가?

13.8 니들 베어링은 내륜을 필요로 하는가?

13.9 탄성유체 윤활을 정의하라.

13.10 구름 전동체는 어느 시점에 가장 큰 하중을 보이는가?

13.11 접촉각을 정의하라.

13.12 예하중 앵귤러 볼 베어링의 접촉 부위를 그려라.

13.13 파편(spall)은 무엇인가?

13.14 정격 정하중은 무엇인가?

13.15 정격 동하중은 무엇인가?

13.16 베어링 수명을 왜 $\tilde{L}_{10}$ 수명으로 표현하는지 이유를 설명하라.

13.17 Lundberg-Palmgren 이론은 무엇인가?

13.18 토로이드 베어링은 무엇인가?

정성적 문제

13.19 그림 13.1만을 참조하여, 원통 베어링이 스러스트 하중을 지지할 수 없는 이유를 설명하라.

13.20 구름 베어링을 반마찰(anti-friction) 베어링이라고도 한다. 이유를 설명하라.

13.21 2열 쌍 앵귤러 베어링은 왜 예하중 상태가 되는지 이유를 설명하라.

13.22 식 (13.31)은 14.7.4절에서 설명하는 유성기어 시스템에도 적용될 수 있다고 생각하는가? 설명하라.

13.23 앵귤러 볼 베어링의 배면조합 배열과 정면조합 배열의 장점과 단점을 열거하라.

13.24 정격 정하중과 정격 동하중의 차이점을 설명하라.

13.25 스러스트 하중을 (a) 지지할 수 있는, (b) 지지할 수 없는 베어링의 종류를 소개하라.

13.26 구름 베어링을 윤활하기 위하여 그리스 또는 오일을 사용할 때의 장점과 단점을 비교하라.

13.27 볼 베어링을 사용할 수 없을 경우에 대해 예제 13.1을 반복하라.

13.28 테이퍼 구름 베어링의 접촉 부위를 그려라. 사각형인가? 설명하라.

13.29 구름 베어링이 윤활유 없이 작동되어야 하는 조건이 있는가? 설명하라.

13.30 구름 베어링에서 윤활유의 기능을 열거하라.

13.31 토로이드 베어링과 니들 베어링 사이의 유사점 및 차이점을 열거하라.

13.32 스폴(spall)이 만들어지는 메커니즘을 서술하라.

13.33 원통 롤러 베어링에서 롤러가 하중을 지지하며, 롤러와 궤도륜 사이의 접촉은 사각형이다. 베어링 거시기하(macrogeometry) 관점은 베어링이 지지할 수 있는 하중의 종류, 즉 레이디얼, 축 방향 또는 모멘트 하중을 결정한다. 표 13.3부터 표 13.7에서 소개한 베어링 종류들이 각각 지지할 수 있는 하중의 종류를 찾아라.

13.34 앵귤러 볼 베어링을 초고속으로 사용할 때 동력 손실이 너무 크면 문제가 될 수 있다. 동력 손실은 구르는 볼이 오일을 이탈시켜 베어링 주변으로 튀게 할 때의 오일 교반에 그 기인한다. 따라서 구르는 경로에 너무 많은 오일이 모이지 않도록 하는 것이 중요하다. 냉각을 위해 양 베어링을 관통하는 오일로 윤활하는 2열 쌍 배열인 경우, 동력 손실을 적게 하는 관점에서 정면조합 배열 또는 배면조합 배열 중 어느 것이 더 좋은가?

13.35 6200 계열 깊은 홈 볼 베어링(즉, 베어링 6202, 6204, 6205 등), NU 200 및 NU 300 원통 롤러 베어링 그리고 30000 계열 테이퍼 구름 베어링에 대해 베어링 지름을 함수로 하여 정격 동하중을 그려라. 관찰한 점들을 설명하라.

13.36 13.4.1절에서 궤도륜 정합성은 0.51에서 0.54 범위의 값을 갖는다고 하였다. 이 범위보다 (a) 낮아지는 경우, (b) 높아지는 경우의 궤도륜 정합성을 사용할 경우에 대한 결과를 설명하라.

13.37 식 (13.66)부터 식 (13.69)를 사용하여 치수 변수에 관해서 식(13.70)을 표현하라. 지수를 비교하고 변수의 중요도 순위를 평가하라.

13.38 깊은 홈 구름 베어링에 탄화규소 볼을 사용할 때 장점 및 단점을 열서하라.

정량적 문제

13.39 깊은 홈 볼 베어링의 치수는 그림 a와 같다. 모든 치수는 밀리미터다. 또한 $n = 10$, $d = 16.67$ mm이다. 최대 볼 하중 및 응력뿐만 아니라, 궤도륜의 상대 변위를 구하라. 베어링의 정적 레이디얼 하중 용량은 36,920 N이다. 볼 및 궤도륜은 강으로 만들어졌다고 가정하라. 답 $(w_z)_{max} = 18,460$ N, $\delta = 0.1198$ mm.

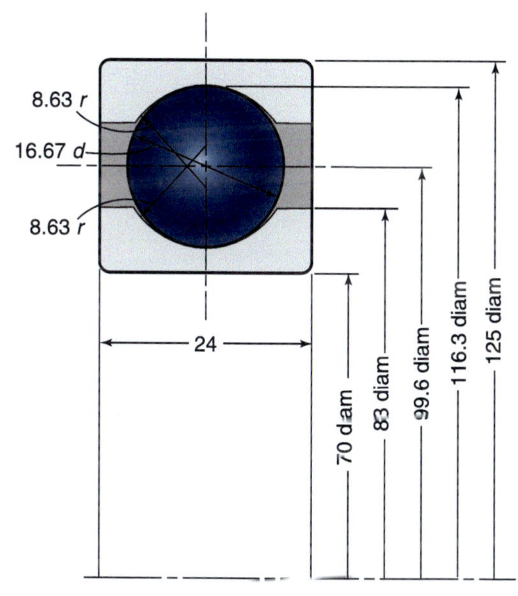

문제 13.39에 대한 그림 a

13.40 임의의 하중 이래에서 구름 베어링의 접촉 면적의 크기를 결정하려면, 베어링의 각 부품의 치수를 알아야 한다. 깊은 홈 볼 베어링에서 접촉 면적의 폭-길이 비율은 식 (13.3)과 같이 궤도륜 정합성으로 주어진다. 볼 지름은 17 mm, 축 방향의 곡률 반지름의 경우 내륜은 8.840 mm, 외륜은 9.180 mm일 때, 내륜뿐만 아니라 외륜 접촉에 대한 궤도륜 정합성을 계산하라. 또한, 지름 틈새가 150 μm일 때, 자유 접촉각 및 축 방향 유격을 구하라. 답 $R_{ri} = 0.52$, $R_{ro} = 0.54$, $\beta_f = 22.11°$, $c_e = 0.7678$ mm.

13.41 축은 니들 롤러의 전면 전동체 세트에 대한 접합면 기능을 한다. 만일 롤러의 지름이 8 mm이면, 축의 지름은 얼마로 연마되어야 하는가? 베어링이 8 kN의 힘을 지지한다면, 한 개 롤러에 작용하는 최대 힘은 얼마인가? 답 d = 81.49 mm, $(w_z)_{max}$ = 1000 N.

13.42 원통 롤러 베어링의 세퍼레이터를 20°C에서 극한 강도 80 MPa인 나일론 66으로 만든다. 최대 사용 온도 260°C에서, 극한 강도는 1 MPa로 떨어진다. 케이지 재질은 50°C에서 베어링 속도 16,000 rpm을 견딜 수 있다. 만일 극한 강도가 온도에 선형으로 변한다면 150°C에서 얼마의 속도까지 견딜 수 있는가? 답 N = 11,660 rpm.

13.43 깊은 홈 볼 베어링의 볼은 조립된 후, 볼 사이에 끼워진 나일론 66 스냅 케이지(snap cage)로 간격이 유지된다. 볼을 분리하는 암(arm)의 한 변이 3 mm인 정사각형 단면으로 길이가 12 mm라면, 볼을 분리하는 암의 응력 초과 없이 100 mm 지름의 케이지가 얼마나 빨리 회전할 수 있는지 계산하라. 최대 허용 굽힘 응력은 20 MPa이다. 답 N = 14,910 rpm.

13.44 그림 b는 *Sendzimir* 압연기의 개략도인데, 일반적으로 금속 박편(foil)을 압연하는 데 사용한다. 작은 지름의 작업 롤러는 얇은 금속 박편이 롤을 압연하는 *롤 플래트닝(roll flattening)*을 회피하는 데 필요하며, 반면에 백업 롤러는 작업 롤이 벤딩되는 것을 막는 데 필요하다. 그림과 같은 금속 압연 과정에서 탄화티탄(titanium carbide)(E = 462 GPa, ν = 0.30) 작업 롤은 지름 50 mm인데, 지름 150 mm의 강재 보조 롤(backing roll)에 의해 지지되고 있다. 폭 4 m의 알루미늄 박편은 2 m/s 속도로 압연하는데 200 kN의 힘을 필요로 한다. 다음을 추정하라.

(a) 작업 롤과 첫 번째 보조 롤러(backup roller) 사이의 단위 폭당 힘을 결정하라. 작업 롤과 보조 롤 사이의 접촉선으로 정의되는 각도는 90°로 가정하라. 답 P = 70.71 kN/m.

(b) 보조 롤러와 작업 롤 사이에서 만들어지는 윤활유 유막 두께를 추정하라. 미끄러짐이 없고, 금속이 윤활유를 굴려 모든 롤러를 적신다고 가정하라. 그리고 η = 0.075 Ns/m² 및 $\xi = 3.10 \times 10^{-8}$ m²/N을 사용하라. 답 h_{min} = 1.14 μm.

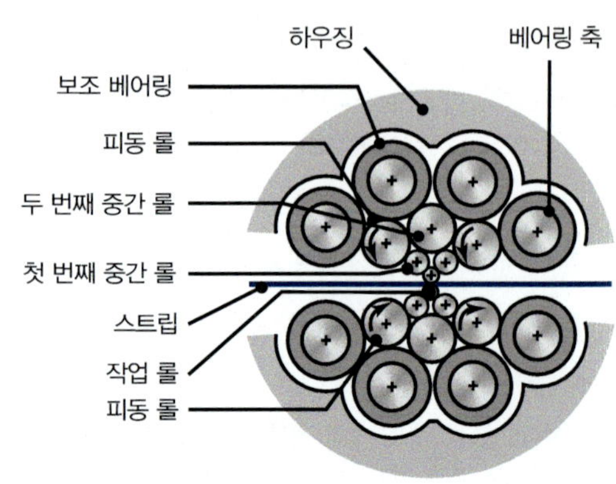

문제 13.44에 대한 그림 b

13.45 문제 13.39의 결과를 사용하여 최소 유막 두께와 볼-내륜 접촉 및 볼-외륜 접촉에 대한 유막 변수를 결정하라. 내륜은 20,000 rpm으로 회전하고 외륜은 정지해 있다. 베어링 유효 온도와 p = 0에서 절대 점도는 0.04 Pa-s이다. 또한 점도-압력 계수는 2.3×10^{-8} m²/N이다. 볼의 표면 거칠기는 R_q = 0.0625 μm이며, 궤도륜의 거칠기는 R_q = 0.175 μm이다. 답 볼-내륜은 h_{min} = 2.394 μm, Λ = 12.88° 볼-외륜은 h_{min} = 2.777 μm, Λ = 14.94°.

13.46 지름 15 mm의 볼이 평면에 대해 100 N의 하중을 받으며, 합성 오일 (η = 0.040 Ns/m², $\xi = 1.96 \times 10^{-8}$ m²/N)로 윤활된다. 다른 변수들은 다음과 같다.

볼의 rms 표면 마무리 mm	0.10 μm
평면의 rms 표면 마무리 mm	0.15 μm
볼 및 평면의 탄성 계수	207 GPa
볼 및 평면의 푸아송 비	0.3
유막 변수	3.0

다음을 결정하라:

(a) 최소 유막 두께 답 h_{min} = 0.541 μm.

(b) 위의 유막 두께를 얻기 위해 필요한 평균 속도 답 u = 9.74 m/s

(c) 접촉 치수 답 $D_y = 4.30 \times 10^{-4}$ m.

(d) 최대 압력 답 σ_{max} = 1.035 GPa.

(e) 최대 변형 답 δ_{max} = 3.08 μm.

13.47 깊은 홈 볼 베어링은 강 궤도륜 및 질화규소 볼로 만들어져 있다. 작동 온도에서 점도 0.026 N-s/m²의 광유로 윤활된다. 오일의 압력-점도 계수는 2×10^{-8} m²/N이다. 볼의 지름은 17 mm, 양 궤도륜의 축 방향 곡률 반지름은 8.84 mm이다. 내륜의 구름 방향 반지름은 30 mm, 외륜은 47 mm이다. 볼 하중이 20,000 N, 구름 속도가 5 m/s일 때, 내륜 접

축부에서 최소 유막 두께를 계산하라. 외륜이 내륜과 같은 크기의 유막 두께를 갖기 위해서는 축 방향 곡률 반지름은 얼마가 되어야 하는가? 답 h_{min} = 0.3295 μm, r_{by} = 20.15 mm.

13.48 문제 13.47에서 고려한 베어링에서, 질화규소 볼을 강구로 교체하였다. 문제 13.47에서 얻은 오일 유막 두께를 동일하게 유지하려면 하중은 얼마의 크기가 될 수 있는가? 답 P = 25,880 N.

13.49 그림 c와 같은 강재 롤러를 극한 강도 400 MPa인 강판을 압연하는 데 사용한다. 롤러의 길이는 1 m, 지름은 20 cm이다. 단위 폭당 어느 정도 크기의 하중이 강판의 소성 변형을 야기하는가? 답 w' = 442 kN/m.

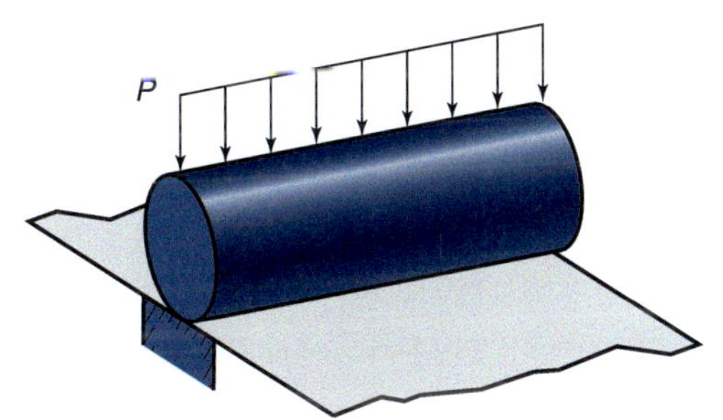

문제 13.49에 대한 그림 c

13.50 그림 d는 기어로 구동되는 압착 롤(squeeze roll)인데, 아이들러(idler) 롤이 있으며, 적층 목재(laminated wood)를 제조하는 데 사용된다. 롤은 수직 힘 5000 N/m을 가할 수 있도록 설계되어 있으며, 재료에 4000 N/m의 인장력을 가한다. 롤 속도는 300 rpm이며, 60,000 시간의 수명이 요구된다. 깊은 홈 볼 베어링 한 쌍을 선정하라. 양쪽에 같은 크기를 사용하며, 신뢰도 0.95로 가능한 한 작은 직경을 사용하라.

13.51 원통 롤러 베어링이 기관차 바퀴축에 사용되는데, d_i = 64 mm, d_o = 96 mm이며, 유효 축 방향 길이 l_l = 16 mm 및 지름 d = 16 mm인 롤러가 9개 사용된다. 축은 10,800 N을 지지하며 52.4 rad/s로 회전한다. 대기압에서 절대 점도 0.100 Pa-s이며, 점도-압력 계수 2.2×10^{-8} m²/N인 윤활유를 사용한다. 베어링 및 궤도륜이 강으로 만들어졌다고 가정하라. 이 베어링의 최소 유막 두께를 결정하라.

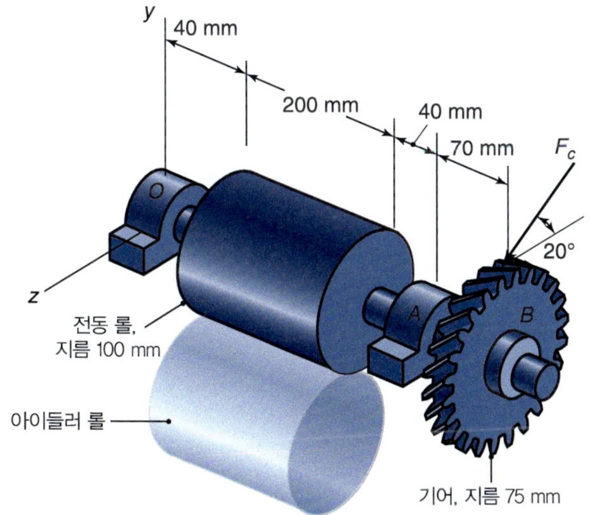

문제 13.50에 대한 그림 d

13.52 인공 고관절(artificial hip)(그림 e 참조)이 인체에 삽입되었으며, 관절은 *관절 낭액(synovial fluid)*이라 불리는 유체로 윤활된다. 다음은 전체 고관절 교체를 위한 전형적인 조건들이다.

등가 반지름 $R_x = R_y$	1 m
관절 낭액 점도 η_o	0.00210 Pa-s
점도 압력 지수 ξ	2.75×10^{-8} m²/N
평균 유입 속도 $\tilde{u}$	0.075 m/s
작용 하중 P_z	4500 N

금속-금속 주입물(metal-on-metal implant)로 E = 230 GPa 및 ν = 0.30인 코발트 크롬-몰리브덴(Co-Cr-Mo) 합금이 사용되며, 금속-폴리머 주입물은 폴리에틸렌(E = 0.78 GPa, ν = 0.46) 위에 Co-Cr-Mo를 사용한다. 다음을 수행하라.

(a) 만일 금속 표면이 표면 거칠기 0.020 μm로 연마된다면, 금속-금속 전체 고관절 대체를 위한 유막 두께 및 유막 변수를 추정하라. 답 Λ = 0.8131.

(b) 세라믹-세라믹 주입물은 Al_2O_3 (E = 300 GPa, ν = 0.26, R_q = 0.005 μm)로 만든다. 세라믹-세라믹 주입물에 대한 유막 변수를 계산하라. 답 Λ = 0.3083.

(c) 이러한 선택들에 대한 윤활 유효성에 대해 논하라.

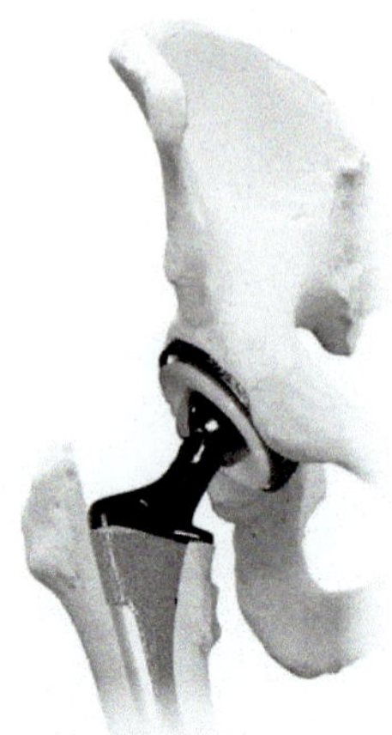

문제 13.52에 대한 그림 e. 출처: Zimmer, Inc.

13.53 구름 베어링이 설치된 축이 그림 f와 같이 하중을 받고 있다. 베어링들은 외부 하중에 의해 발생하는 축 방향 및 반지름 방향 힘을 모두 흡수하도록 설치되어 있다. 베어링 NU205ECP의 기하 구조는 내륜에 플랜지가 없는 원통형이므로, 단지 반지름 방향 하중만 흡수할 수 있다. 따라서 전체 축 방향 스러스트 하중 P_a는 깊은 홈 볼 베어링 6205로 지지한다. 각 베어링의 $\tilde{L}_{10}$ 수명을 결정하라. 단 길이 치수는 미터이다. 답 $(\tilde{L}_{10})_{NU205ECP} = 71.500 \times 10^6$ 회전, $(\tilde{L}_{10})_{6205} = 405 \times 10^6$ 회전

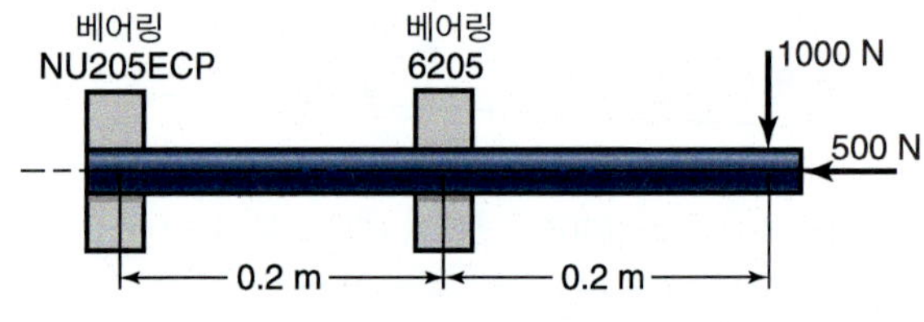

문제 13.53에 대한 그림 f

13.54 문제 13.53의 축과 베어링에서 베어링 위치를 깊은 홈 볼 베어링 6205는 축의 왼쪽 끝으로, 베어링 NU205ECP는 중앙으로 이동했을 때, 새 위치에서 두 베어링의 $\tilde{L}_{10}$ 수명을 구하라. 어느 위치가 더 바람직하며 이유는 무엇인가? 답 $(\tilde{L}_{10})_{NU205ECP} = 7098 \times 10^6$ 회전, $(\tilde{L}_{10})_{6205} = 1289 \times 10^6$ 회전.

13.55 변속기 축의 베어링 배치는 그림 g와 같다. 베어링 A는 원통 롤러 베어링(NU202ECP)인데, $d_b = 15$ mm, $d_a = 35$ mm, $b_w = 11$ mm이며, $C = 12{,}500$ N이다. 베어링 B는 깊은 홈 볼 베어링(6309)으로, $d_b = 45$ mm, $d_a = 100$ mm, $b_w = 25$ mm이며, $C = 55{,}300$ N, $C_o = 31{,}500$ N이다. 어느 베어링이 먼저 파손될 것 같은지와 이 베어링의 $\tilde{L}_{10}$ 수명을 결정하라. 답 베어링 B가 $\tilde{L}_{10} = 1799 \times 10^6$.

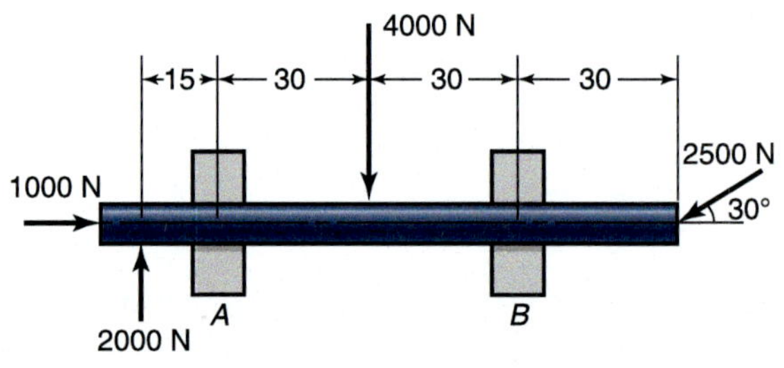

문제 13.55에 대한 그림 g

13.56 문제 13.55의 두 베어링은 내륜, 구름 전동체 접촉으로 동일한 복합 표면 거칠기 $(R_{qa}^2 + R_{qb}^2)^{0.5} = 0.10\,\mu$m를 갖는다. A 위치 베어링 NU202ECP의 내륜의 바깥 지름은 9.65 mm, 롤러 지름은 5.7 mm이며, 외륜의 안쪽지름은 15.35 mm이다. B 위치 베어링 6309의 볼 지름은 17 mm, 내륜의 바깥 지름은 27.4 mm이며, 외륜의 안쪽지름은 44.4 mm이다. 바깥 링의 궤도륜 정합성은 0.53이며, 안쪽 링의 궤도륜 정합성은 0.52이다. 사용하는 윤활유 절대 점도는 $\eta_o = 0.1$ N-s/m²이고 압력-점도 계수는 $\xi = 2 \times 10^{-8}$ m²/N이며, 베어링 회전 속도는 1500 rpm이다. 원통 롤러 베어링은 13개 롤러, 볼 베어링은 10개 볼을 가지고 있다. 볼 베어링은 AISI 440C($E = 200$ GPa), 롤러 베어링은 AISI 52100($E = 207$ GPa)로 만들며, 두 재질 모두 $\nu = 0.3$이다. 두 베어링의 조정된 베어링 수명 $\tilde{L}_{10,\mathrm{adj}}$를 구하라. 답 NU202ECP: $\tilde{L}_{10,\mathrm{adj}} = 1.3\tilde{L}_{10}$, 6309: $\tilde{L}_{10,\mathrm{adj}} = 2.3\tilde{L}_{10}$.

13.57 최대 Hertz 압력은 1 GPa, 구름 속도는 4 m/s라면, 반지름 50 mm의 강 베어링 내륜에 대한 반지름 15 mm 강 원통 롤러의 유막 두께를 계산하라. 다음 윤활유를 고려하라.

(a) 노멀 파라핀(normal paraffin), $\eta = 0.331$ Ns/m², $\xi = 4.74 \times 10^{-7}$ m²/N 답 $h_{\min} = 19.3\,\mu$m.

(b) 걸쭉한 석유(thick petroleum oil), $\eta = 7.08$ Ns/m², $\xi = 3.41 \times 10^{-8}$ m²/N 답 $h_{\min} = 36.3\,\mu$m.

13.58 그림 11.1의 축 배열에 있어서 표시된 힘을 받으며, 베어링 B는 원통 롤러 베어링 NU304ECP로 $C = 35{,}500$ N이고, 베어링 A는 깊은 홈 볼 베어링 6404 ($C = 30{,}700$ N, $C_o = 15{,}000$ N)이다. 각 베어링의 $\tilde{L}_{10}$ 수명을 구하고, 15,000 rpm으로 20년 동안 충분히 사용할 수 있는지 논하라.
답 $(\tilde{L}_{10})_{NU304ECP} = 3.03 \times 10^5$ 회전, $(\tilde{L}_{10})_{6404} = 2.343 \times 10^{11}$

회전.

13.59 문제 13.58의 축 배열에 있어서, D 위치의 벨트 구동은 웜기어 구동으로 변경되었으며, 반지름 방향 하중은 같으나 축 방향 하중을 D에서 A 방향으로 800 N을 더 받는다. 베어링의 $\tilde{L}_{10}$ 수명을 구하고 15,000 rpm으로 20년 동안 충분히 사용할 수 있는지 논하라. 답 $(\tilde{L}_{10})_{6404} = 6.572 \times 10^9$ 회전.

13.60 플라이 휠의 회전 원판 가까운 곳에 깊은 홈 볼 베어링이 설치되어 있다. 원판의 질량은 50 kg이지만, 베어링 중심선으로부터 반지름 1 mm만큼 벗어나 장착되어 있다. 두 베어링 모두 6305 깊은 홈 볼 베어링으로 $C = 23{,}400$ N이다. 축의 질량은 무시하고, 다음 속도에 대하여 $\tilde{L}_{10}$ 공칭 수명을 구하라.

(a) 500 rpm 답 $\tilde{L}_{10} = 4.13 \times 10^5$ 회전(12.3×10^6 시간).
(b) 2500 rpm 답 $\tilde{L}_{10} = 1699 \times 10^5$ 회전(10,000 시간).
(c) 12,500 rpm 답 $\tilde{L}_{10} = 0.143 \times 10^5$ 회전(11분).

13.61 볼 베어링 제작자가 다른 구성 요소들에 대해 오랜 수명을 얻기를 원한다. 다음 부품들에 추가 연마를 할 수 있다.

(a) 링 표면
(b) 볼 표면
(c) 모든 접촉 표면

연마로 원래 표면 거칠기는 반으로 감소하여 궤도륜은 0.08 μm, 볼은 0.04 μm이 된다. 위의 a 또는 b, c가 연마될 때, Λ 값은 얼마로 변하는가?

13.62 문제 11.36의 축이 1,000 rpm으로 회전할 때, 한 쌍의 레이디얼 베어링을 선정하라. 축은 2년 동안 한 작업 교대 (8시간/일, 5일/주, 50주/년)를 98% 신뢰도로 운용되며, 매우 깨끗한 윤활유가 베어링 전 수명 주기 동안 유지된다고 고려한다. 답 $\bar{C}_{min} = 46{,}100$ N.

13.63 볼 베어링 6305가 안정된 5000 N의 레이디얼 하중과 2000 N의 스러스트 하중을 받으며, 수명 동안 매우 깨끗하게 윤활된다. 만일 내륜의 각속도가 500 rpm일 때 다음을 구하라:

(a) 등가 레이디얼 하중 답 $P = 5600$ N.
(b) $\tilde{L}_{10}$ 수명 답 $\tilde{L}_{10} = 73.0 \times 10^6$ 회전.
(c) $\tilde{L}_{50}$ 수명 답 $\tilde{L}_{50} = 256 \times 10^6$ 회전.

13.64 그림 h의 축은 두 풀리 사이의 동력을 전달한다. 이완측(오른쪽 풀리) 장력은 긴장측 장력의 30%이다. 축은 900 rpm으로 회전하며, 점 0 및 B에서 레이디얼 볼 베어링으로 균등하게 지지된다. 99% 신뢰도 및 수명 40,000 시간을 갖는 레이디얼 볼 베어링 한 쌍을 선정하라. 식 (13.83)이 윤활유의 청결을 설명하는 데 사용할 수 있다고 가정하라. 모든 길이 치수는 밀리미터이다. 답 $\bar{C}_{min} = 42{,}400$ N.

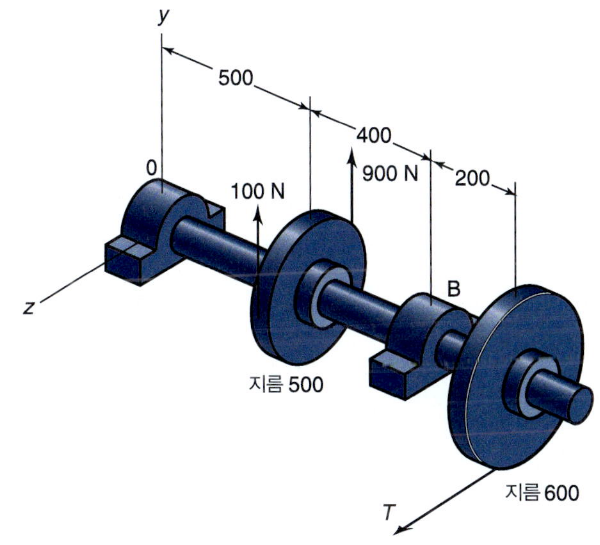

문제 13.64에 대한 그림 h

13.65 그림 i에서 왼쪽 풀리의 이완측 장력은 긴장측 장력의 20%이다. 축은 1000 rpm으로 회전한다. 축을 99% 신뢰도 및 수명 20,000 시간으로 지지할 수 있는 깊은 홈 볼 베어링을 한 쌍을 선정하라. 식 (13.83)이 윤활유의 청결을 설명하는 데 사용할 수 있다고 가정하라. 모든 길이 치수는 밀리미터이다.

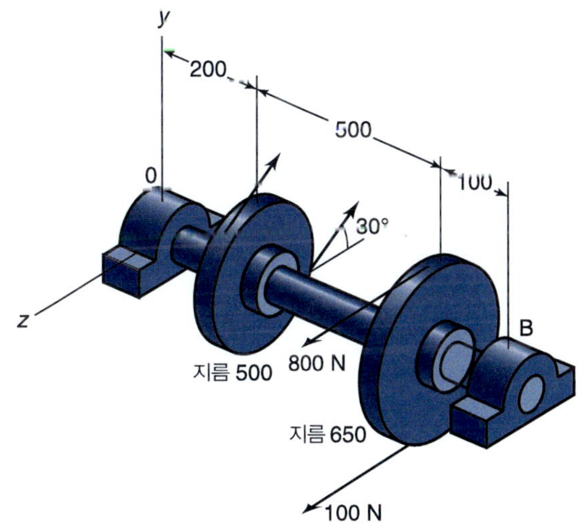

문제 13.65에 대한 그림 i

13.66 그림 j에서 축은 1100 rpm으로 회전하며, 가벼운 충격으로 (하중을 약 20% 증가시킴) 600 mm 지름 풀리에서 300 mm 풀리로 동력을 전달한다. 0 위치에서 지지하는 깊은 홈 볼 베어링 및 A 지점에서 지지하는 원통 롤러 베어링을 선정하라. 윤활유는 세심하게 감시되어 유지되고, 베어링이 오염된 윤활유에 노출되지 않도록 교체된다고 가정하라. 베어링 수명은 95% 신뢰도로 24,000 시간이며, 모든 길이 치수는 밀리미터이다.

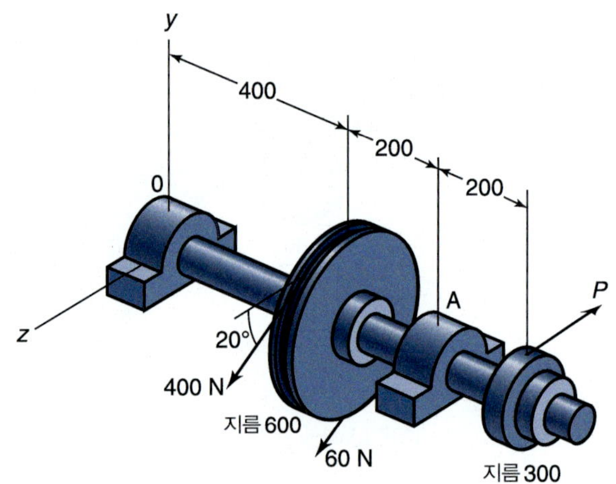

문제 13.66에 대한 그림 j

13.67 그림 k의 동력 전달 시스템은 헬리컬 기어, 베벨 기어 및 600 rpm으로 회전하며 두 개의 구름 베어링으로 지지되는 축으로 구성되어 있다. 베벨 기어에 작용하는 하중은 $-0.5P\bar{i} - 0.41P\bar{j} + 0.44P\bar{k}$이다. 왼쪽 베어링은 축의 축 방향 하중을 지지한다. 98% 신뢰도로 36,000 시간 수명 동안 지지할 수 있는 동일한 단열 테이퍼 롤러 베어링을 선정하라. 모든 길이 치수는 밀리미터이다. 베어링을 더 강건하게 하며 설치 오차를 수용할 수 있도록 둘 중 하나의 베어링에 최대 스러스트 하중이 가해질 수 있다고 가정하라. 답 $\bar{C}_{min} = 121,400$ N.

13.68 원통 롤러 베어링이 600 rpm으로 1200 시간 동안, 8 kN 하중을 지지하는 데 사용된다. 95% 신뢰도로 이 베어링의 부하 용량을 계산하라. 어떤 크기의 베어링을 추천하는가? 답 $\bar{C} = 30,000$ N.

13.69 깊은 홈 볼 베어링을 1200 rpm으로 1000 시간 동안, 6 kN 하중을 지지하는 데 사용한다. 99% 신뢰도라면, 베어링의 부하 용량은 얼마가 되어야 하는가? 어떤 크기의 베어링이 선정될 수 있는가? 답 $\bar{C} = 50,900$ N.

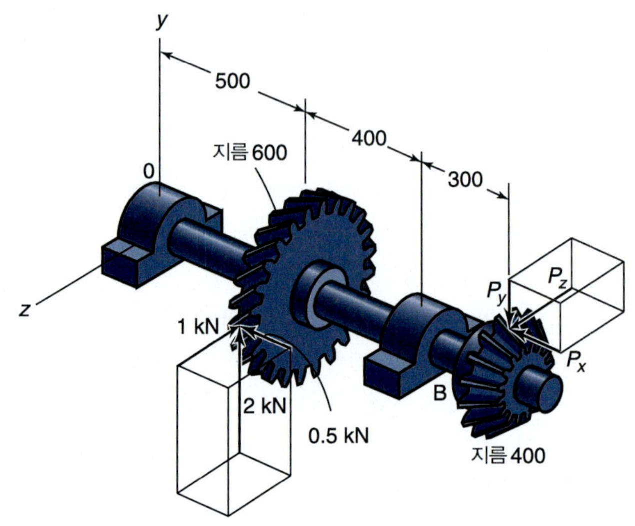

문제 13.67에 대한 그림 k

설계 문제 및 프로젝트

13.70 작동 중에, 홈에서 구르는 롤러는 유막 두께를 발생시키지만 또한 유체를 옆으로 민다. 표면 장력은 이 유체를 보충할 수 있게 하는 원인이 될 수 있지만, 베어링이 고속에서 작동하면 그에 따른 베어링은 가혹한 조건에서 작동될 수도 있다. 기술적 문헌을 참조하여 결핍에 대하여 고려할 수 있는 중요한 인자들을 열거하라.

13.71 설계 절차 13.1과 유사하게 원통 롤러 베어링의 윤활유 유막 두께를 평가하는 설계 과정을 구축하라.

13.72 그림 l은 구름마찰을 줄일 수 있도록 고려한 2층 베어링(double bearing) 설계를 보여준다. 이 베어링의 구름 전동체 및 중간륜(intermediate race)의 운동을 서술하라. 이러한 구름 베어링 설계의 장점 및 단점을 열거하라.

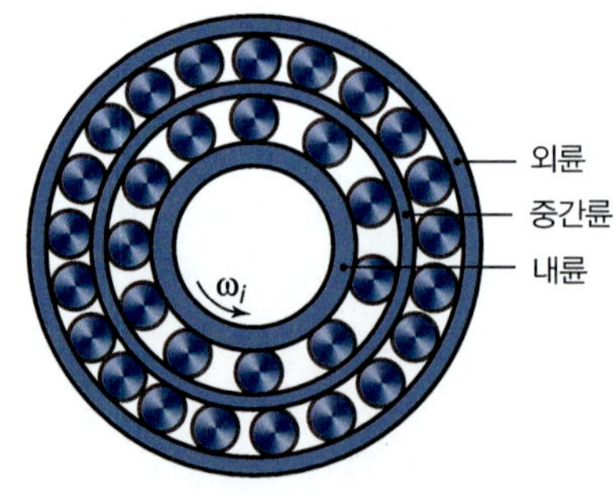

문제 13.72에 대한 그림 l

13.73 그림 m의 축은 베어링 반력 및 축하중을 받는다. 단열 원통 베어링 및 단열 깊은 홈 베어링이 축을 지지하는 데 사용된다. 깊은 홈 및 원통 베어링이 설치되어야 하는 위치를 표시하라. 베어링의 $\tilde{L}_{10}$ 요구 수명이 450 rpm에서 20,000 시간이라면 이에 적절한 베어링을 선정하라.

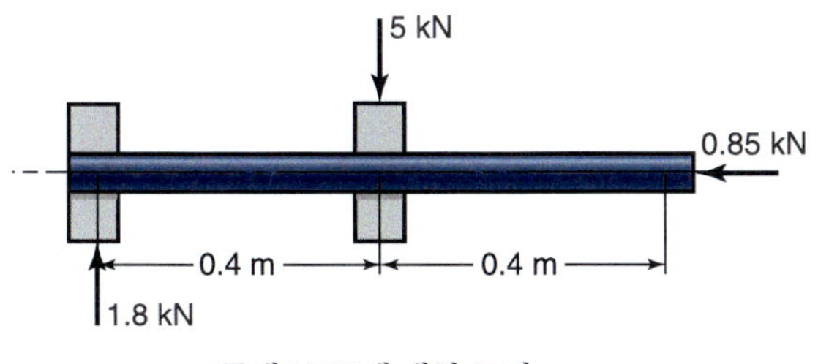

문제 13.73에 대한 그림 m

13.74 원통 롤러 베어링의 세퍼레이터는 바깥 지름 80 mm, 안지름 74 mm, 폭 16 mm의 원통 형상이다. 3 mm 깊이의 13 mm × 13 mm 사각형 포켓 14개가 세퍼레이터 원주에 등간격으로 배열되어 있다. 각 포켓에는 12.5 mm × 12.5 mm 원통 롤러가 있다. 내륜의 바깥 지름은 65 mm, 외륜의 안지름은 90 mm이다. 폴리에스터 세퍼레이터가 파손될 때까지 베어링 내륜은 얼마나 빨리 회전할 수 있는가? 안전율은 10, 폴리에스터의 밀도는 1040 kg/m³, 극한 강도는 60 MPa를 사용하라. 답 N = 25.790 rpm.

13.75 문제 13.74의 원통 롤러 베어링에서 만일 내륜이 5000 rpm으로 회전할 때, 롤러와 세퍼레이터 사이 접촉점에서 미끄럼 속도를 계산하라.

14

일반적인 기어 이론, 평기어

여러 종류의 기어 모음. 출처: Quality Transmission Components.

우리가 반복적으로 하는 행동의 결과로 현재의 우리가 존재한다. 그렇다면, 탁월함은 행동이 아닌 습관인 것이다.

아리스토텔레스

차례

예제

설계 질사

사례 연구

동력 전달 기계 요소 중 하나인 기어는 효율이 높고 수리 없이 오랜 기간 사용할 수 있으며, 제작비가 저렴하고 크기 대비 큰 토크를 전달할 수 있다는 장점들로 인해 흔히 사용된다. 이 장에서는 기하학과 운동학을 포함한 기어의 개념들을 소개하고 몇 가지 다른 종류의 기어들에 대해서도 살펴본다. 이 장에서 주로 다루게 되는 평기어는 기하학적으로 전체에 걸쳐 기어 이두께가 일정한 톱니바퀴 형상을 가지고 있다. 일반적으로 평기어는 제작하기 가장 쉬운 기어이며 평행한 축 사이에서 토크와 동력을 전달하는 데 사용된다. 이 장에서는 인벌루트 형상(involute profile)의 중요성을 포함한 평기어 형상에 대해 논의하고, 기어 제작에 사용되는 제조 공정과 재료들, 기어 구동 시 충격에 관해 서술한다. 두 가지 고려되는 파손 모드는 기어 이 굽힘과 표면 피팅(surface pitting)이다. 굽힘에 관해서는 루이스 식 역학과 미국 기어제조협회(AGMA)에 의해 공포된 굽힘에 대한 표준 설계 접근법을 이용해 논의할 것이다. 이 때 접촉 응력에 대한 유사 접근법도 소개된다. 마지막으로 고장 없는 기어 구동을 위한 효율적인 윤활에 관해 토의하고 기어의 종합 설계 절차에 관해 알아보는 것으로 이 장을 마무리한다.

이 장에서 다루는 기계 요소: 평기어, 랙, 스플라인

대표적인 응용 사례: 동력전달 장치, 감속장치, 기어 펌프. 축 사이에 토크를 전달하는 일반적인 기계 요소

관련 기계 요소: 헬리컬 기어, 베벨 기어, 웜 기어(15장), 벨트와 풀리(19장), 롤러 체인과 스프로킷(19장)

기호

a	이끝 높이, m
A'	식 (14.47)에서 사용한 변수
b	이뿌리 높이, m
b^*	헤르츠 반폭, m
b_w	치폭, m
b_l	백래시, m
C_e	맞물림 정렬 보정 계수
C_H	경도비
C_{ma}	맞물림 정렬 계수
C_{mc}	리드 보정 계수
C_{pf}	피니언 비례계수
C_{pm}	피니언 비례 수정 계수
C_r	접촉비
c	틈새, m
c_d	축간 거리, m
d	피치 지름, m
d_r	골 지름 혹은 필렛 지름, m
E	탄성 계수, Pa
E'	유효 탄성 계수, Pa
G	무차원 재료 변수
g_r	기어비
H	무차원 유막 두께
HB	브리넬 경도, kg/mm^2
h	윤활막 두께, m
h_k	가공 깊이, m
h_p	동력, W
h_t	총 깊이, m
I	면적 관성모멘트, m^4
K_b	림 두께 계수
K_m	하중 분포 계수
K_o	과하중 계수
K_r	신뢰도 계수
K_s	크기 계수
K_t	온도 계수
K_v	동적 계수
L_{ab}	작용선 길이, m
l	접선 방향 하중의 모멘트 암, m
M_B	백업비
m	모듈, mm
N	잇수
N_a	회전속도, rpm
n_s	안전 계수
P_z	수직 하중, N
p_b	기초 피치, m
p_c	원주 피치, m
p_d	지름 피치, m^{-1}
p_H	최대 헤르츠 접촉 압력, Pa
Q_v	품질 지수
R_x	x방향 곡률 합, m
r	피치 반지름, m
S	강도, Pa
T	토크, N-m
t	이두께, m
t_h	이론적으로 피치원에서 측정한 원주 방향 이두께, m
t_{ha}	실제로 피치원에서 측정한 원주 방향 이두께, m
t_R	림 두께, m
U	무차원 속도 변수
u	속도, m/s
$\tilde{u}$	평균 속도, m/s
v_t	피치선 속도, m/s
W	하중, N
W'	무차원 하중 변수
W_r	반경 방향 하중, N
W_t	접선 방향 하중, N
w'	단위 폭당 하중, N/m
Y	루이스 형상 계수
Y_j	형상 계수
Y_N	굽힘에 대한 응력 사이클 계수
Z	각속도비
Z_N	접촉 응력에 대한 응력 사이클 계수
η_o	대기 점도, Pa-s
Λ	유막 변수
ξ	압력-점도 계수, m^2/N
σ	응력, Pa
ϕ	압력각, deg
ω	각속도, rad/s

하첨자

a	실제의, 축 방향의

b	굽힘, 기초
c	접촉
g	기어
o	외곽(바깥)
p	피니언
s	미끄럼
t	합계

14.1 서론

톱니바퀴처럼 생각되기도 하는 **기어**(gear)는 기어보다 지름이 더 작은 또 다른 톱니바퀴인 **피니언**(pinion)과 서로 맞물렸을 때, 한 축에서 다른 축으로 회전운동을 전달한다. 축들의 각속도 사이에 명확한 비율을 유지하면서 한 축에서 다른 축으로 동력을 전달하는 것이 기어의 주요 기능이다. 구동기어 이가 종동기어 이를 밀면, 기어 주변부에 접선 방향 힘이 가해지므로 기어가 회전하면서 토크와 동력이 전달되는 것이다. 토크를 전달하는 기계 요소 중 기어는 가장 튼튼하고, 내구성도 우수하다. 기어의 동력전달 효율은 98%에 육박할 만큼 높지만, 일반적으로 체인 혹은 벨트 장치와 같은 다른 동력전달 기계 요소들과 비교하면 가격이 비싼 편이다.

이 장에서는 포괄적인 기어 설계 표준을 공포하는 협회인 AGMA에서 정의한 방법, 권고 사항, 전문 용어들에 대해 소개한다. 그러나 접근법을 설명하기 위해서는 정해야 할 몇 가지 사항이 있다. 예를 들면, AGMA는 미국 통상단위계인지 혹은 미터 단위계인지에 따라서 변수들을 다른 기호로 표기하는 것을 관례로 한다. 또한 재료 강도에 관한 몇 가지 전문용어들은 이 본문 전체에서 일관성 있게 명명될 것이다. 이와 관련된 사항들은 14.8절에서 좀 더 논의될 것이다.

14.2 기어 종류

본 절에서 논의하고자 하는 것은 다양한 기어 분류(classes)에 관해 설명하는 것이지 기어 종류에 관한 내용을 총망라하는 것을 의미하진 않는다. 기어 종류를 총망라하는 상세한 내용은 Drago(1992)에서 찾아 볼 수 있다. 기어는 평행 축 기어, 비평행 공면(coplanar) 기어, 비평행 비공면(noncoplanar) 기어의 3가지 형태로 분류될 수 있다. 본 절에서는 3가지로 분류된 기어들에 대해 서술한다. 이 장의 나머지 부분에서는 평기어에 관한 내용에 주안점을 둘 것이다. 헬리컬 기어, 베벨 기어, 웜 기어는 15장에서 고려될 것이다.

14.2.1 평행 축 기어

평행축 기어는 아주 단순한 형태를 가지고 있으며 가장 인기 있는 기어 종류 중 하나이다. 기어들이 평행 축에 연결되어 있는 평행 축 기어는 높은 동력전달 능력과 효율을 가진다. 평행 축 기어의 주요한 두 가지 유형은 평기어와 헬리컬 기어 이다.

평기어

평기어(spur gears)는 축에 평행한 방향으로 이를 갖고 있는 평행 축 기어의 한 종류이다. 그림 14.1은 원통형 외부에 이가 있는 평기어를 보여준다. 또한 기어 이는 원통 내부 표면에도 있을 수 있다. 평기어는 가장 간단하고 일반적인 기어일 뿐만 아니라 제작도 매우 쉽다.

헬리컬 기어

그림 14.2a는 원통형상 둘레에 나선형 모양의 기어 이를 가지고 있는 **헬리컬 기어**(helical gear)가 구동하고 있는 모습을 보여준다. 헬리컬 기어는 기어 이들이 점진적으로 맞물리므로 평기어보다 더 부드럽게 구동된다. 헬리컬 기어의 장점은 소음이 적으며 더 큰 하중을 전달할 수 있다는 것이다. 이것은 평기어와 헬리컬 기어에 동일한 하중이 작용할 때 더 오래 사용될 수 있다는 의미를 내포한다. 또한 평기어보다 크기가 더 작은 헬리컬 기어를 이용하여도 평기어와 동일한 하중을 전달할 수 있다.

평기어에서 발생하지 않지만 헬리컬 기어에서는 축 방향을 따라 스러스트가 발생한다는 것이 헬리컬 기어의 단점이다. 축에 스러스트가 발생하면 스러스트 칼라(thrust collar), 볼 베어링 혹은 테이퍼 롤러 베어링과 같은 추가적인 기계 요소가 요구될 수 있다. 헬리컬 기어의 또 다른 단점은 등가

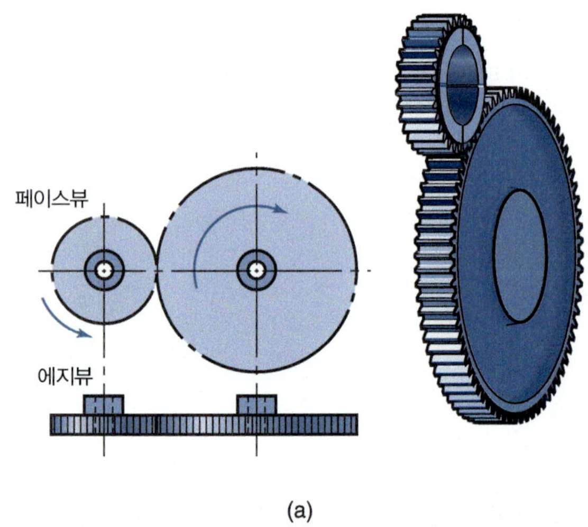

(a)

(b)

그림 14.1: 평기어 구동. (a) 맞물린 평기어 개략도, (b) 평기어 모음. 출처: Boston Gear, an Altra Industrial Motion Company.

의 평기어보다 더 낮은 효율을 갖는다는 것이다. 헬리컬 기어의 총 부하용량이 평기어보다 크더라도, 헬리컬 기어의 하중은 수직 방향과 축 방향으로 분배되는 반면, 평기어는 모든 하중이 수직 방향으로만 분포된다.

14.2.2 비평행, 공면 기어

평행축, 공면을 가지고 있는 평기어, 헬리컬 기어와는 달리 몇몇 기어들은 공면이지만 비평행축(평행하지 않은 축)을 가진다. **베벨**(Bevel) **기어**, **직선**(straight) **기어**, **제롤**(Zerol) **기어**, **나선**(spiral) **기어**, **하이포이드**(hypoid) **기어**는 모두 비평행, 공면에 속하는 기어들이다. 비평행, 공면 유형에 속하는 기어들은 코너 근처에서 동력의 방향을 변경한다는 공통적인 특징이 있으며, 이러한 상황은 가끔씩 일어난다. 즉, 헬리콥터에서 수직 방향으로 장착된 로터축(rotor shaft)에 엔진을 수평 방향으로 연결하는 경우가 이러한 예이다. 그림 14.3은 직선 이(straight teeth)를 갖는 베벨 기어가 구동하는 상태와 직선 이를 갖는 베벨 기어의 예들을 보여준다. 여기서, 기어 구동축은 비평행이지만 공면임을 볼 수 있다.

14.2.3 비평행, 비공면 기어

비평행, 비공면 기어들은 앞서 논의되었던 두 분류에 속하는 기어들보다 기하학적 형상 및 제조 공정이 더 복잡하기 때문에 가격이 더 비싸다.

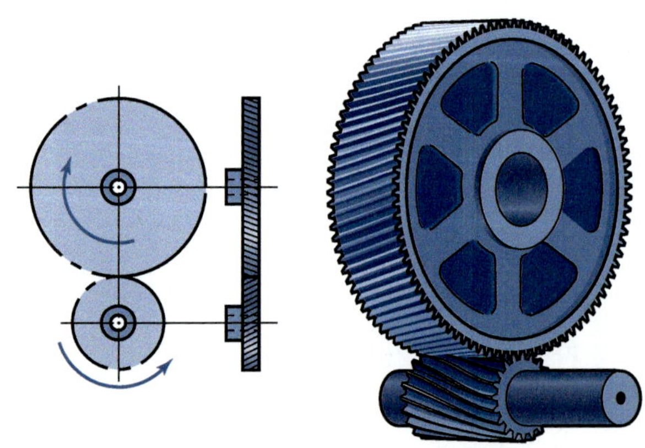

그림 14.2: 헬리컬 기어 구동. (a) 맞물린 헬리컬 기어 개략도. (b) 헬리컬 기어 모음. 출처: Boston Gear, an Altra Industrial Motion Company.

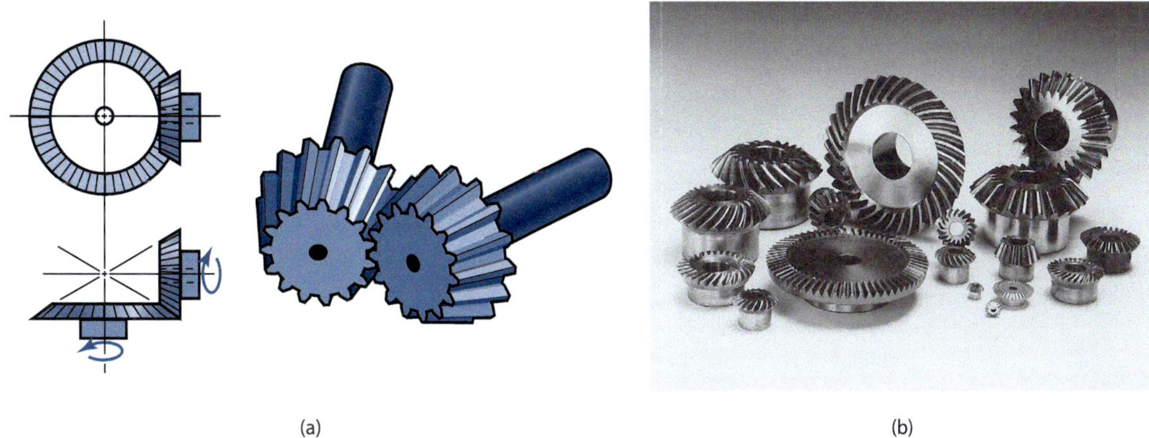

그림 14.3: 베벨 기어 구동. (a) 직선 이를 갖는 맞물린 베벨 기어 개략도, (b) 베벨 기어 모음. 출처: Boston Gear, an Altra Industrial Motion Company.

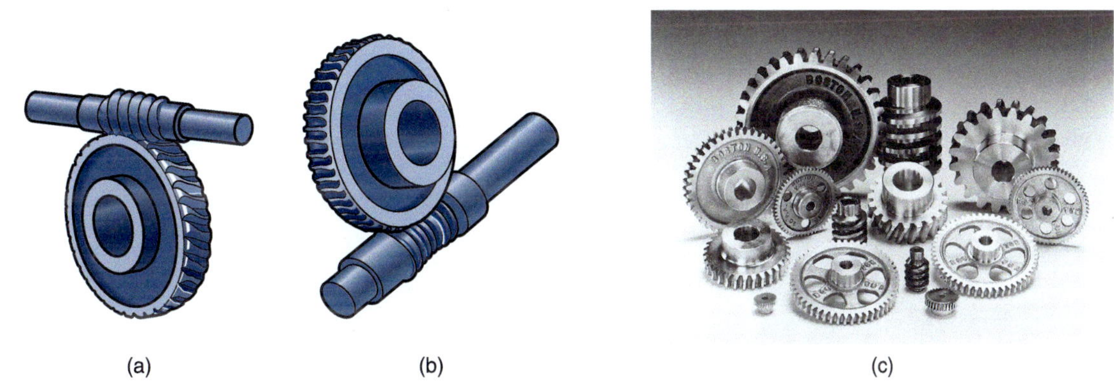

그림 14.4: 웜 기어 구동. (a) 원통형 이, (b) 장구형, (c) 웜 기어 모음. 출처: Boston Gear, an Altra Industrial Motion Company.

그림 14.4는 원통형 이를 갖는 **웜 기어**(worm gear)의 구동 상태와 웜 기어의 예들을 보여준다. 여기서, 기어들은 비평행축이고 비공면임을 주목할 필요가 있다. 이 기어들은 공면 혹은 단순 교차축 기어 세트보다 상당히 높은 감속비를 제공하지만, 낮은 부하용량, 상당히 높은 접촉압력, 높은 마모율을 갖는다. 그러므로 웜 기어 구동은 주로 가벼운 하중 적용 시에 사용된다.

14.3 기어 형상

그림 14.5는 기본적인 평기어 형상을 보여주며, 그림 14.6은 기어 이의 명칭을 표기한 상세도를 보여준다.

14.3.1 축간 거리, 원주 피치, 지름 피치

회전하는 기어축 사이의 축간 거리는 식 (14.1)로 표현될 수 있다.

$$c_d = \frac{d_p + d_g}{2}, \tag{14.1}$$

그림 14.5에 도해된 바와 같이, 여기서 d_p는 피니언의 피치 지름이고, d_g는 기어의 피치 지름이다. **원주 피치**(circular pitch) p_c는 기어 이의 한 점으로부터 인접한 기어 이의 대응 점까지 피치원을 따라 측정한 거리이다. 수학적으로, 이것은

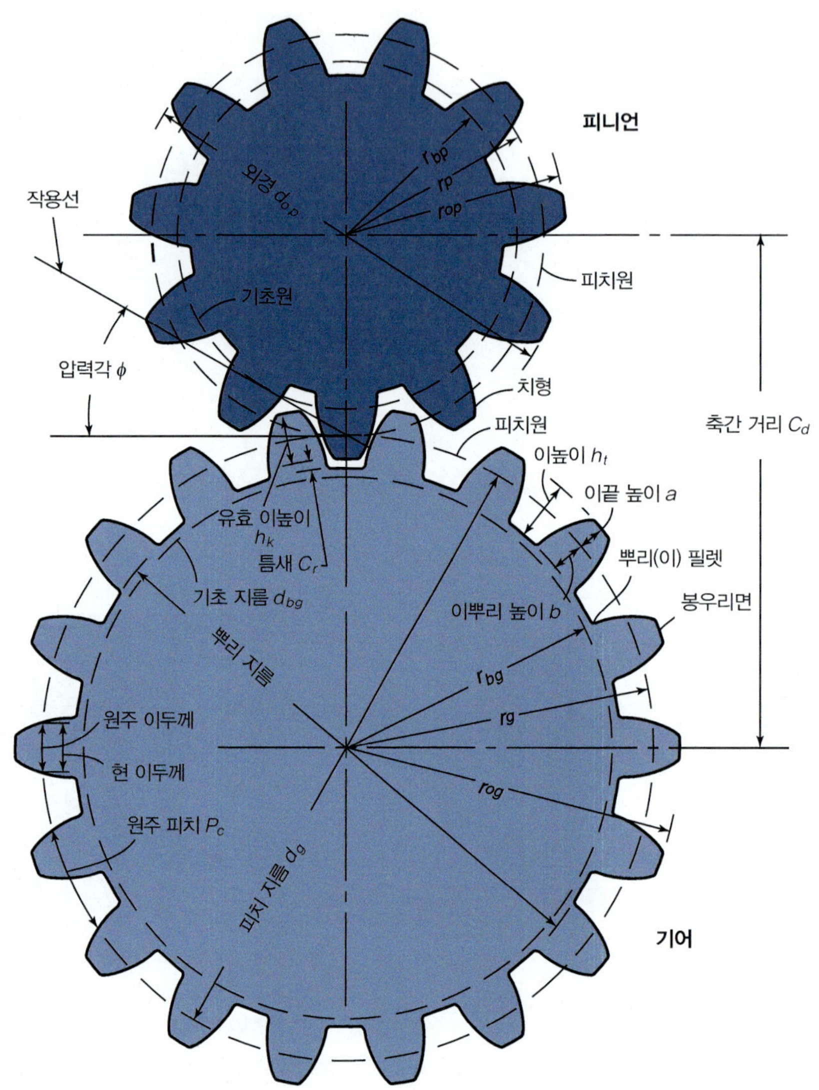

그림 14.5: 기본적인 평기어의 기하학적 형상.

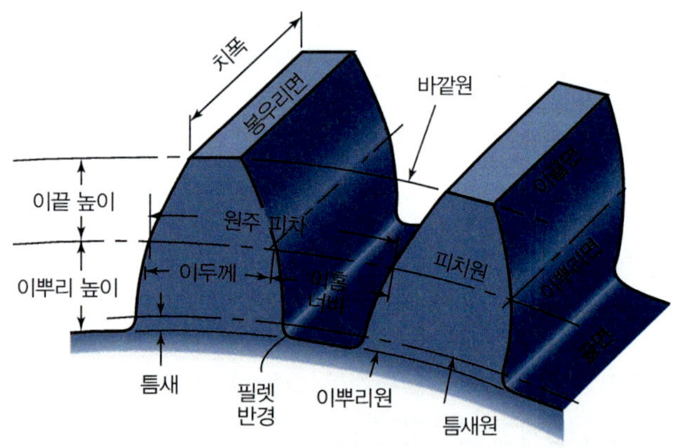

그림 14.6: 기어 이의 명칭.

식 (14.2)로 표현될 수 있다.

$$p_c = \frac{\pi d}{N} = \frac{\pi d_p}{N_p} = \frac{\pi d_g}{N_g}, \tag{14.2}$$

여기서 N_p는 피니언 잇수이고 N_g는 기어 잇수이다. **기어비**(gear ratio) g_r은 기어 지름과 피니언 지름의 비이며, 식 (14.2)를 이용하면,

$$g_r = \frac{d_g}{d_p} = \left(\frac{p_c N_g}{\pi}\right)\left(\frac{\pi}{p_c N_p}\right) = \frac{N_g}{N_p} \tag{14.3}$$

이다. 식 (14.2)와 식 (14.3)을 식 (14.1)에 대입하면

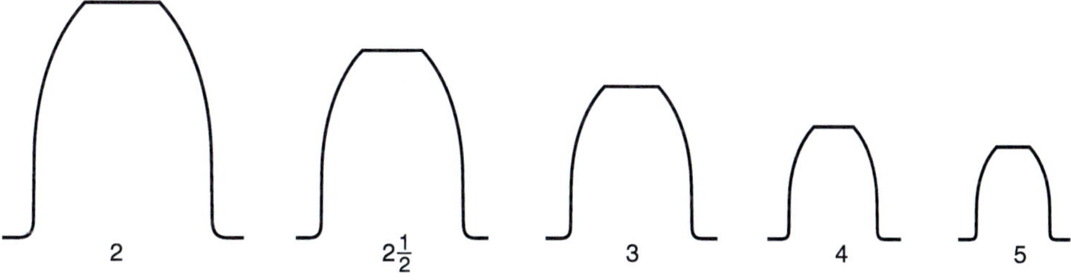

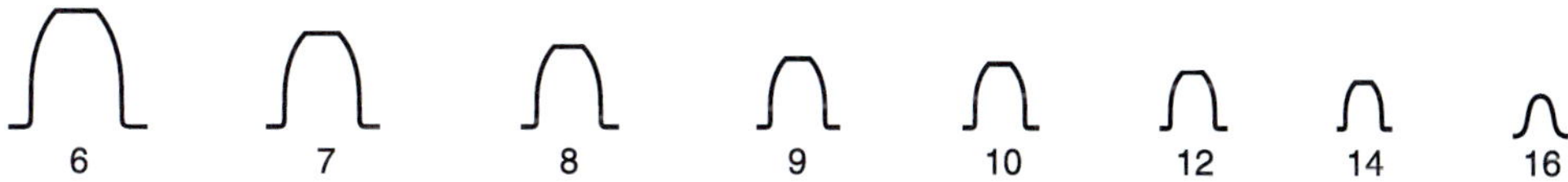

그림 14.7: 기어 이 크기와 비교한 표준 지름 피치 전체 크기가 측정된다.

$$c_d = \frac{p_c}{2\pi}(N_p + N_g) = \frac{p_c N_p}{2\pi}\left(1 + \frac{N_g}{N_p}\right) = \frac{p_c N_p}{2\pi}(1 + g_r). \tag{14.4}$$

이다.

지름 피치(diametral pitch) p_d은 피치 지름당 잇수이다. 두 기어가 맞물리는 경우에는 동일한 지름 피치를 가져야만 한다. 지름 피치는

$$p_d = \frac{N_p}{d_p} = \frac{N_g}{d_g} \tag{14.5}$$

로 표현할 수 있다

그림 14.7은 이 크기와 표준 지름 피치를 비교한 그림이며, 이 크기가 작아질수록 지름 피치가 커지는 것을 알 수 있다.

식 (14.2)와 식 (14.5)를 비교함으로써 아래와 같은 결과를 얻는다:

$$p_c = \frac{\pi}{p_d}. \tag{14.6}$$

그러므로 원주 피치는 지름 피치와 반비례 관계에 있음을 알 수 있다.

모듈(module) m은 피치 지름과 잇수의 비이며, 식 (14.7)로 표현된다.

$$m = \frac{d_g}{N_g} = \frac{d_p}{N_p}. \tag{14.7}$$

식 (14.2)와 식 (14.7)로부터 다음과 같이 표현된다.

$$p_c = \pi m. \tag{14.8}$$

또한, 식 (14.6)과 식 (14.8)로부터 다음과 같이 표현된다.

$$m = \frac{1}{p_d}. \tag{14.9}$$

예제 14.1

기어 형상

조건 잇수 20개, 모듈 5 mm인 피니언이 잇수 63개인 기어와 맞물려 있다.

문제 축간 거리, 원주 피치, 기어비를 구하라.

풀이 식 (14.7)로부터

$$d_p = mN_p = (5)(20) = 100 \text{ mm},$$

$$d_g = mN_p = (5)(63) = 315 \text{ mm}.$$

식 (14.1)로부터 축간 거리는 다음과 같다.

$$c_d = \frac{d_p + d_g}{2} = \frac{100 + 315}{2} = 207.5 \text{ mm}.$$

식 (14.8)로부터 원주 피치는 다음과 같다.

$$p_c = \pi m = \pi(5) = 15.71 \text{ mm}.$$

식 (14.3)으로부터 기어비는 다음과 같다.

$$g_r = \frac{d_g}{d_p} = \frac{N_g}{N_p} = \frac{315}{100} = \frac{63}{20} = 3.150.$$

14.3.2 이끝 높이, 이뿌리 높이, 틈새

그림 14.5와 그림 14.6으로부터 **이끝 높이**(addendum) a는 이끝면(top land)으로부터 피치원까지의 반지름 방향 거리이고, **이뿌리 높이**(dedendum) b는 치저면으로부터 피치원까지의 반지름 방향 거리이다. 그림 14.6에서 보여지는 **틈새**(clearance)는 이뿌리 높이가 이끝 높이를 초과하는 양으로서, 한 기어 이의 끝이 맞물린 기어의 바닥면과 접촉하는 것을 방지하는 데 필요하다. 표 14.2는 압력각 20°와 높은 이 인벌루트 치형(full-depth involute)을 갖는 평기어의 이끝 높이, 이뿌리 높이, 틈새의 값들을 보여준다. 두꺼운 피치와 가는 피치 공식들이 모두 주어져 있다. 표 14.2로부터 틈새는 식 (14.10)으로 표현될 수 있다:

$$c = b - a. \tag{14.10}$$

이끝 높이, 이뿌리 높이, 틈새가 알려져 있다면, 많은 다른 종속 변수들을 얻을 수 있다. 종속 변수들 중에서 중요한 몇 가지는 아래와 같다.

1. 이끝 지름(outside diameter):

$$d_o = d + 2a \tag{14.11}$$

2. 이뿌리 지름(root diameter):

$$d_r = d - 2b \tag{14.12}$$

3. 총 이높이(total depth):

$$h_t = a + b \tag{14.13}$$

표 14.1: 평기어에서 선호되는 모듈들. 특별한 용도인 경우 보통 1보다 작은 값의 모듈이 허용된다.

선호	1, 1.25, 1.5, 2, 2.5, 3, 4, 5, 6, 8
	10, 12, 16, 20, 25, 32, 40, 50
허용	1.125, 1.375, 1.75, 2.25, 2.75, 3.5, 4.5
	5.5, 7, 9, 11, 14, 18, 22, 28, 36, 45

4. 유효 이높이(working depth):

$$h_k = a + a = 2a \tag{14.14}$$

이러한 변수들은 식 (14.5)를 사용하면 피치 지름을 지름 피치와 잇수에 관한 항들로 표현할 수 있다. 예를 들면, 식 (14.11)에 주어진 바깥 지름은 표 14.2와 식 (14.5)에서 주어진 공식을 사용함으로써 식 (14.5)로 표현될 수 있다.

$$d_o = \frac{N}{p_d} + 2\left(\frac{1}{p_d}\right) = \frac{N+2}{p_d}. \tag{14.15}$$

이 장에서 주어진 모든 공식들은 기어와 피니언에 동일하게 적용할 수 있다.

14.3.3 작용선, 압력각, 기어 인벌루트

기어 이를 맞물리게 하는 이유는 맞물려 있는 기어들이 일정한 상대운동을 하게 하기 위함이다. 이러한 이의 움직임을 얻기 위해서는 맞물린 두 기어 이의 곡선들에 대한 공통 법선이 **피치점**(pitch point)이라 불리는 접점을 통과해야만 하며, 이 때 맞물린 기어의 **피치원**(pitch circle)을 정의할 수 있다.

그림 14.8은 피니언과 기어에 대한 피치원과 기초원을 각각 나타낸다. **작용선**(line of action)은 기어 이의 접촉이 발생한 지점을 통과하는 직선이며, **기초원**(base circle)은 인벌루트 형상이 시작되는 원으로서 작용선과 접한다. 즉, 작용선은 피치점을 통과하고 기초원에 접한다(그림 14.8에서 A점과 B점). 압력각 ϕ는 중심선과 작용선에 수직이면서 기어 혹은 피니언의 중심을 통과하는 선 사이의 각이다. 그림 14.8로부터 기초원의 반지름은

$$r_b = r \cos\phi$$

이므로

$$r_{bp} = r_p \cos\phi$$

표 14.2: 이끝 높이, 이뿌리 높이, 틈새(20°, 높은 이 인벌루트).

변수	기호	미터법을 따르는 모듈
이끝 높이	a	1.00 m
이뿌리 높이	b	1.25 m
틈새	c	0.25 m

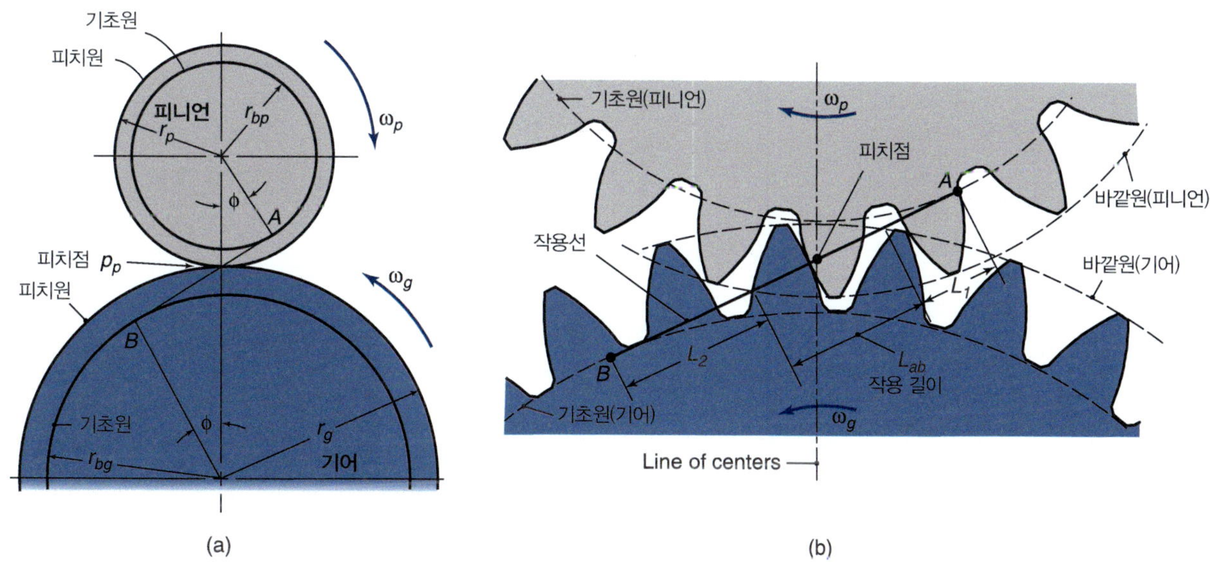

그림 14.8: (a) 피니언 및 기어의 피치원과 기초원 그리고 작용선과 압력각, (b) 작용하는 순간 프로파일의 상세도, 작용선과 작용 길이 L_{ab}도 상세하게 보여준다.

이고

$$r_{bg} = r_g \cos\phi \tag{14.16}$$

이다.

기초 피치 p_b는 이 위의 한 점으로부터 인접한 이 위의 점까지의 기초원 둘레를 따라 측정한 거리이다. 피치원에서 측정된 원주 피치 p_c는 식 (14.6)으로 표기되었으며 이 식을 다시 불러오면, 식 (14.2)로부터 기초 피치는

$$p_b = p_c \cos\phi = \frac{\pi d}{N}\cos\phi - \frac{\pi d_p}{N_p}\cos\phi - \frac{\pi d_g}{N_g}\cos\psi \tag{14.17}$$

이다.

기어 이의 형상은 그림 14.9에서 보여지는 것처럼 인벌루트 곡선으로부터 얻는다. 기어에서 일반적으로 사용되는 인벌루트 곡선은 부드러운 구름 운동, 성숙한 작동과 같은 많은 장점을 가지고 있다. 또한, 인벌루트 곡선으로 만들어진 기어는 서로 접촉하는 최소 한 쌍의 이를 가진다. 설계 절차 14.1은 인벌루트 곡선을 작도하는 절차를 제공한다.

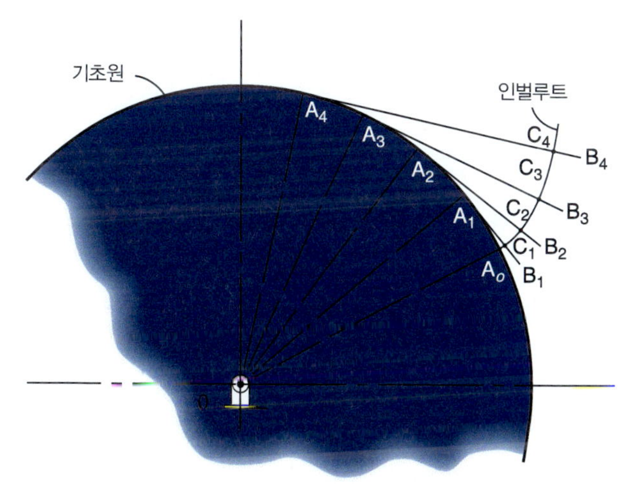

그림 14.9: 인벌루트 곡선 작도.

설계 절차 14.1

인벌루트 곡선 작도

1. 여러 개의 등간격으로 기초원을 분할하라. 그러면 A_0, A_1, A_2, ⋯ 가 작도된다.
2. A_1을 시점으로 $0A_1$과 수직인 직선 A_1B_1을 작도하고

A_2와 A_3에서도 동일하게 반복하라.

3. A_1A_0과 동일한 직선 길이만큼 A_1B_1을 따라 그리면 C_1을 얻는다. 또한, A_1A_0의 두 배에 해당하는 직선 길이만큼 A_2B_2를 따라 그리면 C_2를 얻을 수 있으며, 이와 같은 과정을 반복한다.
4. 점 A_0, C_1, C_2, C_3, …를 이용하면 인벌루트 곡선을 얻을 수 있다.
5. 인벌루트 곡선은 이끝원에서 틈새원까지 그려진다. 이뿌리원과 이틈새원 사이의 과도구간을 필렛(fillets)이라 한다.

예제 14.2

기어 형상과 압력각

조건 40개의 잇수를 갖는 기어가 16개의 잇수를 갖는 피니언과 맞물려 있다. 기어 모듈(module)은 2 mm이고 압력각은 20°이다.

문제

(a) 피니언과 기어의 원주 피치, 축간 거리, 기초원 지름을 구하라.

(b) 축간 거리가 1 mm 증가할 때, 기어와 피니언의 피치 지름과 압력각을 구하라.

풀이

(a) 식 (14.8)로부터 원주 피치는 $p_c = \pi m = \pi(2) = 6.283$ mm이다. 식 (14.7)로부터 기어와 피니언의 피치 지름은

$$d_g = mN_g = (2)(40) = 80\ \text{mm},$$

$$d_p = mN_p = (2)(16) = 32\ \text{mm}$$

이다. 식 (14.1)로부터 축간 거리는

$$c_d = \frac{d_p + d_g}{2} = \frac{32 + 80}{2} = 56\ \text{mm}$$

이다. 식 (14.6)으로부터 피니언과 기어에 대한 기초원의 반지름은 다음과 같다.

$$r_{bp} = \frac{d_p}{2}\cos\phi = \frac{32}{2}\cos 20^\circ = 15.04\ \text{mm},$$

$$r_{bg} = \frac{d_g}{2}\cos\phi = \frac{80}{2}\cos 20^\circ = 37.59\ \text{mm}.$$

(b) 만약 축간 거리가 1 mm 증가한다면, $c_d = 57$ mm이고, 이 값은 축간 거리가 1.8% 증가한 것에 상응한다.

$$c_d = \frac{d_p + d_g}{2}$$

이므로

$$d_p + d_g = 2(57) = 114\ \text{mm} \qquad \text{(a)}$$

이다. 식 (14.5)로부터

$$\frac{N_p}{d_p} = \frac{N_g}{d_g}.$$

그러므로

$$\frac{16}{d_p} = \frac{40}{d_g} \qquad \text{(b)}$$

이다. 그러므로 두 개의 식과 두 개의 미지수가 존재한다. 식 (a)로부터

$$d_p = 114 - d_g. \qquad \text{(c)}$$

식 (c)를 식 (b)에 대입하면

$$\frac{16}{114 - d_g} = \frac{40}{d_g}$$

이다. 이를 풀면 $d_g = 81.43$ mm이다. 이 값을 식 (a)에 대입하면 $d_p = 32.57$ mm가 된다. 식 (14.5)로부터 지름 피치는

$$p_d = \frac{N_p}{d_p} = \frac{16}{32.57} = 0.4912\ \text{mm}^{-1}$$

이다. 식 (14.6)으로부터 원주 피치는

$$p_c = \frac{\pi}{p_d} = \frac{\pi}{0.4912} = 6.396\ \text{mm}$$

이다. 축간 거리의 변화는 피니언과 기어의 기초원에 영향을 미치지 않는다. 그러므로 식 (14.16)으로부터

$$\phi = \cos^{-1}\left(\frac{r_{bp}}{r_p}\right) = \cos^{-1}\left(\frac{15.04}{32.57/2}\right) = 22.55°$$

이다. 그러므로 축간 거리 1.8% 증가는 압력각 2.55°를 증가시키는 결과를 가져온다.

14.4 기어비

맞물려 있는 기어 쌍의 경우, 구동 기어에서 종동기어로 회전운동과 동력이 전달될 때는 부드럽고 균일한 확동(positive motion), 마찰동력 손실의 최소화가 보장되어야 한다. **기어 맞물림의 기본 법칙**(fundamental law of gearing)이란 맞물린 두 기어 이의 일정 속도비를 유지하기 위해서, 기어 이 접촉점에서의 공통 법선이 항상 **피치점**(pitch point)이라 불리는 고정점을 통과해야만 한다는 것을 말한다. 그림 14.8에 나타낸 피치점에서의 기어 속도와 피니언 속도는 같아야 하기 때문에

$$r_p\omega_p = r_g\omega_g \tag{14.18}$$

이다. 식 (14.3)을 사용하면 기어비(gear ratio)는 아래과 같은 식으로 표현된다.

$$g_r = \frac{\omega_p}{\omega_g} = \frac{d_g}{d_p} = \frac{r_g}{r_p} = \frac{N_g}{N_p}. \tag{14.19}$$

예제 14.3

작용선에서의 속도

조건 두 인벌루트 기어가 원활히 작동될 때, 접촉점은 작용선을 따라서 움직인다. $N_p = 20$, $N_g = 38$이고 $\phi = 20°$라 하자. 모듈(module)은 2 mm이고 피니언 속도는 3600 rpm이다.

문제 그림 14.8을 참조하여, 초기 접촉점과 피치점에서의 기어 속도를 구하라.

풀이 식 (14.7)로부터 $d_p = mN_p = (2)(20) = 40$ mm이다. 그림 14.8a로부터 초기 접촉점에서의 속도는

$$\begin{aligned}\omega_p r_{bp} &= \omega_p\left(\frac{d_p}{2}\right)\cos 20° \\ &= \left(\frac{3600}{60}\right)2\pi\left(\frac{40}{2}\right)\cos 20° \\ &= 7.085 \text{ m/s}\end{aligned}$$

이다. 피치점에서의 속도는

$$\omega_p r_p = \left(\frac{3600}{60}\right)2\pi\left(\frac{40}{2}\right) = 7.540 \text{ m/s}$$

이다.

14.5 접촉비와 기어 속도

부드럽고, 연속적인 기어 이 동작을 위해서는 접촉되어 있던 한 쌍의 이가 분리되는 순간, 다음 순서인 다른 한 쌍의 이들은 이미 접촉되어 있어야 한다. **접촉비**(contact ratio)는 임의의 순간 접촉하고 있는 이의 평균 개수로 정의하며, 접촉비는 작용 길이(length of action)에 대한 기초 피치(base pitch)의 비율로 쓸 수 있다. 각피치(angular pitch)는 기어 이가 접촉을 시작한 순간부터 접촉이 끝날 때까지 회전한 각도를 의미한다. 그림 14.8에서 보이는 바와 같이, 피치점을 통과하는 작용선은 피니언과 기어의 기초원에 접한다는 것을 상기하라. **작용 길이**(length of action)는 이 접촉이 발생한 지점에서 작용선의 길이이다. 그림 14.8과 그림 14.10은 작용 길이와 접촉비를 정의하는 데 있어 중요한 변수들을 나타낸다. 작용 길이는 이끝원이 작용선과 교차하는 구간의 길이로 정의되며, 기어와 피니언의 기하학적 형상으로부터 식 (14.20)과 같이 계산할 수 있다.

$$L_{ab} = \sqrt{r_{op}^2 - r_{bp}^2} + \sqrt{r_{og}^2 - r_{bg}^2} - c_d \sin\phi \tag{14.20}$$

접촉비는

$$C_r = \frac{L_{ab}}{p_b}. \tag{14.21}$$

로 정의된다. 식 (14.17)을 이용하면, 접촉비는

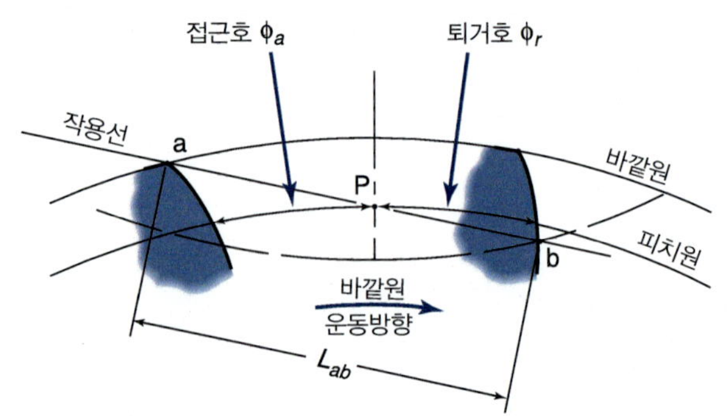

그림 14.10: 접근호(arc of approach), 퇴거호(arc of recess), 작용 길이(length of action)에 대한 개략도.

$$\begin{aligned} C_r &= \frac{L_{ab}}{p_c \cos\phi} \\ &= \frac{1}{p_c \cos\phi}\left[\sqrt{r_{op}^2 - r_{bp}^2} + \sqrt{r_{og}^2 - r_{bg}^2}\right] - \frac{c_d \tan\phi}{p_c} \end{aligned} \tag{14.22}$$

로 표현할 수 있다.

접촉비가 1인 경우, 접촉하고 있던 한 쌍의 이가 분리될 때, 새로운 한 쌍의 이가 접촉할 것이므로 항상 한 쌍의 이가 접촉하고 있을 것이다. 접촉비가 1인 경우가 사용될 수도 있지만, 하중이 기어 이 끝에 작용하기 때문에 낮은 성능을 갖게 되고 추가적인 진동, 소음, 백래시가 발생하게 된다. 이러한 이유로 인해, 접촉비는 1.2 혹은 그보다 크게 유지하는 것이 유리하다. 대부분의 평기어 세트들은 1.4와 2.0 사이의 접촉비를 갖는다.

1과 2 사이의 접촉비는 일부 시간 동안에는 두 쌍의 기어 이가 접촉하고 있고, 나머지 시간 동안에는 한 쌍의 기어 이가 접촉하고 있다는 것을 의미한다. 2와 3 사이의 접촉비는 일부 시간 동안 세 쌍의 기어 이가 접촉해 있음을 의미한다. 이러한 상황은 평기어 세트에서는 드물지만, 헬리컬 기어와 웜 기어에서는 일반적으로 발생한다. 전달되는 하중을 두 쌍의 이가 공유한다면 응력은 더 낮아지는 예에서 알 수 있듯이 접촉비는 성능과 분석에 있어서 중요하다.

외접(externally)으로 맞물린 기어의 작용 길이는 식 (14.20)으로부터 얻는다. 그러나 *내접*(internally)으로 맞물린 기어에 대해서는 아래와 같이 수정이 필요하다.

$$r_{og} = r_g - a; \qquad c_d = r_2 - r_1 = r_g - r_p;$$

$$L_{ab} = \sqrt{r_{op}^2 - r_{bp}^2} - \sqrt{r_{og}^2 - r_{bg}^2} + c_d \sin\phi. \tag{14.23}$$

기어의 운동학에서는 피니언과 기어에 대한 세 가지 속도가 중요하다.

1. *피니언과 기어의 속도*

$$u_{bp} = \omega_p r_{bp} = \omega_p r_p \cos\phi \tag{14.24}$$

$$u_{bg} = \omega_g r_{bg} = \omega_g r_g \cos\phi \tag{14.25}$$

맞물린 기어 사이에 미끄럼이 없다면,

$$\omega_p r_p = \omega_g r_g \tag{14.26}$$

2. *접촉에서의 미끄럼 속도*

미끄럼 속도는 작용선에 수직인 방향으로 측정한 두 기어 속도 차이다. 피치점에서 미끄럼 속도는 0이다. 미끄럼 속도는 피치점에서 양쪽 방향으로 증가하여 작용선의 양쪽 끝에서 최대이다(그림 14.10의 a점과 b점). a점과 b점에서 미끄럼 속도는 아래의 식으로부터 얻을 수 있다.

$$u_{sa} = (L_{ab} + L_2)\omega_g - L_1\omega_p \tag{14.27}$$

$$u_{sb} = (L_{ab} + L_1)\omega_p - L_2\omega_g \tag{14.28}$$

여기서 L_1과 L_2는 그림 14.8b에 있는 작용선 상에서 정의되었다. 맞물린 기어 세트의 미끄럼 속도는 u_{sa} 혹은 u_{sb}값보다 더 크다.

3. *윤활 속도*

피니언과 기어의 경우, 윤활 속도는 다음과 같다.

$$u_p = \omega_p r_p \sin\phi \tag{14.29}$$

$$u_g = \omega_g r_g \sin\phi \tag{14.30}$$

예제 14.4

기어 스터빙

조건 기어박스(gearbox)에 20개의 잇수를 갖는 피니언과 67개의 잇수를 갖는 기어가 있다. 모듈은 2.5 mm이다. 제조자는 기어박스 크기를 줄여야 하지만, 기어 이 크기 변화는 원하지 않는다. 오리지널(정규) 기어는 이끝 높이 $1/p_d$과 압력각 20°로 규격화되어 있다. 이를 해결하기 위해 사용한 접근법은 휠 위에서 스터빙(이끝 높이 감소)에 의해 기어박스 크기를 감소시키는 것이다.

문제 휠이 스터빙되어야만 하는가? 스터빙으로 인한 기어박스 크기의 감소율은 얼마인가? 스터빙된 기어의 최소 접촉비는 1.1을 사용하라.

풀이 식 (14.8)로부터 원주 피치는 다음과 같다.

$$p_c = \pi m = \pi(2.5) = 7.854 \text{ mm}.$$

식 (14.1)과 식 (14.7)로부터 축간 거리는 다음과 같다.

$$\begin{aligned} c_d &= \frac{d_p + d_g}{2} \\ &= \frac{mN_p + mN_g}{2} \\ &= \frac{(2.5)(20) + (2.5)(67)}{2} \\ &= 108.75 \text{ mm}. \end{aligned}$$

식 (14.7)로부터 피니언과 기어의 피치원 반지름은

$$r_p = \frac{d_p}{2} = \frac{mN_p}{2} = \frac{(2.5)(20)}{2} = 15 \text{ mm},$$

$$r_g = \frac{d_g}{2} = \frac{mN_g}{2} = \frac{(2.5)(67)}{2} = 83.75 \text{ mm}$$

이다. 식 (14.16)으로부터 피니언과 기어의 기초원 반지름은 다음과 같다.

$$r_{bp} = r_p \cos\phi = (15)\cos 20^\circ = 14.10 \text{ mm},$$

$$r_{bg} = r_g \cos\phi = (83.75)\cos 20^\circ = 78.70 \text{ mm}.$$

피니언과 기어의 이끝원 반지름은 다음과 같다.

$$r_{op} = r_p + a,$$

$$r_{og} = r_g + a.$$

(a) *표준 기어:* 표준 기어에 대해 이끝 높이는 $a = 1.00\,m = 2.5$ mm(표 14.2 참조) 이다. 그러므로

$$r_{op} = r_p + a = 15 + 2.5 = 17.5 \text{ mm}, \quad \text{(a)}$$

$$r_{og} = r_g + a = 83.75 + 2.5 = 86.25 \text{ mm} \quad \text{(b)}$$

이며, 다음과 같이 쓸 수 있다.

$$r_{op} + r_{og} = 103.75 \text{ mm}.$$

(b) *스터빙된 피니언:* 만약 피니언이 스터빙되었다면, 피니언의 이끝원 반지름은

$$r_{op} = r_p + xa \quad \text{(c)}$$

이다. 여기서, x는 0에서 1 사이의 상수이다. $x = 1$인 표준 피니언이 존재하고, $x = 0$인 피니언이 피치원에서 스터빙되었다고 하자. 피니언 혹은 기어 둘 중 하나는 스터빙되었지만 모두 스터빙되지는 않았다. 또한 가장 작은 접촉비는 최소 1.1로 주어져 있다. 그러므로 식 (14.22), 식 (b)와 식 (c)를 사용하면

$$1.1 = \frac{\sqrt{(15+2.5x)^2 - 14.10^2} + \sqrt{86.25^2 - 78.70^2}}{2.5\pi \cos 20^\circ} - \frac{108.75 \tan 20^\circ}{2.5\pi}$$

또는 $x = 0.9198$이다. 피니언의 이끝원 반지름은

$$r_{op} = 15 + 2.5(0.9198) = 17.30 \text{ mm}$$

이다. 이끝원 반지름의 합은

$$r_{op} + r_{og} = 17.30 + 86.25 = 103.55 \text{ mm}$$

이다. 그러므로 만약 피니언이 스터빙되었다면 기어박스 크기의 감소율은

$$\frac{(108.75 - 103.55)}{108.75} \times 100\% = 4.78\%$$

이다.

(c) *스터빙된 기어:* 만약 기어가 스터빙되었다면, 기어의 이끝원 반지름은

$$r_{og} = r_g + ya \quad \text{(d)}$$

이다. 여기서 y는 0에서 1 사이의 상수이다. 접촉비는 1.1로 설정하고, 식 (14.22), 식 (d)와 식 (c)를 사용하면 다음 식이 주어진다.

$$1.1 = \frac{\sqrt{17.5^2 - 14.1^2} + \sqrt{(83.75 + 2.5y)^2 - 78.70^2}}{2.5\pi \cos 20°} - \frac{108.75 \tan 20°}{2.5\pi}.$$

y에 관해서 수치적으로 풀면 $y = 0.9443$이다. 기어의 이끝원 반지름은

$$r_{og} = 83.75 + 2.5(0.9443) = 86.11 \text{ mm}$$

이다. 이끝원 반지름을 더하면

$$r_{op} + r_{og} = 17.5 + 86.11 = 103.6 \text{ mm}$$

이다. 그러므로 만약 기어가 스터빙되었다면 기어박스 크기 감소율은

$$\frac{(108.75 - 103.6)}{108.75} \times 100\% = 4.73\%$$

이다. 그러므로 기어박스 크기가 더 크게 감소(4.78%)하려면 피니언이 스터빙되어야 한다. 그러나 치수 변화는 그다지 크지 않다는 것을 주목하라. 비록 두꺼운 이를 가지면 치수 변화가 조금 더 커지긴 하겠지만, 스터빙을 통해서는 더 컴팩트한 설계를 얻을 수 없다.

14.6 이두께와 백래시

원주 방향 이두께(circular tooth thickness) t_h는 이의 한쪽에서 다른 한쪽까지 피치원을 따라 측정한 원호 길이이다. 이론적으로 원주 방향 이두께는 원주 피치의 반이거나 다음과 같이 쓸 수 있다.

$$t_h = \frac{p_c}{2} = \frac{\pi}{2p_d}. \quad (14.31)$$

피니언과 기어가 완벽하게 맞물린 경우 피치원에서 측정된 이두께는 정확하게 원주 피치의 반이어야만 한다. 하지만, 가공에서의 부정확성을 피할 수 없기 때문에 기어들이 서로 간섭 없이 부드럽게 맞물리도록 하기 위해서는 이를 약간 얇게 가공하여 약간의 틈새를 확보해야 하는 것이 바람직하다. 이러한 틈새는 피치원에서 측정되며 **백래시**(backlash)라 불린다. 그림 14.11은 맞물린 기어에서의 백래시를 도시한 것이다.

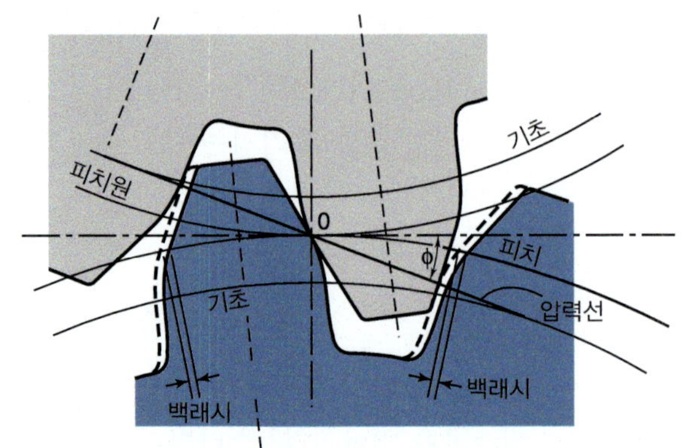

그림 14.11: 기어에서 백래시 개략도.

원하는 백래시의 양을 얻기 위해, 식 (14.31)에서 주어진 이두께를 감소시킬 필요가 있다. 이두께의 감소량은 제조와 조립에서의 오차 때문에 원하는 백래시보다 약간 더 크게 해야 한다. 가공 정확도, 가공 조건에 따라 변하는 특정 백래시에 대한 끼워맞춤 여유(allowance)에 따라 이두께의 감소량이 달라진다. 표 14.3에서 몇 가지 백래시 값이 추천되고 있지만, 열팽창이 중요하게 고려되는 응용 사례들에서는 백래시는 더 높은 값을 가져야 한다.

기어열에서 백래시를 결정하기 위해(14.7절 참조), 짝을 이루고 있는 각 기어 쌍들의 백래시 합이 필요하다. 그러나 연속적으로 맞물린 기어에 대한 총 백래시를 얻기 위해, 기어열에서 선택된 기준 축과 연관된 맞물린 기어 쌍의 기어비를 고려해야 한다. 이것은 이 본문의 범위를 벗어나는 것이며, 자세한 세부 내용은 Mechalec(1962) 혹은

표 14.3: 미터 단위 기어의 경우 추천되는 최소 백래시.

모듈 m	백래시 mm
1	0.05-0.10
2	0.08-0.13
3	0.10-0.15
4	0.13-0.20
5	0.15-0.23
6	0.18-0.28
8	0.23-0.36
10	0.28-0.41
12	0.35-0.51
18	0.46-0.69
25	0.63-1.02

Townsend(1992)의 연구결과를 통해 확인할 수 있다.

이두께 감소로 백래시가 발생하는 경우 이외에도, 작동하는 축간 거리가 식 (14.31)과 식 (14.1)에서 얻어진 것보다 더 클 경우 백래시가 발생할 수 있다. 표 14.3은 굵은 피치 기어에 권장되는 최소 백래시를 제공한다. 그러므로 표 14.3으로부터 백래시 b_l과 식 (14.31)로부터 이론적인 원주 방향 이두께 t_h가 알려졌을 때, 실제 원주 방향 이두께는 다음과 같다.

$$t_{ha} = t_h - b_l. \tag{14.32}$$

예제 14.5

이두께, 백래시, 접촉비

조건 예제 14.2에서 두 가지 상황이 주어졌다.

문제 이두께와 접촉비를 구하고 권장되는 백래시를 예측하라.

풀이

(a) 본래 축간 거리, 이두께는 식 (14.31)로부터 다음과 같다.

$$t_h = p_c/2 = 6.238/2 = 3.119 \text{ mm}.$$

이 경우에 모듈은 2 mm이고, 축간 거리는 56 mm이다. 표 14.3으로부터 보간된 추천 백래시는 0.08 mm와 0.13 mm 사이에서, $b_l = 0.105$ mm의 평균값이 사용될 것이다. 그러므로 실제 이두께는 식 (14.32)로부터

$$t_{ha} = t_h - b_l = 3.119 - 0.105 = 3.014 \text{ mm}$$

이다. 표 14.2 피니언과 기어의 이끝 높이는

$$a = 1.00m = 1.00(2 \text{ mm}) = 2 \text{ mm}$$

이다. 피니언과 기어의 이끝원 반지름은

$$r_{op} = r_p + a = 16 + 2 = 18 \text{ mm}$$

$$r_{og} = r_g + a = 40 + 2 = 42 \text{ mm}$$

이다. 상기 사항과 식 (14.22)를 이용함으로써 접촉비는

$$C_r = \frac{\sqrt{18^2 - 15.04^2} + \sqrt{42^2 - 37.59^2}}{6.238 \cos 20°} - \frac{56 \tan 20°}{6.238},$$

혹은 $C_r = 1.61$로 표현될 수 있다. 이것은 일정 시간 동안에는 두 쌍의 이가 접촉하고 있고, 남은 시간 동안에는 한 쌍의 이가 접촉하고 있다는 것을 의미한다.

(b) 축간 거리가 1 mm까지 증가할 때, 이두께는 식 (14.31)로부터 다음과 같이 계산된다.

$$t_h = \frac{p_c}{2} = \frac{6.3936}{2} = 3.1968.$$

실제 이두께는 다음과 같다.

$$t_{ha} = t_h - b_l = 3.1968 - 0.105 = 3.092 \text{ mm}.$$

피니언과 기어의 기초원 반지름과 이끝원 반지름은 다음과 같다.

$$r_{bp} = \frac{d_p}{2}\cos\phi = \frac{34.57}{2}\cos 22.55° = 15.96 \text{ mm}$$

$$r_{op} = r_p + a = 17.285 + 2 = 19.285 \text{ mm}$$

$$r_{bg} = \frac{d_g}{2}\cos\phi = \frac{85.43}{2}\cos 22.55° = 39.45 \text{ mm}$$

$$r_{og} = r_g + a = 42.715 + 2 = 44.715 \text{ mm}$$

$$C_r = \frac{\sqrt{19.285^2 - 15.96^2} + \sqrt{44.715^2 - 39.45^2}}{6.3936 \cos 22.55°} - \frac{57 \tan 22.55°}{6.3936} = 1.69.$$

그러므로 축간 거리의 증가는 압력각을 증가시킨다. 접촉각의 변화는 매우 작다.

14.7 기어열

다수의 기어들로 구성된 것을 **기어열**(gear train)이라 한다. 기어열은 출력 축에서 원하는 각속도를 얻고자 하는 경우와 입력 축으로부터 동력을 전달하고자 하는 경우에 사용된다. 입력 기어와 출력 기어 사이의 각속도비는 상수이다. 기어비가 클 때(평기어의 경우 약 6 정도) 혹은 단일 입력 축이 다수의 출력 축에 동력을 공급할 때 기어열이 필요하다.

14.7.1 단일 기어 맞물림

그림 14.12는 중심이 고정되어 있는 *외접* 맞물림 평기어를 나타낸다. 기어의 회전 시 양의 부호는 같은 방향을 의미하고 음의 부호는 반대 방향을 의미하는 부호규약과 식 (14.19)를 사용하여, 그림 14.12에서 나타난 외접 맞물림 상태에서의 각속도비는 다음과 같이 나타낼 수 있다.

$$Z_{21} = \frac{\omega_2}{\omega_1} = -\frac{N_1}{N_2}. \tag{14.33}$$

외접 맞물림 기어 이는 상당히 일반적인 기어 이로서, 기어열의 모든 외접 맞물림 기어는 회전 방향이 반대로 바뀐다. 외접 맞물림 평기어의 축간 거리는 다음과 같다.

$$c_d = r_1 + r_2. \tag{14.34}$$

그림 14.13은 *내접* 맞물림 평기어를 나타낸다. 두 기어가 같은 방향으로 움직이기 때문에, 각속도비는 양의 부호를 가지며, 이 때의 각속도비는 다음과 같다.

$$Z_{21} = \frac{\omega_2}{\omega_1} = \frac{N_1}{N_2}. \tag{14.35}$$

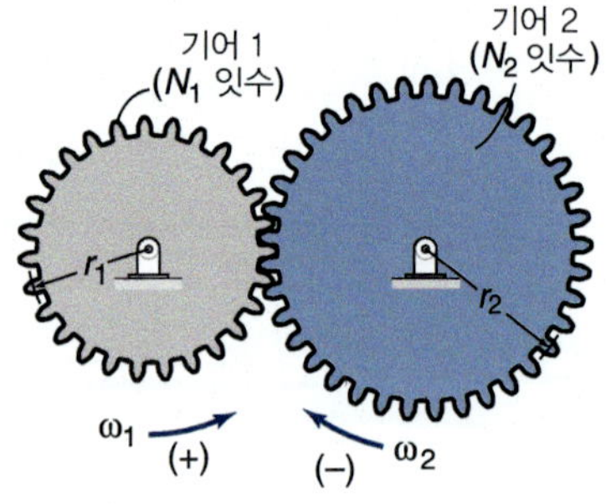

그림 14.12: 외접 맞물림 평기어.

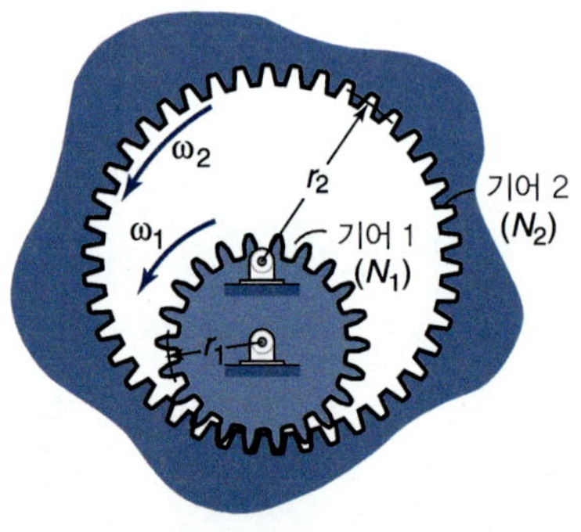

그림 14.13: 내접 맞물림 평기어.

그림 14.14: 단순 기어열.

14.7.2 단순 평기어열

그림 14.14에서 보여지는 바와 같이, 단순 평기어열에서는 각 축마다 유일하게 하나의 기어만 장착되어 있다. 만약 i번째 기어($i = 1, 2, 3, \cdots n$)가 N_i개의 이와 각속도 ω_i(반시계 방향이 양의 방향)를 가지고 있다면, 각속도비 혹은 i번째 기어에 대한 j번째 기어의 기어열비(train value)는 다음과 같다.

$$Z_{ji} = \frac{\omega_j}{\omega_i} = \pm\frac{N_i}{N_j}. \tag{14.36}$$

$j - i$가 짝수일 때 양의 부호가 사용되고, $j - i$가 홀수일 때 음의 부호가 사용된다. 이렇게 하는 이유는 그림 14.14에서와 같이 모든 기어들이 외접하고 있기 때문이며, 인접한 축의 회전 방향과 반대 방향이라는 것을 의미한다.

14.7.3 복합 기어열

복합 기어열(그림 14.15)에서는 한 축에 두 개 혹은 두 개 이상의 기어들이 장착된 것을 말한다. 복합 기어열에서 모든 기어들은 키(key)로 고정되어 있다(11.6절 참조). 즉, 기어는 각 축에 고정되어 있어서, 기어의 각속도와 기어가 장착된 축의 각속도는 같다. 인접한 축들의 각속도는 맞물린 기어들의 기어비에 의해 결정된다.

ω_i는 i번째 축의 각속도라 하자. 예를 들면, ω_3은 기어 4와 기어 5가 장착된 축의 각속도이다. 그림 14.15에서 반시계 방향을 양의 부호, 시계방향을 음의 부호로 하고 왼쪽에 있는 기어에서부터 오른쪽 기어까지의 각속도비를 구하면 다음과 같다.

$$\frac{\omega_2}{\omega_1} = -\frac{N_1}{N_2} \qquad \frac{\omega_3}{\omega_2} = -\frac{N_3}{N_4} \qquad \frac{\omega_4}{\omega_3} = -\frac{N_5}{N_6} \qquad \frac{\omega_5}{\omega_4} = -\frac{N_7}{N_8}$$

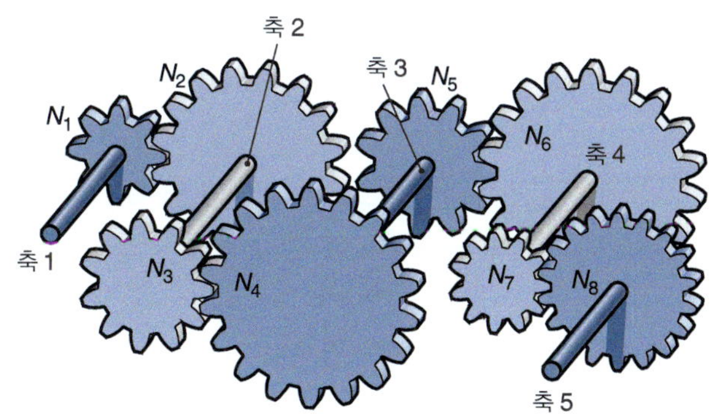

그림 14.15: 복합 기어열.

또한, 그림 14.15의 기어열에서 축 1에 대한 축 5의 각속도비 Z_{51}은 다음과 같다.

$$Z_{51} = \frac{\omega_5}{\omega_1}, \tag{14.37}$$

여기서

$$\begin{aligned} \frac{\omega_5}{\omega_1} &= \left(\frac{\omega_5}{\omega_4}\right)\left(\frac{\omega_4}{\omega_3}\right)\left(\frac{\omega_3}{\omega_2}\right)\left(\frac{\omega_2}{\omega_1}\right) \\ &= \left(-\frac{N_7}{N_8}\right)\left(-\frac{N_5}{N_6}\right)\left(-\frac{N_3}{N_4}\right)\left(-\frac{N_1}{N_2}\right) \end{aligned}$$

이다. 그림 14.15에서 보여지는 복합 기어열의 경우 식은 다음과 같다.

$$Z_{51} = \frac{N_1 N_3 N_5 N_7}{N_2 N_4 N_6 N_8}. \tag{14.38}$$

복합 기어열의 경우, 기어 속도와 방향의 체계적인 검사는 필수이다.

예제 14.6

기어열

조건 그림 14.16에서의 기어열을 고려하라.

문제 기어열의 각속도비를 구하라. 만약 축 1이 시계방향 1750 rpm으로 회전한다면, 축 4의 속력과 방향은 얼마인지 구하라.

풀이 그림 14.16으로부터 $\omega_1 = -1750$ rpm(시계방향이

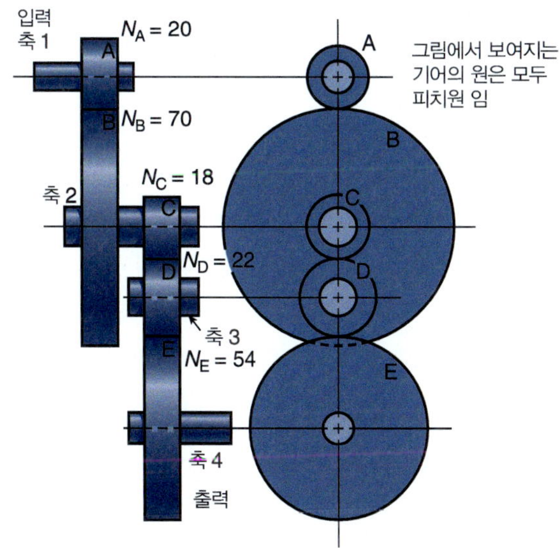

그림 14.16: 예제 14.16에서 사용된 기어열.

므로 음의 부호)이라 하자. 식 (14.36)으로부터 축 2는 반시계 방향으로 회전할 것이다. 따라서 축 3은 시계방향으로 회전할 것이고, 축 4는 반시계 방향으로 회전할 것이다. 그러므로

$$\begin{aligned} Z_{14} &= \left(-\frac{N_B}{N_A}\right)\left(-\frac{N_D}{N_C}\right)\left(-\frac{N_E}{N_D}\right) \\ &= -\frac{N_B N_E}{N_A N_C} = -\frac{(70)(54)}{(20)(18)} = -10.5 \end{aligned}$$

이다

기어 D는 아이들러(idler)로 각속도비 크기에 영향을 미치지 않지만, 방향 전환을 일으킨다. 그러므로 만약 기어 D가 존재하지 않는다면, 기어 E는 반대 방향으로 회전할 것이므로, 각속도비의 크기는 같지만, 부호는 반대가 될 것이다.

출력 축 속도는

$$Z_{14} = \frac{\omega_A}{\omega_E} = -\frac{N_B N_E}{N_A N_C} = -10.5$$

이다. 그러므로

$$\omega_E = \frac{\omega_A}{Z_{14}} = \frac{1750}{-10.5} = -166.7 \text{ rpm}$$

이다. 음의 부호는 반시계 방향 혹은 입력 축과 반대 방향임을 의미한다.

14.7.4 유성 기어열

일반적으로 사용되는 **유성 기어열**(planetary gear trains)은 많은 응용 분야에서 유연하게 활용될 수 있으며, 컴팩트한 설계에서도 높은 기어비를 얻을 수 있다. 유성 기어열(planetary or epicyclic gear train)은 **태양 기어**(sun gear), **링기어**(ring gear), **유성 캐리어**(planet carrier) 혹은 **암**(arm) 그리고 하나 혹은 하나 이상의 **유성 기어**(planet gaers)들로 구성된다. 그림 14.17a는 3개의 유성 기어와 암으로 구성된 일반적인 유성 기어열을 나타낸다. 기어열에서의 운동학은 그림 14.17a와 같은 각속도를 갖는 그림 14.17b 시스템으로 단순화할 수 있고, 이를 기어열의 분석에 사용할 수 있다. 안정성 증가, 기어 변형 및 기어 이 응력 감소를 위해서는 유성 기어를 추가적으로 사용하는 것이 바람직하다.

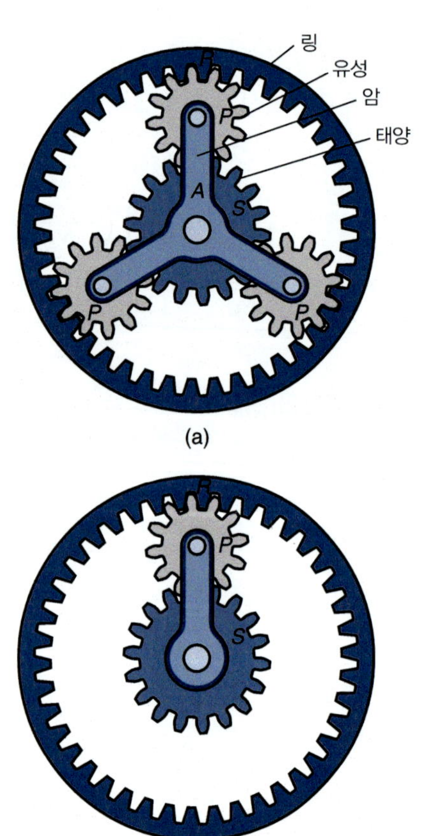

그림 14.17: 유성 기어열의 개략도. (a) 3개의 유성, (b) 1개의 유성(단지 분석 용도일 경우).

유성 기어열은 2 자유도이다. 즉, 예측 가능한 출력을 얻기 위해서는 2개의 입력이 필요하다는 의미이다. 예를 들면, 태양 기어는 입력이 될 수 있고(모터 혹은 다른 동력원에 의해 구동되는 경우), 링기어는 기계 프레임에 볼트로 조여져 있으며(속도 0으로 구속되도록 하기 위해 볼트로 조여짐), 유성 암(planet arm)은 출력이 될 수 있다(다른 장치들을 구동시킬 수 있는 것). 이러한 정렬에서 입력과 출력은 서로 평행한 축을 가지고 있으며, 동력전달 장치에서 많이 활용되고 있다. 또 다른 구동 모드는 태양 기어가 구동되고, 링기어는 고정된 상태이며, 유성 기어가 출력이 되는 정렬 배치를 사용하는 것이다. 기어열의 이러한 정렬은 입력 축과 연결된 축을 회전시키는 결과를 초래한다. 이러한 유성 기어열은 모든 종류의 믹서기와 교반기에서 매우 일반적으로 응용된다.

유성 기어열의 또 다른 응용 예는 자동차 차동 변속장치(differential transmission)이다. 차동 변속장치에서 태양 기어는 입력이고(구동축으로부터), 링기어와 아마추어(armature)는 출력이다. 보통, 링기어와 아마추어는 마찰에 의해 서로 연결되어 있고 같은 출력으로 볼 수 있지만, 강체처럼 서로 구속하고 있는 것은 아니다. 그러므로 하나의 바퀴는 다른 것과 독립적으로 회전할 수 있고, 미끄러운 길 표면 상태를 주행해야 하는 경우와 부드러운 승차감이 요구되는 경우 그리고 바퀴의 마모율을 낮춰야 하는 경우에 대해 이점을 갖는 정렬 배치이다.

유성 기어열은 다음 식들을 이용하여 분석할 수 있다.

$$\frac{\omega_{\text{ring}} - \omega_{\text{arm}}}{\omega_{\text{sun}} - \omega_{\text{arm}}} = -\frac{N_{\text{sun}}}{N_{\text{ring}}}, \tag{14.39}$$

$$\frac{\omega_{\text{planet}} - \omega_{\text{arm}}}{\omega_{\text{sun}} - \omega_{\text{arm}}} = -\frac{N_{\text{sun}}}{N_{\text{planet}}}, \tag{14.40}$$

$$N_{\text{ring}} = N_{\text{sun}} + 2N_{\text{planet}}. \tag{14.41}$$

유성 기어열을 구성하는 기어들 중 어떤 기어라도 첫 번째 기어 혹은 마지막 번째 기어가 될 수 있기 때문에 각속도비를 정의하는 것은 더 어렵다. 각속도비는 다음 식으로 쓸 수 있다.

$$Z_p = \frac{\omega_L - \omega_A}{\omega_F - \omega_A}, \tag{14.42}$$

여기서

Z_p = 유성 기어열에 대한 각속도비

ω_L = 유성 기어열에서 마지막 번째 기어에 대한 각속도 (출력 기어)

ω_A = 암의 각속도

ω_F = 유성 기어열에서 첫 번째 기어에 대한 각속도(종동 기어)

만약 암이 출력 기어 혹은 입력 기어라면, 그 때의 각속도비는 식 (14.37) 혹은 식 (14.38)로부터 계산할 수 있다.

예제 14.7

유성 기어열

조건 유성 기어열이 지게차의 변속기 부품으로 사용되었다. 엔진에 의해 태양 기어가 3000 rpm으로 구동되고, 링기어는 기계 프레임에 볼트로 조여져 있으며, 아마추어는 트랙 구동 시스템(track drive system)에 의해 연결되어 있다. 잇수가 16개인 태양 기어, 잇수가 34개인 유성 기어 3개로 구성되어 있다.

문제 아마추어와 유성 기어의 각속도를 구하고 기어열에 대한 각속도비를 구하라.

풀이 링기어의 잇수는 식 (14.41)로부터 얻는다.

$$N_{\text{ring}} = N_{\text{sun}} + 2N_{\text{planet}} = 16 + 2(34) = 84\text{개}.$$

그러므로 아마추어의 각속도는 식 (14.39)로부터 계산할 수 있다.

$$\frac{\omega_{\text{ring}} - \omega_{\text{arm}}}{\omega_{\text{sun}} - \omega_{\text{arm}}} = -\frac{N_{\text{sun}}}{N_{\text{ring}}},$$

또는

$$\frac{0 - \omega_{\text{arm}}}{314 - \omega_{\text{arm}}} = -\frac{16}{84}.$$

$\omega_{\text{arm}} = 50.24\ \text{rad}/s = 480\ \text{rpm}$으로 계산된다. 양의 값을 얻었기 때문에, 아마추어는 태양 기어와 같은 방향으로 회전할 것이다. 유성 기어의 각속도는 식 (14.40)으로부터 계산될 수 있다.

$$\frac{\omega_{\text{planet}} - \omega_{\text{arm}}}{\omega_{\text{sun}} - \omega_{\text{arm}}} = -\frac{N_{\text{sun}}}{N_{\text{planet}}},$$

또는

$$\frac{\omega_{\text{planet}} - 50.24}{314 - 50.24} = -\frac{16}{34}$$

이거나 $\omega_{\text{plantet}} = -73.88\ \text{rad}/s = -705.5\ \text{rpm}$으로 계산된다. 음의 기호는 유성 기어가 태양 기어와 반대 방향으로 움직인다는 것을 의미한다. 각속도비는 식 (14.37)로부터 계산된다.

$$Z_p = \frac{\omega_{\text{arm}}}{\omega_{\text{sun}}} = \frac{480}{3000} = 0.16.$$

14.8 기어 제작과 품질

14.8.1 품질 지수

그림 14.1에 보여지는 평기어가 그림 14.6의 치형을 가지고 있다고 하자. 기어는 주조, 단조, 분말 금속 접근법, 가공 등을 포함하는 많은 제조 공정들을 통해 제작할 수 있다. 장기간 사용되는 기어의 성능은 기어 제작에 사용된 제조 공정에 따라 지대한 영향을 받는다. 기어의 효율적인 구동을 위해서는 인벌루트 치형의 정확한 제작과 치형의 편차를 줄이는 것이 필수이다. 게다가, 더 부드러운 표면을 갖는 기어(8.2절 참조)는 거친 표면을 갖는 기어보다 더 정숙하게 구동되고 더 큰 유막변수 Λ를 갖는다. 또한, 기어 이의 강도도 제조 공정에 의해 큰 영향을 받는다. 기어 제작에 사용되는 제조 공정들이 기어 설계에 지대한 영향을 미친다는 것은 분명하다. 이 절에서는 기어 제조에 대한 몇 가지 개념들을 소개하려고 한다. Kalpakjian과 Schmid(2010)의 문헌으로부터 추가적인 정보들을 얻을 수 있다.

AGMA는 기어세트의 피치 변화와 연관된 품질 지수 Q_v를 정의하였다. 표 14.4는 여러 가지 응용 사례에 대한 피치-선속도에 대한 일반적인 품질 지수 값들을 나열한 것이다.

표 14.4: 다양한 응용 사례에 대한 품질 지수 Q_v.

응용 사례	품질 지수 Q_v
시멘트 혼합기 드럼 드라이버	3–5
시멘트 가마	5–6
제철소 운전	5–6
옥수수 수확기	5–7
	5–7
광산용 컨베이어	5–7
의류용 세탁기	8–10
인쇄기	9–11
자동차 변속기	10–11
해양 추진 운전	10–12
항공 엔진 운전	10–13
자이로스코프	12–14
피치 속도 m/s	**품질 지수 Q_v**
0–4	6–8
4–10	8–10
10–20	10–12
> 20	12–14

기어 제작에 사용된 제조 공정은 품질 지수에 가장 큰 영향을 미치지만, 그림 14.18에서 보여지는 것처럼 더 높은 품질의 기어 제작에는 그에 상응하는 비용이 든다는 것을 알아야 한다. 설계의 관점에서는 품질 지수를 선택한다는 것이 기어 제작을 위한 제조 공정 선택에 있어 제약을 받는다는 것

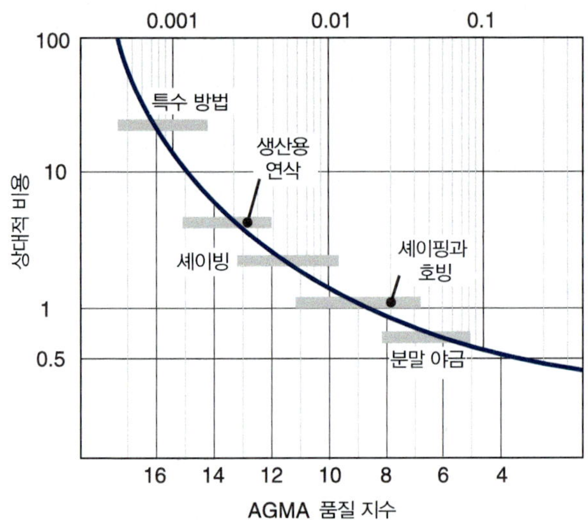

그림 14.18: 기어 품질의 함수인 기어 비용. 압축 성형과 소결의 분말 야금 접근법들과 금속 사출 성형이 추가적인 가공 공정 없이도 품질 지수 8을 갖는 기어를 생산할 수 있다는 것에 주목하라. 뿐만 아니라, 냉간 단조를 통해 유사한 품질 지수를 얻을 수 있다는 연구가 최근 보고되었다.

을 의미한다. 각각의 제조 공정에서의 공정 변수 및 제어를 통해 품질 지수의 범위가 결정된다는 사실을 그림 14.18에서 보여주고 있다.

품질 지수(quality index) Q_v는 다음 식에 의해 정의된다.

$$Q_v = 0.5048 \ln N_i + 1.144 \ln m - 2.852 \ln(V_{PA} \times 10^5) + 13.664 \tag{14.43}$$

여기서

N_i = 피니언 혹은 기어 잇수

V_{PA} = 절대 피치 변화, mm

m = 모듈, mm

의미 있는 품질 지수 값들을 얻기 위해서는 식 (14.43)에서 적절한 단위를 사용하는 것이 중요하다. 품질 지수는 기어 공차와 성능 사이의 연관성을 나타내는 경험적 변수이다. 대부분의 기어 성능 평가에서 중요한 산포가 존재하며, 품질 지수는 불완전하지만 가치 있는 양으로 인지되어야만 한다. AGMA에서는 다음 차수의 정수값에서 Q_v값을 반올림하는 것을 추천한다. 이것은 품질 지수 정의에 대한 부정확한 특성을 입증하는 것이라고 볼 수 있다. 그러므로 품질 지수와 관련된 계산은 근사치이지만 보수적일 것이다.

AGMA 표준 최신판에서는 *전달 정확도 수준*(transmission accuracy level) A_v로 기어 품질을 대체하는 방안이 허용되었다. 추천된 A_v와 Q_v의 방법은 매우 비슷하지만, A_v는 높은 품질의 기어에 대해 낮은 값을 가지며, 낮은 품질의 기어에 대해 높은 값을 갖는다. 기어 설계 식들에 근거하면, A_v와 Q_v는 근본적으로 다음 식과 관계가 있다.

$$A_v = 17 - Q_v. \tag{14.44}$$

14.8.2 기어 제작

금속 기어는 주조, 단조, 압출, 인발, 나사전조, 분말금속(보통 압밀 혹은 소결에 의한 금속 사출 성형) 그리고 판금 블랭킹(sheet metal blaking)을 포함한 여러 가지 공정들을 통해서 제작된다. 비금속 기어들은 사출성형, 압축 성형 혹은 주조에 의해 제작될 수 있다. 이러한 공정들은 보통 5 이하의 낮은 품질 계수(quality factor)를 갖는다. 그러나 장난감, 작

은 기기 등과 같은 응용 사례에서는 큰 동력을 전달하지는 못하지만 낮은 비용으로 제작될 수 있는 기어가 필요하며, 이러한 기어들은 낮은 비용에도 우수한 성능을 가질 수 있다. 물론 접촉비를 증가시키기 위해 더 큰 이끝 높이가 요구되기도 하지만, 몇 가지 폴리머들의 경우에는 우수한 성능을 갖기도 한다.

더 좋은 표면 조도와 더 정확한 형상은 이러한 공정들에 의해 제작된 블랭크(blank) 위에 기어 형상을 가공함으로써 얻을 수 있다. 기어 형상을 제작하는 데에는 *형상 절삭과 창성*(form cutting and generating)이라는 두 가지 기본적인 가공 방법이 있다.

형상 절삭

그림 14.19에서 보여지는 바와 같이 **형상 절삭**(form cutting)에서 사용되는 절삭 공구는 기어 이 사이의 홈 형상에 해당하는 형상을 가지고 있다. 기어 이 형상은 주변부의 기어 블랭크 절삭에 의해 재생산된다. 기어 이 형상을 제작하기 위해 적절한 깊이에서 기어 이 길이를 따라서 축 방향으로 커터(cutter)가 이송한다. 각 이가 절삭된 후에, 커터는 빠지고 기어 블랭크는 회전되며(연동되며), 커터는 또 다른 이의 절삭을 진행한다. 공정은 모든 기어 이가 절삭될 때까지 지속된다.

형상 절삭은 비교적 간단한 공정이며 다양한 형상을 갖는 기어 이 절삭을 위해 사용될 수 있다. 그러나 형상 절삭은 상대적으로 작업이 느리고 몇몇 장비에서는 숙련된 기술자들이 요구된다. 결과적으로, 형상 절삭은 오직 소량 생산에만 적합하다. 제한된 생산 기반에서 형상 절삭을 하는 경우에는 반자동 기계들이 경제적으로 사용될 수 있다.

브로칭(broaching) 또한 기어 이 제작에 사용될 수 있고 특히 내측부 치형 제작에 유용하다. 이 공정은 빠르고 높은 치수 정확도를 가지면서 좋은 표면 조도를 만들어낼 수 있다. 그러나 브로치 작업은 가격이 비싸고 각 기어 크기에 따라 별개의 브로치가 요구되기 때문에, 주로 대량생산에 적합하다.

창성

피니언 형상 커터(그림 14.20), 랙 형상 직선형 커터 혹은 홉

(a)

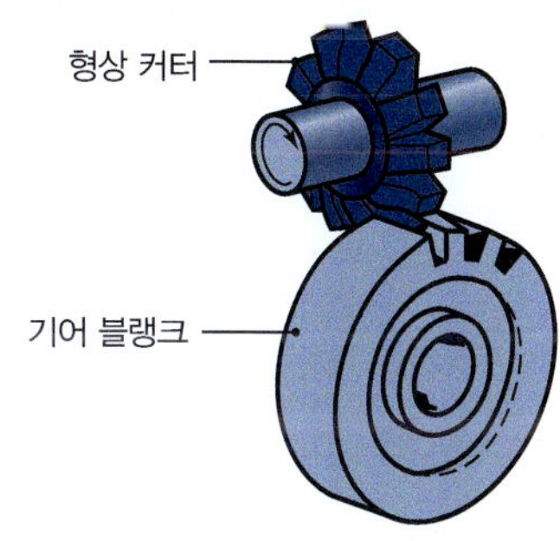

(b)

(c)

그림 14.19: 기어 이의 형상 절삭. (a) 형상 커터. 이 형상이 커터 형상에 의해 결정됨을 주목하라. (b) 형상 절삭 공정의 개략도, (c) 베벨 기어 이의 형상 절삭. 출처: (a)와 (b) Kalpakjian and Schmid(2010), (c) Schafer Gear Works, Inc.

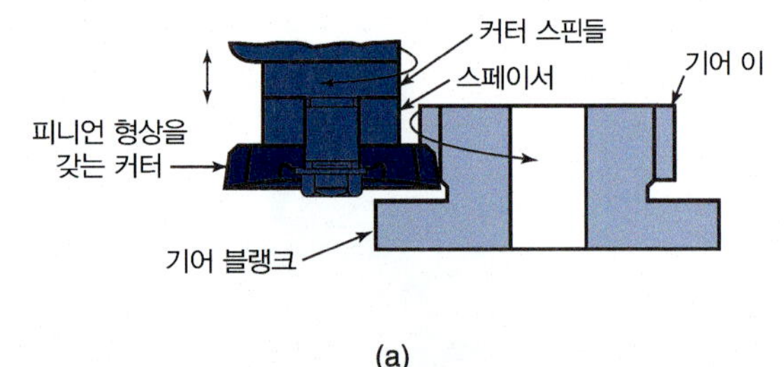

(a)

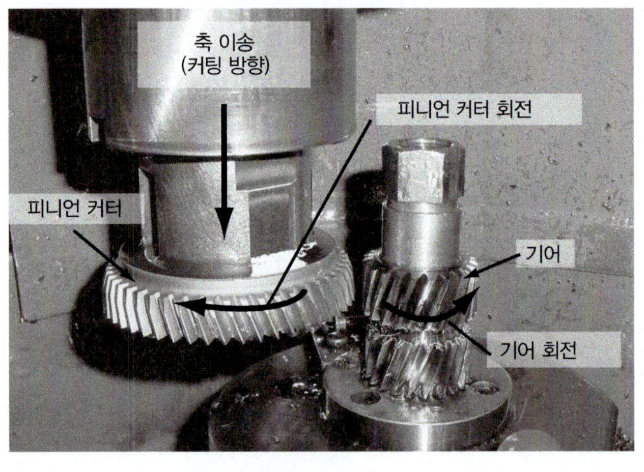

(b)

그림 14.20: 피니언 형상을 갖는 커터를 이용한 기어 이 제작. (a) 공정 개략도. 출처: Kalpakjian and Schmid(2010), (b) 지정된 대로 움직이는 기어와 커터의 사진. 출처: Schafer Gear Works, Inc.

(hob)이 기어 **창성**(generating)을 위한 공구로 사용된다. 피니언 형상 커터는 켤레 쌍을 갖는 기어 종류 중 하나로 간주할 수 있다. 피니언 형상 커터는 기어 블랭크 축과 평행한 축을 가지고 있으며, 블랭크와 동일한 피치원 속도로 느리게 회전한다. 그러나 기어 블랭크와 달리 피니언 형상 커터는 축 방향 왕복운동도 한다. 절삭은 공작 기계의 위에서 아래 방향 혹은 아래에서 윗 방향으로 수행될 수 있다. 이 공정은 소량생산뿐만 아니라 대량생산에도 사용될 수 있다.

기어 블랭크 축에 평행한 방향으로 왕복하는 랙(rack)의 일부분이 *랙 셰이퍼*(rack shaper)에서의 창성 공구이다. 랙 커터 이가 6개에서 12개 이상을 가지는 것은 비실용적이기 때문에 기어 블랭크가 고정되어 있는 동안, 커터는 적절한 구간에서 분리되고 다시 시작점으로 돌아와야 한다.

그림 14.21에 보여지는 것은 기어 커팅 홉이다. 연속적인 종방향 슬롯 가공 방법 혹은 절삭이를 제작하는 깊은 가공 방법으로 만들어진 기어-창성 공구를 사용하여 제작한 웜 혹은 스크류를 기어 커팅 홉이라 한다. 평기어 호빙 작업을 할 때 홉과 기어 블랭크 축 사이의 각도는 90°에서 홉 스레드(나사산)의 리드각을 뺀 각도를 유지한다. 호빙에서 모든 구동은 회전식이고, 홉과 기어 블랭크는 모든 이가 절삭될 때

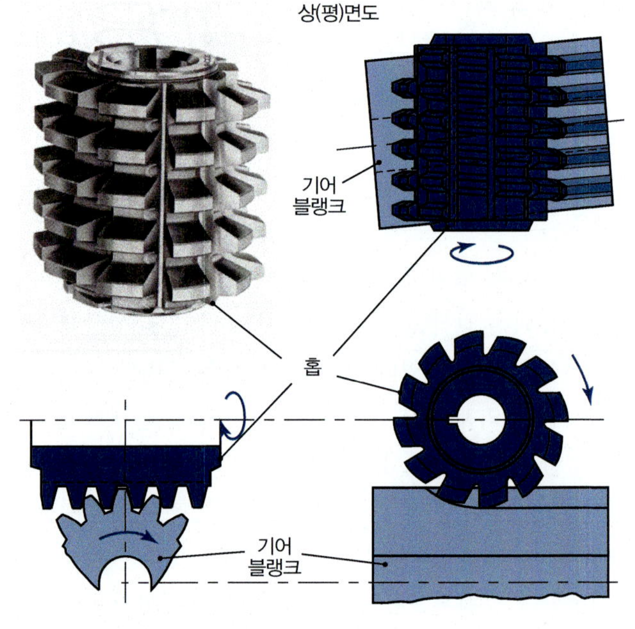

(a)

(b)

그림 14.21: 호빙 공정을 통한 기어 제작. (a) 홉과 공정 개략도. 출처: Kalpakjian and Schmid(2010), (b) 호빙을 이용한 웜 기어 제작. 출처: Schafer Gear Works, Inc.

까지 두 개의 맞물린 기어처럼 연속적으로 회전한다.

기어 마무리 공정

상기에서 언급된 공정들에 의해 기어가 제작되었을 때, 기어 이의 표면 상태와 치수정확도는 응용 분야에서 요구하는 수준을 충족하지 못할 수도 있다. 형상 절삭 혹은 창성에 의해 제작된 기어의 품질 개선을 위해 마무리 공정이 수반된다.

기어 **셰이빙**(shaving)에 사용되는 커터의 기어 이는 다듬질된 상태로 정확한 형상을 가지고 있고 가공된 기어 블랭크의 금속을 미소량 제거하는 데 사용된다. 기어 셰이빙은 공구가 비싸고 전용 기계가 필요하지만, 공정 속도가 빠르며 기어 마무리에 가장 일반적으로 사용되는 공정이다. 셰이빙은 양호한 표면 마감과 형상 정확도를 갖는 기어 이를 만들어낸다. 기어는 셰이빙 공정 이후 열처리가 수행될 수도 있으며, 경도, 마모저항, 기어 이 형상 정확도 등의 개선을 위해 연마공정이 수행된다.

치수 정확도, 표면 조도, 이 홈(tooth spacing), 형상 등의 가장 높은 수준을 갖는 기어 이 제작을 위해 **연삭**(ground), **호닝**(honed) 혹은 **래핑**(lapped) 공정이 수행될 수 있다. 연삭(grinding)은 가장 일반적인 작업이며, 그림 14.22에서 묘사되어 있다. 기어를 위해 가장 일반적으로 이용되는 단일 지수 총형 연마기를 포함하여 연마기(grinder)의 종류에는 몇 가지 유형이 있다. 총형 연마에서 연삭 숫돌은 기어 이 홈과 동일한 형상을 갖는다.

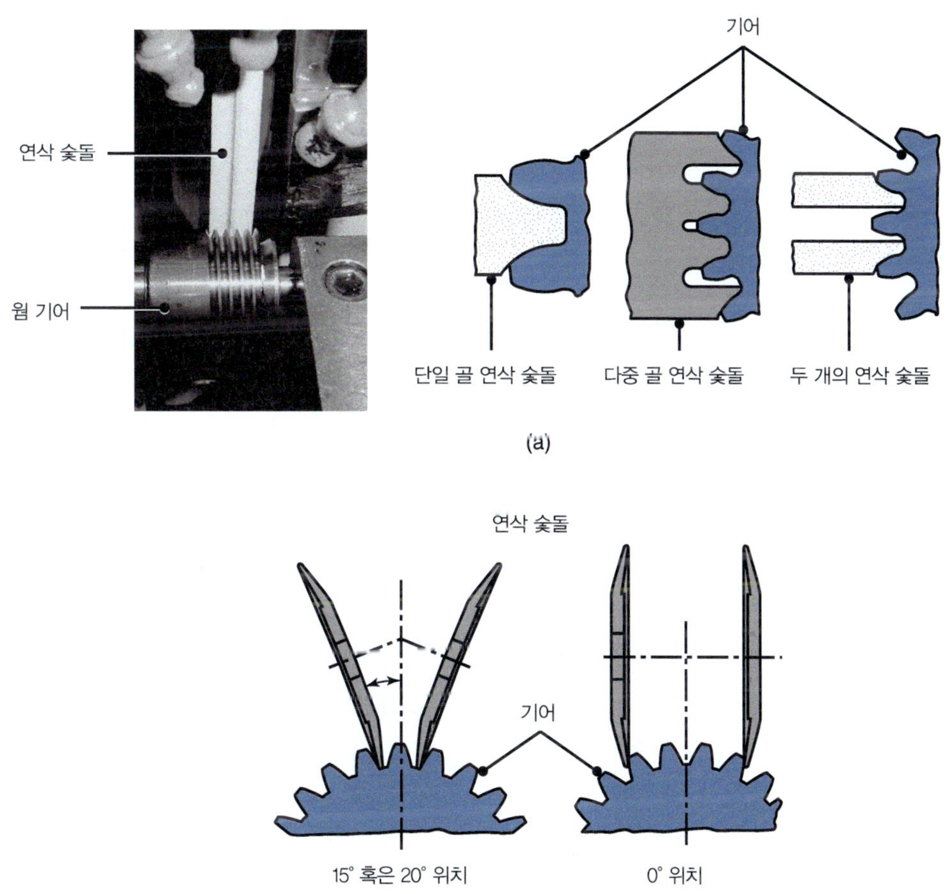

그림 14.22: 연삭에 의한 기어 마무리. (a) 형상이 있는 연삭 숯돌을 이용한 총형 연삭, (b) 두 개의 숯돌을 이용하여 창성하는 연삭. 출처: Kalpakjian and Schmid(2010).

호닝에서는 미세 연마입자를 함유한 플라스틱으로 제작된 기어형상 공구가 사용된다. 호닝 공정에서 공작물이라 함은 연마처리된 기어들을 의미하며, 호닝공정은 표면 상태를 개선하기 위해 사용된다. 표면 상태를 좀 더 개선하기 위해, 연마된 기어 이에 래핑 공정을 수행한다. 래핑 공정은 기어형상 래핑 공구를 이용하거나 서로 맞물려 작동하는 기어 쌍에 연마재를 사용하여 수행한다. 이러한 마무리 작업들은 생산율을 떨어뜨리고 비용은 더 많이 들게 한다. 그러나 마무리 공정들을 통해 생산되는 경화처리된 기어들은 매우 높은 품질과 긴 수명을 가지고 있으며, 작동 시 매우 정숙하게 구동된다.

버니싱(burnishing)과 **숏 피닝**(shot peening)은 기어 이를 위해 사용되는 일반적인 마무리 공정들이다. 1960년대에 소개된 버니싱은 특별히 경화된 기어 형상 버니싱 금형을 사용하는 기본적인 표면 소성 변형 공정으로 기어 이에 표면 압연(surface rolling) 작용(기어 압연)을 일으킨다. 숏 피닝은 비드(bead) 혹은 숏(shot)을 이용해 기어에 반복된 충격을 가하여 표면 변형을 일으킨다. 기어 이 표면을 냉간 가공하면 기어 이에 압축 잔류 응력이 유발되므로, 피로 수명이 개선된다(7.8.5절 참조). 그러나 버니싱이나 숏 피닝도 기어 이의 정확도 혹은 품질 지수 Q_v를 개선하지는 못한다.

14.9 기어 재료

14.9.1 허용 응력

미국 기어제조협회(AGMA)는 기어 재료의 허용하중에 대한 권고들을 포함하여 기어 설계를 위한 다수의 산업 표준들을 공포하였다. 기어 제작에 사용되는 재료의 범위는 광범위하고 다양하다. 3장에서는 재료 전반에 초점을 맞추었고, 이 절에서는 오직 기어장치를 위한 표본이 되는 재료 특성만을 다룬다. 기어 제작을 위해 사용되는 다양한 재료 및 제조 공정, 기어 이에 적용되는 다양한 코팅법에 관한 자세한 정보들은 AGMA(2004)에서 얻을 수 있다.

한 쌍의 기어 이에 힘이 인가되는 상황은 마치 외팔보(cantilever baem)에 힘이 작용하는 경우의 거동을 보인다는 것을 14.10절에서 설명할 것이다. 인벌루트 곡선이 필렛으로 구부러지는 위치인 이뿌리에서 가장 높은 인장 굽힘 응력이 발생한다. 미국 기어제조협회(2004)는 다양한 강(steel)들에 대하여 브리넬 경도 함수인 일련의 *허용 응력 수*(allowable stress numbers)들을 소개하였다. 이 본문에서는 AGMA의 용어 규칙에 따라 '허용 응력(allowable stress)' 혹은 '강도(strength)' 대신에 '굽힘 응력 수(bending stress number)'와 '접촉 응력 수(contact stress number)'라는 용어를 사용한다. 보고된 재료 물성치들이 오직 기어의 응용 시에만 적합하다는 것을 강조하기 위해 이러한 전문용어를 사용하는 것이다. 이 장에서는 기어의 경우로 제한되는 데이터임을 인지하고 있기 때문에, 재료 물성치로서 응력 수(stress number)가 아닌 강도라는 명명법을 계속 사용할 것이다. 선택되어 사용되는 기어 재료에 대한 강도값들을 그림 14.23과 표 14.5에 나타내었다. 미세 구조, 합금 조성, 청결도, 사전 열처리, 수행한 비파괴 시험, 코어 경도값 그리고 다른 요인들의 제어 정도에 따라 등급이 다르다. 2등급 재료들은 1등급 재료들보다 더 엄격하게 제어된다.

또 하나, 보통 접촉 응력이 극도로 높고 반복 하중이 발생하는 피치선 근처 기어 이 표면에서의 피팅(pitting)과 스폴링(spalling)에 의해 독립적 형태로 기어 파손이 유발된다. 맞물린 기어 이의 비정상적 접촉은 높은 접촉 응력을 발생시키고, 결국 응력의 사이클 변화에 의해 유발되는 피로 때문에 파손된다(8.9.3절 참조). 완전경화(through-hardened)강에 대한 접촉 강도는 그림 14.24에 나타나 있으며, 다른 재료들에 대한 접촉 강도는 표 14.5에 기록되어 있다.

14.9.2 강도 수정 계수

AGMA는 환경에 따라 재료 강도를 수정할 것을 권고하고 있다. 수정된 허용 굽힘 응력식은 다음과 같다.

$$\sigma_{b,\mathrm{all}} = \frac{S_b}{n_s}\frac{Y_N}{K_t K_r}, \tag{14.45}$$

여기서

S_b = 굽힘 강도, MPa

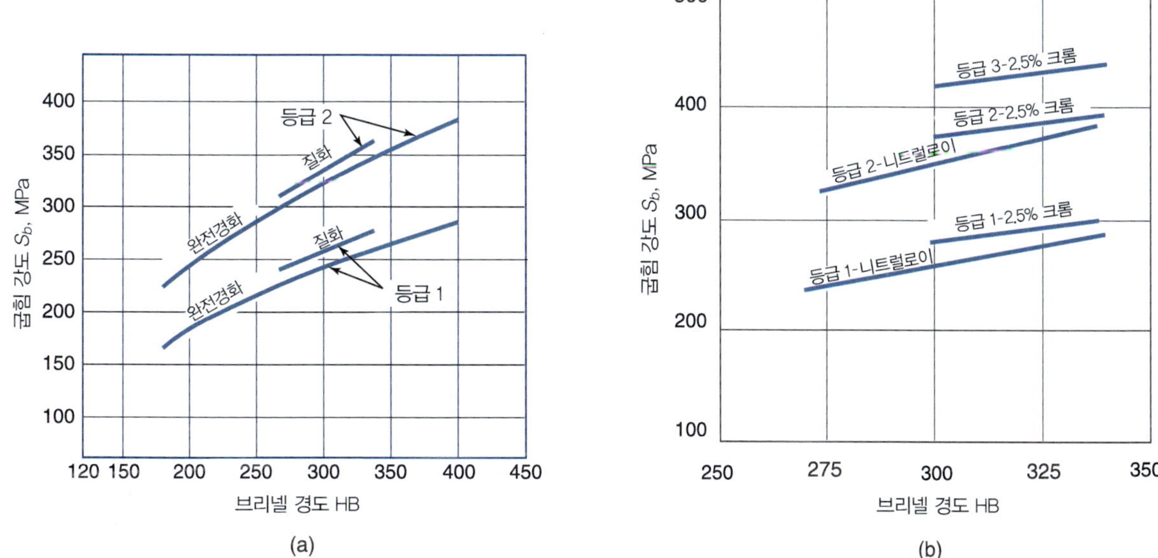

그림 14.23: 강 기어에 대한 허용 굽힘력에서 브리넬 경도의 효과. (a) 완전경화 강, (b) 화염 경화된 질화강 혹은 고주파 경화된 질화강. 이 기어들에서 언급된 경도는 브리넬 경도이다. 출처: ANSI/AGMA Standard 2101-D04(2004).

표 14.5: 선정된 기어 재료들에 대한 굽힘 강도와 접촉 강도. 출처: ANSI/AGMA 2101-D04(2004) and MPIF Standard 35(2009).

재료 유형	등급	경도[a]	굽힘 강도 S_t	접촉 강도 S_c
			MPa	MPa
강				
완전경화	1	—	그림 14.23a 참조	그림 14.24 참조
완전경화[b]	1	180–400 HB	0.533 HB + 88.3	2.41 HB + 237
	2	180–400 HB	0.703 HB + 11.3	2.22 HB + 200
	2	—	그림 14.23a 참조	그림 14.24 참조
탄화 및 경화	1	55–64 HRC	380	1240
	2	58–64 HRC	450[c]	1550
	3	58–64 HRC	515	1895
질화 및 완전 경화[b]	1	83.5 HR15N	0.568 HB + 83.8	1035
	2	—	0.749 HB + 110	1125
니트럴로이 135M	1	87.5 HR15N	0.594 HB + 87.76	1170
질화처리된 니트럴로이 N[b]	2	87.5 HR15N	0.784 HB + 114.81	1260
질화처리된 2.5% 크롬[b]	1	87.5 HR15N	0.7255 HB + 63.89	1070
	2	87.5 HR15N	0.7255 HB + 153.63	1185
	3	87.5 HR15N	0.7255 HB + 201.81	1305
주철				
생주물인 ASTM A48 회주철	등급 20	—	34.5	345–415
	등급 30	174 HB	59	450–520
	등급 40	201 HB	90	520–585
ASTM A536 연강 (구상) 철	60-40-18	140 HB	150–230	530–635
	80-55-06	179 HB	150–230	530–635
	100-70-03	229 HB	185–275	635–770
	120-90-02	269 HB	215–305	710–870
청동				
S_{ut} > 275 GPa			39.5	205
S_{ut} > 620 GPa			165	450
분말 금속				
FL-4405, $\rho = 7.30$ g/cm^3		80 HRB	340	1945
FLN2-4405, $\rho = 7.35$ g/cm^3		90 HRB	410	1240
FLC-4608, $\rho = 7.30$ g/cm^3		65 HRB	660	1450
FN-0205, $\rho = 7.10$ g/cm^3		69 HRB	210	1240

[a] 완전경화 처리가 되지 않은 경우의 경도를 참조한 경도.
[b] 그림 14.23과 그림 14.24를 보라.
[c] 베이나이트와 미세 균열의 발생이 등급 3 수준으로 제한되어 있다면 485 MPa이 사용될 수 있다.

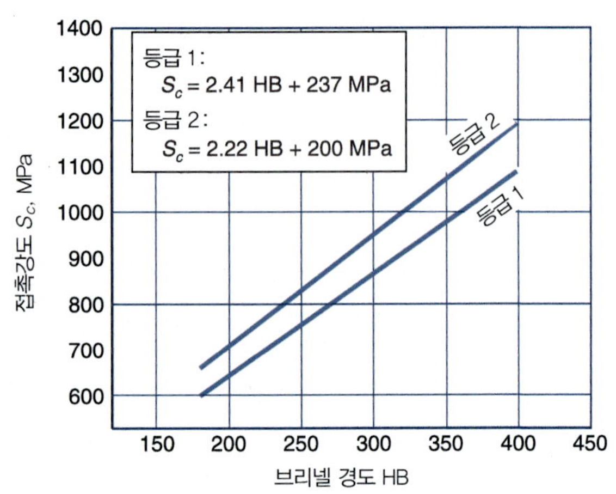

그림 14.24: 강 기어에 대한 허용 접촉 응력에서 브리넬 경도의 효과. (a) 완전경화 강의 두 등급에 대한 허용 접촉 응력에서 브리넬 경도의 효과.

n_s = 안전 계수

Y_N = 굽힘에 대한 응력 사이클 계수

K_t = 온도 계수

K_r = 신뢰도 계수

임의의 조건 하에서는 허용 접촉 응력도 수정되어야 한다. AGMA는 수정 허용 접촉 응력은 다음과 같다.

$$\sigma_{c,\text{all}} = \frac{S_c}{n_s}\frac{Z_N C_H}{K_t K_r}, \tag{14.46}$$

여기서

S_c = 접촉강도, MPa

n_s = 안전 계수

Z_N = 접촉 응력에 대한 응력 사이클 계수

K_t = 온도 계수

K_r = 신뢰도 계수

C_H = 경도비 계수

AGMA는 유닛 시스템에 따라 다른 다양한 라벨(label)들을 사용하지만 여기서는 이러한 복합적인 문제는 무시한다.

응력 사이클 계수 Y_N, Z_N

14.9.1절에서 논의된 강도들은 10^7 하중 사이클을 기초로 하고 있다. 허용 응력을 다른 수명에 대해 계산하기 위해서는 굽힘에 대한 응력 사이클 계수(stress cycle factors) Y_N 혹은 접촉 응력에 대한 응력 사이클 계수 Z_N이 필요하다. 10^7 하중 사이클보다 더 작은 응력 사이클 계수의 경우 더 잘 정의된다. 더 많은 응력 사이클의 경우 기어 수명에 현저한 변화가 있으며, 양호한 상관 관계를 얻기 어렵다. 예를 들면, 피팅에 대한 기어의 수명은 윤활의 품질 및 기어가 작동하는 윤활 영역에 따라 큰 영향을 받으며, 기어 수명을 정확하게 예측하는 것은 더욱 어렵다. 이에 대해서는 14.12절에서 좀 더 논의할 것이다.

그림 14.25는 굽힘 응력과 접촉 응력을 고려한 응력 사이클 수정 계수를 나타낸다.

온도 계수

AGMA의 온도 계수(temperature factor) 사용 규정에 대한 유일한 권고 사항은 온도가 120°C를 초과하지 않으면 온도 계수 K_t는 1로 설정하라는 것이다. 더 높은 온도의 경우, 온도가 유막과 재료 물성치에 미치는 영향을 감안해야 하기 때문에 K_t는 1보다 큰 값이 필요하다. 어떤 특정한 권고 사항이 주어지지 않는 경우에는 실험적 평가가 요구된다.

신뢰도 계수(reliability factor)

허용 응력은 10^7 사이클 혹은 99%의 신뢰도에서 1% 파손이 발생할 통계적 확률에 근거를 두고 있다. 다른 신뢰도에 대한 K_r을 얻을 때는 표 14.6의 데이터를 이용한다.

경도비 계수(hardness ratio factor)

8장에서 논의되었던 접촉 응력을 계산하는 방법과 기어에 따라 달라지는 계산 방법에 대한 상세 내용들은 14.12절에서 논의될 것이다. 접촉 응력이 기어 재료의 항복 응력보다 훨씬 더 크다는 결과는 분석을 통해 얻어진 공통된 결과이며, 이는 소성 변형이 접촉부에서 발생한다는 것을 의미한다. 금속 유동을 제한하는 강성을 갖는 탄성 영역과 소성 영역은 구분되기 때문에, 전체적인 소성 변형은 발생하지 않는다.

게다가, 피니언은 기어보다 잇수가 더 적으므로 이의 기

표 14.6: 신뢰도 계수 K_r. 출처: ANSI/AGMA 2101-D04(2004).

백분율로 표기된 수명 확률	신뢰도 계수[a] K_r
50	0.70[b]
90	0.85[b]
99	1.00
99.9	1.25
99.99	1.50

[a] 표면 피팅을 고려하여 얻어진 값임. 이깨짐이 더 큰 위험 요소로 고려된다면, 더 큰 값이 요구될 수 있다.
[b] 이 값에서는 피팅 보다는 소성 유동이 발생할 수도 있다.

하학적 형상 때문에 더 큰 접촉 응력을 받을 것이다. 접촉 응력과 피팅 저항 파손에 대해 균일한 안전 계수를 얻기 위해 기어보다 더 단단한 피니언을 사용해야 하는 몇 가지 정당한 이유가 있다. 그러나 더 단단한 피니언은 기어에 더 높은 응력을 인가한다. 그러므로 AGMA는 수정 계수 C_H를 정의하였고, 이것은 기어에만 적용된다. 경도비 계수는 다음과 같이 정의된다.

$$C_H = 1.0 + A'\left(g_r - 1.0\right), \tag{14.47}$$

여기서 g_r은 식 (14.3)에 의해 주어진 기어비이고, A'은 다음과 같이 정의된다.

$$A' = \begin{cases} 0 & \dfrac{\text{HB}_P}{\text{HB}_G} < 1.2 \\ (0.00898)\left(\dfrac{\text{HB}_P}{\text{HB}_G}\right) \quad 0.00829 & 1.2 \le \dfrac{\text{HB}_P}{\text{HB}_G} \le 1.7 \\ 0.00698 & \dfrac{\text{HB}_P}{\text{HB}_G} > 1.7 \end{cases} \tag{14.48}$$

여기서 HB_P와 HB_G는 각각 피니언과 기어에 대한 브리넬 경도이다.

예제 14.8

굽힘과 접촉 응력

조건 잇수 54개인 1등급 강 기어가 브리넬 경도 250으로 완전경화되었다. 잇수 19개, 325 HB의 경도를 가지는 완전경화된 1등급 강 피니언이 기어와 맞물려 있다. 기어의 수명보다 긴 100×10^6 하중 사이클이 기어에 인가될 것으로 예상된다. 유체 윤활에서 작동되도록 하기 위해 밀폐형 윤활식으로 설계되었다.

문제 굽힘 응력에 대해 안전 계수 4, 접촉 응력에 대해 안전 계수 3, 99.9% 신뢰도로 가정하고 허용 굽힘 응력과 접촉 응력을 구하라.

풀이

(a) *허용 굽힘 응력.* 식 (14.45)로부터 허용 굽힘 응력이 산출되지만, 최초 재료의 굽힘 강도와 보정 계수를 얻어야 한다. 표 14.5로부터 굽힘 강도는 다음과 같다.

$$\begin{aligned} S_b &= 0.533\,\text{HB} + 88.3 \\ &= 0.533(250) + 88.3 \\ &= 222\ \text{MPa}. \end{aligned}$$

그림 14.25a로부터, 응력 사이클 계수는 아래의 값으로 추산될 수 있다.

$$Y_n = 1.6831 N^{-0.0323} = 1.6831\left(10^8\right)^{-0.0323} = 0.928.$$

납득할 만한 결과를 얻기 위해 그림 14.25a로부터 두 곡선 중 더 낮은 것이 선택되었음을 주목하라. 표 14.6으로부터 신뢰도 계수 $K_r = 1.25$이다. 온도에 관해 주어진 정보가 없으므로 $K_t = 1.0$으로 가정할 것이다. 그러므로

$$\sigma_{b,\text{all}} = \frac{S_b}{n_s}\frac{Y_N}{K_t K_r} = \frac{(222)}{4}\frac{0.928}{(1)(1.25)} = 41.2\ \text{MPa}.$$

(b) *허용 접촉 응력.* 식 (14.46)은 허용 접촉 응력을 구하는 데 사용될 것이나 최초에 표 14.5로부터

$$S_c = 241\,\text{HB} + 237 = 2.41(250) + 237 = 840\ \text{MPa}.$$

그림 14.25b로부터 유체 윤활 곡선을 사용하면,

$$Z_n = 2.466 N^{-0.056} = 2.466\left(10^8\right)^{-0.056} = 0.879.$$

$\text{HB}_p/\text{HB}_g = 325/250 = 1.3$임을 알고 있으므로 식 (14.48)로부터

$$A' = (8.898 \times 10^{-3})(1.3) - 8.29 \times 10^{-3} = 0.00338.$$

그러므로 경도비 계수는 식 (14.47)에 의해 다음과 같이

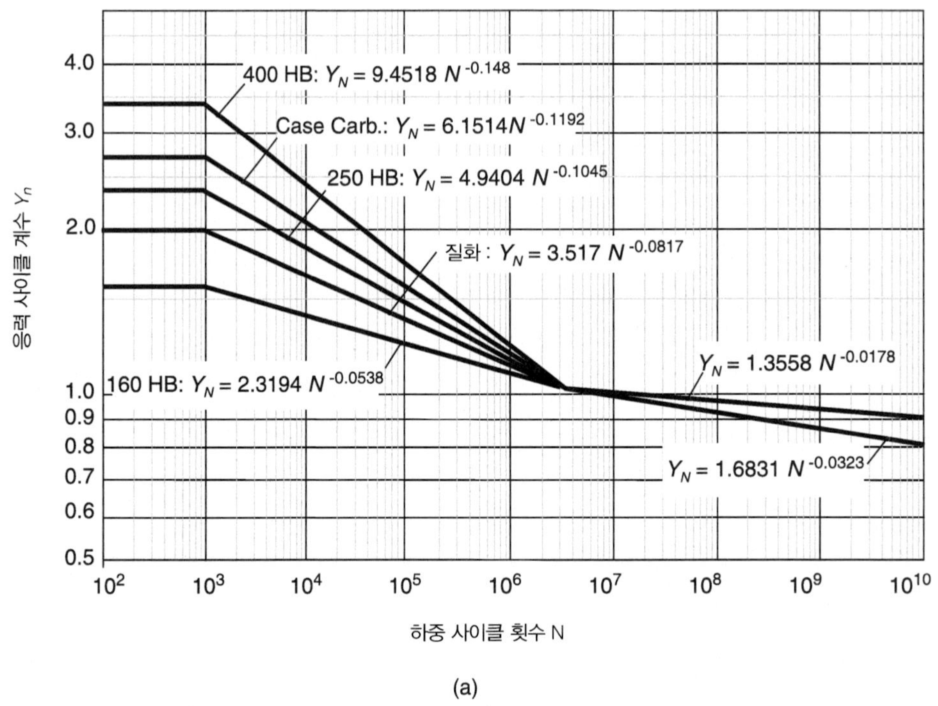

(a)

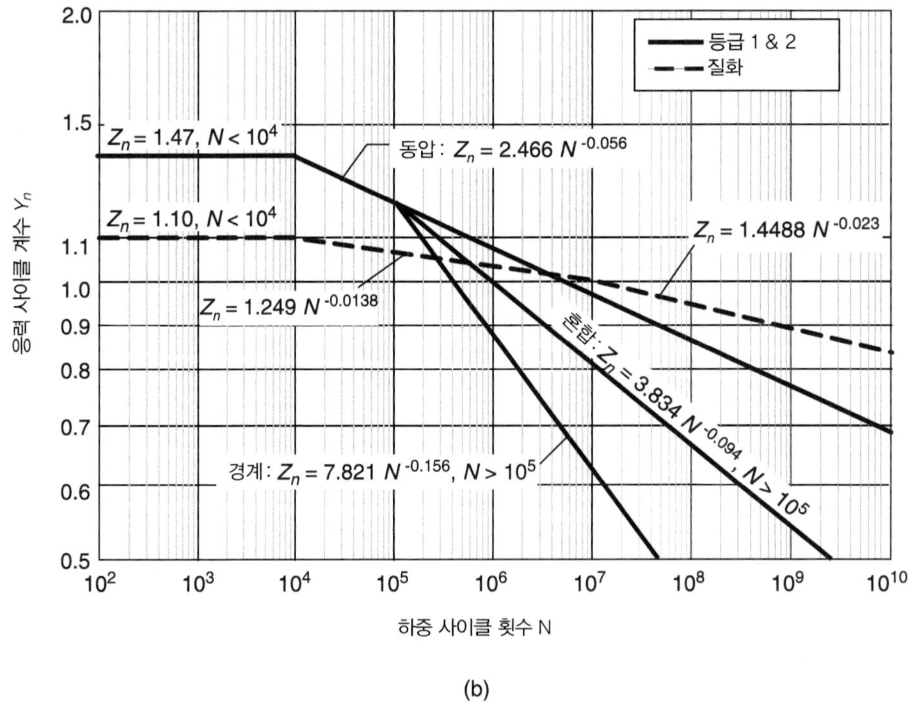

(b)

그림 14.25: 응력 사이클 계수. (a) 굽힘 강도 응력 사이클 계수 Y_N, (b) 피팅 저항 응력 사이클 계수 Z_N. 출처: ANSI/AGMA Standard 2101-D04(2004).

계산된다.

$$C_H = 1.0 + A'(g_r - 1.0) = 1.0 + (0.00338)\left(\frac{54}{19} - 1\right),$$

혹은 $C_H = 1.0062$이다. 앞에서와 같이 $K_r = 1.25$이고 $K_t = 1.0$이다. 그러므로 식 (14.46)으로부터

$$\sigma_{c,\text{all}} = \frac{S_c}{n_s}\frac{Z_N C_H}{K_t K_r} = \frac{840}{3}\frac{(0.879)(1.0062)}{(1)(1.25)} = 198 \text{ MPa}$$

이다.

14.10 기어 이의 작용 하중

구동 이가 종동 이에 인가하는 하중에 의해 기어는 동력을 전달한다. 평기어 이에 작용하는 하중들을 그림 14.26에서 볼 수 있다. 접선 방향 하중(W_t), 반경 방향 하중(W_r), 수직 하중(W)이 압력각 및 피치원과 함께 도시되어 있다. **접선 하중**(tangential load, W_t)은 *전달력*(transmitted force)으로도 불리며, 식 (4.37)로부터 다음 식을 얻을 수 있다.

$$W_t = \frac{h_p}{u} = \frac{60h_p}{\pi d N_a}$$

여기서

h_p = 전달 동력 W
d = 피치원 지름, m
N_a = 기어 회전속도, rpm

수직 하중 W과 반경 방향 하중 W_r은 아래 식으로부터 계산될 수 있다.

$$W = \frac{W_t}{\cos\phi}, \tag{14.49}$$

$$W_r = W_t \tan\phi. \tag{14.50}$$

수직 하중은 접촉 응력, 접촉 치수 그리고 윤활막 두께를 결정하는 데 사용된다.

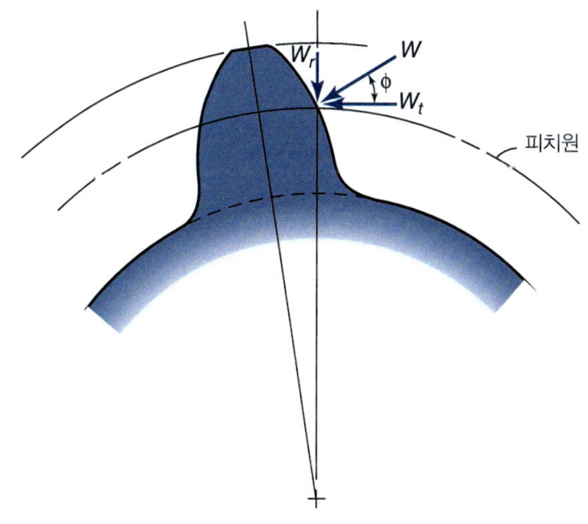

그림 14.26: 하나의 기어 이에 작용하는 하중.

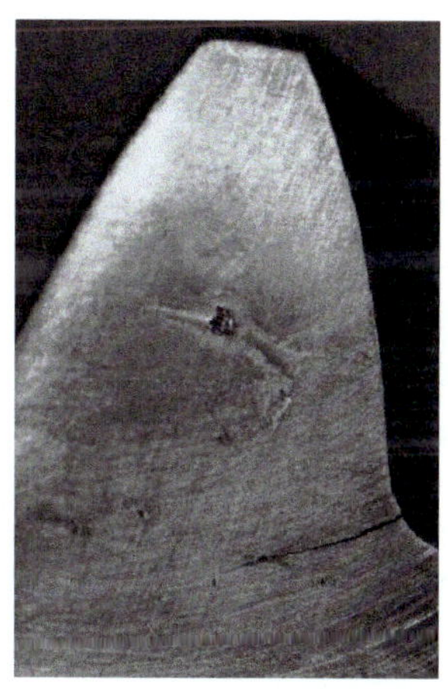

그림 14.27: 과도한 굽힘 응력에 의해 기어 이뿌리에서 성장한 균열. 출처: American Gear Manufacturers Association.

14.11 기어 이의 굽힘 응력

굽힘으로 인해 설계 응력이 허용 응력보다 더 커질 때 이 깨짐(tooth breakage)이 발생하면 기어 파손이 일어날 수 있다. 그림 14.27은 과도한 굽힘 응력으로 인해 기어 이의 뿌리 부분에서 성장한 균열을 보여준다. 그림 14.28a에서는 이에 작용하는 힘과 치수를 보여주고 있으며, 그림 14.28b는 기어 이에 작용하는 힘과 치수를 외팔보로 시뮬레이션한 상황을 나타낸다. 그림 14.26에서 보여지는 하중 성분들이 그림 14.28

에서는 이 끝으로 이동되었음을 주목하라. 길고 얇으며 균일한 보의 끝에 집중력이 인가되는 상황은 기어 이에서 발생하는 상황과는 차이가 있기 때문에, 굽힘을 받고 있는 외팔보를 이용하여 기어 이에 작용하는 응력을 시뮬레이션하는 것이 그나마 유일하게 근사화시킬 수 있는 방법이다.

식 (4.45)로부터 최대 굽힘 응력의 크기는 다음과 같이 표현할 수 있다.

$$\sigma_b = \frac{Mc}{I}. \tag{14.51}$$

삼각형 닮음으로부터

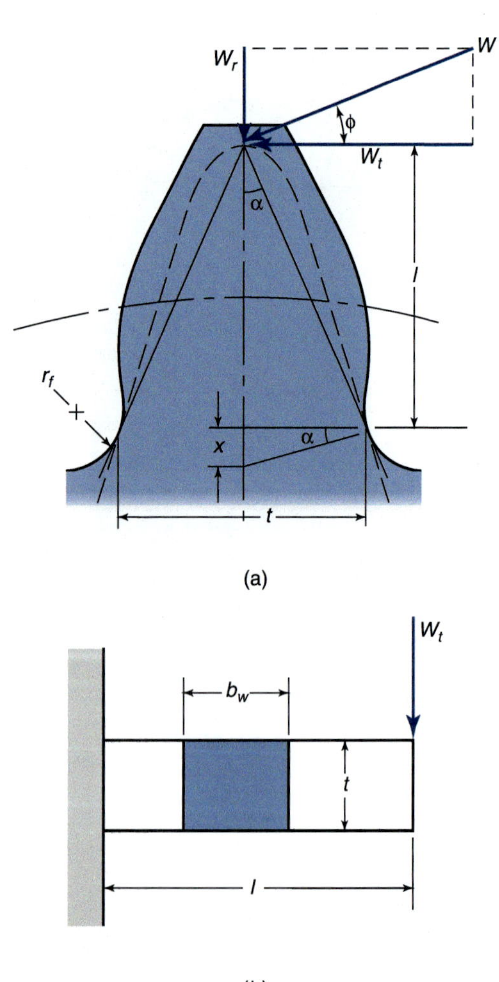

그림 14.28: 이 굽힘 하중을 결정하는 데 사용되는 하중들과 길이 치수들. (a) 기어 이, (b) 외팔보.

$$\tan\alpha = \frac{x}{t/2} = \frac{t/2}{l};$$

$$l = \frac{t^2}{4x}. \tag{14.52}$$

가로의 길이 b_w, 높이 t를 갖는 직사각형 단면의 경우 면적 관성모멘트는 표 4.1로부터 다음과 같이 쓸 수 있다.

$$I = \frac{bh^3}{12} = \frac{b_w t^3}{12}.$$

$M = W_t l$, $c = t/2$이고, 식 (14.52)를 식 (4.45)에 대입할 때, 아래 식을 얻을 수 있다.

$$\sigma_b = \frac{W_t l(t/2)}{b_w t^3/12} = \frac{6W_t l}{b_w t^2}. \tag{14.53}$$

여기서 b_w는 기어의 치폭(face width)이다. 식 (14.52)를 식 (14.53)에 대입하면 아래의 식을 얻는다.

$$\sigma_b = \frac{3W_t}{2b_w x} = \frac{3W_t p_d}{2b_w p_d x} = \frac{W_t p_d}{b_w Y}, \tag{14.54}$$

또는

$$Y = \frac{2xp_d}{3}, \tag{14.55}$$

여기서 p_d는 지름 피치이다. 루이스(Lewis, 1892)가 이 접근법을 처음으로 사용하였으므로, 식 (14.54)는 **루이스 식**(Lewis equation)이라 알려져 있으며 Y는 **루이스 형상계수**(Lewis form factor)라 불린다. 이것은 일반적으로 사용되어 온 접근법이며, 과도한 굽힘 응력으로 인한 기어 파손 시 중요 변수들을 명확히 보여준다.

표 14.7은 압력각이 14.5°이고 높은 이(full depth) 인벌루트 형상인 경우, 잇수에 따른 루이스 형상 계수를 나타낸 표이다. 식 (14.55)에 주어진 루이스 형상계수는 무차원이며, 기어 이 크기에 독립적이고, 오직 형상(shape)에 관한 함수라 할 수 있다.

식 (14.54)는 기어 이 필렛(tooth fillet)에서의 응력집중을 고려하지 않았다. 기하 계수 Y_j를 소개함으로써 루이스 식은 다음과 같이 변환할 수 있다. 여기서 $Y_j = Y/K_c$이다.

표 14.7: 다양한 잇수에 대한 루이스 형상 계수 (압력각 14.5°, 높은이 인벌루트).

잇수	루이스 형상 계수	잇수	루이스 형상 계수
10	0.176	34	0.325
11	0.192	36	0.329
12	0.210	38	0.332
13	0.223	40	0.336
14	0.236	45	0.340
15	0.245	50	0.346
16	0.256	55	0.352
17	0.264	60	0.355
18	0.270	65	0.358
19	0.277	70	0.360
20	0.283	75	0.361
22	0.292	80	0.363
24	0.302	90	0.366
26	0.308	100	0.368
28	0.314	150	0.375
30	0.318	200	0.378
32	0.322	300	0.382

$$\sigma_b = \frac{W_t p_d}{b_w Y_j}. \tag{14.56}$$

그림 14.29는 압력각 20°, 높은 이 인벌루트 형상 평기어에 대한 기하 계수 Y_j의 값을 제공한다. 식 (14.56)은 **수정 루이스 식**(modified Lewis equation)으로 알려져 있다.

여러 상황에서 발생하는 다양한 조건들을 고려한 실용적 설계를 위해 ANSI/AGMA(2004)에서는 식 (14.54)의 또 다른 수정안을 추천하고 있다. **AGMA 굽힘 응력 식**(AGMA bending stress equation)은 다음과 같다.

$$\sigma_b = \frac{W_t p_d K_o K_s K_m K_v K_b}{b_w Y_j}, \tag{14.57}$$

여기서

W_t = 전달 하중, N

p_d = 지름 피치, m^{-1}

K_o = 과하중 계수

K_s = 크기 계수

K_m = 하중 분포 계수

K_v = 동적 계수

K_b = 림(rim) 두께 계수

이 계수들에 대해서는 다음 절들에서 정의한다.

14.11.1 과하중 계수

하중 변동, 진동, 충격, 속력 변화 그리고 다양한 응용 사례의 특정 조건 하에서 기어가 구동하는 동안 수직 전달 하중보다 더 큰 첨두 하중(peak load)이 발생될 수 있어 이를 보완

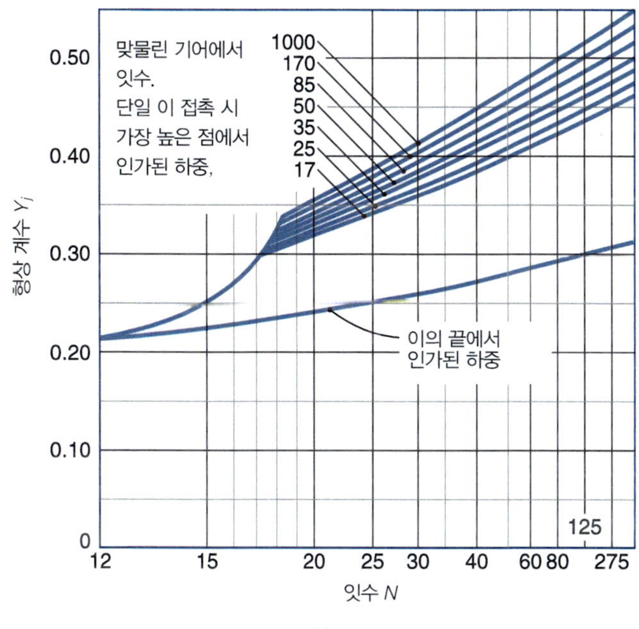

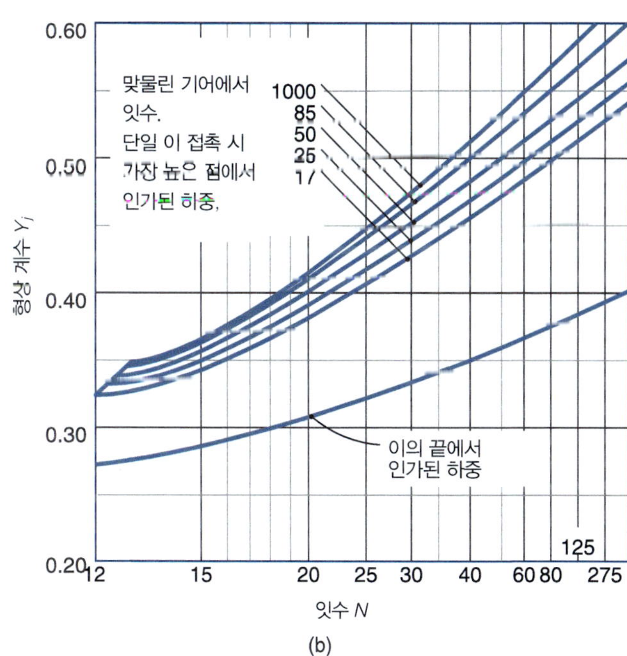

그림 14.29: 높은이 인벌루트 형상에 대한 평기어 형상 계수들. (a) $\phi = 20°$, (b) $\phi = 25°$. 출처: AGMA Standard 908-B89(1989).

표 14.8: 구동 동력원 및 종동 기계의 함수인 과하중 계수 K_o.

동력원	구동되는 기계			
	균일	가벼운 충격	보통 충격	강한 충격
균일	1.00	1.25	1.50	1.75
가벼운 충격	1.20	1.40	1.75	2.25
보통 충격	1.30	1.70	2.00	2.75

표 14.9: 추천되는 크기 계수 K_s.

모듈 m, mm	크기 계수 K_s
≤5	1.00
6	1.05
8	1.15
12	1.25
20	1.40

하기 위해 **과하중 계수**(overload factor)를 사용한다. 또한, 과하중 계수는 처음 구동되는 순간 더 높은 하중이 발생하는 현상에 대해서 설명할 때에도 사용한다. 과하중 계수가 안전 계수를 대체할 수는 없지만 수직 하중이 변하는 것에 대해 설명할 수 있다. 특별한 응용 사례를 통한 경험 이후에 과하중 계수를 적용하는 것이 일반적이다. 그럼에도, 표 14.8은 구동 동력원과 구동되는 기계를 모두 포함한 상황의 과하중 계수를 선정하기 위한 지침을 제공해 주고 있다. 기어 감속기를 이용한 전기 모터가 발전기를 충격 없이 부드럽게 구동시키는 경우에는 과하중 계수 1.00을 사용하지만, 이 때에도 기어가 처음 구동할 때처럼 순간적으로 과하중을 일으키는 것으로 알려져 있다. 하중을 강도의 정의에 포함시키는 것은 상대적으로 드문 일이다. 더 거친 조건에서 K_o는 1.00보다 큰 값을 가진다. 동력원 분류에 따른 일반적인 예들은 다음과 같다.

1. *균일*: 일정 속력으로 구동하는 터빈에서의 전기 모터
2. *가변 충격*: 가변 속력으로 구동하는 수력 터빈
3. *보통 충격*: 다기통 엔진

구동되는 기계의 거친 정도에 대한 분류에 따른 예는 다음과 같다.

1. *균일*: 연속 가동 발전기
2. *가벼운 충격*: 팬과 낮은 속력의 원심펌프, 액상 교반기, 가변 가동 발전기, 균일한 하중을 받는 컨베이어, 로터리 용적식 펌프
3. *보통 충격*: 높은 속력 원심펌프, 왕복펌프, 컴프레서, 고부하 컨베이어, 공작기계 구동, 콘크리트 믹서기, 섬유기계, 고기 다지는 기계, 톱
4. *강한 충격*: 암석 분쇄기, 펀치 프레스 구동, 분쇄기, 제분 공정, 회전통, 톱밥 제조기, 진동체, 철도 차량 덤퍼

14.11.2 크기 계수

AGMA는 대부분의 기어에 대해 **크기 계수**(size factor) K_s는 1.00이라고 명시한다. 그러나 큰 이 혹은 큰 치폭을 갖는 기어에 대해서는 1.00보다 큰 값이 추천된다. 추천된 크기 계수들을 표 14.9에 나타내었다.

14.11.3 하중 분포 계수

기어의 이두께 부분에 작용하는 불균일 분포 하중을 반영하여 보정해야 하는 경우 **하중 분포 계수**(load distribution factor) K_m을 사용한다. 예를 들면, 평기어 축이 완전히 평행하지 않으면 평기어의 끝 가장자리에서만 접촉이 발생되고, 이 때의 응력은 축이 평행인 경우일 때보다 훨씬 더 클 것이다. 기어 설계에서 요구되는 다수의 변수들에 의해 결정되는 하중 분포 계수값은 결정하기 가장 어려운 계수이다. 하중 분포 계수는 첨두 하중 강도를 평균 분포 하중 강도 또는 균일 분포 하중 강도로 나눈 비율로 정의한다.

AGMA는 다음의 상황에 대해 하중 분포 계수를 결정할 수 있도록 단순화된 접근법을 제시한다.

1. 치폭 대 피니언 피치 지름 비, b_w/d_p가 2이거나 더 낮은 경우
2. 기어 요소들은 베어링 사이에 장착된다. 돌출된 기어들에 의해 추가적인 문제점들이 나타나고 이 책의 범위를 벗어나는 복합적인 이론적 접근을 요구하는 경우
3. 치폭이 1 m보다 작은 경우
4. 하중이 인가되고 있는 동안, 가장 좁은 폭을 갖는 부재의 치폭 전체에 접촉이 발생하는 경우

상기 조건들 이외의 상황에 대해서는 AGMA 2101-D04 (2010)에서 소개된 장기 분석적 접근법이 적용된다.

하중 분포 계수는 다음 식으로 표현할 수 있다.

$$K_m = 1.0 + C_{mc}\left(C_{pf}C_{pm} + C_{ma}C_e\right), \qquad (14.58)$$

여기서

C_{mc} = 리드 보정 계수

C_{pf} = 피니언 비례 계수

C_{pm} = 피니언 비례 수정 계수

C_{ma} = 맞물림 정렬 계수

C_e = 맞물림 정렬 보정 계수

이 계수들은 여기서 간단히 설명할 것이다.

리드 보정 계수 C_{mc}

크라우닝 된 치형인지 이외의 다른 치형인지에 따라 첨두 하중은 **리드 보정 계수**(lead correction factor) C_{mc}에 의해 보정된다. C_{mc}는 다음 식으로 표현된다.

$$C_{mc} = \begin{cases} 1.0 & \text{크라운되지 않은 기어 이} \\ 0.8 & \text{크라운된 기어 이} \end{cases} \qquad (14.59)$$

피니언 비례 계수 C_{pf}

피니언 비례 계수(pinion proportion factor)는 하중을 받고 있는 상태에서의 처짐을 반영하는 것이며, 그림 14.30은 피니언 비례 계수를 그래프로 보여주고 있다. 만약 치폭과 피니언 피치 지름이 밀리미터 단위이면, C_{pf}는 다음과 같이 계산될 수 있다.

만약 $b_w < 25$ mm이면

$$C_{pf} = \frac{b_w}{10d_p} - 0.025;$$

25 mm $< b_w <$ 432 mm인 경우는

$$C_{pf} = \frac{b_w}{10d_p} - 0.0375 + 0.000492b_w;$$

그리고 432 mm $< b_w \le$ 1020 mm인 경우는

$$C_{pf} = \frac{b_w}{10d_p} - 0.1109 + 0.000815b_w - (3.53\times10^{-7})b_w^2 \qquad (14.60)$$

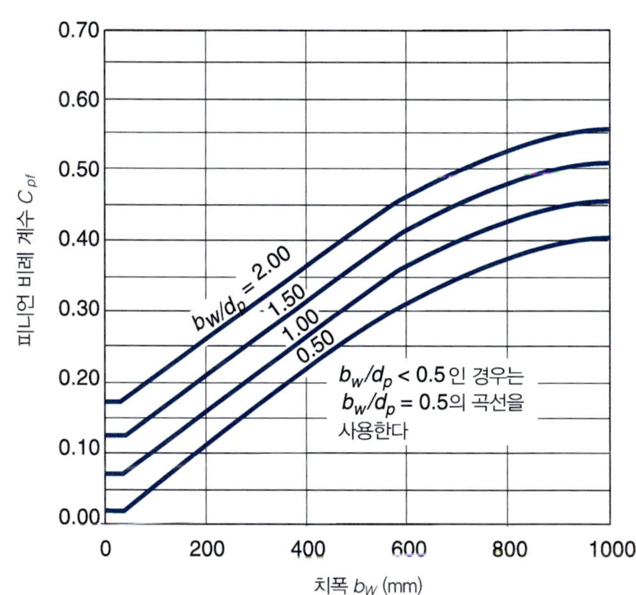

그림 14.30: 피니언 비례 계수 C_{pf}. 출처: ANSI/AGMA Standard 2101-D04(2004).

이다.

또한, 만약 $b_w/d_p < 0.5$라면, 식 (14.60)에서 $b_w/d_p = 0.5$인 값이 사용되어야 한다.

피니언 비례 수정 계수 C_{pm}

동일한 상성을 갖는 두 베어링 사이의 중간 지점에 기어를 장착함으로 인해 발생하는 처짐은 기어 이끝면(tooth face)에서의 하중 분포 변화를 일으키지 않을 것이나. 그러나 만약 기어가 중간 지점으로부터 멀리 떨어진 곳에 장착된다면 축의 처짐이 발생한 상태에서 기어를 회전시키고, 치폭의 응력 분포를 변화 시킬 것이다. 베어링 중심선으로부터 기어 위치를 고려할 때 **피니언 비례 수정 계수**(pinion proportion modifier) C_{pm}이 사용되며, 피니언 비례 수정 계수는 다음과 같다.

$$C_{pm} = \begin{cases} 1.0, & (S_1/S) < 0.175 \\ 1.1, & (S_1/S) \ge 0.175 \end{cases} \qquad (14.61)$$

그림 14.31에서 보여지는 바와 같이, S는 베어링 간격이고 S_1은 피니언의 오프셋(offset)이다.

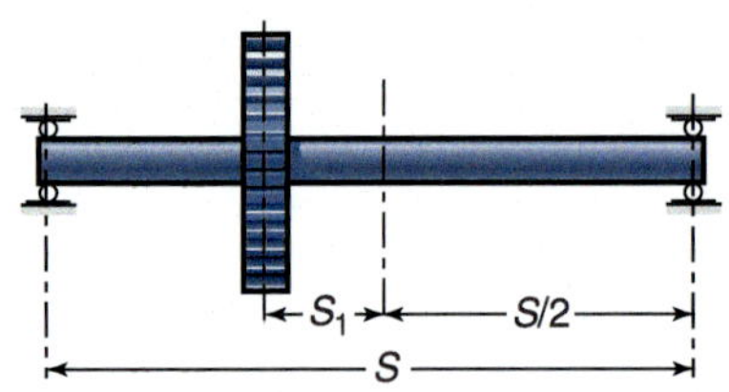

그림 14.31: S와 S_1 평가. 출처: ANSI/AGMA Standard 2101-D04(2004).

맞물림 정렬 계수 C_{ma}

맞물림 정렬 계수(mesh alignment factor)는 탄성 변형 이외의 원인들로 인해 피치 원통의 회전축 정렬에 대한 불량을 반영하는 것으로, 주로 장착 품질과 관련이 있다. C_{ma}는 그림 14.32로부터 얻을 수 있다.

맞물림 정렬 보정 계수 C_e

제조 혹은 조립 기술을 이용하여 맞물림 정렬을 개선하고자 할 때, **맞물림 정렬 보정 계수**(mesh alignment correction factor) C_e가 사용된다. C_e는 다음과 같이 주어진다.

$$C_e = \begin{cases} 0.80 & \text{조립시 기어 장치가 조절되는 경우} \\ 0.80 & \text{기어 이 사이의 호환성이 래핑 공정에 의해 개선된 경우} \\ 1.0 & \text{이외의 모든 조건의 경우} \end{cases} \quad (14.62)$$

14.11.4 림 계수

큰 기어들은 고체 블랭크 대신 림 및 스포크(rim-and-spoke) 설계를 이용하여 더 경제적으로 생산된다. 그러나 만약 림이 얇다면, 파손은 이뿌리에서보다는 림에서 발생할 것이다. **백업비**(backup ratio)는 파손과 같은 요인들을 반영하며 다음 식으로 정의된다.

$$m_B = \frac{t_R}{h_t}, \quad (14.63)$$

여기서 t_R은 림 두께이다. 만약 고체(범용) 기어의 극단적인 예를 포함하는 경우처럼 백업비가 1.2보다 크면, $K_b = 1$을 사용한다. 이외의 경우 **림 계수**(rim factor)는 다음 식에 의해 정의된다.

$$K_b = -2m_B + 3.4. \quad (14.64)$$

14.11.5 동적 계수

AGMA는 1995년에 **동적 계수**(dynamic factor) 정의를 수정하였다. 식 (14.57)의 분자 부분에 동적 계수가 포함되어 있다. 1995년 이전과 이후의 식 (14.57)에 대한 표준은 여전히 일치한다. 그러나 동적 계수는 1995년 이전에는 1.0보다 작은 K_v값을 사용했고, 1995년 이후에는 1보다 큰 K_v값을 사용하고 있다. 그러므로 관련된 기술 문헌으로부터 수정된 정의를 적용할 때에는 주의를 기울여야 한다.

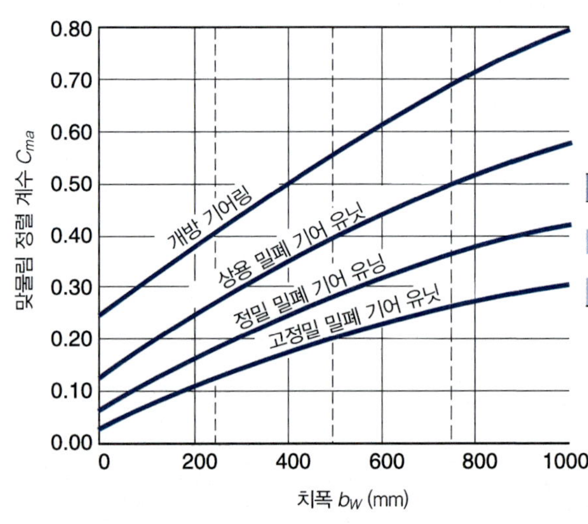

$$C_{ma} = A + Bb_w + Cb_w^2$$

b_w의 단위가 mm인 경우:

조건	A	B	C
개방 기어링	0.247	6.57×10^{-4}	-1.186×10^{-7}
상용 밀폐 기어 유닛	0.127	6.22×10^{-4}	-1.69×10^{-7}
정밀 밀폐 기어 유닝	0.0675	5.04×10^{-4}	-1.44×10^{-7}
고정밀 밀폐 기어 유닛	0.000380	4.02×10^{-4}	-1.27×10^{-7}

그림 14.32: 맞물림 정렬 계수. 출처: ANSI/AGMA Standard 2101-D04(2004).

또한, 2010년 AGMA는 동적 계수를 계산하는 두 가지 방법을 소개하였다. 여기서는 품질 지수를 기반으로 한 방법을 소개한다. 이 방법에는 전달 정확도 수(transmission accuracy number) A_v를 기반으로 한 대안법도 포함되어 있다. 기어 품질 향상에 따라 A_v값이 감소된다는 점이 유럽 규격과 동일한 방식의 품질 측정이기 때문에 A_v는 유용하다(Q_v의 경우는 정반대이다). 이 책에서는 품질 계수(quality factor) Q_v를 이용해 K_v를 얻는 접근법을 일관되게 적용하였다. 식 (14.44)는 전달 정확도 수준을 얻는 데 사용될 수 있다. 그러나 기술 문헌을 참조할 때 전문용어 사용에 차이가 있을 수 있기 때문에 K_v를 계산하는 경우 주의해야 한다.

식 (14.56)에서 고려하지 않은 몇 가지 충격 하중들이 있기 때문에, 동적 하중이 전달 하중보다 더 크다는 사실을 고려하기 위해 K_v를 사용한다. K_v값은 치형의 정확도, 이의 탄성물성치, 이가 접촉한 상태에서의 속도에 따라 결정된다.

그림 14.33은 피치 선속도와 품질 지수에 대한 동적 계수들을 제공한다. 그림 14.33에서 사용된 피치 선속도 v_t는 기어의 피치원 위에 있는 한 점의 선속도이며, 다음 식에 의해 계산된다.

$$v_t = \pi d_p N_{ap} = \pi d_g N_{ag}, \tag{14.65}$$

여기서

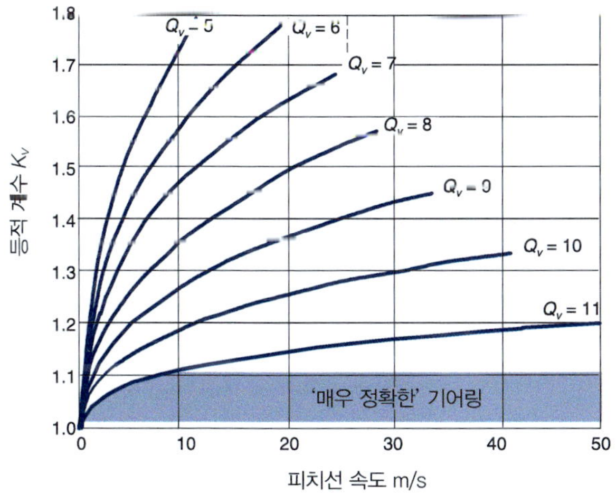

그림 14.33: 피치 선속도와 전달 정확도 수준 함수인 동적 계수. 출처: ANSI/AGMA Standard 2101-D04(2004).

v_t = 피치 선속도, m/s

N_{ap} = 피니언 회전속도, rpm 또는 rps

N_{ag} = 기어 회전속도, rpm 또는 rps

d_p = 피니언 피치 지름, m

d_g = 기어 피치 지름, m

식 (14.66)에 의해 $5 \le Q_v \le 11$의 경우 동적 계수는 다음과 같이 근사화될 수 있다.

$$K_v = \left(\frac{A + C\sqrt{v_t}}{A}\right)^B, \tag{14.66}$$

여기서

$$A = 50 + 56(1.0 - B), \tag{14.67}$$

$$B = 0.25(12 - Q_v)^{0.667}. \tag{14.68}$$

$$\text{m/s 단위를 갖는 } v_t\text{인 경우 } C = \sqrt{200} = 14.14. \tag{14.69}$$

주어진 Q_v값에 대해 추천되는 최대 피치 선속도는 다음과 같다.

$$v_{t,\max} = \frac{1}{C^2}\left[A + (Q_v - 3)\right]^2. \tag{14.70}$$

설계 절차 14.2

기어이 굽힘 성능 향상을 위한 방법

굽힘에서 요구되는 사항들을 충족하지 못한 상태로 기어가 설계되었다면, 이 때는 대안 설계가 필요하다. 설계 변경이 어떤 부분에서는 도움이 될 수 있어도, 또 다른 경우에서는 아닐 수 있기 때문에 설계 변경을 하는 것이 간단하지 만은 않다. 예를 들면, 설계 변경으로 인해 베어링 같은 기계 요소들이 영향을 받을 수도 있다. 그러나 다음과 같이 굽힘 성능을 개선할 수 있는 몇 가지 인자들이 있다.

1. 접촉비를 증가시키거나 시스템의 다른 부분 대체를 통한 하중 감소
2. 축간 거리 증가
3. 더 큰 피치(coarser pitch)를 갖는 기어 사용
4. 더 높은 압력각 사용

5. 평기어 대신 헬리컬 기어 사용
6. 침탄된 재료 사용
7. 제조 공정의 선정을 통한 기어 정확도 개선
8. 더 나은(더 강한) 기어 재료 선정
9. 더 넓은 유효 치폭 사용
10. 기어 이에 숏 피닝 적용

예제 14.9

굽힘 응력 계산

조건 잇수 54개, 모듈 1.25인 피니언이 잇수 270개인 기어에 15 kW 동력을 전달한다. 밀폐된 것으로 간주할 수 있는 상용품인 하우징 내부의 베어링들 사이에 크라우닝된 이(crowned teeth)를 갖는 피니언이 장착되었다. 이 때, 피니언 속력은 132 rad/s이고 압력각 20°이다. 품질 지수 $Q_v = 7.0$을 사용하고, 기어는 조립 시 조절될 수 없다고 가정하라. 피니언의 치폭은 60 mm이고, 굽힘 강도 $S_b = 380$ MPa이다. $K_o = K_b = Z_n = Y_n = 1.0$이라고 가정하라.

문제 피니언에 발생하는 굽힘 응력에 근거하여 안전 계수를 결정하라.

풀이 먼저 보정 계수들이 구해져야만 식 (14.57)을 이용해 기어 이에서의 응력을 구할 수 있다. 참고:

- 식 (14.7)로부터 $d_p = mNp = (1.25)(54) = 67.5$ mm이다. 그러므로 $r_p = 33.75$ mm $= 0.03375$ m이다.
- 전달 하중은 동력으로부터 얻는다.

$$W_t = \frac{h_p}{r_p\omega_p} = \frac{15,000}{(0.03375)(132)} = 3367 \text{ N}$$

- 식 (14.9)로부터 $p_d = 1/0.00125 = 800\ \text{m}^{-1}$이다.
- 표 14.9로부터 $K_s = 1.0$이다. 또한, 그림 14.29로부터, Y_j는 약 0.475이다.
- 맞물림 정렬 계수 K_m은 식 (14.58)로부터 얻는다. 그러나 먼저 아래와 같은 절차를 따라야 한다.
  - 이가 크라우닝되었기 때문에, 식 (14.59)로부터 $C_{mc} = 0.8$이다.
  - $b_w = 60$ mm임을 알고 있으므로 식 (14.60)으로부터 C_{pf}를 얻는다.

$$\begin{aligned} C_{pf} &= \frac{b_w}{10d_p} - 0.0375 + 0.000492b_w \\ &= 0.0809. \end{aligned}$$

  - 베어링들 사이의 중심 위치에 기어가 놓인 경우 $S_1 = 0$이기 때문에, 식 (14.61)로부터 $C_{pm} = 1.0$이다.
  - 밀폐된 상용 기어인 경우는 그림 14.32에서 C_{ma}를 얻는다.

$$\begin{aligned} C_{ma} &= 0.127 + \left(6.22 \times 10^{-4}\right)(60) \\ &\quad - \left(1.69 \times 10^{-7}\right)(60)^2 \\ &= 0.1637. \end{aligned}$$

  - 식 (14.62)로부터 $C_e = 1.0$이다.

  그러므로 식 (14.58)로부터 K_m을 얻는다.

$$K_m = 1.0 + (0.8)\left[(0.0809)(1.0) + (0.1637)(1.0)\right] = 1.196.$$

- 피니언의 표면 속도는 다음과 같다.

$$v_t = r_p\omega_p = (0.03375)(132) = 4.455 \text{ m/s}.$$

식 (14.66)으로부터 다음을 구할 수 있으므로,

$$B = 0.25(12 - Q_v)^{0.667} = 0.25(12 - 7)^{0.667} = 0.731,$$
$$A = 50 + 56(1.0 - B) = 65.0,$$
$$C = 14.14$$

그러므로

$$\begin{aligned} K_v &= \left(\frac{A + C\sqrt{v_t}}{A}\right)^B \\ &= \left(\frac{65.0 + 14.14\sqrt{4.455}}{65.0}\right)^{0.731} \\ &= 1.32. \end{aligned}$$

식 (14.57)로부터 굽힘 응력은 다음과 같이 계산된다.

$$\sigma_b = \frac{(3367)(800)(1)(1)(1.196)(1.32)(1)}{(0.060)(0.475)} = 150 \text{ MPa}.$$

식 (14.57)에서 K_t 혹은 K_r을 계산을 위해 주어진 정보가 없는 관계로, 이 값들은 1.0으로 선정하였다. 그러므로 식 (14.45)는 다음과 같다.

$$\sigma_{b,\text{all}} = \frac{S_b}{n_s}.$$

$S_b = 380$ MPa이므로, 안전 계수는 다음과 같다.

$$n_s = \frac{\sigma_{t,\text{all}}}{\sigma_b} = \frac{380}{150} = 2.533.$$

14.12 기어 이의 접촉 응력

파손은 굽힘 응력 이외에 과도한 접촉 응력들 때문에 발생될 수도 있다. 이러한 과도한 접촉 응력들은 피팅, 스코어링(scoring), 기어 이 표면의 스커핑(scuffing)을 유발시킨다. **피팅**(pitting)은 피로 때문에 기어 표면으로부터 금속이 아주 조금씩 제거되는 것을 말하며, 작은 구멍 혹은 패인 자국들(pits)이 남게 된다(8.9.3절과 그림 14.34 참조). 높은 수직 응력에서 기인한 과도한 표면 응력, 높은 러빙(rubbing) 속도 또는 불충분한 윤활로 인한 국부적 영역에서의 온도 상승과 같은 요인들에 의해 피팅이 발생한다.

스코어링(scoring)은 이뿌리부터 이끝에 걸쳐 심하게 긁힌 자국 패턴들을 말한다. 스코어링은 큰 하중을 받는 한 쌍의 이가 미끄러질 때, 이 사이에 있는 미립자들에 의해 긁히면서 발생한다. 스코어링은 윤활제 성능 손상, 배합 금기 재료들, 과하중에 의해 발생한다.

스커핑(scuffing)은 끌로 패인 홈(gouges)과 이 사이의 연마재로 작용하는 자유로운 마모 입자들에 의해 발생하는 긁힌 자국이 혼합된 표면 손상을 말하며, 이러한 표면 손상은 소성재료 유동을 포함한다. 스코어링과 스커핑 모두 용접 혹은 시징(seizing) 그리고 소성 변형과 관련이 있다.

그림 14.34: 상당한 피팅과 스폴링이 발생한 기어. 출처: American Gear Manufacturers Association.

접촉 응력은 헤르츠 분석(8.4절 참조)을 이용하여 계산할 수 있다. 기어 이의 헤르츠 접촉 응력은 반경 방향 하중 하에서의 두 원통 분석에 기초한다. 원통의 반경은 접촉점에서 맞물린 기어의 인벌루트 치형의 곡률 반경이다. 기어 이에 작용하는 하중은 수직 하중(그림 14.26과 14.28 참조)이며, 전달 하중과 압력각의 함수인 식 (14.49)에 의해 계산할 수 있다.

접촉 시 최대 헤르츠 압력은 식 (8.20)으로부터 다음 식으로 쓸 수 있다.

$$p_H = E' \left(\frac{W'}{2\pi} \right)^{\frac{1}{2}}. \tag{14.71}$$

8.4절로부터 다음 식을 상기하라.

$$E' = \text{유효 탄성 계수} = \frac{2}{\dfrac{1-\nu_a^2}{E_a} + \dfrac{1-\nu_b^2}{E_b}}, \tag{8.16}$$

$$W' = \text{무차원 하중} = \frac{w'}{E'R_x} = \frac{W}{E'R_x b_w}. \tag{8.18}$$

평기어의 경우는 다음과 같다.

$$\frac{1}{R_x} = \left(\frac{1}{r_p} + \frac{1}{r_g} \right) \frac{1}{\sin\phi} = \left(\frac{1}{d_p} + \frac{1}{d_g} \right) \frac{2}{\sin\phi}. \tag{14.72}$$

상기 식에서 매개변수 R_x는 유효 반경이며, 유효 반경은 피니언 피치 반경, 기어 피치 반경, 압력각의 함수임을 알 수 있다. 그림 14.8은 이러한 매개변수들을 시각화하는 데 사용될 수 있다.

맞물린 평기어 사이에서 발생한 접촉은 헤르츠 반진폭 b^*(Hertzian half-width), 접촉길이로써 치폭 b_w를 갖는 직사각형 형태이다. 헤르츠 반진폭 계산에 식 (8.17)이 사용될 수 있다.

$$b^* = R_x \left(\frac{8W'}{\pi} \right)^{1/2} \tag{8.17}$$

접촉의 중심에서 최대 변형은 식 (8.19)에 의해 결정됨을 주목하라.

식 (14.57)에서 맞물린 기어에 작용하는 굽힘 응력을 설명할 때 수정 계수들이 사용된 것처럼, 접촉 응력을 다룰 때에도 수정 계수들을 사용할 수 있다. 그러므로 식 (14.71)에서 주어진 접촉 응력은 식 (14.73)으로 수정하여 다음과 같이 쓸 수 있다.

$$\sigma_c = E'\left(\frac{W'K_oK_sK_mK_v}{2\pi}\right)^{\frac{1}{2}} = p_H\left(K_oK_sK_mK_v\right)^{\frac{1}{2}}. \tag{14.73}$$

과하중 계수 K_o, 크기 계수 K_s, 하중 분포 계수 k_m, 동적 계수 k_v의 값들은 14.11절에서 굽힘 응력에서 얻었던 것과 같은 방식으로 얻어진다. 이러한 방식은 적절하지 않은 것처럼 보이지만, 굽힘 보정 계수들과 접촉 보정 계수들 사이에서 발생될 수 있는 차이점들은 14.9.2절에서 주어진 재료 강도에서 이미 반영되었다. AGMA 표준(2004)에는 피팅 저항에 대한 표면 품질의 중요성을 강조하기 위해 표면 상태 계수(surface condition factor)가 포함되어 있다. 그러나 표면 상태 계수가 중요하다는 경고를 제외하면, 수치 값들에 대한 추천이 주어지지 않으므로 식 (14.73)에서 무시될 수 있다.

설계 절차 14.3

피팅 저항성 향상을 위한 방법

표면 피팅을 반영한 기어 설계가 만족스럽게 이루어지지 않았다면, 대안 설계가 필요하다. 설계 변경이 어떤 부분에서는 도움이 될 수 있어도, 또 다른 경우에서는 아닐 수도 있기 때문에 설계 변경을 하는 것이 간단하지 만은 않다. 설계 변경은 베어링과 같은 관련된 기계 요소들에 영향을 줄 수도 있다. 그러나 아래와 같이 피팅 성능 개선하기 위한 몇 가지 인자들이 있다.

1. 접촉비를 증가시키거나 시스템의 다른 부분들의 대체를 통한 하중 감소
2. 축간 거리 증가
3. 더 큰 피치(coarser pitch)를 갖는 기어 사용
4. 더 높은 압력각 사용
5. 평기어 대신 헬리컬 기어 사용
6. 침탄된 재료 사용
7. 재료 선정 혹은 표면 경화 처리를 통한 표면 경도 증가
8. 제조 공정 선정을 통한 기어 정확도 개선
9. 더 나은(더 강한) 기어 재료 선정
10. 더 넓은 유효 치폭 사용
11. 윤활막 두께 증가

예제 14.10

접촉 응력 계산

조건 S_c = 1260 MPa이고 K_B = 1.0일 때, 예제 14.9에서의 피니언과 기어를 고려하라.

문제 피니언의 경우에 대해 접촉 응력에 근거한 안전 계수를 구하라.

풀이 전달된 동력으로부터 계산된 전달 하중은 W_t = 3367 N이다. 식 (14.49)로부터 수직 하중은 다음과 같다.

$$W = \frac{W_t}{\cos\phi} = \frac{3367}{\cos 20^\circ} = 3583\text{ N}.$$

d_p = 67.5 mm이고 d_g = 337.5 mm임을 알고 있다. 식 (14.72)로부터

$$\frac{1}{R_x} = \left(\frac{1}{d_p}+\frac{1}{d_g}\right)\frac{2}{\sin\phi} = \left(\frac{1}{67.5}+\frac{1}{337.5}\right)\frac{2}{\sin 20^\circ},$$

상기 식은 R_x = 0.00961 m로 계산된다. 그러므로

$$\begin{aligned} W' &= \frac{W}{b_wE'R_x} \\ &= \frac{3583}{(0.06)(227\times10^9)(0.00961)} \\ &= 2.731\times10^{-5} \end{aligned}$$

이다. 그러므로 식 (14.71)로부터

$$p_H = E'\left(\frac{W'}{2\pi}\right)^{1/2} = (227\times10^9)\left(\frac{2.731\times10^{-5}}{2\pi}\right)^{1/2} = 474\text{ MPa}$$

이다. 식 (14.73)과 예제 14.9로부터의 결과들을 사용하면,

$$\sigma_c = p_H(K_oK_sK_mK_v)^{1/2} = (474\text{ MPa})[(1.0)(1.0)(1.196)(1.32)]^{1/2} = 595\text{ MPa}$$

이다. 그러므로 안전 계수는 다음과 같다.

$$n_s = \frac{1260}{595} = 2.11.$$

14.13 탄성유체 윤활 유막 두께

기어 이 굽힘 또는 접촉 응력에 근거한 기어 설계를 위해 AGMA 접근법을 이 장에서 상세히 기술할 것이다. 접근법은 계산된 용량을 얻기 위한 것임을 인지해야 하며, 기어는 적절하게 윤활되어야만 한다. AGMA에서는 기어 설계 표준에 적용하기 위한 필요조건으로 효과적인 윤활을 언급하고 있다.

기어 윤활은 감속장치와 기어열의 설계에서 필수불가결한 것이다. 3단계로 구동하는 감속장치를 생각해 보면, 각 기어세트에서 굽힘 응력과 접촉 응력이 같도록 설계된 것을 알 수 있다. 손상은 각 기어에서 발생되지만, 가장 높은 속도의 기어세트에서 가장 많은 사이클이 발생하기 때문에 보통 파손은 가장 높은 속도의 기어세트에서 발생할 것이라 예상하곤 한다. 그러나 실제로는 반대이다. 높은 속도의 기어들은 보통 손상되지 않는 반면 가장 낮은 속력에서 구동하는 기어들이 처음에 부서진다. 이러한 거동은 형성되는 유체 유막 두께를 고려함으로써만 설명될 수 있다.

기하학적 형상, 하중, 속도가 적절하게 나타나도록 만든다면, 13장에서 소개되는 탄성유체 윤활(elastohydrodynamic lubrication, EHL)에 대한 최소 유막 두께 공식은 기어 혹은 임의의 다른 부정합 기계 요소들에도 동등하게 적용할 수 있다. 경계 첨가제(boundary additives)가 윤활 공식에 포함된다고 가정하는 경우, AGMA는 식 (8.27)에서 정의된 유막 변수에 적어도 0.4의 값을 할당할 것을 추천한다. 윤활 영역에 따라 응력 사이클 계수 Z_n이 다른 값을 갖는 것을 나타내는 그림 14.25b에서 뿐만이 아니라 그림 13.25에서도 유막 변수의 함수인 기어의 상대 수명이 포함되어 있다. 상세 정보는 AGMA 925-A03(2003)을 참고하라.

8.7.5절과 13.8절에서 논의된 것처럼, 기어는 보통 탄성유체 윤활 하에서 윤활된다. 단단한 EHL에 대한 경우 햄록-다우슨 식을 유막 두께 결정에 사용하였다. 그러나 식 (14.29)와 식 (14.30)에 의해 주어진 윤활 속도는 14.12절에서 기술된 접촉 응력 계산 접근법에서 사용되었다. 설계 절차 14.4에서는 기어의 윤활 유막 두께를 구하는 데 필요한 접근법을 요약하였다.

설계 절차 14.4

윤활 유막 두께

1. 전달된 동력, 기어와 피니언의 각속도, 피니언과 기어의 잇수, 기어 재료, 윤활제 물성치, 피니언과 기어의 기하학적 형상은 알려져 있거나 설계 구속 조건으로부터 구할 수 있다고 가정할 것이다. 윤활제 물성 중 특히 점성의 압력지수는 알려지지 않을 가능성이 크거나 가장 큰 불확실성을 가질 것이다. 그러나 이와는 상관없이, 이 물성치들은 윤활제 제조사로부터 얻어야 한다.
2. 기어 이에 작용하는 수직 응력은 식 (14.49)로부터 얻을 수 있다.
$$W = \frac{W_t}{\cos\psi}.$$
3. 피니언과 기어에 대한 윤활 속도는 식 (14.29)와 식 (14.30)으로부터 다음과 같이 얻는다.
$$\tilde{u} = \frac{u_p+u_g}{2} = \frac{\omega_p r_p\sin\phi + \omega_g r_g\sin\phi}{2}.$$
4. 식 (14.72)로부터 유효 반경이 다음과 같이 얻어진다.
$$\frac{1}{R_x} = \left(\frac{1}{r_p}+\frac{1}{r_g}\right)\frac{1}{\sin\phi}.$$

5. 유효 탄성 계수는 식 (8.16)으로부터 얻는다.

$$E' = \frac{2}{\frac{(1-\nu_a^2)}{E_a} + \frac{(1-\nu_b^2)}{E_b}}.$$

강(steel) 위에 강(steel)이 있는 경우 $E' = 227.5$ GPa (32.97 Mpsi)이다.

6. 식 (13.68), 식 (13.69), 식 (13.72)로부터 무차원 하중, 속력, 재료 변수들을 다음과 같이 산출할 수 있다.

$$W' = \frac{W}{b_w E' R_z}; \qquad U = \frac{\eta_o \tilde{u}}{E' R_x}; \qquad G = \xi E'.$$

7. 유활막 두께는 식 (13.71)에 의해 주어진 직사각형 접촉에 대한 햄록-다우슨 식으로부터 얻어진다.

$$H_{\min} = \frac{h_{\min}}{R_x} = 1.714(W')^{-0.128} U^{0.694} G^{0.568}.$$

예제 14.11

윤활막 두께

조건 평(spur)피니언은 50 mm 피치 반지름, 평기어는 75 mm 피치 반지름을 각각 가지고 있으며 압력각은 20°이다. 기어의 각속도는 210 rad/s이고, 치폭은 30 mm, 전달 하중은 2250 N이다. 윤활유와 기어 재료의 물성치들은 η_o = 0.075 Pa-s, $\xi = 2.2 \times 10^{-8}$ m²/N, E = 207 GPa, ν = 0.3이다. 기어의 표면 조도는 0.3 이다.

문제 맞물린 기어 이의 최소 유막두께와 무차원 유막 매개변수를 계산하라.

풀이 설계 절차 14.4의 단계를 따른 풀이는 다음과 같다.

1. 식 (14.18)로부터 얻어야만 하는 피니언의 각속도를 제외하고, 대부분의 중요 변수들은 주어져 있다.

$$\omega_p = \frac{r_g \omega_g}{r_p} = \frac{(0.075)(210)}{0.050} = 315 \text{ rad/s}.$$

2. 전달 하중 W_t는 2250 N으로 주어졌다. 식 (14.49)로부터 수직 하중은 다음과 같다.

$$W = \frac{W_t}{\cos\phi} = \frac{2250}{\cos 20^\circ} = 2394 \text{ N}.$$

3. 이 때 윤활 속도는 다음과 같다.

$$\begin{aligned}\tilde{u} &= \frac{\omega_p r_p \sin\phi + \omega_g r_g \sin\phi}{2} \\ &= \frac{(315)(0.050)\sin 20^\circ + (210)(0.075)\sin 20^\circ}{2} \\ &= 5.387 \text{ m/s}.\end{aligned}$$

4. 유효 반경은 다음 식에 의해 계산된다.

$$\begin{aligned}\frac{1}{R_x} &= \left(\frac{1}{r_p} + \frac{1}{r_g}\right)\frac{1}{\sin\phi} \\ &= \left(\frac{1}{0.050} + \frac{1}{0.075}\right)\frac{1}{\sin 20^\circ} \\ &= 97.46 \text{ m}^{-1},\end{aligned}$$

그래서 $R_x = 0.01026$ m이다.

5. 식 (8.16)에 의해 주어진 유효 탄성 계수는 다음과 같다.

$$E' = \frac{2}{\frac{1-\nu_p^2}{E_p} + \frac{1-\nu_g^2}{E_g}} = \frac{(207 \times 10^9)}{1 - 0.3^2} = 227.5 \text{ GPa}.$$

6. 무차원 하중, 속력, 재료 변수는 다음 식으로 계산될 수 있다.

$$\begin{aligned}W' &= \frac{W}{b_w E' R_x} \\ &= \frac{2394}{(0.030)(227.5 \times 10^9)(1.026 \times 10^{-2})} \\ &= 3.419 \times 10^{-5}; \\ U &= \frac{\eta_o \tilde{u}}{E' R_x} = \frac{(0.075)(5.387)}{(227.5 \times 10^9)(1.026 \times 10^{-2})} \\ &= 1.731 \times 10^{-10};\end{aligned}$$

$$G = \xi E' = \left(2.2 \times 10^{-8}\right)\left(227.5 \times 10^9\right) = 5005.$$

7. 이 때 무차원 유막 두께는 다음 식으로 얻어진다.

$$\begin{aligned}H_{\min} &= \frac{h_{\min}}{R_x} = 1.714(W')^{-0.128} U^{0.694} G^{0.568} \\ &= 135.3 \times 10^{-6}.\end{aligned}$$

그러므로 $R_x = 0.01026$, $h_{\min} = 1.388$ μm이다. 식 (8.32)로부터 무차원 유막 변수는 다음과 같다.

$$\Lambda = \frac{h_{\min}}{\left(R_{qa}^2 + R_{qb}^2\right)^{\frac{1}{2}}} = \frac{(1.388)\left(10^{-6}\right)}{\left(10^{-6}\right)\left(0.3^2 + 0.3^2\right)^{\frac{1}{2}}} = 3.272.$$

14.14 기어 종합 설계

이전 절에서는 기어 분석을 위한 강력한 수학적 접근법을 소개하였다. 설계자는 종합 설계를 수행할 수 있어야만 한다. 즉, 설계자는 감속, 토크, 동력전달 등과 같은 성능 영역들을 기초로 한 기어 특성들을 수립할 수 있어야 한다. 설계 절차 14.5는 기어 종합 설계를 하고자 하는 설계자에게 도움이 될 것이며, 그 결과는 좀 더 나은 설계 분석 및 최적화의 출발점이 될 것이다.

SI 단위계와 제한된 가는 피치 이를 갖는 기어가 강으로 제작되어 사용될 경우의 설계 접근법에 대해 설계 절차 14.5에서 소개하였다. 이 설계 절차는 더 상세한 접근법(AGMA 1997)로부터 상황에 맞게 조절될 수 있다.

설계 절차 14.5

기어 종합 설계

1. 설계 요건들로부터 동력 전달, 요구되는 전체 수명, 피니언 속도와 기어 속도를 결정하라.
2. 기어비 g_r은 설계 요건들로부터 알려져 있어야만 한다. 만약 이 값이 6:1에 가깝거나 이를 초과한다면 추가적인 단계가 필요하다.
3. 만약 피니언 면 대 지름(face to diameter) 비가 설계 요건 사항이 아니라면, 평기어의 경우 다음 식으로부터 피니인 면 대 지름 비는 다음과 같이 예측될 수 있다.

$$\frac{b_w}{d_p} = \frac{g_r}{g_r + 1}, \tag{14.74}$$

여기서 $g_r = N_g / N_p$는 기어비이다.

4. 표 14.8로부터 K_o를 예측하라.
5. 하중 분포 계수 K_m은 설계, 제조 방법, 장착 방법이 수립될 때까지 결정될 수 없다. 피니언 토크에 기반한 간단한 접근법은 식 (14.75)에 의해 만들어질 수 있다.

$$K_m = 1 + \frac{b_w}{d_p}\left[0.2 + 0.0112\left(\frac{T_p K_o}{b_w/d_p}\right)^{0.33}\right]. \tag{14.75}$$

그러나 실세 요건들 혹은 경험을 기반으로 피치 지름을 선정할 수 있다면, 이 때 하중 분포 계수는 다음 식으로부터 더 정확하게 예측될 수 있다.

$$K_m = 1 + \frac{b_w}{d_p}(0.2 + 0.0012 d_p). \tag{14.76}$$

$h_p = T\omega$ 식에서 토크와 동력은 관계가 있다는 것을 상기하라.

6. 동적 계수 K_v는 기어 속도와 품질에 의해 결정된다. 그러나 이를 단순화하기 위해 대부분 용도의 경우 적게 잡아 $K_v = 1.43$이라고 가정할 수 있다.
7. 이러한 기어는 광범위하게 이용되기 때문에, 압력각 ϕ는 보통 20°로 선택된다. 그러나 더 높은 접촉비를 얻어야 할 때는 20°보다 작은 압력각이 선택되며, 정밀도와 소음이 문제가 되지 않을 때는 20°보다 큰 압력각이 선택된다. 이러한 상황에 상관없이 편의를 위해 14.5°, 17.5°, 22.5° 혹은 25° 등의 표준값들이 사용하는 것을 추천한다.
8. 평기어의 기하학적 형상 계수는 다음 식에 의해 주어진다.

$$I = \frac{\sin\phi\cos\phi}{2}\frac{g_r}{g_r \pm 1}, \tag{14.77}$$

여기서 g_r은 기어비이다. 식 (14.77)의 분모에서 양의 기호는 외접 기어세트에 적용하고, 음의 기호는 내접 기어세트에 적용한다.

9. Y_j는 작게 잡아 대략 0.45로 예측할 수 있다(그림 14.29 참조).
10. 수명 계수 Y_n과 Z_n은 그림 14.25로부터 예측할 수 있다.
11. 식 (14.45)와 식 (14.46)을 이용하여 기어 재료의 굽힘 강도(σ_b)와 접촉강도(σ_c)를 각각 얻을 수 있다.
12. 이 때 피니언 잇수에 대해 선호하는 예측 방법은 다음과 같다.

$$N_p = \frac{1}{K_b}\frac{Y_j}{I}\frac{\sigma_b}{\sigma_c^2}\frac{E'}{2\pi}\frac{n_{sc}^2}{n_{sb}}. \tag{14.78}$$

압력각 $\phi = 20°$, $K_b = 1$, $n_{sc} = n_{sb} = n_s$, $Y_j = 0.45$인 특별한 경우의 강 기어($E' = 227$ GPa)에 대해 선호하

는 피니언 잇수는 식 (14.79)가 된다.

$$N_p = (101.17\text{ GPa})\frac{g_r+1}{g_r}\frac{\sigma_b}{\sigma_c^2}n_s. \tag{14.79}$$

13. 피팅 저항 상수를 구한다.

$$K_c = \frac{0.3183E'h_pK_oK_mK_v}{I\omega_p}\left(\frac{n_{sc}}{\sigma_c}\right)^2. \tag{14.80}$$

14. 이 때 피니언 피치 지름은 식 (14.81)로 예측된다.

$$d_p = \left(\frac{K_c}{b_w/d_p}\right)^{1/3}. \tag{14.81}$$

15. 만약 설계 요건에서 특정값이 명시되지 않았다면, 단계 3에서 수립된 비 b_w/d_p로부터 치폭을 계산할 수 있다.
16. 이 설계 절차로부터 기어 형상을 선정할 때, 14.11절과 14.12절에서 기술된 접근법에 따라서 좀 더 면밀하게 설계를 분석해 볼 필요가 있다. 많은 근삿값이 사용되었기 때문에 면밀한 설계 분석이 명백히 요구된다.
17. 14.13절에서 기술된 것처럼 유막 두께의 계산은 기어 종합 설계의 필수적인 부분임을 알아야 한다.

예제 14.12

피니언과 기어의 종합 설계

조건 굽힘 강도 $S_b = 380$ MPa, $S_c = 1260$ MPa을 갖는 피니언이 있다. 피니언 속도 1260 rpm(132 rad/s)에서 기어는 15 kW의 동력을 전달하고 있다. 압력각은 20°이고 요구되는 기어비 $g_r = 5.00$으로 가정하라. $K_o = K_b = Z_n = Y_n = 1.0$으로 가정하라.

문제 피니언과 기어에 대한 잇수를 예측하고, 안전 계수 $n_{sc} = n_{sb} = 2.0$인 경우 두 축에 대한 피치 지름과 축간 거리를 예측해 보라.

풀이 풀이는 설계 절차 14.5의 단계들을 따른다.

1. 명시된 조건을 이용하여 중 기어 속도를 구해야 한다. 다음 식으로부터

$$\omega_g = \frac{\omega_p}{g_r} = \frac{132}{5.00} = 26.4\text{ rad/s}$$

이다.

2. 기어비 5.00은 1단 기어장치에서 합리적이므로, 초기 종합 설계에서는 2단 기어장치는 고려하지 않는다.
3. 피니언의 면 대 지름 비는 식 (14.74)에 의해 주어진다.

$$\frac{b_w}{d_p} = \frac{g_r}{g_r+1} = \frac{5}{6} = 0.833.$$

4. 과하중 계수 $K_o = 1.0$으로 주어졌다.
5. 피니언에 작용하는 토크는 다음 식과 같다.

$$T = \frac{h_p}{\omega_p} = \frac{15,000}{132} = 114\text{ N-m}.$$

그러므로 하중 분포 계수는 식 (14.75)에 의해 다음 식으로 계산된다.

$$\begin{aligned} K_m &= 1+(0.833)\left[0.2+0.0112\left(\frac{(114)(1.0)}{0.833}\right)^{0.333}\right] \\ &= 1.21. \end{aligned}$$

6. 동적 계수 $K_v = 1.43$으로 간주된다.
7. 표준 압력각이 널리 이용되기 때문에 압력각을 20°로 이미 규정한 것은 일반적으로 좋은 선택이라 할 수 있다.
8. 식 (14.77)로부터

$$I = \frac{\sin\phi\cos\phi}{2}\frac{g_r}{g_r+1} = \frac{\sin 20^\circ\cos 20^\circ}{2}\frac{5}{6} = 0.134$$

이다.

9. Y_j는 보수적으로 0.45로 선정할 수 있다.
10. 본 문제 설정에서 수명 계수들은 $Y_n = Z_n = 1.0$으로 가정하였다. 그러나 예제 14.8에서 소개된 접근법을 통해 사이클 수와 기어 재료 및 윤활 조건에 대한 특성들을 이용하여 Y_n과 Z_n을 얻을 수 있다.
11. 식 (14.45)와 식 (14.46)에서 보정 계수가 고려되어야만 함을 주목하면, $\sigma_{b,\text{all}} = S_b = 380$ MPa이고, $\sigma_{c,\text{all}} = S_c = 1240$ MPs이다.
12. 식 (14.78)로부터 선택된 잇수를 예측하면 다음과 같다.

$$N_p = \frac{1}{K_b}\frac{Y_j}{I}\frac{\sigma_b}{\sigma_c^2}\frac{E'}{2\pi}\frac{n_{sc}^2}{n_{sb}}$$
$$= \frac{(0.45)\left(380\times10^6\right)\left(227\times10^9\right)(2.0)}{2\pi(0.134)\left(1240\times10^6\right)^2}$$
$$= 54.0.$$

13. 피팅 저항 상수는 식 (14.80)으로부터 얻어진다.

$$K_c = \frac{(0.3183)E'h_pK_oK_mK_v}{I\omega_p}\left(\frac{n_{sc}}{\sigma_c}\right)^2,$$

$K_c = 2.677 \times 10^{-4}\,\mathrm{m}^3$으로 구해진다.

14. 식 (14.81)로부터 피니언 지름을 예측하면 다음과 같다.

$$d_p = \left(\frac{K_c}{b_w/d_p}\right)^{1/3} = \left(\frac{2.667\times10^{-4}}{0.833}\right)^{1/3} = 0.0685\ \mathrm{m}.$$

15. 상기의 단계 3으로부터 치폭은 다음과 같다.

$$b_w = 0.833d_p = 0.833(0.0685) = 0.057\ \mathrm{m}.$$

피니언 모듈은 약 1.25 mm를 가지고 있음을 주목하라. 요구되는 기어비를 유지하기 위해, 기어는 270개의 잇수와 0.342 m의 지름을 가져야 한다.

이것은 설계 시작을 위해 어림잡은 예측이다. 설계 절차 14.5에 기술된 것처럼 설계된 기어는 14.11절과 14.12절에서 기술된 접근법들을 사용하여 좀 더 분석되어야 한다. 이러한 분석은 예제 14.9와 예제 14.10에서 수행해 보았다. 이 예제들로부터 모두 구속 조건들을 충족하는 피니언과 기어의 초기 설계에 대해 확인하였다.

사례 연구 14.1

분말 금속 기어

분말 금속(powder metal, PM) 부품 생산에 관해서는 3.8.1절에서 간단히 소개한 바 있다. 압축 성형과 소결 또는 금속 사출 성형과 같은 두 가지 주된 생산 방법이 기어 생산에 사용되고 있다. 이외에도, 가공에 의해 추가 공정으로 진행되는 PM 공정은 기어 블랭크 생산에 사용될 수 있다. 생산 방법에 따라 다른 이점들을 가지고 있으므로 용도에 맞도록 기어 생산 방법을 선택한다. 이 사례 연구에서는 분말 금속 기어, 분말 금속 기어 제작 공정 및 그 용도에 대한 개요를 소개할 것이다.

공정

분말 금속 기어의 생산은 철, 니켈, 크롬 등과 같이 다른 성분 분말들의 혼합을 통해 이루어진다. 또 다른 방법은 각각의 분말은 원하는 성분을 함유시키기 위해 금속 합금의 분말을 만드는 것이다. 부품 강도 개선을 위해 분말은 그라파이트 혹은 스테아르산과 같은 고체 윤활제와 소량 혼합되기도 한다.

압축 성형과 소결되는 부품들의 경우, 혼합물을 금형 공동(die cavity)에 넣고 그림 14.35에서 보여지는 것처럼 기계 프레스를 이용하여 **성형체**(green compact)로 만든다. 이 시점에서의 성형체는 매우 약하고 취성이며, 분필과 비슷한 강도를 가진다. 가변 분위기 노(controlled atmosphere furnace)에 성형체를 놓고 소결하기 때문에, 확산과 2상 전송(second phase transport)을 통해 접촉하는 분말 입자들 사이에는 상대적으로 약한 결합이 많이 형성된다. 소결 시 수축과 약간의 열적 비틀림 전단 변형이 발생된다. 이 공정에 대한 상세 내용은 Kalpakjian과 Schmid(2010)에서 확인할 수 있다.

금속 사출 성형된 기어들은 폴리머 캐리어와 혼합된 금속 분말로 구성되어 있으며, 금형 공동 안에서 온도를 상승시켜 사출 성형을 하고, 이를 통해 원하는 기어 형상으로 제작된다. 성형된 부품에서 폴리머 결합재를 제거하기 위해 노에 놓아둘 필요가 있으며, 또한 이 때 부품의 최대 강도(full strength)를 향상시키기 위해 소결시킨다.

후속 공정 단계들에는 경화, 셰이빙, 롤 치밀화 등이 포함된다. 일반적으로 경화는 기어에서 선호하는 상변

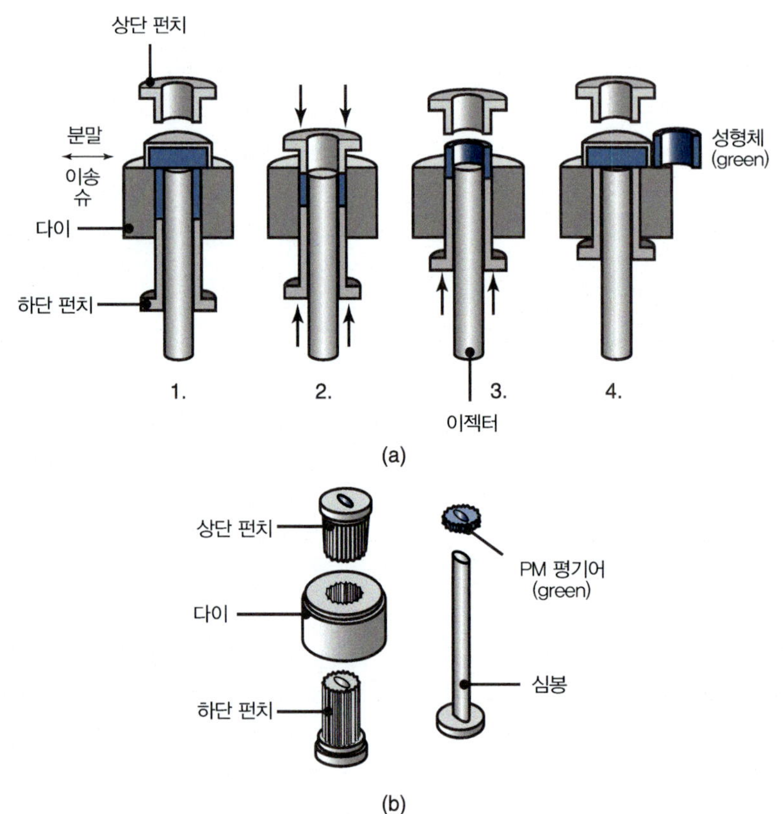

그림 14.35: 분말 압축 공정을 통한 기어 제작. (a) 부품 제작을 위한 단계들, (b) 단순 평기어 제작에 요구되는 공구의 개략도. 출처: Kalpakjian and Schmid(2010).

화를 유발시키기 위해 노에서 온도를 상승시키는 것과 관련이 있다. 이것은 압축 잔류 응력을 만들기 위해 침탄하는 것을 포함하며, 소결 단계와 통합될 수 있다(이에 대해 소결 경화로 언급된 바 있다). 소결은 부품의 뒤틀림(distorsion)과 연관이 있기 때문에, 더 높은 품질 지수를 요구하는 응용 사례에서는 셰이빙 공정이 요구되기도 한다.

롤 치밀화에서, PM 기어는 경화된 기어와 접촉하여 맞물려 있으며, 이 때 높은 접촉 하중을 받는다. 그 결과 접촉한 기어는 PM 기어 표면에 소성 변형을 유발시키고, 그림 14.36에서처럼 표면층에 다공성을 감소시키는 결과를 가져온다. 또한 롤 치밀화는 기어 이뿌리면(gear flank face)의 표면을 경면으로 만들기 때문에, 주어진 윤활막 두께에 대한 유막 변수들을 개선시키는 효과를 가져온다(14.13절 참조). 치밀화된 층은 잘 제련된 재료와 필적할 만한 허용 굽힘 응력을 갖는다.

분말 야금의 주요 이점 중 하나는 정형 혹은 정형에 가까운 형상을 제작할 수 있다는 것이다. 즉, 최종 치수를 얻기 위한 추가 가공이 필요 없다. 가공은 상대적으로 느리고 비싸다. 주조 혹은 단조된 제품에서 보다 분말 야금에서의 원재료가 더 비싸긴 하지만, 가공 공정을 줄이거나 없앨 수 있기 때문에 PM 기어의 비용 효율성이 높다.

낮은 동력 응용 사례

보통 750 watts보다 작은 아주 낮은 전달 동력을 이용하는 응용 사례가 많이 있다. 전형적인 응용 사례들로는 사무실 프린터, 의료 장치 및 기구, 자동차 유리용 기어, 일반적인 모션 컨트롤러와 수공구들이 있다.

상기와 같은 응용 사례에 이용되는 것 이외에도, 낮은 동력 전달을 이용함으로써 백래시와 상대적으로 짧은 수명을 완화시킬 수 있다. 이러한 이유들 때문에, 보통 4에서 6에 해당하는 더 낮은 값의 품질 지수가 받아들여진다. 어떠한 후속 가공이나 경제적 대안이 될 수 있는 공정들을 만들어 내는 과정 없이도 금속 사출성형으로부터 직접 기어를 만들 수 있다.

금속 사출성형은 더 낮은 품질 지수를 갖는 기어 제작에 사용되며, 평기어 뿐만이 아니라 몇몇의 헬리컬 기어와 베벨 기어를 만들 때에도 적합하다. 금속 사출성형 공정은 그 유연성으로 인해 복합적 특징을 갖는 단일 부품을 만들고자 하는 설계자에게 유용하며, 금속 사출성형을 통해 기어를 풀리 혹은 캠과 결합할 수도 있고 또는 단붙이 기어의 제작에 활용할 수도 있다(그림 14.37). MIM(금속 사출성형)은 공구 비용이 고가이기 때문에 상대적으로 대량 생산을 요구한다.

높은 동력 응용 사례들

PM 기어 사용량 증가에서도 알 수 있듯이, PM 부품 및 재료와 관련된 기술은 지난 10년 간 상당히 발전되어 왔다. 다공성이 더 감소하면 재료 강도가 더 높아지기 때문에, 일반적으로 압축 성형과 소결은 높은 동력 응용 사례에 활용된다. PM에 적합하도록 하기 위해, 기어의 기하학적 형상은 몇 가지로 제한된다. 즉, 기어 이는 극도로 가는 피치 혹은 큰 치폭을 가질 수 없다. 일반적으로 치폭은 25 mm 정도를 초과할 수 없다.

상기에서 논의되었던 기어의 롤 치밀화 공정의 진보로 인해 PM 기어는 연강 기어와 비슷한 굽힘 강도 및 접촉강도를 가질 수 있게 되었다. 롤 치밀화 후 기어의 품질 지수 값은 일반적으로 6에서 9 사이이며, 가공의 측면에서 보면 보다 더 경제적으로 기어가 생산된다고 볼 수 있다. 그림 14.38은 롤 치밀화를 거친 후 압축 성형을 통해 만들어진 자동차용 응용품들에 대한 PM 기어들을 보여준다. 헬리컬 기이(15장) 노한 만들 수 있다.

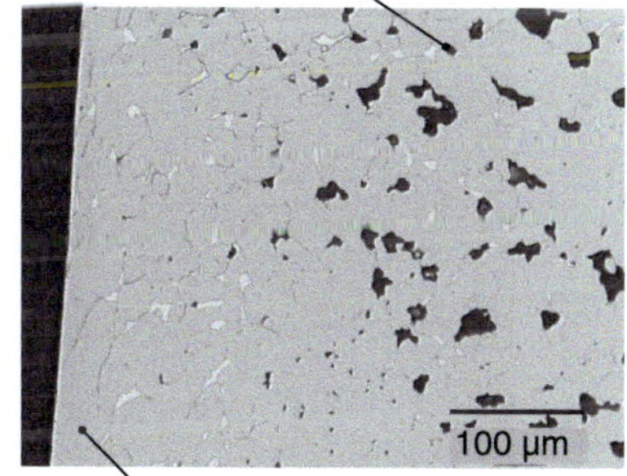

그림 14.36: 롤 치밀화 후 PM 재료 사진. 높은 허용 접촉 응력으로 인한 표면에서의 낮은 다공성에 주목하라. 출처: Capstan Atlantic Corp.

그림 14.37: 분말 압축을 이용한 단붙이 기어 제작, 유사한 단붙이 기어들은 금속 사출 성형을 통해서도 제작할 수 있다. 출처: Perry Tool & Research, Inc.

그림 14.38: 자동차 용도로 사용되는 PM 기어 모음. 출처: Capstan Atlantic Corp.

14.15 요약

기어의 주기능은 동력을 전달하고 축의 속도를 변화시키는 것이다. 이 장에서 논리적으로 소개된 중요한 기법들은 기어 설계를 성공적으로 하기 위해 필요하다. 이 장에서는 주로 평기어 설계 기법에 대해 강조하였지만, 다양한 유형의 기어들에 대해서도 논의하였다. 기어는 평행 축 기어, 비평행축 및 공면기어, 비평행축 및 비공면 등 3가지의 중요한 범주로 분류할 수 있다. 비록 평기어에 주로 초점을 맞췄지만, 다른 기어 유형들에 대해서도 설명하였다.

평기어에 작용하는 기하하적 계수, 기구학, 하중, 응력들에 관해 소개하였다. 기어는 구동 기어 이가 종동 기어 이에 하중을 작용시킴으로써 동력을 전달하는 반면, 구동 기어 이의 뒤쪽에는 반력이 작용한다. 추력 하중은 구동 기어로부터 종동기어에 동력을 전달하는 힘이다. 추력 하중은 기어를 움직이는 축에 수직으로 작용한다. 이 추력 하중은 이에 굽힘 응력을 발생시킨다. 인벌루트 곡선이 필렛과 만나는 지점인 이뿌리에서 가장 높은 인장 굽힘 응력이 발생한다. 이 때, 파손 발생 여부를 결정하기 위해 설계 굽힘 응력과 허용 응력을 비교해 본다.

추가로, 표면 피팅과 스폴링에서 기인한 기어 파손은 보통 접촉 응력이 높은 피치선 근처에서 발생된다. 그러므로 피로 때문에 파손이 발생된다고 말할 수 있다. 피로 때문에 파손이 일어나는지를 결정하기 위해 허용 응력과 설계 응력을 비교하는데 수정 계수를 갖는 헤르츠 접촉 압력이 사용되곤 한다. 적절한 보호 탄성유체 윤활막이 존재하는 경우, 기어 수명이 상당히 연장된다고 알려져 있다. 결국, 종합적 접근법은 기어 변수의 선정에서 설계자에게 도움을 주고자 개발된 것이다.

핵심어

기어(gear) 톱니바퀴가 또 다른 톱니바퀴와 맞물릴 때 축 사이에 동력을 전달한다.

기어 맞물림의 기본 법칙(fundamental law of gearing) 치형에 공통법선이 피치점이라 불리는 고정된 점을 통과해야만 한다는 것을 진술한 법칙

기어비(gear ratio) 맞물린 두 개의 기어 사이에 잇수 비

기어열(gear trains) 원하는 속도비를 얻기 위한 다중 기어들로 구성된 기계 요소

루이스 식(Lewis equation) 외팔보 이론에 근거한 기어 이에 작용하는 굽힘 응력에 대한 식

모듈(module) 피치 지름 대 잇수의 비

백래시(Backlash) 피치원에서 측정된 틈새

베벨 기어(bevel gear) 직선 이를 갖는 비평형, 공면 기어

수정 루이스 식(Lewis equation) 기어 형상에 대한 보정 계수를 고려한 루이스 식

원주 피치(circular pitch) 하나의 이로부터 인접한 이에 상응하는 점까지 거리

지름 피치(diametral pitch) 피치 지름당 잇수

평기어(spur gears) 직선 이를 갖는 평행 축 기어

피니언(pinion) 맞물린 기어들 중 더 작은 것

피치점(pitch point) 중심선 위의 접점에서 맞물린 기어 치형에 수직한 점으로 정의한다. 또한, *기어 맞물림의 기본법칙*을 보라.

공식 정리

기어 기하학:

축간 거리: $c_d = \dfrac{d_p + d_g}{2} = \dfrac{p_c N_p}{2\pi}(1 + g_r)$

원주 피치: $p_c = \dfrac{\pi d}{N} = \dfrac{\pi d_p}{N_p} = \dfrac{\pi d_g}{N_g}$

접촉비:

$$C_r = \frac{L_{ab}}{p_c \cos\phi} = \frac{1}{p_c \cos\phi}\left[\sqrt{r_{op}^2 - r_{bp}^2} + \sqrt{r_{og}^2 - r_{bg}^2}\right] - \frac{c_d \tan\phi}{p_c}$$

지름 피치: $p_d = \dfrac{N_p}{d_p} = \dfrac{N_g}{d_g} = \dfrac{\pi}{p_c}$

기어비: $g_r = \dfrac{d_g}{d_p} = \dfrac{N_g}{N_p} = \dfrac{\omega_p}{\omega_g}$

모듈: $m = \dfrac{d_g}{N_g} = \dfrac{d_p}{N_p} = \dfrac{1}{p_d}$

속도비:

외접 맞물림 기어: $Z_{21} = \dfrac{\omega_2}{\omega_1} = -\dfrac{N_1}{N_s}$

내접 맞물림 기어: $Z_{21} = \dfrac{\omega_2}{\omega_1} = \dfrac{N_1}{N_s}$

단순 열: $Z_{ji} = \frac{\omega_j}{\omega_i} = \pm\frac{N_i}{N_j}$

(홀수 j는 양수, 짝수 j는 음수)

유성 기어열:

속도비:

$$\frac{\omega_{\text{ring}} - \omega_{\text{arm}}}{\omega_{\text{sun}} - \omega_{\text{arm}}} = -\frac{N_{\text{sun}}}{N_{\text{ring}}}$$
$$\frac{\omega_{\text{planet}} - \omega_{\text{arm}}}{\omega_{\text{sun}} - \omega_{\text{arm}}} = -\frac{N_{\text{sun}}}{N_{\text{planet}}}$$

잇수: $N_{\text{ring}} = N_{\text{sun}} + 2N_{\text{planet}}$

기어 품질과 재료:

품질 지수:

$$Q_v = 0.5048 \ln N_i + 1.144 \ln m - 2.852 \ln(V_{PA} \times 10^4) + 13.664$$

AGMA 허용 굽힘 응력: $\sigma_{t,\text{all}} = \frac{S_t}{n_s}\frac{Y_N}{K_t K_r}$

AGMA 허용 접촉 응력: $\sigma_{c,\text{all}} = \frac{S_c}{n_s}\frac{Z_N C_H}{K_t K_r}$

기어 굽힘 응력:

수정 루이스 식: $\sigma_b = \frac{W_t p_d}{b_w Y_j}$

AGMA 굽힘 응력 식: $\sigma_b = \frac{W_t p_d K_o K_s K_m K_v K_b}{b_w Y_j}$

하중 분포 계수: $K_m = 1.0 + C_{mc}(C_{pf}C_{pm} + C_{ma}C_e)$

리드 보정 계수:

$C_{mc} = 1.0$ 크라우닝되지 않은 이

$C_{mc} = 0.8$ 크라우닝된 이

피니언 비례 계수:

$b_w \leq 25$ mm 경우

$$C_{pf} = \frac{b_w}{10d_p} - 0.025$$

25 mm $< b_w \leq$ 432 mm 경우

$$C_{pf} = \frac{b_w}{10d_p} - 0.0375 + 0.000492 b_w$$

432 mm $< b_w \leq$ 1020 mm 경우

$$C_{pf} = \frac{b_w}{10d_p} - 0.1109 + 0.000815 b_w - (3.53 \times 10^{-7}) b_w^2$$

피니언 비례 수정 계수:

$$C_{pm} = \begin{cases} 1.0, & (S_1/S) < 0.175 \\ 1.1, & (S_1/S) \geq 0.175 \end{cases}$$

동적 계수 : $K_v = \left(\frac{A + C\sqrt{v_t}}{A}\right)^B$

$A = 50 + 56(1.0 - B)$
$B = 0.25(12 - Q_v)^{0.667}$
$C = 14.14$, 단위가 m/s인 v_t의

접촉 응력:

최대 헤르츠 압력: $p_H = E'\left(\frac{W'}{2\pi}\right)^{\frac{1}{2}}$

유효 탄성 계수: $E' = \frac{2}{\frac{1-\nu_a^2}{E_a} + \frac{1-\nu_b^2}{E_b}}$

무차원 하중: $W' = \frac{w'}{E'R_x}$

유효 반경:

$$\frac{1}{R_x} = \left(\frac{1}{r_p} + \frac{1}{r_g}\right)\frac{1}{\sin\phi} = \left(\frac{1}{d_p} + \frac{1}{d_g}\right)\frac{2}{\sin\phi}$$

AGMA 식:

$$\sigma_c = E'\left(\frac{W' K_o K_s K_m K_v}{2\pi}\right)^{\frac{1}{2}} = p_H (K_o K_s K_m K_v)^{\frac{1}{2}}$$

기어 윤활:

기어 이 수직력: $W = \frac{W_t}{\cos\phi}$

윤활 속도: $\tilde{u} = \frac{u_p + u_g}{2} = \frac{\omega_p r_p \sin\phi + \omega_g r_g \sin\phi}{2}$

유효 반경: $\frac{1}{R_x} = \left(\frac{1}{r_p} + \frac{1}{r_g}\right)\frac{1}{\sin\phi}$

유효 탄성 계수: $E' = \frac{2}{\frac{(1-\nu_a^2)}{E_a} + \frac{(1-\nu_b^2)}{E_b}}$

무차원 변수:

하중 변수: $W' = \frac{W}{b_w E' R_z}$

속도 변수: $U = \frac{\eta_o u}{E' R_x}$

재료 변수: $G = \xi E'$

햄록-다우슨 식:

$$H_{\min} = \frac{h_{\min}}{R_x} = 1.714(W')^{-0.128} U^{0.694} G^{0.568}$$

추천 문헌

Budynas, R.G., and Nisbett, J.K. (2011), *Shigley's Mechanical Engineering Design*, 9th ed., McGraw-Hill.

Dudley, D.W. (1994) *Handbook of Practical Gear Design*, CRC Press.

Hamrock, B.J., Schmid, S.R., and Jacobson, B.O. (2004) *Fundamentals of Fluid Film Lubrication*, 2nd. ed., Marcel Dekker.

Juvinall, R.C., and Marshek, K.M. (2012) *Fundamentals of Machine Component Design*, 5th ed., Wiley.

Litvin, F.L. (2004) *Gear Geometry and Applied Theory*, 2nd ed., Cambridge University Press.
Mott, R. L. (2014) *Machine Elements in Mechanical Design*, 5th ed., Prentice Hall.
Norton, R.L. (2011) *Machine Design*, 4th ed., Prentice Hall.
Radzevich, S.P. (2011) *Gear Cutting Tools*, CRC Press.
Stokes, A. (1992) *Gear Handbook*, Butterworth Heinemann.
Townsend, D.P. (1992) *Dudley's Gear Handbook*, 2nd ed., McGraw-Hill.

참고 문헌

AGMA (1989) *Geometry Factors for Determining the Pitting Resistance and Bending Strength of Spur, Helical, and Herringbone Gear Teeth*, ANSI/AGMA Standard 908–B89, American Gear Manufacturers Association.
AGMA (2003) *Effect of Lubrication on Gear Surface Distress*, AGMAStandard 925–A03, American Gear Manufacturers Association.
AGMA (1997) *A Rational Procedure for the Preliminary Design of Minimum Volume Gears*, AGMA Information Sheet 901-A92.
AGMA (2010) *Fundamental Rating Factors and Calculation Methods for Involute Spur and Helical Gear Teeth*, ANSI/AGMA Standard 2101-D04, American Gear Manufacturers Association.
Drago, R.J. (1992) Gear Types and Nomenclature, Chapter 2 in *Dudley's Gear Handbook*, D.P. Townsend, Ed., 2nd ed., McGraw-Hill.
Kalpakjian, S., and Schmid, S.R. (2010), *Manufacturing Engineering and Technology*, 6th ed., Prentice-Hall.
Lewis, W. (1892) "Investigation of the Strength of Gear Teeth," an Address to the Engineer's Club of Philadelphia, Oct. 15, 1892.
Mechalec, G.W. (1962) *Gear Handbook*, McGraw-Hill, Chapter 9.
Mott, R. L. (2003) *Machine Elements in Mechanical Design*, 4th ed., Prentice Hall.
Townsend, D.P. (1992) *Dudley's Gear Handbook*, 2nd ed., McGraw-Hill.

문제

14.1 피니언과 기어의 차이점은 무엇인가?

14.2 평기어, 헬리컬 기어, 웜 기어, 베벨 기어가 무엇인지 각각에 대해 정의해 보라.

14.3 평기어가 서로 접촉한 지점에서의 공통접선 명칭은 무엇인가?

14.4 이끝 높이와 이뿌리 높이란 무엇인지 정의하라. 이끝 높이와 이뿌리 높이 중 어느 것이 더 큰 값을 갖는지 말하고 그 이유를 설명하라.

14.5 백래시가 필요한 이유가 무엇인지 설명하라.

14.6 기어에서 원주 피치와 지름 피치가 무엇인지 각각 설명하라.

14.7 기어에서 모듈이란 무엇인지 설명하라.

14.8 링 기어, 태양 기어, 유성 기어로 구성된 유성 기어열에서 가장 큰 기어는 어느 것인가?

14.9 호빙이란 무엇인가?

14.10 허용 굽힘 응력에 영향을 주는 인자에는 어떤 것들이 있는가?

14.11 루이스 식이란 무엇인가?

14.12 평기어 이의 두께 방향으로 불균일한 분포 하중을 발생시키는 인자들에는 어떤 것들이 있는가?

14.13 크라우닝된 이(teeth)란 무엇을 의미하는가?

14.14 동적 계수란 무엇인지 설명하고, 동적 계수에 영향을 주는 인자에는 어떤 것들이 있는지 말하라.

14.15 탄성유체 윤활이란 무언인지 설명하고, 탄성유체 윤활 상태의 기어에 대해 설명하라.

정성적 문제

14.16 접촉비의 중요성에 대해 설명하라.

14.17 기어에서 품질 지수 Q_v의 중요성에 대해 설명하라. 제조 공정과 관계된 품질 지수는 어떻게 이용되는지 설명하라.

14.18 높은 품질 지수를 갖는 기어세트의 장점과 단점에 대해 설명하라.

14.19 표 14.6에서 정의된 신뢰도 계수의 장점과 한계에 대해 설명하고, 응력 사이클이 많이 진행된 상태에서의 신뢰도 계수에 대해서 중점적으로 설명하라.

14.20 이 장에서는 굽힘 응력 및 표면 피팅으로 인한 기어 이의 파손에 대해 논의하였다. 이러한 각 파손 모드 상태 하에서의 주어진 기어세트에 발생될 상황에 대해 설명하라.

14.21 기어에서 적절한 윤활이 왜 중요한지 설명하라.

14.22 *헌팅비*(hunting ratio)란 기어 잇수와 피니언 잇수의 비로, 피니언의 각각의 이가 재차 접촉하기 전에 기어의 모든 이와 접촉할 것인지를 확인하기 위해 헌팅비가 사용된다. (예를 들면, 13대 48은 헌팅비이지만, 12대 48은 헌팅비가 아니다.) 헌팅비에 대한 예를 3가지 들어보라. 맞물린 기어에

서 헌팅비를 사용할 때의 이점들에 대해 설명하라.

14.23 식 (14.58) 혹은 식 (14.73)에서 접촉비가 표기되지 않은 것처럼 보인다. 두 식에서 실제로 접촉비가 표기되지 않은 것인지 확인하고, 접촉비가 설계 접근법에 어떠한 영향을 미치는지 설명하라.

14.24 표 14.7과 그림 14.30에서는 기어 이의 형상계수들을 제공하지만 고려되는 가장 작은 기어 잇수는 10이다. 더 작은 기어 잇수에 대해서는 왜 고려하지 않는지 설명하고 이에 대한 적절한 스케치를 해보라.

14.25 품질 지수 Q_v의 중요성에 대해 설명하라.

14.26 접촉선을 어떻게 정의하는지 설명하라. 접촉 길이란 무엇인가?

14.27 설계 절차 14.1을 이용하여, 100 mm 지름과 20개의 잇수를 갖는 기어 도면을 작성하라.

14.28 내접하는 기어에 대해 그림 14.5와 비슷한 방식으로 그림을 그려보라.

14.29 폴리머 기어에 대한 설계 접근법 중 하나는 표 14.2에서 제시된 것보다 더 큰 이끝 높이와 이뿌리 높이를 사용하는 것이다. 이 접근법에서의 장점과 단점이 무엇인지 설명하라.

14.30 숏 피닝은 금속 표면에 압축 잔류 응력을 줄 수 있는 좋은 방법이지만, 금속 표면이 거칠어진다. 어떤 조건에서 숏 피닝 한 기어의 사용을 고려하겠는가? 그 이유를 설명하라.

정량적 문제

14.31 압력각 20°, 모듈 3 mm, 잇수 20개인 피니언이 잇수 32개인 기어와 맞물려 있다. 축 사이의 축간 거리는 81 mm이다. 기어비와 지름 피치를 구하라. 답 $g_r = 1.60$, $p_d = 0.333$ mm^{-1}.

14.32 기어박스는 베어링 장착 위치로 정의되는 영구 축(permanent shaft) 위치를 가지고 있지만, 피니언 잇수와 기어 잇수의 변화에 의해 기어비가 바뀔 수 있다. 서로 다른 기어비들에 대해 유사한 동력전달 능력을 갖도록 하려면, 제조사는 두 개의 다른 기어박스들에 대해 같은 모듈을 갖도록 제작해야 한다. 기어박스들 중 하나는 잇수 22개인 피니언과 잇수 68개인 기어, 축간 거리 225 mm이다. 기어 모듈을 계산하고, 동일한 모듈을 사용할 때 잇수 22개 혹은 그 이상인 피니언에 대해 가능한 기어비는 얼마인가? 답 $m = 5$ mm.

14.33 제조 시 잇수 20개인 일반 기어의 블랭크가 너무 크게 만들어졌다. 그로 인해 기어 이의 이끝 높이는 바깥방향으로 커졌고, 이끝에서의 이두께는 감소하였다. 랙 공구(rack tool)의 모듈은 3 mm이다. 기어 이 끝면에서 두께가 0이 되는 것을 방지하기 위한 공구 플랭크 각이 20°일 때, 기어 최대 바깥 반지름을 구하라. 답 $r_{max} = 41$ mm.

14.34 감속기에서 입력 축 속도와 출력 축 속도는 각각 2000 rpm, 320 rpm이다. 압력각은 25°로 설계되어 있다. 기어들은 모듈 5 mm, 축간 거리 435 mm를 갖는다.

(a) 두 기어의 잇수, 피치 지름, 기초원 반지름, 이끝원, 이뿌리원을 구하라. 답 $N_p = 24$, $N_g = 150$, $d_p = 120$ mm, $d_g = 750$ mm.

(b) 압력각이 25°에서 29°까지 변할 때, 축간 거리의 변화량을 구하라. 답 $\Delta c_d = 3.27$ mm.

14.35 한 쌍의 기어에서 기초원 반지름은 각각 100 mm, 260 mm이다. 이 기어 쌍의 모듈은 8 mm이고, 압력각은 20°이다. 기어의 부정확한 장착으로 인해 4 mm의 축간 거리 오차가 발생했다. 이로 인한 피치 반지름, 축간 거리, 압력각의 변화량을 구하라. 답 $\Delta r_p = 1.1$ mm, $\Delta r_g = 2.90$ mm.

14.36 원주 피치 50.3 mm, 압력각 25°를 갖는 기어열이 잇수 12개인 피니언과 맞물려 있다. 기어열의 부피와 총 잇수를 최소화하도록 기어열을 설계하고자 한다. 이 기어열의 피치 지름, 잇수, 속도비, 축간 거리, 모듈을 구하라. 기어박스 하우징 지름은 620 mm이다. 답 $d_p = 192$ mm, $g_r = 2$, $c_d = 288$ mm.

14.37 내구강도 시험 기계(그림 a)에서 기어열의 피니언은 동력 5 kW를 가지며 시계방향 1200 rpm으로 회전한다. 기어의 원주 피치는 12.57 mm이고 압력각은 20°이다.

(a) 출력 속도의 크기와 방향을 구하라. 답 $\omega = 640$ rpm.

(b) 입력 축과 출력 축 사이의 축간 거리를 구하라. 답 $c_d = 330$ mm.

문제 14.37에 대한 그림 a

(c) 3번 기어와 4번 기어에 작용하는 힘들에 대한 자유물체도(free-body diagrams)를 그려라.

14.38 표준 직선 기어 시스템은 $N_g = 50$, $N_p = 30$인 두 기어로 구성되어 있다. 압력각 $\phi = 20°$, 모듈 5 mm이다. 축간 거리 c_d와 접촉비 C_r을 구하라. 답 $c_d = 200$ mm, $C_r = 1.77$.

14.39 모듈 2 mm, 압력각 $\phi = 20°$, $N_g = 28$, $N_p = 20$인 직선 기어가 있다. 접촉비 C_r을 구하라. 답 $C_r = 1.60$.

14.40 모듈 5 mm, $N_p = 22$인 내접 직선기어가 있다. 축간 거리 $c_d = 130$ mm, 압력각 $\phi = 20°$일 때, 접촉비 C_r을 구하라. 답 $C_r = 2.21$.

14.41 모듈 $m = 5$ mm, 치폭 $b_w = 40$ mm인 직선 기어는 축간 거리 $c_d = 0.1875$ m를 갖는다. 피니언은 잇수 25개, 속도 1000 rpm, 압력각 $\phi = 20°$이다. 기어가 10 kW 동력을 전달할 때, 피치점에서의 헤르츠 접촉 응력을 구하라. 마찰력은 무시하라. 기어 강(gear steel)의 탄성 계수 $E = 207$ GPa이고 프와송 비는 0.3이다. 답 $p_H = 321$ MPa.

14.42 $N_g = 40$, $N_p = 20$, $\phi = 20°$인 평기어가 있다. 모듈 $m = 5$ mm이다. 기어가 작동될 수 있도록(백래시 없는 상태로부터 $C_r = 1.5$까지) 축간 거리의 범위를 계산하라. 답 150 mm와 155 mm 사이.

14.43 다음의 값들을 갖는 기어가 있다. $N_g = 45$, $N_p = 20$, $m = 3$ mm, $\phi = 20°$. 다음을 구하라.

(a) 축간 거리 c_d 답 $c_d = 97.5$ mm.

(b) 접촉비 C_r 답 $C_r = 1.647$.

(c) 피니언의 피치원에서의 이두께, 기어의 피치원에서의 이두께 답 $t_h = 4.7125$ mm.

14.44 축간 거리 c_d를 갖는 기어가 있다. 축간 거리가 미소량 Δc_d 만큼 증가할 때 압력각 ϕ의 변화량이 얼마인지 계산하라. 답 $\Delta\phi = \dfrac{\Delta c_d}{c_d \tan\phi}$.

14.45 직선 기어는 이론적 축간 거리 $c_d = a = 0.264$ m에서 백래시가 없다. 압력각 $\phi = 20°$C, $N_g = 47$, $N_p = 19$, $\alpha = 11 \times 10^{-6}$ (°C)$^{-1}$이다. 백래시가 0.2128 mm가 되기 위해 필요한 축간 거리를 구하라. 백래시부터 자유로운 기어 제작을 위해 하우징 온도와 비례하는 기어 온도 증가량은 얼마인가? 답 $\Delta t = 100.6$°C.

14.46 축간 거리가 150 mm인 기어와 피니언이 제작중이다. 전달 토크와 속도, 요구되는 구동 정확도에 따라서 다른 값의 모듈이 선택될 수 있다. 기어비가 2이고 피니언 잇수가 50개일 때 최소 백래시는 얼마인가? 답 0.08 mm.

14.47 잇수 30개, 모듈 2 mm, 회전 속도 2000 rpm인 피니언이 기어를 500 rpm으로 구동시키고 있다. 기어의 지름 피치 및 잇수 그리고 축간 거리를 구하라. 답 $p_d = 500$ m^{-1}, $N_g = 120$, $c_d = 150$ mm.

14.48 압력각 20°, 이끝 높이 12.5 mm, 속도비 0.5를 갖는 두 평기어의 접촉비는 얼마인가? 답 $C_r = 1.48$.

14.49 후륜 구동 자동차 개발을 위해서는 구동 열(drive train)이 필요하다. 자동차 변속기로부터 후륜까지 하이포이드 기어에서의 기어비는 4.5:1이다. 후륜의 지름은 550 mm이다. 모터는 1500 rpm에서 6000 rpm의 속도 구간에서 사용될 수 있다. 자동차의 속도가 6000 rpm일 때 다섯 번째 기어는 200 km/hr이어야만 한다. 첫 번째 기어는 클러치의 미끄럼 없이 10 km/hr만큼 느리게 구동되어야 한다. 기어박스에서 다섯 번째 기어에 대한 기어비를 구하라.

14.50 그림 b에서 보여지는 바와 같이 기어열이 구동하고 있다. 기어열의 입력으로 2000 rpm에서 동력 3.0 kW를 전달한다. 접촉하고 있는 기어들의 속도비는 5:3까지 감속한다.

(a) 기어 3과 기어 4의 잇수를 구하라. 답 $N_3 = 50$, $N_4 = 120$.

(b) 각 기어의 회전 속도를 구하라. 답 $\omega_3 = \omega_4 = 1200$ rpm, $\omega_5 = 720$ rpm.

(c) 각 맞물린 기어 쌍에서 마찰로 인한 동력 손실이 5%일 때, 각 축에서의 토크를 계산하라. 답 $T_{in} = 14.32$ N-m, $T_{out} = 35.90$ N-m.

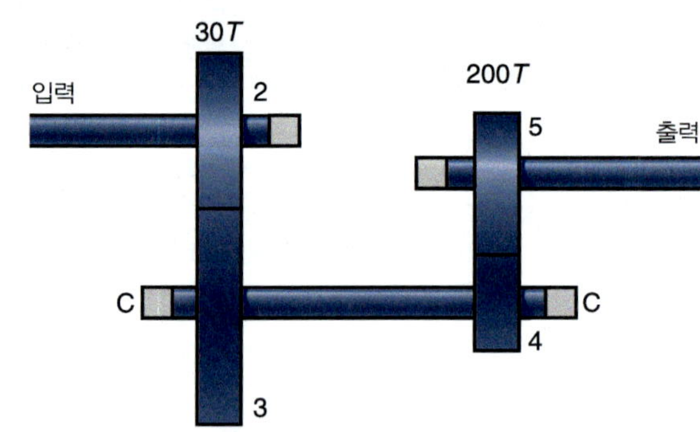

문제 14.50에 대한 그림 b

14.51 문제 14.50에서, 구동하는 기어열의 모든 기어는 모듈 8 mm, 압력각 25°이다. 기어열에서 각 기어에 대해 작용하는 힘들에 대한 자유물체도를 그려라.

14.52 그림 c에서 보이는 기어열에서 피니언은 500 rpm으로 회전하면서 기어열에 6.0 kW의 동력을 전달하고 있다. 원주 피치는 31.4 mm이고 압력각은 25°이다. 각 기어에 작용하는 힘들에 대한 자유물체도를 그리고 출력 속도를 계산하라. 답 $\omega_{out} = 200$ rpm.

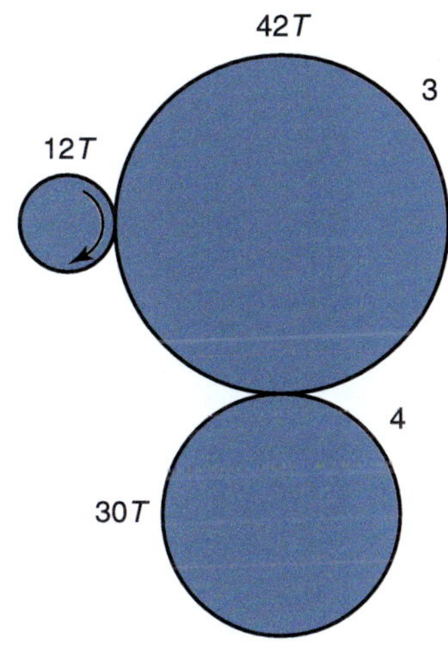

문제 14.52에 대한 그림 c

14.53 그림 d에서 보이는 유성 기어의 입력 축은 시계 방향으로 500 rpm으로 회전하며 동력 40 kW를 전달한다. 기어 4와 기어 5의 모듈은 4 mm이고 압력각은 20°이다. 입력 축과 출력 축은 동축이다. 아래의 문제를 풀어라.

(a) 출력 속도와 방향을 구하라. 답 $\omega = 2200$ rpm.

(b) 고정 링기어의 잇수와 피치 지름을 구하라. 답 $N_r = 85$, $d_{pr} = 340$ mm.

(c) 각 기어에 작용하는 접촉 하중을 구하라. 답 $W_t = 4500$ N.

그림에서는 고정 링기어가 표기되지 않았다.

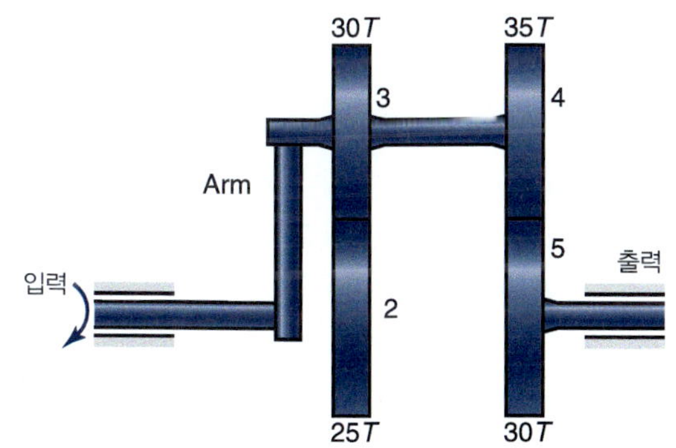

문제 14.53에 대한 그림 d

14.54 그림 e에서 보이는 것처럼 잇수가 18개인 피니언이 1420 rpm으로 회전하며 52 kW의 동력을 기어열에 전달하고 있다. 출력 축의 동력은 기어열에서 입력 동력의 35%이다. 모든 기어 접촉에서 3%의 동력 손실이 있다. 모든 기어의 압력각은 20°이다. 각 기어에 작용하는 접촉력을 계산하라. 모든 단위는 mm이다. 답 기어 3: $W_t = 6.26$ kN, $W_r = 2.28$ kN.

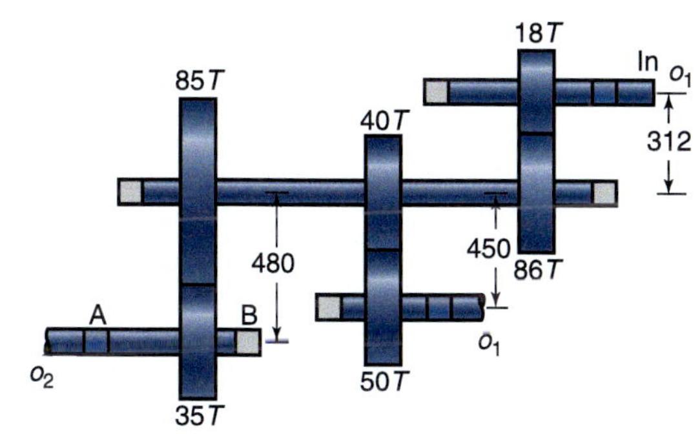

문제 14.54에 대한 그림 e

14.55 스포츠카의 기어박스에서 세 번째 기어는 무게 절감을 위해 유한 수명을 갖도록 치수들이 설계되었다. 자동차가 경주용으로 사용될 때의 발생하는 하중 범위는 보통 주행일 때의 하중 범위와는 차이가 있다. 그러므로 세 번째 기어는 기어 뿌리에서의 굽힘 응력에 의해 파손되고 기어 이는 균열이 발생하며 떨어져 나갈 수 있다. 기어박스의 하중 범위에서 기어 이뿌리의 굽힘 응력 파손은 접촉 시 표면 피팅에서와 같은 응력 안전 계수를 갖는다. 기어는 브리넬 경도 HB = 250을 갖는 2등급 강(Grade 2 steel)으로 만든다. 브리넬 경도가 400인 재료로 바꾼다면, 굽힘 응력 파손은 발생되지 않는다. 이 때 표면 피팅 손상이 발생하는가? 답 표면 피팅 손상이 발생하지 않는다.

14.56 90% 신뢰도로 50×10^6번 만큼의 수명을 가지며 동력 3 kW를 전달하는 감속비 2:1의 기어쌍은 520 rpm 속도로 구동된다. 안전 계수 2에 맞도록 압력각은 20°로 사용한다. 기어 이가 허브 가공되어 있고 적절하게 장착되어 있기 때문에 하중이 균일하게 작용하고 있다. 접촉 응력에 근거하여 적절한 재료를 선정하고, 피치 지름과 치폭을 계산하라. 모듈은 2 mm이고 $N_p = 24$이다.

14.57 경도 250 HB를 갖는 완전경화된 1등급 강(Grade 1 steel)의 허용 굽힘 응력과 접촉 응력을 구하라. 신뢰도는 50%이고, 피니언과 기어의 경도는 같으며, 기어는 100,000회의 하중 사이클이 반복된다고 가정하라. 답 $\sigma_{b,all} = 469.5$ MPa, $\sigma_{c,all}$

= 1552 MPa.

14.58 10×10^6번 만큼의 사이클이 지속되는 동압 윤활(hydrodynamic lubrication) 상태의 기어에 대해 문제 14.57을 반복하라. 답 $\sigma_{b,\text{all}} = 316.6$ MPa, $\sigma_{c,\text{all}} = 1200$ MPa.

14.59 내구강도 시험 장비(그림 f 참조)는 모터, 기어박스, 두 개의 탄성을 갖는 축, 베어링, 시험용 기어들로 구성된다. 기어가 장착된 상태에서 축의 비틀림에 의해 기어에 힘이 작용한다. 한 개의 기어 이가 나타내는 각도만큼 축이 비틀렸다. 아래 그림에서 주어진 변수들에 대한 함수로써 시험용 기어에서 발생하는 힘을 표현하라. 답 $P = \dfrac{G\pi^2 d^4 p_d}{16N_p^2 l \cos\phi}$.

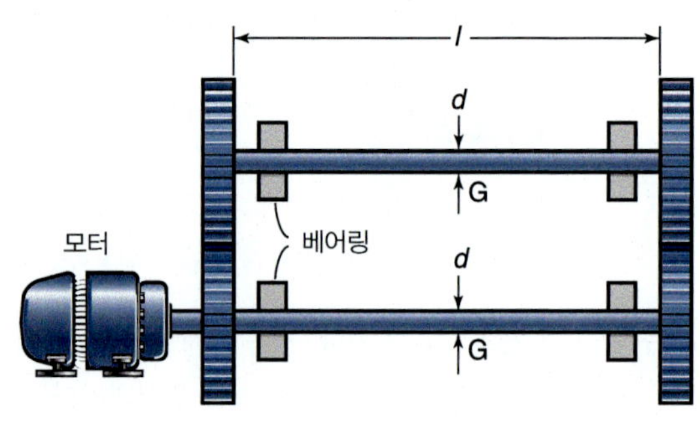

문제 14.59에 대한 그림 f

14.60 2:1의 기어 감속비를 갖는 경우, 주철로 만들어진 피니언은 320 rpm으로 회전하며 5.2 kW의 동력을 전달하고 있다. 기어는 압력각 25°인 표준 높은 이를 갖는다. 굽힘 응력을 근거로 하여 안전 계수 2에 대한 기어 쌍을 설계하라. 모듈 3 mm이고, $N_p = 24$이다.

14.61 모터와 같은 전기를 이용한 동력원은 일반적인 환경에서보다 훨씬 더 높은 속도에서 구동된다. 보통 이러한 이유로 인해 기어 감속기가 필요하다. 감속 기어의 품질은 얼마나 큰 동적 충격력이 출력 축 기어에 작용하는가에 따라 결정된다. 품질 수준 5를 갖는 호빙된 기어가 피치 지름 50 mm에서 500 rpm으로 회전하는 데 사용된다. 스루풋 동력 증가를 위해 속도가 5000 rpm으로 증가되었다. 이 속도에서 기어를 통해 얼마나 큰 동력이 전달될 수 있는가? 매우 정확한 기어장치라면 얼마나 높은 동력까지 전달되겠는가?

14.62 1200 rpm으로 구동되며 13 kW를 전달하는 잇수 25개인 피니언이 4:1의 감속비를 갖도록 기어와 맞물려 있다. 기어는 강으로 만들었으며, 원주 피치 15.7 mm, 치폭 49 mm, 압력각 20°이다. 전원이 균일하게 공급되고 있고 기계는 보통의 충격을 받고 있다. 또한, 이가 크라우닝되지 않았으며, 기어는 지지대 사이의 중앙에 있다. 이러한 경우 AGMA 식을 이용하여 기어의 굽힘 응력을 구하라. 품질 지수 $Q_v = 10$을 사용하고, 기어는 적절하게 정렬되도록 조립 시 점검되었다. 상용 기어를 고려하라. 답 $\sigma_t = 35.7$ MPa.

14.63 표준 상용 기어세트($Q_v = 6$)는 크라우닝된 이, 압력각 $\phi = 20°$, 모듈 $m = 3$ mm를 가지며, 1500 rpm의 속도에서 회전하는 피니언은 20 kW의 동력을 전달하고 있다. 치폭 $b_w = 15$ mm, $N_p = 24$, $N_g = 42$인 기어 강의 경우 $E = 207$ GPa이다. AGMA 식을 이용하여 접촉 응력을 구하라. 이 때 $K_a = 1.0$으로 가정하라. 답 $\sigma_c = 1220$ MPa.

14.64 평기어로 구성된 기어박스는 고정 축 중심 거리 c_d를 갖는다. 피치점에서 기어들 사이의 접촉 압력은 기어박스를 통해 전달된 동력을 제한한다. 입력 축의 회전 속도는 고정되어 있고 출력 축의 회전 속도는 기어비에 따라 변한다. 기어박스를 통해 전달될 수 있는 최대 동력에서의 기어비를 구하라.

14.65 $m = 3$ mm, $\phi = 20°$, $N_g = 40$, $N_p = 20$인 표준 기어가 있다. 큰 바퀴의 윗 면이 피니언과 접촉하는 지점에서의 접촉 압력을 구하라. 이 때 힘은 두 접촉점 사이에 동일하게 분배하도록 되어 있다. 작은 바퀴는 1500 rpm에서 15 kW의 동력을 전달한다. 기어는 치폭 $b_w = 20$ mm, 탄성 계수 $E = 207$ GPa, 프와송 비 0.30을 갖는다. 마찰은 무시하고 품질 지수 7을 사용하라. 상용 수준의 크라우닝되지 않은 이를 가지고 있으며 베어링 사이에 장착되었다고 가정하라. 답 $\sigma_c = 1{:}17$ GPa.

14.66 $m = 3$ mm, $\phi = 20°$, $N_g = 58$, $N_p = 28$인 평기어가 있다. 기어는 느리게 회전하는 축에서 50 N-m의 토크를 받고 있다. 기어는 치폭 $b_w = 30$ mm, 탄성 계수 $E = 210$ GPa, 프와송 비 0.30을 갖는다. 기어들 사이에서의 헤르츠 접촉 압력을 구하라. 답 $p_H = 399$ MPa.

14.67 외접 평기어는 $m = 5$ mm, $N_g = 52$, $N_p = 28$, $\phi = 20°$이며, 피니언 회전속도는 1500 rpm, $b_w = 25$ mm, $E = 207$ GPa, $\nu = 0.30$이다. 최대 허용 헤르츠 접촉 압력 $p_H = 1.0$ GPa일 때, 기어가 전달할 수 있는 가장 큰 동력이 얼마인지 구하라. 답 $h_p = 206$ kW.

14.68 잇수 72개인 기어와 맞물려 있는 잇수 18개인 피니언이 1500 rpm으로 회전하면서 3.2 kW의 동력을 전달한다. 모듈 4 mm, 압력각 20°이다. 기어가 720 MPa의 항복 강도를 갖는 강으로 제작되었을 때, 수정 루이스 식을 이용하여 안

전 계수 5에 대한 치폭을 계산하라. 또한 앞서 구한 치폭을 이용하여 맞물린 이 사이의 헤르츠 접촉 응력을 계산하라. 답 $b_w = 3$ mm, $p_H = 859$ MPa.

14.69 1000 rpm으로 회전하는 잇수 16개인 피니언이 3:1의 감속비를 갖는 기어 쌍에 5 kW의 동력을 전달하고 있다. 원주 피치 9.4 mm, 치폭 38 mm, 압력각 20°이다. 강으로 만들어진 이 기어 쌍에 대해 헤르츠 접촉 응력을 계산하라. 보정계수는 무시하라. 답 $p_H = 574$ MPa.

14.70 두 개의 상용 기어(각각 브리넬 경도 300 HB를 갖는 1등급, 압력각 20°)가 접촉 상태에 있다. 피니언은 잇수 12개, 모듈 3 mm이고, 기어의 잇수는 48개이다. 피니언은 4000 rpm의 속도에서 5 kW를 전달한다. 기어는 품질 표준 $Q_v = 9$로 제작되었고 치폭은 20 mm이다. 전력원은 균일하지만, 기계에 작용하는 하중은 가끔씩 가벼운 충격을 받는다. 초과 굽힘 응력에 기인한 파손을 방지할 수 있는 안전 계수를 구하라. 답 $n_s = 2.80$.

14.71 평기어 세트에서 피니언의 크라우닝된 이는 17개, 기어의 크라우닝된 이는 51개이다. 압력각 20°, 모듈 $m = 3$ mm, 치폭 50 mm이다. 품질 지수는 10(정밀한 기어)이고 피니언은 4000 rpm으로 회전한다. 완전 경화된 FL-4405 합금 분말 금속이 재료로 사용되었다.

(a) 축간 거리, 기어비, 원주 피치를 구하라. 답 $c_d = 102$ mm, $g_r = 3$, $p_c = 9.425$ mm.

(b) 피니언이 100 Nm의 토크를 전달할 때, 기어 이의 굽힘을 방지하기 위한 안전 계수는 얼마인가? 적용 계수(application factor)는 1.0을 이용하라. 답 $n_s = 2.77$.

14.72 압력각 20°와 크라우닝된 이를 갖는 기어 쌍에 3450 rpm으로 회전하는 피니언이 1 kW를 전달한다. 모듈 1 mm, 피니언 잇수 24개, 기어 잇수 120개이다. 피니언과 기어 모두 열처리되어 300 HB를 갖는 2등급 강으로 제작되었다. 안전계수가 4일 때 요구되는 치폭을 구하라. 전기 모터의 동력을 입력으로 하여, 작은 기계 공구가 가벼운 충격을 받으며 구동된다. $Q_v = 10$(정밀한 기어), $K_m = 1.0$으로 가정하라. 답 $b_w = 75$ mm 사용.

14.73 두 기어(브리넬 경도 250 HB를 갖는 완전경화 처리된 2등급 강으로 제작된 기어, 압력각 20°)가 접촉 상태에 있다. 피니언의 크라우닝된 잇수는 12개, 모듈 3 mm이며 기어 잇수는 48개이다. 4000 rpm 회전속도를 갖는 피니언은 4 kW의 동력을 전달한다. 기어는 품질 표준 $Q_v = 6$, 치폭 20 mm를 갖도록 제작되었다. 전원은 균일하지만 기계는 가끔씩 가벼운 충격의 하중을 받는다.

(a) 이 기어들에 대한 허용 굽힘 응력과 접촉 응력을 구하라. 답 $S_t = 187$ MPa, $S_c = 755$ MPa.

(b) 허용 굽힘 응력이 200 MPa이 되도록 기어가 더 경화된다고 가정해 보라. 이 때 과도한 굽힘 응력에 의한 파손을 방지하기 위한 안전 계수를 구하라. 답 $n_s = 2.32$.

14.74 아래의 조건과 $n_s = 1$의 조건을 고려하여 문제 14.73의 (a)번을 반복하라.

(a) 기어는 신뢰도 99.99%에서 100,000 사이클의 수명을 갖는다. 답 $\sigma_{c,\text{all}} = 746$ MPa, $\sigma_{b,\text{all}} = 184.9$ MPa.

(b) 기어는 신뢰도 90%에서 100×10^6 사이클의 수명을 가지며, 혼합 윤활 상태이다. 답 $\sigma_{c,\text{all}} = 603$ MPa, $\sigma_{b,\text{all}} = 204$ MPa.

14.75 문제 14.73 고려한 기어를 실수로 인해 1등급 강으로 제작하게 되었고, 이로 인해 경도는 200 HB이다. 이 경우의 허용 굽힘 응력과 접촉 응력을 구하라. 이 때, 기어가 파손되는가?

14.76 수직 믹서는 유성 기어열의 태양 기어를 구동하기 위해 전기 모터를 사용한다. 기계의 프레임에 링 기어가 부착되어 있고 믹싱 부가장치는 유성 기어 중 하나에 부착되어 있다. 태양 기어와 유성 기어의 잇수가 30개일 때 각속도를 구하고 태양 기어의 구동 속도가 500 rpm일 때 믹싱 부가 장치의 각속도를 구하라. 태양 기어 잇수가 20개일 경우에 대해 문제를 반복하여 풀어보라. 답 $\omega_{\text{arm}} = 125$ rpm, $\omega_{\text{planet}} = -250$ rpm.

14.77 $N_{\text{sun}} = 30$, $N_{\text{planet}} = 60$, 모듈 3 mm, 압력각 20°인 유성 기어열이 5 kW의 동력을 전달한다. 링기어가 고정되어 있고 태양 기어가 구동될 때 아마추어에 의해 전달될 수 있는 토크는 얼마인가? 답 $T = 30$ Nm.

14.78 맞물려 있는 한 쌍의 기어가 5 kW의 동력을 전달하기 위한 피치와 폭을 설계하라. 축간 거리는 약 250 mm이고, 각속도비는 3/4이다. 피니언은 150 rpm으로 회전한다. 압력각 20°, 브리넬 경도 300인 1등급 완전경화 강으로 기어가 제작된다. 전원과 구동 기계는 가벼운 충격을 받고 있고 99.99% 신뢰도로 10×10^6 사이클의 수명을 가진다. $K_m = K_b = K_i = 1.0$으로 가정하라. 답 $m = 4$ mm, $b_w = 25$ mm.

14.79 설계 절차 14.5의 접근법을 이용하여 2000 rpm으로 회전하

고 있는 피니언이 30 kW를 전달하기 위한 기어 세트를 설계하라. 기어와 피니언은 250 HB 경도인 1등급 완전경화강으로 제작되었으며 압력각 20°, 감속은 3이 요구된다. 기어는 동압윤활 상태이고 99.9% 신뢰도에서 10^8 사이클 동안 수명이 지속되어야 한다. 답 $N_p = 67$, $N_g = 200$, $b_w = 66.4$ mm.

14.80 문제 14.79에서 기어 한 쌍의 폭 대 지름 비가 0.25로 제한되어 있을 때, 설계 분석은 얼마나 바뀌어야 하는가? 또한, 축간 거리는 얼마나 변화되는가? 답 73.2 mm까지 증가.

14.81 외접 기어에서 기어의 모듈 4, 기어 잇수 52개, 피니언 잇수 28개, 압력각 20°, 피니언 회전 속도 1500 rpm, 치폭 20 mm, 피니언과 기어 재질의 탄성 계수 206 GPa, 프와송 비 0.3이다. 헤르츠 접촉 압력은 0.980 GPa이다. 사용된 윤활제의 절대 점도는 0.35 Pa-s이고 압력 점성 계수는 2.2×10^{-8} m²/N이다. 피니언과 기어의 제곱 평균 제곱근(root-mean-square) 표면 조도는 0.1 μm이다. 다음 물음에 답하라.

(a) 전달 동력 답 $h_p = 54.85$ kW.

(b) 최소 유막 두께 답 $h_{\min} = 2.45\,\mu$m.

(c) 유막 변수 답 $\Lambda = 17.3$.

(d) 구해진 유막 변수값이 적절한지 여부를 말하고 그 답변에 대한 합당한 이유를 제시하라. 만약 구해진 유막 변수값이 부적절하다면, 이 상황을 개선하기 위해 유막 변수값을 얼만큼 변화시켜야 하는지 말하라.

14.82 예제 14.10에서 피니언과 기어가 $Q_v = 10$을 갖는 정밀한 기어라면, 기어는 균일한 전원을 갖는 베어링 사이의 중앙에 위치하게 되고 구동 기계는 가벼운 충격을 받는다. 허용 접촉 응력이 1.2 GPa일 때, 안전 계수를 구하라. 이는 적절하게 크라우닝되어 있고 두 베어링 사이 중앙에 기어가 장착되어 있다고 가정하라. 답 $n_s = 1.99$.

14.83 마모 방지 첨가제가 함유된 합성 파라피닉 오일이 작동 온도 38°에서 윤활제로 사용될 때, 문제 14.82에서 기어의 윤활 유막 두께를 구하라. 답 $h_{\min} = 1.67\,\mu$m.

설계 문제 및 종합

14.84 치과용 고속 드릴 제조사는 속도 감속을 위해 강으로 제작된 유성 기어 시스템을 이용한다. 하청 업체는 치과용 고속 드릴 제작에 비용이 저렴한 폴리머 평기어가 적합하다고 제안했다. 이렇게 변경된 상황을 고려하기 전에 제조사가 논의해야 하는 사항들을 나열해 보라.

14.85 당신은 고품질 압축 몰드를 이용한 평기어 제작자이다. 당신은 속도 감속을 위해 강으로 제작된 유성 기어 시스템을 이용하는 치과용 드릴 제조사와 만나기로 되어 있다. 치과용 드릴 제조사를 고객으로 확보하기 위한 플라스틱 기어의 이점들을 나열해 보라.

14.86 기어의 피팅 저항성을 평가하기 위한 시험 장비를 설계하라. 윤활제를 포함하여 시험을 수행하고, 가급적 많은 AGMA 수정 계수들을 조절하여 보라.

14.87 기어에서의 스커핑(scuffing)을 주제로 하는 기술 문헌들을 조사하고 2 페이지 가량의 논문을 쓰라.

14.88 *기어 펌프*가 그림 g에 도시되어 있다. 입력 축은 기어와 작은 틈새를 가지고 있는 하우징 안의 아이들러와 맞물린 기어를 구동시킨다. 기어 이 사이에는 유체가 순환하고 기어 펌프 바깥 면으로 압출된다. 기어 펌프의 성능에 영향을 미칠 것으로 생각되는 변수들을 나열하라. 입력 축 속도의 함수인 유체 유동에 관한 식을 유도하라.

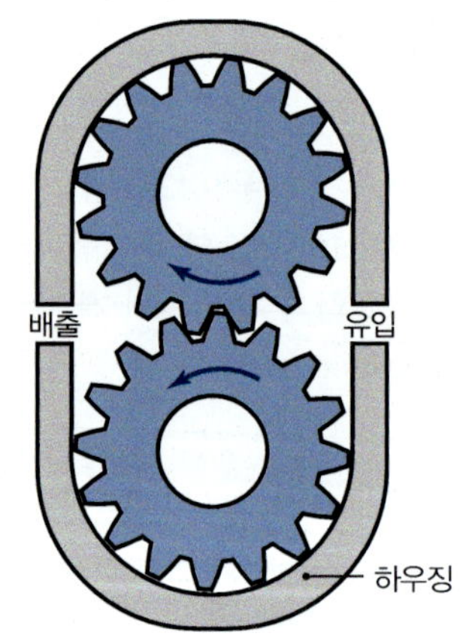

문제 14.88에 대한 그림 g

14.89 판지 혹은 벌집 복합 구조를 만드는 방법 중 하나는 *코러게이션 공정*(corrugation process)이다.

(a) 코루게이션 공정이 무엇인지 인터넷 조사를 수행한 후 간결하게 서술하라.

(b) 맞물린 두 개의 기어가 물결무늬 종이를 만들수 있도록 기어를 설계해 보라. 기어의 프로파일 중심선 거리를 포함한 기하학적 형상을 명기하라.

14.90 2단계 기어 감속기가 총 감속 $g_r = 8.0$이 되도록 설계하는 상황을 고려해 보자. 피니언과 기어 모두 250 HB 경도를 갖는 1등급 완전경화 강을 사용하여 제작되었다. 감속기에서 두 피니언과 두 기어들에 대한 잇수를 구하라. 50% 신뢰도로 2×10^6 사이클을 지속해야 하는 기어에 대해 $\phi = 20°$, $K_o = 1.0$으로 가정하라. 감속기는 안전 계수 3.0을 사용하고 입력 속도 1000 rpm에서 10 kW를 전달해야 한다.

14.91 예제 14.12의 상황을 다시 고려해 보자. $n_{sc} = 4.0$이고 $n_{sb} = 2.5$인 경우에 대해 피니언과 기어를 설계해 보라.

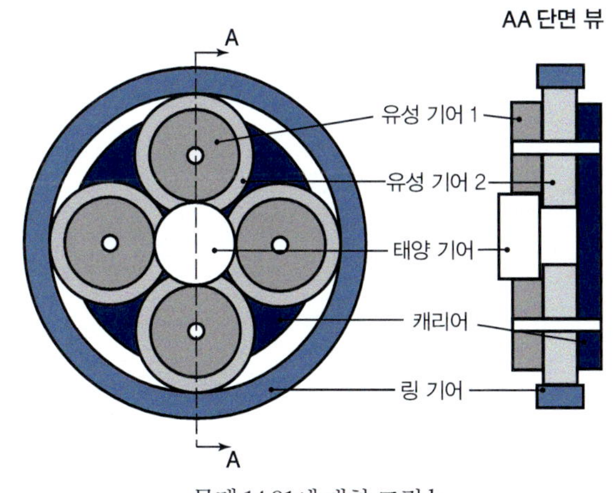

문제 14.91에 대한 그림 h

15

헬리컬, 베벨, 웜 기어

감속을 위한 헬리컬 기어와 웜 기어 세트. 출처: Boston Gear, an Altra Industrial Motion Company.

잠자코 기계를 쳐다 보라. 그렇게 한다고 잘못된 것은 없다. 기계와 한동안 함께 해보라. 마치 낚시할 때 낚싯줄을 지켜 보듯이 기계를 지켜 보라. 그러면 머지 않아 틀림없이 조금씩 알게 될 것이다. 약한 목소리로 당신이 관심을 가지고 있는지를 물어보고 있다는 사실을. 이것이 바로 이 세상이 돌아가는 방식이다. 관심을 가져라.

로버트 퍼시그, 모터사이클 손보기와 선(禪)과 예술

차례

예제

설계 절차

사례 연구

14장에서는 평기어에 관한 기구학, 단면 형상, 기어 가공 및 기어열(gear train)의 활용 등 기어와 관련된 배경 지식을 소개하였다. 이 장에서는 그 논의를 헬리컬, 베벨 그리고 웜 기어로 확장한다. 이러한 기어는 그 형상과 가공 방식이 다소 복잡하여 제작 비용이 다른 기어에 비해 비싸다. 그러나 각각의 기어는 특정 용도에 적합한 특징을 갖는다. 본 장에서는 헬리컬 기어가 평행 축에 적용되는 사례를 소개한다. 헬리컬 기어는 평기어보다 큰 접촉비를 가지며 더 부드럽게 작동하면서도, 평기어와 유사하게 설계할 수 있다. 베벨 기어는 주로 한 평면 내의 평행하지 않은 두 축 사이에서 효율적으로 토크(torque)를 전달하기 위해 사용한다. 베벨 기어는 직선형(straight), 제롤(Zerol) 기어, 하이포이드(hypoid) 기어와 같이 다양한 나사선 형상을 가질 수 있다. 기하보정 계수가 약간 더 복잡하기는 하나, 베벨 기어를 설계하는 방법과 평기어 및 헬리컬 기어를 설계하는 방법은 유사하다. 웜 기어로 연결되는 축들은 서로 직각이고 평행하지 않으며, 동일 평면 상에 놓이지 않는다. 웜 기어는 컴팩트한 설계로도 큰 감속 효과를 얻는 데 유용하다. 웜 기어는 연삭 마모에 대한 고려를 바탕으로 설계가 이루어져야 한다는 점에서 다른 기어와 다르다. 모든 기어에 있어서 윤활은 필수적이며, 웜 기어의 경우 특히 효과적인 윤활이 중요하다.

이 장에서 다루는 기계 요소: 헬리컬 기어, 베벨 기어, 웜 기어

대표적인 응용 사례: 동력전달 및 감속, 축을 통한 토크 전달용 기계 요소

관련 기계 요소: 평기어와 기어열(14장), 벨트와 풀리(19장), 롤러 체인과 스프로켓(19장)

기호

a 이끝 높이(addendum), m
b 이뿌리 높이(dedendum), m
b_w 이면 폭(face width), m
b_{wp} 투영된 이면 폭(projected face width), m
C_m 기어비 보정 계수
C_r 접촉비
C_s 재료 계수
C_v 속도 보정 계수
c_d 중심 거리, m
d 피치 지름, m
d_r 이뿌리 지름, m
d_w 웜의 피치 지름, m
E 탄성 계수, Pa
E' 유효 탄성 계수, Pa
HB 브리넬 경도(Brinell hardness)
h_p 전달된 동력, W
I_b 베벨 기어의 접촉 응력에 대한 기하 계수
K_o 과하중 계수
K_b 림(rim) 계수
K_i 아이들러(idler) 계수
K_m 하중 분포 계수
K_{mb} 마운팅 계수
K_s 크기 계수
K_v 동적 계수
K_x 크라운 효과 계수
L 웜 리드(lead), m
m 모듈 d/N, mm
n_a 축 방향 접촉비의 소수 부분
n_r 횡방향 접촉비의 소수 부분
N 잇수
N_n 등가 잇수
N_v 가상 잇수
N_w 웜의 잇수 혹은 스타츠(starts) 수
p_a 헬리컬 기어의 축 방향 피치, m
p_c 원주 피치 $\pi d/N$, m
p_{cn} 직각 원주 피치, m
p_d 지름 피치 N/d, m^{-1}
p_{dn} 직각 지름 피치, m^{-1}
p_H 최대 헤르츠 접촉 압력, Pa
q 식 (15.32)에서 지수
r 피치 반지름, m
r_c 커터 반지름, m
R_x 롤링 반지름, m
T 토크, T-m
v_t 피치선(pitch-line) 속도, m/s
W 하중, N
W' 무차원 하중
W_{ag} 웜 기어에 작용하는 추력, N
W_{aw} 웜에 작용하는 추력, N
W_f 마찰력, N
W_r 반경 방향 하중, N
W_s 분리 힘, N
W_t 접선 방향 하중, N
W_{tg} 웜 기어에 작용하는 접선 방향 하중, N
W_{tw} 웜에 작용하는 접선 방향 하중, N
Y_a 75 잇수 헬리컬 기어에 대한 기하 계수
Y_b 굽힘 상태에 놓인 베벨 기어에 대한 기하 계수
Y_h 굽힘 상태에 놓인 헬리컬 기어에 대한 기하 계수
Y_m 기하 보정 계수
Z 각속도비
α_p 피치 원뿔각, deg
λ 리드각(lead angle), deg
μ 마찰 계수
ν 프와송 비
σ 응력, Pa
σ_t 기어의 굽힘 응력, Pa
ϕ 압력각, deg
ϕ_n 직각방향 압력각, deg
ψ 나선각(helix angle), deg
ψ_b 기초 나선각(base helix angle), deg
ω 기어의 각속도, rad/s

하첨자

a 실제의(actual), 축 방향의(axial)
b 굽힘의
c 접촉
g 기어
o 바깥쪽
p 피니언
t 총

15.1 서론

14장에서는 기어의 기본적 기하학적 구조와 미국기어제작협회(American Gear Manufacturers Association, AGMA)가 제안한 평기어의 설계 방법론을 소개하였다. 헬리컬, 베벨, 웜 기어에 대해서 유사한 설계 방법론이 개발되어 왔으며, 본 장에서 간략하게 정리할 것이다.

기어의 종류를 결정하기 위해 리스트를 보고, 또 결정된 종류의 기어에 대한 카탈로그를 보며 어떤 기어를 선정할지 고민해 본 학생이라면, 제약 조건이 부족하다는 설계 문제의 속성에 당황했을 것이다. 14.2절에서는 기어에 대한 구동축과 피동축의 방향과 관련하여 기본적으로 고려할 사항들을 제시하였다. 이는 설계 시 어떤 특정한 기어, 즉 평기어, 웜 기어, 베벨 기어 등을 선정하고, 필요한 기어의 치수를 결정하기 위한 분석 절차를 진행하기에 충분한 제약 조건을 제공한다. 그러나 축 방향은 설계 변수인 경우가 많으며, 이런 측면에서 기어의 종류를 결정하는 것이 쉽지 않다. 표 15.1에 기어 종류에 대한 장점과 단점을 정리하였다. 기어 선정과 관련하여 더 자세한 정보는 Dudley(1994)를 참고하기 바란다.

15.2 헬리컬 기어

14장에 소개된 내용은 주로 평기어에 관한 것이었다. 이 장은 그림 15.1a에서 보인 것처럼 **헬리컬 기어**(helical gear)에 대해 기술한다. 14.2.1절에서 간략하게 소개한 헬리컬 기어의 내용을 이 장에서는 더욱 자세하게 다루도록 한다. 그러나 평기어와 유사한 이론적 배경 지식과 용어에 관한 설명을 반복하기보다는 평기어와 헬리컬 기어의 차이점을 중점으로 기술하기로 한다. 평기어에서 사용되었던 다양한 공식과 접근 방식이 헬리컬 기어에도 적용된다. 특히, 14.2절과 14.3절에서 언급된 설계 절차는 헬리컬 기어 설계에 적절히 활용될 수 있다.

평기어에 비해 헬리컬 기어는 향상된 이 강도(tooth strength)를 갖는다. 이것은 그림 15.1a에 보인 바와 같이, 이가 나선형으로 기어를 둘러싸므로 지지하는 이뿌리 길이가 길기 때문이다. 또 헬리컬 기어에서는 축 방향으로 이가 겹치기 때문에 접촉비가 더 크다. 그러므로 헬리컬 기어는 같은 크기의 평기어보다 더 큰 하중을 견디는 경향이 있다. 반면에 효율은 평기어가 더 크다.

15.2.1 헬리컬 기어 관계식

그림 15.1에 보인 바와 같이, 헬리컬 기어 이는 피치 원통(pitch cylinder)처럼 실린더 표면과 나선형으로 교차한다. 평기어와 관련된 지배 관계식은 헬리컬 기어에도 적용된다. 이때, **나선각**(helix angle) ψ로 정의되는 기어 이의 축 방향 뒤틀림(axial twist)을 감안하기 위해 약간의 수정이 필요하다. 나선각은 기어 이의 기초(base) 부분에서 바깥쪽 반지름(outside radius)쪽으로 나아가며 변화한다. 그림 15.1에 보인 바와 같이, 나선각은 피치 원통과 이의 윤곽(profile)이 교차하는 지점에서 피치 실린더의 축과 나선형 이의 접선 사이의 각으로 정의된다.

표 15.1: 설계 시 고려할 사항

기어 종류	장점	단점
평기어	저가, 단순한 설계 절차, 추력 발생하지 않음. 다양한 공정으로 제조 가능	고속 작동 시 심각한 소음 유발 가능하며, 보통 피치선 속도를 20 m/s(400 ft/min) 이하로 제한함.
헬리컬 기어	고속 운전 및 큰 동력이 요구될 때 유용함. 고속에서 조용함. 고속 운전이 필요한 경우에 평기어를 대신하여 종종 사용됨.	한 쪽 면에 추력을 발생시킴. 평기어보다 높음.
베벨 기어	고효율(98% 이상), 비교차 축을 통한 동력전달 가능. 나선형 베벨 기어는 하중을 고르게 전달하며 직선 베벨 기어보다 더 조용함.	축 정렬이 중요하기 때문에, 구름요소 베어링과 같이 사용됨. 저널베어링이 선호되는, 즉 고속 운전이 요구되는 경우에 동력 전달이 제한됨. 단가가 높을 수 있음.
웜 기어	큰 기어비에 비해 작고 비용 효율이 높은 설계가 가능. 효율은 90%까지 높을 수 있으며, 50%까지 낮을 수 있음. 다른 기어 종류보다 낮은 효율	다른 종류의 기어보다 마모에 대한 우려가 높음. 가격이 높음. 매우 큰 추력을 발생시킴. 기어는 웜을 작동시킬 수 없으며, 반드시 웜이 기어를 작동시켜야 함.

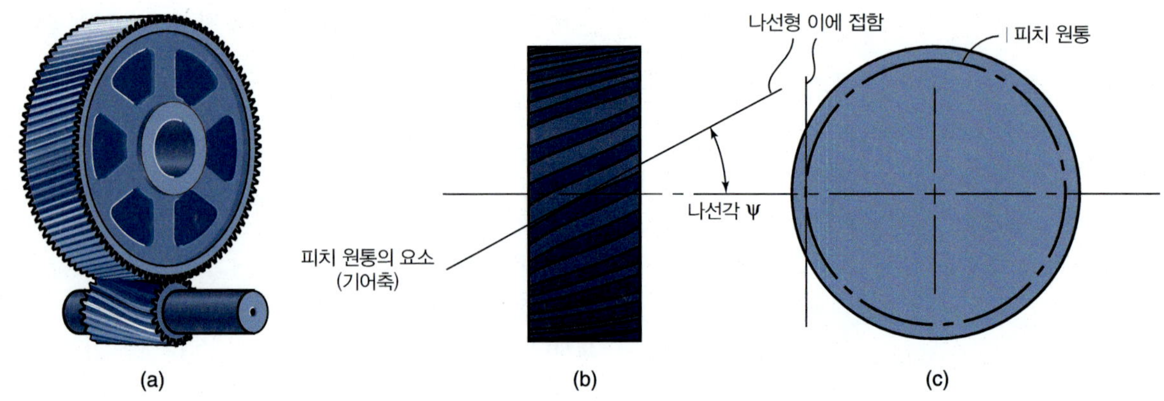

그림 15.1: 헬리컬 기어. (a) 헬리컬 기어의 맞물림 예시, (b) 정면도, (c) 측면도.

15.2.2 헬리컬 기어의 피치

헬리컬 기어는 두 종류의 피치를 갖는다. 하나는 회전면 내에서 그리고 다른 하나는 기어 이에 수직한 평면 내에서 찾을 수 있다. 평기어의 경우, 피치는 회전면과 관련해서만 기술할 수 있었다. 그러나 헬리컬 기어에서는 축 방향 피치가 추가로 존재한다. 그림 15.2는 헬리컬 기어의 원주 피치와 축피치를 나타내며, 이는 **직각 원주 피치**(normal circular pitch)와 관련이 있다.

$$p_{cn} = p_c \cos\psi, \tag{15.1}$$

위 식에서 ψ는 나선각이다. **직각 지름 피치**(normal diametral pitch)는 다음과 같다.

$$p_{dn} = \frac{p_d}{\cos\psi}. \tag{15.2}$$

헬리컬 기어의 축 방향 피치는 기어 축에 평행한 인접한 두 개의 이 사이 거리로 정의된다(그림 15.2b 참조). 축 방향 피치는 다음과 같은 공식에 의해 원주 피치와 관련된다.

$$p_a = p_c \cot\psi = \frac{p_{cn}}{\sin\psi}. \tag{15.3}$$

15.2.3 등가 잇수와 압력각

헬리컬 기어 이는 회전면에서 인벌루트 단면 형상(profile)을 갖는다. 헬리컬 기어 축에 수직하도록 단면을 자르면, 헬리컬 기어는 직각 원주 피치 p_{cn}을 갖는 인벌루트 이와 유사함을 알 수 있다. 그러나 이 단면에서 기어 이의 모양은 더 많은 이를 갖는 평기어의 단면 형상에 해당한다. 이러한 헬리컬 기어에 대한 **등가 잇수**(equivalent number of teeth)는 다음과 같이 구할 수 있다.

$$N_n = \frac{N}{\cos^3\psi}. \tag{15.4}$$

헬리컬 기어의 경우 회전면에서 정의되는 통상적인 의미의 압력각(pressure angle)뿐만 아니라, 직각 압력각(normal pressure angle)도 존재한다. 이 두 압력각과 나선각은 다음과 같은 관계식을 만족한다.

$$\tan\phi = \frac{\tan\phi_n}{\cos\psi}. \tag{15.5}$$

15.2.4 헬리컬 기어 이의 비율

헬리컬 기어 이와 관련된 비율은 평기어와 같은 표준 규격을

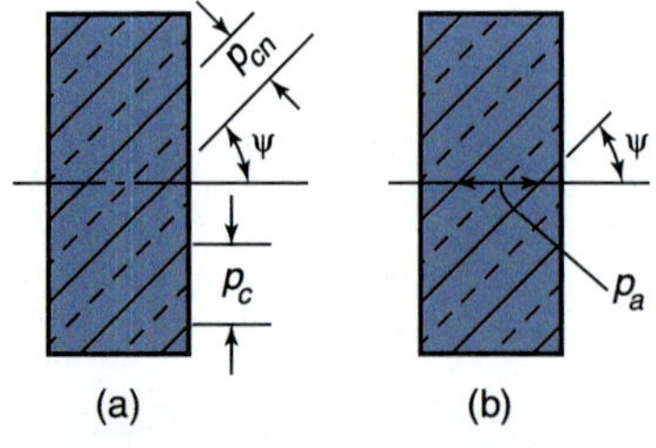

그림 15.2: 헬리컬 기어의 두 피치. (a) 원주 피치, (b) 축 방향 피치.

따른다. 이끝 높이(addendum), 이뿌리 높이(dedendum), 총 이높이(whole depth) 그리고 틈새(clearance)는 정확히 평기어의 표준과 동일하다. 헬리컬 기어의 횡단면은 인벌루트 단면 형상을 갖기에, 이 단면 내에서 평기어 분석 기법은 매우 중요한 의미를 갖는다. 그러나 이 평면을 벗어나 나선각을 고려하게 되면 문제는 복잡해진다.

피치 지름은 식 (14.5)를 참조하여 지름 피치를 이용하거나 직각 지름 피치와 나선각을 이용하여 구할 수 있다.

$$d = \frac{N}{p_d} = \frac{N}{p_{dn}\cos\psi}, \tag{15.6}$$

여기서,

d = 피치 지름, m

N = 잇수

p_d = 지름 피치, m^{-1}

p_{dn} = 직각 지름 피치, m^{-1}

ψ = 나선각, deg

식 (14.1)을 이용하면 중심 거리는 아래와 같다.

$$c_d = \frac{d_p + d_g}{2} = \frac{N_p + N_g}{2p_{dn}\cos\psi}. \tag{15.7}$$

헬리컬 기어의 접촉비는 이의 축 방향 오버랩에 의해 증가한다. **총 접촉비**(total contact ratio)는 횡방향 접촉비와 축 방향 접촉비의 합으로 표현된다.

$$C_{rt} = C_r + C_{ra}. \tag{15.8}$$

횡방향 접촉비(transverse contact ratio) C_r은 식 (14.22)에 의해 구해지며 편의를 위해 다시 정리하면 아래와 같다.

$$\begin{aligned} C_r &= \frac{L_{ab}}{p_c\cos\phi} \\ &= \frac{1}{p_c\cos\phi}\left[\sqrt{r_{op}^2 - r_{bp}^2} + \sqrt{r_{og}^2 - r_{bg}^2}\right] - \frac{c_d\tan\phi}{p_c}. \end{aligned}$$

축 방향 접촉비(axial contact ratio) C_{ra}는 아래와 같이 구할 수 있다.

$$C_{ra} = \frac{b_w}{p_a} = \frac{b_w\tan\psi}{p_c} = \frac{b_w\sin\psi}{p_{cn}}. \tag{15.9}$$

여기서, b_w는 이면 폭(face width)이다. 평기어의 (횡)접촉비는 최소한 1.4이어야 하며, 2.0을 초과하는 경우는 드물다(14.5절 참조). 평기어의 경우, 이러한 접촉비는 접촉 라인을 따라 맞물리는 기어의 평균 개수로 설명될 수 있다. 만약 접촉비가 너무 작게 되면 성능 악화를 초래할 수 있다. 평기어 설계와 유사하게, 헬리컬 기어 설계에서는 총 접촉비가 유용한 도구가 된다. 전통적인 헬리컬 기어는 총 접촉비가 2.0 이상이며, 큰 나선각을 갖는 헬리컬 기어의 총 접촉비는 매우 클 수 있다. 그러나 만약 $C_{ra} < 1$이면, 해당 헬리컬 기어는 축 방향 *저접촉비 헬리컬 기어*(low axial contact ratio helical)로 지칭되며, 설계 시 특별한 조치가 필요하다. 또한 축이 교차하는 헬리컬 기어도 가능함에 주목해야 한다. 축 방향 저접촉비 헬리컬 기어 및 축교차 헬리컬 기어에 관한 더 자세한 설명은 AGMA(2010c)에서 찾을 수 있다.

총 접촉비가 매우 클 수 있으므로 많은 개수의 기어 이가 맞물릴 수 있으나, 그 맞물림이 기어 이의 전체 길이를 따라 일어나지 않을 수 있다. 그러므로 **최소 접촉 길이**(minimum contact length) L_{min}의 개념이 유용하다. 체결되는 어떤 조합의 헬리컬 기어에 대해서도, 이 길이는 하중을 지지하며 접촉을 이루는 최소의 총 접촉 길이를 의미한다. L_{min}을 계산하기 위해서는, 우선 축 방향 접촉비 C_{ra}의 소수 부분을 n_a로 그리고 횡방향 접촉비의 소수 부분을 n_r로 정의해야 한다. 즉, 만일 $C_{ra} = 1.51$이면, $n_a = 0.51$이다. 그러면, L_{min}은 다음과 같이 구할 수 있다.

$$L_{min} = \begin{cases} \dfrac{C_{ra}b_w - n_a n_r p_a}{\cos\psi_b} & n_a \le 1 - n_r \text{ 이면} \\ \dfrac{C_{ra}b_w - (1-n_a)(1-n_r)p_a}{\cos\psi_b} & n_a > 1 - n_r \text{ 이면} \end{cases} \tag{15.10}$$

이때 ψ_b는 기초 나선각(base helix angle)이며 아래와 같이 표현된다.

$$\cos\psi_b = \frac{\cos\psi\cos\phi_n}{\cos\phi} \tag{15.11}$$

여기서 ϕ_n은 수직 압력각을 의미하며 식 (15.5)를 이용해 구할 수 있다.

15.2.5 하중과 응력

접선 하중 W_t는 평기어와 헬리컬 기어에서 동일하다. 접선 하중은 구동 기어로부터 피동 기어로 동력이 전달되게 하는 힘을 의미한다. 이 하중은 기어가 결합된 축(shaft)의 축 방향에 수직으로 작용한다. 그러므로 식 (14.56)은 평기어나 헬리컬 기어에 대해서 동일하게 적용될 수 있다.

헬리컬 기어의 축 방향 하중 혹은 추력은 아래와 같이 표현할 수 있다.

$$W_a = W_t \tan\psi. \tag{15.12}$$

축 방향 하중은 나선각이 증가함에 따라 증가함에 주의한다. 나선각은 보통 15~45° 범위의 값을 갖는다. 반경 방향 하중은 기어의 중심쪽을 향해 반경 방향으로 작용하는 힘을 의미한다. 반경 방향 하중은 식 (14.50)에서와 같이 구할 수 있다.

$$W_r = W_t \tan\phi. \tag{15.13}$$

수직 하중은 이의 표면 피팅(pitting)이나 탄성유체 윤활을 평가하기 위해 사용되며 그 관계식은 다음과 같다.

$$W = \frac{W_t}{\cos\phi_n \cos\psi}. \tag{15.14}$$

헬리컬 기어에 작용하는 굽힘 혹은 접촉 응력은 평기어의 경우와 동일하게, 식 (14.57)과 식 (14.73)을 이용하여 구한다. 이때, 식 (14.57)과 식 (14.73)에 포함된 계수는 평기어와 헬리컬 기어에 대해서 동일한 의미를 가지지만 그 수치는 다르다. 14장에서는 평기어와 관련된 방법론을 기술하였고 평기어와 헬리컬 기어와의 차이점을 간단하게 논하였다.

예제 15.1

헬리컬 기어의 기하학적 구조

조건 인벌루트 기어가 고속의 원심분리기를 구동한다. 원심분리기의 속도는 18,000 rpm이다. 이는 6:1의 속도비를 갖는 기어박스를 이용하여 3000 rpm으로 회전하는 전기 모터로 구동된다. 피니언은 21개의 이를 가지고 있으며, 모듈이 3 mm인 기어는 126개의 이를 가지고 있다. 두 기어의 폭은 50 mm이며 압력각은 20°이다.

문제 다음을 구하라.

(a) 평기어인 경우의 접촉비

(b) 30°의 나선각을 갖는 헬리컬 기어인 경우의 접촉비, 또는 접촉비가 3인 경우의 나선각

풀이

(a) 평기어: 식 (14.6)과 식 (14.9)로부터, 원주 피치는

$$p_c = \pi m = \pi(3) = 9.425 \text{ mm}$$

식 (14.1)과 식 (14.7)로부터 축간 거리는

$$c_d = \frac{d_p + d_g}{2} = \frac{m}{2}(N_p + N_g) = \frac{3}{2}(21+126) = 220.5 \text{ mm}$$

식 (14.7)로부터 피니언에 대한 피치원 반지름은

$$r_p = \frac{N_p}{2p_d} = \frac{1}{2}mN_p = \frac{1}{2}(3)(21) = 31.5 \text{ mm}$$

$$r_g = \frac{1}{2}mN_g = \frac{1}{2}(3)(126) = 189 \text{ mm}$$

피니언과 기어에 대한 기초원(base circle)의 반지름은 식 (14.16)으로부터 다음과 같이 구할 수 있다.

$$r_{bp} = r_p \cos\phi = 31.5 \cos 20^\circ = 29.60 \text{ mm}$$
$$r_{bg} = r_g \cos\phi = 189 \cos 20^\circ = 177.6 \text{ mm}$$

피니언과 기어에 대한 바깥 반지름은

$$r_{op} = r_p + a = r_p + m = 31.5 + 3 = 34.5 \text{ mm}$$

$$r_{og} = r_g + a = r_g + m = 189 + 3 = 192 \text{ mm}$$

식 (14.22)로부터 평기어에 대한 접촉비는

$$C_r = \frac{\sqrt{(34.5)^2 - (29.60)^2} + \sqrt{(192)^2 - (177.6)^2}}{(9.425)\cos 20^\circ}$$

$$-\frac{220.5 \tan 20^\circ}{9.425} = 1.723.$$

(b) 헬리컬 기어: 헬리컬 기어에 대한 총 접촉비(total contact ratio)는 식 (15.8)과 식 (15.9)와 같이 주어진다.

$$C_{rt} = C_r + C_{ra} = 1.723 + \frac{(50)\tan 30^\circ}{9.425} = 4.79.$$

다음과 같이 적절한 나선각을 선택했을 때 접촉비 3을 얻을 수 있다.

$$C_{ra} = \frac{b_w \tan\psi}{p_c} = 3.00 - 1.723 = 1.277.$$

이때 나선각은 $\psi = 13.5°$이다. 14.5절에서는 접촉비의 중요성에 대해 논하였다. 본 예제에서, 평기어보다 헬리컬 기어에서 훨씬 더 큰 접촉비를 얻을 수 있음을 알 수 있다. 이것은 헬리컬 기어의 경우에 전달 하중이 더 많은 수의 이로 나누어짐으로써 더 부드러운 작동이 이루어질 수 있음을 의미한다.

15.2.6 헬리컬 기어의 AGMA 표준 설계법

굽힘 응력

평기어와 헬리컬 기어에 대한 설계법은 매우 유사하다. 실제로, ANSI/AGMA 표준(2010c)은 평기어와 헬리컬 기어의 피팅 저항 및 굽힘 응력에 대해 동일한 관계식을 사용한다. 식 (14.57)은 헬리컬 기어의 굽힘 응력(bending stress)에 대해서도 성립한다.

$$\sigma_t = \frac{W_t p_d K_o K_s K_m K_v K_b}{b_w Y_h}, \tag{15.15}$$

이때

W_t = 전달되는 하중, N
p_d = 지름 피치, m^{-1}
K_o = 과하중 계수, 표 14.8 참조
K_s = 크기 계수, 표 14.9 참조
K_m = 하중 분포 계수, 식 (14.58) 참조
K_v = 동적 계수, 식 (14.66) 혹은 그림 14.33 참조
K_b = 림(rim) 계수, 14.11.4절 참조
b_w = 이면 폭(face width), m
Y_h = 굽힘에 대한 기하보정 계수

헬리컬 기어와 평기어의 굽힘에 대한 기하보정 계수 Y_h는 서로 상이하다. 그러나 다른 보정 계수는 14장에서 언급한 바와 같이 동일하게 계산된다. 기하보정 계수는 반복적인 수치 기법을 사용하거나 AGMA 표준(1989)에 제시된 표를 통해 구할 수 있다. 혹은 다음과 같이 근사될 수 있다.

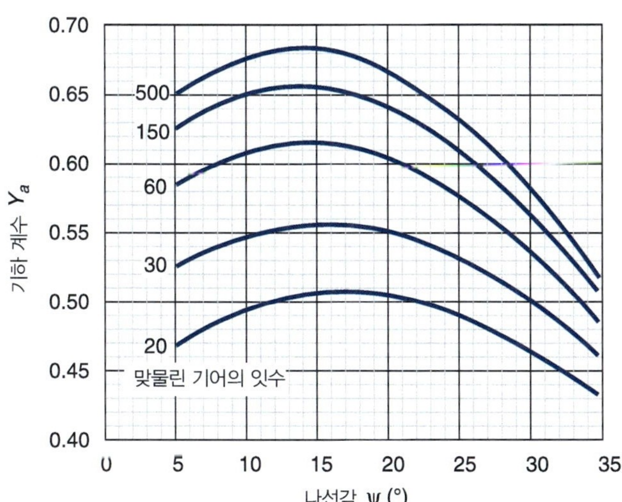

그림 15.3: 잇수 75인 기어와 짝을 이루는 헬리컬 기어의 나선각에 대한 기하 계수(geometry factor). 출처: American Gear Manufacturers Association, AGMA).

$$Y_h = Y_a Y_m, \tag{15.16}$$

이때, Y_a는 75개의 이를 갖는 기어와 쌍이 되는 (맞물리는) 헬리컬 기어에 대한 기하보정 계수이고, Y_m은 쌍이 되는 기어의 다른 잇수를 감안하기 위한 수정 계수(modifier factor)이다. 이는 가장 단순한 설계 접근법이며, 이와 관련된 계수들은 그림 15.3과 그림 15.4에서 구할 수 있다.

접촉 응력

헬리컬 기어의 접촉 응력(contact stress)에 관한 식은 식 (14.73)과 동일하다.

$$\sigma_c = p_H \left(K_o K_s K_m K_v\right)^{\frac{1}{2}}, \tag{15.17}$$

여기서

K_o = 과하중 계수, 표 14.8 참조
K_s = 크기 계수, 표 14.9 참조
K_m = 하중 분포 계수, 식 (14.58) 참조
K_v = 동적 계수, 식 (14.68) 혹은 그림 14.33 참조

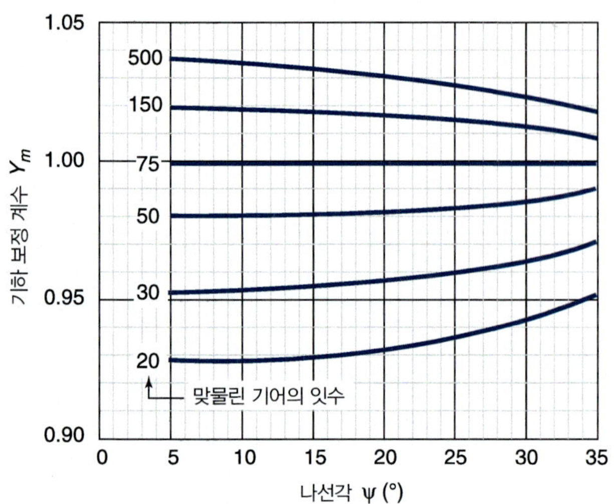

그림 15.4: 헬리컬 기어의 나선각에 대한 기하보정 계수(geometry correction factor). 출처: 미국기어제작협회(American Gear Manufacturers Association, AGMA).

최대 헤르츠(Hertz) 접촉 응력 p_H는 식 (8.20)에 아래와 같이 주어져 있다.

$$p_H = E'\left(\frac{W'}{2\pi}\right)^{1/2}, \tag{8.20}$$

여기서,

$$E' = \frac{2}{\dfrac{(1-\nu_a^2)}{E_a} + \dfrac{(1-\nu_b^2)}{E_b}}, \tag{8.16}$$

$$W' = \frac{w'}{E'R_x} = \frac{W}{L_{\min}E'R_x}, \tag{15.18}$$

그리고

$$\frac{1}{R_x} = \left(\frac{1}{r_p} + \frac{1}{r_g}\right)\frac{1}{\sin\phi} = \left(\frac{1}{d_p} + \frac{1}{d_g}\right)\frac{2}{\sin\phi}. \tag{14.72}$$

헬리컬 기어와 관련하여, 무차원 수직 하중(dimensionless normal load) W'은 좀 더 명확하게 설명할 필요가 있다. 14.5절에서 언급한 바와 같이, 평기어는 주로 1.4와 2 사이의 접촉비를 갖기 때문에 오직 한 쌍의 기어 이만이 서로 접촉을 하며 맞물리게 된다. 그러므로 평기어의 경우 접촉 길이는 기어 이면 폭이 된다. 헬리컬 기어의 경우 여러 개의 기어 이가 부분적으로 맞물릴 수 있기 때문에, 헬리컬 기어의 총 접촉 길이는 식 (15.10)의 $L_{\min}$이 된다.

예제 15.2

헬리컬 기어 이에 작용하는 굽힘 응력

조건 나선각 ψ = 30°이고 직각방향 압력각(normal pressure angle) ϕ_n = 20°인 잇수 20개의 피니언이 잇수 60개의 기어와 쌍을 이룬다. 피니언 속도가 3000 rpm일 때 5 kW의 동력이 전달된다. 기어는 3의 모듈과 20 mm의 이면 폭을 갖는다. 피니언과 기어에 대한 허용 굽힘 응력은 모두 200 MPa이며 K_m = 1.20, K_v = 1.40, $K_o = K_s = K_i = K_b$ = 1.0이라고 가정한다.

문제 AGMA 굽힘 응력 표준에 기반하여 피니언의 안전계수를 결정하라.

풀이 제시 조건으로부터 ω_p = 3000 rpm = 314 rad/s이다. 식 (14.9)로부터 $p_d = 1/m = 333.3\ \text{m}^{-1}$이다. 식 (14.5)로부터

$$r_p = \frac{N_p}{2p_d} = \frac{N_p m}{2} = \frac{(20)(3)}{2} = 30\ \text{mm},$$

$$r_g = \frac{N_g m}{2} = \frac{(60)(3)}{2} = 90\ \text{mm}.$$

그러므로 전달 하중은 동력으로부터 다음과 같이 구할 수 있다.

$$W_t = \frac{h_p}{r_p\omega_p} = \frac{5000}{(0.03)(314)} = 531\ \text{N}.$$

그림 15.3으로부터 Y_a = 0.465이며, 그림 15.4로부터 Y_m = 0.995임을 알 수 있다. 그러므로 식 (15.16)으로부터

$$Y_h = Y_a Y_m = (0.465)(0.995) = 0.463.$$

식 (15.15)로부터 굽힘 응력은

$$\begin{aligned}\sigma_t &= \frac{W_t p_d K_o K_s K_m K_v K_i K_b}{b_w Y_h}\\ &= \frac{(531)(333.3)(1.20)(1.40)}{(0.020)(0.463)}\\ &= 32.1\ \text{MPa}.\end{aligned}$$

허용 굽힘 응력은 200 MPa이므로 안전 계수는 다음과 같다.

$$n_s = \frac{200}{32.1} = 6.23.$$

예제 15.3

헬리컬 기어의 표면 피팅에 관한 해석

조건 예제 15.2에 제시된 피니언과 기어를 고려하라. 단, 허용 접촉 응력은 450 MPa이다.

문제 접촉 응력을 기반으로 안전 계수를 결정하라. 기어는 $E_s = 207$ GPa, $\nu_s = 0.3$인 강재로 제작되었다고 가정하라.

풀이 예제 15.2로부터 필요한 정보를 이용하면 식 (14.9)를 이용하여 다음을 구할 수 있다.

$$p_c = \pi m = 9.42 \text{ mm}.$$

식 (15.3)으로부터

$$p_a = p_c \cot\psi = 0.0163 \text{ m}.$$

식 (15.5)로부터

$$\phi = \tan^{-1}\frac{\tan\phi_n}{\cos\psi} = \tan^{-1}\frac{\tan 20°}{\cos 30°} = 22.8°.$$

식 (14.73)으로부터

$$\frac{1}{R_x} = \left(\frac{1}{r_p} + \frac{1}{r_g}\right)\frac{1}{\sin\phi} = \left(\frac{1}{30} + \frac{1}{90}\right)\frac{1}{\sin 22.8°},$$

이며 $R_x = 8.719$ mm이다. 식 (8.16)으로부터

$$E' = \frac{E_s}{1-\nu_s^2} = \frac{207 \times 10^9}{1-0.3^2} = 227 \text{ GPa}.$$

식 (15.14)로부터

$$W = \frac{W_t}{\cos\phi_n \cos\psi} = \frac{531}{\cos 20° \cos 30°} = 652 \text{ N}.$$

$L_{\min}$을 결정하기 전에, 피니언과 기어의 기초원 및 바깥원의 반지름을 구할 필요가 있다. 식 (14.16)으로부터

$$r_{bp} = r_p \cos\phi = (30)(\cos 22.8°) = 27.7 \text{ mm},$$
$$r_{bg} = r_g \cos\phi = (90)(\cos 22.8°) = 83.0 \text{ mm}.$$

표 14.2로부터 $a = 1.00m = 3.00$ mm임을 알 수 있고, 식 (14.11)로부터

$$r_{op} = r_p + a = 30 + 3 = 33 \text{ mm}.$$

유사한 방법을 적용하면 $r_{og} = 93$ mm이다. 그러므로 식 (14.22)로부터

$$\begin{aligned} C_r &= \frac{L_{ab}}{p_c \cos\phi} \\ &= \frac{1}{p_c\cos\phi}\left[\sqrt{r_{op}^2 - r_{bp}^2} + \sqrt{r_{og}^2 - r_{bg}^2}\right] - \frac{c_d \tan\phi}{p_c} \end{aligned}$$

이며 $C_r = 1.54$를 얻는다. 식 (15.9)로부터

$$C_{ra} = \frac{b_w \tan\psi}{p_c} = \frac{(0.020)\tan 30°}{0.00942} = 1.22.$$

n_r이 C_r의 소수 부분이므로 $n_r = 0.54$이다. 비슷한 방법을 적용하면 n_a는 C_{ra}의 소수 부분이므로 $n_a = 0.22$이다. 식 (15.11)로부터

$$\cos\psi_b = \frac{\cos 30° \cos 22.8°}{\cos 20°}$$

이므로 $\psi_b = 31.8°$이다. $n_a < 1 - n_r$이므로 식 (15.10)으로부터 다음과 같이 구할 수 있다.

$$\begin{aligned} L_{\min} &= \frac{C_{ra}b_w - n_a n_r p_a}{\cos\psi_b} \\ &= \frac{(1.22)(0.020) - (0.22)(0.54)(0.0163)}{\cos 31.8°} \\ &= 0.0264 \text{ m}. \end{aligned}$$

그러므로 W'는 식 (15.18)로부터 다음과 같이 결정할 수 있다.

$$\begin{aligned} W' &= \frac{W}{L_{\min}E'R_x} = \frac{652}{(0.0264)(227 \times 10^9)(0.008719)} \\ &= 1.248 \times 10^{-5}, \end{aligned}$$

식 (8.20)을 이용하여 최대 헤르츠 접촉 압력을 다음과 같이 구할 수 있다.

$$p_H = E'\left(\frac{W'}{2\pi}\right)^{1/2} = (227 \times 10^9)\left(\frac{1.248 \times 10^{-5}}{2\pi}\right)^{1/2}$$

이므로, $p_H = 320$ MPa이다. 식 (15.17)로부터

$$\begin{aligned} \sigma_c &= p_H\left(K_o K_s K_m K_v\right)^{1/2} = \left(320 \times 10^6\right)\left[(1.2)(1.4)\right]^{1/2} \\ &= 415 \text{ MPa}. \end{aligned}$$

따라서 피팅을 고려한 안전 계수는 다음과 같다.

$$n_s = \frac{450}{415} = 1.08.$$

15.3 베벨 기어

15.3.1 베벨 기어의 종류

14.2.2절에 언급된 바와 같이, **베벨 기어**(bevel gear)는 동일 평면상에 놓여 있는 비평행축들을 연결한다. 베벨 기어는 보통 서로 직각이 되게 설치되지만, 거의 모든 사잇각이 가능하다. 베벨 기어를 제작하는 소재는 원뿔 모양이며, 이를 이용해 다양한 형상을 갖는 베벨 기어를 만들 수 있다. 가장 단순한 치형은 **직선 베벨 기어**(straight bevel gear)에서 찾을 수 있다. 이때 기어 이는 그림 14.3과 15.5a에 표시된 것과 같은 형상을 갖는다. 베벨 기어는 원뿔 모양의 단면을 갖기 때문에 기어 이의 두께가 일정하지 않음에 유의해야 한다.

두 개의 맞물리는 직선 베벨 기어는 그림 15.6에 여러 용어들과 함께 도시되어 있다. 베벨 기어 이의 단면 형상은 평기어의 인벌루트(14.3.3절 참조) 형상과 비슷하게 근사될 수 있으나, 평기어는 베벨 기어보다 더 많은 잇수를 갖는다. 따라서 베벨 기어의 **가상 잇수**(virtual number of teeth)를 다음과 같이 정의한다.

$$N_v = \frac{N}{\cos \alpha_p}, \tag{15.19}$$

여기서, N_v는 가상 잇수이며, N은 실제 잇수 그리고 α_p는 피치 원추각이다. 직선 베벨 기어는 보통 피치선 속도가 5 m/s(1000 ft/min) 이하인 경우로 사용이 제한된다. 베벨 기어 축의 정렬은 매우 중요하며, 이러한 이유로 베벨 기어는 주로 저널 베어링 대신 구름 요소 베어링에 의해 지지된다. 베벨 기어의 설치를 더욱 힘들게 하는 문제는 베벨 기어가 각각 원추 꼭짓점으로부터 정확한 거리에 설치되어야 한다는 것이다.

직선 베벨 기어는 보통 14.5°, 17.5° 혹은 20°의 압력각을 갖도록 설계되며, 이 중 20° 압력각이 가장 보편적이다. 직선 베벨 기어는 베벨 기어 중에서 가장 싼 종류로서 매우 많은 표준 크기가 있다.

그림 15.5b에 보인 바와 같이 **제롤 베벨 기어**(Zerol bevel gear)는 직선 베벨 기어와 유사하나 0°의 스파이럴 각(spiral angle)을 가지면서도 이가 길이 방향으로 굽어져 있다는 점이 다르다. 제롤 기어는 로터리 커터(rotary cutter)로 제작되며 필요한 경우 연삭되기도 한다. 이의 곡률로 인해, 제롤 기어는 약간 포개어지게 되며, 직선 베벨 기어보다 고속을 요하는 경우에 적합하다. 제롤 기어는 쌍을 이루는 세트로 생

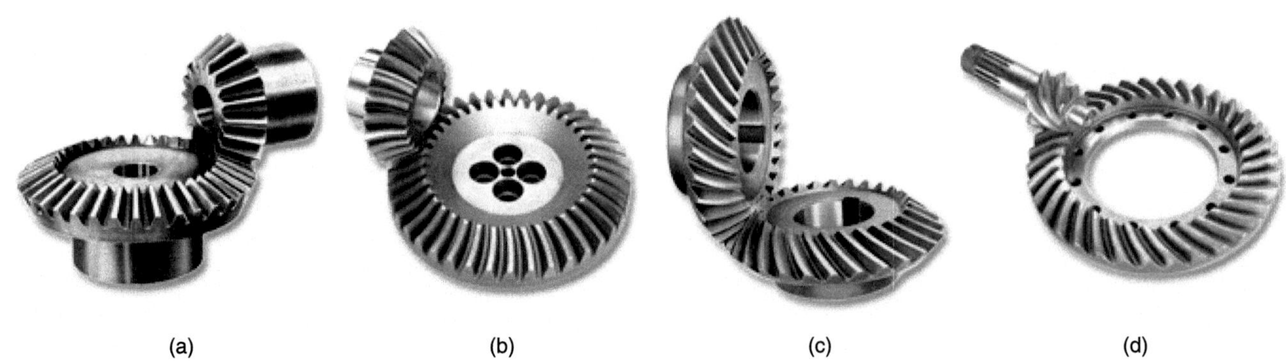

그림 15.5: 베벨 기어의 종류. (a) 직선 베벨 기어 세트, (b) 제롤 기어 세트, (c) 스파이럴 기어 세트, (d) 하이포이드 베벨 기어 세트. 출처: ATI Gear, Inc.

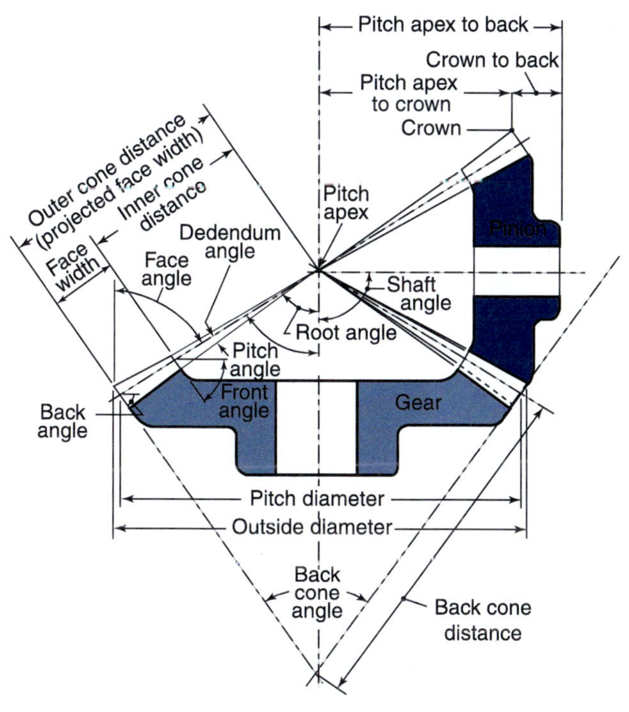

그림 15.6: 베벨 기어의 각부 명칭.

산되며, 직선 베벨 기어보다 생산 비용이 더 많이 든다. 유지 보수 혹은 교체 등 호환성이 필요한 경우, 마스터(master) 기어 세트를 이용하여 기어를 제작한다.

스파이럴 베벨 기어(spiral bevel gear)는 기어 이가 길이 방향으로 곡률을 갖고 있다는 점에서 제롤 베벨 기어와 유사하나, 그림 15.5c에 보인 바와 같이 뚜렷한 스파이럴 각을 갖는다. 제롤 기어처럼 스파이럴 베벨 기어도 쌍을 이루는 세트로 생산되며, 직선 베벨 기어보다 생산 비용이 더 많이 든다. 스파이럴 기어는 제롤 기어보다 더 많은 수의 이가 오버랩(overlap)되므로 고속을 요하는 경우에 더 적합하다. 그러나 제롤 기어에 비해 스파이럴 기어는 상당히 큰 추력을 발생시키며, 이 추력은 마운팅 베어링으로 지지해 주어야 한다.

자동차 혹은 산업용 구동장치에서 흔히 발견할 수 있는 또 하나의 기어는 **하이포이드 기어**(hypoid gear)이다. 그림 15.5d에 보인 바와 같이, 하이포이드 기어는 많은 측면에서 베벨 기어와 유사하다. 하이포이드 기어는 동일 평면상에 존재하는 비평행축에 사용되며, 베벨 기어처럼 보통 직경이 점차 줄어드는 원뿔형이다. 주된 차이점은 하이포이드 기어 세트의 피니언축과 기어축이 서로 교차하지 않는다는 것이다. 이 축간 거리를 **오프셋**(offset)이라 한다. 만약 오프셋이 충분히 크다면, 두 축은 서로를 지나칠 수 있어 기어 전후를 베어링으로 지지하는 스트래들 마운팅(straddle mounting)이 가능하다(그림 15.7 참조). 이런 경우, 15.3.3절에서 설명하듯이 성능상 이득을 볼 수 있다. 스파이럴 기어 세트는 오프셋이 없는 하이포이드 기어 세트로 간주될 수 있다.

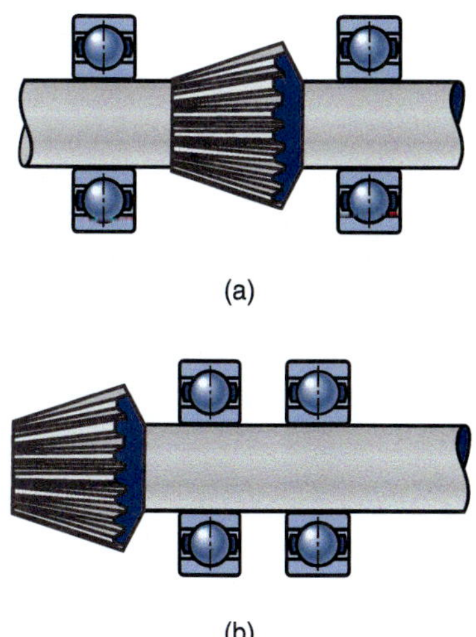

그림 15.7: 기어 마운팅의 두 기본 형태. (a) 기어가 베어링 사이에 위치하는 스트래들 마운팅(straddle mounting), (b) 돌출 마운팅(overhang mounting). 깊은 홈 볼베어링이 그려져 있으나, 추력 지지에 더 적합한 베어링을 두 곳 중 최소 한 곳에 사용해야 한다.

하이포이드 기어는 피치 지름이 기어 잇수에 비례하지 않는다는 점에서 평기어, 헬리컬 기어, 베벨 기어와 다르다. 모듈, 지름 피치, 피치 지름, 피치각은 기어에 대해서만 사용되는데, 이는 피니언의 피치가 기어의 피치보다 작기 때문이다. 하이포이드 기어는 쌍을 이루는 세트로 생산되며, 제롤 기어나 스파이럴 기어와 유사한 경제성 고려를 해야 한다.

15.3.2 베벨 기어의 형상 및 하중

그림 15.6은 맞물려 있는 두 개의 베벨 기어를 중요 용어와 함께 보여준다. 베벨 기어의 각속도비는 식 (14.33)과 같이 정의된다. 그러나 만약 축각이 90°라면, 다음과 같은 관계식이 사용될 수 있다.

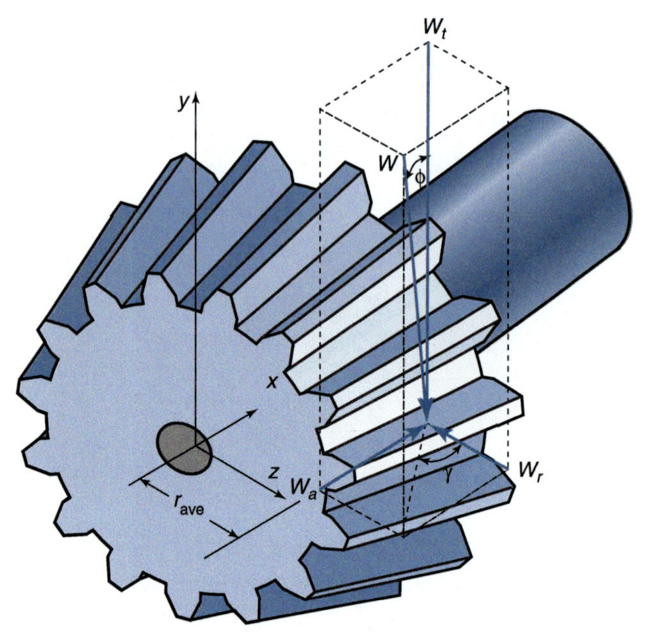

그림 15.8: 베벨 기어에 작용하는 하중.

$$Z_{21} = \frac{\omega_2}{\omega_1} = \frac{N_1}{N_2} = \tan\alpha_1 = \cot\alpha_2. \qquad (15.20)$$

마운팅 형상에 대한 정보 없이 각속도의 부호를 결정할 수 없으므로 식 (14.33)에서 마이너스 부호가 생략된 것에 유의한다.

그림 15.8은 직선 베벨 기어에 작용하는 합력을 보여준다. 기어 이에 작용하는 하중은 세 가지 성분으로 나눌 수 있다. 즉, 전달되는 하중 W_t(토크를 전달시키는 힘), 반경 방향 하중 W_r 그리고 축 방향 하중 혹은 추력 W_a. 이러한 하중이 기어 이의 중간 지점에 작용한다고 가정하면, 정역학으로부터 직선 베벨 기어의 경우 다음과 같은 관계식을 도출할 수 있다.

$$W = \frac{W_t}{\cos\phi} = \frac{T}{r_{\text{ave}}\cos\phi}, \qquad (15.21)$$

$$W_a = W_t \tan\phi \sin\alpha, \qquad (15.22)$$

$$W_r = W_t \tan\phi \cos\alpha, \qquad (15.23)$$

여기서

T = 전달되는 토크, N-m

r_{ave} = 기어 이의 중간 지점에서의 피치 반지름, m

ϕ = 압력각, deg

α = 피치 원뿔각(pitch cone angle, 그림 15.6 참조), deg

스파이럴 기어의 경우, 추력과 원주 방향 하중은 더욱 복잡하다. 대단부(large end)에서 보았을 때 시계방향으로 회전하는 오른손 나선(right-handed) 스파이럴 혹은 반시계방향으로 회전하는 왼손 나선(left-handed) 스파이럴의 경우, 기어 이에 작용하는 추력 및 원주 방향 하중은 다음과 같다.

$$W_a = \frac{W_t}{\cos\psi}(\tan\phi\sin\alpha - \sin\psi\cos\alpha), \qquad (15.24)$$

$$W_r = \frac{W_t}{\cos\psi}(\tan\phi\cos\alpha + \sin\psi\sin\alpha), \qquad (15.25)$$

반면에, 반시계방향으로 회전하는 오른손 나선 스파이럴 혹은 시계방향으로 회전하는 왼손 나선 스파이럴의 경우에는 다음과 같다.

$$W_a = \frac{W_t}{\cos\psi}(\tan\phi\sin\alpha + \sin\psi\cos\alpha), \qquad (15.26)$$

$$W_r = \frac{W_t}{\cos\psi}(\tan\phi\cos\alpha - \sin\psi\sin\alpha), \qquad (15.27)$$

여기서 ψ는 나선각을 의미한다.

15.3.3 베벨 기어의 AGMA 표준 설계 접근법

미국기어제작협회(AGMA, 2010b)는 14장에서 기술한 평기어 설계 방법론과 유사하게 베벨 기어 설계 방법론을 개발하였다. 평기어 설계 방법론과 마찬가지로, AGMA는 굽힘 응력과 접촉 응력을 정의하고, 이를 재료의 허용 강도와 비교한다. 대부분 부품의 경우, 동일한 재료를 사용하는 베벨 기어와 평기어의 허용 응력은 유사하므로, 14.9절에서 제시된 데이터를 이 장의 설명에 사용해도 무방하다. 기술 문헌과 AGMA를 통해 광범위한 물성치 데이터를 확보할 수 있으며, 실제 응용에 있어서는 이런 데이터가 필수적임에 주목해야 한다. 14장에서와 마찬가지로, '굽힘 응력 수치(bending stress number)'와 '허용 굽힘 응력 수치(allowable bending stress number)'를 대신하여, '응력(stress)'과 '강도(strength)'를 각각 사용한다. 이는 이 책에서 용어의 일관성을 유지하기 위함이다.

굽힘 응력과 접촉 응력에 관한 식은 다음과 같다.

$$\sigma_t = \frac{2T_p}{mb_w d_p}\frac{K_o K_v K_s K_m}{K_x Y_b}, \tag{15.28}$$

$$\sigma_c = \sqrt{\frac{T_p E'}{\pi b_w d_p^2 I_b} K_o K_v K_m K_s K_x}, \tag{15.29}$$

여기서

T_p = 피니언 토크, N-m
b_w = 이면 폭(face width), m
d_p = 피니언 바깥 피치 지름, m
m = 바깥 모듈, m
K_o = 과하중 계수(표 14.8 참조)
K_v = 동적 계수(표 14.33 참조)
K_m = 하중분포 계수
K_s = 크기 계수
K_x = 크라운 효과 계수
Y_b = 굽힘강도 기하 계수
I_b = 접촉강도 기하 계수
E' = 등가 탄성 계수[식 (8.16) 참조]

과하중 계수 K_o와 동적 계수 K_v는 각각 14.11.1절과 14.11.5절에 제시된 평기어의 경우와 동일하게 정의한다. 나머지 계수를 간략하게 설명하면 다음과 같다.

하중분포 계수 K_m

하중분포 계수(load distribution factor)는 다음 식으로부터 구할 수 있다.

$$K_m = K_{mb} + \left(5.6 \times 10^{-6}\right) b_w^2, \tag{15.30}$$

여기서 b_w는 mm 단위이며,

K_{mb} = 1.00, 기어와 피니언 모두 스트래들 마운팅(기어의 양쪽에 베어링이 위치)되었을 때
= 1.10, 기어와 피니언 중에서 하나만 스트래들 마운팅되었을 때
= 1.25, 둘 중 어느 것도 스트래들 마운팅 되지 않았을 때

스트래들 마운팅과 돌출형 마운팅은 그림 15.7에 도시되어 있다.

크기 계수 K_s

크기 계수(size factor)는 접촉 응력을 고려할 때는 이면 폭에 따라, 굽힘 응력을 고려할 때는 바깥 횡 피치나 모듈에 따라 달라진다. 그림 15.9는 접촉 응력과 굽힘 응력을 위한 크기 계수를 보여준다.

크라운 효과 계수 K_x

대다수 베벨 기어의 이는 지지점(mounting)의 처짐에 대응하기 위해 길이 방향으로 크라운 처리를 한다. 작은 하중 하에서, 이것은 국소 접촉과 그로 인한 더 큰 응력을 야기시킨다. 반면에, 크라운 효과가 없으면 국소 접촉과 그로 인한 더 큰 응력이 기어 이 끝에 나타나게 된다. 따라서, AGMA

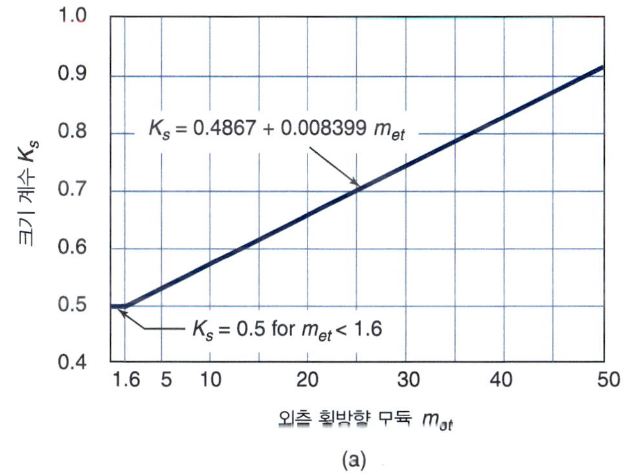

(a)

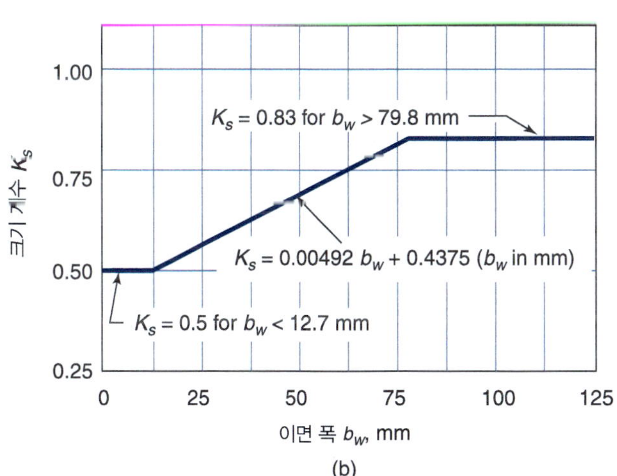

(b)

그림 15.9: 베벨 기어의 크기 계수. (a) 굽힘 응력을 위한 크기 계수, (b) 접촉 응력 또는 피팅 저항을 위한 크기 계수. 출처: AGMA(2010).

는 접촉 응력을 계산할 때 다음과 같이 크라운 효과 계수(crowning factor)를 포함시킬 것을 권장한다.

$$K_x = \begin{cases} 1.5 & \text{적절하게 크라운 처리된 이의 경우} \\ 2.0 & \text{크라운 처리되지 않은 이의 경우(2.0보다 클 수 있음)} \end{cases} \tag{15.31}$$

굽힘 응력을 계산할 때 AGMA는 직선 혹은 제롤 베벨 기어의 경우 $K_x = 1$을 권장하고, 스파이럴 기어에 대해서는 다음을 권장한다.

$$K_x = 0.211\left(\frac{r_c}{A_m}\right)^q + 0.789, \tag{15.32}$$

여기서 r_c는 기어 가공 시 사용되는 커터의 반지름을, A_m은 평균 원뿔 거리(mean cone distance)를 의미하며, q는 다음과 같이 주어진다.

$$q = \frac{0.279}{\log(\sin\psi)}. \tag{15.33}$$

기하 계수 Y_b와 I_b

베벨 기어에 대한 **기하 계수**(geometry factors)는 평기어나 헬리컬 기어에 대한 기하 계수와 다르다. AGMA 표준 규격은 다양한 나선각과 압력각에 대해 직선 베벨 기어, 스파이럴 베벨 기어, 제롤 베벨 기어의 기하 계수를 제공한다. 이러한 보정 계수 중 일부분이 그림 15.10~15.12에 걸쳐 나타나 있으며, 더 많은 도표와 수학적 유도 과정은 AGMA(2003)에서 찾을 수 있다.

설계 절차 15.1

베벨 기어의 설계

본 설계 절차는 가해지는 하중, 속도, 요구되는 기어비를 알고 있을 때 초기 단계의 베벨 기어 형상을 선택하는 데 도움을 줄 것이다. 이 논의는 스파이럴 베벨 기어로 제한될 것이며, 직선, 제롤 혹은 하이포이드 기어에 대한 비슷한 접근 방법은 AGMA(2003)에서 찾을 수 있다. 또한 이 설계법은 축각이 90°인 경우로 국한된다. 본 설계 절차는 경험을 바탕으로 한 것이며 유용한 설계 결과를 가져온다는 것이 입증되었다. 다른 설계 조건을 만족시키기 위해서는 본 설계 절차에서 벗어나야 할 것이며, 여전히 좋은 설계를 얻을 수 있다. 즉, 이 설계 절차를 기어 해석의 시작점 정도로 인식하면 된다.

1. 필요한 피니언 지름은, 표면 피팅에 관한 그림 15.13과 굽힘 강도에 관한 그림 15.14를 이용하여 피니언 토크와 기어비로부터 예측할 수 있다. 정밀하게 마무리된 기어(비용 상승을 감내하면서)를 설계하기 위해서는 피팅 저항으로부터 구한 지름에 0.80을 곱해 얻을 수 있다. 피니언 지름에 대한 두 개의 예측값을 얻었다면 이 중에서 더 큰 값을 선택하여 이후의 해석을 수행한다.
2. 스텝 1에서 선택된 피니언 지름은 55 HRC 경도를 갖는 표면경화 강을 기초로 한 것이며, 다른 재료를 사용할 경우에는 피니언 지름을 수정해야 할 것이다. 표 15.2에 몇 가지 재료에 대한 재료 수정 계수(material modification factor)를 정리하였다. 스텝 1에서 구한 피니언 지름의 예측 값에 표 15.2로부터 구한 재료 계수를 곱함으로써 수정된 피니언 지름을 구할 수 있다.
3. 그림 15.15는 피니언에 가공되어야 하는 이의 개수에 대한 예측값을 제공한다. 스파이럴 베벨 기어는 직선 혹은 제롤 베벨 기어보다 더 큰 접촉비를 유지할 수 있으므로, 그림 15.15에 제안된 방법에서 벗어나게 설계하는 경우도 드물지 않다. 또한 그림 15.15는 35°의 스파이럴 각(spiral angle)에 관한 것이므로, 더 적은 잇수로도 높은 접촉비를 유지할 수 있음에 주목하라. (스텝 6 참조)
4. 바깥 횡방향 지름 피치 p_{do}는 피니언 지름에 대한 피니언 잇수의 비율로 표현된 식 (14.5)에서 구할 수 있다.
5. 스파이럴 베벨 기어의 이면 폭은 피니언 피치 지름과 기어비의 함수로써 그림 15.16으로부터 구할 수 있다. 이때 이면 폭은 $10/p_{do}$을 초과해서는 안 된다.
6. 스파이럴 각은 2.0의 면 접촉비(face contact ratio)에 기반하여 선정되어야 한다. AGMA(2003)는 부드럽고 조용하게 작동하거나 고속으로 작동해야 할 경우에 더

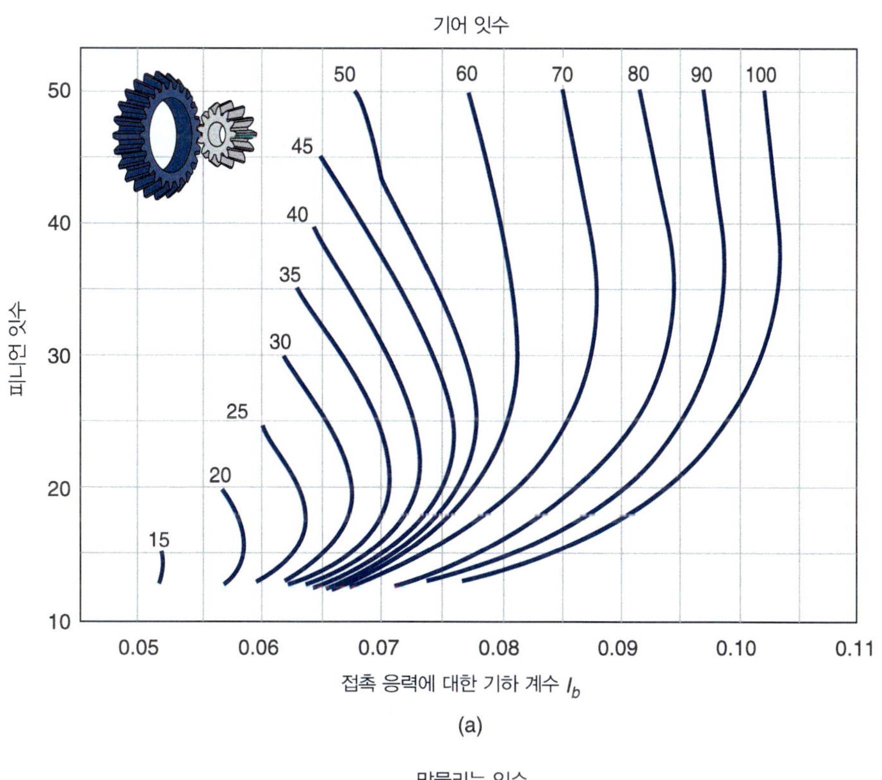

(a)

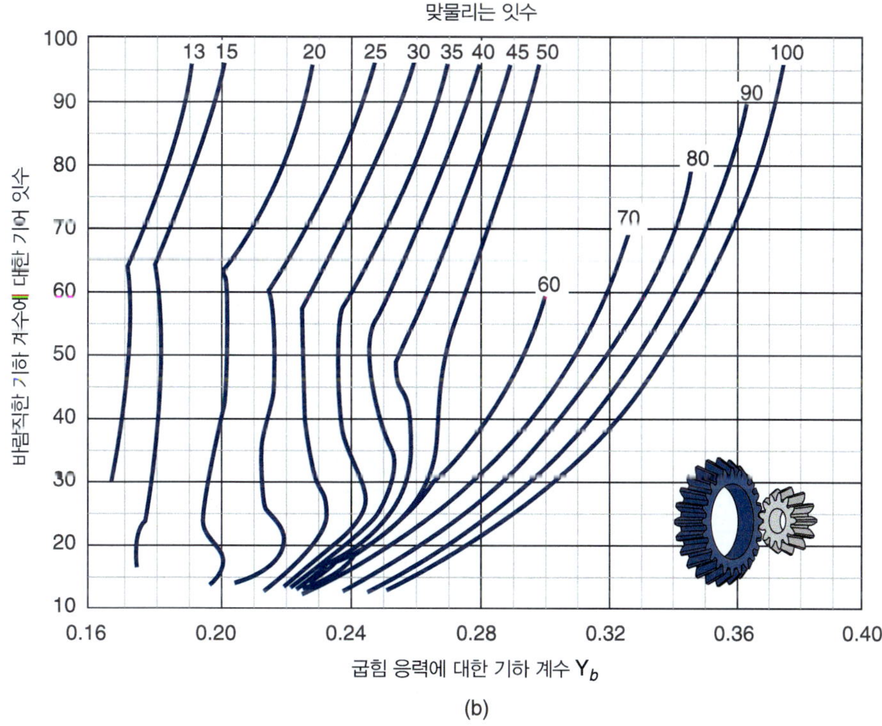

(b)

그림 15.10: 압력각 $\phi = 20°$이고 축각이 90°인 직선 베벨 기어에 대한 기하 계수. (a) 접촉 응력에 대한 기하 계수(I_b), (b) 굽힘에 대한 기하 계수(Y_b). 출처: AGMA(2010b).

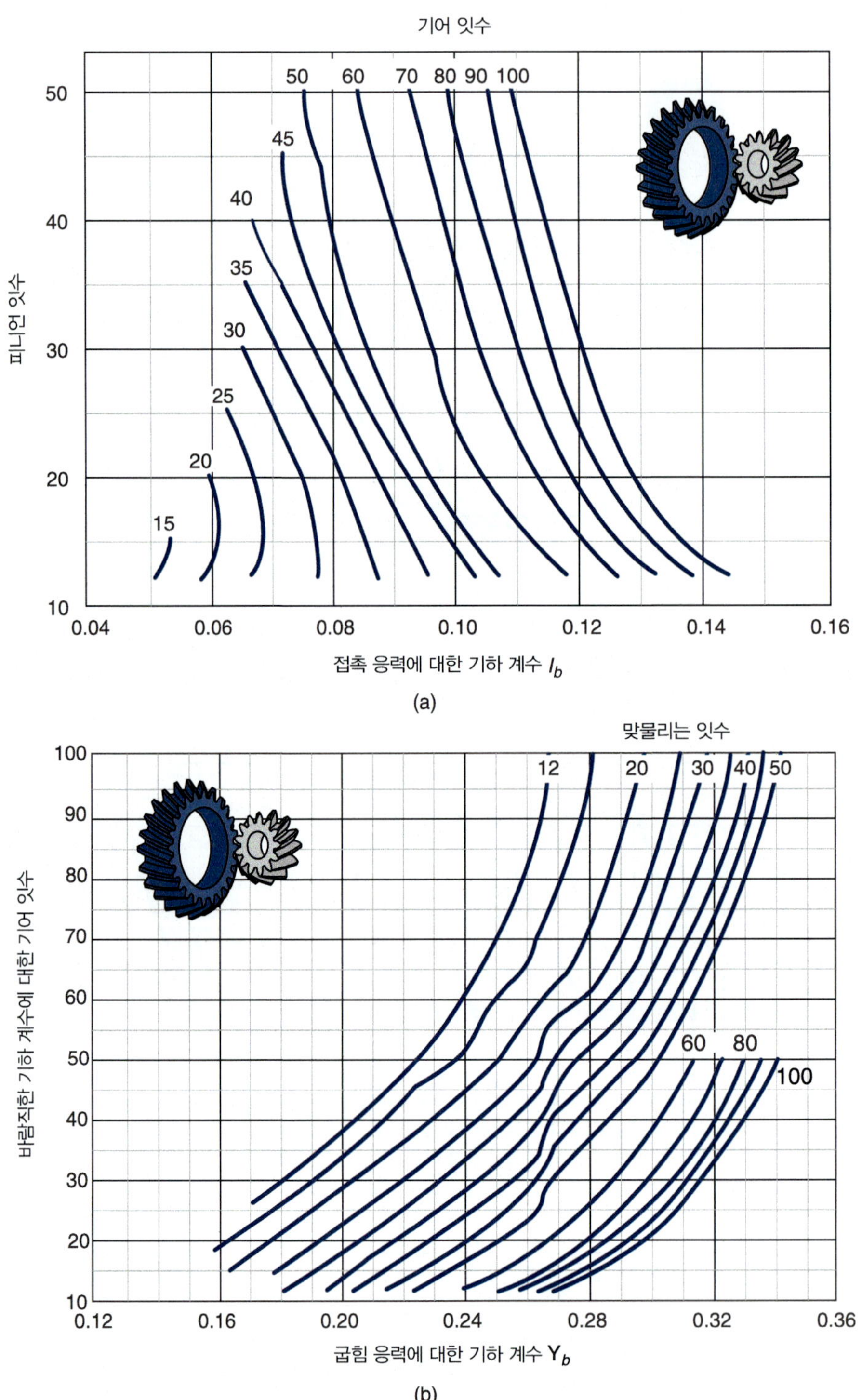

그림 15.11: 압력각 $\phi = 20°$, 스파이럴 각 $\phi = 25°$이고 축각이 90°인 스파이럴 베벨 기어에 대한 기하 계수. (a) 접촉 응력에 대한 기하 계수(I_b), (b) 굽힘에 대한 기하 계수(Y_b). 출처: AGMA(2010b).

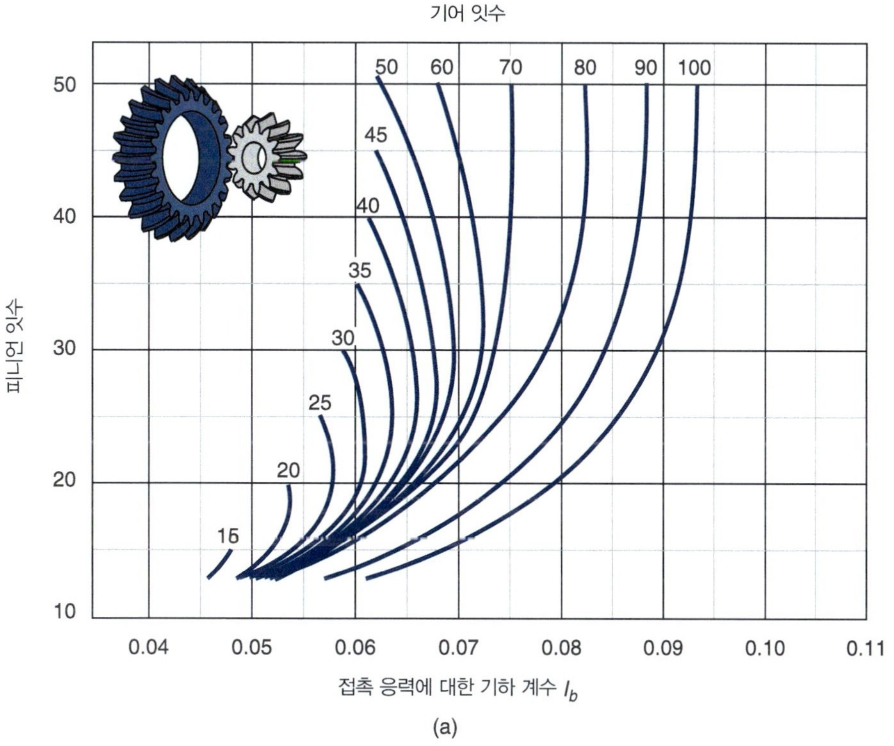

(a)

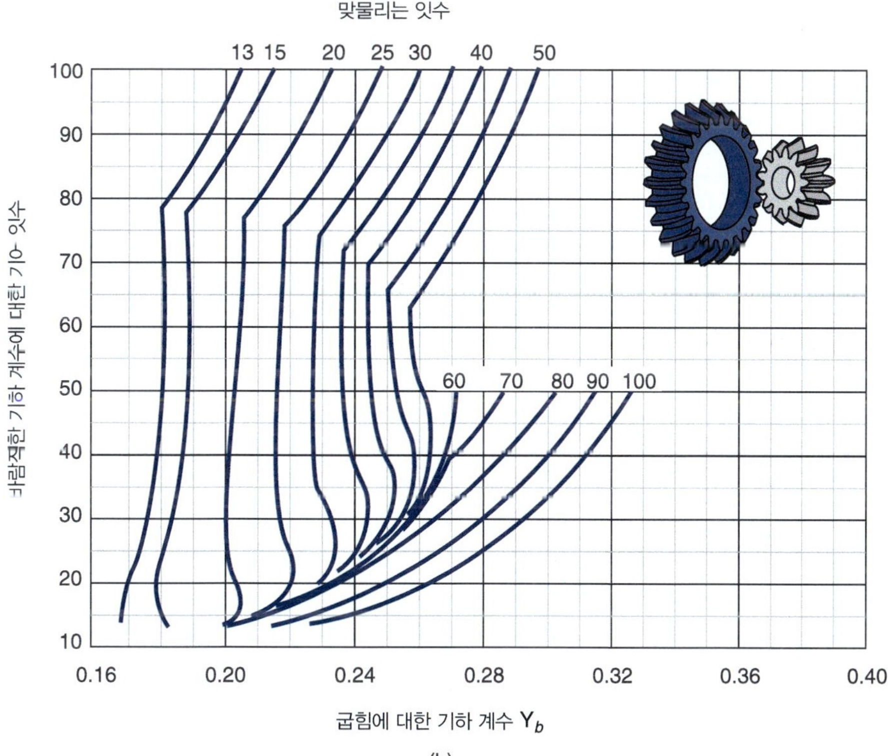

(b)

그림 15.12: 압력각 $\phi = 20°$, 스파이럴 각 $\phi = 25°$이고 축각이 90°인 제롤 베벨 기어에 대한 기하 계수. (a) 접촉 응력에 대한 기하 계수(I_b), (b) 굽힘에 대한 기하 계수(Y_b). 출처: AGMA(2010b).

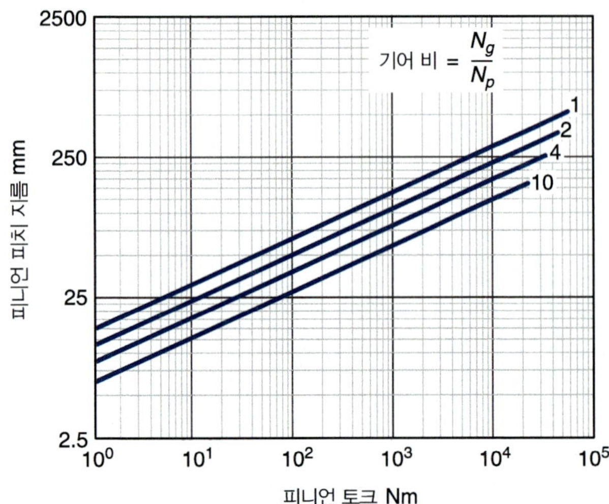

그림 15.13: 피팅 저항을 기반으로 다양한 기어비에 대해 피니언 토크의 함수로 구한 피니언 피치 지름의 예측. 출처: AGMA(2003).

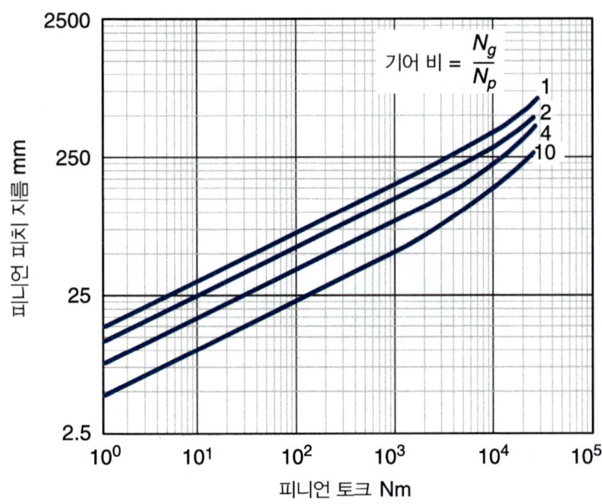

그림 15.14: 굽힘 강도를 기반으로 다양한 기어비에 대해 피니언 토크의 함수로 구한 피니언 피치 지름의 예측. 출처: AGMA(2003).

큰 값을 선정할 것을 권장한다. 몇몇 적용 분야에서는 2.0 미만의 면 접촉비로도 견딜 수 있겠지만, 2.0은 예비 설계에 있어 합리적인 값이다. 면접촉비는 다음과 같이 주어진다.

$$C_{rf} = \frac{A_o}{A_m}\frac{p_{do}b_w \tan\psi}{\pi}, \tag{15.34}$$

그리고,

$$\tan\psi = \frac{\pi C_{rf} A_m}{p_{do} b_w A_o}, \tag{15.35}$$

여기서

A_o = 바깥 원뿔 거리(그림 15.6 참조)

A_m = 평균 원뿔 거리

p_{do} = 바깥 횡방향 지름 피치

b_w = 순 이면 폭(net face width)

ψ = 피치 표면에서의 평균 스파이럴 각

7. 베벨 기어에서 가장 흔하게 사용되는 압력각은 20°이며, 초기 설계 단계에서 이 값을 사용할 것을 권장한다. 그러나 더 크거나 더 작은 값이 사용될 수도 있다. 작은 압력각은 접촉비를 증가시키며, 축 방향 힘과 분리시키려는 힘(separating force)을 감소시키고, 이 틈새의 폭을 증가시킨다. 그러나 작은 압력각은 기어 이의 언더컷(undercut) 위험을 증가시키며 관련된 높은 응력 집중을 야기시킬 수 있다.

제시된 설계 절차를 따른 결과는 일반적으로 기어 설계의 합리적인 출발점이 될 수 있다. 유용한 결과를 얻기 위해서는

표 15.2: 몇몇 기어용 재료에 대해 피니언 지름 예측에 필요한 재료 계수. 출처: AGMA(2003).

기어		피니언		
재료	경도	재료	경도	재료 계수
표면 경화강	58 HRC	표면 경화강	60 HRC	0.85
표면 경화강	55 HRC	표면 경화강	55 HRC	1.00
화염 경화강	50 HRC	표면 경화강	55 HRC	1.05
화염 경화강	50 HRC	화염 경화강	50 HRC	1.05
오일 경화	375–425 HB	오일 경화강	375–425 HB	1.20
열처리강	210–300 HB	표면 경화강	55 HRC	1.45
주철	—	표면 경화강	55 HRC	1.95
주철	—	화염 경화강	55 HRC	2.00
주철	—	열풀림강	160–200 HB	2.10
주철강	—	주철	—	3.10

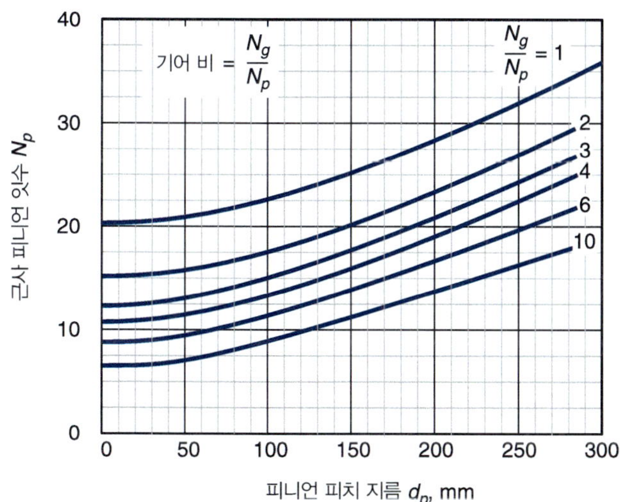

그림 15.15: 다양한 기어비에 대한 피니언 피치 지름에 따른 스파이럴 기어의 근사 잇수.

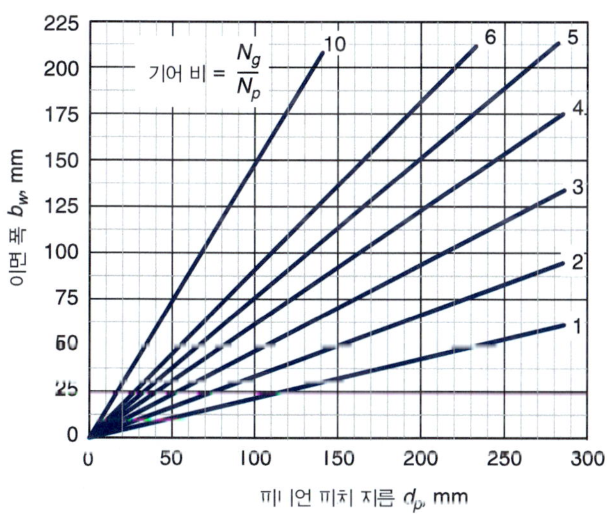

그림 15.16: 90°의 축각을 가지고 작동하는 스파이럴 베벨 기어의 이면 폭(face width). 출처: AGMA(2003).

이 접근법의 결과를 약간 수정해야 할 것이다. 예를 들어, 만약 그림 15.15로부터 32.3이라는 잇수가 도출되었다면, 잇수는 32 혹은 33이 되어야 할 것이다. 또한 표준 규격의 기어 소재(blank)를 사용하는 것도 좋은 선택이 될 수 있다.

예제 15.4

베벨 기어의 설계 분석

조건 축각이 90°이고 맞물리는 두 개의 스파이럴 베벨 기어가 압력각 $\phi = 20°$와 스파이럴 각 $\psi = 25°$을 가지며 적절하게 크라운 처리되어 있다. 이면 폭은 $b_w = 25$ mm, 모듈은 6 mm이며, 피니언은 14개 그리고 기어는 40개의 잇수를 갖는다. 피니언과 기어는 품질 계수 $Q_v = 11$을 갖는 강재로 제작되었으며, 허용 굽힘 응력은 200 MPa, 허용 접촉 응력은 1.25 GPa이다. 피니언은 돌출 마운팅, 기어는 스트래들(straddle) 마운팅되어 있다. 기어는 커터 반지름 100 mm로 제작되었으며, 평균 원뿔 거리는 80 mm이다. 과하중 계수 $K_o = 1.0$으로 가정하라.

문제 피니언 설계법을 기반으로 하였을 때 안전 계수를 구하라.

풀이

식 (14.7)로부터 피니언 지름은

$$d_p = mN_p = 6(14) = 84 \text{ mm}.$$

강재의 경우, $E = 207$ GPa이고 $\nu = 0.3$이므로

$$\begin{aligned} E' &= \frac{2}{\left(\frac{1-\nu_a^2}{E_a}\right) + \left(\frac{1-\nu_b^2}{E_b}\right)} \\ &= \frac{E}{1-\nu^2} \\ &= \frac{207 \times 10^9 \text{ Pa}}{1-0.30^2} \\ &= 227 \text{ GPa} \end{aligned}$$

접촉 응력은 식 (15.29)를 이용하여 구할 수 있으나, 여러 계수들을 먼저 구해야 한다. 그림 15.11a로부터 $I_b = 0.095$임을 알 수 있다. 피치 속도는 다음과 같이 계산할 수 있다.

$$v_t = \omega r = (1750)\left(\frac{2\pi}{60}\right)\left(\frac{0.084}{2}\right) = 7.697 \text{ m/s}.$$

그러므로 품질 계수 $Q_v = 11$을 이용하면, 그림 14.34에 보인 것처럼 $K_v = 1.08$임을 알 수 있다. 한 개의 기어만 스트래들

마운팅 되었으므로 $K_{mb} = 1.10$이고, 식 (15.30)으로부터

$$K_m = K_{mb} + \left(5.6 \times 10^{-6}\right) b_w^2 = 1.10 + \left(5.6 \times 10^{-6}\right)(25)^2$$

이므로 $K_m = 1.1036$이다. 그림 15.9로부터

$$K_s = 0.00492 b_w + 0.4375 = 0.5605.$$

이러한 공식을 사용하기 위해서는 b_w가 밀리미터(mm) 단위로 표현되어야 함에 주의한다. 이가 적절하게 크라운 처리되었으므로 식 (15.31)로부터 $K_x = 1.5$를 얻는다. 그러므로 접촉 응력은 식 (15.29)에 의해 다음과 같이 주어진다.

$$\begin{aligned}\sigma_c &= \sqrt{\frac{T_p E'}{\pi b_w d_p^2 I_b} K_o K_v K_m K_s K_x} \\ &= \sqrt{\frac{(150)(227 \times 10^9)(1.08)}{\pi (0.025)(0.084)^2 (0.095)} (1.1036)(0.5605)(1.5)}\end{aligned}$$

즉, $\sigma_c = 805$ MPa이다. 그러므로 표면 피팅 손상을 회피하기 위한 안전 계수는 다음과 같다.

$$n_s = \frac{1200}{805} = 1.5.$$

굽힘 응력은 식 (15.28)에 의해서 구해진다. 위에서 구한 계수들을 사용할 수 있다. 단, 굽힘 기하 계수(bending geometry factor)는 그림 15.11b로부터 구하며 그 값은 $Y_b = 0.21$이다. 또한 식 (15.32)를 이용하여 K_x를 다시 계산할 필요가 있다. 스파이럴 기어 이므로

$$q = \frac{0.279}{\log \sin \psi} = \frac{0.279}{\log \sin 25^\circ} = -0.7459.$$

그러므로 식 (15.32)로부터

$$K_x = 0.211 \left(\frac{100}{80}\right)^{-0.7459} + 0.789 = 0.9676.$$

굽힘 응력은

$$\begin{aligned}\sigma_t &= \frac{2T_p}{m b_w d_p} \frac{K_o K_v K_s K_m}{K_x Y_b} \\ &= \frac{2(150)}{(0.006)(0.025)(0.084)} \frac{(1.0)(1.08)(0.5605)(1.1036)}{(0.9676)(0.21)},\end{aligned}$$

즉, $\sigma_t = 78.28$ MPa이다. 굽힘을 회피하기 위한 안전 계수는 다음과 같이 구할 수 있다.

$$n_s = \frac{200}{78.28} = 2.55.$$

그러므로 표면 피팅은 1.5의 더 작은 안전 계수를 갖는다.

15.4 웜 기어

그림 14.4에 보인 바와 같이, **웜 기어**(worm gears)는 큰 감속이 요구될 때 매우 유용하다. 웜 기어는 반대 방향으로 구동될 수 없다는 독특한 특징을 갖는다. 즉, 웜(worm)은 웜 기어를 구동시킬 수 있으나, 반대로 웜 기어는 웜을 구동시킬 수 없다. 이것은 나사산의 기하학적 특징에서 비롯된 것이며, **자기 잠김**(self-locking) 기능으로 불린다. 이에 대해서는 16.3.3절에서 더 자세히 다루기로 한다. 웜 기어는 컴팩트하고 간단한 조립체로도 매우 큰 감속을 제공한다는 장점이 있는 반면, 다른 기어들보다 덜 효율적인 단점이 있다.

다른 종류의 기어와의 주된 차이점 중 하나는, 웜 기어가 응착 마모(adhesive wear)와 연마 마모(abrasive wear)에 상대적으로 취약한 대신, 접촉 피로와 굽힘 응력에는 훨씬 덜 취약하다는 것이다. 따라서 웜 기어는 효과적으로 윤활해 주어야 하며, 나사산의 형상은 점 접촉과 그로 인한 큰 접촉 압력을 회피할 수 있도록 설계되어야 한다. 이를 위해서는 횡평면(transverse plane)에 최소한의 **곡면**(envelopment)이나 **곡률**(curvature)을 포함시켜야 한다. 단일 곡면(single-enveloping) 웜 기어 세트(그림 14.4a)는 원통형 웜과 *장구형*(throated) 웜 기어로 구성되며 선 접촉을 발생시킨다. 이중 곡면(double-enveloping) 웜 기어 세트(그림 14.4b)는 장구형 웜과 웜 기어로 구성되며 면접촉을 발생시킨다. 따라서 이중 곡면 웜 기어는 더 큰 힘을 전달할 수 있음을 알 수 있지만, 제작하기가 훨씬 더 복잡하기 때문에 제작 비용이 더 많이 드는 것을 감수해야 한다.

이에 더하여, *길들이기*(wear-in) 효과가 발생할 수 있다. 초기의 연삭 마모로 인해 기어 나사산의 형상이 더 단단한 재료인 웜의 이에 맞춰지게 된다. 제조 공차, 정렬 불량 등

은 초기에 점접촉을 유발할 수 있지만, 길들이기 효과로 인해 시간이 지남에 따라 이의 형태가 더 잘 맞춰지게 되고 이에 따라 선접촉이 발생한다. 이러한 효과는 더 효과적인 윤활 작용과 효율적인 하중 전달을 가능하게 한다. 따라서 초기 길들이기 기간 이후에 마모율이 크게 떨어진다.

대부분의 웜 기어가 3:1부터 100:1의 속도비를 가지나, 특별한 경우에는 1:1부터 360:1까지의 속도비도 가능하다. 3:1 이상 30:1 미만의 속도비를 갖는 경우 한 줄 나사 웜을 사용하는 반면, 그 이상의 속도비를 갖기 위해서는 여러 개의 나사 혹은 **스타츠**(starts)를 갖는 웜을 사용한다. 일반적으로 웜과 웜 기어 사이의 중심 거리가 멀수록 스타츠(starts)의 수가 커진다. 다수의 웜 나사산은 오른손(right-handed) 방향이다.

15.4.1 치형

그림 15.17에 보인 바와 같이, 웜은 대개 2~3개의 이가 웜 기어와 항상 접촉하고 있다. 그림에 보인 바와 같이, 웜 기어가 회전함에 따라 접촉 지점이 이동한다. 그 결과로 웜과 웜 기어 형상은 선 접촉을 따라 효율적인 하중 전달이 가능하도록 설계되어야 한다. 웜의 형상은 14장에 언급된 인벌루트 치형보다 훨씬 더 복잡하다. 다른 치형을 갖는 웜 기어에 대한 정보는 AGMA 표준 규격(AGMA, 1993)에서 확인할 수 있다 예를 들면, 우묵한 나사인은 접촉을 이루는 잇수를 증가시키는 데 사용될 수 있다.

표 5.3: 관례적으로 제안되는 웜 기어 최소 잇수. 출처: ANSI/AGMA(1993).

압력각 ϕ, deg	웜 기어 최소 잇수
14.5	40
17.5	27
20	21
22.5	17
25	14
27.5	12
30	10

웜 기어의 압력각은 대체로 표 15.3에 제시된 값으로 한정된다. 일반적으로 웜 기어의 이 높이(tooth depth)가 커야 할 때 큰 압력각이 사용된다. 그러나 이는 접촉하는 이의 수가 적어지게 하는 결과를 초래한다. 이에 더하여, 압력각이 증가하면 베어링에 작용하는 하중이 증가하므로 웜에서의 굽힘 응력과 처짐을 반드시 고려해야 한다.

AGMA는 압력각에 따른 웜 기어의 최소 잇수를 제안하고 있으며, 이는 표 15.3에 정리되어 있다. 웜의 나사산 개수는 다음 관계식에 의해 결정된다.

$$N_w = \frac{N_g}{Z}, \tag{15.36}$$

여기서 N_w는 웜의 스타츠(starts)의 개수이며, N_g는 웜 기어의 잇수 그리고 Z는 요구되는 속도비이다.

웜의 피치는 평기어와 동일하게 축 평면에서 나사산 상의 한 점으로부터 다음 나사산 상의 같은 점까지의 거리를 의미한다. 14장에서 평기어에 대한 피치를 선정하였듯이, 웜 기

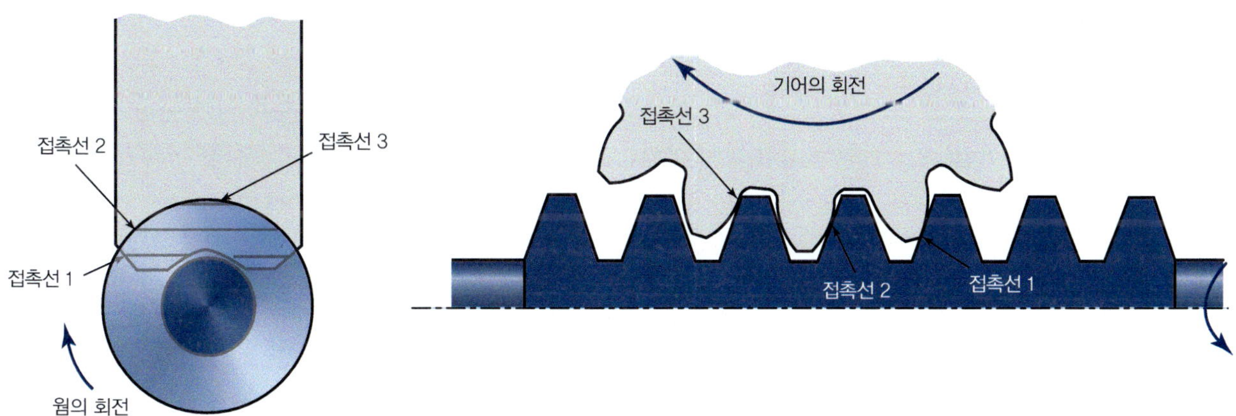

그림 15.17: 여러 개의 이가 접촉하고 있는, 웜과 웜 기어 사이의 접촉 예시.

어의 피치도 선정할 수 있다. 웜 피치는 웜 기어의 원주 피치와 반드시 같아야 한다. 웜의 **리드**(lead)는 다음과 같이 정의한다.

$$L = N_w p. \tag{15.37}$$

리드각(lead angle)은 다음과 같이 주어진다.

$$\lambda = \tan^{-1}\frac{L}{\pi d_{pw}}. \tag{15.38}$$

웜의 이끝 높이(addendum)와 이뿌리 높이(dedendum)는 다음과 같다.

$$a = \frac{p_b}{\pi} \tag{15.39}$$

$$b = \begin{cases} \dfrac{1.157p_b}{\pi} & \text{for } p_b > 4.06 \text{ mm} \\ \dfrac{1.200p_b}{\pi} + 0.05 \text{ mm} & \text{for } p_b < 4.06 \text{ mm} \end{cases} \tag{15.40}$$

웜의 바깥쪽 지름과 뿌리 지름은 다음과 같다.

$$\begin{aligned} d_o &= d + 2a, \\ d_r &= d - 2b. \end{aligned} \tag{15.41}$$

예제 15.5

웜 기어의 형상

조건 75 mm의 피치 지름을 갖는 이중 나사산의 웜이 25개의 잇수를 갖는 기어와 맞물린다. 웜 기어는 125 mm의 피치 지름을 갖는다.

문제 기어 세트의 속도비와 리드각을 구하라.

풀이 속도비는 식 (15.36)을 이용하여 다음과 같이 구할 수 있다.

$$Z = \frac{N_g}{N_w} = \frac{25}{2} = 12.5.$$

웜 기어 피치는 다음과 같다.

$$p = \frac{\pi d_g}{N_g} = \frac{\pi(125)}{25} = 15.71 \text{ mm}$$

식 (15.37)로부터

$$L = N_w p = 2(15.71) = 31.42 \text{ mm}.$$

그러므로 리드각은 식 (15.38)로부터 다음과 같이 구할 수 있다.

$$\lambda = \tan^{-1}\frac{L}{\pi d_{pw}} = \tan^{-1}\frac{31.42}{\pi(75)} = 7.596°.$$

15.4.2 웜 기어에 작용하는 하중

그림 15.18은 오른손 나선 웜의 나사산에 작용하는 하중을 보여준다. 웜 기어의 추력은 웜의 접선 방향 하중(tangential force)과 같고 그 반대도 성립하므로, 하중의 명칭은 다른 기어보다 약간 더 복잡하다. 웜 기어의 접선 방향 하중은 웜의 추력과 동일하며 다음과 같이 구할 수 있다.

$$W_{tg} = W_{aw} = \frac{2T_g}{d_m}, \tag{15.42}$$

여기서

W_{tg} = 웜 기어의 접선 방향 하중, N
W_{aw} = 웜의 축 방향 하중 혹은 추력, N
T_g = 웜 기어에 작용하는 토크, N-m
d_m = 웜 기어의 평균 지름, m

기어의 분리력(separation force)은 다음과 같이 구할 수 있다.

$$W_s = \frac{W_{tg}\tan\phi_n}{\cos\lambda}, \tag{15.43}$$

여기서 W_s는 분리력이고, ϕ_n은 직각 압력각 λ는 웜의 평균 리드각이다. 웜 기어의 추력과 웜의 접선 방향 하중은 동일하며 다음과 같이 구할 수 있다.

$$W_{ag} = W_{tw} = \frac{2T_w}{d_m}, \tag{15.44}$$

여기서

W_{ag} = 웜 기어의 축 방향 하중 혹은 추력, N
W_{tw} = 웜의 접선 방향 하중, N

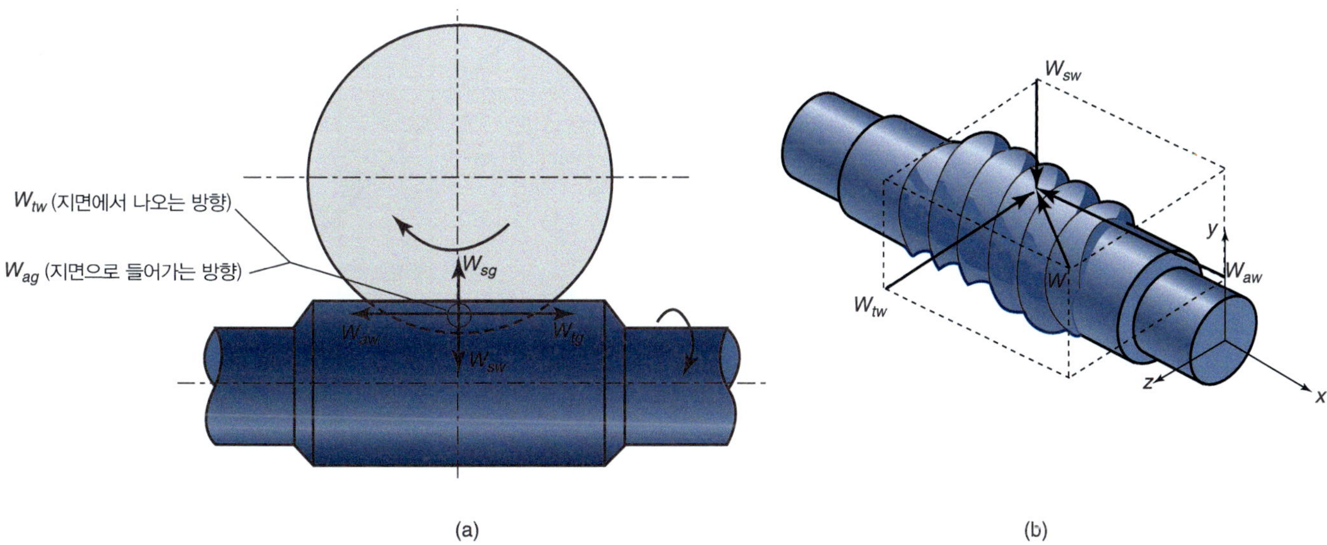

그림 15.18: 웜에 작용하는 하중. (a) 측면도로서 웜과 웜 기어에 작용하는 하중을 보여줌. (b) 3차원도로서 웜에 작용하는 하중을 보여주며, 이해를 돕기 위해 웜 기어는 제거되었다.

T_w = 웜에 작용하는 토크, N-m

d_m = 웜의 평균 지름, m

정역학으로부터 웜과 웜 기어의 추력은 다음과 같이 연관되어 있음을 보일 수 있다.

$$W_{tw} = W_{tg}\left(\frac{\cos\phi_n \sin\lambda + \mu\cos\lambda}{\cos\phi_n \cos\lambda - \mu\sin\lambda}\right) \tag{15.45}$$

15.4.3 AGMA 방정식

웜 기어의 정격 동력(power rating) 시스템을 개발하기 위해, 그 동안 수많은 연구자와 연구 기관이 다양한 시도를 거듭해왔다. 이러한 노력이 성공하기 힘들었던 이유는, 다른 기어들과 비교할 때 웜 기어가 장기적으로 잘 사용될 지 여부는 정량화하기 어려운 다양한 요소들에 의존하기 때문이다. 예를 들어, 윤활이 항상 중요하지만, 웜 기어의 경우는 특별히 더 중요하다. 이는 웜 기어의 지배적인 마모 메커니즘이 표면 피팅(surface pitting)이 아니라 연삭 마모(abrasive wear)이기 때문이다. 마모되어 떨어져 나온 입자들을 윤활제에서 제거할 수 있는 능력, 윤활제의 동작 온도, 웜에서 방출된 열, 수많은 정지와 시작, 동적 하중의 빈도와 심각도 등, 이 모두가 현재 웜 기어의 등급 판별 공식에서 고려하는 사항들이며, 아직까지 확실하게 이해되지 않은 상태이다. 그럼에도 불구하고, AGMA 방정식은 대부분의 웜 기어 응용 분야에서 잘 성립한다고 입증되어 왔다.

현대의 웜 기어 정격 표준은 표로 작성된 데이터에 크게 의존하고 있다. 그러나 이렇게 표로 작성된 데이터는 웜 기어의 역학에 대한 깊은 이해를 제공하는 데 적절하지 않을 뿐 아니라, 간결한 방식으로 표현할 수도 없다. 웜 기어에 의해 전달될 수 있는 동력은 윤활 상태와 온도에 크게 의존한다. 이러한 인자들은 근사적으로밖에 구할 수 없음을 인지하고, 본 절에서는 AGMA(1993)가 제시하는 웜 기어 세트의 입력 정격 동력(input power rating)에 대한 공식을 소개한다.

$$h_{pi} = \frac{\omega W_t d_g}{2Z} + \frac{\omega W_f d_{wm}}{2\cos\lambda}, \tag{15.46}$$

여기서

h_{pi} = 입력 정격 동력, W

d_g = 기어 지름, m

Z = 기어비 $Z = N_g/N_w$

W_t = 웜 기어 이에 작용하는 정격 접선 방향 하중, N

W_f = 웜 기어 이에 작용하는 마찰력, N

ω = 웜의 각속도, rad/s

d_{wm} = 평균 웜 지름, m

λ = 리드각, 식 (15.38) 참조

식 (15.46)은 두 개의 항을 포함하고 있다. 첫 번째 항은 기어에서의 출력 동력을 의미하고, 두 번째 항은 이의 맞물린 곳에서 발생하는 동력 손실을 의미한다. 웜은 웜 기어보다 더 단단한 재료로 만들어진다는 것을 상기하면, 웜 기어 세트는 웜 기어가 웜에 맞춰지도록 설계된다는 것을 알 수 있다. 그러므로 정격 동력을 결정하는데 중요한 요소는 웜 기어라 할 수 있다.

기어 세트의 정격(rating)을 결정하기 위해 식 (15.46)에서 사용된 정격 접선 방향 하중 W_t는 AGMA에 따르면 다음과 같이 구해질 수 있다.

$$W_t = \frac{C_s d_{gm}^{0.8} b_w C_m C_v}{75.948} \tag{15.47}$$

여기서

C_s = 재료 계수, 구리 재질의 웜 기어에 대해서 그림 15.19와 표 15.4에 제시

d_{gm} = 평균 기어 지름, mm

b_w = 기어 이면 폭, mm. 0.67dgm을 초과하지 않을 것

C_m = 비율 보정 계수. 다음과 같이 주어짐

$$C_m = \begin{cases} 0.0200\left(-Z^2+40Z-76\right)^{0.5}+0.46 & 3 \le Z < 20 \\ 0.0107\left(-Z^2+56Z+5145\right)^{0.5} & 20 \le Z < 76 \\ 1.1483-0.00658Z & 76 \le Z \end{cases} \tag{15.48}$$

C_v = 속도 보정 계수, 다음과 같이 주어짐

$$C_v = \begin{cases} 0.659\exp\left(-0.2165v_t\right) & 0 < v_t \le 3.5\ \mathrm{m/s} \\ 0.6520v_t^{(-0.571)} & 3.5 < v_t \le 15\ \mathrm{m/s} \\ 1.098v_t^{(-0.774)} & 15\ \mathrm{m/s} < v_t \end{cases} \tag{15.49}$$

속도는 다음과 같이 구할 수 있다.

$$v_t = \frac{\omega d_{wm}}{2\cos\lambda}. \tag{15.50}$$

피치 지름을 대신하여 평균 지름이 사용되었으므로, 식

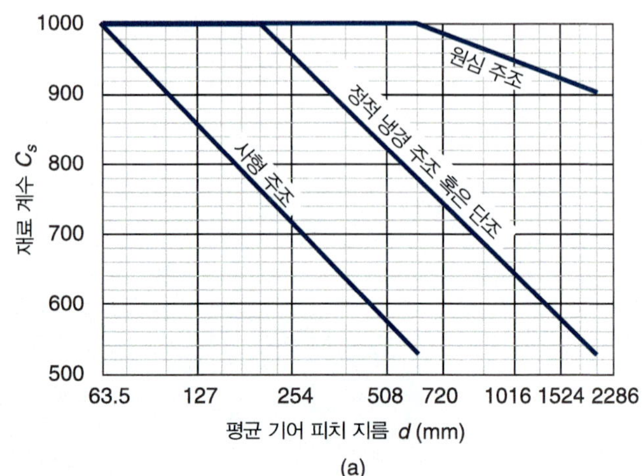

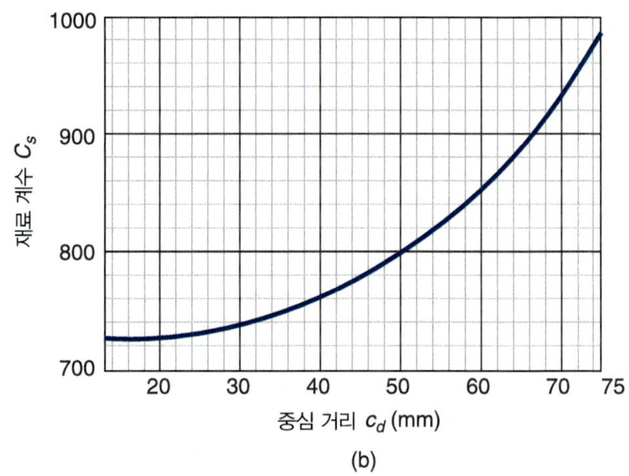

그림 15.19: 58 HRC의 최소 표면 경도를 갖는 구리 재질의 웜 기어와 웜에 대한 재료 계수 C_s. (a) 76 mm 이상의 중심 거리에 대한 재료 계수, (b) 76 mm 미만의 중심 거리에 대한 재료 계수. 조건 (b)에 해당할 때, 조건 (a)에서 구한 값도 확인하여 둘 중 작은 값을 사용해야 한다. 표 15.4 참조. 출처: AGMA(2010a).

표 15.4: 58 HRC의 표면 경도를 갖는 웜과 맞물리는 구리 재질의 웜 기어에 대한 재료 계수 C_s.

제조 공정	피치 지름	재료 계수 C_s
사형 주조	$d \le 64$ mm	1000
	$d \ge 64$ mm	$1859 - 476.5 \log d$
정적 냉경 주조 혹은 단조	$d \le 200$ mm	1000
	$d \ge 200$ mm	$2052 - 455.8 \log d$
원심 주조	$d \le 625$ mm	1000
	$d \ge 625$ mm	$1504 - 179.8 \log d$

(15.50)은 원통형 혹은 곡면형(enveloping) 웜에 모두 동일하게 적용된다.

식 (15.46)의 마찰력 W_f는 다음과 같이 구할 수 있다.

$$W_f = \frac{\mu W_t}{\cos\lambda \cos\phi_n}, \tag{15.51}$$

여기서 μ는 마찰 계수, λ는 평균 웜 지름에서의 리드각 그리고 ϕ_n은 평균 웜 지름에서의 직각 압력각이다.

강 재질의 웜과 구리 재질의 웜 기어 사이의 마찰 계수에 대해서 AGMA는 다음과 같은 관계식을 제안한다.

$$\mu = \begin{cases} 0.150 & v_t = 0 \text{ m/s} \\ 0.124 \exp\left(-2.233 v_t^{0.645}\right) & 0 < v_t \le 0.05 \text{ m/s} \\ 0.103 \exp\left(-1.185 v_t^{0.450}\right) + 0.012 & 0.05 \text{ m/s} < v_t \end{cases} \tag{15.52}$$

그러므로 웜 기어의 정격 토크는 식 (15.42)를 이용하여 접선 방향 하중 W_t로부터 계산할 수 있다.

설계 절차 15.2

웜 기어의 설계

본 설계 절차는 ANSI/AGMA(2010a)를 따르며, 원통형 웜 기어의 추기 설계를 위한 일반적인 지침이 될 수 있다. 이 접근 방법을 통한 결과는 일반적인 의미에서 해석을 위한 좋은 출발점이 되며, 본 접근 방법에서 벗어난 방법으로 설계를 한다고 해서 그 결과가 비합리적인 것은 아니다. 웜 기어는 매우 복잡한 시스템이며, 최종 설계 특성치(design attributes)는 명확한 사용 목적, 하중 조건, 윤활 소건 등을 고려하여 선택할 필요가 있다. 여기서 소개하는 설계 설차는 초기 웜 기어 설계를 위한 유용한 지침으로 사용될 수 있을 것이다.

본 접근 방법은 직각으로 작동하는 조밀하지 않은 피치를 갖는 원통형 웜 기어에 국한됨을 밝힌다. 고속에서 큰 동력 전달을 위해서는 조밀한 피치의 이가 필요할 것이다. 입력 동력뿐만 아니라 웜과 웜 기어의 속도 역시 알고 있다고 가정한다.

1. 압력각(pressure angle)은 사용 목적에 기반하여 선택할 필요가 있다. 큰 압력각을 선택함으로써 큰 이 강도(tooth strength)를 얻을 수 있으나, 베어링 반작용 하중과 웜의 굽힘 응력이 커지는 문제가 있고 더 적은 수의 이가 맞물리게 된다. 작은 압력각은 고속 및 조용한 작동이 요구될 때 적합하다. 표 15.3은 웜 기어에 대한 통상적인 압력각을 보여 주고 있다.
2. 웜 기어의 최소 잇수는 표 15.3에 주어져 있다. 중심 거리가 설계의 제약 조건이 아니라면, 더 많은 잇수를 선택해도 좋다.
3. 웜의 잇수는 식 (15.36)에 의해 구한다.
4. 웜의 피치 지름은 대게 다음과 같은 범위에 들어온다.

$$\frac{c_d^{0.875}}{2.0} \le d_w \le \frac{c_d^{0.875}}{1.07} \tag{15.53}$$

여기서 c_d는 웜과 웜 기어의 축간 중심 거리이다.

5. 웜 기어의 피치 지름은 다음과 같이 계산한다.

$$d_g = 2c_d - d_w. \tag{15.54}$$

6. 웜 기어의 축 방향 피치는 다음과 같다.

$$p_x = \frac{\pi d_g}{N_g}. \tag{15.55}$$

7. 그림 15.20에는 요구되는 웜의 이면 폭(face width)을 도시하였으며, 식으로 표현하면 다음과 같다.

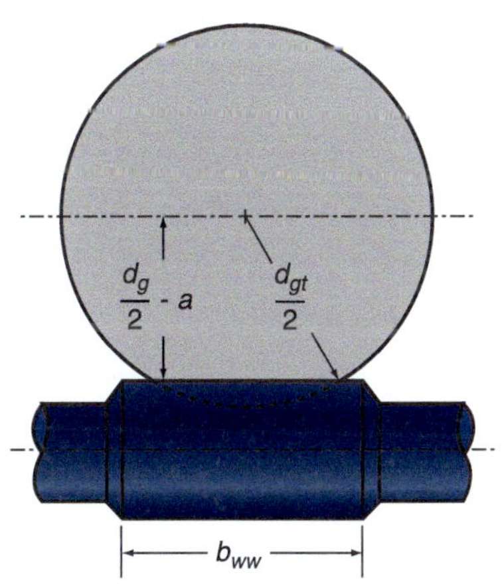

그림 15.20: 웜의 이면 폭.

$$b_{ww} = 2\sqrt{\left(\frac{d_{gt}}{2}\right)^2 - \left(\frac{d_g}{2} - a\right)^2}. \qquad (15.56)$$

제작 및 조립 공차를 감안하여 약간 더 큰 이면 폭을 사용해야 한다. 그러나 대부분의 웜 기어는 2~3개의 이가 항상 맞물려 있기 때문에, $b_{ww} = 5p_x$를 만족하도록 하면 접촉 전후에 여분의 축 방향 피치를 허용하면서 합리적인 이면 폭을 얻을 수 있다.

8. 만약 $p_x \geq 4.06$ mm라면 웜 기어의 이면 폭은 다음과 같이 결정할 수 있다.

$$b_{wg} = \frac{2}{3}d_w,$$

만약 $p_x < 4.06$ mm라면 다음과 같이 구할 수 있다.

$$b_{wg} = 1.125\sqrt{(d_o + 2c)^2 - (d_o - 4a)^2}, \qquad (15.57)$$

여기서

b_{wg} = 웜 기어의 이면 폭, m

d_o = 웜 기어의 바깥 지름, 식 (15.41)에 의해 결정, m

a = 이끝 높이, 식 (15.39)에 의해 결정, m

c = 틈새(clearance), m

예제 15.6

웜 기어의 설계

조건 두 개의 스타츠(starts)를 가지며 이면 폭이 25 mm인 웜이 피치 지름이 200 mm인 잇수 50개의 웜 기어와 맞물린다. 웜은 50 mm의 피치 지름을 가지며, 압력각은 20°이다. 웜 기어는 구리 재질로 사형주조(sand cast)되었으며 웜은 58 HRC의 경도로 열처리되었다.

문제 웜이 2000 rpm으로 구동될 때 기어 세트에 대한 정격 입력 동력(rated input power)를 결정하라.

풀이 정격 마력(rated horsepower)은 식 (15.46)에 의해 구해진다. 그러나 이 공식을 이용하기 위해서는 수많은 계수들이 결정될 필요가 있다.

각속도는 ω = 2000 rpm = 209.4 rad/s이므로 기어비는 다음과 같다.

$$Z = \frac{N_g}{N_w} = \frac{50}{2} = 25.$$

웜 기어의 피치는 웜의 피치이기도 하며 다음과 같이 구할 수 있다.

$$p = \frac{\pi d_g}{N_g} = \frac{\pi(200)}{50} = 12.57 \text{ mm}.$$

리드는 식 (15.37)에 의해 다음과 같이 구할 수 있다.

$$L = N_w p = (2)(12.57) = 25.13 \text{ mm}.$$

그러므로 리드각은 식 (15.38)을 이용해 계산할 수 있다.

$$\lambda = \tan^{-1}\frac{L}{\pi d_{pw}} = \tan^{-1}\frac{25.13}{\pi(50)} = 9.090°.$$

식 (15.50)으로부터 피치선 속도는 다음과 같이 구할 수 있다.

$$v_t = \frac{\omega d_{wm}}{2\cos\lambda} = \frac{(209.4)(0.050)}{2\cos 9.090°} = 5.30 \text{ m/s}.$$

표 15.4로부터 사형주조된 구리 재질의 웜 기어는

$$C_s = 1859 - 476.5\log d_g = 1859 - 476.5\log 200 = 762.6.$$

식 (15.48)로부터

$$\begin{aligned} C_m &= 0.0107\left(-Z^2 + 56Z + 5145\right)^{0.5} \\ &= 0.0107\left(-(25)^2 + 56(25) + 5145\right)^{0.5} \\ &= 0.8233. \end{aligned}$$

v_t = 5.30 m/s이므로, 식 (15.49)로부터

$$C_v = 0.6520(v_t)^{-0.571} = 0.2516.$$

따라서, 웜 기어에 대한 정격 동력을 구하기 위해 사용된 접선 방향 하중 W_t는 식 (15.47)을 이용해 다음과 같이 구할 수 있다.

$$\begin{aligned} W_t &= \frac{C_s d_g^{0.8} b_w C_m C_v}{75.948} \\ &= \frac{(762.6)(200)^{0.8}(25)(0.8233)(0.2516)}{75.948} \\ &= 3604 \text{ N}. \end{aligned}$$

식 (15.52)를 이용하여 마찰 계수를 다음과 같이 구할 수 있다.

$$\begin{aligned}\mu &= 0.103\exp\left(-1.185v_t^{0.45}\right)+0.012\\ &= 0.103\exp\left[-1.185(5.30)^{0.45}\right]+0.012\\ &= 0.0204.\end{aligned}$$

그러므로 식 (15.51)를 이용하여 마찰력을 구하면 다음과 같다.

$$W_f=\frac{\mu W_t}{\cos\lambda\cos\phi}=\frac{(0.0204)(3604\text{ N})}{\cos 9.090^\circ\cos 20^\circ}=79.2\text{ N},$$

식 (15.46)으로부터 정격 동력을 구하면 다음과 같다.

$$\begin{aligned}h_{pi} &= \frac{\omega W_t d_g}{2Z}+\frac{\omega W_f d_{wm}}{2\cos\lambda}\\ &= \frac{(209.4)(3604)(0.201)}{2(25)}+\frac{(209.4)(79.2)(0.05)}{2\cos 9.090^\circ}\\ &= 3454\text{ Nm/s}.\end{aligned}$$

즉, 정격 입력 동력(rated input power)은 대략 3.5 kW이다.

그림 15.21: 전기 모터로부터 상용 믹서기의 교반기로 동력을 전달하기 위한 기어.

사례 연구 15.1

산업용 식재료 믹서기를 위한 기어 설계

조건 그림 15.21은 식당이나 작은 제과점에서 흔히 볼 수 있는 믹서기에서 사용되는 기어 시스템을 보여주고 있다. 기어를 바꾸어 맞물리게 함으로써 다른 속도를 얻을 수 있다. 이때 각 기어는 미리 정해진 잇수를 갖는다. 각기 다른 속도는 반죽하기, 섞기, 거품내기 등 다양한 동작을 위해 요구된다. 문제는 밀가루 반죽을 섞고 반죽하는데 영향을 미치는 베벨 기어의 사양을 결정하는 것이다. 모터는 출력 속도가 200 rpm인 감속기에 연결되어 있다. 또한 모터의 토크와 속도 선도는 그림 15.22에 제시되어 있다. 허용 굽힘 응력은 275 MPa, 허용 접촉 응력은 2 GPa이라고 가정하라.

문제 그림에 보인 바와 같이 출력 축의 속도가 90 rpm에 근접하도록 헬리컬 기어쌍을 설계하라. [이 속도는 교반기를 구동하기 위한 유성 기어열(planetary gear train)의 플래닛에 전달되는 입력값이 된다.]

풀이 토크와 속도 특성은 매우 중요하다. 만약 부적절한 성분이나 너무 많은 양의 반죽으로 인해 믹서기에

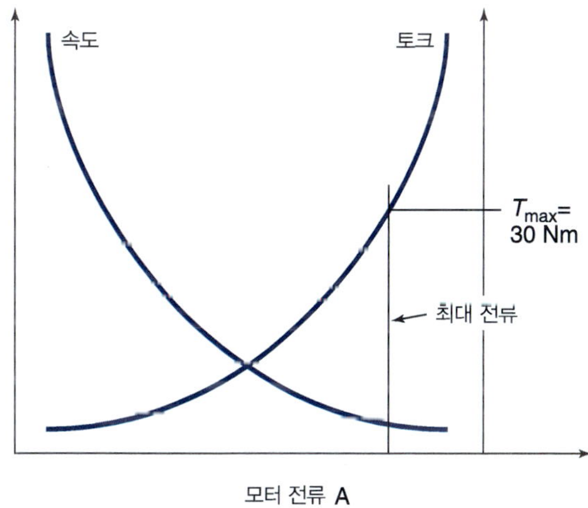

그림 15.22: 사례 연구에서 고찰하는 상용 믹서기에서 전류에 따른 모터의 토크와 속도.

과부하가 걸린다면, 모터가 움직이지 못할 정도로 큰 토크가 발생할 수 있다. 최대 토크는 전원으로부터 최대 전류가 공급될 때 발생하며, 그 값은 30 Nm이다. (전원 회로는 교착 전류(stall current)를 제한하기 위해 저항 요소를 사용하도록 설계된다.) 기어는 상대적으로 값비싼 부품이고 교체가 용이하지 않기 때문에, 교착 상태에 빠진 모터가 기어 이를 파손시키지 않아야 한다. 그러므로 실제로 기어에 그렇게 큰 하중이 가해지는 경우가 없다 하더라도, 기어는 교착 토크(stall torque)에 견디도록 설계되어야 한다.

주어진 요구 속도비를 고려할 때, 피동 기어의 잇수는 대략 구동 기어의 잇수의 2.22배가 되어야 한다. 이때, 이면 폭(face width)이 정해지지 않았기 때문에, 무한한 수의 기어 이 조합이 설계 요구 조건을 만족시킬 것이다. 그러나 잇수가 매우 적은 기어를 제작하는 것은 어렵기 때문에 구동 기어는 임의로 24개의 잇수를 갖는 것으로 그리고 피동 기어는 52개의 잇수를 갖는 것으로 정한다. 이것은 여러 해가 있을 수 있는 문제에 대한 하나의 특별한 경우임에 주의한다.

이 응용 사례는 그렇게 많은 설계 요구 조건을 만족시킬 필요는 없다. 즉, 그림 15.13과 15.14에 따르면, 수용 가능한 피니언 지름은 약 50 mm 정도이다. 2 mm의 모듈($p_d = 1/\text{m} = 500$ m)을 사용한다면 25개의 잇수를 갖는 피니언이 필요하다. 따라서 필요한 속도비를 만족시키기 위해서는 55개의 기어 잇수가 필요하다는 결론이 도출된다. 이 경우에 기어의 피치 지름은 110 mm가 될 것이다. 여기서, $\phi = \psi = 20°$인 표준값을 사용하기로 한다. 구동축에 가해지는 토크로 인해 $W_t = T/r = 30/0.025 = 1200$ N의 하중이 발생한다.

기어와 피니언은 식 (15.15)와 식 (15.17)에 기반하여 굽힘 응력과 접촉 응력을 고려하여 설계되어야 한다. 이러한 공식을 적용하기 전에, 여러 인자들을 결정할 필요가 있다. 기계의 작동과 마찬가지로 전원이 일정하다는 합리적인 가정을 통해 표 14.8로부터 $K_o = 1.0$의 값을 정할 수 있다. 모듈의 크기가 5 mm 미만이기 때문에, 표 14.9로부터 크기 계수 K_s는 1.00으로 정한다. 하중분포 계수는 식 (14.58)을 이용해 계산한다. 그러나 다음과 같은 사항에 주목해야 한다.

식 (14.59)로부터 크라운 처리되지 않은 이라면 $C_{mc} = 1.0$으로 정한다. $b_w \le 25$ mm를 가정할 때 식 (14.62)로부터

$$C_{pf} = \frac{b_w}{10d_p} - 0.025.$$

만약 이면 폭이 25 mm보다 클 필요가 있는 경우라면, C_{pf}에 대한 다른 관계식이 필요할 것이며 이 부분의 해석이 반복되어야 할 것이다. 베어링 지지에 대해 융통성이 허용된다면, 식 (14.63)으로부터 $C_{pm} = 1.1$이 된다. 식 (14.32)으로부터

$$C_{ma} = 0.127 + (6.22 \times 10^{-4})b_w - (1.69 \times 10^{-7})b_w^2.$$

마지막으로, 기어가 겹쳐지거나 복잡한 수정 절차를 거칠 필요가 없도록 식 (14.64)로부터 $C_e = 1$로 정한다. 이러한 값들을 식 (14.58)에 대입하여 하중분포 계수 K_m을 이면 폭 b_w의 함수로 표현할 수 있다.

$$K_m = 1.0 + \left(\frac{b_w}{10(50\text{ mm})} - 0.025\right)(1.1) + \left[0.127 + (6.22 \times 10^{-4})b_w - (1.69 \times 10^{-7})b_w^2\right].$$

K_m값을 계산할 때, 이면 폭은 반드시 밀리미터 단위로 표현된 값을 사용해야 한다. 피치선 속도는 다음과 같이 구할 수 있다.

$$v_t = \pi d_p N_{ap} = \pi(50\text{ mm})(200\text{ rpm})\left(\frac{60\text{ s}}{1\text{ min}}\right)$$

즉, $v_t = 0.523$ m/s이다. 그림 14.34로부터 저속에서 모든 기어는 $K_v \approx 1.0$을 갖는다는 것을 알 수 있다. 추후에 소음을 감소시킨다거나 여타의 이유로 인해 수정될 수도 있겠지만 $K_v = 1$이고 $Q_v = 5$로 정한다.

마찬가지로, 림-스포크 설계에서 만들어지는 큰 기어

가 아니므로 $K_b = 1.0$을 사용한다. 기하 계수(geometry factor)는 식 (15.16)과 그림 15.3, 15.4로부터 구하며 그 값은 $Y_h = 0.51$이다. σ_t가 275 MPa로 정의되었으므로, 식 (15.15)로부터 b_w를 밀리미터 단위로 구할 수 있다.

$$\begin{aligned}\sigma_t &= \frac{W_t p_d K_o K_s K_m K_v K_b}{(b_w/1000)Y_h} \\ &= \frac{(1200)(500)}{(b_w/1000)(0.51)}\left[1+(C_{pf})(1.1)\right][K_m]\end{aligned}$$

여기서 C_{pf}와 K_m은 위에서 구한 값을 사용한다. 위 식을 수치적 방법으로 풀면 $b_w = 3.75$ mm를 얻을 수 있다. 그러나 이 값은 부자연스러운 값이므로, 이면 폭 $b_w = 5$ mm로 정한다. 보정 계수 C_{pf}와 K_m은 상기 이면 폭에 대하여 올바른 값임에 주목한다.

이제 허용 가능한 접촉 응력에 대해 이면 폭을 결정하는 것이 중요하다. 식 (15.17)로부터 접촉 응력을 구할 수 있으며, 위에서 계산된 많은 계수들이 직접 사용된다. 그러나 식 (15.17)을 풀기 위해서는 몇 개의 추가적인 값이 필요하다. 강 재질의 경우 $E = 207\times10^9$이고 $\nu = 0.30$이므로 식 (8.16)으로부터

$$E' = \frac{E}{1-\nu^2} = \frac{207\times10^9\ \text{Pa}}{1-(0.30)^2} = 227\times10^9\ \text{Pa}.$$

식 (14.74)로부터

$$\frac{1}{R_r} = \left(\frac{1}{r_p}+\frac{1}{r_g}\right)\frac{1}{\sin\phi} - \left(\frac{1}{0.05}+\frac{1}{0.110}\right)\frac{1}{\sin 20^\circ},$$

가해진 하중은 $W = W_t/\cos\phi = 1200/\cos 20^\circ = 1277$ N이다. 그러므로 식 (14.73)으로부터

$$\begin{aligned}p_H &= E'\left(\frac{W}{2\pi b_w R_x E'}\right)^{1/2} \\ &= (227\times10^9)\left[\frac{1277}{2\pi b_w(0.01176)(207\times10^9)}\right]^{1/2} \\ &= (6.559\times10^6)(b_w)^{-1/2}.\end{aligned}$$

여기서 p_H는 Pa 단위로 표현되며 b_w는 m 단위로 표현된다. 그러므로 최대 2 GPa에 한정되었던 접촉 응력을 구하기 위해 식 (15.17)을 사용한다.

$$\begin{aligned}\sigma_c &= 2\times10^9\ \text{Pa} = P_H\left(K_o K_s K_m K_v\right)^{1/2} \\ &= \left[(6.559\times10^6)(b_w)^{-1/2}\ \text{psi}\right]\left((1)(1)(1.1)(1)\right)^{1/2}.\end{aligned}$$

위의 값은 $b_w = 0.012$ mm에 대해 구한 것이다. 그러므로 굽힘 응력의 결과를 바탕으로 구한 이 폭 값 0.5 m를 사용하면 설계가 마무리된다. 이 문제는 대부분의 설계 문제의 전형을 보여준다. 즉, 대부분의 문제에는 무한한 수의 해가 존재한다. 이 사례 연구는 단지 합리적인 해를 얻기 위한 설계 절차를 보여주기 위함이며, '정확한' 값을 얻기 위함은 아니다.

15.5 요약

이 장에서는 14장에서 다룬 평기어를 기반으로 그 논의를 헬리컬, 베벨 그리고 웜 기어로 확장하였다. 이 기어들은 각자 나름의 장점을 갖지만, 평기어와 비교했을 때 비용 측면에서 불리하다는 점이 이들의 한계라고 할 수 있다.

헬리컬 기어는 평기어와 유사하나, 이의 형상이 기어 원통의 바깥면을 따라 나선형으로 구부러져 있다. 평기어와 비교했을 때, 헬리컬 기어의 주된 장점은 특히 고속에서 조용하게 작동한다는 것이다. 베벨 기어도 조용하며 효율적이나, 평행한 축을 필요로 하지 않는다. 웜 기어 세트는 매우 작은 나선각을 갖는 헬리컬 기어와 유사한 웜과 평기어와 유사한 웜 기어로 구성된다. 웜 기어는 보통 컴팩트한 디자인이면서도 큰 감속비가 요구될 때 사용된다. 또한 웜 기어에 지배적으로 작용하는 마모 메커니즘이 연삭 마모(abrasive wear)라는 점은 다른 기어들과 비교했을 때 독특한 특징이 된다.

이러한 기어들의 특이한 기구학적 그리고 동역학적 특징을 기본적인 원리와 AGMA에 의해 표준화된 설계 방법론을 이용하여 분석하였다. 이러한 설계 기법은 긴 수명을 보장할 수 있는 기어 선정과 특별한 기어 형상에 대한 분석을 가능하게 할 것이다.

핵심어

기어(gear) 이가 있는 바퀴 형태로, 다른 기어와 맞물렸을 때 축간 동력을 전달할 수 있는 부품

기어비(gear ratio) 두 맞물리는 기어의 잇수의 비율

모듈(module) 잇수에 대한 피치 지름의 비율

베벨 기어(bevel gears) 직선, 하이포이드, 스파이럴 혹은 제롤 형태의 이를 갖는 비평행, 동일 평면 기어

스타츠(starts) 웜에서 나사산의 개수

스파이럴 베벨 기어(spiral bevel gears) 비평행, 동일 평면축들을 연결하는 나선형 이를 갖는 기어

원주 피치(circular pitch) 이의 한 점에서 인접한 이의 상응하는 점까지의 거리

웜 기어(worm gear) 주로 높은 감속비를 갖는 비평행, 비동일 평면축들을 연결하는 기어

제롤 베벨 기어(Zerol bevel gears) 직선 베벨 기어와 유사하나, 길이 방향으로 곡선 형태의 이를 가지며 스파이럴 각이 0이다.

직각 피치(normal pitch) 이에 수직인 방향으로 피치 지름당 잇수

직선 베벨 기어(straight bevel gears) 비평행, 동일 평면축들을 연결하는 직선 이를 갖는 베벨 기어

피니언(pinion) 두 개의 맞물리는 기어 중에서 작은 것

하이포이드 베벨 기어(hypoid bevel gear) 오프셋이 없는 스파이럴 기어

헬리컬 기어(helical gears) 원통을 감싸며 나선형 형태의 이를 갖는 평행 축 기어

공식 정리

헬리컬 기어:

직각 원주 피치: $p_{cn} = p_c \cos\psi$

직각 지름 피치: $p_{dn} = \dfrac{p_d}{\cos\psi}$

축 피치: $p_a = p_c \cot\psi = \dfrac{p_{cn}}{\sin\psi}$

피치 지름: $d = \dfrac{N}{p_d} = \dfrac{N}{p_{dn}\cos\psi}$

축간 거리: $c_d = \dfrac{d_p + d_g}{2} = \dfrac{N_p + N_g}{2p_{dn}\cos\psi}$

횡접촉비:

$$C_r = \frac{L_{ab}}{p_c\cos\phi} = \frac{1}{p_c\cos\phi}\left[\sqrt{r_{op}^2 - r_{bp}^2} + \sqrt{r_{og}^2 - r_{bg}^2}\right] - \frac{c_d\tan\phi}{p_c}$$

축접촉비: $C_{ra} = \dfrac{b_w}{p_a} = \dfrac{b_w\tan\psi}{p_c} = \dfrac{b_w\sin\psi}{p_{cn}}$

최소 접촉 길이: $n_a \le 1 - n_r$인 경우

$$L_{\min} = \frac{C_{ra}b_w - n_a n_r p_a}{\cos\psi_b}$$

$n_a > 1 - n_r$인 경우

$$L_{\min} = \frac{C_{ra}b_w - (1 - n_a)(1 - n_r)p_a}{\cos\psi_b}$$

기초 나선각: $\cos\psi_b = \dfrac{\cos\psi\cos\phi_n}{\cos\phi}$

축하중: $W_z = W_t\tan\psi$

반경 방향 하중: $W_r = W_t\tan\phi$

수직 하중: $W = \dfrac{W_t}{\cos\phi_n\cos\psi}$

AGMA 굽힘 응력식: $\sigma_t = \dfrac{W_t p_d K_o K_s K_m K_v K_i K_b}{b_w Y_h}$

AGMA 접촉 응력식: $\sigma_c = p_H(K_o K_s K_m K_v)^{1/2}$

최대 헤르츠 접촉 응력: $p_H = E'\left(\dfrac{W'}{2\pi}\right)^{1/2}$

유효 탄성 계수: $E' = \dfrac{2}{(1 - \nu_a^2)/E_a + (1 - \nu_b^2)/E_b}$

유효 반경: $\dfrac{1}{R_x} = \left(\dfrac{1}{r_p} + \dfrac{1}{r_g}\right)\dfrac{1}{\sin\phi} = \left(\dfrac{1}{d_p} + \dfrac{1}{d_g}\right)\dfrac{2}{\sin\phi}$

무차원 하중: $W' = \dfrac{W}{L_{\min}E'R_x}$

베벨 기어:

가상 등가 잇수: $N_v = \dfrac{N}{\cos\alpha_p}$

수직력: $W = \dfrac{W_t}{\cos\phi} = \dfrac{T}{r_{ave}\cos\phi}$

축 방향 힘: $W_a = W_t\tan\phi\sin\alpha$

반경 방향 힘: $W_r = W_t\tan\phi\cos\alpha$

AGMA 굽힘 응력식: $\sigma_t = \dfrac{2T_p}{b_w d_p}\dfrac{p_d K_o K_v K_s K_m}{K_x Y_b}$

AGMA 접촉 응력식: $\sigma_c = \sqrt{\frac{T_p E'}{\pi b_w d_p^2 I_b} K_o K_v K_m K_s K_x}$

하중분산 계수: $K_m = K_{mb} + \left(5.6 \times 10^{-6}\right) b_w^2$ 단, b_w[mm]

굽힘 응력에 대한 크라운 효과 계수:

직선 베벨 기어 및 제롤 기어의 경우: $K_x = 1$

스파이럴 베벨 기어의 경우: $K_x = 0.211\left(\frac{r_c}{A_m}\right)^q + 0.789$

여기서, $q = \frac{0.279}{\log(\sin\psi)}$

접촉 응력에 대한 크라운 효과 계수:

$$K_x = \begin{cases} 1.5 & \text{적절하게 크라운된 이의 경우} \\ 2.0 & \text{(또는 그 이상) 크라운되지 않은 이의 경우} \end{cases}$$

웜 기어:

웜의 나사산 개수: $N_w = \frac{N_g}{Z}$

웜 리드: $L = N_w p$

리드각: $\lambda = \tan^{-1}\frac{L}{\pi d_{pw}}$

이끝 높이: $a = \frac{p_b}{\pi}$

이뿌리 높이:

$$b = \begin{cases} \frac{1.157 p_b}{\pi} & p_b > 4.06\ \text{mm인 경우} \\ \frac{1.200 p_b}{\pi} + 0.05\ \text{mm} & p_b < 4.06\ \text{mm인 경우} \end{cases}$$

바깥 지름과 뿌리 지름: $d_o = d + 2a,\ d_r = d - 2b$

웜 기어에 작용하는 접선 방향 힘 또는 웜에 작용하는 추력:

$$W_{tg} = W_{aw} = \frac{2T}{d_m}$$

기어 분리력: $W_s = \frac{W_{tg}\tan\phi_n}{\cos\lambda_n}$

웜 기어의 추력 또는 웜의 접선 방향 힘: $W_{ag} = W_{tw} = \frac{2T_w}{d_m}$

AGMA 입력 정격 동력: $h_{pi} = \frac{\omega W_t d_g}{2Z} + \frac{\omega W_f d_{wm}}{2\cos\lambda}$

정격 전달 하중: $W_t = \frac{C_s d_{gm}^{0.8} b_w C_m C_v}{75.948}$

비 보정 계수:

$$C_m = \begin{cases} 0.0200\left(-Z^2 + 40Z - 76\right)^{0.5} + 0.46 & 3 \le Z < 20 \\ 0.0107\left(-Z^2 + 56Z + 5145\right)^{0.5} & 20 \le Z < 76 \\ 1.1483 - 0.00658Z & 76 \le Z \end{cases}$$

속도: $v_t = \frac{\omega d_{wm}}{2\cos\lambda}$

속도 계수:

$$C_v = \begin{cases} 0.659\exp\left(-0.0011 v_t\right) & 0 < v_t \le 3.5\ \text{m/s} \\ 13.31 v_t^{(-0.571)} & 3.5 < v_t \le 15\ \text{m/s} \\ 65.52 v_t^{(-0.774)} & 15\ \text{m/s} < v_t \end{cases}$$

마찰력: $W_f = \frac{\mu W_t}{\cos\lambda\cos\phi_n}$

마찰 계수:

$$\mu = \begin{cases} 0.150 & v_t = 0\ \text{m/s} \\ 0.124\exp\left(-2.233 v_t^{0.645}\right) & 0 < v_t \le 0.05\ \text{m/s} \\ 0.103\exp\left(-1.185 v_t^{0.450}\right) + 0.012 & 0.05\ \text{m/s} < v_t \end{cases}$$

추천 문헌

Budynas, R.G., and Nisbett, J.K. (2011), *Shigley's Mechanical Engineering Design*, 9th ed., McGraw-Hill.

Crosher, W.P. (2002) *Design and Application of the Worm Gear*, ASME.

Dudley, D.W. (1994) *Handbook of Practical Gear Design*, CRC Press.

Hamrock, B.J., Schmid, S.R., and Jacobson, B.O. (2004) *Fundamentals of Fluid Film Lubrication*, 2nd ed., Marcel Dekker.

Howes, M.A., Ed. (1980) *Source Book on Gear Design Technology and Performance*, American Society for Metals.

Juvinall, R.C., and Marshek, K.M. (2012) *Fundamentals of Machine Component Design*, 5th ed.,Wiley.

Litvin, F.L. (1994) *Gear Geometry and Applied Theory*, Prentice Hall.

Mott, R.L. (2014) *Machine Elements in Mechanical Design*, 5th ed., Pearson.

Norton, R.L. (2011) *Machine Design*, 4th ed., Prentice Hall.

Stokes, A. (1992) *Gear Handbook*, Butterworth Heinemann.

Townsend, D.P. (1992) *Dudley's Gear Handbook*, 2nd ed., McGraw-Hill.

참고 문헌

AGMA (1989) *Geometry Factors for Determining the Pitting Resistance and Bending Strength of Spur, Helical, and Herringbone Gear Teeth*, ANSI/AGMA Standard 908-B89, American Gear Manufacturers Association.

AGMA (1993) *Design Manual for Cylindrical Wormgearing*, ANSI/AGMA Standard 6022-C93. American Gear Manufacturing Association.

AGMA (2003) *Design Manual for Bevel Gears*, ANSI/AGMA 2005-D03, American Gear Manufacturing Association.

AGMA (2010a) *Practice for Enclosed Cylindrical Wormgear Speed Reducers and Gearmotors*, ANSI /AGMA Standard 6034-B92. American Gear Manufacturing Association.

AGMA (2010b) *Rating the Pitting Resistance and Bending Strength of Generated Straight Bevel, Zerol Bevel and Spiral Bevel Gear Teeth*, ANSI/AGMA Standard 2003-C10. American Gear Manufacturing Association.

AGMA (2010c) *Fundamental Rating Factors and Calculation Methods for Involute Spur and Helical Gear Teeth*, ANSI/AGMA Standard 2101- D04, American Gear Manufacturers Association.

AGMA (2011) *Gear Nomenclature, Definitions of Terms with Symbols*, ANSI/AGMA Standard 1012-G05, American Gear Manufacturers Association.

Dudley, D.W. (1994) *Handbook of Practical Gear Design*, McGraw-Hill.

문제

15.1 평기어(spur gear)와 헬리컬 기어(helical gear)의 차이점은 무엇인가?

15.2 헬리컬 기어에서 원주 피치와 직각 원주 피치의 차이점은 무엇인가?

15.3 등가 잇수(equivalent number of teeth)를 정의하라.

15.4 헬리컬 기어에서 접촉비(contact ratio)의 대표적인 값은 무엇인가? 14장에 소개된 평기어와 다른지 혹은 비슷한지 설명하라.

15.5 헬리컬(helical), 베벨(bevel) 그리고 웜(worm) 기어는 어떻게 제작되는지 설명하라.

15.6 K_i와 K_b 항이 식 (15.15)에는 나타나지만 식 (15.17)에서 나타나지 않는 이유는 무엇인가?

15.7 헬리컬 기어를 이용하여 유성 기어열(planetary gear train)을 구성할 수 있는지 설명하라.

15.8 직선 베벨(straight bevel), 스파이럴 베벨(spiral bevel) 그리고 제롤 베벨(Zerol bevel) 기어의 차이점을 설명하라.

15.9 하이포이드 베벨 기어(hypoid bevel gear)의 주된 이점은 무엇인지 설명하라.

15.10 헬리컬 기어, 베벨 기어 그리고 웜 기어에서 인벌루트가 무엇인지 설명하라.

15.11 스트래들 마운트(straddle mount)와 돌출 마운트(overhang mount)에 대하여 각각 설명하라.

15.12 웜과 웜 기어의 차이는 무엇인가?

15.13 웜(worm)에서 리드(lead)는 무엇인가? 또한 리드각은 무엇인지 설명하라.

15.14 웜 혹은 웜 기어 중 어떤 것이 더 단단해야 하는지 설명하라.

15.15 웜에서 스타츠(starts)가 의미하는 것은 무엇인가? 다른 종류의 기어들도 복수의 스타츠를 가지고 있는가?

정성적 문제

15.16 미터 기어(Miter gear)는 동일한 속도비를 갖는 베벨 기어이다. 미터 기어를 사용했을 때의 장점과 단점은 무엇인지 설명하라.

15.17 헬리컬 기어를 설계 할 때 (a) $\phi = 30^\circ$ (b) $\phi = 10^\circ$ 나선각을 사용한다. 각각의 설계에 대한 기어 성능은 어떻게 달라지는지 설명하라.

15.18 헬리컬 기어의 등가 잇수와 베벨 기어의 가상 잇수의 유사점과 차이점은 무엇인지 설명하라.

15.19 헬리컬 기어에서 접촉비가 어떻게 계산되는지 식을 사용하지 않고 설명하라.

15.20 식 (15.15)에서 나선각이 나타나지 않는다. 이것이 헬리컬 기어에서의 굽힘 응력이 나선각에 대해 독립적이라는 의미를 가지는지에 대해 설명하라.

15.21 평기어 혹은 헬리컬 기어를 분석할 때 AGMA 굽힘 응력식은 어떻게 바뀌는지 설명하라.

15.22 (a) 직선 치형(straight teeth) (b) 제롤 치형(Zerol teeth) (c) 스파이럴 치형(spiral teeth)을 갖는 베벨 기어의 설계 단면도가 있다. 이때 각 치형이 일정한 이 두께(tooth thickness)를 갖는지 설명하라.

15.23 표 11.9를 보고 맞물림 베벨 기어를 통해 연결된 두 축에 대한 행을 추가하라.

15.24 식 (15.15)와 식 (15.28)을 비교하고 유사점과 차이점을 나열하라.

15.25 웜 기어가 단순히 교차된 축을 갖는 헬리컬 기어라는 표현에 대해 동의하는지 아니면 동의하지 않는지 의견을 제시

하라.

15.26 웜 기어에서는 등가 굽힘 응력 혹은 접촉 응력에 관한 식이 없는 이유를 설명하라.

15.27 웜 기어에서 마찰 계수와 속도의 관계를 나타내고, 윤활 방식을 표시하라.

15.28 표 15.3에 제시된 것보다 더 작은 웜 기어 치형을 사용하는 것은 어떤 의미를 갖는지 설명하라.

15.29 스케치를 적절하게 그려 웜 기어에서 길들이기의 중요성에 대해 설명하라.

15.30 헬리컬 기어, 베벨 기어 그리고 웜 기어에서 효과적인 윤활(lubrication)의 중요성을 설명하라.

정량적 문제

15.31 기어 변속기의 경우 접촉면에서 발생하는 국부적인 미끄러짐 속도와 동력 손실 사이에 직접적인 비례 관계가 나타난다. 직각 평기어(normal spur gear) 혹은 헬리컬 기어의 경우 평균 미끄러짐 속도는 일반적으로 하중전달 속도(load transmission speed)의 20%이다. 윤활이 이루어진 기어의 마찰 계수는 일반적으로 0.05에서 0.1이다. 이는 1~2%의 동력 손실 및 98~99%의 동력 효율로 나타난다. 차량의 후방 차축의 하이포이드 기어의 경우, 미끄러짐 속도가 하중전달 속도의 60%가 될 수 있고, 웜 기어의 경우는 1200%가 된다. 이때 하이포이드 기어(hypoid gear)와 웜 기어를 썼을 때의 동력 효율을 평가하라. 답 $e_{hypoid} = 94 - 97\%$, $w_{worm} = 45.5 - 62\%$.

15.32 16개의 이를 가진 헬리컬 피니언(commercial enclosed right handed)이 2000 rpm으로 회전하면서 5 kW의 동력을 38개의 이를 가진 기어에 전달한다. 나선각이 30°, 압력각이 25° 그리고 직각 모듈이 2 mm이다. 굽힘에 있어서 안전 계수가 3일 때, 피치 지름, 직각 피치, 축 방향 피치, 집신 방향 피치, 직각 압력각, 이면 폭을 계산하라. 재료는 2.5% 크롬강(등급 3)이고, 경도는 315 HB이다. $K_o = 1.0$으로 한다. 답 $d_p = 27.7$ mm, $d_g = 65.8$ mm, $p_a = 9.42$ mm, $\phi_n = 22°$.

15.33 허용 굽힘 응력 250 MPa, 허용 접촉 응력 900 MPa인 강으로 만들어진 두 개의 맞물린 헬리컬 기어가 서로 250 mm 간격으로 떨어져 평행한 축에 장착되어 있다. 직각 모듈은 3 mm, 이면 폭은 50 mm, 압력각은 20° 그리고 나선각은 30°이며, 속도비가 0.35를 만족해야 한다. 이때 굽힘과 표면 피팅 파괴 모드 각각에 대해, 피니언 속도가 1000 rpm일 때 안전한 동력 전달을 위한 최대 동력은 얼마인가? $Q_n = 9$를 사용하라. 답 굽힘에 대해 $h_{p,\max} = 91$ kW.

15.34 두 헬리컬 기어가 90°축과 45° 나선각을 갖는다. 속도비는 4:1이고, 기어는 5의 직각 모듈을 갖는다. 만일 피니언이 20개의 이를 갖는다면 이때의 중심 거리는 얼마인가? 답 $c_d = 353.5$ mm.

15.35 8000 rpm에서 100개의 이를 갖는 기어로 25개의 이를 갖는 피니언이 5 kW의 동력을 전달한다. 두 기어는 동일하게 $\phi = \psi = 30°$이며 이면 폭(width) 15 mm를 갖는다. 피니언과 기어는 등급 2 경화강(hardened steel)으로 만들었고, 정밀 기어 이다. 최소 직경과 굽힘 응력을 기반으로 요구되는 브리넬 경도를 구하라. 답 등급 2 경화강을 위해서 브리넬 경도 400 HB, $d_p = 12.6$ mm.

15.36 25개의 이를 갖는 헬리컬 기어가 회전 평면(plane of rotation)에 20°의 압력각을 갖고, 나선각 $\psi = 20°$이다. 수직면에서의 압력각 ϕ_n과 등가 잇수 N_n은 얼마인가? 답 $N_n = 30.13$ 이.

15.37 평행한 축에 위치한 맞물린 두 개의 헬리컬 기어가 각각 25, 43개의 이를 가지며, 나선각 $\psi = 25°$이다. 원주 피치 $p_c = 6.5$ mm 이고 $\phi = 20°$이다. 이때 2.5의 총 접촉비를 갖기 위한 기어의 폭은 얼마가 되어야 하는가? 답 $b_w = 8.27$ mm.

15.38 대형 선반이 주 추진장치에 사용되는 헬리컬 기어 세트에 기대하는 수명은 신뢰도 99%, 피니언 속도 3000 rpm에서 6000 시간이다. 15 kW의 동력을 전달하며, 기어비는 2.5이나. $\phi = 20°$, $\psi = 30°$, $r_p = 50$ mm, $m = 5$ mm이며, 굽힘과 피팅에 대한 안전 계수는 1.5를 만족해야 한다. 림두께 계수(rim thickness factor) $K_b = 2$이고, 380 MPa의 허용 굽힘 응력 및 1250 MPa의 허용 접촉 응력을 갖는 침탄되고 경화된 등급 1의 강재일 때, 이면 폭을 구하라. $K_o = 1.25$, $K_m = 1.15$, $Q_v = 11$을 사용한다. 답 $b_w \approx 20$ mm.

15.39 30°의 피치각과 20개의 이를 갖는 피니언이 60°의 피치각과 52개의 이를 갖는 베벨 기어와 맞물려 있다. 기어와 피니언 각각의 가상 잇수를 계산하라. 답 $N_{vg} = 104$ 이, $N_{vp} = 23.1$ 이.

15.40 20°의 압력각(pressure angle)을 갖는 직선 베벨 기어 두 개가 5 mm의 바깥 횡방향 모듈(outer transverse module)

을 갖고, 표면 너비가 50 mm이다. 피니언은 20개, 기어는 40개의 이를 갖는다. 피니언은 1500 rpm으로 가동된다. 만일, 기어의 허용 접촉 응력이 1.5 GPa이고 허용 굽힘 응력이 240 MPa일 때, 기어에 전달될 수 있는 최대 동력을 구하라. 이때 두 기어 모두 강(E = 207 GPa, v = 0.30)으로 만들어졌고, 스트래들 마운트(straddle mounted) 되었으며, 적절히 크라운 처리되었다. Q_n = 11로 가정한다. **답** $h_{p,\max}$ = 124 kW.

15.41 축각 90°인 베벨 기어 세트가 6 : 1의 감속에 필요하다. 만일 압력각 20°의 피니언이 모듈이 3인 20개의 이를 가졌고, 피니언의 속력이 1000 rpm일 때 850 W를 전달한다면, 이때 기어가 받는 힘을 결정하라. **답** W_t = 271 N, W_a = 125 N, W_r = 20.9 N.

15.42 피니언 대신 기어에 대한 해석을 기반으로 하여, 예제 15.4의 기어 세트의 안전 계수를 구하라. **답** 접촉 응력에 대해 n_s = 2.37.

15.43 축각(shaft angle)이 90°이고 평균 원추거리(mean cone distance)가 80 mm인 두 개의 제롤(Zerol) 베벨 기어가 20 mm의 이면 폭, 5의 모듈, 적절히 크라운 처리된 치형을 가지고 반지름 110 mm의 커터로 가공되었다. 기어는 ϕ= 20°, ψ = 25°, N_p = 30, N_g = 60을 가지고 피니언과 기어 모두 스트래들 마운트 되었다. 만일 허용 접촉 응력이 650 MPa, 허용 굽힘 응력이 205 MPa이라면, 피니언이 1000 rpm으로 가동될 때 기어 세트에 대한 최대 정격 동력을 구하라. K_o = 1.0, Q_n = 8이다. **답** h_p = 89.0 kW.

15.44 한 쌍의 베벨 기어가 축각 90°로 장착되어 있고, 피니언이 500 rpm에서 10 kW의 동력을 전달한다. 피니언이 150 mm의 바깥 피치 지름 50 mm의 이면 폭, 20개의 이 그리고 ϕ = 20°를 갖는다. 속도비가 0.5일 때, 기어의 자유물체도를 그리고 모든 힘을 표시하라. 기어 축을 중심으로 하는 토크는 얼마인가?

15.45 위 문제 15.44에서 요구되는 기어 재료의 굽힘 강도와 접촉 강도를 결정하라.

15.46 입력 속도가 500 rpm이고 속도비가 2:1로 1 kW의 동력을 전달하기 위한 직선 스파이럴 기어 세트를 설계하라. 재료 계수는 1.0을 사용한다. **답** d_p = 100 mm, N_p = 18, ϕ = 20°.

15.47 위 문제 15.46의 베벨 기어 재료를 주철(cast iron)로 변경한다면, 기어의 밀폐 측면에서 어느 정도의 여유 공간이 필요한가?

15.48 2개의 스타츠를 갖는 웜이 리드각 6°를 가졌고, 웜 기어와 맞물린 이가 50개, 모듈은 7이다. 이때 축과 중심 사이의 거리를 구하라. **답** c_d = 241.6 mm.

15.49 기어 세트의 효율 η는 출력과 입력 동력의 비이다. AGMA 접근법을 기반으로 웜 기어 세트의 효율에 대한 식을 도출하라. 예제 15.6의 기어 세트를 이용하여 속도의 함수로 기어 세트의 효율을 나타내라.

15.50 2개의 스타츠를 갖는 웜이 리드각 8°, 압력각 25°, 평균 지름 75 mm를 갖는다. 웜은 2 kW 모터에 의해 1500 rpm으로 작동된다. 웜 기어는 40개의 이를 가지고 있다. 웜과 웜 기어의 접선 방향 힘, 분리력, 추력을 계산하라. **답** W_{tw} = 339.5 N, W_s = 1200 N, W_{aw} = 1688 N.

15.51 세 줄 나사 웜이 리드각 12°와 피치 지름 57 mm를 갖는다. 웜이 웜 기어와 60개의 이와 맞물려 있을 때 중심 거리를 구하라. **답** c_d = 149.5 mm.

15.52 그림 a에 보여지는 웜 기어 감속기를 보면, 리드각 10°이고 압력각은 25°이다. 만일 웜에 작용하는 접선 방향 힘이 2000 N이라면 (a) 웜과 웜 기어의 축 방향 힘과 반경 방향 힘을 구하고, (b) 베어링에 걸리는 하중을 구하라. 마찰 계수는 0.05로 가정한다.

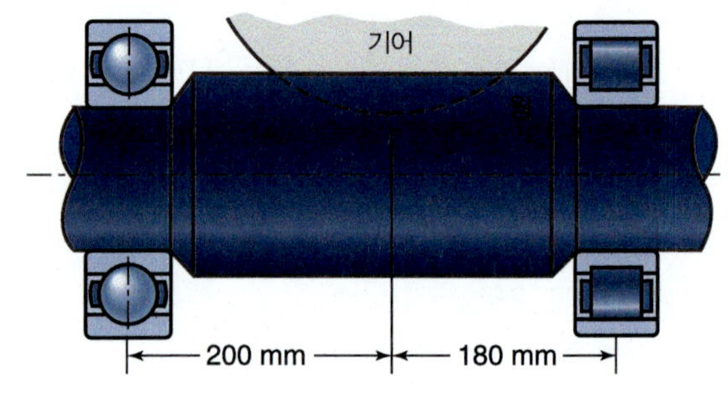

문제 15.52에 대한 그림 a

15.53 속도비가 50:1, 중심 거리가 250 mm이고, 하나의 스타트를 갖는 웜의 평균 지름이 100 mm이며, 리드각 5°, 압력각 14.5°일 때, 웜 기어 세트의 출력 토크와 입력 토크의 비를 찾아라. 기어의 평균 지름은 400 mm이고 μ = 0.10이다. 만일 μ = 0이면 토크비는 어떻게 되는가? **답** T_g/T_w = 41.5.

15.54 위 문제 15.53에 설명된 웜 기어 세트에서 웜의 속력이 2000 rpm이고, 기어가 40 mm 폭으로 사형 주조되었다면, 그 때의 정격 동력을 구하라. **답** h_p = 9407 W.

15.55 세 줄 나사 강재(steel) 웜과 단조가공된 청동재 웜 기어가 서로 42개의 이로 맞물려있다. 만일, 웜 기어의 피치 지름이 75 mm, 중심 거리가 300 mm, 압력각 20° 그리고 860 rpm에서 피니언이 작동한다면, 폭이 50 mm라고 가정했을 때 지름과 최대 입력동력을 구하라. 답 $h_{pi} = 35.8$ kW.

15.56 두 줄 나사 웜 기어 세트에서 웜의 피치 지름이 50 mm, 피치가 10 mm 그리고 감속비가 25:1이다. 이때 리드각, 웜 기어의 지름 그리고 중심 거리를 구하라. 답 $\lambda = 7.256°$, $c_d = 0.105$.

15.57 위 문제 15.56의 웜 기어가 회전속도 1000 rpm일 때 100 N-m의 토크를 전달한다고 가정했을 때 웜과 웜 기어에서 작용하는 힘을 구하라. 단, 압력각은 25°이다.

15.58 1500 rpm으로 회전하는 축으로부터 75 rpm으로 회전하는 축으로 10 kW를 전달하기 위한 세 줄 나선 웜 기어 세트를 설계하라. 이때 $\phi = 25°$, $\psi = 20°$이고 웜 기어는 단조 가공된 청동재이며 최대 중심 거리는 375 mm이다. 답 $N_g = 60$, $b_{ww} = 187$ mm, $b_{wg} = 23.8$ mm.

15.59 제과점의 회전식 오븐은 10 ft × 3 ft 크기의 여섯 개의 트레이로 구성되어 있고, 휠 위에 장착되어 가열되는 밀폐 공간 내부에서 회전한다. 회전식 오븐의 속도는 2 rpm이어야 하지만, 오븐에 2.25 kW를 공급하는 모터는 500 rpm으로 작동한다. 이 문제에서 사용될 웜 및 웜 기어 재료의 사양, 이의 수, 이면 폭, 스타츠의 개수, 중심 거리를 포함한 웜 기어 세트를 설계하라. 이 기어 세트가 필요로 하는 인클로저(enclosure)의 크기는 어느 정도인가? 모터는 오븐 바깥쪽에 장착되고 이에 따라 열에 의한 영향은 고려하지 않는다. $C_m = 0.1$을 사용한다.

15.60 감속기의 헬리컬 유성 기어 시스템(helical planetary gear system)을 사용하여 위의 문제 15.59를 다시 풀어라. 두 가지 설계의 강점과 약점을 서술하라.

15.61 웜 속도 400 rpm, 속도비 40:1, 입력 동력 1 kW인 거친 피치(coarse pitch)를 갖는 웜 기어 세트를 설계 절차 15.2에 따라 설계하라. 또, 사형주조 청동재 기어를 사용하는 경우에 대한 AGMA 접근법에 따라 위에서 설계한 웜 기어 세트의 정격 동력을 평가하라. 단, 압력각은 25°, 최대 중심 거리는 625 mm이다. 답 $N_g = 40$, $d_w = 150$ mm.

설계 문제 및 프로젝트

15.62 접촉 응력에 대한 AGMA식은 헤르츠 접촉 응력에 기초하고 다음과 같이 표현된다.

$$\sigma_c = C_p \left(\frac{W_t K_o K_s K_m K_v}{d_p b_w I} \right)^{1/2}$$

여기서 C_p는 탄성 계수로 다음과 같이 정의 된다.

$$C_p = \sqrt{\frac{1}{\pi \left[\frac{1-\nu_1^2}{E_1} + \frac{1-\nu_2^2}{E_2} \right]}}$$

이 방법과 식 (15.17)을 비교하고, 기하 보정 계수 I의 식을 유도하라. 그리고 이러한 보정 계수를 사용했을 때의 장점과 단점을 나열하라.

15.63 설계 절차 14.5를 검토하여 헬리컬 기어의 설계법을 개괄하는 상세설계 과정을 보여라.

15.64 더블-엔버로핑(double enveloping) 웜 기어에 대해 그림 15.17과 같은 그림을 그리고, 이면 폭 b_{ww}에 대한 표현식을 유도하라.

15.65 중심 거리가 $c_{d1} = 175$ mm, $c_{d2} = 450$ mm로 정해진 헬리컬 기어가 포함된 2단 기어 세트를 설계하라. 전기 모터에 의해 부드럽게 작동되는 컨베이어에 사용되는 것으로 가정하고, 전체 감속비는 20:1이 필요하다. 브리넬 경도 300, 입력 피니언 속도 1750 rpm, 수명 10,000 시간, 압력각 20°, 나선각 15°이다. 35 kW의 동력 전달이 가능하도록 하고 재료는 경화 강 grade 1(through-hardened Grade 1 steel)로 제한한다. 또 모든 기어의 림 계수는 1.0으로 가정한다.

15.66 위 문제 15.65의 데이터를 이용하여, 웜 기어 세트를 설계하라. 헬리컬 기어를 사용했을 때와 웜 기어를 사용했을 때의 하우징 치수(housing dimension)를 비교하라.

16

체결재, 이음부 및 운동용 나사

다양한 체결재 모음. 출처: CC Fasteners.

"가장 단순한 것이 동시에 가장 비범한 것일 수 있다. 현명한 사람만이 그 비범함을 알아볼 수 있다."

파울로 코엘료, 연금술사

차례

예제

설계 절차

사례 연구

본 장은 체결재와 연결재에 초점을 맞추도록 한다. 복잡한 제품을 제작할 때는 종종 각종 부품들을 조립해야 한다. 따라서 엔지니어들은 다양한 부품을 체결해야 하는 상황을 맞이하게 된다. 체결용 나사, 리벳, 용접, 접착 조인트를 이용하는 등 수많은 대안이 있을 수 있다. 각각이 본 장에서 논의될 것이다. 체결용 나사와 관련된 역학을 논의하고, 이를 볼트 연결부 설계에 적용할 것이다. 용접과 리벳과 관련하여 흔하게 고려되어야 하는 사항들을 소개할 것이다. 용접은 어떠한 부품들을 영구적으로 연결하기 위해 흔히 사용되며 다양한 형태가 있다. 본 장에서는 비드(bead) 혹은 선 용접, 점 용접, 면 용접 등의 용접 공정에 대한 해석을 진행한다. 브레이징(brazing, 경납땜), 솔더링(soldering, 연납땜), 접착제 접합(adhesive bonding)과 관련된 프로세스가 논의될 것이며, 용접과 비슷한 방식으로 분석될 것이다. 그 이후에 일체형 스냅 체결재, 크림핑(crimping) 그리고 합성 체결법(compound fastening method)에 대해 다루고 본 장을 마무리한다.

이 장에서 다루는 기계 요소: 운동용 나사, 볼트, 나사, 스터드(stud), 리벳, 용접, 접착 이음, 일체형 스냅 체결재

대표적 응용 사례: 압력용기, 플랜지 이음, 바퀴의 축 결합, 프레임 및 결정 구조, 전기 배선 연결, 커버 및 인클로저

관련 기계 요소: 압축 끼워맞춤 및 수축 끼워맞춤(10장), 키, 스플라인, 멈춤 나사, 커플링, 멈춤 링(11장), 클러치(18장)

기호

A 단면적, m^2
A_g 볼트 개수당 개스킷 면적, m^2
A_i 상수
A_s 전단 응력 면적, m^2
A_t 인장 응력 면적, m^2
a_c 나사와 너트 사이의 틈새, m
B_i 상수
b 폭, m
C_k 무차원 강성 파라미터
c 중립축으로부터 최외곽 섬유까지의 거리, m
d 바깥 지름, 나사의 최대 가능 지름, m
d_c 산봉우리 지름, 나사산의 실제 최대 지름, m
d_i 원추대의 최소 지름, m
d_p 피치 지름, m
d_r 뿌리 지름, 나사산의 최소 지름, m
d_w 워셔 지름, m
E 탄성 계수, Pa
e 효율, 퍼센트(%)
e_k 신장(elongation), m
h 최대 외팔보 두께, m
h_e 용접 다리(weld leg) 길이, m
h_p 동력 W
h_t 최대 가능 나사산 높이, m
I 단면의 관성모멘트, m^4
I_u 단위 단면 관성모멘트, m^3
J 단면의 극관성모멘트, m^4
J_u 단위 단면 극관성모멘트, m^3
K_f 피로 응력집중 계수
k 강성(stiffness), N/m
k_f 표면 마무리 계수
k_m 기타 계수
k_r 신뢰성 계수
k_s 크기 계수
L 길이, m
L_g 그립 길이, m
L_s 몸통 길이, m
L_{se} 몸통 유효 길이, m
L_t 나사부 길이, m
L_{tot} 총 나사 길이, m
L_{te} 유효 나사부 길이, m
l 리드, m
M 굽힘모멘트, N-m
m 한 줄 나사(1), 두 줄 나사(2), 세 줄 나사(3)
N_a 회전 속도, rpm
N_r 부재 폭에 체결된 리벳 수
n 단위 길이당 나사산의 개수, m^{-1}
n_s 안전 계수
P 힘, N
P_i 예하중, N
P_n 평행육면체의 대각선 방향으로 작용하는 힘, N
p 피치, m
p_o 최소 개스킷 밀폐 압력, Pa
r 반지름, 용접 그룹의 중심으로부터 가장 먼 곳까지의 거리, m
S_e 수정 내구 한도, Pa
S_e' 내구 한도, Pa
S_p 보증강도, Pa
S_y 항복 강도, Pa
S_{ut} 인장 강도, Pa
T 토크, N-m
T_l 물체를 내리기 위한 토크, N-m
T_r 물체를 올리기 위한 토크, N-m
t_e 용접 목(throat) 길이, m
t_m 가장 얇은 부재의 두께, m
W 하중, 짝 힘(mating force), 인장력, N
x, y 좌표, m
$\bar{x}, \bar{y}$ 도심 좌표, m
Z_m 단면 계수, m^3
α 리드각, 외팔보의 웨지각, 기울기, deg
α_f 응력 분포 원추대 각, deg
β 나사산 각, deg
ϵ 변형률
θ_n 평행육면체의 대각선 방향으로 작용하는 힘 P_n에 의해 생성되는 각도(그림 16.7a 참조), deg
μ 마찰 계수
σ 수직 응력, Pa
τ 전단 응력, Pa
ω 회전 속도, rad/s

하첨자

a	교번하는
b	볼트
c	칼라(collar)
d	직접적인
g	개스킷
i	예하중, 안쪽의
j	연결부
m	평균
n	수직의, 명목상의
o	바깥쪽의
p	보증(proof)
s	전단
t	나사산, 비틀림의

16.1 서론

본 장은 나사산 구조에 대한 논의를 시작으로 하여 운동용 나사와 관련된 역학을 다루기로 한다. 16.4절에서는 운동용 나사의 역학을 나사산이 있는 체결재를 분석하고 설계하는 데 적용한다. 볼트와 연결부 강성(joint stiffness), 적절한 예하중(preload), 볼트 강도, 파손 모드를 고려한 설계 등을 다룰 것이다. 16.5절에서 다루는 리벳(rivet) 조인트는 비용 측면에서 효과적이며 신뢰할 만하나 분해가 가능하지 않다. 용접(16.6절)은 영구적인 체결을 만드는, 가장 다용도로 사용될 수 있는 제조 공정이다. 경납땜과 연납땜은 용접과 유사하나 결합 시 물질의 확산에만 의존하지는 않는다. 그러한 측면에서, 경납땜과 연납땜은 조인트의 결합 강도가 접착력에 의해 결정되는 접착 결합(adhesive bonding, 16.7절)과 유사하다. 마지막으로, 일체형 스냅 체결재(snap fastener), 크림프(crimp) 그리고 복합 조인트와 같은 여러 가지 조인트를 16.8절에 소개하였다.

16.2 나사 관련 용어, 분류체계 및 명칭

1904년 미국 메릴랜드 주의 볼티모어 지역에 있는 John E. Hurst & Co. 건물에서 화재가 일어났다. 전체 건물이 불길에 휩싸였으며, 옆 건물로 계속 번져 결국 80 블록에 해당하는 면적을 전소시켰다. 추가로 소방관들이 필라델피아 주 뉴욕에서 충원되었으나 그런 노력은 기의 효과가 없었다. 문제는 뉴욕 지역 소방관들이 가져온 호스의 나사산이 볼티모어 지역의 소화전에 맞지 않았기 때문이다. 화재로 인해 결국 2000개가 넘는 건물이 파괴되었고, 30시간 넘게 불길이 지속되었으며 그을음은 몇 주 동안 계속되었다.

볼티모어 화재에 대한 즉각적인 조치이자 성장하는 산업 사회에서 표준화의 필요성에 대한 인지로서 현재는 미국국립표준원(American National Standards Institute)으로 알려진 미국공하표준위원회(American Engineering Standards Committee)가 1916년에 설립되었다. 처음으로 반포된 표준이 파이프 나사산의 기하 구조였던 것은 단지 우연이 아니었던 것이다. 표준화된 나사산 구조는 부품들을 적절히 결합시킬 때 필수적이며, 이로 인해 좋은 품질의 나사를 대량 생산할 수 있게 되었다. 처음에 반포된 표준은 약간의 수정을 거쳐 현재까지 유효하다.

그림 16.1은 나사산이 있는 부품의 용어와 치수가 기술되

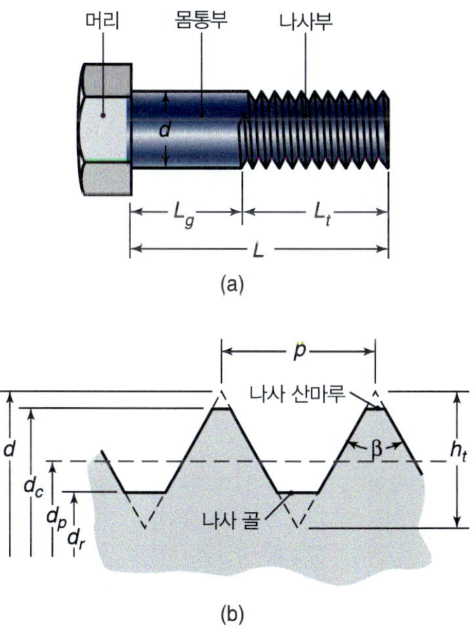

그림 16.1: 나사산 형상을 정의하기 위한 용어 및 파라미터. (a) 볼트의 각 부위와 해당 길이, (b) 나사산 형상과 관련된 세부 사항.

어 있다. 특히 다양한 지름들(주 지름, 산마루 지름, 피치 지름 그리고 뿌리 지름) 사이의 차이, 가장 큰 나사산 높이 h_t 그리고 나사산 각(thread angle) β에 주목하라. 그림 16.1에 보인 바와 같이 **피치**(pitch) p는 나사산의 한 점으로부터 인접한 나사산 상의 동일한 점까지의 거리를 의미하며, 그 단위는 미터이다. 피치를 대신하여 사용될 수 있는 파라미터는 **단위 미터당 나사산 개수**(threads per meter) n이다. 피치와 단위 미터당 나사산 개수는 다음 식에 의해 연관된다.

$$p = \frac{1}{n}. \tag{16.1}$$

나사산과 관련된 또 다른 파라미터는 **리드**(lead)이다. 이것은 나사나 볼트가 한 바퀴 회전할 때 너트를 기준으로 나아갈 수 있는 거리를 의미한다. 한 개의 나사산을 갖는 나사의 경우에는 $l = p$이며, 두 개의 나사산을 갖는 나사의 경우에는 $l = 2p$ 등과 같다. 그림 16.2는 나사산이 한 개, 두 개 그리고 세 개인 나사에 대한 차이점을 보여준다.

다양한 나사산 단면 구조는 서로 다른 응용 분야에 사용될 수 있다. 그림 16.3은 몇 가지의 나사산 단면 구조를 보여준다. 사다리꼴 형상(Acme, 애크미) 나사산은 운송용 나사와 공작 기계용 나사에 사용된다. 유니파이 단면(unified profile, UN)은 체결용 나사에 광범위하게 사용된다. 사다리꼴 나사 단면은 29°의 나사산 각을 가지는 반면에 유니파이 단면은 60°의 나사산 각을 갖는다. 미터 형상(metric profile, M)은 유니파이 단면과 상당히 유사하며, 30°의 나사산 각을 갖는다.

그림 16.4는 미터 나사산 형상과 유니파이 나사산 형상을 그림 16.3보다 더욱 자세하게 보여준다. 이 그림으로부터 다음을 구할 수 있다.

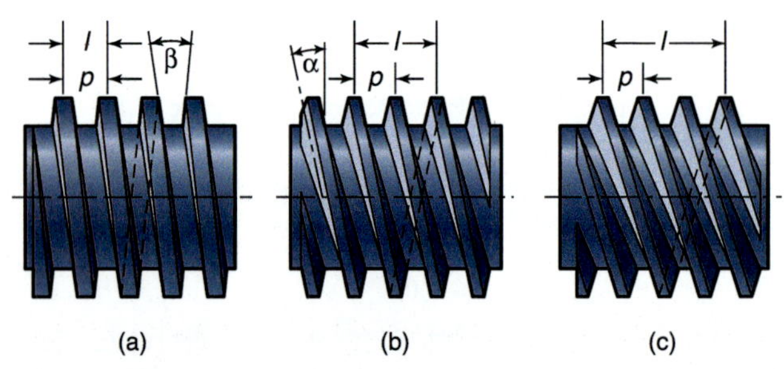

그림 16.2: 한 줄 나사, (b) 두 줄 나사, (c) 세 줄 나사.

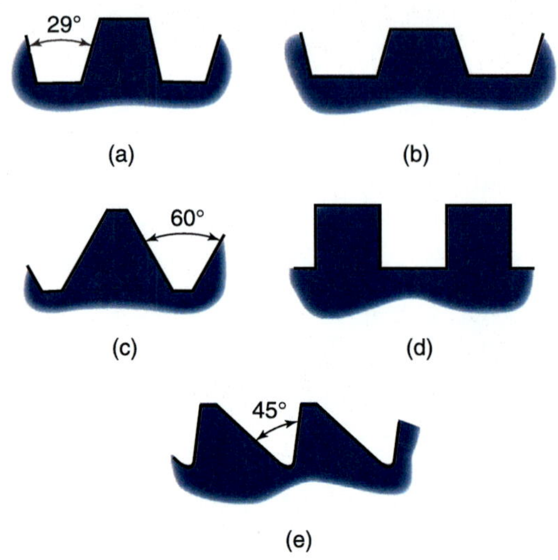

그림 16.3: 나사산 단면. (a) 사다리꼴 형상, (b) 낮은산 사다리꼴 형상, 사다리꼴 나사와 동일한 형상을 갖고 있으나 나사산 높이가 더 낮음, (c) 유니파이(UN, 낮은산 유니파이 나사도 존재함), (d) 사각 형상, (e) 톱니 형상. 톱니 나사는 전단 방향 하중에 대해 높은 수용력을 갖음.

$$h_t = \frac{0.5p}{\tan 30^\circ} = 0.8660p. \tag{16.2}$$

일단 피치 p 혹은 최대 가능 나사산 높이 h_t를 알면, 유니파이 나사(UN)와 미터 나사(M)의 형상에 대한 다양한 치수를 얻을 수 있다. 특수한 목적을 위해 사용되는 매우 많은 수의 나사 형상이 있음에 주목해야 한다. 영미 단위에서는 유니파이 나사 형상 그리고 미터 단위 체계에서는 미터 나사 형상이 가장 흔하다.

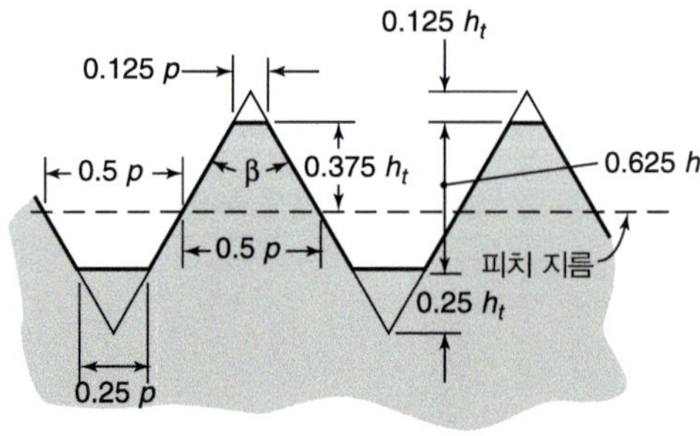

그림 16.4: 미터 나사와 유니파이 나사에 대한 세부 사항. 미터 나사의 형상은 유니파이 나사와 본질적으로 동일하나 SI 단위로 제작되었다는 차이점이 있음.

나사의 계열(thread series)이라는 용어는 어떤 크기의 나사에도 적용될 수 있다. UN 나사 단면은 일정한 피치를 갖는 8개의 나사 계열을 갖는다. 각 나사 계열은 인치당 같은 수의 나사를 갖는다. 나선각은 나사산이 체결재의 둘레로 돌아가게 만들며 체결재의 지름에 따라 변화한다. 그러나 나사산각이 60°로 일정하게 유지되기 때문에, 나사산의 깊이는 체결재의 지름과 관계없이 일정하다. 이러한 상황은 식 (16.2)에서 명확하게 알 수 있다. 8개의 일정-피치 유니파이 나사 계열은 인치당 4, 6, 8, 12, 16, 20, 28 그리고 32개의 나사산을 갖는다.

나사 계열에 더하여, 나사의 단면은 **조밀도**(coarseness)로 분류된다. 나사산의 조밀도란 체결재의 공통 지름 상에 제작되는, 단위 길이당 나사산의 품질과 개수를 의미한다. UN 뒤에 따라 붙는 이러한 명칭은 다음과 같은 의미를 갖는다.

1. C – 조밀도 낮은 피치 나사(coarse-pitch thread)
2. F – 조밀도 높은 피치 나사(fine-pitch thread)
3. EF – 조밀도가 매우 높은 피치 나사(extra-fine-pitch thread)

미터 나사 단면 형상의 경우, 조밀도의 명칭은 주로 조밀도가 낮거나 높은 것으로 간주된다. 단위 길이당 나사산의 개수를 특정하는 것 대신에, 미터 나사 계열은 단순하게 두 나사산 사이의 거리를 밀리미터 단위로 나타낸 피치 거리를 사용한다. 예를 들어, MF 6 × 1은 조밀도 높은 피치 나사산을 갖고, 6 mm의 산마루 지름(crest diameter), 1 mm의 피치 거리를 갖는 M 나사 단면을 의미한다.

위에 주어진 분류는 단지 각각의 나사에만 적용되며, 체결재의 암수 부품이 어떻게 끼워맞춤되는지, 즉 헐겁게 혹은 꽉 끼워 맞춰졌는지는 고려하지 않는다. 끼워맞춤의 정도는 다음과 같은 기호로 표시된다. 알파벳 G와 H는 안쪽 나사산을, e, f, g, h는 바깥쪽 나사산을 의미한다. 예를 들면, G와 e는 가장 헐거운 끼워맞춤 상태와 가장 큰 틈새를 정의하며, H와 h는 0의 허용치, 즉 기본 단면 형상에서 편차가 없는 상태를 정의한다. 그러므로, 매우 더러운 환경에서는 G와 f 끼워맞춤이 요구된다. 그리고 H와 h 끼워맞춤의 경우 추가로 정밀도를 요하는 작업과 매우 깨끗한 작업 환경을 필요로 할 것이다.

미터 나사에 대한 공차의 등급은 다음과 같이 숫자 기호를 이용하여 표시된다. 공차에 대한 7개의 등급이 확립되어 있으며, 각각은 3부터 9까지의 수로 구분된다. 9 등급은 가장 헐거운 끼워맞춤(가장 넉넉한 공차)을 의미하며, 3 등급은 가장 꽉 끼워맞춰진 상태를 의미한다. 그러므로 MF 8 × 2–G6는 조밀한 피치 나사산, 8 mm의 산마루 지름, 2 mm의 피치, 안쪽 나사산의 보통 끼워맞춤인 M 나사 단면을 의미한다.

예제 16.1

나사산 선정

조건 원자력 발전소용 압력용기 뚜껑에 사용될 나사를 선정하고자 한다. 나사의 바깥 지름은 160 mm 이내로 제한되며, 압력용기의 벽 내부로 체결될 나사부의 길이는 220 mm이다. M160 미터 나사에 대해서, 우선적으로 사용될 수 있는 세 가지 다른 피치값이 존재한다: 6, 4 그리고 3 mm. 나사 바깥 지름의 제작 공차는 0.6 mm이다. 압력용기 벽의 열팽창에 따른 나사에 대한 상대적인 두께 차이는 0.2 mm이다. 이는 시동 과정에서 나사가 압력 용기 벽보다 더 느리게 가열되기 때문이다. 압력용기 벽의 제작 공차는 0.9 mm이다.

문제 적절한 피치값을 선정하라.

풀이 나사산에 작용하는 최대 평균 전단 응력은 작용한 하중을 나사의 뿌리 지름과 (만약 나사와 너트 사이에 어떠한 상호 작용이 없다면) 나사의 길이를 곱한 값에 π배한 값으로 나눈 것과 같다. 만약, 나사와 너트 사이에 어떠한 상호 작용이 있다면, 나사산의 끝부분에 해당하는 작은 부위만 깎이게 되어야 한다. 만약 더 약한 재료가 나사가 아닌 압력용기에 사용된다면, 나사산이 파손되기 전에 용기가 파손될 것이다. 만약 피치값이 3 mm이면 나사산의 높이는 다음과 같다.

$$(0.625)\left(\frac{\sqrt{3}}{2}\right)(3) = 1.624\ \text{mm},$$

이는 열팽창과 제작 오차를 복합적으로 고려한 값보다도 작은 값이다. 따라서 최대한의 안전을 위해 6 mm의 최대 피치 값이 사용되어야 한다.

16.3 운동용 나사

운동용 나사(power screw)는 회전 움직임을 선형 움직임으로 변화시키고 대부분 동력을 전달하기 위한 장치이다. 더 자세하게는, 운동용 나사는 다음과 같이 사용된다.

1. 자동차를 들어올릴 때 사용하는 잭(jack)에서처럼 무거운 물체를 들어 올리기 위해 더 큰 기계적인 이득을 얻고자 할 때
2. 쓰레기 압축기에서처럼 큰 힘을 얻고자 할 때
3. 마이크로미터나 선반의 리드 나사처럼 정밀한 축 방향 위치를 얻고자 할 때

위의 각각의 응용 사례에서, 나사에 토크가 가해지며 축 방향 하중이 생성된다.

운동용 나사는 그림 16.3a에 보인 바와 같이, 사다리꼴 형태의 나사 단면을 사용한다. 그림 16.5는 이러한 나사산을 더욱 자세히 보여준다. 나사산 각은 30°이고, 나사산의 치수는 피치를 알게 되면 쉽게 결정할 수 있다.

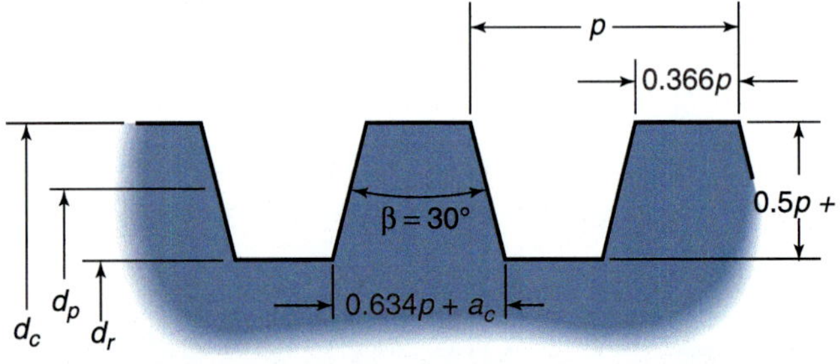

그림 16.5: ISO 사다리꼴 나사산 형상의 세부 사항.

표 16.1: ISO 사다리꼴 나사에 대한 산마루 지름, 피치 그리고 인장 응력의 작용 면적.

산마루 지름 d_c mm	피치 p mm	피치 지름 d_p mm	뿌리 지름 d_r mm	인장응력 작용 면적 mm^2
8	1.5	7.25	6.2	35.52
10	2	9.0	7.5	53.46
12	3	10.5	8.5	70.88
14	3	12.5	10.5	103.9
16	3	14.5	12.5	143.1
20	4	18.0	15.5	220.4
22	5	19.5	16.5	254.5
24	5	21.5	18.5	314.2
28	5	25.5	22.5	452.4
30	6	27.0	23.0	490.9
36	6	33.0	29.0	754.8
40	7	36.5	36.5	921.3
46	8	42.0	42.0	1225
50	8	46.0	46.0	1486
55	9	50.5	50.5	1791
60	9	55.5	55.5	2185
70	10	65.0	65.0	3019
80	10	75.0	75.0	4072
90	12	84.0	84.0	5090
100	12	94.0	94.0	6433
120	14	113.0	113.0	9246
125	14	122.0	122.0	10,477

16.3.1 힘과 토크

그림 16.6은 나사에 의해 지지되는 하중 W를 보여준다. 이 하중은 나사를 돌림으로써 증가할 수도 감소할 수도 있다. 하중은 마치 기둥이나 너트에서처럼 나사가 회전함에 따라, 그에 비례해서 서서히 증가한다고 가정한다. 또한 그림 16.6은 사다리꼴 나사산에 대해 $\beta = 30°$이고 리드각이 α인 운동용 나사의 나사산 각을 나타낸다. 리드각은 다음 공식을 통해 리드값을 피치 지름과 결부시킬 수 있다.

$$\alpha = \tan^{-1}\left(\frac{l}{\pi d_p}\right), \tag{16.3}$$

여기서 d_p는 피치 지름이며 리드는 다음과 같이 구할 수 있다.

$$l = mp. \tag{16.4}$$

만약 $m = 1$이라면, 나사는 *한 줄 나사*를 의미한다. 만약 $m = 2$라면, 나사산이 두 개인 *두 줄 나사*를 의미한다. 그림 16.6은 또한 추력 칼라(collar)를 보여주며, 본 장의 뒷부분에서 다루기로 한다. 리드는 단위 회전당 축 방향으로 진행하는 거리를 의미한다.

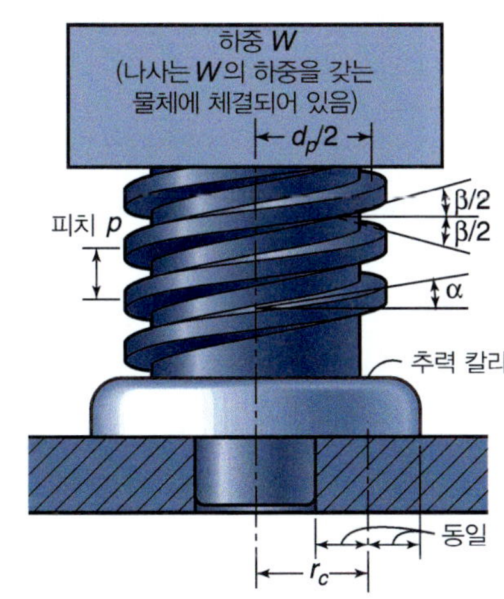

그림 16.6: 칼라가 있는 운동용 나사의 치수와 각도.

하중의 증가

하중 W를 증가시키기 위해 필요한 힘 P를 결정하기 위해서는 나사산에 작용하는 힘을 살펴볼 필요가 있다. 나사산에 작용하는 순 힘(net force)은 그림 16.7a에 보인 바와 같이, 정적으로 등가이며 나사산 표면에 수직으로 작용하는 하나의 힘 P_n으로 표현된다. 그림 16.7로부터 리드각 α와 나사산 각 β에 대한 표현을 상기하도록 한다. 각 θ_n은 힘 P_n에 의해 생성되며, 이는 평행육면체의 대각선 방향을 의미한다. 변 ABEO는 볼트를 관통하는 축 방향 단면이며 그림 16.7b에 나타나 있다. 그림 16.7a와 그림 16.7b로부터 평행육면체의 변 DC, AB 그리고 OE는 동일함을 알 수 있다. 그러므로 다음과 같은 관계식이 성립해야 한다.

$$\sin\theta_n = \cos\theta_n \cos\alpha \tan\left(\frac{\beta}{2}\right), \qquad (16.5)$$

또한 다음과 같은 관계식도 성립한다.

$$\theta_n = \tan^{-1}\left[\cos\alpha \tan\left(\frac{\beta}{2}\right)\right]. \qquad (16.6)$$

그림 16.7a에 보인 바와 같이, 하중 P_n의 평면 ABEO로의 정사영은 $\beta/2$의 각으로 기울어져 있다. 이때 β는 나사산 각을 의미한다.

변 ACHO는 피치점에 접하는 평면에 놓인다. 이 평면으로의 P_n의 정사영은 나사 피치 반지름에서 계산된 리드각 α만큼 기울어져 있다. 이는 그림 16.7c에 나타나 있다. 이 그림은 수직한 성분뿐 아니라, 나사와 너트로 인한 마찰력 그리고 칼라에 의한 마찰력을 포함하고 있다.

그림 16.7c에 보인 바와 같이 수직 방향 힘을 더하면 다음과 같다.

$$P_n \cos\theta_n \cos\alpha = \mu P_n \sin\alpha + W. \qquad (16.7)$$

P_n에 대해서 식을 정리하면 다음과 같다.

$$P_n = \frac{W}{\cos\theta_n \cos\alpha - \mu\sin\alpha}. \qquad (16.8)$$

모든 추력은 나사 피치 반지름 $d_p/2$에 작용한다. 그림 16.6으로부터 칼라 힘은 반지름 r_c, 칼라 표면의 중점에 작용한다. 하중을 증가시키기 위해 필요한 토크는 수평 방향 힘에 적절한 반지름을 곱하여 구한다. 즉,

$$T_r = P_n\left(\frac{d_p}{2}\right)(\cos\theta_n \sin\alpha + \mu\cos\alpha) + r_c\mu_c W. \qquad (16.9)$$

식 (16.7)을 식 (16.9)에 대입하면,

$$T_r = W\left[\frac{(d_p/2)(\cos\theta_n \tan\alpha + \mu)}{\cos\theta_n - \mu\tan\alpha} + r_c\mu_c\right]. \qquad (16.10)$$

μ는 나사산 사이에 작용하는 마찰 계수이며, μ_c는 칼라에 대한 마찰 계수임을 상기한다. 식 (16.10)과 식 (16.6)은 운동용 나사를 포함하여 어떤 체결용 나사에도 적용될 수 있음에 주목한다.

전형적인 운동용 나사 문제에서 마찰 계수 μ와 μ_c는 주어지는 값이며, 나사산 각과 리드각은 아는 값이다. 실제의 경우 마찰 계수 μ와 μ_c이 근사값만을 구할 수 있기 때문에, 실제 힘과 토크 값에 있어서 불확실성을 가져온다. 만약, 칼라가 추력 구름 베어링으로 구성되어 있다면, 칼라의 마찰은 매우 작으며 무시될 수 있다($\mu_c = 0$).

하중의 감소

그림 16.7에 보인 바와 같이, 하중을 감소시키는 것은 하중을 증가시키는 것과 비교해 단지 마찰력 성분(그림 16.7c)이 음수가 된다는 것만 다르다. 수직 방향 힘을 더한 후에, 이 차이점을 반영하면 다음과 같다.

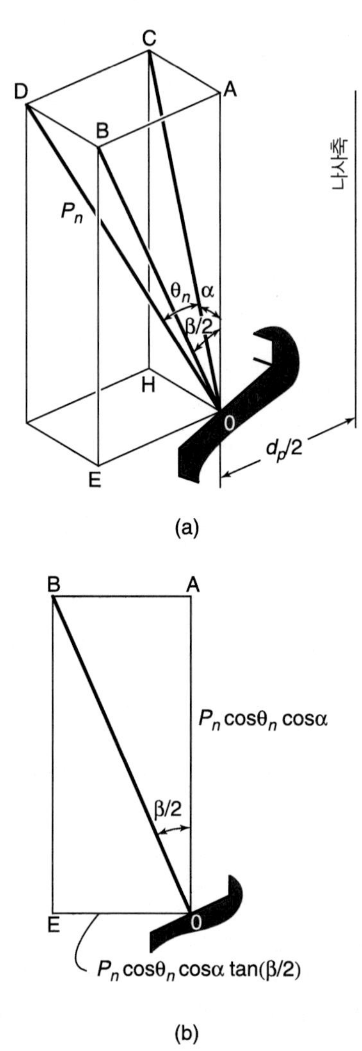

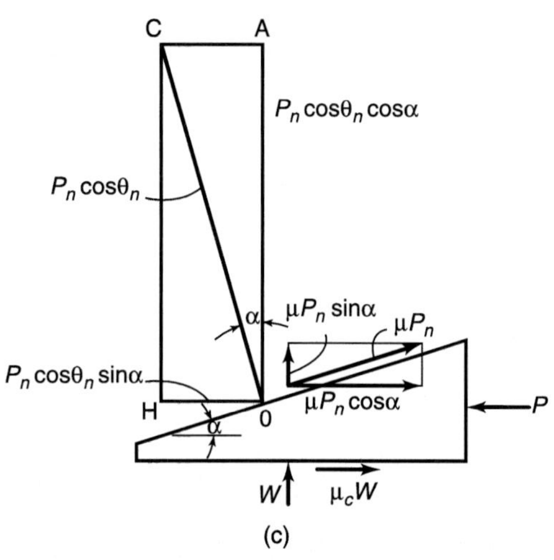

그림 16.7: 물체를 들어올리는 운동용 나사에 작용하는 힘. (a) 평행육면체로 분해한 힘, (b) 축단면에 작용하는 힘, (c) 접평면에 작용하는 힘.

$$P_n = \frac{W}{\cos\theta_n \cos\alpha + \mu \sin\alpha}. \tag{16.11}$$

이전과 마찬가지로, 하중을 낮추기 위해 필요한 토크는 수평 방향 힘에 적절한 반지름을 곱하여 구한다. 즉,

$$T_l = P_n \left(\frac{d_p}{2}\right)(\cos\theta_n \sin\alpha - \mu\cos\alpha) - r_c\mu_c W. \tag{16.12}$$

식 (16.11)을 식 (16.12)에 대입하여 식을 정리하면 다음과 같다.

$$T_l = -W\left[\frac{(d_p/2)(\mu - \cos\theta_n \tan\alpha)}{\cos\theta_n + \mu\tan\alpha} + r_c\mu_c\right]. \tag{16.13}$$

16.3.2 동력과 효율

일단 토크값을 알면, 전달된 동력은 식 (4.35)와 식 (4.38)로부터 구할 수 있다. 미터 단위계에 대해서 동력 h_p는 다음과 구할 수 있다.

$$h_p = T\omega$$

이때, 동력은 와트(watt)로, T는 N-m 단위로 그리고 각속도 (ω)는 rad/s 단위로 표현된다.

나사 메커니즘의 효율은 입력된 일에 대한 출력되는 일의 비율로 구한다.

$$e = \frac{Wl}{2\pi T} \times 100\%, \tag{16.14}$$

여기서 l은 리드값이며, W는 하중값이다. 하중을 증가시키기 위해 필요한 토크값을 알면, 운동용 나사 메커니즘의 효율을 계산할 수 있다. 나사와 칼라의 마찰 계수가 0과 같다면, 식 (16.10)과 식 (16.14)로부터 다음을 구할 수 있다.

$$e = \frac{Wl}{2\pi W(d_p/2)\tan\alpha} \times 100\% = \frac{l}{2\pi(d_p/2)\tan\alpha} \times 100\%.$$

식 (16.3)을 이용하면, 마찰 계수 μ와 μ_c는 0으로 감소될 수 있다면, 작은 값 α에 대해서 효율이 100%가 될 것이라는 것을 보일 수 있다.

예제 16.2

운동용 나사의 토크 필요 조건

조건 두 줄 사다리꼴 운동용 나사에 4000 N의 하중이 작용한다. 산마루 지름(crest diameter)은 24 mm, 칼라의 지름은 35 mm, 나사산의 마찰 계수는 0.16 그리고 칼라의 마찰 계수는 0.12이다.

문제 해당 하중의 물체를 들어올리고 내리기 위해 필요한 토크값을 결정하라. 또한 해당 물체를 들어올릴 때의 효율을 결정하라.

풀이 표 16.1로부터 $d_c = 24$ mm, 피치는 $p = 5$ mm, 피치 지름은 $d_p = 21.5$ mm이다. 나사는 두 줄 나사이다. 리드값은 식 (16.4)로부터 구할 수 있으며, 즉 $l = 2p = 10$ mm이다. 식 (16.3)으로부터 리드각은 다음과 같이 구할 수 있다.

$$\alpha = \tan^{-1}\left(\frac{l}{\pi d_p}\right) = \tan^{-1}\left[\frac{10}{\pi(21.5)}\right] = 8.422°.$$

사다리꼴 나사의 경우, 나사산 각은 $\beta = 30°$임을 상기하라. 식 (16.6)을 사용하면,

$$\begin{aligned}\theta_n &= \tan^{-1}\left[\cos\alpha\tan\left(\frac{\beta}{2}\right)\right]\\ &= \tan^{-1}(\cos 8.422° \tan 15°)\\ &= 14.84°.\end{aligned}$$

θ_n과 $\beta/2$는 거의 동일한 것에 주목한다. 식 (16.10)을 이용하여 하중 W의 물체를 들어올리기 위해 필요한 토크를 구하면,

$$\begin{aligned}T_r &= W\left[\frac{(d_p/2)(\cos\theta_n\tan\alpha + \mu)}{\cos\theta_n - \mu\tan\alpha} + r_c\mu_c\right]\\ &= 4000\left[\frac{(0.01075)(\cos 14.84° \tan 8.422° + 0.16)}{\cos 14.84° - 0.16\tan 8.422°}\right]\\ &\quad +(4000)(0.0175)(0.12),\\ &= 22.22\text{ Nm}.\end{aligned}$$

식 (16.13)을 이용하여 하중 W의 물체를 내리기 위해 필요한 토크를 구하면,

$$\begin{aligned}T_l &= -W\left[\frac{(d_p/2)(\mu - \cos\theta_n\tan\alpha)}{\cos\theta_n + \mu\tan\alpha} + r_c\mu_c\right]\\ &= -4000\left[\frac{(0.01075)(0.16 - \cos 14.84° \tan 8.422°)}{\cos 14.84° + 0.16\tan 8.422°}\right]\\ &\quad -(4000)(0.0175)(0.12),\\ &= -9.133\text{ Nm}.\end{aligned}$$

예상한 바와 같이, 해당 물체를 내리기 위해서는 같은 물체를 올리기 위해 필요한 토크보다 더 적은 크기의 토크를 필요로 한다. 물체를 내리는 경우의 음수 부호는 물체를 올리는 경우의 토크 방향과 반대 방향임을 의미한다. 식 (16.14)로부터 해당 물체를 들어올릴 때의 효율을 구하면 다음과 같다.

$$e = \frac{Wl}{2\pi T_r} \times 100\% = \frac{(4000)(0.010)}{2\pi(22.22)} \times 100\% = 28.7\%.$$

예제 16.3

한 줄 및 두 줄 운동용 나사

조건 예제 16.2에는 한 줄 운동용 나사 대신, 두 줄 운동용 나사에 대해 필요 토크와 효율을 구하기 위한 정확한 해법이 제시되었다.

문제 한 줄 운동용 나사에 대해서, 하중 W의 물체를 들어올리고, 내리기 위해 필요한 토크값을 결정하라. 또한 해당 물체를 들어올릴 때의 효율을 결정하라.

풀이 리드값은 피치값과 동일하므로 $l = p = 5$ mm이다. 리드각은

$$\alpha = \tan^{-1}\left(\frac{l}{\pi d_p}\right) = \tan^{-1}\left(\frac{5}{\pi(21.5)}\right) = 4.234°.$$

식 (16.6)으로부터

$$\begin{aligned}\theta_n &= \tan^{-1}[\cos\alpha\tan(\beta/2)]\\ &= \tan^{-1}(\cos 4.234° \tan 15°)\\ &= 14.96°.\end{aligned}$$

식 (16.10)을 이용하여 하중 W의 물체를 들어올릴 때 필요한

토크를 구하면,

$$T_r = W\left[\frac{(d_p/2)(\cos\theta_n \tan\alpha + \mu)}{\cos\theta_n - \mu\tan\alpha} + r_c\mu_c\right].$$

이므로

$$\begin{aligned} T_r &= 4000\left[\frac{(0.01075)(\cos 14.96^\circ \tan 4.234^\circ + 0.16)}{\cos 14.96^\circ - 0.16\tan 4.234^\circ}\right] \\ &\quad +(4000)(0.0175)(0.12) \\ &= 18.8\ \text{Nm}. \end{aligned}$$

해당 물체를 들어올릴 때, 한 줄 나사의 경우 두 줄 나사보다 더 작은 크기의 토크를 필요로 한다는 것에 주목한다. 식 (16.14)를 이용하여 물체를 들어올릴 때의 효율을 구하면,

$$e = \frac{Wl}{2\pi T_r} \times 100\% = \frac{(4000)(0.005)}{2\pi(18.8)} \times 100\% = 16.9\%.$$

따라서, 한 줄 나사는 두 줄 나사보다 약 12퍼센트 포인트 정도 덜 효율적이다. 식 (16.13)을 이용하여 해당 물체를 내리기 위해 필요한 토크를 구하면 다음과 같다.

$$\begin{aligned} T_l &= -W\left[\frac{(d_p/2)(\mu - \cos\theta_n \tan\alpha)}{\cos\theta_n + \mu\tan\alpha} + r_c\mu_c\right] \\ &= -4000\left[\frac{(0.01075)(0.16 - \cos 14.96^\circ \tan 4.234^\circ)}{\cos 14.96^\circ + 0.16\tan 4.234^\circ}\right] \\ &\quad -(4000)(0.0175)(0.12), \\ &= -12.3\ \text{Nm} \end{aligned}$$

16.3.3 자기 잠김 나사

만약 나사산의 각이 가파르다면, 즉 리드각이 크다면, 마찰력은 하중을 양의 방향으로 지지하지 못할 수 있으며, 하중 W의 물체에 작용하는 중력으로 인해 나사가 풀릴 수 있다. 운동용 나사의 경우, 리드각은 보통 작고 맞닿는 나사산 사이의 마찰력이 하중을 지지하기에 충분히 크기 때문에, 나사가 저절로 풀리지 않는다. 이러한 나사를 **자기 잠김 나사** (self-locking screw)라 부르며, 이러한 특징은 운동용 나사의 경우 필수적이다.

만약 칼라에 구름 베어링이 사용되거나 효과적인 윤활이 이루어진다면, 칼라에 작용하는 마찰은 무시될 수 있다. 만약 다음 조건을 만족한다면, 식 (16.13)으로부터 하중을 감소시키기 위해 필요한 토크값은 음수가 된다.

$$\mu - \cos\theta_n \tan\alpha \geq 0.$$

그러므로 정적 상태에서 자기 잠김 현상은 다음 조건을 만족할 때 발생한다.

$$\mu > \cos\theta_n \tan\alpha = \frac{l\cos\theta_n}{\pi d_p}. \tag{16.15}$$

자기 잠김 현상은 식 (16.15)에 의해서 확실하게 보장되지는 않는 것에 주목한다. 예를 들어, 진동이 있으면 나사의 기하학적 형상과 관계없이 나사가 풀릴 수 있다.

예제 16.4

자기 잠김

조건 예제 16.2에 제시된 두 줄 나사와 예제 16.3에 제시된 한 줄 나사를 고려한다.

문제 자기 잠김 현상이 확실하게 발생하기 위해 필요한 나사산의 마찰 계수를 결정하라. 칼라 구름 요소 베어링이 설치되었다고 가정하라.

풀이 두 줄 나사에 대해서 $\theta_n = 14.84°$이고 $\alpha = 8.422°$일 때 다음과 같은 조건을 만족한다면, 자기 잠김 현상이 발생한다.

$$\mu > \cos\theta_n \tan\alpha = \cos 14.84^\circ \tan 8.422^\circ = 0.143.$$

한 줄 나사에 대해서 $\alpha = 4.234°$일 때 다음과 같은 조건을 만족한다면, 자기 잠김 현상이 발생한다.

$$\mu > \cos\theta_n \tan\alpha = \cos 14.96^\circ \tan 4.234^\circ = 0.072.$$

예제 16.5

세 줄 운동용 나사

조건 세 줄 사다리꼴 운동용 나사가 50 mm의 산마루 지

름을 갖는다. 칼라에 구름 요소 베어링이 사용되었다. 따라서 칼라의 마찰 계수는 0이다. 반면, 나사산의 마찰 계수는 0.15이다.

문제 50 Nm의 토크로 들어올릴 수 있는 물체의 하중을 결정하라. 또한 자기 잠김 현상이 발생하는지 검토하라.

풀이 피치와 리드는 표 16.1과 식 (16.4)로부터 각각 다음과 같이 구할 수 있다.

$$p = 8 \text{ mm}.$$

$$l = mp = 3(8) = 24 \text{ mm}.$$

피치 지름은 표 16.1로부터 $d_p = 46.0$ mm로 구할 수 있다. 식 (16.3)으로부터 리드각을 구하면,

$$\alpha = \tan^{-1}\left(\frac{l}{\pi d_p}\right) = \tan^{-1}\left(\frac{24}{\pi(46)}\right) = 9.429^\circ.$$

식 (16.6)으로부터

$$\begin{aligned}\theta_n &= \tan^{-1}(\cos\alpha\tan\beta/2) \\ &= \tan^{-1}(\cos 9.429^\circ \tan 15^\circ) \\ &= 14.81^\circ.\end{aligned}$$

식 (16.10)을 사용하면, 하중 W의 물체를 들어올릴 때 필요한 토크를 다음과 같이 구할 수 있다.

$$T_r = W\left[\frac{(d_p/2)(\cos\theta_n\tan\alpha + \mu)}{\cos\theta_n - \mu\tan\alpha}\right]$$

이므로

$$50 = W\left[\frac{(0.050/2)(\cos 14.81^\circ \tan 9.429^\circ + 0.15)}{\cos 14.81^\circ - 0.15\tan 9.429^\circ}\right]$$

위 등식을 W에 관해서 정리하면 $W = 6066$ N이다. 식 (16.15)로부터 다음 조건이 만족될 때, 자기 잠김 현상이 발생한다.

$$\mu > \cos\theta_n \tan\alpha = \cos 14.81^\circ \tan 9.428^\circ = 0.16.$$

마찰 계수는 0.15에 불과하기 때문에, 자기 잠김 현상은 발생하지 않는다.

16.4 체결용 나사

체결재(fastener)는 두 개 혹은 그 이상의 요소를 연결하기 위해 사용되는 부품이다. 많은 종류의 체결재가 시판되고 있다. 본 절에서는 강도, 신뢰도, 분해 용이함 때문에 널리 사용되는 체결용 나사를 다룬다.

16.4.1 체결용 나사의 종류

그림 16.8은 체결용 나사의 세 가지 종류인 볼트와 너트, 캡 나사 그리고 스터드를 보여준다. 그림 16.8a에 보인 바와 같이 대부분의 체결용 나사는 각 기계 요소의 구멍을 관통하며 체결을 이루는 **볼트**(bolt)와 그 볼트와 짝을 이루는 **너트**(nut)로 구성된다. 그림 16.8b에 보인 바와 같이, 간혹 볼트는 너트가 아니라 하나의 기계 요소에 가공된 나사산 구조와 체결을 이루기도 한다. 이러한 종류를 **머리붙이 나사**(cap screw)라고 한다. 그림 16.8c에 보인 것은 **스터드**(stud)라 불리는 체결용 나사로, 양쪽 끝이 나사산 구조로 되어 있어, 서로 체결될 기계 요소 중 한쪽 혹은 양쪽의 나사산 구조에 체결될 때 사용한다.

사용 가능한 볼트와 나사의 종류가 표 16.2에 주된 응용 분야에 대한 언급과 함께 표시되어 있다. 헤드, 워셔 그리고 너트의 종류는 표 16.3에 표시되어 있다. 대부분의 고강도 볼트 헤드(및 너트)는 육각형 형태로 되어 있으므로 이 책에서는 육각형 형태의 볼트 혹은 너트만을 다룬다. 그러나 이 책

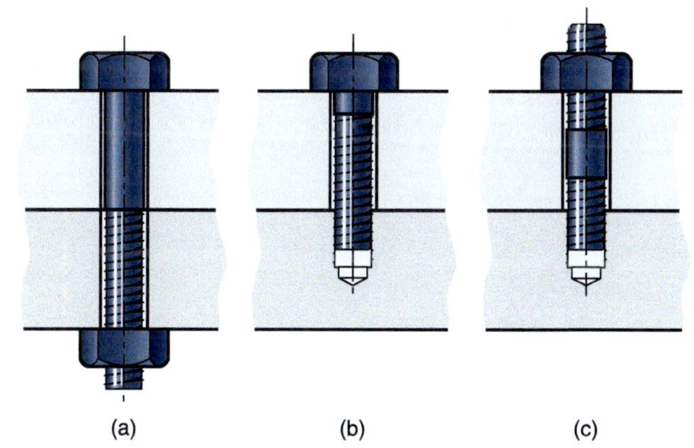

그림 16.8: 체결용 나사의 세 가지 종류. (a) 볼트와 너트, (b) 캡 나사, (c) 스터드.

에서 사용하는 대부분의 역학 이론은 육각형이 아닌 다른 형상의 볼트, 너트에도 적용된다. 볼트로 체결되는 조인트(joint)에 관한 더 자세한 내용은 Bickford(1995)를 참조하도록 한다.

16.4.2 볼트와 너트의 하중 해석

볼트가 체결될 때, 너트는 꽉 끼는 상태, 즉 각 기계 요소가 접촉을 이루며 체결이 되는 상태에 도달할 때까지 회전한다. 더구나, 만약 평평해야 할 기계 요소의 표면이 미세하게 굽어져 있거나 평평하지 않는 경우가 있다면, 너트를 꽉 조임으로써 이러한 형태상의 불일치를 제거할 수 있다. 일단 이렇게 꽉 끼는 상태에 도달한 후, 너트를 더 조인다. 그 이유는 다음 장에서 다루기로 한다. 그러나 볼트의 조임과 관련된 역학은 본 절에서 다루기로 하며, 이는 체결용 나사를 설계하기 위한 중요한 수학적 기초를 제공할 것이다.

그림 16.8a에 보인 볼트와 너트는 그림 16.9에 보인 스프

표 16.2: 흔하게 사용되는 볼트와 나사의 종류.

그림	종류	설명	응용 사례
	육각-머리 볼트 (hex-head bolt)	다듬어진 육각 머리를 갖는 체결용 나사. 종종 힘을 받는 쪽에 워셔(washer)를 포함함.	필요하중 및 체결될 재료에 따라 다양한 일반적인 목적의 응용 사례에 사용됨.
	캐리지 볼트 (carriage bolt)	머리 밑부분에 사각형 형상의 목과 표준 나사부를 가지며, 둥근 머리 형상을 갖는 볼트임.	조여졌을 때, 사각형 형상의 목이 볼트가 돌아가지 않게 해줄 수 있는 홈이 있는 경우에 사용됨.
	엘리베이터 볼트 혹은 벨트 볼트 (elevator bolt or belt bolt)	넓고, 접시 모양처럼 납작하며, 평평한 형상의 머리부를 갖는다. 맞닿는 부분은 얇은 원뿔 모양이며, 사각형 형상의 목(neck)과 표준 나사산을 갖는다.	머리 부분의 틈새가 최소이어야 하는 벨트 연결 혹은 엘리베이터에 사용됨.
	톱니형 플랜지 볼트 (serrated flange bolt)	육각 머리부에 워셔가 일체형으로 붙어 있다. 표준 워셔보다 더 넓으며 맞닿는 부분에 톱니 형상을 갖는다.	진동으로 인해 느슨해질 위험이 있는 경우에 사용된다. 톱니 형상은 표면을 잡아주어 조일 때보다 느슨하게 할 때 더 큰 토크를 필요로 한다.
	플랫 캡 나사 (flat cap screw) (그림과 같이 홈이 있음)	평평한 접시 모양의 머리부 형상을 갖는 나사임. 맞닿는 부분은 원뿔 형상을 갖는다.	머리부 틈새(head clearance)가 중요한 곳에 체결용으로 흔하게 사용된다.
	버튼머리 캡 나사 (buttonhead cap screw) (그림과 같이 머리부에 소켓이 있음)	돔(dome) 형상의 머리를 갖는다. 플랫 캡 나사(flat cap screw)보다 더 넓고 낮은 형상을 갖는다.	외관이 중요시 되는 경우, 약하게 조일 때 사용된다. 큰 강도를 요하는 경우에 사용하는 것은 바람직하지 않다.
	래그 나사 (lag screw)	나사산의 간격이 넓고, 육각 머리와 송곳과 같은 뾰족한 끝을 갖는다. (사각형 머리를 가질 수도 있다.)	금속 재료를 나무에 고정시킬 때, 혹은 석조 구조물에서 확장 용도로 사용된다.
	스텝 볼트 (step bolt)	플레인(plain), 원형 혹은 타원형은 머리 형상을 갖는 볼트임. 사각형 목을 갖는다. 머리 지름은 볼트 지름의 약 세 배이다.	회복력이 강한 재료나 금속 판재를 지지 구조물에 체결할 때 사용된다. 또는 큰 머리부가 뽑히지 않기 때문에, 나무를 체결할 때 사용된다.

표 16.3: 체결용 나사와 함께 흔하게 사용되는 너트와 워셔.

그림	종류	설명	응용 사례
너트(Nut)			
	육각 너트 (hex nut)	여섯 개의 면으로 이루어져 있으며 안쪽에 나사산이 가공된 체결재이다. 구체적인 치수는 산업 표준에 기술되어 있다.	일반적인 목적으로 가장 흔하게 사용되는 너트이다.
	나일론 인서트 스톱 (Nylon insert stop)	육각형 형상과 일체형 나일론 인서트로 이루어진 너트이다.	나일론 인서트는 나사산에 더 큰 마찰을 발생시킨다. 이는 진동이나 부식으로 인해 느슨해지는 것을 방지한다.
	캡 너트(cap nut)	육각 너트와 유사하나 돔(dome) 형상의 머리부를 갖는다.	노출되었거나, 위험한 볼트의 나사부를 덮기 위해 사용된다. 또는 심미적인 이유로 사용되기도 한다.
	캐슬 너트 (castle nut)	홈이 파여져 있는 너트 종류이다.	일반적인 목적으로 체결하거나 잠그는 경우에 사용된다. 코터 핀(cotter pin) 혹은 와이어(wire)가 홈을 관통하여 삽입될 수 있다. 드릴로 체결재를 관통하여 구멍을 만들 수 있다.
	커플링 너트 (coupling nut)	여섯 개의 면으로 이루어져 있으며, 양쪽 모두 모떼기(chamfered)되어 있다.	동일한 나사 지름과 피치를 갖는 두 개의 나사부를 체결할 때 사용된다.
	육각 잼 너트 (hex jam nut)	여섯 개의 면으로 이루어져 있으며, 안쪽에 나사산이 가공된 체결재이다. 육각 너트(hex nut)보다 얇다.	너트가 느슨해지는 것을 방지하기 위해, 육각 너트(hex nut)와 함께 사용된다.
	K-lock 혹은 켑락 너트(keplock nut)	육각 너트로 자유롭게 돌아가는 툴 고정용 워셔(tool lock washer)가 결합된 형태이다. 조여질 때, 이(teeth)가 부재를 파고 들며 고정시킨다.	사용하기 쉽고 저가이기 때문에 널리 사용되는 고정용 너트(lock nut)이다.
	윙 너트 (wing nut)	안쪽에 나사산이 가공되어 있으며, 평평한 탭이 일체형으로 두드러지게 결합되어 있다.	손을 이용한 반복적인 조임 작업이 필요한 경우에 사용된다.
	톱니바퀴 너트 (serrated nut)	워셔가 일체형으로 결합된 육각 너트이다. 표준 워셔보다 더 넓으며, 맞닿는 면 쪽에 톱니 형상을 갖는다.	진동으로 인해 느슨해질 위험이 있는 경우에 사용된다. 톱니 형상은 표면을 잡아주어, 조일 때보다 느슨하게 할 때 더 큰 토크를 필요로 한다.
워셔(Washer)			
	플랫 워셔 (flat washer)	원형 홀을 포함한 원형 디스크 형태로 산업 표준에 맞게 제작된다. 펜더 워셔(fender washer)는 전통적인 플랫 워셔보다 더 넓은 표면적을 갖는다.	일반적인 목적의 기계 혹은 구조물에 사용된다.
	접시 워셔 (belleville washer)	원뿔 형의 디스크 스프링이다.	볼트로 연결된 경우에 하중을 유지하기 위해 사용된다.
	스플릿 락 워셔 (split lock washer)	코일 형태로 감겨 있으며, 경화되었으며, 쪼개진 형태의 원형 워셔이다. 약간 사다리꼴의 단면을 갖는다.	경화된 맞닿는 표면에 주로 사용된다. 단위 토크 당 높은 볼트의 인장력을 가할 때 사용되며, 진동이나 부식에 의해 느슨해지는 것을 방지한다.
	이붙이 워셔 (tooth lock washer)	경화된 원형 워셔로 꼬인 이(teeth) 혹은 갈래(prong)를 포함한다.	안쪽 이는 심미적인 요인으로 선호된다. 이는 이가 볼트 머리 아래에 가려지기 때문이다. 바깥쪽 이(teeth)는 더 높은 고정 효과를 갖기 위함이다. 복합 이(combination teeth)는 크기가 크거나 원형이 완전치 않은 경우에 사용되며, 전기적인 연결을 할 때에도 사용된다.

링 시스템으로 간주할 수 있다. 볼트는 강성 k_b를 지니며 인장 상태에 놓이게 되는 스프링으로 생각할 수 있다. 여러 기계 요소로 구성될 수 있는 조인트는 볼트의 작용에 인해 압축 상태에 놓이게 되는 스프링으로 생각할 수 있다. 조인트의 강성은 k_j로 나타낼 수 있다.

그림 16.10은 볼트와 조인트(역자 수: 부재에서 힘을 받는 부분)에 작용하는 힘과 변형을 보여준다. 그림 16.10a에서 볼트와 조인트는 조립되지 않은 것으로 보아, 하중과 처짐이 각각에 대해 표시되어 있다. 볼트에는 인장력이 작용하며, 그에 따라 볼트의 길이가 길어지는 형태로 변형이 이루어진다. 반면에, 조인트는 그 길이가 짧아지는 형태로 변형이 이루어진다. 그림 16.10b는 결합된 볼트, 너트 그리고 조인트를

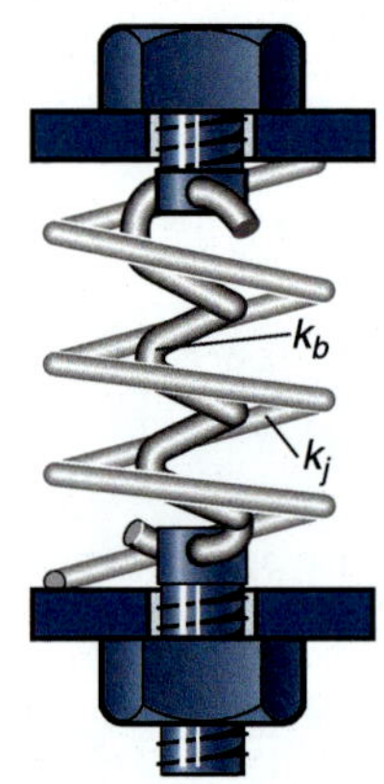

그림 16.9: 볼트와 조인트 스프링으로 가정된 볼트와 너트 조립체.

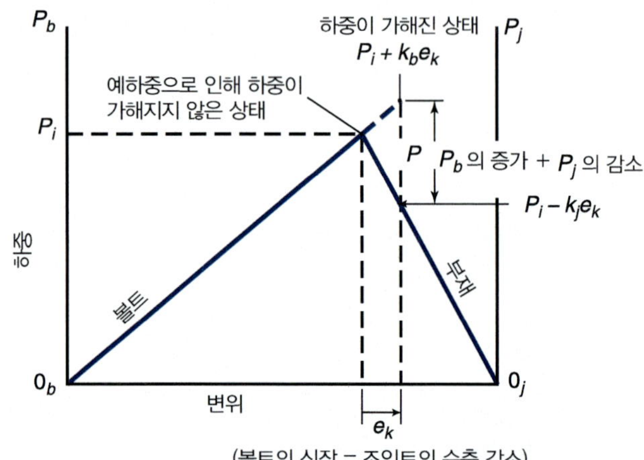

그림 16.11: 외력이 작용할 때 볼트와 조인트의 변위에 대한 힘 선도.

나타낸다. 하중-변형량 선도의 기울기는 그림 16.10a에서와 동일하다. 그러나 볼트와 조인트에 대한 기울기는 그 부호가 각각 반대일 뿐 아니라, 상당히 다른 값을 갖는다. 볼트와 조인트 하중-변형 선도는 예하중 P_i에서 만나게 된다.

그림 16.11은 외부 하중이 가해졌을 때, 볼트와 조인트에 대한 힘을 변형량의 함수로 보여준다. 그림 16.11에 보인 바와 같이, 볼트가 e_k만큼 늘어나게 되면, 조인트에 가해지는 압축력은 줄어들게 된다. 그러므로 볼트에 하중을 가하면 요소에 가해지는 힘은 하중이 가해지지 않은 상태, 즉 예하중 상태와 비교해 줄어들게 된다. 볼트에 가해지는 힘은 $P_i + k_b e_k$가 되며, 조인트에 가해지는 힘은 $P_i - k_j e_k$가 된다.

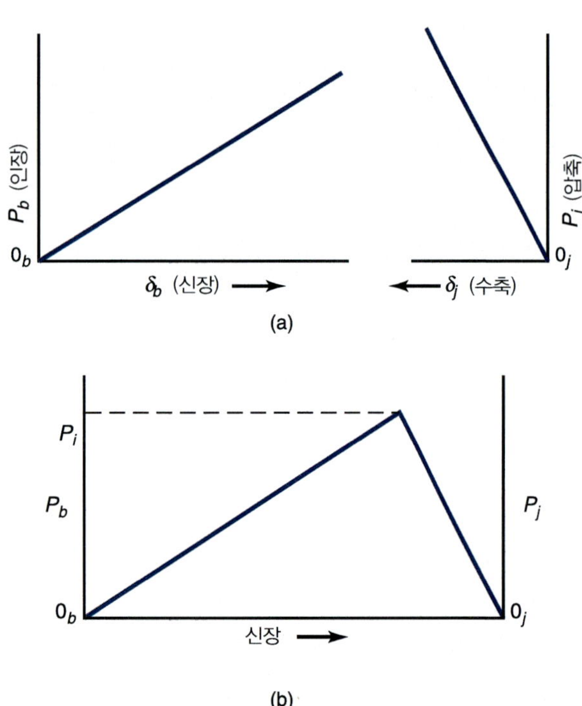

그림 16.10: 볼트와 부재의 변위에 대한 힘 선도. (a) 분리된 볼트와 조인트, (b) 조립된 볼트와 조인트.

볼트의 평형 조건으로부터

$$P + P_i - k_j e_k - P_i - k_b e_k = 0.$$

그러므로

$$e_k = \frac{P}{k_b + k_j}. \tag{16.16}$$

식 (16.16)을 이용하면 볼트에 가해지는 하중은 다음과 같이 표현할 수 있다.

$$P_b = P_i + k_b e_k = P_i + \frac{P k_b}{k_b + k_j} = P_i + C_k P, \tag{16.17}$$

이때, 무차원 강성 파라미터는 다음과 같다.

$$C_k = \frac{k_b}{k_b + k_j}. \tag{16.18}$$

식 (16.18)로부터 C_k는 1보다 작다. 다소 더 높거나 낮을 수는 있지만, 보통 C_k는 0.15와 0.40 사이의 값을 갖는다.

조인트에 가해지는 하중은 다음과 같다.

$$P_j = P_i - k_j e_k = P_i - \frac{P k_j}{k_j + k_b} = P_i - (1 - C_k)P. \tag{16.19}$$

16.4.3 강성 파라미터

식 (4.26)으로부터 스프링률(spring rate)은 수직하중을 축 방향 하중에 대한 탄성 변형량으로 나누어 구하며 축 방향 하중에 대한 탄성 변형량은 식 (4.25)와 같이 구할 수 있다.

$$k = \frac{P}{\left(\dfrac{PL}{AE}\right)} = \frac{AE}{L}, \tag{16.20}$$

여기서 A는 단면적, L은 길이 그리고 E는 탄성 계수이다.

볼트 강성

체결용 나사는 단이 있는 축(stepped shaft)으로 모델링할 수 있다. 골 지름(root diameter)은 볼트의 나사산 부분에 대해서 사용되며, 산마루 지름은 나사산이 없는 부분, 즉 **생크**(shank)에 대해서 사용된다(그림 16.1 참조). 생크와 나사산 부분을 고려하면, 볼트는 두 개의 스프링이 직렬로 연결된 것으로 간주할 수 있다. 더욱 복잡한 형태의 볼트의 경우, 더욱 복잡한 형태의 단면 형상(profile)이 있을 수 있다. 그래서 볼트의 강성은 다음과 같이 표현할 수 있다.

$$\frac{1}{k_b} = \frac{1}{k_{b1}} + \frac{1}{k_{b2}} + \frac{1}{k_{b3}} + \dots \tag{16.21}$$

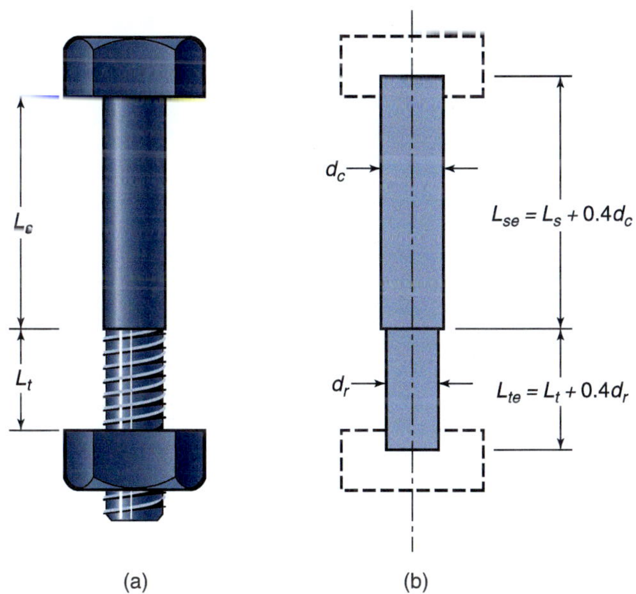

그림 16.12: 볼트와 너트. (a) 조립된 상태, (b) 몸통부와 나사부에 대해 다단축 형태로 표현.

그림 16.12a는 조립된 볼트-너트를 보여준다. 그리고 그림 16.12b는 생크와 나사산 부분을 단이 있는 축으로 표현한 것을 보여준다. 그림 16.12b에서 축과 나사산 부분의 유효 길이(effective length)는 변형을 고려하기 위해 볼트의 헤드와 너트로 약간 확장된다. 식 (16.20)과 그림 16.12b로부터 다음을 구할 수 있다.

$$\frac{1}{k_b} = \frac{4}{\pi E}\left[\frac{L_{se}}{d_c^2} + \frac{L_{te}}{d_r^2}\right] = \frac{4}{\pi E}\left[\frac{L_s + 0.4d_c}{d_c^2} + \frac{L_t + 0.4d_r}{d_r^2}\right], \tag{16.22}$$

여기서 d_c는 산마루 지름이고 d_r은 골 지름이다. 식 (16.22)는 일정한 산마루 지름을 갖는 생크에 대해 유효하다. 일부의 설계에서는 생크가 더 복잡한 단면 형상을 가질 수 있다. 이 경우는 식 (16.21)에서처럼 적절한 길이와 지름을 이용하여 쉽게 분석할 수 있다. 볼트 헤드에 가장 가까운 부분에 대한 길이에만 $0.4d_c$가 더해지는 것에 주목한다.

간혹, 특이한 응용 사례는 특별한 체결재를 필요로 하며, 이때 지름과 나사 길이의 다양한 조합이 가능하다. 그러나 보통 대량생산된 체결용 나사를 이용하는 것이 훨씬 더 경제적이다. 이러한 나사는 절삭(cut) 방식 대신에 압연 방식(rolled)으로 만들어질 수 있기 때문에 일반적으로 더 높은 품질과 재현성 높은 강도를 갖는다. 보통, 특별히 설계 및 제작되는 볼트나 머리붙이 나사(cap screw)는 나사부의 길이를 최소한으로 하여 볼트 강성을 최대화한다. 그러나 표준화된 체결재의 경우 나사산의 길이는 다음과 같이 구할 수 있다.

$$L_{\text{tot}} = \begin{cases} 2d_c + 6 & L \le 125 \text{ mm} \\ 2d_c + 12 & 125 \text{ mm} < L \le 200 \text{ mm} \\ 2d_c + 25 & L > 200 \text{ mm} \end{cases} \tag{16.23}$$

여기서 L_{tot}는 총 나사산 부분의 길이이고, L은 총 볼트의 길이, d_c는 산마루 지름이다. 이때 모두 밀리미터 단위로 표현된다.

조인트 강성

조인트 강성(joint stiffness)을 결정하는 것은 볼트 강성(bolt stiffness)을 결정하는 것보다 훨씬 더 복잡하다. 볼트에 의해 압축되는 재료의 부피는 직관적으로 명확하지 않다. 즉, 볼트로부터 멀리 떨어져 있는 재료는 압축이 되지 않는다. 하중이 가해지는 유효 체적은 종종 중심 홀을 갖는 원통 혹은 원뿔 단면 형상[예, 절두체(frustum]으로 근사된다. 조인트의 중간평면을 기준으로 대칭이며 각각 $2\alpha_f$의 정점각(vertex angle)을 갖는 두 개의 원추대(conical frustrum)가 종종 조인트에 작용하는 응력을 표현하기 위해 사용된다. 그림 16.13은 볼트-너트 결합체에서 조인트에 작용하는 원추대 형태의 응력 분포를 나타낸다. d_w는 하중이 전달되는 워셔의 지름임에 주목한다. Shigley와 Mischke(1989)는 절두체(frustum)의 강성에 대해 다음과 같은 식을 구하였다.

$$k_{ji} = \frac{\pi E_j d_c \tan\alpha_f}{\ln\left[\frac{(2L_i \tan\alpha_f + d_i - d_c)(d_i + d_c)}{(2L_i \tan\alpha_f + d_i + d_c)(d_i - d_c)}\right]}, \qquad (16.24)$$

여기서 그림 16.13b에 보인 바와 같이, L_i는 절두체의 축 방향 길이, d_i는 더 작은 원추대 지름을 나타낸다. 볼트 헤드 혹은 너트에 가장 가까운 요소에 대해서 $d_i = d_w$가 성립한다. 만약 워셔에 대한 정보를 구할 수 없는 경우, 설계를 진행하기 위해 $d_i = 1.5d_c$로 가정해도 무방하다. 또한 특별한 워셔가 선정되었을 때, 그 가정을 확인해 볼 수 있다.

식 (16.24)로부터 하나의 절두체에 대한 강성을 계산할 수 있다. 그러나 하나의 조인트는 적어도 두 개의 절두체로 구성된다. 그러므로 결과적인 조인트 강성은 다음과 같이 구할 수 있다.

$$\frac{1}{k_j} = \frac{1}{k_{j1}} + \frac{1}{k_{j2}} + \frac{1}{k_{j3}} + \ldots \qquad (16.25)$$

Wileman et al. (1991)은 볼트 연결에 대한 유한요소해석을 수행하여, 다양한 재료와 형상에 대한 조인트 강성을 결정하였다. 조인트 강성에 대한 식은 다음과 같이 표현할 수 있다.

$$k_j = E_i d_c A_i e^{B_i d_c / L}, \qquad (16.26)$$

여기서 A_i와 B_i는 표 16.4에 주어진 무차원 상수이다. 식 (16.26)은 같은 재질의 두 요소에 대해서만 성립함에 주목한다. 만약 다른 재질의 두 판이 연결된다면, 조인트 강성을 계산하기 위해서 식 (16.25)와 함께 식 (16.24)가 반드시 사용되어야 한다.

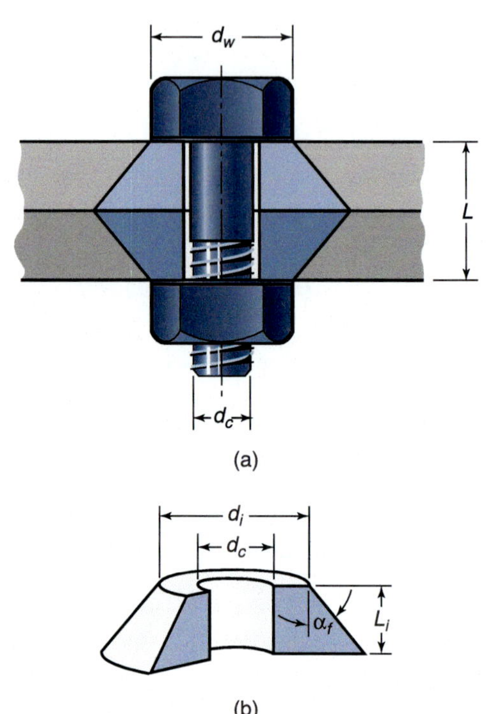

그림 16.13: (a) 원추대 형상의 조인트 응력 분포를 갖는 볼트-너트 조립체, (b) 원추대의 세부 주요 치수.

표 16.4: 식 (16.26)으로부터 조인트 강성을 구하기 위해 사용된 상수값. 출처: Wileman et al. (1991).

재료	프와송 비 ν	탄성 계수 E, GPa	상수값 A_i	상수값 B_i
강철	0.291	206.8	0.78715	0.62873
알루미늄	0.334	71.0	0.79670	0.63816
구리	0.326	118.6	0.79568	0.63553
회주철	0.211	100.0	0.77871	0.61616

일단 조인트 강성과 볼트 강성이 구해지면, 무차원 강성 파라미터는 식 (16.18)에 의해 구할 수 있다. 설계 절차 16.1에 조인트 강성을 결정하기 위한 절차가 정리되어 있다.

설계 절차 16.1

조인트 강성 평가

1. 모든 부재가 동일한 탄성 계수를 갖는다면, Wileman

접근법을 사용할 수 있다. 식 (16.26)으로부터 부재의 강성을 구할 수 있다. 이 접근법은 적용하기 단순하며 비교적 정확한 결과값을 도출하기 때문에 권고된다. 그러나 만약 원추대를 사용하는 접근법이 바람직한 경우, 다음과 같은 단순화 과정이 유용할 수 있다.

(a) 총 그립 길이 L을 갖는 두 원추대에 대해서 조인트 강성은 다음과 같이 구할 수 있다.

$$k_j = \frac{\pi E_j d_c \tan\alpha_f}{2\ln\left[\dfrac{(L\tan\alpha_f + d_i - d_c)(d_i + d_c)}{(L\tan\alpha_f + d_i + d_c)(d_i - d_c)}\right]}. \quad (16.27)$$

(b) $d_i - d_w = 1.5d_c$ 그리고 $\alpha_f = 30°$를 이용해 더 단순화하면 다음과 같다.

$$k_j = \frac{0.9069 E_j d_c}{\ln\left[\dfrac{(2.887L + 2.5d_c)}{(0.5774L + 2.5d_c)}\right]}. \quad (16.28)$$

이 접근법에서는 조인트 강성에 미치는 워셔의 영향을 무시하였다. 이는 워셔가 대개 강재이고 매우 얇기 때문에, 조인트 강성에 크게 영향을 미치지 않기 때문이다.

2. 만약 조인트가 동일한 강성을 갖는 부재로 구성되지 않았다면, 반드시 원추대를 사용하는 접근법이 사용되어야 한다. 원추대로부터 조인트 강성을 구하기 위해서는 다음과 같은 절차를 따라야 한다.

(a) 조인트를 주의를 기울여 스케치한다. 이때 볼트, 워셔 그리고 부재를 포함한다.

(b) 원추대 각(frustum angle) α_f를 선정한다. 일반적으로 $\alpha_f = 30°$일 때 좋은 결과를 얻을 수 있다. 볼트의 안쪽 면부터 시작하여 지름이 $1.5d_c$(워셔를 고려하기 위해)가 되도록 원추대를 그린다. 그리고 원추대 각을 이용하여 조인트의 중심까지 연장한다.

(c) 조인트 강성을 구하기 위해 필요한 원추대의 개수를 파악한다. 만약 탄성 계수가 변하지 않는다면, 원추대는 조인트 경계를 넘어서까지 확장될 수 있다. 그렇지 않다면, 조인트 경계에서 새로운 원추대가 필요하다. 문제의 기하학적 형상으로부터 원추대의 치수를 결정한다.

(d) 원추대의 강성은 식 (16.24)로부터 구할 수 있다. 만약 $\alpha_f = 30°$라면 이는 다음과 같이 단순화될 수 있다.

$$k_{ji} = \frac{1.813 E_j d_c}{\ln\left[\dfrac{(1.15L_i + d_i - d_c)(d_i + d_c)}{(1.15L_i + d_i + d_c)(d_i - d_c)}\right]}. \quad (16.29)$$

(e) 식 (16.25)를 이용하여 조인트 강성을 구한다.

예제 16.6

볼트 강성과 조인트 강성

조건 그림 16.14a에 보인 바와 같이, 육각형 볼트-너트 조립체를 사용하여 두 부재를 연결하고자 한다. 볼트와 너트는 강재로 이루어져 있으며, 원추대 각은 30°이다. 나사부의 산마루 지름은 14 mm이며 뿌리 지름은 12 mm이다. $d_w = 1.5d_c$임을 이용하라. 그러나 워셔는 충분히 얇아서 조인트 강성에 미치는 영향은 무시할 수 있다고 가정하라.

문제 무차원 강성 파라미터와 더불어 볼트 강성과 조인트 강성을 구하라. 표 16.4에 제시된 탄성 계수와 프와송 비

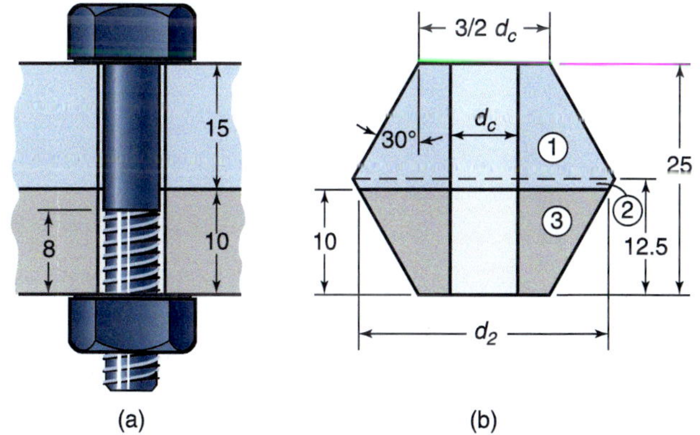

그림 16.14: 예제 16.6에 사용된 육각형의 볼트-너트 조립체. (a) 조립체와 치수, (b) 원추대의 치수(모든 치수는 밀리미터 단위로 표현되었다).

를 이용하여 다음의 경우를 고려하라.

(a) 두 부재 모두 강재로 이루어졌다. 원추대를 사용한 접근법과 Wileman 접근법 모두를 사용하라.
(b) 15 mm 두께의 부재가 알루미늄으로 이루어져 있고 10 mm 두께의 부재가 강재로 이루어져 있다.

풀이 두 경우 모두에 대해서 무차원 강성 파라미터를 구하기 위해서 볼트 강성값이 필요하다. 식 (16.22)로부터 볼트 강성을 구할 수 있다.

$$\begin{aligned}\frac{1}{k_b} &= \frac{4}{\pi\,(206.8 \times 10^9)} \\ &\quad \times \left[\frac{(0.017) + 0.4\,(0.014)}{(0.014)^2} + \frac{(0.008) + 0.4\,(0.012)}{(0.012)^2}\right] \\ &= 7.954 \times 10^8 \text{ N/m.}\end{aligned}$$

(a) *강재 조인트*: 조인트를 $\alpha = 30°$이고 $d_i = 1.5d_c$인 관계를 만족하는 두 개의 등을 맞댄 원추대로 근사화하면, 부재 강성은 식 (16.28)을 이용하여 다음과 같이 구할 수 있다.

$$\begin{aligned}k_j &= \frac{0.9069E_j d_c}{\ln\left[\dfrac{(2.887L_i + 2.5d_c)}{(0.5774L_i + 2.5d_c)}\right]} \\ &= \frac{0.9069\,(206.8 \times 10^9)\,(0.014)}{\ln\left[\dfrac{2.887(25) + 2.5(14)}{0.5774(25) + 2.5(14)}\right]} \\ &= 3.393 \times 10^9 \text{ N/m.}\end{aligned}$$

Wileman 접근법을 사용하면 식 (16.26)을 이용하여 다음을 구할 수 있다.

$$\begin{aligned}k_j &= E_i d_c A_i e^{B_i d_c / L} \\ &= (206.8 \times 10^9)\,(0.014)(0.78715)e^{(0.62873)(14)/(25)} \\ &= 3.242 \times 10^9 \text{ N/m.}\end{aligned}$$

여기서 표 16.4에 제시된 A_i와 B_i값을 이용하였다. Wileman 접근법의 계산 과정이 단순하여 원추대를 사용한 접근법의 결과와 상당히 유사하다는 것에 주목한다. 따라서 Wileman 접근법에 의한 결과를 조인트 강성을 계산하기 위해 사용하기로 한다. 무차원 강성 파라미터는 식 (16.18)을 이용하여 다음과 같이 구할 수 있다.

$$C_k = \frac{k_b}{k_b + k_j} = \frac{0.7954}{0.7954 + 3.242} = 0.197.$$

(b) *강-알루미늄 조인트*: 만약 두 개의 서로 다른 조인트 재료가 사용된다면 Wileman 접근법은 사용될 수 없다. 대신, 설계 절차 16.1에 정리된 방법을 따라 조인트 강성을 구한다. 첫째, 조인트에 대한 스케치가 그림 16.14b에 그려졌음에 주목한다. 또한 조인트가 비대칭이기 때문에 세 개의 원추대를 고려해야 한다는 것에 주목한다. 부재의 강성은 식 (16.29)에 주어진 바와 같이 $\alpha_f = 30°$에 대해 간소화된 관계식을 이용하여 다음과 같이 구할 수 있다.

$$\begin{aligned}k_{j1} &= \frac{1.813E_j d_c}{\ln\left[\dfrac{(1.15L_i + d_i - d_c)(d_i + d_c)}{(1.15L_i + d_i + d_c)(d_i - d_c)}\right]} \\ &= \frac{1.813(71 \times 10^9)(0.014)}{\ln\left\{\dfrac{[1.15(12.5) + 21 - 14](21 + 14)}{[1.15(12.5) + 21 + 14](21 - 14)}\right\}}, \\ &= 4.799 \times 10^9 \text{ N/m.}\end{aligned}$$

유사하게,

$$\begin{aligned}k_{j2} &= \frac{1.813(71 \times 10^9)(0.014)}{\ln\left\{\dfrac{[1.15(2.5) + 32.55 - 14](32.55 + 14)}{[1.15(2.5) + 32.55 + 14](32.55 - 14)}\right\}} \\ &= 2.141 \times 10^{10} \text{ N/m,}\end{aligned}$$

$$\begin{aligned}k_{j3} &= \frac{1.813(206.8 \times 10^9)(0.014)}{\ln\left\{\dfrac{[1.15(10) + 21 - 14](21 + 14)}{[1.15(10) + 21 + 14](21 - 14)}\right\}} \\ &= 7.632 \times 10^9 \text{ N/m.}\end{aligned}$$

위 값들을 식 (16.25)에 대입하면,

$$\frac{1}{k_j} = \frac{1}{4.799 \times 10^9} + \frac{1}{2.141 \times 10^{10}} + \frac{1}{7.632 \times 10^9}$$

이며, 정리하면 $k_j = 2.590 \times 10^9$ N/m이다. 무차원 강성 파라미터는 식 (16.18)을 이용하여 다음과 같이 구할 수 있다.

$$C_k = \frac{k_b}{k_b + k_j} = \frac{0.7954}{0.7954 + 2.590} = 0.2350.$$

16.4.4 강도

볼트의 **보증 하중**(proof load)은 영구 변형을 일으키지 않으면서 견딜 수 있는 최대 하중을 의미한다. **보증 강도**(proof strength)는 보증 하중과 인장 응력 면적으로부터 결정되는 응력의 한계값이다. 보증 강도와 항복 강도가 볼트 재료에 대해서 비슷하기는 하나, 0.2% 영구 변형을 기준으로 삼기 때문에 항복 강도가 보통 더 크다.

재료, 열처리 그리고 최소 보증 강도를 특정하는 표준 볼트 등급은 자동차공학회(Society of Automotive Engineers, SAE), 재료시험학회(American Society for Testing and Materials, ASTM) 그리고 ISO(International Organization for Standardization)와 같은 조직에서 결정한다. 표 16.5는 미터 단위의 볼트에 대한 강도 정보를 제공한다. 미터 단위의 등급은 4.6부터 12.9 사이에서 변화하며 큰 수일수록 더 큰 강도를 의미한다.

표 16.6은 유니파이(UN) 및 미터(M) 계열의 보통 나사 혹은 가는 나사에 대한 규격과 인장 응력에 대한 작용 면적을 제공한다. 보통 사용되는 육각형 모양의 볼트, 머리붙이 나사 그리고 너트에 대한 규격은 부록 D에 주어져 있다. 표 16.6에 제시된 인장 응력 면적은 다음으로부터 구한다.

$$A_t = (0.7854)(d_c - 0.9382p)^2 \tag{16.30}$$

여기서 n은 인치당 나사산의 개수이며 p는 피치이다.

16.4.5 볼트 예하중-정적 하중

볼트에 작용하는 예하중은 중요한 항목이다. 만약 예하중 값이 너무 작으면, 조인트가 작동 중에 분리될 수 있고, 16.4.6절에서 논의된 바와 같이, 볼트에 과도한 교차 응력이 가해지게 된다. 만약 예하중이 너무 크면, 볼트나 나사가 파손될 수 있다. 그러므로 적절한 예하중이 가해지는 것을 확실히 하기 위해 특별한 주의를 기울여야 한다. 식 (16.17)을 이용하여 볼트에 작용하는 하중을 아래와 같이 구할 수 있음에 주목한다.

$$\sigma_b = \frac{P_b}{A_t} = \frac{P_i}{A_t} + C_k \frac{P}{A_t}. \tag{16.31}$$

볼트 응력의 한계값을 보증 강도로 정의하며 표 16.5에 제시되어 있다. 또한 볼트 응력에 대한 안전 계수를 도입하면 보증 강도는 다음과 같다.

$$S_p = \frac{P_i}{A_t} + \frac{P_{\max} n_s C_k}{A_t}, \tag{16.32}$$

여기서 A_t는 표 16.6에 제시된 인장 응력 면적(tensile stress area)이며 P_i는 예하중 값이다. 안전 계수는 예하중 응력에 적용되지 않음에 주의한다. 예하중에 대해서는 바로 다음에 논하기로 한다. 식 (16.32)로부터 볼트의 파손 안전 계수(failure safety factor)를 다음과 같이 구할 수 있다.

$$n_{sb} = \frac{A_t S_p - P_i}{P_{\max,b} C_k}, \tag{16.33}$$

여기서 $P_{\max,b}$는 볼트에 가해진 최대 하중을 의미한다.

식 (16.33)에 따르면 볼트에 가해지는 예하중이 0일 때 안전 계수가 최대가 된다. 이러한 점은 볼트에 정적 하중이 가해지고, 분리 현상이 염려되지 않는 경우에는 명백하게 성립한다. 그러나 예하중을 정적 하중이 가해진 볼트 연결재(bolted connection)에 가하여 요소들이 꽉 끼이게끔 한다. 이에 더하여, 그림 16.15에 보인 바와 같이 많은 응용 사례에

표 16.5: 다양한 미터 계열 강재 볼트의 강도.

미터 등급	헤드 마킹	산마루 지름 mm	범위 인장 강도 S_u, MPa	항복 강도 S_y, MPa	보증 강도 S_p, MPa
4.6	4.6	M5 – M36	400	240	225
4.8	4.8	M1.6 – M16	420	340[a]	310
5.8	5.8	M5 – M24	520	415[a]	380
8.8	8.8	M17 – M36	830	660	600
9.8	9.8	M1.6 – M16	900	720[a]	650
10.9	10.9	M6 – M36	1040	940	830
12.9	12.9	M1.6 – M36	1220	1100	970

a 항복 강도는 근사치이며 표준에 포함되어 있지 않다.

서 요소들간의 분리를 방지해야 할 필요가 있다. 조인트에 작용하는 하중이 완전히 제거될 때, 즉 $P_j = 0$일 때 분리가 발생한다. 분리를 방지하기 위한 안전 계수는 다음과 같다.

$$n_{sj} = \frac{P_i}{P_{\max,j}\,(1 - C_k)}, \tag{16.34}$$

여기서 $P_{\max,j}$는 조인트에 가해진 최대 하중을 의미한다.

그러므로 실제의 경우 볼트에 가해지는 예하중의 크기는 볼트에 과하중이 가해지는 경우(이 때는 0의 예하중이 가장 이로움)와 분리(이 때는 큰 예하중이 바람직함) 사이에서 절충하여 결정해야 한다. 볼트를 재사용하여 체결하는 경우와 영구적 체결인 경우에 대한 예하중 값은 아래와 같이 결정한다.

$$P_i = \begin{cases} 0.75P_p & \text{영구적인 체결인 경우} \\ 0.90P_p & \text{볼트를 재사용하는 경우} \end{cases} \tag{16.35}$$

여기서 P_p는 보증 하중, 혹은 S_pA_t이다. 식 (16.35)는 정적 상태뿐 아니라 16.4.6절에 다룬 피로 상태에 대해서도 적용할 수 있다.

식 (16.32)에서 안전 계수가 예하중에 적용되지 않는다는 것을 상기한다. 이는 식 (16.35)를 보면 이해할 수 있다. 볼트에 예하중을 가하는 것은 정상적인 조립 과정에서 파손을 일으켜서는 안 된다. 그러나 만약 파손이 발생한다면, 볼트는 새 볼트로 교체되어야 하며, 교체된 새 볼트에 적절한 예하중을 가해야 한다. 나머지 설계 여유(design margin)는 보증 강도와 볼트에 의해 견디어 하중의 비율 사이의 차이에 기반하여 결정된다.

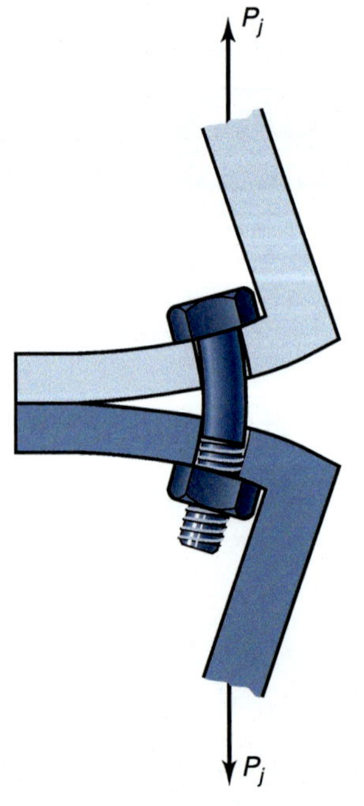

그림 16.15: 조인트의 분리.

실제 설계 시, 예하중은 거의 명시적으로 지시되지 않는다. 이는 예하중이 볼트로 조립하는 과정에서 측정하기 매우 어렵기 때문이다. 이에 다음과 같은 세 가지 대안이 사용된다.

1. 볼트를 조일 때 가해야 하는 토크의 크기를 명시적으로 지정한다. 이는 토크 렌치(torque wrench)를 이용하여 조정한다.
2. 살짝 접촉된 상태(snug state)로부터 추가적으로 돌려줄 회전수를 정의한다. 예를 들어, 반 바퀴 같은 회전수를 정의한다.
3. 그림 16.16에 보인 바와 같은 파손을 이용한 설계(breakaway design)를 사용한다.

위에 언급한 대안들은 각각 나름대로 적용하기 어려운 측면들을 포함하고 있다. 토크를 명시적으로 지정하거나 파손을 이용해 설계하는 방법은 나사산 마찰의 변화를 수용하지 못하여, 명백하게 결과적인 예하중 상태에 영향을 미친다. 살짝 접촉된 상태라는 것도 본질적으로 주관적으로 결정된다. 또한 파손을 이용한 설계는 더 높은 생산 비용을 요구하며 어떠한 설계는 특별한 가공 도구를 필요로 한다. 그러므로, 식 (16.35)가 설계 문제를 해결하고 미리 가해주는 토크 값(pretorque)이나 변형량을 결정하기 위해 사용될 수 있기는 하나, 볼트의 예하중 값은 실제의 경우 다양하게 변할 수 있음을 인지해야 한다.

예제 16.7

볼트 파손과 조인트 분리의 비교

조건 강-알루미늄 조인트에 대한 예제 16.6의 결과를 고려하라.

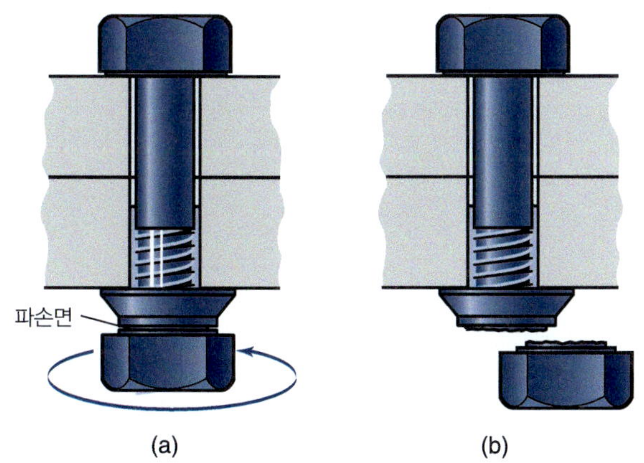

그림 16.16: 체결재가 비틀려 떨어져 나가는 경우(twist-off)의 예. (a) 조립 과정 중, 조임 방향의 토크가 그림과 같이 가해진다. (b) 토크값이 임계값에 도달하면, 너트가 씻어시며 육각 머리 근처에서 피단이 일어나게 된다. 이때, 너트의 나머지 부분은 그대로 남아 있게 된다. 이러한 설계는 분리를 복잡하게 만든다는 것에 주목한다. 예를 들면, 넓게 퍼지는 단면(flared section) 대신에 두번째의 육각 머리를 사용한다면 분리가 불가능하게 될 수 있다.

문제 볼트-조인트 파손이 발생하기 위한 최대 하중을 결정하라. 이때, 연결부가 재사용되었고 정적 안전 계수가 2.5임을 가정하라. 또한 5.8 등급의 보통 나사(coarse thread)를 가정하라.

풀이 표 16.5로부터 5.8 등급에 대해서 $S_p = 380$ MPa임을 알 수 있다. 그리고 표 16.6으로부터 산마루 지름이 14 mm일 때, 보통 나사에 대해서 다음을 구할 수 있다.

$$\begin{aligned} A_t &= (0.7854)(d_c - 0.9382p)^2 \\ &= (0.7854)\left[14 - (0.9382)(2)\right]^2 \\ &= 115.4\text{ mm}^2. \end{aligned}$$

재사용된 연결인 경우, 식 (16.35)를 이용하여 다음을 구할 수 있다.

$$\begin{aligned} P_i &= 0.75P_p = 0.75A_tS_p \\ &= (0.75)\left(115.4\times10^{-6}\right)\left(380\times10^{6}\right) \\ &= 32,900\text{ N}. \end{aligned}$$

식 (16.33)으로부터 안전 계수 2.5에 대한 최대 볼트 하중은 다음과 같다.

$$P_{\max,b} = \frac{A_tS_p - P_i}{n_{sb}C_k} = \frac{(115.4)(380) - 32,900}{(2.5)(0.2350)} = 18,640\text{ N}.$$

식 (16.34)로부터 분리가 발생하기 전까지의 최대 하중을 다음과 같이 구할 수 있다.

$$P_{\max,j} = \frac{P_i}{n_{sj}(1 - C_k)} = \frac{32,900}{(2.5)(1 - 0.2350)} = 17,200\text{ N}.$$

그러므로 분리에 의한 파손이 볼트의 파손보다 먼저 발생한다.

표 16.6: 미터 단위의 보통(coarse) 나사와 가는(fine) 나사에 대한 치수와 인장 응력 작용 면적. 골 지름은 식 (16.2)와 그림 16.4를 이용하여 구한다.

산마루 지름 d_c, mm	보통 나사(MC) 피치 p, mm	보통 나사(MC) 골 지름 d_r, mm	보통 나사(MC) 인장 응력 작용 면적 A_t, mm²	가는 나사(MF) 피치 p, mm	가는 나사(MF) 골 지름 d_r, mm	가는 나사(MF) 인장 응력 작용 면적 A_t, mm²
1	0.25	0.7294	0.460	–	–	–
1.6	0.35	1.221	1.27	0.20	1.383	1.57
2	0.4	1.567	2.07	0.25	1.729	2.45
2.5	0.45	2.013	3.39	0.35	2.121	3.70
3	0.5	2.459	5.03	0.35	2.621	5.61
4	0.7	3.242	8.78	0.5	3.459	9.79
5	0.8	4.134	14.2	0.5	4.459	16.1
6	1.0	4.917	20.1	0.75	5.188	22
8	1.25	6.647	36.6	1.0	6.917	39.2
10	1.5	8.376	58.0	1.25	8.647	61.2
12	1.75	10.11	84.3	1.25	10.65	92.1
14	2.0	11.84	115	1.5	12.38	124
16	2.0	13.83	157	1.5	14.38	167
20	2.5	17.29	245	1.5	18.38	272
24	3.0	20.75	353	2.0	21.83	384
30	3.5	26.21	561	2.0	27.83	621
36	4.0	31.67	817	3.0	32.75	865
42	4.5	37.13	1121	–	–	–
48	5.0	42.59	1473	–	–	–

16.4.6 볼트 예하중-피로 고려

예하중은 정적 하중이 가해지는 경우보다 피로 하중이 가해지는 경우에 더욱 더 중요해진다. 그림 16.17은 볼트와 조인트의 반복 하중에 대한 하중 대 변형량의 관계를 시간의 함수로 보여준다. 그림 16.17로부터 볼트 하중은 인장 상태이며 예하중 P_i로부터 최대 볼트 하중 $P_{b,\max}$ 사이에서 시간에 따라 변화하는 것을 보여준다. 동시에, 조인트는 압축 상태에 놓이며, 예하중 P_i와 최소 조인트 하중 $P_{j,\min}$ 사이에서 변화하며, 이 반대의 경우도 마찬가지이다. 조인트가 분리되지 않는 한, 볼트와 요소의 변형량은 동일하다. 그러나 16.4.3절에서 논하였듯이 요소는 볼트보다 더 강성이 크다. 즉, C_k가 약 0.15부터 0.40 사이에서 변화한다. 이러한 이유로, 한 주기(cycle) 동안의 하중의 변화량은 볼트보다 조인트에서 더 크다.

그림 16.17은 또한 볼트와 조인트 모두에 대한 변형량의 변화를 시간의 흐름에 따라 보여준다. 정량적인 양은 동일하나, 볼트에 있어서 변형은 길이가 증가하는 방향으로 발생하나, 조인트의 경우 압축이 감소하는 방향으로 발생한다.

요소의 피로에 의한 파괴보다 더 발생할 가능성이 높기 때문에, 볼트의 피로 파손을 고려하도록 한다. 식 (16.17)은 볼트에 작용하는 교번 하중(alternating load) 및 평균 하중(mean load)을 의미한다.

$$P_{ba} = \frac{P_{b,\max} - P_{b,\min}}{2} = \frac{C_k\,(P_{\max} - P_{\min})}{2} = C_k P_a \quad (16.36)$$

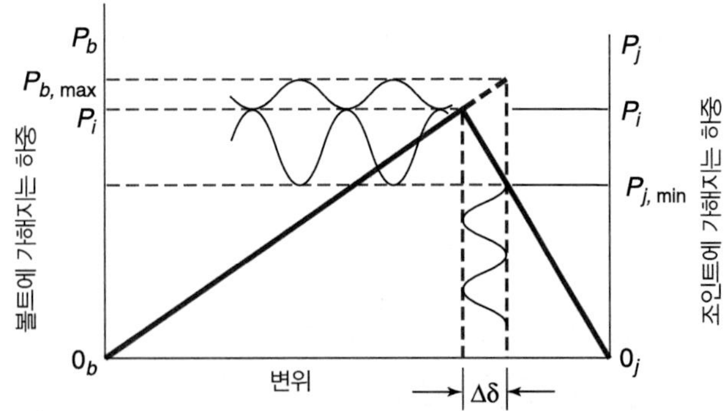

그림 16.17: 시간의 함수로 표현한 볼트와 조인트의 변위에 대한 하중 선도.

$$\begin{aligned} P_{bm} &= \frac{P_{b,\max} + P_{b,\min}}{2} \\ &= P_i + \frac{C_k\,(P_{\max} + P_{\min})}{2} \\ &= P_i + C_k P_m. \end{aligned} \quad (16.37)$$

교번 응력 및 평균 응력은 다음과 같이 표현할 수 있다.

$$\sigma_a = \frac{C_k P_a n_s}{A_t}, \quad (16.38)$$

$$\sigma_m = \frac{P_i + C_k P_m n_s}{A_t}. \quad (16.39)$$

이때 안전 계수는 예하중에 적용되지 않는다는 것을 상기한다.

볼트 피로 현상에 적용 가능한 안전 계수에 관한 식을 유도하기 위해서는 7.10절에서 다룬 굿맨 피로 파손 조건을 고려해야 한다. 안전 계수는 이미 식 (16.38)과 식 (16.39)에 반영이 되어 있기 때문에 그에 상응하는 굿맨 공식은 다음과 같다.

$$\frac{K_f \sigma_a}{S_e} + \frac{\sigma_m}{S_{ut}} = 1. \quad (16.40)$$

식 (16.38)과 식 (16.39)를 식 (16.40)에 대입하면 다음과 같다.

$$\frac{K_f C_k P_a n_s}{S_e A_t} + \frac{P_i + C_k P_m n_s}{A_t S_{ut}} = 1. \quad (16.41)$$

식 (16.41)은 응력에 관하여 다음과 같이 표현할 수 있다.

$$\frac{n_s K_f C_k \sigma_a}{S_e} + \frac{\sigma_i + C_k \sigma_m n_s}{S_{ut}} = 1. \quad (16.42)$$

안전 계수에 관하여 식을 정리하면 다음과 같다.

$$n_s = \frac{S_{ut} - \sigma_i}{C_k\left[K_f \sigma_a \left(\frac{S_{ut}}{S_e}\right) + \sigma_m\right]}. \quad (16.43)$$

나사 요소에 대한 피로 응력집중 계수(fatigue stress concentration factor), K_f는 표 16.7로부터 구할 수 있다. 절삭(cutting)은 특별한 체결재에 외부 나사산을 가공하기 위한 가장 단순한 방법이다. 그러나 대량 생산을 위해서는 압연을 통한 외부 나사산을 가공하는 방법이 선호되며 더 매끄러운 나사산 마감 처리(더 적은 초기 균열)를 얻을 수 있다.

표 16.7: 나사 요소에 대한 피로 응력집중 계수.

SAE 등급	미터 등급	압연 가공된 나사	절삭 가공된 나사	필렛
0–2	3.6–5.8	2.2	2.8	2.1
4–8	6.6–10.9	3.0	3.8	2.3

명시적인 정보가 있지 않는 한, 나사산이 압연을 통해 가공되었다는 것을 가정하는 것이 보통 안전하다. 표 16.7에 보인 바와 같이, 헤드와 섕크 사이의 완만한 필렛(fillet)은 피로 응력집중 현상을 감소시킨다. 식 (7.18)에 주어진 수정 내구한도 값(modified endurance limit)은 식 (16.43)에서 사용될 필요가 있다. 그러나 표면 마감 수정 계수(surface finish correction factor)는 표 16.7에 제시된 피로 응력집중 계수에 이미 반영되어 있음에 주목한다.

현 시점에서 예하중에 관한 더 심도 있는 논의를 할 수 있다. 볼트에 정적 하중이 가해졌을 때, 예하중은 조인트의 분리를 방지하고, 공차를 최소화하고 그리고 꽉 끼는 맞춤을 얻기 위해서 필요하다. 예하중은 또한 헐거운 맞춤에서 기인하는 진동과 소음을 감소시킬 수 있다. 그러나 가장 작은 안전 계수는 예응력(prestress)에 대한 극한 응력(ultimate stress)의 비율을 의미한다(만약 평균 및 교번 응력값이 0이라면). 표 16.5에 제시된 값과 식 (16.35)의 조건을 고려했을 때, 적절하게 예하중이 가해진 볼트의 인진 계수는 2.4보다 클 수 없으며 보통 2.0보다 작다는 결론에 도달한다. 그러므로 예하중은 정적 하중이 가해지는 볼트의 경우 필요하지 않으며, 피로 하중이 가해지는 사례만큼 엄격하게 명시될 필요는 없다

피로 하중이 가해지는 경우, 예하중은 특히 중요해진다. 그 이유는 식 (16.38)과 식 (16.39)에서 그리고 7장에 논의된 피로 해석의 미묘한 사항들을 회상해 보면 알 수 수 있다. 분리(separation) 현상만 일어나지 않는다면, 볼트에 작용하는 교번 응력(alternating stress) 무차원 강성 파라미터(dimensionless stiffness parameter, C_k)에 의해 감소될 수 있다. 평균 응력(mean stress)은 예하중에 따라 증가한다. 그러나 7.10절에 소개된 파손 이론(failure theory, Gerber, Goodman, Soderberg 등)에 따르면 교번 응력은 평균 응력보다 작동 수명(service life)에 훨씬 더 큰 영향을 미친다. 즉, 보통 내구 한도는 항복 강도 혹은 극한 강도보다 작다. 그러므로 예하중은 교번 응력의 값을 감소시키기 때문에, 분리 현상을 방지하기 위해 충분히 큰 예하중이 매우 중요하다. 본 교재의 목적 상, 이러한 예하중 값은 식 (16.35)를 이용하여 구할 수 있다.

예제 16.8

볼트의 피로 파손

조건 그림 16.14a에 보인 바와 같이 그리고 예제 16.6과 예제 16.7에서 고려된 바와 같이, 강과 알루미늄 부재로 이루어진 육각형 볼트-너트 결합체에 11,000 N의 외력이 인장 반복 방식으로 주기적으로 작용한다(7.3절 참조).

문제 볼트의 피로 파손이 발생하지 않게 하기 위한 안전 계수를 구하라. 90%의 생존 확률을 가정하라. 압연을 통해 가공되었으며 5.8 미터 등급을 갖는다.

풀이 11,000 N의 최대 하중이 주기적으로 풀리는 경우,

$$P_a = P_m = 5500\ \text{N}.$$

응력 작용면적은 115.4 mm^{2}이며, 응력 진폭은 $\sigma_a = 47.66$ MPa이다. 5.8 미터 등급의 나사에 대해서 축 방향 하중에 대한 내구 한도는 식 (7.6)과 표 16.5를 이용하여 다음과 같이 구할 수 있다.

$$S_e' = 0.45 S_u = 0.45\left(520 \times 10^6\right) = 234\ \text{MPa}.$$

5.8 미터 등급의 압연 공정을 통해 제작된 나사에 대해서, 표 16.7로부터 피로 응력집중 계수 $K_f = 2.2$임을 구할 수 있다. 표 7.4로부터 90% 생존 확률에 대한 신뢰 계수(reliability factor)는 $k_r = 0.90$임을 구할 수 있다. $k_f = 1$이고 $k_s = 1$인 것을 상기한다. 이는 K_f가 표 16.7에 제시된 K_f의 값에 고려되었고 볼트에 축 방향 하중이 작용하기 때문이다. 그러므로 수정된 내구 한도(modified endurance limit)는 식 (7.18)을 이용하여 다음과 같이 구할 수 있다.

$$\begin{aligned} S_e &= k_f k_s k_r k_m S_e' \\ &= (1)(1)(0.9)(1)\left(234 \times 10^6\right) \\ &= 210.6 \text{ MPa.} \end{aligned}$$

식 (16.30)으로부터 산마루 지름이 14 mm인 보통 나사(coarse thread)에 대해서, 인장 응력 작용면적이 115.4 mm² 임을 구할 수 있다. 예제 16.6에서 $C_k = 0.2350$이고 예제 16.7에서 $\sigma_i = 285$ MPa임을 상기한다. 그러므로 식 (16.43)으로부터 다음을 구할 수 있다.

$$\begin{aligned} n_s &= \frac{S_{ut} - \sigma_i}{\sigma_a C_k \left[\dfrac{K_f S_{ut}}{S_e} + 1\right]} \\ &= \frac{\left(520 \times 10^6\right) - \left(285 \times 10^6\right)}{\left(47.66 \times 10^6\right)(0.2350)\left[2.2\left(\dfrac{520}{210.6}\right) + 1\right]} \\ &= 3.262. \end{aligned}$$

16.4.7 개스킷 조인트

그림 16.18은 비피압(unconfined) **개스킷**(gasket)과 함께 사용되어 두 요소를 연결하는 체결용 나사를 보여준다. 비피압 개스킷은 그림 16.18a에 보인 바와 같이, 조인트의 지름 전체를 덮고 있는 반면에, 피압(confined) 개스킷은 단지 조인트 지름의 일부분만을 덮고 있다. 피압 개스킷 조인트를 위한 볼트는 개스킷이 없는 것과 마찬가지로 생각하고 설계를 할 수 있다. 그러나 요소들이 적절한 크기의 빈공간(cavity)을 제공하여야 개스킷이 압축되며 밀봉되는 효과를 얻을 수 있다. 이러한 빈공간은 이상적으로 원추대 영역(conical frusta zone) 바로 바깥에 위치되어야 한다.

비피압 개스킷은 탄성 재질이나 조인트 요소의 형상에 따라 변형되는 연질의 금속으로 만들어진다. 다양한 조인트 요소들이 사용된 재질에 따라 각각 다른 스프링 상수값을 갖는 스프링으로 간주될 수 있다는 것을 상기한다. 개스킷은 다른 조인트 요소들에 비해 상대적으로 더 연한 재질이다. 탄성계수는 강성에 비례하므로 다음과 같은 관계식이 성립한다.

$$k_g \ll k_1, k_2, \ldots \tag{16.44}$$

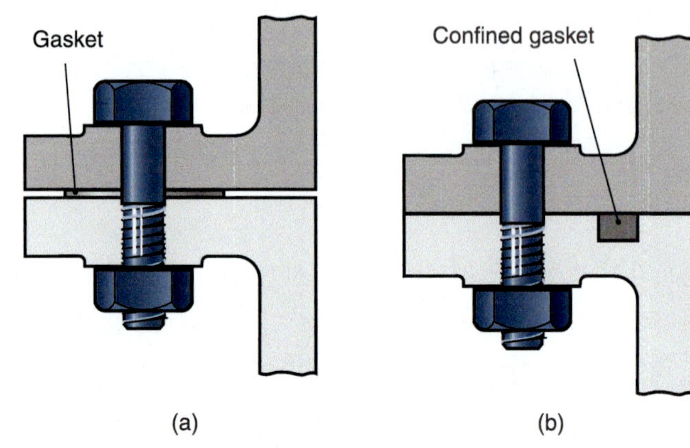

그림 16.18: (a) 비피압 개스킷. 대게 하우징 형상에 일치되도록 탄성체(elastomer)를 이용하거나 폴리머를 경화시켜 개스킷을 제작한다. 이 경우 조인트 강성은 개스킷에 지배적인 영향을 받는다. (b) 피압 개스킷. 이러한 개스킷은 한 부재에 접착되거나 하나의 분리된 요소일 수 있으며, 조인트 강성에 영향을 주지 않는다.

혹은 다음과 같이 표현할 수 있다.

$$\frac{1}{k_g} \gg \frac{1}{k_1}, \frac{1}{k_2}, \cdots \tag{16.45}$$

식 (16.25)와 식 (16.45)를 이용하면 비피압 개스킷에 대해서 다음과 같은 식을 구할 수 있다.

$$\frac{1}{k_j} = \frac{1}{k_1} + \frac{1}{k_2} + \cdots + \frac{1}{k_g} \approx \frac{1}{k_g}. \tag{16.46}$$

그러므로 비피압 개스킷의 경우 조인트 강성(joint stiffness)은 개스킷 강성(gasket stiffness)과 등가이다.

비피압 개스킷에 대한 예하중은 최소의 밀봉압(sealing pressure)에 도달하기 위해 반드시 충분히 커야 한다. 그러므로 다음과 같은 관계식을 만족해야 한다.

$$P_i \geq A_g p_o, \tag{16.47}$$

여기서 A_g는 볼트당 개스킷 면적이며 p_o은 최소 개스킷 밀봉압을 의미한다.

16.5 체결용 리벳

리벳(rivet)은 비행기, 건물, 교량, 보일러, 선박 그리고(일반적으로) 어떤 종류의 골조에 대해서 체결재로 널리 사용된다. 리벳은 한 쪽 끝에 머리가 있는 핀의 모양을 하고 있으며, 핀이 각 요소들의 구멍을 관통하며 각 요소들을 연결한다. 그리고 나서, 블라인드 쪽 자유단이 소성 변형되며 리벳이 고정되게 된다.

체결용 나사와 비교했을 때, 리벳의 장점은 다음과 같다.

1. 떨림에 의해 느슨해지지 않는다.
2. 저렴하며 체결 시간이 짧다.
3. 가볍다.
4. 어떤 경우에는 리벳의 삽입과 고정이 같은 편에서 이루어질 수 있다. 반면에 볼트에 의한 체결은 체결 시 볼트의 머리 부분과 너트에 접근 가능해야 한다.

그러나 리벳은 같은 지름의 체결용 나사만큼 강한 체결력을 제공할 수 없다. 또한, 아마도 가장 중요한 단점으로는 리벳은 일단 체결되면 조인트를 분해할 수 없다는 점을 들을 수 있다.

리벳은 너무 가깝지도 또 너무 멀지도 않게 그 간격이 정해져야 한다. 철재 골조에 대해서 중심과 중심을 연결하는 최소 리벳 간격은 보통 리벳 지름의 세 배를 택한다. 다소 작은 간격은 보일러에 사용된다. 리벳의 간격이 너무 크게 되면, 판재의 좌굴(buckling)이나 조인트의 분리 현상이 발생할 수 있다. 최대 간격은 대개 바깥쪽 판 두께의 16배를 택한다.

전단력이 가해지는 리벳과 체결용 나사는 그 설계와 파손 해석 측면에 있어서 거의 유사하다. 그림 16.19에 보인 바와 같이, 전단력에 의한 파손은 주로 4가지 다른 파손 모드에 의해 발생한다: 요소의 굽힘에 의한 파손, 리벳의 전단에 의한 파손, 요소의 인장에 의한 파손 그리고 부재의 베어링(견딤)에 의한 파손. 각 파손 모드에 대한 설명은 다음과 같다.

1. *요소의 굽힘*: 이 파손 모드를 방지하기 위해서는 다음과 같은 관계식이 만족되어야 한다.

$$\frac{S_{yj}}{n_s} = \frac{PL}{2Z_m}, \tag{16.48}$$

여기서 L은 그립(grip) 길이, Z_m은 가장 약한 요소의 단면 계수(section modulus)이며 $Z_m = I/c$로 정의된다. S_{yj}는 가장 약한 요소의 항복 강도를 의미한다.

2. *리벳의 전단*: 이 파손 모드를 방지하기 위해서는 다음과 같은 관계식이 만족되어야 한다.

$$\frac{S_{sy}}{n_s} = \frac{4P}{\pi d_c^2}, \tag{16.49}$$

여기서 d_c는 산마루 지름이고 S_{sy}는 전단 방향에 대한 리벳의 항복 강도이다. 식 (16.49)에서는 구멍 지름이 아니라 리벳 지름이 사용된다. 보통 이 두 지름은 서로 등가이나, 만약 억지끼워 맞춤(이는 피로 하중에 유익함)된다면, 리벳이 구멍을 크게 만들 수 있다. 만약 구멍이 더 크면, 구멍의 크기에 상관없이 리벳의 단면적에 의해 파손이 결정될 것이다. 리벳의 전단은 체결용 나사(나사산이 있는 결합 요소) 혹은 리벳을 이용한 결합 요소를 설계 시 고려해야 할 주된 파손 모드이다. 이 모드는 직접적인 전단 파손 모드라고도 부른다.

3. *부재의 인장에 의한 파손*: 이 파손 모드를 방지하기 위해서는 다음과 같은 관계식이 성립해야 한다.

$$\frac{S_{yj}}{n_s} = \frac{P}{(b - N_r d_c)t_m}, \tag{16.50}$$

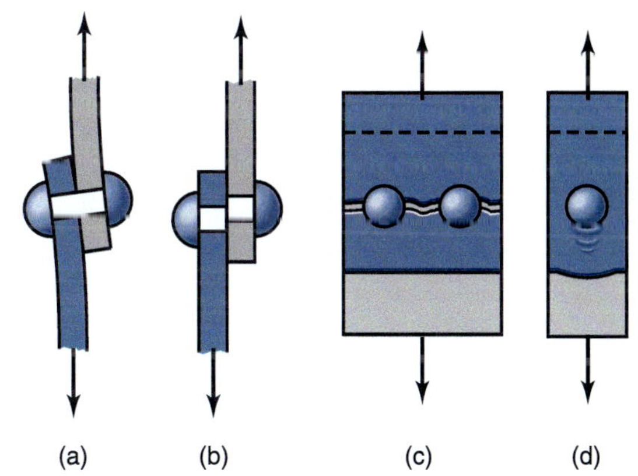

그림 16.19: 전단 하중에 따른 체결용 리벳의 파손 모드. (a) 부재의 굽힘, (b) 리벳의 전단, (c) 부재의 인장에 의한 파손, (d) 리벳과 맞닿은 부재의 베어링(견딤) 파손

여기서 b는 부재의 폭 N_r은 부재의 폭 길이에 걸쳐 사용된 리벳의 개수 그리고 t_m은 부재의 두께이다. 부재는 연성 재질로 이루어져 있고 응력집중 완화를 위해 소성 변형이 허용된다는 것을 가정하고 있다는 점에 주목한다. 만약 이 가정이 성립하지 않는다면, 리벳의 형상이 반영된 응력집중 계수가 필요하다.

4. *압축 베어링(견딤) 파손*: 이 파손 모드를 방지하기 위해서는 다음과 같은 관계식이 성립해야 한다.

$$\frac{S_{yj}}{n_s} = \frac{P}{d_c t_m}. \tag{16.51}$$

이러한 네 가지 파손 모드는 리벳 및 부재 각각의 파손과 관계가 있다. 체결용 나사와 리벳을 이용한 결합 요소는 그룹으로 사용되며, 전체 그룹의 비틀림에 의한 전단이 하나의 파손 모드로 반드시 고려되어야 한다. 리벳에 작용하는 전단 응력은 직접적으로 작용하는 전단 응력과 아래의 식과 같이 비틀림 전단 응력의 벡터 합으로 구할 수 있다.

$$\tau = \tau_d + \tau_t, \tag{16.52}$$

여기서 τ_d는 전단(4.6절 참조)에서 기인한 전단 응력이고 τ_t는 비틀림(4.4절 참조)에서 기인한 전단 응력을 의미한다. 체결용 나사(나사산이 있는 결합 요소)나 리벳을 이용한 결합 요소를 하나의 그룹으로 고려할 때는, 그 그룹의 도심이 반드시 결정되어야 하며 수직 방향 및 수평 방향에 대한 힘 평형이 반드시 만족되어야 한다.

예제 16.9

리벳 조인트 해석

조건 그림 16.20a에 보인 바와 같이, 리벳 연결로 빔(beam)을 컬럼(column)에 고정시키는 경우를 고려한다. 하중은 그림에 보인 바와 같이 가해진다. 리벳 A와 리벳 C의 지름이 15 mm이고 리벳 B와 리벳 D의 지름은 20 mm이다.

문제 다음을 구하라.

(a) 리벳 결합체(rivet assembly)의 도심

(b) 각 리벳에 작용하는 직접적으로 작용하는 전단 응력과 합력 방향으로 작용하는 전단 응력

(c) 리벳의 전단을 방지하기 위한 안전 계수

(d) 부재의 굽힘을 방지하기 위한 안전 계수

리벳의 전단 강도는 230 MPa이고, 부재의 항복 강도는 350 MPa임을 가정하라.

풀이

(a) 네 개의 리벳의 총 면적은 다음과 같다.

$$\sum A_i = \frac{\pi}{2}\left[(0.015)^2 + (0.020)^2\right] = 9.817 \times 10^{-4}\ \text{m}^2$$

그림 16.20a에서 x-y 좌표는 리벳 C의 중심에 위치한다. 리벳 그룹의 도심은 식 (4.5)와 식 (4.6)에 주어진 바와 같다.

$$\begin{aligned}\bar{y} &= \frac{\sum A_i \bar{y}_i}{\sum A_i}\\ &= \frac{(1.767 \times 10^{-4})(0.15) + (3.1416 \times 10^{-4})(0.15)}{9.817 \times 10^{-4}}\\ &= 0.075\ \text{m}\end{aligned}$$

$$\begin{aligned}\bar{x} &= \frac{\sum A_i \bar{x}_i}{\sum A_i}\\ &= \frac{(1.767 \times 10^{-4})(0) + (3.1416 \times 10^{-4})(2)(0.175)}{9.817 \times 10^{-4}}\\ &= 0.112\ \text{m}.\end{aligned}$$

하중의 편심도(eccentricity)는 다음과 같이 구할 수 있다.

$$e_c = 0.200 + 0.175 - 0.112 = 0.263\ \text{m}$$

그림 16.20b에 리벳의 중심으로부터 도심까지의 거리가 도시되어 있으며, 그림 16.20c에 결과적인 삼각형이 도시되어 있다. 이 두 그림으로부터

$$r_A = r_C = \sqrt{75^2 + 112^2} = 135\ \text{mm}.$$

$$r_B = r_D = \sqrt{75^2 + 63^2} = 97.9\ \text{mm}$$

(b) 각 리벳에 작용하는 직접적 전단 응력은 다음과 같다.

$$\tau_d = \frac{P}{\sum A} = \frac{20\ \text{kN}}{9.817 \times 10^{-4}\ \text{m}^2} = 20.37\ \text{MPa}.$$

그림 16.20d에 각 리벳에 직접적으로 작용하는 전단 응력과 비틀림에 의해 작용하는 전단 응력이 도시되어 있다. 도심에 작용하는 정적으로 등가인 토크는 다음과 같다.

$$T = Pe_c = (20\ \text{kN})(0.263\ \text{m}) = 5260\ \text{Nm}$$

만약 리벳의 크기가 충분히 작아서 극관성모멘트에 영향을 미치지 못한다면, 평행 축 정리(4.2.3절 참조)에 의해 극관성모멘트는 다음과 같다.

$$J = \sum r_j^2 A_j = 2\left(r_C^2 A_C + r_D^2 A_D\right) = 1.246 \times 10^{-5}\ \text{m}^4$$

그러므로 비틀림으로 인해 작용하는 전단 응력은 식 (4.32)를 이용하여 다음과 같이 구할 수 있다.

$$\begin{aligned}\tau_{ti} &= \frac{Tr_i}{\sum r_j^2 A_j} \\ &= \frac{(5260\ \text{Nm})r_i}{1.246 \times 10^{-5}\ \text{m}^4} \\ &= (4.2215 \times 10^8\ \text{N/m}^3)r_i.\end{aligned}$$

따라서

$$\tau_{tA} = \tau_{tC} = (4.2215 \times 10^8)(0.135) = 56.99\ \text{MPa}$$

$$\tau_{tB} = \tau_{tD} = (4.2215 \times 10^8)(0.0979) = 41.33\ \text{MPa}$$

비틀림 응력의 x성분과 y성분은 각각 다음과 같다.

$$\tau_{tAx} = \tau_{tCx} = \tau_{tA} \sin\alpha = 56.99 \sin 33.81^\circ = 31.71\ \text{MPa}$$

$$\tau_{tAy} = \tau_{tCy} = \tau_{tA} \cos\alpha = 56.99 \cos 33.81^\circ = 47.35\ \text{MPa}$$

$$\tau_{tBx} = \tau_{tDx} = \tau_{tB} \sin\beta = 41.33 \sin 50.0^\circ = 31.66\ \text{MPa}$$

$$\tau_{tBy} = \tau_{tDy} = \tau_{tB} \cos\beta = 41.33 \cos 50.0^\circ = 26.57\ \text{MPa}$$

그림 16.20d로부터 네 개의 리벳에 작용하는 합응력은 다음과 같이 구할 수 있다.

$$\begin{aligned}\tau_A &= \tau_C = \sqrt{\left(\tau_{tAy} - \tau_d\right)^2 + \tau_{tAx}^2} \\ &= \sqrt{(47.35 - 20.37)^2 + (31.71)^2} \\ &= 41.63\ \text{MPa},\end{aligned}$$

$$\begin{aligned}\tau_B &= \tau_D = \sqrt{\left(\tau_{tDy} + \tau_d\right)^2 + \tau_{tDx}^2} \\ &= \sqrt{(26.57 + 20.37)^2 + (31.66)^2} \\ &= 56.62\ \text{MPa}.\end{aligned}$$

임계 전단 응력은 리벳 B와 리벳 D에 작용한다. 일단 전단 응력을 알면, 전단력(shear force)을 다음과 같이 구할 수 있다.

$$P_B = P_D = \tau_B A = (56.62)(3.1416 \times 10^{-4}) = 17.79\ \text{kN}.$$

(c) 리벳의 전단을 방지하기 위한 안전 계수는 다음과 같다.

$$n_s = \frac{\tau_{\text{all}}}{\tau_D} = \frac{230\ \text{MPa}}{56.62\ \text{MPa}} = 4.06.$$

(d) 그림 16.20e에는 너비 방향을 따라 두 개의 리벳이 포함된 위험 단면상 부재의 측면이 도시되어 있다. 중립축으로부터 최외곽 섬유까지의 거리는 0.125 m이다. 그림 16.20a로부터 부재의 굽힘을 다음과 같이 구할 수 있다.

$$M_B = (20\ \text{kN})(0.200\ \text{m}) = 4\ \text{kNm}.$$

그림 16.20e에 도시된 위험 단면(critical section)에 대한 면적 관성모멘트는 다음과 같이 구할 수 있다.

$$\begin{aligned}I &= \frac{1}{12}(0.015\ \text{m})(0.250\ \text{m})^3 \\ &\quad -2\left[\frac{1}{12}(0.015)(0.020)^3 + (0.015)(0.020)(0.075)^2\right]\end{aligned}$$

즉, $I = 1.6126 \times 10^{-5}\ \text{m}^4$이다. 리벳 B에 작용하는 굽힘 응력은 다음과 같다.

$$\sigma_B = \frac{M_B c}{I} = \frac{(4000)(0.125)}{1.6136 \times 10^{-5}} = 30.99\ \text{MPa}.$$

부재의 굽힘을 방지하기 위한 안전 계수는 다음과 같다.

$$n_s = \frac{\sigma_{\text{all}}}{\sigma_B} = \frac{350\ \text{MPa}}{30.99\ \text{MPa}} = 11.3.$$

그러므로 만약 파손이 발생한다면, 리벳의 전단에 의해 먼저 발생할 것이다.

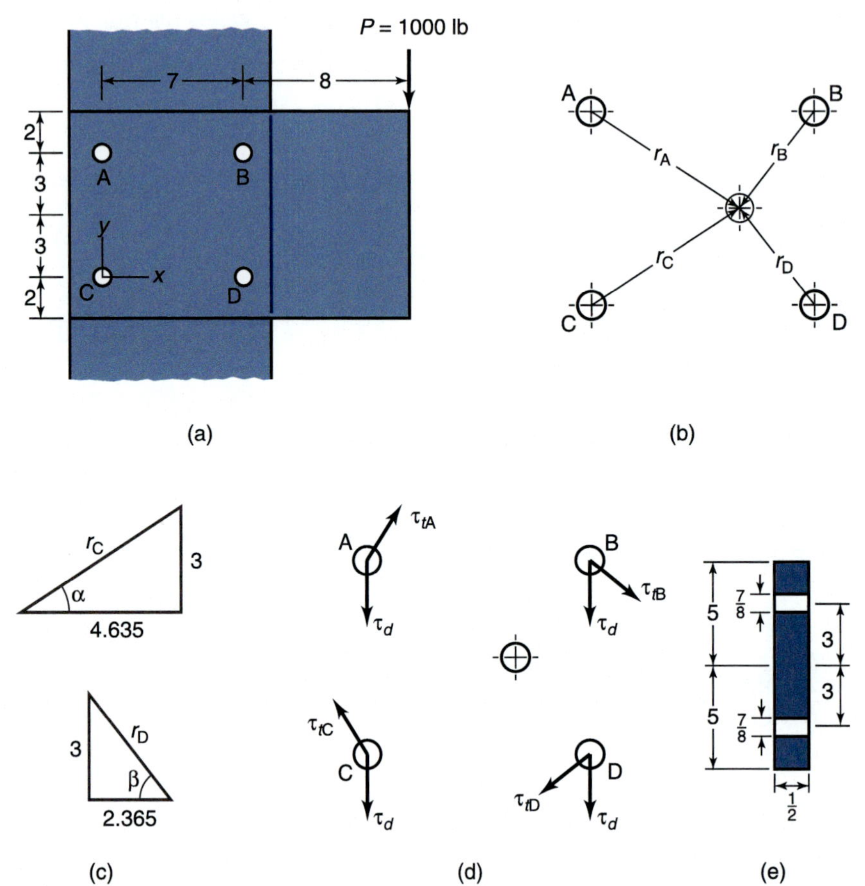

그림 16.20: 예제 16.9에 사용된 리벳 체결재. (a) 체결용 리벳의 결합 형상, (b) 도심으로부터 각 리벳 중심까지의 길이, (c) (b)에서 구한 길이와 관련된 삼각형, (d) 각 리벳에 작용하는 직접 전단 응력 및 비틀림 전단 응력, (e) 부재에 대한 측면도(모든 치수는 인치로 표시됨).

16.6 용접, 경납땜 및 연납땜 이음

용접(weld)은 부재의 접촉면에서 재료가 용융되면서 영구적인 이음부를 형성한다. 이때 용가재(filler metal)를 포함할 수 있다. 경납땜(브레이징, brazing)과 연납땜(솔더링, soldering)은 부재와 용가재 사이의 접착을 통해 접촉면을 형성하는 방식이다. 용가재가 녹아서 제거될 수 있기 때문에, 경납땜과 연납땜은 비영구적인 이음을 형성한다. 반면에 용접은 영구적인 이음을 형성한다. 경납땜과 연납땜의 차이점은 경납땜은 450℃ 이상의 온도에서 작업하나, 연납땜은 일반적으로 주석과 융점이 낮은 다른 금속을 사용한다는 데 있다. 이러한 연납땜의 경우 전기/전자 부품의 이음에서 가장 흔하게 활용된다.

Kalpakjian과 Schmid(2010)에서 논의되었듯이, 용접에는 매우 다양한 방법이 존재한다. **용접**(fusion welding)은 주로 화학적, 전기적 혹은 높은 에너지원에 의해 열을 가해 재료를 녹이고 하나의 덩어리로 합치는 과정을 수반한다. 용접의 예로는, 산소가스 용접(oxyfuel gas welding), 용극 및 비용극(역자 주: 융점이 높고 아크 열에도 쉽게 소모되지 않는 전극) 아크 용접(arc welding) 그리고 고에너지 빔 용접(high energy beam welding)이 있다. **고체 상태 용접**(solid state welding)은 금속 물질의 융해 없이 이음을 만드는 방법이다. 즉, 이 방법에 의해 이음이 만들어지는 과정에서 어떤 액체 상태도 존재하지 않는다. 고체 상태 용접의 기본적인 유형은 냉간 용접(cold welding), 초음파 용접

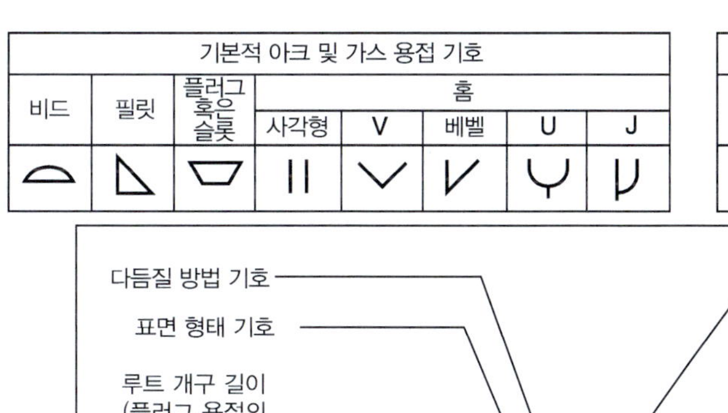

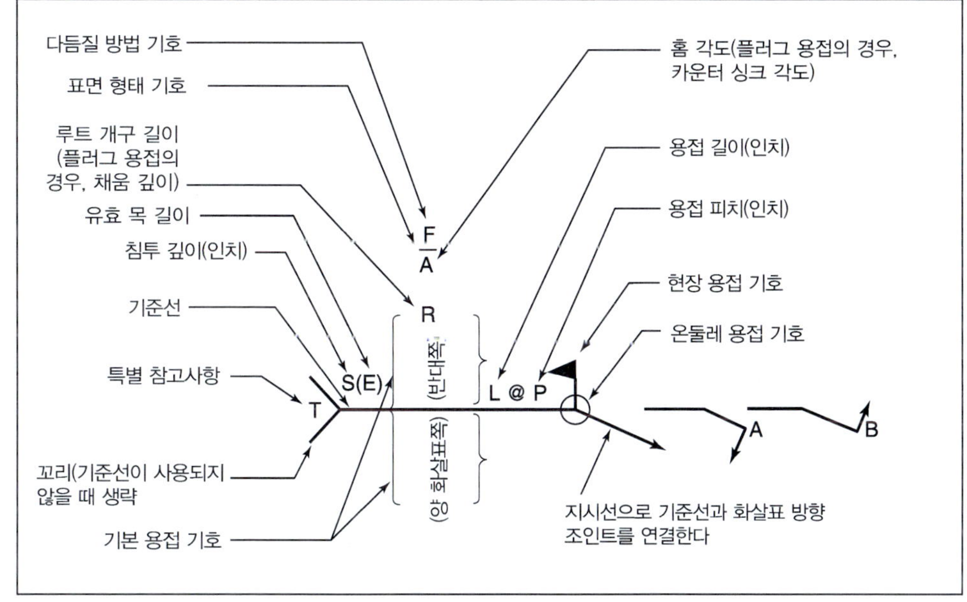

그림 16.21: 기본적인 용접 기호. 출처: Kalpakjian & Schmid (2010).

(ultrasonic welding), 마찰 용접(friction welding), 저항 용접(resistance welding), 폭발 용접(explosion welding) 그리고 확산 접합(diffusion bonding)이 있다.

용접에는 매우 다양한 구성이 존재한다. 그림 16.21은 표준 용접 기호를 보여준다. 이를 통해 용접으로 이어진 이음부는 설계 시 상당히 다양한 방법의 유연성을 제공함을 알 수 있다. 용접에 의한 이음부는 매우 다양한 형태로 이루어질 수 있다. 용접 이음부, 경납땜 이음부, 연납땜 이음부에 대한 다음과 같은 분류는 설계 해석 시 도움이 된다.

1. **점 용접**(spot welding)은 저항 점 용접에서처럼 전극에 의해 두 금속 사이에 국소적인 용접이 이루어지는 경우를 의미한다.
2. **선 용접**(line welding)은 용접에 의해 용접선 혹은 비드(bead)가 형성되는 경우를 의미한다. 예를 들어, 그림 16.22에 제시된 차폐된 금속 아크 용접(shielded metal arc welding, SMAW)을 고려할 수 있다. 이 방법에서는, 결합될 두 부재가 서로 죔쇠에 의해 고정되며 각 부재의 끝은 선력원의 각 단자와 전기적인 접촉을 이룬다. 저전압, 고전류의 아크가 간극을 통해 전달되면서 하나의 전기 회로가 완성되며 이음부가 형성된다. 전극과 용접 부위 사이의 거리를 조정하여 이음부의 부재가 높은 온도에 의해 충분히 녹을 수 있도록 전기 아크가 유지되게 한다. 이 과정에서 전극은 점차 소모되며, 이음부에 추가적인 금속 재료를 공급한다. 전극을 감싸는 차폐 가스에 의한 유동과 슬래그(slag) 분말은 모두 금속이 산화되는 것을 방지해 준다. 슬래그는 주로 용접부가 충분히 식은 후에 쳐내어진다. SMAW의 결과로 폭에 비해 길이 방향으로 매우 긴 **용접 비드**(weld bead) 혹은 **용접선**(weld line)이 형성된다.
3. **면 용접**(area weld)은 용접에 의한 이음이 넓은 면적에

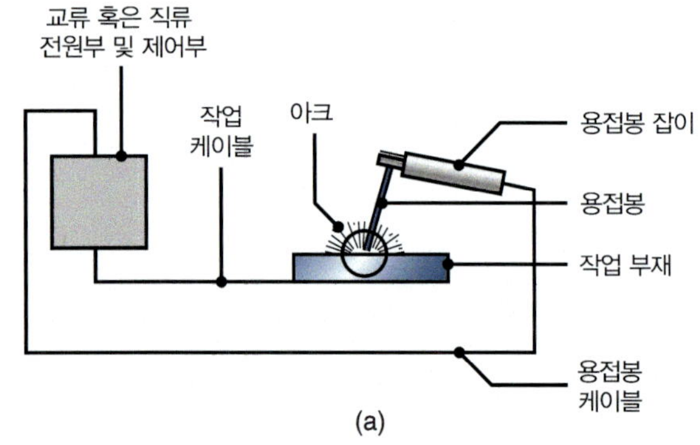

(a)

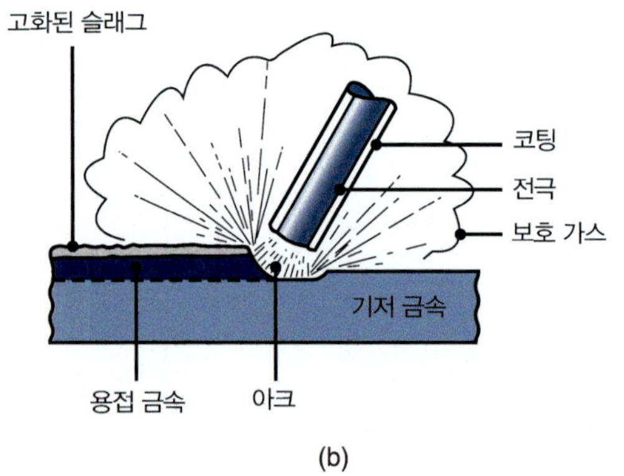

(b)

그림 16.22: 피복 아크 용접(SMAW) 공정에 대한 도식도. 대규모의 산업 용접 공정의 약 50%는 이 피복 아크 용접을 사용한다. 출처: Kalpakjian & Schmid(2010)

걸쳐 이루어지는 용접법을 의미한다. 그 예로 냉간 용접(cold welding), 폭발 용접(explosive welding) 그리고 확산 접합(diffusion bonding)을 들 수 있다. 경납땜과 연납땜은 일반적으로 면 접합 형태가 된다.

체결용 나사에 비해 용접 이음은 저렴하며 이음부가 헐거워질 위험이 없다는 장점이 있다. 체결용 나사와 비교하였을 때 용접 이음의 몇 가지 단점으로는 잔류 응력을 형성하고, 부재의 뒤틀림을 발생시키며, 금속의 특성을 변화시키고 분리가 어렵다라는 점을 들 수 있다.

용접의 질은 작업자의 숙련도, 표면에 준비 상태, 공정 파라미터에 크게 의존한다. 용접 강도의 편차로 인해 용접은 다른 체결재보다 더 높은 안전 계수로 설계되어야 한다.

16.6.1 점 용접

저항 점 용접(resistance spot welding, RSW)에서는 포개어진 두 금속 판재를 사이에 두고 양쪽에서 두 개의 용접봉 끝이 맞닿으면, 전기 저항에 의해 발생되는 열로 점 용접이 생성된다(그림 16.23). 저항 점 용접(RSW)은 판재 제작 및 자동차 차체 판넬 조립 시 가장 흔하게 사용되는 방식이다. 용접부에서 강한 접착력을 얻기 위해서는 전류가 꺼질 때까지 그리고 용접부가 고체 상태로 굳을 때까지 압력이 가해져야 한다. 저항 점 용접에서는 교류 전류와 압력의 정확한 제어와 타이밍이 매우 중요하다. 결과적으로 생성된 점 용접 표면은 약간 변색되며 살짝 눌린 형상을 지닌다.

점 용접은 용접봉보다 살짝 더 큰 용접부를 형성한다는 것에 주목한다. 용접부의 지름은 일반적으로 6~10 mm가 된다. 응력 해석 관점에서 보면, 점 용접은 16.5절에 기술된 리벳과 유사하게 다뤄질 수 있다. 그러나 점 용접은 일반적으로 금속 판재에 사용되기 때문에, 그립 부분이 짧으며 굽힘에 의한 용접부의 파손이 잘 발생하지 않는다. 대신에 전단에 의한 용접부 파손은 발생할 가능성이 있다. 너겟(nugget, 용접부)에 작용하는 전단은 식 (16.49)를 이용하여 해석될 수 있다. 이때, 리벳 지름 대신에 너겟 지름(용접부 지름)을 사용한다.

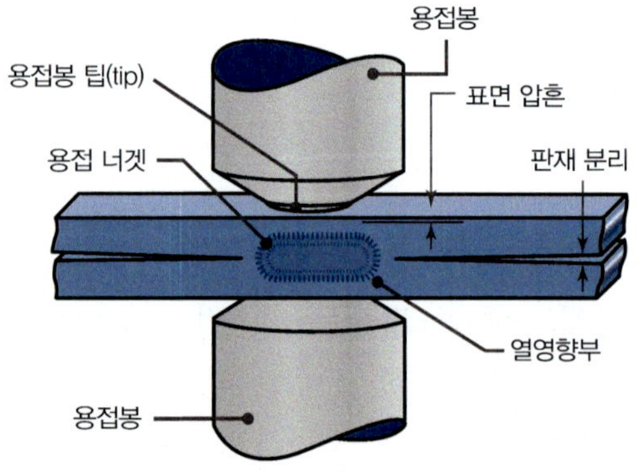

그림 16.23: 저항 점 용접 공정에 대한 도식도. 용접 너겟과 표면 압흔. 출처: Kalpakjian & Schmid(2010).

16.6.2 선 용접

수많은 용접 공정은 구슬 형태의 용접 비드 또는 길이에 비해 폭이 좁은 용접선을 형성한다는 것을 상기하자. 수많은 다른 접합 방식이 얻어질 수 있으며, 그 중 하나는 그림 16.24a에 보인 바와 같이 **필렛 용접**(fillet weld)이다. 필렛 용접에 대한 접근법은 다른 용접 형상에 대해서 확장되어 사용될 수 있다.

필렛 용접의 가장 얇은 단면은 용접부 다리 부분과 45° 각도를 이루는 목(throat) 부분에서 발생한다. 필렛 용접에 있어서 지배적인 응력은 그림 16.24b에 보인 바와 같이 용접부 목에 작용하는 전단 응력이다. 하중과 평행하게 나열된 필렛 용접에서는 전단 응력이 하중과 평행한 필렛의 목을 따라 발생한다는 것을 그림 16.24b에서 확인할 수 있다. 하중 방향에 대해 횡방향으로 나열된 필렛 용접에서는, 전단 응력이 하중에 대해서 45° 각도를 이루며 발생하며 필렛축에 대해 횡방향으로 작용한다.

평행 및 횡방향 하중

필렛 용접은 최소 단면, 그림 16.24a에 보인 바와 같이 용접부의 목 부분에서 전단에 의해 파괴된다. 이는 용접부에 평행한 방향으로 하중이 작용하는지(그림 16.24b에서 측면에 작용하는 하중) 혹은 횡방향으로 하중이 작용하는지(그림 16.24b에서 끝부분에 작용하는 하중)에 관계없이 성립한다. 이러한 종류의 하중으로부터 전단 응력은 다음과 같이 구할 수 있다.

$$\tau = \frac{P}{t_e L_w} = \frac{P}{0.707 h_e L_w} = \frac{1.414P}{h_e L_w}, \qquad (16.53)$$

이때 t_e는 용접부 목 길이, h_e는 용접부 다리(leg) 길이 그리고 L_w는 용접 길이이다. 그러므로 파손을 방지하기 위해서는 다음과 같은 관계식이 성립해야 한다.

$$\frac{S_{sy}}{n_s} = \frac{P}{t_e L_w}. \qquad (16.54)$$

비틀림 하중

비틀림 하중에 대해서, 용접체에 작용하는 합성전단 응력(resultant shear stress)은 리벳에 대한 식 (16.50)에서 보인 바와 같이, 직접 가해지는 전단 응력과 비틀림에 의해 가해지는 전단 응력의 벡터 합으로 구할 수 있다. 용접부에 직접 가해지는(혹은 횡방향으로 가해지는) 전단 응력은 다음과 같다.

$$\tau_d = \frac{V}{A} = \frac{\text{전단력}}{\text{총 목(throat) 면적}}. \qquad (16.55)$$

비틀림 전단 응력(torsional shear stress)은 다음과 같다.

$$\tau_t = \frac{Tr}{J}, \qquad (16.56)$$

이때 r은 용접체(weld group)의 도심으로부터 용접부에서 가장 먼 지점까지의 거리이며, T는 작용한 토크 그리고 J는 극관성모멘트를 의미한다. 비틀림 하중에 대해서 가장 중요한 단면은, 평행한 방향으로 작용하는 하중과 횡방향으로 작용하는 하중을 고려해야 하므로, 용접부의 목(throat) 단면임을 알 수 있다. 선 용접에 대한 해석 과정은 **단위 극관성모멘트**의 개념을 도입하여 단순화될 수 있다.

$$J = t_e J_u = 0.707 h_e J_u. \qquad (16.57)$$

단, J_u는 길이의 세제곱에 해당하는 단위를 가짐에 유의한다. 표 16.8은 9개의 용접 형태에 대한 단위 극관성모멘트 값을 제시한다. 이 표를 이용하면, 비틀림 하중에 대한 해석을 단순화할 수 있다. 다른 방법은 4.2절에 제시된 방법을 이용하여 극관성모멘트를 계산하는 것이다.

굽힘 하중

굽힘이 작용할 때, 용접 접합부에는 수직 응력뿐 아니라 횡방향 전단 응력이 작용하게 된다. 직접 작용하는(혹은 횡방향으로 작용하는) 전단 응력은 식 (16.53)에 주어진 식과 동일하다. 모멘트 M은 용접부에 수직 굽힘 응력 σ를 발생시킨다. 이 응력이 용접부 목 부분에 수직으로 작용한다고 가정해도 무방하다. 면적 관성모멘트는 다음과 같이 단위 면적 관성모멘트로부터 계산한다.

$$I = t_e I_u = 0.707 h_e I_u. \qquad (16.58)$$

표 16.8: 다양한 종류의 하중을 고려할 때 사용되는 용접부의 형상과 파라미터. 파손은 인장이 작용하는 쪽에서 발생한다고 가정한다는 것에 주목한다. 즉, 용접이 이루어지는 과정에서 부재는 서로에 맞닿은 채로 견디게 되므로, 압축력은 용접 비드만을 통해서 전달되지는 않는다. 출처: Mott(2014).

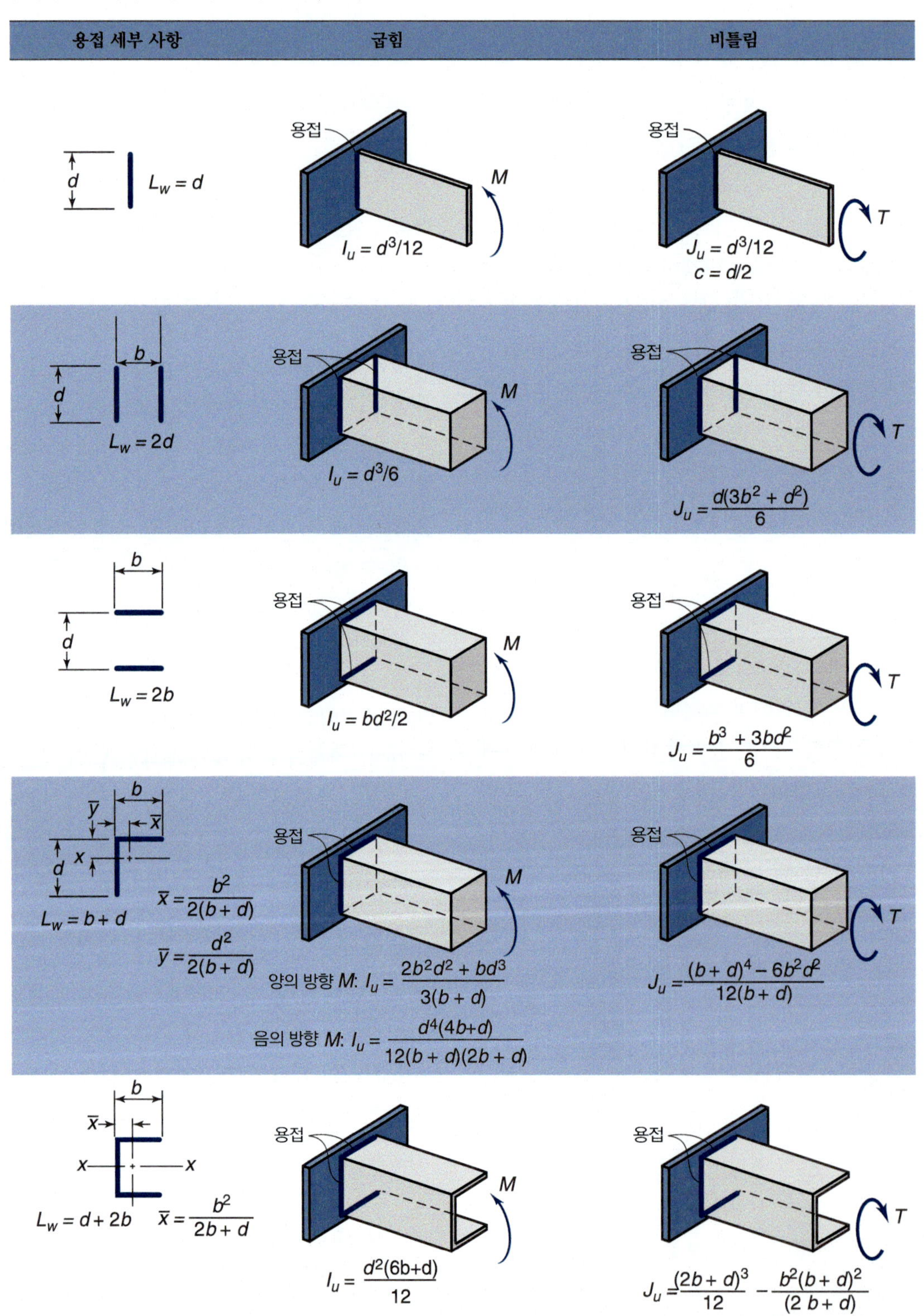

용접 세부 사항	굽힘	비틀림
$L_w = d$	$I_u = d^3/12$	$J_u = d^3/12$, $c = d/2$
$L_w = 2d$	$I_u = d^3/6$	$J_u = \frac{d(3b^2 + d^2)}{6}$
$L_w = 2b$	$I_u = bd^2/2$	$J_u = \frac{b^3 + 3bd^2}{6}$
$L_w = b + d$, $\bar{x} = \frac{b^2}{2(b+d)}$, $\bar{y} = \frac{d^2}{2(b+d)}$	양의 방향 M: $I_u = \frac{2b^2d^2 + bd^3}{3(b+d)}$ 음의 방향 M: $I_u = \frac{d^4(4b+d)}{12(b+d)(2b+d)}$	$J_u = \frac{(b+d)^4 - 6b^2d^2}{12(b+d)}$
$L_w = d + 2b$, $\bar{x} = \frac{b^2}{2b+d}$	$I_u = \frac{d^2(6b+d)}{12}$	$J_u = \frac{(2b+d)^3}{12} - \frac{b^2(b+d)^2}{(2b+d)}$

표 16.8: 계속.

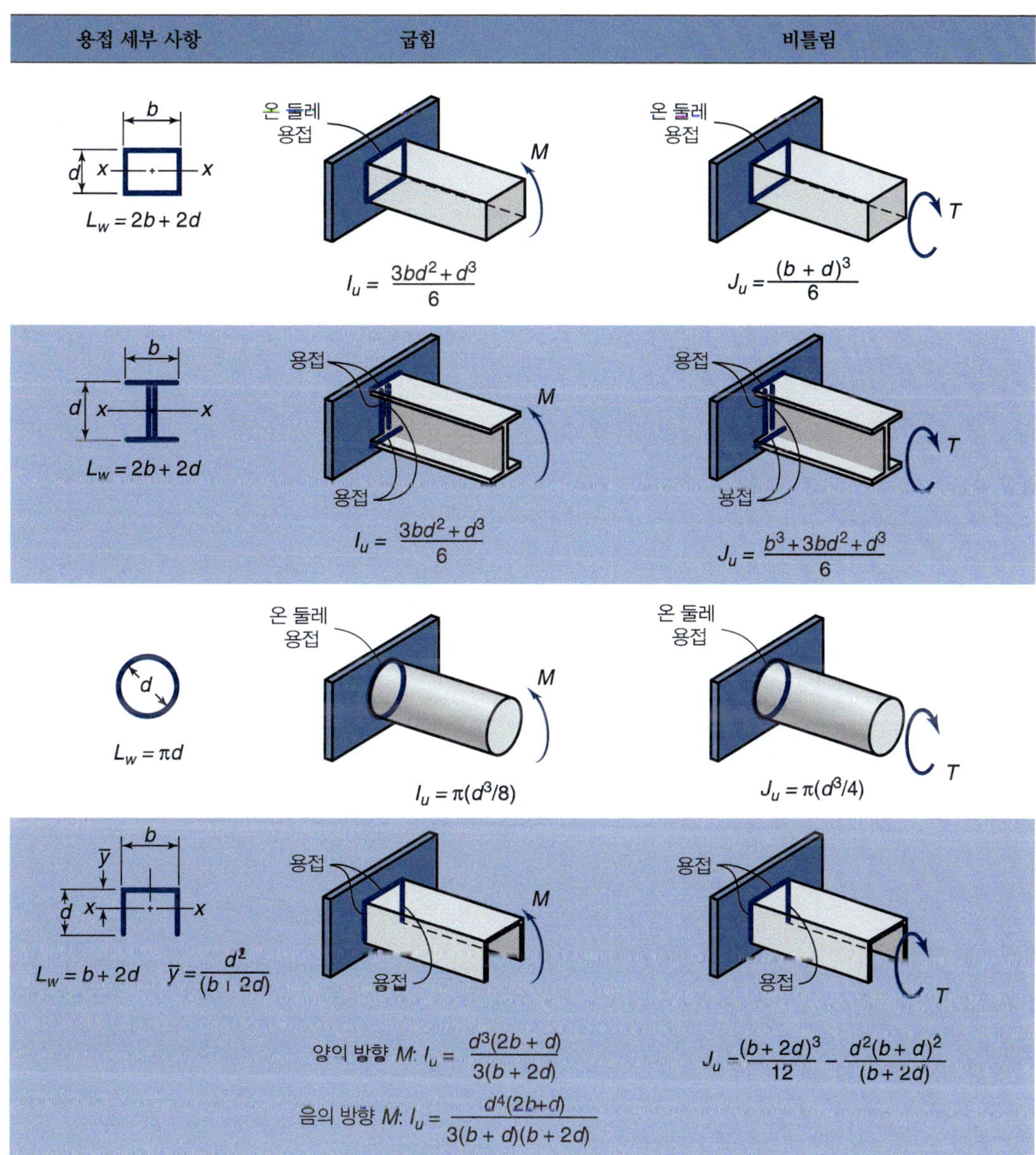

용접 세부 사항	굽힘	비틀림
$L_w = 2b + 2d$	온 둘레 용접, M $I_u = \frac{3bd^2 + d^3}{6}$	온 둘레 용접, T $J_u = \frac{(b+d)^3}{6}$
$L_w = 2b + 2d$	용접, 용접, M $I_u = \frac{3bd^2 + d^3}{6}$	용접, 용접, T $J_u = \frac{b^3 + 3bd^2 + d^3}{6}$
$L_w = \pi d$	온 둘레 용접, M $I_u = \pi(d^3/8)$	온 둘레 용접, T $J_u = \pi(d^3/4)$
$L_w = b + 2d$ $\bar{y} = \frac{d^2}{(b+2d)}$	용접, 용접, M 양의 방향 M: $I_u = \frac{d^3(2b+d)}{3(b+2d)}$ 음의 방향 M: $I_u = \frac{d^4(2b+d)}{3(b+d)(b+2d)}$	용접, 용접, T $J_u = \frac{(b+2d)^3}{12} - \frac{d^2(b+d)^2}{(b+2d)}$

표 16.8은 9개의 용접 형태에 대한 단위 면적 관성모멘트 값을 제시한다. 굽힘에 의한 수직 응력은 다음과 같다.

$$\sigma = \frac{Mc}{I}, \tag{16.59}$$

이때 c는 중립축으로부터 가장 먼 점까지의 거리를 의미한다. 일단, 전단 응력과 수직 응력이 구해지면, 주응력 혹은 주전단 응력이 식 (2.16) 혹은 식 (2.19)를 이용하여 구해질 수 있다. 이러한 주응력이 결정되면, 식 (6.8)에 제시된 최대 전단 응력 이론 혹은 식 (6.9)에 제시된 뒤틀림 에너지 이론을 이용하여 용접부의 파손 가능성 여부를 판별할 수 있다.

용접 비드 강도

아크 용접 시 사용되는 용접봉은 'E6018'와 같이 4자리 숫자

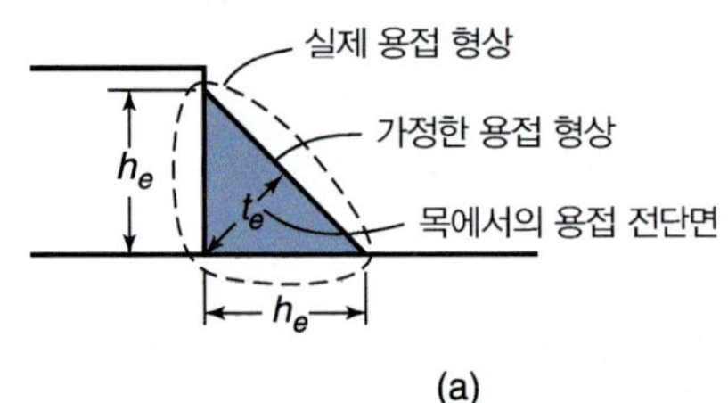

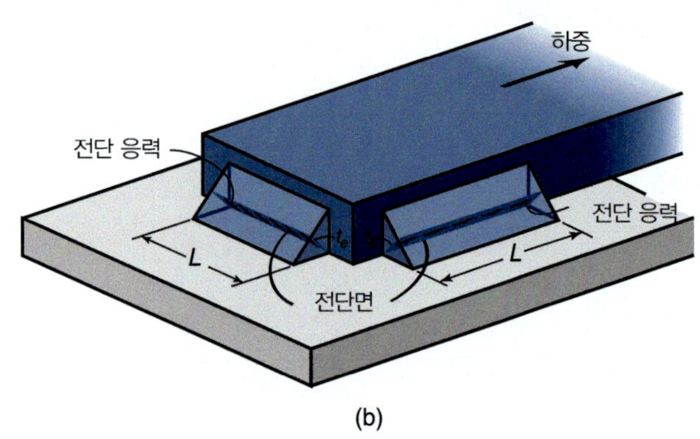

그림 16.24: 필렛 용접. (a) 목과 다리를 보여주는 용접 단면, (b) 전단면.

앞에 붙는 알파벳 'E'로 구분된다. 첫 두 자리 숫자는 용착 재료(deposited material), 즉 용접봉 재료의 강도로 인치 제곱당 몇 천 파운드인지를 의미한다. 마지막 자리 숫자는 전류 공급과 같은 용접 방식에 따른 변수를 의미한다. 세번째 자리 숫자는 수평(flat), 수직(vertical) 그리고 위쪽(overhead) 등 용접 위치를 의미한다.

표 16.9는 용접봉 계열 별 최소 강도 특성을 나타내었다.

표 16.9: 용접봉 계열에 따른 최소 강도값.

용접봉 번호	인장 강도 S_{ut}, MPa	항복 강도 S_y, MPa	신장 e_k 퍼센트
E60XX	427	345	17–25
E70XX	482	393	22
E80XX	552	462	19
E90XX	620	531	14–17
E100XX	689	600	13–16
E120XX	827	738	14

예제 16.10

용접 접합부

조건 그림 16.25a에 보인 바와 같이 브래킷(bracket)이 빔(beam)에 용접되는 경우를 고려한다. 20 kN의 지속적인 하중이 작용하며, 용접 길이 $l_1 = 150$ mm 그리고 $l_2 = 100$ mm임을 가정하라. E60XX의 용접봉을 사용하여 필렛 용접을 한다고 가정하라.

문제 그림 16.25a에 보인 바와 같이 편심 하중에 대하여, 비틀림과 5.0의 안전 계수를 고려하여 최소 용접 다리 길이를 구하라.

풀이 총 용접 면적은 다음과 같다.

$$\begin{aligned}\sum A_i &= t_e(l_1 + l_2) = 0.7071h_e(0.150 + 0.100) \\ &= (0.1768 \text{ m})h_e = (0.250 \text{ m})t_e.\end{aligned}$$

용접 그룹의 도심은 식 (4.5)와 식 (4.6)을 이용하여 구할 수 있다.

$$\bar{x} = \frac{\sum A_i x_i}{\sum A_i} = \frac{0(150)t_e + 50(100)t_e}{250t_e} = 20 \text{ mm},$$

$$\bar{y} = \frac{\sum A_i y_i}{\sum A_i} = \frac{75(150)t_e + 150(100)t_e}{250t_e} = 105 \text{ mm}.$$

가해진 토크는 다음과 같다.

$$T = Pr = (20,000)(0.3 - 0.02) \text{ N-m} = 5.6 \text{ kN-m}.$$

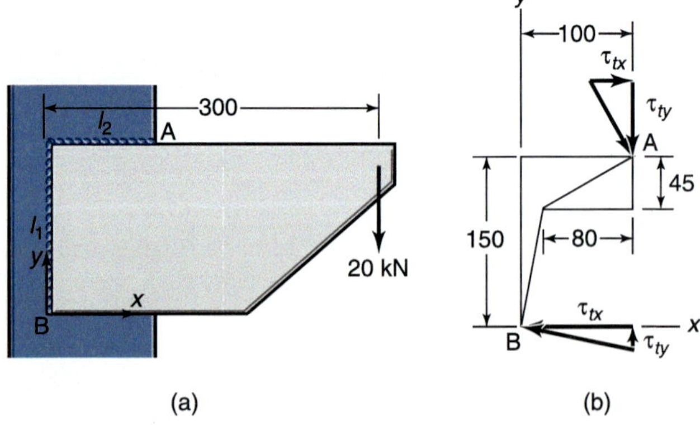

그림 16.25: 예제 16.10에 사용된 용접된 브래킷. (a) 치수, 하중 및 좌표값, (b) 점 A와 점 B에 작용하는 비틀림 전단 응력 성분.(모든 치수는 밀리미터 단위로 표시되어 있다.)

또한

$$\begin{aligned} J_u &= \frac{(b+d)^4 - 6b^2d^2}{12(b+d)} \\ &= \frac{(0.100+0.150)^4 - 6(0.100)^2(0.150)^2}{12(0.100+0.150)} \\ &= 8.521 \times 10^{-4}\ \mathrm{m}^3. \end{aligned}$$

극관성모멘트는 다음과 같이 구할 수 있다.

$$\begin{aligned} J &= t_e J_u = 0.7071 h_e J_u = (0.7071)(h_e)\left(8.521 \times 10^{-4}\right) \\ &= \left(6.025 \times 10^{-4}\ \mathrm{m}^3\right) h_e. \end{aligned}$$

식 (16.55)를 이용하여 그림 16.26에 보인 점 A와 점 B에 직접 직으로(혹은 횡방향으로) 가해지는 전단 응력을 구하며,

$$\tau_{dA} = \tau_{dB} = \frac{P}{A} = \frac{20,000}{0.1768 h_e} = \frac{\left(1.131 \times 10^5\ \mathrm{N/m}\right)}{h_e}.$$

그림 16.25b로부터 점 A에서의 비틀림 전단 응력 성분을 다음과 같이 구할 수 있다.

$$\begin{aligned} \tau_{tAx} &= \frac{T(0.045)}{J} = \frac{(5600)(0.045)}{\left(6.025 \times 10^{-4}\right) h_e} \\ &= \frac{\left(4.183 \times 10^5\ \mathrm{N/m}\right)}{h_e}, \\ \tau_{tAy} &= \frac{T(0.080)}{J} = \frac{(5600)(0.080)}{\left(6.025 \times 10^{-4}\right) h_e} \\ &= \frac{\left(7.436 \times 10^5\ \mathrm{N/m}\right)}{h_e}. \end{aligned}$$

그러므로 점 A에서 전단 응력의 x방향 성분은 다음과 같다.

$$\tau_{Ax} = \tau_{tAx} = \frac{\left(4.183 \times 10^5\ \mathrm{N/m}\right)}{h_e}.$$

또한 y방향으로는 직접적인 전단 응력과 비틀림에 의한 전단 응력 모두 작용하므로

$$\begin{aligned} \tau_{Ay} &= \tau_{dA} + \tau_{tAy} = \frac{1.131 \times 10^5}{h_e} + \frac{7.436 \times 10^5}{h_e} \\ &= \frac{\left(8.567 \times 10^5\ \mathrm{N/m}\right)}{h_e}, \end{aligned}$$

합성된 전단 응력은 다음과 같다.

$$\begin{aligned} \tau_A &= \sqrt{\tau_{Ax}^2 + \tau_{Ay}^2} \\ &= \frac{1}{h_e}\sqrt{(4.183 \times 10^5)^2 + (8.567 \times 10^5)^2} \\ &= \frac{\left(9.534 \times 10^5\ \mathrm{N/m}\right)}{h_e}. \end{aligned}$$

유사한 방법으로 점 B에서의 전단 응력은 다음과 같이 구할 수 있다.

$$\begin{aligned} \tau_{Bx} &= \frac{T(0.105)}{J} = \frac{(5600)(0.105)}{\left(6.025 \times 10^{-4}\right) h_e} \\ &= \frac{\left(9.759 \times 10^5\ \mathrm{N/m}\right)}{h_e}, \\ \tau_{tBy} &= \frac{T(0.020)}{J} = \frac{(5600)(0.020)}{\left(6.025 \times 10^{-4}\right) h_e} \\ &= \frac{\left(1.859 \times 10^5\ \mathrm{N/m}\right)}{h_e}. \end{aligned}$$

그림 16.24b로부터 직접적인 전단 응력과 비틀림에 의한 전단 응력이 반대 방향으로 작용함을 알 수 있다. 따라서

$$\begin{aligned} \tau_{By} &= \tau_{dB} - \tau_{tBy} = \frac{1.859 \times 10^5}{h_e} - \frac{1.131 \times 10^5}{h_e} \\ &= \frac{\left(7.280 \times 10^4\ \mathrm{N/m}\right)}{h_e} \end{aligned}$$

이고

$$\begin{aligned} \tau_B &= \sqrt{\tau_{Bx}^2 + \tau_{By}^2} \\ &= \frac{1}{h_e}\sqrt{(9.759 \times 10^5)^2 + (7.280 \times 10^4)^2} \\ &= \frac{\left(9.786 \times 10^5\ \mathrm{N/m}\right)}{h_e}. \end{aligned}$$

점 B에서의 전단 응력이 더 크기 때문에, 점 B의 설계 시 고려해야 하는 점으로 선정되었다. 표 16.9로부터 용접봉 E60XX에 대한 항복 강도는 50 ksi(345 MPa)이므로

$$n_s = \frac{\tau_{\mathrm{all}}}{\tau_B} = \frac{345 \times 10^6}{\left(\dfrac{9.786 \times 10^5}{h_e}\right)} = \left(352.5\ \mathrm{m}^{-1}\right) h_e.$$

안전 계수 5.0에 대해서 h_e는 14.18 mm이어야 한다.

16.6.3 면 용접

냉간 압연(cold rolling), 확산 접합(diffusion bonding) 혹은 마찰 용접(friction welding)과 같은 많은 용접 작업은 면적에 걸친 용접 접합을 생성시킨다. 이는 경납땜 및 연납땜에서도 비슷한 상황이 발생한다. 설계 관점에서 보면, 이러한 접합부는 16.7절에 논의된 바와 같이 접착 접합 조인트처럼 다뤄질 수 있으나 접합면에 걸친 허용 응력은 상황에 따라 더 크다. 그러나 이러한 용접은 공정 파라미터에 대한 적절한 제어가 필요하며 표면 조건에 특히 민감하다는 것을 인지해야 한다.

16.6.4 용접 접합

그림 16.26에 보인 바와 같이, 전형적인 용접 접합부에서는 아래와 같이 세 가지 뚜렷한 영역으로 구분될 수 있다.

1. 기저 금속(base metal)
2. 열 영향부(heat-affected zone)
3. 용접 금속(weld metal)

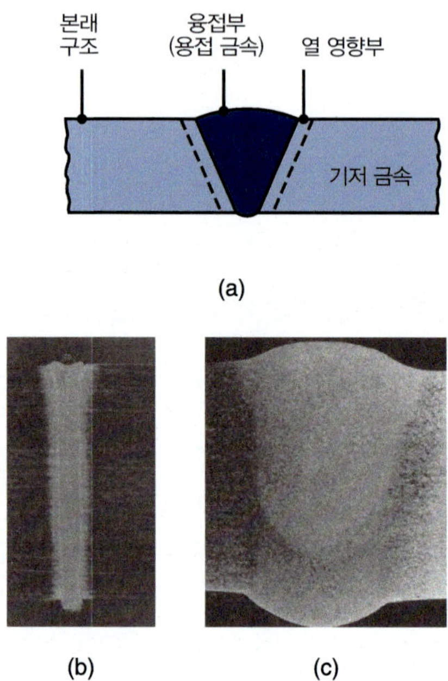

그림 16.26: (a) 산소연료 가스와 아크 용접에서 전형적으로 나타나는 용접 영역의 특징. 출처: Kalpakjian & Schmid(2010). (b)~(c) (b) 전자 빔 용접과 (c) 텅스텐 아크 용접 시 생성되는 용접부 비교. 출처: 미국 용접 협회(American Welding Society).

두 번째 및 세 번째 영역에 대한 기하학적, 금속공학적, 물리적, 기계적 속성은 접합되는 금속의 종류, 특정 접합 공정, 용가재 그리고 용접 공정 변수에 크게 의존한다.

열 영향부

열원으로부터 멀리 떨어져 있는 기저 금속 부위는 고온에 노출되지 않으므로 미세 구조에 어떠한 변화도 발생하지 않는다. **열 영향부**(heat-affected zone, HAZ)에서의 화학반응은 기저 금속에 대한 화학반응과 동일하다. 그러나 열 영향부는 용접이 이루어지는 동안 일시적으로 높은 온도에 노출되기 때문에, 다른 미세구조를 갖는다.

열 영향부의 강도와 경도는 기저 금속의 본래의 강도와 경도가 용접 전에 어떠한 과정을 거쳐 생성되었는지에 부분적으로 의존한다. 예를 들면, 어떠한 금속이 냉간 압연과 같이 냉간 가공된 후에 용접이 된 경우를 고려하자. 용접부와 멀리 떨어진 금속 부위는 본래의 미세 구조를 유지하고 있을 것이나, 용접부와 가까운 부위는 재결정화 과정을 거쳤을 것이기 때문에, 용접부에 가까울수록 더 큰 결정 알갱이를 포함하게 된다. 결과적으로, 용접부와 인접한 부위는 높은 연성과 낮은 강도를 갖게 되며, 열 영향부 내에서 가장 취약한 지점이 된다.

열 영향부의 크기는 용접의 파손을 이해하기 위한 중요한 인자이다. 그림 16.26b와 그림 16.26c로부터 알 수 있듯이, 서로 다른 공정은 더 크거나 더 작은 비드와 열 영향부를 생성시킬 수 있다. 일반적으로, 열 영향부가 작을수록 열 영향부에서의 기계적 성질이 덜 감소한다. 그러므로 아크 용접보다 전자 빔 용접이 일반적으로 선호된다. 또한 냉간 용접과 같이 어떠한 열 영향부도 생성시키지 않는 공정은 더욱 선호된다.

상이한 금속으로 이루어진 접합부 그리고 다른 방법에 의해 강화된 합금에 대한 열 영향부는 매우 복잡하기 때문에 이 책의 범주를 벗어난다. 더 자세한 내용은 이 장 뒤에 제시된 참고 문헌에서 볼 수 있다.

용접 품질

용접 시, 누적된 열처리 사이클의 결과로 미세 구조상의 변화가 수반되며 이는 용접 접합부에 다양한 형태의 불연속적인 특징으로 나타난다. 이러한 용접과 관련된 불연속성은 용접 기술이 부적절하게 혹은 부주의하게 사용될 때 혹은 용접 기술자에 대한 교육이 올바르지 못할 때 발생할 수 있다. 용접 품질에 영향을 미치는 주요 불연속성은 다음과 같다:

- **기공성(porosity):** 용접부에서 기공성은 용접 시 발생하는 기체 중에서 응고과정에서 빠져나가지 못하고 갇힌 기체에 의해, 용접 시 발생하는 화학반응에 의해 또는 기타 오염 물질에 의해 발생한다.
- **슬래그(slag) 함유물:** 슬래그 함유물이란 산화물, 플럭스(flux), 용접봉 코팅재와 같은 성분을 의미한다. 만약 보호가스(shielding gas)의 역할이 용접 공정 중 효과적이지 않다면, 외부 환경으로부터 불순물이 슬래그 함유물로 포함될 수 있다. 용접 공정 조건을 제어함으로써, 슬래그 함유물을 줄일 수 있기 때문에, 용접 조건을 적절히 제어하는 것이 중요하다. 용접 공정 파라미터를 적절히 제어한다면, 용해된 슬래그가 용해된 용접 금속 표면으로 떠오르게 함으로써, 슬래그가 용접부에 함유되는 것을 막을 수 있다.
- **불완전한 융해(fusion) 및 용입(penetration):** 그림 16.27에 보인 바와 같이 융해(fusion)가 불완전하게 이루어지면, 불량한 용접 비드(bead)가 생성된다. 이러한 결점은 일반적으로 불량한 용접법에 기인한다.
- **균열(crack):** 균열은 용접부 주변의 다양한 위치에서 다양한 방향으로 발생할 수 있다. 전형적인 균열의 종류로는 종방향 균열, 횡방향 균열, 움푹 파인 곳에 생성되는 크레이터(crater) 균열, 비드 아래쪽에 생성되는 비드하(underbead) 균열, 토(toe)에 생성되는 균열이 있다(그림 16.28). 용접에서 균열은 용접 영역에 발생되는 높은 온도 변화도 혹은 고정 클램핑에 의한 수축 제한 때문에 생성되는 열응력와 관련이 있다.
- **표면 손상(surface damage):** 몇몇 금속은 용접 중에 녹은 금속이 튀어 인근 표면에 작은 알갱이 형태로 굳어질 수 있다. 아크 용접 공정에서 용접봉이 의도하지 않게, 아크가 생성되는 용접 영역이 아닌 주변 금속부에 닿을 수 있다. 이러한 이유로 용접부에 불연속적으로 표면 손상이 나타날 수 있다. 불연속적 표면 손상을 포함한 용접부는 외관상의 문제 혹은 추후 발생할 수 있는 문제 때문에 부적절하다. 심각한 수준의 불연속적 표면 손상은, 특히 노치-민감성(notch-sensitive) 금속의 경우, 용접부의 기계적 성질에 악영향을 미칠 수 있다.
- **잔류 응력(residual stress):** 용접 공정중 국부적인 열과 냉각으로 인해 용접부 주변은 팽창과 수축을 하게 되며, 이에 따라 작업 부재에 잔류 응력이 생성된다. 보통의 경우, 잔류 응력으로 인해 용접부와 열 영향부

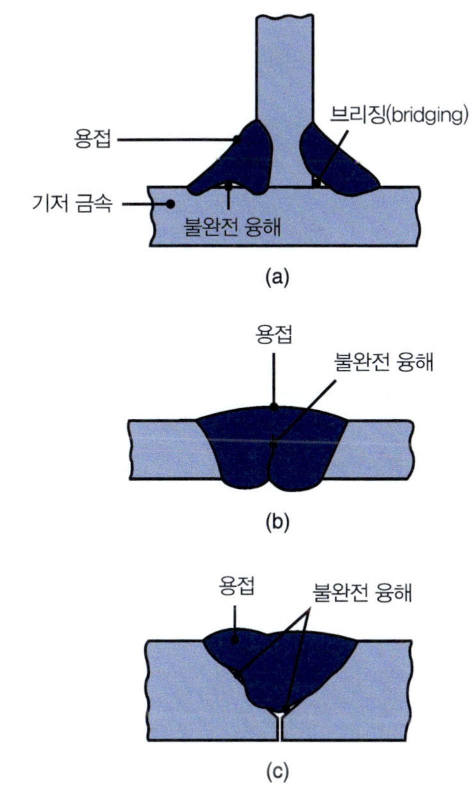

그림 16.27: (a)-(c) 용접(fusion welding)에서 발생하는 다양한 불연속적 특징에 대한 예시. 출처: Kalpakjian & Schmid(2010).

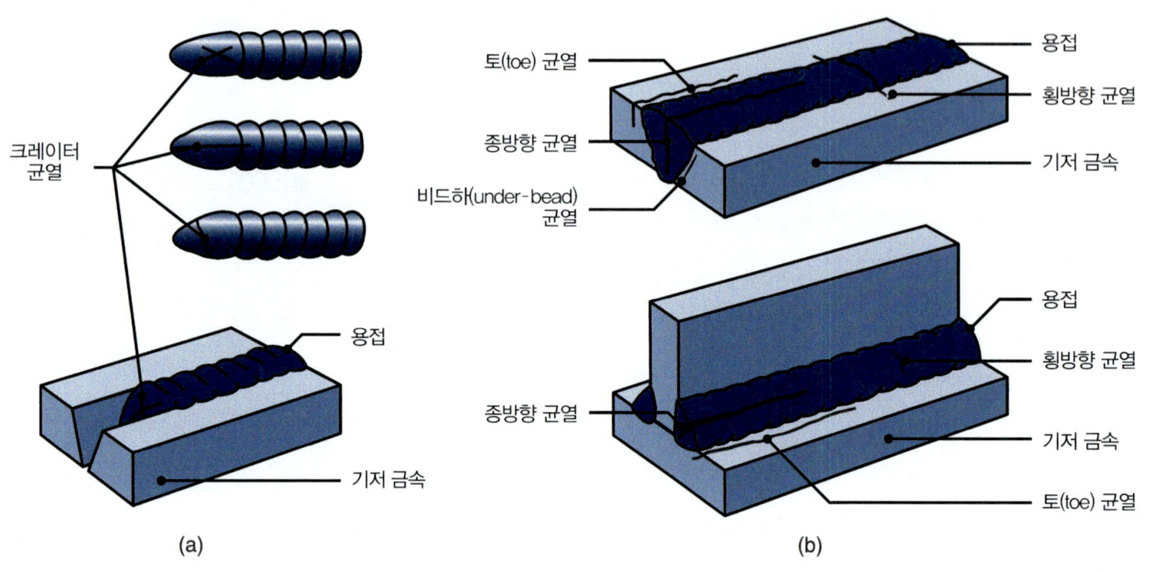

그림 16.28: 용접 조인트에서 발생하는 전형적인 균열. 균영은 대개 열응력에 의해서 발행한다. 출처: Kalpakjian & Schmid(2010).

(HAZ)는 인장 상태에 놓이게 된다. 이는 피로의 측면에서 해로운 요소로 작용한다. 많은 용접 구조물은 사출 혹은 압연을 통해 형성된 냉간 재료를 사용한다. 냉간 재료는 상대적으로 강하며 피로에 대한 내성을 나타낸다. 용접으로 인해 다공성(porosity)이 증가할 수 있으며, 이는 응력을 증가시키고 피로 균열의 성장을 촉진하는 역할을 할 수 있다. 혹은 이러한 다공성 구조는 피로 상태에서 또 다른 균열로 성장할 수도 있다. 일반적으로 열 영향부는 기본 금속보다 피로 내성 측면에서 더 취약하다.

그러므로 높은 수준의 응력이 가해지는 용접부라면 쇼트 블라스팅(shot blasting), 피닝(peening), 해머링(hammering), 혹은 용접-비드(weld-bead) 주변에 대한 표면 압연(surface rolling) 등의 방법을 통해, 용접에 의해 발행하는 잔류 응력을 완화하는 것이 필요하다. 이러한 기법은 다공성을 줄이거나 제거하며, 압축 잔류 응력을 유도한다.

16.6.5 용접의 피로 강도

용접으로 연결된 부재가 주기적인 반복 하중에 노출될 때, 일반적으로 부재보다 열 영향부에서 먼저 파손이 발생하게 된다. 용접봉 재료는 다량의 합금을 포함하고 있기 때문에 상대적으로 강함에도 불구하고 왜 용접 강도(weld strength)가 문제가 되는지, 명확하지 않다. 응력집중 현상은 모든 용접과 관련이 있으므로 응력은 용접부와 바로 인접한 영역에서 최대치를 갖는다. (이것은 가능하다면 언제나 기하학적인 측면에서, 응력집중이 발생할 수 있는 부분으로부터 먼 곳에 용접이 이루어져야 한다는 일반적인 설계 지침을 뒷받침한다.) 게다가, 피로 균열은 거의 용접 재료를 통과해 전파되지 않는다. 위에 논의된 바와 같이, 피로 파괴는 균열이 용접된 재료의 열 영향부(HAZ)를 관통하며 전파되며 발생한다.

피로에 취약한 용접의 특성으로 인해, 피로와 관련된 응용 분야에 용접을 이용하는 것에 대한 다양한 주의 사항을 여러 문헌으로부터 발견할 수 있다. 그러나 용접은 피로가 가능한 상황에서도 일상적으로 행해지고 있으며, 그러한 경고는 기계 요소 설계자에게 어떠한 도움도 되지 않는다. 그럼에도 불구하고, 최소한 피로 응용 분야에 용접과 관련된 설계를 적용하는 것이 얼마나 어려운 것인지 인지해야 한다.

Shigley와 Mischke(1989)는 용접과 관련된 응력집중의 실제 크기를 결정하는 것이 어렵다는 것을 인식하고,

표 16.10: 용접에 대한 피로 강도 감소 계수. 출처: Shigley & Mischke(1989).

용접의 종류	피로 응력 집중 계수 K_f
덧살붙임 맞대기 용접	1.2
횡방향 필릿 용접부 끝	1.5
평행 필릿 용접부 끝	2.7
날카로운 모서리를 갖는 T-맞대기 조인트	2.0

표 16.10에 보인 바와 같이 피로 강도 감소계수(fatigue strength reduction factor)를 제안하였다. 이 계수는 용접재료 강도뿐 아니라(용접 이전에 어떠한 제조 공정이 이루어졌는지에 관계 없이) 부재의 재료 강도에도 적용되어야 한다. 용접의 품질은 쇼트 블라스팅, 피닝 등의 방법에 의해서 개선될 수 있다는 것을 인식한다면, 표 16.10에 제시된 권고 사항은 보수적이라 할 수 있다.

16.7 접착 체결

접착 체결(adhesive bonding)은 원자간 혹은 분자간의 결합 혹은 접착이 화학적으로 형성되면서 부재가 체결되게 하는 공정이다. 접착 체결은 광범위한 재료(금속과 금속, 금속과 세라믹, 금속과 폴리머 등)를 구조적 그리고 비구조적인 용도로 체결하기 위해 사용될 수 있다. 표 16.11은 선택된 구조적 접착 체결의 주요한 특징을 정리하였다.

다른 체결법과 비교했을 때, 접착 체결이 갖는 몇 가지 장점은 이 장의 앞부분에서 다뤄졌으며 그 내용은 다음과 같다.

1. 균일한 응력 분포와 그에 따른 증가된 수명
2. 중량 감소
3. 피로 내성 개선
4. 두껍거나 얇은 재료간의 체결 능력
5. 성질이 다른 재료간의 체결 능력
6. 새지 않는(leakproof) 체결 형성
7. 진동 감소 및 방진 특성
8. 접착제의 비용과 결합의 용이성이 관련된 경제적 측면에서의 장점

접착 체결과 관련된 몇 가지 제약 사항은 다음과 같다.

1. 광범위한 표면 준비가 필요할 수 있음
2. 용접, 경납땜, 연납땜과 비교해 작동 온도가 제한적임.
3. 지속적으로 가해지는 하중에 대해 크립(creep)이 발생할 경향
4. 장기간의 내구성에 대한 의구심

몇 가지 흔하게 사용되는 접착 체결에 대한 예시가 그림 16.29에 도시되어 있다. 접착에 의해 체결되는 면적에 따라 체결 강도가 달라지는 것에 주목한다. 즉, 스트랩 조인트(strap joint)가 일반적으로, 랩 조인트보다 체결력이 강하며, 스카프 조인트 그리고 맞대기 조인트(butt joint) 순서로 체결력이 감소한다. 만약, 랩 조인트에 대한 접착이 겹쳐진 면적에 대해 균일하게 이루어졌다면, 그림 16.29c에 보인 바와 같이 평균 전단 응력은 다음과 같다.

$$\tau_{\text{avg}} = \frac{P}{A} = \frac{P}{bL}. \tag{16.60}$$

실제의 경우, 전단 응력은 면적에 대해 꼭 일정한 것은 아니

표 16.11: 흔하게 사용되는 구조적 접착제(structural adhesive)의 전형적인 성질과 특징.

	에폭시	폴리우레탄	개질 아크릴	시아노아크릴레이트	혐기성 접착제
충격 저항	미흡	매우 우수	우수	미흡	보통
비틀림-전단 강도 MPa	15–22	12–20	20–30	18.9	17.5
벗김 강도 N/m[a]	< 523	14,000	5250	< 525	1750
가용 온도 범위 °C	–55–120	–40–90	–70–120	–55–80	–55–150
용매 강도	매우 우수	우수	우수	우수	매우 우수
수분(woistwre) 강도	우수–매우 우수	보통	우수	미흡	우수
냄새	약함	약함	강함	중간	약함
독성	약함	약함	약함	낮음	낮음
가연성	낮음	낮음	높음	낮음	낮음

[a] 벗김 강도(peel strength)는 표면 전처리 정도와 품질에 크게 좌우된다.

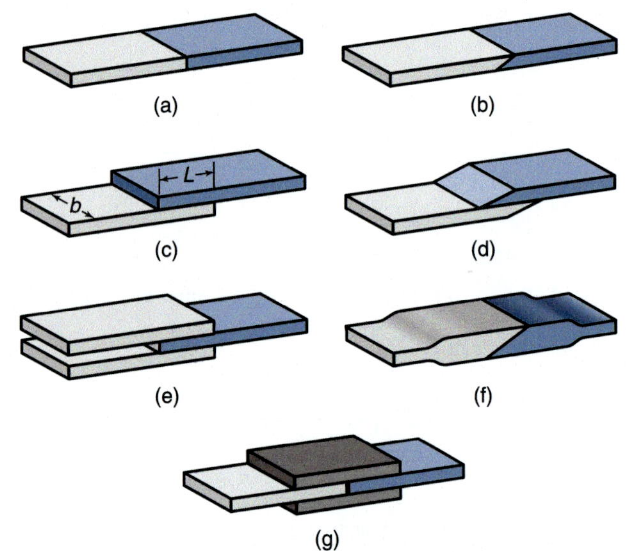

그림 16.29: 접착에 의해 체결되는 조인트의 예시. (a) 맞대기(butt), (b) 스카프(scarf), (c) 겹치기(lap), (d) 빗이음(bevel), (e) 이중 겹치기(double-lap), (f) 증가된 두께, (g) 스트랩(strap).

며, 모서리에서 가장 크고 중심에서 가장 작은 값을 갖는다. 빗이음(bevel) 없는, 전형적인 랩 조인트 구성에 대해서 최대 전단 응력은 다음과 같이 구할 수 있다.

$$\tau_{\text{max}} = 2\tau_{\text{avg}} = \frac{2P}{bL}. \tag{16.61}$$

응력 분포 계수(stress distribution factor)는 재료와 종횡비 b/L에 따라 변화한다. 식 (16.61)은 $L = b$일 때 성립한다.

그림 16.30a에 보인 바와 같이, 접착 체결된 스카프 조인트에 축하중이 작용할 때, 축 방향 응력은 다음과 같이 구할 수 있다. 균일한 응력 분포를 가정한다면,

$$\sigma_x = \frac{P}{bt_m/\sin\theta} = \frac{P\sin\theta}{bt_m}, \tag{16.62}$$

여기서 t_m은 가장 얇은 부재의 두께를 의미한다. 수직 응력 및 전단 응력 성분은 다음과 같이 표현할 수 있다.

$$\sigma_n = \sigma_x \sin\theta = \frac{P}{bt_m}\sin^2\theta, \tag{16.63}$$

$$\tau = \sigma_x \cos\theta = \frac{P}{bt_m}\sin\theta\cos\theta = \frac{P}{2bt_m}\sin 2\theta. \tag{16.64}$$

그림 16.30b에 보인 바와 같이 굽힘이 작용할 때, 스카프 표면(scarf surface, A-A)을 따라 존재하는 응력 분포는 다음과 같이 구할 수 있다.

$$\sigma_n = \frac{Mc}{I},$$

이며,

$$\sigma_n = \frac{M(t_m/2\sin\theta)}{\dfrac{b}{12}\left(\dfrac{t_m}{\sin\theta}\right)^3} = \frac{6M\sin^2\theta}{bt_m^2}. \tag{16.65}$$

굽힘에 의해 스카프 표면을 따라 발생하는 전단 응력은 다음과 같다.

$$\tau = \frac{\sigma_n}{\tan\theta} = \frac{6M}{bt_m^2}\sin^2\theta\frac{\cos\theta}{\sin\theta} = \frac{6M}{bt_m^2}\sin\theta\cos\theta = \frac{3M}{bt_m^2}\sin 2\theta. \tag{16.66}$$

그림 16.30c에 보인 바와 같이 비틀림(torsion) 하중이 작용할 때, 전단 응력은 다음과 같이 구할 수 있다.

$$\tau = \frac{Tr}{J},$$

여기서

$$J = \int r^2 dA = 2\pi\int_0^l r^3\,dx,$$

그리고 적분 변수를 아래와 같이 치환하면

$$dx = \frac{dr}{\sin\theta},$$

$$J = \frac{2\pi}{\sin\theta}\int_{r_i}^{r_o} r^3\,dr = \frac{\pi}{2\sin\theta}\left(r_o^4 - r_i^4\right).$$

그러므로 전단 응력은 다음과 같다.

$$\tau = \frac{2Tr\sin\theta}{\pi\left(r_o^4 - r_i^4\right)}. \tag{16.67}$$

또한 $\sigma_n = 0$이다.

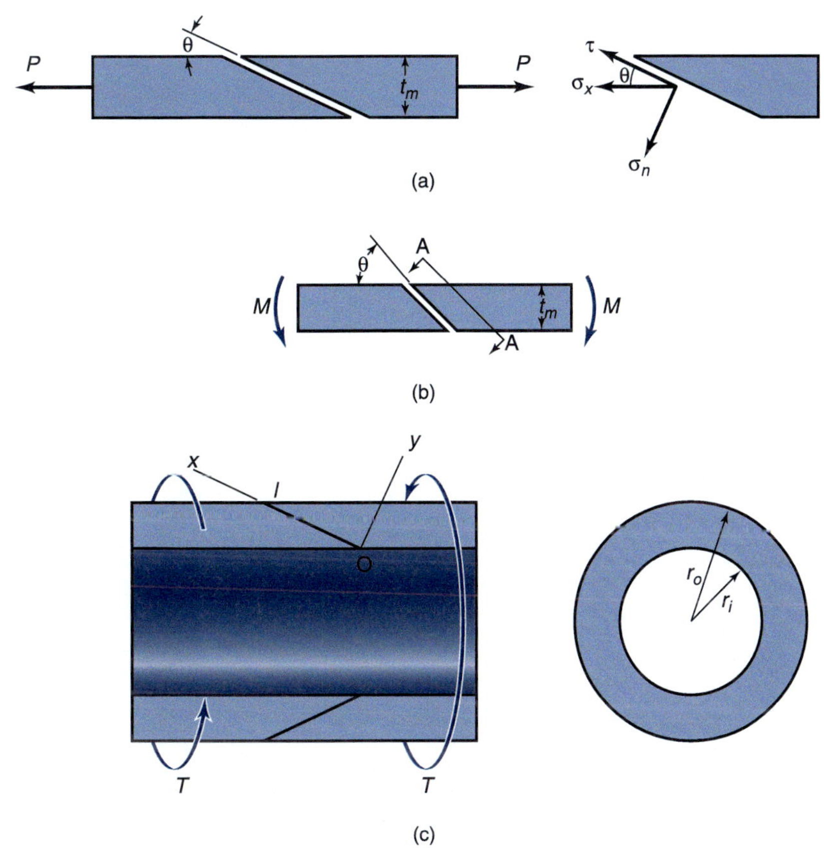

그림 16.30: 스카프 조인트. (a) 축 방향 하중, (b) 굽힘, (c) 비틀림.

예제 16.11

접착 스카프 조인트

조건 원형의 중공축(round, hollow shaft)에 접착된 스카프 조인트가 1200 rpm(125.7 rad/s)로 회전한다. 축의 내경 대 외경 비는 0.8이고, 허용 전단 응력은 30 MPa이다. 스카프 조인트가 축 방향에 대해 30°의 방향으로 접착되어 있다.

문제 150 kW를 전달하기 위해 필요한 접촉 면적과 외측 반지름의 크기를 결정하라. 안전 계수 2.0을 사용하라.

풀이 식 (4.38)로부터 토크를 구하면

$$T = \frac{h_p}{\omega} = \frac{150 \times 10^3}{125.7} = 1194 \text{ N-m}.$$

식 (16.67)로부터 $r = r_o$일 때

$$\tau_{\max} = \frac{2Tr_o \sin\theta}{\pi\left(r_o^4 - r_i^4\right)} = \frac{2T\sin\theta}{\pi r_o^3\left[1-\left(\frac{r_i}{r_o}\right)^4\right]} - \frac{\tau_{\text{all}}}{n_s}.$$

외측 반지름에 대하여 정리하면

$$\begin{aligned}(r_o)_{\text{cr}} &= \left[\frac{2Tn_s\sin\theta}{\pi\tau_{\text{all}}\left(1-\left(\frac{r_i}{r_o}\right)^4\right)}\right]^{\frac{1}{3}} \\ &= \left[\frac{2(1194)(2)\sin 30^\circ}{\pi(30)(10^6)(1-0.8^4)}\right]^{\frac{1}{3}}\end{aligned}$$

즉 $(r_o)_{\text{cr}} = 0.035$ mm = 3.5 cm이다. 수직 면적은 다음과 같다.

$$A_n = \pi\left(r_o^2 - r_i^2\right) = \pi r_o^2\left(1 - 0.8^2\right) = \pi 3.5^2\left(1 - 0.8^2\right),$$

즉 $A_n = 13.85\ \text{cm}^2$이다. 따라서 스카프 면적은 다음과 같다.

$$A = \frac{A_n}{\sin\theta} = \frac{13.85}{\sin 30°} = 27.71\ \text{cm}^2.$$

16.8 일체형 스냅 체결재

스냅 체결재(snap fastener)는 기계 요소와 일체형으로 통합될 때 매우 일반적으로 사용된다. 이는 조립을 매우 단순화할 수 있다는 장점에 기인한다. 그림 16.31은 통상적으로 사용되는 일체형 스냅 체결재를 보여준다. 일체형 스냅 체결재는 플라스틱 하우징(housing) 혹은 부품과 함께 흔하게 사용된다. 이는 일체형 스냅 체결재가 기계 요소에 직접 성형될 수 있기 때문이다. 이는 조립을 단순화하고, 부품의 개수와 생산 비용을 줄이기 위한 가장 강력한 방법 중의 하나이다.

사용되는 플라스틱의 매우 비선형적인 탄성 거동으로 인해, 스냅 체결재를 해석하는 것은 단순하지 않다. 일체형 스냅 체결재의 많은 형태가 있지만, 본 절에서는 그림 16.32에 도시된 외팔보 형태의 설계를 강조하고자 한다.

그림 16.32에 보인 외팔보에 대한 최대 처짐은 다음과 같이 구할 수 있다.

$$y = A\frac{\epsilon l^2}{h}. \tag{16.68}$$

여기서 A는 주어진 외팔보 형상에 대한 상수이며, 그림 16.33에 주어져 있다. ϵ은 폴리머에 대한 허용 변형률, l은 외팔보의 길이, h는 최대 외팔보 두께이다. 사각 단면에 대해서, 이러한 변형을 얻기 위해 필요한 외력은 다음과 같이 구할 수 있다.

$$P = \frac{bh^2}{6}\frac{E_s\epsilon}{l}, \tag{16.69}$$

여기서 b는 외팔보의 폭 그리고 E_s는 세컨트 탄성 계수(secant modulus of elasticity)이다. 조립 과정 중, 극복되어야 하는 체결력(mating force)은 외팔보 축을 따라 작용하며

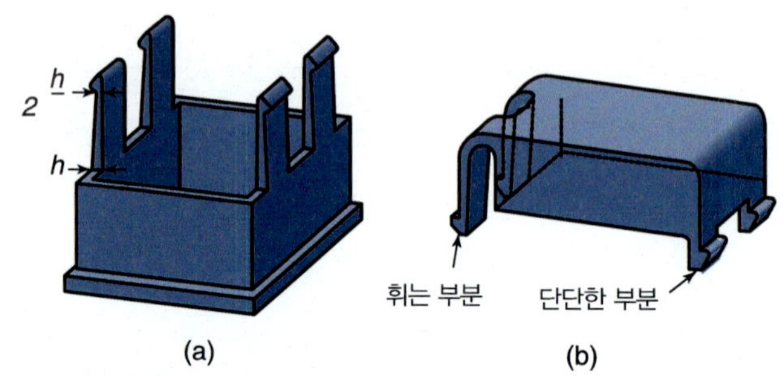

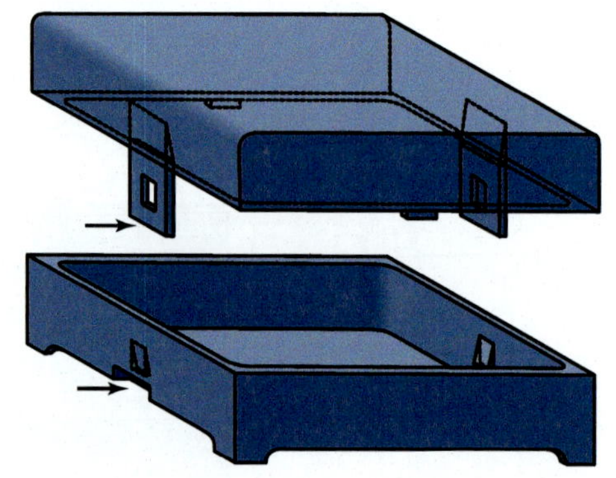

그림 16.31: 일체형 체결재의 흔한 예시. (a) 네 개의 외팔보 형태의 돌출부를 포함한 모듈, (b) 두 개의 외팔보와 두 개의 돌출부를 포함한 덮개, (c) 새시 덮개를 위한 분리 가능한 스냅 조인트.

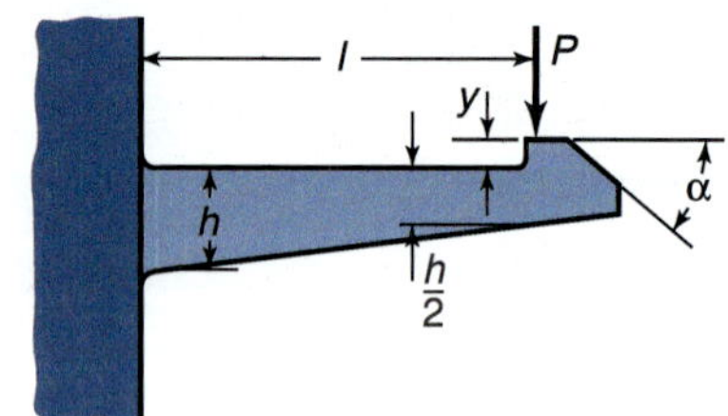

그림 16.32: 외팔보 형태의 스냅 조인트.

마찰 효과를 포함한다. 체결력은 다음과 같이 주어진다.

$$W = P\frac{\mu + \tan\alpha}{1 - \mu\tan\alpha}, \tag{16.70}$$

여기서 μ는 마찰 계수 그리고 α는 외팔보 끝의 쐐기 부분의 각도를 의미한다. 표 16.12는 일체형 스냅 체결재에 사용되는 폴리머에 대한 몇 가지 전형적인 마찰 계수를 제시한다.

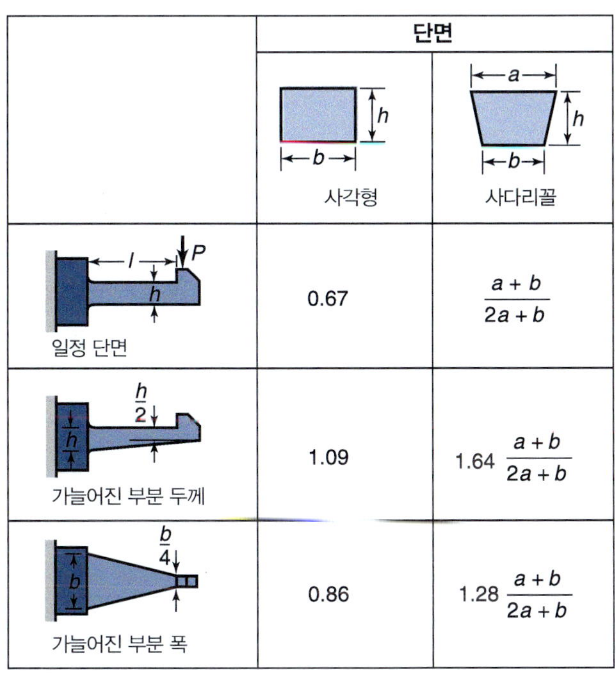

	단면	
	사각형	사다리꼴
일정 단면	0.67	$\frac{a+b}{2a+b}$
가늘어진 부분 두께	1.09	$1.64\ \frac{a+b}{2a+b}$
가늘어진 부분 폭	0.86	$1.28\ \frac{a+b}{2a+b}$

그림 16.33: 스냅 체결재 외팔보의 처짐을 계산하기 위해 사용되는 형상 상수 A.

표 16.12: 흔하게 사용되는 스냅 체결재용 폴리머의 마찰 계수.

재료	마찰 계수	
	강과 접촉 시	자신과 접촉 시
폴리테트라플루오에틸렌 (PTFE 혹은 테플론)	0.12-0.22	—
폴리에틸렌(난난)	0.20–0.25	0.10–0.50
폴리에틸렌(유연)	0.55–0.60	0.66–0.72
폴리프로필렌	0.25–0.30	0.38–0.45
폴리메타크릴레이트 (PMAA)	0.50–0.60	0.60–0.72
아크릴로니트릴-부타디엔-스티렌(ABS)	0.50–0.65	0.60–0.78
폴리비닐크롤라이트(PVC)	0.55–0.60	0.55–0.60
폴리스티렌	0.40–0.50	0.48–0.60
폴리카보네이트	0.45–0.55	0.54–0.66

설계 절차 16.2

일체형 스냅 체결재 설계

외팔보 형태의 일체형 스냅 체결재를 설계할 때 다음과 같은 사항이 고려되어야 한다.

1. $\frac{l}{h} \geq 5$. 만약 이 조건이 성립하지 않는다면, 변형량은 외팔보의 형상에 의해 제한받지 않을 것이며, 보 강성(beam stiffness)이 예상보다 훨씬 더 클 수 있다.
2. 폴리머가 대부분의 경우에 매우 비선형적인 거동을 보이기 때문에, 반드시 세컨트 계수(secant modulus)를 사용해야 한다. 세컨트 계수는 응력-변형률 선도에서 0의 변형률 값으로부터 ϵ의 변형률까지를 이은 직선의 기울기를 의미한다.
3. $\frac{l}{b} \geq 5$. 만약 보의 폭이 너무 넓으면, 외팔보는 평판의 조건에 근접하게 되며 프와송 효과로 인해 강성값은 훨씬 더 크게 될 것이다.
4. 스냅은 날카로운 모서리와 같은 응력 상승 요소와 금형 입구(mold gate) 혹은 용접 선과 같은 제조 공정중에 발생할 수 있는 문제 요소로부터 멀리 위치되어야 한다.

예제 16.12

일체형 스냅 체결재

조건 사각형 단면을 갖는 외팔보 형태의 스냅-핏(snap-fit) 체결재를 설계하려고 한다. 외팔보의 두께는 뿌리에서 h로 시작하여 고리(hook) 끝에서는 $h/2$가 되도록 일정하게 감소하여야 한다. 언더컷(undercut) 치수는 조립을 위해 필요한 최대 변형량으로 나타나며, 분해 시 필요한 힘을 기반으로 결정된다. 폴리카보네이트(polycarbonate) 재료에 폴리카보네이트를 체결하고자 한다. 길이는 $l = 19$ mm, 폭은 $b = 9.5$ mm, 기울어진 각도는 $\alpha = 30°$, 언더컷 $y = 2.4$ mm, 세컨트 탄성 계수는 $E_s = 1.815$ GPa이다.

문제

(a) 최대 처짐 시 변형률이 2%가 되도록 두께 h를 구하라.
(b) 해당 처짐을 발생시키기 위해 필요한 힘 P를 구하라.
(c) 결과적인 체결력 W를 구하라.

풀이

(a) 그림 16.33으로부터 $A = 1.09$를 구할 수 있다. 최대 변형

률이 $\epsilon = 2\% = 0.02$이므로 식 (16.68)로부터 다음을 구할 수 있다.

$$y = 1.09\frac{\epsilon l^2}{h}.$$

h에 관하여 정리하면 다음과 같다.

$$h = 1.09\frac{\epsilon l^2}{y} = 1.09\frac{(0.02)(0.019)^2}{0.0024} = 0.00328\text{ m}.$$

(b) 식 (16.69)로부터

$$\begin{aligned} P &= \frac{bh^2}{6}\frac{E_s\epsilon}{l} \\ &= \frac{(0.0095)(0.00328)^2}{6}\frac{(1.815\times10^9)(0.02)}{0.019} \\ &= 32.5\text{ N}. \end{aligned}$$

(c) 표 16.12로부터 폴리카보네이트에 대한 평균 마찰 계수가 $\mu = 0.60$임을 알 수 있다. 이 값과 주어진 $\alpha = 30°$임을 이용하여, 식 (16.70)으로부터 체결력 W를 다음과 같이 구할 수 있다.

$$\begin{aligned} W &= P\frac{\mu + \tan\alpha}{1 - \mu\tan\alpha} \\ &= (32.5\text{ N})\left(\frac{0.60 + \tan 30°}{1 - 0.60\tan 30°}\right) \\ &= 58.54\text{ N}. \end{aligned}$$

사례 연구 16.1

블레인(Blane)과 블리스크(Blisk)

티타늄 합금 날개(Titanium alloy blade)로 이루어진 베인(vane) 혹은 블레인과 날개로 이루어진 원판 혹은 블리스크는 현대 제트 엔진의 필수적인 부품이다. 그림 16.34는 블리스크를 부각시키기 위해 캐스팅이 제거된 상태의 전형적인 제트 엔진을 보여준다. 그림 16.35는 블리스크의 전형적인 형상을 자세하게 보여준다. 많은 수의 날개가 서로 매우 가깝게 마운트된 것에 주목한다. 또한 작동 효율을 위해 매우 엄격한 공차가 유지되어야 함에 주목한다. 게다가 제트 엔진은 매우 혹독한 환경에서 가동된다. 온도는 1000℃를 쉽게 넘어가며, 하중은 안정적이지 않고, 그래서 피로에 대한 문제가 있을 수 있다.

블레인과 블리스크는 전통적으로 숙련된 가공 기술자로 하여금 여러 날개를 중심 허브에 기계적인 체결재를 이용하여 붙임으로써 제작하였다. 그러나 이러한 제작법은 시간 소모적이며 비용이 많이 들고 품질을 제어하기 어려웠다. 1990년대에 들어서면서 날개를 디스크에 체결하기 위해 레이저 용접이 사용되기 시작하였으며, 경제적 그리고 성능적인 측면에서 두드러진 개선을 가져왔다. 그러나 열 영향부(HAZ)에서의 날개 파손이 여전히 발생하였다.

선형 마찰 용접(linear friction welding)은 높은 강도와 열 영향부 없이 작은 면적의 용접을 만들어 낼 수 있다는 장점을 갖는다. 이는 또한 비행기 제트 엔진과 관련된 재료에 적합한 공정이다. 블레인과 블리스크는 2001년 항공우주 분야에서 나타나기 시작했으며 그 이후로 꾸준히 그 사용이 증가하였다. 선형 마찰 용접은 제어된 압력 하에서 왕복 슬라이딩 움직임을 수반한다. 온도가 상승함에 따라 하중을 증가시키면, 결국에는 부재 사이의 경계면에서 소성 변형을 일으킨다. 이러한 변형은 표면 산화물과 연결부에 있을 수 있는 다른 결점을 제거한다. 원하는 변형이 얻어졌을 때, 부재 사이의 상대적인 움직임을 정지하게 되면, 확산 작용에 기반한 강력한 연결부가 형성되게 된다. 부품은 상당히 빠르게 냉각되기 때문에 연결부는 냉간 가공이 되며, 피로 내성에 이로운 미세 구조를 갖게 된다.

그림 16.35에서 볼 수 있는 바와 같이, 날개는 상대적으로 큰 블록으로부터 제작된다. 디스크에는 날개가 용접될 부분에 미리 슈(shoe)와 패드(pad)를 만들어 놓는다. 용접이 이루어진 후에 블록은 가공을 통해 제거되며, 이로써 현대 비행기에 요구되는 고품질의 블리스크가 만들어진다. 날개는 열 영향부가 아닌 피로 내성에 더

그림 16.34: 블리스크를 선명하게 보여주는 제트 엔진 사진.

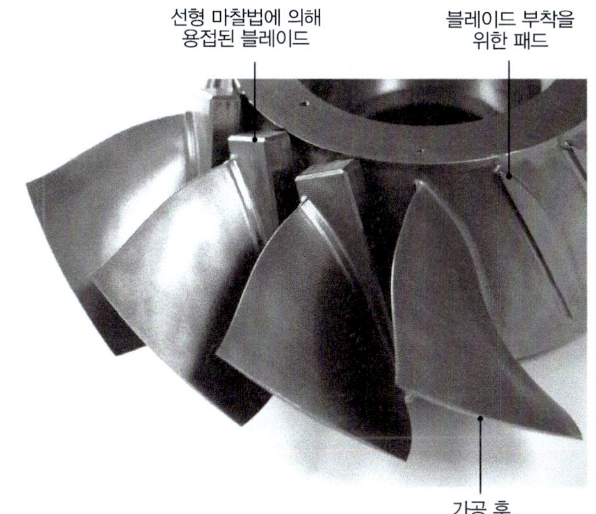

그림 16.35: 선형 마찰 용접법을 통해 압축기 원판에 부착된 블레이드 상세 그림. 선형 마찰 용접이 이루어지는 동안 각 부재는 소성 변형을 겪는다. 그림에 보인 블록은 가공 과정에서 제거된다. 출처: ACB Press UK.

강한 용접 영역에 용접되게 된다. 이러한 방법을 통해 좀 더 신뢰할 수 있는 블레인과 블리스크를 제작할 수 있다.

16.9 요약

부재는 많은 다양한 방법을 이용하여 연결될 수 있다. 이 장은 나사, 리벳, 용접 그리고 접착을 통한 부재간의 연결법을 심도 있게 다루었다. 운동용 나사도 다루었다. 운동용 나사는 회전 움직임을 선형 움직임으로 변환하는 기구이며, 이를 통해 동력을 전달하는 데 사용된다. 하중을 갖는 물체를 올리거나 내리기 위해 필요한 힘과 토크에 대한 일반적인 해석적 방법론이 제시되었다. 운동용 나사에 사다리꼴 나사산이 지정된 것으로 가정하였다. 칼라 마찰 또한 고려하였다. 자기잠김 효과를 고려하여 운동용 나사의 동력과 효율을 논의하였다.

나사 체결재에 대해서는 나사의 종류와 등급이 제시되었다. 나사를 이용해 성공적으로 부재를 연결하기 위해서는 예하중의 역할이 중요하다. 볼트를 이용한 연결에 대한 해석을 진행하기 위해서는 볼트 강성과 연결부 강성을 결정하는 과정이 필요하다. 연결부 강성을 근사적으로 구하기 위해 다양한 방법이 있으며, 그러한 방법들 모두 압축 상태에 놓인 부재에 대한 응력이 가해진 부피를 공통적으로 정의한다. 예하중과 외부 하중이 파악되면, 나사 체결재에 의해 가해지는 설계상 응력값이 결정된다. 나사 체결재에 대한 허용 응력과 안전 계수는 보증 응력과 보증 하중을 고려하여 구할 수 있다. 정적 및 동적 상황에 대해 논의를 진행하였으며, 개스킷 연결부에 대한 내용도 다루었다.

전단 응력을 받을 때, 리벳과 나사 체결부에 대한 설계 및 파손 해석을 다루었다. 4가지의 파손 모드가 제시되었으며, 이러한 파손 모드에는 부재의 굽힘에 의한 파손, 리벳의 전단에 의한 파손, 부재의 인장에 의한 파손 그리고 압축 베어링(견딤) 파손이 있다.

용접 체결에 관한 실제 기법도 소개되었다. 다양한 종류의 용접 공정이 존재하며, 비드를 생성시키는 용접, 스팟 용접 그리고 일정 면적을 결합시키는 용접이 포함된다. 용접 연결에서 발생할 수 있는 결합의 종류와 열 영향부(HAZ)의 중요성에 관한 내용을 다루었다. 용접의 각 종류에 대한 해석을 다루었다. 용접 시 생성되는 형상으로부터 구한 단위 관성모멘트와 단위 극관성모멘트를 이용하여 필렛 용접과 관련된 해석을 진행하였다. 축하중이 작용할 때 필렛 용접이 하중과 평행한 방향으로 정렬되어 있다면, 전단 응력은 하중과 평행한 필렛의 목을 따라 발생한다. 하중과 응력 해석은 용접부 길이를 확장시키는 방향으로, 목 치수에 의해 생성되는 중요 단면을 따라 진행하였다. 다양한 하중 조건에 대한 파손 여부를 용접 강도를 고려하여 예측할 수 있다. 필렛 용접부 주변의 열 영향부에서 피로에 의한 파손이 빈번히 발생하는 점을 고려하여, 용접부의 피로 파손에 대한 내용을 논의하였다.

마지막으로 접착과 스냅에 의한 체결법이 논의되었다. 접착 조인트는 마찰 용접과 같이 면 용접 공정에 의해 생성되는 조인트와 같이, 면에 작용하는 접착제의 힘에 따라 체결 강도가 결정된다. 흔하게 사용되는 접착 조인트의 종류를 소개하였으며, 그 중에서 겹치기 조인트와 스카프 조인트에 대한 해석 과정을 다루었다. 추가로 일체형 스냅 체결재를 소개하였다.

핵심어

개스킷(gasket) 밀봉을 위해 사용하는 유연 부재(compliant member)

나사 계열(thread series) 나사산 형상에 대한 표준으로 유니파이(unified, UN) 계열과 미터(metric, M) 계열이 있음.

나사산의 조밀도(coarseness) 볼트, 너트 혹은 나사에 대한 단위 인치당 나사산의 개수와 품질

너트(nut) 볼트와 짝을 이루는 안쪽에 나사산을 포함한 부재

리드(lead) 나사가 한 바퀴 회전할 때 나사가 축 방향으로 진행하는 거리

리벳(rivet) 기계적 간섭을 통한 체결재

목(throat) 용접부에서 가장 얇은 단면

보증 강도(proof strength) 보증 하중과 인장 응력 작용 면적에 의해 결정되는 응력에 있어서의 제한값

보증 하중(proof load) 영구 변형 없이 볼트가 견딜 수 있는 최대 하중

볼트(bolt) 너트와 함께 사용되며 외부에 나사산을 포함한 체결재

스냅 체결재(snap fastener) 부품의 탄성 변형과 체결된 후에 원래의 형상으로 회복되는 것을 이용한 일체형 체결재

스터드(stud) 양쪽 끝에 나사산을 포함한 나사로 캡(cap)을 대신하여 사용됨.

열영향부(heat affected zone, HAZ) 필렛 용접부에 인접한 영역으로 용접 시 온도 상승에 의해 미세 구조에 영향을 받은 부위

용접(weld) 두 부재의 확산을 통한 결합법. 충전재(filler material)가 채워지며 결합되기도 함.

운동용 나사(power screw) 나사산 구조의 기계적 이점을 이용하여 큰 하중을 발생시키며 동력을 전달하기 위한 장치

자기 잠김(self-locking) 나사산에 작용하는 마찰력이 충분히 커서 외부에서 작용하는 토크 없이도 하중을 지닌 물체가 낮아지지 않는 운동용 나사와 관련된 현상

접착 결합(adhesive bonding) 원자간 혹은 분자간 화학적 결합을 통해 부재를 체결하는 방법

캡 나사(cap screw) 안쪽에 나사산을 포함한 구멍과 함께 사용되며 외부에 나사산을 포함한 체결재

피치(pitch) 두 인접한 나사산 상에서 동일한 위치에 놓인 두 점 사이의 거리

공식 정리

나사산 구조:

피치: $p = 1/n$

미터(M) 계열과 유니파이(UN) 계열 형상:

$$\beta = 60°, h_t = \frac{0.5p}{\tan 30°}$$

사다리꼴 형상: $\beta = 30°, h_t = 0.5p + a_c$

리드각: $\alpha = \tan^{-1}\left(\frac{l}{\pi d_p}\right)$

나사산 길이: $L_{\text{tot}} = \begin{cases} 2d_c + 6 & L \le 125 \\ 2d_c + 12 & 125 < L \le 200 \\ 2d_c + 25 & L > 200 \end{cases}$

인장 응력 적용 면적:

유니파이 계열: $A_t = (0.7854)\left(d_c - \frac{0.9743}{n}\right)^2$

미터 계열: $A_t = (0.7854)(d_c - 0.9382p)^2$

운동용 나사:

물체를 올리기 위한 하중:

$$T_r = W\left[\frac{(d_p/2)(\cos\theta_n \tan\alpha + \mu)}{\cos\theta_n - \mu\tan\alpha} + r_c\mu_c\right]$$

물체를 내리기 위한 하중:

$$T_l = -W\left[\frac{(d_p/2)(\mu - \cos\theta_n \tan\alpha)}{\cos\theta_n + \mu\tan\alpha} + r_c\mu_c\right]$$

효율: $e = \frac{100Wl}{2\pi T} = \frac{(100)l}{2\pi(d_p/2)\tan\alpha}$

자기 잠김: $\mu > \dfrac{l\cos\theta_n}{\pi d_p}$

볼트 체결:

강성 혹은 조인트 파라미터: $C_k = \dfrac{k_b}{k_b + k_f}$

볼트 강성: $\dfrac{1}{k_b} = \dfrac{4}{\pi E}\left[\dfrac{L_s + 0.4d_c}{d_c^2} + \dfrac{L_t + 0.4d_r}{d_r^2}\right]$

조인트 강성:

$$k_{ji} = \frac{\pi E_j d_c \tan\alpha_f}{\ln\left[\dfrac{(2L_i \tan\alpha_f + d_i - d_c)(d_i + d_c)}{(2L_i \tan\alpha_f + d_i + d_c)(d_i - d_c)}\right]}$$

여기서 $\dfrac{1}{k_j} = \dfrac{1}{k_{j1}} + \dfrac{1}{k_{j2}} + \dfrac{1}{k_{j3}} + \ldots$

Wileman 방법에 의한 조인트 강성: $k_j = E_i d_c A_i e^{B_i d_c / L}$

파손 모드:

볼트 과하중: $n_{sb} = \dfrac{A_t S_p - P_i}{P_{\max,b} C_k}$

조인트 분리: $n_{sj} = \dfrac{P_i}{P_{\max,j}(1 - C_k)}$

피로: $n_s = \dfrac{S_{ut} - \sigma_i}{C_k\left[K_f \sigma_a\left(\dfrac{S_{ut}}{S_e}\right) + \sigma_m\right]}$

리벳:

부재의 굽힘: $\sigma = \dfrac{PL_g}{2Z_m} < 0.6\,(S_y)_j$

리벳의 전단: $\tau = \dfrac{4P}{\pi d_c^2} < S_{sy}$

부재의 인장 파손(응력집중 계수 없이):

$$\sigma = \frac{P}{(b - N - rd_c)t_m} < (S_y)_j$$

압력에 의한 베어링(견딤) 파손: $\sigma = \dfrac{P}{d_c t_m} < 0.9\,(S_y)_j$

참고: 볼트 체결에도 적용할 수 있다.

용접:

평행 및 횡방향 하중: $\tau = \dfrac{P}{t_c L_w} < (S_{sy})_{\text{weld}}$

비틀림 하중: $\tau_t = \dfrac{Tr}{J}$, 여기서 $J = t_e J_u$

굽힘 하중: $\sigma = \dfrac{Mc}{I}$, 여기서 $I = t_c I_u L_w$

일체형 스냅 체결재:

최대 처짐: $y = A\dfrac{\epsilon l^2}{h}$

최대 처짐을 얻기 위한 하중: $P = \dfrac{bh^2}{6}\dfrac{E_s \epsilon}{l}$

체결력: $W = P\dfrac{\mu + \tan\alpha}{1 - \mu\tan\alpha}$

추천 문헌

Adams, R.D. (2005) *Adhesive Bonding: Science, Technology and Applications*, CRC Press.

ASM Handbook Volume 6: *Welding, Brazing, and Soldering* (1993) American Society for Metals.

AWS Welding Handbook, 9th ed., Volume 1, *Welding Science and Technology* (2011) AmericanWelding Society.

Bickford, J.H., and Nassar, S. (1998) *Handbook of Bolts and Bolted Joints*. Marcel Dekker.

Budynas, R.G., and Nisbett, J.K. (2011), *Shigley's Mechanical Engineering Design*, 9th ed., McGraw-Hill.

Chapman, W.W. (2004) *Guide to Threads, Threading and Threaded Fasteners*, Hanser Gardner.

Jacobson, D.M. (2005) *Principles of Brazing*, American Society for Metals.

Juvinall, R.C., and Marshek, K.M. (2012) *Fundamentals of Machine Component Design*, 5th ed.,Wiley.

Mott, R. L. (2014) *Machine Elements in Mechanical Design*, 5th ed., Pearson.

Norton, R.L. (2011) *Machine Design*, 4th ed., Prentice Hall.

Parmly, R.O. (1996) *Standard Handbook of Fastening and Joining*, 3rd ed., McGraw-Hill.

Petrie, E. (2006) *Handbook of Adhesives and Sealants*, 2nd ed., McGraw-Hill.

참고 문헌

Bickford, J.H. (1995) *An Introduction to the Design and Behavior of Bolted Joints*, 3rd ed., Marcel Dekker.

Kalpakjian, S., and Schmid, S.R. (2010) *Manufacturing Engineering and Technology*, 6th ed. Prentice Hall.

Mott, R. L. (2014) *Machine Elements in Mechanical Design*, 5th ed., Pearson.

Shigley, J.E., and Mischke, C.R. (1989) *Mechanical Engineering Design*, 5th ed., McGraw-Hill.

Wileman, J., Choudhury, M., and Green, I. (1991) "Computation of Member Stiffness in Bolted Connections," *J. Machine Design*, ASME, vol. 113, pp. 432–437.

문제

16.1 피치를 목(thread)과 관련지어 정의해라. 왜 목의 피치가 너트와 일치해야 하는지 적절한 스케치와 함께 설명하라.

16.2 UNF thread와 UNC thread의 차이점이 무엇인가?

16.3 운동용 나사가 무엇인가? 이는 어디에 쓰이는가?

16.4 리드와 피치가 같은가? 같은/같지 않은 이유를 설명하라.

16.5 볼트, 나사, 스터드의 차이는 무엇인가?

16.6 연결부 파라미터 C_k의 의미를 설명하라.

16.7 보증강도를 설명해라. 볼트의 등급과 어떻게 다른가?

16.8 왜 압연을 통해 제작된 나사는 절삭된 나사보다 더 낮은 응력집중을 발생시키는가? (표 16.7 참고) 왜 응력집중은 볼트 등급의 영향을 받는가?

16.9 개스킷은 무엇인가? 언제 쓰이는가? 개스킷이 항상 볼트로 연결된 부재의 강도를 줄여주는가?

16.10 리벳과 볼트의 차이가 무엇인가? 리벳의 장점은 무엇인가?

16.11 용접 부위의 불연속부 타입에 대해 서술하라.

16.12 경납땜(브레이징, brazing)과 연납땜(소더링, soldering)의 차이점은 무엇인가?

16.13 열 영향부(Heat-Affected Zone, HAZ)가 무엇인지 그리고 왜 중요한지 설명하라.

16.14 경납땜이나 연납땜에 열 영향부가 존재하는지 설명하라.

16.15 스카프 조인트가 무엇인지 설명하라. 또한 겹치기 조인트와 어떻게 다른지 설명하라.

16.16 일체형 스냅 체결재(integrated snap fastener)의 장점을 설명하라.

16.17 접착의 장점은 무엇인지 설명하라.

16.18 브레이크어웨이(breakaway) 볼트가 필요한 이유를 설명하라.

16.19 모든 용접 작업이 고온과 용융(melting)을 포함하는지 설명하라.

16.20 리벳이 어떻게 보이지 않은 쪽에 조립될 수 있는지 설명하라.

정성적 문제

16.21 나사산의 피치가 체결재의 길이에 따라 달라질 수 있는지 설명하라.

16.22 운동용 나사에 가해지는 하중을 높이기 위해서 낮은 하중에 필요한 토크보다 더 큰 토크가 필요한 이유를 식을 사용하지 않고 설명하라.

16.23 자기 잠김 현상을 정의하라. 자기 잠김이 유용하게 쓰이는 두 가지 경우를 써라.

16.24 표 16.2를 보고 다음에서 요구하는 모든 기능을 갖춘 짝을 이루는 구멍을 스케치하라. (a) 육각 머리 볼트(hex head bolt), (b) 캐리지 볼트(carriage bolt), (c) 플랫 캡 나사(flat cap screw)

16.25 표 16.3에 있는 캐슬 너트 사용의 장점을 서술하라.

16.26 왜 나사 체결재에 예하중을 원하는 수준까지 정확히 얻는 것이 힘든지 설명하라.

16.27 높은 예하중을 가하는 것이 나사 체결재의 피로 측면에 좋은가? 높은 예하중이 정적 하중에는 적절한가?

16.28 접착 체결이 최선의 접합법인 경우를 세 가지 서술하라.

16.29 겹치기(lap), 버트(butt), 스카프(scarf) 조인트를 강도순으로 나열하고 이를 설명하라.

16.30 용접의 장단점을 서술하라.

16.31 전자 빔 용접과 레이저 빔 용점의 장점을 아크 용접과 비교하여 서술하라.

16.32 용접 비드의 강도에 영향을 미치는 요인을 나열하고 서술하라.

16.33 왜 용접 비드가 자주 숏 블라스팅(shot blasting)되거나 피닝되는지 서술하라.

16.34 정적 하중이 작용하는 볼츠 체결에서 높은 예하중이 바람직한가? 주기적인 하중이 가해지는 경우는 어떠한가? 설명하라.

16.35 용접에서 발생할 수 있는 결점을 나열하라.

16.36 볼트가 조여지는 동안의 모어 원을 그려라. 하중이 (a) 인장, (b) 전단의 상태로 작용할 때 조여진 볼트의 모어 원을 그려라.

16.37 다음 볼트를 스케치하라. (a) MF6 × 1 − 25, (b) M24 × 3 − 75.

16.38 용접 비드로 이루어진 용접부가 짧은 간격으로 배치됐다면, 극관성모멘트와 관성모멘트를 어떻게 결정할건지 설명하라.

16.39 볼트와 부재의 강성을 같게 하는 것의 장점이 있는가? 예를 들어, 알루미늄 부재에 알루미늄 볼트를 쓰는 것의 장점이 있는가?

16.40 볼트와 너트를 조립하기 전에 윤활유를 바르는 것의 장단점을 서술하라.

정량적 문제

16.41 두께가 12 mm인 강재 부재 두 개가 볼트로 체결된 경우, 체결부의 부재 강성을 볼트 산마루 지름의 함수로 나타내라. 단, 다음의 방법을 각각 사용하여 구한 결과를 비교하라.

(a) $\alpha_f = 45°$인 원추대
(b) $\alpha_f = 30°$인 원추대
(c) Wileman 접근법

16.42 지름 30 mm의 틈이 있는 사다리꼴 나사산을 갖는 운동용 나사와 한 줄 나사가 50 kN의 하중을 올리기 위해 쓰였다. 칼라의 평균 지름은 40 mm이다. 나사와 칼라의 마찰 계수는 모두 0.12이다. 이 때 다음을 결정하라.

(a) 나사의 피치 지름 답 $d_p = 27.0$ mm.
(b) 하중을 버티기 위한 나사의 토크 답 $T_r = 373$ mm.
(c) 칼라의 마찰 계수가 없다고 가정했을 때 나사의 자기 잠김을 방지할 수 있는 나사산의 최대 마찰 계수 답 $\mu = 0.068$.

16.43 자동차의 잭은 나사와 너트로 구성되어 나사를 돌림으로써 자동차를 들어 올릴 수 있다. 나사산의 리드의 길이가 $l = 9$ mm, 피치의 지름 22 mm, 목 각도 30°일 때 1000 kg의 하중을 들어올리는 데 필요한 토크를 계산하라. 답 $T_r = 25.56$ Nm.

16.44 운동용 나사는 수치 정보로 제어되는 선반에서 축 방향으로의 공구를 움직일 수 있게 한다. 높은 정확도를 위해서는 열손실과 전력 손실이 적어야 한다. 마찰 계수가 0.08, 피치의 지름이 30 mm, 리드가 6 mm, 나사산 각이 25일 때 나사의 전력 효율을 구하라. 답 $e = 43.5$ %.

16.45 80 kN 트럭의 오일을 바꾸기 위해서는 나사 잭을 이용하여 1.5 m 높이로 들어야 한다. 운동용 나사는 사다리꼴 형태의 나사산을 가지며, 산마루 지름은 120 mm이다. 나사산에만 마찰이 있고 마찰 계수가 0.10일 때 트럭을 올리고 내리기 위해 필요한 에너지를 구하라. 답 $E_r = 464$ kJ.

16.46 10 kN의 하중을 25 mm/s로 들어올리기 위해 한 줄 나사 M32 × 3.54 운동용 나사가 쓰였다. 나사산의 마찰 계수는 0.08이고 칼라의 마찰 계수는 0.12이다. 칼라의 평균 지름은 55 mm이다. 이때 필요한 전력을 구하라. 또한 하중을 50 mm/s로 낮추기 위해 필요한 전력을 구하라. 답 $h_{pr} = 2290$ W, $h_{pl} = 3570$ W.

16.47 5 kN 하중을 들기 위해 두 줄 사다리꼴 운동용 나사가 쓰였다. 나사의 바깥 지름은 40 mm이고 칼라의 평균 지름은 80 mm이다. 나사산의 마찰 계수는 0.13, 칼라의 마찰 계수는 0.16일 때 다음을 결정하라.

(a) 하중을 들어올리고 내리는 데 필요한 토크 답 $T_r = 58.1$ Nm, $T_l = -33.2$ Nm
(b) 나사의 치수 답 $l = 14$ mm, $\alpha = 6.961°$, $\theta = 14.89°$.
(c) 하중을 올리는 것의 효율 답 $e = 19.2\%$.
(d) 하중을 올릴 때의 효율이 18%일 때 이에 상응하는 하중 답 $w = 4694\%$.

16.48 그림 a는 보트의 돛대를 고정시키기 위해 쓰이는 강재 와이어(steel wire)를 위한 장치이다. 전면과 측면을 그림으로 나타내었고 모든 수치는 mm 단위로 표현하였다. 사각 단면

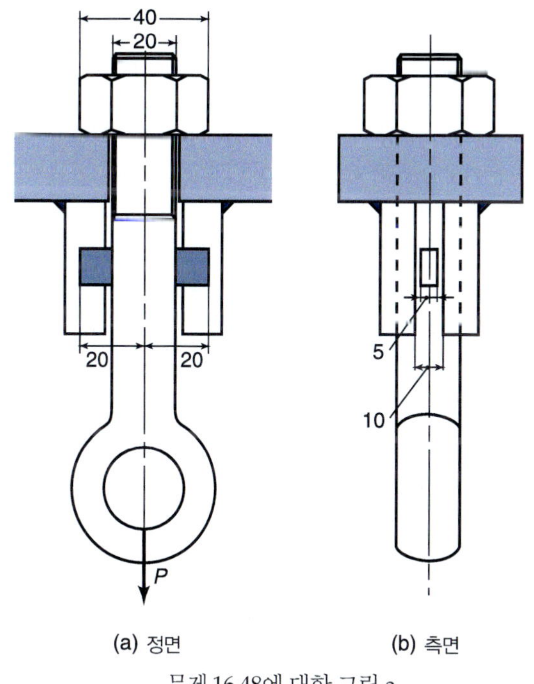

문제 16.48에 대한 그림 a

이며($\beta = 0$), 피치의 리드는 4 mm, 바깥 지름 20 mm인 나사가 쓰였다. 나사는 축 방향으로 움직일 수 있지만 플랫 가이드 핀(flat guiding pin)에 의해서 회전은 할 수 없다(그림 a 참조). 모든 부분의 마찰 계수가 0.20일 때 조이기 위한 토크를 장력 P의 함수로 나타내어라. 또한 조이는 힘이 1000 N일 때 필요한 토크를 구하라. 답 $P = 1000$ N, $T = 5.61$ N-m.

16.49 오토바이의 플라이 휠이 플라이 휠에 직접적으로 조립된 나사산에 의해서 조립되었다. (그림 b) 플라이 휠은 토크에 의해 고정되었다. 원뿔각(cone angle)은 γ이다. N에서 접촉선 사이 축의 인장력을 계산하라. 나사산은 D_1, D_2, γ 그리고 T의 함수로, 평균지름 D에서의 리드각은 α이고 축은 강체로 가정한다.

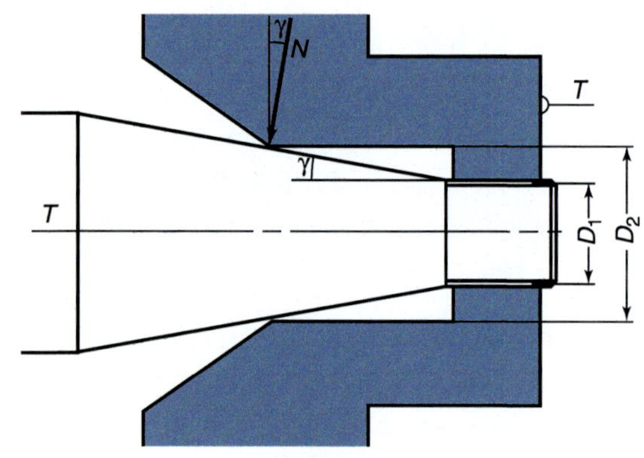

문제 16.49에 대한 그림 b

16.50 무게가 25 kN인 물체가 두 개의 사다리꼴 운송용 나사에 의해 35 mm/s의 최소 속도 그리고 회전당 1750 W의 최대 파워로 들어올려지고 있다. 공간 상의 제약으로 인해 나사 지름은 40 mm보다 클 수 없다. 나사부와 칼라(collar)에 대한 마찰 계수는 0.09이다. 칼라의 평균 지름은 65 mm이다. 물체의 하중이 양쪽에 고르게 분산된다는 것을 가정했을 때 나사의 크기를 결정하고 효율을 계산하라.

16.51 작은 선반의 리드 나사는 틈 지름이 16 mm인 사다리꼴 나사산을 갖는 축(trapezoidal-threaded shaft)으로 만들어졌다. 리드 나사는 선반 캐리지(carriage)에 힘을 가해야 한다. 몇 번의 작동을 거쳐 동력은 모터로 움직이는 벨트에서 전달된다. 2 kN의 힘이 적절하다면 칼라의 지름이 나사 피치의 두 배일 때 필요한 토크는 몇인가? $\mu = \mu_c = 0.15$이다. 리드 나사가 한 줄 나사이고 250 rpm으로 작동된다면 크로스 헤드(crosshead)가 움직이는 속도는 몇인가? 답 $T = 7.8$ Nm.

16.52 나사는 나사의 회전마다 한 개 이상의 나사산이 진입할 수 있다. 한 줄 나사란 피치와 리드가 같은 것을 의미하고, 두 줄 나사나 세 줄 나사의 리드는 피치보다 크다. 인치별 나사산의 수 n, 피치 p, 리드 l과의 관계를 결정하라.

16.53 그림 c는 큰 규모의 커플링(coupling)에 쓰인 볼트 원(bolt circle)의 한 부분이다. 각 볼트는 반복되는 하중 $P = 20$ kN을 받고 있다. 각 멤버는 모두 철이고 모든 볼트는 각각 $P_i = 100$ kN의 예하중을 받는다. 볼트는 미터 계열 나사 8.8이며, 20 mm인 틈을 가진다(따라서 피치는 1.5 mm이다). 또한 이 볼트에 맞는 너트의 두께는 12 mm이다. 나사산은 압연 방식으로 제작되었으며 90%의 생존 확률(survival probability) $E = 207$ GPa이다.

(a) 두께 3 mm의 경화된 강재 워셔가 볼트와 너트 아래에 쓰인다면, 길이가 몇인 볼트를 사용해야 하는가? 답 $L = 60$ mm.

(b) 볼트와 부재의 강성과 조인트 상수를 구하라. 답 $k_b = 1.147$ GN/m, $k_j = 4.668$ GN/m (Wileman).

(c) 피로 파괴를 막기 위한 안전을 위한 방법(요소)은 무엇인가? 답 $n_s = 7.59$.

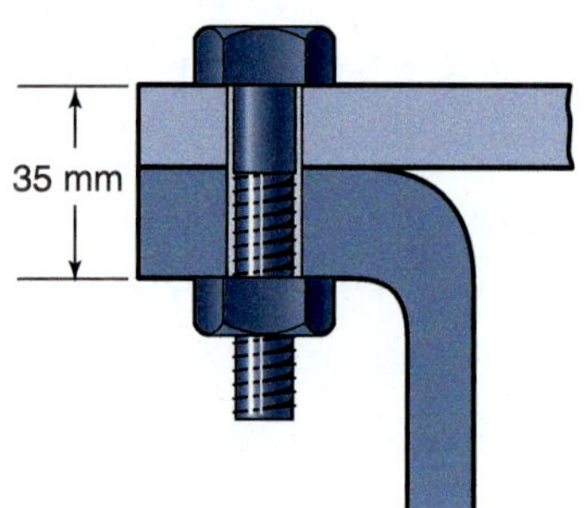

문제 16.53에 대한 그림 c

16.54 M12, 보통 조밀도(coarse-pitch), 5.8 등급 볼트가 그림 d와 같이 두 기계의 부분을 합치기 위해서 육각형의 너트와 함께 쓰였다. 다음을 구하라.

(a) 볼트와 고정된 부재의 강성을 구하라. 답 $k_b = 297.5$ MN/m, $k_j = 769.7$ MN/m (Wileman).

(b) 안전 계수가 2.5일 때 조립이 최대로 견딜 수 있는 외부 하중 답 $P_{max,b} = 11.5$ kN.

(c) 부재의 분리가 발생하지 않을 안전 계수 답 $n_s = 3.20$.

(d) 조립체에 10 kN의 외부 반복 하중이 작용할 때 피로가 발생하지 않을 안전 계수 답 $n_s = 2.36$.

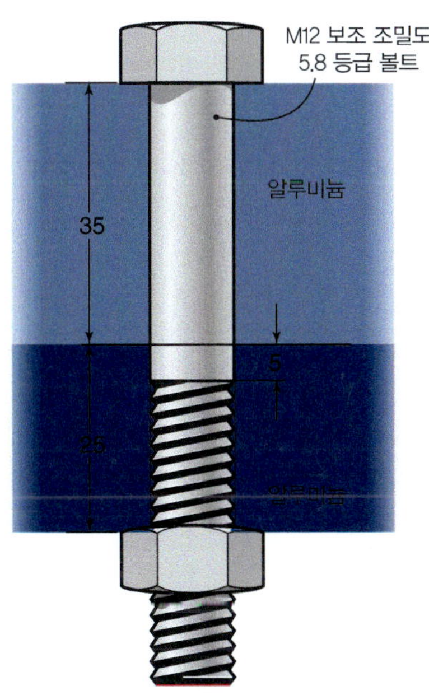

문제 16.54에 대한 그림 d

16.55 부재의 두께가 25 mm인 철로 만들어졌을 때 16.54를 풀어라. 답 k_j = 998.7 MN/m, n_{sj} = 2.22, n_s = 2.81.

16.56 그림 e에 있는 세 개의 볼트의 전체 전단하중을 각각 구하라. 또한 전단 응력과 지지 응력을 구해라. 볼트 세 개가 있는 부분의 8 mm 두께 판의 면적 관성모멘트를 구하라. 답 P_{center} = 4 kN, P_{bottom} = 37.7 kN.

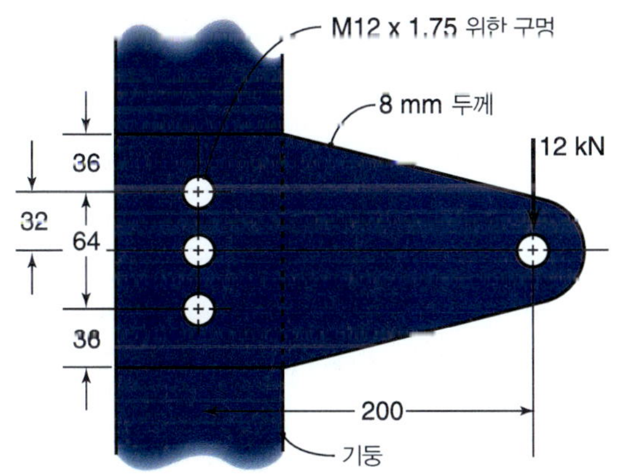

문제 16.56에 대한 그림 e

16.57 보통 조밀도(coarse-pitch), 육각형 너트와 미터 등급(metric grade) 9.8인 볼트가 기계의 두 부분을 조립하기 위해 그림 f와 같이 쓰였다. 볼트의 가장 큰 지름은 12 mm이다. 볼트와 아래의 부재는 탄소강으로 만들어졌다. 연결 부위는 재사용된다고 가정하고 길이의 단위는 inch이다. 다음을 구하라.

(a) 볼트의 길이 답 L = 75 mm.

(b) 볼트와 부재의 강성. 워셔의 d_i = 1.5d_c, 철의 E = 200 Gpa, 알루미늄의 E = 62 GPa이다. 답 $k_b = 3.158 \times 10^8$ N/m, $k_j = 6.016 \times 10^8$ N/m.

(c) 최대 외부 하중이 20 kN일 때 부재의 분리가 발생하지 않을 안전 계수 답 n_j = 3.13.

(d) 외부에서 반복적으로 가해지는 최대하중이 10 kN일 때, 피로가 발생하지 않을 안전 계수 답 n_s = 2.64.

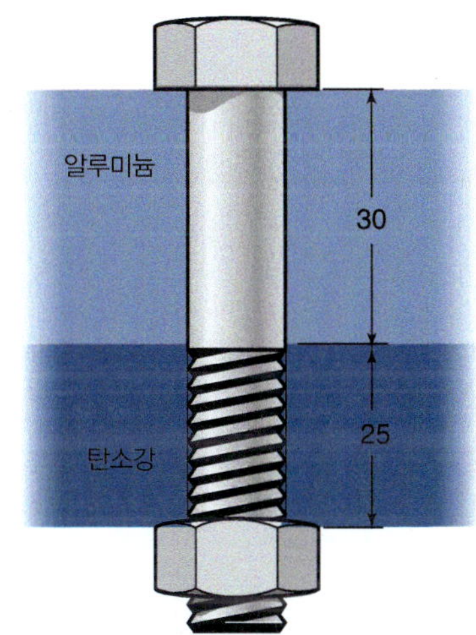

문제 16.57에 대한 그림 f

16.58 전기 모터로 작동되는 프레스(그림 g)가 누르는 힘은 P = 20 kN이다. 나사의 $\beta = 29°$, d_p = 75 mm, $p = l$ = 10 mm, μ = 0.05이다. 추력 베어링에 대해 d_c = 125 mm, μ_c = 0.06이다. mm모터의 속도는 2000 rpm이고 전체 속도비는 75 : 1, 기계 효율 e = 0.95이다. 다음을 계산하라.

(a) 프레스 헤드의 속도 답 v = 0.267 m/min.

(b) 모터의 전력 소요량 답 h_p = 2 W.

16.59 높은 압력을 위한 밸브를 그림 h로 나타냈다. 스핀들의 나사는 피치 지름은 10.9 mm, 리드 l = 1.75 mm, 나사산 각 = 60°이고, M12이다. 토크와 축 추력 동력 사이의 관계를 구하고, 조이는 동안 15 Nm의 토크가 적용될 때, 시팅을 방지하기 위한 축 방향의 힘을 계산하라. 마찰 계수는 0.15이다. 답 T_r = (0.00123 m)P.

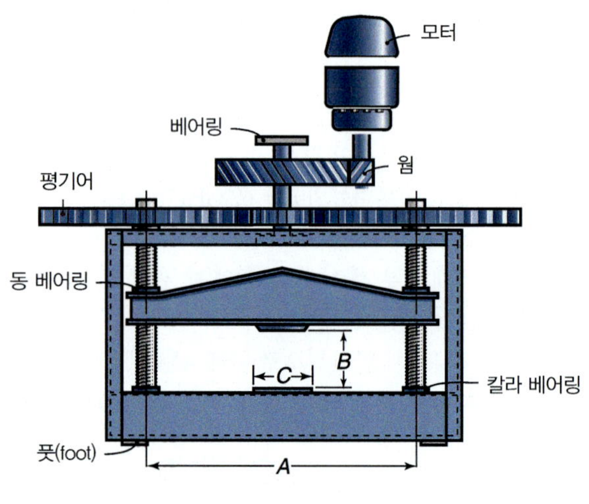

문제 16.58에 대한 그림 g

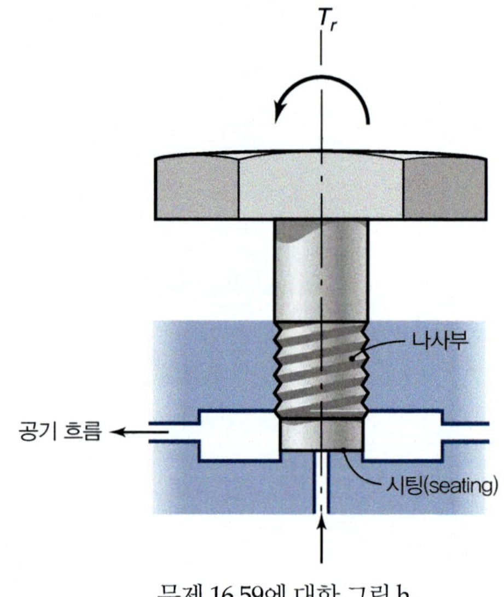

문제 16.59에 대한 그림 h

16.60 플랫 나사산($\beta = 0°$)을 갖는 인 리드 나사의 전력 효율을 구하고 마찰 계수에 관해서 최대 효율을 가능하게 하는 리드 각도 α를 구하라. 또한 $\mu = 0.15$일 때의 결과도 구해라. 답 $e_{\mu=0.15} = 74.2\%$.

16.61 새로운 고성능 모터의 실린더 헤드 스터드에 문제가 있다. 너트 아래 스터드가 크랙이 생긴지 얼마 안되어 유연부재인 실린더 헤드의 개스킷이 터져 모터가 멈췄다. 이 문제를 분석하기 위해서 제작자는 다양한 부품의 강성을 측정하였다. 모든 볼트의 강성은 400 N/μm, 개스킷은 600 N/μm, 개스킷을 압축하는 실린더 헤드의 강성은 10,000 N/μm이다. 압연 요소의 베어링(견딤)과 수명-응력(life-stress)을 비교함으로써 제작자는 나사의 수명을 충분히 유지시키기 위해서 줄여야 하는 응력의 크기를 추정하였다. 제작자는 이것을 어떻게 구했겠는가?

16.62 작은 에어 컴프레서를 계속해서 사용하기 위해 압력용기가 축압기(accumulator)로 사용되었다. 지름 10 mm 볼트 주변의 리드 강성은 k_j = 900 MN/m이고 몸통(shank) 길이는 20 mm이다. 공기의 사용이 불균등하기 때문에 컨테이너의 기압은 0.2~0.8 MPa로 일주일 동안 다양하게 변한다. 압력용기의 뚜껑(top lid)을 지탱하던 볼트 하나가 5년 사용 후에 갈라졌다. 볼트의 수명을 최소 50년 늘리기 위해서 응력 변화의 진폭을 25% 줄여서 재설계되었다. 응력 변화의 진폭은 볼트를 가볍게 하고 볼트 머리로부터 뚜껑으로 압축력을 전달하기 위해 원형 단면을 사용함으로써 줄일 수 있다. 튜브의 필요한 길이를 구하라. 답 l = 7.089 mm.

16.63 크레인의 갈고리는 여섯 개의 철 와이어로 매달린 블록에 고정되었다. 후크와 블록은 지름 10 mm이며, 20,000 N의 예하중이 작용하는 나사 네 개로 함께 조립되었다. 각 나사의 강성은 약 1 GN/m이다. 몇 년 사용 후에 크레인의 나사 하나가 피로로 인해 균열이 생겼다. 다른 나사들은 그대로 둔 채 응력 변화폭을 20% 줄이기 위해서 그 나사를 12 mm 나사로 교환하는 것이 바람직한가? 답 아니다.

16.64 볼트 체결부의 접촉부 거칠기에 따라 조인트에 하중이 가해졌을 때 거칠기가 최고인 부분에서 소성 변형이 일어난다. 표면이 더 거칠수록 볼트 체결부의 압력은 소성 변형에 의해 더 줄어든다. 각 표면의 거칠기 깊이(roughness profile depth)는 20 μm이고 접촉된 두 면에서 6.5 μm 소성 변형이 예상된다. 그림 16.13의 볼트-너트 조립체에서 두 표면에 세 요소가 접촉을 이루고 있다. 두 철의 판의 강성은 700 MN/m이고 두께는 각각 40 mm이다. 볼트의 지름은 16 mm이고 몸통부의 길이는 70 mm이다. 볼트는 소성 변형이 시작되기 전에 20 kN으로 예하중이 가해졌다. 거칠기가 변형된 후 남은 예하중을 구하라. 답 F_p = 14.8 kN.

16.65 그림 i와 같이 세 부재를 고정하기 위해 ISO M12 × 1.75 class = 12.9 볼트가 사용되었다. 첫번째 부재는 주철, 두 번째 부재는 저탄소강, 마지막 부재는 알루미늄이다. 정적 하중 안전 계수는 3이고 치수 단위는 mm이다. 다음을 결정하라.

(a) 전체 볼트의 길이, 나사부의 길이 답 L = 80 mm.

(b) 30 원추각을 이용한 볼트-조인트 강성 답 k_b = 286.8

MN/m, $k_j = 928$ MN/m.

(c) 영구적 연결을 위한 예하중 답 $P_i = 73.6$ kN.

(d) 볼트가 지지할 수 있는 최대 정적 하중 답 $P_{\max,b} = 11.54$ kN.

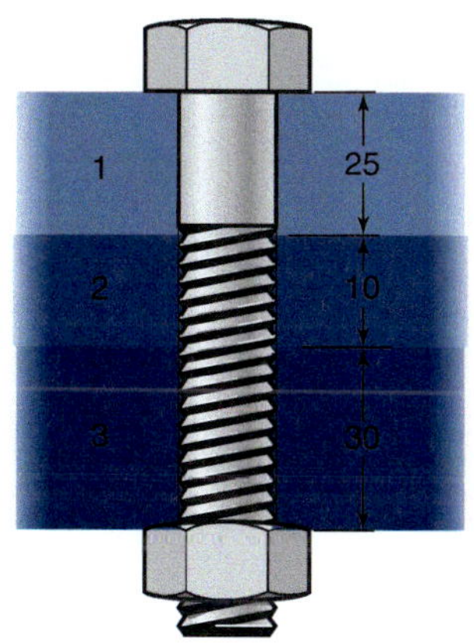

문제 16.65에 대한 그림 i

16.66 그림 j에 압력이 가해진 주철 실린더가 안의 기체를 10 MPa로 유지시키기 위해 사용되었다. 실린더는 저탄소강 실린더 헤드와 볼트로 결합되었다. 치수는 mm 단위이다. 필요한 볼트의 개수를 구하라. 12.9 볼트 등급, M36 × 100 mm 보통 나사 그리고 안전 계수 2를 사용하라. 답 $L_t = 78$ mm. $d_r = 31.67$ mm, $n = 39$ 볼트.

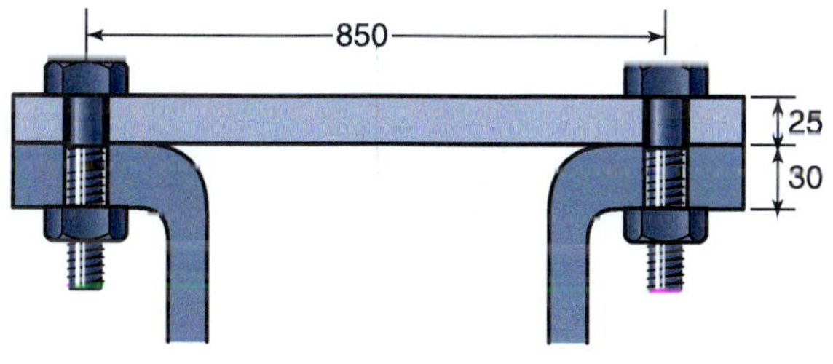

문제 16.66에 대한 그림 j

16.67 그림 k의 볼트 연결부에서 첫 번째 멤버는 저탄소강, 두 번째 멤버는 알루미늄, 세번째는 주철이다. 부재가 재배치되고, 원추대각이 45라고 가정할 때 그 배열이 최대로 지탱할 수 있는 하중을 구하라. 치수 단위는 mm이다.

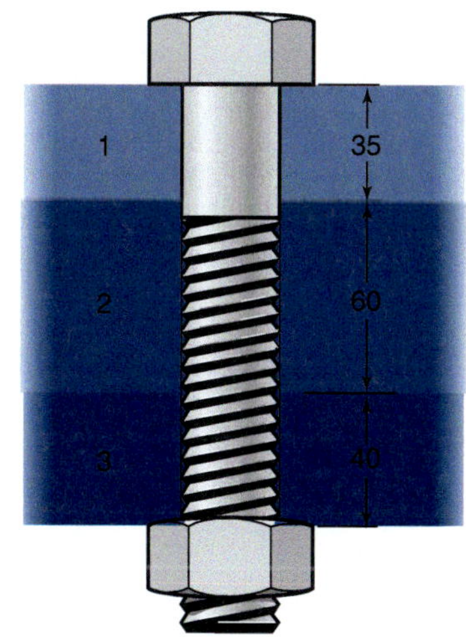

문제 16.67에 대한 그림 k

16.68 배 프로펠러 축의 플랜지가 반지름 방향으로 고정되었다. 외경은 1 m이고 둘레를 따라 각 지름이 25 mm인 180개의 리벳이 있다. 리벳은 AISI 1020 철로 만들어졌고(급랭과 870°C에서 템퍼링됨) 세 줄로 놓여 있다. 안전 계수가 5일 때 리벳을 통해 전달되는 프로펠러의 최대 토크를 구하라. 답 $T = 1.043 \times 10^6$ Nm.

16.69 철판(그림 l)이 수직 막대에 고정되었다. 세 리벳의 지름은 15 mm이고 외부 하중은 8 kN이다. 모든 길이 단위는 mm이다. 재료의 항복 강도는 $S_{y,\text{rivet}} = 600$ Mpa 그리고 $S_{y,\text{plate}} = 350$ Mpa이다. 다음의 안전 계수를 구해라

(a) $S_{sy} = 0.5S_y$일 때 리벳의 전단력 답 $n_s = 1.79$

(b) 리벳의 베어링(견딤) 답 $n_s = 4.56$.

(c) 평판의 베어링(견딤) 답 $n_s = 2.66$.

(d) 평판의 굽힘 답 $n_s = 4.26$.

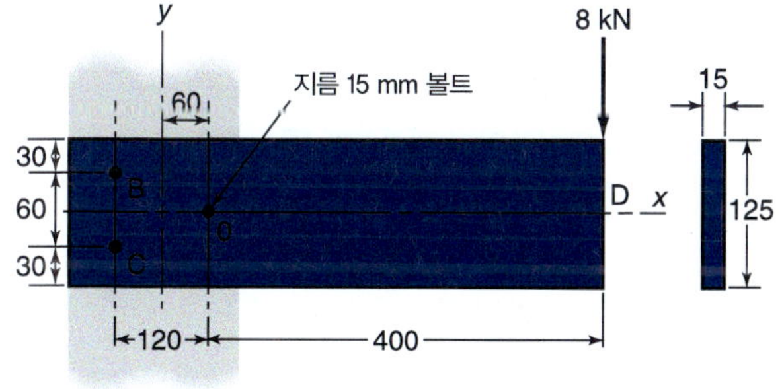

문제 16.69에 대한 그림 l

16.70 그림 m의 실린더는 2 MPa까지 압력이 가해졌고 32 M24 × 3 미터 등급 8.8 볼트로 실린더 헤드와 연결되어 있다. 볼

트는 1.2 m와 1.5 m의 실린더의 둘레를 따라 등간격으로 배치되어 있다. 실린더는 주철로 만들어졌고 헤드는 고탄소강으로 만들어졌다. 각 볼트의 힘은 실린더 헤드의 중심과의 길이와 반비례한다고 가정한다. 이때, 정적 하중으로 인한 파손이 발생하지 않을 안전 계수를 구하라. 답 $n_s = 4.02$

(a) $S_{sy} = 0.57S_y$일 때 리벳의 전단
(b) 리벳의 베어링(견딤)
(c) 평판의 베어링(견딤)
(d) 평판의 굽힘

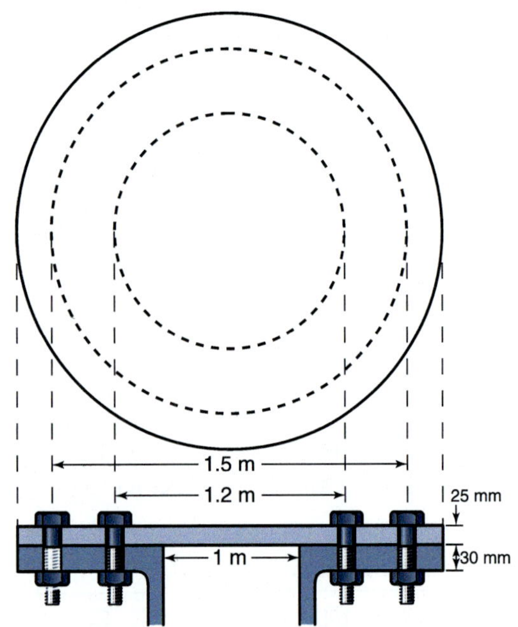

문제 16.70에 대한 그림 m

16.71 그림 n의 빔이 피복아크 용접법(shielded metal arc welding, SMAW)과 E60XX 계열 용접봉을 이용하여 두꺼운 기둥에 용접되었다. 주변부가 완전히 용접되었다고 가정했을 때 안전 계수 3에서의 용접 크기를 구하고 표준 용접 기호를 사용하여 표시하라. 답 $h_e = 3$ mm.

16.72 문제 16.71에서의 빔에서 주변부의 완전한 용접대신 두 개의 평행선 부분을 용접하려고 한다. 이 때 가로, 세로 중 어느 부위가 용접되어야 하는가? 이를 비교하기 위해 어떤 경우가 같은 안전 계수를 만족하는데 더 많은 용접봉이 필요한지 구하고 표준 용접 기호를 사용하여 표시하라. 답 $h_e = 5$ mm.

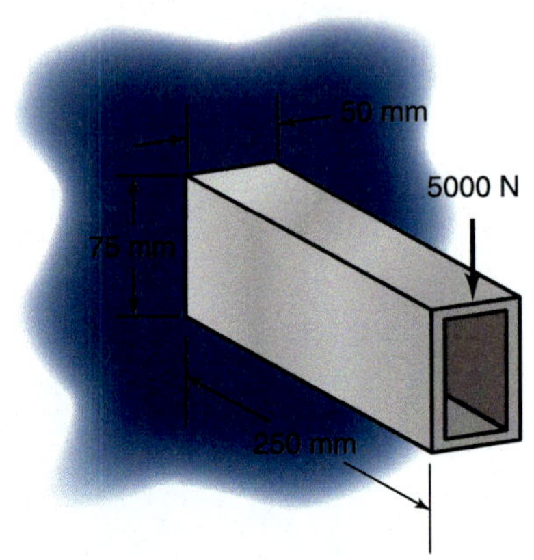

문제 16.71에 대한 그림 n

16.73 그림 o의 브래킷이 허용 전단 응력이 500 MPa인 지름 15 mm 리벳을 사용하여 빔에 고정되었다. 브래킷은 주로 수직하중을 지탱하지만 하중의 방향이 그림과 같이 ±30°인 하중까지 지탱할 수 있다. 리벳의 전단력을 기준으로 안전 계수를 결정하라. 답 $n_s = 1.47$.

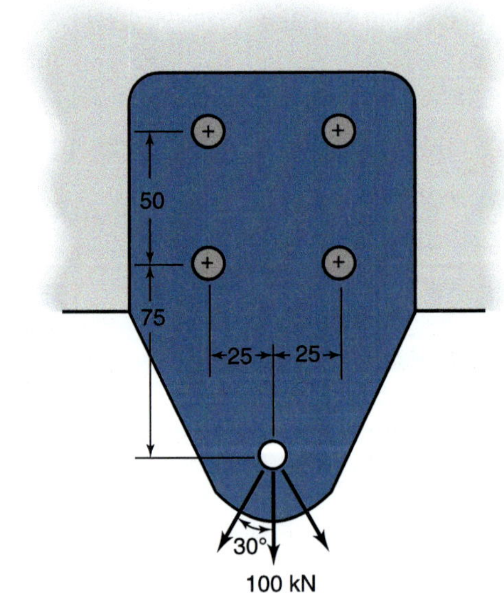

문제 16.73에 대한 그림 o

16.74 직사각형의 철판이 그림 p와 같이 철 빔에 리벳으로 연결되었다. 철은 저탄소강이라고 가정하고 리벳의 항복 강도는 600 MPa이다. 24 kN의 하중이 작용하고 안전 계수가 3일 때 리벳의 지름을 구해라. 답 $d = 15$ mm.

16.75 그림 q의 판과 빔을 이용하여 문제 16.74를 반복하라. 답 $d = 13$ mm.

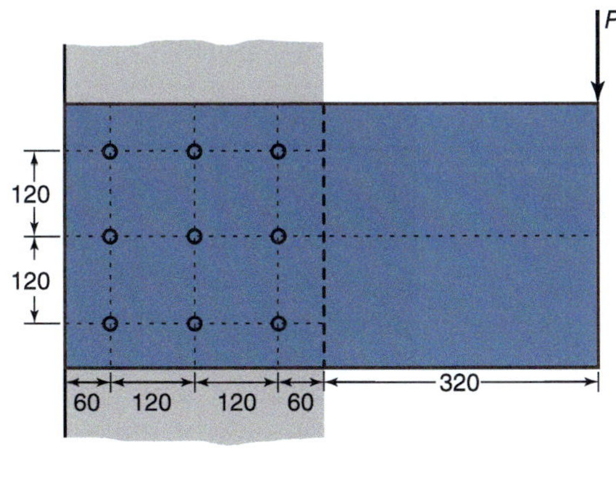

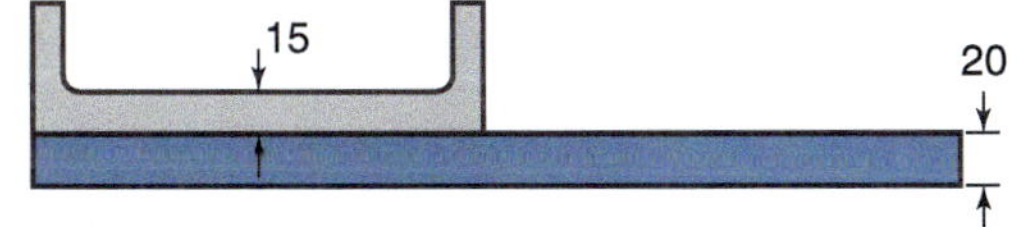

문제 16.74에 대한 그림 p

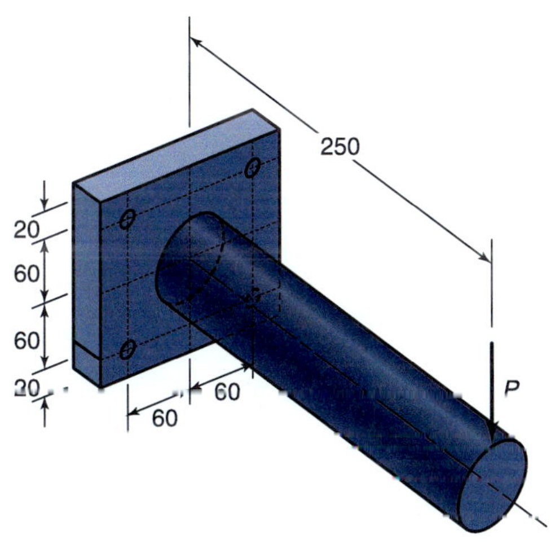

문제 16.75에 대한 그림 q

16.76 그림 r의 철판은 벽에 용접되었고 치수 단위는 mm이다. 그림과 같이 왼쪽 용접 부위에서 170 mm 떨어진 지점에서 수직하중 $W = 15$ kN이 작용하였다. 두 용접 부위 모두 AWS 용접봉 E8000으로 용접되었다. 안전 계수 $n_s = 5.0$일 때 용접의 크기를 구해라. 답 $h_e = 10$ mm.

16.77 문제 16.76에서 윗부분(AB)만 용접되었을 때 용접 부위의 크기를 구해라. 답 $h_e = 40$ mm.

16.78 두 개의 중탄소 강판(AISI 1040)이 그림 s와 같이 평행하게 하중이 가해지는 필렛 용접을 통해 부착되었고 E60 계열 용접봉이 이용되었다. 각 용접의 길이는 75 mm이다. 안전계수가 3.5이고 15 kN 하중이 작용할 때 최소 레그(leg) 길이는 얼마인가?

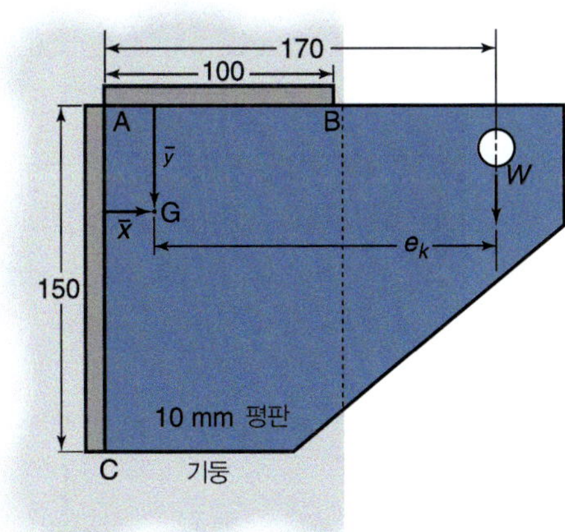

문제 16.76에 대한 그림 r

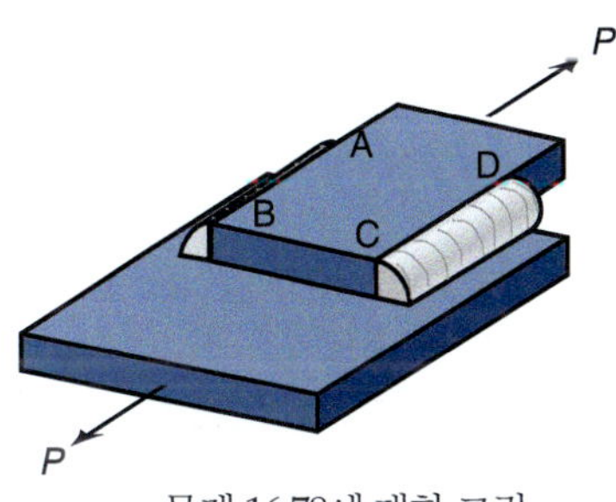

문제 16.78에 대한 그림 s

16.79 유니버셜 조인트가 외경 60 mm 튜브에 용접된 자동차 차축은 기어박스에서 후차축으로 1500 Nm의 토크를 전달해야 된다. 용접에 사용된 금속이 E70급이고 안전 계수를 10으로 할 때 필요한 용접 레그의 크기를 구하라. 답 $h_e = 3$ mm.

16.80 그림 t에서 철 막대가 E60XX 용접봉을 사용하여 벽에 용접되었다. 막대의 끝에 y방향으로 1000 N 하중을 가했다. 이

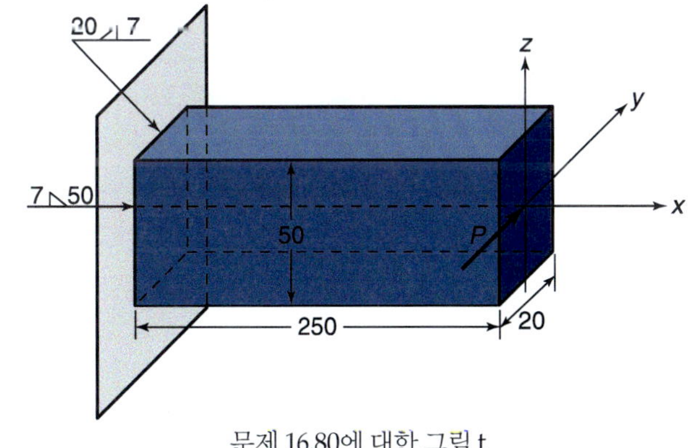

문제 16.80에 대한 그림 t

때 항복에 대한 안전 계수를 구하라. 만약 하중 P가 z방향으로 바뀐다면 안전 계수가 변하겠는가? 치수는 mm 단위이다. 답 $n_s = 7.14$.

16.81 그림 u의 막대는 AWS 용접봉을 이용하여 벽에 용접되었고 10 kN 하중이 막대의 윗부분에 가해졌다. 항복 안전 계수가 3.0일 때 쓰여야 하는 용접봉의 번호를 결정하고 10 mm를 넘지않는 용접 목(throat) 길이를 구하라.

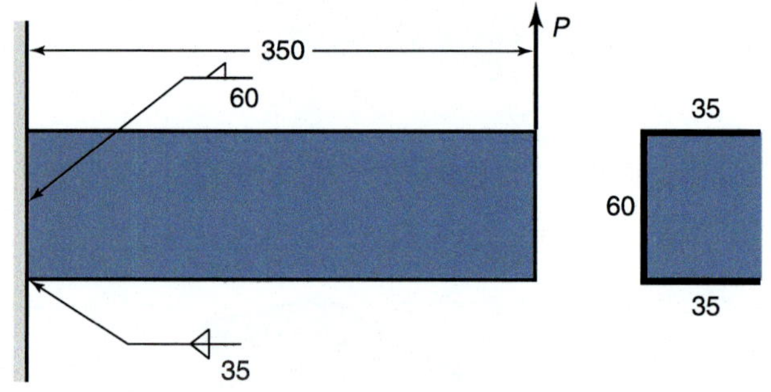

문제 16.81에 대한 그림 u

16.82 그림 v의 브래킷이 열처리된 AISI 1040 철 기둥에 세 개의 지름 7 mm 전극을 사용하여 점용접(spot weld)되었다. 90% 기둥의 전단 강도가 점용접에 의해 향상되었을 때 용접 전단을 방지하기 위한 안전 계수를 구하라. 치수는 mm 단위이다. 답 $n_s = 1.09$.

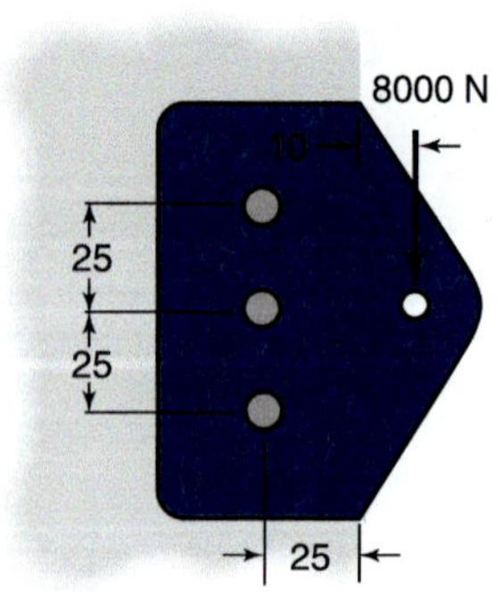

문제 16.82에 대한 그림 v

16.83 그림 w에서 막대를 벽에 용접하기 위해 AWS 용접봉 E100XX가 쓰였다. 항복 안전 계수가 3일 때 최대로 지탱할 수 있는 하중을 구하라. 치수는 mm 단위이다. 답 $P_{max} = 359$ N.

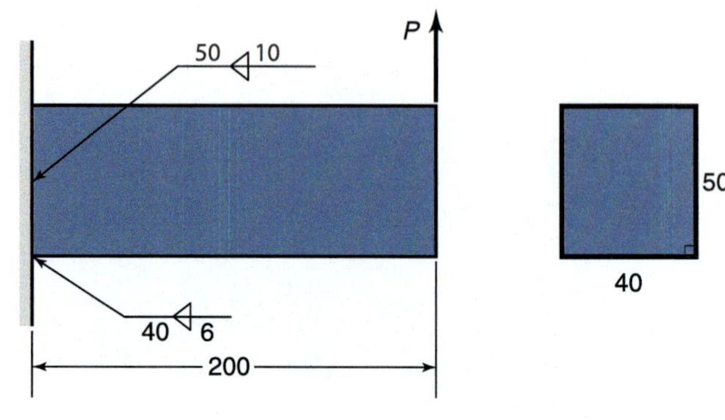

문제 16.83에 대한 그림 w

16.84 캠이 압출된 관(extruded channel)이 아크 용접으로 부착되었다. 그림 x와 같이 세 디자인이 제시되었다. E60 전극이 사용되었을 때 $P = 1000$ N일 때의 용접 이음(welded joint)의 안전 계수를 각 경우별로 구하라. 이때 $a = 400$ mm이다. 처음 두 디자인의 캠 구멍은 돌출 부위와 딱 맞기 때문에 직접 전단은 무시한다. 마지막 디자인은 구멍이 없는 대신 관이 캠 표면에 용접되었다. 용접의 항복에 기초하여 설계하라. 둥근 관의 지름은 50 mm, 정사각형 관은 50 × 50 mm이다.

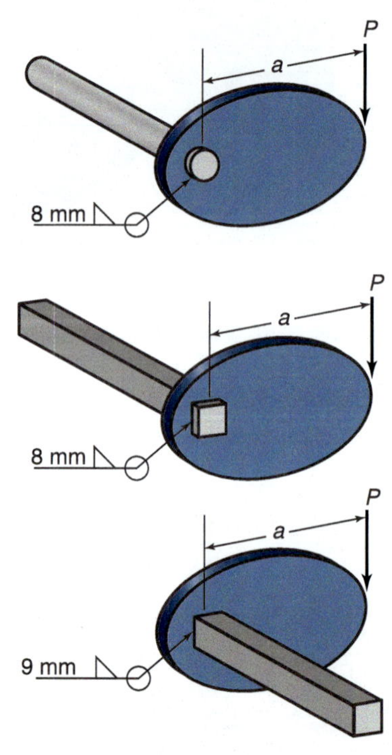

문제 16.84에 대한 그림 x

16.85 출퇴근용 비행기의 동체는 알루미늄 평판을 서로 겹치기 조인트(lap joint) 형태로 붙이는 방식으로 제작된다. 단일 평판에 대한 탄성 변형은 두 평판이 겹치기 조인트 형태로 집착되어 있을 때의 변형과 다르다. 따라서 접착 부분에서의 최대 전단 응력은 평균 전단 응력 두 배까지 증가한다. 접착 부분의 전단 응력는 20 MPa이며, 알루미늄 평판의 인장 강도는 95 MPa 그리고 두께는 4.0 mm이다. 접착 조인트(glue joint)가 알루미늄 평판의 강도의 2배가 되기 위해 필요한 겹침 길이를 구하라. 답 $L = 76$ mm.

16.86 유아용 그네를 지탱하는 밧줄은 내경 10 mm, 길이 100 mm의 플라스틱 튜브에 부착되어 있나. 플라스틱 튜브가 더해진 밧줄과 그냥 밧줄 사이의 탄성 차이는 접착제의 평균 전단 응력보다 2.5배 큰 최대 전단 응력을 발생시킨다. 접착제는 극한 전단 응력이 12 MPa인 에폭시 타입 중 하나이다. 그네가 가장 낮은 지점을 지날 때 속력이 6.5 m/s이고 사람의 무게 중심과 밧줄이 묶인 지점과의 거리는 2 m일 때 접착부의 과응력 없이 가능한 사람의 최대 체중은 몇인가? 답 최대 질량은 97 kg.

16.87 탄소 섬유 강화 플라스틱으로 만들어진 낚싯대가 있다. 낚싯대의 길이를 따라 최적 탄성을 얻고 이를 위해 길고 정확한 캐스트를 만들기 위해서는 낚싯대 내 섬유의 분포가 부분마다 달라야 된다. 또한 이때 스카프 조인트로 이루어진 막대가 필요하다. 에폭시 접착제의 인장 강도는 10 MPa이고 전단 강도는 12.5 MPa이다. 각각의 강도는 서로 영향을 받지 않는다. 낚싯대를 굽힘에 대해 최대한 강하게 만들기 위해 적절한 스카프 조인트 각을 구하라.

16.88 그림 16.29 내의 단순 맞대기(butt)와 겹치기(lap) 조인트를 참고하라. (a) 맞대기 조인트의 면적이 5 mm × 20 mm일 때 표 16.14의 접착제 특성표를 참고하여 이 조인트가 견딜 수 있는 최대 인장력과 최소 인장력을 구하라. (b) 부재가 20 mm 겹쳐졌을 때 최대 최소 인장력을 구하라.

16.89 두께 1 mm, 폭 25 mm의 2014-O 알루미늄 스트립 두 개를 연결하기 위해 그림 16.29g에 있는 스트랩 조인트가 사용되었다. 에폭시 접착제를 사용하여 스트립의 강도를 최대로 하기 위해서는 어떤 오버랩이 필요한가?

종합과 설계 문제

16.90 나사산을 포함한 축이 매끄러운 관 안에서 회전하면 펌프로 쓰일 수 있다. 이때 모양은 그림 y와 같다. 이때 유량을 형상 파라미터와 축 속도에 관한 식으로 나타내어라. 힌트: 유동을 나사선 운동에 의해 이동하는 유체의 리본으로 생각하라.

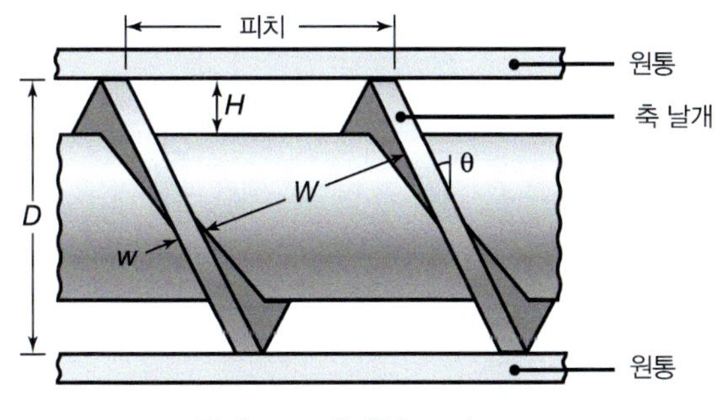

문제 16.90에 대한 그림 y

16.91 지름이 큰 볼트가 장기간 사용되었고 더 높은 안전 계수를 위해 교체되었다고 가정하라. 낡은 볼트들은 표면을 다듬고 새 나사산을 만들어 재가공하였다. 이 때 다음을 설명하라.

(a) 이 기술이 이점이 있는가?

(b) 이 기술에 대해 생각할 수 있는 기술적, 윤리적 문제는 무엇인가?

16.92 폭 25 mm, 두께 5 mm인 두 개의 강재 부재를 연결하기 위한 조인트를 설계하라. 겹치는 부분은 25 mm 정도이고 이 단원에서 설명된 어떤 방법이라도 사용해도 좋다.

16.93 문제 16.92에서 언급된 같은 부재를 이용할 때, 한 줄도 정렬된 나사 체결새를 이용하여 조인트를 설계하라. 큰 체결재 한 개를 사용하겠는가 아니면 작은 체결재 여러 개를 사용하겠는가? 이유와 함께 설명하라.

16.94 문제 16.92에서 언급된 같은 부재를 이용할 때, 여러 접합법을 적용하여 조인트를 설계하라.

16.95 세 개의 트위스트-오프 체결재(twist-off fastener)를 설계하라. 이 때 그림 16.16에 설명된 것은 제외하라.

16.96 엄클래드(Alclad) 재료는 5182 알루미늄 합금으로 만들어졌고 양면은 얇은 층의 순수 알루미늄으로 코팅됐다. 5182 알루미늄 합금은 강도가 높고 순수 알루미늄으로 된 외부 막은 알루미늄의 안정된 산화 피막 덕분에 내식성이 좋다. 때문에 엄클래드 재료는 항공우주산업에 흔하게 쓰인다. 이와 같이 흔히 쓰이는 압연 결합(roll-bonded) 재료와 그의 쓰임을 조사하고 표로 정리하라.

16.97 그림 z는 접착제로 결합된 리벳을 나타낸 것이다. 이러한 디자인의 장단점을 나열하고 조인트의 파괴를 야기하는 축방향의 힘을 예측할 수 있는 식을 구하라. 16.5절에 있는 파괴 유형을 참고하라.

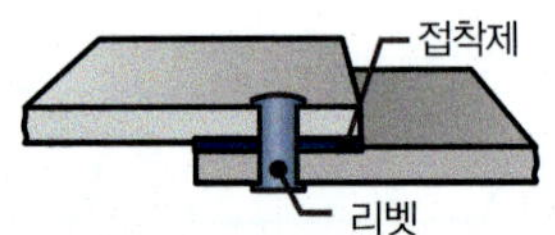

문제 16.97에 대한 그림 z

16.98 식 (16.10)을 빠르게 움직이는 운동용 나사에 쓸 수 있는 부하와 나사의 관성값을 포함하는 식으로 변경하라.

17

스프링

나선형 압축 스프링 모음. 출처: Danly IEM.

기계 기술의 발명자가 연역법의 발명자보다 인류에게 훨씬 더 유용하였다는 것을 고백해야 한다.

볼테르

차례

예제

설계 절차

사례 연구

스프링은 가장 흔한 기계 요소이고 형태와 기능이 매우 다양하다. 이 장은 가장 일반적인 형태의 스프링을 소개하고 설계에 대하여 서술한다. 또한 효율적인 스프링을 만들기 위해 필요한 재료의 특성, 냉간 가공된 스프링 금속에서 발생하는 강도 특성을 검토한다. 나선형 압축 스프링 및 인장 스프링의 기하학적 형상과 관련되는 힘 및 응력을 분석하며, 비틀림 스프링에 가해진 모멘트에서 발생하는 수직 응력을 유도한다. 비틀림 스프링은 스프링이 변형함에 따라서 유효 감김수가 변화하는 점이 특징이다. 설계가 쉬운 장점으로 인하여 차량 현가장치에 흔히 적용되는 외팔보 형태의 판 스프링에 대하여 요약한다. 가스 스프링은 양호한 감쇠특성을 가지고 있고 일반적으로 균형추로 사용된다. 벨레빌 로크와셔로 알려진 접시 스프링은 소형의 특수 원판 스프링으로, 성능을 강화시키기 위하여 직렬 또는 병렬로 겹칠 수 있는 특징이 있다. 마지막으로 나선 형태의 중첩된 파형을 갖는 파형 스프링은 설계가 매우 용이하다.

이 장에서 다루는 기계 요소: 나선형 압축 및 인장 스프링, 비틀림 스프링, 판 스프링, 가스 스프링, 접시 스프링, 파형 스프링

대표적인 응용 사례: 에너지 저장, 차량 현가, 균형추, 예하중 부품

관련 기계 요소: 플라이 휠(10장), 지지용 인장 및 압축 부재(5장, 10장), 리테이너(11장), 로크와셔(16장)

기호

A 단면적, m^2
A_p 절편, Pa
b 판 스프링의 폭, m
b_s 경사
C 스프링 지수 D/d
$\bar{C}$ 절편
c 중립축에서 바깥 섬유까지의 거리, m
D 코일 평균 지름, m
D_i' 하중을 받은 코일 안지름, m
d 소선 지름, m
E 탄성 계수, Pa
f_n 최저 고유진동수, Hz
G 전단 탄성 계수, Pa
g 중력가속도 9.807 m/s^2
g_a 인장 스프링의 열린 끝 틈새, m
h 높이, m
I 면적 관성모멘트, m^4
J 극 면적 관성모멘트, m^4
K 다중 파형 계수
K_b 베르크스트래서(Bergsträsser) 계수
K_d 횡 전단 계수
K_i 스프링 응력집중 계수
K_w 와알 곡률보정 계수
K_1 식 (17.55)에서 정의
k 스프링 상수, N/m
k_t 비틀림 하중을 고려한 스프링 상수, N/m
k_θ 각 스프링 상수, Nm/rev
l 길이, m
M 모멘트, N-m
m 경사
N 감김수
N_a 유효 감김수
N_a' 하중을 받은 유효 감김수
N_w 감김 당 파형 수
n 판 수
n_s 안전 계수
P 힘, N
p 피치, m, 가스 압력, Pa
R 토크를 가할 때 사용되는 반경, 브래킷의 직선 팔 길이, m
$\bar{R}$ 기체 상수, J/kg-K
R_d 지름비 D_o/D_i
r 반지름, m
S_{se} 수정된 내구 한도, Pa
S_{se}' 내구 한도, Pa
S_{sf} 수정된 전단피로 강도, Pa
S_{su} 전단 극한 강도, Pa
S_{sy} 전단 항복 강도, Pa
S_y 항복 응력, Pa
S_{ut} 인장 극한 응력, Pa
T 토크, N-m
t 두께, m
t_m 온도, K
U 저장된 탄성에너지, N-m
ΔU 에너지 변화량, N-m
v 체적, m^3
x 직교 좌표, m
$\gamma_{\theta z}$ 비틀림 하중에 의한 전단 변형률
Δ_v 손실 계수
δ 변위, m
ζ 원뿔각
θ 각변위, rad
ν 프와송 비
ρ 밀도, kg/m^3
σ 응력, Pa
τ 전단 응력, Pa

하첨자

a 반복, 교대
b 몸체
c 원뿔의
d 횡 또는 직접
e 끝
f 자유의(하중이 없는)
h 고리
i 설치된, 내부의, 예하중
l 루프
o 작동하는, 외부의
s 밀착된, 채워진
t 비틀림의, 합계

u 극한
w 소선(와이어)

17.1 서론

스프링은 힘이나 토크를 발휘하고 동시에 에너지를 저장하는 데 사용하는 유연한 기계 요소이다. 에너지는 스프링을 압축하거나 인장하고, 비틀거나 구부려서 고체 내에 저장된다. 이 에너지는 변형된 재료의 탄성 복원에 의하여 회복된다. 스프링은 요구되는 변형을 탄성적으로 견딜 수 있는 능력을 가져야 하며, 일반적으로 연속적으로 변화하는 하중과 높은 응력에서 작동한다.

스프링의 응용 예들은

1. 총의 반동기구에서와 같이 에너지를 저장하고 돌려주는 형태
2. 릴리프 밸브와 거버너에서처럼 일정한 힘을 적용하고 유지하는 형태
3. 자동차 현가장치에서와 같이 진동을 차단하는 형태
4. 저울에서와 같이 하중을 표시하거나 제어하는 형태
5. 브레이크 페달이나 엔진 밸브에서와 같이 부품을 작동시키는 형태

17.2 스프링 재료

스프링 재료를 선택할 때 고려하는 가장 중요한 특성 중 하나는 강도이다. 그림 3.21은 재료들의 강도 S와 탄성 계수 E의 분포를 나타낸 것이다. 이 그림에서, 강도는 금속이나 중합체에 대하여는 항복 강도를 나타내고, 세라믹에 대하여는 압축 분쇄 강도를, 탄성중합체에 대하여는 파열강도를, 복합재료와 목재에 대하여는 인장 강도를 나타낸다. 애시비(Ashby)에 의하여 검토된 바와 같이(2010), 정규화된 강도(S/E)는 경량화된 강도기준 설계를 평가하는 데 가장 좋은 인자이다. 그림 3.21에서, 공업용 중합체는 S/E의 값이 0.01~0.1의 범위에 있음을 주목하라. 금속은 이보다 약 10배 작은 값을 가진다. 세라믹은 압축을 받는 경우 공업용 중합체만큼 강하지 않으며, 인장 시에는 훨씬 약하다. 복합재료와 목재는 약 0.01 내외의 값을 가지며, 뛰어난 금속만큼 좋다. 예외적으로 탄성중합체는 낮은 탄성 계수 때문에, S/E의 값이 0.1과 1.0 사이로 다른 재료들보다 높다.

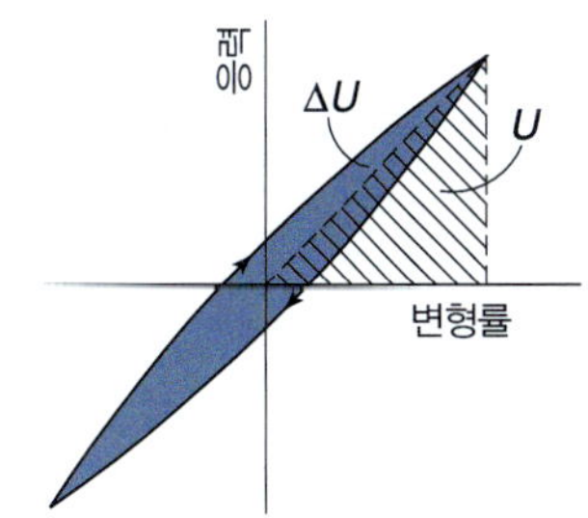

그림 17.1: 완전한 사이클에 대한 응력-변형률 곡선.

손실 계수 Δ_v는 스프링 재료를 선택할 때 두 번째로 중요한 인자이다. 손실 계수는 응력-변형률 사이클에서 소산되는 에너지 비율을 나타낸다. 그림 17.1은 완전한 사이클에 대한 응력-변형률 거동을 나타낸다. 손실 계수는 다음과 같다.

$$\Delta_v = \frac{\Delta U}{2U}, \tag{17.1}$$

여기서 ΔU는 한 사이클당 에너지 변화량이고, U는 저장된 탄성에너지이다. 손실 계수는 무차원 변수이다. 스프링으로 사용되는 재료는 작은 손실 계수를 가져야 한다. 탄성중합체는 가장 큰 손실 계수를 가지며, 세라믹은 이보다 약 10000배 작은, 가장 작은 손실 계수를 가지고 있다. 잘 알려진 바와 같이, 세라믹은 취성의 특성을 가지기 때문에 스프링 재료로는 적당하지 않다. 고탄소강은 세라믹보다 손실 계수가 약간 큰 수준이며 스프링 재료로 적합하다. 탄성중합체는 덩어리 형태로는 좋은 스프링 재료이다. 그러나 외팔보나 코일과 같은 다른 형태의 경우, 강의 높은 강성은 단점이 아니며, 적은 비용과 피로 성능 때문에 매력적인 스프링 재료이다.

이러한 이유로, 대부분의 상업용 스프링은 고탄소강, 냉간압연 침투경화 스테인리스강, 비철합금, 적층 섬유유리와 같은 특수비금속 등의 고강도 저손실 계수 재료를 사용하여 제조된다. 표 17.1은 일반적인 스프링 재료에 대한 특성(탄성

표 17.1: 스프링 재료의 전형적 특성. 출처: Relvas(1996).

재료/규격	탄성 계수 E, GPa	전단 탄성 계수 G, GPa	밀도 ρ, kg/m³	최대 사용 온도 °C	주요 특징
고탄소강					
피아노선(ASTM A228)	207	79.3	7840	120	고강도, 피로수명 우수
경인발 (ASTM A227)	207	79.3	7840	120	일반 목적용, 피로수명 빈약
스테인리스강					
마르텐사이트계 (AISI 410, 420)	200	75.8	7750	250	저온 용도로는 불만족
오스테나이트계 (AISI 301, 302)	193	68.9	7840	315	중간 온도에서 강도 양호; 응력 이완 저조
동합금					
스프링 황동 (ASTM B134)	110	41.4	8520	90	저가격, 고전도성; 기계적 특성 저조
인청동 (ASTM B159)	103	43.4	8860	90	반복 변형을 견딤, 흔히 사용되는 합금
베릴륨 동 (ASTM B197)	131	44.8	8220	200	항복강도와 피로강도 크다; 경화 가능
니켈합금					
인코넬 600	214	75.8	8500	315	강도 양호, 높은 부식저항
인코넬 X-750	214	75.8	8250	600	침투 경화, 고온용
니켈-스팬 C	186	66.2	8140	90	넓은 온도 범위에서 일정한 계수

표 17.2: 스프링 재료에 대한 식 (17.2)의 계수.

재료	크기 범위 mm	지수 m	상수 A_p MPa
피아노선[a]	0.10–6.5	0.146	2170
기름-뜨임 소선[b]	0.50–12	0.186	1880
경인발 소선[c]	0.70–12	0.192	1750
크롬-바나듐[d]	0.80–12	0.167	2000
크롬-실리콘[e]	1.6–10	0.112	2000
302 스테인리스강	0.33–2.5	0.146	1867
	2.5–5	0.263	2065
	5–10	0.478	2911
인청동[f]	0.1–0.6	0	1000
	0.6–2	0.028	913
	2–7.5	0.064	932

[a] 표면은 매끈하고 결함이 없으며, 밝은 광택이 나는 다듬질 한 것.
[b] 표면은 도금 전에 제거하여야 하는 열처리 스케일이 약간 있는 상태.
[c] 표면은 매끈하고 밝으며, 보이는 흔적이 없는 것.
[d] 항공기-품질 뜨임 소선, 풀림하여 얻을 수 있다.
[e] HR_C(로크웰 C) 49로 뜨임한 것인데, 뜨임하지 않고도 얻을 수 있다.
[f] SAE CA510, HR_B(로크웰 B)92-98로 뜨임한 것.

계수, 전단 탄성 계수, 밀도 및 최대 사용온도)을 나타내고 부가적인 설계 정보를 나타내고 있다.

스프링은 재료의 크기, 스프링 지수 및 요구되는 특성에 의하여 열간 또는 냉간 작업으로 제조된다. 일반적으로, $D/d<4$ 또는 $d>6$ mm이라면 미리 경화된 소선이 사용되어서는 안 된다. 스프링을 감는 작업은 굽힘을 통한 잔류 응력을 초래하나, 이것들은 나선형 스프링에서 비틀림 작용 응력의 방향에 수직이며, 스프링을 제조할 때, 스프링을 감은 후에 열처리로 응력을 제거하는 경우가 많다.

스프링 재료의 극한 강도는 소선의 크기에 따라 크게 변하므로, 소선의 크기가 알려지지 않으면 극한 강도를 지정할 수 없다. 재료뿐 아니라 처리과정 역시 인장 강도에 영향을 준다. 시험 결과 소선 지름에 대한 소선 강도는 대략 다음과 같다.

$$S_{ut}=\frac{A_p}{d^m}, \tag{17.2}$$

여기서 A_p와 m은 상수이다. 표 17.2는 몇몇 스프링 재료에 대한 A_p와 m의 값을 나타낸다. 식 (17.2)는 표 17.2에 나타낸 제한된 크기 범위에 대하여만 유효하다. 또한 A_p는 MPa, d는 mm임을 유의하라.

스프링의 설계에서 허용 응력은 극한 강도라기보다는 비틀림 항복 강도이다. 식 (17.2)로부터 극한 강도가 알려지면 전단 항복 응력은 다음과 같이 주어진다.

$$S_{sy} = \tau_{\text{all}} \approx 0.40 S_{ut}. \tag{17.3}$$

식 (17.3)은 재료의 인장 극한 강도로부터 전단 항복 응력을 근사화하는 것이다. 극한 강도로부터 항복 강도를 결정할 수 있도록 하는 일반적인 공식이 아니므로, 식 (17.3)은 스프링강에 대해서만 적용할 수 있고, 특성상 다소 보수적이다. 예를 들면, 최대 전단 응력이론(6.7.1절)이 사용된다면, 전단 항복 응력은 단일 축 항복 강도의 절반 수준이다.

예제 17.1

스프링 설계 비교

조건 음악상자의 뚜껑을 열기 위하여 스프링을 이용하고자 한다. 뚜껑 뒤에 한 개의 스프링을 배치하거나 뚜껑의 양쪽에 약한 스프링을 하나씩 배치하여, 채움 장치가 풀어진 후에 뚜껑을 밀도록 한다. 스프링 소선 지름을 제외하고는, 스프링 힘과 스프링 형태는 두 선택사항에 대하여 동일하다. 선택된 재료는 피아노선이며, 한 개의 스프링을 사용하는 선택사항에서 필요한 소선지름은 1 mm이다.

문제

(a) 스프링의 비용이 스프링 재료의 중량에 비례한다고 가정하면 어느 선택이 더 경제적인가?

(b) 만약 단일 스프링의 경우(선택 1)에 피로로 인한 문제가 발생하지 않는다면, 두 개의 스프링을 사용하는 경우(선택 2)에 피로로 인한 문제를 일으킬 위험이 있는가?

풀이

(a) 표 17.2로부터 피아노선에 대하여 $m = 0.146$이고 $A_p = 2170$ MPa이다. 이 값들을 식 (17.2)에 대입하면

$$S_{ut} = \frac{2170}{1^{0.146}} = 2170 \text{ MPa}.$$

이 값은 단일 스프링 설계에 대한 허용 응력이다. 부록 D로부터 보의 끝($u = x = l$)에 작용하는 집중하중에 대하여, 보 자유단의 변형은

$$y = \frac{Pl^3}{3EI}. \tag{a}$$

스프링은 원형 단면이고, 그러므로 면적 관성모멘트는

$$I = \frac{\pi r^4}{4}. \tag{b}$$

식 (b)를 식 (a)에 대입하면

$$y = \frac{Pl^3 4}{3E\pi r^4} = \left(\frac{4l^3}{3\pi E}\right)\left(\frac{P}{r^4}\right). \tag{c}$$

선택 1과 2에서 재료와 스프링 길이는 같다. 그러므로 하첨자 1이 선택 1을 나타내고 하첨자 2가 선택 2를 나타낸다고 하면 식 (c)로부터

$$\frac{P_1}{r_1^4} = \frac{P_1/2}{r_2^4}.$$

r_2에 대하여 풀면,

$$r_2 = \frac{r_1}{(2)^{0.25}} = 0.8409 r_1. \tag{d}$$

비용은 중량에 비례하여 변할 것이므로

$$\frac{\pi r_1^2 l\rho}{2\pi r_2^2 l\rho} = \frac{r_1^2}{2r_2^2} = \frac{r_1^2}{2(0.8409 r_1)^2} = 0.7071. \tag{e}$$

그러므로 단일 스프링 선택이 두 개의 스프링을 사용하는 것의 0.7071배 비싸게 되고, 29.3% 저렴하다.

(b) 식 (4.45)에서 단일 스프링(선택 1)에 대한 굽힘(설계) 응력은

$$\sigma_1 = \frac{Mc}{I} = \frac{Plr_1}{\frac{\pi r_1^4}{4}} = \frac{4Pl}{\pi r_1^3}. \tag{f}$$

두 개의 스프링(선택 2)에 대하여 설계 응력은

$$\sigma_2 = \frac{4(P/2)l}{\pi r_2^3} = \frac{2Pl}{\pi(0.8409)^3 r_1^3} = \frac{\sigma_1}{2(0.8409)^3} = 0.8409\sigma_1.$$

식 (17.2)를 사용하여 선택 2에 대한 허용 응력을 구하면

$$S_{ut} = \frac{2170}{(0.8409)^{0.146}} = 2226\text{ MPa}.$$

선택 2에 대한 허용 응력은 선택 1보다 크고, 설계 응력은 선택 1보다 선택 2가 낮다. 그러므로 선택 2에 대한 안전 계수는 선택 1보다 훨씬 크다. 식 (1.1)로부터 안전 계수는 허용 응력을 설계 응력으로 나눈 값이다. 그러므로 선택 1에 대하여 피로 파괴의 위험이 없다면 선택 2에 대한 피로 파괴의 위험은 없다.

17.3 나선형 압축 스프링

나선형 압축 스프링(helical compression spring)은 일정한 코일 지름과 균일한 **피치**(pitch)로 감은 돌돌 말린 형태이며, 대부분의 경우 둥근 소선(wire)이 이웃 코일 사이에 일정한 피치로 원통 형태로 감겨져 있다. 피치는 한 코일의 중심에서 이웃하는 코일의 중심까지, 코일 축에 평행하게 측정된 거리이다.

그림 17.2a는 코일 평균 반지름이 R이고 N번 감긴 나선으로 성형된 소선을 나타내고 있다. 감긴 소선은 크기가 같고 방향은 반대인 두 힘 P의 작용하에 평형상태에 있다. 그림 17.2b는 소선의 단면, 등가의 힘 및 토크를 나타내고 있으며, 여기서 소선은 횡 및 비틀림 전단을 받는다. 나선형 스프링에서는 비틀림 전단이 주응력이지만, 횡(또는 직접) 전단도 무시할 수 없을 만큼 크다.

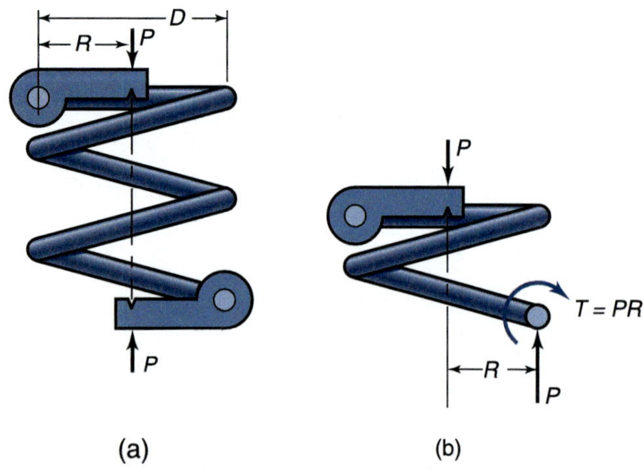

그림 17.2: 나선형 코일. (a) 감긴 소선과 작용하는 힘, (b) 소선에 작용하는 비틀림 및 직접(수직) 전단을 나타내는 소선 단면.

17.3.1 비틀림 전단 응력

식 (4.33)으로부터 최대 비틀림 전단 응력은 표 4.1을 사용하면

$$\tau_{t,\max} = \frac{Tc}{J} = \frac{Td(32)}{(2)\pi d^4} = \frac{16PR}{\pi d^3} = \frac{8PD}{\pi d^3}, \qquad (17.4)$$

여기서 D는 코일의 평균 지름이고 d는 소선의 지름이다. 그림 17.3은 소선 단면적에서의 응력 분포를 나타낸다. 그림 17.3a에서 순수 비틀림 응력에 대하여, 전단 응력은 소선의 최외층에서 최대이고, 소선의 중심에서 0이다.

17.3.2 횡 전단 응력

그림 17.3b에 나타낸 최대 횡(또는 직접) 전단 응력은 원형 단면에 대하여

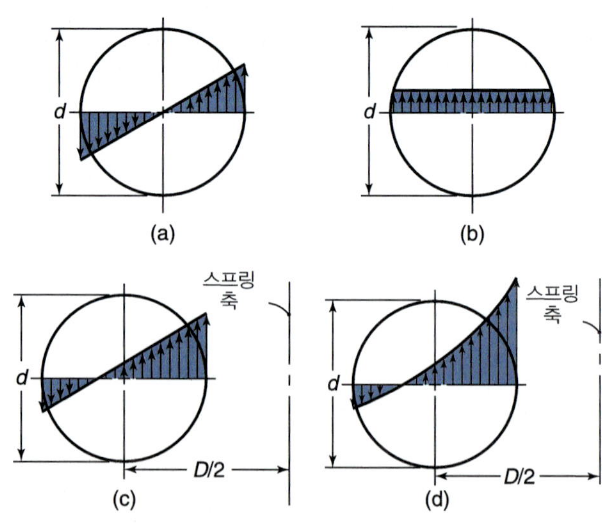

그림 17.3: 소선과 코일에 작용하는 전단 응력. (a) 순수 비틀림 하중, (b) 횡 하중, (c) 곡률 효과를 제외한 비틀림 및 횡 하중, (d) 곡률 효과를 고려한 비틀림 및 횡 하중.

$$\tau_{d,\max} = \frac{P}{A} = \frac{4P}{\pi d^2}. \quad (17.5)$$

그림 17.3b에서 최대 응력은 소선의 중간 높이에서 일어난다.

17.3.3 비틀림 전단 응력과 횡 전단 응력의 조합

비틀림 전단 응력과 횡 전단 응력을 합하여 이루어지는 최대 전단 응력은 식 (17.4)와 식 (17.5)를 사용하여

$$\tau_{\max} = \tau_{t,\max} + \tau_{d,\max} = \frac{8PD}{\pi d^3} + \frac{4P}{\pi d^2} = \frac{8DP}{\pi d^3}\left(1 + \frac{d}{2D}\right). \quad (17.6)$$

그림 17.3c는 소선의 중간 높이와 코일 안지름에서 일어나는 최대 전단 응력을 나타낸다. 식 (17.6)과 그림 17.3c에서 코일에 의한 곡률 효과는 고려되지 않았다. 스프링 지수는 코일 곡률의 척도이고 다음과 같다.

$$C = \frac{D}{d}. \quad (17.7)$$

대부분의 스프링에서 스프링 지수는 4와 12 사이이며, 스프링 지수를 이용하여 식 (17.6)을 다시 쓰면

$$\tau_{\max} = \frac{8DK_d P}{\pi d^3}, \quad (17.8)$$

여기서 K_d는 횡 전단 계수이고 다음과 같다.

$$K_d = \frac{C + 0.5}{C}. \quad (17.9)$$

식 (17.6)에서 횡 전단이 비틀림 전단에 비하여 작다면, 식 (17.8)에서처럼 K_d는 1과 같아질 것이다. 횡 전단 항의 기여는 횡 전단 계수를 1보다 크게 만든다.

또한, 스프링 지수 C가 보통 4와 12 사이의 값이므로, 횡 전단 계수의 범위는 1.0417과 1.1667이다. 따라서 횡 전단의 기여도는 비틀림 전단에 비하면 작다.

4.5.3절에서 설명한 바와 같이, 휜 부재의 경우 외부 표면보다 내부의 응력이 상당히 높다. 그러므로 스프링 설계에서 곡률을 고려하는 것은 매우 중요하다. 곡률 효과를 식 (17.8)에 포함시기기 위하여 횡 전단 계수를 응력집중을 나타내는

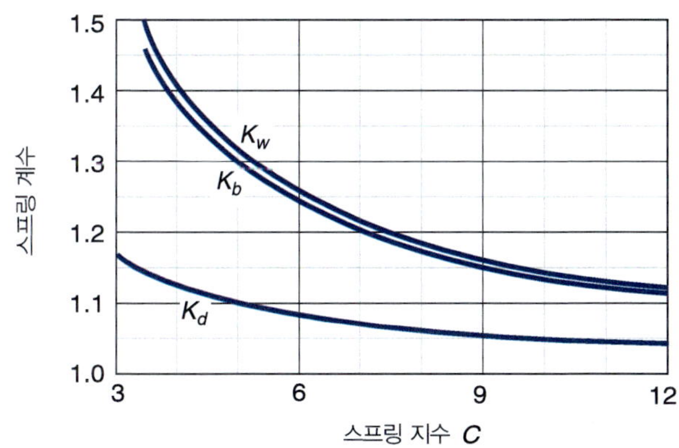

그림 17.4: 나선형 스프링에 사용되는 와알과 베르크스트래서 곡률 보정 계수의 비교. 횡 전단 계수를 포함한다.

와알(A. M. Wahl)의 곡률 보정 계수로 대체할 수 있다.

$$\tau_{\max} = \frac{8DK_w P}{\pi d^3}, \quad (17.10)$$

여기서

$$K_w = \frac{4C - 1}{4C - 4} + \frac{0.615}{C}. \quad (17.11)$$

자주 사용되는 또 다른 곡률 보정 계수는 *베르크스트래서(Bergsträsser) 계수*이고 다음과 같다.

$$K_b = \frac{4C + 2}{4C - 3}. \quad (17.12)$$

스프링의 용도, 이전의 설계 이력과 예상되는 하중 등을 포함하는 많은 인자들을 고려하여 곡률 보정 계수가 선택되어야 한다. 대체로, 피로 하중을 고려하지 않고 정적 파괴만을 고려하여 설계되는 스프링은 일반적으로 횡 전단 계수 K_d를 사용할 수 있다. 그러나 대부분의 경우 또는 피로의 가능성이 있을 경우에는 K_w 또는 K_b가 좋은 결과를 나타내는데, 이 둘은 매우 비슷하지만 K_w가 좀 더 보수적이다(그림 17.4 참조).

그림 17.3d는 곡률 효과, 비틀림 전단 응력 및 횡 전단 응력이 고려될 때 응력 분포를 나타낸다. 최대 응력은 소선의 중간 높이와 코일 안지름에서 발생한다. 이 위치에서부터 스프링의 파괴가 발생한다.

17.3.4 변위

식 (4.27)로부터 비틀림 하중에 의한 전단 변형률은

$$\gamma_{\theta z} = \frac{r\theta}{l} = \frac{\delta_t}{l} = \frac{D}{2}\frac{\theta}{l}. \tag{17.13}$$

식 (4.31)을 이용하면

$$\delta_t = \left(\frac{D}{2}\right)\left(\frac{Tl}{JG}\right). \tag{17.14}$$

이 식을 나선형 스프링에 적용하고 그림 17.2를 사용하며, 소선이 원형 단면을 가진다고 가정하면,

$$\delta_t = \left(\frac{D}{2}\right)\left[\frac{(D/2)P(2\pi)(D/2)N_a}{G(\pi d^4/32)}\right] = \frac{8PD^3N_a}{Gd^4} = \frac{8PC^3N_a}{Gd} \tag{17.15}$$

여기서 C는 스프링 지수 D/d이고, N_a는 유효 감김수, G는 탄성 전단 계수이다. 비틀림 전단하중과 횡 전단하중에 기인하는 원주 변위는 카스틸리아노 이론(5.6절)을 사용하여 유도할 수 있다. 표 5.2로부터 전체 변형률 에너지는

$$U = \frac{T^2l}{2GJ} + \frac{P^2l}{2AG}. \tag{17.16}$$

등호 우변의 첫째 항은 비틀림 하중에 해당하고, 둘째 항은 원형 단면에 대한 횡 전단에 해당한다.

식 (17.16)을 원형 단면을 갖는 나선형 코일 스프링에 적용하면 전체 변형률 에너지는 다음과 같다.

$$\begin{aligned} U &= \frac{(PD/2)^2(\pi DN_a)}{2G(\pi d^4/32)} + \frac{P^2(\pi DN_a)}{2G(\pi d^2/4)} \\ &= \frac{4P^2D^3N_a}{Gd^4} + \frac{2P^2DN_a}{Gd^2}. \end{aligned}$$

카스틸리아노 이론을 사용하면 식 (5.30)은

$$\delta = \frac{\partial U}{\partial P} = \frac{8PD^3N_a}{Gd^4} + \frac{4PDN_a}{Gd^2} = \frac{8PC^3N_a}{Gd}\left(1 + \frac{0.5}{C^2}\right). \tag{17.17}$$

식 (17.15)와 식 (17.17)을 비교하면 식 (17.17)의 둘째 항은 횡 전단 항이고, 보통 범위인 $3 \le C \le 12$에 있는 스프링 지수에 대하여 횡 전단에 기인하는 변위는 매우 작다.

식 (17.17)에서 스프링 상수는

$$k = \frac{P}{\delta} = \frac{Gd}{8C^3N_a\left(1 + \dfrac{0.5}{C^2}\right)}. \tag{17.18}$$

스프링 지수 C와 스프링 상수 k 사이의 차이는 중요하다. 스프링 지수는 무차원 기하학적 변수이고, 스프링 상수는 N/m의 단위를 가지며 재료의 전단 탄성 계수와 관계된다. 또한, 강한 스프링은 작은 스프링 지수를 갖고 큰 스프링 상수를 갖는다. (대부분의 일반적인 스프링에 대한 스프링 지수는 4와 12 사이에 있다는 것을 기억하자.) 큰 변위를 갖는 스프링은 큰 스프링 지수와 작은 스프링 상수를 갖는다.

17.3.5 마감 조건과 스프링 길이

그림 17.5는 압축 스프링에서 보통 사용되는 마감의 네 가지 형태를 나타낸다. 어떤 마감은 편심하중을 작용하게 하여 스프링의 한쪽 편에 응력을 증가시키고, 다른 마감은 균일한 하중이 되도록 하기 때문에 마감 조건은 매우 중요하다. 예를 들면 벌림끝 마감(plain end)은 맞댐끝 마감(squared end)이나 연삭 마감(ground end)보다 저렴하지만 하중이 균일해지지 않으므로 피로 파괴의 우려가 크다. 마감처리된 코일의 끝부분은 지지하는 부품에 맞도록 편평하게 가공되기 때문에 스프링의 유효 감김수는 총 감김수와 다르게 된다. 이 경우 코일은 스프링 지수, 밀착 길이 및 특정한 제조 변수에 따라 변하기 때문에, 얼마나 많은 코일이 마감 코일로 고려될지를 확정하는 것은 어렵다. 그러나 표 17.3과 같이 실험 결과에 기초한 평균 감김수가 유용하게 사용되고 있다.

그림 17.5a는 나선면체가 그대로 있는 벌림끝 마감을 나타내고 있으며, 이 마감에 대한 스프링 상수는 더 긴 코일에서 잘려지지 않은 것과 동일하다. 그림 17.5b는 연삭된 벌림끝 마감을 나타내고 있으며, 그림 17.5c는 끝부분을 나선각 0°로 변형한 맞댐끝 처리(닫음 처리)된 스프링을 나타낸다. 그림 17.5d는 맞댐 처리되고 연삭된 마감을 나타낸다. 연삭된 마감을 사용하면 스프링에 균일한 하중을 부여할 수 있지만 가격이 비싸진다.

표 17.3은 압축 스프링에 대한 감김수, 길이 및 피치의 유

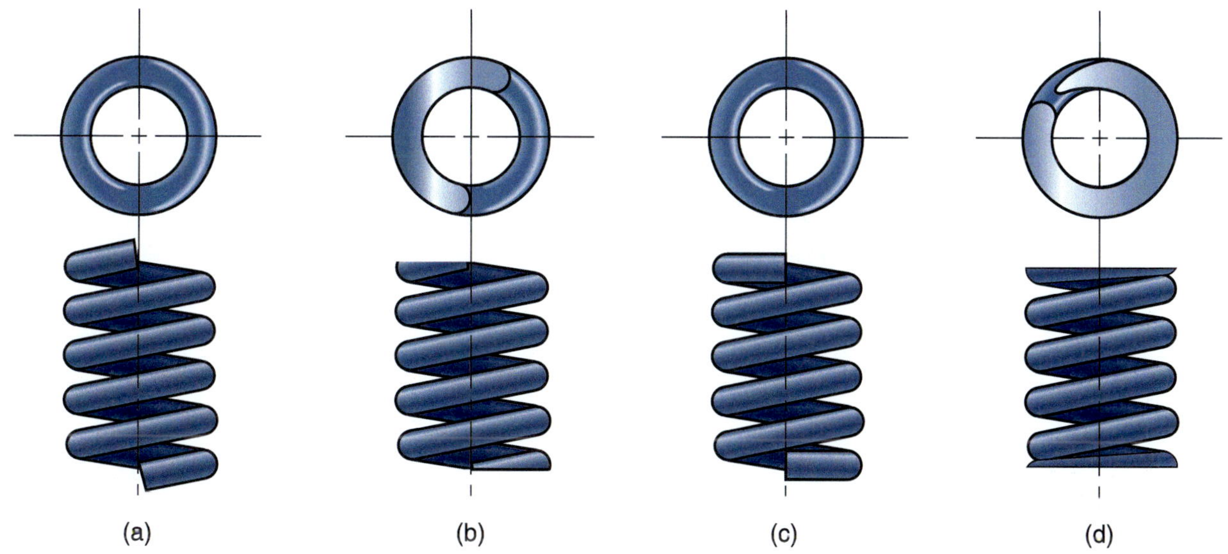

그림 17.5: 압축 스프링에서 보통 사용되는 마감의 네 가지 형태. (a) 벌림끝, (b) 벌림끝(연삭), (c) 맞댐끝, (d) 맞댐끝(연삭).

표 17.3: 마감 조건에 따라 압축 스프링에 유용한 식.

항목	스프링 마감 형태			
	벌림끝	벌림끝(연삭)	맞댐끝	맞댐끝(연삭)
마감 감김수 N_e	0	1	2	2
유효 감김수 N_a	N_t	$N_t - 1$	$N_t - 2$	$N_t - 2$
자유 길이 l_f	$pN_a + d$	$p(N_a + 1)$	$pN_a + 3d$	$pN_a + 2d$
밀착 길이 l_s	$d(N_t + 1)$	dN_t	$d(N_t + 1)$	dN_t
자유길이 피치 p	$(l_f - d)/N_a$	$l_f/(N_a + 1)$	$(l_f - 3d)/N_a$	$(l_f - 2d)/N_a$

용한 식을 나타내고 있다. 피치는 한 코일의 중심에서 이웃하는 코일의 중심까지 스프링 축에 평행하게 측정된 거리이며, **밀착 길이**(solid length)는 모든 이웃하는 코일이 금속 간 접촉 상태에 있을 때 스프링의 길이이다. **자유 길이**(free length)는 외부 하중이 적용되지 않을 때 스프링의 길이이다. 그림 17.6은 나선형 압축 스프링에 적용되는 다양한 힘과

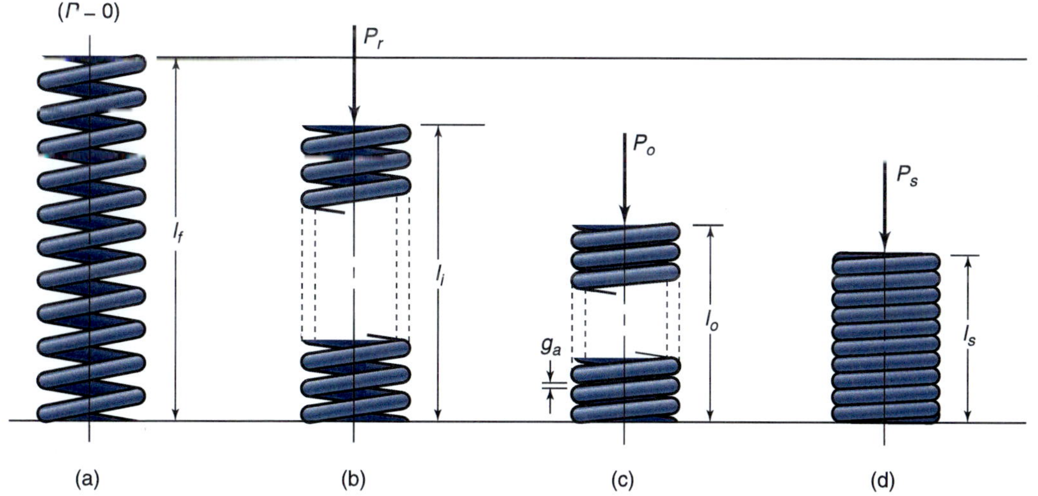

그림 17.6: 나선형 압축 스프링에 적용되는 다양한 힘과 길이. (a) 무하중, (b) 초기 하중, (c) 작동 하중, (d) 밀착 하중.

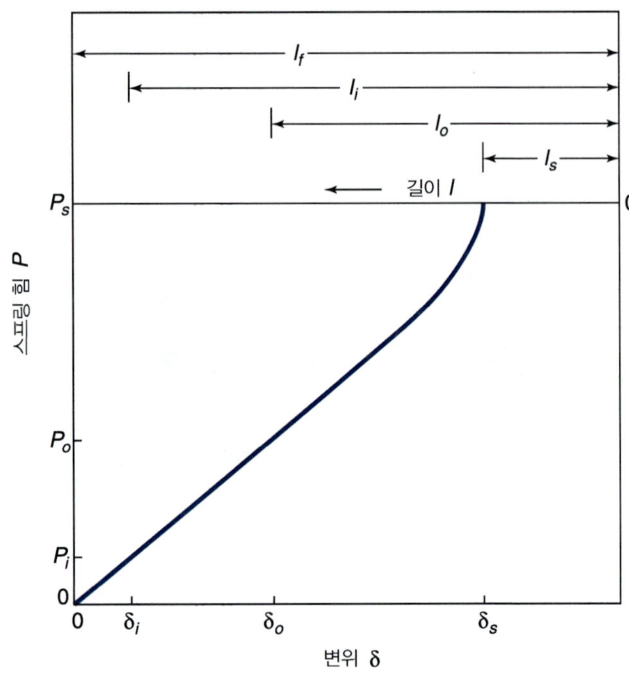

그림 17.7: 네 가지의 스프링 위치에 대한 변위, 힘과 길이의 그래프.

길이를 나타낸다.

그림 17.7은 네 가지의 다른 위치, 즉 자유, 초기, 작동, 밀착 위치에 대하여 변위, 힘 및 스프링 길이들의 상호의존적인 관계를 나타낸다. 이로부터 자유 길이 l_f는 밀착 길이와 밀착 변위를 더한 것과 같다. 즉,

$$l_f = l_s + \delta_s. \tag{17.19}$$

17.3.6 좌굴과 서지

비교적 긴 압축 스프링은 좌굴(buckling)을 고려해야 한다. 그림 17.8은 평행한 마감과 평행이 아닌 마감에 대한 임계 좌굴 조건을 나타낸다. 좌굴이 처음 일어나기 시작할 임계 변위는 이 그림으로부터 결정할 수 있다. 좌굴이 문제되는 경우, 스프링을 통 안에 넣거나 봉 위에 걸쳐서 방지할 수 있다. 그러나 이러한 안내 장치와 마찰하는 코일은 스프링 힘을 약간 줄이고 스프링 마감에 전달되는 하중을 감소하게 한다. 스프링과 접촉되는 통이나 봉의 마모에 대한 가능성도 있다.

스프링 설계에서 피해야 하는 길이 방향 진동은 **서지**

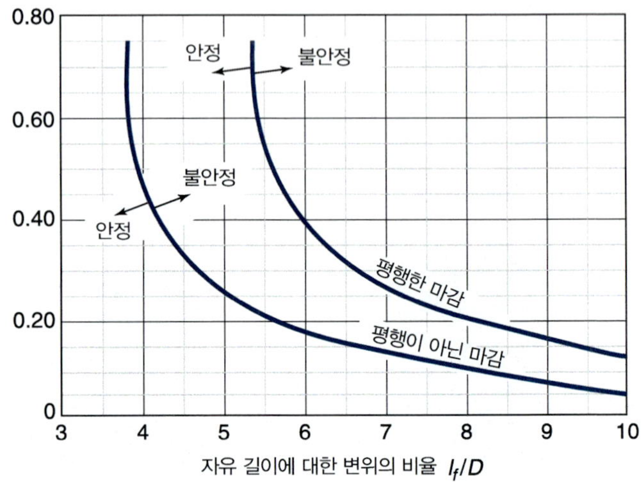

그림 17.8: 압축 스프링의 평행한 마감과 평행이 아닌 마감에 대한 임계 좌굴 조건. 출처: *Engineering Guide to Spring Design*, Barnes Group, Inc. (1987).

(surge), 즉 코일을 통하여 마감부로 지나가는 압축 맥동이며, 이는 마감부에서 반사되어 돌아온다. 초기 서지는 스프링의 고유 진동수가 반복되는 하중의 진동수에 가까우면 계속 발생한다. 초당 사이클 수로 최저 고유진동수를 나타내는 식은

$$f_n = \frac{2}{\pi N_a}\frac{d}{D^2}\sqrt{\frac{G}{32\rho}}, \tag{17.20}$$

여기서 G는 전단 탄성 계수이고, ρ는 질량 밀도이다. 진동은 최저 진동수의 2배, 3배, 4배와 같은 배수 진동수에서 일어날 수 있다. 스프링 설계에서는 이러한 진동수들을 피해야 한다.

예제 17.2

나선형 스프링의 해석

조건 벌림끝 마감을 한 나선형 압축 스프링을 스프링 상수 약 100,000 N/m, 소선 지름 10 mm, 스프링 지수 5로 설계하려고 한다. 최대 허용 전단 응력은 480 N/mm²이고 전단 탄성 계수는 80 GPa이다.

문제 유효 감김수, 최대 허용 정하중과 최대 하중이 스프

링을 밀착 길이로 압축하도록 제조된 피치를 구하라.

풀이 식 (17.18)에서 유효 감김수는

$$N_a = \frac{Gd}{8C^3k\left(1+\frac{0.5}{C^2}\right)} = \frac{(80\times10^9)(0.010)}{8(5)^3(10^5)\left(1+\frac{0.5}{25}\right)},$$

$N_a = 7.843$ 감김. 식 (17.9)로부터 횡 전단 계수는

$$K_d = \frac{C+0.5}{C} = \frac{5+0.5}{5} = 1.10.$$

$\tau_{\max} = \tau_{\text{all}} = 480\ \text{N/mm}^2$에 대하여, 식 (17.8)을 이용하여 최대 힘을 계산한다.

$$P_{\max} = \frac{\pi d^3\tau_{\max}}{8DK_d} = \frac{\pi(0.010)^3\,(480\times10^6)}{(8)(0.050)(1.10)} = 3427\ \text{N}.$$

스프링을 밀착 길이로 가져올 최대 변위는

$$\delta_s = \delta_{\max} = \frac{P_{\max}}{k} = \frac{3427}{10^5} = 34.27\ \text{mm}.$$

표 17.3으로부터 벌림끝에 대한 밀착 길이는

$$l_s = d(N_a+1) = (0.010)(8.843) = 0.08843\ \text{m} = 88.43\ \text{mm}.$$

식 (17.19)로부터 자유 길이는

$$l_f = l_s + \delta_s = 88.43 + 34.27 = 122.7\ \text{mm}.$$

표 17.3으로부터 피치는 다음과 같다.

$$p = \frac{(l_f-d)}{N_a} = \frac{(122.7-10)}{7.843} = 14.37\ \text{mm}.$$

예제 17.3

나선형 스프링의 좌굴

조건 나선형 압축 스프링이 피아노선으로 만들어지고 마감은 맞댐끝 연삭으로 처리한다. 스프링 상수는 1250 N/m이어야 하며, 밀착 길이에 해당하는 힘은 60 N이고, 스프링 지수는 10으로 고정한다. 하중 사이클이 거의 없는 정적 하중 조건으로 가정하여 횡 전단 계수를 사용할 수 있다.

문제 소선 지름, 코일 평균 지름, 자유 길이 및 밀착 길이를 구하고, 좌굴이 문제로 되는지를 검토하라. 공칭의 경우 ($n_s = 1$)를 해석하고 설계 추천 사항을 제시하라.

풀이 인장 극한 강도는 식 (17.2)와 표 17.2로부터 다음과 같이 결정할 수 있다.

$$S_{ut} = \frac{A_p}{d^m} = \frac{2.170\times10^9}{d^{0.146}},$$

여기서 S_{ut}는 Pa(파스칼)이고, d는 m이다. 식 (17.3)으로부터 전단 항복 응력은

$$S_{sy} = 0.40S_{ut} = \frac{868.0\times10^6}{d^{0.146}}. \tag{a}$$

정적 하중과 주어진 스프링 지수 10에 대하여, 횡 전단 계수는 식 (17.9)로부터

$$K_d = 1 + \frac{0.5}{C} = 1.05.$$

식 (17.8)로부터 최대 설계 전단 응력은

$$\tau_{\max} = \frac{8CK_dP}{\pi d^2} = \frac{8(10)(1.05)(60)}{\pi d^2} = \frac{1604}{d^2}. \tag{b}$$

식 (a)와 식 (b)를 같게 하면

$$\frac{868.0\times10^6}{d^{0.146}} = \frac{1604}{d^2}, \tag{c}$$

즉 $d = 0.808$ mm이다. 일반적으로, 설계 목적상 지름은 편리한 값으로 반올림될 것이지만 여기서는 예시 목적상 $d = 0.808$ mm로 해석을 진행한다.

코일 평균 지름은 식 (17.7)로부터

$$D = Cd = (10)(0.808) = 8.08\ \text{mm}.$$

스프링 상수는 1250 N/m이고 밀착길이에 해당하는 힘은 60 N이므로,

$$\delta_s = \frac{P_s}{k} = \frac{60}{1250} = 0.0480\ \text{m} = 48\ \text{mm}.$$

표 17.1로부터 피아노선에 대한 전단 탄성 계수는 $G = 79.29 \times 10^9$ Pa이다. 그러므로 식 (17.18)로부터 유효 감김수는 다음과 같다.

$$N_a = \frac{Gd}{8k_t C^3} = \frac{(79.29 \times 10^9)\,(0.000808)}{8\,(1250 \times 10^3)} = 6.41\,\text{감김}.$$

표 17.3으로부터 맞댐끝 연삭에 대하여 총 감김수는

$$N_t = N_a + 2 = 8.41\,\text{감김}.$$

밀착 길이는

$$l_s = dN_t = (0.808)(8.41) = 5.17\,\text{mm}.$$

식 (17.19)를 사용하면 자유 길이를 구할 수 있다.

$$l_f = l_s + \delta_s = 5.17 + 48 = 53.17\,\text{mm}.$$

피치는

$$p = \frac{(l_f - 2d)}{N_a} = \frac{(53.17 - 1.736)}{6.64} = 7.75\,\text{mm}.$$

그림 17.8을 이용하면

$$\frac{l_f}{D} = \frac{53.17}{8.08} = 6.58,$$

그리고

$$\frac{\delta_s}{l_f} = \frac{48.00}{53.17} = 0.9027,$$

평행 마감을 가정하면, 안정성은 문제가 되지 않을 것이다.

17.3.7 반복 하중

일반적으로 스프링에는 연속적으로 변화하는 하중이 작용하기 때문에, 설계 시에 피로와 응력집중에 대한 여유를 두어야 한다. 7장에서 서술된 재료가 이 절에서 적용되기 때문에, 이를 먼저 이해해야 할 것이다. 나선형 스프링은 끝부분의 마감에서 알 수 있듯이, 압축과 인장용으로 동시에 사용될 수 없다. 더욱이 스프링은 작동 응력에 더하여 예하중을 갖고 조립된다. 그러므로 피로는 7.3절에서 고려되는 0이 아닌(non-zero) 평균 응력 접근법에 기초한다. 예하중이 없다면(즉 $\tau_{\min} = 0$일 때) 최악의 조건이 발생할 것이다.

반복 하중의 경우에는 정적 조건에 사용되는 식 (17.8)에서 정의된 횡 전단 계수 대신에, 식 (17.11)과 식 (17.12)에 주어진 와알(Wahl) 또는 베르크스트래서(Bergsträsser) 곡률 보정 계수를 사용하여야 한다. 와알과 베르크스트래서 곡률 보정 계수는 피로 응력집중 계수로써 간주할 수 있다. 스프링과 다른 기계 요소의 큰 차이는 스프링에 대하여 곡률 보정 계수가 평균 응력과 응력 진폭 모두에 적용된다는 것이다. 그 이유는 곡률 보정 계수는 피로 응력집중 계수(7.7절에서 고려됨)가 아니라, 코일 내부의 전단 응력을 계산하는 방법이기 때문이다. 또한, 스프링에서 소성 변형은 피해야만 하는데, 이것은 소성 변형이 응력집중 계수를 감소하지 않고, 응력을 증가시키려는 경향이 있기 때문이다.

반복 힘과 평균 힘은 다음과 같이 표현할 수 있다.

$$P_a = \frac{P_{\max} - P_{\min}}{2}, \tag{17.21}$$

$$P_m = \frac{P_{\max} + P_{\min}}{2}. \tag{17.22}$$

반복 응력과 평균 응력은 식 (17.10)으로부터

$$\tau_a = \frac{8DK_w P_a}{\pi d^3}, \tag{17.23}$$

$$\tau_m = \frac{8DK_w P_m}{\pi d^3}. \tag{17.24}$$

스프링에 대하여, 비틀림 내구 한도 피로에 대한 안전 계수는

$$n_s = \frac{S_{se}}{\tau_a}. \tag{17.25}$$

비틀림 항복에 대한 안전 계수는

$$n_s = \frac{S_{sy}}{\tau_a + \tau_m}, \tag{17.26}$$

비틀림 피로 강도에 대해서는(무한 수명이 얻어질 수 없을 때—7.6절 참조)

$$n_s = \frac{S_{sf}}{\tau_a}. \tag{17.27}$$

여기서 S_{sf}는 수정된 전단피로 강도이다. 대부분의 제작자들은 스프링의 피로 특성에 관한 정보를 제공한다. 스프링강의 비틀림 내구 한도에 대한 최선의 범용 데이터는 짐멀리(Zimmerli, 1957)의 것이다. 이 데이터에 관하여 놀라운 사실은 크기, 재질 및 인장 강도가 10 mm 이하의 소선 지름을

갖는 스프링강의 내구 한도에 영향이 없다는 것이다. 짐멀리의 결과는

$$\text{피닝되지 않은 스프링에 대하여 } S'_{se} = 310\text{ MPa} \quad \text{피닝된 스프링에 대하여 } S'_{se} = 465\text{ MPa} \tag{17.28}$$

이 결과들은 표 17.2의 모든 재질에 대하여 유효하다. 숏 피닝(shot peening)은 피로 성능을 향상시키는 압축 잔류 응력을 일으키도록 재료 표면을 작업하는 것이다(7.8.5절 참조). 식 (17.28)에 주어진 내구 한도는 신뢰성 인자를 제외한 식 (7.18)에 주어진 모든 인자에 대하여 보정된다.

스프링 강에 대한 전단 극한 강도 S_{su}는 다음과 같이 표현될 수 있다.

$$S_{su} = 0.60S_{ut}. \tag{17.29}$$

예제 17.4

나선형 스프링의 응력

조건 유효 감김수 15, 자유 길이 32 mm, 바깥 지름 11 mm인 나선형 압축 스프링이 있다. 스프링의 마감은 맞댐끝 연삭 처리되고 마감판은 평행으로 유지된다. 재료는 지름 1 mm의 피아노선이다.

문제

(a) *정적* 조건에 대하여 스프링 상수, 밀착 길이 및 스프링이 밀착 길이로 압축될 때의 응력을 계산하라. 스프링이 밀착 길이로 압축되기 전에 정적 항복이 일어나겠는가?

(b) $P_{min} = 4$ N, $P_{max} = 12$ N인 *동적* 조건에 대하여, 스프링이 비틀림 내구 한도 피로, 비틀림 항복 또는 비틀림 피로 파괴를 일으키겠는가? 잔존 확률 90%, 피닝되지 않은 코일 및 50,000 사이클에 기초한 피로 파괴를 가정하라.

풀이

(a) 식 (17.7)로부터 스프링 지수는

$$C = \frac{D}{d} = \frac{D_o - d}{d} = \frac{11-1}{1} = 10.$$

식 (17.9)로부터 횡 전단 계수는

$$K_d = 1 + \frac{0.5}{C} = 1 + \frac{0.5}{10} = 1.05.$$

와알 또는 베르크스트래서 계수를 사용할 수 있는데, 매우 유사한 결과를 얻을 것이다. 임의로 와알 계수를 선택하면, 식 (17.11)로부터

$$K_w = \frac{4C-1}{4C-4} + \frac{0.615}{C} = \frac{4(10)-1}{4(10)-4} + \frac{0.615}{10} = 1.145.$$

표 17.3으로부터 맞댐끝 연삭된 마감에 대하여

$$N_t = N_a + 2 = 14 + 2 = 16 \text{ 감김}.$$

밀착 길이는

$$l_s = dN_t = (1)(16) = 16\text{ mm}.$$

피치는

$$p = \frac{l_f - 2d}{N_a} = \frac{32-2}{14} = 2.143\text{ mm}.$$

또한, 식 (17.19)로부터 밀착 길이에 이르는 변위는

$$\delta_s = l_f - l_s = 32 - 16 = 16\text{ mm}.$$

식 (17.2)와 표 17.2로부터 인장 극한 강도는

$$S_{ut} = \frac{A_p}{d^m} = \frac{2170}{(1)^{0.146}} = 2170\text{ MPa}.$$

식 (17.3)으로부터 비틀림 항복 응력 또는 정적 하중에 대하여 허용되는 전단 응력은

$$\tau_{all} = S_{sy} = 0.40S_{ut} = (0.40)(2170) = 868\text{ MPa}$$

표 17.1에서 $G = 79.3$ GPa. 그러므로 식 (17.15)로부터 코일을 밀착 길이로 압축시키는 데 필요한 힘은

$$\begin{aligned} P_s &= \frac{Gd\delta_s}{8C^3N_a} \\ &= \frac{(79.3\times10^9)(0.001)(0.016)}{8(10)^3(14)} \\ &= 11.33\text{ N}. \end{aligned}$$

식 (17.8)로부터 최대 설계 응력은

$$\begin{aligned} \tau_{max} &= \frac{8DK_dP_s}{\pi d^3} = \frac{8CK_dP_s}{\pi d^2} \\ &= \frac{8(10)(1.05)(11.33)}{\pi(0.001)^2} \\ &= 303\text{ MPa}. \end{aligned}$$

정적 항복에 대한 안전 계수는

$$n_s = \frac{\tau_{\text{all}}}{\tau_{\text{max}}} = \frac{2170}{303} = 7.16.$$

그러므로 정적 항복에 기인하는 파괴는 일어나지 않을 것이다. 좌굴에 대하여 조사하면

$$\frac{\delta_s}{l_f} = \frac{16}{32} = 0.5.$$

$$\frac{l_f}{D} = \frac{32}{11-1} = 3.2.$$

그림 17.8로부터 좌굴은 문제되지 않는다.

(b) 반복 힘과 평균 힘은

$$P_a = \frac{P_{\text{max}} - P_{\text{min}}}{2} = \frac{12-4}{2} = 4.0\text{ N},$$

$$P_m = \frac{P_{\text{max}} + P_{\text{min}}}{2} = \frac{12+4}{2} = 8.0\text{ N}.$$

식 (17.10)으로부터 반복 응력과 평균 응력은

$$\begin{aligned}\tau_a &= \frac{8CK_wP_a}{\pi d^2} \\ &= \frac{8(10)(1.145)(4)}{\pi(0.001)^2} \\ &= 116.6\text{ MPa},\end{aligned}$$

$$\tau_m = \frac{8CK_wP_m}{\pi d^2} = \tau_a\left(\frac{P_m}{P_a}\right) = 233.3\text{ MPa}.$$

비틀림 항복에 대한 안전 계수는

$$n_s = \frac{S_{sy}}{\tau_a + \tau_m} = \frac{868}{116.6 + 233.3} = 2.48.$$

그러므로 비틀림 항복으로부터 파괴는 일어나지 않을 것이다. 표 7.4와 식 (17.28)로부터 수정된 내구 한도는

$$S_{se} = k_r S'_{se} = (0.9)(310) = 279\text{ MPa}.$$

비틀림 내구 한도 피로에 대한 안전 계수는

$$n_s = \frac{S_{se}}{\tau_a} = \frac{279}{116.6} = 2.39.$$

그러므로 비틀림 내구 한도 피로로부터 파괴는 일어나지 않을 것이다. 식 (17.29)로부터 스프링 강에 대한 파손계수는

$$S_{su} = 0.60S_{ut} = 0.60(2170) = 1302\text{ MPa}.$$

식 (7.11)로부터 피로 강도를 계산하는 데 사용되는 기울기는

$$\begin{aligned}b_s &= -\frac{1}{3}\log\left(\frac{0.72S_{su}}{S_{se}}\right) \\ &= -\frac{1}{3}\log\left[\frac{(0.72)\left(1302\times10^6\right)}{279\times10^6}\right],\end{aligned}$$

$b_s = -0.1754$이다. 식 (7.12)로부터 피로 강도를 계산하는 데 사용되는 절편 $\bar{C}$는

$$\bar{C} = \log\left[\frac{(0.72S_{su})^2}{S_{se}}\right] = \log\left[\frac{(0.72)^2\left(1302\times10^6\right)^2}{279\times10^6}\right],$$

$\bar{C} = 9.498$이다. 식 (7.13)으로부터 피로 강도는

$$S_{sf} = 10^{\bar{C}}(N_t)^{b_s} = \left(10^{9.498}\right)(50,000)^{-0.1754}$$

$S_{sf} = 472$ MPa이다. 식 (17.27)로부터 비틀림 피로 강도 파괴에 대한 안전 계수는

$$n_s = \frac{S_{sf}}{\tau_a} = \frac{472}{116.6} = 4.048$$

그러므로 정적 또는 동적 조건으로부터 파괴는 일어나지 않을 것이다.

설계 절차 17.1

나선형 스프링의 설계 합성

17.3절에 기술된 접근법은 설계 분석 목적에 매우 유용하다. 그렇지만 설계자는 스프링의 매개변수를 특정하고, 분석 및 최적화에 적당한 합리적인 설계가 종종 요구된다. 다음 사항은 스프링의 합성에 대하여 중요한 고려 사항으로써, 나선형 압축 스프링에만 적용 가능하지만, 다른 경우에도 유용하게 사용될 수 있을 것이다.

1. 스프링의 적용을 위해서는 스프링에 요구되는 힘과 스프링 상수 또는 전체 변형량 등과 같은 정보가 제공되어야 한다. 자유 길이와 밀착 길이 또한 지정되는 것이 가능하다. 보통 설계자에게는 많은 선택권이 있고, 모든 변수들이 사전에 알려지는 것은 아니다.

2. 스프링 지수를 4 내지 12의 범위 안에서 선택한다. 4보다 작은 스프링 지수는 제조하기 곤란하고, 12보다 큰 스프링 지수는 스프링이 연약하여 쉽게 얽히게 된다. 큰 힘은 작은 스프링 지수를 요구하며, 8과 10 사이의 값이 대부분의 설계 용도에 적합하다.
3. 유효 감김수는 제조의 곤란을 피하기 위하여 2보다 커야 한다. 유효 감김수는 스프링 강성 설계 조건으로부터 추정될 수 있다.
4. 초기 설계 목적에 대하여, 밀착 높이는 최대 치수로 지정되어야 한다. 밀착 높이가 엄격한 구속조건이 되어서는 안 되므로, 보통 스프링은 기하학적으로 허용되는 것보다 작은 밀착 높이를 가져야 한다.
5. 스프링이 통 안에서 또는 중심 봉과 함께 작동될 때, 스프링 지름의 대략 10%의 틈새가 보장되어야 한다. 예로써, 이것은 전기도금 과정에서의 피막 두께를 보상하는 데 유용하다.
6. 자유 높이에서 스프링은 구속력이 없으므로 스프링은 최소한의 예하중을 가져야 한다.
7. 스프링을 밀착 길이까지 압축하고 충격을 일으키며 소성 변형이 일어나는 것을 피하기 위하여, 스프링이 밀착 길이로 압축되기 전에 최대 작동 변위의 최소 10%의 충돌 여유가 요구되어야 한다.
8. 스프링과 요구되는 힘의 변동량을 설계할 때 용도를 고려하라. 때때로, 차고 문의 평형추 스프링에서와 같이, 하중이 위치에 따라서 변하므로 힘이 크게 변하는 것이 유용하다. 그러한 용도에 대하여는, 큰 스프링 상수가 유용하다. 그렇지만 스프링의 운동 범위에 걸쳐 힘의 변화가 작은 경우가 자주 있고, 그 경우에는 작은 스프링 상수가 선호된다. 그러한 환경에서는 낮은 강성을 갖고 예하중을 받는 스프링이 더 나은 설계가 될 것이다.

17.4 나선형 인장 스프링

인장 하중을 지지하기 위하여 스프링이 필요한 환경이 흔히 있고, 이 스프링의 끝부분은 적절하게 코일이나 고리(hook)로 형성될 것이다. **나선형 인장 스프링**(helical extension springs)에 하중을 작용함에 있어서, 급격한 굽힘으로 인해 발생하는 응력집중이 가능한 한 감소되도록 이러한 고리나 마감이 설계되어야 한다. 그림 17.9a와 b에서 인장 스프링의 끝부분이 단순히 구부러져 고리의 반을 이루도록 성형되어 있다. 만약 구부림 반경이 작다면, 단면(그림 17.7b의 B)에서의 응력집중은 커지게 된다.

이러한 심각한 응력집중을 피하는 가장 명백한 방법은 고리의 평균 반지름 r_2을 크게 만드는 것이다. 그림 17.9c는 이 목표를 이룬 방법을 나타내고 있다. 여기서 고리 반지름은 더 작은데, 이는 응력집중을 증가시킨다. 그러나 코일 지

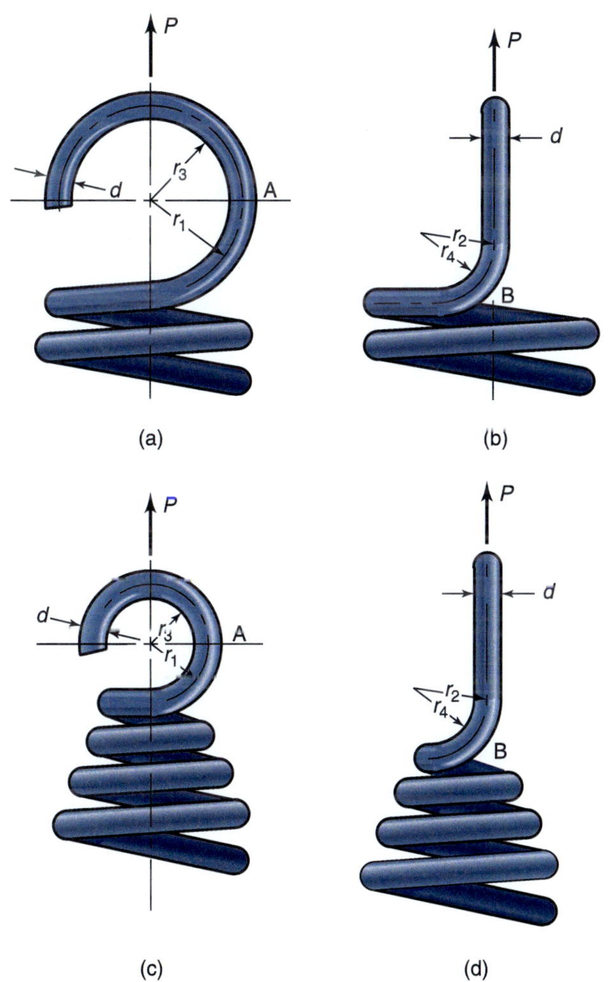

그림 17.9: 인장 스프링의 끝부분. (a) 전통적인 설계, (b) 그림 17.9a의 측면도, (c) 그림 17.9a를 개선한 설계, (d) 그림 17.9c의 측면도.

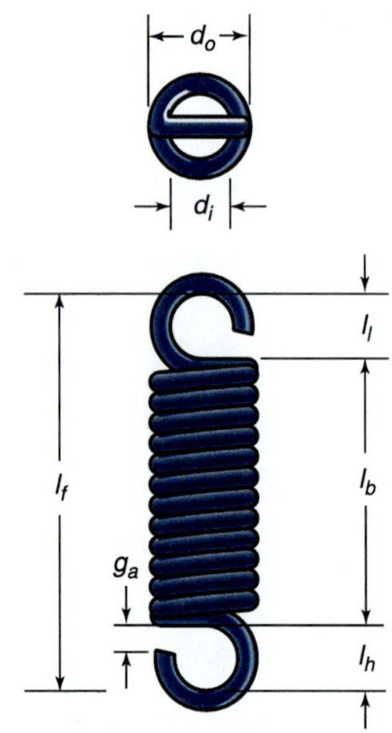

그림 7.10: 나선형 인장 스프링의 주요 치수.

름이 감소되어 모멘트 팔(arm)이 짧아져서 응력이 더 작아지기 때문에 응력집중은 심각하지 않다. 최대 응력은 그림 17.9c의 측면도인 그림 17.9d의 단면 B에서 발생한다.

그림 17.10은 나선형 인장 스프링의 주요 치수를 나타낸다. 본체 안의 모든 감김이 유효하다고 가정된다. 총 감김수는 고리의 설계에 의존하는데, 일반적으로 다음과 같다고 할 수 있다.

$$N_t = N_a + 1. \tag{17.30}$$

본체 길이는

$$l_b = dN_t. \tag{17.31}$$

자유 길이는 마감 루프 또는 고리의 내부에서 측정되고,

$$l_f = l_b + l_h + l_l. \tag{17.32}$$

인장 스프링이 제작될 때, 제조 공정 동안 뒤틀어질 수 있기 때문에 스프링이 밀착 길이에 있을 때조차도 예하중이 존재한다. 그 결과 밀접하게 감긴 인장 스프링에 변형이 일어나려면 이 초기 힘이 초과되어야 하고, 초기 힘 다음에 힘과 변형량이 선형적으로 작용한다. 즉, 힘은

$$P = P_i + \frac{\delta G d^4}{8N_a D^3}, \tag{17.33}$$

여기서 P_i는 예하중이다. 스프링 상수는

$$k = \frac{P - P_i}{\delta} = \frac{d^4 G}{8N_a D^3} = \frac{dG}{8N_a C^3}. \tag{17.34}$$

정적 및 동적 조건에 대한 전단 응력은 각각 식 (17.8)과 (17.10)으로 주어진다. 예하중 응력 τ_i는 식 (17.4)를 사용하여 얻어진다.

앞서 언급한 4 내지 12의 스프링 지수 범위는 인장 스프링과 압축 스프링에 대하여 동일하게 유효하다. 스프링에 초기 인장력을 주는 예하중은 다음과 같다.

$$P_i = \frac{\pi \tau_i d^3}{8D} = \frac{\pi \tau_i d^2}{8C}. \tag{17.35}$$

스프링 지수에 의존하는 지수 τ_i의 권장 값을 그림 17.11에 나타내었다. 스프링은 그림 17.11에서 주어진 스프링 지수에 따라 권장되는 범위의 중간에 오도록 설계되어야 한다.

고리 내의 임계 응력은 그림 17.9에 나타낸 것과 같이, 단면 A와 B에서 일어난다. 단면 A에서 응력은 굽힘과 횡 전단에 기인하고, 단면 B에서 응력은 비틀림에 기인한다. 단면 A에 작용하는 굽힘모멘트와 횡 전단 응력은 다음과 같이 표현될 수 있다.

$$\sigma_A = \left(\frac{Mc}{I}\right)\left(\frac{r_1}{r_3}\right) + \frac{P_A}{A} = \left(\frac{32P_A r_1}{\pi d^3}\right)\left(\frac{r_1}{r_3}\right) + \frac{4P_A}{\pi d^2}. \tag{17.36}$$

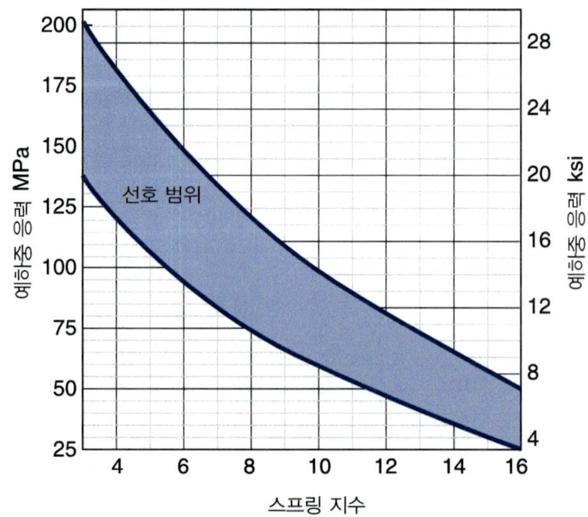

그림 7.11: 스프링 지수에 대하여 선호되는 예하중 응력 범위.

단면 B에 작용하는 전단 응력은

$$\tau_B = \frac{8P_B C}{\pi d^2}\left(\frac{r_2}{r_4}\right). \tag{17.37}$$

반경 r_1, r_2, r_3와 r_4는 그림 17.9에 나타내었다. 권장되는 설계는 $r_4 > 2d$이다. 식 (17.36)과 식 (17.37) 안에 주어진 σ_A 와 τ_B의 값은 설계 응력들이며, 이 응력들은 파괴 가능성을 검토하기 위하여 하중의 형태를 고려하여 허용 응력들과 비교된다. 식 (17.37)에 사용되는 허용 전단 응력은 식 (17.3)에 주어진 전단 항복 응력이다. 식 (17.36)에 사용되는 허용 응력은 인장 항복 강도이며 다음과 같다.

$$S_y = 0.60S_{ut}. \tag{17.38}$$

예제 17.5

나선형 인장 스프링의 해석

조건 그림 17.9a와 b에 나타낸 것과 유사한 나선형 인장 스프링을 경인발 소선을 사용하여, 코일 평균 지름 10 mm, 소선 지름 2 mm 및 유효 감김수 120으로 만든다. 고리의 반지름은 6 mm(r_1 = 6 mm)이고 굽힘 반지름은 3 mm(r_2 = 3 mm)이다. 예하중은 30 N이고 자유 길이는 264 mm이다.

문제 다음 사항을 결정하라.

(a) 소선의 인장 및 비틀림 항복 강도
(b) 소선의 초기 비틀림 전단 응력
(c) 스프링 상수
(d) 고리 내의 수직 응력이 인장 항복 강도에 도달하도록 만드는 데 필요한 힘
(e) 고리 내의 비틀림 응력이 항복 응력에 도달하도록 하는 데 필요한 힘
(f) d와 e 항에서 발견되는 두 힘 중 작은 힘이 가해질 때 고리 마감 사이의 거리

풀이

(a) 표 17.2로부터 경인발 소선에 대하여 m = 0.192와 A_p = 1750 MPa이다. 식 (17.2)로부터 인장 극한 강도는

$$S_{ut} = \frac{A_p}{d^m} = \frac{1750 \times 10^6}{(2)^{0.192}} = 1.532\ \text{GPa}.$$

식 (17.3)으로부터 허용 전단 응력은 비틀림 항복 응력으로써

$$S_{sy} = 0.40S_{ut} = 0.40\left(1.532 \times 10^9\right) = 0.6128\ \text{GPa}.$$

식 (17.38)로부터 인장 항복 강도는

$$S_y = 0.60S_{ut} = 0.60\left(1.532 \times 10^9\right) = 0.9192\ \text{GPa}.$$

(b) 정적 하중에 대하여, 횡 전단 계수는 식 (17.9)에 의하여 주어지고

$$K_d = 1 + \frac{0.5}{C} = 1 + \frac{0.5}{5} = 1.1.$$

식 (17.35)를 사용하면

$$P_i = \frac{\pi\tau_i d^2}{8C} = \frac{\pi\tau_i(0.002)^2}{8(5)} = 30\ \text{N},$$

τ_i에 대하여 풀면, τ_i = 95.49 MPa이다.

(c) 표 17.1로부터 경인발 소선에 대하여 G= 79.29 × 10^9 Pa. 식 (17.34)로부터 스프링 상수는

$$k = \frac{dG}{8N_aC^3} = \frac{(0.002)\left(79.29 \times 10^9\right)}{8(120)(5)^3} = 1322\ \text{N/m}.$$

(d) 고리 내의 임계 굽힘 응력은 식 (17.36)과 위에 주어진 인장 항복 응력으로부터

$$\sigma_A = \left(\frac{32P_A r_1}{\pi d^3}\right)\left(\frac{r_1}{r_3}\right) + \frac{4P_A}{\pi d^2} = S_y.$$

그림 17.9a로부터 $r_3 = r_1 - 1 = d/2 = 5$ mm이므로

$$\frac{32P_A(0.006)^2}{\pi(0.002)^3(0.005)} + \frac{4P_A}{\pi(0.002)^2} = 0.9192 \times 10^9.$$

P_A에 대해 정리하여 고리 내의 수직 응력에 의하여 파괴가 일어나기 시작하는 임계하중을 구한다.

(e) 고리 내의 임계 비틀림 전단 응력은 식 (17.37)로부터 결정할 수 있다. 즉,

$$\tau_B = \frac{8P_B C}{\pi d^2}\left(\frac{r_2}{r_4}\right) = S_{sy}.$$

그러므로

$$\frac{8P_B(5)}{\pi(0.002)^2}\left(\frac{3}{2}\right) = 0.6128 \times 10^9,$$

$P_B = 128.3$ N이다. 더 작은 하중은 $P_A = 96.91$ N이고, 파괴는 고리 안의 수직 응력에 의하여 처음 일어날 것이라는 것을 알 수 있다.

(f) 식 (17.34)의 P_A를 사용하면 변위는

$$\delta = \frac{P_A - P_i}{k} = \frac{96.91 - 30}{1322} = 0.05061 \text{ m} = 50.61 \text{ mm}.$$

고리 마감 사이의 거리는 다음과 같다.

$$l_f + \delta = 264 + 50.61 = 314.6 \text{ mm}.$$

예제 17.6

나선형 인장 스프링의 강성

조건 나선형 인장 스프링의 끝부분이 그림 17.9c에 나타낸 개선된 설계에 따라서 제작된다. 원뿔 부분은 양 끝에서 다섯 번 감기고, 감기는 지름은 다음과 같이 변한다.

$$D = D_o\left(1 - \frac{\zeta}{15\pi}\right),$$

여기서 ζ는 좌표이다. 스프링의 원통부는 바깥 지름 D_o이고, 감김수는 20이다.

문제 양 끝의 원뿔 부분으로 인하여 스프링이 얼마나 더 유연해지는가?

풀이 그림 17.2에 따르면 스프링에서의 토크는 $T = PR = PD/2$이다. 식 (4.31)로부터 작은 길이에 대한 각 변위의 변화는

$$d\theta = \frac{T}{GJ}\,dl.$$

스프링 원뿔 부분의 축 방향 압축은

$$d\delta_c = R\,d\theta = \frac{RT}{GJ}dl = \frac{PR^2}{GJ}R\,d\zeta = \frac{PR^3}{GJ}\,d\zeta.$$

두 원뿔 마감의 전체 변형은

$$\begin{aligned}\delta_c &= 2\int_0^{10\pi}\frac{PR^3}{GJ}\,d\zeta \\ &= \frac{2P}{GJ}\int_0^{10\pi}\left(\frac{D_o}{2}\right)^3\left(1-\frac{\zeta}{15\pi}\right)^3 d\zeta \\ &= \frac{75\pi}{81}\frac{PD_o^3}{GJ}.\end{aligned}$$

식 (17.14)로부터 스프링 본체의 변위는

$$\delta = \left(\frac{D_o}{2}\right)\frac{Tl}{GJ} = \left(\frac{D_o}{2}\right)\frac{PD_o\pi D_o(20)}{2GJ} = \frac{5\pi PD_o^3}{GJ}.$$

그러므로

$$\frac{\delta_t}{\delta} = \frac{\delta+\delta_c}{\delta} = \frac{\left(5\pi + \dfrac{75\pi}{81}\right)\dfrac{PD_o^3}{GJ}}{5\pi\dfrac{PD_o^3}{GJ}} = 1.185.$$

즉, 원뿔 마감을 포함하는 것에 의하여 스프링은 18.5% 더 유연해진다.

17.5 나선형 비틀림 스프링

앞 절에서는 나선형 코일 스프링이 압축 하중 또는 인장 하중을 지지할 수 있다는 것을 설명하였다. 즉 나선형 스프링은 축 방향 하중을 지지할 수 있다. 이 절에서는 비틀림 하중을 지지하는 스프링을 고려한다. 그림 17.12는 **나선형 비틀림 스프링**(helical torsion spring)의 전형적 사례를 나타낸다.

감김 끝부분은 여러 가지 용도에 맞도록 형태가 매우 다양하다. 코일은 그림 17.12에 나타낸 것처럼 인장 스프링과 같이 밀접하게 감기지만, 비틀림 스프링은 초기 인장을 갖지 않는다는 점에서 인장 스프링과 다르다. 압축이나 인장 스

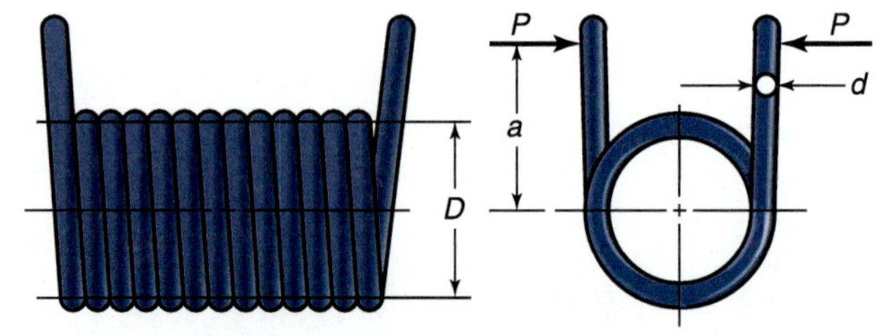

그림 17.12: 나선형 비틀림 스프링.

프링에서 축 방향 힘을 받는 대신 비틀림 스프링에서는 그림 17.12에 나타낸 바와 같이 나선의 축에 대한 토크를 전달할 수 있도록 마감이 만들어진다. 토크는 실제로 소선의 각 단면에 굽힘모멘트로써 작용하므로, 비틀림 스프링에서의 주 응력은 굽힘에 기인하는 수직 응력이다. (대조적으로 압축이나 인장 스프링에서 하중은 소선 내에서 비틀림 응력을 생성한다.) 제조과정 중 발생된 잔류 응력은 사용 중 일어나는 작동 응력과 방향은 같지만 부호는 반대이다. 하중이 항상 스프링을 감아올리도록 가해진다면, 이 잔류 응력은 작동 응력에 맞섬으로써 스프링을 더 강하게 만든다. 잔류 응력이 작동 응력에 낮서기 때문에, 비틀림 스프링은 소선의 항복 강도와 같거나 심지어 초과하는 응력 수준에서 작동하도록 설계된다.

최대 굽힘 응력은 코일의 내측에서 발생하고, 원형 단면을 갖는 소선에 대하여 다음과 같이 주어진다.

$$\sigma = \frac{K_i Mc}{I} = \frac{32K_i M}{\pi d^3}, \tag{17.39}$$

여기서

$$K_i = \frac{4C^2 - C - 1}{4C(C-1)}. \tag{17.40}$$

각 변위는 라디안 단위로

$$\theta_{\text{rad}} = \frac{Ml_w}{EI}, \tag{17.41}$$

여기서 $l_w = \pi DN_a$는 스프링에 있는 소선의 길이이다. 각 변위는 회전수 단위로

$$\theta_{\text{rev}} = \frac{M\pi DN_a}{E\left(\frac{\pi d^4}{64}\right)}\left(\frac{1\text{ rev}}{2\pi\text{ rad}}\right) = \frac{32MDN_a}{\pi Ed^4} = \frac{10.19MDN_a}{Ed^4}. \tag{17.42}$$

비틀림 스프링 상수는 Nm/rev 단위로

$$k_\theta = \frac{M}{\theta_{\text{rev}}} = \frac{Ed^4}{10.19DN_a}. \tag{17.43}$$

유효 감김수는

$$N_a = N_b + N_e, \tag{17.44}$$

여기서

N_b = 본체 내 감김수

N_e = 끝부분 감김수 $= \frac{(l_1 + l_2)}{3\pi D}$

l_1, l_2 = 끝부분 길이 m

하중을 받는 비틀림 스프링의 안지름은

$$D_i' = \frac{N_a D_i}{N_a'}, \tag{17.45}$$

여기서

N_a = 하중이 없을 때 유효 감김수

D_i = 하중이 없을 때 코일 안지름, m

N_a' = 하중이 있을 때 유효 감김수

D_i' = 하중이 있을 때 코일 안지름, m

비틀림 스프링은 흔히 환봉에 끼워져서 사용된다. 하중이 비틀림 스프링에 작용될 때, 스프링은 감아올려져서 안지름이 감소하는 원인이 된다. 설계 목적과 스프링의 파괴를 방지하기 위하여 스프링의 안지름은 환봉의 지름과 같게 되어서는 안 된다. 반면에, 고정치구 또는 스프링에 장착된 클립은 이러한 특징을 고려하여 스프링을 원하는 위치에 고정해야 한다. 하중이 스프링에 가해지면 안지름이 증가할 것이고, 스프링이 봉이나 관 위에서 자유롭게 미끄러질 것이고, 하중이 제거되면 스프링 지름의 축소에 기인하는 구속력이 발생하기 때문이다.

예제 17.7

비틀림 스프링의 해석

조건 그림 17.12에 나타낸 것과 유사한 비틀림 스프링이 1.2 mm 지름의 피아노선으로 만들어지며 스프링 몸통은 6회 감기고 직선 마감을 한다. 그림 17.12의 거리 a는 50 mm이다. 코일의 바깥 지름은 16.5 mm이다.

문제

(a) 최대2 응력이 소선의 항복 강도와 같게 정해지면, 해당하는 모멘트는 얼마인가?

(b) 가해진 하중과 함께 각 변위는 몇 회전인가?

(c) 스프링이 하중을 받을 때 안지름은 얼마인가?

(d) 코일 내에 위치할 봉의 크기는 얼마인가?

풀이

(a) 코일 평균 지름은

$$D = D_o - d = 16.5 - 1.2 = 15.3\ \text{mm}.$$

하중이 없을 때 코일 안지름은

$$D_i = D - d = 15.3 - 1.2 = 14.1\ \text{mm}.$$

스프링 지수는

$$C = \frac{D}{d} = \frac{15.3}{1.2} = 12.75.$$

식 (17.40)으로부터

$$K_i = \frac{4C^2 - C - 1}{4C(C-1)} = \frac{4(12.75)^2 - 12.75 - 1}{4(12.75)(12.75-1)} = 1.062.$$

식 (17.2)와 표 17.2로부터 피아노선에 대하여

$$S_{ut} = \frac{A_p}{d^m} = \frac{2170}{(1.2)^{0.146}} = 2113\ \text{MPa}.$$

식 (17.38)로부터

$$S_y = 0.6S_{ut} = 1268\ \text{MPa}.$$

굽힘 응력을 항복 강도와 같게 놓으면 식 (17.39)로부터

$$M = \frac{\pi d^3 S_y}{32K_i} = \frac{\pi(0.0012)^3\,(1268\times 10^6)}{32(1.062)} = 0.2026\ \text{Nm}.$$

(b) 유효 감김수는 식 (17.44)로부터

$$N_a = N_b + N_e = 6 + \frac{100}{3\pi(15.3)} = 6.693.$$

표 17.1로부터, 피아노선에 대한 탄성 계수는 207 GPa이다. 식 (17.43)으로부터 비틀림 스프링 상수는

$$k_\theta = \frac{Ed^4}{10.18DN_a} = \frac{(207\times 10^9)\,(0.0012)^4}{10.18(0.0153)(6.693)}$$

$k_\theta = 0.418\ \text{Nm/rev}$이다. 각 변위는

$$\theta_{\text{rev}} = \frac{M}{k_\theta} = \frac{0.2026}{0.4118} = 0.4920\ \text{rev}.$$

(c) 하중을 받을 때 감김수는

$$N_a' = N_a + \theta_{\text{rev}} = 6.693 + 0.4920 = 7.185.$$

식 (17.45)로부터 하중을 받은 후 안지름은

$$D_i' = \frac{N_a}{N_a'}D_i = \frac{6.693}{7.185}(14.1) = 13.1\ \text{mm}$$

(d) 그러므로 코일 내의 봉이 지름 13 mm 이하이면, 스프링은 파괴되지 않는다.

예제 17.8

비틀림 스프링의 응력 해석

조건 손으로 압착하는 그립 훈련 기구가 100 mm 길이의 핸들이 두 개이고, 4.375회 감긴 나선형 비틀림 스프링으로 연결되어 있다. 핸들과 코일은 피아노선으로 만들어진다. 하중이 작용할 때, 비틀림 나선형 스프링은 4.5회 감기고 스프링 상수는 2000 N/m이다.

문제 파손에 대한 안전 계수 2로 스프링 치수를 결정하라.

풀이 식 (17.39)로부터 최대 굽힘 응력은

$$\sigma = \frac{K_i Mc}{I} = \frac{K_i Mr}{I}. \qquad \text{(a)}$$

식 (17.41)을 사용하면 스프링을 감김수 4.5회로 변형시키는 데 필요한 모멘트를 얻는다.

$$M = \frac{EI\theta_{\text{rad}}}{l_w} = \frac{EI(4.5-4.375)2\pi}{l_w} = \frac{0.25\pi EI}{l_w}. \qquad \text{(b)}$$

식 (b)를 식 (a)에 대입하면

$$\sigma = \frac{\pi}{8}\frac{K_i dE}{l_w}.$$

한편, $l_w = \pi D N_a$이므로

$$\sigma = \frac{\pi K_i dE}{8\pi D N_a} = \frac{K_i E}{8CN_a}.$$

피아노선에 대하여 $E = 207$ GPa이고, $N_a = 4.375$가 주어

져 있다. 응력은

$$\sigma = \frac{K_i}{C}\left[\frac{(207 \times 10^9)}{8(4.375)}\right] = 5.914\frac{K_i}{C}. \qquad \text{(c)}$$

핸들의 끝에서 스프링 상수 2000 N/m를 얻기 위하여(그림 17.12 참조), 비틀림 스프링 상수는

$$k_\theta = (2000)(0.1)(0.1) = 20 \text{ N-m/rad}.$$

식 (17.43)으로부터

$$d^3 = \frac{(10.18)CN_a k_\theta}{E} = C\frac{(10.18)(4.375)(20)}{207 \times 10^9},$$

즉

$$d^3 = 4.303 \times 10^{-9}\,C \qquad \text{(d)}$$

첫 번째 시도로써, $C = 6$을 가정한다. 식 (17.40)으로부터

$$K_i = \frac{4C^2 - C - 1}{4C(C-1)} = \frac{4(6)^2 - 6 - 1}{4(6)(5)} = 1.142.$$

식 (d)로부터

$$d^3 = 25.82 \times 10^{-9},$$
$$d = 2.956 \times 10^{-3}\text{ m} = 2.956 \text{ mm}.$$

그러므로

$$D = 6\left(2.956 \times 10^{-3}\right) = 17.73 \times 10^{-3} = 17.73 \text{ mm}.$$

식 (c)로부터 최대 설계 응력은

$$\sigma = (5.914)\frac{1.142}{6} = 1.126 \text{ GPa}. \qquad \text{(e)}$$

식 (17.2)로부터 허용 응력은

$$\sigma_{\text{all}} = S_{ut} = \frac{A_p}{d^m} = \frac{2170 \times 10^6}{(2.956)^{0.146}} = 1.852 \text{ GPa}.$$

안전 계수는

$$n_s = \frac{\sigma_{\text{all}}}{\sigma} = \frac{1.852}{1.126} = 1.645.$$

안전 계수가 너무 작으므로 $C = 7.5$를 시도한다. 식 (17.40)으로부터

$$K_i = \frac{4C^2 - C - 1}{4C(C-1)} = \frac{4(7.5)^2 - 7.5 - 1}{4(7.5)(6.5)} = 1.110.$$

식 (d)로부터

$$d^3 = 4.303 \times 10^{-9}(7.5) = 32.27 \times 10^{-9},$$
$$d = 3.184 \times 10^{-3}\text{ m} = 3.184 \text{ mm}.$$

그러므로

$$D = 7.5\left(3.184 \times 10^{-3}\right) = 23.88 \times 10^{-3}\text{ m} = 23.88 \text{ mm}.$$

식 (c)로부터 최대 설계 응력은

$$\sigma = (5.914)\frac{1.110}{7.5} = 0.8753 \text{ GPa}.$$

식 (17.2)로부터 허용 응력은

$$\sigma_{\text{all}} = S_{ut} = \frac{A_p}{d^m} = \frac{2170 \times 10^6}{(3.184)^{0.146}} = 1.832 \text{ GPa}.$$

안전 계수에 대하여 풀면

$$n_s = \frac{\sigma_{\text{all}}}{\sigma} = \frac{1.832}{0.8753} = 2.09.$$

$n_s > 2$이므로 문제에서 주어진 구속 조건에 따라서 이 설계는 적합하다.

17.6 판 스프링

겹판 스프링(multiple-leaf spring)은 그림 17.13에 나타낸 트럭 현가장치와 같이 자동차 산업과 철도산업에서 특히 널

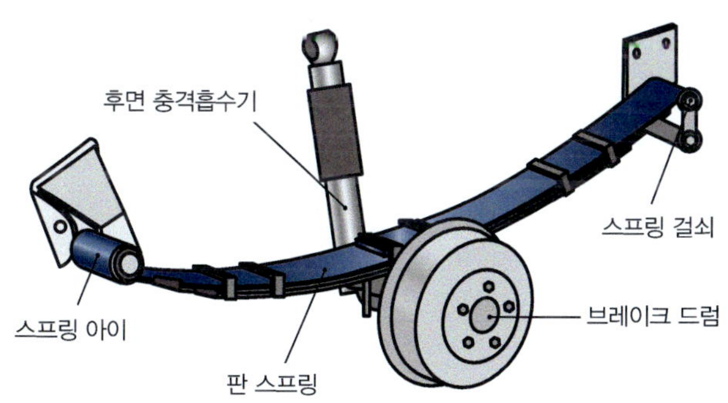

그림 17.13: 자동차용으로 사용되는 판 스프링 예시.

리 사용된다. 겹판 스프링은 그림 17.14b에 개략적으로 나타낸 것과 같이 단순 외팔보로 고려할 수 있고, 그림 17.14a에 나타낸 것과 같은 삼각형 판으로 고려할 수도 있다. 삼각형 판은 폭 b인 n개의 판으로 분해되고 그림 17.14b에 나타낸 중첩 방식으로 쌓여진다. 이 때, 각 판들은 서로 용접되거나 고정되거나 체결되지 않는 한 서로 미끄러질 수 있다. 그렇지만 다음에 검토되는 것과 같이, 층 사이의 상호 작용이 바람직하다.

겹판 스프링을 해석하기 전에 먼저 일정한 직사각형 단면을 갖는 단일 판으로 이루어진 외팔보형 스프링을 고려한다. 직선 보의 굽힘에 대하여 식 (4.45)로부터 굽힘 응력의 크기는 다음과 같다.

$$\sigma = \frac{Mc}{I}. \tag{17.46}$$

직사각형 단면의 폭이 b, 높이가 t, 모멘트 $N = P_x$인 경우 식 (17.46)은

$$\sigma = \frac{6M}{bt^2} = \frac{6Px}{bt^2}. \tag{17.47}$$

최대 모멘트는 $x = l$에서 그리고 단면의 바깥층에서 일어나고,

$$\sigma_{\max} = \frac{6Pl}{bt^2} \tag{17.48}$$

식 (17.47)에서 응력은 보의 위치에 의존하는 함수이다. 설계를 최적화하기 위한 한 방법은 응력이 보를 따라서 일정하게 만드는 것이다. 이것을 이루기 위하여 t가 일정하게 유지되고 b가 변하든지 또는 반대로 되어야 응력이 임의의 x에 대하여 일정하다. 제조 관점에서 보면 일정한 두께를 가지는 냉간 압연판을 사용하는 것이 보다 용이하다.

$$\frac{b(x)}{x} = \frac{6P}{t^2\sigma} = 상수. \tag{17.49}$$

식 (17.49)는 그림 17.14a에 주어진 삼각형 모양의 형상에 대해서 선형적 관계를 가지며, 임의의 x에 대하여 일정한 응력을 나타낸다.

삼각판 스프링과 등가의 겹판 스프링은 동일한 응력과 변위 특성을 가지는데 두 가지 예외가 있다.

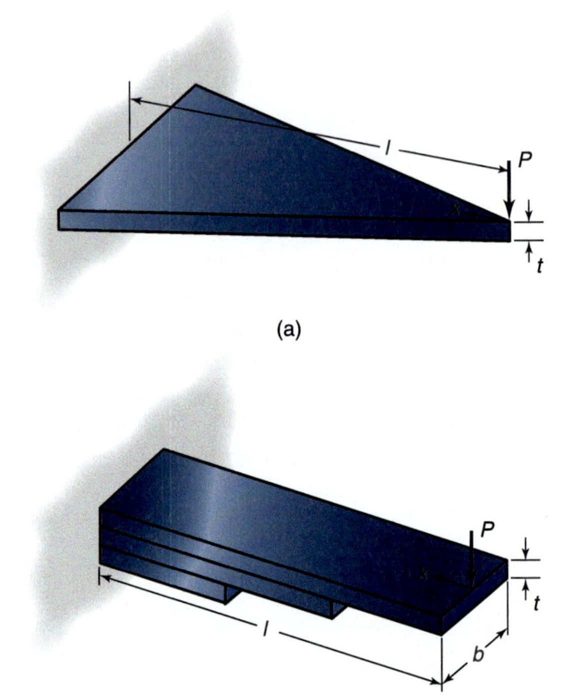

그림 17.14: 판 스프링. (a) 삼각형 판, 외팔보형 스프링, (b) 등가의 겹판 스프링.

1. 판 사이의 마찰은 겹판 스프링에서 감쇠를 준다.
2. 겹판 스프링은 한 방향으로만 최고 부하(full load)를 받을 수 있다.

이상적인 판 스프링에 대한 변위와 스프링 상수는 다음과 같다.

$$\delta = \frac{6Pl^3}{Enbt^3}, \tag{17.50}$$

$$k = \frac{P}{\delta} = \frac{Enbt^3}{6l^3}. \tag{17.51}$$

예제 17.9

판 스프링

조건 폭 50 mm, 길이 1 m의 외팔보형 스프링이 8겹의 판으로 구성된다. 스프링의 끝에 작용하는 2000 N의 하중에 의해 75 mm의 변위가 발생하며, 스프링은 탄성 계수가 207 GPa인 강으로 만들어진다.

문제 판의 두께와 최대 굽힘 응력을 결정하라.

풀이 식 (17.50)으로부터

$$\delta = \frac{6Pl^3}{Enbt^3},$$

즉

$$t^3 = \frac{6Pl^3}{\delta Enb},$$

그러므로

$$t^3 = \frac{6(2000)(1)^3}{3\,(207\times10^9)\,(8)(0.05)}$$

$t = 2.00$ mm이다. 식 (17.48)로부터 최대 굽힘 응력은

$$\sigma_{\max} = \frac{6Pl}{nbt^2} = \frac{6(2000)(1)}{(8)(0.050)(0.002)^2} = 1250\text{ MPa}.$$

예제 17.10

판 스프링의 설계

조건 기관차 차축용 판 스프링이 두께 20 mm, 허용 굽힘 응력 1050 MPa인 스프링 강으로 만들어진다. 스프링의 탄성 계수는 207 GPa이고, 끝에서 끝까지의 거리는 1.6 m, 각 판 스프링의 중앙에서 12,500 N의 무게를 지탱한다.

문제

(a) 안전 계수를 3으로 하는 스프링의 폭을 구하라.

(b) 스프링에서 하중을 제거하기 위하여 수리 작업 중 기관차를 얼마나 높이 들어올려야 하는가?

풀이

(a) 식 (1.1)로부터 설계 응력은

$$\sigma_{\max} = \frac{\sigma_{\text{all}}}{3} = \frac{1050\times10^6}{3} = 0.350\text{ GPa}. \qquad \text{(a)}$$

식 (17.48)로부터 최대 굽힘 응력은

$$\sigma_{\max} = \frac{6Pl}{bt^2}.$$

P가 끝에 가해진 힘이기 때문에, 부하는 6250 N이고 기관차 스프링에서 길이는 0.8 m이다. 그러므로

$$\sigma_{\max} = \frac{6Pl}{bt^2} = \frac{6(6250)(9.807)(0.8)}{b(0.020)^2} = \frac{0.7355\times10^9}{b}.$$

식 (a)를 이용하면 $b = 2.101$ m이 된다. 10개의 판으로 나누면 판 스프링의 폭은

$$\frac{b}{10} = 0.2101\text{ m} = 210.1\text{ mm}.$$

(b) 기관차는 최소한 스프링의 변위만큼 높이 올려야 한다. 그러므로 식 (17.51)로부터 다음과 같이 구할 수 있다.

$$\begin{aligned}\delta &= \frac{P}{k} = \frac{6Pl^3}{Ebt^3} = \frac{6(6250)(9.807)(0.8)^3}{(207\times10^9)\,(2.101)(0.020)^3}\\ &= 0.05412\text{ m} = 54.1\text{ mm}.\end{aligned}$$

17.7 가스 스프링

가스 스프링(gas spring)은 그림 17.15에 나타낸 것과 같이, 지지 버팀목이나 평형추로써 매우 흔히 사용되며, 자동차의

(a)

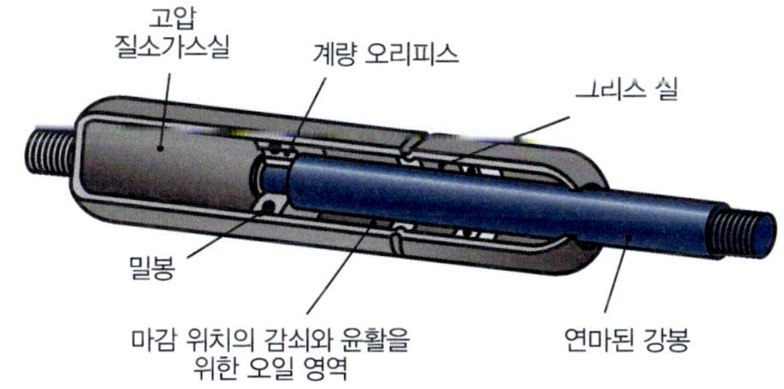

(b)

그림 17.15: 가스 스프링. (a) 가스 스프링 모음. 가스 스프링은 매우 다양한 마감 부가기구와 버팀목 길이를 적용할 수 있다. 출처: Newport Engineering Associates, Inc. (b) 전형적인 가스 스프링의 모식도.

트렁크 문 또는 덮개판 평형추 또는 사무실 의자와 병원 침대의 높이를 조정하도록 해주는 지주 구조물 등에서 흔히 볼 수 있다.

가스 스프링은 나사축, 브래킷과의 조립 또는 구멍과의 결합 등 다양한 설치 방법을 이용할 수 있다. 그림 17.15b에 나타낸 전형적인 가스 스프링의 단면에서 볼 수 있는 것과 같이, 가스 스프링에는 피스톤에 반대로 작용하는 고압(보통 10 내지 20 MPa)의 질소실 또는 공기실이 있으며, 피스톤 양쪽의 압력을 같게 만들기 위하여 작은 오리피스를 통해 가압된 가스를 이동시킬 수 있다. 그림 17.15에 나타낸 피스톤의 왼쪽에 있는 가압된 가스가 전체의 실린더 내부 면적에 작용하게 되며, 가압된 가스는 오른쪽에 있는 피스톤의 환형 면(annular region)에 작용한다. 작동이 느린 경우, 움직이는 봉에 작용하는 힘은 다음과 같다.

$$F = pA, \tag{17.52}$$

여기서 p는 초기 압력 상태이고 A는 봉의 면적이다. 두 실의 압력이 같지 않기 때문에 빠른 작동을 위해서는 훨씬 큰 힘이 필요하고, 또 가스실 중 하나는 피스톤의 갑작스러운 운동에 의하여 압축될 것이라는 것을 유의하라. 증가된 운동에 대한 저항은 감쇠 효과를 만드는데, 이것은 가스 스프링의 기본적인 특성이다. 피스톤에 있는 오리피스의 지름과 길이를 변화시킴으로써 감쇠의 양을 특정한 목적에 맞게 조정할 수 있다. 또한 적은 양의 기름을 피스톤의 한 쪽에 적용하여 피스톤의 위치 감쇠를 얻는다. 가스 스프링의 설치 방향에 따라 인장 거동 또는 압축 거동을 얻을 수 있다.

그림 17.15b에서 로드씰(rod seals) 다음에 그리스 실(grease chamber)이 있음을 유의하라. 일반적으로 봉은 매끄러운 표면을 가지도록 연마되어 제작된다. 그리스는 이러한 봉의 마모를 방지하며, 가압된 가스를 밀봉하는 데 도움을 준다. 또한, 기밀 상태 및 압력의 유지, 봉의 불균일한 마모를 방지하기 위하여 봉은 굽힘 응력이나 충격으로부터의 손상, 먼지나 파편으로 인한 마모 등을 받지 않도록 해야 한다.

가스 스프링의 설계는 상당히 큰 유연성을 가지고 있으며, 적은 힘의 변화로도 매우 긴 거동을 얻을 수 있다. 실린더 또는 봉(또는 둘 다)의 길이를 변경함으로써 비교적 긴 거리에 걸쳐 긴 거동을 얻을 수 있다. 그러나 가스 스프링은 목적에 따라 요구되는 최소 길이를 갖는다. 또한, 가스 스프링은 실온에서 평가되는데, 주변 온도의 변화가 스프링 용량에 영향을 미치게 된다. 온도의 함수로써 압력의 변화 및 피스톤 힘의 변화를 평가하기 위하여 **이상 기체 법칙**(ideal gas law)을 사용할 수 있으며, 기체 상수를 사용하는 이상 기체 법칙은 다음과 같다.

$$p = \frac{\bar{R}t_m}{v}, \tag{17.53}$$

여기서

p = 압력, $\mathrm{N/m^2}$

$\bar{R}$ = 기체 상수, 질소에 대하여 296.8 J/kg-K, 공기에 대하여 286.9 J/kg-K

t_m = 절대 온도, K

v = 비체적, $\mathrm{m^3/kg}$

넓은 온도 범위에 대한 가스 스프링의 저항력을 얻기 위하여 식 (17.53)을 사용할 수 있다. 그러나 대부분의 가스 스프링 제조업체는 온도가 10°C 상승할 경우 3.5%의 힘이 증가하는 것과 같은 근사치를 제공하고 있으며, 이러한 근사치를 이용해도 설계에 충분할 것이다.

17.8 접시 스프링

접시 스프링은 1867년 설계 특허를 획득한 벨레빌(J. F. Belleville)의 이름을 따서 벨레빌(Belleville) 스프링이라고도 하는데, 이 스프링은 접시 모양이며 작은 스프링 변형으로 큰 힘을 요구하는 데 특히 유용하다. 사실, 볼트와 함께 사용되는 많은 로크와셔가 볼트 예압을 얻기 위하여 이 원리를 따르기 때문에(16.4.5절 참조), 이 스프링은 벨레빌 와셔라고도 부른다. 전형적인 용도로는 클러치판 지지물, 총의 반동(recoil) 기구 및 다양한 볼트 연결장치 등이다.

그림 17.16은 접시 스프링의 단면을 나타내고 있다. 접시 스프링에 영향을 미치는 두 가지 주요 변수는 지름비 $R_d =$

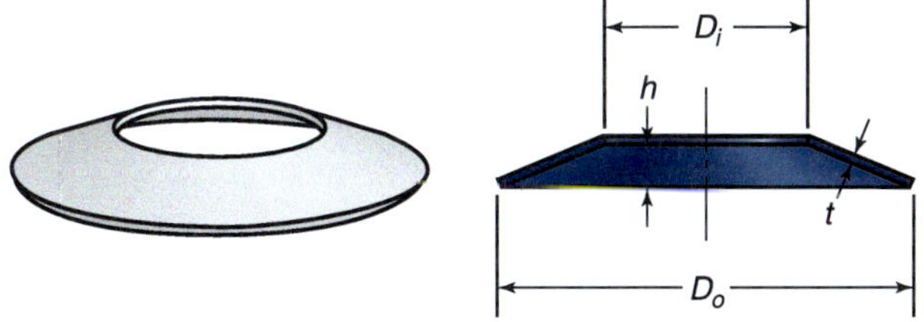

그림 17.16: 접시 스프링. (a) 접시 스프링의 투상도, (b) 단면과 주요치수.

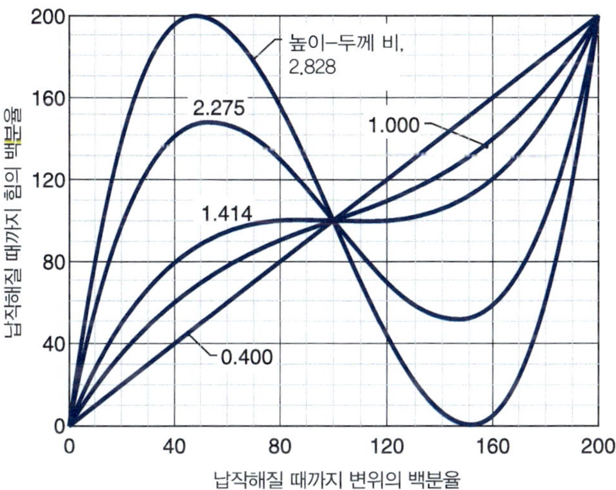

그림 17.17: 식 (17.54)에 의하여 주어지는 접시 스프링의 힘-변위 응답.

D_o/D_i와 높이-두께 비 h/t이다. 그림 17.17로부터 접시 스프링의 거동은 매우 복잡하고, h/t의 변화에 따라 상당히 다양하다. 낮은 h/t 값에 대하여 이 스프링은 거의 선형으로 작용하는데, 큰 h/t 값은 강한 비선형 거동을 하도록 한다. 큰 h/t 값에서는 '스냅스루 좌굴(snapthrough buckling)' 현상이 발생하는데, 최대 하중이 가해지면 스프링은 불안정한 변형을 하게 되고 다음의 안정한 위치로 재빨리 변형, 즉 스냅이 발생하는 현상이다.

접시 스프링에 대한 힘과 변위의 관계는 다음과 같다.

$$P = \frac{4E\delta}{K_1 D_o^2 (1-\nu^2)}\left[(h-\delta)\left(h-\frac{\delta}{2}\right)t + t^3\right] \quad (17.54)$$

여기서 E는 탄성 계수, δ는 하중을 받지 않은 상태로부터의 변위, D_o는 코일 바깥 지름, ν는 재료에 대한 프와송 비, h는 스프링 높이, t는 스프링 두께이다. 계수 K_1은 다음과 같이 주어진다.

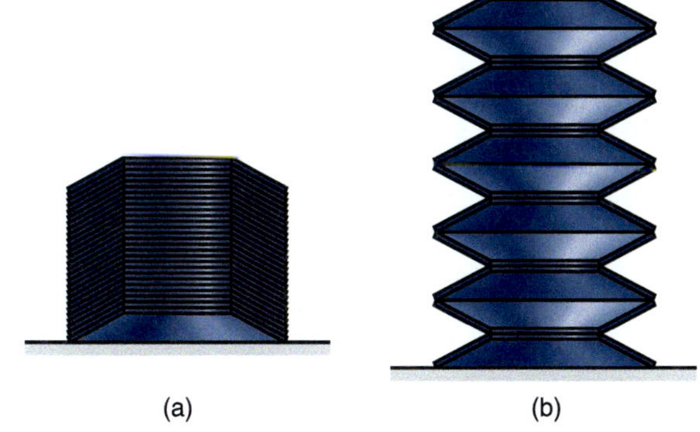

그림 17.18: 접시 스프링의 겹치기. (a) 병렬, (b) 직렬.

$$K_1 = \frac{6}{\pi \ln R_d}\left[\frac{(R_d-1)^2}{R_d^2}\right], \quad (17.55)$$

여기서 R_d는 지름비이고, 다음과 같다.

$$R_d = \frac{D_o}{D_i}. \quad (17.56)$$

접시 스프링을 완전히 납작하게 하는 데 필요한 힘은 다음과 같다.

$$P_{\text{flat}} = \frac{4Eht^3}{K_1 D_o^2 (1-\nu^2)}. \quad (17.57)$$

접시 스프링에 작용하는 힘은 그림 17.18a에 나타낸 것처럼 병렬로 겹침으로써 배로 커지며, 주어진 힘에 대한 변위는 그림 17.18b에 나타낸 것처럼 스프링을 직렬로 겹침으로써 증가된다. 이러한 배치들은 좌굴의 위험이 있으므로 중심을 지지해야 한다.

17.9 파형 스프링

그림 17.19는 나선 형태의 중첩되는 파형을 가지는 **파형 스프링**(wave spring)을 나타내고 있다. 파형 스프링은 밸브, 예압 베어링 등에서와 같은 다양한 산업 용도에 사용되고 있다. 파형 스프링은 나선형 스프링과 같은 스프링 상수를 내면서도 축 방향 공간은 절반 정도만을 필요로 하므로, 설계의 간결하가 요구될 때 나선형 압축 스프링 대신에 파형 스

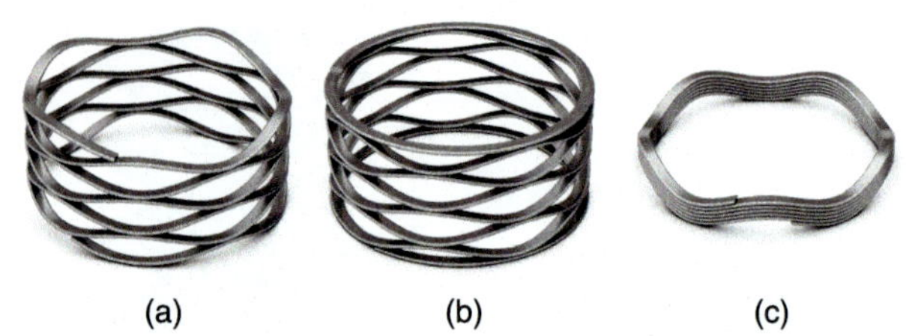

그림 17.19: 파형 스프링 배치의 예. (a) 보통의 정점-정점 배치, (b) 심마감을 한 정점-정점 배치, (c) 겹쳐진 파형 스프링. 출처: Smalley Co.

표 17.4: 파형 스프링의 강성을 계산하는 데 사용되는 다중 파형 계수 K_w. 출처: Lee Spring, Inc.

감김당 파형 N_w	다중 파형 계수 K_w
2.0–4.0	3.88
4.5–6.5	2.9
7.0–9.5	2.3
> 9.5	2.13

프링이 사용된다. 파형 스프링에서의 응력은 다음과 같다.

$$\sigma = \frac{3\pi PD}{4bt^2 N_w^2}, \tag{17.58}$$

여기서

P = 가해진 하중, N

D = 스프링 평균 지름, m

b = 파형의 폭, m

t = 재료의 두께, m

N_w = 감김당 파형수

감김당 파형수는 1/2 감김 증가 내에 있어야만 하고, 그렇지 않으면 파형 스프링은 적절히 쌓아올리지 않을 것임을 주의하여야 한다. 파형 스프링은 설계 범위에서 선형이지만, 밀착 길이까지 압축되어서는 안 된다. 그러므로 스프링이 압축될 때, 감김당 높이가 재료 두께 2배보다 작지 않도록 하는 것이 선호된다. 대부분의 파형 스프링은 2 내지 20 감김을 갖고, 재료 두께의 3 내지 20배 사이의 폭을 갖는다. 이 스프링은 압축될 때 약간(보통 스프링 지름의 10% 이하) 팽창하기 때문에 스프링 고정 장치를 설계할 때 주의하여야 한다.

파형 스프링의 강성은 다음과 같다.

$$k = \frac{P}{d} = \frac{Ebt^3 N_w^4 D_o}{K_w D^3 N_a D_i}, \tag{17.59}$$

여기서

E = 탄성 계수, N/m²

D_o = 바깥 지름, m

D_i = 안지름, m

K_w = 다중 파형 계수. 표 17.4에 주어짐.

N_a = 유효 감김수

파형 스프링은 17.8절과 그림 17.18의 접시 스프링과 비교할 때, 단일 부품이고 조립이 단순화된다는 장점을 갖는다.

사례 연구 17.1

디커맨 이송장치용 스프링

그림 17.20은 순차 이송 다이(progressive die)를 통하여 간단한 부품이 제작되는 과정을 나타내고 있다. 그림과 같이, 이러한 부품은 다이 안에서 특정한 여러 개의 작업 공정을 거쳐야 하며, 순차 이송 다이 또는 다단계 다이를 사용하여 각 공정에서 동일한 거리만큼 재료를 반복적으로 이송되도록 제어되는 이송 메커니즘을 사용함으로써 경제적으로 대량 생산된다.

그림 17.21은 디커맨(Dickerman) 이송장치를 나타내는데, 재료의 이송거리를 제어하기 위한 접근 방법 중 가장 널리 사용되는 것이다. 기계식 프레스의 한 행정 동안, 프레스의 램이나 펀치 하부에 부착된 캠이 종동자를 오른쪽으로 밀어서 하나 이상의 스프링을 압축하도록 한다. 램이 상승할 때, 압축된 스프링이 그립 장치를 왼쪽으로 가압하고, 그립 장치는 홈이 파진 재료와 기계적으로 간섭하기 때문에, 새로운 재료를 프레스 안으로 가압한다.

디커맨 이송장치는 가장 오랜 기간 동안 가장 저렴한 이송장치로 널리 사용된 장치이다. 이 장치는 기계식과 유압식 프레스 모두에서 재료를 임의의 방향으로 이송하도록 설치될 수 있고, 이송 길이는 저가의 직선 캠을

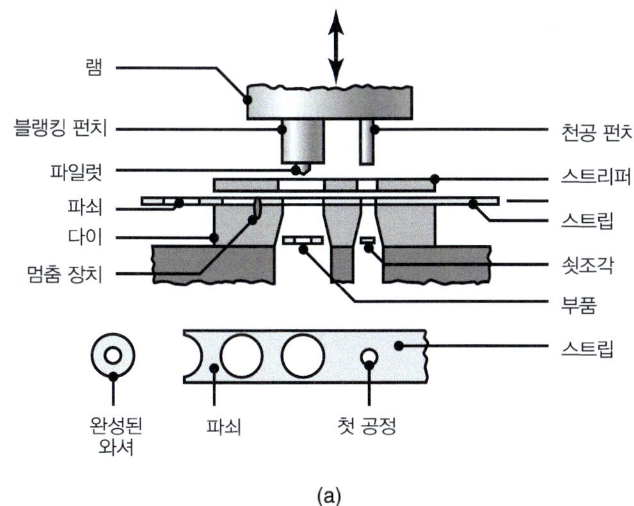

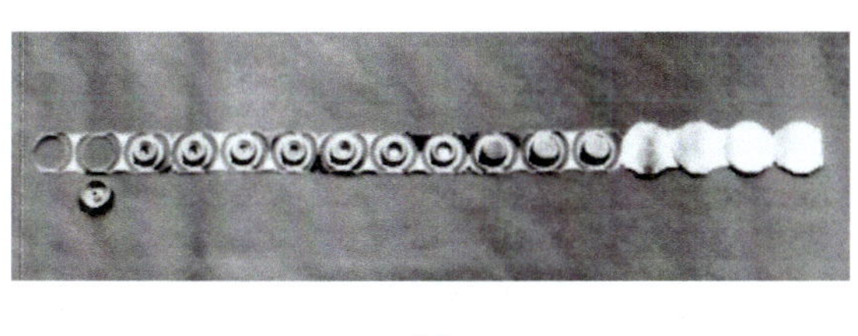

그림 17.20: 순차 이송 다이에 의하여 생산되는 소형 부품의 예. (a) 와셔를 생산하는 데 필요한 2 스테이션 다이 세트의 도식적 예, (b) 에어로졸 캔 뚜껑을 생산하는 일련의 작업. 출처: Kalpakjian and Schmid(2010).

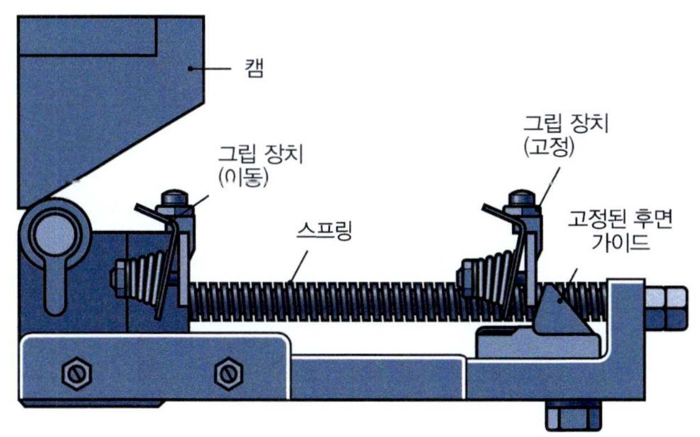

그림 17.21: 디커맨 이송 장치.

이용하여 조정될 수 있다. 그리퍼(gripper)는(그림에 나타낸 것과 같이) 블레이드나 원통 조합체를 사용할 수 있다.

본 사례 연구에서는 디커맨 이송장치에 사용되며 최소 100 N을 지지하고 150 mm의 변형량이 요구되는 나선형 압축 스프링을 선택함에 있어서 설계 대안을 조사할 것이다. 이 하중과 변형량의 조합에서는 스프링의 좌굴이 염려되므로(17.3.6절 참조), 지름 15 mm의 샤프트가 스프링을 지지하기 위하여 사용될 것이다.

보통 스프링을 선택하기 위해 더 이상의 정보는 주어지지 않는다. 디커맨 구동장치가 다른 용도로도 사용될 수 있음을 유의하면, 변형이 150 mm, 100 mm 또는 매우 작은 변형이더라도 100 N의 하중이 작용하게 해야 한다. 그러므로 설계 절차 17.1에서 검토되었던 것처럼, 200 mm의 길이에서 100 N의 압축력으로 하중을 받고, 비교적 작은 강성이 요구되는 한편 다른 설계 구속조건들을 만족하도록 스프링이 선택되어야 한다. 스프링의 다른 요구 조건은 스프링의 밀착길이가 100 mm보다 작아야만 프레스의 매 공정마다 스프링이 바닥에 닿지 않을 것이다.

여기서 경제적인 것은 중요한 사항이 아니다. 디커맨 이송장치를 사용하여 만들어질 부품들의 전체 수량을 고려할 때, 표준 치수의 스프링이 선택되고 스프링 강으로 만들어지는 한, 후보가 되는 스프링들의 가격의 차이는 작을 것이다. 작업중단 시간(스프링을 교체하고 디커맨 장치를 설치하는 데 필요한 시간)이 스프링보다 훨씬 비싸기 때문에, 신뢰할 만한 스프링을 고르는 것이 훨씬 더 바람직하다. 그러므로 17.3.5절에서 검토되었던 것과 같이, 스프링으로 하중을 잘 전달하기 위하여 양끝을 맞댐끝 연삭할 것이며, 뛰어난 스프링 재료인 피아노선이 사용될 것이다.

최대 힘 요구 조건은 주어지지 않았으며, 실제로도 최대 힘이 중요하지 않은 것으로 생각된다. 그렇지만 만약 압축된 스프링이 너무 큰 힘을 가하면, 프레스를 뒤틀리게 하거나 동적 효과로 인해 너무 많은 재료가 매 행정에서 이송되게 할 것이다. 수십 파운드 정도의 부하가 큰 의미를 갖지 않기 때문에 프레스 용량의 감소는 중요하지 않다.

순차이송 다이 작업에 사용되는 기계식 프레스는 장기간 큰 주의를 기울이지 않은 채 사용되고 보통 분당 100회 이상의 속도로 작동할 것이기 때문에, 디커맨 이송장치는 피로를 고려하여 설계되어야 하며, 식 (17.21)에서 식 (17.27)까지의 수식을 이용하여 설계되어야만 한다. 알려지지 않은 독립 변수들(예를 들면 d, D와 N_a)의 변화를 포함하여 풀이해야 하며, 다른 값들은 이 변수들로부터 계산될 수 있다. 그렇지만 이 문제는 다음과 같은 이유 때문에 훨씬 더 간단하다.

1. 스프링에서 유효 감김이 많을수록, 스프링 강성은 낮아지고 최대 힘이 적어진다. 스프링의 감김수가 많을수록 작용하는 응력 레벨을 감소시킬 뿐만 아니라, 위에서 검토된 이유로 인하여 구동장치가 훨씬 부드럽게 작동하도록 한다.
2. 스프링 지름은 지정되지 않았지만, 스프링의 중앙에 있는 지지봉은 지름이 15 mm이므로, 스프링의 최소 지름은 15 mm + d이다. 일반적으로 스프링 지름은 또 다른 가변 변수로 취급되는데, 이 문제에서는 20 mm로 선정되었다.

   스프링의 최소 지름이 20 mm로 선정된 이유는 설계 절차 17.1에서 권장하고 있는 바와 같이 스프링 지름의 10% 틈새를 선정하게 되면 대략 16.5 mm의 최소 지름을 선정해야 하지만, 표준 치수를 사용하는 방법이 더 유용하고, 20 mm 지름의 스프링을 사용하는 것이 스프링의 응력을 낮추며 신뢰성을 더 좋게 하기 때문이다.

굿맨 파괴 기준(7.10.1절 참조), 식 (17.11)에 의하여 주어지는 와알 보정 계수의 사용, 식 (17.2)의 소선 특성 및 맞댐끝 연삭된 마감에 대한 유효 감김수(표 17.3 참조)를 조합하는 설계 접근 방법은 그림 17.22에 나타낸 성능 예측으로 귀착된다.

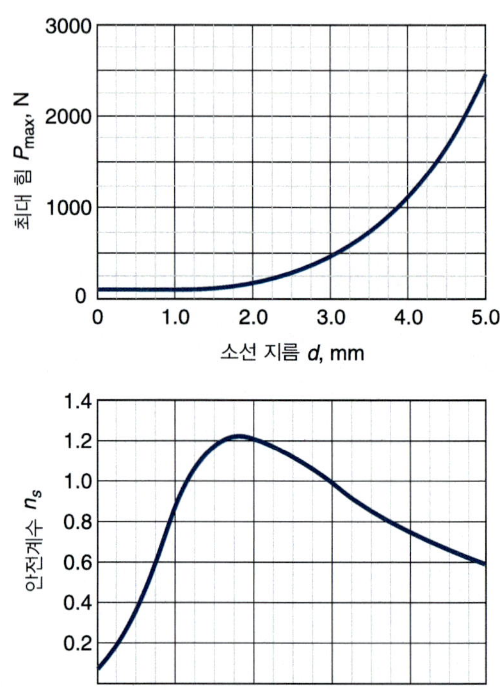

그림 17.22: 사례 연구 17.1의 스프링 성능.

이 도표로부터 대략 1.9 mm의 소선 지름을 사용하는 스프링의 안전 계수가 가장 높으므로 2 mm의 소선 지름을 선정한다. 결정된 스프링은 유효 감김수 47.4이고 108 N의 최대 힘(길이 100 mm로 압축될 때)을 내며, 대략 300 mm의 자유 길이를 갖는다. 이 경우 안전 계수는 1.23이다.

응력이 소선 지름의 3 제곱에 반비례하기 때문에, 얇은 소선의 안전 계수는 작아진다. 하지만, 소선 지름의 증가에 따라 안전 계수가 확실하게 증가하지도 않는다. 소선의 지름을 증가시키면 소선의 극한 강도가 급격히 감소하므로 사실 최적의 소선 지름이 존재한다. 실제로도 각 경우에 해당하는 최적의 소선 지름을 발견하는 것이 보통이다.

17.10 요약

기계 요소에서 강성 또는 변위가 필요하거나 에너지를 저장하는 것이 필요할 때, 보통 어떤 형태의 스프링이 선택된다. 스프링은 기구 내에서 힘이나 토크를 발휘하거나 또는 갑자기 가해지는 힘의 에너지를 흡수하기 위하여 사용한다. 스프링은 빈번하게 높은 응력과 연속적으로 변하는 힘에 의해 작동한다.

이 장에서는 공학자에게 유용하고 자주 사용되는 형태의 스프링 설계에 대한 정보를 제공하였고, 여러 스프링 재료들이 소개되었다. 스프링 강도와 응력-변형률 사이클에서 소산되는 에너지의 비율을 측정하는 손실 계수는 스프링 설계에서 명백히 중요한 재료 변수이다

이 장에서는 나선형 압축 스프링을 강조하였다. 비틀림 전단 응력과 횡 전단 응력 모두 고려되었으며, 횡 전단은 비틀림 전단에 비하여 작다. 또한 최대 응력은 코일 안지름에서 소선의 중간 높이에서 발생한다.

스프링 지수는 무차원이고, 코일 평균 지름을 소선 지름으로 나눈 값이다. 또한 스프링 상수는 힘을 변위로 나눈 것이고, N/m의 단위를 갖는다. 이 용어들의 차이는 중요하다. 조건이 달라지면 압축 스프링의 설계에 있어서 보상되어야만 하는 편심하중의 크기가 달라지며, 상대적으로 긴 압축 스프링은 좌굴을 검토하여야 한다. 또한 서지, 즉 길이 방향 진동은 고유진동수를 고려하여 스프링 설계에서 회피하여야 한다. 스프링 부하는 매우 자주 연속적으로 변동되므로 피로와 응력집중에 대하여 선정되어야 하는 설계 허용치를 고려하였다.

나선형 인장 스프링에 있어서, 응력집중 효과를 가능한 한 감소하기 위하여 고리를 성형하는 것이 필요하다는 것이 밝혀졌다. 고리의 파손을 막기 위해 설계자는 굽힘모멘트와 횡 전단 응력에 의하여 야기되는 수직 응력과 전단 응력을 모두 고려하여야 한다.

스프링은 압축이든 인장이든 축 방향 하중에 대하여 설계할 수 있고, 또한 나선형 비틀림 스프링과 같이 비틀림 하중에 대해서도 설계할 수 있다. 비틀림 스프링의 마감은 압축이나 인장 스프링에서의 힘이 아니라 토크를 전달하기 위하여 형성되며, 토크는 나선의 축에 관하여 가해지고 소선의 각 단면에 굽힘모멘트로 작용한다.

자동차와 철도 산업에서 널리 사용되는 판 스프링에 대하여 고려하였다. 대략적인 해석은 삼각형 판, 외팔보형 스프링과 등가의 겹판 스프링을 고려하였다. 마지막으로 접시 스프링을 고려하였고 장점을 설명하였다.

핵심어

가스 스프링(gas spring) 긴 길이에 걸쳐 매우 일정한 함을 얻기 위하여 움직이는 피스톤과 압축된 가스를 가용하는 스프링

나선형 압축 스프링(helical compression spring) 가장 일반적인 스프링, 둥근 소선이 이웃하는 코일 사이에 일정한 피치로 원통 형태로 감기고, 압축 하중을 받는 스프링

나선형 인장 스프링(helical extension spring) 둥근 소선이 이웃하는 코일 사이에 일정한 피치로 원통 형태로 감기고, 인장 하중을 받는 스프링

나선형 비틀림 스프링(helical torsion spring) 비틀림 하중을 받는 나선 나선형 스프링

밀착 길이(solid length) 모든 이웃하는 감김이 금속간 접촉을 할 때 스프링의 길이

스프링(spring) 힘이나 토크를 발휘하고, 동시에 에너지를 저장하는 데 사용하는 유연한 기계 요소

스프링 상수(spring rate) 가해진 힘과 스프링 변위의 비율

스프링 지수(spring index) 코일과 소선 지름의 비율. 코일 곡률의 척도.

서지(surge) 스프링을 따라서 진행하는 응력 맥동

자유 길이(free length) 스프링에 힘이 작용하지 않을 때 스프링의 길이

접시 스프링(Belleville spring) 원뿔형 원판 스프링

파형 스프링(wave spring) 중첩된 파형을 갖는 나선 나선형 스프링

판 스프링(leaf spring) 외팔보 작용에 기초를 둔 스프링

피치(pitch) 한 코일의 중심에서 이웃하는 코일의 중심까지 코일 축에 평행하게 측정한 거리

공식 정리

스프링 재료:

손실 계수: $\Delta_v = \dfrac{\Delta U}{2U}$

소선 강도: $S_{ut} = \frac{A_p}{d^m}$

소선 전단 강도: $S_{sy} = 0.40S_{ut}$

피로 강도:

$S'_{se} = 310$ MPa 피닝하지 않은 스프링,

465 MPa 피닝한 스프링

나선형 압축 스프링:

스프링 지수: $C = \frac{D}{d}$

최대 전단 응력: $\tau_{\max} = \frac{8DP}{\pi d^3}\left(1 + \frac{d}{2D}\right)$

횡 전단 계수: $K_d = \frac{C + 0.5}{C}$

와알 계수: $K_w = \frac{4C - 1}{4C - 4} + \frac{0.615}{C}$

베르크스트래서 계수: $K_b = \frac{4C + 2}{4C - 3}$

변위: $\delta = \frac{8PC^3N_a}{Gd}\left(1 + \frac{0.5}{C^2}\right)$

스프링 상수: $k = \frac{P}{\delta} = \frac{Gd}{8C^3N_a\left(1 + \frac{0.5}{C^2}\right)}$

최저 고유진동수: $f_n = \frac{2}{\pi N_a}\frac{d}{D^2}\sqrt{\frac{G}{32\rho}}$

나선형 인장 스프링:

스프링 상수: $k = \frac{P - P_i}{\delta} = \frac{d^4G}{8N_aD^3}$

나선형 비틀림 스프링:

최대 굽힘 응력: $\sigma = \frac{32K_iM}{\pi d^3}$

여기서 $K_i = \frac{4C^2 - C - 1}{4C(C - 1)}$

비틀림 스프링 상수: $k_\theta = \frac{M}{\theta_{\text{rev}}} = \frac{Ed^4}{10.186DN_a}$

스프링 지름: $D'_i = \frac{N_aD_i}{N'_a}$

판 스프링:

최대 응력: $\sigma_{\max} = \frac{6Pl}{bt^2}$

변위: $\delta = \frac{6Pl^3}{Enbt^3}$

스프링 상수: $k = \frac{P}{\delta} = \frac{Enbt^3}{6l^3}$

가스 스프링:

이상 기체 법칙: $p = \frac{\bar{R}t_m}{v}$

접시 스프링:

힘-변위 관계:

$$P = \frac{4E\delta}{K_1D_o^2(1 - \nu^2)}\left[(h - \delta)\left(h - \frac{\delta}{2}\right)t + t^3\right]$$

여기서 $K_1 = \frac{6}{\pi \ln R_d}\left[\frac{(R_d - 1)^2}{R_d^2}\right]$과 $R_d = \frac{D_o}{D_i}$

납작하게 하는 힘: $P_{\text{flat}} = \frac{4Eht^3}{K_1D_o^2(1 - \nu^2)}$

파형 스프링:

최대 응력: $\sigma = \frac{3\pi PD}{4bt^2N_w^2}$

강성: $k = \frac{P}{d} = \frac{Ebt^3N_w^4D_o}{K_wD^3N_aD_i}$

추천 문헌

Budynas, R.G., and Nisbett, J.K. (2011), *Shigley's Mechanical Engineering Design*, 9th ed., McGraw-Hill.

Carlson, H. (1978) *Spring Designers Handbook*, Marcel Dekker.

Juvinall, R.C., and Marshek, K.M. (2012) *Fundamentals of Machine Component Design*, 5th ed.,Wiley.

Krutz, G.W., Schuelle, J.K., and Claar, P.W. (1994) *Machine Design for Mobile and Industrial Applications*, Society of Automotive Engineers.

Mott, R. L. (2014) *Machine Elements in Mechanical Design*, 5th ed., Pearson.

Norton, R.L. (2011) *Machine Design*, 4th ed., Prentice Hall.

Rothbart, H.A., Ed. (2006) *Mechanical Design Handbook*, 2nd ed., McGraw-Hill.

SAE (1982) *Manual on Design and Application of Leaf Springs*, Society of Automotive Engineers.

SAE (1996) *Spring Design Manual*, 2nd ed., Society of Automotive Engineers.

참고 문헌

Ashby, M.J. (2010) *Materials Selection in Mechanical Design*, 4th ed., Butterworth-Heinemann.

Design Handbook (1987) *Engineering Guide to Spring Design*. Associated Spring Corp., Barnes Group Inc.

Kalpakjian, S., and Schmid, S.R. (2010), *Manufacturing Engineering and Technology*, 6th ed., Pearson.

Relvas, A.A. (1996) Springs, Chapter 28 in *Mechanical Design Handbook*, H.A. Rothbart, Ed., McGraw-Hill.

Zimmerli, F.P. (1957) "Human Failures in Spring Applications," *The Mainspring*, no. 17, Associated Spring Corp., Barnes Group, Inc.

문제

17.1 스프링은 무엇인가? 스프링은 무엇을 위하여 사용하는가?

17.2 피아노선은 무엇인가?

17.3 압축 스프링에서 어떤 종류의 응력이 형성되는가? 비틀림 스프링에 대하여는 어떠한가?

17.4 와알 계수는 무엇인가?

17.5 스프링에서 좌굴을 어떻게 피하는가?

17.6 스프링 서지는 무엇인가?

17.7 판 스프링은 무엇인가?

17.8 가스 스프링이 전체 변형량에 걸쳐 거의 일정한 힘을 주는 이유를 설명하라.

17.9 가스 스프링은 왜 감쇠를 주는가?

17.10 접시 스프링은 무엇인가?

정성적 문제

17.11 손실 *계수*란 무엇인가? 다른 재료들이 손실 계수에서 우월함에도 불구하고 강이 스프링에 사용되는 이유는 무엇인가?

17.12 지름이 감소할 때 소선의 강도가 증가하는 이유를 설명하라.

17.13 대략적인 스케치를 사용하여 나선형 압축 스프링의 스프링 지수가 보통 4와 12 사이에 있는 이유를 설명하라.

17.14 나선형 압축 스프링에서 벌림끝을 사용하는 장점과 단점은 무엇인가? 벌림끝 연삭 마감에 대하여는 어떠한가?

17.15 설계 절차 17.1을 복습하고 작은 스프링 지수가 선호되는 용도를 열거하라. 높은 스프링 지수가 선호되는 용도에 대한 두 번째 목록을 만들어라.

17.16 스프링을 밀착 길이로 압축하는 것에 대하여 해로운 것은 무엇인가?

17.17 나선형 인장 스프링이 압축 하중을 지지하는 데 사용되지 못하는 이유와 나선형 압축 스프링이 인장 하중을 지지하는 데 사용되지 않는 이유를 설명하라.

17.18 식을 사용하지 않고, 스프링이 하중을 받거나 하중이 제거될 때, 비틀림 스프링의 지름이 변화되는 이유를 설명하라.

17.19 그림 17.14를 참조하고, 등가의 겹판 스프링을 만들기 위하여 삼각형 판에 어떤 가공 공정을 적용하겠는지를 설명하라. 삼각형 판의 기초(base)는 무엇인가?

17.20 왜 파형 스프링은 감김 당 0.5 파형의 배수를 가질 필요가 있는가?

정량적 문제

17.21 그림 a는 안내선(guide wire)을 나타내는데, 혈관성형 수술 중 인체 안으로 카테터(catheter)를 전달하는 데 사용된다. 끝에 있는 압축 스프링은 노즈(nose)가 동맥을 열 때 노즈에 대한 유연한 지지 장치로 사용되고 안내선에 의한 동맥의 천공을 방지한다. 스프링은 바깥 지름이 0.625 mm이고, 소선 지름이 0.075 mm, 자유 길이는 2.75 mm, 총 감김수는 30이며, 맞댐끝 연삭된 마감을 갖는다. 소선은 스테인리스 강(E = 193 GPa, G = 75.8 GPa)인데, 강도는 A_p = 700 MPa, m = 0.0474이다. 다음을 결정하라.

(a) 밀착 길이와 스프링 상수. 답 l_s = 2.25 mm, k = 63.85 N/m.

(b) 스프링을 밀착 길이까지 압축하는 데 필요한 힘. 답 F = 0.0319 N.

(c) 스프링이 밀착 길이까지 압축된다면, 정적 과부하에 대한 안전 계수와 와알 계수를 사용하라. 답 n_s = 3.45.

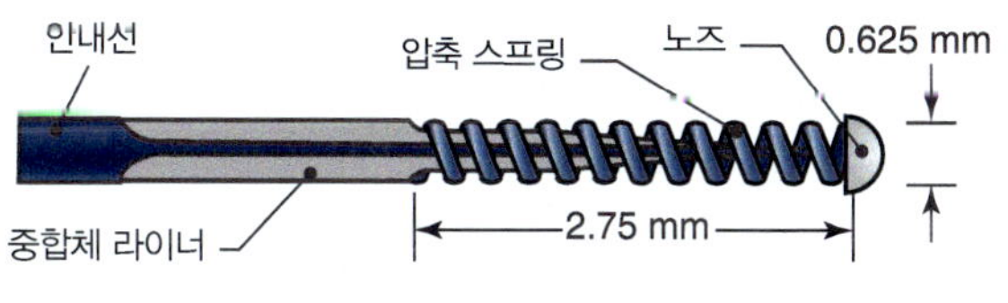

문제 17.21에 대한 그림 a

17.22 맞댐끝 연삭된 마감을 갖는 나선형 압축 스프링의 바깥 지름이 14 mm, 총 감김수 20, 소선의 지름이 2 mm이고, 자유 길이가 105 mm이다. 스프링 지수, 피치, 밀착 길이, 스프링이 밀착 길이로 압축될 때 소선 안의 전단 응력을 계산하라.

답 $C = 6, p = 5.722\text{ mm}, l_s = 40\text{ mm}, \tau_{max} = 1560\text{ MPa}$.

17.23 그림 b에 나타낸 오버플로(overflow) 밸브는 피스톤 지름이 15 mm이고 슬릿(slit)의 길이가 5 mm이다. 스프링은 코일 평균지름이 $D = 10$ mm이고, 소선의 지름 $d = 2$ mm이다. 밸브는 1 bar(0.1 MPa)의 압력에서 열리고, 스프링이 완전히 압축되었을 때 3 bar(0.3 MPa)의 압력에서 전부 열려야 한다. 스프링의 유효 감김수, 자유 길이 및 피치를 계산하라. 스프링 재료의 전단 계수는 $G = 80$ GPa이다. 스프링 끝은 맞댐끝 연삭 처리한다. 이 기하학적 형상에 대한 최대 전단 응력을 결정하라. 답 $N_a = 22.6, l_f = 56.7$ mm.

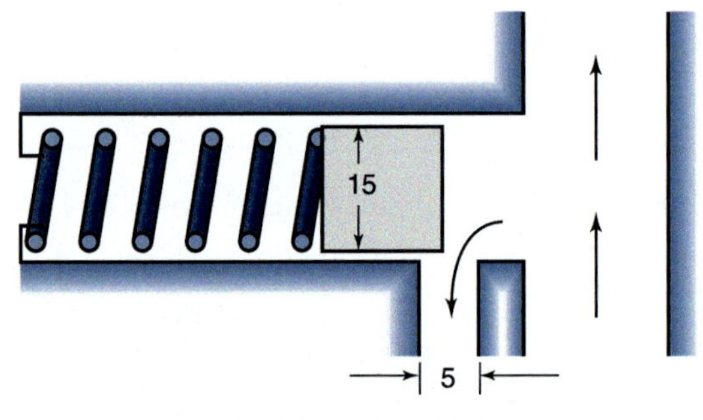

문제 17.23에 대한 그림 b

17.24 차량의 바퀴가 나선형 스프링의 형태로 개별 현가장치를 갖춘다. 스프링의 자유 길이 $l_f = 360$ mm이고 압축력 5000 N에서 밀착 길이 $l_s = 160$ mm이다. 전단 계수 $G = 80$ GPa. $D/d = 10$을 사용하고, 스프링 소선의 순수 비틀림에 대한 전단 응력을 계산하라. 스프링 끝은 맞댐끝 연삭 처리한다. N_a, p, d와 D 및 τ_{max}를 구하라. 답 $\tau_{max} = 370$ MPa, $N_a = 7.06, p = 38.5$ mm, $d = 17.65$ mm.

17.25 길이가 같은 두 개의 원통 모양 나선형 압축 스프링이 있는데, 한 개가 다른 스프링의 내부에 위치하고(그림 c 참조) 압축 하중을 받는다. 두 스프링에서 동일한 전단 응력을 얻으려면 스프링들의 치수를 어떻게 결정하겠는가?

17.26 그림 d에 나타낸 것과 같이 이동하는 수평면에 대하여 가능한 한 강하게 가압하기 위하여 기구가 사용된다. 이 기구는 중앙의 강체 보와 두 개의 유연한 굽힘 스프링으로 이루어지는데, 이 스프링은 길이 l, 지름 d, 탄성 계수 E 및 허용 응력 σ_{all}을 갖는 원형 봉으로 만들어진다. 바퀴들은 이 봉에 설치되고 높이 f의 턱(bump)을 굴러 넘어갈 수 있다. 턱을 굴러 넘어갈 때 스프링을 소성 변형시키지 않고, 이동하는 평면에 대한 바퀴의 예응력(prestress)이 가능한 한 높도록 하는 스프링의 지름을 계산하라. 스프링의 변형은 그림 e에 나타낸다. 답 $d = \frac{\sigma l^2}{Ef}, P = \frac{\pi \sigma^4 l^5}{128 E^3 f^3}$.

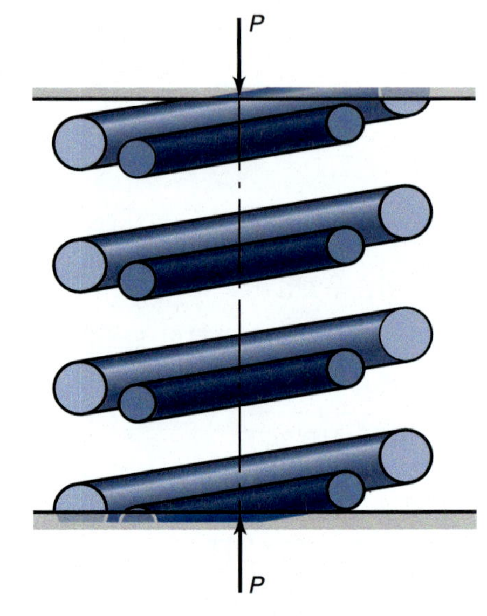

문제 17.25에 대한 그림 c

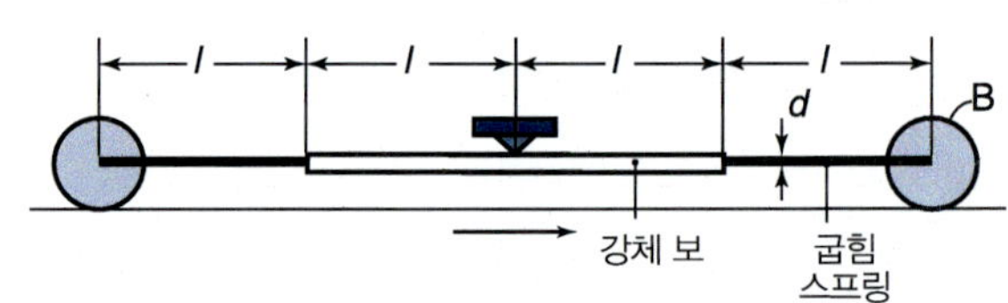

문제 17.26에 대한 그림 d

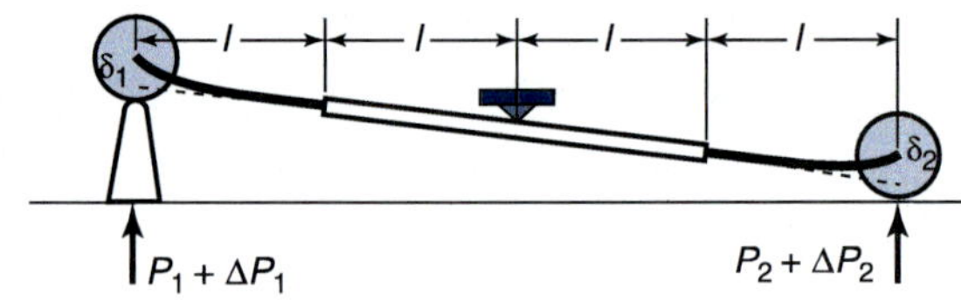

문제 17.26에 대한 그림 e

17.27 나선형 압축 스프링이 투석기로 사용된다. 이 투석기로 질량 5 kg인 물체를 던질 때, 물체의 최대 속도를 계산하라. 조건은 $\tau_{max} = 500$ MPa, $D = 50$ mm, $d = 8$ mm, $N_a = 20$ 및 $G = 80$ Gpa이다. 답 와알 계수를 사용하여 $v = 6.51$ m/s.

17.28 스프링을 힘 P_i로 예하중을 준 다음, 전단 응력이 어떤 값 τ로 증가하도록 힘을 증가시킨다. 이 증가되는 힘에 의한 에너지 흡수가 최대로 되는 코일 평균 지름 D를 선택하라. 답 $D = \frac{\pi}{8\sqrt{3}} \frac{\tau d^3}{P_i}$.

17.29 정적 하중을 주기 위하여 피아노선으로 만든 스프링을 사용한다. 소선 지름 d = 1.5 mm, 코일 바깥 지름 D_o = 12.1 mm이고, 유효 감김수는 8이다. 또한, 스프링 끝은 맞댐끝 연삭 처리한다. 다음 항목을 구하라.

(a) 스프링 상수와 밀착 길이. 답 k = 5214 N/mm, l_s = 15 mm.

(b) 영구 변형을 2% 초과하지 않고 가할 수 있는 최대 하중. 답 P_{max} = 95.5 N.

(c) 위 (b) 항에서 결정된 하중이 스프링을 밀착 길이로 압축한다면, 스프링의 자유 길이 답 32.3 mm.

(d) 좌굴이 문제로 되는가? 그렇다면, 재설계할 때 무엇을 바꿀지 추천하라.

17.30 나선형 압축 스프링을 압력 안전밸브로 사용하려고 한다. 밸브가 닫혔을 때, 스프링의 길이는 50 mm이고 스프링 힘은 7 N이 될 것이다. 스프링은 지름 d = 1.5 mm의 소선을 사용하고, 스프링 지름 D = 10 mm이며 밀착 길이 l_s = 30 mm이다. 스프링을 밀착 길이로 압축하는 데 필요한 힘, 유효 감김수, 스프링의 자유 길이, 스프링 상수 및 비틀림 항복에 대한 안전 계수를 구하라. 경인발 ASTM A227 소선과 맞댐끝 연삭 처리한 마감을 사용하고, 스프링이 통 안에 있으므로 좌굴을 무시하라. 답 F_s = 22.54 N, N_a = 18, l_f = 52.54 mm, k = 2752 N/m, n_s = 3.12.

17.31 스탬핑 프레스에서 다이가 프레스 암의 작용에 의하여 밀려 닫힌 후에 다이를 열기 위하여 2개의 압축 스프링을 사용하려고 한다. 스프링은 리테이너 안에 남아 있을 것이므로 좌굴은 문제가 되지 않고, 스프링은 예하중을 받아도 될 것이다. 또한 이 리테이너 형상은 D = 25 mm를 요구한다. 총 변위가 175 mm일 것이 요구되고, 또한 각 스프링은 스프링이 압축되었을 때 다이에 1000 N을 발휘하고 펴졌을 때 500 N을 발휘하여야 한다. 좋은 성능을 보장하기 위해서 맞댐끝 연삭처리한 마감을 사용할 것이다. 각 스프링에서 유효 감김수 30이 사용된다면, 요구되는 소선 지름과 스프링 밀착 길이는 얼마인가? G = 79.3 MPa를 사용하라. 답 d = 3.409 mm, l_s = 92 mm.

17.32 피아노선으로 만들어지고 맞댐 평행끝을 갖는 나선형 압축 스프링을 설계하라. 스프링 지수 C = 12, 스프링 상수 k = 300 N/m, 밀착 길이로 압축하는 힘 60 N을 가정하라. 안전 계수 n_s = 1.5를 가정하여 소선 지름과 코일 평균 지름을 구하라. 또한 좌굴이 문제로 되는지를 조사하라. 일정한 하중을 가정하라. 답 d = 1.90 mm, D = 22.8 mm.

17.33 그림 f에 나타낸 것과 같이 스프링 상수가 k_1과 k_2인 두 개의 나선형 스프링이 안팎으로 설치된다. 힘을 받지 않을 때의 길이 차는 Δ이고, 안쪽의 스프링이 길다. 느슨한 고정장치가 스프링의 위에 설치되고 그러므로 스프링들은 변형하여 같은 길이가 될 것이다. 두 스프링에서의 힘을 계산하라. 외력 P가 스프링에 가해지는 하중이다. P에 따라 스프링 힘들이 어떻게 변화하는지를 그림으로 나타내어라.

답 $P_1 = P_o + \dfrac{k_1 P}{k_1 + k_2}, \quad P_2 = P_o - \dfrac{k_2 P}{k_1 + k_2}.$

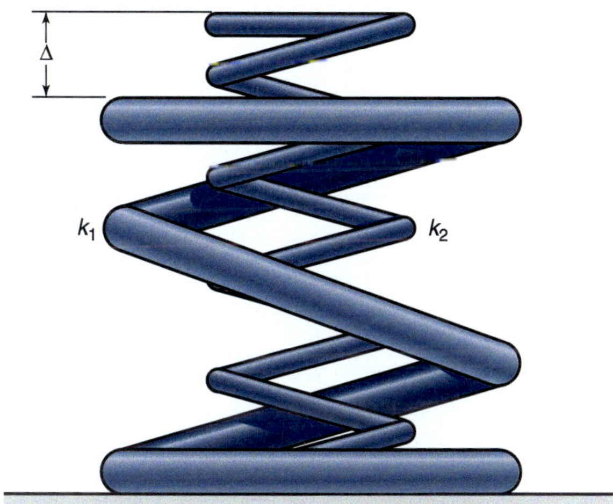

문제 17.33에 대한 그림 f

17.34 식 (17.4)와 식 (17.18)을 사용하여, 최대 전단 응력을 가능한 한 낮추도록 하기 위하여 스프링 지름을 어떻게 선정할지를 서술하라.

17.35 경인발 소선으로 만들어지고 벌림끝을 갖는 나선형 압축 스프링을 고려한다. 스프링 지수는 12이고 강성은 0.3 kN/m이다. 스프링에 가해지는 하중은 60 N이다. 항복에 대한 안전 계수 1.5에 대하여 스프링 지름, 소선 지름, 스프링의 감김수 및 자유 길이와 밀착 길이를 구하라. 이 스프링이 좌굴 또는 동적 불안정 문제를 가지는가? 답 d = 2.18 mm, D = 26.16 mm, N_a = 41.5.

17.36 평균 지름이 18 mm인 나선형 압축 스프링이 감김수 20, 소선 지름 2 mm이고 크롬 바나듐으로 만들어진다. 다음 사항을 결정하라.

(a) 항복에 대한 안전 계수를 1.5로 할 때 최대 하중-운반 용량 답 P = 78.5 N.

(b) 스프링의 최대 변위 답 δ_t = 0.0577 m.

(c) 맞댐 연삭 끝에 대한 자유 길이 답 $l_f = 0.1075$ m.

17.37 평균 지름이 60 mm인 벌림끝 나선형 압축 스프링이 경인발 강으로 만들어지고 소선의 지름은 2.5 mm이다. 소선 재료의 전단 강도는 500 MPa이고 스프링 감김수는 20이다. 자유 길이는 500 mm이다. 다음 사항을 구하라.

(a) 스프링을 밀착 길이로 압축하는 데 필요한 요구 하중. 답 $P = 40.11$ N.

(b) 위(a) 항에서 구한 하중을 가한 후에 하중을 제거하면, 스프링이 자유 길이로 돌아올 것인가?

17.38 탁상 전기 스탠드는 기구장치에 네 개의 고탄소강 나선형 인장 스프링이 설치되어 책상의 다른 부분 위에 등을 위치시킬 수 있다. 각 스프링은 15 N으로 예하중을 받아서, 15 N 이하의 힘에 대해서는 아무런 변형이 일어나지 않는다. 15 N 이상의 힘에서 스프링 상수는 100 N/m이다. 코일의 평균 지름은 12 mm이고 소선의 지름은 1 mm이다. 정확한 예하중을 얻기 위하여 제조과정 중 소선에 필요한 비틀림 변위를 계산하고, 정확한 스프링 상수를 얻기 위하여 얼마나 많은 감김수가 필요한지를 계산하라. 답 $\theta/l = 9.63$ rad/m, $N_a = 57.36$.

17.39 물고기의 무게를 측정하는 스프링 저울의 치수를 정하려고 한다. 무게 측정 기구는 나선형 인장 스프링 안에 매달려 있는 고리이다. 0 내지 10 kg의 범위에 있는 물고기의 무게를 읽기 쉽게 하기 위하여 눈금자의 길이는 100 mm이어야 한다. 스프링 재료는 피아노선이다. $d = 2$ mm와 $C = 10$에 대하여 유효 감김수와 안전 계수를 결정하라. 답 $N_a = 20.1$, $n_s = 1.10$.

17.40 근육 훈련 장치가 두 개의 핸들 사이에 있고 길이가 50 mm인 세 개의 병렬 스프링으로 이루어진다. 스프링들은 예압 없이 팽팽하게 감겨지며, 스프링이 1600 mm로 완전히 펼쳐졌을 때, 각 스프링에서의 힘은 100 N이다. 스프링이 피아노선으로 만들어질 때 스프링의 치수를 정하라. 답 $C = 10$과 $d = 2$ mm에 대하여 $n_s = 1.08$.

17.41 지름이 45 mm인 나선형 인장 스프링(그림 17.9a와 b에 나타낸 것과 유사)이 감김수 102이고, 지름이 4 mm인 피아노선으로 만들어진다. 예하중에 기인하는 응력은 항복전단 강도의 10%와 같다. 고리의 반지름은 5 mm이고 굽힘 반지름은 2.5 mm이다. 다음 사항을 결정하라.

(a) 스프링의 밀착 길이와 스프링 상수 답 $k = 273$ N/m, $l_s = 0.412$ m.

(b) 예하중과 파괴를 일으키는 하중 답 $P_i = 39.6$ N.

17.42 그림 g에 나타낸 인장 스프링은 주기적인 운동에서 동력 스위치를 켜고 끄는 데 사용된다. 스프링은 바깥 지름이 15 mm이고 경인발강의 지름 1.5 mm 소선으로 만들어진다. 이 스프링은 예하중이 없다. 이 스프링의 전체 변형에서 힘은 25와 33 N 사이에서 변한다. 다음 사항을 결정하라.

(a) 감김수, 자유 길이, 주기적인 하중을 받는 중의 최대와 최소 길이 및 스프링 상수 답 $N_a = 38.0$, $l_f = 73.5$ mm.

(b) 99%의 신뢰도를 갖는 무한 수명에 대하여, 정적 파괴 및 피로 파괴에 대비한 안전 계수 답 $n_{s,\text{static}} = 1.66$.

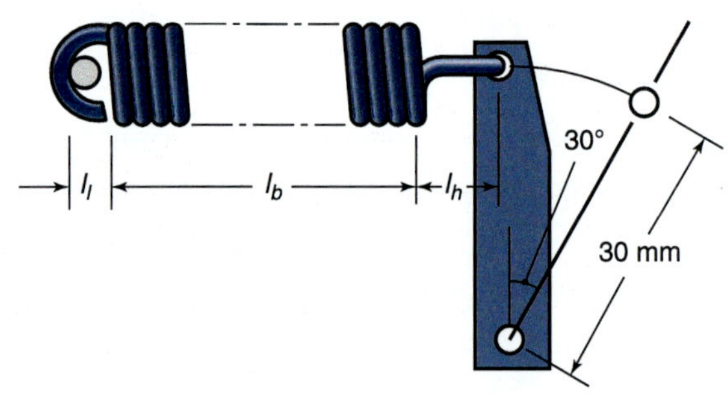

문제 17.42에 대한 그림 g

17.43 문제 17.42에 주어진 스프링이 50%의 신뢰도로 50,000 회의 운동에 대하여 설계된다면 피로 파괴에 대비한 안전 계수를 계산하라. 답 $n_s = 11.8$.

17.44 그림 h에 나타낸 인장 스프링이 자동차의 제동 시스템에 사용된다. 이 스프링은 지름 2 mm의 경인발강 소선으로 만들어지고, 코일 평균지름은 10 mm이며 자유 길이는 106 mm이다. 이 스프링은 유효 감김수가 12이고, 제동력에서의 변위가 11 mm이다. 다음 사항을 결정하라.

(a) 이 스프링의 안전 계수 답 $n_s = 1.01$.

(b) 고리에서 비틀림 응력과 수직 응력 답 $\tau = 577$ MPa, $\sigma = 815$ MPa.

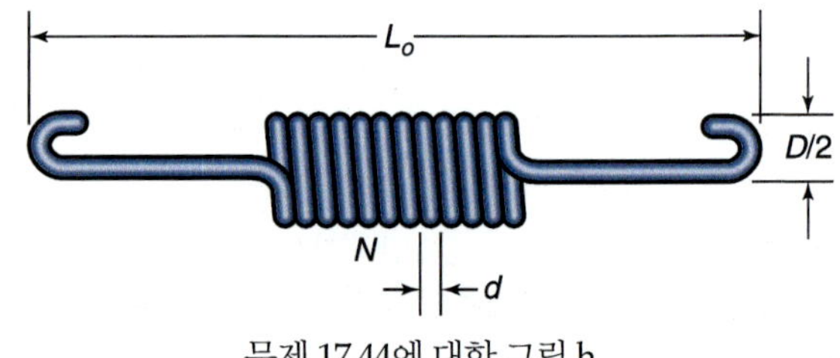

문제 17.44에 대한 그림 h

17.45 토션바(torsion rod)가 차량 스프링으로 사용된다. 토션바에서의 토크는 반지름 $R = 200$ mm에 작용하는 힘 $P = 1500$ N에 의하여 생성된다. 최대 비틀림각은 30°이다. 최대 전단 응력이 500 MPa이라면 토션바의 지름과 길이를 계산하라. 답 $d = 14.50$ mm, $L = 0.606$ m.

17.46 그림 i에 나타낸 비틀림 스프링은 강재 원통과 그것에 접착된 고무링으로 이루어진다. 링의 치수는 $D = 45$ mm, $d = 15$ mm와 $h = 20$ mm이다. 토크를 각변위의 함수로써 계산하라. 고무의 전단 탄성 계수는 150 N/cm²이다. 답 $T = (23.9\ \text{N-m/rad})\phi$.

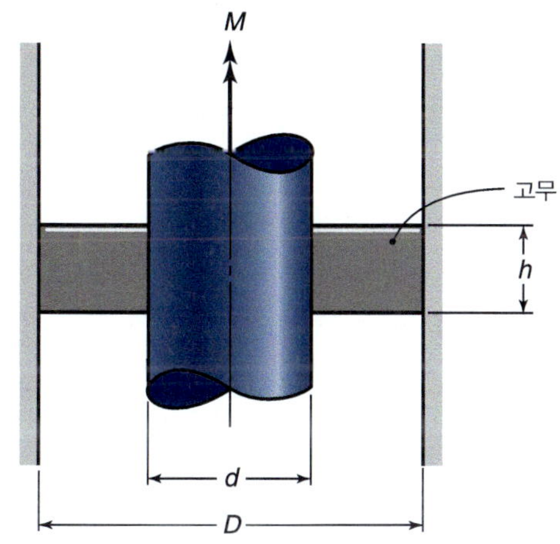

문제 17.46에 대한 그림 i

17.47 사우나 문이 닫혀 있도록 하기 위하여, 문에 있는 힌지 두 개의 각각에 나선형 비틀림 스프링이 설치된다. 각 힌지에서의 마찰 토크는 0.2 N-m이다. 스프링을 소성 변형시키지 않고 문을 180° 여는 것이 가능하여야 한다. 폭이 700 mm인 10 kg의 문이 2초 안에 스스로 닫히도록 스프링의 치수를 결정하라. 와이어 양끝의 길이는 무시할 수 있다. 문에 작용하는 공기 저항 역시 무시한다. 스프링은 피아노선으로 만들어지고 소선의 지름은 2.5 mm이다. $C = 10$을 사용하라. 답 $N_a = 10.03$.

17.48 문 손잡이 안에 사용되는 나선형 비틀림 스프링은 지름 3 mm인 경인발강 소선으로 만들어진다. 스프링의 유효 감김 수는 10이고 코일 지름은 21 mm이다. 5년 사용 후 이 스프링은 피로로 인하여 깨진다. 더 긴 피로 수명을 얻기 위하여, 응력이 5% 감소되어야 하지만, 사용 가능한 공간은 현재의 스프링에 의하여 사용되는 것뿐이고, 그것은 바깥 지름 24 mm, 안지름 18 mm 및 길이 30 mm이다. 새 스프링에 대한 스프링 상수는 옛것과 같아야 한다. 새 응력조건을 만족시키기 위하여 직사각형 단면을 갖는 새 스프링의 치수를 결정하라. 답 $w = 3$ mm, $h = 2.36$ mm.

17.49 쥐덫은 두 개의 비대칭 비틀림 스프링을 사용한다. 소선은 지름이 2 mm이고, 설치 전 위치에서 스프링의 안지름은 12 mm이다. 설치 전에 각 스프링의 감김수는 10이다. 덫을 설치하기 위하여 대략 50 N이 필요하다(설치를 시작하는 것이 아니고, 스프링을 설치 위치로 변형시키는 데 필요한 최대 하중).

(a) 쥐덫에 조립하기 전, 즉 응력을 받기 전 상태에 있는 스프링의 감김수와 지름을 구하라. 답 $N_a = 9.58$

(b) 덫이 설치되었을 때 스프링 소선에서의 최대 응력을 구하라. 답 $\sigma = 3010$ MPa.

17.50 가스레인지에 있는 오븐 문이 나선형 비틀림 스프링에 의하여 닫혀 있게 된다. 문이 닫힐 때 스프링 토크는 1 N-m이다. 오븐 문이 완전히 열릴 때, 중력에 의하여 문이 열린 채 있어야 한다. 문의 높이는 450 mm이고 질량은 4 kg이다. 스프링 재료로써 피아노선을 사용하고 소선의 지름이 4.5 mm일 때 나선형 비틀림 스프링의 치수를 결정하라. 또한 지름이 3 mm인 소선을 사용하는 것이 가능하겠는가? 답 $D/d = 10$에 대하여 $N_a = 5.89$, $l_w = 0.83$ m.

17.51 그림 j에 나타낸 나선형 비틀림 스프링이 지름이 2.2 mm인 경인발강 소선으로부터 만들어지고 감김수는 8.5이다. 치수는 mm 단위이다.

(a) 안전 계수 2를 사용하여 최대 힘과 그것에 대응하는 각변위를 구하라. 답 $P = 12.5$ N, $\theta = 0.18$ rad.

(b) 최대 하중이 가해질 때 코일 안지름은 얼마가 되는가? 답 $D_i = 0.0194$ m.

(c) 100,000 회의 하중 사이클에 대하여, 피로 파괴에 대비한 안전 계수 2.5를 사용하여 최대 모멘트와 그것에 대응하는 각변위를 계산하라. 답 $\theta = 0.180$ rev.

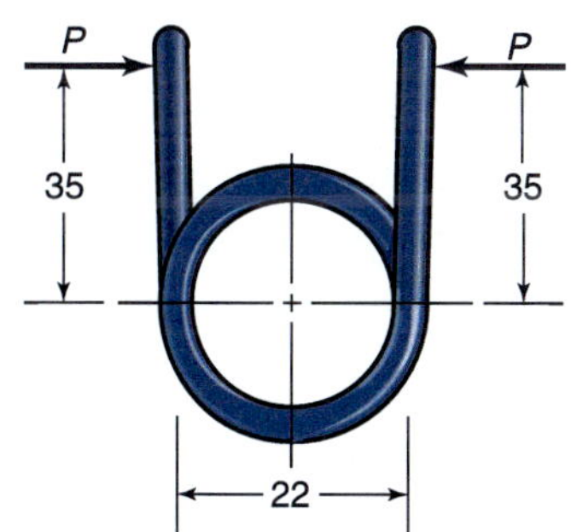

문제 17.51에 대한 그림 j

17.52 그림 k에 나타낸 나선형 비틀림 스프링은 코일의 바깥 지름 22 mm, 감김수 10.25, 소선의 지름 2 mm이다. 스프링 재료는 경인발 강이다. 최대 응력이 항복 한계와 같다면 가해진 모멘트는 얼마가 되겠는가? 하중을 받은 스프링의 안지름과 그것에 해당하는 각변위를 계산하라. 치수는 mm 단위이다. 답 $D_i' = 17.29$ mm, $\theta = 0.421$ rev.

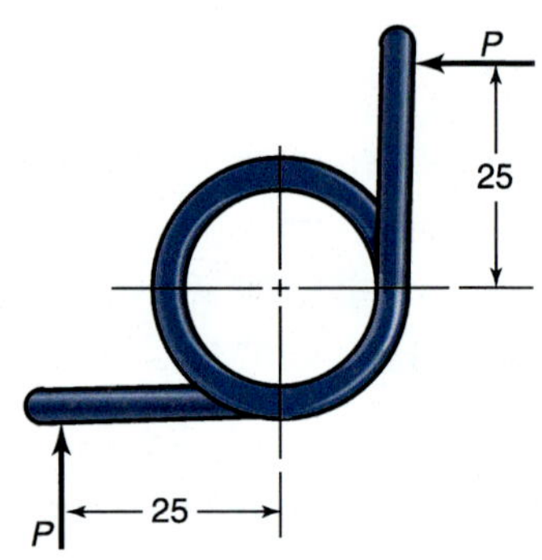

문제 17.52에 대한 그림 k

17.53 피아노선으로 만들어진 나선형 비틀림 스프링의 코일 지름이 17.5 mm, 소선 지름이 1.5 mm이고, 20%의 변동으로 0.15 N-m의 모멘트를 지지한다. 최대 감김수는 12이고, 하중은 스프링의 중심에서 22 mm에 작용한다. 99%의 신뢰도를 갖는 무한 수명에 대하여, 정적 파괴 및 피로 파괴에 대비한 안전 계수를 구하라. 또한 하중이 가해졌을 때 스프링의 안지름을 결정하라. 답 $n_{s,\text{static}} = 3.52$, $n_{s,\text{fatigue}} = 2.51$.

17.54 낚싯대가 직사각형 단면을 갖는 이상적인 판 스프링과 같이 만들어진다. 탄성 계수가 150 GPa인 CFRP(탄소 섬유 보강 플라스틱)으로 만들어진다. 두께는 8 mm로 일정하고, 길이는 2 m이다. 낚싯대의 끝을 200 mm 이상 구부리지 않고 낚시로 0.3 kg의 물고기를 낚기 위하여 손잡이에서의 단면적이 얼마나 넓어야 하는지를 구하라. 미끼의 무게는 무시한다. 또한, 굽힘 응력을 계산하라. 답 $b = 9.19$ mm, $\sigma = 60.0$ MPa.

17.55 트램펄린(trampoline)의 각 부분에서 최대 굽힘 응력이 일정하도록 트램펄린은 폭이 변화하는 판 스프링처럼 만들어진다. 재질은 탄성 계수 28 GPa이고 굽힘 강도 300 MPa인 GFRP(유리 섬유 보강 플라스틱)이다. 만약 체중 80 kg인 수영 선수가 2 m의 높이에서 트램펄린 위로 뛴다면, 트램펄린 끝에서의 스프링 상수와 해당하는 안전 계수를 계산하라. 트램펄린의 유효 길이는 3 m, 폭은 1.2 m이고 두께는 38 mm이다. 답 $k = 11.38$ kN/m, $n_s = 4.24$.

17.56 트럭이 거친 도로를 주행할 때 트럭의 판 스프링은 평형 위치로부터 차륜의 55 mm 변위를(위와 아래로) 수용할 수 있어야 한다. 판 스프링의 중앙에서 정하중은 50,000 N이다. 허용 응력은 1050 MPa, 안전 계수는 3, 판 길이의 절반은 0.8 m, 판의 두께는 0.02 m, 판의 층수는 10층을 가정한다. 스프링의 폭을 결정하라. 스프링에 대한 탄성 계수는 207 GPa이다. 답 $b = 0.1714$ m.

17.57 접시 스프링이 냉간압연강(AISI 1040)으로부터 성형되고, $t = 1$ mm, $h = 2.5$ mm, $D_o/D_i = 2.0$ 및 $D_i = 7$ mm이다. 이 접시 스프링을 $h_f = 1.5$ mm로 납작하게 하는 데 필요한 힘을 계산하라. 이 스프링을 완전히 납작하게 하는 데 필요한 힘은 얼마인가? 답에 대하여 설명하라. 답 $h_f = 1.5$에 대하여 $P = 10.1$ kN, $P_{\text{flat}} = 6.79$ kN.

17.58 접시 스프링이 너트에 의하여 볼트에 가해지는 예비 인장력을 제어하기 위하여 사용된다. 그러므로 접시 스프링이 볼트 머리와 동일한 기준 치수를 가지도록 접시 스프링의 안지름이 볼트의 바깥 지름과 같도록 설정될 것과 $R_d = 1.5$일 것이 요구된다. 머리 높이가 $h = 3$ mm로 되려면, 연결이 재사용될 때 바깥 지름 12 mm인 4.6 등급의 미터나사 볼트에 대하여 얼마의 두께가 필요한가? 이것은 가능한 설계인가? 답 $t = 1.08$ mm.

17.59 프레스 램의 작용에 의하여 단조 다이가 밀려져서 닫힌 후에 단조 다이를 열기 위하여 사용되려고 하는 파형 스프링을 고려한다. 리테이너는 25 mm의 바깥 지름을 허용한다. 파형 스프링은 1000 N을 지지하여야 하고, 한 감김당 네 개의 파형이 사용될 것이라고 가정한다. 만약 파형 스프링이 $b = 3$ mm의 폭과 800 MPa의 허용 응력을 갖는 강재로부터 만들어진다면, 파형 리본의 두께를 결정하라. 이 스프링에 25 감김이 있다고 하면, 1000 N의 하중에서 스프링은 얼마나 많이 압축되는가? 이 스프링을 문제 17.31에서 분석된 것과 비교하라. 답 $t = 1.16$ mm, $d = 3.163$ mm.

17.60 바깥 지름이 150 mm, 폭이 10 mm, 두께가 2 mm인 강재 파형 스프링이 주어져 있다면, 스프링의 유효 감김 수가 10일 때, 한 감김당 파형 수의 함수로써 스프링의 강성을 작도하라.

설계 문제 및 프로젝트

17.61 이 장을 소개하는 사진에 나타낸 것과 같이, 나선형 압축 스프링은 사각형 단면을 가질 수 있다. 그러한 단면에 대하여 최대 응력 식을 유도하라. 인터넷으로 조사하여 사각형 단면에 대한 와알 또는 베르크스트래서 계수에 상당하는 것을 구하라.

17.62 이 장에서 검토된 모든 형태의 스프링에 대하여 스프링의 명칭, 스프링의 크기 또는 용량 및 둘 또는 세 가지의 전형적인 용도를 열거하는 표를 작성하라.

17.63 그림 17.15를 검토하여, 가스 충전 압력의 변경을 허용하기 위해 어떤 설계 특징을 사용할지 설명하라.

17.64 관에 레이저로 형상을 절삭하여 압축 스프링을 만드는 것이 가능하다. 이것은 매우 다양한 스프링 형태를 만들 수 있는데, 관에 나선이 가공되는 경우를 고려한다. 얻어지는 스프링을 스케치하고, 스프링의 기하 형태를 정의하는 기하학 변수를 열거하라. 응력 해석이 17.3절에서의 검토 사항과 다르다면 어떻게 다른지를 설명하라. 한 곳에서 출발하는 것보다 많은 나선을 갖는 것이 장점이 있을 것인가(15.4절 참조)?

18

브레이크와 클러치

수명을 늘리고 성능을 향상하기 위하여 원주 둘레에 냉각 휜을 갖춘 트럭 브레이크 드럼. 출처: Webb Wheel Products, Inc.

마음을 넓히는 데는 생애에서 관측되는 모든 것을 체계적으로 그리고 참되게 조사하는 능력만큼 힘을 가지고 있는 것은 없다.

마르쿠스 아우렐리우스, 로마 황제

차례

예제

설계 절차

사례 연구

이 장에서는 클러치와 브레이크를 다루는데, 이 두 기계 요소는 기능과 형태에서 매우 유사하다. 브레이크는 기계적 에너지를 열로 변환하고, 모든 형태의 기계를 정지하도록 하는 데 널리 사용된다. 예로는 자동차에 있는 원판 클러치와 내부 확장식 브레이크, 기계류에 있는 외부 수축식 브레이크와 피봇슈 브레이크이다. 클러치는 한 축에 다른 축과 같은 속도를 주는 역할을 하고, 매우 다양한 크기가 이용 가능하다. 브레이크와 클러치는 모두 대항하는 평면을 사용하고, 기능을 수행하기 위하여 마찰에 의존한다. 마찰은 열의 발생을 일으키는데, 브레이크와 클러치는 과열을 피하기 위하여 적절히 설계되는 것이 중요하다. 이러한 이유로, 높은 출력 용도로 사용하는 클러치는 보통 액체에 잠긴 상태(습식 클러치)로 작동된다. 그렇지만 효율적인 브레이크와 클러치 설계에 대해서는 열과 재료를 고려하는 것이 가장 중요하다. 이 장에서는 원판 브레이크와 클러치를 해석하는 것으로 시작하고, 또한 원뿔 클러치를 해석한다. 블록 브레이크는 자기 작동 브레이크슈의 개념을 소개하는데, 그것은 드럼 브레이크 및 클러치와 함께 더 조사한다. 밴드 브레이크, 피봇슈 브레이크 및 슬립 클러치도 검토한다.

이 장에서 다루는 기계 요소: 모든 종류의 브레이크와 클러치

대표적인 응용 사례: 모든 종류의 자동차, 항공기, 차량; 기계류의 축; 전동장치

관련 기계 요소: 축 커플링(11장), 스프링(17장)

기호

A	면적, m^2, 상수
b	원뿔 또는 면의 폭, m
C	비용
C_p	비열, J/(kg ℃)
c	상수
D	원뿔의 최대 지름, m
d	원뿔의 최소 지름, m
$d_1 - d_{10}$	브레이크에서 사용되는 거리, m
F	마찰력, N
F_1	핀 반발력, N
F_2	조작력, N
h_p	일 또는 에너지 변환율, W
M	모멘트, N-m
m_a	질량, kg
N	판의 세트 수
n_s	안전 계수
P	수직력, N
p	접촉 압력, Pa
p_o	일정한 압력, Pa
Q	에너지, J
R	반발력, N
r	반지름, m
T	토크, N-m
$\bar{T}$	무차원 토크 $\frac{T}{(2\mu P r_o)}$
t_m	온도, ℃
u	미끄럼 속도, m/s
W	조작력, N
α	원뿔반각 °(도)
β	반지름비 $\frac{r_i}{r_o}$
β_o	최적 반지름비
γ	브레이크 패드의 넓이 비율
θ	원주좌표 °(도)
θ_a	$p = p_{\max}$인 각도 °(도)
θ_1	슈가 시작하는 위치 °(도)
θ_2	슈가 끝나는 위치 °(도)
μ	마찰 계수
ϕ	접촉각 °(도)
ω	각속도, rad/s

하첨자

c	전도
d	약화
F	마찰력
f	마찰
h	대류
i	내부의
m	평균
o	외부의
P	수직력
p	균일 압력
s	자기 작동, 저장
w	균일 마모

18.1 서론

브레이크와 클러치는 마찰을 유용한 방법으로 이용하는 기계 요소의 사례이다. 축이 자주 연결되고 끊어져야만 할 때 **클러치**(clutch)가 필요하다. 클러치의 기능은 두 가지이다. 첫째 피동축의 각속도가 점차 증가되도록 해주어서, 피동축의 속도가 충격 없이 구동축의 속도와 같아지도록 하는 것이고, 둘째 두 축이 같은 각속도로 회전하고 있을 때 구동축에서 미끄럼이나 속도의 손실 없이 커플링으로써 작동하는 것이다. **브레이크**(brake)는 움직이는 시스템을 정지하도록 하거나, 속도를 낮추도록 하거나 또는 속도를 어떤 값으로 제어하는 데 사용하는 장치이다. 브레이크의 기능은 기계적 에너지를 열로 전환하는 것이다. 브레이크와 클러치의 설계는 항상 사용되는 마찰 계수 값의 불확실성에 당면해 있다. 3.5절에서 3.7절까지의 재료 선택에 대한 주제와 8.8절과 8.9절에서 다룬 마찰과 마모가 이 장에서 사용될 것이다.

그림 18.1은 이 장에서 취급되는 브레이크와 클러치들을 나타낸다. 이것들은 내부 확장식 슈와 외부 수축식 슈를 갖는 **림(드럼) 형태**(rim type), **밴드 브레이크**(band brake), 추력(thrust) **원판** 및 **원뿔 디스크**(cone disk)를 포함한다. 이 그림은 또한 각 브레이크나 클러치에 가해지는 조작력을 나타낸다. 표 18.1은 브레이크와 클러치의 형태 및 전형적인 용

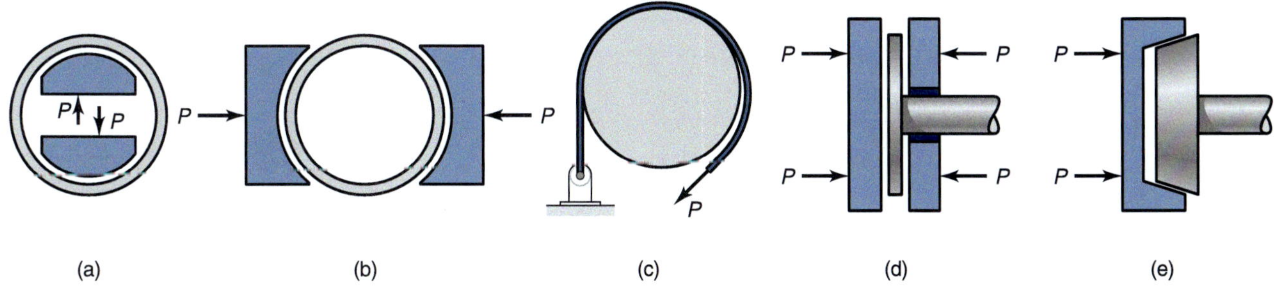

그림 18.1: 다섯 가지 형태의 브레이크와 클러치. (a) 내부 확장식 림 형태, (b) 외부 수축식 림 형태, (c) 밴드 브레이크, (d) 추력 원판, (e) 원뿔.

표 18.1: 클러치와 브레이크의 전형적 용도.

형태	용도
추력 패드(원판)	매우 흔하고 다양한 배치, 습식 또는 건식, 비행기 브레이크용 탄소복합재료를 포함하는 매우 다양한 재료, 대류 냉각이 우수하여 차량의 앞 축에 선호됨, 자기 잠김을 못함.
원뿔	원뿔의 쐐기 작용 때문에 원판에 비하여 같은 크기의 클러치에서 압력과 토크가 더 크다. 세탁기나 추출기와 같이 미끄럼이 거의 없는 낮은 속도의 용도 및 자동차 경주와 같은 고성능 용도에 흔하다.
블록 또는 짧은 슈	배치와 용량이 매우 다양하다. 롤러코스터, 산업용 장비 및 위치제어 장치에서 흔하게 사용된다.
드럼(롱슈)	자동차의 후륜 축에서 널리 사용됨; 자기 잠김 기능은 '주차 브레이크' 기능을 증진시킴. 경제적이고 신뢰성 있음. 열 소산 용량이 제한됨.
피봇슈	건축물이나 낚시 장비에서 낮은 토크 용도로 사용됨. 호이스트와 크레인을 포함하는 높은 토크 용도로 사용됨. 피봇을 적당히 위치시키는 것이 어려움.
밴드 브레이크	단순하고 간결하며 튼튼하여, 체인 톱, 유모차, 오토바이 및 일부 자전거에서 널리 사용된다. 이상 진동이 발생할 수 있다.
슬립 클러치	기계류에 과도한 토크가 전달되는 것을 방지하는 데 사용, 크기와 용량이 매우 다양함, 차고 문 조작기나 크레인 등 기계류에 과부하를 방지하기 위하여 사용됨. 토크를 제어하기 어려움.

도를 요약한다.

브레이크와 클러치는 유사하지만, 마찰을 높이려고 하는 윤활시스템에 있어서 서로 다른 기계 요소이다. 그러므로 성능과 수명이 합리적인 조합이 얻어질 수 있도록 높은 마찰계수와 낮은 마모를 동시에 얻을 수 있는 재료를 찾아내고 개발하는 데 많은 노력을 기울여오고 있다. 과거에는 브레이크와 클러치의 재료가 석면 섬유를 포함하는 복합재료이었으나, 이 재료와 관련된 나노 입자가 인체의 건강에 큰 위험을 주는 것으로 밝혀졌다. 현대의 브레이크와 클러치는 과거의 석면기저 라이닝을 사용하여 더 긴 수명이 얻어질 수 있다 하더라도 윤활 경계면에서 '준금속(semimetallic)' 재료(예를 들면, 분말 야금 기법을 사용하여 생산된 금속)를 사용한다. 기계공학과는 완전히 다른 고려 사항이 한 종류의 재질을 고려 대상에서 제외하였다는 점에서, 위와 같은 대체는 여러 전문 분야 협력의 훌륭한 사례이다.

또한 브레이크와 클러치의 전형적인 설계는 합리적인 사용 수명을 얻기 위하여 충분한 크기와 용량의 부품을 선택하는 것을 포함한다. 이 문제의 대부분은 고체역학과 관련이 있다. 관련 이론은 제4장부터 제7장까지인데 여기서 반복하지는 않는다. 이 장은 주로 브레이크와 클러치 시스템의 성능에 관심을 두므로, 여기서는 조작력과 그 결과로서 생기는 토크에 초점을 둔다. 스프링, 리벳 등과 같은 브레이크 시스템의 부품은 다른 곳에서 고려하고, 여기서는 반복하지 않는다. 그렇지만 브레이크나 클러치는 한 시스템으로 통합되는 많은 수의 부품으로 이루어진다는 것을 유의하여야 한다.

18.2 열에 대한 고려 사항

브레이크와 클러치 부품의 설계에서 주요한 고려사항은 온도이다. 브레이크나 클러치가 작동될 때, 높은 마찰을 갖는 재료가 큰 수직력으로 다른 재료 위로 미끄러진다. 해당하는 에너지는 열로 변환되는데, 이 열은 항상 라이닝(lining) 재료의 온도를 올리게 한다. 모든 브레이크는 마모를 겪는데, 열의 효과는 마모를 가속화시키고, 성능과 수명을 잃게 한다. 명백히 그러한 환경은 주기적 검사를 통해서만 발견할 수 있다. 그러므로 브레이크와 클러치 시스템의 규칙적인 관리가 필요하고, 사용 수명은 다른 기계 요소의 수명보다 훨씬 짧은 경우가 보통이다.

위에서 언급한 것과 같이, 브레이크와 클러치 시스템에서 열의 효과가 중요하다. 만약 온도가 너무 높게 되면, 부품에 손상이 초래되고, 그것은 브레이크와 클러치 시스템의 유용한 수명 또는 성능을 잃게 할 것이다. 열로 인하여 초래된 손상은 보통 다음과 같은 형태를 취한다.

- 진원도 불량인 드럼 또는 평면도 불량인 로터와 같이 **뒤틀린 부품**(warped components)은 과열로부터 발생하고 보통 잔류 응력의 회복과 관련된다. 또한 이러한 조건은 사용 또는 수리 중 부품의 부적절한 기계가공으로부터 또는 취급 부주의나 적당하지 못한 설치로부터 초래될 수도 있다.
- **열 균열**(heat check)은 그림 18.2에 나타낸 것과 같이, 브레이크 표면의 반복되는 가열 및 냉각에 의하여 일어나는 미소 균열이고, 높은 마모 속도 및 성능 손실을 초래할 수 있다. 가벼운 열 균열은 정상적인 상태이고 작은 균열 형태이며 정상적인 작동 중에 닳아버린다. 해당 부품은 제작자의 허용치가 유지되는 한, 사용 중 손상된 표면을 제거하기 위하여 기계 가공할 수 있다. 사용자가 브레이크를 과도하게 사용하거나, 브레이크 부품이 손상되거나(마모된 귀환 스프링 또는 부싱) 또는 진원도 불량이거나 뒤틀린 드럼 또는 로터에 의하여 과도한 열 균열이 일어날 수 있다.
- **번들거리는 라이닝 표면**(glazed lining surface)은 여러 가지 원인으로 인한 과도한 열과 관련되는데, 마찰을 낮게 하고 성능을 감소시킨다. 라이닝이 심각하게 마모되지 않았다면, 적절한 성능을 되찾기 위하여 사포와 같은 연삭재로 번들거리는 표면을 제거할 수 있다.
- **경점**(hard spots)이 그림 18.3과 같이 브레이크 표면에서 나타나는 것은 매우 국부적으로 가열과 냉각이 되기 때문이고, 브레이크 작동 중 이상 진동(chatter)이나 맥동을 초래하고, 궁극적으로는 성능과 수명을 잃게 한다. 경점은 보통 뒤틀리거나 진원도 불량인 부품과 관련이 있다.

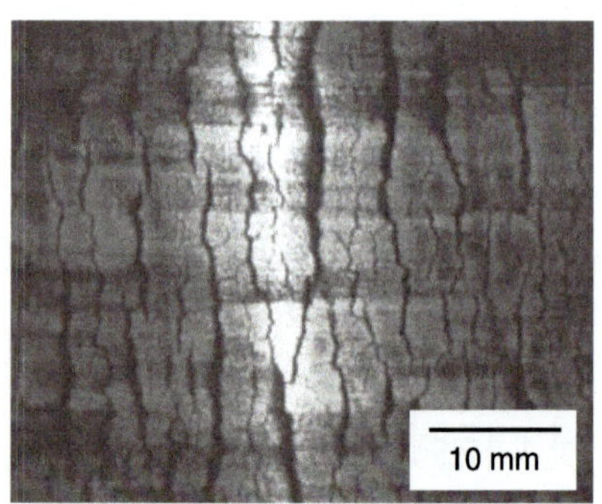

그림 18.2: 높은 수준의 열 균열을 나타내는 브레이크 드럼 표면. 출처: Webb Wheel products, Inc.

브레이크와 클러치 시스템은 매우 다양한 조건에서 작동되기 때문에 브레이크와 클러치 시스템의 온도를 예측하는 것은 실제로 매우 어렵다. 방사(radiation)를 무시하면 열역학의 제1법칙은 다음과 같다.

$$Q_f = Q_c + Q_h + Q_s, \tag{18.1}$$

여기서

Q_f = 미끄럼 요소들 사이의 마찰로부터 브레이크 또는 클러치 시스템으로 들어오는 에너지 입력

Q_c = 기계 요소들을 통하여 전도에 의하여 전달되는 열

Q_h = 주변 환경으로 대류에 의하여 전달되는 열

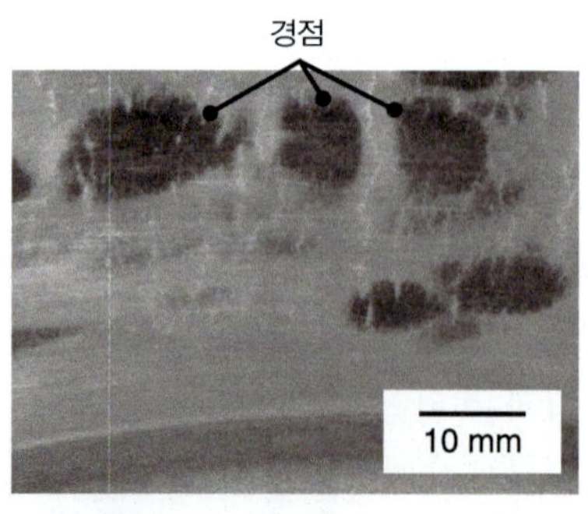

그림 18.3: 브레이크 드럼의 경점. 출처: Webb Wheel products, Inc.

Q_a = 브레이크와 클러치 부품에 저장되어 온도 상승을 초래하는 에너지

만약 전도와 대류를 무시할 만하면, 브레이크 또는 클러치 재료에서의 온도 상승은 다음과 같다.

$$\Delta t_m = \frac{Q_f}{C_p m_a}, \tag{18.2}$$

여기서 C_p는 재료의 비열이고, m_a는 질량이다. 마찰 에너지는 전도되거나 대류될 시간이 없고 접촉 표면에 곧바로 퍼지기 때문에, 위 식은 브레이크나 클러치 패드에서의 순간적인 온도 상승을 결정하는 데 유용하다. 브레이크 패드와 클러치는 보통 접촉 시 어떤 면적을 가지고 있다가 접촉의 밖으로 이동하고(즉, 열이 전달된다) 냉각될 수 있다. 그러므로 실제의 최고 작동 온도는 열 입력과 냉각속도의 복잡한 함수이다.

브레이크 시스템의 온도를 예측하는 큰 어려움은 전도되는 열과 전달되는 열이 기계 주변 온도 및 브레이크 또는 클러치의 형상에 의존하고 또 매우 다양할 수 있다는 점이다. 이 교재의 앞부분에서 최악의 경우에 대한 해석이 수행되었는데, 그것은 이 경우 브레이크와 클러치가 명백히 과열되는 환경으로 빠르게 집약된다. 이 결과는 틀리지 않다. 대부분의 브레이크와 클러치 시스템은 남용되었을 때 과열되고, 결과적으로 심각한 손상을 받을 수 있다. 대안으로는 사용자에게 참을 수 없는 경제적 부담을 주는 커다란 브레이크와 클러치 시스템을 사용하는 것이다. 최악의 경우를 견디기 위한 경제적 비용을 초래하는 것보다는 정기적 점검을 요구하고, 남용으로 인하여 손상을 받을 수 있는 브레이크 시스템을 사용하는 것이 훨씬 합리적이다. 이것은 앞서의 환경과 다른데, 거기에서는 최악의 경우를 대비한 해석이 여전히 합리적인 제품으로 되었다.

습식 클러치(wet clutches)는 클러치의 냉각을 돕기 위하여 유체와 함께 사용되도록 설계된다. 같은 방법으로, 공기나 유체가 더 잘 들어가고 유동을 증가시켜 열전달이 더 잘 되도록, 패드나 슈도 홈을 만들 수 있다. 습식 클러치의 온도를 예측하는 것은 복잡한 문제이고 유한요소법과 같은 수치적 방법을 필요로 한다.

표 18.2: 브레이크와 클러치에 대한 접촉 압력과 미끄럼 속도의 곱. 출처: Juvinall, R.C., and Marshek, K.M. (2006).

작동 조건	pu, (kPa)(m/s)
연속적: 열의 발산이 빈약함	1050
기끔씩: 열의 발산이 빈약함	2100
연속적: 오일 목욕과 같이 열의 발산이 좋음	3000

명백히, 브레이크 부품의 적절한 크기는 정확히 결정하기가 매우 어렵다. 이 교재의 목적으로 브레이크슈 또는 패드의 접촉압력(p)와 미끄럼 속도(u)의 곱 pu에 대하여 Juvinall and Marshek(2006)에 의하여 주어진 값이 부품 크기를 평가하기 위해 사용될 수 있다(표 18.2). 18.3.2절에서 검토되는 것과 같이 pu는 소산되는 동력에 비례한다. 대부분의 제조업자는 설계의 실험적 검증에 크게 의지하며, 실험적 검증이 없을 때 이들 수치를 적용하는 것은 큰 주의를 요하지만, 설계를 평가하고 부품 크기를 평가하는 데 유용하다.

18.3 추력 원판 클러치와 브레이크

추력 원판(thrust disk)은 그림 18.1d에 나타낸 것과 같이, 접촉 표면에 수직인 회전축을 갖는다. 그림 18.4는 자동차 원판 브레이크의 부품을 나타낸다. 기본적으로 로터 또는 원판은 자동차의 축에 부착되고, 자동차 차체에 설치되어 있는 캘리퍼(caliper)가 두 개의 브레이크 패드를 포함한다. 패드는 지지판에 의하여 유지되는 마찰 재료로 이루어진다. 가압된 브레이크액은 브레이크 실린더를 유압식으로 작동하여, 브레이크 패드가 반대편에 있는 로터에 대하여 지탱하도록 한다. 가해지는 압력은 다음에 나타내는 바와 같이 접촉 압력, 마찰 및 토크를 결정한다.

그림 18.5는 원판 클러치 또는 브레이크의 여러 가지 반지름을 나타낸다. 일반적인 설계 업무는 어떤 토크 T를 내기에 필요한 축 방향 힘 P와 결과로 나타나는 접촉 압력 p 및 마모 깊이 δ를 구하는 것이다. 미소 요소 면적에 대하여,

$$dA = (r\,d\theta)\;dr, \tag{18.3}$$

수직력과 토크는 다음과 같이 표현할 수 있다.

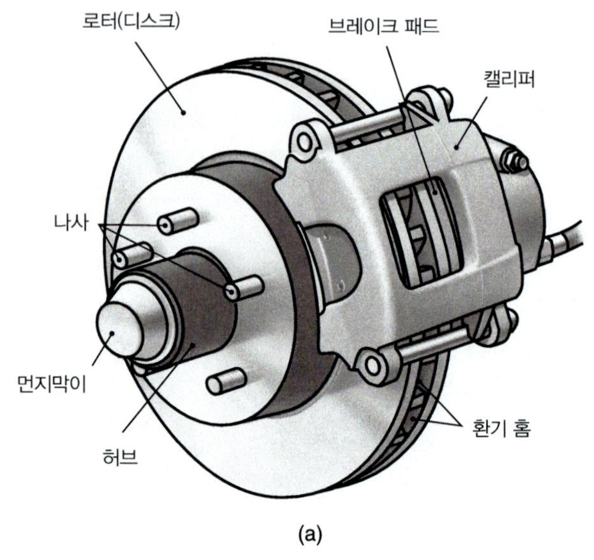

(a)

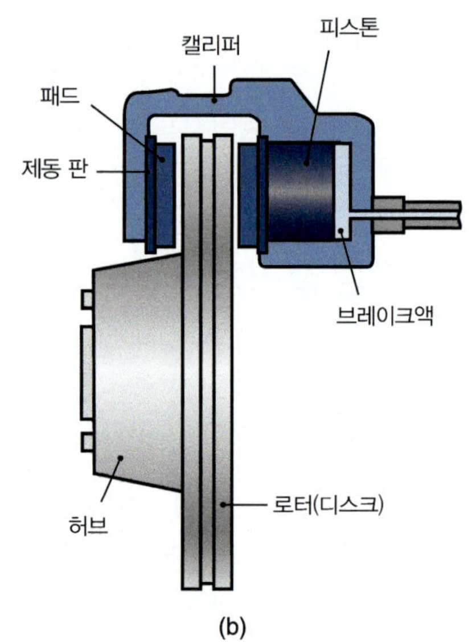

(b)

그림 18.4: 추력 원판 브레이크의 용어와 작동. (a) 원판 브레이크의 그림. 명확하게 하기 위하여 바퀴는 제외하였음. 항상 나타나지는 않는 특징이지만, 그림에 나타낸 캘리퍼는 브레이크 패드의 두께를 관찰할 수 있도록 창문을 두었음을 주목하라. (b) 원판 브레이크의 단면으로 캘리퍼와 브레이크 실린더를 나타낸다.

$$dP = p\,dA = pr\,d\theta\,dr \tag{18.4}$$

와

$$T = \int r\,dF = \int \mu r\,dP = \int\int \mu p r^2\,dr\,d\theta. \tag{18.5}$$

다음 절에서는 한 세트의 원판을 해석하는데, 한 세트의

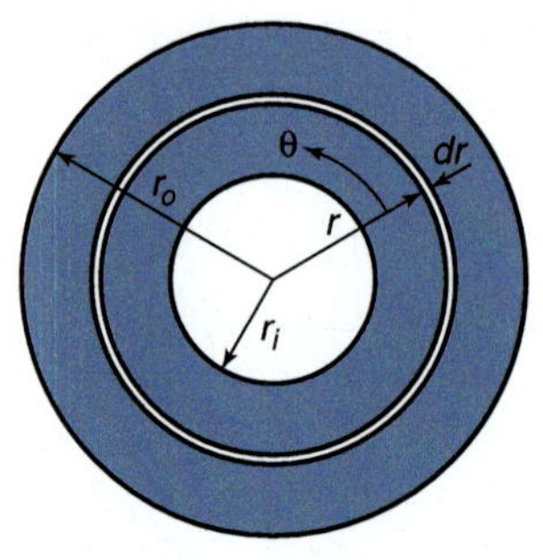

그림 18.5: 원판 클러치 표면과 여러 가지 반지름.

원판에 대한 토크에 N을 곱하면 N 세트의 원판에 대한 토크를 구할 수 있다.

18.3.1 균일 압력 모델

정확히 편평하며 정렬된 새 원판에 대하여, 압력은 $p = p_o$로 균일할 것이다. 이것을 식 (18.4)와 식 (18.5)에 대입하면

$$P_p = \pi p_o \left(r_o^2 - r_i^2\right), \tag{18.6}$$

$$T_p = \frac{2\pi\mu p_o}{3}\left(r_o^3 - r_i^3\right) = \frac{2\mu P_p\left(r_o^3 - r_i^3\right)}{3\left(r_o^2 - r_i^2\right)}. \tag{18.7}$$

그러므로 수직 하중과 토크에 대한 표현을 균일한 압력 p_o, 형상(r_o와 r_i) 및 마찰 계수 μ로부터 결정할 수 있다.

18.3.2 균일 마모 모델

클러치 내의 짝이 되는 표면이 충분히 견고하다면, 균일한 마모가 일어난다고 가정할 수 있다. 이 가정은 초기의 길들이기 운행 이후에 일반적으로 유효하다. 예를 들면, 식 (8.39)의 아차드(Archard) 마모 법칙을 고려하라. 원판 클러치에 대하여 회전당 미끄럼 거리는 반지름에 비례한다. 즉 원판의 외측 반지름은 내측 반지름보다 미끄럼 거리가 멀다. 만약 압력이 일정하고 브레이크 패드나 클러치 원판의 경도가 일정하다면, 원판의 바깥쪽에서 더 많은 마모가 일어날 것이다. 물론 이것은 압력의 재분배를 초래하고, 따라서 초기 마모가 일어난 후에 균일한 마모가 가능해진다. 그러므로 그림 18.5에 나타낸 원판에 대하여 원판의 원주 둘레에서와 표면 $r_i \le r \le r_o$에 걸쳐 마모가 일정하다.

아차드 마모 법칙은 식 (8.39)를 시간에 대하여 미분하면 보이는 것과 같이, 마모율이 힘과 속도의 곱에 비례한다는 것을 제시한다. 힘과 속도의 곱은 동력이므로,

$$h_p = Fu = \mu Pu = \mu pAu, \tag{18.8}$$

여기서

F = 마찰력, N
μ = 마찰 계수
P = 수직력, N
u = 속도, m/s
A = 면적, m^2

만약 브레이크 실린더가 신형직으로 직동하고, 공차가 합리적으로 엄격하다면, 초기의 균일 압력은 조정할 필요가 있다. 표면이 가장 많이 마모된 곳에서, 압력은 가장 많이 감소한다. 그러므로 압력과 속도를 곱하는 것은 일정한 일 또는 에너지 전환을 이끌어내고, 마모가 어느 반지름에서든 일정해야 한다는 것을 의미한다. 그러면 μpAu는 일정하다. 만약 μA가 일정하면 p는 u에 반비례하고, 임의의 반지름 r에 대하여

$$p = \frac{c}{r}. \tag{18.9}$$

식 (18.9)를 식 (18.4)에 대입하면

$$P_w = 2\pi c\,(r_o - r_i). \tag{18.10}$$

$r = r_i$에서 $p = p_{\max}$이므로 식 (18.9)로부터 다음과 같이 된다.

$$c = p_{\max} r_i. \tag{18.11}$$

식 (18.11)을 식 (18.10)에 대입하면 결과는

$$P_w = 2\pi p_{\max} r_i\,(r_o - r_i) \tag{18.12}$$

이고 식 (18.9)를 식 (18.5)에 대입하면 다음과 같다.

$$T_w = \mu c \int\!\!\int r\,dr\,d\theta = \frac{2\pi\mu c}{2}\left(r_o^2 - r_i^2\right). \tag{18.13}$$

식 (18.11)을 식 (18.13)에 대입하면

$$T_w = \pi\mu r_i p_{\max}\left(r_o^2 - r_i^2\right). \tag{18.14}$$

식 (18.12)를 식 (18.14)에 대입하면

$$T_w = F_w r_m = \frac{\mu P_w\,(r_o + r_i)}{2}. \tag{18.15}$$

식 (18.15)는 마치 토크가 마찰력 F와 평균 반지름 $r_m = (r_o + r_i)/2$를 곱하여 얻어진 것과 같은 결과를 준다.

식 (18.7)과 식 (18.15)는 균일한 압력에 대한 무차원 토크 $\bar{T}_p$와 균일한 마모에 대한 무차원 토크 $\bar{T}_w$로 표현될 수 있으며, 다음과 같은 식이 된다.

$$\bar{T}_w = \frac{T_w}{2\mu P_w r_o} = \frac{(1+\beta)}{4}, \tag{18.16}$$

$$\bar{T}_p = \frac{T_p}{2\mu P_p r_o} = \frac{(1-\beta^3)}{3(1-\beta^2)}, \tag{18.17}$$

여기서

$$\beta = \frac{r_i}{r_o}. \tag{18.18}$$

그림 18.6은 균일 압력 모델과 균일 마모 모델에 대하여 무차원 토크에 미치는 반지름비 β의 효과를 나타낸다. 이 모델들 사이에서 가장 큰 차이는 반지름비 0에서 일어나고, 가장 작은 차이는 반지름비 1에서 일어난다. 또한, 같은 무차원 토크에 대하여 균일 마모 모델은 균일 압력 모델보다 더 큰 반지름비를 필요로 한다. 이 큰 반지름비는 균일 마모 모델에 의하여 더 작은 면적이 예측되는 것을 의미한다. 그러

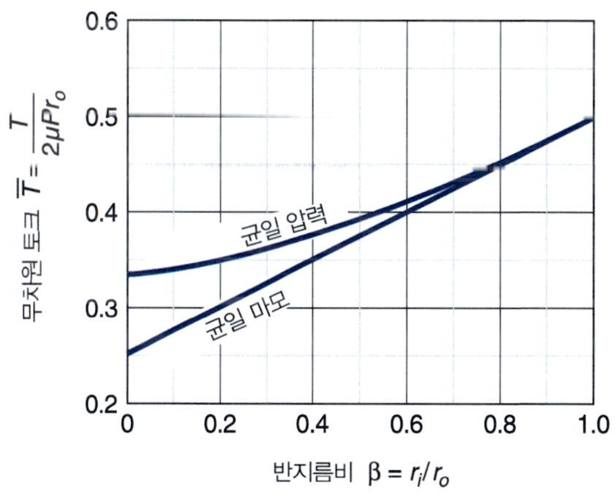

그림 18.6: 균일 압력 모델과 균일 마모 모델에 대하여 무차원 토크에 미치는 반지름비의 효과.

표 18.3: 매끄러운 주철이나 강을 건식으로 마찰하는 접촉 재료의 대표적 특성.

마찰 재료	마찰계수 μ	최대 접촉압력[a] p_{max} kPa	최대 체적온도 $t_{m,\,max}$ °C
주조품	0.25–0.45	1030–2070	204–260
직조품	0.25–0.45	345–690	204–260
소결 금속	0.15–0.45	1030–2070	204–677
코르크	0.30–0.50	55–95	82
목재	0.20–0.30	345–620	93
주철, 경강	0.15–0.25	690–1720	260

[a] 작은 값을 사용하면 더 긴 수명을 얻는다.

표 18.4: 주철이나 강을 기름 속에서 마찰할 때 접촉 재료에 대한 마찰 계수.

마찰 재료	마찰계수 μ
주조품	0.06–0.09
직조품	0.08–0.10
소결 금속	0.05–0.08
종이	0.10–0.14
흑연	0.12 (avg.)
중합체	0.11 (avg.)
코르크	0.15–0.25
목재	0.12–0.16
주철, 경강	0.03–0.16

므로 두 접근 방법이 유사한 토크 예측을 가져오지만, 균일 마모 모델이 더 안전한 접근 방법이라고 간주된다. 보통 브레이크나 클러치는 수명 동안 설계가 강건한 것을 확실히 하기 위하여 두 조건을 모두 사용하여 해석된다. 원리적으로 새것일 때 압력은 균일할 수 있으나, 브레이크가 마모됨에 따라 패드 면적에 걸쳐 마모가 균일할 때까지 압력이 조정될 것이다.

표 18.3은 건식 조건에서 매끄러운 주철이나 강에 대하여 마찰하는 몇 가지 재료의 마찰 계수를 제공한다. 또한 이 재료들에 대한 최대 접촉 압력과 최대 체적 온도를 제공한다. 표 18.4는 표 18.3에 있는 재료를 포함하는 몇 가지 재료가 기름 속에서 매끄러운 주철이나 강에 대하여 마찰하는 경우의 마찰 계수를 제공한다. 기대하는 것과 같이, 마찰 계수는 건식 조건보다 기름 속에서 훨씬 작다. 더 작은 값을 사용하는 것이 긴 수명을 줄 것이다.

균일 압력 모델에 대한 식 (18.6)과 식 (18.7) 및 균일 마모 모델에 대한 식 (18.12)와 식 (18.15)는 원판 클러치에 적용 가능하고, 또한 원판 형태가 그림 18.5에 나타낸 것과 유사하다면 원판 브레이크에도 적용 가능하다. 원판 브레이크를 상세하게 해석하면, 클러치 방정식으로부터 얻어지는 토크들보다 약간 더 큰 토크가 얻어지는 방정식을 얻는다. 이 교재에서는 브레이크와 클러치 방정식이 동일하다고 가정한다.

18.3.3 부분 접촉

그림 18.4에 나타낸 것과 같이, 많은 브레이크들이 전체 접촉원을 사용하지 않는다는 것을 주의하여야 한다. 보통은 패드를 부채꼴이나 쐐기로 근사화 할 수 있고, 그러므로 로터나 원판의 한 부분을 덮는다. 이것은 균일 압력 모델이나 균일 마모 모델에 대하여 개발된 조작력과 토크에 대한 식에서 조정되어야 한다. 이것은 γ를 패드에 의하여 덮인 로터의 백분율로 정의함으로써 쉽게 이룰 수 있다. 그러면, 균일 압력 모델에 대하여 식 (18.6)과 (18.7)은

$$P_p = \gamma\pi p_o\left(r_o^2 - r_i^2\right), \tag{18.19}$$

$$T_p = \frac{2\gamma\pi\mu p_o}{3}\left(r_o^3 - r_i^3\right) \tag{18.20}$$

와 같이 되고, 균일 마모 모델에 대하여 식 (18.12)와 식 (18.14)는 다음과 같이 된다.

$$P_w = 2\pi\gamma p_{\max} r_i\left(r_o - r_i\right), \tag{18.21}$$

$$T_w = \pi\gamma\mu r_i p_{\max}\left(r_o^2 - r_i^2\right). \tag{18.22}$$

예제 18.1

원판 클러치의 최적 크기

조건 최대 토크 150 N-m인 엔진에서 사용하기 위하여 한 세트의 원판 클러치를 설계할 예정이다. 중합체로 보강된 직조섬유가 건식 환경에서 강과 접촉할 것이다. 전체 엔진 토크에 대하여 미끄럼을 잡기 위하여 안전 계수를 1.5로 가

정한다. 바깥 지름은 가능한 한 작아야 한다.

문제 r_o, r_i와 P에 대하여 적절한 값을 결정하라.

풀이 건식 환경에서 강과 접촉하는 직조 재료에 대하여, 표 18.3으로부터 마찰 계수는 $\mu = 0.35$이고, 최대 접촉압력은 $p_{max} = 345$ kPa $= 0.345$ MPa이다. 평균 성능을 추정하기 위하여 평균 마찰 계수를 사용하고 있는데, 수명을 길게 하기 위해서는 최저 압력을 선택하고 있다. 위의 값들과 식 (18.14)를 이용하면,

$$\begin{aligned} r_i\left(r_o^2 - r_i^2\right) &= \frac{n_s T_w}{\pi \mu p_{\max}} \\ &= \frac{(1.5)(150)}{\pi(0.35)\left(0.345 \times 10^6\right)} \\ &= 5.931 \times 10^{-4}\ \mathrm{m}^3. \end{aligned}$$

바깥 반지름 r_o에 대하여 풀면

$$r_o = \sqrt{\frac{5.931 \times 10^{-4}}{r_i} + r_i^2}. \tag{a}$$

최소 바깥 반지름은 바깥 반지름을 안쪽 반지름에 대하여 미분하고 그것을 0으로 설정하면 얻을 수 있다.

$$\frac{dr_o}{dr_i} = \frac{0.5}{\sqrt{\dfrac{5.931 \times 10^{-4}}{r_i} + r_i^2}}\left(-\frac{5.931 \times 10^{-4}}{r_i^2} + 2r_i\right) = 0, \tag{b}$$

이 방정식을 풀면 $r_i = 66.69$ mm이다. 그러므로 식 (a)로부터

$$r_o = \sqrt{\frac{5.931 \times 10^{-4}}{0.06669} + 0.06669^2} = 0.1155\ \mathrm{m} = 115.5\ \mathrm{mm}.$$

반지름비는

$$\beta = \frac{r_i}{r_o} = \frac{66.69}{115.5} = 0.5774.$$

토크 용량을 최대로 하기 위하여 요구되는 반지름비는 주어진 토크 용량에 대하여 바깥 반지름을 최소로 하는 데 요구되는 반지름비와 같다. 그러므로 토크 용량을 최대로 하기 위한 반지름비 또는 바깥 반지름을 최소로 하기 위한 반지름비는 식 (b)의 r_i를 식 (a)에 대입하면

$$\beta_o = \sqrt{\frac{1}{3}} = 0.5774.$$

식 (18.15)로부터 패드 압력 구속조건을 초과하지 않고 클러치에 가할 수 있는 최대 수직력은 다음과 같다.

$$P = \frac{2n_s T_w}{\mu(r_o + r_i)} = \frac{2(1.5)(150)}{(0.35)(0.1155 + 0.06669)} = 7057\ \mathrm{N}.$$

18.4 원뿔 클러치와 브레이크

원뿔 클러치(cone clutches)는 라이닝에 대한 수직력을 증가시키기 위하여 쐐기 작용을 사용하고, 그리하여 마찰력과 토크를 증가시킨다. 보통 원뿔 반각 α는 4° 이상이고, 끼임을 방지하기 위하여 보통 6°와 8° 사이이다. 그림 18.7은 원뿔면과 요소에 작용하는 힘을 나타낸다. 요소의 면적과 요소에 작용하는 수직 힘은 각각

$$dA = (r\,d\theta)\left(\frac{dr}{\sin\alpha}\right), \tag{18.23}$$

$$dP = p\,dA. \tag{18.24}$$

조작력은 수직력 dP의 추력 성분 dW이고,

$$dW = dP\sin\alpha = p\,dA\sin\alpha = pr\,dr\,d\theta.$$

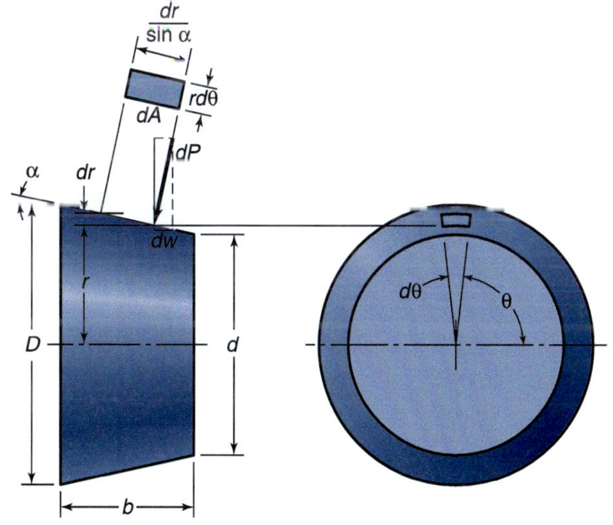

그림 18.7: 원뿔 클러치의 요소에 작용하는 힘.

식 (18.4)를 사용하면 조작력을 얻는다.

$$W = \int\int pr\,dr\,d\theta = 2\pi \int_{d/2}^{D/2} pr\,dr. \tag{18.25}$$

같은 방법으로 식 (18.5)로 토크를 얻는다.

$$T = \int \mu r\,dP = \frac{2\pi}{\sin\alpha} \int_{d/2}^{D/2} \mu p r^2\,dr. \tag{18.26}$$

18.4.1 균일 압력 모델

18.3.1절에서 논의된 것과 같이, 새 원판 클러치에 대한 압력은 표면 전체에서 균일한 것, $p = p_o$로 가정된다. 원뿔 클러치에 이 균일 압력 모델을 사용하면 다음과 같은 조작력을 얻는다.

$$W = \frac{\pi p_o}{4}\left(D^2 - d^2\right). \tag{18.27}$$

같은 방법으로, 토크는

$$T = \frac{2\pi p_o \mu}{3\sin\alpha}\left(\frac{1}{8}\right)\left(D^3 - d^3\right) = \frac{\pi p_o \mu}{12\sin\alpha}\left(D^3 - d^3\right). \tag{18.28}$$

식 (18.27)을 이용하면 식 (18.28)을 다음과 같이 고쳐 쓸 수 있다.

$$T = \frac{\mu W\left(D^3 - d^3\right)}{3\sin\alpha\left(D^2 - d^2\right)}. \tag{18.29}$$

18.4.2 균일 마모 모델

식 (18.9)를 식 (18.25)에 대입하면 다음과 같이 조작력을 얻는다.

$$W = 2\pi c \int_{d/2}^{D/2} dr = \pi c\,(D - d). \tag{18.30}$$

같은 방법으로, 식 (18.9)를 식 (18.26)에 대입하면 다음과 같이 토크를 얻는다.

$$T = \frac{2\pi\mu c}{\sin\alpha} \int_{d/2}^{D/2} r\,dr = \frac{\pi\mu c}{4\sin\alpha}\left(D^2 - d^2\right). \tag{18.31}$$

식 (18.30)을 이용하면 식 (18.31)을 다음과 같이 고쳐 쓸 수 있다.

$$T = \frac{\mu W}{4\sin\alpha}(D + d). \tag{18.32}$$

예제 18.2

원뿔 클러치

조건 그림 18.7에 나타낸 것과 유사한 원뿔 클러치가 다음과 같은 치수들을 갖는다. $D = 330$ mm, $d = 306$ mm 및 $b = 60$ mm이다. 클러치는 강과 소결금속을 사용하고, 마찰계수는 0.26이며 전달되는 토크는 200 N-m이다.

문제 균일 압력 모델과 균일 마모 모델을 이용하여 최소로 요구되는 조작력 및 관련되는 접촉 압력을 결정하라.

풀이

1. *균일 마모*: 그림 18.7로부터 원뿔 클러치의 원뿔 반각은

$$\tan\alpha = \frac{D - d}{2b} = \frac{165 - 153}{60} = \frac{12}{60} = 0.200,$$
$$\alpha = 11.31^\circ.$$

압력은 $r = d/2$일 때 최대이다. 그러므로 식 (18.31)과 (18.11)을 이용하면

$$T = \frac{\pi\mu d p_{\max}}{8\sin\alpha}\left(D^2 - d^2\right),$$

이므로

$$\begin{aligned} p_{\max} &= \frac{8T\sin\alpha}{\pi\mu d\left(D^2 - d^2\right)} \\ &= \frac{8(200)\sin 11.31^\circ}{\pi(0.26)(0.306)(0.330^2 - 0.306^2)} \\ &= 82.25\ \text{kPa}. \end{aligned}$$

식 (18.32)로부터 조작력을 구하면

$$W = \frac{4T\sin\alpha}{\mu(D + d)} = \frac{4(200)\sin 11.31^\circ}{(0.26)(0.330 + 0.306)} = 948.8\ \text{N}.$$

2. *균일 압력*: 식 (18.29)로부터 조작력을 구하면

$$\begin{aligned} W &= \frac{3T\sin\alpha\left(D^2-d^2\right)}{\mu\left(D^3-d^3\right)} \\ &= \frac{3(200)\sin 11.31^\circ\left(0.330^2-0.306^2\right)}{(0.26)(0.330^3-0.306^3)} \\ &= 948.4\text{ N}. \end{aligned}$$

식 (18.27)로부터 요구되는 균일 압력은 다음과 같다.

$$\begin{aligned} p_{\max} &= p_o = \frac{4W}{\pi\left(D^2-d^2\right)} \\ &= \frac{4(948.4)}{\pi(0.330^2-0.306^2)}\text{ Pa} \\ &= 79.11\text{ kPa}. \end{aligned}$$

18.5 블록 브레이크(짧은 슈 브레이크)

블록 브레이크(block brake) 또는 **짧은 슈 브레이크**(short-shoe brake)는 그림 18.8에 나타낸 것과 같이 원통 드럼 또는 판에 대항하여 반경 방향으로 움직이도록 배치하는데, 다른 방법으로 배치할 수도 있다. 수직력 P는 드럼 또는 판 위에 마찰력 $F = \mu P$를 만들고, 여기서 μ는 마찰 계수이다. 또한 그림 18.8에 조작력 W와 주요한 힌지 핀 치수인 d_1, d_2, d_3, d_4를 나타낸다. 수직력 P와 마찰력 μP는 브레이크에 작용하는 힘이다. 블록 또는 짧은 슈 브레이크에 대하여 패드 표면에 걸쳐 일정한 압력이 가정된다. 패드가 드럼의 원주에 비하여 짧은 한, 이 가정은 합리적인 범위에서 성립된다.

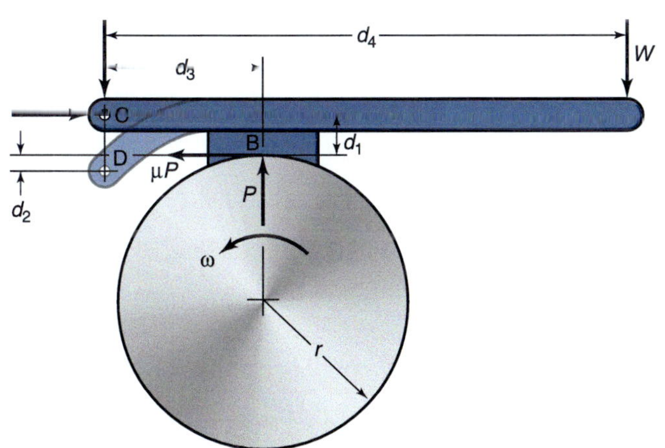

그림 18.8: 블록 브레이크의 두 가지 배치.

브레이크를 적용하는 데 있어서 마찰 모멘트가 조작 모멘트를 돕는다면, 그 브레이크는 **자기 작동**(self-energizing)이라고 고려한다. 이것은 마찰 모멘트와 조작 모멘트의 부호가 같은 것을 의미한다. 브레이크를 적용하는 데 있어서 마찰 모멘트가 조작 모멘트를 방해한다면 **약화**(deenergizing) 효과가 일어난다. 그림 18.8은 자기 작동 및 약화 효과를 나타내는 데 사용할 수 있다. 단순히 원통의 회전 방향을 바꾸기만 하면 자기 작동 슈를 약화 슈로 바꿀 것임을 유의하라.

힌지 C(그림 18.8 참조)에 관한 모멘트를 합하고 0으로 설정하면 다음과 같이 된다.

$$d_4W + \mu P d_1 - d_3 P = 0.$$

마찰 모멘트와 조작 모멘트의 부호가 동일하므로, C에서 힌지된 브레이크는 자기 작동이다. 수직력에 대하여 풀면

$$P = \frac{d_4 W}{d_3 - \mu d_1}. \tag{18.33}$$

C에서 제동 토크는

$$T = Fr = \mu r P = \frac{\mu r d_4 W}{d_3 - \mu d_1}, \tag{18.34}$$

여기서 r은 브레이크 드럼의 반지름이다. 힌지 D(그림 18.8 참조)에 관한 모멘트를 합하고 0으로 설정하면 다음과 같이 된다.

$$-Wd_4 + \mu P d_2 + d_3 P = 0.$$

마찰 모멘트와 조작 모멘트의 부호가 반대이므로, D에서 힌지된 브레이크는 약화이다. 수직력에 대하여 풀면

$$P = \frac{W d_4}{d_3 + \mu d_2}. \tag{18.35}$$

그림 18.8의 D에서 힌지된 브레이크의 토크는

$$T = \frac{\mu d_4 r W}{d_3 + \mu d_2}. \tag{18.36}$$

만약 0이 아닌 토크에 대하여 조작력(그림 18.8의 W)이 0과 같다면 그 브레이크는 **자기 잠김**(self-locking)이라고 고려된다. 자기 잠김 브레이크는 스스로 잠기고, 따라서 불만족스럽게 또는 심지어 위험하게 작동하기 때문에, 자기 잠김 브레이크 형태는 피하게 된다.

그림 18.8에 나타낸 것과 같은 블록 브레이크는 각속도를 감소시키고, 자동차 용도에 있어서 브레이크 작용을 하기 위하여 바퀴와 도로 사이에 높은 마찰력이 있을 것을 요구한다. 높은 마찰력은 컨베이어 설계에서는 존재하지 않고, 또 바퀴와 레일 사이의 마찰이 매우 낮은 레일 위에서 주행하는 롤러코스터와 같은 차량에 대하여도 존재하지 않는다. 그러한 환경에서, 보통의 브레이크는 이동하는 부품에 있는 플랜지나 휜(fin)에 대항하여 지탱하는, 차량 설치 직각 패드나 휜을 사용한다. 이것은 사례 연구 18.1에서 검토된다.

그와 같은 블록 브레이크와 함께, 판이나 휜이 브레이크 시스템에 접근할 때, 휜은 브레이크 패드를 지탱하고 그럼으로써 수직력을 발생한다. 놀랍지 않게, 브레이크 패드의 앞날이 브레이크의 다른 부분보다 빨리 마모될 것이다. 명백히, 브레이크는 균일한 압력을 받지 않는다. 그러나 윤활의 입장에서는 마찰력을 발생하는 데 있어서 집중 하중과 분포 하중 사이의 차이는 거의 없다. 패드와 휜 사이에 실제 접촉하는 면적이 작게 남아 있는 한, 수직력과 마찰력 사이에는 선형 관계가 존재한다. 모든 실용적 목적으로, 브레이크-휜 접촉의 전체 사용 시간에 대하여 이 근사화는 합리적이다.

예제 18.3

블록 브레이크

조건 그림 18.9에 나타낸 것과 같이 반지름이 350 mm인 브레이크 드럼이 짧은 브레이크슈와 접촉하며, 500 rpm에서 225 Nm의 토크를 지탱한다. 드럼과 슈 조합의 마찰 계수를 $\mu = 0.30$이라고 가정하라.

문제 다음 사항을 결정하라.

(a) 슈에 작용하는 수직력
(b) 드럼이 시계 방향으로 회전할 때 필요한 조작력 W
(c) 드럼이 반시계 방향으로 회전할 때 필요한 조작력 W
(d) 다른 치수들은 변하지 않는다면, 자기 잠김 작용이 일어나기 위하여 그림 18.9에 나타낸 37.5 mm 치수에서 요구되는 변화

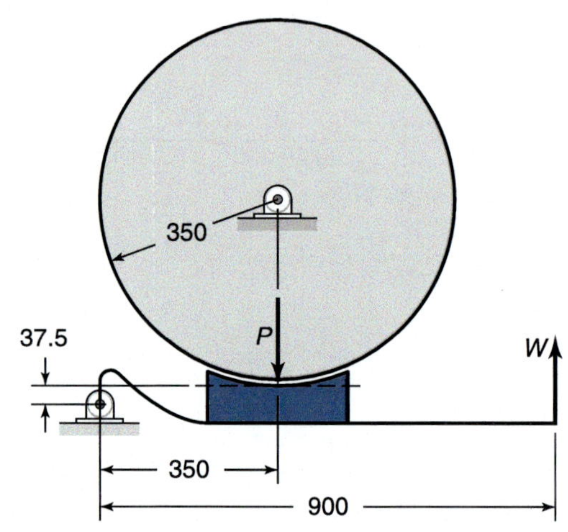

그림 18.9: 예제 18.3에서 사용되는 블록 브레이크. 치수 단위는 mm이다.

풀이

(a) 브레이크의 토크는

$$T = rF = r\mu P,$$

여기서

$$P = \frac{T}{\mu r} = \frac{225}{(0.3)(0.350)} = 2140\ \text{N},$$

따라서

$$\mu P = (0.3)(2140) = 643\ \text{N}.$$

(b) 시계 방향 회전에 대하여, 힌지 핀(pin)에 관한 모멘트를 합하고 그 합을 0과 같게 설정하면 다음과 같이 된다.

$$(0.0375)(643) + (0.900)W - (0.350)(2140) = 0, \qquad (a)$$

이것을 풀면 $W = 805$ N이다. 마찰 모멘트와 조작 모멘트의 부호가 동일하므로 브레이크는 자기 작동이다.

(c) 반시계 방향 회전에 대하여 힌지 핀에 관한 모멘트를 합하고 그 합을 0과 같게 설정하면 다음과 같이 된다.

$$(0.0375)(643) - (0.900)W + (0.350)(2140) = 0,$$

이것을 풀면 $W = 859$ N이다. 마찰 모멘트와 조작 모멘트의 부호가 다르므로 브레이크는 약화이다.

(d) 만약, 식 (a)에서 $W = 0$이면

$$x(643) + (0.900)W - (0.350)(2140) = 0,$$

x에 대하여 풀면,

$$x = \frac{(0.350)(2140)}{643} = 1165 \text{ mm}$$

그러므로 그림 18.9에 있는 거리 37.5 mm가 1.165 m로 바뀌면 자기 잠김 작용이 일어날 것이다. 자기 잠김 작용은 브레이크에서 바람직한 효과가 아니고 37.5 mm는 1.165 m와 매우 다르므로, 브레이크는 자기 잠김 작용이 일어나지 않을 것이다.

18.6 내부 확장식 브레이크

그림 18.10은 보통 **드럼 브레이크**(drum braker)라고 부르는, 두 개의 **패드**(pad) 또는 **슈**(shoe)를 가지며 슈가 길고 내부에서 확장하는 림 브레이크를 나타낸다. 드럼 브레이크는 널리 사용되는데 특히 자동차에서 많이 사용되며 후륜축 제동에 적용되는 경우가 흔하다. 앞에서 언급한 것과 같이, 원판 브레이크는 드럼 브레이크보다 대류 열전달을 더 잘하고, 앞 축은 브레이크나 원판에 더 많은 공기 유동을 만나기 때문에 원판 브레이크는 보통 앞 브레이크에 흔히 사용된다. 이것은 이 장의 소개 그림에서 나타낸 바와 같이 로터 내에 홈이나 구멍을 둠으로써 강하게 된다. 드럼 브레이크는 자기 작동 슈를 가지기 때문에 사용되는데, 그것은 주차 브레이크의 특성과 일체화되기 매우 쉽다. 한편 원판 브레이크는 자기 작동 슈를 가지지 않고, 모든 바퀴에 원판 브레이크가 사용될 때, 주차 브레이크의 특성을 주기 위하여 드럼 브레이크를 후륜 원판 브레이크 속에 설치하는 것이 보통이다.

그림 18.11은 슈와 드럼을 나타내고, 주요 치수를 정의한다. 그림 18.11에서 오른쪽 슈의 힌지 핀은 A에 있다. 패드의 힐(heel)은 힌지 핀에 가장 가까운 부분이고, 토(toe)는 조작력 W에 가장 가까운 부분이다. 블록 브레이크의 짧은 슈(그림 18.8)와 드럼 브레이크와 긴 슈(long-shoe)(그림 18.11)의 큰 차이점은 짧은 슈에 대하여는 압력이 일정하다고 고려할 수 있으나 긴 슈에 대하여는 그렇지 않다는 것이다. 긴 슈에서 힐에 어떤 압력이 가해지면, 압력은 토를 향하여 증가한다. 이 종류의 압력 변화는 압력이 사인 곡선처럼 변할 수도 있다는 것을 제시한다. 그러므로 접촉 압력 p와 최대 압력 $p_{\max}$의 관계는 다음과 같이 쓸 수 있다.

$$p = p_{\max}\left(\frac{\sin\theta}{\sin\theta_a}\right), \tag{18.37}$$

여기서 θ_a는 압력이 최댓값인 각도이다. 식 (18.37)에서 $\theta =$

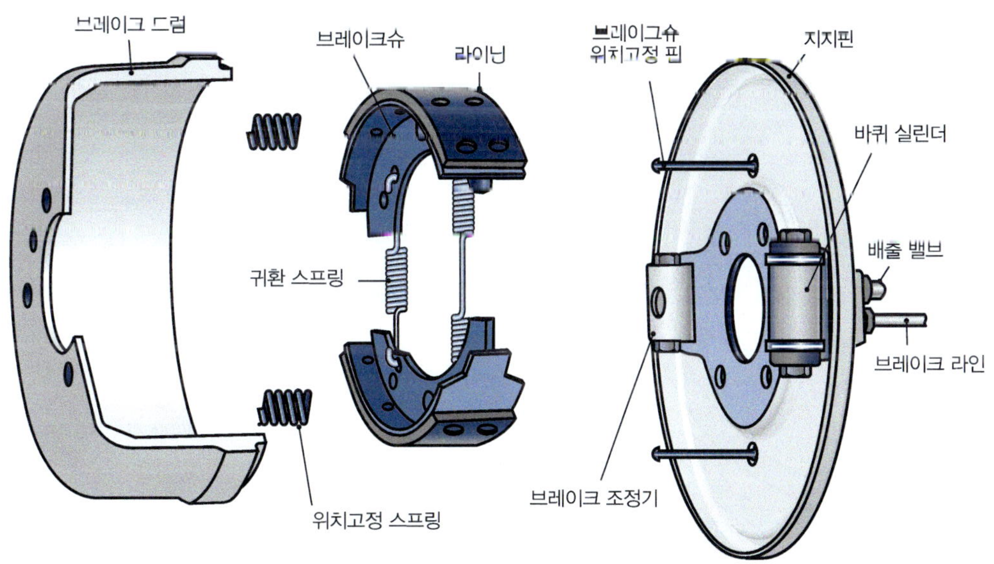

그림 18.10: 보통 드럼 브레이크라고 부르는 자동차용 내부 확장식 브레이크.

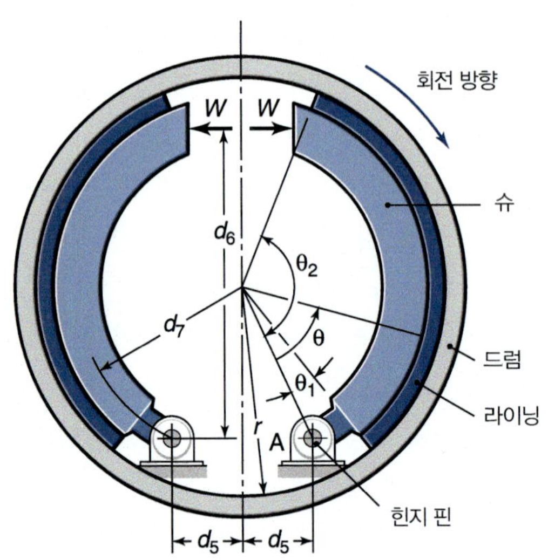

그림 18.11: 두 개의 슈를 갖는 내부 확장식 브레이크.

90°일 때 $p = p_{\max}$임을 볼 수 있다. 만약, 그림 18.11에서 θ_2가 90°보다 작은 경우와 같이, 슈가 90°보다 작은 각도 범위를 가지면, $\theta_a = \theta_2$일 때 $p = p_{\max}$이다.

또한, 그림 18.11에서 거리 d_6는 조작력 W에 수직이다. 그림 18.12는 내부 확장식 브레이크의 힘과 주요 치수를 나타낸다. 그림 18.12에서, θ좌표는 드럼의 중심에서 힌지 핀의 중심으로 그린 직선으로부터 시작한다. 또한 슈 라이닝은 $\theta = 0°$에서 시작하지 않고, 어떤 각 θ_1에서 시작하여 θ_2까지 확장된다. 라이닝의 임의의 각 θ에서 미소 수직력 dP는 다음과 같다.

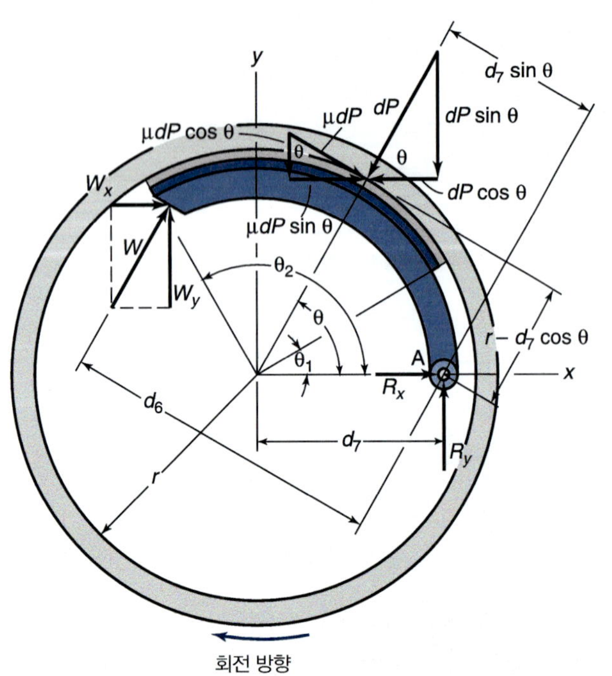

그림 8.12: 내부 확장식 브레이크의 힘과 주요 치수.

$$dP = pbr\, d\theta, \tag{18.38}$$

여기서 b는 슈의 폭(지면에 수직인 거리)이다. 식 (18.37)을 식 (18.38)에 대입하면,

$$dP = \frac{p_{\max} br \sin\theta\, d\theta}{\sin\theta_a}. \tag{18.39}$$

수직력은 $d_7 \sin\theta$의 모멘트 팔(moment arm)을 가지므로, 식 (18.39)로부터 관련되는 모멘트는 다음과 같다.

$$\begin{aligned} M_P &= \int d_7 \sin\theta\, dP = \frac{d_7 br p_{\max}}{\sin\theta_a}\int_{\theta_1}^{\theta_2} \sin^2\theta\, d\theta \\ &= \frac{brd_7 p_{\max}}{4\sin\theta_1}\left[2(\theta_2-\theta_1)\frac{\pi}{180°} - \sin 2\theta_2 + \sin 2\theta_1\right], \end{aligned} \tag{18.40}$$

여기서 θ_1과 θ_2는 각도이다. 마찰력은 $r - d_7\cos\theta$의 모멘트 팔을 가지므로, 식 (18.39)로부터 마찰력의 모멘트는 다음과 같다.

$$\begin{aligned} M_F &= \int (r - d_7\cos\theta)\,\mu\, dP \\ &= \frac{\mu p_{\max} br}{\sin\theta_1}\int_{\theta_1}^{\theta_2}(r - d_7\cos\theta)\sin\theta\, d\theta, \end{aligned}$$

즉,

$$M_F = -\frac{\mu p_{\max} br}{\sin\theta_a}\left[r(\cos\theta_2 + \cos\theta_1) - \frac{d_7}{2}\left(\sin^2\theta_2 - \sin^2\theta_1\right)\right] \tag{18.41}$$

긴 슈 브레이크는 슈의 전부 또는 일부가 자기 작동이든지, 또는 아무것도 자기 작동이 아니도록 설계할 수 있다. 슈의 각각의 형태는 별도로 해석할 필요가 있다.

18.6.1 자기 작동 슈

힌지 핀에 관한 모멘트를 0과 같게 설정하면 다음 식을 얻는다.

$$-Wd_6 - M_F + M_P = 0. \tag{18.42}$$

식 (18.42)에서 조작력 모멘트와 마찰 모멘트가 같은 부호를 가지므로, 그림 18.12에 나타낸 슈는 자기 작동이다. 또한 그

림 18.12로부터 W_x와 $\mu\, dP \sin\theta$가 같은 방향이기 때문에 슈가 자기 작동인 것을 곧바로 결론지을 수 있다. 식 (18.42)의 조작력에 대하여 풀면 다음과 같다.

$$W = \frac{M_P - M_F}{d_6}. \tag{18.43}$$

식 (18.5)와 식 (18.39)로부터 제동 토크는

$$\begin{aligned} T &= \int r\mu\, dP \\ &= \frac{\mu p_{\max} br^2}{\sin\theta_a}\int_{\theta_1}^{\theta_2} \sin\theta\, d\theta \\ &= \frac{\mu p_{\max} br^2 \left(\cos\theta_1 - \cos\theta_2\right)}{\sin\theta_a}. \end{aligned} \tag{18.44}$$

그림 18.12는 마찰력, 수직력 및 반력을 나타낸다. x 방향의 힘을 합하고 합을 0으로 설정하면 다음 식을 얻는다.

$$R_{xs} + W_x - \int \cos\theta\, dP + \int \mu \sin\theta\, dP = 0. \tag{18.45}$$

식 (18.39)를 식 (18.45)에 대입하면 자기 작동 슈에 대한 x 방향 반력을 다음과 같이 얻는다.

$$\begin{aligned} R_{xs} &= \frac{p_{\max,s} br}{\sin\theta_a}\int_{\theta_1}^{\theta_2} \sin\theta\cos\theta\, d\theta \\ &\quad - \frac{\mu p_{\max,s} br}{\sin\theta_a}\int_{\theta_1}^{\theta_2} \sin^2\theta\, d\theta - W_x, \end{aligned}$$

즉,

$$\begin{aligned} R_{xs} &= -W_x + \frac{p_{\max,s} br}{4\sin\theta_a}\left\{2\left(\sin^2\theta_2 - \sin^2\theta_1\right)\right\} \\ &\quad - \frac{\mu p_{\max} br}{4\sin\theta_a}\left[2\left(\theta_2 - \theta_1\right)\frac{\pi}{180°} - \sin 2\theta_2 + \sin 2\theta_1\right], \end{aligned} \tag{18.46}$$

여기서 θ_1과 θ_2는 각도이다. 그림 18.12로부터 y 방향의 힘을 합하고, 합을 0으로 설정하면 다음 식을 얻는다.

$$R_{ys} + W_y - \int \mu\, dP \cos\theta - \int dP \sin\theta = 0, \tag{18.47}$$

따라서

$$\begin{aligned} R_{ys} &= -W_y + \frac{2\mu p_{\max,s} br}{4\sin\theta_a}\left(\sin^2\theta_2 - \sin^2\theta_1\right) \\ &\quad + \frac{p_{\max,s} br}{4\sin\theta_a}\left[2\left(\theta_2 - \theta_1\right)\frac{\pi}{180°} - \sin 2\theta_2 + \sin 2\theta_1\right]. \end{aligned} \tag{18.48}$$

식 (18.45)부터 식 (18.48)까지에서, 좌표계는 드럼의 중심에 원점을 두고 있다. 양의 x축은 힌지 핀을 통과하는 것으로 택하였다. 양의 y축은 슈의 방향이다.

18.6.2 약화 슈

만약 그림 18.12에서 회전방향을 시계 방향에서 반시계 방향으로 바꾸면 마찰력은 방향을 바꾼다. 그러므로 힌지 핀에 관한 모멘트를 합하고 합을 0으로 설정하면 다음 식을 얻는다.

$$-W d_6 + M_F + M_P = 0. \tag{18.49}$$

식 (18.42)와 식 (18.49)의 유일한 차이는 마찰 모멘트의 부호이다. 식 (18.49)에서 조작력에 대하여 풀면,

$$W = \frac{M_P + M_F}{d_6}. \tag{18.50}$$

약화 슈에 대하여, 자기 작동 슈에서 유도된 식으로부터의 유일한 변화는 식 (18.46)과 식 (18.48)에서 마찰 계수 μ를 포함하는 항에 대한 부호 변화가 일어나는 것이므로 다음 식을 얻는다.

$$\begin{aligned} R_{xd} &= -W_x + \frac{p_{\max,d} br}{4\sin\theta_a}\left[2\left(\sin^2\theta_2 - \sin^2\theta_1\right)\right] \\ &\quad + \frac{\mu p_{\max,d} br}{4\sin\theta_a}\left[2\left(\theta_2 - \theta_1\right)\frac{\pi}{180°} - \sin 2\theta_2 + \sin 2\theta_1\right], \end{aligned} \tag{18.51}$$

$$\begin{aligned} R_{yd} &= -W_y - \frac{\mu p_{\max,d} br}{2\sin\theta_a}\left(\sin^2\theta_2 - \sin^2\theta_1\right) \\ &\quad + \frac{p_{\max,d} br}{4\sin\theta_a}\left[2\left(\theta_2 - \theta_1\right)\frac{\pi}{180°} - \sin 2\theta_2 + \sin 2\theta_1\right]. \end{aligned} \tag{18.52}$$

자기 작동 슈를 평가하는 데 사용된 최대 접촉압력은 표 18.3에서 선택한다. 두 가지 형태의 슈에 대하여 조작력이 동일하기 때문에, 약화 슈를 평가하는 데 사용된 최대 접촉압력은 자기 작동 슈보다 작다.

설계 절차 18.1

내부 확장식 브레이크 해석

속도가 알려진 용도가 있고, 브레이크의 물리적 치수가 알려

져 있다고 가정한다. 이 설계 절차는 최대 허용 브레이크 힘(유압 또는 공압 액추에이터의 설계에 의하여 제어될 수 있는 힘)과 제동 토크를 획득하는 데 사용되는 방법의 개요를 밝히는 것이다.

1. 브레이크 재료를 선택한다. 합리적인 출발점은 드럼이 강으로 만들어지고 라이닝 재료는 소결금속을 사용한다고 가정하는 것이다. 그러면 표 18.2로부터 최대 허용 접촉압력과 마찰 계수를 추정할 수 있다. 또한 표 18.3은 열과 관련되는 조건에 기초하여 최대 압력을 추천한다. 다음 단계의 해석을 위하여 두 접촉 압력 중에서 작은 값을 사용하여야 한다.
2. 브레이크슈의 자유물체도(free body diagram)를 그리는데, 마찰에 기인하여 슈에 작용하는 힘에 특별히 주의를 기울인다. 만약 자기 작동 또는 약화 슈가 있다면, 어느 슈가 자기 작동이고 약화인지를 확인한다. 자기 작동 슈에서, 슈에 작용하는 마찰력에 기인하는 모멘트는 가해진 힘에 기인하는 모멘트와 같은 부호를 가질 것이다. 만약 슈가 자기 작동인지 약화인지 명확하지 않으면, 최대 슈 압력에 대하여 보수적이기 위하여 브레이크가 자기 작동이라고 가정한다. 어떤 경우에, 만약 마찰 모멘트가 0에 가까우면, 브레이크가 자기 작동이든지 약화로 가정되었든지 제동 토크는 유사할 것이다.
3. M_P와 M_F를 각각 식 (18.40)과 식 (18.41)로부터 계산한다. 하나 이상의 항목이 알려지지 않을 수 있는데, 그것은 변수로써 취급할 수 있다.
4. 먼저 자기 작동 슈를 고려한다. 자기 작동 슈는 약화 슈보다 높은 압력을 만날 것이므로, 위에서 결정되는 제한 압력은 M_P와 M_F를 계산하는 데 사용할 수 있다.
5. 식 (18.43)은 최대 제동력을 결정하는 데 사용할 수 있다. 유의할 점은 더 작은 제동력이 적용될 수 있는데, 큰 제동력은 라이닝 재료의 허용 응력을 초과할 것이고, 소성 변형 또는 브레이크 수명의 저하를 가져오게 된다. 만약 제동력이 미리 정해졌으면, 슈에서의 압력을 구하기 위해 식 (18.43)을 사용할 수 있는데, 슈에서의 압력은 앞에서 구한 최대 허용 압력과 비교될 수 있다.
6. 식 (18.44)를 사용하여 자기 작동 슈에 대한 토크를 얻을 수 있다.
7. 식 (18.46)과 식 (18.48)을 사용하여 힌지 핀 반력들을 얻을 수 있다.
8. 대부분의 브레이크에서, 자기 작동 슈와 약화 슈에 가해지는 힘은 동일하다. 그렇지만 약화 슈에 가해지는 최대 압력은 자기 작동 슈에 가해지는 것보다 작을 것이다. 그러므로 자기 작동 슈의 해석이 더 높은 응력을 반영하기 때문에, 가해지는 힘과 압력을 택할 수 있다.
9. 식 (18.50)을 사용하여 약화 슈에 대한 최대 압력을 계산할 수 있다.
10. 약화 슈에 대한 최대 압력을 사용하여 식 (18.45)로부터 토크를 얻을 수 있다.
11. 식 (18.51)과 식 (18.52)를 사용하여 힌지 핀 반력들을 계산할 수 있다.

예제 18.4

내부 확장식 브레이크

조건 그림 18.13은 내부 확장식 브레이크에 있는 네 개의 긴 슈를 나타낸다. 브레이크 드럼의 안지름은 400 mm이다. 각각의 힌지 핀(A와 B)은 한 쌍의 슈를 지탱한다. 각 슈에 동일한 조작력 W를 내도록 작동 기구를 정렬할 것이다. 슈의 폭은 75 mm이다. 슈와 드럼의 재질은 마찰 계수 0.24 및 최대 접촉압력 1 MPa를 낸다. 그림 18.13에서 사용하는 부가적인 치수는 $d = 50$ mm, $b = 165$ mm 및 $a = 150$ mm이다.

문제

(a) 어떤 슈들이 자기 작동이고, 어떤 슈들이 약화인가?
(b) 네 개의 슈에 대한 조작력과 전체 토크는 얼마인가?
(c) 힌지 핀의 반력들과 반력들의 합은 얼마인가?

풀이

(a) 시계 방향으로 회전하는 드럼(그림 18.13)에 있어서 우상

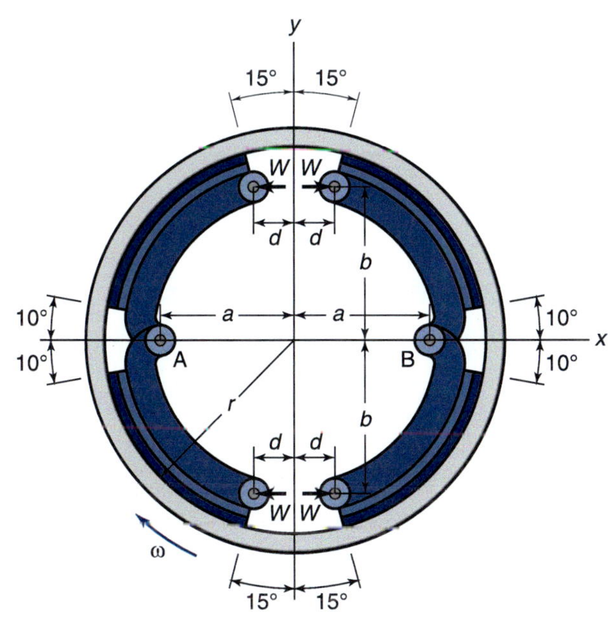

그림 18.13: 예제 18.4에서 사용되는 네 개의 긴 슈를 갖는 내부 확장식 브레이크.

과 좌하 슈는 조작 모멘트와 마찰 모멘트가 같은 방향으로 작용한다. 그러므로 그것들이 자기 작동 슈이다. 좌상과 우하 슈는 조작 모멘트와 마찰 모멘트가 반대 방향으로 작용하므로 약화 슈이다.

(b) 그림 18.13에 주어진 치수들은 $d_5 = 50$ mm, $d_6 = 165$ mm와 $d_7 = 150$ mm로써 그림 18.11과 그림 18.12에 주어진 치수에 대응한다. 또한, $\theta_2 < 90°$이므로 $\theta_2 = \theta_a$이다. 그림 18.13의 힌지 핀이 A와 B에 있으므로, $\theta_1 = 10°$와 $\theta_2 = \theta_a = 75°$이다.

자기 작동 슈: 위에 제시한 것과 식 (18.40)을 이용하면 다음과 같이 수직력 모멘트를 얻는다.

$$\begin{aligned} M_{Ps} &= \frac{brd_7 p_{\max,s}}{4\sin\theta_a} \\ &\quad \times \left[2(\theta_2-\theta_1)\frac{\pi}{180°} - \sin 2\theta_2 + \sin 2\theta_1\right] \\ &= \frac{(0.075)(0.2)(0.15)\left(1\times10^6\right)}{4\sin 75°} \\ &\quad \times \left[2(75-10)\frac{\pi}{180°} - \sin 150° + \sin 20°\right] \\ &= 1229 \text{ N-m.} \end{aligned}$$

식 (18.41)로부터 마찰 모멘트는

$$\begin{aligned} M_{Fs} &= -\frac{\mu p_{\max,s} br}{\sin\theta_a}\left[r(\cos\theta_2 - \cos\theta_1)\right. \\ &\quad \left. + \frac{d_7}{2}\left(\sin^2\theta_2 - \sin^2\theta_1\right)\right] \\ &= 288.8 \text{ N-m.} \end{aligned}$$

식 (18.43)으로부터 자기 작동 슈와 약화 슈 모두에 대한 조작력은

$$W_s = W_d = \frac{M_P - M_F}{d_6} = \frac{1229 - 288.8}{0.165} = 5698 \text{ N.}$$

식 (18.44)로부터 각각의 자기 작동 슈에 대한 제동 토크는

$$\begin{aligned} T_s &= \frac{\mu p_{\max,s} br^2(\cos\theta_1 - \cos\theta_2)}{\sin\theta_a} \\ &= \frac{(0.24)\left(0.075\times10^6\right)(0.2)^2(\cos 10° - \cos 75°)}{\sin 75°} \\ &= 541.2 \text{ N-m.} \end{aligned}$$

약화 슈: 약화 슈에 대한 수직력 모멘트와 마찰력 모멘트의 계산에 있어서 유일한 변화는 최대 압력이다. 이것은 미지수이나, 식 (18.40), (18.41)과 (18.50)을 이용하면 최대 압력을 결정할 수 있다. M_{Pd}와 M_{Fd}는 다음과 같이 얻는다.

$$\begin{aligned} M_{Pd} &= \frac{brd_7 p_{\max,d}}{4\sin\theta_a} \\ &\quad \times \left[2(\theta_2-\theta_1)\frac{\pi}{180°} - \sin 2\theta_2 + \sin 2\theta_1\right] \\ &= \frac{(0.075)(0.2)(0.15)p_{\max,d}}{4\sin 75°} \\ &\quad \times \left[2(75°-10°)\frac{\pi}{180°} - \sin 150° + \sin 20°\right] \\ &= 0.001229 p_{\max,d}, \end{aligned}$$

$$\begin{aligned} M_{Fd} &= \frac{\mu p_{\max,d} br}{\sin\theta_a}\left[r(\cos\theta_2 - \cos\theta_1)\right. \\ &\quad \left. - \frac{d_7}{2}\left(\sin^2\theta_2 - \sin^2\theta_1\right)\right] \\ &= 0.0002888 p_{\max,d}. \end{aligned}$$

식 (18.50)으로부터 약화 슈에 대한 조작력은

$$\begin{aligned} W_d &= W_s = 5698 \text{ N} = \frac{M_{Pd} + M_{Fd}}{d_6} \\ &= \left(\frac{0.001229 + 0.0002888}{0.165}\right) p_{\max,d}. \end{aligned}$$

최대 압력에 대하여 풀면, $p_{\max,d} = 0.6194$ MPa이다. 약화 슈에 대한 제동 토크는

$$T_d = T_s\left(\frac{p_{\max,d}}{p_{\max,s}}\right) = 541.2\left(\frac{0.6194}{1.000}\right) = 335.2\text{ N-m.}$$

두 개는 자기 작동이고 두 개는 약화인 슈 네 개의 전체 제동 토크는 다음과 같다.

$$T = 2\,(T_s + T_d) = 2(541.2 + 335.2) = 1753\text{ N-m.}$$

(c) 힌지 반력은 자기 작동 슈와 약화 슈에 대하여 각각 식 (18.46)과 식 (18.48)로부터 얻는다. 먼저, 자기 작동 슈에 대하여 풀면 다음과 같다.

식 (18.46)으로부터

$$\begin{aligned} R_{xs} &= -W_x + \frac{p_{\max,s}br}{4\sin\theta_a}\left\{2\left(\sin^2\theta_2 - \sin^2\theta_1\right)\right\} \\ &\quad -\mu\frac{\mu p_{\max}br}{4\sin\theta_a} \\ &\quad \times\left[2\left(\theta_2-\theta_1\right)\frac{\pi}{180^\circ} - \sin 2\theta_2 + \sin 2\theta_1\right], \\ &= -654.6\text{ N} \end{aligned}$$

식 (18.48)로부터

$$\begin{aligned} R_{ys} &= \left[\frac{(1\times 10^6)(0.075)(0.2)}{4\sin 75^\circ}\right] \\ &\quad \times\left[2(75^\circ - 10^\circ)\frac{\pi}{180^\circ} - \sin 150^\circ + \sin 20^\circ \right. \\ &\quad \left. +2(0.24)\left(\sin^2 75^\circ - \sin^2 10^\circ\right)\right] \\ &= 9878\text{ N.} \end{aligned}$$

같은 방법으로 $R_{xd} = -137.5$ N이다.

약화 슈: 식 (18.52)로부터

$$\begin{aligned} R_{yd} &= \left[\frac{(0.6194)(1\times 10^6)(0.075)(0.2)}{4\sin 75^\circ}\right] \\ &\quad \times\left[2(75^\circ - 10^\circ)\frac{\pi}{180^\circ} - \sin 150^\circ + \sin 20^\circ\right. \\ &\quad \left. -2(0.24)(\sin^2 75^\circ - \sin^2 10^\circ)\right] \\ &= 4034\text{ N.} \end{aligned}$$

수평 방향과 수직 방향에서 힌지 핀 반력의 합력은 각각

$$R_H = -654.6 - 137.5 = -792.1\text{ N,}$$

$$R_V = 9878 - 4034 = 5844\text{ N.}$$

힌지 핀에서의 합력은 다음과 같다.

$$R = \sqrt{R_H^2 + R_V^2} = \sqrt{(-792.1)^2 + (5844)^2} = 5897\text{ N.}$$

18.7 롱슈 외부 수축식 브레이크

그림 18.14는 롱슈(long-shoe) 외부 수축식 브레이크의 힘과 치수를 나타낸다. 그림 18.12에서 브레이크가 드럼의 내부에 있는 데 반하여, 그림 18.14에서는 브레이크가 드럼의 외부에 있다. 이 그림들에서 사용된 기호는 유사하다. 18.6절에서 내부 슈 브레이크에 대하여 작성된 식들은 브레이크가 자기 작동인지 약화인지를 적절히 확인하기만 하면 외부 슈 브레이크에 대한 식들과 정확히 일치한다.

그림 18.12에서 *내부* 브레이크슈는 식 (18.42)의 모멘트 합계에서 조작 모멘트와 마찰 모멘트가 같은 부호를 가지기 때문에 시계 방향 회전에 대하여 *자기 작동*(self-energizing)으로 밝혀졌다. 그림 18.14의 *외부* 브레이크슈는 시계 방향 회전에 대하여 *약화*이다. 모멘트를 합하고 0과 같이 놓으면

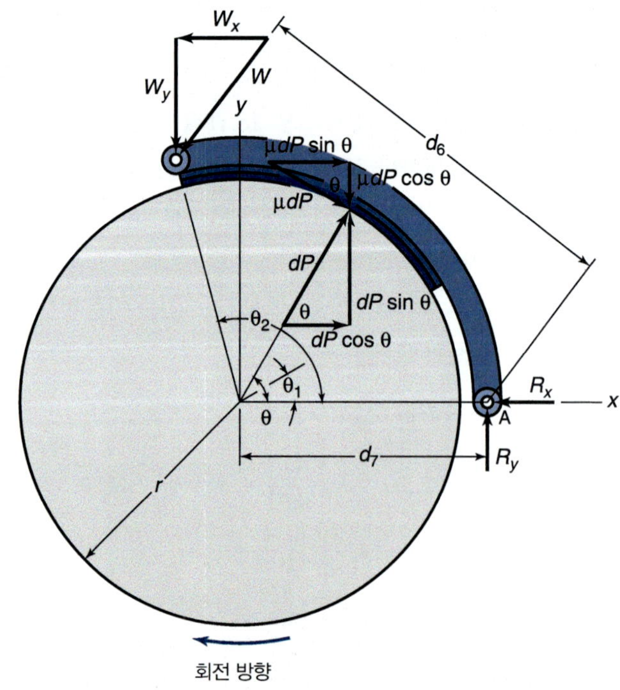

그림 18.14: 롱슈 외부 수축식 브레이크의 힘과 치수.

$$Wd_6 - M_F - M_P = 0. \tag{18.53}$$

조작 모멘트와 마찰 모멘트는 반대의 부호를 갖고 그러므로 그림 18.14에 나타낸 외부 브레이크슈는 약화이다.

만약, 그림 18.12와 그림 18.14에서, 회전 방향이 시계 방향에서 반시계 방향으로 바뀌면, 식 (18.42)와 식 (18.53)의 마찰 모멘트는 반대 부호를 가지게 될 것이다. 그러므로 내부 브레이크슈는 약화가 되고 외부 브레이크슈는 자기 작동이 될 것이다.

예제 18.5

외부 수축식 롱슈 브레이크

조건 외부 수축식 롱슈 브레이크의 가격을 최적화하려고 한다. 세 가지의 라이닝 형태가 고려되는데, 슈를 90° 덮는 것(접촉각 90°), 슈의 중앙부 45°만 덮는 것 또는 슈의 중앙부 22.5°만 덮는 것이다. 세 가지에 대하여 제동 토크는 동일해야 하고, 브레이크 라이닝을 바꾸는 비용은 22.5° 라이닝 비용의 절반이다. 라이닝 재료의 비용은 접촉각에 비례한다. 마모율은 압력에 비례한다. 90° 라이닝에 대한 입력 변수는 $d_7 = 100$ mm, $r = 80$ mm, $b = 25$ mm, $\theta_1 = 0^\circ$, $\theta_2 = 90^\circ$, $\mu = 0.27$ 및 $T = 125$ N-m이다.

문제 어떤 접촉각(90°, 45° 또는 22.5°)이 가장 경제적인가?

풀이 제동 토크는 식 (18.44)로 주어지고, 세 형태에 대하여 동일하다. 접촉각 90°($\theta_1 = 0^\circ$, $\theta_2 = 90^\circ$과 $\theta_a = 90^\circ$)에 대하여

$$\begin{aligned}(p_{\max})_{90^\circ} &= \frac{T\sin\theta_a}{\mu br^2(\cos\theta_1 - \cos\theta_2)}\\ &= \frac{(125)\sin 90^\circ}{(0.27)(0.025)(0.08)^2(\cos 0^\circ - \cos 90^\circ)}\\ &= 2.894\times 10^6 \text{ Pa}\\ &= 2.894 \text{ MPa}.\end{aligned}$$

접촉각 45°($\theta_1 = 22.5^\circ$, $\theta_2 = 67.5^\circ$과 $\theta_a = 67.5^\circ$)에 대하여

$$\begin{aligned}(p_{\max})_{45^\circ} &= \frac{(125)\sin 67.5^\circ}{(0.27)(0.025)(0.08)^2(\cos 22.5^\circ - \cos 67.5^\circ)}\\ &= 4.940\times 10^6 \text{ Pa}\\ &= 4.940 \text{ MPa}.\end{aligned}$$

접촉각 22.5°($\theta_1 = 33.75^\circ$, $\theta_2 = 56.25^\circ$과 $\theta_a = 56.25^\circ$)에 대하여

$$(p_{\max})_{22.5^\circ} = \frac{(125)\sin 56.25^\circ}{(0.27)(0.025)(0.08)^2(\cos 33.7^\circ - \cos 56.2^\circ)}$$

풀면 8.720 MPa이다.

라이닝을 바꾸는 비용을 C라 한다. 22.5° 라이닝에 대한 비용은 $2C$이고, 45° 라이닝에 대한 비용은 $4C$, 90° 라이닝에 대한 비용은 $8C$이다. 마모율은 압력에 비례하고, 슈가 마모되는 데 걸리는 시간은 압력에 반비례한다. 그러므로 세 가지 형태에 대하여 슈가 마모되는 데 걸리는 시간은 다음과 같다.

$$t_{90^\circ} = \frac{A}{(p_{\max})_{90^\circ}} = \frac{A}{(2.894\times 10^6)} = 3.455\times 10^{-7}A,$$

여기서 A는 형태에 독립인 상수이다. 같은 방법으로

$$t_{45^\circ} = \frac{A}{(p_{\max})_{45^\circ}} = \frac{A}{(4.940\times 10^6)} = 2.024\times 10^{-7}A,$$

$$t_{22.65^\circ} = \frac{A}{(p_{\max})_{22.5^\circ}} = \frac{A}{(8.720\times 10^6)} = 1.147\times 10^{-7}A.$$

세 가지 형태에 대한 단위 시간 당 비용은

접촉각 90°,

$$\frac{8C+C}{(3.455\times 10^{-7})A} = (26.05\times 10^6)\frac{C}{A}.$$

접촉각 45°,

$$\frac{4C+C}{(2.024\times 10^{-7})A} = (24.70\times 10^6)\frac{C}{A}.$$

접촉각 22.5°,

$$\frac{2C+C}{(1.147\times 10^{-7})A} = (26.16\times 10^6)\frac{C}{A}.$$

접촉각 45°인 슈가 최저 비용을 주고, 접촉각 22.5°보다 5.6% 작고, 접촉각 90°보다 5.2% 작다.

18.8 대칭 하중 피봇슈 브레이크

그림 18.15는 대칭 하중을 받는 **피봇슈 브레이크**(pivot-shoe brake)를 나타낸다. 앞에서 고려된 내부 확장식/외부 수축식 브레이크와 그림 18.15에 나타낸 대칭 하중을 받는 피봇슈 브레이크의 주요한 차이는 슈 주위의 압력 분포이다. 내부 확장식 브레이크에 대한 식 (18.37)로부터 $\theta = 90^\circ$에서 최대 압력이었고, 브레이크의 힐에서 꼭대기까지의 압력 분포는 사인함수이었음을 상기한다. 대칭 하중을 받는 피봇슈 브레이크(그림 18.15)에 대하여 $\theta = 0^\circ$에서 최대 압력이고, 이것은 압력 변화가 다음과 같음을 제시한다.

$$p = \frac{p_{\max}\cos\theta}{\cos\theta_a} = p_{\max}\cos\theta. \tag{18.54}$$

피봇으로부터 임의의 각도 위치 θ에 대하여, 미소 수직력 dP는 다음의 크기로 작동한다.

$$dP = pbr\,d\theta = p_{\max}br\ \cos\theta\,d\theta. \tag{18.55}$$

대칭 하중을 받는 피봇슈 브레이크의 설계는 브레이크슈에 작용하는 마찰 모멘트의 합이 0이 되도록 드럼의 중심에서 피봇까지 측정된 거리인 d_7을 선정하는 것과 같다. 그림 18.15로부터 마찰 모멘트를 0으로 설정할 때

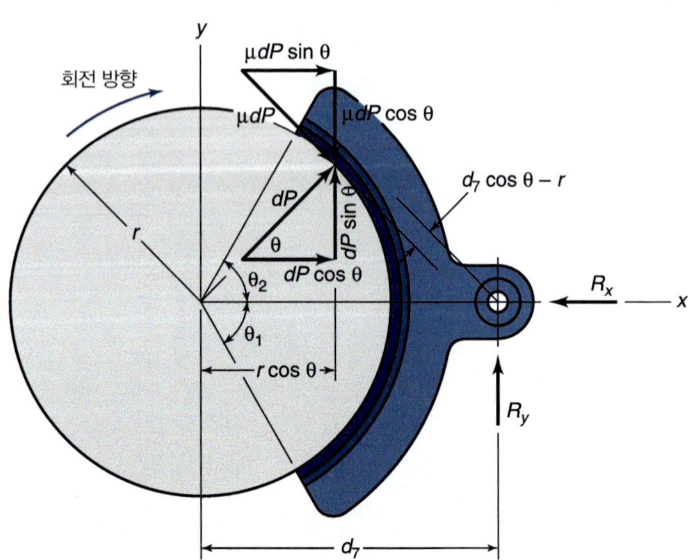

그림 18.15: 대칭 하중을 받는 피봇슈 브레이크.

$$M_F = 2\int_0^{\theta_2} \mu\,dP\,(d_7\cos\theta - r) = 0. \tag{18.56}$$

식 (18.55)를 식 (18.56)에 대입하면

$$2\mu p_{\max}br\int_0^{\theta_2}\left(d_7\cos^2\theta - r\cos\theta\right) = 0.$$

정리하면 다음과 같다.

$$d_7 = \frac{4r\sin\theta_2}{2\theta_2\left(\frac{\pi}{180^\circ}\right) + \sin 2\theta_2}. \tag{18.57}$$

이 d_7값은 0과 같은 마찰 모멘트($M_F = 0$)를 만든다. 제동 토크는 다음과 같다.

$$\begin{aligned} T &= 2\int_0^{\theta_2} r\mu\,dP \\ &= 2\mu r^2 bp_{\max}\int_0^{\theta_2}\cos\theta\,d\theta \\ &= 2\mu r^2 bp_{\max}\sin\theta_2. \end{aligned} \tag{18.58}$$

그림 18.15로부터 임의의 x에 대하여, 슈 상반부의 수평 마찰력 성분은 슈 하반부의 수평 마찰력 성분과 크기는 같고 방향은 반대인 것을 유의한다. 고정된 x에 대하여, 슈 상하반부의 수평 *직교* 성분은 크기가 같고 방향도 같으므로, 수평 반력은 다음과 같다.

$$R_x = 2\int_0^{\theta_2} dP\cos\theta = \frac{p_{\max}br}{2}\left[2\theta_2\left(\frac{\pi}{180^\circ}\right) + \sin 2\theta_2\right]. \tag{18.59}$$

식 (18.57)을 이용하면

$$R_x = \frac{2br^2 p_{\max}\sin\theta_2}{d_7}. \tag{18.60}$$

고정된 y에 대하여, 슈 상반부의 수직 *마찰력* 성분은 슈 하반부의 수직 마찰력 성분과 크기가 같고 방향도 같다. 고정된 y에 대하여, 슈 상하반부의 수직 *직교* 성분은 크기는 같고 방향은 반대이므로 수직 반력은 다음과 같다.

$$R_y = 2\int_0^{\theta_2} \mu\,dP\cos\theta = \frac{\mu p_{\max}br}{2}\left[2\theta_2\left(\frac{\pi}{180^\circ}\right) + \sin 2\theta_2\right]. \tag{18.61}$$

식 (18.59)를 이용하면 다음과 같다.

$$R_y = \frac{2\mu b r^2 p_{\max} \sin\theta_2}{d_7} = \mu R_x.$$

예제 18.6

피봇슈 브레이크

조건 대칭 하중을 받는 피봇슈 브레이크가 접촉각 180° 에 대하여 최적화된 그림 18.15에 나타낸 거리 d_7을 갖는다. 브레이크 라이닝이 마모되었을 때, 슈 안에서 대칭적으로 위치된 90° 접촉각 라이닝으로 대체된다. 조작력은 11,000 N, 마찰 계수는 0.31, 브레이크 드럼 반지름은 100 mm이고 브레이크 폭은 45 mm이다.

문제 브레이크슈에서의 압력 분포와 제동토크를 계산하라.

풀이 180°의 접촉각에 대하여 식 (18.57)로부터 거리 d_7을 다음과 같이 표현할 수 있다.

$$\begin{aligned}(d_7)_{180°} &= \frac{4r\sin\theta_2}{2\theta_2\left(\frac{\pi}{180°}\right)+\sin 2\theta_2}\\ &= \frac{4(0.1)\sin 90°}{2(90)\left(\frac{\pi}{180°}\right)+\sin 180°}\\ &= 0.1273 \text{ m.}\end{aligned}$$

접촉각 90°인 대칭 하중을 받는 피봇슈 브레이크에 대하여, 압력 분포는 비대칭적일 것이다. θ_2에서 일어날 최대 압력은 슈 평형으로부터 결정될 필요가 있다. 즉,

$$\int_{-\pi/4}^{\pi/4} pr\,d\theta(b)(d_7\sin\theta) - \int_{-\pi/4}^{\pi/4} \mu pr\,d\theta(b)(d_7\cos\theta - r) = 0. \tag{a}$$

마모율이 압력에 비례하고 $\theta = \theta_o$에서 최대 압력이면, 압력 분포는 다음과 같다.

$$p = p_{\max}\cos(\theta-\theta_o). \tag{b}$$

식 (b)를 식 (a)에 대입하면,

$$\begin{aligned}0 &= \int_{-\pi/4}^{\pi/4} d_7\cos(\theta-\theta_o)\sin\theta\,d\theta\\ &\quad - \int_{-\pi/4}^{\pi/4} \mu\cos(\theta-\theta_o)(d_7\cos\theta - r)\,d\theta.\end{aligned}$$

한편

$$\cos(\theta-\theta_o) = \cos\theta\cos\theta_o + \sin\theta\sin\theta_o.$$

그러므로

$$\begin{aligned}&\int_{-\pi/4}^{\pi/4} d_7\left(\cos\theta_o\cos\theta\sin\theta + \sin\theta_o\sin^2\theta\right)d\theta\\ &= \int_{-\pi/4}^{\pi/4} \mu(\cos\theta_o\cos\theta + \sin\theta_o\sin\theta)(d_7\cos\theta - r)d\theta.\end{aligned}$$

적분을 수행하면

$$\begin{aligned}&\frac{d_7\cos\theta_o}{2}\left[\sin^2\frac{\pi}{4} - \sin^2\left(-\frac{\pi}{4}\right)\right] + d_7\sin\theta_o\left(\frac{\pi}{4}-\frac{1}{2}\right)\\ &= \mu d_7\cos\theta_o\left(\frac{\pi}{4}+\frac{1}{2}\right)\\ &\quad +\mu d_7\sin\theta_o\left(\frac{\sin^2\frac{\pi}{4}}{2} - \frac{\sin^2\left(-\frac{\pi}{4}\right)}{2}\right)\\ &\quad -\mu r\cos\theta_o\sqrt{2} + \mu r\sin\theta_o\left(\frac{1}{\sqrt{2}} - \frac{1}{\sqrt{2}}\right).\end{aligned}$$

정리하면

$$d_7\sin\theta_o\left(\frac{\pi}{4}-\frac{1}{2}\right) = \mu\cos\theta_o\left[d_7\left(\frac{\pi}{4}+\frac{1}{2}\right) - r\sqrt{2}\right],$$

즉

$$\begin{aligned}\tan\theta_o &= \frac{\mu\left[d_7\left(\frac{\pi}{4}+\frac{1}{2}\right) - r\sqrt{2}\right]}{d_7\left(\frac{\pi}{4}-\frac{1}{2}\right)}\\ &= \frac{0.31\left[0.1273\left(\frac{\pi}{4}+\frac{1}{2}\right) - (0.100)\sqrt{2}\right]}{0.1273\left(\frac{\pi}{4}-\frac{1}{2}\right)}\\ &= 0.1895,\end{aligned}$$

즉 $\theta_o = 10.73°$이다. 조작력은 다음과 같다.

$$W = \int_{-\pi/4}^{\pi/4} pr\,d\theta b\cos\theta + \int_{-\pi/4}^{\pi/4} \mu pr\,d\theta b\sin\theta. \tag{c}$$

식 (b)를 식 (c)에 대입하면

$$W = rbp_{\max}\int_{-\pi/4}^{\pi/4}\cos(\theta-\theta_o)\cos\theta\, d\theta$$
$$+rbp_{\max}\int_{-\pi/4}^{\pi/4}\mu\cos(\theta-\theta_o)\sin\theta\, d\theta. \qquad \text{(d)}$$

한편

$$\int_{-\pi/4}^{\pi/4}\cos(\theta-\theta_o)\cos\theta\, d\theta = \left(\frac{\pi}{4}+\frac{1}{2}\right)\cos\theta_o, \qquad \text{(e)}$$

과

$$\int_{-\pi/4}^{\pi/4}\cos(\theta-\theta_o)\sin\theta\, d\theta = \left(\frac{\pi}{4}-\frac{1}{2}\right)\sin\theta_o. \qquad \text{(f)}$$

식 (e)와 식 (f)를 식 (d)에 대입하여 최대 압력에 대하여 풀면 다음과 같다.

$$\begin{aligned}p_{\max} &= \frac{W}{rb\left[\left(\frac{\pi}{4}+\frac{1}{2}\right)\cos\theta_o+\mu\left(\frac{\pi}{4}-\frac{1}{2}\right)\sin\theta_o\right]}\\ &= \frac{11,000}{(0.0045)\left[(1.285)\cos 10.7^\circ+(0.08835)\sin 10.7^\circ\right]}\\ &= 1.911\times 10^6 \text{ Pa} = 1.911 \text{ MPa}.\end{aligned}$$

식 (b)로부터 압력 분포는 다음과 같이 표현할 수 있다.

$$p = \left(1.911\times 10^6\right)\cos(\theta-10.73^\circ).$$

제동 토크는 다음과 같다.

$$\begin{aligned}T &= \mu p_{\max}br^2\int_{-\pi/4}^{\pi/4}\cos(\theta-\theta_o)\, d\theta\\ &= \mu p_{\max}br^2\left[\sin\left(\frac{\pi}{4}-\theta_o\right)+\sin\left(\frac{\pi}{4}+\theta_o\right)\right]\\ &= (0.31)\left(1.911\times 10^6\right)(0.045)(0.1)^2\\ &\quad\times\left[\sin 34.27^\circ+\sin 55.73^\circ\right]\\ &= 370.4 \text{ N-m}.\end{aligned}$$

18.9 밴드 브레이크

그림 18.16은 드럼 주위를 부분적으로 감싸는 밴드(band)로 이루어지는 **밴드 브레이크**(band brake)의 구성 부품을 나타

그림 18.16: 전형적인 밴드 브레이크. 출처: Northern Tool & Equipment Company, Inc.

낸다. 그림 18.17a에 나타낸 것처럼, 밴드를 드럼에 대하여 팽팽하게 당김으로써 브레이크가 작동된다. 밴드는 전체 접촉각, 그림 18.17a에서의 ϕ에 걸쳐서 드럼과 접촉하고 있다고 가정한다. 핀 반력은 F_1으로 주어지고 조작력은 F_2로 주어진다. 그림 18.17a에서, 브레이크의 힐은 F_1 가까이 있고, 토는 F_2 가까이 있다. 밴드와 드럼 사이에는 마찰이 있기 때문에 조작력은 핀 반력보다 작아서 $F_2 < F_1$이다.

그림 18.17b는 밴드의 미소 요소에 작용하는 힘들을 나타낸다. 힘들은 수직력 P와 마찰력 F이다. 그림 18.17b를 사용하여 반지름 방향의 힘을 합하면 다음과 같다.

$$(F+dF)\sin\left(\frac{d\theta}{2}\right)+F\sin\left(\frac{d\theta}{2}\right)-dP=0;$$

$$dP = 2F\sin\left(\frac{d\theta}{2}\right)+dF\sin\left(\frac{d\theta}{2}\right).$$

$dF \ll F$이므로

$$dP = 2F\sin\left(\frac{d\theta}{2}\right).$$

$d\theta/2$는 작은 값이므로 $\sin d\theta/2 \approx d\theta/2$이다. 그러므로

$$dP = Fd\theta. \qquad (18.62)$$

그림 18.17b를 사용하여 수평(접선) 방향의 힘을 합하면 다음과 같다.

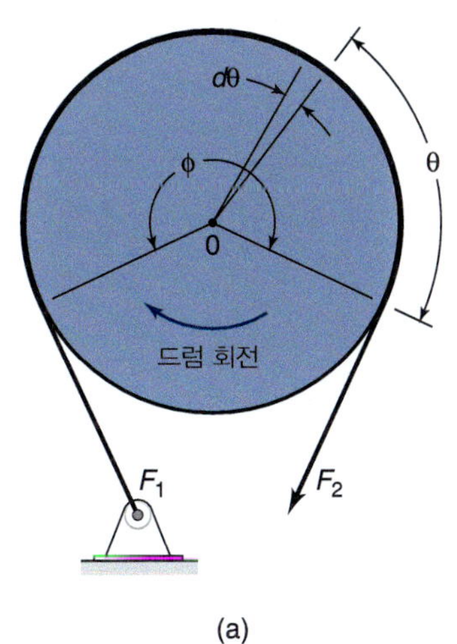

(a)

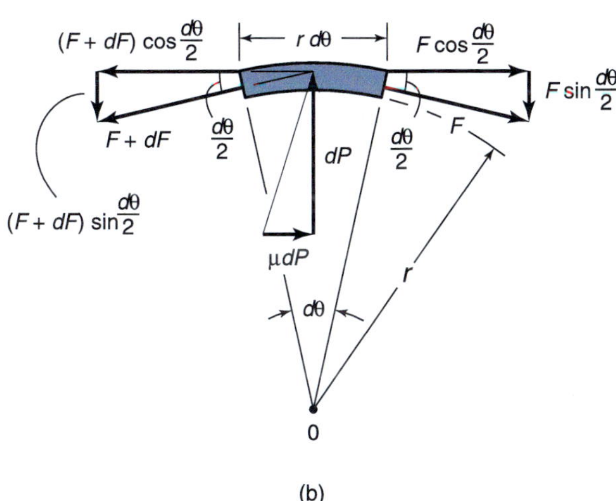

(b)

그림 18.17: 밴드 브레이크. (a) 밴드에 작용하는 힘, (b) 미소 요소에 작용하는 힘.

$$(F+dF)\cos\left(\frac{d\theta}{2}\right) - F\cos\left(\frac{d\theta}{2}\right) - \mu dP = 0;$$

$$dF\cos\left(\frac{d\theta}{2}\right) - \mu dP = 0.$$

$d\theta/2$는 작은 값이므로 $\cos(d\theta/2) \approx 1$이다. 그러므로

$$dF - \mu dP = 0. \tag{18.63}$$

식 (18.62)를 식 (18.63)에 대입하면

$$dF - \mu F d\theta = 0 \quad 즉 \quad \int_{F_2}^{F_1} \frac{dF}{F} = \mu \int_0^{\phi} d\theta.$$

적분을 수행하면

$$\ln\left(\frac{F_1}{F_2}\right) = \frac{\mu\phi\pi}{180°},$$

즉

$$\frac{F_1}{F_2} = e^{\mu\phi\pi/180°}, \tag{18.64}$$

여기서 ϕ는 접촉각이다. 드럼에 가해지는 토크는

$$T = r(F_1 - F_2). \tag{18.65}$$

그림 18.17b의 미소 요소에 작용하는 미소 수직력 dP는 폭 b(지면에 수직)와 길이 $r\,d\theta$를 갖고

$$dP = pbr\,d\theta, \tag{18.66}$$

여기서 p는 접촉 압력이다. 식 (18.66)을 식 (18.62)에 대입하면

$$p = \frac{F}{br}. \tag{18.67}$$

압력은 밴드 내의 인장에 비례한다. 최대 압력은 힐, 즉 핀 반력 근방에서 일어나고 다음 값을 갖는다.

$$p_{\max} = \frac{F_1}{br}. \tag{18.68}$$

예제 18.7

밴드 브레이크

조건 그림 18.18에 나타낸 밴드 브레이크에서 $r = 100$ mm, $b = 25$ mm, $d_9 = 225$ mm, $d_8 = 50$ mm, $d_{10} = 12$ mm, $\phi = 270°$, $\mu = 0.2$와 $p_{\max} = 500$ kPa이다.

문제 제동토크, 조작력과 브레이크 힘이 상실 때 d_{10}의 값을 결정하라.

풀이 식 (18.68)로부터, 핀 반력은

$$F_1 = p_{\max} br = \left(500 \times 10^3\right)(0.025)(0.100) = 1250 \text{ N}.$$

식 (18.64)로부터 작동력은

$$F_2 = F_1 e^{-\mu\phi\pi/180°} = 1250 e^{-0.2(270)\pi/180} = 487 \text{ N}.$$

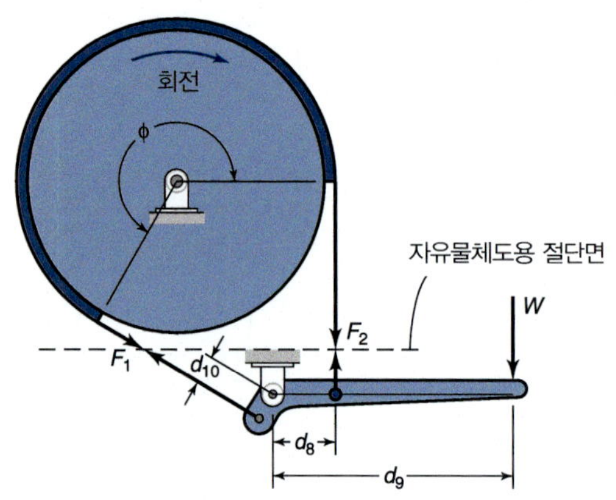

그림 18.18: 예제 18.7에서 사용되는 밴드 브레이크.

식 (18.65)로부터 제동 토크는

$$T = r(F_1 - F_2) = (0.100)(1250 - 487) = 76.3\text{ Nm}.$$

힌지 핀에 관한 모멘트를 합하고 0으로 놓으면 다음과 같이 된다.

$$-d_9 W + d_8 F_2 - d_{10} F_1 = 0.$$

조작력 W에 대하여 풀면

$$W = \frac{d_8 F_2 - d_{10} F_1}{d_9} = \frac{(0.050)(487) - (0.012)(1250)}{0.225} = 41.56\text{ N}.$$

만약 $W = 0$이면, 브레이크는 자기 잠김된다. 그러므로

$$d_8 F_2 - d_{10} F_1 = 0,$$

$$d_{10} = \frac{d_8 F_2}{F_1} = \frac{(0.050)(487)}{1250} = 0.0195\text{ m}.$$

만약 $d_{10} \geq 19.5$ mm이면 브레이크는 자기 잠김될 것이다.

18.10 슬립 클러치

클러치가 출발하는 동안 피크 토크를 제어하기 위하여 사용할 수도 있지만, 클러치는 흔히 토크 제한(torque-limiting) 장치로써 사용하는데, 오작동이나 바라지 않는 사건으로부터 기계를 막기 위하여 자주 사용한다. **슬립 클러치**(slip clutch)는 간단히 표현하면 일정한 힘에 의하여 서로 붙여진 두 평면으로 구성하고, 미리 정해 놓은 수준의 토크가 두 평면에 가해질 때 미끄러진다. 슬립 클러치는 크기가 매우 다양한데 매우 간결하다. 슬립 클러치는 드물게 작동하도록 설계되므로 마찰 요소는 마모에 대비하여 크기를 조정할 필요가 없다. 또한, 자기 작동 슈(이것은 토크 제한 제어의 기능을 잃게 할 것이다)의 가능성을 막는 것이 절대적이므로, 슬립 클러치는 거의 항상 접촉하는 원판이다.

슬립 클러치는 주로 기계류 요소를 보호하기 위하여 사용되고, 사람의 상해를 방지하기 위한 것은 아니다. 슬립 클러치가 긴 시간 동안 접촉한 후에는 마찰 표면은 고착되거나 달라붙을 수 있어서, 미끄럼이 시작하기에는 더 큰 토크를 필요로 한다. 이 토크는 보통 기어를 파손할 정도로 충분히 크지는 않을 것이나 심각한 상해를 일으킬 정도로 충분히 증가할 수 있다. 그럼에도 불구하고, 슬립 클러치는 효과적인 토크 제한장치이고, 과도한 토크 조건이 교정된 후에 정비가 요구되지 않는다는 이점과 함께 전단 핀이나 키 홈 대신에 사용할 수 있다.

사례 연구 18.1

롤러코스터 제동 시스템

이 사례 연구는 그림 18.19에 나타낸 것과 같은 롤러코스터의 제동 시스템에 대한 설계 결정 몇 가지를 검토한다. 그림 18.20은 전형적인 롤러코스터 브레이크의 구성도이다. 자동차나 다른 운송 수단에 사용되는 브레이크 시스템은 바퀴와 관련되는 드럼과 원판 브레이크인데 롤러코스터에는 유효하지 않을 것이다. 강재 바퀴와 강재 레일 사이의 마찰은 극히 작아서, 차량은 많은 에너지를 잃지 않고 레일 위에서 미끄러질 수 있다. 이것은 롤러코스터 작동에 있어서 중요한데, 차량들이(보통은 체인 구동에 의하여—19.6절 참조) 꼭대기까지 끌어올려져서 탑승 나머지 구간 동안 굴러 내려가기 때문이다.

롤러코스터는 제동 정류장이 있고, 그곳에서 승객이 타거나 내리도록 차량이 정지해야만 한다. 전형적인 브

그림 18.19: 전형적인 롤러코스터(Shutterstock).

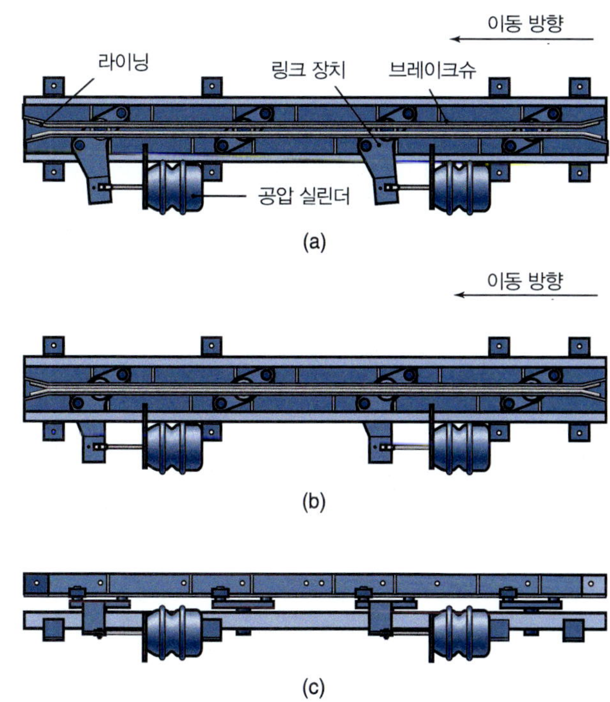

그림 18.20: 롤러코스터 브레이크 시스템의 구성도. (a) 라이너 패드 사이의 간격에 의하여 보이는 것처럼 브레이크가 작동하지 않을 때를 나타내는 롤러코스터의 부품, (b) 작동한 브레이크를 위에서 본 것, (c) 작동한 브레이크를 옆에서 본 것.

레이크 시스템은 롤러코스터 차량에 붙어있는 플랜지 또는 휜을 지탱하는 패드를 사용한다. 롤러코스터 운전자는 차량을 적극적으로 감속하기 위하여 링크기구를 통해 힘을 작용하는 공압 액추에이터를 제어한다. 최대 제동력은 0.5 g보다 큰 감속에 승객을 노출시키지 않아야 하고, 2.5 m/s^2 정도보다 크지 않을 것이 선호된다.

전형적으로, 롤러코스터에 있어서 여러 브레이크가 사용된다. 이 사례 연구는 4-브레이크 시스템을 나타내는데 이것은 흔한 일이다. 롤러코스터 브레이크는 간헐적으로만 작동되어 자동차 원판 또는 드럼 브레이크에서 전형적인 열 균열과 온도 문제를 피할 수 있기 때문에 다른 브레이크 설계에서 매우 중요한 열적 효과가 여기서는 고려되지 않는다.

브레이크 패드-휜 상호 작용

설계 문제의 첫 부분은 브레이크 시스템 변수(조작력, 패드 면적 등)과 성능(생성되는 제동력)을 관련시키는 것이다. 마찰 계수는 강과 마찰하는 소결황동에 대하여 최소 0.25로 합리적으로 택해질 수 있다(이 재료들에 대하여 보통은 0.25보다 더 높다). 롤러코스터 위의 마찰을 삼소하는 오염 물질은 심각한 관심사가 아니다. 이것은 주로 제동 시스템이 유압이 아니라 공압이기 때문에, 유압유의 누설이 브레이크 패드를 오염시키지 않기 때문이다.

그림 18.21은 롤러코스터 차량이 세 차량이 연결된 것을 나타내는데, 제조업자는 그림과 같이 선두 차량과 후미 차량이 구성된다면 일곱 차량까지도 연결을 허용한다. 명료하게 하기 위하여 많은 세부 사항, 특히 장식품들은 생략되었다. 각 차량의 무게는 1900 lb이고, 성인 네 명을 나를 수 있다. (롤러코스터 차량 한 대에 성인 두 명과 어린이 두 명이 타는 것이 더 흔할 것이다.) 성인 남성 95%의 체중은 216 lb이고, 차량과 내용물의 무게는

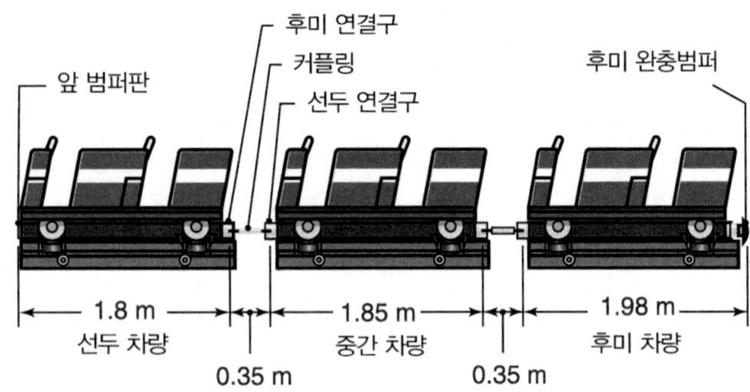

그림 18.21: 전형적인 롤러코스터 차량의 구성도.

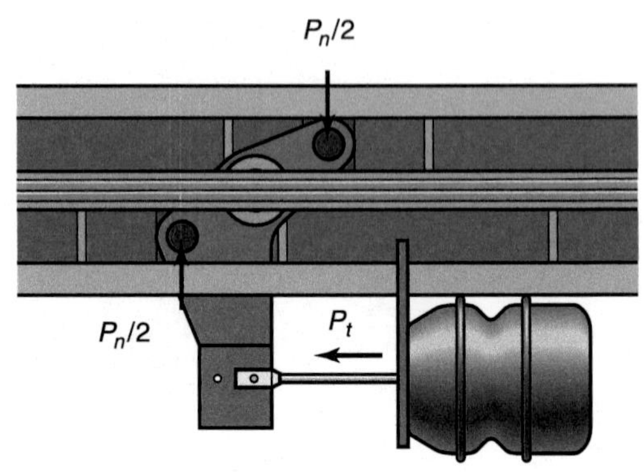

그림 18.22: 브레이크 작동 실린더의 상세와 힘.

그에 상응하게 계산된다. 최대로 들어오는 속도는 첫 번째 롤러코스터 꼭대기에서 얻을 수 있는 에너지에 기초하여 대략 30 mph(44 ft/s)이다.

다음에 0.5 g의 감속도를 얻기 위하여 제동력이 결정되는데, 그것은 조작력을 구하는 데 사용된다. 그렇지만 그림 18.20에 나타낸 브레이크 패드의 배열은 휜의 양쪽에 마찰력을 생기게 한다. 그와 같은 계산에서 얻어지는 수직력은 차량에서 최악의 설계 하중을 나타낸다. 다음과 같은 이유로 안전 측면에서 더 증가시킬 필요는 없다.

1. 대부분의 경우에, 이 마찰력은 적절한 값보다 크다.
2. 전형적인 설치는 교대의 플랫폼에서 일정한 간격을 둔 최소한 세 개의 브레이크 열을 갖는다. 차량과 브레이크 사이의 전체 접촉 길이에 걸쳐서 감속이 유지될 수 있다면, 여분의 제동 용량이 시스템 내에 본래부터 배치되어 있다.
3. 불충분한 제동의 경우에 있어서도(아마 제동 요소의 과도한 마모에 기인하여), 작동자가 탑승장의 긴급 브레이크로 차량을 멈출 수 있다. 대안으로는 종속 제동 시스템으로 더 큰 제동력을 발생하는 것인데, 과도한 감속을 하게 되고 덜컹거려서 탑승자에게 상해를 줄 수 있다. 감속 목표는 그러한 상해의 위험을 최소로 하는 한편 좋은 제동 능력을 갖추도록 선정되어 왔다. 더 강한 브레이크는 실제로 덜 안전한 시스템이 될 수 있다.

브레이크 작동 시스템

그림 18.22는 브레이크 작동 실린더와 관련되는 링크장치의 상세를 나타낸다. 그림 18.20으로부터 각각의 브레이크에 두 개의 실린더가 사용되고, 전체 슈에 걸쳐서 접촉력을 분배하기 위하여 두 개의 무동력 안정화 요소가 사용된다는 것을 상기한다. 브레이크는 공압 실린더/스프링 시스템에 기초를 두고 있으므로, 정상적인 실린더 위치는 피스톤이 전부 신장된 상태이고, 최대 브레이크 힘을 내는 브레이크에 해당하는 것이다. 그러한 시스템을 사용하는 이유는 공압 시스템이 많은 문제를 일으킬 수 있기 때문이다. 공기 호스가 누설될 수 있고, 공압 커플링이 분리될 수 있으며, 동력이 실패할 수 있는 등의 문제이다. 만약 브레이크가 그와 같은 합리적으로 예견할 만한 사건에 대해 보증된다면 그 시스템은 이중으로 안전하다.

공압 브레이크 실린더는 브레이크 제조업체로부터 제공되는 용량의 범위 안에서 이용 가능하며, 각각은 특징적인 스프링 힘 곡선을 갖는다. 이 곡선의 비선형 성질은 공압 스프링(17.7절 참조)에 대해서는 보편적인 것인데, 그림 18.23의 단면도에 나타낸 것과 같이 이 실린더는 작동하기 위하여 공압과 나선형 스프링의 조합을 이용한다.

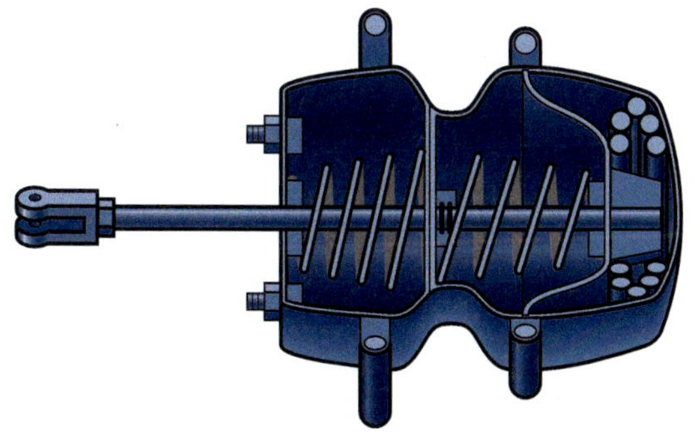

그림 18.23: 작동 중인 공압 실린더의 단면으로, 설계에 포함된 나선형 스프링을 밝게 나타낸다.

브레이크 시스템의 치수를 정하는 데 있어서 이와 같은 미묘한 점들이 중요하다. 조립과정 중 피스톤은 완전히 펴지고, 힌지 기구에 연결하는 데 어려울 수도 있다. 그러므로 피스톤 연장 부분은 그 길이 중 얼마만큼 나사가공된다. 실린더가 조립될 수 있고, 그 다음 피스톤 연장 부분 위에 있는 칼라(collar)가 브레이크 작동을 위하여 조정될 수 있다.

요약

블록 브레이크는 롤러코스터의 안전한 작동에 있어 긴 역사를 가지고 있다. 이 사례 연구에서 검토한 것과 같이, 어떤 브레이크 장치가 승객의 재난적 상해를 초래하지 않는다는 것을 확실히 하기 위하여 브레이크 시스템은 많은 여분의 장치를 가지고 있다.

또한 롤러코스터는 엄격한 정비 스케줄을 가지고 있으며, 매일 일반에게 탑승을 제공하기 전에 확인해야 한다는 것을 주목하여야 한다. 만약 라이닝이 닳았으면, 휠에 대하여 '갈아지는' 브레이크슈 위의 노출된 리벳에서 소리가 날 것이고, 이것은 패드가 교체되어야 한다는 명확한 표시이다. 어느 정도 주의 깊은 정비 담당자는 그러한 필요한 조건을 진단하고 수리할 수 있다.

출처: Brian King, Recreation Engineering LLC.

18.11 요약

이 장에서는 클러치와 브레이크의 두 가지 기계 요소에 초점을 두었는데, 이것들은 운동과 관련되고 회전 에너지를 흩어지게 하기나 전달하는 공동의 기능을 갖는다. 클러치와 브레이크의 성능을 해석함에 있어서, 조작력, 전달 토크와 힌지 핀에서의 반력이 이 장에서의 주요 초점이었다. 전달 토크는 조작력, 마찰 계수 및 클러치 또는 브레이크의 형태와 관련된다. 이것은 정역학 문제이고 다른 형태들은 별도로 학습되었다.

롱슈 클러치와 브레이크에 대하여 균일 압력 모델과 균일 마모 모델의 두 가지 이론을 학습하였다. 같은 무차원 토크에 대하여 같은 최대 압력에 대하여 균일 압력 모델이 필요로 하는 반지름비보다 균일 마모 모델이 더 큰 반지름비를 필요로 한다는 것을 밝혔다. 더 큰 반지름비는 균일 마모 모델에 대하여 더 큰 면적이 필요하다는 것을 의미한다. 그러므로 균일 마모 모델이 더 안전한 방법으로 판단되었다.

핵심어

림 형태(rim type) 드럼의 안쪽 표면 위로 팽창하는 내부 슈를 사용하는 브레이크 또는 클러치

밴드 브레이크(band brake) 드럼의 바깥 표면에 대하여 유연한 밴드의 접촉 압력을 사용하는 브레이크

브레이크(brake) 에너지를 마찰열로 흩어지게 하여 운동 시스템을 정지하도록 하는 장치

슬립 클러치(slip clutch) 최대 전달 토크가 제한되는 클러치

약화(deenergizing) 마찰 모멘트가 맞물림을 방해하는 브레이크 또는 클러치 슈

원뿔판(cone disk) 원뿔의 수렴하는 표면에 대하여 가압되는 슈를 사용하는 브레이크 또는 클러치

자기 작동(self-energizing) 마찰 모멘트가 맞물림을 돕는 브레이크 또는 클러치 슈

추력 원판(thrust disk) 회전하는 원판에 대하여 밀어붙이는 편평한 슈를 사용하는 브레이크 또는 클러치

클러치(clutches) 축의 연결과 분리를 가능하게 하는 동력전달 장치

공식 정리

열전달:

열역학 제1법칙: $Q_f = Q_c + Q_h + Q_s$

라이닝 온도 상승: $\Delta t_m = \dfrac{Q_f}{C_p m_a}$

원판 브레이크:

균일 압력 모델:

조작력: $P_p = \pi p_o \left(r_o^2 - r_i^2\right)$

토크: $T_p = \frac{2\pi\mu p_o}{3}\left(r_o^3 - r_i^3\right) = \frac{2\mu P_p\left(r_o^3 - r_i^3\right)}{3\left(r_o^2 - r_i^2\right)}$

균일 마모 모델:

조작력: $P_w = 2\pi p_{\max} r_i \left(r_o - r_i\right)$

토크: $T_w = \pi\mu r_i p_{\max}\left(r_o^2 - r_i^2\right) = \dfrac{\mu P_w\left(r_o + r_i\right)}{2}$

원뿔 클러치와 브레이크:

균일 압력 모델:

조작력: $W = \frac{\pi p_o}{4}\left(D^2 - d^2\right)$

토크: $T = \dfrac{\mu W\left(D^3 - d^3\right)}{3\sin\alpha\left(D^2 - d^2\right)}$

균일 마모 모델:

조작력: $W = \pi p r\left(D - d\right)$

토크: $T = \dfrac{\mu W}{4\sin\alpha}\left(D + d\right)$

블록 브레이크:

수직력: $P = \dfrac{W d_4}{d_3 + \mu d_2}$

토크: $T = \dfrac{\mu d_4 r W}{d_3 - \mu d_1}$ (강화)

$T = \dfrac{\mu d_4 r W}{d_3 + \mu d_2}$ (약화)

내부 확장식 (드럼) 브레이크:

압력 분포: $p = p_{\max}\left(\dfrac{\sin\theta}{\sin\theta_a}\right)$

수직력 모멘트:

$$M_P = \frac{b r d_7 p_{\max}}{4\sin\theta_1}\left[2\left(\theta_2 - \theta_1\right)\frac{\pi}{180^\circ} - \sin 2\theta_2 + \sin 2\theta_1\right]$$

마찰력 모멘트:

$$M_F = \frac{\mu p_{\max} b r}{\sin\theta_a} \times \left[-r\left(\cos\theta_2 - \cos\theta_1\right) - \frac{d_7}{2}\left(\sin^2\theta_2 - \sin^2\theta_1\right)\right]$$

자기 작동 슈: $-W d_6 - M_F + M_P = 0$

약화 슈: $-W d_6 + M_F + M_P = 0$

피봇슈 브레이크:

압력 분포: $p = p_{\max}\cos\theta$

토크: $T = 2\mu r^2 b p_{\max}\sin\theta_2$

밴드 브레이크:

힘: $\dfrac{F_1}{F_2} = e^{\mu\phi\pi/180^\circ}$

최대 압력: $p_{\max} = \dfrac{F_1}{br}$

토크: $T = r(F_1 - F_2)$

추천 문헌

Baker, A.K. (1986) *Vehicle Braking*, Pentech Press.

Breuer, B. (2008) *Brake Technology Handbook*, Society of Automotive Engineers.

Budynas, R.G., and Nisbett, J.K. (2011), *Shigley's Mechanical Engineering Design*, 9th ed., McGraw-Hill.

Crouse, W.H., and Anglin, D.L. (1983) *Automotive Brakes, Suspension and Steering*, 6th ed., McGraw-Hill.

Juvinall, R.C., and Marshek, K.M. (2012) *Fundamentals of Machine Component Design*, 5th ed., Wiley.

Krutz, G.W., Schuelle, J.K, and Claar, P.W. (1994) *Machine Design for Mobile and Industrial Applications*, Society of Automotive Engineers.

Monroe, T. (1977) *Clutch and Flywheel Handbook*, H.P. Books.

Mott, R. L. (2014) *Machine Elements in Mechanical Design*, 5th ed., Pearson.

Norton, R.L. (2011) *Machine Design*, 4th ed., Prentice Hall.

Orthwein, W.C. (1986) *Clutches and Brakes: Design and Selection*. 2nd ed., CRC Press.

참고 문헌

Juvinall, R.C., and Marshek, K.M. (2006) *Fundamentals of Machine Component Design*, 4th ed., Wiley.

문제

18.1 클러치란 무엇인가? 클러치는 브레이크와 어떻게 다른가?

18.2 균일 압력 모델은 무엇인가? 균일 마모 모델은 무엇인가?

18.3 직각 패드 원판 브레이크는 언제 사용되는가?

18.4 원뿔 클러치란 무엇인가?

18.5 자기 작동 슈는 무엇인가?

18.6 블록 브레이크가 자기 작동으로 될 수 있는가?

18.7 롱슈 브레이크는 무엇인가? 롱슈 브레이크와 짧은 슈 브레이크의 주요한 차이는 무엇인가?

18.8 외부 수축식 롱슈 브레이크와 피봇슈 브레이크의 차이는 무엇인가?

18.9 밴드 브레이크의 작동 기구를 기술하라.

18.10 열 균열이란 무엇인가? 어떻게 회피할 수 있는가?

정성적 문제

18.11 브레이크 또는 클러치 라이닝에 대하여 (a) 반드시 필요한 재료 특성과 (b) 유용한 재료 특성을 열거하라.

18.12 원뿔 클러치를 원판 클러치와 비교하여 장점과 단점을 열거하라.

18.13 균일 압력 모델이 균일 마모 모델보다 더 적당한 때의 조건을 설명하라. 균일 마모 모델이 더 적당할 때는 언제인가?

18.14 만약 복합재료를 브레이크 또는 클러치 라이닝으로 사용한다면, 강화재를 어떤 방향으로 배치하는 것을 추천하겠는가? 답에 대하여 설명하라.

18.15 자기 작동과 자기 잠김 작용 사이의 차이를 설명하라.

18.16 밴드 브레이크와 원판 브레이크 사이의 유사점과 차이점은 무엇인가?

18.17 진원도가 불량(out-of-round)인 브레이크 드럼의 주된 표시는 무엇인가?

18.18 열 균열과 경점 사이의 유사점과 차이점은 무엇인가?

18.19 적어도 차량의 앞 축에 있어서, 원판 브레이크가 드럼 브레이크보다 대류를 통한 열손실이 더 큰 이유를, 식을 사용하지 않고 설명하라.

18.20 슬립 클러치를 사용하는 이유는 무엇인가?

정량적 문제

18.21 그림 a에 나타낸 원판 브레이크는 안쪽 반지름 r, 바깥 반지름 $2r$, 부채꼴각도 $\pi/4$인 원형 조각 형태의 브레이크 패드를 갖는다. 패드에 수직력 P가 가해질 때 제동 토크를 계산하라. 브레이크는 pu가 일정하도록 마모되는데, 여기서 p는 접촉 압력이고 u는 미끄럼 속도이다. 마찰 계수는 μ이다. 답 $T = 3\mu rP$.

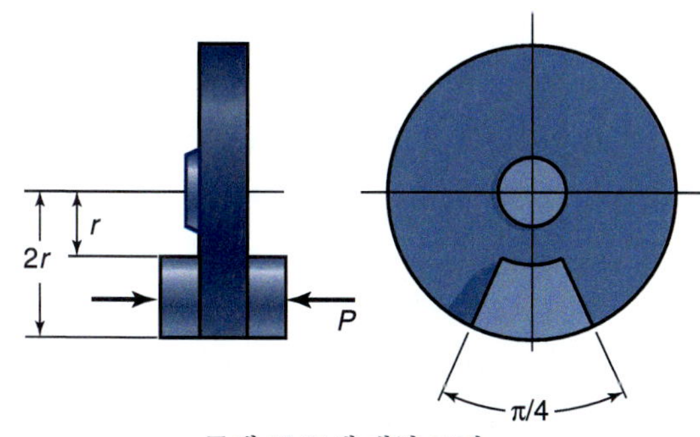

문제 18.21에 대한 그림 a

18.22 원판 클러치가 한 쌍의 상대 마찰 표면을 갖는데, 바깥 지름은 350 mm이고 안지름은 250 mm이다. 마찰 계수의 평균값은 0.25이고, 조작력은 5 kN이다. 클러치가 새것일 때의 토크 용량과 최대 압력 및 충분히 긴 작동 기간 후의 토크 용량을 구하라. 답 T_p = 189 N-m, $p_{\max,p}$ = 0.127 MPa, T_w = 187.5 N-m.

18.23 한 개의 마찰 표면을 갖는 자동차 클러치를 최대 토크 140 N-m로 설계하려고 한다. μ = 0.35와 $p_{\max}$ = 0.35 MPa가 되도록 재료를 선택한다. 엔진 최대 토크에서 미끄럼에 대한 안전 계수 n_s = 1.3을 사용하고, 가능한 한 작은 바깥 지름을 사용한다. 균일 압력 모델과 균일 마모 모델 두 가지 모두를 사용하여 적당한 r_o, r_i와 P값을 결정하라. 답 P_p = 8743 N, P_w = 6160 N.

18.24 탱크를 회전하고 정지하기 위하여 사용되는 브레이크가 스플라인을 통하여 구동축에 연결된 세 개의 자유로운 원판과 탱크의 프레임에 연결된 네 개의 편평한 링을 갖는 다판 클러치와 같게 제작된다. 브레이크의 바깥 접촉 지름은 600 mm, 안쪽 접촉 지름은 300 mm이고 접촉면은 6개이다. 원판의 마모는 접촉압력과 미끄럼 거리의 곱에 비례한다. 브레이크의 마찰 계수는 0.15이고, 캐터필러와 대지 사이의 마찰 계수는 0.25인데, 그것은 캐터필러 트랙이 대지를 따라서 미끄러지도록 하나의 캐터필러 트랙을 막는 데 필요한 12,800 N-m의 제동 토크를 낸다. 한 캐터필러 트랙을 막기 위하여 브레이크 원판들을 함께 누르는 데 필요한 힘을 계산하라. 또한 브레이크가 새것일 때 힘을 계산하라. 답 P_w = 63.2 kN, P_p = 60.9 kN.

18.25 인쇄기계에 사용되는 원판 브레이크가 그림 b에 나타낸 것처럼 설계된다. O점 주위로 회전할 수 있는 암 위에 브레이크 패드가 설치된다. 힘 $P = 4000$ N일 때 제동 토크를 계산하라. 마찰 패드는 부채꼴 모양이고, 안쪽 반지름은 바깥 반지름의 절반이다. 또한 $a = 150$ mm, $b = 50$ mm, $D = 300$ mm이고 $\mu = 0.25$이다. 브레이크 라이닝의 마모는 압력과 미끄럼 거리의 곱에 비례한다. 답 $T = 157$ Nm.

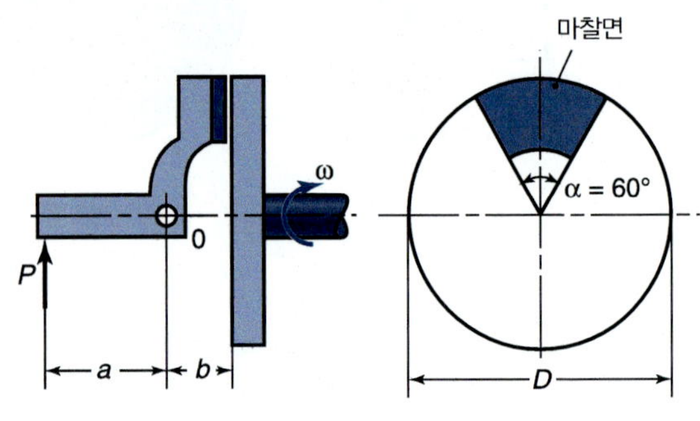

문제 18.25에 대한 그림 b

18.26 하나의 축에 세 개의 원판 클러치가 설치되는데, 각각은 한 쌍의 마찰면을 갖는다. 경화강 클러치들은 동일하며 안지름은 100 mm이고 바깥 지름은 250 mm이다. (a) 균일 마모와 (b) 균일 압력에 기초한 이 클러치들의 토크 용량은 얼마인가? 답 $T_w = 2970$ N-m, $T_p = 5513$ N-m.

18.27 한 쌍의 원판 클러치가 안지름은 250 mm이고 바깥 지름은 420 mm이다. 18.5 kN의 수직력이 가해지고 접촉면의 마찰 계수는 0.25이다. 균일 마모 가정과 균일 압력 가정을 사용하여 클러치에 작용하는 최대 압력을 결정하라. 이 가정들 중 어느 것이 현실에 더 가까운 결과를 내는가? 답 $p_{max,\,p} = 206.8$ kPa, $p_{max,\,w} = 277$ kPa.

18.28 원판 클러치가 주철로 만들어지고 210 N-m의 최대 토크를 갖는다. 공간의 제한 때문에 바깥 지름은 최소화되어야 한다. 균일 마모 가정과 안전 계수 1.3을 사용하여 다음 사항을 결정하라.

(a) 클러치의 안쪽 반지름과 바깥 반지름. 답 $r_i = 0.068$ m, $r_o = 0.118$ m.

(b) 필요한 최대 조작력. 답 $P_w = 11.3$ kN.

18.29 플라이 휠(flywheel)용 원판 브레이크가 그림 c에 나타낸 것처럼 설계된다. 브레이크 패드가 전체 접촉면에 걸쳐서 골고루 마모되도록 브레이크를 작동하는 유압 피스톤이 반지름 r_p에 위치되는 것이 필요하다. 플라이 휠이 1000 rpm으로 회전하고 4×10^5 N-m의 운동 에너지를 가질 때 플라이 휠이 4초 안에 정지될 수 있도록 조작력 P와 반지름 r_p를 계산하라. 입력 변수는 $\mu = 0.3$, $\alpha = 30°$, $r_o = 120$ mm, $r_i = 60$ mm이다. 답 $P = 35.4$ kN, $r_p = 0.089$ m.

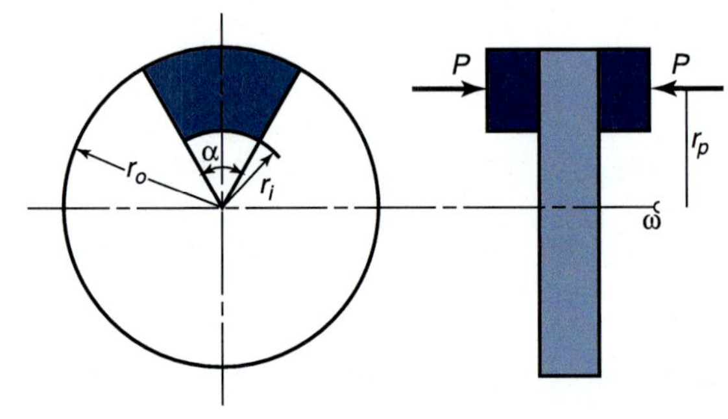

문제 18.29에 대한 그림 c

18.30 원판 클러치가 125 Nm의 토크와 315 kPa의 최대 압력을 일으킨다. 접촉면의 마찰 계수는 0.28이다. 최대 압력에 대한 안전 계수 1.8을 가정하고 위의 구속조건에 대한 최소 원판 클러치를 설계하라. 수직력은 얼마이어야 하는가? 답 $P_w = 4.39$ kN.

18.31 원뿔 클러치가 150 N-m의 토크를 전달하려고 한다. 원뿔반각 $\alpha = 10°$, 마찰면의 평균 지름은 300 mm이고, 면 폭 $b = 50$ mm. 균일 압력 모델과 균일 마모 모델 두 가지를 모두 사용하여, 마찰 계수 $\mu = 0.20$에 대한 수직력 P와 최대 접촉 압력 p를 구하라. 답 $P_p = 868$ N, $p_{max,\,p} = 104.6$ kPa, $p_{max,w} = 107.8$ kPa.

18.32 자동차의 2단 기어용 동기(synchronization) 클러치가 50 mm의 큰 원뿔 지름과 40 mm의 작은 원뿔 지름을 갖는다. 수동변속기가 2단 기어로 움직여질 때, 동기 클러치는 축 방향 힘 100 N으로 맞물려지고, 0.005 kg-m^{2}의 관성모멘트는 기어가 맞물리는 것이 가능하게 하기 위하여 1초 안에 200 rad/s^{2}로 가속된다. 원뿔 클러치의 마찰 계수는 0.10이다. 충분히 큰 토크를 낼 수 있는 최소의 원뿔 클러치 폭을 결정하라. 클러치는 닳은 것으로 가정한다. 답 $b = 21.6$ mm.

18.33 엘리베이터용 안전 브레이크는 자기 잠김 원뿔 클러치이다. 작은 지름은 120 mm, 폭은 60 mm이고, 큰 지름은 130 mm이다. 브레이크를 작동하는 힘은 예압을 받은 스프링으로부터 나온다. 만약 2톤(2000 kg)의 엘리베이터가 3 m/s의 속도로부터 최대거리 3 m 안에서 정지해야 하는 한편 원뿔 클러치는 엘리베이터 운동 1 m당 5 바퀴를 회전한다면,

필요한 스프링 힘을 계산하라. 원뿔 클러치에서 마찰 계수는 0.20이다. 답 $P = 4781$ N.

18.34 자동차의 자동변속 기어박스 안에서 기어가 역전할 때 유성 기어 캐리어를 기어박스 하우징에 고정하기 위하여 원뿔 클러치가 사용된다. 자동차의 무게는 1300 kg이고 앞바퀴에 53%의 하중이 걸린다. 피동 앞바퀴로부터 역전용 클러치까지의 기어비는 16.3:1이다(즉, 만약 모든 마찰 손실이 무시된다면 클러치에서의 토크는 바퀴에서의 토크보다 16.3배 작다). 자동차 바퀴 지름은 550 mm이고, 원뿔 클러치의 큰 지름은 85 mm이며 작은 지름은 80 mm이고, 마찰 계수는 클러치에서 0.3, 바퀴와 대지 사이에서 1.0이다. 원뿔 클러치가 자기 잠김되지 않도록 원뿔 클러치의 폭 치수를 결정하라. 클러치가 닳았을 때 필요한 축 방향 힘을 계산하라. 답 $b < 0.0083$ m, $P = 2647$ N.

18.35 원뿔 클러치가 큰 지름은 328 mm, 작은 지름은 310 mm, 폭은 50 mm이고 250 N-m의 토크를 전달한다. 마찰 계수는 0.33이다. 균일 압력 가정과 균일 마모 가정을 사용하여 조작력과 접촉 압력을 결정하라. 답 $P_p = 854$ N, $p_{\max,\,p} = 101$ kPa.

18.36 원뿔 클러치의 마찰 계수는 0.25이다. 최대 토크 280 N-m를 전달하면서 최대 압력 410 kPa를 지지할 수 있다. 클러치의 폭은 65 mm이다. 클러치의 큰 지름을 최소화하라. 클러치의 치수와 조작력을 결정하라.

18.37 스키어(skier)들을 계곡에서 산꼭대기로 운송하는 데 사용되는 로프를 지탱하고 멈추는 데 블록 브레이크가 사용된다. 스키어들을 운송하는 데 사용되는 차량 사이의 거리는 100 m이고, 계곡에서 산꼭대기까지 로프의 길이는 4 km이며 고도 차이는 1.4 km이다. 로프는 지름이 2 m인 V홈 바퀴에 의하여 구동된다. 그림 d에 나타낸 것과 같이, 로프는 V홈 바퀴의 축에 설치된 블록 브레이크로 지탱하고 정지된다. 구동 도르래(sheave)에서의 마찰을 제외하고는 로프웨이 다른 부분에서의 모든 마찰을 무시하고, 산의 경사는 일정하다고 가정한다. 꼭대기에서 내려오는 모든 로프웨이 차량은 승객이 없이 내려온다고 가정하고, 승객 한 사람의 장비를 포함하는 무게는 100 kg인 승객 20명을 위한 브레이크의 치수를 결정하라. 구동 모터의 회전 방향은 그림에 나타내었다. 모든 승객이 올라가고 있다면 로프웨이를 지탱하는 데 필요한 제동력 W를 계산하라. 모든 승객이 로프웨이로 계곡으로 계속 내려간다고 하여 같은 계산을 하라. 브레이크의 마찰 계수는 0.25이다. 답 $W_{up} = 2.197$ MN, $W_{down} = 671$ kN.

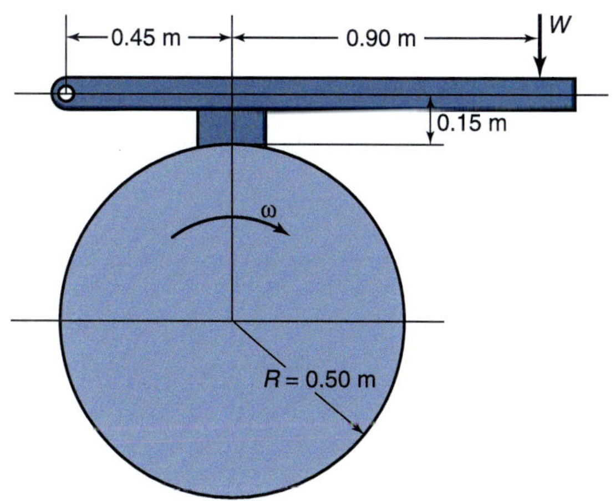

문제 18.37에 대한 그림 d

18.38 전기 모터와 블록 브레이크에 의하여 엘리베이터의 운동을 제어한다. 한쪽에서 전기 모터의 회전축이 엘리베이터를 구동하는 기어박스에 연결되고, 다른 쪽에서는 블록 브레이크에 연결되어 있다. 모터의 자극(magnetic pole)은 두 개이고, 모터는 60 Hz 또는 50 Hz의 전류(3600 또는 3000 rpm)에서 작동될 수 있다. 엘리베이터 모터가 50 Hz의 전류로 구동될 때, 엘리베이터 내에 최대 하중이 있다면 정지하는 데 필요한 제동 거리는 내려갈 때 52 cm이고 올라갈 때 31 cm이다. 엘리베이터 모터를 60 Hz 전류로 사용하면서, 전기 스위치의 위치를 변경하지 않고 다른 층 높이에서 정확히 멈출 수 있으려면, 모터에서 제동력이 변경되어야 한다. 올라가는 것과 내려가는 것에 대하여 제동력이 얼마나 변경되어야 하는가? 브레이크 형태는 그림 18.5에 나타낸 것과 같고 $d_1 = 0.030$ m, $d_3 = 0.100$ m, $d_4 = 0.400$ m, $r = 0.120$ m이고 $\mu = 0.20$이다. 엘리베이터의 관성만이 고려될 필요가 있고, 구동과 관련되는 회전 부품이나 다른 부품들은 고려될 필요가 없다. 엘리베이터가 내려갈 때 브레이크를 자기 작동으로 만들어라.

18.39 닻을 감는 장치가 바람이 배를 움직일 때, 닻 기계 장치가 회전하고 너무 많은 닻 체인이 흘러나가는 것을 멈추기 위하여, 블록 브레이크가 달린 유압 모터에 의하여 구동된다. 닻에서 체인을 통하여 전달되는 최대 힘은 반지름 2 m에서 1.1 MN이다. 그림 18.8은 사용되는 블록 브레이크의 형태를 나타내는데 자기 작동이다. 브레이크의 치수가 $d_1 = 0.9$ m, $d_3 = 1.0$ m, $d_4 = 6$ m, $r = 3$ m이고 $\mu = 0.25$일 때 필요한 브레이크 힘 W를 계산하라. 또한, 브레이크슈와 드럼 사

이의 접촉력을 계산하라. 답 $W = 379$ kN, $P = 2.93$ MN.

18.40 그림 e에 나타낸 핸드 브레이크는 슈에 걸쳐서 평균 압력이 600 kPa이고 폭이 50 mm이다. 바퀴는 150 rpm으로 회전하고 마찰 계수는 0.25이다. 치수들은 mm로 표기된다. 다음 사항을 결정하라.

(a) 만약 $x = 150$ mm이면, 조작력은 얼마이어야 하는가? 답 $P_n = 2.97$ kN.

(b) 어떤 x값이 자력체결을 일으키는가? 답 $x = 2.0$ m.

(c) 전달되는 토크는 얼마인가? 답 $T = 303$ N-m.

(d) 회전 방향이 뒤바뀌면, (a)부터 (c)항까지의 답은 어떻게 변화하는가?

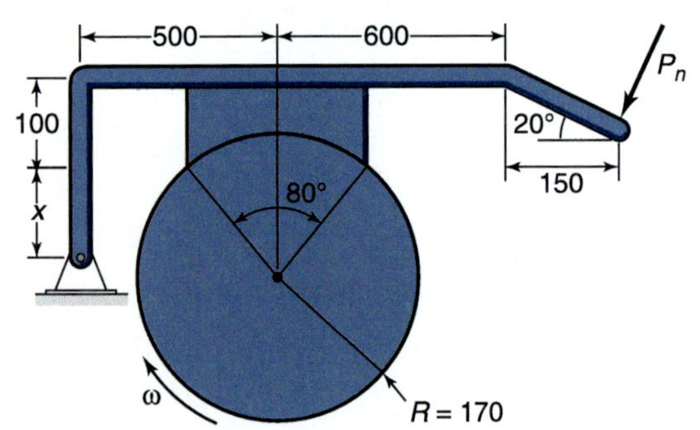

문제 18.40에 대한 그림 e

18.41 그림 f에 나타낸 블록 브레이크는 평균 압력이 1 MPa이고 마찰 계수는 0.32이다. 슈의 길이는 250 mm이고 폭은 45 mm이다. 드럼은 310 rpm으로 회전하고 지름이 550 mm이다. 치수들은 mm로 표기된다.

(a) 자력체결 조건에 대한 x의 값을 구하라. 답 $x = 1.81$ m.

(b) 만약 $x = 275$ mm이라면 조작력을 계산하라. 답 $P = 3982$ N.

(c) 제동 토크를 계산하라. 답 $T = 3.44$ kN-m.

(d) A점에서의 반력을 계산하라.

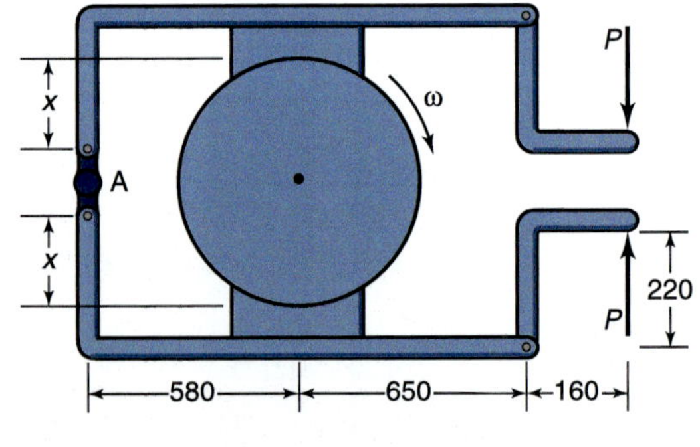

문제 18.41에 대한 그림 f

18.42 자동차의 후륜에 있는 브레이크는 내부 확장식이다. 그림 18.11에 따른 브레이크의 치수는 $\theta_1 = 10°$, $\theta_2 = 120°$, $r = 95$ mm, $d_7 = 73$ mm, $d_6 = 120$ mm 및 $d_5 = 30$ mm이다. 브레이크슈 라이닝은 폭이 38 mm이고, 최대 허용 접촉 압력은 5 MPa이다. 브레이크 힘이 5000 N일 때 제동 토크와 각 브레이크슈에서 만들어지는 토크의 비율을 계산하라. 또한 너무 높은 접촉 압력에 대비한 안전 계수를 계산하라. 마찰 계수는 0.25이다. 답 T_{tot}= 534 N-m, T_{se} = 359 N-m.

18.43 그림 g는 내부 확장식 브레이크를 나타낸다. 드럼의 안지름은 280 mm이고 치수 d_7은 90 mm이다. 슈의 폭은 30 mm이다.

(a) 조작력이 1000 N, 드럼의 회전은 반시계방향이고 마찰 계수는 0.30이라면, 제동 토크와 최대 압력을 구하라. 답 $T = 218.7$ N-m

(b) 드럼의 회전이 시계방향이라면, 제동 토크를 구하라.

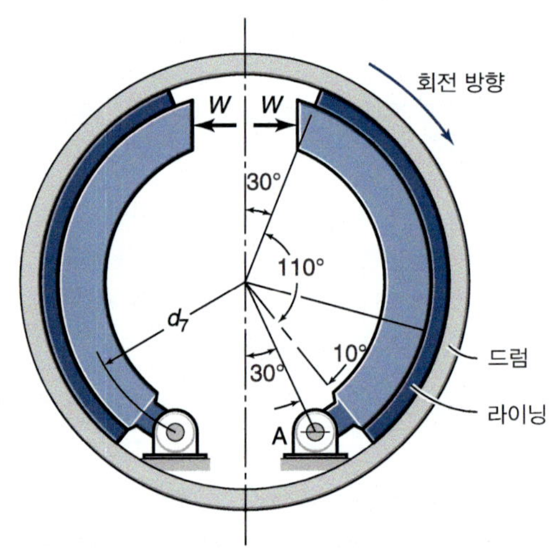

문제 18.43에 대한 그림 g

18.44 그림 h는 내부에서 확장하는 슈가 4개인 안지름 450 mm 브레이크 드럼을 나타낸다. 힌지 핀 A와 B 각각은 한 쌍의 슈를 지지한다. 조작 기구는 그림에 나타낸 것과 같이 각 슈에서 동일한 조작력 W를 발휘하는 링크장치이다. 라이닝 재료는 소결금속으로 하려고 한다. 각 슈의 폭은 70 mm이다. 중간 범위 값의 마찰 계수와 접촉 압력을 사용하여,

(a) 자기 작동 슈와 약화 슈를 확인하고 그것들을 표시하라.

(b) 약화 슈에서의 최대 압력을 결정하라. 답 $p_{max} = 1.071$ MPa.

(c) 이 힘에서 최대 힘 W와 제동 토크 T를 결정하라. 답 $T = 3430$ Nm.

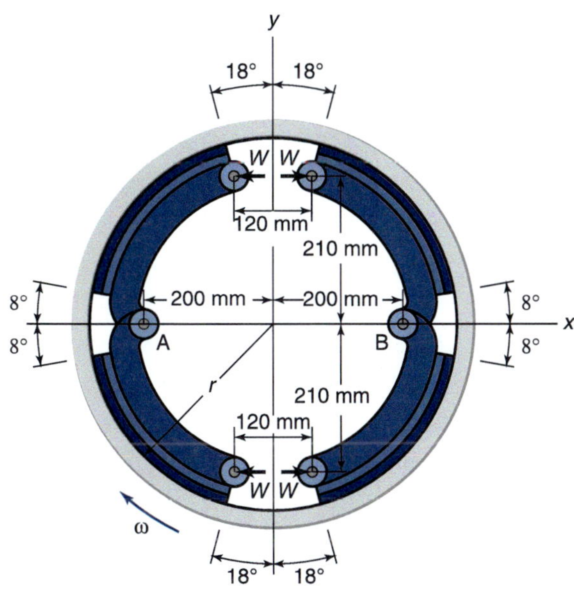

문제 18.44에 대한 그림 h

18.45 자동차에 있는 내부 확장식 브레이크의 최대 부피가 10^{-3} m^3으로 주어진다. 브레이크는 하나는 자기 작동이고 하나는 약화인 두 개의 동일한 슈를 가져서, 브레이크가 차량의 왼쪽과 오른쪽 모두에 맞도록 하여야 한다. 만약 바퀴 안쪽의 이용가능한 공간이 지름은 400 mm이고 폭이 100 mm라면, 최대 제동 동력에 대한 브레이크 폭과 반지름을 구하라. 브레이크 라이닝 재료는 최대 허용 접촉 압력이 4 MPa이고 마찰 계수는 0.18이다. 또한, 최대 제동 토크를 계산하라. 답 $T = 730$ N-m.

18.46 자동차에 있는 내부 확장식 브레이크가 브레이크 페달에 주어진 힘에 대하여 가능한 한 큰 제동 토크를 주도록 설계된다. 조작력과 페달 힘 사이의 비율은 조작 실린더와 페달 밑 실린더 사이의 유압이 작동하는 면적 비율에 의하여 주어진다. 브레이크슈의 각도는 $\theta_1 = 10°$, $\theta_2 = 170°$ 및 $\theta_a = 90°$이다. 최대 브레이크슈 압력은 5 MPa, 브레이크슈 폭은 40 mm이고 드럼 반지름은 100 mm이다. 임의의 페달 힘에서 마찰 계수 0.2에 대하여 최대 제동 동력을 주는 거리 d_7을 구하라. 마찰 계수가 0.25라면 제동 토크는 얼마로 되는가?

18.47 외부 수축식 드럼 브레이크 장치(그림 i 참조)가 레버에 작용하는 $P = 1000$ N의 수직력을 받는다. 치수는 mm로 표시된다. 마찰 계수 $\mu = 0.25$와 최대 접촉 압력 $p = 1$ MPa를 가정한다. 롱슈인 경우에 대하여 다음 항목을 결정하라.

(a) 각 부품에 작용하는 힘의 방향과 함께 자유물체도를 작성하라.

(b) 어느 슈가 자기 작동이고 어느 슈가 약화인가?

(c) 전체 제동 토크. 답 $T = 2632$ Nm.

(d) 자기 작동 슈로부터 얻어지는 패드 폭(약화 슈의 폭은 자기 작동 슈의 폭과 같다). 답 $b = 26.3$ mm.

(e) 약화 슈에 작용하는 압력

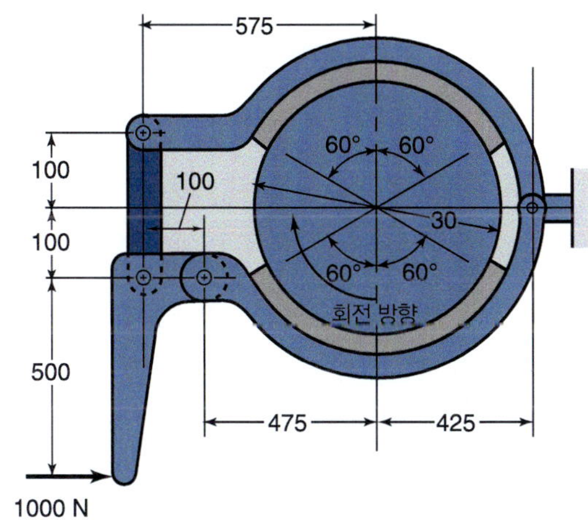

문제 18.47에 대한 그림 i

18.48 그림 18.15에 나타낸 것과 같은 외부 수축식 롱슈 브레이크가 $d_7 = 4r$, $d_6 = 2r$, $\theta_1 = 5°$ 및 $\theta_2 = 45°$가 되는 피봇점(pivot point)을 갖는다. 그림 18.15에 나타낸 것과 같은 방향으로 회전한다면, 브레이크를 자력체결로 만들기에 필요한 마찰 계수를 구하라. 만약 축이 반대 방향으로 회전한다면, 조작력 10,000 N에 대하여 제동 토크 180 N-m를 얻기에 필요한 드럼 반지름을 계산하라. 답 $r = 43.32$ mm.

18.49 외부 수축식 롱슈 브레이크가 탄성 암 위에 실치된다. 하중이 가해질 때, 암과 브레이크 라이닝은 구부러지고 압력을 재분배한다. 보통의 사인파 압력 분포 대신에 이 경우의 압력은 라이닝 길이에 걸쳐 일정해진다. 압력 분포가 사인 모양에서 일정한 압력으로 변경될 때 주어진 조작력에 대하여 제동 토크가 어떻게 변하는지 계산하라. 또한 $d_7 = 110$ mm, $r = 90$ mm, $b = 40$ mm, $\theta_1 = 20°$, $\theta_2 = 160°$, $d_6 = 220$ mm, $\mu = 0.25$ 및 $W = 12$ kN을 가정한다.

18.50 외부 수축식 롱슈 브레이크가 직렬로 연결된 두 개의 동일한 슈를 가져서, 첫째 슈에서 나온 원주 방향 힘이 둘째 슈에 직접 전달된다. 슈 사이에 전달되는 반경 방향 힘은 없다. 그림 j에 나타낸 것과 같이 슈 두 개의 각각은 원주의 90°를 덮고, 브레이크 라이닝은 각 슈의 70°를 덮어서, 라이닝이 없는 슈 각각의 끝은 10°가 남게 된다. 조작력은 다른 슈

의 고정된 힌지점에서 180° 방향에 있는 이완된 슈의 끝에서 브레이크 드럼에 접선 방향으로 가해진다. $d_7 = 150$ mm, $r = 125$ mm, $b = 50$ mm, $W = 14{,}000$ N 및 $\mu = 0.2$일 때, 두 회전 방향 모두에 대한 제동 토크를 계산하라. 또한 두 개의 슈에 작용하는 힘들의 자유물체도를 그려라. 답 $T = 717$ N-m. 역전된다면 $T = 1197$ N-m.

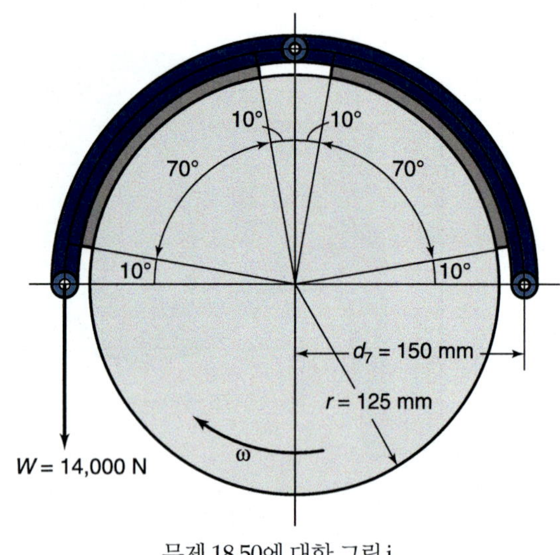

문제 18.50에 대한 그림 j

18.51 자동차 공장에서 드릴 작업 중 강판을 고정하기 위하여 특별한 형태의 브레이크가 사용되어, 드릴 날에서 발생하는 힘이 강판을 움직일 수 없도록 한다. 이 브레이크는 그림 k에 나타내어진다. 드릴 작업 사이에 강판이 u_b의 속도로 오른쪽으로 움직일 때 강판에 대한 제동력 P_B를 계산하라. 조작력은 P_M이다. 브레이크 라이닝은 다른 치수들에 비하여 얇다. 답 $P_B = \frac{9}{7}\mu P_M$.

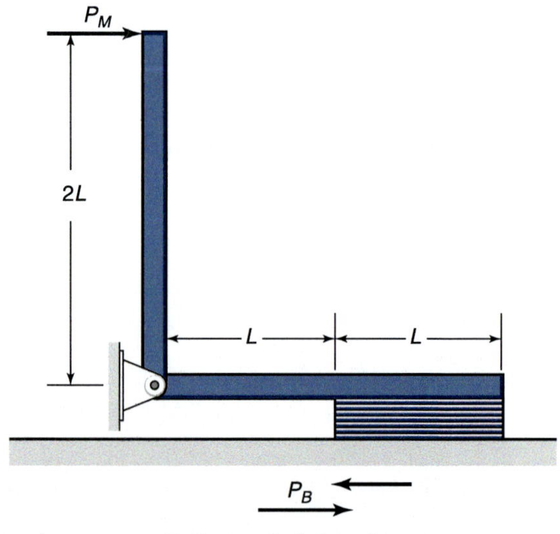

문제 18.51에 대한 그림 k

18.52 문제 18.39를 슈가 길다고 가정하고 다시 풀어라. 평균 접촉 압력은 40°에서 발생한다. 최대 접촉 압력과 그 위치를 결정하라. 거리 x는 150 mm라고 가정한다. 제동 토크는 얼마인가? 또한, 회전 방향을 바꾸었을 때 이 문제를 반복하라. 결과의 변화에 대하여 검토하라.

18.53 대칭적으로 하중을 받는 피봇슈 브레이크가 대칭적으로 압력 분포를 주는 접촉각 180°와 최적 거리 d_7을 갖는다. 브레이크 라이닝의 마찰 계수는 0.30이다. 조작력을 증가시키지 않고 제동 토크를 증가시킬 재설계를 고려한다. 접촉각은 80°(+40°에서 −40°)로 감소하고, 거리 d_7은 여전히 대칭적인 압력 분포를 주도록 감소한다. 제동 토크는 얼마나 변화하는가? 답 15% 감소한다.

18.54 그림 l에 나타낸 밴드 브레이크는 지름이 d_c인 압축 공기 실린더로 작동된다. 브레이크 실린더는 공기압 $p = 0.7$ MPa에 의하여 구동된다. 밴드와 드럼 사이의 마찰 계수가 0.20이라면 최대로 가능한 제동 토크를 계산하라. 브레이크 암에 작용하는 자중은 무시하고, $d_c = 50$ mm, $r = 200$ mm, $l_1 = 500$ mm, $l_2 = 200$ mm 및 $l_3 = 500$ mm이다. 답 $T = 719$ N-m.

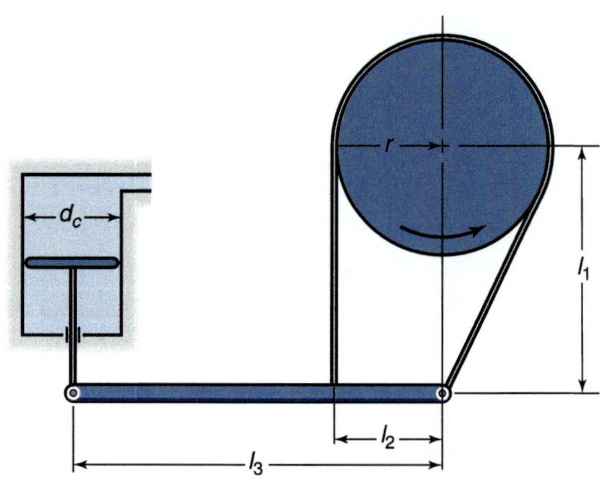

문제 18.54에 대한 그림 l

18.55 그림 m에 나타낸 밴드 브레이크는 접촉각 $\phi = 225°$와 원통 반지름 $r = 80$ mm를 갖는다. 레버가 100 N의 하중을 받고 마찰 계수가 $\mu = 0.3$일 때 제동 토크를 계산하라. 로터의 질량 관성모멘트가 2.5 kg-m^{2}이라면 1200 rpm으로부터의 제동 시간은 얼마인가? 답 $T = 54$ N-m, $t = 5.825$ s.

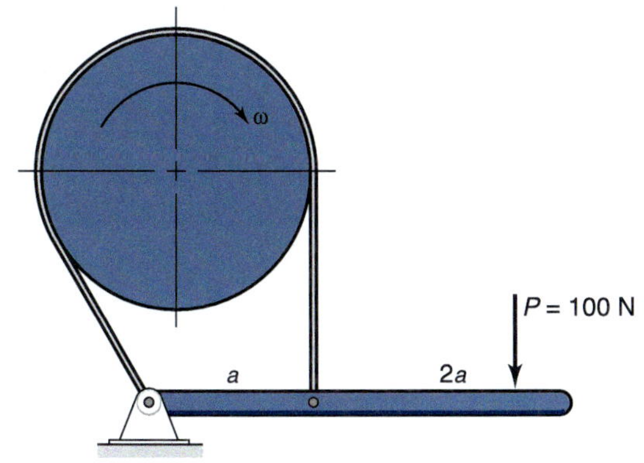

문제 18.55에 대한 그림 m

18.56 그림 n에 나타낸 밴드 브레이크는 폭이 40 mm이고 최대 압력 1.1 MPa를 받을 수 있다. 모든 치수는 mm이다. 마찰 계수는 0.3이다. 다음 사항을 결정하라.

(a) 최대 허용 조작력

(b) 제동 토크. 답 $T =$ 1.26 kN-m.

(c) O_1과 O_2에서의 지지 반력

(d) 자기 잠김을 갖기 위하여 거리 O_1A를 변경하는 것이 가능한가? 점 A는 직선 CO_1A 위의 임의의 위치에 있을 수 있다.

18.57 브레이크(그림 o 참조)가 드럼과 드럼을 누르는 브레이크 슈로 이루어진다. 드럼 반지름은 $r = 80$ mm이다. $P = 7000$ N, $\mu = 0.35$이고 브레이크 패드 폭 $b = 40$ mm일 때 제동 토크를 계산하라. 마모는 접촉 압력과 미끄럼 거리의 곱에 비례한다. 답 $T = 205$ Nm.

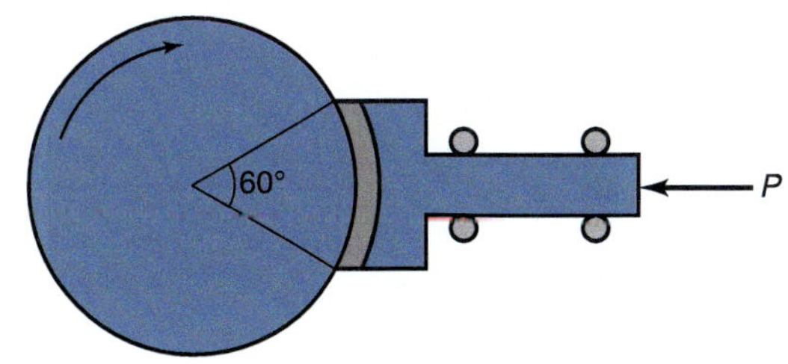

문제 18.57에 대한 그림 o

18.58 그림 p에 나타낸 밴드 브레이크에 대하여 다음 조건이 주어진다. $d = 350$ mm, $p_{max} = 1.2$ MPa, $\mu = 0.25$와 $b = 50$ mm. 모든 치수는 mm이다. 다음 사항을 결정하라.

(a) 제동 토크 답 $T = 1.26$ kN-m.

(b) 조작력 답 $P = 2.57$ kN.

(c) 힌지 O에 작용하는 힘 답 $O_x = 0$, $O_y = 2.57$ kN.

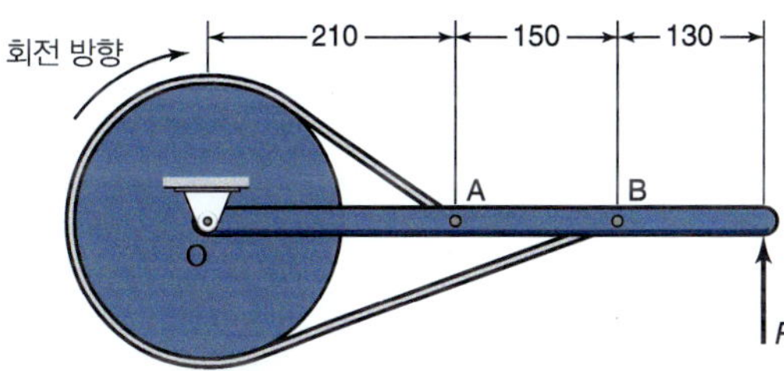

문제 18.58에 대한 그림 p

18.59 그림 q에 나타낸 밴드 브레이크는 접촉각 $\phi = 215°$와 원통 반지름 $r = 60$ mm를 갖는다. 마찰 계수 $\mu = 0.25$일 때 제동 토크를 계산하라. 로터의 관성모멘트가 $J = 2$ kg-m^{2}이라면 1500 rpm으로부터의 제동 시간은 얼마나 되는가?
답 $t = 20.0$ s.

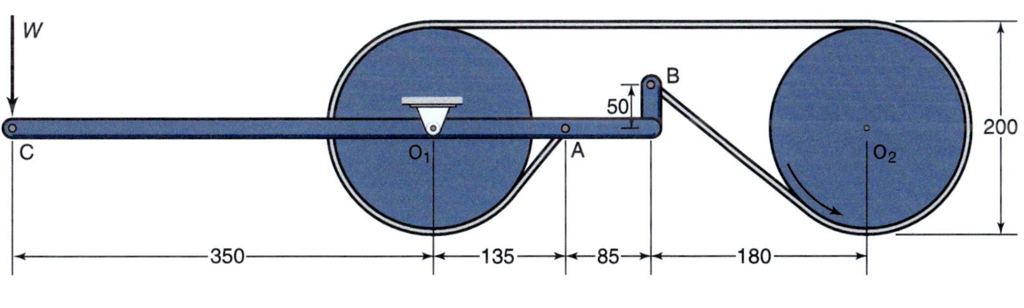

문제 18.56에 대한 그림 n

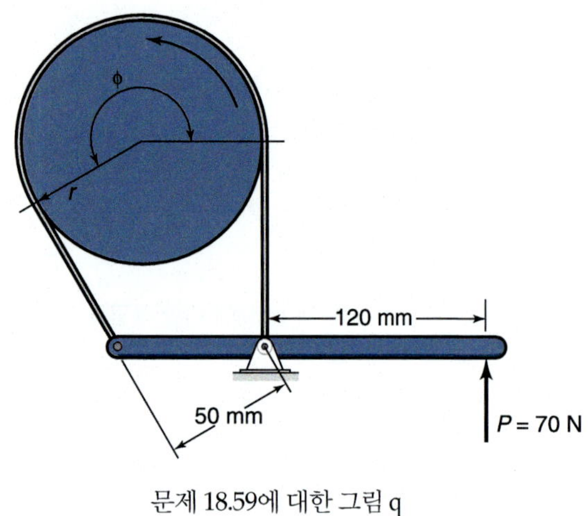

문제 18.59에 대한 그림 q

설계 문제 및 프로젝트

18.60 많은 브레이크 시스템은 한 부품이 다른 것들보다 우선적으로 마모되도록 설계된다. 예를 들면, 원판 클러치에서 패드가 원판보다 빨리 마모될 것이다. 전체 시스템을 동일하게 의도된 수명으로 설계하는 대신에, 위와 같은 특징이 브레이크에서 왜 채택되는지를 설명하라.

18.61 브레이크 재료의 과도한 가열은 브레이크의 균열, 뒤틀림 및 브레이크 드럼의 진원도 불량을 초래한다. 문헌을 검색하여 브레이크 시스템의 접촉 거칠기에 존재하는 최고 온도를 조사하라.

18.62 예제 18.6의 피봇슈 브레이크에 대하여 라이닝 재료의 최적 접촉각을 결정하는 컴퓨터 프로그램을 작성하라.

18.63 전기자동차는 차량이 정지하게 될 때 운동 에너지의 어느 정도를 회복하는 *회생제동*(regenerative braking)을 자주 사용한다. 회생제동의 설계 특징과 단점을 한 페이지로 요약하여 써라.

18.64 잠김 방지 브레이크(anti-lock brake)란 무엇인가? 인터넷으로 조사하고, 잠김 방지 브레이크의 작동에 대하여 설명하라.

19

유연 동력전달 요소

스프로킷에 장착된 롤러 체인. 출처: Shutterstock.

과학자는 세상이 움직이는 원리를 연구하지만, 공학자는 지금껏 존재하지 않았던 세상을 창조한다.

시어도어 본 카르만

차례

예제

설계 절차

사례 연구

벨트, 롤러 체인, 로프는 다양한 산업에서 동력을 전달하기 위해 가장 많이 쓰이고 있는 기계 요소이다. 이들 기계 요소는 유연성이라는 공통의 특징을 가지고 있다. 벨트는 풀리에 감아서 사용하며 벨트와 풀리 사이의 마찰력을 활용하여 토크를 전달한다. 평벨트는 전달하려는 동력의 특성에 따라 말랑말랑하거나 단단한 고무를 선택하여 제작되고, 타이밍 벨트나 V벨트는 보다 발전된 형태의 복합재를 활용하여 제작한다. 강화고무 벨트는 가격이 싸고 신뢰할 만한 성능을 보여주며 충격 하중을 효과적으로 흡수하는 장점이 있으나, 강한 토크를 전달할 때 풀리에서 미끄러지는 단점이 있다. 타이밍 벨트는 미끄럼 방지를 위한 이빨을 가지고 있어, 벨트의 초기 장력을 낮출 수 있으며, 이를 통해 베어링에 작용하는 하중을 감소시킬 수 있는 장점이 있다. 롤러 체인은 벨트보다 튼튼하여 오랫동안 사용할 수 있지만, 가격이 비싼 것이 단점이다. 롤러 체인과 스프로킷 사이의 효과적인 윤활은 체인의 수명에 가장 중요한 요소이다. 체인의 설계를 위하여 다양한 종류의 설계 인자들이 존재한다. 이 장에서는 일반적인 롤러 체인과 사일런트 체인을 소개할 것이다. 로프는 얇은 실가닥들을 코어를 중심으로 엮어서 만들며, 무거운 물체를 끌어올리거나 윈치(winch)를 통하여 큰 힘을 발생시키려고 할 때 다양하게 사용된다. 예를 들어, 클러지나 브레이크 시스템에 힘을 전달하기 위하여 얇은 직경의 로프들이 사용기도 한다. 로프는 아주 먼거리에서 동력을 전달하려고 할 때 특히 유용하게 쓰인다.

이 장에서 다루는 기계 요소: 평벨트, V벨트, 타이밍 벨트, 롤러 체인, 사일런트 체인, 로프

대표적인 응용 사례: 전기 모터나 내연기관에서 발생된 동력을 다른 기계 장치에 전달하려고 할 때, 자전거의 동력전달 수단, 크레인, 도르래, 기중기, 엘리베이터

관련 기계 요소: 축 커플링(11장), 기어(14장, 15장)

기호

A_m 로프의 금속 스트랜드(strand) 단면적, m^2
a 링크판 두께, m
a_1 운전 계수
a_2 롤러 체인의 스트랜드 계수
c 중심축과 최외곽 섬유간 거리, m
c_d 중심 거리, m
D 시브(sheave)나 풀리 직경, m
d 직경, m
d_m 와이어 직경, m
E 탄성 계수, Pa
F 힘, N
F_a 가속도에 의한 힘, N
F_f 허용가능 피로힘, N
F_h 정적 힘, N
F_i 초기 장력, N
F_r 로프 무게, N
F_t 총 마찰력, N
F_w 기본 무게, N
f_1 과하중 운전 계수
f_2 동력 수정 계수
g 중력가속도 9.807 m/s^2
g_r 속도비
HB 브리넬(Brinell) 경도, kg/mm^2
h_p 전달 동력, W
h_{pb} 벨트당 동력 용량, W
h_{pr} 동력 용량, W
h_t V벨트 높이, m
I 면적 관성모멘트, m^4
L 벨트 길이, m
M 굽힘모멘트, N-m
m 질량, kg
m' 단위 길이당 질량, kg/m
N 스프로킷 이빨수 혹은 벨트 개수
N_a 각속도, rpm
n_s 안전 계수
p 베어링 압력, Pa
p_{all} 허용가능 베어링 압력, Pa
p_t 피치 혹은 데이텀(datum), m
r 시브(sheave)나 풀리 반경, m
Δr 코달(chordal) 상승, m
r_c 코달 반경, m
S_u 극한 강도, Pa
t 두께, m
u 벨트 속도, m/s
w_t 벨트 폭, m
w_z 무게, N
w'_z 단위 길이당 무게, N/m
α 접촉각으로부터 손실되는 각도, deg
θ_r 코달 상승을 야기하는 회전각, deg
μ 마찰력
σ 수직 응력, Pa
σ_b 굽힘 응력, Pa
σ_t 수직 인장 응력, Pa
ϕ 접촉각, deg
ω 각속도, rad/s

하첨자

1 풀리나 시브의 원동측
2 풀리나 시브의 종동측

19.1 서론

이 장에서 다루게 될 기계 요소는 마찰력을 이용하여 크고 일정한 힘을 생성하거나, 동력을 전달하기 위한 장치들이다. 벨트, 체인, 로프는 하나의 축에서 다른 축으로 동력을 전달하는 데 매우 유용한 기계 요소로서, 특히 축 사이의 거리가 매우 먼 경우 효과적이다. 표 19.1은 벨트와 체인 그리고 기어의 동력전달 방법에 대한 비교이다.

19.2 평벨트

평벨트(flat belt)는 작은 직경의 풀리, 빠른 벨트 속도, 저소음, 저하중, 저관성력이 작용하는 기계 장치에서 매우 다양하게 쓰이고 있다. 평벨트는 마찰력을 이용하여 작동하게 때문에, 약간의 미끄러짐은 피할 수 없다. 따라서 풀리들 사이의 완벽한 동조가 요구되는 상황에서는 사용하지 않는다. 평

표 19.1: 동력전달 장치들간의 비교.

구속 조건	동력 전달 장치					
	평벨트	V벨트	타이밍 벨트	롤러 체인	사일런트 체인	평기어
동조	1	1	1	4	4	4
효율	1	1	2	4	4	4
충격 흡수	4	4	3	2	3	1
소음/진동	4	4	3	2	3	1
소형화						
고속/저하중	2	3	3	1	4	3
저속/고하중	1	1	2	4	3	2
윤활	불필요	불필요	불필요	필수	필수	필수
베어링 하중	2	1	2	4	3	4
수명	1	2	2	3	3	4

1. 나쁨, 2. 적당함, 3. 좋음, 4. 훌륭함.

벨트의 효과적인 작동을 위하여 벨트를 팽팽한 상태로 유지하기 위한 장력이 필요하고, 이를 위해 특별히 고안된 장력 장치가 필요하다.

평벨트는 낮은 수준의 동력을 전달하는 다양한 경우에 사용된다. 이 책에서는 일반적인 전달 동력이 100 Nm/s(75 ft-lb/s)보다 큰 기계 장치만 고려할 것이다. 작은 벨트들은 시중에서 손쉽게 구할 수 있으며, 단지 기구학적 구속 조건만 고려하여 적절한 벨트를 선정하면 된다.

19.2.1 벨트 길이

그림 19.1은 일반적인 평벨트의 치수, 접촉각, 풀리의 중심 거리를 보여주고 있다. 오픈(open) 벨트라는 말은 벨트가 8자 모양으로 엇갈려 있는 십자형(crossed) 벨트와 구분하기 위하여 사용한다. 거리 O_2D는 $r_1 - D_1/2$와 같으며, 거리 BD는 $r_2 - r_1 = (D_2 - D_1)/2$와 같고, 거리 AD는 풀리 중심 거리 c_d와 같다. 삼각형 ABD는 직각 삼각형이므로

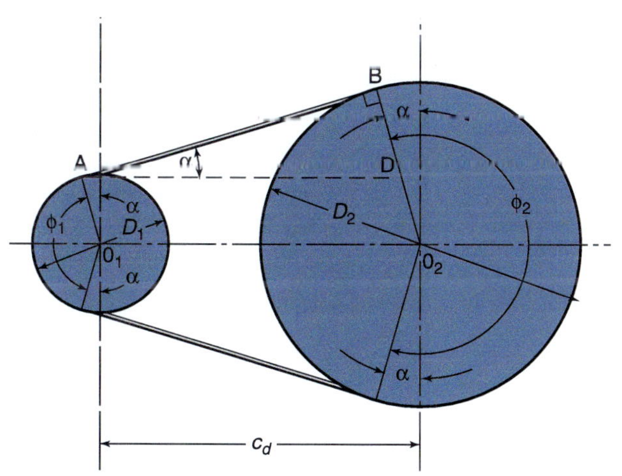

그림 19.1: 오픈형 평벨트의 치수, 접촉각, 중심 거리.

$$\mathrm{AB}^2 + \mathrm{BD}^2 = \mathrm{AD}^2,$$

따라서

$$\mathrm{AB}^2 + (r_2 - r_1)^2 = c_d^2;$$

$$\mathrm{AB} = \sqrt{c_d^2 - (r_2 - r_1)^2}. \qquad (19.1)$$

오픈 평벨트의 길이는 다음과 같다.

$$L = 2\mathrm{AB} + r_1\phi_1\frac{\pi}{180} + r_2\phi_2\frac{\pi}{180}, \qquad (19.2)$$

각도 ϕ는 풀리에 벨트가 감긴 각도이고, 이 각도는 다음과 같이 표현된다.

$$\phi_1 = 180^\circ - 2\alpha \quad \text{그리고} \quad \phi_2 = 180^\circ + 2\alpha. \qquad (19.3)$$

그림 19.1의 직각 삼각형 ABD로부터 접촉면에서 풀리의 중심을 넘어선 영역의 각도 α는

$$\sin\alpha = \frac{D_2 - D_1}{2c_d} \quad \text{혹은} \quad \alpha = \sin^{-1}\left(\frac{D_2 - D_1}{2c_d}\right). \qquad (19.4)$$

각 α는 식 (19.3)과 일치시키기 위하여 각도(degree)로 표시되는 값이고, 동일한 크기의 풀리 두 개가 사용될 때 그 값이 0이 된다. 식 (19.3)과 식 (19.4)를 식 (19.2)에 대입하면 벨트의 길이는

$$\begin{aligned} L &= \sqrt{(2c_d)^2 - (D_2 - D_1)^2} \\ &\quad + \frac{D_1\pi}{360}\left[180^\circ - 2\sin^{-1}\left(\frac{D_2 - D_1}{2c_d}\right)\right] \\ &\quad + \frac{D_2\pi}{360}\left[180^\circ + 2\sin^{-1}\left(\frac{D_2 - D_1}{2c_d}\right)\right], \end{aligned}$$

또는 다음과 같다.

$$L = \sqrt{(2c_d)^2 - (D_2 - D_1)^2} + \frac{\pi}{2}(D_1 + D_2) + \frac{\pi(D_2 - D_1)}{180}\sin^{-1}\left(\frac{D_2 - D_1}{2c_d}\right). \quad (19.5)$$

19.2.2 벨트의 장력

벨트에서도 밴드 브레이크에서 유도하였던 기본 공식들을 똑같이 사용할 수 있다. 18.9절에서 구한 토크와 마찰력은

$$\frac{F_1}{F_2} = e^{\mu\phi\pi/180°}; \quad (18.64)$$

$$T = \frac{(F_1 - F_2)D_1}{2}, \quad (18.65)$$

여기서

- ϕ = 감긴 각도, 도(deg)
- μ = 마찰 계수
- F_1 = 팽팽한 쪽 장력, N
- F_2 = 느슨한 쪽 장력, N

이 식에서 벨트 접촉면에서의 마찰력은 어디서나 동일하며, 원심력에 의한 영향은 무시할 만하다고 가정하였다.

평벨트와 풀리를 이용하여 하나의 축에서 다른 축으로 동력을 전달하려면 초기 장력 F_i가 반드시 필요하다. 초기 장력은 벨트를 구성하는 재료의 탄성과 밀접한 관계가 있으며, 다음과 같이 어림하여 계산할 수 있다.

$$F_i = \frac{F_1 + F_2}{2}. \quad (19.6)$$

동력이 전달될 때 팽팽한 쪽의 장력 F_1이 느슨한 쪽의 장력 F_2보다 크다는 것을 식 (18.65)로부터 알 수 있다.

따라서 전달 동력은

$$h_p = (F_1 - F_2)u, \quad (19.7)$$

여기서 u는 벨트의 속도이고, 벨트에 작용하는 원심력은 다음과 같다.

$$F_c = m'u^2 = \frac{w'_z}{g}u^2, \quad (19.8)$$

여기서

- m' = 단위 길이당 질량, kg/m
- u = 벨트 속도, m/s
- w'_z = 단위 길이당 무게, N/m

이 원심력을 고려하면 식 (18.64)는 다음과 같이 표현된다.

$$\frac{F_1 - F_c}{F_2 - F_c} = e^{\mu\phi\pi/180°} \quad (19.9)$$

이때 식 (18.65)는 원심력이 고려되어도 변하지 않는다.

예제 19.1

평벨트의 장력

조건 폭 150 mm, 두께 8 mm, 풀리 중심 거리가 2.5 m인 평벨트가 12 kW의 동력을 전달하고 있다. 원동측 풀리는 지름 150 mm이고 2000 rpm으로 회전하고 있으며, 벨트의 느슨한 쪽은 윗쪽 면이다. 종동측 풀리의 지름은 450 mm이고, 벨트 재료의 밀도는 970 kg/mm^{3}이다.

문제 다음을 계산하라.

(a) 만약 마찰 계수 $\mu = 0.30$일 때 힘 F_1, F_2를 구하라.

(b) 만약 풀리에 오일을 사용하여 마찰 계수 μ가 0.20으로 줄어들었을 때 힘 F_1, F_2를 구하라. 그리고 이때 벨트의 미끄러짐이 일어나는지 여부를 설명하라.

(c) 벨트의 길이를 구하라.

풀이

(a) 벨트의 각속도는 ω = 2000 rpm = 209.4 rad/s이므로

$$u = r\omega = \left(\frac{0.150}{2}\right)(209.4) = 15.7 \text{ m/s}.$$

식 (19.7)로부터

$$F_1 - F_2 = \frac{h_p}{u} = \frac{12,000}{15.7} = 764 \text{ N}. \quad (a)$$

밀도가 주어졌으므로, 단위 부피당 무게는 (970)(9.81) = 9515 N/m^{3}이다.

$$\begin{aligned}\frac{w_z}{L} &= 9515 w_t t = (9515)(0.150)(0.008) \\ &= 11.4\,\text{N/m}.\end{aligned}$$

식 (19.8)로부터 벨트에 가해지는 원심력은

$$F_c = \frac{w_z}{L}\frac{u^2}{g} = \frac{(11.4)(15.7)^2}{(9.81)} = 286.4\,\text{N}.$$

식 (19.4)로부터

$$\begin{aligned}\alpha &= \sin^{-1}\left(\frac{D_2 - D_1}{2c_d}\right) \\ &= \sin^{-1}\left(\frac{450-150}{(2)(2500)}\right) \\ &= 3.440^\circ.\end{aligned}$$

식 (19.3)으로부터 벨트의 접촉각은

$$\phi = 180^\circ - 2(\alpha) = 180^\circ - 2(3.440^\circ) = 173.1^\circ. \tag{b}$$

식 (19.9)를 사용하면

$$\frac{F_1 - 286.4}{F_2 - 286.4} = e^{(0.3)(173.1)\pi/180} = 2.475.$$

그러므로

$$F_1 - 286.4 = 2.475 F_2 - 708.9,$$

따라서

$$F_1 = 2.475 F_2 - 422.5. \tag{c}$$

식 (c)를 식 (a)에 대입하면

$$2.475F_2 - F_2 - 422.5 + 764,$$

$$F_2 = \frac{1186}{1.475} = 804\,\text{N}.$$

식 (a)로부터

$$F_1 = 764 + 804 = 1568\,\text{N}.$$

식 (19.6)으로부터 벨트의 초기 장력은 다음과 같다.

$$F_i = \frac{F_1 + F_2}{2} = \frac{1568 + 804}{2} = 1186\,\text{N}.$$

(b) 만약 마찰 계수 $\mu = 0.20$이면

$$\frac{F_1 - 286.4}{F_2 - 286.4} = e^{(0.2)(173.1)\pi/180} = 1.830. \tag{d}$$

따라서

$$F_1 = 1.830F_2 - (1.83)(286.4) + 286.4 = 1.830F_2 - 237.7, \tag{e}$$

벨트의 초기 장력이 $F_i = 1186$ N이므로 식 (e)를 식 (19.6)에 대입하면

$$\frac{1.830F_2 - 237.7 + F_2}{2} = 1186,$$

또 $F_2 = 922$ N을 식 (e)에 대입하면

$$F_1 - 1.830(922) - 237.7 - 1450\,\text{N}.$$

식 (19.7)로부터 전달되는 동력은

$$\begin{aligned}h_p &= (F_1 - F_2)\,u \\ &= (1450 - 922)(15.7) \\ &= 8.29\,\text{kW}.\end{aligned}$$

이 동력은 필요한 동력보다 작으므로 미끄러짐이 발생한다.

(c) 식 (c)를 사용하면 식 (19.5)로부터 다음을 구할 수 있다.

$$\begin{aligned}L &= 2\sqrt{(2)(2500)^2 - (450-150)^2} + \frac{\pi}{2}(450+150) \\ &\quad + \frac{\pi(450-150)}{180}\sin^{-1}\left(\frac{450-150}{2(2500)}\right) \\ &= 4483\,\text{mm} = 4.483\,\text{m}.\end{aligned}$$

19.2.3 미끄러짐

벨트의 미끄러짐은 벨트의 효율을 떨어뜨리고, 열적 손상을 일으켜 벨트의 길이를 늘어나게 하거나(결과적으로 벨트장력을 약화시키고 미끄러짐 현상이 발생함), 고무 재료의 화학적 손상을 가속화시킨다. 미끄러짐 방지를 위하여 초기 벨트 장력을 유지하는 것이 중요하나, 시간이 지남에 따라 벨트가 약간씩 늘어나기 때문에 초기 장력이 줄어드는 것은 피할 수 없다. 초기에 매우 큰 벨트 장력을 적용하는 것이 하나의 대안이 될 수 있으나, 이 방법에서는 풀리, 축, 베어링에

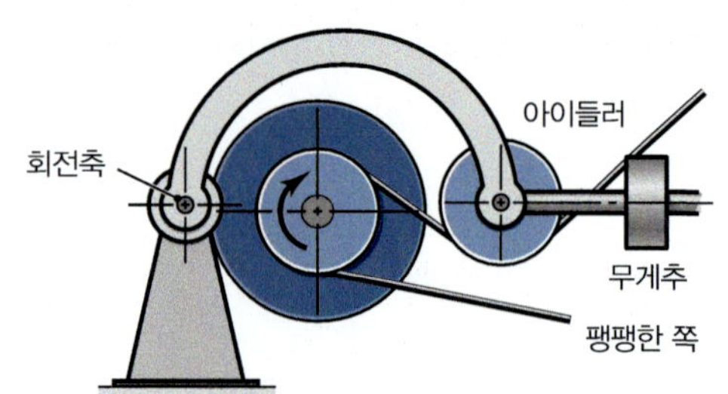

그림 19.2: 벨트 장력을 유지하기 위한 아이들러 무게추.

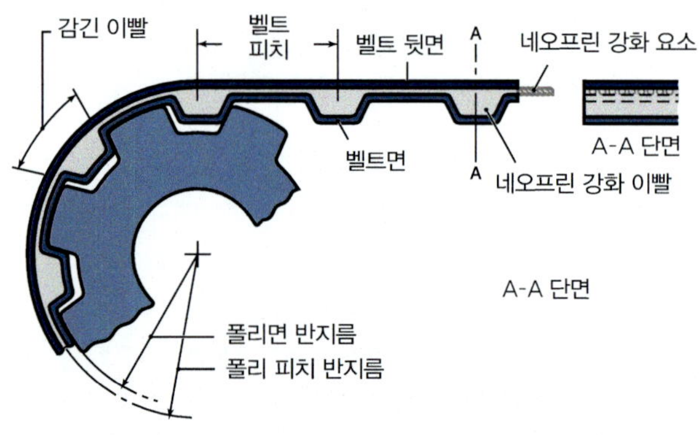

그림 19.3: 타이밍 벨트.

가해지는 하중이 과도하게 커져 벨트의 수명이 단축된다. 다음에 소개하는 방법들은 초기 장력을 유지하기 위한 보다 합리적인 방법들이다.

1. 기계가 운전하는 동안 벨트 장력을 조절할 수 있는 장치 개발
2. 벨트의 접촉각 증가
3. 마찰력이 높은 재료 사용
4. 넓은 벨트 사용
5. 타이밍 벨트(19.3절)나 체인(19.6절)과 같은 다른 동력 전달 요소로 교체

스프링이 장착된 풀리나 무게추를 이용하여 벨트의 장력을 유지하는 다양한 장치들이 고안되었다. 그림 19.2는 벨트의 장력을 유지하는 장치로써, 벨트의 느슨한 쪽을 위쪽으로 향하도록 설치하여 벨트의 처짐이 접촉각을 증가시키도록 고안된 장치이다.

19.3 타이밍 벨트

타이밍 벨트(timing belt), 혹은 **동조 벨트**(synchronous belt)는 평벨트의 내측에 다수의 이빨을 설치하여, 평벨트의 장점과 기어나 체인과 같이 견고한 견인력을 동시에 추구한 기계 요소이다(19.6절 참조). 그림 19.3은 타이밍 벨트의 일반적인 형태이다.

평벨트와 달리 타이밍 벨트는 미끄러짐이나 늘어나는 현상이 없고, 매우 작은 크기의 초기 장력만 필요한 것이 특징이다. 따라서 베어링에 가해지는 하중이 매우 작다. 또한 윤활이 필요없고, 체인에서 나타나는 코달 상승(chordal action)에 의한 피치원의 변화가 없기 때문에 일정한 속도비를 갖는다(19.6절). 평벨트(19.2절)에서 유도하였던 벨트 길이와 토크에 대한 공식은 타이밍 벨트에서도 동일하게 사용이 가능하다.

예제 19.2

타이밍 벨트의 최적 피치원 지름

조건 고속 모터로부터 연삭기에 동력을 전달하기 위하여 타이밍 벨트가 사용되고 있다. 타이밍 벨트는 길이 750 mm, 무게 180 g이다. 벨트가 견딜 수 있는 최대 힘은 2000 N이며, 모터와 연삭기의 속도는 동일한 5000 rpm이다.

문제 최대 동력이 전달될 때 풀리의 최적 피치원 지름을 구하라.

풀이 벨트의 최대 장력이 F_1이고 원심력이 F_c이면, 최대 전달 동력은

$$h_p = u(F_1 - F_c).$$

F_1이 벨트가 버틸 수 있는 최대 힘과 같을 때 원심력에 대한 식 (19.8)을 이용하면

$$h_p = u\left(2000 - \frac{0.180}{0.750}u^2\right) = u\left(2000 - 0.24u^2\right).$$

최적의 동력은 다음과 같은 조건에서 전달된다.

$$\frac{\partial h_p}{\partial u} = 2000 - (0.24)(3)u^2 = 0.$$

위의 식을 속도에 대하여 풀면 $u = 52.70\ \mathrm{m/s}$이다. 최대 동력을 전달하기 위한 풀리의 피치원 지름은 다음과 같다.

$$\frac{\omega D}{2} = u$$

$$D = \frac{2u}{\omega} = \frac{2(52.70)}{(5000)\left(\dfrac{2\pi}{60}\right)} = 0.2013\ \mathrm{m} = 201.3\ \mathrm{mm}.$$

19.4 V벨트

V벨트(V-belt)는 송풍기, 압축기, 혼합기(mixer), 전동공구 등 다양한 기계 장치에서 사용되는 매우 일반적인 동력전달 요소이다. 자동차와 내연기관의 동력 전달을 위하여 최소한 하나 이상의 V벨트가 사용되고 있다. V벨트는 그림 19.4a와 같이, 표준 길이와 단면적으로 제작되고 있다. A부터 E까지의 V벨트 단면 모양은 이미 1940년대에 표준이 정해졌으며, 최근에 개발된 3 V, 5 V, 8 V 벨트는 똑같은 단면적으로 더 큰 동력을 전달할 수 있다. 그림 19.4b와 c에서와 같이 V벨트는 강화섬유층이 내재된 고무로 만들어진 복합재료로 생각할 수 있다. 여기에 사용되는 유연한 강화섬유는 개별적인 가느다란 실이 아닌 일종의 끈으로써, 나일론(nylon), 케블라(Kevlar), 폴리에스터(polyester) 등의 재료가 사용된다. 벨트의 표면층은 실로 짠 구조가 심어져 있어, 마모와 기름에 의한 부식으로부터 벨트를 보호한다. 벨트의 압축되는 부분은 고강도 및 고피로 강도의 고무로 제작된다. V벨트는 잘 늘어나지 않는 내부 강화섬유 때문에, 평벨트와 같은 주기적인 초기 장력 조절이 필요없다. V벨트에 사용하는 홈이 있는 풀리를 시브(sheaves)라고 부르고, 일반적으로 주조강, 압연강 혹은 다이캐스트 금속으로 만든다. 그림 19.5는 시브에 장착된 V벨트를 보여주고 있다.

V벨트는 그림 19.4c와 같이 여러 개의 벨트를 동시에 사용하기도 한다. 두 개의 벨트를 사용하면 두배의 동력을 전달할 수 있으므로, 여러 개의 벨트를 사용하는 시스템은 큰 동력을 전달하는 데 유리하다. 그림에서 보여진 타이 밴드(tie band)를 이용한 설계는 여러 개의 벨트를 한 몸체처럼 정렬시켜 바깥쪽에 위치한 벨트도 효과적으로 풀리 주위를 회전하도록 한다.

V벨트도 미끄러짐이 발생하기 때문에, 축간의 동조가 중요하지 않은 경우 많이 활용된다. V벨트는 설치와 제거가

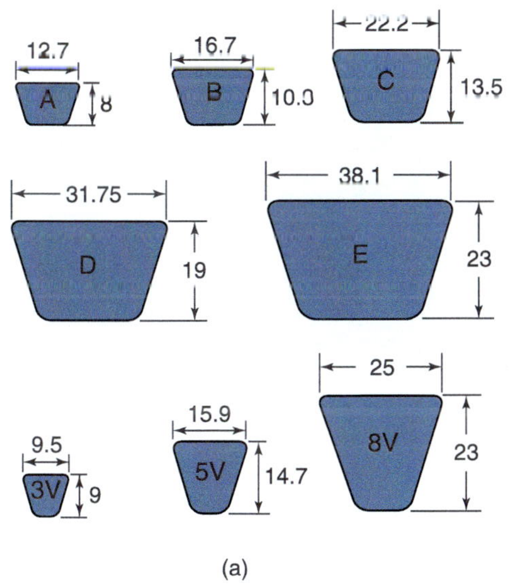

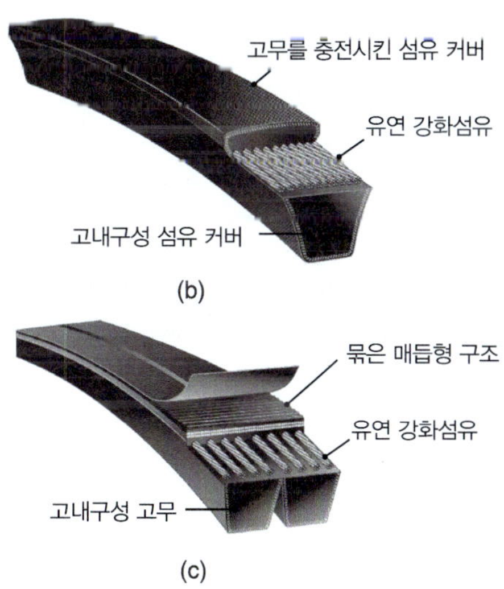

그림 19.4: V벨트의 설계. (a) 표준 V벨트의 단면, 단위는 mm, (b) 일반적인 단일 벨트, 강화섬유 코드와 마모에 강한 외피, (c) 이중 V벨트, 단일 벨트보다 더 큰 동력 전달에 사용. 최대 5개의 벨드가 사용될 수 있음.

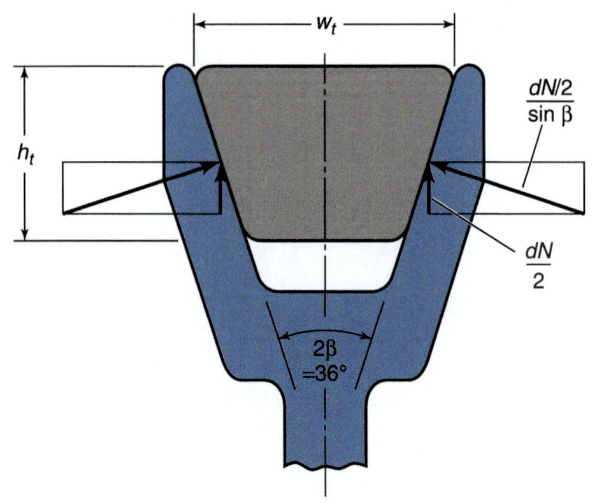

그림 19.5: 시브 홈 속의 V벨트.

쉽고, 조용한 운전이 가능하며, 저렴한 유지보수 비용과 충격 하중을 흡수할 수 있는 장점이 있다. 특히 벨트의 속도가 7.5~30 m/s에서 최적의 성능을 발휘할 수 있다.

V벨트의 **속도비**(veloctity ratio)는 기어에서 유도한 식 (14.19)와 유사하다.

$$g_r = \frac{N_{a1}}{N_{a2}} = \frac{r_2}{r_1}. \tag{19.10}$$

속도비 7:1에서 운전 성능이 좋으며, 벨트의 효율은 평벨트보다는 약간 낮은 90~98%의 효율을 나타낸다.

V벨트의 최대 장점은 쐐기 효과로서 평벨트의 수직력 dN보다 큰 $(dN/2)/\sin\beta$의 수직력(그림 19.5)을 생성할 수 있다. 이때 β는 시브의 기울어진 각도이다. V벨트는 사다리꼴의 단면을 가지고 있기 때문에 벨트가 풀리 홈의 옆면과 접촉하게 되고, 쐐기 효과가 견인력을 상승시키게 된다. 또한 벨트 압력과 마찰이 벨트의 옆면에서 발생하는 것이 특징이다. 마찰력 μ를 $\mu/\sin\beta$로 대체하면, 19.2절의 평벨트에 대한 방정식들을 V벨트에서도 동일하게 사용할 수 있다. 벨트 길이에 대한 식 (19.5)도 동일하게 사용 가능하다.

19.4.1 동력전달 용량

V벨트의 설계에 있어서, 최대 하중 조건을 반드시 고려하여야 한다. 설계 동력 용량은 운전 계수(service factor)를 고려하여야 하며 다음과 같이 표현된다.

$$h_{pr} = f_1 h_p, \tag{19.11}$$

f_1은 표 19.2에 예시된 다양한 운전 조건에서의 과하중 운전계수이고, h_p는 입력 동력이다. 그림 19.6은 설계 동력 용량에 따른 일반적인 벨트의 형상을 보여주고 있다.

표 19.2: 일반적인 과부하 운전 계수 f_1. 출처: Gate Corporation.

	동력원					
	일반 조건[a]			과부하 조건[b]		
	운전 시간(hr/day)			운전 시간(hr/day)		
구동체	3–5	8–10	16–24	3–5	8–10	16–24
디스펜서, 디스플레이 장치, 측정 장치, 사무 장치, 영사 장치	1.0	1.1	1.2	1.1	1.2	1.3
액체 교반기, 가정용 설비, 재봉틀, 전동 걸레, 저부하 컨베이어, 선풍기, 저부하 전동공구(드릴레 프레스, 선반, 전동톱), 목공예 공구	1.1	1.2	1.3	1.2	1.3	1.4
반액체 교반기, 원심분리기, 원심압축기, 고부하 컨베이어, 밀가루 반죽기, 발전기, 고부하 전동 공구(보링 밀링머신, 그라인더, 밀링머신, 가공기), 프레스, 절단기, 인쇄기, 원심/기어 펌프	1.1	1.2	1.4	1.2	1.3	1.5
벽돌기계, 피스톤 압축기, 스크류 컨베이어, 버킷 엘리베이터, 추출기, 해머 제분기, 종이 펄프기계, 분쇄기, 피스톤 펌프, 압출기, 고무캘런더 제분기, 직물기	1.2	1.3	1.5	1.4	1.5	1.6
조(jaw) 파쇄기, 기중기, 볼 제분기, 막대 튜프 제분기, 제재용 공구	1.3	1.4	1.6	1.5	1.6	1.8

[a] 일반 토크의, 꾸준히 운전하는, 동조되고 상이 나누어진 교류 모터 포함. shunt wound 직류 모터, 다수의 실린더의 내연기관

[b] 높은 토크와 미끄러짐이 많고, 반발 작용으로 유도되는, 단일상의 series wound 교류 모터 포함. compound wound 직류 모터, 단인 실린더의 내연기관

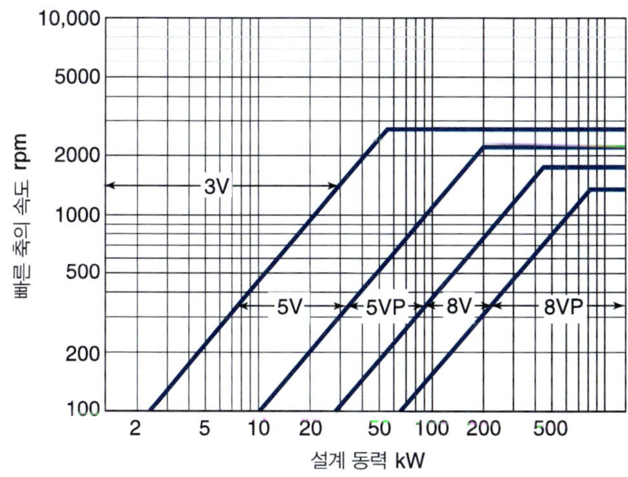

그림 19.6: 전달 동력과 축 속도로 표현된 벨트의 단면 선정가이드.

19.4.2 시브의 크기

V벨트의 재료들은 지난 몇십 년 동안 비약적으로 발전하였다. 예를 들어, 1945년에 만들어진 175 mm 시브의 B 섹션은 동력전달 용량이 3.1 kW였지만, 동일한 크기의 최신 시브의 동력전달 용량은 8 kW이다. 이것은 벨트 단면의 중앙에 설치되었던 다수의 강화섬유 다발을 벨트 단면의 상부에 설치하는 단일 강화섬유 다발로 대체함으로써 가능하게 되었다. 하지만 고전적인 벨트를 최신 벨트로 대체할 때, 피치 지름이 위쪽으로 이동하는 문제가 발생하기도 한다. 이러한 이유 때문에 국제표준기구(International Standard Organization)에서는 최신 벨트와 고전적인 벨트에 대하여 피치선 대신 사용할 수 있는 데이텀(datum)선을 제안하였고, 미국에서는 1988년에 이 표준을 받아들였다. 최신 시브는 데이텀 지름을 이용하여 표현하고, 이때 데이텀 지름과 피치 지름은 같다고 가정하여 속도를 계산할 때는 데이텀 지름을 사용한다. 일반적인 벨트의 단면에서 데이텀 지름은 시브의 최외각 지름과 거의 동일하다. 왜냐하면 시브의 최외각 지름은 벨트의 보강선과 매우 유사하기 때문이다.

V벨트의 설계에서는 최대한 큰 시브를 고려한다. 하지만 큰 시브일수록 가격이 비싸고, 작은 시브에 비해 중심 거리가 커지는 단점이 있다. 반면 작은 시브는 미끄러짐이 많고, 벨트가 더 많이 구부러지기 때문에 효율이 나쁘며, 큰 예하중(preload)이 필요하고(베어링과 축에 큰 하중이 발생함), 벨트의 수명을 단축시킨다. 표 19.3은 일반적인 전기 모터에 적합한 시브의 데이텀 지름을 표시하고 있다.

표 19.3: 전기 모터에 사용되는 일반적인 시브의 최소 데이텀 직경 (mm). 출처: Gate Corporation.

모터 동력 kW	모터 rpm 575	690	870	1160	1750	3450
0.375	64	64	56	—	—	—
0.50	75	64	61	56	—	—
0.75	75	75	61	61	56	—
1.1	75	75	61	61	61	56
1.5	96	75	75	61	61	61
3.75	115	115	96	75	75	66
7.5	150	132	117	112	96	75
11.2	175	150	5.4	117	112	96
15	210	175	150	137	117	112
22.5	250	230	175	175	137	—
37.3	280	250	230	208	175	—
55	355	330	267	250	230	—
75	457	380	320	280	250	—
150	560	560	560	—	—	—

일반적으로 표 19.3에 나타난 데이텀 지름보다 훨씬 큰 시브를 사용하게 된다. 특별한 기계 장치에서는 설계 인자에 따라 시브를 선택하거나 필요한 크기의 시브를 직접 제작하기도 하지만, 일반적으로 시중에 나와있는 표준 시브를 사용하는 것이 선호된다. 표 19.4는 표준 시브 크기의 조합과 설계 절차 19.1에서 살펴본 벨트의 동력전달 용량을 수정한 동력수정 계수 f_2를 보여주고 있다.

19.4.3 설계 동력 용량

표 19.5는 벨트의 종류에 따른 동력 용량을 보여주고 있다. 표에 나타난 벨트들은 3 V나 5 V 단면을 가지는 벨트만 고려한 것이고, 그림 19.4a의 다른 데이터들은 제작사로부터 쉽게 얻을 수 있다. 사실 표 19.5는 제한된 종류의 벨트만 나타낸 것이고, 재료와 제작 방식에 따라 매우 다양한 단면 모양, 길이, 동력 용량의 벨트가 존재한다. 표 19.5는 벨트를 설명하는 데는 매우 유용하게 사용될 수 있지만, 보다 상세한 설계를 위하여 다양한 종류의 벨트를 고려하여야 하며, 이에 대한 자료는 제작사의 웹사이트에서 구할 수 있다.

표 19.4: 일반적인 시브에 대한 중심 거리와 동력 수정 계수 f_2. 출처: Gate Corporation.

벨트 종류	속도비[a]	데이텀 직경 mm 작은 시브	데이텀 직경 mm 큰 시브	벨트 길이 mm 635	762	875	1020	1140	1250	1520
3V	1.00	67	67	211	274	338	401	465	528	655
		76	76	198	262	325	389	452	516	643
		85	85	183	246	310	373	437	500	627
		114	114	137	201	264	328	391	455	582
	1.25	64	80	206	269	333	396	460	523	650
		93	114	155	218	282	345	409	472	599
		114	142	—	178	244	307	371	434	561
		120	152	—	165	229	292	355	420	546
	1.5	71	105	178	241	305	371	434	498	625
		76	114	173	231	295	358	422	485	612
		85	127	150	213	277	340	404	467	594
		135	203	—	—	—	241	305	368	495
	2.0	67	135	155	221	284	348	411	485	333
		76	152	132	198	262	325	391	465	569
		105	203	—	—	196	262	325	391	594
		135	269	—	—	—	—	244	310	582
	2.5	67	165	—	193	257	323	386	450	577
		71	175	—	180	246	310	373	439	566
		80	203	—	—	213	279	343	409	536
		142	356	—	—	—	—	—	—	356
	3.0	67	203	—	152	221	287	353	417	546
		93	269	—	—	—	203	272	340	470
		121	356	—	—	—	—	—	—	368

벨트 종류	속도비[a]	데이텀 직경 mm 작은 시브	데이텀 직경 mm 큰 시브	벨트 길이 mm 1500	1770	2030	2290	2540	3175	3810
5V	1.00	180	180	478	617	732	859	986	1303	1621
		203	203	442	582	696	823	950	1267	1585
		229	229	404	544	658	785	912	1229	1547
		318	318	—	404	518	645	772	1090	1407
	1.5	191	287	384	523	640	767	894	1212	1529
		235	356	—	434	549	676	805	1123	1440
		318	475	—	—	—	516	643	963	1280
	2.0	180	356	330	472	589	716	843	1163	1608
		203	406	—	411	528	655	785	1105	1549
		356	711	—	—	—	—	—	729	1181
	3.0	203	599	—	—	—	470	607	937	1260
		180	538	—	—	411	549	681	1006	1328
		318	953	—	—	—	—	—	—	848

[a] 명목 속도비, 실제 속도비는 다소 다를 수 있음.

동력 수정 계수:
- $f_2 = 0.8$
- $f_2 = 0.9$
- $f_2 = 1.0$

설계 절차 19.1

V벨트 장치

V벨트 장치는 축의 속도와 중심 거리를 알고 있는 상황에서 설계되었다고 가정한다. 필요 동력은 모터의 용량을 통하여 계산하거나 설계 요구 조건으로부터 구할 수 있다. 여기에 소개하는 벨트 설계 과정은 이런한 숫자에 기초한 벨트의 단면, 시브의 크기, 벨트의 개수를 선정하는 방법에 대한 가이드라인을 제공한다.

1. 표 19.2의 과하중 운전 계수(overload service factor)를 예측하고, 식 (19.11)를 이용하여 벨트의 동력 용량을 계산한다.
2. 벨트의 필요 동력 용량과 축의 속도로부터 벨트의 단면을 선정한다.
3. 표 19.3으로부터 시브의 최소 데이텀 지름을 구한다.
4. 표 19.4로부터 필요한 속도비를 만족하는 시브 지름의 조합을 찾는다. 3번 과정에서 얻어진 최소 시브보다 작은 후보는 고려하지 않는다. 나머지 후보 중에서 여유 공간의 크기를 만족하는 시브를 선택한다.
5. 표 19.4로부터 설계 인자와 가장 유사한 중심 거리를 설정하고, 동력 수정 계수 f_2를 결정한다. 벨트의 길이는 식 (19.5)로부터 계산하거나 표 19.4에서 선택한다.
6. 표 19.5로부터 벨트의 단면과 중심 거리를 설정하고, 벨트의 기본 동력 용량 h_1을 결정한다. 매우 빠른 속도이거나 작은 시브의 경우, 계산보다 큰 동력이 필요하

표 19.5: 3 V와 5 V 단면의 벨트당 동력 용량(kW). 출처: Gate Corporation.

벨트	속도 (rpm)	작은 시브의 외측 직경 mm											
		65	71	76	80	85	93	105	114	120	127	135	142
3V	200	0.20	0.23	0.26	0.29	0.32	0.37	0.46	0.52	0.56	0.60	0.66	0.71
	400	0.37	0.41	0.48	0.53	0.60	0.69	0.85	0.97	1.05	1.13	1.22	1.32
	600	0.51	0.58	0.68	0.75	0.85	0.99	1.22	1.40	1.51	1.63	1.77	1.90
	800	0.64	0.74	0.87	0.96	1.08	1.27	1.56	1.80	1.95	2.10	2.28	2.46
	1000	0.77	0.89	1.04	1.16	1.31	1.54	1.89	2.18	2.36	2.55	2.78	2.99
	1200	0.89	1.03	1.21	1.35	1.53	1.80	2.22	2.56	2.78	2.99	3.25	3.51
	1400	1.01	1.16	1.37	1.53	1.74	2.05	2.53	2.92	3.17	3.42	3.72	4.01
	1600	1.11	1.29	1.53	1.71	1.94	2.29	2.83	3.27	3.54	3.83	4.16	4.48
	1800	1.22	1.42	1.68	1.88	2.14	2.53	3.13	3.60	3.92	4.22	4.59	4.95
	2000	1.31	1.54	1.83	2.04	2.33	2.75	3.41	3.93	4.27	4.60	5.00	5.39
	2400	1.51	1.76	2.10	2.36	2.69	3.19	3.95	4.54	4.94	5.32	5.77	6.21
	3000	1.75	2.07	2.48	2.78	3.18	3.77	4.68	5.38	5.83	6.27	6.80	7.30
	4000	2.09	2.48	3.00	3.37	3.87	4.60	5.68	6.51	7.02	7.53	8.06	8.65
	5000	2.33	2.78	3.38	3.81	4.38	5.18	6.36	7.23	7.76	—	—	—

벨트	속도 (rpm)	작은 시브의 외측 직경 mm											
		180	190	200	215	230	235	250	260	287	317	355	405
5V	100	1.01	1.10	1.22	1.34	1.46	1.52	1.63	1.76	1.99	2.27	2.61	3.07
	200	1.88	2.06	2.28	2.51	2.73	2.84	3.07	3.31	3.75	4.27	4.92	5.78
	300	2.69	2.95	3.28	3.60	3.93	4.10	4.42	4.77	5.41	6.17	7.12	8.36
	400	3.45	3.80	4.23	4.66	5.08	5.29	5.71	6.17	7.00	7.98	9.18	10.82
	500	4.20	4.62	5.15	5.67	6.18	6.45	6.96	7.53	8.50	9.77	11.26	13.20
	600	4.91	5.41	6.03	6.65	7.26	7.53	8.13	8.80	10.00	11.41	13.13	15.44
	800	6.27	6.92	7.68	8.50	9.33	9.70	10.44	11.34	12.83	14.62	16.79	19.62
	1000	7.53	8.36	9.33	10.29	11.19	11.71	12.61	13.65	15.44	17.53	20.14	23.35
	1500	10.37	11.49	12.83	14.10	15.44	16.04	17.31	18.65	20.96	23.65	26.71	30.29
	2000	12.76	14.02	15.67	17.23	18.72	19.47	20.81	22.31	24.84	—	—	—

다. 하지만 추가되는 동력의 양이 작기 때문에 여기서는 무시하기로 한다.

7. 벨트의 동력 용량은 다음과 같다.

$$h_{pb} = f_2 h_1. \tag{19.12}$$

8. 필요한 벨트의 개수는 1번 과정의 필요 동력으로부터 얻을 수 있다.

$$N = \frac{h_{pr}}{h_{pb}}. \tag{19.13}$$

예제 19.3

V벨트 설계

조건 2000 rpm으로 회전하는 7.5 kW의 농형(squirrel cage) 전기 모터가 1000 rpm에서 작동하는 압축기를 가동시키고 있다. 중심 거리는 375 mm이다.

문제 벨트의 단면, 풀리, 벨트의 개수를 결정하라.

풀이 이번 문제는 설계 절차 19.1을 따라 계산할 것이다.

1. 일반적인 압축기에서 펌프가 8시간 동안 운전한다고 가정하였을 때, 농형 전기 모터의 과하중 운전 계수는 표 19.2에서 $f_1 = 1.2$이다. 따라서 설계 동력은 식 (19.11)로부터

$$h_{pr} = f_1 h_p = (1.2)(7.5) = 9.0\ \text{kW}.$$

2. 그림 19.6은 7.5 kW, 축속도 2000 rpm에 대하여 3 V 단면을 제안하고 있다. 이 문제는 3 V의 최대 효율에 매우 근접하기 때문에, 5 V 벨트를 선택하는 것도 합리적인 설계이다. 하지만 이 문제에서는 그림 19.6에서 제안하는 3 V 벨트를 이용하여 계산하도록 한다.
3. 표 19.3에서 2000 rpm으로 회전하는 7.5 kW 모터는 96 mm보다 약간 작은 시브를 필요로 한다.
4. 표 19.4에서 이를 만족하는 4개의 시브 조합을 찾을 수 있다. 최소 지름보다 큰 시브는 105 mm보다 작거나 혹은 135 mm보다 작은 시브들이다. 이번 문제에서는 베어링 하중이 중심 거리보다 중요하지 않다고 가정하기 때문에 105 mm와 203 mm의 시브 조합을 선택한다.
5. 공칭 지름이 375 mm이기 때문에 1250 mm 벨트가 적합하다. 표 19.4의 색상표로부터 동력 수정 계수 $f_2 =$

0.90이다.

6. 표 19.5에서 외각 지름 105 mm인 시브가 2000 rpm으로 회전할 때 기본 동력 용량 $h_1 = 3.41$ kW이다.
7. 따라서 식 (19.12)로부터 벨트의 동력 용량은

$$h_{pb} = f_2 h_1 = (0.90)(3.41) = 3.07 \text{ kW}.$$

8. 식 (19.13)으로부터 필요한 벨트의 개수는

$$N = \frac{h_{pr}}{h_{pb}} = \frac{9.0}{3.07} = 2.93.$$

따라서 벨트의 개수 $N = 3$으로 설정한다.

따라서 3개의 1.25 m 길이 3 V 벨트가 105 mm와 203 mm 시브 사이에서 운전하게 된다. 3개의 벨트가 필요하기 때문에, 그림 19.4의 3단 벨트 설계가 필요하고 이에 맞는 시브를 선택하여야 한다.

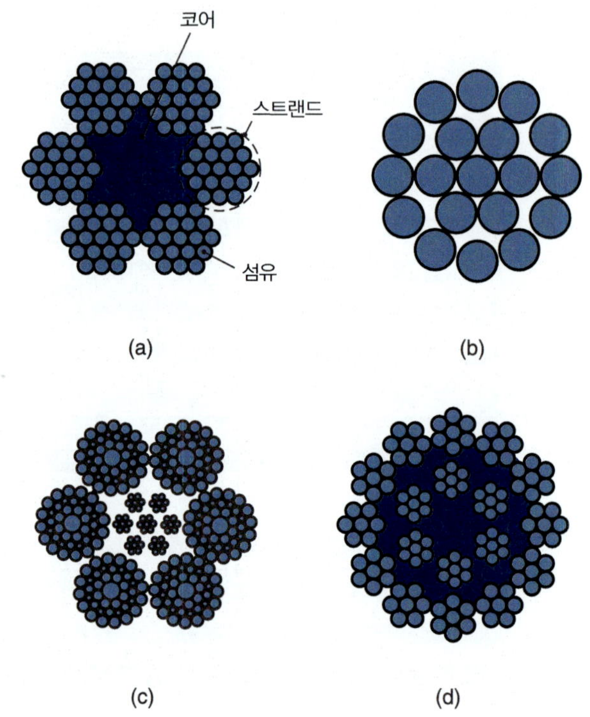

그림 19.7: 와이어 로프의 단면. (a) 6 × 19 섬유 코어, (b) 1 × 19, (c) 6 × 36 와이어 코어, (d) 8 × 7 섬유 코어.

19.5 와이어 로프

와이어 로프(wire rope)는 기중기, 엘리베이터, 스키 리프트와 같이 매우 긴 거리에서 동력을 전달할 때, 평벨트나 V벨트를 대신하여 사용된다. 그림 19.7은 일반적인 로프의 단면을 보여주고 있다. 어두운 색으로 표현된 중심 부분이 로프의 **코어**(core)이며, 삼(hemp)으로 만드는 것이 일반적이지만, 최근에는 폴리프로필렌(polypropylene)이나 강재 와이어를 이용하여 만들기도 한다. 이 코어는 로프에 탄성을 부여하고 과도한 마모를 방지하기 위한 윤활작용을 한다.

로프의 **스트랜드**(strands)는 코어를 중심으로 배치된 와이어의 조합이다. 그림 19.7a에는 6개의 스트랜드가 존재하고, 각 스트랜드는 19개의 와이어로 이루어져 있다. 로프는 일반적으로 '$1\frac{1}{8}$, 6 × 19 인양 로프(hauling rope)'와 같이 표현한다. $1\frac{1}{8}$은 인치로 표현된 로프의 지름이고, 기호 d로 표현한다. 6은 스트랜드의 개수, 19는 하나의 스트랜드에 포함된 와이어의 개수를 나타낸다. 와이어의 지름은 기호 d_w로 표시하고, '인양 로프'는 로프가 사용되는 용도를 표시한다. 다수의 얇은 와이어를 사용하는 로프는 우수한 피로 강도를 가지며, 소수의 두꺼운 와이어를 사용하는 로프는 마모에 강한 특성이 있다.

로프가 풀리 주위에 감기거나 펴질 때, 스트랜드와 와이어들은 서로서로 미끄러지게 된다. 이때 미끄러지는 속도는 매우 작지만 압력은 매우 크기 때문에 마모가 큰 문제가 될 수 있다. 따라서 윤활이 로프의 수명에 결정적인 역할을 하며, 윤활유는 주기적인 교체가 필수적이다. 코어를 충분히 적실 수 있고 코어의 부식을 방지할 수 있는 윤활유의 선택이 중요하다.

그림 19.8은 두 가지 종류의 **로프층**(rope lay)을 보여주고 있다. 그림 19.8b의 **일반층**(regular lay)의 경우, 와이어는 한쪽 방향으로 꼬여 있고, 스트랜드는 와이어와 반대 방향으로 꼬아져 로프를 만들게 된다. 눈에 보이는 와이어들은 대략적으로 로프의 축과 평행하다. 일반층은 로프가 뒤틀리거나 풀어지지 않고 다루기 쉬운 것이 장점이다. 그림 19.8a의 **랭층**(lang lay)은 와이어와 스트랜드가 동일한 방향으로 꼬여있다. 랭(lang)층 로프는 일반층 로프보다 마모나 피로에 강하

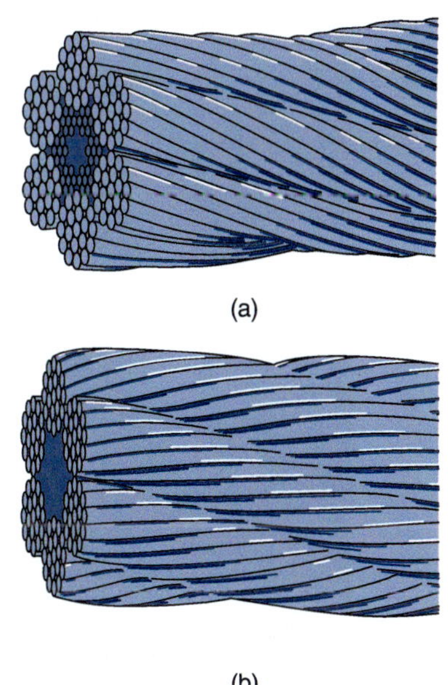

그림 19.8: 와이어 로프의 2가지 층. (a) 랭층, (b) 일반층.

지만 잘못 사용했을 때 망가지거나 작은 홈에 끼기 쉽고, 잘못 감았을 때 찌그러지기 쉬운 단점이 있다. 랭(lang)층 로프는 끝부분에서 단단한 결속을 유지하여 풀리지 않도록 유의하여야 한다.

로프에는 강이 가장 많이 쓰이나 구리, 청동, 스테인리스강, 연철과 같은 금속들도 다양하게 활용된다. 표 19.6은 시중에서 구할 수 있는 다양한 로프의 종류와 특성을 나열한 것이다. 일반적인 인양 로프의 금속 스트랜드 단면적은 $A_m \approx 0.38d^2$이다.

19.5.1 인장 응력

로프에 작용하는 총 힘은

$$F_t = F_w + F_r + F_a + F_h, \tag{19.14}$$

여기서

F_w = 지지된 무게, N

F_r = 로프 무게, N

F_a = 가속에 의한 힘, N

F_h = 고정 하중, 종종 *헤드에이크 볼*(headache ball)에 의해 발생, N

정적 하중 F_h는 로프의 장력을 유지하고, 풀리로부터 미끄러지는 것을 방지하기 위하여 꼭 필요한 힘이다. 인장 응력은

$$\sigma_t = \frac{F_t}{A_m}, \tag{19.15}$$

A_m은 일반적인 인양 로프의 금속 스트랜드의 단면적이다. 표 19.6으로부터 로프의 최대 허용 응력을 구할 수 있다.

식 (1.1)로부터 안전 계수는

표 19.6: 와이어 로프 데이터. 출처: Shigley and Mitchell(1983).

로프	단위 길이당 부게[a] kg/m	최소 시브 직경	로프 직경 d, mm	재료	외부 와이어 크기	강성[b] GPa	강도[c] MPa
6 × 7	$3465d^2$	$42d$	6 – 12	모니터강	$d/9$	96	690
				쟁기강	$d/9$	96	600
				연쟁기강	$d/9$	96	525
6 × 19 일반 견인 로프	$3700d^2$	$26d$ – $34d$	6 – 70	모니터강	$d/13$ – $d/16$	83	730
				쟁기강	$d/13$ – $d/16$	83	640
				연쟁기강	$d/13$ – $d/16$	83	550
6 × 37 유연 로프	$3580d^2$	$18d$	6 – 90	모니터강	$d/22$	75	690
				쟁기강	$d/22$	75	600
8 × 19 초유연 로프	$3350d_2$	$21d$ – $26d$	6 – 40	모니터강	$d/15$ – $d/19$	69	630
				쟁기강	$d/15$ – $d/19$	69	550
7 × 7 비행기 로프	$3930d_2$	—	1.5 – 10	내부식강	—	—	850
				탄소강	—	—	850
7 × 9 비행기 로프	$4040d_2$	—	3 – 35	내부식강	—	—	930
				탄소강	—	—	985
19-와이어 비행기 로프	$4970d_2$	—	0.75 – 8	내부식강	—	—	1140
				탄소강	—	—	1140

[a] 길이당 무게(kg/m), d는 m 단위

[b] 강성은 단지 추정치이고, 로프의 하중에 영향을 받는다. 일반적으로 강성이 증가하면 로프의 수명도 증가한다.

[c] 강도는 로프의 명목 단면적을 기준으로 한다. 주어진 그림은 단지 어림한 그림으로 25 mm 로프와 6 mm 비행기 케이블을 기준으로 한다.

표 19.7: 다양한 경우에 따른 와이어 로프의 최소 안전 계수. 이 안전 계수들은 피로 파괴를 고려하지 않았음. 출처: Shigley and Mitchell(1983).

적용 예	안전 계수 n_s
Track cables	3.2
Guys	3.5
Mine shafts, m	
Up to 150	8.0
300–600	7.0
600–900	6.0
Over 900	5.0
Hoisting	5.0
Haulage	6.0
Cranes and derricks	6.0
Electric hoists	7.0
Hand elevators	5.0
Private elevators	7.5
Hand dumbwaiters	4.5
Grain elevators	7.5
Passenger elevators	
Up to 0.25 m/s	7.60
0.25–1.5	9.20
1.5–4.0	11.25
4.0–6.0	11.80
6.0–1500	11.90
Freight elevators	
Up to 0.25 m/s	6.65
0.25–1.5	8.20
1.5–4.0	10.00
4.0–6.0	10.50
6.0–7.5	10.55
Powered dumbwaiters	
Up to 0.25 m/s	4.8
0.25–1.5	6.6
1.5-4.0	8.0

$$n_s = \frac{\sigma_{\text{all}}}{\sigma_t}. \tag{19.16}$$

표 19.7은 다양한 상황에서의 최소 안전 계수를 나타내고 있다. 식 (19.16)으로부터 얻어진 안전 계수는 표 19.7에서 얻어진 안전 계수보다 커야 한다.

19.5.2 굽힘 응력

풀리에 감긴 로프에 작용하는 굽힘모멘트를 식 (4.46)과 식 (4.47)을 통해 구하면

$$M = \frac{EI}{r} \quad \text{그리고} \quad M = \frac{\sigma I}{c}. \tag{19.17}$$

두 식을 풀면 굽힘 응력은

$$\sigma_b = \frac{Ec}{r},$$

r은 로프의 곡률 반경이고, c는 중심축에서부터 최외각 와이어까지의 거리이다. 풀리와 맞닿는 면의 로프는 살짝 찌그러들지만, 로프의 곡률 반경은 거의 풀리의 반지름($D/2$)과 같다. 마찬가지로 c는 $d_w/2$이므로,

$$\sigma_b = \frac{Ed_w}{D}, \tag{19.18}$$

d_w는 와이어의 지름이고, D는 풀리의 지름이다. 식 (19.18)로부터 D/d_w가 매우 크면, 굽힘 응력은 매우 작아진다. 따라서 표 19.6에서 제안하는 풀리의 최소 지름은 D/d_w비가 400인 경우를 기본으로 한다. 가능한 한 이 비율이 크도록 설계하여야 한다. 만약 D/d_w비가 200보다 작으면 로프에 큰 하중이 걸리게 되므로, 로프의 수명을 늘리기 위한 안전한 설계는 $D/d_w \geq 400$을 추천한다.

하지만 이러한 법칙은 다음과 같은 이유에서 항상 지켜지지는 않는다. 첫째, 사례 연구 19.1처럼 크레인에 일반적으로 사용하는 50 mm 직경의 와이어 로프의 경우, 위의 법칙을 적용하면 풀리의 직경이 거의 2 m에 달하게 된다. 와이어 로프가 원통에 감겨지고, 로프와 인접한 원통면에서 파괴가 일어나기 때문에 큰 직경의 원통이 선호된다. 모터의 토크는 로프의 장력과 원통의 반지름의 곱으로 표현되기 때문에, 상대적으로 작은 하중을 들어올릴 때도 매우 큰 용량의 모터가 필요하게 된다. 결과적으로 전체 크레인이 훨씬 커지고 비싸지게 되며, 다른 설계 변수들도 발생하게 된다. 예를 들어 크레인 밑의 지반 침하가 훨씬 빈번하게 발생할 수 있으며, 동력 소모량이 증가하고, 크레인을 다른 위치로 이동하기도 매우 어렵게 된다.

앞에서 서술한 설계 법칙은 와이어 로프가 무한 수명을 갖기 위한 조건들이다. 무한 수명을 갖는 로프를 설계하는 것은 경제적이지 못하므로 종종 작은 풀리를 사용하게 된다. 인적, 물적 피해를 발생시키는 기계적 파손을 방지하기 위하여 와이어 로프는 주기적으로 점검하여야 한다. 망가진 로프의 표면을 면장갑으로 문지르게 되면 표면에서 쉽게 걸리기 때문에 그 손상 정도를 알아낼 수 있다. 로프의 요구 수명은 단위 길이당 끊어진 와이어의 개수로 표현된다. 미국기계학회(American Society of Mechanical Engineers, 2007)에서는 6개월마다 크레인의 로프를 점검하도록 명시하고 있다.

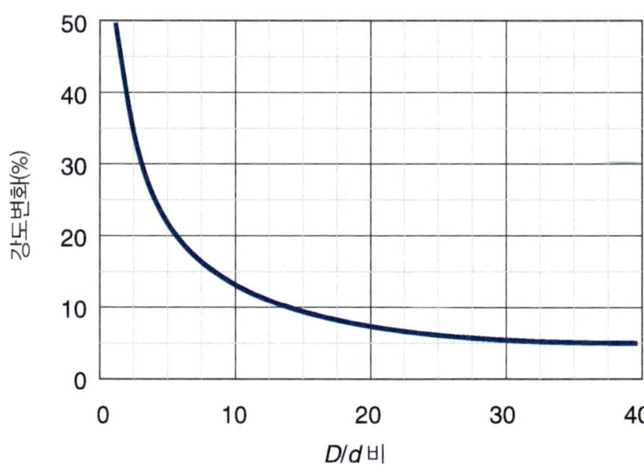

그림 19.9: D/d 비율에 따른 와이어 로프의 강도 변화.

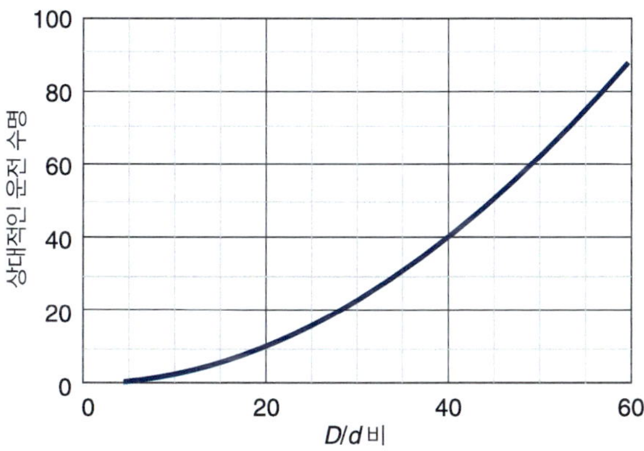

그림 10.10: D/d 비윤에 따른 와이어 로프의 운전 수명.

만약 어떤 부분이라도 한 층 안에서 6개 이상의 끊어진 와이어가 발견되거나 혹은 하나의 스트랜드에서 3개 이상의 끊어진 와이어가 발견되면 로프를 교체하여야 한다. 풀리 대 와이어 지름 비율 12:1은 로프의 무한 수명을 만족하기 위해 사용할 수 있는 동일한 표준이다. 그림 19.9와 그림 19.10은 풀리의 직경이 작아질수록 로프의 강도와 운전 수명이 줄어드는 것을 보여준다.

19.5.3 베어링 압력

로프는 늘어나고 풀리와 마찰하면서 풀리와 로프 양쪽에 마모를 야기한다. 마모량은 풀리홈에서 발생하는 로프의 압력에 비례한다.

표 19.8: 다양한 풀리 재료와 로프 종류에 따른 최대 허용 베어링 압력. 출처: Shigley and Mitchell(1983).

로프	시브 재료에 따른 최대 베어링 압력 MPa			
	주철[a]	주강[b]	칠드 주철[c]	망간강[d]
일반층				
6 × 7	2.07	3.80	4.48	10.1
6 × 19	3.31	6.20	7.58	16.5
6 × 37	4.04	7.41	9.13	20.7
8 × 19	4.69	8.69	10.7	24.1
랭층				
6 × 7	2.41	4.13	4.93	11.4
6 × 19	3.79	6.89	8.34	19.0
6 × 37	4.55	8.14	10.0	22.8

[a] beech, hickory, orgum의 알갱이
[a] 최소 HB = 125
[b] 0.30-0.40% 탄소 함유량, HB(min) = 160
[c] 표면경도가 일정할때 사용
[d] 고속으로 회전하는 표면이 연마 처리된 시브에 적용

$$p = \frac{2F_t}{dD}, \tag{19.19}$$

d는 로프의 *직경*이다. 식 (19.19)로부터 얻어진 압력은 다양한 풀리 재료와 로프타입에 따라 표 19.8에서 얻어진 최대 압력보다는 작다.

19.5.4 피로

긴 수명을 갖는 로프의 경우, 전체 힘 F_t는 피로 허용력 F_f보다 작아야 한다.

$$F_f = \frac{S_u dD}{2000}. \tag{19.20}$$

3개의 다른 재료에 대한 식 (19.20)에서 얻어진 극한 강도는 다음과 같다.

$$\begin{array}{ll} \text{모니터 쟁기강(Monitor plow steel)} & 1650 \le S_u \le 1930 \text{ MPa} \\ \text{쟁기강(Plow steel)} & 1400 \le S_u \le 1650 \text{ MPa} \\ \text{연쟁기강(Mild plow steel)} & 1250 \le S_u \le 1400 \text{ MPa} \end{array} \tag{19.21}$$

예제 19.4

와이어 로프의 해석

조건 대형 극장의 조명 시스템이 와이어 로프를 이용하여 최대 30 m를 끌어올려지고 있다. 끌어올려지는 최대 하중

은 12 kN이고, 속도는 0.5 m/s, 가속도는 1 m/s²를 넘지 않아야 한다. 6 × 19 인양 로프를 만들기 위하여 25 mm의 쟁기강(plow steel)을 사용하였다. 로프의 단면적은 2.41×10^{-4} m²이다.

문제 다음을 고려하여 안전 계수를 정하라.

(a) 인장 응력
(b) 굽힘 응력
(c) 베어링 압력
(d) 피로

풀이 표 19.6에서 하나의 6 × 19 표준 인양 로프만 사용한다고 가정하였을 때,

$$F_r = 3700d^2h_2 = 3700(0.025)^2(30) = 69.4 \text{ kg/rope},$$

$$F_w = W_{\max} = 12,000 \text{ N}.$$

F_r은 680 N/rope이다. 가속도에 의한 힘은

$$F_a = ma = \frac{W}{g}a = \frac{(12,000 + 680)(1)}{9.81} = 1290 \text{ N}$$

따라서 로프의 총 힘은 다음과 같다.

$$F_t = F_w + F_r + F_a = 12,000 + 680 + 1290 = 14,000 \text{ N}.$$

(a) *인장 응력*:

$$\sigma_t = \frac{F_t}{A_m} = \frac{14,000}{2.41 \times 10^{-4}} = 58.1 \text{ MPa}.$$

쟁기강으로 만들어진 6 × 19 표준 인양 로프에 대하여 표 19.6으로부터 $\sigma_{\text{all}} = 640$ MPa이다. 안전 계수는

$$n_s = \frac{\sigma_{\text{all}}}{\sigma_t} = \frac{640}{58.1} = 11.0$$

표 19.7에서 제안하는 안전 계수는 5.0이므로, 인장 응력을 고려할 때 하나의 로프도 충분하다.

(b) *굽힘 응력*: 표 19.6에서 6 × 19 표준 인양 로프를 위한 풀리의 최소 크기는 26d에서 34d 사이이다. 풀리에 대하여 아무런 설계 제한이 없기 때문에 보수적인 크기인 $D = 34d = 850$ mm로 설정한다. 또한 와이어 지름은 $d/13$에서 $d/16$ 사이이다. $d_w = d/16 = 1.56$ mm를 선택한다.

$$\frac{D}{d_w} = \frac{850}{1.56} = 545.$$

표 19.6으로부터 강성은 83 GPa이다. 식 (19.18)로부터 굽힘 응력은

$$\sigma_b = E\frac{d_w}{D} = \frac{83 \times 10^9}{544} = 153 \text{ MPa}.$$

굽힘에 대한 안전 계수는

$$n_s = \frac{\sigma_{\text{all}}}{\sigma_b} = \frac{640}{153} = 4.18.$$

여기서 구한 안전 계수는 일반적으로 제안하는 5.0보다 작다. 재료를 쟁기강에서 모니터강(monitor steel)으로 변경하면, 안전 계수는 5에 가까운 4.81이 된다. 하지만 안전 계수는 정적 인장 하중에 대하여 계산된 값이므로, 여기서 구한 안전 계수는 와이어가 굽힘에서 파괴되지 않는다는 것을 알 수 있다. 표 19.7의 인장 과하중 계수는 다른 종류의 파괴에서는 적용되지 않는다.

로프가 동일한 크기의 풀리에 감겨 있기 때문에 로프의 개수를 늘려도 결과는 변하지 않는다. 가장 쉬운 해결책은 더욱 큰 풀리를 쓰는 것이지만, 이러한 방법은 19.5.2절에서 논의하였던 것과 같은 다른 문제점들을 발생시킨다.

(c) *베어링 압력*: 식 (19.19)로부터

$$p = \frac{2F_t}{dD} = \frac{2(14,000)}{(0.025)(0.85)} = 1320 \text{ kPa}.$$

표 19.8로부터 주조강 풀리에 사용하는 6 × 19 랭(Lang) 층 벨트의 $p_{\text{all}} = 6.20$ MPa이다. 안전 계수는

$$n_s = \frac{p_{\text{all}}}{p} = \frac{6.20}{1.32} = 4.70.$$

(d) *피로*: 모니터강의 극한 강도는 식 (19.21)로부터 최대 1930 MPa이다. 식 (19.20)으로부터 허용 가능한 최대 피로힘은

$$F_f = \frac{S_u dD}{2000} = \frac{(1930 \times 10^6)(0.025)(0.85)}{2000} = 20 \text{ kN}.$$

안전 계수는

$$n_s = \frac{F_f}{F_t} = \frac{20,000}{12,000} = 1.67.$$

피로를 고려한 안전 계수가 제일 작기 때문에, 피로 파괴가 가장 일어나기 쉬운 종류의 파괴이다. 4개의 보르트를 이용하면 안전 계수는 5보다 크게 된다.

19.6 롤러 체인

롤러 체인(rolling chain)은 같은 평면에서 회전하는 2개의 스프로킷 사이에 동력을 전달하기 위해 사용된다. 이 기계 요소는 타이밍 벨트(그림 19.3)와 매우 유사하나, 벨트 대신 롤러 체인을 사용하는 가장 큰 이유는 미끄러짐이 없기 때문이다. 축간 거리가 매우 긴 경우, 기어를 사용하는 것보다 훨씬 적은 수의 기계 요소와 공간을 사용하여 쉽게 동력을 전달할 수 있으며 효율이 매우 높다. 초기 장력이 필요없어 축하중이 벨트에 비하여 매우 작다. 유일한 유지보수 사항은 주기적인 윤활유의 공급이다.

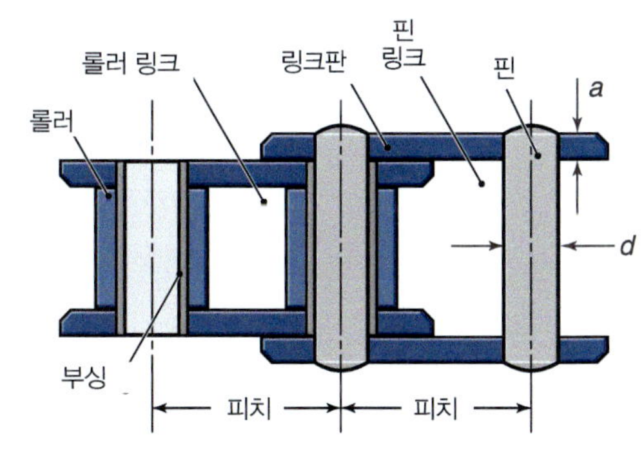

그림 19.11: 롤러 체인의 요소들.

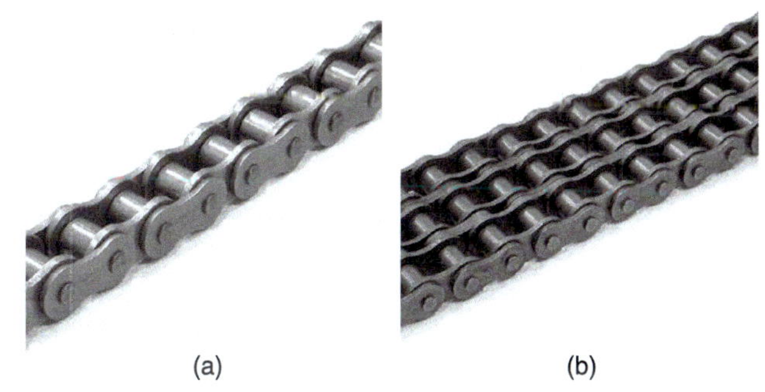

(a) (b)

그림 19.12: 일반적인 롤러 체인. (a) 한줄 롤러 체인, (b) 세줄 롤러 체인.

19.6.1 롤러 체인의 구동

그림 19.11은 핀, 부싱, 롤러, 링크판 등 롤러 체인의 다양한 구성요소를 보여주고 있다. 롤러는 부싱 위에서 회전하며, 부싱은 링크판 안쪽에 끼워맞춤으로 고정된다. 핀은 바깥판에 끼워맞춤으로 고정되어 회전하지 않는다. 표 19.9는 표준 크기에 대한 다양한 치수들을 보여주고 있다. 표 19.9와 같이 다양한 크기의 체인이 존재하고, 다수의 체인을 동시에 사용할 수도 있다(그림 19.12). 따라서 체인은 매우 크거나 매우 작은 동력을 전달하는 데 모두 사용될 수 있다. 또한 필요하다면 굉장히 큰 감속비를 얻을 수도 있다. 체인의 공차는 기

표 19.9: 롤러 체인의 표준 크기와 강도.

ANSI 체인[a] 번호	ISO 체인 번호	피치 p_t, mm	롤러 직경 mm	롤러 폭 mm	핀 직경 d, mm	링크판 두께 a, mm	평균 인장강도 S_u, kN	길이당 무게 kg / m
[b]25	—	6.350	3.302	3.175	2.30	0.762	3.89	0.12
[b]35	—	9.525	5.080	4.763	3.58	1.27	9.34	0.31
40	08A-1	12.700	7.93	7.85	3.98	1.50	13.90	0.591
50	10A-1	15.875	10.15	9.55	5.09	2.03	21.80	1.00
60	12A-1	19.050	11.91	12.65	5.96	2.42	31.13	1.36
80	16A-1	25.400	15.88	15.87	7.94	3.25	55.60	2.58
100	20A-1	31.750	19.05	19.05	9.53	4.00	87.00	3.88
120	24A-1	38.100	22.22	25.40	11.10	4.80	125.00	5.56
140	28A-1	44.450	25.40	25.40	12.70	5.60	170.00	7.44
160	32A-1	50.800	28.58	31.75	14.27	6.40	223.00	10.0
200	40A-1	63.500	39.67	38.10	19.85	8.00	347.00	16.7
240	48A-1	76.200	47.60	47.60	23.80	9.50	500.00	23.7

[a] 피치는 체인번호의 왼쪽 숫자를 8로 나눈값으로 구한다.
[b] 롤러가 없을 때

어보다 크며 설치가 상대적으로 쉽다.

작은 스프로킷에서의 체인의 감김각은 120°이다. 축간 거리가 고정되어 있을 때 체인의 늘어짐을 조정하기 위하여 사용되는 아이들러 스프로킷의 경우, 좀 더 작은 감김각을 사용한다. 수평 체인장치(스프로킷 축과 연결된 선이 지표면과 평행할 때)가 추천할 만하고, 수직 체인장치(스프로킷 축과 연결된 선이 지표면과 수직할 때)는 가능하면 피하도록 한다. 꼭 수직 체인장치를 써야 한다면, 체인이 늘어지거나 아래쪽 스프로킷으로부터 체인이 풀리는 것을 방지하기 위하여 아이들러를 함께 사용한다.

19.6.2 운동학

체인의 속도비는 식 (14.19)의 기어의 속도비와 유사하다.

$$g_r = \frac{d_2}{d_1} = \frac{\omega_1}{\omega_2} = \frac{N_2}{N_1}, \tag{19.22}$$

N은 스프로킷의 이빨의 개수이고, ω는 rad/s로 표현되는 각속도이고, d는 지름이다. 1단 기어의 경우 속도비 $g_r < 7$을 추천한다. 7과 10 사이의 g_r 값은 저속(650 ft/min)에서 사용하는 값이다.

19.6.3 코달 상승

그림 19.13에서 보여주고 있는 코달 상승(chordal rise)은 특히 고속에서 체인의 부드러운 운전에 영향을 미치는 가장 중요한 요소이다. 삼각형 OCA에서

$$r_c = r\cos\theta_r. \tag{19.23}$$

식 (19.23)을 사용하면 코달 상승을 통한 체인의 이동은

$$\Delta r = r - r_c = r\,(1-\cos\theta_r) = r\left[1-\cos\left(\frac{180}{N}\right)\right], \tag{19.24}$$

삼각형 OCA에서 다음과 같다.

$$\sin\theta_r = \frac{p_t/2}{r} \quad \text{또는} \quad p_t = 2r\sin\theta_r = D\sin\theta_r. \tag{19.25}$$

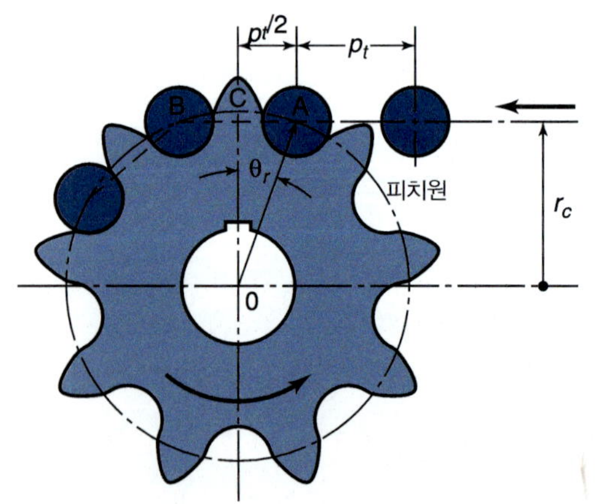

그림 19.13: 롤러 체인의 코달 상승. A 위치에서 B 위치로 이동할 때, 수평 방향뿐만 아니라 위쪽으로 체인의 링크가 움직임.

19.6.4 체인 길이

링크의 개수는

$$\frac{L}{p_t} = \frac{2c_d}{p_t} + \frac{N_1+N_2}{2} + \frac{(N_2-N_1)^2}{4\pi^2\left(\frac{c_d}{p_t}\right)}, \tag{19.26}$$

c_d는 스프로킷들 간의 중심 거리이다. 일반적으로 c_d/p_t는 30에서 50 피치 사이에서 제한한다. 만약 피치당 중심 거리가 주어져 있지 않으면 설계자는 c_d/p_t를 고정하고, 식 (19.26)을 활용하여 L/p_t를 계산한다. 이때 계산한 값보다 큰, 가장 가까운 짝수 정수값을 선택한다. 정수 L/p_t값을 이용하면 피치당 중심 거리는

$$\frac{c_d}{p_t} = A + \sqrt{A^2 - \frac{B^2}{2}}, \tag{19.27}$$

여기서

$$A = \frac{1}{4}\left(\frac{L}{p_t} - \frac{N_1+N_2}{2}\right), \tag{19.28}$$

$$B = \frac{N_2 - N_1}{2\pi}. \tag{19.29}$$

식 (19.27)에서 얻어진 c_d/p_t값은 체인이 움직이지 않을 때, 약간의 늘어짐을 유지하기 위하여 1% 정도 감소시킨다.

체인의 속도는

$$u = N_a p_t N, \tag{19.30}$$

여기서

표 19.10: 롤러 체인의 운전 계수 a_1.

	입력 동력 종류		
운전 하중 종류	유압 드라이브를 이용하는 내연기관	전기 모터나 터빈	기계적 드라이브를 이용하는 내연기관
부드러운 운전	1.0	1.0	1.2
중간 정도 충격	1.2	1.3	1.4
강한 충격	1.4	1.5	1.7

표 19.11: 롤러 체인의 스트랜드 계수.

스트랜드 계수	복수 스트랜드 계수 a_2
1	1.0
2	1.7
3	2.5
4	3.3
5	3.9
6	4.6

N_a = 각속도, rev/min

p_t = 체인의 피치, m

N = 스프로킷의 이빨 개수

19.6.5 동력 용량

체인의 동력 용량은

$$h_{pr} = h_p \frac{a_1}{a_2}, \tag{19.31}$$

여기서 h_p는 전달되는 동력이고, a_1은 표 19.10에서 얻어진 운전 계수이고, a_2는 표 19.11에서 얻어진 스트랜드 계수이다.

롤러 체인은 다양한 크기가 존재한다. 그림 19.14와 설계 설차 19.2는 롤러 체인을 선택하는 기본적인 가이드라인을 제공하고 있다. 그림 19.14는 몇 개의 체인을 사용(그림 19.12)하는가에 따라 4개의 스케일을 제공하고 있다. 각각의

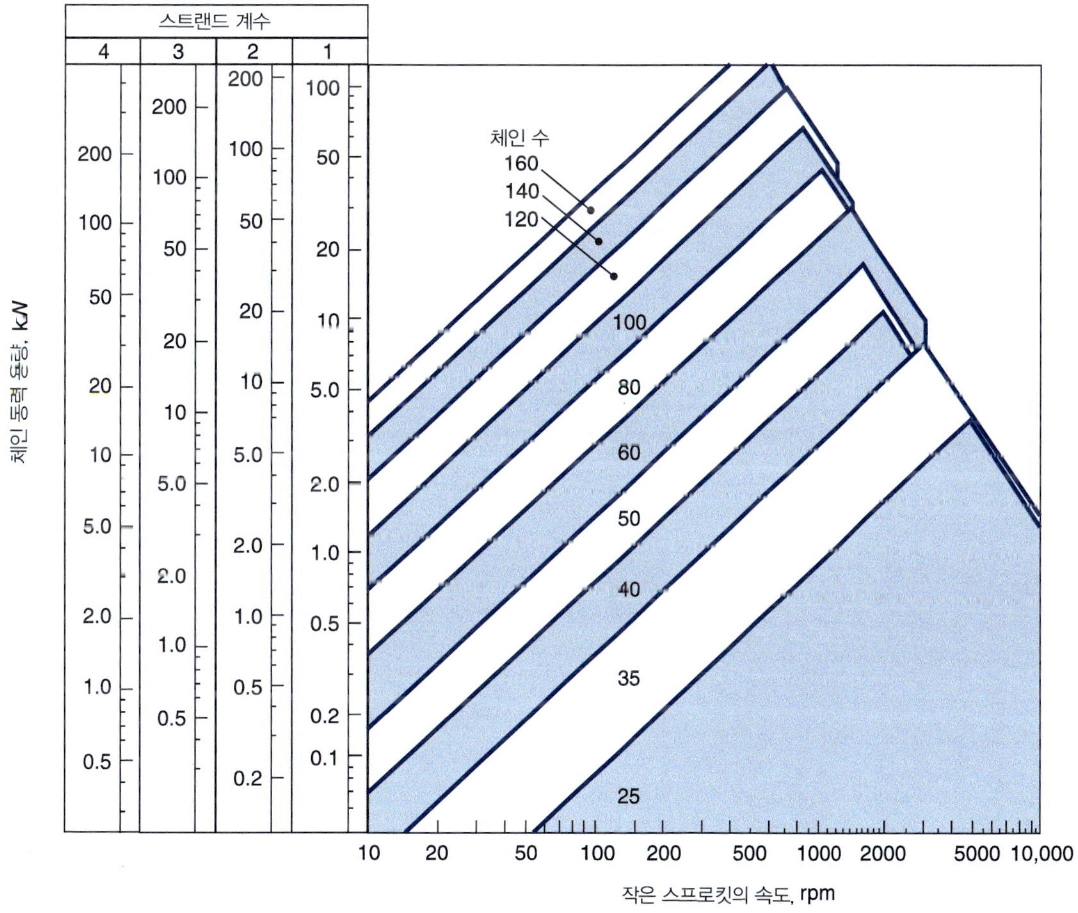

그림 19.14: 표준 롤러 체인의 설계 가이드라인.

표 19.12: 롤러 체인의 동력 용량(kW).

ANSI 체인 번호	이빨 개수[a]	작은 스프로킷의 최대 속도(rpm)										
		50	100	300	500	900	1500	2100	3000	4000	5000	6000
25	11	0.02	0.04	0.14	0.22	0.40	0.65	0.90	1.26	1.03	0.74	0.56
	12	0.03	0.05	0.15	0.25	0.43	0.71	0.98	1.37	1.17	0.84	0.64
	15	0.04	0.07	0.19	0.31	0.54	0.88	1.22	1.72	1.64	1.17	0.90
	18	0.04	0.08	0.22	0.37	0.65	1.06	1.46	2.06	2.16	1.54	1.17
	20	0.04	0.09	0.25	0.41	0.72	1.18	1.63	2.29	2.52	1.81	1.37
	22	0.05	0.10	0.28	0.45	0.79	1.29	1.79	2.51	2.91	2.08	1.58
	25	0.06	0.11	0.31	0.51	0.90	1.47	2.03	2.86	3.53	2.52	1.92
	28	0.06	0.12	0.35	0.57	1.01	1.65	2.28	3.21	4.18	2.99	2.27
	30	0.07	0.13	0.37	0.61	1.08	1.77	2.44	3.43	4.53	3.32	2.52
	35	0.08	0.16	0.44	0.72	1.26	2.06	2.84	4.01	5.28	4.18	3.18
	40	0.09	0.17	0.50	0.82	1.44	2.35	3.25	4.58	6.03	5.11	3.66
	45	0.10	0.19	0.57	0.92	1.62	2.65	3.66	5.15	6.79	6.09	1.03
35	11	0.08	0.16	0.46	0.76	1.34	2.19	3.02	2.19	1.42	1.02	0.78
	12	0.09	0.18	0.51	0.83	1.46	2.39	3.30	2.50	1.62	1.16	0.88
	15	0.11	0.22	0.63	1.04	1.83	2.98	4.12	3.49	2.27	1.62	1.23
	18	0.13	0.27	0.76	1.25	2.19	3.58	4.95	4.59	2.98	2.13	1.62
	20	0.15	0.30	0.85	1.39	2.43	3.98	5.49	5.37	3.49	2.50	1.90
	22	0.16	0.33	0.93	1.52	2.68	4.37	6.04	6.20	4.03	2.88	2.19
	25	0.19	0.37	1.06	1.73	3.04	4.97	6.86	7.51	4.88	3.49	2.66
	28	0.22	0.41	1.18	1.94	3.41	5.57	7.69	8.90	5.78	4.14	–
	30	0.23	0.44	1.27	2.08	3.66	5.97	8.24	9.87	6.41	4.59	–
	35	0.27	0.51	1.48	2.42	4.26	6.96	9.62	12.44	8.08	0.25	–
	40	0.31	0.59	1.73	2.77	4.87	7.95	10.99	15.20	8.24	–	–
	45	0.34	0.66	1.91	3.12	5.48	8.94	12.36	17.40	2.32	–	–
50	11	0.42	0.81	2.34	3.83	6.73	6.23	3.76	2.20	1.43	1.02	0.78
	12	0.52	1.02	2.93	4.78	8.41	8.71	5.26	3.08	2.00	1.43	–
	15	0.63	1.22	3.51	5.74	10.09	11.44	6.91	4.04	2.63	0.04	–
	18	0.70	1.36	3.91	6.38	11.22	13.41	8.09	4.74	3.08	–	–
	20	0.77	1.50	4.30	7.02	12.34	15.46	9.34	5.47	3.55	–	–
	22	0.87	1.70	4.89	7.97	14.02	18.73	11.31	6.62	–	–	–
	25	0.98	1.90	5.47	8.93	15.70	22.21	13.41	7.85	–	–	–
	28	1.05	2.04	5.86	9.57	16.82	24.63	14.87	8.71	–	–	–
	30	1.22	2.38	6.83	11.17	19.63	31.03	18.73	0.70	–	–	–
	35	1.40	2.72	7.81	12.76	22.43	36.64	22.89	–	–	–	–
	40	1.57	3.06	8.79	14.35	25.24	41.21	27.31	–	–	–	–
80	11	1.54	3.01	8.62	14.08	17.14	8.03	4.87	2.81	1.83	–	–
	12	1.69	3.27	9.41	15.36	19.52	9.15	5.56	3.21	2.08	–	–
	15	2.10	4.10	11.76	19.20	27.29	12.79	7.77	4.48	–	–	–
	18	2.53	4.92	14.11	23.04	35.87	16.81	10.21	5.89	–	–	–
	20	2.80	5.46	15.67	25.60	42.01	19.69	11.96	–	–	–	–
	22	3.09	6.01	17.25	28.16	48.47	22.72	13.79	–	–	–	–
	25	3.51	6.83	19.60	32.00	56.26	27.51	15.40	–	–	–	–
	28	3.93	7.65	21.95	35.84	63.01	32.62	–	–	–	–	–
	30	4.13	8.18	23.51	38.40	67.51	36.17	–	–	–	–	–
	35	4.91	9.56	27.44	44.80	78.76	45.58	–	–	–	–	–
100	11	2.95	5.75	16.52	26.97	20.49	9.60	6.18	3.36	–	–	–
	12	3.22	6.27	18.02	29.42	23.34	10.94	7.05	3.83	–	–	–
	15	4.04	7.84	22.52	36.78	32.62	15.29	9.85	–	–	–	–
	18	4.84	9.41	27.03	44.13	42.88	20.10	12.94	–	–	–	–
	20	5.38	10.46	30.03	49.03	50.22	23.54	15.16	–	–	–	–
	22	5.92	11.50	33.03	53.94	57.94	27.15	17.49	–	–	–	–
	25	6.72	13.07	37.53	61.29	70.19	32.89	–	–	–	–	–
	28	7.53	14.64	42.04	68.65	83.18	38.99	–	–	–	–	–
	30	8.06	15.69	45.04	73.55	92.28	42.20	–	–	–	–	–
	35	9.41	18.30	52.55	85.79	116.30	–	–	–	–	–	–
160	11	11.20	21.81	62.60	72.05	29.83	13.98	9.00	–	–	–	–
	12	12.23	23.78	68.29	82.06	34.00	15.93	10.26	–	–	–	–
	15	15.29	29.74	85.34	114.73	47.51	22.27	–	–	–	–	–
	18	18.34	35.68	102.43	150.84	62.46	–	–	–	–	–	–
	20	20.38	39.64	113.84	176.65	73.15	–	–	–	–	–	–
	22	22.42	43.60	125.18	203.81	84.37	–	–	–	–	–	–
	25	25.48	49.56	142.26	232.30	102.20	–	–	–	–	–	–
	28	28.53	55.50	159.35	260.20	121.15	–	–	–	–	–	–
	30	30.57	59.46	170.76	278.78	134.35	–	–	–	–	–	–
	35	35.67	69.38	199.18	325.26	84.00	–	–	–	–	–	–
200	11	20.54	39.97	114.76	86.13	35.67	16.71	–	–	–	–	–
	12	22.42	43.60	125.19	98.14	40.64	19.04	–	–	–	–	–
	15	28.02	54.51	156.50	137.16	56.79	–	–	–	–	–	–
	20	37.36	72.68	208.66	211.17	87.44	–	–	–	–	–	–
	25	46.70	90.85	260.97	295.12	122.20	–	–	–	–	–	–

윤활 종류:

- 수동식/점적
- 윤활 배스나 윤활 디스크
- 오일 흘림

[a] 이빨 수가 17개 보다 적은 스프로킷도 사용이 가능하지만, 실제 기계에 적용할때는 이빨 수가 17개보다 많은 스프로킷을 사용하도록 한다.

체인은 독특한 모양의 동력곡선을 가지고 있다. 여기서 동력 용량은 스프로킷의 특정 크기까지 증가한 후 감소하며, 파괴 모드에 영향을 미친다. 낮은 속도에서는 링크판의 피로가 파괴의 주요 원인이지만, 높은 속도에서는 핀의 마모가 주요 원인이 된다.

표 19.12는 몇몇 표준 롤러 체인에 대한 동력 용량을 보여주고 있다. 특정 체인에 대한 비슷한 데이터는 제조사 홈페이지로부터 얻을 수 있다. 표 19.12은 4가지 다른 윤활에 대해서 소개하고 있다.

- 타입 A – 수동 윤활(manual or drip lubrication), 붓이나 분무기를 이용하여 오일을 공급한다. 링크판 모서리 사이에 오일을 떨어뜨리는 방법을 사용한다.
- 타입 B – 오일 욕조 윤활(oil bath or oil slinger), 오일 통 속에 미리 정해진 높이로 오일을 유지한다. 운전하는 동안 잠시라도 체인이 오일 속에 잠기도록 한다.
- 타입 C – 오일 흐름 윤활(oil stream lubrication), 펌프를 통하여 체인 고리 안쪽에 오일을 지속적으로 공급한다.

예제 19.5

롤러 체인의 동력과 힘

조건 4줄짜리 ANSI No. 25 롤러 체인이 900 rpm으로 회전하는 이빨 25개짜리 스프로킷으로부터 동력을 전달하고 있다. 속도비는 4 : 1이다.

문제 다음을 구하라.

(a) 전달 동력

(b) 체인의 장력

(c) 중심 거리가 250 mm일 때 체인의 길이

풀이

(a) 이빨 25개짜리 900 rpm으로 회전하는 스프로킷의 경우 표 19.12에서 동력 용량은 0.9 kW이고, 오일 욕조 윤활이 필요하다. 표 19.11에서 4줄짜리 체인의 경우 $a_2 = 3.3$이다. 입력 동력과 출력 하중에 대한 어떠한 언급도 없으므로 $a_1 = 1$이라고 가정한다. 전달되는 동력은

$$h_p = h_{pr}\frac{a_2}{a_1} = (0.9)\left(\frac{3.3}{1}\right) = 2.97 \approx 3.0\ \text{kW}.$$

(b) 표 19.9에서 No. 25 체인의 피치는 6.35 mm이나. 식 (19.30)에서 계산되는 속도는

$$u = N_a p_t N = (900)(0.00635)(25) = 142.9\ \text{m/min}$$

혹은 $u = 2.38$ m/s이다. 따라서 체인의 장력은

$$P = \frac{h_p}{u} = \frac{3000}{2.38} = 1260\ \text{N}.$$

(c) 속도비 4일 때 큰 스프로킷의 이빨 개수는 4(25) = 100이다. 중심 거리가 250 mm이므로

$$\frac{c_d}{p_t} = \frac{250}{6.35} = 39.4,$$

이것은 적절하다고 추천되는 30에서 50 사이의 값이다. 식 (19.26)으로부터

$$\begin{aligned}\frac{L}{p_t} &= 2\left(\frac{c_d}{p_t}\right) + \frac{N_1 + N_2}{2} + \frac{(N_2 - N_1)^2}{4\pi^2\left(\frac{c_d}{p_t}\right)} \\ &= 78.8 + \frac{25 + 100}{2} + \frac{(100 - 25)^2}{4\pi^2(39.4)} = 144.9.\end{aligned}$$

이것은 계산값보다 큰, 가장 가까운 짝수의 링크 개수를 선정하는 좋은 예제로서, L은 146 피치 혹은 927 mm를 선택한다.

19.6.6 사일런트 체인

그림 19.15와 같이 **반선이빨 체인**(inverted tooth chain), 혹은 **사일런트 체인**(silent chain)이라 불리는 특별한 체인도 있다. 이 체인은 편평한 이빨 모양의 링크 열을 적층하여 만들어지기 때문에, 여기에 꼭맞는 이빨 모양으로 제작된 특별한 스프로킷과 딱 맞아떨어진다(그림 14.8). 이러한 형상적 이점 때문에 이 체인은 일반적인 롤러 체인보다 고속에서 월등히 조용하다. 하지만 가격이 비싼 단점이 있다. 때때로 컨베이어 벨트에서 쓰이는 체인은 워셔나 스페이서가 필요하다. 이러

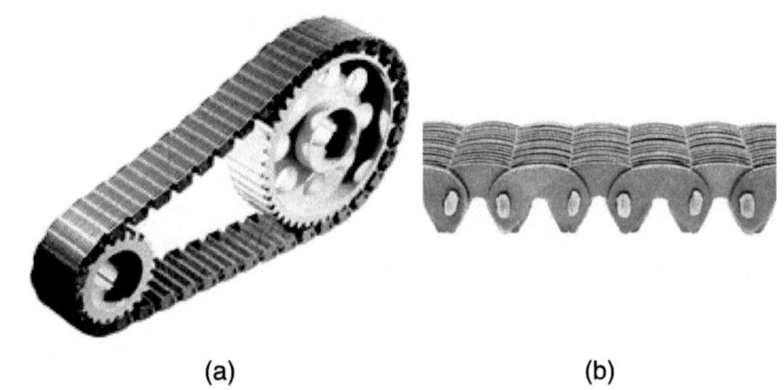

그림 19.15: 사일런트 체인. (a) 사일런트 체인과 스프로킷, (b) 사일런트 체인의 상세 구조. 출처: Ramsey Products Corp.

한 부품들은 각 체인 연결점에서 핀으로 함께 고정된다. 비록 모든 체인들이 이러한 기본 구조를 가지고 있지만 굉장히 다양한 형태, 설계, 구조를 가진 체인들이 존재한다. 사일런트 체인의 폭은 전달하려는 동력에 따라 변한다. 사일런트 체인은 동력을 전달하는 데 사용되지만 컨베이어 벨트에서처럼 마모가 적은 구조를 만들기 위해서도 사용된다.

그림 19.16과 같이 스프로킷에서 미끄러지지 않도록 가이드링크가 사용된다. 가이드링크는 체인의 중앙에 설치되거나(중앙가이드), 체인의 바깥쪽 가장자리에 설치된다(외곽가이드). 체인 내부에 두 줄의 가이드링크가 있는 체인을 두 줄 *중앙가이드*(two center guide)라고 부른다. 어떠한 종류의 가이드를 사용하여도 무방하지만, 체인과 동일한 가이드를 사용할 수 있는 스프로킷을 선택하여야 한다.

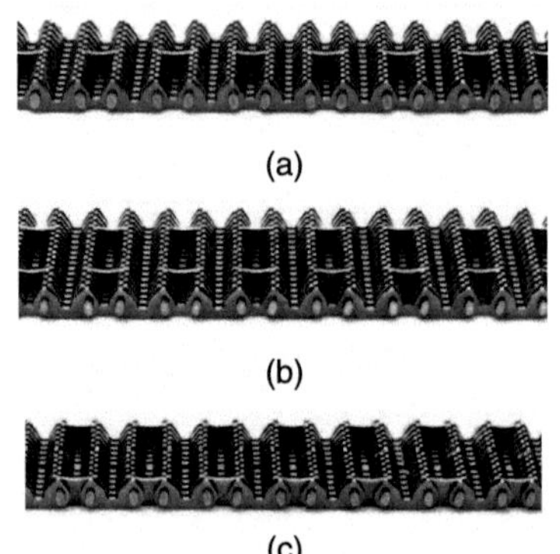

그림 19.16: 사일런트 체인의 가이드링크. (a) 한 개의 중앙 가이드링크, (b) 두 개의 중앙 가이드링크, (c) 두 개의 외곽 가이드링크. 출처: Ramsey Products Corp.

사일런트 체인은 롤러 체인보다 고속에서 더 큰 동력을 전달할 수 있고, 기본적으로 어떠한 크기의 동력에도 상응할 수 있도록 체인의 폭을 늘릴 수 있다. 사일런트 체인은 코달 상승이 없기 때문에 진동이 적고 수명이 길다. 하지만 가장 큰 장점은 일반 체인보다 소음이 작다는 것이다.

사일런트 체인은 다양한 폭으로 만들 수 있고 컨베이어 벨트에 사용될 수 있으며, 이 경우 링크들 사이에 스페이서를 사용하는 것이 일반적이다.

설계 절차 19.2

체인 장치의 설계

이번 설계 절차에서는 체인과 스프로킷을 이용한 동력 전달 장치의 설계 방법을 소개하겠다. 기본적으로 롤러 체인에 대한 방법이지만 사일런트 체인에서도 똑같이 쓰일 수 있다. 운전 조건과 설계 변수가 적절하게 표현되어 있다고 가정한다. 이번 설계 절차를 위하여 전달 동력, 동력원, 속도비, 하중 조건은 알려져 있거나 조건이 붙어 있어야 한다.

1. 표 19.10에서 운전 계수를 설정한다. 식 (19.31)에서 a_2 = 1.0으로 설정하고, 체인의 필요동력 용량을 계산한다.
2. 필요동력 용량과 스프로킷의 속도를 이용하여 그림 19.14에서 체인의 크기를 선정한다. 최소 개수의 체인를 이용하여 동력을 전달할 수 있는 설계가 가장 경제적인 설계이다.
3. 표 19.11에서 스트랜드 계수 a_2를 구한다.
4. 식 (19.31)에서 얻어진 필요동력 용량은 여러 개의 체인을 사용할 경우 다시 계산하여야 한다.
5. 표 19.12에서 작은 스프로킷의 속도에 상응하는 부분을 찾는다. 위에서부터 읽어 내려가면서 수정 필요동력 용량 h'_{pr}을 전달할 수 있는 작은 스프로킷의 이빨 개수를 찾는다. 이것이 최소 이빨 개수이고 필요하다면 더욱 큰 스프로킷을 사용할 수 있다.
6. 만약 여러 줄의 체인을 사용한다면, 표 19.12의 수정동

력 용량을 기록하고, 스트랜드 계수를 곱하여 체인의 동력 용량을 구한다.

7. 표 19.12의 윤활 종류를 참고하여 체인의 수명을 늘릴 수 있는 적당한 윤활 방법을 찾는다.
8. 식 (19.22)의 속도비로부터 큰 스프로킷의 이빨 개수를 결정한다.
9. 만약 중심 거리가 미리 지정되지 않았다면 c_d/p_t값이 30에서 50 사이의 값을 갖도록 결정한다. 체인 가이드가 있다면 좀더 긴 거리에서 사용할 수 있다. 만약 중심 거리가 허용된 공간을 넘어선다면, 스트랜드의 개수를 늘리거나 4번 과정에서 다음번 큰 피치의 체인을 선택한다.
10. 체인의 링크 개수는 식 (19.26)으로 계산할 수 있고, 다음번 큰 짝수 정수로 반올림한다.

예제 19.6

체인 장치 설계

조건 컨베이어 벨트에서 체인이 7.5 kW의 모터로부터 동력을 전달하고 있다. 모터는 감속기와 연결되어 100 rpm으로 회전하고 있고, 컨베이어 벨트의 속도는 25 rpm이 필요하다. 컨베이어 벨트는 운전과 정지를 반복하기 때문에 중간 정도의 충격 하중을 고려한다. 축의 중심 거리는 1.25 m이다.

문제 롤러 체인과 스프로킷을 선정하라.

풀이 이번 풀이는 설계 절차 19.2를 따라서 진행할 것이다.

1. 표 19.11에서 중간 정도의 충격 하중이 있는 전기 모터의 운전 계수 $a_1 = 1.3$이다. 식 (19.31)에서 얻어진 $a_2 = 1$을 이용하면 필요동력 용량은

$$h_{pr} = h_p \frac{a_1}{a_2} = (7.5)(1.3) = 9.75 \text{ kW}.$$

2. 작은 스프로킷이 100 rpm으로 회전하므로 그림 19.14는 한 줄짜리 No. 100 체인을 사용하라고 권장하고 있다. No. 120 체인도 사용가능하지만 이번 문제에서는 No. 100 체인만 고려하겠다.
3. 표 19.11로부터 스트랜드 계수 $a_2 = 1.0$이다.
4. 한 줄짜리 체인을 고려하고 있으므로 동력 용량 9.75 kW는 여전히 유효하다. 만약 여러 줄의 체인을 사용한다면 동력 용량은 다시 계산하여야 한다.
5. 표 19.12에서 작은 스프로킷의 속도 100 rpm인 No. 100 체인이 9.75 kW의 수정동력 용량을 초과하기 위하여 최소 20개의 이빨이 필요하다.
6. 표 19.12는 오일 욕조 윤활을 제안한다.
7. 식 (19.22)에서 큰 스프로킷의 이빨 개수는

$$g_r = \frac{\omega_1}{\omega_2} = \frac{N_2}{N_1},$$

$$\frac{100}{25} = \frac{N_2}{20},$$

또는 $N_2 = 80$이다.

8. 표 19.9에서 No. 100 체인의 피치는 31.75 mm이고, $\frac{c_d}{p_t} = \frac{1.25}{0.03175} = 39.3$이다. 이 값은 표준 구간에 포함되므로 더 이상의 수정(체인의 크기 및 개수)이 필요하지 않다.
9. 식 (19.26)으로부터

$$\frac{L}{p_t} = \frac{2c_d}{p_t} + \frac{N_1 + N_2}{2} + \frac{(N_2 - N_1)^2}{4\pi^2 \left(\frac{c_d}{p_t}\right)}$$

$$= \frac{2(1250)}{31.75} + \frac{20 + 80}{2} + \frac{(80 - 20)^2}{4\pi^2 \left(\frac{1250}{31.75}\right)} - 131.$$

$L = 4.16$ m이다. 짝수개의 링크를 선정하여야 하므로 $L/p_t = 132$를 선택한다. 이것은 식 (19.27)로부터 실제 축간 거리 $c_d = 1.32$ m를 뜻한다. 약간의 늘어짐을 생성하기 위하여 축간 거리는 1% 줄여야 하므로 최종 축간 거리 1.3 m를 설정한다.

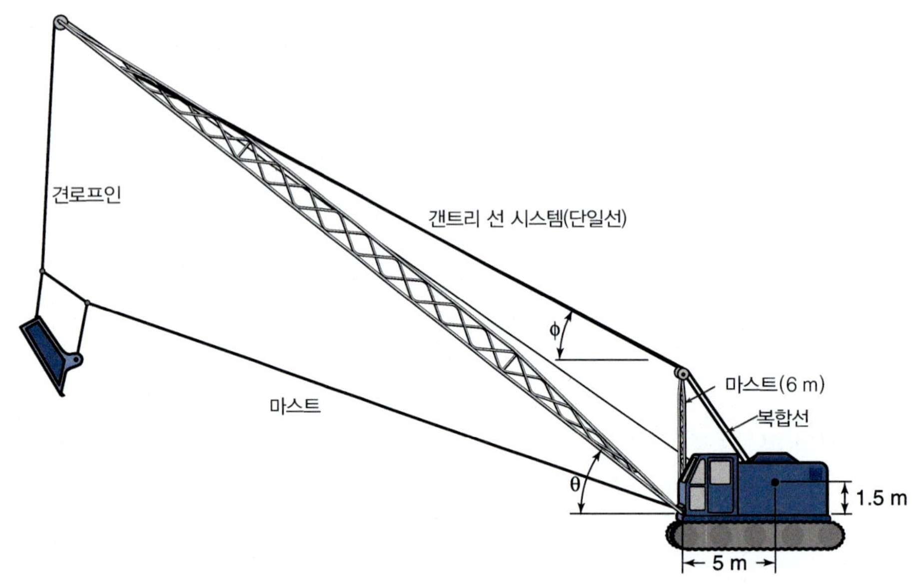

그림 19.17: 일반적인 드래그라인.

사례 연구 19.1

드래그라인을 위한 갠트리(Gantry) 설계

준설 작업이나 광산에서 쓰이는 드래그라인은 파낸 재료들을 이동시키기 위해 엄청나게 큰 바구니들을 이용한다. 이러한 갠트리 선(Gantry line) 시스템은 드래그라인의 일부분으로서 그림 19.17과 같이 기다란 크레인 팔을 지탱하고 일정 각도에서 고정할 수 있도록 하는 역할을 한다. 크레인 팔은 무게가 40 kN 이상이고 길이는 30 m가 넘으며, 무게 중심이 구조물의 중심에 있다고 생각할 수 있다. 만약 인양 로프와 크레인 팔의 모멘트가 드래그라인 끝에서의 모멘트보다 크게 되면, 드래그라인은 기울어지게 된다. 당연히 기울어짐은 피해야 하지만 갠트리 선에 작용하는 하중은 기울어지는 조건에서 발생하는 하중보다 크지 않다는 것을 인지하여야 한다.

그림 19.17은 일반적인 드래그라인의 치수를 보여주고 있다. 주기둥(mast)의 길이는 수직으로 6 m, 크레인 팔의 각도는 30°가 되도록 갠트리 선의 길이를 설정하였다. 크레인 팔 때문에 많은 사람들이 드래그라인과 크레인을 혼동하기도 한다. 하지만 둘 사이에는 굉장히 큰 차이가 있다. 드래그라인의 하중은 바구니 크기에 따른 하중만 지탱하면 되지만, 크레인은 엄청나게 큰 무게를 들어올리는 장치이다. 드래그라인은 한번 정해진 크레인 팔 각도로 굉장히 오랜 시간 작동하며, 매우 크거나 매우 낮은 각도로 사용될 일은 거의 없다. 즉 크레인 팔의 각도 범위가 굉장히 제한적이다.

크레인의 경우와 같이, 갠트리 선 시스템도 크레인 팔에서의 굽힘력을 제거하는 것이 중요하다. 따라서 갠트리 선은 붐포인트(boom point)라고 알려진 크레인 팔의 끝부분에 연결된다. 갠트리 선을 거대한 크기의 크레인 팔 끝부분에 연결하는 것은 굉장히 큰 힘으로 귀결된다. 주기둥은 갠트리 선 시스템의 오프셋으로 사용되어 작은 힘만으로 갠트리 선을 작동하도록 만든다.

과거에는 여러 가지 기발한 설계들이 드래그라인에 접목되어 있었다. 크레인 구조물과 가까운 선들은 여러 개의 풀리를 이용하여 하중을 분산시켜 케이블에 작용하는 응력을 줄일 수 있다. 이러한 여러 기계 요소로 이루어진 선들 위에 적절한 커플링으로 크레인 팔과 연결된 하나의 케이블이 존재한다. 드래그라인의 운전 조건을 고려하면, 이 단일 케이블은 절대로 풀리에 감기지 않을 것이다. 그 크기는 케이블의 강성 용량에 의하여 정해지며 피로 효과에 의하여 줄어들지 않는다(그림 19.10).

크레인 팔의 각도가 변함에 따라 주기둥이 회전하기 때문에, 갠트리 선에 의하여 지지되는 하중은 크레인 팔의 각도에 따라 변하게 된다. 갠트리 선의 장력은 크레인 팔 각도 0°에서 최대가 된다. 작은 각도에서는 끌어올릴 수 있는 용량이 매우 제한되기 때문에, 드래그라인은 작은 크레인 팔 각도에서는 작동하지 않는다. 하지만 드래그라인은 부품별로 선적되어 공사 현장에서 조립되므로, 최소한 한 번 이상 크레인 팔을 들어올려야 하는 상황이 발생하기 때문에, 크레인 팔의 각도 0°를 분석하는 것은 여전히 중요하다.

여러 개의 평형 풀리들이 그림 19.17과 같이 사용되어 갠트리 선의 하중을 줄여준다. 갠트리 선의 하중은 풀리의 개수에 영향을 받으며, 각각의 풀리는 동일한 하중을 나누어 지탱한다. 이전에 다루었던(19.5.2절) 풀리 크기에 대한 내용들이 여기에 적용될 수 있다. 만약 풀리가 너무 크면 모터의 용량을 초과하게 된다. 산업계 표준 규격에 따르면, 풀리의 직경은 $12d$가 사용된다. 이 크기의 직경은 갠트리 선의 강도를 약 12% 감소시킨다(그림 19.9). 하지만 로프의 와이어가 끊어졌는지 검사하는 유지보수 과정은 여전히 동일하게 수행되어야 한다. 드래그라인은 거의 팔의 각도가 바뀌지 않고, 갠트리 선이 풀리에 감기는 일이 많지 않기 때문에, 상당히 안전한 시스템이다.

19.7 요약

벨트와 로프는 다른 기계 요소에서는 최대한 줄이려고 노력하는 마찰력을 이용하는 기계 요소이다. 벨트, 로프, 체인은 하나의 축에서 다른 축으로 동력을 전달하는 매우 유용한 수단들이다. 이 장에서는 평벨트, 타이밍 벨트, V벨트에 대해 공부하였다. 모든 평벨트는 풀리와 벨트 표면이 상대운동하는 미끄러짐이 존재한다. 때문에 평벨트는 적절한 장력을 가지고 설치되어야 하며, 이를 위한 특별한 도구도 필요하다. V벨트의 가장 큰 장점은 쐐기효과 때문에 수직력이 dN에서 $dN/\sin\beta$로 증가한다는 것이다(β는 풀리의 각도이다). V벨트는 동일한 크기의 평벨트보다 큰 동력을 전달할 수 있다.

로프는 매우 긴 거리에서 동력을 전달할 때 사용된다. 로프는 크레인이나 엘리베이터와 같이 하중을 끌어올리려고 하는 장치에서 많이 사용된다. 평벨트나 V벨트보다 롤러 체인을 사용하는 가장 큰 장점은 미끄러짐이 없다는 것이다. 또 다른 장점은 초기 장력이 필요 없어 축에 걸리는 하중이 매우 작다. 길이, 동력 용량, 파괴모드는 벨트, 로프, 체인에서 모두 고려되어야 한다.

핵심어

동조 벨트(synchronous belt) 타이밍 벨트와 같음.

롤러 체인(rolling chains) 스프로킷과 함께 사용하는 롤러와 링크로 구성된 연속적인 고리 형태의 동력 전달 장치

반전이빨 체인(inverted tooth chain) 사일런트 체인 참조

사일런트 체인(silent chains) 기어 모양의 스프로킷에 사용하는 특별히 고안된 링크로 만들어진 체인

스트랜드(strands) 와이어 로프에 사용되는 와이어 다발

시브(sheaves) V벨트에 사용하는 풀리

와이어 로프(wire rope) 스트랜드들의 꼬인 다발

층(lay) 와이어 로프의 감긴 상태(일반층과 랭층), 와이어 로프 주변을 회전하는 스트랜드의 길이

타이밍 벨트(timing belt) 미끄러짐과 늘어짐을 방지하기 위해 안쪽 면에 이빨을 설치한 평벨트

코어(core) 로프의 중심, 외각 스트랜드를 지지하기 위한 목적으로 설치

평벨트(flat belts) 풀리들 사이에 설치된 사각 단면을 갖는 고리 형태의 동력 전달 장치

V벨트(V belt) 홈이 있는 시브에 사용하는 사다리꼴 단면의 동력 전달 장치

공식 정리

벨트:

벨트 길이:
$$L = \sqrt{(2c_d)^2 - (D_2 - D_1)^2} + \frac{\pi}{2}(D_1 + D_2) + \frac{\pi(D_2 - D_1)}{180}\sin^{-1}\left(\frac{D_2 - D_1}{2c_d}\right)$$

힘: $\dfrac{F_1}{F_2} = e^{\mu\phi\pi/180°}$

원심력을 고려한 힘: $\dfrac{F_1 - F_c}{F_2 - F_c} = e^{\mu\phi\pi/180°}$

토크: $T = \dfrac{(F_1 - F_2)D_1}{2}$

속도비: $g_r = \dfrac{N_{a1}}{N_{a2}} = \dfrac{r_2}{r_1}$

설계동력 용량: $h_{pr} = f_1 h_p$

벨트당 동력 용량: $h_{pb} = f_2 h_1$

벨트의 개수: $N = \dfrac{h_{pr}}{h_{pb}}$

와이어 로프:

총 힘: $F_t = F_w + F_r + F_a + F_h$

와이어 응력: $\sigma = \dfrac{Ed_w}{D}$

베어링 압력: $p = \dfrac{2F_t}{dD}$

피로: $F_f = \dfrac{S_u dD}{2000}$

롤러 체인:

속도비: $g_r = \dfrac{d_2}{d_1} = \dfrac{\omega_1}{\omega_2} = \dfrac{N_2}{N_1}$

코달 상승: $\Delta r = r\left[1 - \cos\left(\dfrac{180}{N}\right)\right]$

링크의 개수: $\dfrac{L}{p_t} = \dfrac{2c_d}{p_t} + \dfrac{N_1 + N_2}{2} + \dfrac{(N_2 - N_1)^2}{4\pi^2\left(\dfrac{c_d}{p_t}\right)}$

중심 거리: $\dfrac{c_d}{p_t} = A + \sqrt{A^2 - \dfrac{B^2}{2}}$

$$A = \frac{1}{4}\left(\frac{L}{p_t} - \frac{N_1 + N_2}{2}\right)$$
$$B = \frac{N_2 - N_1}{2\pi}$$

동력 용량: $h_{pr} = h_p \dfrac{a_1}{a_2}$

추천 문헌

American Chain Association, *Chains for Power Transmission and Material Handling*, Marcel Dekker.

Budynas, R.G., and Nisbett, J.K. (2011), *Shigley's Mechanical Engineering Design*, 9th ed., McGraw-Hill.

Dickie, D.E. (1985) *Rigging Manual*, Construction Safety Association of Ontario.

Juvinall, R.C., and Marshek, K.M. (2012) *Fundamentals of Machine Component Design*, 5th ed.,Wiley.

Krutz, G.W., Schuelle, J.K., and Claar, P.W. (1994) *Machine Design for Mobile and Industrial Applications*, Society of Automotive Engineers.

Mott, R. L. (2014) *Machine Elements in Mechanical Design*, 5th ed., Pearson.

Rossnagel, W.E., Higgins, L.R., and MacDonald, J.A. (1988) *Handbook of Rigging*, 4th ed., McGraw-Hill.

Shapiro, H.I. et al. (1991) *Cranes and Derricks*, 2nd ed., McGraw-Hill.

Wire Rope Users Manual (1972) Armco Steel Corp.

참고 문헌

ASME (2007) B30.5 *Mobile and Locomotive Cranes*, American Society of Mechanical Engineers.

Shigley, J.E., and Mitchell, L.D. (1983), *Mechanical Engineering Design*, 4th ed., McGraw-Hill.

문제

19.1 평벨트와 V벨트의 차이는 무엇인가?

19.2 타이밍 벨트는 무엇인가?

19.3 3 V, A, E, 5 V, 8 V라는 용어가 공통적으로 표현하는 것은 무엇인가?

19.4 이번 장에서 소개한 기계 요소들과 관련하여 미끄러짐을 설명하라.

19.5 스트랜드와 와이어의 차이는 무엇인가?

19.6 랭층과 일반층의 차이를 설명하라.

19.7 와이어 로프에 정적 하중이 사용되는 이유는 무엇인가?

19.8 로프와 스트랜드 중 더 큰 것은 무엇인가? 또한 와이어와 스트랜드 중 더 큰 것은?

19.9 시브와 스프로킷의 차이는 무엇인가?

19.10 벨트에서 초기 하중이 필요한 이유는 무엇인가?

19.11 롤러 체인에도 초기 하중이 필요한가? 이유를 설명하라.

19.12 롤러 체인을 구성하는 요소는 무엇인가?

19.13 사일런트 체인은 무엇인가?

19.14 수직 체인장치를 이용하였을 때 발생하는 결과에 대하여 설명하라.

19.15 V벨트는 윤활이 필요한가? 이유를 설명하라.

정성적 문제

19.16 데이텀(datum)을 정의하고 이것이 왜 중요한지 설명하라.

19.17 V벨트가 기어보다 유리한 점은 무엇인가?

19.18 체인과 비교하여 V벨트의 장단점을 설명하라.

19.19 와이어 로프에 윤활이 필요한 이유를 적고, 어떤 종류의 윤활이 적당한지 설명하라.

19.20 V벨트, 로프, 체인의 비슷한 점과 다른 점을 설명하라.

19.21 적당한 그림을 그려서 타이밍 벨트에 코달 상승이 존재하는지 설명하라.

19.22 V벨트의 최소 시브 직경이 필요한 이유를 설명하라.

19.23 V벨트와 와이어 로프에서 사용되는 강화섬유 스트랜드의 비슷한 점과 다른 점을 설명하라.

19.24 그림 3.19에서 그림 3.22까지를 보고 강을 대체하여 와이어 로프에 사용할 수 있는 적당한 재료를 선정하라.

19.25 시브 직경의 함수인 V벨트의 동력 용량 그래프를 그리고 설명하라.

19.26 (a) 일반층과 (b) 랭층의 특징과 장점을 설명하라.

19.27 와이어 로프에서 강이 많이 쓰이는 이유는 무엇인가?

19.28 그림 19.14의 그래프가 왜 그와 같은 모양인지 설명하라.

19.29 판매회사 측에서 강재 롤러 체인을 내마모성 폴리머 체인으로 교체하는 것을 제안하고 있다. 당신은 결정을 내리기 전에 어떠한 질문을 하여야 하겠는가?

19.30 강화섬유 다발이 V벨트의 표면쪽에 설치되는 이유를 설명하라.

정량적 문제

19.31 예제 19.3을 5 V 단면을 이용하여 반복하라. 답 191 mm와 287 mm의 시브에 1개의 벨트를 사용하는 시스템.

19.32 길이 200 mm, 폭 4 mm 두께의 평벨트가 400 mm 직경의 풀리와 900 mm 직경의 풀리에 연결되어 있다. 중심 거리는 4.5 m이고 풀리의 속도는 10 m/s이다. 단위 폭당 허용가능한 초기 하중은 17.5 kN/m이고, 단위 부피당 무게는 11.4 kN/m^{3}이다. 벨트와 풀리 사이의 마찰 계수는 0.8이다. 벨트의 길이, 벨트가 파손되기 직전의 최대 힘, 최대 전달 동력을 구하라. 답 $L = 11.08$ m, $h_{p,\max} = 60.5$ kW.

19.33 원동측과 종동측의 풀리는 직경이 160 mm이다. 만약 7 kW의 동력이 1000 rpm으로 전달되고, 풀리의 절반에만 벨트에 감싸여 있을 때($\phi = \pi/2$), 벨트에 필요한 초기 하중을 구하라. 마찰 계수는 0.20, 벨트의 밀도는 1500 kg/m^3, 허용가능 초기 응력은 5 MPa이다. 벨트의 단면적을 구하라. 답 $F_i = 2740$ N.

19.34 그림 a은 0점에 힌지되어 있는 벨트 동력 시스템이다. 모터의 무게는 50 kg이고 속도는 1500 rpm이다. 전달 가능한 최대 동력을 구하라. 굽힘 응력이 고려되었을 때, 최대 벨트 응력은 σ_{all}보다 작음을 확인하라. 벨트의 크기는 100 × 4 mm이고 마찰 계수는 0.32, 벨트의 밀도는 1200 kg/m^3, 허용가능 응력은 20 MPa이다. 답 $h_p = 10.88$ kW.

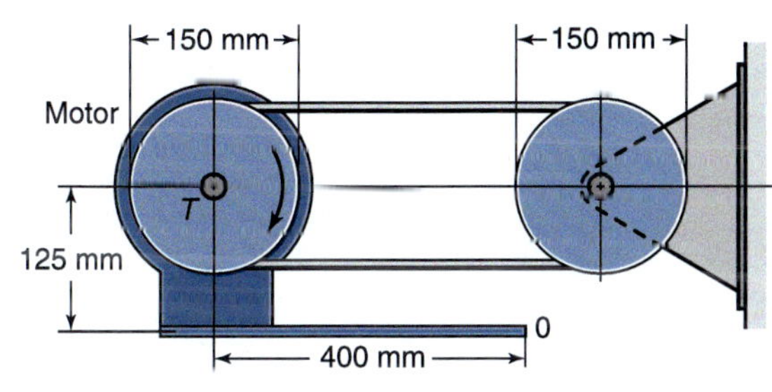

문제 19.34에 대한 그림 a

19.35 그림 b에서와 같이 평벨트의 장력은 모터의 무게에 의해서 정해진다. 무게는 80 kg이고, 모터의 축 위치에서 집중되어 있다고 가정한다. 모터의 속도는 1405 rpm이고, 풀리의 직경은 400 mm이다. 허용가능 벨트 응력이 6.00 MPa, 마찰 계수 0.5, 벨트 두께 5 mm, 탄성 계수 150 MPa, 밀도 1200 kg/m^{3}일 때 벨트의 폭을 결정하라. 답 $w_t = 33.84$ mm.

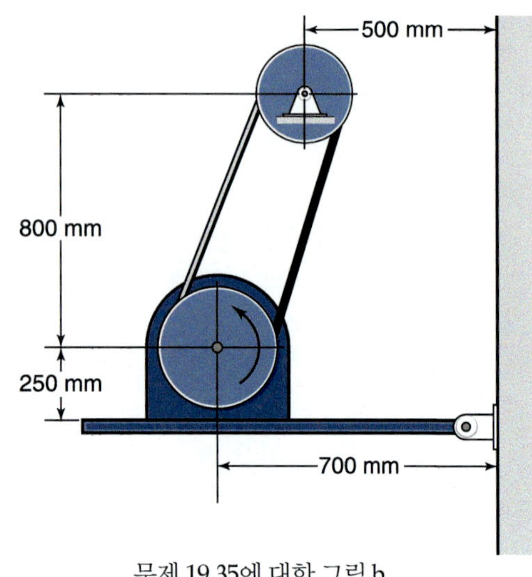

문제 19.35에 대한 그림 b

19.36 그림 c와 같은 벨트의 접촉각에서 최대 전달 동력을 계산하라. 벨트의 속도는 5 m/s이고, 마찰 계수는 0.25이다. 답 $h_p = 585$ W.

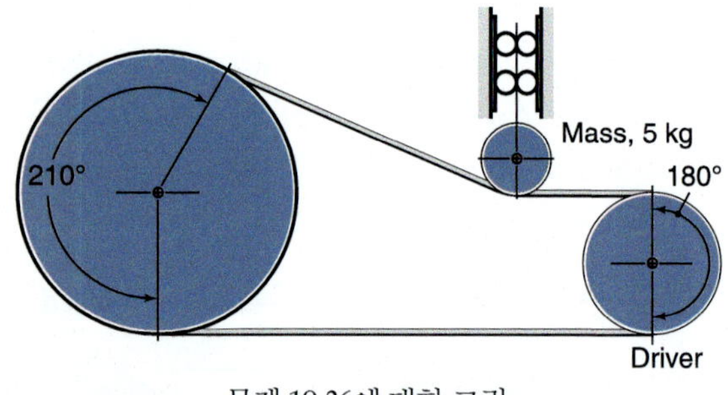

문제 19.36에 대한 그림 c

19.37 식 (19.9)로 벨트의 장력을 계산할 수 있다. 이때 F_1은 최대 장력값이다. F_1의 장력에서 최대 전달 동력을 계산하라(힌트: 동력을 속도에 관한 함수로 표시하고, 속도에 대하여 미분하여 미분식을 0으로 놓는다).

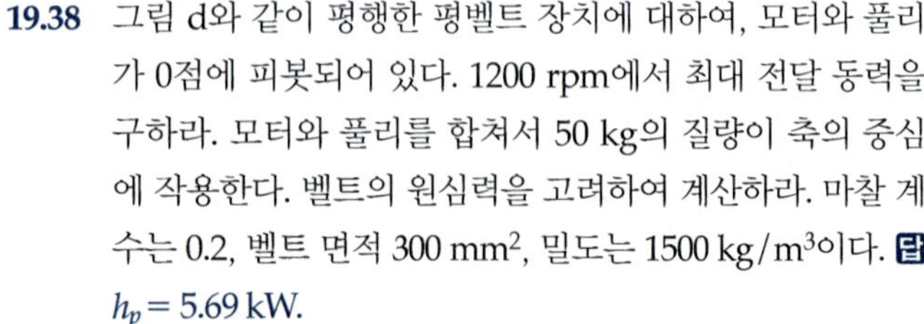

19.38 그림 d와 같이 평행한 평벨트 장치에 대하여, 모터와 풀리가 0점에 피봇되어 있다. 1200 rpm에서 최대 전달 동력을 구하라. 모터와 풀리를 합쳐서 50 kg의 질량이 축의 중심에 작용한다. 벨트의 원심력을 고려하여 계산하라. 마찰 계수는 0.2, 벨트 면적 300 mm², 밀도는 1500 kg/m³이다. 답 $h_p = 5.69$ kW.

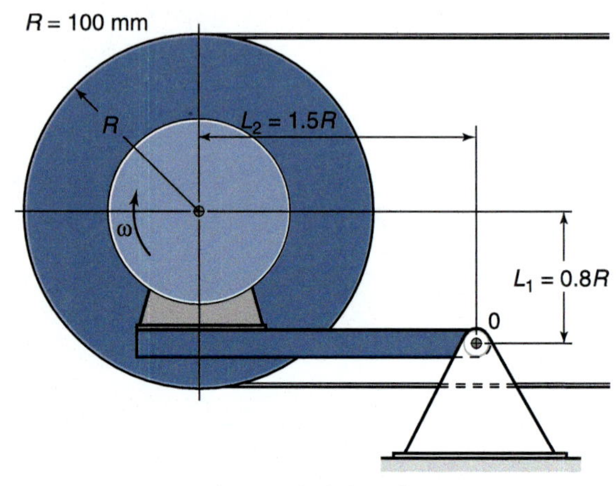

문제 19.38에 대한 그림 d

19.39 그림 e와 같은 평벨트 장치에서 왼쪽 위의 풀리가 모터에 의해서 구동되고, 다른 두 개의 풀리들은 따라서 회전한다. 원동 풀리에 완전 접촉각을 적용하고, 풀리 2에서 작용하는 동력이 풀리 3에서 작용하는 동력의 2배일 때, 두 개의 종동 풀리에서의 접촉각을 구하라. 답 $\alpha_3 = 37.2°$.

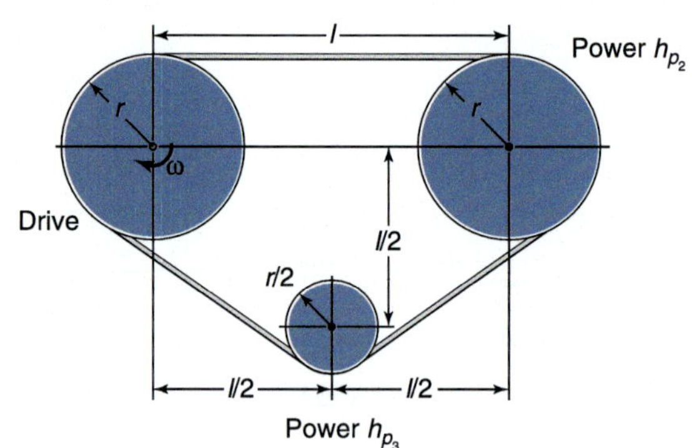

문제 19.39에 대한 그림 e

19.40 두께 6 mm, 폭 60 mm의 평벨트가 속도비 1의 동력을 전달하기 위하여 사용되고 있다. 풀리의 반경은 100 mm이고, 각속도는 50 rad/s, 중심 거리는 1000 mm, 벨트의 탄성 계수는 200 MPa, 밀도는 1000 kg/m³이다. 벨트는 중심 거리를 증가시킴으로써 초기 장력을 주었다. 만약 1 kW의 동력을 전달하는 데 접촉각의 절반만 필요하다면 이때 증가한 중심 거리를 구하라. 원심력을 고려하고 마찰 계수는 0.3이다. 답 $\Delta a = 8$ mm.

19.41 폭 120 mm, 두께 5 mm인 평벨트가 250 mm 지름의 원동 풀리로부터 700 mm 지름의 종동 풀리에 동력을 전달하고 있다. 벨트의 단위 길이당 질량은 2.1 kg/m이고, 마찰 계수

는 0.25이다. 벨트의 입력 동력은 1000 rpm에서 60 kW이다. 중심 거리가 3.5 m일 때 다음을 계산하라.

(a) 벨트의 최대 인장 응력 답 $\sigma = 15.04$ MPa.

(b) 각 풀리의 축 방향 하중 답 $F_z = 12.7$ MPa.

19.42 평벨트가 100 kW의 동력을 전달하고 있다. 원동축과 종동축에 풀리의 지름은 각각 300과 850 mm이고, 중심 거리는 2 m이다. 벨트의 폭은 200 mm, 두께는 10 mm, 속도는 20 m/s, 마찰 계수는 0.40이다. 정적 하중에 대한 안전 계수가 2.0일 때 다음을 계산하라.

(a) 접촉각과 벨트의 길이 답 $\phi_1 = 164.2°$, $\phi_2 = 195.8°$, $L = 5.84$ m.

(b) 각 풀리의 축 방향 하중 답 $F_x = 9.56$ kN, $F_y = 687$ N.

19.43 자동차의 캠축에 타이밍 벨트가 사용되고 있다. 벨트는 고속에서 원심력 때문에 미끄러지지 않도록 정지상태에서 초기 장력을 부여하였다. 벨트의 길이는 1100 mm, 무게는 200 g이다. 벨트 1 m에 대한 탄성 계수는 10^5 N/m이다. 벨트는 초기 장력에 의하여 2 mm 늘어난 상태이다. 만약 4 mm가 더 늘어나면, 미끄러짐이 발생한다. 모터에 연결된 풀리의 직경이 100 mm일 때 최대 허용가능한 모터의 속도를 계산하라. 답 $\omega = 1095$ rad/s.

19.44 속도비 1/3에서는 타이밍 벨트가 동력 전달을 위하여 사용되어야 한다. 따라서 출력 속도는 입력 속도의 3배가 되도록 한다. 벨트강화섬유는 유리 섬유, 탄소 섬유, 강재 와이어 중에서 선택할 수 있다. 각각의 재료들은 인장 강도뿐만 아니라 벨트의 밀도에도 영향을 미친다. 유리 섬유 강화 벨트의 밀도는 1400 kg/m³이고, 최대 허용 응력은 300 MPa이다. 탄소 섬유 강화 벨트의 밀도는 1300 kg/m³이고, 최대 허용 응력은 600 MPa이다. 강재 와이어 강화 벨트의 밀도는 2100 kg/m³이고, 최대 허용 응력은 400 MPa이다. 벨트의 속도가 30 m/s, 단면적이 50 mm², 안전 계수가 12일 때 각 벨트에 대한 최대 전달 동력을 구하라. 답 유리 섬유의 경우 $h_p = 37.34$ kW.

19.45 10 kW, 1750 rpm의 전기 모터가 여러 개의 V벨트를 이용하여 구동되고 있다. 구동 풀리는 풀리의 직경이 94 mm, 접촉각은 165°이다. 단위 길이당 무게는 2.0 N/m, 벨트의 최대 초기 장력은 600 N, 벨트와 풀리의 마찰 계수는 0.2이다. 몇 개의 벨트를 사용하여야 하는가? 풀리의 각도는 18°로 가정한다. 답 2개 필요.

19.46 V벨트 장치에서 $r_1 = 200$ mm, $r_2 = 100$ mm, $2\beta = 36°$, $c_d = 700$ mm이고, 작은 풀리의 속도는 1200 rpm이다. 벨트의 단면적은 160 mm²이고, 밀도는 1500 kg/m³이다. 각 벨트의 초기 장력이 200 N일 때 6개의 벨트가 전달할 수 있는 최대 동력을 구하라. 마찰 계수는 0.30이다. 만약 15 kW가 전달된다면 작은 풀리의 접촉각을 구하라. 답 $\phi = 85.0°$.

19.47 그림 f에서와 같이 속도비 4를 구현하기 위하여 V벨트와 평벨트가 동시에 사용되고 있다. 3개의 V벨트는 3개의 홈을 가진 풀리를 구동하고 있다. 중심 거리는 작은 풀리 반지름의 6배인 80 mm이고, 1500 rpm으로 회전하고 있다. 두개의 풀리 중 어떤 풀리가 미끄러짐 없이 최대 동력을 전달하는지 결정하라. 두 개의 풀리 사이에 전달되는 동력의 비율을 구하라. 각도 2β는 36°이고, 마찰 계수는 0.30이다. 답 $h_{p,\text{small}} = 2.64\, h_{p,\text{large}}$.

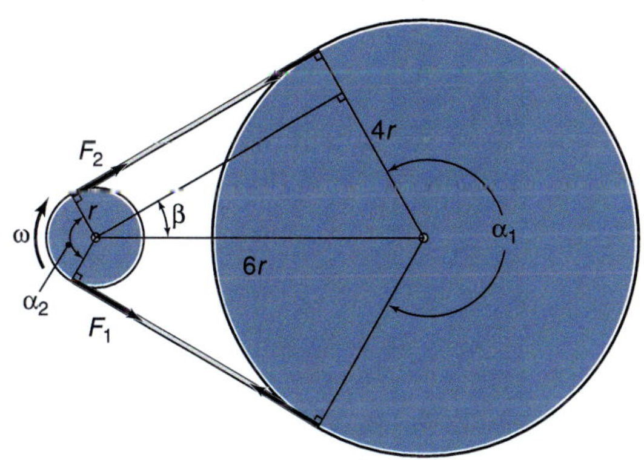

문제 19.47에 대한 그림 f

19.48 작은 선반(하루에 8시간 운전하는 'normal'한 동력원으로 가정)이 5 kW의 전기 모터로부터 스핀들로 동력을 전달하기 위하여 벨트장치를 이용하고 있다. 모터의 최대 속도는 1000 rpm, 스핀들의 최대 속도는 1000 rpm이다. 이 경우에 적합한 벨트와 풀리를 선정하고 중심 거리를 구하라. 답 3V 단면의 4개 밸트와 105 mm의 작은 시브가 필요.

19.49 그림 g에서와 같이 축 A에서의 입력 동력이 기어를 통해 축 B로 전달되고, 이 동력은 3 V 단면 V벨트를 통하여 축 C로 전달되고 있다. 축 B와 C의 풀리 직경은 각각 76, 200 mm이다. 최대 동력이 전달된다고 할 때 다음을 계산하라.

(a) 입력과 출력 토크 답 $T_B = 98.9$ N-m.

(b) 약 550 mm 중심 거리에서의 벨트 길이 답 $L = 1.32$ m.

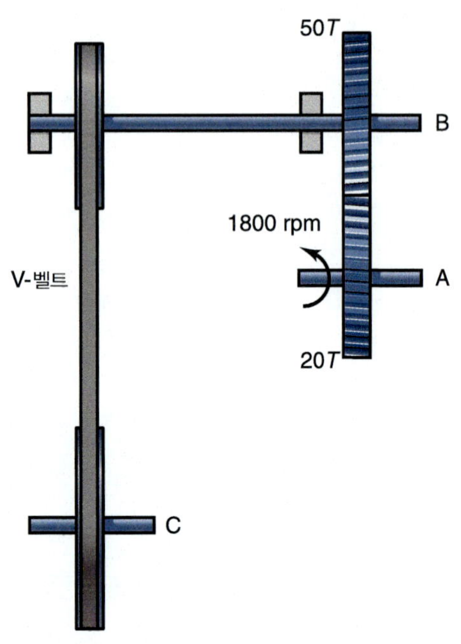

문제 19.49에 대한 그림 g

19.50 자동차 팬(fan)이 엔진으로부터 V벨트에 의해 구동되고 있다. 엔진의 풀리는 직경이 200 mm, 880 rpm으로 회전하고 있다. 팬의 풀리는 직경이 80 mm이다. 공기를 순환시키는데 필요한 동력은 1 kW이다. 소형 설계를 위한 V벨트의 크기를 결정하라. 답 단일 3 V 벨트 $L = 875$ mm.

19.51 기중기가 50 mm, 6 × 19 랭층 모니터강 와이어 로프를 사용하고 있다. $D/d = 30$인 주철 풀리의 $d_w = d/14$이다. 로프는 최대 35 kN의 힘으로 150 m의 거리를 끌어올린다.

(a) 최대 가속도 0.5 m/s²을 이용하여 로프의 인장 및 굽힘 응력에 상응하는 안전 계수를 구하라. 답 $\sigma_t = 53.8$ MPa, $\sigma_b = 198$ MPa.

(b) 로프의 베어링 압력과 안전 계수를 구하고, 로프의 늘어난 길이를 구하라. 답 $p = 1.36$ MPa, $\delta = 97.2$ mm.

(c) 피로에 의한 안전 계수를 구하고, 파괴가 일어나기 전까지 가능한 굽힘의 개수를 구하라.

19.52 크레인에 사용되는 로프의 단면적은 31 mm²이고, 극한 강도는 1500 N/m²이다. 로프의 길이는 12 m, 최대 1000 kg의 물체를 들어올린다. 만약 로프가 팽팽해지기 전, 크레인에 연결된 하중이 1 m 정도 자유낙하하는 것이 허용된다면, 로프에 걸리는 응력을 계산하라. 탄성 계수는 68 GPa이다. 답 $\sigma = 2236$ MPa.

19.53 두 개의 2 cm, 6 × 19 쟁기강 와이어 로프가 속도 8 m/s, 가속도 2 m/s²으로 150 m 깊이의 광산에서 채굴된 광물을 끌어올리고 있다. 풀리의 직경이 80 cm일 때 적당한 안전 계수를 사용하여 로프에 작용하는 최대 하중을 계산하라. 무한 수명을 위하여 2개의 로프를 사용하면 충분한가? 답 $F_w = 3580$ lb.

19.54 6개의 16 mm, 6 × 19 와이어 로프가 속도 4 m/s, 가속도 1 m/s²으로 2500 kg의 무게를 81 m까지 끌어올리는 엘리베이터에 사용되고 있다. 풀리의 지름은 726 mm, 강도는 6.41 MPa이다. 인장, 굽힘, 베어링 압력, 피로 파괴에 대한 안전계수를 구하라. 또한 로프의 최대 늘어난 길이를 구하라. 답 $n_{s,\text{tension}} = 11.1$, $n_{s,\text{fatigue}} = 1.80$.

19.55 그림 h는 식당에서 음식물을 나르는 엘리베이터에 사용되는 와이어 로프 장치를 보여주고 있다. 최대 무게 300 kg을 나를 수 있고 강재 와이어에 매달려 있다. 로프를 감는 원통은 800 N-m의 모멘트에 의하여 아래로 떨어지려고 할 때 제동이 걸린다. 회전하는 부품의 회전 관성 계수는 13 kg-m²이다. 와이어의 최대 장력을 구하고, 언제 그 힘이 발생하는지 찾아라. 답 $F_{max} = 3960$ N.

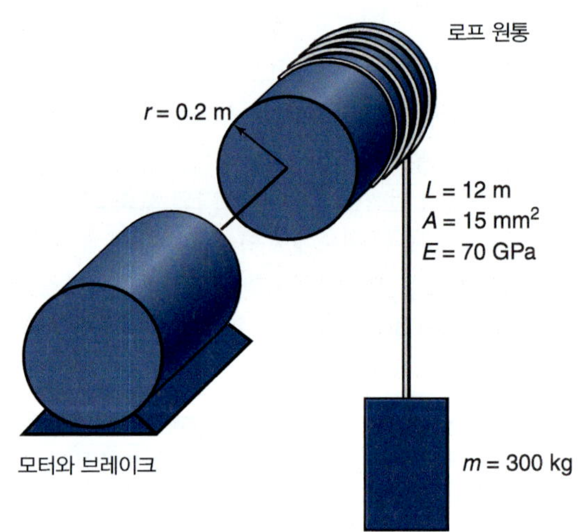

문제 19.55에 대한 그림 h

19.56 그림 i는 기중기의 앞과 옆 모양을 보여주고 있다. 원통이 한 번 회전할 때 들어올릴 수 있는 높이를 계산하라. 원통이 순간적으로 각속도 ω로 질량 m을 끌어올리기 시작할 때, 와이어에 걸리는 최대 장력을 계산하라. 와이어의 자유길이는 L이고 단면적은 A이다.

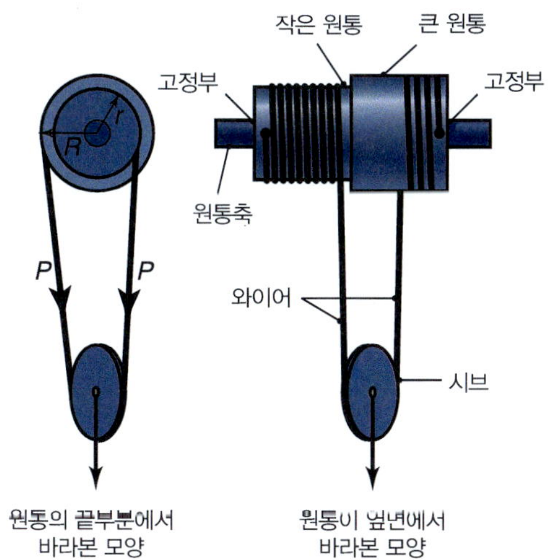

문제 19.56에 대한 그림 i

19.57 25 mm, 8 × 19 강화섬유 쟁기강 와이어가 45 kN의 하중을 5 m/s의 속도, 2 m/s²의 가속도로 150 m 높이까지 끌어올리고 있다. 인장 강도, 굽힘 응력, 베어링 압력, 피로 강도를 고려한 안전 계수를 결정하고, 최소 풀리의 직경을 선정하라. 답 D/d 비율이 21이라고 가정할 때, $n_{st} = 2.10$, $n_{sb} = 2.99$.

19.58 건물의 엘리베이터가 5 m/s의 속도, 1.2 m/s²의 가속도로 10 kN의 기본 무게, 5명의 70 kg 승객, 150 kg의 여유 무게를 들어올리도록 설계되어 있다. 건물은 12층으로 각 층의 높이는 4 m이다. 적절한 안전 계수를 사용하여 엘리베이터에 필요한 로프를 설계하라. 최대 4개의 로프가 사용될 수 있다.

19.59 스트랜드가 세 개인 ANSI 50 롤러 체인이 20개 이빨의 원동 스프로킷으로부터 60개 이빨의 종동 스프로킷에 500 rpm의 속도로 동력을 전달하고 있다. 입력 동력은 내연기관으로부터 생성되고, 체인은 중간 정도의 충격 하중을 받는다. 다음을 계산하라.

(a) 동력 용량 답 체인 하나당 $h_p = 5.85$ kW.

(b) 약 500 mm 중심 거리에서의 체인길이 답 $L = 1762$ mm.

19.60 400 rpm으로 100 kW를 전달하기 위하여 스트랜드가 두 개인 체인이 사용된다. 하중의 특징은 내연기관으로부터의 강한 충격 하중이다. 원동 스프로킷은 12개의 이빨, 종동 스프로킷은 42개의 이빨을 가지고 있다. 중심 거리가 약 50 피치일 때, 체인의 종류, 길이, 크기를 결정하라. 답 ANSI 160 체인에 대하여 $L = 6.451$ mm.

19.61 스트랜드가 두 개인 AISI 50 롤러 체인 장치가 500 rpm으로 회전하는 모터의 동력을 전달하기 위하여 사용되고 있다. 원동 스프로킷은 12개 이빨, 종동 스프로킷은 60개의 이빨을 가지고 있다. 만약 $c_d = 50\,p_t$일 때, 체인 한 줄당 동력 용량, 전달 동력, 체인 길이를 계산하라. 답 스트랜드 당 $h_p = 6.71$ hp, $h_{pr} = 4.78$ kW, $L = 2.175$ m.

19.62 하나의 롤러 체인이 500 rpm으로 회전하고 있는 20개 이빨의 원동 스프로킷으로부터 40개 이빨의 종동 스프로킷에 8 kW의 동력을 전달하고 있다. 강한 충격 하중, 전기 모터, 한 줄 체인을 사용하는 체인장치를 설계하라. 약 70 피치의 중심 거리에 필요한 체인의 길이를 구하라. 답 ANSI 100 체인에 대하여 체인 하나당 $h_{pr} = 12$ kW, $L = 5.4$ m.

설계 문제 및 프로젝트

19.63 동력 전달을 위하여 벨트 대신 부드러운 스풀(spools) 위를 움직이는 금속호일을 사용하는 것이 제안되어 왔다. 이때 금속호일을 이용하는 장점과 단점을 열거하고 어떤 조건에서 금속호일이 더 선호되는지 설명하라.

19.64 만약 크레인의 와이어 로프 파단에 대하여 연구하고 있다고 생각해 보자. 다음과 같은 상황에서 와이어의 파단면에서 어떠한 것을 발견할 것으로 예측되는가?

(a) 로프의 과하중이 걸렸을 때

(b) 로프를 너무 오래 사용하였을 때

(c) 로프를 설치할 때 뒤틀려짐이 발생하였을 때

적절한 그림을 그리고, 어떠한 이유 때문에 로프에 파단이 일어났는지 결론내리기 위해 무엇을 하여야 하는지 설명하라.

19.65 여러 개의 벨트를 사용할 때 타이층(tie layer)의 기능에 대하여 설명하라. 타이층에서의 하중을 결정하기 위해 어떠한 과정들을 거쳐야 하는지 그리고 이러한 과정들이 타이층을 설계하는 데 어떠한 도움이 되는지 설명하라.

19.66 V벨트 장치의 한 예는 두 개의 홈이 있는 풀리를 사용하고, 그 중간에 평풀리를 사용하여 V벨트의 편평한 쪽이 평풀리 위에서 움직이도록 하는 것이다. 이러한 조합에는 어떠한 요소를 고려하여야 하는가? 그리고 벨트를 선정할 때 어떠한 설계 인자들을 고려해야 하는가?

19.67 댐을 만드는 데 크레인을 사용하고 있다. 댐은 나무 몰드와 강재 철근을 배치한 후 콘크리트를 부어 완성한다. 콘크리트가 굳은 후, 몰드는 크레인에 연결되고 콘크리트로부터 분리된다. 이때 로프의 느슨함 때문에 몰드는 종종 5에서 10 ft 정도 떨어지게 되지만, 최종적으로 로프에 의해 잡히게 된다. 이런 상황에서 고려하여 할 설계 인자를 나열하라.

19.68 와이어 로프는 종종 고전압 전력수송에 사용된다. 이때 과도한 처짐을 피하기 위하여 매우 큰 장력을 가하기 때문에 고장력선이라고 부른다. 인터넷을 찾아 와이어 로프에 장력을 가하기 위한 케이블 풀리의 작동 이론을 요약하라.

19.69 스키 리프트가 제대로 작동하는지 검사하고 있다고 가정하자. 이때 로프 관련 조사과정을 필요한 단계의 개요를 작성하여 완성하라.

19.70 표 19.6의 각주에서 와이어 로프의 강성은 하중에 따라 영향을 받고, 로프의 수명이 길어질수록 증가한다고 설명하였다. 그 이유를 설명하라. V벨트와 롤러 체인의 운전수명 동안 이들의 강성이 어떻게 변할 것으로 예측하는지 설명하라.

부록 A
재료의 물리적 성질과 기계적 성질

A.1 합금강의 기계적 성질

AISI 번호	열처리 조건[a]	항복 강도 MPa	극한 인장 강도 MPa	50 mm 신장률 %	면적 감소율 %	브리넬 경도 HB
크롬몰리브덴 강						
4130	풀림 처리	361	560	28	56	156
	N 870° C	436	670	25	59	197
	Q&T 205° C	1460	1630	10	41	467
	Q&T 315° C	1380	1500	11	43	430
	Q&T 425° C	1190	1280	13	49	380
	Q&T 540° C	910	1030	17	57	315
	Q&T 650° C	703	814	22	64	245
4140	풀림 처리	417	655	26	57	200
	N 870° C	655	1020	18	47	300
	Q&T 205° C	1640	1770	8	38	510
	Q&T 315° C	1430	1550	9	43	445
	Q&T 425° C	1140	1250	13	49	370
	Q&T 540° C	834	951	18	58	285
	Q&T 650° C	655	758	22	63	230
니켈크롬몰리브덴 강						
4320	풀림 처리	425	580	29	50	160
	N 870° C	460	790	21	40	235
4340	Annealed	470	745	22	50	220
	Q&T 315° C	1590	1720	10	40	486
	Q&T 425° C	1360	1470	10	44	430
	Q&T 540° C	1080	1170	13	50	360
	Q&T 650° C	855	965	20	60	280
8620	A	357	536	31	60	150
	N 870° C	385	632	26	59	183
크롬바나듐 강						
6150	풀림 처리	407	662	23	50	190
	N 870° C	615	940	22	30	270
	Q&T 540° C	1160	1200	15	20	350

주: [a] N = 불림(normalized), Q&T = 담금질(quenching) 후 뜨임(tempering).

A.2 탄소강의 기계적 성질

AISI 번호	열처리 조건[a]	항복 강도 MPa	극한 인장 강도 MPa	50 mm 신장률 %	면적 감소율 %	브리넬 경도 HB
1006	열간 압연	170	300	30	55	85
	냉간 압연	280	330	20	45	95
1010	냉간 압연	305	365	20	40	105
	열간 압연	180	325	28	50	95
1015	냉간 압연	325	385	18	40	111
	열간 압연	190	340	28	50	100
1018	냉간 압연	370	440	15	40	126
	열간 압연	220	400	25	50	116
1020	Q&T 870° C	295	395	37	60	100
	냉간 압연	350	420	15	40	121
	열간 압연	205	380	25	50	110
1030	풀림 처리	317	430	30	60	130
	N 925° C	345	520	32	61	150
	Q&T 205° C	648	848	17	47	495
	Q&T 315° C	621	800	19	53	400
	Q&T 425° C	579	731	23	60	300
	Q&T 540° C	517	669	28	65	250
	Q&T 650° C	441	586	32	70	210
	냉간 압연	440	525	12	35	149
	열간 압연	260	70	20	40	130
1040	풀림 처리	350	520	30	57	150
	N 900° C	374	590	28	55	170
	Q&T 205° C	593	779	19	48	262
	Q&T 425° C	552	758	21	54	240
	Q&T 650° C	434	634	29	65	192
	냉간 압연	490	585	12	35	170
	열간 압연	290	525	18	40	149
1050	풀림 처리	365	636	24	40	190
	N 900° C	427	748	20	39	220
	Q&T 205° C	807	1120	9	27	514
	Q&T 425° C	793	1090	13	36	444
	Q&T 650° C	538	717	28	65	235
	냉간 압연	580	690	10	30	197
	열간 압연	340	620	15	35	179
1060	풀림 처리	372	626	22	38	179
	N 900° C	421	776	18	37	230
	Q&T 425° C	765	1080	14	40	310
	Q&T 540° C	669	965	17	45	280
	Q&T 650° C	524	800	23	40	230
	열간 압연	370	680	12	30	201
1080	Q&T 800° C	380	615	25	30	255
	열간 압연	420	770	10	25	229
1095	풀림 처리	380	658	13	21	190
	N 900° C	500	1010	9	13	293
	Q&T 315° C	813	1260	10	30	375
	Q&T 425° C	772	1210	12	32	360
	Q&T 540° C	676	1090	15	37	320
	Q&T 650° C	552	896	21	30	269
	열간 압연	455	825	10	25	248
	냉간 압연	525	680	10	20	197

주: [a] N = 불림, Q&T = 담금질 후 뜨임.

A.3 주철의 기계적 성질

ASTM 등급	열처리 조건[a]	인장 항복 강도 MPa	극한 인장 강도 MPa	압축 강도 MPa	경도 HB
회주철					
20	주조 상태	—	152	572	156
25	주조 상태	—	179	669	174
30	주조 상태	—	214	752	210
35	주조 상태	—	252	855	212
40	주조 상태	—	293	965	235
50	주조 상태	—	362	1130	262
60	주조 상태	—	431	1293	302
연성 (구상 흑연) 주철					
60-40-18	풀림 처리	324	448	359	160
65-45-12	풀림 처리	331	462	365	174
80-55-06	풀림 처리	365	565	385	228
120-90-02	Q&T	827	965	924	325

주: [a] Q&T = 담금질 후 뜨임.

A.4 스테인리스 강의 기계적 성질

AISI 번호	제조 이력[c]	항복 강도 MPa	극한 인장 강도 MPa	50 mm 신장률 %	경도
301	풀림 처리	205	515	40	85 HRB
	1/16 경도	310	620	40	95 HRB
	1/8 경도	380	690	40	20 HRC
	1/4 경도	515	860	25	25 HRC
	1/2 경도	758	1034	18	32 HRC
	3/4 경도	930	1205	12	37 HRC
	최고 경도	965	1276	9	41 HRC
302	풀림 처리	207	517	40	150 HB
	1/4 경도	517	860	10	310 HB
	1/2 경도	758	1034	9	320 HB
	최고 경도	965	1275	3	335 HB
304	풀림 처리	215	505	40	201 HB
304L	풀림 처리	170	485	40	201 HB
304H	풀림 처리	205	515	40	201 HB
316	풀림 처리	240	585	55	150 HB
316L	풀림 처리	207	538	55	145 HB
410	풀림 처리	275	485	20	95 HB
420	풀림 처리	345	655	25	241 HB
	Q&T 204°C	1360	1600	12	444 HB
	Q&T 427°C	1420	1620	10	461 HB
	Q&T 650°C	680	895	20	262 HB
431	풀림 처리	655	862	20	285 HB
	Q&T 204°C	1055	1345	20	388 HB
	Q&T 427°C	1080	1350	19	388 HB
	Q&T 650°C	695	960	20	277 HB
631	냉간 압연	1275	1030	6	41 HRC

주: [a] Q&T = 담금질 후 뜨임.

A.5 알루미늄 합금의 기계적 성질

합금	뜨임	항복 강도 MPa	극한 인장 강도 MPa	50 mm 신장률 %
단조				
1100	O	35	90	40
	H14	120	125	25
1350	O	28	83	—
	H19	165	186	—
2011	T3	296	379	15
	T8	310	407	12
2014	O	97	186	18
	T4	290	427	20
	T6	414	483	13
2017	T4	276	427	22
2024	O	75	190	20
	T3	345	483	18
	T4	325	470	20
2219	O	76	179	20
	T87	393	476	10
3003	O	40	110	35
	H12	117	131	20
	H14	145	150	12
	H16	165	179	14
3004	O	69	179	20
	H34	186	234	6
	H38	234	276	6
3105	O	55	117	24
	H14	152	172	5
	H18	193	214	3
	H25	159	179	—
5005	H34	138	159	8
5052	O	90	190	25
	H32	186	234	62
	H34	215	260	12
	H36	234	269	10
5056	O	152	290	35
	H18	407	434	10
5083	O	145	290	22
	H321	228	317	16
5086	H32	207	290	12
	H34	255	324	10
	H112	131	269	14
5454	O	117	248	22
	H32	207	276	10
	H34	241	303	10
	H112	124	248	18
6061	O	55	125	25
	T4	145	241	22
	T6	275	310	15
6063	T5	145	186	12
	T6	214	241	12
7050	T7651	490	552	—
7075	O	105	230	16
	T6	500	570	11
주조				
319.0	T6	165	248	2.0
333.0	T5	172	234	1.0
	T6	207	289	1.5
335.0	T6	172	241	3.0
	T7	248	262	0.5

A.6 마그네슘 합금의 기계적 성질

합금	뜨임	항복 강도 MPa	극한 인장 강도 MPa	50 mm 신장률 %	경도
모래 주조 및 영구 틀 주조					
AM100-A	T61	150	275	1.0	69 HB
AZ63A	T6	130	275	5.0	73 HB
EZ233A	T5	110	160	2.0	50 HB
HK31A	T6	105	220	8.0	55 HB
ZC63A	T6	125	210	3.5	62 HB
ZK61A	T6	195	310	10.0	70 HB
다이캐스팅					
AS41A	F	150	220	4.0	—
AZ91A	F	150	230	3.0	63 HB
압출					
AZ31B	F	200	260	15	—
AZ61A	F	230	310	16.0	60 HB
AZ80A	T5	275	380	7	—
ZK60A	T5	305	365	11.0	88 HB
박판과 판재					
AZ31B	H24	220	290	15.0	73 HB
HK31A	H24	200	255	9.0	68 HB
ZE10	F	163	263	16	—
ZEK199	F	308	311	19	—
ZK60A	T5	300	365	11	—

A.7 구리 및 구리 합금의 기계적 성질

합금	UNS 번호	뜨임	항복 강도 MPa	극한 인장 강도 MPa	50 mm 신장률 %	경도
순수 구리						
0FHC	C10200	—	69-365	221-455	55-4	—
고구리 합금						
베릴륨 구리	C17200	풀림 처리	—	490	35	60 HRB
		경화 처리	1050	1400	2	42 HRC
황동						
길딩(Gilding), 5% Zn	C21000	풀림 처리	77	245	45	52 HRF
		경화 상태	350	392	5	64 HRB
적황동, 15% Zn	C23000	풀림 처리	91	280	47	64 HRF
		경화 상태	406	434	5	73 HRB
카트리지 황동, 30% Zn	C26000	풀림 처리	133	357	55	72 HRF
		경화 상태	441	532	8	82 HRB
먼츠메탈(Muntzmental), 40% Zn	C28000	풀림 처리	119	378	45	80 HRF
		경화 상태	350	490	15	75 HRB
연황동, 36% Zn, 2% Pb	C35300	풀림 처리	119	350	52	68 HRF
			318	420	7	80 HRB
청동						
인청동, 5% Sn	C51000	풀림 처리	175	350	55	40 HRB
		경화 상태	581	588	9	90 HRB
인청동, 10% Sn	CS52400	풀림 처리	250	483	63	62 HRB
		경화 상태	658	707	16	96 HRB
알루미늄 청동	C60800	풀림 처리	175	420	66	49 HRB
		냉간 압연	441	700	8	94 HRB
	C63000	압출	414	690	15	96 HRB
		반 경화 상태	517	814	15	98 HRB
규소 청동	C65500	풀림 처리	210	441	55	66 HRB
		경화 상태	406	658	8	95 HRB
기타 합금						
백동, 30% Ni	C71500	풀림 처리	126	385	36	40 HRB
		냉간 압연	553	588	3	86 HRB
양은	C75700	풀림 처리	196	427	35	55 HRB
		경화 상태	525	595	4	89 HRB

A.8 니켈기 합금의 25°C에서의 기계적 성질

합금	항복 강도 MPa	극한 인장 강도 MPa	50 mm 신장률 %	경도
상용 순수 니켈과 저합금 니켈				
니켈 200	148	462	47	109 HB
니켈 201	103	403	50	129 HB
니켈 211	240	530	40	—
두라니켈 301	862	1170	25	30 HRC
니켈-구리 합금				
합금 400	240	550	40	110 HB
합금 K-500	790	1100	20	300 HB
모넬 R-405	230	525	35	—
모넬 K-500	750	1050	30	—
니켈-몰리브덴 합금과 니켈-실리콘 합금				
하스텔로이 B				
주조 상태	345	586	10	93 HRB
박판	386	834	63	92 HRB
하스텔로이 C-4	400	785	54	—
하스텔로이 D	—	793	—	35 HRC
니켈-크롬-철 합금				
인코넬 600	310	655	40	75 HRB
인코넬 617	350	755	58	173 HB
인코넬 690	348	725	41	88 HRB
인코넬 751	976	1310	22	352 HB
인코넬 800	295	600	44	138 HB
기타 합금				
하스텔로이 C-276	372	785	62	209 HB
하스텔로이 G	320	690	50	79 HRB
인코넬 625	517	930	42.5	190 HB
인코넬 825	310	690	45	—

A.9 니켈기 초합금의 870°C(1600°F)에서의 기계적 성질

합금	조건	극한 인장 강도 MPa	항복 강도 MPa	50 mm 신장률 %
아스트로로이	단조	770	690	25
하스텔로이 X	단조	255	180	50
IN-100	주조	885	695	6
IN-102	단조	215	200	110
인코넬 625	단조	285	275	125
인코넬 718	단조	340	330	88
MAR-M 200	주조	840	760	4
MAR-M 432	주조	730	605	8
르네(René 41)	단조	620	550	19
우디미트 700	단조	690	635	27
와스파로이	단조	525	515	35

A.10 아연 합금의 기계적 성질

합금	극한 인장 강도 MPa	50 mm 신장률 %	경도
다이캐스팅 합금			
Z35541	359	7	100 HB
Z33520	283	10	82 HB
Z33531	329	7	91 HB
Z33523	283	14	76 HB
Z35635	374	8	103 HB
Z35630	404	5	100 HB
Z35840	426	2	119 HB
단조 합금(열간 압연)			
Z21220	150	52	43 HB
Z44330	170	50	52 HB
Z41320	221	38	61 HB

A.11 티타늄 합금의 기계적 성질

합금	조건	온도 °C	항복 강도 MPa	극한 인장 강도 MPa	50 mm 신장률 %
순수 티타늄 등급					
99.5% Ti	풀림 처리	25	240	330	30
		300	95	150	—
ASTM 등급 1	풀림 처리	25	170	240	—
ASTM 등급 4	풀림 처리	25	480	550	—
알파(alpha) 및 근사 알파 합금					
Ti-5Al-2.5Sn	풀림 처리	25	810	860	16
		300	450	565	—
Ti-8Al-1Mo-1V	풀림 처리	25	830	900	—
Ti-2.25Al-11Sn-5Zr-1Mo	풀림 처리	25	900	1000	—
Ti-6Al-2Sn-4Zr-2Mo	풀림 처리	25	830	900	—
알파-베타(alpha-beta) 합금					
Ti-6Al-4V	풀림 처리	25	925	1000	10
		300	650	725	—
	용해 + 숙성	25	1100	1175	10
		300	900	980	—
Ti-6Al-2Sn-4Zr-6Mo	용해 + 숙성	25	1100	1170	—
베타(beta) 합금					
Ti-3Al-8V-6Cr-4Mo-4Zr	풀림 처리	25	830	900	—
Ti-15V-3Cr-3Al-3Sn	용해 + 숙성	25	965	1000	—
Ti-10V02Fe-3Al	풀림 처리	25	1100	1170	—
Ti-13V-11Cr-3Al	용해 + 숙성	25	1210	1275	8
		300	830	1100	—

A.12 분말 금속 합금의 기계적 성질

재료	항복 강도 MPa	극한 인장 강도 MPa	탄성 계수 GPa	경도	25 mm 신장률 (%)	밀도 (g/cm^3)
철						
F-0008-20	170	200	85	35 HRB	< 1	5.8
F-0008-35	260	390	140	70 HRB	1	7.0
F-0008-55HT		450	115	22 HRC	< 1	6.3
F-0008-85HT		660	150	35 HRC	< 1	7.1
FC-0008-30	240	240	85	50 HRB	< 1	5.8
FC-0008-60	450	520	155	84 HRB	< 1	7.2
FC-0008-95		720	150	43 HRC	< 1	7.1
FN-0205-20	170	280	115	44 HRB	1	6.6
FN-0205-35	280	480	170	78 HRB	5	7.4
FN-0205-180HT		1280	170	78 HRB	< 1	7.4
FX-1005-40	340	530	160	82 HRB	4	7.3
FX-1005-110HT		830	160	38 HRC	< 1	7.3
스테인리스 강						
SS-303N1-38	310	470	115	70 HRB	5	6.9
SS-304N1-30	260	300	105	61 HRB	< 1	6.4
SS-316N1-25	230	280	105	59 HRB	< 1	6.4
SS-316N2-38	310	480	140	65 HRB	131	6.9
구리 및 구리 합금						
CZ-1000-9	70	120	80	65 HRH	9	7.6
CZ-1000-11	80	160	100	80 HRH	12	8.1
CZP-3002-14	110	220	90	88 HRH	16	8.0
CT-1000-13	110	150	60	82 HRH	4	7.2
알루미늄 합금						
Ax 123-T1	200	270	—	47 HRB	3	2.7
Ax 123-T6	390	400	—	72 HRB	< 1	2.7
Ax 231-T6	200	220	—	55 HRB	1	2.7
Ax 231-T6	310	320	—	77 HRB	< 1	2.7
Ax 431-T6	270	300	—	55 HRB	5	2.8s
Ax 431-T6	440	470	—	80 HRB	2	2.8
티타늄 합금						
Ti-6Al-4V (HIP)	827	917	—	—	—	13
초합금						
스텔라이트 19	—	1035	—	—	49 HRC	< 1

A.13 공업용 플라스틱의 상온에서의 기계적 성질

재료	극한 인장 강도 MPa	탄성 계수 GPa	신장률 %	프와송 비 ν
열가소성:				
ABS(acrylonitrile-butadiene-styrene)	28-55	1.4-2.8	75-5	-
강화 ABS	100	7.5	-	0.35
아세탈(acetal)	55-70	1.4-3.5	75-25	-
강화 아세탈	135	10	-	0.35-0.40
아크릴(acrylic)	40-75	1.4-3.5	50-5	-
셀룰로오스(cellulosic)	10-48	0.4-1.4	100-5	-
탄화플루오르(fluorocarbon)	7-48	0.7-2	300-100	0.46-0.48
나일론(nylon)	55-83	1.4-2.8	200-60	0.32-0.40
강화 나일론	70-210	2-10	10-1	-
폴리카보네이트(polycarbonate)	55-70	2.5-3	125-10	0.38
강화 폴리카보네이트	110	6	6-4	-
폴리에스터(polyester)	55	2	300-5	0.38
강화 폴리에스터	110-160	8.3-12	3-1	-
폴리에틸렌(polyethylene)	7-40	0.1-1.4	1000-15	0.46
폴리프로필렌(polypropylene)	20-35	0.7-1.2	500-10	-
강화 폴리프로필렌	40-100	3.5-6	4-2	-
폴리스티렌(polystyrene)	14-83	1.4-4	60-1	0.35
폴리염화비닐(polyvinyl chloride)	7-55	0.014-4	450-40	-
열경화성:				
에폭시(epoxy)	35-140	3.5-17	10-1	-
강화 에폭시	70-1400	21-52	4-2	-
페놀(phenolic)	28-70	2.8-21	2-0	-
불포화 폴리에스터(polyester)	30	5-9	1-0	-
탄성중합체:				
클로로프렌(chloroprene, neoprene)	15-25	1-2	100-500	0.5
자연 고무	17-25	1.3	75-650	0.5
규소 수지(silicone)	5-8	1-5	100-1100	0.5
스티렌부타디엔(styrene-butadiene)	10-25	2-10	250-700	0.5
우레탄(urethane)	20-30	2-10	300-450	0.5

A.14 세라믹 재료의 상온에서의 기계적 성질

재료	기호	횡파단 강도 MPa	압축 강도 MPa	탄성 계수 GPa	경도 HK	프와송 비 ν
산화 알루미늄	Al_2O_3	140–240	1000–2900	310–410	2000–3000	0.26
입방정질화붕소(cubic boron nitride)	cBN	725	7000	850	4000–5000	—
다이아몬드	—	1400	7000	830–1000	7000–8000	—
용융 실리카(fused silica)	SiO_2	—	1300	70	550	0.25
탄화 규소(silicon carbide)	SiC	100–750	700–3500	240–480	2100–3000	0.14
질화 규소(silicon nitride)	Si_3N_4	480–600	—	300–310	2000–2500	0.24
탄화 티타늄(titanium carbide)	TiC	1400–1900	3100–3850	310–410	1800–3200	—
탄화 텅스텐(tungsten carbide)	WC	1030–2600	4100–5900	520–700	1800–2400	—
부분 안정화된 지르코니아(zirconia)	PSZ	620	—	200	1100	0.30

주: 이 표에 보인 성질들은 재료의 조건에 따라 크게 변동한다.

A.15 쾌속 조형에 사용되는 재료들의 기계적 성질

재료	인장 강도 MPa	탄성 계수 GPa	50 mm 신장률 (%)	특징
스테레오리소그래피(stereolithography)				
Accura 60	68	3.10	5	투명함. 쾌속 조형에 범용으로 쓰기 좋은 재료
Somos 9920	9	1.81	15	투명한 호박색. 내화학성 좋음. 피로에 대한 성질 좋음. 고무 몰딩에서 패턴 제작에 사용됨.
WaterClear Ultra	55	2.9	6–9	ABS와 유사한 성질을 갖는 광학적으로 투명한 레진(resin)
WaterShed 11122	53	2.5	15	약간의 녹색 느낌을 갖고 광학적으로 투명. 기계적 성질은 ABS와 유사. 쾌속 툴링(rapid tooling)에 사용됨.
DMX-SL 100	32	2.4	12–28	불투명한 베이지 색. 쾌속 조형에 범용으로 쓰기 좋은 재료
폴리젯(polyjet)				
FC720	60	2.9	20	투명한 호박색. 충격 강도 좋음. 페인트 흡착성과 절삭성 좋음
FC830	50	2.49	20	흰색, 파란색 또는 검은색. 습도에 대한 저항 좋음. 범용으로 쓰기 좋음.
FC 930	1.4	0.185	218	반투명, 회색 또는 검은색. 부드러운 폴리머와 고무로 쾌속 조형할 때 쓰이는 유연한 소재
FDM(fused-deposition modeling)				
Polycarbonate	52	2.0	3	흰색. 쾌속 조형뿐 아니라 다른 일반적인 용도에도 적절한 고강도 폴리머 재료
Ultem 9085	72	2.2	5.9	불투명 갈색. 고강도의 FDM용 소재. 화염, 연기, 독성에 대한 저항 좋음.
ABS-M30i	36	2.4	4	다양한 색상이 있지만 흰색이 가장 많이 쓰임. 일반적인 용도에 적합한 강하고 내구성 좋은 소재. 생체 적합한 소재
PC	68	2.28	4.8	흰색. 기계적 성질과 내열성이 좋은 조합을 이룸.
선택적 레이저 소결법(selective laser sintering)				
WindForm XT	78	7.32	2.6	불투명한 검은색 폴리미드와 탄소. 내구성, 내열성, 내화학성 좋음. 내마모성 우수
Polyamide PA 3200GF	45	3.3	6	흰색. 유리로 채워진 폴리아미드는 강성을 높이고 고온용에 사용하기 좋음.
SOMOS 201	–	0.015	110	다양한 색상이 있음. 기계적 성질이 고무와 유사함
ST-100c	305	137	10	청동 함침(bronze infiltrated) 강 분말
전자 빔 용융법(electron-beam melting)				
Ti-6Al-4V	970	120	12–16	등압 압축으로 열처리하면 600 MPa에 달하는 피로 강도를 얻을 수 있음.

부록 B
응력-변형률 관계

기호

C	탄성 재료 계수, Pa
E	탄성 계수, Pa
G	전단 탄성 계수, Pa
K	부피계수, Pa
x, y, z	직교 좌표계, m
x', y', z'	회전된 직교 좌표계, m
γ	전단 변형률
δ	변형, m
ϵ	수직 변형률
λ	라메(Lame) 상수, Pa
ν	프와송(Poisson) 비
σ	수직 응력, Pa
τ	전단 응력, Pa

하첨자

x, y, z	직교 좌표
x', y', z'	회전된 직교 좌표
1, 2, 3	주축

B.1 서론

이 부록은 구조물이나 기계 요소의 설계에 있어 중요한 식의 유도와 용어의 정의를 포함하여, 탄성론의 방정식들을 소개한다. 이 부록에서의 수식 유도는 이 책의 다른 장에서보다 수학적이고 간결하다. 설명과 유도 과정을 간략히 하였지만 이들 방정식들이 성립한다는 사실은 충분히 보여지기를 바라며, 더 자세한 내용은 Timoshenko & Goodier(1970)나 부록 끝의 추천 문헌을 참고하기 바란다.

이 부록은 2장에서 사용된 응력 변환의 법칙, 3차원의 일반화된 훅의 법칙, 다양한 탄성 상수들, 일반화된 응력과 변형률 방정식들을 다룬다.

B.2 응력 변환의 법칙

새로운 직교 좌표계 $0'x'y'z'$의 z'축이 (사면체의 빗면에 해당하는) 평면에 수직인 n축 방향과 일치하며 x'축과 y'축이 (당연히 평면과 평행하면서) 원하는 두 개의 전단 응력 방향과 일치하도록 놓여 있다고 하자. 그림 B.1은 이러한 직교 좌표계를 보여주고 있는데, 여기서 사면체가 매우 작으

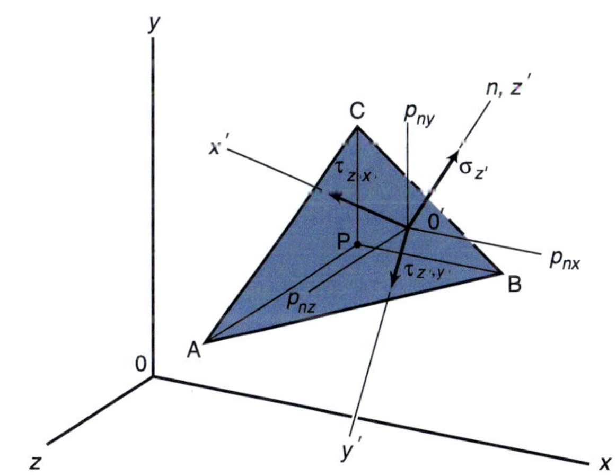

그림 B.1: P점에서 잘라낸 작은 사면체. 빗면에서 서로 수직 방향으로 작용하는 세 개의 응력 성분 $\sigma_{z'}$, $\tau_{z'x'}$, $\tau_{z'y'}$이 나타나 있다.

므로 ABC 평면은 P점을 지난다고 간주할 수 있고, 따라서 $0'x'y'z'$ 좌표계의 원점이 P점을 지난다고 볼 수 있다. 그림 B.1에는 빗면에 작용하는 서로 수직인 세 개의 응력 성분, 즉 $\sigma_{z'}$, $\tau_{z'x'}$, $\tau_{z'y'}$도 나타나 있다. 응력 변환의 법칙을 이용하면 이 세 개의 응력 성분들을 σ_x, σ_y, σ_z, τ_{xy}, τ_{yz}, τ_{zx}의 함수로 표시할 수 있다. 회전된 좌표계에서도 앞서 사용해 온 전단 응력의 하첨자에 대한 규칙은 그대로 적용된다. 예를 들면 $\tau_{z'x'}$는 z'축에 수직이면서 P점을 지나는 평면에서 x'축 방향으로 작용하는 전단 응력이다.

수직 방향이 z'축 방향과 일치하므로 다음의 식이 성립한다.

$$\begin{aligned} p_{nz} &= \sigma_z \cos(z', z) + \tau_{xz} \cos(z', x) + \tau_{yz} \cos(z', y) \\ p_{ny} &= \tau_{zx} \cos(z', z) + \sigma_x \cos(z', x) + \tau_{yx} \cos(z', y) \\ p_{nx} &= \tau_{zy} \cos(z', z) + \tau_{xy} \cos(z', x) + \sigma_y \cos(z', y) \end{aligned} \quad \text{(B.1)}$$

여기서

$\cos(z', x) = z'$축과 x축의 사이 각의 코사인

수직 응력 $\sigma_{z'}$은 p_{nz}, p_{ny}, p_{nx}를 z'축에 투영한 후 모두 합한 것과 같아야 한다. 즉,

$$\sigma_{z'} = p_{nz} \cos(z', z) + p_{nx} \cos(z', x) + p_{ny} \cos(z', y) \quad \text{(B.2)}$$

마찬가지로,

$$\tau_{z'x'} = p_{nz} \cos(x', z) + p_{nx} \cos(x', x) + p_{ny} \cos(x', y) \quad \text{(B.3)}$$

식 (B.1)을 식 (B.2)와 식 (B.3)에 대입하면서 전단 응력의 대칭성(예를 들어 $\tau_{x'y'} = \tau_{y'x'}$)을 이용하면, 식 (B.4)와 식 (B.5)를 유도할 수 있다. 식 (B.6)~(B.9)도 빗면이 x'축과 수직인 사면체 또는 빗면이 y'축과 수직인 사면체를 고려하여 마찬가지 방법으로 유도할 수 있다.

$$\begin{aligned} \sigma_{z'} = \; & \sigma_z \cos^2(z', z) + \sigma_x \cos^2(z', x) + \sigma_y \cos^2(z', y) \\ & + 2\tau_{zx} \cos(z', z) \cos(z', x) \\ & + 2\tau_{xy} \cos(z', x) \cos(z', y) \\ & + 2\tau_{yz} \cos(z', y) \cos(z', z) \end{aligned} \quad \text{(B.4)}$$

$$\begin{aligned} \sigma_{x'} = \; & \sigma_x \cos^2(x', x) + \sigma_y \cos^2(x', y) + \sigma_z \cos^2(x', z) \\ & + 2\tau_{xy} \cos(x', x) \cos(x', y) \\ & + 2\tau_{xy} \cos(x', y) \cos(x', z) \\ & + 2\tau_{zx} \cos(x', z) \cos(x', x) \end{aligned} \quad \text{(B.5)}$$

$$\begin{aligned} \sigma_{y'} = \; & \sigma_y \cos^2(y', y) + \sigma_z \cos^2(y', z) + \sigma_x \cos^2(y', x) \\ & + 2\tau_{yz} \cos(y', y) \cos(y', z) \\ & + 2\tau_{zx} \cos(y', z) \cos(y', x) \\ & + 2\tau_{xy} \cos(y', x) \cos(y', y) \end{aligned} \quad \text{(B.6)}$$

$$\begin{aligned} \tau_{z'x'} = \; & \sigma_z \cos(z', z) \cos(x', z) + \sigma_x \cos(z', x) \cos(x', x) \\ & + \sigma_y \cos(z', y) \cos(x', y) \\ & + \tau_{zx} \left[\cos(z', z) \cos(x', x) + \cos(z', x) \cos(x', z)\right] \\ & + \tau_{xy} \left[\cos(z', x) \cos(x', y) + \cos(z', y) \cos(x', x)\right] \\ & + \tau_{yz} \left[\cos(z', y) \cos(x', z) + \cos(z', z) \cos(x', y)\right] \end{aligned} \quad \text{(B.7)}$$

$$\begin{aligned} \tau_{x'y'} = \; & \sigma_x \cos(x', x) \cos(y', x) + \sigma_y \cos(x', y) \cos(y', y) \\ & + \sigma_z \cos(x', z) \cos(y', z) \\ & + \tau_{xy} \left[\cos(x', x) \cos(y', y) + \cos(x', y) \cos(y', x)\right] \\ & + \tau_{yz} \left[\cos(x', y) \cos(y', z) + \cos(x', z) \cos(y', y)\right] \\ & + \tau_{zx} \left[\cos(x', z) \cos(y', x) + \cos(x', x) \cos(y', z)\right] \end{aligned} \quad \text{(B.8)}$$

$$\begin{aligned} \tau_{y'z'} = \; & \sigma_y \cos(y', y) \cos(z', y) + \sigma_z \cos(y', z) \cos(z', z) \\ & + \sigma_x \cos(y', x) \cos(z', x) \\ & + \tau_{yz} \left[\cos(y', y) \cos(z', z) + \cos(y', z) \cos(z', y)\right] \\ & + \tau_{zx} \left[\cos(y', z) \cos(z', x) + \cos(y', x) \cos(z', z)\right] \\ & + \tau_{xy} \left[\cos(y', x) \cos(z', y) + \cos(y', y) \cos(z', x)\right] \end{aligned} \quad \text{(B.9)}$$

여기서 이 식들의 의미를 인식하는 것이 중요하다. 예를 들어, 식 (B.7)은 한 점에서의 응력 성분 σ_x, σ_y, σ_z, τ_{xy}, τ_{yz}, τ_{zx}를 알고 좌표계 $0'x'y'z'$의 방향을 알 때, 그 점에서 바깥으로 향한 수직축이 z'축인 면에서 x'축 방향으로 작용하는 전단 응력을 나타낸다.

B.3 변형률 변환

응력에 대해 학습하면서, 세 개의 수직 응력 성분 σ_x, σ_y, σ_z와 세 개의 전단 응력 성분 τ_{xy}, τ_{yz}, τ_{zx}가 직교 좌표 평면들과 평행한 평면들에 작용함을 알 수 있었다. 마찬가지로, 세 개의 수직 변형률 성분 ϵ_x, ϵ_y, ϵ_z와 세 개의 전단 변형률 성분 γ_{xy}, γ_{yz}, γ_{zx}가 직교 좌표축들과 평행한 선 요소들의 거동을 표현한다. Durelli et al.(1958)이 설명하였듯이, 변형률 변환 법

칙은 식 (B.4)~(B.9)에 주어진 응력 변환 법칙에서 다음과 같이 변수만 바꾸어 쓰면 바로 얻어진다.

$$\sigma_x \leftarrow \epsilon_x, \quad \sigma_y \leftarrow \epsilon_y, \quad \sigma_z \leftarrow \epsilon_z, \quad 2\tau_{xy} \leftarrow \gamma_{xy},$$
$$2\tau_{yz} \leftarrow \gamma_{yz}, \quad 2\tau_{zx} \leftarrow \gamma_{zx} \tag{B.10}$$

B.4 일반화된 훅의 법칙

응력이 식 (3.22)와 같이 단축 인장이나 단축 압축이 아닌 경우, 응력과 변형률 사이의 관계는 어떻게 될까? 응력은 6개의 성분들($\sigma_x, \sigma_y, \sigma_z, \tau_{xy}, \tau_{yz}, \tau_{zx}$)로 구성되어 있고 변형률도 6개의 성분들($\epsilon_x, \epsilon_y, \epsilon_z, \gamma_{xy}, \gamma_{yz}, \gamma_{zx}$)로 구성되어 있다. 따라서, 훅의 법칙을 일반화시킨다는 것은 6개의 응력 성분 각각을 6개의 변형률 성분들의 선형 함수로 표현하는 것이다. 즉,

$$\begin{aligned}
\sigma_x &= C_{11}\epsilon_x + C_{12}\epsilon_y + C_{13}\epsilon_z + C_{14}\gamma_{xy} \\
&\quad + C_{15}\gamma_{yz} + C_{16}\gamma_{zx} \\
\sigma_y &= C_{21}\epsilon_x + C_{22}\epsilon_y + C_{23}\epsilon_z + C_{24}\gamma_{xy} \\
&\quad + C_{25}\gamma_{yz} + C_{26}\gamma_{zx} \\
&\cdots \\
&\cdots \\
&\cdots \\
\tau_{zx} &= C_{61}\epsilon_x + C_{62}\epsilon_y + C_{63}\epsilon_z + C_{64}\gamma_{xy} \\
&\quad + C_{65}\gamma_{yz} + C_{66}\gamma_{zx}
\end{aligned} \tag{B.11}$$

여기서 $C_{11}, C_{12}, \cdots, C_{66}$은 응력이나 변형률 값과 무관한 재료의 탄성 상수들이다. 식 (B.11)은 기계 요소 설계에서 고려하는 변형률 범위 내에서 많은 고체 재료에 대해 성립한다.

재료가 등방성이라는 가정은 $0'x'y'z'$ 좌표계가 어떤 방향으로 놓이더라도 그 좌표계에 대한 응력 성분들과 변형률 성분들의 관계가 동일한 탄성 상수 $C_{11}, C_{12}, \cdots, C_{66}$로 표현된다는 의미이다. 따라서 식 (B.11)의 6개 식에서 응력과 변형률의 하첨자들이 $x \to x'$, $y \to y'$, $z \to z'$으로 바뀌더라도 재료의 탄성 상수 $C_{11}, C_{12}, \cdots, C_{66}$은 바뀌지 않는다. 따라서

$$\begin{aligned}
\sigma_{x'} &= C_{11}\epsilon_{x'} + C_{12}\epsilon_{y'} + C_{13}\epsilon_{z'} + C_{14}\gamma_{x'y'} \\
&\quad + C_{15}\gamma_{y'z'} + C_{16}\gamma_{z'x'} \\
\sigma_{y'} &= C_{21}\epsilon_{x'} + C_{22}\epsilon_{y'} + C_{23}\epsilon_{z'} + C_{24}\gamma_{x'y'} \\
&\quad + C_{25}\gamma_{y'z'} + C_{26}\gamma_{z'x'} \\
&\cdots \\
&\cdots \\
&\cdots \\
\tau_{z'x'} &= C_{61}\epsilon_{x'} + C_{62}\epsilon_{y'} + C_{63}\epsilon_{z'} + C_{64}\gamma_{x'y'} \\
&\quad + C_{65}\gamma_{y'z'} + C_{66}\gamma_{z'x'}
\end{aligned} \tag{B.12}$$

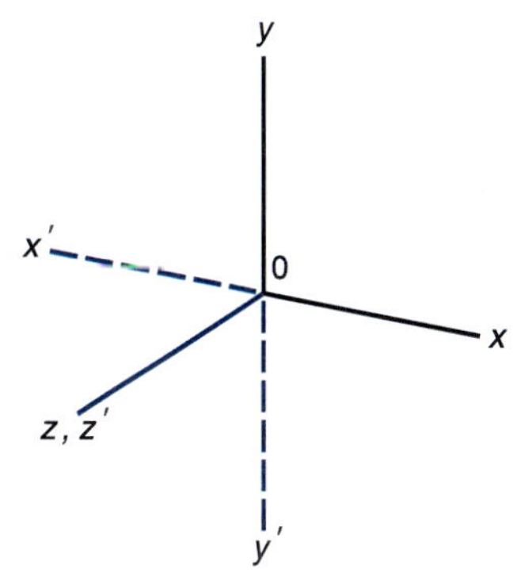

그림 B.2: $0z$를 180° 회전하여 얻어진 좌표계 $0x'y'z'$.

여기서 좌표계 $0x'y'z'$은 임의의 방향을 가진다는 점을 상기하자.

탄성 상수들 $C_{11}, C_{12}, \cdots, C_{66}$ 사이에는 조건식이 성립하는데, 이를 고찰하기 위해 다음과 같이 이론을 전개한다. 우선, $0z$를 180° 회전하여 새로운 좌표계 $0x'y'z'$을 얻으면 그림 B.2와 같이 된다. 축들 사이의 각을 다음과 같이 표시하기로 하자.

$$(x, y) = x\text{축과 } y\text{축 사이의 각}$$

그러면 그림 B.2로부터 다음을 알 수 있다.

$$\begin{aligned}
(x', x) &= 180^\circ, \quad (x', y) = 90^\circ, \quad (x', z) = 90^\circ \\
(y', y) &= 180^\circ, \quad (y', z) = 90^\circ, \quad (y', x) = 90^\circ \\
(z', z) &= 0^\circ, \quad (z', x) = 90^\circ, \quad (z', y) = 90^\circ
\end{aligned} \tag{B.13}$$

식 (B.13)을 이용하면 식 (B.4)~(B.9)는 다음과 같이 된다.

$$\sigma_{z'} = \sigma_z, \quad \sigma_{x'} = \sigma_x, \quad \sigma_{y'} = \sigma_y, \quad \tau_{x'y'} = \tau_{xy},$$
$$\tau_{y'z'} = -\tau_{yz}, \quad \tau_{z'x'} = -\tau_{zx} \tag{B.14}$$

마찬가지로 변형률 성분들도 다음과 같이 된다.

$$\epsilon_{z'} = \epsilon_z, \quad \epsilon_{x'} = \epsilon_x, \quad \epsilon_{y'} = \epsilon_y, \quad \gamma_{x'y'} = \gamma_{xy},$$
$$\gamma_{y'z'} = -\gamma_{yz}, \quad \gamma_{z'x'} = -\gamma_{zx} \tag{B.15}$$

식 (B.14)와 (B.15)를 식 (B.12)에 대입하면 다음과 같이 된다.

$$\begin{aligned}\sigma_{x'} &= C_{11}\epsilon_x + C_{12}\epsilon_y + C_{13}\epsilon_z + C_{14}\gamma_{xy}\\ &\quad -C_{15}\gamma_{yz} - C_{16}\gamma_{zx}\\ \sigma_y &= C_{21}\epsilon_x + C_{22}\epsilon_y + C_{23}\epsilon_z + C_{24}\gamma_{xy}\\ &\quad -C_{25}\gamma_{yz} - C_{26}\gamma_{zx}\\ &\cdots\\ &\cdots\\ &\cdots\\ \tau_{z'x'} &= -C_{61}\epsilon_x - C_{62}\epsilon_y - C_{63}\epsilon_z - C_{64}\gamma_{xy}\\ &\quad +C_{65}\gamma_{yz} + C_{66}\gamma_{zx} \end{aligned} \tag{B.16}$$

식 (B.11)과 식 (B.16)을 비교하면 다음과 같은 관계가 성립함을 알 수 있다.

$$C_{15} = -C_{15} \qquad C_{16} = -C_{16}$$

이는 다음과 같이 됨을 암시한다.

$$\begin{aligned} C_{15} = C_{16} = C_{25} = C_{26} = C_{35} = C_{36} = C_{45} = C_{46} = 0\\ C_{51} = C_{52} = C_{53} = C_{54} = C_{61} = C_{62} = C_{63} = C_{64} = 0 \end{aligned} \tag{B.17}$$

식 (B.17)을 식 (B.11)에 대입하면

$$\begin{aligned}\sigma_x &= C_{11}\epsilon_x + C_{12}\epsilon_y + C_{13}\epsilon_z + C_{14}\gamma_{xy}\\ \sigma_y &= C_{21}\epsilon_x + C_{22}\epsilon_y + C_{23}\epsilon_z + C_{24}\gamma_{xy}\\ \sigma_z &= C_{31}\epsilon_x + C_{32}\epsilon_y + C_{33}\epsilon_z + C_{34}\gamma_{xy}\\ \tau_{xy} &= C_{41}\epsilon_x + C_{42}\epsilon_y + C_{43}\epsilon_z + C_{44}\gamma_{xy}\\ \tau_{yz} &= C_{55}\gamma_{yz} + C_{56}\gamma_{zx}\\ \tau_{zx} &= C_{65}\gamma_{yz} + C_{66}\gamma_{zx} \end{aligned} \tag{B.18}$$

따라서 등방성 가정과 그림 B.2의 좌표계를 이용함으로써, 식 (B.11)에 있었던 36개의 탄성 상수가 식 (B.18)의 20개로 줄어들었음을 알 수 있다.

이제 $0x$를 180° 회전하여 그림 B.3과 같은 좌표계를 얻으면, 좌표축들 사이의 관계는 다음과 같다.

$$\begin{array}{lll} (x',x) = 0^\circ, & (x',y) = 90^\circ, & (z',z) = 90^\circ\\ (y',y) = 180^\circ, & (y',x) = 90^\circ, & (y',z) = 90^\circ\\ (z',z) = 180^\circ, & (z',x) = 90^\circ, & (z',y) = 90^\circ \end{array} \tag{B.19}$$

식 (B.19)를 이용하면 식 (B.4)~(B.9)는 다음과 같이 된다.

$$\begin{array}{lll} \sigma_{z'} = \sigma_z, & \sigma_{x'} = \sigma_x, & \sigma_{y'} = \sigma_y\\ \tau_{z'x'} = -\tau_{zx}, & \tau_{x'y'} = -\tau_{xy}, & \tau_{y'z'} = \tau_{yz}\\ \epsilon_{x'} = \epsilon_x, & \epsilon_{y'} = \epsilon_y, & \epsilon_{z'} = \epsilon_z\\ \gamma_{x'y'} = -\gamma_{xy}, & \gamma_{y',z'} = \gamma_{yz}, & \gamma_{z',x'} = -\gamma_{zx} \end{array} \tag{B.20}$$

등방성이라는 가정은 그림 B.3의 새로운 좌표계 $0x'y'z'$

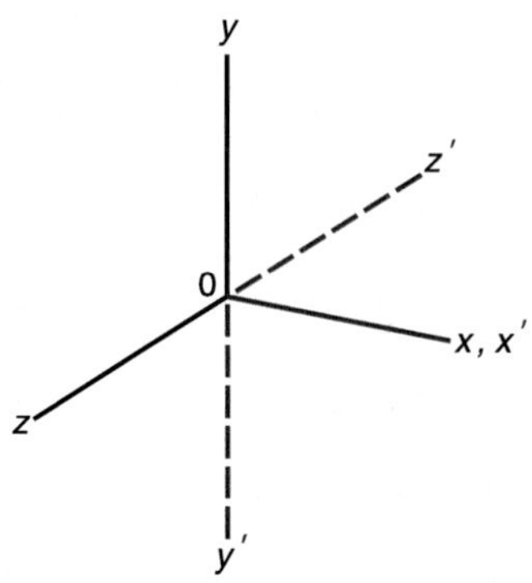

그림 B.3: $0x$를 180° 회전하여 얻어진 좌표계 $0x'y'z'$.

에서도 식 (B.18)에서 사용한 탄성 상수 $C_{11}, C_{12}, \cdots, C_{66}$이 그대로 적용됨을 의미한다. 따라서

$$\begin{aligned}\sigma_{x'} &= C_{11}\epsilon_{x'} + C_{12}\epsilon_{y'} + C_{13}\epsilon_{z'} + C_{14}\gamma_{x'y'}\\ \sigma_{y'} &= C_{21}\epsilon_{x'} + C_{22}\epsilon_{y'} + C_{23}\epsilon_{z'} + C_{24}\gamma_{x'y'}\\ \sigma_{z'} &= C_{31}\epsilon_{x'} + C_{32}\epsilon_{y'} + C_{33}\epsilon_{z'} + C_{34}\gamma_{x'y'}\\ \tau_{x'y'} &= C_{41}\epsilon_{x'} + C_{42}\epsilon_{y'} + C_{43}\epsilon_{z'} + C_{44}\gamma_{x'y'}\\ \tau_{y'z'} &= C_{55}\gamma_{y'z'} + C_{56}\gamma_{z'x'}\\ \tau_{z'x'} &= C_{65}\gamma_{y'z'} + C_{66}\gamma_{z'x'} \end{aligned} \tag{B.21}$$

식 (B.20)을 식 (B.21)에 대입하면

$$\begin{aligned}\sigma_x &= C_{11}\epsilon_x + C_{12}\epsilon_y + C_{13}\epsilon_z - C_{14}\gamma_{xy}\\ \sigma_y &= C_{21}\epsilon_x + C_{22}\epsilon_y + C_{23}\epsilon_z - C_{24}\gamma_{xy}\\ \sigma_z &= C_{31}\epsilon_x + C_{32}\epsilon_y + C_{33}\epsilon_z - C_{34}\gamma_{xy}\\ -\tau_{xy} &= C_{41}\epsilon_x + C_{42}\epsilon_y + C_{43}\epsilon_z - C_{44}\gamma_{xy}\\ \tau_{yz} &= C_{55}\gamma_{yz} - C_{56}\gamma_{zx}\\ -\tau_{zx} &= C_{65}\gamma_{yz} - C_{66}\gamma_{zx} \end{aligned} \tag{B.22}$$

식 (B.18)과 식 (B.22)가 동시에 성립하려면, 다음의 조건이 필요하다.

$$C_{14} = C_{24} = C_{34} = C_{41} = C_{42} = C_{43} = C_{56} = C_{65} = 0 \tag{B.23}$$

식 (B.23)을 식 (B.18)에 대입하면

$$\begin{aligned}\sigma_x &= C_{11}\epsilon_x + C_{12}\epsilon_y + C_{13}\epsilon_z\\ \sigma_y &= C_{21}\epsilon_x + C_{22}\epsilon_y + C_{23}\epsilon_z\\ \sigma_z &= C_{31}\epsilon_x + C_{32}\epsilon_y + C_{33}\epsilon_z\\ \tau_{xy} &= C_{44}\gamma_{xy}\\ \tau_{yz} &= C_{55}\gamma_{yz}\\ \tau_{zx} &= C_{66}\gamma_{zx} \end{aligned} \tag{B.24}$$

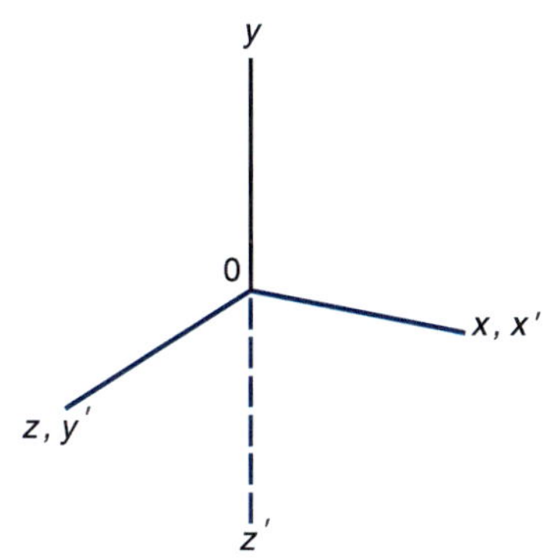

그림 B.4: $0x$를 90° 회전하여 얻어진 좌표계 $0x'y'z'$.

따라서 등방성 가정과 그림 B.3의 좌표계를 이용함으로써, 식 (B.18)에 있었던 20개의 탄성 상수가 식 (B.24)의 12개로 줄어들었음을 알 수 있다.

세 번째로, $0x$를 90° 회전하면 그림 B.4와 같이 되고 이는 다음을 의미한다.

$$\begin{array}{lll} (x',x)=0^\circ, & (x',y)=90^\circ, & (x',z)=90^\circ \\ (y',y)=90^\circ, & (y',x)=90^\circ, & (y',z)=0^\circ \\ (z',z)=90^\circ, & (z',x)=90^\circ, & (z',y)=180^\circ \end{array} \tag{B.25}$$

식 (B.25)를 이용하면 식 (B.4)~(B.9)는 다음과 같이 된다.

$$\begin{array}{lll} \sigma_{z'}=\sigma_y, & \sigma_{x'}=\sigma_x, & \sigma_{y'}=\sigma_z \\ \tau_{z'x'}=-\tau_{xy}, & \tau_{x'y'}=\tau_{zx}, & \tau_{y'z'}=-\tau_{yz} \\ \epsilon_{z'}=\epsilon_y, & \epsilon_{x'}=\epsilon_x, & \epsilon_{y'}=\epsilon_z \\ \gamma_{z'x'}=-\gamma_{xy}, & \gamma_{x'y'}=\gamma_{zx}, & \gamma_{y'z'}=-\gamma_{yz} \end{array} \tag{B.26}$$

등방성이라는 가정은 그림 B.4의 새로운 좌표계 $0x'y'z'$에서도 식 (B.24)에서 사용한 탄성 상수 $C_{11}, C_{12}, \cdots, C_{66}$이 그대로 적용됨을 의미한다. 따라서

$$\begin{aligned} \sigma_{x'} &= C_{11}\epsilon_{x'}+C_{12}\epsilon_{y'}+C_{13}\epsilon_{z'} \\ \sigma_{y'} &= C_{21}\epsilon_{x'}+C_{22}\epsilon_{y'}+C_{23}\epsilon_{z'} \\ \sigma_{z'} &= C_{31}\epsilon_{x'}+C_{32}\epsilon_{y'}+C_{33}\epsilon_{z'} \\ \tau_{x'y'} &= C_{44}\gamma_{x'y'} \\ \tau_{y'z'} &= C_{55}\gamma_{y'z'} \\ \tau_{z'x'} &= C_{66}\gamma_{z'x'} \end{aligned} \tag{B.27}$$

식 (B.26)을 식 (B.27)에 대입하면

$$\begin{aligned} \sigma_x &= C_{11}\epsilon_x+C_{12}\epsilon_y+C_{13}\epsilon_z \\ \sigma_y &= C_{21}\epsilon_x+C_{22}\epsilon_y+C_{23}\epsilon_z \\ \sigma_z &= C_{31}\epsilon_x+C_{32}\epsilon_y+C_{33}\epsilon_z \\ \tau_{xy} &= C_{44}\gamma_{xy} \\ \tau_{yz} &= C_{55}\gamma_{yz} \\ \tau_{zx} &= C_{66}\gamma_{zx} \end{aligned} \tag{B.28}$$

식 (B.24)와 식 (B.28)이 동시에 성립하려면 다음의 조건이 필요하다.

$$C_{12}=C_{13} \qquad C_{21}=C_{31} \qquad C_{23}=C_{32}$$
$$C_{22}=C_{33} \qquad C_{44}=C_{66} \tag{B.29}$$

식 (B.29)를 식 (B.28)에 대입하면

$$\begin{aligned} \sigma_x &= C_{11}\epsilon_x+C_{12}\left(\epsilon_y+\epsilon_z\right) \\ \sigma_y &= C_{21}\epsilon_x+C_{22}\epsilon_y+C_{23}\epsilon_z \\ \sigma_z &= C_{21}\epsilon_x+C_{22}\epsilon_z+C_{23}\epsilon_y \\ \tau_{xy} &= C_{44}\gamma_{xy} \\ \tau_{yz} &= C_{55}\gamma_{yz} \\ \tau_{zx} &= C_{66}\gamma_{zx} \end{aligned} \tag{B.30}$$

따라서 등방성 가정과 그림 B.4의 좌표계를 이용함으로써, 식 (B.24)에 있었던 12개의 탄성 상수가 식 (B.30)의 7개로 줄어 들었음을 알 수 있다.

네 번째로, $0z$를 90° 회전하면 그림 B.5와 같이 되고 이는 다음을 의미한다.

$$\begin{array}{lll} (x',x)=90^\circ, & (x',y)=0^\circ, & (x',z)=90^\circ \\ (y',y)=90^\circ, & (y',x)=180^\circ, & (y',z)=90^\circ \\ (z',z)=0^\circ, & (z',x)=90^\circ, & (z',y)=90^\circ \end{array} \tag{B.31}$$

식 (B.31)를 사용하면 식 (B.4)~(B.9)는 다음과 같이 된다.

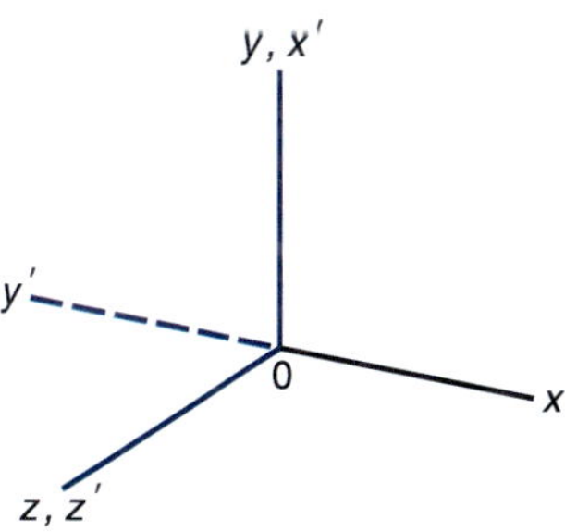

그림 B.5: $0z$를 90° 회전하여 얻어진 좌표계 $0x'y'z'$.

$$
\begin{array}{lll}
\sigma_{z'} = \sigma_z, & \sigma_{x'} = \sigma_y, & \sigma_{y'} = \sigma_x \\
\tau_{z'x'} = \tau_{yz}, & \tau_{x'y'} = -\tau_{xy}, & \tau_{y'z'} = -\tau_{zx} \\
\epsilon_{z'} = \epsilon_z, & \epsilon_{x'} = \epsilon_y, & \epsilon_{y'} = \epsilon_x \\
\gamma_{z'x'} = \gamma_{yz}, & \gamma_{x'y'} = -\gamma_{xy}, & \gamma_{y'z'} = -\gamma_{zx}
\end{array} \tag{B.32}
$$

등방성이라는 가정은 식 (B.30)이 다음과 같이 다시 쓰일 수 있음을 의미한다.

$$
\begin{aligned}
\sigma_{x'} &= C_{11}\epsilon_{x'} + C_{12}\left(\epsilon_{y'} + \epsilon_{z'}\right) \\
\sigma_{y'} &= C_{21}\epsilon_{x'} + C_{22}\epsilon_{y'} + C_{23}\epsilon_{z'} \\
\sigma_{z'} &= C_{21}\epsilon_{x'} + C_{22}\epsilon_{z'} + C_{23}\epsilon_{y'} \\
\tau_{x'y'} &= C_{44}\gamma_{x'y'} \\
\tau_{y'z'} &= C_{55}\gamma_{y'z'} \\
\tau_{z'x'} &= C_{66}\gamma_{z'x'}
\end{aligned} \tag{B.33}
$$

식 (B.32)를 식 (B.33)에 대입하면

$$
\begin{aligned}
\sigma_x &= C_{11}\epsilon_y + C_{12}\left(\epsilon_x + \epsilon_z\right) \\
\sigma_y &= C_{21}\epsilon_y + C_{22}\epsilon_x + C_{23}\epsilon_z \\
\sigma_z &= C_{21}\epsilon_y + C_{22}\epsilon_z + C_{23}\epsilon_x \\
\tau_{xy} &= C_{44}\gamma_{xy} \\
\tau_{yz} &= C_{55}\gamma_{yz} \\
\tau_{zx} &= C_{66}\gamma_{zx}
\end{aligned} \tag{B.34}
$$

식 (B.30)과 식 (B.34)가 동시에 성립하려면 다음의 조건이 필요하다.

$$
C_{22} = C_{11} \qquad C_{21} = C_{12} \qquad C_{23} = C_{12} \qquad C_{55} = C_{44} \tag{B.35}
$$

식 (B.35)를 식 (B.34)에 대입하면

$$
\begin{aligned}
\sigma_x &= C_{11}\epsilon_x + C_{12}\left(\epsilon_y + \epsilon_z\right) \\
\sigma_y &= C_{11}\epsilon_y + C_{12}\left(\epsilon_x + \epsilon_z\right) \\
\sigma_z &= C_{11}\epsilon_z + C_{12}\left(\epsilon_x + \epsilon_y\right) \\
\tau_{xy} &= C_{44}\gamma_{xy} \\
\tau_{yz} &= C_{55}\gamma_{yz} \\
\tau_{zx} &= C_{66}\gamma_{zx}
\end{aligned} \tag{B.36}
$$

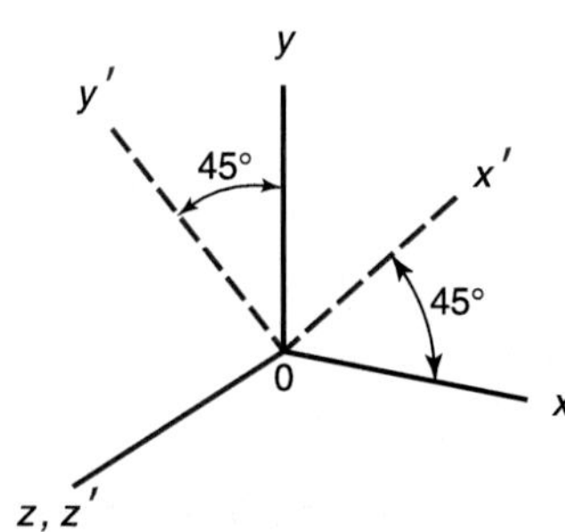

그림 B.6: 0z를 45° 회전하여 얻어진 좌표계 $0x'y'z'$

따라서 등방성 가정과 그림 B.5의 좌표계를 이용함으로써, 식 (B.30)에 있었던 7개의 탄성 상수가 식 (B.36)의 3개로 줄어 들었음을 알 수 있다.

다섯 번째이자 마지막으로, 0z를 45° 회전하면 그림 B.6과 같이 되고 이는 다음을 의미한다.

$$
\begin{array}{lll}
(x', x) = 45^\circ, & (x', y) = 45^\circ, & (x', z) = 90^\circ \\
(y', y) = 45^\circ, & (y', x) = 135^\circ, & (y', z) = 90^\circ \\
(z', z) = 0^\circ, & (z', x) = 90^\circ, & (z', y) = 90^\circ
\end{array} \tag{B.37}
$$

식 (B.37)을 사용하면 식 (B.4)~(B.9)와 식 (2.37)은 다음과 같이 된다.

$$
\begin{aligned}
\sigma_{z'} &= \sigma_z, \\
\sigma_{x'} &= \frac{1}{2}\left(\sigma_x + \sigma_y\right) + \tau_{xy}, \\
\sigma_{y'} &= \frac{1}{2}\left(\sigma_x + \sigma_y\right) - \tau_{xy} \\
\tau_{z'x'} &= \frac{1}{\sqrt{2}}\left(\tau_{zx} + \tau_{yz}\right), \\
\tau_{x'y'} &= \frac{1}{2}\left(\sigma_y - \sigma_x\right), \\
\tau_{y'z'} &= \frac{1}{\sqrt{2}}\left(\tau_{yz} - \tau_{zx}\right) \\
\epsilon_{z'} &= \epsilon_z, \\
\epsilon_{x'} &= \frac{1}{2}\left(\epsilon_x + \epsilon_y + \gamma_{xy}\right), \\
\epsilon_{y'} &= \frac{1}{2}\left(\epsilon_x + \epsilon_y - \gamma_{xy}\right) \\
\gamma_{z'x'} &= \frac{1}{\sqrt{2}}\left(\gamma_{zx} + \gamma_{yz}\right), \\
\gamma_{x'y'} &= \frac{1}{2}\left(\epsilon_y - \epsilon_x\right), \\
\gamma_{y'z'} &= \frac{1}{\sqrt{2}}\left(\gamma_{yz} - \gamma_{zx}\right)
\end{aligned} \tag{B.38}
$$

등방성이라는 가정은 식 (B.36)이 다음과 같이 다시 쓰일 수 있음을 의미한다.

$$
\begin{aligned}
\sigma_{x'} &= C_{11}\epsilon_{x'} + C_{12}\left(\epsilon_{y'} + \epsilon_{z'}\right) \\
\sigma_{y'} &= C_{11}\epsilon_{y'} + C_{12}\left(\epsilon_{x'} + \epsilon_{z'}\right) \\
\sigma_{z'} &= C_{11}\epsilon_{z'} + C_{12}\left(\epsilon_{x'} + \epsilon_{y'}\right) \\
\tau_{x'y'} &= C_{44}\gamma_{x'y'} \\
\tau_{y'z'} &= C_{55}\gamma_{y'z'} \\
\tau_{z'x'} &= C_{66}\gamma_{z'x'}
\end{aligned} \tag{B.39}
$$

식 (B.38)을 식 (B.39)의 첫 번째 식에 대입하면 다음과 같이 된다.

$$\begin{aligned}\frac{1}{2}(\sigma_x+\sigma_y)+\tau_{xy} &= C_{11}\left(\frac{\gamma_{xy}}{2}+\frac{\epsilon_x+\epsilon_y}{2}\right)\\ &\quad +C_{12}\left(\frac{\epsilon_x+\epsilon_y}{2}-\frac{\gamma_{xy}}{2}+\epsilon_z\right)\end{aligned}$$

또 식 (B.36)의 σ_x와 σ_y에 대한 식을 위의 수식에 대입하면 다음과 같이 된다.

$$\tau_{xy}=(C_{11}-C_{12})\frac{\gamma_{xy}}{2} \tag{B.40}$$

식 (B.40)을 식 (B.36)의 τ_{xy}에 대한 식과 비교하면

$$C_{11}=C_{12}+2C_{44} \tag{B.41}$$

$C_{12}=\lambda$, $C_{44}=G$라 놓고 식 (B.41)을 이용하면, 식 (B.36)은 다음과 같이 된다.

$$\begin{aligned}\sigma_x &= (\lambda+2G)\epsilon_x+\lambda(\epsilon_y+\epsilon_x)\\ \sigma_y &= (\lambda+2G)\epsilon_y+\lambda(\epsilon_x+\epsilon_z)\\ \sigma_z &= (\lambda+2G)\epsilon_z+\lambda(\epsilon_x+\epsilon_y)\\ \tau_{xy} &= G\gamma_{xy}\\ \tau_{yz} &= G\gamma_{yz}\\ \tau_{zx} &= G\gamma_{zx}\end{aligned} \tag{B.42}$$

따라서 등방성 가정과 그림 B.2~B.6의 좌표계들을 이용함으로써, 식 (B.11)에 있었던 36개의 탄성 상수가 식 (B.42)의 2개로 줄어들었음을 알 수 있다.

식 (B.42)를 변형률에 대해 다시 쓰면 다음과 같이 된다.

$$\begin{aligned}\epsilon_x &= \frac{(\lambda+G)\sigma_x}{G(3\lambda+2G)}-\frac{\lambda(\sigma_y+\sigma_z)}{2G(3\lambda+2G)}\\ \epsilon_y &= \frac{(\lambda+G)\sigma_y}{G(3\lambda+2G)}-\frac{\lambda(\sigma_x+\sigma_z)}{2G(3\lambda+2G)}\\ \epsilon_z &= \frac{(\lambda+G)\sigma_z}{G(3\lambda+2G)}-\frac{\lambda(\sigma_x+\sigma_y)}{2G(3\lambda+2G)}\\ \gamma_{xy} &= \frac{\tau_{xy}}{G}\\ \gamma_{yz} &= \frac{\tau_{yz}}{G}\\ \gamma_{zx} &= \frac{\tau_{zx}}{G}\end{aligned} \tag{B.43}$$

등방성이지만 균일하지 않은 재료의 경우에는 탄성 상수 λ, G가 위치에 따라 다르므로 좌표 x, y, z의 함수로 나타난다. 등방성이고 균일한 재료의 경우에는, 이들 탄성 상수가 좌표의 함수가 아니고 위치에 따라 변하지 않는 상수가 된다.

만일 $0x$, $0y$, $0z$축이 주응력 방향으로 설정되었다면 $\tau_{xy}=\tau_{yz}=\tau_{zx}=0$이 된다. 식 (B.43)을 이용하면 $\tau_{xy}=\tau_{yz}=\tau_{zx}=0$도 성립한다. 따라서 등방성 재료에서는 주응력 방향과 주변형률 방향이 일치한다.

B.5 탄성 상수의 물리적 의미

첫 번째 탄성 상수는 전단 탄성 계수 G[Pa]이다. 두 번째 탄성 상수 λ는 라메(Lamé) 상수라고 불리는데 특별한 물리적 의미는 없다.

$\sigma_y=\sigma_z=\tau_{xy}=\tau_{yz}=\tau_{zx}=0$이고 σ_x만 작용하는 단축 응력 상태인 경우, 식 (B.43)은 다음과 같이 된다.

$$\epsilon_x=\frac{(\lambda+G)\sigma_x}{G(3\lambda+2G)} \tag{B.44}$$

$$\epsilon_y=\epsilon_x=-\frac{\lambda\sigma_x}{2G(3\lambda+2G)} \tag{B.45}$$

식 (B.44)를 식 (3.23)과 비교하면 다음과 같이 된다.

$$\lambda=\frac{G(E-2G)}{3G-E} \tag{B.46}$$

여기서 E는 탄성 계수로서 3.5.2절에서 다루어지는 세 번째 탄성 상수이다. 식 (B.45)의 횡변형률을 식 (3.4)의 프와송 비와 연관지으면 다음과 같이 된다.

$$\nu=\frac{\lambda}{2(\lambda+G)} \tag{B.47}$$

λ에 대한 식으로 쓰면

$$\lambda=\frac{2G\nu}{1-2\nu} \tag{B.48}$$

따라서 식 (B.46)과 식 (B.48)은 λ를 이미 아는 두 개의 탄성 상수로 서로 달리 표현하고 있다. 식 (B.46)과 식 (B.48)을 같게 놓으면 다음의 식을 얻는다.

$$\nu=\frac{E-2G}{2G} \tag{B.49}$$

여기서 프와송 비 ν는 네 번째 탄성 상수이다. 식 (B.49)는 식

(3.6)에 상응한다. ν는 영(0)에서 0.5 사이의 값을 갖는다. $\nu = 0$이면 길이 방향(즉, 하중과 같은 방향)의 변형만 발생하고 횡방향의 변형은 없다. $\nu = 0.5$이면 재료가 어떤 변형을 겪더라도 부피가 일정하게 유지된다. 즉, 하중과 같은 방향으로 늘어나서 부피가 증가하는 효과가 횡방향으로 줄어들어 부피가 감소하는 효과를 상쇄한다.

G, λ, E, ν의 4개 탄성 상수에 추가하여 다섯 번째로 부피 계수 K를 고려할 수 있는데, 이는 정수 압력(hydrostatic pressure)을 받을 때 발생하는 체적당 부피 감소량에 대한 정수 압력값의 비로 정의되고 단위는 파스칼(또는 제곱 인치당 파운드)이다. 부피 계수는 정수 압축에 의해 구해질 수 있는데, 정수 압축은 다음과 같은 응력 상태를 뜻한다.

$$\sigma_x = \sigma_y = \sigma - z = -p \quad (\text{단, } p > 0)$$
$$\tau_{xy} = \tau_{yz} = \tau_{zx} = 0$$

위 식을 식 (B.43)에 대입하면 다음을 얻는다.

$$\epsilon_x = \epsilon_y = \epsilon_z = -\frac{p}{3\lambda + 2G} \tag{B.50}$$

전체 변형률(total strain) 또는 부피 변형률은 다음과 같이 된다.

$$\epsilon = \epsilon_x + \epsilon_y + \epsilon_z \to p = -\frac{(3\lambda + 2G)\epsilon}{3} = -K\epsilon \tag{B.51}$$

여기서

$$K = \frac{3\lambda + 2G}{3} \tag{B.52}$$

G, λ, E, ν, K의 5개 탄성 상수 중에서 아무 것이나 2개의 값을 알면 나머지 3개의 값을 구할 수 있다. 이때 사용되는 탄성 상수들 사이의 관계식이 표 B.1에 정리되어 있다.

B.6 탄성 계수와 프와송 비로 표현된 응력-변형률 관계식

표 B.1로부터 λ와 G는 다음과 같이 E와 ν로 표현된다.

$$\lambda = \frac{\nu E}{(1+\nu)(1-2\nu)}, \qquad G = \frac{E}{2(1+\nu)} \tag{B.53}$$

식 (B.53)을 식 (B.43)에 대입하면

$$\begin{aligned}
\epsilon_x &= \frac{1}{E}[\sigma_x - \nu(\sigma_y + \sigma_z)] \\
\epsilon_y &= \frac{1}{E}[\sigma_y - \nu(\sigma_z + \sigma_x)] \\
\epsilon_z &= \frac{1}{E}[\sigma_z - \nu(\sigma_x + \sigma_y)] \\
\gamma_{xy} &= \frac{2(1+\nu)}{E}\tau_{xy} \\
\gamma_{yz} &= \frac{2(1+\nu)}{E}\tau_{yz} \\
\gamma_{zx} &= \frac{2(1+\nu)}{E}\tau_{zx}
\end{aligned} \tag{B.54}$$

마찬가지로 응력들을 변형률들의 식으로 쓰면

$$\begin{aligned}
\sigma_x &= \frac{E}{(1+\nu)(1-2\nu)}[(1-\nu)\epsilon_x + \nu(\epsilon_y + \epsilon_z)] \\
\sigma_y &= \frac{E}{(1+\nu)(1-2\nu)}[(1-\nu)\epsilon_y + \nu(\epsilon_x + \epsilon_z)] \\
\sigma_z &= \frac{E}{(1+\nu)(1-2\nu)}[(1-\nu)\epsilon_z + \nu(\epsilon_x + \epsilon_y)] \\
\tau_{xy} &= \frac{E}{2(1+\nu)}\gamma_{xy} \\
\tau_{yz} &= \frac{E}{2(1+\nu)}\gamma_{yz} \\
\tau_{zx} &= \frac{E}{2(1+\nu)}\gamma_{zx}
\end{aligned} \tag{B.55}$$

식 (B.54)와 식 (B.55)의 식들이 탄성 상수 중 E와 ν만 포함하고 있지만, 표 B.1을 이용하면 G, λ, E, ν, K의 5개 탄성 상수 중 임의의 2개를 포함하도록 다시 쓸 수 있다. 이 식들이 E와 ν를 사용하여 쓰여진 이유는 표 3.2 및 표 3.3에서 알 수 있듯이 이 두 탄성 상수의 값을 쉽게 얻을 수 있기 때문이다. 하지만 $\nu \to 0.5$에 근접하는 고무의 경우, 식 (B.55)에서 분모에 $(1 - 2\nu)$가 있으므로 부피계수 K와 전단 탄성 계수 G를 사용해야 보다 정확한 결과를 얻을 수 있다.

x, y, z축이 주축 1, 2, 3축과 일치하는 특별한 경우(3축 응력 상태)에는 식 (B.54)와 식 (B.55)의 모든 전단 응력과 전단 변형률이 영(0)이 되므로 다음과 같이 간단해진다.

$$\epsilon_1 = \frac{1}{E}[\sigma_1 - \nu(\sigma_2 + \sigma_3)]$$

표 B.1: 등방성 재료의 탄성 상수들 사이의 관계식.

사용된 상수들	라메 상수 **λ**	전단 탄성 계수 **G**	탄성 계수 **E**	프와송 비 **ν**	부피 계수 **K**
$\lambda\ \ G$	—	—	$E = \dfrac{G(3\lambda + 2G)}{\lambda + G}$	$\nu = \dfrac{\lambda}{2(\lambda + G)}$	$K = \dfrac{3\lambda + 2G}{3}$
$\lambda\ \ E$	—	$G = \dfrac{A^{\dagger} + (E - 3\lambda)}{4}$	—	$\nu = \dfrac{A - (E + \lambda)}{4\lambda}$	$K = \dfrac{A + (3\lambda + E)}{6}$
$\lambda\ \ \nu$	—	$G = \dfrac{\lambda(1 - 2\nu)}{2\nu}$	$E = \dfrac{\lambda(1 + \nu)(1 - 2\nu)}{\nu}$	—	$K = \dfrac{\lambda(1 + \nu)}{3\nu}$
$\lambda\ \ K$	—	$G = \dfrac{3(K - \lambda)}{2}$	$E = \dfrac{9K(K - \lambda)}{3K - \lambda}$	$\nu = \dfrac{\lambda}{3K - \lambda}$	—
$G\ \ E$	$\lambda = \dfrac{G(2G - E)}{E - 3G}$	—	—	$\nu = \dfrac{E - 2G}{2G}$	$K = \dfrac{GE}{3(3G - E)}$
$G\ \ \nu$	$\lambda = \dfrac{2G\nu}{1 - 2\nu}$	—	$E = 2G(1 + \nu)$	—	$K = \dfrac{2G(1 + \nu)}{3(1 - 2\nu)}$
$G\ \ K$	$\lambda = \dfrac{3K - 2G}{3}$	—	$E = \dfrac{9KG}{3K + G}$	$\nu = \dfrac{3K - 2G}{2(3K + G)}$	—
$E\ \ \nu$	$\lambda = \dfrac{\nu E}{(1 + \nu)(1 - 2\nu)}$	$G = \dfrac{E}{2(1 + \nu)}$	—	—	$K = \dfrac{E}{3(1 - 2\nu)}$
$E\ \ K$	$\lambda = \dfrac{3K(3K - E)}{9K - E}$	$G = \dfrac{3EK}{9K - E}$	—	$\nu = \dfrac{3K - E}{6K}$	—
$\nu\ \ K$	$\lambda = \dfrac{3K\nu}{1 + \nu}$	$G = \dfrac{3K(1 - 2\nu)}{2(1 + \nu)}$	$E = 3K(1 - 2\nu)$	—	—

$^{\dagger}A = [(E + \lambda)^2 + 8\lambda^2]^{1/2}$

$$\begin{aligned} \epsilon_2 &= \frac{1}{E}[\sigma_2 - \nu(\sigma_1 + \sigma_3)] \\ \epsilon_3 &= \frac{1}{E}[\sigma_3 - \nu(\sigma_2 + \sigma_3)] \end{aligned} \qquad \text{(B.56)}$$

$$\begin{aligned} \sigma_1 &= \frac{E}{(1+\nu)(1-2\nu)}[(1-\nu)\epsilon_1 + \nu(\epsilon_2 + \epsilon_3)] \\ \sigma_2 &= \frac{E}{(1+\nu)(1-2\nu)}[(1-\nu)\epsilon_2 + \nu(\epsilon_1 + \epsilon_3)] \\ \sigma_3 &= \frac{E}{(1+\nu)(1-2\nu)}[(1-\nu)\epsilon_3 + \nu(\epsilon_1 + \epsilon_2)] \end{aligned} \qquad \text{(B.57)}$$

흔히 접하게 되는 *2축 응력 상태*(biaxial stress state)는 3개의 주응력 중 하나(σ_3라 함)가 영(0)이 되는 경우이고, 이때 식 (B.56)은 다음과 같이 된다.

$$\begin{aligned} \epsilon_1 &= \frac{\sigma_1 - \nu\sigma_2}{E} \\ \epsilon_2 &= \frac{\sigma_2 - \sigma_1}{E} \\ \epsilon_3 &= -\frac{\nu(\sigma_1 + \sigma_2)}{E} \end{aligned} \qquad \text{(B.58)}$$

$\sigma_3 = 0$인 경우, 식 (B.57)의 세 번째 식은 다음과 같이 된다.

$$\epsilon_3 = -\frac{\nu(\epsilon_1 + \epsilon_2)}{1 - \nu} \qquad \text{(B.59)}$$

식 (B.59)를 식 (B.57)에 대입하면 다음과 같이 된다.

$$\begin{aligned} \sigma_1 &= \frac{E(\epsilon_1 + \nu\epsilon_2)}{1 - \nu^2} \\ \sigma_2 &= \frac{E(\epsilon_2 + \nu\epsilon_1)}{1 - \nu^2} \\ \sigma_3 &= 0 \end{aligned} \qquad \text{(B.60)}$$

*단축 응력 상태*의 경우에는 식 (B.58)과 식 (B.60)이 다음과 같이 된다.

$$\epsilon_1 = \frac{\sigma_1}{E} \qquad \epsilon_2 = \epsilon_3 = -\frac{\nu\sigma_1}{E} \qquad \text{(B.61)}$$

$$\sigma_1 = E\epsilon_1 \qquad \sigma_2 = \sigma_3 = 0 \qquad \text{(B.62)}$$

단축 응력, 2축 응력, 3축 응력 상태에 대한 식들을 표로 정리하면 표 B.2와 같다. 다만 이 표를 사용 할 때, 탄성 상수 중 탄성 계수와 프와송 비를 사용하였다는 점과 좌표축이 주축 방향이어서 전단 응력과 전단 변형률이 0이라는 점을 명심해야 한다.

예제 B.1

훅 재료(훅의 법칙을 따르는 재료)

조건 식 (B.42), 식 (B.43)을 알고 있음.

문제 탄성 계수 E를 G와 ν의 함수로 표현하라. 여기서 ν는 다음과 같이 단축 응력 상태에 대한 훅의 법칙에 사용된다.

$$\epsilon_x = \frac{\sigma_x}{E}$$
$$\epsilon_y = -\frac{\nu\sigma_x}{E}$$
$$\epsilon_z = -\frac{\nu\sigma_x}{E}$$

풀이 식 (B.43)을 다시 쓴 다음, 위의 식들과 비교하면 답을 얻을 수 있다.

$$\epsilon_x = \frac{(\lambda+G)\sigma_x}{G(3\lambda+2G)} - \frac{\lambda(\sigma_y+\sigma_z)}{2G(3\lambda+2G)} = \frac{\sigma_x}{E} - \frac{\nu(\sigma_y+\sigma_z)}{E}$$
$$\epsilon_y = \frac{(\lambda+G)\sigma_y}{G(3\lambda+2G)} - \frac{\lambda(\sigma_x+\sigma_z)}{2G(3\lambda+2G)} = \frac{\sigma_y}{E} - \frac{\nu(\sigma_x+\sigma_z)}{E}$$
$$\epsilon_z = \frac{(\lambda+G)\sigma_z}{G(3\lambda+2G)} - \frac{\lambda(\sigma_x+\sigma_y)}{2G(3\lambda+2G)} = \frac{\sigma_z}{E} - \frac{\nu(\sigma_x+\sigma_y)}{E}$$

$$\left.\begin{aligned}\frac{\lambda+G}{G(3\lambda+2G)} &= \frac{1}{E}\\ \frac{\lambda}{2G(3\lambda+2G)} &= \frac{\nu}{E}\end{aligned}\right\} \frac{\lambda}{2(\lambda+G)} = \nu$$

$$(\lambda+G)E = 3\lambda G + 2G^2$$
$$G(E-2G) = \lambda(3G-E) \qquad \lambda = \frac{G(E-2G)}{3G-E}$$
$$\nu = \frac{G(E-2G)}{2(3G-E)\left[\frac{G(E-2G)}{3G-E}+G\right]} = \frac{E}{2G}-1$$
$$E = (\nu+1)2G \qquad \text{and} \qquad G = \frac{E}{2(1+\nu)}$$

B.7 요약

이 부록에서는 훅의 법칙을 일반화해 보았다. 즉, 탄성 범위 내에서 6개의 응력 성분(3개의 수직응력과 3개의 전단 응력)에 대한 응력-변형률 선형 관계를 살펴보았다. 5개의 회전된 좌표계에 응력 변환과 변형률 변환의 법칙을 적용함으로써, 36개의 탄성 상수가 2개로 줄어드는 것을 보였다. 이 부록 전체에서 재료가 등방성이고 균질하다고 가정하였으며, 이 경우 탄성 상수들은 위치나 좌표계의 방향과 무관한 상수임을 확인하였다. 즉, 탄성 상수들은 오로지 재료에만 의존하는 물성치이다.

또 물리적 의미를 갖는 4개의 탄성 상수들(즉, 전단 탄성 계수 G, 탄성 계수 E, 부피계수 K, 프와송 비 ν)과 물리적 의미가 없는 라메상수 λ 사이의 관계식을 제시하였다. 5개의

표 17.1: 단축, 2축, 3축 응력 상태에 대해 탄성 계수와 프와송 비로 나타낸 주응력과 주변형률[x, y, z축이 1, 2, 3 주축과 일치하여 전단 응력과 전단 변형률이 영(0)이 되는 것으로 가정하였음.]

응력 상태의 종류	주변형률	주응력
단축	$\epsilon_1 = \frac{\sigma_1}{E}$	$\sigma_1 = E\epsilon_1$
	$\epsilon_2 = -\nu\epsilon_1$	$\sigma_2 = 0$
	$\epsilon_3 = -\nu\epsilon_1$	$\sigma_3 = 0$
2축	$\epsilon_1 = \frac{\sigma_1}{E} - \frac{\nu\sigma_2}{E}$	$\sigma_1 = \frac{E(\epsilon_1+\nu\epsilon_2)}{1-\nu^2}$
	$\epsilon_2 = \frac{\sigma_2}{E} - \frac{\nu\sigma_1}{E}$	$\sigma_2 = \frac{E(\epsilon_1+\nu\epsilon_2)}{1-\nu^2}$
	$\epsilon_3 = -\frac{\nu\sigma_1}{E} - \frac{\nu\sigma_2}{E}$	$\sigma_3 = 0$
3축	$\epsilon_1 = \frac{\sigma_1}{E} - \frac{\nu\sigma_2}{E} - \frac{\nu\sigma_3}{E}$	$\sigma_1 = \frac{E\epsilon_1(1-\nu)+\nu E(\epsilon_2+\epsilon_3)}{1-\nu-2\nu^2}$
	$\epsilon_2 = \frac{\sigma_2}{E} - \frac{\nu\sigma_1}{E} - \frac{\nu\sigma_3}{E}$	$\sigma_2 = \frac{E\epsilon_2(1-\nu)+\nu E(\epsilon_1+\epsilon_3)}{1-\nu-2\nu^2}$
	$\epsilon_3 = \frac{\sigma_3}{E} - \frac{\nu\sigma_1}{E} - \frac{\nu\sigma_2}{E}$	$\sigma_3 = \frac{E\epsilon_3(1-\nu)+\nu E(\epsilon_1+\epsilon_2)}{1-\nu-2\nu^2}$

탄성 상수 중에서 임의의 2개를 알 때 나머지를 구하는 방법을 설명하였다. x, y, z축이 주축들과 일치하는 특별한 경우에 대해, 전단 응력과 전단 변형률이 모두 영(0)이 됨으로써 간단해지는 주응력과 주변형률의 식을 보였다. 또한, 이 경우의 단축 응력, 2축 응력, 3축 응력 상태를 고려하여 주응력과 주변형률 식을 정리했다. 이 식들은 이 책의 본문 내용의 기초가 된다.

참고 문헌

Durelli, A.J., Phillips, E.A., and Tsao, C.H. (1958) *Introduction to the Theoretical and Experimental Analysis of Stress and Strain*, McGraw-Hill.

Timoshenko, S., and Goodier, J.N., (1970) *Theory of Elasticity*, McGraw-Hill.

부록 C

다양한 균열 형상의 응력세기 계수

이 부록에서는 기계 요소와 시편에서 흔히 발견되는 형상의 균열에 대한 응력세기 계수를 다룬다. 이 부록의 대부분은 Suresh(1998)로부터 발췌한 것이지만, Tada et al.(2000)도 일부 활용하였다.

C.1 중앙 균열을 가진 인장 시편

폭이 b인 평판 시편의 중앙에 길이 l_c의 균열이 있는 경우, 응력세기 계수는 다음과 같다.

$$K_I = \sigma\sqrt{\frac{\pi l_c}{2}}Y \tag{C.1}$$

이 식의 기하 계수(geometry factor) Y는 그림 C.1에 나타나 있다. 만일 인장 응력이 멀리서 작용한다면($h \gg b$), 기하 계수 Y는 다음과 같이 주어진다.

$$Y = \sqrt{\sec\frac{\pi l_c}{2b}} \tag{C.2}$$

만일 폭이 b인 인장 시편의 한쪽 모서리로부터 d만큼 떨어진 곳에 길이 l_c의 균열이 있다면, 기하 계수는 그림 C.2로부터 구할 수 있다.

C.2 모서리 균열을 가진 인장 시편

폭이 b이고 한 개의 모서리 균열(길이 l_c)을 가진 인장 시편의 응력세기 계수는 다음과 같다.

$$K_I = \sigma\sqrt{l_c}Y \tag{C.3}$$

이 식의 기하 계수 Y는 그림 C.3에 나타나 있다. 만일 인장 응력이 멀리서 작용한다면($h \gg b$), 기하 계수 Y는 다음과 같이 주어진다.

$$Y = 1.99 - 0.41\frac{l_c}{b} + 18.7\left(\frac{l_c}{b}\right)^2 - 38.48\left(\frac{l_c}{b}\right)^3 + 53.83\left(\frac{l_c}{b}\right)^4 \tag{C.4}$$

폭이 b인 평판에 두 개의 균열(각각의 길이 l_c)이 있는 인장 시편의 경우, 식 (C.3)에서 사용할 기하 계수는 다음과 같다.

$$Y = 1.99 + 0.76\left(\frac{l_c}{b}\right) - 8.48\left(\frac{l_c}{b}\right)^2 + 27.36\left(\frac{l_c}{b}\right)^3 \tag{C.5}$$

C.3 굽힘 시편

모서리 균열을 가진 굽힘 시편의 응력세기 계수는 다음과 같다.

$$K_I = \left(\frac{6M}{w_t b^2}\right)\sqrt{\pi l_c}Y \tag{C.6}$$

여기서

M = 작용 하중, Nm(in.-lb)

w_t = 보의 폭, m(in.)

b = 보의 높이, m(in.)

Y = 기하 계수

기하 계수 Y는 다음 식으로 구해진다.

$$Y = 1.122 - 1.4\frac{l_c}{b} + 7.33\left(\frac{l_c}{b}\right)^2 - 13.08\left(\frac{l_c}{b}\right)^3 + 14.0\left(\frac{l_c}{b}\right)^4 \tag{C.7}$$

3점 굽힘 시편(그림 C.4 참조)의 응력세기 계수는 다음과 같다.

$$K_I = \left(\frac{3aF}{2w_t b^2}\right)\sqrt{\pi l_c}Y \tag{C.8}$$

그림 C.4에 두 가지 경우의 그래프가 나타나 있다. 두 경우의 기하 계수를 $\alpha = l_c/b$의 식으로 나타내면 다음과 같다.

1. $a/b = 2$인 경우

$$Y = \frac{1.99 - \alpha(1-\alpha)\left(2.15 - 3.93\alpha + 2.7\alpha^2\right)}{(1+2\alpha)(1-\alpha)^{3/2}\sqrt{\pi}} \tag{C.9}$$

2. $a/b = 4$인 경우

$$Y = 1.106 - 1.552\alpha + 7.71\alpha^2 - 13.53\alpha^3 + 14.23\alpha^4 \tag{C.10}$$

C.4 중앙 구멍에 균열이 있는 인장 시편

중앙에 구멍이 있는 인장 시편에서 흔히 발생하는 현상은 응력집중에 의해 최대 응력이 작용하는 곳에서 균열이 발생되는 것이다. 이 균열은 인장 시편의 응력 상태에 상당히 큰 영향을 미칠 수 있고, 성장하여 매우 큰 균열이 될 수 있다. 이 문제는 중앙 균열의 문제로 간주되어, 식 (C.1)로 응력세기 계수를 구하지만 기하 계수는 그림 C.5로부터 구해야 한다.

C.5 압력용기 벽의 균열

압력용기의 내압이 시간에 따라 변동하는 경우, 용기 벽에서 균열이 발생하여 성장할 수 있다. 이러한 경우, 응력세기 계수는 식 (C.1)로, 기하 계수는 그림 C.6으로부터 구할 수 있다.

참고 문헌

Suresh, S. (1998) Fatigue of Materials, 2nd. ed., Cambridge University Press.

Tada, H., Paris, P.C., and Irwin, G.R. (2000), The Stress Analysis of Cracks Handbook, ASME Press.

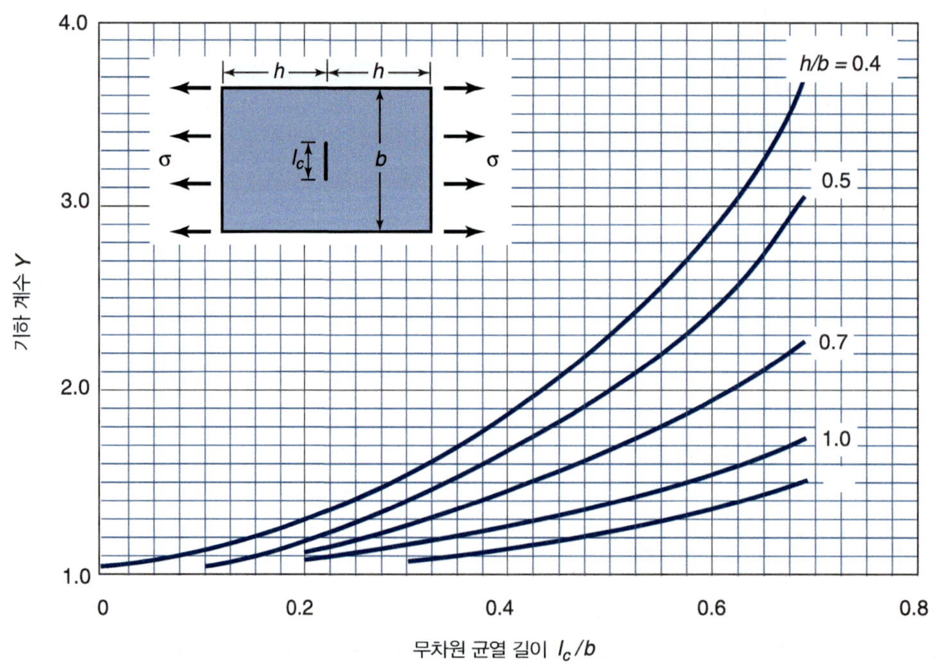

그림 C.1: 중앙 균열을 가진 인장 시편의 기하 계수.

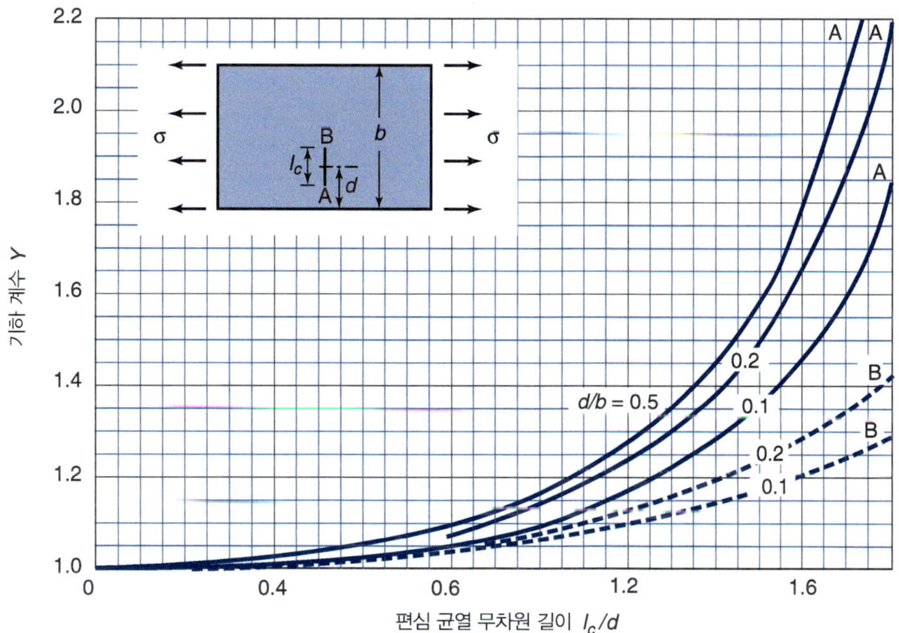

그림 C.2: 중앙에서 벗어난 균열을 가진 인장 시편의 기하 계수.

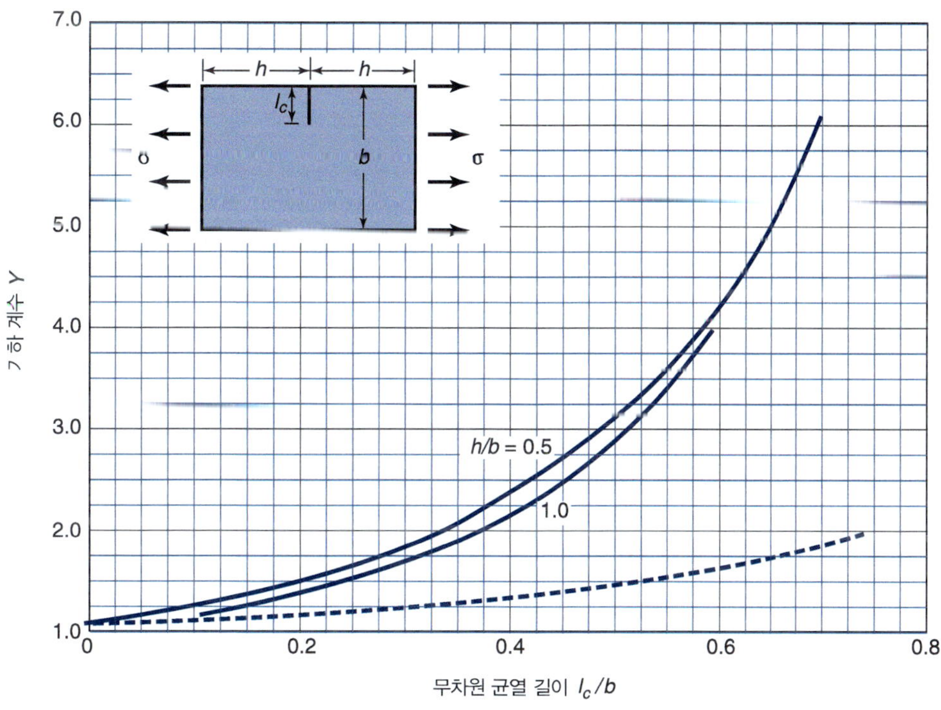

그림 C.3: 모서리 균열을 가진 인장 시편의 기하 계수.

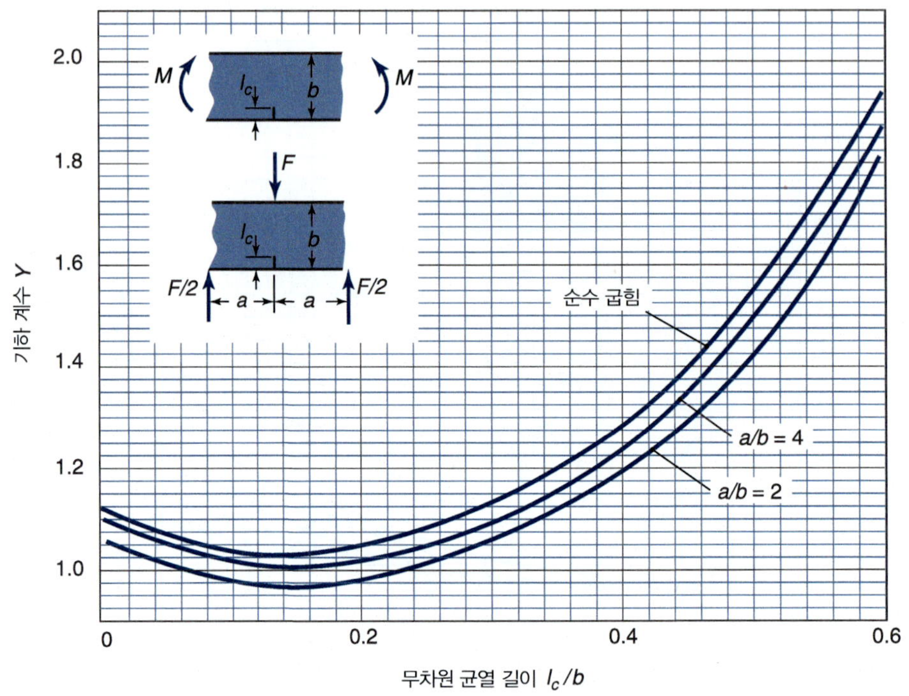

그림 C.4: 모서리 균열을 가진 굽힘 시편의 기하 계수.

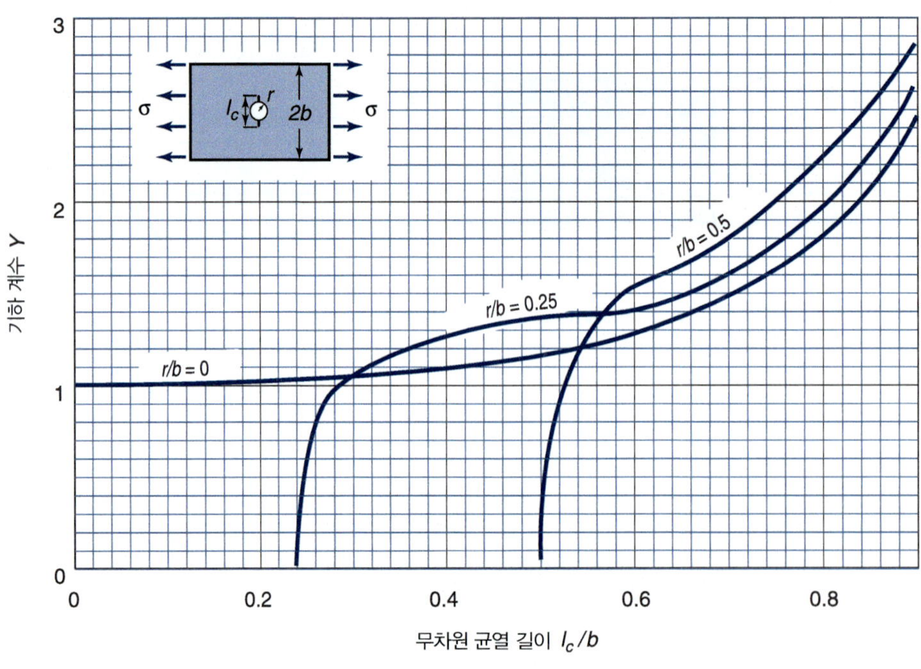

그림 C.5: 중앙 구멍에 균열이 있는 인장 시편의 기하 계수.

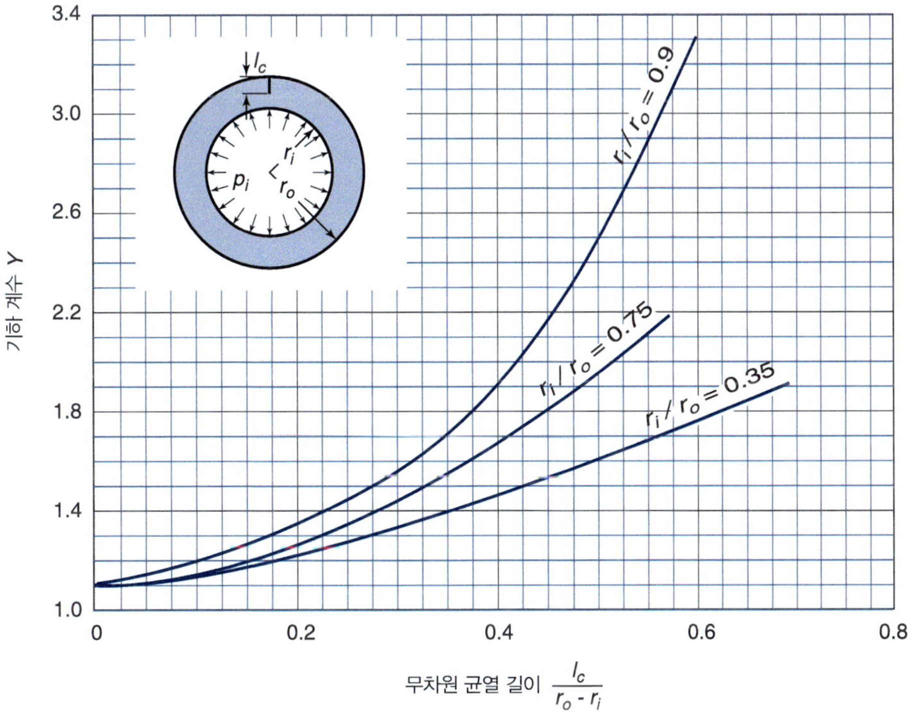

그림 C.6: 내압을 받는 압력 용기의 기하 계수.

부록 D

흔히 사용되는 보의 전단력, 굽힘모멘트, 처짐

D.1 자유단에 집중 하중이 작용하는 외팔보

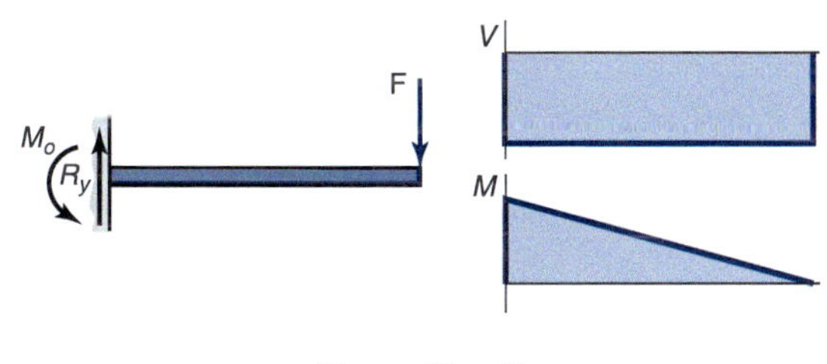

$$R_y = -V = F$$

$$M_o = F(l - x)$$

$$y = \frac{Fx^2}{6EI}(x - 3l)$$

$$y_{\max} = -\frac{Fl^3}{3EI}$$

D.2 중간에 집중 하중이 작용하는 외팔보

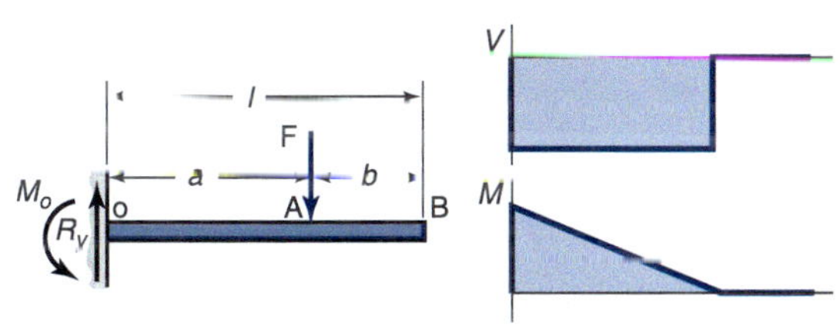

$$R_y = -V = F$$

$$M_{oA} = F(a - x)$$

$$M_{AB} = 0$$

$$M_o = Fa$$

$$y_{oA} = \frac{Fx^2}{6EI}(x - 3a)$$

$$y_{AB} = \frac{Fa^2}{6EI}(a - 3x)$$

$$y_{\max} = \frac{Fa^2}{6EI}(a - 3l)$$

D.3 균일 분포 하중이 작용하는 외팔보

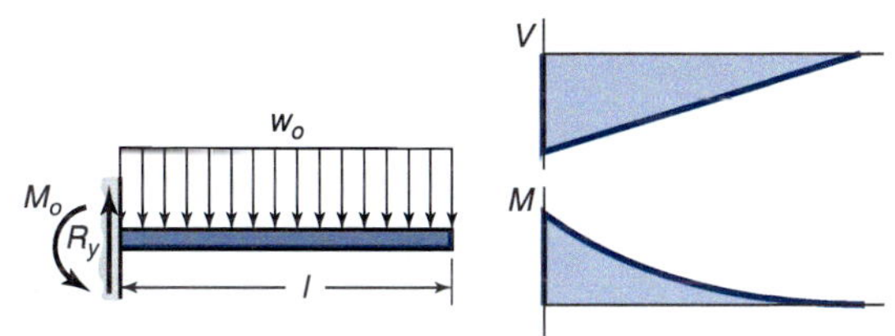

$$R_y = wl$$

$$M_o = \frac{wl^2}{2}$$

$$V = w(x - l)$$

$$M = \frac{1}{2}w(l - x)^2$$

$$y = \frac{wx^2}{24EI}(4lx - x^2 - 6l^2)$$

$$y_{\max} = -\frac{wl^4}{8EI}$$

D.4 집중 모멘트가 작용하는 외팔보

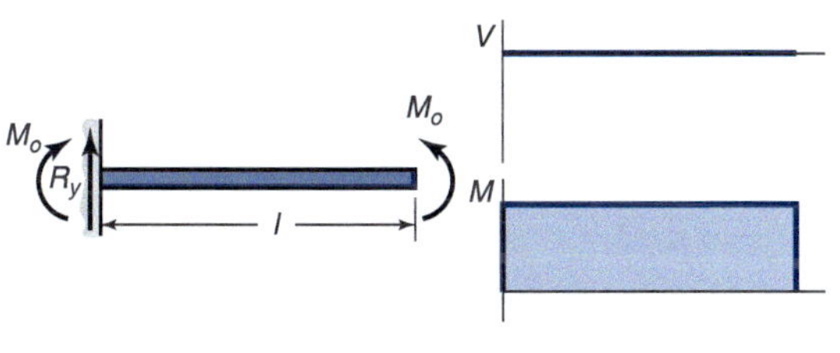

$$R_y = 0$$

$$y = \frac{M_o x^2}{2EI}$$

$$y_{\max} = \frac{M_o l^2}{2EI}$$

D.5 중앙에 집중 하중이 작용하는 단순지지 보

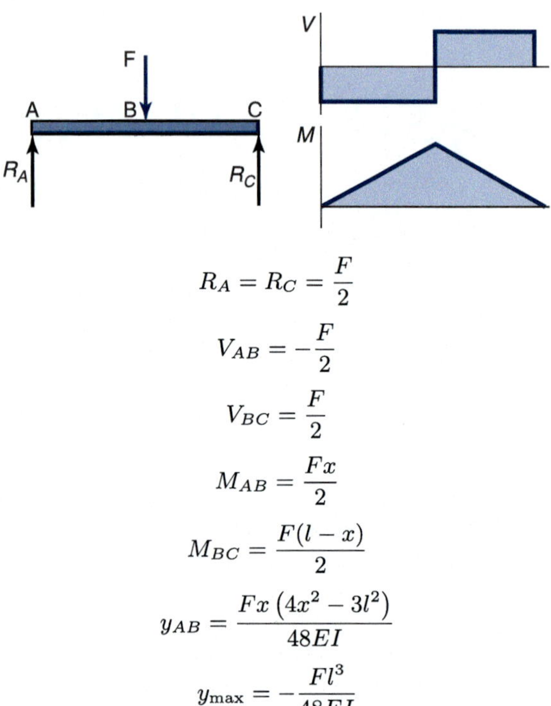

$$R_A = R_C = \frac{F}{2}$$

$$V_{AB} = -\frac{F}{2}$$

$$V_{BC} = \frac{F}{2}$$

$$M_{AB} = \frac{Fx}{2}$$

$$M_{BC} = \frac{F(l-x)}{2}$$

$$y_{AB} = \frac{Fx\left(4x^2 - 3l^2\right)}{48EI}$$

$$y_{\max} = -\frac{Fl^3}{48EI}$$

D.6 임의 위치에 집중 하중이 작용하는 단순지지 보

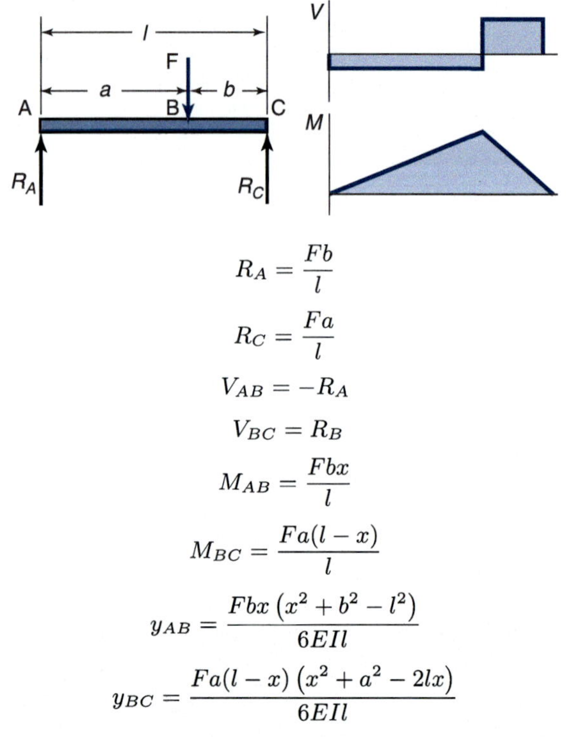

$$R_A = \frac{Fb}{l}$$

$$R_C = \frac{Fa}{l}$$

$$V_{AB} = -R_A$$

$$V_{BC} = R_B$$

$$M_{AB} = \frac{Fbx}{l}$$

$$M_{BC} = \frac{Fa(l-x)}{l}$$

$$y_{AB} = \frac{Fbx\left(x^2 + b^2 - l^2\right)}{6EIl}$$

$$y_{BC} = \frac{Fa(l-x)\left(x^2 + a^2 - 2lx\right)}{6EIl}$$

D.7 균일 분포 하중이 작용하는 단순지지 보

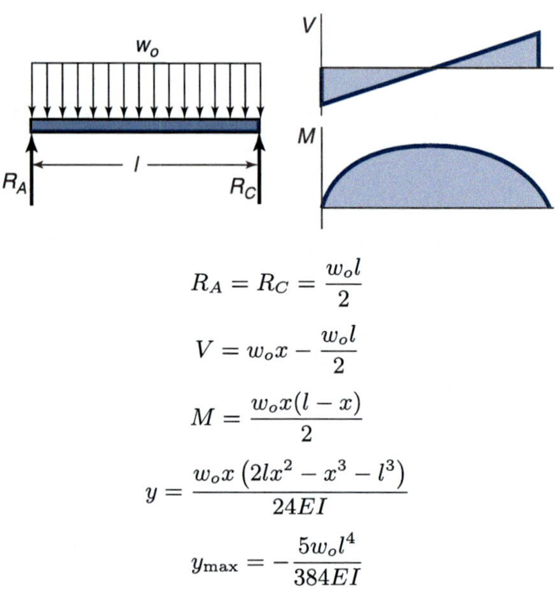

$$R_A = R_C = \frac{w_o l}{2}$$

$$V = w_o x - \frac{w_o l}{2}$$

$$M = \frac{w_o x(l-x)}{2}$$

$$y = \frac{w_o x\left(2lx^2 - x^3 - l^3\right)}{24EI}$$

$$y_{\max} = -\frac{5w_o l^4}{384EI}$$

D.8 집중 모멘트가 작용하는 단순지지 보

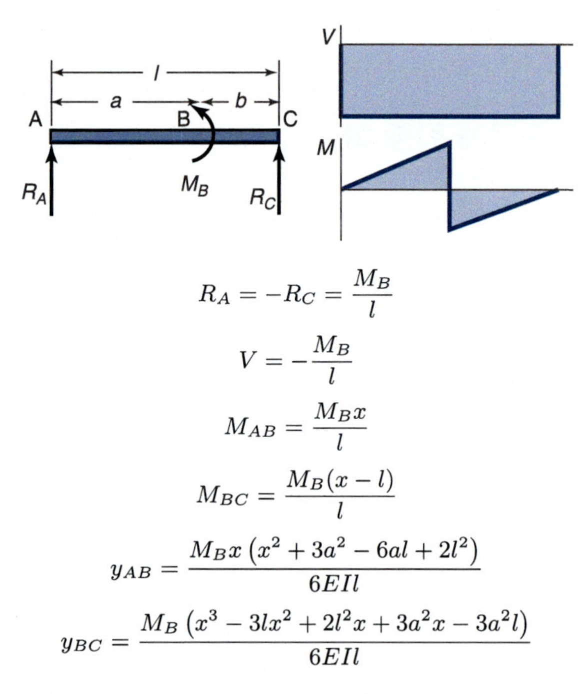

$$R_A = -R_C = \frac{M_B}{l}$$

$$V = -\frac{M_B}{l}$$

$$M_{AB} = \frac{M_B x}{l}$$

$$M_{BC} = \frac{M_B(x-l)}{l}$$

$$y_{AB} = \frac{M_B x\left(x^2 + 3a^2 - 6al + 2l^2\right)}{6EIl}$$

$$y_{BC} = \frac{M_B\left(x^3 - 3lx^2 + 2l^2x + 3a^2x - 3a^2l\right)}{6EIl}$$

D.9 두 개의 집중 하중이 대칭으로 작용하는 단순지지 보

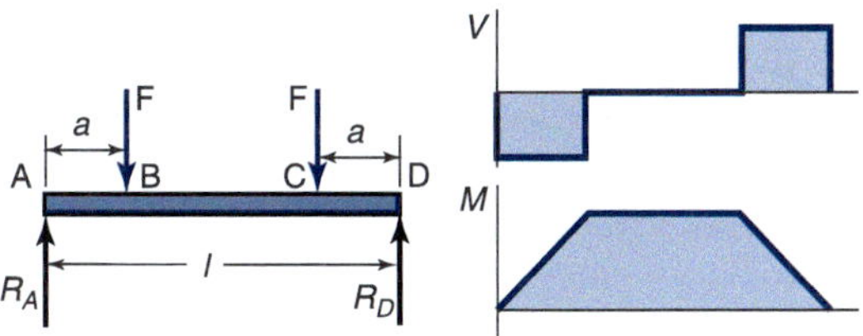

$$R_A = R_D = F$$
$$V_{AB} = -F$$
$$V_{BC} = 0$$
$$V_{CD} = F$$
$$M_{AB} = Fx$$
$$M_{BC} = Fa$$
$$M_{CD} = F(l-x)$$
$$y_{AB} = \frac{Fx\left(x^2+3a^2-3la\right)}{6EI}$$
$$y_{BC} = \frac{Fa\left(3x^2+a^2-3lx\right)}{6EI}$$
$$y_{\max} = \frac{Fa\left(4a^2-3l^2\right)}{24EI}$$

D.10 돌출부에 집중 하중이 작용하는 단순지지 보

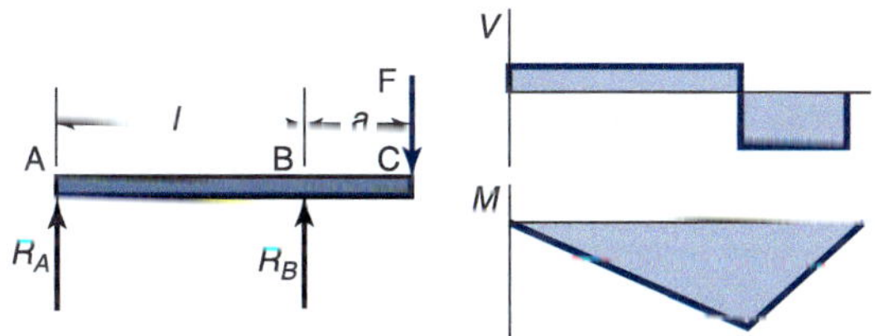

$$R_A = -\frac{fa}{l}$$
$$R_B = \frac{F(l+a)}{l}$$
$$V_{AB} = \frac{Fa}{l}$$
$$V_{BC} = F$$
$$M_{AB} = -\frac{Fax}{l}$$
$$M_{BC} = F(x-l-a)$$
$$y_{AB} = \frac{Fax\left(l^2-x^2\right)}{6EIl}$$
$$y_{BC} = \frac{F(x-l)\left[(x-l)^2-a(3x-l)\right]}{6EI}$$
$$y_C = -\frac{Fa^2(l+a)}{3EI}$$

D.11 중앙에 집중 하중이 작용하는 고정-단순지지 보

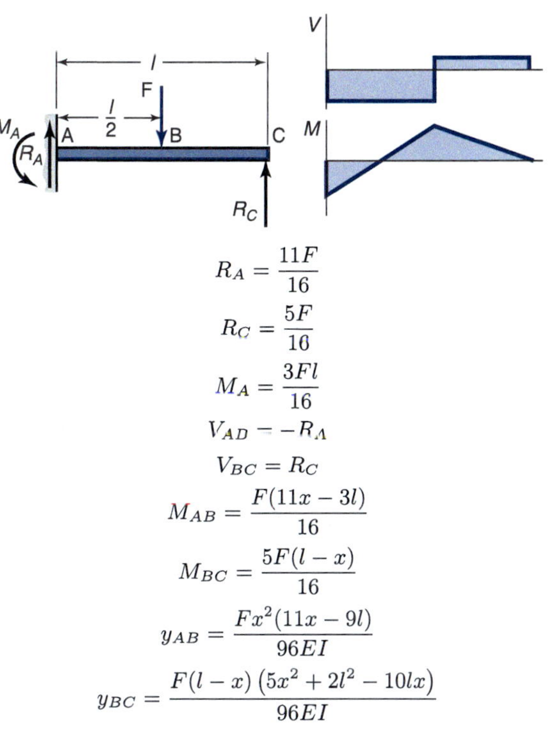

$$R_A = \frac{11F}{16}$$
$$R_C = \frac{5F}{16}$$
$$M_A = \frac{3Fl}{16}$$
$$V_{AB} = -R_A$$
$$V_{BC} = R_C$$
$$M_{AB} = \frac{F(11x-3l)}{16}$$
$$M_{BC} = \frac{5F(l-x)}{16}$$
$$y_{AB} = \frac{Fx^2(11x-9l)}{96EI}$$
$$y_{BC} = \frac{F(l-x)\left(5x^2+2l^2-10lx\right)}{96EI}$$

D.12 임의 위치에 집중 하중이 작용하는 고정-단순지지 보

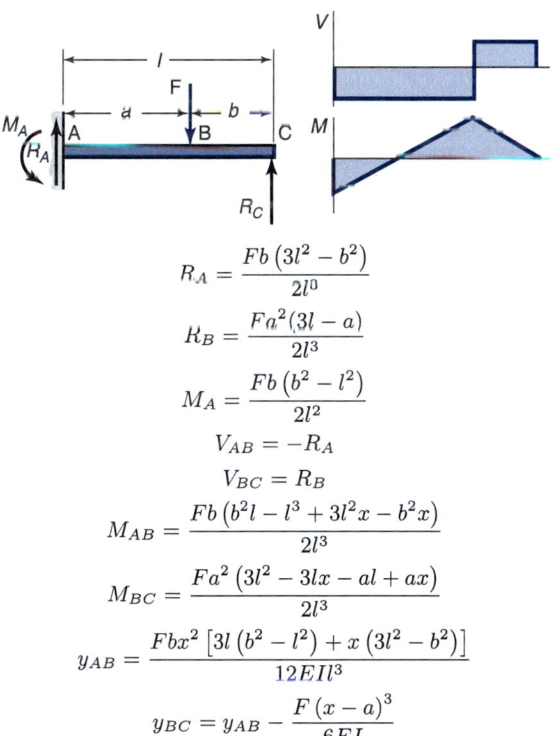

$$R_A = \frac{Fb\left(3l^2-b^2\right)}{2l^3}$$
$$R_B = \frac{Fa^2(3l-a)}{2l^3}$$
$$M_A = \frac{Fb\left(b^2-l^2\right)}{2l^2}$$
$$V_{AB} = -R_A$$
$$V_{BC} = R_B$$
$$M_{AB} = \frac{Fb\left(b^2l-l^3+3l^2x-b^2x\right)}{2l^3}$$
$$M_{BC} = \frac{Fa^2\left(3l^2-3lx-al+ax\right)}{2l^3}$$
$$y_{AB} = \frac{Fbx^2\left[3l\left(b^2-l^2\right)+x\left(3l^2-b^2\right)\right]}{12EIl^3}$$
$$y_{BC} = y_{AB} - \frac{F(x-a)^3}{6EI}$$

D.13 균일 분포 하중이 작용하는 고정-단순지지 보

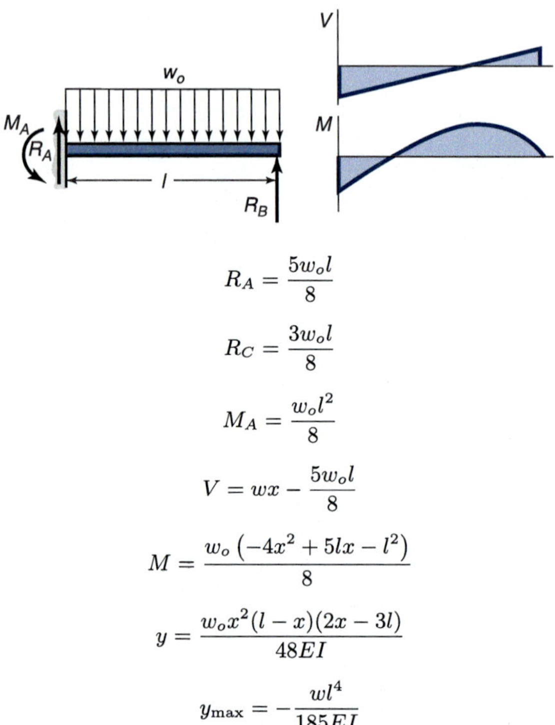

$$R_A = \frac{5w_o l}{8}$$

$$R_C = \frac{3w_o l}{8}$$

$$M_A = \frac{w_o l^2}{8}$$

$$V = wx - \frac{5w_o l}{8}$$

$$M = \frac{w_o\left(-4x^2 + 5lx - l^2\right)}{8}$$

$$y = \frac{w_o x^2(l-x)(2x-3l)}{48EI}$$

$$y_{\max} = -\frac{wl^4}{185EI}$$

D.14 중앙에 집중 하중이 작용하는 고정-고정 보

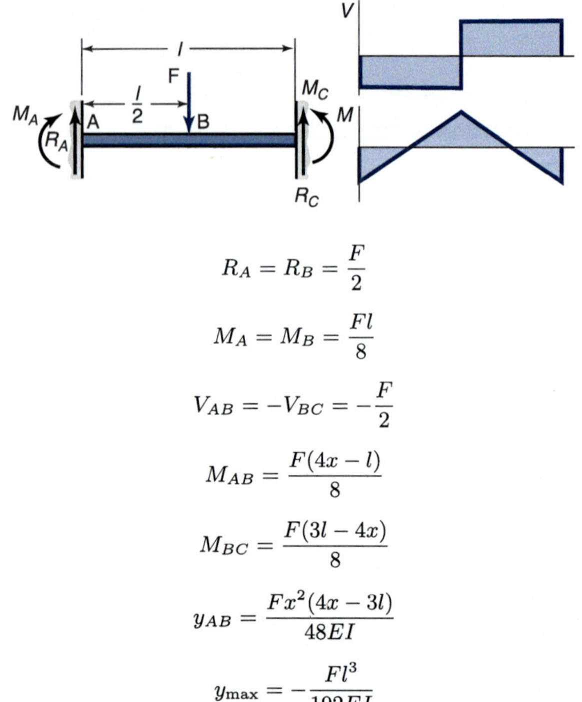

$$R_A = R_B = \frac{F}{2}$$

$$M_A = M_B = \frac{Fl}{8}$$

$$V_{AB} = -V_{BC} = -\frac{F}{2}$$

$$M_{AB} = \frac{F(4x-l)}{8}$$

$$M_{BC} = \frac{F(3l-4x)}{8}$$

$$y_{AB} = \frac{Fx^2(4x-3l)}{48EI}$$

$$y_{\max} = -\frac{Fl^3}{192EI}$$

D.15 임의의 위치에 집중 하중이 작용하는 고정-고정 보

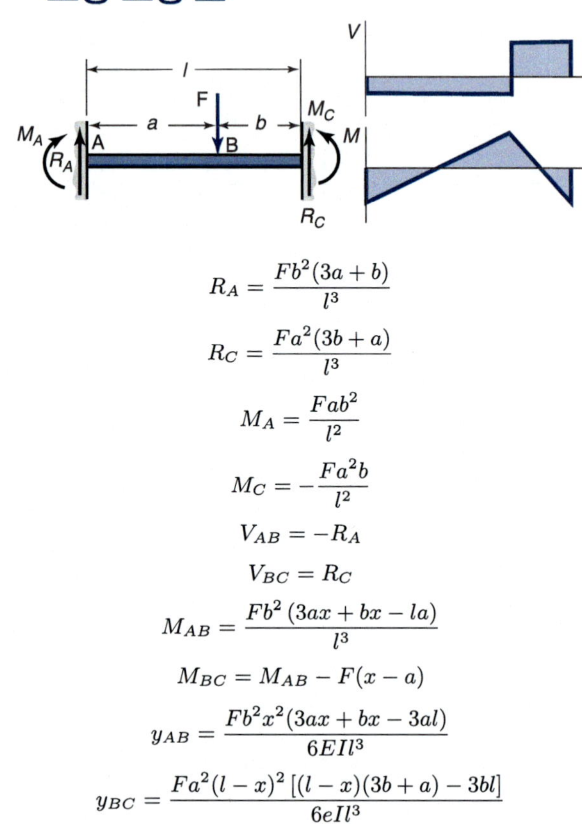

$$R_A = \frac{Fb^2(3a+b)}{l^3}$$

$$R_C = \frac{Fa^2(3b+a)}{l^3}$$

$$M_A = \frac{Fab^2}{l^2}$$

$$M_C = -\frac{Fa^2 b}{l^2}$$

$$V_{AB} = -R_A$$

$$V_{BC} = R_C$$

$$M_{AB} = \frac{Fb^2\,(3ax + bx - la)}{l^3}$$

$$M_{BC} = M_{AB} - F(x-a)$$

$$y_{AB} = \frac{Fb^2x^2(3ax + bx - 3al)}{6EIl^3}$$

$$y_{BC} = \frac{Fa^2(l-x)^2\,[(l-x)(3b+a) - 3bl]}{6eIl^3}$$

D.16 균일 분포 하중이 작용하는 고정-고정 보

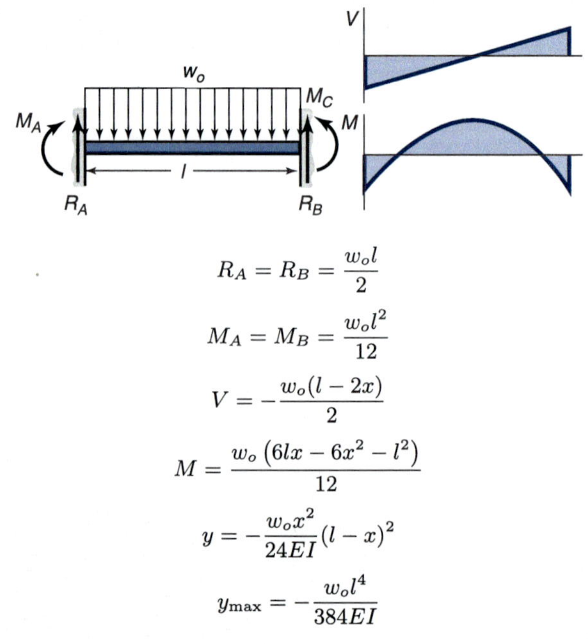

$$R_A = R_B = \frac{w_o l}{2}$$

$$M_A = M_B = \frac{w_o l^2}{12}$$

$$V = -\frac{w_o(l-2x)}{2}$$

$$M = \frac{w_o\left(6lx - 6x^2 - l^2\right)}{12}$$

$$y = -\frac{w_o x^2}{24EI}(l-x)^2$$

$$y_{\max} = -\frac{w_o l^4}{384EI}$$

부록 **E**

나사 체결재의 표준 크기

E.1 볼트의 표준 크기

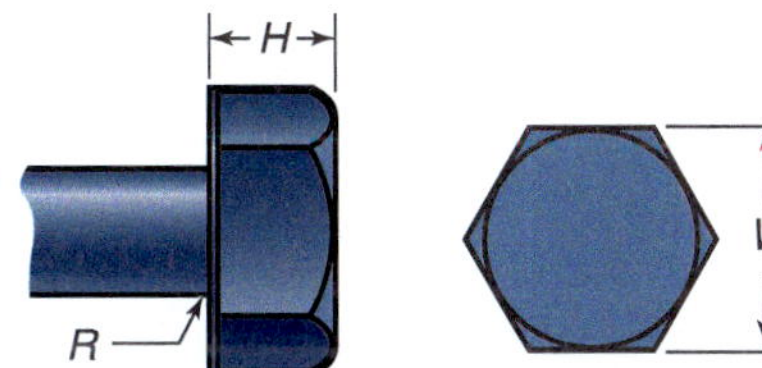

공칭 크기	정사각 머리		육각 머리: 일반용			육각 머리: 고하중용			육각 머리: 구조용		
	W	*H*	*W*	*H*	R_{min}	*W*	*H*	R_{min}	*W*	*H*	R_{min}
미터 계열 (단위: mm)											
5	8	3.58	8	3.58	0.2	—	—	—	—	—	—
6	—	—	10	4.38	0.3	—	—	—	—	—	—
8	—	—	13	5.68	0.4	—	—	—	—	—	—
10	—	—	16	6.85	0.4	—	—	—	—	—	—
12	—	—	18	7.95	0.6	21	7.95	0.6	—	—	—
14	—	—	21	9.25	0.6	24	9.25	0.6	—	—	—
16	—	—	24	10.75	0.6	27	10.75	0.6	27	10.75	0.6
20	—	—	30	13.40	0.8	34	13.40	0.8	34	13.40	0.8
24	—	—	36	15.90	0.8	41	15.90	0.8	41	15.90	1.0
30	—	—	46	19.75	1.0	50	19.75	1.0	50	19.75	1.2
36	—	—	55	23.55	1.0	60	23.55	1.0	60	23.55	1.5

E.2 육각 캡 나사의 표준 크기

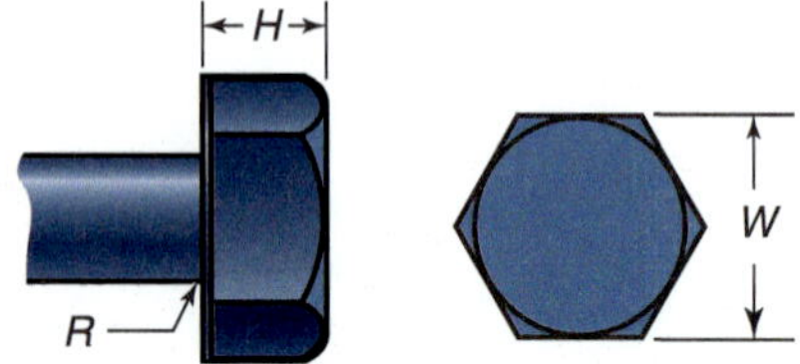

공칭 크기	필렛 반경 R	나사 유형: 캡(cap) W	나사 유형: 고하중용 W	높이 H
미터 계열(단위: mm)				
5	0.2	8	—	3.65
6	0.3	10	—	4.15
8	0.4	13	—	5.50
10	0.4	16	—	6.63
12	0.6	18	21	7.76
14	0.6	21	24	9.09
16	0.6	24	27	10.32
20	0.8	30	34	12.88
24	0.8	36	41	15.44
30	1.0	46	50	19.48
36	1.0	55	60	23.38

E.3 육각 너트의 표준 크기

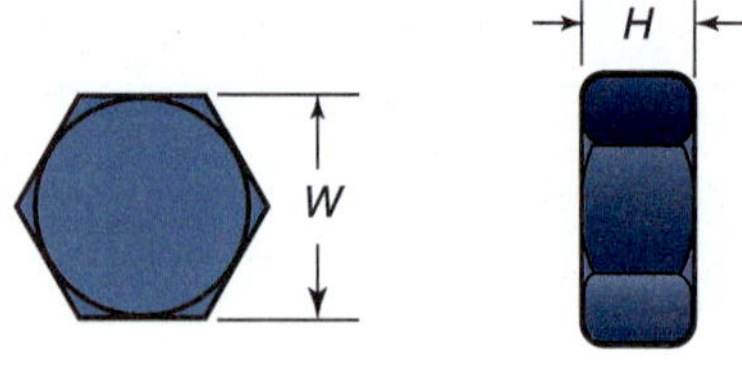

공칭 크기	폭 W	높이 H: 일반형	높이 H: 두꺼운 형 또는 슬롯이 있는 형	높이 H: JAM
미터 계열(단위: mm)				
5	8	4.7	5.1	2.7
6	10	5.2	5.7	3.2
8	13	6.8	7.5	4
10	16	8.4	9.3	5
12	18	10.8	12.0	6
14	21	12.8	14.1	7
16	24	14.8	16.4	8
20	30	18.0	20.3	10
24	36	21.5	23.9	12
30	46	25.6	28.6	15
36	55	31.0	34.7	18

E.4 미터 와셔의 표준 크기(단위: mm)

와셔 크기	최소 내경	최대 외경	최대 두께
1.6 N	1.95	4.00	0.70
1.6 R	1.95	5.00	0.70
1.6 W	1.95	6.00	0.90
2 N	2.50	5.00	0.90
2 R	2.50	6.00	0.90
2 W	3.50	8.00	0.90
2.5 N	3.00	6.00	0.90
2.5 R	3.00	8.00	0.90
2.5 W	3.00	10.00	1.20
3 N	3.50	7.00	0.90
3 R	3.50	10.00	1.20
3 W	3.50	12.00	1.40
3.5 N	4.00	9.00	1.20
3.5 R	4.00	10.00	1.40
3.5 W	4.00	15.00	1.75
4 N	4.70	10.00	1.20
4 R	4.70	12.00	1.40
4 W	4.70	16.00	2.30
5 N	5.50	11.00	1.40
5 R	5.50	15.00	1.75
5 W	5.50	20.00	2.30
6 N	6.65	13.00	1.75
6 R	6.65	18.80	1.75
6 W	6.65	25.40	2.30
8 N	8.90	18.80	2.30
8 R	8.90	25.40	2.30
8 W	8.90	32.00	2.80
10 N	10.85	20.00	2.30
10 R	10.85	28.00	2.80
10 W	10.85	39.00	3.50
12 N	13.30	25.40	2.80
12 R	13.30	34.00	3.50
12 W	13.30	44.00	3.50
14 N	15.25	28.00	2.80
14 R	15.25	39.00	3.50
14 W	15.25	50.00	4.00
16 N	17.25	32.00	3.50
16 R	17.25	44.00	4.00
16 W	17.25	56.00	4.60
20 N	21.80	39.00	4.00
20 R	21.80	50.00	4.60
20 W	21.80	66.00	5.10
24 N	25.60	44.00	4.60
24 R	25.60	56.00	5.10
24 W	25.60	72.00	5.60
30 N	32.40	56.00	5.10
30 R	32.40	72.00	5.60
30 W	32.40	90.00	6.40
36 N	38.30	66.00	5.60
36 R	38.30	90.00	6.40
36 W	38.30	110.00	8.50

주: N = 좁은 형(narrow), R = 보통 형(regular), W = 넓은 형(wide)

찾아보기

ㅂ

ㅅ

ㅇ

ㅈ

ㅊ

ㅋ

ㅌ

ㅍ

ㅎ

기타

표 4.1: 일반적인 단면들의 도심, 면적 관성모멘트 및 면적.

단면	도심	면적 관성모멘트	면적
원 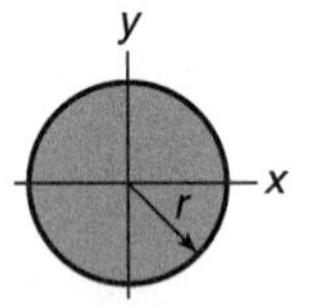	$\bar{x} = 0$ $\bar{y} = 0$	$I_x = I_{\bar{x}} = \frac{\pi}{4} r^4$ $I_y = I_{\bar{y}} = \frac{\pi}{4} r^4$ $J = \frac{\pi}{2} r^4$	$A = \pi r^2$
중공원 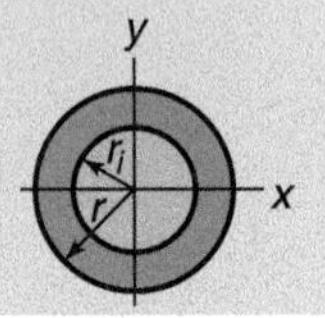	$\bar{x} = 0$ $\bar{y} = 0$	$I_x = I_{\bar{x}} = \frac{\pi}{4}\left(r^4 - r_i^4\right)$ $I_y = I_{\bar{y}} = \frac{\pi}{4}\left(r^4 - r_i^4\right)$ $J = \frac{\pi}{2}\left(r^4 - r_i^4\right)$	$A = \pi\left(r^2 - r_i^2\right)$
삼각형 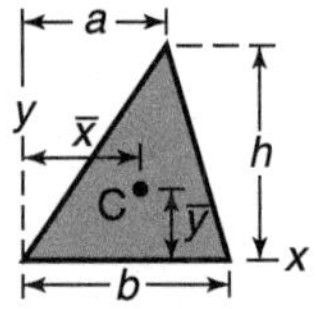	$\bar{x} = \frac{a+b}{3}$ $\bar{y} = \frac{h}{3}$	$I_x = \frac{bh^3}{12}, I_{\bar{x}} = \frac{bh^3}{36}$ $I_y = \frac{bh\left(b^2 + ab + a^2\right)}{12}$ $I_{\bar{y}} = \frac{bh\left(b^2 - ab + a^2\right)}{36}$ $\bar{J} = \frac{bh}{36}\left(b^2 + h^2 + a^2 - ab\right)$	$A = \frac{bh}{2}$
사각형 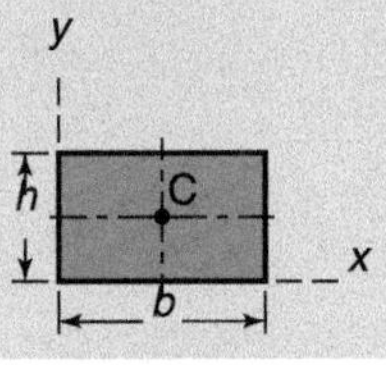	$\bar{x} = \frac{b}{2}$ $\bar{y} = \frac{h}{2}$	$I_x = \frac{bh^3}{3}, I_{\bar{x}} = \frac{bh^3}{12}$ $I_y = \frac{b^3 h}{3}, I_{\bar{y}} = \frac{b^3 h}{12}$ $\bar{J} = \frac{bh}{12}\left(b^2 + h^2\right)$	$A = bh$
부채꼴 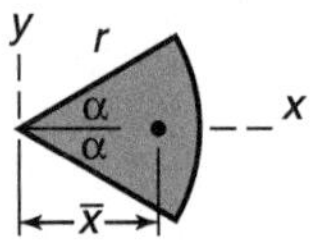	$\bar{x} = \frac{2}{3}\frac{r \sin\alpha}{\alpha}$	$I_x = \frac{r^4}{4}\left(\alpha - \frac{1}{2}\sin 2\alpha\right)$ $I_y = \frac{r^4}{4}\left(\alpha + \frac{1}{2}\sin 2\alpha\right)$ $J = \frac{1}{2} r^4 \alpha$	$A = r^2\alpha$
1/4 원 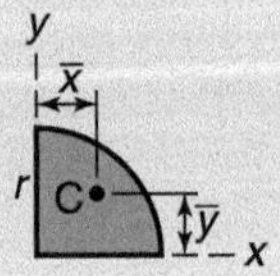	$\bar{x} = \bar{y} = \frac{4r}{3\pi}$	$I_x = I_y \frac{\pi r^4}{16}$ $I_{\bar{x}} = I_{\bar{y}} = \left(\frac{\pi}{16} - \frac{4}{9\pi}\right) r^4$ $J = \frac{\pi r^4}{8}$	$A = \frac{\pi r^2}{4}$
1/4 타원 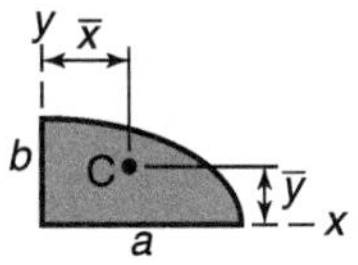	$\bar{x} = \frac{4a}{3\pi}$ $\bar{y} = \frac{4b}{3\pi}$	$I_x = \frac{\pi a b^3}{16}, I_{\bar{x}} = \left(\frac{\pi}{16} - \frac{4}{9\pi}\right) a b^3$ $I_y = \frac{\pi a^3 b}{16}, I_{\bar{y}} = \left(\frac{\pi}{16} - \frac{4}{9\pi}\right) a^3 b$ $J = \frac{\pi ab}{16}\left(a^2 + b^2\right)$	$A = \frac{\pi ab}{4}$

표 4.2: 6가지 3차원 형상의 질량 및 질량 관성모멘트.

형상	관계식
원형 막대	$m_a = \frac{\pi d^2 l \rho}{4}$ $I_{my} = I_{mz} = \frac{m_a l^2}{12}$
원반	$m_a = \frac{\pi d^2 t_h \rho}{4}$ $I_{mx} = \frac{m_a d^2}{8}$ $I_{my} = I_{mz} = \frac{m_a d^2}{16}$
사각 기둥	$m_a = abc\rho$ $I_{mx} = \frac{m_a (a^2 + b^2)}{12}$ $I_{my} = \frac{m_a (a^2 + c^2)}{12}$ $I_{mz} = \frac{m_a (b^2 + c^2)}{12}$
원통 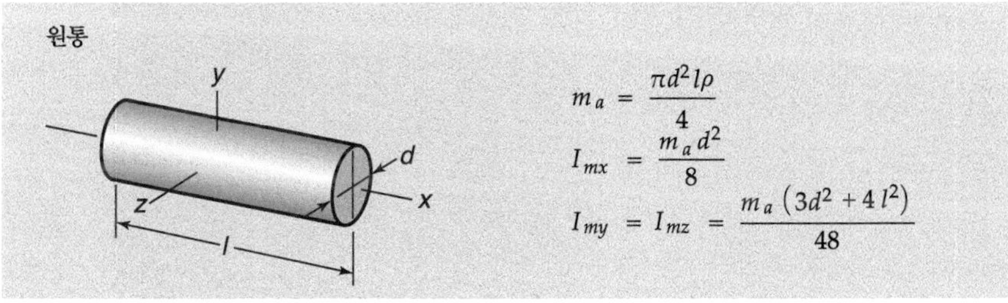	$m_a = \frac{\pi d^2 l \rho}{4}$ $I_{mx} = \frac{m_a d^2}{8}$ $I_{my} = I_{mz} = \frac{m_a (3d^2 + 4l^2)}{48}$
중공 원통 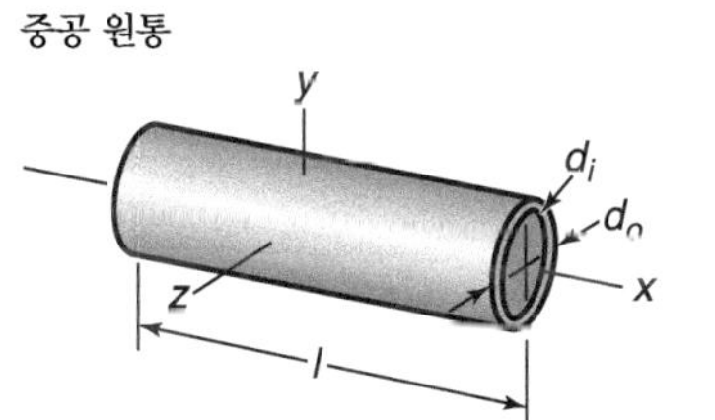	$m_a = \frac{\pi l \rho (d_o^2 - d_i^2)}{4}$ $I_{mx} = \frac{m_a (d_o^2 - d_i^2)}{8}$ $I_{my} = I_{mz} = \frac{m_a (3d_o^2 + 3d_i^2 + 4l^2)}{48}$
구 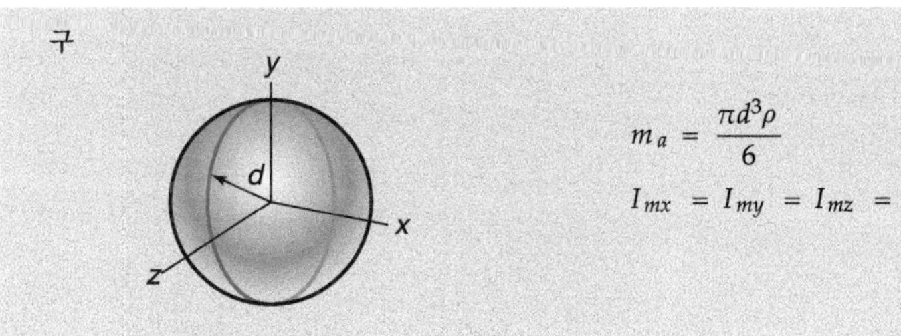	$m_a = \frac{\pi d^3 \rho}{6}$ $I_{mx} = I_{my} = I_{mz} = \frac{m_a d^2}{10}$

표 4.3: 일반적인 보 단면 형상에 대한 최대 전단 응력.

단면 형상	최대 전단 응력
사각형	$\tau_{max} = \frac{3V}{2A}$
원	$\tau_{max} = \frac{4V}{3A}$
중공 원형	$\tau_{max} = \frac{2V}{A}$
I-빔 (웹, 플래지)	$\tau_{max} = \frac{V}{A_{web}}$